第二十一届中国海洋（岸）工程学术讨论会论文集（上）

中国海洋学会海洋工程分会 ◎ 编

中国海洋大学出版社
·青岛·

内 容 简 介

第二十一届中国海洋(岸)工程学术讨论会论文集涵盖了深海和近海工程、海岸动力和海岸工程、河口动力和航道整治工程、综合技术等多个领域众多专家深入研究的最新成果,旨在推动海岸和海洋工程领域的学术交流与技术创新。

图书在版编目(CIP)数据

第二十一届中国海洋(岸)工程学术讨论会论文集/
中国海洋学会海洋工程分会编. --青岛:中国海洋大学
出版社,2024.8. --ISBN 978-7-5670-3933-9

Ⅰ. P75-53

中国国家版本馆 CIP 数据核字第 2024F2G956 号

DI-ERSHIYI JIE ZHONGGUO HAIYANG(AN)GONGCHENG XUESHU TAOLUNHUI LUNWENJI

第二十一届中国海洋(岸)工程学术讨论会论文集

出版发行	中国海洋大学出版社		
社 址	青岛市香港东路 23 号	**邮政编码**	266071
出 版 人	刘文菁		
网 址	http://pub.ouc.edu.cn		
电子信箱	94260876@qq.com		
订购电话	0532-82032573(传真)		
责任编辑	孙玉苗 邓志科	**电 话**	0532-85901040
装帧设计	青岛汇英栋梁文化传媒有限公司		
印 制	青岛国彩印刷股份有限公司		
版 次	2024 年 8 月第 1 版		
印 次	2024 年 8 月第 1 次印刷		
成品尺寸	210 mm×297 mm		
印 张	63.75		
字 数	2 109 千		
印 数	1—1 200		
定 价	518.00 元(全二册)		
审 图 号	GS 鲁(2024)0322 号		
订购电话	0532-82032573(传真)		

发现印装质量问题,请致电 0532-58700166,由印刷厂负责调换。

第二十一届中国海洋(岸)工程学术讨论会论文集编辑委员会

主　　编　夏云峰

副 主 编　滕　玲　杨　红

特约编辑　段子冰　王玉丹　郑雪皎　陈　静　王立群

特约校对　陈昊袭

第二十一届中国海洋(岸)工程学术讨论会

会议主办　中国海洋学会海洋工程分会

会议承办　中国海洋大学

　　　　　南京水利科学研究院

会议协办　水灾害防御全国重点实验室

　　　　　大连海事大学

　　　　　大连理工大学海岸和近海工程国家重点实验室

　　　　　河海大学海岸灾害及防护教育部重点实验室

　　　　　青岛中加特电气股份有限公司

　　　　　港口航道泥沙工程交通行业重点实验室

　　　　　通航建筑物建设技术交通行业重点实验室

　　　　　长江深水航道水沙环境与工程安全交通运输行业野外科学观测研究基地

第二十一届中国海洋(岸)工程学术讨论会
技术委员会

名 誉 主 任：曾恒一

主 任 委 员：李华军

副主任委员：蒋兴伟　王军成　胡亚安　宋保维　李　惠
　　　　　　笪良龙　段慧玲　戴济群　刘　勇

秘 书 长：夏云峰　王艳红　史宏达　梁丙臣

副 秘 书 长：滕　玲　王树青　张继生

委　　　　员：(按姓氏笔画排序)

万德成　王炜正　王法承　王树青　王艳红　尤再进

卢永昌　史宏达　付世晓　宁德志　朱良生　刘　桦

刘凤松　刘海江　刘锦昆　许振强　孙　亮　杨　芳

李　达　李锦辉　何广华　余建星　汪亚平　宋士吉

张永涛　张华庆　张阿漫　张继生　陈正勇　陈永平

季则舟　郑金海　赵　楠　赵西增　段梦兰　姜俊杰

贺治国　夏云峰　徐　敏　徐立新　高福平　龚　政

崔维成　梁丙臣　董志良　董昌明　董国海　韩端锋

景　强　嵇春艳　程泽坤　詹杰民　廖世俊　滕　玲

滕　斌　潘军宁

目　录

总　目　录

上　册

深海和近海工程

下　册

海岸动力和海岸工程
河口动力和航道整治工程
综合技术

————————《上　册》————————

1

深海和近海工程

基于降阶模型的 FPSO 船体关键结构应力预测方法研究

李　英[1]，刘金鑫[1,2]，黄潇薇[1]

(1. 天津大学 建工学院 水利工程智能建设与运维全国重点实验室，天津　300345；2. 中国船舶及海洋工程设计研究院，上海　200011)

摘要：实时预测 FPSO 船体全寿命周期的应力水平对于 FPSO 的结构安全有重要的意义。为了预测船体关键结构的强度，首先通过全船有限元分析，开展了应力水平与船体所受的环境载荷、装配载工况的相关性分析。基于 FPSO 船体结构应力分析和模型降阶理论，将 FPSO 船体结构降阶为 20 组关键子结构作为 FPSO 应力预测的目标位置。通过拉丁超立方抽样学方法进行工况组合，建立 FPSO 关键子结构应力预测数据库，开发了对关键子结构应力水平进行实时预测的代理模型算法。结果表明，FPSO 关键子结构最大应力水平预测算法的精度维持在 96% 以上。

关键词：FPSO；全船有限元模型；降阶模型；应力预测；代理模型

浮式生产储油装置(floating production storage and offloading，FPSO)广泛应用于海洋石油和天然气开采，适用于浅水到深水。为了避免重大事故的发生，减少对环境的污染和对社会的不利影响，其结构强度无论是在设计阶段还是运维阶段都至关重要[1]。随着 FPSO 逐渐朝着大型化、复杂化的趋势发展，对 FPSO 全船强度进行直接计算已经成为船体结构强度分析必不可少的环节[2]。针对 FPSO 这种复杂的海洋工程结构物，宋吉哲[3]应用有限元分析处理器 FEMAP 结合 Visual Basic 进行二次开发构建其全船有限元模型。邵龙[4]采用非线性有限元法对一 FPSO 受轴向压缩载荷作用下 CFRP 修复含裂纹加筋板的极限强度进行分析。栗铭鑫等[5]针对新型圆筒型 FPSO 分析其串靠方案在中国南海的可行性。

随着工业信息系统、人工智能和机器学习、工业大数据等技术的快速发展，数字孪生技术在多个领域都展现了良好的前景[6]。其中，关于结构的应力水平预测的数字孪生技术受到了广泛的关注，目前在不同领域都有一些探索性研究。吴泽民等[7]提出了一种基于粒子群优化(PSO)长短期记忆网络(LSTM)模型的管道应力趋势预测方法。Zhang 等[8]采用 4 种独立的集成机器学习算法建立了黏结应力预测模型。Liu 等[9]开发了一种预测电焊残余应力和变形的人工神经网络模型。Wu 等[10]采用改进的果蝇优化算法(IFOA)和 IFOA-BP 模型优化主要影响船体梁强度的 FPSO 设计参数。李宁[11]通过改进的果蝇算法优化 BP 神经网络对船体梁的应变和自重进行预测。

近年来海上浮式结构的数字孪生技术的研究是热点。数字孪生技术的实现需要部署复杂的监测系统，但是已经在役的 FPSO 加装监测设备的成本和难度都很高。综上所述，针对 FPSO 这样的大型海洋结构物，目前应用有限元软件进行全船强度评估的研究较多，但是对于应力在线快速预测方法的研究较少。通过建立 FPSO 的代理模型，实现关键结构的应力水平预测是一种较为理想的低成本替代方法。基于其他领域应用深度学习算法进行应力预测的技术，本文将深度学习算法引入 FPSO 船体结构强度研究进行应力预测，并引入降阶模型理论解决 FPSO 船体大型化和复杂化导致的难以进行全船预测的问题。

首先基于全船有限元分析和降阶理论对 FPSO 船体所受的环境载荷、装配载工况和关键子结构应力水平之间的特征关系进行了分析。为了集中关注重点区域的结构强度，基于降阶方法，将 FPSO 全船结构降阶为有限个关键子结构，构建基于多层感知机(MLP)神经网络的每个关键子结构的最大应力水平预测

基金项目：国家重点研发计划项目(2022YFC2806300)

通信作者：黄潇薇。E-mail：1152499629@qq.com

的算法。

1 FPSO 全船有限元计算

1.1 FPSO 船体结构

目标 FPSO 作业于渤海湾,船艏有连接单点软钢臂的系泊支架,作业水深范围在 19.7～20.4 m。表 1 给出了 FPSO 船体的主要参数。

表 1　FPSO 船体主要参数

名　称	数　值
总长/m	287.40
垂线间长/m	282.00
型宽/m	51.00
型深/m	20.60
设计吃水/m	14.50
排水量/t	201 287
空船质量/t	40 699.2
载重量/t	160 587.8

FPSO 船体艏部有竖直艏柱,主体为双底双舷侧结构,船体货油舱区与底部、舷侧、主甲板和纵舱壁采用纵骨架式,艏尖舱除主甲板采用纵骨架式外其他部位采用横骨架式,机舱部位采用横骨架式,艉尖舱主甲板和舷侧采用纵骨架式,其他部位采用横骨架式。货油舱为单甲板结构,设有 L 型压载水舱。全船共设 10 个横舱壁,FPSO 船舯 0.8 L 范围内设有间断的舭龙骨。

1.2 FPSO 全船有限元模型

FPSO 全船有限元模型包括主体结构、甲板室及甲板上部模块支撑构件等重要组成部分。船体的各类板、壳结构,强框架等的桁材、肋骨等的高腹板以及槽型舱壁采用 4 节点板壳单元模拟;对于承受水压力和货物压力的甲板、内外壳板等的纵骨、舱壁的扶强材等采用梁单元模拟;对于甲板生产设施、大型设备等,采用集中质量点或均布载荷模拟。参考中国船级社(CCS)规范[12],每两相邻纵骨之间为一个单元,沿纵向的单元长度不大于 2 个纵骨间距。综合考虑计算精度及对 CPU 的需求,针对目标 FPSO 的结构设计采用相邻纵骨间距划分有限元网格,即沿船宽和型深方向分别采用 825 mm 和 860 mm 使网格形状尽量接近正方形。典型横舱壁和舱段有限元模型如图 1(a)和图 1(b)所示。全船模型节点总数为 332 983,单元总数为 352 546,全船自由度为 1 997 898,全船有限元模型网格划分如图 1(c)所示。

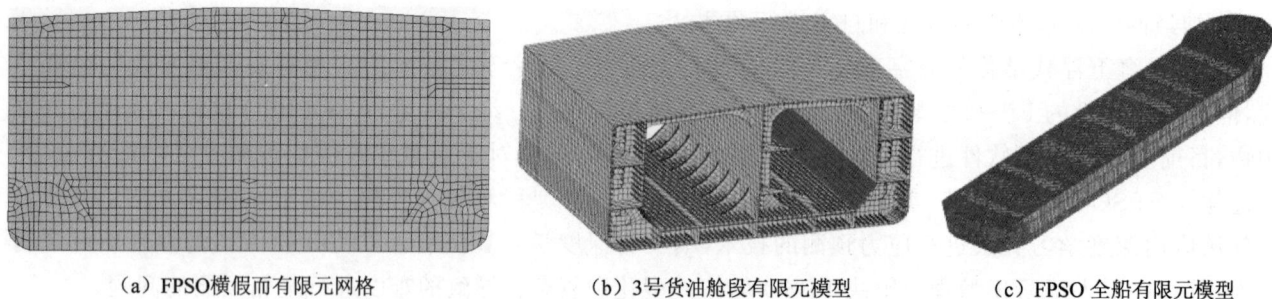

(a) FPSO 横假而有限元网格　　(b) 3号货油舱段有限元模型　　(c) FPSO 全船有限元模型

图 1　FPSO 有限元网格划分

根据 CCS 规范[12]对 FPSO 进行全船有限元计算。极限工况下的 FPSO 全船和关键子结构的应力分布如图 2 所示。根据应力结果分析,全船最大应力水平出现在 FR104 中心纵舱壁与主甲板交汇处,最大应力值为 105 MPa,满足规范中船体许用应力值要求。高应力区域集中在船舯区域,即 2P、2S、3P、3S、4P、4S 货油舱舱段,沿船长方向分布在肋位 FR64～FR176 段,沿型深方向主要集中在主甲板和舭部区域。

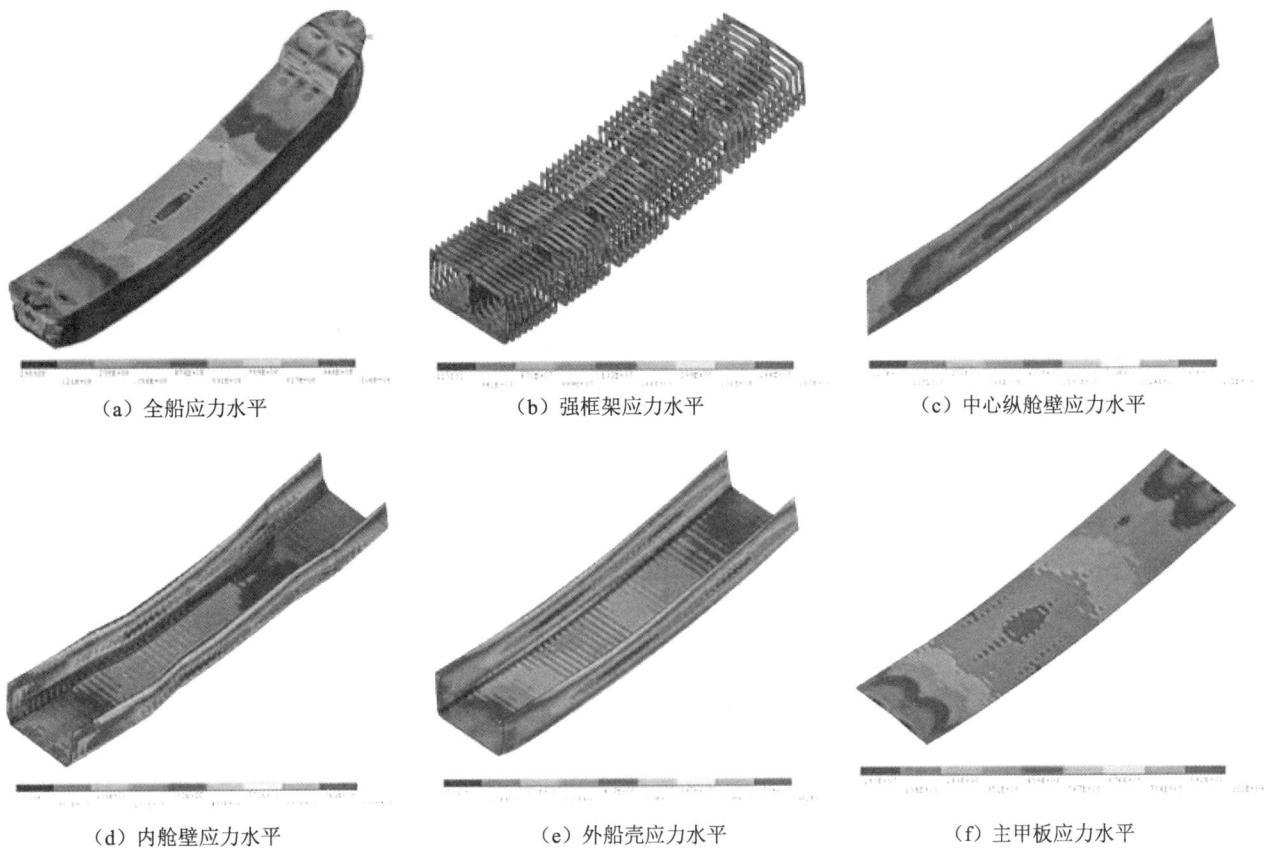

（a）全船应力水平　　　　　　　　（b）强框架应力水平　　　　　　　　（c）中心纵舱壁应力水平

（d）内舱壁应力水平　　　　　　　　（e）外船壳应力水平　　　　　　　　（f）主甲板应力水平

图 2　最大波高周期组合工况下的 FPSO 船体各结构应力水平

2 FPSO 结构降阶

2.1 模型降阶理论

许多大型工程结构可以使用多个计算模型来描述整个系统，不同的模型有不同的评估成本和不同的保真度[13]。降阶模型是对高保真度模型的简化，在保留关键信息和主要影响因素的同时可以大幅减少计算时间和存储需求，并用于复杂系统的预测、反问题、优化和不确定性量化等问题的求解。根据降阶的实现方法分类，现有的降阶模型分为 3 种：简化模型法、投影法和数据拟合法。其中，数据拟合法也称代理模型法，旨在建立模型输入、输出参数之间黑箱式的映射关系，以替代精细化仿真。这种方法是实验设计、数理统计和优化技术的综合应用，可以减少复杂、耗时的分析过程。为了在数字孪生系统中实现结构强度在线快速预测，在离线阶段使用复杂的仿真或试验手段建立代理模型是目前结构分析中的一种推荐做法。

2.2 FPSO 关键子结构选取

FPSO 船体是一个庞大复杂的结构。在各种载荷综合作用下，船体上不同部位的应力水平差异较大。通过 FPSO 船体极限工况下的全船有限元分析，施加空船质量、波浪载荷和液货舱静压力等载荷，计算全船的应力分布状况，分析确定 FPSO 船体上的一些关键子结构，将全船的强度问题转变为有限个子结构。

针对文中的目标 FPSO 全船有限元分析结果，基于 CCS 规范[12]和船体结构强度分析经验，将全船体结构降阶为 20 组 FPSO 船体关键子结构，其名称和具体位置描述如表 2 所示。20 组关键子结构涵盖了 FPSO 船体上的全部高应力区域，且在不同环境条件下都集中于船艏区域，与一般 FPSO 船体强度设计评估的重点区域一致，实现了 FPSO 的结构降阶。

表 2 FPSO 船体关键子结构

子结构编号(位置)	名 称	主要构件	船长方向
1	二号货油舱强框架角隅处(S)	强框架	FR144~FR172
2	三号货油舱强框架角隅处(S)	强框架	FR104~FR136
3	二号压载舱 13750 甲板(P)	13750 甲板	FR140~FR176
4	二号压载舱 13750 甲板(S)	13750 甲板	FR140~FR176
5	三号压载舱 13750 甲板(P)	13750 甲板	FR100~FR140
6	三号压载舱 13750 甲板(S)	13750 甲板	FR100~FR140
7	三号货油舱舭部强框架交界(P)	船外板	FR104~FR136
8	三号货油舱舭部强框架交界(S)	船外板	FR104~FR136
9	四号货油舱舭部强框架交界(P)	船外板	FR68~FR96
10	四号货油舱舭部强框架交界(S)	船外板	FR68~FR96
11	二号货油舱底纵桁外底交界(P)	底纵桁	FR140~FR176
12	二号货油舱底纵桁外底交界(S)	底纵桁	FR140~FR176
13	三号货油舱底纵桁外底交界(P)	底纵桁	FR100~FR140
14	三号货油舱底纵桁外底交界(S)	底纵桁	FR100~FR140
15	二号货油舱甲板内舱壁交界(P)	主甲板	FR140~FR176
16	二号货油舱甲板内舱壁交界(S)	主甲板	FR140~FR176
17	三号货油舱甲板内舱壁交界(P)	主甲板	FR100~FR140
18	三号货油舱甲板内舱壁交界(S)	主甲板	FR100~FR140
19	三号货油舱甲板中心纵舱壁交界(C)	主甲板 & 纵舱壁	FR100~FR140
20	四号货油舱甲板中心纵舱壁交界(C)	主甲板 & 纵舱壁	FR64~FR100

3 FPSO 应力预测数据库

3.1 全船有限元批量计算

为了基于机器学习开展应力水平预测,建立开展 FPSO 的全船有限元分析的批量计算方法,以获得大量应力水平数据。FPSO 的全船有限元分析计算比较耗时,较难生成大量样本用于构建降阶模型。如何利用较少的样本构建具有足够精度的降阶模型是实现应力水平预测的关键问题。一般环境载荷和舱室的装配载是 FPSO 结构强度设计及评估的主要参数,因此对作用在 FPSO 上且具有主要影响的多种载荷进行工况组合。通过分析不同环境条件和装载工况下船体结构的应力状态,建立具有高保真度的 FPSO 关键子结构降阶模型。本文应用统计拉丁超立方抽样方法进行载荷工况组合的抽样,使用 Python 语言编写批量计算文件,实现集自动施加载荷、自动计算和切换工况、自动收集结果一体的具有完整流程的 FPSO 全船有限元批量计算,如图 3 所示。

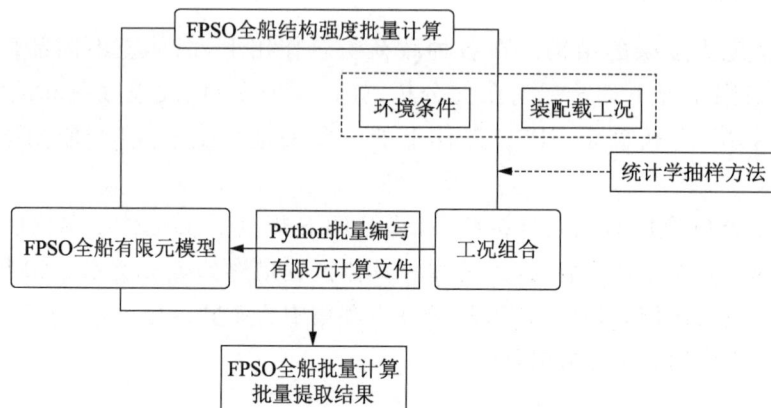

图 3 FPSO 全船有限元批量计算流程

由于波高和周期有联合分布关系,根据目标海域的波浪散布图共设计了 68 种波高和周期的组合形式。基于拉丁超立方抽样方法,针对 10 个货油舱的液位高度组合,在 0～1 的数值范围内进行采样,再将采样结果向 0～18 m 的液位高度范围内进行反归一化的映射。以波高和周期组合工况的数量为基准,共采样 340 组装配载工况,将波高、周期和 10 个货油舱的液位高度组合,得到 12 组数据。将 12 组数据进行正交组合,总共得到 340 组 FPSO 全船有限元载荷组合工况,用于 FPSO 全船结构强度的批量计算。

3.2 数值计算结果分析

FPSO 船体上选取了 20 组关键子结构,每组关键子结构中最大应力决定了该部位的结构安全性,因此,本文重点关注关键子结构的最大应力。根据船体子结构所使用的钢材等级不同,分 3 组对比 340 组工况下不同关键子结构的最大应力,如图 4 所示。

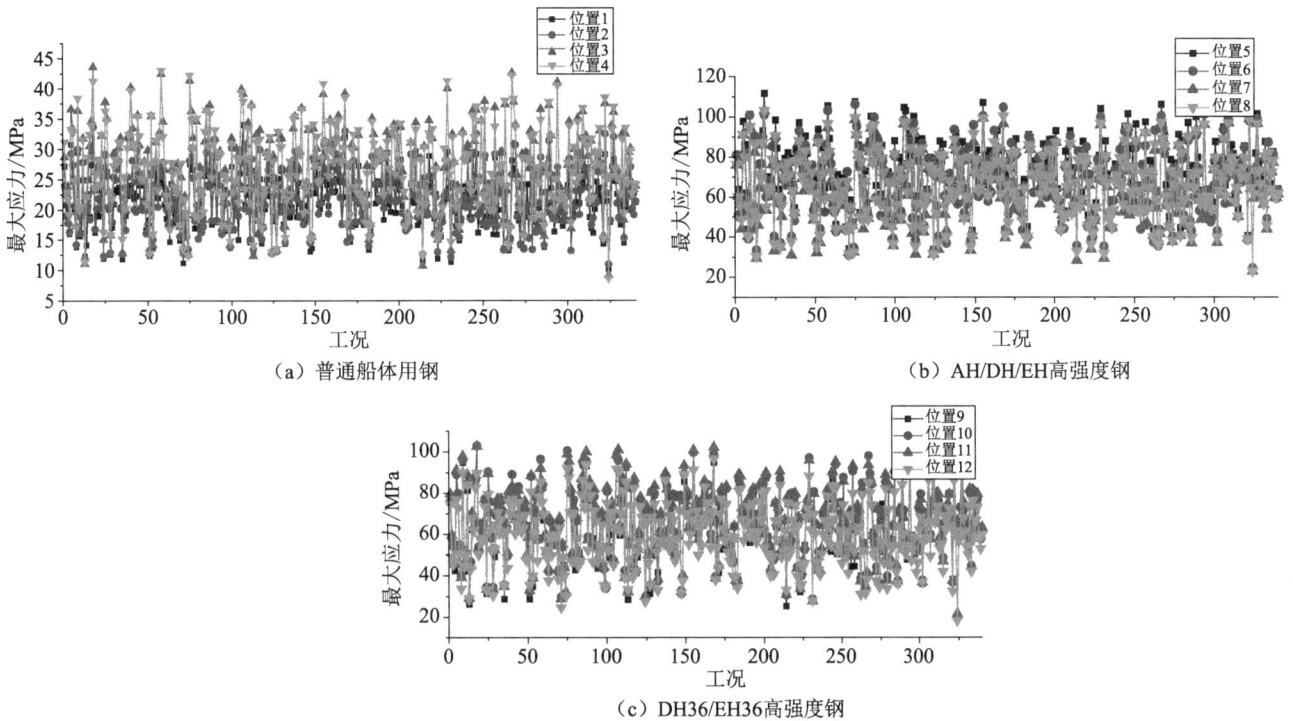

（a）普通船体用钢

（b）AH/DH/EH 高强度钢

（c）DH36/EH36 高强度钢

图 4　FPSO 关键子结构最大应力

按《钢质海船入级规范》[14]中的船体用钢强度等级,考虑应力安全系数后 3 种钢材对应的许用最大应力分别为 125 MPa、167.5 MPa、188.8 MPa。340 组工况下的各关键最大应力均处于许用应力的范围内。根据装载工况的不同,最大应力在 10 MPa 范围内的波动。基于 340 组组合工况下 FPSO 关键子结构应力分析的数据,建立 FPSO 关键子结构应力预测数据库。

4　基于降阶模型的 FPSO 应力水平预测

4.1 基于 Keras 框架构建神经网络

在各种降阶方法中,代理模型法通过建立黑箱式的输入-输出关系高精度模拟原模型,代理模型的计算结果与原模型非常接近,且求解计算量较小,适用于包括 FPSO 在内的各种海洋工程结构物实时性预测。结构分析输出大部分是连续值,所以代理模型一般是回归模型。

Keras 支持多种深度学习模型架构和层类型,并且可以自定义和扩展,在深度学习领域应用广泛。使用 Keras 框架构建深度学习模型时可以根据不同的需求和应用场景进行调整和优化。本文旨在探究在工程实际中开展实时应力预测的算法,考虑可能部署至多个平台,因此应用 Keras 深度学习框架训练 FPSO 关键子结构应力数据集。由于神经网络适合求解内部复杂机制的问题,且简单易行、计算量小、并行性强,这里基于 MLP 开展 FPSO 应力水平预测研究。

在建立 FPSO 关键子结构应力预测数据库的基础上,应用 Keras 深度学习框架训练 FPSO 关键子结构应力数据集,输入数据为波高、周期以及 FPSO 的 10 个货油舱的液位高度,输出数据包含每组关键子结构的最大应力水平。

4.2　神经网络超参数

神经网络超参数对于网络的训练和性能具有重要影响。超参数的优化遵循简约原则,在提高模型泛化能力的同时避免出现过拟合现象,以找到能够满足训练误差要求的函数为目标。因此,需要根据 FPSO 关键子结构应力数据的复杂程度以及各超参数的特点,选择适合的超参数。批大小是在一次迭代中,输入给神经网络进行训练的样本数量。学习率控制着参数更新的步长大小。本文采取"试凑法"选择神经网络的批大小和学习率。预设批大小为20,设置学习率 R 为 10^{-5} 至 10^{-1} 不等,观察与之相对应的损失函数值的变化情况。

图 5 表明 R 为 10^{-5} 和 10^{-4} 时拟合效果好,但是需要的训练时间明显多于其他组;R 为 10^{-3} 时拟合效果好,训练时间较快;R 为 10^{-2} 时,验证集曲线出现轻微振荡;R 为 10^{-1} 时验证集曲线出现振荡。研究表明,深度神经网络模型的泛化能力与 R 正相关,但在实际训练过程中,R 也并非越大越好。因此根据不同学习率对于损失函数值的实际影响,同时考虑到模型训练的速度和效率,最终确定 $R=10^{-3}$。

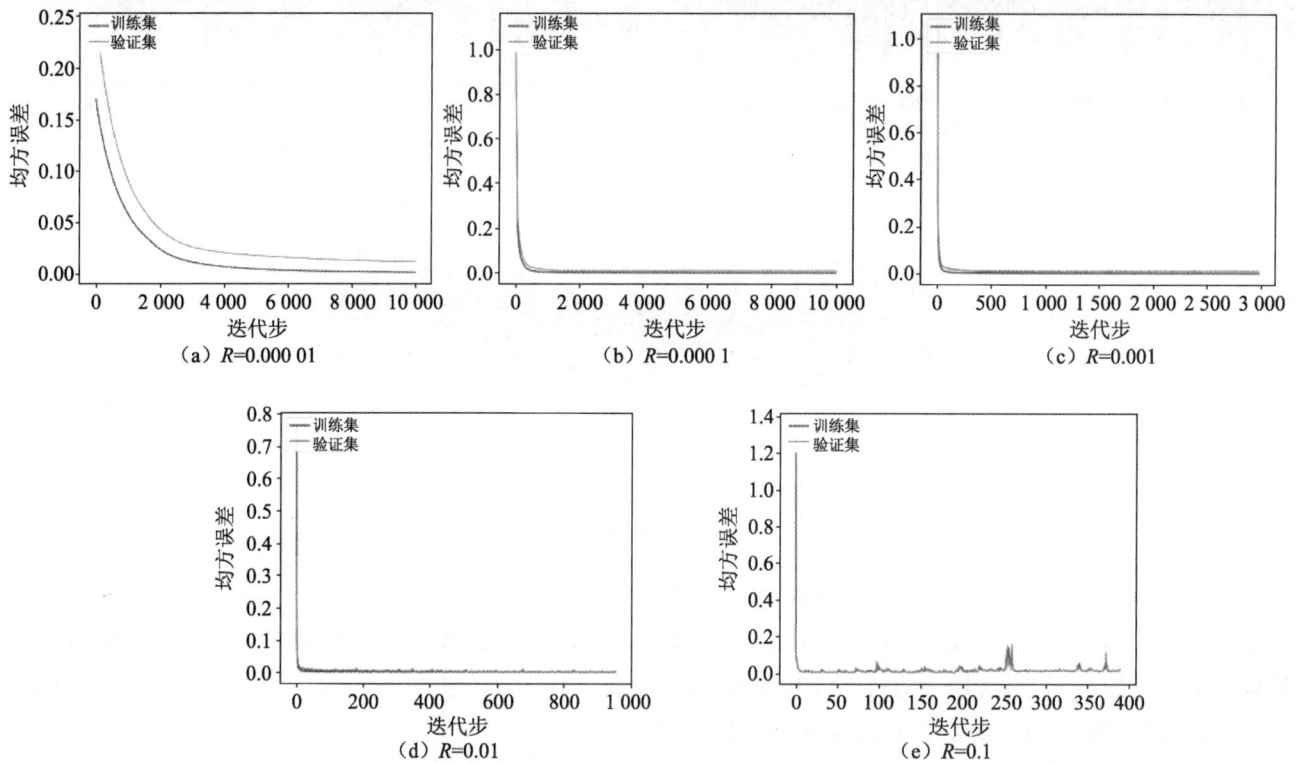

图 5　不同学习率对于模型损失值的影响

激活函数通常被应用在每个神经元的输出上,用于引入非线性因素,从而增强网络的表达能力。应用 Relu 函数为激活函数,作为整流线性单元,激活部分神经元,增加稀疏性。当 x 小于 0 时,输出值为 0;当 x 大于 0 时,输出值为 x,如式(1)所示。

$$\mathrm{Relu}(x)=\begin{cases}x, & \text{if }\ x>0 \\ 0, & \text{if }\ x\leqslant 0\end{cases} \tag{1}$$

损失函数是用来度量模型预测值与真实值之间的差异的函数,损失函数的选择直接影响模型的训练效果、模型稳定性、收敛速度、过拟合程度等。采用均方误差(RMSE)来评价各神经网络的优劣。其中 RMSE 越小,神经网络性能越好。

$$E=\frac{1}{n}\sum_{i=1}^{n}(\hat{y}_i-y_i)^2 \tag{2}$$

式中：E 为 RMSE，y_i 和 $\hat{y}_i$ 分别是样本数据的实际值和预测值，$\bar{y}_i$ 为样本数据的平均值，n 是样本数量。

前文所得学习率和批大小分别为 10^{-3} 和 20。根据该超参数组合构建的神经网络，收敛状态下的 RMSE 为 0.008 5，证明神经网络的预测精度良好，能够达到预期要求。

4.3　应力预测结果分析

根据已确定的神经网络超参数组合，对 FPSO 关键子结构最大应力预测算法进行训练并输出测试集的预测结果。以关键子结构 1 的最大应力水平为例分析预测结果，将预测值与实际值进行对比，生成拟合曲线如图 6（a）和图 6（b）所示。结果表明训练集和测试集中预测值与实际值的拟合效果均较好，表明预测结果准确度较高，泛化能力也较好。

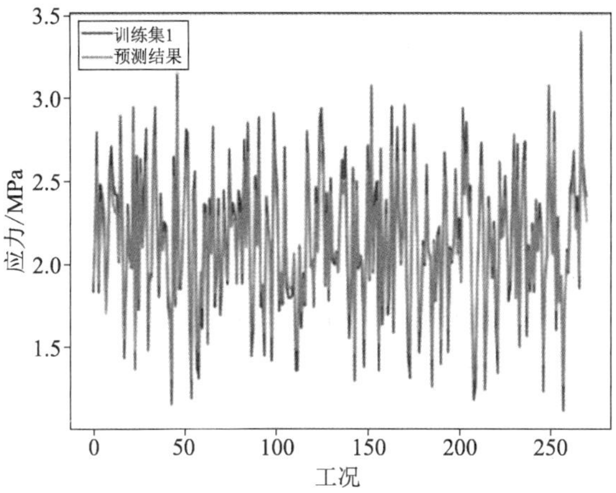

（a）训练集预测结果拟合 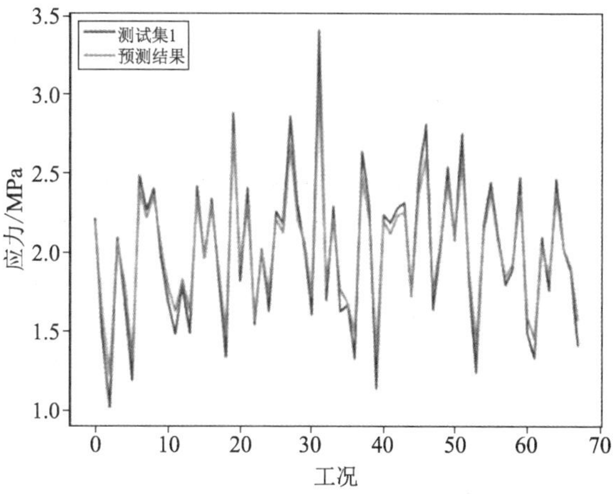　　　　　　　　　（b）测试集预测结果拟合

图 6　关键子结构 1 的最大应力水平预测结果拟合

为了更加直接地对比预测值与实际值，图 7（a）给出了 20 组 FPSO 关键子结构的最大应力水平预测结果的相对误差。全部 20 组关键子结构的相对误差的最大值均小于 10%，说明在最极端的情况下仍能保证至少 90% 的精度，预测模型具有一定鲁棒性。20 组 FPSO 关键子结构最大应力水平的平均相对误差结果如图 7（b）所示，最大平均相对误差约为 4%，平均精度维持在 96% 以上。

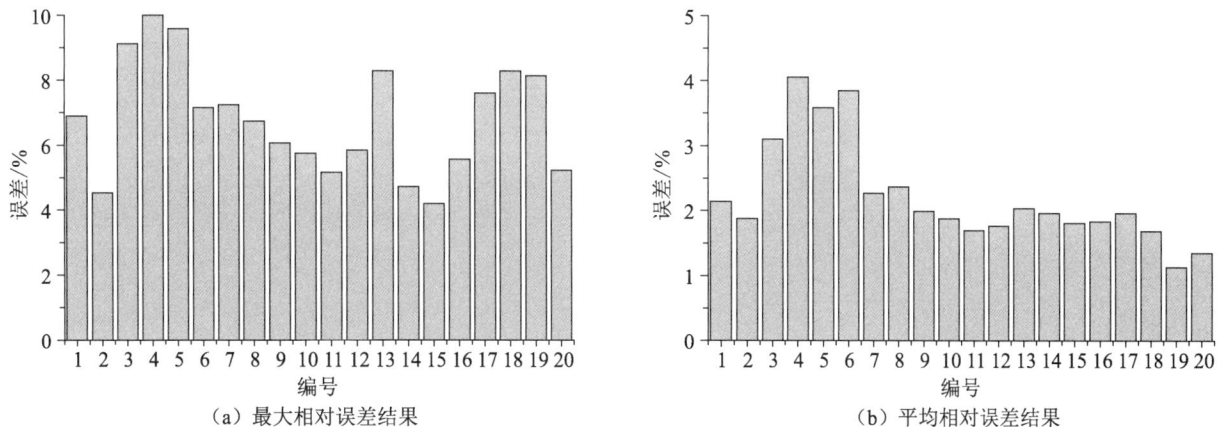

（a）最大相对误差结果　　　　　　　　　　（b）平均相对误差结果

图 7　FPSO 关键子结构最大应力水平误差结果

由结果可知，基于统计学方法构建的 FPSO 船体降阶模型，MLP 神经网络算法精度高，泛化能力强。相比于全船有限元计算每次所耗费的数分钟时间，针对 FPSO 关键子结构应力预测算法得到预测值的平均速度缩短至几秒。使用算法预测的速度更快，能够做到实时响应。

5　结　语

对于 FPSO 这样的大型结构，对全船的结构应力水平进行实时监测十分困难，因此，提出了对全船模型进行降阶分析，探究 FPSO 降阶模型以实现关键子结构应力水平的快速预测的方法。基于 FPSO 全船

有限元分析和神经网络研究解决以上问题,得出的主要结论如下:

(1)基于极限工况下目标 FPSO 全船有限元应力结果,根据降阶模型理论,结合船体结构特点和规范要求,将全船结构降阶为 20 组关键子结构,可以实现 FPSO 关键子结构更为细致的应力水平分析及预测,大幅减少计算时间和存储需求。

(2)基于拉丁超立方抽样方法获得的 340 组组合工况下的 FPSO 全船有限元批量计算,获取 20 组关键子结构的最大应力水平和每组关键子结构全部节点的应力值,建立的 FPSO 关键子结构应力预测数据库。

(3)在 Keras 框架下构建的 FPSO 降阶模型能够实现 FPSO 关键子结构最大应力水平高效、快速预报,平均精度维持在 96% 以上,证明了基于抽样方法构建的 FPSO 船体降阶模型神经网络算法的可行性。

参考文献

[1]　段雷杰,张少雄,杨洋. 基于设计波法的 FPSO 全船有限元分析[J]. 船海工程,2017,46(2):48-53.

[2]　殷小琪. 大开口深拖母船全船结构强度计算及疲劳分析[D]. 上海:上海交通大学,2020.

[3]　宋吉哲. FPSO 全船有限元建模方法研究[D]. 天津:天津大学,2006.

[4]　邵龙. 考虑复合材料修复的 FPSO 船体梁极限强度研究[D]. 镇江:江苏科技大学,2018.

[5]　栗铭鑫,陈维,李清,等. 新型圆筒型 FPSO 串靠外输作业耦合水动力响应分析[J]. 海洋工程,2023,41(6):31-38.

[6]　刘大同,郭凯,王本宽,等. 数字孪生技术综述与展望[J]. 仪器仪表学报,2018,39(11):1-10.

[7]　吴泽民,周临风,冷建成. 基于粒子群优化 LSTM 模型的管道应力预测方法[J]. 压力容器,2021,38(8):76-80.

[8]　ZHANG S Y,XU J J,LAI T,et al. Bond stress estimation of profiled steel-concrete in steel reinforced concrete composite structures using ensemble machine learning approaches[J]. Engineering Structures,2023,294:116725.

[9]　LIU F F,TAO C C,DONG Z B,et al. Prediction of welding residual stress and deformation in electro-gas welding using artificial neural network[J]. Materials Today Communications,2021,29:102786.

[10]　WU L,YANG Y,MAHESHWARI M,et al. Parameter optimization for FPSO design using an improved FOA and IFOA-BP neuralnetwork[J]. Ocean Engineering,2019,175:50-61.

[11]　李宁. 基于 BP 神经网络和果蝇算法的 FPSO 船体梁结构参数优化研究[D]. 青岛:中国石油大学(华东),2020.

[12]　中国船级社. 海上浮式装置入级规范[S]. 北京:人民交通出版社,2020.

[13]　董雷霆,周轩,赵福斌,等. 飞机结构数字孪生关键建模仿真技术[J]. 航空学报,2021,42(3):113-141.

[14]　中国船级社. 钢质海船入级规范[S]. 北京:人民交通出版社,2022.

波流耦合对圆筒型 FPSO 运动特性影响的数值研究

薛瑛杰,霍帅文,赵伟文,万德成

(上海交通大学 船海计算水动力学研究中心 船舶海洋与建筑工程学院,上海 200240)

摘要:基于计算流体力学方法,对不同波浪周期的规则波和波流耦合作用下的"海洋石油 122"圆筒型 FP-SO 进行数值模拟,分析了圆筒型 FPSO 运动特性和流场变化规律。研究表明:波流耦合作用下,纵荡运动的平衡位置将向正向偏移,垂荡运动的幅值在某些特定周期下增大,而纵摇运动幅值则随波浪周期增加呈现出先增大后减小的特点,其平衡位置与纯波浪作用相比有 1.5° 的负向偏移;同时,波流耦合作用将导致圆筒型 FPSO 的侧壁、底部、尾流区均产生大量的漩涡结构,流体和结构物之间复杂的相互作用将增加运动的不确定性。

关键词:圆筒型 FPSO;波流耦合作用;数值模拟;运动响应

世界海洋油气的开发逐渐向深远海发展[1],对海上浮式生产储油设备(floating production,storage and offloading,FPSO)抗风暴以及抗砰击能力提出了新的要求。圆筒型 FPSO 作为一种新型的浮式海洋平台,其结构基本对称,在各方向上能够承受相同的波浪弯矩,可通过单点系泊实现定位[2]。这类平台具有出色的结构性能和水动力性能[3-4],拥有较高的环境适应能力,更加适应深海作业的需求,能够使平台作业人员的生活更舒适和安全。

为应对复杂多变的深海环境,波流耦合与结构物之间的相互作用成为一个重要的研究方向[5-7]。有学者研究发现,在波流耦合作用下,结构物表面波浪高程增加,砰击载荷增大[8],浮体运动将表现出强非线性特征[9]。同时,自由液面受扰范围扩大,湍流强度显著增强[10]。然而,大多数学者对波流耦合问题的数值研究局限于固定式结构物,少量对浮式结构开展的数值研究也仅局限于二维模型或单自由度运动。

以中国首艘自主设计研发的"海洋石油 122"圆筒型 FPSO 为研究对象,使用自主开发的 naoe-FOAM-SJTU 求解器[11-12]进行数值模拟,对比分析圆筒型 FPSO 在纯波浪与波流耦合作用下的运动特性与流场特性。首先介绍了计算流体力学(computational fluid dynamics,CFD)、造波消波、浮体运动等数值计算方法,而后对圆筒型 FPSO 模型和计算网格进行展示说明,最后讨论数值模拟计算结果。

1 数值方法

1.1 流体控制方程

黏性、非定常、不可压流体的基本控制方程为:

$$\nabla \cdot \boldsymbol{U} = 0 \tag{1}$$

$$\frac{\partial \rho \boldsymbol{U}}{\partial t} + \nabla \cdot (\rho(\boldsymbol{U} - \boldsymbol{U}_{\mathrm{g}})\boldsymbol{U}) = -\nabla p_{\mathrm{d}} - \boldsymbol{g} \cdot \boldsymbol{x} \nabla \rho + \nabla \cdot (\mu \nabla \boldsymbol{U}) + \boldsymbol{f}_{\sigma} \tag{2}$$

式中:$\boldsymbol{U}$ 表示流场速度;$\boldsymbol{U}_{\mathrm{g}}$ 表示动态网格的变形速度;p_{d} 表示流场动压力,可表示为总压减去静水压,$p_{\mathrm{d}} = p - \rho g x$,$p$ 表示总压力,$\boldsymbol{x}$ 表示坐标位置向量;$\boldsymbol{g}$ 表示重力加速度;ρ 表示流体密度;$\boldsymbol{f}_{\sigma}$ 为表面张力项;μ 表示流体的动力黏性系数;t 表示时间。

基金项目:国家重点研发计划资助项目(2022YFC2806705);国家自然科学基金重点项目(52131102)

通信作者:赵伟文。E-mail:weiwen.zhao@sjtu.edu.cn

1.2 主动造波消波技术

文中采用主动造波消波边界方法(generating-absorbing boundary condition，GABC)实现造波和造流。该方法在造波时通过在流体域的边界施加特定的边界条件来生成和控制波流[13]，消波时则基于势流理论的改进 Sommerfeld 边界条件。Sommerfeld 边界条件[14]假设边界距结构足够远，可以认为边界处的流动是无旋的。当出口处的流场满足以下条件时，边界无反射，Sommerfeld 边界条件可写为：

$$\frac{\partial \varphi}{\partial t} + c\frac{\partial \varphi}{\partial x} = 0 \tag{3}$$

式中：c 代表波浪的相速度，φ 代表波浪在计算域出口位置处的速度势。

Borsboom 和 Jacobsen[15]经过长时间的探索，建议使用深度相关函数代替常数值 c。改进的 Sommerfeld 边界条件可以写为：

$$\frac{\partial \varphi}{\partial t} + \sqrt{gd}\,a(z)\frac{\partial \varphi}{\partial x} = 0 \tag{4}$$

式中：g 代表重力加速度，$a(z)$ 是一个与垂向位置相关的函数，d 为水深。

为了建立势流波浪理论与 N-S 方程关系，GABC 方法使用线性伯努利方程将速度势方程与 N-S 方程联系起来：

$$p = -\rho_l gz - \rho_l \frac{\partial \varphi}{\partial x} \tag{5}$$

式中：ρ_l 代表液体密度，z 代表 z 方向坐标。

由于 GABC 方法涉及的原理较为复杂，关于 GABC 方法的更多细节可以参考相关文献[15-16]。

1.3 六自由度运动求解

naoe-FOAM-SJTU 求解器六自由度运动模块开发的时候考虑到多成分复合结构体问题，分别定义了两套坐标系。在大地坐标系下求解流体力与系泊力，而后通过坐标转换将大地坐标系下的力转化至随体坐标系。

$$\boldsymbol{F} = \boldsymbol{J}_1^{-1} \cdot \boldsymbol{F}_e$$
$$\boldsymbol{M} = \boldsymbol{J}_1^{-1} \cdot \boldsymbol{M}_e \tag{6}$$

式中：$\boldsymbol{F}$ 和 $\boldsymbol{M}$ 分别代表大地坐标系下的力和力矩；$\boldsymbol{F}_e$ 和 $\boldsymbol{M}_e$ 分别代表随体坐标系下的力和力矩；$\boldsymbol{J}_1$ 和 $\boldsymbol{J}_1^{-1}$ 分别为转换矩阵和转换矩阵的逆矩阵。在随体坐标系中通过六自由度运动方程求解浮体运动[17]。

2 计算模型

2.1 几何模型

采用 1：60 缩尺模型，与文献[18]中水池试验保持一致，如图 1(a)所示，主尺度参数如表 1 所示。同时，使用了简化的系泊模型，将原本的 3 簇，每簇 4 束的复杂成分系泊等效简化为了 4 根弹簧系泊模型，如图 1(b)所示，相关参数如表 2 所示。

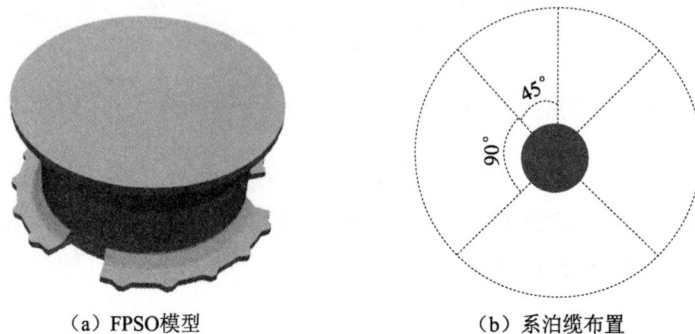

（a）FPSO模型　　　　　　　　（b）系泊缆布置

图 1　圆筒型 FPSO 1：60 缩尺模型与系泊缆布置

表 1　圆筒型 FPSO 1∶60 缩尺模型主要参数

参　数	数　值	参　数	数　值
吃水/m	0.380	Z 方向惯性半径/m	0.386
质量/t	0.449 7	垂荡固有周期/s	2.07
重心高/m	0.331	横摇固有周期/s	3.97
X 方向惯性半径/m	0.354	纵摇固有周期/s	3.97
Y 方向惯性半径/m	0.354		

表 2　系泊参数

锚泊参数	数　值	锚泊参数	数　值
抗拉刚度 EA/N	94	长度/m	2.5
预张力/N	28	各系泊间夹角/(°)	90

2.2 计算工况

根据水池试验统计结果,系泊状态下模型垂荡固有周期为 1.807 s,模型纵摇运动固有周期为 3.808 s。以此为基准,选取 4 种不同周期的规则波工况,用以研究纯波浪与波流耦合作用下圆筒型 FPSO 运动与流场特性。纯波浪工况如表 3 所示,波流耦合计算工况考虑流速为 0.259 6 m/s。

表 3　纯波浪工况表

参　数	数　值
波浪周期/s	0.904、1.807、2.840、3.808
波高/m	0.116 7

2.3 计算域设置和网格划分

计算域如图 2 所示,其范围为 $-6\,m \leqslant X \leqslant 12\,m$、$-6\,m \leqslant Y \leqslant 6\,m$、$-7\,m \leqslant Z \leqslant 2\,m$。计算域的原点位于水线面圆筒型 FPSO 的中心处,波浪传播方向为 X 的正方向,坐标系遵循右手定则。水深与物理模型试验时的水深保持一致,均为 7 m。

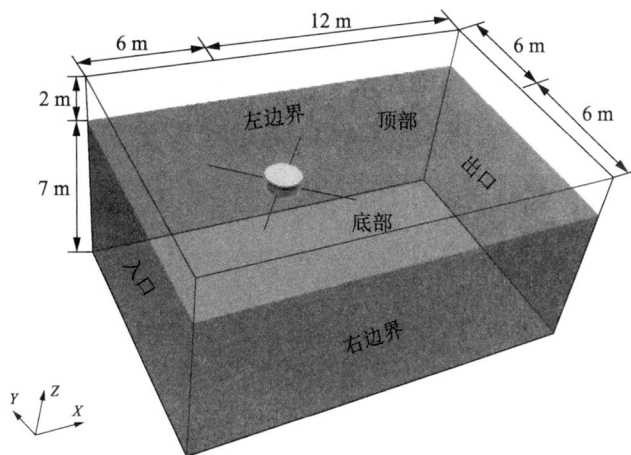

图 2　圆筒型 FPSO 计算域设置

计算域底部选用无滑移的壁面边界条件,结构体的表面选取移动壁面边界条件,计算域的左边界和右边界均选择对称边界条件,计算域的顶部选取总压边界条件,计算域的入口和出口均选取 GABC 主动造波消波法专用边界条件。

在网格划分上,采取变密度策略。如:在 X 方向上,在 $-6\,m \leqslant X \leqslant 3.5\,m$ 范围内网格保持均匀,在 $3.5\,m \leqslant X \leqslant 12\,m$ 范围内,网格逐渐向稀疏过度;在 Y 方向上,$-2\,m \leqslant Y \leqslant 2\,m$ 结构物周围的网格保持均

匀,−6 m≤Y≤−2 m 和 2 m≤Y≤6 m 范围内网格逐渐向两侧变稀疏;在 Z 方向上,对自由液面附近−0.05 m≤Z≤0.05 m 进行加密,其余 Z 向部分向顶端和底部逐渐稀疏。总网格量为 300 万,如图 3 所示。

（a）计算域网格纵剖面   （b）圆筒型FPSO附近网格   （c）圆筒型FPSO贴体网格

图 3　圆筒型 FPSO 网格划分

3　结果分析

3.1　纯波浪与波流耦合下运动特性的对比分析

图 4 至图 8 分别展示了波浪周期为 0.904、1.807、2.840、3.808 s 时,纯波浪作用下和波流耦合作用下的圆筒型 FPSO 纵荡、垂荡、纵摇的时历曲线。从图 4 可以看出:波浪周期为 0.904 s 时,波流耦合作用与纯波浪作用相比,纵荡、纵摇运动的幅值差异不大,垂荡运动幅值偏小;纵荡平衡位置高于纯波浪作用,垂荡平衡位置略低于纯波浪作用,纵摇的平衡位置与纯波浪下相反。

（a）纵荡运动时历曲线   （b）垂荡运动时历曲线   （c）纵摇运动时历曲线

图 4　波浪周期为 0.904 s 时纯波浪与波流耦合圆筒型 FPSO 运动时历曲线对比

波浪周期为 1.807 s 时(图 5):波流耦合作用下的纵荡响应幅值与纯波浪作用相近,但平衡位置仍高于纯波浪作用,表明波流耦合作用会导致更大的纵向偏移;波流耦合作用导致了更大的垂荡运动幅值,相较于纯波浪幅值增大 22.3%;纵摇运动的平衡位置依旧发生偏转,产生了较大的负向纵摇偏移,但其幅值变化不大。

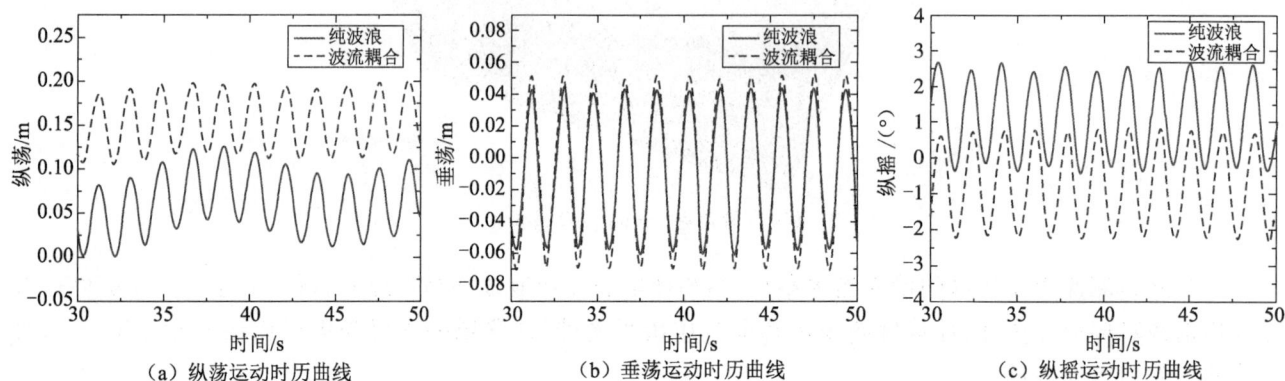

（a）纵荡运动时历曲线   （b）垂荡运动时历曲线   （c）纵摇运动时历曲线

图 5　波浪周期为 1.807 s 时纯波浪与波流耦合圆筒型 FPSO 运动时历曲线对比

　　波浪周期为 2.840 s 时(图 6):波流耦合作用下的纵荡响应幅值稍小于纯波浪作用,平衡位置仍高于纯波浪;垂荡运动幅值和平衡位置都略小于纯波浪作用,总体而言二者较为相近;而纵摇运动在波流耦合作用下幅值增大,平衡位置继续向负向发生偏移。

　　波浪周期为 3.808 s 时(图 7):波流耦合作用下的纵荡响应幅值与纯波浪作用下的纵荡响应幅值相近,平衡位置依旧高于纯波浪作用;垂荡运动幅值和平衡位置都略小于纯波浪作用,两者差异不大;然而对纵摇运动,虽然波流耦合下同样产生了 1.5°左右的负向偏移,但幅值明显小于纯波浪作用。

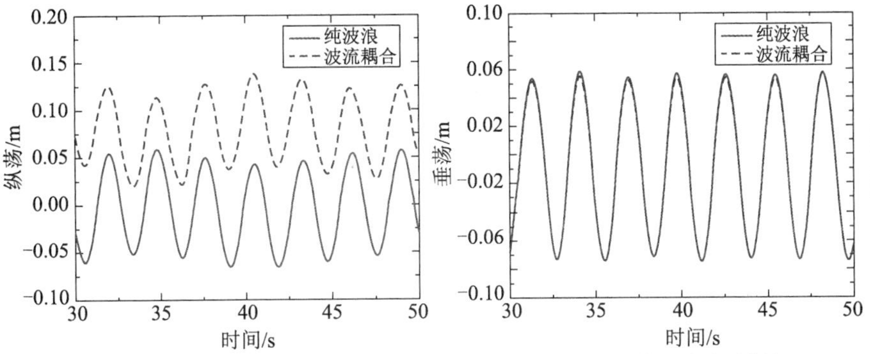

　　(a)纵荡运动时历曲线　　　　　(b)垂荡运动时历曲线　　　　　(c)纵摇运动时历曲线

图 6　波浪周期为 2.840 s 时纯波浪与波流耦合圆筒型 FPSO 运动时历曲线对比

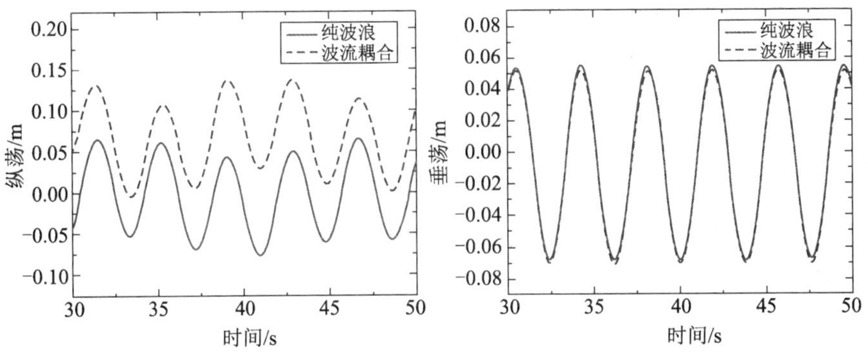

　　(a)纵荡运动时历曲线　　　　　(b)垂荡运动时历曲线　　　　　(c)纵摇运动时历曲线

图 7　波浪周期为 3.808 s 时纯波浪与波流耦合圆筒型 FPSO 运动时历曲线对比

3.2　纯波浪与波流耦合下运动特性的对比分析

　　为了探究纯波浪与波流耦合工况的流场细节差异,以波浪周期为 1.807 s 为例,分别对纯波浪流场和波流耦合流场的自由面特征、漩涡结构特征进行对比分析。

　　图 8 展示了纯波浪作用下和波流耦合作用下的自由液面,能够看出,当规则波与均匀流叠加时,均匀流的速度会与波浪的传播速度叠加,导致波浪在顺流方向传播更快。这种速度的变化会导致波流耦合工况下的规则波波长增大,但不会改变波浪的周期。除此之外,由于波浪周期为 1.807 s 时,对圆筒型 FPSO 的纵荡运动具有放大作用,因此能够观察到,波流耦合作用下的衍射波纹相较于纯波浪更为明显。

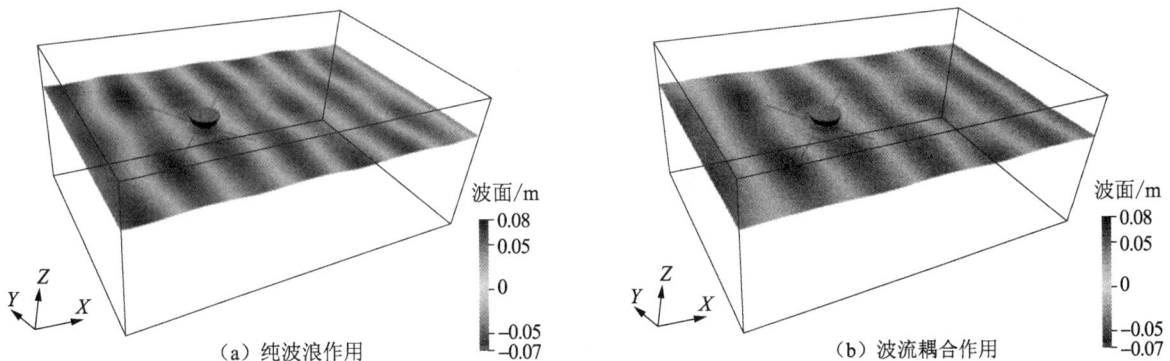

　　(a)纯波浪作用　　　　　　　　　　(b)波流耦合作用

图 8　纯波浪作用和波流耦合作用的自由液面抬升对比

图 9 展示了圆筒型 FPSO 垂荡运动极大值时刻的筒体附近漩涡结构。由图 9 可以看出:纯波浪作用下,仅在圆筒型 FPSO 的垂荡板附近产生了漩涡结构;而波流耦合作用下,除垂荡板附近的漩涡外,圆筒型 FPSO 的侧壁、底部、尾流区均产生了大量的漩涡结构。这表明在波流耦合情况下,流体和结构物之间的相互作用更加复杂,这些现象可能导致动力响应的随机性和不确定性增加。

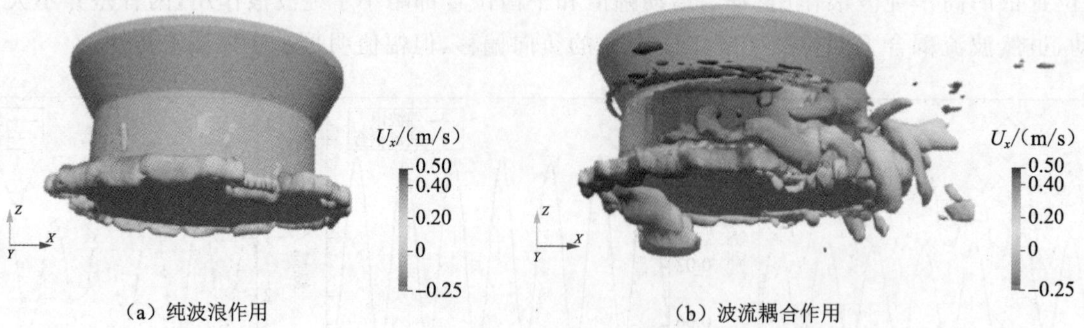

(a) 纯波浪作用　　　　　　　　　　　　　(b) 波流耦合作用

图 9　纯波浪作用和波流耦合作用垂荡运动极大值时刻的筒体附近漩涡结构

4　结　语

通过对不同波浪周期规则波和波流耦合作用下的圆筒型 FPSO 进行数值模拟,得到主要结论如下:

(1) 波流耦合作用与纯波浪作用下的圆筒型 FPSO 纵荡运动幅值差异并不明显,但纵荡平衡位置正向偏移显著,在波浪周期大于 1.807 s 时,这种正向偏移随着波浪周期的增大而减小。对于垂荡运动而言,仅当波浪周期为 1.807 s 时,波流耦合作用与纯波浪作用相比,垂荡运动幅值被放大了 20% 左右,其余波浪周期波流耦合工况与纯波浪工况基本一致,各波浪周期下的垂荡运动均值较纯波浪作用偏小。对纵摇运动幅值的影响较为复杂,与纯波浪作用相比,随着波浪周期的增加,其对纵摇运动的影响呈现先抑制后放大再抑制的规律;纵摇平衡位置与纯波浪作用相比,发生了 1.5° 的负向偏移。

(2) 对波流耦合作用与纯波浪作用的流场特性进行对比可知,在海流的影响下,波浪波速增加,波长被拉长。波流耦合作用下的圆筒型 FPSO 的尾流区和筒体底部产生了明显的逆向流速区和涡量聚集区,涡量在海流作用下不断脱落并形成对称分布的尾迹,逆向流速带来的低压导致筒体底部产生负向吸力,进而引起圆筒型 FPSO 的垂荡负向偏移。

参考文献

[1]　马延德,孙德壮,董庆辉,等. 新型 FPSO 发展趋势及设计[C]// 辽宁省造船工程学会. 2010 年中国大连国际海事论坛论文集. 大连:大连海事学院出版社,2010:45-50.

[2]　陈德庆,魏冠杰,索志远. FPSO 应用现状及发展趋势的思考[J]. 化工管理,2018(23):1-3.

[3]　CUEVA M,MALTA E B,NISHIMOTO K,et al. Estimation of damping coefficients of moonpools for monocolumn type units[C]//ASME. Proceedings of ASME 2005 24th International Conference on Offshore Mechanics and Arctic Engineering. New York:ASME,2008:665-671.

[4]　LAMPORT W B,JOSEFSSON P M. The next generation of round fit-for-purpose hull form FPSOs offers advantages over traditional ship-shaped hull forms[C]// ASME. 2008 Deep Gulf Conference. New York,USA :ASME,2008:9-11.

[5]　RIJNSDORP D P,ZIJLEMA M. Simulating waves and their interactions with a restrained ship using a non-hydrostatic wave-flow model[J]. Coastal Engineering,2016,114:119-136.

[6]　LI X,XIAO Q,WANG E H,et al. The dynamic response of floating offshore wind turbine platform in wave-current condition[J]. Physics of Fluids,2023,35(8):087113.

[7]　LIN P Z,LI C W. Wave-current interaction with a vertical square cylinder[J]. Ocean Engineering,2003,30(7):855-876.

[8]　DENG D,WANG Z,WAN D C. Numerical investigations of vortex-induced vibration of two-dimensional circular cylinder experiencing oscillatory flow[C]// ISOPE. Proceedings of the 33th Pacific-Asia Offshore Mechanics Symposi-

um. California,USA:ISOPE,2018:ISOPE-P-18-007.

［9］　XU W H,SONG Z Y,LIU G J,et al. Numerical analysis of the impact parameters on the dynamic response of a submerged floatingtunnel under coupling waves and flows[J]. Sustainability,2023,15(21):15241.

［10］　ZHANG J S,ZHANG Y,JENG D S,et al. Numerical simulation of wave-current interaction using a RANS solver[J]. Ocean Engineering,2014,75:157-164.

［11］　CAO H J,WAN D C. Development of multidirectional nonlinear numerical wave tank by naoe-FOAM-SJTU solver[J]. International Journal of Ocean System Engineering,2014,4(1):49-56.

［12］　WANG J H,ZHAO W W,WAN D C. Development of naoe-FOAM-SJTU solver based on OpenFOAM for marine hydrodynamics[J]. Journal of Hydrodynamics,2019,31(1):1-20.

［13］　HUO S W,DENG S,SONG Z R,et al. On the hydrodynamic response and slamming impact of a cylindrical FPSO in combined wave-current flows[J]. Ocean Engineering,2023,275:114139.

［14］　HATAYAMA S. Comparison of effectiveness of four open boundary conditions for incompressible unbounded flows[M]. [S.l.]: National Aerospace Laboratory,1999.

［15］　BORSBOOM M,JACOBSEN N G. A generating-absorbing boundary condition for dispersive waves[J]. International Journal for Numerical Methods in Fluids,2021,93(8):2443-2467.

［16］　CHEN S T,ZHAO W W,WAN D C. On the scattering of focused wave by a finite surface-piercing circular cylinder: a numerical investigation[J]. Physics of Fluids,2022,34(3):035132.

［17］　CARRICA P M,WILSON R V,NOACK R W,et al. Ship motions using single-phase level set with dynamic overset grids[J]. Computers & Fluids,2007,36(9):1415-1433.

［18］　DENG S,ZHONG W J,YANG X L,et al. Experimental and numerical study of the hydrodynamic features of a cylindrical FPSO considering current-induced motion[J]. Ocean Engineering,2022,262:112263.

恶劣海况下双模块平台气隙响应数值预报

苗玉基[1,2],程小明[1,2]

(1. 深海技术科学太湖实验室海上浮式装备研究设计所,无锡 214082;2. 中国船舶科学研究中心远海装备与高性能船研究部,无锡 214082)

摘要:为了研究双模块平台在恶劣海况下的气隙响应,采用时域方法对其进行计算,得到了不同海况下主平台和辅平台监测点位置处的气隙响应;对比了不同谱峰周期和不同浪向下两个模块气隙响应的变化规律。结果研究表明:浪向和谱峰周期均对双模块平台气隙响应具有较大影响,主平台和辅平台气隙均随波浪的谱峰周期减小而减小,双模块平台最小负气隙会出现在小谱峰周期下。双模块平台最小负气隙会出现在横浪作用下,且在横浪条件下两个模块负气隙出现位置呈对称分布。需要重点关注湿甲板角点位置的波浪砰击作用和立柱波浪爬升引起的非线性波浪载荷对平台结构的影响。

关键词:半潜平台;气隙响应;势流理论;数值计算;双模块平台

半潜平台具有稳定性好、移动方便、环境适应性强、甲板面积大、作业水深范围广等诸多优点,广泛应用于石油勘探开采和科学研究等领域[1-2]。气隙是半潜平台设计中关注的重要参数之一,关系平台的安全运行和可靠性。可采用频域或时域方法对半潜式平台气隙进行计算。时域耦合方法可考虑系泊系统[3]和二阶波浪力[4]的影响,具有更高的准确性。波浪非线性程度、水深、系泊方式等都会对半潜式平台气隙产生影响[5-8]。盛楠等[5]采用统计分析和概率分布拟合方法计算了不同海况下的波浪非线性因子,发现只考虑线性波浪,忽略高阶成分,会导致波面升高幅值结果偏小,低估平台气隙响应。李业成等[6]采用水池模型试验研究了畸形波对半潜平台运动响应、波浪爬升和气隙响应的影响,发现畸形波对波浪爬升与气隙响应的峰值累计概率分布具有影响,会导致其峰值明显增大。沈中祥等[7-8]研究了水深、定位方式等对平台气隙响应的影响,工作水深对辅助锚泊定位系统下平台的运动响应和气隙的影响更为显著。张曦等[9]采用模型试验方法对半潜平台近场干涉、波浪爬升和气隙分布等关键问题进行了较为系统的研究。闫发锁等[10]对一座深水半潜平台在极限波浪下的气隙和波浪爬升响应进行了模型试验,研究了不同测点极值状况、频谱分析和统计分布。

双模块平台由两个半潜平台通过连接器连接而成,其运动特性与单个半潜平台不同[11]。采用时域方法对其进行数值计算,研究恶劣海况下平台的气隙响应,对比分析不同浪向、不同谱峰周期下两个模块气隙响应及其分布位置的变化规律,为平台设计提供技术支撑。

1 数值计算原理

浮体在时域内的运动方程[12]为:

$$[a + A(\infty)]\ddot{x}(t) + \Delta C \dot{x} + K x(t) + \int_0^t h(t-\tau)\dot{x}(\tau)\mathrm{d}\tau = F(t) \tag{1}$$

式中:a 为浮体的质量矩阵;$A(\infty)$ 为频率无穷大时的附加质量矩阵;$h(t)$ 为系统延迟函数;ΔC 为人工定义的阻尼,其与频率无关,一般为考虑黏性和漩涡引起的阻尼;K 为浮体静水恢复力矩阵;$x(t)$ 为浮体的运动时间历程;$\ddot{x}(t)$ 为浮体的加速度时间历程;$F(t)$ 为结构受到的外力的合力,包括波浪力、拖曳力、推力

基金项目:江苏省基础研究计划自然科学基金——青年基金项目(BK20220221)

通信作者:苗玉基。Email:miaoyuji@cssrc.com.cn

等。

延迟函数可由式(2)[12]求得:

$$h(t)=-\frac{2}{\pi}\int_0^\infty B(\omega)\frac{\sin(\omega t)}{\omega}\mathrm{d}\omega=\frac{2}{\pi}\int_0^\infty [A(\omega)-A_\infty]\cos(\omega t)\mathrm{d}\omega \tag{2}$$

式中:$A(\omega)$ 和 $B(\omega)$ 分别为浮体频域下的附加质量和辐射阻尼系数。

通过龙格库塔法可求解式(1),得到浮体重心位置处的运动时间历程,进而计算浮体任意一点处的运动响应:

$$\boldsymbol{x}_P(t)=\boldsymbol{x}_g(t)+\boldsymbol{E}\begin{bmatrix}x\\y\\z\end{bmatrix} \tag{3}$$

式中:$\boldsymbol{x}_g(t)$ 为 t 时刻浮体重心在固定坐标系中的位置;$\boldsymbol{E}$ 为坐标系转换矩阵;(x,y,z) 为点 P 在局部坐标系中的坐标。

平台任意一点处的气隙可由平台垂向运动和平台所在位置波面升高计算得到:

$$\alpha(t)=\alpha_0+Z_P(t)-\eta(t)=\alpha_0-\chi(t) \tag{4}$$

式中:α_0 为平台静气隙,$Z_P(t)$ 为 t 时刻点 P 处的垂向位移,$\eta(t)$ 为 t 时刻波面升高,$\chi(t)$ 为 t 时刻相对波面升高。

2 数值计算模型及计算工况

2.1 数值计算模型

计算对象为由两个半潜平台模块(主平台和辅平台)组成的双模块平台。两个半潜平台模块构型相同,均由上甲板、立柱和浮筒构成。半潜平台单模块的几何参数如表1所示。双模块平台所在区域的水深在 40 m 左右,作业和自存工况吃水约为 5.5 m。波浪入射角为波浪行进方向与 X 轴的夹角,0°入射波即波浪方向沿双模块平台轴线方向(X 轴正向)。根据半潜平台模块的初步设计得到了重心位置和其他力学参数。主要力学参数如表2所示。

表 1　半潜平台单模块几何参数

参　数	数值/m	参　数	数值/m
箱型甲板长	30	箱型甲板高	3.2
箱型甲板宽	25	纵向浮体长	26.0
平台高(基线到箱型甲板顶)	14.2	横向浮体长	25.0
立柱水平截面(方形)	5.5	浮体宽	5.5
立柱高(从下浮体顶算起)	7.5	浮体高	3.5
立柱轴线纵向间距	20.5	立柱中心纵向间距	20.5
立柱轴线横向间距	19.5	立柱中心横向间距	19.5

表 2　科学试验平台主要力学参数

工　况	吃水/m	排水量/t	重心/m			转动惯量/(t·m²)		
			G_x	G_y	G_z	I_{xx}	I_{yy}	I_{zz}
主平台	5.5	1 828	0	0	7.78	1.73E+5	2.23E+5	2.86E+5
辅平台	5.5	1 828	0	0	7.15	1.73E+5	2.37E+5	2.91E+5

双模块平台的系泊系统布置如图1所示,其中左侧为主平台,右侧为辅平台。系泊系统采用8条完全相同的锚链-缆绳组合型系泊缆,主模块尾部两侧及辅模块艏部两侧各布有2条系泊缆,呈 4×2 布局。平台上的系泊缆连接点位于立柱外侧,距离平台基线高为 6 m(水线上 0.5 m)。同一立柱上 2 个连接点水平相距 2.6 m,2 条系泊缆并行向外伸展。每条系泊缆的系泊半径为 170 m,4 个立柱上的系泊缆在海底的

投影与 X 轴正向的夹角分别为－135°、135°、45°和－45°。每条系泊缆由四部分组成,如图2所示。

（a）侧视图　　　　　　　　　　　　（b）俯视图

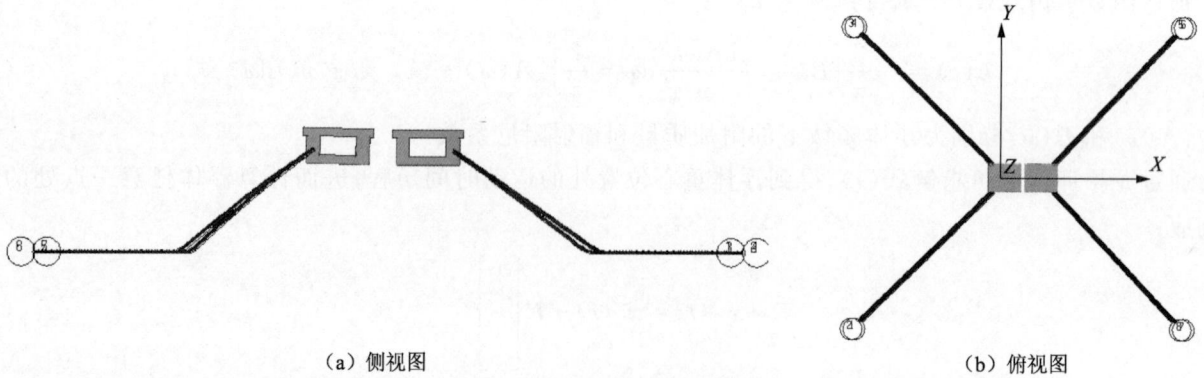

图1　科学试验平台系泊系统

图2　组合系泊链-缆组成示意

平台气隙监测点如图3所示,监测点距离基线高度为 11 m,位于湿甲板上,在平台角点、立柱中心点和舷侧均布置了气隙监测点,辅平台的气隙监测点和主平台监测点的位置一致。

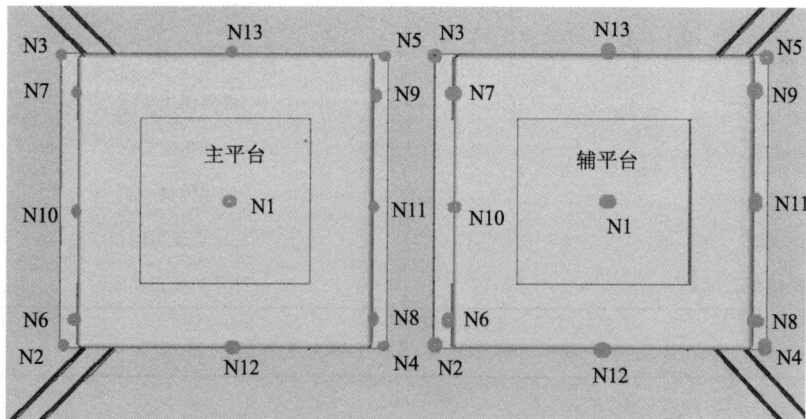

图3　气隙监测点

2.2 计算工况

采用JONSWAP谱对双模块平台进行时域计算分析,计算了浪向角为 0°～180°,间隔为 22.5°,有义波高为 4.0 m,风速为 46.2 m/s,流速为 1.0 m/s 时平台的气隙,详细工况如表3所示。每个工况在计算时选取 10 个种子,计算之后对 10 个种子的结果取算术平均值作为该工况下平台气隙的最终结果。每个计算工况的模拟时长均为 3.0 h(10 800 s),计算中风浪流同向。

表 3　计算工况表

工　况	有义波高/m	谱峰周期/s	浪向/(°)	工况	有义波高/m	谱峰周期/s	浪向/(°)
1	4.0	7.2	0.0	15	4.0	11.0	90.0
2	4.0	9.1	0.0	16	4.0	7.2	112.5
3	4.0	11.0	0.0	17	4.0	9.1	112.5
4	4.0	7.2	22.5	18	4.0	11.0	112.5
5	4.0	9.1	22.5	19	4.0	7.2	135.0
6	4.0	11.0	22.5	20	4.0	9.1	135.0
7	4.0	7.2	45.0	21	4.0	11.0	135.0
8	4.0	9.1	45.0	22	4.0	7.2	157.5
9	4.0	11.0	45.0	23	4.0	9.1	157.5
10	4.0	7.2	67.5	24	4.0	11.0	157.5
11	4.0	9.1	67.5	25	4.0	7.2	180.0
12	4.0	11.0	67.5	26	4.0	9.1	180.0
13	4.0	7.2	90.0	27	4.0	11.0	180.0
14	4.0	9.1	90.0				

3　计算结果与讨论

图 4 给出了主平台和辅平台在不同浪向下最小气隙,图中 $T_i(i=1,2,3)$ 分别表示谱峰周期为 7.2 s、9.1 s 和 11.0 s。由图 4 可知,在 90°浪向下平台气隙最小且两个平台均出现了负气隙,主平台和辅平台的最小负气隙均约为 −3.1 m。0°浪向下主平台出现了较为显著的负气隙,约为 −1.9 m,而辅平台仅在个别点位出现了负气隙。22.5°~45.0°浪向下主平台仍然有负气隙,而辅平台则未出现负气隙。180°浪向下,辅平台最小负气隙约为 −2.6 m,主平台则未出现负气隙。此外,可以发现随着谱峰周期减小,负气隙越来越显著,最小负气隙均出现在谱峰周期为 7.2 s 时,而在谱峰周期为 11.0 s 时两个平台均未出现负气隙。

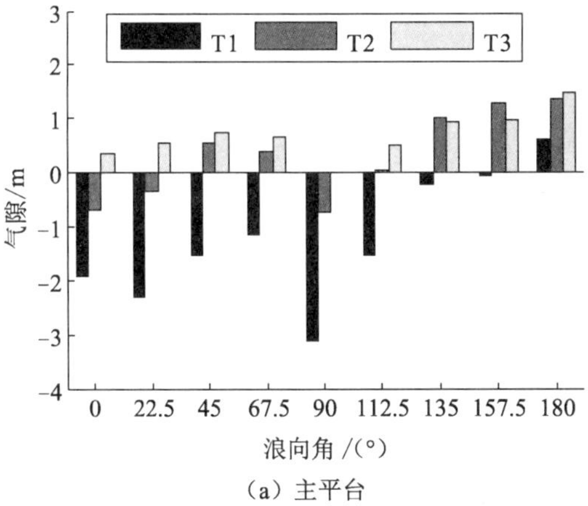

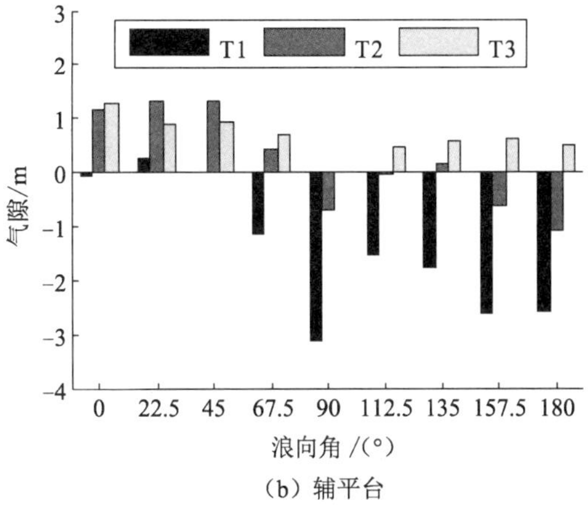

图 4　不同浪向下平台气隙对比

图 5 至图 7 展示了迎浪、斜浪和横浪条件下平台各监测点处的气隙,图中横轴表示气隙监测点编号,监测点具体位置如图 3 所示。由图 5 可知,在 0°浪向下主平台负气隙出现在迎浪侧湿甲板和立柱等位置,其中湿甲板角点处的负气隙最小,约为 −1.9 m;主平台立柱位置出现了波浪爬升和 −1.3 m 的负气隙。0°浪向下辅平台仅在湿甲板角点位置出现了约 −0.1 m 的负气隙,这是平台垂荡运动和纵摇运动叠加导致角点处垂向位移增大引起的,辅平台其他位置未出现负气隙。

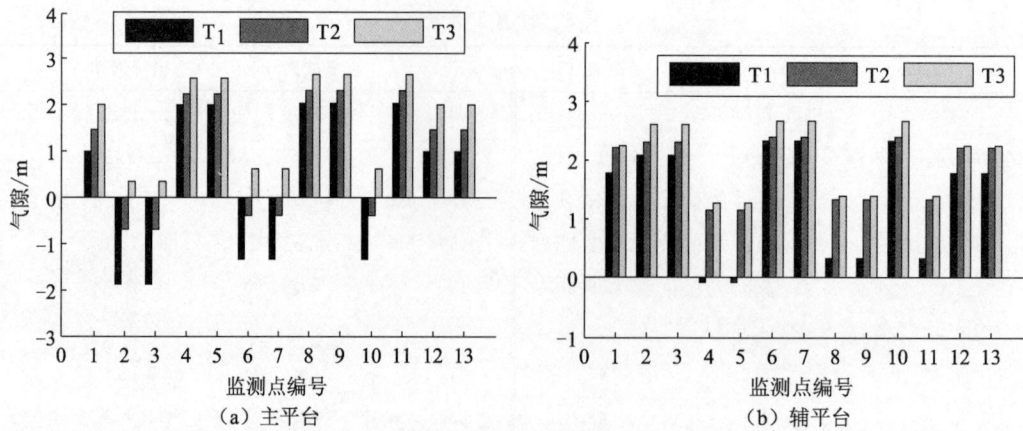

图 5　迎浪条件下平台各监测点处气隙对比

　　图 6 展示主平台和辅平台在艏斜浪和艉斜浪作用下各监测点的气隙。由图 6(a)可知,在 22.5°浪向下主平台在迎浪侧湿甲板、立柱和侧舷处出现了负气隙,最小负气隙出现在甲板角点处,约为−2.3 m,此时辅平台各监测点均未出现负气隙。由图 6(b)可知,在 157.5°浪向下辅平台迎浪侧和被浪侧湿甲板、立柱和侧舷处均出现了负气隙,最小负气隙出现在甲板角点处,约为−2.6 m。

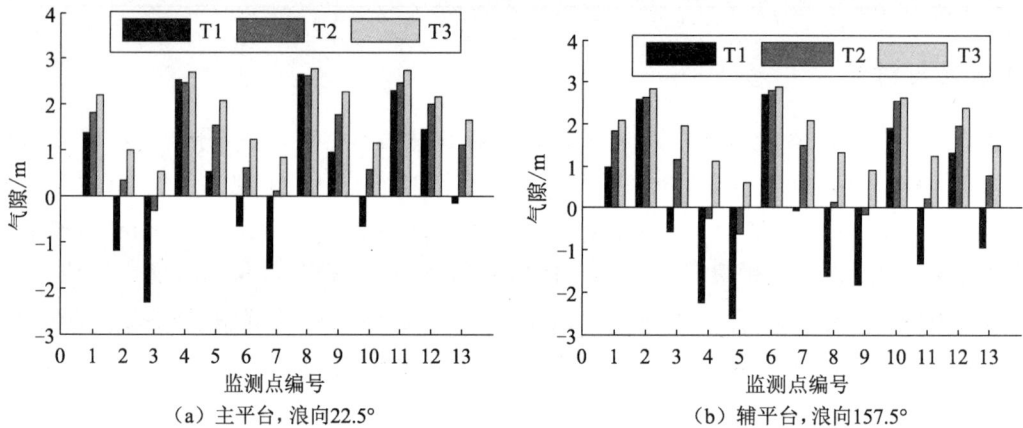

（a）主平台,浪向22.5°　　　　　　　　　（b）辅平台,浪向157.5°

图 6　斜浪条件下平台各监测点处气隙对比

　　由图 7 可知,90°浪向下主平台和辅平台负气隙位置呈对称分布,最小负气隙均出现在两平台连接侧湿甲板角点处,约为−3.1 m,且两个平台迎浪侧均出现了负气隙,这是由于垂荡运动和横摇运动的共同作用,导致平台迎浪侧出现了较大的垂向位移,致使迎浪侧大面积入水。此外,横浪条件下两个平台被浪侧均未出现负气隙。综上可知,湿甲板角点、立柱是出现负气隙最显著的部位,需要重点关注湿甲板受到的波浪砰击和立柱波浪爬升造成的非线性波浪载荷的影响。

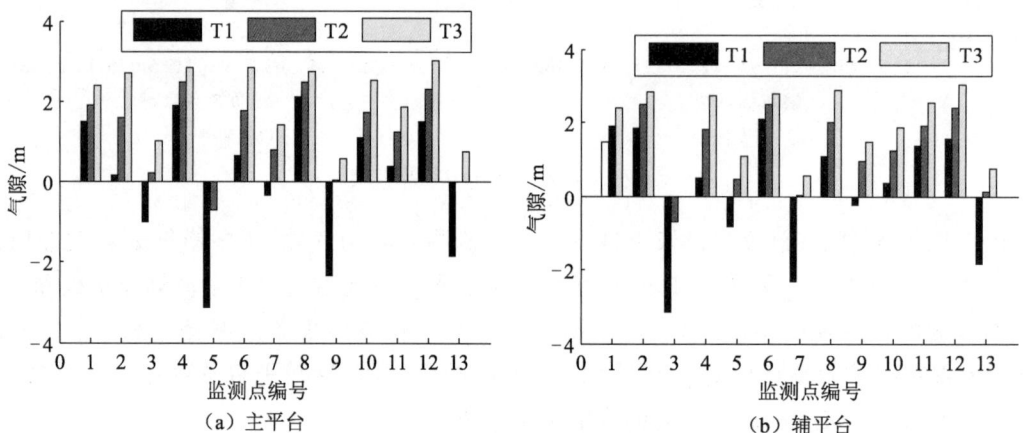

（a）主平台　　　　　　　　　　　（b）辅平台

图 7　横浪下平台各监测点处气隙对比

4 结　语

通过时域计算对恶劣海况下双模块平台气隙响应进行了研究,分析了不同浪向和不同谱峰周期下两个模块的气隙响应和位置变化特点。主要研究结论如下:

(1)在恶劣海况条件下,主平台和辅平台气隙均随波浪的谱峰周期减小而减小,双模块平台最小负气隙会出现在小谱峰周期下,在谱峰周期较大的波浪作用下平台均未出现负气隙。

(2)浪向角对平台气隙具有较大影响。双模块平台最小负气隙会出现在横浪作用下,且该浪向下两个模块负气隙出现位置呈对称分布。

参考文献

[1] 王世圣,谢彬,曾恒一,等. 3000 米深水半潜式钻井平台性能研究[J]. 中国海上油气,2007(4):277-280.
[2] 苗玉基,程小明,吴小峰,等. 双模块平台波浪漂移力的频域分析[J]. 船舶力学,2018,22(10):1213-1223.
[3] 丘文桢,冒羽,宋兴羽,等. 基于全耦合时域计算的半潜平台气隙预报[J]. 水动力学研究与进展(A辑),2019,34(2):184-192.
[4] 徐迪昊,李欣,田新亮,等. 超深水半潜式生产平台气隙响应数值预报[J]. 船舶工程,2023,45(3):158-165.
[5] 盛楠,李欣,卢文月,等. 基于统计分析的半潜式平台气隙预报方法研究[J]. 海洋工程,2020,38(5):24-34.
[6] 李业成,宋扬,李新超,等. 畸形波作用下半潜式平台波浪爬升与气隙响应特性[J]. 海洋工程,2021,39(4):20-28.
[7] 沈中祥,刘寅东,霍发力,等. 作业水深对半潜平台气隙影响的比较研究[J]. 船舶力学,2018,22(4):434-445.
[8] SHEN Z X,HUO F L,LIU Y D. Study on characteristics and mechanism of positioning mode on air gap of floating semi-submersible platforms[J]. Journal of Ship Mechanics,2021,25(10):1341-1354.
[9] 张曦,范露,李天. 半潜式平台四立柱波浪爬升及气隙试验[J]. 中国海洋平台,2023,38(6):68-79.
[10] 闫发锁,杨慧,沈鹏飞,等. 极限波浪下半潜平台气隙和波浪爬升的统计分析[J]. 哈尔滨工程大学学报,2015,36(2):143-146.
[11] MIAO Y J,CHENG X M,DING J,et al. Investigation on hydrodynamic performance of a two-module semi-submersible offshore platform [J]. Ships and Offshore Structures,2020:1-12.
[12] ANSYS-Inc. ANSYS AGWA,Release,2011,vol. 14,Pennsylvania,USA.

可移动井口平台抗冰性能的模型试验评估

孙剑桥[1,2],黄 焱[1,2,3]

(1. 天津大学 建筑工程学院,天津 300350;2. 天津市港口与海洋工程重点实验室,天津 300350;3. 天津大学 水利工程智能建设与运维全国重点实验室,天津 300350)

摘要:针对可移动井口平台开展了一系列的冰载荷物理模型试验,对该平台在不同冰厚、冰攻角和冰速条件下的静冰力进行了研究。依据试验测试结果,对该平台冰区作业的适应性进行了评价。研究表明:采用固定平台规范计算得到的单桩冰力值低于试验预报值,这在进行实际桩腿校核过程中是不利的;建议将规范冰力公式中接触系数和挤压系数的乘积调整为原设计值的 1.5 倍。

关键词:移动井口平台;冰载荷;模型试验

移动式井口平台可适用于不同海底土壤条件和较大的水深范围,灵活方便,便于建造,因此广泛应用于开发边际油田。一般来说,该类平台的设计并不专门针对冰期作业场景。当这类平台在冬季渤海作业时,必须要考虑冰载荷的问题,这主要是因为较之波浪和海流的作用,大面积漂移冰排对平台的作用要高出 1~2 个量级[1],对移动式平台造成极大的倾覆力矩,从而严重威胁平台的安全。同时,与常规的导管架式油气生产平台不同,该类平台的井口区通常并未置于桩腿所围成的区域内,致使隔水套管阵列可直接暴露在冰载荷作用之下。此外,不同冰攻角下桩腿与隔水套管区之间的冰力掩蔽与非同时破坏效应,致使平台冰载荷的经验性评估存在一定的不确定性,需要借助冰水池模型试验手段予以验证或修正。本文即针对一种适合于海上边际油田开发的可移动井口平台,通过模型试验评估其抗冰性能。

1 模型试验概述

1.1 试验目的

抗冰性能评估的最终目的是指导平台在现实作业中选择适宜的区域,因此,应针对渤海的现实冰条件提出平台的适宜作业条件。据此,本文进行平台抗冰性能评价的基本原则是,确定能够导致平台出现安全事故的最低冰条件。

首先,本文针对的移动式平台属于浅基础结构,这类平台安全事故的统计结果表明,由平台桩靴穿刺地基所引发的整体失稳事故占总事故的 90%以上[2]。当这种移动式平台在冰区作业时,冰载荷的作用会使桩腿受到很大的倾覆力矩的作用,极易改变桩腿下方的土壤支持条件,从而会增大发生穿刺事故的可能。因此,对于这类移动式平台来说,导致结构发生整体失稳的载荷条件通常是低于导致构件发生失效的条件的。由此可见,对于平台抗冰性能的评价,应依据其整体失稳条件进行最低冰条件的搜索。

同时,除了上述整体失稳因素外,对于移动式平台的安全性具有重要影响的还包括关键构件强度失效,如升降系统中的固桩构件。目前,不同规范在计算桩腿极限冰力时存在较大差异,致使在现实操作中往往存在设计人员对冰载荷估算不准的问题[3]。因此,从考察构件强度角度出发,本文还将依据试验测试结果,对平台单个桩腿的冰载荷估算方法进行完善。

1.2 试验设施与模型冰

本文模型试验依托天津大学冰力学与冰工程实验室完成。实验室为国际拖曳水池会议(ITTC)成员

基金项目:国家自然科学基金资助项目(52101327);工信部高技术船舶科研项目(2021-342)

通信作者:孙剑桥。E-mail:sun1008@tju.edu.cn

单位,内部低温空间面积为 320 m²,用于容纳冰水池并进行模型试验。冰水池长 40 m,宽 6 m,深 2 m,制冰温度为-25℃,制冰能力为 1.0~30 cm。试验主拖车用于模型的拖曳,车速可在 0.001~1.0 m/s 的范围内无级调节,水平驱动力可达 5 t。

试验模型冰采用改进后的国际第二代低温模型冰——尿素冰。"喷雾引晶"和"回温"技术保证了模型冰与天然海冰具有相似的结晶与生长过程,使得模型冰具备与北极海冰一致的分层晶体织构,进而从物理和力学性质上保证了具有与天然海冰的相似性。

1.3 相似准则

根据 ITTC 颁布的冰水池模型试验推荐规程[4],弗劳德和柯西相似准则是冰与结构作用场景中需遵循的相似准则。在该类场景中,冰体以一定质量和速度撞击结构,即重力和惯性力的作用占主导地位,因此需遵循弗劳德准则;冰体发生脆性挤压破坏或弯曲变形,即弹性力的作用占主导地位,因此需遵循柯西准则。弗劳德数(Fr)和柯西数(Ca)的表达式如下:

$$Fr = \frac{V}{\sqrt{gL}} \tag{1}$$

$$Ca = \frac{\rho V^2}{E} \tag{2}$$

式中:V 为速度;g 为重力加速度;L 为几何长度;ρ 为密度;E 为弹性模量。

在模型与原型间满足弗劳德数和柯西数相等的情况下,可得到模型条件下的冰强度、冰厚、弹性模量与压强的比尺同为几何缩尺比 λ,力与质量的比尺为 λ^3,速度与时间的比尺为 $\lambda^{0.5}$。

1.4 试验模型

试验模型依据某可移动井口平台的总体布置图和结构图纸,依据 1:15 的几何比尺进行设计加工。模型分为 2 个主要部分:刚性框架、平台构件模型。刚性框架的主要作用是为平台主桩腿模型和井口区隔水套管模型提供刚性支撑,如图 1 所示。该框架结构通过一个刚度很高的悬臂式结构与试验主拖车相连。

刚性框架结构主要是由通过螺栓连接在一起的一系列工字钢构成,这种装配构造可以方便试验过程中模型的安装和调整。在框架的中心位置设计了一个圆锥形接头,同时悬臂式结构的伸出端配备了一个与之相匹配的环状接头,二者可以通过连接构件紧密结合,以达到刚性连接的目的。而当放松连接构件时,刚性框架可以这一连接构件为中心进行整体旋转,以实现具体试验组次中对于冰排作用方向的调整。平台构件模型包括平台主桩腿模型和隔水套管模型。

刚性框架四周的工字钢上共开设有 5 个圆孔,这些预留圆孔是根据可移动井口平台桩腿与井口区的相对位置关系开设的。图 1 中还标注出了不同圆孔位置对应桩腿的序号。试验中,由于主要关注模型结构在冰排作用下的受力情况,因此,桩腿模型通过测力传感器与刚性框架相连接。这样,测试可通过驱动拖车至设定的速度,并拖曳模型在冰排内行驶的方式对现实海冰作用情况进行模拟。试验模型装配完成的场景见图 2,该冰攻角下的试验场景为 90°冰攻角。

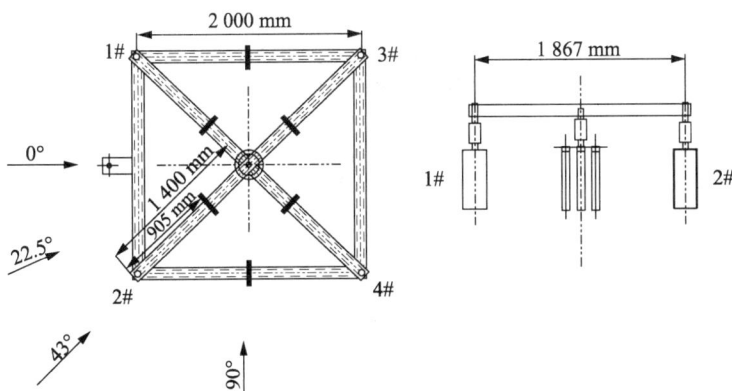

图 1 刚性框架模型图

图 2 模型装配后的场景

1.5 试验工况

冰的作用角度不同将导致迎冰桩的数量发生改变,进而影响平台结构的整体冰力。因此,试验针对0°、22.5°、45°、90°冰攻角开展(图1)。此外,为了获得平台可适应的冰条件,试验中以原型冰厚5 cm为间隔,在冰厚15~35 cm范围开展了不同冰厚条件下的多冰速试验,冰速范围为0.4~1.4 m/s。

2 冰排破坏现象观测

2.1 桩腿前冰的破坏模式

试验中观察到,冰排的破坏模式在不同冰速工况下出现明显改变,主要包括2种形式。一种是挤压破坏。当冰速较高时,桩腿模型前的冰排表面一直保持平整。桩腿模型穿过冰排时,冰排在局部被挤压成细小的碎冰碴。另一种是压屈破坏,通常在较低冰速下发生。其基本特征是冰排在桩腿模型前5~10 cm的弧形线上向上隆起,随着桩腿模型的进一步前进,冰排在隆起的弧形线上又折断,桩腿模型后面的水沟两侧边缘不如挤压破坏整齐。

一些特殊的现象值得关注。图3为截取的43°冰攻角试验场景。可以看到首先与冰排接触的2#桩腿主要发生了挤压破坏,而冰排在4#桩腿前则发生了压屈破坏。这表明冰排与不同桩腿作用时的失效模式可能存在差异,反映出由冰中裂纹的发生、扩展、走向、密集度等存在随机性,可能带来失效模式的差异。

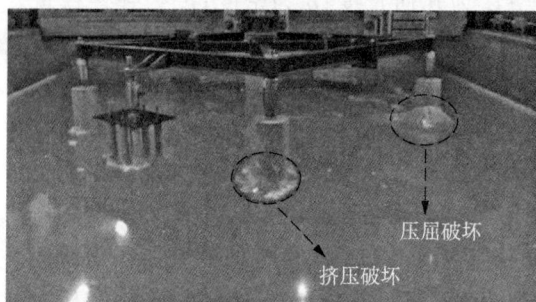

图3　可移动井口平台43°冰攻角下的试验现象

此外,在0°和90°冰攻角下,后排桩腿会由于前排桩腿的掩蔽效应而落入前排桩腿留下的水道内。此时,后排桩腿的试验现象主要包括两部分,一部分为与水道内碎冰块的碰撞,另外一部分是与水道不规则边缘的摩擦作用。

2.2 隔水套管前冰的破坏模式

在0°冰攻角下,隔水套管区首先迎冰成为该工况条件下的主要作用特征,隔水套管前冰排的破坏以挤压与大面积压屈的混合破坏模式为主。如图4所示,冰排首先在隔水套管区前发生局部挤压破坏,但由于隔水套管在空间上具备较明显的联合效应,因此冰排随后很快出现压屈变形特征。

其次,在22.5°和43°冰攻角下,隔水套管区有4个套管直接迎冰,冰排在隔水套管区前仍旧以挤压、压屈破坏现象为主,冰排与套管接触的位置发生挤压破坏,碎冰沫飞溅出来,见图5。

图4　冰攻角0°下隔水套管区冰排的混合模式破坏

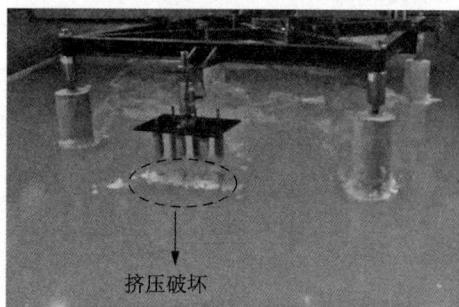

图5　冰攻角22.5°下隔水套管区冰排的挤压破坏

3 冰力测试结果分析

3.1 单桩腿冰力

在实际工程中,对桩腿进行强度校核需要准确得到桩腿上的受力情况,但不同规范对于单桩腿冰力值的计算差别很大,给设计人员带来了困扰。本文模型试验中准确测得了单桩腿冰力,进而可获得单桩腿冰力随冰厚的变化趋势。如前所述,随着不同冰速、冰攻角下冰排破坏模式的改变,冰力的量级也发生变化。在现实工程设计中,冰力极值通常是设计人员重点关注的参量。据此,为了对同一冰厚、不同冰攻角下的单桩腿冰力极值进行比较,定义比较结果(R)。其表达式为:

$$R = \frac{F_{max} - F_{min}}{F_{max}} \tag{3}$$

式中:F_{max} 为该冰厚下的最大单桩腿冰力值;F_{min} 为该冰厚下的最小单桩腿冰力值。试验测试结果表明,不同冰攻角下单桩腿冰力极值差别在 10% 以内,这充分说明由于本文中可移动井口平台的桩腿间距约等于 10 倍桩径,桩腿间距已足够大,可认为各桩腿间的冰力互不干扰。

进一步,为了能够与规范计算得到的冰力结果进行比较,将试验测量得到的单桩腿冰力极值通过上述 1∶15 的模型几何缩尺比及"弗劳德-柯西"相似准则换算到原型。本文中考虑的规范分别为美国石油协会(American Petroleum Institute,API)*Planning, designing and constructing structures and pipelines for arctic conditions*[5] 和中国船级社(China Classification Society,CCS)《浅海固定平台建造及检验规范》[6]。其中,API 推荐的冰力公式源于国际标准 ISO 19906[7],其表达式为:

$$F_G = whP_G \tag{4}$$

$$P_G = C_R \left(\frac{h}{h_1}\right)^n \left(\frac{w}{h}\right)^m \tag{5}$$

式中:F_G 为极限挤压冰力;w 为结构宽度;h 为冰厚;h_1 为参考厚度,取为 1 m;n 为经验系数,当冰厚小于 1 m 时,其值为 $-0.5 + 5h$,当冰厚超过 1 m 时取为 -0.3;m 为经验系数,取为 -0.16;C_R 为冰抗压强度系数。该公式适用于 $w/h > 2$(该可移动井口平台 $8.6 < w/h < 20$)的情形。

CCS 推荐的单桩腿冰力公式为:

$$P = mk_1k_2DhR \tag{6}$$

式中:m 为形状系数,对圆截面取 0.9;k_1 为局部挤压系数,平台设计文件中取为 2.5;k_2 为孤立桩与冰层的接触系数,平台设计文件中取为 0.4;R 为冰试样的极限抗压强度,取 2.06 MPa;D 为桩径。

图 6 给出了试验预报得到的单桩腿冰力极值随冰厚的变化曲线,同时展示了通过 API 和 CCS 规范计算得到的极值冰力。可以看到,API 规范计算冰力与试验预报值较为接近,而 CCS 规范计算冰力显著小于试验预报值,这对于评价桩腿的强度来说是不够安全的。据此,本文以试验预报值为目标,对 CCS 规范中的 k_1 和 k_2 的乘积进行了调整,最终在原乘积的 1.5 倍下,可取得与试验预报值较为接近的冰力计算结果,如图 6 所示。

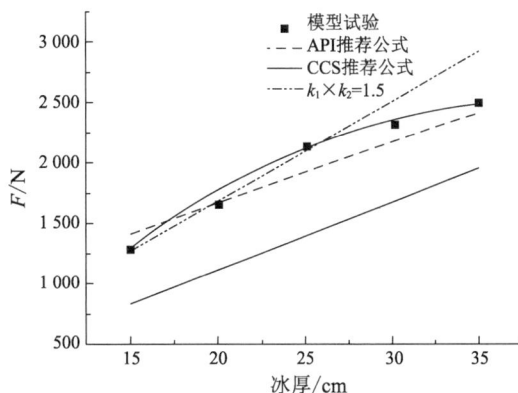

图 6 试验预报的单桩冰力极值与规范计算结果的对比

3.2 隔水套管冰力

与单桩腿冰力分析类似,将试验测得的隔水套管总冰力极值通过"弗劳德-柯西"相似准则换算到原型,并与 API 规范计算值进行对比。由于 API 规范中仅提及在总冰力计算中需要考虑群桩效应,但并未给出详细说明。因此,隔水套管区总冰力的规范计算值将通过单根隔水套管的冰力计算值简单乘以套管数量得到。表 1 给出了不同冰厚和冰攻角条件下隔水套管区总冰力试验预报值与 API 规范计算值的比例。

表 1   隔水套管区总冰力的试验预报值与 API 规范计算值的比例

冰攻角/(°)	冰厚 15 cm	冰厚 20 cm	冰厚 25 cm	冰厚 30 cm	冰厚 35 cm
0	0.87	0.81	0.80	0.84	0.97
22.5	1.43	1.39	1.55	1.81	1.99
43	1.28	1.36	1.52	1.66	1.89
90	0.59	0.64	0.56	0.67	0.65

可以发现,在 0°和 90°冰攻角条件下,试验预报得到的隔水套管总冰力低于 API 规范计算值,这主要与前排套管对后排套管的掩蔽效应造成的冰力折减有关。而对于 22.5°以及 43°冰攻角,迎冰套管的数量增加致使掩蔽效应减弱;同时,套管间距减小,两侧套管与套管之间的联合效应明显,因此大面积的压屈破坏将冰力值抬升到较高量级。对于隔水套管的总冰力评估,可依据 API 规范计算得到相应总冰力后,依据表 1 中的比例关系得到更加可靠的总冰力值。

3.3 平台整体冰力

除对单桩腿及隔水套管冰力进行评估外,还需要对平台所受到的整体冰力进行评估,从而对该平台在冰载荷作用下的抗倾稳定性进行准确评估。多桩腿的整体冰力研究通常是确定多桩冰力折减系数,包括多排结构中的前排桩腿对后排桩腿的掩蔽作用以及相邻桩腿之间的干扰作用。除此之外,当冰排与多腿结构作用时,仅考虑冰力的折减效应是不够的,还应考察冰与多腿结构作用的非同时破坏行为。冰排在多腿结构前的非同时破坏是指,冰排在每根桩腿前的破坏进程是不同步的,从而导致每根桩腿上的冰力具有相位差,如图 7 所示。试验中将测试得到的各个桩腿上的单桩腿冰力进行同相位叠加,即是考虑了上述影响因素的真实结构整体冰力,由此得到平台整体冰力极值在不同冰厚条件下随冰速的变化趋势,见图 8。

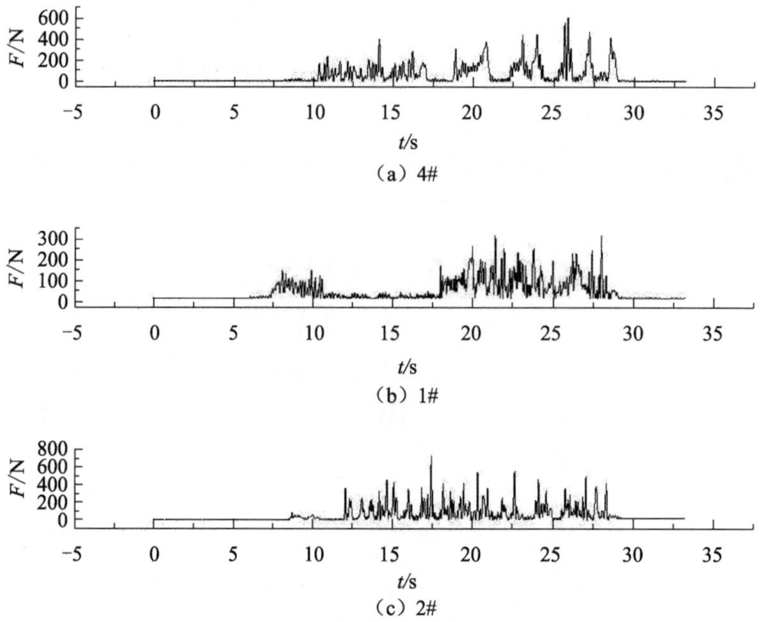

(a) 4#

(b) 1#

(c) 2#

图 7   模型冰厚 2.3 cm、冰速 200 mm/s、冰攻角 43°工况下的冰力时程曲线

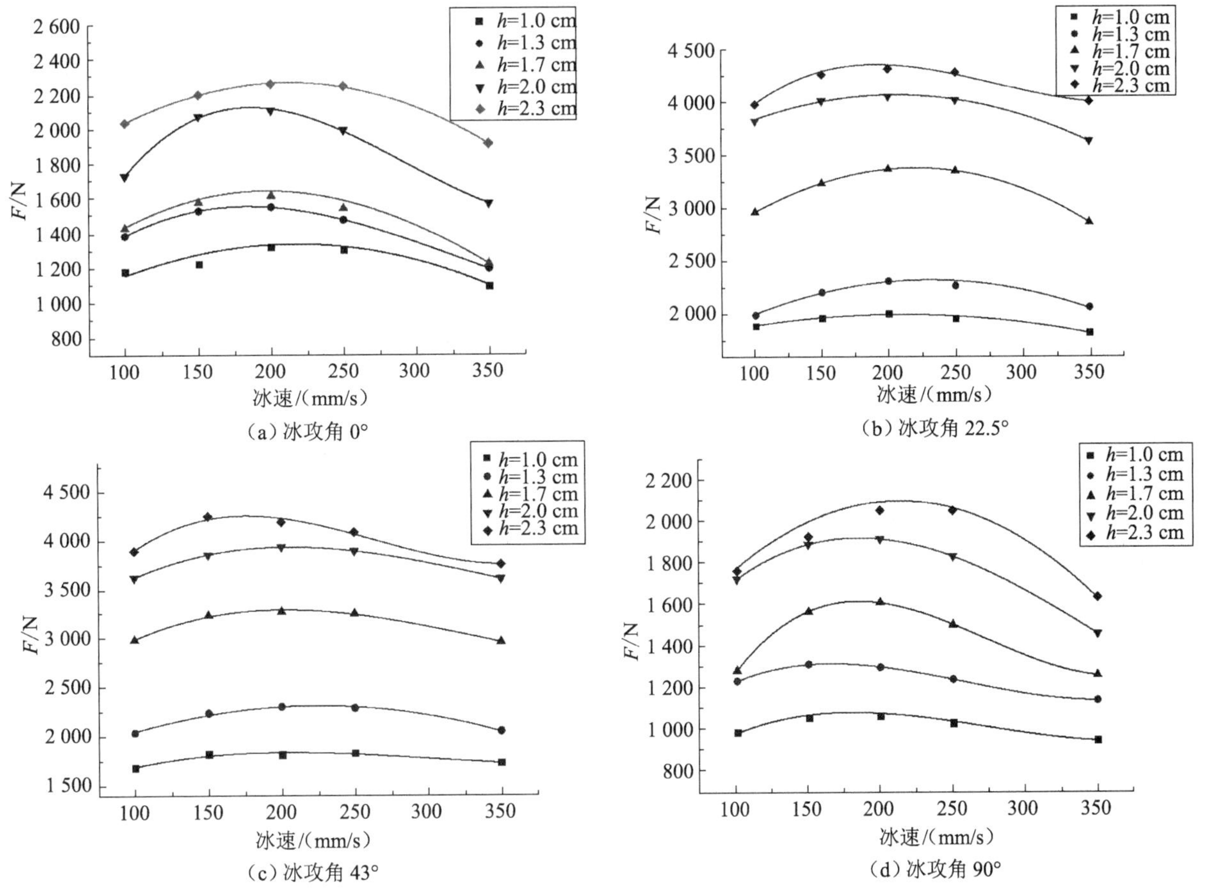

图 8　不同冰攻角下平台模型所受整体冰力极值随冰速的变化趋势

可以看出,平台整体冰力极值随冰速的增大呈现出先上升后下降的趋势,这与冰的压缩强度本身的载荷速率的变化规律是保持一致的[8]。此外,不同冰攻角下平台整体冰力有所差异,冰攻角 22.5°条件下整体冰力最大,其次为冰攻角 43°时。

4 平台抗冰性能评估

在进行抗冰性能评价时,可结合平台的设计抗倾力矩与安全系数,获得平台可接受的最大倾覆力矩。对于冬季渤海作业平台而言,倾覆力矩主要源于风、流、冰等外载荷。据此,在平台能抵抗的最大倾覆力矩中排除极限状态风、流载荷的力矩,即可得到平台由冰载荷引发的倾覆力矩;该力矩折算相应的作用高程即可得到不同冰攻角下保证平台安全性的极限冰载荷。最终,将该极限冰载荷值带入不同冰攻角下冰力随冰厚的增长曲线,即可截得该载荷值对应的最低冰厚条件,如图 9 所示。图中给出了 2 种不同水深条件下的极限冰载荷截取的最低冰厚条件。

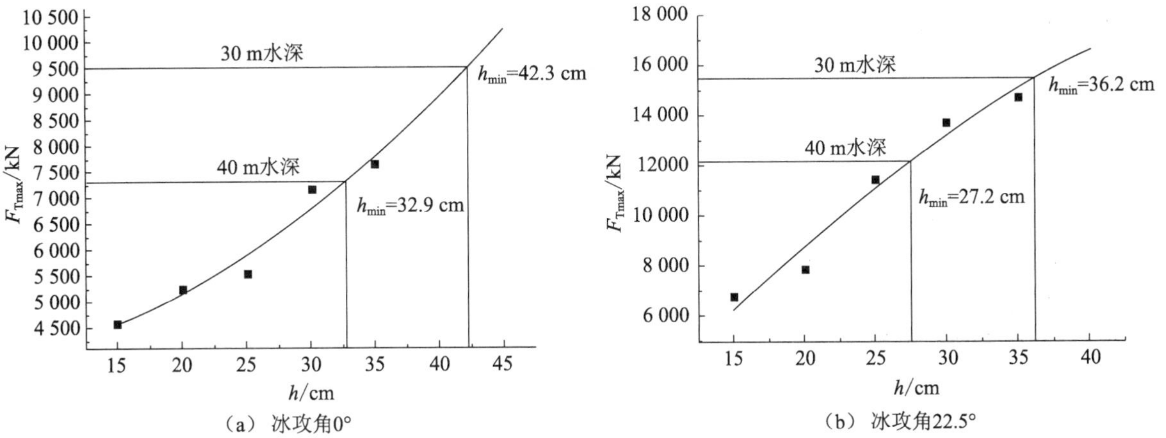

(a) 冰攻角0°　　　　(b) 冰攻角22.5°

图 9　不同冰攻角下由平台抗倾能力对应的极限冰载荷截取的最低冰厚条件

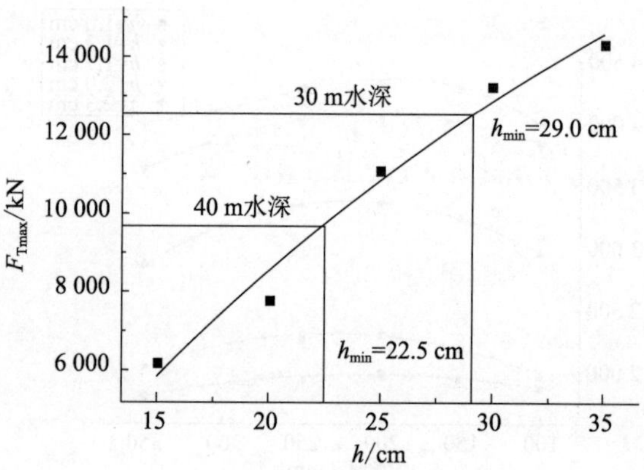

（c）冰攻角43° 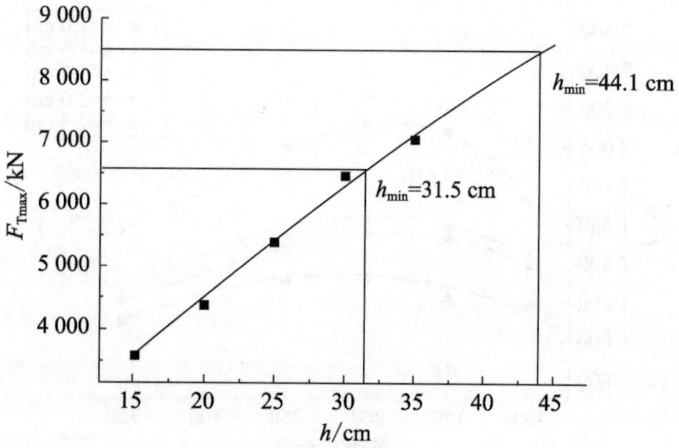　　　　　　　　　　（d）冰攻角90°

图9　不同冰攻角下由平台抗倾能力对应的极限冰载荷截取的最低冰厚条件(续)

　　针对 40 m 水深,通过比较不同方向造成平台倾覆的最低冰厚条件,该平台在 43°方向的冰厚最小,由此确定该水深的抗冰能力为 22.5 cm;针对 30 m 水深,该平台的抗冰能力为 29.0 cm。

5　结　语

　　针对可移动井口平台,开展了一系列的冰载荷物理模型试验,对该平台在不同冰厚、冰攻角和冰速条件下的冰力进行了研究,同时,依据试验测试结果,对该平台冰区作业的适应性进行了评价。主要结论如下:

　　(1) 试验发现,隔水套管桩间距较小,在空间上具有良好的联合作用,因此试验现象以挤压和大范围的压屈混合的破坏模式为主。

　　(2) 在对单桩腿冰力进行评估后发现,《浅海固定平台建造及检验规范》计算得到的单桩腿冰力值低于试验预报值,这在实际桩腿强度校核中是不利的。经试验预报结果修正后,建议将接触系数和挤压系数的乘积调整为设计文件计算值的 1.5 倍。

　　(3) 不同冰攻角下迎冰桩腿的数量会发生变化进而影响整体冰力,试验测试结果显示冰攻角 22.5°下平台的整体冰力最大,其次为冰攻角 43°条件下。

　　(4) 结合平台的设计抗倾力矩,并排除风、流载荷倾覆力矩后,可获得保证平台安全性的极限冰载荷。进一步结合试验预报冰力极值随冰厚变化的规律,可截取导致平台发生倾覆的最低冰厚条件,该冰厚即对应着平台的抗冰能力。

参考文献

[1] 岳前进,王国军,董睿,等. 我国海冰工程研究回顾[J]. 船舶,2023,34(1):51-60.

[2] 檀聪明. 浅海油气开发重大事故风险评估与控制研究[D]. 青岛:中国石油大学(华东),2017.

[3] RØDTANG E,ALFREDSEN K,HØYLAND K,et al. Review of river ice force calculation methods[J]. Cold Regions Science and Technology,2023,209:103809.

[4] Specialist Committee on Ice of the 29th ITTC. General guidance and introduction to ice model testing[S]. International Towing Tank Conference,2021.

[5] API. Planning,designing and constructing structures and pipelines for arctic conditions[S]. Washington:American Petroleum Institute,2015.

[6] 中国船级社. 浅海固定平台建造与检验规范[S]. 北京:人民交通出版社,2004.

[7] International Organization for Standardization. Petroleum and natural gas industries—Arctic offshore structures:ISO 19906:2010[S]. Geneva:IOS,2010.

[8] TIMCOG W,WEEKS W F. A review of the engineering properties of sea ice[J]. Cold Regions Science and Technology,2010,60(2):107-129.

波流作用下张力腿平台动力响应试验研究

金瑞佳[1]，沈文君[1]，徐万海[2]，王　勇[3]，付姗富[3]，苑维军[3]

(1. 交通运输部天津水运工程科学研究所，天津　300456；2. 天津大学 水利工程仿真与安全国家重点实验室，天津　300072；3. 天津华能津港绿色能源有限公司，天津　300000)

摘要：针对 400 m 水深的张力腿平台通过 1∶61 的模型比尺开展大水槽试验，分别开展了规则波、不规则波以及波流联合作用下的物理模型试验，采用无接触式电磁位移传感器测量了张力腿平台在不同浪向下的六自由度运动量，通过不同浪向下规则波的试验发现波浪方向对运动响应影响不大，通过波流联合作用分析，发现了水流作用下张力腿平台的流致运动，因此在波频处和低频处均有能量分布。

关键词：张力腿平台；大水槽试验；流致运动；波流作用

张力腿平台(TLP)是目前深海油气开发最常用的形式之一。其升沉运动小，适用水深大，抵抗恶劣海况能力较强，且有很高的性价比，具有良好的发展势头。为了掌握该类平台的运动特性，需要开展物理模型试验进行研究。因为张力腿平台大多位于深水中，所以受试验条件限制，相关物理模型试验较少，绝大多数学者采用数值模拟开展相关物理模型研究。Chandrasekran 等[1-4]开展了一系列数值模拟研究不同波浪条件下的张力腿平台(包括四边形和三角形的张力腿平台)的运动响应、波浪力系数和详细的受力特征。Zhou 和 Wu[5]使用高阶边界元方法研究了张力腿平台在非线性规则波作用下的三阶波浪力。Abrishamchi 和 Younis[6]应用大涡模拟方法(LES)研究 TLP 在稳态流作用下的运动响应，研究结果表明，自由液面的移动对立柱的流体载荷影响较为显著，TLP 本体所受载荷对来流角度较为敏感。Chen 等[7]开发了耦合程序分析 mini-TLP，预测了平台、张力腿及立管系统的相互作用。Yang 和 Kim[8]针对一座 ETLP(extended tension leg platform)建立了平台本体-张力腿-立管耦合分析模型，在时域内分析了张力腿意外断开瞬间对 TLP 运动响应的影响。Yang 等[9]基于势流理论，采用高阶边界元方法开发了耦合程序分析 TLP 在规则波作用下的运动响应。物理模型试验方面，Huang[10]针对 1 500 m 工作水深的传统型 TLP，在上海交通大学的深水试验池进行模型试验研究，得到了 TLP 的水平刚度、固有周期和阻尼、环境载荷及不同海况条件下 TLP 的运动响应、张力腿系泊载荷以及立管载荷等关键数据。Gu 等[11]在上海交通大学深水试验池中对缩尺比为 1∶40 的模型进行试验验证，与数值模拟的平均值、幅值以及标准差等统计值对比，并预报了甲板边缘和甲板中心处运动加速度。Naess 等[12]提出了随机波浪作用下的大型 TLP 模型的运动极值统计的研究方法，选取了 3 个不规则海况进行模型试验，得到了 TLP 的运动响应时间历程和张力时间历程，并给出了 2 种统计张力极值分布的方法。Rao 等[13]针对适用水深为 450 m 的张力基座张力腿平台(TBTLP)进行了规则波作用下的运动响应研究，缩尺比为 1∶150，并采用 AQWA 的计算结果做对比验证，研究此新型 TLP 的运动性能。

本文针对 400 m 水深的 TLP 开展大水槽试验，分别开展了规则波、不规则波以及波流联合作用下的物理模型试验，测量了 TLP 在不同浪向下的六自由度运动量并进行了总结分析。

1 试验设计

试验在交通运输部天津水运工程科学研究院大比尺波浪水槽中开展，水槽长 456 m，宽 5 m，高 8～

基金项目：国家自然科学基金资助项目((U2106223,U21A20123)；国家重点研发计划资助项目(2022YFB2602800)；中央级公益性科研院所科研创新基金项目(TKS20230106)

通信作者：金瑞佳。E-mail：ruijia_jin@163.com

12 m。水槽的一端设置推板造波机,可以生成规则波、不规则波和自定义波浪;外部布置 4 台水泵,可以生成最大15 m³/s 的水流。本试验依据设计 TLP 主尺度以及大比尺波浪水槽的实际设施条件,选定模型缩尺比为 1:61,相关尺寸经过换算后如表 1 所示。在本试验的相似性分析中,考虑了几何相似、运动相似、动力相似以及质量相似并进行计算,得到模型的相关参数,保证了模型试验的现象准确。布置好的现场照片如图 1 所示。随后将水位提到目标位置,开展相关规则波、不规则波及波流联合作用下的 TLP 运动响应物理模型试验,波浪与 TLP 不同方向示意见图 2。

表1　TLP 实际值和模型值

参　数	水深/m	TLP 吃水/m	TLP 长度/m	等效外径/m	刚度/[N/m]
实际值	404.69	30.5	376.4	1.016	6.37×10^7
模型值	6.63	0.5	6.24	0.017	1 7119.054

图1　模型安装过程和安装完成照片

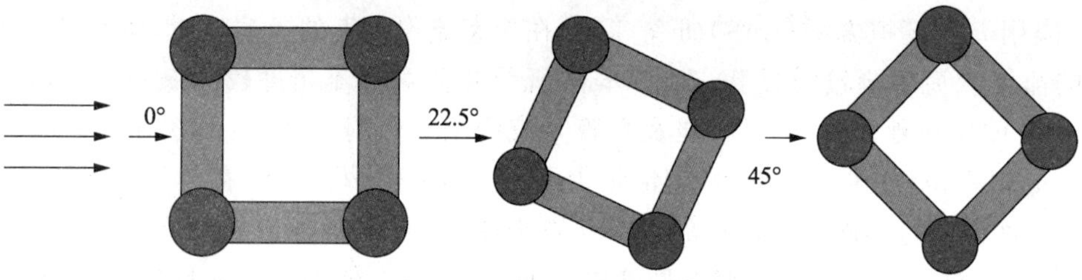

图2　波浪与 TLP 不同方向示意

开展波高 0.2 m、不同周期下的规则波试验和不同重现期下的不规则波试验,具体试验组次如表 2、表 3 所示。

表2　规则波实验组次

原型值/s	14	15	16	17	18	19	20	21	22	23
模型值/s	1.79	1.92	2.05	2.18	2.30	2.43	2.56	2.69	2.82	2.95

注:波高 0.2 m,水深 6.53 m(模型值)。

表3　不规则波实验组次

重现期/a	原型值		模型值	
	H_s/m	T_p/s	H_s/m	T_p/s
10	7.5	13.9	0.12	1.78
50	10.3	15.1	0.17	1.93
100	13.6	16.3	0.22	2.09

注:水深 6.53 m(模型值)。

2 试验结果与分析

首先给出规则波作用下的 TLP 运动响应时程曲线,如图 3 所示。随后对各个方向、各个周期下的运动响应时程曲线汇总,得到不同入射波浪周期下的运动响应结果,如图 4 所示。

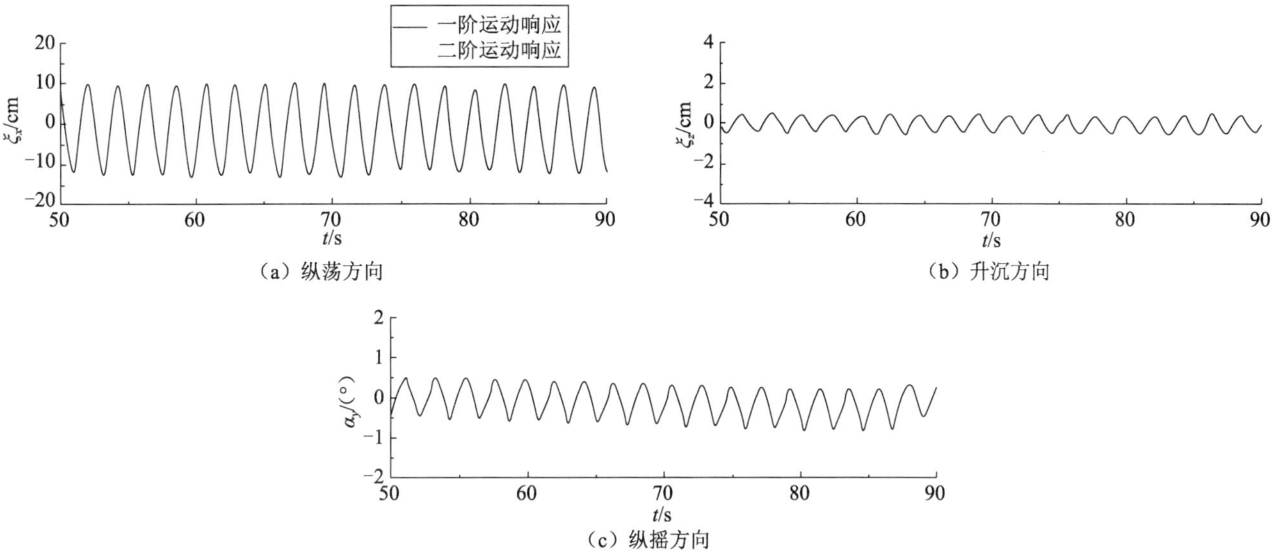

（a）纵荡方向

（b）升沉方向

（c）纵摇方向

图 3 0°规则波浪入射时 TLP 运动响应时程曲线 ($H = 0.20$ m, $T = 2.30$ s)

不同浪向规则波作用下 TLP 运动特征表现出很好的规律性。对于纵荡方向,二阶偏移量很小。对于升沉和纵摇方向,由于运动量很小,二阶运动不予考虑。通过统计结果发现,纵荡运动随着波浪周期的增加,一阶运动幅值变化不大,二阶运动幅值变小;对于升沉运动,运动幅值随着波浪周期的增大而增大,纵摇运动随着波浪周期的增大而减小。整体来讲,各方向下运动幅值差别不大。

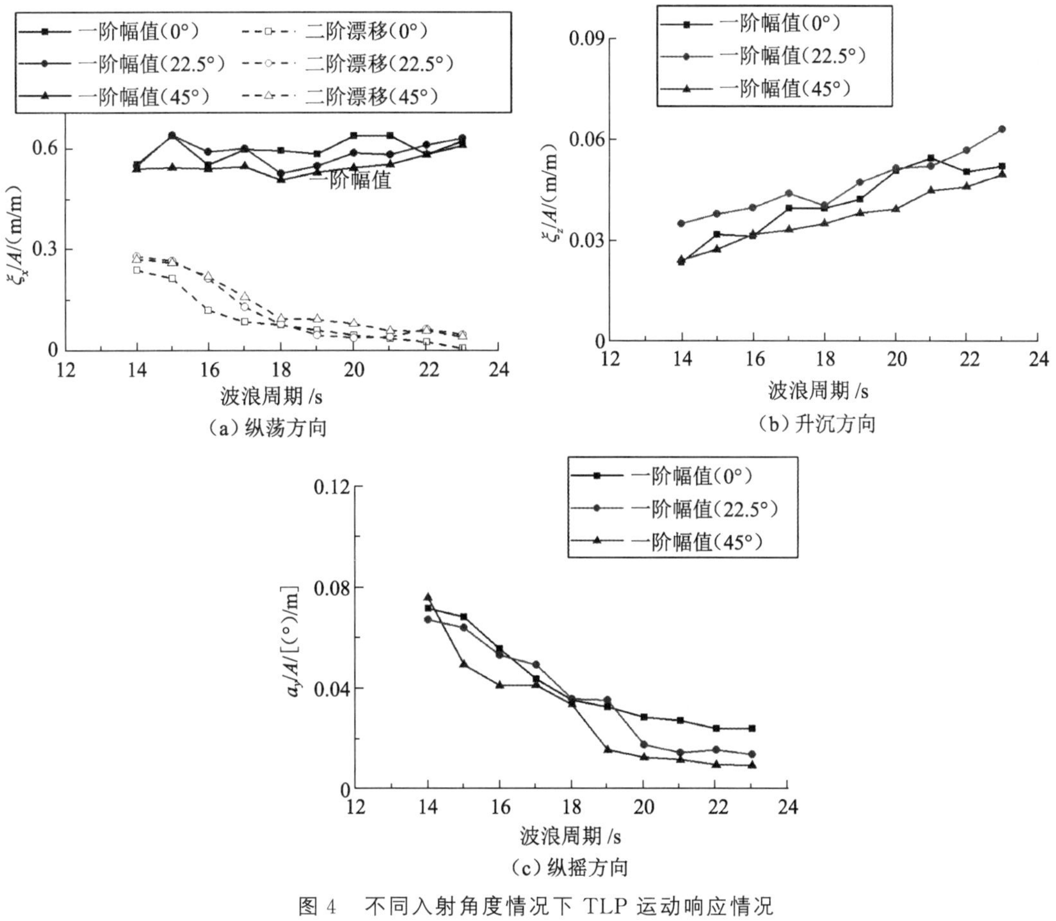

（a）纵荡方向

（b）升沉方向

（c）纵摇方向

图 4 不同入射角度情况下 TLP 运动响应情况

随后分析不规则波与水流联合作用下 TLP 的运动响应,主要针对顺流向(IL 向)和横流向(CF 向)的运动响应小波变换结果进行对比分析,各波浪方向的对比图如图5至图7所示。通过对比发现,当只有波浪作用时,平台顺流向运动仅在波频处能量较大,波流联合作用下波频处能量变小,低频处也有能量出现;而对于横流向,同样波浪作用下仅在波频处有能量,而波流联合作用下,水流的存在使平台发生流致运动,因此在波频和低频处均可以发现有能量的存在。

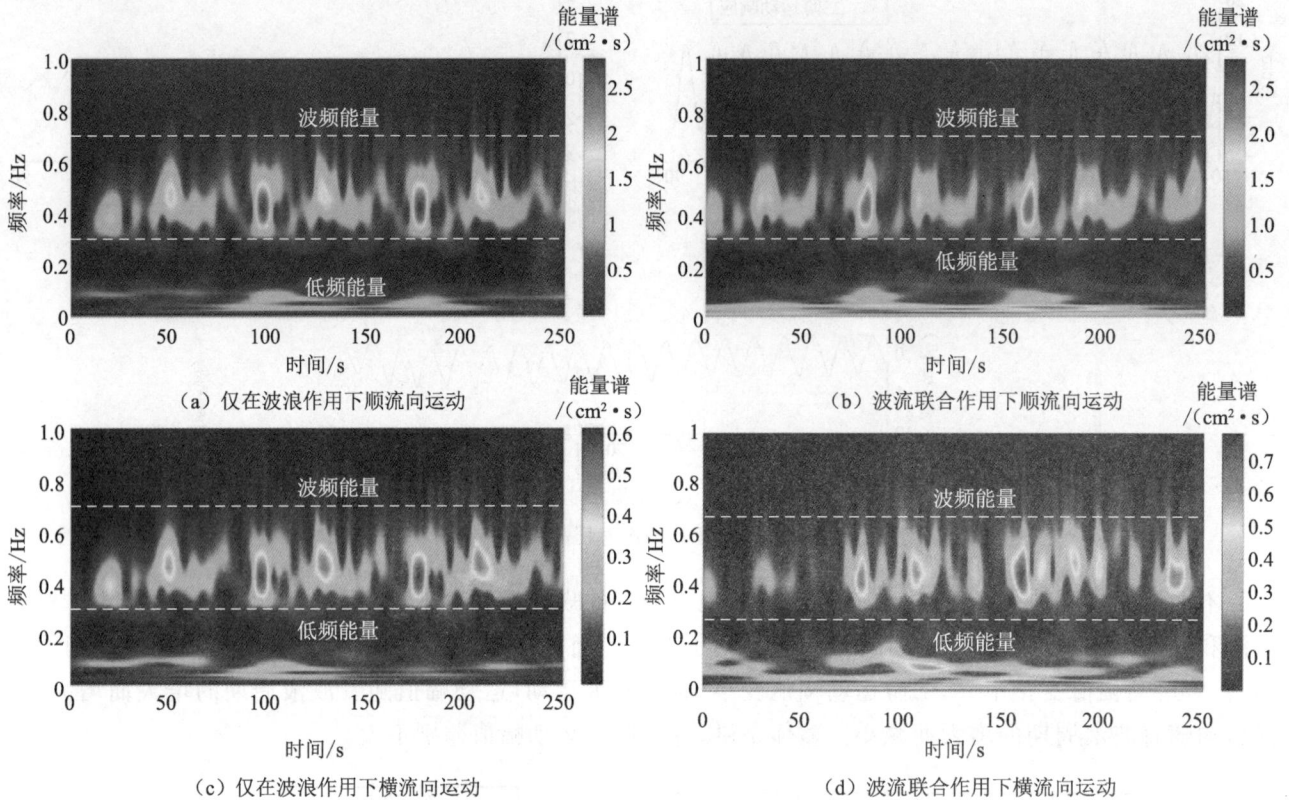

(a)仅在波浪作用下顺流向运动   (b)波流联合作用下顺流向运动

(c)仅在波浪作用下横流向运动   (d)波流联合作用下横流向运动

图 5   TLP 在 0°浪向作用下不同情况下小波变换结果($H_s = 0.22$ m,$T_p = 2.09$ s,$U_r = 8$)

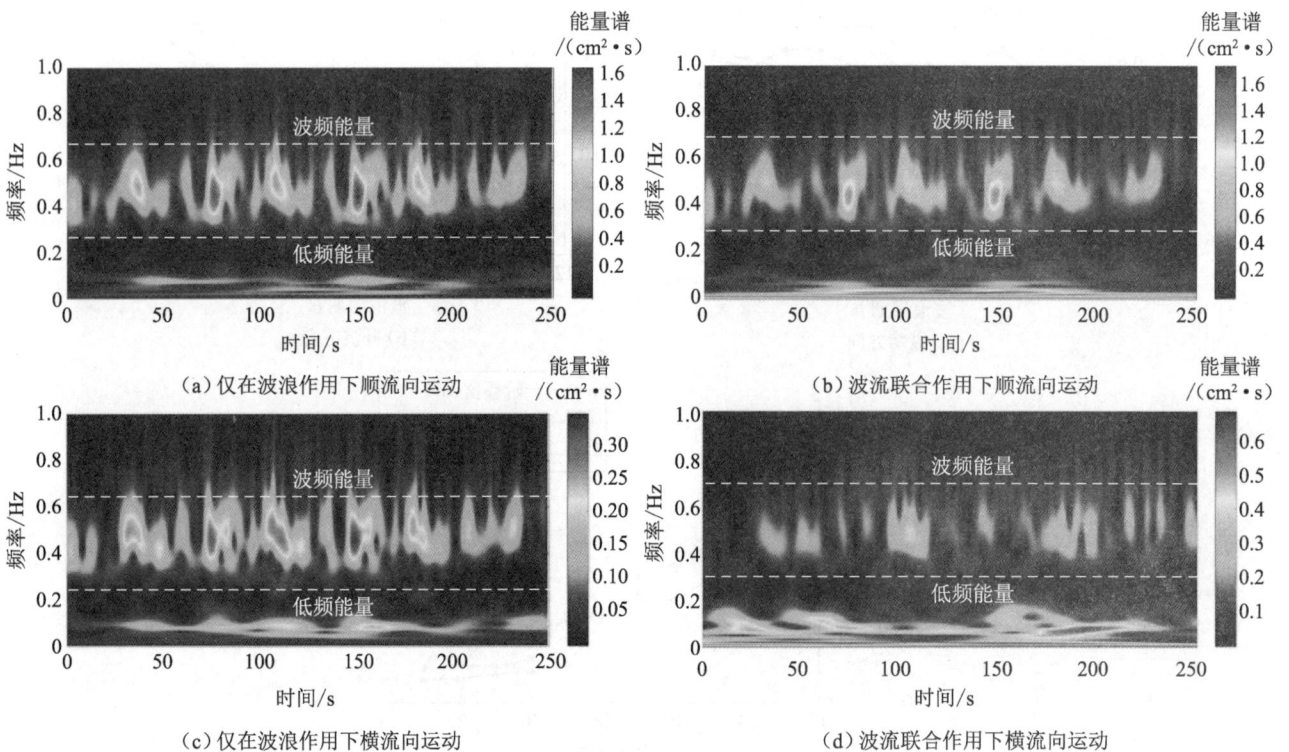

(a)仅在波浪作用下顺流向运动   (b)波流联合作用下顺流向运动

(c)仅在波浪作用下横流向运动   (d)波流联合作用下横流向运动

图 6   TLP 在 22.5°浪向作用下不同情况下小波变换结果($H_s = 0.17$ m,$T_p = 1.93$ s,$U_r = 8$)

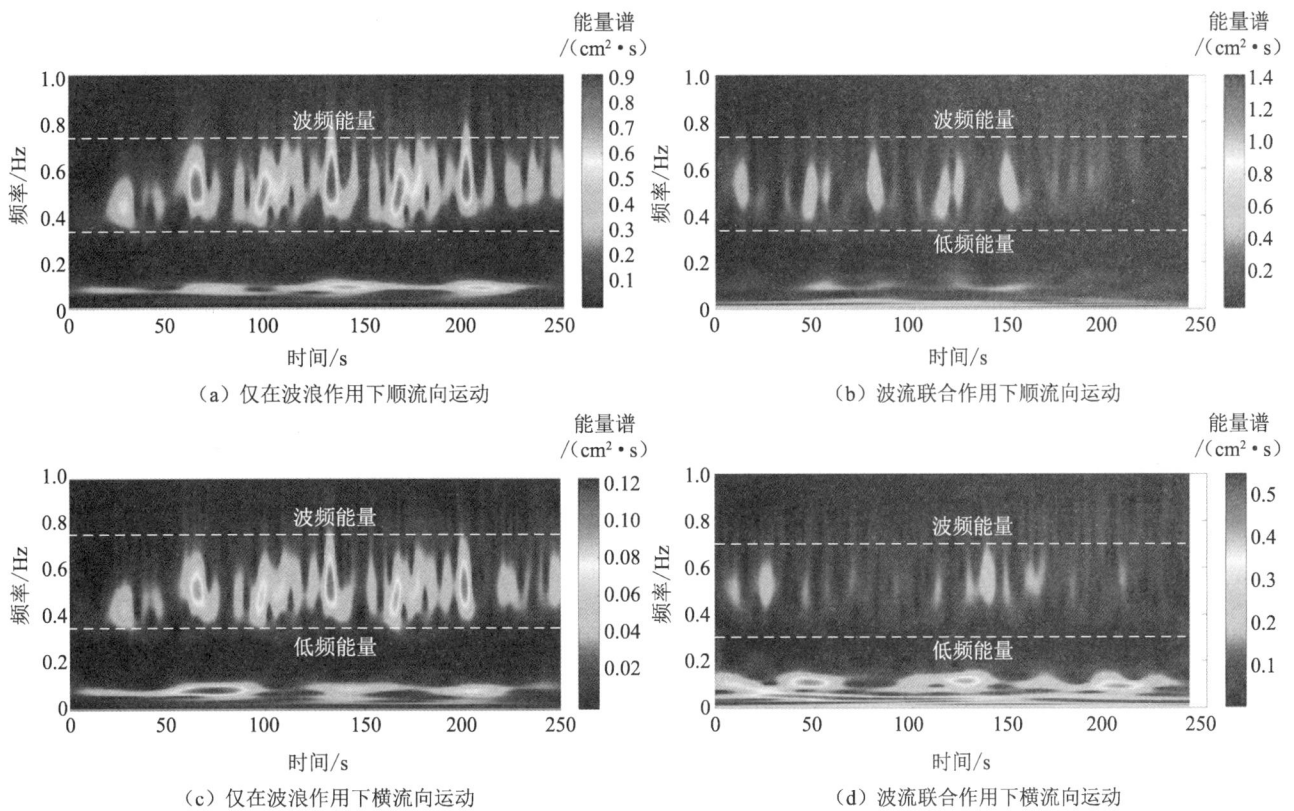

（a）仅在波浪作用下顺流向运动　　　（b）波流联合作用下顺流向运动

（c）仅在波浪作用下横流向运动　　　（d）波流联合作用下横流向运动

图 7　TLP 在 45°浪向作用下不同情况下小波变换结果（$H_s=0.12\ \mathrm{m}, T_p=1.78\ \mathrm{s}, U_r=8$）

3 结　语

本文通过开展张力腿平台大水槽试验得到以下结论。通过规则波试验可知,在目前试验周期下,平台的一阶纵荡运动随着波浪周期的增加而增加,二阶平均偏移值随着波浪周期的增加而减小,升沉运动随着波浪周期的增加而增加,纵摇运动随着波浪周期的增加而减小。不同重现期不规则波浪和水流联合作用下,平台在顺流向和横流向同时体现出了波浪作用的特征和水流作用的特征。从小波变换结果可以看出,由于水流的存在,平台在横流向发生了流致运动,因此该方向的小波变换结果包括波频能量和低频能量两部分。

参考文献

[1] CHANDRASEKARAN S,JAIN A K. Dynamic behaviour of square and triangular offshore tension leg platforms under regular wave loads[J]. Ocean Engineering,2002,29(3):279-313.

[2] CHANDRASEKARAN S,JAIN A K. Triangular configuration tension leg platform behaviour under random sea wave loads[J]. Ocean Engineering,2002,29(15):1895-1928.

[3] CHANDRASEKARAN S,JAIN A K,CHANDAK N R. Influence of hydrodynamic coefficients in the response behavior of triangular TLPs in regular waves[J]. Ocean Engineering,2004,31(17/18):2319-2342.

[4] CHANDRASEKARAN S,JAIN A K,CHANDAK N R. Response behavior of triangular tension leg platforms under regular waves using stokes nonlinear wave theory[J]. Journal of Waterway,Port,Coastal,and Ocean Engineering,2007,133(3):230-237.

[5] ZHOU B Z,WU G X. Resonance of a tension leg platform exited by third-harmonic force in nonlinear regular waves[J]. Philosophical Transactions of the Royal Society A:Mathematical,Physical and Engineering Sciences,2015,373(2033):20140105.

[6] ABRISHAMCHI A,YOUNIS B A. LES and URANS predictions of the hydrodynamic loads on a tension-leg platform[J]. Journal of Fluids and Structures,2012,28:244-262.

[7] CHEN X H,DING Y,ZHANG J,et al. Coupled dynamic analysis of a mini TLP:comparison with measurements[J].

　　　Ocean Engineering,2006,33(1):93-117.

[8]　YANG C K,KIM M H. Transient effects of tendon disconnection of a TLP by hull-tendon-riser coupled dynamic analysis[J]. Ocean Engineering,2010,37(8/9):667-677.

[9]　YANG M,TENG B,NING D,et al. Coupled dynamic analysis for wave interaction with a truss spar and its mooring line/riser system in time domain[J]. Ocean Engineering,2012,39:72-87.

[10]　Huang J. Numerical and experimental studies on motions and mooring characteristics of a tension leg platform in the water depth of 1500 m[D]. Shanghai:Shanghai Jiaotong Univeristy,2012.

[11]　Gu J Y. Study on the complex dynamic response and vortex-induced motion characteristics of tension leg platform [D]. Shanghai:Shanghai Jiaotong Univeristy,2013.

[12]　NAESS A,STANSBERG C T,BATSEVYCH O. Prediction of extreme tether tension for a TLP by the AUR and ACER methods[J]. Journal of Offshore Mechanics and Arctic Engineering,2012,134(2):1.

[13]　RAO D S,SELVAM R P,SRINIVASAN N. Experimental investigations on tension based tension leg platform (TBTLP)[J]. Journal of Naval Architecture and Marine Engineering,2014,11(2):105-116.

深海采矿水面支持平台风险评估研究

周清基,李惠婷

(天津大学 海洋科学与技术学院,天津 300072)

摘要:基于模糊贝叶斯方法提出一种改进的故障模式及影响分析(FMEA)风险评价模型对深海采矿水面支持平台进行安全分析。采用模糊数的语言表达方法评价风险因素,根据 D-S 证据理论融合评价信息,根据创建的模糊置信规则库,模拟不确定、不完整的数据来源,并通过权值分配和矩阵分析融合得到条件概率表,使用贝叶斯的推理技术改进 FMEA 模型,计算并排序风险因素的风险排序数(RRN)。案例结果显示排名前五的风险因素分别为:X29 人员培训不当、X23 材料腐蚀、X30 大风、X15 电控截止阀失效、X26 人员安全意识。实例表明,该方法能有效评估深海采矿水面支持平台风险,可为其风险管理提供决策依据。

关键词:深海采矿水面支持平台;模糊理论;故障模式及影响分析;贝叶斯网络;风险评估

水面支持平台是深海矿产开发的基本装备,系统复杂程度高,关联关系复杂[1]。其工作过程涉及多个耦合环节,具有高风险性。任何一个环节的失效都会影响到整个系统的生产效能,因此对深海采矿系统的可靠性要求极高[2]。为控制深海采矿水面支持平台系统风险、保证系统安全运行,亟须开展全面的风险评估。目前国内外学者通常采用灰色系统理论、数据融合、定量风险评估、故障树分析等风险分析方法评估水面支持平台的安全性[3-7],但研究方向基本集中于在稳性、安全性分析、总纵强度等方面,对其他方面的安全性与可靠性关键因素讨论不多,缺乏多要素、系统性的考虑,致使深海采矿水面支持平台的可靠性并未得到全面验证,结果存在一定的局限性。

1 深海采矿水面支持平台的风险评估方法

故障模式及影响分析方法(FMEA)是一种对潜在失效模式进行系统性评估的风险管理工具。针对传统 FMEA 存在的局限性,国内外许多学者进行了深入的探索和研究[8-13]。基于模糊贝叶斯改进 FMEA 方法,对深海采矿水面支持平台进行安全分析。该方法引入模糊理论量化评价结果,处理专家评分过程中的不确定信息,结合 D-S 证据[14]和模糊置信规则库[15]构建条件概率表,通过贝叶斯推理计算风险排序数(risk rank number,RRN)。

1.1 多级综合评价法建立深海采矿水面支持平台评价指标体系

针对深海采矿水面支持平台多因素、多维度、多要素的复杂风险源,采用递推法和故障类型及影响分析法,从深海采矿水面支持平台相关指标、转运工作过程相关指标、人员因素、环境因素 4 个方面,识别相关风险源及致灾机理,基于多级综合评价法建立综合评价指标体系,如图 1 所示。表 1 给出了所涉及的 35 个基本事件。将所有风险因素导入 GENIE 软件,形成贝叶斯网络。

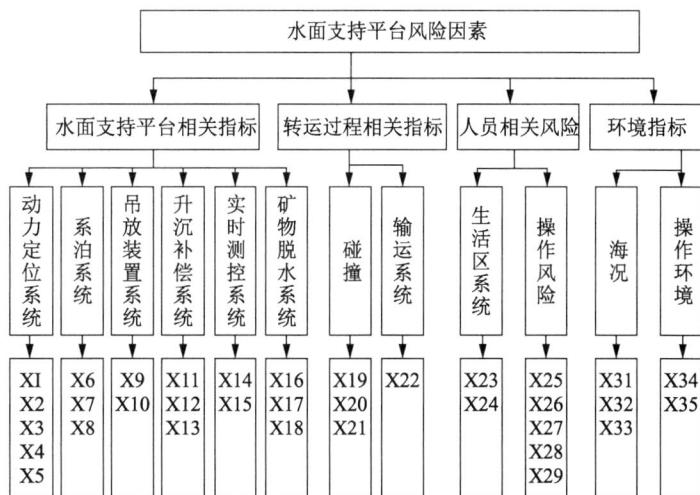

图 1 深海采矿水面支持平台评价体系

作者简介:周清基。E-mail:zqj@tju.edu.cn

表1 基本事件

序 号	X1	X2	X3	X4	X5	......	X33	X34	X35
基本事件	操作台故障	动力定位控制故障	船舶环境测量系统故障	位置参考系统故障	电源故障	......	波流涌涌	锚泊环境	安全操作区域

1.2 改进 FMEA 模型评估风险因素

风险因素概率的计算分为 3 步:① 量化风险因素的评估结果;② 分配风险指标的基本概率函数;③ 构造风险因素概率分配矩阵。邀请具有丰富经验的相关领域的 5 位专家,根据自身知识经验和专业知识,使用模糊语言变量对风险因素的 3 个风险指标,即发生度(O)、严重度(S)、可探测度(D)进行评价,评价分为 5 个等级,分别为很高(VH)、高(H)、中等(M)、低(L)、很低(VL)。根据 O、S、D 风险指标的统计特性,本文使用高斯函数将专家给出的语义信息转化为模糊数值。模糊语言变量与风险因素的评价标准及隶属度对应关系见表 2。令 5 个不同风险等级对应的隶属函数中心分别为 1、0.75、0.5、0.25、0。

表2 风险因素评价标准及对应隶属度

评价等级	评价标准			隶属度
	发生度 O	严重度 S	可探测度 D	
很高(VH)	几乎无可避免发生	可能多人死亡/可能1人死亡或系统完全损坏	通过风险检查能够轻易发现	0.9
高(H)	经常、反复发生	可能1人死亡/可能多人严重受伤或主要系统损坏	通过定期的风险检查能够发现	0.7
中等(M)	偶尔发生	中度系统损伤且4个小时内能恢复运作	通过密集的风险检查能够发现	0.5
低(L)	较少发生	轻微系统损坏且2个小时内能恢复运作	通过严格的风险检查能够发现	0.3
很低(VL)	不太可能发生	轻微损坏/需要不定期的维护	无法或难以通过严格的风险检查发现	0.1

表3 部分风险因素发生度评价结果

	专家1			专家2			......	专家5		
评价项	X6	X7	X8	X6	X7	X8	......	X6	X7	X8
评价等级	L	VL	VL	M	L	VL	......	L	L	L
量化值	0.3	0.1	0.1	0.5	0.3	0.1	......	0.1	0.1	0.1
不确定度	0.20	0.05	0.10	0.05	0.05	0.05	......	0.15	0.15	0.15

表3给出了专家根据评估标准给出的风险因素发生度的评价值和不确定度。在此基础上,根据公式(1)给出的各风险等级隶属度函数,经归一化处理后可得到该风险因素在不同风险等级下的概率值分布,类似地可获得其他风险因素发生度的概率值分布,如表4所示。

$$S_{vn} = (S_{v1}, S_{v2}, S_{v3}, S_{v4}, S_{v5}) = (e^{-\frac{(x-1)^2}{2\sigma^2}}_{v1}, e^{-\frac{(x-0.75)^2}{2\sigma^2}}_{v1}, e^{-\frac{(x-0.5)^2}{2\sigma^2}}_{v1}, e^{-\frac{(x-0.25)^2}{2\sigma^2}}_{v1}, e^{-\frac{(x)^2}{2\sigma^2}}_{v1}) \tag{1}$$

式中:S_{vn} 代表第 n 级风险的隶属函数,σ 表示专家的不确定度。

表4 部分风险因素发生度概率分配

评价指标	专家1概率值分布			专家2概率值分布			......	专家5概率值分布		
风险因素	X6	X7	X8	X6	X7	X8	......	X6	X7	X8
很高	0.001	0	0	0	0	0	......	0	0	0
高	0.040	0	0	0	0	0	......	0.007	0.007	0.007
中等	0.306	0	0	1	0.001	0	......	0.273	0.273	0.273
低	0.489	0.076	0.349	0	0.999	0.076	......	0.629	0.629	0.629
很低	0.164	0.924	0.651	0	0	0.924	......	0.090	0.090	0.090

为了减少隶属度矩阵代入 D-S 证据理论进行数据融合时产生计算量巨大的问题,本文通过矩阵分析,

采用两个证据结合、使用权值分配和递推计算的方式融合 5 位专家评价结果,构造风险因素的概率分配矩阵 $\boldsymbol{H}_{mi}$,表示为:

$$\boldsymbol{H}_m = \begin{bmatrix} \boldsymbol{H}_1 \\ \vdots \\ \boldsymbol{H}_m \end{bmatrix} = \begin{bmatrix} (h_{v1})_1^r & \cdots & (h_{v5})_1^r \\ \vdots & \ddots & \vdots \\ (h_{v1})_m^r & \cdots & (h_{v5})_m^r \end{bmatrix} = \begin{bmatrix} (e^{-\frac{(x-1)2'}{2\sigma^2}})_1^r & \cdots & (e^{-\frac{(x)2'}{2\sigma^2}})_1^r \\ \vdots & \ddots & \vdots \\ (e^{-\frac{(x-1)2'}{2\sigma^2}})_m^r & \cdots & (e^{-\frac{(x)2'}{2\sigma^2}})_m^r \end{bmatrix}, r \in (O, S, D) \quad (2)$$

式中:矩阵中元素 $(h_{vn})_m^r$ 代表第 m 位专家评价为第 n 级别的风险指标的概率值。

用矩阵 $\boldsymbol{H}_m$ 任意一行转置 $\boldsymbol{H}_i^{\mathrm{T}}$ 与另一行 $\boldsymbol{H}_j$ 相乘得到新矩阵 $\boldsymbol{R}$。新矩阵中所有非主对角线元素之和为融合之后的冲突程度 K,即为 5 位专家之间的冲突程度。利用 D-S 证据理论融合各专家的概率值,得到合成结果 $m(r)$:

$$[m_1 \oplus m_2 \oplus \cdots \oplus m_5](r)$$
$$= \begin{cases} \dfrac{1}{1-K} \displaystyle\sum_{R_i \cap R_j \cap \cdots \cap R_k = R} m_1(R_i) \times m_2(R_j) \times \cdots \times m_5(R_k) + f(R) & \forall A \subseteq \Theta \quad A \neq 0 \\ 0 & A = \varnothing \end{cases} \quad (3)$$

式中:$[m_1 \oplus m_2 \oplus \cdots \oplus m_5](r)$ 为 5 位专家的正交和,是合成后的概率分配。$\displaystyle\sum_{R_i \cap R_j \cap \cdots \cap R_k = R} m_1(R_i) \times m_2(R_j) \times \cdots \times m_5(R_k)$ 等于相交于 R 的所有因素 mass 函数值的乘积的和。$f(R) = kq(R)$,$q(R)$ 代表所有风险因素的平均支持程度,$f(R)$ 是证据冲突的概率分配函数。

表 5 给出了专家概率值融合后的结果,得到了 35 个风险因素的风险指标概率分布值。

表 5　风险因素融合结果

风险等级	风险因素												
	X1			X2			……	X34			X35		
	O	S	D	O	S	D	……	O	S	D	O	S	D
VH	0.001	0.001	0.019	0.000	0.000	0.033	……	0.014	0.000	0.008	0.006	0.010	0.033
H	0.003	0.044	0.367	0.007	0.008	0.530	……	0.081	0.008	0.484	0.094	0.196	0.436
M	0.081	0.910	0.571	0.081	0.065	0.394	……	0.694	0.067	0.389	0.381	0.284	0.381
L	0.541	0.044	0.043	0.878	0.414	0.041	……	0.190	0.342	0.111	0.448	0.465	0.137
VL	0.347	0.001	0.001	0.035	0.513	0.001	……	0.020	0.583	0.008	0.072	0.045	0.013

1.3　风险优先数计算

将表 5 中的数据作为父节点的先验概率导入构建好的深海采矿水面支持平台的贝叶斯网络节点中,进行风险推理。贝叶斯网络可以表达非线性因果关系的优势,在多条规则用于评价风险因素的过程中,可以使用贝叶斯融合不同规则置信度。本文将置信规则库的规则以条件概率形式表示。在"IF-THEN"基础上,结合深海采矿水面支持平台相关风险因素、相关风险状态,扩展置信规则规定为:

(1) Re1:IF:发生度 VL,严重度 VL,可探测程度 VH,
THEN 风险状态{(Low,1),(Medium,0),(High,0)};

(2) Re2:IF:发生度 M,严重度 M,可探测程度 M,
THEN 风险状态{(Low,0),(Medium,1),(High,0)};

(3) Re3:IF:发生度 VH,严重度 VH,可探测程度 VL,
THEN 风险状态{(Low,0),(Medium,0),(High,1)};

其中,O、S、D 被定义为前提属性,风险状态作为结论属性。通过贝叶斯网络建模,将前提属性转化为父节点,风险状态转化为子节点。获得各节点的条件概率表后将其导入贝叶斯网络,更新贝叶斯网络模型,最终得到风险因素的置信度分配。S 为 VH 的部分条件概率如表 6 所示,同时图 2 给出了风险推理结果。

表 6　部分条件概率示意

		O 为 VH					O 为 H				
		D 为 VH	D 为 H	D 为 M	D 为 L	D 为 VL	D 为 VH	D 为 H	D 为 M	D 为 L	D 为 VL
	VH	0.67	0.67	0.67	0.67	1	0.33	0.34	0.34	0.33	0.67
	H	0	0	0	0.33	0	0.33	0.33	0	0.67	0.33
风险等级	M	0	0	0.33	0	0	0	0	0.33	0	0
	L	0	0.33	0	0	0	0.33	0	0	0	0
	VL	0.33	0	0	0	0	0.34	0	0	0	0

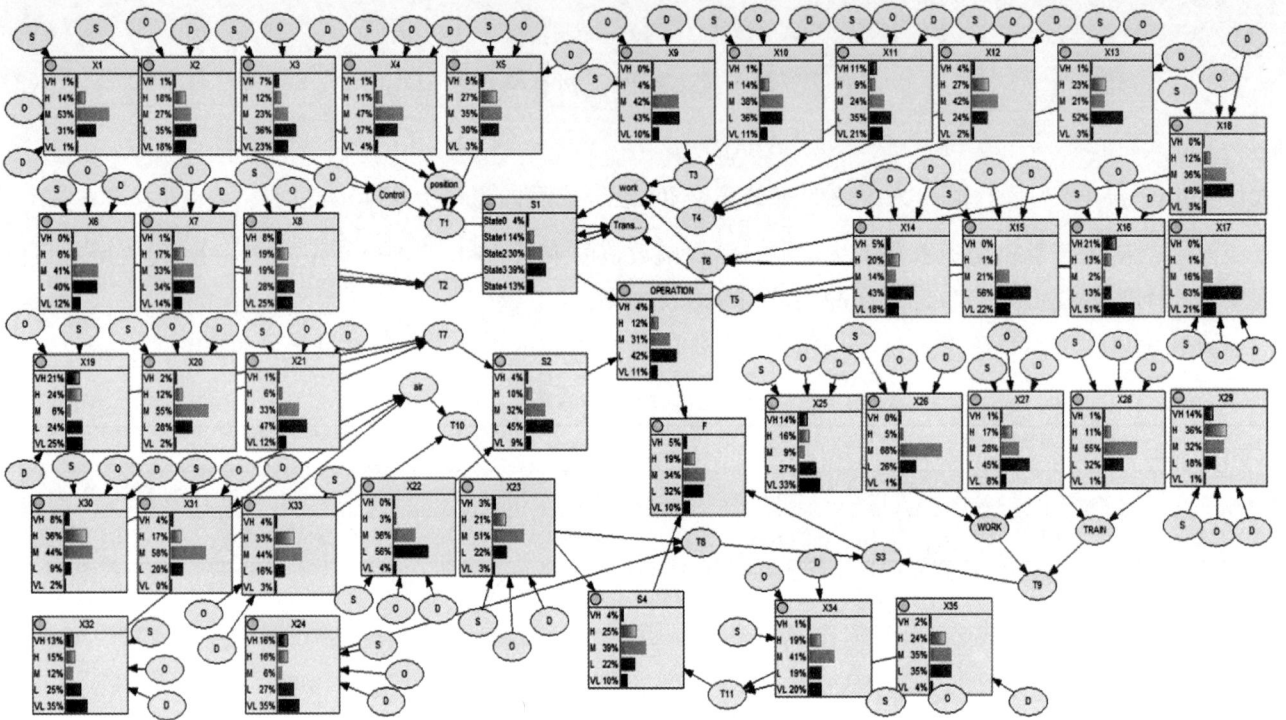

图 2　深海采矿水面支持平台风险贝叶斯模型

为了实现对风险因素的精确排序,引入效用值(G_i,$i=1,2,\cdots,5$)以便将风险状态的置信度分布转换为数值从而进行比较。本文使用风险数(risk number,RN)对父节点的值进行定量描述,取值范围为[1,5],1 分表示对风险贡献最少,5 分表示对风险的贡献最大。基于上述模糊规则,不同风险状态的得分可根据公式(4)—(8)计算:

$$G_1 = RN(O1) \times RN(S1) \times RN(D1) = 1^3 = 1 \tag{4}$$

$$G_2 = RN(O2) \times RN(S2) \times RN(D2) = 2^3 = 8 \tag{5}$$

$$G_3 = RN(O3) \times RN(S3) \times RN(D3) = 3^3 = 27 \tag{6}$$

$$G_4 = RN(O4) \times RN(S4) \times RN(D4) = 4^3 = 64 \tag{7}$$

$$G_5 = RN(O5) \times RN(S5) \times RN(D5) = 5^3 = 125 \tag{8}$$

因此,可引入一个新的风险排序数(N)对风险因素进行计算和排序,具体公式如下:

$$N = \sum_{l=1}^{5} m(rl) \times G_i \tag{9}$$

式中:$m(rl)$是该风险因素的风险等级取第 l 个参考值的概率。

根据公式(9),计算风险因素的 N 值并排序,具体的结果如表 7 所示。

表 7　风险因素 N 的计算

风险因素的编号	N 值	排名
X29	48.912 96	1
X23	39.332 14	2
X30	38.571 75	3
X15	31.994 65	4
……	……	……
X14	9.141 669	32
X16	8.173 965	33
X32	8.138 601	34
X25	7.568 872	35

表 7 的结果显示,影响深海采矿水面支持平台安全的因素中,排名前 5 的风险因素为:X29 人员培训不当、X23 材料腐蚀、X30 大风、X15 电控截止阀失效、X26 人员安全意识。这些因素中,人员因素占比较高且排名较靠前,因此需要重点关注。针对人员风险,有必要加强工作人员的教育培训,提升其安全防范意识。同时要定期进行安全演练,增强工作人员的应急反应能力和心理素质,以减少事故发生,提升水面支持平台的安全性和可靠性。

2　结　语

(1) 基于多级综合评价法,考虑深海采矿水面支持平台的多源风险因素,建立全面的综合评价体系。

(2) 利用建立的评价指标体系,通过 GENIE 软件构建相应的贝叶斯网络模型。基于模糊数改进 D-S 证据理论算法减少专家主观性判断,融合 5 位专家对风险因素的打分,实现不同风险状态的定量评价,导入条件概率数据,更新了贝叶斯网络模型。结合置信规则和贝叶斯推理计算各风险因素的发生度、严重度、可探测度,量化风险优先数,判断风险大小。

(3) 根据风险优先数的排序,对排序比较靠前的风险因素采取相对应的风险管控措施。

参考文献

[1] 汪浩,刘山尖,韩放,等. 深海采矿船可靠性与安全性分析设计技术研究进展[J]. 船舶工程,2021,43(12):32-46.
[2] 唐慧妍,吴春秋,王海燕. 深海采矿船的协同控制策略[J]. 珠江水运,2023,2:78-81.
[3] GUO Y,DONG S,HAO Y,et al. Risk assessments of water inrush from coal seam floor during deep mining using a data fusion approach based on grey system theory [J]. Complexity,2020,1-12.
[4] 韩哲鹏,张笛. 基于动态贝叶斯网络的船舶电力推进系统可靠性评估[J]. 船舶工程,2021,43(11):118-124.
[5] WU J,YU Y,YU J X,et al. A Markov resilience assessment framework for tension leg platform under mooring failure [J]. Reliability Engineering & System Safety,2023,231:108939.
[6] 余建星,范海昭,陈海成,等. 海洋立管失效风险因素分析方法及应用[J]. 中国安全科学学报,2021,31(11):47-53.
[7] 吴晶. BP-GA算法在船舶碰撞风险评估中的应用[J]. 舰船科学技术,2022,44(7):94-97.
[8] 孙丽萍,潘俊文,胡德文. 基于改良模糊灰色关联度的FPSO原油舱风险决策[J]. 哈尔滨工程大学学报,2018,39(11):1760-1766.
[9] CEYLAN B O. Shipboard compressor system risk analysis by using rule-based fuzzy FMEA for preventing major marine accidents[J]. Ocean Engineering,2023,272:113888.
[10] AKYUZ E,CELIK E. A quantitative risk analysis by using interval type-2 fuzzy FMEA approach:the case of oil spill [J]. Maritime Policy & Management,2018,45(8):979-994.
[11] CEYLAN B O,AKYAR D A,CELIK M S. A novel FMEA approach for risk assessment of air pollution from ships [J]. Marine Policy,2023,150:105536.
[12] 谢露强,孙家臣,王海燕. 基于改进FMECA-FBN和ER的铝矾土海运物流风险评估[J]. 安全与环境工程,2022,29(6):10-21.
[13] 段春艳,王佳洁,王皓博,等. 智能制造系统可靠性与风险评估模型[J]. 同济大学学报(自然科学版),2024,52(2):313-322.
[14] 秦岩,盛武. 基于D-S证据理论和贝叶斯网络的煤与瓦斯突出事故致因研究[J]. 煤矿安全,2023,54(5):153-160.
[15] 常仕媛. 基于D-S证据理论的模糊规则提取及高冲突证据的融合研究[D]. 鞍山:辽宁科技大学,2023.

柔性输流海管悬跨段的振动响应预测

朱红钧[1]，张　旭[1]，丁志奇[2]，唐　堂[1]

（1. 西南石油大学 石油与天然气工程学院，四川 成都　610500；2. 海洋石油工程股份有限公司，天津 300461）

摘要：流致振动是引发输流海管悬跨段疲劳损伤的关键因素之一。基于前人试验结果，通过改进尾流振子模型及其参数，建立了内外流耦合作用下的柔性悬跨海管振动影响预测模型，计算间隙比 $0.4 \leqslant G/D \leqslant 5$ 范围内悬跨海管的流致振动响应，并通过 Newmark-β 法和四阶 Runge-Kutta 法对时域与空间域的耦合方程组进行求解。计算结果表明：随着间隙比的减小，悬跨管振幅减小，模态转移发生的临界约化速度逐渐升高，频率锁定区逐渐变窄直至消失。根据悬跨管振幅、主导频率和主导模态，将研究的间隙比范围划分为 3 个区间。

关键词：输流海管；悬跨段；流致振动；尾流振子模型；内外流耦合

海底管道因地形起伏及海流冲刷等因素易存在悬跨段，其振动响应是影响海底管道疲劳寿命的主要因素之一。输流海管悬跨段的振动响应与悬跨长度、内部流体速度与密度、外部海流速度、管床间隙 G/D（悬跨海管与海床之间的垂直间距 G 与管道直径 D 之比）等密切相关。目前，针对大长径比柔性悬跨海管在不同管床间隙比 G/D 条件下的流致振动特性研究还较少。

Bearman 和 Zdravkovich[1]、Grass 等[2]、Wang 和 Tan[3]、Lei 等[4]、Price 等[5] 通过试验研究了近壁圆柱的绕流现象，根据圆柱后方尾涡模式的差异将间隙比分成了 3 个区间：$G/D \leqslant 0.3$ 时，旋涡脱落被完全抑制；$0.3 < G/D < 1$ 时，圆柱下侧旋涡被抑制，旋涡呈非对称脱落；$G/D \geqslant 1$ 时，底壁对圆柱旋涡泄放的影响可以忽略不计。同时，Bearman 和 Zdravkovich[1] 指出表征旋涡脱落频率的无量纲数（斯特劳哈数 St）在其试验范围内不随间隙比的改变而改变，约等于 0.2。Wang 和 Tan[3]、Lei 等[6] 的研究结果也证实了这一结论。但 Jensen 等[7]、Ong 等[8] 发现当 $G/D \leqslant 0.6$ 时，St 会随着间隙比的增加而小幅增加。

对于存在涡激振动的近底壁圆柱，根据其振幅大小，也可将间隙比划分为 3 个区间。Yang 等[9]、De Oliveira Barbosa 等[10]、Chen 等[11] 的试验结果表明，$G/D \geqslant 1 \sim 2$ 为大间隙区间，此时近底壁圆柱的振幅与无底壁影响的自由圆柱振幅相近；$0.2 \sim 0.5 < G/D < 1 \sim 2$ 为中等间隙区间，此时近底壁圆柱的振动频率不变，但振幅明显减小；当 $G/D \leqslant 0.2 \sim 0.5$ 时，圆柱与底壁发生碰撞，其进一步影响了圆柱的振动响应。而关于近底壁柔性圆柱涡激振动的研究相对较少。李小超[12] 通过试验发现，随着间隙比的减小，柔性圆柱的振动从低阶向高阶转移的临界约化速度不断升高。朱红钧等[13-14] 采用非介入光学测试方法研究了存在管床拍击的小间隙比柔性管道涡激振动响应，发现 $G/D \leqslant 0.5$ 时，柔性管道触碰底床，辨识了 5 种管床拍击模式，且拍击部位、管长与管道的振动模态密切相关。

现有内外流耦合作用下的柔性输流管振动研究主要针对无底壁影响的输流立管。郭海燕等[15]、Gu 等[16]、常学平等[17] 使用尾流振子模型预测了输流立管的振动响应，发现内流流速影响了管道固有频率，流速的增加激发了立管更高阶的振动。而关于实尺寸大长径比柔性输流悬跨海管的流致振动研究报道较少，准确预测其振动响应是治理输流海管悬跨段的关键依据。

基金项目：国家自然科学基金项目（51979238）；四川省杰出青年科学基金项目（2023NSFSC1953）；四川省中央引导地方科技发展专项（2023ZYD0140）

作者简介：朱红钧。E-mail：zhuhj@swpu.edu.cn

尾流振子模型是一种广泛应用于涡激振动预测的半经验模型,计算效率高、占用资源少。依据已报道的试验数据拟合选取了平均升力系数和平均阻力系数,通过改进尾流振子模型及其参数,建立了内外流耦合作用下的柔性悬跨海管振动响应预测模型,开展了间隙比 $0.4 \leqslant G/D \leqslant 5$ 范围内的柔性输流海管悬跨段的振动预测,分析了间隙比对振动响应的影响,为实际悬跨管治理提供理论依据。

1 理论模型建立与求解

1.1 海底悬跨管涡激振动耦合模型

水动力系数是影响涡激振动特性的主导因素。如图 1 所示,综合 Zdravkovich[18]、Fredsoe 和 Sumer[19]、Buresti 和 Lanciotti[20]、Ong 等[8]、Chen 等[21] 关于近壁圆柱绕流的试验数据可见,当 $G/D \geqslant 5$ 时,平均升力系数 $C_l < 0.05$,可以忽略底壁对圆柱平衡位置偏移的影响;当 $0.4 \leqslant G/D < 5$ 时,平均升力系数随 G/D 的减小缓慢增加;而 $G/D < 0.4$ 时,平均升力系数随 G/D 的减小急剧增大。通过分段拟合,可得近底壁圆柱的平均升力系数:

$$C_l = \begin{cases} -0.238\ 9\ln(G/D) - 0.053\ 9, & 0 < G/D < 0.4 \\ -0.036\ 5\ln(G/D) + 0.111\ 1, & 0.4 \leqslant G/D < 5 \end{cases} \tag{1}$$

此外,根据 Zdravkovic[18]、Buresti 和 Lanciotti[20]、Lei 等[6]、Wang 等[22] 的试验数据,拟合了平均阻力系数 C_d 随边界层厚度比 G/δ 增加的变化曲线。$G/\delta \geqslant 1.2$ 时,C_d 趋于定值($C_d = 1.2$)。$G/\delta < 1.2$ 时的 C_d 拟合公式为:

$$C_d = 1.252\exp(-0.026\ 17G/\delta) - 0.558\ 6\exp(-5.072G/\delta), \quad 0 < G/\delta \leqslant 1.2 \tag{2}$$

式中:δ 为边界层厚度。

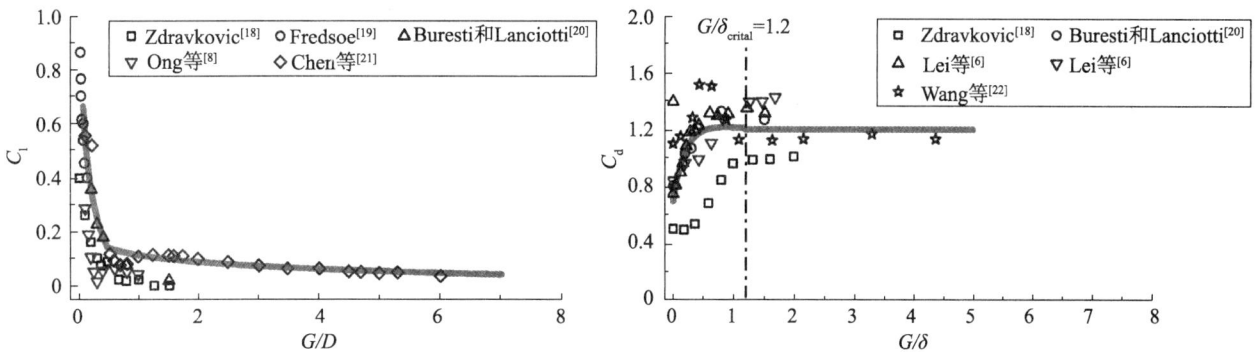

图 1　水动力系数随间隙比的变化

针对大长径比输流海管悬跨段,可由 Euler-Bernoulli 梁方程来描述其横向(z 方向)和流向(y 方向)的振动[23]:

$$\begin{cases} EI\dfrac{\partial^4 w}{\partial x^4} + (c_s + c_f)\dfrac{\partial w}{\partial t} + 2m_i u_i\dfrac{\partial^2 w}{\partial t \partial x} + m_i u_i^2\dfrac{\partial^2 w}{\partial x^2} - T\dfrac{\partial^2 w}{\partial x^2} + (m_s + m_a + m_i)\dfrac{\partial^2 w}{\partial t^2} = f_z \\ EI\dfrac{\partial^4 v}{\partial x^4} + (c_s + c_f)\dfrac{\partial v}{\partial t} + 2m_i u_i\dfrac{\partial^2 v}{\partial t \partial x} + m_i u_i^2\dfrac{\partial^2 v}{\partial x^2} - T\dfrac{\partial^2 w}{\partial x^2} + (m_s + m_a + m_i)\dfrac{\partial^2 v}{\partial t^2} = f_y \end{cases} \tag{3}$$

悬跨段两端约束为简支,即 $w(0,t) = 0$, $\partial^2 w(0,t)/\partial^2 x = 0$, $w(L,t) = 0$, $\partial^2 w(L,t)/\partial^2 x = 0$, $v(0,t) = 0$, $\partial^2 v(0,t)/\partial^2 x = 0$, $v(L,t) = 0$, $\partial^2 v(L,t)/\partial^2 x = 0$。式中:$EI$ 为抗弯刚度;w 为横向位移;v 为流向位移;t 为时间;m_i 为单位长度流体质量;u_i 为内部流体速度;T 为管道张力;m_s 为单位长度管道质量;m_a 为单位长度管道附加质量;c_s 为结构阻尼系数,表示为 $c_s = 2m_i\omega\zeta$;c_f 为流体阻尼系数,表示为 $c_f = \gamma\Omega_f\rho_w D^2$;$\zeta$ 为结构阻尼系数;ω 为管道第一阶固有圆频率;γ 为黏滞力系数,取值为 0.8;ρ_w 为海水密度;Ω_f 为旋涡脱落频率,可表示为 $\Omega_f = 2\pi St U/D$。

f_z 和 f_y 分别为管道所受横向与流向作用力[24]:

$$f_z = f_L + \frac{f_D}{U}\frac{\partial w}{\partial t}, \quad f_y = f_D + f_{D0} - \frac{f_L}{U}\frac{\partial w}{\partial t} \tag{4}$$

式中：f_D 为脉动阻力，f_{D0} 为管道平均阻力，f_L 为升力，分别表示为 $f_D=C_{Di}\rho_w DU^2/2$，$f_{D0}=C_{D0}\rho_w DU^2/2$，$f_L=C_L\rho_w DU^2/2$。其中，$C_{D0}$ 为静止柱体平均阻力系数，取为 2；C_{Di} 为脉动阻力系数；C_L 为升力系数，分别表示为 $C_{Di}=(C_{Di0}+C_d)p(x,t)/2$，$C_L=(C_{L0}+C_l)q(x,t)/2$，$C_{Di0}$ 和 C_{L0} 分别为静止柱体旋涡脱落对应的非定常阻力系数和升力系数，$p(x,t)$ 和 $q(x,t)$ 分别表示流向和横向的尾流变量。

采用 Facchinetti 等[25]改进的尾流振子模型，尾流变量 $p(x,t)$ 和 $q(x,t)$ 由 Van der Pol 方程描述，同时引入修正项，以实现近底壁管柱振动的预测[26-28]：

$$\begin{cases} \dfrac{\partial^2 q}{\partial t^2}+\varepsilon_z\Omega_f(q_z^2-1)\dfrac{\partial q}{\partial t}+\Omega_f^2 q+\alpha(G/D)\Omega_n\Omega_i q=\beta(G/D,G/\delta)\dfrac{A_{zz}}{D}\dfrac{\partial^2 w}{\partial t^2} \\ \dfrac{\partial^2 p}{\partial t^2}+2\varepsilon_y\Omega_f(q_y^2-1)\dfrac{\partial p}{\partial t}+4\Omega_f^2 p+2\alpha(G/D)\Omega_n\Omega_i q=\beta(G/D,G/\delta)\dfrac{A_{yy}}{D}\dfrac{\partial^2 v}{\partial t^2} \end{cases} \quad (5)$$

式中：ε_z、ε_y 为非线性项中的经验参数，A_{zz} 和 A_{yy} 为结构对流体的耦合作用力系数，α 和 β 分别为与间隙比、边界层厚度比相关的参数。

1.2 数值求解

采用伽辽金法对上述振动方程离散，悬跨管在横向和流向上的位移表示为 $w(x,t)=\Sigma\varphi_n(x)\overline{w}_n(t)$ 和 $v(x,t)=\Sigma\varphi_n(x)\overline{v}_n(t)$。

对悬跨管振动控制方程(3)进行积分变换，并对各单元矩阵进行组装，可得到悬跨管矩阵形式的总体振动控制方程：

$$M\ddot{D}+C\dot{D}+KD=F \quad (6)$$

式中：M、C、K、F 分别是悬跨管整体质量矩阵、阻尼矩阵、刚度矩阵和荷载矩阵。

使用 Newmark-β 法和四阶 Runge-Kutta 法分别对矩阵形式的振动方程(6)和尾流振子方程(5)沿悬跨管轴向和时域方向进行逐步耦合积分求解，得到横向与流向的位移、速度和加速度。

2 数值结果分析

2.1 模型参数

海管悬跨段的长度一般为 $0\sim10^2 D$，参考某实际海管，文中选取的模型基本参数如表1所示。计算的管床间隙比为 $0.4\leqslant G/D\leqslant5$，悬跨管的一阶固有频率为 $f_{d1}=0.478$ Hz。

表1　模型参数

长度 L/m	外径 D/m	内径 d/m	端部张力 T/kN	弹性模量 E/GPa	输流管密度 ρ_s/(kg/m³)	海水密度 ρ_w/(kg/m³)	内流流速 u_i/(m/s)	内流油品密度 ρ_i/(kg/m³)	结构阻尼系数 ζ
34	0.168	0.152	50	207	7 850	1 025	3	800	0.02

2.2 振动响应分析

图2对比了不同间隙比悬跨管的主导振动频率及最大振幅随约化速度 U_r 的变化曲线。在 $1<G/D\leqslant5$ 范围，悬跨管流向出现三阶振动，横向出现二阶振动。随着间隙比的减小，悬跨管主导振动频率略有下降，但流向与横向主导振动频率保持2倍关系。同时，频率锁定区的范围随间隙比的减小而变窄，$G/D\leqslant2$ 时锁定区消失。随着约化速度的增大，振动频率由台阶式增长变为连续增长。悬跨管最大振幅的变化与主导振动频率的变化趋势相同：$3\leqslant G/D\leqslant5$ 时，最大振幅值略有下降；$1<G/D<3$ 时，振幅明显下降，最大振幅仅有 $G/D=5$ 时的 50%。

在 $0.4\leqslant G/D\leqslant1$ 范围，壁面影响进一步加剧，悬跨管主导振动频率随间隙比的减小而大幅下降，流向频率偏离 $2St$ 线而向 St 线转移，因而，流向与横向的主导振动频率不再呈2倍关系。同时，悬跨管主振模态转移的临界约化速度增大。在 $G/D=0.4$ 时，流向主导振动频率与横向主导振动频率相近，在整个约化速度范围($U_r=0\sim30$)，两个方向的振动均由一阶主导。

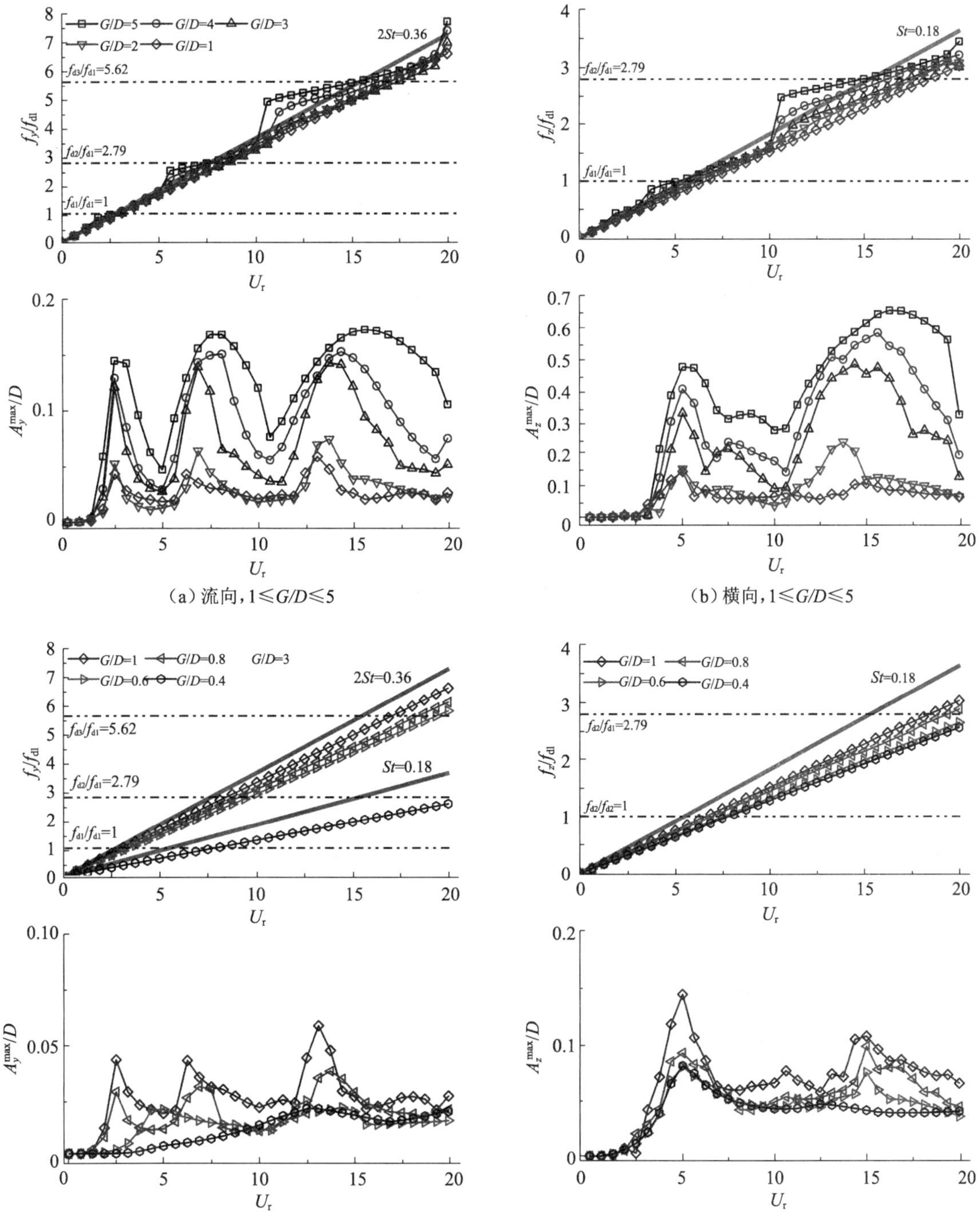

（a）流向，$1 \leqslant G/D \leqslant 5$　　（b）横向，$1 \leqslant G/D \leqslant 5$

（c）流向，$0.4 \leqslant G/D < 1$　　（d）横向，$0.4 \leqslant G/D < 1$

图 2　不同间隙比悬跨管的主导振动频率及最大振幅随约化速度的变化

根据主导振动频率、振幅及振动阶数的变化，可将 $0.4 \leqslant G/D \leqslant 5$ 范围内的间隙比分为 3 个区间：$G/D \geqslant 3$ 为大间隙区，壁面对悬跨管振动的影响较小，振幅变化不明显，锁定区随间隙比的减小逐渐变窄；$0.4 < G/D < 3$ 为中等间隙区，主导振动频率和振幅明显下降，流向主导振动频率偏离 $2St$ 线，锁定区消失；$G/D \leqslant 0.4$ 为小间隙区，流向与横向振动同频，主导振动模态均为一阶。

图 3 为按 4 个代表性间隙比布置的悬跨管在 $U_r = 9.976$ 时的均方根振幅及位移的时空演变。由图 3 可见，$1 \leqslant G/D \leqslant 5$ 时，悬跨管流向与横向均方根振幅曲线有两个波腹、一个节点，说明悬跨管 2 个方向的振动均为二阶模态主导。$G/D = 5$ 时，2 个方向的均方根振幅曲线节点值为 0，因而振动沿轴向的传递呈驻波形式。$1 \leqslant G/D \leqslant 3$ 时，悬跨管振动沿轴向传递的行波特性增强。$G/D = 0.4$ 时，流向均方根振幅呈非对称分布，最大值出现在 $S/L = 0.55$ 处，振动沿轴向的传递又恢复为驻波主导。

图 4 和图 5 为不同间隙比悬跨管振动模态权重随约化速度的变化。在大间隙区，随着间隙比的降低，流向振动由低阶向高阶模态转移的临界约化速度逐渐增大，一阶向二阶、二阶向三阶转变的临界约化速度

分别由 $U_r=5.617$ 转移至 $U_r=6.683$ 和由 $U_r=10.599$ 转移至 $U_r=11.222$,横向振动的临界约化速度则保持不变。在中等间隙区,流向振动模态转移的临界约化速度进一步增大,一阶向二阶、二阶向三阶转变的临界约化速度分别增至 $U_r=9.976$ 和 $U_r=12.467$。在小间隙区,尽管 2 个方向的振动始终由一阶模态主导,但随着约化速度的增加,流向和横向振动的二阶模态权重逐渐增加,并分别在约化速度 $U_r=12.467$ 和 $U_r=13.713$ 时达到稳定,二阶模态的权重约为 30%。

图 6 给出了不同间隙比和约化速度条件下的悬跨管最大振幅及主导振动模态分区,图中虚线为主导模态的分割线。可见,随着间隙比的减小,悬跨管的振幅整体呈下降趋势,振动频率逐渐降低,主导模态阶数也减小。至 $G/D=0.4$ 时,流向与横向的主导振动模态相同,振幅减至最小。

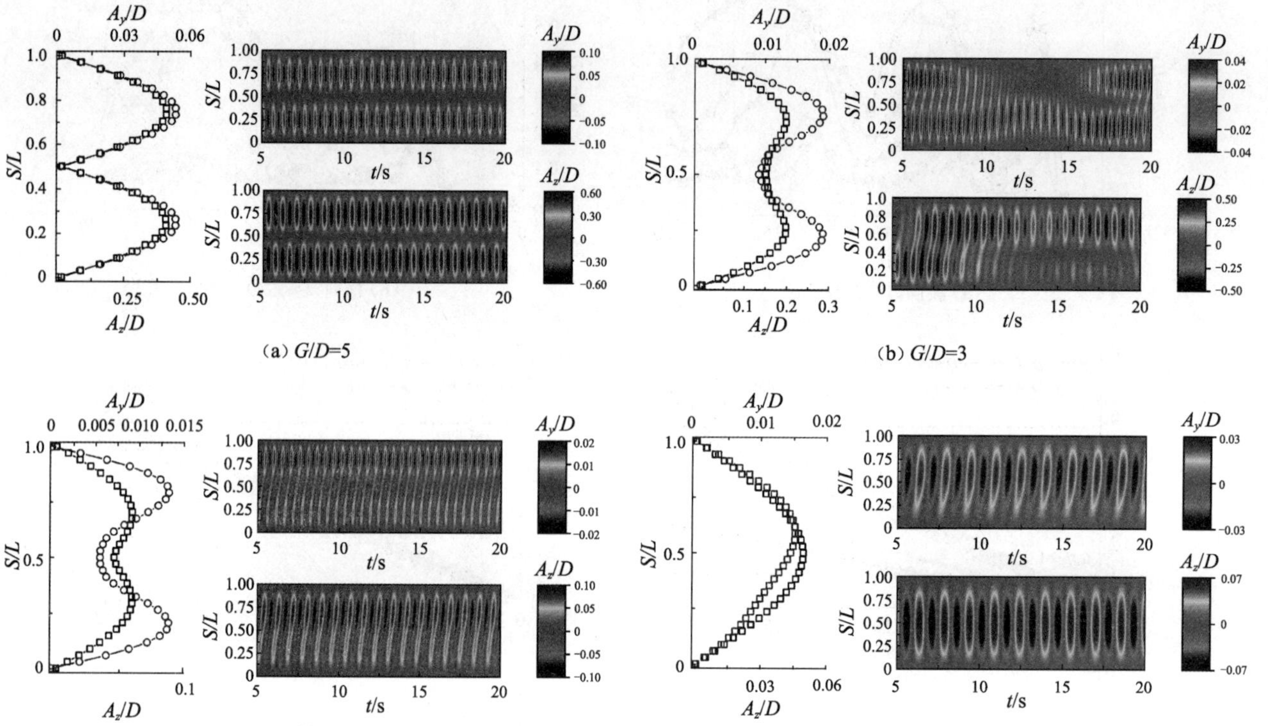

(a) $G/D=5$　　　　　　　　　　　　(b) $G/D=3$

(c) $G/D=1$　　　　　　　　　　　　(d) $G/D=0.4$

图 3　$U_r=9.976$ 时悬跨管代表性间隙比均方根振幅及位移时空演变

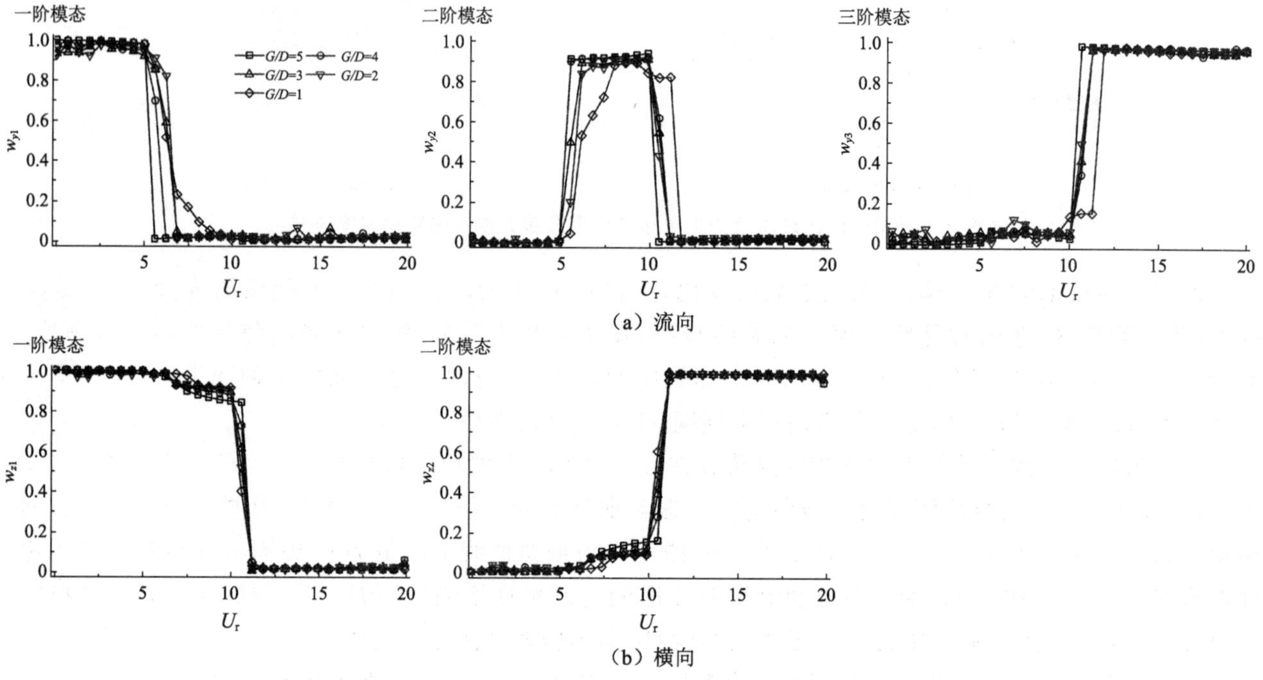

(a) 流向

(b) 横向

图 4　间隙比 $1 \leqslant G/D \leqslant 5$ 时悬跨管振动模态权重随约化速度的变化

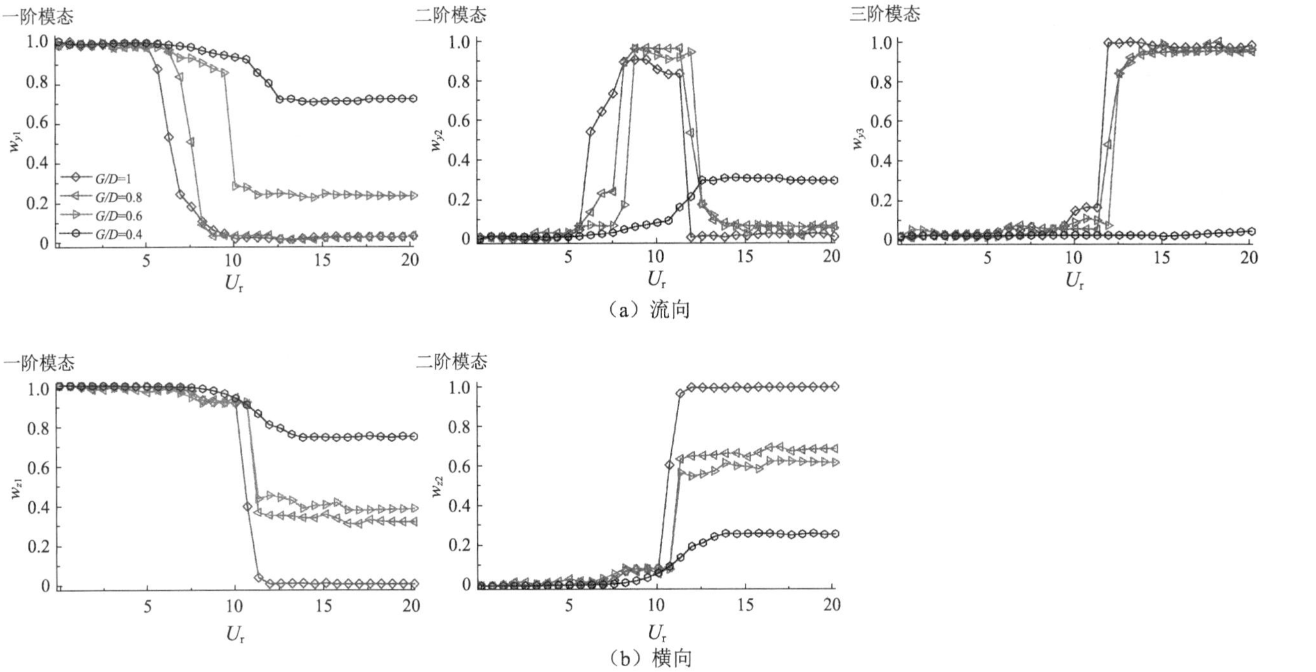

（a）流向

（b）横向

图 5　间隙比 0.4 ≤ G/D ≤ 1 时悬跨管振动模态权重随约化速度的变化

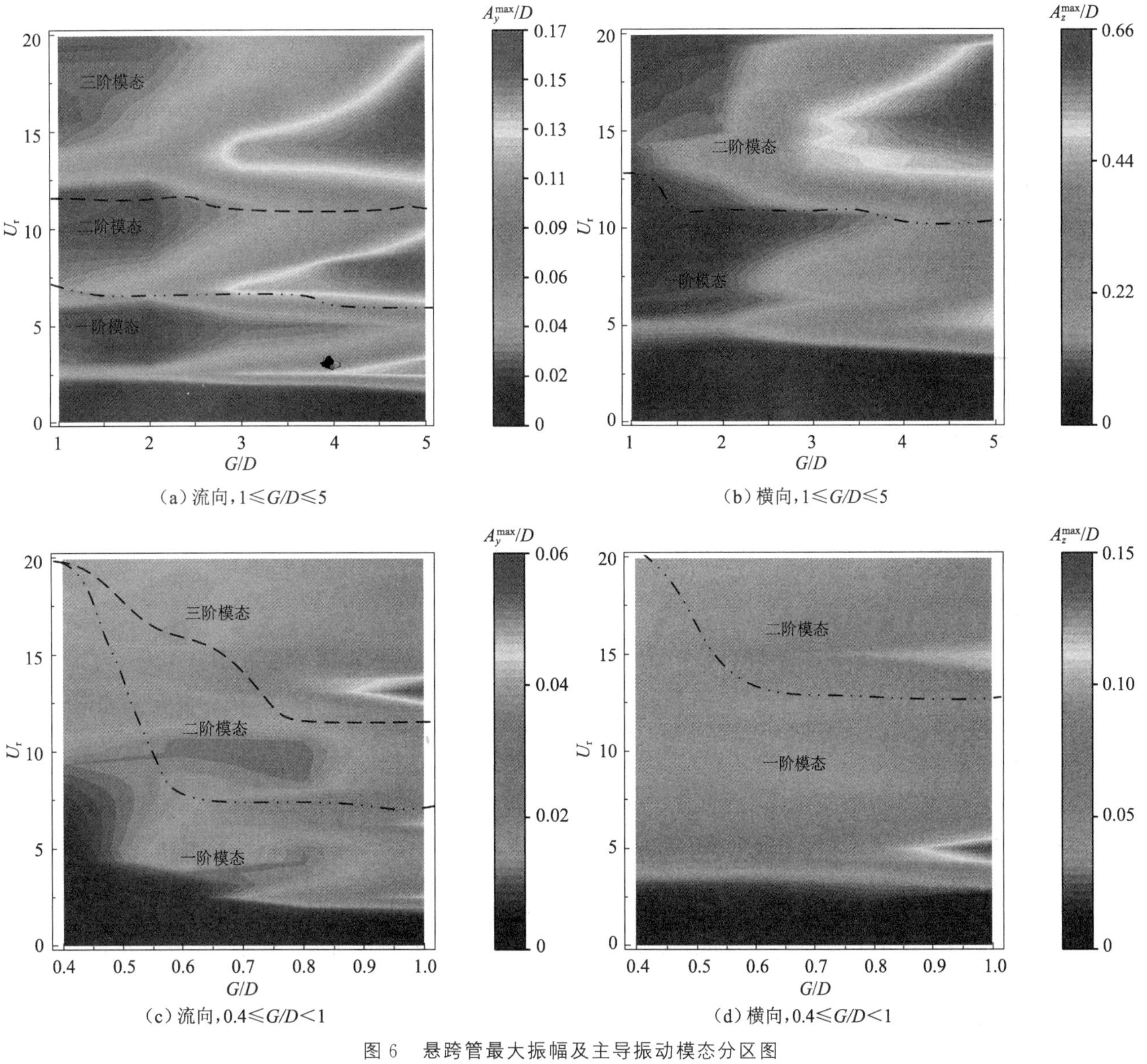

（a）流向，1 ≤ G/D ≤ 5

（b）横向，1 ≤ G/D ≤ 5

（c）流向，0.4 ≤ G/D < 1

（d）横向，0.4 ≤ G/D < 1

图 6　悬跨管最大振幅及主导振动模态分区图

3 结　语

建立内外流耦合作用下的柔性悬跨海管振动响应预测模型,对某输流海管悬跨段在间隙比 $0.4 \leqslant G/D \leqslant 5$ 范围的流致振动进行了计算分析。结果表明:随着间隙比的减小,悬跨管的振幅逐渐减小,振动模态转移的临界约化速度逐渐升高,频率锁定区逐渐变窄直至消失。根据振幅、主振频率和主导模态,可将间隙比范围分为 3 个区间: $G/D \geqslant 3$ 为大间隙区,壁面对管道振动的影响较小; $0.4 < G/D < 3$ 为中等间隙区,振幅明显下降,流向与横向主振频率比减小; $G/D \leqslant 0.4$ 为小间隙区,流向与横向振动同频,振动均由一阶主导。

参考文献

[1] BEARMAN P W,ZDRAVKOVICH M M. Flow around a circular cylinder near a plane boundary[J]. Journal of Fluid Mechanics,1978,89(1):33-47.

[2] GRASS A J,RAVEN P W J,STUART R J,et al. The influence of boundary layer velocity gradients and bed proximity on vortex shedding from free spanning pipelines[J]. Journal of Energy Resources Technology,1984,106(1):70-78.

[3] WANG X K,TAN S K. Near-wake flow characteristics of a circular cylinder close to a wall[J]. Journal of Fluids and Structures,2008,24(5):605-627.

[4] LEI C,CHENG L,ARMFIELD S W,et al. Vortex shedding suppression for flow over a circular cylinder near a plane boundary[J]. Ocean Engineering,2000,27(10):1109-1127.

[5] PRICE S J,SUMNER D,SMITH J G,et al. Flow visualization around a circular cylinder near to a plane wall[J]. Journal of Fluids and Structures,2002,16(2):175-191.

[6] LEI C,CHENG L,KAVANAGH K. Re-examination of the effect of a plane boundary on force and vortex shedding of a circular cylinder[J]. Journal of Wind Engineering and Industrial Aerodynamics,1999,80(3):263-286.

[7] JENSEN B L,SUMER B M,JENSEN H R,et al. Flow around and forces on a pipeline near a scoured bed in steady current[J]. Journal of Offshore Mechanics and Arctic Engineering,1990,112(3):206-213.

[8] ONG M C,UTNES T,ERIK L,et al. Near-bed flow mechanisms around a circular marine pipeline close to a flat sea-bed in the subcritical flow regime using a k-ε model[J]. Journal of Offshore Mechanics and Arctic Engineering,2011,134:021803.

[9] YANG B,GAO F,JENG D S,et al. Experimental study of vortex-induced vibrations of a cylinder near a rigid plane boundary in steady flow[J]. Acta Mechanica Sinica,2009,25(1):51-63.

[10] DE OLIVEIRA BARBOSA J M,QU Y,METRIKINE A V,et al. Vortex-induced vibrations of a freely vibrating cylinder near a plane boundary:experimental investigation and theoretical modelling[J]. Journal of Fluids and Structures,2017,69:382-401.

[11] CHEN W,WANG H,CHEN C. Experimental investigation of the vortex-induced vibration of a circular cylinder near a flat plate[J]. Ocean Engineering,2023,272:113794.

[12] 李小超. 海底管线悬跨段涡激振动响应的实验研究与数值预报[D]. 大连:大连理工大学,2011.

[13] 朱红钧,赵宏磊,谢宜蒲,等. 近壁面柔性圆柱流致振动-拍击耦合特性试验研究[J]. 海洋工程,2022,40(5):1-9.

[14] ZHU H,ZHAO H,XIE Y,et al. Experimental investigation of the effect of the wall proximity on the mode transition of a vortex-induced vibrating flexible pipe and the evolution of wall-impact[J]. Journal of Hydrodynamics,2022,34(2):329-353.

[15] 郭海燕,娄敏,董晓林,等. Numerical and physical investigation on vortex-induced vibrations of marine risers[J]. China Ocean Engineering,2006(3):373-382.

[16] GU J,MA T,CHEN L,et al. Dynamic analysis of deepwater risers conveying two-phase flow under vortex-induced vibration[J]. Journal of the Brazilian Society of Mechanical Sciences and Engineering,2021,43(4):188.

[17] 常学平,屈从佳,范谨铭. 海洋气-液两相输流复合材料立管双向耦合涡激振动特性分析[J]. 中国海洋大学学报,2022,52(10):146-160.

[18] ZDRAVKOVICH M M. Forces on a circular cylinder near a plane wall[J]. Applied Ocean Research,1985,7(4):197-201.

［19］ FREDSØE J,SUMER B M,ANDERSEN J,et al. Transverse vibrations of a cylinder very close to a plane wall［J］. Journal of Offshore Mechanics and Arctic Engineering,1987,109(1):52-60.

［20］ BURESTI G,LANCIOTTI A. Mean and fluctuating forces on a circular cylinder in cross-flow near a plane surface ［J］. Journal of Wind Engineering and Industrial Aerodynamics,1992,41(1-3):639-650.

［21］ CHEN W,JI C,XU D,et al. Two-degree-of-freedom vortex-induced vibrations of a circular cylinder in the vicinity of a stationary wall［J］. Journal of Fluids and Structures,2019,91:102728.

［22］ WANG X K,HAO Z,TAN S K. Vortex-induced vibrations of a neutrally buoyant circular cylinder near a plane wall ［J］. Journal of Fluids and Structures,2013,39:188-204.

［23］ PAÏDOUSSIS M P,BESANCON P. Dynamics of arrays of cylinders with internal and external axial flow［J］. Journal of Sound and Vibration,1981,76(3):361-379.

［24］ WANG L,JIANG T L,DAI H L,et al. Three-dimensional vortex-induced vibrations of supported pipes conveying fluid based on wake oscillator models［J］. Journal of Sound and Vibration,2018,422:590-612.

［25］ FACCHINETTI M L,DE LANGRE E,BIOLLEY F. Coupling of structure and wake oscillators in vortex-induced vibrations［J］. Journal of Fluids and Structures,2004,19(2):123-140.

［26］ FEHÉR R,AVILA J J. Vortex-induced vibrations model with 2 degrees of freedom of rigid cylinders near a plane boundary based on wake oscillator［J］. Ocean Engineering,2021,234:108938.

［27］ TAO M M,SUN X,XIAO J,et al. A novel vortex-induced vibration model for a circular cylinder in the vicinity of a plane wall［J］. Ocean Engineering,2023,287:115846.

［28］ JIN Y,DONG P. A novel wake oscillator model for simulation of cross-flow vortex induced vibrations of a circular cylinder close to a plane boundary［J］. Ocean Engineering,2016,117:57-62.

基于 IB-LBM 的立管涡激振动 GPU 并行模拟方法

杜尊峰[1,2]，杨　源[1,2]，朱海明[1,2]

(1. 天津大学 建筑工程学院，天津　300350；2. 水利工程智能建设与运维全国重点实验室，天津　300350)

摘要：基于浸没边界格子玻尔兹曼方法(IB-LBM)开发了立管涡激振动模拟程序，并探讨了使用 Python 语言及 JAX 框架实现 GPU 并行计算的效率。结果表明，受益于 JAX 提供的即时编译功能，Python 代码可以获得接近低级编程语言的高性能，在 GPU 平台上实现数百倍的硬件加速。

关键词：格子玻尔兹曼法(LBM)；浸没边界法(IBM)；涡激振动；GPU 并行计算

立管的涡激振动是一种复杂的流固耦合现象，在一定的约化速度下，会引发剧烈的管道共振，导致严重的疲劳损伤，对结构安全构成重大威胁。随着计算机软硬件的飞速发展，计算流体力学(CFD)方法逐渐成为研究立管涡激振动的有效工具。然而，目前 CFD 模拟所需时间成本仍然较高，限制了其更广泛的工程应用。因此，提高涡激振动模拟计算的效率，是海洋工程领域一个重要的研究课题。

1 研究方法

1.1 格子玻尔兹曼法

传统的 CFD 方法求解宏观的 Navier-Stokes 方程，而格子玻尔兹曼法(lattice Boltzmann method，LBM)则求解介观的玻尔兹曼方程。依据 Chapman-Enskog 理论，玻尔兹曼方程与 Navier-Stokes 方程本质上等效[1]。玻尔兹曼方程描述流体粒子分布函数的演化：

$$\frac{\partial f}{\partial t}+\boldsymbol{\xi}\cdot\frac{\partial f}{\partial \boldsymbol{x}}+\frac{\boldsymbol{F}}{\rho}\cdot\frac{\partial f}{\partial \boldsymbol{\xi}}=\Omega(f) \tag{1}$$

式中：$f(\boldsymbol{x},\boldsymbol{\xi},t)$为流体粒子分布函数，其中 $\boldsymbol{x}$ 为位置，t 为时间，$\boldsymbol{\xi}$ 为速度；$\boldsymbol{F}$ 是外部力；ρ 是流体密度；Ω 是碰撞算子，模拟流体粒子之间碰撞引起的粒子重新分布。宏观流体性质(即密度 ρ、速度 $\boldsymbol{u}$)与流体粒子的介观分布函数之间存在以下关系：

$$\rho=\int f(\boldsymbol{x},\boldsymbol{\xi},t)\mathrm{d}\boldsymbol{\xi}, \qquad \rho\boldsymbol{u}=\int \boldsymbol{\xi} f(\boldsymbol{x},\boldsymbol{\xi},t)\mathrm{d}\boldsymbol{\xi} \tag{2}$$

在格子玻尔兹曼方法中，物理空间被划分为具有等距离 Δx 的格子，速度空间被离散化为一组有限的离散速度 c_i，使得粒子在每个时间步长中只能向相邻节点之一移动或保持原位。例如，文中研究采用 D2Q9 模型，即具有 9 个离散速度的二维模型，如图 1 所示。

离散化的玻尔兹曼方程为：

$$f_i(\boldsymbol{x}+\boldsymbol{c}_i\Delta t,t+\Delta t)-f_i(\boldsymbol{x},t)=\Omega_i+\boldsymbol{F}_i \tag{3}$$

式中：i 表示离散化方向，Δt 是时间步长，Ω_i 是离散化的碰撞算子，$\boldsymbol{F}_i$ 是离散的外力项。

格子玻尔兹曼方法的求解一般分为碰撞(collision)和流动(streaming)两个步骤。在碰撞步骤中，分布函数的更新方式为：

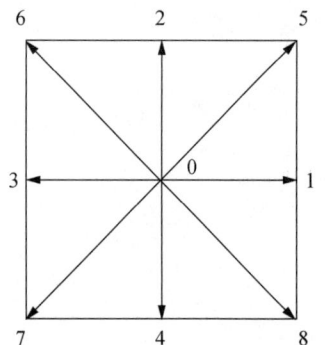

图 1　D2Q9 模型

基金项目：中国博士后科学基金项目(2023M742582)

通信作者：朱海明。E-mail：zhuhaiming@tju.edu.cn

$$f_i^*(\boldsymbol{x},t)=f_i(\boldsymbol{x},t)+\Omega_i+F_i \tag{4}$$

在流动步骤中,粒子根据自身离散速度,移动到相邻节点:

$$f_i(\boldsymbol{x}+\boldsymbol{c}_i\Delta t,t+\Delta t)=f_i^*(\boldsymbol{x},t) \tag{5}$$

流体密度和速度的计算公式采用 Guo 等[2]的格式:

$$\rho=\sum_i f_i,\quad \boldsymbol{u}=\frac{1}{\rho}\sum_i f_i\boldsymbol{c}_i+\frac{\boldsymbol{F}\Delta t}{2\rho} \tag{6}$$

在研究中,采用多松弛时间(multi-relaxation time,MRT)模型来表示碰撞算子,其形式为

$$\Omega_i=-\boldsymbol{M}^{-1}\boldsymbol{S}\boldsymbol{M}(f-f^{\text{eq}}) \tag{7}$$

式中:f^{eq} 是离散化的平衡分布,$\boldsymbol{M}$ 是从离散速度空间到矩空间的转换矩阵,$\boldsymbol{S}$ 是松弛率矩阵。f^{eq} 是对 Maxwell-Boltzmann 分布的近似,其形式为

$$f_i^{\text{eq}}=\rho\boldsymbol{\omega}_i\left[1+\frac{\boldsymbol{u}\cdot\boldsymbol{c}_i}{c_s^2}+\frac{(\boldsymbol{u}\cdot\boldsymbol{c}_i)^2}{2c_s^4}+\frac{\boldsymbol{u}\cdot\boldsymbol{u}}{2c_s^2}\right] \tag{8}$$

式中:$\boldsymbol{\omega}_i=\{4/9,1/9,1/9,1/9,1/9,1/36,1/36,1/36,1/36\}$ 是与每个格子方向相关联的权重系数;$c_s=\Delta x/(\sqrt{3}\Delta t)$,是格子声速。转换矩阵 $\boldsymbol{M}$ 为:

$$\boldsymbol{M}=\begin{bmatrix} 1 & 1 & 1 & 1 & 1 & 1 & 1 & 1 & 1 \\ -4 & -1 & -1 & -1 & -1 & 2 & 2 & 2 & 2 \\ 4 & -2 & -2 & -2 & -2 & 1 & 1 & 1 & 1 \\ 0 & 1 & 0 & -1 & 0 & 1 & -1 & -1 & 1 \\ 0 & -2 & 0 & 2 & 0 & 1 & -1 & -1 & 1 \\ 0 & 0 & 1 & 0 & -1 & 1 & 1 & -1 & -1 \\ 0 & 0 & -2 & 0 & 2 & 1 & 1 & -1 & -1 \\ 0 & 1 & -1 & 1 & -1 & 0 & 0 & 0 & 0 \\ 0 & 0 & 0 & 0 & 0 & 1 & -1 & 1 & -1 \end{bmatrix} \tag{9}$$

松弛率矩阵 $\boldsymbol{S}=\text{diag}(1,1.4,1.4,1,1.2,1,1.2,\Delta t/\tau,\Delta t/\tau)$,其中 $\tau=3\nu+0.5$ 是松弛时间,ν 为流体运动黏度[3]。

离散化的外力项为:

$$F_i=\left(1-\frac{\Delta t}{2\tau}\right)\boldsymbol{\omega}_i\left[\frac{\boldsymbol{c}_i-\boldsymbol{u}}{c_s^2}+\frac{(\boldsymbol{c}_i\cdot\boldsymbol{u})\boldsymbol{c}_i}{c_s^4}\right]\cdot\boldsymbol{F} \tag{10}$$

1.2 浸没边界方法

浸没边界方法(immersed boundary method,IBM)是一种模拟流体与固体相互作用的方法。在这种方法中,固体边界由一组拉格朗日节点表示,其坐标为 $\boldsymbol{r}_j$。这些节点在欧拉流体网格内自由移动,如图 2 所示。通过向拉格朗日节点附近的欧拉流体节点添加外力,模拟流体与固体之间的相互作用。

文中研究采用 Multi-Forcing 方法来计算外力项。在每个时间步中,首先通过式(11)计算未校正的流体速度:

$$\boldsymbol{u}=\sum_i f_i\boldsymbol{c}_i \tag{11}$$

然后,迭代校正流体速度场以满足无滑移(no-slip)边界条件。在第 m 次迭代中,计算过程如下:

第一步,将欧拉流体速度插值到拉格朗日边界上:

$$\boldsymbol{u}_{\text{b}}^{(m)}=\sum_x \boldsymbol{u}^{(m)}\delta(\boldsymbol{x}-\boldsymbol{r}_{\text{b}}^{(m)})\Delta x^2 \tag{12}$$

式中:$\delta=\varphi(x)\varphi(y)/\Delta x^2$ 是二维核函数;$\varphi(x)$ 是一维 delta 函数。研究采用了范围为 3 的 delta 函数,其

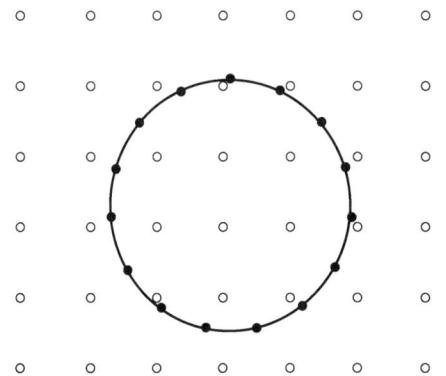

图 2　欧拉流体网格和拉格朗日浸没边界节点

定义如下：

$$\varphi(x)=\begin{cases}\dfrac{1}{3}(1+\sqrt{1-3x^2}) & 0\leqslant|x|\leqslant\dfrac{1}{2}\Delta x \\ \dfrac{1}{6}(5-3|x|-\sqrt{-3(1-|x|)^2+6|x|}) & \dfrac{1}{2}\Delta x\leqslant|x|\leqslant\dfrac{3}{2}\Delta x \\ 0 & |x|\geqslant\dfrac{3}{2}\Delta x\end{cases} \tag{13}$$

第二步，计算校正力，其方程为：

$$\boldsymbol{F}_b^{(m)}=\frac{2\rho}{\Delta t}\left[\dot{\boldsymbol{r}}^{(m)}-\boldsymbol{u}_b^{(m)}\right] \tag{14}$$

式中：$\dot{\boldsymbol{r}}$ 是固体边界的速度。

第三步，将校正力传播到欧拉流体节点：

$$\boldsymbol{F}^{(m)}=\sum_j\boldsymbol{F}_b^{(m)}\delta(\boldsymbol{x}-\boldsymbol{r}_j^{(m)})\Delta x^2 \tag{15}$$

第四步，计算校正后的流体速度：

$$\boldsymbol{u}^{(m+1)}=\boldsymbol{u}^{(m)}+\frac{\boldsymbol{F}^{(m)}\Delta t}{2\rho} \tag{16}$$

第五步，重复第二至第四步，直到校正力足够小或达到最大迭代次数。研究中，最大迭代次数设定为5，以平衡精度和效率[4]。

最终校正力由以下方式给出：

$$\boldsymbol{F}=\sum_m\boldsymbol{F}^{(m)} \tag{17}$$

作用在固体上的流体力计算公式为：

$$\boldsymbol{F}'=-\sum_j\sum_m\boldsymbol{F}_b^{(m)}(\boldsymbol{r}_j)\Delta s \tag{18}$$

式中：Δs 是拉格朗日边界段的弧长。文中研究使用 Newmark 方法计算固体动力学。

2　涡激振动模拟

如图 3 所示，计算域为 $N_x\times N_y$ 格子节点的矩形区域。圆柱直径为 D，初始置于 (x_c,y_c) 处，支撑刚度为 k。左侧设置为入口边界，使用 Zou 和 He[5] 方法模拟恒定速度 U_0 的来流。右侧设置为出口边界。顶部和底部设置为周期性边界。

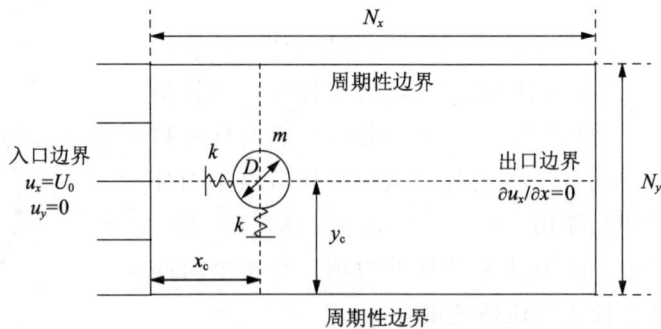

图 3　计算域的设置

计算参数采用了文献"Vortex-induced oscillations at low Reynolds numbers：Hysteresis and vortex-shedding modes"[6]给出的取值。雷诺数 $Re=U_0D/\nu$，固定为 100；约化速度 $U_r=U_0/(f_nD)$，在 2～8 之间变化，其中 $f_n=\sqrt{k/m}/(2\pi)$ 是圆柱的固有频率；质量比 $m^*=4m/(\rho_0\pi D^2)=10$，其中 m 是圆柱的质量。未考虑阻尼效应。在 LBM 模拟中，一般将物理量转换为格子单位制，使得格子间距 $\Delta x=1$，时间步长 $\Delta t=1$，平均密度 $\rho_0=1$。然后，设置 $D=20$，$N_x=400$，$N_y=200$，$x_c=y_c=100$。拉格朗日节点的数量设为141，使得弧长 $\Delta s\approx0.67$。为了获得更好的稳定性和精度，要求 $U_{max}<c_s$。因此，在整个研究中保持 $U_0=$

0.1，从而使马赫数 $Ma \approx U_0/c_s = 0.17$。然后，调整参数 m、k 和 ν 以实现所需的 Re、U_r 和 m^*。总时间步数设置为 $t_m \geqslant 60/f_n$，以确保涡激振动可以达到稳定状态。

图 4 为 $U_r = 5$ 时不同时刻的涡量图，展示了尾流中涡旋的形成过程。图 5(a)展示了不同约化速度下的最大横流振幅。在 $U_r = 4.5$ 到 $U_r = 6$ 的范围内，涡激振动尤为显著，最大横向振幅在 $U_r = 4.5$ 时达到 $0.54D$。对应的锁定区间比文献"Vortex-induced oscillations at low Reynolds numbers: Hysteresis and vortex-shedding modes"[6]的结果要窄，向左偏移约 0.5。图 5(b)提供了在不同约化速度下激励频率和固有频率的比较。在锁定区域内，激励频率与固有频率匹配，表明出现了共振状态。在锁定区域之外，激励频率呈线性增加，斜率约为 0.186，对应的斯特劳哈尔数 $Sr = 0.186$，略高于预期值。具体偏差原因还需进一步的调查。

3 GPU 并行计算效率分析

为了提高效率，大多数 LBM 库(例如 Palabos[7]、OpenLB[8] 和 FluidX3D[9])都使用 C/C++等低级编程语言编写，并利用 CUDA、OpenMP 或 OpenCL 等并行计算框架。但这要求开发人员对数据结构和硬件架构有深入的理解，提高了研究人员对程序进行定制和扩展的门槛。

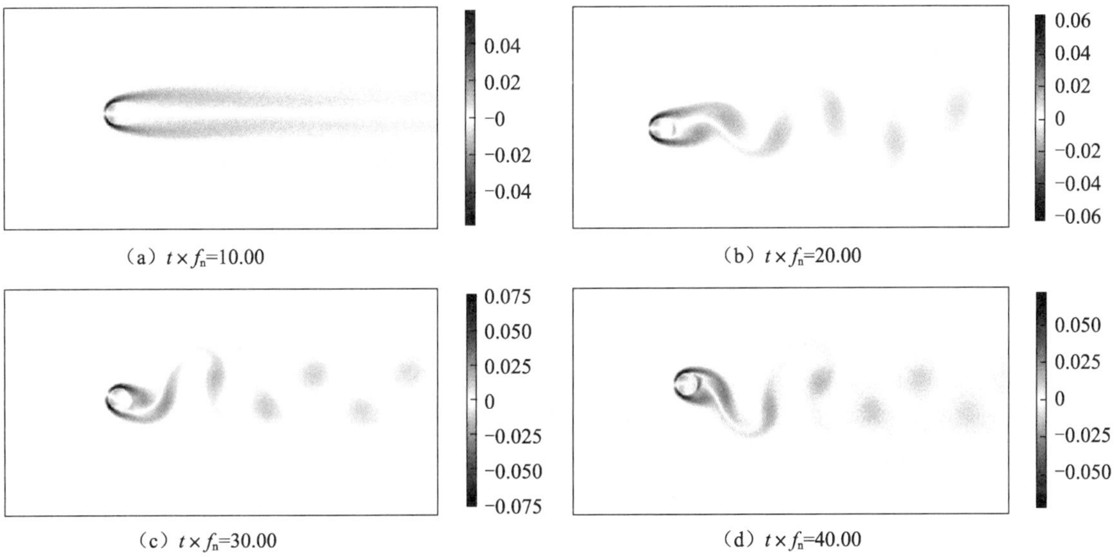
0.04
0.02
−0
−0.02
−0.04
(a) $t \times f_n$=10.00
0.06
0.04
0.02
0
−0.02
−0.04
−0.06
(b) $t \times f_n$=20.00
0.075
0.050
0.025
0
−0.025
−0.050
−0.075
(c) $t \times f_n$=30.00
0.050
0.025
0
−0.025
−0.050
(d) $t \times f_n$=40.00

图 4　不同时刻的流场涡量图(格子单位下数值)

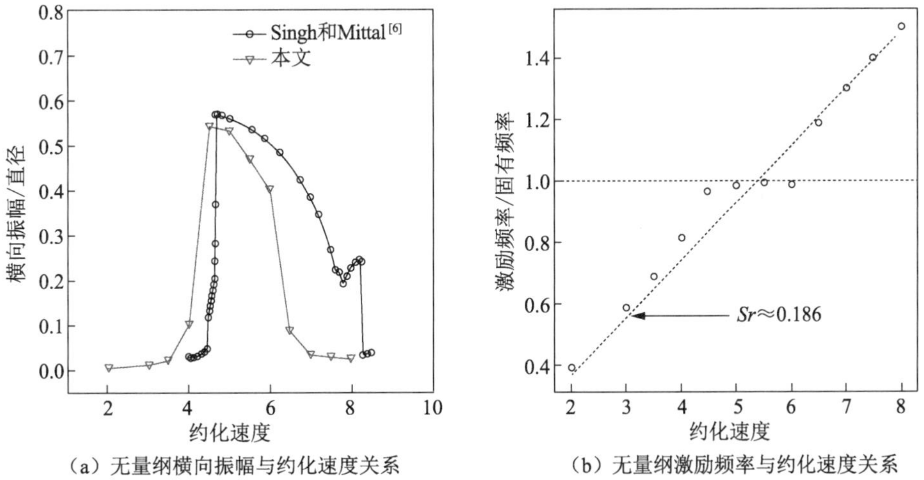
Singh和Mittal[6]
本文
横向振幅/直径
约化速度
(a) 无量纲横向振幅与约化速度关系
激励频率/固有频率
$Sr \approx 0.186$
约化速度
(b) 无量纲激励频率与约化速度关系

图 5　不同约化速度下涡激振动的无量纲横向振幅和激励频率

研究采用高级编程语言 Python，利用 Google 开发框架 JAX 实现 GPU 并行计算。这种方案的优点在于 JAX 提供了类似 NumPy 的接口，无须针对不同的硬件专门优化代码，只需利用 JAX 提供的即时(Just-In-Time，JIT)编译器获得与低级编程语言接近的性能。总的来说，基于 IB-LBM 的模拟器表现出了较高的计算效率。文中开展的模拟在单个 GPU 上仅需几分钟即可完成,显著优于传统 CFD 程序。例如,使用 STAR-CCM+软件在多核 CPU 上进行同样的模拟大约需要 1 h。

　　测试了模拟程序在不同硬件平台上的计算效率,如表 1 所示。相同代码的 NumPy 版本也进行了测试,作为对比参考。采用每秒百万格子更新数(MLUPS)来衡量程序计算效率。结果表明,与 NumPy 版代码相比,JAX 版代码表现出明显更高的速度。在 GPU 上很容易获得数百倍加速,达到数千 MLUPS,与 C++版本的 LBM 计算程序处于同量级水平。

表 1　不同硬件上程序计算效率（MLUPS）

版本	Apple M1(CPU)	AMD 7B12(CPU)	Nvidia V100(GPU)	Nvidia A100(GPU)
NumPy	17	4	5	6
JAX	117	38	973	2 359

4　结　语

　　研究基于 IB-LBM 方法,进行了立管涡激振动的数值模拟,并探讨了使用 Python 语言及 JAX 框架实现 GPU 并行计算的效率。结果显示,受益于 JAX 提供的即时编译功能,Python 代码也可以获得接近低级编程语言的高性能,在 GPU 平台上实现数百倍的硬件加速。由此可见,基于 JAX 开发立管涡激振动模拟程序具有较高的可行性。

参考文献

[1] KRÜGER T,KUSUMAATMAJA H,KUZMIN A,et al. The Lattice Boltzmann Method:Principles and Practice[M]. Cham:Springer International Publishing,2017.

[2] GUO Z L,ZHENG C G,SHI B C. Discrete lattice effects on the forcing term in the lattice Boltzmann method[J]. Physical Review E Statistical Physics Plasmas Fluids & Relateol Interdcsciplinary Topics,2002,65:046308.

[3] ASLAN E,TAYMAZ I,C B A. Investigation of the lattice boltzmann SRT and MRT stability for lid driven cavity flow [J]. International Journal of Materials,Mechanics and Manufacturing,2014,2(4):317-324.

[4] KANG S K,HASSAN Y A. A comparative study of direct-forcing immersed boundary-lattice Boltzmann methods for stationary complex boundaries[J]. International Journal for Numerical Methods in Fluids,2011,66(9):1132-1158.

[5] ZOU Q S,HE X Y. On pressure and velocity boundary conditions for the lattice Boltzmann BGK model[J]. Physics of Fluids,1997,9(6):1591-1598.

[6] SINGH S P,MITTAL S. Vortex-induced oscillations at low Reynolds numbers:Hysteresis and vortex-shedding modes [J]. Journal of Fluids and Structures,2005,20(8):1085-1104.

[7] LATT J,MALASPINAS O,KONTAXAKIS D,et al. Palabos:parallel lattice boltzmann solver[J]. Computers & Mathematics with Applications,2021,81:334-350.

[8] KRAUSE M J,KUMMERLÄNDER A,AVIS S J,et al. OpenLB—open source lattice Boltzmann code[J]. Computers & Mathematics with Applications,2021,81:258-288.

[9] LEHMANN M,KRAUSE M J,AMATI G,et al. Accuracy and performance of the lattice Boltzmann method with 64-bit,32-bit,and customized 16-bit number formats[J]. Physical Review E,2022,106:015308.

复杂海洋环境下管道结构的涡激振动控制研究

徐万海[1]，马烨璇[2]

（1. 天津大学 水利工程智能建设与运维全国重点实验室，天津　300072；2. 中国科学院力学研究所，北京 100190）

摘要：复杂海洋环境下海洋管道的涡激振动控制一直面临效果不稳定的问题。通过系列的海洋管道涡激振动模型试验，研究了复杂海洋环境下常用涡激振动抑制装置螺旋列板、控制杆的振动抑制效果，分析了抑制装置的工程适用条件。研究表明：在斜向流条件下，螺旋列板的抑制效果随斜向流角增大而减弱，而控制杆的抑制效果受斜向流角的影响较小；在时变轴向力作用下，螺旋列板的抑制效果受轴向力激励幅值比影响显著，幅值比超过 0.1 后抑制效率显著下降；在尾流干涉作用下，螺旋列板对上游立管的抑制效果仍然较好，但对下游立管的抑制效果显著变差，甚至有可能增强振动。

关键词：海洋管道；涡激振动；振动控制；螺旋列板；控制杆

管道是海洋油气资源、矿产资源、氢能源输运的"大动脉"[1]，其振动产生的疲劳损伤是造成管道失效的重要因素之一。海流流经海洋立管或海底悬跨管道时产生交替泄放的漩涡，诱发管道在沿来流方向（顺流向）和垂直来流方向（横流向）振动，即涡激振动（vortex-induced vibration，VIV）。漩涡脱落频率接近管道固有频率时，"锁定"现象发生，管道振动幅值显著增大。由于海洋管道长径比（长度与直径的比值）较大，模态阶次众多，高阶模态频率间隔极小，难以通过参数设计规避 VIV 的"锁定"现象[2]。涡激振动通常发生在海洋管道的整个服役阶段，是产生疲劳损伤的主要因素，严重威胁结构安全。

控制管道涡激振动能够显著降低结构疲劳损伤。根据是否有外界能量输入，涡激振动控制方法可分为主动控制和被动控制。主动控制通过实时监测结构的振动响应及周围流场，主动干扰结构的振动或影响结构附近的流场。主动控制可以直接抑制结构振动，也可以通过抑制漩涡生成和发展，减弱流场对结构的扰动。从结构层面考虑，可以通过安装分布式作动器来抑制结构的振动[3]。但对于振动模态阶次较高的结构，分布式作动器的控制方法通常存在模态溢出现象。为了避免控制溢出，一些学者提出了端部控制方法，通过控制结构端部的转角等参数控制结构振动[4]。从干扰流场层面考虑，VIV 主动控制方法主要包括抽吸流体、喷射流体、旋转控制杆和行波壁等[5-8]。主动控制方法具有较稳定的抑制效果，但需要外界的能量输入，技术复杂，成本较高，工程应用实现难度较大。

被动控制方法通过改变结构表面形状或安装附属装置来改变结构的流场分布。相比于主动控制，被动抑制方法较为简单、成本较低。分离板、整流罩、螺旋列板和控制杆是常用的被动抑制装置[9]。分离板结构简单、安装方便、成本较低，是较早被发明的涡激振动抑制装置。分离板可以分割尾流区，阻止 2 个剪切层相互作用，从而抑制漩涡的形成和发展[10]。分离板虽然能分割尾流区，但并不能直接改变边界层的分离点。整流罩既能对尾流进行分隔，又能凭借流线型的构造改变边界层分离点的位置，发挥更优异的涡激振动抑制作用[11]。但分离板和整流罩仅在单一来流方向下能发挥较好的涡激振动抑制效果，且整体系统存在稳定性问题。螺旋列板凭借来流适应性强、控制效果好、成本低廉等诸多优点，已成为工程中应用最广泛的涡激振动抑制装置之一。螺旋列板不仅能改变圆柱结构表面的绕流边壁，使边界层分离点发生变化，抑制漩涡生成，还能引导来流沿螺旋方向流动，破坏尾流的轴向关联[12]。海洋立管周围通常存在一

基金项目：国家自然科学基金资助项目（U2106223；52301352）

通信作者：徐万海。E-mail：xuwanhai@tju.edu.cn

些附属小管缆,这些附属管缆可起到控制杆的效果,通过干扰绕流边界层的发展抑制涡激振动。合理布置的控制杆在有效抑制振动幅值的同时还能降低整个系统受到的平均阻力[13]。

现阶段,海洋管道涡激振动控制研究大多基于理想条件假定。在时空变化流场、海上平台激励、邻近管道尾流干涉等复杂条件下,海洋管道产生多模态、大变形、非稳态的动力响应[14-16],进而导致管道绕流边界层发展和尾涡模式与理想条件下产生显著差异,导致实际工程中海洋管道振动控制效果极不稳定。本文通过系列的涡激振动抑制模型试验研究,揭示了常用涡激振动控制装置螺旋列板、控制杆在复杂海洋环境下的振动抑制效果,阐明了安装抑制装置管道的振动响应特性,以期为提高工程中管道涡激振动的控制效果提供理论基础和技术支持。

1 涡激振动抑制模型试验

通过海洋管道涡激振动模型实验平台(图1),实现斜向流、海上平台激励、邻近管道尾流干涉等复杂条件模拟,研究了螺旋列板和控制杆装置在复杂条件下的涡激振动控制效果。整套实验装置安装在拖车桁架底部,海洋管道模型完全浸没于水中,与自由水面和池底面的距离均超过1.0 m,可消除自由液面和池底边壁对流场的影响。水池两侧的边壁上安装导轨,拖车可沿导轨运动。拖车能够实现无级变速,速度精度可达0.001 m/s,通过拖车拖动管道模型在水池中运动,产生与流体的相对速度。试验中的来流速度范围为0.05~1.00 m/s,对于光滑管道模型而言,雷诺数范围为800~16 000。为了实现斜向流条件,横向支撑通过钢架转盘可与拖车行进方向呈任意角度安装,通过角度转盘确保导流板入水后与来流方向保持平行状态。海上平台激励产生的变轴向力效应利用时变轴向力系统模拟,通过电机带动连杆机构实现不同幅值和频率的变轴向力模拟;通过多管束布局系统实现邻近管道尾流干涉作用模拟,可改变管道间距和来流入射角度。

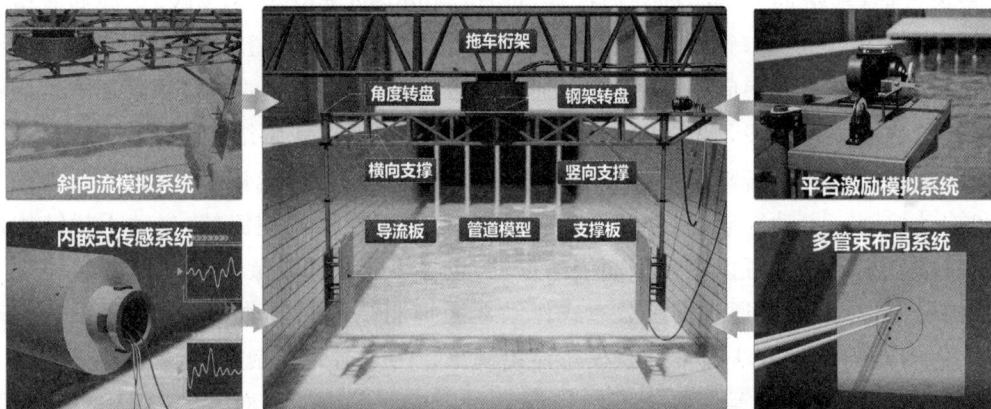

图1　复杂条件下海洋管道涡激振动模型实验平台

海洋管道模型长5.6 m,内部为铜管,外部紧密裹覆硅胶管。内芯铜管内径为6.0 mm,外径为8.0 mm,为整个模型提供弯曲刚度。试验中的传感观测系统为内嵌式,采用安装在铜管外侧的电阻应变片测量振动应变信息。沿铜管轴向等间距设置7个测点,每个测点布置2组半桥接法的应变片,分别测量模型横流向和顺流向的应变。铜管外侧套有一层外径为16.0 mm的硅胶管,可保护铜管上的应变片和测量导线。管道模型参数如表1所示。

表1　管道模型的主要参数

参数	数值
弯曲刚度(E_1)	17.45 Nm²
轴向刚度(E_A)	2.793×10⁶N
单位长度质量(m_s)	0.382 1 kg/m
质量比(m_*)	1.9

管道模型外部可安装螺旋列板和控制杆,如图 2 所示。螺旋列板参数如下:螺头数为 3,螺距为 17.5D(D 为管道外径),螺高为 0.25D,覆盖率为 100%。控制杆参数如下:控制杆个数为 4,外径为 0.25D,与管道模型距离为 0.5D,覆盖率为 100%。控制杆的安装角度范围为 0°~45°,如图 3 所示。

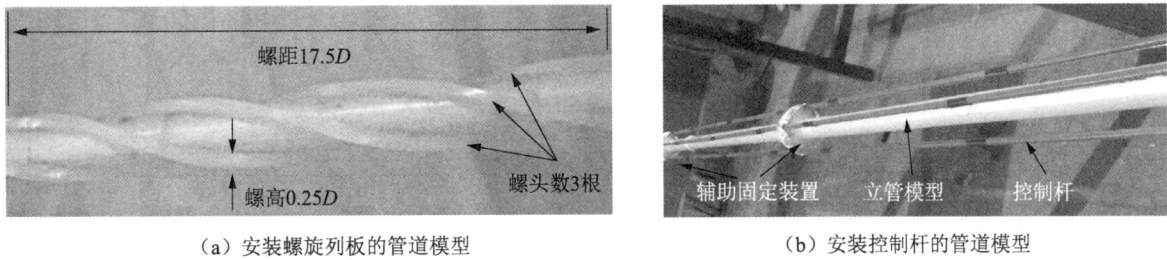

（a）安装螺旋列板的管道模型　　　　　　　　　（b）安装控制杆的管道模型

图 2　安装涡激振动抑制装置的管道模型示意图

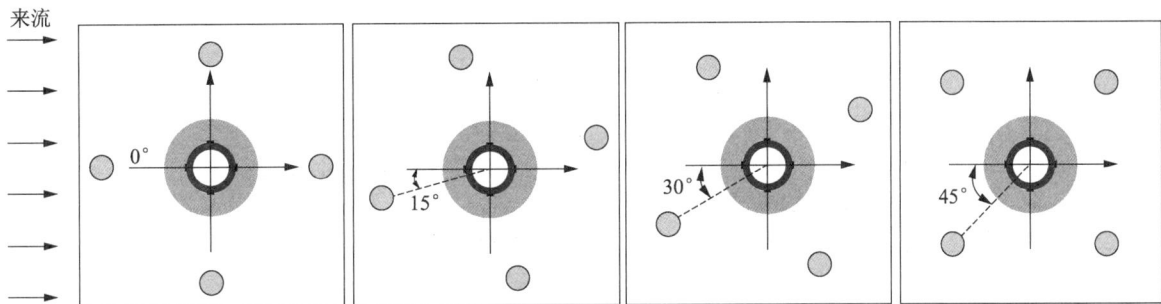

图 3　控制杆布置示意图

试验中直接测量了管道模型的应变信息,采用模态分析法重构得到位移分布。为了简便,将光滑管道模型简称为"裸管",将安装抑制装置的管道模型称为"抑制管"。为对比分析涡激振动抑制装置的抑制效果,定义了抑制效率为:

$$\eta=\frac{(\gamma_{\mathrm{b}}-\gamma_{\mathrm{s}})}{\gamma_{\mathrm{b}}}\times100\% \tag{1}$$

式中:η 为抑制效率;γ_{b} 为裸管的振动位移,γ_{s} 为抑制管的振动位移。

2　结果分析

2.1　斜向流条件下管道涡激振动控制

无量纲位移均方根是衡量管道涡激振动幅度的重要指标之一。图 4 为斜向流条件下裸管和螺旋列板抑制管的横流向最大无量纲位移均方根($y_{\mathrm{rms\_max}}/D$)。斜向流角为 0°工况(即垂直来流作用)下,抑制管的位移一直保持在较低水平,多数约化速度($V_{\mathrm{r}}=U\cos a/f_1 D$,U 为来流速度,D 为结构一阶固有频率,a 为斜向流角)工况下,最大位移均方根不超过 0.10D。斜向流角为 15°工况下,螺旋列板的抑制效果减弱,位移均方根最大值可达 0.44D。斜向流角为 30°工况下,抑制管的最大位移均方根随约化速度的变化趋势与 0°和 15°时的结果相比差异显著。抑制管的振动依次激发前三阶模态,对应的最大位移均方根极值依次为 0.27D、0.26D 和 0.38D。斜向流角为 45°工况下,试验中的约化速度范围为 0.9~17.7,抑制管的振动主要激发了前两阶模态,在约化速度为 17.7 时,激发了三阶模态。振动激发一阶模态时,最大位移均方根急剧增大,且在整个一阶模态范围内保持较高水平,约为 0.60D。振动由一阶模态向二阶模态转变时,最大位移均方根降低至 0.48D。随着振动激发二阶模态,最大位移均方根再次增大至 0.55D 左右。振动激发三阶模态时,最大位移均方根增大至 0.76D。上述现象表明,随着斜向流角的增大,螺旋列板的抑制效果逐渐减弱。斜向流角为 0°、15°、30°和 45°时,所有约化速度工况下的平均抑制效率分别为 91.3%、79.3%、76.7%和 49.4%。

（a）$a=0°$　　（b）$a=15°$　　（c）$a=30°$　　（d）$a=45°$

□ 裸管　　※ 抑制管

图 4　斜向流作用下裸管和抑制管的横流向振动最大位移均方根

　　图 5 为斜向流条件下裸管和控制杆抑制管的横流向最大无量纲位移均方根。约化速度不超过 5.0 时，涡激振动未被完全激发，抑制管的振动幅值略高于裸管，但由于安装控制杆后抑制管的振动并无周期

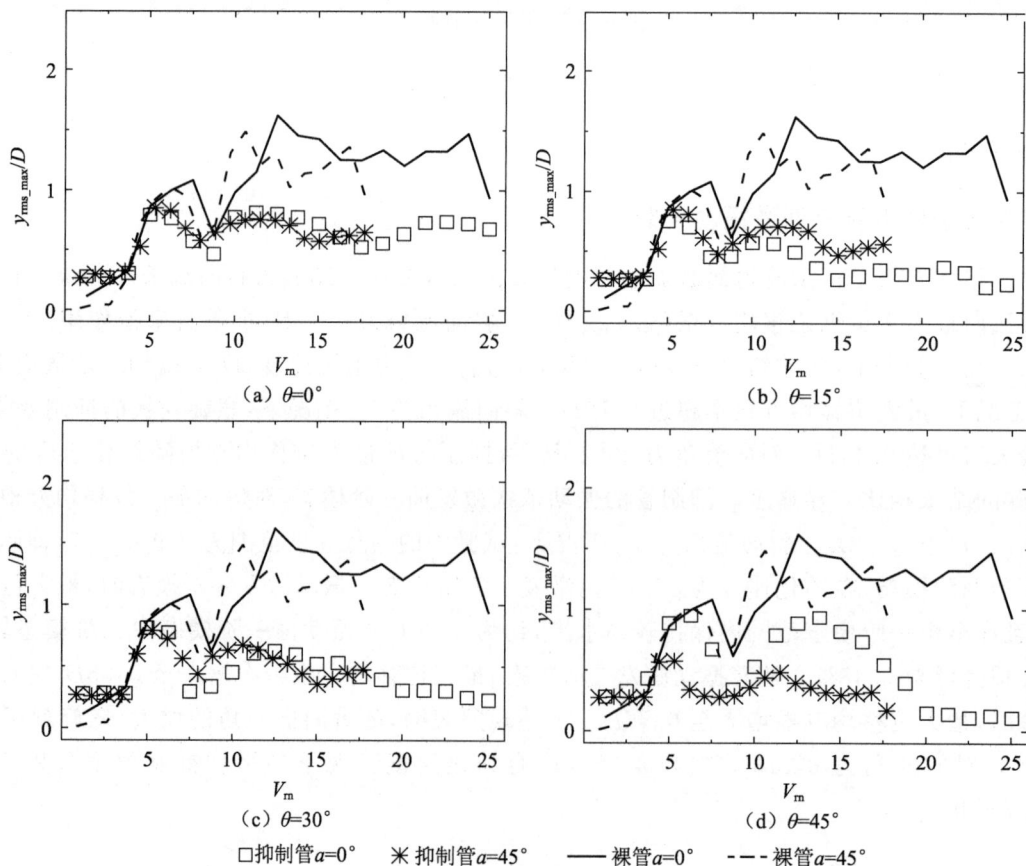

（a）$\theta=0°$　　（b）$\theta=15°$　　（c）$\theta=30°$　　（d）$\theta=45°$

□ 抑制管$a=0°$　　※ 抑制管$a=45°$　　—— 裸管$a=0°$　　---- 裸管$a=45°$

图 5　垂直、斜向来流作用下裸管、抑制管的横流向振动最大位移均方根

性,难以识别振动主控频率,这部分工况结果并不做重点分析,仅重点关注约化速度超过5.0后的工况结果。斜向流角为0°工况下,控制杆对振动位移的抑制效果受到安装角度的影响。安装角度为0°工况下,振动激发一阶模态时,抑制管的最大位移均方根略低于裸管的结果,振动激发高阶模态后,控制杆的抑制效果更好。安装角度为15°和30°工况下,抑制管振动激发一阶模态时,最大位移均方根略低于裸管的结果。但随着振动激发高阶模态,各阶模态范围内对应的最大位移均方根极值逐渐降低。抑制管振动激发三阶模态时,最大位移均方根相比安装角度为0°时的结果显著减小。安装角度为45°工况下,抑制管振动激发三阶模态时,最大位移均方根进一步降低。斜向流角为45°工况下,抑制管的最大位移均方根也受到安装角度的影响。安装角度为0°、15°和30°工况下,抑制管的最大位移均方根与垂直来流条件下的结果较为接近。随着约化速度增大,控制杆对振动的抑制效果提升,抑制管的最大位移均方根与裸管结果之间的差距增大。安装角度为45°工况下,斜向流下抑制管的最大位移均方根显著低于垂直来流条件下的结果。上述现象表明,控制杆的抑制作用随约化速度的增大而增强,斜向流条件下控制杆的抑制效果并不会减弱,控制杆安装角度为45°时,抑制效果更好。安装角度为45°工况下,随着约化速度的增大,斜向流角为0°时的抑制效率可达90%,斜向流角为45°时的抑制效率可达80%。由于试验观测的攻角来流条件下流速工况有限,根据抑制效率的变化趋势可以推测,斜向流角条件下抑制效率仍会随约化速度的增大而提高。

2.2 时变轴向力作用下管道涡激振动控制

图6为不同幅值比(T_v/T_1,T_v为轴向力变化幅值,T_1为轴向力初始值)、频率比(f_v/f_1,f_v为轴向力变化频率,f_1为结构一阶固有频率)工况下螺旋列板抑制管的横流向振动最大位移均方根,裸管和恒定轴向力作用下抑制管的结果也绘制在图中作为对比。裸管的振动最大位移均方根结果与已有的研究结论一致,在模态共振区位移均方根达到极值,然后在模态转变时位移均方根降低。恒定轴向力作用下,螺旋列板对振动的抑制效果显著,抑制管的位移均方根显著降低。但螺旋列板并不能完全抑制振动,振动最大位移均方根仍可达到$0.29D$。时变轴向力激励对振动位移的影响大小取决于幅值比的高低。幅值比为0.1

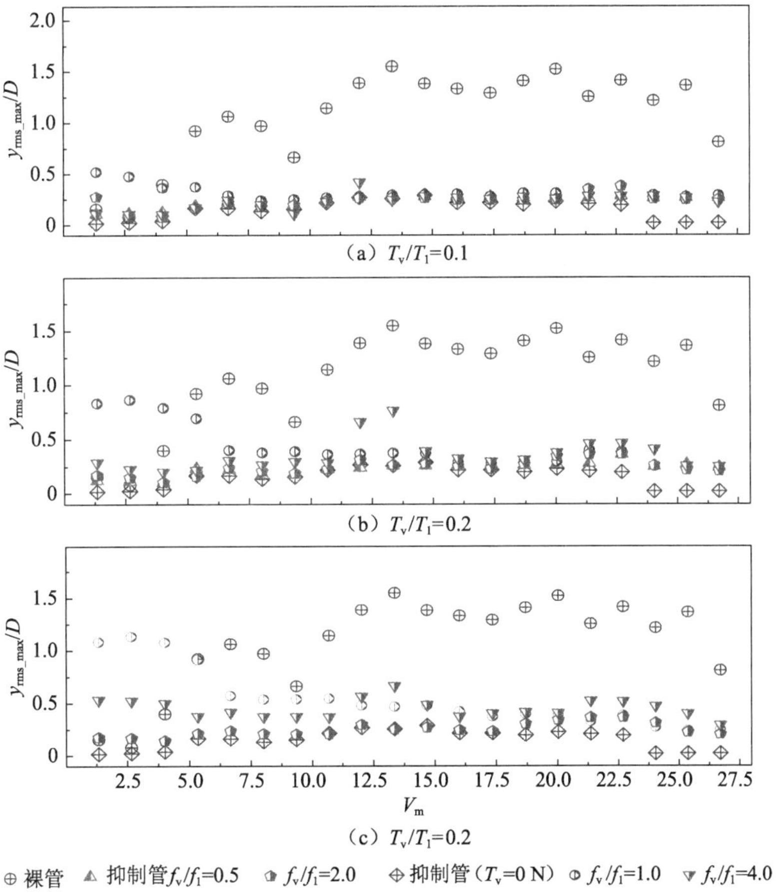

(a) $T_v/T_1=0.1$

(b) $T_v/T_1=0.2$

(c) $T_v/T_1=0.2$

⊕ 裸管   ▲ 抑制管f_v/f_1=0.5   ◐ f_v/f_1=2.0   ⊕ 抑制管(T_v=0 N)   ⊘ f_v/f_1=1.0   ▽ f_v/f_1=4.0

图6 不同幅值比、频率比工况下抑制管的横流向振动最大位移均方根

时,约化速度在 $6.7 \sim 22.7$ 范围内,时变轴向力激励对抑制管振动最大位移均方根的影响较小。约化速度在 $22.7 \sim 26.7$ 范围内时,抑制管的振动位移均方根显著高于恒定轴向力作用下抑制管的结果。立管 VIV 未激发的约化速度范围内($V_r = 1.3 \sim 5.3$),频率比对抑制管的振动位移影响显著。$f_v/f_1 = 0.5、4.0$ 工况下,抑制管的振动最大位移均方根略高于恒定轴向力作用下抑制管的结果。$f_v/f_1 = 1.0$ 工况下,时变轴向力激励显著增大了抑制管的振动最大位移均方根。在上述约化速度区间,抑制管的振动位移均方根随着约化速度的增大而减小,表明流速增大减弱了时变轴向力激励对抑制管振动的影响。当幅值比增大至 0.2 时,抑制管的振动最大位移均方根与恒定轴向力作用下抑制管结果之间的差异显著增大。$f_v/f_1 = 1.0$ 工况下,约化速度为 $1.3 \sim 5.3$ 时,抑制管在时变轴向力激励作用下振动位移较高。约化速度为 2.7 时位移均方根达到极值 $0.86D$,约化速度为 5.3 时下降至 $0.69D$,随着约化速度继续增大,位移均方根下降至恒定轴向力作用下抑制管的水平。$f_v/f_1 = 0.5、2.0、4.0$ 工况下,约化速度为 $1.3 \sim 5.3$ 时,抑制管的位移均方根略有增大。$f_v/f_1 = 4.0(f_v/f_2 \approx 2.0)$ 工况下,约化速度为 13.4 时,抑制管的振动位移均方根达到极值,主要与二阶模态的参激共振有关。幅值比增大至 0.3 时,抑制管振动位移均方根随频率比和约化速度的变化趋势整体与幅值比为 0.2 时的规律类似,但由于时变轴向力的幅值比较高,抑制管振动最大位移均方根的值进一步增大。

图 7 为不同幅值比、频率比工况下螺旋列板对横流向振动的平均抑制效率。幅值比为 0.1 时,螺旋列板的平均抑制效率最高下降 15%;幅值比为 0.2 时,螺旋列板的平均抑制效率最高下降 26%;幅值比为 0.3 时,螺旋列板的平均抑制效率最高下降 39%。

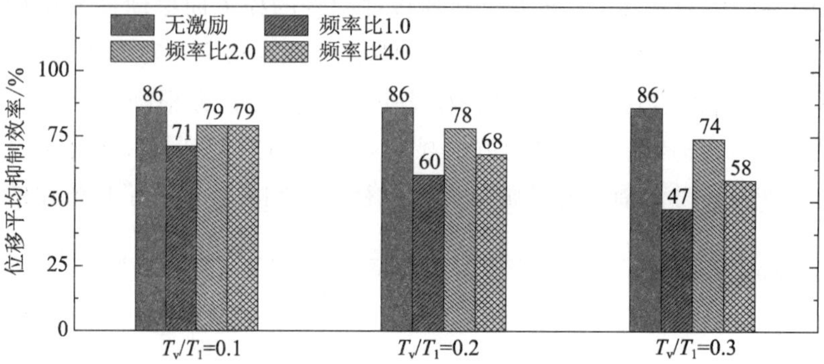

图 7 不同激励幅值比、频率比工况下螺旋列板对横流向振动的平均抑制效率

2.3 尾流干涉下管道涡激振动控制

图 8 为并列排布立管束的振动抑制效率随约化速度的变化结果。2 个并列抑制管的振动幅值远低于带螺旋列板的单根立管结果。并列抑制管横流向位移的平均抑制效率分别为 98.14% 和 93.19%。可以得出,在 3.0 的小间距比下,螺旋列板对并列管束横流向振动的抑制效果仍然较好。对于顺流向振动,螺旋列板的平均抑制效率分别为 82.43% 和 95.85%。2 根抑制管中的一根表现得像单根抑制管,但另一根抑制管具有更大的顺流向振动幅值。对于该抑制管,当约化速度小于 10.0 时,其顺流向振动幅值大幅提升。

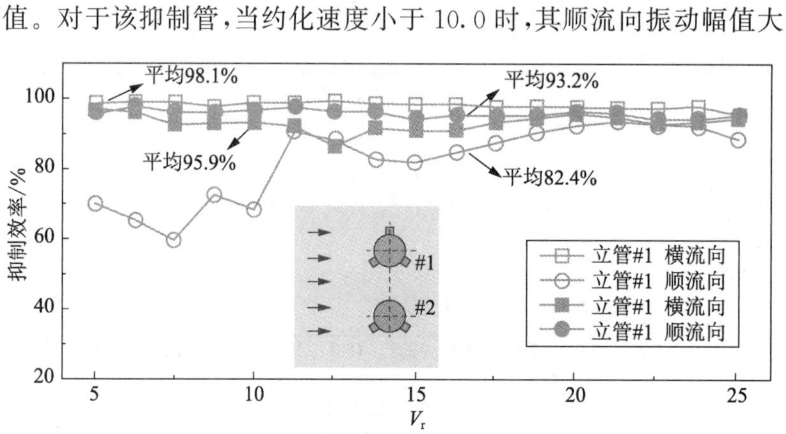

图 8 并列排布立管束的振动抑制效率

图 9 为串列排布立管束的振动抑制效率随约化速度的变化结果。当上游立管为裸管、下游立管安装螺旋列板时（间距比为 8.0），下游抑制管对上游裸管的影响较小，上游裸管的响应与单根裸管非常相似。下游抑制管的振动幅值低于同等工况条件下的下游裸管，但高于单根抑制管，表明在上游裸管尾流作用下，螺旋列板对下游立管的抑制效果变差。当上游立管安装螺旋列板、下游立管为裸管时，螺旋列板抑制上游立管的漩涡脱落，进一步减弱了上游尾流对下游立管的影响。当上下游立管同时安装螺旋列板时，上游抑制的振动幅值能被有效抑制，横流向和顺流向位移的平均抑制效率分别为 81.3% 和 90.2%。但尾流干涉作用下，下游立管的振动幅值仍然较高，在某些约化速度工况下甚至超过裸管的振幅。下游立管横流向和顺流向的位移平均抑制效率分别降至 16.6% 和 1.8%。

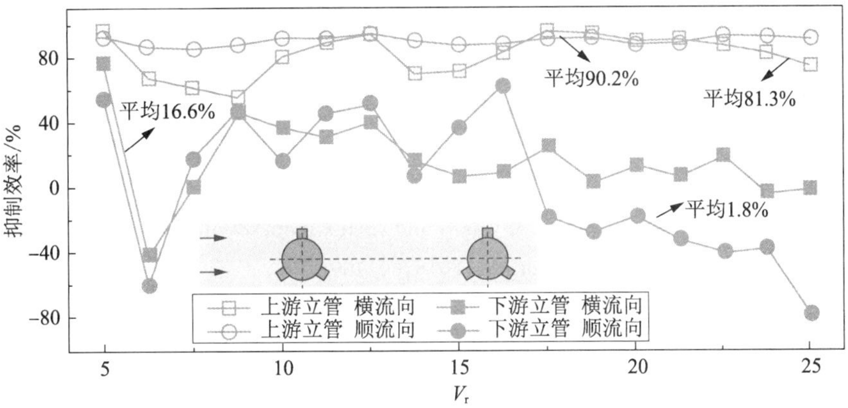

图 9　串列排布立管束的振动抑制效率

图 10 为交错排布立管束的振动抑制效率随约化速度的变化结果。对于单根抑制管，其平均振动抑制效率分别为 91.5% 和 94.6%。对于上游抑制管，横流向和顺流向振动的抑制效率分别为 79.6% 和 88.0%，与单根抑制管相比略有下降。由于上游抑制管的尾流作用，下游抑制管的横流向和顺流向抑制效率出现了较大波动和明显下降。随着约化速度增大，横流向抑制效率逐渐降低，在约化速度为 25.05 时达到最小值，约为 12.4%。顺流向抑制效率的平均值和最小值分别为 52.6% 和 6.4%。

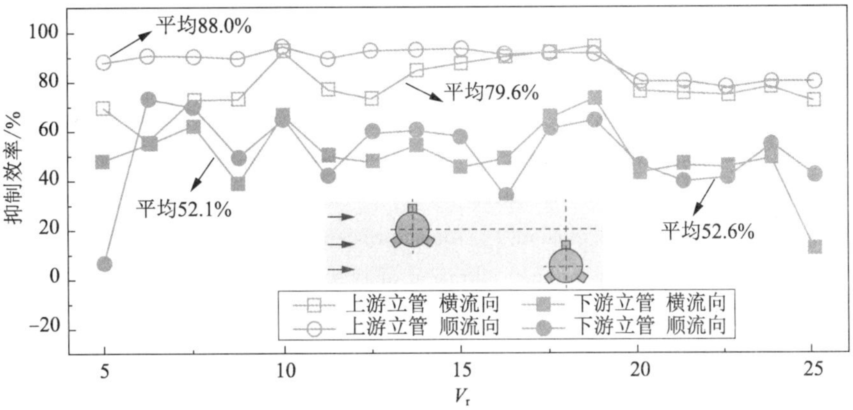

图 10　交错排布立管束的振动抑制效率

3　结　语

通过模型试验观测了安装抑制装置管道的涡激振动响应，分析了复杂海洋环境下螺旋列板、控制杆的振动抑制效果。主要研究结论如下：

（1）在斜向流条件下，螺旋列板的抑制效果随斜向流角的增大而显著减弱，斜向流角为 45° 时横流向和顺流向抑制效率分别降低至 50% 和 20%；控制杆安装角度为 45° 时，振动位移的抑制效率最高，抑制效率不随斜向流角的增大而降低，横流向和顺流向抑制效率可达 80% 和 90%。

（2）在时变轴向力作用下，螺旋列板的抑制效果受轴向力激励幅值的影响显著，轴向力激励幅值超过 0.1 后，螺旋列板抑制效率的降幅大于 20%。

（3）在尾流干涉作用下,螺旋列板的抑制效果随排布方式发生变化。并列排布时,抑制效果受尾流干涉影响较小,平均抑制效率达 80%;串列或交错排布时,螺旋列板适用于上游立管的振动抑制,而对下游立管的抑制效果因上游尾流的激励而变差。

参考文献

[1] 陈荣旗,雷震名. 中国海底管道工程技术发展与展望[J]. 油气储运,2022,41(6):667-672.

[2] VANDIVER J K,MA L,RAO Z. Revealing the effects of damping on the flow-induced vibration of flexible cylinders [J]. Journal of Sound and Vibration,2018,433:29-54.

[3] BAZ A,KIM M. Active modal control of vortex-induced vibrations of a flexible cylinder [J]. Journal of Sound and Vibration,1993,165(1):69-84.

[4] SONG J,CHEN W,GUO S,et al. LQR control on multimode vortex-induced vibration of flexible riser undergoing shear flow [J]. Marine Structures,2021,79:103047.

[5] CHEN W,XIN D,XU F,et al. Suppression of vortex-induced vibration of a circular cylinder using suction-based flow control [J]. Journal of Fluids and Structures,2013,42:25-39.

[6] WANG C,TANG H,DUAN F,et al. Control of wakes and vortex-induced vibrations of a single circular cylinder using synthetic jets [J]. Journal of Fluids and Structures,2016,60:160-179.

[7] ZHU H,YAO J,MA Y,et al. Simultaneous CFD evaluation of VIV suppression using smaller control cylinders [J]. Journal of Fluids and Structures,2015,57:66-80.

[8] XU F,LIU X,CHEN W,et al. LES study on traveling wave wall control for the wake of flow around a 3D circular cylinder at high Reynolds number [J]. Advances in Structural Engineering,2024,27:157-176.

[9] ZDRAVKOVICH M M. Review and classification of various aerodynamic and hydrodynamic means for suppressing vortex shedding [J]. Journal of Wind Engineering and Industrial Aerodynamics,1981,7(2):145-189.

[10] LIANG S,WANG J,XU B,et al. Vortex-induced vibration and structure instability for a circular cylinder with flexible splitter plates [J]. Journal of Wind Engineering and Industrial Aerodynamics,2018,174:200-209.

[11] ZHU H,LIAO Z,GAO Y,et al. Numerical evaluation of the suppression effect of a free-to-rotate triangular fairing on the vortex-induced vibration of a circular cylinder [J]. Applied Mathematical Modelling,2017,52:709-730.

[12] GAO Y,FU S,REN T,et al. VIV response of a long flexible riser fitted with strakes in uniform and linearly sheared currents [J]. Applied Ocean Research,2015,52:102-114.

[13] LU Y,LIAO Y,LIU B,et al. Cross-flow vortex-induced vibration reduction of a long flexible cylinder using 3 and 4 control rods with different configurations [J]. Applied Ocean Research,2019,91:101900.

[14] 徐万海,马烨璇. 倾斜圆柱结构涡激振动研究进展[J]. 力学学报,2022,54(10):2641-2658.

[15] MA Y,XU W,PANG T,et al. Dynamic characteristics of a slender flexible cylinder excited by concomitant vortex-induced vibration and time-varying axial tension[J]. Journal of Sound and Vibration,2020,485:115524.

[16] XU W,ZHANG Q,LAI J,et al. Flow-induced vibration of two staggered flexible cylinders with unequal diameters [J]. Ocean Engineering,2020,211:107523.

往复流作用下导管架平台隔水套管冰堵塞数值模拟研究

翟必垚[1,2],潘军宁[1,2]

(1. 南京水利科学研究院河流海岸研究所,江苏 南京 210024;2. 港口航道泥沙工程交通行业重点实验室,江苏 南京 210029)

摘要:导管架平台下部隔水套管冰堵塞会影响平台结构上部稳定性以及人员和设备的安全。考虑油气平台隔水套管周围局部流场和冰水相互作用,采用二维冰水动力学耦合模型对导管架平台隔水套管区域的冰聚集、堵塞问题进行模拟,研究了不同水流条件下浮冰堆积位置、厚度分布和最大堆积体积的变化情况,分析了往复流作用与单向流作用冰堵塞结构的差异。研究表明,冰的漂移方向和速度直接影响冰堆积体积的大小,平台桩腿和隔水套管的遮蔽效益也会影响冰堵塞过程。往复流条件下由于流速和流向的变化,堵塞程度不如单向恒定流严重。

关键词:海冰;冰塞;导管架平台;数值方法;冰-水耦合

海洋结构冰灾害是寒区海洋工程关注的重要问题,海上油气平台设计与维护需要考虑特定海域冰情、冰与结构相互作用以及结构抗冰性能等因素[1-2]。平台上的冰堆积与冰堵塞会改变结构的质量分布,对平台结构的稳定性和平台人员设备安全带来严重威胁。近年来,国内外学者针对海上油气平台桩腿冰荷载开展了模型试验和理论分析研究[3-5],也探讨了平台下方冰堆积和冰堵塞引发的一系列问题[6-7],但对导管架平台下方隔水套管区域的冰堵塞问题关注尚少。平台桩腿冰荷载模型试验中,通常在静止水池中移动结构模型,使其作用于静止冰盖或碎冰群,以模拟冰在结构物前方的堆积过程,但是这种方式很难考虑水动力、冰的拖曳力变化等因素[8]。现阶段很少有合适的数值方法可以模拟这种冰、水、结构物的相互作用,复杂的结构边界和冰-水耦合作用增加了模拟的难度[9-10]。下文考虑油气平台隔水套管周围局部流场和冰-水耦合作用,采用一种基于SPH方法的二维冰水动力学模型模拟平台隔水套管附近的冰聚集堵塞过程,以研究不同水流条件下浮冰堆积位置、厚度分布和最大堆积体积的变化情况,分析往复流作用与单向流作用下冰堵塞结构的差异。

1 数值算法

数值模型水动力学计算的控制方程采用的是基于动量守恒的平面二维冰水动力学方程。该方程由二维浅水方程推导而来并考虑了表面冰的影响,其中包含连续性方程和动量方程,分别为:

$$\frac{\partial H}{\partial t} + \nabla q_t = \frac{\partial (N_i t_i)}{\partial t} \tag{1}$$

$$\frac{\partial q_{lx}}{\partial t} + \frac{\partial}{\partial x}\left(\frac{q_{lx}^2}{H'}\right) + \frac{\partial}{\partial y}\left(\frac{q_{lx}q_{ly}}{H'}\right) = \frac{1}{\rho_w}(\tau_{sx} - \tau_{bx}) + \frac{1}{\rho_w}\left(\frac{\partial T_{xx}}{\partial x} + \frac{\partial T_{yx}}{\partial y}\right) - gH'\frac{\partial \eta}{\partial x} \tag{2}$$

$$\frac{\partial q_{ly}}{\partial t} + \frac{\partial}{\partial x}\left(\frac{q_{lx}q_{ly}}{H'}\right) + \frac{\partial}{\partial y}\left(\frac{q_{ly}^2}{H'}\right) = \frac{1}{\rho_w}(\tau_{sy} - \tau_{by}) + \frac{1}{\rho_w}\left(\frac{\partial T_{xy}}{\partial x} + \frac{\partial T_{yy}}{\partial y}\right) - gH'\frac{\partial \eta}{\partial y} \tag{3}$$

式中:H、H'分别是总的水深和冰层下水深;η是水面高程;q_t、q_l分别是总流量和冰层下方流量;N_i是冰层密集度;t_i是冰层厚度;ρ_w是海水密度;τ_s、τ_b分别是冰对水流及海床对水流的摩擦力;$T_{ij} = \varepsilon_{ij}(\partial q_{li}/\partial x_j +$

基金项目:国家重点研发计划资助项目(2021YFB2600700);南京水利科学研究院中央级公益性科研院所基本科研业务费专项资金项目(Y221007,Y223005)

通信作者:潘军宁。E-mail:jnpan@nhri.cn

$\partial q_{1j}/\partial x_i)$,这里 ε_{ij} 是广义涡黏系数,下标 i、j 可取 x、y 方向;总流量 q_t 包括冰内流量 q_u 和冰下流量 q_1,其中冰内过水流量由冰层运动和孔隙渗流引起。整个水动力学方程求解采用了有限元方法。

冰的运动方程为:

$$M\frac{\mathrm{D}\boldsymbol{V}_i}{\mathrm{D}t}=\boldsymbol{R}+\boldsymbol{F}_a+\boldsymbol{F}_w+\boldsymbol{G} \tag{4}$$

式中:M 为冰单元的质量;V_i 表示冰单元的速度;冰块运动中考虑了风的拖曳力 $\boldsymbol{F}_a$、水的拖曳力 $\boldsymbol{F}_w$、水面梯度力 G 和冰内力 R。方程采用 SPH 方法进行求解,对于研究粒子 k 的参数可采用核函数对其问题域中所有周围粒子 j 参数加权求和求得:

$$\tilde{f}(r_k,l)=\sum_{j=1}^{n}\frac{f_j}{n_j}W(r_k-r_j,l)=\sum_{j=1}^{n}f_j\frac{m_j}{M_j}W(r_k-r_j,l) \tag{5}$$

本研究采用的是高斯核函数 $W(r_k-r_j,l)=\dfrac{1}{\pi l^2}\mathrm{e}^{-(r_k-r_j)^2/l^2}$,二维 SPH 模型可通过粒子聚集和挤压来模拟冰的厚度变化。冰内力的表达式为:

$$\frac{1}{M_k}(R_x)_k=\sum_j m_j\left\{\left[\frac{(\sigma_{xx}N_i t_i)_k}{M_k^2}+\frac{(\sigma_{xx}N_i t_i)_j}{M_j^2}\right]\frac{\partial W_{kj}}{\partial x}+\left[\frac{(\sigma_{xy}N_i t_i)_k}{M_k^2}+\frac{(\sigma_{xy}N_i t_i)_j}{M_j^2}\right]\frac{\partial W_{kj}}{\partial y}\right\} \tag{6}$$

$$\frac{1}{M_k}(R_y)_k=\sum_j m_j\left\{\left[\frac{(\sigma_{yy}N_i t_i)_k}{M_k^2}+\frac{(\sigma_{yy}N_i t_i)_j}{M_j^2}\right]\frac{\partial W_{kj}}{\partial y}+\left[\frac{(\sigma_{yx}N_i t_i)_k}{M_k^2}+\frac{(\sigma_{yx}N_i t_i)_j}{M_j^2}\right]\frac{\partial W_{kj}}{\partial x}\right\} \tag{7}$$

式中粒子的应力求解写作:

$$(\sigma_{xx})_k=2\upsilon_k\left(\frac{\partial u}{\partial x}\right)_k+(\zeta_k-\upsilon_k)\left[\left(\frac{\partial u}{\partial x}\right)_k+\left(\frac{\partial v}{\partial y}\right)_k\right]-\frac{P_k}{2} \tag{8}$$

$$(\sigma_{yy})_k=2\upsilon_k\left(\frac{\partial v}{\partial y}\right)_k+(\zeta_k-\upsilon_k)\left[\left(\frac{\partial u}{\partial x}\right)_k+\left(\frac{\partial v}{\partial y}\right)_k\right]-\frac{P_k}{2} \tag{9}$$

$$(\sigma_{xy})_k=\upsilon_k\left[\left(\frac{\partial v}{\partial x}\right)_k+\left(\frac{\partial u}{\partial y}\right)_k\right] \tag{10}$$

式中:ζ_k 和 υ_k 是黏性系数;P_k 是冰的静水压力项,可根据冰厚 t_i、冰密集度 N_i 和内摩擦角 φ 求得:

$$P_k=\tan^2\left(\frac{\pi}{4}\pm\frac{\varphi}{2}\right)\left(1-\frac{\rho_i}{\rho}\right)\frac{\rho_i g\ (t_i)_k}{2}\left[\frac{(N_i)_k}{(N_i)_{max}}\right]^j \tag{11}$$

风和流对冰的拖曳力可通过广义莫里森公式求得,在此不赘述[9]。采用 SPH 方法模拟冰动力过程实质是一种粗粒化近似的数学处理,将浮冰区域离散成一系列相互关联的质点,所有变量包括质量、厚度、密集度等由质点承载,单个质点代表一个微区域的冰粒集合。此方法可实现对冰域厚度变化和大变形过程的模拟。

2 计算结果分析

研究针对渤海锦州 9-3 油田 WHPC 海洋平台,根据实际平台结构和隔水套管位置建立计算域,如图 1 所示。考虑到影响导管架平台隔水套管冰堵塞的因素有冰速、流向,数值试验先采用单向流条件对隔水套管区域的冰堵塞进行模拟,研究影响浮冰堆积厚度的主要因素,再研究往复流条件对冰堵塞的影响。

2.1 整体流场模拟结果

在无冰条件下对平台区域的水动力进行模拟。图 2 是在外边界流速为 1 m/s 时的平台流场模拟结果,流场在整个平台结构的阻流区内出现一定程度的滞流效应,尤其是在隔水套管阵列区域内部,滞流效应更加突出。这给浮冰的停滞、堆积提供了一定的水动力条件。

2.2 单向流作用下冰堆积堵塞

根据平台海域的主流向(NE、SW)和主风向(SSW、NNE),研究中对 0°、180° 流向和 22.5°、202.5° 两个风向的冰漂移情况进行模拟。图 3 是水流方向为 0°、流速为 1.0 m/s 情况下平台隔水套管区域的冰分布情况,由图可见冰堆积堵塞的位置和厚度。同时本文研究了 0.2～1.4 m/s 不同流速以及 10～24 m/s 不同风速的冰堆积体积的变化情况,如图 4 所示。

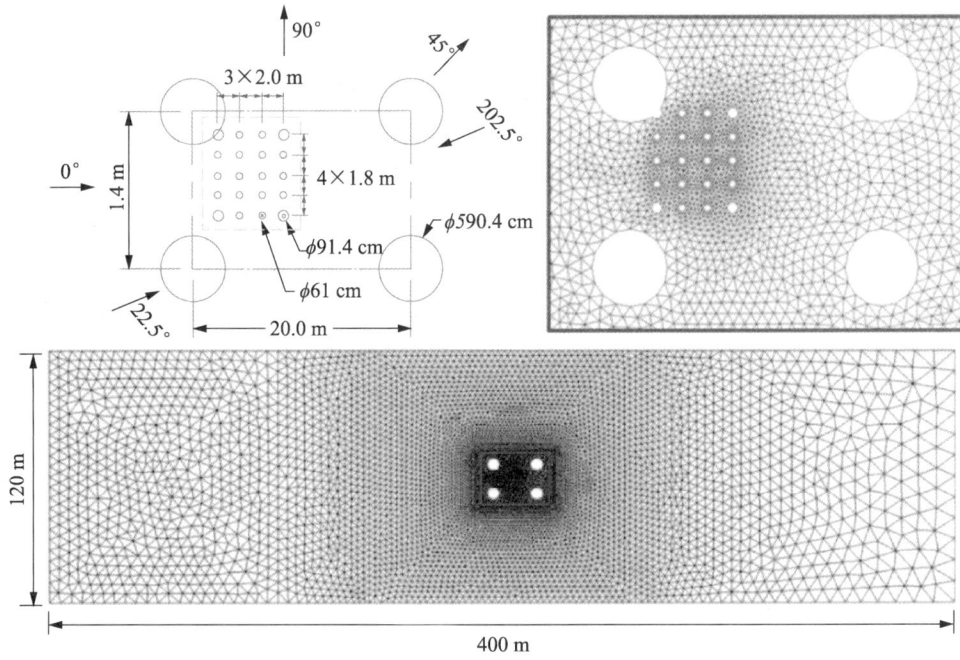

图 1　导管架平台隔水套管水动力计算域和计算网格

（a）平台阻流区流场分布　　　　　　　　　　（b）平台隔水套管局部流场分布

图 2　导管架平台流场模拟结果

　　由图 4 可见，在 0°、180°单向流条件下，平台隔水套管区域的冰堆积体积在一定流速范围内随着流速增大而增大。在小流速的情况下，流速增大会促进冰堆积堵塞。当流速继续变大后，增大流速会抑制冰堆积，过高的流速会将碎冰带走。最大冰堆积体积对应的流速在 0.6 m/s 左右。相比之下，风速对冰堆积的影响较小，但也会呈现随风速增大先增大后减小的规律。

图 3　单向流条件(0°、1.0 m/s)下冰堆积厚度分布

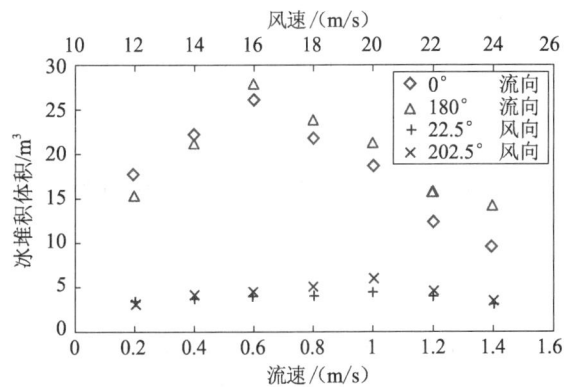

图 4　不同流速和风速情况下的冰堆积体积

2.3 往复流作用下冰堆积堵塞

在自然海域往复流条件更符合实际工况。根据该海域的半日潮条件,研究设置了计算时长为12 h往复流边界条件,并假设平台海域持续有浮冰流入。图5显示了在一个往复流周期内,区域边界流速、冰堆积体积的变化情况,也给出了按瞬时流速计算得到的单向流持续作用条件下冰堆积体积变化。由图可见,冰堆积堵塞主要受到海流的控制。在小流速范围内,冰堆积体积随着流速的增大而增加。流速增大有利于堆积厚度和体积的增大。但是随着流速继续增加,过大流速会使得浮冰很难聚集,导致冰堆积体积不增反减。流向的变化也会带走一定量堆积的浮冰,导致冰堆积体积继续减小。随着反向补给的浮冰增多,冰堆积体积又会适当增加,直到大流速的反向流促使其减小。

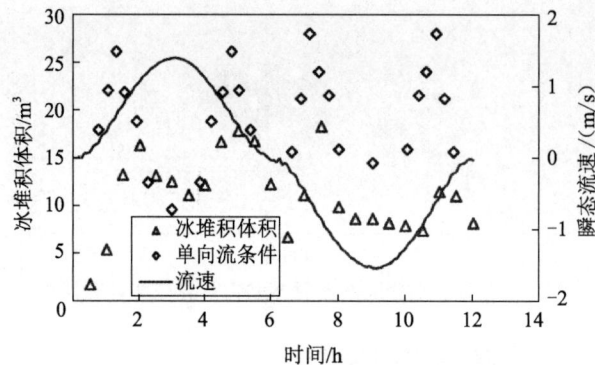

图5　往复流条件下的冰堆积体积变化

冰堆积体积在往复流条件下总的变化趋势和单向流类似。然而单向流计算时某一恒定流速作用时间较长,使得大多数时刻单向流条件下的堆积体积相对更大;往复流条件流速变化导致平台隔水套管区域内的冰也在不断调整堆积状态,因而不会产生较严重的冰堆积。但是在往复流的最大流速较小,如不超过特定流速0.6 m/s时,便不会有大流速带走堆积冰,抑制冰堆积的因素只有流向的改变,此种情况可能会出现较为严重的冰堵塞情况。

3 结　语

研究采用了平面二维冰水动力学与SPH耦合模型对导管架平台隔水套管阵列冰堵塞过程进行数值模拟,分析了水动力条件、流速、流向、风速、风向及往复流条件对平台隔水套管阵列冰堆积体积的影响。主要研究结论如下:

(1)水动力条件是影响冰堆积堵塞的主要因素,隔水套管阵列处的滞流效应给浮冰的停滞、堆积提供了前提条件。

(2)冰的漂移方向和速度直接影响冰堆积体积的大小。在遮蔽效益的影响下,$0°$和$180°$条件更易于冰堵塞的发生,流速的增大会促使浮冰进入平台隔水套管阻流区形成堵塞,但过大的流速又会将堆积的浮冰从堆积区带出。

(3)往复流条件下冰堆积堵塞过程由于流速和流向的变化,堵塞程度不如单向恒定流条件。

参考文献

[1] 吴辉碇,杨国金,张方俭,等. 渤海海冰设计作业条件[M]. 北京:海洋出版社,2001.

[2] YANG G J. Bohai Sea ice conditions[J]. Journal of Cold Regions Engineering,2000,14(2):54-67.

[3] BHATIA K,KHAN F. A predictive model to estimate ice accumulation on ship and offshore rig[J]. Ocean Engineering,2019,173:68-76.

[4] HUANG Y,MA J J,TIAN Y F. Model tests of four-legged jacket platforms in ice:part 1. Model tests and results[J]. Cold Regions Science and Technology,2013,95:74-85.

[5] HUANG Y,SUN J Q,WAN J,et al. Experimental observations on the ice pile-up in the conductor array of a jacket platform in Bohai Sea[J]. Ocean Engineering,2017,140:334-351.

［6］　KUUTTI J,KOLARI K,MARJAVAARA P. Simulation of ice crushing experiments with cohesive surface methodology［J］. Cold Regions Science and Technology,2013,92:17-28.

［7］　LI W,HUANG Y,TIAN Y F. Experimental study of the ice loads on multi-piled oil piers in Bohai Sea［J］. Marine Structures,2017,56:1-23.

［8］　LIU X,LI G,OBERLIES R,et al. Research on short-term dynamic ice cases for dynamic analysis of ice-resistant jacket platform in the Bohai Gulf［J］. Marine Structures,2009,22(3):457-479.

［9］　SHEN H T,SU J S,LIU L W. SPH simulation of river ice dynamics［J］. Journal of Computational Physics,2000,165(2):752-770.

［10］　TRUONG D D,JANG B S. Estimation of ice loads on offshore structures using simulations of level ice-structure collisions with an influence coefficient method［J］. Applied Ocean Research,2022,125:103235.

波浪作用下全比尺管线冲刷大水槽试验研究

隋倜倜[1],杨沐盛[1],赵　旭[2],D R Fuhrman[3],B M Sumer[4],张　弛[5],郑金海[1],陈松贵[2]

(1. 河海大学 海岸灾害及防护教育部重点实验室,江苏 南京　210098;2. 交通运输部天津水运工程科学研究院,天津　300000;3. Technical University of Denmark,Copenhagen　2800;4. B M SUMER Consultacy & Research,Istanbul　34467;5. 河海大学 水灾害防御全国重点实验室,江苏 南京　210098)

摘要: 基于大比尺波浪水槽,开展了一系列波浪作用下的全比尺管线冲刷试验,复演了真实海洋环境中的强水动力条件(希尔兹数 θ_w 最大达到 1.21)和真实尺寸的海底管线管径(选取 63 cm、32 cm 两个管径)。在管线内部安装声学测距探头,获取管线正下方的冲刷深度随时间发展的曲线。试验结果表明,强浪、超大希尔兹数条件下管线正下方的平衡冲刷深度明显大于经典理论的预测值,表明平衡冲刷深度与希尔兹数存在一定的正相关关系。

关键词: 全比尺;海底管线;冲刷;大水槽试验

海底管道通常用于在海洋环境中输送水、石油和其他碳氢化合物。在海底管道的设计中,局部冲刷的发展是影响管道稳定性的一个重要课题。在过去的几十年里,国内外学者在小比尺数值模拟和实验方面开展了大量的研究工作,以研究波流作用下管道下方的冲刷机制,关注点包括对于是否发生冲刷的判别(管涌)、冲刷发展的时间尺度、冲刷的平衡深度等。

Sumer 和 Fredsøe[1] 对波浪作用下管线冲刷的平衡冲刷深度开展了研究,认为动床条件下(远场希尔兹数大于临界希尔兹数)平衡冲刷深度主要受控于 Keulegan-Carpenter (KC)数,与希尔兹数、雷诺数等变量关系很小;基于对小比尺试验数据的分析,提出了波浪作用下平衡冲刷深度的经典预测公式[式(1)],后续的许多研究[2-5] 验证了此公式的有效性:

$$\frac{S_{eq}}{D} = 0.1\sqrt{KC} \tag{1}$$

式中: S_{eq} 为平衡冲刷深度; D 为管线直径; KC 为 KC 数。

Fredsøe 等[6] 探究了波浪/流作用下的冲刷时间尺度,这代表着管线冲刷主要阶段发展完成所需的时间。根据实验结果提出了冲刷发展的无量纲时间尺度主要受控于希尔兹数。

然而,由于结构物周围水沙相互作用与地形演变物理过程复杂,小比尺物理模型试验无法完全消除比尺效应。在将基于小比尺研究建立的理论应用于工程实践之前,有必要在大比尺试验的基础上进行验证和修正。本研究针对这一问题,开展一系列波浪作用下全比尺管线冲刷试验,复演现实海洋环境中的水动力条件和现实比尺管径,探讨了强浪、层移输沙条件下大直径管线周围的冲刷机制。

1 试验设置

试验在交通运输部天津水运工程科学研究院大型水动力实验中心的大比尺波浪水槽中开展。全比尺管线冲刷试验的布置如图 1 所示。大比尺波浪水槽尺寸为 456 m×5 m×8 m(长×宽×深),能够产生 3.5 m 的波浪和 20 m³/s 的水流,最大试验水深 5 m,是世界上尺度最大、造波能力最强、功能最齐全的大比尺波浪试验水槽。试验段砂槽长 24 m,宽 5 m,砂层厚度 1 m,两侧各有一段坡度 1:10 的边坡。试验测量仪器包括浪高仪、多功能声学多普勒海流剖面仪(ADCP)以及超声波测距系统 Seatek(图 2),分别用于测量试验段波面数据、远场近底流速剖面和管线下方的冲刷深度。试验前将 Seatek 超声波测距探头安装在管道内部,方向朝向管线正下方,以监测管线下方的冲刷深度的变化。

作者简介:杨沐盛。E-mail:msyang@hhu.edu.cn

（a）试验布置示意

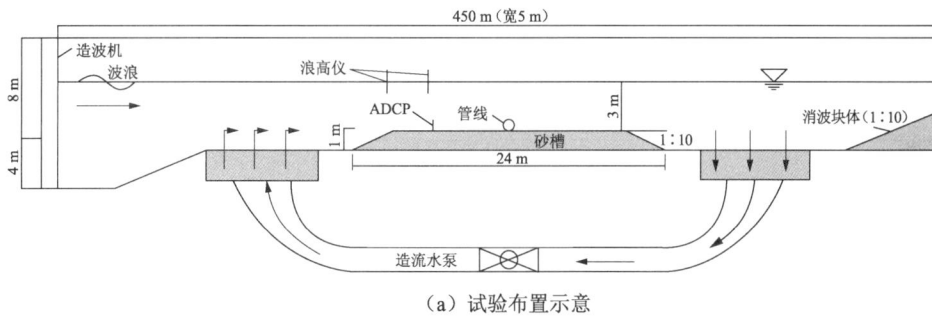

（b）水槽末端消浪块体   （c）试验前准备

图 1　全比尺管线冲刷试验的布置

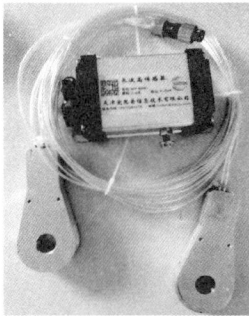

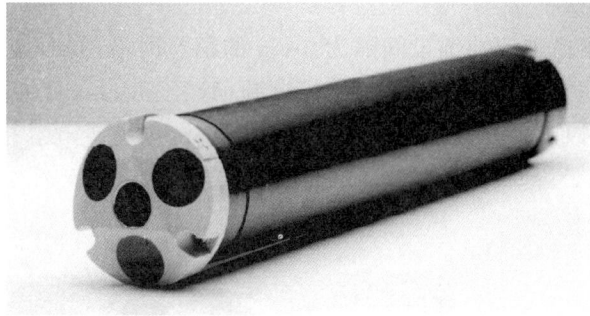

（a）大量程浪高仪   （b）多功能声学多普勒海流剖面仪

（c）超声波测距系统Seatek

图 2　试验测量仪器

2　试验工况

为了复演现实中的真实海洋环境，并减少长时间连续造波带来的反射影响，试验采用 Jonswap 谱不规则波。试验共进行 6 组，其中管径 63 cm 和 32 cm 的试验各开展 3 组。各组次的试验参数如表 1 所示。

表 1　试验波浪参数

序　号	管线直径 D/cm	最大振荡流速 U_m/(m/s)	谱峰周期 T/s	希尔兹数 θ_w	KC 数 KC	雷诺数 Re
1	63	0.424	5	0.21	3.37	2.67×10^5
2	63	0.790	7	0.55	8.8	4.98×10^5
3	63	1.250	7	1.21	13.9	7.87×10^5
4	32	0.657	7	0.40	14.4	2.1×10^5
5	32	0.930	7	0.73	20.3	2.98×10^5
6	32	1.250	7	1.21	27.3	4×10^5

KC 数的定义为:$KC = U_m T/D$。其中,U_m 是波浪作用下海床表面水质点的最大振荡流速,T 是波浪的周期,D 是管线的直径。

根据 Sumer 等[7] 的研究,在计算不规则波作用下的管线冲刷平衡深度时,波浪周期 T 应当选取谱峰周期 T_p,水质点最大振荡流速 U_m 的计算方式应该参照下式:

$$U_m = \sqrt{2 \int_0^\infty S_u(f) \mathrm{d}f} \tag{2}$$

式中:S_u 为水质点运动速度的能谱;f 是频率。

3　试验结果分析

3.1　平衡冲刷剖面

在试验段观察窗玻璃前铺设间隔为 5 cm 的钢丝网格,同时架放摄像机录像,以捕捉波浪作用下管线周围的床面形态演变。图 3 展示了第 2 组试验(管径 63 cm,希尔兹数 $\theta_w = 1.21$,$KC = 13.8$)的管线冲刷平衡冲刷剖面,可以观察到波浪作用下管线冲刷坑深度接近 0.5 倍管径。同时观察到整个试验段床面上不存在沙纹。

图 3　波浪作用下管线周围床面平衡冲刷剖面($\theta_w = 1.21$,$KC = 13.9$)

3.2　管线下方冲刷深度发展

基于超声波测距探头的监测数据,图 4 中绘制了管线冲刷试验中管线正下方的冲刷深度时程曲线,将用式(1)预测的平衡冲刷深度也绘制于图中。可以看到,在小希尔兹数的组次中,冲刷深度的早期发展相对较慢。相应地,大希尔兹数的组次中冲刷深度很快达到较大的值,随后缓慢发展。绘制的两组试验 KC 数接近,但希尔兹数有显著差异。发现在希尔兹数 θ_w 等于 1.21 的组次中[图 4(b)],平衡冲刷深度明显超过了式(1)的预测值,而希尔兹数 θ_w 等于 0.4 的组次中[图 4(a)]平衡冲刷深度与式(1)预测结果比较接近。这是因为当希尔兹数超过 0.8~1.0 后,床面泥沙的输运模式转变为层移(sheet flow)运动[8],悬移质输沙的占比明显提高,进而导致管线周围冲刷演变规律发生变化。

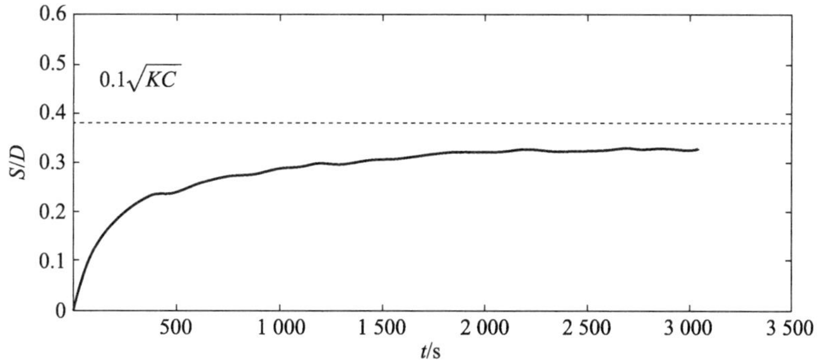

（a）D=32 cm，KC=14.4，θ_w=0.4

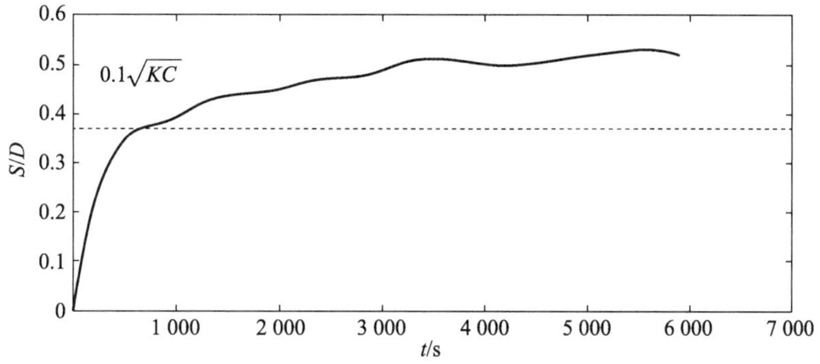

（b）D=63 cm，KC=13.9，θ_w=1.21

图 4　波浪作用下管线正下方冲刷深度时程曲线

4　结　语

基于大比尺波浪水槽开展波浪作用下全比尺管线（最大管径 63 cm）冲刷物理模型试验，对管线周围的冲刷剖面和管线正下方的冲刷深度进行测量，分析了冲刷深度随 KC 数、希尔兹数的变化规律。主要研究结论如下：

（1）使用式（1）中的算法来计算不规则波作用下的 KC 数，在希尔兹数小于 0.8 的范围内，现场比尺管线下方平衡冲刷深度与基于小比尺研究建立的经典理论吻合良好，冲刷深度只与 KC 数有显著相关关系。

（2）在两组大希尔兹数（输沙进入层流"sheet flow"模式）的组次中，平衡冲刷深度显著大于公式预测值，推测是由于层流输沙状态下泥沙输运模式转变为悬移质主导。

参考文献

[1]　SUMER B M，FREDSØE J. Scour below pipelines in waves[J]. Journal of Waterway Port Coastal and Ocean Engineering-ASCE，1990，116：307-323.

[2]　ZANG Z，TANG G，CHEN Y，et al. Predictions of the equilibrium depth and time scale of local scour below a partially buried pipeline under oblique currents and waves[J]. Coastal Engineering，2019，150：94-107.

[3]　FUHRMAN D R，BAYKAL C，SUMER B M，et al. Numerical simulation of wave-induced scour and backfilling processes beneath submarine pipelines[J]. Coastal Engineering，2014，94：10-22.

[4]　LIU M，LU L，TENG B，et al. Numerical modeling of local scour and forces for submarine pipeline under surface waves[J]. Coastal Engineering，2016，116：275-288.

[5]　BASTIAN K R，CARSTENSEN S，SUI T，et al. Generalized time scale for wave-induced backfilling beneath submarine pipelines[J]. Coastal Engineering，2019，143：113-122.

[6]　FREDSØE J，SUMER B M，ARNSKOV M M. Time scale for wave/current scour below pipelines [J]. International Journal of Offshore and Polar Engineering，1992，2：13-17.

[7]　SUMER B M，FREDSØE J. The mechanics of scour in the marine environment[M]. New Jersey：World Scientific Publishing Company，2002.

[8]　SUMER B M，KOZAKIEWICZ A，FREDSØE J，et al. Velocity and concentration profiles in sheet-flow layer of movable bed [J]. Journal of Hydraulic Engineering，1996，122(10)：549-558.

深海管道铺设精细化模拟分析

徐 普，檀银鑫，郑积祥，胡一鸣

(福州大学 土木工程学院，福建 福州 350116)

摘要：深海管道铺设中管道应力应变呈现强非线性动态特性，亟须探明管道整体与局部静动力行为。本文基于向量式有限元方法，引入等效梁质点理论，建立深海 S 型和 J 型管道铺设精细化模型。考虑海洋环境与铺管船运动对铺管系统的影响，得到管道整体宏观和局部精细静动力响应分析结果。此结果与 OrcaFlex 计算结果吻合较好，验证了模型的准确性和有效性。结果表明，S 型管道上弯段应力应变显著，在深海铺管设计时需重点考虑；J 型管道整体状态受拉，管道下表面应力应变较大。本研究可为深海管道铺设设计提供理论依据。

关键词：深海管道；S 型铺管法；J 型铺管法；VFIFE；精细化模型；动力响应

海洋油气开发迈向深海化，对海底管道铺设技术提出更高要求。S 型铺管法和 J 型铺管法是目前深海油气管道铺设主流方法，两种铺设形态如图 1 所示。S 型铺设管道由上弯段与悬垂段两部分组成[1-2]。J 型铺设无须借助托管架作用，管道自然下垂。铺设在海床上形成下弯段，与海床接触的位置为触地点[3-5]。深海油气管道铺设过程涉及复杂力学行为，管道应力应变呈现出强非线性动态特性，寻求合理准确的精细化的铺管静动力分析方法成为当前研究热点。

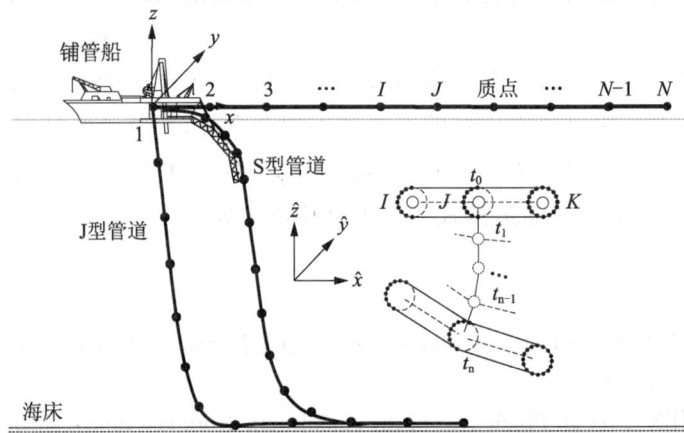

图 1 J 型和 S 型铺管 VFIFE 模型

向量式有限元(VFIFE)法已被广泛应用于复杂结构行为的非线性分析中[6-8]。忽略结构尺寸和局部特征等关键因素，运用 VFIFE 法对复杂结构进行分析，难以准确反映结构局部损伤与真实受力状态。基于此，学者对"整体宏观，局部精细化"多尺度连接进行大量研究。Xu[9]基于向量式有限元壳单元建立管道数值模型，研究海床不平整度和管道初始应力对屈曲变形的影响。Yu 等[10-11]建立管道薄壳模型分析管道在海底断层的屈曲失效行为，研究土壤性质、压力载荷和倾角对局部屈曲形成和横截面畸变的影响。

基于 VFIFE 法，建立等效梁质点深海 S 型和 J 型管道铺设精细化模型，利用牛顿第二定律建立管道质点的运动控制方程，通过途径单元描述质点的位移和位置向量，根据单元变形和质点转动计算管道内

基金项目：国家自然科学基金青年基金项目(51809048)；福建省自然科学基金资助项目(2018J05081)

通信作者：徐普。E-mail：puxu@fzu.edu.cn

力。采用显式的中央差分法,通过大量循环迭代求解控制方程。将建立的模型应用于 12 in(1 in＝25.4 mm)管道铺设于 1 000 m 水深计算分析,探究向量式有限元在深海管道铺设中的精细化应用。

1 深海铺管精细化数值模型

1.1 等效质点法

建立如图 2 所示的等效梁质点模型,基于 VFIFE 法,将管道截面的梁质点等效为一个质点。管道截面遵循平截面假设,假定截面等效质点到梁质点的距离保持不变,管道在受力运动和变形过程中质量保持不变。在时间步长 $t_{i-1} \leqslant t \leqslant t_i$ 内,质点转角与位移发生变化,力、力矩以及质量惯性矩阵随质点运动发生改变。t 时刻截面处等效质点质量、节点力、力矩和质量惯性矩阵可按下式计算:

$$m^M = \sum_{j=1}^{n=16} m^j, \quad \boldsymbol{F}_t^M = \sum_{j=1}^{n=16} \boldsymbol{F}_t^j, \quad \boldsymbol{M}_t^M = \sum_{j=1}^{n=16} [(\boldsymbol{r}_t^j \times \boldsymbol{F}_t^j) + \boldsymbol{M}_t^j], \quad \boldsymbol{I}_t^M = \sum_{j=1}^{n=16} \boldsymbol{I}_t^j \tag{1}$$

式中:m^M 为等效质点质量,m^j 为梁质点 j 的质量,n 为管道截面属于等效质点的梁质点的个数;$\boldsymbol{F}_t^M$、$\boldsymbol{M}_t^M$、$\boldsymbol{I}_t^M$ 分别为 t 时刻等效质点节点力、弯矩和质量惯性矩;$\boldsymbol{F}_t^j$、$\boldsymbol{M}_t^j$、$\boldsymbol{I}_t^j$ 分别为 t 时刻梁质点 j 节点力、弯矩和梁质点相对于等效质点处的质量惯性矩;$\boldsymbol{r}_t^j \times \boldsymbol{F}_t^j$ 为梁质点节点力产生的相对于管道截面中心的力矩。

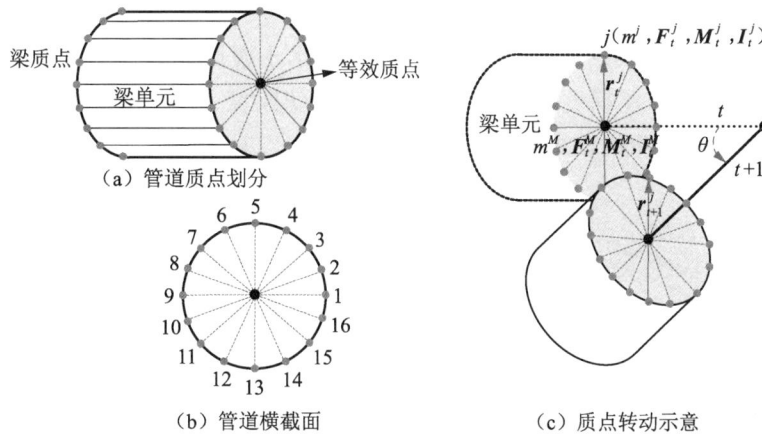

（a）管道质点划分

（b）管道横截面   （c）质点转动示意

图 2 管道梁质点与等效质点示意

1.2 运动控制方程

深海 S 型和 J 型管道铺设精细化模型如图 1 所示,管道初始平铺于海平面,顶端固定于铺管船上,其余部分为自由端。设置全局坐标(x,y,z),基于 VFIFE 法,将管道离散成 $16 \times (N-1)$ 个无质量的梁单元、$16 \times N$ 个梁质点和 N 个等效质点。管道质量与荷载由等效梁质点承担,在浮力及自重作用下自由下落至海床形成"J"型和"S"型。

任一管道等效梁质点 J 的位置向量是一个时间函数,可用一组时间点的点值来描述等效梁质点的运动。假定 t_0 和 t_n 为分析的初始和终止时间,整个分析历时可分割为一系列短暂的时间步 $t_0, \cdots, t_{i-1}, t_i, t_{i+1}, \cdots, t_n$ 来描述等效质点的运动。管道位置和变形通过等效质点位移体现,运动控制方程满足第二牛顿定律。采用中央差分法求解运动方程,可得 t_{i+1} 时刻等效质点的位移和转角公式如下:

$$\begin{cases} \boldsymbol{X}_J^{M,i+1} = 2C_1 \boldsymbol{X}_J^{M,i} - C_2 \boldsymbol{X}_J^{M,i-1} + C_1 \Delta t^2 (\boldsymbol{m}^M)^{-1} (\boldsymbol{F}_J^{M,\text{ext}} + \boldsymbol{F}_J^{M,\text{int}}) \\ \boldsymbol{\theta}_J^{M,i+1} = 2C_1 \boldsymbol{\theta}_J^{M,i} - C_2 \boldsymbol{\theta}_J^{M,i-1} + C_1 \Delta t^2 (\boldsymbol{I}^M)^{-1} (\boldsymbol{M}_J^{M,\text{ext}} + \boldsymbol{M}_J^{M,\text{int}}) \end{cases} \tag{2}$$

式中:$\boldsymbol{X}_J^{M,i}$ 为等效质点 J 在 t_i 时刻的位移;$\boldsymbol{\theta}_J^{M,i}$ 为等效质点 J 在 t_{i+1} 时刻的转角;$C_1 = 1/(1+\zeta\Delta t/2)$,$C_2 = C_1(1-\zeta\Delta t/2)$,其中 ζ 为阻尼系数,Δt 为时间步长。

1.3 内力计算

为了简化内力计算,定义一组管道单元主轴坐标$(\hat{x}, \hat{y}, \hat{z})$,任取一途径单元 $t_{i-1} \leqslant t \leqslant t_i$,对梁单元位移和转角虚拟逆向运动,获得梁单元 I_0-J_0 位移纯变形 $\hat{\Delta}_e$ 和梁质点 I_0、J_0 的转角纯变形 $\hat{\varphi}^j$。基于材料力学弯曲理论,等效梁单元内力可由质点位移和转角纯变形求得。由力的平衡方程,求得剩余梁质点的内力$\{\Delta \hat{f}_x^{I_o}, \Delta \hat{f}_y^{I_o}, \Delta \hat{f}_z^{I_o}, \Delta \hat{f}_y^{J_o}, \Delta \hat{f}_z^{J_o}, \Delta \hat{m}_x^{I_o}\}$。利用下式,通过坐标转换和正向运动计算出梁质点在全局坐标的内力:

$$\begin{cases} \boldsymbol{F}_j^{s,\text{int}} = \boldsymbol{R}_i (\boldsymbol{\Omega}_{i-1}^{\mathrm{T}} \hat{f}_{i-1}^{j}) \\ \boldsymbol{M}_j^{s,\text{int}} = \boldsymbol{R}_i (\boldsymbol{\Omega}_{i-1}^{\mathrm{T}} \hat{m}_{i-1}^{j}) \end{cases}, j = I_o, J_o \tag{3}$$

式中:$\boldsymbol{R}_i$为t_i时刻正向运动转换矩阵;$\boldsymbol{\Omega}_{i-1}^{\mathrm{T}}$为$t_{i-1}$时刻局部坐标至全局坐标的转换矩阵。

1.4 海床土壤抗力

管道铺设作业时,管道与海床耦合接触呈现出高度非线性特征。如图3所示,采用非线性滞回土壤模型描述管土的竖向作用[12]。如图4所示,采用修正库伦摩擦模型描述管土的侧向作用。其具体公式如下:

$$P(z) = \xi/(1+\xi)P_u(z), P_u(z) = a(z/D)^b s_u(z)D \tag{4}$$

$$F_y = \begin{cases} -k_s A_c y & -y_{\text{breakout}} < y < +y_{\text{breakout}} \\ \mu P(z) & y \leqslant -y_{\text{breakout}} \text{ 或 } y \geqslant +y_{\text{breakout}} \end{cases} \tag{5}$$

式中:$\xi = z/(D/K_{\max})$为非线性嵌入系数;z为管道嵌入海床深度;D为管道外径;$K_{\max}$为无量纲标准最大刚度系数;a和b为无量纲嵌入承载模型系数;$s_u(z)$为不排水土壤抗剪强度,$s_u(z) = s_{u0} + s_{ug}z$,$s_{u0}$为泥线抗剪强度梯度,$s_{ug}$为土壤抗剪强度梯度;$k_s$为海床土侧向剪切刚度;$A_c$为管道与海床的接触面积;$y$为管道的侧向位移;$y_{\text{breakout}}$为管道产生滑动的位移,$y_{\text{breakout}} = \mu P(z)/(k_s A_c)$;$\mu$为土体的侧向摩擦系数。

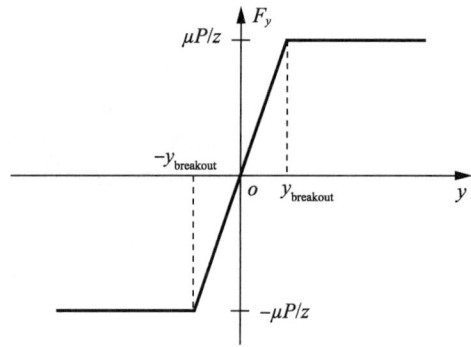

图3　非线性滞回土壤模型　　　　　　　图4　修正库伦摩擦模型

1.5 托管架滚轮接触力

在深海S型铺设中,管道通过张紧器由托管架中的滚轮下放至海底,托管架滚轮对管道起支撑作用,如图5所示。滚轮支撑力按距离分配至相邻质点,表示为:

$$F_r = [1/(1/k_1 + 1/k_2)] \times [d_0 - (r_1 + r_2)], F_{r1} = [d_1/(d_1 + d_2)] \times F_r, F_{r2} = [d_2/(d_1 + d_2)] \times F_r \tag{6}$$

式中:k_1和k_2分别为管道和滚轮的接触刚度;d_0为滚轮中心至管道中心的距离;d_1和d_2为滚轮中心至质点1和质点2的距离;F_{r1}和F_{r2}为滚轮对质点的作用力。

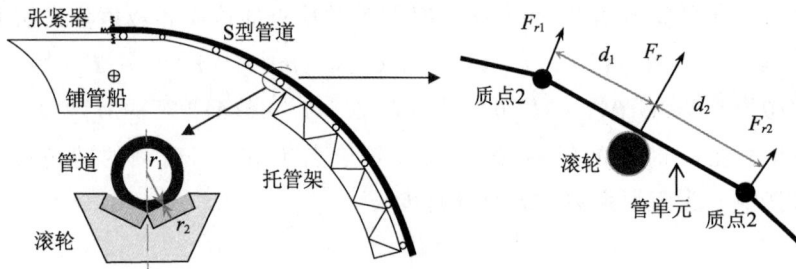

图5　托管架与管道的耦合作用

1.6 水动力荷载

管道在铺设作业中,受到波浪与海流引起的水动力荷载。波浪作用于管道上。海流在垂直剖面上通常可看作二维稳定流,其大小和方向随水深变化。水动力荷载可以按下式计算[13]:

$$F_D = \frac{1}{2}C_D\rho Av_r|v_r| \tag{7}$$

式中:C_D 为管道的拖曳力系数,ρ 为海水密度,A 为单位管长的投影面积,v_r 为水质点相对于管道的速度。

2 数值求解

利用 MATLAB 对深海 S 型和 J 型管道进行精细化数值计算,计算过程如图 6 所示。① 设置计算总时长和时间步,输入管道、海床、托管架的初始参数。② 计算等效质点质量。③ 计算等效质点位移和转角,由截面约束条件计算得到梁质点位移和转角。④ 利用材料力学弯曲原理计算得到梁质点内力。⑤ 根据管土相互作用模型和水动力计算原理,获得梁质点的外力。⑥ 将梁质点力等效至等效质点,同时更新转动惯性矩。⑦ 由求得的等效质点内力和外力,利用中央差分法计算质点运动控制方程。⑧ 判断是否计算完成,否则进入时间步循环,直至达到计算时间 T。

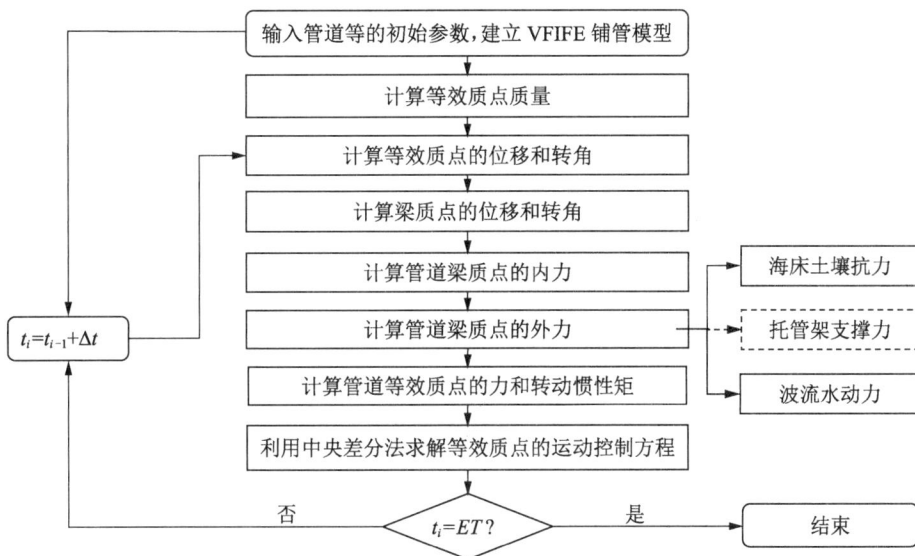

图 6 基于 VFIFE 的深海 J 型和 S 型管道铺设计算流程

3 结果与讨论

3.1 管道铺设形态

为验证 VFIFE 法在深海管道铺设精细化模拟中的有效性,建立针对 S 型和 J 型管道铺设的等效梁质点数值模型,对管道的静力特性进行深入分析。模型参数选自南海荔湾 3-1 气田工程实例。管径为 323.9 mm,壁厚为 23.8 mm,密度为 7 850 kg/m³,弹性模量 2.07×10^5 MPa,屈服强度为 448 MPa,泊松比为 0.3,管道钢材等级为 X65。

模拟初始时刻,S 型和 J 型管道均位于海平面上。设置铺管时间步长 $\Delta t=5\times10^{-4}$ s,考虑重力和浮力对管道下落影响,引入阻尼系数 $\zeta=1.25$ 模拟管道下落至海床过程。当管道与海床接触后,调整阻尼系数 $\zeta=10.0$,使管道形成稳定形态。S 型铺设管道在 $t=300$ s 形成稳定 S 型,J 型铺设管道在 $t=500$ s 形成稳定 J 型,S 型和 J 型管道末端分别在 $x=2\,000$ m 和 $x=1\,300$ m 处锚固。设置显示比例 $x:y:z=1:500:1$,S 型和 J 型管道应力随铺设变化如图 7 和图 8 所示。S 型管道铺设在托管架区域产生较大的应力,应力在管道下落至海床稳定后达到最大值,管道上表面受拉而下表面受压,上表面承受更大的内力。J 型管道在铺设时处于低应力状态,管道下落至海床后触地区应力集中,管道下表面应力大于上表面。

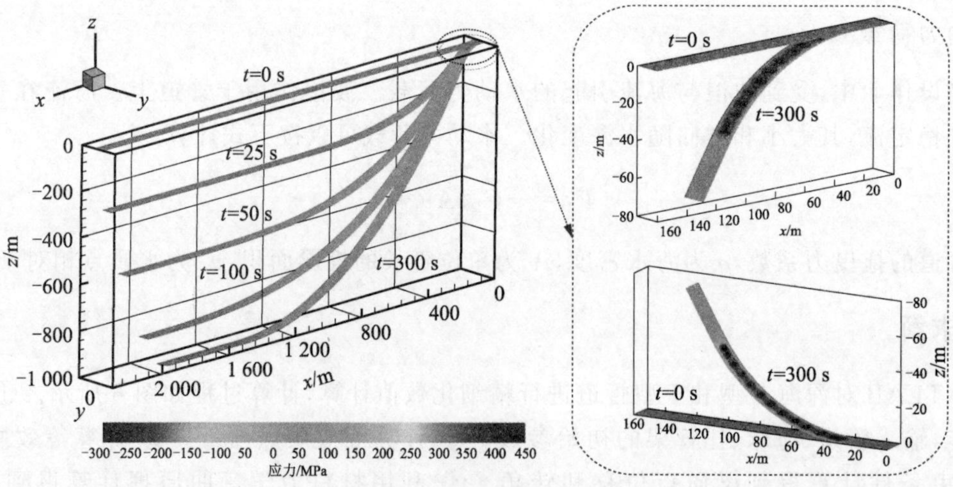

图 7   深海 S 型铺设过程应力变化云图

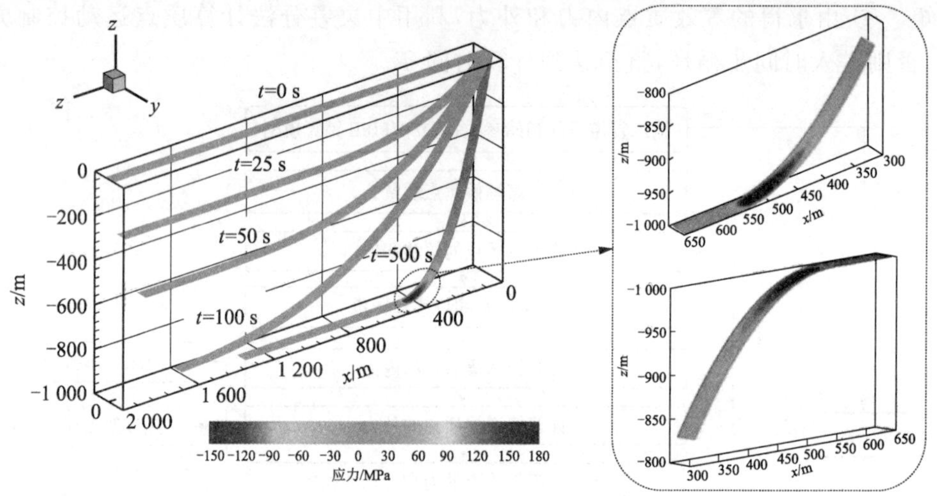

图 8   深海 J 型铺设过程应力变化云图

3.2 静力和动力对比验证

深海 J 型与 S 型管道铺设等效梁质点模型静力结果与 OrcaFlex[14] 计算结果对比如图 9 所示，形态、应力及弯矩吻合较好，初步验证模型静力分析的有效性。采用线性波浪继续对模型进行动力验证，在线性波浪、海流和铺管船的共同作用下，J 型和 S 型管道铺设等效梁质点模型动力响应计算结果与 OrcaFlex 计算结果基本一致，如图 10 所示。两种数值模型中各质点张力和弯矩幅值相差均在 1.1% 以内，进一步验证等效梁质点下铺管模型动力分析的准确性。

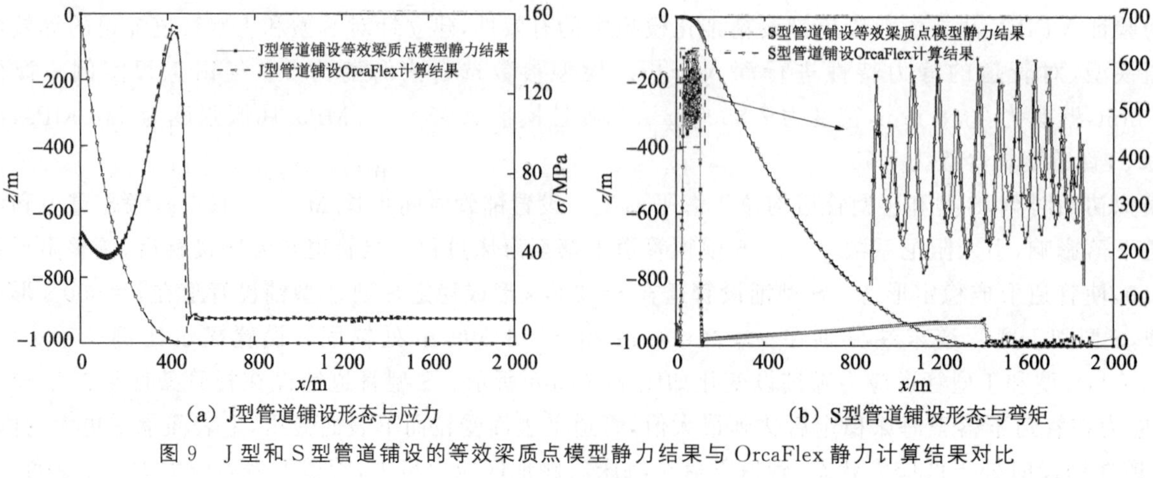

（a）J 型管道铺设形态与应力

（b）S 型管道铺设形态与弯矩

图 9   J 型和 S 型管道铺设的等效梁质点模型静力结果与 OrcaFlex 静力计算结果对比

（a）J型管道铺设张力与弯矩 （b）S型管道铺设张力与弯矩

图10　J型和S型管道铺设的等效梁质点模型动力响应计算结果与OrcaFlex动力计算结果对比

3.3 管道表面内力分布

铺管模型内力可由管道表面梁单元求得。如图11（a）所示，将管道表面顶部P5、中上部P3、中下部P11和底部P13作为分析管道表面的典型位置。由于管道截面的对称性，P5与P13、P3与P11位置的弯矩变化规律相同。

如图11（b）所示，对于J型管道铺设，管道表面的张力、弯矩和应力幅值都出现在触地点附近的弯曲段，管道表面不同位置内力和变形不同，其中P5和P13位置处表现最为显著。管道表面在弯曲处表现出较大的内力变化，并且越远离中轴变化越大；管道截面在弯曲时，顶部周围区域处于受压状态。J型管道整体状态受拉，受拉侧内力略大于受压侧，需特别注意管道下表面的内力与变形。

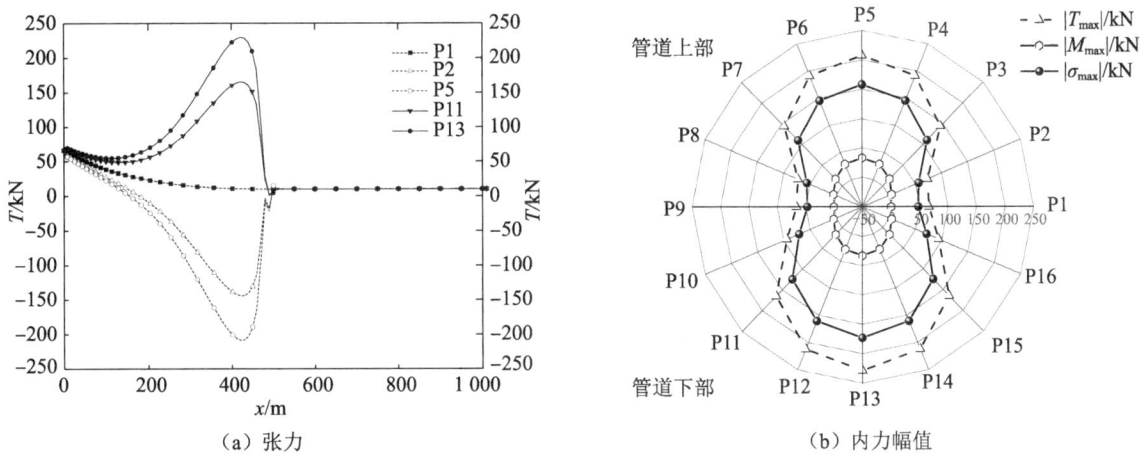

（a）张力　（b）内力幅值

图11　J型铺管管道表面内力分布

对于S型管道铺设，由于触地区下弯段内力和变形均不明显，需要重点关注托管架上弯段区域管道表面内力情况。如图12所示，图中张力正负号用于区分管道受拉和受压，P3、P5位于上弯段的上部，表面受拉；P11和P13位于上弯段的下部，表面受压。P1管道表面位于管道中轴区域，张力和弯矩值保持不变，不受托管架影响。P3和P11、P5和P13位置呈对称分布。P13位置虽与托管架滚轮接触，但管道表面在P5位置张力和弯矩都处于最大值。需要关注S型管道托管架区域托管架与管道接触位置，并防止管道上表面应力过大而超出限值。

4 结　语

基于VFIFE理论，通过引入梁质点等效理论方法，建立了一种等效梁质点深海S型和J型管道铺设模型，应用于深海J型和S型铺设精细化分析，实现对管道整体宏观和局部精细的静动力分析，并与OrcaFlex计算结果对比验证，得出以下主要结论：

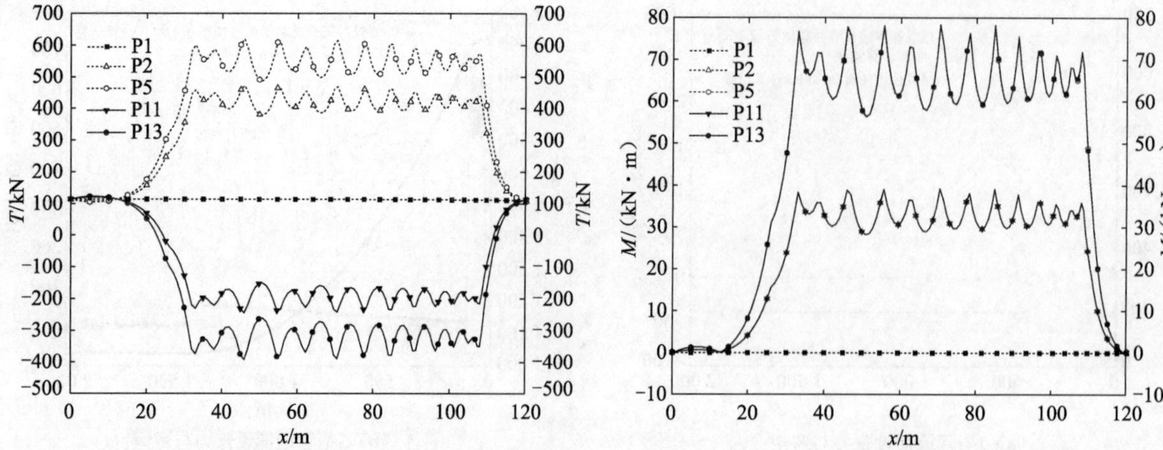

（a）张力　　　　　　　　　　（b）弯矩

图12　S型铺管管道表面内力分布

（1）基于向量式有限元方法，建立深海 J 型和 S 型等效质点铺设模型，模拟管道从海面至海床的动态铺设过程，并通过 OrcaFlex 验证模型静力分析的准确性。

（2）向量式有限元等效质点梁单元深海 J 型管道铺设模型可捕捉管道表面内力变化。J 型管道下弯段弯曲，管道表面顶部受压，张力和应力都表现为负值；底部受拉，张力和应力为正值，且管道表面张力、弯矩、应力幅值出现在触地点附近。

（3）向量式有限元等效质点方法可有效模拟深海 S 型管道铺设整体及局部的静动力行为，可对托管架区域的管道进行精细化模拟。S 型管道在托管架区域上部受拉，下部受压，管道上部表面张力和应力应变值幅值显著大于下部。

参考文献

[1] XU P，DU Z X，HUANG F Y，et al. Numerical simulation of deepwater S-lay and J-lay pipeline using vector form intrinsic finite element method[J]. Ocean Engineering，2021，234：109039.

[2] 徐普，龚顺风，杜志新. 深海双层管 S 型铺设动力响应分析[J]. 船舶力学，2020，24（9）：1205-1214.

[3] 徐普，谢靖，杜志新.深海 J 型铺设双层管动力响应影响分析[J]. 船舶力学，2023，27（4）：548-557.

[4] XU P，ZHENG J X，LAI X H，et al. Pipe-soil interaction behaviors of deepwater J-lay pipeline on sloping seabed[J]. Applied Ocean Research，2023，141：103806.

[5] XU P，DU Z X，ZHANG T，et al. Vector form intrinsic finite element analysis of deepwater J-laying pipelines on sloping seabed[J]. Ocean Engineering，2022，247：110709.

[6] 丁承先，段元锋，吴东岳. 向量式结构力学[M]. 北京：科学出版社，2012.

[7] XU P，GONG S F. Pipelay parametric investigation of pipeline dynamic behaviours for deepwater S-lay operation[J]. Ships and Offshore Structures. 2020，15（10）：1141-1155.

[8] GONG S F，XU P. Influences of pipe-soil interaction on dynamic behaviour of deepwater S-lay pipeline under random sea states[J]. Ships and Offshore Structures. 2017，12（3）：370-387.

[9] XU L，LIN M. Analysis of buried pipelines subjected to reverse fault motion using the vector form intrinsic finite element method[J]. Soil Dynamics and Earthquake Engineering，2017，93：61-83.

[10] YU Y，LI Z，YU J，et al. Buckling failure analysis for buried subsea pipeline under reverse fault displacement[J]. Thin-Walled Structures，2021，169：108350.

[11] YU Y，MA W，YU J，et al. On the buckling crossover of thick-walled pipe bend under external pressure[J]. Ocean Engineering，2022，266：113177.

[12] RANDOLPH M，QUIGGIN P. Non-linear hysteretic seabed model for catenary pipeline contact[C]//Proceedings of the International Conference on Offshore Mechanics and Arctic Engineering，May 31-June 5，2009，Honolulu，Hawaii，USA. NewYork：ASME，2009：145-154.

[13] MORISON J R，JOHNSON J W，SCHAAF S A. The force exerted by surface waves on piles[J]. Journal of Petroleum Technology. 1950，2（5）：149-154.

[14] ORCINA. OrcaFlex User Manual[M]. Version 10.2. Cumbria：ORCINA，2017.

基于单变量降维的海洋柔性立管疲劳可靠性方法

于思源[1],武文华[1,2]

(1. 大连理工大学 工业装备结构分析国家重点实验室,辽宁 大连　116024;2. 大连理工大学 宁波研究院,浙江 宁波　315000)

摘要:柔性立管是深水油气开采中的重要装备。作为主要承载结构,抗拉铠装钢丝结构完整性直接影响着柔性立管的长期服役安全性。对其进行疲劳可靠性评估具有重要意义。针对海洋柔性立管结构的长期疲劳分析中大量短期模拟所导致的计算成本过高问题,本文基于单变量降维方法(univariate dimension-reduction method,UDRM)与蒙特卡洛模拟,提出了一种疲劳可靠性快速评估策略。该方法将多维疲劳损伤积分转换为多个一维积分的加和形式,显著减少了短期分析工况数量。以服役于我国南海的柔性立管作为分析案例,通过 OrcaFlex 和 ABAQUS 软件计算了其抗拉铠装钢丝的动力响应,并基于蒙特卡洛模拟实现疲劳可靠性评估。研究成果可为海洋工程结构的疲劳分析与设计运维提供有益指导。

关键词:单变量降维方法;疲劳可靠性;蒙特卡洛模拟;柔性立管;抗拉铠装钢丝

　　海洋工程结构长期暴露在复杂恶劣的海洋环境中,长期承受风和波浪等环境载荷的联合作用。这些环境载荷使得结构产生周期性的动力响应,从而导致结构的疲劳失效[1]。为保障海洋工程结构在全寿命周期内的安全服役,对其进行疲劳损伤和安全寿命的评估至关重要。目前的海洋工程结构设计与运维,仍然普遍依赖于应用高水平的安全系数或采取频繁更换结构的措施[2],导致了设计过于保守和维护成本高昂的问题。因此,对于长期面临疲劳失效风险的海洋工程结构,开发更加高效的疲劳可靠性评估模型具有重要工程价值。

　　目前的海洋工程结构疲劳分析主要基于经典的波浪散布图方法[3-6]。然而,这种方法涉及大量的水动力学仿真计算,高昂的疲劳分析计算成本限制了其在实际工程中进行长期疲劳可靠性分析的应用。部分学者考虑通过减少工况数量来提高计算效率[7-9],例如,庞国良[7]在对柔性立管抗拉铠装钢丝的疲劳寿命评估中,选取了 13 种代表性工况进行了短期疲劳分析。然而,这种方式仅考虑少数极端或常见海况,存在忽略对结构疲劳损伤有重要贡献海况的风险。一些学者尝试运用代理模型与人工智能技术来替代传统方法[10-12],例如 Li 等[11]基于人工神经网络建立了悬链线式系泊缆张力分布特征的预测模型,并在此基础上实现了系泊缆疲劳损伤量的评估。然而,这类方法对数据集的要求较高,而目前的现场监测与试验数据尚不足以支持海洋工程结构疲劳可靠性分析的工程应用。

　　本文针对海洋工程结构长期疲劳分析的计算成本过高问题,提出了一种基于单变量降维方法(univariate dimension-reduction method,UDRM)和蒙特卡洛模拟的疲劳可靠性快速评估策略。UDRM 用于将多维长期疲劳损伤积分转化为多个一维积分的加和形式,从而显著减少短期分析工况的数量。在案例分析中考虑了风和波浪联合作用下的海洋柔性立管,其中环境参数分布特征来源于南海的现场监测数据。抗拉铠装钢丝的动力响应通过 OrcaFlex 和 ABAQUS 软件进行计算,并利用蒙特卡洛模拟评估了抗拉铠装钢丝的疲劳失效概率。研究成果可为海洋工程结构的长期疲劳分析与设计运维提供有益指导。

1 基于 UDRM 的疲劳可靠性分析理论

　　海洋工程结构在不同环境工况下会受到不同的荷载影响,在疲劳分析中需要考虑环境荷载的不确定

基金项目:国家重点研发计划（2021YFA1003501）

通信作者:武文华。E-mail:lxyuhua@dlut.edu.cn

性和变化特性。海洋工程结构的疲劳损伤主要由风和波浪荷载的联合作用引起,因此结构的疲劳损伤量可以视为环境荷载参数的多维积分,其中风参数包括风速 V_w 和风向 Θ_w,波浪参数包括有义波高 H_s 和跨零周期 T_z:

$$D = n_{st} \int_0^\infty \int_0^\infty \int_{-\pi}^\pi \int_0^\infty d(v_w, \theta_w, h_s, t_z) f(v_w, \theta_w, h_s, t_z) \mathrm{d}v_w \mathrm{d}\theta_w \mathrm{d}h_s \mathrm{d}t_z \tag{1}$$

式中:n_{st} 为一年中的短期工况数,$d(v_w, \theta_w, h_s, t_z)$ 表示在 $V_w = v_w$,$\Theta_w = \theta_w$,$H_s = h_s$,$T_z = t_z$ 环境条件下结构的短期疲劳损伤;$f(v_w, \theta_w, h_s, t_z)$ 为各环境参数的联合概率密度函数(probability density function, PDF);风向以弧度形式表示,取值范围为 $[-\pi, \pi]$。

根据式(1)可知,所研究的长期疲劳损伤计算问题实质上是一个四维以上的积分问题。在海洋工程领域,对该问题的求解通常需要基于波浪散布图进行大量的短期疲劳损伤评估,计算成本高。

本文基于 UDRM 方法对多维积分进行泰勒展开,进一步忽略其中的交叉项,从而实现对原始积分的加法分解[13]。经过 UDRM 的处理,原始的多维积分可以转化为多个一维积分的加和形式,从而有效降低数值求解的难度和成本。目前,该方法已被应用于对系泊缆[14]和钢制悬链线式立管[15]等结构的疲劳分析中。

1.1 UDRM 方法基本原理

考虑一个二维积分问题,其表达式为:

$$I[y(x_1, x_2)] = \int_{-a}^a \int_{-a}^a y(x_1, x_2) \mathrm{d}x_1 \mathrm{d}x_2 \tag{2}$$

式中:$y(x_1, x_2)$ 为被积函数,x_1 和 x_2 为两个相互独立的积分变量,积分域 $[-a, a]^2$ 为关于原点对称的积分域。对被积函数 $y(x_1, x_2)$ 在 $x_1 = 0$,$x_2 = 0$ 处进行泰勒展开,可得:

$$\begin{aligned} y(x_1, x_2) = y(0,0) + \frac{\partial y}{\partial x_1}(0,0)x_1 + \frac{\partial y}{\partial x_2}(0,0)x_2 \\ + \frac{1}{2!}\frac{\partial^2 y}{\partial x_1^2}(0,0)x_1^2 + \frac{1}{2!}\frac{\partial^2 y}{\partial x_2^2}(0,0)x_2^2 + \frac{\partial^2 y}{\partial x_1 \partial x_2}(0,0)x_1 x_2 + \cdots \end{aligned} \tag{3}$$

忽略式(3)所示的被积函数泰勒展开式中的交叉项,并基于泰勒展开式进行整理,可得:

$$\hat{y}(x_1, x_2) = y(x_1, 0) + y(0, x_2) - y(0,0) \tag{4}$$

上式表明,通过对原始积分变量的解耦处理,式(2)所示的原始二维积分分解为两个一维积分的加和形式。当 k_1 或 k_2 为奇数时,有 $I[x_1^{k_1} x_2^{k_2}] = \int_{-a}^a \int_{-a}^a x_1^{k_1} x_2^{k_2} \mathrm{d}x_1 \mathrm{d}x_2 = 0$,可得上述单变量降维近似的残差为:

$$I[\hat{y}(x_1, x_2)] - I[y(x_1, x_2)] = \frac{1}{2!}\frac{1}{2!}\frac{\partial^4 y}{\partial x_1^2 \partial x_2^2}(0,0) I[x_1^2 x_2^2] \tag{5}$$

根据上式可知,经过单变量降维处理的积分近似表达式可以达到四阶计算精度。上述方法可以推广应用于更一般的 N 维积分问题,相应的单变量降维近似表达式为:

$$I[\hat{y}(X)] = \int_{-a}^a \cdots \int_{-a}^a \sum_{i=1}^N y(0, \cdots, 0, x_i, 0, \cdots, 0) - (N-1)y(0, \cdots, 0) \mathrm{d}x_1 \cdots \mathrm{d}x_N \tag{6}$$

1.2 基于 UDRM 的疲劳损伤计算

在 UDRM 的上述计算过程中,需要注意积分变量的独立性以及积分域关于原点的对称性。然而,在海洋工程领域的实际应用中,风速与波高等变量之间具有相关性,相应的积分域也不满足对称性要求。针对上述问题,采用 Rosenblatt 变换将各积分变量从原始物理空间映射到标准正态空间中,然后对转换后的积分再进行单变量降维处理。对于风和波浪环境参数,Rosenblatt 变换的表达式如下:

$$\begin{cases} u_1 = \Phi^{-1}[F_{V_w}(v_w)] \\ u_2 = \Phi^{-1}[F_{\Theta_w|V_w}(\theta_w|v_w)] \\ u_3 = \Phi^{-1}[F_{H_s|V_w,\Theta_w}(h_s|v_w,\theta_w)] \\ u_4 = \Phi^{-1}[F_{T_z|V_w,\Theta_w,H_s}(t_z|v_w,\theta_w,h_s)] \end{cases} \tag{7}$$

式(7)中的条件分布函数涉及 4 个环境参数,因此采用 vine copula 模型来表征多维变量之间的联合分布[16]。本文选用 D-vine 模型来描述环境参数的统计特征,则条件概率 $F(x_j|x_1,\cdots,x_{j-1})$ 可以通过各变量的边缘概率分布和一系列的二元 copula 函数进行如下的分解:

$$F(x_j|x_1,\cdots,x_{j-1})=h_{j,1|2,\cdots,j-1}\{F(x_j|x_2,\cdots,x_{j-1}),F(x_1|x_2,\cdots,x_{j-1})\} \tag{8}$$

式中:$h\{\cdot\}$ 表示二元 copula 函数的 h 函数,即二元 copula 函数的条件累积分布函数(cumulative distribution function,CDF)。基于各变量的边缘分布,采用对数似然法可对 D-vine 结构中的各 copula 函数进行参数估计,并根据 AIC 信息准则选择最佳 copula 函数类型[16,17]。表 1 中列出了 5 种常用的二元 copula 函数的 h 函数及其反函数,其中 $\Phi(\cdot)$ 表示标准正态分布的 CDF,$t_k(\cdot)$ 表示自由度为 k 的标准 t 分布的 PDF。

表 1　5 种常用的二元 copula 函数的 h 函数及其反函数

Copula 函数	h 函数 $h(u,v)$	反函数 $h^{-1}(u,v)$
Gaussian	$\Phi\{[\Phi^{-1}(u)-\theta\Phi^{-1}(v)]/\sqrt{1-\theta^2}\}$	$\Phi[\Phi^{-1}(u)\sqrt{1-\theta^2}+\theta\Phi^{-1}(v)]$
t	$t_{k+1}\left\{[t_k^{-1}(u)-\theta t_k^{-1}(v)]\Big/\sqrt{\dfrac{[k+(t_k^{-1}(v))^2](1-\theta)^2}{k+1}}\right\}$	$t_k\left\{t_{k+1}^{-1}(u)\sqrt{\dfrac{\{k+[t_k^{-1}(v)]^2\}(1-\theta^2)}{k+1}}+\theta t_k^{-1}(v)\right\}$
Clayton	$v^{-\theta-1}(u^{-\theta}+v^{-\theta}-1)^{-1-1/\theta}$	$[(uv^{\theta+1})^{-\frac{\theta}{\theta+1}}+1-v^{-\theta}]^{-1/\theta}$
Gumbel	$C(u,v)\cdot\dfrac{1}{v}(-\ln v)^{\theta-1}[(-\ln u)^{\theta}+(-\ln v)^{\theta}]^{1/\theta-1}$ 式中 $C(u,v)=\exp\{-[(-\ln u)^{\theta}+(-\ln v)^{\theta}]^{1/\theta}\}$	无解析形式
Frank	$e^{-\theta v}(e^{-\theta u}-1)/[(e^{-\theta u}-1)(e^{-\theta v}-1)+e^{-\theta}-1]$	$-\dfrac{1}{\theta}\ln\left[1+\dfrac{e^{-\theta}-1}{(u^{-1}-1)e^{-\theta v}+1}\right]$

经过 Rosenblatt 变换后,式(1)的积分域变为标准正态空间:

$$D=n_{st}\int_{-\infty}^{\infty}\int_{-\infty}^{\infty}\int_{-\infty}^{\infty}\int_{-\infty}^{\infty}d'(u_1,u_2,u_3,u_4)\varphi(u_1)\varphi(u_2)\varphi(u_3)\varphi(u_4)\mathrm{d}u_1\mathrm{d}u_2\mathrm{d}u_3\mathrm{d}u_4 \tag{9}$$

式中:$\varphi(\cdot)$ 为标准正态分布的 PDF,$d'(u_1,u_2,u_3,u_4)=d[v_w(u_1),\theta_w(u_1,u_2),h_s(u_1,u_2,u_3),t_z(u_1,u_2,u_3,u_4)]$,变量 (u_1,u_2,u_3,u_4) 所对应的环境参数 (v_w,θ_w,h_s,t_z) 可通过逆 Rosenblatt 变换和前述 copula 模型获得。基于式(6)所示的单变量降维近似表达式,可将式(9)所示的疲劳积分进行如下的加法分解:

$$\begin{aligned}D=n_{st}\Big[&\int_{-\infty}^{\infty}d'(u_1,0,0,0)\varphi(u_1)\mathrm{d}u_1+\int_{-\infty}^{\infty}d'(0,u_2,0,0)\varphi(u_2)\mathrm{d}u_2\\&+\int_{-\infty}^{\infty}d'(0,0,u_3,0)\varphi(u_3)\mathrm{d}u_3+\int_{-\infty}^{\infty}d'(0,0,0,u_4)\varphi(u_4)\mathrm{d}u_4-3d'(0,0,0,0)\Big]\end{aligned} \tag{10}$$

式(10)中的每个一维积分可通过 Gauss-Hermite 积分方法求解[18],插值节点对应于短期分析工况,这些短期工况在标准正态空间中表示为 $(x_i,0,0,0)$、$(0,x_i,0,0)$、$(0,0,x_i,0)$ 和 $(0,0,0,x_i)$。由于插值节点 x_i 关于原点对称,当插值节点数取为奇数时,所需短期工况总数为 $(4N-3)$。本文中取 $N=13$,则共需要 49 个短期分析工况。

1.3 疲劳可靠度计算模型

疲劳可靠性分析以结构热点位置的疲劳累积损伤量达到临界值作为失效判据,则极限状态函数表示为:

$$G=D_{cr}-D \tag{11}$$

式中:D_{cr} 为临界损伤量,常假设服从中位数为 1、变异系数为 0.3 的对数正态分布[19];D 为累积疲劳损伤量,通过应力寿命(S-N)曲线进行计算,其中基于 Goodman 准则进行了平均应力修正:

$$D=\sum_i\frac{n_i\cdot s_i^m}{A\cdot(1-\sigma_{m,i}/\sigma_b)^m} \tag{12}$$

式中:n_i 为应力范围 s_i、平均应力 $\sigma_{m,i}$ 所对应的循环次数,通过雨流计数法进行统计;m 和 A 分别为 S-N 曲线的斜率参数和截距参数;σ_b 为材料极限强度。

在基于蒙特卡洛模拟的可靠性分析中,每次模拟都需要根据 σ_b 的取值重新统计应力范围的分布情况,计算成本较高。为解决上述问题,引入了如下的"疲劳响应量"变量[20]:

$$Z = n_0 \cdot E[S^m] \tag{13}$$

式中:n_0 和 $E[S^m]$ 分别为给定时间段 Δt 内的应力循环次数和应力范围分布的 m 阶矩。设 Δt 为 1 年,则 N_y 年的疲劳损伤量可以表示为:

$$D = \sum_{k=1}^{N_y} \frac{Z_k}{A \cdot (1 - \sigma_{m,k}/\sigma_b)^m} \tag{14}$$

式中:Z_k 和 $\sigma_{m,k}$ 分别为第 k 年的疲劳响应量与平均载荷变量。在实际计算中,平均载荷的期望值通过对结构进行静力分析获得,疲劳响应量的期望值通过结构的年度损伤量结合式(14)进行换算获得。

2 柔性立管抗拉铠装钢丝疲劳可靠性分析

2.1 柔性立管分析模型

以服役于我国南海的某浮式生产储卸装置(floating production storage and offloading,FPSO)上使用的柔性立管作为分析案例,介绍所提出的疲劳可靠性分析方法的计算细节,并对柔性立管结构的安全服役寿命进行评估。所研究柔性立管的服役水深为 280 m,采用 J 型铺设方式连接至 FPSO,其线形和受力信息通过 OrcaFlex 软件计算获得。选择立管顶部悬挂段的 2 个分析节点和触地段的 3 个分析节点,后续分析将重点关注这些节点位置的抗拉铠装钢丝响应情况。其中,节点 1 为立管悬挂点,节点 1 与节点 2 之间的立管长度为 25 m;触地段的节点 3、节点 4 和节点 5 至节点 1 的立管长度分别为 325 m、335 m 和 340 m。FPSO 使用 OrcaFlex 软件中的默认船舶模型,其采用单点系泊系统进行定位。该系泊系统包括 3 根相同的悬链线式系泊缆,每根系泊缆从顶部导缆孔至底部锚固点分别由顶部锚链、钢缆和末端锚链组成。图 1 与图 2 分别为上述 FPSO-柔性立管及其系泊系统布置示意图,表 2 给出了结构的主要参数。

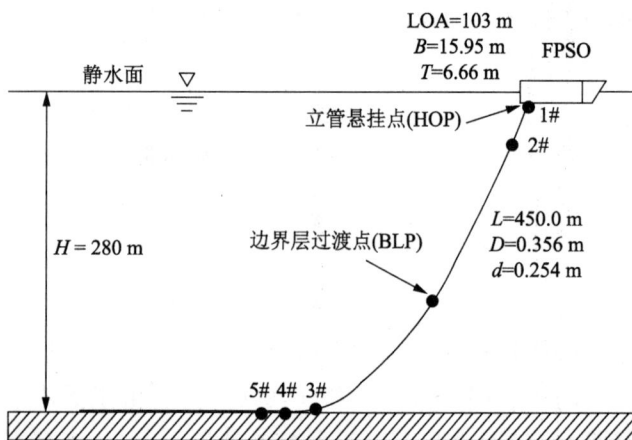

图 1 FPSO-柔性立管分析模型示意

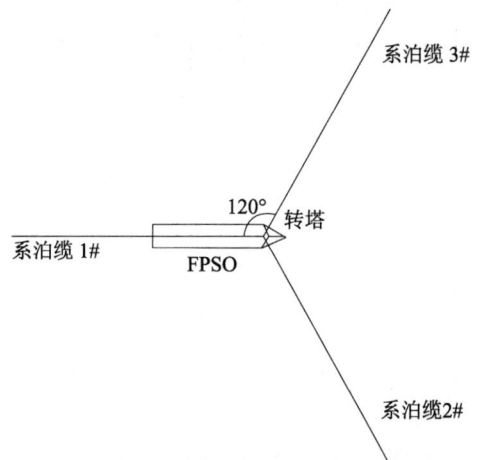

图 2 单点系泊系统布置示意

表 2 FPSO-柔性立管系泊系统总体参数

参 数	数 值	参 数	数 值
FPSO 垂线间长/m	103.00	立管长度/m	450.0
FPSO 船宽/m	15.95	立管外径/m	0.356
FPSO 吃水/m	6.66	立管内径/m	0.254
FPSO 排水量/t	8 800.00	立管质量/(kg/m)	184.0
系泊顶部锚链长度/m	120.00	系泊顶部锚链湿重/(kg/m)	1 766.8
系泊钢缆段长度/m	580.00	系泊钢缆段湿重/kN	378.7
系泊末端锚链长度/m	100.00	系泊末端锚链湿重/(kN·m²)	1 766.8

基于柔性立管的线形和受力信息,通过螺旋线方程来计算其抗拉铠装钢丝的应力响应。所分析的柔

性立管包含 30 根抗拉铠装钢丝,每根铠装钢丝的缠绕角度为 $60°$,弹性模量为 210 GPa。抗拉铠装钢丝简化为缠绕在圆柱壳上的矩形截面钢丝,并采用 ABAQUS 软件建立分析模型,如图 3 所示。假设抗拉铠装钢丝在同一层上均匀缠绕,且相邻钢丝之间存在相同的间隙。每根钢丝的初始应力假设为零,并且始终保持在圆柱壳的表面进行无摩擦滑动[21]。由于钢丝矩形截面各角点处疲劳失效的风险更高,在可靠性分析中基于具有最高应力水平的顶点应力时程进行后续的疲劳分析。

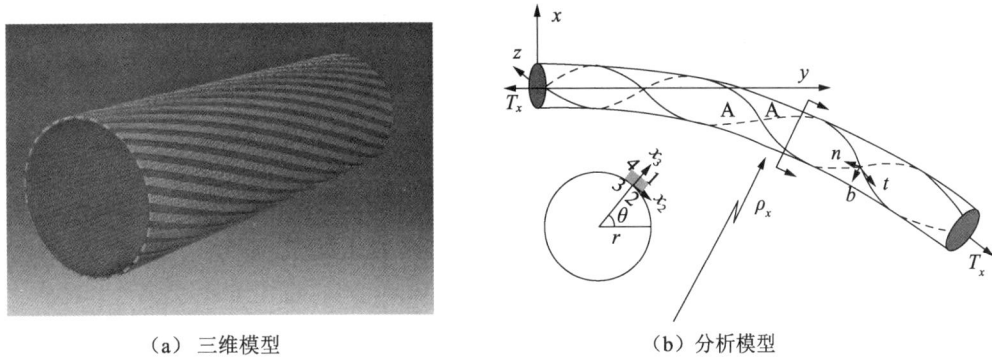

(a) 三维模型   (b) 分析模型

图 3   柔性立管抗拉铠装钢丝缠绕结构示意图

图 4 展示了不同工况下的抗拉铠装钢丝在立管分析节点 1 和节点 4 处的应力响应短期时程。每个短期时程的时长为 1 h,每组短期数值模拟需要约 1 d 的计算时间。在经典波浪散布图方法中,假设对风速、波高和波周期各选取 5 个等级,风向选取 8 个风向角,则所需要的工况数将达到 10^3,这意味着总计算时长长达数年。所提出的方法则仅需 49 组短期模拟,计算时长降至 49 h,计算效率得到显著提高。

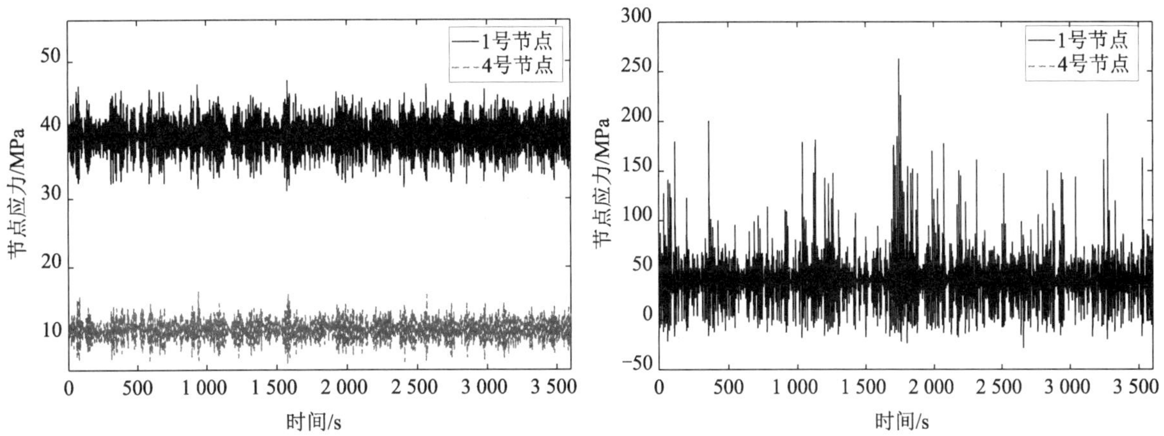

(a) 日常工况   (b) 恶劣工况

图 4   柔性立管分析节点 1 与节点 4 处的抗拉铠装钢丝热点应力时程

2.2 环境荷载分析工况

所采用的环境荷载实测数据来源于课题组在南海某半潜式钻井平台上构建的现场监测系统[22],如图 5 所示。风速和风向数据由安装在平台船艉吊机塔架顶端的 1 号风速仪采集,采样频率为 1 Hz。波高和波周期数据通过安装在船艉甲板外伸支架的波浪雷达获取,采样间隔为 1 min。所采用的环境数据测量周期为 2014-05-01—2015-06-30,经过数据整理与清洗后的总时长约为 342 d。

有义波高和跨零周期分别采用三参数威布尔分布和对数正态分布进行拟合,如图 6 和图 7 所示。风速与风向分别采用二参数威布尔分布和 von Mises 混合(von Mises mixture,VMM)分布进行拟合,如图 8 和图 9 所示。其中,VMM 分布模型是将一系列的 von Mises 分布进行加权叠加,其 PDF 表达式为[23]:

$$f(x) = \sum_{i=1}^{n} w_i \frac{\exp[\kappa_i \cos(x - \mu_i)]}{2\pi I_0(\kappa_i)} \tag{15}$$

式中:n 为 VMM 分布模型的阶数,μ_i 和 κ_i 为模型中各阶 von Mises 分布的参数,w_i 为权重系数。在图 9 中可以观察到,一阶 VMM 模型对风向分布的峰值描述存在明显不足,而三阶模型的拟合效果良好。

①	1号风速仪
②	2号风速仪
③	差分全球定位系统
④	惯性导航系统
⑤	倾角仪
⑥	罗经
⑦	气压计
⑧	波浪仪
⑨	表层海流计
⑩	深水海流计
⑪	摄像机

图 5　现场监测平台与监测系统

图 6　有义波高分布拟合

图 7　跨零周期分布拟合

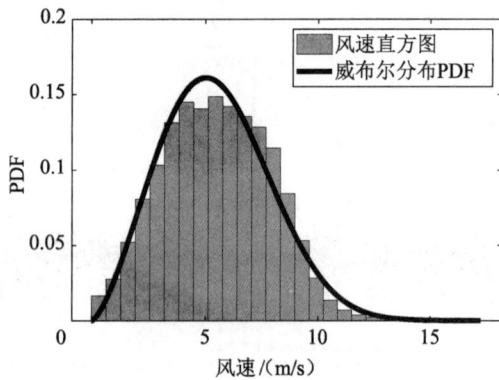

图 8　风速分布拟合

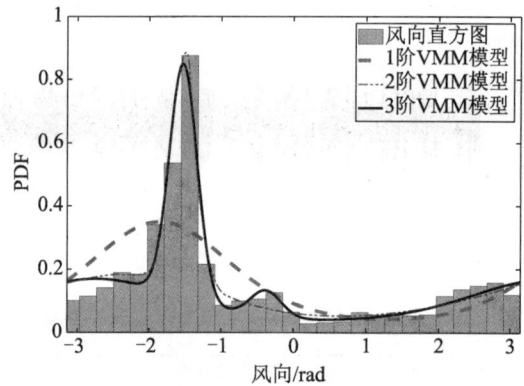

图 9　风向分布拟合

在上述环境变量边缘分布与前述 copula 模型的基础上，建立了环境变量的联合分布，并通过 UDRM 和 Gauss-Hermite 数值积分方法获得了相应的积分点，如图 10 所示。如前所述，这些积分点代表了所选取的短期分析工况。

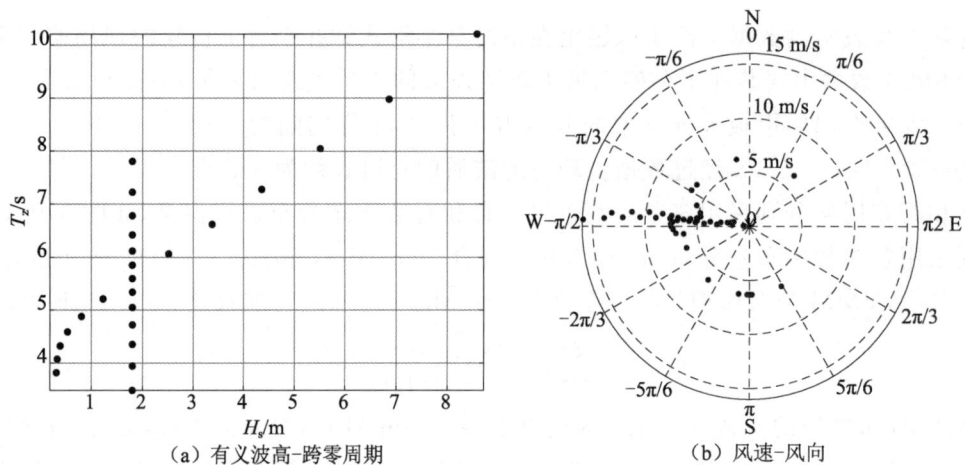

（a）有义波高-跨零周期

（b）风速-风向

图 10　风和波浪荷载环境参数积分点坐标

2.3 铠装钢丝疲劳可靠性分析

图 11 展示了所研究的柔性立管中全部 30 根抗拉铠装钢丝在立管处于平衡状态下的应力情况,其中右图为左图的局部放大。可以观察到,每根抗拉铠装钢丝的静态平衡应力随着与立管顶部悬挂点距离的增加而呈现逐渐降低的趋势,但同时也呈现出显著的周期性特征。这表明在所研究的柔性立管案例中,抗拉铠装钢丝的应力主要由立管的张力主导,而其周期性主要来源于立管弧段内外侧的内力差异。根据上述结果,可以认为同一节点位置处不同抗拉铠装钢丝的应力响应具有较高的相似性,因此随机选取一根钢丝作为代表进行疲劳可靠性分析。经计算发现每根抗拉铠装钢丝的平均载荷均未超过钢丝材料极限强度期望值的 5%,该值即作为各年度平均荷载变量的期望值。各年度平均荷载变量的变异系数均取 0.05。

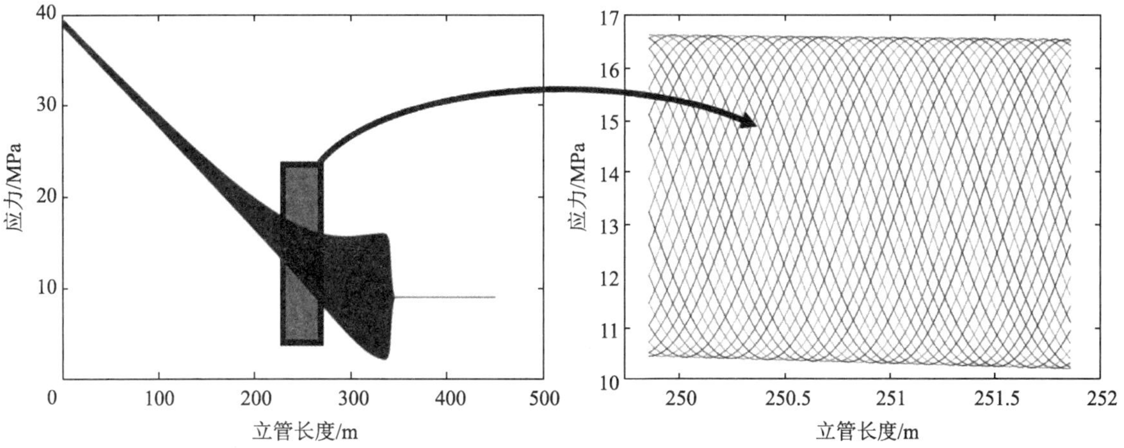

图 11 抗拉铠装钢丝在静平衡状态下的热点应力

基于所获得的抗拉铠装钢丝在各短期海况下的应力响应时程,利用雨流计数法和 Miner 线性累积损伤理论计算了短期损伤量。计算中取 S-N 曲线参数 $m=4.70$,$\lg A=17.446$;抗拉铠装钢丝材料强度极限 σ_b 的期望值取为 1 475 MPa,变异系数为 0.05。根据所提出方法获得了各分析节点位置的年损伤量,如表 3 所示。结果显示立管顶部的分析节点 1 具有最高的疲劳损伤量,该损伤量水平达到触地区域各节点的 3 倍以上。基于节点 1 的疲劳损伤量,根据式(14)可得 $Z=6.0\times10^{15}$,该值即作为各年度疲劳响应量的期望值。各年度疲劳响应量的变异系数均取 0.05。

表 3 柔性立管分析节点位置的抗拉铠装钢丝年疲劳损伤量

节点编号	1	2	3	4	5
年损伤量	0.034	0.026	0.004 9	0.006 5	0.009 6

基于上述可靠性模型,应用 TC-EMC 方法计算了抗拉铠装钢丝在 $N_y=10,\cdots,20$ 年的疲劳失效概率和相应的可靠指标,如图 12 所示。图中的累积失效概率为疲劳可靠性问题失效概率 $P_f(N_y)=P(G\leqslant 0)$,年度失效概率则通过如下的条件概率表示:

$$P_{fa}(N_y)=\frac{P_f(N_y)-P_f(N_y-1)}{1-P_f(N_y-1)} \tag{16}$$

挪威船级社的立管设计规范建议立管的目标年度疲劳失效概率不应超过 10^{-3}[24],即图中的基准值。计算可得第 15 年的失效概率为 7.76×10^{-4},而第 16 年的失效概率为 1.42×10^{-3},即对于所研究的柔性立管,其抗拉铠装钢丝的安全服役寿命为 15 a。基于传统的确定性分析理论,当抗拉铠装钢丝的疲劳损伤量达到临界损伤量 1 时认为发生疲劳失效,可得其疲劳寿命约为 30 a,而基于疲劳可靠性要求的安全服役寿命仅为前者的 1/2。这一结果强调了在海洋工程结构的疲劳寿命评估中综合考虑不确定性因素的重要意义,同时也表明可靠性方法能够在设计与运维中提供更加安全可靠的决策依据。

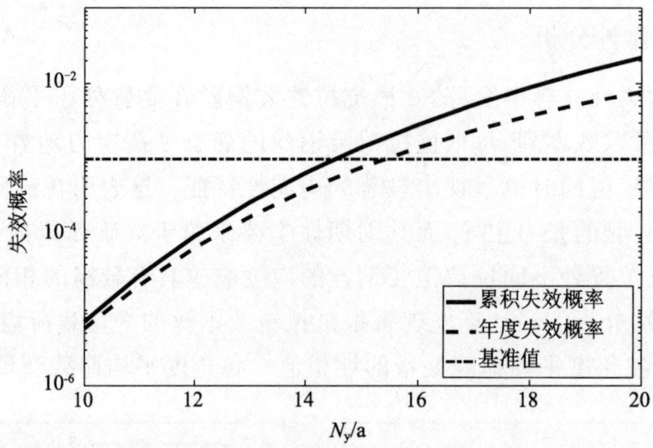

图 12　柔性立管抗拉铠装钢丝累积与年度疲劳失效概率

3　结　语

针对海洋工程结构的长期疲劳分析中大量短期模拟所导致的计算成本过高问题,提出了一种基于单变量降维方法和蒙特卡洛模拟的疲劳可靠性快速评估方法,并将所提出方法应用于对海洋柔性立管抗拉铠装钢丝的疲劳可靠度分析中。主要研究结论如下:

(1) 对于承受风浪荷载联合作用的海洋工程结构,其长期疲劳损伤评估问题可通过高维积分表示,基于单变量降维方法实现了对积分问题的降维处理。相较于传统波浪散布图方法所需的上千个计算小时,所提出方法仅需进行 49 个计算小时即可实现对立管疲劳损伤量的估计,从而显著降低了计算成本。

(2) 柔性立管顶部存在着更高的疲劳失效风险,立管悬挂点位置的抗拉铠装钢丝年度损伤量可以达到触地区域的 3 倍以上。

(3) 采用确定性疲劳分析方法得到抗拉铠装钢丝热点位置的疲劳寿命约为 30 a,而基于可靠性模型所获得的安全服役寿命仅为前者的 1/2,表明可靠性方法能够在设计与运维中提供更加安全可靠的决策依据。

参考文献

[1] 窦培林,王晨昊,容学苹. 海上风机支撑结构时域疲劳研究[J]. 舰船科学技术,2023,45(19):111-117.
[2] 张显程,王润梓,涂善东,等. 工程损伤理论:内涵、挑战与展望[J]. 机械工程学报,2023,59(16):2-17.
[3] 杜君峰,张敏,徐霄龙,等. 腐蚀影响下深海平台系泊锚链疲劳损伤评估[J]. 船舶力学,2018,22(8):985-992.
[4] 王竑博. 半潜式海上风机平台运动响应可靠度研究[D]. 大连:大连理工大学,2022.
[5] 李朋杰. 陡波形非粘结柔性立管疲劳寿命评估[D]. 武汉:华中科技大学,2021.
[6] RIBEIRO T,RIGUEIRO C,BORGES L,et al. A comprehensive method for fatigue life evaluation and extension in the context of predictive maintenance for fixed ocean structures[J]. Applied Ocean Research,2020,95:102050.
[7] 庞国良. 海洋非粘结柔性管截面力学特性及典型失效分析研究[D]. 广州:华南理工大学,2020.
[8] 梁凯,王亚琼,马超,等. 基于确定性规则波法的 CALM 系统锚链疲劳强度分析[J]. 石油工程建设,2020,46(5):1-4.
[9] KIM Y,KIM M,PARK M. Fatigue analysis on the mooring chain of a spread moored FPSO considering the OPB and IPB[J]. International Journal of Naval Architecture and Ocean Engineering,2019,11(1):178-201.
[10] 康艺柔,陈鹏,程正顺,等. 人工智能技术在海上风机领域的应用综述[J]. 船舶,2023,34(5):12-23.
[11] LI C,CHOUNG J,NOH M. Wide-banded fatigue damage evaluation of catenary mooring lines using various Artificial Neural Networks models[J]. Marine Structures,2018,60:186-200.
[12] HEJAZI R,GRIME A,RANDOLPH M,et al. An efficient probabilistic framework for the long-term fatigue assessment of largediameter steel risers[J]. Applied Ocean Research,2022,118:102941.
[13] RAHMAN S,XU H. A univariate dimension-reduction method for multi-dimensional integration in stochastic mechanics[J]. Probabilistic Engineering Mechanics,2004,19(4):393-408.
[14] IBARRA M A C,SIMÃO M L,VIDEIRO P M,et al. Long-term fatigue analysis of mooring lines considering wind-

sea and swell waves using the Univariate Dimension-Reduction Method[J]. Applied Ocean Research,2022,118：102997.

[15] MONSALVE-GIRALDO J S,DANTAS C M S,SAGRILO L V S. Probabilistic fatigue analysis of marine structures using the univariate dimension-reduction method[J]. Marine Structures,2016,50：189-204.

[16] AAS K,CZADO C,FRIGESSI A,et al. Pair-copula constructions of multiple dependence[J]. Insurance：Mathematics and economics,2009,44(2)：182-198.

[17] 刘明. 面向水下结构失效模式的流荷载模型研究[D]. 大连：大连理工大学,2018.

[18] ABRAMOWITZ M,STEGUN I A. Handbook of mathematical functions with formulas,graphs,and mathematical tables[M]. Washington,D.C.,USA：US Government printing office,1988.

[19] DNV GL AS. Recommended practice DNVGL-RP-C203—Fatigue design of offshore steel structures [S]. Oslo：DNV GL AS,2016.

[20] LONE E N,SAUDER T,LARSEN K,et al. Probabilistic fatigue model for design and life extension of mooring chains,including mean load and corrosion effects[J]. Ocean Engineering,2022,245：110396.

[21] HUANG G,WU W. Armored steel wire stress monitoring strategy of a flexible hose in LNG tandem offloading operation[J]. Ocean Engineering,2023,281：114775.

[22] 杜宇. 深水浮式平台原型测量方法与监测技术研究[D]. 大连：大连理工大学,2016.

[23] 李寿英,曹镜韬,李寿科. 考虑风速风向联合分布的双坡屋面风致疲劳研究[J]. 建筑科学与工程学报,2022,39(2)：1-10.

[24] DNV GL AS. Standard DNVGL-ST-F201- Dynamic risers [S]. Oslo：DNV GL AS 2018.

基于磁弹体调谐质量阻尼器的海上单桩风机面内双向半主动控制研究

冷鼎鑫，周　旭，杨　毅，刘贵杰，谢迎春

(中国海洋大学 工程学院，山东 青岛　266100)

摘要：本文提出一种基于磁流变弹性体(magnetorheological elastomer，MRE)的调谐质量阻尼器(tuned mass damper，TMD)对海上风机进行三维半主动控制的方法。以美国国家可再生能源实验室(National Renewable Energy Laboratory，NREL)5 MW 海上风机进行多自由度有限元模型的建立和模态分析。根据海上风机的振动特性，进行了基于 MRE-TMD 的力学建模及半主动控制方法研究，包括最优质量比、刚度及阻尼变动范围的确定以及 MRE 变模量力学特性的分析等。通过动力响应分析对半主动控制效果进行评估，证实了 MRE-TMD 在减振方面的优势。这项研究主要为优化海上风机的振动控制提供了有效的方法和理论支持。

关键词：海上风机；有限元模型；磁流变弹性体；调谐质量阻尼器；半主动控制

随着全球能源需求不断增长，能源匮乏形势越来越严峻。而传统的化石燃料能源对环境存在严重影响，因此迫切需要寻找可再生能源来应对能源危机。风能作为一种低碳、清洁的能源形式，具有巨大的潜力来满足能源需求并减少温室气体的排放。如今，陆上风电已经得到广泛发展，但面临着土地资源有限、环境受影响以及社会接受度不高等问题。而海上拥有广阔的风能资源和较平稳的风速，能够有效避免许多陆地风电的限制因素，且海上风机对海洋生态环境影响较小，因此海上风机具有更广阔的发展空间。

但在海上风机的服役期间，风、浪等载荷作用会使风机产生受迫振动，且风机基础单桩结构与周围土壤之间的相互作用可能会造成土壤刚度的大幅降低，进一步影响海上风机的动态特性，甚至导致故障问题[1]。为了保证海上风机安全稳定运行，必须开展新型高效的减振控制方法来应对海上风机在多种环境载荷作用下产生的受迫振动。

TMD 是一套附加在主要风机结构的质量-阻尼-弹簧体系，此体系能与目标结构产生共振现象，从而使源于主要结构的大部分振动能量得以转移和消耗。其由于高效性、鲁棒性以及安装便利性，广泛用于海上风机动态响应控制。国外对于海上风机振动控制研究得较早，采用 TMD 开展对海上风机的振动控制[2-7]，通过对比不加 TMD 的风机系统和加入 TMD 的系统的响应，确定了 TMD 对于海上风机的振动控制有很好的效果。

为应对海上风机在多种环境载荷作用下呈现的多模态振动，学者们进一步提出了半主动控制方法，即实时改变被动系统的特性，如刚度、阻尼比，以实现比被动控制更高的能量耗散效率。Dinh 等[8]分析了用于 Spar 型海上风机振动控制的半主动 TMD，评估了不同载荷情况下的有效性。Hemmati 和 Oterkus[9]提出了适用于 NREL 5 MW 单桩风机结构的半主动 TMD，数值结果表明其可以降低不同激励下的振动响应。Sun[10]开发了具有可变刚度的半主动 TMD，其可用于多种环境载荷作用下的单桩式海上风机，具有良好的减振效果。Chen 等[11]提出了基于磁流变阻尼器的模糊控制策略，对风机叶片的侧向进行半主动振动控制，有效降低了在极端风况下的振动响应。Milad 等[12]采用磁流变阻尼器进行半主动控制，有效

基金项目：山东省自然科学基金(ZR2022ME001)

通信作者：冷鼎鑫。E-mail：lengdingxin@126.com

降低了海上风机在多种环境载荷作用下的振动响应。

    与被动装置相比,具有变刚度的半主动 TMD 能够在多种载荷作用下实时跟踪海上风机变化的激励频率,能更充分地降低海上风机的振动响应,实现振动控制。目前提出的半主动 TMD 大多采用磁流变液作为可控元件。然而,TMD 的工作原理在于其频率调谐机制,阻尼的变化对结构频率影响很小,因此变阻尼 TMD 并不是海上风机结构减振的最佳选择。相比之下,磁流变弹性体可以通过改变外部磁场来调整其弹性模量或刚度,并在磁场消除后迅速恢复到初始状态,基于其开发的 TMD 装置具有显著的刚度调谐效果,更适用于海上风机调频控制[13]。

    因此,利用三维半主动控制,本文提出基于磁流变弹性体的海上风机调谐质量阻尼器。研究成果可为海洋工程结构减振控制及磁流变弹性体智能材料在海洋工程装备的应用提供技术支撑。

1 5 MW 单桩海上风机有限元模型

    本文选取 NREL 5 MW 水平轴式单桩海上风机[14]为研究对象,建立单桩海上风机的简化模型。模型包括叶片、机舱、塔筒、基础部分,其中叶片和机舱简化考虑为集中质量。其有限元模型示意图如图 1 所示。

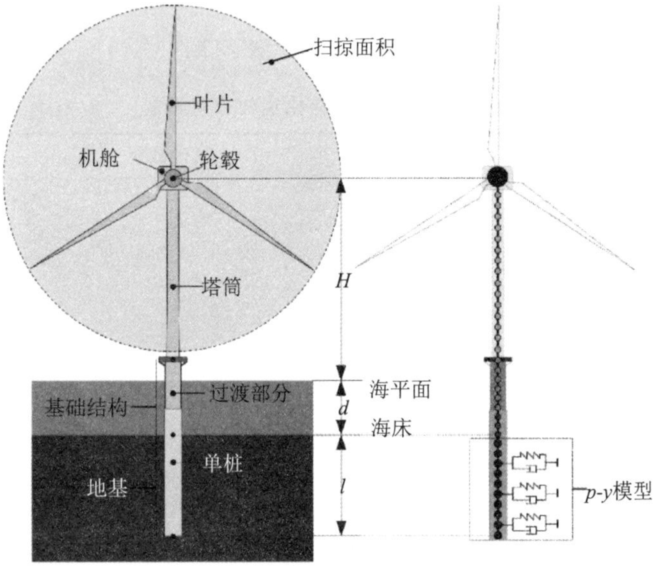

图 1   有限元模型示意

    利用 Timoshenko 梁理论进行有限元建模。三维 Timoshenko 梁包括两个平面,对应于海上风机的前后(Fore-Aft)和侧向(Side-Side)两个方向。每个平面内的单元包括 4 个自由度:两个平动和两个转动。其中支撑结构分为 3 个部分:塔筒、过渡部分和单桩。在用 Timoshenko 梁理论进行建模时,首先需要对每个部分进行单元划分,其中单桩部分又分为泥线上和泥线下两部分,具体单元划分如表 1。

表 1   风机各部分的单元数量

风机各部分		单元数量
塔筒		15
过渡部分		6
单桩(泥线上)		3
单桩(泥线下)	Layer 1	2
	Layer 2	3
	Layer 3	5

    因此,模型共有 140 个自由度,划分到两个平面(前后和侧向),每个平面 70 个自由度。模型各节点受力分布如图 2 所示,模型节点和自由度的载荷配置如表 2 所示。

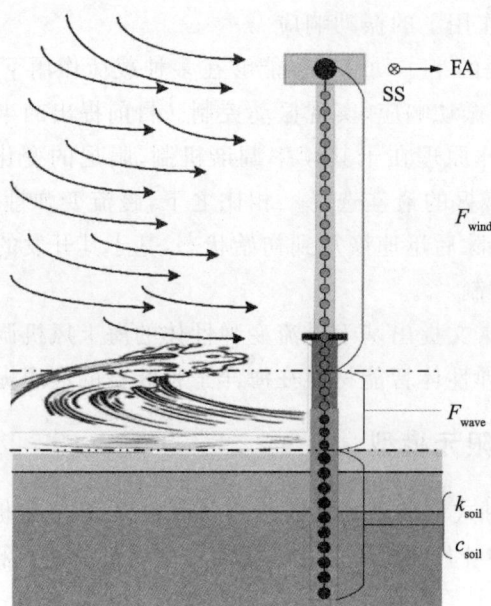

图 2 海上风机各节点受力分布

表 2 模型节点和自由度的载荷配置

	风载荷	波浪载荷	桩-土载荷
自由度	1~19	19~25	25~35
侧向力/N	1,3,5,…,37	37,39,41,…,49	49,51,53,…,69
侧向力矩/(N/m)	2	—	—
前后力/N	71,73,75,…,107	107,109,111,…,119	119,121,123,…,139
前后力矩/(N/m)	72	—	—

2 基于 MRE-TMD 的半主动控制策略

2.1 三维 MRE-TMD

在本研究中,开发了一种基于 MRE 的三维 TMD 来减轻海上风机的双向响应。该装置由 MRE 隔振器和配重两部分组成,如图 3 所示。MRE-TMD 的变刚度特性能够实现对海上风机结构的频率跟踪,考虑到在风浪联合载荷下,风机的振动频率会达到一阶固有频率,故 MRE-TMD 应安装在风机机舱中。

图 3 三维 MRE-TMD

参考 Taghizadeh 等[15]的工作,MRE-TMD 在 x(FA)和 y(SS)方向上产生的控制力可表示为:

$$F_x = akx_x + (1-\alpha)ks_x + c\dot{x}_x \tag{1}$$

$$F_y = akx_y + (1-\alpha)ks_y + c\dot{x}_y \tag{2}$$

式中:x_x 和 x_y 分别为 MRE-TMD 在 FA 和 SS 方向上与塔顶之间的相对位移,k 为弹簧的刚度,c 为系统阻尼,$\alpha \in (0,1)$表示磁滞回线的线性程度。s_x 和 s_y 分别为 FA 和 SS 方向上的进化分量,可表示为:

$$\dot{s}_x = A\dot{x}_x - s_x(\beta|\dot{x}_x s_x| + \gamma\dot{x}_x s_x + \beta|\dot{x}_y s_y| + \gamma\dot{x}_y s_y) \times (s_x^2 + s_y^2)^{\frac{n-2}{2}} \tag{3}$$

$$\dot{s}_y = A\dot{x}_y - s_y(\beta|\dot{x}_x s_x| + \gamma\dot{x}_x s_x + \beta|\dot{x}_y s_y| + \gamma\dot{x}_y s_y) \times (s_x^2 + s_y^2)^{\frac{n-2}{2}} \tag{4}$$

由于 MRE-TMD 装置刚度可变,故其固有频率可变,以此降低结构响应。在这种情况下,最佳频率范围是半主动 TMD 设计的关键,应根据海上风机结构的动态特性来确定。根据 Ghassempour 的研究[16]和风机手册[14]的数据,MRE-TMD 的目标频率 f_i 可设计为 $f_i \in [0.115, 0.35]$。由于 MRE 的器件刚度变化可达 1 670%[17],故本文提出的 MRE-TMD 可满足上述频率范围要求,其刚度可表示为:

$$k_{TMD} = 4\pi^2 f_i^2 m_{TMD} = 4\pi^2 f_i^2 \mu M_s \tag{5}$$

式中：M_s 为 OWT 结构的总质量；μ 为 TMD 与风机的质量比，一般设计范围为 $1\% \sim 8\%$。为了获得最佳的减振效果[18]，μ 取 3%。MRE-TMD 的阻尼值可表示为：

$$c_{TMD} = 4\pi \zeta f_i m_{TMD} = 4\pi \zeta f_i \mu M_s \tag{6}$$

式中：ζ 为阻尼比。ζ 可表示为：

$$\zeta_{opt} = \sqrt{\frac{3\mu}{8(1+\mu)^3}} \tag{7}$$

由上述设计可得，MRE-TMD 质量的最小值为 2.94×10^4 kg，刚度的最小值为 2.58×10^4 N/m，最大值为 2.20×10^5 N/m，双向控制模型的力-位移和速度-位移曲线如图 4 所示。

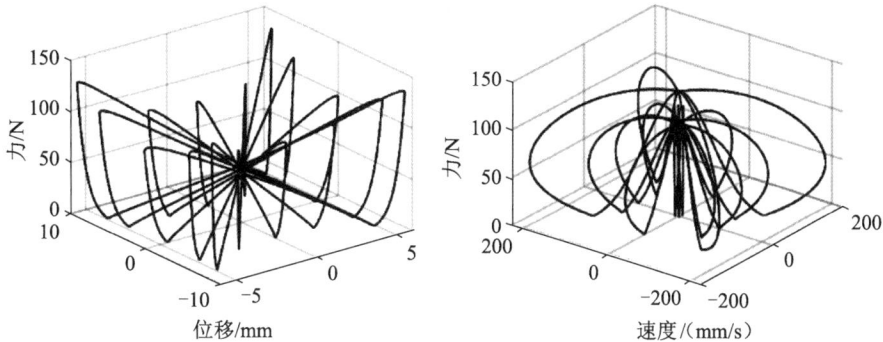

图 4　双向 MRE-TMD 力学特性曲线

2.2 基于 STFT 的调频控制策略

短时傅里叶变换（short-term Fourier transform，STFT）是和傅里叶变换相关的一种数学变换，用于对时变信号进行时频分析。STFT 的基本原理是将时间信号分为若干个时间段，基于傅里叶变换对每一时间段的信号进行分析，进而确定其中存在的频率成分，就可以得到不同时间的频谱，这些频谱的总和即为时域信号在时频域的分布[19]。

基于 STFT 的半主动控制策略流程图如图 5 所示。通过对塔顶位移响应进行傅里叶变换得到实时的响应频率，进而得到 MRE-TMD 装置的目标固有频率。根据公式（5）和公式（6）得到对应于实时位移响应频率的 MRE-TMD 刚度和阻尼。将控制电流输入到模型中[公式（1）至公式（4）]，即可得到海上风机在 FA 方向和 SS 方向的控制力，将此控制力作用于风机塔筒顶层，实现基于 STFT 的海上风机半主动调频控制。

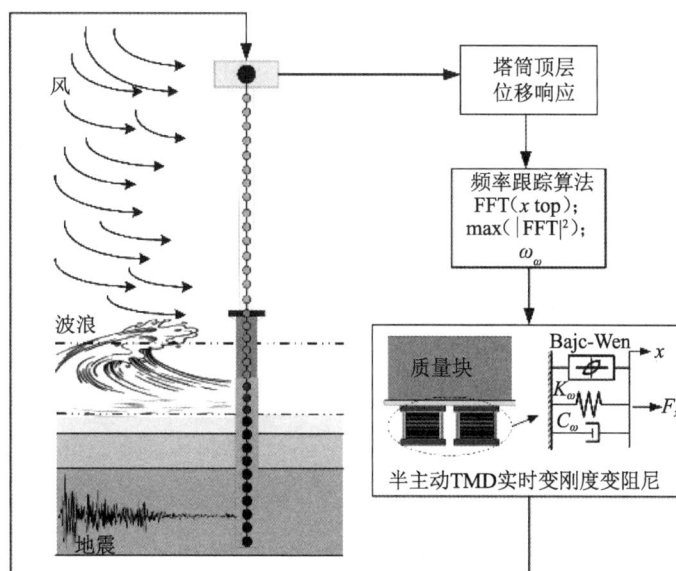

图 5　基于 STFT 的半主动控制流程

海上风机系统在环境载荷(以同时风、波浪、地震作用为例)作用下的运动方程为：

$$M\ddot{x}+C\dot{x}+Kx=F_{\text{wind}}+F_{\text{wave}}-MI\ddot{x}_g+F_{\text{MRE-TMD}} \qquad (8)$$

式中：M、C、K 分别为海上风机系统的质量、阻尼和刚度矩阵；x、$\dot{x}$、$\ddot{x}$ 分别为系统的位移、速度和加速度响应；F_{wind}、F_{wave} 分别为作用在风机系统上的风载荷和波浪载荷矩阵；I 为与风机系统对应的 n 维单位列向量；$\ddot{x}_g$ 为地震加速度激励；$F_{\text{MRE-TMD}}$ 为 MRE-TMD 提供的控制力。

由此可得,基于 MRE-TMD 的海上风机半主动控制的 Simulink 仿真模型如图 6 所示。环境载荷(风载荷、波浪和地震加速度)作用于风机系统,由状态方程模块可以求解出风机系统的位移、速度和加速度响应;通过得到的风机系统响应,利用 STFT 频率跟踪算法识别得到响应频率,进而确定实时所需的 MRE-TMD 的刚度和阻尼。同时,MRE-TMD 层和风机塔筒顶层的位移差和速度差作为双向控制模型的输入,计算出 MRE-TMD 产生的控制力,再与环境载荷一起施加于风机系统。

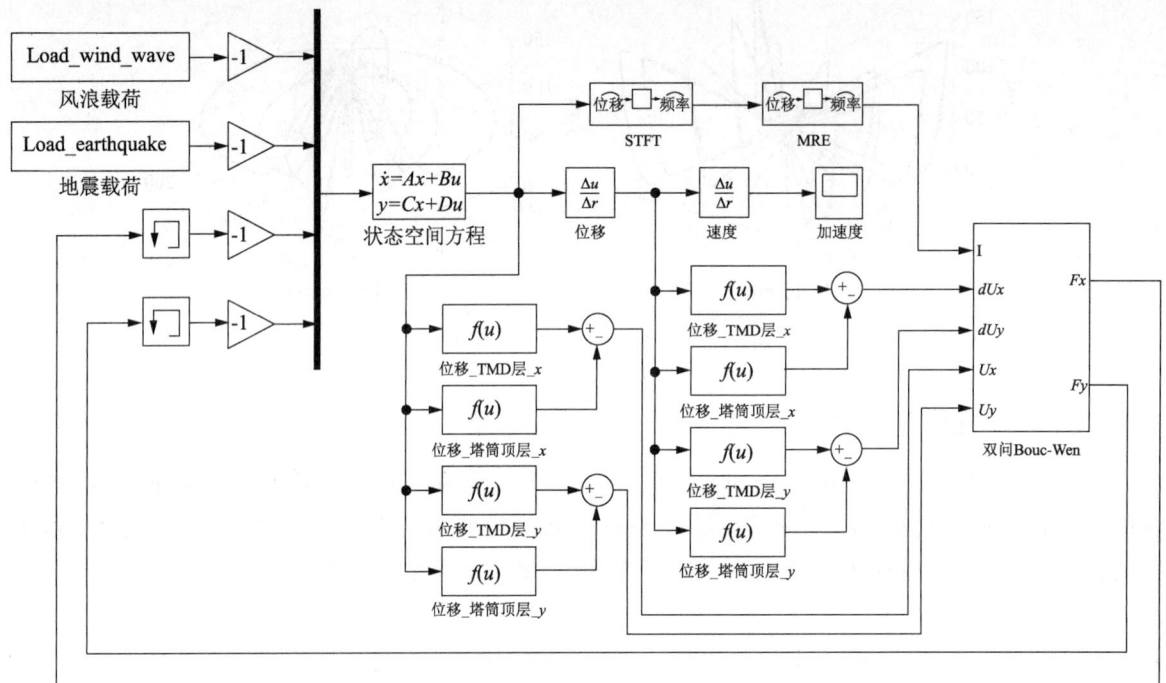

图 6　基于 MRE-TMD 的海上风机半主动控制 Simulink 模型

2.3 海上风机半主动控制效果评估

考虑到与实际工况相结合,以美国东海岸海域实测的海洋环境数据为基础,实现海上风机在近海场地的真实模拟。在海上风机服役初期,不考虑桩-土作用损伤和塔筒刚度降低等损伤时,风机塔筒顶层在不同风速下的位移时域响应如图 7 所示,频域响应如图 8 所示。

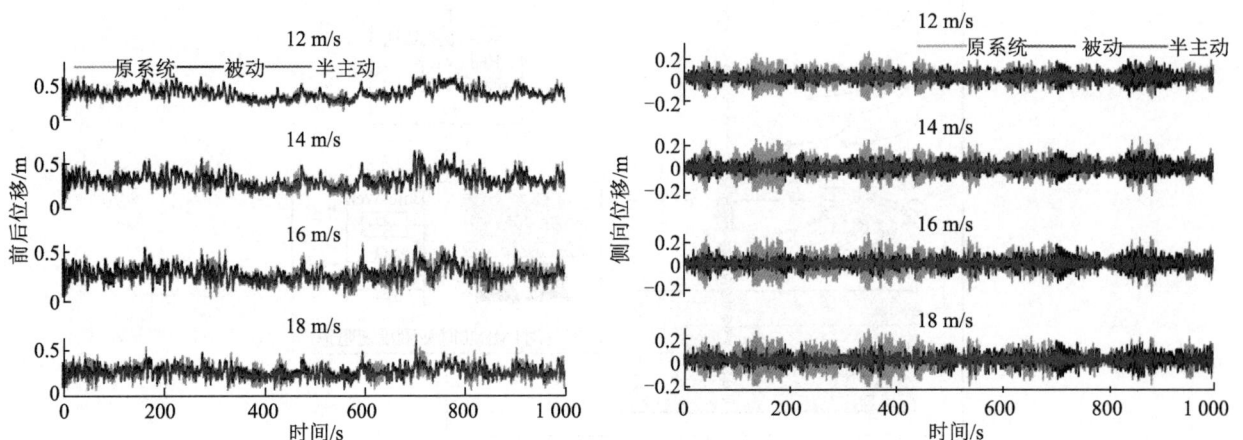

图 7　风机塔筒顶层位移的时域响应

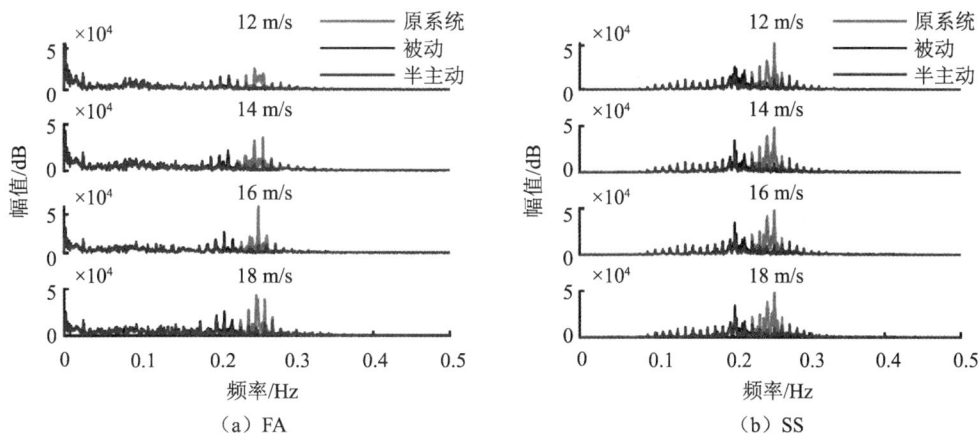

（a）FA   （b）SS

图 8   风机塔筒顶层位移的频域响应

由图 7 时域响应可以看出,被动控制和半主动控制对于风机前后方向的位移响应减振比较小,被动控制相对原系统的减振比在 $0.4\%\sim7\%$,而半主动控制的在 $9\%\sim15\%$。对于侧向位移,被动控制的在 $20\%\sim40\%$,而半主动控制的在 40% 以上。

由图 7 频域响应可以看出,被动控制和半主动控制对于塔筒顶层位移响应都有比较理想的减振效果,且半主动控制的效果明显优于被动控制。对于 FA 方向,位移的频率呈现出两个比较明显的峰值,一个接近 0 Hz,一个接近风机基频(一阶主频,0.25 Hz),原因在于 FA 方向是风机运行的主方向,受到比侧向大得多的气动载荷作用,接近 0 Hz 的频率峰值就是由于气动载荷作用造成的,而侧向的位移频率则以风机基频为主。针对基频的位移幅值,在 FA 和 SS 两个方向,被动控制和半主动控制都有很好的减振效果,且半主动控制相对于被动控制,减振效果更为明显。

3 结　语

本文基于 Timoshenko 梁理论建立了海上风机有限元模型,并基于智能材料磁流变弹性体,提出了基于 STFT 的频率跟踪算法的 MRE-TMD 减振器件对海上风机进行半主动振动控制方法。以被动控制为对比,分析被动控制和 MRE-TMD 的半主动控制对海上风机的振动控制效果。得到了以下成果和结论:

（1）提出了基于磁流变弹性体的调谐质量阻尼器的减振器件。对 MRE-TMD 减振器件进行了器件参数设计和动力学建模,确定了 MRE-TMD 的刚度和阻尼变化范围;基于 STFT 的频率跟踪算法,建立海上风机半主动控制 Simulink 模型,对海上风机进行半主动控制。

（2）评估了基于 MRE-TMD 的海上风机半主动控制效果评估。以美国东海岸海域的实测环境工况进行了海上风机在近海场地的真实模拟,考虑正常运行状态,得到了其时域及频域动力响应。对比仿真结果,可以得出本文提出的基于 MRE-TMD 的半主动控制对海上风机有很好的振动控制作用,减振效果明显优于被动控制,且呈现良好的鲁棒性。

参考文献

[1] REZAEEM,ALY A M. Vibration control in wind turbines to achieve desired system-level performance under single and multiple hazard loadings[J]. Structural Control and Health Monitoring,2018,e2261(12):1-31.

[2] HUSSAN M,RAHMAN M S,SHARMIN F,et al. Multiple tuned mass damper for multi-mode vibration reduction of offshore wind turbine under seismic excitation [J]. Ocean Engineering,2018,160:449-460.

[3] WANG W H,XIN L,ZHAO H S,et al. Vibration control of a pentapod offshore wind turbine under combined seismic wind and wave loads using multiple tuned mass damper[J]. Applied Ocean Research,2020,103:02254.

[4] XIE S,JIN X,JIAO H,et al. Applying multiple tuned mass dampers to control structural loads of bottom-fixed offshore wind turbines with inclusion of soil-structure interaction [J]. Ocean Engineering,2020,205:107289.

[5] YANG J,HE E M,HU Y Q. Dynamic modeling and vibration suppression for an offshore wind turbine with a tuned mass damper in floating platform[J]. Applied Ocean Research,2019,83:21-29.

〔6〕 ZUO H R,BI K M,HAO H. Using multiple tuned mass dampers to control offshore wind turbine vibrations under multiple hazards[J]. Engineering Structures,2017,141:303-315.

〔7〕 ZUO H R,BI K M,HAO H. Simultaneous out-of-plane and in-plane vibration mitigations of offshore monopile wind turbines by tuned mass dampers[J]. Smart Structures and System,2020,26(4):435-449.

〔8〕 DINH V N,BASU B,NAGARAJAIAH S. Semi-active control of vibrations of spar type floating offshore wind turbines[J]. Smart Structures and Systems. 2016,18(4):683-705.

〔9〕 HEMMATI A,OTERKUS E. Semi-active structural control of offshore wind turbines considering damage development[J]. Journal of Marine Science and Engineering,2018,6(3):102.

〔10〕 SUN C. Mitigation of offshore wind turbine responses under wind and wave loading:Considering soil effects and damage[J]. Structural Control and Health Monitoring,2018,25(3):e2117.

〔11〕 CHEN J,YUAN C,LI J. Semi-active fuzzy control of edgewise vibrations in wind turbine blades under extreme wind [J]. Journal of Wind Engineering and Industrial Aerodynamics,2015,147:251-261.

〔12〕 REZAEE M,ALY A M. Vibration control in wind turbines to achieve desired system-level performance under single and multiple hazard loadings[J]. Structural Control and Health Monitoring,2018,25(12):e2261.

〔13〕 GAO P,XIANG C,LIU H,et al. Design of the frequency tuning scheme for a semi-active vibration absorber[J]. Mechanism and Machine Theory,2019,140:641-653.

〔14〕 JONKMAN J,BUTTERFIELD S,MUSIAL W,et al. Definition of a 5-MW reference wind turbine for offshore system development[R]. Golden,Colorado:National Renewable Energy Laboratory,2009:NERL/TP-500-38060.

〔15〕 TAGHIZADEH S,KARAMODIN A. Comparison of adaptive magnetorheological elastomer isolator and elastomeric isolator in near-field and far-field earthquakes[J]. Scientia Iranica,2019(1).doi:10. 24200/sci. 2019. 50039. 1478.

〔16〕 GHASSEMPOUR M,FAILLA G,ARENA F. Vibration mitigation in offshore wind turbines via tuned mass damper [J]. Engineering Structures,2019,183(MAR.15):610-636.

〔17〕 LI Y,LI J,LI W,et al. A state-of-the-art review on magnetorheological elastomer devices[J]. Smart Materials and Structures,2014,23(12):123001.

〔18〕 HUSSAN M,RAHMAN M S,SHARMIN F,et al. Multiple tuned mass damper for multi-mode vibration reduction of offshore wind turbine under seismic excitation[J]. Ocean Engineering,2018,160:449-460.

〔19〕 Sun C. Semi-active control of monopile offshore wind turbines under multi-hazards[J]. Mechanical Systems & Signal Processing,2018,99:285-305.

基于循环内聚力模型的海底管线低周疲劳分析

宋志豪[1]，陈念众[1,2]

（1. 天津大学 建筑工程学院，天津   300350；2. 水利工程智能建设与运维全国重点实验室，天津   300350）

摘要： 当海底管线受到横向屈曲及管道悬跨等因素影响时，结构存在较大变形，其结构响应通常呈现非线性特征。这种情况可能会引发海底管线的低周疲劳问题。因此，需要对海底管线进行低周疲劳评估。采用循环内聚力模型模拟海底管线的低周疲劳过程。与传统方法不同，循环内聚力模型将疲劳损伤过程视为一个不可逆的连续过程。循环内聚力模型的本构方程由牵引分离定律控制，该定律描述了内聚区表面之间的相互作用力。循环内聚力模型通过损伤演化方程量化疲劳损伤，其中疲劳损伤增量根据载荷加权的材料变形计算。为演示模型的低周疲劳预测能力，对一条海底管线进行了案例研究。研究结果表明，所开发的循环内聚力模型能够合理地预测海底管线的低周疲劳过程。

关键词： 海底管线；循环内聚力模型；低周疲劳；非线性有限元分析

在横向屈曲及管道悬跨的作用下，海底管线的结构响应通常不是线弹性的[1-2]。因此，出于安全考虑，在设计阶段对海底管线进行低周疲劳评估至关重要。传统上，以应变-寿命曲线为代表的预测方法常用于海洋结构的低周疲劳评估[3-5]。这些方法使用简单，因此已被业界广泛接受。然而，在对复杂加载条件和环境下的低周疲劳问题进行预测时，应变-寿命方法难以给出合理的分析指导[6]。因为这些方法未能充分考虑诸多复杂加载因素和环境因素，如载荷次序和材料腐蚀。因此，为了更合理地评估海洋结构的低周疲劳，仍然有必要深入研究疲劳损伤机理并开发新的海洋结构低周疲劳评估方法。

近年来，在材料疲劳分析方面，循环内聚力模型（cyclic cohesive zone model，CCZM）表现出了极大的预测潜力，这为海底管线的低周疲劳评估提供了一个新的选择[7]。循环内聚力模型由内聚力模型（cohesive zone model，CZM）发展而来。内聚力模型通常用于预测工程结构的单调断裂。例如，内聚力模型经常用于分析冰对海洋工程设备的撞击作用[8]。为了能够预测循环载荷作用下的疲劳损伤，循环内聚力模型在内聚力模型的基础上引入了损伤演化方程[9]。在循环内聚力模型中，由疲劳加载引起的不可逆疲劳损伤可以通过疲劳损伤演化方程来衡量。不同于传统方法[3]，循环内聚力模型将疲劳过程视为不可逆的连续过程。它根据加载过程中的牵引力和材料变形逐周计算内聚区的损伤演化。因此，该模型具备分析复杂加载因素对疲劳过程影响的能力。本文采用循环内聚力模型模拟海底管线的低周疲劳过程。第一部分简要介绍了模型组成；第二部分对一条海底管线开展了低周疲劳案例研究及预测结果讨论；第三部分对案例研究中的关键参数进行了讨论分析；最后对循环内聚力模型在海底管线低周疲劳问题上的预测能力进行讨论和总结。

1 循环内聚力模型

如图 1(a) 所示，裂纹尖端的条状塑性区被定义为内聚力区。在内聚力区中，材料的本构关系由牵引分离定律（traction and separation law，TSL）控制，该定律用于描述垂直于裂纹表面方向上的法向张力与法向分离之间的关系。牵引分离定律描绘了内聚力区表面之间的相互作用力。在牵引分离定律的基础上，循环内聚力模型还引入了损伤演化方程和卸载和再加载方程来衡量疲劳损伤。

基金项目： 国家自然科学基金资助项目（52071235）

通信作者： 陈念众。E-mail：nzchen2018@hotmail.com

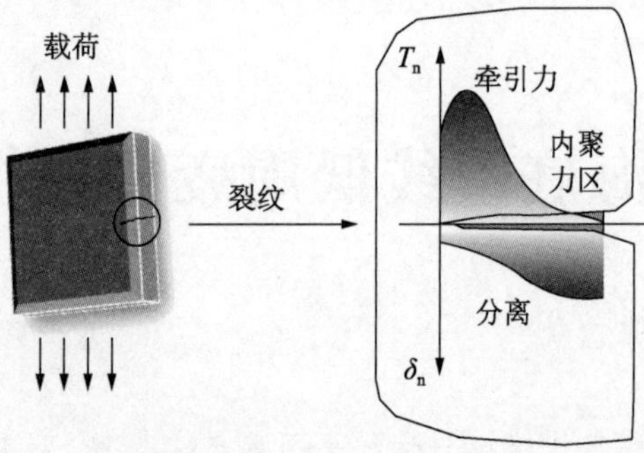

（a）裂纹尖端的内聚力区 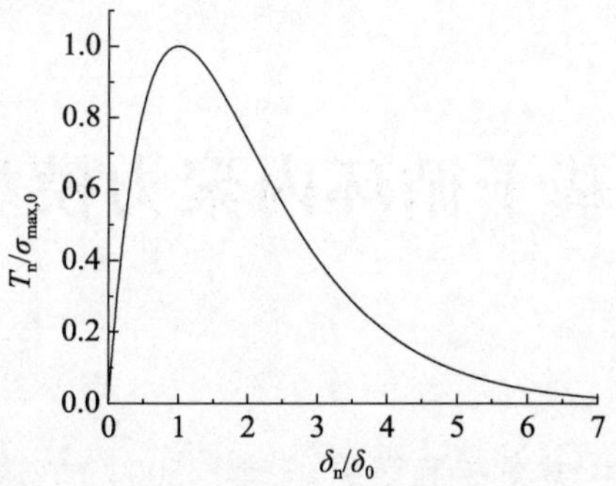　　　　　（b）牵引分离定律

图1　裂纹尖端的内聚力区及牵引分离定律示意

1.1 牵引分离定律

牵引分离定律有多种形式[10]。其中，Needleman[11]提出的牵引分离定律被广泛接受，因此本文采用Needleman提出的牵引分离定律：

$$T_n = \sigma_{max,0} e \left(\frac{\delta_n}{\delta_0} \right) \exp \left(-\frac{\delta_n}{\delta_0} \right), \delta_n \geqslant 0 \tag{1}$$

式中：T_n 和 δ_n 分别为法向牵引力和法向分离位移。$\sigma_{max,0}$ 为内聚力强度，是法向牵引力的最大值。δ_0 为内聚力长度，是最大法向牵引力处的法向分离。图1（b）为牵引分离定律的示意图。从图中可以看出，在法向分离位移达到 δ_0 之前，法向牵引力随法向分离位移增加而增加，而在法向分离位移超过 δ_0 后，法向牵引力则随法向分离位移增加而减少。法向牵引力的降低代表了材料在单调载荷作用下的软化过程。

1.2 损伤演化

在循环内聚力模型中，由循环加载引起的材料疲劳退化表现为内聚力强度的降低[12]：

$$\sigma_{max} = \sigma_{max,0} (1.0 - D_c) \tag{2}$$

式中：σ_{max} 为当前内聚力强度，是材料发生疲劳退化后所能达到的最大法向牵引力。D_c 是材料的循环损伤，即疲劳损伤。当材料完全破坏时，D_c 值为1.0。当材料未发生破坏时，D_c 值为0.0。循环损伤 D_c 可根据损伤演化方程计算。本文采用了Roe和Siegmund[9]提出的损伤演化方程来预测 D_c，其表达式为：

$$\dot{D}_c = \frac{\langle \dot{\delta}_n \rangle}{\delta_\Sigma} \left\langle \frac{T_n}{\sigma_{max,0}(1 - D_c)} - \frac{\sigma_f}{\sigma_{max,0}} \right\rangle H(\Delta \bar{\delta} - \delta_0) \tag{3}$$

式中：尖括号 $\langle x \rangle$ 表示取 x 非负值。$\dot{D}_c$ 和 $\dot{\delta}_n$ 分别为循环损伤和法向分离位移相对于时间 t 的导数。δ_Σ 是累积内聚力长度，它用于衡量法向分离位移大小。σ_f 是内聚力耐久极限。$\Delta\bar{\delta}$ 根据下式计算：

$$\Delta \bar{\delta} = \int_0^t \dot{\delta}_n \mathrm{d}t \tag{4}$$

H 函数为海塞尔函数：

$$H(x) = \begin{cases} 1.0, & x \geqslant 0 \\ 0.0, & x < 0 \end{cases} \tag{5}$$

为了定义循环损伤对疲劳过程中卸载和重新加载的影响，模型引入了卸载和重新加载方程，并以增量形式给出：

$$T_n = T_{n,t} + k_n (\delta_n - \delta_{n,t}) \tag{6}$$

式中：$T_{n,t}$ 和 $\delta_{n,t}$ 为 $t - \Delta t$ 时刻的法向牵引力和法向分离位移。k_n 为内聚力刚度，可根据下式计算：

$$k_n = \frac{\sigma_{max} e}{\delta_0} \tag{7}$$

此外，内聚区的两个表面在卸载条件下可能闭合。为了避免内聚区表面的接触或穿透，当法向分离位移小于0时，法向牵引力由以下公式给出：

$$T_n = A \frac{\sigma_{\max,0} e}{\delta_0} \delta_n, \delta_n < 0 \tag{8}$$

式中：A 为罚刚度。

2 案例分析

本节应用前一节建立的循环内聚区模型对海底管线进行低周疲劳分析。案例中管线由 X60 钢制成。其杨氏模量为 209 GPa，泊松比为 0.3。材料的屈服应力 σ_y 为 414 MPa。管线外径 D_0 为 400 mm，管壁壁厚 t_0 为 18 mm。管道的长度 L_0 等于 $2D_0$。管线外表面上有一个半椭圆表面裂纹，裂纹深度 a 为 3 mm。表面裂纹对应的椭圆的半长轴长度为 c，且 a/c 为 5.0。管线截面形状如图 2(a) 所示。

低周疲劳分析在有限元分析框架下开展。有限元模型如图 2(b) 所示。模型管线基体材料和内聚区分别采用实体单元和内聚单元进行模拟。其中内聚单元的本构关系由前一节的循环内聚力模型控制。图 2(c) 展示了内聚单元的网格划分。在内聚单元中，累积内聚力长度 δ_Σ 取为 $4\delta_0$，内聚力耐久极限 σ_f 取为 $0.25\sigma_{\max,0}$[9]。内聚单元的内聚力刚度 k_n 和法向牵引力 T_n 在疲劳加载过程中不断变化，其数值由方程 (2)、(3) 和 (7) 中的 D_c 决定。

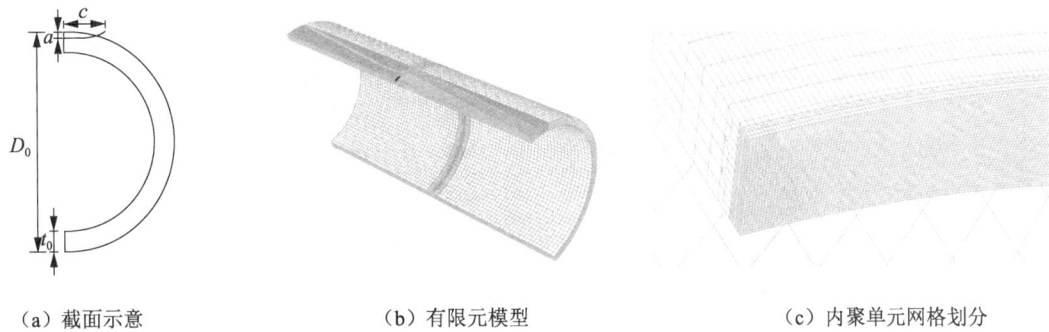

（a）截面示意　　　（b）有限元模型　　　（c）内聚单元网格划分

图 2　管线几何形状示意及有限元模型

管线模型的一端施加位移约束，另一端施加循环载荷。循环载荷的振幅为 372.6 MPa（$0.9\sigma_y$），方向为管道轴向，应力比为 0.1。考虑结构对称性，仅对一半结构进行了建模，并在结构对称面上施加了对称约束。

图 3 显示了在不同周期下内聚区循环损伤云图。图 3 说明随循环载荷的施加，内聚区内的循环损伤不断累积。当循环损伤达到 1 时，材料完全破坏，裂纹向前移动。这表明循环内聚力模型具有预测管线表面裂纹疲劳损伤演化的能力。图 4 展示了在图 3(a) 中所示位置法向牵引力和循环损伤随加载周期的变化。这些点位于裂纹的中心线上，它们与初始裂纹表面（裂纹中心最深处）的距离分别为 0、0.5、1.0 和 3.0 mm。图 4(a) 表明，点 1 处的法向牵引力随着循环损伤的增加而减小。图 4(b)～图 4(d) 显示，点 2 至点 4 处的法向牵引力依次增加到最大值，然后再依次减小。直至循环损伤累加到 1.0 时，材料点破坏，法向牵引力减小为 0。这表明不同裂纹深度处材料点的循环损伤累积速度是不同的。循环内聚力模型能够模拟各材料点处法向牵引力及循环损伤随加载周期的变化。

图 5 展示了点 1 和点 4 处法向牵引力与法向分离位移之间的关系。需要注意的是，图 5 中曲线的斜率即为内聚力刚度。从图 5 可以看出，随着循环加载次数的增加，内聚力刚度持续降低。这是由于循环损伤的不断增加导致了内聚力刚度的连续退化。

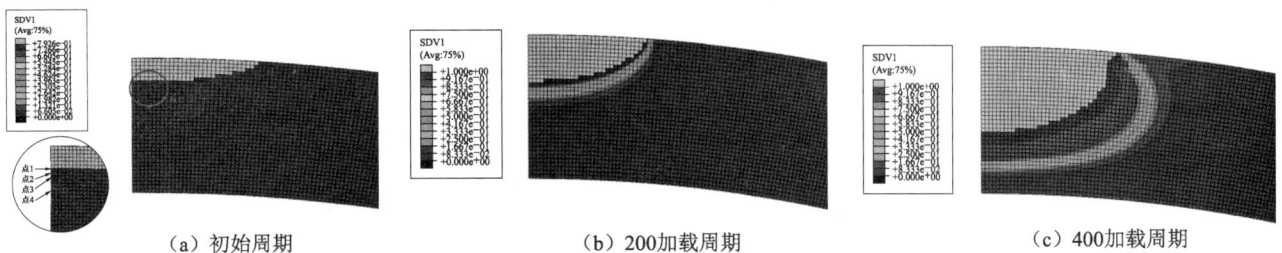

（a）初始周期　　　（b）200加载周期　　　（c）400加载周期

图 3　不同周期下表面裂纹损伤云图

（a）点1处　　（b）点2处　　（c）点3处　　（d）点4处

图 4　法向牵引力和循环损伤随加载次数变化

（a）点1处　　（b）点4处

图 5　法向牵引力与法向分离位移之间的关系

3　参数分析

　　为了进一步说明循环内聚力模型中模型参数对预测结果的影响,在案例研究的基础上开展了模型参数分析。模型参数分析探究了累积内聚力长度 δ_Σ 及内聚力耐久极限 σ_f 对低周疲劳裂纹萌生寿命的影响。图 6(a)显示内聚力耐久极限 σ_f 的增加会显著增加低周疲劳裂纹萌生寿命 N_i。这意味着低周疲劳裂纹萌生寿命 N_i 对内聚力耐久极限 σ_f 的变化非常敏感。图 6(b)显示累积内聚力长度 δ_Σ 与低周疲劳裂纹萌生寿命 N_i 之间的关系几乎是线性的,这表明低周疲劳裂纹萌生寿命 N_i 对累积内聚力长度 δ_Σ 的变化也非常敏感。因此,可以认为累积内聚力长度 δ_Σ 和内聚力耐久极限 σ_f 的正确定义对低周疲劳的预测起着非常重要的作用。

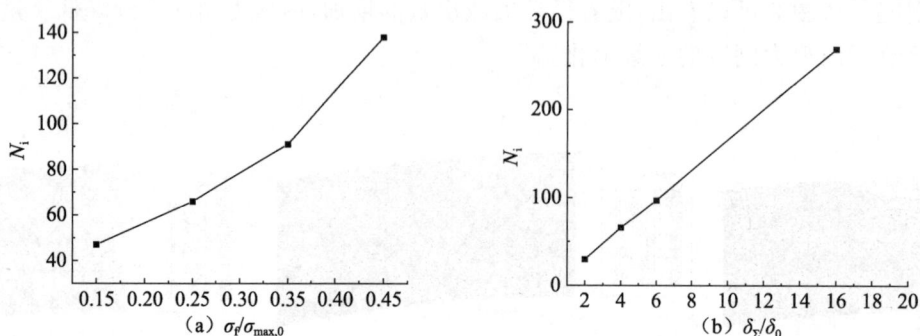

（a）$\sigma_f/\sigma_{max,0}$　　（b）δ_Σ/δ_0

图 6　内聚力耐久极限及累积内聚力长度对低周疲劳裂纹萌生寿命的影响

4 结　语

研究采用循环内聚力模型对海底管线的低周疲劳过程进行了预测。与传统方法相比,该模型将疲劳损伤视为不可逆的连续过程,突显了其在模拟材料疲劳行为上的先进性。循环内聚力模型的本构方程受牵引分离定律控制,该定律详细描述了内聚区表面之间的相互作用力。通过损伤演化方程,循环内聚力模型能够合理地量化疲劳损伤。在损伤演化方程中疲劳损伤演化根据载荷加权的材料变形确定。为了展示模型的预测能力,开展了一项海底管线低周疲劳的案例分析。案例分析表明,循环内聚力模型能够预测裂纹面在各加载周期下的循环损伤分布,能够模拟循环损伤、法向牵引力及内聚力刚度在加载过程中的连续变化。同时,通过一项参数研究探究了内聚力耐久极限及累积内聚力长度的变化对低周疲劳裂纹萌生寿命的影响。结果显示,低周疲劳裂纹萌生寿命的预测结果对内聚力耐久极限及累积内聚力长度的变化都非常敏感。

🔖 参考文献

[1] PAPADOPOULOS G A,DAVIDOV Y A,VODENICHAROV S B. Low-cycle fatigue loading of BDS 25G pipeline steel[J]. Theoretical and Applied Fracture Mechanics,1998,30:133-137.

[2] ZHONG Y,SHAN Y,XIAO F,et al. Effect of toughness on low cycle fatigue behavior of pipeline steels[J]. Materials Letters,2005,59:1780-1784.

[3] CHEN N Z,WANG G,GUEDES SOARES C. Palmgren-Miner's rule and fracture mechanics-based inspection planning[J]. Engineering Fracture Mechanics,2011,78:3166-3182.

[4] XUE X,CHEN N Z,WU Y,et al. Mooring system fatigue analysis for a semi-submersible[J]. Ocean Engineering,2018,156:550-556.

[5] CHEN N Z. A stop-hole method for marine and offshore structures[J]. International Journal of Fatigue,2016,88:49-57.

[6] DONG Y,GARBATOV Y,GUEDES SOARES C. Strain-based fatigue reliability assessment of welded joints in ship structures[J]. Marine Structures,2021,75:102878.

[7] YUAN H,LI X. Critical remarks to cohesive zone modeling for three-dimensional elastoplastic fatigue crack propagation[J]. Engineering Fracture Mechanics,2018,202:311-331.

[8] LU W,LOSET S,LUBBAD R. Simulating ice-sloping structure interactions with the cohesive element method[C]// International Conference on Ocean,Offshore and Arctic Engineering,Rio de Janeiro:OMAE,2012,83672.

[9] ROE K L,SIEGMUND T. An irreversible cohesive zone model for interface fatigue crack growth simulation[J]. Engineering Fracture Mechanics,2003,70:209-232.

[10] PARK K,PAULINO G H. Cohesive zone models:a critical review of traction-separation relationships across fracture [J]. Applied Mechanics Reviews,2011,64(6):060802.

[11] NEEDLEMAN A. An analysis of decohesion along an imperfect interface[J]. International Journal of Fracture,1990,42:21-40.

[12] SIEGMUND T. A numerical study of transient fatigue crack growth by use of an irreversible cohesive zone model[J]. International Journal of Fatigue,2004,24:929-939.

基于断裂相场法的管道裂纹扩展研究

屈泱泱[1]，陈念众[1,2]

（1. 天津大学，天津　300350；2. 水利工程智能建设与运维全国重点实验室，天津　300350）

摘要：研究旨在研究轴向力影响下初始环向表面裂纹对管道裂纹扩展行为的影响。基于断裂相场法，通过连续场函数以弥散形式表征裂纹，并依据 Francfort-Marigo 变分原理，将断裂能集成至系统总势能之中，并通过引入退化函数量化损伤引起的应变能折减。在有限元平台 Abaqus 上进行了二次开发，应用交替解法求解管道裂纹扩展的问题。结果表明，当初始环向表面裂纹深度大于裂纹半长时，裂纹倾向于首先沿环向扩展，随后向壁厚方向扩展直至穿透；而当初始裂纹深度小于裂纹半长时，裂纹沿各方向均匀扩展，最终穿透壁厚并沿环向进一步扩展。研究证明了断裂相场法在准确模拟管道中裂纹局部演化过程方面的有效性，并突显了轴向力作用下初始裂纹对管道结构完整性的显著影响。

关键词：断裂相场法；管道；裂纹扩展；断裂力学

近年来，全球对能源的需求不断攀升，铺设的管道数量也随之增多[1]。统计数据揭示，我国管道事故的主要原因往往是管材和焊缝的缺陷[2]。现场焊接的质量控制难度以及缺陷排查与整改的复杂性，经常导致管道在使用过程中出现裂纹，甚至引发断裂的严重事故。这类事件不仅对管道的功能性构成威胁，还可能导致重大的环境和经济问题。因此，深入了解裂纹扩展的过程对于保证海洋工程结构的安全性和可靠性至关重要。

计算机技术的进步为解决裂纹扩展预测数值模拟问题提供了坚实的技术支撑，使得研究人员能够利用各种数值分析或计算力学技术来研究管道裂纹扩展过程。陈飞等[3]采用扩展有限元法（XFEM）对 X60 钢管道的环向圆形表面裂纹进行了裂纹扩展数值模拟研究。Song 和 Chen[4]开发了一种改进的循环内聚力模型，并对海底管道低周疲劳裂纹萌生进行了预测。可以看到，在当前实际工程应用中，针对断裂的数值计算主要采用的方法包括内聚力模型[5]和扩展有限元法[6]等。内聚力模型能够模拟从裂纹萌生、演化到材料最终断裂的连续过程[7]，但需要事先通过内聚力单元来定义断裂路径，限制了其在复杂受力条件下及处理多方向裂纹扩展时的应用范围。而扩展有限元法是对传统有限元法的改进，虽然在预测裂纹扩展问题时较为有效，但其处理裂纹扩展的方式涉及将裂纹视作数学上的不连续面，这种方法在模拟裂纹相互交叉或裂纹在复杂材料中的传播时可能会遇到一些困难。

断裂相场法作为一种前沿的计算力学方法，在描述材料断裂过程方面展现了显著的优势。该方法利用一组偏微分方程描述裂纹的形成和扩展，避免了传统裂纹跟踪技术的复杂性。依据 Griffith[8]和 Irwin[9]的理论，断裂相场法将裂纹的扩展视为能量平衡的稳定性问题，即裂纹的扩展发生在能量释放率达到特定阈值的条件下。此方法的核心在于采用连续场函数通过阶参量（phase-field）表示材料从未破损到完全断裂的状态变化，该阶参量刻画了材料内部的损伤程度。与传统方法相比，断裂相场法能够通过阶参量的演化自动追踪裂纹路径，从而以较低的计算复杂度高效模拟复杂裂纹扩展行为。这种方法为工程结构断裂分析提供了一种新颖且强大的工具。

因此，本文基于相场断裂模型，在有限元软件 Abaqus 和 Fortran 编译器中进行二次开发，采用交错算法求解[10]，探究轴向力作用下的管道裂纹扩展行为，基于数值模拟研究环向表面裂纹初始缺陷下的管道裂纹扩展行为和力学响应。

基金项目：国家自然科学基金资助项目（52071235）

通信作者：陈念众。E-mail：nzchen2018@hotmail.com

1 断裂相场模型

在相场法中,通常采用指数函数近似表达非光滑裂纹拓扑:

$$d(x)=\mathrm{e}^{-|x|/l_c} \tag{1}$$

式中:l_c 为长度尺度参数,$d(x)$ 表示正则化或弥散裂纹拓扑。函数(1)满足 $d(0)=1$,在极限处 $d(\pm\infty)=0$ 为齐次微分方程在域 Ω 中的解:

$$d(x)-l_c^2 d''(x)=0 \quad \mathrm{in} \quad \Omega \tag{2}$$

裂纹面 $\Gamma(d)$ 的表达式为:

$$\Gamma(d)=1/l_c \cdot I(d)=\int_\Omega \gamma(d,d')\mathrm{d}V \tag{3}$$

式中:$\gamma(d,d')$ 为一维裂纹表面密度函数。在多维度下,表示为:

$$\gamma(d,\nabla d)=1/(2l_c) \cdot d^2+l_c/2|\nabla d|^2 \tag{4}$$

为了将断裂相场与变形问题耦合起来,Francfort 和 Marigo[11] 提出了一个考虑应变能与裂纹表面能的内势能能量泛函公式:

$$\Pi^{\mathrm{int}}=\int_\Omega \psi(\varepsilon(u),d)\mathrm{d}V+\int_\Omega g_c\gamma(d,\nabla d)\mathrm{d}V \tag{5}$$

式中:$\int_\Omega \psi(\varepsilon(u),d)\mathrm{d}V$ 为应变能,$\psi(\varepsilon(u),d)$ 为应变能密度,$\int_\Omega g_c\gamma(d,\nabla d)\mathrm{d}V$ 为断裂能,g_c 为临界能量释放率。

在弹性理论下,应变能密度通常表达为如下形式:

$$\psi(\varepsilon,d)=g(d) \cdot \psi_0(\varepsilon) \tag{6}$$

式中:$\psi_0(\varepsilon)$ 为弹性应变能密度,$g(d)=(1-d)^2+k$ 为抛物线退化函数,k 是关于求解稳定性的参数。

弹性能密度可计算为:

$$\psi_0(\varepsilon)=\frac{1}{2}\varepsilon^T C_0 \varepsilon \tag{7}$$

式中:C_0 为材料的线弹性刚度矩阵,ε 为应变。计算得到:

$$\varepsilon=\frac{1}{2}\big[(\nabla u)^T+\nabla u\big] \tag{8}$$

式中:u 为位移矢量。

由于损伤,弹性能随 $g(d)$ 退化,考虑损伤后相场模型中的真实应力张量 σ 为:

$$\sigma=g(d)\sigma_0=\big[(1-d)^2+k\big]C_0\varepsilon \tag{9}$$

对于刚度则有

$$C=g(d) \cdot C_0 \tag{10}$$

由此可见,以相场为代表的损伤变量直接影响材料的应力和刚度。如果它的值达到1,则在单元中应力或刚度为0。

外势能则表示为:

$$\Pi^{\mathrm{ext}}=P(u)=\int_\Omega \bar{\gamma} \cdot u\mathrm{d}V+\int_{\partial\Omega} \bar{t} \cdot u\mathrm{d}A \tag{11}$$

式中:γ 和 t 分别为体积力和边界力。

采用"交替解法(staggered solution)"[10] 来求解相场断裂问题,在位移场迭代求解达到平衡之后,再进行相场的迭代求解,位移场与相场采用 Newton-Raphson 算法进行迭代求解。

求解裂纹拓扑的函数为:

$$\Pi^d=\int_\Omega \big[g_c\gamma(d,\nabla d)+(1-d)^2 H\big]\mathrm{d}V \tag{12}$$

引入历史变量:

$$H=\begin{cases} \psi_0(\varepsilon) & \psi_0(\varepsilon)>H_n \\ H_n \end{cases} \tag{13}$$

式中:H_n 为先前计算的第 n 步的能量历史。满足 KKT 条件:

$$\psi_0 - H \leqslant 0, \quad \dot{H} \geqslant 0, \quad \dot{H}(\psi_0 - H) = 0 \tag{14}$$

然后,在 d 固定的情况下,计算位移场:

$$\Pi^u = \int_\Omega [\psi(\boldsymbol{u}, d) - \bar{\gamma}\boldsymbol{u}] \mathrm{d}V - \int_{\partial\Omega} \bar{t} \cdot \boldsymbol{u} \mathrm{d}A \tag{15}$$

在位移场迭代求解达到平衡之后,再进行相场的迭代求解。

根据时刻 t_n 在 t_{n+1} 处计算出一个新的相场:

$$d_{n+1} = \mathrm{Arg}\{\inf_d \int_\Omega [g_c \gamma(d, \nabla d) + (1-d)^2 H] \mathrm{d}V\} \tag{16}$$

相场线性近似解为:

$$\boldsymbol{K}_n^d \boldsymbol{d}_{n+1} = -\boldsymbol{r}_n^d \tag{17}$$

式中:$\boldsymbol{d}_{n+1}$ 为包含各积分点的新相场值的未知变量。$\boldsymbol{r}$ 是残差向量,$\boldsymbol{K}$ 是时刻 t_n 的切向刚度。

为了计算 t_{n+1} 时刻的位移场,采用时刻 t_n 的相场值:

$$\boldsymbol{u}_{n+1} = \mathrm{Arg}\{\inf_u \int_\Omega [\psi(\boldsymbol{u}, d_n) - \bar{\gamma} \cdot \boldsymbol{u}] \mathrm{d}V - \int_{\partial\Omega} \bar{t} \cdot \boldsymbol{u} \mathrm{d}A\} \tag{18}$$

与相场相似,位移场线性化近似解为:

$$\boldsymbol{K}_n^u \boldsymbol{u}_{n+1} = -\boldsymbol{r}_n^u \tag{19}$$

为了在 Abaqus 中实现该方案,以分层的方式使用了两种单元类型:相场单元和位移场单元。每一层连接在相同的节点,但自由度不同。相场单元只有一个自由度,即相场变量 d。位移场单元的自由度则取决于单元的维度。使用 Newton-Raphson 算法进行迭代求解,内部迭代更新切向刚度矩阵和残差向量:

$$\begin{bmatrix} \boldsymbol{K}_n^d & \boldsymbol{0} \\ \boldsymbol{0} & \boldsymbol{K}_n^u \end{bmatrix} \begin{bmatrix} \boldsymbol{d}_{n+1} \\ \boldsymbol{u}_{n+1} \end{bmatrix} = -\begin{bmatrix} \boldsymbol{r}_n^d \\ \boldsymbol{r}_n^u \end{bmatrix} \tag{20}$$

2 有限元数值仿真

2.1 模型建立

为了探究管道初始环向裂纹在相同加载状态下对管道安全的影响,在 Abaqus 中建立了一个含初始环向表面裂纹的简单管道模型。由于本文所提及的相场断裂模型不考虑焊接残余应力的影响且仅在弹性范围下进行求解,因此假设管道焊缝与管道为等强度匹配,不特别建立含焊缝的模型,同时不考虑材料塑性,将管道材料视为线弹性材料。具体参数如表 1 所示。根据《在用含缺陷压力容器安全评定:GBT 19624—2019》规范[12],表面裂纹等效为半椭圆形表面裂纹及半圆形表面裂纹,如图 1 所示。

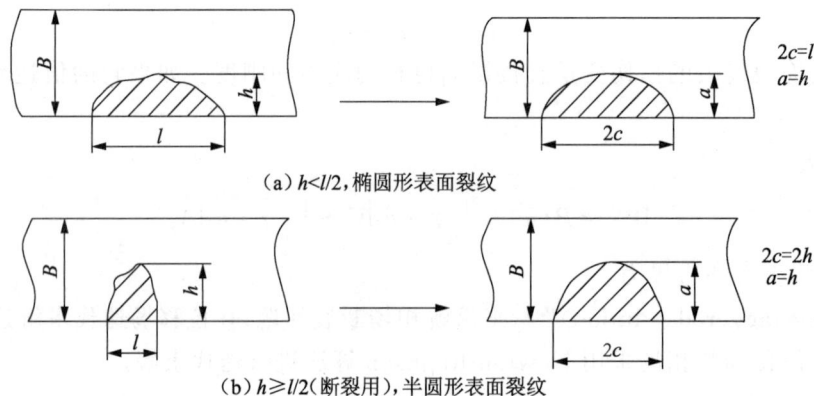

(a) $h < l/2$,椭圆形表面裂纹

(b) $h \geqslant l/2$(断裂用),半圆形表面裂纹

图 1　表面缺陷的规则化表征

表 1　模型属性

弹性模量 E/MPa	泊松比	临界能量释放率 g_c/(N/mm)
200 000	0.3	150

由于管道对称,建立有限元模型时取 1/4 管道模型,管道直径 D 为 2 m,壁厚 t 为 0.1 m,管道长度取 $l=2$ m,计算模型长度取 $2D$,初始裂纹模型设置于管道中部内侧表面。初始裂纹呈环向分布,并且其扩展方向沿管道壁厚方向,如图 2(a)所示,其中 t 为管道壁厚,a 为裂纹深度,c 为裂纹半长。

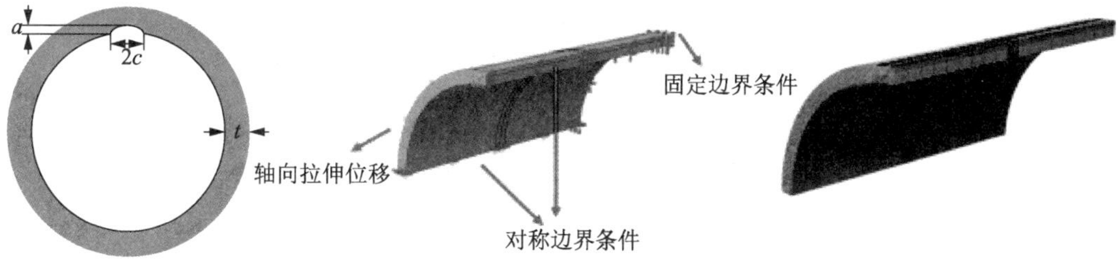

(a) 管道内表面裂纹示意   (b) 边界条件   (c) 网格划分
图 2   管道模型说明

管道边界条件设置为一端为固定约束(3 个方向的平动及转动全部限制),另一端施加沿管道轴向匀速增加的位移荷载,模型对称面处设置对称边界条件,如图 2(b)所示。本文使用 Newton-Raphson 算法进行迭代求解,在 Abaqus 中选择固定增量步,最大增量步数为 200,增量步大小为 0.01,采用标准的力和位移收敛准则。加载速率为 $\Delta u_x=0.002$ m/增量步。

为了在确保计算精度和保持合理计算效率之间找到平衡,本研究对包含裂纹的区域采取了更精细的网格划分策略,在保证计算效率的同时减少由于网格过大而导致裂纹尖端的应力奇异性。具体来说,管道整体采用全局种子为 0.1,表面裂纹处采用 0.005 的局部种子进行布种,单元类型选择 C3D8 单元,网格划分如图 2(c)所示。

2.2 数值算例

为探究初始表面裂纹在相同加载状态下对管道轴向反力的影响,对含不同尺寸的初始表面裂纹的管道进行建模分析。管道的最终破坏状态定义为"材料达到其断裂韧性的极限,或者当模拟中的应力超过材料的最大承受能力"。

对于半椭圆形表面裂纹,裂纹深度固定为规范中要求的极限值 $a=0.7t$(当 $a>0.7t$ 时裂纹表征为穿透裂纹[12]),裂纹长度 $2c$ 分别取 0.10 m、0.12 m、0.14 m、0.16 m 和 0.18 m;对于半圆形表面裂纹,裂纹长度 $2c$ 分别取 0.10 m、0.12 m 和 0.14 m。不同初始缺陷下的管道边界的反力-位移曲线如图 3(a)和图 3(b)所示,可见随着初始表面裂纹长度的增加,管道抵抗轴向载荷的能力逐渐减弱,最大反力逐渐减小。

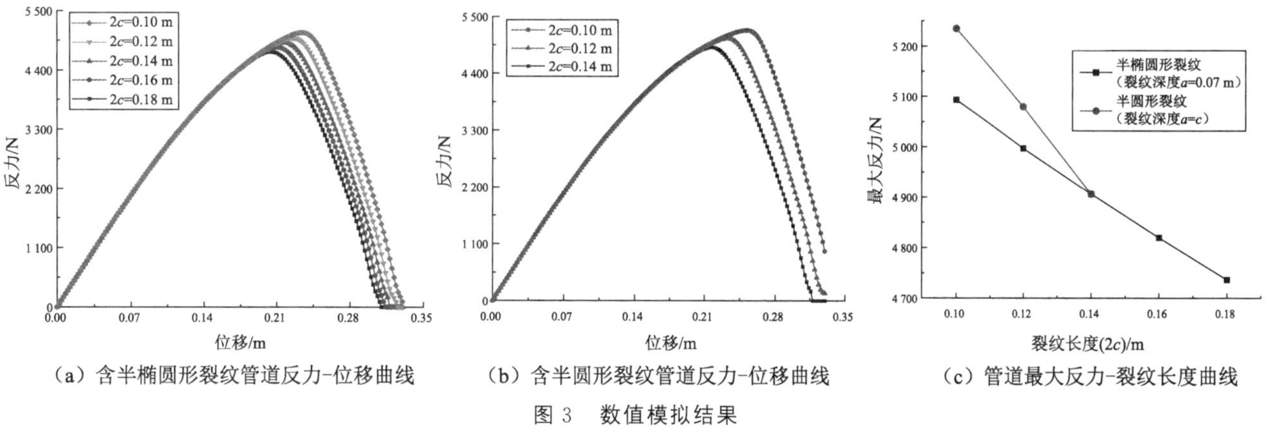

(a) 含半椭圆形裂纹管道反力-位移曲线   (b) 含半圆形裂纹管道反力-位移曲线   (c) 管道最大反力-裂纹长度曲线
图 3   数值模拟结果

如前所述,裂纹相场 d 所描述的是材料的状态,如果 $d=0$,则材料是完整的,如果它的值达到 1,则材料已完全失效。一般认为,当 $d\geq0.9$ 时,则该处形成裂纹,如图 4 和图 5 所示。对于局部的裂纹扩展情况来说,经模拟得出,若裂纹深度固定为 $a=0.7t$,当 $a\geq c$ 时,裂纹先向管道环向方向扩展形成裂纹半长大于裂纹深度的等效裂纹,再沿壁厚方向扩展直至穿透;当 $a<c$ 时,裂纹沿各方向均匀扩展,直至壁厚方向穿透,再向管道环向方向快速扩展。

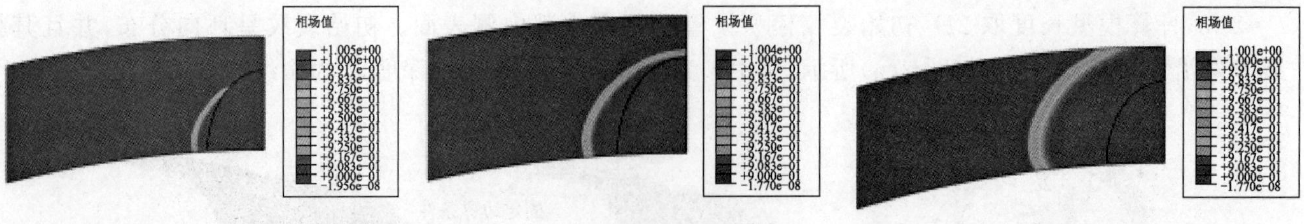

（a）起裂　　　　　　　　　　　（b）沿环向方向扩展　　　　　　　　　　（c）沿壁厚方向扩展

图 4　$a=0.07$ m，$2c=0.1$ m，管道环向表面裂纹局部演化过程

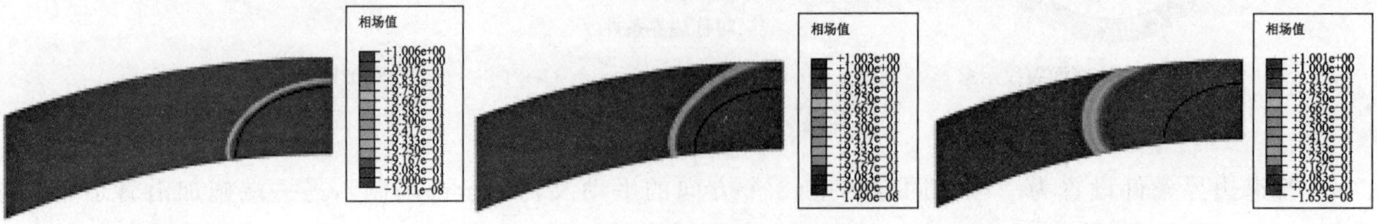

（a）起裂　　　　　　　　（b）沿壁厚方向扩展至穿透　　　　　　　（c）穿透后沿环向扩展

图 5　$a=0.07$ m，$2c=0.2$ m，管道环向表面裂纹局部演化过程

3 结　语

基于断裂相场法探讨了含环向表面裂纹管道在轴向力影响下的裂纹扩展现象，对轴向力作用下的含半椭圆形和半圆形初始环向表面裂纹管道进行了数值模拟分析，研究了不同初始裂纹尺寸下的管道裂纹扩展情况及力学响应，基于算例结果验证了断裂相场模型在海洋工程结构物裂纹扩展预测的适用性。主要结论如下：

（1）断裂相场法可以较好地模拟出拉伸载荷下的管道断裂过程，并清晰地描述管道的裂纹扩展路径。

（2）随着初始表面裂纹贯穿程度的增加，管道抵抗拉力的能力逐渐减弱，最大反力逐渐减小。

（3）初始表面裂纹的裂纹深度大于裂纹半长时，应力集中主要出现在裂纹环向边缘，导致裂纹倾向于沿环向扩展。

（4）初始表面裂纹的裂纹深度小于裂纹半长时，裂纹沿各方向均匀扩展。

参考文献

[1]　陈荣旗，雷震名. 中国海底管道工程技术发展与展望[J]. 油气储运，2022，41(6)：667-672.

[2]　狄彦，帅健，王晓霖，等. 油气管道事故原因分析及分类方法研究[J]. 中国安全科学学报，2013(7)：109-115.

[3]　陈飞，丁宁，王馨怡，等. 基于 XFEM 的管道表面裂纹环向扩展数值模拟[J]. 材料保护，2022，55(12)：47-54.

[4]　SONG Z H，CHEN N Z. A modified cyclic cohesive zone model for low-cycle fatigue crack initiation prediction for sub-sea pipelines under mode I loading[J]. Ocean Engineering，2023，276：114200.

[5]　田文祥，周伟，林力，等. 基于内聚力模型复合水泥基材料细观开裂模拟[C]//中国力学大会论文集(CCTAM 2019). 杭州：中国力学学会，2019：1515-1526.

[6]　WANGEN M. Finite element modeling of hydraulic fracturing in 3D[J]. Computational Geosciences，2013，17(4)：647-659.

[7]　胡少伟，鲁文妍. 基于 XFEM 的混凝土三点弯曲梁开裂数值模拟研究[J]. 华北水利水电大学学报(自然科学版)，2014，35(4)：48-51.

[8]　GRIFFITH A A. Ⅵ. The phenomena of rupture and flow in solids[J]. Philosophical Transactions of the Royal Society of London. Series A，containing papers of a mathematical or physical character，1921，221(582-593)：163-198.

[9]　IRWIN G R. Fracture[M]//Elasticity and Plasticity. Flügge S[M]. Berlin Heidelberg：Springer，1958：551-590.

[10]　MOLNAR G，GRAVOUIL A. 2D and 3D Abaqus implementation of a robust staggered phase-field solution for modeling brittle fracture[J]. Finite Elements in Analysis and Design，2017，130：27-38.

[11]　FRANCFORT G A，MARIGO J J. Revisiting brittle fracture as an energy minimization problem[J]. Journal of the Mechanics and Physics of Solids，1998，46：1319-1342.

[12]　GB/T19624—2019. 在用含缺陷压力容器安全评定[S]. 北京：中国标准出版社，2020.

基于水气分界面畸变矫正的海洋立管机器视觉监测方法

明　　龙[1]，武文华[1,2]，黄龚赛[1]

（1. 大连理工大学 工业装备结构分析优化与 CAE 软件全国重点实验室，辽宁 大连　116024；2. 大连理工大学宁波研究院，浙江 宁波　315000）

摘要：针对立管运动监测装置接触式测量安装难度高、难以反映全局姿态信息和可视化困难等缺点，本文基于机器视觉技术，通过图像捕捉立管在水汽交界面上下不同视角的运动行为和畸变特性，结合曲线检测和曲线配准技术，提出了一套基于机器视觉的非接触式立管姿态监测方法。进一步通过立管运动行为和服役环境，建立了一套海洋立管视觉监测方法的评价系统，验证了算法在畸变矫正、立管线形等多个维度的可行性。结果表明该方法能准确识别出管道在水汽交界面上下的运动行为，为海洋立管的非接触式姿态监测提供可能性。

关键词：机器视觉；立管系统；畸变矫正；曲线检测；图像拼接；运动监测

海洋立管[1]作为连接水下生产系统和浮式结构的传输管线，是深海油气田开发系统的重要组成部分。由于长期受到波浪、海流和上部浮体等荷载作用，立管的运动模式复杂，容易因弯矩过载、顶张力失效等原因发生失效[2]，一旦发生事故将严重影响海洋油气开采安全，因此开展海洋立管运动姿态监测至关重要。

传统海洋立管姿态监测方法主要依靠速度计、角速度计和倾角仪等设备[3]。然而，安装在立管表面的传感器可能会影响立管的整体构型，高杰等[4]通过对南海平台的海洋立管进行研究，建立了立管整体性能分析模型，发现监测装置的质量和安装位置对立管最小曲率半径和最大张力值均有较大影响。此外，传统传感器存在全局监测能力不足、信息采集不完整以及难以可视化运动姿态的缺点。这些限制导致基于传统传感器的监测技术在准确性和信息完整性方面存在局限，并且往往高度依赖传感器的数量和位置布置[5-7]。

基于机器视觉的监测方法是一种通过视觉传感器获取物体运动姿态的监测方法，因其具有的非接触式测量、运动姿态可视化和空间信息全面等优势，使得它在无人驾驶汽车[8]、人体姿态估计[9]等领域有着广泛的应用，在海洋装备监测领域也具有较大的应用潜力。而在海洋立管的运动姿态监测过程中，拍摄的图像会因水面折射产生非线性畸变，去除成像畸变是一大难题。此外，单一视角的图像无法全面反映管道姿态信息，因此，针对多视角下的图像进行图像拼接至关重要。

针对传统监测方法的缺点和目前视觉监测方法的难点，提出了一套适用于海洋环境立管姿态监测的新方法。研究基于水下光学成像原理构建了图像畸变矫正模型，还原了水下无折射畸变的立管图像，并以此作为输出，通过曲线检测算法实现了对管道图像的曲线提取，再将提取出的姿态线形、管道直径等信息作为配准信息，输入到图像拼接算法，实现了海洋立管水汽分界位置的图像拼接，最终提取出 2 个视角融合后的运动姿态。还建立了一套海洋立管运动模拟系统，模拟海洋立管在激励下的姿态响应，验证算法性能。结果表明，本文提出的视觉监测方法能准确获取立管在水汽分界面的运动姿态，为实现海洋立管的非接触式监测提供有力支持。

1 立管视觉监测方法框架

本文提出的监测算法框架是一种物理模型-姿态监测和可视化的一体式监测方法，首先通过立管姿态

基金项目：国家重点研发计划资助项目（2021YFA1003501）

通信作者：武文华。E-mail：lxyuhua@dlut.edu.cn

监测物理模型获取试验样本,再将试验样本输入姿态监测算法中,通过畸变矫正、曲线检测和图像拼接等算法,最终提取出立管姿态数据并完成姿态重建和可视化。算法包括 3 个部分,分别是图像矫正、管道曲线检测和图像拼接,算法框架如图 1 所示。

图像矫正算法用于矫正水下成像产生的畸变。由于光线在穿过水面进入成像平面时会发生折射导致成像畸变,利用三维重建技术对畸变图像进行重建后的姿态坐标将产生明显偏移误差。算法根据光学成像原理,建立了水下畸变成像模型,并以此为基础矫正畸变图像,矫正后的图像能通过三维重建技术还原出管道三维空间中的真实姿态。

曲线检测算法用于获取图像当中的管道曲线信息。由于图像本身无法直接反映出用于管道的姿态信息,因此需要通过算法对立管图像进行曲线特征提取。算法基于图像分割的曲线检测技术提取出图像中的立管边界,实现从 RGB 图像到管道姿态数字特征的转换,这些数字特征能反映图像中的管道轴线和边界曲线的像素坐标。

图像拼接算法用于对多视角的图像进行视觉拼接,获取管道多个视角融合后的姿态信息。在水汽分界面的立管姿态监测中,水上和水下拍摄到的立管图像存在明显分界面,不具备图像连续性,图像拼接算法能通过 2 幅图像中的匹配特征,实现从多视角坐标到单一视角坐标的转换,拼接融合后的图像将通过三维重建技术实现像素坐标—真实坐标的变换,最终获取立管真实空间中的姿态信息。

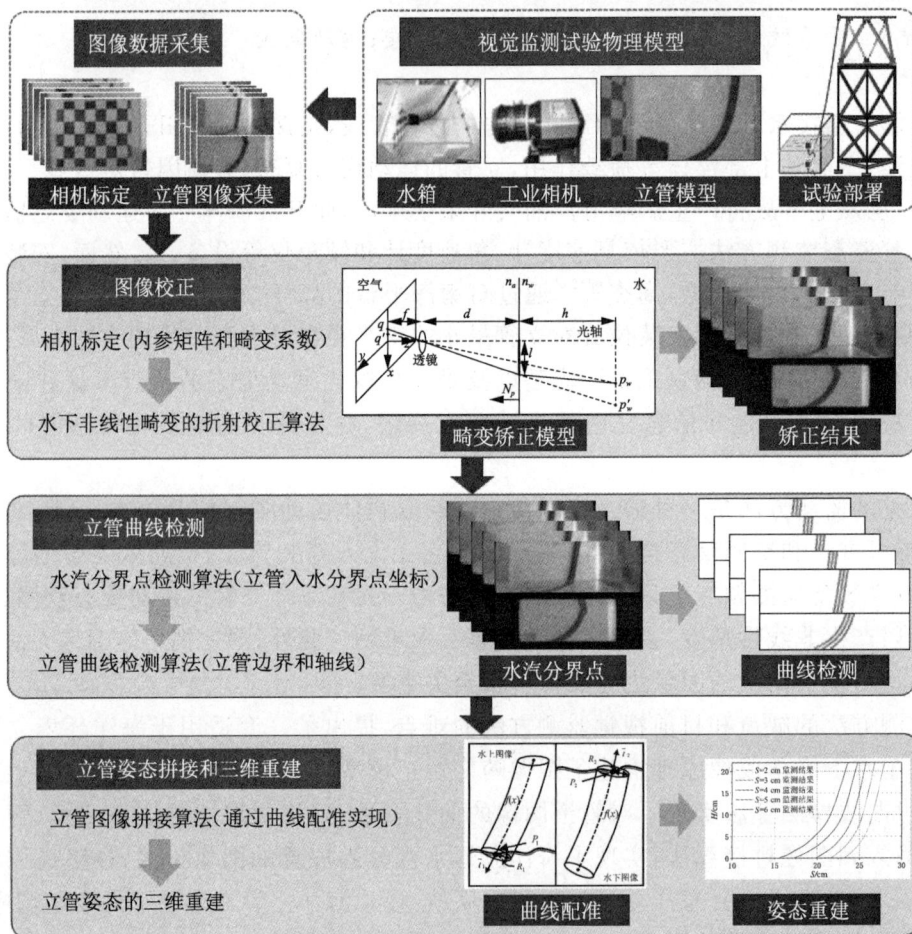

图 1   立管姿态监测算法框架

1.1 水下图像的畸变矫正

图像矫正是对立管姿态进行三维姿态重建的基础,基于水下光学成像原理,建立了水下相机成像模型,以获取在无水面折射影响下的管道图像。在这个场景中,光线在穿过隔水外壳的过程中并未改变光线的角度,并且由于隔水外壳较薄,因此可以忽略隔水外壳产生的折射[10]。因此,折射成像模型可以简化为图 2。

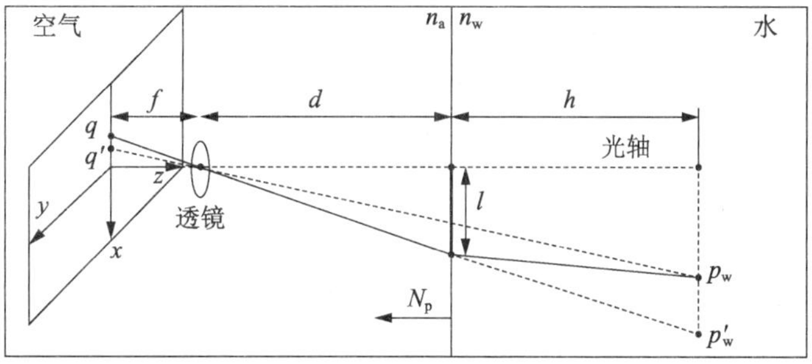

图 2 相机水下光学成像模型

在图中,水中一物点 p_w 的光线经过水面发生折射,再穿过相机透镜留在成像平面 q 点上,若直接利用不包含折射畸变的相机成像模型对物点进行三维重建,重建后的结果 p'_w 会与物点 p_w 产生偏差,为此本文先对点 q 进行畸变矫正得到 q',再用重建算法得到点 p_w,此时重建后的结果将去除水面折射影响。

根据多介质光的波动性和折射定律,光在穿过不同介质时将发生折射,此时入射光线、折射光线与法线(垂直于介质平面)之间的夹角满足 Snell 折射定律,通过定律可建立光线穿过水面两侧的折射方程:

$$n_a \sin\theta_a = n_w \sin\theta_w \tag{1}$$

式中,常数 n_a 和 n_w 分别为空气和水中的折射率,θ_a 和 θ_w 分别为光线的折射角度和入射角度。

通过成像模型中的几何关系,可获取入射角和折射角关于 p_w 和 p'_w 的参数表达式:

$$\theta_a = \theta(p'_w, l, h)$$
$$\theta_w = \theta(p_w, l, h) \tag{2}$$

由此可建立物点 p_w 关于 q 点的三维重建方程:

$$p'_w = R_a(q) \tag{3}$$
$$p_w = R_w(p'_w(q), d, h, n_a, n_w) \tag{4}$$

上式可实现对 p_w 点的重建,但当图像发生坐标变换时重建方程也会因此改变,因此本文进一步获取无畸变影响下的成像点 q',即实现对原图像的畸变矫正,去除水面折射效应影响,此时图像几何变换后,仍然可通过无畸变的三维重建算法获取物点 p_w。

结合相机焦距(f)和几何关系,可获取无畸变影响下的成像点 q' 的矫正方程:

$$q' = \frac{f}{d+h} R(p'_w(q), d, h, n_a, n_w) = D(p'_w(q), d, h, f, n_a, n_w) \tag{5}$$

此时可获取物点 p_w 关于矫正点 q' 的重建方程:

$$p_w = \frac{d+h}{f} q' = R_a(d, h, f, q') \tag{6}$$

1.2 在管道曲线检测

在进行立管曲线的检测前,首先需要提取出图像当中的有效检测区域,以避免曲线检测失效。图 3 中白色区域表示用于曲线检测的有效区域,超过该区域时,因水面影响,检测出的曲线将失去其物理意义。因此本文采用了一种基于 U-Net 神经网络[11]的多尺度关键点检测算法,首先通过算法提取出图像中立管水汽分界点,再根据分界点坐标提取出以上和以下区域,从而实现对检测区域的提取。相比基于特征梯度的传统关键点检测算法,该算法能实现端到端的训练和学习,具有着较高的泛用性。

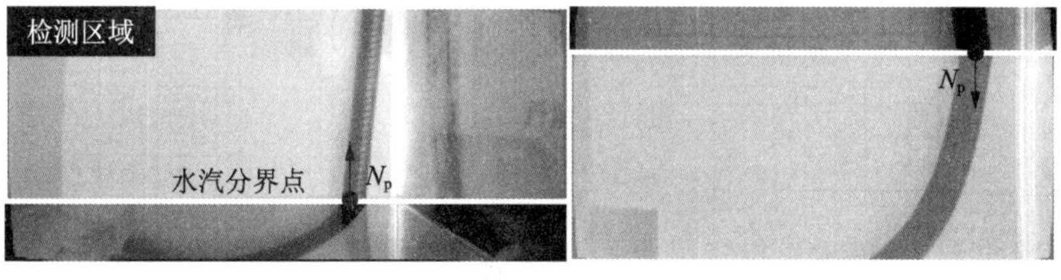

图 3 提取出用于曲线检测的有效区域

水汽分界点检测算法由一个基于 U-Net 神经网络的多尺度特征提取网络和一个位置提取模块构成,特征提取网络输入存有水汽分界点的图像,分别在不同尺度抽象层上进行特征提取,由浅到深地获取图像多尺度特征。随后,这些特征被传递到位置提取模块中,该模块的末端输出归一化后的分界点像素坐标。

完成检测区域的提取后,便可通过曲线检测算法对区域内的管道曲线进行提取。传统的曲线检测包括 Canny 边缘检测法[12]、Sobel 算法[13]、RANSAC 算法[14]和活动轮廓模型等,本文采用基于活动轮廓模型的 GrubCat 法[15]。该方法相比其他曲线检测方法有着精确图像分割、交互性强和无监督学习等优势,这使得它在多场景应用中有着较强的适用性,能够适应海洋中光线变化、水汽交界面等特殊情况。

算法首先在图 3 有效区域内进一步设置一个 ROI 识别区域,如图 4 所示,缩小管道曲线的识别范围,提高识别精度。其次,在 ROI 区域内进行图像分割,并生成管道掩膜,如图 5 所示。最后,根据管道掩膜提取出管道边界和管道轴线,如图 6 所示。

图 4 设置首帧图像的 ROI 识别区域

图 5 对识别区域内的图像进行掩膜提取

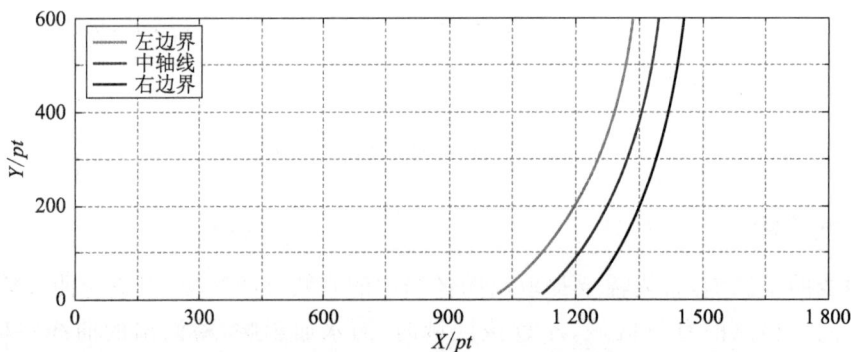

图 6 通过掩膜提取出管道边界和轴线信息

在 ROI 识别区域的设置上,本文采用了基于 Paredes 和 Taveira-Pinto[16]提出的自适应 ROI 设置方法。首先,利用水汽分界点识别算法提取出分界面的高度信息。然后,在分界点附近设置视频首帧的 ROI 识别区域。接着,估计出下一帧与当前帧的管道运动期望,并自动设置下一帧的 ROI 区域。通过这一系列步骤,最终实现了 ROI 的自动设置。

1.3 图像拼接和三维重建

在立管姿态的三维重建中,单一视角的图像无法充分反映管道姿态信息,因此进行多视角下的图像拼接至关重要。传统的拼接方法[17,20]通常基于多尺度特征不变性,即识别出 2 张图像公共区域的特征点,并建立特征点的匹配方程来实现图像的拼接。然而,水汽分界面的立管图像往往缺乏重叠的公共区域,传统的拼接方法无法适用。因此,本文根据多视角下立管姿态的连续性,提出了一种基于曲线配准的图像拼接方法,与传统方法相比,该方法克服了无有效重叠区域的困难,使得在水汽分界面附近的管道图像拼接成为可能。

算法首先根据不同相机与立管之间的景深差异,进行尺度调整以统一景深。式(9)描述了在尺度比例系数 s 下的调整过程,其中 q' 和 q_s 分别表示水下图像坐标和尺度调整后的坐标,z_1 和 z_2 分别表示水上和水下图像景深,R_1 和 R_2 分别表示在水上和水下图像中经曲线检测算法提取出的管道半径。

$$q_s = q' \times s \tag{7}$$

$$s = \frac{z_2}{z_1} = \frac{R_2}{R_1} \tag{8}$$

完成尺度调整后,还需要对图像进行刚体变换,以保证拼接后管道图像具备连续性,这里的连续特征包括管道曲线方向、水汽分界点坐标和管道半径。式(9)描述了成像点 q_s 经图像变换后生成重投影坐标 q_2 的过程,其中 $\mathbf{R}$ 和 $\mathbf{T}$ 分别表示图像变换的旋转矩阵和平移矩阵,可通过管道曲线方向和水汽分界点坐标获取。

$$q_2 = \mathbf{R} \times q_s + \mathbf{T} \tag{9}$$

以上变换可以实现从水下图像坐标系到水上图像坐标系的转换。为了对 2 个视角下的图像进行拼接与融合,本文采用了 Alpha 图像融合算法来获取拼接融合后的整体图像。

$$Q = \alpha q_1 + (1 - \alpha) q_2 \tag{10}$$

其中,q_1 和 q_2 为待融合成像点;Q 为输出成像点;α 为融合因子,取值 $[0,1]$。

最后可由式(11)通过基于景深的三维重建算法实现二维图像到真实世界坐标的映射。

$$P_w = \frac{d + h}{f} Q = \mathbf{R}_a(d, h, f, Q) \tag{11}$$

其中,P_w 为物点的重建坐标。

2　监测方法评估

2.1　监测系统物理模型介绍

视觉监测系统的物理模型如图 7 所示。在图中,受监测的立管模型的直径为 2.0 cm,其顶部固定在六自由度平台上。在试验中,通过平台产生的运动激励来模拟立管的运动。立管模型的尾部与尺寸为 30 cm×30 cm×30 cm 的玻璃水箱底部相固定。2 台相机分别安装在玻璃水箱外表面的水上和水下两侧,用于监测立管模型。根据水箱顶部立管位置(S),等间隔地选取了视频中的 5 组运动图像,并对其进行姿态监测,监测样本图像如图 8(S=2~6 cm,间隔为 1 cm,尺度标定板作为立管监测背景板),试验中的具体布置参数如表 1 所示。

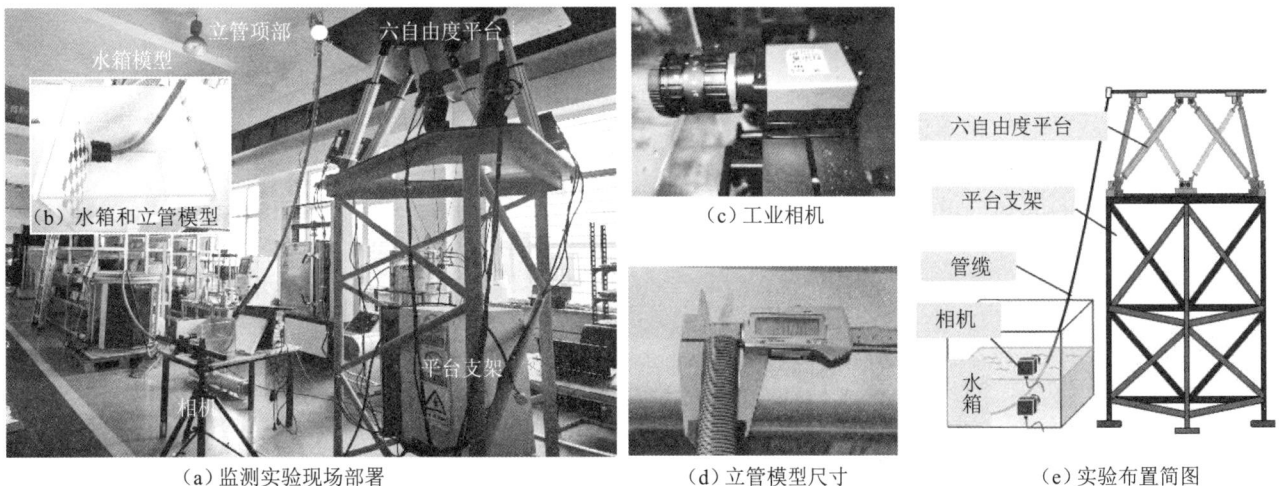

（a）监测实验现场部署　　　　　　（d）立管模型尺寸　　　　　（e）实验布置简图

图 7　视觉监测实验物理模型及其布置图

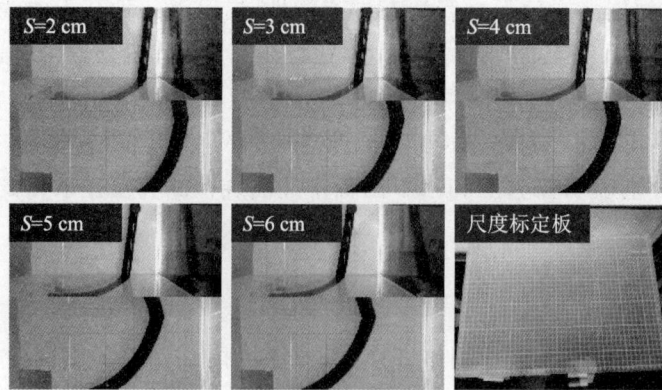

图 8　不同顶部水平位置下的立管模型监测样本图像

表 1　试验布置参数

序　号	S/cm	z/cm	x/cm	水上相机位置/cm	水下相机位置/cm
1	2	28.0	13.0	12.5,8.0,30.0	18.0,14.0,30.0
2	3	28.0	13.0	12.5,8.0,30.0	18.0,14.0,30.0
3	4	28.0	13.0	12.5,8.0,30.0	18.0,14.0,30.0
4	5	28.0	13.0	12.5,8.0,30.0	18.0,14.0,30.0
5	6	28.0	13.0	12.5,8.0,30.0	18.0,14.0,30.0

注:z 为物距深度;x 为水面高度。

2.2　机器视觉的立管监测方法分析

2.2.1　水下畸变矫正结果分析

在物理模型中,放置一块图 8 所示尺度标定板作为立管模型的背景板,尺度板不仅用以获取立管的真实姿态,还能验证畸变矫正算法性能。图 9 显示了未经过和经过畸变矫正算法处理后,图像的显示结果。图中红色点为标定板角点的真实位置,蓝色点为监测图像角点位置,可以发现未经过畸变矫正的图像与真实位置发生明显偏差,如图 9(a)。经过畸变矫正后,其偏差明显减小,监测图像位置基本与真实位置重合,如图 9(b)。

(a)未进行畸变矫正

(b)经过畸变矫正

图 9　尺度标定板的畸变矫正结果

2.2.2　水汽分界点检测结果分析

本文采用了 Adam 优化器,设置学习率为 1×10^{-4},权重衰减率为 1×10^{-5},并选用了 MSELoss 损失函数。训练过程经历了 50 次迭代。由于缺乏成熟的数据集用于管道分界点预测任务,选择了立管模型在不同姿态、光照条件和图像清晰度下的水上和水下 200 组图像数据作为训练数据集。为了增强样本的多样性,应用了数据集扩充技术,具体数据采集策略详见表 2:

表 2　数据集采集策略表

数据采集方法	具体策略	范围
图像亮度	随机图像亮度,模拟自然光照亮度	±50 灰度级
立管姿态	参照表 1	—
图像清晰度	随机高斯噪声/高斯模糊	模糊程度:0～10;噪声强度:0～1.0
背景光颜色	自然光/绿光/蓝光,模拟自然光照条件	背景光强度:0～50 灰度级
图像裁剪	随机裁剪	裁剪比例:0.8～1.0
图像旋转	随机旋转角度	旋转角度:0°～360°
图像平移	随机像素平移	平移比例:0～0.2
图像翻转	水平/垂直	—

图 10 展示了物理模型经过 50 次训练后,视觉监测算法在训练集和验证集中对管道入水分界点的预测结果损失值。观察到训练集上的 MSELoss 损失函数值为 0.001 31,而在验证集上为 0.001 91。图 11 展示了不同样本的预测结果与真实值之间的欧氏误差,样本中最大欧氏距离误差为 0.045 19。为验证位置提取网络的性能,采用了 2 个自然选择的指标,分别是 Spearmen 相关性(C_{SP})和平均绝对误差(E_{MA})来评估位置编码的性能。C_{SP} 的取值范围在 $[-1,1]$ 之间,在本文中计算得到 $C_{SP}=0.981\ 8$,显示出预测结果和真实结果之间具有卓越的相关性。此外,$E_{MA}=0.027\ 4$,预测结果的像素误差与真实误差之间存在较低差异。这表明了算法在位置预测方面的出色性能。

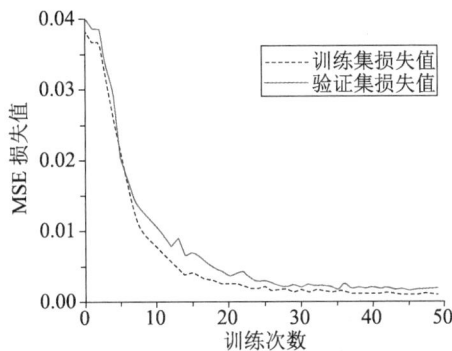

图 10　立管过水分界点识别算法训练过程

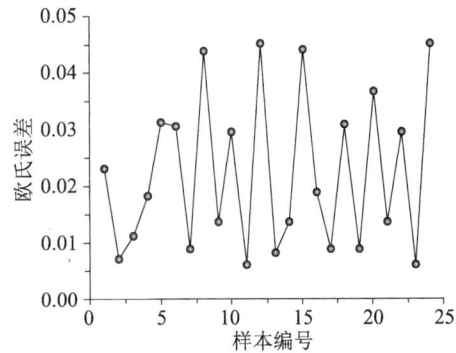

图 11　样本预测误差曲线

2.2.3　图像拼接结果分析

如图 12 所示,通过曲线配准算法在拼接位置处获得了拼接结果。通过观察尺度标定板竖向条纹的配准情况,发现未进行畸变矫正的图像受到水下非线性畸变的影响,无法进行准确的拼接。而经过畸变矫正的图像,在水上下界面的图像中展现出了优秀的拼接效果。此外,对于立管模型,算法保证了立管拼接后的线型柔顺性和半径连续性,这进一步验证了算法在配准和拼接方面的性能。

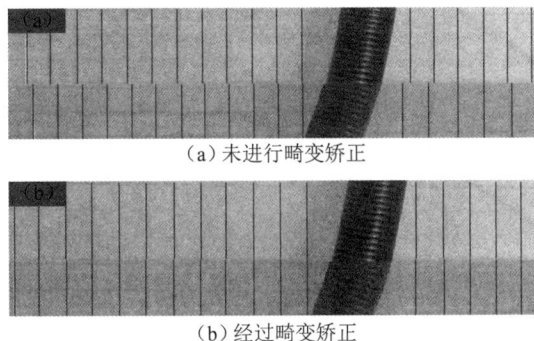

（a）未进行畸变矫正

（b）经过畸变矫正

图 12　立管和尺度标定板的拼接结果

2.2.4　立管模型曲线监测结果分析

图 13 展示了通过视觉监测算法从物理模型中获取的入水分面管道模型姿态曲线。结果显示，在图 13(a)未包含图像畸变矫正的视觉监测结果中，水上部分监测结果与真实曲线存在些许偏移，这种偏移是由镜头存在轻微畸变所致。在水下部分，随着深度的增加，畸变逐渐加大，与水下光学成像模型相符，进一步验证了对水汽分界面上下不同介质的图像进行畸变矫正的重要性。在图 13(b)经过畸变矫正的监测结果中，5 种不同姿态下的监测结果与真实曲线之间呈现出密切的贴合，成功地捕捉和反映了实际管道的姿态变化。

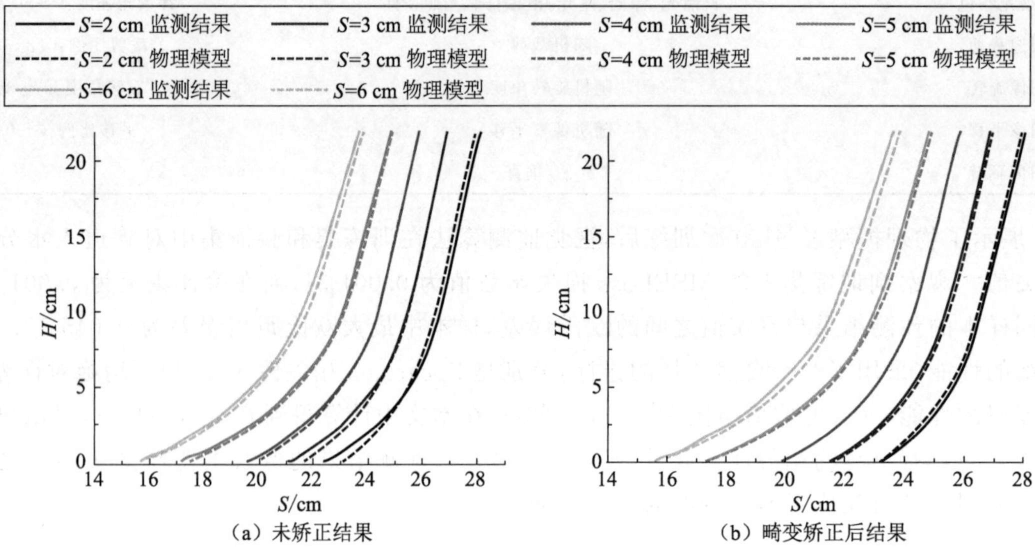

图 13　姿态监测曲线与物理模型对比

3　结　语

提出了一种用于海洋立管水汽分界面畸变矫正的非接触式运动姿态视觉监测和可视化输出的方法，进一步通过建立立管物理监测模型，验证了其可行性，主要研究结论如下：

（1）提出了一种基于视觉的运动姿态监测系统，旨在实现对海洋立管的非接触式监测。该系统主要分为 4 个部分：图像矫正算法、曲线检测算法，以及水上、水下图像拼接算法。图像矫正算法通过消除水面和镜头折射畸变的影响，从而提高三维重建的准确性。而曲线检测算法则将物理模型图像转换成姿态线形等数字信息，以实现更精确的监测。最后，多视角图像拼接算法确保了水上和水下检测数据的准确融合，实现了立管姿态的完整一体化输出。该系统为海洋立管监测提供了理论支撑和试验参考，为相关领域的研究提供了有益的技术手段。

（2）验证了在静态海况下视觉监测系统的可行性。通过建立基于机器视觉的立管物理监测模型，验证了水下图像畸变矫正、水汽分界点检测、图像拼接和立管姿态重建算法性能。结果表明，立管的真实姿态信息与视觉监测结果具有良好的一致性。表明本文提出的视觉监测方法能够准确获取立管在水汽交界面附近的姿态信息，为立管姿态信息的可视化输出提供了重要的参考依据。对于进一步推动立管监测方法的发展和应用具有重要的实际意义。

参考文献

[1]　宋儒鑫. 深水开发中的海底管道和海洋立管[J]. 中国造船，2002(z1):14.

[2]　娄敏,董文乙,王腾. 浮式装置升沉及横荡运动下海洋立管动力响应研究[J]. 中国海洋平台，2010,25(4):14-18.

[3]　PEN A. Standalone subsea data monitoring system[C]// Underwater Science Symposium Aberdeen University. Aberdeen:Aberdeen University,2003.

[4]　高杰,刘军鹏,刘永波,等. 运动监测装置对柔性立管整体性能的影响[J]. 科学技术与工程，2020(32):20.

[5]　王秀丽,张强,冉永红. 空间管桁架结构健康监测传感器布置优化分析[J]. 建筑科学与工程学报，2019,36(4):9.

［6］　NATARAJAN S,HOWELLS H,DEKA D,et al. Optimization of sensor placement to capture riser VIV response ［C］//25th International Conference on Offshore Mechanics and Arctic Engineering. Hamburg:American Society of Mechanical Engineers. 2006.

［7］　刘义勇,杨亮,李卓,等. 顶张紧式立管现场监测传感器布点优化[J]. 中国海洋平台,2018,33(4):6.

［8］　SHI G M,SUO J. Research on moving vehicle detection and recognition technology based on artificial intelligence[J]. Microprocessors and Microsystems,2016.［DoI:10. 1016/j. micpro. 2023. 104937］.

［9］　CHEN Y,TIAN Y,HE M . Monocular human pose estimation:a survey of deep learning-based methods[J]. Computer Vision and Image Understanding,2023,192:102879.

［10］　KWON Y H,LINDLEY S L . Applicability of four localized-calibration methods in underwater motion analysis［C］// 18 International Symposium on Biomechanics in Sports. Hong Kong. 2000.

［11］　RONNEBERGER O,FISCHER P,BROX T. U-net:convolutional networks for biomedical image segmentation［C］// Medical Image Computing and Computer-Assisted Intervention-MICCAI 2015:18th International Conference. Munich:Springer International Publishing,2015:234-241.

［12］　CHEN H H,CHUANG W N,WANG C C. Vision-based line detection for underwater inspection of breakwater construction using an ROV[J]. Ocean Engineering,2015,109:20-33.

［13］　NARIMANI M,NAZEM S,LOUEIPOUR M. Robotics vision-based system for an underwater pipeline and cable tracker［C］//OCEANS 2009-EUROPE. Bremen:IEEE,2009,1-6.

［14］　YANG K,YU L,XIA M,et al. Nonlinear RANSAC with crossline correction:An algorithm for vision-based curved cable detection system[J]. Optics and Lasers in Engineering,2021,141(6):106417.

［15］　ROTHER C . GrabCut:interactive foreground extraction using iterated graph cuts[J]. ACM Transactions on Graphics（TOG）,2004,212:869-881.

［16］　PAREDES G M,TAVEIRA-PINTO F . An experimental technique to track mooring cables in small scale models using image processing[J]. Ocean Engineering,2016,111(1):439-448.

［17］　LOWE D G . Distinctive image features from scale-invariant keypoints[J]. International Journal of Computer Vision,2004,60(2):91-110.

［18］　KE N Y,SUKTHANKAR R. PCA-SIFT:a more distinctive representation for local image descriptors［C］//IEEE Computer Society Conference on Computer Vision & Pattern Recognition. IEEE Computer Society,2004.

［19］　PORTER M F. SURF（Speeded Up Robust Features）[J]. Computer Vision and Image Understanding,2006,110 (3):346-359.

［20］　刘立,彭复员,赵坤,等. 采用简化 SIFT 算法实现快速图像匹配[J]. 红外与激光工程,2008(1):181-184.

管线钢疲劳裂纹扩展速率预测内聚力模型

郑廷森[1]，陈念众[1,2,3]

(1. 天津大学 建筑工程学院，天津　300350；2. 天津大学 水利工程智能建设与运维全国重点实验室，天津 300350；3. 天津大学 大型地震工程模拟研究设施建设管理办公室，天津　300350)

摘要：建立了一种同时考虑内聚强度退化和累积内聚长度退化的改进循环内聚力模型，用以模拟氢脆对海底管线钢疲劳裂纹扩展的影响。在该改进模型中，内聚强度的退化采用基于第一性原理推导的退化方程进行模拟。累积内聚长度退化采用分段线性关系和基于反 Logistic 函数建立的退化关系分别进行模拟。随后基于改进的循环内聚力模型对 API X70 管线钢在气态氢环境下的疲劳裂纹扩展进行了模拟。通过将模拟结果与试验结果进行比较，对比分析了两种不同累积内聚长度退化关系对预测结果的影响，并验证了所提出的循环内聚力模型的性能。

关键词：氢脆；循环内聚力模型；疲劳裂纹扩展；累积内聚长度

氢原子的渗入导致管线钢的力学性能下降，这种现象被称为氢脆[1]。发生氢脆的结构在远低于其设计载荷的作用下就会产生裂纹并迅速扩展，最终导致结构断裂。氢致疲劳断裂是海底输氢管线及海底油气管线主要的失效形式之一[2]。因此，海底管线钢的氢致疲劳断裂评估问题已成为深海油气工业和氢能源开发中的关键问题之一。

关于钢材中的氢脆发生机理，自 1874 年 Jonhson[3]首次提出氢阻碍了铁原子的运动，继而导致了其韧性降低的理论以来，基于对各类氢致断裂现象的研究，已有多种氢脆理论陆续被提出。但由于氢脆演化机理复杂，学术界对氢脆机理的解释目前仍有较大的争议[4]。在现有的氢脆理论中，被广泛接受的理论主要有氢加强局部塑性理论和氢加强分离理论[5]。Serebrinsky 等[6]基于量子力学发展了一种用于模拟金属氢脆的连续介质模型。模型预测与试验数据的对比表明，氢加强分离可能是水环境中高强度钢氢致断裂的主要机制。根据这些氢脆机理，基于断裂力学理论和主流的氢脆理论的氢致疲劳断裂预测模型取得了很大进展。Cheng 和 Chen 的一系列工作[7-9]提出了基于断裂力学和氢加强分离理论的腐蚀-开裂相关模型。该模型被成功应用于预测 API 管线钢在氢气环境和腐蚀条件下的疲劳裂纹扩展行为，并与试验数据吻合良好。

与传统断裂力学方法不同，循环内聚力模型与氢加强分离理论具有良好的协调性，为模拟氢致疲劳断裂提供了新的解决方案。Del Busto 等[10]在有限元框架内改进了可逆内聚力模型，以实现循环加载下材料性能退化的模拟，从而定性捕捉氢诱导疲劳试验的趋势。Moriconi 等[11]在内聚力模型中引入改进的氢扩散模型，并对高强度钢在氢气环境中进行了模拟和试验比较，发现基于内聚理论的模型预测结果与低压氢环境中的试验结果吻合良好。然而，该模型难以预测在高氢浓度下疲劳裂纹扩展速率的变化趋势。上述工作表明，仅考虑内聚强度退化的内聚力模型在预测氢致疲劳断裂方面可能存在局限性。

累积内聚长度是直接影响疲劳损伤的另一个重要参数。然而，在基于循环内聚力模型的疲劳分析中，累积内聚长度常常被定义为常数。目前还没有研究考虑氢引起的累积内聚长度退化对氢致疲劳裂纹扩展的影响。因此，本文建立了一种改进的循环内聚力模型，对氢气环境下的 API X70 管线钢进行了疲劳裂纹扩展模拟。所提出的改进循环内聚力模型同时考虑了内聚强度的退化与累积内聚长度的退化，以阐明

基金项目：国家自然科学基金资助项目(52071235)

通信作者：陈念众。E-mail：nzchen2018@hotmail.com

氢脆对疲劳裂纹扩展的影响。其中内聚强度的退化采用基于第一性原理推导的退化关系,而累积内聚长度的退化考虑了分段线性模型与基于反 Logistic 函数建立的退化模型两种关系。然后,将采用了不同退化模型的预测结果与氢致疲劳裂纹扩展试验结果进行比较,讨论了采用不同累积内聚长度退化关系时预测结果的区别,并证明了所提出的改进循环内聚力模型的适用性。

1 氢脆理论

1.1 氢扩散模型

金属晶体中的氢原子的总浓度 C_H 可以表示为金属晶体中晶格氢浓度 C_L 和陷阱氢浓度 C_T 之和[12]:

$$C_H = C_L + C_T = \theta_L N_L + \theta_T N_T \tag{1}$$

式中:θ_L 为晶格氢覆盖率,N_L 为晶格氢密度,θ_T 为陷阱氢覆盖率,N_T 为陷阱氢密度。

假设金属晶体中晶格氢的化学势与陷阱中氢的化学势之间存在热力学平衡,则金属晶体中的晶格氢浓度 C_L 和陷阱氢浓度 C_T 之间的关系可由下式给出[13]:

$$C_T = \frac{N_T}{1 + \left[C_L \exp\left(\frac{E_B}{\bar{R} T} \right) \right]^{-1}} \tag{2}$$

式中:E_B 为陷阱结合能,取 $E_B = 35$ kJ/mol,$\bar{R}$ 为气体通用常数,其值为 8.3145 J/(mol·K),T 为绝对温度。

式(2)使得金属晶体中的陷阱氢浓度 C_T 可被晶格氢浓度 C_L 表征,从而使得金属晶体中氢原子的质量运输方程可以被转化为仅含晶格氢浓度 C_L 的形式如下[14]:

$$\frac{D_L}{D_e} \frac{dC_L}{dt} = D_L \nabla^2 C_L - \nabla\left(\frac{D_L C_L \bar{V}_h}{\bar{R} T} \nabla \sigma_h \right) \tag{3}$$

式中:D_L 为氢在金属中晶格扩散系数,D_e 为等效扩散系数,$\bar{V}_h$ 为氢的平均摩尔体积,∇ 为哈密顿算子,σ_h 为静水应力。则由式(3)可求解氢在金属内部应力场作用下的扩散状态。

1.2 内聚力模型

内聚力模型认为断裂的形成是一个渐进的过程,裂纹表面的分离发生在裂纹尖端一块被称为内聚区的区域内,该区域中裂纹尖端的牵引力可以被表示为裂纹张开位移的函数,即牵引分离定律。典型的针对纯 I 型裂纹的指数型牵引分离定律由下式给出[15]:

$$T_n = \sigma_{max,0} \left(\frac{\delta_n}{\delta_0} \right) \exp\left(1 - \frac{\delta_n}{\delta_0} \right) \tag{4}$$

式中:T_n 为法向牵引力,$\sigma_{max,0}$ 为初始内聚强度,即金属材料力学性能尚未发生退化时的内聚强度,δ_n 为法向分离位移,δ_0 为法向特征内聚长度。

在内聚力模型的损伤演化规律中,将单调加载引起的损伤 D_m 和循环加载引起的损伤 D_c 定义为两种不同的损伤机制。在进行内聚力分析的过程中,将取两种损伤中较大的一种作为当前时间步中损伤进行储存。根据 Roe 和 Siegmund 所提出的循环内聚力模型,结构的总损伤量由下式给出[16]:

$$D = \int \max(\dot{D}_m, \dot{D}_c) dt \tag{5}$$

其中,

$$\dot{D}_m = \frac{\max(\Delta\delta_{n,t}) - \max(\Delta\delta_{n,t-\Delta t})}{4\delta_0} \tag{6}$$

$$\dot{D}_c = \frac{|\Delta\dot{\delta}_n|}{\delta_\Sigma} \left[\frac{T_n}{\sigma_{max,0}(1-D)} - \frac{\sigma_f}{\sigma_{max,0}} \right] H\left(\int_0^t |\Delta\dot{\delta}_n| dt - \delta_0 \right) \tag{7}$$

式中:$\Delta\delta_{n,t}$ 为 t 时刻法向分离的增量,Δt 为时间步增量,$\Delta\delta_{n,t-\Delta t}$ 为 $t-\Delta t$ 时刻法向分离的增量。δ_Σ 为累积

内聚长度，σ_{f} 为内聚区耐久极限，H 为 Heaviside 函数。式(6)需满足 $\max(\Delta\delta_{\mathrm{n},t-\Delta t})>\delta_0$，从而使得在 $\max(\delta_{\mathrm{n},t})=\delta_0$ 时 $D_{\mathrm{m}}=0$。单调加载引起的损伤 D_{m} 仅在 δ_{n} 大于 δ_0 时需要被更新。当总损伤 $D=1$ 时即认为材料失效。图 1 为裂纹尖端内聚区与牵引分离定理关系的示意。由于考虑了加载过程中损伤累积所导致的内聚强度退化，内聚力模型可以合理地捕捉到载荷循环对牵引分离定理的影响。

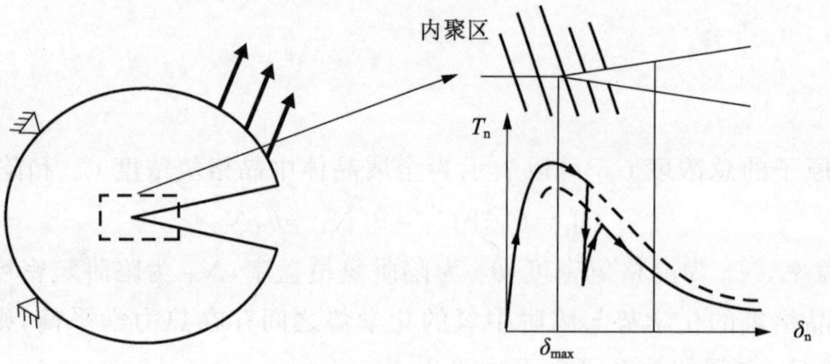

图 1　裂纹尖端内聚区及牵引分离定律示意

1.3 考虑氢影响的内聚力模型

在 Roe 和 Siegmund[16] 所提出内聚力模型的基础上，考虑了气态氢环境下 X70 管线钢内部氢扩散引起的内聚强度 $\sigma_{\max}$ 与累积内聚长度 δ_{Σ} 的退化，使得氢对管线钢材料性能的影响可以被内聚力模型所捕捉。其中，内聚强度 $\sigma_{\max}$ 的退化利用 Serebrinsky 等[6] 基于第一性原理提出的氢覆盖率 θ_{H} 与 $\sigma_{\max}$ 之间的二次关系来描述，其表达式为：

$$\frac{\sigma_{\max,C}}{\sigma_{\max,0}}=1-1.046\ 7\theta_{\mathrm{H}}+0.168\ 7\theta_{\mathrm{H}}^2 \tag{8}$$

其中

$$\theta_{\mathrm{H}}=\frac{C_{\mathrm{H}}}{C_{\mathrm{H}}+\exp\left(-\dfrac{\Delta G_{\mathrm{B}}^0}{RT}\right)} \tag{9}$$

式中：$\sigma_{\max,C}$ 为氢影响下的内聚强度，θ_{H} 为金属晶体内的总氢覆盖率，ΔG_{B}^0 为任意微观结构界面与周围材料的吉布斯自由能之差。

氢引起的金属材料性能退化存在饱和效应，即氢浓度超过某一临界值后，氢浓度的增加不再对金属材料性能的退化有显著的影响[17]。为了考虑氢脆的饱和效应，本文针对氢引起的累积内聚长度 δ_{Σ} 的退化提出了分段线性模型与基于反 Logistic 公式的模型两种不同的退化模型。根据 Amaro 等[18] 的疲劳裂纹扩展试验数据，假设 X70 钢发生饱和效应时对应的氢浓度为 0.059 mg/kg，对应氢压为 6.9 MPa，则分段线性模型表达式如下：

$$\frac{\delta_{\Sigma,C}}{\delta_{\Sigma,0}}=\begin{cases}1-14.88C_{\mathrm{H}}, & 0\leqslant C_{\mathrm{H}}<0.059\ \mathrm{mg/kg}\\ 0.1, & C_{\mathrm{H}}\geqslant 0.059\ \mathrm{mg/kg}\end{cases} \tag{10}$$

式中：$\delta_{\Sigma,C}$ 为退化的累积内聚长度，$\delta_{\Sigma,0}$ 为初始累计内聚长度。

Logistic 公式通常用于描述一个开始增长缓慢，随后快速增长，最后增长趋近停滞的过程。由于氢致材料性能退化规律与 Logistic 公式所描述的过程存在相似性，本文基于作者之前的相关工作[19]，考虑 Logistic 公式的一般形式，建立基于反 Logistic 公式的累积内聚长度退化模型，其表达式如下：

$$\frac{\delta_{\Sigma,C}}{\delta_{\Sigma,0}}=\frac{0.9\left(1+\dfrac{\delta_0}{\delta_{\Sigma,0}}\right)}{1+\dfrac{\delta_0}{\delta_{\Sigma,0}}\exp(sC_{\mathrm{L}})}+0.1 \tag{11}$$

式中：s 为无量纲材料参数，根据饱和效应发生时的氢浓度进行确定，本文取 $s=107.62$。

将式(8)至式(11)所确定的管线钢氢致材料性能退化模型代入式(7)，可得到考虑氢脆的循环内聚力模型损伤演化方程如下：

$$\dot{D}_c = \frac{|\Delta \dot{\delta}_n|}{\delta_{\Sigma,C}} \left[\frac{T_n}{\sigma_{\max,C}(1-D)} - \frac{\sigma_f}{\sigma_{\max,0}} \right] H\left(\int_0^t |\Delta \dot{\delta}_n| \, dt - \delta_0 \right) \tag{12}$$

2 有限元分析

2.1 有限元模型

有限元分析采用的 X70 管线钢详细材料参数如表 1 所示。

表 1   X70 管线钢材料参数

屈服强度 σ_y/MPa	极限拉伸强度 σ_u/MPa	密度 $\rho/(\text{kg/m}^3)$	杨氏模量 E/GPa	泊松比 v
509	609	7 850	206	0.3

为了使用内聚力模型来模拟管线钢的氢致疲劳裂纹扩展，假设从目标管线上取得一标准紧凑拉伸（CT）试件，试样尺寸如图 5(a)所示，$W = 25.4$ mm。随后建立该 CT 试件的有限元模型如图 5(b)所示。由于试件为对称结构，仅对其上半部分进行建模。采用四节点耦合平面应变单元（CPE4RT）对试样进行网格划分，并沿预定的疲劳裂纹扩展路径，即试件对称轴施加一层两节点内聚单元（COH2D4）。对裂纹尖端 2 mm 范围内及裂纹扩展路径周围的网格进行细化处理，最小网格尺寸为 0.02 mm。循环内聚力模型相关参数取值如下：$\delta_0 = 0.2$ mm，$\delta_{\Sigma,0} = 15\delta_0$，$\sigma_{\max,0} = 4\sigma_y$，$\sigma_f = 0.25\sigma_{\max,0}$。

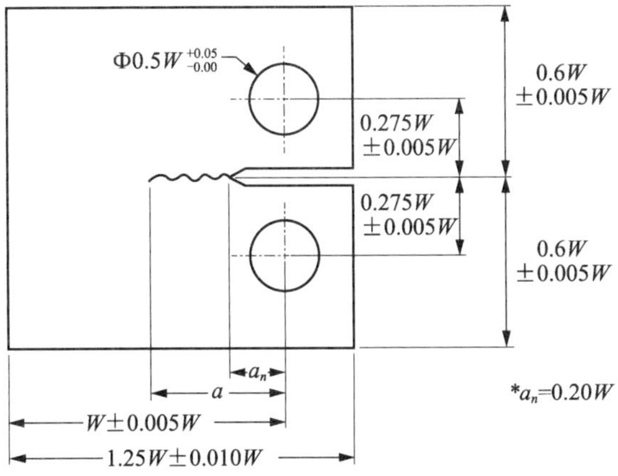

（a）试件尺寸 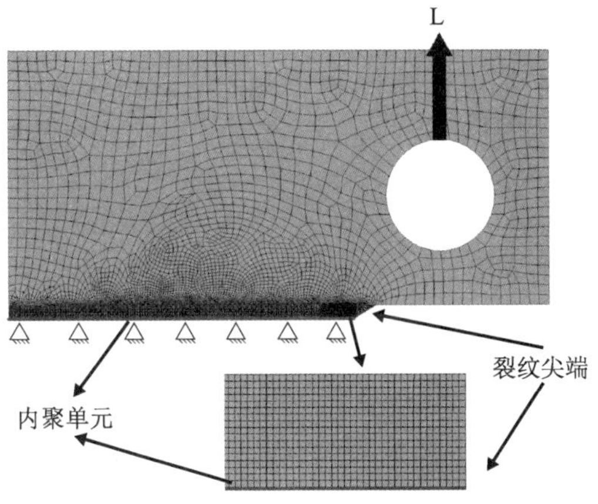   （b）有限元模型

图 2   管线钢 CT 试件有限元模型

2.2 疲劳裂纹扩展速率预测

对裂纹尖端应力强度因子范围 ΔK 分别为 16 MPa·m$^{1/2}$、20 MPa·m$^{1/2}$、24 MPa·m$^{1/2}$、28 MPa·m$^{1/2}$、32 MPa·m$^{1/2}$、36 MPa·m$^{1/2}$ 的情况进行模拟，在模拟过程中保持 ΔK 不变。在载荷比 $R = 0.5$，初始氢浓度 $C_{L,0} = 0.055$ mg/kg（即氢压 $P_H = 5.5$ MPa）的条件下，在 CT 试件销孔上半边缘施加循环载荷并进行裂纹扩展模拟，直到裂纹扩展超出网格细化区域，记录 ΔK 与对应的氢致疲劳裂纹扩展速率 da/dN，其中 a 为裂纹长度，N 为载荷循环次数。将分别采用分段线性退化模型与反 Logistic 退化模型的内聚力模型的预测结果、采用仅考虑内聚强度退化的内聚力模型的 da/dN 预测结果与试验结果绘制于双对数图中，如图 3 所示。

从图 3 可以看出，在低 ΔK 水平下，氢环境下的 da/dN 与无氢环境下相差不大，这是由于此时氢扩散速率较慢，裂纹尖端的氢原子尚未大量富集，裂纹就已继续扩展。随着 ΔK 增加，氢在管线钢内部的扩散速率提高，在裂纹扩展前材料就已发生氢脆，从而显著加速裂纹的扩展。这一加速效果随着 ΔK 的增大而提高。随着 ΔK 继续增大，在加载开始后氢脆效果迅速达到饱和，氢对裂纹扩展的加速作用不再继续增强。

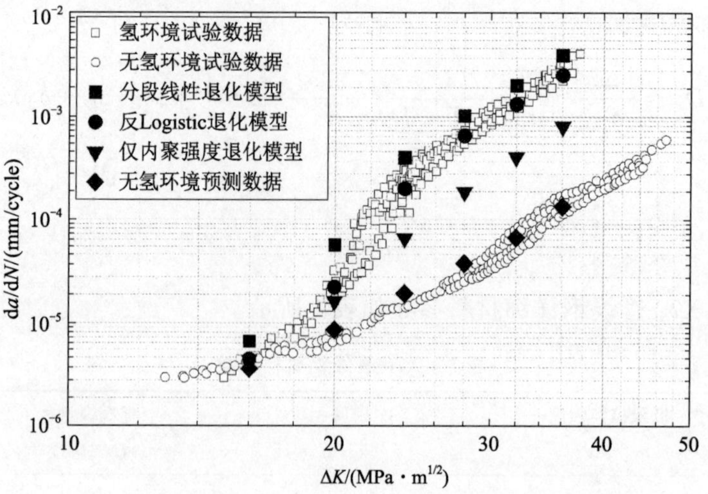

图 3　X70 管线钢氢致疲劳裂纹扩展速率预测数据与试验数据对比

同时,图 3 表明在内聚力模型中考虑氢致材料性能退化可以捕捉到氢对裂纹扩展的加速作用,特别是对饱和效应后 da/dN 随 ΔK 变化的趋势与试验结果有较好的一致性。然而,仅考虑内聚强度退化的内聚力模型预测的 da/dN 在高 ΔK 水平下要远低于试验测量值。这说明仅考虑内聚强度的退化在氢浓度较快达到发生饱和效应所需浓度的情况下难以有效评估氢对疲劳裂纹扩展的加速程度。而采用累积内聚长度分段线性退化模型的内聚力模型在整体上可以得到更为保守的预测结果。虽然在高 ΔK 水平下的该模型预测效果比仅考虑内聚强度的预测模型更接近试验数据,但是在低 ΔK 水平下该模型显然过高地估计了材料性能的退化程度。与分段模型相比,反 Logistic 退化模型能够有效控制低氢浓度下的 da/dN 的增加,且在高 ΔK 水平下,反 Logistic 退化模型的预测结果整体低于分段线性模型,与试验结果更为接近。这进一步说明了反 Logistic 模型比分段线性模型更适合用于描述氢环境下 X70 管线钢的累积内聚长度退化规律。

3 结　语

建立了一种同时考虑氢致内聚强度退化与累积内聚长度退化的氢致疲劳裂纹扩展内聚力模型,其中累积内聚长度退化的评估包括分段线性退化模型和基于反 Logistic 模型的退化模型两种不同模型。通过将 X70 管线钢氢致疲劳裂纹扩展速率预测结果与试验结果进行对比,评估了不同退化模型的适用性。主要研究结论如下:

(1) 仅考虑内聚强度退化的内聚力模型不适用于可能较快产生氢脆饱和效应的情况。

(2) 采用累积内聚长度分段线性退化模型的内聚力模型在低氢浓度下的预测结果过于保守。

(3) 采用累积内聚长度反 Logistic 退化模型的内聚力模型预测结果与试验吻合良好,能够有效捕捉氢致疲劳裂纹扩展速率与裂纹尖端应力强度因子之间的关系,较好地还原管线钢的氢致疲劳裂纹扩展特性。

参考文献

[1] GANGLOFF R P. Environment sensitive fatigue crack tip processes and propagation in aerospace aluminum alloys [C]//Fatigue. EMAS Stockholm(Sweden),2002,2:3401-3433.

[2] KUSHIDA T,NOSE K,ASAHI H,et al. Effects of metallurgical factors and test conditions on near neutral pH SCC of pipeline steels[C]//NACE CORROSION. NACE,2001:NACE-01213.

[3] JOHNSON W H. On some remarkable changes produced in iron and steel by the action of hydrogen and acids[C]// Proceedings of the Royal Society of London,1874,23(156-163):168-179.

[4] DJUKIC M B,BAKIC G M,ZERAVCIC V S,et al. The synergistic action and interplay of hydrogen embrittlement mechanisms in steels and iron:Localized plasticity and decohesion[J]. Engineering Fracture Mechanics,2019,216: 106528.

［5］ NAGAO A,SMITH C D,DADFARNIA M,et al. The role of hydrogen in hydrogen embrittlement fracture of lath martensitic steel［J］. Acta Materialia,2012,60(13-14):5182-5189.

［6］ SEREBRINSKY S,CARTER E A,ORTIZ M. A quantum-mechanically informed continuum model of hydrogen embrittlement［J］. Journal of the Mechanics and Physics of Solids,2004,52(10):2403-2430.

［7］ CHENG A,CHEN N Z. Fatigue crack growth modelling for pipeline carbon steels under gaseous hydrogen conditions ［J］. International Journal of Fatigue,2017,96:152-161.

［8］ CHENG A,CHEN N Z. Corrosion fatigue crack growth modelling for subsea pipeline steels［J］. Ocean Engineering, 2017,142:10-19.

［9］ CHENG A,CHEN N Z. An extended engineering critical assessment for corrosion fatigue of subsea pipeline steels［J］. Engineering Failure Analysis,2018,84:262-275.

［10］ DEL BUSTO S,BETEGÓN C,MARTÍNEZ-PAÑEDA E. A cohesive zone framework for environmentally assisted fatigue［J］. Engineering Fracture Mechanics,2017,185:210-226.

［11］ MORICONI C,HÉNAFF G,HALM D. Cohesive zone modeling of fatigue crack propagation assisted by gaseous hydrogen in metals［J］. International journal of fatigue,2014,68:56-66.

［12］ SOFRONIS P,MCMEEKING R M. Numerical analysis of hydrogen transport near a blunting crack tip［J］. Journal of the Mechanics and Physics of Solids,1989,37(3):317-350.

［13］ ORIANI R A,JOSEPHIC P H. Equilibrium aspects of hydrogen-induced cracking of steels［J］. Acta metallurgica, 1974,22(9):1065-1074.

［14］ KROM A H M,KOERS R W J,BAKKER A D. Hydrogen transport near a blunting crack tip［J］. Journal of the Mechanics and Physics of Solids,1999,47(4):971-992.

［15］ XU X P,NEEDLEMAN A. Void nucleation by inclusion debonding in a crystal matrix［J］. Modelling and Simulation in Materials Science and engineering,1993,1(2):111.

［16］ ROE K L,SIEGMUND T. An irreversible cohesive zone model for interface fatigue crack growth simulation［J］. Engineering Fracture Mechanics,2003,70(2):209-232.

［17］ WANG M,AKIYAMA E,TSUZAKI K. Effect of hydrogen on the fracture behavior of high strength steel during slow strain rate test［J］. Corrosion Science,2007,49(11):4081-4097.

［18］ AMARO R L,DREXLER E S,RUSTAGI N,et al. Fatigue crack growth of pipeline steels in gaseous hydrogen-predictive model calibrated to API-5L X52［C］//2012 International Hydrogen Conference,Jackson Lake WY,USA. 2012.

［19］ ZHENG T S,CHEN N Z. A cyclic cohesive zone model for predicting hydrogen assisted fatigue crack growth(FCG) of subsea pipeline steels［J］. International Journal of Fatigue,2023,173:107707.

基于 OpenFOAM 的管道固-液两相流数值模拟

李嘉宁[1]，陈念众[1,2]

(1. 天津大学 建筑工程学院,天津　300350;2. 水利工程智能建设与运维全国重点实验室,天津　300350)

摘要:基于开源计算流体力学(CFD)软件 OpenFOAM 中的 DPMFoam 求解器,建立了垂直管道固-液两相流数学模型。该模型采用耦合的欧拉相和拉格朗日相方法,其中离散相采用离散元法(DEM)求解,连续相采用 Navier-Stokes(RANS)方程求解。考虑了适用于固-液两相流动的流体作用力模型、各种次要力以及颗粒-颗粒碰撞等影响。通过对固体颗粒在湍流中的运动进行计算,获得了不同条件下流体和颗粒速度场的分布。研究结果表明,所建立的固-液两相流物理模型具有一定的可靠性,为进一步研究深海采矿垂直管道固-液两相流动特性提供了理论依据。

关键词:深海采矿;固-液两相流;水力提升系统;计算流体力学(CFD);OpenFOAM

深海采矿作为一项前沿领域的重要研究内容,对于满足人类资源需求、推动海洋科学技术发展具有重要意义。在工业应用中,管道提升系统被认为是深海采矿系统中最关键的组成部分[1]。管道水力输送技术是其中的核心技术之一,它通过柔性软管、中继仓和刚性立管等设备,将深海矿石从海底采矿装置输送至地面支持船。在这个过程中,多金属结核与输送介质(主要是海水)形成了固液相混合物,即颗粒和流体,在输送过程中容易导致复杂的多相流上升问题[2]。因此,研究这种两相流的流动特性对于设计水力输送系统、确保其安全运行以及选择合适的输送参数至关重要。

目前,针对管道水力输送的流动特性,许多研究者进行了广泛的研究,主要采用试验和数值模拟两种方法。在早期阶段,已经产生了大量的试验研究成果。Chung 等[3-5]采用试验方法,研究了颗粒的浓度、大小和形状对两相混合物(水-颗粒)流动特性以及垂直输送的影响。另外,Ravelet 等[6]进行了试验研究,探究了大直径颗粒(直径大于 5 mm)在水平管道内的水力输送情况。研究结果表明,颗粒的质量和粒径对于固定床与分散流之间的过渡位置有显著影响。然而,由于试验条件的限制,试验研究容易产生很大误差。而且,试验往往难以捕捉到两相流瞬态特性,难以考虑到粒子碰撞的具体信息,这在一定程度上限制了固-液两相流流动的研究。

近年来,许多研究者利用 CFD 对两相流水力输送问题进行了建模和分析。常见的数值模型包括欧拉-欧拉(E-E)模型、欧拉-拉格朗日(E-L)模型和伪粒子模型(PPM)。在 E-E 模型中,粒子和流体被视为连续相,并使用 Navier-Stokes 方程来描述它们的行为。这种模型计算量较小,因此易于进行大规模计算[7-8]。然而,该模型无法跟踪单个粒子的运动,而是通过空间域内有限元素的体积平均来描述其行为,因此无法提供单个粒子和复杂粒子-粒子/壁碰撞的详细运动信息[9]。在 E-L 模型中,粒子被视为离散相,使用牛顿第二定律下每个粒子的运动方程进行求解;将流体视为连续相,采用 Navier-Stokes 方程求解[10]。CFD-DEM 耦合方法更有效地解决了颗粒-流体两相流问题。根据 Tsuji 等[11-12]的方法,粒子运动遵循牛顿运动定律,而流体相则使用局部平均的 Navier-Stokes 方程来描述[13]。OpenFOAM 中的 DPMFoam 求解器是一种欧拉相和拉格朗日相耦合的模型。CFD 与 DEM 计算之间的耦合是通过交换流体-颗粒之间的相互作用力来实现的。Fernandes 等[14]利用 DPMFoam 模拟了流化床内的气-固两相流动,并计算了流化床的压降。他们得出的结论是固体分数的估计受到数值计算结果的显著影响。

基金项目:国家自然科学基金资助项目(52071235)
通信作者:陈念众。E-mail:nzchen2018@hotmail.com

因此,为了探究固-液流的流动特性,基于 OpenFOAM 的离散相模型-DPM(DPMFoam)求解器建立了垂直管道固-液两相流模型。本文包括 4 个部分。数学模型在第 1 部分中给出。在第 2 部分中,建立了数值模拟模型,并在第 3 部分中验证了模型的准确性。结论在第 4 部分中得出。

1 数学模型

通常采用 OpenFOAM 的离散相模型-DPM(DPMFoam)求解器来模拟颗粒的行为。因此,为了模拟颗粒-液体的流动,本文基于 DPMFoam 求解器求解离散相(粒子)和连续相(液体)的思想建立了两相流数学模型。

1.1 液相控制方程

将流体视为连续相不可压缩流体。流体质量和动量守恒的表达式如下[15]:

$$\frac{\partial}{\partial t}(\alpha_1\rho_1)+\nabla\cdot(\alpha_1\rho_1\boldsymbol{u}_1)=0 \tag{1}$$

$$\rho_1\frac{\partial}{\partial t}(\alpha_1\boldsymbol{u}_1)+\rho_1\nabla\cdot(\alpha_1\boldsymbol{u}_1\boldsymbol{u}_1)=-\nabla p+\nabla\cdot(\alpha_1\rho_1\boldsymbol{\tau})+\rho_1 g+\boldsymbol{F}_{\mathrm{pf}} \tag{2}$$

式中:α_1 为流体体积分数,ρ_1、$\boldsymbol{u}_1$、t、p 分别为液体密度、液体速度矢量、时间、压力。$\boldsymbol{F}_{\mathrm{pf}}$ 表示流体网格中颗粒对液体的体积力。$\boldsymbol{\tau}$ 为黏性应力张量。

1.2 固相控制方程

粒子在场中的运动用拉格朗日坐标来描述。没有发生碰撞的粒子运动可以描述为旋转和平移。没有碰撞的单个粒子的运动可以用牛顿第二定律来控制[16]:

$$m_{\mathrm{p}}\frac{\mathrm{d}x_{\mathrm{p}}}{\mathrm{d}t}=u_{\mathrm{p}} \tag{3}$$

$$m_{\mathrm{p}}\frac{\mathrm{d}u_{\mathrm{p}}}{\mathrm{d}t}=m_{\mathrm{p}}g-V_{\mathrm{p}}\rho g+F_{\mathrm{cp}} \tag{4}$$

式中:x_{p} 和 u_{p} 分别表示粒子的位置和速度。$m_{\mathrm{p}}g$、$-V_{\mathrm{p}}\rho g$ 和 F_{cp} 分别表示重力、浮力和粒子相互作用力。

此外,采用 PairSpringSliderDashpot 碰撞模型描述粒子间的相互作用,该模型基于弹簧和阻尼系统来模拟粒子间的力学行为。粒子-液体的相互作用遵循牛顿第三定律,所有影响粒子的力都会在液体上产生相等和相反的反作用力。此外,从粒子到液体的动量传递 $\boldsymbol{F}_{\mathrm{fp}}$ 用式(2)中的 $\boldsymbol{F}_{\mathrm{pf}}$ 表示为:

$$\boldsymbol{F}_{\mathrm{fp}}=-\frac{1}{V_{\mathrm{cell}}}\sum_{i=1}^{n}\boldsymbol{F}_{\mathrm{pf}} \tag{5}$$

式中:V_{cell} 为流体网格单元的体积,$\boldsymbol{F}_{\mathrm{pf}}$ 为流体网格内作用于粒子的总流体力,n 为粒子数。

2 数值模拟

2.1 模型建立

本节建立与试验[17]相同的垂直立管,几何模型、网格及颗粒-液体两相流流动模型如图 1 所示。所建立的管道模型几何尺寸为 30.6 mm× 30.6 mm× 2 200 mm,采用结构化网格对管道几何模型进行网格划分。其中,在边界条件的处理上管道壁面设置为无滑移壁面边界条件;管道下端设为入口,颗粒初始速度与流体速度(输送速度)相同,边界条件设置为速度入口;上端设为出口,流体域的出口设置为自由流出状态,适合充分发展的流动。模型中采用的颗粒和流体的属性如表 1 所示,其中液体被认为是海水,密度为 998 kg/m³。如图 1(c)所示,可以观察到液体内颗粒的运动。

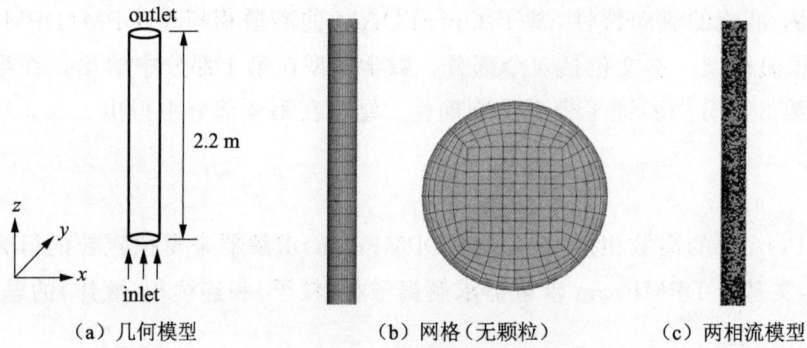

（a）几何模型　　　（b）网格（无颗粒）　　　（c）两相流模型

图1　立管模型

表1　颗粒和流体属性

序　号	杨氏模量/Pa	颗粒密度/(kg/m³)	颗粒直径/mm	泊松比	流体动力黏度 kg/(m·s)
值	1×10^7	2 450	2.32	0.30	1×10^{-3}

2.2 数值算法

在求解两相流动时所用的算法是欧拉-拉格朗日算法,OpenFOAM 中的 DPMFoam 求解器常用来模拟气液两相流动,此求解器耦合了欧拉相和拉格朗日相,因此基于此求解器建立了适合管道固-液两相流的数学模型进行计算。在欧拉计算中,利用 PIMPLE 对压力和速度进行依次处理,求解 Navier-Stokes 方程。采用预测-校正策略解决当前时间步长的体积平均连续性问题。线性离散欧拉相由压力的 CG 求解器进行求解,并辅以 GAMG 预处理。使用高斯-塞德尔平滑器解决速度问题,主要集中在残差减少上。欧拉控制方程采用二阶中心差分公式进行离散,速度、压力、湍动能、颗粒体积分数使用了不同的高斯格式和有限体积格式。特定的格式根据变量的物理性质和流动特性进行选择。在拉格朗日计算中,粒子的位置和速度由代码确定,然后将信息传递到欧拉码中。计算欧拉网格中每个单元内粒子的体积分数。计算作用在每个粒子上的流体力,比如阻力和升力,是基于粒子和流体的初始速度以及它们各自的体积分数。计算流程如图2所示。

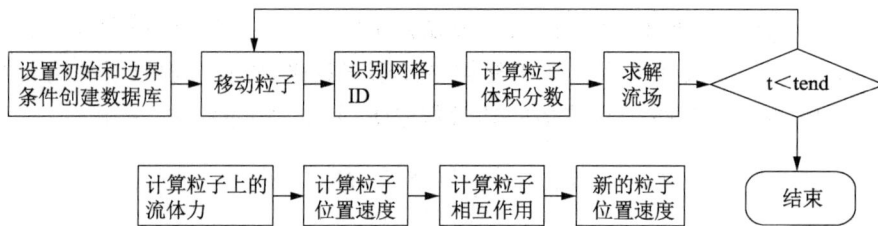

图2　欧拉-拉格朗日算法

3 结果与讨论

3.1 模型验证

首先,由于本研究的重点是充分发展的流动,因此验证时间独立性至关重要。图3为不同模拟次数下垂直提升管 2.2 m 处的液相浓度分布。如图3所示,在 $t=0$ s 时,如云图所示,模拟开始时管内没有颗粒流,只有颗粒浓度为 0 的液相(水)流动。之后,随着颗粒的注入,颗粒在管道内的运动变得明显。在 $t=1$ s 时,可以观察到,由于颗粒在流动过程中可能倾向于在中部聚集上升,因此在提升管中部颗粒浓度增加。到 $t=2$ s 后,流场发育完全,水和颗粒的浓度分布基本保持不变。整体上呈现两相流在运动过程颗粒开始主要聚集在管道中心,随后较为分散,在运动多城中远离壁面。因此,为了优化计算时间,后续计算将利用前 3 秒内的数据结果。按照试验[17]中概述的方法,在距离入口 2.2 m 的位置进行数据提取,以此来验证模型的准确性。

(a) $t=0$ s　　　　(b) $t=1$ s　　　　(c) $t=2$ s　　　　(d) $t=3$ s

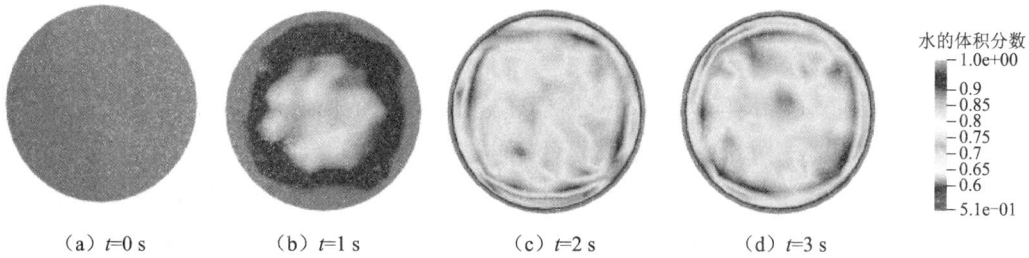

图 3　液相体积分数($z=2.2$ m)

不同质量流量下的流体速度分布如图 4 所示,并将预测值与试验结果[17]和周游[18]的预测结果进行比较。在质量流量为 1.095 kg/s($Re=48\,000$)时,数值模拟与试验对比如图 4(a)所示。轴向流体速度沿隔水管径向总体呈逐渐减小的趋势,在管壁附近显著减小,与试验趋势一致。在质量流量为 1.469 kg/s($Re=65\,000$)时,数值模拟与试验对比如图 4(b)所示。流体速度分布与试验趋势吻合较好。验证表明所建立的模型能够较好地预测两相流的流动。然而,可以看出模型预测出的结果与试验结果相比在数值上存在一定的误差,可能是由于在试验过程中湍流发展的稳定性因素影响与现场环境的不确定性。

(a)质量流 1.095 kg/s 流体轴向速度　　　　(b)质量流 1.495 kg/s 流体轴向速度

图 4　流体轴向速度($z=2.2$ m)

3.2 管道内颗粒速度分布瞬态分析

由于管道内的流动在 3 s 后已经充分发展,质量流 1.495 kg/s 下管道内颗粒速度分布的瞬时结果如图 5 所示,可以看出,随着颗粒在管道中的流动,在 2～5 s 内,管道中间部分颗粒速度较高,高速区颗粒的运动轨迹表明颗粒在管道内的流动并不是一条直线,并且两相流的运动会在 2 s 后保持稳定。

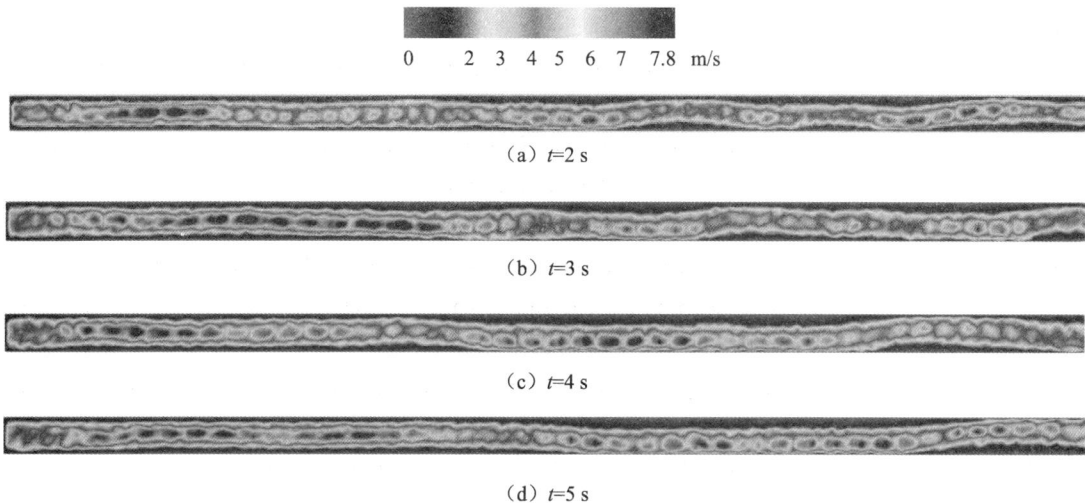

(a) $t=2$ s

(b) $t=3$ s

(c) $t=4$ s

(d) $t=5$ s

图 5　颗粒轴向速度($z=2.2$ m)

4 结　语

基于 OpenFOAM 中的离散相模型(DPM)求解器建立了固-液两相流动的数学模型。考虑到粒子间复杂的相互作用,采用 DEM 对离散相进行模拟。计算了流体在管道中的运动,验证了所建模型的准确性,为进一步分析深海采矿垂直管道固-液两相流的流动特性分析提供了基础理论模型。研究发现管道中间部分颗粒速度较高,高速区颗粒的运动轨迹表明颗粒在管道内的流动并不是一条直线,因此在接下来的工作中将会进一步研究颗粒在流场中的运动规律以及输送速度对管道内颗粒运输效率及管道压降的影响。

参考文献

[1] WU Q,YANG J,LU H,et al. Effects of heave motion on the dynamic performance of vertical transport system for deep sea mining[J].Applied Ocean Research,2020,101(7):102188.

[2] 沈义俊,陈敏芳,杜燕连,等. 深海矿物资源开发系统关键力学问题及技术挑战[J].力学与实践,2022,44(5):1005-1020.

[3] CHUNG J S,YARIM G,SAVASCI H,et al. Shape Effect of Solids on Pressure Drop in a 2-Phase Vertically Upward Transport:Silica Sands and Spherical Beads[C]//International Offshore and Polar Engineering conference.Colorado School of Mines Golden,CO,USA,1998.

[4] CHUNG J S,LEE K,TISCHLER A. Effect of Particle Size and Concentration on Pressure Gradient in Two-Phase Vertically Upward Transport[C]// Fourth Isope Ocean Mining Symposium,Szczecin:International Society of Offshore and Polar Engineers,2001.

[5] CHUNG J S,LEE K,TISCHLER A. Two-phase Vertically Upward Transport of Silica Sands in Dilute Polymer Solution:Drag Reduction and Effects of Sand Size and Concentration[C]// 17th International Offshore and Polar Engineering Conference,Lisbon:International Society of Offshore and Polar Engineers(ISOPE),2007.

[6] RAVELET F,BAKIR F,KHELLADI S,et al.Experimental study of hydraulic transport of large particles in horizontal pipes[J]. Experimental Thermal and Fluid ence (EXP THERM FLUID),2013,45(2):187-197.

[7] BARTOSIK A S,SHOOK C A. Prediction of vertical liquid solid pipe flow using measured concentration distribution[J]. Particulate Science & Technology,1995,13(2):85-104.

[8] HADINOTO K. Predicting turbulence modulations at different Reynolds numbers in dilute-phase turbulent liquid-particle flow simulations[J]. Chemical Engineering Science,2010,65(19):5297-5308.

[9] JAKOBSEN H A,GREVSKOTT S,SVENDSEN H F. Modeling of Vertical Bubble-Driven Flows[J]. Industrial & Engineering Chemistry Research,1997,36(10):4052-4074.

[10] QIU L,WU C. A hybrid DEM/CFD approach for solid-liquid flows[J]. Journal of Hydrodynamics,Ser.B,2014,26(1):19-25.

[11] TSUJI Y,KAWAGUCH T,TANAKA T. Discrete particle simulation of two-dimensional fluidized bed[J]. Powder Technology,1993,77(1):79-87.

[12] TSUJI Y,TANAKA T. Lagrangian numerical simulation of plug flow of cohesionless particles in a horizontal pipe[J]. Powder Technology,1992,71(3):239-250.

[13] XU B H,YU A B. Numerical simulation of the gas-solid flow in a fluidized bed by combining discrete particle method with computational fluid dynamics[J]. Chemical Engineering Science,1997,52:2785-2809.

[14] FERNANDES C,SEMYONOV D,FERRÁ L L,et al. Validation of the CFD-DPM solver DPMFoam in OpenFOAM © through analytical,numerical and experimental comparisons[J]. Granular Matter,2018,20(4):64.

[15] ZHOU Z,KUANG S,CHU K,et al. Discrete particle simulation of particle-fluid flow:Model formulations and their applicability[J]. Journal of Fluid Mechanics,2010,661:482-510.

[16] CUNDALL P A,STRACK O D L. A discrete numerical model for granular assemblies[J]. Geotechnique,1979,29(1):47-65.

[17] ALAJBEGOVIĆ A,ASSAD A,BONETTO F,et al. Phase distribution and turbulence structure for solid/fluid upflow in a pipe[J]. International Journal of Multiphase Flow,199420(3):453-479.

[18] 周游.管道系统固-液两相流水力输送特性的数值研究[D]. 镇江:江苏大学,2022.

LNG 低温复合柔性管道的干涉碰撞概率预测研究

黄振国[1]，杨志勋[1]，乐　奇[1]，苏　琦[2]，柴　威[3]，樊耀华[1]，殷　旭[2]，阎　军[2,4]

（1. 哈尔滨工程大学，黑龙江 哈尔滨　150001；2. 大连理工大学，辽宁 大连　116024；3. 武汉理工大学，湖北 武汉　430063；4. 大连理工大学 宁波研究院，浙江 宁波　315040）

摘要：LNG 低温复合柔性管道用于 FLNG 和 LNGC 之间液化天然气的传输，传输系统通常包含多条低温复合柔性管道。在外输作业时，低温复合柔性管道间可能产生干涉碰撞。针对低温复合柔性管道在随机载荷作用下的干涉碰撞概率难以准确预测的问题，本文提出了一种基于 Gumbel 分布的 LNG 低温复合柔性管道的间距极值响应预测方法。首先，在随机波浪荷载作用下进行数值仿真，获取低温复合柔性管道关键位置的位移响应时程数据。然后，求解间距极值并通过 Gumbel 分布预测低温复合柔性管道的碰撞概率。最后，分析低温复合柔性管道碰撞概率对不同海况参数的敏感性。

关键词：低温柔性管道；碰撞概率；Gumbel 分布；随机响应

　　天然气是传统化石能源的优质替代品。海洋天然气资源十分丰富。随着天然气需求量不断增加，海洋天然气开采不断向深远海区域发展。FLNG 具有开采、处理、液化、储存和装卸天然气的功能，与 LNGC 配合可实现海上天然气的开采和转运[1]。FLNG 和 LNGC 之间的并靠卸载作业可以通过刚性卸料臂或低温复合柔性管道进行，低温复合柔性管道传输方式相对刚性臂传输方式具有成本低的优势。并靠卸载作业时，两船距离较近且管道布置间距较近，低温复合柔性管道之间存在碰撞的风险[2]。碰撞会导致低温复合柔性管道的使用寿命降低，严重情况下可能导致低温复合柔性管道破损发生液化天然气泄漏事故，所以有必要对其运动响应进行分析并预测其干涉碰撞概率。然而，FLNG、LNGC 承受随机海洋载荷作用，因此连接二者的低温复合柔性管道的运动也具有随机性，其碰撞概率难以预测。

　　管道的碰撞概率预测可以看成关于管道间距的极值问题。Gumbel[3] 最先将极值理论用于研究洪水及其他气象现象的统计问题。由于 Gumbel 分布在实际运用中展现了较好的拟合性能，能够通过较少的样本进行拟合，其被广泛运用于极值问题的研究。Naess 和 Moan[4] 提出了一种基于时间序列的极值估计方法，并建立了海洋结构响应短期、长期极值预测模型。He 和 Low[5] 采用广义极值分布与 Naess 方法估算了柔性立管的碰撞概率。Fu 等[6] 运用 Gumbel 分布和平均条件超越率方法（ACER）研究了尾流干涉下柔性立管的碰撞概率。冯健等[7] 采用 Gumbel 分布和 Weibull 分布对跨接管的碰撞概率进行了分析。阎军等[8] 采用 ACER 对脐带缆张力与曲率进行极值预测，并与 Gumbel 极值分布模型进行对比。柔性立管通常连接于单浮体，而低温复合柔性管道连接于双浮体间。双浮体系统的运动响应更为复杂。目前几乎没有针对低温复合柔性管道的相关研究，本文使用 Gumbel 分布对其碰撞概率和参数敏感性进行分析。

1 Gumbel 分布概述

　　极值理论常用于预测柔性管道极值响应和碰撞概率，广义极值分布要求从多个时间序列中提取最大值，在海洋工程应用中时长通常采用 3 h。假设极值是独立且同分布的，则极值将收敛于 3 个分布函数之

基金项目：国家自然科学基金（52271269，52001088，U1906233）；国家重点研发计划（2023YFA1609100）；黑龙江省重点研发计划（GA23A908）；广东省联合重点基金（2022B1515250009）；海洋工程国家重点实验室开放课题（GKZD010084）；工业装备结构分析国家重点实验室开发基金（GZ20105）

通信作者：杨志勋。E-mail：yangzhixun@hrbeu.edu.cn

一,即 Gumbel、Weibull 或 Frechet 分布。其中,Gumbel 分布也称 Ⅰ 型渐近极值分布,是运用最广泛的极值分布模型。Gumbel 分布的概率密度函数(PDF)和累积分布函数(CDF)如式(1)、式(2)所示。

$$f(x) = \exp[-z - \exp(-z)] \tag{1}$$

$$F(x) = \exp[-\exp(-z)] \tag{2}$$

式中:$z = \alpha(x - \mu)$,α 是比例参数;μ 是位置参数,其决定分布的平均水平。

本文采用 Gumbel 概率纸方法进行参数估计。首先,对等式两端进行两次对数变化,Gumbel 分布的 CDF 转化为式(3):

$$-\ln\{-\ln[F(x)]\} = \alpha(x - \mu) \tag{3}$$

令 $y = -\ln\{-\ln[F(x)]\}$,则得到 $y = \alpha(x - \mu)$ 这样一个线性函数。在 oxy 坐标系中 CDF 表示为一条直线,通过最小二乘对最大值样本进行拟合,估计 α、μ 的值。

2 低温管干涉碰撞仿真模型

并靠卸载是 FLNG 外输作业的主要方式之一,FLNG 与 LNGC 并排停靠并通过系绳与护舷使浮体保持合适的间距。低温复合柔性管道连接系统如图 1 所示。两船装配低温复合柔性管道接头,中间连接有 8 条低温复合柔性管道,其中 6 条用于输送液态天然气,2 条用于输送气态天然气。提取所有相邻 2 条低温复合柔性管道的间距变化,以所有间距中的最小值来判断是否出现碰撞,并将其拟合 Gumbel 分布来预测碰撞概率。要获取低温复合柔性管道的运动响应,首先需要建立多浮体水动力模型,然后建立船与管的耦合模型进行仿真。

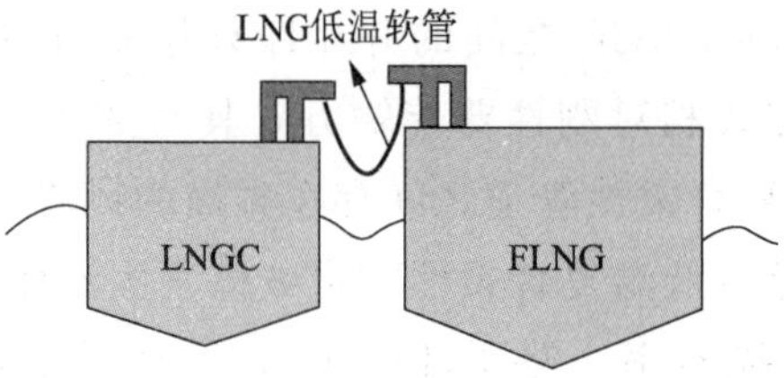

（a）FLNG-LNGC并靠系统 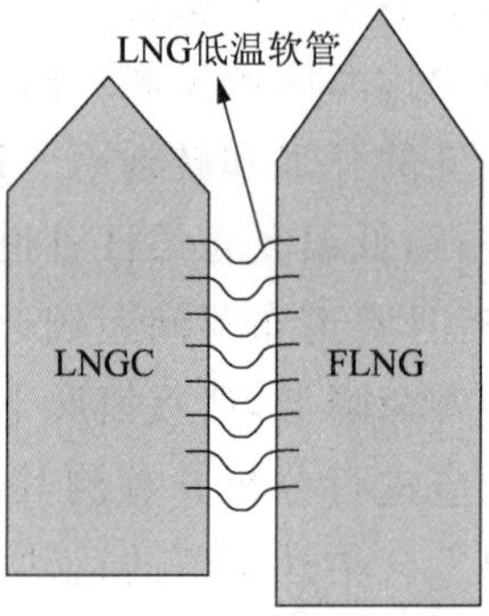　　　　（b）LNG低温复合管道布置方案

图 1　FLNG-LNGC 并靠外输管系布置

2.1 FLNG-LNGC 双浮体系统水动力分析

单点系泊系统具有风向标效应,FLNG 可以随风、浪载荷的方向改变船向,船体基本处于迎风迎浪的状态。低温复合柔性管道悬跨于海面上,海洋载荷主要作用于船体,通过船体运动来影响管道的运动响应。因此,并靠系统的水动力分析对研究低温复合柔性管道的运动响应显得尤为重要。FLNG 和 LNGC 船体参数如表 1 所示。

表 1　FLNG 和 LNGC 的主要参数

参　数	FLNG	LNGC
总长/m	392	289
型宽/m	69	43.2
形深/m	35.7	26.3
吃水/m	13.85	10.05
排水量/t	320 804	95 951

船舶的六自由度运动包括横荡(surge)、纵荡(sway)、垂荡(heave)、横摇(roll)、纵摇(pitch)、艏摇(yaw)。通过不同浪向下一定波长范围内的位移 RAO(response amplitude operator),可以计算出船舶基

于特定波浪谱的响应。本文基于 AQWA 软件进行水动力分析。首先建立 FLNG 与 LNGC 的并靠系统模型,然后计算不同频率下的船体位移 RAO。180°浪向下 FLNG 的六自由度位移 RAO 如图 2 所示。

图 2　180°浪向下 FLNG 的六自由度 RAO

2.2 低温复合柔性管道运动响应分析

LNG 低温复合柔性管道结构如图 3 所示,其具有质量轻、柔性好、耐腐蚀和耐低温等优势,具有承受各种工况下载荷所产生的大变形的能力,更适用于深远海恶劣海况,是 LNG 外输系统核心装备之一[9]。在 OrcaFlex 中建立管道和船体的耦合模型,在时域内进行仿真。

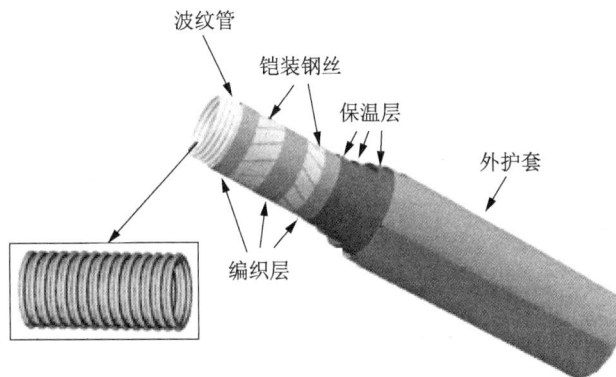

图 3　LNG 低温复合柔性管道结构

分析中涉及的海洋环境载荷信息见表 2。波浪谱为 JONSWAP 谱。生成随机波浪进行模拟,提取所有相邻 2 条低温复合柔性管道的轴心间距 L 变化信息。当最小间距小于等于管道半径之和时,则存在碰撞。管道上出现最小间距的危险点的间距变化如图 4 所示,管道之间的初始间距由接头间距决定。低温复合柔性管道的晃荡使得间距在初始间距附近上下波动,并在某一时刻出现极值。

表 2　海况参数

参数	数值
有效波高/m	5
谱峰周期/s	10
浪向/(°)	180
风速/(m/s)	8.5
风向/(°)	180
流速/(m/s)	0.85
流向/(°)	180

图4　危险点处轴心间距变化的时间序列

3　碰撞概率预测

对2.2部分设定的海况进行20次独立仿真,从20个3 h时间序列中提取的间距最小值如图5所示。极值之间的离散程度表明了运动响应随机性的大小。对管道间距进行如式(4)所示的处理,将最小值数据转化为无量纲的最大值数据,以便利用Gumbel分布进行极值分析。

$$x(t) = -L(t)/R \tag{4}$$

式中:$L(t)$是每次仿真中低温复合柔性管道轴心间距的最小值;$R = r_1 + r_2$,r_1和r_2分别是相邻2根低温复合柔性管道的半径,则$x(t) < 0$。当$x(t) \geqslant -1$时,低温复合柔性管道发生碰撞。

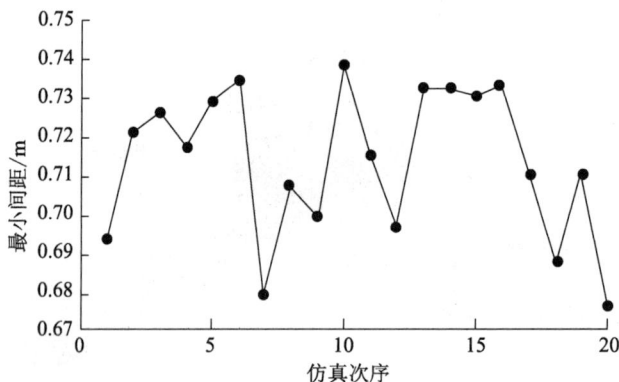

图5　从20个3 h时间序列中提取的管道间距最小值

为了在Gumbel概率纸上绘制样本点,将所有样本值按从小到大进行排序,每个样本值的概率先由经验累积分布函数给出:

$$F(x) = \frac{k-a}{1+n-2a} \tag{5}$$

式中:x为样本;n为样本的个数;k为x的排序,$k = 1, 2, \cdots, n$;a为一个选择参数,通常可以取0。以x作为样本点的横坐标,则纵坐标由式(6)求得:

$$y = -\ln\left(-\ln\frac{k}{1+n}\right) \tag{6}$$

基于最小二乘法对样本点进行拟合,得到参数估计值α、μ,并绘制Gumbel概率纸与概率密度曲线,如图6所示。由式(4)可知,$x(t) \geqslant -1$时低温复合柔性管道会发生碰撞。碰撞概率的计算公式为:

$$P_{\text{collision}} = 1 - P(x < -1) = 1 - \exp[-\exp(-y)] \tag{7}$$

拟合结果如图5所示,求得碰撞概率$P_{\text{collison}} = 2.05 \times 10^{-9}$。《立管干涉》(Riser interference,DNV-RP-F203)规范中提出了柔性立管的"不允许碰撞"设计准则,其要求柔性立管在使用寿命内发生碰撞的概率控制在10^{-4}以内[10]。参考该设计准则,低温复合管道碰撞概率小于10^{-4}则认为外输作业可以安全进行。所以,此海况下可以安全作业。

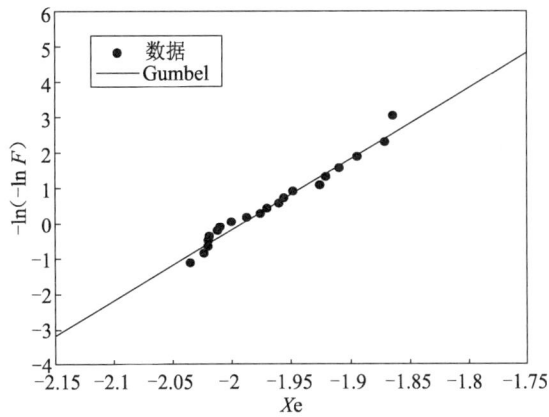

图 6   基于 Gumbel 分布的低温复合柔性管道最小间距拟合结果

4 海况敏感性分析

海况的恶劣程度决定了船体运动响应的大小,对管道的运动响应也有影响。本部分分析低温复合柔性管道碰撞概率对海况的敏感性,研究不同海况条件对碰撞概率的影响,包括海浪的波高和海流的方向。

4.1 波高影响

根据第 2.2 部分给出的海况,在保持其他参数不变的情况下,将海浪的波高从 5 m 增大到 7 m,组间距为 0.5 m。当波高为 7 m 时,有多个极值点的 $x(t) \geqslant -1$,即多次仿真中发生了碰撞,因此该海况显然不能满足碰撞概率的要求。其他几组波高下拟合的 Gumbel 分布如图 7(a)所示。

(a)Gumbel 概率纸

(b)碰撞概率变化趋势

图 7   不同波高下拟合的 Gumbel 分布

海浪波高从 5 m 变化到 6.5 m 时的碰撞概率分别为 2.05×10^{-9}、5.88×10^{-6}、3.42×10^{-5}、3.10×10^{-2}。当波高增加时,管道的碰撞概率也随之增加。图 7(b)显示了碰撞概率随波高的变化趋势。当波高小于等于 6 m 时,碰撞概率小于 10^{-4},当波高达到 6.5 m 时,碰撞概率已超过 10^{-4},因此 LNG 外输作业可安全进行的极限波高为 6 m。在迎浪的情况下,波浪对船舶纵摇的影响最大。波高增加时,船舶的纵摇幅度增大,导致管道的运动幅度也增大。低温复合柔性管道的初始间距是由管道接头决定,运动幅度增大意味着管道碰撞概率增加。

4.2 海流方向的影响

海浪分为风浪和涌浪。风浪由海风引起,浪向通常与风向一致。而海流方向受地转偏向力的影响,通常与风向不一致,偏转角的大小与水深有关。海浪波高 6 m,改变海流方向,各海况下的海流方向如图 8 所示,研究不同海流方向对管道碰撞概率的影响。

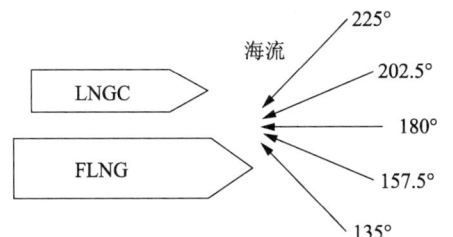

图 8   不同海况中的海流方向

图 9(a)为在不同海流方向下拟合的 Gumbel 分布,海流方向为 135°、157.5°、180°、202.5°和 225°对应的碰撞概率分别是 $3.48×10^{-2}$、$1.24×10^{-2}$、$3.42×10^{-5}$、$7.70×10^{-4}$、$1.87×10^{-3}$。图 9(b)为管道碰撞概率随海流方向的变化趋势。海流方向为 180°时,即迎流状态下,低温复合柔性管道的碰撞概率较低。当海流方向倾斜时碰撞概率增大且海流方向偏向 FLNG 的碰撞概率增大程度大于偏向 LNGC 时的增大程度。

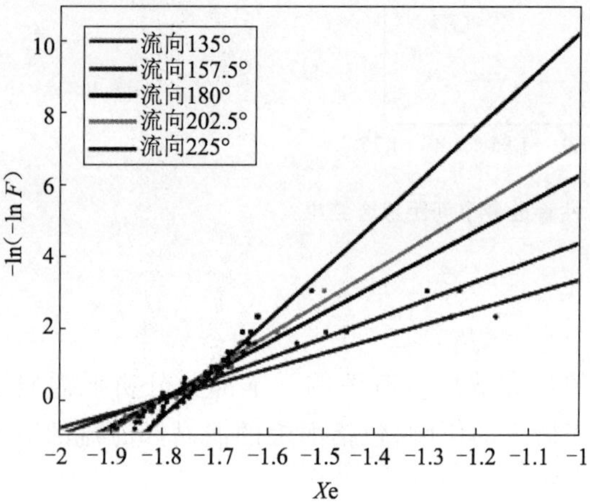

| (a) Gumbel 概率纸 | (b) 碰撞概率变化趋势 |

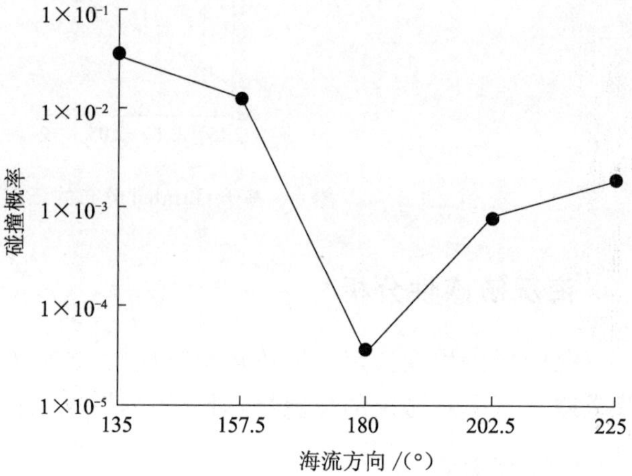

图 9　不同海流方向下拟合得到的 Gumbel 分布

5　结　语

本文用 Gumbel 方法对低温复合柔性管道的碰撞概率进行预测。通过建立 FLNG、LNGC 和 LNG 低温复合柔性管道耦合模型进行数值仿真,获取低温复合柔性管道在风、浪、流载荷作用下的运动响应情况。通过多个时间序列的低温复合柔性管道间距极值拟合 Gumbel 分布来预测碰撞概率,分析了波浪的波高和海流的流向对碰撞概率的影响。研究发现:碰撞概率与海浪的波高呈正相关,安全作业的最大波高为 6 m。碰撞概率和海流与船舶方向的偏离角度成正相关,且海流偏向 FLNG 一侧时的增加程度更显著。对比碰撞概率的变化程度,发现碰撞概率对海浪波高的敏感性要大于对海流方向的敏感性。

参考文献

[1] 赵文华. 浮式液化天然气装备(FLNG)水动力性能的数值分析及实验研究[D]. 上海:上海交通大学,2014.

[2] HU Z,ZHANG D,ZHAO D,et al. Structural safety assessment for FLNG-LNGC system during offloading operation scenario[J]. China Ocean Engineering,2017,31:192-201.

[3] GUMBEL E J. Statistics of extremes[M]. Columbia:Columbia University Press,1958.

[4] NAESS A,MOAN T. Stochastic dynamics of marine structures[M]. Columbia:Cambridge University Press,2013.

[5] HE J W,LOW Y M. An approach for estimating the probability of collision between marine risers[J]. Applied Ocean Research,2012,35:68-76.

[6] FU P,LEIRA B J,MYRHAUG D et al. Assessment of methods for short-term extreme value analysis of riser collision probability[J]//Ocean Engineering,2021,238:109221.

[7] 冯健,甘祖旺,吴明涛,等. 尾流干涉下跨接管碰撞概率研究[J]. 中国造船,2021,62(3):202-213.

[8] 阎军,赵春雨,苏琦,等. 基于插值修正 ACER 的脐带缆响应短期极值预测方法研究[J]. 哈尔滨工程大学学报,2024,45(5):930-937.

[9] YAN J,YING X,CAO H,et al. Mechanism of mechanical analysis on torsional buckling of U-shaped bellows in FLNG cryogenic hoses[J]. Journal of Marine Science and Engineering,2022,10(10):1405.

[10] Det Norske Veritas.Riser interference:DNV-RP-F203[S].Oslo:DNV,2009.

深水柔性管道抗压铠装层加工塑性形变影响研究

陆俣丞[1]，王　刚[2]，杨志勋[1]，殷　旭[3]，卢海龙[3]，吴尚华[4]，刘　畅[1]，闫懋延[1]

(1. 哈尔滨工程大学 机电工程学院,黑龙江 哈尔滨 150001;2. 大连交通大学 土木工程学院,辽宁 大连 116023;3. 大连理工大学 工业装备结构分析优化与 CAE 软件全国重点实验室,辽宁 大连 116023;4. 大连理工大学 海洋科学与技术学院,辽宁 盘锦 124221)

摘要: 深水柔性管道中抗压铠装层多由异型截面钢丝以大角度螺旋缠绕互斥而成。缠绕成型过程中的大变形特征,使得抗压铠装层在加工过程中存在塑性变形和加工应力,对抗压铠装层的力学性能产生了重要影响。首先,对 3 种异型截面抗压铠装钢丝在塑性成型过程中的关键参数进行分析,量化截面形状、松弛角度、缠绕半径等关键参数与钢丝预张力之间的关系,并计算了预张力的上限值;其次,引入"竖向位移"指标判断 3 种异型截面钢丝的缠绕紧密程度,并得到了钢丝预张力的下限值,进而获得了满足异型截面钢丝缠绕条件的 3 种异型截面钢丝合理预张力范围;最后,通过数值仿真得到了加工应力对抗压铠装层加工质量的影响。

关键词: 抗压铠装钢丝;缠绕成型;预张力;塑性形变

海洋柔性管道主要由多层非金属聚合物材料层和金属层螺旋缠绕组成。海洋柔性管道的层数可以根据需求加减,管道内部各个结构层间非黏结,允许层间相对位移。由于其材料和结构的特殊性,海洋柔性管道能够满足不同作业工况下刚度、强度和柔顺性的要求[1]。文中主要研究深水柔性管道。

深水柔性管道是海洋油气开发过程中重要的设备组成部分,其典型结构如图 1 所示,主要由骨架层、内护套层、抗压铠装层、防磨层、抗拉铠装层以及外护套层组装而成。除上述结构层外,根据不同的功能需求及海况还有一些结构辅助层,如保温层、绝缘层[2-3]。

其中抗压铠装层是由一层或多层铠装钢丝螺旋缠绕而成的自锁或互锁结构,主要功能为抵抗管道内压,控制管道的径向变形。钢丝截面主要有 C 字型、T 字型和 Z 字型 3 种,材料为特制碳钢或管线钢。

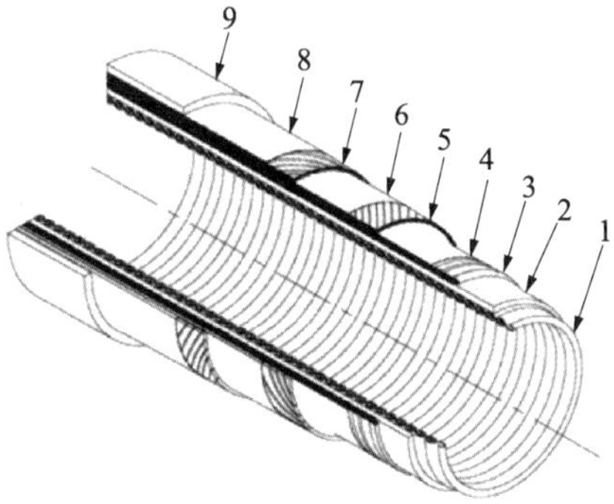

1. 骨架层; 2. 内护套层;
3. 抗压铠装层; 4. 防磨层;
5. 抗拉铠装层; 6. 防磨层;
7. 抗拉铠装层; 8. 防磨层;
9. 外护套层。

图 1 典型深水柔性管道结构示意

基金项目: 国家自然科学基金项目(52271269,52001088 和 U1906233);国家重点研发计划项目(2023YFA1609100);黑龙江省重点研发计划项目(GA23A908);广东省联合重点基金项目(2022B1515250009);黑龙江省自然科学基金项目(LH2021E050);海洋工程国家重点实验室开放课题(GKZD010084);工业装备结构分析国家重点实验室开发基金项目(GZ20105)

通信作者: 杨志勋。E-mail:yangzhixun@hrbeu.edu.cn

目前深水柔性管道为了能适应更苛刻的作业环境、达到更高的承载能力,通常选择采取"分层分管"的方式,利用不同的铠装层承担不同方向的载荷。深水柔性管道的抗压层用于提高管道径向的刚度及强度,承受管道负荷的内部压力,采用与管道轴向成接近90°的大角度螺旋缠绕而成,增加管道周向的约束,不承担拉伸与弯曲荷载,而截面的抗拉强度决定了抗内压的承载能力。因此,抗压铠装层设计需要尽可能地提高截面面积。在设计深水柔性管道时,使用者通常忽略钢丝在其加工时产生的应力,仅将其加工环节所产生的误差通过引入规范中要求的安全系数进行考虑。但是,随着柔性管道的使用逐渐向深水迈进,其所受到的各向压力逐渐增大,柔性管道的失效形式越来越多,这使得对柔性管道相应结构承载能力的精确预测变得十分必要而紧迫。因此,在设计深水柔性管道时,必须考虑加工和缠绕过程中产生的塑性变形。目前国际上对于深水柔性管道各层在制造过程中引入加工应力进行分析研究的工作才刚刚开始。

Sævik 等[4]在前人研究基础上,创造了一种计算钢丝缠绕过程中加工应力和横向应力的方法,Ye 和 Sævik[5-6]基于此方法针对 Z 字型截面抗压铠装钢丝在缠绕加工过程中的应力变化进行了理论分析和数值验证,并对钢丝的疲劳寿命进行了预测。Fernando 等[7-9]建立了三维有限元数值模型,并对抗压铠装层中的 Z 字型钢丝在内压作用下的力学响应进行分析,得到了卸载之后钢丝内部的加工应力分布情况。Lu 等[10]量化了铠装钢丝缠绕成型过程中预张力与内力之间的关系,并提出了一种预测铠装钢丝缠绕成型后截面加工应力的方法,但未对铠装钢丝连续缠绕成型过程中钢丝应力应变进行分析。Felipe 等[11]针对深水柔性管道抗拉铠装钢丝连续缠绕成型加工的加工应力进行了理论公式的推导和计算预测,结果认为其钢丝截面最大加工应力可以达到材料屈服强度的 1/2,影响不可忽略。

综上所述,对于深水柔性管道抗压铠装钢丝在连续缠绕过程中的力学行为研究尚不充分。为更合理地设计深水柔性管道抗压铠装层,首先根据铠装钢丝加工工艺过程建立力学分析理论模型,然后基于弹塑性力学理论推导得到异型截面钢丝缠绕条件的合理预张力范围,最后通过数值仿真对钢丝的直接缠绕与连续缠绕的力学行为进行仿真计算,分析加工应力对抗压铠装层成型加工应力应变的影响。

1　抗压铠装层缠绕加工过程理论分析

抗压铠装层生产的基本原理是将一定宽度的带状钢材通过连续辊轮的辊压,制成成型带料,再将成型带料经过缠绕铠装机卷绕制成所需的铠装层。抗压铠装层钢丝缠绕过程如图 2 所示。首先铠装层钢丝缠绕于卷盘上,通过卷盘放线以及钢丝铠装机收线的速度差控制钢丝中的张力大小,由扭转机转动控制其缠绕角度。在缠绕过程中,钢丝行程主要分为 $A—B$、$B—C$、$C—D$ 三段,A 点是钢丝与钢管之间的缠绕接触点,B 点是钢丝与铠装机的脱离点,C 点为钢丝与铠装机的接触点,D 点为钢丝扭转接触点。图中长度 R 为被缠绕管道半径,长度 d 为并线模直径,长度 D_p 为钢丝大盘直径。

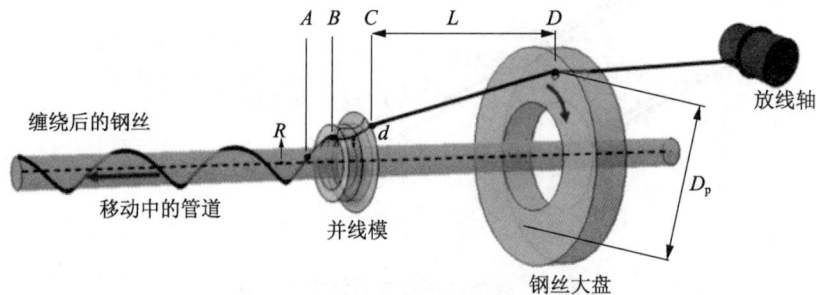

图 2　钢丝缠绕成型过程结构[10]

国内外现有柔性管道内径大多在 $100\sim500$ mm,现有的钢丝铠装机中卷盘直径大多在 500 mm 左右,而抗压铠装钢丝层的缠绕内径在 $100\sim300$ mm。钢丝在实际缠绕过程中,经历了弹性到塑性过程,产生了塑性形变,破坏了其材料内部晶格结构,产生了加工应力[4]。塑性形变不会随着卸载而消失,会随着缠绕次数的增加不断积累,影响钢丝在实际应用过程中的承载能力,降低其使用寿命。因此,使用合适的预张力对钢丝缠绕成型过程至关重要,既要保证钢丝紧密缠绕于管道上,又要尽量减少张力以减少加工应力、增加钢丝的承载能力与使用寿命,对钢丝缠绕成型张力的研究也是铠装钢丝缠绕加工参数设计的理论基础。根据常用柔性管道尺寸,文中选取缠绕内径为 118 mm 的抗压铠装钢丝层作为分析对象。

1.1 抗压铠装层缠绕成型力学模型

钢丝缠绕成型时的变形本质上是钢丝弯曲变形,两次弯曲过程具有类似的力学过程。在此以钢丝缠绕于管体成型为例说明弯曲过程的力学过程。在缠绕过程中,保持对钢丝一定拉力的同时,铠装机箱体通过旋转运动将扁钢丝缠绕到内护套层上。分析该过程中钢丝的受力。箱体的旋转带动钢丝旋转,钢丝受到扭矩作用,同时钢丝在弯曲的过程持续受到张力 F。缠绕后的钢丝整体受力情况如图 3 所示。钢丝在缠绕成型的过程中,钢丝在拉弯组合载荷下发生了以管体半径为弯曲半径的弯曲变形。以钢丝与管体的接触点 A 点处为例,此处截面受到弯矩 M_A 与轴力 F_A 的共同作用,实际的弯曲半径小于钢丝的最小弹性弯矩,所以钢丝在成型过程中发生塑性变形。故分析的重点是 $A—B$ 段钢丝的受力问题。由于钢丝有较大的刚度,在受拉后拉力作用线可能不与卷盘或者管体相切。考虑到钢丝的缠绕角度问题,钢丝的力学模型如图 4 所示。

抗拉铠装层材料为低碳钢材料。在文中理论计算中,假设抗拉铠装钢丝为理想弹塑性材料,其应力-应变关系为:

$$\sigma = \begin{cases} E\varepsilon & |\varepsilon| \leqslant \varepsilon_s \\ \sigma_s \, \mathrm{sign}(\varepsilon) & |\varepsilon| \geqslant \varepsilon_s \end{cases} \tag{1}$$

式中:σ_s 为材料屈服应力;ε_s 为材料初始屈服时的应变值;E 为材料杨氏模量;ε 为材料实际应变值;$\mathrm{sign}(\varepsilon)$ 为计算函数,当 $|\varepsilon| = \varepsilon_s$,$\mathrm{sign}(\varepsilon) = 0$,当 $|\varepsilon| > \varepsilon_s$,$\mathrm{sign}(\varepsilon) = 1$。

图 3、图 4 中:α 为钢丝缠绕角度;θ 为钢丝松弛角度;d 为钢丝拉力作用线到缠绕外圆之间的最短距离;N_A 为钢丝在接触点受到钢管的作用力即轴力;M_{AT} 为钢丝在 A 点的弯矩;R 为缠绕半径。

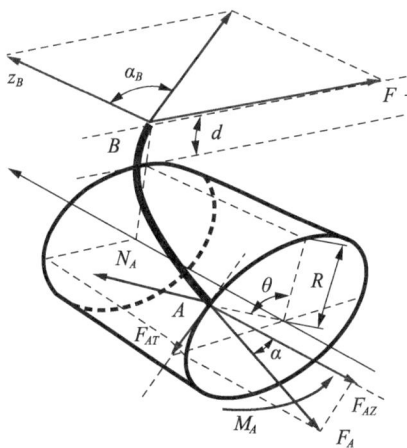

图 3 钢丝缠绕结构图

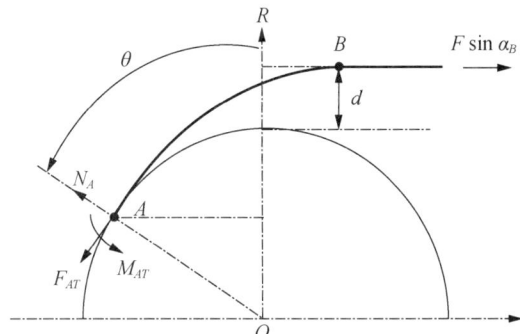

图 4 钢丝弯曲的力学模型

通过受力分析得到钢丝与管体结合点 A 点处的截面弯矩 M_A、轴力 N_A 和作用于钢丝上的张力 F 之间的关系式如下:

$$F_A = F \cdot 1 \bigg/ \sqrt{\cos^2\alpha + \frac{\sin^2\alpha}{\cos^2\theta}} \tag{2}$$

$$N_A = F \cdot \tan\alpha \cdot \tan\theta \bigg/ \sqrt{1 + \frac{\tan^2\alpha}{\cos^2\theta}} \tag{3}$$

$$M_A \cdot \cos\theta = N_A \cdot [R \cdot (1 - \cos\theta) + d] \tag{4}$$

根据上述推导可以看出,松弛角度、缠绕半径、缠绕角度、张力为影响钢丝截面轴力和弯矩的主要因素。对于抗压铠装钢丝,当确定其缠绕半径、缠绕角度后,张力 F 便是影响松弛角度、截面轴力和弯矩的关键因素。当张力确定后,松弛角度、轴向力的横截面与弯矩也随之确定。故张力 F 的大小影响着加工后的钢丝的内力,钢丝缠绕过程是一个拉弯组合荷载加载过程。

1.2 抗压铠装层缠绕成型的截面内力分析

假设钢丝的变形为理想弹塑性变形,因为钢丝在实际工作状态下为拉弯变形,在拉力作用下,其中性层发生偏移,所以其截面内力与纯弯曲相比,不但有轴力的作用,而且弯矩也增大。此外,代超[12]指出,在钢丝缠绕过程中弹性变形对截面实际影响较小,在不考虑弹性变形情况下,弯矩仅相差1%左右,故在实际计算中可忽略弹性变形的影响,按照纯塑性变形进行计算。这里仅考虑铠装钢丝截面中性线发生偏移时极限塑性状态下的轴力和弯矩计算。以C字型钢丝为代表分析,3种钢丝截面尺寸如图5至图7所示。

针对异型截面,首先确定C字型截面中性线位置,其形心坐标公式为:

$$\bar{x} = \sum_{i=1}^{n} A_i \bar{x}_i \Big/ \sum_{i=1}^{n} A_i \tag{5}$$

$$\bar{y} = \sum_{i=1}^{n} A_i \bar{y}_i \Big/ \sum_{i=1}^{n} A_i \tag{6}$$

式中:A_i 为第 i 个简单截面面积;$\bar{x}_i$ 为第 i 个简单截面形心横坐标;$\bar{y}_i$ 为第 i 个简单截面形心纵坐标。

C字型截面为左右对称结构,故 x 方向坐标为截面中心。在考虑截面发生中性线偏移情况下,截面应力状态如图8所示。拉弯变形在极限塑性状态下,钢丝截面中性线向下偏移,a 为偏移量,b 为钢丝截面宽度,c_1 和 c_2 为截面上下两断面距中心线的长度,则其截面上的轴力 N_A 和弯矩 M_A 分别为:

$$N_A = \int_A \sigma \cdot \mathrm{d}A = [(c_1 + a) \cdot b - 1.8 \times 5 - (c_2 - a) \cdot b]\sigma_s \tag{7}$$

$$M_A = \int_A y\sigma \cdot \mathrm{d}A = \int_0^{c_2-a} y\sigma \cdot \mathrm{d}A + \int_0^{0.51+a} y\sigma \cdot \mathrm{d}A + \int_{0.51}^{c_1} y\sigma \cdot \mathrm{d}A \tag{8}$$

图 5　T字型截面尺寸

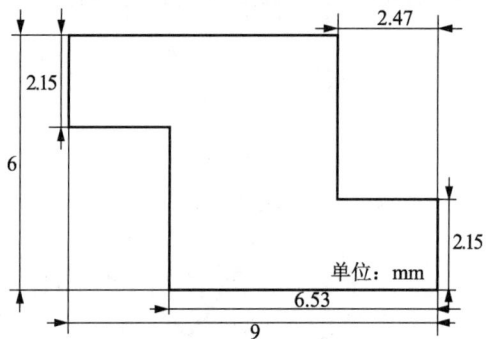

图 6　Z字型截面尺寸

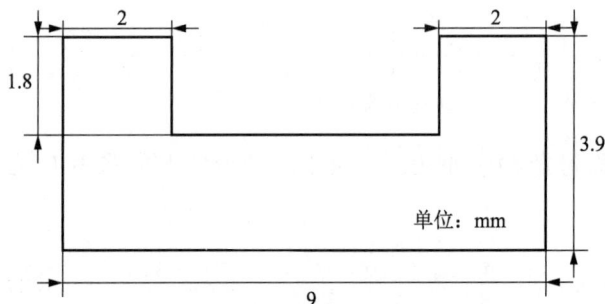

图 7　C字型截面尺寸

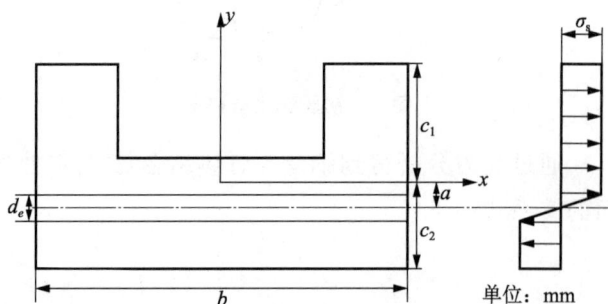

图 8　C字型钢丝中性线偏移应力状态

同理,如图9所示,T字型截面轴力 N_A 和弯矩 M_A 分别为:

$$N_A = \int_A \sigma \cdot \mathrm{d}A = [(c_1 + a) \cdot b - 1.8 \times 2 \times 2 - (c_2 - a) \cdot b]\sigma_s \tag{9}$$

$$M_A = \int_A y\sigma \cdot \mathrm{d}A = \int_0^{c_1-a} y\sigma \cdot \mathrm{d}A + \int_0^{0.42+a} y\sigma \cdot \mathrm{d}A + \int_{0.42}^{c_1} y\sigma \cdot \mathrm{d}A \tag{10}$$

如图10所示,Z字型截面轴力 N_A 和弯矩 M_A 分别为:

$$N_A = \int_A \sigma \cdot \mathrm{d}A = 2a(b - b_1)\sigma_s \tag{11}$$

$$M_A = \int_A y\sigma \cdot \mathrm{d}A = \int_0^{0.85+a} y\sigma \cdot \mathrm{d}A + 2\int_{0.85}^3 y\sigma \cdot \mathrm{d}A + \int_0^{0.85-a} y\sigma \cdot \mathrm{d}A \tag{12}$$

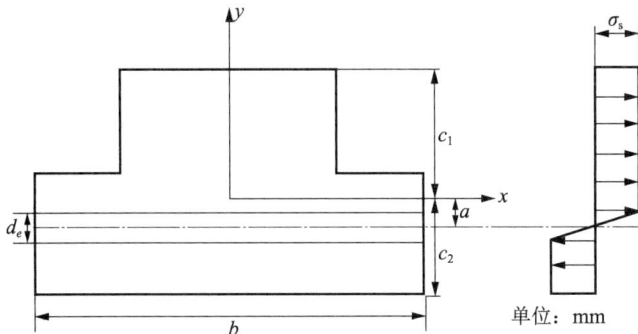

图 9 T 字型钢丝中性线偏移应力状态   图 10 C 字型钢丝中性线偏移应力状态

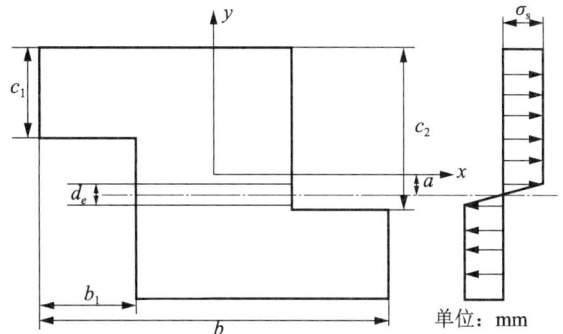

根据等效面积法将 C 字型钢丝截面、T 字型钢丝截面等效为厚度 3.9 mm、宽度 9 mm 的矩形;Z 字型钢丝截面等效为厚度 6 mm、宽度 9 mm 的矩形。钢丝屈服强度取 247.5 MPa,弹性模量 E 取 210 GPa。

1.3 缠绕成型最大预张力估算

基于上述力学模型,由钢丝截面上轴力与弯矩关系[式(4)],为简化计算,缠绕螺距取 9.5 mm,计算出缠绕管道半径 $R = 59$ mm 时,缠绕角度 $\alpha = 85.4°$;缠绕卷盘半径 $R = 250$ mm 时,缠绕角度 $\alpha = 88.9°$。根据文中实际管道及卷盘半径,计算 3 种异型截面钢丝缠绕半径 R 分别为 59 mm 和 250 mm 时,在松弛角度范围 5°～85°下钢丝的预张力。最大、最小预张力计算结果如表 1 所示。

表 1 试验计算结果

钢丝截面	缠绕半径 R/mm	钢丝松弛角度 θ/(°)	钢丝预张力 F/N
C 字型	59	5	13 683.25
C 字型	59	85	7.93
C 字型	250	5	11 658.46
C 字型	250	85	1.97
T 字型	59	5	15 264.75
T 字型	59	85	9.01
T 字型	250	5	13 036.80
T 字型	250	85	2.24
Z 字型	59	5	42 955.00
Z 字型	59	85	21.00
Z 字型	250	5	35 406.30
Z 字型	250	85	5.32

基于铠装钢丝的材料本构模型,可以计算钢丝截面为极限塑性状态时在不同松弛角度下缠绕钢丝需要施加的预张力。不同缠绕半径下的预张力对比如图 11 所示。由图 11 可得:在同一缠绕半径不同截面条件下,Z 字型截面所需预张力最大,C 字型截面所需预张力最小;对于同一截面,缠绕半径越大,相同松弛角度下钢丝所需预张力越小。

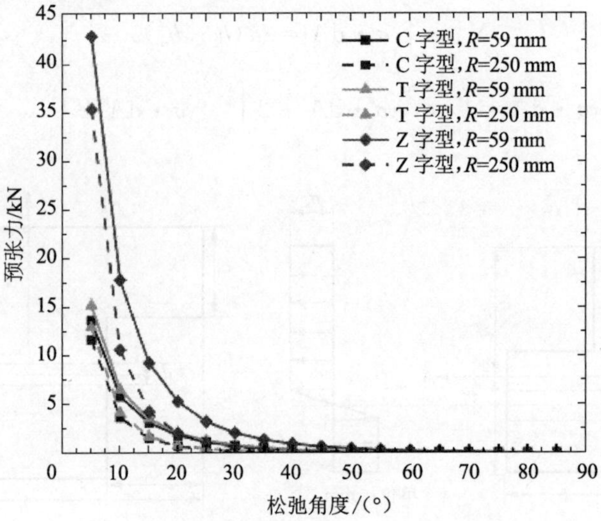

图 11　钢丝在不同松弛角度下的预张力

2 抗压铠装钢丝加工缠绕过程数值分析

2.1 钢丝缠绕有限元模型

在抗压铠装钢丝加工过程中,其最主要的力学行为是钢丝的缠绕行为,而这里的钢丝缠绕问题属于非线性力学问题,主要包括几何大变形、金属材料塑性和接触等 3 种类型,用单一理论推导分析的方法难以定量描述钢丝缠绕过程中的相关力学现象。因此,文中采用 ABAQUS 有限元仿真软件对钢丝缠绕加工过程进行数值模拟,分析抗压铠装钢丝加工过程中钢丝受力参数对抗压层力学行为和力学性能的影响规律。

考虑铠装钢丝加工和缠绕的实际情况,为便于求解,模型由单一管体及铠装钢丝组成,并将管体设置为刚体,使用实体单元对抗压铠装钢丝进行建模。定义材料本构关系后进行网格划分。依据钢丝缠绕管体的实际工况,选取合适预张力进行仿真模拟。模型示意如图 12 所示。

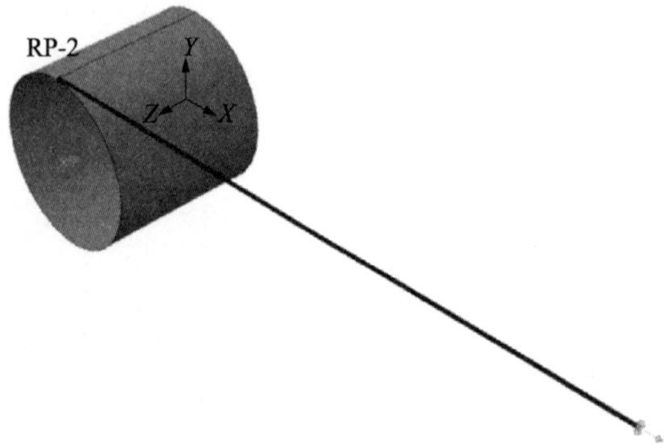

图 12　模型示意

2.2 钢丝连续缠绕

实际上钢丝经历了两次缠绕成型。第一次缠绕:钢丝由厂家加工成 3 种异型截面后被缠绕于卷盘上便于储存。第二次缠绕:钢丝在用于抗压层加工时由铠装机缠绕于内衬芯模上。

2.2.1 钢丝缠绕卷盘数值模拟结果

在有限元模拟中,可引入"竖向位移"概念。如图 13 所示,竖向位移指钢丝缠绕一周后在 Y 轴方向上的位移。分析钢丝在不同预张力下缠绕于卷盘一周后与卷盘之间的竖向位移。如果无明显变化,则认为在该预张力下钢丝紧密贴合于卷盘表面,即缠绕紧密;如果有明显变化,则认为在该预张力下缠绕不紧密。竖向位移图纵坐标以钢丝与管体在接触点最高点为原点,钢丝在缠绕一周过程中未缠绕部分竖向位移几乎为 0，缠绕部分竖向位移小于 0。为了分析钢丝缠绕于卷盘上的最佳预张力大小，参照 1.3 部分计算得出 3 种异型截面钢丝缠绕成型的理论预张力范围，以 88.9° 为缠绕角度，将 3 种异型截面的铠装钢丝直接缠绕于 $R=250$ mm 卷盘上，提取不同预张力下的缠绕结果，分析其竖向位移，如图 14 至图 16 所示。从图 14 至图 16 可以看出：对于 C 字型钢丝，当所受预张力在 2～8 kN 时，钢丝竖向位移有较大变化；钢丝受到预张力在 8～9 kN 时，钢丝竖向位移曲线几乎重合，变化不明显；C 字型钢丝最小需要 8 kN 预张力可以实现紧密缠绕。同理，T 字型钢丝最小需要 4 kN 预张力，Z 字型钢丝最小需要 6 kN 预张力。

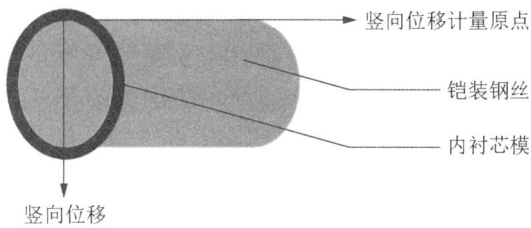

图 13　竖向位移示意

图 14　钢丝缠绕卷盘竖向位移曲线（C 字型）

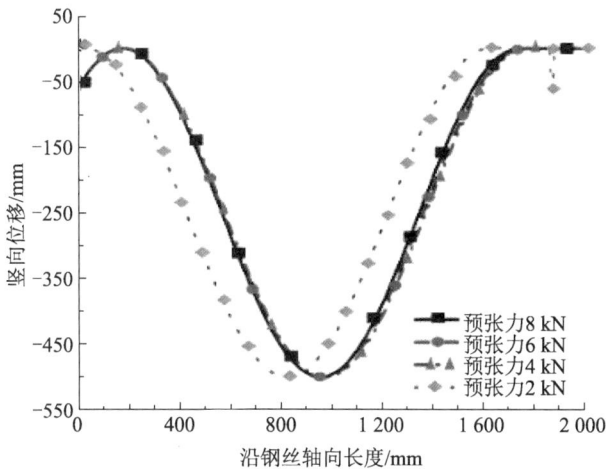

图 15　钢丝缠绕卷盘竖向位移曲线（T 字型）

图 16　钢丝缠绕卷盘竖向位移曲线（Z 字型）

2.2.2　钢丝在内衬芯模上缠绕数值模拟结果

对于连续缠绕成型的数值模拟，先计算钢丝缠绕于卷盘时的加工应力，再将钢丝截面的加工应力提取出来，导入钢丝缠绕于内衬芯模的模型进行计算，得到的结果即为考虑塑性累积后的结果。在实际分析中，导入 3 种异型截面在最佳预张力缠绕成型后因塑性变形产生的加工应力——该初始应力为钢丝缠绕应力中的最大值，将这个值设置为钢丝缠绕于管体模型中钢丝的初始平均应力进行计算。对于 3 种截面钢丝，以 85.4° 为缠绕角度，第一次缠绕于卷盘上时最大应力如下表 2 所示。由于钢丝的屈服应力为 247.5 MPa，故判断钢丝在缠绕卷盘过程中均产生塑性形变。

表 2　不同截面缠绕卷盘最大应力

钢丝截面形状	最大应力/MPa
C 字型	472.6
T 字型	308.9
Z 字型	324.7

3 种截面钢丝在不同张力作用下的竖向位移对比如图 17 至图 19 所示，可得在连续缠绕过程中，C 字

型钢丝最佳预张力为 8 kN，T 字型钢丝最佳预张力为 4 kN，Z 字型钢丝最佳预张力为 6 kN。

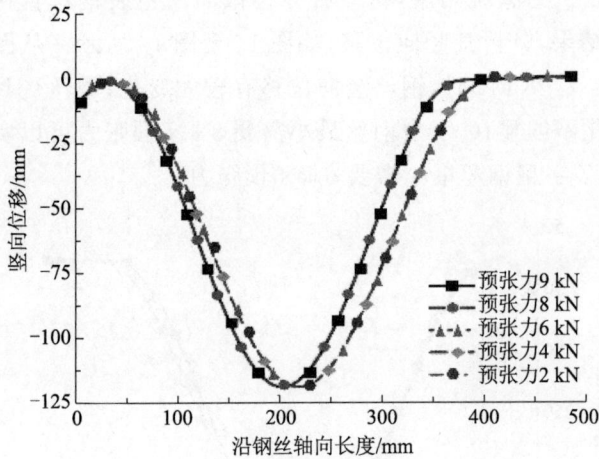

图 17　钢丝连续缠绕竖向位移曲线（C 字型）

图 18　钢丝连续缠绕竖向位移曲线（T 字型）

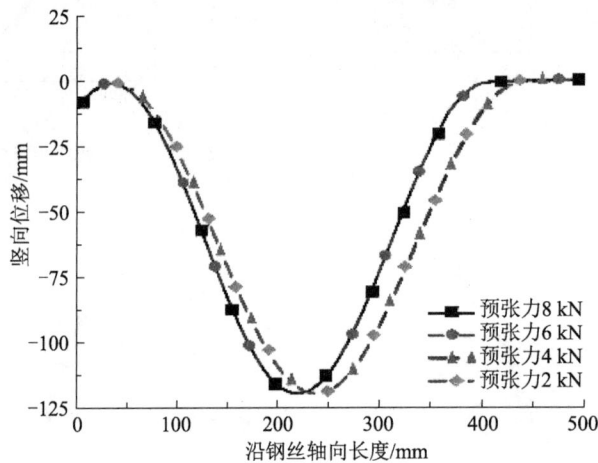

图 19　钢丝连续缠绕竖向位移曲线（Z 字型）

　　将最佳预张力分别代入 3 种截面钢丝缠绕有限元模型中，并导入表 2 中应力最大值作为初始应力，钢丝缠绕内衬芯模中结果如图 20 至图 22 所示。

　　从图 20 至图 22 中可以看出，钢丝在实际缠绕过程中最大应力点发生在钢丝与管体的缠绕接触部分。在最佳预张力作用下，C 字型钢丝在连续缠绕过程中最大应力为 487.7 MPa，最大应变为 1.901×10^{-1}；T 字型钢丝最大应力为 348.8 MPa，最大应变为 4.884×10^{-2}；Z 字型钢丝最大应力为 372.9 MPa，最大应变为 7.285×10^{-2}。

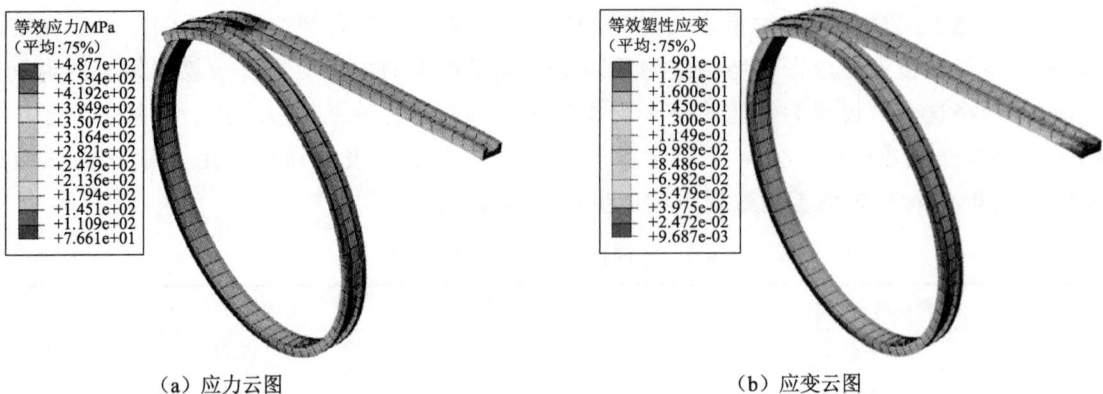

（a）应力云图　　　　（b）应变云图

图 20　连续缠绕钢丝最佳预张力下结果云图（C 字型）

（a）应力云图　　　　　　　　　　（b）应变云图

图 21　连续缠绕钢丝最佳预张力下结果云图（T 字型）

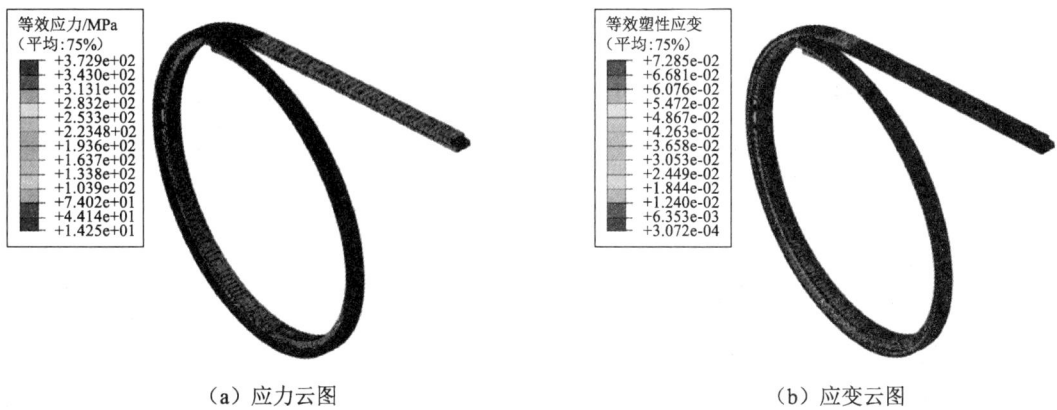

（a）应力云图　　　　　　　　　　（b）应变云图

图 22　连续缠绕钢丝最佳预张力下结果云图（Z 字型）

2.3 钢丝直接缠绕内衬芯模

3 种不同截面钢丝直接缠绕于内衬芯模竖向位移曲线如图 23 至图 25 所示，可得在直接缠绕于内衬芯模过程中，C 字型钢丝最佳预张力为 8 kN，T 字型钢丝最佳预张力为 4 kN，Z 字型钢丝最佳预张力为 6 kN。

将最佳预张力分别代入 3 种截面钢丝缠绕有限元模型中，钢丝缠绕内衬芯模中结果如图 26 至图 28 所示。

由图 26 至图 28 可知：在最佳预张力作用下，C 字型钢丝最大应力为 453.1 MPa，最大应变为 1.77×10^{-1}；T 字型钢丝最大应力为 300.9 MPa，最大应变为 3.94×10^{-2}；Z 字型钢丝最大应力为 338.4 MPa，最大应变为 6.719×10^{-2}。

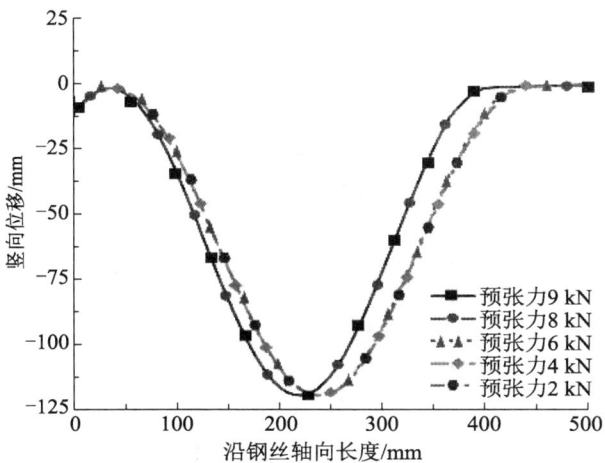

图 23　钢丝直接缠绕竖向位移曲线（C 字型）

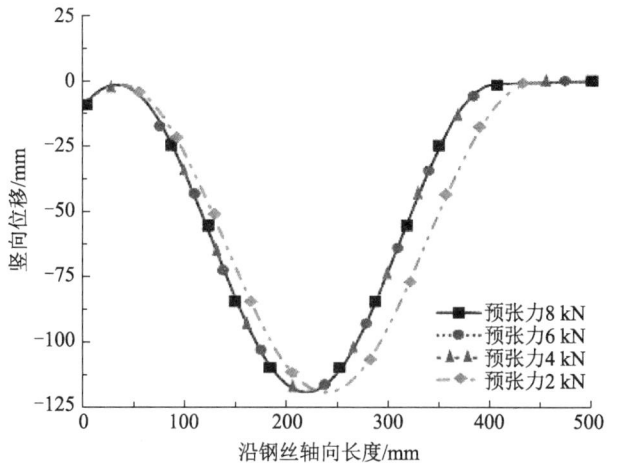

图 24　钢丝直接缠绕竖向位移曲线（T 字型）

图 25　钢丝直接缠绕竖向位移曲线（Z 字型）

（a）应力云图　　　　　　　　　　　　　　（b）应变云图

图 26　直接缠绕钢丝最佳预张力下结果云图（C 字型）

（a）应力云图　　　　　　　　　　　　　　（b）应变云图

图 27　直接缠绕钢丝最佳预张力下结果云图（T 字型）

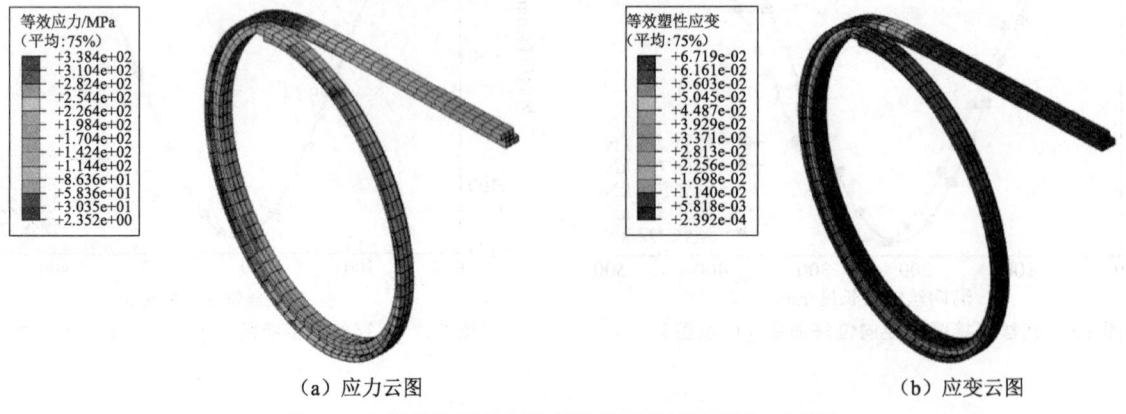

（a）应力云图　　　　　　　　　　　　　　（b）应变云图

图 28　直接缠绕钢丝最佳预张力下结果云图（Z 字型）

2.4 直接缠绕与连续缠绕数值模拟结果对比

结合前文直接缠绕成型加工过程竖向位移曲线图,取 3 种不同截面抗压铠装钢丝最佳预张力下的数值仿真结果进行对比分析。对比结果取等效应力和塑性应变,如表 3 和表 4 所示。

表 3　考虑初始加工应力前后抗压铠装钢丝的等效应力对比

钢丝截面形状	直接缠绕应力/MPa	连续缠绕应力/MPa	应力增量/%
C	453.1	487.7	7.64
T	300.9	348.8	15.92
Z	338.4	372.9	10.20

表 4　考虑初始加工应力前后抗压铠装钢丝的等效应变对比

钢丝截面形状	直接缠绕应变	连续缠绕应变	应变增量/%
C	0.177	0.190 1	7.40
T	0.039 4	0.048 84	23.96
Z	0.067 19	0.072 85	8.42

分析可得,在考虑初始加工应力预定义场对抗压铠装钢丝在连续缠绕成型加工过程中的影响后,抗压铠装钢丝最大等效应力与最大塑性应变均显著增加。

3　结　语

针对深水柔性管道抗压铠装层缠绕加工的力学行为进行分析,对考虑加工应力影响前后钢丝所受最大应力、应变进行对比。结果表明,由于发生塑性变形,与直接缠绕内衬芯模相比,3 种不同截面的铠装钢丝在连续缠绕之后所产生的等效应力和塑性应变明显增大,增量最大值分别为 15.92％ 和 23.96％。因此,初始加工应力的存在对钢丝缠绕成型加工过程和加工质量有着显著的影响,不可忽略不计,在深水柔性管道抗压铠装钢丝缠绕成型加工过程中应着重考虑。

🔖 参考文献

[1]　吴尚华,杨志勋,高博,等. 海洋非粘结柔性管道扭转失效特征行为分析研究[J]. 中国造船,2019,60(1):162-174.

[2]　汤明刚. 深水柔性立管及附件设计的关键力学问题研究[D]. 大连:大连理工大学,2015.

[3]　王彩山. 非粘结型柔性管道抗压溃分析与实验验证[D]. 大连:大连理工大学,2015.

[4]　SÆVIK S,GRAY L,PHAN A. A method for calculating residual and transverse stress effects in flexible pipe pressure spirals[C]//Proceedings of the 20th International Conference on Ocean,Offshore Mechanics and Arctic Engineering,June 3-8,2001,Rio de Janeiro,Brazil. New York:ASME,2001:407-413.

[5]　YE N Q,SÆVIK S. Multiple axial fatigue of pressure armors in flexible risers[C]// Proceedings of the 30th International Conference on Ocean,Offshore and Arctic Engineering. ,June 19-24,2011,Rotterdam,Netherlands. New York:ASME,2011:943-950.

[6]　SÆVIK S,YE N Q. Armour layer fatigue design challenges for flexible risers in ultra-deep water depth[C]// .Proceedings of the 28th International Conference on Ocean,Offshore and Arctic Engineering,May 31-June 5,2009,Hondulu,HI,USA. New York:ASME,2010:767-775.

[7]　FERNANDO U S,TAN Z M,SHELDRAKE T,et al. The stress analysis and residual stress evaluation of pressure armour layers in flexible pipes using 3D finite element models[C]//Proceedings of the 23rd International Conference on Offshore Mechanics and Arctic Engineering,June 20-25,2004,Vancouver,BC,Canada. New York:ASME,2004:57-65.

[8]　FERNANDO U S,DAVIDSON M,SIMPSON C,et al. Measurement of residual stress shakedown in pressure/tensile armour wires of flexible pipes by neutron diffraction[C]//Proceedings of the 34th International Conference on Ocean,Offshore and Arctic Engineering,May 31-June 5, 2015, St. John's,NL, Cannda. New York:ASME, 2015: V05AT04A035.

[9] FERNANDO U S,DAVIDSON M,YAN K,et al. Evolution of residual stress in tensile armour wires of flexible pipes during pipe manufacture [C]//Proceedings of the 36th International Conference on Ocean,Offshore and Arctic Engineering,June 25-30,2017,Trondheim,Norway. New York:ASME,2017:V05AT04A017.

[10] LU Q Z,WU S H,WANG D,et al. Study on mechanical behavior of tensile armor wires of marine flexible pipes and cables during winding process[C]//Proceedings of the 38th International Conference on Offshore Mechanics and Arctic Engineering,June 9-14,2019,Glasgow,United Kingdom. New York:ASME,2019:V05AT04A009.

[11] FELIPE A V,DIOGO G L,PAULO P K. The effect of curvature sequence in high strength wires residual stress distribution [C]// Proceedings of the 33rd International Conference on Offshore Mechanics and Arctic Engineering,June 8-13,2014,San Francisco,CA,USA.New York:ASME,2014.

[12] 代超. 海洋柔性管道抗拉铠装钢丝加工力学行为分析[D]. 大连:大连理工大学,2015.

海底隧道工程超大浮体系泊耦合运动的研究与应用

黄明汉[1,2]，郭立栋[2]，房克照[3]

（1. 中交天津港湾工程研究院有限公司 中国交建海岸工程水动力重点实验室，天津　300222；2. 中交第一航务工程局有限公司，天津　300461；3. 大连理工大学 海岸和近海工程国家重点实验室，辽宁 大连 116024）

摘要：提出了一种模拟多动力因素作用下多浮体三维耦合运动的高效计算方法。该方法考虑了超大型浮体三维效应及其不规则形状的影响，只在自由水面处浮体的周线上布置源汇。把该方法应用于沉管数学模型，依托大连海底隧道建设工程，建立适宜的沉管数学模型，研究沉管在浮运阶段和安装等待阶段的动力响应及缆绳缆力，确定了沉管在作业过程中合理的系泊方案。

关键词：多浮体；沉管；水动力；动力响应；系缆力

随着现代科技与施工技术的发展，桥梁已不再是跨越江河、海峡的唯一选择，而水下隧道的优点逐渐凸显。在大多数情况下，水下隧道比桥梁更为优越。而沉管隧道[1]由于其工期短、地基要求低、节省成本等优点，已逐渐发展为水下隧道的首选。目前我国正处在一个前所未有的发展时期，为城市间、城市内交通规划了恢宏的蓝图，也为海底隧道的应用开拓了广阔的空间。

从建成的港珠澳大桥[2]到在建的深中通道[3]、大连湾隧道工程[4]，采用的都是沉管隧道。港珠澳大桥的标准沉管长 180 m、宽 37.95 m、高 11.4 m，单节重约 8 万 t；深中通道的标准沉管长 165 m、宽 46 m、高 10.6 m，单节重约 8 万 t；大连湾隧道工程的标准沉管长 180 m、宽 33.5 m、高 10.1 m，单节重约 6 万 t。海洋中的风、浪、流作用给沉管的海上施工带来很大的困难。研究沉管在浮运和安装过程中的运动特性和缆绳受力特性，有助于把握沉管的运动稳定性和施工安全性。计算浮体水动力的方法主要有两大类：切片法[5,6]和三维源汇方法[7-9]。切片法计算量小，速度快，但仅适用于细长型船体，不能考虑船体周围流场的三维效应。而三维源汇方法是一比较成熟的方法，可以考虑浮体周围的三维效应，但需要在物体湿表面上布置源汇，计算量比较大，耗时长。沉管尺度大，外形类似于箱型船。在处理箱型船等肥大的船型问题上，切片法不再适用。而三维源汇方法在计算多浮体耦合问题上，计算量较单浮体问题更大。

针对以上问题，提出一种精确模拟多动力因素作用下多浮体三维耦合运动的高效计算方法。该方法基于势流理论，把浮体横向和纵向同时剖分，只在自由水面处浮体的周线上布置源汇，比三维源汇方法的计算量大大减小。该方法同时考虑浮体横向和纵向流场的变化，可以快速高效地分析波浪中多浮体耦合运动问题。本文采用超大浮体三维耦合运动计算方法，给出了海底隧道超大型浮体一整套的系泊方案，提出了超大型沉箱系泊定位方案，以及超大型沉管在浮运阶段和安装等待阶段的系泊方案，提高了施工效率，保障了工程质量和安全，为工程顺利实施提供了技术支撑。

1 数学模型及依据资料

1.1 横向剖分和纵向剖分内场速度势的定义

内场速度势的确定是把船底下的三维流动简化为沿船体横剖所形成的船体横剖面底部的 y 方向流动（如图 1）和沿船体纵剖所形成的船体纵剖面底部的 x 方向流动（如图 2）的两个垂直二维流动的叠加。

基金项目：天津市自然科学基金资助项目（18JCYBJC22900）

作者简介：黄明汉。E-mail：huangminghan@ccccltd.cn

因为每个方向上的流动只含有水平速度分量,所以可以容易地求出这些速度分布所产生的内场解。

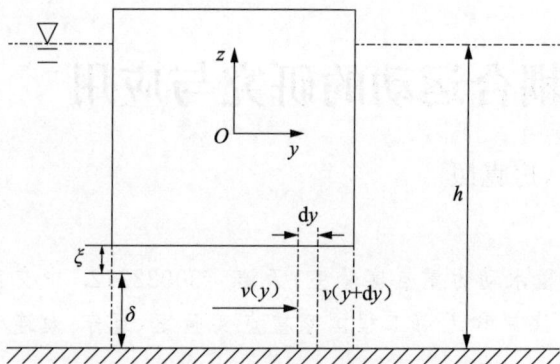

图 1 沿船宽方向的内场横向二维流动

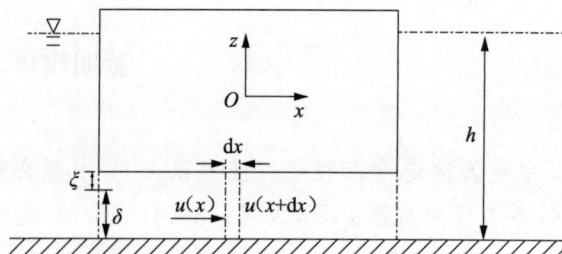

图 2 沿船长方向的内场纵向二维流动

在船底面下的内场,将三维连续方程从水底到船底做垂向积分,可得到如下方程:

$$\frac{\partial \xi}{\partial t} + \frac{\partial (\delta u)}{\partial x} + \frac{\partial (\delta v)}{\partial y} = 0 \tag{1}$$

式中:u 和 v 分别为沿船底下间隙内的 x 和 y 方向平均速度的分量,ξ 为船底面垂向位移,δ 为船底和水底间间隙。为了将内场内三维流动分解为沿船体横向剖分的 y 方向和船体纵向剖分的 x 方向的两个垂向二维流动,将式(1)中船底面垂向速度 $\partial \xi / \partial t$ 做分解:

$$\frac{\partial \xi}{\partial t} = \frac{\partial \xi_a}{\partial t} + \frac{\partial \xi_b}{\partial t} \tag{2}$$

式中:$\partial \xi_a / \partial t$ 为仅引起船宽方向的横向流动的分量,$\partial \xi_b / \partial t$ 为仅引起船长方向的纵向流动的分量。即假定以下关系成立:

$$\frac{\partial \xi_a}{\partial t} + \frac{\partial (\delta v)}{\partial y} = 0, \quad \frac{\partial \xi_b}{\partial t} + \frac{\partial (\delta u)}{\partial x} = 0 \tag{3a,3b}$$

式中:$\partial \xi_a / \partial t$ 和 $\partial \xi_b / \partial t$ 的确定依赖于船的几何尺寸。对于横向剖分和纵向剖分速度势 ϕ_a 和 ϕ_b:

$$\phi_a = \frac{1}{\delta} \iint \frac{\partial \xi_a}{\partial t} \mathrm{d}y \mathrm{d}y - y V_0(x,z) + \varphi_a(x,z) \tag{4a}$$

$$\phi_b = \frac{1}{\delta} \iint \frac{\partial \xi_b}{\partial t} \mathrm{d}x \mathrm{d}x - x U_0(y,z) + \varphi_b(y,z) \tag{4b}$$

以上解对 $\partial \xi / \partial t$ 不为 0 的垂荡、横摇和纵摇的情况是成立的;对 $\partial \xi / \partial t = 0$ 的情况(即船纵荡、横荡和艏摇及绕射的情况)也成立,但等式左端第一项将为 0,意味着船底面流动更为简单。式(4)中,$V_0(x,z)$ 和 $\varphi_a(x,z)$ 分别是船底横向剖分时在船体底面沿船宽方向的均匀流速和船底横剖面中心点处($y=0$ 处)速度势;$U_0(y,z)$ 和 $\phi_b(y,z)$ 分别是船底纵向剖分时在船体底面沿船长方向的均匀流速和和船底纵剖面中心点处($x=0$ 处)速度势。

根据式(2)和式(4)给出的横向剖分和纵向剖分速度势 ϕ_a 和 ϕ_b 可以确定内场总的速度势 ϕ 为:

$$\phi = \phi_a + \phi_b \tag{5}$$

上式只适用于船底面速度 $\partial \xi / \partial t$ 不为 0 的情况(即船体垂荡、横摇和纵摇的情况)。对 $\partial \xi / \partial t = 0$ 的情况(即船纵荡、横荡和艏摇及绕射的情况),以上加权叠加不再适用。但数值计算表明,对速度势也需要采用类似的叠加。这将在下面统一处理。

由于人为地将三维流动分解成两个垂向二维流动,在物体长宽比接近时会引入误差,其横向和纵向速度势叠加并不等于总的速度势。可以对以上加权所得到的内场速度势进行修正,这样总的内场速度势及横向速度势和纵向速度势可以写为:

$$\varphi_{uj} = \begin{cases} \phi_a q_a + \phi_b q_b & j=1,2,6,7 \\ \dfrac{L^2}{L^2 + B^2}(\phi_a q_a + \phi_b q_b) & j=3,4,5 \end{cases} \tag{6a,6b}$$

$$\phi_a = \frac{1}{\delta}\iint \frac{\partial \xi}{\partial t}\mathrm{d}y\mathrm{d}y - yV_0(x,z) + \varphi_a(x,z) \tag{7a}$$

$$\phi_b = \frac{1}{\delta}\iint \frac{\partial \xi}{\partial t}\mathrm{d}x\mathrm{d}x - xU_0(y,z) + \varphi_b(y,z) \tag{7b}$$

$$q_a = L^4/(L^4+B^4), \quad q_b = B^4/(L^4+B^4) \tag{8a,8b}$$

式中:$j=1,2,3,4,5,6,7$ 分别对应运动模式纵荡、横荡、垂荡、纵摇、横摇、艏摇和绕射,L 为船长,B 为船宽。由于对船体横剖和纵剖分别进行匹配求解,这样还要给出船体横剖面外场速度势和船体纵剖面外场速度势。为了满足定解条件,外场辐射势和绕射势采用源汇分布法来表达。这种方法把船体剖面用等效矩形代替,即可将计算流场速度势的格林函数沿水深做傅立叶展开,这样仅需要在船水面周线上布置源汇。在流体作用力已知的条件下,利用刚体运动的一般理论,在微幅运动的条件下可建立起船体在波浪上的运动方程,求解可得每个船体的运动响应[10]。

1.2 沉管和安装船尺寸

本研究依托工程中的沉管尺寸为 180 m×33.5 m×10.1 m(长×宽×高),沉管在浮运和安装过程中使用 2 艘安装船进行协同作业,沉管吃水 9.9 m,水深 12 m。这 2 艘安装船将安装在沉管的两端,并与沉管固定连接在一起,如图 3 所示。安装船尺寸为 40.2 m×51.9 m×12.59 m(长×宽×高),为双体船式结构,由两侧浮箱和顶部横梁三部分组成。安装船自重和沉管安装所需的负浮力由两侧的浮箱共同承担,浮箱由横跨管节的横梁相连接。

图 3 给出了沉管和安装船尺寸,以及固结一起的相对位置关系,其中沉管横向两侧和安装船两个浮箱间距为 2 m。图 4 给出了沉管和安装船固结一起横断面图。

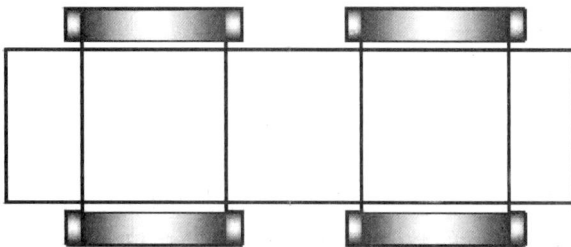

图 3 沉管和安装船的相对位置示意图

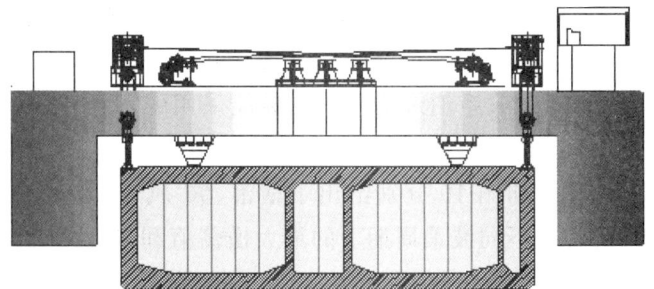

图 4 沉管和安装船固结一起横断面示意图

2 沉管浮运阶段数值模拟

沉管从预制场需浮运至工程海域,浮运过程中沉管的偏移距离和缆力的变化是施工中较关注的问题。沉管浮运阶段以沉管和安装船为一整体作为研究对象,并且前后各有两个拖轮进行拖拽。

沉管浮运阶段与沉管二次舾装区在港内系泊问题类似。因为安装船和沉管固定在一起,所以可以把它们看为一个整体,即为形状特殊的单浮体系泊问题。对于缆绳的布置情况,图 5 给出沉管浮运阶段系泊平面示意图,并在图中标出横浪 90°方向;其浮运缆绳采用的是直径 105 mm 的尼龙缆,破断力是 1 764 kN,预张力为 100 kN。

图 6 和图 7 分别给出了横浪、90°风 13.8 m/s、90°流 0.5 m/s 时沉管在不同波浪周期下的最大横荡值和最大缆力值。从结果中可以看出,90°风浪流作用下,平均周期 6 s、$H_{13\%}$ 为 0.8 m、风速为 13.8 m/s、流速为 0.5 m/s 的沉管偏移初始位置最大值为 1.59 m,最大缆力为 273 kN。

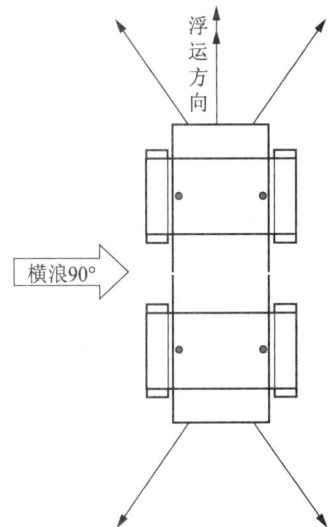

图 5 沉管浮运阶段系泊平面示意

图 6   沉管的最大横荡值(浮运阶段)

图 7   最大缆力值(浮运阶段)

3 沉管安装等待阶段数值模拟

待沉管浮运至工程海域,尚未安装或等待安装时,对沉管和安装船进行系泊。在沉管等待安装时,以沉管和安装船为一整体作为研究对象。在沉管上 4 个端点以及安装船两侧进行系缆。

当沉管和安装船系泊等待时,安装船和沉管固定在一起。可以把它们看为一个整体,即为形状特殊的单浮体。对于缆绳的布置情况,图 8 给出沉管和安装船安装等待阶段系泊平面示意图,并在图中标出横浪 90°方向;其安装缆为系泊沉管采用 53 mm 钢丝绳,破断力是 1 957 kN;系泊缆为系泊安装船采用的直径 42 mm 钢缆,破断力是 1 255 kN,预张力为 100 kN。

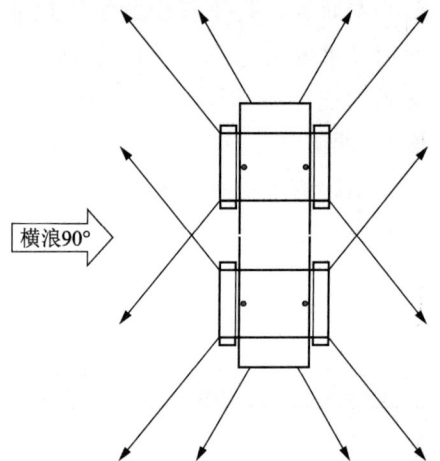

图 8   沉管安装等待阶段系泊平面示意图

图 9 和图 10 分别给出了横浪、90°风 13.8 m/s、90°流 0.5 m/s 时沉管在不同波浪周期下的最大横荡值和最大缆力值。从结果中可以看出,90°风浪流作用下,平均周期 6 s、$H_{13\%}$ 为 0.8 m、风速为 13.8 m/s、流速为 0.5 m/s 的大连安装船的数学模型沉管偏移初始位置最大值为 0.39 m,最大缆力为 261 kN。

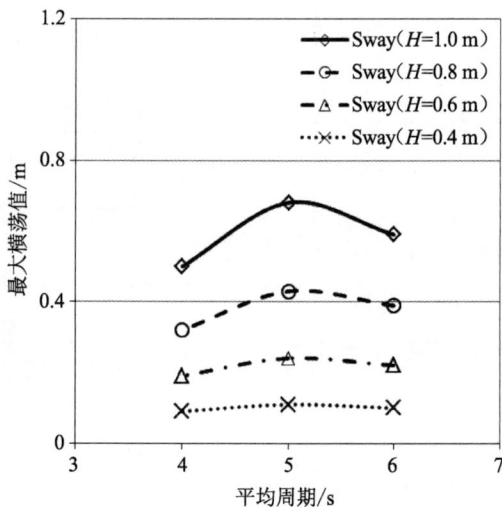

图 9   沉管的最大横荡值(安装等待阶段)

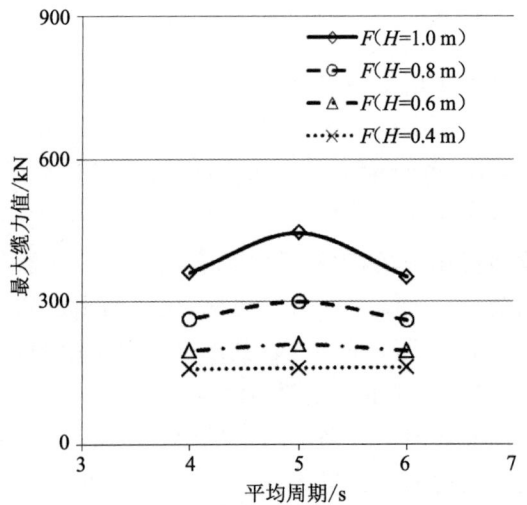

图 10   最大缆力值(安装等待阶段)

4 结　语

为了解决海底隧道施工中超大浮体的浮运和安装一系列的问题,提出适合计算超大型浮体运动的方法。在传统细长船体运动计算方法的基础上,拓展到一般三维浮体波浪中运动的计算,不光可以考虑浮体底部流体的横向流动,还可以考虑浮体底部流体的纵向流动。该方法较传统的细长船体理论更好地考虑了流场的三维效应,也比三维源汇方法更简单。该方法更适用于工程中特殊船型运动的计算。

依托大连湾海底隧道建设工程,建立适宜的超大型沉箱数学模型和超大型沉管数学模型,研究超大型沉管在浮运阶段和安装等待阶段的动力响应及缆绳缆力。超大型沉管的系泊方案如下:① 沉管浮运阶段,采用前后"'八'字缆",缆绳采用尼龙缆;② 沉管安装等待阶段,沉管和安装船每个浮体都采用四点前后"'八'字缆",缆绳采用钢缆,最大限度地限制浮体运动。

参考文献

[1] 郭建民,单联君,马铭骏. 国内沉管隧道数据统计与发展分析[J]. 隧道建设,2023,43(1):173.

[2] 林鸣. 建造世界一流超大型跨海通道工程——港珠澳大桥岛隧工程管理创新[J]. 管理世界. 2020,36(12):202-212.

[3] 陈鸿,贺春宁,曾毅. 深中通道沉管隧道工程技术难点及创新[J]. 隧道与轨道交通,2022,141(4):1-7.

[4] 吕护生,李德洲. 大连湾海底隧道沉管浮运施工工艺研究与应用[J]. 中国港湾建设,2022,42(12):106-110.

[5] TASAI F,TAKAKI M. Theory and calculation of ship responses in regular waves[J]. J. Soc. Nav. Arch. Japan,1969.

[6] SALVESEN N,TUCK E O,FALTINSEN O. Ship motions and sea loads[J]. Transactions of the Society of Naval Architects and Marine Engineers,1970,78:250-287.

[7] HAVELOCK T H. The damping of the heaving and pitching motion of a ship[J]. Philosophical Magazine,1942,33(224):666-673.

[8] JOHN F. On the motion of floating bodies Ⅱ. Simple harmonic motions[J]. Communications on pure and applied mathematics,1950,3(1):45-101.

[9] HASKIND M D. On wave motion of a heavy fluid[J]. Akad. Nauk. Sssr. Prikl. Mat. Mekh,1954,18:15-26.

[10] 黄明汉,张文忠,邹志利. 港口中船舶和多墩柱耦合作用的计算方法[J]. 船舶力学,2020,24(3):311-322.

串列双柔性圆柱流致振动数值模拟研究

王毓祺[1]，许福友[1]，张占彪[1]，王　旭[2]

(1. 大连理工大学 建设工程学院，辽宁 大连　116024；2. 中国电建集团华东勘测设计研究院有限公司，浙江 杭州　311122)

摘要：采用模态叠加法和大涡模型(LES)，对串列双柔性圆柱流致振动现象进行模拟，通过对尾涡流场、两圆柱壁面压力和平均功率分布特性的分析，揭示流固耦合机理。研究表明：相较于固定或刚性双圆柱，柔性双圆柱流场更加复杂，将影响前后圆柱壁面压力。双柔性圆柱在再附区、过渡流场区和共同脱落区流固耦合机理存在差异。

关键词：串列柔性圆柱；流致振动；流场特性；振动功率

柔性圆柱被广泛应用于工程结构中，众研究已经有效地研究了孤立柔性圆柱体涡激振动(VIV)过程中的振动和流场特性[1,2]。双柔性圆柱串列与单个圆柱体相比，流固耦合更加复杂。现有的针对多圆柱流致振动的研究多基于刚性圆柱模型[3,4]，通过对不同排布方式、结构间距(S_x)和折减流速(V_r)等情况下各圆柱振动幅值及频率进行分析，获取圆柱结构彼此间相互影响，探究流致振动响应特性。然而实际工程结构具有长径比大、自重轻、阻尼低等特点，展向各位置振动幅值和尾涡流场均存在较大差别[5]，基于刚性模型所反映的振动规律与实际存在较大差异。本研究通过模拟串列双柔性圆柱结构在雷诺数 $Re=1\,000$ 情况下的流致振动，探究其流固耦合特性。

1　数值模拟方法

1.1　流体控制方程

采用 CFD 方法对工程结构进行数值模拟，并利用 LES 对瞬态不可压缩黏性流体进行模拟，认为流场为不可压缩流体，因此 Navier-Stokes(N-S)方程可简化为：

$$\frac{\partial u_i}{\partial x_i}=0 \tag{1}$$

$$\frac{\partial u_i}{\partial t}+\frac{\partial u_i u_j}{\partial x_j}=-\frac{1}{\rho}\cdot\frac{\partial p}{\partial x_i}+\nu\,\frac{\partial}{\partial x_j}\left(\frac{\partial u_i}{\partial x_j}\right) \tag{2}$$

式中：t 为时间，p 为压力，ρ 和 ν 分别为水的密度和运动黏滞系数，$u_i(i=1,2,3)$ 为 x、y 和 z 方向的速度分量。

1.2　结构运动控制方程

本研究考虑横流向(CF)单自由度振动，采用模态叠加法对结构振动响应进行计算。振动方程为：

$$\ddot{Y}_n(t)+2\xi_n\omega_n\dot{Y}_n(t)+\omega_n^2 Y_n(t)=\frac{F_n(t)}{M_n} \tag{3}$$

采用四阶龙格库塔法对 $Y_n(t)$ 求解，并将其代入下式中可得到结构实际振动位移：

$$y(z,t)=\sum_{n=1}^{N}\varphi_n(z)\cdot Y_n(t) \tag{4}$$

基金项目：国家自然科学基金青年科学基金资助项目(52308482)；国家资助博士后研究人员计划项目(GZC20230366)；辽宁省自然科学基金联合基金(2023-BSBA-049)

通信作者：王毓祺。E-mail：wangyuqi@dlut.edu.cn

式中:$\varphi_n(z)$为结构第 n 阶模态振型;$Y_n(t)$为第 n 阶模态所对应的广义位移时程。

2 数值模拟验证及模拟结果

2.1 模拟验证

两圆柱长径比 $L/D=12$,质量比 $m^*=10$,结构两端采用固接,振动形式为单自由度横流向振动,前四阶振动频率分别为 0.501、1.363、2.617 和 4.210 Hz,来流 $Re=1\,000$。前期针对该 Re 作用下固定串列双圆柱流场形态研究发现,两圆柱间距 $S_x/D=2.5$、3.5 和 5 分别对应再附流场、过渡流场和共同脱落流场,故本研究两圆柱间距分别设置为 $S_x/D=2.5$、3.5 和 5,计算域如图 1 所示。

图 1　计算域和边界条件

首先模拟得到单柔性圆柱横流向最大振幅,如图 2 所示。可以看出模拟结果的涡振锁定区间和极值振幅与他人研究吻合较好[6,7],验证了该求解器模拟准确性。分析发现各工况中圆柱控制模态均为一阶振动,$V_r=[3,5]$ 为涡振振幅上升阶段,$V_r=5.5$ 为振幅极值点,$V_r=[6,9]$ 为振幅下降阶段。

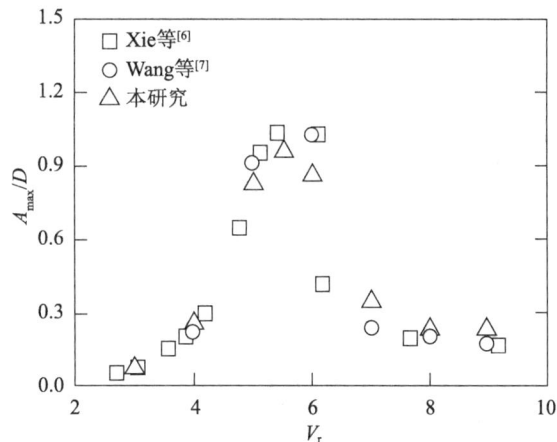

图 2　数值模拟和前期研究结果对比

2.2 模拟结果

不同 V_r 作用下,$S_x/D=2.5$、3.5 和 5 双两柔性圆柱最大振幅模拟结果如图 3 所示。前圆柱在振幅上升阶段,最大振幅与单圆柱接近,但在下降阶段,前圆柱的最大振幅超过单圆柱,并且随着 S_x/D 减小差异更加明显。前圆柱锁振区间 V_r 范围比单圆柱更宽,并随 S_x/D 增加而减小。另外,观察发现前圆柱对后圆柱产生的影响更为显著,包括响应振幅和锁定区域范围。在振幅极值点处和下降阶段,后圆柱振幅将大于单一圆柱和前方圆柱,且随着 S_x/D 的增加,振幅差距减少;后圆柱锁定区域范围相较于前圆柱更宽,两者差距同样随着 S_x/D 的增加而减小;这表明前圆柱尾流所引起的后圆柱振动放大效应逐渐减弱。

149

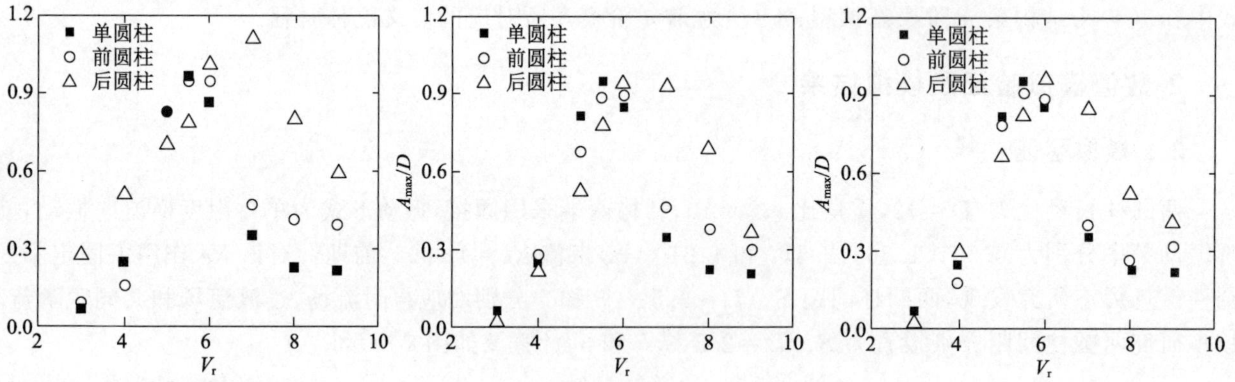

（a）$S_x/D=2.5$　　　　　　　　　（b）$S_x/D=3.5$　　　　　　　　　（c）$S_x/D=5$

图 3　不同间距串列双柔性圆柱最大振幅

3　流场特性

图 4 为柔性圆柱在 $V_r=5.5$ 时跨中截面,即最大位移处的瞬时 $\omega_z(=\partial u_2/\partial x_1-\partial u_1/\partial x_2)$ 平面涡量图,选取前圆柱一个振动周期流场以探究其演化过程。可发现串列的尾涡涡量相较单圆柱更小,但其流场更为复杂。如图 4(c)所示,后圆柱产生的尾涡(标记为"R")被前圆柱产生的尾涡(标记为"F")所包围,两圆柱间隙区内,前圆柱所形成具有较强涡量的尾涡向下游运动并绕过后圆柱,致使后圆柱产生的尾涡运动发展的空间范围减小。前、后圆柱尾涡间相互作用使下游流场更加复杂。此外,单圆柱和前圆柱尾涡脱落模式为 2P 模式[图 4(b)、(d)],后圆柱尾涡脱落模式则变为 2S 模式[图 4(d)],这表明前圆柱对间隙区内流场的干扰改变后圆柱来流特性,进而改变后圆柱尾涡脱落模式。

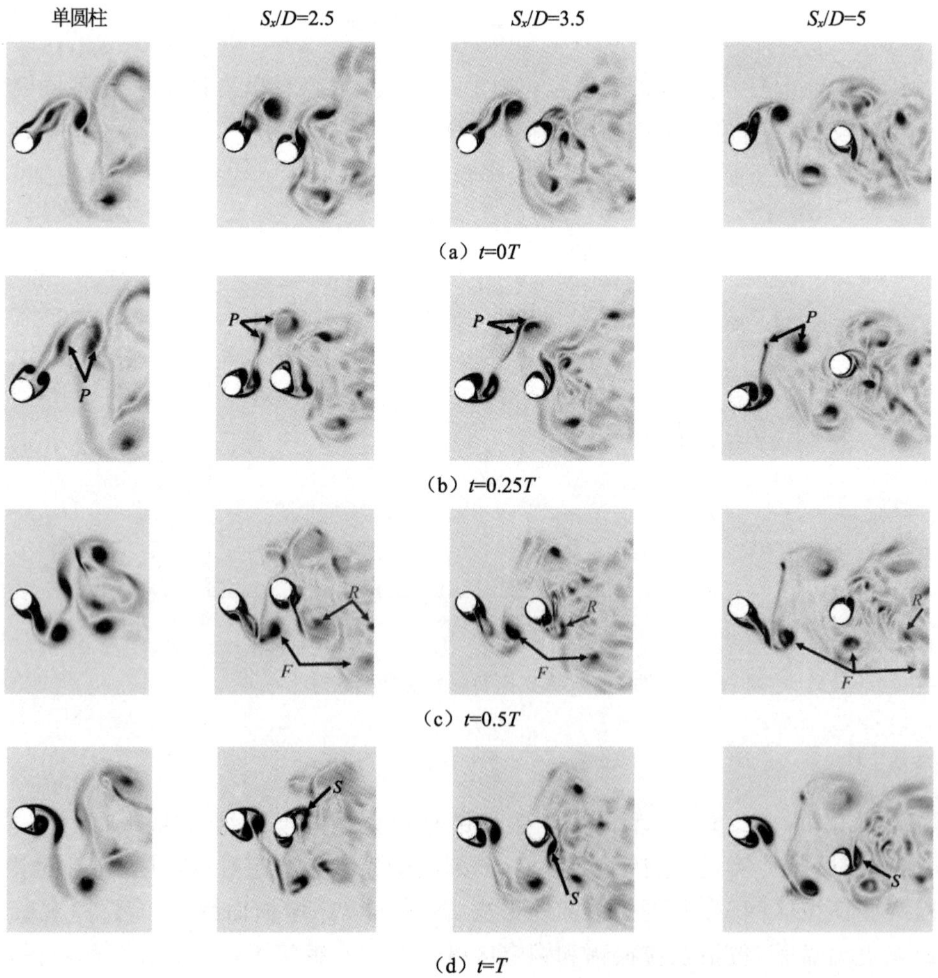

单圆柱　　　　$S_x/D=2.5$　　　　$S_x/D=3.5$　　　　$S_x/D=5$

（a）$t=0T$

（b）$t=0.25T$

（c）$t=0.5T$

（d）$t=T$

图 4　$V_r=5.5$ 时柔性圆柱跨中断面尾涡流场

图 5 为 $V_r=5.5$、$S_x/D=2.5$ 时柔性圆柱在 $z/L=0.1$ 截面处的尾涡流场,此截面处振幅约为跨中截面的 30%。从图中可以发现,前、后圆柱尾涡脱落模式均为 2S 模式,这也表明对于柔性圆柱来说,其各截面尾涡流场差异较大。尾涡结构从前圆柱脱落后,交替再附到后圆柱表面,并与后圆柱产生的尾涡一同脱落,这与前人所研究的相同 Re 下的固定串列圆柱处于再附区($S_x/D<3.5$)时尾涡发展模式相似。

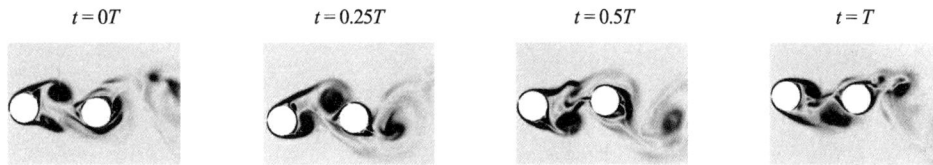

$$t=0T \qquad t=0.25T \qquad t=0.5T \qquad t=T$$

图 5　$V_r=5.5$、$S_x/D=2.5$ 时柔性圆柱 $z/L=0.1$ 截面尾涡流场

对串列圆柱中后圆柱达到振幅极值点时跨中截面流场(图 6)分析发现,单圆柱和前圆柱尾涡脱落模式为 2P 模式,而后圆柱为 2S 模式,该流场特性与图 4 中前圆柱处于振幅极值点时的流场相同。不同的是,与单圆柱相比,后圆柱所产生的尾涡距离背流面更近,涡量更强。当 $S_x/D=2.5$ 时[图 6(a)],前圆柱产生的尾涡再附到后圆柱迎流面,并与后圆柱产生的尾涡合并,共同向下游发展。而当 $S_x/D=3.5$ 和 5 时,由于两圆柱间隙较大,前、后圆柱尾涡均交替脱落,并在后圆柱下游侧形成双涡。

通过对上述串列双柔性圆柱尾流特性分析,可发现流场与固定双圆柱相比存在较大差异。当前圆柱振幅较大时,间隙区流场受到较大扰动,即使 S_x/D 较小,也不会出现固定双圆柱流场所发生的尾涡再附。而当前圆柱振幅较小时,其对间隙区流场扰动较小,则会出现尾涡再附现象。

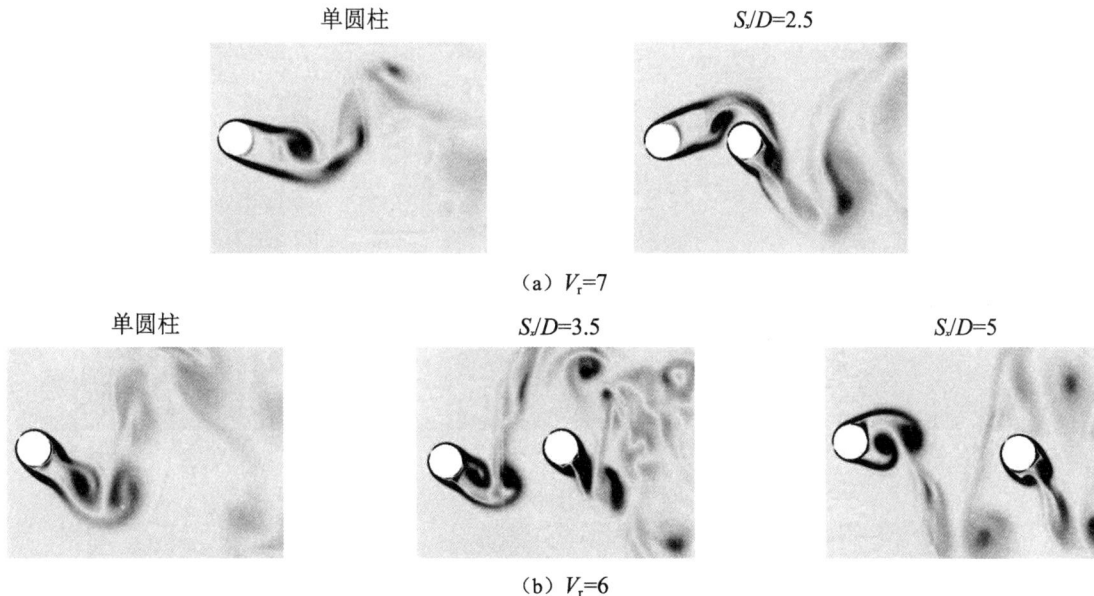

单圆柱　　　　　　　　　　$S_x/D=2.5$

(a) $V_r=7$

单圆柱　　　　　　$S_x/D=3.5$　　　　　　$S_x/D=5$

(b) $V_r=6$

图 6　下游圆柱处于振幅极值点时跨中截面尾涡流场

4 压力及振动功率壁面分布特性

4.1 时均壁面压力分布

为进一步研究不同 S_x/D 双圆柱流场对壁面压力特性的影响,分别在两圆柱壁面均布 1 764 个压力监测点,以获取壁面压力时程。如图 7 所示,当 $S_x/D=2.5$ 时,选取 $V_r=5$、5.5、7 和 8 时均壁面压力进行分析,V_r 值分别对应振幅上升段、单/前圆柱振幅极值点、后圆柱振幅极值点和振幅下降段。通过比较对单圆柱壁面的压力,发现串列双柔性圆柱会相互影响,且前圆柱对后圆柱壁面压力的影响更为显著。随着 V_r 增加,两圆柱负压区域相应增大,并在各自处于振幅极值点出现极值负压。当后圆柱振幅小于前圆柱时,其正、负压均有所减小。图 4 中流场表明,前圆柱对后圆柱的遮挡效应导致间隙区流速显著降低,故后圆柱迎流面正压减小。同时,在后圆柱下游侧尾涡涡量明显减少,进而使其负压减小。另外,当后圆柱振

幅较大时,与单圆柱和前圆柱相比,后圆柱壁面负压更加明显,这是因为图 8 中的后圆柱尾涡强度大于单一圆柱和前圆柱。并且间隙区的较高涡量尾涡直接作用于后圆柱[图 6(a)],致使其迎流面同样出现负压。但随着 S_x/D 的增加,前圆柱产生的尾涡绕过后圆柱[图 6(b)],对后圆柱迎流面影响较小,故呈现为正压。

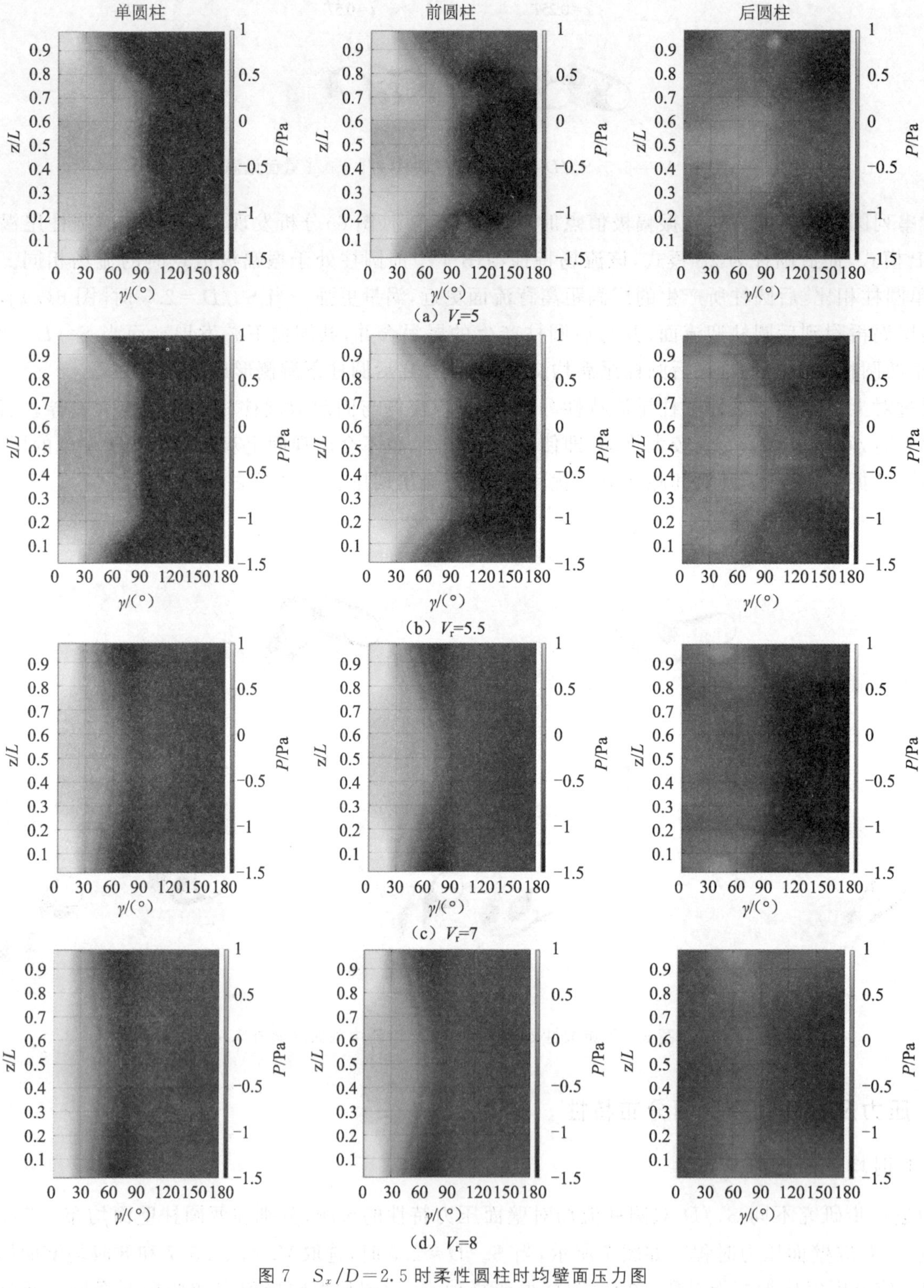

图 7 $S_x/D=2.5$ 时柔性圆柱时均壁面压力图

当 $S_x/D=3.5$ 和 5 时,选取尾流致后圆柱振幅增大工况,即 $V_r=7$ 和 8 的时均壁面压力分析,如图 8 所示。结果显示后圆柱背流面上的负压比前圆柱更显著,并随前、后圆柱振幅差增加,后方圆柱上的负压变得更加明显。这表明流致振动过程中,前圆柱将使后圆柱尾涡涡量增加,从而导致后圆柱负压增大。

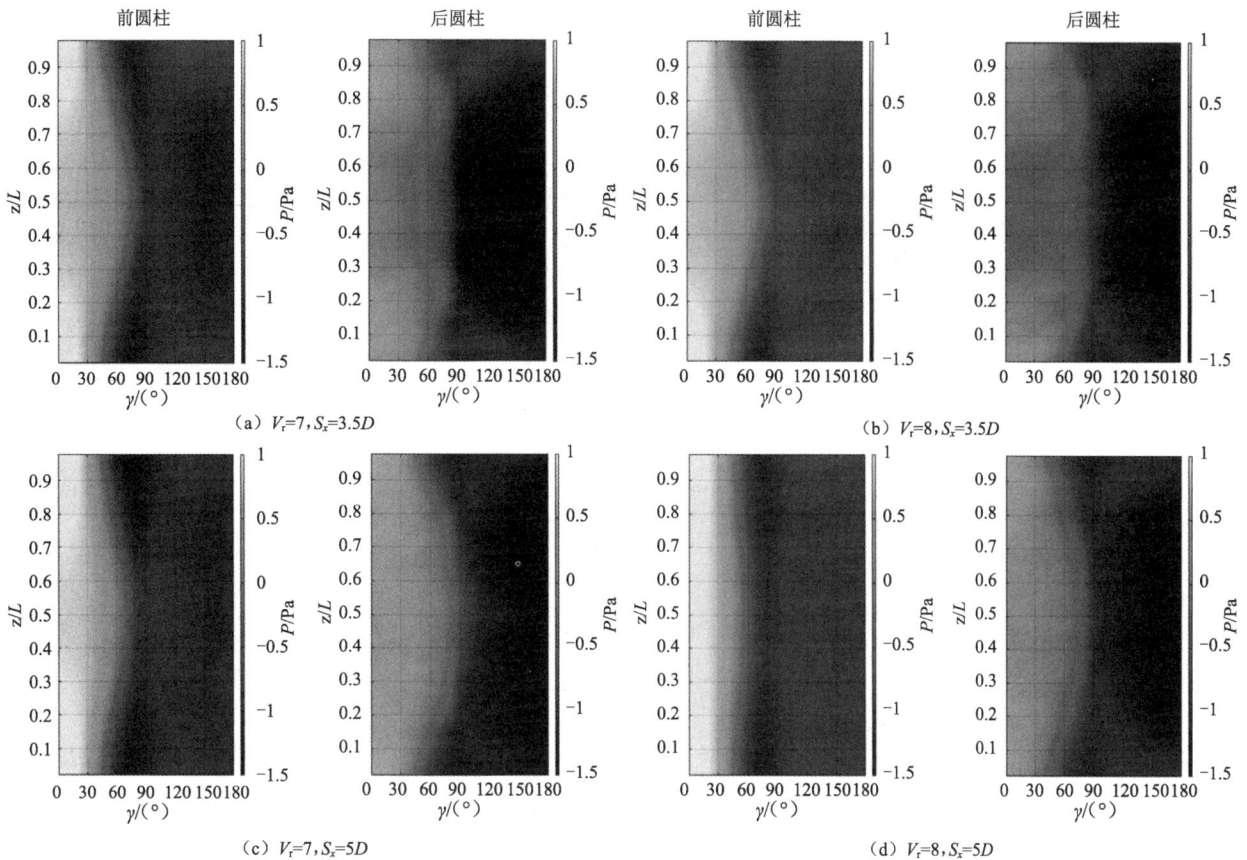

（a）$V_r=7,S_x=3.5D$ （b）$V_r=8,S_x=3.5D$

（c）$V_r=7,S_x=5D$ （d）$V_r=8,S_x=5D$

图 8 $S_x/D=3.5$ 和 5 时柔性圆柱时均壁面压力图

4.2 平均功率分布

图 9 为 $V_r=5.5$ 时单圆柱和串列双圆柱的平均功率（PWR）分布，其中平均功率＞0 表示能量输入，平均功率＜0 表示能量耗散。图中可发现，当前圆柱振幅大于后圆柱时，前圆柱平均功率分布与单圆柱接近，迎流面所受正压提高结构附加刚度，从而抑制结构振动，背流面交替脱落尾涡产生的涡激力将促进结构振动。值得注意的是，跨中截面附近的背流面平均功率＜0，而两端部附近背流面平均功率＞0，这主要是因为跨中截面尾涡脱落模式为 2P 模式（图 4），而两端为 2S 模式（图 5）。现有研究发现，相较于 2S 尾涡，2P 尾涡能量更低，故柔性圆柱将在最大振幅处耗散能量。另外，后圆柱正、负功率的作用范围均有所减小，且随着 S_x/D 增加，后圆柱平均功率分布逐渐接近于前圆柱。这主要是因为前圆柱的遮蔽效应使得后圆柱壁面压力显著降低，致使平均功率下降。随着 S_x/D 增加，遮蔽效应的影响也逐渐下降。

当 $V_r=7$ 时，后圆柱尾流致振现象十分明显，如图 10 所示。对此时不同 S_x/D 串列柔性圆柱壁面平均功率分布进行分析。结果表明后圆柱平均功率分布特性发生变化，正功率区域的占比显著提高。这是因为流致振动过程中，前、后圆柱尾涡间相互作用将提高后圆柱尾涡涡量，后圆柱背流面所受负压增大[图 7（c）、图 8（a）、图 8（c）]，提高了尾涡对结构振动促进作用。但随着 S_x/D 的增加，尾涡间相互作用减弱，后方圆柱尾涡对结构振动的促进作用也有所降低。另外，当 $S_x/D=2.5$ 时，后圆柱迎流面平均功率＞0，与其他工况不同，这主要是因为在图 6（a）所示流场中，前圆柱产生的尾涡再附到后圆柱迎流面上，使其时均壁面压力呈现负压，故计算得到的平均功率＞0。这也表明当 S_x/D 位于再附区时，后圆柱振幅发生尾流致振时，前圆柱产生的尾涡再附到后圆柱迎流面，以及前、后两圆柱尾涡相互作用将同时促进尾流致振。而当 S_x/D 增大至过渡区和共同脱落区时，后圆柱尾流致振主要是前、后两圆柱尾涡相互作用所造成的。

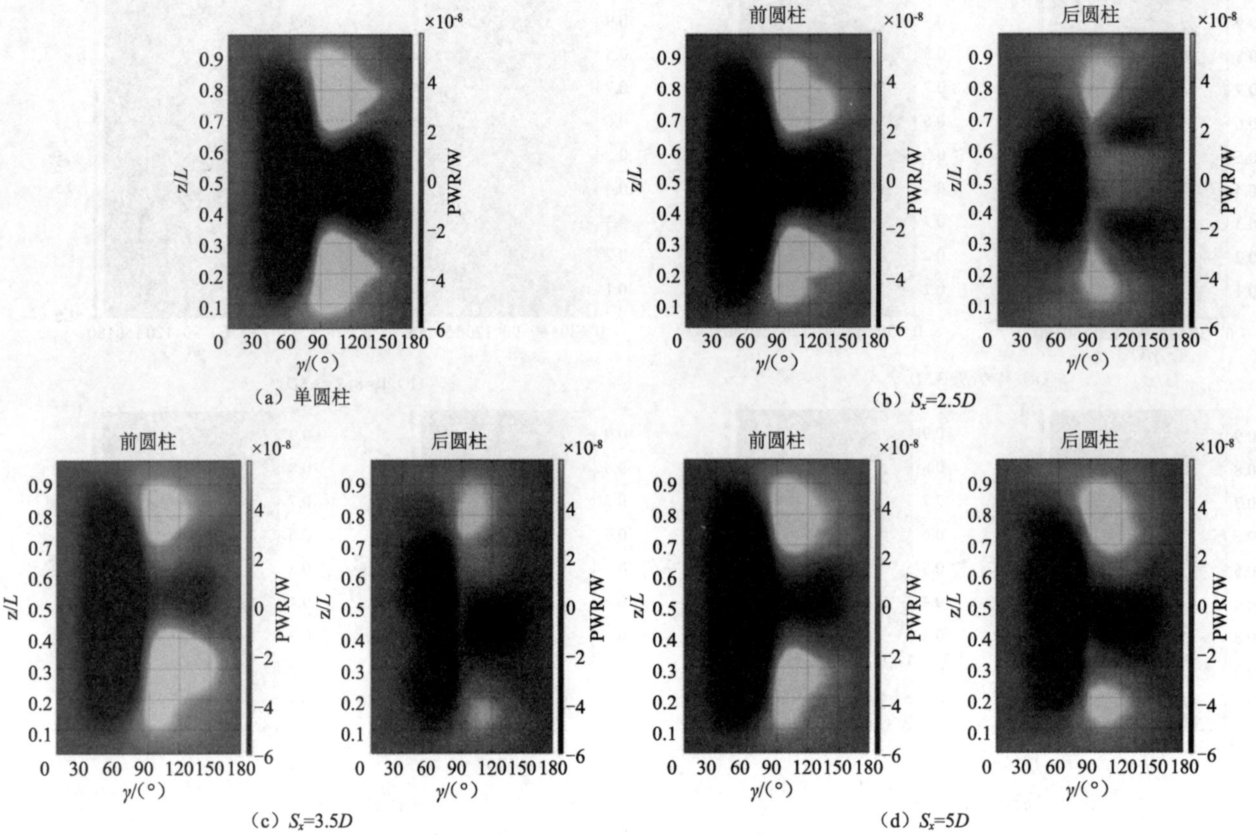

图 9　$V_r = 5.5$ 时壁面平均功率分布

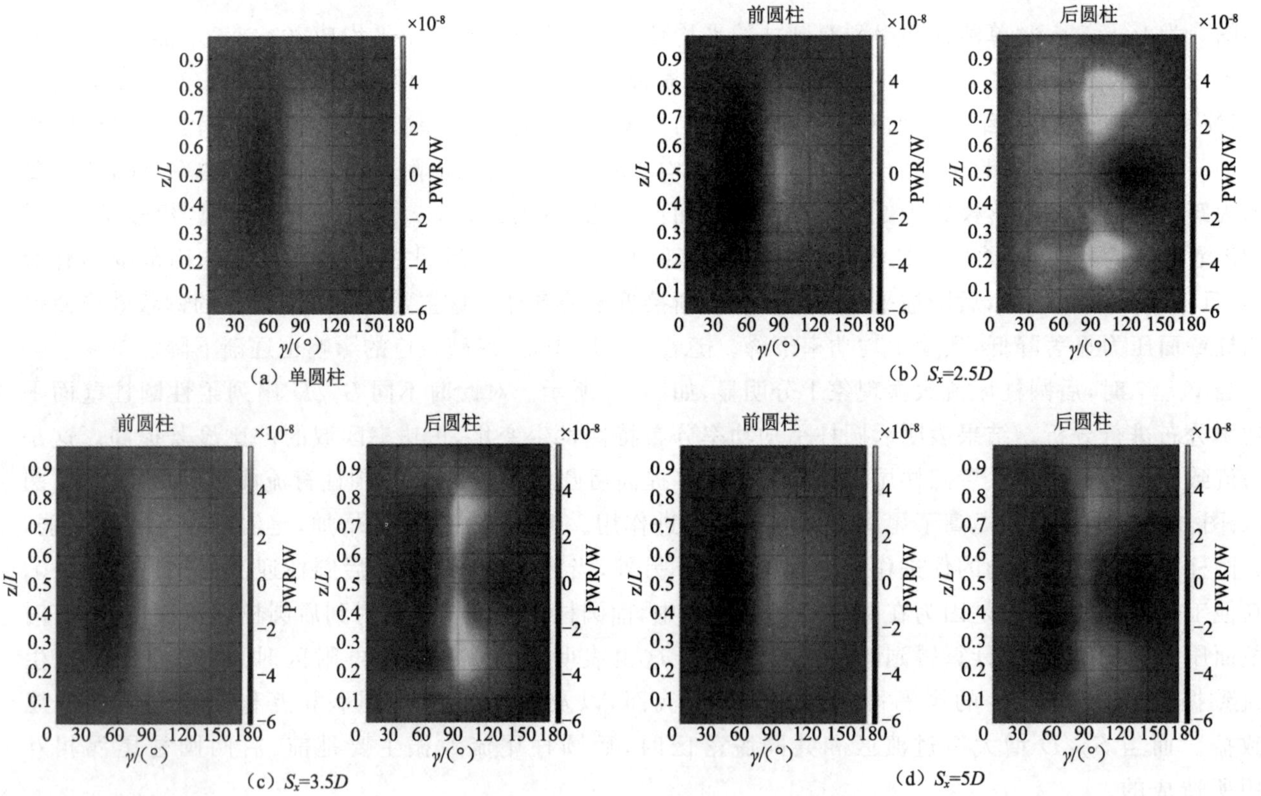

图 10　$V_r = 7$ 时壁面平均功率分布

5 结　语

采用模态叠加法和大涡模型对串列双柔性圆柱流致振动现象进行模拟,分析了尾涡流场、两圆柱壁面压力和平均功率分布特性。主要研究结论如下:

(1)复杂流场将影响前、后圆柱壁面压力。当后圆柱振幅小于前圆柱时,前圆柱遮蔽效应明显,导致后圆柱迎流面正压和背流面负压均有所减小;当后圆柱振幅较大时,后圆柱尾涡强度大于单圆柱和前圆柱。间隙区的较高涡量尾涡直接作用于后圆柱,致使其迎流面同样出现负压。

(2)双柔性圆柱在再附区、过渡流场区和共同脱落区流固耦合机理不同。当 S_x/D 位于再附区时,后圆柱振幅发生尾流致振时,前圆柱产生的尾涡再附到后圆柱迎流面,以及前、后两圆柱尾涡相互作用将同时促进尾流致振。而当 S_x/D 增大至过渡流场区和共同脱落区时,后圆柱尾流致振主要是前、后两圆柱尾涡相互作用造成的。

参考文献

[1] 朱红钧,赵宏磊,谢宜蒲,等. 近壁面柔性圆柱流致振动-拍击耦合特性试验研究[J]. 海洋工程,2022,40(5):1-9.

[2] FAN D,WANG Z,TRIANTAFYLLOU M S,et al. Mapping the properties of the vortex-induced vibrations of flexible cylinders in uniform oncoming flow[J]. Journal of Fluid Mechanics,2019,881:815-858.

[3] PAPAIOANNOU G V,YUE D K P,TRIANTAFYLLOU M S,et al. On the effect of spacing on the vortex-induced vibrations of two tandem cylinders[J]. Journal of Fluids & Structures,2008,24(6):833-854.

[4] 徐万海,李宇寒,闫术明,等. 海洋工程中双柔性圆柱流激振动响应特性[J]. 海洋工程,2020,38(2):8-16.

[5] WANG Y,ZHANG Z,BINGHAM H B,et al. Numerical simulation of vortex-induced vibrations of inclined flexible risers subjected to uniform current[J]. Applied Ocean Research,2022,129:103408.

[6] XIE F,DENG J,XIAO Q,et al. A numerical simulation of VIV on a flexible circular cylinder[J]. Fluid Dynamics Research,2012,44(4):045508.

[7] WANG E,XIAO Q,ZHU Q,et al. The effect of spacing on the vortex-induced vibrations of two tandem flexible cylinders[J]. Physics of Fluids,2017,29(7):077103.

高雷诺数下倾斜圆柱绕流数值模拟

张世成，李以轲，刘名名

（聊城大学 建筑工程学院，山东 聊城　252000）

摘要：本文采用大涡模拟(LES)的方法对雷诺数为 3 900 的倾斜圆柱绕流进行了数值模拟，圆柱的倾斜角度在 $0°{\leqslant}\theta{\leqslant}60°$ 范围内。介绍了数值模拟的基本原理和方法，并选择了合适的计算模型和湍流模型进行模拟。通过将模拟结果与公开发表的结果对比，验证了数值模拟的准确性和可靠性。在此基础上，详细分析了圆柱在不同倾斜角度下时均流场压力以及尾流流速的分布。研究结果表明，圆柱的倾斜角度对受力特性、压力分布和尾流结构具有显著影响，流场压力及尾流流速分布随着倾角的增加并非单调的。

关键词：倾斜圆柱绕流；数值模拟；压力分布

在海洋工程领域，倾斜圆柱绕流是一种重要而复杂的现象，对于海洋结构物的设计和安全性评估具有重要意义。海洋环境中的倾斜圆柱，如海上风力发电机的支撑结构、海上石油平台的立柱等，常常受到波浪、潮流等水动力作用的影响，产生复杂的绕流现象。倾斜圆柱绕流不仅影响结构物的稳定性和耐久性，还可能引发涡激振动、疲劳损伤等问题，给海洋结构物的长期运行和维护带来挑战。因此，深入研究倾斜圆柱绕流的物理机制、流动特性及其对海洋结构物的作用，对于提高海洋工程的安全性、经济性和可持续性具有重要意义。

Shirakashi 等[1]在进行圆柱绕流风洞试验中发现了圆柱后侧轴向涡的现象，Matsumot[2]将这种现象称之为"轴向流"。由于轴向流的影响，倾斜圆柱绕流的尾流结构、水动力系数、尾涡脱落频率等与竖直圆柱截然不同。Zhou 等[3]对倾角在 $0°{\leqslant}\theta{\leqslant}45°$ 的倾斜圆柱进行了试验模拟，发现随着倾角的增大，卡门涡街的强度逐渐变小且三维特性逐渐增强。Najafi 等[4]对 $Re=5\ 000$ 的倾斜圆柱绕流开展了试验，采用流动可视化和粒子图像测速(PIV)技术进行速度场采样，发现了倾角在 $0°{\leqslant}\theta{\leqslant}20°$ 和 $30°{\leqslant}\theta{\leqslant}45°$ 时 2 种不同的尾流形态。Jain 和 Modarress-Sadeghi[5]通过可视化试验模拟了无限长倾斜圆柱绕流，发现即使在大倾角下，尾涡脱落仍然平行于圆柱轴线。

随着计算机技术和数值模拟方法的快速发展，研究者们能够更精确地模拟和分析倾斜圆柱绕流的过程。通过建立数学模型，可以系统地研究不同倾斜角度、不同流速、不同雷诺数等参数对倾斜圆柱绕流的影响，揭示其背后的流动特性和物理机制。Lam 等[6]采用大涡模拟的方法对倾斜圆柱绕流开展了数值模拟，对尾流结构与倾角的关系进行了研究，发现当倾角为 45°时，尾流结构接近准二维形态。Yeo 和 Jones[7-8]、Hogan 和 Hall[9]揭示了倾斜圆柱体沿展向的压力和升力分布情况，体现了尾涡沿着展向运动的现象。Zhou 等[10]采用 ANSYS Fluent 流体仿真软件对 $Re=3\ 900$ 的有限长倾斜圆柱进行了数值模拟，对不同倾角下的水动力系数和尾流结构进行了分析，结果发现，倾角在 $15°{\leqslant}\theta{\leqslant}30°$ 时尾涡脱落频率受限，有利于结构稳定性。Liang 等[11]将倾斜 30°的圆柱沿展向分成了 9 段，对每一段的受力特性进行了分析，发现倾斜圆柱自下游段到上游段的受力逐渐变大。Wang 等[12]采用延迟脱落小涡模拟(DDES)的方法对倾角 30°的圆柱开展了数值模拟，发现了该情况下的尾涡脱落与传统的卡门涡街脱落频率不同，是一种低频脱落模式。

然而，海洋环境中的倾斜圆柱绕流研究仍面临诸多挑战。一方面，海洋环境的复杂性使得试验条件难以模拟，给研究带来困难；另一方面，倾斜圆柱绕流与海洋结构物的相互作用机制尚不完全清楚，需要进一步深入探索。因此，本文旨在通过理论分析和数值模拟相结合的方法，研究倾斜圆柱绕流在海洋工程中的

通信作者：刘名名。E-mail：liumingming@lcu.edu.cn

应用。本文通过数值模拟揭示其流动特性和变化规律,同时,探讨倾斜圆柱绕流对海洋结构物的作用机制,为海洋工程的设计、施工和维护提供有益参考。

1 数值模型

1.1 控制方程和湍流模型

考虑到计算机成本和计算结果的精度,本文采用大涡模拟(LES)的方法进行数值模拟,该方法能够准确捕捉流动中的湍流结构。假设流体为不可压缩流且具有黏性,则满足在 LES 框架下过滤的 Navier-Stokes 方程为:

$$\frac{\partial \widetilde{u}_i}{\partial x_i}=0 \tag{1}$$

$$\frac{\partial \widetilde{u}_i}{\partial t}+\frac{\partial \widetilde{u}_i \widetilde{u}_j}{\partial x_j}=-\frac{1}{\rho}\frac{\partial \widetilde{p}}{\partial x_i}+\frac{\partial}{\partial x_j}\left(v\frac{\partial \widetilde{u}_i}{\partial x_j}-\tau_{ij}\right) \tag{2}$$

式中:$\widetilde{u}_i(i=1,2,3)$分别为 x、y、z 轴方向上的过滤速度分量;$\widetilde{p}$ 为过滤压力;t 为时间;ρ 为密度;ν 为运动黏度;$\tau_{ij}=\widetilde{u_i u_j}-\widetilde{u}_i\widetilde{u}_j$,为亚格子尺度应力(SGS)。本文基于湍流黏度 Smargorinsky-Lilly 亚网格尺度模型,建立了对 τ_{ij} 的补充方程为:

$$\tau_{ij}-\frac{1}{3}\tau_{\kappa\kappa}\delta_{ij}=-2\mu_t \bar{S}_{ij} \tag{3}$$

$$\mu_t=\rho L_s^2 |\bar{S}| \tag{4}$$

$$|\bar{S}|\equiv\sqrt{2\bar{S}_{ij}\bar{S}_{ij}} \tag{5}$$

$$L_s=\min(\kappa d, C_s V^{1/3}) \tag{6}$$

$$\bar{S}_{ij}=\frac{1}{2}\left(\frac{\partial \bar{u}_i}{\partial x_j}+\frac{\partial \bar{u}_j}{\partial x_i}\right) \tag{7}$$

式中:δ_{ij} 为 Kronecker 常数;μ_t 为涡流黏度;$\tau_{\kappa\kappa}$ 为亚格子尺度中各向同性的部分;d 为到最近壁面的距离;V 为计算单元的体积;ρ 为流体密度;L_s 为亚网格长度;κ 为冯·卡门常数系数;S_{ij} 为应变速率张量;C_s 为 Smagorinsky 常数,本文数值模拟取为 0.1。

三维倾斜圆柱的阻、升力系数及无量纲脱落频率(St 数)定义为:

$$C_D=F_D/0.5\rho U_n^2 L_s D \tag{8}$$

$$C_L=F_L/0.5\rho U_n^2 L_s D \tag{9}$$

$$St=f_s D/u_n \tag{10}$$

式中:L_s 为倾斜圆柱的长度,$u_n=u_0\cos\theta$ 为垂直于圆柱纵轴的速度分量,u_0 为入口的来流速度,θ 为倾斜角度;f_s 为涡脱频率;D 为倾斜圆柱体的直径;F_D 和 F_L 分别为圆柱受到的阻力和升力。

1.2 计算域及边界条件

本文将倾斜角度定义为来流方向与圆柱法线的夹角。倾斜圆柱绕流采用矩形计算域进行模拟,计算域尺寸为长 $30D$,宽 $20D$,高 πD。计算域坐标原点位于倾斜圆柱下游端圆心处。入口处和两侧边界距离圆柱 $10D$,压力出口距离圆柱 $20D$。计算域及倾斜角度如图 1 所示。

流场入口设置为速度入口边界,入口的来流速度为 $u_0=1$ m/s,横向速度和展向速度为 $v=w=0$ m/s,流场出口为压力出口边界,上、下及两侧均为对称边界条件;倾斜圆柱体表面为无滑移壁面边界,即 $u=v=w=0$ m/s。

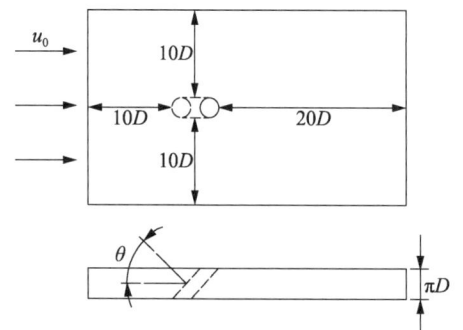

图 1 计算域和倾斜角度

1.3 网格划分

为了保证数值模拟精度且节省计算机资源,在靠近圆柱 $4D \times 4D$ 的范围内采用了"O"形网格加密,网格密度随着与圆柱距离增大而逐渐变小,如图 2 所示。近圆柱壁面第一层网格厚度为 $0.003D$,根据公式 $y+ = 0.172 \times (\Delta y/D) \times Re^{0.9}$,得到 $y+ \approx 0.88$,相邻 2 层网格厚度的增大率为 1.036,"O"形加密区以外的相邻 2 层网格 1.025。计算域沿着圆柱周长分成了 160 份,沿展向平均分成了 35 层。

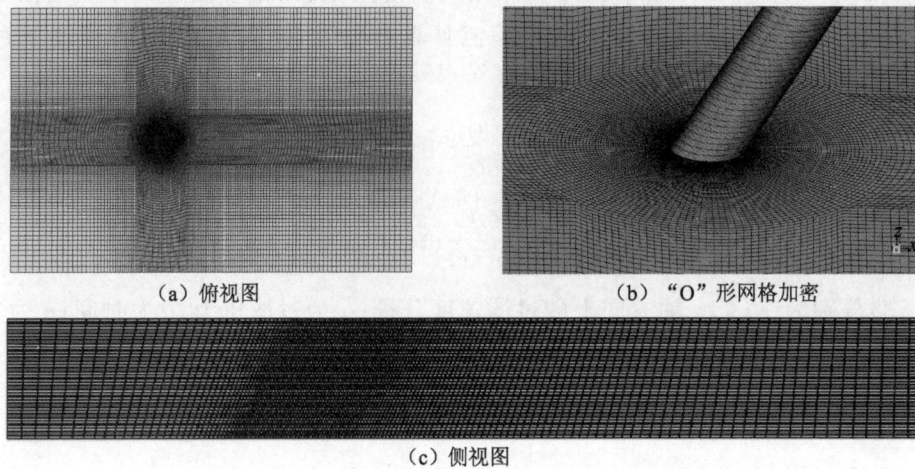

（a）俯视图　　　　　　　　　　（b）"O"形网格加密

（c）侧视图

图 2　网格划分

1.4 模型验证

本文将 $Re = 3\,900$ 的竖直圆柱绕流数值模拟计算结果与公开发表的文献进行了对比,图 3 为该工况下计算的阻、升力系数时间历程线;表 1 为平均阻力系数平均值(C_{DM})、无量纲脱落频率(St 数)、无量纲最大回流流速($-u_{min}/u_0$)及无量纲回流区长度(L_r/D)的比对结果。由表可见本文的计算结果与公开发表的结果非常吻合,说明本文的数值模拟方法适用于对三维圆柱绕流问题的研究。

图 3　$Re = 3\,900$ 的竖直圆柱绕流阻、升力系数时间历程线

表 1　模型验证

	C_{DM}	St	$-u_{min}/u_0$	L_r/D
本文	1.001	0.217	0.246	1.569
Zhou 等[10]	0.998	0.223	0.244	1.459
Yu 等[13]	1.090	0.221	0.234	1.450
Wornom 等[14]	0.990	0.210	0.234	1.450
Lysenko 等[15]	0.970	0.209	0.270	1.670
Tian 和 Xiao[16]	1.020	…	0.313	1.600
Franke 和 Frank[17]	0.978	0.209	…	1.640
Li 等[18]	1.058	0.218	…	1.310

2 结果与分析

2.1 时均流场压力分布

通过 $0.5\rho v_0^2$ 对压力场进行归一化处理得到时均压力系数：

$$C_P^m = \sum_{t=t_1}^{t_2}\{[P(t)-P_\infty]10.5\rho v_0^2\}/n \tag{11}$$

式中：n 为 t_1 与 t_2 之间的统计样本个数；参考压力 P_∞ 设置为入口处的压力。

图 4 给出了不同倾斜角度的 XOZ 截面时均流场压力系数分布图。对于竖直圆柱而言，迎流面承受高压，背流面出现负压区（尾流区），压力分布沿展向比较均匀。当圆柱开始倾斜时，压力分布开始变得不均匀。倾角在 $7.5°\sim22.5°$ 范围内，随倾角的增大，负压值逐渐减小。倾角在 $7.5°\sim30°$ 范围内负压区逐渐增大。当倾角达到 $37.5°$ 时，背流面的负压区并没有如预期那样扩大，反而急剧缩小，这可能是由于在大倾斜角度下，倾斜圆柱的水平切面是一个椭圆，导致流体更容易绕到圆柱的背风面，进而减少了低压区的范围，此外，由于流体的快速分离和再附，可能在背风面形成小的涡旋，这些涡旋与负压相互作用，可能导致了负压区的减小。倾角在 $37.5°$ 和 $45°$ 时背流面的压力分布沿展向非常不均匀，这可能导致圆柱两端受不相等的侧向力，增加其不稳定性。在整个倾斜区间内，迎流面的高压区峰值随着倾角的增大而减小。

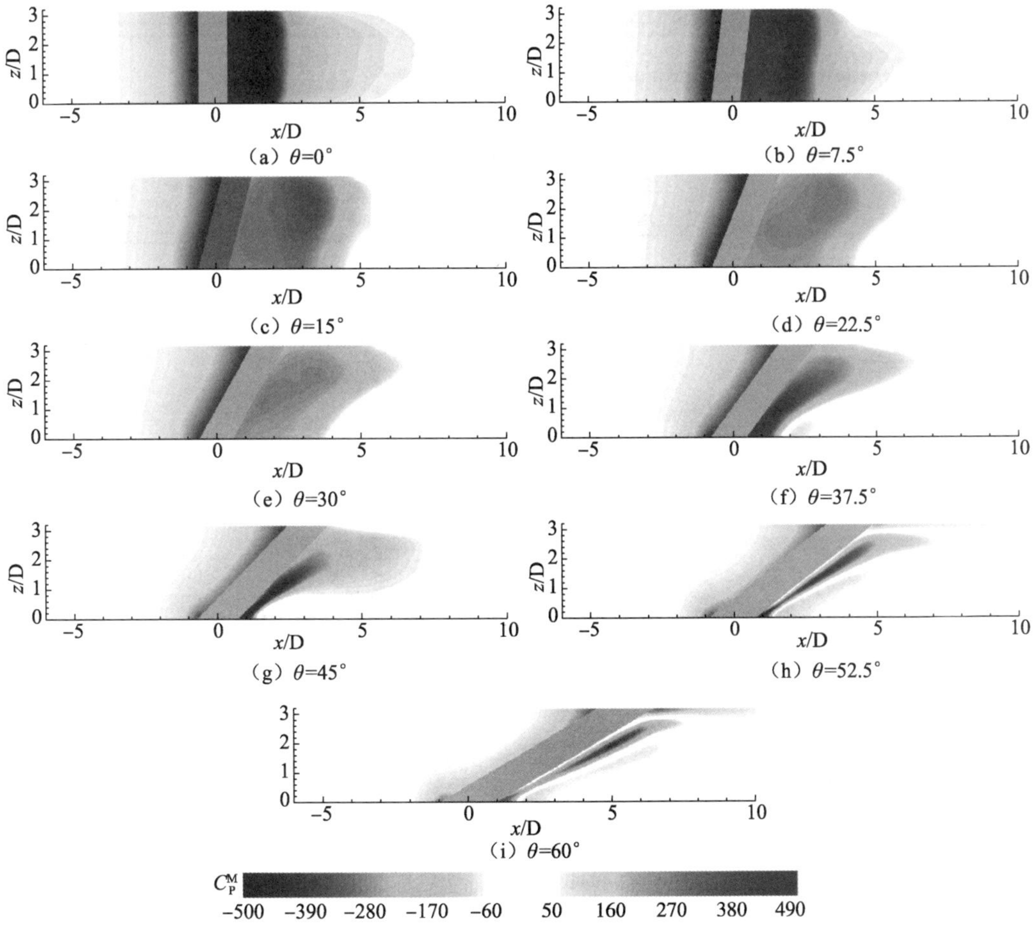

图 4 XOZ 截面时均流场压力系数分布图

2.2 时均流场速度分布

图 5 给出的是不同倾角的 XOZ 截面时均流线图及时均流速图，从上到下依次为倾角 $0°\sim60°$ 以 $\Delta\theta=7.5°$ 增加，左侧为时均流线图及 X 方向时均流速图，右侧为时均流线图及 Z 方向时均流速图，需要注意的是，X 方向时均流速图用的同一个颜色标尺，而不同工况 Z 方向的时均流速相差较大，分别建立了不同的颜色标尺。

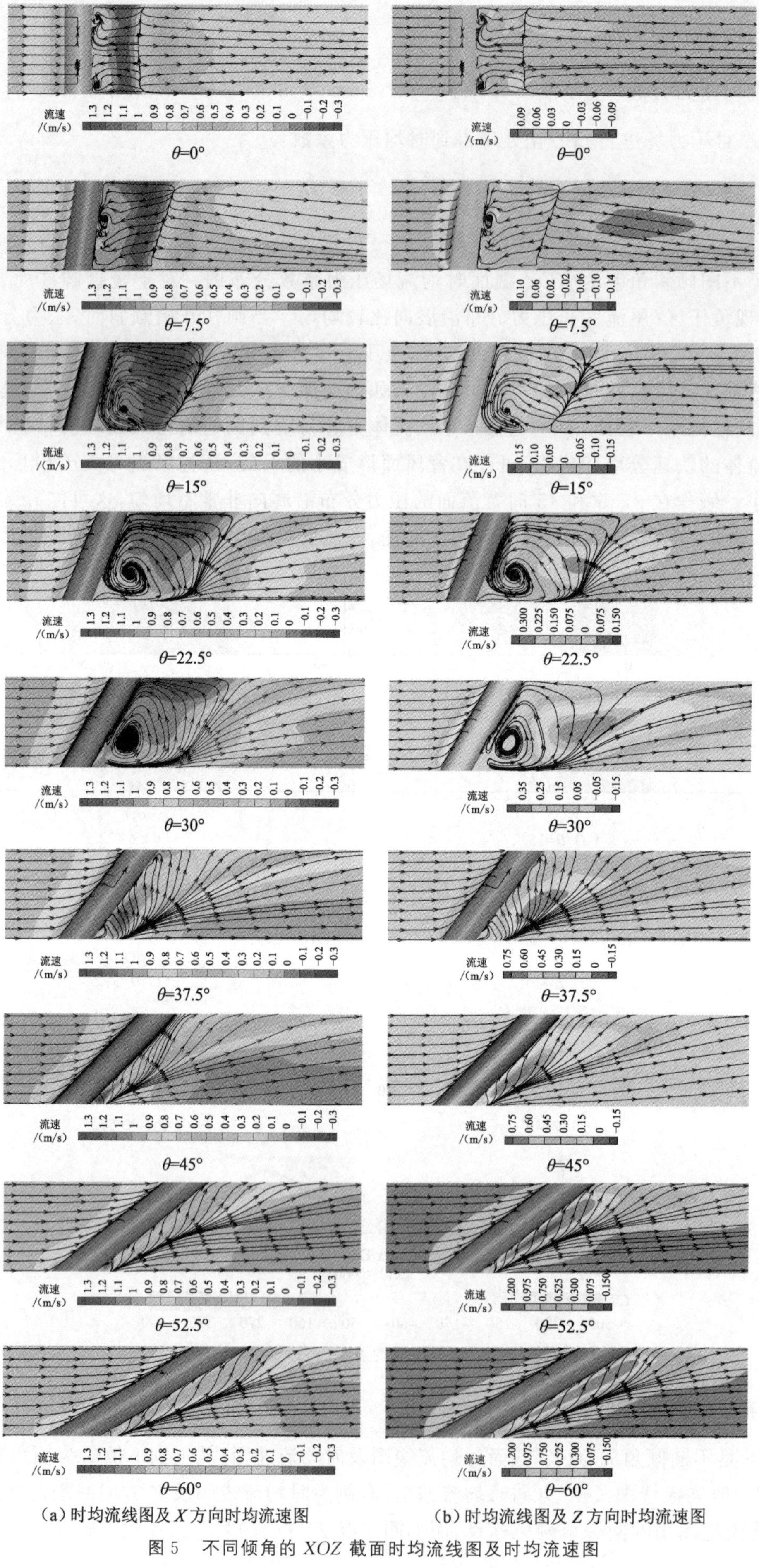

（a）时均流线图及 X 方向时均流速图　　　　　　　（b）时均流线图及 Z 方向时均流速图

图 5　不同倾角的 XOZ 截面时均流线图及时均流速图

为了准确得到圆柱后侧的流速分布,本文监测了圆柱后侧沿中心线 3 条不同位置线上的时均流速,以最下端圆柱中心为原点,3 条线对应的坐标分别为 $(X_{0\sim10},Y_0,Z_{0.75H})$、$(X_{0\sim10},Y_0,Z_{0.5H})$ 及 $(X_{0\sim10},Y_0,Z_{0.25H})$。图 6 给出了 $Z=0.75H$、$Z=0.5H$、$Z=0.25H$ 处沿圆柱中心线的时均流速,左侧为 u/u_0,右侧为 w/u_0。

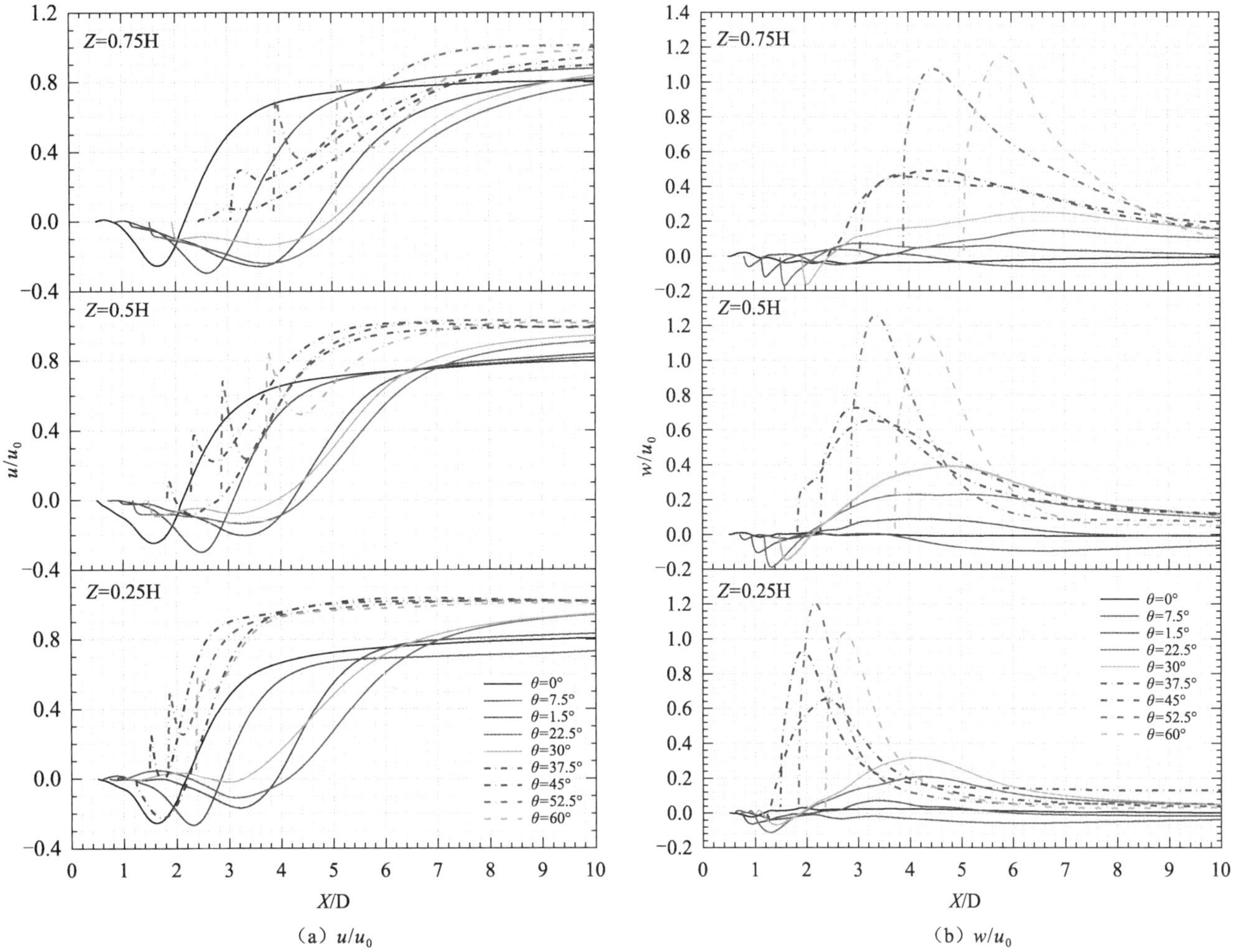

(a) u/u_0 (b) w/u_0

图 6 $Z=0.75H$、$Z=0.5H$、$Z=0.25H$ 处沿圆柱中心线的时均流速

竖直圆柱"回流区"的回流速度沿展向基本一致,在圆柱和上、下边界交界处稍快,并分别产生了逆时针和顺时针的漩涡。倾角处于 $7.5°\leqslant\theta\leqslant30°$ 时,"回流区"明显增大,且回流速度沿展向不再一致,上端回流速度快,下端回流速度慢(图 5),并且这种回流速度差随着倾角的增大而增大[图 6(a)]。在 Z 方向时均流速图[图 5(b)]可以观察到,"轴向流"的流速随着倾角的增大而增大,而"向下流"的流速并没有这种趋势,倾角在 22.5° 时,"向下流"达到峰值;37.5° 为"向下流"消失的临界角度,当倾角超过 37.5° 时,大角度且高流速的"轴向流"导致"向下流"无法形成,进而引起回流区的急剧减小;当 $\theta\geqslant45°$ 时,在 X 方向时均流速图中可以观察到仅在圆柱下端有回流现象且范围很小。轴向流在 $0°\leqslant\theta\leqslant52.5°$ 范围内随着倾角的增大而增强,在倾角达到 52.5° 时有最大的轴向流速。

3 结 语

本文构建了一个三维数值模型,旨在探究倾斜圆柱体周围的流动现象。该模型基于 Navier-Stokes 方程,并采用大涡模拟(LES)湍流模型进行求解。经过与已发表的研究成果比对,证实了该数值模型的可靠性。在此模型中,逐步增加圆柱体的倾斜角度,从 0° 至 60°,每增加 7.5° 进行一次模拟分析。通过这项研究,得出了以下结论:

(1)在倾角 $0°\leqslant\theta\leqslant60°$ 范围内,迎流面的高压区峰值随着倾角的增大逐渐减小;而背流面的负压区峰值在 $\theta=37.5°$ 时急剧增大。

（2）倾角在 37.5°和 45°时,背流面的压力分布沿展向非常不均匀,这可能导致圆柱两端受到不相等的侧向力,增加结构的不稳定性。

（3）对于 15°≤θ≤30°的小倾斜角度的圆柱,圆柱背侧有自圆柱上游端到圆柱下游端的"向下流";倾角在 22.5°时,"向下流"的流速达到最大;当倾角达到 37.5°时,这种"向下流"消失。

（4）当倾斜角度不超过 52.5°时,轴向流随着倾角的增大而增强,最大轴向流速发生在倾角 52.5°的工况,而不是 60°。

参考文献

[1] SHIRAKASHI M,HASEGAWA A,WAKIYA S. Effect of the secondary flow on Karman vortex shedding from a yawed cylinder[J]. Transactions of the Japan Society of Mechanical Engineers Series B,1986,51:1124-1128.

[2] MATSUMOTO M. Vortex shedding of bluff bodies:a review[J]. Journal of Fluids and Structures,1999,13(7/8):791-811.

[3] ZHOU T,WANG H,MOHD RAZALI S F,et al. Three-dimensional vorticity measurements in the wake of a yawed circular cylinder[J]. Physics of Fluids,2010,22(1):015108.

[4] NAJAFI L,FIRAT E,AKILLI H. Time-averaged near-wake of a yawed cylinder[J]. Ocean Engineering,2016,113:335-349.

[5] JAIN A,MODARRES-SADEGHI Y. Vortex-induced vibrations of a flexibly-mounted inclined cylinder[J]. Journal of Fluids and Structures,2013,43:28-40.

[6] LAM K,LIN Y F,ZOU L,et al. Investigation of turbulent flow past a yawed wavy cylinder[J]. Journal of Fluids and Structures,2010,26(7/8):1078-1097.

[7] YEO D,JONES N P. Investigation on 3-D characteristics of flow around a yawed and inclined circular cylinder[J]. Journal of Wind Engineering and Industrial Aerodynamics,2008,96(10/11):1947-1960.

[8] YEO D,JONES N P. Characterization of flow oblique to a circular cylinder with low aspect ratio using 3-D detached eddy simulation[J]. Journal of Wind Engineering and Industrial Aerodynamics,2011,99(11):1117-1125.

[9] HOGAN J D,HALL J W. The spanwise dependence of vortex-shedding from yawed circular cylinders[J]. Journal of Pressure Vessel Technology,2010,132(3):1.

[10] ZHOU B,WANG J,JIN G Q,et al. Large eddy simulation of flow past an inclined finite cylinder[J]. Ocean Engineering,2022,258:111504.

[11] LIANG H,JIANG S Y,DUAN R Q. Spanwise characteristics of flow crossing a yawed circular cylinder of finite length[J]. Procedia Engineering,2015,126:83-87.

[12] WANG R,CHENG S H,TING D S K. Numerical study of flow characteristics around a 30° yawed circular cylinder at $Re=10^4$[J]. Physics of Fluids,2023,35(10):5134.

[13] YU D Y,ZHAO J H,HUANG D,et al. Numerical simulation of flow past acylinder with different rounded radius and analysis of hydrodynamic characteristics[J]. Ocean Engineering,2018,36(5):1-11.

[14] WORNOM S,OUVRARD H,SALVETTI M V,et al. Variational multiscale large-eddy simulations of the flow past a circular cylinder:Reynolds number effects[J]. Computers & Fluids,2011,47(1):44-50.

[15] LYSENKO D A,ERTESVÅG I S,RIAN K E. Large-eddy simulation of the flow over a circular cylinder at Reynolds number 2×10^4[J]. Flow,Turbulence and Combustion,2014,92(3):673-698.

[16] TIAN G,XIAO Z L. New insight on large-eddy simulation of flow past a circular cylinder at subcritical Reynolds number 3900[J]. AIP Advances,2020,10(8):5321.

[17] FRANKE J,FRANK W. Large eddy simulation of the flow past a circular cylinder at ReD=3900[J]. Journal of Wind Engineering and Industrial Aerodynamics,2002,90(10):1191-1206.

[18] LI G,LI W H,JANOCHA M,et al. Large eddy simulations of flow past an inclined circular cylinder:insights into the three-dimensional effect[J]. Physics of Fluids,2023,35(11):115131.

纤维系泊缆绳力学性能试验和数值研究

张雨锋[1,2]，连宇顺[1,2,3]，郑金海[1,2]，陈文兴[3]，刘海笑[4]，S C Yim[5]

(1. 河海大学 海岸灾害及防护教育部重点实验室，南京　210098；2. 河海大学 港口海岸与近海工程学院，南京　210098；3. 浙江理工大学 纺织纤维材料与加工技术国家地方联合工程实验室，浙江 杭州　310018；4. 天津大学 建筑工程学院，天津　300072；5. 俄勒冈州立大学，美国 俄勒冈州 科瓦利斯　97331)

摘要：由于海洋中系泊缆绳尺寸较大，对相关的纤维缆绳进行力学试验往往会消耗大量的人力、物力，且随着有限元技术的不断发展，有限元模拟的速度越来越快，成本大大减小。基于此，首先提出了一种新的三维建模方法来模拟 12 股 HMPE 纤维缆绳结构，使用有限元软件 Abaqus 模拟了 12 股 HMPE 纤维缆绳破断过程，用于此目的的数值模型不仅再现了缆绳的三维几何形状及其材料的非线性时间相关应力-应变行为，而且对缆绳破断过程进行了可视化分析，得到了应变-张力曲线。其次，开展了不同尺寸纤维缆绳受正弦荷载、阶梯荷载后的有限元模拟。除此之外，对 3 个不同的纤维缆绳有限元模拟工况分别进行了对应的试验，结果表明，纤维缆绳在受到不同荷载情况下自身应变的变化与试验结果较吻合，为今后对 12 股缆绳进行有限元分析提供了一定的参考价值。

关键词：Abaqus；HMPE 纤维缆绳；拉伸破断；正弦荷载；阶梯荷载

海洋是人类赖以生存的重要资源，其所蕴含的能源、矿产、食品等资源对于人类的生产和生活有着不可替代的作用。近年来，在国家"海洋强国"战略、"一带一路"倡议和"双碳"目标的大背景下，各类海洋结构物（包括油气开采平台、深远海浮标观测站、海上风机、波能发电装置、海洋牧场和海上光伏等）得到迅猛发展[1-4]。随着对海洋的开发从近海到深远海，海洋结构物所受到的荷载越来越大，这就对锚泊系统中的缆绳有着更高的要求。据调研，自 1964 年以来，全球海洋浮式平台共发生了 69 例重大安全事故，其中由系泊系统失效而导致的有 47 例，占比高达 68%[5]，这表明需要研究各个系泊构件的可靠性，以保障系泊运行安全[6]。

为了降低海洋平台的垂向载荷，平台固定缆亦逐渐被化纤材料替代[7]。聚酯缆绳通常用于深水系泊。然而，在水深超过 2 000 m 时，聚酯缆绳的高拉伸成为一个问题，因为更长的系泊线允许更大的水平偏移。在相同的环境条件下，一条 3 000 m 的聚酯缆绳将允许 60 m 的伸长率，从而产生更大的水平偏移，这可能超过水上浮体能允许的最大偏移距离。如果使用具有类似断裂载荷的高模量聚乙烯（HMPE），对于 3 000 m长的线路，这些偏移量仅为 12 m[8]。HMPE 纤维缆绳在断裂时的延伸通常为 2% ～ 2.5%。此外，HMPE 现在被广泛认为是最适合这些较长深水系泊线的材料。该纤维具有轻便、强度高、易操作、成本低的特点，与传统的聚酯系泊缆绳相比，在技术和操作上都具有优势。与钢丝绳相比，纤维缆绳的强度重量比为钢丝绳的 10 倍[9]，在近似破断强度下，HMPE 纤维缆绳的售价约为钢缆绳的 4/5，同时在化学性质中纤维缆绳不存在生锈问题且不易氧化更耐腐蚀。因此，HMPE 纤维缆绳在港口海岸工程、海洋工程和海洋可再生能源工程等领域正逐渐被人们所认可[10]。由于 HMPE 纤维缆绳表现出复杂的非线性行

基金项目：国家重点研发计划(2022YFB4200704)；国家自然科学基金委-山东联合基金重点项目(U1906230)；国家自然科学基金(51979050)；江苏省自然科学基金面上项目(BK20201314)；中国博士后科学基金(2022M722820)；大连理工大学海岸和近海工程国家重点试验室开放基金项目(LP2213)；XPRIZE Carbon Removal Student Award (KFC Team)

作者简介：张雨锋。E-mail：2669921987@qq.com

通信作者：连宇顺。E-mail：yushunlian@hhu.edu.cn

为,至今人们对纤维缆绳的力学性能并没有完全了解,进而可能导致缆绳在海洋中发生断裂,而缆绳的断裂轻则造成一定的财产损失,重则伤害工作人员的生命安全,所以保证海洋工程中缆绳的正常使用具有非常重要的意义。

在缆绳力学试验方面,很多学者[11-16]对破损的聚酯缆绳进行了不同损伤度的破断试验,结果表明损伤导致缆绳试样的破断强度和横向约束降低。Zhao 等[17]对不同编织角度的缆绳试样进行拉伸强度和断裂伸长率测试,绘制并分析了绳索的载荷-位移曲线。Weller 等[18]对 3 种不同的 12 股绳结构进行了张力测试,结果表明,所有缆绳直到失效都超过了制造商规定的 Minimum Breaking Load。Lian 等[19]提出了一种详细的程序和技术来评估正常断裂强度为 10 000 kN 的全尺寸吊索的蠕变行为和负载延伸性能。试验结果表明,HMPE 具有黏弹黏塑性特性和载荷历史效应。

虽然关于纤维缆绳的拉伸试验很多,但是关于 HMPE 纤维缆绳的试验研究较少。除此之外,开展缆绳方面的试验往往会消耗大量的人力、物力,尤其是设计大尺寸纤维缆绳的试验。随着有限元技术的不断发展,缆绳有限元模拟所需要的时间越来越短,且成本大大降低。Beltran[20]首次利用 Abaqus 软件对 3 股纤维缆绳进行拉伸有限元模拟,并将模拟结果与试验结果进行了对比分析。随后,Ghoreishi 等[21]利用三维有限元模型的数值研究了 7 线股在静轴向载荷作用下的弹性行为,结果表明,三维有限元模型可以作为绳索性能的参考。Stanova 等[22-23]提出了创建任意多层股绳的参数方程,并将数学模型发展为有限元分析,其中使用八节点六面体单元进行结构离散,定义了相邻股绳层之间的面对面接触。Judge 等[24]建立了多层螺旋钢绞线在准静态轴向载荷作用下的全三维弹塑性有限元模型,并通过有限元模拟的轴向载荷-轴向应变曲线与试验数据吻合较好。Beltran 等[25-27]首次采用三维有限元分析方法研究了损伤缆绳轴对称以及非轴对称荷载下绳索的力学行为,为今后有限元模拟在损伤缆绳方面的应用提供了新的方法。Abdullah 等[28]通过三维有限元研究了 7 股钢丝绳应力期间的钢丝间运动以及钢丝断裂后的股链响应。Zhang 等[29]使用 ANSYS 软件建立了 7×19 钢丝绳模型,对其进行了蠕变研究,并对其数值模拟结果与蠕变试验进行了对比分析。上述均为众多学者利用三维有限元模拟的办法来研究缆绳的力学行为,其大多纤维缆绳有限元模型如 3 股、7 股、19 股均为螺旋结构,而现如今在海洋中所使用的缆绳大多为 12 股。12 股 HMPE 纤维缆绳结构较为复杂,并不能简化为螺旋结构。

基于此,本文创建了一种新的三维建模方法来模拟 12 股缆绳结构。通过有限元 Abaqus 软件来预测受拉伸、循环载荷时 12 股 HMPE 纤维缆绳的轴向伸长,并且开展了对应的不同尺寸纤维缆绳的力学试验。与试验结果对比表明,有限元模拟结果较好地预测了缆绳轴向应变。为今后对 12 股纤维缆绳进行有限元分析提供了一定的参考价值。

1　有限元模型的建立

1.1　结构简介

以 12 股 HMPE 缆绳为例,利用商业软件 Abaqus 研究缆绳在受到线性荷载、循环荷载的作用下,自身应力、应变变化以及拉长至破断现象,其具体参数如表 1 所示。

表 1　HMPE 纤维缆绳物理参数

参数	数值
小尺寸 HMPE 缆绳直径/mm	10
大尺寸 HMPE 缆绳直径/mm	123
密度/(kg/m³)	777.07
拉伸模量/GPa	120
泊松比	0.3
摩擦系数	0.1

1.2 模型建立

Cinema 4D 是一个功能强大的三维建模软件,通过研究 12 股 HMPE 纤维缆绳的缠绕轨迹,在 Cinema 4D 软件中通过调整样条曲线来表示单股缆绳的缠绕轨迹,然后通过扫掠建立单股缆绳模型,最后通过复制、移动和旋转建立 12 股 HMPE 纤维缆绳模型,如图 1 所示。

HMPE 纤维缆绳股与股之间的接触是一种高度非线性行为,需要较大的计算资源,为了进行有效的计算,确立合理的模型非常重要。缆绳随着位置的变化呈周期性变化,为了便于建模和计算,我们只分析一个捻距,绳子被简化为圆柱体,整体为轴对称模型。模型建立完成后在 HyperMesh 软件中进行网格划分,最后将划分好网格的模型导入 Abaqus 进行有限元分析。

图 1　12 股 HMPE 纤维缆绳
有限元网格模型纵视图

采用 C3D8R 六面体单元,结点总数为 390 784,单元总数为 345 627。单元大小为 $0.001 \sim 0.005$ mm。

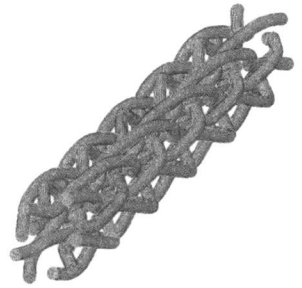

1.3 约束条件和边界条件

三维物体都有 6 个自由度,即 3 个平移自由度和 3 个旋转自由度。本文将绳子一端设为固定端,将 6 个自由度分别固定,由于面较多,将设一个参考点,将 12 个面耦合到一点 RP-1,耦合后如图 2 所示。在 HMPE 缆绳的有限元分析中,耦合运动模型建立了边界区域内各节点与参考点之间的运动约束关系,并使对应的节点和参考点达到相同的位移。另一端为自由端,对 y 轴施加位移或者荷载,禁用 x、y、z 轴的旋转以及 x、z 轴的位移。分析其破断后应力应变状态,同理,将自由端耦合到一点 RP-2。

图 2　缆绳模型耦合后示意

值得注意的是,虽然 12 股 HMPE 缆绳是各向异性,但是由于我们只添加了拉伸一个维度的工况,轴向应力远大于径向应力。所以为了简化模型节约时间,将模型设置为各向同性,这并不会影响有限元模拟的结果。

1.4 模型使用及接触设置

缆绳由于自身的特性,在受到拉伸时会发生塑性应变,所以本文采用柔性损伤模型,预测由于延性物质内部随着自身形变发生的损伤萌生。除此之外,有限元模拟结果正确与否与模型接触设置密切相关。接触面之间的相互作用包含两个部分:一是接触面的法向作用,二是接触面的切向作用。两个表面之间的距离称为间隙,Abaqus 判断两个表面是否接触的依据是判断两个表面之间的间隙是否为 0。

在该模型中,将 HMPE 缆绳内部切向行为设置为"罚"函数摩擦公式,将摩擦力和接触力的约束条件转换为惩罚项,从而实现对约束条件的强制,它可以更加准确地预测物体的运动和变形。法向行为设置为"硬"接触,当两个表面之间发生接触时,接触面之间就会产生接触压力,本模型两个接触表面之间能够传递的接触压力大小不设任何限制。这种法向行为在计算中限制了可能发生的穿透现象。

2 纤维缆绳破断试验

2.1 试验系统

为了准确研究 HMPE 纤维缆绳在海洋中的动态响应,特地设置了水环境循环系统来模拟海洋环境,水环境循环系统由内部和外部水箱以及抽水泵组成。在试验过程中,通过抽水泵将外部水箱的水抽取并注入内部水箱中,确保整个试验过程中纤维缆绳一直处于水环境中。试验设施主要由测试系统、水环境系统和控制系统组成,各系统之间通过管路系统互相连接。其外观(未组装)和内部系统(已组装)如图 3 所示。该测试系统中静态和动态加载能力均为 100 kN,最大误差为 1%,采用载荷控制,可施加稳定的载荷值,最大测量缆绳位移设备量程为 300 mm。

（a）测试设备外观（未组装）　　　　　　　　（b）测试设备内部系统示意

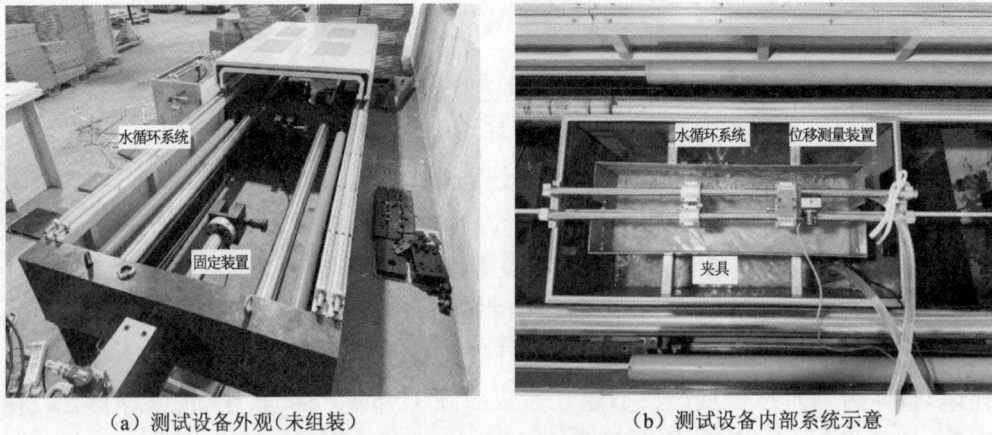

图 3　HMPE 纤维缆绳破断试验测试装置

2.2 HMPE 纤维缆绳样品

采用平均破断强度为 60 kN，缆绳直径为 10 mm 的 HMPE 纤维缆绳，如图 4(a)所示。为了试验的顺利进行，将纤维缆绳采用环眼插编法进行插编，插编后如图 4(b)所示，其插编方法按照以下流程进行：

（1）根据设备尺寸截取一定长度的 HMPE 纤维缆绳试样；

（2）确定缆绳试样插编接头段、自由段和环眼的长度，随后在各段端部做好标记以确定每一段的位置；

（3）用胶带缠绕缆绳试样的两个端头，防止缆绳在端头处分散开；

（4）将试样端头从环眼和插编接头段中间位置挤入缆绳内部，随后蠕动端头直至形成的环眼刚好满足预先确定的长度。

整根试样形成环眼、插编接头段和自由段，即完成 12 股结构缆绳的插编。在插编过程中，对缆绳造成的损伤要尽可能小，这样才可确保获得的数据更贴近缆绳真实的性能。

（a）12股HMPE纤维缆绳　　　　　　　　　（b）插编后的纤维缆绳

图 4　HMPE 纤维缆绳试验测试样品

2.3 试验步骤

完成 HMPE 纤维缆绳的制备后，开展试样的拉伸破断试验，试验步骤如下：

（1）将插编后的缆绳安装于试验设备上，调节移动横梁使其向后方运动，缆绳随横梁的运动逐渐由松弛状态变为绷直状态，当缆绳承受 1 kN 的荷载时，锁紧移动横梁。

（2）磨合缆绳试验。具体磨合过程为：等速力 2 kN/s，斜坡加载至 30%MBL；等速力 2 kN/s，(10%~30%)MBL 循环加载 100 周次；等速力 1 kN/s，载荷降至 1 kN 并保持 30 s。

（3）开启水环境循环系统，使得磨合好的缆绳始终在水中，以此来模拟海洋环境，在加载过程中，通过缆绳位移测量装置实时记录缆绳随着拉力的增加，缆绳纵向位移的变化。

（4）分析所得到的 HMPE 纤维缆绳试验破断数据,可以计算出应变随着时间的变化,其应变计算公式为:

$$\varepsilon = \Delta l / l \tag{1}$$

式中:l 为缆绳试样的标记段长度,Δl 为缆绳试样标记段的伸长量。

2.4 纤维缆绳破断试验结果

对平均断裂强度为 60 kN 的 HMPE 纤维缆绳进行拉伸破断,拉断后缆绳试样如图 5 所示。

图 5　HMPE 纤维缆绳试验破断

为了进一步探究缆绳拉伸破断张力应变关系,绘制出张力应变随时间变化曲线,如图 6 所示。由图 6 (a)可知,轴向拉力和轴向应变随着加载时间的变化呈线性递增,可以看到试验在 24 s 左右轴向拉力急剧变小,轴向位移也急剧变大。说明在 24 s 左右 HMPE 纤维缆绳发生了断裂。除此之外,3 个试样的拉力-时间曲线在破断失效之前近乎重合,这是由于本试验所设置的加载方式为力控制,且这 3 组拉伸破断试验的加载速率皆为 2.5 kN/s。近乎重合的拉力-时间曲线,反映了控制系统的可靠性。由图 6(b)可知,当缆绳开始发生断裂时,轴向位移会迅速增大,发生拉伸破断。

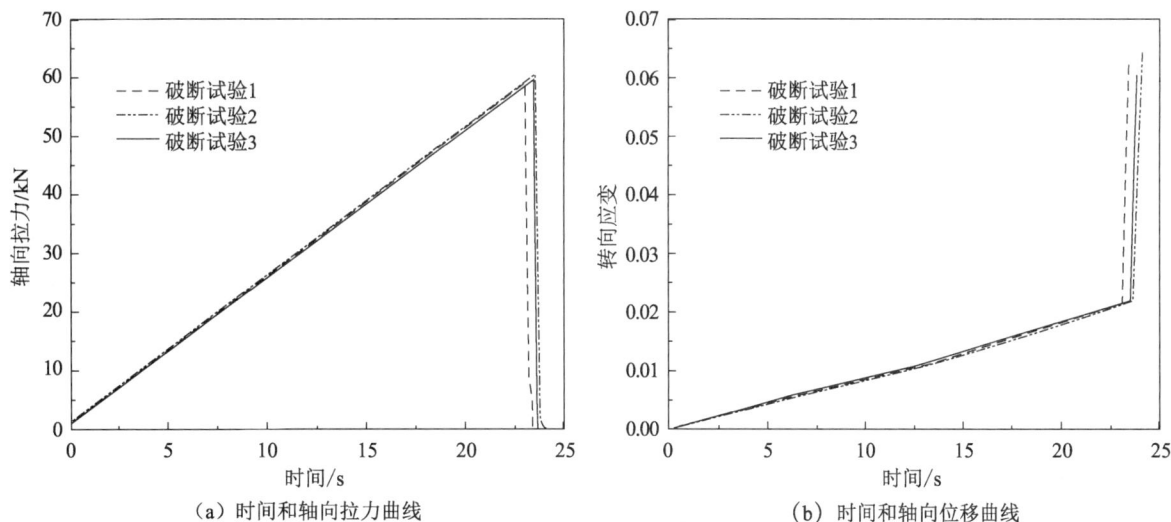

（a）时间和轴向拉力曲线　　　　　　　　（b）时间和轴向位移曲线

图 6　拉伸破断试验数据

2.5 缆绳破断有限元数值模拟结果对比与分析

考虑到 HMPE 纤维缆绳模型结构复杂,结点较多,隐式求解器(Standard)得到的结果不容易收敛,而显式求解因其效率、鲁棒性和求解稳定性较好(不存在计算收敛问题),所以采用 Abaqus 的显示求解器(Explicit)求解,为进一步分析有限元数值模拟结果,将总拉伸长度平均分为 4 种工况进行分析,分别为 0.625 mm、1.25 mm、1.875 mm、2.5 mm,如图 7 所示。模型总长为 100 mm。

S, Mises
(Avg: 75%)
+1.044e+04
+9.569e+03
+8.700e+03
+7.830e+03
+6.960e+03
+6.090e+03
+5.221e+03
+4.351e+03
+3.481e+03
+2.611e+03
+1.742e+03
+8.719e+02
+2.109e+00

（a）拉伸长度为0.625 mm应力云图

S, Mises
(Avg: 75%)
+1.500e+04
+1.375e+04
+1.251e+04
+1.126e+04
+1.002e+04
+8.770e+03
+7.524e+03
+6.278e+03
+5.032e+03
+3.786e+03
+2.540e+03
+1.294e+03
+4.751e+01

（b）拉伸为1.25 mm应力云图

S, Mises
(Avg: 75%)
+1.500e+04
+1.375e+04
+1.250e+04
+1.125e+04
+1.000e+04
+8.755e+03
+7.506e+03
+6.257e+03
+5.008e+03
+3.759e+03
+2.510e+03
+1.261e+03
+1.227e+01

（c）拉伸为1.875 mm应力云图

S, Mises
(Avg: 75%)
+1.500e+04
+1.375e+04
+1.250e+04
+1.125e+04
+1.000e+04
+8.755e+03
+7.506e+03
+6.257e+03
+5.008e+03
+3.759e+03
+2.510e+03
+1.261e+03
+1.250e+01

（d）拉伸为2.5 mm应力云图（已断裂）

图 7　HMPE 缆绳拉伸应力云图

HMPE 缆绳应力来自位移荷载带来的缆绳内部应力，包括轴向的形变应力与径向的相互挤压应力。根据图 7 可知，位移从 0 增加到 1.875 mm 时，缆绳内部的应力也逐渐增加，在拉伸长度为 1.875 mm 时，应力达到最大；当拉伸位移为 2.5 mm 时，缆绳已达到破裂应变，HMPE 缆绳断开，相比于 1.875 mm 对应的应力减少。并且随着 HMPE 缆绳的拉伸，HMPE 缆绳截面在不断变小。HMPE 缆绳模型在位移荷载情况下整体受力均匀，接近端点的外侧部分出现较大的形变。这符合常规的力学规律且证明数值模拟缆绳的材料的形变对应力的反馈是相吻合的。

为了确定缆绳破断有限元模拟结果是否准确，需要将有限元模拟结果与试验结果进行对比，对比结果如图 8 所示。

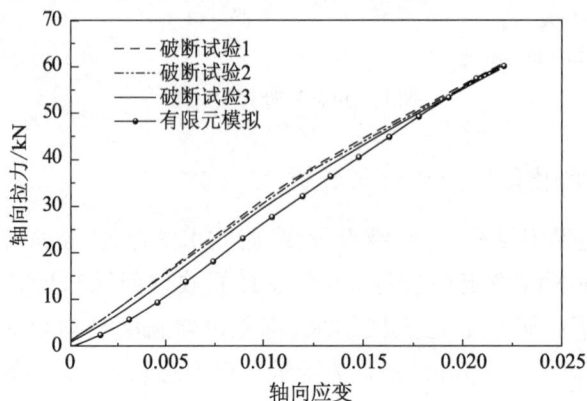

图 8　拉伸破断结果对比

由图 8 可以看出,应变相同时,有限元数值模拟的缆绳张力比试验结果低,这可能是由于 12 股 HMPE 纤维缆绳模型有空隙,导致在有限元模拟拉伸过程中产生的张力偏低,随着缆绳的拉伸,模型中的空隙减少,最终在缆绳破断时结果相近,应变均在 0.022 左右。总的来说,缆绳拉伸有限元数值模拟结果与试验结果相近。

3 小尺寸纤维缆绳循环荷载试验

在海洋中,由于波浪、水流以及风荷载的作用,海洋纤维缆绳一般会受到循环荷载,而纤维缆绳在长期受到循环荷载后,自身破断强度会降低甚至发生断裂。所以本文除了对缆绳开展破断试验外,还进行了循环荷载试验。

3.1 试验工况

对 12 股纤维缆绳进行循环荷载试验所用的设备如图 3 所示,插编方式与试验步骤均与缆绳破断试验相同,这里不再赘述。试验用绳为 DM20 纤维系缆,直径为 10 mm,插编后长度为 1.98 m,平均破断强度为 100 kN,如图 9 所示。值得注意的是,试验施加变化力为正弦函数,试验平均张力为 30%MBL,即 30 kN,荷载幅值为 9.6%MBL。

图 9 DM20 纤维系缆

3.2 小尺寸纤维缆绳循环荷载试验结果

本试验做了 1 200 次循环,为了方便与有限元数值模拟结果对比,只显示了前 5 次循环。由图 10 可以看出,施加的循环荷载为正弦函数,循环周期为 1 s,随着纤维缆绳张力的周期变化,缆绳自身应变也随着张力的变化呈周期性波动,这符合人们对循环荷载试验结果的预期。

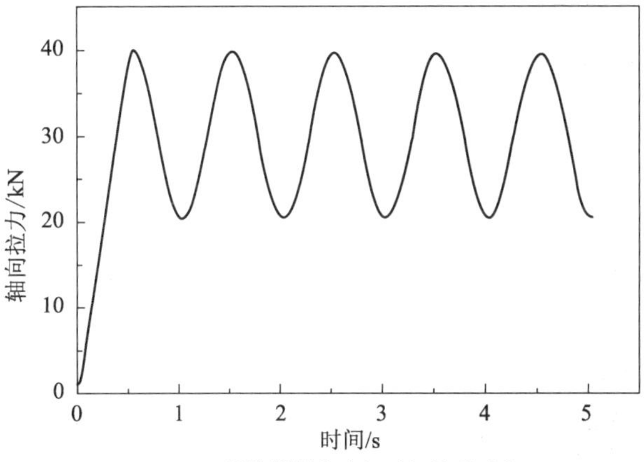

(a)纤维缆绳张力与时间关系示意 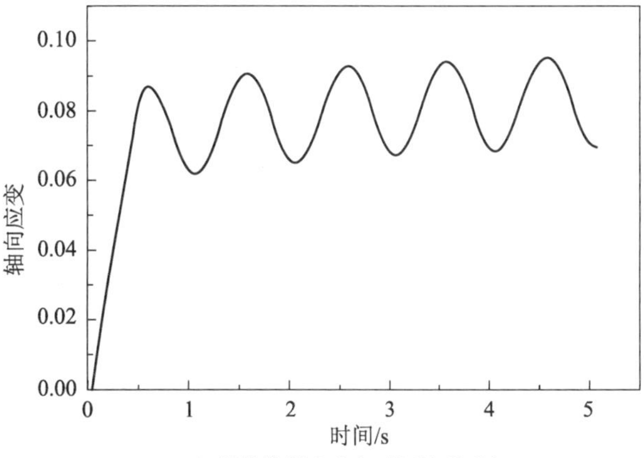   (b)纤维缆绳应变与时间关系示意

图 10 循环荷载结果

3.3 小尺寸纤维缆绳循环荷载有限元数值模拟结果对比分析

在 Abaqus 软件中,通过对图 1 所示的数学模型施加与循环荷载试验相同大小的正弦循环荷载,分析缆绳的应力应变变化,其约束条件与边界条件以及接触设置与第 2 节相似,这里不再阐述。为了验证 12 股 HMPE 纤维缆绳受到循环荷载后的有限元数值模拟结果的正确性,需要与循环荷载试验结果进行对比,如图 11 所示。有限元模拟后的缆绳应变随着时间的变化而上下变化。

与试验结果相比,有限元数值模拟结果的缆绳应变随时间的变化波动较大,这是由于 12 股 HMPE 纤维缆绳模型本身比较复杂,具有复杂的非线性行为。从图 11 中看出,有限元模拟后的轴向应变总体的变化规律与试验结果一致。

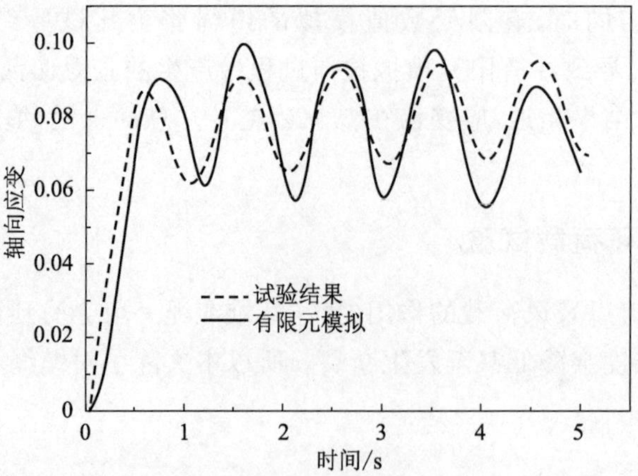

图11　循环荷载结果对比

4　大尺寸HMPE纤维缆绳阶梯蠕变回复试验

由于海洋环境的复杂性以及对海上设施安全性的考虑,海洋中使用的各种绳索尺寸往往较大,所以需要对大尺寸的缆绳性能进行测试。而大尺寸缆绳的试验一般都会消耗巨大的人力、物力,为了节省资源以及对大尺寸缆绳进行微观的研究,本部分对大尺寸HMPE纤维缆绳进行了阶梯蠕变回复有限元数值模拟,并且做了相对应的物理试验,进行了结果验证。

4.1　试验工况

现场试验在江苏南通的绳厂展开,如图12所示。使用HMPE缆绳直径为123 mm,平均破断强度为10 000 kN。为了研究缆绳回复规律,试验荷载采用阶梯加载方式。

图12　大尺寸HMPE纤维缆绳试验

4.2　试验结果

试验施加的荷载为阶梯荷载,阶梯荷载的施加可以让我们更好地观察大尺寸纤维缆绳的蠕变回复规律。图13为阶梯蠕变回复结果。从图13(a)中可以看出,试验设备施加的力荷载大致可以分为8个周期,其中峰值在前5个周期逐步递增,后3个周期逐步递减,除此之外,每个周期末尾施加的力均减小为0。

从图13(b)可以看出,大尺寸纤维缆绳的应变大致随着施加的阶梯力的变化而变化,缆绳应变的波峰也随着轴向力的增加而增加。值得注意的是,从图13(b)中的虚线可以看出,随着每个周期施加的力逐渐减小为0,对应的缆绳应变并没有变为0,而是随着每个周期的波峰的变化而变化,这可能是由于纤维缆绳本身发生了塑性应变,当施加的荷载变为0时,缆绳自身的弹性应变变为0,塑性应变并不会减小。

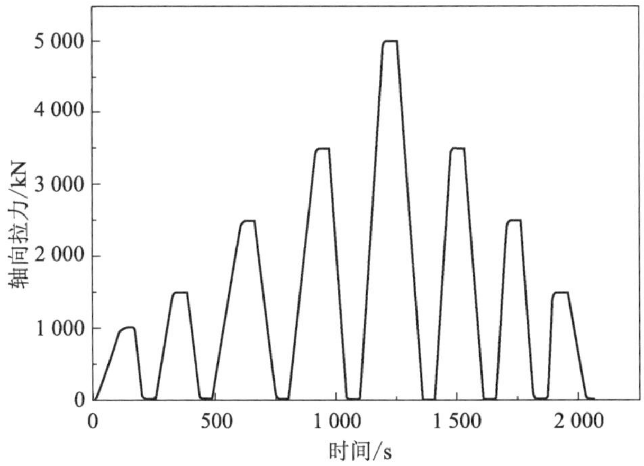

（a）大尺寸纤维缆绳张力与时间关系示意 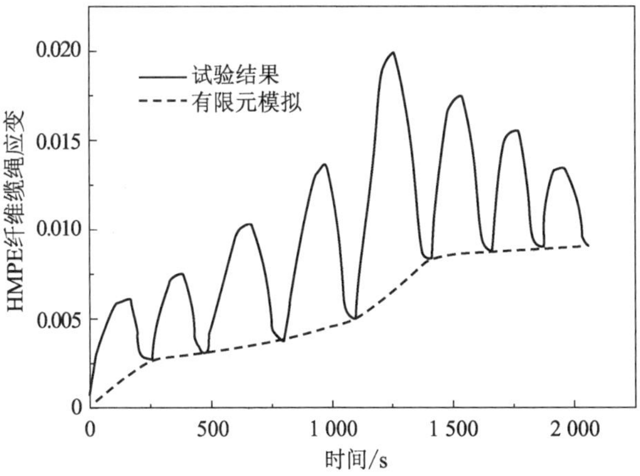　　　（b）大尺寸纤维缆绳应变与时间关系示意

图13　阶梯蠕变回复结果

4.3 大尺寸纤维缆绳阶梯蠕变回复有限元模拟结果对比分析

由于大尺寸纤维缆绳尺寸较大,将图1所示的缆绳有限元模型成比例放大后,施加与图13(a)相同的阶梯荷载,最终通过 Abaqus 软件进行模拟分析,将得到的缆绳位移数据进行处理得到对应的应变,如图14所示。

从图14可以看出,随着施加的阶梯荷载的变化,对应的缆绳应变也随着上下波动,与试验结果相比,有限元数值模拟得到的缆绳应变整体较大一些,这主要体现在每个波动周期的峰值上面。总体而言,有限元模拟结果下的大尺寸纤维缆绳应变变化与试验结果相差不大。

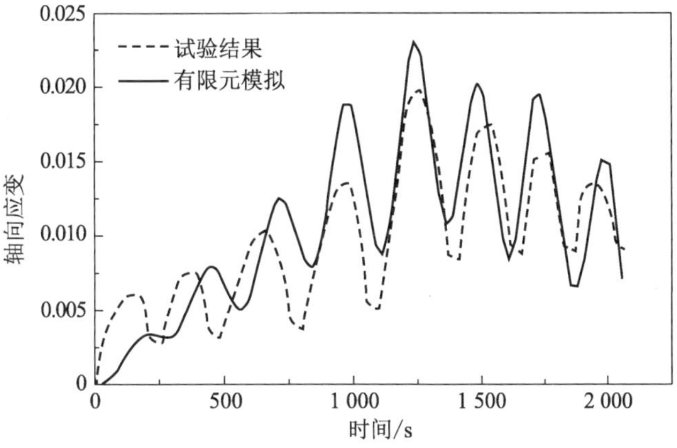

图14　阶梯蠕变回复结果对比

5　结　语

建立了12股 HMPE 纤维缆绳的三维有限元模型,在 Abaqus 软件中利用柔性损伤模型进行了缆绳破断的模拟。开展了对应的缆绳破断试验,在试验过程中模拟了海洋环境。通过与试验对比,发现有限元数值模拟结果下的张力应变曲线与破断试验结果吻合较好。

开展了小尺寸纤维缆绳的循环荷载试验,得到缆绳应变受循环荷载的动态响应规律。通过对纤维缆绳有限元模型施加正弦荷载,得到了纤维缆绳应变随轴向力变化的曲线,将该曲线与试验结果对比,发现有限元模拟结果能很好地预测纤维缆绳受到循环荷载后自身应变的改变。

开展了大尺寸纤维缆绳阶梯蠕变回复试验,当阶梯荷载变为0时,大尺寸纤维缆绳应变不为0,发现缆绳发生了塑性应变,且塑性应变大小主要取决于阶梯荷载对应周期的峰值。由于大尺寸缆绳试验非常耗费人力、物力,且相关的大尺寸纤维缆绳数据较为稀缺,本文进行了对应的有限元数值模拟,结果显示,有限元模拟可以较好地预测大尺寸纤维缆绳受到阶梯荷载后的应变变化,为今后纤维缆绳在有限元模拟方面的应用提供了一定的参考价值。

🔖 参考文献

[1] FAN T H,QIAO D S,YAN J,et al. An improved quasi-static model for mooring-induced damping estimation using in the truncation design of mooring system[J]. Ocean Engineering,2017,136:322-329.

[2] BOSMAN R,ZHANG Q,LEAO A,et al. First class certification on HMPE fiber ropes for permanent floating wind turbine mooring system[C]//Offshore Technology Conference. OTC,2020:D021S019R007.

[3] DU J F,WANG H C,WANG S Q,et al. Fatigue damage assessment of mooring lines under the effect of wave climate change and marine corrosion[J]. Ocean Engineering,2020,206:1-8.

[4] CHENG Y,XI C,DAI S S,et al. Performance characteristics and parametric analysis of a novel multi-purpose platform combining a moonpool-type floating breakwater and an array of wave energy converters[J]. Applied Energy,2021, 292:1-18.

[5] 连宇顺. 合成纤维系缆的复杂力学性能及其对绷紧式系泊系统动力响应的影响[D]. 天津:天津大学,2015.

[6] ABSG Consulting INC. Study on mooring systems integrity management for floating structures[R]. Final Report, 2015.

[7] DAVIES P,LACOTTE N,KIBSGAARD G,et al. Bend over sheave durability of fibre ropes for deep sea handling operations[C]//International Conference on Offshore Mechanics and Arctic Engineering. American Society of Mechanical Engineers,2013,55317:V001T01A064.

[8] VLASBLOM M,BOESTEN J,LEITE S,et al. Development of HMPE fiber for permanent deepwater offshore mooring[C]//Offshore Technology Conference. OTC,2012:OTC-23333-MS.

[9] FOSTER G P. Advantages of fiber rope over wire rope[J]. Journal of Industrial Textiles,2002,32(1):67-75.

[10] 连宇顺,刘海笑. 海洋系泊工程中合成纤维系缆研究述评[J]. 海洋工程,2019,37(1):142-154.

[11] WILLIAMS J G,MIYASE A,LI D,et al. Small-scale testing of damaged synthetic fiber mooring ropes[C]//Offshore Technology Conference. OTC,2002:OTC-14308-MS.

[12] WARD E G,AYRES R R,BANFIELD S J,et al. The residual strength of damaged polyester ropes[C]//38th Offshore Technology Conference. 2006,1:3627-3643.

[13] WARD E G,AYRES R,BANFIELD S J,et al. Full-scale experiments on damaged polyester rope[R]. MMS and JIP Participants,2006.

[14] FLORY J,2008. Assessing Strength Loss of Abraded and Damaged Fiber Rope[C]//OCEANS 2008 –MTS/IEEE Kobe Techno-Ocean,pp. 1-12.

[15] WELLER S D,DAVIES P,VICKERS A W,et al. Synthetic rope responses in the context of load history:Operational performance[J]. Ocean Engineering,2014,83:111-124.

[16] WELLER S D,DAVIES P,VICKERS A W,et al. Synthetic rope responses in the context of load history:The influence of aging[J]. Ocean Engineering,2015,96:192-204.

[17] ZHAO Q J,JIAO Y N. Study on the tensile properties of the high-performance cored rope[J]. Advanced Materials Research,2011,331:210-213.

[18] WELLER S D,HALSWELL P,JOHANNING L,et al. Tension-tension testing of a novel mooring rope construction [C] //International Conference on Offshore Mechanics and Arctic Engineering. American Society of Mechanical Engineers,2017,57632:V001T01A078.

[19] LIAN Y,ZHANG B,JI J,et al. Experimental investigation on service safety and reliability of full-scale HMPE fiber slings for offshore lifting operations[J]. Ocean Engineering,2023,285:115447.

[20] BELTRAN J F. Computational modeling of synthetic-fiber ropes[M]. Austin:The University of Texas,2006.

[21] GHOREISHI S R,MESSAGER T,CARTRAUD P,et al. Validity and limitations of linear analytical models for steel wire strands under axial loading,using a 3D FE model[J]. International Journal of Mechanical Sciences,2007,49 (11):1251-1261.

[22] STANOVA E,FEDORKO G,FABIAN M,et al. Computer modelling of wire strands and ropes part I:Theory and computer implementation[J]. Advances in Engineering Software,2011,42(6):305-315.

[23] STANOVA E,FEDORKO G,FABIAN M,et al. Computer modelling of wire strands and ropes part II:Finite element-based applications[J]. Advances in Engineering Software,2011,42(6):322-331.

[24] JUDGE R,YANG Z,JONES S W,et al. Full 3D finite element modelling of spiral strand cables[J]. Construction and

Building Materials,2012,35:452-459.

[25] BELTRAN J F,WILLIAMSON E B. Numerical procedure for the analysis of damaged polyester ropes[J]. Engineering Structures,2011,33(5):1698-1709.

[26] BELTRAN J F,VARGAS D. Effect of broken rope components distribution throughout rope cross-section on polyester rope response:Numerical approach[J]. International Journal of Mechanical Sciences,2012,64(1):32-46.

[27] BELTRAN J F,DE VICO E. Assessment of static rope behavior with asymmetric damage distribution[J]. Engineering Structures,2015,86:84-98.

[28] ABDULLAH A B M,RICE J A,HAMILTON H R,et al. An investigation on stressing and breakage response of a prestressing strand using an efficient finite element model[J]. Engineering Structures,2016,123:213-224.

[29] ZHANG W,YUAN X,CHEN C,et al. Finite element analysis of steel wire ropes considering creep and analysis of influencing factors of creep[J]. Engineering Structures,2021,229:111665.

内波分层流作用下悬浮隧道锚索动力响应

熊家明[1]，桑　松[1]，石　晓[2]，干超杰[1]

(1. 中国海洋大学 工程学院，山东 青岛　266404；2. 青岛黄海学院 智能制造学院，山东 青岛　266427)

摘要：考虑锚索竖直型水下悬浮隧道，将锚索假设为两端铰接的非线性梁模型。管体在水下主要受到浮力差和海流的作用，会产生 x 轴和 z 轴方向的位移，考虑这 2 个方向的振动位移和频率对锚索振动产生的影响。将锚索振动分为 3 个方向的振动，将管体的振动与锚索的振动在锚索端点处结合，通过 Hamilton 原理建立锚索 3 个自由度的运动方程，再通过 Galerkin 方法和四阶 Runge-Kutta 法对 3 个方程进行求解。将内波简化为分层流作用在锚索上，并考虑海流入射角度对锚索 3 个自由度的影响。结果表示，分层流对锚索一阶和三阶振动影响不大，主要对锚索二阶振动产生影响；锚索一阶振动在管体横荡频率为固有频率的 1 倍时产生最大值，锚索二阶振动在管体的横荡频率为固有频率的 2 倍时产生最大值；锚索顺流向振动随海流入射角的增大而增大，锚索的横流向振动随海流入射角的增大而减小，锚索的轴向振动在海流入射角为 60°时产生最大值。

关键词：涡激振动；参激振动；内波分层流；悬浮隧道锚索；Hamilton 原理

　　世界上已建成或在建的海底隧道共有 60 多条，目前中国已经建成或在建的海底隧道有 10 余条。海底隧道的作用不仅仅局限于通车，还可以作为火车和地铁在海底通行的载体。目前这些已建成的海底隧道都是沉底式的海洋隧道，且长度都不大于 10 km[1]。这使得海底隧道的建立有一定的局限性，在海底地形复杂、海底跨度过长、深度过大的地方，沉底式隧道的局限性就会显露。悬浮隧道的优点就可以很好地弥补这些不足。考虑到目前世界上并未建成悬浮隧道，所以悬浮隧道的研究一直都是处于理论阶段。悬浮隧道的几种支撑方式主要有承压墩柱式、浮筒式和张力腿式悬浮隧道[2]，本文主要对张力腿式悬浮隧道的锚索部分进行研究。

　　麦继婷等[3-4]将悬浮隧道的管体和锚索看作空间梁系结构，对管体结构采用梁元的 CR 列式法，对锚索部分运用梁的振动方程，考虑涡激振动分别对管体和锚索的影响，后又将管体和锚索耦合，采用格林函数法考虑在波流环境下结构的响应。对管体的放置深度、荷载的作用角度、管体的截面等诸多因素进行探究。孙胜男等[5-6]用 Hamilton 原理来研究锚索和管体的方程，研究了倾斜锚索固定的管体，并考虑了锚索的垂度问题，将其假设为二次函数，采用蒙特卡罗数值模拟耦合方程，研究其非线性响应；后又考虑随机激励(高斯白噪声激励)、地震波(P 波)、最优阻尼系数等因素展开研究。苏志彬等[7-8]在孙的基础上主要研究了涡激和参激振动对锚索和管体的影响，并使用 Lyapunoy 指数法来研究锚索的稳定性，考虑浮重比等影响因素对稳定性的影响；后又采用 3 种不同的地震波施加到结构上，研究其特性，通过等价线性代法求解锚索与管体的耦合方程，与蒙特卡罗方法相比较，可以得到相似的结果。陈健云等[9]通过试验研究地震对悬浮隧道的影响，得出水平方向的振动对结构的影响更大。项贻强等[10]将管体假设为伯努利梁，求解锚索部分使用了振型叠加法来展开研究。晁春峰等[11]通过试验研究锚索与管体之间的耦合振动。董满生等[12]通过 Hamilton 原理推导出悬浮隧道的动态方程。Long 等[13]对不同浮重比的隧道进行了可行性研究。近些年来对悬浮隧道的研究层出不穷。巫志文等[14-15]用虚拟激励法考虑随机波，再用等效线性法求解，更深一步研究了悬浮隧道的涡激参激联合振动。阳帅等[16-17]用三角级数法考虑地震荷载，研究锚索的动力响应，用 AQWA 软件模拟锚索失效后的动力响应。

作者简介：熊家明。E-mail: xjm@stu.ouc.edu.cn

在前人研究的基础上,本文不再局限于二维,利用 Hamilton 原理来对锚索 3 个方向的控制方程进行推导。利用伽辽金法,对方程化简,并且考虑内波分层流对锚索 3 个自由度振动的影响。最后用四阶龙格库塔法对化简后的方程进行求解。

1 锚索数学模型的建立

1.1 锚索数学模型的建立

本文考虑到管体顺流向和横流向的运动对锚索的影响,由于在建立过程中管体轴向的位移相对于管体的长度来说是非常小的,因此忽略管体轴向变形。需此假设可以将管体顺流向位移设为 U,而横流向位移设为 V。对于锚索来说,不能忽略锚索顺流向和轴向的振动变化,需考虑锚索 3 个方向的振动。因此将锚索的轴向变化设为 u,横流向位移设为 w,顺流向的位移设为 v。详细模型如图 1 所示。海流的流速设置为 v_c。

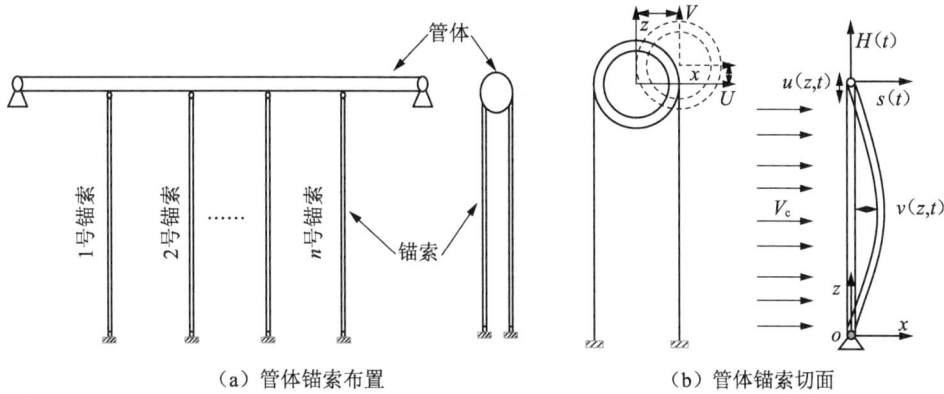

（a）管体锚索布置　（b）管体锚索切面

图 1　管体与锚索模型图

Hamilton 原理的基本公式可以表示为:

$$\delta \int_{t_i}^{t_f} (KE - PE)\mathrm{d}t + \delta \int_{t_i}^{t_f} W\mathrm{d}t = 0 \tag{1}$$

由式(1)可知,根据竖直锚索的特性,可以得到锚索的势能(E_K)、动能(E_P)和外力虚功如下:

$$E_P = \frac{1}{2} \int_0^L \left[E_A \left(u' + \frac{1}{2}(v'^2 + w'^2) \right)^2 + E_I(v''^2 + w''^2) \right] \mathrm{d}z \tag{2}$$

$$E_K = \int_0^L \left\{ \frac{1}{2} \left[m(\dot{u}^2 + \dot{v}^2 + \dot{w}^2) + \rho_t I(\dot{v}'^2 + \dot{w}'^2) \right] + C_s \left(\int_{v_{t_i}}^{v_{t_f}} v\mathrm{d}v + \int_{w_{t_i}}^{w_{t_f}} w\mathrm{d}w \right) \right\} \mathrm{d}z \tag{3}$$

$$\delta \int_{t_i}^{t_f} W\mathrm{d}t = \int^{L_0} \left[f_x(z,t)\delta u + f_y(z,t)\delta v + f_z(z,t)\delta w \right] \mathrm{d}z \tag{4}$$

式中:L、E、I、m、C_s、ρ_t 和 A 对应的是锚索的长度、弹性模量、惯性矩、单位长度锚索质量、黏滞阻尼系数、锚索的密度和锚索的横截面积。t_i 和 t_f 分别为计算起始时间和结束时间;v_{t_i} 和 v_{t_f} 分别为 v 在起始时间和结束时间的位移值,w_{t_i} 和 w_{t_f} 分别为 w 在起始时间和结束时间的位移值;u、v 和 w 对应的是锚索 z 轴、x 轴和 y 轴方向的位移;U' 为 u 对 z 轴方向的偏导;$\dot{u}$ 为 u 对时间 t 的偏导,其他对应的符号类似;δ 为求变分的算子;$f_x(z,t)$、$f_y(z,t)$ 和 $f_z(z,t)$ 分别表示的是锚索在 3 个坐标轴上的外部激励项。

由上式可以得出悬浮隧道锚索的振动控制方程为:

$$m\ddot{v} + C_s\dot{v} + (EIv'')'' - \rho_t Iv'' - \left[EA \left(u' + \frac{1}{2}(v'^2 + w'^2) \right) v' \right]' = f_x(z,t) \tag{5}$$

$$m\ddot{w} + C_s\dot{w} + (EIw'')'' - \rho_t I\ddot{w}'' - \left[EA \left(u' + \frac{1}{2}(v'^2 + w'^2) \right) w' \right]' = f_y(z,t) \tag{6}$$

$$m\ddot{u} - \left[EA \left(u' + \frac{1}{2}(v'^2 + w'^2) \right) \right]' = f_z(z,t) \tag{7}$$

由物理条件可以得出,锚索的 x 和 y 方向主要受到的外部激励为海流作用产生的顺流向和横流向的涡激作用力和锚索产生的水动力。在 z 轴方向锚索的主要外部激励为浮力和重力,当锁频发生时,单位长度的脉动拖曳力可以近似地用简谐函数表示泄涡脱落频率。对于锚索振动产生的水动阻尼力和附加质量力,可以用莫里森方程来表示。由此可以得出锚索的外部激励力为:

$$f_x(z,t)=\frac{1}{2}\rho DV_c^2 C'_D\cos2\omega_s t-\rho AC_m\ddot{v}-\frac{1}{2}\rho DC_D\operatorname{sgn}(\dot{v}-V_c)\cdot(\dot{v}-V_c)^2 \tag{8}$$

$$f_y(z,t)=\frac{1}{2}\rho DV_c^2 C_L\cos\omega_s t-\rho AC_m\ddot{v}-\frac{1}{2}\rho DC_D\operatorname{sgn}(\dot{v})\cdot\dot{v}^2 \tag{9}$$

$$f_z(z,t)=\rho Ag-mg \tag{10}$$

式中: ρ、g、D、C'_D、C_D、C_L、C_m、V_c、ω_S 和 sgn 分别为海水的密度、锚索直径、脉动拖曳力系数、阻力系数、升力系数、质量系数、海水流速、泄涡脱落频率和提取参数正负号的函数。

1.2 内波对锚索的作用

在海洋实际环境中,海洋的波动现象是非常复杂的。海流会随着深度、海水密度、海底环境等多种客观因素而改变,海洋内部发生的波动称为海洋内波。内波的一种最简单的形式是发生在 2 层密度不同的海水界面处的波动,称为界面内波[18]。实际的海水密度是渐变的,盐度、洋流、潮流等多种客观因素也会影响内波。康信龙等[19]通过 FLUENT 软件模拟出 2 层不同介质的海流中形成的内波,又比较了 3 类内孤立波理论 KdV、eKdV、MCC 的适用条件,得到界面流速图如图 2 所示。从 3 种模型数值模拟中可以看出沿 z 轴方向流速变化非常迅速。类比作用到锚索上,可以忽略中间流速变化,考虑成为分层流。

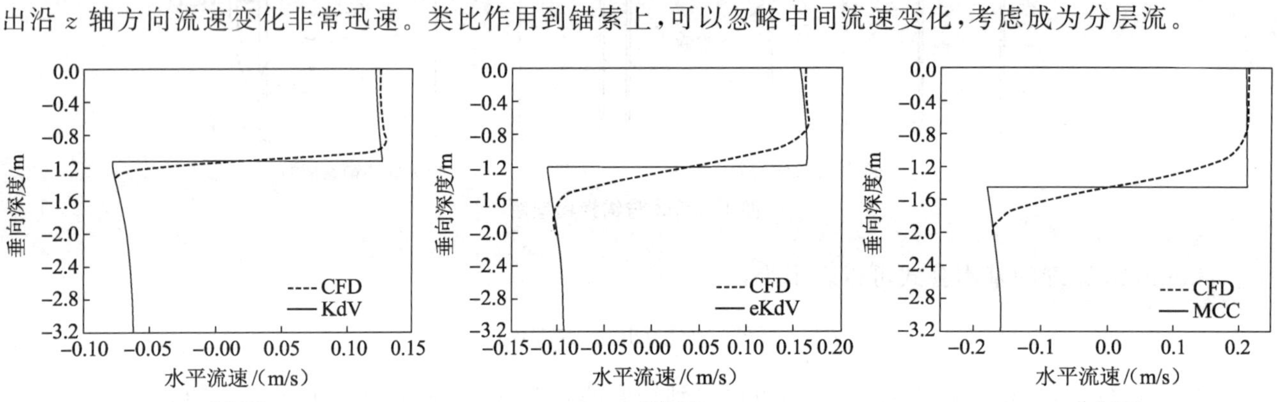

图 2　内波流速图

1.3 边界条件的确定和方程求解

本文只考虑锚索的运动,因此对管体部分简化,考虑为质点运动,将锚索的两端假设为两端铰接的非线性梁结构[20]。可得到锚索的边界条件为:

$$v(0,t)=0,v(L,t)=G(t)+v_{ti} \tag{11}$$

$$\omega(0,t)=0,(L,t)=H(t);\omega''(0,t)=0,\omega''(L,t)=0 \tag{12}$$

$$u(0,t)=0,u(L,t)=S(t);u''(0,t)=0,u''(L,t)=0 \tag{13}$$

式中: v_{ti} 为不同子步时间 x 方向的位移,即为管体所受的浮力与重力之差由锚索平衡后产生的伸长量,可用材料力学的公式表达;初始时刻位移 $v_{t0}=TL/EA$, T 为锚索的初始静张力。悬浮隧道的系泊方式在理论上已经有许多种,但实际并未有已建成的悬浮隧道作为参考,并不能很好地确定各种系泊实际的优缺点。刘傲祥等[21]提出了一种锚索的综合分析和评价方法,得出竖直型系泊在施工和理论的动力响应上较好。因此本文选择的系泊方式如图 1(a)所示。

虽然将管体假设为质点,但实际管体的运动也会影响到锚索的响应。前人在研究管体时将管体的轴向激励假设为 z 轴的参数激励,本文在此基础上考虑到管体的 x 轴(顺流向)上的位移对锚索的影响。如图 3 所示,海流与管体间的夹角为 α,因此可将管体的横荡分解为顺流向运动和横流向运动。

将管体的运动假设为简谐函数,而此时与管体连接的锚索接触点的运动可以分别表示为:

$$G(t)=U\cos\omega_u t;H(t)=\sin\alpha\cdot V\sin\omega_v t;S(t)=\cos\alpha\cdot V\sin\omega_v t \tag{14}$$

式中：T、U 和 V 分别为锚索的初始静张力、管体的垂荡运动幅值和管体横荡运动幅值；ω_u 和 ω_v 为管体垂荡运动和横荡运动的频率。

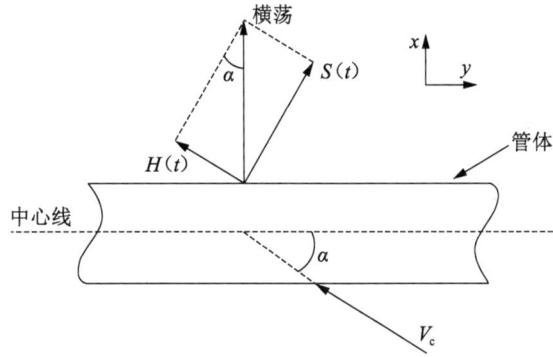

图 3　海流与管体示意

由伽辽金方法可以将锚索的振动模型表示为：

$$v(x,t)=(G(t)+v_{t0})\frac{x}{L}+\sum_{n=1}^{R}v_n(t)\sin\frac{n\pi x}{L} \tag{15}$$

$$\omega(x,t)=H(t)\frac{x}{L}+\sum_{n=1}^{R}w_n(t)\sin\frac{n\pi x}{L} \tag{16}$$

$$u(x,t)=S(t)\frac{x}{L}+\sum_{n=1}^{R}u_n(t)\sin\frac{n\pi x}{L} \tag{17}$$

将海流假设为均匀流，可以联合上式化简出锚索各阶的模态振动控制方程为：

$$\ddot{v}_n(t)+(-1)^{n+1}\frac{2}{n\pi}\ddot{G}(t)+\frac{E_A}{m}\left(\frac{n\pi}{L}\right)^2 v_n(t)+\frac{E_A}{m}\left(\frac{n\pi}{L}\right)^2\frac{H(t)}{L}w_n(t)$$
$$+\frac{E_A}{m}\left(\frac{n\pi}{L}\right)^2\frac{S(t)}{L}u_n(t)=\left[1-(-1)^n\right]\frac{2}{mn\pi}(\rho Ag-mg) \tag{18}$$

$$\ddot{w}_n(t)+2u_n\zeta\dot{w}_n(t)+(-1)^{n+1}\frac{m+\rho AC_m}{\overline{m}}\frac{2}{n\pi}\ddot{H}(t)+(-1)^{n+1}\frac{4u_n\zeta}{n\pi}\dot{H}(t)+$$
$$\frac{E_A}{\overline{m}}\left(\frac{n\pi}{L}\right)^2\frac{H(t)}{L}v_n(t)+\frac{3}{2}\frac{E_A}{\overline{m}}\left(\frac{H(t)}{L}\right)^2\left(\frac{n\pi}{L}\right)^2 w_n(t)+\frac{E_A}{\overline{m}}\frac{H(t)}{L}\frac{S(t)}{L}\left(\frac{n\pi}{L}\right)^2 u_n(t)$$
$$+\frac{E_A}{\overline{m}}\frac{(G(t)+v_{t0})}{L}\left(\frac{n\pi}{L}\right)^2 w_n(t)+\frac{1}{2}\frac{E_A}{\overline{m}}\left(\frac{s(t)}{L}\right)^2\left(\frac{n\pi}{L}\right)^2 u_n(t)+\frac{E_1}{\overline{m}}\left(\frac{n\pi}{L}\right)^4 w_n(t)$$
$$=-\frac{\rho DC_D}{\overline{m}L}KD(Q)+\left[1-(-1)^n\right]\frac{\rho DV_c^2 C_D'}{\overline{m}n\pi}\cos 2\omega_s t \tag{19}$$

$$\ddot{u}_n(t)+2u_n\zeta\dot{u}_n(t)+(-1)^{n+1}\frac{m+\rho AC_m}{\overline{m}}\frac{2}{n\pi}\ddot{S}(t)+(-1)^{n+1}\frac{4u_n\zeta}{n\pi}\dot{S}(t)$$
$$+\frac{E_A}{\overline{m}}\left(\frac{n\pi}{L}\right)^2\frac{S(t)}{L}v_n(t)+\frac{3}{2}\frac{E_A}{\overline{m}}\left(\frac{S(t)}{L}\right)^2\left(\frac{n\pi}{L}\right)^2 u_n(t)+$$
$$\frac{E_A}{\overline{m}}\frac{H(t)}{L}\frac{S(t)}{L}\left(\frac{n\pi}{L}\right)^2 w_n(t)+\frac{E_A}{\overline{m}}\frac{(G(t)+v_{t0})}{L}\left(\frac{n\pi}{L}\right)^2 u_n(t)$$
$$+\frac{1}{2}\frac{E_A}{\overline{m}}\left(\frac{H(t)}{L}\right)^2\left(\frac{n\pi}{L}\right)^2 w_n(t)+\frac{E_1}{\overline{m}}\left(\frac{n\pi}{L}\right)^4 u_n(t)=-\frac{\rho DC_D}{\overline{m}L}KD(J)$$
$$+\left[1-(-1)^n\right]\frac{\rho DV_c^2 C_L}{\overline{m}n\pi}\cos\omega_s t \tag{20}$$

式中：$C_s=2w_n\zeta\overline{m}$，其中 ζ 为阻尼比。为了方便，引入了 $D_K(P)$、Q、J、ω_n^2 和 $\overline{m}$，代表的参数如下：

$$D_K(P)=\int_0^L \mathrm{sgn}(P)\cdot(P)^2\sin\frac{n\pi x}{L}\mathrm{d}z\quad(P=Q\text{ 或 }J) \tag{21}$$

$$Q = \dot{H}(t) + \sum_{n=1}^{R} \dot{\omega}_n(t) \sin \frac{n\pi x}{L} - V_c \; ; J = \dot{S}(t) + \sum_{n=1}^{R} \dot{u}_n(t) \sin \frac{n\pi x}{L} \qquad (22)$$

$$\omega_n^2 = \frac{E_{\mathrm{I}}}{\bar{m}} \left(\frac{n\pi}{L} \right)^4 + \frac{T}{\bar{m}} \left(\frac{n\pi}{L} \right)^2 \; ; \bar{m} = m + \rho A C_{\mathrm{m}} + \rho_{\mathrm{t}} I \left(\frac{n\pi}{L} \right)^2 \qquad (23)$$

2 数值分析

2.1 悬浮隧道锚索结构计算参数

假设海流为均匀流,流入方向设置了 90°、75°、60°、45°、30° 5 个方向的流向。内波假设为了分层流。分层流的交界点设置了 3 个,分别是完全均匀流作为对照组、交界在 1/2 和 1/3 的位置。对于其他参数,由于全球暂未有建成的悬浮隧道作为参考,本文采用的相关参数是基于国内外前人计算的算例设置的。具体参数见表 1。

表 1   悬浮隧道相关参数

对象	参数	符号/单位	数值
悬浮隧道管体	淹没水深	h/m	30
	截面类型	—	圆形单管
	管体外直径	$D_{\mathrm{out}}/\mathrm{m}$	15
	管体内直径	$D_{\mathrm{in}}/\mathrm{m}$	12
	密度	$\rho_{\mathrm{tube}}/(\mathrm{kg/m^3})$	7 850
悬浮隧道锚索	长度	L/m	140
	直径	D/m	0.5
	密度	$\rho_{\mathrm{cable}}/(\mathrm{kg/m^3})$	7 850
	预紧力	T/N	2.7×10^7
	弹性模量	E/Pa	2.1×10^{11}
	阻尼比	ζ	0.001 8
其他相关参数	海水水深	d/m	170
	海水密度	$\rho/(\mathrm{kg/m^3})$	1 025
	质量系数	C_{m}	1
	阻力系数	C_{D}	0.6
	脉动拖曳力系数	C_{D}'	0.2
	斯托哈尔数	St	0.2
	重力加速度	$g/(\mathrm{N/kg})$	9.8

由表 1 的数据可以得出,当海流的流速为 0.56 m/s 时,锚索的顺流向涡激振动可以达到锁频的状态。当海流的速度为 1.117 m/s 时,锚索的横流向的振动可以达到锁频状态。由于锚索在海水中,涡激振动对其影响更大,所以为探求更准确的锚索动力特性,本文选用的海流速度为 1.117 m/s。

考虑到管体的参数激励,管体的运动值 U 和 V 取值非常关键。由于管体属于细长形结构,其横荡和垂荡方向运动是缓慢变形的,且由于实际的建造中,它的跨度往往是几千米起步,且在海中受到的海流作用反复,其浮力也大于重力,管体的位移对于悬浮隧道来说是必然的。基于对不同截面类型的垂直布索的运动响应研究,横荡和垂荡最大一般不超过 5 m。假定管体 U 的取值为 0 和 0.03 s 2 种情况,V 的取值为 0、0.3、0.6、0.9 m 4 种工况对锚索进行研究,所有工况计算 200 s。

2.2 内波分层流对锚索横流向振动的影响

锚索的长度是 140 m,在海流与锚索的夹角为 90°的工况下,纵向比较均匀流、分层在 1/2 和 1/3 处的锚索振动,计算前 200 s 的锚索振动均方根,如图 4 所示(wu 为锚索轴向振动与固有频率之比)。在不考虑管体的横荡振动时,从图4(a)中可以看出,均匀流作用下的锚索一阶横流向振动要大于分层流分层在1/3处的锚索一阶横流向振动,分层流分层在1/3处的锚索一阶横流向振动要大于分层流分层在1/2处的锚索一阶横流向振动。理论上的一阶模态振动大小与实际模拟出的结果相符合,证明了数值模拟的可靠性。从图4(b)可以看出,分层流分层在1/2处的锚索二阶横流向振动大于分层流分层在1/3处的锚索二阶横流向振动,也大于均匀流作用下的锚索二阶横流向振动,考虑海流的作用形式及二阶模态的振型,完全符合理论上的二阶模态振动大小顺序。由图4(c)可以看出三阶锚索的振动,工程实际中锚索三阶模态出现的概率很小,但实际的数值模拟结果完全验证理论上的大小顺序,证明了此次数值模拟的可靠性与严谨性。由以上可以得出,内波分层流对锚索的振动有着非常大的影响,改变分层的分层位置会对不同阶模态的振动产生影响。

考虑管体的参数激励,前人研究发现,在管体的激励频率与锚索固有频率相同时,锚索会出现锁频现象。在管体的激励频率为锚索固有周期的2倍时,锚索的振动会出现最大值。在此基础上,将横荡频率设置为锚索的固有频率来进一步放大锚索的振动,由于管体受到海流的方向未改变,假设管体的垂荡幅值为固定值0.03 m,这是通过初始张力换算得到的。结合前人的研究,设置锚索的垂荡频率为固有周期的1倍和2倍。从图4(a)和图4(c)可以看出,在管体轴向频率为锚索固有频率的2倍时,锚索的振动响应明显增大,但是对于图4(b)来说,在管体的垂荡频率为锚索固有周期的1倍时出现了最大值,且分层流分层在1/2处的锚索振动为最大值。由此可以得出,在轴向参数激励的频率为锚索固有频率的2倍时,锚索的一阶和三阶振动会明显增大,但是对与锚索的二阶模态振动并不适用,在轴向参数激励的频率为锚索固有频率的2倍时,锚索的二阶振动没有像一阶和三阶振动时突然剧增。由图4(b)可以看出,分层流的作用对锚索二阶振动的影响非常大,在轴向激励频率为锚索固有频率的1倍时出现最大值。

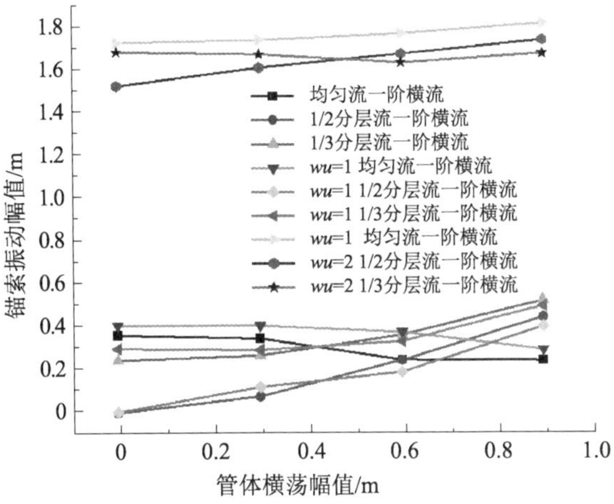

（a）锚索一阶横流向振动 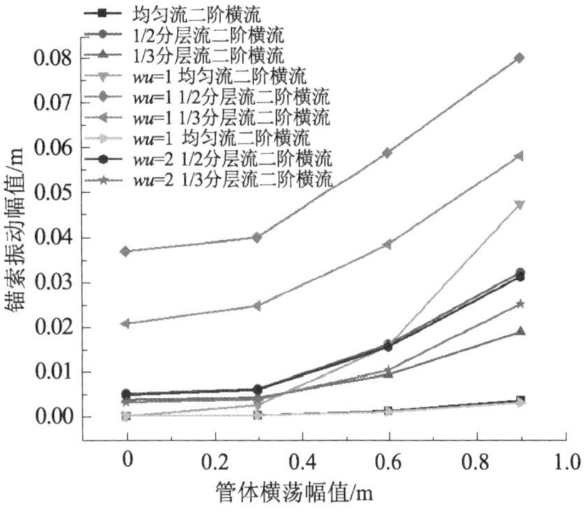　　　　　　　　　（b）锚索二阶横流向振动

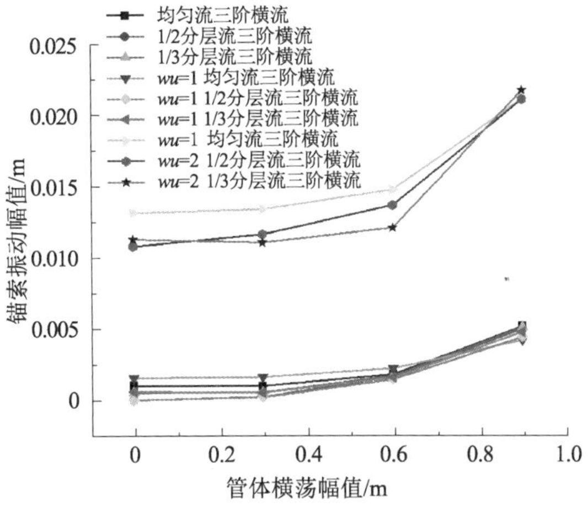

（c）锚索三阶横流向振动

图4　锚索前三阶模态横流向振动响应

2.3 内波分层流对锚索顺流向振动的影响

在不同工况下，锚索前三阶顺流向锚索振动如图5所示。不考虑管体横荡的作用时，可以观察到锚索的一阶和三阶的顺流向振动响应变化不大。除了一阶模态时，垂荡频率为固有频率2倍时，分层流在锚索中点位置时对锚索的顺流向振动影响较大。对于锚索的二阶顺流向振动，可以明显地观察到线条十分紊乱，与图5(a)和图5(c)区别非常明显，图5(a)和图5(c)在管体的垂荡频率为固有频率2倍时相对于其他2种会明显增加，这也是前人研究的结论。图5(b)中均匀流的初始振动幅值的均方根相同，但是考虑到了分层流后，二阶的顺流向振动增加明显。且在管体的纵荡频率为固有频率的1倍和2倍时，都可以看出在流体分层的1/2时锚索的二阶顺流向的增加都更为明显。在考虑管体横荡运动时，也可以发现一阶和三阶振动的变化不大，对锚索二阶振动的影响非常大。同样工况下，均匀流的二阶顺流向振动明显要小于分层在1/3处的锚索顺流向振动，且分层在1/3处的锚索顺流向振动要小于分层在1/2处的锚索顺流向振动，符合理论规律。与横流向的振动比较发现，顺流向振动受管体横荡幅值的倾斜度要大于横流向振动受管体横荡幅值的倾斜度，

由此可以确定管体的横荡幅值的变化对顺流向的振动影响更大。

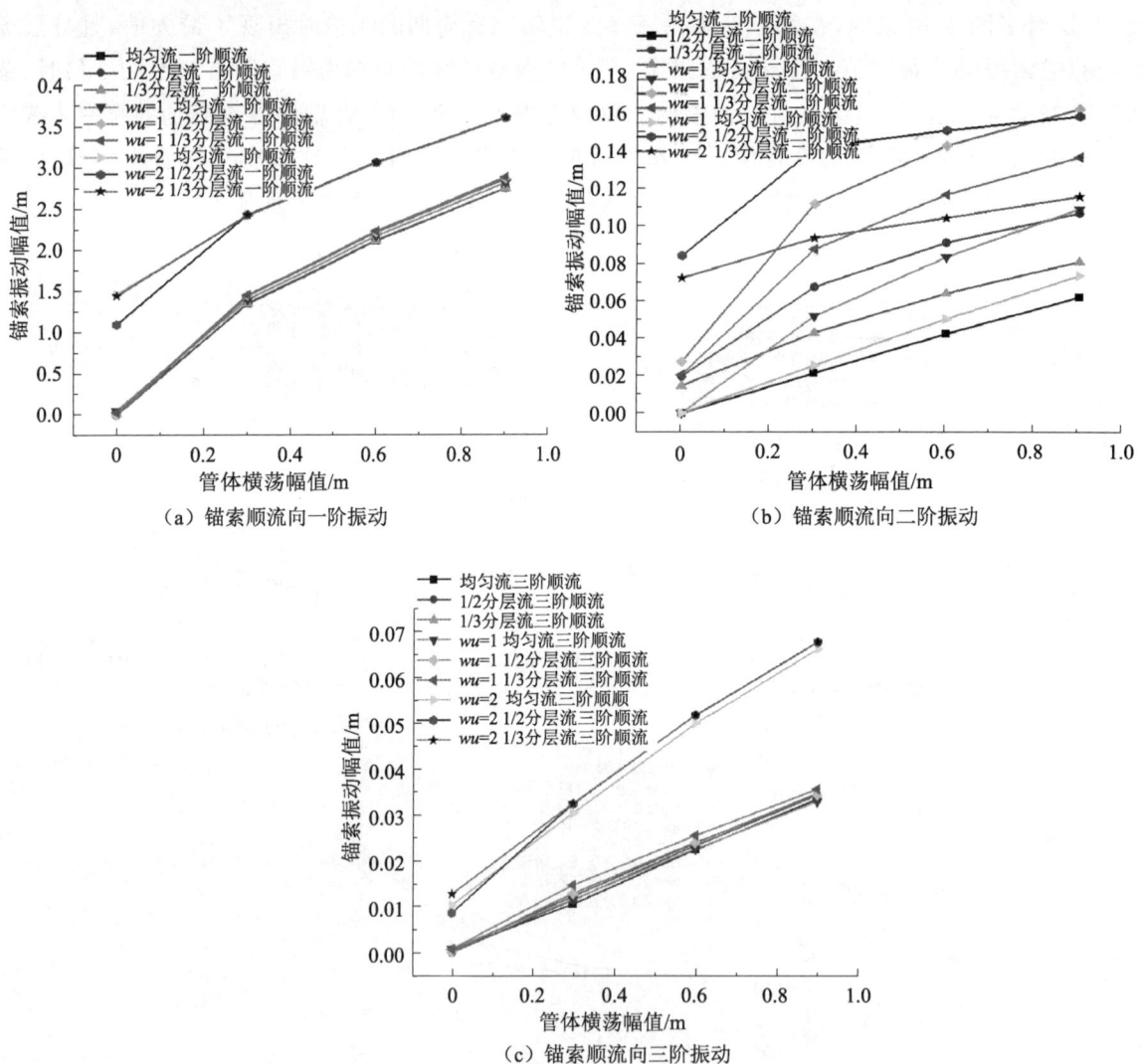

（a）锚索顺流向一阶振动　　　　　　　（b）锚索顺流向二阶振动

（c）锚索顺流向三阶振动

图5　锚索前三阶顺流向振动

2.4 内波分层流对锚索轴向振动的影响

锚索轴向振动如图6。通过图6可以看出所有线的起点几乎相同，其原因可能是轴向振动本身非常小，分层流对于轴向振动的影响可以忽略。但是考虑到管体的横荡运动时，曲线开始明显地发散。这说明

管体的横荡运动会激化分层流对锚索振动的影响。观察图6(a)，可以发现只有5条明显的线，其余的线多为重合。当管体轴向振动为0时，分层流与均匀流作用的锚索振动重合，即不考虑轴向振动时，分层流对锚索的轴向振动没有影响；当考虑轴向振动时，可以发现在轴向振动频率为固有频率的2倍时，锚索一阶振动重合，三阶振动接近重合，当轴向振动频率为固有频率的1倍时，锚索一阶和三阶振动也非常接近，说明分层流对锚索一阶和三阶轴向振动的影响不大。对于锚索二阶轴向振动来说，当不考虑管体的横荡运动时，管体的轴向振动频率对锚索的振动仍然遵循前人研究的规律；在考虑管体的横荡运动时，均匀流在不受轴向运动及轴向频率为锚索固有频率的2倍时，会出现减小。但均匀流下，轴向激励频率为锚索固有频率的2倍时会出现增大。除此之外，可以看到分层流对锚索的振动影响明显。在分层流在锚索1/2处时，可以看到锚索的二阶轴向振动明显增加。分层流在1/3处的锚索二阶轴向振动也可以看到明显的增加，但相对于分层在1/2处的二阶轴向振动来说偏小，说明分层流对轴向二阶振动影响较大。

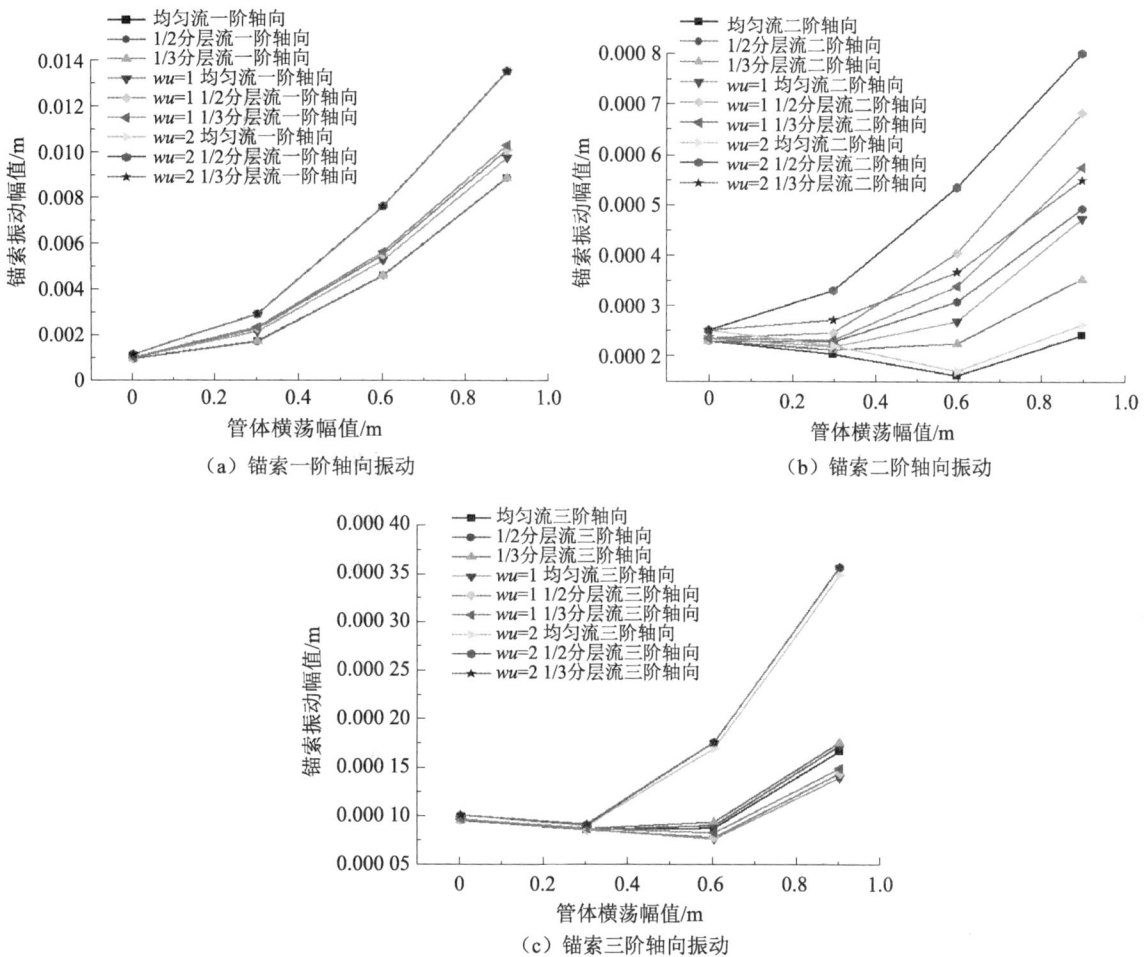

图6 锚索前三阶轴向振动

2.5 分层海流入射角对锚索的振动影响

考虑分层海流与管体的入射角对锚索振动的影响，采用分层在1/2处的工况下，海流流速不变，入射角为90°到30°，每15°取一个间隔，考虑管体的轴向振动。由于实际工程中三阶振动出现的概率小，且三阶振动的幅值振动远小于一阶和二阶振动，所以忽略三阶振动，锚索振动变化如图7所示。图7(a)和图7(b)是锚索前两阶轴向振动，观察发现，振动变化较为密集。说明海流入射角度对锚索的振动有影响，但不是决定性影响。观察两图，可以发现在一阶振动时，管体横荡频率为1倍固有频率时出现峰值；二阶振动在管体横荡频率为固有频率2倍时出现峰值，且当入射角为60°时会出现最大值。图7(c)和图7(d)是锚索前两阶横流向振动，除了图7(c)的第3张图，其他图中当波浪入射角减小，锚索的横流向振动明显增大，且增大的幅值变化非常大。从理论的角度来说，管体的轴向激励为固有频率的1倍时，锚索的振动会出现极大值，管体的轴向激励为固有频率的2倍时，锚索的振动会出现最大值。考虑到分层流的作用可以看出,锚索在轴向激励为固有频率1倍时,其值与不考虑轴向激励的作用相差不大,说明分层流会影响锚索在轴向激励为固有频率1倍时的作用。对于图7(c)的第3张图,在管体的横流向振动频率为固有频率的1倍时会出现最大值,但是在管体横流向频率为固有频率的2倍时会出现最小值。如果排除计算误差的可能性,该现象的存在可能是由于分层流作用下锚索振动激励之间的相互作用,导致锚索的振动有所减小。可以进一步研究其机理,从理论的角度减小涡激振动对锚索的损伤。图7(e)和图7(f)是锚索前两阶顺流向振动,总体而言,锚索的顺流向振动随入射角的减少而变小。

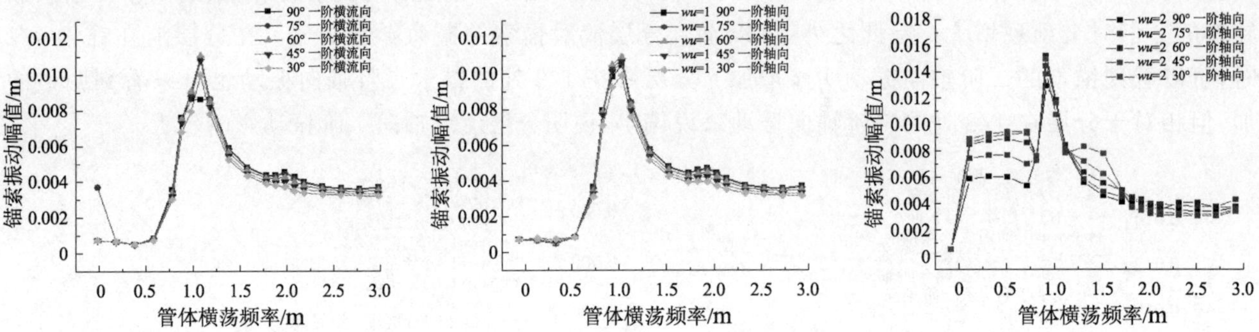

（a）锚索一阶轴向振动图

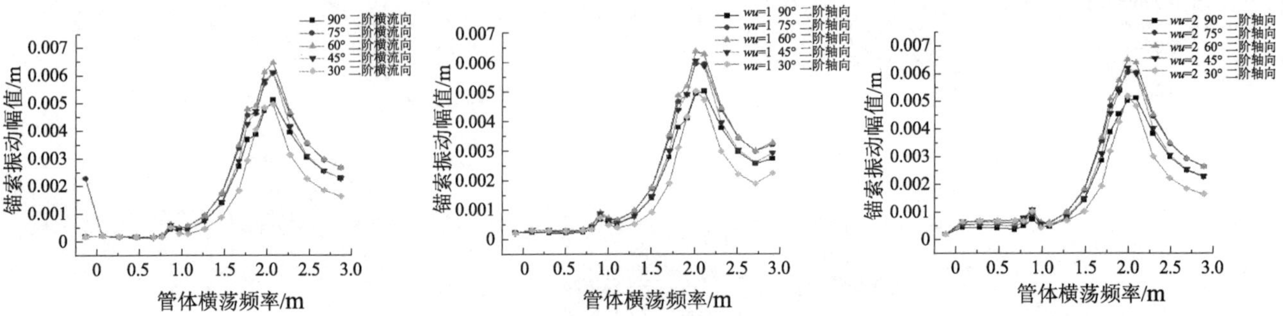

（b）锚索二阶轴向振动图

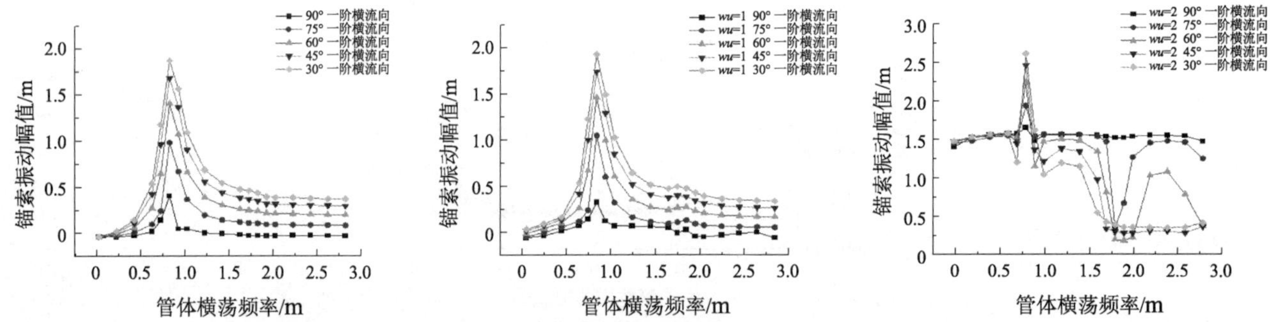

（c）锚索一阶横流向振动图

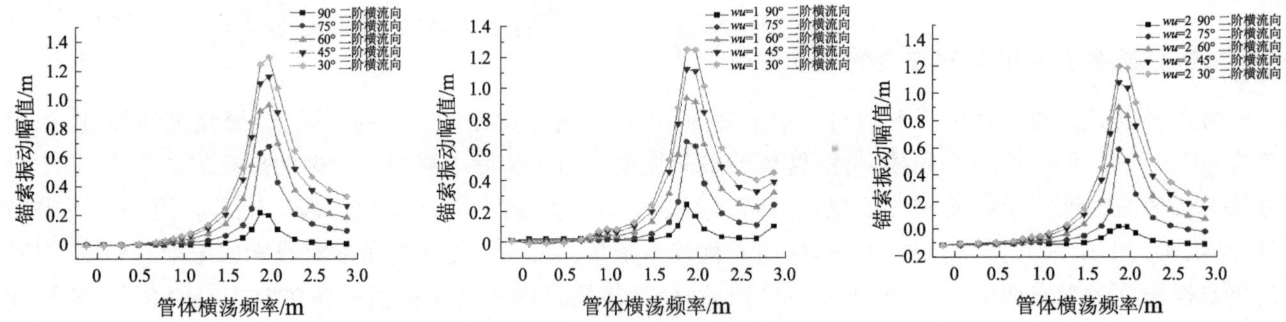

（d）锚索二阶横流向振动图

图7　锚索随横荡频率变化振动图

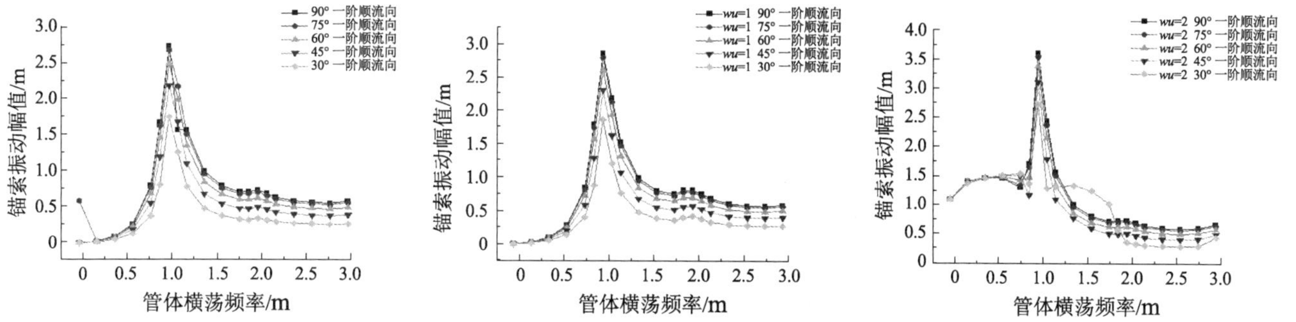

（e）锚索一阶顺流向振动图

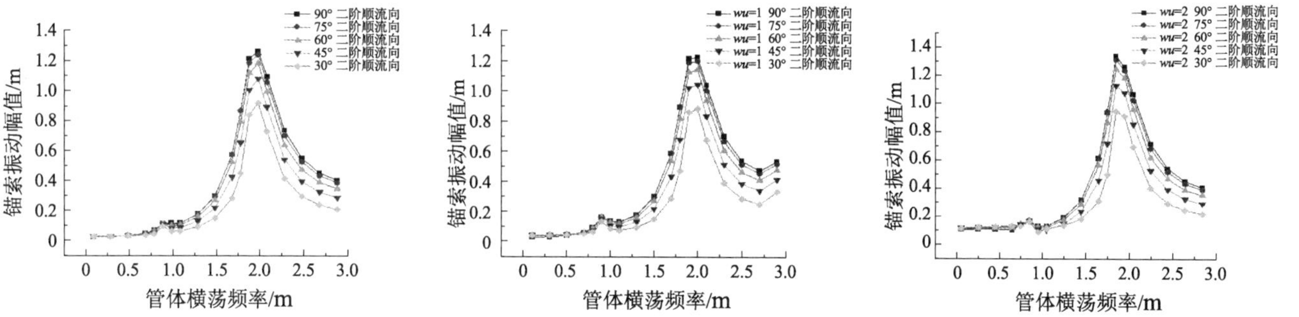

（f）锚索二阶顺流向振动图

图 7 锚索随横荡频率变化振动图(续)

3 结　语

（1）分层流对锚索 3 个自由度的一阶和三阶振动影响不大,主要是对锚索的二阶振动产生影响,且分层流的分层位置对锚索的二阶振动也有一定的影响。当管体的轴向振动频率为锚索固有频率的 1 倍时,会激化分层流对锚索二阶横流向振动的影响,当管体的轴向振动频率为锚索固有频率的 2 倍时,会激化分层流对锚索二阶顺流向和轴向振动的影响,且分层点在锚索 1/2 点产生的影响要大于分层点在锚索 1/3 点产生的影响。

（2）在研究分层流入射角对锚索振动影响的过程中,当轴向振动频率为固有频率的 2 倍时,管体的振动出现紊乱现象,与前人研究的结论有出入,在排除误差的可能性后,可以进一步对其展开研究。

（3）在管体的横荡频率为锚索固有频率的 1 倍时,锚索的一阶振动会出现最大值,当管体的横荡频率为锚索固有频率的 2 倍时,锚索的二阶振动会出现最大值。

（4）均匀流作用下,在管体的轴向激励为固有频率 1 倍时会出现锁频现象,但是在分层流作用下,管体的轴向激励为固有频率 1 倍时并未出现极大值,说明分层流对锁频现象有抑制作用。

（5）锚索的顺流向振动随海流入射角的增大而增大,锚索的横流向振动随海流入射角的增大而减小,锚索的轴向激励在海流入射角为 60°时出现最大值。

致　谢

作者在此对本文有过指导的老师和师兄弟姐妹们表示衷心的感谢!

参考文献

[1] Global wellknown undersea tunnels[J]. Tunnel Construction,2022,42(11):1972-1975.
[2] 刘宇. 不同截面的锚索式悬浮隧道的动力及运动响应研究[D]. 太原:太原理工大学,2020.
[3] 麦继婷,罗忠贤,关宝树. 流作用下悬浮隧道张力腿的涡激动力响应[J]. 西南交通大学学报,2004,39(5):600-604.
[4] 麦继婷,杨显成,关宝树. 悬浮隧道在波流作用下的响应分析[J]. 铁道学报,2008,30(2):118-123.
[5] 孙胜男,苏志彬. Parametric vibration of submerged floating tunnel tether under random excitation[J]. China Ocean Engineering,2011(2):349-356.

［6］ SUN S N,CHEN J Y,LI J. Non-linear response of tethers subjected to parametric excitation in submerged floating tunnels[J]. China Ocean Engineering,2009,23(1):167-174.

［7］ SU Z B,SUN S N. Seismic response of submerged floating tunnel tether[J]. China Ocean Engineering,2013,27(1):43-50.

［8］ 苏志彬,孙胜男. 基于随机等价线性化法的悬浮隧道锚索随机振动研究[J]. 振动与冲击,2015,34(4):190-194.

［9］ CHEN J Y,LI J,SUN S N,et al. Experimental and numerical analysis of submerged floating tunnel[J]. Journal of Central South University,2012,19(10):2949-2957. .

［10］ 项贻强,晃春峰. 悬浮隧道管体及锚索耦合作用的涡激动力响应[J]. 浙江大学学报(工学版),2012,46(3):409-415.

［11］ 晃春峰,项贻强,杨超. 悬浮隧道锚索流固耦合振动试验研究[J]. 振动与冲击,2016,35(3):158-163.

［12］ DONG M S,GE F,ZHANG S Y,et al. Dynamic equations for curved submerged floating tunnel[J]. Applied Mathematics and Mechanics (English Edition),2007,28(10):1299-1308.

［13］ LONG X,GE F,HONG Y S. Feasibility study on buoyancy-weight ratios of a submerged floating tunnel prototype subjected to hydrodynamic loads[J]. Acta Mechanica Sinica,2015,31(5):750-761.

［14］ 巫志文,梅国雄,刘济科,等. 随机波浪力激励作用下悬浮隧道锚索频域动力响应[J]. 现代隧道技术,2017,54(6):174-179.

［15］ 巫志文,陆启贤,梅国雄. 悬浮隧道锚索涡激-参激耦合振动响应分析[J]. 应用基础与工程科学学报,2020,28(1):134-147.

［16］ 阳帅,颜晨宇,巫志文. 随机地震作用下悬浮隧道锚索的动力响应分析[J]. 防灾减灾工程学报,2021,41(2):304-310.

［17］ 阳帅,胡棋誉,巫志文,等. 波流作用下悬浮隧道局部锚索的破断动力响应[J]. 船舶工程,2021,43(10):149-154.

［18］ 冯士筰. 海洋科学导论[M]. 北京:高等教育出版社,1999.

［19］ 康信龙,王俊荣,谢波涛,等. 内孤立波与 Spar 型浮式风机平台耦合作用研究[J]. 中国海洋大学学报(自然科学版),2023,53(4):98-105.

［20］ 徐万海,曾晓辉,吴应湘,等. 深水张力腿平台与系泊系统的耦合动力响应[J]. 振动与冲击,2009,28(2):145-150.

［21］ 刘傲祥,林巍,尹海卿,等. 悬浮隧道多锚固方案结构综合分析与评价研究[J]. 中国港湾建设,2020,40(2):128-133.

波流作用下网箱群组水动力响应数值模拟分析

张远茂[1,2],毕春伟[1,2],黄六一[1,2]

(1. 海水养殖教育部重点实验室,山东 青岛　266003;2. 中国海洋大学 水产学院,山东 青岛　266003)

摘要:水产养殖是践行"大食物观"的重要途径,在保障人类食物安全与营养方面发挥着日益重要的作用。近海可以用来养殖的空间受到严重挤压,采用网箱阵列布置的大型养殖渔场成为增加全球海产品产量的有效途径。本文基于集中质量法,建立了作业水深 30 m,单个重力式网箱周长 80 m、网衣高度 20 m,布置形式为 4×8 共 32 个网箱的网箱群组数学模型;在不同海洋动力环境条件下,分析了两种刚度的浮架对网箱群组水动力响应以及系泊张力的影响。结果表明,正向入射(0°)时柔性框架的张力值总是要比刚性框架的大,相对于其他环境条件,纯波作用时两种框架的张力值差异最显著,柔性框架的张力比刚性框架的大 9.1%。

关键词:网箱群组;深远海养殖;集中质量法;运动响应;数值模拟

当前水产品对食品安全和营养的贡献之大前所未有。随着水产养殖业的显著发展,全球渔业和水产养殖产量创下历史新高,水产品对保障 21 世纪的食品安全和营养做出了重要的贡献[1]。随着渔业和水产养殖业规模不断扩大,需要推动更具针对性的转型变革,发展更可持续、更加包容且更公平的渔业和水产养殖业。要实现联合国可持续发展目标,必须针对水产品的生产、管理、贸易和消费方式开展"蓝色转型"。受沿海地区空间的限制,为满足不断增长的海产品需求,网箱养殖的规模正在不断扩大,阵列布置形式的大规模群组网箱成为扩大养殖容量及增加全球海产品产量的有效做法[2]。

虽然很多学者对单个网箱以及网衣的水动力响应做了许多研究,但对于网箱群组的水动力分析仍然较少。对于单个网箱及网衣系统,Li 等[3]研究了深水重力养殖网箱在不规则波浪中的非线性水弹性响应。Bi 等[4]研究了污损生物对网衣水动力的影响,结果表明与干净的网相比,污损生物会导致网的水动力荷载增加 10 倍以上。Cifuentes 等[5]对网箱在流波联合作用下的水动力响应进行了分析,并将数值结果与试验数据进行了比较。Zhao 等[6]采用数值模型和物理试验相结合的方法,模拟了纯波和恒流条件下箱形网箱的系泊张力和运动,并分析了网箱形状对网箱动力响应的影响。Zhao 等[7]分析了水流与规则波联合作用时重力式网箱的运动响应和系泊张力,并进行了一系列的物理模型试验以检验模拟结果的有效性。有多位学者针对包含 4 个网箱的网箱群组开展了水动力特性研究。Huang 等[8]基于长周期环境载荷评估了单点系泊的 4 个网箱系泊缆绳的失效风险,并确定了系泊缆绳的更换周期。Fredriksson 等[9]设计、分析并部署了 4 个网箱的系泊系统,并通过有限元方法对设计的系统进行建模。Xu 等[10]通过系列试验验证了数值模型的正确性,并讨论了 4 个网箱的不同布置形式对水动力响应的影响。Cheng 等[11]研究了单网箱和 1×4 多网箱在系泊缆绳断裂情况下的结构响应,结果表明,当水流速度小于 0.5 m/s 时,一根系泊缆绳的破断不太可能立即引起渔场的崩溃。对于较大规模的网箱群组,Fredriksson 等[12]建立了包括 20 个网箱的大型养殖渔场在无波情况下系泊系统张力计算的数值模型,并考虑了干净网与污损网对张力的影响。Fu 等[13]通过应用扩展的三维水弹性理论,预测了 5×2 网箱浮架在规则波浪中的动力响应。Shen 等[14]基于集中质量模型,对一个包含 16 个 2×8 配置网箱的大型养鱼场进行了建模,并通过单个网箱和网箱阵列的物理模型试验进行了验证,进一步分析了网箱阵列的非线性动力学,结果表明,大多数系

基金项目:国家自然科学基金面上项目"深远海大型浮式风电渔场综合平台水动力特性研究"(31972843)

通信作者:毕春伟。E-mail:bichunwei@ouc.edu.cn

泊缆绳的轨迹不像水粒子轨迹那样为椭圆形。Ma 等[15]对九模块浮式养殖平台在不规则波浪中的水动力响应进行了数值研究,并分析了网箱连接方式和波浪入射方向对平台水动力响应的影响。本文通过集中质量法,对 4×8 网箱群的水动力响应进行了研究,分析了不同海洋动力环境条件、不同入射角度以及不同框架刚度对网箱群组水动力的影响,旨在为实际工程中的网箱群组结构设计和优化提供参考。

1　数学模型

1.1　集中质量法

将系泊缆绳、网衣以及浮框绳等柔性结构分成一系列线段,然后采用两端各有一个质量点的无质量弹簧进行建模。其他属性(质量、浮力等)都集中在质量点上,如图 1 所示。系统的动态响应首先通过式(1)在局部水平上求解每个线单元,在每个时间步长,更新单元的位置,并在瞬时变形的网形状上施加载荷。

$$M(\boldsymbol{p}, \boldsymbol{a}) + C(\boldsymbol{p}, \boldsymbol{v}) + K(\boldsymbol{p}) = F(\boldsymbol{p}, \boldsymbol{v}, t) \tag{1}$$

式中:$M(\boldsymbol{p}, \boldsymbol{a})$ 为系统惯量荷载,$C(\boldsymbol{p}, \boldsymbol{v})$ 为系统阻尼荷载,$K(\boldsymbol{p})$ 为系统刚度荷载,$F(\boldsymbol{p}, \boldsymbol{v}, t)$ 为外部载荷,t 为仿真时间,$\boldsymbol{p}$、$\boldsymbol{v}$、$\boldsymbol{a}$ 分别为位置矢量、速度矢量、加速度矢量。

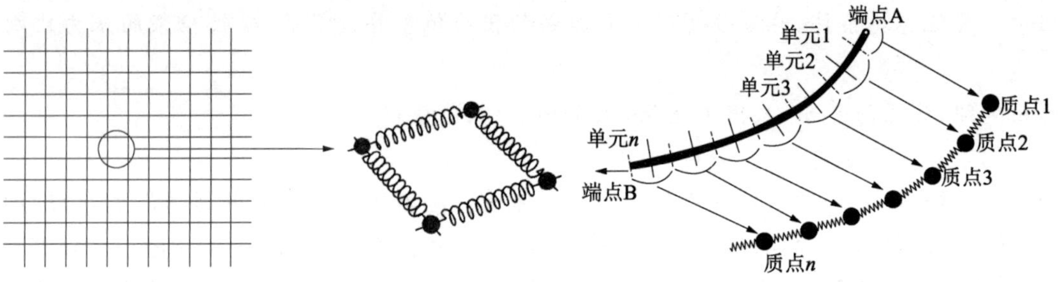

图 1　集中质量法示意

对于柔性部件,计算每个单元的外力后,将作用在单元上的力均匀分布到相邻集中质量点,可得到各节点的运动方程。根据牛顿第二定律,集中质量点的运动方程可以由下式得出:

$$M \ddot{\boldsymbol{R}} = \boldsymbol{F}_{\mathrm{d}} + \boldsymbol{F}_{\mathrm{m}} + \boldsymbol{F}_{\mathrm{t}} + \boldsymbol{F}_{\mathrm{b}} + \boldsymbol{F}_{\mathrm{w}} \tag{2}$$

式中:M 为质量,$\ddot{\boldsymbol{R}}$ 为加速度,$\boldsymbol{F}_{\mathrm{d}}$ 为阻力,$\boldsymbol{F}_{\mathrm{m}}$ 为惯性力,$\boldsymbol{F}_{\mathrm{t}}$ 为网线张力,$\boldsymbol{F}_{\mathrm{b}}$ 为浮力,$\boldsymbol{F}_{\mathrm{w}}$ 为重力。

1.2　浮架运动方程

浮架的六自由度运动包括纵荡、横荡、垂荡 3 个平移运动和横摇、纵摇、艏摇 3 个旋转运动,3 个方程对应于质心的平移,3 个方程对应于质心的旋转。因此定义了两套坐标系,全局坐标为 $O\text{-}xyz$,体坐标为 $G\text{-}abc$,如图 2 所示。

图 2　全局坐标系与体坐标系

根据牛顿第二定律,在全局坐标系下,3 个平移运动方程如下式:

$$\ddot{x}_G = \frac{1}{m_G} \sum_{i=1}^{n} F_{x_i}, \quad \ddot{y}_G = \frac{1}{m_G} \sum_{i=1}^{n} F_{y_i}, \quad \ddot{z}_G = \frac{1}{m_G} \sum_{i=1}^{n} F_{z_i} \tag{3}$$

式中:$\boldsymbol{F}_{x_i}$、$\boldsymbol{F}_{y_i}$、$\boldsymbol{F}_{z_i}$ 是力沿 x、y、z 方向的分量,m_G 是浮架的质量,$\ddot{x}_G, \ddot{y}_G, \ddot{z}_G$ 是重心沿着 x、y、z 的加速度分量。

在体坐标系中,3 个旋转运动方程如下式:

$$I_a \frac{\partial \omega_a}{\partial t} + (I_c - I_b)\omega_c \omega_b = \boldsymbol{M}_a, \quad I_b \frac{\partial \omega_b}{\partial t} + (I_a - I_c)\omega_a \omega_c = \boldsymbol{M}_b, \quad I_c \frac{\partial \omega_c}{\partial t} + (I_b - I_a)\omega_a \omega_b = \boldsymbol{M}_c \tag{4}$$

式中:下标 a、b、c 分别表示体坐标轴 a、b、c;I_a、I_b 和 I_c 是沿 3 个坐标轴转动惯量 I 的分量;ω_a、ω_b 和 ω_c 是角速度 ω 沿 3 个坐标轴方向的分量;$\boldsymbol{M}_a$,$\boldsymbol{M}_b$ 和 $\boldsymbol{M}_c$ 是力矩 M 沿 3 个坐标轴的分量。

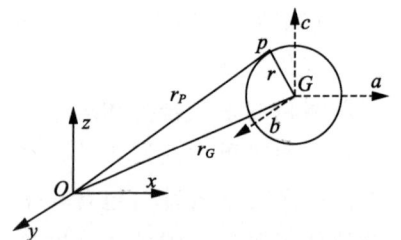

1.3 莫里森方程与水动力系数

莫里森方程是基于 D/L 很小的假设,其中 D 是结构的特征直径,L 是波浪长度。由于网箱的结构大多由细长杆件(如网衣、系框绳、浮框绳)组成,其直径比波浪长度小得多,因此其水动力载荷可根据式(5)中的莫里森公式进行计算:

$$F = \frac{1}{2}C_D\rho A(v-u)|v-u| + \rho C_M V\dot{v} - \rho(C_M-1)V\dot{u} \tag{5}$$

式中:F 为流体荷载,C_D 为水动力系数,A 为流速方向上的投影面积,v 和 $\dot{v}$ 为水质点的速度和加速度,u 和 $\dot{u}$ 为结构单元的速度和加速度,V 为排水体积,C_M 为惯性系数,ρ 是水的密度。

其中水动力系数采用 Choo 等[16]的扩展公式[17]求解:

$$C_n = \begin{cases} \frac{8\pi}{sRe}(1-0.84s^{-2}), & 0<Re<1 \\ 1.45+8.55Re^{-0.9}, & 1<Re<30 \\ 1.1+4Re^{-0.5}, & 30<Re<2.33\times10^5 \\ -3.41\times10^{-6}(Re-5.78\times10^5), & 2.33\times10^5<Re<4.92\times10^5 \\ 0.401(1-e^{-\frac{Re\times10^5}{5.99}}), & 4.92\times10^5<Re<10^7 \end{cases} \tag{6}$$

$$C_t = 3.14\mu(0.55\sqrt{Re}) + 0.084Re^{2/3} \tag{7}$$

式中:C_n 是法向阻力系数,C_t 是轴向阻力系数,Re 为雷诺数,$s=-0.077\,215\,665+\ln(8/Re)$,$\mu$ 是流体黏度。

2 方法验证

Moe-Føre 等[18]在丹麦 SINTEF 渔业和水产养殖水槽(长 21.3 m,深 2.7 m,宽 8 m)中对模型网箱(直径约为 1.75 m,高约为 1.50 m,网衣密实度 S_n 为 0.35)的水动力特性进行了研究。模型受到不同均匀流速的影响。为了保持网箱在水流作用下的容积率,网箱底部配有沉子。试验模型如图 3 所示。

图 4 为流速 0.5 m/s 时,网箱物理模型试验及本文建立的数值模型计算的形状。对比物理模型和数值模型的形态可以看出,数值分析总体上能很好地预测网箱的形态。为了得出更具体的结论,对比了不同流速下节点位移、容积率以及网箱阻力的差异。

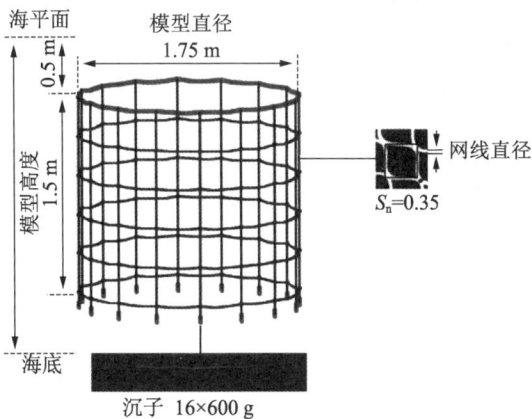

图 3 试验模型

图 4 物理模型和数值模型网箱的变形 (流速为 0.5 m/s)

图 5(a)为模型底部标记点(上游和下游)的位移以及位置变化。可以看出,随着流速的增大,点位移的增加率变小,较高流速时,数值模型与试验的平均误差为 4.9%。图 5(b)给出了不同流速的网箱模型的归一化体积,即容积率,可以看出网箱的容积率随着流速的增加逐渐减小,数值模型与试验的平均误差为 4.8%。网箱的拖曳力的变化如图 5(c)所示。随流速的增加拖曳力不断增加,本文采取的数值模拟方法与 Moe-Føre 等人的数值模拟结果平均误差仅为 2.1%。综上所述,通过对网箱变形、节点位移、容积率以及拖曳力的验证可知,本文采取的数值模拟可靠。

(a) 模型底部两点(上游和下游)的位移　　　(b) 网箱的容积率　　　(c) 网箱的拖曳力

图 5　物理试验与数值模拟的对比

3 模型描述

本文对 32 个重力式网箱在不同海洋动力环境中的水动力特性进行了数值模拟研究。32 个网箱呈 4 × 8 构型,如图 6 所示。系泊系统及网箱的标记点位置和编号如图 7 所示。为了方便讨论,将网箱群划分为行 1、行 2、行 3 及行 4,如图 7 所示。

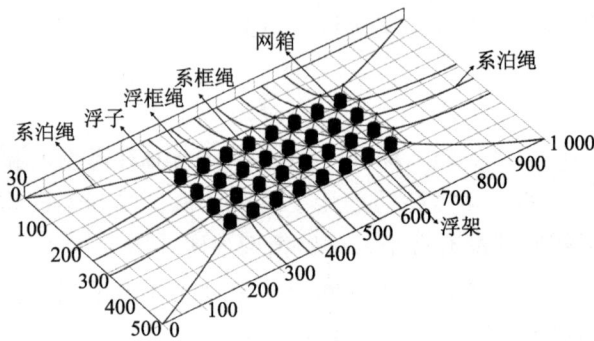

图 6　重力式网箱群组(单位:m)

图 7　系泊系统及网箱的标记点位置和编号

每个网箱浮框周长 80 m,高度 20 m,网衣密实度为 0.12。4 根系框绳将每个网箱连接到水下浮框绳上,浮框绳长 60 m,位于水下 2.5 m 的深度,由 45 个直径 1.65 m 的球形浮标支撑,网箱底部有 16 个沉子,渔场的尺寸为 500 m × 1 000 m,网箱的浮架通常是柔性的,在波浪条件下会产生较大的变形。为了研究浮架刚度对网箱群的影响,以两种不同刚度的浮架作为研究对象。浮架的刚性和柔性是通过改变其轴向刚度来实现的。网箱的具体参数如表 1 所示。设计波浪为波高 3 m、周期 7 s 的规则波,设计流速为 1 m/s 的均匀流,使用海区水深约 30 m。

表 1　网箱参数

部 件	参数名称	数 值
浮架	周长/m	80
	横截面直径/m	0.8
	密度/(kg/m³)	960
	轴向刚度/kN	$1.8×10^5/1.8×10^4$
系泊绳	横截面直径/mm	18
	杨氏模量/kPa	$2.12×10^8$
系框绳/浮框绳	横截面直径/mm	42
	杨氏模量/kPa	$1×10^6$
	密度/(kg/m³)	1 168

部　件	参数名称	数　值
网衣	杨氏模量/kPa	8.2×10^4
	密实度	0.12
浮子	质量/t	1.39
	体积/m³	2.35
沉子	质量/t	1

4 结果与讨论

4.1 纯流作用

图 8 为纯流条件下网箱浮架分别为刚性和柔性时的运动与张力。如图所示,采用两种不同的浮架时,32 个浮架的纵荡运动变化规律没有明显的差异,仅仅是数值大小的变化,沿水流方向网箱的纵荡值逐渐增大,且 4 行网箱的纵荡运动有很明显的对称性。行 1 和行 4 网箱的纵荡值变化较一致,变化曲线几乎重合。行 2 和行 3 网箱的纵荡值变化较一致。框架为柔性时的纵荡运动幅度要大于框架为刚性时。框架为刚性时,纵荡的最大值为 24.11 m,出现在下游处的网箱 16 和 24;纵荡的最小值为 5.61 m,出现在上游的网箱 1 和 25。框架为柔性时,最大值同样出现在下游处的网箱 16 和 24,最小值同样出现在上游的网箱 1 和 25,最大值为 25.53 m,最小值为 7.10 m。32 个网箱框架为柔性时比框架为刚性时纵荡幅值平均提高 9.94%。不同框架的垂荡和纵摇运动变化规律没有明显的差异,仅仅是数值大小的变化。图中垂荡代表的是网箱的最大入水深度,且 4 行网箱的垂荡和纵摇运动有很明显的对称性。行 1 和行 4、行 2 和行 3 网箱的垂荡值变化较一致,变化曲线几乎重合。每一行网箱的垂荡值沿水流方向逐渐变大,最大值出现在下游处的网箱 8 和 32,最小值出现在上游处的网箱 1 和 25。框架为刚性时垂荡最大值为 0.171 1 m,最小值为 0.145 4 m。框架为柔性时垂荡最大值为 0.164 1 m,最小值为 0.124 3 m。32 个网箱框架为刚性时比框架为柔性时垂荡幅值平均提高 9.33%。对于纵摇而言,沿水流方向每一行的网箱纵摇值出现先增大后减小的趋势。框架为柔性时的纵摇幅值略大于框架为刚性时,32 个网箱框架为柔性时比框架为刚性时纵摇幅值平均提高 4.61%。

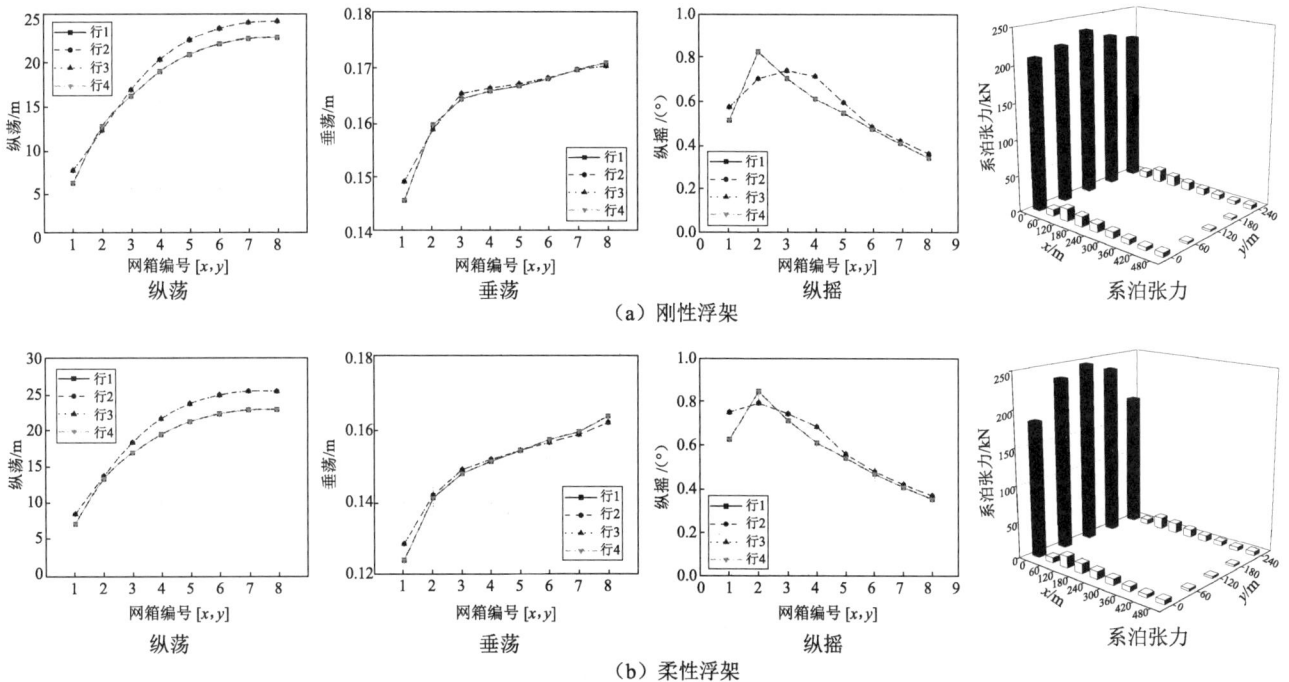

图 8　纯流条件下网箱浮架为刚性和柔性时的运动与张力

　　4×8网箱平台的系泊张力响应用三维柱状图表示。三维柱状图中,在 xOy 平面上的位置表示 4×8 模块平台 24 根系泊缆的位置。从图中可以看出,无论是在柔性框架还是在刚性框架,群组迎流侧的系泊张力响应都明显大于群组其他三侧的系泊张力响应,背流侧系泊缆的张力值最小,柔性框架平台系泊系统的最大系泊张力大于刚性框架平台系泊系统的最大系泊张力。框架为柔性时,最大系泊张力为 245.54 kN;框架为刚性时,最大系泊张力为 232.19 kN。最大张力均为系泊缆 1 张力。框架为柔性时的最大系泊张力比框架为刚性时的最大系泊张力高 5.75%。框架为柔性时,迎流侧系泊缆 1 张力相对于系泊缆 3 与 23 的增值比框架为刚性时明显要大,框架为柔性时增值为 33.68%,框架为刚性时增值为 10.91%。对于其余三侧,不同框架下的分布规律较为一致,且上下两侧系泊缆沿着水流方向出现先增大后减小的趋势。

4.2 波浪作用

　　图 9 为波浪条件下网箱浮架分别为刚性和柔性时的运动与张力。如图所示,采用两种不同的浮架时,沿波浪传播方向网箱的纵荡值逐渐增大,行 1 和行 4、行 2 和行 3 网箱的纵荡值变化较一致。框架为柔性时的纵荡运动幅度要大于框架为刚性时,这与单纯流作用时纵荡的变化规律相同。框架为刚性时,纵荡的最大值为 13 m,出现在下游处的网箱 16 和 24;纵荡的最小值为 2.1 m,出现在上游的网箱 1 和 25。框架为柔性时,最大值同样出现在下游处的网箱 16 和 24,最小值同样出现在上游的网箱 1 和 25,最大值为 15.1 m,最小值为 3.6 m。32 个网箱框架为柔性时比框架为刚性时纵荡幅值平均提高 20.76%。由前面分析可知,流作用下 32 个网箱框架为柔性时比框架为刚性时纵荡幅值平均提高 9.94%。因此,波浪对纵荡的影响要大于流的影响。对于垂荡和纵摇运动变化曲线而言,与单纯流作用时不同,网箱框架不同,垂荡和纵摇运动变化规律有明显的差异。但框架不同,行 1 和行 4、行 2 和行 3 网箱的垂荡值变化规律仍然较为一致。框架为刚性时垂荡最大值出现在网箱 14,为 1.936 m;最小值出现在网箱 10,为 1.905 m;最大值与最小值仅相差 1.6%,说明在波浪作用时,32 个刚性框架网箱的垂荡值几乎一致。框架为柔性时垂荡最大值出现在网箱 5,为 1.832 m;最小值出现在网箱 11,为 1.730 m。框架时 32 个网箱框架为刚性时比框架为柔性时垂荡幅值平均提高 8%。对于纵摇而言,不同框架网箱的变化规律也不相同,框架为柔性时的纵摇幅值大于框架为刚性时,32 个网箱框架为柔性时比框架为刚性时纵摇幅值平均提高 45.2%。波浪对纵摇的影响比单纯流的大。

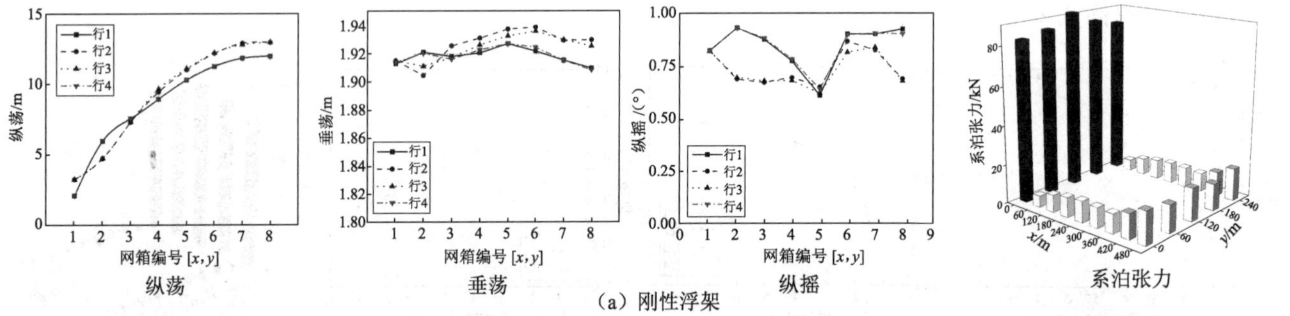

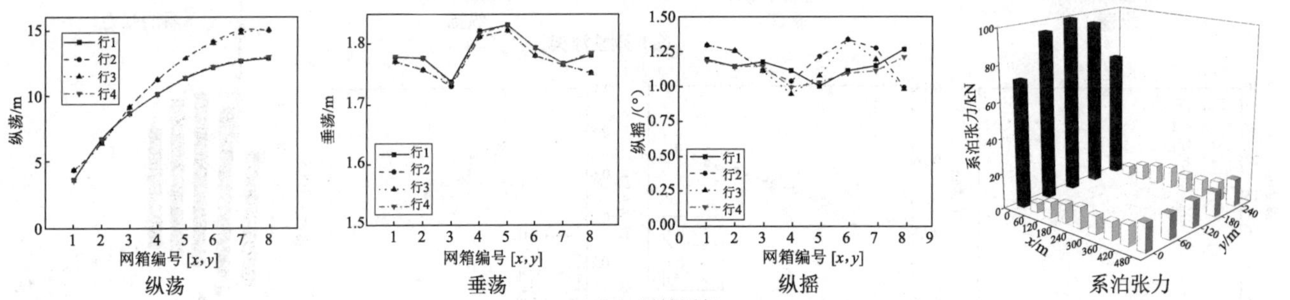

图 9　波浪条件下网箱浮架为刚性和柔性时的运动与张力

　　无论是框架为柔性时还是刚性时,群组迎流侧的系泊张力响应都明显大于其他三侧的系泊张力响应,系泊缆 1 的最大张力最大。框架为柔性时,迎流侧系泊缆 1 张力相对于系泊缆 3 与 23 的增值要比框架为刚性时明显大。对于其余三侧,不同框架时的分布规律较为一致,这与单纯流作用时相同。但不同的是背流缆的张力不是最小的。张力最小值出现在沿波浪传播方向的左右两侧。柔性框架平台系泊系统的最大系泊张力大于刚性框架平台系泊系统的最大系泊张力。框架为柔性时最大系泊张力为 99.84 kN,框架为刚性时最大系泊张力为 91.53 kN,框架为柔性时的最大系泊张力比框架为刚性时的最大系泊张力大 9.1%。

4.3 波流联合作用

图 10 为波流联合条件下网箱框架为刚性和柔性时的运动与张力。采用两种不同的框架时,32 个网箱的纵荡运动变化规律没有明显的差异,仅仅是数值大小的变化,沿水流方向网箱的纵荡值逐渐增大。这与单纯流和纯波作用时相同,且 4 行网箱的纵荡运动有很明显的对称性。行 1 和行 4、行 2 和行 3 网箱的纵荡值变化较一致。框架为柔性时的纵荡运动要大于框架为刚性时。框架为刚性时,纵荡的最大值为 43.2 m,出现在下游处的网箱 16 和 24;纵荡的最小值为 11.6 m,出现在上游的网箱 1 和 25。框架为柔性时,纵荡的最大值同样出现在下游处的网箱 16 和 24,最小值同样出现在上游的网箱 1 和 25,最大值为 48.5 m,最小值为 13.48 m。32 个网箱框架为柔性时比框架为刚性时纵荡幅值平均提高 12.15%。两种不同的框架时垂荡和纵摇运动变化规律没有明显的差异。32 个网箱框架为刚性时比框架为柔性时垂荡幅值平均提高 8.9%。对于纵摇而言,框架为柔性时的纵摇幅值大于框架为刚性时,32 个网箱框架为柔性时比框架为刚性时的纵摇幅值平均提高 28.25%。

从图中可以看出,无论是框架为柔性时还是框架为刚性时,群组迎流侧的系泊张力响应都明显大于群组其他三侧的系泊张力响应,背流侧系泊缆的张力值最小,这与纯流时相同,柔性框架下平台系泊系统的最大系泊张力大于刚性框架下平台系泊系统的最大系泊张力。柔性框架下最大系泊张力为 464.44 kN,刚性框架下最大系泊张力为 449.68 kN,最大张力均为系泊缆 1,柔性框架下的最大系泊张力比刚性框架下的最大系泊张力高 3.28%。框架为柔性时,迎流侧系泊缆 1 张力相对于系泊缆 3 与 23 的增值要比框架为刚性时明显大;而对于其余三侧,不同框架时的分布规律较为一致。上下两侧系泊缆沿着水流方向出现先增大后减小的趋势,这与单纯水流作用时相同。

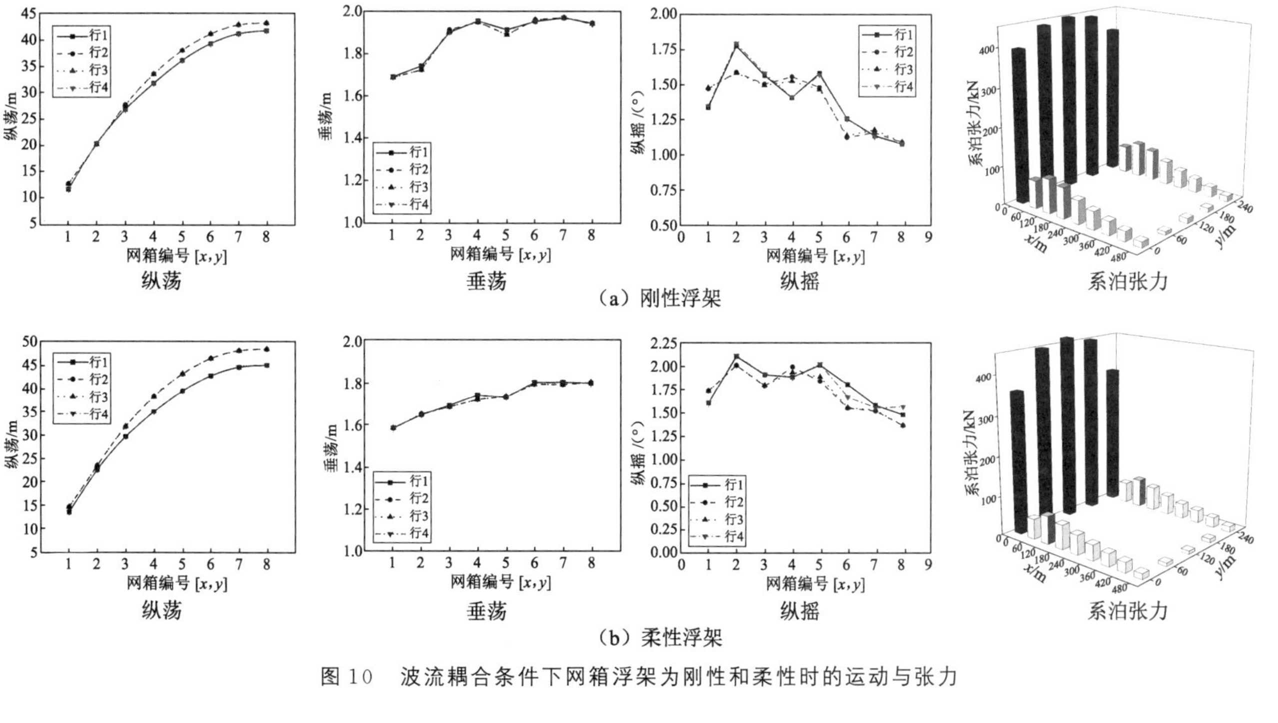

图 10 波流耦合条件下网箱浮架为刚性和柔性时的运动与张力

不同海洋动力环境条件下框架分别为刚性和柔性时,网箱群组的运动与张力值对比如表 2 所示。

表 2　不同入射角度时网箱群组的运动与张力

环境条件	动力响应	刚性框架	柔性框架
纯流作用	纵荡	—	+9.94%
	垂荡	+9.93%	—
	纵摇	—	+4.61%
	系泊张力	—	+5.75%
波浪作用	纵荡	—	+20.76%
	垂荡	+8%	—
	纵摇	—	+45.2%
	系泊张力	—	+9.1%
波流联合作用	纵荡	—	+12.15%
	垂荡	+8.9%	—
	纵摇	—	+28.25%
	系泊张力	—	+3.28%

由表 2 可知,在纯流、波浪以及波流联合条件下,框架为柔性时的纵荡值比框架为刚性时的分别大 9.94%、20.76%、12.15%,框架为柔性时的纵摇值比框架为刚性时分别大 4.61%、45.2%、28.25%,框架为柔性时的系泊张力值比框架为刚性时的分别大 5.75%、9.1%、3.28%,而框架为柔性时的垂荡值总是要比框架为刚性时的小。

5　结　语

本文以网箱布置形式为 4×8 的网箱群为研究对象,基于集中质量法建立数学模型,并通过前人的网箱模型试验,验证了网箱变形、位移响应、阻力以及容积率等计算指标的准确性,从而证明了该方法的可靠性。基于此,分析了采用两种不同刚度的浮架时,网箱群组在不同波流条件下的水动力响应特性。具体结论如下:

(1) 柔性框架的纵荡值、纵摇值、张力值总是要比刚性框架时的大,柔性框架时的垂荡值总是要比刚性框架时的小。

(2) 网箱的纵荡沿波流传播方向呈现逐渐增大的趋势,不同框架模型的纵荡值差异在波浪作用时相对于纯流及波流联合作用时更显著,在波浪条件下,柔性框架时的纵荡值比刚性框架大 20.67%,纯流条件时为 9.94%,波流联合条件时为 12.15%。

(3) 对于系泊张力而言,迎流缆的张力值最大,最大张力出现在系泊缆 1(迎流侧中间系泊缆),且柔性框架时,系泊缆 1 相对于系泊缆 3 与系泊缆 23 的增值总是比刚性框架时大,不同框架模型的张力值差异在波浪作用时相对于纯流及波流联合作用时更显著,在波浪条件下,柔性框架时的张力值比刚性框架大9.1%。

参考文献

[1]　FAO. The State of World Fisheries and Aquaculture 2022[R]. Towards Blue Transformation.Rome:FAO,2022.

[2]　XU Z,QIN H. Fluid-structure interactions of cage based aquaculture:from structures to organisms[J]. Ocean engineering,2020,217:107961.

[3]　LI L,FU S,XU Y. Nonlinear hydroelastic analysis of an aquaculture fish cage in irregular waves[J]. Marine Structures,2013,34:56-73.

[4]　BI C W,ZHAO Y P,DONG G H,et al. Drag on and flow through the hydroid-fouled nets in currents[J]. Ocean Engineering,2018,161:195-204.

[5]　CIFUENTES C,KIM M H. Hydrodynamic response of a cage system under waves and currents using a Morison-force model[J]. Ocean Engineering,2017,141:283-294.

［6］　ZHAO Y P,GUI F K,XU T J,et al. Numerical analysis of dynamic behavior of a box-shaped net cage in pure waves and current[J]. Applied Ocean Research,2013,39:158-167.

［7］　ZHAO Y P,LI Y C,DONG G H,et al. A numerical study on dynamic properties of the gravity cage in combined wave-currentflow[J]. Ocean Engineering,2007,34(17-18):2350-2363.

［8］　HUANG C C,PAN J Y. Mooring line fatigue:A risk analysis for an SPM cage system[J]. Aquacultural Engineering,2010,42(1):8-16.

［9］　FEWDRIKSSON D W,DECEW J,SWIFT M R,et al. The design and analysis of a four-cage grid mooring for open ocean aquaculture[J]. Aquacultural Engineering,2004,32(1):77-94.

［10］　XU T J,DONG G H,ZHAO Y P,et al. Numerical investigation of the hydrodynamic behaviors of multiple net cages in waves[J]. Aquacultural Engineering,2012,48:6-18.

［11］　CHENG H,LI L,ONG M C,et al. Effects of mooring line breakage on dynamic responses of grid moored fish farms under pure current conditions[J]. Ocean engineering,2021,237:109638.

［12］　FEWDRIKSSON D W,DECEW J,TSUKROV I,et al. Development of large fish farm numerical modeling techniques with in situ mooring tension comparisons[J]. Aquacultural Engineering,2007,36(2):137-148.

［13］　FU S X,MOAN T. Dynamic analyses of floating fish cage collars in waves[J]. Aquacultural Engineering,2012,47:7-15.

［14］　SHEN H B,ZHAO Y P,BI C W,et al. Nonlinear dynamics of an aquaculture cage array induced by wave-structure interactions[J]. Ocean Engineering,2023,269:113711.

［15］　MA C,ZHAO Y P,BI C W,et al. Numerical study on dynamic analysis of a nine-module floating aquaculture platform under irregular waves[J]. Ocean Engineering,2023,285:115253.

［16］　CHOO Y I,CASARELL M J. Hydrodynamic Resistance of Towed Cables[J]. Journal of Hydronautics,1971,5(4):126-131.

［17］　DECEW J,TSUKROV I,RISSO A,et al. Modeling of dynamic behavior of a single-point moored submersible fish cage under currents[J]. Aquacultural Engineering,2010,43(2):38-45.

［18］　MOE-FØRE H,LADER F P,LIEN E,et al. Structural response of high solidity net cage models in uniform flow[J]. Journal of Fluids and Structures,2016,65:180-195.

波流作用下廊桥-网衣式养殖结构受力特征试验研究

何　萌[1],周卓炜[1,2],顾　倩,张宁川[1],王文渊[1],彭　云[1,2]

(1. 大连理工大学 海岸和近海工程国家重点实验室,辽宁 大连　116024;2. 香港科技大学(广州) 全海洋动力中央实验室,广东 广州　511453)

摘要:廊桥-网衣式海洋牧场具有养殖空间大、经济效益高和生态友好等诸多优点,明晰廊桥-网衣式养殖结构在水流和波浪作用下的受力特征是保证其安全性的重要前提。基于物理模型试验,研究了水流、波浪以及波流耦合作用下结构受力特征,讨论了不同水深、流速、波高和波周期组合参数对廊桥-网衣式养殖结构的影响,取得以下主要结论:水流作用下,结构受力随着流速增大而增大,呈二次曲线型增长关系。规则波作用下,结构受力随着波高增大而增大,近似呈二次曲线型增长关系,且结构受力随着周期增大呈现振荡性变化。波流耦合作用下,结构受力非线性特征显著增强,结构受力随流速呈线性增长关系。波流耦合作用下结构受力与相应的波浪和水流作用下结构受力之和的差值随流速和波高的增大而增大。在流速和波高较大的情况下,波流耦合作用下结构受力可达波浪和水流作用下结构受力之和的 2 倍以上。在结构设计和使用中,对于波流耦合作用应着重考虑。

关键词:廊桥-网衣式养殖结构;水流;波浪;波流耦合;物理模型试验;受力特征

　　生态型、复合型、立体型养殖模式有利于促进海洋养殖业和海洋经济的可持续高质量发展。新一代围栏式海洋牧场集海洋养殖、旅游观光、休闲垂钓等多功能于一体,具有有效养殖体积大、养殖对象活动空间大、养殖品种多样性高、产品品质更近自然、单位成本低、形状布置灵活等优点[1],主要由廊桥(桩柱和桥面板)及网衣等结构组成,以下简称为廊桥-网衣式养殖结构。

　　明晰廊桥-网衣式养殖结构在水流和波浪作用下的受力特征是保证其安全性的重要前提。单桩和群桩结构与水流和波浪的相互作用问题是海洋工程中的经典问题,其受力特征已经有了丰硕的研究成果和计算方法[2,3],这里不再赘述。由于具有形式和材质多样、尺度较小、柔性及多孔性的特点[4],网衣结构的水动力特征极其复杂,学者们对此开展了广泛的研究。Zhao 等[5]试验研究了规则波作用下平面网衣受力特征,并基于集中质量法开发了波浪作用下平面网衣动力响应数值模型,表明:① KC 数对 C_d(阻力系数)的影响较小;② 惯性力相比拖曳力较小。Balash 等[6]试验研究了平面网衣分别在水流和波浪作用下的受力,基于线性弹簧和集中质量方法建立了网衣数值模型,提出了改进 KC 数和等效厚度概念以研究波浪作用下网衣水动力系数。Cha 等[7]试验研究了水流作用下平面网衣的受力特征,结果表明 C_d 和 C_l(升力系数)均随着流速增大而减小。Zhou 等[8]试验研究了水流作用下平面网衣的受力特征,研究表明:① 水流垂直入射时,C_d 随网衣密实度增大而增大,水流平行入射时,C_d 随网衣密实度增大而减小;② C_d 随水流攻角增大而增大,C_l 在水流攻角 40°~50°范围内达到最大值。Tang 等[9]试验研究了水流作用下平面网衣的受力特征,讨论了网衣密实度、水流攻角及流速的影响。Tang 等[10]试验研究了水流作用下平面网衣的受力特征,表明:随着网衣密实度增大,Re 数对拖曳力系数的影响减小。Dong 等[11]试验研究了规则波作用下平面网衣的受力特征,表明:① 网衣水平方向受力大于垂直方向受力,二者之差随波陡增大而增大;② 随着波浪非线性增强,水平方向受力非线性成分频率阶数变高;③ C_d 和 C_l 与 KC 数高度相关,随着密

基金项目:国家重点研发计划项目(2021YFB2600200)
通信作者:顾倩。E-mail:gqian@dlut.edu.cn

实度增大而增大。Xu 等[12]试验研究了极端波作用下平面网衣受力特征,表明:网衣受力随着密实度增大而增大,随着 KC 数的增大而减小,KC 数的影响随着密实度增大而减小。俞嘉臻等[13]通过模型试验和数值模拟研究了聚焦波作用下平面网衣的受力特征,数值模型中平面网衣采用多孔介质模型模拟,表明:网衣所受升力和阻力与密实度呈线性增长关系;与聚焦波波幅呈非线性增长关系。Chen 等[14]试验研究了规则波作用下平面网衣的受力特征,并基于拟合得到的水动力系数和 Morison 公式对网衣受力进行了预测,表明:① 网衣所受波浪力幅值与波高二次方成正比;② 波面和波浪力主要由波频成分主导,高阶成分会增强波面和波浪力的非线性特征,波浪力中高阶成分更多更强。Xie 等[15]基于势流理论计算波浪和水流荷载,基于集中质量法模拟柔性网衣,建立了波流作用下弹簧连接的钢架和平面网衣数值模型,研究了网衣变形和网线张力。以上研究均针对的是单独的平面网衣结构在水流或波浪单一荷载作用下的受力特征,而波流耦合作用的相关研究暂未见到。

廊桥-网衣式养殖结构中,桩柱和网衣的存在会改变彼此周围的波浪场和流场特征,从而对彼此的受力特征产生一定的影响。然而,目前相关的研究较少。杨蕙[1]通过物理模型试验和单向流固耦合数值模拟方法研究了桩网式围栏结构在波浪作用下的受力特征,表明:网衣的存在会使桩柱所受的波浪力显著增大。Yang 等[16]采用单向流固耦合方法数值模拟了水流作用下桩网式围栏结构的受力及流场特征,表明:① 网衣会增强流速的衰减,减小结构前的流速;② 双排桩网式结构间的耦合作用随着间距增大而减小。Zhao 等[17]数值模拟了波浪作用下栈桥-网衣围栏式养殖结构的受力特征,表明:① 网衣会显著增加结构的水平向波浪力幅值;② 迎浪侧挂网结构的受力较背浪侧挂网结构的受力大。Wang 等[18]试验研究了水流作用下相邻平面网衣和圆柱组合结构的水动力特征,表明:圆柱和网衣的存在会导致彼此的 C_d 增大,尤其是在网衣密实度较高的情况下。由此可见,桩柱和网衣的存在会使彼此所受水动力增大,所以对于廊桥-网衣式养殖结构在水流和波浪作用下的受力特征,应当进行整体式研究。

本文针对廊桥-网衣式养殖结构,采用物理模型试验方法,研究了水流、波浪、波流耦合作用下,结构整体受力特征及变化规律。研究结果可以为该类结构的设计提供借鉴。

1 物理模型试验设置

1.1 试验设备和量测仪器

试验在大连理工大学海岸和近海工程国家重点实验室的波流水槽中进行。水槽尺寸为 69 m×2 m×1.8 m(长×宽×高)。水槽前端配备有自主研发的带有二次反射波主动吸收功能的推板式造波机,可模拟生成规则波和不规则波。造波板背部及水槽尾端均配有消波装置,消波效率在 90% 以上。水槽配备双向造流系统,由 2 台轴流泵产生试验水流,流速大小通过变频设备进行调节。

波浪测量采用南京云创源智能科技有限公司生产的动态波高测量系统,该测量系统配备数字式浪高仪,量程为 60 cm,采样精度为 0.15%。流速测量采用美国 Nortek 公司生产的 ADV 超声波三维流速仪,测量范围为 0.005～1.0 m/s,相对误差小于 1%。总力测量采用德国 ME 公司生产的 K6D80 型六分量总力测量系统,其中 x、y 方向力的量程为 200 N,z 方向力的量程为 500 N,力矩量程为 100 N·m,精度为 0.2%。试验前对所有传感器进行标定,其线性度均大于 0.999。试验中,浪高仪和流速仪的采样频率设置为 50 Hz,总力计的采样频率设置为 100 Hz。

1.2 模型制作及安装

廊桥结构由梁板和桩柱组成,梁板采用钢板和木材组合制作,桩柱采用钢管制作,保证桩柱和梁板的刚性连接。网衣采用六边形网孔涤纶树脂网。采用直径 0.5 mm 的细铁丝将网衣扎紧于桩柱上,细铁丝的影响可忽略,可认为网衣与桩柱固接,同时网衣处于张紧状态。廊桥-网衣式养殖结构物理模型的主要几何参数见表 1。

表1　廊桥-网衣式养殖结构物理模型参数

板			梁		桩柱					网衣			
宽/m	高/m	长/m	宽/m	高/m	直径/m	高/m	斜度	横浪向间距/m	顺浪向间距(顶端中心)/m	高/m	宽/m	网线直径/m	目脚长度/m
0.24	0.024	0.096	0.24	0.06	0.048	0.685	5∶1	0.4	0.144	0.6	0.4	0.004	0.03

综合考虑试验设备及结构物尺度，试验中制作了5个结构单元，两边各两个结构单元用于模拟试验边界条件，位于中间的结构单元作为试验测试对象。模型断面及其在水槽中的布置见图1。总力传感器安装于中间测试单元顶板顶面中心，并刚性固定于水槽顶部的刚性悬臂端部。为避免水槽底部及两边边界单元对总力采集的影响，中间测试单元与水槽底面设置了5 mm缝隙，与两边边界单元设置了3 mm缝隙。建立笛卡儿坐标系，原点O设置在总力传感器顶面中心，顺浪方向为x方向，竖直向上为z方向，y方向垂直于xOz平面。

模型安装完成后，进行了自振频率测试，由于模型及测试系统整体刚度很大，系统自振频率远离试验波浪频率，说明测试系统在试验中不会发生动力放大效应。

（a）正视图　　　　　　　（b）侧视图

图1　廊桥-网衣式养殖结构物理模型试验布置

1.3 试验工况

为了分析不同结构布置形式的影响，试验中设置了4种不同的廊桥-网衣组合形式：① 廊桥结构不挂网衣（记为C1）；② 廊桥结构迎浪面挂网（记为C2）；③ 廊桥结构背浪面挂网（记为C3）；④ 廊桥结构双侧挂网（记为C4）。

为了系统研究廊桥-网衣式养殖结构在水流和波浪作用下的受力特征，试验中设置了水流、波浪、波流（同向）耦合3种荷载条件，分别改变水流流速V、规则波波高H和周期T、水深d等影响因素，以分析各荷载参数对结构受力特征的影响，具体工况设置见表2。试验前，首先在空水槽中率定所需的水流和波浪条件。波流耦合工况率定时，先开始造流，待流速稳定后再开始率定目标波浪。

表2　试验工况

荷载	水深d/m	流速V/(m/s)	波高H/m	周期T/s	讨论参数
水流	0.47,0.52	0.1,0.2,0.3,0.4,0.5	0	0	流速
波浪	0.52	0	0.08,0.16	1.0,1.2,1.4,1.6,1.8,2.0,2.2,2.4,2.6,2.8,3.0,3.2,3.4,3.6	周期
		0	0.08,0.10,0.12,0.14,0.16,0.18	1.4,1.8,2.2,2.6	波高
波流耦合	0.52	0.3	0.08,0.16	1.4,1.8,2.2,2.6,3.0	周期
		0.1,0.2,0.3,0.4,0.5	0.08,0.16	2.2	流速

2 试验结果分析

为了保证试验结果的有效性和准确性,每组工况重复测试 3 次,试验结果取 3 次测试结果的平均值。水流作用时,待流速稳定后,采集 150 s 数据求取平均值。规则波作用时,连续采集 15 个周期以上的波浪作用数据,取每个波周期内的最大值求取平均值。波流耦合作用时,先采集 150 s 稳定水流作用数据,再采集 15 个周期以上的波浪作用数据,取每个波周期内的最大值求取平均值。分析表明试验采集结果稳定,重复性好,可用于进一步分析。

试验中结构模型对称,水流与波浪为垂直方向入射,因此仅能采集到 3 个方向的受力结果,分别为 F_x、F_z、M_y。由于模型中桩柱斜度仅为 5:1,F_z 相对较小,这与 Dong 等[11] 的研究结果类似。同时由于试验水深较浅,水流和波浪荷载作用力臂较小,M_y 相对较小。因此文中仅展示结构的顺浪(流)向受力 F_x 的试验结果,这也是实际工程设计和应用中最为关心的受力特征。

2.1 水流作用下结构受力特征

水深分别为 0.47 m 和 0.52 m 条件下,不同组合形式的廊桥-网衣式养殖结构顺流向受力幅值随水流流速的变化见图 2。从图 2 可见,整体上,结构受力随着水流流速增大而增大,呈二次曲线形增长关系,这是因为水流作用下桩柱和网衣受力主要为速度力,由 Morison 公式可知,速度力与水质点速度的平方成正比[14]。相比于水深为 0.47 m 的情况,水深为 0.52 m 时的结构受力略有增大,这是因为桩柱和网衣受力面积略有增大。双侧挂网组合形式(C4)的结构受力最大,单侧挂网组合形式(C2、C3)的结构受力次之,仅有桩柱结构(C1)时受力最小。不同组合形式结构受力差异随着流速增大而增大。C2 和 C3 两种形式结构受力相差不大。在水深较大、流速较大的情况下,C3 形式结构受力略大,这可能是水流绕过迎浪侧桩柱后,水质点速度略有增大,导致 C3 形式结构中背浪侧的桩柱和网衣受力增大。在水深为 0.47 m 的条件下,不同组合形式的结构受力差异较为明显;而水深为 0.52 m 的条件下,在流速小于 0.2 m/s 时,不同组合形式的结构受力差异很小。在水深为 0.52 m、流速为 0.5 m/s 的情况下,C2、C3、C4 形式结构的受力相比于 C1 形式结构的受力分别增大 44.5%、51.6%、89.0%,可见水流作用下网衣结构受力不容忽视,同时也可能是因为桩柱和网衣相互影响,彼此受力都增大[18]。

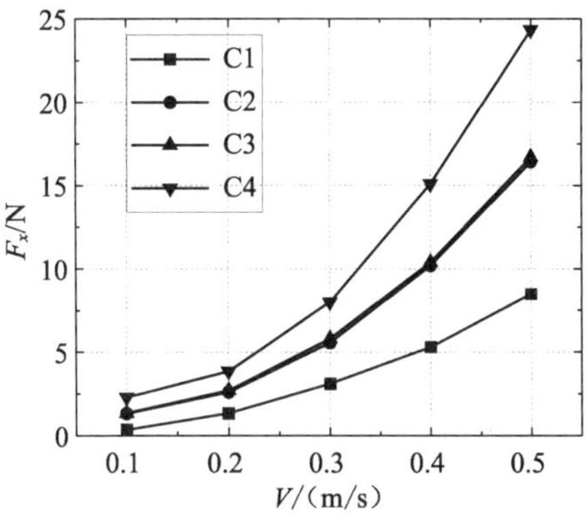

(a) $d=0.47$ m 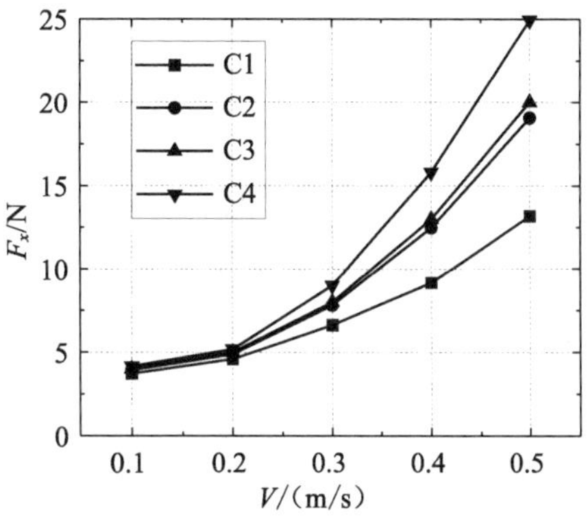   (b) $d=0.52$ m

图 2 不同水深条件下不同形式结构受力幅值随水流流速的变化

2.2 波浪作用下结构受力特征

规则波周期分别为 1.4 s、1.8 s、2.2 s、2.6 s 条件下,不同组合形式的廊桥-网衣式养殖结构顺浪向受力幅值随波高的变化见图 3。从图 3 可见,整体上,不同规则波周期情况下,结构受力随波高的变化规律类似,结构受力随着规则波波高增大而增大,近似呈二次曲线形增长关系,这可能是因为结构受力主要由速度力主导,结合波浪理论和 Morison 公式可知,速度力与波高的平方成正比[14]。双侧挂网组合形式(C4)的结构受力最大,单侧挂网组合形式(C2、C3)的结构受力次之,仅有桩柱结构(C1)时受力最小。不同组合形式结构受力差异随着波高增大而略有增大。C2 和 C3 两种形式结构受力相差不大。在周期较小、波高较大的情况下,C2 形式结构受力略大,这与 Zhao 等[17]的数值模拟结果类似,可能是在 C3 形式结构试验中,波浪在迎浪侧的桩柱处发生轻微反射,导致背浪侧网衣受力减小。

图 3　不同周期条件下不同形式结构受力幅值随规则波波高的变化

规则波波高分别为 0.08 m 和 0.16 m 条件下,不同组合形式的廊桥-网衣式养殖结构顺浪向受力幅值随波周期的变化见图 4。从图 4 可见,整体上,不同规则波波高情况下,结构受力随周期的变化规律类似,结构受力随着规则波周期增大呈现振荡性变化。当波高为 0.08 m 时,结构受力分别在周期为 1.4 s、2.2 s、2.8 s、3.2 s 时取得局部极大值;当波高为 0.16 m 时,结构受力分别在周期为 1.8 s、2.2 s、2.8 s、3.2 s 时取得局部极大值;这种振荡性变化产生的原因有待进一步研究。同样地,双侧挂网组合形式(C4)的结构受力最大,单侧挂网组合形式(C2、C3)的结构受力次之,仅有桩柱结构(C1)时受力最小,C2 和 C3 两种形式结构受力相差不大。在周期小于 1.8 s 时,不同组合形式结构受力差异不大;在周期大于 1.8 s 时,不同组合形式结构受力差异明显。

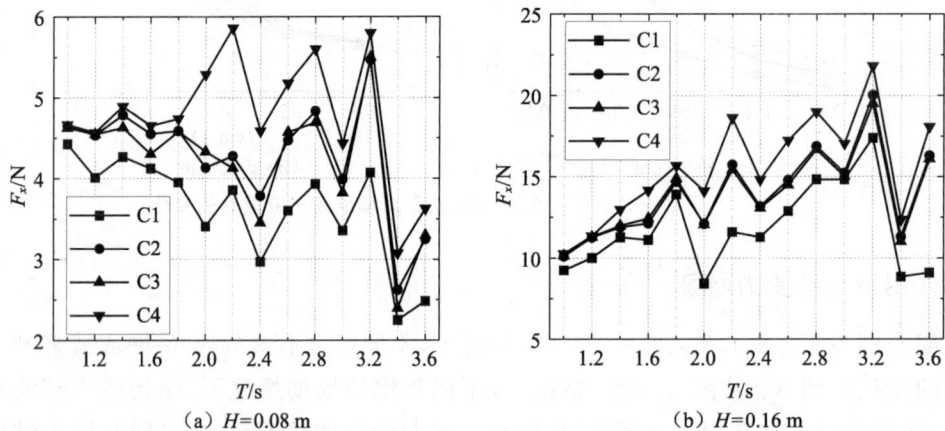

图 4　不同波高条件下不同形式结构受力幅值随规则波周期的变化

2.3 波流耦合作用下结构受力特征

波流耦合荷载条件下,仅做了 C1(桩柱)和 C4(桩柱+双侧挂网)两种形式结构的试验。为了进行对比,在本部分的图中,将波流耦合作用下结构受力标记为"波流耦合",将相应参数的水流和波浪作用下的结构受力之和标记为"波+流"。值得注意的是,在试验中,率定波流耦合工况时,先开始造流,待流速稳定后再开始率定目标波浪,所以实测的波流耦合工况中的波浪要素与单纯波浪工况中的波浪要素完全一致。

图 5 展示了 C4 形式结构分别在水流($V=0.5$ m/s)、波浪($H=0.16$ m,$T=2.2$ s)和波流耦合荷载($V=0.5$ m/s,$H=0.16$ m,$T=2.2$ s)作用下的受力时间过程曲线。从图 5 可知,在该波浪作用下,C4 结构受力表现出显著的非线性特征,峰值变尖,谷值变平,峰值约为谷值的 2 倍,这与 Dong 等[11] 和 Chen 等[14] 试验中发现的现象一致,是由波浪非线性导致的。在波流耦合作用下,未开始造波时,结构受力与单纯水流作用下一致;开始造波后,波流耦合作用下结构受力在水流作用下结构受力附近振荡,非线性特征显著增强,峰值急剧增大,谷值略有增大,峰值约为谷值的 7 倍。相比于波浪和水流作用下结构受力之和,波流耦合作用下结构受力增大很多,可见波流耦合作用下廊桥-网衣式养殖结构受力不能认为是波浪和水流作用下结构受力的叠加。

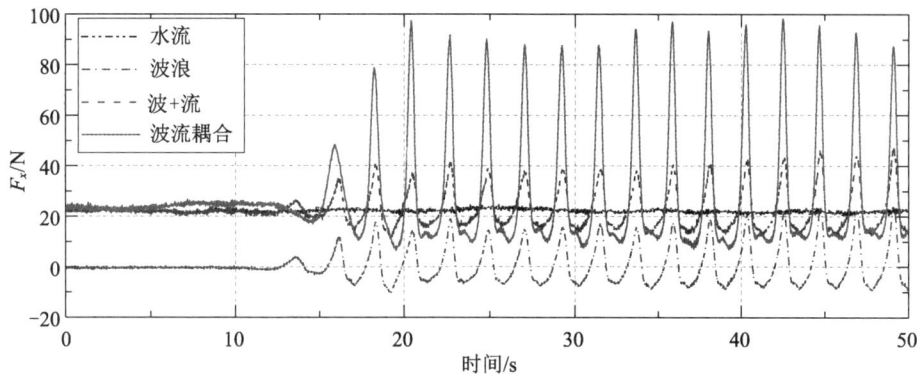

图 5　3 种荷载条件下 C4 形式结构受力时程($V=0.5$ m/s,$T=2.2$ s,$H=0.16$ m)

水流流速为 0.3 m/s,波高分别为 0.08 m 和 0.16 m 条件下,不同组合形式的廊桥-网衣式养殖结构顺浪(流)向受力幅值随规则波周期的变化见图 6。从图 6 可知,整体上,在不同结构形式和不同波高情况下,波流耦合作用下结构受力随周期的变化规律类似,呈二次曲线形。除了波高为 0.08 m 的 C4 结构受力曲线之外,其余的波流耦合作用下结构受力曲线均在周期为 2.2 s 时取得最大值。可能是因为波流耦合工况中周期取值较少,并未出现单纯波浪作用下结构受力随周期振荡变化现象。在 $V=0.3$ m/s、$H=0.16$ m、$T=2.2$ s 的波流耦合工况下,C1 和 C4 两种形式结构的受力分别为相应的波浪和水流作用下结构受力的 1.85 倍和 2.21 倍。

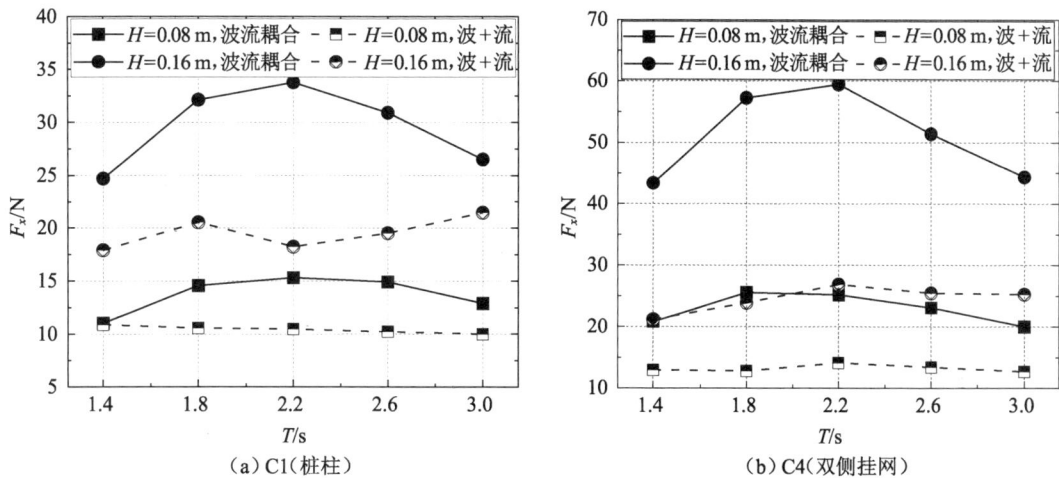

（a）C1（桩柱）　　　　　　（b）C4（双侧挂网）

图 6　不同结构形式下结构受力幅值随规则波周期的变化

波浪周期为 2.2 s,波高分别为 0.08 m 和 0.16 m 条件下,不同组合形式的廊桥-网衣式养殖结构顺浪(流)向受力幅值随水流流速的变化见图 7。从图 7 可知,整体上,在不同结构形式和不同波高情况下,波流耦合作用下结构受力随流速的变化规律类似,近似呈线性增长关系,与单纯水流作用下结构受力随流速的二次曲线形变化关系不同。相同的波浪波高和周期条件下,波流耦合作用下结构受力相比于相应的波浪和水流作用下结构受力之和大很多,二者的差值随着水流流速的增大而增大。相同的水流流速和波浪周期条件下,波流耦合作用下结构受力与相应的波浪和水流作用下结构受力之和的差值随着波高的增大而增大。在流速和波高较小($V=0.1$ m/s,$H=0.08$ m,$T=2.2$ s)的情况下,波流耦合作用下结构受力与相应的波浪和水流作用下结构受力之和基本相等,在流速和波高较大($V=0.5$ m/s,$H=0.16$ m,$T=2.2$ s)的情况下,波流耦合作用下 C1 和 C4 两种形式结构的受力分别为相应的波浪和水流作用下结构受力之和的 2.14 倍和 2.26 倍。

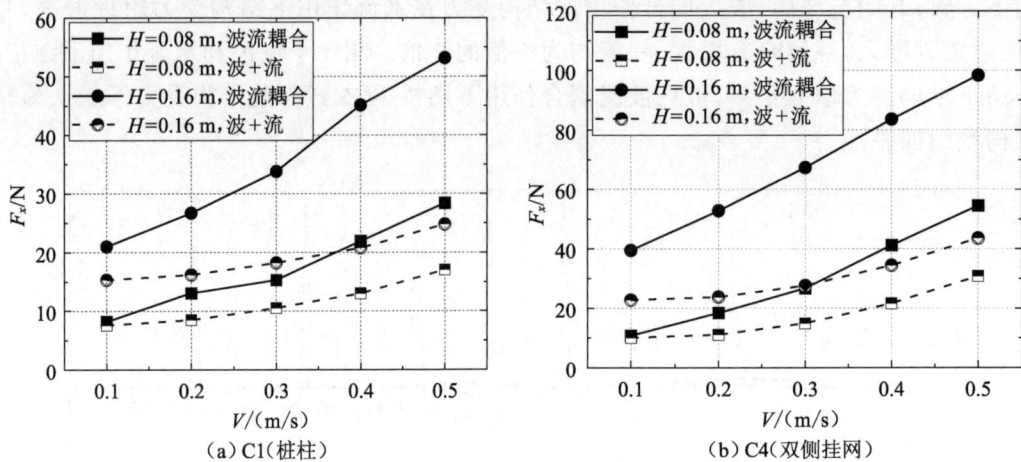

（a）C1(桩柱)　　　　　　　　　　　　　　　（b）C4(双侧挂网)

图 7　不同结构形式下结构受力幅值随水流流速的变化

3　结　语

针对廊桥-网衣式养殖结构,基于物理模型试验,研究了水流、波浪、波流耦合作用下结构顺浪(流)向受力特征,讨论了水深、流速、波高、周期以及不同结构组合形式的影响,得到以下主要结论:

（1）水流作用下,结构受力随着流速增大而增大,呈二次曲线形增长关系。

（2）规则波作用下,结构受力随着波高增大而增大,近似呈二次曲线形增长关系;不同组合形式结构的受力差异随着波高增大略有增大;结构受力随着规则波周期增大呈现振荡性变化,在周期大于 1.8 s 时,不同组合形式结构受力差异明显,这种振荡性变化产生的原因有待进一步研究。

（3）波流耦合作用下,结构受力非线性特征显著增强,峰值约为谷值的 7 倍,结构受力随流速呈线性增长关系;波流耦合作用下,结构受力与相应的波浪和水流作用下结构受力之和的差值随流速和波高的增大而增大,在流速和波高较大的情况下,波流耦合作用下,结构受力可达波浪和水流作用下,结构受力之和的 2 倍以上。

参考文献

[1]　杨蕙. 围栏式海水养殖设施水动力特性研究[D]. 大连:大连理工大学,2022.

[2]　MACCAMY R,FUCHS R A. Wave forces on piles:A diffraction theory[M]. Washington:U.S. Beach Erosion Board,1954.

[3]　MORISON J R,JOHNSON J W,SCHAAF S A. The force exerted by surface waves on piles[J]. Journal of Petroleum Technology,1950,2(5):149-154.

[4]　徐子鸣,林志良,谢彬. 基于桁架模型和多孔介质模型的柔性网衣和周围流场单向耦合方法研究[J]. 海洋工程,2022,40(6):51-61.

[5]　ZHAO Y P,LI Y C,DONG G H,et al. An experimental and numerical study of hydrodynamic characteristics of submerged flexible plane nets in waves[J]. Aquacultural Engineering,2008,38(1):16-25.

[6]　BALASH C,COLBOURNE B,BOSE N,et al. Aquaculture net drag force and added mass[J]. Aquacultural Engineering,2009,41(1):14-21.

[7]　CHA B J,KIM H Y,BAE J H,et al. Analysis of the hydrodynamic characteristics of chain-link woven copper alloy

nets for fish cages[J]. Aquacultural Engineering,2013,56(1):79-85.

[8]　ZHOU C,XU L,HU F,et al. Hydrodynamic characteristics of knotless nylon netting normal to free stream and effect of inclination[J]. Ocean Engineering,2015,110(2):89-97.

[9]　TANG H,HU F,XU L,et al. The effect of netting solidity ratio and inclined angle on the hydrodynamic characteristics of knotless polyethylene netting[J]. Journal of Ocean University of China,2017,16(5):814-822.

[10]　TANG M F,DONG G H,XU T J,et al. Experimental analysis of the hydrodynamic coefficients of net panels in current[J]. Applied Ocean Research,2018,79(1):253-261.

[11]　DONG G H,TANG M F,XU T J,et al. Experimental analysis of the hydrodynamic force on the net panel in wave [J]. Applied Ocean Research,2019,87(1):233-246.

[12]　XU T J,DONG G H,TANG M F,et al. Experimental analysis of hydrodynamic forces on net panel in extreme waves [J]. Applied Ocean Research,2021,107(1):102495.

[13]　俞嘉臻,张显涛,李欣. 聚焦波作用下平面网衣结构的水动力特性研究[J]. 海洋工程,2022,40(5):98-110.

[14]　CHEN Q P,BI C W,ZHAO Y P. Prediction of wave force on netting under strong nonlinear wave action[J]. Frontiers in Marine Science,2023,10:14.

[15]　XIE W,LIANG Z,JIANG Z,et al. Hydrodynamic behaviors of a spring-mounted fishing net in wave-current combined flows[J]. Ocean Engineering,2023,287(238):115901.

[16]　YANG H,XU Z,BI C,et al. Numerical modeling of interaction between steady flow and pile-net structures using a one-way coupling model[J]. Ocean Engineering,2022,254(1):111362.

[17]　ZHAO Y P,CHEN Q P,BI C W. Numerical investigation of nonlinear wave loads on a trestle-netting enclosure aquaculture facility[J]. Ocean Engineering,2022,257:111610.

[18]　WANG H,ZHANG X,ZHANG X,et al. Experimental investigations on hydrodynamic interactions between the cylinder and nets of a typical offshore aquacultural structure in steady current[J]. Marine Structures,2023,88:103367.

基于 CFD 方法的刚性平面网衣数值模拟研究

黄柱林[1]，肖森原[1,2]，孙树政[2]，张　伟[1]

（1. 烟台打捞局技术中心，山东 烟台　264012；2. 烟台哈尔滨工程大学研究院，山东 烟台　264000）

摘要：深海恶劣海洋条件对网箱养殖有着许多不稳定影响，研究网衣的水动力特性及其周围的流场特性是养殖网箱安全性的基础内容。基于小尺度刚性平面网衣模型，利用软件 STAR-CCM＋对平面网衣进行数值模拟，研究其在均匀流作用下的水动力性能和网衣周围的流场分布，通过对不同流速、攻角的工况模拟，得出了阻力系数随着流速、网衣攻角变化的趋势和速度场的分布变化。这些分析结果对进一步研究网衣的水动力性能和流场特性有一定参考作用。

关键词：刚性网衣；CFD；流场特性；数值模拟；均匀流；网箱养殖

　　海洋养殖是人类主动、定向利用国土海域资源的重要途径，已成为对食品安全、国民经济和贸易平衡做出重要贡献的产业[1]。网箱养殖有着养殖密度高、不占用土地资源、经济效益高、污染小的特点。网衣作为养殖网箱的关键部件，不仅限制了养殖生物的活动范围，而且对网箱的水动力性能和安全性有很大影响。网衣的结构、形状等因素会影响流经网箱水流的速度变化，进而影响箱内养殖鱼类的生存环境。

　　国内外关于网衣阻力特性以及周围流场特性方面的研究已有大量成果。使用现有的有限元模型求解网衣动态响应时，可以通过网目群化方法提升计算效率。在计算流体力学方法中，也可以通过多孔介质模型对网衣周围的波流场进行模拟。Tsukrov 等[2]提出了一种等效的桁架模型来模拟网衣在波流作用下的水动力学响应，并用经验公式计算网衣所受阻力大小。Patursson[3]利用多孔介质模型来模拟平面网衣，研究了水流在流经网衣后的速度衰减情况。Kristiansen 等[4]对其提出的 screen 模型进行数值模拟分析，并同稳流下的圆形网箱实验数据做对比，升力、拖曳力结果均有着令人满意的一致性。张婧等[5]针对水流作用下网衣的遮蔽效应，分析网衣的水平拖曳力和阻力系数，对比双平面网衣和圆形网衣经过水流的流速衰减情况，以及网衣受力和阻力系数的变化情况。田雨等[6]基于 CFD 方法对平面刚性网衣在低速水流下网片的水阻力及阻力系数的变化进行分析，获得了不同流速、攻角下的网片阻力系数的变化规律。李鹏等[7]研究小尺度平面无结金属网衣在均匀流作用下的水动力性能和网衣周围的流场分布，得出了随着雷诺数、网衣的攻角、网衣密实度和网眼形状变化阻力系数的变化趋势。赵云鹏等[8]结合多孔介质模型模拟网衣，运用该数值模型模拟了水流作用下平面网衣周围的流场，并与物理模型试验结果进行了比较。

1 数值模型

1.1 控制方程

　　模拟不可压缩黏性流体的运动时，通过有限体积法求解流场的控制方程，描述计算域内不可压缩流运动的方程可采用雷诺平均 Navier-Stokes（RANS）方程。连续性方程和动量方程如式（1）和式（2）所示：

$$\frac{\partial u}{\partial x}+\frac{\partial v}{\partial y}+\frac{\partial w}{\partial z}=0 \tag{1}$$

$$\frac{\partial(\rho \bar{u}_i)}{\partial t}+\frac{\partial(\rho \bar{u}_i \bar{u}_j)}{\partial x_j}=-\frac{\partial p}{\partial x_i}+\frac{\partial}{\partial x_j}(\mu \frac{\partial \bar{u}_i}{\partial x_j}-\rho \overline{u'_i u'_j})+S_j \tag{2}$$

式中：u、v、w 分别为速度矢量在 x、y、z 方向上的分量，t 是时间，p 为流体受到的压力，μ 为流体的动力黏

通信作者：肖森原。E-mail:1756070419@qq.com

性系数,u_i 为 x、y、z 方向的速度分量($i=1,2,3$),u' 为脉动速度。

由于水流的作用,网衣前后会存在不可忽略的压力梯度,故本文使用 k-ε 湍流模型进行对湍流流动的模拟分析,由式(3)和式(4)方程给出:

$$\frac{\partial k}{\partial t}+\bar{u}_j\frac{\partial k}{\partial x_j}=\frac{\partial}{\partial x_j}\left(\frac{\nu_T}{\sigma_k}\frac{\partial k}{\partial x_j}\right)+\nu_T\left(\frac{\partial \bar{u}_i}{\partial x_j}+\frac{\partial \bar{u}_j}{\partial x_i}\right)-\varepsilon \tag{3}$$

$$\frac{\partial \varepsilon}{\partial t}+\bar{u}_j\frac{\partial \varepsilon}{\partial x_j}=\frac{\partial}{\partial x_j}\left(\frac{\nu_T}{\sigma_\varepsilon}\frac{\partial \varepsilon}{\partial x_j}\right)+C_1\frac{\varepsilon}{k}\nu_T\left(\frac{\partial \bar{u}_i}{\partial x_j}+\frac{\partial \bar{u}_j}{\partial x_i}\right)\frac{\partial \bar{u}_i}{\partial x_j}-C_2\frac{\varepsilon^2}{k} \tag{4}$$

式中:$\nu_T=C_\mu(k^2/\varepsilon)$,$C_\mu$ 为黏性系数;C_1、C_2 为系数,取 $C_1=1.44$,$C_2=1.9$。

1.2　相关参数

不同网衣的网孔有各式形状,下文着重研究无结方形网孔的网衣。柔性网衣在水流作用下会产生变形,为降低数值模拟的计算成本,并尽可能接近实际工程,选取平面刚性网衣作为基本的研究对象,并将网线简化为光滑的圆柱体。

文中流体运动过程涉及的无量纲参数有:

$$Re=\frac{ud}{\nu} \tag{5}$$

式中:Re 为雷诺数,u 为流体的速度,d 为圆柱体直径,ν 为流体运动黏性系数。

$$C_D=\frac{2F_D}{\rho u^2 S} \tag{6}$$

式中:C_D 为阻力系数,S 为投影面积,u 为流体运动黏性系数,F_D 为物体阻力。

密实度是衡量网衣目脚疏密程度的重要参数,对于平面网衣,密实度对阻力大小的影响有决定性作用。网衣密实度的大小是网衣的投影面积与轮廓面积的比值。方形网衣的密实度计算公式[9]如下:

$$S_n=\frac{2d_w}{l_w} \tag{7}$$

式中:d_w 为网衣的网线直径,l_w 为网眼长度。

攻角定义为网衣与来流方向的夹角,如图 1 所示。

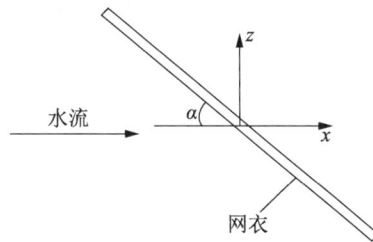

图 1　攻角示意

分析来流与网衣的不同攻角的阻力系数时,可以参考 Hosseini 等[10]的半经验公式,该公式计算阻力系数时对于雷诺数在 $430\sim4\,700$ 的数值范围内适用较好,计算公式如下:

$$C_D=(-1.389\,4\sin\alpha^2+3.219\,8\sin\alpha+1.089\,6)1.788\,7Re^{-0.259\,1} \tag{8}$$

式中:α 为来流与网衣攻角。

2　网格无关性验证

数值模拟使用的网衣为无结金属网,选取 4×4 小尺度网衣进行研究分析,直径 d_w 为 0.003 m,网眼长度 l_w 为 0.019 m,如图 2 所示。则所选用网片的密实度 $S_n=\dfrac{2d_w}{l_w}=\dfrac{2\times0.003}{0.019}=0.32$。

设所选取 4×4 网片边长为 L,定义 z 轴方向为流场宽度方向;x 轴为长度方向,为水流前进方向;y 轴方向为垂直方向。流体进口距网衣中心 $1.5L$,采用速度入口方式;流体出口距网衣中心 $6L$,采用压力出口;左右上下各距网衣中心 1.5L。其余边界为对称平面,用以模拟无限流体域。网格采用切割体网格,对网衣和其壁面区域、网衣后尾流区域进行加密,如图 3、图 4 所示。整个流场长 0.75 m,宽 0.15 m,高 0.15 m,网衣有效面积为 0.002 775 m²。在流场设置监测线以监测沿流体前进方向上速度变化。

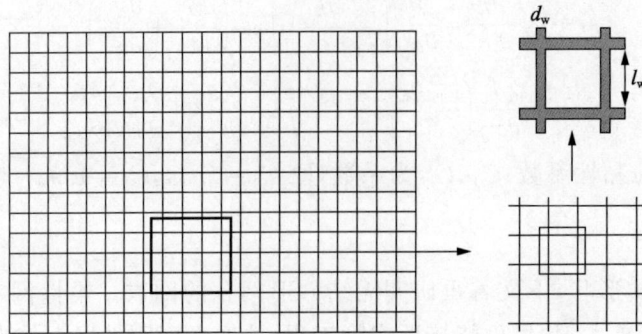

图 2   刚性平面网衣

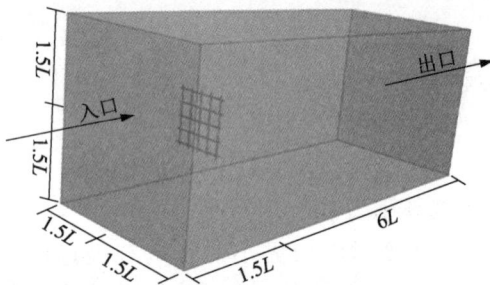

图 3   计算域数值模型

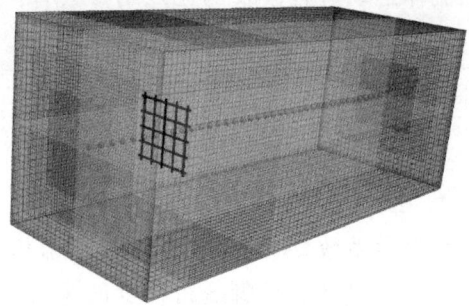

图 4   网格数值模型

网络模型的划分方法和网格质量对数值模拟结果具有极大影响。采用合理的网格划分方法,对重要区域进行局部加密以提高计算准度、节省计算资源,在进行数值模拟之前,需要进行网格无关性验证。采用 5 种不同尺寸的网格进行网格无关性分析,来流方向与网片垂直,即攻角为 90°时,通过仿真模拟达到稳态后,得到了不同数量网格网衣的阻力和阻力系数 C_D,如表 1 所示。

表 1   网格无关性验证

网格数量	阻力系数 C_D
644 948	0.833 1
952 199	0.818 9
1 190 768	0.810 2
1 275 007	0.803 1
1 477 994	0.799 1

由表 1 可知:网格数量对仿真模拟结果影响较大,网格数量低于 119 万时,各检测项目均与高网格数量计算值存在较大差异,当网格数量从 127 万升至 147 万时,二者阻力系数相对误差为变 0.498%,说明此时网格收敛较好,验证了网格的无关性。为保证数值计算模拟的精确性,网格数量选用 127 万。

3 数值结果讨论

3.1 流速对 C_D 影响

对攻角为 90°下的平面网衣在不同流速下的阻力系数进行数值模拟计算(图 5)。从结果可以看出,阻力系数随着流速的增大而逐渐减小。当速度从 0.5 m/s 增至 1.5 m/s 时,阻力系数平均降低了 6.97%;当速度从 1.5 m/s 增至 2.5 m/s 时,阻力系数平均降低了 2.67%;当速度从 2.5 m/s 增至 3.5 m/s 时,阻力系数平均降低了 1.44％。随着流速的增大,平面网衣的阻力系数降低趋势也逐渐趋于平缓。

来流经过网衣后流速会出现两种变化:一是流体经过网线后出现一定的速度衰减;二是对网线的绕流使得网孔区域的流速有所增加。随着流入速度的增大,网衣的尾流速度下降变大,由于较高雷诺数下目脚绕流的阻尼效应更加明显,目脚之间的相互影响也变得越来越剧烈。图 6 为平面网衣在不同流速下的速度场云图。可以看出,流体流经网孔区域的流速增大,流经网线区域的流速减小,这是因为流体流过网线产生绕流作用,而在压差力的作用下流体沿着网线表面加速,从网线绕过。来流速度在网衣前就开始降低,经过网衣后流速短暂增加再减小,但其尾流区域持续较长的时间。来流经过网衣后的流速衰减为原来流速的 87％左右。观察流体在流过网衣后的速度趋于稳定所需距离,可以发现,流速的变化并不影响该距离的大小,流速的变化对所形成尾流的区域大小并无明显影响。

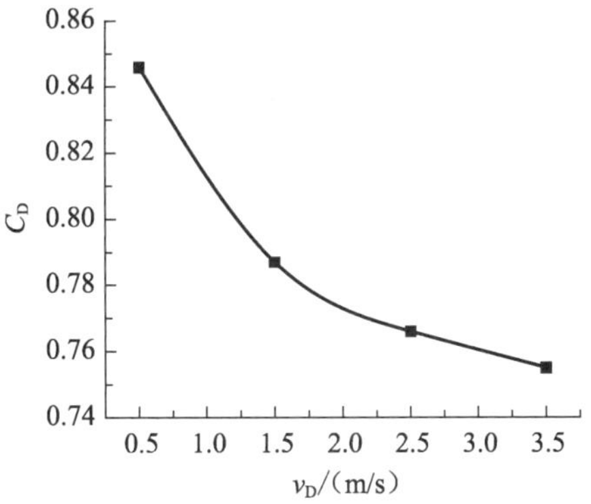

图 5   阻力系数 C_D 随流速变化趋势

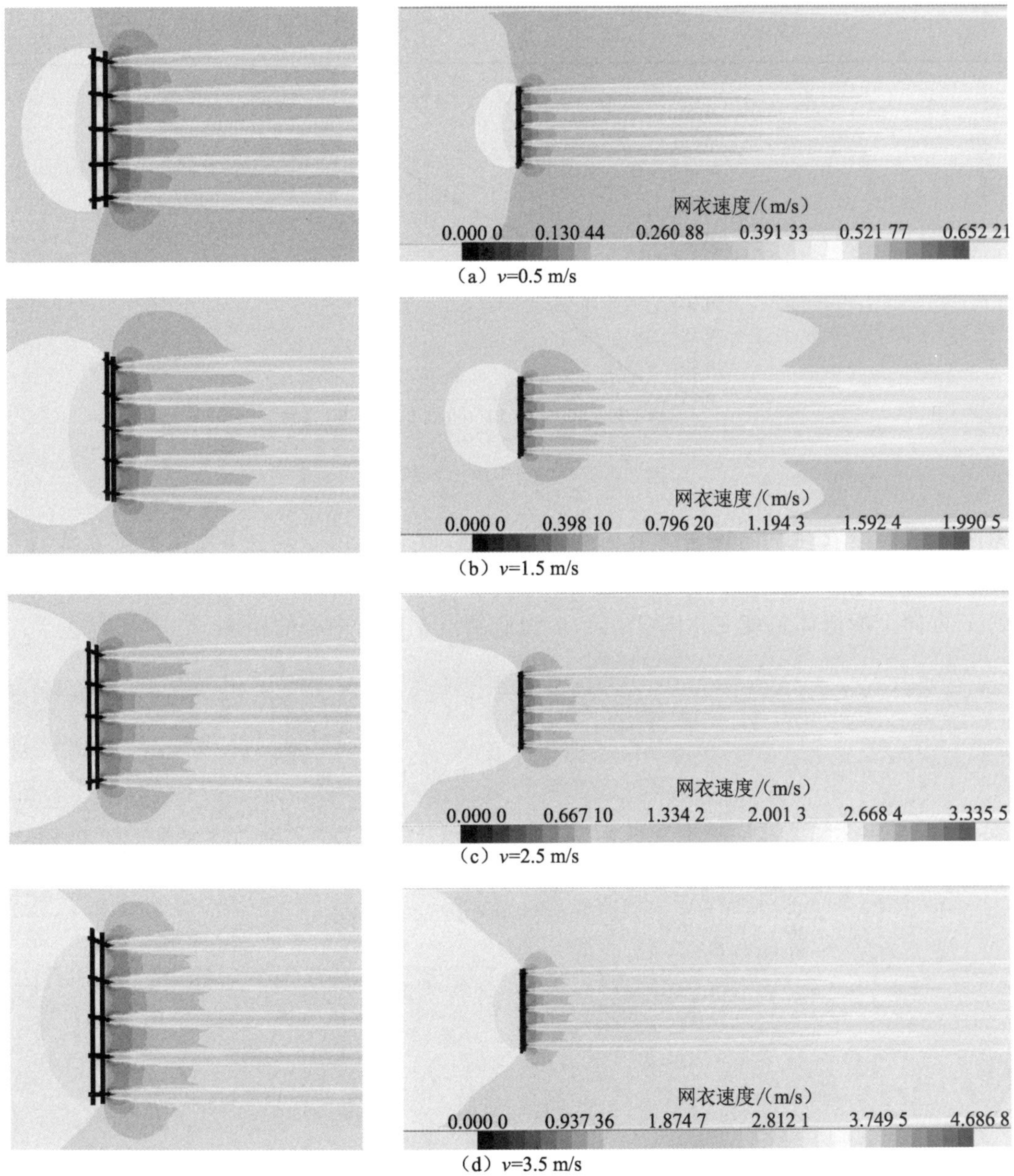

(a) v=0.5 m/s

(b) v=1.5 m/s

(c) v=2.5 m/s

(d) v=3.5 m/s

图 6   不同流速下网衣速度云图

3.2 攻角对 C_D 影响

将不同攻角下的阻力系数与由半经验公式(8)计算所得的参考值进行对比,如表 2 所示。根据数值模拟结果,当流速为 0.5 m/s 时,模拟所得网片阻力系数与参考值接近,最大误差为 6.02%;考虑到半经验公式的实验模型为柔性网衣,存在网衣变形对阻力系数的影响,而本数值模拟的模型为刚性网片,该数值结果具有一定的参考作用。

当网片与来流呈现一定的角度时,网片的阻力系数随着攻角的变化而发生改变。从图 7 可以看出,随着攻角增大,阻力系数逐渐增大,并且在 0°~45°范围内增大趋势逐渐升高,在 45°~90°范围增大趋势逐渐平缓,当攻角在 90°时,阻力系数达到最大。

表 2 $v=0.5$ m/s 时不同攻角下阻力系数对比

攻角/(°)	C_D(试验值)	C_D(Hosseini)	相对误差/%
30	0.624	0.664	6.02
45	0.743	0.754	1.46
60	0.805	0.800	0.625
90	0.846	0.823	2.79

图 7   不同攻角下阻力系数变化

图 8 为刚性平面网衣在不同攻角下流场的速度云图,取 30°、45°、60°、90°攻角下网衣流场作为对比。为直观分析不同攻角对流体前进方向的流速变化趋势的影响,在网衣中心轴线处设置沿速度方向的多点监测。得到 x 方向上的流体速度变化图(图 9),d 为监测点至网衣中心的距离。

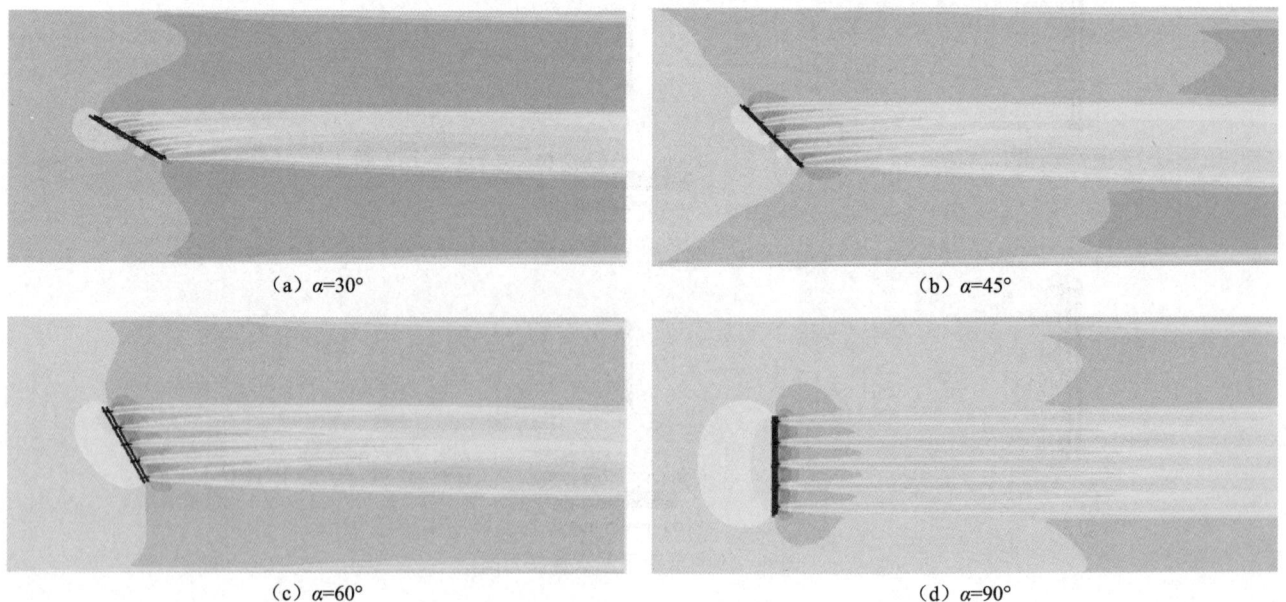

(a) $\alpha=30°$ (b) $\alpha=45°$

(c) $\alpha=60°$ (d) $\alpha=90°$

图 8   不同攻角下网衣速度云图

如图 8 所示,可以看出,在网的上游有小范围的速度衰减区,在网的下游有一个非常大的速度衰减区,且随着攻角的增大,网衣尾流衰减区的宽度逐渐增大。在攻角为 90°时,网片在来流方向的投影面积最大,尾流宽度也最大。在水流流经网衣前后的过程中,速度都呈现先减小后增大的趋势,除 90°攻角外的其他倾斜网衣,流体在流经网线时产生的下方尾流束均较上方尾流束更为宽大。随着攻角的增大,近场区域出现流速衰减范围越大,远场区域流速增大的范围也越大;网衣后尾流的宽度也逐渐增大,且流体流过网线形成的尾流束愈加清晰。攻角较小时,尾流束之间没有清晰的区分,尾流束之间相互融合,形成一股较大尾流。

图 9 为不同攻角下流场的速度变化曲线,来流速度在网衣前就开始降低,经过网衣后流速短暂增加再减小。由于网衣的遮蔽效应,尾流速度依旧有衰减,最终逐渐趋于平缓。当攻角为 90°时,尾流区域的速度降低较大。以攻角 45°为界限,大于该值时的尾流的速度降低较为明显,小于该值时的速度降低不太明显。从总体速度变化趋势来看,不同攻角对沿流体前进方向的流速变化趋势并无明显影响。

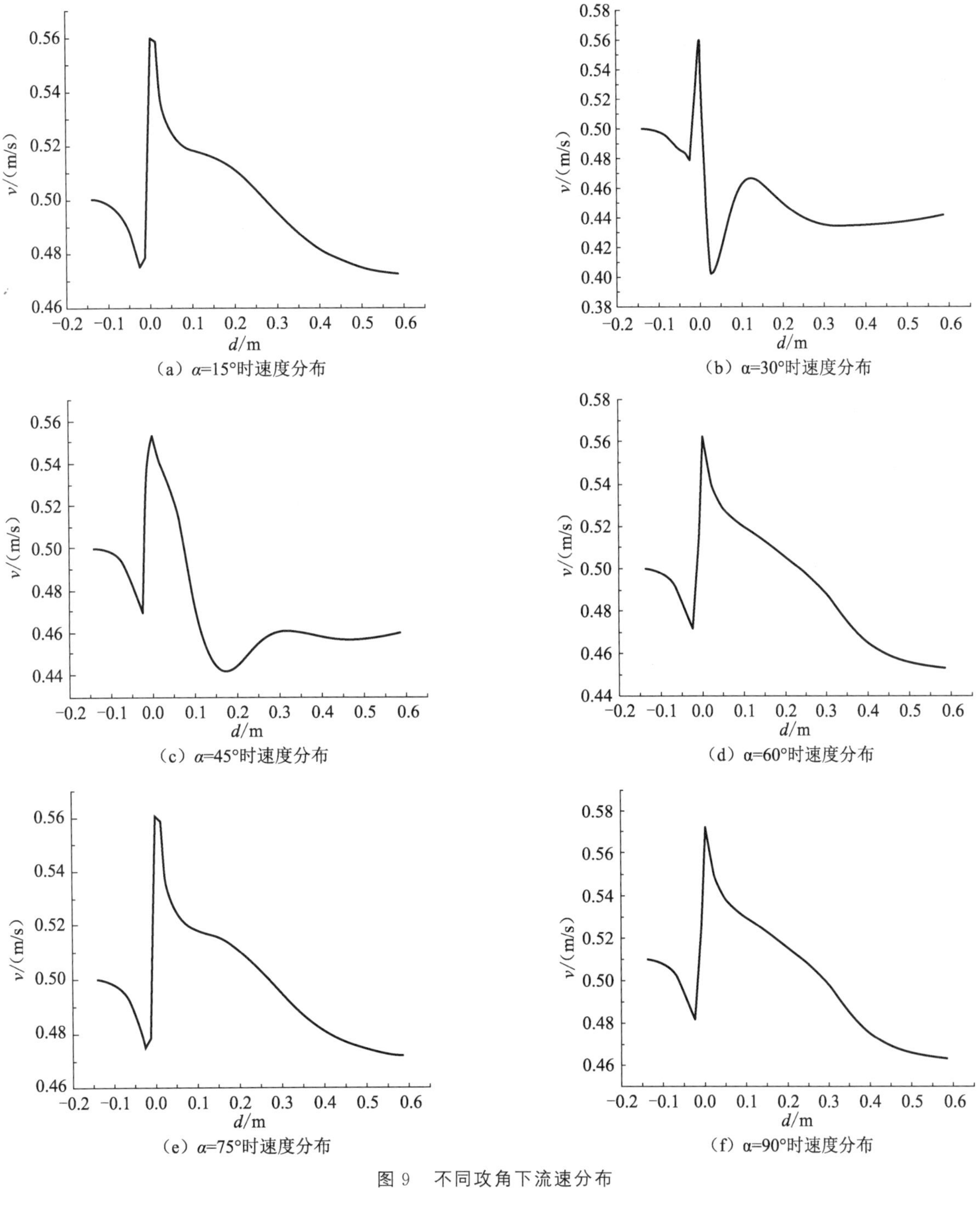

图 9　不同攻角下流速分布

4 结　语

基于 CFD 数值方法,利用软件 STAR-CCM＋进行数值模拟分析,研究均匀流作用下小尺度刚性平面网衣在不同流速、攻角下的阻力性能和速度场分布。结论如下:

(1) 随着流速的增大,网衣阻力系数逐渐减小,且减小速率逐渐降低,不同流速对速度分布图中网衣后尾流区域和流经网衣的速度衰减影响微弱。

(2) 当流速一定时,网衣的阻力系数随攻角的增大而增大,在 0°～45°范围内增大趋势逐渐升高,在45°～90°范围增大趋势逐渐平缓,并在攻角为 90°时达到最大值。攻角较小时,网衣尾流较窄,尾流束之间相互融合。随着攻角的增大,网衣尾流区域逐渐变宽,尾流束逐渐相互分离。不同攻角对沿流体前进方向的流速变化趋势并无明显影响。

(3) 模拟所得网片阻力系数与经验公式参考值吻合较好,误差在允许范围内。半经验公式的试验模型为柔性网衣,存在网衣变形对阻力系数的影响,而本数值模拟的模型为刚性网片。在这里的数值模拟中,没有考虑网衣变形的影响,真实情况下网衣属于小尺度柔性结构物,网衣的变形对流场以及网衣所受阻力是有影响的。本数值模拟研究对网片的流场特性进一步研究有一定参考作用。

🌐 参考文献

[1] 李明敏. 深远海现代化养殖装备的发展与挑战[J]. 科技与金融,2023(9):3-12.

[2] TSUKROV I,EROSHKIN O,FREDRIKSSON D,et al. Finite elementmodeling of net panels using a consistent net element[J]. Ocean Engineering,2003,30(2):251-270.

[3] PATURSSON Ø. Tow tank measurements of drag and lift force on a net panel and current reduction behind the net panel[R]. Faroe Islands:University of the Faroe Islands,2007.

[4] KRISTIANSEN T,FALTINSEN O M. Modelling of current loads on aquaculture net cages[J]. Journal of Fluids and Structures,2012,34:218-235.

[5] 张婧,华福永,周游,等. 遮蔽效应下双平面网衣和圆形网衣的水动力性能[J]. 船舶与海洋工程,2023,39(3):33-38.

[6] 田雨,李鹏,秦洪德,等. 基于 CFD 方法的刚性小尺度网衣流场特性研究[C]//吴有生,王本龙,何春荣. 第十六届全国水动力学学术会议暨第三十二届全国水动力学研讨会论文集(上册). 北京:海洋出版社,2021:751-761.

[7] 李鹏,韩鑫悦,秦洪德,等. 小尺度平面网衣流场特性数值研究[J]. 应用科技,2022,49(1):1-7.

[8] 赵云鹏,毕春伟,董国海,等. 平面网衣周围流场的三维数值模拟[J]. 水动力学研究与进展 A 辑,2011,26(5):606-613.

[9] XU Z J,QIN H D. Fluid-structure interactions of cage based aquaculture:from structures to organisms[J]. Ocean Engineering,2020,217:107961.

[10] HOSSEINI S A,LEE C W,KIM H S,et al. The sinking performance of the tuna purse seine gear with large-meshed panels using numerical method[J]. Fisheries Science,2011,77(4):503-520.

基于 KraKen 的多体浮式系统非线性时域耦合分析

王辰宇，李彬彬

（清华大学深圳国际研究生院，广东 深圳　518000）

摘要：多体浮式系统由一个或多个浮式结构以及多根柔性管缆所构成，具有较为复杂的多体耦合机制。采用多体动力学方法推导了包含刚性浮体与柔性管缆的浮式系统的耦合时域分析动力学框架，使用约束方程和 Lagrange 乘子处理约束，采用广义 α 法进行动力学时域计算。在自研海工软件 KraKen 中利用该方法分析了三线系泊的浮式风电 OC4 半潜式平台在规则波下的运动响应，并模拟了其瞬态断缆工况下的动力学行为，与商业软件 OrcaFlex 结果进行对比。结果表明该方法适用于多体浮式结构的非线性时域耦合分析，并在一般工况计算和断缆瞬态计算工况中具有高精度和数值稳定性特征。

关键词：浮式结构；时域分析；多体动力学；耦合分析；非线性；有限元分析

海洋浮式结构系统对于人类开发利用海洋具有重要意义。随着海洋浮式作业施工技术的快速发展，浮式结构正向着多体耦合的方向发展。因此，针对复杂环境下的多体浮式系统在不同作业工况下的动力分析与安全性评估成为研究热点。

工程上，多体浮式系统的耦合分析可通过 SESAM[1]、OrcaFlex[2] 和 FAST[3] 等软件进行。SESAM 是由挪威船级社 DNV 开发的海工结构分析设计软件，包含多个模块，适用于多种海洋结构物。OrcaFlex是浮式结构耦合时域分析的专业软件，对柔性管缆结构的非线性动力求解时具有很高的计算效率和精度。FAST 为风机计算领域的开源软件，可进行浮式风机全系统的耦合动力分析，但对浮体水动力和系泊系统的计算模型则存在部分简化。下文将介绍自研海工软件 KraKen，其通过多体动力学方法将刚性浮体与柔性管缆进行耦合分析，具有对包含复杂约束条件的多体浮式系统进行非线性时域分析的能力。对于耦合分析的方法，Ran[4] 采用先计算刚性浮体，再通过浮体位移单独计算线缆的方式进行异步耦合计算。Yang 等[5-6] 同样通过异步耦合的方式分别计算浮体与线缆的响应，实现二者在复杂海况下的耦合时域分析。Hall 等[7] 对浮式风机的耦合时域分析采用单个风机求解时间步内嵌多个系泊求解时间步的方式，分别求解风机的响应及其导致的系泊响应，并进行耦合。Liu 等[8] 通过外部程序在多个求解软件中传递数据，对浮式风电场的共享系泊系统进行动力学求解，并对失效工况进行分析。

基于多体动力学方法，将多体浮式系统进行同步耦合非线性时域计算，采用 Lagrange 乘子处理约束，采用广义 α 法进行时域动力学计算。推导了耦合计算的动力学框架，并使用应用了该动力学框架的自研海工软件 KraKen 对浮式风电半潜式平台进行常规工况与瞬态断缆工况的动力学分析，将动力响应计算结果与 OrcaFlex 计算结果进行对比，验证计算精度与数值稳定性。

1 理论方法

1.1 浮体与管缆理论

多体浮式结构主要由刚性浮体和柔性管缆构成，其通过不同方式进行连接，在动力学建模中表现为不同的求解理论与约束形式。典型的多体浮式结构包含相互连接的多个浮体与多条管缆，在环境荷载下具

基金项目：国家自然科学基金面上项目（52371280）；广东省省级科技计划项目（2023A0505050086）；深圳市基础研究面上项目（JCYJ20220530143006015）

通信作者：李彬彬。E-mail：libinbin@sz.tsinghua.edu.cn

有非线性强耦合效应,如图 1 所示。

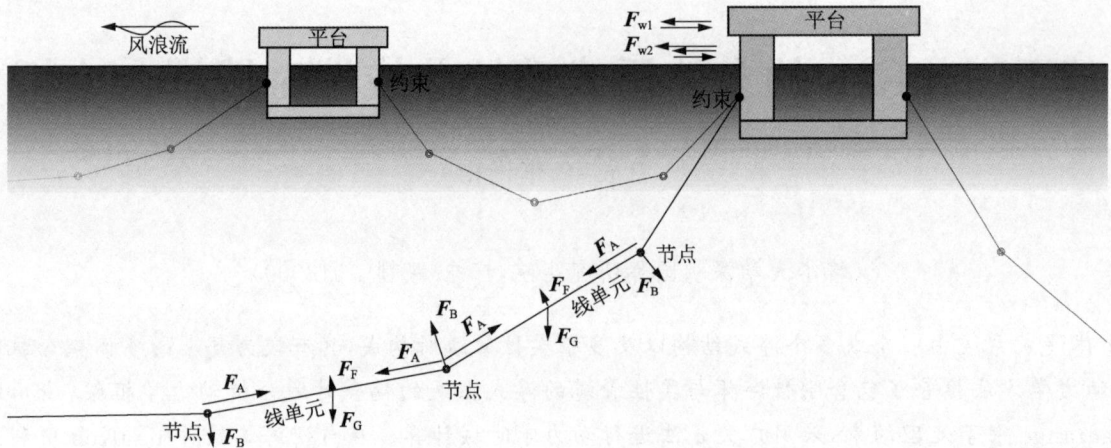

图 1 多体浮式系统示意

浮体的计算考虑浮体的六自由度波频与低频运动,控制方程可写成式(1):

$$[M+M_a]\ddot{x}(t)+C\dot{x}(t)+Kx(t)=F_{w1}(x,t)+F_{w2}(x,t)-F_{rad}(\dot{x},t) \tag{1}$$

式中:M 和M_a 分别为浮体的结构质量和附加质量;$\ddot{x}$ 为结构加速度;C 和$\dot{x}$ 分别代表线性阻尼和当前时刻的速度;K 和 x 分别代表静水刚度和位移。等式右侧则包含任一时刻的浮体受力情况,包括一阶波浪力 F_{w1}、二阶波浪力F_{w2} 以及辐射阻尼力F_{rad}。

线缆的计算则使用集中质量单元[9],该单元格式允许任意线缆变形,采用单元的三维点坐标计算单元由于变形产生的轴向变形和弯曲,其控制方程如下:

$$M\ddot{x}(t)=F(x,\dot{x},\ddot{x},t)=-F_A(x)-F_B(x)+F_F(\dot{x},\ddot{x},t)+F_G+F_S(x) \tag{2}$$

式中:力 F 可细分为轴向力F_A、弯曲力F_B、流体荷载F_F、重力F_G 及管土相互作用力F_S,是关于柔性线缆动力学响应 x、$\dot{x}$ 和$\ddot{x}$ 以及随时间 t 变换的环境荷载的函数,具有强非线性效应。

此外,柔性线缆的多自由度几何非线性性质也使得控制方程无法直接求解,一般使用 Newton-Raphson 迭代的方法,从非线性受力提取线性项进行迭代求解。

1.2 多体约束分析

在多体浮式系统中,多个浮体和柔性线缆的非线性约束耦合需要在有限元受力平衡方程的基础上使用额外的约束方程组进行描述:

$$\boldsymbol{\Phi}(u)=0 \tag{3}$$

式中:u 包含多体浮式系统中所有结构的位移向量,其维度为系统中所有结构的自由度总和。其上方加点代表对时间求导,右上标代表时刻,如$\dot{u}^t$ 和$\ddot{u}^t$ 代表在 t 时刻的速度和加速度。

使用与约束方程组 $\boldsymbol{\Phi}$ 相同维度的 Lagrange 乘子 λ 表示约束力,并令多体系统的广义有限元坐标为结构自由度和约束自由度的装配,即 $q=[u,\lambda]^T$。

该浮式多体系统的耦合受力 F 和切线刚度K_t 由约束变分原理导出,并可使用多体系统广义有限元坐标 q 进行描述:

$$F=\frac{\partial \Pi}{\partial q^T}=\begin{bmatrix} F_0+\boldsymbol{\Phi}_u^T\lambda \\ \boldsymbol{\Phi}(u) \end{bmatrix} \tag{4}$$

$$K_t=\frac{\partial F}{\partial q^T}=\begin{bmatrix} \dfrac{\partial F_0}{\partial u}+\dfrac{\partial \boldsymbol{\Phi}(u)^T}{\partial u \partial u^T}\lambda & \dfrac{\partial \boldsymbol{\Phi}(u)}{\partial u} \\ \dfrac{\partial \boldsymbol{\Phi}(u)}{\partial u} & 0 \end{bmatrix}\approx\begin{bmatrix} K_0 & \boldsymbol{\Phi}_u \\ \boldsymbol{\Phi}_u & 0 \end{bmatrix} \tag{5}$$

式中:Π 为能量泛函;F_0 和 K_0 分别为无约束条件下的有限元系统结构受力向量和刚度矩阵;$\boldsymbol{\Phi}_u=\partial \boldsymbol{\Phi}(u)/\partial u$ 为约束方程组 $\boldsymbol{\Phi}$ 对结构位移 u 的求导项。式(5)表明,在约束的情况下,系统的广义受力 F 包含对应结构有限元位移 u 与 Lagrange 乘子 λ 的两个部分,其中 F 中关于 u 的部分包含约束受力项 $\boldsymbol{\Phi}_u^{\mathrm{T}}\lambda$,关于 λ 的部分则与 λ 无关。此外,该多体系统的切线刚度矩阵也增广至广义坐标 q 的维度,其中三阶张量叠加项 $\dfrac{\partial \boldsymbol{\Phi}(u)^{\mathrm{T}}}{\partial u \partial u^{\mathrm{T}}}\lambda$ 在计算过程中往往省略,以减小计算量。

一般情况下,t 时刻的结构受力 F_0^t 由仅与已知时变外荷载 $P(t)$、惯性 $M\ddot{u}^t$ 及与结构当前响应有关的弹性力 $F_{\mathrm{E}}(u^t,\dot{u}^t,\ddot{u}^t)$ 有关。该时刻的结构切线刚度 K_0^t 则认为仅与该时刻的弹性力 $F_{\mathrm{E}}(u^t,\dot{u}^t,\ddot{u}^t)$ 有关:

$$F_0^t = M\ddot{u}^t + F_{\mathrm{E}}(u^t,\dot{u}^t,\ddot{u}^t) - P(t) \tag{6}$$

$$K_0 = \frac{\partial F_0^t}{\partial u^t} = \frac{\partial F_{\mathrm{E}}(u^t,\dot{u}^t,\ddot{u}^t)}{\partial u^t} \tag{7}$$

1.3 时域动力计算

上述非线性的约束求解框架适用于由刚性浮体与柔性管缆组成的多体浮式系统。使用广义 α 法[10] 对该系统进行时域求解,该方法在时域求解中具有高精度及数值稳定性,且对由非线性因素带来的高频非结构响应的数值问题具有理想的数值耗散性质,并可在非线性耦合时域求解中使用较大的时间步长,在保证求解精度的前提下提高效率。

广义 α 法的参数由无穷频率的谱半径 ρ_∞ 直接定义。

$$\alpha_m = \frac{2\rho_\infty - 1}{\rho_\infty + 1}; \quad \alpha_f = \frac{\rho_\infty}{\rho_\infty + 1}; \tag{8}$$

$$\beta = \frac{1}{4}(1 - \alpha_m + \alpha_f)^2; \quad \gamma = \frac{1}{2} - \alpha_m + \alpha_f \tag{9}$$

式中:α_m 与 α_f 分别是关于惯性与外荷载的 α 耗散参数;β 与 γ 分别是 Newmark 速度与加速度参数。在广义 α 方法的求解框架中,参数 ρ_∞ 控制无穷频率的谱半径,$\rho_\infty = 1$ 代表没有高频数值阻尼,$\rho_\infty = 0$ 代表最大的高频数值阻尼,在此区间内 ρ_∞ 越大代表数值阻尼越小。过大的数值阻尼会造成系统的主要低频响应部分存在阻尼,影响数值计算精度;过小的数值阻尼则会产生由非结构因素引起的高频响应的数值问题,影响求解的数值稳定性。图 2 展示了 ρ_∞ 在不同时间步长与响应周期比下的数值耗散性质。

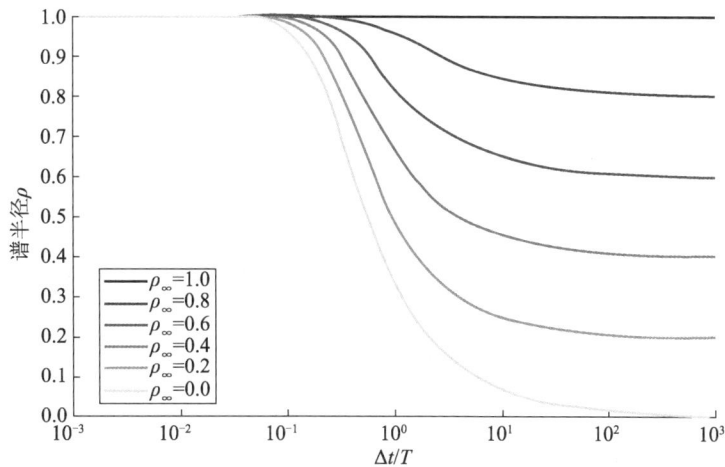

图 2 广义 α 法数值耗散性质

在每一个时间步 Δt 中,在已知前一时刻 t 的响应 u^t、$\dot{u}^t$ 和 $\ddot{u}^t$ 与增量位移 Δu^t 的情况下,即可根据以下 Newmark 方法求解下一时刻 $t+\Delta t$ 的响应 $u^{t+\Delta t}$、$\dot{u}^{t+\Delta t}$ 和 $\ddot{u}^{t+\Delta t}$:

$$\begin{cases} u^{t+\Delta t} = \Delta u^t + u^t \\ \dot{u}^{t+\Delta t} = \dfrac{\gamma}{\beta\Delta t} \cdot \Delta u^t - \left(\dfrac{\gamma}{\beta} - 1\right) \cdot \dot{u}^t - \left(\dfrac{\gamma}{2\beta} - 1\right)\Delta t \cdot \ddot{u}^t \\ \ddot{u}^{t+\Delta t} = \dfrac{1}{\beta\Delta t^2} \cdot \Delta u^t - \dfrac{1}{\beta\Delta t} \cdot \dot{u}^t - \left(\dfrac{1}{2\beta} - 1\right) \cdot \ddot{u}^t \end{cases} \tag{10}$$

式(10)表明,下一时刻 $t+\Delta t$ 的响应 $\boldsymbol{u}^{t+\Delta t}$、$\dot{\boldsymbol{u}}^{t+\Delta t}$、$\ddot{\boldsymbol{u}}^{t+\Delta t}$ 与时间步的增量位移 $\Delta\boldsymbol{u}^t$ 线性相关。因此,需求解的下一时刻 $t+\Delta t$ 的控制方程 $\boldsymbol{G}_\alpha$ 即可写为式(11)中与 $\Delta\boldsymbol{u}^t$ 相关的形式:

$$\boldsymbol{G}_\alpha(\Delta\boldsymbol{u}^t)=\alpha\boldsymbol{F}(\boldsymbol{u}^t)+(1-\alpha)\boldsymbol{F}(\boldsymbol{u}^{t+\Delta t})=0 \tag{11}$$

$$\alpha\boldsymbol{F}(\boldsymbol{u}^t)=\alpha_f[\boldsymbol{F}_E(\boldsymbol{u}^t,\dot{\boldsymbol{u}}^t,\ddot{\boldsymbol{u}}^t)-\boldsymbol{P}(t)]+\alpha_m\boldsymbol{M}\ddot{\boldsymbol{u}}^t$$

$$(1-\alpha)\boldsymbol{F}(\boldsymbol{u}^{t+\Delta t})=(1-\alpha_f)[\boldsymbol{F}_E(\boldsymbol{u}^{t+\Delta t},\dot{\boldsymbol{u}}^{t+\Delta t},\ddot{\boldsymbol{u}}^{t+\Delta t})-\boldsymbol{P}(t+\Delta t)]+(1-\alpha_m)\boldsymbol{M}\ddot{\boldsymbol{u}}^{t+\Delta t}$$

在每个时间步 Δt 中,通过式(12)中 Newton-Raphson 迭代的形式,利用控制方程 $\boldsymbol{G}_\alpha$ 及其 Jacobian 矩阵求出第 i 步迭代的增量位移 $\delta\boldsymbol{u}_i$ 与时间步增量 $\Delta\boldsymbol{u}_{i+1}$,

$$\delta\boldsymbol{u}_i^t=-\left[\frac{\partial\boldsymbol{G}_\alpha(\Delta\boldsymbol{u}_i^t)}{\partial\Delta\boldsymbol{u}_i^t}\right]^{-1}\partial\boldsymbol{G}_\alpha(\Delta\boldsymbol{u}_i^t) \tag{12}$$

$$\Delta\boldsymbol{u}_{i+1}^t=\Delta\boldsymbol{u}_i^t+\delta\boldsymbol{u}_i^t=\sum_0^{i=n}\delta\boldsymbol{u}_i^t \tag{13}$$

将 $\Delta\boldsymbol{u}_{i+1}^t$ 带入式(10)得到该次迭代后下一时刻的响应 $\boldsymbol{u}_{i+1}^{t+\Delta t}$、$\dot{\boldsymbol{u}}_{i+1}^{t+\Delta t}$ 和 $\ddot{\boldsymbol{u}}_{i+1}^{t+\Delta t}$,然后即可通过式(11)计算出下一迭代步的控制方程,并通过式(14)计算 Jacobian 矩阵。

$$\frac{\partial\boldsymbol{G}_\alpha(\Delta\boldsymbol{u}_i^t)}{\partial\Delta\boldsymbol{u}_i^t}=(1-\alpha_f)\left(\frac{\gamma}{\beta\Delta t}\cdot\boldsymbol{C}+\boldsymbol{K}\right)+\frac{1-\alpha_m}{\beta\Delta t^2}\boldsymbol{M} \tag{14}$$

其中,认为质量矩阵 $\boldsymbol{M}$ 在计算中不变,阻尼矩阵 $\boldsymbol{C}$ 和刚度矩阵 $\boldsymbol{K}$ 则可以视为结构受力对速度和位移的一阶导数项,在每个迭代步中重新进行计算。

$$\boldsymbol{K}=\frac{\partial\boldsymbol{F}_0}{\partial\boldsymbol{u}};\quad\boldsymbol{C}=\frac{\partial\boldsymbol{F}_0}{\partial\dot{\boldsymbol{u}}} \tag{15}$$

$\boldsymbol{F}_0$ 中任何与结构位移 $\boldsymbol{u}$ 和速度 $\dot{\boldsymbol{u}}$ 相关的受力都可以进行求导线性化,以提高迭代求解的效率。

时间步的求解采用残差作为迭代收敛的准则,大型多体浮式结构系统通常采用绝对或相对位移残差判别准则,即第 i 迭代步残差 $(r_s)_i$ 小于允许精度 ε_{tol} 时认为收敛

$$(r_s)_i\leqslant\varepsilon_{tol};(r_{sd})_i=|\delta\boldsymbol{u}_i|;(r_{sr})_i=\frac{|\delta\boldsymbol{u}_i|}{|\Delta\boldsymbol{u}_{i+1}|} \tag{16}$$

在约束存在的情况下,考虑到系统约束方程 $\boldsymbol{\Phi}$ 的求解,以及广义有限元坐标 $\boldsymbol{q}$ 中结构位移 $\boldsymbol{u}$ 与 La-grange 乘子 $\boldsymbol{\lambda}$ 的同步求解,控制方程可改写为式(17):

$$\boldsymbol{G}_\lambda(\Delta\boldsymbol{q}^t)=\begin{bmatrix}\boldsymbol{G}_\alpha(\Delta\boldsymbol{u}^t)+\boldsymbol{\lambda}^{t+\Delta t}(\Delta\boldsymbol{\lambda}^t)\\\boldsymbol{\Phi}(\Delta\boldsymbol{u}^t)\end{bmatrix}=0 \tag{17}$$

式(17)中与广义有限元坐标 $\boldsymbol{q}$ 有关的控制方程 $\boldsymbol{G}_\lambda$ 同样可以写成时间步增量 $\Delta\boldsymbol{q}^t$ 的函数,并按照式(18)的增量形式进行迭代求解。

$$\delta\boldsymbol{q}_i^t=-\left[\frac{\partial\boldsymbol{G}_\lambda(\Delta\boldsymbol{q}_i^t)}{\partial\Delta\boldsymbol{q}_i^t}\right]^{-1}\partial\boldsymbol{G}_\lambda(\Delta\boldsymbol{q}_i^t) \tag{18}$$

$$\boldsymbol{K}_\lambda=\left[\frac{\partial\boldsymbol{G}_\lambda(\Delta\boldsymbol{q}_i^t)}{\partial\Delta\boldsymbol{q}_i^t}\right]=\begin{bmatrix}\dfrac{\partial\boldsymbol{G}_\alpha(\Delta\boldsymbol{u}_i^t)}{\partial\Delta\boldsymbol{u}_i^t}&\boldsymbol{\Phi}_u\\\boldsymbol{\Phi}_u&0\end{bmatrix} \tag{19}$$

若在运动中存在约束失效的情况,则可在求解过程中将该约束对应乘子 $\boldsymbol{\lambda}$ 的自由度凝聚,即在式(17)$\boldsymbol{\Phi}$ 中将相应被约束自由度对应元素置为 0,并在式(19)$\boldsymbol{K}_\lambda$ 中将相应自由度行列中的非对角线元素置为 0,对角线元素置为 1。

1.4 软件求解流程

应用以上理论可形成完整的多体浮式系统非线性耦合时域分析流程。在输入多体初始参数及约束情况后,进行静力计算直至收敛。再根据求解结构指定时域动力计算参数 Δt、ρ_∞ 和 ε_{tol},按式(8)和式(9)计算参数 α_m、α_f、β 和 γ,并根据第 1.2、1.3 部分的理论进行时域计算,直至达到指定时间。时域分析过程的具体流程如图 3 所示。

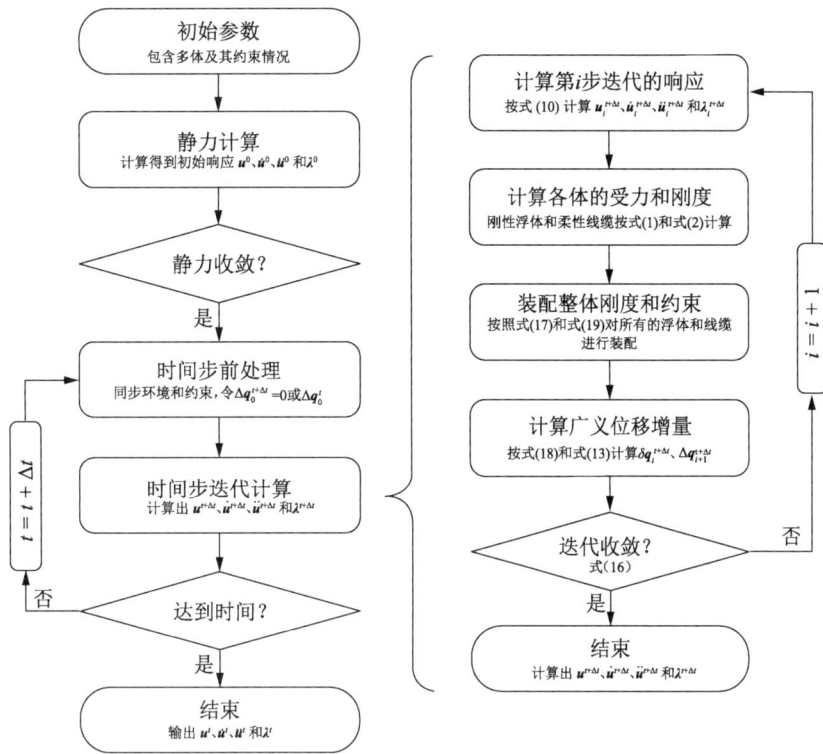

图 3　时域计算流程

该分析流程可以扩展到除刚性浮体与柔性管缆以外的物体以及约束形式。对于浮式风机系统,风机将作为特殊刚性体与浮体进行刚性连接,并受到风荷载和主动控制效应的影响。对于约束发生变化的情况,如瞬态断缆工况,则可在时域计算过程中改变约束形式,取消线缆与浮体的约束,以将二者断连。此外,浮式吊装、拖航等海上浮式作业工况均可使用该多体浮式结构的非线性时域耦合分析框架进行模拟,以对整体作业安全性与天气窗口进行精确预测。

上述海洋多浮体耦合时域计算框架已应用于自研海工软件 KraKen。KraKen 软件在 MATLAB 环境下编写,集成了刚性浮体动力学、柔性线缆动力学以及非线性时域耦合分析工具,具有对复杂环境下海洋工程多体浮式系统进行耦合时域分析的能力。该软件已被用于多体水动力耦合分析[11-12]以及海上作业动力学分析[13-14]等海洋工程计算场景中,具有稳定且精确的数值求解器以及较为完善的可视化界面,其部分应用场景如图 4 所示。

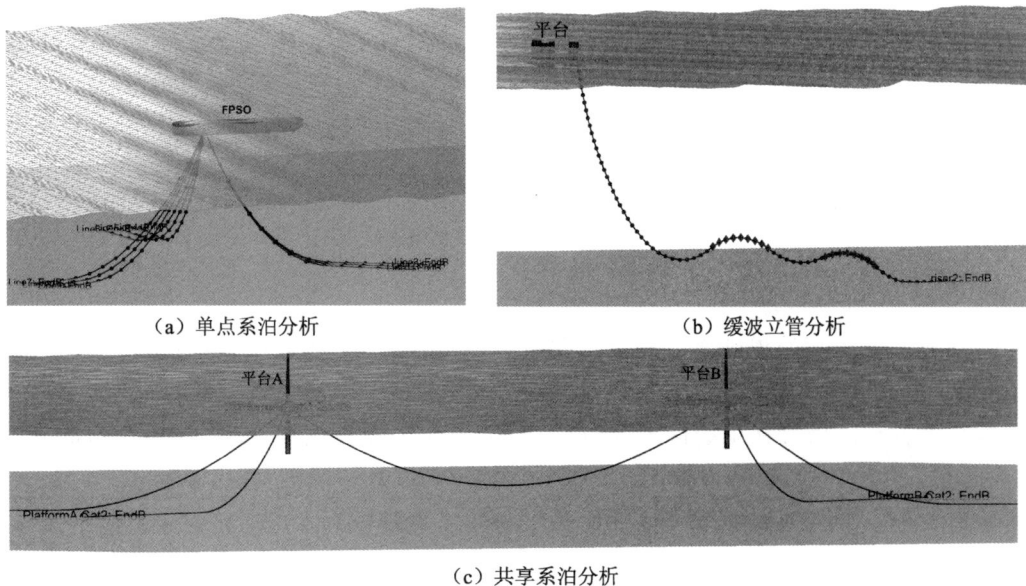

（a）单点系泊分析　　　　　　　　　　　　　　　（b）缓波立管分析

（c）共享系泊分析

图 4　软件 KraKen 应用场景

KraKen 软件使用面向对象的编程思想，主要功能模块包括外部交互模块、动力学建模求解模块及图形界面模块。计算过程中首先使用外部交互模块读取用户输入文件以及从 Wamit、Hydrostar 等软件中读取浮体水动力计算结果。然后使用动力学模块中的环境模块构造时变风浪流环境，使用浮体、线缆等多体模块以及约束模块按照不同的理论进行系统建模，再通过求解器，根据上述理论进行静力与动力求解，记录求解过程与结果。求解完成后，使用图形界面模块进行可视化，并提取数据进行后处理。

2 实例分析

2.1 常规工况分析

采用实装了上述多体浮式结构分析方法的 KraKen 软件，对连接 3 根系泊缆的浮式风机平台 NREL OC4[15] 进行时域动力学分析。平台的水动力参数通过 HydroStar 软件[16] 进行计算，考虑一阶和二阶的水动力效应。环境条件选用朝向 150°方向、波高 8 m、周期 10 s 的 Airy 波。OC4 平台初始放置于坐标原点，并使初始时刻的局部坐标系与全局坐标系重合。3 根系泊线缆的初始悬挂点至锚点的方向分别为 0°、−120°和 120°，记为线缆 1、线缆 2 和线缆 3。线缆及环境参数如表 1 所示。

表 1　线缆和环境参数

参　数	取值/m
水深	200
系泊半径	837.6
导缆器距静水面深度	14
导缆器与平台中心水平距离	40.868

动力计算持续到 400 s，其中包含 100 s 的缓冲时间。使用 KraKen 和 OrcaFlex 软件对该过程进行模拟，并提取平台 X 方向运动时程以及线缆 1 各个位置的最大轴向张力结果进行对比，结果如图 5 所示。

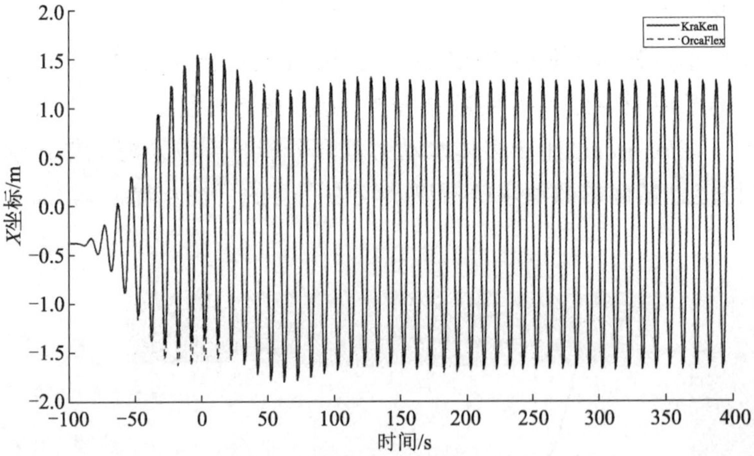

(a) 平台 X 方向位移时程 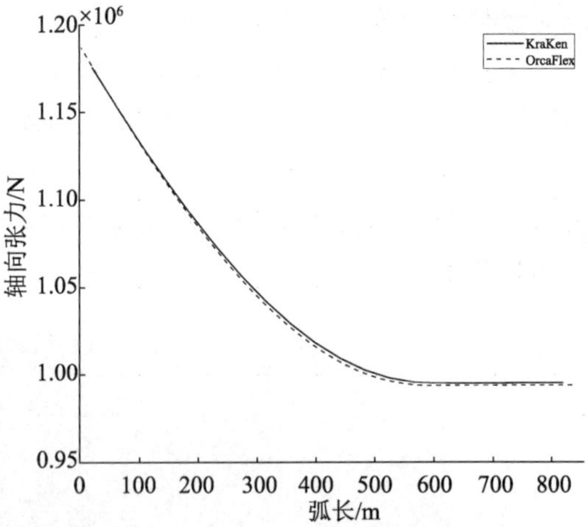　　　　　(b) 线缆 1 各位置最大轴向张力

图 5　规则波时域计算结果对比

图 5(a)中的初始平台位移为平台二阶波浪力作用下的静态位移，KraKen 与 OrcaFlex 二者计算结果几乎完全相同。KraKen 计算的规则波下平台运动时程与 OrcaFlex 基本吻合，稳态动力响应的幅值差距仅有 0.91%。但由于海床、浮体和动力学耦合计算模型的不同，平台初始运动的阻尼效应略有差别。图 5(b)为线缆 1 各个位置在动力过程中的最大张力，横坐标为线缆弧长位置，起始点为线缆的悬挂点。由于柔性缆的重力效应，悬挂点处的张力取得最大值，该值与广义坐标 q 中的 λ 直接相关，其最大值为 1 188 kN，该结果与 OrcaFlex 预测结果相差 0.05%，表明上述理论和 KraKen 软件的适用性与准确性。

2.2 破断工况分析

在上述计算的基础上，保持参数不变，并假设线缆 1 的悬挂点于 400 s 时发生破断，对破断发生后的多体浮式系统的动力学行为进行分析。

平台的系泊连接没有安全冗余,且沿波浪方向受力的线缆 1 张力较大,因此在线缆 1 破断后,平台将失去稳定性,并朝着波浪行进方向漂移。由于断缆瞬间的平台受力大且不均,平台会在瞬间获得较大加速度,导致一小段时间内速度大幅增加。此后,平台会向断缆的反方向进行长距离移动,并在较长时间后移动到极限距离,此后被剩余的系缆拉回新的平衡位置。同样,将 KraKen 和 OrcaFlex 软件对该过程的模拟结果进行对比,如图 6 所示。

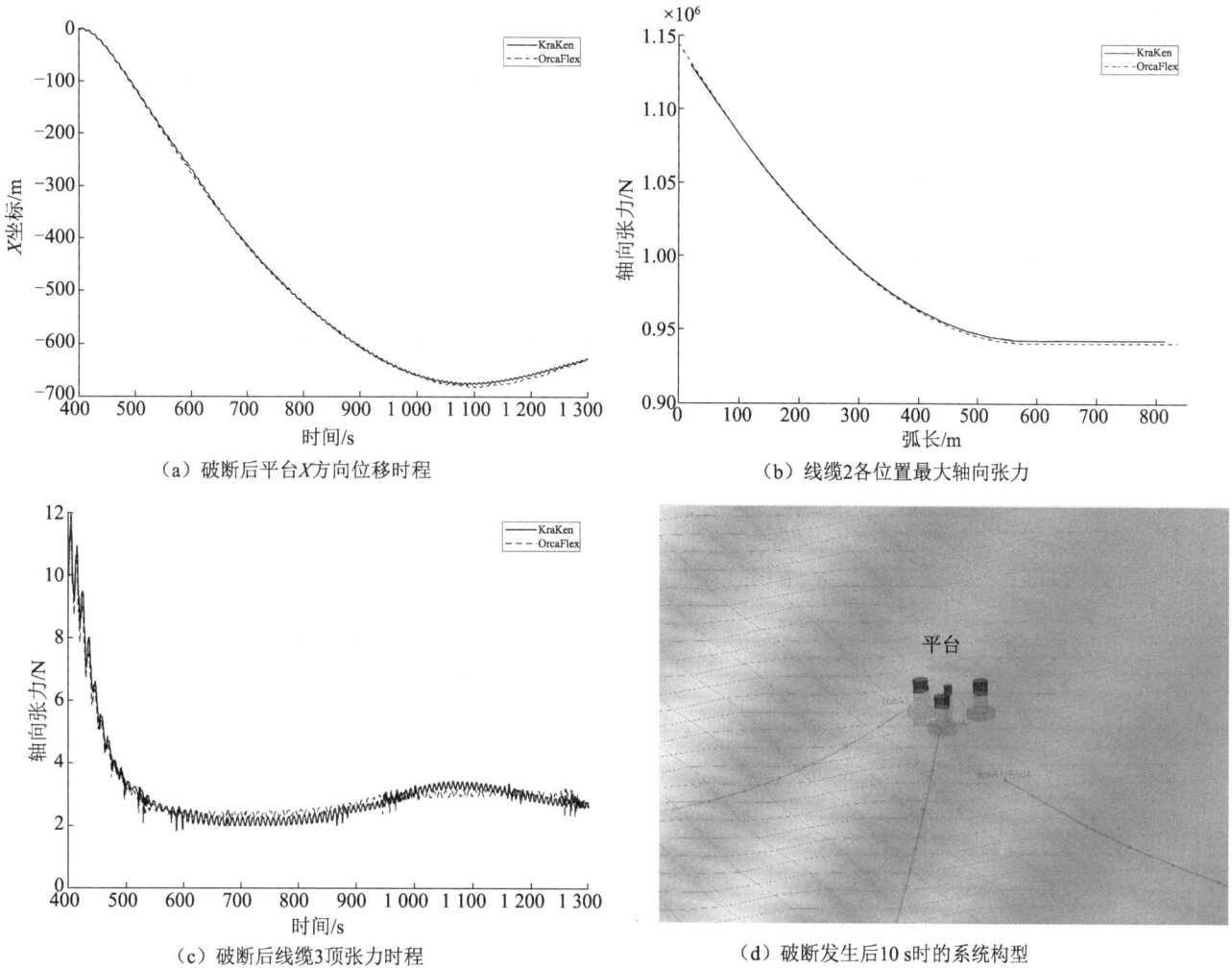

(a) 破断后平台 X 方向位移时程

(b) 线缆 2 各位置最大轴向张力

(c) 破断后线缆 3 顶张力时程

(d) 破断发生后 10 s 时的系统构型

图 6　破断工况时域计算结果对比

图 6(a)为线缆破断后的平台 X 方向位移时程,KraKen 与 OrcaFlex 软件的分析结果几乎完全吻合。KraKen 预测平台将于 1 087 s 达到最大 X 方向位置 −676.95 m,OrcaFlex 预测平台将于 1 100 s 达到最大 X 方向位置 −682.28 m,二者预测的最大偏移位置仅相差 0.78%,验证了 KraKen 在破断工况长时间动力计算的精度与稳定性。图 6(b)中 KraKen 和 OrcaFlex 分析的沿缆长的最大张力分布基本吻合,图 6(c)中 KraKen 和 OrcaFlex 分析的线缆 3 在破断发生后的顶张力时程基本一致,验证了理论和 KraKen 软件在处理浮式结构与柔性管缆多体耦合问题中的适用性与准确性。

此外,在线缆发生破断后,该浮式系统剩余的两根系缆无法提供稳定的限位性能。平台偏离初始平衡位置,被拉向剩余系缆的中心位置,悬链线系泊系统的躺底段长度增大,悬挂段长度减小,提供的水平和竖直回复力都将减小。平台竖直总系泊力减小为原竖直力的 28.1%,且分布不均,直接导致平台吃水相比原平衡位置减小约 0.3 m,且波浪力造成的垂荡幅度显著增大。平台水平系泊力的减小会同样导致刚度减小,系缆产生的水平系泊回复力将直接抵消平台受到的波浪力,并导致平台的最终平衡位置根据环境的不同而产生较大变化,且平台在新平衡位置下的横荡与纵摇荡的幅值也显著增大。实际工程中的脐带缆、立管等柔性在上部浮式平台产生过大偏移时极易发生破坏,因此,没有安全冗余将使得破断工况下的平台生产和安全无法得到保障。

3 结　语

基于多体动力学方法,结合浮式结构水动力理论以及柔性线缆计算理论,推导出了一套适用于多体浮式系统的结构求解框架,并使用适用于非线性系统时域分析的广义 α 方法针对该系统给出了一般求解方法。将该求解框架应用于自研海工软件 KraKen 中,对该软件的基本理论与应用场景进行了介绍,对浮式平台与系泊系统的多体非线性耦合常规工况及破断工况进行了计算测试,将计算结果与 OrcaFlex 进行对比,验证了理论和软件的适用性与准确性,并得出如下主要结论:

(1) 由约束变分原理推导出的多体动力学框架适用于包含刚性浮体与柔性线缆的多体浮式系统的动力学求解,该理论适用于如浮式风机、海上作业等海洋工程工况的动力学分析。该非线性耦合动力系统可以使用广义 α 方法进行时域求解。

(2) 使用上述动力学原理的自研海洋工程软件 KraKen 可以处理多体浮式系统单点系泊、断缆瞬态分析等工况。KraKen 软件在常规工况和破断工况长时间的动力计算结果与 OrcaFlex 吻合很好,验证了理论和软件的适用性与准确性。

参考文献

[1]　SINTEFOcean. SIMO 4. 10. 3 User Guide[Z]. Sintef Ocean Research Organisation:Trondheim,Norway,2017.

[2]　OrcinaLtd. . OrcaFlex User Manual Version 11. 0 d[Z],2020.

[3]　JONKMAN J. Dynamics modeling and loads analysis of an offshore floating wind turbine[R]. Golden:National Renewable Energy Laboratory,2007.

[4]　RAN Z. Coupled dynamic analysis of floating structures in waves and currents. [D]. College Station:Texas A&m University,2000.

[5]　YANG M,TENG B,et al. Coupled dynamic analysis for wave interaction with a truss spar and its mooring line/riser system in time domain[J]. Ocean Engineering,2012,39:72-87.

[6]　杨敏冬. 深水浮式结构与系泊/立管系统的全时域非线性耦合动态分析[D]. 大连:大连理工大学,2012

[7]　MATTHEW H,ANDREW G. Validation of a lumped-mass mooring line model with DeepCwind semisubmersible model test data[J]. Ocean Engineering,2015,104:590-603.

[8]　ZHANG Y,LIU H. Coupled dynamic analysis on floating wind farms with shared mooring under complex conditions [J]. Ocean Engineering,2023,267:113323.

[9]　LOW Y. Efficient methods for the dynamic analysis of deepwater offshore production systems[D]. Cambridge:Churchill College,2006.

[10]　CHUNG G,HULBERT G M. A Time integration algorithm for structural dynamics with improved numerical dissipation:the generalized-α method[J]. Journal of Applied Mechanics,1993,60(2):371.

[11]　LI B. Multi-body hydrodynamic resonance and shielding effect of vessels parallel and nonparallel side-by-side[J]. Ocean Engineering,2020,218(15):108188.

[12]　LI B. Effect of hydrodynamic coupling of floating offshore wind turbine and offshore support vessel[J]. Applied Ocean Research,2021,114:102707.

[13]　LI B. Operability study of walk-to-work for floating wind turbine and service operation vessel in the time domain[J]. Ocean Engineering,2021,220(15):108397.

[14]　WANG C,LIU J,LI B,et al. The absolute nodal coordinate formulation in the analysis of offshore floating operations,Part II:Code validation and case study[J]. Ocean Engineering,2023,281(1):114650.

[15]　ROBERTSON A,JONKMAN J,MASCIOLA M,et al. Definition of the semisubmersible floating system for phase II of OC4[R]. Golden:National Renewable Energy Labratory,2014.

[16]　BUREAU VERITAS. Hydrostar for experts user manual[Z]. Paris:Bureau Veritas,2016.

基于 SPH 的漂浮式光伏阵列水动力特性研究

邓龙赐[1]，赵西增[1,2]，米姝璇[1]，陶　钢[1]

（1. 浙江大学，浙江 舟山　316021，2. 浙江大学 舟山海洋研究中心，浙江 舟山　316021）

摘要： 开展多浮体光伏装置在规则波作用下的物理模型水槽试验和基于光滑粒子法（SPH 方法）的数值模拟，探究铰接多浮体结构和波浪的相互作用机理，讨论入射波参数对多连接浮体单元运动、系泊力的影响。结果表明，各个浮体单元的运动响应具有幅值一致、相位不同、空间对称的特性，其运动幅值又与波高、波长直接相关。在系泊状态下，测得锚绳张力的时程曲线，系泊力峰值大小和相位与浮体运动相关，受波浪参数影响。

关键词： 漂浮式光伏；多浮体；光滑粒子法；系泊系统

　　太阳能光伏（photovoltaic，PV）系统广泛应用于各种电力系统中。由于土地资源有限，水面光伏装机容量和规模不断增长，近年来水面光伏开始向海洋发展。由于深水环境下桩基成本极高[1]，漂浮式光伏系统（FPV）成为光伏走向深海的解决方案，对 FPV 的水动力分析及其在极端海洋环境中的抵抗能力进行全面、可靠的评估显得尤为重要。

　　随着 FPV 装机容量和平台规模的增长，模块化可能成为制造、运输和安装时低成本、高效益的解决方案。Song 等[2]对比了不同连接器（固定和铰接）的响应机制，在相同的海况下，铰接连接器的动态响应比固定连接器更加复杂。这种活动连接方式能够更好避免应力集中导致连接件破坏。在对光伏系统水动力响应的研究中，基于势流理论的模型在海岸和海洋工程中得到了广泛的应用，其中几种已被应用于模拟带系泊缆的浮式结构，如 ANSYS-AQWA[3] 和 OrcaFlex[4]。

　　然而，在势流理论中无法考虑流体黏性和其他复杂的非线性相互作用，因此其计算结果不够准确[5]。为了明确漂浮式光伏结构与波浪的相互作用机理，采用物理模型试验和 SPH 方法开展研究，展示多浮体结构的光伏系统在波浪中的运动规律，分析不同波浪参数对浮体运动和系泊力的影响，总结多伏体光伏阵列与波浪相互作用的机理。

1 试验设置

　　试验中的浮体单元按实物 1∶10 进行缩尺，其中单个浮体模型的外圈长 269.94 mm，宽 153.57 mm，内圈浮体固定光伏组件凸起厚度 10.1 mm，外圈步道厚度 12 mm。光伏装置整体由浮体单元组成 3×5 的阵列。在光伏装置上下游各用 3 根钢丝绳作为锚绳系泊，拉力传感器设置在中间的锚绳上，上下游锚绳各设置 1 个（图 1）。物理模型试验使用大断面波流水槽，水槽长 75 m，宽 1.8 m，高 2.0 m。最大试验水深 1.5 m，造波周期范围 0.5～5.0 s，波高范围 0.02～0.60 m。水槽内光伏装置、锚链、浪高仪等实验仪器的布置如图 2 所示。数字浪高仪 G1 布置在距离造波机 40 m 处。试验采用规则波，设置 4 个不同周期和 5 个不同波高共 20 种波浪条件，见表 1，每种波浪条件下锚链分为张紧和松弛 2 种工况。张紧时锚链与水槽底部夹角为 30°，锚链长 1.6 m，松弛时锚链长度为 2.0 m。

基金项目： 中央引导地方科技发展资金项目（2023ZY1021）；舟山市重大产业科技攻关项目（2023C03004）；浙江省联合基金重点项目（LHZ22E090002）

通信作者： 赵西增。E-mail：xizengzhao@zju.edu.cn

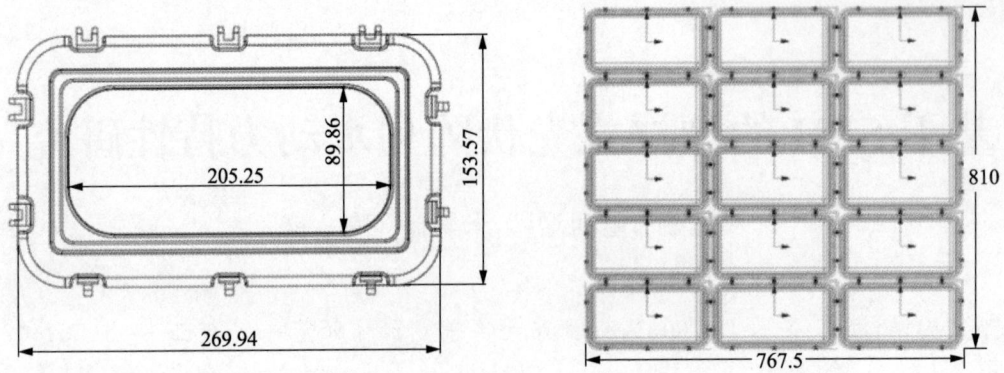

图 1   光伏单元和阵列示意(单位:mm)

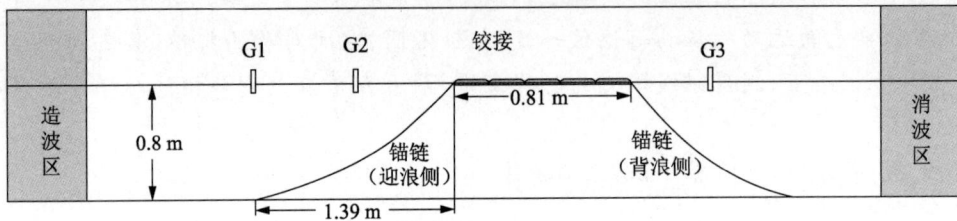

图 2   试验水槽设置

表 1   试验波浪条件设置

波浪参数	参数值
水深 d/m	0.8
波长 L/m	2.368、3.215、4.043、4.846
周期 T/s	1.25、1.5、1.75、2
波高 H/m	0.08、0.12、0.16、0.20、0.24

注:波长由色散方程计算。

2 数值模型

Navier-Stokes(N-S)方程的离散形式用于控制流体动力学系统中粒子的运动。拉格朗日形式的动量方程可以写成:

$$\frac{\mathrm{d}v_a}{\mathrm{d}t} = -\sum_b m_b \left(\frac{p_b + p_a}{\rho_b \rho_a} \right) \nabla_a W_{ab} + g + \Gamma_a \tag{1}$$

式中:t 为模拟时间,v 为速度,p 为压力,g 为重力加速度,Γ 为黏度项。DualSPHysics 实现了两种不同的黏度处理,可以包括在动量方程中分别为具有亚粒子尺度模型(SPS)的层流黏度和人工黏度。W_{ab} 是核函数,表示如下:

$$W(q) = \alpha_D \left(1 - \frac{q}{2} \right)^4 (2q + 1), 0 \leqslant q \leqslant 2 \tag{2}$$

式中:$q = r/h$ 是粒子之间的无量纲距离,r 是粒子 a 和 b 之间的距离。

在 DualSPhysics 中,为了模拟流体驱动物体的运动,采用了刚体动力学的基本方程。流体驱动物体被视为刚体,其运动是通过考虑其与流体的相互作用来推导的。根据周围所有流体颗粒的贡献之和计算刚体的每个边界粒子上的净力,一旦计算出边界粒子上的净力,就可以应用基本的运动方程:

$$M \frac{\mathrm{d}V}{\mathrm{d}t} = \sum_k m_k f_k \tag{3}$$

$$\boldsymbol{I} \frac{\mathrm{d}\Omega}{\mathrm{d}t} = \sum_k m_k (r_k - R_0) \times f_k \tag{4}$$

式中:M 为刚体的质量,$\boldsymbol{I}$ 为惯性矩,V 是速度,Ω 是旋转速度,r_k 是粒子 k 的位置,R_0 是质心的位置。方程(3)和(4)在时间上积分,以预测 V 和 Ω 的值,以便在下一个时间步骤的开始时使用[6]。

3 结果分析

3.1 数模实验结果与对照

在数值模型中,为提高计算效率,采用二维模型进行计算,1×5 的光伏单元阵列,水槽长 20 m,高 1.5 m,装置固定在离造波机 8 m 处,其余设置与试验一致。图 3 为 $H=0.16$ m,$T=1.5$ s 的工况下,试验和数模某一周期内的对比,时间间隔为 1/4 T;可以看出,光伏结构整体跟随波面运动,试验和数模结果一致。此外进行了粒子间距无关性验证的各工况的信息,3 组粒子间距 dp 分别为 0.004 m、0.002 m、0.001 m。图 4 为浪高仪记录的波面时间序列,从图 4 可以看出,第 2、3 组波面已经基本吻合。综合考虑准确性和计算效率,使用 0.002 m 的粒子间距计算。

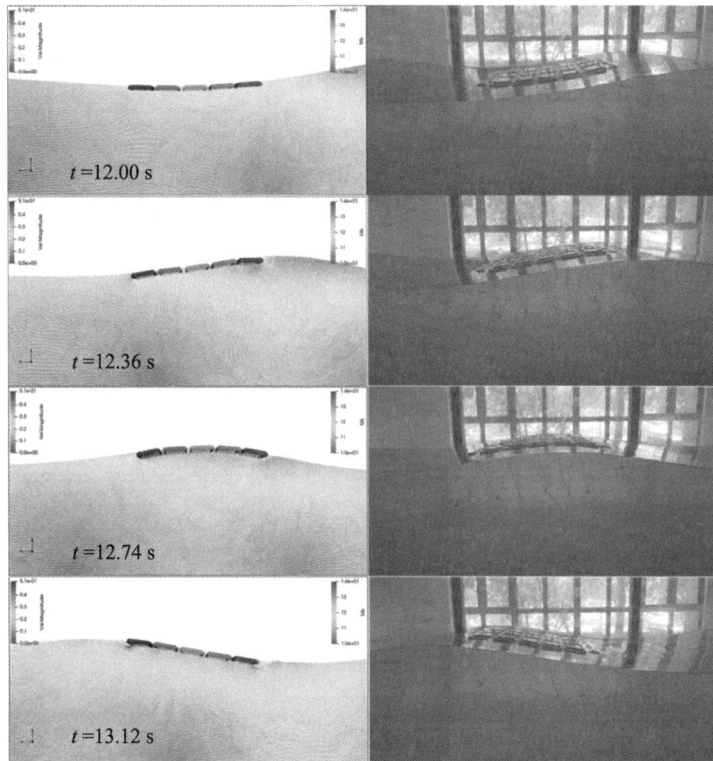

图 3 数值模型和试验对比

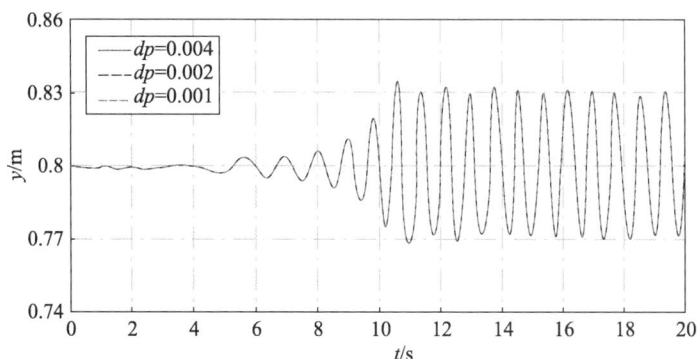

图 4 粒子间距无关性分析

3.2 浮体单元运动轨迹分析

使用 CCD 和光流技术对浮式光伏结构的运动进行测量分析,可以获得浮体单元质心的运动轨迹曲线。将浮体单元从左到右标记为 1♯～5♯。由图 5 和图 6 可以看出,每个浮体单元的运动轨迹都是近似椭圆形的。其中,1♯和 5♯、2♯和 4♯单元的运动轨迹具有明显的对称性,而 3♯单元的运动轨迹大致是一个沿其中轴对称的椭圆形。波浪中浮体运动轨迹理论解为圆形，由于某些因素，如波浪非线性、单元之间相互作用等的影响，会产生一定变形。由图 5 可知，波高相同时，轨迹圆高度相同，周期越大，轨迹圆越宽；在图 6 中，周期相同，波高增大，轨迹圆高度和宽度都会变大。

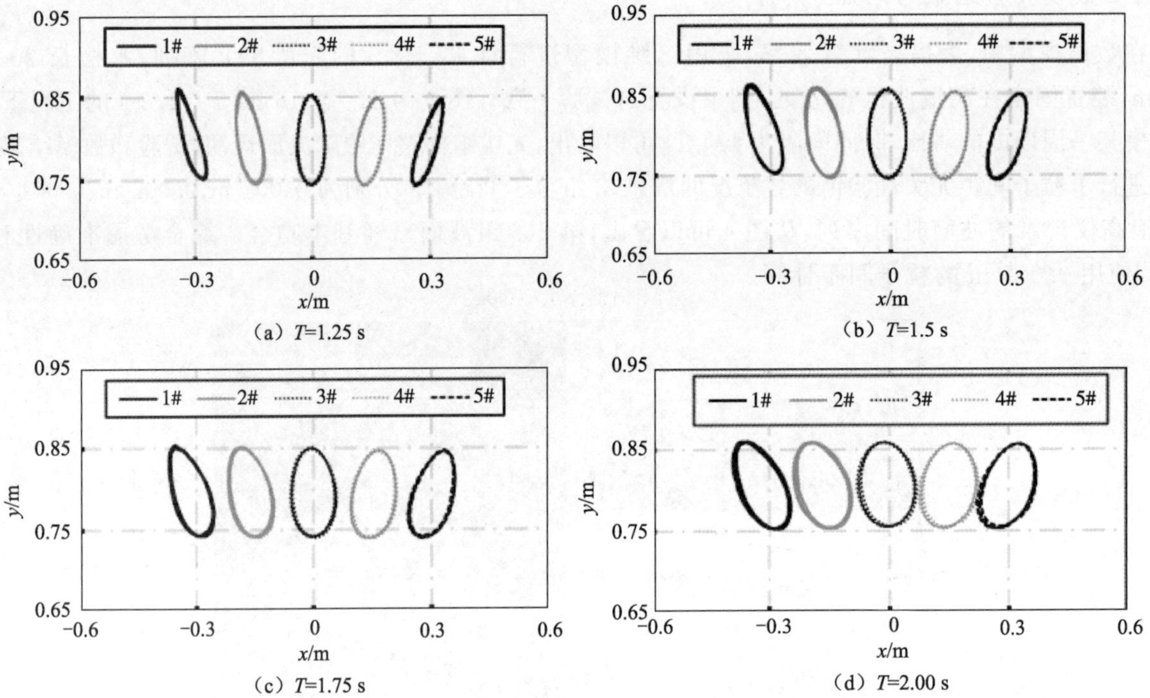

(a) T=1.25 s　(b) T=1.5 s　(c) T=1.75 s　(d) T=2.00 s

图 5　H＝0.12 m 时，不同波浪周期下浮体运动轨迹对比

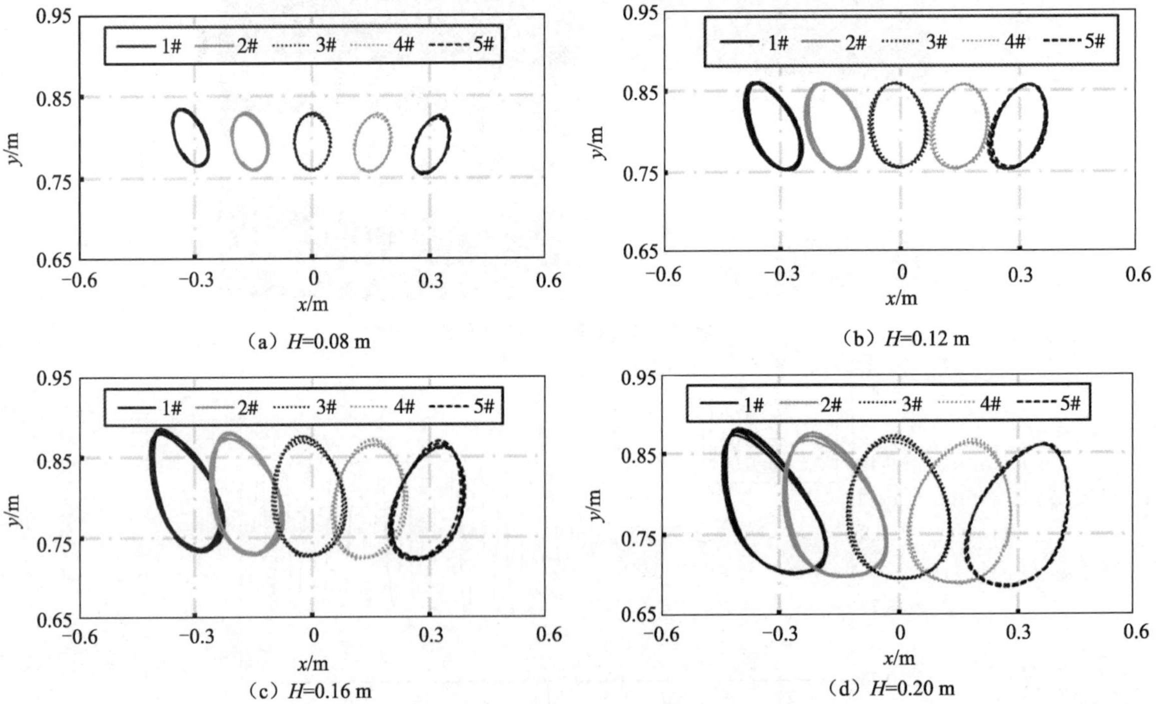

(a) H=0.08 m　(b) H=0.12 m　(c) H=0.16 m　(d) H=0.20 m

图 6　T＝2 s 时，不同波高下浮体运动轨迹对比

将上图的轨迹分解为浮体单元的纵荡和垂荡运动。图 7 为各个浮体单元的运动时间曲线，每个浮体单元的运动曲线都为规则的正弦曲线。由图可知，5 个单元的垂荡运动曲线重合，运动趋于一致；而纵荡运动虽然幅值一致，但存在相位差。相邻两个光伏板的相位差约为 0.07 s，相位差由于每个光伏板的单元的 x 轴坐标不同产生，波浪传播到每个光伏板单元的时间不同，又由于相邻单元之间铰接产生影响，因此这个相位差并不等于距离除以波速。从光伏板单元纵荡来看，由于铰接的方式限制了相对位移，使 1＃～

5♯单元水平方向的运动趋于一致。

（a）纵荡   （b）垂荡

图 7 $H=0.08$ m, $T=2.0$ s 波况下浮体单元的纵荡和垂荡

3.3 系泊力分析

本节将在锚绳张紧的情况下，讨论系泊力随波高、波长变化的规律。在初始状态，锚绳中有 5 N 的预张力。从图 8 可以看出，规则波作用下系泊力变化呈周期性，迎浪侧（seaward）系泊力略高于背浪侧（leedward）系泊力。迎浪侧系泊力每个周期出现单个峰值，背浪测系泊力每个周期出现 1 主 1 次 2 个峰值，其中主峰出现的时刻与迎浪侧锚链主峰出现时间一致，次峰出现时迎浪侧锚绳不受力。在所示两个工况中，周期相同，波高增加，两边的系泊力也会增大。数值方法能够很好地模拟主峰值的高低，同时周期也与试验结果相符。

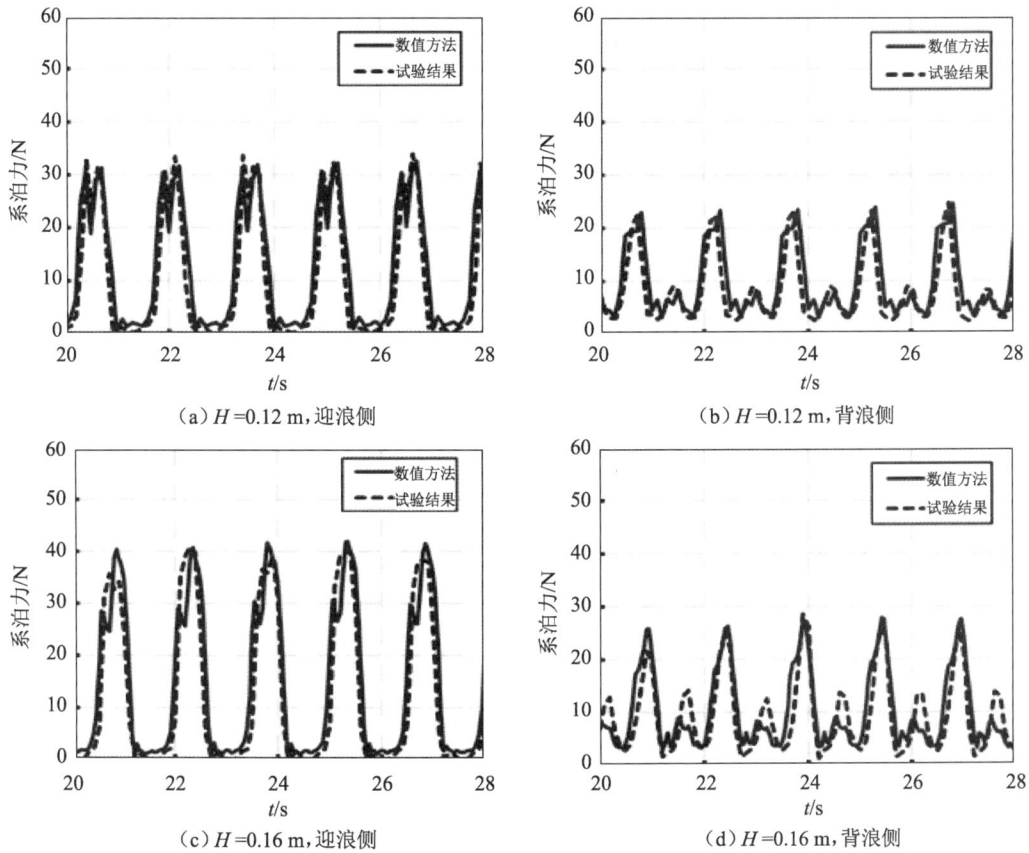

（a）$H=0.12$ m，迎浪侧   （b）$H=0.12$ m，背浪侧

（c）$H=0.16$ m，迎浪侧   （d）$H=0.16$ m，背浪侧

图 8   系泊力时间曲线

4 结 语

基于光滑粒子法搭建高精度数值波浪水槽，模拟研究了铰接多浮体系泊结构物与波浪的相互作用过

程,经收敛性分析与物理模型验证,该数值模型可运用于上述问题的研究。

由模拟结果可知,每个浮体单元的运动轨迹都为近似椭圆形,运动周期与波浪周期相同。轨迹的大小即浮体垂荡、纵荡运动幅度与波长、波高呈正相关。在本文设置的工况模拟中,各浮体单元的纵荡曲线一致,而垂荡存在相位差,这也是导致不同浮体单元运动轨迹差异的主要因素。此外,系泊力也具有周期性,在每个周期内,迎浪侧系泊力表现为单个峰值或者紧接的两个峰值,背浪测系泊力则呈现 1 主 1 次 2 个峰。峰值的出现与两端连接的浮体单元运动有直接关系,而峰值的大小也与受波浪的波长、波高影响。

参考文献

［1］ WANG J,LUND P D. Review of recent offshore photovoltaics development[J]. Energies,2022,15(20):7462.

［2］ SONG J,KIM J,LEE J. Dynamic response of multiconnected floating solar panel systems with vertical cylinders[J]. Marine Science Engineering,2022,10(2):189.

［3］ YUE M,LIU Q,LI C. Effects of heave plate on dynamic response of floating wind turbine Spar platform under the coupling effect of wind and wave[J]. Ocean Engineering,2020,201:107103.

［4］ YANG Y,CHEN J,HUANG S. Mooring line damping due to low-frequency superimposed with wave-frequency random line top end motion[J]. Engineering,2016,112:243-252.

［5］ HE M,LIANG D F,REN B. Wave interactions with multi-float structures:SPH model,experimental validation,and parametric study[J]. Coastal Engineering,2023:104333.

［6］ MARTÍNEZ-ESTÉVEZ I,DOMÍNGUEZ J M,TAGLIAFIERRO B,et al. Coupling of an SPH-based solver with a multiphysics library[J]. Computer Physics Communications,2023,283:108581.

时变轴向力作用下柔性圆柱涡激振动及抑制研究

马烨璇[1],徐万海[2]

(1. 中国科学院力学研究所,北京　100190;2. 天津大学水利工程智能建设与运维全国重点实验室,天津 300072)

摘要:海洋立管、TLP 平台张力腿、水中悬浮隧道系缆等柔性圆柱结构易受多种因素的影响发生疲劳损伤。海流诱发的涡激振动是海洋工程柔性圆柱结构长期面临的威胁。柔性圆柱结构的轴向力发生周期性变化时,会诱发结构的参激振动。涡激振动与参激振动相互耦合,使柔性圆柱的振动特性更为复杂,也为振动抑制增添挑战。为了研究柔性圆柱结构涡激-参激振动特性及振动抑制问题,设计了变轴向力柔性圆柱涡激振动试验系统,开展了时变轴向力作用下柔性圆柱涡激振动及抑制模型试验。通过分析振动位移、响应频率、运动轨迹等,揭示时变轴向力对柔性圆柱涡激振动特性和振动抑制效果的影响。涡激-参激耦合振动的幅值显著增大,随着时变轴向力幅值比的增大,时变轴向力对涡激振动的影响增强,螺旋列板对涡激-参激耦合振动的抑制效果减弱。

关键词:时变轴向力;柔性圆柱;涡激-参激耦合振动;振动抑制

　　海洋立管、TLP 平台张力腿、水中悬浮隧道系缆等细长柔性结构极易在外载荷作用下振动,从而出现疲劳损伤。海流流经柔性圆柱结构诱发周期性漩涡脱落,使结构发生涡激振动。涡激振动是柔性圆柱结构长期面临的威胁,已引起学术界和工程界的广泛关注并取得大量研究成果[1-4]。立管、张力腿顶部平台和悬浮隧道管体在波浪作用下的升沉运动均会导致立管、张力腿、悬浮隧道系缆的轴向张力发生周期性变化。时变轴向张力作用下,柔性圆柱结构也会出现显著的横向振动,即参激振动。实际工程中,涡激振动和参激振动往往同时存在,两者之间的耦合作用使柔性圆柱结构的振动特性更为复杂,也为振动抑制带来挑战。

　　柔性结构的参激振动已引起许多学者的关注。Hsu[5]研究了柔性圆柱悬挂置于水中时的参激振动响应,并基于 Mathieu 理论求解了参数激励不稳定区,发现流体的非线性阻尼能限制横向振幅的无限增大。Patel 和 Park[6]求解了大参数条件下的 Mathieu 不稳定区,柔性圆柱结构在低阶模态失稳区的横向振幅远高于发生高阶模态失稳时的结果。Kuiper 等[7]通过 Floquet 理论数值求解了柔性圆柱参数激励不稳定区,不稳定区随阻尼增大而衰减。Yang 和 Li[8]结合 Galerkin 方法和 Floquet 理论分析了柔性圆柱的参激不稳定性,建议通过安装阻尼器或附加新型阻尼材料来减小不稳定区的范围。Franzini 等[9]试验观测了柔性圆柱在水中的参激振动响应,通过分析各阶振动模态的振幅频谱,发现时变轴向激励能够同时激发多个模态的失稳。

　　时变轴向力作用下柔性圆柱的固有特性发生实时改变,涡激振动响应会受到显著影响。Dong 等[10]基于非线性振动理论研究了柔性圆柱在参激-涡激耦合作用下的响应特性,位移的时间历程曲线中出现了调幅现象。Banik 和 Datta[11]发现当轴向力变化频率远离柔性圆柱的固有频率时,振动幅值减小,流体力阻尼能降低响应幅值,但并不能改变动力响应的频谱特性。Wu 和 Huang[12]数值研究了柔性圆柱的参激-涡激振动响应,轴向力激励使结构的涡激振动幅值增大,特别是顺流向振动幅值。Wang 和 Yang[13]基于尾流振子模型求解了柔性圆柱的参激-涡激耦合振动响应,参激-涡激共同作用下结构的最大位移幅值增

基金项目:国家自然科学基金资助项目(U2106223;52301352)

通信作者:徐万海。E-mail:xuwanhai@tju.edu.cn

大,振动模态随时间发生变化,出现模态跳跃现象。Franzini 等[14]开展了柔性圆柱参激-涡激振动模型试验,重点关注了频率比对结构响应特性的影响,位移时间历程中出现调幅现象。Yuan 等[15]提出了求解柔性圆柱参激-涡激振动响应的时域模型,随着时变轴向力幅值比的增大,响应频率表现为宽频特性。

螺旋列板是一种受到广泛关注的涡激振动抑制装置。螺头数、螺高、螺距和覆盖率是影响螺旋列板抑制效率的重要参数。研究表明,螺头数为 3、4 时的抑制效果优于螺头数为 1、2 时的效果,但螺头数增多会增大平均阻力,因此螺头数的优化取值为 3[16]。随着螺旋列板高度增加,振动频率和幅值降低,螺距主要影响锁频区域的宽度,抑制效果较优的螺距和螺高为 17.5D(D 为圆柱外径)和 0.25D[17-18]。随着覆盖率增加,抑制效率提高,但覆盖率超过一定值后,抑制效率提升速度减缓。综合考虑成本和抑制效果,覆盖率的优化取值为 75%[19]。关于螺旋列板抑制效果的研究均假定柔性圆柱的端部预张力为恒定值,螺旋列板对参激-涡激振动的抑制效果仍未可知。

为了研究时变轴向力作用下柔性圆柱的涡激振动特性及螺旋列板的抑制效果,本文开展了时变轴向力作用下的柔性圆柱涡激振动及抑制模型试验,基于离散测点的应变信息重构了圆柱模型的位移,通过分析振动位移、响应频率、运动轨迹以及螺旋列板抑制效率等结果,揭示了时变轴向力变化频率和幅值对涡激振动的影响规律,检验了螺旋列板对参激-涡激振动的抑制效果。相关研究成果可为海洋工程中柔性圆柱结构参激-涡激振动的抑制提供一定的参考和借鉴。

1　模型试验

模型试验布置如图 1 所示,圆柱模型浸没在水池中,距水面与池底的距离均超过 1.0 m,可消除自由液面和底边壁的影响,圆柱模型两侧的导流板可消除两端边壁的影响。拖车拖动模型匀速前进,可模拟均匀来流条件,试验中流速范围为 0.05~1.00 m/s,间隔为 0.05 m/s,对应的雷诺数范围为 800~16 000。柔性圆柱模型有 2 种,即光滑圆柱模型和附有螺旋列板的圆柱模型(图 2)。柔性圆柱模型内芯为铜管,等间距布置 7 个测点,采用应变片来测量振动信息,模型外层为硅胶管,能保护内部应变片和测量导线。采用硅胶条来模拟螺旋列板,螺旋列板的螺头数为 3,螺距为 17.5D,螺高为 0.25D,覆盖率为 100%。模型边界条件为简支,端部通过钢丝绳依次连接拉力传感器、张紧器和弹簧,然后连接变轴向力系统。变轴向力系统主要由电机、连杆、滑块机构组成,连杆连接在电机转盘的偏心孔上,可带动滑块做往复运动,通过改变弹簧的变形量来改变轴向力,偏心距与弹簧刚度的乘积即为轴向力变化幅值,轴向力变化的频率可通过变频箱控制电机的转速来设定。

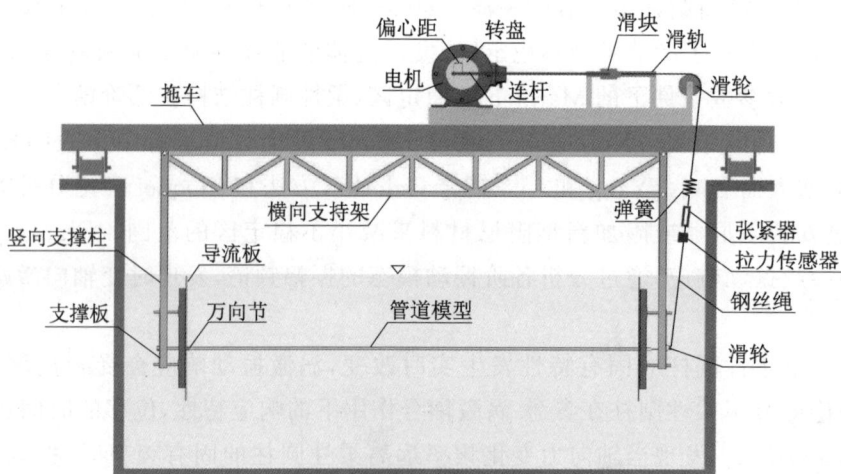

图 1　试验装置示意图

柔性圆柱模型的基本参数如表 1 所示。光滑圆柱模型的参激-涡激振动试验中,时变轴向力的变化幅值(T_v)为 0.1T_c 和 0.3T_c,轴向力变化频率(f_v)为 0.5 f_1、f_1、1.5 f_1、2 f_1、3 f_1 和 4 f_1。抑制试验中,时变轴向力的变化幅值(T_{vs})为 0.1T_c 和 0.3T_c,轴向力变化频率(f_{vs})为 f_{1s}、2 f_{1s} 和 4 f_{1s}。

（a）光滑圆柱模型 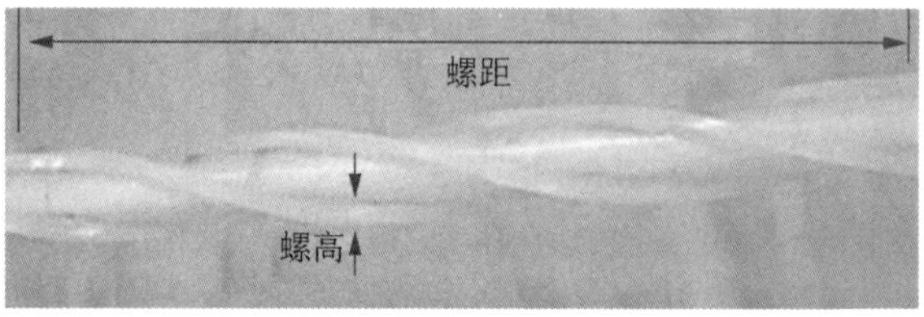　　　　　　　　　　（b）附有螺旋列板的圆柱模型

图 2　柔性圆柱模型

表 1　柔性圆柱模型参数

物理量	参数值
长度，L	5.60 m
外径，D	0.016 m
长径比，L/D	350
光滑圆柱模型单位长度质量，m_{s1}	0.382 1 kg/m
光滑圆柱模型质量比，$4m_{s1}/(\pi\rho D^2)$	1.90
附有螺旋列板圆柱模型单位长度质量，m_{s2}	0.492 9 kg/m
附有螺旋列板圆柱模型质量比，$4m_{s2}/(\pi\rho D^2)$	2.45
弯曲刚度，E_1	17.45 N·m²
初始轴向预张力恒定部分，T_c	400 N
光滑圆柱模型静水中一阶固有频率，f_1	2.34 Hz
附有螺旋列板圆柱模型静水中一阶固有频率，f_{1s}	1.65 Hz

2 数据处理

试验中直接测量的是应变信息，采用模态分析法将应变转化为位移[17]。以横流向位移的重构过程为例进行说明，将柔性圆柱模型的横流向位移表示为模态叠加形式：

$$y(z,t)=\sum_{i=1}^{\infty}y_i(z,t)=\sum_{i=1}^{\infty}\eta_i(t)\varphi_i(z),z\in[0,L] \tag{1}$$

式中：$y(z,t)$ 为横流向位移，z 为柔性圆柱的轴向坐标，t 为时间；$\eta_i(t)$ 为第 i 阶模态的权重系数；$\varphi_i(z)$ 为第 i 阶模态的振型，对于两端简支的柔性圆柱模型振型函数可采用正弦形式。柔性圆柱模型位移与应变之间存在如下关系：

$$\frac{\varepsilon(z,t)}{R}=\frac{\partial^2 y(z,t)}{\partial z^2}=-\sum_{i=1}^{N}\left(\frac{n\pi}{L}\right)^2\eta_i(t)\sin\frac{i\pi z}{L} \tag{2}$$

式中：$\varepsilon(z,t)$ 为应变；R 为模型内芯铜管的半径。式（2）可以表示为如下的矩阵形式：

$$\boldsymbol{\Omega W}=\boldsymbol{\Theta} \tag{3}$$

$$\boldsymbol{\Omega}=\left(\frac{\pi}{L}\right)^2\begin{bmatrix}\sin\dfrac{\pi z_1}{L},2^2\sin\dfrac{2\pi z_1}{L},\cdots,N^2\sin\dfrac{N\pi z_1}{L}\\[2mm]\sin\dfrac{\pi z_2}{L},2^2\sin\dfrac{2\pi z_2}{L},\cdots,N^2\sin\dfrac{N\pi z_2}{L}\\[2mm]\vdots\qquad\vdots\qquad\vdots\qquad\vdots\\[2mm]\sin\dfrac{\pi z_7}{L},2^2\sin\dfrac{2\pi z_7}{L},\cdots,N^2\sin\dfrac{N\pi z_7}{L}\end{bmatrix} \tag{4}$$

$$\boldsymbol{W}=[\eta_1(t),\eta_2(t),\cdots,\eta_N(t)]^{\mathrm{T}} \tag{5}$$

$$\boldsymbol{\Theta}=\left[\frac{\varepsilon_1(t)}{R},\frac{\varepsilon_2(t)}{R},\cdots,\frac{\varepsilon_7(t)}{R}\right] \tag{6}$$

式中：$z_1,z_2,\cdots,z_7$ 为测点的轴向坐标；$\varepsilon_1(t),\varepsilon_2(t),\cdots,\varepsilon_7(t)$ 为测点处的应变。首先根据式（3）求解得到

模态权重系数,然后将模态权重系数代入式(1)即可重构得到柔性圆柱模型的整体位移分布。

3 结果分析

图 3 和图 4 为幅值比 0.1 和 0.3 工况下横流向和顺流向最大响应($y_{rms-max}/D$、$x_{rms-max}/D$)位移均方根随约化速度(V_r)的变化情况,$V_r = U/(f_1 D)$,其中 f_1 为柔性圆柱静水中的一阶固有频率,U 为流速。对于恒定初始预张力作用下的柔性圆柱,在各阶模态控制区,位移均方根随约化速度先增大后减小。轴向力变化幅值比为 0.1 工况下,柔性圆柱的响应位移仍能发生显著变化。约化速度小于 3.75 时,涡激振动未被激发,振动位移较小。但频率比为 1.0 时,横流向和顺流向振动位移显著增大。涡激振动被激发后,时变轴向力作用下柔性圆柱的横流向和顺流向位移整体呈增大趋势。幅值比为 0.3 时,时变轴向力对结构响应的影响增强。低约化速度、频率比为 0.5 和 1.0 时,柔性圆柱的横流向位移增幅更大,且频率比为 1.0 和 4.0 时,顺流向位移也显著增大。频率比为 2.0 时,纯参数激励作用下,柔性圆柱发生参激共振,此时参激-涡激耦合振动幅值急剧增长,可超过 1.5D(如图 4 中约化速度为 9.34 处)。随着约化速度继续增大,二阶模态和三阶模态被激发,时变轴向力作用下圆柱的横流向振动响应仍会显著增大。

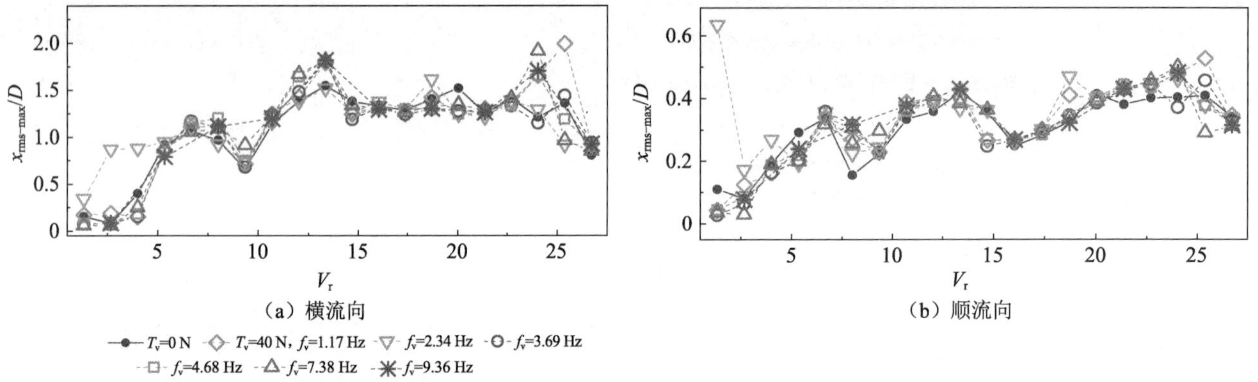

图 3　幅值比为 0.1 时横流向和顺流向最大响应位移均方根

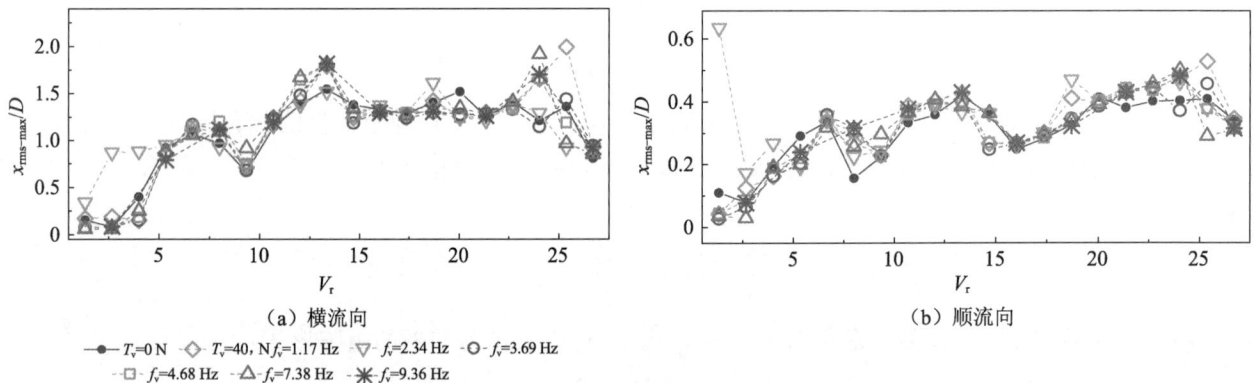

图 4　幅值比为 0.3 时横流向和顺流向最大响应位移均方根

图 5 为频率比 1.0 时,不同幅值比工况下控制模态对应的横流向位移时间历程、频谱图和相平面图。幅值比为 0.1 时,位移时间历程中出现了规律的调幅特征。频谱图中出现了多个频率成分,包括控制频率(f_o)、轴向力变化频率(f_v)、和频成分($f_o + f_v$)以及高倍频率成分(nf_o)。相平面图为闭合的椭圆环,表明振动呈准周期性。当幅值比大至 0.3 后,位移时间历程中的调幅现象更加显著且杂乱。频谱图中出现了 $2f_v$ 成分,f_o 成分变宽,高倍频成分受到一定的抑制。相平面图中的轨迹较为杂乱,基本填满了整个椭圆形,表明振动的周期性较差。图 6 为频率比 2.0 时,不同幅值比工况下控制模态对应的横流向位移时间历程、频谱图和相平面图。频率比 2.0 工况下发生 1 阶模态的参激主共振,柔性圆柱的振动幅值显著增大。随着幅值比的增大,位移时间历程中的调幅现象更加显著。频谱图中并未发现和频及差频成分,高倍频成分也被显著抑制,随着幅值比的升高,f_o 成分变宽。相平面图中出现椭圆环,随着幅值比的增大,椭圆环的宽度变宽。

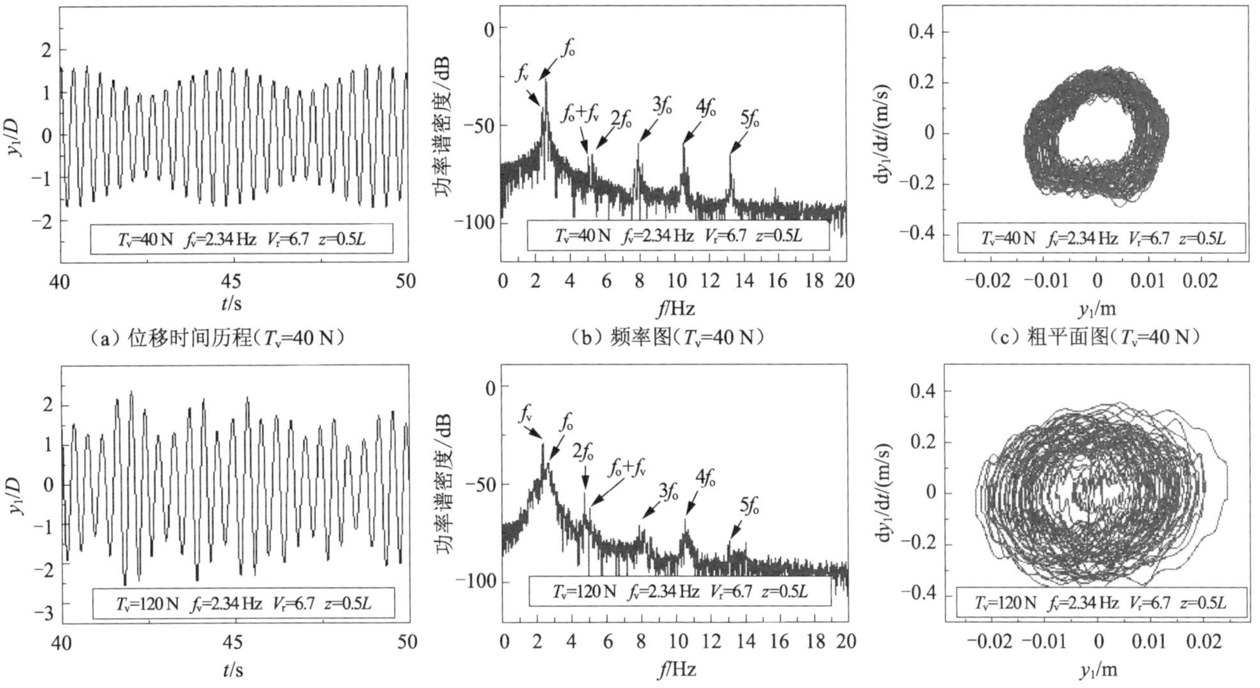

（a）位移时间历程（T_v=40 N）　　（b）频率图（T_v=40 N）　　（c）粗平面图（T_v=40 N）

（d）位移时间历程（T_v=120 N）　　（e）频率图（T_v=120 N）　　（f）粗平面图（T_v=120 N）

图5　频率比为1.0时控制模态对应的横流向位移时间历程、频率图和相平面图

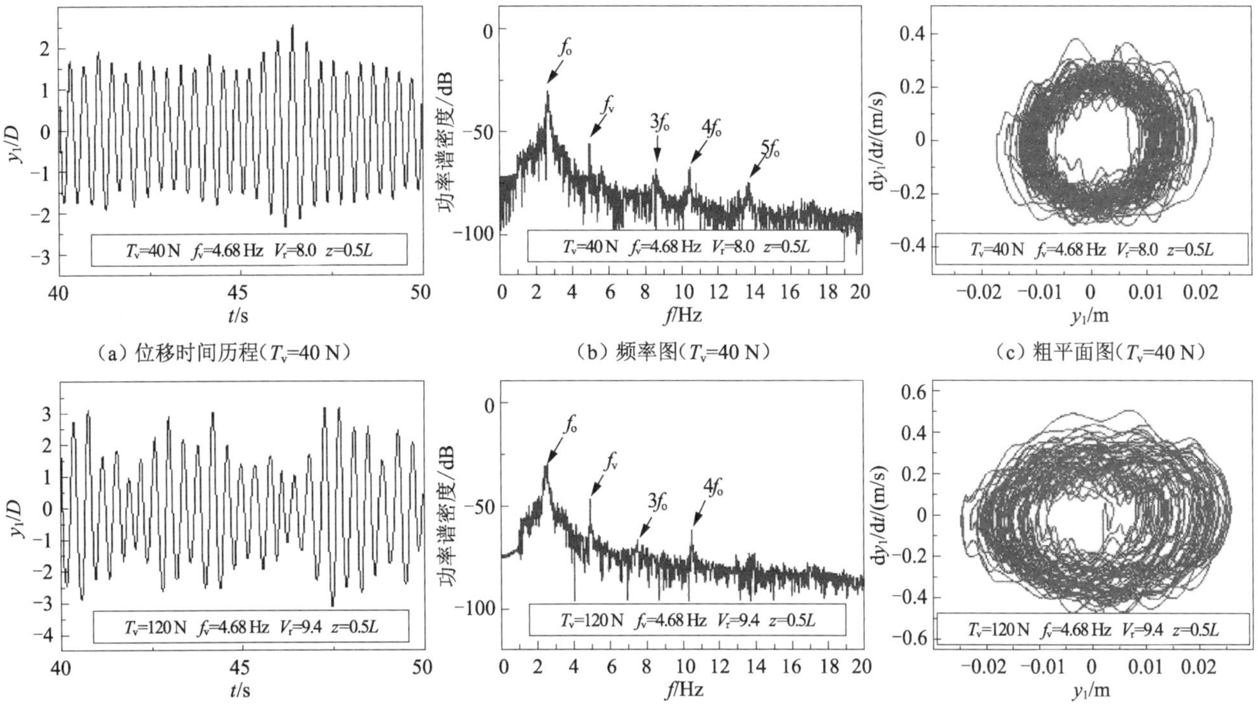

（a）位移时间历程（T_v=40 N）　　（b）频率图（T_v=40 N）　　（c）粗平面图（T_v=40 N）

（d）位移时间历程（T_v=120 N）　　（e）频率图（T_v=120 N）　　（f）粗平面图（T_v=120 N）

图6　频率比为2.0时控制模态对应的横流向位移时间历程、频率图和相平面图

图7为幅值比0.3工况下柔性圆柱模型各测点的运动轨迹。在上述约化速度下,顺流向的控制模态为2阶,$z=0.5L$处接近节点位置,顺流向位移近乎为0。恒定初始预张力作用下,柔性圆柱的运动轨迹为经典的"8"字形。在时变轴向力作用下,运动轨迹变得十分杂乱,表明原来涡激振动过程中,建立的结构与流体相互作用的"锁定"状态被扰乱。

图8为幅值比0.3时横流向和顺流向位移云图。选取的约化速度为24.0,涡激振动的横流向控制模态为3阶,顺流向控制模态为5阶,横流向和顺流位移主要呈现出驻波特性。但在时变轴向力作用下,结构的振动表现出显著的行波特性,横流向仍然为3阶模态振动,但顺流向表现出了类似3阶和5阶模态混合的特性。

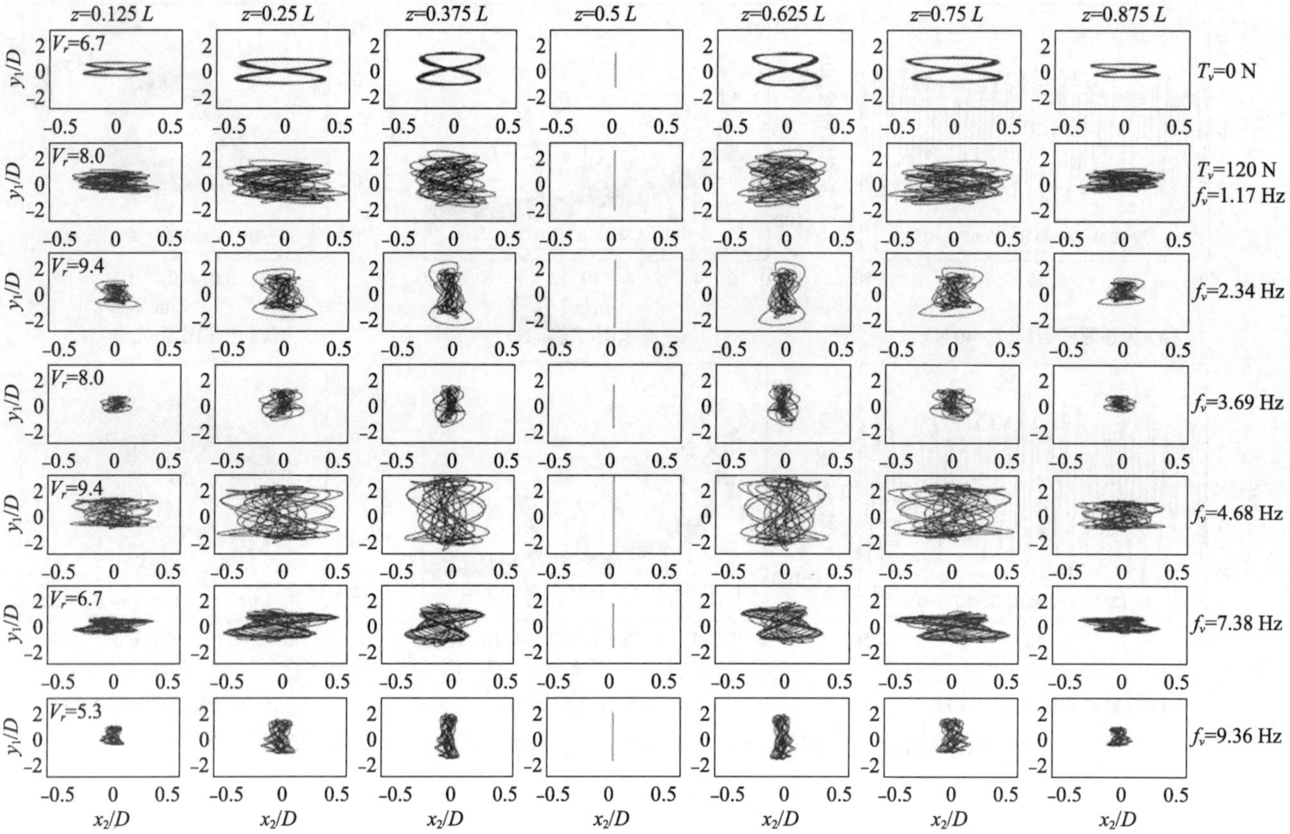

图 7　幅值比为 0.3 时柔性圆柱模型各测点的运动轨迹

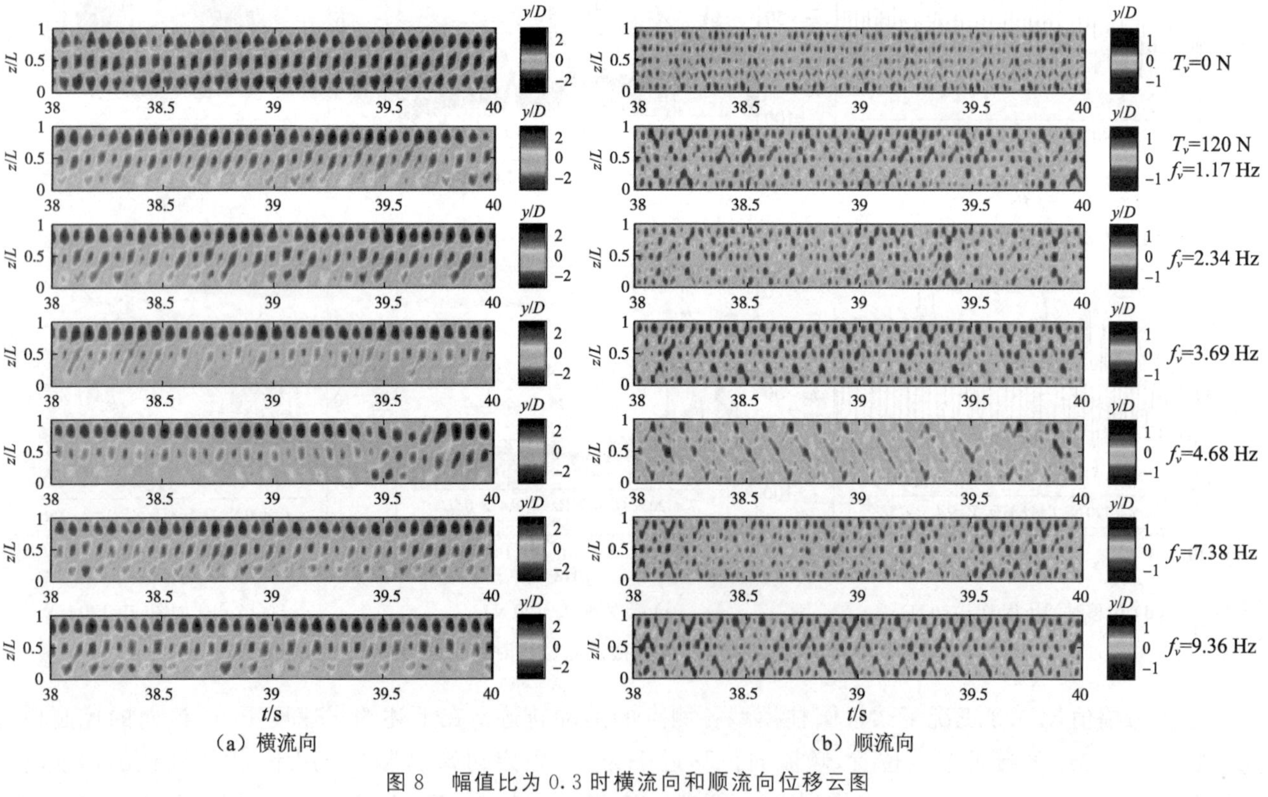

（a）横流向　　　　　　　　　　　　　　　　　（b）顺流向

图 8　幅值比为 0.3 时横流向和顺流向位移云图

图 9 为螺旋列板对横流向和顺流向位移的抑制效率随流速的变化情况。在恒定初始预张力作用下，螺旋列板对横流向位移的抑制效率在 71.9%～98.6%；时变轴向力会降低螺旋列板对横流向位移的抑制效率。流速不超过 0.15 m/s 时，抑制效率大多为负值，横流向振动增强；流速高于 0.15 m/s 时，抑制效率为正值，但相对降低。幅值比为 0.3、频率比为 4.0 的工况下，抑制效率会低于其他工况。在恒定初始预张力作用下，螺旋列板对顺流向位移的抑制效率在 73.6%～92.8%；时变轴向力也会降低螺旋列板对顺

流向位移的抑制效率。值得注意的是,在大多数工况下抑制效率为负值,顺流向振动增强。

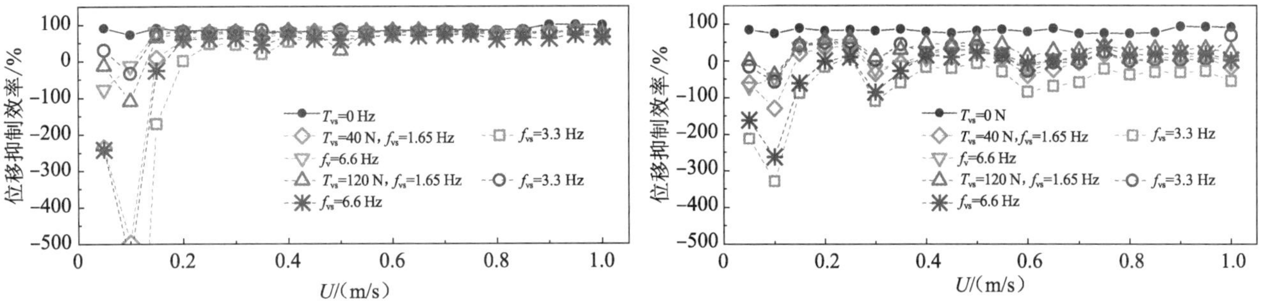

图 9　螺旋列板对横流向和顺流向位移的抑制效率

4 结　语

通过开展时变轴向力作用下柔性圆柱模型的涡激振动和振动抑制试验,分析了轴向力变化频率、幅值对响应频率、振动幅值、运动轨迹和螺旋列板抑制效率的影响规律,得到以下结论:

（1）在涡激振动未被激发的低约化速度工况下,时变轴向力作用下圆柱在横流向和顺流向均发生显著振动。涡激振动被激发后,时变轴向力作用使柔性圆柱的横流向和顺流向位移增大。幅值比越高,时变轴向力对圆柱振幅的影响越强。

（2）时变轴向力作用下,位移时间历程中出现调幅现象。随着幅值比的增大,调幅现象更加显著,频谱图中的频率成分变宽,振动的周期性减弱。时变轴向力作用使圆柱的运动轨迹变杂乱,横流向和顺流向振动均表现出显著的行波特性。

（3）时变轴向力作用降低了螺旋列板对振动位移的抑制效率。特别是对顺流向振动,多数工况下抑制效率为负值,顺流向振动幅值增大。

参考文献

［1］万德成,端木玉. 深海细长柔性立管涡激振动数值分析方法研究进展[J]. 力学季刊,2017,38(2):179-196.

［2］潘志远,崔维成,张效慈. 细长海洋结构物涡激振动研究综述[J]. 船舶力学,2005(6):135-154.

［3］WU X,FEI G,HONG Y. A review of recent studies on vortex-induced vibrations of long slender cylinders [J]. Journal of Fluids and Structures,2012,28:292-308.

［4］HONG K S,SHAH U H. Vortex-induced vibrations and control of marine risers:a review [J]. Ocean Engineering, 2018,152:300-315.

［5］HSU C S. The response of a parametrically excited hanging string in fluid [J]. Journal of Sound and Vibration,1975, 39:305-316.

［6］PATEL M H,PARK H I. Dynamics of tension leg platform tethers at low tension. Part I:mathieu stability at large parameters [J]. Marine Structures,1991,4:257-273.

［7］KUIPER G L,BRUGMANS J,METRIKINE A V. Destabilization of deep-water risers by a heaving platform [J]. Journal Sound and Vibration,2008,310:541-557.

［8］YANG H,LI H. Instability assessment of deep-sea risers under parametric excitation [J]. China Ocean Engineering, 2009,23:603-612.

［9］FRANZINI G R,PESCE C P,SALLES R,et al. Experimental analysis of a vertical and flexible cylinder in water:response to top motion excitation and parametric resonance [J]. Journal of Vibration Acoustics,2015,137:031010.

［10］DONG Y,XIE G,LOU J Y K. Stability of vortex-induced oscillations of tension leg platform tethers [J]. Ocean Engineering,1992,19:555-571.

［11］BANIK A K,DATTA T K. Stability analysis of TLP tethers under vortex-induced oscillations [J]. Journal of Offshore Mechanics and Arctic Engineering,2009,131:1-7.

［12］WU X,HUANG W. An analysis method for deepwater TTR coupled vibration of parameter vibration and vortex-induced vibration [J]. Applied Mechanics Materials,2013,284:437-441.

[13]　WANG Z,YANG H. Parametric instability of a submerged floating pipeline between two floating structures under combined vortex excitations [J]. Applied Ocean Research,2016,59:265-273.

[14]　FRANZINI G R,PESCE C P,GONCALVES R T,et al. An experimental investigation on concomitant vortex-induced vibration and axial top-motion excitation with a long flexible cylinder in vertical configuration [J]. Ocean Engineering,2018,156:596-612.

[15]　YUAN Y,XUE H,TANG W. A numerical investigation of vortex-induced vibration response characteristics for long flexible cylinders with time-varying axial tension [J]. Journal of Fluids and Structures,2018,77:36-57.

[16]　QUEN L K,ABU A,KATO N,et al. Performance of two-and three-start helical strakes in suppressing the vortex-induced vibration of a low mass ratio flexible cylinder [J]. Ocean Engineering,2018,166:253-261.

[17]　TRIM A D,BRAATEN H,LIE H,et al. Experimental investigation of vortex-induced vibration of long marine risers [J]. Journal of Fluids and Structures,2005,21:335-361.

[18]　GAO Y,FU S,REN T,et al. VIV response of a long flexible riser fitted with strakes in uniform and linearly sheared currents [J]. Applied Ocean Research,2015,52:102-114.

[19]　GAO Y,YANG J,XIONG Y,et al. Experimental investigation of the effects of the coverage of helical strakes on the vortex-induced vibration response of a flexible riser [J]. Applied Ocean Research,2016,59:53-64.

稳态窄缝共振条件下浮体所受波浪力的数值研究

巩树凯[1]，米成龙[1]，高俊亮[1,2]，宋志伟[1]

（1. 江苏科技大学 船舶与海洋工程学院，江苏 镇江 212100；2. 天津大学 水利工程智能建设与运维全国重点实验室，天津 300072）

摘要： 窄缝共振现象通常发生在由两个或多个紧靠的海洋结构物形成的狭窄间隙内，是广受关注的水体共振问题之一。采用开源计算流体力学软件 OpenFOAM 建立数值波浪水槽，对具有相同吃水、不同宽度的两个固定方箱间窄缝共振条件下的波浪力进行了研究，具体关注了浮体宽度比 B_R（即上游、下游方箱的宽度之比）的变化对上、下游方箱所受水平波浪力和垂向波浪力的影响。结果表明，随着 B_R 的增大，作用于两个方箱上的水平波浪力均明显降低。入射波的频段不同，B_R 对两个方箱上垂向波浪力的影响效果不同。在探讨的入射波频率范围内，随着 B_R 增大，上游方箱所受最大水平与垂向波浪力幅值、下游方箱所受的最大水平波浪力幅值均呈现下降趋势，而下游方箱所受最大垂向波浪力幅值呈现先增大后减小的趋势。

关键词： 窄缝共振；波浪载荷；数值波浪水槽；OpenFOAM

在海岸和海洋工程领域，存在各种水体/波浪共振现象，如油轮、液化天然气（LNG）船舶舱壁限制的液体晃动[1-2]、港湾限制的港湾共振[3]和窄缝共振。窄缝共振现象通常发生在由两个或多个紧靠的海洋结构形成的狭窄间隙内，是经典的水体共振现象，也是广受关注的研究问题之一。窄缝共振会导致间隙内自由表面高程显著放大，导致波浪载荷增大和海洋结构剧烈运动[4]。针对窄缝共振现象的大多数研究集中在宽度和吃水相同的海洋结构物上[5-9]。在工程实际中，如浮式生产储油系统（FPSO）和 LNG 运输船等海洋结构物通常具有不同的宽度和吃水深度[10-13]。

然而，据作者所知，关于浮体宽度比对窄缝共振影响的研究仍然相对有限。Li 和 Zhang[14]对不同相对宽度和吃水深度的两艘驳船之间的流体共振进行了数值研究，发现驳船吃水比对共振频率有很大影响，而驳船宽度比对共振频率的影响较小。刘春阳[15]对波浪作用下不同宽度的两个浮体之间的窄缝共振进行了实验和数值研究。研究发现，当两个浮体中的一个浮体的宽度保持不变，同时增加另一个浮体的宽度时，间隙内流体的共振频率会降低。Tan 等[16]采用修正势流模型和黏性 RNG 湍流模型研究了浮体宽度对窄缝共振的影响，发现宽度变化对共振波幅和共振频率都有显著的非线性影响。Gong 等[17]研究了浮体宽度比对固定双浮体间的窄缝共振特性，包括共振波高、浮体的反射、共振的响应和衰减时间的影响。其结果表明浮体宽度比对这些参数均有较为显著的影响，但并未对浮体所受波浪载荷进行研究。本文将对浮体所受的波浪力开展进一步研究。

1 数值模型

使用开源计算流体力学软件 OpenFOAM 进行数值模拟。假定流体不可压缩，波浪传播过程中满足质量守恒和动量守恒，在任意拉格朗日-欧拉观点（arbitrary Lagrangian-Eulerian，ALE）下，流场的控制方

基金项目： 国家自然科学基金资助项目（52371277）；天津大学水利工程智能建设与运维全国重点实验室开放基金资助项目（HESS-2323）；广东省基础与应用基础研究基金——自然科学基金面上项目（2023A1515010890）；江苏省科研创新计划资助项目（KYCX23_3902）

通信作者： 巩树凯。E-mail：k2719741605@163.com

程可以由下列方程表示：

$$\frac{\partial \rho u_i}{\partial x_i} = 0 \tag{1}$$

$$\frac{\partial \rho u_i}{\partial t} + \frac{\partial \rho u_i u_j}{\partial x_j} = -\frac{\partial p}{\partial x_i} - g_i x_i \frac{\partial \rho}{\partial x_j} + \mu \frac{\partial}{\partial x_j}\left(\frac{\partial u_i}{\partial x_j} + \frac{\partial u_j}{\partial x_i}\right) \tag{2}$$

其中，ρ 为流体的密度，在本文中取 1 000 kg/m³，u_i 为流体质点的速度，t 表示时间，p 表示动压力，μ 是流体的运动黏性系数，在本文中取 10^{-6}。g_i 表示重力加速度。

在每个时间步内，方程(1)和(2)得到求解后，那么浮体受到的波浪力可以通过对其湿表面的积分得到：

$$\boldsymbol{F} = \int_{\Omega} [p\boldsymbol{n} + \mu(\partial \boldsymbol{u}_\tau/\partial \boldsymbol{n})]\mathrm{d}s$$

式中：$\boldsymbol{F}$ 为波浪力矢量，$\boldsymbol{n}$ 为单位法向量，$\boldsymbol{u}_\tau$ 为切向速度分量，$\mathrm{d}s$ 为湿表面 Ω 上的表面积分微元。

2 数值模型验证

Dixon 等[18]对半淹没的水平圆柱进行了物理模型试验，测量了水平圆柱所受的波浪力。在二维数值水槽中重现试验布置如图 1(a)所示。圆柱的直径 $D=0.25$ m，水深 $h_1=1.0$ m，L 表示入射波的波长。二维水槽在 y 方向上的长度 $l=0.02$ m，设置为 1 个网格单元。入射波为 Stokes 五阶波，波幅 $A=0.125$ m，周期为 1.646 s。如图 1(b)所示，OpenFOAM 的数值模拟结果与 Dixon 等[18]的物理模型试验结果吻合良好，证明本文采用的数值模型的准确性令人满意。

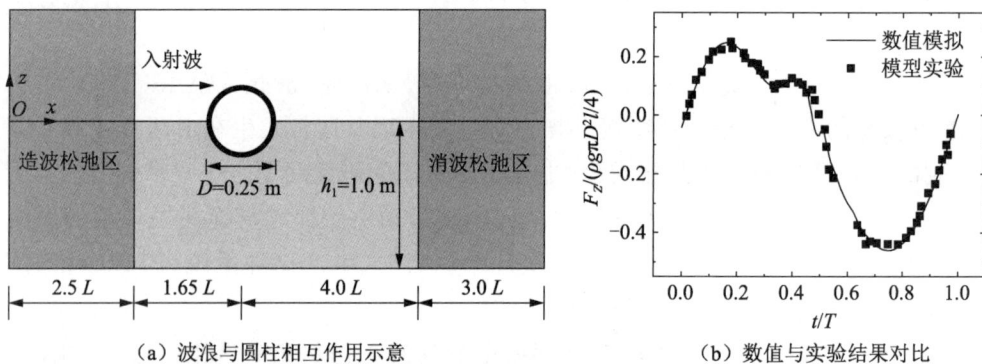

(a) 波浪与圆柱相互作用示意　　　　(b) 数值与实验结果对比

图 1　数值模型验证中采用的数值水槽布置和结果对比

3 研究内容

建立的二维黏性流数值波浪水槽如图 2 所示。水池总长为 18.5 m，在左右两端各设置长度 $W_s=5.0$ m 的松弛区，约是最大波长的 2 倍，足以用于吸收反射波和透射波。水池在 y 方向上的宽度 $W=0.02$ m，设置为 1 个网格单元。静水深 $h=0.5$ m。双箱系统布置在水池中央，由上游方箱 A 和下游方箱 B 组成，两箱体均固定。方箱 A 的宽度为 B_1，方箱 B 的宽度为 B_2，浮体宽度比 B_R 定义为方箱 A 与方箱 B 宽度的比值，即 $B_R=B_1/B_2$。方箱 A 和 B 具有相同的吃水 $d=0.25$ m，两者间窄缝的宽度 $B_g=0.05$ m。本文中的入射波为规则波，考虑 6 组不同的波高，分别为 $H_0=0.01$ m、0.02 m、0.03 m、0.04 m、0.05 m 和 0.06 m，波幅 $A_0=H_0/2$。频率 f 范围为 0.313 Hz～0.391 Hz，采用下式对入射波频率 f 进行无量纲化：

$$f* = f \cdot \sqrt{h/g} \tag{3}$$

式中：无量纲入射波频率 $f*$ 的范围为 0.177～0.221。

对于图 2 所呈现的数值试验布置，Gong 等[17]已针对浮体宽度比对窄缝内波高放大因子、浮体系统对于入射波的反射、透射性能以及窄缝共振的响应和衰减时间等特性的影响开展了系统的研究。本文将进一步研究浮体宽度比对作用在上、下游方箱上水平波浪力和垂向波浪力的影响。

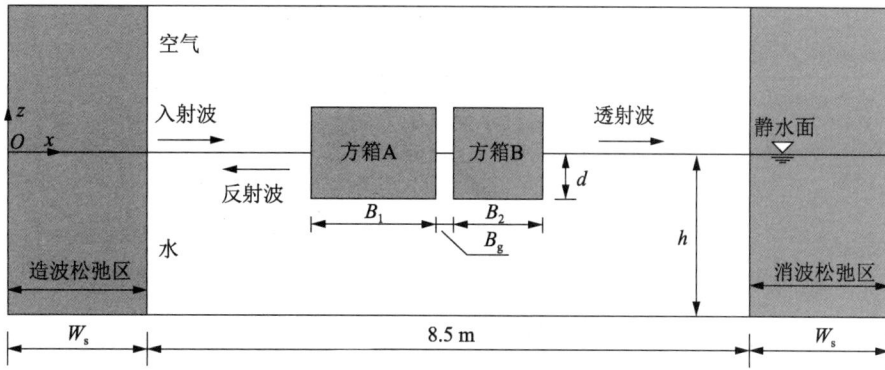

图 2   二维黏性流数值波浪水槽示意

4 结果和讨论

4.1 水平波浪力

图 3 呈现了上游方箱 A 和下游方箱 B 在 $H_0 = 0.01$ m、$B_R = 0.4$ 时所受水平波浪力的时历曲线。可以看出，在规则入射波的激励下，方箱 A 和方箱 B 所受的水平波浪力随时间呈现正弦曲线的波动。图中，F_h 表示 F_h^A（方箱 A 所受的水平波浪力）或 F_h^B（方箱 B 所受的水平波浪力），B 表示 B_1 或 B_2，$\overline{F}_h^A$ 和 $\overline{F}_h^B$ 分别表示方箱 A 和方箱 B 所受水平波浪力的幅值。此图及后续所有结果中，对方箱 A 和方箱 B 所受的波浪力分别使用 $\rho g A_0 B_1 W$ 和 $\rho g A_0 B_2 W$ 作为除数进行无量纲化处理。

图 3   上、下游方箱所受的水平波浪力的时间历程曲线

图 4 呈现了不同入射波高和浮体宽度比条件下，浮体上的水平波浪力幅值随入射波频率的变化（受篇幅所限，仅展示了 $H_0 = 0.01$ m、0.02 m、0.03 m 等 3 个入射波高的结果）。图中 $(f*)_{HA}$、$(f*)_{HB}$、$(f*)_{HG}$ 分别表示 $B_R = 0.4$ 时最大水平波浪力幅值出现的频率和窄缝共振频率。关于窄缝共振频率的定义和讨论请参见 Gong 等[17]的研究。从图 4 中可以看到 3 个明显的现象。第一，随着入射波频率增大，方箱 A 和方箱 B 承受的水平波浪力幅值呈现出十分相似的变化趋势——逐渐增大后又逐渐减小的单峰模式。第二，对于上游浮体，方箱 A 所受的最大水平波浪力幅值 $(\overline{F}_h^A)_M / \rho g A_0 B_1 W$ 出现的频率 $(f*)_{HA}$ 总是大于 $(f*)_{HG}$。对于下游浮体，方箱 B 上最大水平波浪力幅值 $(\overline{F}_h^B)_M / \rho g A_0 B_1 W$ 出现的频率 $(f*)_{HB}$ 总是与 $(f*)_{HG}$ 十分接近。第三，当 H_0 一定时，随着 B_R 逐渐增大，方箱 A 和方箱 B 承受的最大水平波浪力幅值明显减小。为了更直观地说明第三个现象，图 5 呈现了 $(\overline{F}_h^A)_M / \rho g A_0 B_1 W$ 和 $(\overline{F}_h^B)_M / \rho g A_0 B_1 W$ 随 B_R 的变化。对于方箱 A，随着 B_R 增大，其所受的水平波浪力幅值显著降低。B_R 超过 1.0 之后，$(\overline{F}_h^A)_M / \rho g A_0 B_1 W$ 下降的速率明显降低。对于方箱 B，入射波高不同，浮体宽度比对其所受最大水平波浪力幅值的影响特征不同。随着 B_R 增大，$H_0 = 0.01$ m、0.02 m、0.03 m 时，$(\overline{F}_h^B)_M / \rho g A_0 B_2 W$ 整体上大约呈现线性降低的趋势；$H_0 = 0.04$ m 时，$(\overline{F}_h^B)_M / \rho g A_0 B_2 W$ 呈现出波动的变化模式；$H_0 = 0.05$ m、0.06 m 时，$(\overline{F}_h^B)_M / \rho g A_0 B_2 W$ 对 B_R 的变化并不敏感。

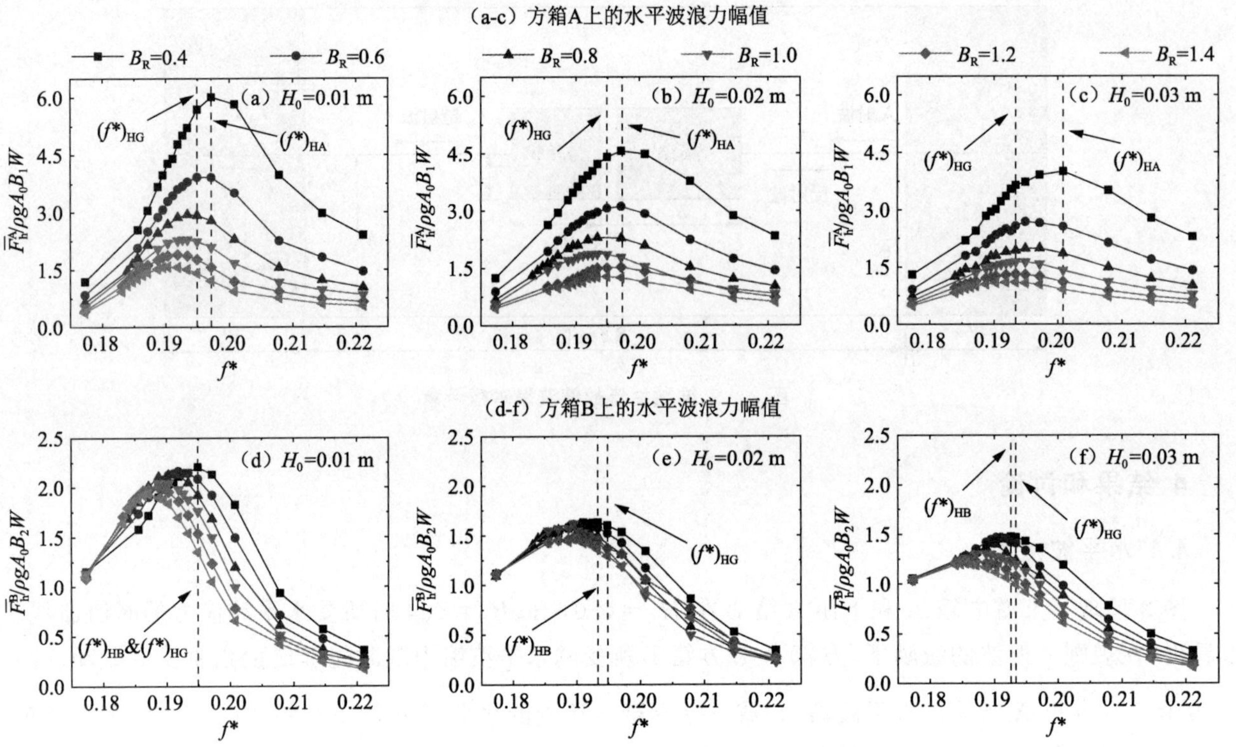

(a-c)方箱A上的水平波浪力幅值

图 4   作用在方箱 A 和方箱 B 上的水平波浪力幅值

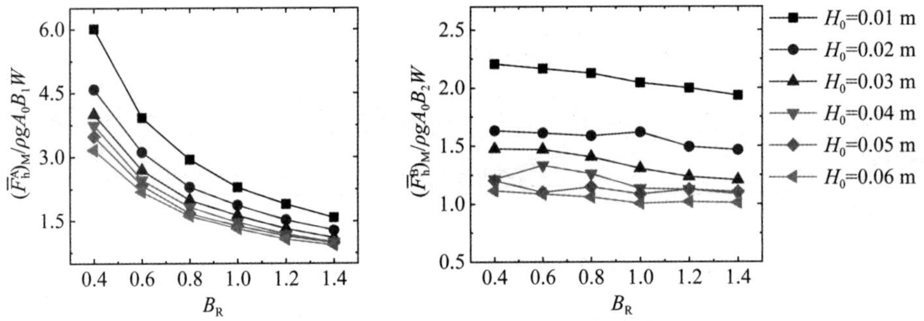

(a)方箱A承受的最大水平波浪力   (b)方箱B承受的最大水平波浪力

图 5   方箱 A 和方箱 B 承受的最大水平波浪力幅值随浮体宽度比的变化

4.2 垂向波浪力

图 6 呈现了不同入射波高和浮体宽度比条件下浮体所受的垂向波浪力幅值随入射波频率的变化(受篇幅所限,仅展示了 $H_0=0.01$ m、0.02 m、0.03 m 等 3 个入射波高的结果)。从图 6 中可以观察到 3 个现象。第一,在不同的入射波频段,浮体宽度比对垂向波浪力幅值的影响作用明显不同。对于上游方箱 A 和下游方箱 B,$f*<0.185$ 时,所有浮体宽度比下的垂向波浪力幅值比较接近。$0.185<f*<0.210$ 时,随着 B_R 增大,垂向波浪力幅值明显降低。第二,对于方箱 A,不同入射波高下,$\bar{F}_v^A/\rho g A_0 B_1 W$ 随 $f*$ 的变化不同。如图 6(a)所示,入射波较小时,$\bar{F}_v^A/\rho g A_0 B_1 W$ 随着入射波频的增大呈现三段式的变化,即随着入射波频的增大,$\bar{F}_v^A/\rho g A_0 B_1 W$ 首先增大,然后快速减小,最后呈现缓慢增大的趋势。而在 $H_0=0.02$ m 和 0.03 m 时,除在 $B_R=0.4$ 的条件下 $\bar{F}_v^A/\rho g A_0 B_1 W$ 呈现出先缓慢增大又缓慢减小的趋势外,其余浮体宽度比条件下 $\bar{F}_v^A/\rho g A_0 B_1 W$ 均呈现单调递减的趋势。第三,对于方箱 B,$\bar{F}_v^B/\rho g A_0 B_2 W$ 呈现出与其所承受的水平波浪力幅值相类似的单峰变化。不过不同的是,在入射波频率 $f*$ 超过 0.215 后,$\bar{F}_v^B/\rho g A_0 B_2 W$ 又出现了缓慢增长的趋势。

（a-c）方箱A承受的垂向波浪力幅值

（d-f）方箱B承受的垂向波浪力幅值

图 6　作用在方箱 A 和方箱 B 上的垂向波浪力幅值

图 7 呈现了方箱 A 和方箱 B 所受的最大垂向波浪力幅值随浮体宽度比的变化。从图中可以看出，浮体宽度比对两方箱上的最大垂向波浪力幅值的影响作用不同。对于方箱 A，随着浮体宽度比增大，$(\bar{F}_v^A)_M/\rho g A_0 B_1 W$ 整体呈现下降趋势。对于方箱 B，浮体宽度比对 $(\bar{F}_v^B)_M/\rho g A_0 B_2 W$ 的影响特征依赖于 H_0。当 $H_0=0.01$ m、0.02 m 时，$(\bar{F}_v^B)_M/\rho g A_0 B_2 W$ 呈现先增大后减小的趋势，在 $B_R=1.0$ 的条件下最大。在其他入射波高下，$(\bar{F}_v^B)_M/\rho g A_0 B_2 W$ 也呈现同样的趋势，在 $B_R=0.6$ 的条件下最大。

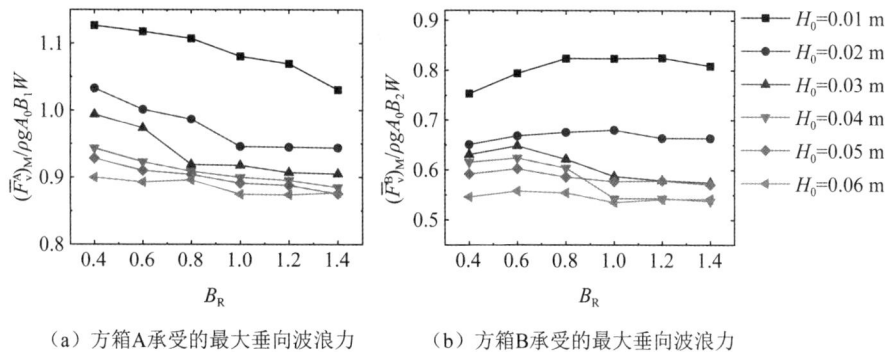

（a）方箱A承受的最大垂向波浪力　　　（b）方箱B承受的最大垂向波浪力

图 7　方箱 A 和方箱 B 上的最大垂向波浪力幅值随浮体宽度比的变化

5　结　语

使用开源计算流体力学软件 OpenFOAM 建立了一个二维黏性流数值波浪水槽，模拟了相同吃水、不同宽度的两个固定方箱间窄缝共振现象，研究了浮体宽度比对双箱系统在窄缝共振条件下上、下游方箱所受的水平波浪力和垂向波浪力。可以得出以下结论：

（1）对于本文所考虑的所有入射波参数和浮体宽度比的变化范围内，上游方箱 A 和下游方箱 B 所承受的水平波浪力幅值均随入射波频率呈现出先增大后减小的趋势。方箱 A 上最大水平波浪力幅值对应的频率明显高于窄缝共振频率，方箱 B 上最大水平波浪力幅值对应的频率则与窄缝共振频率十分接近。

（2）在不同的入射波频段，浮体宽度比对作用于方箱 A 和方箱 B 所受的垂向波浪力幅值的影响特征不同。在 $0.185<f*<0.210$ 范围内，随着浮体宽度比的增大，两方箱承受的垂向波浪力幅值均呈现下

降趋势;当 $f*>0.210$ 时,两方箱上的垂向波浪力幅值对浮体宽度比的变化均不敏感。

(3)随着浮体宽度比的增大,方箱 A 所受最大水平与垂向波浪力幅值和方箱 B 所受的最大水平波浪力幅值均呈现下降趋势,而方箱 B 所受最大垂向波浪力幅值呈现先增大后减小的趋势。当入射波高为 $H_0=0.01$ m 和 0.02 m 时,方箱 B 在浮体宽度比为 1.0 时所受的最大垂向波浪力幅值最为显著。在其他入射波高条件下,方箱 B 在浮体宽度比为 0.6 时所受最大垂向波浪力幅值最为显著。

最后需强调的是,以上具体结论中所述的水平与垂向波浪力幅值均是指无量纲化的幅值,且以上具体结论仅适用于本文所给定的几何布局(包括箱体的吃水、窄缝宽度和水深)以及浮体宽度比和入射波高的变化范围。

🔖 参考文献

[1] JIANG S C,BAI W. Coupling analysis for sway motion box with internal liquid sloshing under wave actions[J]. Physics of Fluids,2020,32(7):072106.

[2] LIANG H,LIU X,CHUA K H,et al. Wave actions on side-by-side barges with sloshing effects:fixed-free arrangement[J]. Flow,2022,2:E20.

[3] GAO J L,MA X Z,DONG G H,et al. Investigation on the effects of Bragg reflection on harbor oscillations[J]. Coastal Engineering,2021,170:103977.

[4] MIAO G P,SAITOH T,ISHIDA H. Water wave interaction of twin large scale caissons with a small gap between[J]. Coastal Engineering Journal,2001,43(1):39-58.

[5] FENG X,BAI W. Wave resonances in a narrow gap between two barges using fully nonlinear numerical simulation[J]. Applied Ocean Research,2015,50:119-129.

[6] ZHAO W,TAYLOR P H,WOLGAMOT H A,et al. Gap resonance from linear to quartic wave excitation and the structure of nonlinear transfer functions[J]. Journal of Fluid Mechanics,2021,926:A3.

[7] GAO J L,HE Z,ZANG J,et al. Topographic effects on wave resonance in the narrow gap between fixed box and vertical wall[J]. Ocean Engineering,2019,180:97-107.

[8] MORADI N,ZHOU T,CHENG L. Effect of inlet configuration on wave resonance in the narrow gap of two fixed bodies in close proximity[J]. Ocean Engineering,2015,103:88-102.

[9] DING Y,WALTHER J H,SHAO Y. Higher-order gap resonance between two identical fixed barges:A study on the effect of water depth[J]. Physics of Fluids,2022,34(5):052113.

[10] YANG J,YUAN Y,HUANG X,et al. Numerical study of hydrodynamic performance of LNG system during side-by-side export operation[J]. Ship Engineering,2016,38(9):52-56.

[11] ZHAO W, MILNE I A,EFTHYMIOU M,et al. Current practice and research directions in hydrodynamics for FLNG-side-by-side offloading[J]. Ocean Engineering,2018,158:99-110.

[12] ZHAO W,PAN Z,LIN F,et al. Estimation of gap resonance relevant to side-by-side offloading[J]. Ocean Engineering,2018,153:1-9.

[13] ZOU M,CHEN M,ZHU L,et al. A constant parameter time domain model for dynamic modelling of multi-body system with strong hydrodynamic interactions[J]. Ocean Engineering,2023,268:113376.

[14] LI Y,ZHANG C. Analysis of wave resonance in gap between two heaving barges[J]. Ocean Engineering,2016,117:210-220.

[15] 刘春阳. 波浪作用下双浮体系统水动力特性的实验和数值研究[D]. 大连:大连理工大学,2017.

[16] TAN L,TANG G Q,ZHOU Z B,et al. Theoretical and numerical investigations of wave resonance between two floating bodies in close proximity[J]. Journal of Hydrodynamics,2017,29(5):805-816.

[17] GONG S K,GAO J L,MAO H F. Investigations on fluid resonance within a narrow gap formed by two fixed bodies with varying breadth ratios[J]. China Ocean Engineering,2023,37(6):962-974.

[18] DIXON A G,SALTER S H,GREATED C A. Wave forces on partially submerged cylinders[J]. Journal of the Waterway,Port,Coastal and Ocean Division,1979,105(4):421-438.

基于离散模块和降维模型的浮式柔性结构物水弹性响应分析方法

石永康[1,2,3]，韦雁机[1]

（1. 宁波东方理工大学（暂名），浙江 宁波　315699；2. 上海交通大学 海洋工程国家重点实验室，上海 200240；3. 上海交通大学 船舶海洋与建筑工程学院，上海　200240）

摘要：基于离散模块和降维模型提出了一种新的柔性浮式结构物水弹性响应计算方法。首先，将连续结构离散化为多个刚体子模块，运用边界元方法执行多体水动力计算；其次，基于有限元方法构建结构协同质量矩阵和刚度矩阵，进而计算结构的模态振型以建立降维模型；再次，利用降维模型和主控制点信息对结构的质量矩阵和刚度矩阵进行降维处理，以将有限元矩阵与水动力系数维度统一；最后，通过耦合惯性力、水动力、静水力、弹性力等因素，建立降维后的结构动力学控制方程。通过求解这些控制方程，能够获得离散系统主控制点的运动响应。采用降维模型形成的转换矩阵还原全局节点的运动响应。通过与试验数据及其他现有方法的比较，证明了所提方法的有效性和高准确度。该水弹性方法实现了对复杂结构物水弹性响应的高效准确计算。通过构建模块数量选择公式，显著提升了离散模块方法的计算效率。

关键词：离散模块；降维模型；水弹性力学；浮式柔性结构物；超大型浮体

随着全球对海洋资源的开发和对可持续能源需求的增加，学术界对海上超大型浮体（VLFS）的研究兴趣显著增长。这些结构，由于其巨大的尺寸、显著的柔性以及几乎平板的构造特征，已被广泛提议用于多种海上工程，包括浮动机场、防波堤、浮动城市以及海上新能源利用工程等[1]。这些应用不仅展示了VLFS在海洋工程中的多样化潜力，也突显了其在实现海洋空间利用方面的重要作用。VLFS与波浪的相互作用被认为是经典的流固耦合水弹性问题。采用水弹性理论计算浮动柔性结构的动力响应，其核心思想是求解由惯性力，静、动载荷以及弹性变形力组成的水动力方程[2]。在计算柔性浮体结构的水弹性响应时，三维水弹性方法是主要的分析方法。该方法将浮式结构的运动分解为多个模态，并聚焦于关键振动模态的分析与叠加，以获得精确的整体响应。在应用此方法时，需通过预分析来确定最佳的模态组合[3-6]。

近年来，Lu等[7]提出了一种基于离散模块的新的水弹性方法。此法将连续的结构划分为数个刚体子模块，执行多体水动力计算。各模块间则通过梁单元连接，形成完整的结构刚度矩阵。通过整合水动力系数和结构刚度矩阵，能够准确地分析水弹性响应。与其他水弹性方法的对比结果显示，此法的预测非常准确，已经得到了众多研究者的采纳[8-12]。在相关文献中，虽然基于离散模块的水弹性方法已经在预测水弹性响应方面展现出准确性和实用性，但是具体应用过程中，一些关键问题尚未解决。传统方法中梁单元的使用在某些复杂结构中可能存在局限性，导致模型在捕捉结构细节方面不足。

本研究的核心目的是开发一种基于离散模块和降维技术的柔性浮式结构物水弹性响应的计算方法。与传统的离散模块水弹性方法相比，新方法具备显著的优势，通过有限元方法和降维模型，能够更有效地模拟复杂结构的动态响应，提高了对结构细节的捕捉能力。

1 方法论

1.1 降维模型

在结构动力学中多自由度系统的时域运动控制方程通常可以写为：

基金项目：宁波市重点研发计划资助项目（2023Z055）

通信作者：韦雁机。E-mail：yanji. wei@eitech. edu. cn

$$\boldsymbol{M}\ddot{\boldsymbol{x}}+\boldsymbol{C}\dot{\boldsymbol{x}}+\boldsymbol{K}\boldsymbol{x}=\boldsymbol{F}(t) \tag{1}$$

假设结构阻尼为比例阻尼,特征函数为:

$$(\boldsymbol{K}-\lambda\boldsymbol{M})\boldsymbol{x}=0 \tag{2}$$

求解特征函数的结果产生特征值(固有频率)和特征向量(模态振型)。有限元所计算的质量矩阵和刚度矩阵的形状远大于水动力系数矩阵的形状,故可以对质量矩阵和刚度矩阵进行降维处理,使质量矩阵和刚度矩阵与水动力系数矩阵保持在同一维度。首先,将坐标向量划分为两个部分即保留坐标 $\boldsymbol{x}_m$ 和截断坐标 $\boldsymbol{x}_s$,并以以下形式重新组织运动方程(现在只考虑无阻尼的情况):

$$\begin{bmatrix} M_{mm} & M_{ms} \\ M_{sm} & M_{ss} \end{bmatrix}\begin{bmatrix} \ddot{\boldsymbol{x}}_m \\ \ddot{\boldsymbol{x}}_s \end{bmatrix}+\begin{bmatrix} K_{mm} & K_{ms} \\ K_{sm} & K_{ss} \end{bmatrix}\begin{bmatrix} \boldsymbol{x}_m \\ \boldsymbol{x}_s \end{bmatrix}=\begin{bmatrix} F_m \\ 0 \end{bmatrix} \tag{3}$$

对特征函数的解特征向量进行了质量归一化处理,$\boldsymbol{\Phi}=[\boldsymbol{\Phi}_{am}\boldsymbol{\Phi}_{as}]$,其中 m 和 s 分别代表保留和截断,a 表示所有坐标都保留在向量中。保留坐标的模态 $\boldsymbol{\Phi}_{am}$ 维度为 $n\times m$ 矩阵,待截断的模态 $\boldsymbol{\Phi}_{as}$ 维度为 $nx(n-m)$ 矩阵。

$$\boldsymbol{x}=\begin{bmatrix} \boldsymbol{x}_m \\ \boldsymbol{x}_s \end{bmatrix}=\boldsymbol{\Phi}\boldsymbol{r}=\begin{bmatrix} \Phi_{mm} & \Phi_{ms} \\ \Phi_{sm} & \Phi_{ss} \end{bmatrix}\begin{bmatrix} \boldsymbol{r}_m \\ \boldsymbol{r}_s \end{bmatrix}=\begin{bmatrix} \Phi_{mm}\Phi_{ms} \\ \Phi_{sm}\Phi_{ss} \end{bmatrix}\begin{bmatrix} \boldsymbol{r}_m \\ \boldsymbol{r}_s \end{bmatrix} \tag{4}$$

$$\boldsymbol{\Phi}=[\Phi_{am} \quad \Phi_{as}]^T \tag{5}$$

然后通过假设 $r_s=0$ 截断模态向量 $\boldsymbol{r}=[\boldsymbol{r}_m\boldsymbol{r}_s]^T$。上述模态坐标下的运动方程将得到简化:

$$I_m\ddot{\boldsymbol{r}}_m+\lambda_m\boldsymbol{r}_m=\Phi_{am}^T F_m \tag{6}$$

将上述公式重新推导,重新组织控制方程。在这里我们可以根据模态阵型定义一个坐标转换矩阵 $\boldsymbol{T}$,

$$\boldsymbol{T}=\Phi_{am}\Phi_{mm}^{-1}=\begin{bmatrix} \Phi_{mm} \\ \Phi_{sm} \end{bmatrix}^{-1}=\begin{bmatrix} I \\ \Phi_{sm}\Phi_{mm}^{-1} \end{bmatrix} \tag{7}$$

最后,得到降维后的运动控制方程:

$$\tilde{\boldsymbol{M}}\ddot{\boldsymbol{x}}_m+\tilde{\boldsymbol{C}}\dot{\boldsymbol{x}}_m+\tilde{\boldsymbol{K}}\boldsymbol{x}_m=\tilde{\boldsymbol{F}} \tag{8}$$

式中:$\tilde{M}=T^TMT$,$\tilde{C}=T^TCT$,$\tilde{K}=T^TKT$,$\tilde{F}=T^TF$,生成了降阶模型。

1.2 水动力控制方程

如图 1 所示,本研究重点关注波浪与大型结构物相互作用问题。水动力学模型的构建基于线性势流波浪理论,以考察结构在规则波作用下的动态响应。假设流体为理想不可压缩流体,整体速度势 Φ 表示为复数形式:

$$\Phi(X,Y,Z,t)=\mathrm{Re}\{\varphi(X,Y,Z)\mathrm{e}^{-i\omega t}\} \tag{9}$$

式中:Φ 代表速度势,ω 为波浪的角频率,φ 是时间独立的空间复数势,而 $\mathrm{e}^{-i\omega t}$ 描述了波浪的周期性振动行为。

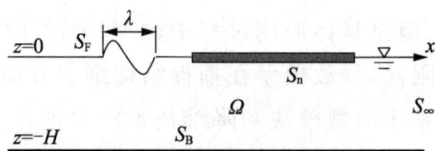

图 1 波浪作用下浮式柔性结构物示意

对于复杂的多体水动力学问题,空间复数势 φ 可分解为 3 部分:入射波势 φ_I、绕射势 φ_D,以及辐射势 $\varphi_R^{(m)}$(第 m 个模块的辐射势)。具体表达式为:

$$\varphi=\varphi_I+\varphi_D+\sum_{m=1}^{N\times M}\varphi_R^{(m)} \tag{10}$$

该辐射势通过以下公式进一步定义:

$$\varphi_R^{(m)}=-i\omega\sum_{j=1}^{6}\xi_j^{(m)}\varphi_{jR}^{(m)} \tag{11}$$

式中:$\varphi_{jR}^{(m)}$ 为单元辐射速度势,指模块 m 在第 j 模态振荡而其他模块保持固定的情形;$\xi_j^{(m)}$ 为模块 m 在第 j

模态的复数运动幅度。入射波势 φ_I 在有限水深条件下描述为：

$$\varphi_I = \frac{igA}{\omega}\frac{\cosh[k(Z+H)]}{\cosh kH}e^{ik(X\cos\theta+Y\sin\theta)} \tag{12}$$

式中：A 为入射波幅度，H 为水深，k 为波数，θ 为波向。

第 m 个模块的辐射势 $\varphi_{jR}^{(m)}$ 需满足流体域 Ω 中的控制方程和边界条件，这包括线性化自由面（S_F）、体表面（S_n）、海底（S_B）和远场辐射（S_∞）条件（图1）：

$$\begin{cases} \text{in}: \Omega: \nabla 2\varphi_{jR}^{(m)} = 0 \\[2mm] \text{on}: S_F: -\omega^2\varphi_{jR}^{(m)} + g\left.\dfrac{\partial \varphi_{jR}^{(m)}}{\partial Z}\right|_{Z=0} = 0 \\[2mm] \text{on}: S_n: \dfrac{\partial \varphi_{jR}^{(m)}}{\partial n^{(n)}} = \begin{cases} n(m)_j, & m=n \\ 0, & m\neq n \end{cases} \\[4mm] \text{on}: S_B: \left.\dfrac{\partial \varphi_{jR}^{(m)}}{\partial n}\right|_{Z=-H} = 0 \\[2mm] \text{on}: S_\infty: \lim\limits_{r\to\infty}\left(r^{\frac{1}{2}}\left(\dfrac{\partial \varphi_{jR}^{(m)}}{\partial r} - ik\varphi_{jR}^{(m)}\right)\right) = 0 \end{cases} \tag{13}$$

绕射势 φ_D 也需满足流体域中的控制方程和边界条件，但其体边界条件与辐射势有所不同，表达为：

$$\text{on}: S_n: \frac{\partial \varphi_D}{\partial n} = -\frac{\partial \varphi_I}{\partial n} \tag{14}$$

本研究采用基于边界元法（BEM）的开源程序包 Capytaine 求解水动力问题。

1.3 耦合结构动力学方程

在本部分中，采用有限元商用软件构建了浮式柔性结构物的数值模型，并通过程序指令提取了结构质量矩阵和刚度矩阵。使用 4 节点 6 自由度的 S4R 单元进行网格划分，旨在精确捕捉结构的弯曲、剪切和膜应力行为。通过将水动力系数矩阵（附加质量、附加阻尼和波浪激励力）、结构质量矩阵以及刚度矩阵耦合考虑，建立了频域下结构动力学控制方程。结构阻尼相对于水动力阻尼较小，在分析中可以忽略。另外，为了防止两个模块在水动力计算时发生水共振现象，在两个模块之间的壁上没有设置湿板。

本模型通过求解结构特征函数获取特征值和特征向量，进而采用模态截断技术来构建转换矩阵。详细的推导过程见"1.1 降维模型"部分。由于有限元节点的数量远超离散模块的数量，开发了一个 Python 框架，用于简化由有限元生成的质量矩阵和刚度矩阵，并构建新的结构运动方程。这些方程可以被求解，以获得有限节点的运动响应 x_r。然后，利用上述部分中形成的转换矩阵 T，将有限节点位移 x_r 上升至全局运动响应。经过降维处理得到的结构耦合动力学方程可以表示为：

$$(-\omega^2[\tilde{M}+A]_{6r\times 6r} - i\omega[C]_{6r\times 6r} + [\tilde{K}+k]_{6r\times 6r})\{x_r(\omega)\}_{6r\times 1} = \{F_{wave}(\omega)\}_{6r\times 1} \tag{15}$$

$$x = Tx_r \tag{16}$$

式中：$[A]_{6r\times 6r}$、$[C]_{6r\times 6r}$、$[k]_{6r\times 6r}$ 分别是附加质量矩阵、附加阻尼矩阵和静水恢复力矩阵；$[\tilde{M}]_{6r\times 6r}$ 是降阶后的质量矩阵；$[\tilde{K}]_{6r\times 6r}$ 是降维后的结构刚度矩阵；F_{wave} 是波浪激励力矢量；x_r 为与时间无关的主自由度位移矢量；T 为模态振型组合的变换矩阵；x 是全自由度的位移矢量。

所有节点位置的位移通过上述方程获得。然后，通过将结构刚度矩阵与节点位移相乘，可以得到任意节点位置的内力。由于离散模块方法使得水动力参数主要集中作用于模块的重心位置，因此计算出的内力只在模块边界位置才是准确的。为了获得全局内力结果，使用高阶插值方法。

2 模型验证

将所建立的模型与其他学者的试验结果和数值结果进行对比，以验证其准确性和可靠性。首先，执行了不同模块数的验证。在此过程中，开发了一种策略，以根据不同激励频率选择合适的模块数量。基于此策略，发现在本研究中，使用 10 个离散模块足以准确描述结构的动力学响应。因此，没有进行传统意义上的模块无关性验证,而是专注于验证所选模块数量的准确性。其次,执行了网格无关性验证,以确保模型结果的准确性。比较了 3 种不同密度网格(粗网格 15×30、中网格 5×5、细网格 3×3)的计算结果。由于篇幅限制,本处不展示结果图。不同网格密度下的模型响应具有良好的一致性,证明了该模型的鲁棒性。在后续研究中有限元网格模型主要采用中网格进行模拟。

在本研究中,所采用的模型基于一个比例缩小比为 1/30.85 的试验模型,主要参数的细节可参考 Lu[7] 的研究。试验中测量了 VLFS 在一系列不同波长的规则波浪作用下,沿中心轴的几个点的垂直振荡位移。此外,还参考了 Fu 等[4] 的研究。Fu 等使用了三维水弹性方法,即模态叠加法,对同一模型进行了数值模拟。本研究结果与他们的数值模拟结果以及试验结果的比较见图 2。尽管可以观察到一些差异,但 VLFS 的运动响应趋势被很好地捕捉和再现。这表明本模型能够有效地模拟实际结构与波浪相互作用下的动态响应,同时与三维水弹性方法的结果具有良好的一致性,证实了本模型的准确性和有效性。我们还对结构的内力进行了详细的分析,并将模型计算的内力与三维水弹性方法的数据进行了对比。如图 2 所示,两结果具有高度的一致性,证明了本模型在工程中应用的可行性。总结来说,通过与试验数据和其他学者的数值模型对比,本模型在模拟结构动力学行为方面表现出较高的精度和可靠性。这一验证过程不仅证实了模型的有效性,也为未来新型大型浮式结构物的动力响应分析提供可选择的方案。

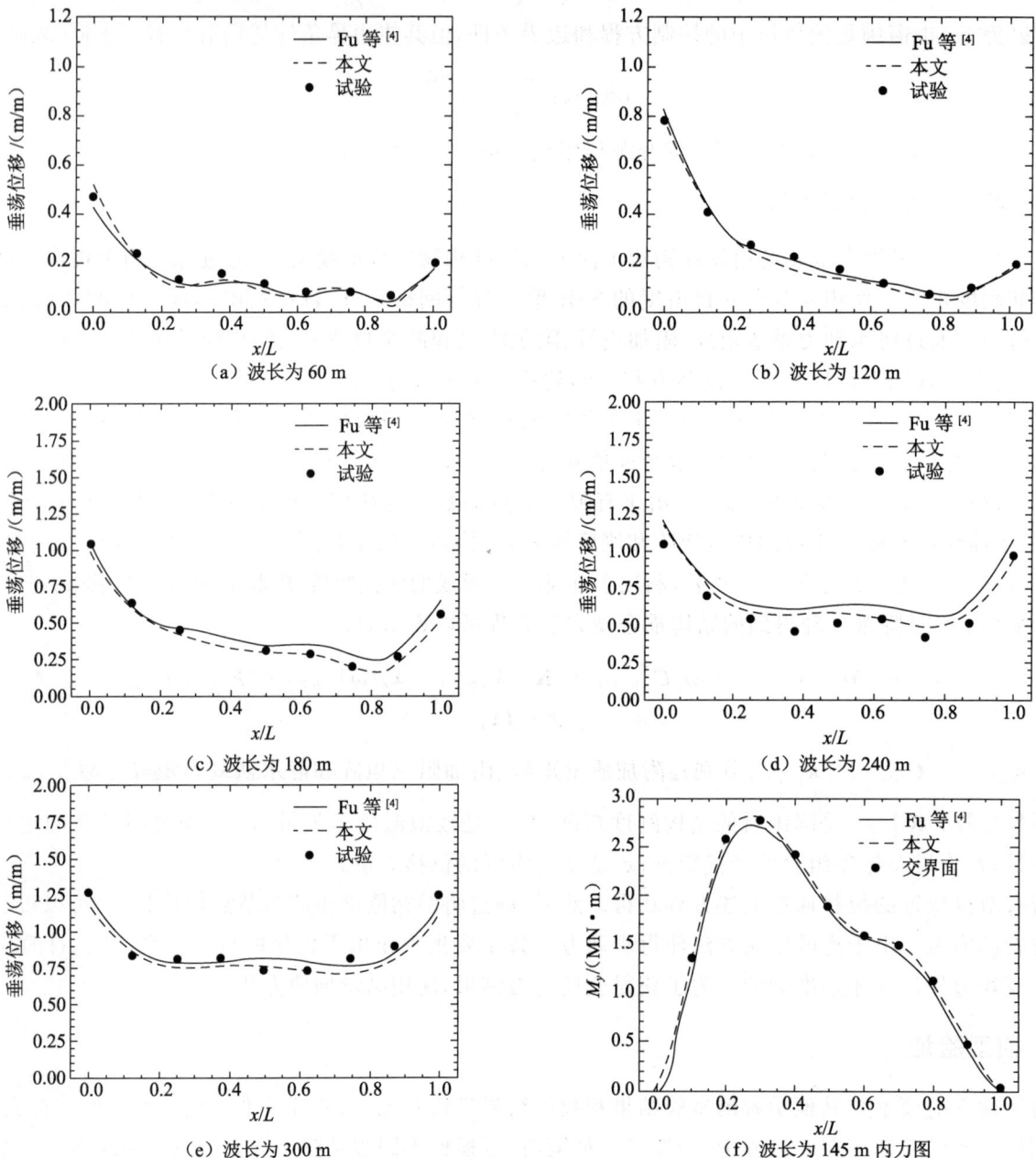

图 2 本研究结果与试验数据、三维水弹性方法的结果对比

3 结　语

基于离散模块和降维模型提出了一种新的浮式柔性结构物水弹性响应计算方法。此方法基于先前的研究成果，通过引入有限元方法和降维模型，实现了对复杂结构水弹性响应的高效准确分析，进而提升了离散模块水弹性方法的能力。本文详细阐述了该模型的理论基础。与试验数据、其他方法模拟结果的比较验证了本研究的方法的准确性。

本研究在先前工作基础[11-12]上，开发了基于离散模块和降维模型的浮式柔性结构物水弹性响应计算方法，期望基于该方法来实现海上漂浮式光伏平台的运动响应预报和安全性的评估。未来将继续深化对该水弹性方法和漂浮式光伏结构的研究，包括扩展到时域模型、考虑非线性风载荷的耦合效应、考虑风载荷空间相关性、考虑系泊系统等。这些工作将进一步完善该水弹性方法，有助于全面理解海上漂浮式光伏结构运动特性，为海洋可再生能源领域的发展提供有力支持。

参考文献

[1] LAMAS-PARDO M, IGLESIAS G, CARRAL L. A review of very large floating structures (VLFS) for coastal and offshore uses[J]. Ocean Engineering, 2015, 109: 677-690.

[2] HELLER S R, ABRAMSON H N. Hydroelasticity: A new naval science[J]. Journal of the American Society for Naval Engineers, 1959, 71(2): 205-209.

[3] SENJANOVIC I, MALENICA S, TOMASEVIC S. Investigation of ship hydroelasticity[J]. Ocean Engineering, 2008, 35(5/6): 523-535.

[4] FU S, MOAN T, CHEN X, et al. Hydroelastic analysis of flexible floating interconnected structures[J]. Ocean engineering, 2007, 34(11-12): 1516-1531.

[5] DING J, XIE Z, WU Y, et al. Numerical and experimental investigation on hydroelastic responses of an 8-module VLFS near a typical island[J]. Ocean Engineering, 2020, 214: 107841.

[6] DING J, TIAN C, WU Y S, et al. A simplified method to estimate the hydroelastic responses of VLFS in the inhomogeneous waves[J]. Ocean Engineering, 2019, 172: 434-445.

[7] LU D, FU S, ZHANG X, et al. A method to estimate the hydroelastic behaviour of VLFS based on multi-rigid-body dynamics and beam bending[J]. Ships & Offshore Structures, 2019, 14(3/4): 354-362.

[8] ZHANG X, ZHENG S, LU D, et al. Numerical investigation of the dynamic response and power capture performance of a VLFS with a wave energy conversion unit[J]. Engineering Structures, 2019, 195: 62-83.

[9] ZHANG X, LU D, LIANG Y, et al. Feasibility of very large floating structure as offshore wind foundation: effects of hinge numbers on wave loads and induced responses[J]. Journal of Waterway, Port, Coastal, and Ocean Engineering, 2021, 147(3): 04021002.

[10] ZHANG X, LU D, GAO Y, et al. A time domain discrete-module-beam-bending-based hydroelasticity method for the transient response of very large floating structures under unsteady external loads[J]. Ocean Engineering, 2018, 164: 332-349.

[11] SHI Y, WEI Y, TAY Z Y, et al. Hydroelastic analysis of offshore floating photovoltaic based on frequency-domain model[J]. Ocean Engineering, 2023, 289: 116213.

[12] SHI Y, WEI Y, CHEN Z. Hydroelastic analysis of offshore floating photovoltaic based on frequency-domain model[C]// International Conference on Offshore Mechanics and Arctic Engineering. American Society of Mechanical Engineers, 2023, 86908: V008T09A014.

基于 TCN 船舶运动响应极值预测方法

廖家升，姜胜超

(大连理工大学 船舶工程学院，辽宁 大连　116024)

摘要：预测船舶运动响应极值，对海上作业和航行有极大的安全意义。提出了一种基于 TCN 深度学习模型预测船舶运动响应极值的方法，通过仿真软件生成数据集并基于双特征输入进行预测。试验结果表明 TCN 模型相比于 LSTM 和 CNN 在船舶运动极值预测上有更高的精度，有重要的应用价值。

关键词：船舶运动极值；时域卷积神经网络；时序预测

　　船舶在海上航行受风、浪、流等环境载荷的影响，在 6 自由度上产生相互耦合的摇荡运动。在遇到恶劣海况时，剧烈的摇荡运动会对船舶产生严重的安全影响。因此，对船舶的摇荡运动进行预测，给予相关操作人员一定的反应和决策时间，能够提升船舶的安全性能和作业效率。

　　船舶的运动响应预测可以归类为时序预测问题。经典的时序预测方法如卡尔曼滤波法[1]、自回归模型[2]和灰色预报法[3-4]等存在对非线性较强的时序预测效果差的问题。神经网络是人工智能的重要组成部分，其具有强大的学习、拟合能力，被广泛应用于各领域的非线性系统的研究[5-8]。近年来随着人工智能的发展，针对船舶运动较强的非线性特征，越来越多的国内外相关研究人员运用神经网络对船舶的运动进行预测并取得了良好的效果。Liu 等[9]通过长短期记忆(long-short term memory，LSTM)神经网络模型并利用自相关函数确定网络输入的维度，为船舶的非线性运动预测提供了一种潜在的方法。Sun 等[10]提出了一种基于 LSTM 和高斯过程回归(Gaussian process regression，GPR)的船舶运动姿态混合预测模型。Zhang 等[11]提出一种结合 LSTM 和卷积神经网络(convolutional neural network，CNN)的混合神经网络，该方法在预测横摇方面具有更好的性能。Zhang 等[12]通过采用小波变换(wavelet transform，WT)将船舶运动信号分解为多个频阶，结合 LSTM 并使用注意力机制得到不同尺度的权重，提高整个模型的灵敏度。Zhang 等[13]提出了一种基于时间卷积网络(temporal convolutional network，TCN)和注意力机制的船舶运动组合预测模型，并且通过改进的鲸鱼优化算法来优化模型的超参数，使模型具有更好的适应性，提高预测精度。

　　了解船舶未来的运动响应极值情况对海上作业、航行具有巨大的安全意义，然而船舶运动响应预测中的极值拟合效果尚待提升，并且针对极值预测的研究较少。因此，本文提出了一种基于 TCN 深度学习模型的船舶运动响应极值预测方法，利用仿真试验生成数据集并进行训练、测试，证明了 TCN 模型在极值预测方面的优越性，有重要的应用价值。

1 TCN 模型

　　TCN 网络是由 Bai 等[14]提出的一种针对序列模型的卷积神经网络，其核心包括因果卷积、膨胀卷积和残差模块。相对于循环神经网络(recurrent neural network，RNN)，TCN 将长输入序列作为一个整体进行处理，而不像 RNN 基于顺序进行处理。TCN 具有稳定的梯度，避免了像 RNN 的梯度爆炸、消失的问题。

基金项目：国家自然科学基金面上项目(52171250，52371267)

通信作者：姜胜超。E-mail：jiangshengchao@foxmail.com

1.1 序列模型构建

对于提取到的船舶某一自由度的极值序列 $X=(x_0,x_1,\cdots,x_T)$，基于滑动窗口方法，使用 $X_t=(x_{t-l},x_{t-l+1},\cdots,x_t)$ 来预测未来极值 $Y_{t+p}=(y_{t+1},y_{t+2},\cdots,y_{t+p})$。其中 l 表示窗口的大小，p 表示预测的范围。通过连续滑动窗口，得到一系列未来的船舶运动极值数据。具体描述公式如下：

$$y_{t+1},y_{t+2},\cdots,y_{t+p}=f(x_{t-l},x_{t-l+1},\cdots,x_t) \tag{1}$$

式中：f 为经过训练得到的合适的权重和偏置后的非线性函数映射。

1.2 因果卷积

TCN 为使每个隐藏层和输入层的长度保持相等，通过添加元素为 0 的填充，保证前后层的长度相等，并且使用因果卷积。该卷积是一种单向结构，输出只依赖于当前和更早的输入信息。给定输入序列 $X=(x_0,x_1,\cdots,x_t)$，后续输出为 $Y=(y_0,y_1,\cdots,y_t)$，y_t 仅与之前的输入有关而与未来信息无关。

1.3 膨胀卷积

为了处理较长的序列模型，TCN 使用膨胀卷积来增加感受野的大小。如图 1(a)所示，膨胀卷积对时序信息进行间隔采样，随着层数的增加，卷积因子 d 增大以扩大感受野，这有效扩大了卷积网络的信息输入。如果给定输入序列 $X=(x_0,x_1,\cdots,x_t)$，卷积核为 $F=(f_0,f_1,\cdots,f_{k-1})$，其中 k 为卷积核尺寸，x_t 经过膨胀因子 d 的卷积后输出为：

$$(F_d \cdot X)(t)=\sum_{i=0}^{k-1}f(i)x_{t-d\cdot i} \tag{2}$$

1.4 残差模块

随着隐藏层的堆叠，模型提取信息的能力增强，但同时模型梯度爆炸、消失问题的发生也会更加频繁。为提高模型的稳定性，TCN 通过添加残差模块来代替卷积层。如图 1(b)所示，残差模块由两部分的膨胀因果卷积、权重归一化、线性整流函数和失活层构成。线性整流函数和失活层都能够减少梯度爆炸和消失的问题，$1*1$ 卷积是为了保证输入和输出的维度相同。假定残差模块的输入为 X，输出为 Y，则：

$$Y=\text{Activation}(X+F(X)) \tag{3}$$

式中：Activation 为激活函数，F 为残差模块内的运算操作。

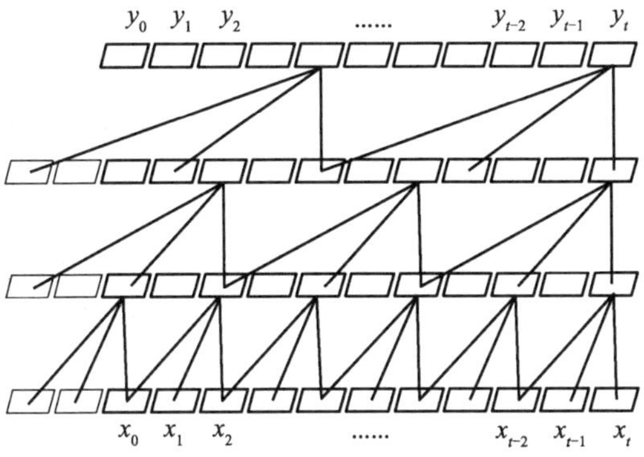

（a）膨胀因果卷积结构 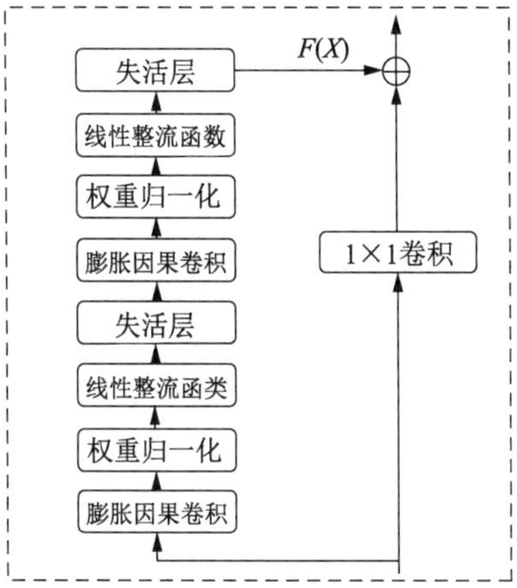　　　　　（b）残差模块

图 1　TCN 结构

2 极值预测模型

2.1 数据集的建立

以工程船舶为仿真试验模型，该船舶的主要参数如下：船长 200 m，垂线间长 186 m，型宽 34 m，型深 15 m，吃水 9 m，排水量 45 000 t，方形系数 0.735。

本文所使用的数据全部在 AQWA 软件中获得。图 2 为船舶坐标示意图,计算生成 0 航速下浪向180°、135°和 90°的船舶垂荡、纵摇、横摇。波浪基于 Jonswap 谱生成,参数如下:有效波高为 6.366 m,谱峰周期为 8.3 s,谱峰因子为 3.3。风向与浪向一致并基于 NPD 风谱,风速取 10 m 高处 37.5 m/s。最后仿真生成 3 h 的数据,分别得到 3 个入射角下的船舶垂荡、纵摇、横摇各 10 800 个数据点,共 6 组试验数据。通过在 Python 中导入 Scipy 数据处理库,提取试验数据的极值,提取效果如图 3 所示。

图 2　船舶坐标示意

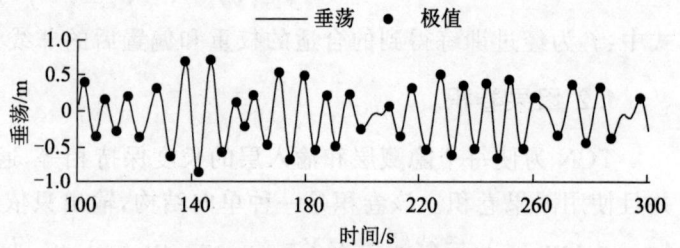

图 3　局部极值提取效果

分别从 9 组试验数据中提取得到单自由度极值序列,并计算相邻极值的时间距离,生成周期序列,局部效果如图 4 所示。最后共得到 18 组数据,将各个自由度以及相应的周期信息制作数据集,进行双特征输入进行训练、验证和测试,流程如图 5 所示。

（a）垂荡极值序列　　　　（b）纵摇极值序列　　　　（c）横摇极值序列

（d）垂荡周期序列　　　　（e）纵摇极值序列　　　　（f）横摇极值序列

图 4　数据集局部图像(135°)

将数据集划分成训练集、验证集和测试集,比例为 92∶4∶4。训练集训练模型,寻找合适的权重和偏置;验证集用于超参数的选取;测试集用于最后测试模型效果。本模型训练采用误差传播算法,损失函数选取均方误差(mean square error,MSE),滑动窗口长度为 25,优化器选用 Adam,学习率为 0.006,训练批次为 64,迭代次数为 200。

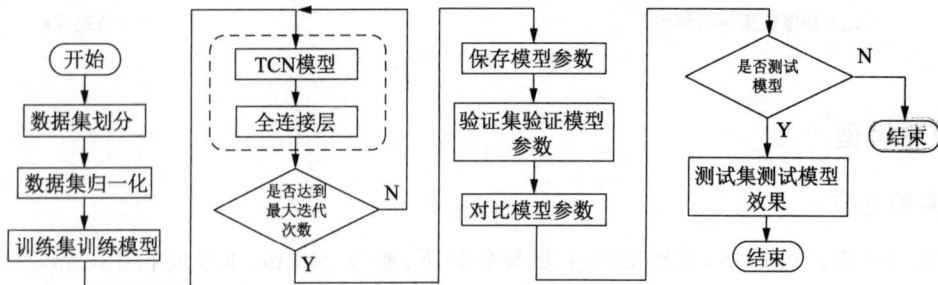

图 5　程序流程图

2.2 参数选取

TCN 模型的参数包括卷积核尺寸、隐藏层数以及每一层隐藏层中的卷积核数量。对卷积核尺寸选取值为 3,隐藏层数为 3 层并使隐藏层每一层的卷积核数量相等。卷积核数量根据验证集的均方根误差(root mean squared error,RMSE)评价来进行选取,以 135°入射角下的 3 个自由度极值,提前 1、3 和 5 步预测作为参数对比试验,结果如表 1。表 1 中,加粗的表示该工况下 RMSE 最低的数值。根据表中数据,选取了 RMSE 最低数值出现最多次的卷积核参数 64,即选取 64 作为 TCN 隐藏层每一层的卷积核数量。

表 1　不同参数下的验证集 RMSE

卷积核参数	垂荡/m			纵摇/(°)			横摇/(°)		
	1	3	5	1	3	5	1	3	5
25	0.126 8	0.191 0	0.226 2	0.230 2	0.429 6	**0.589 6**	0.778 8	1.176 7	**1.504 2**
32	0.127 8	0.189 3	0.224 3	0.233 4	0.424 0	0.603 6	0.742 5	1.143 9	1.529 3
40	**0.124 6**	0.191 5	0.224 4	**0.229 1**	0.430 4	0.603 1	0.764 7	1.146 4	1.532 6
64	0.125 6	**0.187 0**	**0.224 0**	0.236 3	**0.421 3**	0.613 7	**0.731 0**	1.119 7	1.529 0
80	0.130 1	0.188 3	0.224 8	0.241 1	0.423 1	0.617 3	0.736 9	1.180 3	1.515 7
100	0.132 0	0.191 4	0.224 1	0.255 2	0.441 8	0.611 6	0.757 9	**1.095 2**	1.513 4

3 试验结果分析

使用 LSTM、CNN 作为对照模型,对 135°入射工况下的船舶垂荡、纵摇和横摇进行了极值预测,RMSE 和平均绝对误差(mean absolute error,MAE)评价结果如表 2、表 3 所示。表中加粗的为该列最低数值。135°入射工况下的 3 个自由度局部极值预测对比如图 6~图 8 所示。根据图 6、图 7、图 8 的曲线图来看,无论是单步还是多步预测,CNN 模型拟合效果较其他两个模型较差,存在精度不足、稳定性差的问题。LSTM 模型相对于 CNN 模型拟合效果要更好,稳定性更强,但是在预测精度上还是稍逊于 TCN,TCN 是对比图中拟合效果表现最好的。

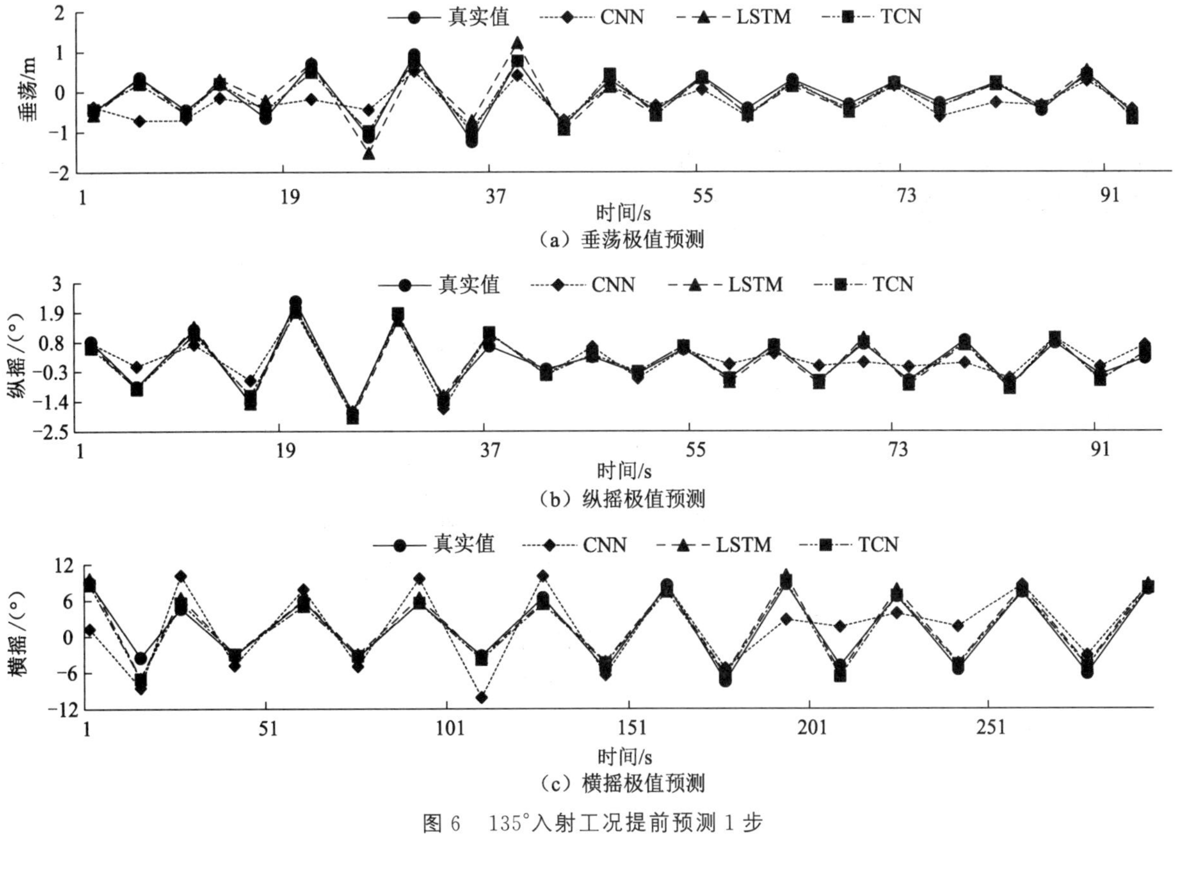

（a）垂荡极值预测

（b）纵摇极值预测

（c）横摇极值预测

图 6　135°入射工况提前预测 1 步

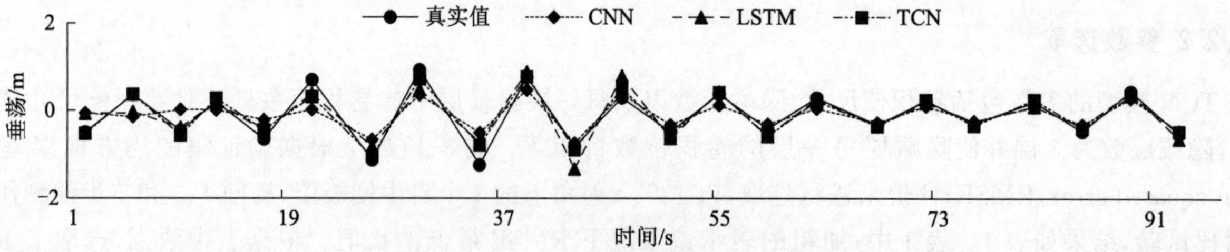

（a）垂荡极值预测

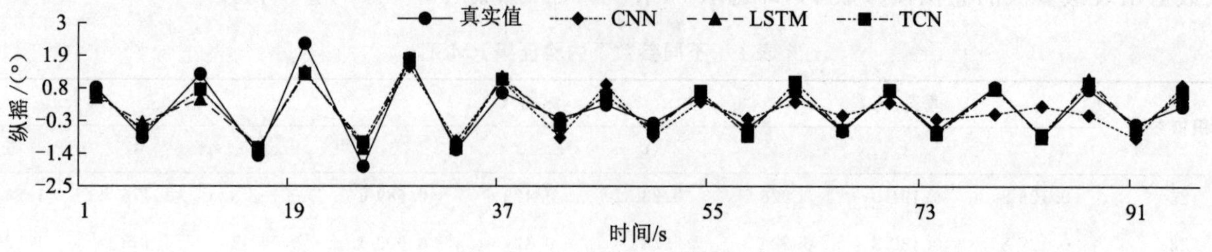

（b）纵摇极值预测

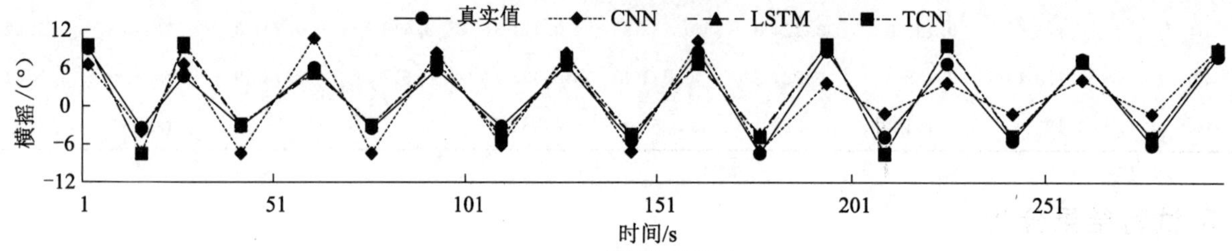

（c）横摇极值预测

图 7　135°入射工况提前预测 3 步

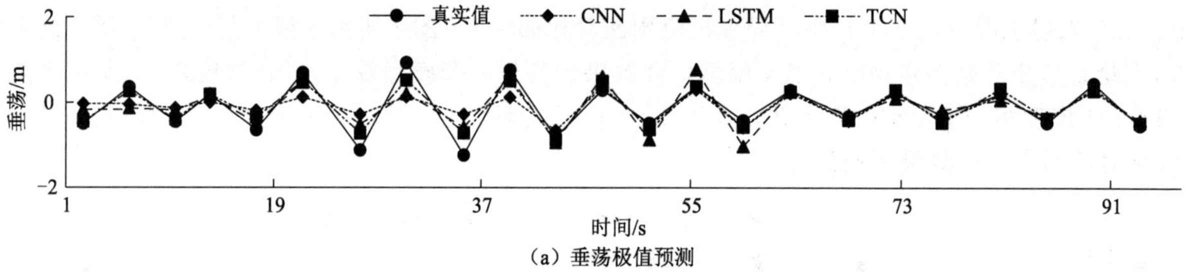

（a）垂荡极值预测

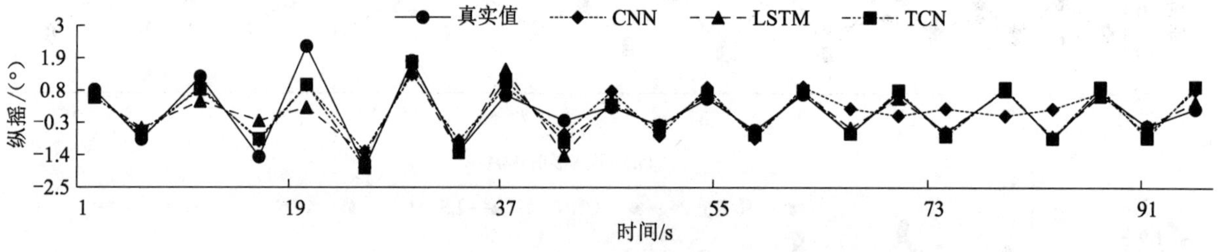

（b）纵摇极值预测

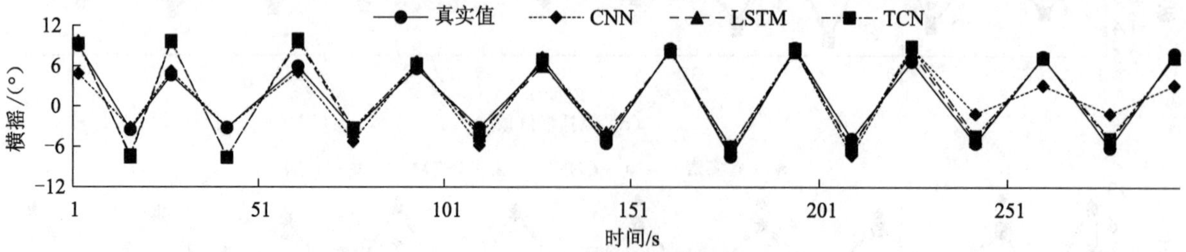

（c）横摇极值预测

图 8　135°入射工况提前预测 5 步

表 2　135°入射工况下的测试集 RMSE

模型	垂荡/m			纵摇/(°)			横摇/(°)		
	1	3	5	1	3	5	1	3	5
CNN	0.352 5	0.358 4	0.351 4	0.564 3	0.644 1	0.725 8	3.788 4	3.274 0	2.656 0
LSTM	0.182 5	0.272 2	0.314 6	0.264 5	0.508 6	0.652 1	1.659 0	1.982 0	2.708 7
TCN	**0.155 8**	**0.236 9**	**0.245 6**	**0.242 6**	**0.395 2**	**0.579 9**	**1.631 3**	**1.936 2**	**2.623 3**

表 3　135°入射工况下的测试集 MAE

模型	垂荡/m			纵摇/(°)			横摇/(°)		
	1	3	5	1	3	5	1	3	5
CNN	0.261 0	0.256 1	0.255 1	0.430 8	0.498 9	0.532 8	3.081 7	2.772 1	2.242 8
LSTM	0.137 6	0.206 6	0.237 2	0.201 1	0.384 6	0.473 4	1.224 0	1.525 0	1.999 2
TCN	**0.116 2**	**0.178 8**	**0.176 3**	**0.185 5**	**0.295 1**	**0.405 5**	**1.183 2**	**1.504 9**	**1.944 2**

结合表 2、表 3 的数据来看,预测 3 个自由度时提前预测 1、3 和 5 步,由于数据存在较强的非平稳性和非线性特点,模型捕捉序列规律存在一定的困难。随着预测步数的增加,模型的预测精度下降。TCN 在进行多步预测时,预测效果仍然保持较高的水准,评价指标明显优于其他模型。TCN 的 RMSE 和 MAE 都是最低的,这也契合了曲线图的信息。从 RMSE 的角度来看,在提前预测 3 步的情况下,TCN 相对于 LSTM 的提升效果分别为 13%、22.3%、2.3%,相对于 CNN 的提升效果分别为 33.9%、38.6%、40.9%。从 MAE 的角度来看,TCN 相对于 LSTM 的提升效果分别为 13.5%、23.3%、1.3%,相对于 CNN 的提升效果分别为 30.2%、40.8%、45.7%。为了更好地证明 TCN 基于双特征输入下极值预测的优越性,这里展示了在入射角为 180°、90°工况下的各模型测试集的 RMSE 的情况,结果如表 4、表 5 所示。表中加粗的为当前列最小数值。根据表中数据得知,大部分预测情况下,TCN 的预测误差最低,预测精度最好。

表 4　180°入射工况下的测试集 RMSE

模型	垂荡/m			纵摇/(°)			横摇/(°)		
	1	3	5	1	3	5	1	3	5
CNN	0.220 5	0.214 9	0.283 7	0.291 5	0.351 7	0.426 7	0.063 5	0.057 0	0.074 6
LSTM	**0.070 2**	0.132 4	0.189 8	0.158 4	0.274 1	0.342 2	0.012 2	**0.011 6**	**0.015 3**
TCN	0.073 8	**0.116 4**	**0.155 1**	**0.134 8**	**0.245 0**	**0.306 4**	**0.010 1**	0.014 3	0.015 5

表 5　90°入射工况下的测试集 RMSE

模型	垂荡/m			纵摇/(°)			横摇/(°)		
	1	3	5	1	3	5	1	3	5
CNN	1.003 0	0.987 1	1.067 6	0.139 7	0.141 1	0.140 9	7.607 9	7.136 6	8.056 9
LSTM	**0.354 5**	0.722 2	0.856 2	**0.077 2**	0.115 1	0.133 2	5.876 3	7.229 1	7.230 4
TCN	0.364 4	**0.660 4**	**0.766 5**	0.080 9	**0.103 5**	**0.128 5**	**5.795 9**	**6.493 2**	**6.966 5**

4　结　语

针对大型工程船舶的垂荡、纵摇和横摇的极值预测,提出了 TCN 预测模型,以各自由度的极值序列和相应的周期信息序列作为双特征输入进行单步和多步预测,主要研究结论如下:

(1)相较于传统的循环模型 LSTM、卷积模型 CNN,试验表明 TCN 在极值的预测上精度更高,预测效果更好,泛化能力更强。

(2)TCN 在进行 3 步和 5 步的极值多步预测时,误差仍能保持在可接受的范围内。

综上所述,TCN 在预测极值方面有着卓越的性能表现,对海洋工程相关时序预测问题的解决有重要的启示和应用价值。

参考文献

[1] NIELSEN U D,BRODTKORB A H,JENSEN J J. Response predictions using the observed autocorrelation function [J]. Marine Structures,2018,58:31-52.

[2] 包佳程,杜佳璐,张金男.基于时间序列分析法的气垫船升沉运动预报[J]. 大连海事大学学报,2017,43(4):7-13.

[3] 郭敏,蓝金辉,李娟娟,等.基于灰色残差 GM(1,N)模型的交通流数据恢复算法[J]. 交通运输系统工程与信息,2012, 12(1):42-47.

[4] 于金波,胡志强,耿令波,等.半潜式无人艇运动姿态预报方法研究[J]. 计算机仿真,2018,35(2):251-256.

[5] WANG Y,CHEN Q,GAN D,et al. Deep learning-based socio-demographic information identification from smart me-ter data[J]. IEEE Transactions on Smart Grid,2018,10(3):2593-2602.

[6] YIN J,WANG N,PERAKIS A N. A real-time sequential ship roll prediction scheme based on adaptive sliding data window[J]. IEEE Transactions on Systems,Man,and Cybernetics:Systems,2017,48(12):2115-2125.

[7] SHI W,HU L,LIN Z,et al. Short-term motion prediction of floating offshore wind turbine based on muti-input LSTM neural network[J]. Ocean Engineering,2023,280:114558.

[8] NI C,MA X. An integrated long-short term memory algorithm for predicting polar westerlies wave height[J]. Ocean Engineering,2020,215:107715.

[9] LIU Y,DUAN W,HUANG L,et al. The input vector space optimization for LSTM deep learning model in real-time prediction of ship motions[J]. Ocean Engineering,2020,213:107681.

[10] SUN Q,TANG Z,GAO J,et al. Short-term ship motion attitude prediction based on LSTM and GPR[J]. Applied O-cean Research,2022,118:102927.

[11] ZHANG D,ZHOU X,WANG Z H,et al. A data driven method for multi-step prediction of ship roll motion in high sea states[J]. Ocean Engineering,2023,276:114230.

[12] ZHANG T,ZHENG X Q,LIU M X. Multiscale attention-based LSTM for ship motion prediction[J]. Ocean Engi-neering,2021,230:109066.

[13] ZHANG B,WANG S,DENG L,et al. Ship motion attitude prediction model based on IWOA-TCN-Attention[J]. O-cean Engineering,2023,272:113911.

[14] BAI S,KOLTER J Z,KOLTUN V. An empirical evaluation of generic convolutional and recurrent networks for se-quence modeling[EB/OL]. [2024-02-23]http://arxiv.org/abs/1803.01271.

船行波对沉管隧道施工影响分析

刘华帅[1,2],杨　氾[1,2],王红川[1,2]

(1. 南京水利科学研究院,江苏 南京　210029;2. 港口航道泥沙工程交通行业重点实验室,江苏 南京　210024)

摘要:沉管法施工对水文气象环境有严格要求。以实际工程为例,分析船行波对工程区沉管施工作业的影响。对比了常用的船行波计算公式,选择国际航运协会 1987 公式作为船行波波浪模型边界条件公式,采用波浪数学模型模拟了船行波对施工点的影响。当航道内 14 万吨级船舶以 2 倍船长安全距离、15 kn 航速行驶时,作业区最大波高在 0.2 m 左右。建议施工时降低大铲湾航道内大型船舶南向北行驶船速。计算结果可为工程施工提供参考。

关键词:沉管隧道;船行波;数值模拟

　　沿江高速前海段与南坪快速衔接工程位于宝安宝中片区及南山前海片区,其中沿江高速前海段建设采用沉管法隧道进行施工。前海湾沉管段长 2.31 km,起终点布置于两侧岸边,共设置 29 个管节,管节长度 70~80 m。沉管法施工工艺对现场风、浪条件有严格要求。工程区西侧为大铲航道,邻近航行船舶所形成的船行波。船行波对沉管浮运、安装存在潜在影响。要保证沉管安装的安全施工,必须考虑船行波的影响[1-2]。

1 船行波数学模型

　　第三代表面波模型 SWAN 基于波作用量平衡方程,可以较好地描述近岸浅水波浪传播过程,是目前比较流行的波浪模式,得到广泛应用。基于波作用量平衡方程的数学模型如下[3]:

$$\frac{\partial}{\partial t}N+\frac{\partial}{\partial x}C_x N+\frac{\partial}{\partial y}C_y N+\frac{\partial}{\partial \sigma}C_\sigma N+\frac{\partial}{\partial \theta}C_\theta N=\frac{S}{\sigma} \tag{1}$$

式中:N 为波作用量;σ 为相对波浪频率(当坐标系随水流运动时观测到的频率);θ 为波向;C_x、C_y 分别为波浪沿 x、y 分别方向传播的速度;C_σ、C_θ 分别为波浪在 σ、θ 坐标下的传播速度;S 为源汇项,

$$S=S_{in}+S_{nl}+S_{ds}+S_{bot}+S_{surf} \tag{2}$$

式中:S_{in} 为风能输入项,S_{nl} 为非线性波-波相互作用的能量传输,S_{ds} 为波浪白帽耗散造成的能量损失,S_{bot} 为波浪底部摩阻所造成的能量损失,S_{surf} 为波浪破碎所导致的能量损失。

2 船行波计算

　　船舶在水中行驶时,船体对水体作用产生压力变化,引起的水面表面波动,此波动被称为船行波,其波形受船舶航速、船型和航道水深等多种因素影响。船行波会对航道中物质输运、周边建筑物稳定及邻近水域波况造成影响。

　　船行波波群有横波和散波,根据生成点位置不同,可分为船艏波和船艉波。船艏波系产生于船艏稍后处,包含艏散波和艏横波。船艉波系产生于尾柱部分,包含艉散波和艉横波。船艉波系统不如船艏波明

基金项目:国家重点研发计划项目(2021YFB2600700);国家自然科学基金资助项目(U2340225);南京水利科学研究院中央级公益性科研院所基本科研业务费专项资金项目(Y223004)

通信作者:杨氾。E-mail:fyang@nhri.cn

显,故一般研究主要专注于船艏波系统。

南坪快速路前海段采用沉管法隧道施工方案,依据施工要求,需开挖临时施工航道。前海湾口门北侧为大铲湾现代集装箱码头,口门处航道底高程平均为－15 m左右,到港船舶船型如表1所示。航行船舶形成的船行波对南坪快速路隧道沉管施工区域存在潜在影响,因此,有必要对船行波对工程施工安全潜在影响进行分析。

表1   大铲湾码头到港集装箱船代表船型主尺度

船型编号	船舶吨级 DWT/t	载箱量/TEU	总长/m	船型主尺度 总宽/m	吃水/m
1	140 000	12 000	400	56	15~17
2	100 000	8 000	347	42.8	14.5
3	70 000	6 000	300	40.3	14
4	50 000	4 000	294	32.3	13
5	30 000	2 000	244	32.3	12
6	20 000	1 000	183	27.8	10.5
7	1 000	48(内河船)	49.8	13.3	3.5
8	1 000	80(内河船)	65	11	3

2.1 船行波计算

目前国内外船行波计算公式主要有以下几种:

(1)苏联建筑规范与规程 cllull Ⅱ 2.06.04-82 对船行波波高的计算公式[4]。

$$H_m = 2.5 e^{[-gh/(4V_a^2)]} \times V_{ck}^2 \times \sqrt{C_b T/L}/g \tag{3}$$

式中:H_m 为船艏处船行波波高,单位为 m;C_b 为船舶方形系数;h 为航道水深,单位为 m;T 为船舶吃水,单位为 m;L 为船舶长度,单位为 m;g 为重力加速度,取 9.8 m/s²;V_{ck} 为按运行规范所要求的船舶速度,单位为 m/s。

$$V_{ck} = 0.9 \sqrt{\left\{6\cos\left[\frac{\pi + \arccos(1-K_a)}{3} - 2(1-K_a)\right]\right\} g \frac{A}{B_0}} \tag{4}$$

式中:K_a 为传播水线下横剖面面积,S 与航道过水断面面积 A 之比,$K_a = S/A$;B_0 为以水边线确定的航道宽度,单位为 m。

(2)苏联向金公式[5]。

当船舶速度 $v < \sqrt{gH}$ 且断面系数 $n = A/S > 4$ 时,船边扩散波及船后横波波高 H_{CB} 为:

$$H_{CB} = \frac{3.1}{\sqrt{n}} \frac{v^2}{2g} \tag{5}$$

邻近岸坡波高公式为:

$$H_{AB} = \frac{2 + \sqrt{B_0/L}}{1 + \sqrt{B_0/L}} \frac{3.1}{\sqrt{n}} \frac{v^2}{2g} \tag{6}$$

式中:A 为航道过水断面面积,S 为船舶中坡面水下部分的断面面积,L 为船长。

(3)国际航运协会推荐经验公式。

1987 年国际航运协会常设技术委员会秘书处 57 号公告推荐经验公式[6]:

$$H_m = T \times \left(\frac{x}{T}\right)^{-0.33} \times \left(\frac{V}{\sqrt{gh}}\right)^4 \tag{7}$$

式中:H_m 为船艏处船行波波高,单位为 m;V 为船舶速度,单位为 m/s;h 为航道水深,单位为 m;T 为船舶吃水,单位为 m;x 为计算点距船舷距离,单位为 m;g 为重力加速度,取 9.8 m/s²。

（4）荷兰 Delft 水工试验所公式。

荷兰 Delft 水工试验所泼莱和费厄分析公式[7]如下：

$$H_{\mathrm{m}} = aH \times \left(\frac{x}{T}\right)^{-0.33} \times \left(\frac{V}{\sqrt{gh}}\right)^{2.67} \tag{8}$$

式中：H_{m} 为船艏处船行波波高，单位为 m；a 为船型修正系数；V 为船舶速度，单位为 m/s；h 为航道水深，单位为 m；T 为船舶吃水，单位为 m；x 为计算点距船舷距离，单位为 m；g 为重力加速度，取 9.8 m/s²。

（5）英国规范[8]如下：

$$z_{\mathrm{max}} = 1.5\Delta\hat{h} \tag{9}$$

$$\Delta\hat{h}/\Delta h = \begin{cases} 1+2A_{\mathrm{w}}^{*} & b_{\mathrm{w}}/L_{\mathrm{s}} < 1.5 \\ 1+4A_{\mathrm{w}}^{*} & b_{\mathrm{w}}/L_{\mathrm{s}} \geq 1.5 \end{cases} \tag{10}$$

$$A_{\mathrm{w}}^{*} = yh/A_{\mathrm{c}} \tag{11}$$

$$\Delta h = \frac{V_{\mathrm{s}}^{2}}{2g}\left[a_{\mathrm{s}}(A_{\mathrm{c}}/A_{\mathrm{c}}^{*})^{2}-1\right] \tag{12}$$

次生波计算公式为：

$$H_{\mathrm{i}} = 1.2\alpha_{\mathrm{i}}h\ (y_{\mathrm{s}}/h)^{-1/3}v_{\mathrm{s}}^{4}/(gh)^{2} \tag{13}$$

$$L_{\mathrm{i}} = 4.2v_{\mathrm{s}}^{2}/g \tag{14}$$

$$T_{\mathrm{i}} = 5.1v_{\mathrm{s}}/g \tag{15}$$

式中：z_{max} 为散波波高，单位为 m；V_{s} 为船舶真实速度，单位为 m/s；a_{s} 为船行波传播速度与船速之间关系；A_{c}^{*} 为船舶周围水域横断面面积，单位为 m²；A_{c} 为水道横断面面积，单位为 m²；y、y_{s} 为计算点与船舶轴线的距离，单位为 m；h 为水道深度，单位为 m；H_{i} 为最大船舶次生波高，单位为 m；L_{i} 为次生波长，单位为 m；T_{i} 为次生波周期，单位为 s；α_{i} 为船型系数。

上述公式中：苏联规范公式、向金公式均为船艏波高公式；国际航运协会公式、荷兰公式、英国规范公式均为衰减公式。为配合苏联规范公式、向金公式，需考虑船行波的衰减，如下式[9]所示。

（1）深水（$h/d > 2$）：

$$H_{x} = H_{\mathrm{CB}}\exp\left(-0.11\frac{x}{\lambda}\right) \tag{16}$$

（2）有限水深（$h/d < 2$）：

$$H_{x} = H_{\mathrm{CB}} \times \left(\frac{C_{\mathrm{b}}}{B/L}\right)^{-0.015x} \tag{17}$$

式中：H_{CB} 为船侧船行波波高，单位为 m；C_{b} 为船舶方形系数；H_{x} 为计算点处波高，单位为 m；x 为计算点距船舷距离，单位为 m；L 为船舶长度，单位为 m；B 为船舶宽度，单位为 m。

为选择合理公式计算边界处船行波，对 14 万吨级船舶，分别采用苏联规范公式、向金公式、国际航运协会公式、荷兰公式、英国规范公式计算船艏波及沿程衰减过程，结果如图 3 所示。式中，航道底高程按 -15 m 考虑，航道底宽度按 200 m 考虑，航道边坡坡度按 1：7 考虑。依据珠江口航行要求，一般船只安全航速不应超过 15 kn（7.72 m/s）；小型高速船舶有可快速操舵转向性能，航速可大于此限速。对 14 万吨级船舶按 15 kn 限速考虑。

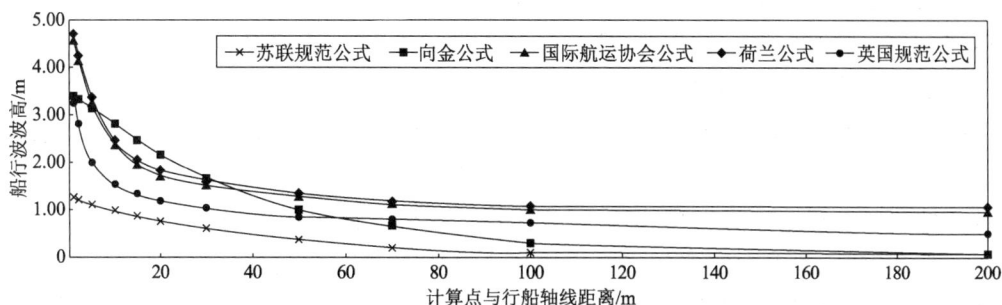

图 1　不同规范船行波传播公式计算结果对比

从图 1 可以看出:针对 14 万吨级设计船型,在 5 个船行波计算公式中,国际航运协会公式、荷兰公式所得船艏波高及沿程变化基本一致,向金公式所得船艏波高次之,英国规范公式所得船艏波高再次之,苏联规范公式所得船艏波高最低。沿程传播变化中,国际航运协会公式、荷兰公式、英国规范公式在航道轴线外 200 m 处波高基本区域恒定,苏联规范公式、向金公式在 200 m 处船行波基本衰减至 0。综上并参考前人研究成果,选择国际航运协会公式作为船行波波浪模型边界条件公式,船行波波长、周期分别采用式(14)、式(15)计算。

由式(14)、式(15)可知,船行波波长、周期仅与船舶速度有关,与船型无关。因此船行波的船艏波高是船行波传播计算的重要输入条件。依据表 1 中给出的设计船型,分别按 15 kn、20 kn 船速对船艏生成波高沿程分布进行计算,结果如表 2 所示。

表 2　不同船型、航速下船行波波高计算结果(国际航运协会公式)

至与轴线距离/m	船行波波高/m									
	1~15 kn	2~15 kn	3~15 kn	4~15 kn	5~15 kn	6~15 kn	7~15 kn	7~20 kn	8~15 kn	8~20 kn
1	4.63	4.25	4.07	3.88	3.52	2.65	0.61	1.94	0.50	1.58
2	3.69	3.38	3.23	3.09	2.80	2.11	0.49	1.54	0.40	1.26
5	2.72	2.50	2.39	2.28	2.07	1.56	0.36	1.14	0.29	0.93
10	2.17	1.99	1.90	1.81	1.64	1.24	0.29	0.91	0.23	0.74
15	1.90	1.74	1.66	1.59	1.44	1.08	0.25	0.79	0.20	0.65
20	1.72	1.58	1.51	1.44	1.31	0.98	0.23	0.72	0.19	0.59
30	1.51	1.38	1.32	1.26	1.14	0.86	0.20	0.63	0.16	0.51
50	1.27	1.17	1.12	1.07	0.97	0.73	0.17	0.53	0.14	0.43
70	1.14	1.05	1.00	0.95	0.87	0.65	0.15	0.48	0.12	0.39
100	1.01	0.93	0.89	0.85	0.77	0.58	0.13	0.42	0.11	0.35
200	0.81	0.74	0.71	0.68	0.61	0.46	0.11	0.34	0.09	0.28

从表 2 可以看出:当采用 15 kn 限制船速时,船舶吨位越大,船艏生成散波波高越大。例如,14 万吨级(吃水 16 m)时,船艏生成波在距离轴线 1 m 处波高为 4.63 m,14 万吨级(吃水 15 m)时为 4.25 m,10 万吨级时为 4.07 m。内河船舶高速行驶时,船艏波波高会明显增大,如 10 万吨内河船舶按 15 kn 运行时,波高船艏波波高在距离轴线 1 m 处为 0.61 m,按 20 kn 运行时则为 1.94 m,但远小于 14 万吨级船舶按 15 kn 航行时产生的船艏波波高。综上,确定将 14 万吨级船舶按 15 kn 航行时距离轴线 1 m 处产生的船艏波波高 4.63 m 作为船行波传播模型的边界条件进行计算,对应波周期为 4 s。考虑到大铲湾航道基本呈南北走向,当船舶自南向北航行时,船行波波向为 215.27°(正北方向角),自北向南航行时为 324.73°。

2.2 船行波传播计算

图 2 给出了工程区船行波计算模型范围、水深、网格分划及边界设置。模型最大网格尺度 25 m,最小网格尺度 5 m,在隧道沉管内局部加密。模型开边界设置在西侧,与大铲湾码头入港航道中线基本吻合,模拟船行波生成后的传播及对施工水域波况的影响。

为考虑极端条件下船行波对工程区的影响,模型分别考虑自南向北、自北向南航行两种工况,安全距离分别按 2 倍、6 倍、10 倍船长进行计算,模拟模型开边界分别有 3 条、2 条、1 条 14 万吨级船舶航行产生船行波对于工程区的影响,计算结果如图 3 和图 4 所示。

依据《沉管法隧道设计标准》(GB/T 51318—2019)[10],沉管浮运期间浪高应小于 0.6 m,下沉施工期间浪高应小于 0.5 m。从图 3 可以看出:当大铲湾码头航道内船舶自南向北航行时,船艏所产生艏散波可沿口门及临时开挖航道传播至工程区域,对施工安全造成影响。随着船舶安全距离增大,控制点处船行波波高逐渐降低。当航道内 14 万吨级船舶以 2 倍船长安全距离、15 kn 航速行驶时,下沉区(A1~A3)处最大波高为 0.22 m,虽未达到沉管施工允许最大波高上限 0.5 m,但考虑到施工期工程海域存在外海浪和局部风生浪,因此施工时应降低大铲湾航道内大型船舶南向北行驶船速。在大铲湾码头航道内南向北行驶船舶的船行波影响下,隧道沉管段最大波高出现在中部 A6 点处(0.2 m)。随着前海湾口门至湾内水域面积增大,船行波传入波高随着折射、绕射现象而发生衰减,东段(A4~A5)和西段(A7~A8)在船行波影响下的波高均小于 0.16 m。

图 2　船行波传播模型边界及网格分划

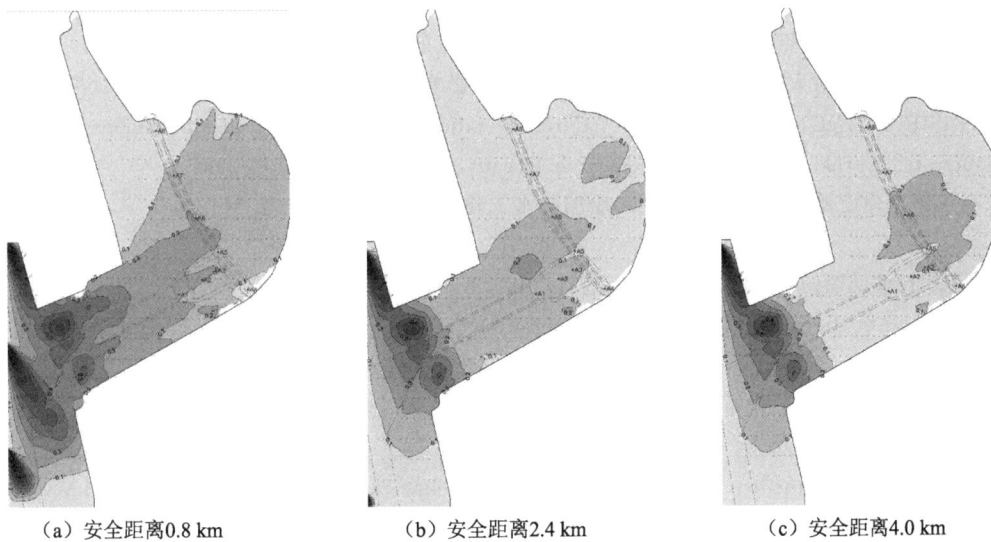

（a）安全距离0.8 km　　　　（b）安全距离2.4 km　　　　（c）安全距离4.0 km

图 3　自南向北船行波波高分布

（a）安全距离0.8 km　　　　（b）安全距离2.4 km　　　　（c）安全距离4.0 km

图 4　自北向南船行波波高分布

从图 4 可以看出,当大铲湾码头航道内船舶自北向南航行时,生成船行波对工程区的影响要远小于自南向北工况。以安全距离为 2 倍船长为例,当 14 万吨级船舶自北向南以 15 kn 行驶时,所生成船行波在工程区水域造成的最大波高小于 0.05 m,对工程区基本无影响。

沉管法隧道施工对水文气象条件有较高的要求,实际施工过程中不仅要考虑风浪的影响,还应综合考虑船行波带来的影响。文中分析了不同情况下船行波对工程区的影响,可为施工提供理论依据。

3 结　语

文中通过建立波浪数学模型,计算了船行波对沉管法隧道施工时的影响,得到的主要研究结论如下:

(1)通过试算结果对比并参考前人研究成果,选择国际航运协会公式作为船行波波浪模型边界条件公式。

(2)通过试算结果对比,采用 14 万吨级船舶按 15 kn 航行时距离轴线 1 m 处产生的船艏波波高 4.63 m 作为船行波传播模型的边界条件进行计算,对应波周期为 4 s。当船舶自南向北航行时,船行波波向为 215.27°,自北向南航行时为 324.73°。

(3)当航道内 14 万吨级船舶以 2 倍船长安全距离、15 kn 航速行驶时,下沉区(A1~A3)最大波高为 0.22 m,中部 A6 点处为 0.2 m,建议施工时应降低大铲湾航道内大型船舶南向北行驶船速。大铲湾码头航道自北向南行驶船舶生成船行波对工程区的影响要远小于自南向北工况。

参考文献

[1] 曲俐俐,冯海暴,付大伟. 船行波对近距沉管隧道管节安装施工的影响分析[J]. 水运工程,2012(7):185-192.

[2] 窦从越,丁宇诚. 船行波对大连湾海底隧道工程沉管施工的影响分析[J]. 中国水运,2020,20(4):1-3.

[3] BOOIJ N,RIS R C,HOLTHUIJSEN L H. A third-generation wave model for coastal regions:1. Model description and validation[J]. Journal of Geophysical Research:Oceans,1999,104(C4):7649-7666.

[4] 苏联部长会议国家建设委员会. 波浪、冰凌和船舶对水工建筑物的荷载和作用[M]. 潘少华,译. 北京:海洋出版社,1986.

[5] 王水田. 关于船行波问题的研究(二)[J]. 水道港口,1981,2(1):9-16.

[6] General Secretariat of Permanent International Association of Navigation Congress. Guidelines for the design and construction of flexible revetments incorporating geotextiles for inland waterways[R]. Belgium:PIANC,1987.

[7] SORENSEN R M. Port and channel.bank Proteotion from ship wave[C]//Proceedong of Ports'89. Reston:ASCE,1989.

[8] CIRIA(CUR). Manual on the use of rock in coastal and shoreline engineering[S]. London:CIRIA(CUR),1991.

[9] 刘洋. 船行波对港口航道周边工作船舶的影响及应用[D]. 大连:大连海事大学,2007.

[10] 中华人民共和国住房和城乡建设部,国家市场监督管理总局. 沉管法隧道设计标准:GB/T 51318—2019[S]. 北京:中国建筑工业出版社,2012.

沉井浮运拖航过程的水动力响应分析

张嘉奇,潘　昀,薛大文,李　磊

（浙江海洋大学 船舶与海运学院,浙江 舟山　316022）

摘要:基于重叠网格、雷诺平均 N-S 方程、K-Omega 湍流模型等理论基础,利用 STAR-CCM＋软件以原尺度比例建立二维流场下沉井浮运过程的物理及网格模型,在不同流速的流场下设置不同大小、不同方向外力的组合工况对沉井模型进行运动的时域响应分析。其中,重点讨论沉井的运动原因及其在施加不同外力作用下沿不同方向的加速度变化规律。结果表明:在仅对沉井施加 X 方向的力时其 X 方向的运动要素变化更有规律,当同时施加 X、Y 两方向上的力时其运动要素变化相对紊乱。根据模拟结果可估算当 $F_x=-4.3\ \mathrm{kN}$、$F_y=-4.1\ \mathrm{kN}$ 时可近似令 1 m/s 的沉井运动平衡,当 $F_x=-15.9\ \mathrm{kN}$、$F_y=-36.80\ \mathrm{kN}$ 时可近似令 2 m/s 的沉井运动平衡。

关键词:沉井拖航;重叠网格法;STAR-CCM＋;水动力特性

　　拖航是一种常见的用于牵引其他无自航能力的船舶或海洋结构物,使其从船坞或其他地点安全运输到目的地的作业方式。随着交通运输及海上作业安装技术的快速发展,拖航技术已广泛应用于船舶救援、港口引航,以及桥墩、浮式采油平台等大型海洋结构物运输等的作业场景。但浮运过程通常需要几艘拖船协作完成,因此操纵时诸如航道环境复杂、作业时机较短等各类风险同样不容忽视[1-2]。

　　关于桥墩浮运拖航过程中的水动力响应及沉井所受的阻力问题,国内外学者已做出一定的研究,常见的研究方式包括物理模型试验、数值模拟和参考相关规范进行公式计算等。涂彪和刘敬贤[3]基于《海上拖航指南》[4],利用拖航总阻力经验公式,对沉井纵向直航和桥位调头两种情况下的拖航摩擦和剩余阻力进行计算,结果表明所采用钢丝绳的强度符合安全拖航所需的拉力要求。曾祥堃和肖英杰[5]基于 Fluent 中的 VOF 模型,对不同波速、波高组合工况下的沉井进行拖航阻力数值模拟,得出拖航阻力随波高增大而产生的增量与波高平方成正比关系的结论。杨玉满[6]将拖航中的总阻力分为沉井、拖船和拖缆阻力,基于《海上拖航指南》[4],计算得出相应的近似阻力,计算过程中所考虑到的力对其他拖航阻力的理论计算有一定价值。曾祥堃等[7]基于 ANSYS CFX 软件,对不同流速、不同规则波迎浪角下沉井内部流体的阻力影响进行了数值模拟研究,结果表明沉井内部吃水部分所受水阻力大小明显受迎浪角的变化影响,带空腔的方沉井不可忽略沉井内部的流体阻力。陈涛[8]采用规范估算、数模计算及物理模型试验分析浮运阻力并互相校核,验证了由《海上拖航指南》[4]计算出的浮运阻力准确,其公式可作为阻力计算的理论依据。

　　以上学者在研究沉井浮运拖航过程中的水动力响应问题时,主要考虑了桥墩所受波浪载荷的影响,对桥墩位于水下部分所受的流载荷分析不多;对桥墩所受阻力的计算多以理论公式为主,采用物理模型试验和数值模拟方法分析较少。基于此,下文将主要考虑海流力,对舟山西堠门大桥的沉井在出坞后浮运过程中的水动力响应情况进行分析,利用 Simcenter-STAR-CCM＋软件建模,设置不同流速、不同方向和不同大小外力的组合工况进行数值模拟,尽可能获得沉井在海流力作用下取得平衡所需的外荷载,以期能为实际运输中拖航所需施加的外力提供一定理论指导。

1 理论依据

1.1 重叠网格

　　重叠网格法通常用于流体力学等领域,其原理是将计算域划分为多个网格。当运算时,新网格 over-

通信作者:潘昀。E-mail:panyunhk@zjou.edu.cn

set 将嵌套进计算域网格中,计算将通过在重叠网格区域相互的插值,使得子区域的网格在重叠边界进行数据交换[9]。在此过程中,重叠网格区域可以在计算域网格内自由运动,通过分析重叠网格区域内部件的运动及动力响应,可以实现该部件在整个流场内的求解。

1.2 Navier-Stokes 方程

纳维尔-斯托克斯方程(Navier-Stokes 方程,N-S 方程)是描述流体运动的基本方程之一。不同于欧拉方程的地方在于,N-S 方程进一步考虑了流体的黏性,通过对该方程积分求解可以求出黏性流体的速度场和压力场,其表达式如下:

$$\frac{\mathrm{D}v}{\mathrm{D}t} = \frac{\partial v}{\partial t} + (v \cdot \nabla)v = f - \frac{1}{\rho}\nabla p + \nu \nabla^2 v + \frac{\nu}{3}\nabla(\nabla \cdot v) \tag{1}$$

式中:中式 2 项分别代表时间尺度和空间尺度上,非定常引起的局部惯性力和非均匀引起的变位惯性力;右式 4 项分别代表质量力、黏性流体压力合力、黏性流体切向应力、黏性附加法向应力;v 表示流体微元的速度;ν 为流体运动黏度;ρ 为流体密度;p 为流体表面压力。

1.3 K-Omega 湍流

K-Omega(k-ω)湍流模型是 CFD 中一种常用的用于模拟湍流流动的模型,其组成包括动能方程(k)和耗散率运输方程(ω),在联立两方程基础上配合雷诺平均 N-S 方程,可以相对准确地模拟计算湍流流场。K-Omega 模型更适用于模拟近壁流动,因为它在考虑近壁区湍流黏性问题的基础上做了进一步模拟。在下文算例中,沉井用圆柱近似替代,需考虑近壁面上流体的黏性运动,因此选用 K-Omega 湍流更合适。

2 模型建立及工况组合

2.1 网格模型建立

三维模型采用 STARCCM＋中内置的部件构建,模型经网格划分后转为二维网格以简化计算,计算网格模型如图 1 所示,模型参数见表 1。其中,最外层的长方形为计算域,靠左侧的方形与圆之间的部分为重叠网格,圆为简化后的沉井,沉井内的计算域网格已禁用,网格尺寸为 2 m×2 m,详细网格参数见表 2。

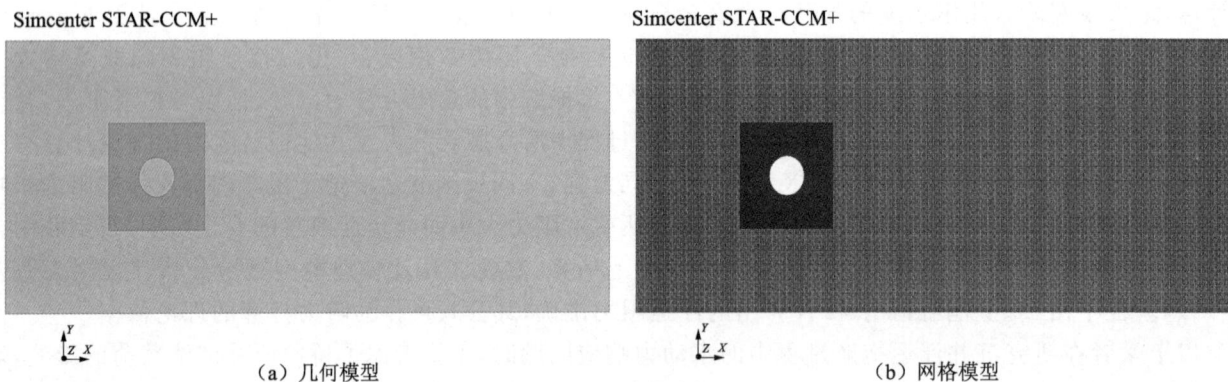

(a) 几何模型　　　　　　　　　　　　　(b) 网格模型

图 1　几何模型和网格模型

表 1　模型几何参数

参数	数值
计算域尺寸/m	1 000×400
重叠网格域尺寸/m	158×158
沉井直径/m	58
沉井圆心距计算域左边界/m	250
沉井圆心距计算域上边界/m	200
沉井质量/t	9 740
沉井惯性矩/(kg·m²)	$7.645\ 9×10^9$

表 2　网格参数

参数	数值
计算域网格尺寸/m	2×2
重叠网格尺寸/m	1×1
棱柱层数	10
棱柱层延伸比率	1.05
棱柱层总厚度/m	0.08

2.2　工况组合

通过在沉井上附加外力,研究使沉井趋向平衡,即接近静止或匀速直线运动所需的 X、Y 方向分力的大小,根据模型在仅受流载荷作用时的 X、Y 方向受力范围,设置 20 个工况,每 5 个为 1 组,共 4 组,近似模拟拖船对沉井的作用力,具体工况组合见表 3。

组合 1:固定海流流速 1 m/s,Y 方向不设置外力,X 方向 5 组 X 分力分别为 −1.0 kN、−3.0 kN、−5.0 kN、−7.0 kN、−9.0 kN,在表 3 中记作 −9.0 kN∶2.0 kN∶−1.0 kN,以下同理;

组合 2:固定海流流速 1 m/s,X 方向分力设置为 −5.0 kN,Y 方向 5 组分力分别为 −1.0 kN、−2.0 kN、−3.0 kN、−4.0 kN、−5.0 kN;

组合 3:固定海流流速 2 m/s,Y 方向不设置外力,X 方向 5 组 X 分力分别为 −25.0 kN、−20.0 kN、−15.0 kN、−10.0 kN、−5.0 kN;

组合 4:固定海流流速 2 m/s,X 方向分力设置为 −15.0 kN,Y 方向 5 组分力分别为 −30.0 kN、−32.5 kN、−35.0 kN、−37.5 kN、−40.0 kN。

表 3　工况组合

组合	海流流速/(m/s)	X 方向外力/kN	Y 方向外力/kN
1	1	−9.0∶2.0∶−1.0	0
2	1	−5.0	−5.0∶1.0∶−1.0
3	2	−25.0∶5.0∶−5.0	0
4	2	−15.0	−40.0∶2.5∶−30.0

3　结果分析

3.1　沉井运动过程分析

当 X、Y 方向均未设置外力时,分别取流速为 1 m/s、求解时间 549.9 s 的工况和流速为 2 m/s、求解时间 249.9 s 的工况分析。流速 1 m/s 的速度云图和涡量场图如图 2(a)、图 2(b)所示;流速 2 m/s 的速度云图和涡量场图如图 2(c)、图 2(d)所示。

由于湍流流速不随时间变化,因此可按照定常流动的 Bernoulli 方程推导圆柱表面的压力分布:

$$\frac{1}{2}V^2+\frac{p}{\rho}+gz=c \tag{2}$$

式中:V^2 代表圆柱表面的流体微元单位质量的动能;p/ρ 为单位质量的压力能;gz 为单位质量的势能。

经计算,由于两种工况下的雷诺数均大于 $1×10^6$,会发生涡流脱落现象,流速为 2 m/s 的工况下,当求解时间为 249.9 s 时,圆柱位于过圆心的水平线以上的表面速度明显大于水平线以下的表面速度,因此根据 Bernoulli 方程,水平线以上的表面压力总和小于水平线以下的表面压力总和,圆柱整体受沿 X 轴正向和 Y 轴正向叠加的力。即使在后续运动中随着涡量的变化圆柱 Y 方向压力总和可能朝下,但只会间歇地出现沿 Y 轴负向的加速度,Y 方向速度始终为正。

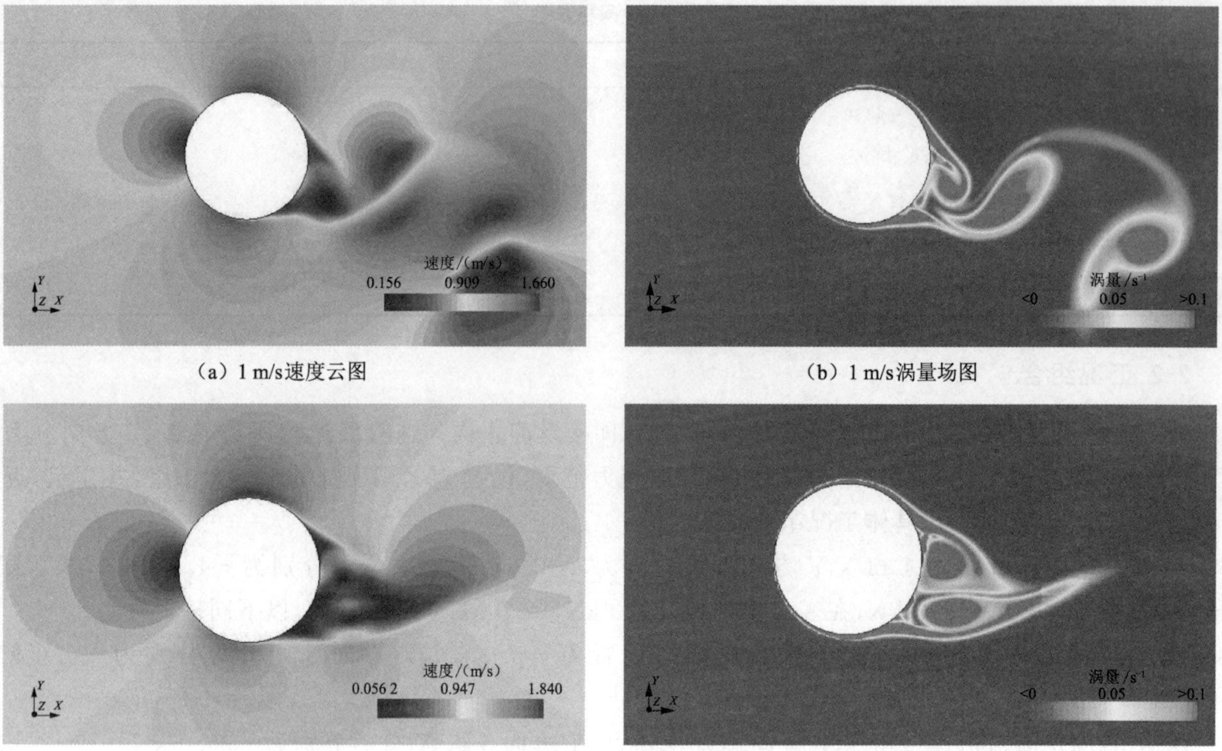

（a）1 m/s速度云图　　　　　　　　　　　　　　　（b）1 m/s涡量场图

（c）2 m/s速度云图　　　　　　　　　　　　　　　（d）2 m/s涡量场图

图2　不同流速下的速度云图和涡量场

3.2　流速1 m/s工况分析

由于湍流自计算域左侧流入，右侧流出，因此在工况组合1的情况下，应对圆柱施加一个沿X轴负方向的力，以使圆柱受力均衡。根据不施加外载荷作用时圆柱所受的X方向力分布，设置大小依次递增的5个反方向力，以进一步估算沉井所受横向载荷的大小。

取沉井在自由流状态下运动趋于稳定的时段（450～950 s）分析。在此时间段的组合1的5个工况中，圆柱沿X方向的位移时历曲线如图3(a)所示，速度时历曲线如图3(b)所示，加速度均值和标准差如表4所示。经过比较可知，当施加横向的反力足够大时，例如$F_x = -9.0$ kN，圆柱将逐渐沿X轴负方向运动，速度由正转负。根据加速度均值，X方向加速度将在$F_x = -3.0 \sim -5.0$ kN间由正转负，表明沉井X方向受力将在此区间达到平衡。因为$F_x = -5.0$ kN时的加速度标准差小于$F_x = -3.0$ kN时的加速度标准差，即$F_x = -5.0$ kN的加速度收敛性更好，所以在进一步估算F_y的大小时取$F_x = -5.0$ kN更合适。

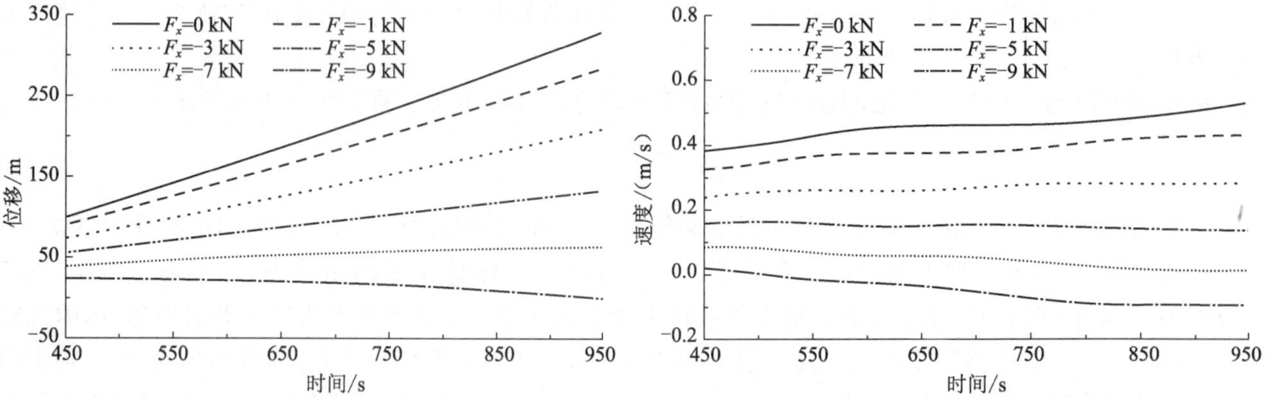

（a）X方向位移时历曲线　　　　　　　　　　　　　（b）X方向速度时历曲线

图3　组合1的X方向位移和速度时历曲线

表 4   组合 1 的 X 方向加速度参数

X 方向外力/kN	Y 方向外力/N	X 方向加速度均值/(m/s²)	X 方向加速度标准差/(m/s²)
0	0	$2.884\ 4\times10^{-4}$	$1.941\ 9\times10^{-4}$
-1.0	0	$2.082\ 2\times10^{-4}$	$1.625\ 5\times10^{-4}$
-3.0	0	$8.781\ 3\times10^{-5}$	$1.472\ 1\times10^{-4}$
-5.0	0	$-4.331\ 2\times10^{-5}$	$1.081\ 7\times10^{-4}$
-7.0	0	$-1.475\ 8\times10^{-4}$	$1.185\ 9\times10^{-4}$
-9.0	0	$-2.297\ 0\times10^{-4}$	$1.410\ 1\times10^{-4}$

取沉井在 X 方向施加 -5.0 kN 作用下运动趋于稳定的时段(850～1 150 s)分析。在此时间段的 5 个工况中,圆柱沿 Y 方向的位移时历曲线如图 4(a)所示,速度时历曲线如图 4(b)所示,加速度均值和标准差如表 5 所示。经过比较可知,当施加纵向的反力足够大时,例如 $F_y=-5.0$ kN,尽管圆柱仍沿正向运动,但运动速度整体呈下降趋势,加速度小于 0。根据加速度均值,Y 方向加速度将在 $F_y=-4.0\sim-5.0$ kN 间由正转负,表明沉井 Y 方向受力将在此区间达到平衡。因为 $F_y=-4.0$ kN 时的加速度标准差小于 $F_y=-5.0$ kN 时的加速度标准差,即 $F_y=-4.0$ kN 的加速度收敛性更好,所以 Y 方向选用 $F_y=-4.0$ kN 能更近似模拟平衡状态下的沉井。

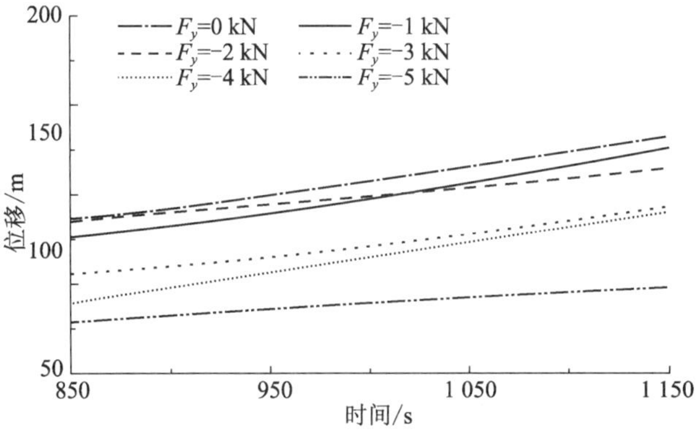

(a) Y方向位移时历曲线 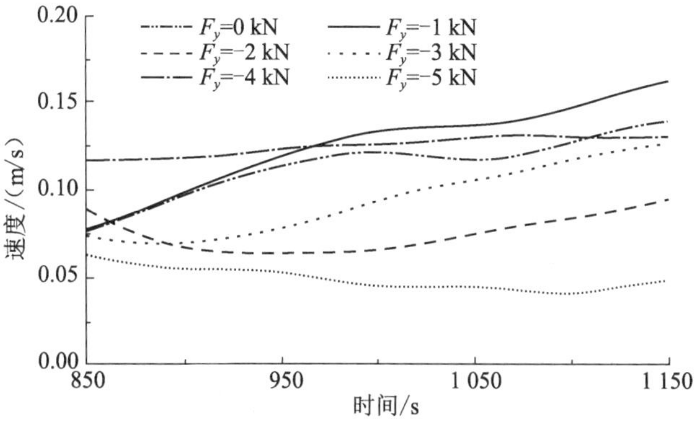   (b) Y方向速度时历曲线

图 4   组合 2 的 Y 方向位移和速度时历曲线

表 5   组合 2 的 Y 方向加速度参数

X 方向外力/kN	Y 方向外力/kN	Y 方向加速度均值/(m/s²)	Y 方向加速度标准差/(m/s²)
-5.0	0	$2.119\ 8\times10^{-4}$	$1.733\ 4\times10^{-4}$
-5.0	-1.0	$2.837\ 9\times10^{-4}$	$1.372\ 5\times10^{-4}$
-5.0	-2.0	$1.738\ 5\times10^{-4}$	$2.413\ 1\times10^{-4}$
-5.0	-3.0	$1.760\ 2\times10^{-4}$	$1.403\ 5\times10^{-4}$
-5.0	-4.0	$4.617\ 5\times10^{-5}$	$5.367\ 2\times10^{-5}$
-5.0	-5.0	$-4.690\ 9\times10^{-4}$	$1.126\ 0\times10^{-4}$

3.3 流速 2 m/s 工况分析

取沉井在自由流状态下运动趋于稳定的时段(250～500 s)分析。在此时间段组合 3 的 5 个工况中,圆柱沿 X 方向的位移时历曲线如图 5(a)所示,速度时历曲线如图 5(b)所示,加速度均值和标准差如表 6 所示。经过比较可知,当施加横向的反力足够大时,例如 $F_x=-25.0$ kN,圆柱的横向速度将逐渐降低。根据加速度均值,X 方向加速度将在 $F_x=-15.0\sim-20.0$ kN 间由正转负,表明沉井 X 方向受力将在此范围达到平衡。因为 $F_x=-15.0$ kN 时的加速度标准差小于 $F_x=-20.0$ kN 时的加速度标准差,且加速度均值更趋向于 0,所以在进一步估算 F_y 的大小时取 $F_x=-15.0$ kN 更合适。

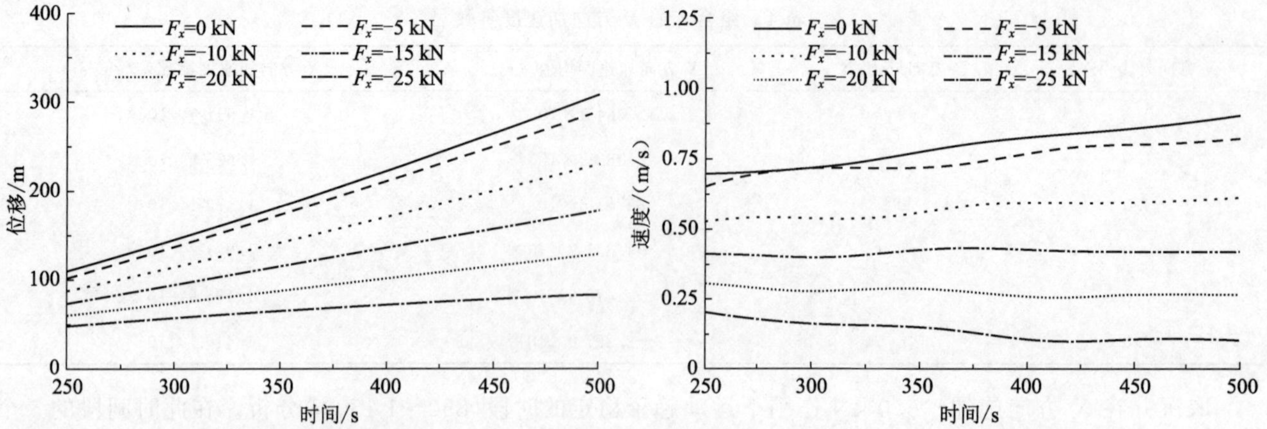

（a）X方向位移时历曲线　　　　　　　　　（b）X方向速度时历曲线

图 5　组合 3 的 X 方向位移和速度时历曲线

表 6　组合 3 的 X 方向加速度参数

X 方向外力/kN	Y 方向外力/N	X 方向加速度均值/(m/s²)	X 方向加速度标准差/(m/s²)
0	0	8.375 1×10⁻⁴	4.009 9×10⁻⁴
−5.0	0	6.849 6×10⁻⁴	6.191 0×10⁻⁴
−10.0	0	3.460 4×10⁻⁴	4.413 1×10⁻⁴
−15.0	0	3.462 4×10⁻⁵	3.937 6×10⁻⁴
−20.0	0	−1.505 3×10⁻⁴	3.942 0×10⁻⁴
−25.0	0	−4.079 3×10⁻⁴	4.385 4×10⁻⁴

　　取沉井在 X 方向施加−15.0 kN 作用下运动趋于稳定的时段(1 000～1 250 s)分析。在此时间段组合 4 的 5 个工况中,圆柱沿 Y 方向的位移时历曲线如图 6(a)所示,速度时历曲线如图 6(b)所示,加速度均值和标准差如表 7 所示,其中序号 1 作为对照工况由于沉井在 1 000 s 前脱离计算域,故不存在加速度均值与标准差。经过比较可知,当施加纵向的反力足够大时,例如 $F_y = -40.0$ kN,圆柱沿正向运动的变化速率减缓,运动速度逐渐降低,加速度小于 0;根据加速度均值,Y 方向加速度将在 $F_y = -35.0$ kN 至 $F_y = -37.5$ kN 间由正转负,表明沉井 Y 方向受力将在此区间达到平衡。因为 $F_y = -37.5$ kN 时的加速度标准差小于 $F_y = -35.0$ kN 时的加速度标准差,即 $F_y = -37.5$ kN 的加速度标准差更小,收敛性更好,所以 Y 方向选用 $F_y = -37.5$ kN 能更近似模拟平衡状态时的沉井。

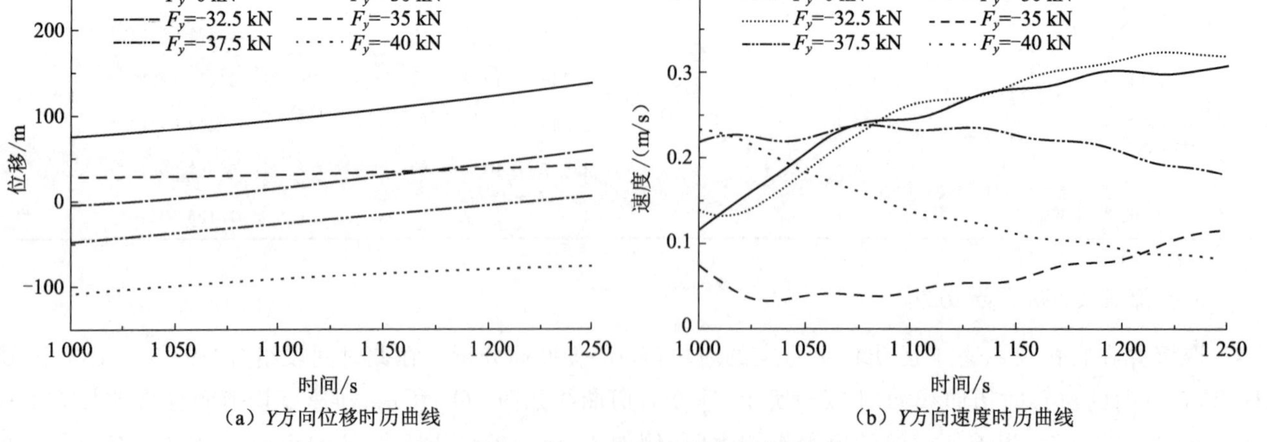

（a）Y方向位移时历曲线　　　　　　　　　（b）Y方向速度时历曲线

图 6　组合 4 的 Y 方向位移和速度时历曲线

表 7 组合 4 的 Y 方向加速度参数

X 方向外力/kN	Y 方向外力/kN	Y 方向加速度均值/(m/s)	Y 方向加速度标准差/(m/s)
−15.0	0	—	—
−15.0	−30.0	$7.731\ 3 \times 10^{-4}$	$6.773\ 5 \times 10^{-4}$
−15.0	−32.5	$7.237\ 7 \times 10^{-4}$	$7.279\ 6 \times 10^{-4}$
−15.0	−35.0	$1.723\ 1 \times 10^{-4}$	$6.817\ 6 \times 10^{-4}$
−15.0	−37.5	$-1.615\ 9 \times 10^{-4}$	$4.527\ 5 \times 10^{-4}$
−15.0	−40.0	$-6.154\ 5 \times 10^{-4}$	$3.835\ 6 \times 10^{-4}$

4 结 语

利用 STARCCM+ 软件对沉井拖航中的水动力响应进行数值模拟,通过对沉井施加不同方向、大小的外力,定量分析了其运动响应情况,得到了以下结论:

(1) 沉井仅受 X 方向的反力时,其加速度大小随反力的增加先减小后增大。设置沉井在 X 方向保持平衡状态,当流速为 1 m/s 时,所需反力值 $F_x = -4.3$ kN;当流速为 2 m/s 时,所需反力值 $F_x = -15.9$ kN。

(2) 雷诺数 $Re \geqslant 1.5 \times 10^6$,拖曳力系数 $C_d = 0.62$ 时,可根据拖曳力公式计算得出 1 m/s 流速下单位高度沉井所受拖曳力为 4.484 kN,2 m/s 流速下单位高度沉井所受拖曳力为 −17.936 kN,理论计算结果与数值模拟计算结果接近。

(3) 当沉井同时受到 X、Y 方向的反力时,两方向的力无法与时刻变化的湍流荷载达到平衡,其速度和加速度变化无明显规律。设置沉井在 Y 方向保持平衡状态,模拟得出流速 1m/s 时需施加的反力 $F_y = -4.1$ kN;流速为 2m/s 时需施加的反力 $F_y = -36.800$ kN。

参考文献

[1] 庄晓贞.常泰长江大桥 5♯墩沉井浮运拖带通航风险与防范[J].中国水运(下半月),2023,23(4):14-16.
[2] 蒋楠隽,卢言朋,崔志华.对超常规水上设施拖航作业监管工作的思考[J].中国海事,2016(7):46-48.
[3] 涂彪,刘敬贤.内河水域大型沉井浮运拖带作业关键技术研究[J].上海船舶运输科学研究所学报,2022,45(1):10-16.
[4] 中国船级社.海上拖航指南(2011)(GD 02—2012)[S].北京:中国船级社,2011.
[5] 曾祥堃,肖英杰.波浪对沉井拖航阻力影响的 CFD 数值分析[J].大连海事大学学报,2019,45(3):106-113.
[6] 杨玉满.海上沉井拖航阻力计算[J].航海技术,2022(4):27-30.
[7] 曾祥堃,肖英杰,顾维国,等.大型沉井拖航多迎流角水阻力数值模拟[J].水动力学研究与进展(A 辑),2017,32(1):54-62.
[8] 陈涛.沪通长江大桥 28 号墩钢沉井浮运阻力分析[J].世界桥梁,2015,43(6):79-82.
[9] 姚汝林,樊奇东,余龙,等.基于重叠网格方法的中型邮轮减摇鳍数值和试验分析[J].上海交通大学学报,2023,57(S1):178-184.

波流作用下海上漂浮式薄膜光伏电站系泊系统
水动力特性数值模拟研究

王兴刚[1],罗　昱[2],翟必垚[1],成小飞[2]

(1. 南京水利科学研究院,江苏 南京　210029;2. 江苏海洋大学,江苏 连云港　222003)

摘要:随着全球能源需求的增长和对环境污染的担忧加剧,人们对可再生能源的开发和利用越来越关注。海上漂浮式光伏逐渐成为新能源发展的新战场。采用球形离散元法构建了海上漂浮式薄膜光伏电站系泊系统的数值模型,并分析了系泊方式和波流共同作用下不同流速对其水动力特性的影响。研究结果验证了采用文中数值方法分析海上漂浮式薄膜光伏电站系泊系统水动力特性的适用性。结果表明,单点系泊的海上漂浮式薄膜光伏电站质心最大位移、波浪力和系泊力大于八字形多点系泊的海上漂浮式薄膜光伏电站。在波流共同作用下,随着水平流速的增大,质心最大 X 位移、水平波浪力峰值和迎浪侧系泊力峰值逐渐增大,而质心最大 Z 位移、垂直波浪力峰值和背浪侧系泊力峰值呈现出不变的趋势。

关键词:漂浮式薄膜光伏;离散元方法;波浪;流速;系泊系统

近年来,随着化石能源危机的加剧和全球节能减排政策的实施,人们对新能源的开发和利用越来越关注。在这种背景下,光伏发电作为一种清洁、可再生的能源形式,走到了新能源开发的前列。其低碳排放、可再生性以及与地球环境的兼容性使其成为人们关注的焦点。随着技术的进步和成本的降低,光伏发电的规模不断扩大,已经成为许多国家能源转型的重要组成部分[1]。光伏发电分为地面光伏和水上光伏两种。地面光伏占地面积大,土地开发成本高且土地利用效率低,随着光伏产业的不断增加,陆地资源有限,地面光伏的发展越来越受到制约[2]。中国陆上光伏主要发展大型集中式地面光伏发电站,现阶段已经出现许多问题,例如光伏电站工程侵占农业用地,光资源与土地资源不匹配,电力输送成本高、技术难[3]。

内陆可开发水域面积有限,水域资源也会随着发展逐渐变得稀缺,不同的是海洋水域面积辽阔,日照充足且没有遮蔽物遮挡,这对发展海上光伏有天然的优势,海上漂浮式光伏逐渐成为新能源开发的重要战场。Yan 等[4]介绍了一种专门适用于海洋环境的 FPV 平台的新型模块化设计,研究了多体 FPV 系统在极端海况和运行海况下的流体动力学耦合效应,研究分析了铰接和固定连接边界下的海上光伏系统平台的连接器强度和系泊系统受力。Magkouris 等[5]提出了一种基于边界元法的双船体结构的漂浮式光伏,并研究了其在波浪作用下,该浮式光伏结构在不同水深的水动力特性。潘昀 等[6]分析了单排光伏系统与多排光伏系统在波浪作用下光伏系统结构的整体受力和运动响应,结果表明,单排光伏系统 4 根系泊线的张力周期性同步变化,多排光伏系统阵列的长宽比应小于 3.0。张景飞 等[7]提出适用于海上水动力学 FPV 阵列系统的 3 种浮筒式浮体结构,分析了这 3 种浮体结构在不同工况下的稳定性和端部缆绳受力,结果表明,单浮筒结构适合在风荷载较小的水面安装,多浮筒结构的浮体更适合安装在复杂多变的海上环境。鲁文鹤 等[8]研究了海上光伏与陆地光伏之间所受辐照能的效率比,结果表明,光伏板所受辐射能随时均倾角增大而减小。

离散元方法经过 40 多年的研究发展,现已在诸多研究领域得到了应用,尤其是在水动力分析领域发挥着重要作用。Zhu 和 Ji[9]使用球形离散元方法构建浮式结构的水平冰和系泊缆,模拟水平冰与半潜式结构相互作用过程中的冰荷载和系泊力。翟必垚 等[10]将离散元方法与二维水动力学相耦合,建立了河冰

通信作者:王兴刚。E-mail:wangxg@nhri.cn

的动力数值模型,以模拟河冰在水面的运动姿态以及冰坝形成的动力过程。刘璐等[11]采用离散元方法分析海冰与海洋结构作用中的冰荷载,分别计算了船舶结构和海洋平台结构的冰荷载特点。Kanatani 等[12]结合了离散元方法和有限元方法,对沉箱式海堤在地震作用下底部冲刷变形和沉箱的位移情况进行了研究,并结合离心振动台试验结果验证了使用方法的合理性。Luo 等[13]和 Huang 等[14]结合离散元方法和计算流体力学,研究了船与冰相互作用的荷载。这些研究表明,离散元方法适用于模拟浮体的水动力特性分析。

　　下文使用球形离散元法来构建海上漂浮式薄膜光伏电站系泊系统数值模型,分析了系泊方式和波流共同作用下不同流速对海上漂浮式光伏电站系泊系统的水动力特性的影响。通过对计算结果的比较及分析,探讨了系泊方式和流速对海上漂浮式薄膜光伏电站系泊系统运动响应和受力特性的影响。

1 计算理论

1.1 球体单元的平行黏结模型

　　平行黏结模型是指在颗粒之间假设一个以接触点为中心,半径为 R 的虚拟黏结圆盘。该圆盘可以传递力和力矩,如图 1 所示。边界上的最大法向应力和最大切向应力由球体单元间的力和力矩转化而来,当球体单元的法向力和切向力超过黏结强度时,虚拟黏结圆盘失效,球体单元间的平行黏结模型发生断裂。虚拟黏结圆盘上的合力和合力矩可以分解为法向分量和切向分量,公式如下所示:

$$\Delta F_{\mathrm{n}} = \bar{k}_{\mathrm{n}} A \Delta U_{\mathrm{n}}; \Delta F_{\mathrm{s}} = -\bar{k}_{\mathrm{s}} A \Delta U_{\mathrm{s}} \tag{1}$$

$$\Delta M_{\mathrm{t}} = -\bar{k}_{\mathrm{s}} J \Delta \theta_{\mathrm{n}}; \Delta M_{\mathrm{b}} = -\bar{k}_{\mathrm{n}} I \Delta \theta_{\mathrm{s}} \tag{2}$$

式中:$\bar{k}_{\mathrm{n}}$ 和 $\bar{k}_{\mathrm{s}}$ 分别是黏结盘单位面积上的法向刚度和剪切刚度,ΔU_{n} 和 $\Delta \theta_{\mathrm{n}}$ 是黏结两端的相对法向位移和剪切位移(旋转)增量,ΔU_{s} 和 $\Delta \theta_{\mathrm{s}}$ 是黏结两端的相对切向位移和剪切位移(旋转)增量。接合盘的半径为 R,截面面积、惯性矩和极惯性矩分别为:$A = \pi R^{2}$,$I = 1/4 \pi R^{4}$,$J = 1/2 \pi R^{4}$。

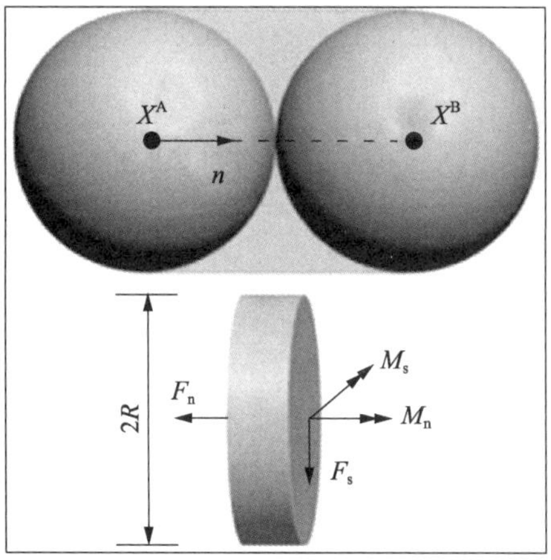

图 1　球体单元的平行黏结模型

1.2 波浪场理论

　　根据 Stokes 二阶波浪理论,波面升高和水质点运动速度为:

$$\eta = A\left[-\frac{Ak}{2sh^{2}kh} + \cos\theta + \frac{Ak}{4}\frac{chkh(2ch^{2}kh+1)}{sh^{4}kh}\cos(2\theta)\right] \tag{3}$$

$$V_{x} = A\omega\left[\frac{chk(z+h)}{shkh}\cos\theta + \frac{3}{4}Ak\frac{ch2k(z+h)}{sh^{4}kh}\cos(2\theta)\right] \tag{4}$$

$$V_{z} = A\omega\left[\frac{shk(z+h)}{shkh}\sin\theta + \frac{3}{4}Ak\frac{sh2k(z+h)}{sh^{4}kh}\sin(2\theta)\right] \tag{5}$$

　　波浪水质点的加速度通过对式(4)和式(5)求导得到:

$$a_x = A\omega^2 \left[\frac{chk(z+h)}{shkh}\sin\theta + \frac{3}{2}Ak\frac{ch2k(z+h)}{sh^4kh}\sin(2\theta) \right] \tag{6}$$

$$a_z = -A\omega^2 \left[\frac{shk(z+h)}{shkh}\cos\theta + \frac{3}{2}Ak\frac{sh2k(z+h)}{sh^4kh}\cos(2\theta) \right] \tag{7}$$

式中:$\theta = kx - \omega t$;V_x 和 V_z 分别为波浪水质点的水平和竖直方向速度;a_x 和 a_z 分别为水平和竖直方向的加速度;A 为波幅;ω 为波浪频率;k 为波数;h 为水深;t 为时间;x、z 为波浪水质点的位置。

1.3 构建运动方程

海上漂浮式光伏电站系统在波浪作用下受到的外力有重力、浮力、波浪力以及系泊力。波浪力主要由两部分组成:一是水质点运动速度引起的拖曳力 $\boldsymbol{F}_D$,二是水质点加速度引起的惯性力 $\boldsymbol{F}_I$。当流体质点和浮体存在相对运动时,波浪力 $\boldsymbol{F}_W$ 采用 Morison[15] 方程计算:

$$\boldsymbol{F}_D = \rho C_D S \frac{\boldsymbol{V}_R |\boldsymbol{V}_R|}{2} \tag{8}$$

$$\boldsymbol{F}_I = \rho K_m \boldsymbol{V}_f \frac{\partial(\boldsymbol{V}-\dot{\boldsymbol{\xi}})}{\partial t} + \rho \boldsymbol{V}_f \frac{\partial \boldsymbol{V}}{\partial t} \tag{9}$$

$$\boldsymbol{F}_W = \boldsymbol{F}_D + \boldsymbol{F}_I \tag{10}$$

式中:$\boldsymbol{F}_W$ 为波浪力;$\boldsymbol{F}_D$ 为拖曳力;$\boldsymbol{F}_I$ 为惯性力;ρ 为流体密度,文中取 $\rho = 1\,035\ \text{kg/m}^3$;$C_D$ 为阻力系数,文中取 1.2;S 为颗粒在流速方向的投影面积;$\boldsymbol{V}_R = \boldsymbol{V} - \dot{\boldsymbol{\xi}}$;$\boldsymbol{V}$ 为波浪场速度;$\dot{\boldsymbol{\xi}}$ 为颗粒的运动速度;$\boldsymbol{V}_R$ 为颗粒与水质点的相对速度;K_m 为质量系数,文中取 1.0;V_f 为浸水体积。

颗粒在流速方向的投影面积 S 和浸水体积 V_f 是随着运动不断改变的。图 2 为颗粒截面图。其在各个方向的投影面积 S 和浸水体积 V_f 为式(13),(14),(15):

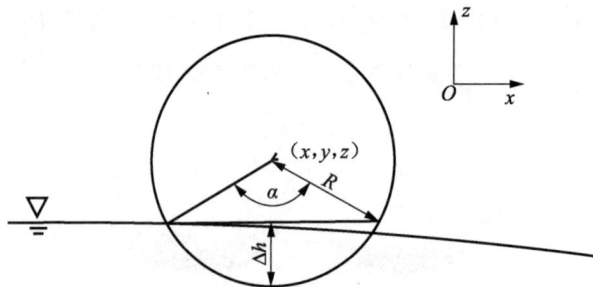

图 2　颗粒截面

入水深度 Δh 为:

$$\Delta h = \eta(x,z,t) - [z(t) - R] \tag{11}$$

α 为 Z 轴的轴线至水面夹角的 2 倍:

$$\alpha = 2\arccos\left(\frac{|D/2 - \Delta h|}{D/2} \right) \tag{12}$$

$$S_x = S_y = \begin{cases} \pi R^2 - 1/2R^2(\theta - \sin\theta) & 0 < \Delta h \leqslant R \\ 1/2R^2(\theta - \sin\theta) & R < \Delta h \leqslant 2R \\ \pi R^2 & 2R < \Delta h \end{cases} \tag{13}$$

$$S_z = \begin{cases} \pi[R^2 - (R - \Delta h)^2] & 0 < \Delta h < R \\ \pi R^2 & R \leqslant \Delta h \leqslant 2R \end{cases} \tag{14}$$

$$V_f = \begin{cases} \dfrac{\pi \Delta h}{6}\{3[R^2 - (R - \Delta h)^2] + \Delta h^2\} & 0 < \Delta h \leqslant 2R \\ \dfrac{4}{3}\pi R^3 & \Delta h > 2R \end{cases} \tag{15}$$

系泊力是由缆绳的伸长产生的,与缆绳的固有参数有关,表示为:

$$F_{\mathrm{T}} = C_{\mathrm{p}} d^2 \left(\frac{l - l_0}{l_0} \right)^n \tag{16}$$

式中：F_{T} 为张力；l_0 为缆绳原始长度；l 为缆绳变形后长度；d 为缆绳直径；C_{p} 为缆绳的弹性系数；n 为指数。

球体单元的运动分为平动和转动。为了方便表示，在这里分别建立整体坐标系和局部坐标系，如图 3 所示。整体坐标系为整个光伏电站系统的坐标系，用 G 表示。以质心为坐标原点的整体坐标系的坐标原点固定在单元质心上，3 个坐标轴与整体坐标系平行，简称为 GL 坐标系。局部坐标系的坐标原点同样固定在质心上，随着质心运动而运动，其 3 个坐标轴不一定与整体坐标系平行，采用 B 表示。

对于光伏电站系统的运动求解，视为局部坐标系在整体坐标系下的运动。该运动分解为平动和转动。平动方程在光伏电站的质心上进行求解，局部坐标系随之发生平动；转动视为局部坐标系绕质心的转动，本质为局部坐标系和 GL 坐标系之间的坐标转换过程。对于局部坐标系下的坐标 e^{B} 和 GL 坐标系下的坐标 e^{GL}，其转换关系为：

$$e^{\mathrm{B}} = \bar{\boldsymbol{A}} e^{\mathrm{GL}} \tag{17}$$

式中：B 代表固定在单元上的局部坐标系；$\bar{\boldsymbol{A}}$ 为转换矩阵，其 $\bar{\boldsymbol{A}}^{-1} = \bar{\boldsymbol{A}}^{\mathrm{T}}$。

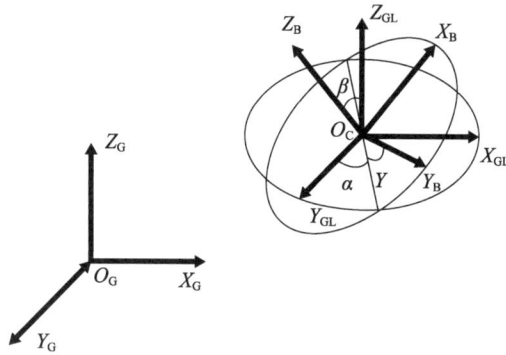

图 3　整体坐标系与局部坐标系

光伏电站的平动方程为：

$$m \frac{\mathrm{d}^2 x}{\mathrm{d} t^2} = F \tag{18}$$

式中：m 为质量；F 为所受合力。

光伏电站的转动方程为：

$$\begin{cases} I_{xx} \dot{\omega}_x^{\mathrm{B}} = M_x^{\mathrm{B}} + (I_{yy} - I_{zz}) \omega_y^{\mathrm{B}} \omega_z^{\mathrm{B}} \\ I_{yy} \dot{\omega}_y^{\mathrm{B}} = M_y^{\mathrm{B}} + (I_{zz} - I_{xx}) \omega_z^{\mathrm{B}} \omega_x^{\mathrm{B}} \\ I_{zz} \dot{\omega}_z^{\mathrm{B}} = M_z^{\mathrm{B}} + (I_{xx} - I_{yy}) \omega_x^{\mathrm{B}} \omega_y^{\mathrm{B}} \end{cases} \tag{19}$$

式中：B 代表固定在光伏电站上的局部坐标系；$\{M_x^{\mathrm{B}}, M_y^{\mathrm{B}}, M_z^{\mathrm{B}}\}^{\mathrm{T}} = M^{\mathrm{B}}$ 是局部坐标系下所受力矩；$\{\omega_x^{\mathrm{B}}, \omega_y^{\mathrm{B}}, \omega_z^{\mathrm{B}}\}^{\mathrm{T}} = \omega^{\mathrm{B}}$ 是局部坐标系下的角速度。

采用四元数的方法对光伏电站的转动方程进行求解。

2　研究对象及其简化

海上漂浮式薄膜光伏电站由环形抗风浪浮体、耐海洋环境高强弹性薄膜、光伏系统和系泊系统等组成，光伏组件采用预制滑轨与弹性薄膜连接，如图 4 所示。其中环形浮体和弹性薄膜组成浮架系统，环形浮体包括空心浮管、扶手、立柱及三通连接件等，如图 5 所示。由于扶手等水上附属结构形状比较复杂，并且对环形浮体受力影响很小，所以只将附属结构的质量计入浮管的质量，其他影响忽略不计，将其简化为单排的浮圈形式。因为浮圈跨度相对于管材的直径较大，所以浮圈在波浪的作用下会产生变形。考虑到变形的运动响应需要大量的计算,为了简化计算,并重点研究浮圈在波浪作用下的水动力特性,文中将浮圈视为刚体,单独研究浮圈自身的水动力特性。薄膜在受到海浪作用的运动过程中会产生变形,且薄膜上铺设有光伏组件的预制滑轨,而海浪不直接作用到光伏板上,因此,为了简化计算,只将薄膜和光伏组件的质量计入导轨的质量,其他影响忽略不计。系泊方式为单点系泊和八字形多点系泊,采用锚绳进行系泊。

图 4 海上漂浮式光伏电站

图 5 浮圈细节图

在海上漂浮式薄膜光伏电站系泊系统数值模型中,将海上漂浮式薄膜光伏电站系泊系统视为具有一定质量和大小的球体单元的集合,并按照其结构将颗粒单元进行排列。光伏电站系泊系统计算单元的尺寸、质量、颗粒总数等参数信息见表1。建立的海上漂浮式薄膜光伏电站系泊系统数值模型如图6所示。

表 1 海上漂浮式薄膜光伏电站系泊系统计算参数

参 数	数 值
直径/m	30
颗粒直径/m	0.8
颗粒密度/(kg/m³)	33
颗粒总数	724

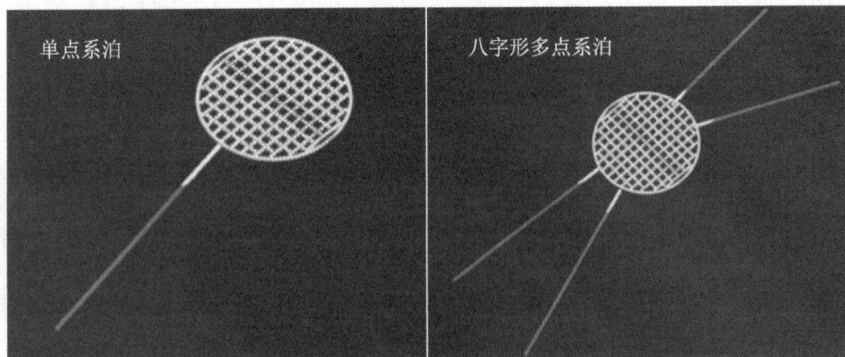

(a) 单点系泊 (b) 八字形多点系泊

图 6 海上漂浮式薄膜光伏电站系泊系统数值模型

3 对比验证

为验证文中采用的方法对海上漂浮式光伏电站系泊系统水动力特性分析的准确性,分别对浮体的运动和受力进行验证。对于浮体运动的验证采用郑艳娜[16]的博士论文中 3.6.1 章节的计算工况,其水深 h

＝20 m,波高 $H＝4$ m,周期 $T＝7.16$ s,波浪理论为 Stokes 二阶波,验证结果对比如图 7 所示,图中横坐标为时间/周期,纵坐标为位移值。对于系泊力的验证采用黄小华[17]的计算,工况为水深 15 m,波高为 4.2～7.0 m,周期为 7.2 s,波浪理论为线性规则波,验证结果对比如图 8 所示,图中横坐标为波高,纵坐标为波浪力峰值。

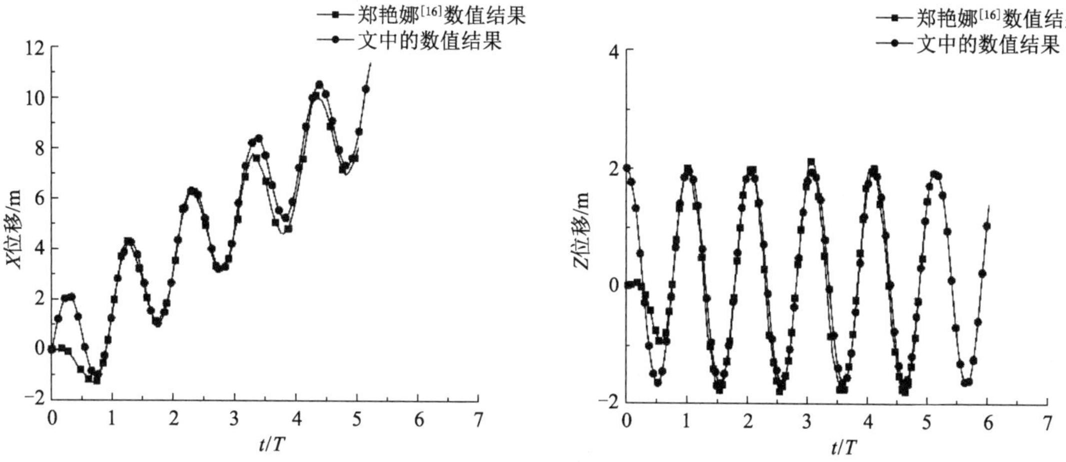

图 7 自由运动对比验证结果

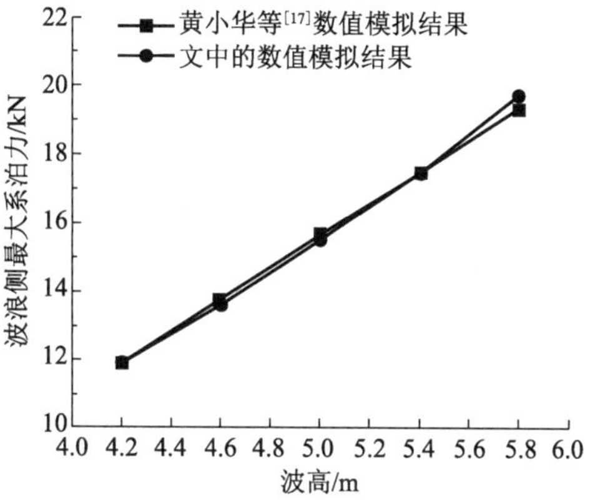

图 8 系泊力对比验证结果

从图 7 和图 8 可以看出:文中计算的数值结果与文献数值结果变化趋势基本一致,且在量值上的波动幅度较小。因此,可以确定文中所使用的数值方法适用于海上漂浮式薄膜光伏电站系泊系统的水动力特性分析。

4 数值计算

4.1 系泊方式对海上漂浮式薄膜光伏电站系泊系统水动力特性的影响

本节将分析在规则波作用下,系泊方式对海上漂浮式薄膜光伏电站系泊系统水动力特性的影响。由于单点系泊只有迎浪侧的锚绳,因此在系泊力的对比中只对比两种系泊方式的迎浪侧系泊力峰值。通过表 2 所示的一系列 Stokes 二阶波模拟得到的海上漂浮式薄膜光伏电站系泊系统质心最大位移、波浪力和系泊力如图 9～11 所示。

表 2 系泊方式计算工况

工 况	系泊方式	波高/m	周期/s	结构直径/m	流速/(m/s)
工况 1	单点系泊	4.0、4.5、5.0、5.5、6.0、6.5、7.0	8.9	30	0
工况 2	八字形多点系泊	4.0、4.5、5.0、5.5、6.0、6.5、7.0	8.9	30	0

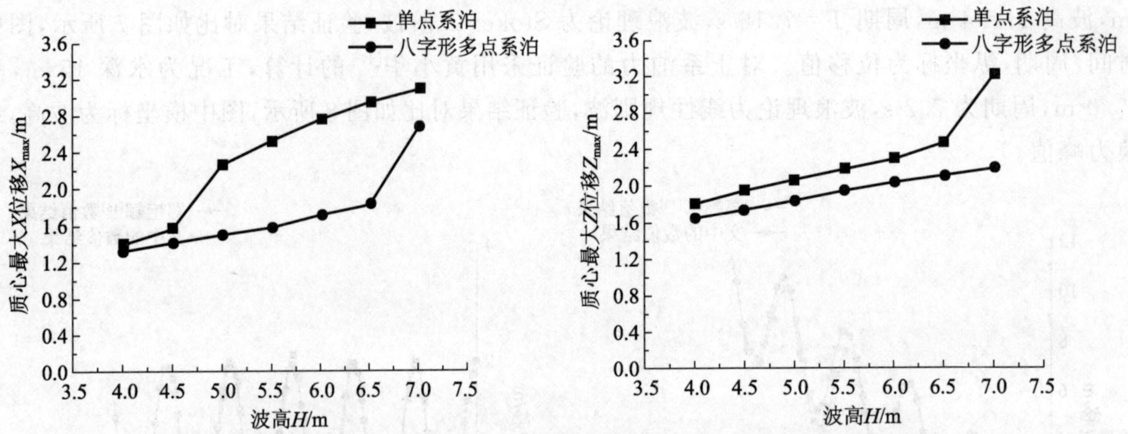

（a）最大X位移　　　　　　　　　　（b）最大Z位移

图 9　不同系泊方式下薄膜光伏电站系泊系统质心位移

从图 9 可以看出:单点系泊的薄膜光伏电站系泊系统的 X_{max} 和 Z_{max} 都大于八字形多点系泊的薄膜光伏电站系泊系统的 X_{max} 和 Z_{max},其 X_{max} 从 1.4 m 增大到 3.1 m,Z_{max} 从 1.81 m 增大到 3.22 m。造成这一现象的原因为单点系泊只有一个锚点,因此受到风浪等外部环境因素的影响更为明显,导致平台在 X 和 Z 方向上的摇晃幅度增大;而八字形多点系泊通常设计有更多的锚点,能够提供更稳定的支撑,减小了在 X 和 Z 方向上的位移。

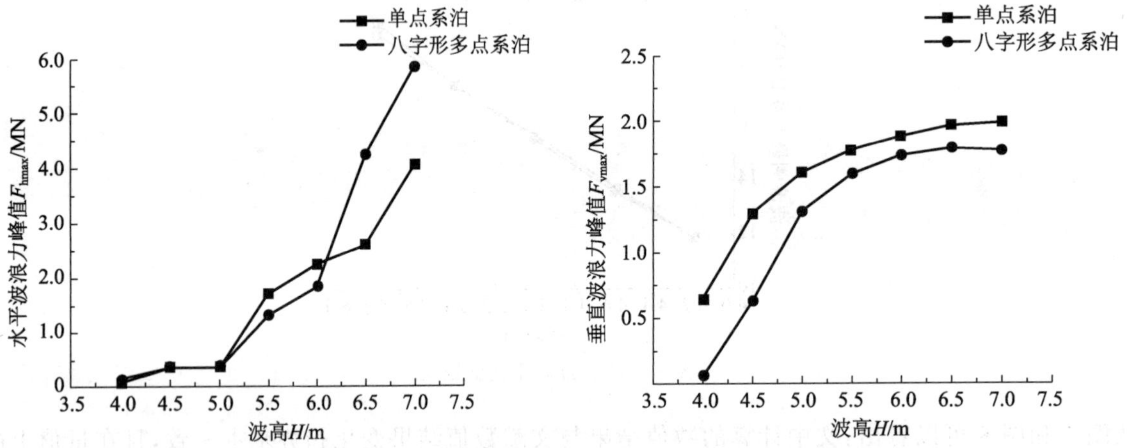

图 10　不同系泊方式下薄膜光伏电站系泊系统所受波浪力

从图 10 可以看出:在波高 H 小于 6 m 时,单点系泊的薄膜光伏电站系泊系统所受 F_{hmax} 大于八字形多点系泊的薄膜光伏电站系泊系统所受 F_{hmax}。在波高大于 6 m 时,单点系泊的薄膜光伏电站系泊系统所受 F_{hmax} 小于八字形多点系泊的薄膜光伏电站系泊系统所受 F_{hmax};而单点系泊的薄膜光伏电站系泊系统所受 F_{vmax} 始终大于八字形多点系泊的薄膜光伏电站系泊系统所受 F_{vmax}。单点系泊的薄膜光伏电站系泊系统所受 F_{hmax} 从 78.06 kN 增大到 4.050 9 MN,所受 F_{vmax} 从 644.99 kN 增大到 1.992 7 MN。

在波高 H 小于 6 m 时:单点系泊的薄膜光伏电站系泊系统 F_{hmax} 大于八字形多点系泊的薄膜光伏电站系泊系统所受 F_{hmax},这是因为单点系泊平台在小波高下受到的直接冲击较大,而多点系泊平台则可以通过多个系泊点之间的相互作用减缓波浪力的影响,从而降低水平波浪力的峰值。在波高大于 6 m 时:单点系泊的薄膜光伏电站系泊系统所受 F_{hmax} 小于八字形多点系泊的薄膜光伏电站系泊系统所受 F_{hmax},这是因为随着波高的增大波浪力也随之增大,八字形多点系泊结构的稳定性比单点系泊结构好,能够更好地分散和吸收波浪力,因此也能承受更大的波浪力;而单点系泊的薄膜光伏电站系泊系统所受 F_{vmax} 始终大于八字形多点系泊的薄膜光伏电站系泊系统所受 F_{vmax},其原因是单点系泊的薄膜光伏电站系泊系统在受到垂直波浪力时,由于只有一个系泊点,会更容易受到波浪的直接冲击,因此其 F_{vmax} 会比八字形多点系泊的薄膜光伏电站系泊系统更高。多点系泊的薄膜光伏电站系泊系统可以通过多个系泊点之间的相互作用来减缓波浪力的影响,因此会受到较小的波浪力。

图 11　不同系泊方式下薄膜电站系泊系统所受系泊力

从图 11 可以看出：八字形多点系泊的薄膜光伏电站系泊系统所受 F_{fmax} 始终大于单点系泊的薄膜光伏电站系泊系统所受 F_{fmax}。单点系泊的薄膜光伏电站系泊系统所受 F_{fmax} 从 20.63 kN 增大到 362.3 kN。造成这一现象的原因为八字形多点系泊系统通常具有更多的系泊点，这种设计能够更有效地分散并吸收波浪能量，从而减小单个系泊点所受到的力量，但整体上增加了平台所受的迎浪侧系泊力。并且多点系泊系统中的多个系泊点能够将波浪能量分散到不同的方向和结构上，这会导致在迎浪侧上产生更大的系泊力峰值，因为多个系泊点都在尽力抵抗波浪的冲击。

综合分析以上结论得到，八字形多点系泊的薄膜光伏电站系泊系统稳定性高于单点系泊的薄膜光伏电站系泊系统。

4.2　波流共同作用下海上漂浮式薄膜光伏电站的水动力特性

从上节得到结论，八字形多点系泊的海上漂浮式薄膜光伏电站稳定性比单点系泊的高，故在本节将分析在波流共同作用下，不同流速对八字形多点系泊的海上漂浮式薄膜光伏电站系泊系统水动力特性的影响，计算工况如表 3 所示。在波流共同作用下，通过数值模拟计算得到海上漂浮式薄膜光伏电站系泊系统质心最大位移、波浪力和系泊力如图 12～图 14 所示。

表 3　流速计算工况

工　况	波高/m	周期/s	流速/(m/s)	结构直径/m
工况 3	4.0	5.4	0.0	30
工况 4	4.0	5.4	1.0	30
工况 5	4.0	5.4	1.0	30
工况 6	4.0	5.4	1.5	30
工况 7	4.0	5.4	2.0	30

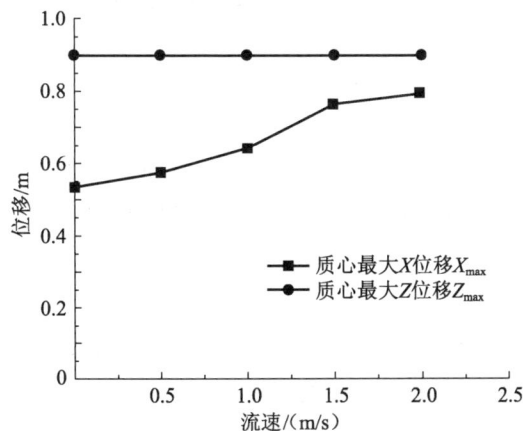

图 12　不同流速下薄膜光伏电站系泊系统质心位移

从图 12 可以看出:薄膜光伏电站系泊系统的 X_{max} 随着水平流速不断增大逐渐增大,由流速为 0 m/s 的 0.53 m 增大到流速为 2 m/s 的 0.79 m;而 Z_{max} 呈现出不变的趋势。造成这种变化趋势的原因是水平流速增大导致光伏电站系泊系统在水平方向受到更大的水动力作用,使得质心在水平方向上发生了更大的偏移;而在垂直方向上,只受到波浪的作用,质心的垂直位移趋势相对稳定。

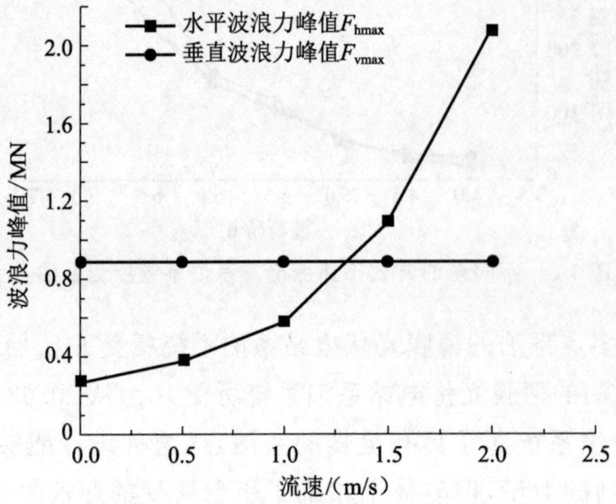

图 13   不同流速下薄膜光伏电站系泊系统所受系泊力

从图 13 可以看出:薄膜光伏电站系泊系统所受 F_{hmax} 随着水平流速的不断增大逐渐增大,其所受的水平波浪力峰值由流速为 0 m/s 的 275.95 kN 增大到流速为 2 m/s 的 2.067 4 MN;而所受 F_{vmax} 基本不变。造成这种变化趋势的原因是:文中采用 Morison 公式来计算颗粒所受的波浪力,在水平方向上施加一个流速会增大颗粒在水平方向的速度。由式(8)~式(10)可以知道,速度越大,颗粒受到的波浪力越大;而在垂直方向,颗粒的速度维持不变,其垂直波浪力峰值也不变。

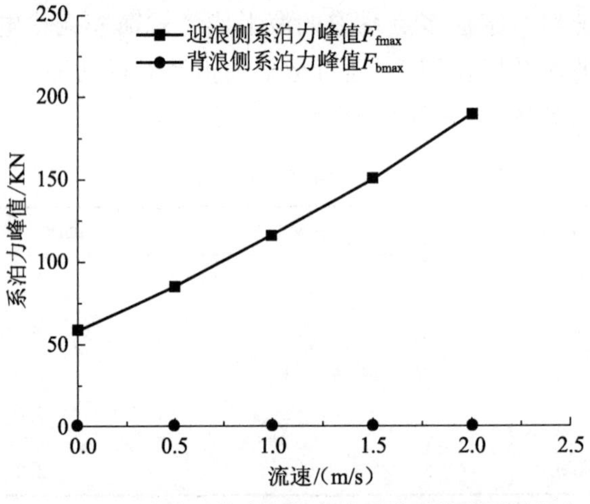

图 14   不同流速下薄膜光伏电站系泊系统所受波浪力

从图 14 可以看出:半潜光伏电站系泊系统所受 F_{fmax} 随着水平流速的不断增大逐渐增大,其迎浪侧系泊力峰值由流速为 0 m/s 的 58.27 kN 增大到流速为 2 m/s 的 189.32 kN,而 F_{bmax} 不变。造成这种变化趋势的原因是随着水平流速的增加,迎浪侧的水流速度增大,增加了水流对平台的冲击力,从而增大迎浪侧的系泊力;而背浪侧的水流速度相对较小,不会对平台产生明显的冲击力,因此系泊力基本保持不变。

5 结 论

文中采用球形离散元法构建海上漂浮式薄膜光伏电站系泊系统数值模型,研究了系泊方式和波流共同作用下不同流速对其水动力特性的影响,得到以下主要结论:

(1)与文献[16-17]数值结果进行对比验证,结果表明文中的数值结果与文献数值结果变化趋势基本一致,且在量值上的波动幅度较小,确定了文中所采用的数值方法在对海上漂浮式薄膜光伏电站在波浪作用下的水动力分析的适用性。

（2）单点系泊的海上漂浮式薄膜光伏电站质心最大位移、垂直波浪力峰值和系泊力峰值始终大于八字形多点系泊的海上漂浮式薄膜光伏电站；在波高 H 小于 6 m 时，单点系泊的海上漂浮式薄膜光伏电站所受水平波浪力峰值大；在波高 H 大于 6 m 时，八字形多点系泊的海上漂浮式薄膜光伏电站所受水平波浪力峰值大。

（3）在波流共同作用下，随着水平流速的增大，质心最大 X 位移、水平波浪力峰值和迎浪侧系泊力峰值逐渐增大，而质心最大 Z 位移、垂直波浪力峰值和背浪侧系泊力峰值呈现出不变的趋势。

参考文献

[1] 魏政,于冰清. 我国光伏产业发展现状与对策探讨[J]. 中外能源,2013,18(6):15-25.

[2] 石涛. 水上光伏电站站址选择及总平面布置设计要点探讨[J]. 太阳能,2021(6):50-57.

[3] 李柯,何凡能. 中国陆地太阳能资源开发潜力区域分析[J]. 地理科学进展,2010,29(9):1049-1054.

[4] YAN C,SHI W,HAN X,et al. Assessing the dynamic behavior of multiconnected offshore floating photovoltaic systems under combined wave-wind loads:A comprehensive numerical analysis[J]. Sustainable Horizons,2023,8:100072.

[5] MAGKOURIS A,BELIBASSAKIS K,RUSU E. Hydrodynamic analysis of twin-hull structures supporting floating PV systems in offshore and coastal regions[J]. Energies,2021,14(18):5979.

[6] 潘昀,吴笑然,薛大文,等. 分布式海上漂浮光伏波浪水动力特性[J]. 中国科技论文,2023,8(10):1144-1152.

[7] 张景飞,易玲,郭攀. 海上漂浮式光伏阵列单浮体结构设计[J]. 舰船科学技术,2023,45(19):104-110.

[8] 鲁文鹤,练继建,董霄峰,等. 波浪作用对海上漂浮式光伏光照辐射能的影响[J]. 水力发电学报,2023,42(5):35-42.

[9] ZHU H,JI S. Discrete element simulations of ice load and mooring force onmoored structure in level ice[J]. Computer Modeling in Engineering & Sciences,2022,132(1).

[10] 翟必垚,刘璐,张宝森,等. 基于离散元方法与水动力学耦合的河冰动力学模型[J]. 水利学报,2020,51(5):617-630.

[11] 刘璐,尹振宇,季顺迎. 船舶与海洋平台结构冰载荷的高性能扩展多面体离散元方法[J]. 力学学报,2019,51(6):1720-1739.

[12] KANATANI M,KAWAI T,TOCHIGI H. Prediction method on deformation behavior of caisson-type sea walls covered with armored embankment on man-made islands during earthquakes[J]. Soils and Foundations,2001,41(6):79-96.

[13] LUO W Z,JIANG D P,WU T C,et al. Numerical simulation of anice-strengthened bulk carrier in brash ice channel[J]. Ocean Engineering,2020,196:106830.

[14] HUANG L F,TUHKURI J,IGREC B,et al. Ship resistance when operating in floating ice floes:a combined CFD & DEM approach[J]. Marine Structures,2020,74:102817.

[15] BREBBIA C A,WALKER S. Dynamic analysis of offshore structure[M]. London:Newnes-Butterworths,1979.

[16] 郑艳娜. 波浪与浮式结构物相互作用的研究[D]. 大连:大连理工大学,2006.

[17] 黄小华,郭根喜,胡昱,等. 圆形网箱浮架系统的受力特性研究[J]. 南方水产,2009,5(4):36-40.

海面漂浮角反射器运动特性分析

张宝泽,陈圣涛

(大连海事大学 船舶与海洋工程学院,辽宁 大连 116026)

摘要:分析海面漂浮角反射器的运动特性对于预测角反射器在海面的运动轨迹具有重要意义。以一个三角形角反射器为研究对象,基于重叠网格技术进行角反射器在海面漂浮的运动特性数值仿真,总结在一阶 VOF 波条件下施加不同的风速和流速时角反射器的平动和摆动规律。运动特性曲线表明:在海面有流动和风的条件下,角反射器的运动与海面无流动、无风的条件相比摆动幅度更大,平动距离更远;在海面无流动和风、海面流动和风向相同、海面流动和风向相反这 3 组海况下,角反射器摆动趋势大致相同,且都会随波浪的起伏做相同的起伏运动。研究方法与研究成果可为预测角反射器在海面上的位置提供参考。

关键词:角反射器;一阶 VOF 波条件;重叠网格技术;风速和流速影响;海面漂浮运动特性

角反射器是一种由多块金属板或栅网按一定角度组成的多面散射体[1],它能够以较小的尺寸和质量获得很大的有效雷达反射截面。许多研究分析表明[2-6],角反射器具有良好的散射特性。在海面上,角反射器可以用于模拟救助与打捞:通过角反射器发出的雷达反射信号,可以确认角反射器的大致位置,从而快速定位,以便派出救捞船等进行快速支援。目前,对于角反射器在海面的漂浮运动还没有具体研究。因此,本文基于流体力学仿真方法,进行 3 组海况下的数值仿真,总结不同的风速和流速时角反射器的平动和摆动规律。通过分析角反射器在海面上的运动特性可以得到角反射器随海面波浪运动的姿态和所处的大致位置,从而预测角反射器的运动特性。

1 数值计算方法

湍流模型采用 SST $k\text{-}\varepsilon$ 模型。自由液面的模拟基于流体体积法(VOF)模型。采用动态流体固态相互作用模型(DFBI)来分析角反射器的运动特性。

为了研究角反射器在海面上的运动特性,用仿真软件模拟角反射器在特定海面上的漂浮运动。

1.1 计算模型与海况条件

本文使用的角反射器为三角形角反射器,上半身为反射面,下半身为底座。主要参数如下:长 6 m,宽 6 m,高 4 m,质量 964 kg。具体模型如图 1 所示。

基于该模型,设置了 3 组海况:一组海面无流动和风,一组海面流动和风向相同的(顺流、顺风),一组海面流动和风向相反的(顺流、逆风)。具体海况参数如表 1 所示。

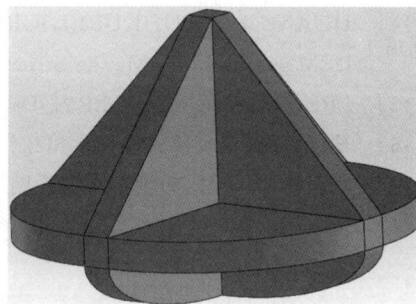

图 1 角反射器

表 1 海况参数

序 号	波高/m	波周期/s	海面风速/(m/s)	海面流速/(m/s)	备注
1	0.5	1.5	(0,0,0)	(0,0,0)	一阶 VOF 波
2	0.5	1.5	(2,0,0)	(2,0,0)	一阶 VOF 波
3	0.5	1.5	(2,0,0)	(-2,0,0)	一阶 VOF 波

作者简介:张宝泽。E-mail:1311794570@qq. com

1.2 计算域和网格结构

基于重叠网格技术来模拟角反射器在波浪中的运动。计算域分为背景域和重叠域两部分。图 2 为数值计算域。计算域的边界条件设置如下：入口（左侧边界）、顶部和底部为速度入口，模拟了无限远场边界条件；出口（右侧边界）为压力出口；两侧为对称平面。

图 3 给出了计算域的网格划分情况。在一阶 VOF 波中对角反射器的运动特性分析时，需重点对自由液面的网格进行加密。在轴向方向上（x 方向）每个波长划分了不少于 40 个网格单元，在垂向方向上（z 方向）每个波高划分了 30 个网格单元。角反射器边界层网格取为 7 层，填隙百分比为 25%。

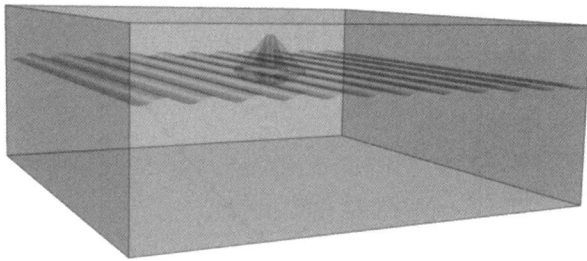

图 2　数值计算域　　　　　　　　　　图 3　计算域网格划分

2 结果与分析

海面漂浮角反射器的运动分为两部分：一种运动是角反射器随海水流动形成的平动；另一种是在海浪周期性拍打作用下角反射器产生的摇摆运动。

海面漂浮的物体在海浪的刺激下，呈现出 6 个自由度的振荡运动，包括 3 种角位移运动——横摇、纵摇、艏摇，3 种线位移运动——横荡、纵荡、垂荡[7]。其中，横摇为漂浮物体绕 x 轴的旋转运动，纵摇为漂浮物体绕 y 轴的旋转运动，艏摇为漂浮物体绕 z 轴的旋转运动；横荡为漂浮物体在 x 方向上的平移运动，纵荡为漂浮物体在 y 方向上的平移运动，垂荡为漂浮物体在 z 方向上的平移运动。沿坐标轴正向平移距离为正，反向平移距离为负。

2.1 无风速流速运动特性分析

图 4 为角反射器模型在有一阶波且仅有波高的条件下的运动特性曲线，横坐标为运动时间。其中（a）～（c）图为角反射器的角位移运动特性曲线，纵坐标为翻转角度；（d）～（f）为角反射器的线平移运动特性曲线，纵坐标为平移距离。

通过图 4 可以看出：在海面无流和风的条件下，角反射器的摆动幅度和平动距离都较小，横荡和纵荡曲线具有相似的变化规律。

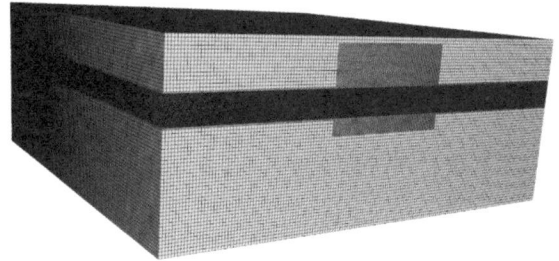

（a）角反射器横摇曲线　　　　　　　　（b）角反射器纵摇曲线

图 4　角反射器模型在有一阶波且仅有波高的条件下的运动特性曲线

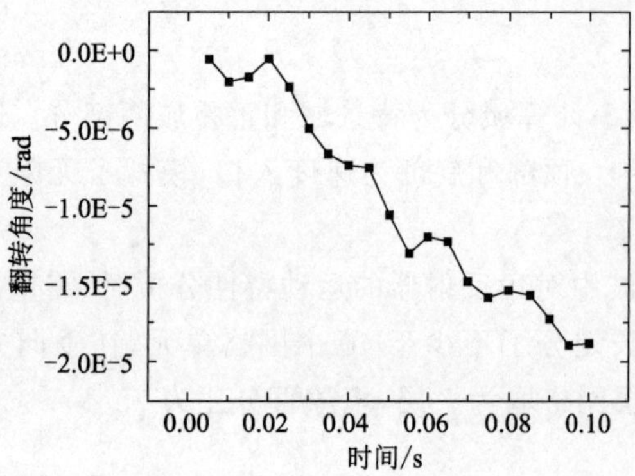

（c）角反射器艏摇曲线

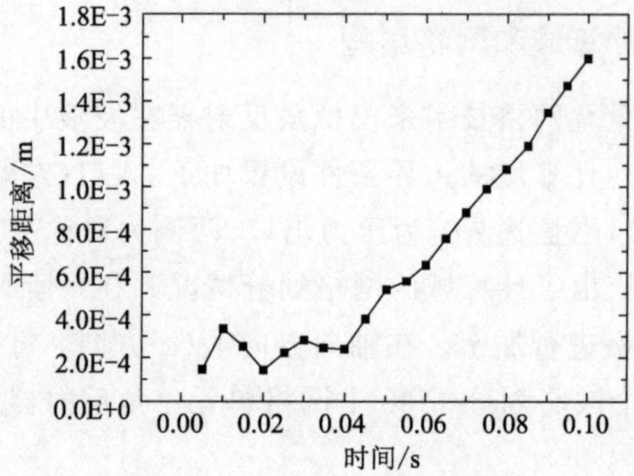

（d）角反射器横荡曲线

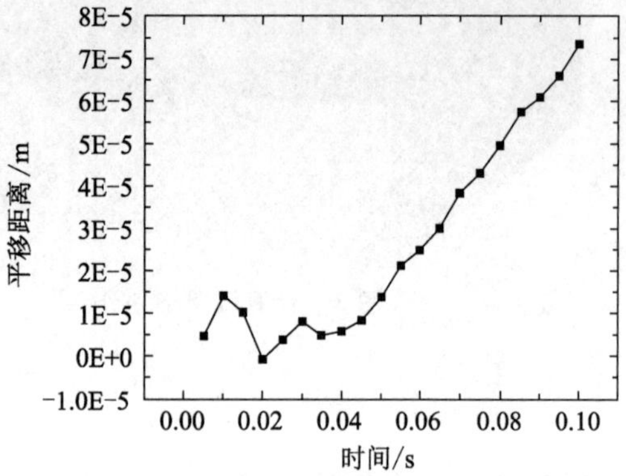

（e）角反射器纵荡曲线

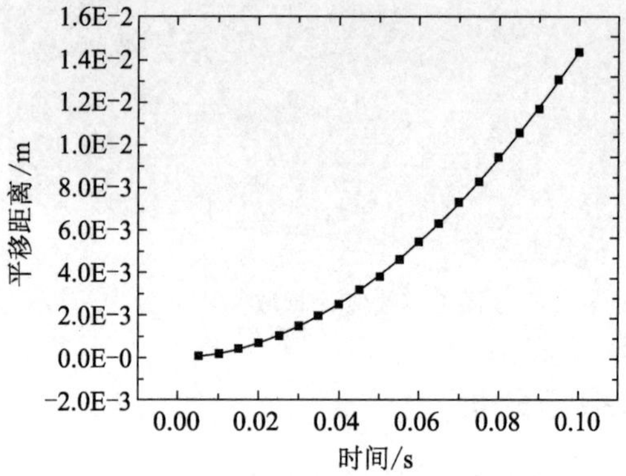

（f）角反射器垂荡曲线

图 4　角反射器模型在有一阶波且仅有波高的条件下的运动特性曲线(续)

2.2 顺流、顺风运动特性分析

图 5 为角反射器模型在一阶波有波高，在顺流和顺风的条件下的运动特性曲线。

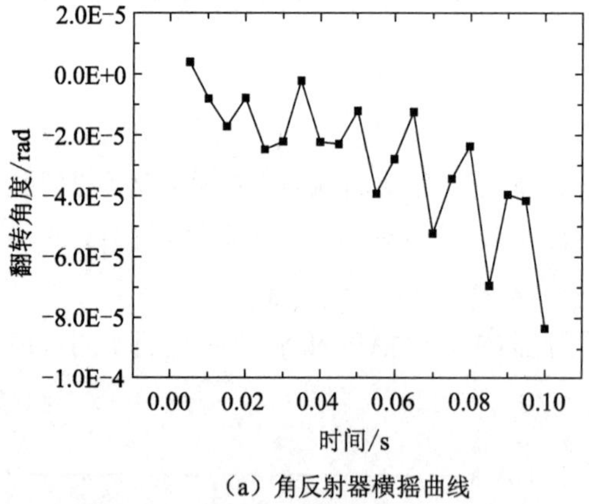

（a）角反射器横摇曲线

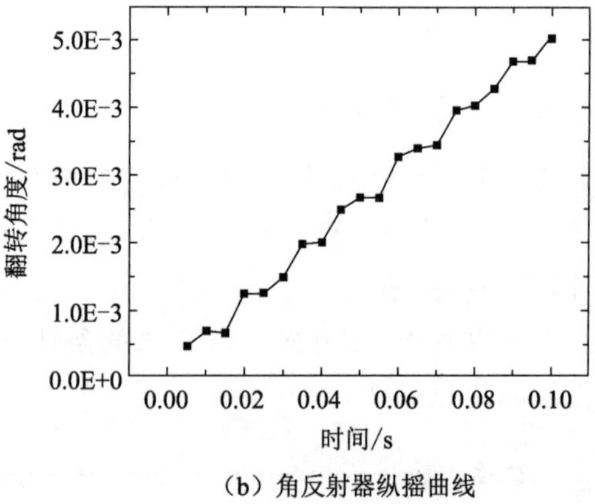

（b）角反射器纵摇曲线

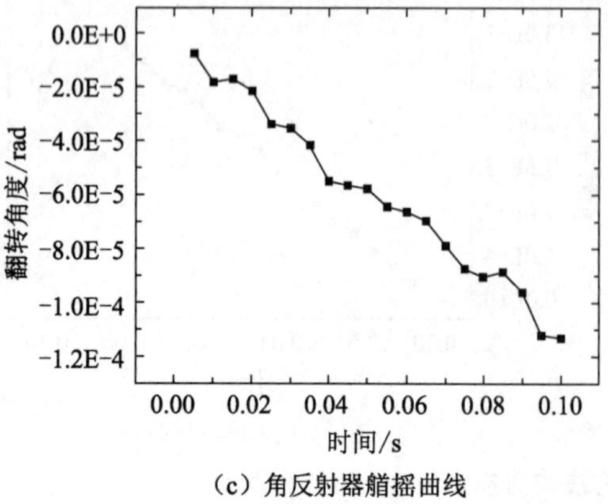

（c）角反射器艏摇曲线

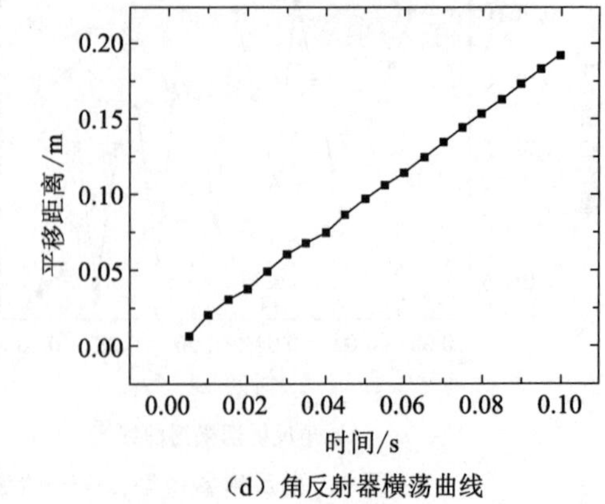

（d）角反射器横荡曲线

图 5　角反射器模型在一阶波海面流速和风速沿 x 正方向的条件下的运动特性曲线

（e）角反射器纵荡曲线　　　　　（f）角反射器垂荡曲线

图 5　角反射器模型在一阶波海面流速和风速沿 x 正方向的条件下的运动特性曲线(续)

与无风、无流条件相比,角反射器的摆动幅度变大,平动距离变远,特别是从与图 4(d)对比中可以看出,横荡距离明显增大。

2.3 顺流、逆风运动特性分析

图 6 为角反射器模型在一阶波有波高,在顺流和逆风的条件下的运动特性曲线。

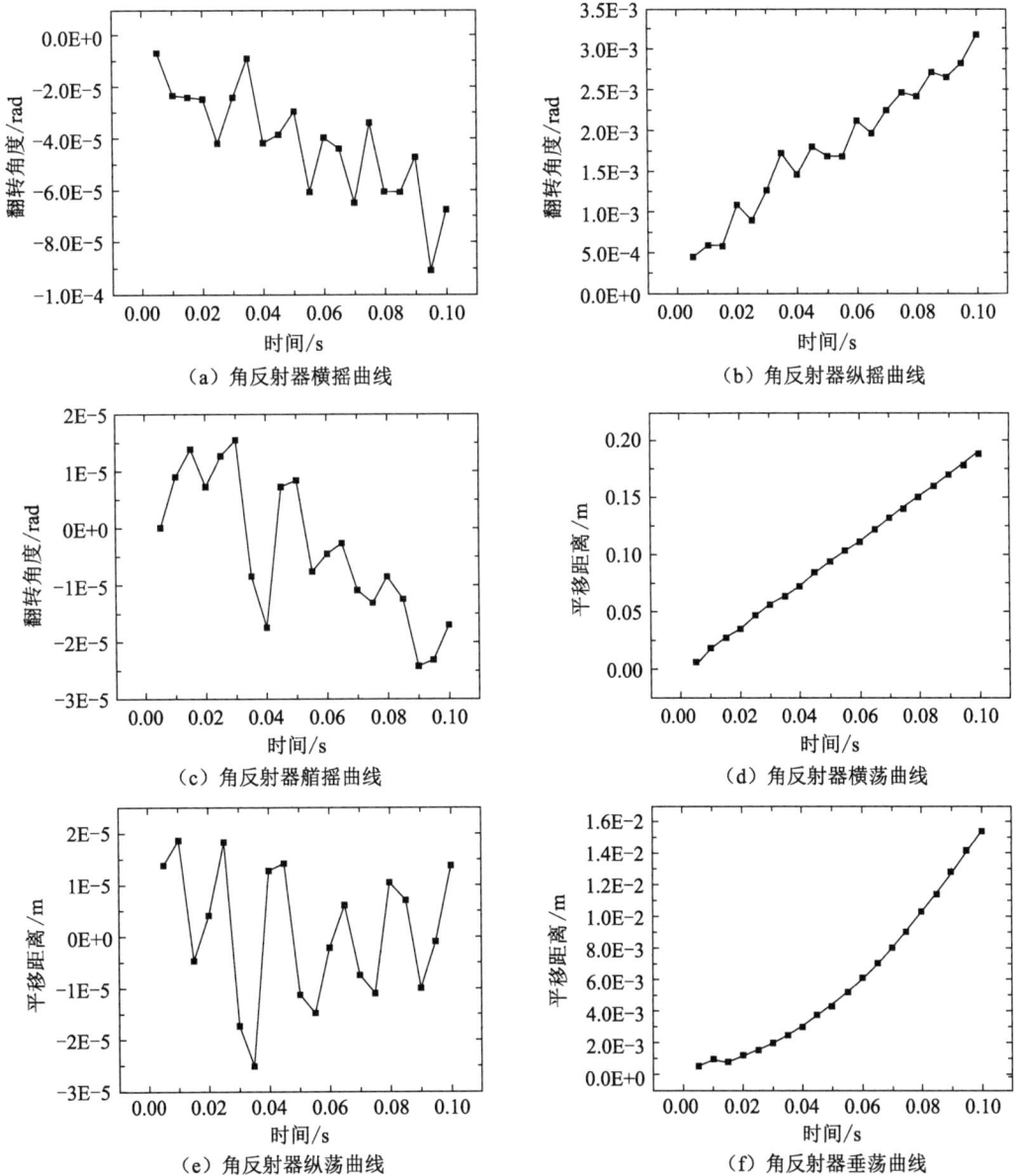

（a）角反射器横摇曲线　　　　　（b）角反射器纵摇曲线

（c）角反射器艏摇曲线　　　　　（d）角反射器横荡曲线

（e）角反射器纵荡曲线　　　　　（f）角反射器垂荡曲线

图 6　角反射器模型在一阶波海面流速沿 x 正方向、风速沿 x 负方向的条件下的运动特性曲线

与顺流、顺风条件相比,逆风时角反射器摆动幅度变小,横荡距离变化不大。

在这 3 种海况下,角反射器的摆动趋势大致相同,角反射器的垂荡距离无明显变化。

3 结　语

通过对角反射器在海面上的漂浮模拟试验,分析了 3 种海况下的角反射器运动特性曲线,得到下面的结论:

(1)在没有风和流,仅有波浪的条件下,角反射器的摇摆运动和平动距离较小。

(2)在顺风和顺流的条件下,角反射器的摇摆幅度较大,横荡会产生较大的移动距离。

(3)在顺流、逆风的条件下,角反射器的摇摆幅度相较于在顺流、顺风条件下变化较小,逆风不会对角反射器横荡正向移动距离产生较大的影响。

(4)在这 3 组海况下,角反射器的摆动趋势大致相同。

(5)在这 3 组海况下,角反射器随波浪做起伏运动。

通过对这几组海况下角反射器运动特性的分析,可以了解角反射器的大致运动趋势,为以后预测角反射器在更大的海面上的运动轨迹做铺垫。

参考文献

[1] 陈静.雷达无源干扰原理雷达无源干扰原理[M].北京:国防工业出版社,2009.
[2] 张俊,胡生亮,玉聘,等.基于 PO/AP 的角反射体 RCS 模型构建及分析[J].系统工程与电子技术,2018,40(7):1478-1485.
[3] 张志远,赵原源.新型二十面体三角形角反射器的电磁散射特性分析[J].指挥控制与仿真,2018,40(4):133-137.
[4] 范学满,胡生亮,贺静波.一种角反射体雷达散射截面积的高频预估算法[J].电波科学学报,2016,31(2):331-335.
[5] 孟凯,马武举.海面漂浮二十面角反射器电磁散射特性研究[J].数字海洋与水下攻防,2020,3(5):437-442.
[6] 张远浩.角反射器和舰船目标动态电磁散射特性研究[D].哈尔滨:哈尔滨工业大学,2022.
[7] 黄孟俊,陈建军,赵宏钟,等.海面角反射器干扰微多普勒建模与仿真[J].系统工程与电子技术,2012,34(9):1781-1787.

内孤立波作用下航行体基于 S 面控制策略的数值模拟研究

程　路,杜　鹏,张　淼,李卓越

(西北工业大学 航海学院,陕西 西安　710072)

摘要:基于 S 面控制策略对海洋内波作用下的航行体展开研究,通过对不同潜深下的航行体应用 S 面控制策略,探究航行体运动姿态的控制效果。对航行体采取 S 面控制策略后波谷处的水平力幅值略有减小,力矩变化较为剧烈,当航行体远离内孤立波后垂向力减小到零附近。采取 S 面控制策略后航行体的俯仰角变化改善明显,垂荡位移也得到了有效的抑制,未控制航行体的运动轨迹类似正切曲线,采取控制措施后的航行体随波面下沉/上升。

关键词:内孤立波;S 面控制;航行体;运动响应;水动力特性

海洋灾害[1]主要包括海流、海浪、海冰、潮汐、海风、海啸及地震等,海洋内波就是海洋环境灾害中的一种。内孤立波在传播过程中,会导致突发的强流和显著的幅聚幅散,使密度跃层上下的流体流动方向相反,形成强烈的剪切流[2-3]。这会对海洋生态环境[4-5]产生严重影响,且对海洋平台以及航行体安全构成严重威胁。目前内孤立波已成为航行体安全航行中必须考虑的重要因素。当航行体遭遇突如其来的内孤立波时,如果控制不及时,会运动失稳,一旦超过了极限深度,可能会受到巨大的海水压力,有被压碎的危险。因此,对遭遇内波的悬浮航行体进行控制并研究其运动响应和水动力特性显得相当必要。鉴于此,本文在之前研究[6]的基础上,通过建立内孤立波数值水槽,对分层流体中遭遇内孤立波时的悬浮航行体应用 S 面控制策略,与未施加控制时的航行体做对比,探究其控制效果及航行体的运动响应和水动力特性。

1 数值模型

1.1 内孤立波理论

内孤立波与航行体相互作用的数值模拟是一个复杂而重要的研究问题。实际海洋环境是连续分层的,但在内孤立波的研究中,通常将其简化成两层流体模型。在两层不可压缩的流体中,将海洋自由表面假设为没有变形的壁面,即"刚盖假设"。在两层流体模型中内孤立波可采用 mKdV 理论模型来描述,其中,在描述内孤立波时数值水槽上下层流体深度为 h_1 和 h_2、流体密度为 ρ_1 和 ρ_2,总水深 $h = h_1 + h_2$。

在 mKdV 理论中,其内孤立波的理论解[7]为:

$$\zeta(x,t) = \frac{a \operatorname{sech}^2\left[(x - c_{\mathrm{mKdV}}t)/\lambda_{\mathrm{mKdV}}\right]}{1 - \mu \tanh^2\left[(x - c_{\mathrm{mKdV}}t)/\lambda_{\mathrm{mKdV}}\right]} \tag{1}$$

式中:

$$\lambda_{\mathrm{mKdV}} = 2(h - h_c)\sqrt{\frac{(h - h_c)^3 + h_c^3}{3hh'h''}} \tag{2}$$

$$c_{\mathrm{mKdV}} = c_{0m}\left[1 - \frac{1}{2}\left(\frac{\bar{h} + a}{h - h_c}\right)^2\right] \tag{3}$$

基金项目:国家自然科学基金资助项目(52201380);中央高校基本科研业务费专项资金(D5000230080);西北工业大学硕士研究生实践创新能力培育基金(PF2023057)

通信作者:杜鹏。E-mail:dupeng@nwpu.edu.cn

$$c_{0m} = \sqrt{\frac{gh}{2}\left[1 - \sqrt{1 - \frac{4(\rho_2 - \rho_1)h_c(h - h_c)}{\rho_2 h^2}}\right]} \tag{4}$$

$$\mu = \begin{cases} h''/h', & \bar{h} > 0 \\ h'/h'', & \bar{h} < 0 \end{cases} \tag{5}$$

$$h_c = h/(1 + \sqrt{\rho_1/\rho_2}) \tag{6}$$

$$h' = -\bar{h} - |\bar{h} + a|, \quad h'' = -\bar{h} + |\bar{h} + a| \tag{7}$$

式中:ζ 为界面位移,a 为内孤立波的波幅,$\bar{h}$ 为界面与临界水平 h_c 之间的距离,且 $\bar{h} = h_2 - h_c$,λ_{mKdV} 为特征波长,c_{mKdV} 为波的相速度,μ 为分层流体厚度系数,g 为重力加速度。

　　流体的运动遵循物理守恒定律,其中包括质量守恒方程、动量守恒方程和能量守恒方程。在本文中,只考虑质量守恒和动量守恒定律,不考虑温度的影响。对于密度为 ρ_i 的不可压缩流体,在笛卡尔坐标系 Oxy 中的速度分量 (u_i, v_i) 和压力 p_i 满足连续性方程和 Navier-Stokes 方程:

$$u_{ix} + v_{iy} = 0 \tag{8}$$

$$u_{it} + u_i u_{ix} + v_i u_{iy} = -p_{ix}/\rho_i + \nu(u_{ixx} + u_{iyy}) \tag{9}$$

$$v_{it} + u_i v_{ix} + v_i v_{iy} = -p_{iy}/\rho_i + \nu(v_{ixx} + v_{iyy}) - g \tag{10}$$

式中:u、v 分别代表流体的水平速度和垂向速度,下标表示对空间和时间的偏微分,$i = 1(2)$ 表示上(下)层流体。

1.2 航行体运动方程

　　为了准确描述悬浮航行体在重力和水动力共同作用下的运动响应和受力特性,定义了两个坐标系:惯性坐标系 $o\text{-}xyz$ 和运动坐标系 $o_0\text{-}x_0 y_0 z_0$。惯性坐标系固定在流场中,运动坐标系的原点与航行体的重心重合,并随航行体移动。实际上,航行体在内孤立波作用下的运动是三维空间运动。但是在本研究中,仅考虑了航行体在垂直平面内的运动,航行体在垂直平面内的三自由度运动方程为:

$$\begin{cases} X = m\left(\dfrac{\partial u}{\partial t} + qv\right) \\[2mm] Y = m\left(\dfrac{\partial v}{\partial t} - qu\right) \\[2mm] M = I_{zz}\dfrac{\partial q}{\partial t} \end{cases} \tag{11}$$

式中:m 和 I_{zz} 分别为航行体的质量和惯性矩,u、v 和 q 分别为航行体的水平速度、垂向速度和俯仰角速度。

1.3 数值方法

　　建立长为 15 m、宽为 1 m 的数值水槽,在 mKdV 理论的基础上通过速度入口边界造波的方式生成所需的内孤立波。该数值水槽由造波区、工作区和消波区组成,如图 1 所示。航行体采用美国国防高等研究计划署的 SUBOFF AFF-1,其重心距速度入口的距离为 7.2 m。数值水槽的坐标原点在速度入口与密度跃层的交界处,航行体重心位置与密度跃层之间的垂向距离为潜深 d,$d > 0$ 表示航行体在密度跃层以上,$d < 0$ 表示航行体在密度跃层以下;内孤立波的波谷最低点与密度跃层的距离大小为波幅 a;上下层流体厚度 h_1、h_2 分别为 0.2 m、0.8 m;密度 ρ_1、ρ_2 分别为 995 kg/m³、1 023 kg/m³。根据"刚盖假设",将顶部定义为对称平面(symmetry),底部定义为无滑移壁面条件(wall),水槽左右侧为循环边界,分别为速度入口(velocity-inlet)和压力出口(pressure-outlet)。在数值计算时基于有限体积法对控制方程进行数值离散,数值计算求解器为非定常隐式求解,并采用 Coupled 算法求解压力速度耦合。其中压力方程为体积力加权,动量方程为二阶迎风格式,时间步长为自适应时间步,利用 UDF 进行控制。另外,内孤立波是在两层流体之间的密度跃层处形成的,在数值模拟过程中使用 VOF 方法捕捉内孤立波界面。

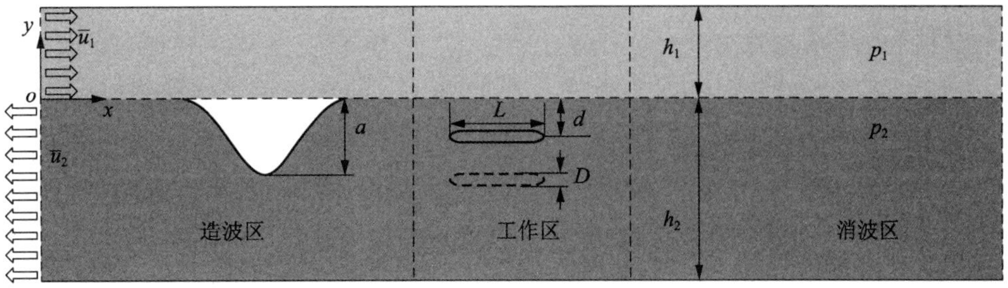

图 1 数值水槽示意

2 结果分析

为了便于后面的分析,航行体的受力及运动参数等通过无量纲的形式给出,具体的无因次变换方式如下:

$$a^* = a/h; \eta = d/h \tag{12}$$

$$c_x = \frac{F_x}{\rho_1 g D^2 L}; c_y = \frac{F_y}{\rho_1 g D^2 L}; c_M = \frac{M_z}{\rho_1 g D^2 L^2}; c_{M'} = \frac{M_s}{\rho_1 g D^2 L^2} \tag{13}$$

$$X^* = x/h; Y^* = y/h \tag{14}$$

式中:a 为内孤立波的波幅;η 为航行体距密度跃层的无量纲距离,h 为数值水槽的总高度,即 $h = h_1 + h_2$。c_x 为无量纲水平力、c_y 为无量纲垂向力、c_M 为无量纲力矩、$c_{M'}$ 为无量纲附加力矩;L 为航行体长度,D 为航行体的最大直径,ρ_1 为上层流体密度;x、y 分别为航行体的纵荡和垂荡位移。

另外为了更好地分析航行体受力与内孤立波位置之间的关系,定义一个无量纲特征参数 δ 表示航行体重心与波谷垂直平分线之间的相对位置。当 $\delta = 0$ 时表示波谷中垂线与航行体重心重合,当 $\delta < 0$ 时表示波谷还未传播至航行体重心,当 $\delta > 0$ 时表示波谷已经通过航行体重心。

$$\delta = (x_w - x_S)/\lambda_{mKdV} \tag{15}$$

式中:x_s 为水下航行体重心的水平坐标,x_w 是波谷的垂直平分线的水平坐标,λ_{mKdV} 为内孤立波的波长。

2.1 算例设置

文中所采取的控制方法为 S 面控制,选取俯仰角的误差作为反馈信号。由于稳定状态下航行体的目标俯仰角 θ_d 为 0,所以俯仰角的实际值与目标值之间的误差 $e(t) = r(t) - y(t) = \theta_d - \theta = -\theta$。输入值为对航行体施加的附加力矩 M_s,则根据 S 面控制原理输入 $e(t)$ 与输出 M_s 之间的关系可以表示为:

$$M_s = \frac{2}{1 + \exp(-k_1 e - k_2 \dot{e})} - 1 = \frac{2}{1 + \exp(k_1 \theta + k_2 \dot{\theta})} - 1 \tag{16}$$

式中:k_1、k_2 为控制参数,它们对应于比例微分控制器中的比例系数和微分系数。考虑到计算效率和成本,先进行理论的手动调参,选取出相对较优的控制参数再将其运用到 CFD 计算中。本研究开展了基于 S 面控制策略下不同潜深处航行体"掉深"控制的数值模拟研究,具体的工况设置如表 1 所示,其中 S1、S2、S3 分别代表控制参数 $k_1 = 2.5$、$k_2 = 3$,$k_1 = 3$、$k_2 = 3$,$k_1 = 3.5$、$k_2 = 3.5$ 的工况。

表 1 基于 S 面控制策略的工况设置

工况	潜深 η	波幅 a^*	相速度 c_{mKdV}/(m/s)	控制参数
C1～C4	-0.1	-0.15	0.249	未控制
C5～C8	-0.25			S1、S2、S3

2.2 结果分析

由于航行体在不同潜深时的受力变化趋势相差不大,所以本节仅对潜深 $\eta = -0.25$ 的航行体进行了详细分析。

2.2.1 受力特性

当航行体潜深 $\eta=-0.25$ 时,有无控制水平力和垂向力的整体变化趋势都相似(图 2)。水平力均在波谷处达到最大值,且幅值都在 -2×10^{-2} 左右。当航行体通过左波面后($\delta>1$),水平力又增加至正向最大值,但幅值相对负方向的略小[图 2(a)]。当航行体远离内孤立波后,水平力又恢复至零附近。在内孤立波诱导流场的作用下垂向力在波谷前后位置方向相反,采取控制措施以后垂向力减小至零附近[图 2(b)]。航行体采取控制措施后力矩变化更剧烈,当其运动到左波面时($\delta=1$),最大力矩可达 6×10^{-3}[图 2(c)]。从图 2(d)可以看出对航行体施加的附加力矩最大幅值也可达 6×10^{-3} 左右,方向正好与自身力矩相反,根据舵角与力矩之间的关系在实际操纵运动中,此时航行体方向舵的舵角也较大。

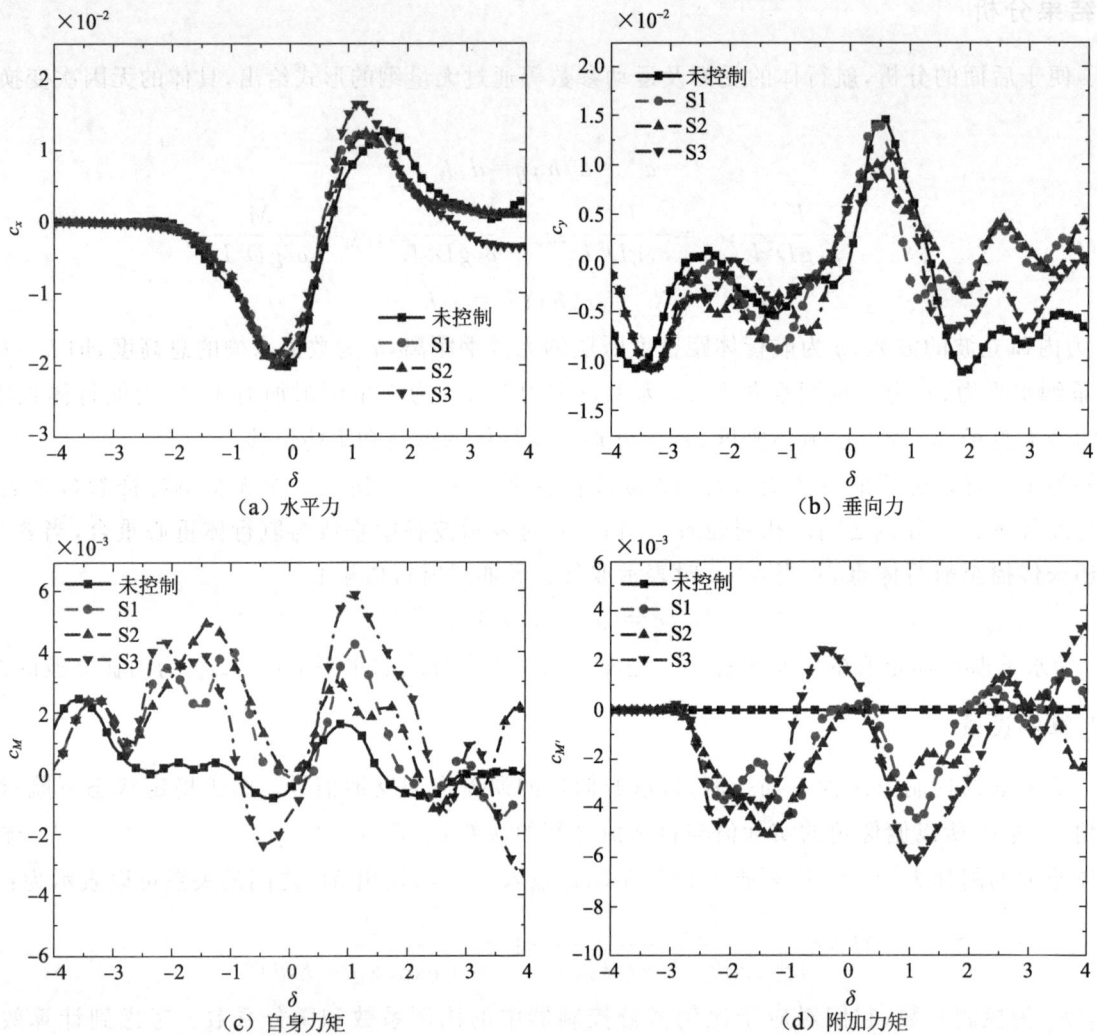

图 2　$\eta=-0.25$ 时不同控制参数下航行体的受力特性

2.2.2 运动响应

图 3 为航行体潜深 $\eta=-0.25$ 时的运动响应,从图中可以看出,控制前后航行体的俯仰角改善最为明显,垂荡位移也得到了有效抑制。采取控制措施后,航行体俯仰角在与内孤立波的整个作用过程中均在零附近变化,不同控制参数之间无明显差别[图 3(c)]。从垂荡位移来看,在 S3 控制参数下垂荡位移相对于初始状态变化最小,在 S1、S2 控制参数下尽管在运动到波谷前垂荡位移不断增大,但当通过波谷后,垂荡位移在小范围内变化[图 3(b)]。从图 4 航行体与内孤立波不同相对位置处的动压变化可以看出,在左波面附近时航行体尾部动压大于头部动压,所以通过左波面后在航行体自身下潜惯性的共同作用下会使其加速下潜。图 3(d)是航行体的运动轨迹,未控制航行体随着波面下沉/上升,通过波面后又加速下潜,采取控制策略后航行体的运动轨迹变化较为平缓。

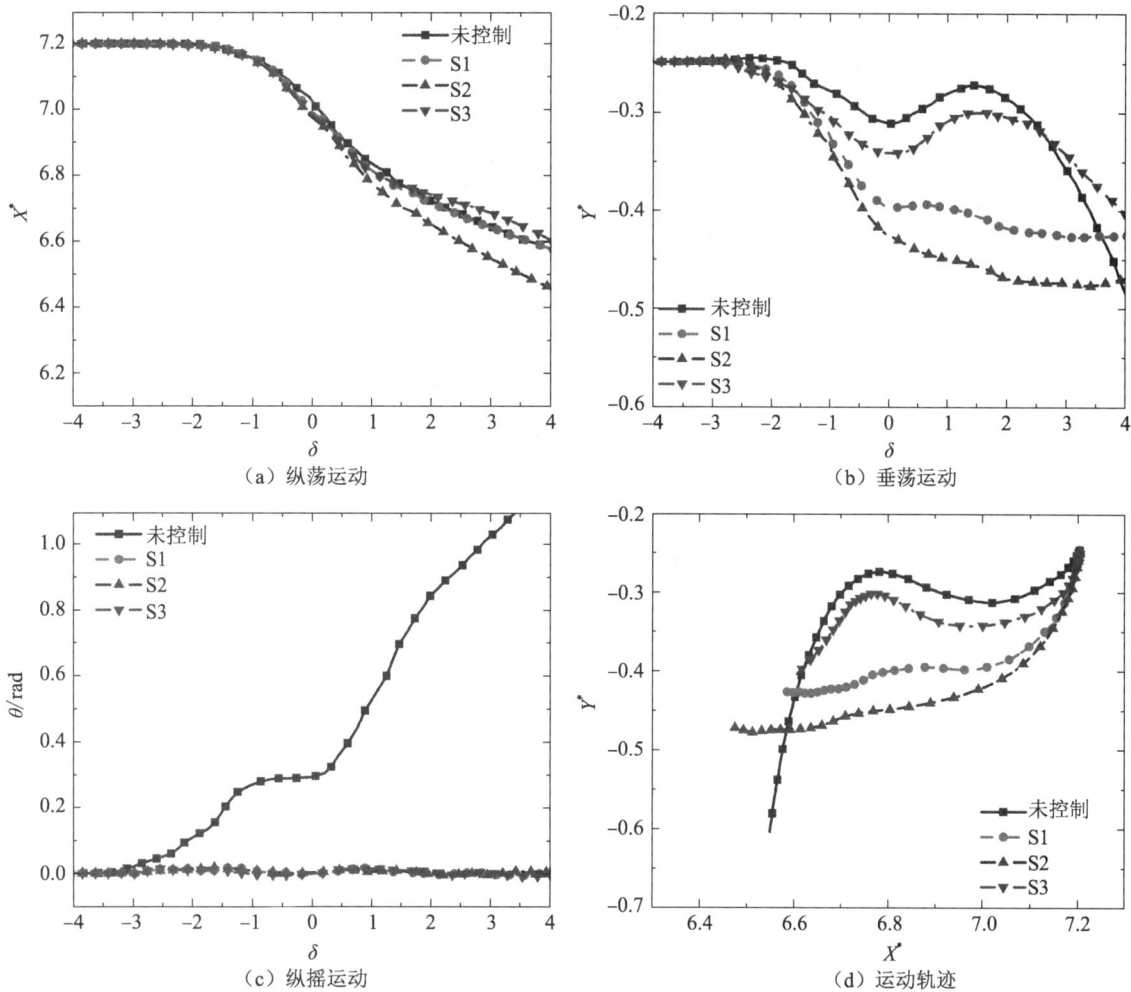

（a）纵荡运动   （b）垂荡运动

（c）纵摇运动   （d）运动轨迹

图 3 $\eta = -0.25$ 时不同控制参数下航行体的运动响应

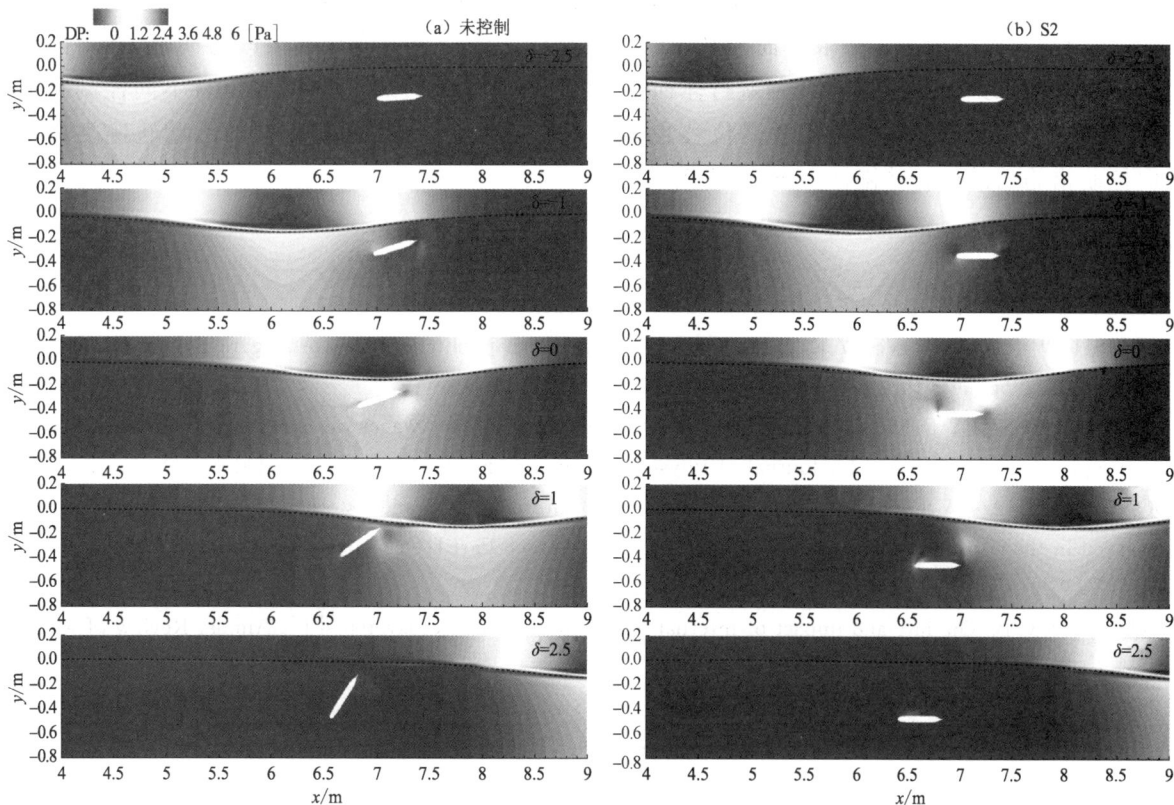

图 4 $\eta = -0.25$ 时不同位置处动压云图

图5是基于S面控制在不同控制参数下航行体垂荡和纵摇的控制效果。从航行体与内孤立波相互作用过程中垂荡位移的最大值可以看出,采取控制措施以后均得到了有效改善。当 $\eta=-0.1$ 时,在S1控制参数下控制效果最好。当 $\eta=-0.25$ 时,在S3控制参数下控制效果最佳。对航行体采取S面控制策略后,航行体的俯仰角得到了明显抑制,当 $\eta=-0.1$ 时,在S2和S3控制参数下俯仰角的抑制效果较好,当 $\eta=-0.25$ 时,在3个控制参数下俯仰角的抑制效果相当。采取控制策略以后俯仰角在0.05 rad以内变化,较未控制航行体而言,俯仰角的最大值减小95%以上[图5(b)]。

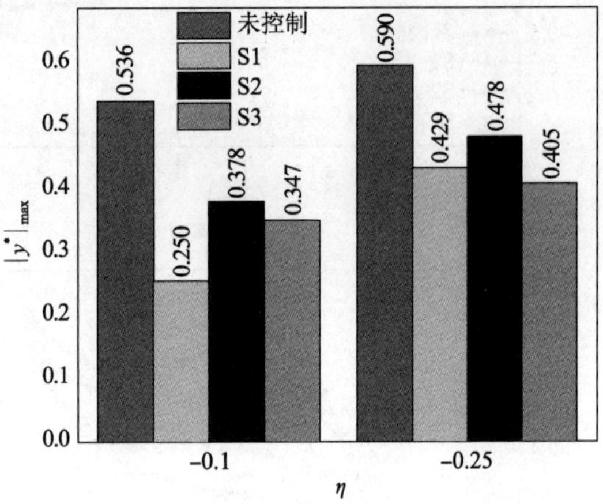

图5　基于S面控制不同控制参数下航行体的控制效果

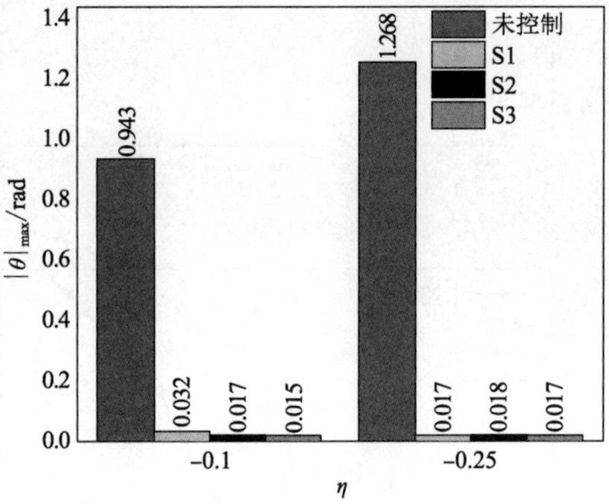

3 结　语

应用所建立的内孤立波数值水槽,通过对不同潜深下的航行体应用S面控制策略,实现航行体遭遇内孤立波时的"掉深"控制,通过与未施加控制的航行体做比较,分析了"掉深"控制后航行体的水动力特性及运动响应特性。研究结果表明:

对航行体采取S面控制策略后波谷处的水平力幅值略有减小,力矩变化较为剧烈,当航行体远离内孤立波后垂向力减小到零附近。采取S面控制策略后航行体的俯仰角的变化幅值改善明显,在不同控制参数下均在0.05 rad以内变化,较未控制航行体而言,俯仰角的最大值减小95%以上且不同控制参数之间无明显差别。另外,采取控制措施后垂荡位移也得到了有效抑制,未控制航行体的运动轨迹类似正切曲线,采取控制措施后的航行体随波面下沉/上升。

🖐 参考文献

[1] 王涛. 海洋动力学的研究方向[J]. 海洋科学,2000,24(4):56.

[2] GRIMSHAW R,PELINOVSKY E,TALIPOVA T,et al. Internal solitary waves:propagation,deformation and disintegration[J]. Nonlinear Processes in Geophysics,2010,17(6):633-649.

[3] LIEN R C,HENYEY F,MA B,et al. Large-amplitude internal solitary waves observed in the northern South China Sea:properties and energetics[J]. Journal of Physical Oceanography,2014,44(4):1095-1115.

[4] DONG J H,ZHAO W,CHEN H T,et al. Asymmetry of internal waves and its effects on the ecological environment observed in the northern South China Sea[J]. Deep Sea Research Part I:Oceanographic Research Papers,2015,98:94-101.

[5] WOODSON C B. The fate and impact of internal waves in nearshore ecosystems[J]. Annual Review of Marine Science,2018,10:421-441.

[6] CHENG L,DU P,HU H B,et al. Control of underwater suspended vehicle to avoid "falling deep" under the influence of internal solitary waves[J]. Ships Offshore Structures,2023:1-19. https://doi. org/10. 1080/17445302. 2023. 2244726

[7] MICHALLET H,BARTHELEMY E. Experimental study of interfacial solitary waves[J]. Journal of Fluid Mechanics,1998,366:159-177.

高速搜救船座椅悬架半主动冲击控制

吴　坤，曹　靖，刘鹏飞，宁东红

（中国海洋大学，山东 青岛　266100）

摘要：高速搜救船由于其执行任务的特殊性难免会产生强烈的冲击力，影响乘员的乘坐舒适性和身体健康状况，使乘员面临更大的受伤风险和降低执行任务的能力。目前对于高速船的抗冲击措施通常为结构抗冲击，虽然有着不错效果，但是设计复杂，成本较高，会对船体的整体结构产生影响。为了更方便、精准、有效地改善乘员的乘坐舒适性和保护人体健康安全，本文将座椅悬架减振技术应用于高速搜救船抗冲击领域，以高速搜救船飞起后从空中坠落过程为研究背景，首先采用非奇异快速终端滑模控制算法计算出所需期望力，随后通过可控惯容器进行实际力输出作用于座椅悬架，在 MATLAB/simulink 环境下进行仿真，结果表明：高速搜救船座椅悬架在半主动控制下与被动座椅悬架相比，其垂直加速度、悬架动行程、座椅冲击力均有大幅降低，可以有效改善乘员的乘坐环境，表明半主动座椅悬架在高速搜救船抗冲击领域有着广阔的发展前景。

关键词：冲击控制；座椅悬架；半主动控制

　　海洋中航行的船舶可能会遇到各种紧急情况，例如失火、沉没、漏水或恶劣天气等，可能会造成严重的人员伤亡和经济损失，需要及时得到救援，因此海上搜救也成为海洋发展领域的重大问题。高速搜救船（HSSC）是一种专门用于海上搜救任务的船只，以便能够在紧急情况下快速响应并执行搜救任务，保障海上人员和财产的安全。但是 HSSC 经常需要在恶劣海况下进行快速作业，其乘员会受到全身振动和由于砰击运动引起的反复冲击，对乘员的健康、安全产生不利影响。乘员经常暴露于这种高水平的振动冲击下，会产生短期甚至长期的健康和安全问题。Ensign 等[1]在对美国海军特种艇部队（SBU）操作员的调查中发现，SBU 操作员受伤率超过美国海军平均水平的 5.5 倍，报告的 121 起损伤事件中，最常见的损伤部位是下背部（33.6%），其次是膝关节（21.5%）和肩部（14.1%）。在另一项海上船舶生理损伤报告中还指出：乘员暴露在高强度冲击下会发生脊柱、腹部及内脏损伤，韧带撕裂、脚踝和腿部骨折[2]。Myers[3-4]等人证明高速船以 40 节的速度飞行 3 h 将会降低船员的身体机能。HSSC 因其执行任务的特殊性难免会产生高强度的振动冲击，这些影响会降低机组人员执行任务的能力，造成身体不适和损伤。

　　冲击问题最初源于汽车和飞机发生事故时座椅的弹射需要。Gannon[5]建立了第一个座椅弹射试验方法，该座椅会对乘员的脊柱施加压缩载荷，测试座椅减轻有害冲击载荷的能力。在飞机起落架抗冲击方案中，通常是改变起落架缓冲系统的结构，使其能够有效地降低冲击力[6-7]。结构抗冲击也是目前应用最为广泛的抗冲击技术之一。而在船舶领域，减振座椅也是十分流行的一种抗冲击方案。减振座椅最开始用于陆地上的越野车辆[8]，随后越来越多地用于较大的高速船舶（例如美国海军 MkV 特种作战艇和 RN-LI 添马舰级救生艇）。然而这些座椅体积笨重（安装在 MkV 特种操作艇上的座椅约重 65 kg），设计复杂，限制了它们在中小型高速船上的使用，在这种情况下甲板空间和承载能力都受到限制。近几十年来，学者们致力于研究和改进隔振装置，其中应用最为广泛的是悬架技术。悬架系统通常由弹簧、减振器、连杆组成，它们可以在一定程度上减少振动冲击干扰，从而提高乘坐质量。悬架系统可以分为 3 类：被动、主动和半主动。被动悬架由没有调节能力的弹簧和阻尼器组成，价格较低但灵活性差；主动悬架向系统输入能量以抵消运动，灵活性最好，但是结构复杂，价格昂贵；使用传感器来测量座椅状态，并通过控制器连续调整阻尼器特性，具有较高的可靠性、经济性和灵活性，不需要外界能量输入，应用最为广泛。

　　可控惯容器是一种可以实时控制能量收集和释放的半主动器件。HSSC 在海上高速航行时会产生巨大

作者简介：吴坤。E-mail：wk1600@stu.ouc.edu.cn

的冲击能量,可控惯容器可以将这些能量进行收集并储存在惯质中,在后续冲击时进行释放以达到抗冲击的目的,这种方案可以有效利用外界能量来进行冲击控制,在改善乘员的乘坐质量的同时又能提高经济性。海洋表面比路面粗糙,更容易引起剧烈的冲击现象[9]。在 HSSC 上应用半主动座椅悬架可以有效降低冲击影响,并可以及时做出调整,以适应不同船舶和海洋环境。此外,还可适用于现有高速船的改造,且可安装在新船上,无须进行船体的设计更改。然而,悬架系统却很少应用于高速船座椅中。船舶座椅和汽车座椅具有很大的相似性,将座椅悬架减振技术应用到 HSSC 座椅悬架抗冲击领域具有重大的研究意义。

1 物理过程分析与建模

1.1 HSSC 跌落模型

HSSC 从海面飞起到重新回到海面的过程中经历了减速、静止、加速、减速 4 个阶段,同时座椅悬架也经历了压缩、拉伸、平衡、压缩 4 个状态,由于出水和入水问题极为复杂,为了便于分析,因此针对 HSSC 从空中坠落的过程进行研究。将座椅悬架处于平衡时的状态视为船身-座椅系统的初始状态,假设此时整个系统的速度为 0,座椅悬架和船身保持相对静止,其在重力的作用下开始向下做加速运动,系统与海面接触的瞬间为撞击状态,船身和座椅的速度迅速降低,接触冲击力通过船身传递到座椅悬架,此时座椅悬架急剧压缩,在悬架动行程最大处座椅加速度达到峰值。在其他条件不变的情况下,接触冲击力大小由坠落高度(h)决定。根据 Son 等[10]建立的坠落冲击模型将船身与海面的接触过程简化为弹簧-阻尼系统,座椅和人体主质量通过缓冲系统(弹簧、阻尼)与船身连接,建立单自由度船舶座椅悬架系统模型,如图 1 所示。

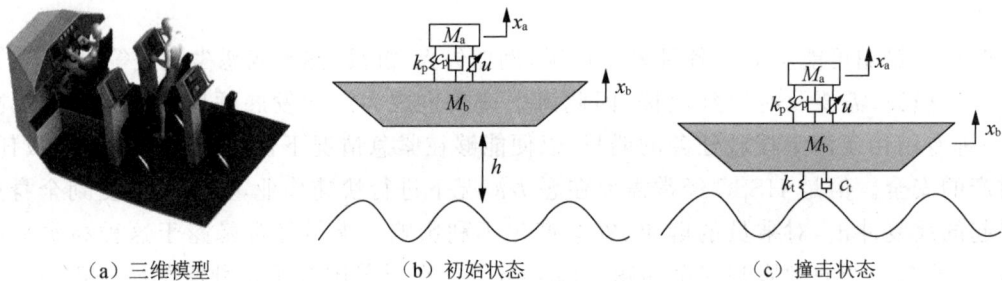

（a）三维模型　　　　　（b）初始状态　　　　　（c）撞击状态

图 1　单自由度船舶座椅悬架系统坠落模型

由牛顿第二定律建立动力学方程:

$$M_a \ddot{x}_a + M_a g - F_p + u = 0 \tag{1}$$

$$M_b \ddot{x}_b + M_b g + F_p + F_t - u = 0 \tag{2}$$

$$F_p = k_p(x_b - x_a) + c_p(\dot{x}_b - \dot{x}_a) \tag{3}$$

$$F_t = k_t x_b + c_t \dot{x}_b \tag{4}$$

式中:M_a 为座椅和人体的主质量;M_b 为船身质量;x_a 为主质量位移;x_b 为船身位移;k_p 和 c_p 分别为缓冲系统的刚度系数和阻尼系数;k_t 和 c_t 分别为船身与海面之间的接触系数;u 为半主动控制力;F_p 为悬架上下底板之间的缓冲力;F_t 为船身与海面之间的接触冲击力。

1.2 半主动作动器模型

可控惯容器是一种可以实时控制能量收集和释放的半主动作动器[11],图 2 为模型的结构简图和三维图,其力追踪性能已得到验证。

可控惯容器由 2 个线性阻尼器、1 对齿轮齿条和惯性飞轮组成,2 个齿条分别在转轴的里侧和外侧。线性阻尼器相当于齿轮齿条与飞轮之间的"开关",当施加小阻尼时,齿轮齿条与飞轮之间可看作断开状态,施加大阻尼时两者可看作闭合状态。通过线性阻尼器的开闭实现对飞轮的控制,相反,飞轮也可通过"开关"产生对齿轮齿条的输出力。当上下底板发生相对运动时,若飞轮的速度小于齿轮的速度,可将任一阻尼器闭合,齿轮带动飞轮旋转,机械能转化为飞轮的动能进行储存。当飞轮的速度大于齿轮的速度时,可看作飞轮驱动齿轮齿条运动,类似于发动机,由于 2 个齿轮的旋转方向是相反的,其驱动齿条的运动方向也是相反的。因此,可以通过调节 2 个线性阻尼器的开闭实现输出力的方向切换,达到实时控制的效果,解决了传统惯容器只能输出单一方向力的缺陷。可控惯容器的动力学方程为:

$$\begin{cases} F_{out} = F_{mr1} + F_{mr2} \\ j\ddot{k}\theta = (F_{mr1} + F_{mr2})r \end{cases} \tag{5}$$

式中:F_{mr1}、F_{mr2} 分别为 2 个齿轮上线性变阻尼器的输出力;j、$\ddot{\theta}$ 分别为飞轮的转动惯量和角加速度;k 为齿轮箱的放大倍数;r 为齿轮的半径;F_{out} 为总输出力。

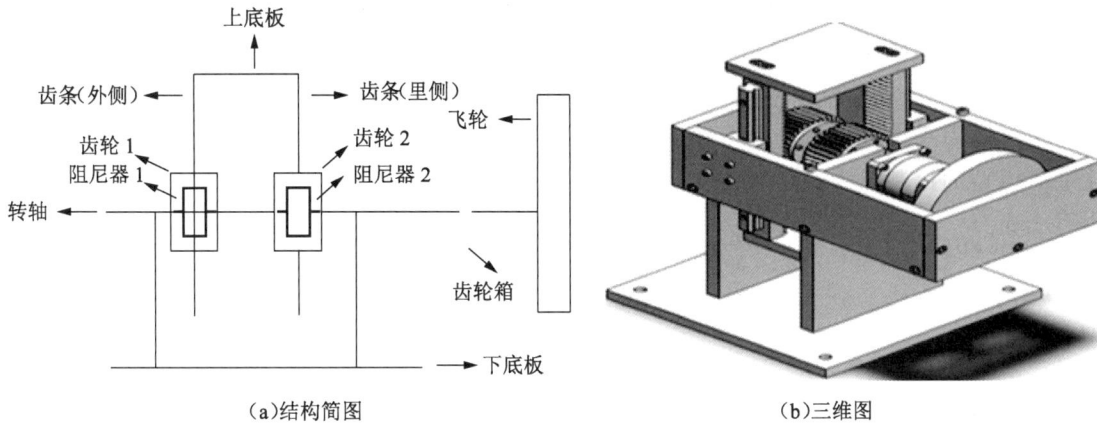

（a）结构简图　　　　　　　　　　　（b）三维图

图 2　可控惯容器结构简图和三维图

2 控制系统设计

2.1 半主动控制方案

座椅悬架发挥其最佳性能的关键是控制算法。对于半主动控制的座椅悬架,首先采用控制算法计算所需主动控制力,其次使用半主动作动器的输出力去匹配主动控制力,最后反馈于座椅悬架。半主动控制方案的流程图如图 3 所示。

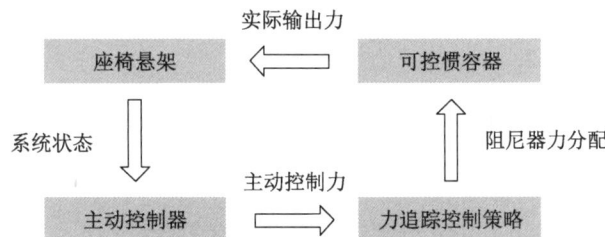

图 3　半主动控制方案流程图

2.2 主动控制器设计

控制算法采用非奇异快速终端滑模算法,非线性项可以保证系统状态在远离平衡状态时能快速地接近平衡态,线性项使系统状态在接近平衡状态时快速收敛,且不会出现奇异问题,能够使系统在有限时间内稳定。

系统的状态空间方程为:

$$\begin{cases} x_1 = x_a \\ x_2 = \dot{x}_1 \\ \dot{x}_2 = \dfrac{u + F_p - M_a g}{M_a} \end{cases} \tag{6}$$

追踪误差 $e = x_1 - x_{1del}$,x_{1del} 为系统自由落体时 M_a 的最终位置。

$$\dot{e} = x_2 - \dot{x}_{1del} \tag{7}$$

设计滑模面为：

$$s = e + \alpha |e|^{\gamma} \text{sgn}(e) + \beta |\dot{e}|^{\frac{q}{p}} \text{sgn}(\dot{e}) \qquad (8)$$

式中：γ 为线性项，取值为 $\gamma > 1$；q、p 为非线性项，取值为正奇数且 $1 < \frac{q}{p} < 2$；α、β 均大于 0。

对所设计的滑模面求导可得：

$$\dot{s} = \dot{e} + \alpha\gamma |e|^{\gamma-1} |\dot{e}| \text{sgn}(\dot{e}) + \beta\frac{q}{p} |\dot{e}|^{\frac{q}{p}-1} |\ddot{e}| \qquad (9)$$

趋近律采用双幂次形式，可在系统的跟踪误差离滑模面较远时和接近滑模面时分别起主导作用，提高了系统跟踪误差的运动品质。

$$\dot{s} = k_1 |s|^{c_1} \text{sgn}(s) + k_2 |s|^{c_2} \text{sgn}(s) \qquad (10)$$

式中：k_1、k_2、c_1、c_2 为正常数。

设计坠落模型的控制律为：

$$u = -M_a \frac{1}{\beta}\frac{p}{q}\text{sgn}(\dot{e}) |\dot{e}|^{2-\frac{q}{p}}[(1+\alpha\gamma |e|^{\gamma-1}) + k_1 |s|^{c_1}\text{sgn}(s) + k_2 |s|^{c_2}\text{sgn}(s) - \ddot{x}_{1\text{del}}] + M_a g - F_p \qquad (11)$$

2.3 稳定性分析

为证明控制器稳定性，设计 Lyapunov 函数：

$$V = \frac{1}{2}s^2 \qquad (12)$$

对 V 求导可得：

$$\dot{V} = s\dot{s} \qquad (13)$$

将控制率 u 代入得：

$$\begin{aligned}\dot{V} &= s[\dot{e} + \alpha\gamma |e|^{\gamma-1} |\dot{e}| \text{sgn}(\dot{e}) + \beta\frac{q}{p} |\dot{e}|^{\frac{q}{p}-1}\left(\frac{u+F_p-M_a g}{M_a} - \ddot{x}_{1\text{del}}\right)] \\ &= s[-k_1 |s|^{c_1}\text{sgn}(s) - k_2 |s|^{c_2}\text{sgn}(s)] \\ &= -(k_1+k_2)|s|^{c_1+c_2} \\ &\leqslant 0 \end{aligned} \qquad (14)$$

当且仅当 $s = 0$ 时，$\dot{V} = 0$，由稳定性定理可知本文所设计的非奇异快速终端滑模控制系统是稳定的。

3 仿真分析

在 Matlab/simulink 平台对所设计的控制系统进行有效性验证。座椅和人体主质量为 80 kg，船身质量为 600 kg，跌落高度为 0.5 m，仿真时间为 5 s。系统其他参数及控制器参数如表 1 所示

表 1 系统及控制器参数

参 数	数 值	参 数	数 值
α	0.5	q	5
β	5	p	3
γ	2	k_p	12 000 N/m
k_1	3	k_t	200 000 N/m
k_2	0.1	c_p	300 N·s/m
c_1	0.5	c_t	6 000 N·s/m
c_2	1.5		

通过仿真可以得到在被动、半主动控制 2 种状态下座椅悬架主质量加速度、悬架动行程、座椅冲击力及其他特性曲线，如图 4 和图 5 所示。

（a）船身接触力

（b）船身位移

（d）主质量冲击力

（d）主质量位移

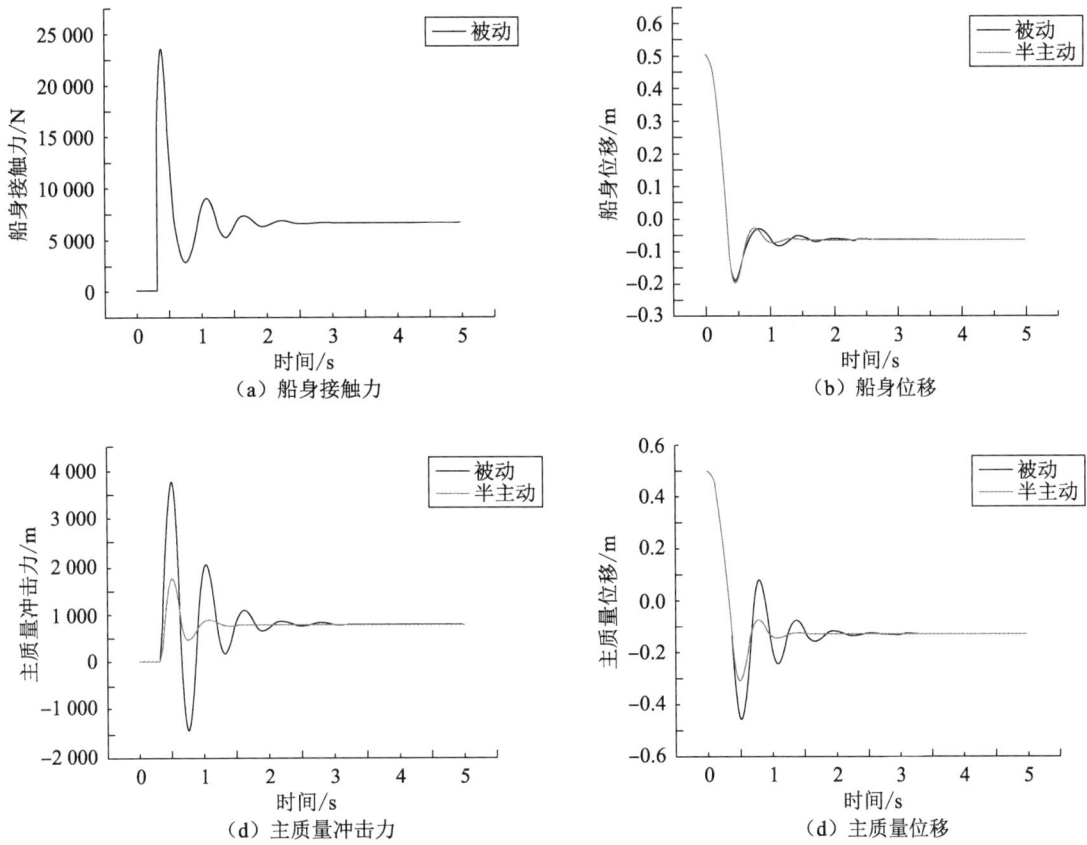

图 4　系统响应曲线(1)

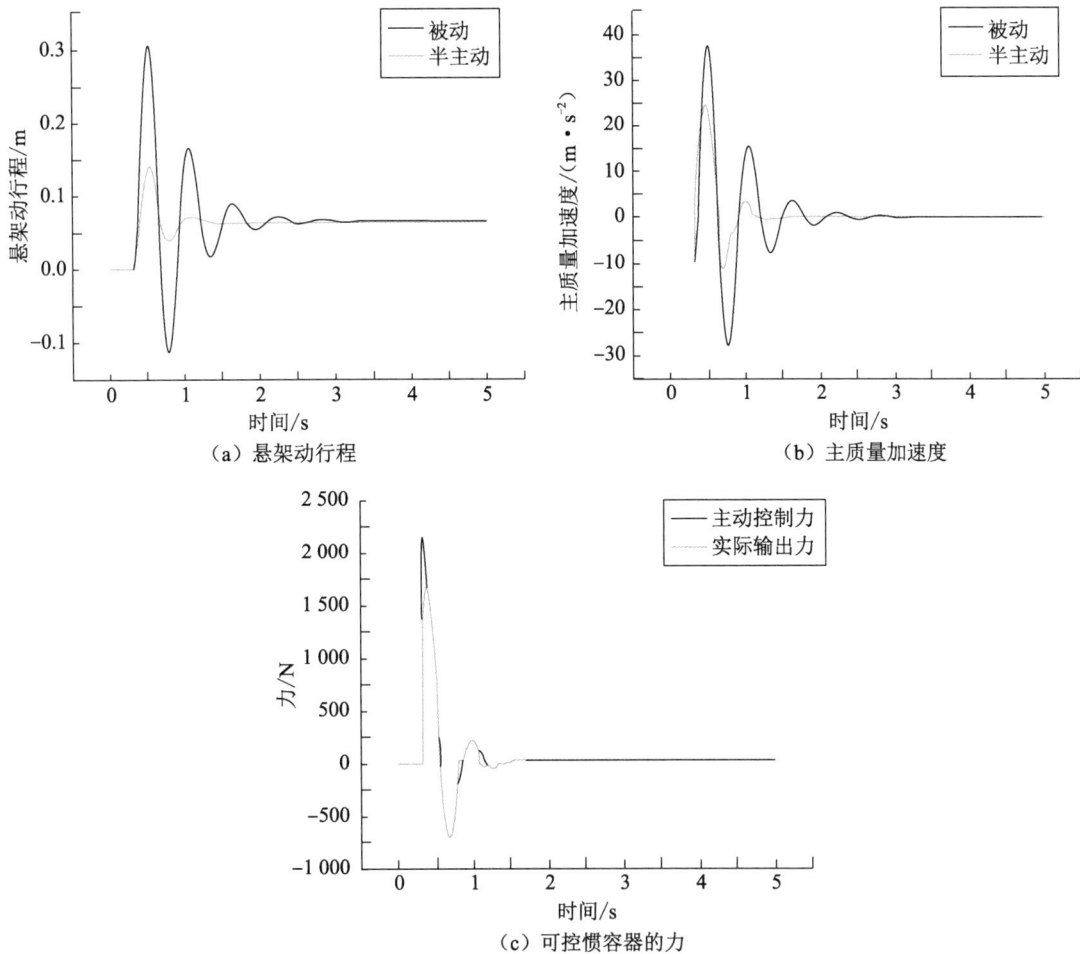

（a）悬架动行程

（b）主质量加速度

（c）可控惯容器的力

图 5　系统响应曲线(2)

图4(a)显示了船舶跌落撞击过程中船身产生的接触冲击力，在0～0.33 s之间船舶处于自由落体状态，船舶在撞击海面后接触冲击力始终不为0，表明系统在撞击至静止过程中始终没有离开海面，由于系统重力的影响船身的接触力最终保持在7 000 N。图4(b)为船身位移曲线，可知船身陷入海面并稳定在−0.08 m，与图4(a)的运动过程相吻合。图4(c)和图4(d)显示了座椅和人体主质量受到的冲击力和位移曲线，在半主动控制下其值较被动悬架有着明显下降，主质量受到的最大冲击力减幅可达53.8%。

由图5(a)和图5(b)可知，与被动座椅悬架相比，半主动座椅悬架的动行程和加速度有着明显改善，在最大冲击处其动行程缩短了0.16 m，有效保护了悬架系统的结构，防止其损坏。座椅的垂直加速度是影响人体健康和舒适性的主要原因，主质量加速度在0.5 s达到最大，半主动控制座椅悬架较被动悬架的最大峰值加速度下降了35%，可以有效减缓冲击，保证乘员的身体健康安全。图5(c)为可控惯容器的力追踪曲线，根据非奇异快速滑模算法计算系统所需的主动控制力，在整个运动过程中可控惯容器的力输出能力可以很好地匹配所需控制力，表明了可控惯容器可以有效进行冲击抑制，其在HSSC冲击控制领域具有很大的发展潜力。

4 结　语

本文从乘员身体健康安全和乘坐舒适性出发，针对HSSC抗冲击问题提出了一种新的解决思路，即将座椅悬架减振技术应用到HSSC座椅抗冲击领域当中，采用非奇异快速终端滑模控制算法设计了主动控制器，根据HSSC冲击运动特点选择具有能量吸收和释放能力的可控惯容器作为半主动器件，本文的主要研究贡献如下：

(1)在冲击状态下，半主动座椅悬架与被动悬架相比其动行程有着明显缩短，有效保护了悬架系统结构，防止损坏。

(2)在冲击状态下，半主动座椅悬架与被动悬架相比其垂直加速度峰值降低显著，有效改善乘员的乘坐舒适性保障身体健康安全。

(3)验证了半主动座椅悬架在船舶抗冲击领域的有效性，有着广阔的发展前景。

参考文献

[1] ENSIGN W,HODGDONL J A,PRUSACZY W,et al. A survey of self-reported injuries among special boat operators[R]. New York:Naval Health Research Centre,2000:00-48.

[2] HALSWELL P K,WILSON P A,TAUNTON D J,et al. An experimental investigation into whole body vibration generated during the hydroelastic slamming of a high speed craft[J]. Ocean Engineering,2016,126:115-128.

[3] MYERS S D,WITHEY W R,DOBBINS T D,et al. Effect of cold on post-transit Run performance of marine high-speed craft passengers[J]. Medicine & Science in Sports & Exercise,2009,41(5):58.

[4] MYERS S D,DOBBINS T D,KING S,et al. Physiological consequences of military high-speed boat transits[J]. European Journal of Applied Physiology,2011,111(9):2041-2049.

[5] GANNON L. Single impact testing of suspension seats for high-speed craft[J]. Ocean Engineering,2017,141:116-124.

[6] LEDEZMA-RAMÍREZ D F,TAPIA-GONZÁLEZ P E,FERGUSON N,et al. Recent advances in shock vibration isolation:an overview and future possibilities[J]. Applied Mechanics Reviews,2019,71(6):060802.

[7] SON L,HARA S,YAMADA K,et al. Experiment of shock vibration control using active momentum exchange impact damper[J]. Journal of Vibration and Control,2010,16(1):49-64.

[8] GOHARI M,TAHMASEBI M. Off-road vehicle seat suspension optimisation,part Ⅱ:comparative study between meta-heuristic optimisation algorithms[J]. Journal of Low Frequency Noise,Vibration and Active Control,2014,33(4):443-454.

[9] 翁长俭. 高速船振动特点及其计算的特点[J]. 中国船检,1996,(12):30-32.

[10] SON L,BUR M,RUSLI M. A new concept for UAV landing gear shock vibration control using pre-straining spring momentum exchange impact damper[J]. Journal of Vibration and Control,2018,24(8):1455-1468.

[11] CAO J,NING D H,LIU P F,et al. A versatile semi-active magnetorheological inerter with energy harvesting and active control capabilities[J]. Smart Materials and Structures,2024,33(1):015040.

偏心圆台漂浮姿态及稳定性研究

曲 飞,陈圣涛

(大连海事大学 船舶与海洋工程学院,辽宁 大连 116026)

摘要:研究偏心圆台在水中的漂浮姿态及稳定性,对实现类圆台结构海上安全回收至关重要。基于重叠网格的多自由度运动仿真计算方法,通过数值仿真对偏心圆台漂浮姿态进行了系统分析,通过流体仿真完成了静水以及波浪条件下偏心圆台漂浮状态的研究和漂浮状态的预测,最终得出偏心圆台的静漂浮特性和动漂浮特性。对后续类圆台式结构设计具有指导意义。

关键词:漂浮特性;漂浮稳定性;静漂浮;动漂浮

研究偏心圆台的漂浮特性,采用美国"阿波罗"飞船返回舱的简化模型,绘制出与其相似的三维模型。通过氧气瓶等部件来模拟裙部排水体积。为了便于计算,质心坐标由偏心圆台结构坐标系给出,坐标系原点位于偏心圆台顶部圆心位置,具体坐标系如图 1 所示。x 轴垂直模型顶部平面向上,y 轴平行于偏心圆台顶部平面并指向舱体右侧,z 轴平行于偏心圆台顶部平面并指向物体前侧。

根据"阿波罗"飞船的任务特点,上升段逃逸需在短时间内进行自主处置,没有判断落区是陆地还是海洋的时机,应急着水模式设计需要同时适应着陆状态[1-3]。在恶劣海况下受限于搜救直升机的飞行速度及有效飞行半径,救援人员无法及时到达失事海域,需要宇航员在返回舱中停留一段时间,因此需要考虑返回舱海上着陆时的姿态及稳定性,从而确保宇航员在返回舱中的安全[4-5]。

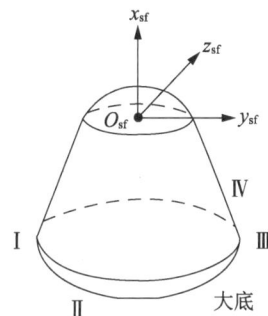

图 1 偏心圆台结构坐标系

1 数值模型

针对偏心圆台漂浮过程仿真,本研究建立了基于重叠网格的多自由度运动仿真计算方法,采用 k-ε 湍流模型[6]。该模型具有适用性强、计算量适中且精度较好的特点,在类似研究的数值计算中具有广泛应用。气相和液相均采用恒密度不可压缩流体模型。

1.1 控制方程

流体在流动过程中遵循物理守恒三大定律:质量守恒定律、动量守恒定律和能量守恒定律。由于本研究中不涉及热交换问题,故不考虑能量守恒定律。相应的控制方程如下。

(1)质量守恒方程:质量守恒方程也被称为连续性方程,其方程为

$$\frac{\partial \rho}{\partial t}+\frac{\partial (\rho u)}{\partial x}+\frac{\partial (\rho v)}{\partial y}+\frac{\partial (\rho \omega)}{\partial z}=0 \tag{1}$$

式中:ρ 为流体的密度;u、v、w 为流体速度矢量在 x、y、z 轴上的分量。

(2)动量守恒方程:动量守恒方程的实质是牛顿第二定律,本研究中的流体均是黏性为常数的不可压缩牛顿流体,则动量守恒方程就是 Navier-Stokes(N-S)方程。其公式为

$$\frac{\partial u}{\partial t}+(\boldsymbol{u} \cdot \nabla)\boldsymbol{u}=\boldsymbol{f}-\frac{1}{\rho}\nabla p+\upsilon \nabla^2 \boldsymbol{u} \tag{2}$$

式中:$\boldsymbol{u}$ 为流体速度矢量;∇ 为哈密顿算子;$\boldsymbol{f}$ 为单位质量力;p 为压强;υ 为运动黏度;∇^2 为拉普拉斯算子[7]。

通信作者:陈圣涛。E-mail:dutchenshengtao@sina.com

1.2 六自由度体设置

研究偏心圆台在水上的漂浮姿态时需将其设置为六自由度体,即通过沿空间直角坐标系 x、y、z 三轴的平动和绕三轴的转动,模拟复杂的水上运动。

STAR-CCM+的 DFB(dynamic fluid body interaction)运动模型实现了流固动力学耦合,通过流体和固体之间的相互作用计算固体模型在流场中的运动情况,固体的运动亦影响流体的流动情况,如波形。

1.3 VOF 方法

VOF 方法[8]是通过研究网格单元中流体和网格体积比函数来确定自由面,追踪流体的变化,而不是追踪自由液面上质点的运动。其在网格上该相流体质点存在的定义函数如式(3),质量守恒形式如式(4),差分形式如式(5)。

$$f(x,y,t)=\begin{cases}0\\1\end{cases} \tag{3}$$

$$\frac{\partial f}{\partial t}+\frac{\partial(uf)}{\partial x}+\frac{\partial(vf)}{\partial y}=0 \tag{4}$$

$$\frac{F_{i,j}^{n+1}-F_{i,j}^{n}}{\Delta t}+\frac{\delta F_{i+\frac{1}{2},j}-\delta F_{i-\frac{1}{2},j}}{\Delta x_i}+\frac{\delta F_{i,j+\frac{1}{2}}-\delta F_{i,j-\frac{1}{2}}}{\Delta y_i}=0 \tag{5}$$

2 偏心圆台 CFD 仿真计算及分析

2.1 仿真计算模型

采用重叠网格方法的计算域划分如图 2 所示,偏心圆台区域为包裹偏心圆台的正方体,边长约为偏心圆台长度的 1.5 倍,背景为长方体,长度约为偏心圆台区域长度的 10 倍。

偏心圆台区域采用非结构化网格进行划分(图 3)。偏心圆台表面划分边界层,对偏心圆台区域进行网格加密,网格数量为 96 万。背景区域网格划分如图 4 所示,对波浪界面附近网格进行加密,另外对偏心圆台附近区域进行网格加密,以满足重叠网格匹配要求,网格数量为 720 万。总计算网格数量约 816 万。

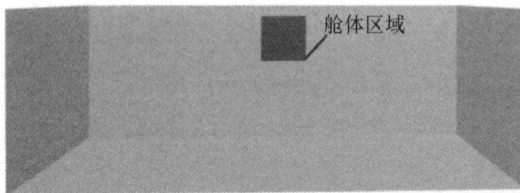

图 2　计算域划分示意

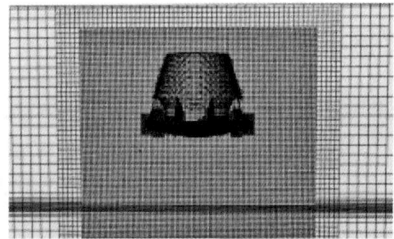

图 3　偏心圆台区域网格划分

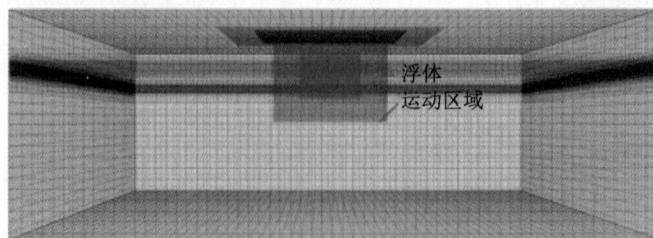

图 4　背景区域网格划分

2.2 仿真结果及分析

在完成仿真建模计算后,开展偏心圆台在静水情况下的运动计算。背景左侧、右侧和底侧边界设置为速度入口以模拟真实海水深度,前侧、后侧边界设置为对称平面以模拟无限宽度的水域,顶部边界设置为压力出口。偏心圆台初始离水面 3 m,无初始速度和初始角速度,进行自由落体运动。

静水条件下对漂浮稳定性进行了仿真计算,结果如图 5 所示,偏心圆台稳定后向 y 轴正方向发生约 25°倾斜,并未发生倾覆。

为确保仿真的准确性,通过 MAXSURF 软件对各个角度下偏心圆台所受浮力矩进行计算,结果如图 6 所示,计算结果与仿真结果对比,二者漂浮稳定点基本一致。

图 5　静水工况姿态角变化

图 6　偏心圆台浮力矩

偏心圆台的稳定性与其排水体积和质心等因素有关。通常认为偏心圆台质心越低则越稳定。但是在现实情况下,由于内部设备的质量分布情况限制,无法随意改变质心,在试验中改变质心是一个相对复杂的过程。因此本文选择在仿真中调整模型的质心和排水体积,进而预测不同质心以及结构下偏心圆台的漂浮姿态。

3 静水工况偏心圆台稳定性分析

通过调高质心来改变偏心圆台质量特性,使用 MAXSURF 软件进行计算。坐标原点位于偏心圆台底部中心位置,倾斜角度相对于底部坐标原点,初始质心为结构坐标系下(−1 980,85,0)。质心每提高 20 mm计算 1 次,输出倾斜角度的坐标系原点位于偏心圆台底部最低点处,各轴方向与偏心圆台结构坐标系一致,各质心下偏心圆台倾斜角度如图 7 所示。

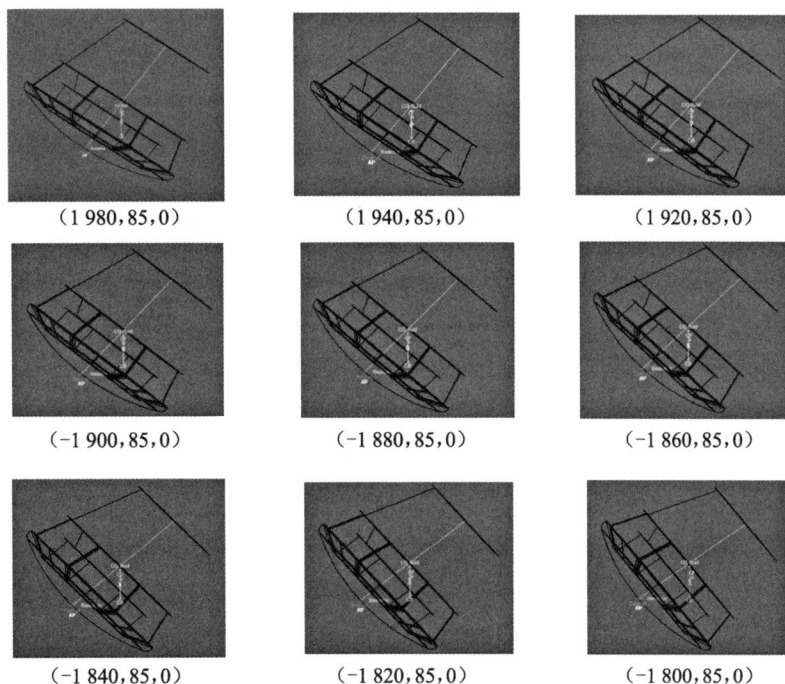

(1 980,85,0)　(1 940,85,0)　(1 920,85,0)
(−1 900,85,0)　(−1 880,85,0)　(−1 860,85,0)
(−1 840,85,0)　(−1 820,85,0)　(−1 800,85,0)

图 7　不同质心偏心圆台姿态

分析结果显示提高质心后偏心圆台的稳定姿态倾斜角显著增大,且在水中的纵摇幅度明显增大,由于偏心圆台结构相对稳定,质心提高后偏心圆台仍然未发生倾覆。

4　波浪工况偏心圆台稳定性分析

完成建模后开展偏心圆台在四级海况下的运动过程计算,参数设置参考南海北部真实海况[9](表1),波高2 m,波长16 m;偏心圆台从3 m高空做自由落体运动,无初速度和初始角速度。

表1　南海北部海况实测数据

	2012年9月	2012年10月	2012年11月	2012年12月	2013年1月	2013年2月	2013年3月	2013年4月
最大波高 H_{max}/m	3.79	6.50	4.96	4.79	4.53	5.22	4.60	4.34
平均周期/s	3.9	5.9	5.8	3.8	4.1	4.1	3.5	4.5
$H_{1/10}$最大值/m	2.74	4.95	3.77	3.66	3.18	4.08	3.56	3.01
$H_{1/10}$平均值/m	1.11	1.82	1.95	2.06	1.81	1.86	1.43	1.66

首先对偏心圆台在横浪情况下的漂浮稳定性进行了仿真,结果显示,在逆浪状态下偏心圆台不会倾覆,因此本研究主要针对偏心圆台在横浪情况下的漂浮稳定性进行分析。在横浪状态下,偏心圆台运动姿态角变化仿真结果见图8。偏心圆台在波峰附近主要绕 z 轴发生侧倾,侧倾角度为31.2°。在侧倾过程中,偏心圆台绕 x、y 轴的角度变化较小。

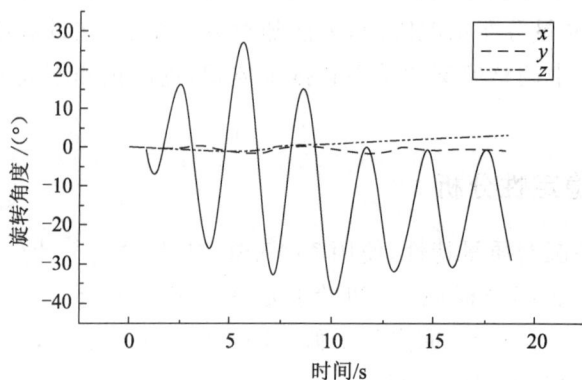

图8　偏心圆台姿态角变化

5　结　语

本研究通过CFD计算方法对偏心圆台在静水以及四级海况下(波高2 m)的漂浮姿态及稳定性进行了仿真研究。通过研究得到以下结论:

在静水漂浮状态下偏心圆台漂浮状态比较稳定,偏心圆台不会倾覆。通过对比各质心下偏心圆台的稳定角度得出,提高质心后偏心圆台倾斜角度显著增大,同时偏心圆台绕 z 轴摇晃幅度显著增加。通过对比增大排水体积前后偏心圆台姿态发现,由于偏心圆台密度以及稳定姿态的影响,实际增大排水体积远低于设计增大排水体积,因此增大排水体积对偏心圆台姿态以及稳定性影响较小。

在四级海况条件下,偏心圆台主要进行绕 z 轴的旋转运动,纵摇幅值为31.2°,不会倾覆,具有较好的稳定性。

本文也存在一定的局限性和不足,例如为了提高计算效率而假设偏心圆台的结构为刚体,不能反映波浪条件下对海浪冲击的响应。由于数值仿真方法的限制,存在一定的误差,后续需要结合试验对模型和算法进行修正,进一步提高仿真的精准度。

参考文献

[1]　王永虎,石秀华.入水冲击问题研究的现状与进展[J].爆炸与冲击,2008(3):276-282.
[2]　宣建明,缪弋,程军,等.返回舱水上冲击特性的试验研究与理论计算[J].水动力学研究与进展(A辑),2000(3):276-

286.

[3]　梅昌明,张进,潘刚,等.载人飞船返回舱气囊缓冲多目标优化设计[J].载人航天,2015,21(5):444-449.

[4]　彭志勇,杨航,魏金川,等.中国海上搜救装备发展现状及展望[J].世界海运,2023,46(6):26-29.

[5]　林婉妮,王诺,高忠印,等.边远海域救援船舶与直升机联合搜救优化[J].交通运输工程学报,2021,21(2):187-199.

[6]　王福军.计算流体动力学分析——CFD 软件原理与应用[M].北京:清华大学出版社,2006.

[7]　芮宏斌,郑文哲,李路路,等.基于 CFD 的两栖式清淤机器人水动力特性研究[J].应用力学学报,2023,40(6):1412-1420.

[8]　张健,方杰,范波芹.VOF 方法理论与应用综述[J].水利水电科技进展,2005,25(2):67-70.

[9]　李永青,李彬,石洪源,等.南海北部波浪特征分析[J].海洋湖沼通报,2019(2):18-23.

流载荷作用下核电站拦污网力学特性研究

张雨辰[1]，宋　悦[1,2]，陈念众[1,2]

(1. 天津大学 建筑工程学院，天津　300350；2. 水利工程智能建设与运维全国重点实验室，天津　300350)

摘要：应用 CFD 法与 FEA 法，对流载荷作用下核电站拦污网流体域及结构进行数值模拟，获取了刚性及柔性网结构流体载荷及结构响应。研究表明：网结构压力面与吸力面间存在较大压力差，所受阻力随来流速度增加而增加；柔性网结构变形较刚性网更为明显，最大形变量出现在网结构中心，结构变形随来流速度增加而增加；网结构 von Mises 应力最大处位于网边框中心与网线连接处，最大应力值受材料影响不明显，随来流速度增大而增大。

关键词：拦污网；流载荷；水动力特性；结构特性

当前，我国核电厂多建于滨海区域，采用直流循环供水的方式冷却发电机组，运行过程中需要吸取大量海水。为阻隔异物、保障泵房取水安全，拦污网已经在核电厂取水明渠中得到了普遍应用。

传统拦污网结构网衣垂直来流布置，通常采用金属材料如铜。在实际运行中，传统形式拦污网长期受浪流作用，金属网线易发生腐蚀，对网体强度造成影响。受核电厂取水口吸力影响，大量海上漂浮物堆积于拦污网前，网体易遭受破坏[1]。拦污网结构发生破坏将迫使核电机组非计划降负荷、停机、停堆，严重威胁到核电厂安全运营。针对传统结构形式平面网结构，近年来试验及数值研究大多关注流及浪作用下网结构所受水动力载荷。万志男等[2]进行的试验模拟探究了不同水深、波浪、阻塞率对于固定式一字型拦污网缆绳及墩台受力的影响。对于常用的 Morison 法和 Screen 法水动力预测模型，Cheng 等[3]比较了流载荷下网衣所受流体力的预测结果与试验结果，指出在网衣表面光滑、非垂直流、有结及高密实度的情况下模型预测结果与试验结果存在较大偏差。Zhao 等[4]采用了多孔介质模型对网衣进行 CFD 数值模拟，探究了不同倾斜角、高度及间隔对平面网衣流体载荷及周围流场结构的影响。You 等[5]对小攻角下平面网衣阻力特性进行了试验及 CFD 数值模拟。Tang 等[6-7]和唐鸣夫[8]进行的试验研究分析了不同网衣密实度、材料属性、网结形式、雷诺数(Re)等对网衣水动力系数的影响，进一步的大涡模拟(large eddy simulation，LES)则关注了网衣网结的水动力特性。Yang 等[9]通过单向流固耦合数值模拟，结合网目群化法，探究了平面网结构在水流作用下所受流体力及周围流场结构，并比较了不同攻角及间隔对流体力和流场结构的影响及不同材料对网结构应力及变形的影响。

相较于传统形式拦污网，柔性拦污网易于拆装更换且耐腐蚀，近年来得到更多关注。其通常布置单层或多层滤网，采用绳索系泊在桩台之上，同时，下方采用绳索连接锚碇块体或设置在水底的底梁[10]。在实际滨海环境中，柔性拦污网受潮汐涨落、潮流运动和波浪等耦合作用，产生复杂的变形和局部受力，存在系泊缆绳断裂、桩台失稳、网衣破损等安全风险，准确预测网衣的变形及受力成为研究的重点。针对波流作用下平面柔性拦污网，Xie 等[11]进行了试验研究，获得了单纯水流及波流共同作用下平面网衣系泊点总拉力系数表达式。曹宇等[12]采用集中质量法与 Morison 方程研究了浪流作用下圆柱形网箱的变形与受力及系泊缆所受张力。Chen 和 Christensen[13]则运用多孔介质模型和集中质量法进行耦合模拟，得到均匀流作用下平面网衣和圆柱形网衣的受力与变形。类似地，Cheng 等[14]运用有限元模型与多孔介质模型，模拟了平面网与圆柱形网的周围流场结构与结构响应。Ma 等[15]将圆柱形网箱模拟为多孔膜结构，求解

基金项目：国家自然科学基金资助项目(52001228)；海洋工程国家重点实验室开放基金资助项目(GKZD010081)

通信作者：宋悦。E-mail：yuesong@tju.edu.cn

圆柱体膜振动方程获得波浪作用下网衣形变。特别地,针对网兜式拦污网,Sun 等[16]进行的试验探究了不同波高、周期及流速对拦污网所受拉力的影响。

为进一步探究流载荷下拦污网水动力及结构特性,将针对当前我国核电厂取水明渠拦污网结构,进行URANS(unsteady reynolds-averaged Navier-Stokes)水动力模型研究,获取拦污网流体载荷及周围流场结构。同时,采用 FEM 法构建刚性及柔性拦污网结构模型,获取网结构形变及局部受力分布,以进一步揭示不同流速下拦污网结构水动力特性及结构响应。

1 数值模型

1.1 水动力模型

采用 URANS 法,结合 K-Omega SST 湍流模型[17],模拟网衣周围流场及网衣所受水动力载荷。对于不可压缩流体,其动量方程和连续性方程分别为

$$\frac{\partial \bar{u}_i}{\partial t} + \bar{u}_j \frac{\partial \bar{u}_i}{\partial x_j} = \frac{1}{\rho} \frac{\partial}{\partial x_i}(\sigma_{ij} - \rho \overline{u'_i u'_j}) \tag{1}$$

$$\frac{\partial \bar{u}_i}{\partial x_i} = 0 \tag{2}$$

式中:t 为时间,p 为压力,$\bar{u}_i$、$\bar{u}_j$ 为平均速度分量,$i,j=(x,y,z)$,$\sigma_{ij} = -p\delta_{ij} + 2\mu D_{ij}$ 为平均应力张量,$S_{ij} = 1/2(\partial \bar{u}_i/\partial x_j + \partial \bar{u}_j/\partial x_i)$ 为平均形变率,μ 为动力黏度系数,$-\rho \overline{u'_i \rho'_j}$ 为雷诺应力。

K-Omega SST 湍流模型结合 K-Epsilon 模型在远场计算及标准 K-Omega 模型在近壁面计算的优势,使得远场和近壁面区域的计算结果都较好,其方程表示为

$$\frac{\partial \rho k}{\partial t} + \frac{\partial}{\partial x_j}(\rho k u_i) = \frac{\partial}{\partial x_j}\left[\left(\mu + \frac{\mu_t}{\sigma_k}\right)T_k \frac{\partial k}{\partial x_i}\right] + P_k - \beta * \rho k \omega \tag{3}$$

$$\frac{\partial \rho \omega}{\partial t} + \frac{\partial}{\partial x_j}(\rho \omega u_i) = \frac{\partial}{\partial x_j}\left[\left(\mu + \frac{\mu_t}{\sigma_\omega}\right)\frac{\partial \omega}{\partial x_i}\right] + \gamma_1\left(2\rho S_{ij} \cdot S_{ij} - \frac{2}{3}\rho\omega \frac{\partial u_i}{\partial x_j}\delta_{ij}\right) - \beta_1 \rho \omega^2 \tag{4}$$

式中:$k=1/2(u_i^2)$ 为单位质量湍流动能,μ_t 为湍流涡黏度,P_k 为 k 的输运效率,$\omega = \rho k/\mu_t$ 为湍流耗散率,σ_k、σ_ω、$\beta *$、β_1 及 γ_1 为模型系数。

1.2 结构模型

考虑传统金属材质拦污网及新型尼龙材质柔性大变形拦污网两种情况,其材料参数如表 1 所示。

表 1 材料参数

材 料	杨氏模量 E/MPa	切向模量 G/MPa	泊松比 ν
铜	110 000	41 044.777	0.34
尼龙	28 300	10 100	0.40

因金属材质网衣形变量较小,符合小变形假定,即结构响应与施加外力间存在线性关系,表示为

$$[K]\{u\} = \{F\} \tag{5}$$

式中:$[K]$ 为弹性刚度矩阵,$\{u\}$ 为形变向量,$\{F\}$ 为外力向量。

柔性尼龙材质变形量较大,采用大变形非线性结构(LDNS)有限元模拟。为求解非线性有限元,需划分不同求解步,并在求解步内求解结构变形,并更新刚度矩阵。同时,由于单元节点力与单元形变量之间存在非线性关系,需采用 Newton-Raphson 迭代法实现力的平衡方程的计算。对于大变形非线性有限元,其结构响应与外力间关系可表示为

$$[K^T]\{\Delta u\} = \{F\} - \{R\} = \{r\} \tag{6}$$

式中:$[K^T]$ 为切线刚度矩阵,$\{r\}$ 为残差。

1.3 网格化

为实现对网结构水动力及结构特性的模拟,分别对流体域及网结构进行离散。

　　本研究考虑一网目 3 cm、丝径 0.6 cm 的立面拦污网。将立面网置于水深 45 cm、宽 45 cm 的流体域中,距流体域入口 1.5 m,出口 2.5 m。流体域边界条件如图 1(a)所示,其中上表面设置为滑移壁面。选取切割体网格对流体区域进行划分,基础尺寸 0.1 cm。控制邻近流体域边界网格为基础尺寸的 1/2,邻近立面网壁面网格为基础尺寸的 1/8。为充分模拟边界层流动,沿壁面附近生成棱柱层网格,近壁第一层网格厚度为 2×10^{-4} cm,保证模拟中壁面 $y+$ 小于 1。模拟中流体域网格总数为 653 万,计算时间步长为 0.002 s。对网结构模型划分 3-D 实体单元网格。为更好切分曲面,选择直角三角形网,网格尺寸 1 m,结构模型网格单元局部如图 1(c)所示。

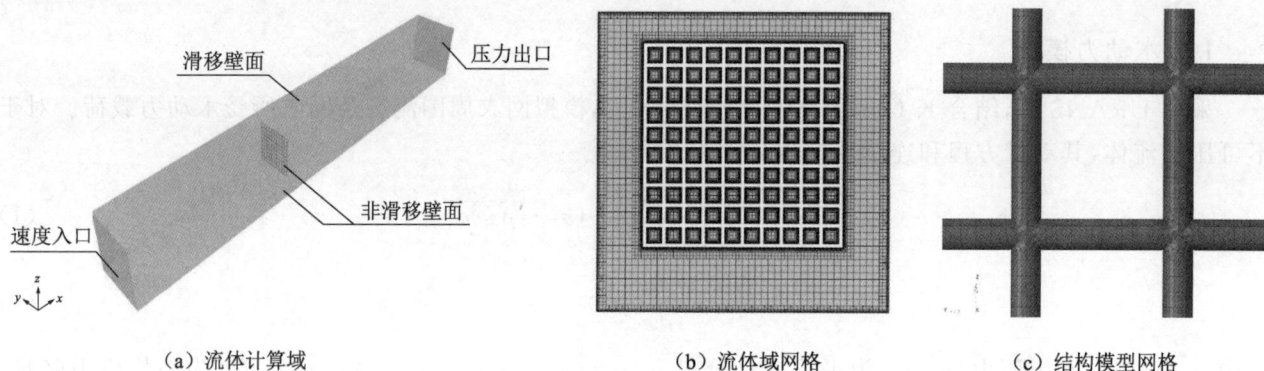

| (a) 流体计算域 | (b) 流体域网格 | (c) 结构模型网格 |

图 1　流体计算域及网格

1.4　单向耦合

　　为求解网结构响应,需将水动力模型中获取的网表面压力映射到有限元模型表面,以作为有限元模拟的边界条件。映射过程中,流体域单元表面为源表面,而目标点为有限元模型单元节点,可通过最小二乘法实现插值计算。为求解目标节点 a 的映射压力,压力场函数 $f(x)$ 可由一阶泰勒级数近似为

$$f(x) \approx f(x_a) + (x - x_a) \nabla f(x_a) \tag{7}$$

　　遵循最小二乘法,与最靠近目标节点 a 的源面的相邻面参与插值,$F(c)$ 表示这些相邻面的形心组。该形心组中形心处的压力值 f_i 已知,其预测值 $f(x_i)$ 可由上式表示,残差 r_i 可表示为

$$r_i = f(x_i) - f_i \tag{8}$$

　　通过最小化平方残差总和 S,可求得 $f(x_a)$,实现流体域压力场函数向有限元模型节点的映射。

$$S = \sum_{i \in F(c)} r_i^2 \tag{9}$$

2　结果分析

2.1　流场特性

　　在来流速度 $v = 0.236$ m/s 条件下,流体域速度场分布如图 2 所示。可知,网结构对流体具有一定的阻碍作用,网前区域较来流速度较低;流体通过网结构后,在整个流体区域内形成低流速区,区域宽度约为 30 cm,即一个网结构边长。在网线后,流体域内出现一段流速为 0 的区域,随流体向出口流动,网线延伸区域流速较周围流场更低。在网结构两侧,流体流速较来流速度较高。

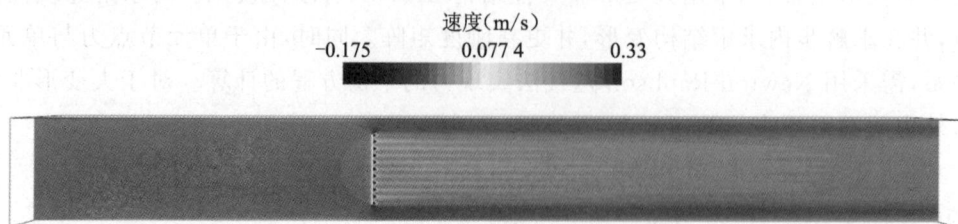

图 2　$v = 0.236$ m/s 平面拦污网流场速度分布

随网前后流体速度及压力的变化,作用在网结构表面的流体压力也出现差异。如图 3(a)所示,网结构压力侧出现较大的正压力,压力分布沿网结构分布较为均匀,未出现明显的压力集中;在网线上,垂直于来流方向的面受到最大的压力。在网结构吸力面,如图 3(b)所示,网结构表面出现较大的负压力。在网结处负压力较小,而在网线中段负压力较大。

压力/Pa

−62.8　　　　−10.8　　　　41.1

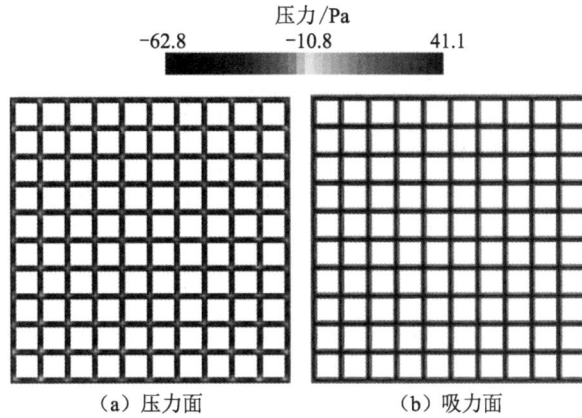

（a）压力面　　　　　　　　（b）吸力面

图 3　$v = 0.236$ m/s 平面拦污网表面压力分布

因流体作用于网结构表面的压力在网前后存在较大的压力差,故流体对网结构产生沿来流方向的阻力 F_D。同时,流体作用于网格表面产生垂直来流方向的升力 F_L。在来流速度 $v = 0.178$、0.206、0.236 m/s 条件下,网结构所受阻力 F_D 及升力 F_L 如表 2 所示。由表可知,网结构所受升力 F_L 较小,不同来流速度对网结构所受升力影响不大;来流速度对网结构所受阻力 F_D 影响较为明显,随来流速度增加,网结构所受流体阻力也不断增加。

表 2　平面拦污网所受流体力及结构响应

来流速度 v/(m/s)	阻力 F_D/N	升力 F_L/N	最大形变量 D_{max}/m		最大 von Mises 应力 S_{max}/MPa	
			铜	尼龙	铜	尼龙
0.178	0.91	-1.85×10^{-4}	3.66×10^{-4}	1.40×10^{-3}	5.03×10^{-2}	4.56×10^{-2}
0.206	1.19	-1.35×10^{-4}	4.81×10^{-4}	1.84×10^{-3}	6.06×10^{-2}	5.99×10^{-2}
0.236	1.57	-2.72×10^{-4}	6.41×10^{-4}	2.50×10^{-3}	8.80×10^{-2}	8.69×10^{-2}

2.2　网结构响应

将流体对网结构表面压力作为边界条件,同时为网结构边框设置固定约束,模拟拦污网固定于墩台或堤岸的工况,对网结构进行有限元分析。图 4 给出来流速度 $v = 0.236$ m/s 刚性及柔性两种网结构变形,可知网结构中心位置变形最为显著,靠近网边框处形变量较小;尼龙材质网结构变形较铜材质更为明显,最大形变量达到铜材质网最大形变量的 3.90 倍。

云图
形变量

2.700E-03
2.400E-03
2.100E-03
1.800E-03
1.500E-03
1.200E-03
9.000E-04
6.000E-04
3.000E-04
0.000E+00
No Result

最大= 6.412E-04
节点 174805
最小= 0.000E+00
节点 1

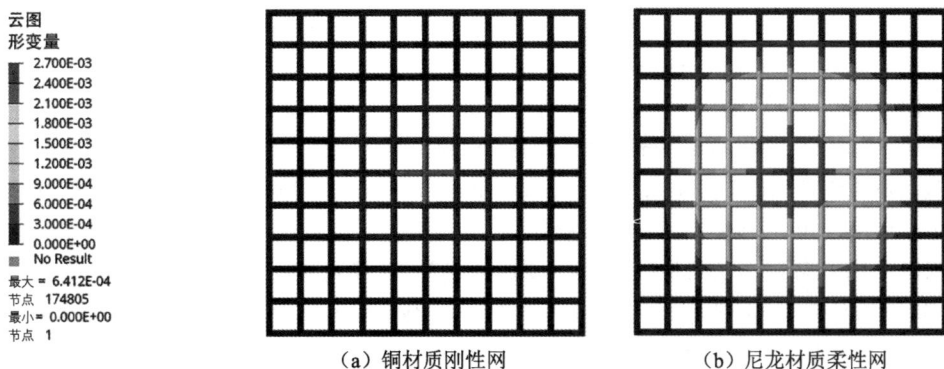

（a）铜材质刚性网　　　　　　　　（b）尼龙材质柔性网

图 4　$v = 0.236$ m/s 平面拦污网结构变形

对于两种不同材质网结构,其 von Mises 应力分布近似,如图 5 所示。除网结构中心处应力相对较大外,最大应力出现在网结构边框中心与网绳连接处。两种材质网结构最大应力相近,铜材质网结构最大应力为 8.799 MPa,而尼龙材质网为 8.692 MPa。

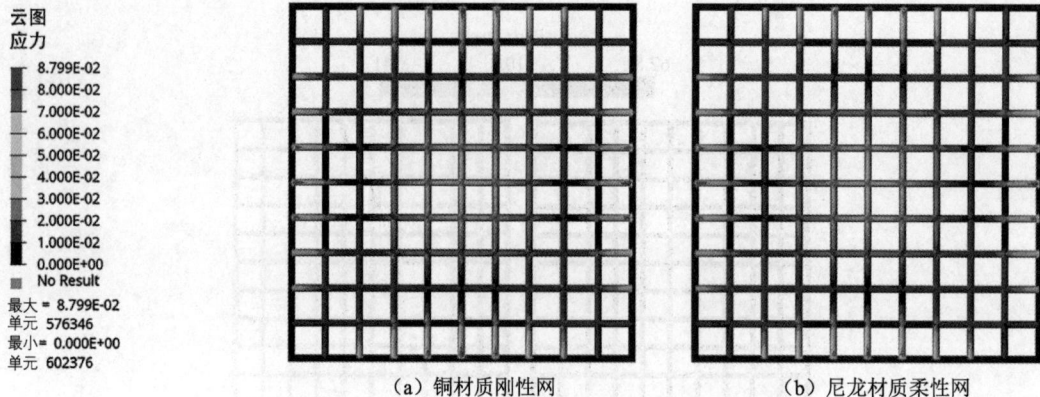

图 5 $v=0.236$ m/s 平面拦污网 von Mises 应力分布

（a）铜材质刚性网　　（b）尼龙材质柔性网

表 2 给出不同来流速度下网结构响应。由表可知,随来流速度增大,网结构响应更为显著。铜材料及尼龙材料网结构最大形变量及最大 von Mises 应力均随来流速度增大而增大。相同来流速度下,铜质网形变量较小,但最大 von Mises 应力较尼龙质网略大。

3 结　语

通过对核电站拦污网结构及水动力模拟,获得了拦污网水动力载荷,进而得到拦污网在流载荷作用下的结构响应。主要研究结论如下:

（1）流体流经网结构后形成与网等宽度的低流速区;网结构表面所受压力出现较大压力差,流体作用于网结构上的阻力随流速增大而增大。

（2）柔性尼龙网变形较刚性金属网更为明显,最大变形出现在网结构中心,最大形变量随来流速度增大而增大;网结构最大 von Mises 应力出现在边框中心与网线连接处,应力分布在不同网线材料下相近,最大应力随来流速度增大而增大。

参考文献

[1] 刘欣明,张素. 某核电厂取水明渠平面布置优化设计[J]. 中国水运(下半月),2018,18(6):249-250.

[2] 万志男,高东博,王毅,等. 某滨海核电厂拦污装置波浪试验研究与受力分析[J]. 中国港湾建设,2019,39(10):46-50.

[3] CHENG H,LI L,AARSæTHER K G,et al. Typical hydrodynamic models for aquaculture nets:A comparative study under pure current conditions[J]. Aquacultural Engineering,2020,90:102070.

[4] ZHAO Y P,BI C W,DONG G H,et al. Numerical simulation of the flow around fishing plane nets using the porous media model[J]. Ocean Engineering,2013,62:25-37.

[5] YOU X,HU F,TAKAHASHI Y,et al. Resistance performance and fluid-flow investigation of trawl plane netting at small angles of attack[J]. Ocean Engineering,2021,236:109525.

[6] TANG M F,DONG G H,XU T J,et al. Large-eddy simulations of flow past cruciform circular cylinders in subcritical Reynolds numbers[J]. Ocean Engineering,2021,220:108484.

[7] TANG M F,DONG G H,XU T J,et al. Experimental analysis of the hydrodynamic coefficients of net panels in current[J]. Applied Ocean Research,2018,79:253-261.

[8] 唐鸣夫. 波流作用下网结构水动力特性研究[D]. 大连:大连理工大学,2020.

[9] YANG H,XU Z,BI C W,et al. Numerical modeling of interaction between steady flow and pile-net structures using a one-way coupling model[J]. Ocean Engineering,2022,254:111362.

[10] 沐雨,解鸣晓,王辉,等. 波流联合作用下平面拦污网衣系泊动力响应特性研究[J]. 水道港口,2022,43(4):421-429.

[11] XIE M,LI S,MU Y,et al. Experimental investigation on the mooring dynamics of the flexible trash intercept net un-

der wave-current combined actions[J]. Ocean Engineering,2023,268:113544.

[12] 曹宇,王宁,叶谦,等. 重力式海洋养殖网箱系统受力分布及变形研究[J]. 渔业现代化,2022,49(5):106-114.

[13] CHEN H,CHRISTENSEN E D. Development of a numerical model for fluid-structure interaction analysis of flow through and around an aquaculture net cage[J]. Ocean Engineering,2017,142:597-615.

[14] CHENG H,ONG M C,LI L,et al. Development of a coupling algorithm for fluid-structure interaction analysis of submerged aquaculture nets[J]. Ocean Engineering,2022,243:110208.

[15] MA M,ZHANG H,JENG D S,et al. Analytical solutions of hydroelastic interactions between waves and submerged open-net fish cage modeled as a porous cylindrical thin shell[J]. Physics of Fluids,2022,34(1):017104.

[16] SUN Z,SONG Y,XIE M,et al. Dynamic responses of a novel floating tapered trash blocking net system due to wave-current combination[J]. Ocean Engineering,2022,266:113141.

[17] MENTER F R. Review of the shear-stress transport turbulence model experience from an industrial perspective[J]. International Journal of Computational Fluid Dynamics,2009,23(4):305-316.

深远海浮式光伏概念设计及水动力初步分析

洪俊伟[1]，潘　昀[1]，薛大文[1]，李　磊[1]，赵西增[2]

(1. 浙江海洋大学 船舶与海运学院，浙江 舟山　316022；2. 浙江大学 海洋学院，浙江 舟山　316021)

摘要：海上漂浮式光伏发展前景广阔，优化结构设计对提高发电产能和可持续发展具有重要意义。设计了一种应用于深远海的浮式光伏平台，基于势流理论开展浮式光伏频域特性分析，重点探讨了不同浪向下浮式光伏平台的水动力系数。采用多点系泊方式和集中质量法，定量分析了波高与波浪周期对光伏平台运动响应的影响。研究结果表明，浮式光伏平台的运动响应在低频波浪下明显。随着波频率的增加，运动响应会降低。纵荡和垂荡运动均随波高的增大而增加，纵摇则随波高的增加逐渐减小。波高相较于波浪周期对光伏平台运动的影响较大。

关键词：深远海浮式光伏；结构设计；OrcaFlex；频域分析；水动力特性

　　光伏发电是能源转型的重要途径之一。基于太阳光资源的广泛分布和光伏发电的应用灵活性，近年来中国光伏发电在应用场景上与不同行业相结合的跨界融合趋势愈发凸显，水光互补、农光互补、渔光互补等应用模式得到了不断推广。最新研究表明，漂浮式光伏电站仅覆盖可用水域面积的 1%，全球浮式光伏容量可能达到 400 GV，未来发展空间巨大。Zhang 等[2]根据实际漂浮式光伏电站的建设，总结了沿海漂浮式光伏电站开发的基本设计考虑因素、设计验证方法和实际发电评估。Karpouzoglou 等[3]使用水柱模型分析了 3 个不同地点的浮式光伏平台对发电产量的直接和间接影响。

　　海上光伏平台长期遭受风、浪、流等环境载荷的作用，平台间的相对纵荡、垂荡、纵摇运动会导致连接件载荷骤增，因此浮式光伏平台的结构设计尤为关键。耿宝磊等[4]总结了目前浮式光伏结构和系泊系统的关键问题，提出"光伏＋"模式的发展前景。Choi 和 Lee[5]考虑了风荷载和波浪荷载对海上光伏结构的影响，对光伏单元结构进行了强度分析评估。Song 等[6]分析了 10 个浮式光伏平台在波浪作用下的运动响应，探讨了波高与波长等参数的影响。达邵炜等[7]聚焦于不同连接方式下浮式联排光伏的动力响应特征，发现刚性连接可有效减少平台相互运动，而柔性连接载荷较小，相对运动较大。

　　目前国内外多数学者仅针对沿岸海域进行漂浮式光伏的结构设计与水动力分析，但对近海以及深远海浮式光伏涉及较少。本研究设计了一种可应用于深远海的漂浮式光伏平台，计算了不同浪向下浮式光伏平台的水动力系数，初步探讨了波浪作用下平台的运动响应以及锚链的受力情况。研究结果可为实际工程提供参考。

1 理论基础

1.1 运动方程

　　浮式光伏平台在海洋环境中受到风、浪、流等荷载的作用，会发生纵荡、横荡、垂荡、纵摇、横摇和艏摇 6 个方向的运动，光伏平台运动方程可表示为：

$$M(\boldsymbol{p}, \boldsymbol{a}) + C(\boldsymbol{p}, \boldsymbol{v}) + K(\boldsymbol{p}) = F(\boldsymbol{p}, \boldsymbol{v}, t) \tag{1}$$

式中：$M(\boldsymbol{p}, \boldsymbol{a})$ 为光伏平台惯性载荷；$C(\boldsymbol{p}, \boldsymbol{v})$ 为光伏平台阻尼载荷；$K(\boldsymbol{p})$ 为光伏平台刚度载荷；$F(\boldsymbol{p}, \boldsymbol{v}, t)$ 为外部载荷，$\boldsymbol{p}$、$\boldsymbol{v}$、$\boldsymbol{a}$ 分别为位置、速度、加速度向量，t 为仿真时间。

　　由于 $\boldsymbol{p}$、$\boldsymbol{v}$ 和 $\boldsymbol{a}$ 这 3 个变量在时间步长的末尾是未知的，因此需要采用迭代求解方法。采用 Chung 和

通信作者：潘昀。E-mail：panyunhk@zjou.edu.cn

Hulbert[8]提出的 Generalized-alpha 积分方法,对光伏平台的力、力矩和阻尼等参数进行迭代计算。该方程在时间步长的开始,对每个自由体和每个线节点的加速度向量进行求解,然后使用向前欧拉积分进行积分。

1.2 水动力载荷

采用三维势流理论求解浮式光伏平台水动力荷载,主要考虑波浪载荷对结构的绕射效应和辐射效应,根据势流叠加原理,可将速度势分为:

$$\Phi(x,y,z,t)=\Phi_I(x,y,z,t)+\Phi_D(x,y,z,t)+\Phi_R(x,y,z,t) \tag{2}$$

式中:Φ_I 为入射波速度势;Φ_D 为绕射波速度势;Φ_R 为辐射波速度势。

1.3 锚链张力

OrcaFlex 软件中锚链采用集中质量法进行建模,将直线划分为一系列线段,每个分段是一个连续的、无质量的管线元,仅考虑其轴向和扭转特性,其他属性(质量、惯性力内阻尼力、浮力等)都集中作用到节点上。计算出线段两端节点间的距离(及其变化率),并计算出线段轴向方向,即连接两个节点方向上的单位向量。在线性轴向刚度不变的情况下,各段中心的轴向弹簧和阻尼器中的张力计算如下:

$$T_e=T_w+P_oA_o-P_iA_i \tag{3}$$

式中:T_e 为有效张力;P_o 为外部压力;A_o 为管线横截面积;P_i 为内部压力;A_i 为内管横截面积。T_w 为壁面张力,其表达式为:

$$T_w=EA\varepsilon-2\upsilon(P_oA_o-P_iA_i)+EAC(dL/dT)/L_0 \tag{4}$$

式中:EA 为缆索轴向刚度;ε 为总的轴向平均应变,$\varepsilon=(L-\lambda L_0)/\lambda L_0$;$L$ 为分段的瞬时长度;λ 为分段的伸长系数;L_0 为分段的原长;υ 为泊松比;C 阻尼系数;dL/dT 为长度增加的速率。

2 数值模型计算

2.1 对比验证

本文使用 OrcaFlex 软件进行数值模拟。为验证本文模型、参数设置的准确性,选择李延巍等[9]利用 AQWA 软件建立的新型人工鱼礁-波浪能模块化浮体的集成结构平台进行验证。将模拟结果与文献结论进行对比,结果如图 1 所示。

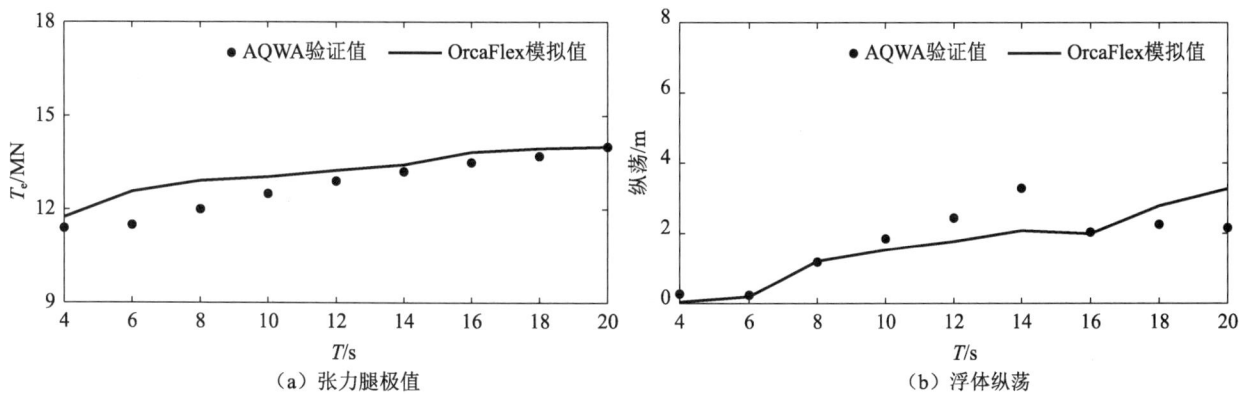

图 1 OrcaFlex 模型验证

由结果对比图可以看出,OrcaFlex 模拟的纵荡幅值与张力腿极值与 AWQA 的验证值相近,因此利用 OrcaFlex 软件模拟分析浮式光伏平台的水动力特性是可行的。

2.2 计算模型

浮式光伏平台的主要结构分为上下两部分,上层为光伏板、支撑杆件和发电装置组件,下层为圆柱支撑立柱以及圆盘配重。图 2 给出了设计模型的正视图和侧视图,模型主要设计参数见表 1。

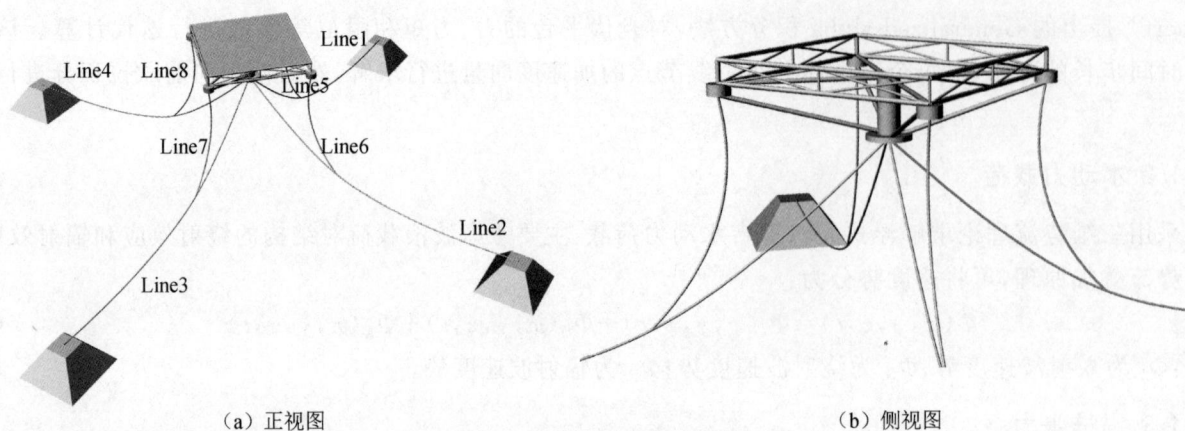

（a）正视图   （b）侧视图

图 2   浮式光伏模型示意

表 1   浮式光伏平台设计参数

总长/m	型宽/m	型深/m	吃水/m	总重/t	质心/m	设计排水量/t	惯性矩 I_{xx}/(kg·m²)	惯性矩 I_{yy}/(kg·m²)	惯性矩 I_{zz}/(kg·m²)
20	20	7	5	10.433 5	−4.253 76	2 200	144 301	144 301	149 630

    基于势流理论和莫里森方程，使用 Sesam 软件构建了势流面元湿表面网格模型，平台支架杆件均为莫里森杆件，拖曳力系数为 1.1，网格模型和莫里森杆件如图 3 所示。

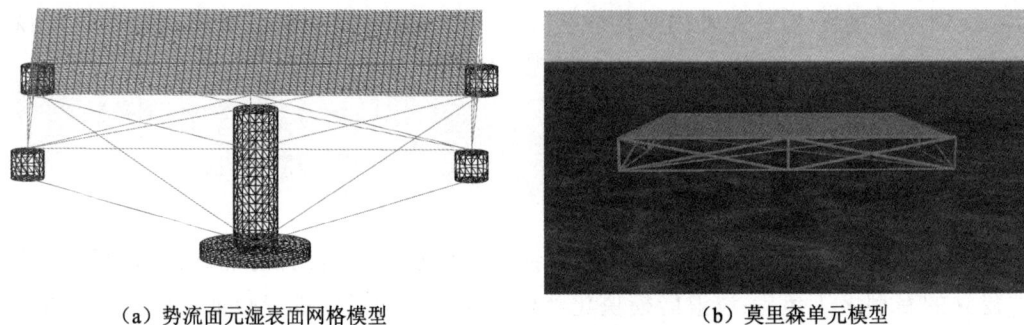

（a）势流面元湿表面网格模型   （b）莫里森单元模型

图 3   浮式光伏平台网格模型

    浮式光伏平台采用多点系泊方式，系泊系统由 8 条悬链线所构成，其中 4 条主锚链与配重底部进行连接，4 条辅助锚链与 4 个支撑立柱连接。锚链呈 45°间隔 90°逆时针布置。主锚链长度 70 m，分别记为 Line1～Line4；辅助锚链长度 45 m，分别记为 Line5～Line8。具体参数详见表 2。

表 2   锚泊线主要设计参数

锚链直径/mm	锚链长度/m	拖曳力系数	附加质量系数	轴向刚度/(kN·m²)	单位长度质量/(kg/m)
90	70、45	2.4	1.0	2.135×10^{7}	49.75

3 频域计算结果分析

    水动力系数是预测浮式光伏平台稳定性的重要参数，对浮式光伏平台在波浪作用下的动力响应具有重要意义。基于势流理论，利用 OrcaWave 软件计算并分析了浮式光伏的水动力系数，包括运动幅值响应算子（RAO）、附加质量和辐射阻尼。其中，设计水深 40 m，波浪方向从 0°到 180°，间隔 30°。

3.1 运动幅值响应算子

    浮式光伏平台在单位波作用下的运动响应可以用幅值响应算子（RAO）描述，RAO 表示不同位置处波幅的传递函数。图 4（a）～（c）为不同浪向下浮式光伏的纵荡、横荡和垂荡运动下的幅值响应算子。纵荡和横荡 RAO 随着频率的增加而减小，最大幅值出现在 0°和 180°浪向下，为 5.44 m。垂荡运动中，各浪向角下运动幅值随着频率的增加呈现先减小后增加再减小的趋势,在低频区域内容易产生最大幅值,最终垂荡运动变化趋向于0,符合实际情况。

图 4 运动幅值响应算子

图 4(d)至图 4(f)为不同浪向下浮式光伏的纵摇、横摇和艏摇运动下的幅值响应算子。浮式光伏平台的纵摇与横摇运动在低频范围内运动幅值变化较大,各浪向下纵摇与横摇运动响应峰值对应的频率随着波浪入射角增大而减小,且都有显著的峰值。纵摇运动最大幅值出现在 0°或 180°,为 6.243 52(°)/m。横摇运动最大幅值出现在 90°,为 6.244 67(°)/m。艏摇运动中,0°和 180°浪向角下运动幅值趋于 0;最大幅值出现在 120°浪向角,为 4.592 26(°)/m;侧浪对艏摇的影响大于迎浪方向。

3.2 附加质量和辐射阻尼

附加质量与辐射阻尼均为 6×6 矩阵,文中主要选取主对角线上的 6 个值,6 个自由度附加质量及辐射阻尼如图 5、图 6 所示。

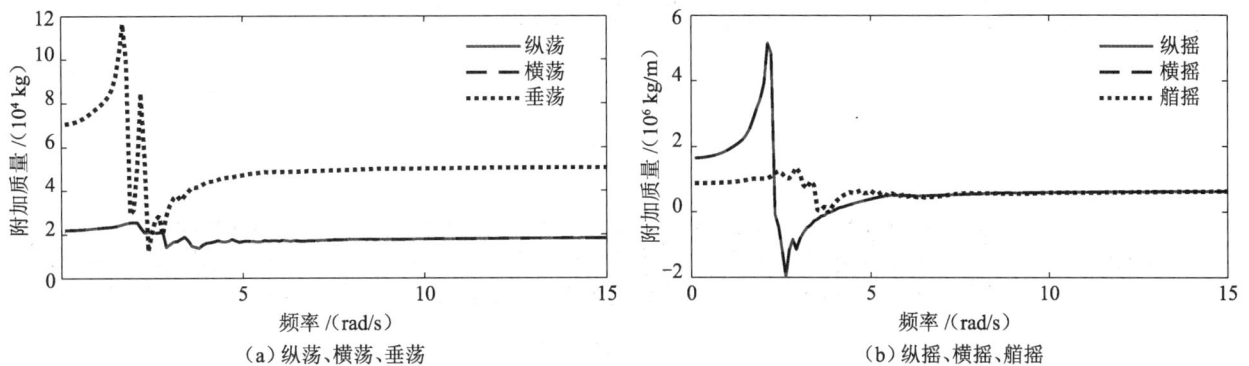

图 5 附加质量

图 5 描述了浮式光伏在 5 自由度下的附加质量变化趋势。随着频率的增加,浮式光伏六自由度的附

加质量均呈现先增大后减小的趋势,其中垂荡、纵摇和横摇附加质量变化较为明显;当频率达到5 rad/s后,六自由度附加质量逐渐趋于稳定。图6展示了浮式光伏辐射阻尼随频率的变化规律。垂荡、纵摇和横摇3个自由度下辐射阻尼在频率2.2 rad/s附近达到峰值,随后剧烈下降,在7 rad/s后逐渐趋于0。而纵荡、横荡以及艏摇3个自由度的辐射阻尼变化较小。

(a)纵荡、横荡、垂荡   (b)纵摇、横摇、艏摇

图6　辐射阻尼

4　时域计算结果分析

为了更好地探究波浪作用下浮式光伏平台的运动响应以及锚链受力情况,设置8根系泊将光伏平台固定在作业海域中,浪向设置为0°。结合东海某海域实测波浪数据[10],分别设置波高 $H=1.0$ m、2.0 m、3.0 m、4.0 m、5.0 m,波浪周期 $T=5$ s、6 s、7 s、8 s、9 s,共25组工况,计算时间均为300 s。

4.1　运动响应

结合频域计算结果,针对浮式光伏的纵荡、垂荡以及纵摇3个方向的运动进行分析。图7列举了波高 $H=1.0$ m、周期 $T=5$ s的波浪条件下,浮式光伏平台纵荡、垂荡以及纵摇的时历曲线。光伏平台整体随着时间的增加呈现周期性运动,纵荡最大值为0.339 7 m,垂荡最大值为0.291 1 m,纵摇最大角度为3.107 6°。

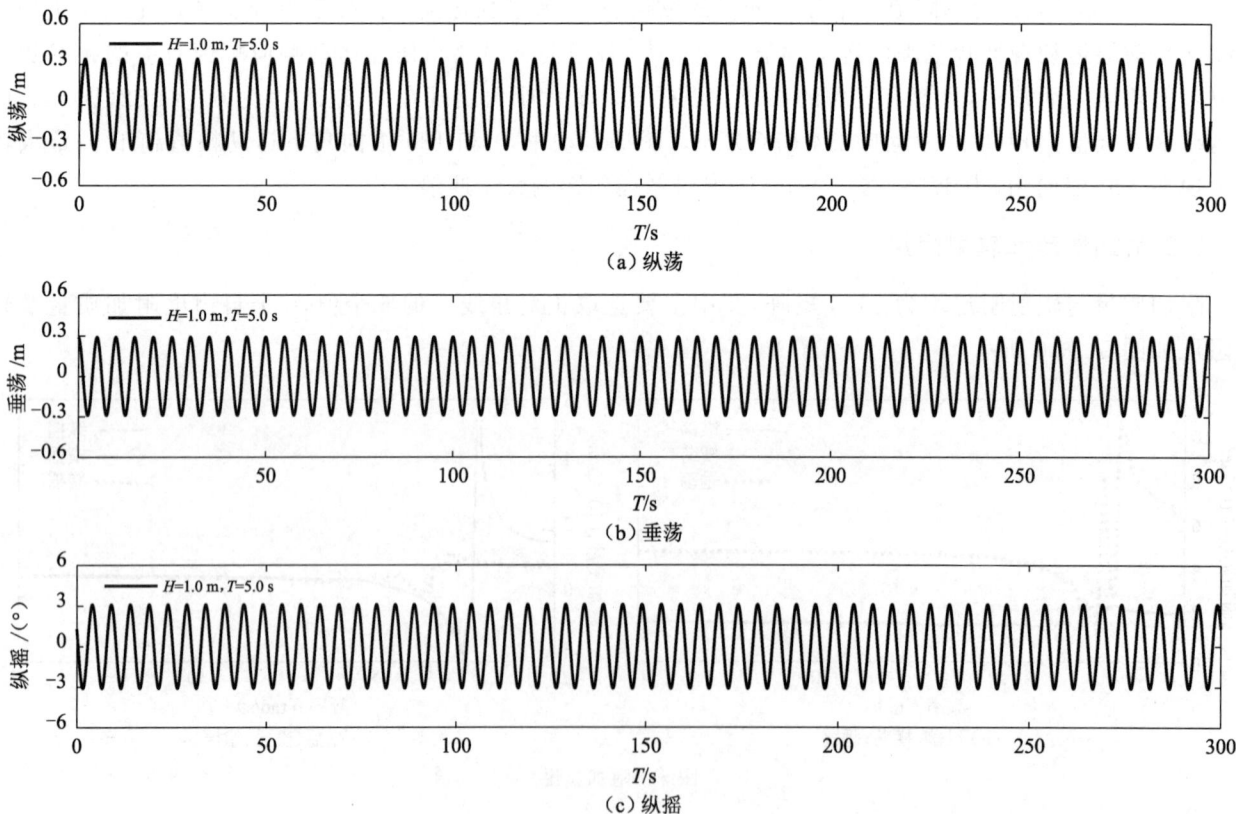

(a)纵荡

(b)垂荡

(c)纵摇

图7　波高 $H=1$ m,周期 $T=5$ s时浮式光伏纵荡、垂荡、纵摇时历曲线

　　图 8 比较了波高和波浪周期参数对浮式光伏平台运动的影响。当波浪周期相同时,光伏平台的纵荡和垂荡运动均随波高的增大而增大,且递增趋势逐渐加大;纵摇运动随波高的增大而增大,但递增趋势逐渐减小。当波高一定时,光伏平台的纵荡和垂荡运动均随波浪周期的增大而增大,且递增趋势逐渐加大;而纵摇运动随波浪周期的增大而减小。

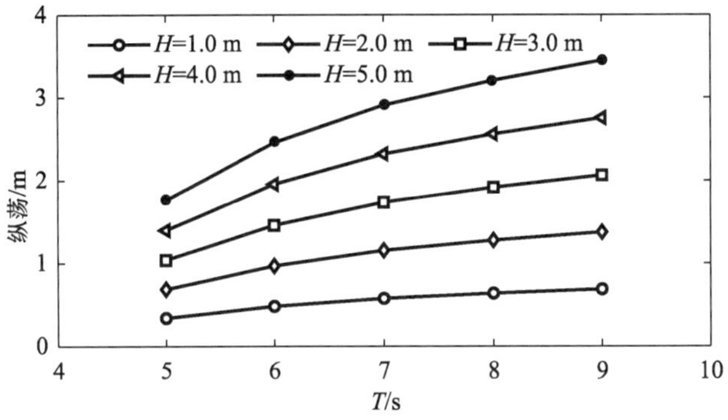

（a）纵荡最大值

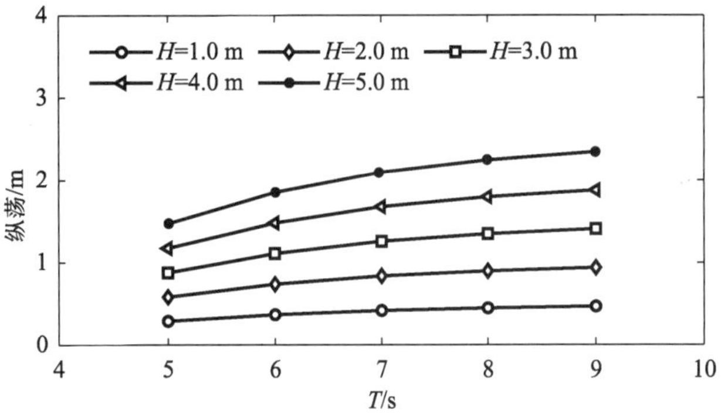

（b）垂荡最大值

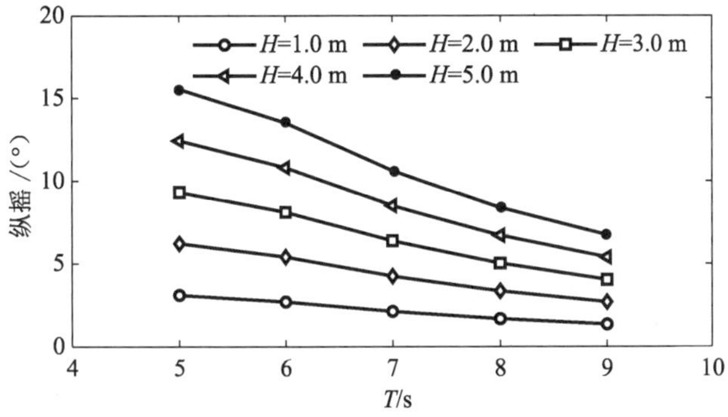

（c）纵摇最大值

图 8　不同工况下浮式光伏平台纵荡、垂荡和纵摇最大值

　　由表 3 可知浮式光伏平台的纵荡和垂荡运动均随波高的增大而增大。波高 $H=5.0$ m 时,纵荡运动最大值为 3.446 4 m,垂荡运动最大值为 2.346 4 m。纵摇则随波高的增加逐渐减小,最大运动角度为 15.538 2°。

表 3　不同工况下光伏纵荡、垂荡、纵摇的最大值与最小值

工况	波浪参数		纵荡		垂荡		纵摇	
	H/m	T/s	最大值/m	最小值/m	最大值/m	最小值/m	最大值/(°)	最小值/(°)
WC1	1.0	5	0.339 7	−0.332 4	0.291 1	−0.289 9	3.107 6	−3.107 6
WC2	1.0	6	0.481 3	−0.475 8	0.369 5	−0.369 1	2.702 6	−2.702 6
WC3	1.0	7	0.575 4	−0.572 0	0.419 2	−0.419 0	2.125 2	−2.125 2
WC4	1.0	8	0.637 1	−0.635 0	0.449 2	−0.449 0	1.675 4	−1.675 4
WC5	1.0	9	0.686 7	−0.685 4	0.469 1	−0.469 0	1.345 5	−1.345 5
WC6	2.0	5	0.686 3	−0.657 0	0.583 6	−0.578 5	6.215 3	−6.215 3
WC7	2.0	6	0.967 9	−0.945 7	0.739 5	−0.737 6	5.405 2	−5.405 2
WC8	2.0	7	1.154 1	−1.140 4	0.838 6	−0.837 8	4.250 3	−4.250 3
WC9	2.0	8	1.276 2	−1.267 8	0.898 4	−0.898 0	3.350 7	−3.350 7
WC10	2.0	9	1.374 8	−1.369 5	0.938 3	−0.938 0	2.691 1	−2.691 1
WC11	3.0	5	1.039 5	−0.973 7	0.878 1	−0.865 8	9.322 9	−9.322 9
WC12	3.0	6	1.459 7	−1.409 7	1.110 0	−1.105 7	8.107 8	−8.107 8
WC13	3.0	7	1.736 1	−1.705 2	1.258 2	−1.256 4	6.375 5	−6.375 5

续表

工况	波浪参数		纵荡		垂荡		纵摇	
	H/m	T/s	最大值/m	最小值/m	最大值/m	最小值/m	最大值/(°)	最小值/(°)
WC14	3.0	8	1.917 4	−1.898 4	1.347 8	−1.346 8	5.026 1	−5.026 1
WC15	3.0	9	2.064 1	−2.052 1	1.407 6	−1.406 9	4.036 6	−4.036 6
WC16	4.0	5	1.398 9	−1.867 4	1.174 4	−1.151 9	12.430 6	−12.430 6
WC17	4.0	6	1.956 3	−1.867 4	1.480 9	−1.473 3	10.810 4	−10.810 4
WC18	4.0	7	2.321 1	−2.266 2	1.678 0	−1.674 8	8.500 7	−8.500 7
WC19	4.0	8	2.560 5	−2.526 8	1.797 3	−1.795 5	6.701 4	−6.701 4
WC20	4.0	9	2.754 6	−2.733 4	1.877 0	−1.875 6	5.382 2	−5.382 2
WC21	5.0	5	1.764 1	−1.581 9	1.472 3	−1.436 7	15.538 2	−15.538 2
WC22	5.0	6	2.457 4	−2.318 7	1.852 2	−1.840 4	13.513 0	−13.513 0
WC23	5.0	7	2.908 9	−2.823 4	2.098 0	−2.093 0	10.625 9	−10.625 9
WC24	5.0	8	3.205 4	−3.152 9	2.246 9	−2.244 0	8.376 8	−8.376 8
WC25	5.0	9	3.446 4	−3.413 2	2.346 4	−2.344 3	6.727 7	−6.727 7

4.2 锚链张力

系泊锚链呈 45°对称布置，因此分析 Line1、Line3、Line5、Line7 这 4 根锚链的受力即可。图 9 为波高 $H=1.0$ m，周期 $T=5$ s 工况下系泊锚链的张力时历曲线。主锚链受力明显高于辅助锚链，整体受力随时间的增加呈周期性分布。Line1 锚链受力变化最为明显，此时最大张力为 34.812 kN。当波高 $H=5.0$ m 时，锚链受到的最大张力为 122.416 kN，远小于破断载荷，该系泊方式起到了良好的缓冲作用。

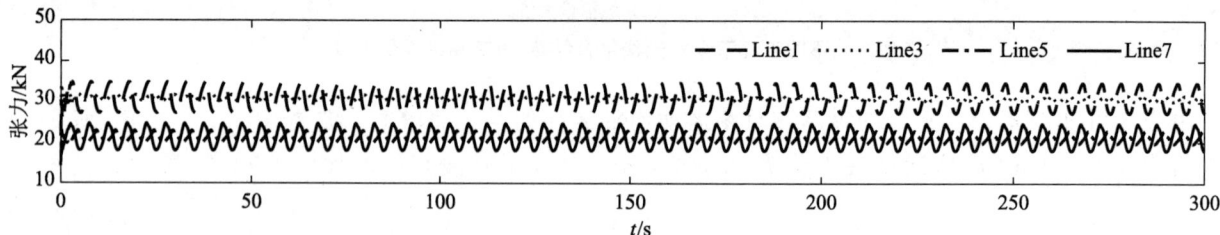

图 9　波高 $H=1.0$ m，周期 $T=5$ s 工况下锚链张力时历曲线

5　结　语

本研究以浮式光伏平台为研究对象，基于势流理论，通过 OrcaWave 软件计算了光伏平台的水动力系数。初步研究了波浪作用下浮式光伏的运动响应和系泊受力情况。主要结论如下：

（1）浮式光伏的运动响应在低频波浪下明显。随着波频率的增加，运动响应会降低。这意味着浮式光伏可以在短时间内抵抗波浪的冲击。此外，该浮式平台的设计在深海表现出良好的稳定性。

（2）浮式光伏平台的纵荡和垂荡运动均随波高的增大而增加，纵摇则随波高的增加逐渐减小。波高对浮式光伏平台的运动响应明显大于波浪周期。

（3）锚链张力随着波高的增加而增大，在最大波高处的极限受力为 122.416 kN，斜向 45°布置的系泊方式和辅助锚链起到了良好的缓冲作用。

参考文献

[1] POURAN H M，LOPES M P C，NOGUEIRA T，et al. Environmental and technical impacts of floating photovoltaic plants as an emerging clean energy technology[J].iScience,2022,25(11):105253.

[2] CHI Z，JIAN D，KENG K A，et al. Development of compliant modular floating photovoltaic farm for coastal conditions [J]. Renewable and Sustainable Energy Reviews,2024,190(Part A):114084.

［3］ KARPOUZOGLOU T，VLASWINKEL B，MOLEN D V J. Effects of large-scale floating（solar photovoltaic）plat-forms on hydrodynamics and primary production in a coastal sea from a water column model［J］. Ocean Science，2020，16(1)：195-208.

［4］ 耿宝磊，唐旭，金瑞佳. 海上浮式光伏结构及其水动力问题研究展望［J］. 海洋工程，2024，42（3）：190-208.

［5］ CHOI Y，LEE J H. Structural safety assessment of ocean-floating photovoltaic structure model［J］. Israel Journal of Chemistry，2015，55：1081-1090.

［6］ SONG J H，IMANI H，YUE J C，et al. Hydrodynamic characteristics of floating photovoltaic systems under ocean loads［J］. Journal of Marine Science and Engineering，2023，11(9)：1813.

［7］ 达邵炜，付世晓，许玉旺，等.浮式联排光伏动力响应及其连接件特性研究 ［J/OL］.海洋工程，(2024－03－09)［2024-03-18］. https：//kns. cnki. net/kcms2/article/abstract? v ＝ 2R7H8JGA7Eyw0sF9ZpzLOs87yuG ＿ ZovlucWw1-zyz-elecgM6o8RY7k LrQYBVVA1Zwwk3Q9＿8r2jfO2I-4zIiDP423PxfZDzcPfC5QHxuJWvvw7KEYwFZrtJ＿X167aHwbf＿KO1Z＿mvNY＝＆uniplatform＝NZKPT＆language＝CHS.

［8］ CHUNG J，HULBERT G M. A time integration algorithm for structural dynamics with improved numerical dissipa-tion：the generalized-α method［J］. Journal of Applied Mechanics，1993，60(2)：371-375.

［9］ 李延巍，莫文渊，任年鑫，等. 人工鱼礁-波浪能模块化浮体耦合动力响应分析［J］. 太阳能学报，2022，43(12)：489-494.

［10］ 周阳，陈佳超，张俊彪，等. 浙江近岸海域实测大浪特征分析［J］. 太阳能学报，2023，44(5)：23-29.

畸形波作用下 Spar 型浮式风力机动力响应分析

李昊然[1,2]，李　焱[1,2]，王　宾[3]，唐友刚[1,2]，黎国彦[1,2]，崔怡文[1,2]

（1. 天津大学 水利工程智能建设与运维全国重点实验室，天津　300350；2. 天津大学 天津市港口与海洋工程重点实验室，天津　300350；3. 天津理工大学 海洋能源与智能建设研究院，天津　300350）

摘要：海上浮式风力机在遭遇畸形波过程中，结构载荷及响应复杂，运行安全受到严重威胁。采用相位角调制法生成畸形波序列，在时域内分析畸形波冲击下 Spar 型浮式风力机运动和载荷等动力响应特性。结果表明，浮式风力机动力响应受畸形波作用影响显著。畸形波的冲击诱发了浮式基础与塔柱间的刚柔耦合，放大了浮式基础动力响应与上部结构载荷响应。浮式基础的纵荡瞬态增幅为 5.93 m，垂荡增幅为 1.00 m，纵摇增幅为 2.94 m。塔根最大弯矩为 2.22×10^8 N·m，较平均弯矩增大 209%。由于畸形波的冲击载荷特性，不同结构响应幅值出现时刻并不相同。叶片受畸形波影响显著，最大叶尖挥舞变形达 7.51 m，较平均变形增大 62.2%。在畸形波冲击过后，结构动力响应出现了低频运动放大效应。此外，受下部浮式基础纵摇运动影响，风机输出功率显著降低至 2 844 kW，而且机舱加速度增大至 3.21 m/s²，严重威胁风力机结构运行安全。

关键词：畸形波；Spar 型浮式风力机；动力响应；刚柔耦合

　　能源是驱动经济发展和提高生活水平的核心要素之一。传统化石能源的不断消耗引发一系列环境问题，因此可再生能源的开发已经成为国家能源利用中的重要部分[1]。风能凭借其清洁性、可再生性和经济性等优点受到广泛关注[2]。

　　浮式风力机的快速发展使风能得到更高效地利用。随着风电产业向深海延伸，风力机作业海域内出现极端海况的概率大大增加[3]。畸形波作为极端海况之一，具有强破坏性和随机性等特点，波高极大，可以瞬间汇聚极大的能量[4]。畸形波一旦对浮式风力机造成冲击，会使风力机的作业安全遭受严重威胁。

　　对畸形波作用下浮式风力机的研究，唐友刚等[5]采用相位调制法生成畸形波，考虑二阶波浪载荷影响，分析畸形波作用下张力腿型浮式风力机的动力响应特性。结果表明基础运动及风机性能均受畸形波影响。程劲凯等[6]根据随机波与极端波叠加模型数值模拟畸形波，建立风力机、基础与系泊结构耦合的数值计算模型，探究了畸形波作用下出现的多种故障情况对浮式风力机动力响应的影响，发现系泊失效导致塔基剪力显著增加。李焱等[7]开发改进的相位调制法数值模拟畸形波，以张力腿平台为研究对象，计算平台运动及其所受波浪载荷，结果表明平台的一阶、二阶波浪载荷均受到畸形波的影响。林焭增和胡金鹏[8]二次开发 FLUENT 以计算基础上的极端波浪力，并与 Morison 方程计算结果对比，验证了数值模拟可行性。

　　浮式风力机系统由刚性的浮式基础和柔性的叶片、塔柱及系泊缆共同组成。在风浪等外部作用下，刚性结构运动会间接引起柔性结构的变形，同时柔性结构的振动也会对刚性结构产生反作用力，形成结构间的刚柔耦合。该现象在极端海况作用下可能更为显著。目前，Spar 型浮式风力机已在欧洲得到商业化应用[9]，但鲜有学者以其为研究对象，探究畸形波等极端海况作用下风力机多结构的刚柔耦合特性。采用改进的相位角调制法生成畸形波，进行在畸形波冲击全过程下 Spar 型浮式风力机的运动时域模拟计算，得

基金项目：国家自然科学基金资助项目（52001230）；中国博士后基金项目（2021T140506）；天津市企业科技特派员项目；天津市研究生科研创新项目（2022SKY074）

通信作者：李焱。E-mail：liyan_0323@tju.edu.cn

出畸形波作用下基础运动、系泊张力、叶片与塔柱载荷响应和风机性能的时程响应,对畸形波下各个结构响应变化特性和结构间的刚柔耦合特性进行分析。

1 研究对象

采用美国国家可再生能源实验室(NREL)提出的 OC3 Hywind 5MW 浮式风力机,其整体系统主要由三叶片上风向风力机、Spar 型浮式基础和悬链线式系泊系统组成[9]。结构及关键参数如图 1 和表 1 所示。

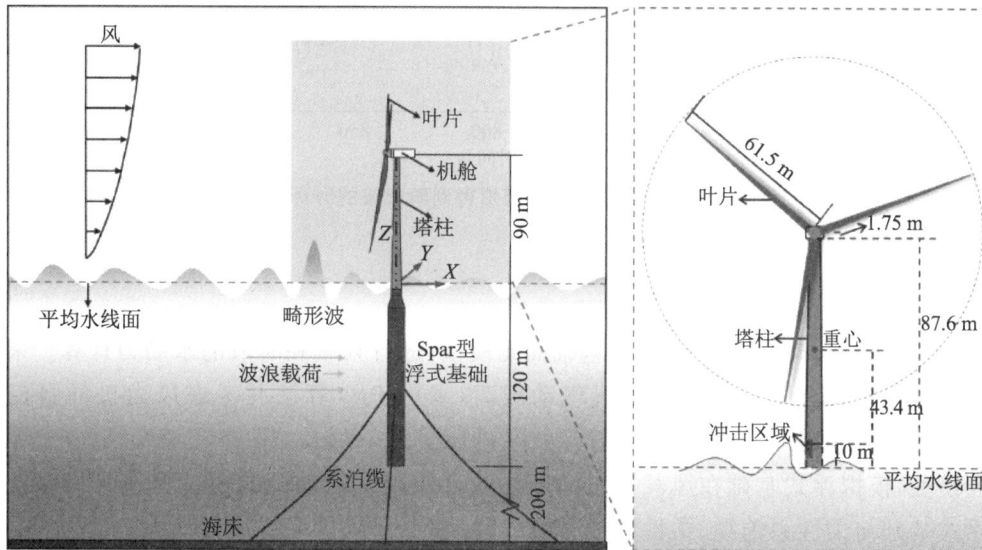

图 1　抱桩结构有限元模型

表 1　Spar 型浮式风力机系统参数[9]

类　别	参数名称	数　值
NREL-5MW 风力机参数	切入/额定/切出风速/(m/s)	3/11.4/25
	机舱质量/kg	240 000
	塔柱质量/kg	347 000
	风轮质量/kg	110 000
系泊系统参数	质量密度/(kg/m)	77.7
	湿重/(N/m)	698.1
	抗拉刚度/MN	384.24
	附加艏摇回复刚度/(Nm/rad)	98 340 000
Hywind Spar 型浮式基础参数	横摇、纵摇转动惯量/(kg·m²)	4 229 230 000
	艏摇转动惯量/(kg·m²)	164 230 000

2 畸形波模拟方法

相较于随机波而言,畸形波需要在特定的时间和位置汇聚。若采用与随机波模拟相同的波浪生成方法来模拟畸形波,则模拟效率与生成波的质量均相对较低。为此,下文采用改进的相位角调制法开发畸形波数值仿真程序[10],该方法通过调制一定数目波元的相位角,实现波面的瞬时聚焦。

该方法基于 Longuet-Higgins 波浪叠加模型,将波谱分为 M 份波元。对前 M_1 份波元对应的初相位角在$[0,2\pi]$内随机取值,以保证波浪要素的随机性。对后 M_2 份波元的初相位角 ε_m 予以调制,使其对应的波元相位角$(k_m x - \omega_m + \varepsilon_m)$处于$[0,\pi/2]$内,经余弦函数运算对应波元的波面升高均为正,实现波面升高叠加效果。聚焦的波面方程记为:

$$\eta(x,t)=\sum_{n=1}^{M_1}a_n\cos(k_n x-\omega_n t+\varepsilon_n)+\sum_{m=1}^{M_2}a_m\cos(k_m x-\omega_m t+\varepsilon_m) \tag{1}$$

式中:η 为波面升高,x 为位置,t 为时间,a 为振幅,k 为波数,ω 为圆频率,ε 为波元的初相位角。

模拟得到畸形波的时历曲线如图 2 所示。

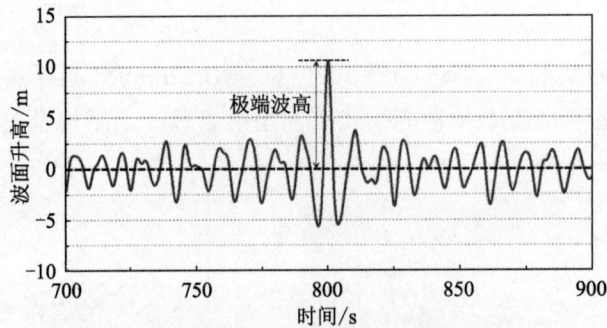

图 2　采用相位调制法模拟得到畸形波的时历曲线

3　模拟结果分析

以 SESAM 软件为载体建立 Spar 型浮式基础面元模型,进行频域和时域的水动力计算。采用 11.4 m/s 定常额定的风速模拟作业海况并计算风力机气动载荷,采用 PID 算法并考虑风力机伺服控制系统的影响。将模拟所得畸形波作为入射波条件,计算浮式基础所受的一阶及二阶波浪载荷,建立气动-水动-系泊-结构时域耦合模型,模拟浮式基础在风载荷与畸形波联合作用下的动力响应。将风力机系统分为 4 个部分——刚性浮式基础与柔性系泊缆、柔性塔柱、柔性叶片和上部风机系统进行动力响应研究。结构载荷响应包括浮式基础三自由度运动、系泊张力、叶片和塔柱的结构变形、弯矩、剪力和扭矩以及风力机的性能等响应。另外,由于时域中设定风浪的入射同向,因此选取顺浪方向的载荷响应进行分析。

3.1　浮式基础及系泊缆

浮式基础为整体系统提供浮力以承担风电机组的质量;系泊缆用于风力机牵引定位,保证风力机的安全运行。Spar 型浮式基础和系泊系统的布置示意图及相关参数如图 3 所示。

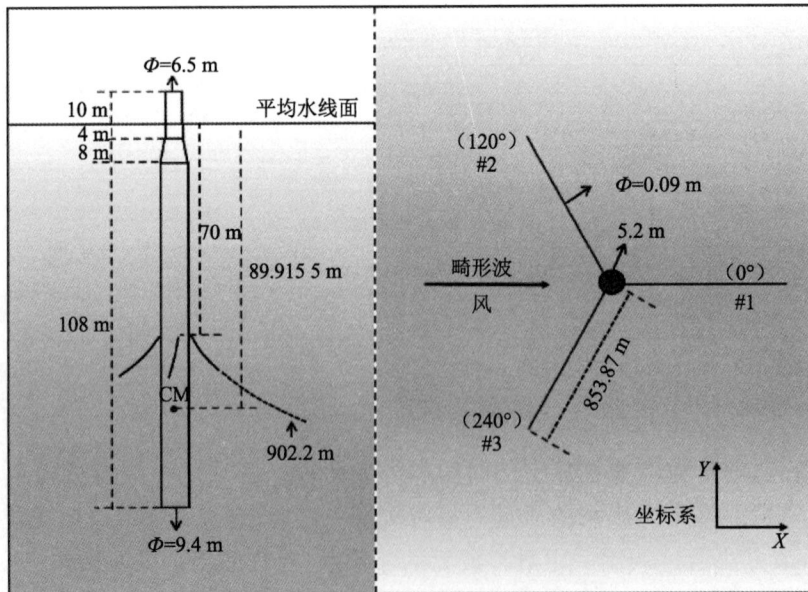

图 3　Spar 型浮式基础与系泊系统布置

浮式基础三自由度运动时历曲线如图 4 所示。由图 4 可知,798～802 s 为畸形波极端波浪的冲击时间。在极端波浪的冲击下,浮式基础的纵荡、垂荡和纵摇运动均达到最大值。同时,运动的瞬态增幅也均达到最大值。其中,纵荡增幅为 5.93 m,垂荡增幅为 1.00 m,纵摇增幅为 2.94 m。由于畸形波的冲击载荷特性,不同自由度响应幅值的出现时刻并不相同。

在图 4(c)中值得注意的是,浮式基础的纵摇运动在畸形波作用过后出现了显著的放大效果。这一方面是由于畸形波的冲击作用,更为主要的是因为纵摇低频运动与纵荡低频运动存在着运动耦合效应[11]。因此,在畸形波作用后,纵摇低频运动的幅度及幅值发生了显著的增加。

如图 4(d)所示,在畸形波极端波浪下 800 s 附近的系泊张力极大值为 1.35 MN,最大系泊张力 1.40 MN出现在 900 s 时刻附近,相较于极端波浪下的系泊张力增大 3.7%。这是由于柔性的系泊缆与刚性浮式基础存在着刚柔耦合关系。因此,系泊张力与浮式基础运动密切相关。系泊张力最大值出现在基础纵荡运动增加阶段,且恰好处于纵荡低频运动峰值。

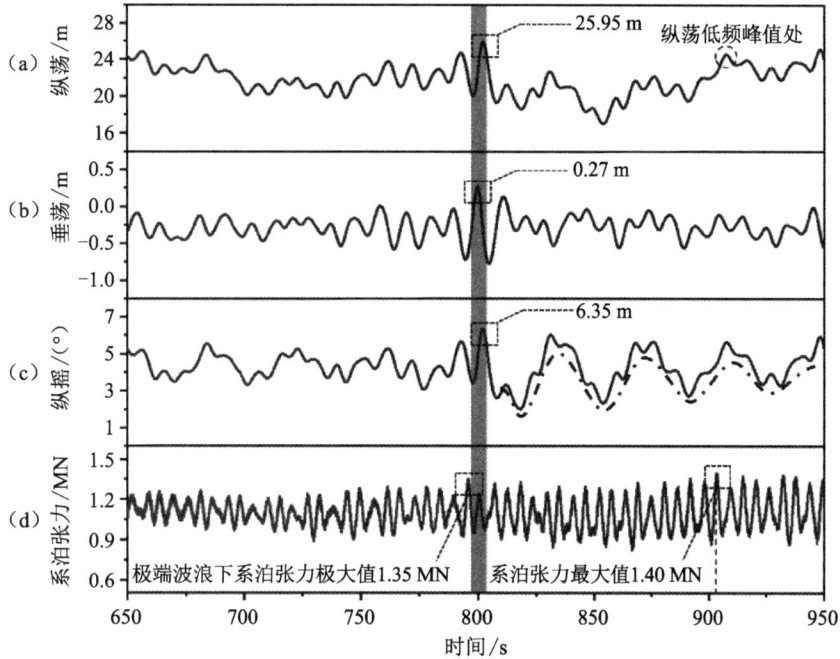

图 4   Spar 型浮式基础与系泊系统布置

3.2 塔柱

塔柱是支撑整个风力机组的重要结构,固定于浮式基础上,用于连接风机上下部分结构,因此塔柱承载能力关系风力机的运行安全。为分析塔顶实际柔性变形,假定塔柱为刚性结构,且塔柱旋转角度与浮式基础纵摇角度相同。结合塔柱高度,采用正弦运算,计算出假定刚性塔柱的塔顶位移。全局坐标系下,塔顶的实际柔性弯曲即为实际塔顶在 X 方向总位移与假定刚性塔架的塔顶位移之差,如图 5 所示。

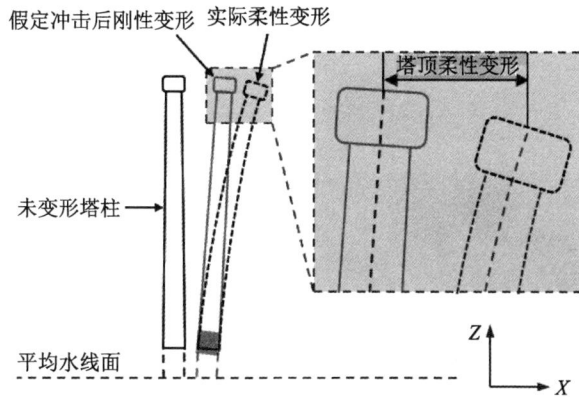

图 5   畸形波冲击下塔柱柔性变形

畸形波冲击下塔柱载荷响应的时历曲线如图 6 所示。由图 6(a)可知,在极端波高冲击后,塔顶变形时历曲线显著波动,表示砰击过程塔柱在纵荡方向产生了大幅的振动[12]。在冲击过后,出现了明显的低频运动放大效应,其周期与浮式基础纵摇周期接近。这是由于在畸形波冲击和浮式基础大幅运动的共同作用下,发生了塔柱和浮式基础运动的刚柔耦合效应。塔顶柔性变形最大值为 0.274 m,约为塔柱高度的 1/292。这会严重增加塔身的疲劳载荷,也会使风力机的定位精度下降。

图 6(b)、图 6(c)表示畸形波下塔根处的弯矩和剪力。在畸形波冲击下,弯矩显著增大至 2.22×10^8 N·m,相对平均值而言增大 209%。剪力增大至 1.02 MN,相对平均值而言增大 201%。弯矩和剪力受畸形波影响显著是由于塔柱发生的柔性变形使塔根内力显著增大。此外,弯矩的增大明显滞后于波浪冲击作用。

如图 6(d)所示,塔根扭矩在畸形波冲击下显著增大,由于发生弯扭耦合效应,在畸形波作用后也出现了放大效应。同样地,由于畸形波的冲击载荷特性,塔柱各个响应峰值与极端波浪冲击存在一定的时间差。

图 6　畸形波冲击下塔柱载荷响应时历曲线

3.3 叶片

叶片是浮式风力机发电的核心部件。在极端海况作用下,柔性叶片受到多种载荷的共同作用。一旦叶尖变形过大,可能发生扫塔事故,威胁风力机作业安全。畸形波冲击下叶片变形示意图如图 7 所示。

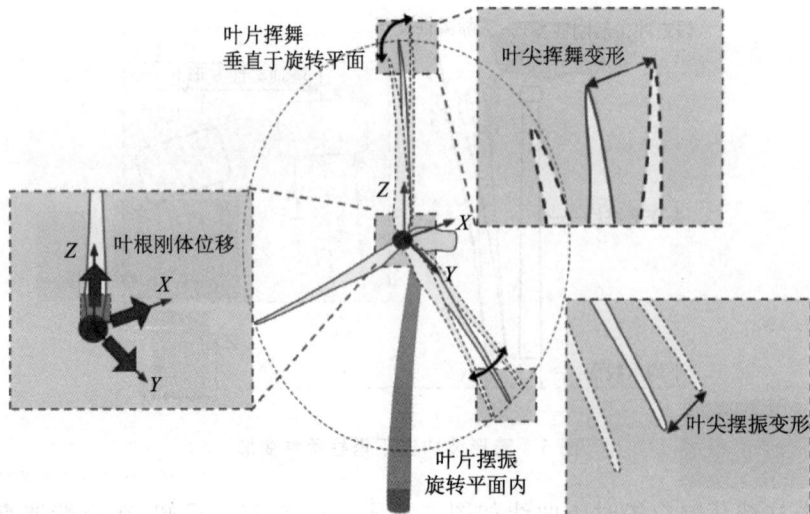

图 7　畸形波冲击下叶片柔性变形

叶片载荷响应时历曲线如图 8 所示。由于风浪同向,叶尖变形主要发生挥舞方向上。由图 8(a)可知,叶尖最大挥舞变形为 7.51 m,相较平均变形 4.63 m 增大 62.2%。这是由于叶根通过轮毂和机舱与塔顶相连,畸形波对于塔柱底部的冲击使塔顶瞬间发生较大的弯曲变形,叶根随塔柱顶端发生大幅位移,柔性叶片的叶尖挥舞变形增大。巨大的惯性载荷诱发叶片剧烈振动,使得叶尖处挥舞变形进一步放大。

图 8　畸形波冲击下塔柱载荷响应时历曲线

如图 8(b)所示,叶根弯矩和图 8(a)叶尖变形变化趋势极为接近。与叶根弯矩的变化相比,叶尖变形的变化在时间上滞后约 0.9 s。两者最小值均较低,在畸形波的极端波浪冲击下,瞬间增大至最大值。最大叶根弯矩为 1.31×10^7 N·m,相对增大 52.2%,对叶片结构安全带来极大考验。

叶根剪力和叶根扭矩的时历曲线分别如图 8(c)、(d)所示,在畸形波的极端波高冲击前,剪力和扭矩均在一定范围内稳定波动。在极端波浪作用区间内,均出现了载荷响应的突然增大,最大叶根剪力为 2.23×10^5 N,最大叶根扭矩为 1.66×10^5 N·m。随后,都出现了不同程度的低频响应放大效应。这是由于在环境载荷与浮式基础大幅运动共同影响下,叶片的载荷响应放大,影响了叶片运行稳定性。

3.4 风力机

风电机组利用风能驱动风轮旋转,通过传动装置将风轮的旋转转化为电能输出。风轮旋转时,传动装置将机械能转化为电能输出。机组结构示意如图 9 所示。

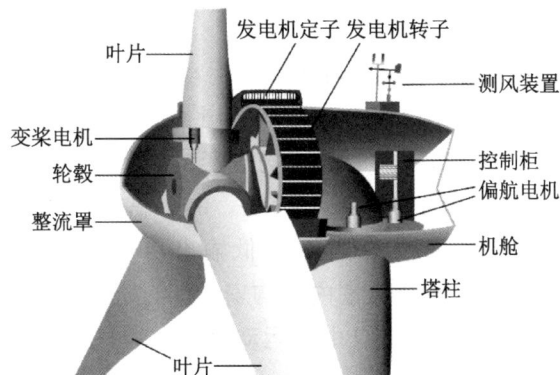

图 9　风电机组内部结构示意

风力机的动力响应时历曲线如图 10 所示。在图 10(a)输出功率中,可以发现风力机大部分时间处于额定输出功率工作状态,同时伴随不规律的功率减小现象。这是因为风力机输出功率与浮式基础的纵摇运动密切相关。当纵摇变化时,风力机叶片的桨距角会发生变化,如图 10(d)所示。纵摇增大时桨距角变大,最大增大至 18.36°。这导致了相对风速发生变化,进而影响了风力机叶片的气动推力,如图 10(b)所示,在极端波峰冲击下风轮推力减小至 -6.04×10^4 N。风力机的输出功率因此受到相应影响,最低输出功率为 2 844 kW。此外,如图 10(c)所示,在畸形波冲击下,机舱加速度显著增大至 3.21 m/s^2,影响机舱内传动系统的正常工作,对其各个部件带来极大的安全考验。

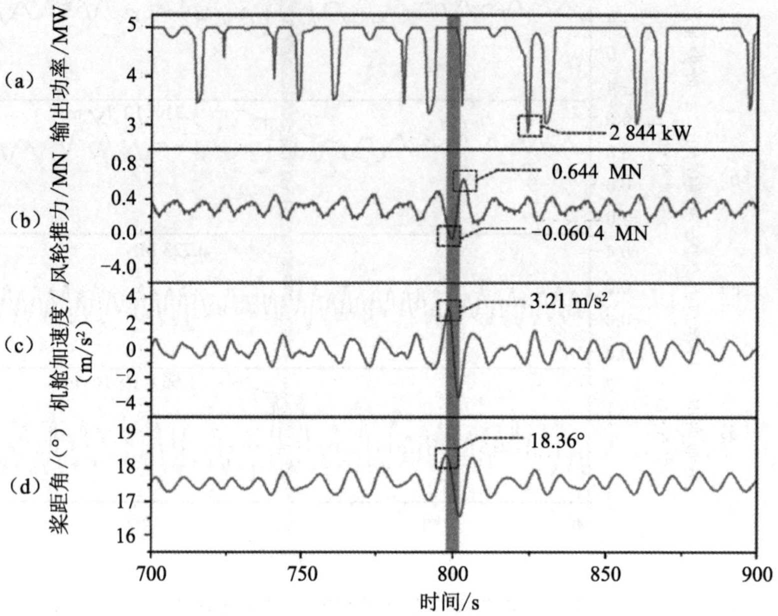

图 10   畸形波冲击下风力机响应时历曲线

4   结   语

本研究采用相位角调制法生成了畸形波时历。在时域内进行了畸形波冲击下 Spar 型浮式风力机的运动模拟,分析了畸形波下风力机多结构部件的载荷响应特性。主要得出如下结论:

(1)在畸形波极端波浪冲击下,浮式基础三自由度运动显著增大。纵荡瞬态增幅为 5.93 m,垂荡增幅为 1.00 m,纵摇增幅为 2.94 m。由于低频纵摇与低频纵荡存在运动耦合,纵摇低频运动的幅度在畸形波冲击后显著增加。由于柔性系泊缆与刚性浮式基础之间的刚柔耦合关系,最大系泊张力 1.40 MN 出现在极端波浪 100 s 后的纵荡低频运动峰值处。

(2)塔柱载荷响应受畸形波影响显著。畸形波冲击诱发了柔性塔柱和刚性浮式基础的刚柔耦合共振,显著放大了塔柱响应。塔顶柔性变形最大值为 0.274 m,最大弯矩为 2.22×10^8 N·m,相对弯矩平均值而言增大 209%。

(3)对于柔性叶片而言,在环境载荷与浮式基础大幅运动共同影响下,各个载荷响应在畸形波极端波浪下均达到最大值。最大叶尖挥舞变形为 7.51 m,相较于平均变形 4.63 m 增大 62.2%。叶根处大幅刚体位移将进一步放大柔性叶片挠曲颤振,巨大的瞬态响应变化严重威胁叶片运行安全。

(4)风力机大部分时间处于额定输出功率工作状态. 由于纵摇运动的影响,风力机桨距角和风轮推力发生变化,使得功率出现不规律的功率减小现象,最低输出功率为 2 844 kW。同时,由于畸形波的冲击,机舱加速度显著增大至 3.21 m/s^2,威胁舱室内结构安全。

(5)由于畸形波的冲击载荷特性,基础三自由度运动峰值与塔柱、叶片的响应峰值与极端波浪冲击存在一定的时间差。

参考文献

[1]   李荣富,翟恩地,方龙,等. 基于商用 6 MW 半潜式风力机的水池模型试验研究[J]. 船舶力学,2022,26(11):1635-1645.

［2］ 赵志新,施伟,王文华,等.二阶波浪力下超大型半潜浮式风力机动态响应分析[J].太阳能学报,2023,44(1):335-345.

［3］ 阳杰,何炎平,孟龙,等.极限海况下 6 MW 单柱型浮式风力机耦合动力响应[J].上海交通大学学报,2021,55(1):21-31.

［4］ 赵勇,苏丹.基于 4 种长短时记忆神经网络组合模型的畸形波预报[J].上海交通大学学报,2022,56(4):516-522.

［5］ 唐友刚,曲晓奇,李焱,等.畸形波作用下张力腿浮式风力机动力响应特性[J].海洋工程,2021,39(2):1-11.

［6］ 程劲凯,徐普,陈宝春,等.畸形波作用下半潜浮式风机系泊失效停机响应分析[J].海洋工程,2022,40(4):102-111.

［7］ 李焱,唐友刚,王宾,等.畸形波作用下二阶波浪载荷对张力腿平台动力响应的影响[J].振动与冲击,2018,37(3):167-173.

［8］ 林炅增,胡金鹏.畸形波作用下海上风机单桩基础所受波浪力研究[J].广东造船,2019,38(1):21-24.

［9］ JONKMAN J,BUTTERFIELD S,MUSIAL W,et al. Definition of a 5 MW reference wind turbine for offshore system development[R]. National Renewable Energy Lab. (NREL),Golden,CO (United States),2009.

［10］ 刘延柱.多体系统动力学[M].北京:高等教育出版社,2014.

［11］ TANG Y,LI Y,WANG B,et al. Dynamic analysis of turret-moored FPSO system in freak wave[J]. China Ocean Engineering,2016,30(4):521-534.

［12］ 李焱,唐友刚,朱强,等.考虑系缆拉伸-弯曲-扭转变形的浮式风力机动力响应研究[J].工程力学,2018,35(12):229-239.

大气湍流下两浮式风机尾流干扰数值模拟

徐　顺[1]，王尼娜[2]，赵伟文[1]，万德成[1]

(1. 上海交通大学 船舶与海洋工程计算水动力学研究中心 船舶海洋与建筑工程学院，上海　200240；2. 中国电建集团华东勘测设计研究院有限公司，浙江 杭州　310014)

摘要：采用自主开发浮式风机气动-水动-气弹性求解器 FEWT-SJTU，对大气湍流下两浮式风机的尾流干扰进行数值模拟研究。对比分析不同入流风类型和风机间距对下游浮式风机气动功率、叶片变形和尾流场的影响。结果表明：风机间距的增加会提升下游浮式风机的功率，相比于剪切入流，大气湍流对下游浮式风机功率提升更多；风机间距增加导致叶尖挥舞变形更加剧烈，大气湍流的作用会进一步加剧叶尖挥舞变形响应；剪切入流下尾流蜿蜒更加显著，大气湍流下尾流破碎更加明显，具有更多细小的尾涡结构。

关键词：浮式风机；尾流干扰；大气湍流；叶片变形

为了捕捉深远海的优质风能，风机逐渐朝着大型化、漂浮式、深远海方向发展[1]。随着高性能计算机的快速发展，计算流体力学方法被广泛用来评估浮式风机的运行特性。考虑到浮式风机的气动-水动响应是一个十分复杂的一体化耦合响应问题，部分学者对浮式平台的运动进行了适当的简化以研究浮式风机的非稳态气动特性。Huang 和 Wan[2]指出相比于平台纵荡运动，纵摇运动对叶片相对入流风速的影响更大。Fu 等[3]的研究结果表明平台纵摇运动会显著影响浮式风机的功率、推力和尾流特性。Chen 等[4]研究了纵荡-纵摇耦合运动下浮式风机的气动功率，结果表明该复杂的耦合运动会对气动功率产生不利影响。Zhang 和 Kim[5]研究了风浪联合作用下浮式风机的气动-水动耦合特性，相比于固定式风机，浮式风机的推力降低了 7.8%，但功率提升了 10%。Cheng 等[6]将致动线模型植入自主开发的求解器 naoe-FOAM-SJTU 中，开发出了浮式风机气动-水动耦合求解器 FOWT-UALM-SJTU，并对该求解器进行了广泛的验证。Huang 等[7]在此基础上分析了串列布置和错列布置下两浮式风机的尾流干扰特性。

在以上研究中，浮式风机的入流风条件均进行了极大的简化，基本采用均匀风或者剪切风。但是为了捕获更多的风能、降低运营维护成本，浮式风机的尺寸将逐渐增加，这导致大气湍流对其运动响应、疲劳载荷及尾流演化的影响愈发显著[8-9]。Li 等[10]指出大气湍流会对浮式风机气动功率具有显著影响。Xu 等[11]研究了大气湍流下半潜式浮式风机的运动响应，通过与固定式风机的结果进行对比，发现相比于平台运动，大气湍流更能主导浮式风机气动功率的变化。进一步地，Xu 等[12]对比分析了不同入流风条件下浮式风机的运动响应和尾流特性，指出了大气湍流对浮式风机气动响应、水动响应和尾流特性的显著影响。

在大气湍流下浮式风机数值模拟的研究中，涉及多风机尾流干扰的研究却十分匮乏。对于一个浮式风电场而言，下游浮式风机会不可避免地处于上游风机的尾流中。因此，文中数值研究了大气湍流下两浮式风机的尾流干扰，并且对比分析了入流风类型和风机间距对下游风机气动功率、叶片变形和尾流场的影响。

1 数值方法

1.1 控制方程

采用三维不可压缩 N-S 方程求解浮式风机气动-水动耦合及流场特性：

基金项目：国家自然科学基金资助项目(52131102)

通信作者：万德成。E-mail：dcwan@sjtu.edu.cn

$$\nabla \cdot U = 0 \tag{1}$$

$$\frac{\partial(\rho U)}{\partial t} + \nabla \cdot (\rho(U - U_g))U = -\nabla p_d - g \cdot x \nabla \rho + \nabla \cdot (\mu_{eff} \nabla U) + (\nabla U) \cdot \nabla \mu_{eff} + f_\sigma + f_s + f_\varepsilon \tag{2}$$

式中:U 为流体速度;U_g 为网格节点速度;ρ 为流体密度;p_d 为流体动压;g 为重力加速度;$\mu_{eff} = \rho(\nu + \nu_t)$ 为有效动力黏度系数,其中 ν 和 ν_t 分别为运动黏性系数和涡黏系数;f_σ 为表面张力源项,仅在自由液面附近起作用;f_s 为消波源项,在消波区起作用;f_ε 为风机的体积力源项,可由致动线模型计算得到。

采用延迟分离涡方法[13]封闭上述动量方程。该方法同时结合了雷诺平均和大涡模拟的优点,能够在降低壁面网格精度的前提下准确捕捉浮式风机的尾流特性。相比于传统的分离涡方法,该方法引入了一个延迟函数以避免边界层内流场过早地转换成大涡模拟模式。

1.2 气动-水动模拟方法

浮式风机的气动特性采用致动线模型[14]进行模拟。该方法将风机叶片沿着径向离散为二维翼型,每一个二维翼型采用一个致动点来替代,采用叶素理论计算致动点上的气动力,并将其投影到流场中以产生风机的尾流场。致动线模型最初用于计算固定式风机的气动性能,为了计算浮式风机的非稳态气动特性,需要考虑平台运动诱导的风机旋转盘面处附加速度。另外,为了考虑浮式风机的叶片变形,采用一维有限元模型求解叶片的结构变形,并考虑叶片结构变形诱导的风机旋转盘面处附加速度。

浮式风机气动-水动-气弹性耦合求解器 FEWT-SJTU 的水动力响应部分基于海洋工程水动力学求解器 naoe-FOAM-SJTU 进行求解。该求解器可用于预报波浪中海洋结构物的水动力响应,在文中采用动网格技术处理浮式平台的运动响应,采用边界可压缩流体体积法捕捉自由液面,采用分段外推法求解系泊系统的张力响应。有关 naoe-FOAM-SJTU 求解器的更多描述可以参考文献[15-18]。

1.3 FEWT-SJTU 求解器

图 1 给出了浮式风机气动-水动-气弹性耦合求解器 FEWT-SJTU 的主要功能模块,主要包括 Open-FOAM 模块、水动力模块、气动力模块和结构变形模块。Cheng 等[6]基于 naoe-FOAM-SJTU,引入致动线模型并考虑平台运动对入流风速的影响,开发了 FEWT-SJTU 的气动力模块,实现了浮式风机气动-水动耦合数值模拟。Huang 等[19]在此基础上结合一维等效梁叶片结构模型,形成了 FEWT-SJTU 的结构变形模块,实现了浮式风机气动-水动-气弹性的耦合计算。

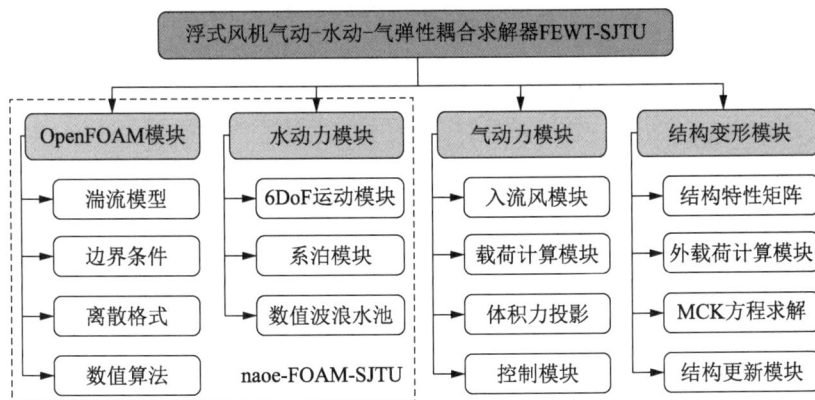

图 1 FEWT-SJTU 求解器的功能模块

2 算例设置

2.1 计算模型

文中所采用的浮式风机模型为 NREL 5 MW 风机和 OC3 Spar 型浮式平台。该款风机的额定风速为 11.4 m/s,额定转速为 12.1 r/min,转子直径为 126 m。OC3 Spar 型浮式平台的设计水深为 320 m,吃水为 120 m,并配备了 3 根系泊缆绳用以限制平台的水动力响应。有关这款浮式风机计算模型的详细参数可参考文献[20-21]。

2.2 计算域与网格

计算域为一个长方体区域,其尺度为 1.89 km×0.404 km×0.544 km(长×宽×高),如图 2 所示。上游浮式风机位于距离入口平面 150 m 处(约 1 倍入射波长),下游浮式风机与上游浮式风机的间距分别为 2D、4D 和 6D(D=126 m,为风机直径)。为了减少计算量,计算域的水深设置为浮式风机实际设计水深的 0.7 倍,并在出口上游 200 m 范围内设置了消波区。

图 3 显示了风机间距为 4D 时浮式风机的网格划分。背景网格的分辨率为 8 m×8 m×8 m,网格的垂向尺寸随高度先减小后增加,自由液面附近处网格的垂向尺寸最小。对风机尾流区域和自由液面进行了两级网格加密,同时对平台表面也进行了网格加密,加密后的网格总数为 1 910 万。计算时长为 300 s,时间步长为 0.01 s。

计算域的入口为风浪联合入流,出口为零梯度边界条件,顶部和底部为滑移边界条件,左右两侧为对称边界条件。

（a）xz平面　　　　　　　　　　　　　　　　　（b）yz平面

图 2　计算域布置

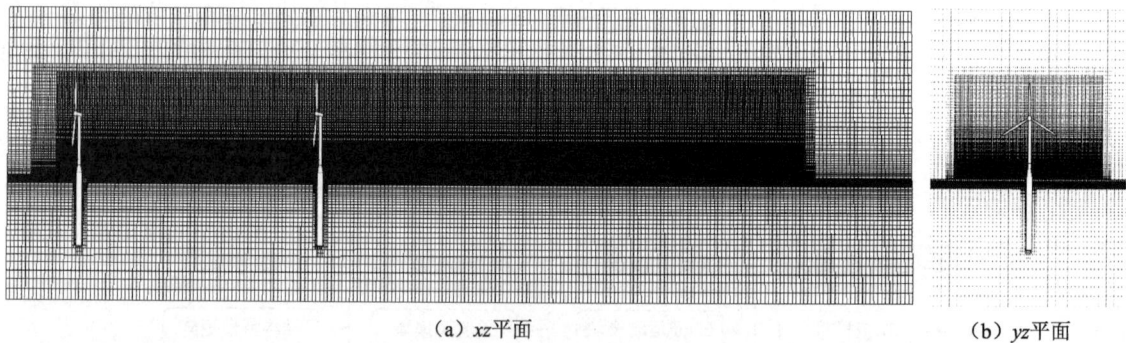

（a）xz平面　　　　　　　　　　　（b）yz平面

图 3　风机间距为 4D 时的网格划分

2.3 计算工况

文中共设计了 6 个工况,包括 2 种不同入流风类型和 3 个不同的风机间距,如表 1 所示。剪切入流风速剖面由下式计算:

$$\overline{u}(z)=\frac{u_*}{\kappa}\ln\left(\frac{z}{z_0}\right) \tag{3}$$

式中:$\overline{u}(z)$ 为高度 z 处的风速;u_* 为摩擦速度;$\kappa=0.4$ 为冯卡门常数;z_0 为海面粗糙度。在文中取轮毂高度 90 m 处的风速为 11.4 m/s,海面粗糙度为 0.001。大气湍流与剪切入流的风剪切程度保持一致,轮毂高度 90 m 处的湍流强度为 9.14%,关于该大气湍流生成的更多细节可参考文献[12]。入射波浪选择 Stokes 一阶规则波,波高为 3.66 m,周期为 9.7 s。

表 1 计算工况

序 号	入流风类型	风机间距	入射波浪
1	剪切入流	2*D*	一阶 Stokes 规则波,波高 3.66 m,周期 9.7 s
2	剪切入流	4*D*	一阶 Stokes 规则波,波高 3.66 m,周期 9.7 s
3	剪切入流	6*D*	一阶 Stokes 规则波,波高 3.66 m,周期 9.7 s
4	大气湍流	2*D*	一阶 Stokes 规则波,波高 3.66 m,周期 9.7 s
5	大气湍流	4*D*	一阶 Stokes 规则波,波高 3.66 m,周期 9.7 s
6	大气湍流	6*D*	一阶 Stokes 规则波,波高 3.66 m,周期 9.7 s

3 结果分析

3.1 气动功率

图 4 给出了浮式风机的气动功率时历曲线。对于上游浮式风机,在剪切入流下其气动功率由于入射波浪的激励作用显现出周期特性,在此基础上大气湍流中的小尺度涡结构引起气动功率的小幅度波动。对于下游浮式风机,其气动功率也会呈现比较明显的周期性变化。随着风机间距的增加,剪切入流下下游浮式风机的气动功率变化会逐渐剧烈,这可能是由上游浮式风机的尾流在向下游传播的过程中逐渐失稳导致的。但是对于大气湍流而言,来流湍流与上游风机尾流的共同作用导致下游浮式风机的气动功率变化更加剧烈,同时,其气动功率相比于剪切入流会有一个比较明显的提升。

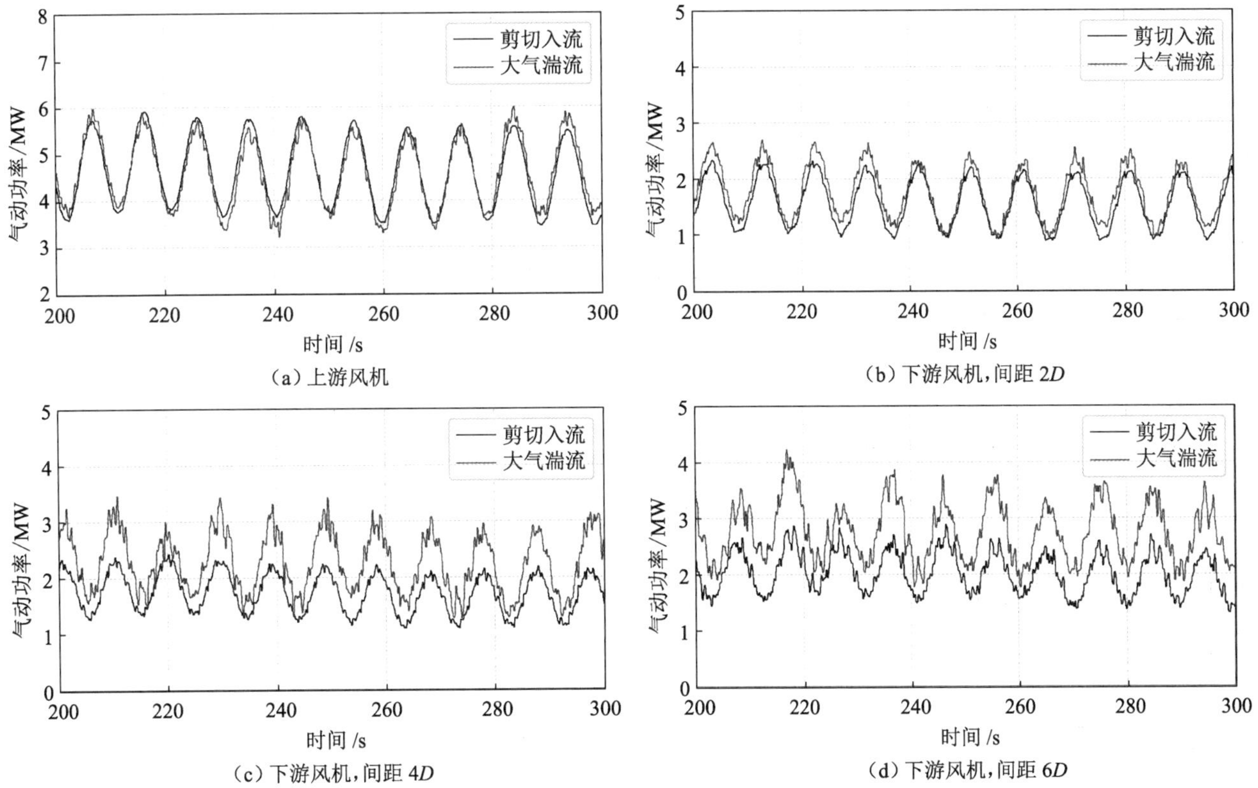

(a) 上游风机 (b) 下游风机,间距 2*D* (c) 下游风机,间距 4*D* (d) 下游风机,间距 6*D*

图 4 浮式风机的气动功率时历

为了进一步量化下游浮式风机的气动功率受入流风类型和风机流向间距的影响,图 5 给出了下游浮式风机的时均气动功率,采用最后 100 s 的计算结果进行平均。需要注意的是,上游浮式风机的气动功率约为 5.1 MW,因此处于尾流中的下游浮式风机会有较大的功率亏损。下游浮式风机的气动功率会随着风机间距的增加而增加,当风机间距由 2*D* 变为 6*D* 时,剪切入流下的气动功率由 1.62 MW 变为 2.05 MW,而大气湍流下的气动功率由 1.82 MW 变为 2.81 MW。因此,采用剪切入流时会低估下游浮式风机的气动功率,且低估的程度会随着风机间距的增加而增加。

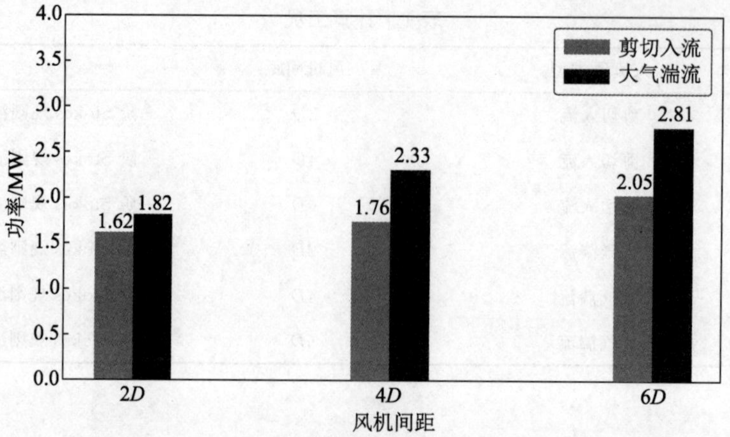

图 5　下游浮式风机的平均气动功率

3.2 叶尖挥舞变形

图 6 给出了浮式风机的叶尖挥舞变形时历曲线。对于剪切入流下的上游浮式风机，其叶尖挥舞变形显现出明显的周期特性，入射波浪和风剪切特性的共同作用导致在一个变化周期内出现两个极大值，具有一定湍流度的大气湍流会导致叶尖挥舞变形响应更加剧烈。对于下游浮式风机，剪切入流下的叶尖挥舞变形响应会随着风机间距的增加而变得更加剧烈，同时其响应值会逐渐增加。大气湍流的作用会进一步加剧下游风机叶尖挥舞变形响应，在风机间距为 $4D$ 时出现了一个明显的极值。因此相比于剪切入流，大气湍流会显著增加下游浮式风机的疲劳载荷。

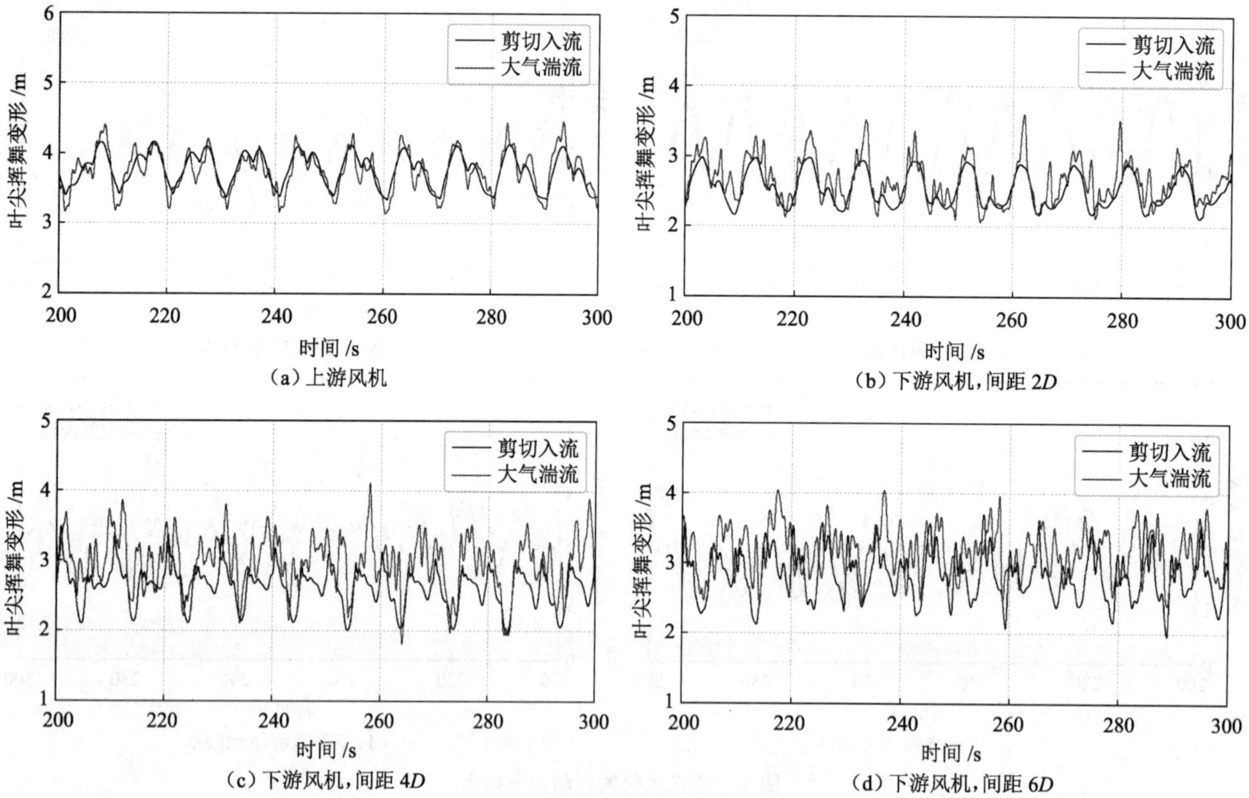

(a) 上游风机　(b) 下游风机，间距 $2D$

(c) 下游风机，间距 $4D$　(d) 下游风机，间距 $6D$

图 6　浮式风机的叶尖挥舞变形时历

3.3 轮毂高度平面时均速度云图

图 7 为轮毂高度平面时均流向速度云图，采用计算结果的最后 100 s 进行平均。由图 7 可知，随着风机间距的增加，下游浮式风机的尾流速度会逐渐恢复，且在大气湍流下尾流速度恢复会更快。当风机间距为 $2D$ 时，在下游浮式风机下游 $4D$ 处尾流开始逐渐膨胀，其尾流宽度相比于大气湍流更宽。随着风机间距的增加，两种不同入流风类型之间风机尾流差异逐渐减小。

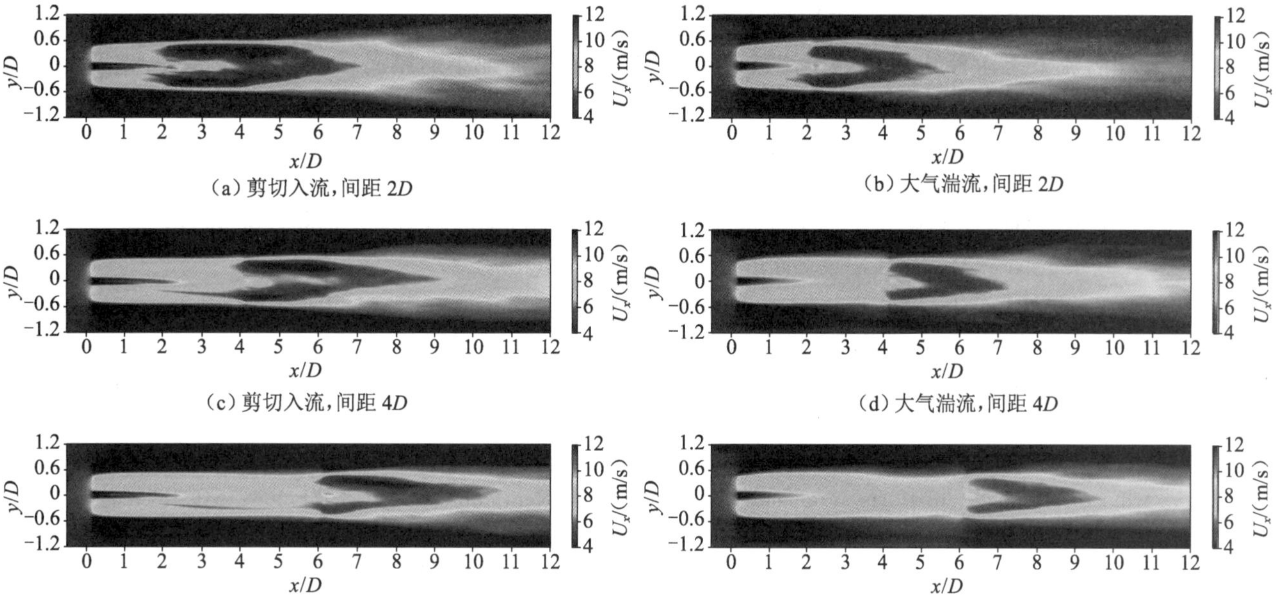

(a) 剪切入流,间距 2D　　(b) 大气湍流,间距 2D

(c) 剪切入流,间距 4D　　(d) 大气湍流,间距 4D

(e) 剪切入流,间距 6D　　(f) 大气湍流,间距 6D

图 7　轮毂高度平面时均流向速度云图

3.4 轮毂高度平面瞬时速度云图

图 8 为轮毂高度平面瞬时流向速度云图,瞬态时刻为最后一个计算时刻(即第 300 s)。大气湍流下,上游浮式风机的尾流蜿蜒和尾流破碎现象十分显著,而在剪切入流下只有较小尺度的尾流蜿蜒。对于下游浮式风机,在风机间距 2D 时剪切入流下的尾流蜿蜒现象最显著,随着风机间距的增加,尾流蜿蜒的程度逐渐减弱。相比于剪切入流,大气湍流下下游浮式风机的尾流破碎更明显,具有更加细小的尾涡结构。

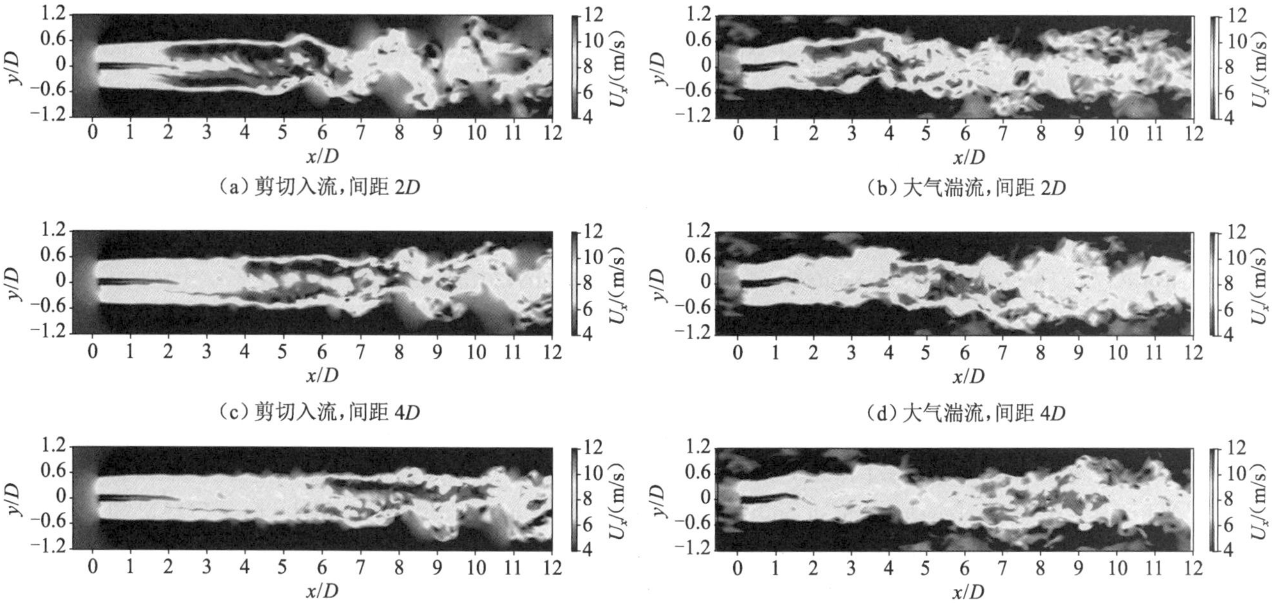

(a) 剪切入流,间距 2D　　(b) 大气湍流,间距 2D

(c) 剪切入流,间距 4D　　(d) 大气湍流,间距 4D

(e) 剪切入流,间距 6D　　(f) 大气湍流,间距 6D

图 8　轮毂高度平面瞬时流向速度云图

4 结　语

通过对两浮式风机的尾流干扰进行数值模拟研究,对比分析了不同入流风类型和风机间距对气动功率、叶片变形和尾流场的影响,并得出以下结论:

(1) 下游浮式风机的功率随着风机间距的增加而增加;相比于剪切入流,大气湍流导致下游浮式风机功率变化更加剧烈,平均气动功率更高。

(2) 剪切入流下下游浮式风机的叶尖挥舞变形响应会随着风机间距增加而变得更加剧烈,而大气湍流的作用会进一步加剧下游风机叶尖挥舞变形响应。

(3)大气湍流下下游浮式风机的尾流破碎更明显,具有更加细小的尾涡结构,但是剪切入流下的尾流蜿蜒现象最显著。

参考文献

[1] XU S,XUE Y J,ZHAO W W,et al. A review of high-fidelity computational fluid dynamics for floating offshore wind turbines[J]. Journal of Marine Science and Engineering,2022,10(10):1357.

[2] HUANG Y,WAN D C. Investigation of interference effects between wind turbine and spar-type floating platform under combined wind-wave excitation[J]. Sustainability,2019,12(1):246.

[3] FU SF,ZHENG L,WEI J Z,et al. Study on aerodynamic performance and wake characteristics of a floating offshore wind tur bine under pitch motion[J]. Renewable Energy,2023,205:317-325.

[4] CHEN Z W,WANG X D,GUO Y Z,et al. Numerical analysis of unsteady aerodynamic performance of floating offshore wind turbine under platform surge and pitch motions[J]. Renewable Energy,2021,163:1849-1870.

[5] ZHANG Y,KIM B. A fully coupled computational fluid dynamics method for analysis of semi-submersible floating offshore wind turbines under wind-wave excitation conditions based on OC5 data[J]. Applied Sciences,2018,8(11):2314.

[6] CHENG P,HUANG Y,WAN D C. A numerical model for fully coupled aero-hydrodynamic analysis of floating offshore wind turbine[J]. Ocean Engineering,2019,173:183-196.

[7] HUANG Y,ZHAO W W,WAN D C. Wake interaction between two spar-type floating offshore wind turbines under different layouts[J]. Physics of Fluids,2023,35(9):097102.

[8] XU S,WANG N N,ZHUANG T G,et al. Large eddy simulations of wake flows around a floating offshore wind turbine under complex atmospheric inflows[J]. International Journal of Offshore and Polar Engineering,2023,33(1):1-9.

[9] XU S,ZHAO W W,WAN D C,et al. Dynamic responses and wake characteristics of a floating offshore wind turbine in yawed conditions[J]. International Journal of Offshore and Polar Engineering,2024,34(1):19-28.

[10] LI L,LIU Y C,YUAN Z M,et al. Wind field effect on the power generation and aerodynamic performance of offshore floating wind turbines[J]. Energy,2018,157:379-390.

[11] XU S,ZHUANG T G,ZHAO W W,et al. Numerical investigation of aerodynamic responses and wake characteristics of a floating offshore wind turbine under atmospheric boundary layer inflows[J]. Ocean Engineering,2023,279:114527.

[12] XU S,YANG X L,ZHAO W W,et al. Numerical analysis of aero-hydrodynamic wake flows of a floating offshore wind turbine subjected to atmospheric turbulence inflows[J]. Ocean Engineering,2024,300:117498.

[13] SPALART P R,DECK S,SHUR M L,et al. A new version of detached-eddy simulation,resistant to ambiguous grid densities[J]. Theoretical and Computational Fluid Dynamics,2006,20(3):181-195.

[14] NO RKÆR S J,ZHONG S W. Numerical modeling of wind turbine wakes[J]. Journal of Fluids Engineering,2002,124(2):393-399.

[15] CAO H J,WANG X Y,LIU Y C,et al. Numerical prediction of wave loading on a floating platform coupled with a mooring system[C]// ISOPE,Proceedings of ISOPE International Ocean and Polar Engineering Conference. California,USA:ISOPE,2013:ISOPE-I-13-325.

[16] CAO H J,WAN D C. Development of multidirectional nonlinear numerical wave tank by naoe-FOAM-SJTU solver[J]. International Journal of Ocean System Engineering,2014,4(1):49-56.

[17] SHEN Z,CAO H,YE H,et al. Manual of CFD solver for ship and ocean engineering flows:naoe-FOAM-SJTU[M]. Shanghai,China:Shanghai Jiao Tong University,2012.

[18] WANG J H,ZHAO W W,WAN D C. Development of naoe-FOAM-SJTU solver based on OpenFOAM for marine hydrodynamics[J]. Journal of Hydrodynamics,2019,31(1):1-20.

[19] HUANG Y,WAN D C,HU C H. Numerical analysis of aero-hydrodynamic responses of floating offshore wind turbine considering blade deformation[C]// ISOPE,Proceedings of the 31st International Ocean and Polar Engineering Conference. California,USA:ISOPE,2021:ISOPE-I-21-1197.

[20] JONKMAN J. Definition of the Floating System for Phase IV of OC3[R]. Golden,CO (United States):National Renewable Energy Lab. (NREL),2010.

[21] JONKMAN J,BUTTERFIELD S,MUSIAL W,et al. Definition of a 5-MW reference wind turbine for offshore system development[R]. Golden,CO (United States):National Renewable Energy Lab. (NREL),2009.

多灾害下海上单桩风机结构动力分析及控制

武义函[1,2]，朱本瑞[1,2]

（1. 天津大学 工程智能建设与运维全国重点实验室，天津　300350；2. 天津大学 建筑工程学院，天津 300350）

摘要：海上单桩风机服役过程中会遭受多种环境载荷的作用，影响风力发电机的结构安全及其发电效能。为了研究海上风机在风、波浪、地震以及海冰等多重灾害影响下的动力响应，基于欧拉-拉格朗日方程开发了海上风机多自由度耦合分析及振动控制程序。其中，风机叶片空气动力载荷采用叶素动量理论进行编程计算，并同时考虑 Prandtl 叶尖损失修正和 Grauert 修正；波流载荷基于 JONSWAP 谱和莫里森方程计算；选用 PEER 数据库中的地震波考虑地震载荷作用；基于 Hendrikse 冰力模型，模拟冰与结构之间的耦合作用；引入惯质摆式阻尼器（PSI-PTMD）对风机进行双向振动控制。研究结果表明，开发了风机多自由度分析程序与 FAST 计算结果一致；提出的 PSI-PTMD 能有效控制多灾害下海上风机的双向振动响应。

关键词：海上单桩风机；动力响应；惯质摆式阻尼器；振动控制

随着对清洁能源需求的持续增长，海上风机（OWT）在全球范围内迅速发展。这类风机因其高效的能量捕捉能力、较低的对陆地空间要求以及较小的噪声排放等优点而受到青睐[1-2]。然而，海上风机必须面对包括风、波浪、地震及海冰等在内的复杂且不可预测的环境载荷，这些因素为风力发电机的结构安全带来了挑战。因此，对多灾害条件下的海上风机进行动力响应分析并采取相应的减振措施具有重要意义。

目前，已经有大量学者对风、波以及地震载荷下的风机动力响应进行了研究[3-4]，但是针对海上风机冰激振动的研究还较少。Song 等[5]对 5 MW 单桩支撑式海上风机和冰层在各种组合载荷情况下的相互作用进行了数值模拟。学者们[6-9]采用 Määttänen 模型模拟冰与 OWT 之间的耦合作用，但是由于 Määttänen 模型的局限性，这些研究并未关注高流速下海冰脆性破坏的冰致振动。近年来，Hendrikse 和 Nord[10]提出一种新的唯象冰力模型，该模型能够模拟海冰与结构相互作用时的各种破碎模式。目前将该模型用于海上风机的冰激锁频及其耦合动力分析的研究还较少。

在海上风机振动控制方面，除了进行变桨控制外，可以通过在风机内部安装阻尼器进行控制。Murtagh 等[11]采用被动式调谐质量阻尼器（TMD）缓解风机振动。Sun 和 Jahangini[12]提出一种三维摆式阻尼器（3D-PTMD）用来控制风机的双向振动响应，结果表明 3D-PTMD 比双 TMD 能更加有效地缓解单桩风机的双向振动。随着新型阻尼器的发展，许多学者将"惯质"与 TMD 进行结合以提高其振动性能[13-15]，但是将其与 3D-PTMD 结合同时进行风机双向振动控制的研究鲜有报道。为此，本研究针对 NREL 5MW 海上单桩风机，基于欧拉-拉格朗日方程建立风机数值模型，分析海上风机在风、波、地震以及海冰作用下的动力响应，并引入惯质摆式阻尼器（PSI-PTMD），以评估其在多灾害环境条件下对海上风机振动控制的效果，以期为我国未来大型风电结构在复杂环境下安全运营提供技术支持。

1 海上风机动力响应分析程序

为分析海上风机在不同环境载荷下的振动响应，通过编程开发了 5 MW 单桩风机动力耦合分析程

基金项目：国家自然科学基金项目（52101327）；国家留学基金委项目（201906255007）；天津大学自主创新基金项目（2020XT-0027）

通信作者：朱本瑞。E-mail：benrui.zhu@tju.edu.cn

序,如图 1 所示。该程序分为 6 个子模块,即脉动风载荷计算模块、随机波流载荷计算模块、冰载荷计算模块、地震载荷计算模块、风机耦合仿真模拟模块和振动控制模块。其中,在冰载荷模块中,基于 Hendrike 的冰力模型,实现了冰与风机的交互耦合作用,并考虑风机顶部叶片脉动风载荷的影响。

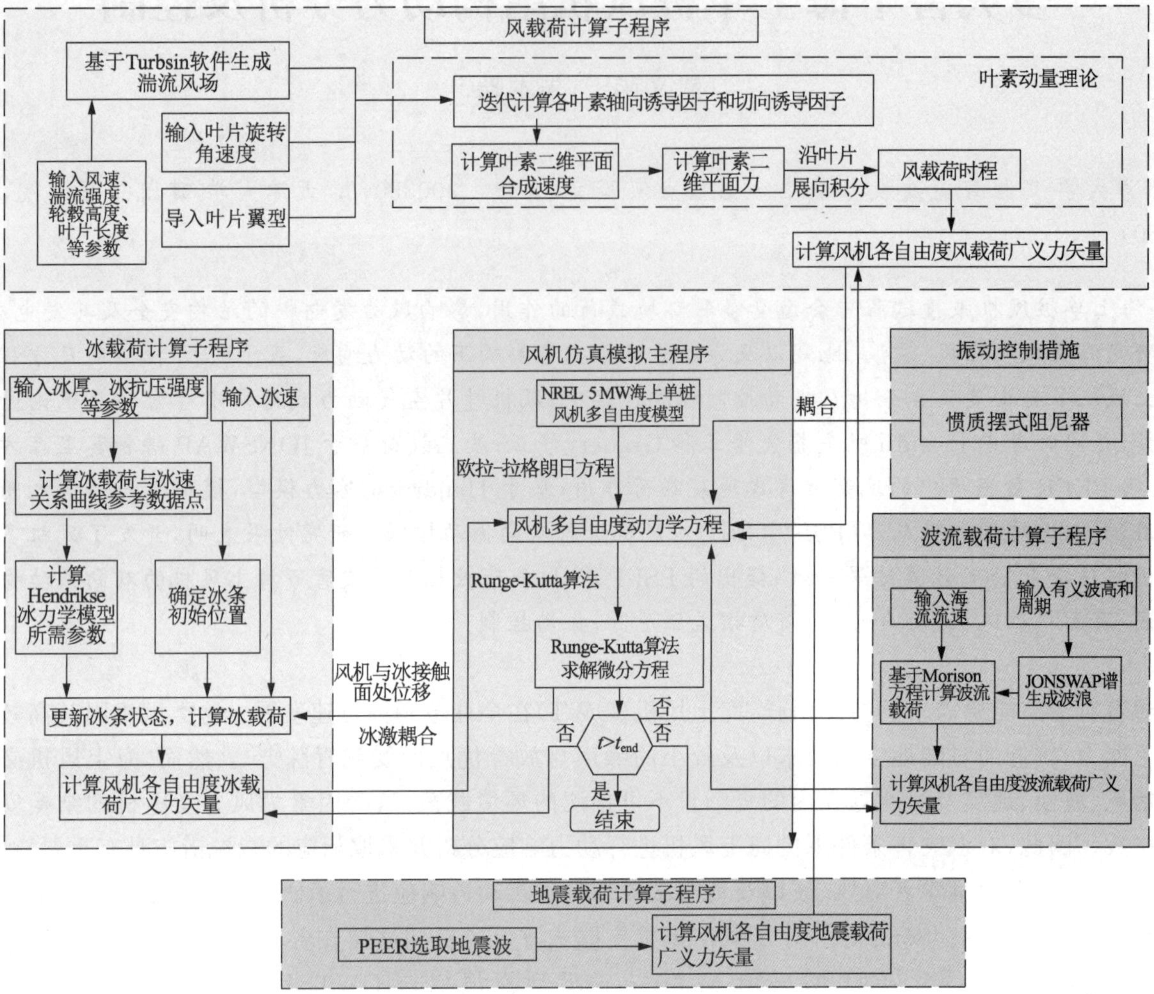

图 1　海上风机动力响应分析程序示意

1.1 风机数值模型建立

在风机耦合仿真模拟模块中,首先,利用欧拉-拉格朗日方程推导了风机结构动力学方程:

$$\frac{\mathrm{d}}{\mathrm{d}t}\left(\frac{\partial L}{\partial \dot{q}_i}\right)-\frac{\partial L}{\partial q_i}=\boldsymbol{Q}_i \tag{1}$$

式中:L 是拉格朗日算子即系统动能和势能之差,q_i 是系统的第 i 个自由度,$\boldsymbol{Q}_i$ 是对应于第 i 个自由度的广义力矢量。$\boldsymbol{Q}_i$ 可以通过下式得到:

$$\boldsymbol{Q}_i=\frac{\partial \delta W}{\partial \delta q_i} \tag{2}$$

式中:δW 是外载荷的虚功。

风机各自由度示意图如图 2 所示,根据图中的坐标系和简化的桩土模型,可将受控风机系统描述为一 16 自由度的模型。3 个叶片的面内和面外自由度分别用 q_1 至 q_6 表示。q_7 和 q_8 为机舱的前后和侧向自由度。q_9 至 q_{12} 分别表示基础在平移和旋转方向上的坐标。q_{13} 为摆球在 $x_p o_p z_p$ 平面内的自由度。q_{14} 为摆球在 $y_p o_p z_p$ 平面内的自由度。q_{15} 为惯质单元在 $x_p o_p z_p$ 平面内的自由度。q_{16} 为惯质单元在 $y_p o_p z_p$ 平面内的自由度。对其进行平衡方程的推导即可得到整个风机系统的动能和势能为:

$$T=T_b+T_{nac}+T_{tow}+T_f+T_{PI}$$
$$V=V_b+V_{tow}+V_f+V_{PI} \tag{3}$$

式中：T_b 和 V_b 分别表示叶片的动能和势能，T_{nac} 表示机舱的动能，T_{tow} 和 V_{tow} 分别表示塔筒的动能和势能，T_f 和 V_f 分别表示风机基础的动能和势能，T_{PI} 和 V_{PI} 分别表示惯质摆式阻尼器的动能和势能。风机各部分的动能和势能详细推导过程见文献[16]。

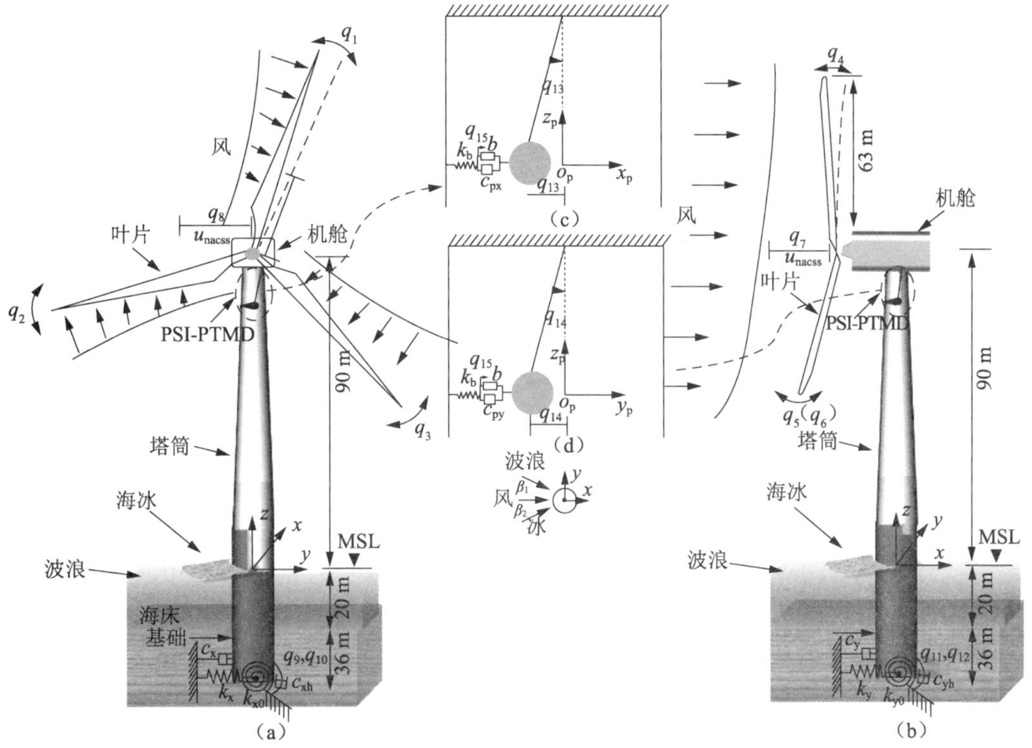

图 2　多自由度海上风机模型示意

将式(3)代入式(1)中即可得到风机多自由度动力学方程。采用四阶定步长的 Runge-Kutta 算法求解，从而得到"叶片—机舱—塔筒—基础—阻尼器"风机多自由度耦合数值模型，并通过与 FAST 软件的计算结果[17]进行对比，验证了该模型的准确性，结果如表 1 所示。

表 1　风机固有频率验证

阶　数	所建模型	FAST 计算结果	误差	主振型
1	0.256 3	0.25	2.52%	塔筒面内一阶弯曲
2	0.257 4	0.25	2.96%	塔筒面外一阶弯曲
5	0.702 2	0.707 0	0.68%	叶片面外一阶弯曲
6	1.105 4	1.113 0	0.68%	叶片面内一阶弯曲

由表 1 可知，所建模型与 FAST 计算结果相差很小，误差均小于 3%，可以证明所开发程序的准确性。

1.2　环境载荷

1.2.1　风载荷

与海洋平台结构受力不同，海上风机依靠巨大的叶片将空气动能转化为机械能进行发电，因此，其空气动力载荷是其动力响应分析不可忽略的重要载荷之一。风速可分解为定常风速和脉动风速两部分，其中，脉动风速可采用 IEC 卡曼谱进行描述，即

$$S_v(f) = \frac{4I^2 L_C}{(1 + 6fL_C/v)^{5/3}} \tag{4}$$

式中：$S_v(f)$ 为功率谱密度函数；f 为频率，单位为 Hz；L_C 为积分尺度参数；I 为湍流强度；v 为风速，单位为 m/s。

基于 TurbSim 程序生成风机的三维风场[18]，采用 31×31 的网格对整个叶轮扫掠面积进行离散，利用

MATLAB 开发的程序进行映射,从而得到作用于叶轮上的风速分布。将风机叶片沿其展向离散为 N 个微元,根据动量理论即可推导得到作用于每段微元上的空气推力和转矩,进而采用叶素动量理论求解得到旋转叶片上的空气动力载荷。根据以上原理,基于 MATLAB 开发了风机叶片轴向和切向风载荷时程的计算程序,并考虑了 Prandtl 叶尖损失修正和 Grauert 修正。

1.2.2 波浪载荷和海流载荷

波浪载荷是海上风机遭受的主要环境载荷之一,考虑到现实海洋环境波浪载荷的随机性,采用随机波浪理论,通过 JONSWAP 谱来表征不同周期波浪的能量分布,其表达式为:

$$S(\omega)=0.312\,5H_s^2 T_p\left(\frac{f}{f_p}\right)^{-5}\exp\left[-1.25\left(\frac{f}{f_p}\right)^{-4}\right](1-0.287\ln\gamma)\gamma^{\exp\left[-\frac{(f-f_p)^2}{2\sigma^2 f_p^2}\right]} \tag{5}$$

式中:T_P 为波周期且 $f_p=1/T_p$;H_S 为有效波高;$f\leqslant f_p$ 时 $\sigma=0.07$,$f>f_p$ 时 $\sigma=0.09$;变量 γ 为峰值参数。

对于圆柱形小尺度(直径小于波长的 1/5)海洋结构物,其波浪载荷可采用 Morison 方程计算[19],即:

$$F_w=\frac{1}{2}C_D\rho D\,\dot{u}\,|\dot{u}|+C_M\rho\,\frac{\pi D^2}{4}\ddot{u} \tag{6}$$

式中:C_D 是拖曳力系数;C_M 是惯性力系数;ρ 为海水密度,单位为 kg/m³;D 为结构物的直径,单位为 m;$\dot{u}$ 和 $\ddot{u}$ 分别是波浪水质点的水平速度和加速度,单位分别是 m/s、m/s²。

根据海上风机设计规范,作用于海上单桩风机水下结构的海流载荷按照下式计算:

$$F_C=\frac{1}{2}C_D\rho A U_C^2 \tag{7}$$

式中:A 是垂直于海流流向的投影面积,单位为 m²,U_C 是设计海流速度,单位为 m/s。

1.2.3 地震载荷

地震载荷具有很大的随机性,基于目标反应谱曲线从 PEER 上选取合适的地震波。通过 MATLAB 进行批量处理,计算多条地震波的反应谱,进而选出符合目标反应谱的地震波。得到合适的地震波时程后,通过 MATLAB 编程计算得到地震载荷所做的虚功,如式(8)所示,进而得到地震广义力矢量。

$$\delta W_{seismic}=\delta W_{seismic,bl}+\delta W_{seismic,nac}+\delta W_{seismic,tow} \tag{8}$$

式中:$\delta W_{seismic,bl}$、$\delta W_{seismic,nac}$ 和 $\delta W_{seismic,tow}$ 分别是地震荷载在叶片、机舱和塔筒上做的虚功。

1.2.4 冰载荷

冰与结构的相互作用十分复杂,与结构的刚度、冰速的大小等密切相关。对于柔性结构,冰的破碎模式可以分为三类:间歇破碎、频率锁定和连续脆性破碎。为掌握海洋结构物冰激振动的机理,学术界已经开展了大量的现场实测及物模试验研究,并提出多种冰力学模型。目前较为常用的冰力学模型,可以概括为两大类:一类是基于强迫振动理论的 Matlock 模型,一类是基于自激振动理论的 Määttänen 模型。上述模型考虑了频率锁定和间歇破碎两个阶段,对海冰脆性阶段的模拟不足。近年来,Hendrikse 等基于一系列模型试验,提出了一种更符合冰与结构相互作用全过程的唯象冰力模型,使得冰激振动模拟结果更加全面。该模型将与结构相互作用的海冰划分为 N 个冰条,每个冰条由两个弹簧元件和两个阻尼元件组合而成,通过弹簧阻尼元件的串并联连接,如图 3 所示。

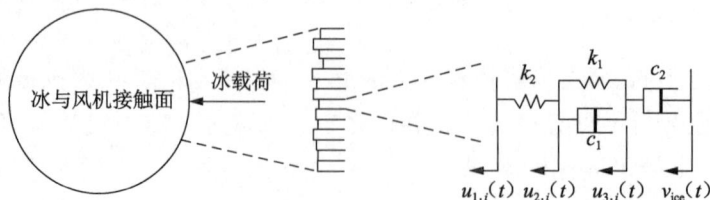

图 3　Hendrikse 冰力学模型示意

图 3 中,$u_{1,i}(t)$、$u_{2,i}(t)$ 和 $u_{3,i}(t)$ 分别代表第 i 个冰条上 3 个不同的自由度。其中,$u_{1,i}(t)$ 是冰条前缘的自由度,$u_{2,i}(t)$ 是弹簧 k_2 后缘的自由度,$u_{3,i}(t)$ 是阻尼 c_2 前缘的自由度。基于该冰力学模型,初始时刻,$u_{1,i}(t)$、$u_{2,i}(t)$、$u_{3,i}(t)$ 和冰速 $v_{ice}(t)$ 之间具有如下的关系:

$$\begin{cases} u_{1,i}=u_{2,i}=u_{3,i}=u_{s,0}-U(0,r_{\max}+v_{\text{ice}}t_f), & t=0 \\ u_{1,i}=u_{2,i}=u_{3,i}=u_{s,0}-U(0,r_{\max}), & t>0 \end{cases} \tag{9}$$

式中：$u_{s,0}$是结构的初始位置，单位为 m；$r_{\max}$是冰条相对于结构的最远位置，单位为 m；t_f是以冰速v_{ice}移动的单个冰条从开始接触结构到最终破碎所需的时间，单位为 s。

对图 3 中的原理图进行受力分析，列出平衡方程，从而得到冰条上$u_{1,i}(t)$、$u_{2,i}(t)$和$u_{3,i}(t)$3 个自由度的运动，即可编写程序，求解微分方程，得到这 3 个自由度的时程数据。之后将各个冰条上产生的冰力之和叠加即为作用在结构上的总冰力，即：

$$F_{\text{ice}}(t)=\sum_{i=1}^{N}F_i=\sum_{i=1}^{N}k_2(u_{2,i}-u_{1,i})H(u_{1,i}-u_s) \tag{10}$$

式中：H 为 Heaviside 单位阶跃函数，用于表征第 i 个冰条是否与结构相接触——接触取 1，不接触取 0。

1.3　振动控制措施

将惯质单元与 3D-PTMD 相结合，提出一种惯质摆式阻尼器（PSI-PTMD）。该阻尼器如图 2(c)和图 2(d)所示，其组成如下：表观质量为 b 的惯性元件先与阻尼系数为 c_{px} 的阻尼元件并联，然后再串联一个刚度系数为 k_b 的弹簧元件。建立局部坐标系 $x_p o_p y_p z_p$ 并进行受力分析可以得到该阻尼器的动能 T_{PI} 和势能 V_{PI}，详细推导过程见文献[16]。根据 Zhu 等[16]的研究，固定惯质的质量比 μ_{21} 为 10%，PSI-PTMD 的最优参数设计公式如下：

$$\lambda_1=0.714\,3\mu_1^2-0.412\,9\mu_1+0.943\,6$$
$$\lambda_2=\begin{cases} 898\mu_1^2-20.47\mu_1+1.115\,2, & \mu_1<0.02 \\ 15\mu_1^2-1.87\mu_1+1.096\,2, & \mu_1\geqslant 0.02 \end{cases} \tag{11}$$
$$\zeta_2'=57.142\,9\mu_1^2-8.568\,6\mu_1+0.524\,2$$

式中：λ_1 是主结构与阻尼器的频率比，λ_2 是主结构与惯质元件的频率比，ζ_2' 是主结构与惯质元件的阻尼比，μ_1 是阻尼器的质量比。

2　数值模拟

2.1　风、波联合作用下动力响应及控制

为探究在风、波联合作用下惯质摆式阻尼器对风机塔筒顶部的减振效果，使用本文开发的程序进行仿真模拟。计算时模拟风载荷的平均风速为 11.4 m/s，湍流强度为 10%。选取渤海地区 1 年一遇工况下的波浪参数即有义波高 H_s 为 3.55 m，波周期 T_s 为 5.79 s。海流底层流速为 0.44 m/s，中层流速为 0.94 m/s。表层流速为 1.04 m/s。风载荷的方向始终朝向面外方向，波浪与风的夹角 β_1 为 60°。模拟总时长为 600 s，时间步长 0.02 s。风、波联合作用下的仿真结果如图 4 所示。

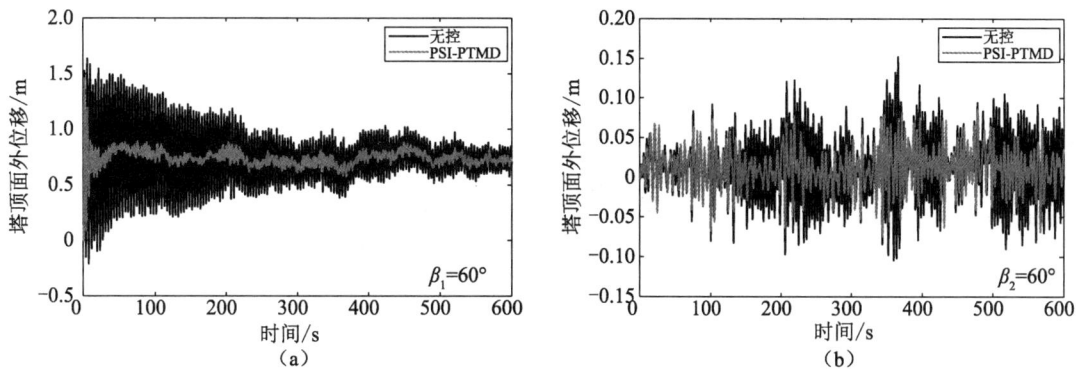

图 4　风、波联合作用下塔顶位移时程

从图 4 中可以看出，当风浪夹角为 60°时，PSI-PTMD 能够显著缓解风机塔顶面外和面内的位移响应。从统计数据上分析，面外方向标准差减小了 71.7%，最大值减小了 10.8%；面内方向标准差减小了 37.2%，最大值减小了 43.1%。由此可知，PSI-PTMD 在海上风机遭遇风波联合作用时具有良好的减振效果。

2.2 风、波和地震联合作用下动力响应及控制

选取 EI Centro(1940)地震波,并将其峰值加速度调幅为 $0.4g$,即罕遇地震 8 度条件。将该地震载荷施加到风机的面内方向,风和波浪的施加方式与 2.1 部分完全相同,在 150 s 时加入地震。由此,计算得到风、波、地震多灾害联合下的风机动力响应,如图 5 所示(为清晰地分析地震影响,仅展示 100～300 s 的计算结果)。

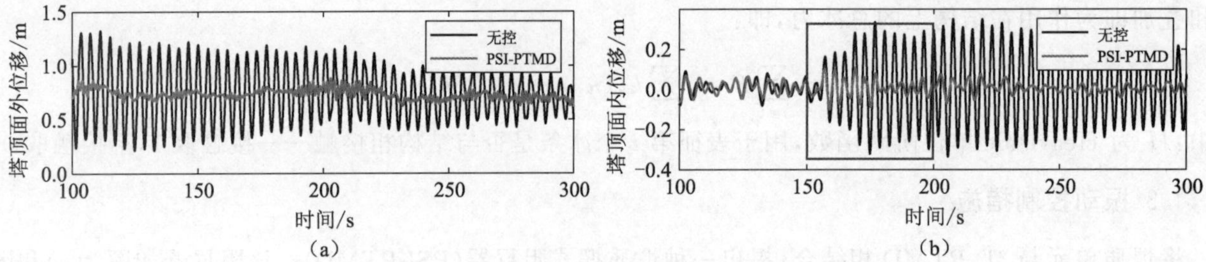

图 5　风、波、地震联合作用下塔顶位移时程

从图 5(b)中可以看出,当加入地震载荷时,塔顶面内的位移响应明显增大,远高于图 4(b)中的塔顶位移响应,说明发生地震的情况下,海上风机的结构安全会受到严重威胁。分析阻尼器的减振效果,在风、波和地震联合作用下 PSI-PTMD 依然有显著的双向控制效果,面内方向位移标准差减小了 76.7%,最大值减小了 69.2%,其减振效果强于单风波联合作用时的减振效果,说明在极端环境下该阻尼器减振性能更好。

2.3 风、冰联合作用下动力响应及控制

选取渤海 1 年一遇的海冰参数,冰厚为 0.1 m。计算时,假设风载荷方向始终保持垂直于风机叶片旋转平面,即风的方向与 x 轴夹角为 0°,海流方向与海冰方向保持一致,风冰夹角 β_2 为 60°。由于冰的特殊物理性质,冰与结构相互作用模式在很大程度上取决于冰速。因此,冰速均从 0.01 m/s 开始逐渐增加,直到冰的破碎模式呈现出脆性的特点。模拟总时长为 600 s,时间步长为 0.02 s。为消除瞬态效应的影响,去除位移时程前 100 s 的数据后将无控和受控的响应结果进行对比,如图 6 所示。

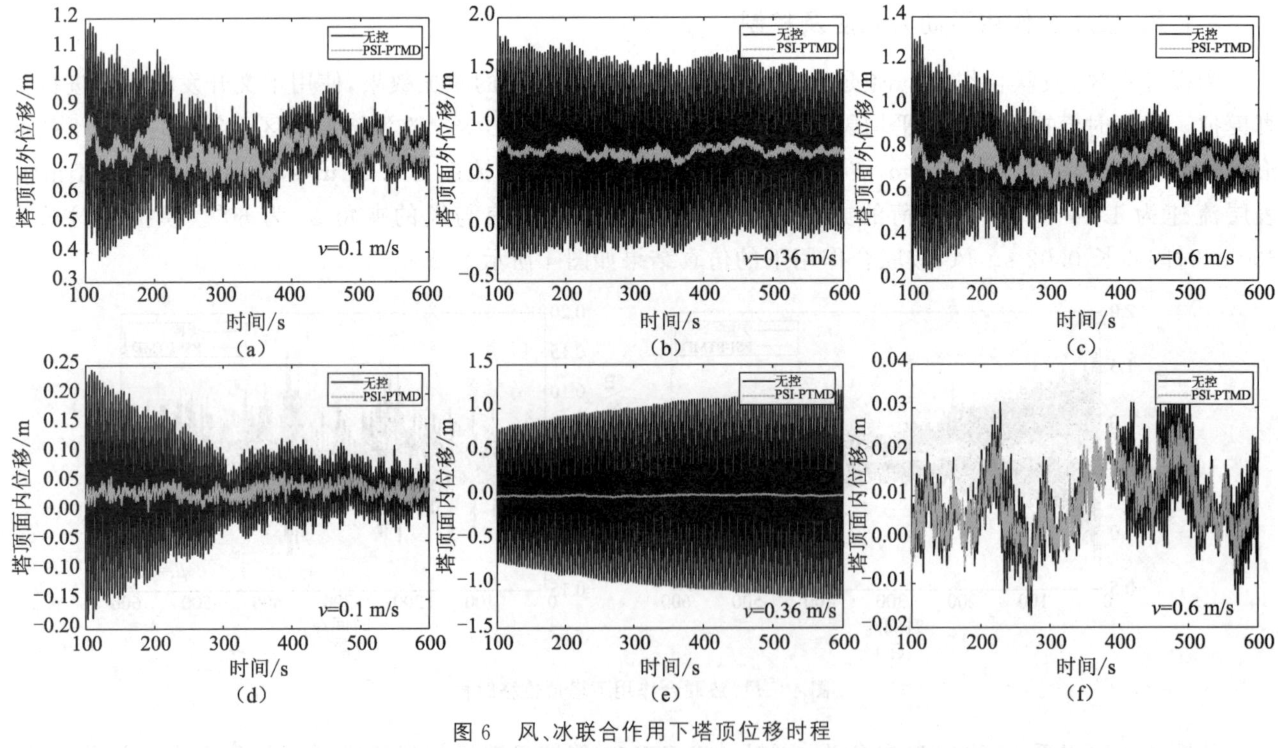

图 6　风、冰联合作用下塔顶位移时程

由图 6 可以看出,随着冰速的增加,风机塔筒顶部的振动呈现出明显不同模式。当冰速较小时,如 0.1 m/s,海冰破碎模式为间歇破碎,如图 6(a)和图 6(d)所示。由于风载荷相对于海冰载荷和海流载荷较

大,因此,风机塔筒顶部的面外响应主要还是受到风载荷控制。当冰速逐渐增大时,海冰的破碎模式逐渐变为锁频振动,如图6(b)和图6(e)所示,即冰速为0.36 m/s时,风机塔筒面外响应和面内响应时程曲线具有明显的稳态响应特征,并且位移峰值都比其他冰速时的峰值大得多,冰载荷对风机塔筒顶部的双向振动起主导作用,最大稳态面外位移达1.82 m,最大面内位移达1.20 m。这说明锁频振动会使风机正常工作受到影响,甚至会危及风机的结构安全。当冰速继续增大,超过发生锁频振动的范围时,海冰破碎模式变为脆性破碎,冰载荷变得很小,风机塔筒顶部的响应基本上只受风载荷的影响。

分析图6中PSI-PTMD的控制效果可知,在风和冰联合作用下,PSI-PTMD同样能够显著降低风机的动力响应,并且当风机发生锁频振动时PSI-PTMD的减振效果最佳。面外方向标准差减小了92.2%,最大值减小了52.3%;面内方向标准差减小了99%,最大值减小了97.7%。因此该阻尼器在冰区海上风机的振动控制方面具有良好的应用前景。

3 结 语

通过建立海上风机耦合数值模型,分析了海上风机在风、波、地震和海冰多灾害条件下的动力响应,并采用一种新型的惯质摆式阻尼器对其进行振动控制。主要研究结论如下:

(1)建立了风机多自由度数学模型,并与FAST软件进行比较,验证了该模型的准确性,表明该模型能够正确模拟各种环境条件下的海上风机动力响应。

(2)基于Hendrikse冰力模型,开发风、冰联合下海上风机耦合分析程序,可以全面反映冰与结构相互作用的各种作用模式,为海上风机动力响应分析,特别是疲劳设计提供技术支持。

(3)使用惯质摆式阻尼器可以显著降低多灾害下海上风机结构动力响应,同时实现风机的双向振动控制,有利于保证风机全天候的安全运行。

参考文献

[1] BILGILI M,YASAR A,SIMSEK E. Offshore wind power development in Europe and its comparison with onshore counterpart[J]. Renewable and Sustainable Energy Reviews,2011,15(2):905-915.

[2] GAO Z,TANG C,ZHOU X,et al. An overview on development of wind power generation[C]. Chinese Control and Decision Conference (CCDC)论文集,2016年5月28日至30日,中国银川. IEEE,2019:435-439.

[3] 王衔,邱松,陈涛等. 风、浪作用下海上风机单桩结构时域动力响应分析[J]. 船舶与海洋工程,2022,38(5):1-9.

[4] WANG W,GAO Z,LI X,et al. Model test and numerical analysis of a multi-pile offshore wind turbine under seismic, wind,wave,and current loads[J]. Journal of Offshore Mechanics and Arctic Engineering,2017,139(3):031901.

[5] SONG M,JIANG Z,LIU K,et al. Dynamic response analysis of a monopile-supported offshore wind turbine under the combined effect of sea ice impact and wind load[J]. Ocean Engineering,2023,286:115587.

[6] ZHU B,SUN C,JAHANGIRI V. Characterizing and mitigating ice-induced vibration of monopile offshore wind turbines[J]. Ocean Engineering,2021,219:108406.

[7] BENRUI Z,CHAO S,VAHID J,et al. Mitigation of jacket offshore wind turbines under misaligned wind and ice loading using a 3D pendulum tuned mass damper[C]//Proceedings of the International Offshore and Polar Engineering Conference,October 11-16,2020,Virtual,Online. ISOPE, 2020:279-286.

[8] 朱本瑞,孙超,黄焱. 冰区海上单桩风机振动响应与控制[J]. 振动与冲击,2021,40(9):133-141.

[9] 朱本瑞,孙超,黄焱. 海上单桩风机结构冰激振动响应分析[J]. 土木工程学报,2021,54(1):88-96.

[10] Hendrikse H,Nord T S. Dynamic response of an offshore structure interacting with an ice floe failing in crushing[J]. Marine Structures,2019,65:271-290.

[11] MURTAGH P J,GHOSH A,BASU B,et al. Passive control of wind turbine vibrations including blade/tower interaction and rotationally sampled turbulence[J]. Wind Energy:An International Journal for Progress and Applications in Wind Power Conversion Technology,2008,11(4):305-317.

[12] SUN C,JAHANGIRI V. Bi-directional vibration control of offshore wind turbines using a 3D pendulum tuned mass damper[J]. Mechanical Systems and Signal Processing,2018,105:338-360.

[13] ZHANG Z,FITZGERALD B. Tuned mass-damper-inerter (TMDI) for suppressing edgewise vibrations of wind tur-

bine blades[J]. Engineering Structures,2020,221:110928.

[14] MARIAN L,GIARALIS A. Optimal design of a novel tuned mass-damper-inerter (TMDI) passive vibration control configuration for stochastically support-excited structural systems[J]. Probabilistic Engineering Mechanics,2014,38:156-164.

[15] SARKAR S,FITZGERALD B. Vibration control of spar-type floating offshore wind turbine towers using a tuned mass-damper-inerter[J]. Structural Control and Health Monitoring,2020,27(1):e2471.

[16] ZHU B,WU Y,SUN C,et al. An improved inerter-pendulum tuned mass damper and its application in monopile offshore wind turbines[J]. Ocean Engineering,2024,298:117172.

[17] JONKMAN J,BUTTERFIELD S,MUSIAL W,et al. Definition of a 5-MW Reference Wind Turbine for Offshore System Development[R]. Golden:National Renewable Energy Laboratory,2009.

[18] JONKMAN B,KILCHER L. TurbSim User's Guide:Version 1. 06. 00[R]. Golden:National Renewable Energy Laboratory,2012.

[19] 竺艳蓉. 海洋工程波浪力学[M]. 天津:天津大学出版社,1991.

浮式风机半潜式基础的结构响应特征研究

杨　磊,李彬彬

(清华大学深圳国际研究生院,广东 深圳　518055)

摘要: 浮式风机半潜式基础设计通常倾向于保守,存在一定程度的冗余。为了优化半潜式基础设计,降低浮式风机成本,深入探究浮式风机基础结构响应特征变得尤为迫切。对美国国家可再生能源实验室(NREL)提出的 OC4 浮式风机半潜式基础内部结构进行设计,再考虑水动力和结构的耦合,在频域内进行运动响应求解和结构有限元分析,得到半潜式基础运动响应幅值响应算子(RAO)和结构响应 RAO,分别用以验证模型准确性和探究结构响应特征,进而对局部结构响应 RAO 进行长期海况谱分析,并与静水工况下局部结构响应结果比较,验算应力热点单元强度。结果表明,半潜式基础在长期海况下符合强度要求,其特征荷载 RAO 不仅在运动自然频率有峰值,而且出现了与结构三角形构型高和边长有关的新峰值频率。对于三角形构型的半潜式基础,横向特征荷载的敏感浪向往往不止横浪,其附近30°浪向均可能造成较大响应。静水压力主导结构单元的应力,其导致的结构应力平均值远大于动水压力导致的结构应力动态变化,而应力的动态变化主要受运动响应和整体结构响应影响。

关键词: 浮式风机;半潜式基础;结构有限元分析;水动力与结构耦合;局部结构响应;整体结构响应

过去几十年海上风能快速发展。根据全球风能理事会报告[1],2023 年新增海上风机装机容量 8.8 GW,未来 10 年将新增 380 GW。作为重要的海上风电技术之一,浮式风机被认为将有显著的增量,2022 年浮式风机装机容量仅为 66.4 MW,预计到 2030 年将达到 16.5 GW[2]。然而,浮式风机的商业化面临着重大挑战,因为其度电成本较高,甚至达到海上固定式风机度电成本的 2 倍[3]。

目前浮式风机基础结构设计基本沿用海上油气平台设计规范[4],而油气平台需要考虑倾覆后造成的石油泄漏和人员伤亡的严重后果[5],因此设计相对保守,冗余度较高。可见现阶段针对浮式风机基础结构设计规范尚不完善,对浮式基础结构响应特征尚未明晰,而降低浮式风机半潜式基础的用钢量是降低成本的重要途径,因此亟须探究浮式风机结构响应特征,为降本增效提供新途径。

现阶段关于浮式风机的文献大多聚焦其运动响应,对于运动响应特征总结比较深刻,仅有少数文献涉及浮式风机结构响应。如 Wang 等[6]利用 Sesam 软件在分析 10 MW 浮式风机半潜式基础在静水、风荷载、波浪荷载作用下整体结构响应,展示了各种荷载对整体结构响应的贡献。此外,Yang 等[7]利用 Sesam 软件对考虑腐蚀条件的半潜式基础结构强度进行评估,对结构疲劳寿命进行探究并展示了部分结构响应结果。Wang 等[8]利用 Sesam 软件对 10 MW 浮式风机进行设计并分析其整体动力响应和局部应力,主要比较钢筋和混凝土两种材料对结构响应的影响。Gao 等[9]利用 MATLAB 工具包和 DNV 工具包分析 15 MW 浮式风机半潜式基础结构应力,重点探究了不同水压力成分对结构局部应力的影响。Li 等[10]建立 15 MW 浮式风机的半潜式结构有限元模型进行分析,着重探究考虑半潜式基础弹性对整体动力响应的影响。金超等[11]提出浮式支撑结构的设计方案,建立结构有限元模型,进行水动力分析和结构强度分析,探究结构应力随上部风机功率变化的规律。林琳等[12]采用三维频域线性水弹性方法计算结构响应,探究波浪荷载导致的塔筒弯矩。综上所述,已有少量文章涉及半潜式基础结构响应分析,但大多致力于探

基金项目: 国家自然科学基金面上项目(52371280);广东省省级科技计划项目(2023A0505050086);深圳市基础研究面上项目(JCYJ20220530143006015)

通信作者: 李彬彬。E-mail:libinbin@sz.tsinghua.edu.cn

究风、浪、流荷载,结构材料,风机功率,不同水压力成分,以及是否考虑基础弹性对运动响应或结构响应的影响。尚无学者探究不同波浪要素(浪向、频率)对半潜式基础结构响应的影响。然而,波浪条件对结构响应影响较大,不同浪向、频率的波浪将影响半潜式基础的波浪荷载和运动响应,进而影响结构响应。因此,探究不同波浪要素下的结构响应特征将为半潜式基础结构设计和分析提供参考。

本研究将考虑水动力-结构耦合,在频域范围内探究浮式风机半潜式基础的整体和局部结构响应特征,揭示结构响应在不同频率、不同浪向下的特征,并比较静水工况下应力和长期海况下应力预报值,探究结构总应力的主要影响因素,为结构设计提供参考和建议。文章第一部分介绍考虑水动力-结构耦合的线性准静态分析理论及长期谱分析理论;第二部分描述结构设计情况、建立的模型、选取的海况与模型验证情况;第三部分分析和讨论浮式风机半潜式基础的整体和局部结构响应;第四部分总结浮式风机半潜式基础的结构响应特征。

1 理论背景

1.1 考虑水动力-结构耦合的线性准静态分析理论

考虑水动力-结构耦合的线性准静态分析理论结合了势流理论和结构有限元分析理论。首先通过势流理论求动水压力,为避免水动力-网格插值导致的不平衡问题,重新计算结构网格的动水压力。动水压力根据势流理论求解,参考 Chen 等人工作[13],流体内的每个点的速度势表示如下:

$$\varphi = \iint_{S_B^H} \sigma G \mathrm{d}S \tag{1}$$

式中:G 代表格林函数;σ 为未知源强度。σ 通过以下方程求解:

$$\frac{1}{2}\sigma + \iint_{S_B^H} \sigma \frac{\partial G}{\partial n}\mathrm{d}S = 0 \quad \text{on} \quad S_B^H \tag{2}$$

该表达式是连续的,由此可以求出流体域内每个点的速度势,其中 φ 分成入射速度势 φ_I、绕射速度势 φ_D、6 个辐射速度势分量 φ_{Rj},表达式如下:

$$\varphi = \varphi_I + \varphi_D - \mathrm{i}\omega \sum_{j=1}^{6} \xi_j \varphi_{Rj} \tag{3}$$

重新计算结构网格动水压力,则流体域内速度势通过式(4)求解:

$$\varphi(x_s) = \iint_{S_B^H} \sigma(x_h) G(x_h; x_s)\mathrm{d}S \tag{4}$$

式中:x_s 代表结构网格点,而 x_h 代表水动力网格点。由于结构网格较多,直接采用高斯点积分求入射和绕射力 F_i^{DI}、附加质量系数 A_{ij}、辐射阻尼系数 B_{ij}。

静水回复力矩阵由两部分构成,第一部分是静水回复水压力的积分,第二部分为考虑坐标系改变导致的额外项,求解公示如下:

$$[C]^s = [C]^p + [C]^g \tag{5}$$

其中,$[C]^p$ 和 $[C]^g$ 分别按下式求解:

$$[C]^p = C_{ij}^p = \iint_{S_B^H} p_j^{hs} n_i \mathrm{d}S = \int_{S_B^H} -\rho g[\xi_3 + \xi_4(Y-Y_G) - \xi_5(X-X_G)]n_i \mathrm{d}S \tag{6}$$

$$F^g = -mg\Omega \times k = [C]^g\{\xi\} \tag{7}$$

其中,运动方程通过下式求解:

$$[-\omega^2([M]+[A]^s) - \mathrm{i}\omega[B]^s + [C]^s]\{\xi\} = \{F^{DI}\}^s \tag{8}$$

求解运动方程即可得到结构网格六自由度运动$\{\xi\}^s$,总的线性水压力可以写成:

$$p^S = p_I^S + p_D^S + \sum_{j=1}^{6} \xi_j^S(p_{Rj} + p_j^{hs}) \tag{9}$$

由此可以得到作用于结构上的所有荷载,分为惯性力 $-\omega^2 m_i \xi_i$、水压力 p_i^S、重力项 $-m_i g\Omega^S \times k$ 三项。惯性力和重力项作用于结构模型中每个单元,而水压力仅作用结构网格的湿表面,将每个频率和每个浪向下的结构荷载实部和虚部分别输入有限元模型,进行静力计算即可得到结构响应幅值响应算子

（RAO）。

1.2 长期谱分析理论

采用海况条件为 Jonswap 谱，波浪谱 $S_\eta(\omega)$ 计算公示如下：

$$S_\eta(\omega) = \frac{5.061\left(\frac{\omega_p}{2\pi}\right)^4 H_s^2(1-0.287\log\gamma)g^2}{\omega^5} e^{-1.25\left(\frac{\omega_p}{\omega}\right)^4} \gamma^{e^{-0.5\left(\frac{\omega-\omega_p}{\sigma\omega_p}\right)^2}} \tag{10}$$

$$\sigma = \begin{cases} 0.07 & \omega < \omega_p \\ 0.09 & \omega \geq \omega_p \end{cases} \tag{11}$$

式中：γ 为谱峰因子；ω_p 为峰值频率，$\omega_p = 2\pi/T_p$。根据结构响应 RAO 和给定的波浪谱可求响应谱的零阶谱矩 m_0：

$$m_0 = \int \mathrm{RAO}^2(\omega, \beta_0) S_\eta(\omega) \mathrm{d}\omega \tag{12}$$

式中：β_0 为选定的浪向，$\mathrm{RAO}(\omega, \beta_0)$ 为幅值响应算子。

假设半潜式基础短期结构响应服从瑞利分布，瑞利分布概率密度函数如式（13）：

$$P(X) = \frac{X}{4m_0} e^{\frac{-X^2}{8m_0}} \tag{13}$$

式中：X 为结构响应，m_0 为响应谱的零阶谱矩。

定义 D_{ss} 为短期海况持续时间，一般取 $D_{ss} = 10\,800$ s，定义结构长期服役年限为 D_{ref}，对于浮式风机而言，一般取 $D_{ref} = 25$ a，假设长期海况有无数个短期海况叠加而成，则服役期间每个海况的周期数为：

$$n_{SS} = \frac{365 \times 24 \times 60 \times 60 \times D_{ref}}{T_z} \times \mathrm{prob}(SS) \tag{14}$$

式中：T_z 为结构响应平均过零周期，$T_z = 2\pi\sqrt{\frac{m_0}{m_2}}$，$\mathrm{prob}(SS)$ 为每个海况的出现概率。长期海况极值预报通常采用数周期的方法，根据假设，长期海况超越 X 的周期数为：

$$n_{ex}(X) = \sum_{SS=1}^{SS=N_{ss}} n_{SS}[1 - P_{SS}(X)] \tag{15}$$

据此可得长期海况结构响应超越 X 周期数的分布，给定一定概率便可计算长期预报极值。根据规范[14]，海上风力发电机组设计使用年限一般为 25 年，因此计算长期预报极值时概率取 25 年一遇对应概率。

2 半潜式基础的模型建立、海况选取及模型验证

2.1 模型建立

在进行结构分析之前，需要对半潜式基础进行结构设计。模型主尺寸采用 NREL OC4 半潜式基础尺寸，具体数值参见 Robertson 等人论文[15]。但现阶段尚无公开的结构模型图纸，因此需要对半潜式基础板厚、加劲肋布置、加劲肋截面进行设计。Yang 等人[7]对 NREL OC4 5 MW 浮式风机半潜式基础进行了结构设计。参考其结构设计数据，并采用 DNV-ST-0119 规范进行设计验证，结构材料信息汇总如表 1。图 1(a)为半潜式基础结构有限元模型。

表 1　结构材料信息汇总表

项　目	值	项　目	值
钢材材质	Q355	密度	7 850 kg/m³
屈服强度	355 MPa	泊松比	0.3

结构分析使用法国船级社开发的水动力-结构分析软件 Homer，将其与水动力分析软件 Hydrostar 及有限元软件耦合进行结构有限元分析，选择 ABAQUS 作为有限元计算软件。为了避免出现动水压力由水动力网格插值到结构网格而出现的不平衡问题，基于结构网格湿表面重新计算动水压力，再利用高斯点

积分求解水动力系数,进而求解运动响应。为验证水动力系数的准确性,与基于水动力网格直接积分求得的水动力系数、运动响应、自然周期比较。结构分析计算流程如图1(b)。

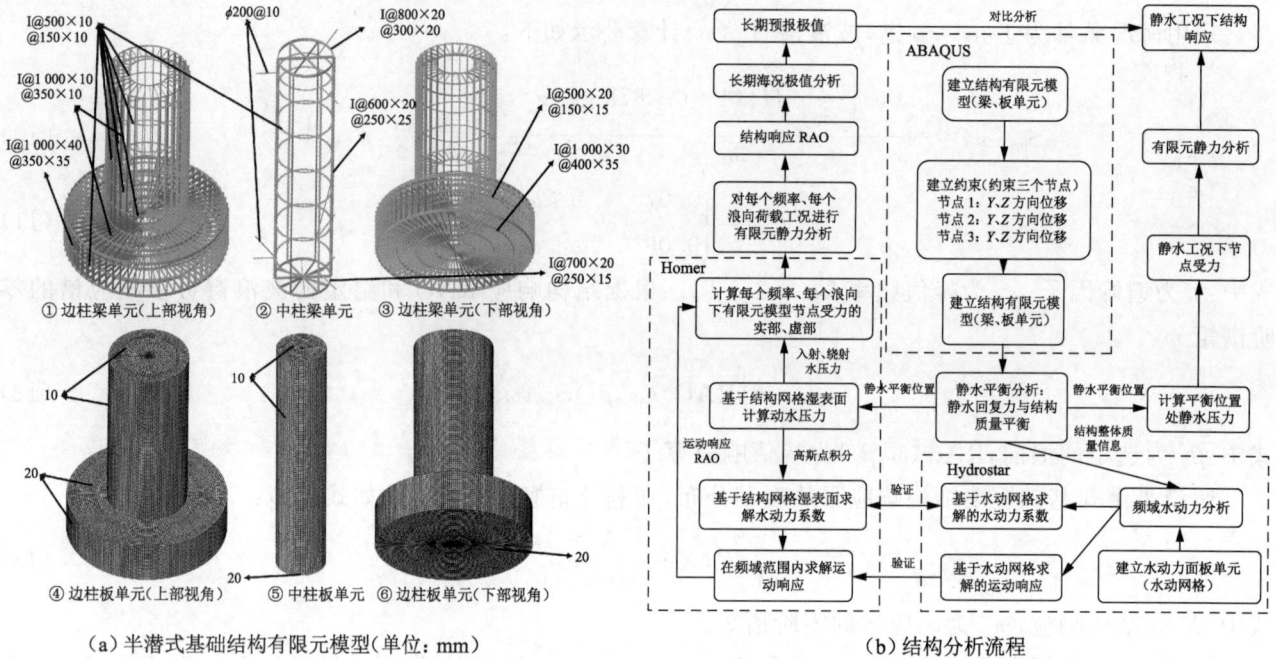

（a）半潜式基础结构有限元模型(单位：mm)　　　　　　（b）结构分析流程

图1　浮式风机半潜式基础结构有限元模型和结构分析流程(I代表工字钢,φ代表圆管截面)

半潜式基础结构有限元模型建为梁、板单元。将结构外壳建为板单元,而加劲肋、浮筒、斜撑建为梁单元,结构网格按照边长为0.3 m的尺寸进行划分。提取结构网格的湿表面模型用于静水平衡计算和动水压力计算,并建立水动力网格用于验证水动力系数的准确性,水动力网格按照边长为2 m的尺寸进行划分。以液舱形式考虑压载水,但不考虑其晃荡,液舱完全填充并建立顶盖,防止压载水晃荡对结构运动响应的影响。本研究重点在频域内探究波浪导致的半潜式平台结构响应,不考虑上部结构所受的风荷载,因此将机舱、叶片、转子(RNA)和塔筒简化成集中质量点,与中柱顶板连接,只考虑RNA和塔筒的惯性力。这种简化方式对运动响应和中柱上部结构应力有一定影响,运动响应会影响辐射水压力和静水回复水压力,进而对结构其他部分结构应力产生影响,但考虑这种影响需要进行时域非线性模拟,本研究不考虑对线性频域分析结果的影响。

2.2 海况选取

2.2.1 长期波浪散射

由于中国东南海岸缺乏足够的长期波浪观测数据,因此长期波浪散射数据采用应用较多的数值波浪模型。采用Li等[16]使用的广东省沿海某地波浪长期散布情况[图2(a)]。

（a）广东省沿海某地波浪长期散布图　　（b）坐标系和浪向定义　　（c）截面定义

图2　坐标系、浪向及海况截面定义

2.2.2 浪向和坐标系定义

图 2(b)定义浪向和坐标系,风机机头朝向为 x 负向,0°浪向顺着 x 轴正向,90°浪向顺着 y 轴正向,浪向沿着逆时针依次增大。

2.3 模型验证

波浪导致的结构响应主要受水压力和运动响应影响,而水动力系数是水压力在湿表面的积分,运动 RAO 和自然周期是运动响应验证的主要指标,因此对比基于结构网格湿表面求解的与基于水动力网格求解的水动力系数、运动 RAO、自然周期,验证基于结构网格湿表面求解的水压力和运动响应准确性。

基于结构网格湿表面求得的水动力系数与基于水动力网格求得的水动力系数吻合较好。比较两者在每个频率、每个浪向下的水动力系数,差距均不超过 10%。

求解水动力系数后便可计算运动响应。将基于结构网格湿表面计算的运动响应和基于水动力网格计算的运动响应进行比较,结果吻合较好。图 3 展示了两者垂荡、横摇和纵摇的 RAO。结果表明垂荡、横摇和纵摇响应基本吻合,但在横摇和纵摇自然频率附近有一定差别,原因在于水动力系数误差导致的运动响应误差在自然频率附近被放大。

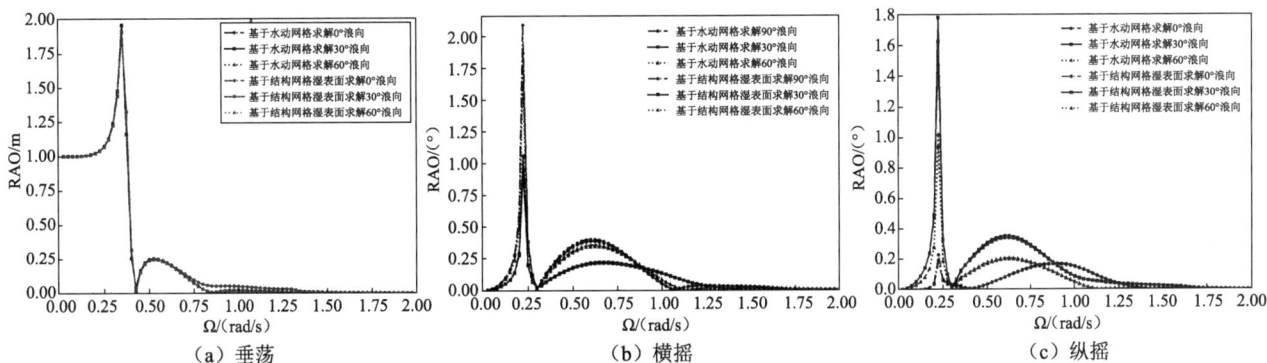

| （a）垂荡 | （b）横摇 | （c）纵摇 |

图 3 浮式风机垂荡、横摇和纵摇的 RAO

将基于结构网格湿表面求解的自然周期与基于水动力网格求解的自然周期进行比较,结果吻合很好。表 2 为基于两种网格求解的自然周期,垂荡、横摇和纵摇的自然周期均在合理的工程范围内。

表 2 半潜式基础的自然周期对比表

自然周期	垂荡自然周期/s	横摇自然周期/s	纵摇自然周期/s
基于水动力网格求解	17.34	28.07	28.07
基于结构网格湿表面求解	17.22	28.09	28.10

3 半潜式基础的结构响应

3.1 整体结构响应

整体结构响应是半潜式基础整体强度评估的重要指标,也是等效设计波选取的重要依据。在油气领域对半潜式平台整体结构响应特征的总结较多,但由于浮式风机半潜式基础的结构型式为三角形构型,不同于半潜式油气平台的四边形构型,因此浮式风机半潜式基础的整体结构响应特征尚未明晰。根据《漂浮式风机结构设计(修订版)(DNV-GL-ST-0119)规范》,半潜式基础整体结构响应主要考虑 7 种特征荷载:分离力、剪切力、横向扭矩、纵向扭矩(内力)、甲板纵向加速度、甲板横向加速度和甲板竖向加速度(加速度)。规范提到的 7 种特征荷载是针对四边形半潜式基础而言,对于浮式风机半潜式基础可以类比四边形构型的半潜式基础来定义特征荷载。首先,定义 3 个截面[如图 2(c)所示,截面 1、截面 2 和截面 3]来说明特征荷载,3 个截面的内力分别代表柱①与柱②、柱③,柱②与柱①、柱③,柱③与柱①、柱②之间的特征荷载。浮式风机半潜式基础结构是对称的,因此 3 个截面内力是等效的。为了简化坐标转换,选取截面 1 的特征荷载进行讨论。对于纵向、横向和竖向加速度,选取 RNA 和塔筒集中质量点的全局加速度进行讨论。图 4 展示浮式风机半潜式基础的特征内力 RAO。

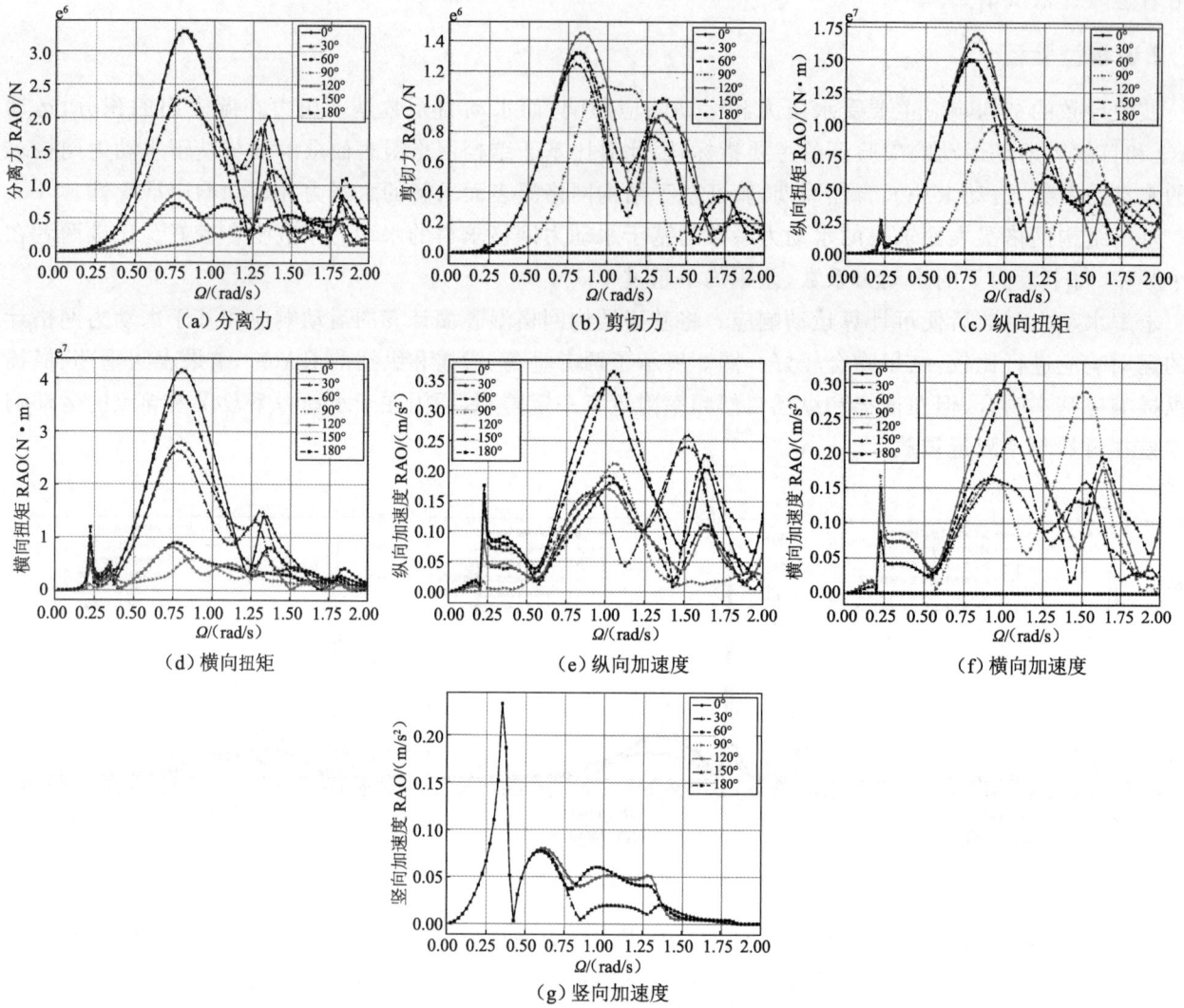

（a）分离力　　　　　　　　（b）剪切力　　　　　　　　（c）纵向扭矩

（d）横向扭矩　　　　　　（e）纵向加速度　　　　　　（f）横向加速度

（g）竖向加速度

图 4　半潜式基础特征内力 RAO

4 种内力 RAO 随浪向的变化表现出不同的规律。比较不同浪向下内力 RAO 的峰值发现,截面 1 的分离力和横向扭矩的 RAO 在 0°和 180°浪向下的峰值最大,说明其对顺着截面法向量方向的浪向最敏感。剪切力和纵向扭矩的 RAO 则在 90°浪向出现较大峰值。值得注意的是,RAO 最大峰值不是出现在 90°浪向,而是在 120°浪向,且不同浪向对应的峰值频率不一样。比如,90°浪向的 RAO 峰值出现较晚,在 1～1.25 rad/s 的频率范围内 RAO 最大,在此频率范围内,其他浪向 RAO 较小,但造成较大 RAO 峰值的浪向基本出现在 90°附近的 30°浪向范围内。因此,剪切力 RAO 和纵向扭矩 RAO 不仅需要对 90°浪向敏感,还需对其附近 30°浪向敏感。

4 种内力 RAO 随频率变化表现出类似的规律。在每种浪向下,内力 RAO 的峰值循环出现,峰值大小逐渐降低,且第一个峰值对应的频率均为 0.81 rad/s,与六自由度运动的自然周期相差甚远,而与波浪频率较为接近,可见波频响应对结构内力响应的贡献较大。但部分内力的 RAO 在垂荡、横摇、纵摇自然频率附近出现峰值,如横向扭矩和纵向扭矩,说明运动响应对结构扭矩有影响。

通过深水波理论计算,第一峰值频率对应的波长为 93.86 m。比较结构几何尺寸发现,此频率对应的波长约为三角形构型高的 2 倍。如图 5(a) 所示,由于柱①与柱②、柱③所处位置的相位差约为 π,两者动水压力相反,因此造成最大的分离力和横向扭矩。对于剪切力和纵向扭矩,在 120°浪向下出现的峰值频率是 0.81 rad/s,其原理与分离力和纵向扭矩类似。而 90°浪向出现峰值的原理略有不同,其峰值频率范围为1～1.25 rad/s,对应的波长范围约为柱②和柱③的距离(由于柱的直径相对于柱中心间距不可忽略,柱间距离为一个范围)。如图5(b)所示,柱②和柱③相位相差π,水动力压力同向;而柱①与柱②、柱③相位相差π,水动压力与柱②和柱③反向,因此造成最大的剪切力和横向扭矩。

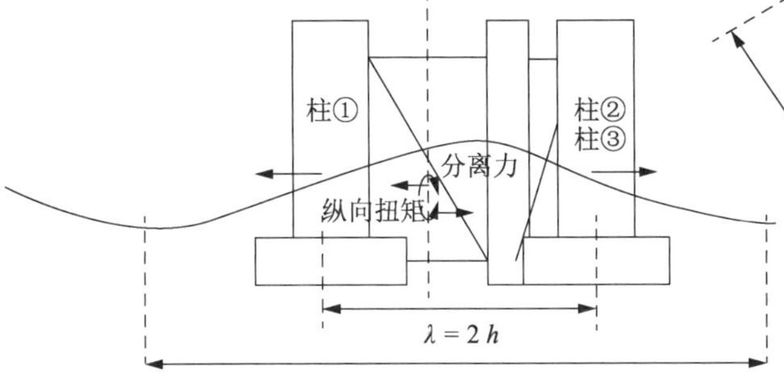

（a）分离力和纵向弯矩 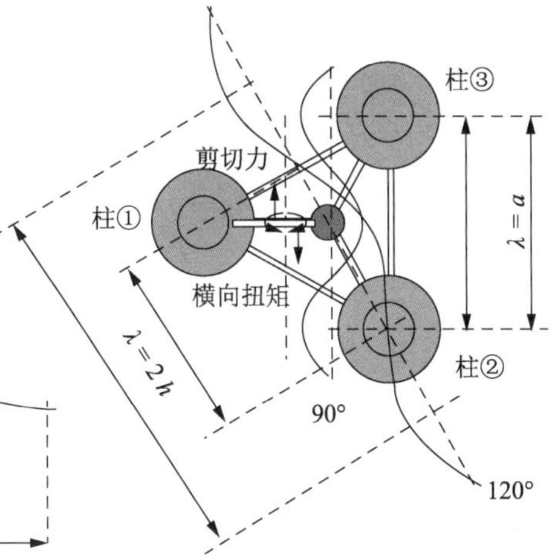　　　　　　（b）剪切力和横向扭矩

图5　内力RAO峰值产生的原理

横向扭矩和纵向扭矩受垂荡、横摇和纵摇影响较大,原因如下:横摇和纵摇引起的静水压力变化导致作用在柱①与柱②、柱③的力不均匀,从而增大特征荷载的RAO,造成了剪切力RAO和纵向扭矩RAO的低频峰值。

RNA和塔筒集中质量点的纵向、横向和竖向加速度RAO主要受运动响应影响。在横摇和纵摇自然频率附近,纵向和横向加速度出现明显的峰值。比较不同浪向下RAO的峰值发现,0°和180°浪向造成的纵向加速度RAO峰值最大,而60°和120°浪向造成的横向加速度RAO峰值最大。但值得注意的是90°浪向下横向加速度RAO也有与60°和120°浪向相当的峰值,因此在分析横向加速度响应时,90°附近的30°浪向都值得关注。竖向加速度取决于垂荡,其在垂荡自然频率出现峰值,RAO变化规律类似于垂荡RAO。

3.2 局部结构响应

3.2.1 静水工况下应力热点

静水工况下半潜式基础的应力热点取决于结构设计,但在合理的设计范围内,应力热点的出现往往呈现一定的规律性。图6为梁单元和板单元的应力云图。对于板单元而言,应力热点集中在下柱侧壁、下柱顶板和底板边缘、下柱底板中心、中柱底板边缘,原因在于其吃水较深,静水压力大,在板的跨度较大区域容易出现应力热点。对于梁单元而言,应力热点集中于上柱和下柱侧壁纵向加劲肋底端、下柱底板径向加劲肋边缘和中心、中柱与斜撑连接处,原因在于静水压力较大,对在加劲肋布置较稀疏的区域容易出现应力热点。

3.2.2 应力热点单元的应力RAO

对于板单元,应力热点的x、y方向正应力RAO受垂荡影响较大,而切应力RAO受到运动响应和整体结构响应共同影响。如3.2.1部分所述,应力热点往往出现在诸多单元,逐单元分析RAO显然不现实,因此选取静水工况下板单元冯米塞斯应力最大单元,探究其RAO特点,该单元位于中柱底板边缘。图7(a)至图7(c)展示了该单元x方向正应力、y方向正应力、切应力RAO。x、y方向正应力RAO在垂荡自然频率附近出现较大峰值,原因在于垂荡导致静水压强的变化,从而造成板单元x、y方向正应力的峰值。切应力RAO在垂荡和纵摇自然频率附近均出现较大峰值,此外,在整体结构响应敏感频率(0.81 rad/s)附近也出现峰值,比较发现其与横向扭矩的变化规律相近,可见受横向扭矩影响较大。切应力在0°和180°浪向时RAO峰值最大,说明其对0°和180°浪向敏感。综上所述,选取的应力热点板单元的应力受半潜式基础整体运动响应和整体结构响应影响。

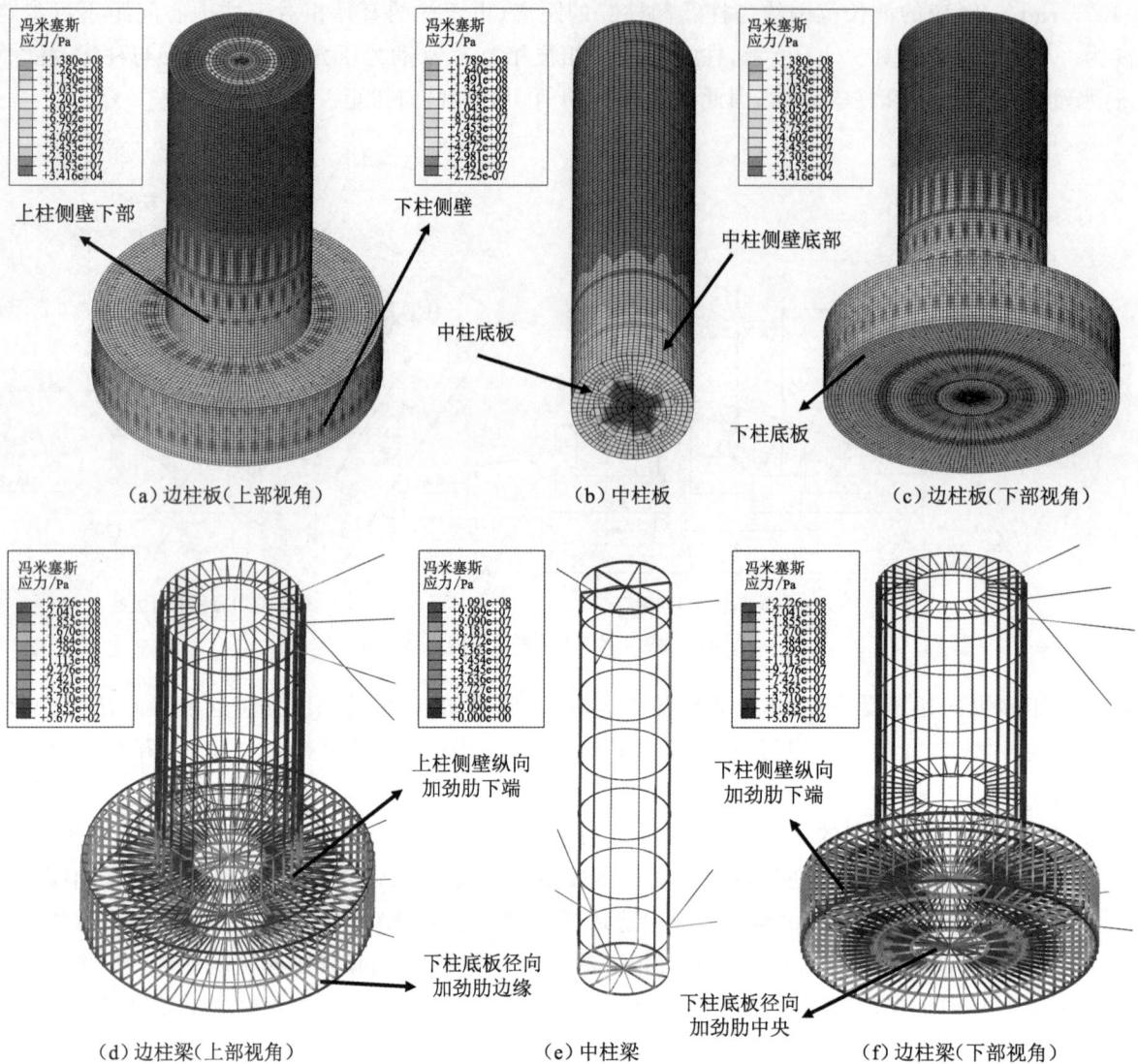

图 6　梁单元和板单元在静水工况下的冯米塞斯应力分布

对于梁单元,结合应力 RAO 主要受整体运动响应和整体结构响应影响,并分别主导低频和波频响应。类似于板单元,选取静水工况下梁单元结合应力最大的单元进行探究,该单元位于上柱侧壁纵向加劲肋底端。图 7(d)至图 7(g)展示该单元 Pt1—Pt4 结合应力 RAO,Pt1—Pt4 结合应力分别为梁截面 4 个特征点的结合应力。从图中发现,结合应力 RAO 在垂荡和横摇自然频率分别出现峰值,原因在于垂荡和横摇导致该单元所在竖向位置变化,从而引起静水压强变化。因此,结合应力在低频的响应主要受垂荡和横摇影响。在波频范围内,0°和180°、30°和150°引起较大的梁单元应力 RAO,且在整体结构响应敏感频率(0.81 rad/s)附近也出现峰值。综上所述,选取的应力热点梁单元的应力主要受半潜式基础整体运动响应和整体结构响应影响。

3.2.3 长期极值预报

梁和板单元的正应力由静水工况造成的平均应力占主导,而切应力由动水压力造成的应力占主导。结合波浪长期散布图,对应力热点单元应力进行长期极值预报,并与静水工况下的应力比较,探究两者对单元总应力的贡献。表 3 展示了应力热点单元应力的长期极值预报及其与静水工况应力的比较,结果表明梁和板单元在静水工况下的正应力远大于长期预报值,甚至为预报值的 5~6 倍,可见半潜式基础结构正应力由静水工况下的平均应力占主导,原因在于静水压力远大于动水压力。但切应力的规律不同,比如中柱底板板单元切应力,其长期预报值大于静水工况下平均应力,原因在于静水压力主要造成中柱底板的正应力,对切应力几乎没有影响,而切应力主要由动水压力造成。表 3 还展示了梁和板单元总应力最大值,均未超过 Q355 钢应力屈服强度,证明本结构设计的合理性。

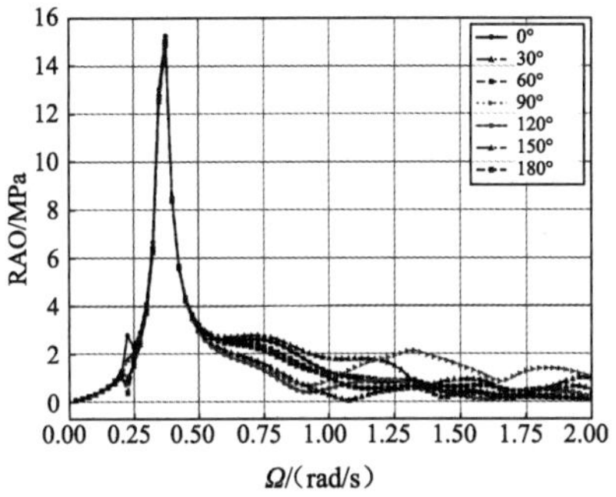

（a）板单元 x 方向正应力 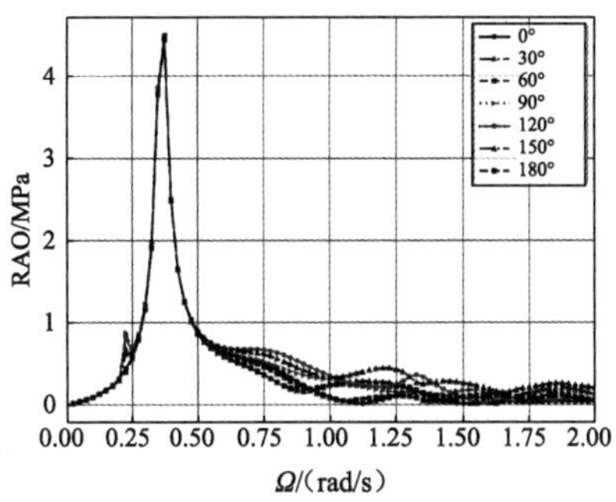　　（b）板单元 y 方向正应力 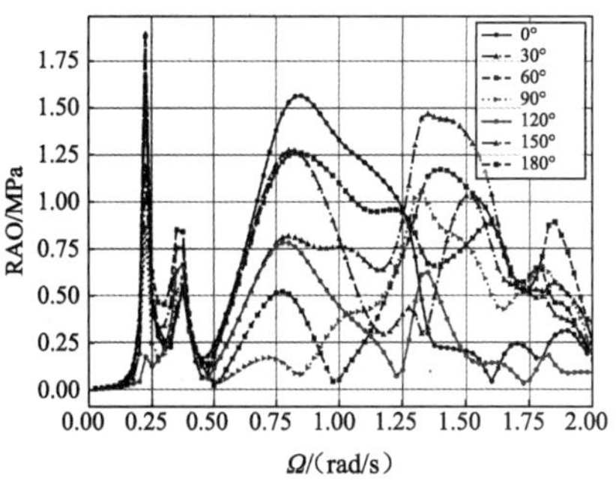　　（c）板单元切应力

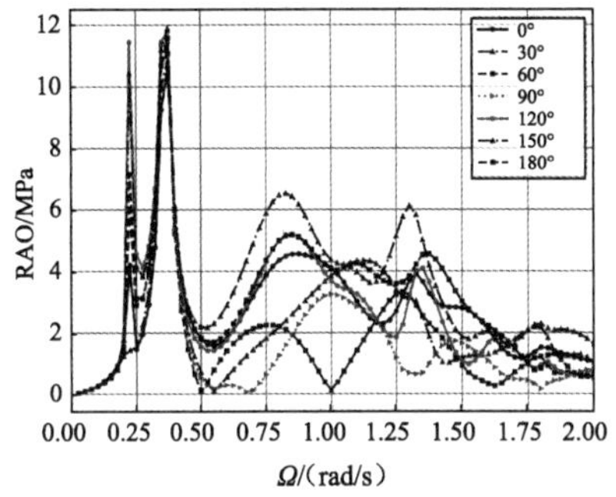

（d）梁单元 Pt1 应力 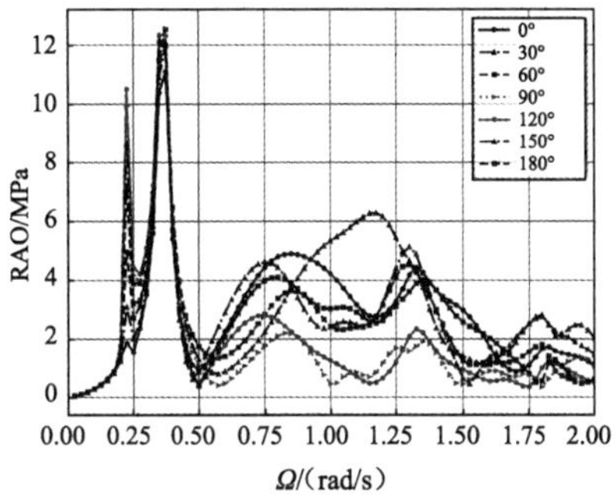　　（e）梁单元 Pt2 应力 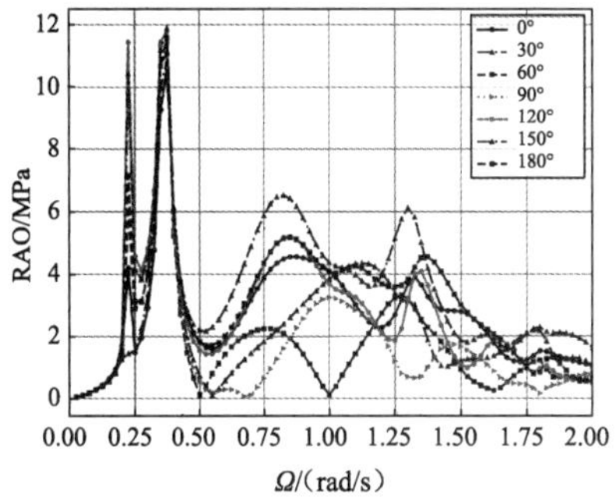　　（f）梁单元 Pt3 应力

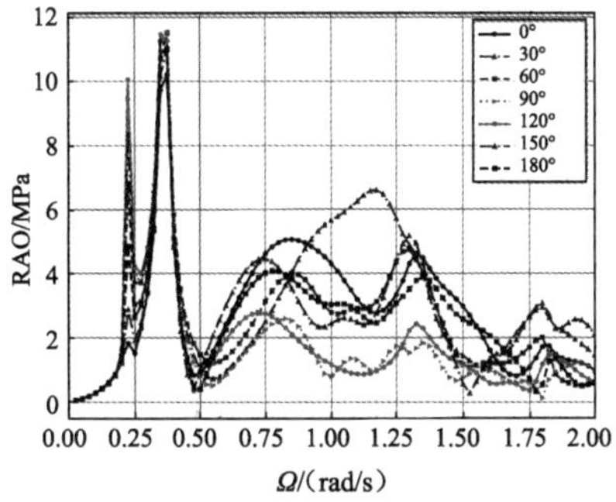

（g）梁单元 Pt4 应力

图 7　半潜式基础特征内力 RAO

表 3　特征响应长期谱分析极值预报

项　目	长期预报应力极值/MPa	静水工况应力/MPa	总应力最大值/MPa
板单元 x 方向正应力	29.69	−172.06	−201.75
板单元 y 方向正应力	7.54	−50.58	−58.12
板单元 xy 方向切应力	12.32	4.72	17.04
梁单元 Pt1 应力	52.23	215.23	267.46
梁单元 Pt2 应力	43.82	214.65	258.47
梁单元 Pt3 应力	54.58	−214.13	−268.71
梁单元 Pt4 应力	44.45	−213.54	−257.99

4　结　语

对 NREL OC4 半潜式基础进行结构设计，再考虑水动力和结构的耦合，在频域内进行运动响应求解和结构有限元分析，探究浮式风机半潜式基础的整体和局部结构响应特征，并比较静水工况下应力和长期海况下应力预报值，探究结构总应力主要影响因素，主要结论概括如下：

（1）特征荷载易在浮式风机半潜式基础三角构型高的 2 倍对应的频率与垂荡、横摇和纵摇自然频率出现峰值，在进行浮式风机半潜式基础结构设计时值得注意。

(2)不同于传统油气半潜式平台,对于浮式风机半潜式基础的三角形构型结构,横向特征荷载,如剪切力、横向扭矩和横向加速度等不仅对横浪敏感,还可能对横浪附近的30°浪向敏感,如剪切力RAO,在沿中柱和其他边柱连线的浪向出现最大峰值。

(3)结构局部响应受结构整体响应(整体运动响应和特征荷载)影响较大。比如选取的梁和板应力热点单元的应力在整体运动自然频率和特征荷载峰值频率出现峰值。

(4)结构单元总应力由静水压力导致的平均应力和动水压力导致的应力动态变化叠加而成,而由静水压力导致的平均应力占主导,但板单元的切应力除外,原因在于静水压力几乎不造成板单元的切应力。

本研究仅考虑波浪导致的半潜式基础结构响应,没有考虑气动荷载影响,有待进一步分析考虑气动荷载耦合下结构响应的特征。另外,本研究仅对结构响应进行线性频域分析,未考虑时域非线性模拟。对于局部结构响应,仅选取应力热点单元进行探究,未来有待探究更多单元应力,总结更加普遍的局部响应特征规律。

参考文献

[1] GLOBAL WIND ENERGY COUNCIL. Global offshore wind report 2020[R]. Brussels:GWEC,2020,19:10-12.

[2] GLOBAL WIND ENERGY COUNCIL. Global wind report 2023[R]. Brussels:GWEC,2022.

[3] DET NORSKE VERITAS. ENERGY TRANSITION OUTLOOK 2023[R]. Oslo:DNN,2023.

[4] 刘海波,段斐,喻飞,等. 悬挂压载式海上风机浮式基础结构:CN112127384A[P]. 2020-12-25.

[5] 邓露,王彪,肖志颖,等. 半潜型浮式风机平台研究综述[J]. 船舶工程,2016,38(4):1-6.

[6] WANG S S,MOAN T,GAO Z. Methodology for global structural load effect analysis of the semi-submersible hull of floating wind turbines under still water,wind,and wave loads[J]. Marine Structures,2023,91:103463.

[7] YANG Y F,CHEN C H,ZHAO W H,et al. An innovative method of assessing yield strength of floater hull for semi-submersible floating wind turbine in whole life period[J]. Ocean Engineering,2023,270:113679.

[8] WANG S S,XING Y,BALAKRISHNA R,et al. Design,local structural stress,and global dynamic response analysis of a steel semi-submersible hull for a 10-MW floating wind turbine[J]. Engineering Structures,2023,291:116474.

[9] GAO Z,MERINO D,HAN K J,et al. Time-domain floater stress analysis for a floating wind turbine[J]. Journal of Ocean Engineering and Science,2023,8(4):435-445.

[10] LI H,GAO Z,BACHYNSKI-POLIC E E,et al. Effect of floater flexibility on global dynamic responses of a 15-MW semi-submersible floating wind turbine[J]. Ocean Engineering,2023,286:115584.

[11] 金超,王炜. 深海大兆瓦级浮式海上风电结构强度分析[J]. 中国海洋平台,2022,37(03):1-7.

[12] 林琳,陈明杨,杨鹏,等. OC4漂浮式风电平台的水弹性响应及波浪载荷研究[J]. 海洋工程,2024,42(2):1-13.

[13] CHEN X B. Hydrodynamics in offshore and naval applications-Part I[C]//Keynote Lecture of the 6th International Conference on Hydrodynamics,November 24-26,2004,Perth,Western Australia.

[14] 中国电力企业联合会. 海上风力发电场设计标准:GB/T 51308—2019[S]. 北京:中国计划出版社,2019.

[15] ROBERTSON A,JONKMAN J,MASCIOLA M,et al. Definition of the semisubmersible floating system for phase II of OC4[R]. Golden:NREL,2014.

[16] LI B,QIAO D S,ZHAO W H,et al. Operability analysis of SWATH as a service vessel for offshore wind turbine in the southeastern coast of China[J]. Ocean Engineering,2022,251:111017.

基于强迫和自激振动的海上风机疲劳损伤对比

周嘉欣[1,2]，朱本瑞[1,2]

（1. 天津大学 水利工程智能建设与运维全国重点实验室，天津　300350；2. 天津大学 建筑工程学院，天津　300350）

摘要：海上单桩风机在高纬度地区服役时会面对海域结冰对风机结构带来的严峻挑战。目前关于海上单桩风机在风冰联合作用下的疲劳损伤研究大多采用强迫振动模型，鲜有采用自激振动模型考虑冰与结构相互作用的影响。为此，本文针对 5 MW 海上单桩风机，基于强迫振动模型和 Määttänen 自激振动模型，分别开展 2 种冰力模型下风机结构动力响应以及疲劳损伤分析。对比分析结果表明，风机疲劳损伤主要源于中低冰速下的稳态振动，强迫振动模型导致的风机疲劳损伤约为自激振动的 7.9 倍，在评估风机在风冰联合作用下的疲劳损伤时，强迫振动可能过于保守。

关键词：海上单桩风机；强迫振动；自激振动；动力响应；疲劳损伤

随着对化石能源有限性和全球气候变暖等环境问题的关注不断升温，绿色清洁能源的需求在全球范围内迅速增长[1]。在这一背景下，海上风电作为一种前景广阔的绿色清洁能源备受人们重视。地处高纬度的海域，如丹麦海域、波罗的海和中国渤海，由于水深适中、风能储备密度较大，成为全球海上风电事业发展的主要战场[2]。尽管海上风电具有极大的潜力，但高纬度地区的海域在冬季仍面临严峻的挑战，其中最为显著的问题之一就是结冰[3]。寒冷的气温和强风环境使得这些海域经常受到冰的影响。在这种恶劣的海上环境下，海上单桩风机长期受到风、冰和流的联合作用，发生疲劳损伤。

目前，已有大量的学者对风浪联合作用下的风机疲劳损伤进行了分析[4]，而对于风冰联合作用下的疲劳分析较少。张毅[1]对冰区海上风机支撑结构进行了风冰联合下的疲劳评估方法研究，但其采用的冰力模型为强迫振动模型，未能模拟出冰与结构之间的相互作用。Zhu 等[2]针对 5 MW 海上单桩风机进行了动力响应分析，采用 Määttänen 模型搜索出了风机锁频振动时的冰速区间，但由于 Määttänen 模型的局限性，没有关注风机高冰速下的随机振动响应。

冰与结构相互作用的机制极为复杂，在学术界主要划分为 2 种理论，即自激振动理论和强迫振动理论，分别由 Määttänen[5] 和 Matlock 等[6] 提出。自激振动理论在研究中更加细致地考虑了冰与结构之间的相互作用机制，包括冰的形变和结构的动力响应等因素。这使得自激振动理论能够更全面地描述风冰联合作用下的结构动力学行为，为工程设计提供更准确的依据[6]。与之相反，强迫振动理论在简化模型的同时可能忽略了一些关键的耦合效应，导致对真实工况的模拟不够准确。在工程应用中，大多采用更为简单快捷的强迫振动理论进行疲劳损伤的评估。为了能够更准确地模拟风机真实结构的动力响应，本文针对 5 MW 海上单桩风机开展风冰联合作用下动力响应分析，通过对比 2 种理论下海上单桩风机的疲劳损伤差异，可以更清晰地了解各自的优劣势，以期为风机结构的冰激疲劳损伤设计提供一些参考。

1 环境载荷及疲劳损伤理论

海上单桩风机在海上冰区服役期间，会受到气动载荷、动冰载荷和海流载荷等影响。其中气动载荷和

基金项目：国家自然科学基金资助项目（52101327）；国家留学基金委基金资助项目（201906255007）；天津大学自主创新基金资助项目（2020XT－0027）

通信作者：朱本瑞。E-mail：benrui. zhu@tju. edu. cn

动冰载荷对海上单桩风机疲劳损伤影响最大。

1.1 气动载荷

风本质上是空气的湍流运动。在研究其湍流特性时，可以把风速看作平均风速和脉动风速之和，即：

$$V(z,t)=\bar{V}(z)+V(z,t) \tag{1}$$

式中：z 为距离地面的高度（m）；t 为时间（s）；$\bar{V}(z)$ 为平均风速（m/s）；$V(z,t)$ 为脉动风速（m/s）。

平均风速与时间无关，只与地面粗糙度和距离地表高度有关，其表达式为：

$$\bar{V}(z)=\bar{V}_r\frac{\ln(z/z_0)}{\ln(z_r/z_0)} \tag{2}$$

式中：$\bar{V}_r$ 为参考高度 z 处的平均风速（m/s）；z_r 为风机轮毂处高度（m）；z_0 为粗糙度长度（m），对于海平面，取 0.03 m。

脉动风速指的是风在较短时间内的风速变化，体现了风速的湍流特性。本文采用卡曼谱[7]描述风的功率谱密度，其表达式为：

$$S_v(f)=\frac{4I^2L_c}{(1+6fL_c/\bar{V}_r)^{5/3}} \tag{3}$$

式中：$S_v(f)$ 为脉动风速功率谱密度函数；f 为频率（Hz）；L_c 为积分尺度参数；I 为湍流强度。

根据 5 MW 海上单桩风机的叶片和机身等参数，使用 TurbSim 软件生成了包含风机叶片在内的三维离散风场，通过叶素动量理论[8]，即可得到单个叶片上的轴向风载荷和切向风载荷时程。

1.2 动冰载荷

强迫振动采用 CCS 规范[9]中给出的周期性冰载荷，其冰力极值为：

$$F=A_nC_0\left(\frac{h}{h_1}\right)^n\left(\frac{w}{h}\right)^m \tag{4}$$

式中：w 为结构的投影宽度（m）；h 为海冰厚度（m）；h_1 为 1 m 的参考厚度；m 为经验系数，取 -0.16；n 取决于冰厚，当 $h<1$ m 时，$n=-0.5+h/5$，当 $h\geq1$ m 时，$n=-0.3$；C_0 为海冰的强度系数，取 2 MPa；$A_n=h\times w$，为名义作用面积。

冰的加载周期为：

$$T=l_b/v \tag{5}$$

式中：$l_b=ch$，c 取 0.3；v 为冰速（m/s）。

Määttänen 自激振动模型基于冰的连续破坏假设，考虑了海冰抗压强度（σ_c）与应力速率（$\dot{\sigma}$）的关系，能够充分反映模型冰与结构的相互作用。该模型根据不同的应力速率划分为 3 个区间，即低冰速延性区、中冰速延性-脆性转换区以及高冰速脆性区，如图 1 所示。

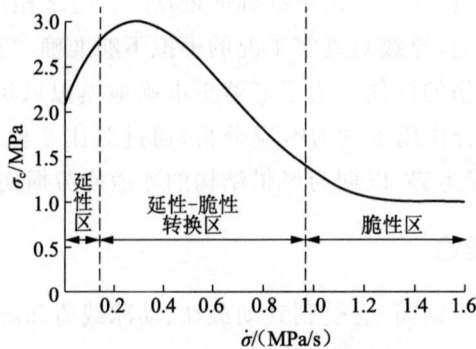

图 1　Määttänen 自激振动模型

Määttänen 基于实测数据得到海冰抗压强度与应力速率的关系式，即：

$$\sigma_c = \begin{cases} 0 & \dot{\sigma} \leqslant 0 \\ \sqrt{\dfrac{A_0}{A}}(2.0+7.8\dot{\sigma}-18.57\dot{\sigma}^2+13.0\dot{\sigma}^3-2.91\dot{\sigma}^4) & 0<\dot{\sigma}\leqslant 1.3 \\ 1 & \dot{\sigma}>1.3 \end{cases} \qquad (6)$$

式中：A_0 为参考加载面积，$A_0=1\ \mathrm{m}^2$；A 为冰载荷作用面积（m^2）。

其中，应力速率 $\dot{\sigma}$ 与冰和结构的相对速度有关，即：

$$\dot{\sigma}=(v-\dot{x})\frac{8\sigma_0}{\pi D} \qquad (7)$$

式中：$\dot{x}$ 为结构在水线位置的速度（m/s）；D 为结构直径，对于大直径结构来说，D 取为 $2h$（m）。

进一步得到动冰载荷为：

$$F_1(t)=A\sigma_c(\dot{\sigma},v,\dot{x},t) \qquad (8)$$

1.3 疲劳损伤理论

本文采用时域疲劳损伤理论，基于 S-N 曲线和 Miner 法则对海上单桩风机进行风冰联合作用下的疲劳损伤评估。S-N 曲线是基于实验测试获取的结构抗疲劳性能的曲线，根据 DNV 规范[10]，S-N 曲线公式为：

$$\log_{10}N=\log_{10}\bar{a}-m\log_{10}\left(\Delta\sigma\left(\frac{t}{t_{\mathrm{ref}}}\right)^k\right) \qquad (9)$$

式中：N 为应力范围内的循环次数；$\log_{10}\bar{a}$ 为 $\log_{10}N$ 轴的截距，取 11.764；m 为 S-N 曲线的反向负斜率，取 3；t 为基准厚度，取 25 mm；t_{ref} 为裂纹最可能生长的贯穿厚度，基准厚度小于 t_{ref} 时取 $t=t_{\mathrm{ref}}$；k 为疲劳强度的厚度指数，取 0.2。

由于风机在风冰联合作用下会产生面内和面外弯矩，塔筒泥面位置会遭遇较大的交变应力。因此，本文选取风机泥面位置截面上均匀分布的 8 个热点进行疲劳损伤计算，如图 2 所示，这些热点的名义应力为：

$$\sigma=\frac{F_{\mathrm{N}}}{A_{\mathrm{N}}}+\frac{M_x}{I_x}r\sin\varphi-\frac{M_y}{I_y}\cos\varphi \qquad (10)$$

式中：F_{N} 为轴向力；A_{N} 为塔筒截面面积；r 为截面半径；M_x 和 M_y 分别为面外和面内弯矩；I_x 和 I_y 分别为截面惯性矩；φ 为塔筒中心到热点位置方向与 x 方向的夹角。

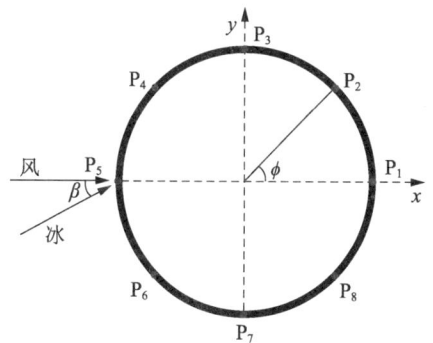

图 2 应力点分布

通过雨流计数法得到每一个应力范围所对应的循环次数 n_i，基于 S-N 曲线可以得到应力范围内结构的疲劳寿命（N_i），根据 Miner 法则，得到疲劳损伤 d_i 为：

$$d_i=\sum_i^N\frac{n_i}{N_i} \qquad (11)$$

进而得到一年内有效结冰期的疲劳损伤为：

$$D_i=q\times24\times3\ 600\times\frac{d_i}{t_i}\times P_i \qquad (12)$$

式中：D_i 为 i 工况冰期内的疲劳损伤；q 为有效冰期（d）；t_i 为 i 工况时域疲劳计算时长；P_i 为冰期内出现工况 i 的概率。

则海上单桩风机结构在一年内热点所产生的累计损伤为：

$$D_{\mathrm{total}}=\sum_{i=1}^K D_i \qquad (13)$$

式中：K 为总工况数。

2 数值模拟

2.1 有限元模拟

采用 ANSYS 有限元软件建立 NREL 5 MW 风机模型。以文献[11]公开的设计参数为依据,其主要参数见表 1。桩土约束部分采用分布式非线性弹簧模型进行模拟。风冰联合作用下有限元模型如图 3 所示。

表 1　5 MW 风电机组主要参数

参数	数值
发电功率	5 MW
风轮旋转直径	126 m
额定风速	11.4 m/s
轮毂直径	3 m
轮毂高度	90 m
塔筒直径	3.87~6 m
塔基高度	10 m
塔基直径	6 m
水深	30 m
桩土深	36 m

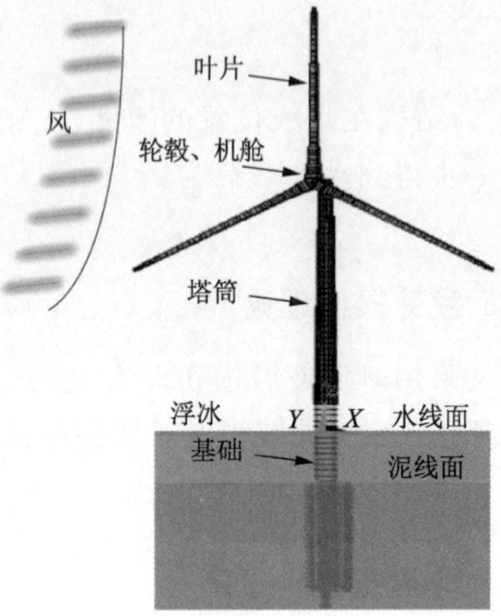

图 3　风冰联合作用下风机有限元模型

2.2 计算工况

根据渤海 JZ20-2 海域海冰速度统计资料[8],取 1 年一遇冰厚 7 cm、有效冰期 50 d,冰速范围 0~0.45 m/s,覆盖 99% 以上的情况。考虑 4 个风冰夹角 β,即 0°、30°、60°、90°,假设其发生概率相同。计算时,风载荷假设始终保持垂直于风机叶片旋转平面,仅考虑风机额定发电时的风速,即机舱高度的风速取 12 m/s,湍流强度为 10%。海流载荷则取线性剖面,并假定流向与海冰方向相同,表层流速与冰速一致,底层流速为 0 m/s。冰载荷则分别用强迫振动模型和自激振动模型进行计算。通过冰速概率分布得到以下疲劳子工况及其发生概率,见表 2。

表 2　风冰联合概率分布

冰速/(m/s)	β/(°)			
	0	30	60	90
0~0.07	2.95	2.95	2.95	2.95
0.07~0.15	7.62	7.62	7.62	7.62
0.15~0.25	8.99	8.99	8.99	8.99
0.25~0.35	4.29	4.29	4.29	4.29
0.35~0.45	1.15	1.15	1.15	1.15

3 结果与讨论

3.1 动力响应对比

在额定风速和常遇冰厚的条件下,采用强迫振动和自激振动模型分别对风机进行 300 s 的动力响应计算,提取每个工况下风机基础根部的应力响应时程。图 4 为风冰夹角为 0°情况下强迫振动和自激振动所引起的风机基础根部动力响应对比。

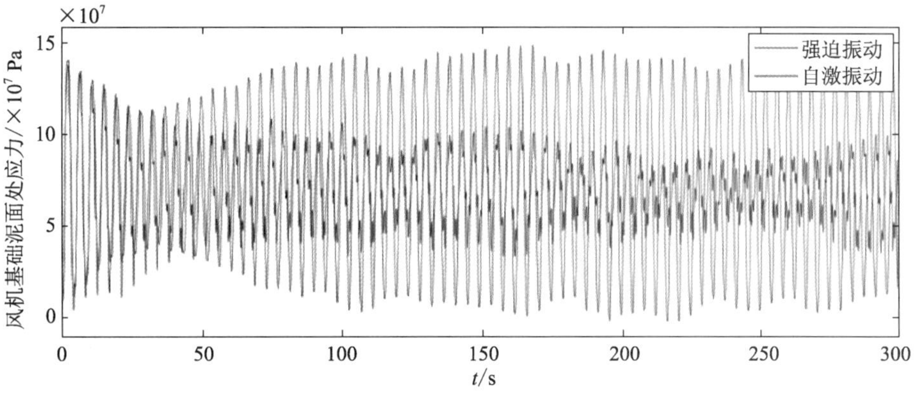

（a）$v=0\sim0.07$ m/s

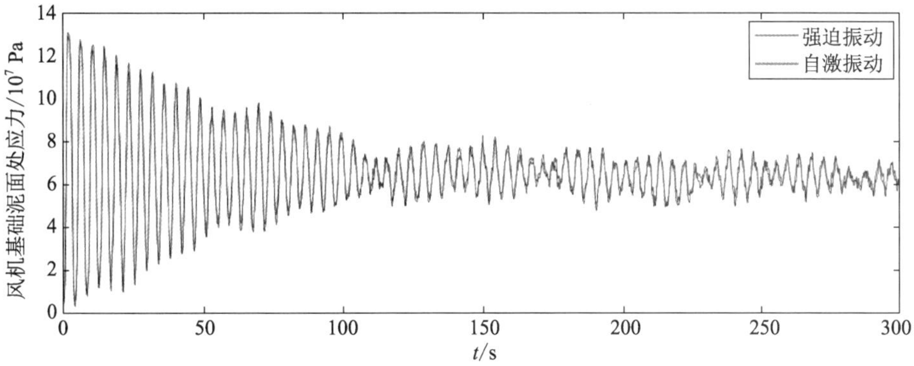

（b）$v=0.07\sim0.45$ m/s

图 4   强迫和自激振动下风机基础根部应力响应对比

由图 4(a)可知,风机在中低冰速下($v=0\sim0.07$ m/s)可能发生强烈的稳态振动,此时强迫振动模型所引起的动力响应要明显大于自激振动模型引起的动力响应,其最大应力约为自激振动模型的 1.4 倍。在高冰速下($v=0.07\sim0.45$ m/s),强迫振动模型和自激振动模型所导致的风机动力响应基本一致,这是由于高冰速下风机振动响应主要受随机风载荷的影响。对于强迫振动模型而言,高冰速情况下冰的破碎周期远离风机结构自振周期,以致动力放大效应不明显;对于自激振动模型而言,在高应力速率下,冰达到了脆性区范围,此时基于 Määttänen 模型所给出的海冰抗压强度为一个定值,冰载荷几乎不影响风机的动力响应。

3.2 疲劳损伤对比

进一步通过 S-N 曲线和雨流计数法对比风机基础根部在 2 种模型下的疲劳损伤。为了避免初始效应,取后 150 s 的应力响应时程进行雨流计数法统计,进而得到 8 个应力点中最大的疲劳损伤作为风机基础根部的疲劳损伤。提取强迫振动和自激振动在中低冰速下的雨流矩阵直方图,如图 5 所示。

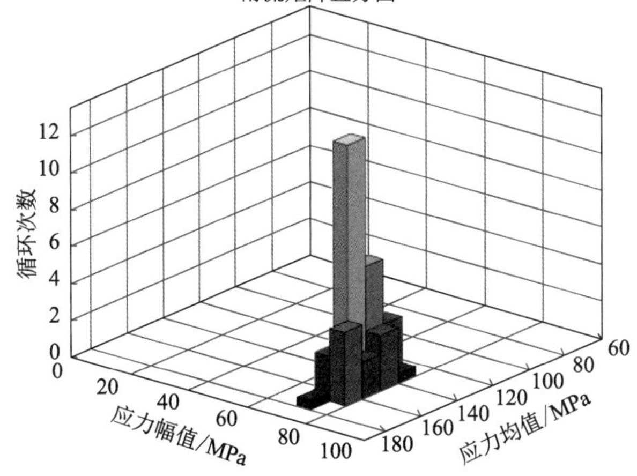

（a）强迫振动

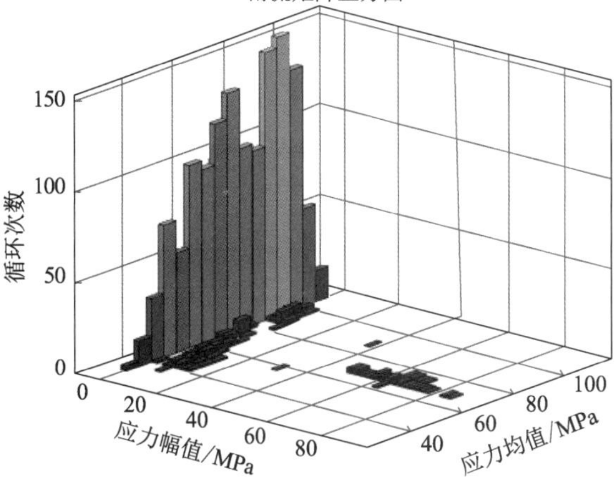

（b）自激振动

图 5   中低冰速下最大应力点雨流矩阵对比

由图 5(a)可知,在强迫振动下所造成的应力幅值集中在 70~80 MPa,这与图 4(a)中较为规律的应力循环一致,可见此时具有规律周期性变化的冰载荷对风机的影响处于主导地位。而对于自激振动而言,如图 5(b)所示,出现了许多较小的应力幅值,在图 4(a)中体现为许多应力的"小波动",这主要是风、冰和结构之间的相互耦合所导致的。

统计强迫振动和自激振动两种模型下所有工况的疲劳损伤,如图 6 所示。

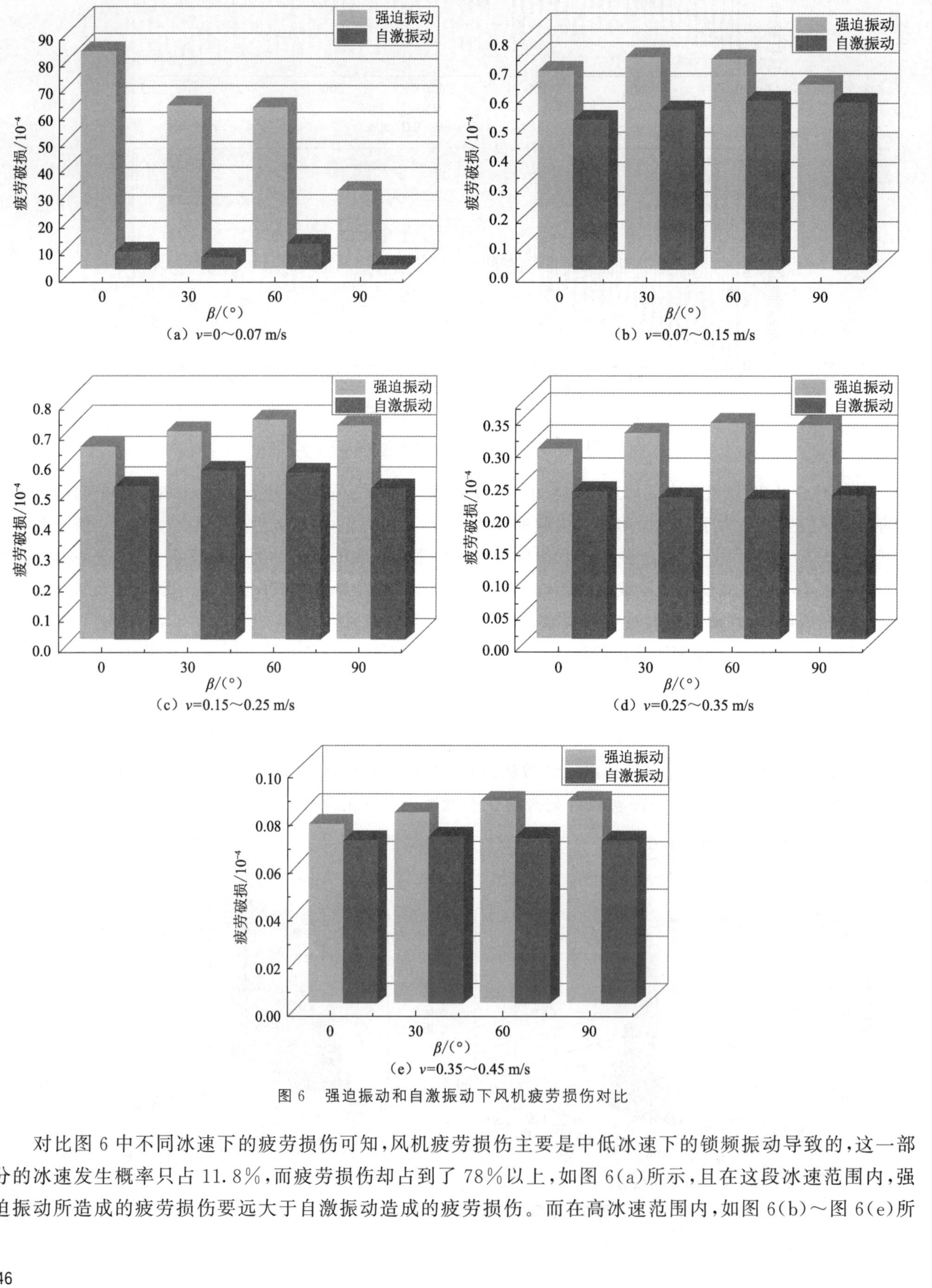

(a) $v = 0 \sim 0.07$ m/s

(b) $v = 0.07 \sim 0.15$ m/s

(c) $v = 0.15 \sim 0.25$ m/s

(d) $v = 0.25 \sim 0.35$ m/s

(e) $v = 0.35 \sim 0.45$ m/s

图 6 强迫振动和自激振动下风机疲劳损伤对比

对比图 6 中不同冰速下的疲劳损伤可知,风机疲劳损伤主要是中低冰速下的锁频振动导致的,这一部分的冰速发生概率只占 11.8%,而疲劳损伤却占到了 78% 以上,如图 6(a)所示,且在这段冰速范围内,强迫振动所造成的疲劳损伤要远大于自激振动造成的疲劳损伤。而在高冰速范围内,如图 6(b)~图 6(e)所示,风机主要在风载荷的主导下产生随机振动,疲劳损伤主要源于风载荷,此时,强迫振动比自激振动导致的疲劳损伤略大,这是由于 Määttänen 模型无法计及高冰速下风机的动态响应。

由统计结果可知,强迫振动下风机一年内产生的总疲劳损伤为 2.3×10^{-2},而自激振动下的总疲劳损伤为 3.025×10^{-3},采用强迫振动模型计算得到的风机疲劳损伤约为自激振动模型的 7.9 倍,即基于强迫振动的风机疲劳损伤评估可能过于保守。因此,中低冰速下采用描述冰与结构相互作用更为准确的自激振动模型可使得风机的抗疲劳设计更加经济;在高冰速情况下,结构响应对冰破碎的反馈影响较小,此时,可以忽略结构与冰中间的耦合作用关系,强迫振动理论更为适用。

4 结　语

本文基于 5 MW 海上单桩风机,开展了风冰联合作用下风机疲劳损伤的评估,通过对比强迫振动和自激振动两大理论下风机动力响应和疲劳损伤,主要得到以下结论:

（1）通过强迫振动和自激振动 2 种模型对风机进行动力响应分析发现,风机在风冰联合作用下可能发生锁频振动的冰速范围很小,仅占 11.8% 左右,且发生于中低冰速的情况下。

（2）风机疲劳损伤主要是中低冰速下的稳态振动导致的,这一部分的冰速发生概率很小,却贡献了 78% 以上的疲劳损伤。

（3）强迫振动在中低冰速下导致的风机动力响应要明显强于自激振动带来的动力响应,导致采用强迫振动理论计算得到的风机疲劳损伤远大于自激振动模型的。在评估风机在风冰联合作用下的疲劳损伤时,强迫振动可能过于保守。

参考文献

[1] 张毅. 冰区海上风机支撑结构疲劳评估方法研究[D]. 哈尔滨:哈尔滨工程大学,2018.

[2] ZHU B,SUN C,JAHANGIRI V. Characterizing and mitigating ice-induced vibration of monopile offshore wind turbines[J]. Ocean Engineering,2021,219:108406.

[3] 黄焱,马玉贤,罗金平,等. 渤海海域单柱三桩式海上风电结构冰激振动分析[J]. 海洋工程,2016,34(5):1-10.

[4] SUN C,JAHANGIRI V. Fatigue damage mitigation of offshore wind turbines under real wind and wave conditions[J]. Engineering Structures,2019,178:472-483.

[5] MÄÄTTÄNEN M. Numerical model for ice-induced vibration load lock-in and synchronization[C]//Proceedings of the 14th International Symposium on Ice. New York,USA:International Association for Hydraulic Research,1998:27-31.

[6] MATLOCK H,DAWKINS W P,PANAK J J. Analytical model for ice-structure interaction[J]. Journal of the Engineering Mechanics Division,1971,97(4):1083-1092.

[7] 朱本瑞,孙超,黄焱. 海上单桩风机结构冰激振动响应分析[J]. 土木工程学报,2021,54(1):88-96.

[8] IEC Wind turbines-Part 3:Design requirements for offshore wind turbines:[S]. Geneva:International Electrotechnical Commission,2009.

[9] 田慧. 基于 FAST 的风力发电机风轮系统动态特性分析[D]. 北京:华北电力大学,2014.

[10] 固定式海洋钢质结构冰激振动与冰激疲劳分析指南 GD06—2018[S]. 北京:中国船级社,2018.

[11] Design of Offshore Wind Turbine Structures[S]. Oslo:Det Norske Veritas,2014.

[12] JONKMAN J,BUTTERFIELD S,MUSIAL W,et al. Definition of a 5-MW reference wind turbine for offshore system development[R]. Golden:National Renewable Energy Lab（NREL）,2019.

一种用于模拟风机尾流的混合计算方法

袁煜明，杨知为，林超暖，周斌珍

（华南理工大学 土木与交通学院，广东 广州　510641）

摘要：随着风电场的规模变得越来越大，快速而准确地预测上游风机尾流对于量化海上风电场中下游风机的性能至关重要。高保真度的计算流体力学（CFD）软件可以相当精确地模拟风机尾流和气动性能，但需要大量的网格来预报尾流，导致成本过高，无法在工程中应用。因此，在设计实践中，尾流经常由简化的动态尾流模型来进行建模，这些模型在计算上是高效的，但无法捕捉所有物理现象，依赖于预设定的经验参数，并且不适用于风机附近的流场。因此提出了一种新的混合计算方法，其中近尾流由基于 Navier-Stokes 方程的 CFD 模型模拟，而远尾流由改进的动态尾流模型建模。针对各种复杂工况进行了深入研究，结果表明该混合预报方法相较于 CFD 方法，计算时间大幅度减少，同时得到与 CFD 方法近似的计算结果。

关键词：海上风机；风机尾流建模；动态尾流模型；风机空气动力学

　　风力发电是海上新能源研究的重点领域。快速准确预报有数百台风机的风电场总发电量是风场设计的重中之重。在风电场布局优化时，为了快速预测多种场景下的风机阵列尾流，通常采用简单且计算成本较低的工程尾流模型。自 1983 年，Jensen[1] 提出首个工程尾流模型，用于估算尾流损失。Frandsen 等[2]、高晓霞等[3]、葛铭纬等[4]、张明明等[5]提出的二维尾流模型能准确地描述水平剖面上的尾流分布。为了进一步完善尾流模型对垂直方向的尾迹分布特征的描述，一些学者[6-7]提出了考虑风切变的三维尾流模型。该三维尾流模型能够较好地预测风机阵列远尾流的三维分布特征。上述模型在假设尾流形状时受人为因素影响，在一定程度上限制了其准确性和普适性。为了克服这些局限性，Shaler 和 Jonkman[8] 提出基于 Navier-Stokes（N-S）方程简化的二维动态尾流蜿蜒模型（DWM）。DWM 能够以准稳态方式模拟尾流的演变、偏转和弯曲，但忽略了风切变和压力梯度的影响。

　　本研究提出了一种新的尾流混合计算方法，其主要思想是，在风机近尾流区域采用高精度的计算流体力学（CFD）模型，而在远尾流区域采用改进动态尾流蜿蜒模型（IDWM）以更好地捕捉物理现象。通过使用完整基于 CFD 的模型的结果来验证混合方法，并研究混合方法在不同运行条件下的性能，证明混合方法可以节省大量计算时间，同时达到与 CFD 方法近似的结果。文中只考虑了单个固定的风力发电机，并没有考虑海洋波浪。在未来的工作中，可以研究更复杂的情况，并进行必要的扩展。

1 数学模型

1.1 CFD 方法

　　如图 1 在黏性计算域 Ω_{NS} 中的流动模拟采用了基于 PISO-SIMPLE（PIMPLE）算法的 OpenFOAM 求解器 interDyMFoam。为了完整起见，以下仅提供简要介绍。使用的控制方程是雷诺平均 Navier-Stokes 方程（RANS）：

$$\frac{\partial u_j}{\partial x_j} = 0 \tag{1}$$

基金项目：国家自然科学基金（52071096，52222109）；广东省自然科学基金杰出青年项目（2022B1515020036）；亚热带建筑与城市科学国家重点实验室项目（2023ZB14）

作者简介：袁煜明。E-mai:lyuanyuming@scut.edu.cn

$$\frac{\partial(\rho u_i)}{\partial t}+\frac{\partial}{\partial x_j}(\rho u_j u_i)=-\frac{\partial p}{\partial x_j}+\frac{\partial}{\partial x_j}(\tau_{ij}+\tau_{\mathrm{t},ij})+\rho g_i+f_{\sigma i}+\rho f_{\mathrm{UALM}} \tag{2}$$

式中：ρ 是流体密度；u 是计算网格速度；p 是压力；g_i 是重力加速度；τ_{ij} 是黏性应力，$\tau_{\mathrm{t},ij}$ 则是湍流应力；$f_{\sigma i}$ 是表面张力；f_{UALM} 是对流体上的叶片效应进行建模的源项。入流风和风机之间的相互作用是通过使用 Sørensen[9] 提出的致动线模型（UALM）来建模的，该方法已广泛用于风机空气动力学的模拟。体积力可以通过 OpenFOAM 中的 fvOptions 框架实现。更多详细信息可以参考 Yu 等[10] 的工作。

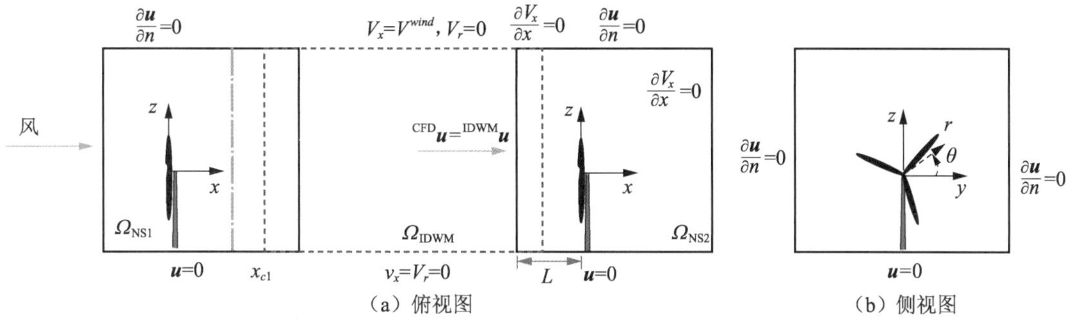

图 1　混合方法示意

NS 模型用于实线区域，DWM 用于虚线区域；下边界表示地面；上边界是人工截断边界。

1.2　改进动态尾流模型(IDWM)

改进动态尾流模型（IDWM）控制方程为：

$$V_x\frac{\partial V_x}{\partial x}+V_r\frac{\partial V_x}{\partial r}=\left(\frac{1}{r}\right)\frac{\partial}{\partial r}\left(r v_{\mathrm{t}}\frac{\partial V_x}{\partial r}\right) \tag{3}$$

$$\frac{\partial V_x}{\partial x}+\frac{1}{r}\frac{\partial}{\partial r}(r V_r)=0 \tag{4}$$

式中：V_x 是轴向速度，V_r 是径向速度；r 是坐标系中计算点到原点的径向间距；v_{t} 是经验动态黏性系数，空间变化近似尾流中的湍流效应。由估算得出：

$$v_{\mathrm{t}}(x,r)=k_{v_{\mathrm{Amb}}}I_{\mathrm{Amb}}V^{\mathrm{wind}}R+k_{v_{\mathrm{Shr}}}R^{\mathrm{wake}}\min|_r[V_x(x,r)] \tag{5}$$

式中：I_{Amb} 是由 Shaler 和 Jonkman[8] 提出的方法评估在轮毂中心的湍流强度；$\min|_r[V_x(x,r)]$ 表示给定下游截面上沿半径最小的 V_x 值；$k_{v_{\mathrm{Amb}}}$ 和 $k_{v_{\mathrm{Shr}}}$ 是与环境湍流和尾流剪切对涡黏度影响的系数，按照引用文献的建议分别指定为 0.05 和 0.016；R^{wake} 是尾流半宽；R 是风机半径；V^{wind} 是来流风速。

1.3　改进的动态尾流模型 (IDWM) 和 CFD (ALM)-IDWM

1.3.1　轴线速度修正

用于求解 IDWM 的控制方程与 DWM 相同。不同的是，尾流剪切层对涡流黏度的影响的系数 $k_{v_{\mathrm{Shr}}}$ 是使用 CFD(ALM) 的结果进行预报的。为此，式（3）相对于 IDWM 入口处的径向坐标（即 $x=x_{\mathrm{c1}}$）进行积分，得出：

$$\int_0^{R^{\mathrm{wake}}}\left(V_x\frac{\partial V_x}{\partial x}+V_r\frac{\partial V_x}{\partial r}\right)r\,\mathrm{d}r=k_{v_{\mathrm{Amb}}}I_{\mathrm{Amb}}V^{\mathrm{wind}}R^{\mathrm{wake}}\left.\frac{\partial V_x}{\partial r}\right|_{R^{\mathrm{wake}}}+k_{v_{\mathrm{Shr}}}R^{\mathrm{wake}}[V_x(R^{\mathrm{wake}})]\left.\frac{\partial V_x}{\partial r}\right|_{R^{\mathrm{wake}}} \tag{6}$$

其中，剪切涡流黏度系数 $k_{v_{\mathrm{Shr}}}$ 表示为：

$$k_{v_{\mathrm{Shr}}}=\frac{\displaystyle\int_0^{R^{\mathrm{wake}}}\left(V_x\frac{\partial V_x}{\partial x}+V_r\frac{\partial V_x}{\partial r}\right)r\,\mathrm{d}r-k_{v_{\mathrm{Amb}}}I_{\mathrm{Amb}}V_x^{\mathrm{wind}}R^{\mathrm{wake}}\left.\frac{\partial V_x}{\partial r}\right|_{R^{\mathrm{wake}}}}{R^{\mathrm{wake}}[V_x(R^{\mathrm{wake}})]\left.\frac{\partial V_x}{\partial r}\right|_{R^{\mathrm{wake}}}} \tag{7}$$

在 $x=x_{\mathrm{c1}}$（IDWM 入口）时，从 CFD 中获得方程所涉及的参数。以这种方式确定的系数对应于同一时刻的风机物理场并且系数随时间变化。

1.3.2 切向速度修正

尾流切向速度的模型可以描述为：

$$V_\theta(x,r) = \begin{cases} V_{\theta\max}(x)\dfrac{r_c}{r}\dfrac{1-\exp(-\lambda r^2/r_c^2)}{1-\exp(-\lambda)} & r \leqslant r_c \\[4mm] V_{\theta\max}(x)\dfrac{R^{\mathrm{wake}}(x)-r_c}{R^{\mathrm{wake}}(x)-r}\dfrac{1-\exp\left\{-\lambda\dfrac{\left[R^{\mathrm{wake}}(x)-r\right]^2}{\left[R^{\mathrm{wake}}(x)-r_c\right]^2}\right\}}{1-\exp(-\lambda)} & r > r_c \end{cases} \tag{8}$$

在使用的坐标系中，$r^2 = y^2 + z^2$。

$$V_{\theta\max}(x) = ax^3 + bx^2 + cx + d \tag{9}$$

通过使用 CFD(ALM)获得的结果来估算 a、b、c、d、β、r_c 和 $R^{\mathrm{wake}}(x_{c1})$ 的值。这些值对应于随时间变化的风机物理场。

1.3.3 尾流混合方法

在混合区内为了使两个模型间速度光顺过渡，应用 Jacobsen[11] 提出的方程：

$$f(x,r,\theta,t) = f_{\mathrm{CFD}}(x,r,\theta,t)\delta + f_{\mathrm{IDWM}}(x,r,\theta,t)(1-\delta) \tag{10}$$

函数 f 可以是 V_x、V_r、V_θ 中的任何一个，其中 $0 < \delta < 1$ 且：

$$\delta = 1 - \frac{e^{\varepsilon^{3.5}}-1}{e-1} \tag{11}$$

其中，$\varepsilon = x - x_{c1}/(x_{c2}-x_{c1})$。

CFD(ALM)-IDWM 的混合预报方法如图 2 所示。

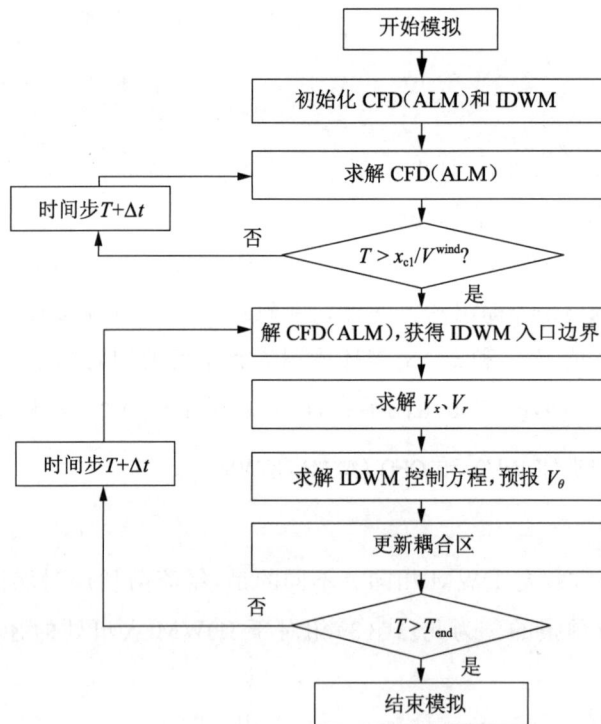

图 2　CFD(ALM)-IDWM 流程

2 CFD(ALM)-IDWM 数值结果与分析

通过与 CFD(ALM)模型进行比较，探讨数值方法 CFD(ALM)-IDWM 的精度。下文出现的 CFD(ALM)-DWM 是指 CFD 方法和 DWM 方法的直接耦合计算，不进行轴向速度修正和切向速度修正。验证所使用的风机模型与 Franz[12-13] 所描述的相同。风机直径为 $D = 0.894$ m，其旋转中心位于 $z = 0.817$ m 处。风机由直径变化的圆形塔支撑，其根部直径为 0.09 m，顶部直径为 0.05 m。

2.1 CFD (ALM)-IDWM 的特性

表 1 展示了使用 3 种不同方法得到的平均功率和推力系数结果，其中 TSR(Blade tip speed ratio)是叶尖速比，C_p 是功率系数，C_T 是推力系数。总体而言，3 种方法的结果差异并不显著，CFD(ALM)-DWM 得到的结果与 CFD(ALM)的结果之间的差异略低于与 CFD(ALM)-IDWM 的结果之间的差异。具体地，CFD(ALM)-DWM 的结果与 CFD(ALM)的结果相比的最大误差小于 0.7%，而与 CFD(ALM)-IDWM 的最大误差约为 4%。

表 1　3 种方法得到的平均功率和推力函数

TSR	C_p			C_T		
	CFD(ALM)	CFD(ALM)-IDWM	CFD(ALM)-DWM	CFD(ALM)	CFD(ALM)-IDWM	CFD(ALM)-DWM
4	0.239	0.240	0.231	0.372	0.372	0.368
5	0.375	0.375	0.390	0.485	0.485	0.492
6	0.397	0.396	0.404	0.642	0.642	0.648
7	0.375	0.376	0.363	0.683	0.684	0.679

图 3 显示了在 $x = 4D, 6D, 8D$ 和 $10D$ 处沿水平线 $-2R < y < 2R$ 和 $z = 0.817$ m 的平均轴向速度损失分布，由风速进行无量纲化。在远尾流场，轴向速度剖面在尾流中心附近具有局部最小值和两个局部最大值的结果。CFD(ALM)-IDWM 能够很好地捕捉到这一特征，并产生与 CFD(ALM)相近似的结果。然而，CFD(ALM)-DWM 未能捕捉到此特征，其结果与 CFD(ALM)的结果有很大差异。

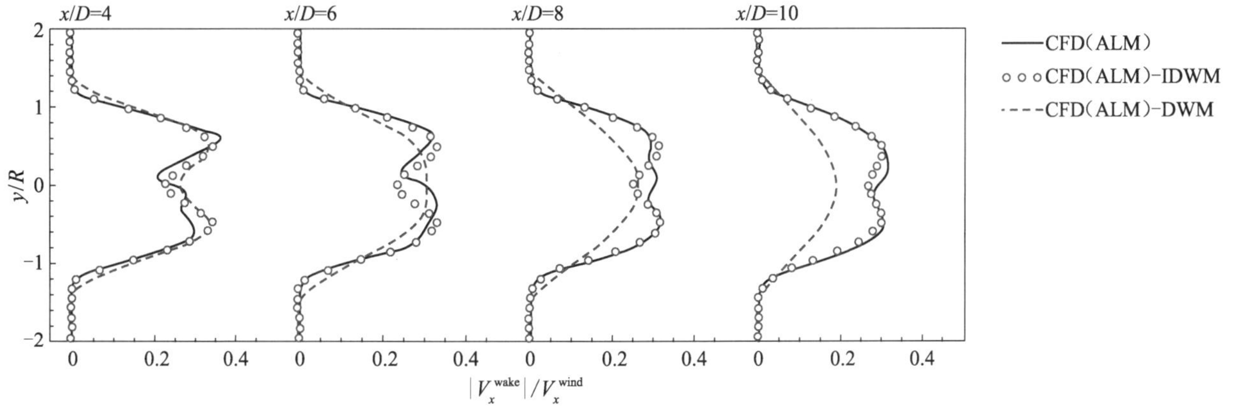

（a）TSR为4

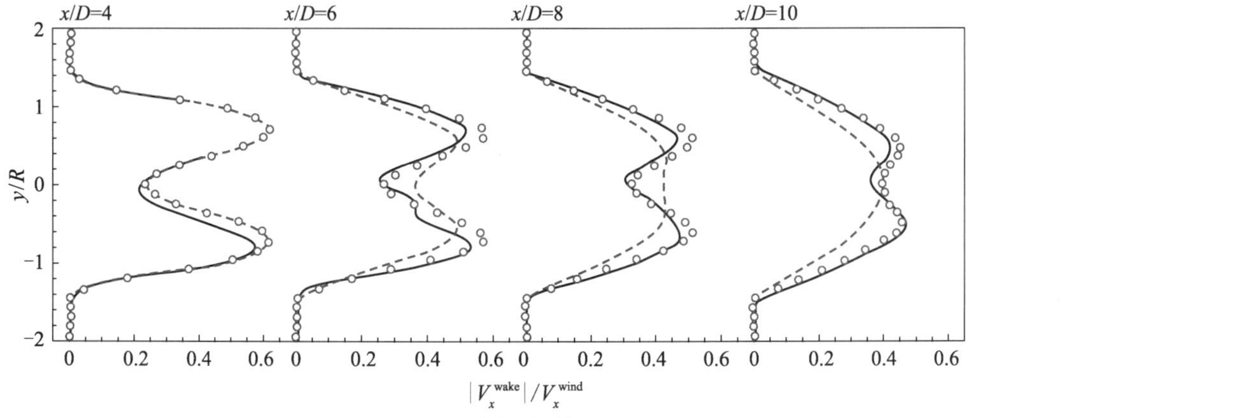

（b）TSR为7

图 3　TSR 为 4 和 7 情况下沿水平线 $-2R < y < 2R$ 和 $z = 0.817$ m 的缺额速度剖面（$|\mu^{wake}| / V_x^{Wind}$）

如图 4 所示，切向速度模型预报结果的最大值出现的位置 r_c/幅值大小 $V_{\theta\max}(x)$ 以及切向速度分布 $V_\theta(x, r)$ 都与 CFD(ALM)非常一致，这说明改进的动态尾流模型 IDWM 很好地模拟了尾流演变中切向速度的变化。

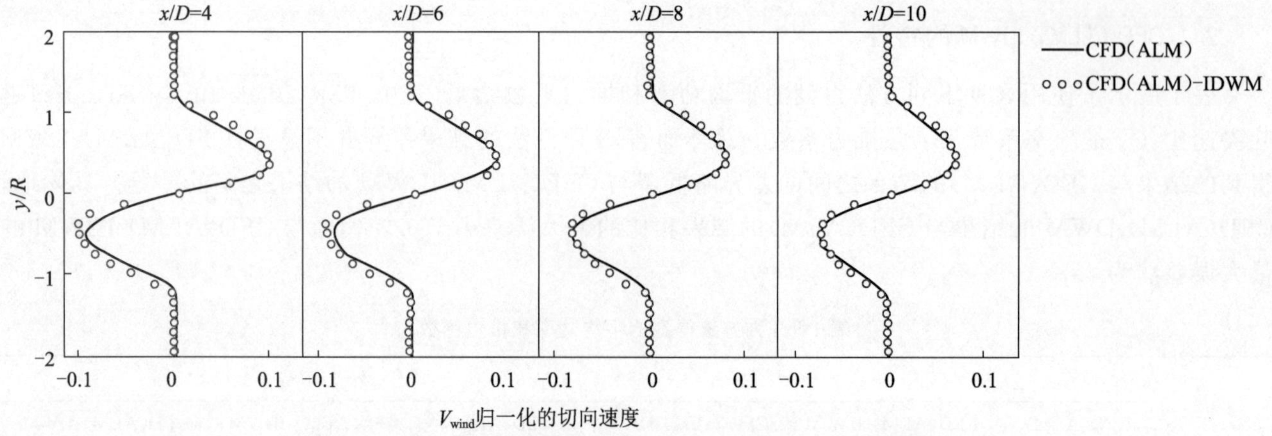

(a) TSR为4

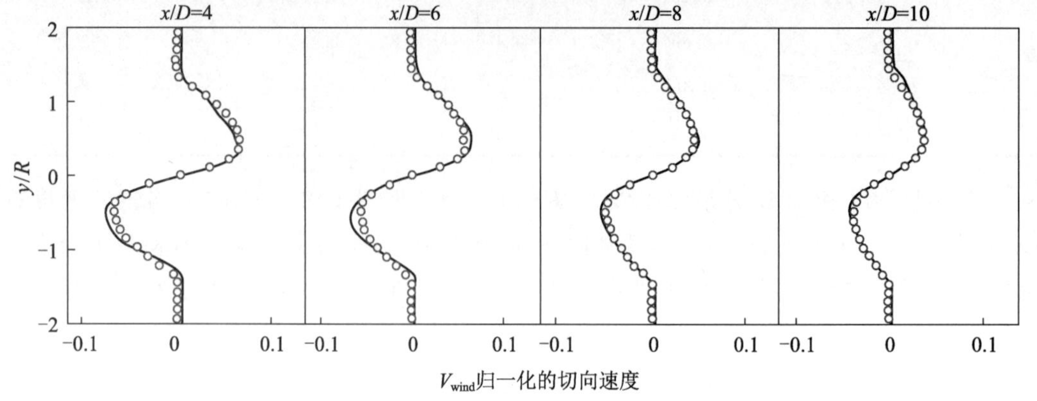

(b) TSR为7

图 4　在 TSR 为 4、7 的情况下,沿水平线 $-2R<y<2R$ 和 $z=0.817$ m 的 V_{wind} 归一化的切向速度剖面

图 5 展示了基于 3 种方法得到的 TSR 为 6 情况下,从 $x/D=4$ 处半径为 1R 的圆形表面开始的流线。从图 5 中可以看出,CFD(ALM)和 CFD(ALM)-IDWM 方法所得到的流线是螺旋状的,而 CFD(ALM)-DWM 方法的结果几乎为直线。CFD(ALM)和 CFD(ALM)-IDWM 方法所得到的切向速度相当大,而 CFD(ALM)-DWM 方法所得结果为 0。

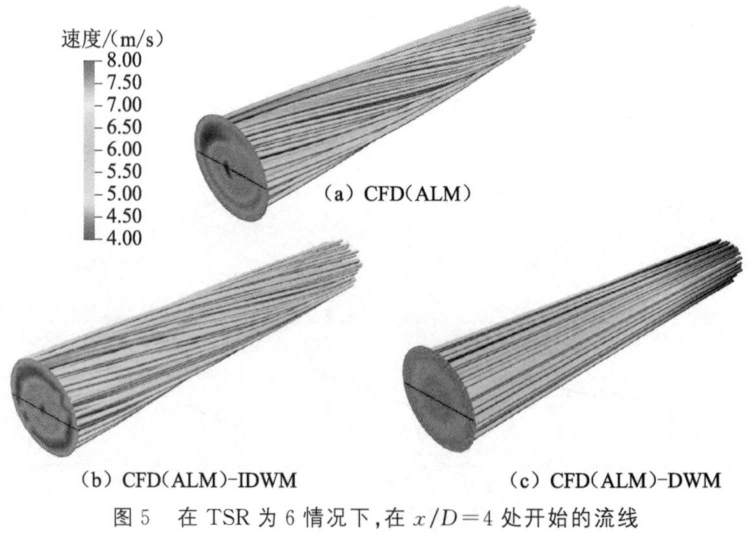

(a) CFD(ALM)
(b) CFD(ALM)-IDWM
(c) CFD(ALM)-DWM

图 5　在 TSR 为 6 情况下,在 $x/D=4$ 处开始的流线

综上所述,CFD(ALM)-IDWM 与改进的动态尾流模型可以在远尾流中产生较好的尾流,而 CFD(ALM)-DWM 与现有的动态尾流模型则无法捕捉尾流的主要特征。

2.2 CFD(ALM)-IDWM 的计算效率

如图 6 所示,CFD(ALM)-IDWM 所需的计算时间为 CFD(ALM)所需时间的 47%～57%。具体数值取决于具体案例。需要说明的是,图中结果可能并不适用于文中未考虑的其他案例,并且取决于计算设置,特别是由动态尾流模型覆盖的域的长度。

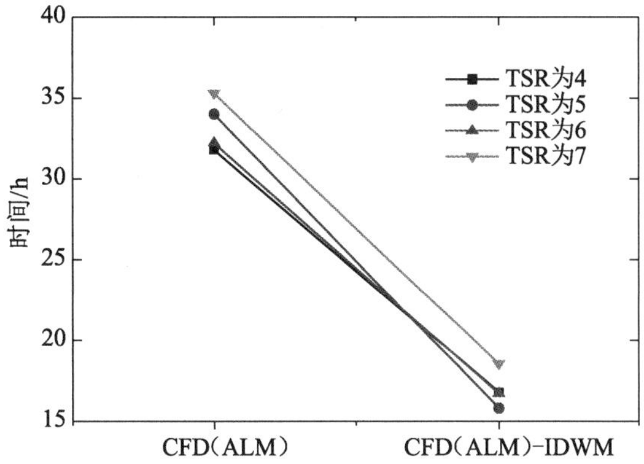

图6   CFD（ALM）和 CFD（ALM）IDWM 所用计算时间的比较

3 结 语

提出了一种用于预报海上风机及其尾流场的混合预报方法,该方法被命名为 CFD（ALM）-IDWM。提出了自适应轴向速度修正且考虑尾流旋转效应的动态尾流改进模型（IDWM）,结合 CFD（ALM）建立了针对水平轴风机的高保真动态尾流混合计算方法,实现了水平轴风机近尾流场复杂尾涡结构的高精度模拟且计算效率提高了约 50％。

参考文献

[1] JENSEN N O. A note on wind turbine interaction[R]. Roskilde：Risoe National Laboratory,1983.

[2] FRANDSEN S,BARTHELMIE R,PRYOR S,et al. Analytical modelling of wind speed deficit in large offshore wind farms[J]. Wind Energy,2006,9(1/2):39-53.

[3] GAO X X,YANG H X,LU L. Optimization of wind turbine layout position in a wind farm using a newly-developed two-dimensional wake model[J]. Applied Energy,2016,174:192-200.

[4] GE M W,WU Y,LIU Y Q,et al. A two-dimensional model based on the expansion of physical wake boundary for wind-turbine wakes[J]. Applied Energy,2019,233/234:975-984.

[5] CHENG Y,ZHANG M M,ZHANG Z L,et al. A new analytical model for wind turbine wakes based on Monin-Obukhov similarity theory[J]. Applied Energy,2019,239:96-106.

[6] HE R Y,YANG H X,SUN H Y,et al. A novel three-dimensional wake model based on anisotropic Gaussian distribution for wind turbine wakes[J]. Applied Energy,2021,296:117059.

[7] GAO X X,LI B B,WANG T Y,et al. Investigation and validation of 3D wake model for horizontal-axis wind turbines based on filed measurements[J]. Applied Energy,2020,260:114272.

[8] SHALER K,JONKMAN J. FAST.Farm development and validation of structural load prediction against large eddy simulations[J]. Wind Energy,2021,24(5):428-449.

[9] SØRENSEN J N,SHEN W Z. Numerical modeling of wind turbine wakes[J]. Journal of Fluids Engineering,2002,124(2):393-399.

[10] YU Z Y,MA Q W,ZHENG X,et al. A hybrid numerical model for simulating aero-elastic-hydro-mooring-wake dynamic responses of floating offshore wind turbine[J]. Ocean Engineering,2023,268:113050.

[11] JACOBSEN N G,FUHRMAN D R,FREDSØE J. A wave generation toolbox for the open-source CFD library：Open-Foam®[J]. International Journal for Numerical Methods in Fluids,2012,70(9):1073-1088.

[12] ADARAMOLA M S. Experimental investigation of wake effects on wind turbine performance[J]. Renewable Energy,2011,36(8):2078-2086.

[13] MÜHLE F,SCHOTTLER J,BARTL J,et al. Blind test comparison on the wake behind a yawed wind turbine[J]. Wind Energy Science,2018,3(2):883-903.

极端条件下海上风机结构荷载响应研究

高 凯[1]，伍志元[1,2]

（1. 长沙理工大学 水利与环境工程学院，湖南 长沙 410114；2. 水沙科学与水灾害防治湖南省重点实验室，湖南 长沙 410114）

摘要：采用 Turbsim 生成高风速的湍流风场以替代台风风场，采用 NREL 5 MW 风机模型，通过叶素动量理论计算风机风荷载。研究在台风强风场下风机叶片停机位置、偏航及风速变化下风机各结构的荷载特性。结果表明：平均风速 30 m/s 时，在非偏航状态下，风机叶片停机位置对叶根荷载影响较小，但停机位置会改变叶根挥舞荷载的方向；偏航状态增加风机结构荷载，风速越大，荷载增加量越显著；在偏航状态下，随着风速的增大，叶片停机位置对各结构荷载影响逐渐明显，当平均风速大于 40 m/s，部分叶片停机位置叶根荷载相较于平均风速 40 m/s 时出现骤增现象，对风机结构安全造成影响。

关键词：风力机；停机状态；台风；荷载响应

近年来随着全球气候变暖，台风发生的频率和强度逐年增加，台风带来的强风和巨浪对近海建筑物结构安全带来严重威胁。海上风力机组的塔架和叶片属于大柔性、大长度及高耸结构，在台风环境下海上风力机组的塔架及叶片更容易产生破坏[1]。中国东南沿海每年登陆的台风及超强台风 9 个，台风袭击频繁，而登陆中国的台风及超强台风的影响区域基本覆盖中国已建或在建的所有近海风电场[2]。2003 年 9 月，台风"杜鹃"在广州沿海登陆，造成红海湾风电场 9 台风电机组叶片损坏；2006 年台风"桑美"中心穿过苍南顶山风电场，造成苍南顶山风电场 28 台风力发电机全部受损，其中 5 台风力机组倒塌[3]；2010 年超强台风"鲇鱼"造成六鳌风电场三期多台风力机组受损；2013 年超强台风"天兔"过境期间，造成汕尾红海湾风电场多台风力机组倒塌、着火、叶片损坏[4]；2018 年超强台风"玛利亚"登陆福建，造成大京风电场和闾峡风电场 3 台风力机组受损。因此，研究台风环境的强风对海上风力机组结构动力响应的影响具有重要意义。

韩然等[5]通过耦合气象学中的 VBogus 台风模型和傅里叶逆变换方法，结合实测功率谱，建立台风不同区域脉动风速场的仿真方法，并基于梁理论建立风力机整机动力学模型，采用模态叠加法和动量叶素理论实现气动与结构的耦合计算，对 6 MW 风力机在台风时停机顺桨状态的动力学响应进行分析。李琪等[6]基于 COMSOL 有限元软件，计算分析台风环境中风机结构承受的风荷载、波浪荷载和流荷载，建立典型大直径单桩与导管架基础风机结构简化模型，分析台风极端工况下风机桩基泥面的转角与位移动态响应。任年鑫等[7]结合 2005 台风"达维"的实测时程数据，参考 NREL 5 MW 风机设计参数，研究台风作用下风力机叶片的空气动力载荷特征。秦梦飞等[8]基于 DTU 10 MW 大型单桩风机，运用一体化分析软件 SIMA 建立风浪联合作用下大型单桩风机的耦合数值模型，研究台风经过不同阶段大型风力机的动力响应特性。王硕等[9]以广东外罗 10 MW 级海上风力机为研究对象，基于模式耦合器（MCT）建立中尺度台风-浪-流（W-S-F）实时耦合模拟平台，分析超强台风"威马逊"过境全过程海上风电场台风-浪-流的时空演变特性，再结合中/小尺度嵌套方法分析风力机单桩基础水动力荷载分布特性。

下文通过 Turbsim 生成高风速的湍流风场以替代台风风场，采用 NREL 5 MW 风机模型，研究在台风强风场下风机叶片停机位置、偏航及风速变化下风机各结构的荷载特性。

1 工况设置

通过 OpenFAST 软件建立强风环境下的风机停机模型，通过控制风速、偏航角度以及风机叶片停机

作者简介：高凯。E-mail：21204030766@stu. csust. edu. cn

位置 3 个变量,实现强风环境下不同叶片停机位置以及偏航情况下海上风机停机状态的数值仿真。由于采用 NREL 的单桩式海上 5 MW 风机的切出风速为 25 m/s,因此研究选择的平均风速范围为 30～50 m/s,平均风速每次递增 5 m/s,风、波浪和海流传播方向一致,均沿 0°方向即 x 正方向传播。通过控制风力机机舱偏航角度模拟偏航系统在长期恶劣环境下系统老化产生的偏航角度误差,这里所选择的偏航角度误差为 15°。NREL 单桩式海上 5 MW 风机为传统水平轴三叶片风力机,两叶片夹角为 120°,因此仅考虑叶片 1 在 0°～120°范围的停机位置即可。

研究通过 OpenFAST 软件建立强风环境下 NREL 单桩式海上 5 MW 风机停机模型,模型考虑 5 个风速(30、35、40、45、50 m/s)、8 个风机叶片 1 的停机位置(0°、15°、30°、45°、60°、75°、90°、105°)以及 3 个偏航角度(-15°、0°、15°)共计 120 种工况。风机叶片 1 停机位置示意见图 2。模型计算时长 1 000 s,计算步长为 0.005 s,对海上 5 MW 风机结构动力响应数据处理除去前 400 s 以消除风机瞬态效应,对后 600 s 机结构动力响应极值进行统计分析。风机结构响应分析包括叶轮推力、叶根剪力及弯矩、塔底前后向弯矩以及塔底侧向弯矩等。

图 1   海上风力机机舱偏航角度示意

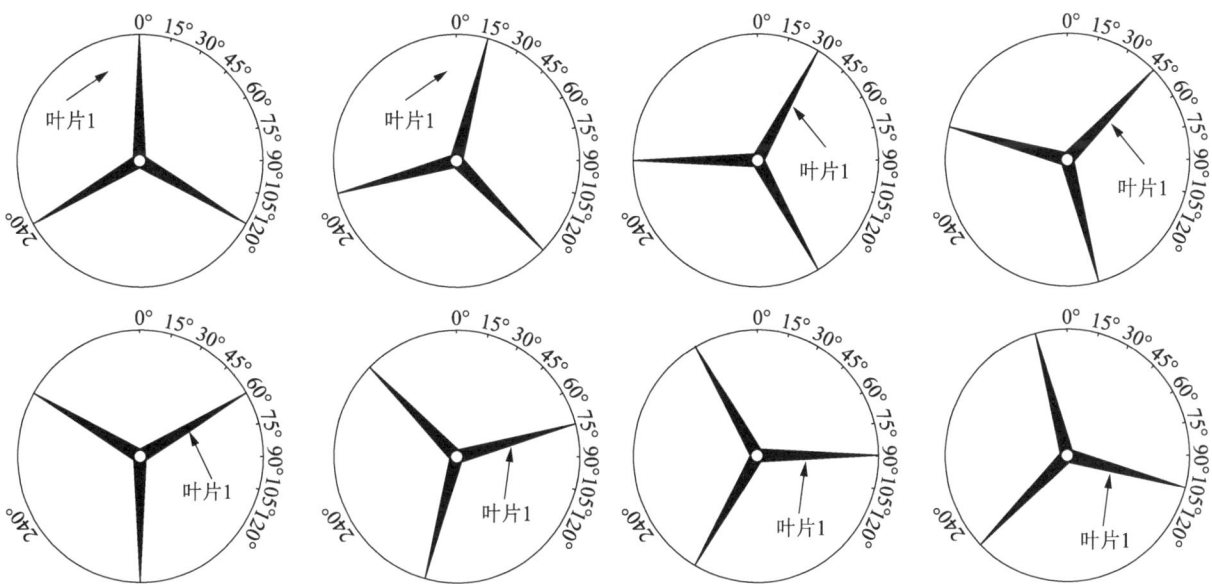

图 2   海上风力机叶片停机位置工况示意

2 试验结果分析

2.1 偏航及叶片停机位置对风机结构荷载响应分析

图 3 给出平均风速 30 m/s 时,偏航角度与风机叶片停机位置变化下的风轮推力极值。从图 3 可知:在不考虑偏航角度的情况下,风机叶片停机位置对风轮荷载极值影响较小,与练继建等[10]在台风作用下 2.5 MW 风力机风荷载特性研究中得到的结论一致;偏航角度 15°时,不同风机叶片停机位置对风轮推力极值产生明显影响,当风机叶片 1 在 30°方向角位置停机时风轮推力极值约为 260 kN,而在 60°方向角位

置停机时风轮推力极值约为 195 kN,叶片 1 在 60°、75°方向角位置停机时风机推力相对较小。

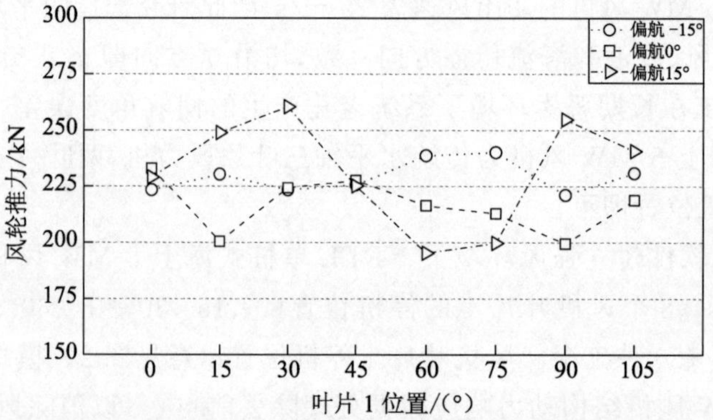

图 3　偏航角度误差下不同风机叶片停机位置风轮推力极值

由于研究采用的风力机模型 3 个叶片完全一致,因此通过改变叶片 1 的停机位置,可以得到叶片在 0°到 360°范围不同位置的荷载变化曲线。图 4、图 5 给出了平均风速 30 m/s 时,偏航角度与风机叶片停机位置变化下的叶根摆振剪力及弯矩极值。从图 4(a)可以看出:在偏航 0°和 −15°时,叶片停机位置及偏航角度对叶根摆振剪力极值的影响不明显;但在风机偏航角度 15°时,叶片在 15°~30° 和 300°~315°位置范围内摆振剪力极值方向发生改变。荷载极值的±仅表示荷载方向,荷载绝对值代表荷载大小。

由图 4(b)可知,叶根挥舞剪力受叶片停机位置及偏航角度影响明显。对于偏航 0°情况下,叶根挥舞剪力在 15°~165°方向角位置停机范围内,叶根挥舞剪力极值方向一致,并在 75°方向角位置停机时叶根挥舞剪力极值达到最大;风机叶根挥舞剪力极值在 165°~180°停机范围内剪力极值方向发生改变;叶片 180° 至 345°方向角位置停机范围内剪力极值方向保持一致,并在 270°方向角位置停机叶根挥舞剪力极值达到最大。由图 4(b)还可知,偏航角度会影响叶根挥舞剪力荷载极值方向发生改变的位置:偏航角度 −15°时荷载方向在 30°~45°和 210°~225°方向角位置停机范围发生改变;偏航角度 15°时荷载方向在 135°~150°和 300°~315°方向角位置停机范围发生改变。此外发现叶片在 90°和 270°方向角位置停机时,偏航 −15°、0°和 15°的叶根挥舞剪力的方向和荷载大小上基本一致。

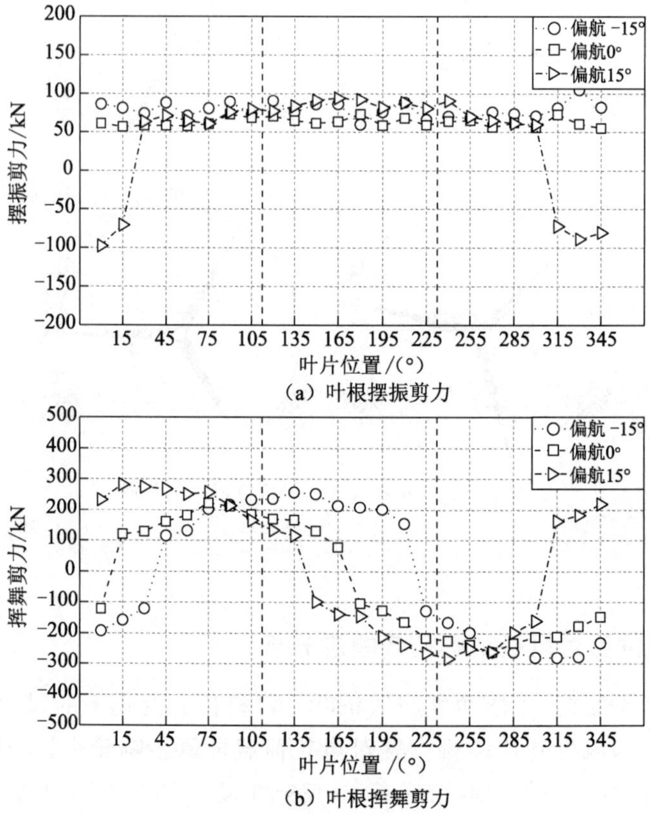

(a) 叶根摆振剪力

(b) 叶根挥舞剪力

图 4　偏航角度误差下不同风机叶片停机位置叶根剪力极值

由图 5 可知,叶根摆振弯矩极值、叶根挥舞弯矩极值随叶片停机位置的变化规律与叶根摆振剪力极值和叶根挥舞剪力极值的变化规律基本一致,但在偏航−15°时,叶根摆振弯矩在 150°~255°停机位置时的弯矩方向与其余叶片停机位置时的弯矩方向不同。

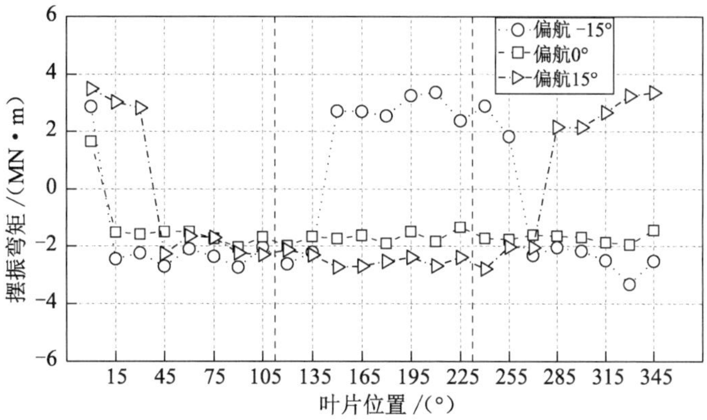

（a）叶根摆振弯矩

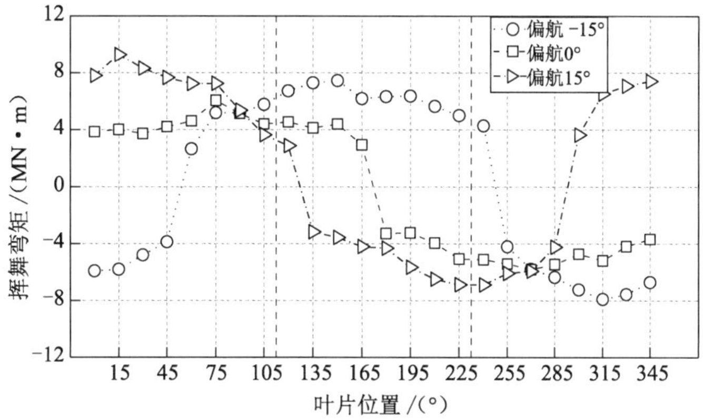

（b）叶根挥舞弯矩

图 5　偏航角度误差下不同风机叶片停机位置叶根弯矩极值

根据图 4、图 5 可发现,较小的偏航角度对叶根摆振剪力及叶根摆振弯矩的极值影响较小,但对叶片挥舞剪力和叶片挥舞弯矩极值产生显著影响,偏航角度明显增大叶片挥舞剪力和叶片挥舞弯矩极值。叶片 15°位置停机时,偏航−15°的叶根挥舞剪力极值为−157 kN,偏航 0°的叶根挥舞剪力极值为 120 kN,偏航 15°的叶根挥舞剪力极值为 281 kN。

图 6 给出平均风速 30 m/s 下,偏航角度与风机叶片停机位置变化下的塔底弯矩极值。从图 6(a)可以看出:在偏航−15°和 0°时,叶片 1 位于 75°方位角塔底前后向弯矩极值达到最小;偏航 15°时叶片 1 位于 105°方位角塔底前后向弯矩极值达到最小。从图 6(b)可以看出:偏航对塔底侧向弯矩影响显著,在偏航−15°和 0°,塔底侧向弯矩随叶片方位角变化趋势一致;偏航 15°时,塔底侧向弯矩随叶片 1 的方位角增大而先减小再增大。

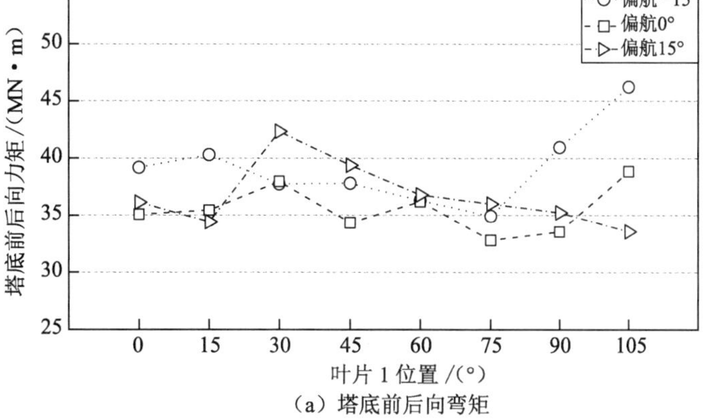

（a）塔底前后向弯矩

图 6　偏航角度误差下不同风机叶片停机位置塔底弯矩极值

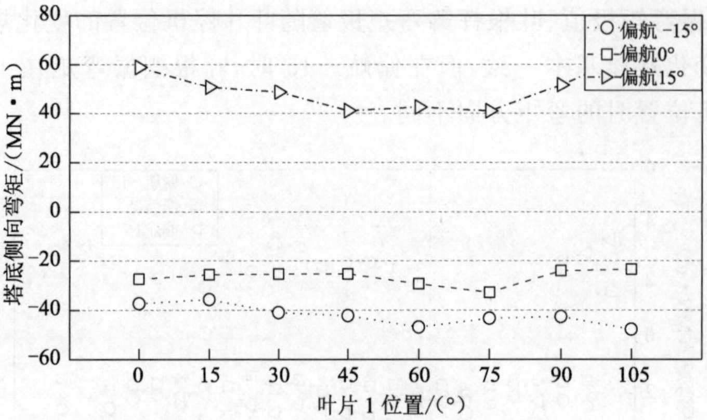

（b）塔底侧向弯矩

图6　偏航角度误差下不同风机叶片停机位置塔底弯矩极值(续)

2.2 风速、偏航及叶片停机位置对风机结构荷载响应分析

本节通过改变风速,探究风速增大时,偏航角度与风机叶片停机位置变化下风机各结构动力极值响应规律。为方便研究上述工况的结构响应的变化规律。接下来的研究数据均使用荷载极值的绝对值。

图7给出了考虑风速和偏航影响变化下,叶片不同停机位置的风轮推力极值。从整体来看,小角度的偏航对风轮推力的影响随风速的增大而增强。此外,在小角度偏航下,随着风速增大,各停机位置下的风轮推力极值的差值也增大。

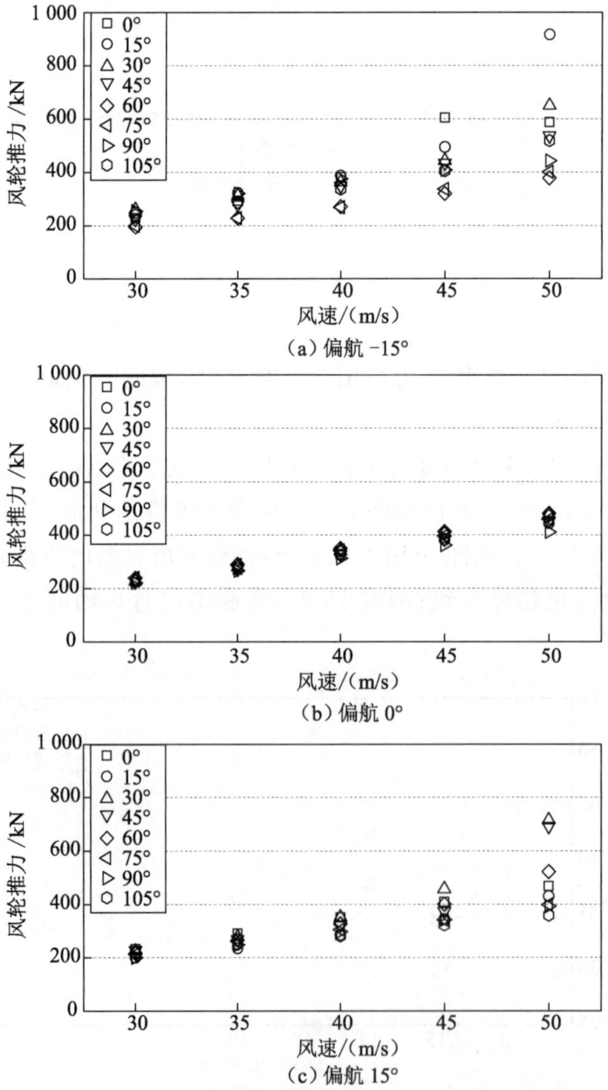

（a）偏航 -15°

（b）偏航 0°

（c）偏航 15°

图7　风速变化时不同停机位置下的风轮推力极值

在偏航－15°时,叶片 1 在 60°方向角位置停机的风轮推力随风速增加的变化最小,说明风机叶片在 60°方向角停机受风速影响最小;而在 50 m/s 风速时,叶片 1 在 15°方向角位置停机时,风轮推力超过 800 kN,且超过叶片 1 在 30°方向角位置停机的风轮推力约 300 kN。叶片 1 在 15°方向角位置停机时风力机的水平推力载荷已超过叶片额定风速的最大设计载荷(约 800 kN),此状态下的叶片结构受到破坏。当偏航 0°时,风轮水平推力随风速变化较小,且各停机位置下的风轮推力极值相差较小。当偏航 15°时,叶片 1 在 105°方向角位置停机时风轮推力受风速影响最小,而叶片 1 在 30°方向角时风轮推力受风速影响最大。偏航－15°时,叶片 1 在 15°方向角位置和偏航 15°时叶片 1 在 45°方向角位置在风速 45 m/s 上升至 50 m/s 时风轮推力骤增,考虑风速过高以及偏航影响导致风机叶片发生较大运动,因此导致风机叶片翼型攻角发生改变,进而改变叶片的升力系数与阻力系数,从而造成风轮推力的增加。

叶根剪力是风力机叶片设计需要考虑的关键结构参数。图 8 为风速变化时不同停机位置下的叶根剪力极值。从图 8(a)可以看出:偏航－15°时,风机叶片在 0°~115°方向角范围内,叶片在方向角 0°、15°和 30°时叶根挥舞剪力随风速的增大迅速增大,叶片在方向角 75°和 90°时叶根挥舞剪力随风速增加相对较小;风机叶片在 120°~225°方向角范围内,叶片在方向角 120°时随风速增大叶片挥舞剪力增加相对较小;风机叶片在 240°~345°方向角范围内,叶片在方向角 240°、315°、330°和 345°时叶根挥舞剪力随风速的增大而迅速增大,而叶片在方向角 255°时叶片挥舞剪力随风速增大而增加相对较小。

从图 8(b)可以看出:偏航 0°的叶根挥舞剪力随风速的变化程度小于偏航－15°、15°,并且偏航 0°时各方向角位置的叶根挥舞剪力随风速变化的趋势较为一致,未出现随风速增大叶根挥舞剪力骤增现象。

从图 8(c)可以看出:偏航 15°时,120°~225°方向角范围的叶片挥舞剪力在整体趋势上小于 240°~345°方向角位置的叶片;此偏航角度下叶片在 315°~345°方向角位置即叶片在竖直方向左右 45°范围内,叶根挥舞剪力变化受风速影响严重。

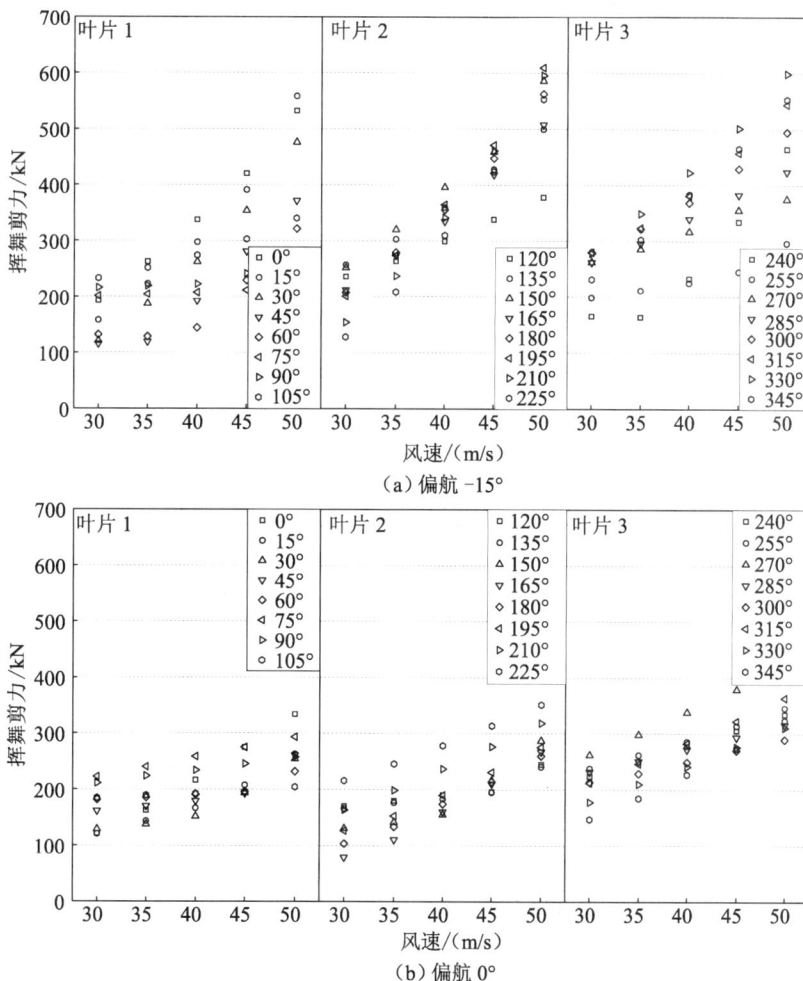

图 8　风速变化时不同停机位置下的叶根挥舞剪力极值

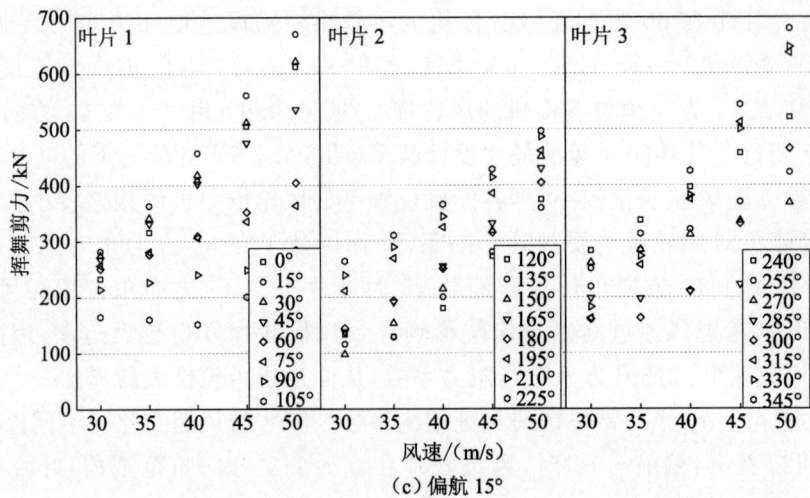

图 8　风速变化时不同停机位置下的叶根挥舞剪力极值(续)

图 9(a)、(b)、(c)分别是风机在偏航−15°、0°以及 15°情况下不同方向角停机位置叶根摆振剪力极值随风速变化的趋势。从偏航角度分析,偏航会增大叶根摆振剪力极值,尤其是在高风速下部分方向角位置的叶片出现摆振剪力骤增现象。从图 9(a)可以看出,在 50 m/s 风速下,偏航−15°时,风机叶片 1 在 15°方向角位置停机时,此时风机叶片 2、叶片 3 位于方向角分别为 135°、255°方向角停机,风机 3 个叶片叶根摆振剪力极值达到最大,尤其叶片 1、叶片 2 受到的叶根摆振剪力均大于 800 kN,造成叶片结构损坏;当叶片 1 在方向角 60°位置停机时,风机叶片 2、叶片 3 方向角分别为 180°、300°,风机 3 个叶片的叶根摆振剪力随风速变化最小。此外,风机叶片在 0°、15°、30°、120°、135°、150°、240°和 245°方向角位置停机,叶根摆振剪力相较于 45 m/s 风速时出现骤增;而叶片在 60°、180°、195°、300°和 315°方向角时,叶根摆振剪力受风速变化影响较小。

从图 9(b)可以看出,偏航 0°,风速增大条件下,风机叶片各停机位置的叶根摆振剪力变化趋势一致,此偏航角下,叶片停机位置和风速对叶根摆振剪力影响明显小于其余两个偏航角度。从图 9(c)可以看出,在偏航 15°时,风机叶片在平均风速为 50 m/s 时,叶片在方向角 30°、45°、150°、165°以及 180°位置叶根摆振剪力较平均风速 45 m/s 相同停机位置的叶根摆振剪力显著增加,并且 165°方向角位置时叶根摆振剪力超过 900 kN。

综上所述,小角度偏航时,风机叶片停机位置对风机叶片叶根剪力荷载影响显著,尤其在较高风速下,部分方向角位置停机将使叶根剪力出现骤增,影响叶片结构安全。

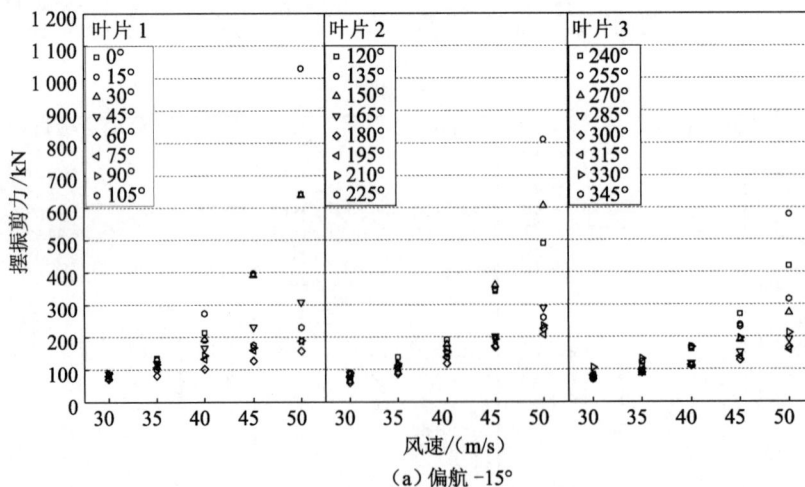

图 9　风速变化时不同停机位置下的摆振剪力极值

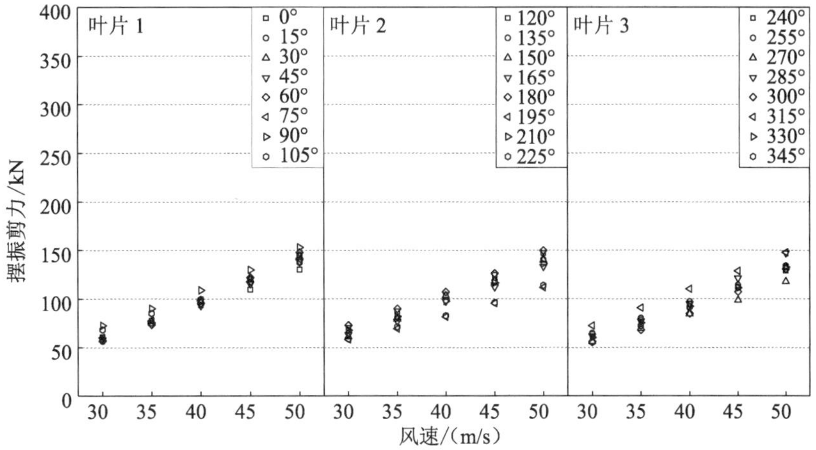

（b）偏航 0°

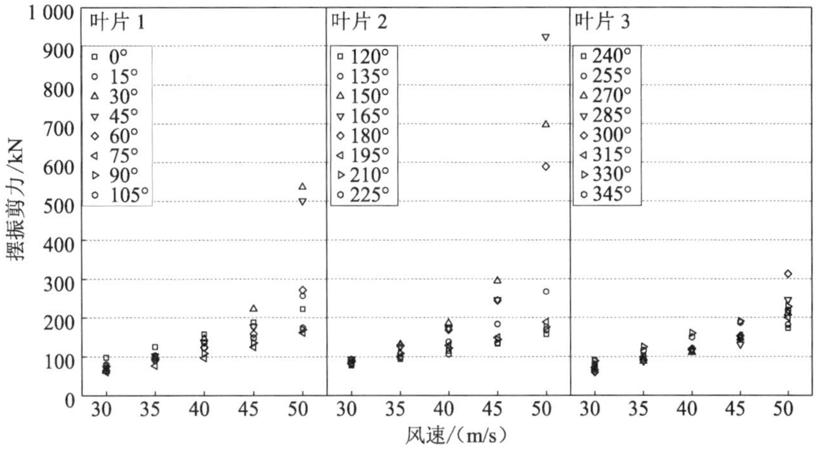

（c）偏航 15°

图 9　风速变化时不同停机位置下的摆振剪力极值（续）

3　结　语

通过对停机状态下风机各工况的数值模拟,并考虑风机叶片不同停机位置、偏航角度以及风速变化的影响,分析风机风轮推力、叶根剪力以及塔底弯矩的变化特征,得到主要结论如下：

（1）平均风速 30 m/s 时,未偏航状态下风机叶片停机位置对叶根荷载影响较小,但停机位置会影响叶根挥舞荷载的方向。

（2）偏航增加风机结构荷载,风速越大,荷载增加量越显著。

（3）在偏航状态下,随着风速的增大,叶片停机位置对各结构荷载影响逐渐明显,当平均风速大于 40 m/s,部分叶片停机位置叶根荷载相较于平均风速 40 m/s 时,出现骤增现象,对风机结构安全造成影响。

参考文献

[1] 王振宇,张彪,赵艳,等. 台风作用下风力机塔架振动响应研究[J]. 太阳能学报,2013,34(8):1434-1442.

[2] 王立忠,洪义,高洋洋,等. 近海风电结构台风环境动力灾变与控制[J]. 力学学报,2023,55(3):567-587.

[3] 王力雨,许移庆. 台风对风电场破坏及台风特性初探[J]. 风能,2012(5):74-79.

[4] 殷成团,张金善,熊梦婕,等. 我国南海沿海台风及暴潮灾害趋势分析[J]. 热带海洋学报,2019,38(1):35-42.

[5] 韩然,王珑,王同光,等. 台风不同区域中的风力机动力响应特性研究[J]. 太阳能学报,2020,41(10):251-258.

[6] 李琪,周文杰,童建国,等. 台风环境中典型海上风机结构的动力响应数值分析[J]. 中国海洋平台,2019,34(3):32-39.

[7] 任年鑫,李炜,李玉刚. 台风作用下近海风力机叶片的空气动力载荷研究[J]. 太阳能学报,2016,37(2):322-328.

[8] 秦梦飞,施伟,柴威,等. 台风过境下大型单桩式海上风机结构动力特性研究[J]. 力学学报,2022,54(4):881-891.

[9] 王硕,柯世堂,赵永发,等. 台风-浪-流耦合作用下海上风力机基础结构水动力特性分析[J]. 太阳能学报,2022,43(10):218-228.

[10] 练继建,贾娅娅,王海军. 台风作用下 2.5 MW 风力机风荷载特性研究[J]. 太阳能学报,2018,39(3):611-618.

考虑平动效应的筒型基础抗倾覆分析

杨春节,蔡正银,范开放,朱　洵,李　庆

(南京水利科学研究院岩土工程研究所,江苏 南京　210024)

摘要:以响水地区 3 MW 海上风电复合筒型基础为研究对象,通过有限元数值模拟方法,分析了海上风电复合筒型基础在不同荷载作用下的受力与变形,结合基础位移的平动分解过程,建立了基于变形控制的复合筒型基础抗倾覆稳定分析方法。研究结果表明,复合筒型基础转动中心在风荷载作用下沿筒底近加载一侧向中心线平移。对传统高差力臂法进行修正,给出了基础平动加载分解过程,定义了平动加载高程 H_h,并建议当基础的荷载作用点较低时,以 H_h 为参考进行力矩计算。对比分析了极限状态下复合筒型基础抗倾覆理论公式计算值与数值模拟结果,验证了本研究所提出抗倾覆稳定分析方法的可靠性。研究成果可为后续复合筒型基础的结构抗倾覆优化设计提供参考。

关键词:复合筒型基础;抗倾覆稳定性;转动中心;筒壁土压力;平动加载高程

　　我国海上风能资源丰富,自 2007 年大规模开发,至今累计装机已达 305 万 kW,装机规模世界第一。复合筒型基础具有制造费用低、海上运输安装快、可实现二次利用等优点,被广泛关注[1-3]。但复合筒型基础的工程应用时间相对较短,虽已在江苏响水、大丰及广东阳江等风场进行了试点安装,但目前仍处于应用初期,大量问题有待解决,其中包括抗倾覆稳定性问题。

　　目前设计阶段对复合筒型基础稳定性分析仍参考基于传统极限平衡理论的重力式基础计算方法[4]。但实际上,海上风电基础以结构转角为控制标准[5-6],当达到正常使用最大转角时,地基远未达到极限破坏状态。为此,朱斌[7-8]、Zafeirakos[9]、Ding[10]及 Liu[11-12]等从室内试验和数值模拟角度对筒型基础的竖向和水平向承载性能进行研究,并以此为基础建立了筒型基础承受不同荷载组合时的承载力计算公式。但上述计算过程多假定基础转动中心与结构中轴线一致,这与筒型基础的实际状态不符合。同时,在计算外部荷载下筒型基础的转动力矩时[13-14],一般直接把荷载与转动中心的距离作为力臂,但考虑到复合筒型基础在水平荷载作用下存在平动位移分量[3],该方法在分析此类问题时计算误差较为明显。

　　鉴于此,本研究以海上风电复合筒型基础为研究对象,通过有限元数值模拟的方法研究了不同水平荷载作用下复合筒型基础位移倾角、转动中心、筒壁土压力及筒底土压力的变化规律,结合计算基础倾覆力矩的平动加载分解过程,提出了基于变形控制的复合筒型基础抗倾覆稳定分析方法,并与数值模拟结果进行对比,以验证所提方法的合理性。

1 考虑平动效应的倾覆力矩计算模型

1.1 筒型基础平动加载分解

　　将实际风荷载等效为作用于基础顶部的水平荷载及其弯矩荷载,如图 1 所示。对于上述简化模型,传统方法是将水平荷载作用点与转动中心的高差作为其力臂值(这里简称高差力臂法),计算得到复合筒型基础对应的倾覆力矩;但由于水平风荷载下基础的转动中心位置受平动分量和转动分量的共同影响,造成基础所受倾覆力矩计算偏差。为此,这里将采用平动加载分解过程对传统高差力臂法进行修正,消去基础

基金项目:国家重点研发计划项目(2023YFB2604200);国家自然科学基金项目(52378358);江苏省青年基金项目(BK20230125);江苏省重点研发计划社会发展项目(BE2023673)

通信作者:朱洵。E-mail:18913013229@163.com

对应的平动分量,得到准确的力臂值。

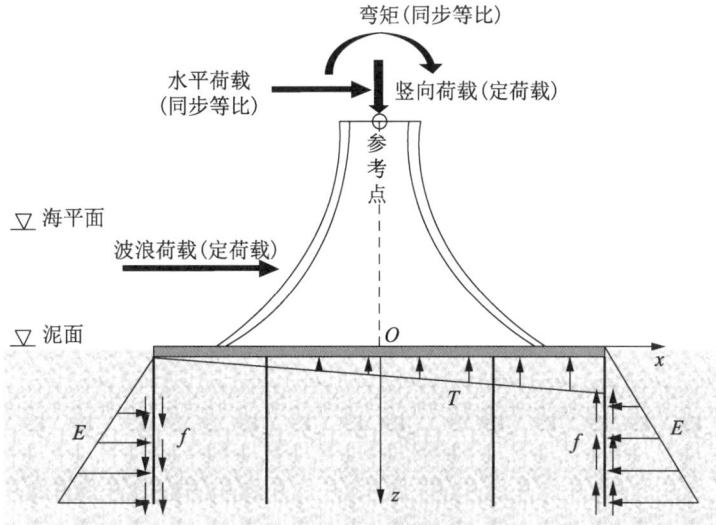

图1　复合筒型基础受力示意

　　图 2 为复合筒型基础平动加载分解示意,其中基础在分析全过程中均可视为刚体,具体验证过程可参考文献[15]。根据刚体运动学[16]中关于平面平行运动瞬心的描述,当其位置因水平荷载作用产生平移后,仍能通过转动中心加转角的模式进行描述,但此处的转动中心与平移前不同,而转动方向和转角则相同。由图 2 可知,假设对复合筒型基础施加向右的水平定荷载,将呈现出前倾的运动趋势;若此刻再施加一个足够大的反向弯矩,将发生后倾转动;考虑到复合筒型基础运动的连续性,由中间值定理可知,必然存在一个平动弯矩,使得基础只发生平移而不发生转动[图 2(c)],即基础平动弯矩的作用为消去水平荷载作用下基础的转动分量,等效于改变基础水平荷载作用点的高程。记平动加载高程为 H_h,具体计算公式如式(1):

$$H_h = H - M_h/F_h \tag{1}$$

式中:水平荷载值为 F_h,实际作用点高程为 H,平动弯矩为 M_h,则等效后的平动加载高程为 H_h。

　　基于上述假定,基础的平动特性可由水平荷载及对应的平动弯矩进行描述,而反向的平动弯矩即是基础的实际倾覆力矩,故可认为:① 通过平动加载高程可建立基础在单一水平荷载与纯弯矩荷载下的等效作用关系;② 若分析过程中消去基础的平动分量,则水平荷载与纯弯矩荷载对基础作用效果应一致。

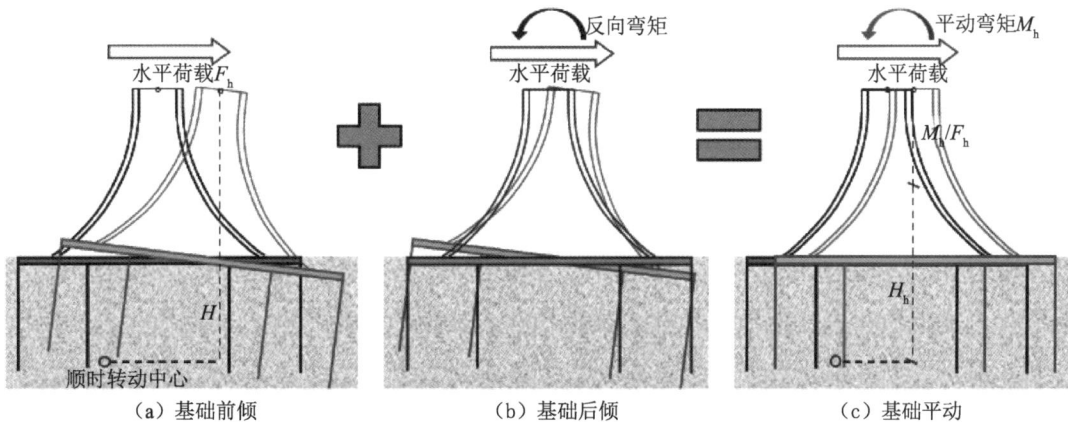

（a）基础前倾　　　　　（b）基础后倾　　　　　（c）基础平动

图2　复合筒型基础平动加载分解力臂示意

1.2　数值分析验证

1.2.1　有限元数值模型

有限元数值模型以响水地区 3 MW 海上风电复合筒型基础为原型,由曲面过渡段、钢筋混凝土底板和下部钢筒三部分组成,如图 3 所示。有限元模型尺寸及网格划分如图 4 所示。曲面过渡段高 18.8 m,壁厚 0.6 m,为钢筋混凝土结构;钢筋混凝土底板高 1.2 m,直径 30 m;下部钢筒直径(D)30 m,高(H)12 m,其中外筒壁钢板厚 25 mm,分舱板厚 15 mm。过渡段及底板采用 C3D8I 实体单元模拟,弹性模量取 28 GPa,泊松比 0.167,密度 2.45 g/cm³;下部钢筒采用壳单元模拟,弹性模量取 210 GPa,泊松比 0.3,密度 7.85 g/cm³。地基土模直径设为 5D,高度设为 3H。土层选择江苏响水海域典型粉质黏土,土体重度为 19.0 kN/m³。本构关系采用"南水"弹塑性模型,对应的单元类型为 C3D8,具体参数见表 1。结构与地基间的相互作用采用接触对进行模拟,筒体单元与土体单元的接触设置为可分离模式,计算中的摩擦系数取 0.2。

图 3　3 MW 复合筒型基础结构型式

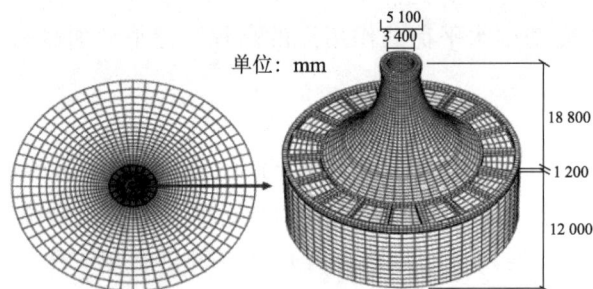

图 4　复合筒型基础有限元模型网格

表 1　主要土层分布及物理力学特性

c/kPa	φ/(°)	R_f	K	K_{ur}	n	c_d	n_d	R_d
17.5	31.5	0.7	67.5	135	0.7	0.038 3	0.35	0.73

本评分数值模拟所涉及的荷载包括竖向荷载、风荷载和波浪荷载,如图 1 所示。竖向荷载为风机的整体自重(8 050 kN),通过参考点施加于基础结构。风荷载和波浪荷载均采用拟静力法进行简化,得到 50 年一遇风荷载对应的水平等效荷载为 1 303 kN,等效弯矩为 123 785 kN·m、50 年一遇波浪荷载对应的水平荷载为 7 920 kN,作用点高程位于泥面以上 3.6 m 处。考虑到浪荷载作用点位置较低,产生的弯矩相对较小,故模拟重点考虑风荷载对其抗倾覆特性的影响,具体施加方式如下:浪荷载视作固定荷载施加;而风荷载则采用同步等比例施加,施加等级取 12 级,每级 500 kN。需要指出的是,蔡正银等[3]通过离心模型试验结果对本部分的有限元数值模型进行了准确性验证。由于篇幅限制,这里不再赘述。

1.2.2　基础位移倾角及转动中心

图 5(a)为不同水平风荷载作用下复合筒型基础水平位移及倾角变化曲线。表现为水平位移及倾角随着风荷载的增加而逐渐增大。随着模型中风荷载强度的提高,基础将逐渐趋于失稳破坏。参考风机厂商提供的基础允许最大倾角(0.75°)作为基础的极限状态。可以看出,极限状态对应的风荷载为 2 196.53 kN,约为

设计值(1 303 kN)的 1.68 倍,这验证了复合筒型基础具有良好的抗倾性能。此外,基础在上述极限状态的水平位移仅为 0.25 m,即地基土远未达到极限破坏,这将影响基础筒壁土压力的计算。图 5(b)为复合筒型基础转动中心位置随风荷载加载水平的变化曲线。可以看出,在水平方向,随着风荷载的增加,基础转动中心逐渐由初期的 $x=-7$ m 向筒体中心线($x=0$ m)偏移;但其竖向位置受风荷载加载水平的影响较小,除风荷载施加初期外,其竖向位置基本位于筒底。转动中心的变动表明了进行倾覆力矩计算时考虑平动效应的必要性。

（a）倾角及水平位移　　　　　（b）转动中心

图 5　复合筒型基础位移转动特征

1.2.3 倾覆力矩计算模型的验证

为了进一步验证计算模型,这里直接将过渡段顶部设为水平荷载作用点,而水平荷载产生的弯矩则通过平动加载高程计算得到。图 6(a)为水平荷载产生弯矩与纯弯矩作用下基础倾角的对比。可以看出,两种荷载作用下基础的倾角变化基本一致,这也验证了采用平动分解过程进行荷载等效分析的合理性。另外,由图 6(b)可知,消去平动分量后的基础在水平荷载作用下与纯弯矩荷载作用下的转动中心位置基本一致,这说明二者存在一定的等效关系。需要注意的是,平动分量消去前后转动中心竖向位置有近 1 m 的差异,这对于本研究中这类荷载作用点较低的模型来说,倾覆力矩计算误差较为明显,验证了提出平动位移的重要性。

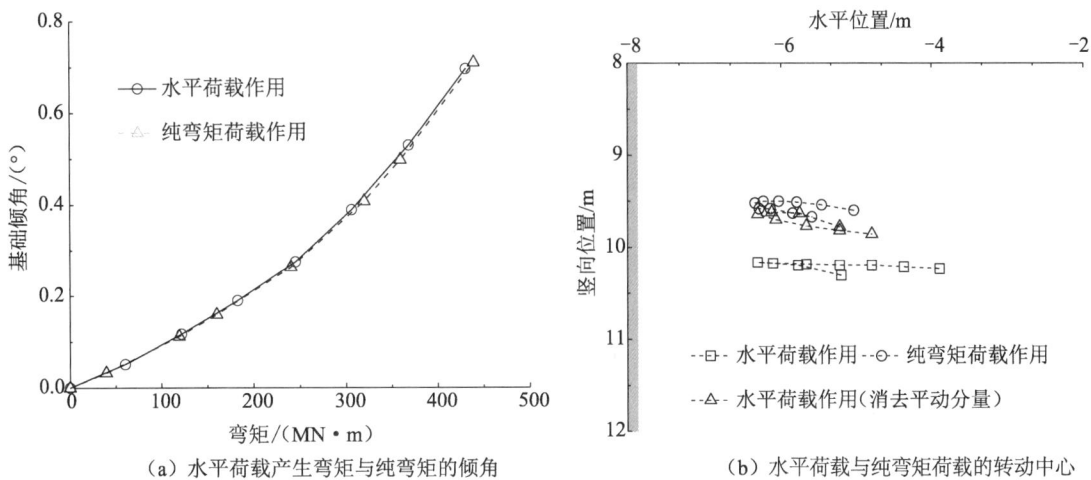

（a）水平荷载产生弯矩与纯弯矩的倾角　　（b）水平荷载与纯弯矩荷载的转动中心

图 6　复合筒型基础倾覆力矩平动加载分解过程的验证

2 筒型基础抗倾覆稳定性分析模型

由前述可知,水平荷载作用下复合筒型基础将绕转动中心发生倾覆破坏。考虑到风机厂商提供的基础允许最大倾角 0.75°,对应的筒体四周地基土远未达到极限平衡状态,故本部分提出基于变形(基础倾角)控制的复合筒型基础抗倾覆稳定分析模型。针对图 2(b)中的复合筒型基础倾覆破坏受力特征,模型做出如下假设:① 筒内地基土与基础结构视为整体;② 忽略下沉过程对地基土受力变形状态的影响,水平荷载施加前筒壁均受静止土压力作用;③ 忽略筒体变形对筒壁土压力分布的影响;④ 允许筒土接触分离,对应筒壁的土压力小于 0;⑤ 基础受力转动过程中其底板与土接触遵循 Winkler 地基假设。

2.1 基础筒壁土压力计算

采用正弦函数[17-18]描述筒壁土压力-位移的变化规律,结合筒壁基础转动对应的筒壁水平位移变化,得到水平荷载作用下基础前、后侧的竖向土压力分布,具体计算过程可参考文献[19]。对于基础筒壁的径向土压力,参考蔡正银等[20]的方法,通过分段幂函数来描述对应基础筒壁径向土压力分布规律,如图 7 所示。

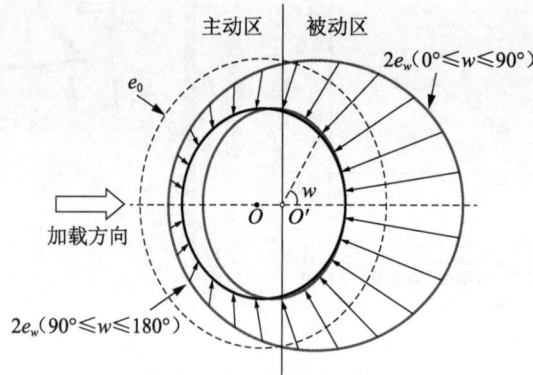

图 7　复合筒型基础筒壁径向土压力分布

2.2 基础筒壁侧摩阻力计算

实际上,当基础到达极限倾角时地基土与筒壁已发生相对滑动,故可以采用常见的库仑摩擦定理来描述基础筒壁侧摩阻力(f)与径向土压力(e_w)间的关系:

$$f = \mu \cdot e_w \tag{2}$$

式中:μ 为基础筒壁与地基土间的摩擦系数。

则基础前侧被动区(F_p)和后侧主动区(F_a)筒壁总侧摩阻力依次为:

$$F_p(0° \leqslant w \leqslant 90°) = 2\int_0^{\frac{\pi}{2}}\int_0^H \mu \cdot e_w \cdot R \cdot \cos w \, dw \, dz \tag{3}$$

$$F_a(90° \leqslant w \leqslant 180°) = 2\int_{\frac{\pi}{2}}^{\pi}\int_0^H \mu \cdot e_w \cdot R \cdot \cos(\pi - w) \, dw \, dz \tag{4}$$

2.3 基础筒底阻力计算

复合筒型基础底板与地基土存在相互作用,基础到达极限倾角时基础内部土体与筒体运动基本保持一致,同时分舱板的存在也一定程度约束了筒内土体与基础结构的分离,故将筒内土体与基础结构视为整体,从自重条件和水平受荷两个方面进行基础筒底阻力的分析。

首先是自重条件,分舱板厚度较低导致其对应的端阻力较小,故此刻基础筒底的压力近似均匀分布,对应的基础筒底压力为:

$$t_0 = \frac{G_0 + G_e}{\pi R^2} \tag{5}$$

其中,G_0 和 G_e 依次为筒型基础自身及筒内土体的有效重量。

当基础倾角处于极限范围内时,筒底沉降量与其对应的筒底土压力呈近似线性关系。参考 Winkler 地基假设,结合基础筒体倾角 θ 及转动中心位置变化,得到水平荷载下的基础筒底的压力变化量 Δt,即:

$$\Delta t = K \cdot (x - x_r) \cdot \sin\theta \tag{6}$$

式中:K 为地基竖向反力系数,按 $50E_{s1-2}$ 进行取值。

最终得到基础筒底任一点的压力 $t(x)$。对基础筒底平面进行积分,得到筒体底部阻力合力 T_d 及对应的作用点水平位置 X_d：

$$T_d = 2\int_{-R}^{R} t(x) \cdot \sqrt{R^2 - x^2}\, dx \tag{7}$$

$$X_d = \frac{\int_{-R}^{R} t(x) \cdot x \cdot \sqrt{R^2 - x^2}\, dx}{\int_{-R}^{R} t(x)\sqrt{R^2 - x^2}\, dx} \tag{8}$$

2.4 基础抗倾覆安全系数

复合筒型基础的抗倾覆稳定计算可分为两部分，即倾覆力矩（M_T）计算和抗倾覆力矩（M_R）计算。

对于倾覆力矩（M_T），可按下式进行计算：

$$M_T = P_w(H_w - H_h) + P_v(H_v - H_h) + M_{other} \tag{9}$$

式中：P_w 和 P_v 分别为基础所受的风荷载及浪荷载；H_w 和 H_v 分别为风荷载和浪荷载加载点对应的高程；H_h 为基础的平动加载高程；H_{other} 为其他形式的弯矩荷载。

类似地，基础的抗倾覆力矩（M_R）可表示为：

$$M_R = M_{Ep} + M_{Ea} + M_{Fp} + M_{Fa} + M_{Td} \tag{10}$$

式中：M_{Ep} 和 M_{Ea} 分别为基础前侧（被动区）及后侧（主动区）土压力对转动中心产生的力矩；M_{Fp} 和 M_{Fa} 分别为基础前侧（被动区）及后侧（主动区）筒壁侧摩阻力对转动中心产生的力矩；M_{Td} 为基础筒底阻力对转动中心产生的力矩。

基于上述计算结果，得到复合筒型基础抗倾覆安全系数（k_m）计算公式：

$$k_m = \frac{M_R}{M_T} = \frac{M_{Ep} + M_{Ea} + M_{Fp} + M_{Fa} + M_{Td}}{P_w(H_w - H_h) + P_v(H_v - H_h) + M_{other}} \tag{11}$$

式中：M_{Ep}、M_{Ea} 分别分别为基础前侧（被动区）及后侧（主动区）土压力对转动中心产生的力矩；M_{Fp}、M_{Fa} 分别为基础侧面侧摩阻力的竖向、水平分量对转动中心产生的力矩；M_{Td} 为基础底部土阻力对转动中心产生的力矩；M_{other} 为其他形式的弯矩荷载；P_w、P_v 分别为基础所受的风荷载及浪荷载；H_w、H_v 分别为风荷载和浪荷载加载点对应的高程；H_h 为基础的平动加载高程。

2.5 有限元数值分析及验证

2.5.1 基础筒壁土压力

复合筒型基础在经历不同水平风荷载作用后结构整体出现一定程度的平移和倾斜，这将造成沿加载方向基础筒壁前后两侧土压力的差异。为此，选取 W、NW、N、NE 和 E 5 个方位（间隔 45°）对筒壁土压力进行分析。W 和 E 方位分别对应基础筒壁正后方和正前方，荷载施加方向为 W→E。

图 8 为复合筒型基础筒壁的径向土压力随深度的分布，其中 ω（$0° \leq \omega \leq 180°$）为径向土压力计算点与筒壁 E 方位的夹角，间隔为 12°。可以看出，不同深度基础筒壁的径向土压力分布规律大致相同，距离风荷载作用点越远，其对应的径向土压力越大。但值得注意的是，当基础经历较小风荷载作用时，其径向土压力与 $\cos\omega$ 呈良好的线性关系，但随着风荷载的增加，对应的线性相关程度逐渐降低。

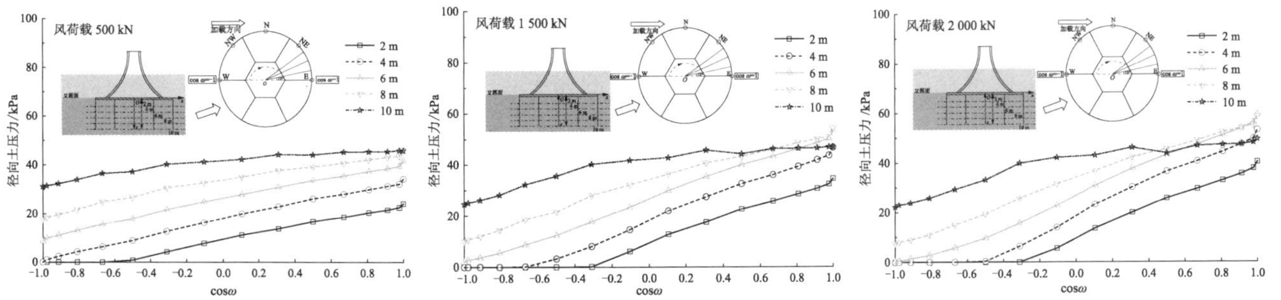

（a）风荷载500 kN　　　　　　（b）风荷载1 500 kN　　　　　　（c）风荷载200 kN

图 8　复合筒型基础筒壁径向土压力分布

2.5.2 基础筒底沉降与土压力

由图9(a)可知,随着水平荷载的施加,基础前侧地基土的沉降量开始增加,而后侧则逐渐降低,这与基础的转动中心变化规律一致;两分舱板间的沉降曲线由初始拱形向线形转化,且与基础后侧沉降曲线的一致性较好,但与基础前侧则差异明显。类似的,基础筒底土压力分布也受分舱板的影响[图9(b)],其中靠近分舱板位置地基土存在一定程度的应力突变,但整体上看基底筒底土压力仍可视作线性分布。

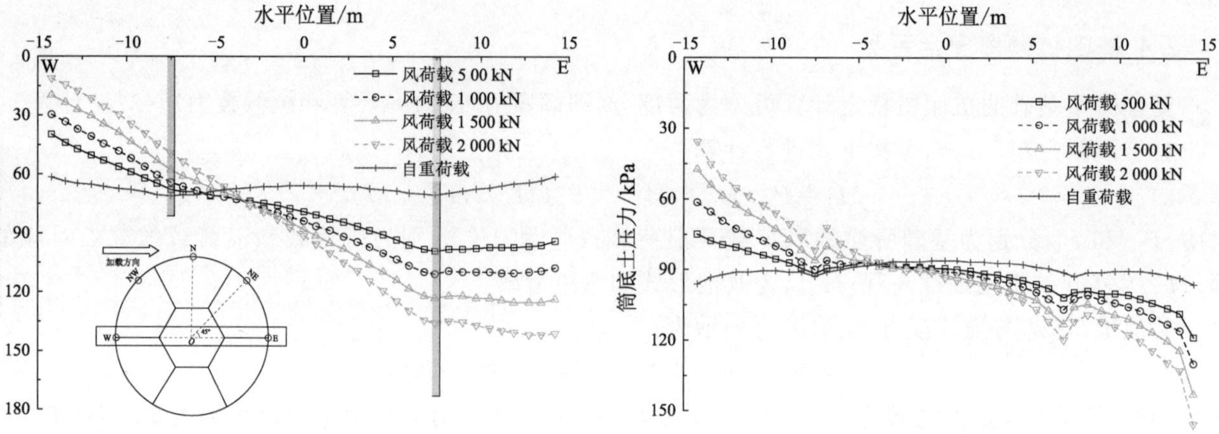

(a) 筒底土体沉降量   (b) 筒底土压力

图9 复合筒型基础筒底沉降量及土压力分布

2.5.3 筒型基础抗倾覆稳定性分析模型验证

为了验证上述计算方法的准确性,对极限状态(基础倾角 $\theta = 0.75°$)下粉质黏土地基复合筒型基础倾覆力矩、抗倾覆力矩及抗倾覆安全系数进行计算,并将结果与有限元数值模拟值进行对比,具体情况见表2。需要注意的是,表2中的筒壁侧摩阻力对转动中心产生的力矩 M_F 为基础前后两侧力矩 M_{Fp} 和 M_{Ea} 之和。计算过程中涉及的参数可参考本文"1.2.1有限元数值模型"部分的数据。

表2 复合筒型基础抗倾覆安全系数计算对比(极限荷载下)

方法	前侧土压力 M_{Ep} /(MN·m)	后侧土压力 M_{Ea} /(MN·m)	筒壁摩擦力 M_F /(MN·m)	筒底压力 M_{Td} /(MN·m)	总抗倾力矩 M_R 计算值/(MN·m)	总倾覆力矩 M_T/(MN·m)	抗倾安全系数 k_m
理论公式	85.86	11.50	36.46	204.95	338.77	223.70	1.52
数值模拟	—	—	—	—	362.05		1.62

由表2可知,利用理论公式计算得到的抗倾覆力矩 M_R 及抗倾覆安全系数 k_m 均与数值模拟结果近似,这验证了上文提出的抗倾覆稳定性分析方法的可靠性。此外,对抗倾覆力矩各分量的计算结果分析后发现,抗倾覆力矩主要由基础前侧(被动区)土压力及筒底阻力承担,约占总抗倾覆力矩的86%,而基础后侧(主动区)脱空现象的存在,导致附近地基土难以形成有效的抗倾覆力矩。

3 结　语

本文针对新型海上风电复合筒型基础,分析了其在不同外部荷载作用下的受力与变形特征,建立了基于变形控制的基础抗倾覆稳定分析方法,获得的主要结论如下:

(1)风荷载加载水平对复合筒型基础转动中心的位置影响显著,大致表现为沿基础筒底近加载一侧向中心线平移。忽略近分舱板区域地基土的应力突变,基础筒底土压力沿水平方向整体仍可视作线性分布。

(2)针对传统高差力臂法在计算复合筒型基础倾覆力矩中的不足,提出了基础平动加载分解过程。通过定义平动加载高程 H_h,将基础的位移变化过程分解为平动及转动两部分,其中平动特性可由水平荷载及对应平动弯矩进行描述,而反向的平动弯矩即是基础的实际倾覆力矩,并建议当基础的荷载作用点较低时,以平动加载高程为参考进行力矩计算。

（3）对比分析了极限状态下粉质黏土地基复合筒型基础倾覆力矩、抗倾覆力矩及抗倾覆安全系数计算值与数值模拟结果，发现提出的复合筒型基础抗倾覆稳定分析方法具有良好的可靠性。

参考文献

[1] DING H Y, LI Z Z, LIAN J J, et al. Soil reinforcement experiment inside large-scale bucket foundation in muddy soil [J]. Trans Tianjin Univ, 2012, 18(3): 168-72.

[2] ZHU X, CHEN Z, GUAN Y F, et al. Field test on the mechanism of composite bucket foundation penetrating sandy silt overlying clay[J]. Ocean Engineering, 2023, 288: 116102.

[3] 蔡正银, 王清山, 关云飞, 等. 分舱板对海上风电复合筒型基础承载特性的影响研究[J]. 岩土工程学报, 2021, 43(4): 751-759.

[4] 杨威, 林毅峰. 海上风电机组重力式基础稳定性计算方法的对比分析[J]. 太阳能, 2019, 5: 68-72.

[5] Det Norske Veritas. Design of Offshore Wind Turbine Structures: DNV-OS-J101[S]. Oslo: Det Norske Veritas, 2007.

[6] 国家能源局. 海上风电场工程风电机组基础设计规范: NB/T 10105—2018[S]. 北京: 中国水利水电出版社, 2019.

[7] 朱斌, 应盼盼, 邢月龙. 软土中吸力式桶形基础倾覆承载性能离心模型试验[J]. 岩土力学, 2015, 36(S1): 247-252.

[8] ZHU B, DAI J L, KONG D Q, et al. Centrifuge modelling of uplift response of suction caisson groups in soft clay[J]. Canadian Geotechnical Journal, 2019, 57(9): 1294-1303.

[9] ZAFEIRAKOS A, GEROLYMOS N. Bearing strength surface for bridge caisson foundations in frictional soil under combined loading[J]. Acta Geotechnica, 2016, 11(5): 1189-1208.

[10] DING H Y, LIU Y G, ZHANG P Y, et al. Model tests on the bearing capacity of wide-shallow composite bucket foundation for offshore wind turbines in clay[J]. Ocean Engineering, 2015, 103: 114-122.

[11] LIU R, YUAN Y, Fu D F, et al. Numerical investigation to the cyclic loading effect on capacities of the offshore embedded circular foundation in clay[J]. Applied Ocean Research, 2022, 119: 103022.

[12] 马鹏程, 刘润, 张浦阳, 等. 黏土中宽浅式筒型基础筒土协同承载模式研究[J]. 土木工程学报, 2019, 52(4): 88-97.

[13] 周超, 寇海磊, 闫正余, 等. 砂土地基中箱筒型防波堤基础稳定性试验研究与机理分析[J]. 海洋工程, 2021, 39(6): 47-56.

[14] 丁红岩, 章李卉, 张浦阳. 海上临坡宽浅式筒型基础承载特性研究[J]. 太阳能学报, 2021, 42(2): 163-171.

[15] 李文轩. 海上风电复合筒型基础水平承载特性研究[D]. 南京: 南京水利科学研究院, 2018.

[16] 周培源. 理论力学[M]. 北京: 科学出版社, 2012.

[17] 张常光, 单冶鹏, 高本贤. 考虑挡墙位移的土压力数学拟合新方法研究[J]. 岩石力学与工程学报, 2021, 40(10): 2124-2135.

[18] 徐日庆. 考虑位移和时间的土压力计算方法[J]. 浙江大学学报(工学版), 2000, 34(4): 22-27.

[19] 李文轩, 曹永勇. 海上筒型基础的筒壁土压力计算[J]. 水利水运工程学报, 2018(3): 65-70.

[20] 蔡正银, 杨立功, 关云飞, 等. 新型桶式基础防波堤单桶桶壁土压力数值分析[J]. 水利水运工程学报, 2016, 5: 39-46.

海上风电稳桩平台抱桩装置设计

刘　超[1]，黄山田[1]，衣启青[2]，韩　力[2]，于　骁[2]，冯雨婷[2]

（1. 海洋石油工程股份有限公司，天津　300461；2. 大连华锐重工集团股份有限公司，辽宁 大连　116013）

摘要：随着新型能源和海洋风电的发展，海上风机安装工程日益增加。研究海上风电稳桩平台液压抱桩装置，并采用有限元的方法对抱桩装置的典型工况进行详细分析，为液压控制稳桩平台设计提供参考。

关键词：海上风电；稳桩平台；抱桩装置

随着世界经济绿色复苏、新型能源的开发、海洋风电的发展，海上风机基础型式也在不断推陈出新，固定式海上风机基础结构型式主要有重力式、单桩、高桩承台、三脚桩、导管架和负压桶等[1]。截至 2019 年年底，中国海上风电累计装机容量约 683.8 万 kW，位列世界第三。在节能减排、能源短缺、能源供应安全形势日趋严峻的大形势下，海上风电作为典型清洁能源越来越受到重视[2]。由于单桩基础安装精度要求较高，国内采用工艺辅助桩稳桩平台的方法解决超大型单桩基础的沉桩技术问题[3-4]。稳桩平台除了支撑平台的全部质量以外，还要经受风、浪、流等环境载荷的作用[5]。由于海洋环境的复杂性，稳桩平台的结构强度、刚度和稳定性对风机安装起着关键作用。抱桩装置作为稳桩平台的关键设备，主要负责单桩的抱紧、锁定以及单桩垂直度调整。本文研究海上风电稳桩平台液压抱桩装置，并采用有限元的方法对抱桩装置的典型工况进行详细分析，为液压控制稳桩平台设计提供参考。

1 项目概述

发展海上风电是为了积极响应国家"2030 年前碳排放达到峰值，努力争取 2060 年前实现碳中和"的新能源战略规划，推动世界经济绿色复苏，汇聚起可持续发展的强大合力，对推动低碳能源的开发有着重要意义。目前，在建造海上风机基础时，需要先将多根工程桩沉桩到海底。这时，要先通过吊装，将工程桩吊至沉桩点，再进行沉桩。为了使工程桩能顺利入泥，插桩及沉桩过程中要确保桩身垂直度在 0.3% 以内，利用稳桩平台对工程桩进行稳桩。

1.1 稳桩平台主要参数

稳桩平台是海上风电场建设的关键设备，用于大型风电单桩基础施工，采用定位辅助桩稳桩平台的方法解决超大型单桩基础的沉桩技术问题。其主要技术参数如表 1 所示。

表 1　稳桩平台主要技术参数

参　数	数　值	参　数	数　值
适用桩径(外径)/m	7.5～11.2	稳桩平台最大允许倾斜角度/%	0.3
钢桩质量/t	最大 150	设计温度/℃	0～45
钢桩最大允许倾斜角度/%	0.3	工作风速/(m/s)	20
垂直度调整液压缸最大推力/t	200	非工作风速/(m/s)	55
定位桩直径/mm	2 400	设计寿命/a	25
稳桩平台质量/t	1 500		

作者简介：刘超。E-mail：conan79221@163.com

1.2 稳桩平台工作流程

稳桩平台作为一种海上打桩施工时用于调整单桩垂直度的大型设备,工作流程如下:① 在钢桩基础沉桩作业开始前,先将稳桩平台吊起,放置在海底平面上,然后使用振动锤将 4 根定位桩穿过稳桩平台沉入海底至标高。② 将稳桩平台吊离水面,利用稳桩平台上四角的锁定液压缸伸出顶紧定位桩,实现稳桩平台与定位桩固定。③ 通过安装在定位桩锁定环梁下部的调平液压缸将稳桩平台调平。④ 稳桩平台分上下两层,每层有两个可开合的半圆形对称抱臂。将抱臂打开,形成半包围结构。⑤ 将钢桩基础送入稳桩平台的半包围结构内,然后抱臂合拢、锁定。⑥ 每层半包围结构上圆周均布 4 组液压缸。开始工作时,液压缸伸出,与钢桩抵接,调整钢桩基础的垂直度达到要求。⑦ 使用冲击锤将钢桩基础沉至标高。稳桩平台布置如图 1 所示。

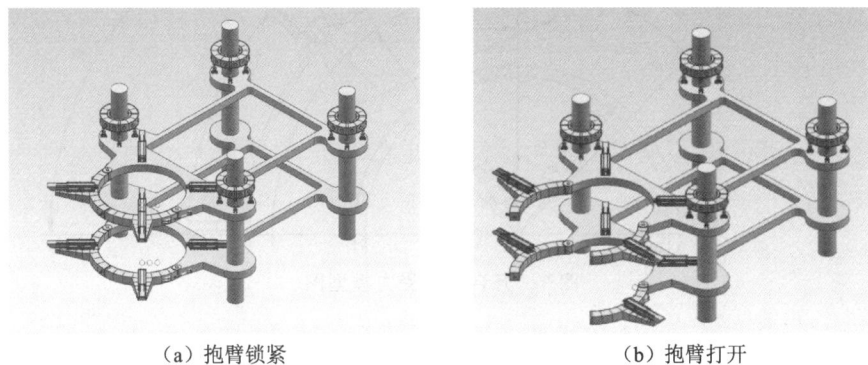

（a）抱臂锁紧　　　　　　　　　　　（b）抱臂打开

图 1　稳桩平台布置示意

2　液压抱桩装置方案

液压抱桩装置采用上下两层半圆形抱臂的结构形式,其开合由两侧液压缸控制,抱臂闭合后连接部位有连杆锁定机构将其锁定,保证抱臂闭合后锁紧。抱桩装置上下两层抱臂各设置 4 个布置成“十”字的液压缸,满足 $7.5 \sim 11.2$ m 直径的桩柱的抱桩和垂直度调整操作。结构布置如图 2 所示。开合油缸的选取和抱臂结构的设计将直接影响整个稳桩平台结构的安全性能。

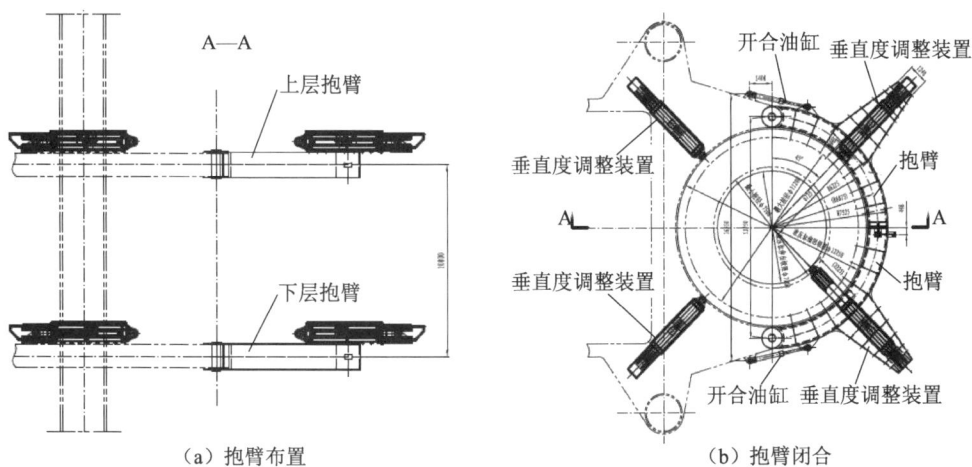

（a）抱臂布置　　　　　　　　　　　（b）抱臂闭合

图 2　抱臂布置示意

3　开合油缸的计算与校核

3.1 开合油缸受力计算

稳桩平台上下两层抱臂布置 4 个开合油缸,主要负责控制上下抱臂的开合。当油缸收缩,抱臂打开;当钢桩基础进入抱臂范围内,油缸伸出将抱臂合拢。抱臂结构前端有锁定机构,将左右抱臂锁紧。上下两层抱臂4个油缸协同作业,完成抱臂动作。油缸的选择将影响抱臂动作的完成。其受力模型如图3所示。

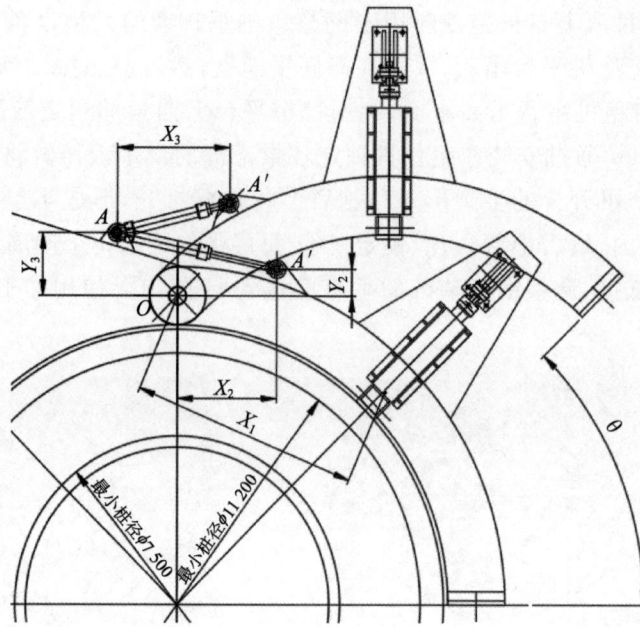

图3　开合油缸受力模型图

抱臂转动角度为θ,抱臂转动铰点为O,开合油缸上铰点A固定于平台上,下铰点A'设置于抱臂侧面。单个抱臂质量为20 t,抱臂中心与转轴距离为X_1,抱臂油缸下铰点位置坐标为$OA'(X_2,Y_2)$,抱臂油缸上铰点位置坐标为$OA(X_3,Y_3)$。根据设计标准[6],油缸所受最大回转阻力矩T需考虑摩擦阻力矩T_m、平台倾斜阻力矩T_p、风阻力矩T_w和惯性阻力矩T_g,即最大回转阻力矩$T=T_m+T_p+T_w+T_g$。摩擦阻力矩T_m主要由中心轴径向轴承摩擦阻力矩T_{mx}和回转轨道摩擦阻力矩T_{mz}两部分组成:$T_{mx}=0.5\omega D\sum N_1\times 2$,$T_{mz}=0.5\omega D\sum N_2$,其中$\omega$为回转阻力系数,$D$为滚道平均直径,$N_1$为径向力,$N_2$为轴向力。平台倾斜阻力矩$T_p=mgr_x\sin\beta$,其中$m$为回转部分质量,$r_x$为回转质心,$\beta$为平台倾角。等效平台倾斜阻力矩$T_{pe}=0.7T_p$。风阻力矩$T_w=qAr$,其中$q$为风压,$q=0.625V_2$,$V$是工作风速,$A$为回转部分迎风面积,$r$为风阻力臂。回转部分的转动惯性阻力矩$T_g=\sum J_{Gi}n/9.55t$,其中$\sum J_{Gi}$为回转部分的转动惯量,$n$为抱臂的回转速度,$t$为启动时间。各项参数数值如表2所示。

表2　计算参数表

名　称	$\theta/(°)$	ω	D/m	m/kg	$\theta/(°)$	r_x/m	$V/(m/s)$	A/m^2	r/m	$n/(r/min)$	t/s
数　值	0~45	0.3	0.4	20 000	2	5.262	20	17	5.262	1	2

计算不同角度下抱臂开合油缸载荷,选取部分抱臂角度下相关参数进行对比(表3)。

表3　不同角度计算数据表

抱臂角度/(°)	AA'/m	θ/rad	油缸力臂/m	抱臂回转阻力矩/(N·m)	总油缸力/t	缸长度变化量/m
0	3.79	0.47	1.07	216 372.72	20.59	0
1	3.77	0.48	1.09	216 372.72	20.28	0.019
5	3.69	0.51	1.15	216 372.72	19.15	0.020
10	3.58	0.54	1.23	216 372.72	17.94	0.021
15	3.47	0.58	1.31	216 372.72	16.90	0.023
25	3.23	0.66	1.45	216 372.72	15.23	0.025
35	2.94	0.73	1.59	216 372.72	13.86	0.055
45	2.68	0.80	1.70	216 372.72	13.00	0.030

经计算,最大油缸力为 20.59 t。按标准进行油缸的选型计算,选择活塞直径为 200 mm,活塞杆直径为 140 mm,行程为 1 500 mm 的油缸。

3.2 抱臂开合油缸校核

按标准,油缸选定后需进行强度和稳定性校核。强度校核需满足活塞杆材料的许用应力$[\sigma] = \sigma_s / n$,其中 σ_s 为活塞杆的材料的屈服极限,n 为许用安全系数。活塞杆选用的材料为 40Cr,屈服极限为 785 MPa。按照标准,选取 $n = 5$,经计算满足设计要求。

按照标准进行稳定性的校核。经对比,油缸在抱臂角度为 0°时,油缸受压载荷最大,稳定性校核需满足许用安全系数 $[n]$ 为 5。稳定安全系数 $n = F_k / F_{max}$。其中 $F_k = \pi^2 EJ / \mu^2 L^2$;$L$ 为油缸的安装长度,取值为 3 785.5 mm;μ 为长度折算系数,取 1;E 为材料的弹性模量,取 2.06×10^5 N/mm^2;J 为活塞的截面惯性矩,按公式 $J = \pi d^4 / 64$ 计算;d 为活塞杆直径 140 mm。经计算,稳定安全系数 $n = 13.5 > 5$,满足稳定性要求。

4 抱臂结构的有限元计算

4.1 模型建立与边界条件

采用 ANSYS 2023R2 软件进行抱臂结构强度、刚度及稳定性的计算。抱臂选用 DH36 材料焊接而成,弹性模量 E 为 2.06×10^5 N/mm^2,泊松比 μ 为 0.3,质量密度 ρ 为 7.85×10^{-9} t/mm^3。模型主要采用实体单元(solid element)进行模拟。计算中载荷需考虑结构自重载荷、倾斜载荷、风载荷和液压缸载荷。模型如图 4 所示。抱臂结构质量为 85.3 t,上下两层垂直度调整油缸推力载荷为 200 t(每层 4 个油缸);油缸头部设置滚轮,滚轮与钢桩的摩擦系数为 0.07。

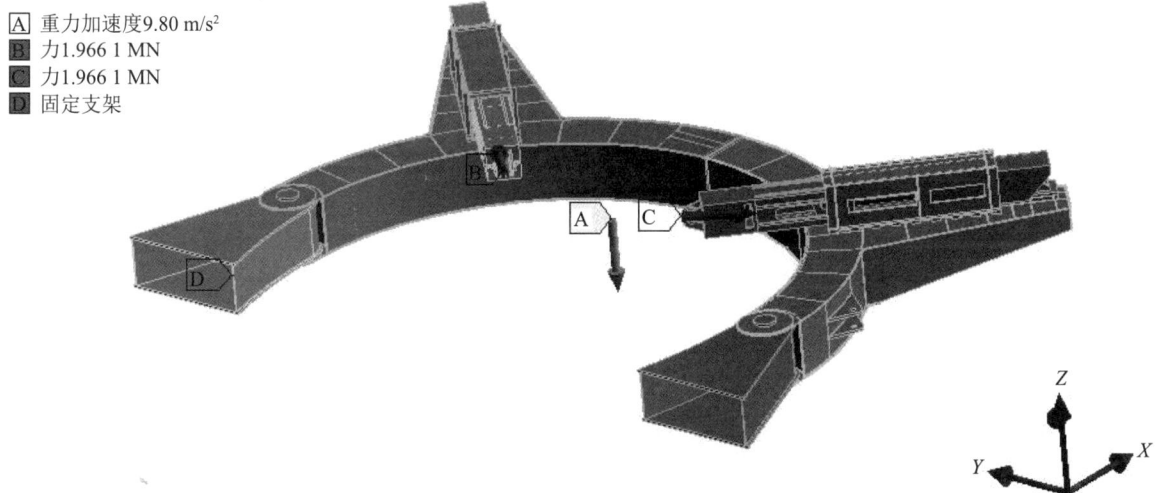

A 重力加速度9.80 m/s²
B 力1.966 1 MN
C 力1.966 1 MN
D 固定支架

图 4　抱桩结构有限元模型

4.2 有限元结果分析

抱臂结构的强度直接影响整个平台的安全性。对抱臂结构进行强度和刚度校核。材料 DH36 的屈服强度 σ_s 为 355 MPa。按标准[7],综合许用应力 $\sigma_z = 0.66\sigma_s = 234$ MPa,许用拉伸应力 $\sigma_t = 0.6\sigma_s = 213$ MPa,许用剪切应力 $\sigma v = 0.4\sigma_s = 142$ MPa。对比计算危险工况下结构的强度和刚度,应力云图如图 5 所示,最大 Von-Mises 应力 $\sigma_{max} = 300$ MPa,局部应力集中,小于材料屈服强度。抱臂销轴连接处应力云图如图 6 所示,最大应力 $\sigma_{max} = 233$ MPa$< \sigma_z$,满足设计要求。对结构的刚度进行校核。位移云图如图 7 所示,X 方向最大位移为 9.3 mm,Y 方向最大位移为 -6.9 mm(负号表示方向),Z 方向最大位移为 -39.3 mm。满足设计要求。

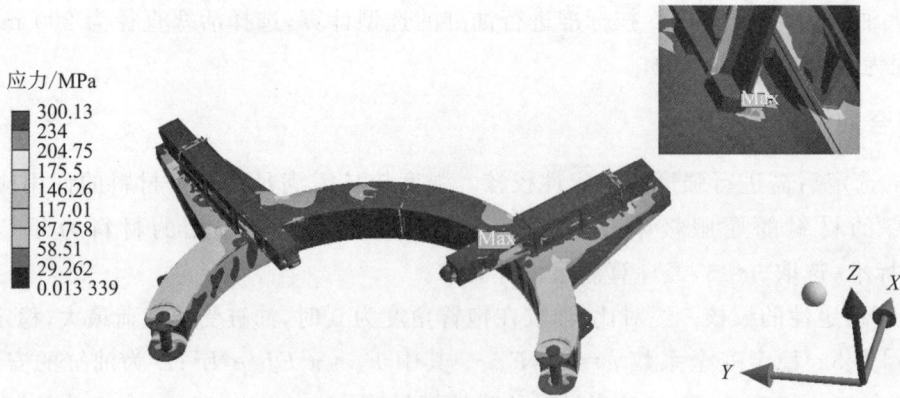

图 5　抱桩结构应力云图

图 6　抱桩销轴连接处应力云图

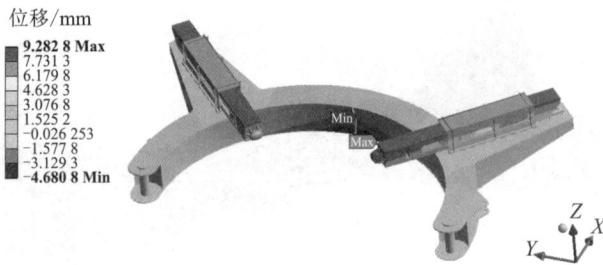

（a）结构X方向位移云图

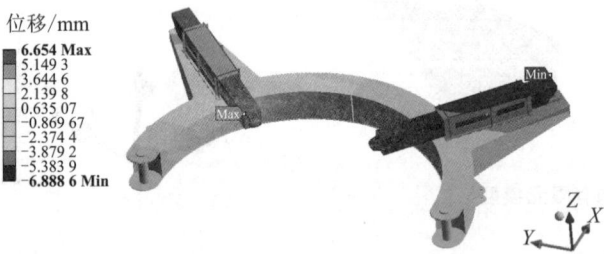

（b）结构Y方向位移云图

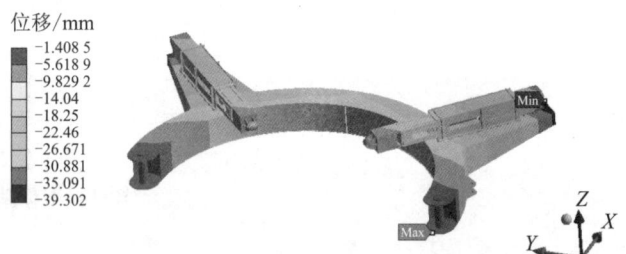

（c）结构Z方向位移云图

图 7　结构位移云图

　　结构的稳定性分析已成为各类结构设计中必须考虑的关键性问题。结构的失稳破坏一般可分为平衡状态分支型失稳和极值点失稳。当载荷达到一定数值时，如果机构的平衡状态发生质的变化，即称结构发生了平衡状态分支型失稳。如果当载荷达到一定数值后，随着变形的发展，结构内、外力之间的平衡不再可能达到，这时即使外力不增加，结构的变形也将不断地增加直至结构破坏，这类失稳称为极值点失稳。这两种失稳形式也称为第一类失稳和第二类失稳，在有限元分析中为特征值屈曲分析和非线性屈曲分析。对抱桩结构设置预应力选项后进行第一次静力计算，然后进行屈曲分析，计算结果如图 8 所示。屈曲特征值 8.8＞3，满足设计要求。

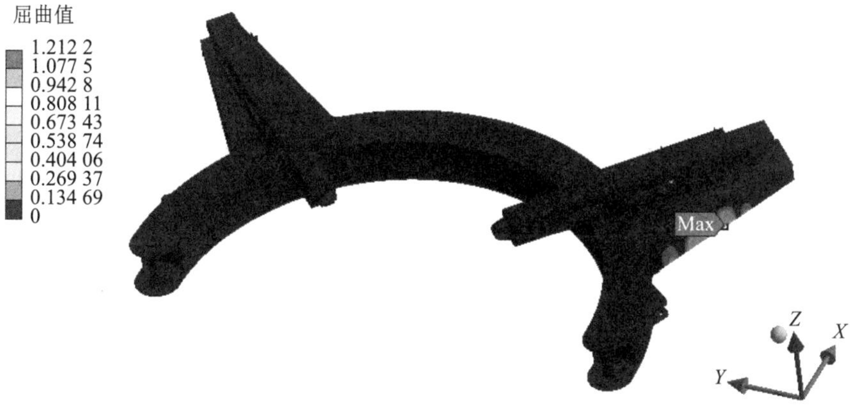

图 8   抱桩结构屈曲计算结果

5 结　语

介绍了可调节稳桩平台的设计参数及工作原理,提出了稳桩平台抱臂装置的详细设计方案,对开合油缸选型计算与校核做了重点阐述,并采用有限元的方法对抱臂结构的强度、刚度和稳定性进行计算。计算结果显示,抱臂结构的最大应力、最大刚度和屈曲特征值均满足规范要求。能够为后续液压控制稳桩平台设计提供相关参考。

参考文献

[1] 袁汝华,黄海龙,孙道青,等. 海上风电风机基础结构形式及安装技术研究[J],能源与节能,2018(12):59-61.
[2] 毕宇. 海上风电单桩稳桩平台研究[J]. 中国设备工程,2019(1):164-165.
[3] 马宏旺,杨峻,陈龙珠. 长期反复荷载作用对海上风电单桩基础的影响分析[J]. 振动与冲击,2018,37(2):121-126,141.
[4] 毕明君. 海上风机单桩基础选型设计方法[J]. 南方能源建设,2017,4(增刊1):56-61.
[5] 王婷婷,陈良志,李建宇. 格型钢板桩与复合地基组合式岛壁稳定性研究[J]. 水运工程,2019(1):173-178.
[6] 成大先. 机械设计手册[M]. 北京:化学工业出版社,2008.
[7] 中国船级社. 海上移动平台入级规范[S]. 北京:中国船级社,2016.

海上风电场三重防护体系研究

刘　巍

(中交上海航道勘察设计研究院有限公司,上海　200120)

摘要: 海上风电塔作为水中建(构)筑物矗立于海面,对附近水域航行船舶是一种碍航物。而近年来,我国海上风电项目发展迅速,设置有效地防护体系对于保护风机和过往船舶安全尤为重要。通过对岱山4♯海上风电场航标工程的设计,总结出一套结合视觉航标、无线电航标以及电子围栏技术的三重防护体系。该体系能有效标示风电场的区域,既能保护风机塔和过往船舶的安全,也为海事监管提供了便利,促进了海事监管及航海保障一体化融合发展,能够为后续复杂水域的海上风电场的海事监管以及航海保障方面提供新思路。

关键词: 海上风电场;航标;电子围栏;三重防护

我国海上风电在经历"十二五"3个特许权项目和4个国家级示范项目的建设之后,发展迅速。"十三五"末国家提出"2030年碳达峰、2060年碳中和"的双碳目标,又为海上风电的发展提供了契机[1]。海上风电塔作为水中建(构)筑物矗立于海面,对附近水域航行船舶是一种碍航物。需要各种助航手段来标识整个风电场的位置和范围,保障船舶航行安全和风机塔自身安全。因此,随着海上风电场的快速发展,对应的防护体系受到广泛关注。

中广核岱山4♯海上风电场工程位于浙江省舟山市岱山岛西北部近海,工程附近航线众多,通航条件复杂。在该海上风电场营运期航标方案配布的过程中,通过多次的优化调整,总结出一套海上风电场三重防护体系。该体系安全可靠,结合传统航标以及电子围栏技术,能有效标示出风电场的位置,为过往船舶提供良好的助导航效果,而电子围栏为海事监管提供了便利,减轻了船舶交通管理系统(vessel traffic management system,VTS)的监管压力,促进了海事监管及航海保障一体化融合发展,能够为后续复杂水域的海上风电场的海事监管以及航海保障方面提供新思路。

1 工程概况

中广核岱山4♯海上风电场工程位于浙江省舟山市岱山岛西北部近海,推荐西航路东西两侧、习惯西航路以北,避开金山航道、中部港域西航路、客运航线、习惯西航路(洋山警戒区—鱼腥脑)、推荐西航路(唐脑山南—鱼腥脑)、东海大桥-宁波舟山习惯航路等,并预留安全距离。项目共安装54台风力发电机组,中广核岱山4♯海上风电场分为东、西两个片区,包括东区36台、西区18台远景XE140-4.0MW机组,装机规模为216 MW。风电场西侧场区面积4.1 km²,东侧场区面积15.5 km²。

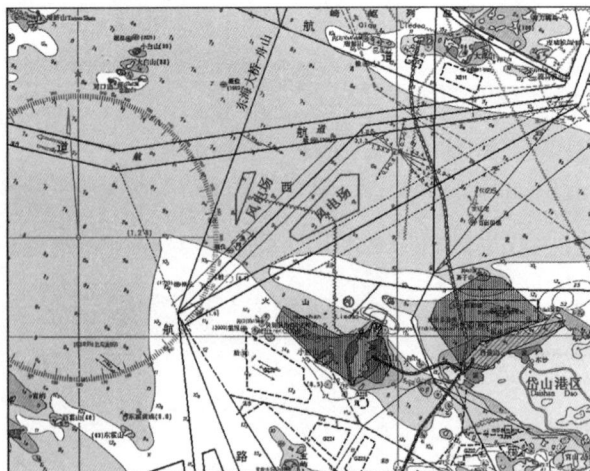

图1　风电场位置示意

作者简介:刘巍。E-mail:497025782@qq.com

2 建设条件

2.1 气象

工程区位于中纬度地带,境内气候受西太平洋、欧亚大陆影响,为独特的海岛气候——北亚热带南缘海洋性季风气候。具有冬夏季风交替显著,四季分明,冬暖夏凉,年温适中,年、日温差小,空气湿润,光、热、水基本同步,气候资源丰富的特点。

2.2 水文

工程海域潮汐属正规半日潮类型,浅海分潮影响显著。工程场区年最高潮位为 5.03 m,出现于 10 月份,年最低潮位为 −0.03 m,出现于 4 月份;年平均高潮位为 3.85 m,年平均低潮位为 1.10 m。最大潮差为 4.59 m,最小潮差为 0.57 m,年平均潮差为 2.75 m。平均涨潮历时 5 时 59 分,平均落潮历 6 时 26 分,平均落潮历时比涨潮历时长约半个小时。

2.3 航道、港口概况

工程区域主要现状航道有金山航道、中部港域西航道、客运航线、习惯西航路、推荐西航路、东海大桥—宁波舟山习惯航路等。本工程风电场区避开上述航线。路由线位穿越中部港域西航道、习惯西航路、推荐西航路。工程区域相关的港区主要有岱山港区、衢山港区、洋山港区、马岙港区和岑港区。

2.4 船舶流量

工程附近主要存在的航道、航路有浙江沿海西航路习惯航路、浙江沿海西航路推荐航路、金山航道、中部港域西航道、舟山—长江航路及舟山—小洋山客船航线等。为分析工程区附近总体船舶通航情况,在 AIS 信息服务平台截取了工程水域历时一个月的船舶历史航迹图,并对附近船舶的船舶通航情况进行了统计分析,详见图 2 和表 1。

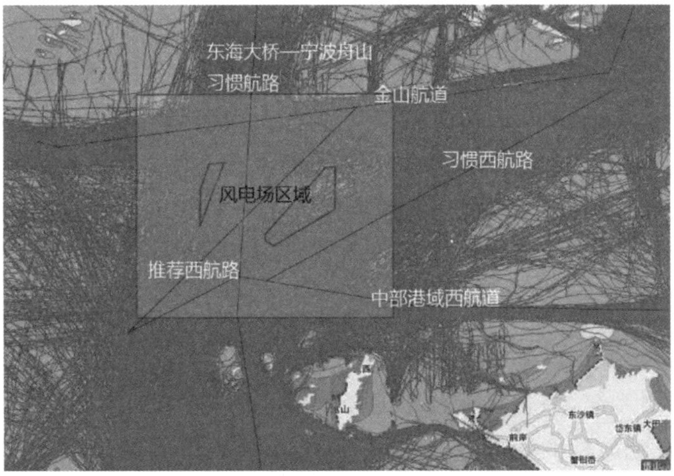

图 2　风电场区域 5 000 吨级以上船舶轨迹线(2018 年 3 月)

表 1　工程区域附近航路船舶航迹总体情况(2018 年 3 月 1—7 日)

序　号	舟山—长江航路 (含金山航道)	推荐西航路	习惯西航路	岱山北航道
1	上行船舶数量/艘次	357	8	280
2	下行船舶数量/艘次	155	18	180
3	船舶总量/艘次	512	24	460

3 三重防护体系

3.1 三重防护概述

海上风电场作为大规模的水中建(构)筑物,对场区附近水域航行船舶是一种碍航物,因此需要标示整个风电场的位置以及范围,从而保障风机塔以及航行船舶的安全。所谓的三重防护是由视觉航标、无线电航标以及电子围栏三部分组成。

3.2 三重防护方案

3.2.1 视觉航标

根据《中国海区水中建(构)筑物标志规定》(GB 17380—2020)以及国际航标协会的相关规定要求,海上风电场外围重要设施(SPS)与海上风电场外围中间重要设施(IPS)上应设置助航标志。当海区水中建(构)筑物群靠近航道时,除设置固定助航标志外,可设置水上浮动标志,标示海区水中建(构)筑物群范围。

岱山 4# 海上风电场周围存在西航路等多条航道,因此场区视觉航标的配布包括固定助航标志以及浮动助航标志。

3.2.1.1 固定助航标志

结合 SPS 以及 IPS 的定义与本风电项目风机平面布置情况,在 1#、6#、11#、16#、17#、18#、25#、32#、33#、36#、37#、44#、50# 风机塔上各设置 1 座灯桩(共 13 座)。灯光颜色为黄色,射程 5 nm,灯桩闪光节奏确定为莫尔斯信号"C"12 s,13 座灯桩同步闪光。

3.2.1.2 浮动助航标志

在西区风电场北面布设灯浮标 2 座,灯浮标距离风电场北面风机约 500 m,距离金山航道约 1.5 km。西区风电场西面布设灯浮标 1 座,灯浮标距离风电场西面风机约 1 km。西区风电场南面布设灯浮标 1 座,灯浮标距离风电场南面风机约 500 m。西区风电场东面布设灯浮标 1 座,灯浮标距离风电场东面风机约 500 m,距离东海大桥—宁波舟山(习惯)航路约 1.2 km。

在东区风电场北面布设灯浮标 1 座,灯浮标距离风电场北面风机约 1.2 km。东区面布设灯浮标 1 座,灯浮标距离风电场东面风机约 530 m。东区西南面布设灯浮标 2 座,灯浮标距离风电场西南面风机约 500 m,距离推荐西航路和习惯西航路约 1 km。东区西北面布设灯浮标 1 座,灯浮标距离风电场连线 175 m,距离推荐西航路约 1 km。东区东南面布设灯浮标 1 座,距离风机连线 175 m,距离习惯西航路 1 km。

整个场区周围共布设灯浮标 11 座。灯光颜色为黄色,射程 4 nm。灯浮标闪光节奏确定为莫尔斯信号"C"12 s,11 座灯浮标同步闪光。

3.2.2 无线电航标

为构筑全面的助航网络系统,综合航标技术的先进性与前瞻性,提高能见度不良的天气条件下船舶对风机塔的识别度,在布设视觉航标的基础上,在位于风电场显著位置的风机上增设 AIS 航标、AIS＋雷应一体化航标:在 50# 风机塔上布设 1 座 AIS 航标,分别在 18# 和 37# 风机塔上各布设 1 座 AIS＋雷应一体化航标。

3.2.3 电子围栏

为了给相关水域提供必要的助导航服务,目前国内外主要使用视觉航标和无线电航标结合的方式。由于 AIS 基站受建设成本及安装地等条件的制约,无法给一些较远的区域提供发送虚拟 AIS 航标的服务。而基于嵌入式 AIS 的智能水上安全保障系统的装置,是独立单元且方便嵌入,在不改变原有助导航系统的基础上,具有一体化、全内置、不需外部电源、不需通信线缆、不依赖 AIS 基站、随时随地安装应用等优势。

基于 AIS 的智能水上安全保障系统采用了一体化设计,集成了智能 CPU 核心模块,虚拟 AIS 模块、智能船舶航行运算模块、北斗数据通信模块、4G 全网通通信模块、AIS 接收模块、气象水文传感器接口模块、太阳能板、蓄电池等模块。该系统均能独立工作,而不依赖基站覆盖或者能源条件,可以独立完成监管区域船舶的航行轨迹运算和判断。

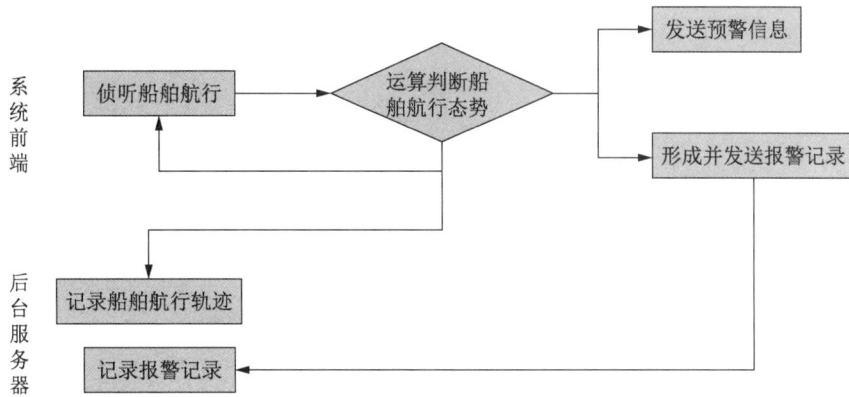

图 3   基于 AIS 的智能水上安全保障系统

所谓电子围栏技术是在传统的 AIS 数据应用基础上的拓展应用[2],是通过虚拟信号将某块需要预警的区域围起来,形成类似于围栏的虚拟范围圈[3]。当有船舶闯入受保护区域时,可对闯入船舶进行 AIS 短报文广播,并进行相应的 VHF 或者声光信号报警。

通过对岱山风电场水域的通航环境分析,结合基于 AIS 的智能海事安全保障系统的优势,拟在风电场水域形成一个集监管和预警一体的电子围栏方案。

3.2.3.1   警戒区与保护圈

岱山 4♯海上风电场分为东、西两部分,在东区的 17♯、18♯风机塔与西区的 44♯风机塔上各布设 1 套智能海事安全保障系统,通过虚拟信号对东西两个场区分别设置一个多边形警戒区(图 4 多边形区域)。此外将以每个风机为中心的、直径 100 m 的圆的范围定义为风机保护圈(图 4 圆圈)。

3.2.3.2   监管过程

(1)船舶从监管区进入多边形警戒区后,系统会第一时间通过 CH16 的语音报警或者 AIS 短报文的形式向其发出安全航行提醒,提醒其前方是风电场水域,注意航行安全。同时后台提醒监管人员有船舶进入多边形警戒区域。

(2)船舶在多边形警戒区内航行,一旦出现有进入(风机保护圈)的航行趋势时,系统向其发出二级警报,提醒其注意前方风机,注意航向。直至船舶改变航向,航行趋势不再威胁风机,二级警报方才解除。

(3)船舶从预警区进入风机保护圈后,意味着船舶航行有马上撞上风机的风险,此时系统马上向其发送一级警报(一级报警为本方案最高报警级别),警示其离开此区域,谨防撞上风机。所有系统触发的报警信息都将通过 4G 上传至后台系统,方便监管者统计分析船舶航行数据信息。

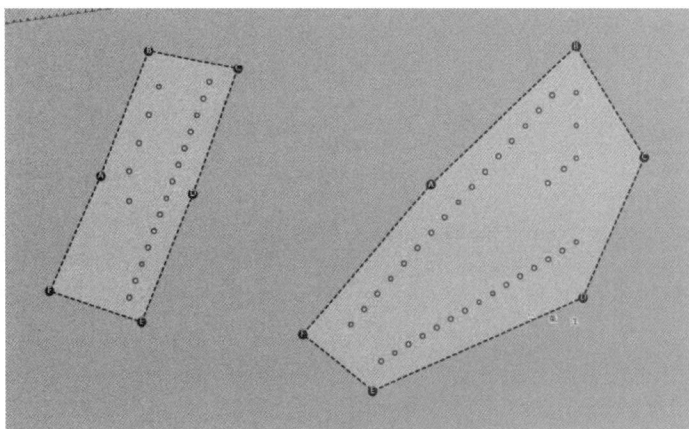

图 4   电子围栏设置图

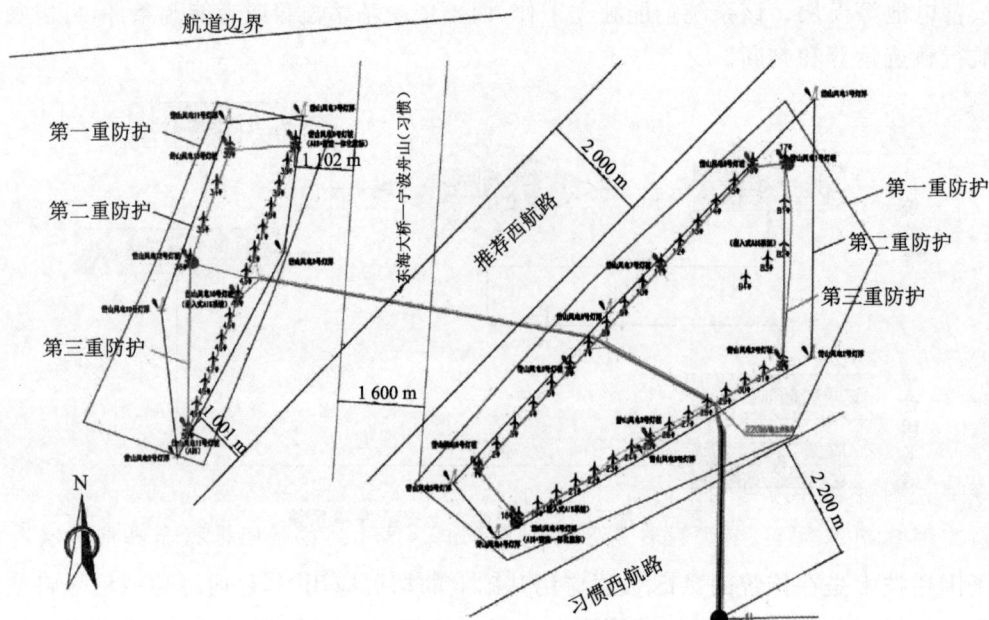

图 5　岱山 4♯海上风电场三重防护体系平面图

4　结　语

　　岱山 4♯海上风电场处于浙江省舟山市岱山岛西北部近海,场区周围通航环境复杂。结合传统的视觉航标、无线电航标以及新兴的电子围栏技术可以对场区形成三重防护体系,该体系能有效地警示过往船舶,保护风机安全,同时为海事监管提供便利。航标与电子围栏在风电场的同时应用,也能够促进海事监管及航海保障一体化融合发展,能够为后续复杂水域的海上风电场的海事监管以及航海保障方面提供新思路。

参考文献

[1]　苏斌,王有军,李星.浅谈 AIS 海上电子围栏系统及在海上风电场的应用[J].航海技术,2021(5):38-41.
[2]　王庆珺,陈巍博,李东阳.海上风电场营运期电子围栏警戒区域和预警机制设计[J].港口科技,2021(9):44-48.
[3]　江爱文,李强.海上风电场航标设置方案探究[J].福建交通科技,2019(2):131-133.

风机叶片复合异质结构声发射源定位方法研究

赵治民[1]，陈念众[1,2]

（1. 天津大学 建筑工程学院，天津　300350；2. 水利工程智能建设与运维全国重点实验室，天津　300350）

摘要：复合异质结构广泛应用于风机叶片中。然而，由于声发射信号在复合异质结构中的复杂传播特性，声发射源的准确定位面临挑战。为解决这一问题，本文提出了一种基于到达时间差的声发射源定位方法，该方法考虑了声发射波在异质结构中的折射传播特性，根据声发射传感器空间信息、信号到达时间差和结构几何信息确定声发射源位置，不需材料属性的先验知识。信号到达时间根据赤池信息准则计算，6 个传感器布置成一对"L"形传感器簇。在复合异质结构板上进行了试验研究，并随机选取了 12 个点进行声发射源定位准确性验证。试验结果表明，所提出的方法可以快速准确地定位复合异质结构中的声发射源，且在噪声条件下具有一定的鲁棒性。

关键词：风机叶片；声发射；损伤定位；时差定位；复合异质结构

风机长期在环境复杂多变的偏远地区或海上环境中运行，易发生各种结构损伤。风机叶片是捕获风能资源的关键部件，保证其安全可靠运行至关重要。包括振动监测、光纤应变监测和无人机等在内的各种结构健康监测技术已经被应用于风机，以实时监测风机结构状态[1]。然而，上述传统监测技术受限于可监测损伤类型、成本、检测周期等因素，不适用于叶片结构早期损伤长期监测[2]。声发射是一种实时监测技术，近年来已经被广泛应用于各类工程结构中，包括风机结构[3]、桥梁[4]、压力容器[5]等。材料中局部源处能量的快速释放而产生瞬态弹性波的现象被称为声发射。声发射是一种被动监测技术，不需外界激励，可以方便地布置在风机叶片的表面或内部，是一种极具潜力的风机叶片实时监测技术。

损伤源定位是结构健康监测的关键步骤，是进一步开展损伤源诊断和预测的基础。然而，风机叶片中声发射源定位技术的研究仍较有限。声发射信号具有高频、多模态、衰减、非平稳等特性，传播机制复杂。Zhao 和 Chen[2] 研究了风机叶片结构中的声发射波传播特性，风机叶片中包含大量的几何和材料突变，声发射波在传播过程中会产生衰减、反射、折射和模态转换等复杂的传播现象，导致声发射源定位极为困难。传统声发射源定位方法如波束成形、贝叶斯方法、Delta T 方法适用于简单结构，在复合结构中的应用尚在发展和完善之中[6]。Zhao 和 Chen[7,8] 和 Chen 等[9] 提出基于深度学习的数据驱动方法，为解决风机叶片等复杂结构中的声发射源定位问题提供了思路，但这些方法需要大量的训练数据和复杂的特征工程。到达时间差是声发射源定位的经典方法，因其简便有效性得到广泛的工程应用，Gomez Munoz 和 Garcia Marquez[10] 和奉凡森等[11] 使用基于三角时差定位的方法确定风机叶片结构中的声发射源，需要详细的材料属性和声发射波传播速度等先验知识，而获取这些参数需要耗费大量的时间。此外，上述方法并未考虑声发射波在风机叶片结构中复杂的传播现象，定位结果存在较大误差。

本文开发了一种基于到达时间差的声发射源定位方法，用于风机叶片典型复合异质结构声发射源定位。在该方法中，考虑了声发射波在复合异质结构中的传播特性，且不需要事先掌握材料属性和声发射波的传播速度等信息，可以快速准确地定位复杂结构中的声发射源。在实验室条件下开展了复合异质结构中的断铅试验研究以验证所提出方法的有效性。

基金项目：国家自然科学基金面上项目（52071235）

通信作者：陈念众。E-mail：nzchen2018@hotmail.com

1 声发射源定位方法

本文所提出的方法是在 Kundu 等[12]提出的基于"L"形传感器簇的声发射源定位方法中发展而来。Kundu 等[12]提出的方法适用于简单均质结构,该方法假设声发射波沿直线传播、波前形状是平面波阵面。

如图 1 所示,"L"形传感器簇包含 3 个声发射传感器 S_1、S_2 和 S_3,3 个传感器以等腰直角三角形的型式布置,且假设传感器之间的间距 d 远小于声发射源到传感器之间的距离。因此,可以认为 3 个传感器与声发射源之间沿水平方向的夹角几乎一致。图中,v 表示沿声发射波的传播速度。Δt 表示传感器对之间的到达时间差,声发射信号达到传感器 S_1、S_2 和 S_3 的首达时间分别是 t_1、t_2 和 t_3,则 Δt_{12} 和 Δt_{13} 可以表示为:

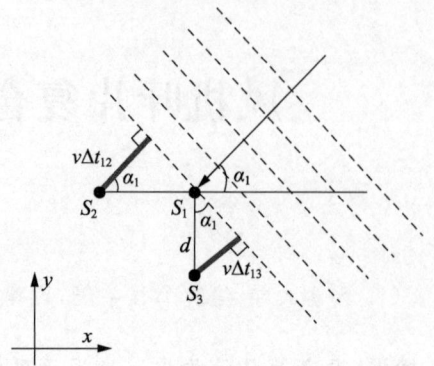

图 1　"L"形传感器簇定位原理示意

$$\Delta t_{12} = t_1 - t_2 \tag{1}$$

$$\Delta t_{13} = t_1 - t_3 \tag{2}$$

Δt_{12} 和 Δt_{13} 还可以表示为

$$\Delta t_{12} = \frac{d\cos\alpha_1}{v} \tag{3}$$

$$\Delta t_{13} = \frac{d\sin\alpha_1}{v} \tag{4}$$

根据式(3)和式(4),α_1 可以表示为

$$\alpha_1 = \tan^{-1}\left(\frac{\Delta t_{13}}{\Delta t_{12}}\right) \tag{5}$$

根据式(5)可知,可以通过包含 3 个传感器的"L"形传感器簇来确定损伤源相对于传感器簇的方向。只要有两个传感器簇,通过每个传感器簇得到的损伤源方向线的交点就可以得到损伤源的准确位置。

此外,声发射波的传播速度 v 可以根据传感器间距和到达时间差计算得到:

$$v = \frac{d\cos\alpha_1}{\Delta t_{12}} = \frac{d\Delta t_{12}}{\Delta t_{12}\sqrt{\Delta t_{12}^2 + \Delta t_{13}^2}} = \frac{d}{\sqrt{\Delta t_{12}^2 + \Delta t_{13}^2}} \tag{6}$$

然而,风机叶片结构是由不同类型的复合结构拼接而成的,如常用的玻璃纤维增强复合结构和三明治复合结构。声发射波穿过异质界面时,会发生折射现象,折射导致声发射波的传播不是直线,从而不满足 Kundu 等[12]提出的"L"形传感器簇方法的基本假设,导致较大的定位误差。因此,需要考虑折射对声发射源定位的影响。

声发射源在异质结构中的定位如图 2 所示。其中,α_1、α_2、θ_1、θ_2 分别是声发射波传播方向与图中所示坐标轴之间的角度。根据式(1)~(5),可以确定声发射波在异质结构中的不同结构中的传播方向 1 和传播方向 2。为了确定传播方向 3,可以根据 Snell 定律确定 θ_1 和 θ_2 之间的关系[2]

$$\frac{\sin\theta_1}{\sin\theta_2} = \frac{v_1}{v_2} \tag{7}$$

其中,v_1 和 v_2 分别表示声发射波在两种介质中的传播速度,可以根据式(6)求得。

根据式(7)确定传播方向 3,传播方向 3 和传播方向 1 的交点即为声发射源的位置。令传感器 S_i 的坐标使用(x_i, y_i),$i=1,2,3,4,5,6$ 表示,声发射源的坐标为(x_p, y_p)。根据式(1)~(7),可以求得声发射源的坐标为

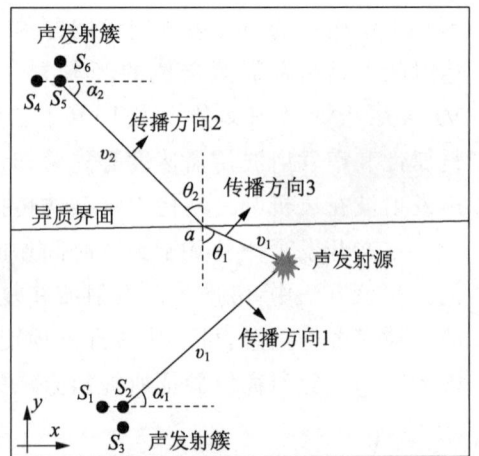

图 2　异质复合结构声发射源定位原理示意

$$x_p = x_a + \tan\theta_1 \frac{(y_2 + x_a \tan\alpha_1)}{(1 - \tan\alpha_1 \tan\theta_1)} \tag{8}$$

$$y_p = \frac{x_p - x_a}{\tan\theta_1} \tag{9}$$

其中，

$$\alpha_1 = \tan^{-1}\left(\frac{\Delta t_{32}}{\Delta t_{21}}\right) \tag{10}$$

$$x_a = \frac{y_a}{\tan\alpha_1} + x_2 \tag{11}$$

$$\theta_1 = \sin^{-1}\left(\frac{\Delta t_{45}}{\sqrt{\Delta t_{45}^2 + \Delta t_{65}^2}}\right) \tag{12}$$

准确获取声发射信号到达各个传感器的首达时间是保证计算结果准确性的关键。为了准确计算声发射信号首达时间，使用赤池信息准则进行计算

$$AIC(t_w) = t_w \log\{var[R_w(t_w, 1)]\} + (T_w - t_w - 1) \cdot \log\{var[R_w(t_w + 1, T_w)]\} \tag{13}$$

其中，var 表示方差函数，R_w 表示声发射信号时间序列。t_w 是遍历 R_w 的所有样本，T_w 是 R_w 中最后一个样本。计算得到的 AIC 的最小值所对应的时间即是信号的首达时间。

2 试验设计

为了验证所提出方法的准确性，在一个复合异质结构板上开展了试验研究。如图 3 所示，异质板结构由玻璃纤维增强复合结构和三明治复合结构组成。异质板结构宽为 500 mm，长为 1 000 mm，厚度为 10 mm。试验时，在异质板的边缘使用木块支撑以防止桌面对声发射信号的干扰。

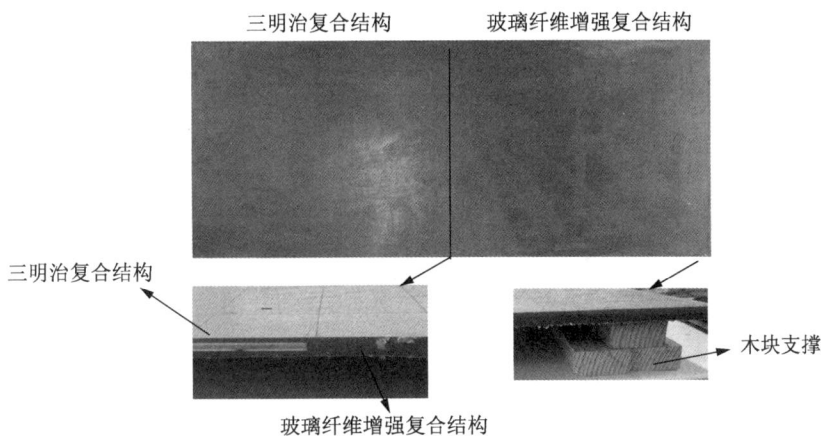

图 3　试验使用的异质复合结构板示意

传感器的布置方案如图 4 所示。两对传感器簇被分别对称放置在两种结构中，两个传感器簇的位置分别为（340 mm，250 mm）和（660 mm，250 mm）。每个传感器簇由 3 个传感器组成，传感器以"L"形布置，每个传感器间距为 10 mm。

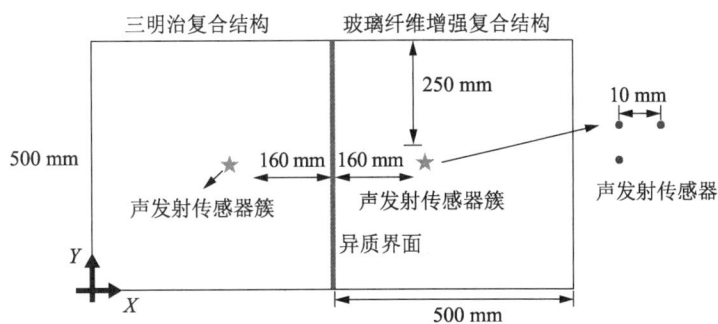

图 4　复合异质结构声发射源定位试验布置

声发射信号采集系统包括 PCI-Express 的 32 通道声发射系统、2/4/6 前置放大器、AE 传感器和电缆等,用于准确生成和记录声发射源信号。使用油脂高真空确保传感器与异质结构面板表面之间的耦合。断铅源是被广泛使用的可重复、可替代的人工声发射源,断铅源被用于本文异质结构声发射源试验中产生声发射信号[13]。所有断铅测试以相同的方式进行,长 5 mm、直径 0.5 mm 的铅笔芯与异质结构面板成45°折断。采样率设置为 1 MHz。每个波形有 2 048 个数据点和 512 个预触发样本。

3 试验结果分析

随后使用所开发的基于到达时间差的声发射源定位方法预测复合异质结构中声发射源的位置。为了验证所提出方法的有效性,随机选择了 12 个测试点进行结果验证。

此外,实际运行过程中噪声是不可避免的,但实验室条件下得到的声发射信号受到的噪声干扰较小。为了更好地模拟实际情况的声发射信号,本文在原始声发射信号中加入了信噪比为 5 dB 的高斯白噪声,以验证所开发的方法的抗噪性能。

获得声发射信号之后,首先使用赤池信息准则对所有传感器进行首达时间计算,如图 5(a)所示,AIC 的最小值对应的时间为声发射信号的首达时间。当信号中含有噪声时,会对准确获得首达时间产生干扰。对于含有高噪声的声发射信号,首先使用小波阈值去噪方法[2]对声发射方法进行预处理。根据赤池信息准则进行含有 5 dB 噪声的声发射信号首达时间计算的结果如图 5(b)所示。从结果可以看出,使用小波阈值去噪和赤池信息准则方法可以准确计算声发射信号首达时间,这有力保证了首达时间差的计算准确性。

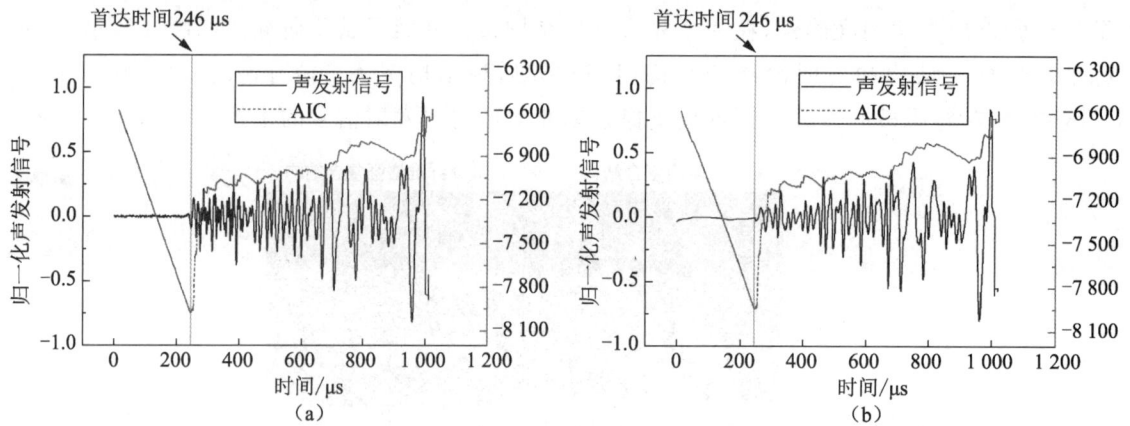

图 5　使用赤池信息准则计算声发射信号首达时间

根据所开发的方法对异质结构中随机选取的声发射源进行定位,不考虑噪声和考虑噪声的声发射源定位结果如表 1 所示。

表 1　声发射源定位结果

真实位置/mm	预测位置/mm	预测距离误差/mm	信噪比为 5 dB 预测位置/mm	预测距离误差/mm
(95,485)	(90.2　493.8)	10.0	(87.9　493.0)	10.7
(235,85)	(242.5　96.0)	11.0	(232.7　100.0)	15.2
(320,45)	(310.8　33.9)	11.1	(318.5　39.2)	6.0
(420,470)	(423.2　458.5)	11.5	(417.9　484.8)	15.0
(485,305)	(485.8　308.4)	3.4	(495.8　316.4)	15.7
(490,105)	(489.2　101.9)	3.1	(492.6　101.3)	4.5
(510,430)	(513.8　437.5)	7.5	(516.8　422.9)	9.8
(525,245)	(525.2　248.7)	3.7	(532.8　234.5)	13.1
(600,375)	(603.8　383.3)	8.3	(610.0　383.1)	12.9
(660,215)	(656.9　205.0)	10.0	(672.2　223.9)	15.1
(760,70)	(761.9　65.4)	4.6	(752.6　85.6)	17.2
(885,415)	(878.9　427.6)	12.6	(870.4　423.0)	16.6

如表 1 所示,本文使用声发射源真实位置和预测位置之间的距离衡量所提出方法的准确性。结果表明,当不考虑噪声时,声发射源定位的误差平均值为 8.07 mm,最大误差为 12.6 mm。具有较大定位误差的声发射源出现在靠近板边缘的位置,这是因为声发射波在长距离传输时会发生较大的衰减和波形畸变,复杂的传播特性使得定位误差增加。此外,本方法是基于声发射源与传感器簇之间的距离远大于传感器的间距的假设开发的,声发射源与声发射簇的距离较近时同样会出现误差,但定位误差均小于 13 mm。异质界面附近的声发射源可以被准确定位,说明考虑声发射波折射传播特性是有效的。上述结果表明所提出的声发射源定位方法可以有效定位异质结构中的损伤。

当考虑噪声时,声发射源定位的误差平均值为 12.64 mm,最大误差为 17.2 mm。噪声的存在会增加声发射源定位的误差,但定位误差均小于 18 mm,说明所提出的定位方法在噪声环境下具有稳定性和鲁棒性。

4　结　语

本文提出了一种基于到达时间差的风机叶片异质结构声发射源定位方法,该方法考虑了声发射波在异质界面的折射传播特性,赤池信息准则被用于准确计算到达时间差。

所提出的方法不需材料属性的先验知识,通过传感器接收的到达时间差、传感器空间位置信息定位声发射源,通过至少 6 个传感器可以快速准确定位异质结构中的声发射源。

复合异质板结构上的断铅试验的结果验证了所提出的声发射源定位方法的准确性,噪声环境下同样具有一定的鲁棒性。

参考文献

[1] CIVERA M,SURACE C. Non-destructive techniques for the condition and structural health monitoring of wind turbines:A literature review of the last 20 years[J]. Sensors,2022,22(4):1627.

[2] ZHAO Z,CHEN N Z. Acoustic emission based damage source localization for structural digital twin of wind turbine blades[J]. Ocean Engineering,2022,265:112552.

[3] 李春雷,王洪江,尹常永,等. 风机叶片故障诊断技术的研究进展[J]. 沈阳工程学院学报(自然科学版),2022,18(3):1-5.

[4] 孔繁强. 基于声发射技术的钢筋混凝土梁损伤识别试验研究[J]. 四川水泥,2024(1):50-52.

[5] 杨宇博. 声发射技术在大型压力容器检验中的应用研究[J]. 山东化工,2023,52(12):157-158.

[6] HASSAN F,MAHMOOD A K B,YAHYA N,et al. State-of-the-art review on the acoustic emission source localization techniques[J]. IEEE Access,2021,9:101246-101266.

[7] ZHAO Z,CHEN N Z. Acoustic emission based damage source localization for heterogeneous structure of wind turbine blades using long short-term memory neural networks[C]//International Conference on Offshore Mechanics and Arctic Engineering. American Society of Mechanical Engineers,2023,86847:V002T02A009.

[8] ZHAO Z,CHEN N Z. Spatial-temporal graph convolutional networks (STGCN)based method for localizing acoustic emission sources in composite panels[J]. Composite Structures,2023,323:117496.

[9] CHEN N Z,ZHAO Z,LIN L. A hybrid deep learning method for AE source localization for heterostructure of wind turbine blades[J]. Marine Structures,2024,94:103562.

[10] 奉凡森,丁显,贾明鑫,等. 基于声发射信号的风电叶片缺陷定位及信号衰减仿真[J]. 太阳能,2022(3):34-41.

[11] GOMEZ MUNOZ C Q,GARCIA MARQUEZ F P. A new fault location approach for acoustic emission techniques in wind turbines[J]. Energies,2016,9(1):40.

[12] KUNDU T,NAKATANI H,TAKEDA N. Acoustic source localization in anisotropic plates[J]. Ultrasonics,2012,52(6):740-746.

[13] SIKDAR S,LIU D,KUNDU A. Acoustic emission data based deep learning approach for classification and detection of damage-sources in a composite panel[J]. Composites Part B:Engineering,2022,228:109450.

大型海工防护海洋牧场波浪数值模拟研究

谢冬梅，潘军宁，王红川，杨　氾

（南京水利科学研究院，江苏 南京　210029）

摘要：采用大型透水消浪结构对海洋牧场养殖区进行防护，构建满足海上养殖安全需求的海工防护海洋牧场，是应对海洋养殖场建设向深远海推进时面临恶劣海洋波浪环境威胁的可行方案。目前海工防护海洋牧场建设尚处于探索阶段，缺乏针对海工防护海洋牧场内波浪分布计算方法以及波浪分布特征的研究。基于对海工防护海洋牧场波浪传播变形过程的认识，针对海工防护海洋牧场波浪传播变形计算难点，构建海工防护海洋牧场波浪数值模拟方法，开展海工防护海洋牧场内波浪分布特征研究，为海工防护海洋牧场设计和优化提供技术支撑。

关键词：海工防护海洋牧场；波浪透射；波浪反射；养殖设施消浪

　　随着我国经济快速发展和全球气候变化，我国近海面临环境污染、生境退化、渔业资源衰退等问题，海洋养殖场建设逐步由近海港湾向深水、深远海拓展[1]。鉴于海洋养殖场建设日益向深远海推进，海上养殖区将面临恶劣的海洋波浪环境（如台风浪）的威胁[2-3]。在台风浪等灾害性海洋动力环境要素的作用下，海上养殖设施会发生结构受损、锚缆断裂和锚泊移位等不同形式的破坏，严重影响海上养殖安全[4]。采用大型透水消浪结构对海洋牧场养殖区进行防护，构建满足海上养殖设施安全作业需求的海工防护海洋牧场（图 1），是将海上养殖产业由近岸推向深远海、保障深远海养殖场安全运行的有效措施之一。

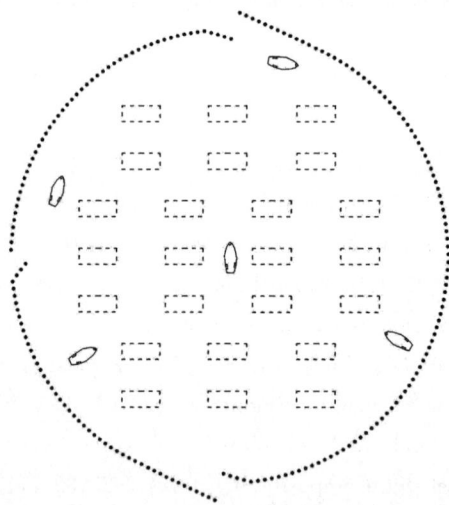

（黑色圆点代表消浪防护结构，黑色虚线方框代表养殖设施，黑色实线框代表作业船舶）

图 1　海工防护海洋牧场示意

　　准确掌握海工防护海洋牧场内波高分布对养殖设施结构及养殖鱼类等的安全至关重要。在设计阶段，准确模拟海工防护海洋牧场内波高分布可以为优化海工防护海洋牧场的总平面布置提供科学依据；在运营阶段，面临灾害性波浪（如台风浪）环境，掌握防护结构内养殖水域的波高分布，可以为合理制定深海

基金项目：国家重点研发计划资助项目（2021YFB2600700）；国家自然科学基金资助项目（U2340225）；南京水利科学研究院中央级公益性科研院所基本科研业务费专项资金（Y223004）

通信作者：潘军宁。E-mail：jnpan@nhri.cn

养殖管理策略提供科学支撑。

　　深入认识海工防护海洋牧场区域波浪传播变形过程是构建海工防护海洋牧场波浪计算方法的基础。海工防护海洋牧场区域波浪传播变形十分复杂(图2),具体表现为:① 由于海洋牧场养殖区和周边水域需要有充分的水体交换,在进行消浪防护结构布置(如点状间隔布置)时需要满足相应的过流条件,导致相邻消浪防护结构之间存在透浪[5];② 波浪传播至海洋牧场区域时,消浪防护结构内外两侧对波浪反射作用明显[6];③ 海洋牧场内有船舶作业的需求,在进行消浪防护结构布置时,需要预留口门,口门附近存在波浪绕射[7];④ 波浪在养殖水域内传播时,养殖设施(如网箱等)对波浪能量具有耗散作用[8];⑤ 海洋牧场水域受到风的作用,局部风生浪对海洋牧场养殖水域波浪分布具有影响[9];⑥ 由于消浪结构出露海面,具有一定的阻风效应,在进行养殖水域局部风生浪计算时,需要合理考虑消浪结构阻风效应对养殖水域波浪分布的影响[10]。

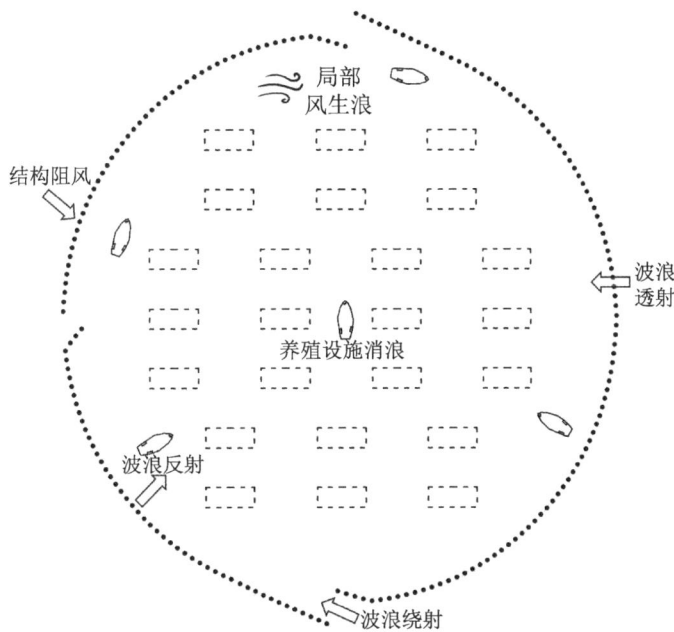

图 2　海工防护海洋牧场波浪传播变形物理过程示意

　　目前海工防护海洋牧场建设尚处于探索阶段,缺乏针对海工防护海洋牧场内波浪分布计算方法以及波浪分布特征的研究。总体而言,在建立海工防护海洋牧场波浪计算方法时,需要综合考虑波浪透射、波浪反射、波浪绕射、风能输入、养殖设施波能耗散等过程对养殖水域波高分布的影响,并对上述物理过程进行合理的数学描述和参数概化。针对上述波浪传播变形过程,构建海工防护海洋牧场内波浪分布计算方法主要存在以下难点:① 海工防护海洋牧场透水消浪防护结构的平面布置和口门设置需要兼顾消浪、过流、船舶作业的要求,外海波浪经透水消浪防护结构传播至养殖水域时,会发生复杂的联合透射-反射-绕射,对这一联合过程的计算需要兼顾精度和效率,是开展养殖水域波浪传播变形模拟的第1个难点;② 养殖水域养殖设施对波浪能量具有耗散作用,如何合理概化养殖设施消浪过程并确定其消浪效能,是开展养殖水域波浪传播变形模拟的第2个难点;③ 由于透水消浪防护结构出露海面,具有一定的阻风效应,在进行养殖水域局部风生浪计算时,需要合理考虑透水消浪防护结构阻风效应对养殖水域波浪分布的影响,是开展养殖水域波浪传播变形模拟的第3个难点。

　　研究基于对海工防护海洋牧场波浪传播变形过程的认识,针对海工防护海洋牧场波浪传播变形计算难点,构建海工防护海洋牧场波浪数值模拟方法,开展海工防护海洋牧场内波浪分布特征研究,为海工防护海洋牧场设计和优化提供技术支撑。

1　方法构建

　　以基于波作用谱平衡的 SWAN 模型[11-12]作为开展海工防护海洋牧场波浪分布计算的载体。SWAN模型的控制方程如下:

$$\frac{\partial N}{\partial t}+\frac{\partial c_x N}{\partial x}+\frac{\partial c_y N}{\partial y}+\frac{\partial c_\sigma N}{\partial \sigma}+\frac{\partial c_\theta N}{\partial \theta}=\frac{S_{\text{tot}}}{\sigma} \tag{1}$$

$$S_{\text{tot}}=S_{\text{in}}+S_{\text{nl}}+S_{\text{ds}} \tag{2}$$

式中:N 为波作用密度;t 为时间;c_x 为波浪在 x 方向的群速度;c_y 为波浪在 y 方向的群速度;(x,y) 为波浪传播的平面二维空间;c_σ 为波浪在 σ 方向的传播速度;c_θ 为波浪在 θ 方向的传播速度;(σ,θ) 为波浪传播的谱空间;σ 为波浪频率;θ 为波向;S_{tot} 为波浪能量源汇项总和。S_{in} 为风能输入项;S_{nl} 为波浪能量非线性转移项;S_{ds} 为波浪能量耗散项。

针对海工防护海洋牧场波高分布计算,以 SWAN 模型作为基础,分别制订消浪防护结构波浪联合透射-反射过程的计算方案、养殖设施导致的波能耗散 S_{ds} 的参数化方案、考虑消浪防护结构阻风效应的风能输入 S_{in} 的计算方案,进而构建海工防护海洋牧场波浪数值模拟方法。

1.1 波浪联合透射-反射参数化计算

由于基于点状间隔布置的消浪防护结构进行波浪联合透射-反射计算难度较高、计算效率低,可以对消浪防护结构进行概化,在此基础上进行波浪联合透射-反射计算。根据海工防护海洋牧场平面布置特点对消浪防护结构进行分段概化,保留口门,将间隔布置的消浪防护结构概化为分段式透空堤,用于开展波浪传播的联合透射-反射计算(图3)。在消浪防护结构概化的基础上,考虑消浪防护结构布置间隔和波浪入射方向对波浪透射和反射的影响,分段确定概化后分段式透空堤的透射系数 K_t 和反射系数 K_r。其中,波浪正向入射时波浪透射系数大于斜向入射时波浪透射系数,消浪防护结构布置的间距越小时,波浪反射系数越大。波浪透射系数和反射系数取值均在0~1。基于波浪能量守恒原理,波浪透射系数和反射系数取值需要满足 $K_t^2+K_r^2\leqslant1$ 的条件。波浪透射系数和反射系数取值可以参照消浪防护结构物理模型试验并结合海工防护海洋牧场平面布置方案综合分析确定。

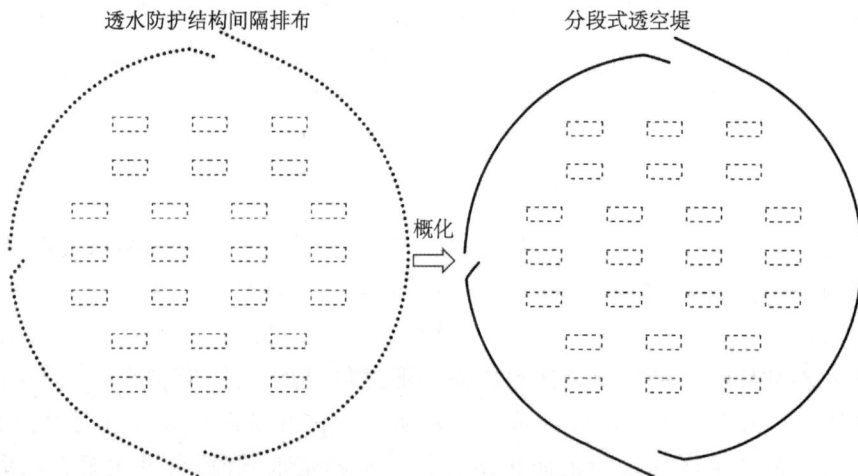

图3 海工防护海洋牧场消浪防护结构概化示意

1.2 养殖设施消浪数值模拟

基于养殖设施消浪特性,对养殖设施消浪效能进行数值概化和参数化处理,确定养殖设施消浪的参数化方案。参照现有研究成果,养殖设施造成的波浪能量衰减可以通过计算养殖设施对流体的阻力做功得到,因此需计算圆柱桩群对流体的阻力。在采用这种方法时,假定圆柱桩对流体的阻力起主导作用,忽略了惯性力的影响。基于莫里森方程、波浪运动和动力方程,圆柱桩群导致的单位面积波浪能量平均衰减率 ε_v 可由下式计算[13]:

$$\varepsilon_v=\frac{1}{2\sqrt{\pi}}\rho_w C_D b_v N_v\left(\frac{gk}{2\sigma}\right)^3\frac{\sinh^3(kh_v)+3\sinh(kh_v)}{3k\cosh^3(kh)}H_{\text{rms}}^3 \tag{3}$$

式中:ε_v 为圆柱桩导致的单位面积波浪能量平均衰减率;π 为圆周率;ρ_w 为水密度;C_D 为圆柱桩拖曳力系

数;b_v 为圆柱桩直径;N_v 为每平方米圆柱桩数量;g 为重力加速度;k 为波数;σ 为波浪频率;h 为水深;h_v 为圆柱桩高度;H_{rms} 为均方根波高。

在波浪谱模式中,圆柱桩群导致的波浪能衰减率可通过上式在波浪方向谱中进行变换得到。波浪谱模式中圆柱桩群导致的波浪能衰减率计算式[14]如下:

$$S_{ds,v} = -\sqrt{\frac{2}{\pi}} g^2 C_D b_v N_v \left(\frac{\tilde{k}}{\tilde{\sigma}}\right)^3 \frac{\sinh^3(\tilde{k}h_v) + 3\sinh(\tilde{k}h_v)}{3k\cosh^3(\tilde{k}h)} \sqrt{E_{tot}} E(\sigma,\theta) \tag{4}$$

式中:$S_{ds,v}$ 为波浪能衰减率;g 为重力加速度;C_D 为圆柱桩拖曳力系数;b_v 为圆柱桩直径;N_v 为每平方米圆柱桩数量;$\tilde{k}$ 为平均波数;$\tilde{\sigma}$ 为平均波浪频率;h 为水深;h_v 为圆柱桩高度;k 为波数;E_{tot} 为波浪总能量;$E(\sigma,\theta)$ 为波浪能量的方向谱分布;σ 为波浪频率;θ 为波向。波浪总能量 E_{tot} 与均方根波高 H_{rms} 的换算关系为 $H_{rms}^2 = 8E_{tot}$。

在波浪能衰减率计算中,圆柱桩直径 b_v 和每平方米圆柱桩数量 N_v 可参考养殖设施规格进行设定,拖曳力系数 C_D 需要根据消浪效能进行率定。参照现有养殖设施消浪效能的物理模型试验研究成果,养殖设施的规格和排布方式不同导致其消浪效能有一定差异,养殖设施导致的波高衰减百分比为 $85\% \sim 95\%$ [8][15]。结合养殖设施的消浪效能,对波浪能量衰减与拖曳力系数的关系进行敏感性分析,确定拖曳力系数 C_D 的合理取值;在此基础上,确定养殖设施消浪的参数化方案。

1.3 考虑消浪防护结构阻风效应的风能输入计算

由于消浪防护结构出露海面,存在阻风效应,在进行海洋牧场区域局部风生浪计算时,需要对计算风速进行折减。波浪谱模式一般采用海面 10 m 高度处的风速 U_{10} 作为风能输入的计算风速。考虑消浪防护结构阻风效应,可以对原海面 10 m 高度处的风速 U_{10} 进行折减,折减为 $C_h U_{10}$,其中风速折减系数 C_h 介于 $0 \sim 1$ 之间。结合风速折减和波浪谱模式中风能输入计算公式,即可得到考虑消浪防护结构阻风效应的风能输入计算方案。

将考虑消浪防护结构波浪联合透射-反射过程、养殖设施消浪过程、消浪防护结构阻风效应的参数化方案代入到 SWAN 模型中,即可构建海工防护海洋牧场内波高分布计算方法。

2 结果与分析

在进行海工防护海洋牧场内波高分布特征研究时,以波浪要素(包括波高和波周期)和风要素(包括风速和风向)作为波浪边界条件和气象驱动条件,在含概化后消浪防护结构、网格化的模型计算域内对波浪传播变形进行数值模拟,即可推算海工防护海洋牧场内波高分布。

以图 1 所示海工防护海洋牧场为例,采用本文构建的海工防护海洋牧场波浪数值模拟方法,开展海工防护海洋牧场内波高分布特征研究。详细参数见表 1。

表 1　海工防护海洋牧场参数

海洋牧场水域直径/m	海洋牧场水域水深/m	消浪防护结构数量	消浪防护结构出水高度/m	消浪防护结构间距/m	口门尺寸/m	养殖设施数量	养殖设施尺寸/m
4 000	30	393	50	8	160~220	24	350×140

研究聚焦极端海况下外海东向来浪和来风共同作用下海工防护海洋牧场内波高分布特征。外海东向来浪波高为 9.88 m,平均波周期为 12.6 s;东向来风风速为 36.3 m/s。

为准确模拟海洋牧场水域入射波浪边界条件,波浪数值模拟模型计算区域取为 5 km×15 km,其中沿波浪传播方向的长度为 5 km,垂直于波浪传播方向的宽度为 15 km,海洋牧场水域布置在计算区域中心位置。模型网格分辨率为 10 m。在波浪正向入射透水消浪防护结构的部分,波浪透射系数 K_t 取值为 0.250;在波浪斜向入射透水消浪防护结构的部分,波浪透射系数 K_t 取为 0.125。波浪反射系数 K_r 均取值为 0.650。以每百米养殖设施消浪效能 10% 进行拖曳力系数率定,本研究中计算养殖设施消浪的拖曳力系数 C_D 取值为 0.14。风速折减系数 C_h 取值为 0.85。

考虑波浪透射、波浪反射、养殖设施导致的波能衰减和海洋牧场水域局部风生浪等过程的影响,开展海洋牧场水域波浪分布数值模拟研究。图4为东向外海来浪和来风共同作用下海洋牧场内有效波高分布。总体而言,海洋牧场内波高呈现出西侧大于东侧的分布特征。在南侧局部水域,外海波浪经口门传播至海洋牧场水域,有效波高达到最大值。结合波浪传播变形过程对海洋牧场内波高分布进行分析:在海洋牧场东侧(迎浪侧)水域,受到消浪防护结构的掩护作用,外海东向来浪经由消浪防护结构传播至海洋牧场水域时波高迅速减小;在海洋牧场水域内,由于养殖设施导致波能耗散,波浪由东向西传播时波高进一步减小;波浪传播至海洋牧场西侧时,经由消浪防护结构反射,波高增大。

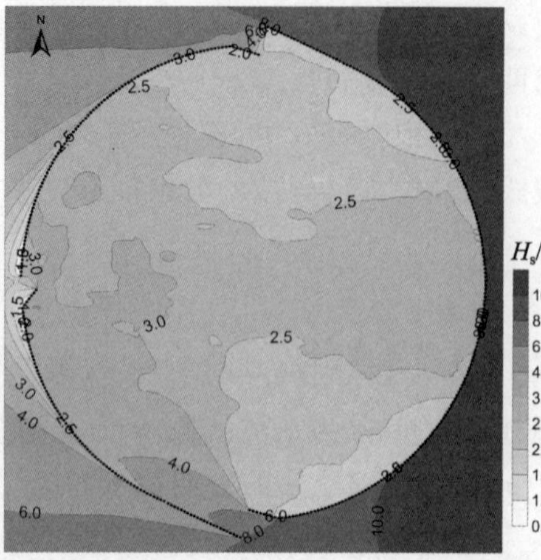

图4　海工防护海洋牧场内有效波高分布

对波浪反射、局部风生浪和养殖设施消浪作用对海工防护海洋牧场内波高分布的影响做进一步分析。图5为东向来浪时考虑不同波浪过程组合下海洋牧场内有效波高分布,图6为不同波浪过程对海洋牧场内波高分布的影响。在不考虑海洋牧场消浪防护结构对波浪的反射作用时,仅在海洋牧场西南侧和东侧局部区域有效波高达到2.5 m及以上[图5(a)];考虑海洋牧场消浪防护结构对波浪的反射作用时,海洋牧场内有效波高大于2.5 m的区域显著增大,西侧大部分区域有效波高均达到3.0 m及以上[图5(d)];在消浪防护结构的作用下,波浪反射导致的有效波高增大在海洋牧场西侧最为显著[图6(a)]。考虑东向来风在海洋牧场内的局部风生浪时,海洋牧场内有效波高显著增大(图5c和图5d);受风区长度的影响,海洋牧场内局部风生浪引起的有效波高增加值自西向东逐渐增大,在海洋牧场西侧(下风向)达到0.8 m[图6(b)]。由于养殖设施位于海洋牧场中部,养殖设施消浪作用导致的波高衰减在海洋牧场中部区域最为显著[图5(b)、图5(d)和图6(c)]。

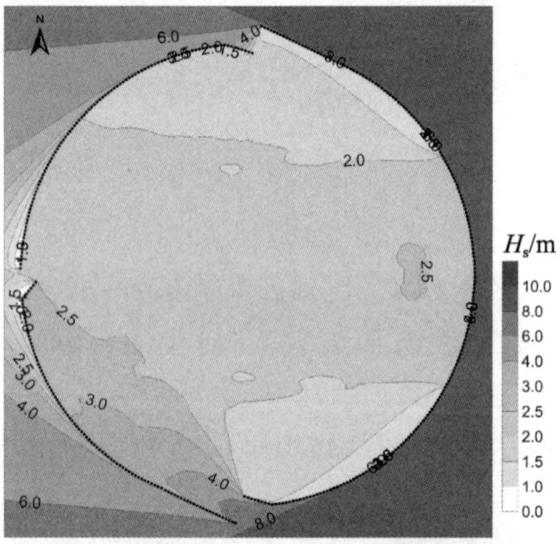

(a)有风、无反射、有养殖设施

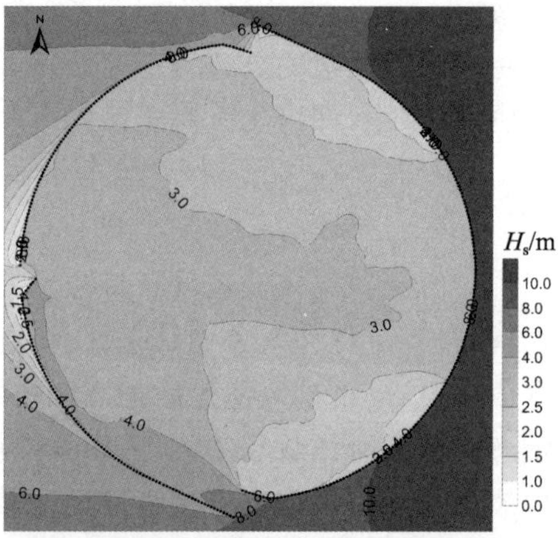

(b)有风、有反射、无养殖设施

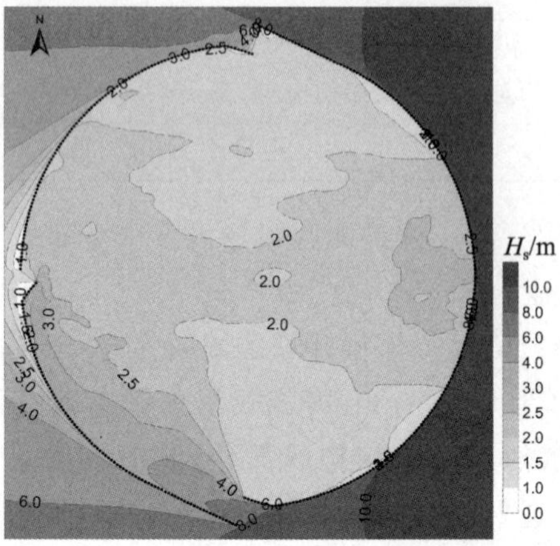

(c)无风、有反射、有养殖设施

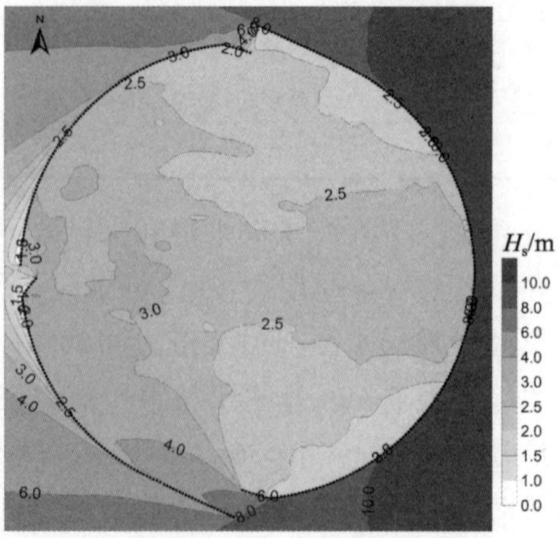

(d)有风、有反射、有养殖设施

图5　考虑不同过程组合下海工防护海洋牧场内有效波高分布

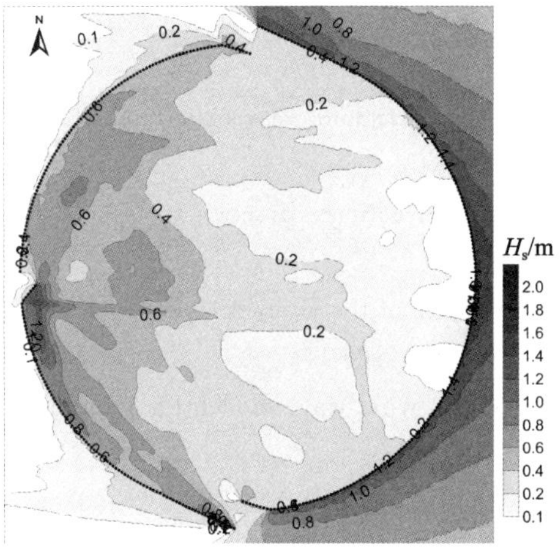

（a）反射的影响 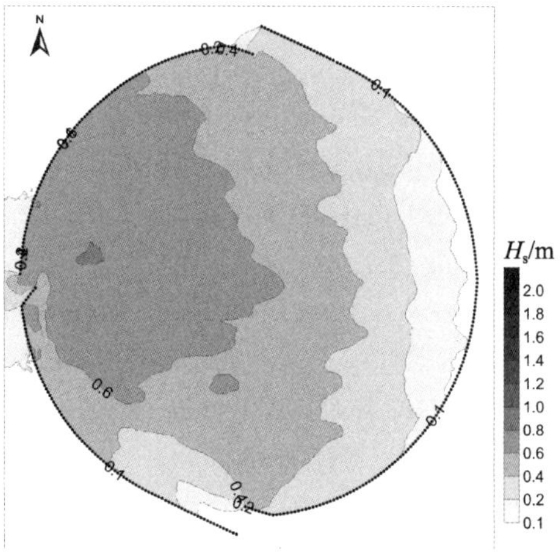　　（b）局部风生浪的影响

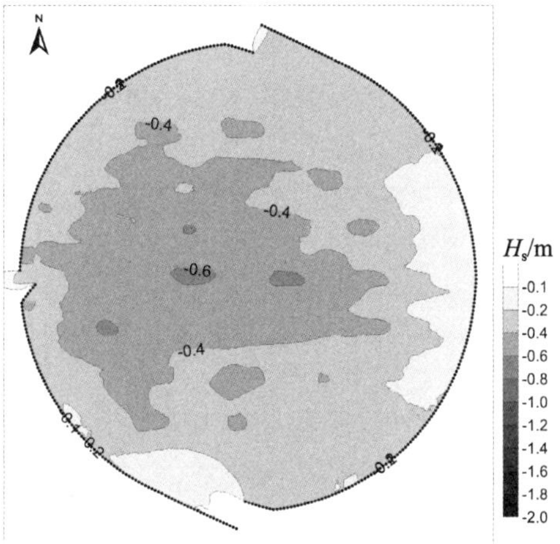

（c）养殖设施消浪的影响

图6　不同因素影响下海工防护海洋牧场内有效波高变化值分布

3　结　语

研究以 SWAN 模型作为基础,构建了海工防护海洋牧场数值模拟方法,开展了海工防护海洋牧场内波浪分布特征研究,主要结论如下:

（1）基于对海工防护海洋牧场波浪传播变形过程的认识,制订了海洋牧场消浪防护结构波浪联合透射-反射、养殖设施导致的波能耗散、考虑消浪防护结构阻风效应的参数化计算方案,为海工防护海洋牧场水域波浪数值模拟提供技术支撑。

（2）在海洋牧场迎浪侧水域,受到消浪防护结构的掩护作用,外海来浪经由消浪防护结构传播至海洋牧场水域时波高迅速减小;在海洋牧场水域内,由于养殖设施导致波能耗散,波高进一步减小;波浪传播至海洋牧场背浪侧时,经由消浪防护结构反射,波高增大。

（3）考虑海洋牧场消浪防护结构对波浪的反射作用和局部风生浪时,海洋牧场内有效波高显著增大;养殖设施消浪作用导致的波高减小在养殖设施布设附近最为显著。

参考文献

[1] 杨红生.海洋牧场概论[M].北京:科学出版社,2023.
[2] LADER P,JENSEN A,SVEEN J K,et al. Experimental investigation of wave forces on net structures[J]. Applied Ocean Research,2007,29(3):112-127.
[3] YU S,QIN H,LI P,et al. Nonlinear vertical accelerations and mooring loads of a semi-submersible offshore fish farm under extreme conditions[J]. Aquacultural Engineering,2021,95:102193.
[4] 郭敬,朱业,李婷,等.深水网箱养殖的海浪灾害风险预警研究——以浙江省南麂岛地区为例[J].海洋开发与管理,2022,39(12):24-28.

［5］ GODA Y,TAKEDA H,MORIYA Y. Laboratory investigation on wave transmission over breakwaters[M]. Yokosuka:Port and Harbour Technical Research Institute,1967.

［6］ GODA Y,SUZUKI Y. Estimation of incident and reflected waves in random wave experiments[C]∥Proceedings of the 15th Coastal Engineering conference,Hawaii:ASCE,1976:828-845.

［7］ HOLTHUIJSEN L H,HERMAN A,BOOIJ N. Phase-decoupled refraction-diffraction for spectral wave models[J]. Coastal Engineering,2003,49(4):291-305.

［8］ LADER P F,OLSEN A,JENSEN A,et al. Experimental investigation of the interaction between waves and net structures—damping mechanism[J]. Aquacultural Engineering,2007,37(2):100-114.

［9］ TOLMAN H L,CHALIKOV D. Source terms in a third-generation wind wave model[J]. Journal of Physical Oceanography,1996,26(11):2497-2518.

［10］ GARRATT J R. The atmospheric boundary layer[J]. Earth-Science Reviews,1994,37(1-2):89-134.

［11］ BOOIJ N,RIS R C,HOLTHUIJSEN L H. A third-generation wave model for coastal regions:1. Model description and validation[J]. Journal of Geophysical Research:Oceans,1999,104(C4):7649-7666.

［12］ RIS R C,HOLTHUIJSEN L H,BOOIJ N. A third-generation wave model for coastal regions:2. Verification[J]. Journal of Geophysical Research:Oceans,1999,104(C4):7667-7681.

［13］ DALRYMPLE R A,KIRBY J T,HWANG P A. Wave diffraction due to areas of energy dissipation[J]. Journal of Waterway,Port,Coastal,and Ocean Engineering,1984,110(1):67-79.

［14］ MENDEZ F J,LOSADA I J. An empirical model to estimate the propagation of random breaking and nonbreaking waves over vegetation fields[J]. Coastal Engineering,2004,51(2):103-118.

［15］ 辛连鑫,毕春伟,赵云鹏,等. 基于FUNWAVE-TVD模型的离岸养殖围网内外波浪场数值模拟研究[J]. 渔业科学进展,2022,43(6):1-10.

海洋牧场场址设计波浪推算

王　强[1,2]，刘华帅[1,2]，王红川[1,2]

(1. 南京水利科学研究院，江苏 南京　210029；2. 港口航道泥沙工程交通行业重点实验室，江苏 南京　210024)

摘要：设计波浪是海岸工程设计时必须考虑的重要因素。对于缺少长期观测资料的海域，传统的设计波浪要素推算方法不再适用，波浪数值模拟方法成为推算设计波浪的可靠手段。本文基于波浪传播模型SWAN 和台风风场模型建立了台风浪数学模型，计算了 1949 年以来对海洋牧场场址工程区影响较大的180 场台风，并利用台风"卡努"和"山竹"对台风浪模型的合理性进行了验证。根据计算结果采用频率分析确定了工程区 E—ESE、SE—SSE、S—SSW、SW—WSW 方向不同重现期波要素。结果表明，工程区大浪主要出现在 E—SSE 方向，各方向中 E—ESE 向台风浪波高最大，100 年一遇有效波高为 10.60 m，对应平均波周期为 13.0 s，工程海域实际发生的台风浪最大有效波高为 9.80 m，波向为 ESE 向，出现在 1954年 13 号台风期间。研究结果可为海洋牧场厂址工程提供参考。

关键词：海洋牧场；设计波浪；数值模拟；台风浪

　　进入 21 世纪以来，沿海各省市充分利用海洋资源，大力发展海洋牧场。在海洋牧场选址时，考虑波浪的影响是很有必要的。传统的设计波浪推算方法需要工程海域的长期观测资料；对于缺乏长期观测资料的海域，该方法存在一定的局限性。随着波浪数值模拟技术的发展，在缺少波浪观测资料的海域使用波浪数值模拟方法获取极值波高，再对极值波高进行频率分析，逐渐成为推算设计波浪要素的重要方法[1-6]。

　　拟建海洋牧场位于阳江外海，选址位于－30 m 水深处。阳江海域受台风浪影响频繁，因此需要通过台风浪数值模拟，计算场址海域处的设计波浪要素，为研究海域海洋牧场的防护结构设计提供波浪参数，同时也为后续工程建设提供与波浪条件相关的科学依据。

1　模型的建立

　　文中工程海域地处亚热带区域，是热带气旋的高发带。依据《热带气旋年鉴》[7]，1949—2022 年工程区海域 400 km 范围内共发生台风 332 场，平均 4.5 场/a。

　　对影响工程海域的台风路径进行分析可知，影响工程区的台风路径主要分为 4 种：

　　(1) 西北西向移动的台风。这是对工程区影响频率最高的台风，其中大部分是穿过菲律宾群岛的台风，但部分台风路径在菲律宾和中国台湾之间经过，产生的工程区大浪方向主要出现在 E—ESE 向。对工程区影响较大的台风有 195413 号台风、196311 号台风、199615 号台风并且均在菲律宾和中国台湾之间经过。

　　(2) 西北向移动的台风。这是对工程区影响频率第二的台风，其中大部分是穿过菲律宾群岛的台风，产生的工程区大浪方向主要是出现在 ESE—SE 向。对工程区影响较大的台风有 197411 号台风、200307号台风、201311 号台风。

　　(3) 北向移动的台风。这个方向产生的台风次数相对较少，产生大浪的次数仅有 3 次，为 197513 号台风、197220 号台风、196706 号台风。工程区的大浪方向出现在 S—SSW 向。

基金项目：国家重点研发计划项目(2021YFB2600700)；国家自然科学基金资助项目(U2340225)；南京水利科学研究院中央级公益性科研院所基本科研业务费专项资金(Y223004)

通信作者：刘华帅。E-mail：hsliu@nhri.cn

(4)西向至西南西方向移动的台风。这个方向产生的台风次数最少,产生大浪的次数仅有1次,为196811号台风。

场址南侧面临广阔的中国南海,四周无岛屿等掩护,场址处海域受波浪影响显著,尤其是中国南海频繁的台风浪。由于工程区外海缺乏长期波浪观测资料,难以用实测波浪资料分析确定工程区外海水域的设计波浪要素,且工程外海大浪主要是由台风引起的,为了研究海洋牧场场址工程附近的波浪,依据1949年以来近70年间在广东、福建沿海出现的对工程海域影响较大的180场台风资料,建立包含西北太平洋和南中国海在内的大范围台风浪数学模型,对历次台风进行波浪场数值模拟,提取工程区不同方向出现的极值波高,进行频率分析,确定海洋牧场工程区设计波浪要素。

1.1 风场模型

进行台风风场模拟时,需选择合适的风场模式。文中采用台风模型风场与背景风场相结合的方式生成模型计算风场。采用改进杰氏(Jelesnianski)经验台风公式计算的台风风场来构造波浪模型计算中的输入风场。文中在经验台风公式中加入相应的7级和10级大风半径,以更适合反演台风场范围。

改进杰氏经验台风计算公式如下[8]:

$$W=\begin{cases} \frac{r}{R+r}(ui+vj)+W_{MAX}\left(\frac{r}{R}\right)^{1.5}\frac{1}{r}(Ai+Bj) & r\leqslant R \\ \frac{r}{R+r}(ui+vj)+W_{10}+\left(\frac{R_{10}-r}{R_{10}-R}\right)^{1.5}(W_{MAX}-W_{10})\frac{1}{r}(Ai+Bj) & R<r\leqslant R_{10} \\ \frac{r}{R+r}(ui+vj)+W_7+\left(\frac{R_7-r}{R_7-R_{10}}\right)^{1.25}(W_{10}-W_7)\frac{1}{r}(Ai+Bj) & R_{10}<r\leqslant R_7 \\ \frac{r}{R+r}(ui+vj)+\left[W_7-\left(\frac{r-R_7}{R_7-R_{10}}\right)^{0.75}(W_{10}-W_7)\right]\frac{1}{r}(Ai+Bj) & r>R_7 \end{cases}$$ (1)

$$A=-[(x-x_c)\sin\theta+(y-y_c)\cos\theta]$$ (2)
$$B=[(x-x_c)\cos\theta-(y-y_c)\sin\theta]$$ (3)
$$r=\sqrt{(x-x_c)^2+(y-y_c)^2}$$ (4)

式中:W为计算风速;r为台风中心到计算点的距离;u、v为台风移动速度在x、y轴的分量;W_{10}、W_7分别是10级、7级风速;W_{MAX}为台风最大风速;R_{10}、R_7是10级、7级大风半径;R为最大风速半径,由台风资料给出;θ为流入角,文中取$\theta=15°$;(x_c,y_c)为台风中心坐标;(x,y)为计算点的坐标。利用该计算方法可以较好地模拟台风中心附近的旋转风。

将台风模型风场与背景风场(ERA5)以式(5)所示结合[9-10]:

$$W_{add}=\begin{cases} W_t & r<R_1 \\ (1-\alpha)W_t+\alpha W_{ERA5} & R_1\leqslant r\leqslant R_2 \\ W_{ERA5} & r>R_2 \end{cases}$$ (5)

式中:W_{add}表示合成风场;W_t为模型风场;W_{ERA5}表示ERA5背景风场;R_1、R_2分别表示台风风场半径和背景风场半径;$\alpha=(r-R_1)/(R_2-R_1)$。

1.2 台风浪数学模型

基于波作用量平衡方程的数学模型如下[11]:

$$\frac{\partial}{\partial t}N+\frac{\partial}{\partial x}C_xN+\frac{\partial}{\partial y}C_yN+\frac{\partial}{\partial\sigma}C_\sigma N+\frac{\partial}{\partial\theta}C_\theta N=\frac{S}{\sigma}$$ (6)

式中:N为波作用量,σ为相对波浪频率(当坐标系随水流运动时观测到的频率),θ为波向,C_x、C_y为波浪沿x、y方向传播的速度,C_σ、C_θ为波浪在σ、θ坐标下的传播速度。

S为源汇项,如下式表示:

$$S=S_{in}+S_{nl}+S_{ds}+S_{bot}+S_{surf}$$ (7)

式中:S_{in}为风能输入项,S_{nl}为非线性波-波相互作用的能量传输,S_{ds}为波浪白帽耗散造成的能量损失,S_{bot}

为波浪底部摩阻所造成的能量损失,S_{surf}为波浪破碎所导致的能量损失。

1.3 模型验证

采用上述介绍的台风浪数学模型,依据历次台风过程和台风参数,建立数学模型对工程海域的波浪场进行计算。

台风浪数学模型采用嵌套模型。大范围网格精度为0.1°,小范围网格精度为1/40°。计算时谱型采用默认的JONSWAP谱,频率和方向分割参数采用SWAN用户手册推荐适用于近岸水域波浪传播变形的数值,频率计算从0.04 Hz至1.00 Hz,方向分段为36,分辨率为10°;计算物理过程开启破碎项、底摩阻项、非线性波-波相互作用、白帽耗散、绕射项以及风能输入项。

波浪观测点位置Q306的坐标为112.37°E、21.07°N。台风浪数学模型采用典型台风即2017年台风"卡努"及2018年台风"山竹"期间的波浪实测资料进行验证。

1.3.1 台风"卡努"台风浪验证

2017年第20号台风"卡努"于2017年10月11日20时在菲律宾以东洋面形成热带低压,而后强度不断加强,10月12日17时加强为热带风暴,10月13日3时登陆菲律宾吕宋岛,随后移入中国南海,13日23时加强为强热带风暴,10月14日22时加强为台风,10月15日12时加强为强台风后开始减弱,10月16日3时25分许以强热带风暴级登陆广东徐闻,14时减弱为热带低压,17时停止编号。图1(a)为观测到的有效波高和模拟有效波高的比较。有效波高观测最大值为9.1 m。计算最大值为9.3 m。从图中可以看出,模拟波高和实测波高结果吻合良好。

1.3.2 台风"山竹"台风浪验证

2018年第22号台风"山竹"于9月4日生成在国际换日线以西海域,9月7日至8日升格为热带低压,9月9日凌晨升格为强热带风暴,10日继续向西偏南移动,在关岛附近海域掠过。台风"山竹"9月11日升格为超强台风,并于9月15日凌晨1时40分从菲律宾北部登陆,接近中午时已经离开陆地,以25 km/h速度向中国南海移动。15日9时30分,台风"山竹"移入中国南海东北部,16时,台风"山竹"中心位于距离广东阳江东偏南方向约850 km的中国南海东北部海面上,并向西偏北方向移动,继续向广东沿海靠近。9月16日17时,台风"山竹"(强台风级)在广东台山海宴镇登陆,登陆时中心附近最大风力14级(45 m/s,相当于162 km/h),中心最低气压955×10^2 Pa,7级风圈半径400~550 km,10级风圈半径150~270 km,12级风圈半径60~80 km。登陆后,台风继续向西北移动,于17日晚消散。台风"山竹"云系庞大,直径范围达1000 km,7级风圈半径达600 km。图1(b)为Q306号浮标波高验证结果。可以看出,波浪计算结果与实测结果吻合较好,观测最大有效波高为6.2 m,计算最大有效波高为6.5 m。

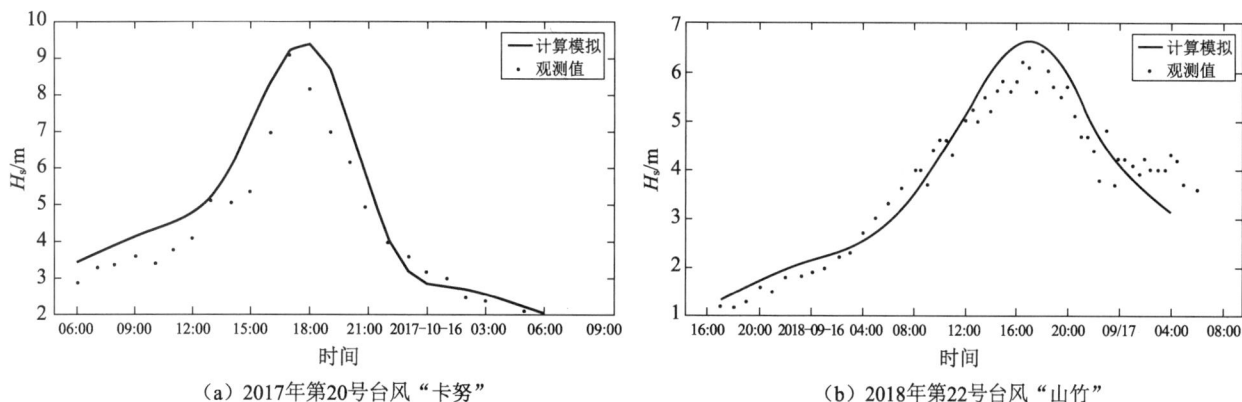

(a) 2017年第20号台风"卡努"　　(b) 2018年第22号台风"山竹"

图1 台风期间实测波高和观测波高的比较

2 设计波浪要素计算

根据上述建立的台风浪模型,推算了1949年以来近70年间180场台风期间工程海域的波浪场,根据历次台风浪计算得出工程区域-30 m水深处的波浪要素,进行频率曲线拟合得出工程区设计波浪要素。

根据大范围海域历次台风浪的数值计算结果和波高分布,提取各次台风期间工程海域处不同时刻的波高、波向、波周期资料。对台风浪推算结果采用Poisson复合P-Ⅲ分布进行分方向频率分析。该方法是对每一次台风浪过程中选取指定波向上的最大有效波高H_s,采用P-Ⅲ分布拟合这些极值波高的经验频率点,按最小二乘准则估计P-Ⅲ分布的参数。而台风大浪的出现是随机点过程,基本满足平稳性、独立增量性条件,故一年中台风大浪的出现次数近似服从Poisson分布,可按Poisson复合P-Ⅲ分布计算不同重现期波高,计算公式如下:

$$\frac{1}{T_R}=p=P\{H\geqslant H_p\}=1-\exp\{-\lambda[1-F(H_p)]\} \tag{8}$$

式中:λ为台风大浪的年平均出现次数,T_R为波浪重现期,p为波浪出现频率,H_p表示重现期为T_R的波高,$F(x)$为P-Ⅲ分布。

采用上述方法计算出E—ESE、SE—SSE、S—SSW、SW—WSW几个主要方向海洋牧场场址工程处不同重现期波要素(表1)。场址位置各方向中E—ESE向外海波高最大,100年一遇H_s达到10.60 m,对应的平均波周期T_m为13.0 s。SE—SSE向外海波高为次强浪向,100年一遇H_s达到10.07 m,对应的平均波周期为12.6 s。其余方向相对E—SSE方向的波高较小。E—ESE、SE—SSE、S—SSW、SW—WSW方向P-Ⅲ分布拟合历次台风浪极值波高的情况见图2。从图2中可见,各方向分布曲线和经验频率点拟合良好。

表1　海洋牧场场址外海-30 m处设计波要素

重现期/年	E—ESE		SE—SSE		S—SSW		SW—WSW	
	H_s/m	T_m/s	H_s/m	T_m/s	H_s/m	T_m/s	H_s/m	T_m/s
100年一遇	10.60	13	10.07	12.6	7.98	10.7	5.00	8.5
50年一遇	9.88	12.6	9.42	12.2	7.22	10.3	4.53	8.1

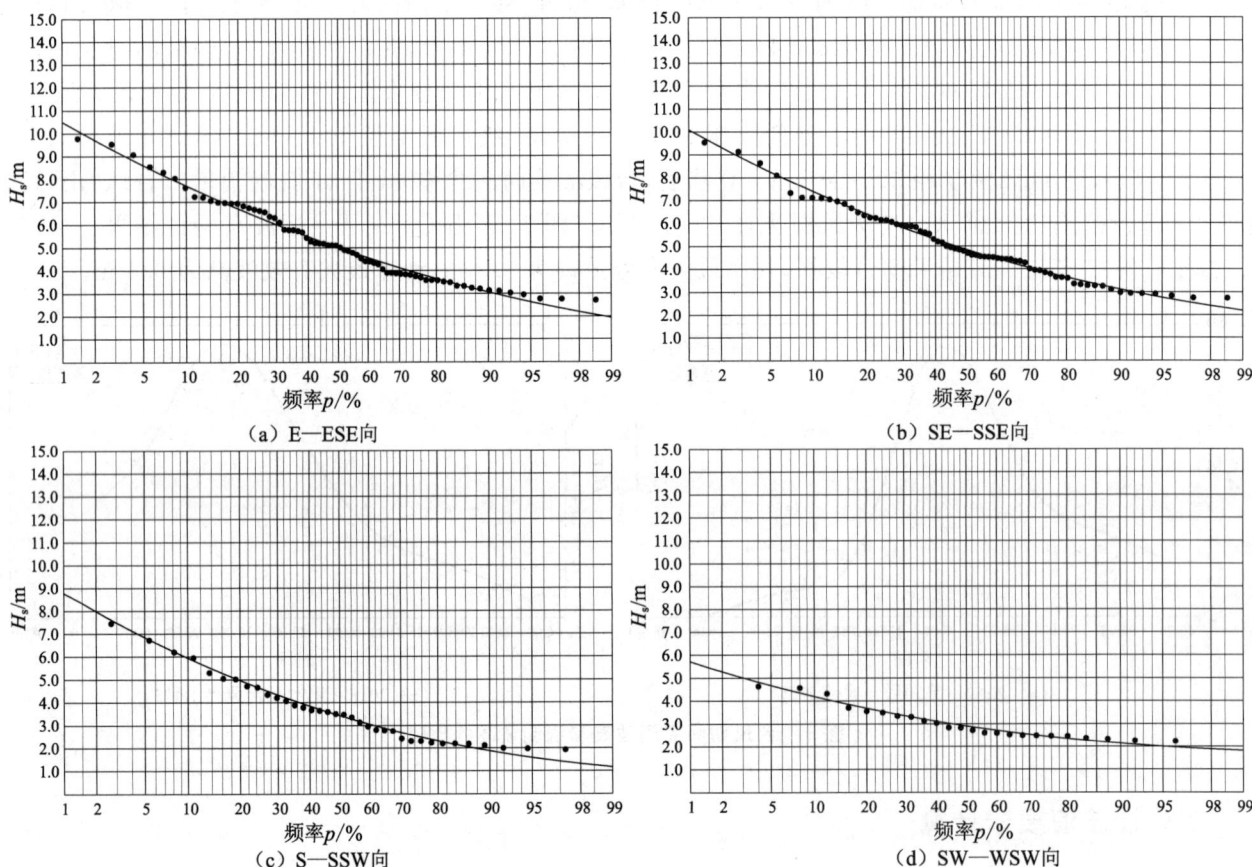

（a）E—ESE向　　（b）SE—SSE向　　（c）S—SSW向　　（d）SW—WSW向

图2　不同方向外海台风浪极值波高分布

3　结　语

通过 SWAN 模型对 1949 年以来近 70 年间对海洋牧场项目有潜在影响的台风过程进行了台风浪计算。然后依据 Poisson 复合 P-Ⅲ 分布确定了海洋牧场项目场址处 E—ESE、SE—SSE、S—SSW、SW—WSW 方向不同重现期波要素。主要研究结论如下：

（1）本工程海域的波浪主要为 E—S 向外海来浪。对工程区有影响的台风路径主要是自 WNW 和 NW 方向移动的台风，其中向 WNW 方向移动的台风在工程区产生大浪的频率更多。对海洋牧场选址影响大的 3 场向 WNW 向移动的台风分别是 195413 号台风、196311 号台风、199615 号台风，这 3 场台风路径均穿越菲律宾和中国台湾之间的巴士海峡。

（2）综合场址海域各场次台风浪计算结果，大浪主要出现在 E—SSE 方向，工程海域实际发生的台风浪最大有效波高为 9.8 m，波向为 ESE 向，出现在 1954 年 13 号台风期间。

（3）通过外海台风浪数值计算和台风浪极值 Possion 复合 P-Ⅲ 分布统计分析，得出了海洋牧场场址处各方向 100 年一遇和 50 年一遇波要素。各方向中 E—ESE 向台风浪波高最大，100 年一遇的有效波高为 10.60 m，对应的平均波周期为 13.0 s；SE—SSE 向 100 年一遇的有效波高为 10.07 m，对应的平均波周期为 12.6 s。

参考文献

[1]　王亚欣,梁丙臣,邵珠晓.黄海南部海域的极值波高推算[J].河海大学学报(自然科学版),2023(6):117-122.
[2]　蔡丽.江苏滨海海域海上风电场的极值波高推算[J].海岸工程,2023,42(1):61-74.
[3]　周云亮,朱文泉.盘锦某人工岛项目设计波要素数值模拟[J].水运工程,2023(S2):28-31.
[4]　余思哲.SWAN 模型在围头湾外海设计波浪要素推算中的应用[J].水利科技,2023(3):9-14.
[5]　姬厚德,林毅辉,蓝尹余,等.SWAN 模型在设计波浪要素计算中的应用研究[J].应用海洋学学报,2021,40(3):477-484.
[6]　刘国,齐晓海,董军,等.如东海域某风电场设计风速和波浪研究[J].中国港湾建设,2021,41(7):5.
[7]　中国气象局.热带气旋年鉴:2011[M].北京:气象出版社,2013.
[8]　周水华,李远芳,冯伟忠,等."0601"号台风控制下的广东近岸浪特征[J].海洋通报,2010,29(2):130-134.
[9]　张志旭,齐义泉,施平,等.最优化插值同化方法在预报南海台风浪中的应用[J].热带海洋学报,2003(4):34-41.
[10]　刘华帅,杨氾,王红川."烟花"台风影响下长江口水域波浪分布特征研究[J].海洋工程,2023,41(5):81-91.
[11]　BOOIJ N,RIS R C,HOLTHUIJSEN L. A third-generation wave model for coastal regions,Part I,Model description and validation[J]. Journal of Geophysical Research,1999,104(C4):7649-7666.

预测反褶积在浅地层剖面数据处理中的应用

李　育，王长永，闵建雄

（中交上海航道勘察设计研究院有限公司，上海　200120）

摘要：浅地层剖面存在多次波时会对地层信息的识别和解释产生较大影响。为了降低海底多次波对剖面的影响，利用预测反褶积算法去除了浅地层剖面数据中的多次波，在对实际数据处理的过程取得了较好的效果，证明了该方法的有效性。

关键词：浅地层剖面；多次波；预测反褶积；

　　浅地层剖面仪的工作原理是基于声学反射，通过向海底发射高频声波并接收经过海底地层反射的回波信号来获取海底以及浅地层的结构信息的方法。从浅地层剖面仪的工作原理可知，在工作过程中因为海底为海水与底质的强反射界面，所以在接收得到的回波信号中会存在经过海底或地层与海面发生多次反射的波。这种波被称为海底多次波。

　　海底多次波的存在直接影响到了对浅地层剖面信息的读取与解释，因此去除剖面的多次波就显得格外重要。目前，去除多次波的常用方法在处理浅地层剖面仪采集的数据时不适用或者不能取得较好的效果。

　　本项研究利用预测反褶积方法对浅地层剖面仪的采集数据进行处理，并通过模拟数据以及实际数据进行效果验证。

1 方法原理

　　预测问题的实质就是从实践中和理论上总结出规律，然后预测未来的结果。现设计出一个算子——预测滤波因子，对已知在物理量 x 的过去值（$\cdots, x_{t-2}, x_{t-1}$）和现在值（x_t）进行处理，以获得未来某个时刻的估计值（x_{t+a}），这一过程就是预测滤波。未来时刻实际值与估计值的差称为预测误差，求预测误差的过程就是预测反褶积[1]。

　　由此可知，要想对一个信号预测反褶积，首先应预测滤波，求出未来时刻的估计值，然后计算预测误差。显然，预测滤波的关键在于设法求出最佳预测因子。求最佳预测因子的方法与求最佳反褶积因子的方法类似，依据最小平方原理，使得预测值和实际值之间的误差能量最小[2]。

　　现在设计一个预测因子 $c(t)$，对输入信号 $x(t)$ 的已知过去值 $x(t-m)$，$x(t-m+1)$，$\cdots$，$x(t-2)$，$x(t-1)$ 和现在值 $x(t)$ 进行处理，使未来某个时刻 $t+a$ 时的预测值

$$\hat{x}(t+a) = c(t) * x(t) = \sum_{\tau=0}^{m} c(\tau) x(t-\tau) \tag{1}$$

与实际的未来值 $x(t+a)$ 的误差即预测误差最小：

$$\varepsilon(t+a) = x(t+a) - \hat{x}(t+a) \tag{2}$$

按照最小平方原理，即使预测误差 $\varepsilon(t+a)$ 的平方和

$$Q = \sum_{t=0}^{T} [x(t+a) - \hat{x}(t+a)]^2 = \sum_{t=0}^{T} [x(t+a) - \sum_{\tau=0}^{m} c(\tau) x(t-\tau)]^2 \tag{3}$$

为最小。得到

$$\frac{\partial Q}{\partial c(s)} = 0, (s=0,1,2,\cdots,m) \tag{4}$$

作者简介：李育。E-mail：1020113363@qq.com

即

$$\frac{\partial Q}{\partial c(s)}=\frac{\partial}{\partial c(s)}\sum_{t=0}^{T}\left[x(t+\alpha)-\sum_{\tau=0}^{m}c(\tau)x(t-\tau)\right]^2=0$$

或

$$\sum_{\tau=0}^{m}c(\tau)\sum_{t=0}^{T}x(t-\tau)x(t-s)=\sum_{t=0}^{T}x(t+\alpha)x(t-s) \tag{5}$$

令

$$r_{xx}(\tau-s)=\sum_{t=0}^{T}x(t-\tau)x(t-s)=\sum_{t=0}^{T}x(t+\alpha)x(t-s)$$

$$r_{xx}(s+\alpha)=\sum_{t=0}^{T}x(t+\alpha)x(t-s)$$

分别表示时间延迟为 $\tau-s$ 和 $s+\alpha$ 的输入 $x(t)$ 的自相关函数。则式(5)可以写成

$$\sum_{\tau=0}^{m}r_{xx}(\tau-s)c(\tau)=r_{xx}(s+\alpha),(s=0,1,2,\cdots,m) \tag{6}$$

得到一个方程组,将上述方程组写成矩阵形式,得到

$$\begin{pmatrix} r_{xx}(0) & \cdots & r_{xx}(m) \\ \vdots & \ddots & \vdots \\ r_{xx}(m) & \cdots & r_{xx}(0) \end{pmatrix}\begin{pmatrix} c(0) \\ \vdots \\ c(0) \end{pmatrix}=\begin{pmatrix} r_{xx}(\alpha) \\ \vdots \\ r_{xx}(\alpha+m) \end{pmatrix} \tag{7}$$

由输入 $x(t)$ 求出自相关函数 $r_{xx}(\tau)$,解矩阵方程(8),即可得到预测滤波的因子 $c(t)$。然后用预测因子 $c(t)$ 对输入 $x(t)$ 进行预测滤波,得到未来的预测值:

$$\hat{x}(t+\alpha)=\sum_{\tau=0}^{m}c(\tau)x(t-\tau)$$

这就是利用 $x(t)$ 已知的过去值 $x(t-m),x(t-m+1),\cdots,x(t-1)$ 和现在值 $x(t)$,通过预测滤波得到的未来 $t+\alpha$ 时刻的预测 $\hat{x}(t+\alpha)$,α 叫作预测步长。

2 参数选择

在预测反褶积算法中有 3 个参数对于能否很好地去除多次波至关重要,分别是预测步长 α、预测因子长度 m、预白化量 ε。

下文采用实际野外采集资料进行参数试验,以获得适合于本研究的反褶积参数。本次数据采集位于印度尼西亚爪哇岛西南部,采集过程采用压电陶瓷作为激发震源,等浮电缆接收。采样间隔 40 μs,记录长度 77.08 ms,采样率 25 000。从采集的 $n-9$ 剖面(图 1)可以看出,剖面上存在明显的海底反射多次波。选取剖面中第 4 800 道记录做反褶积效果试验。

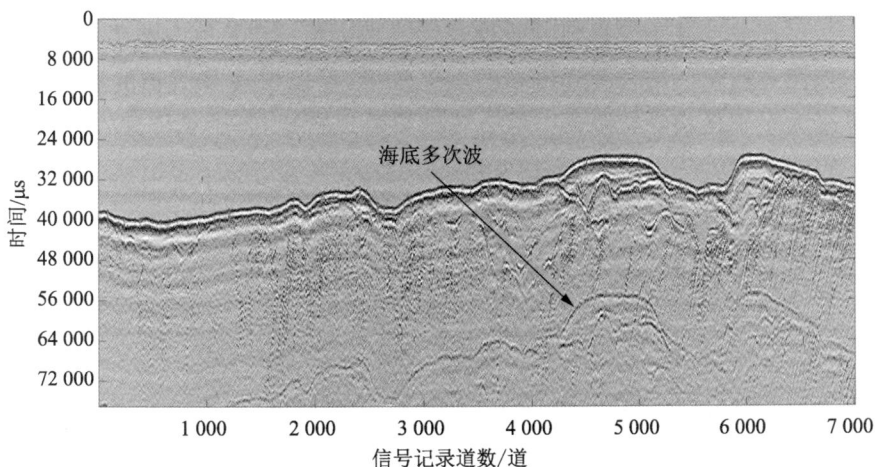

图 1　经过基本滤波处理后的 $n-9$ 浅地层剖面

2.1　预测步长 α

预测步长 α 是预测反褶积的关键参数，反褶积效果与预测步长的选择有很大关系。为了选择最佳预测步长，可以输入浅剖记录，进行反褶积试验，在其他参数（反褶积算子长度、预白化量）不变的情况下改变预测步长以获得最佳预测步长。在反褶积算子长度为 40 μs，预白化量为 0% 的条件下，分别取 α 为 200 μs、400 μs、800 μs、1 200 μs、1 600 μs 和 2 000 μs。从图 2 中可以看出步长越长多次波压制效果越好，但是过大的步长会影响剖面的分辨率，因此综合考虑后，选择步长 1 600 μs 较为合适。

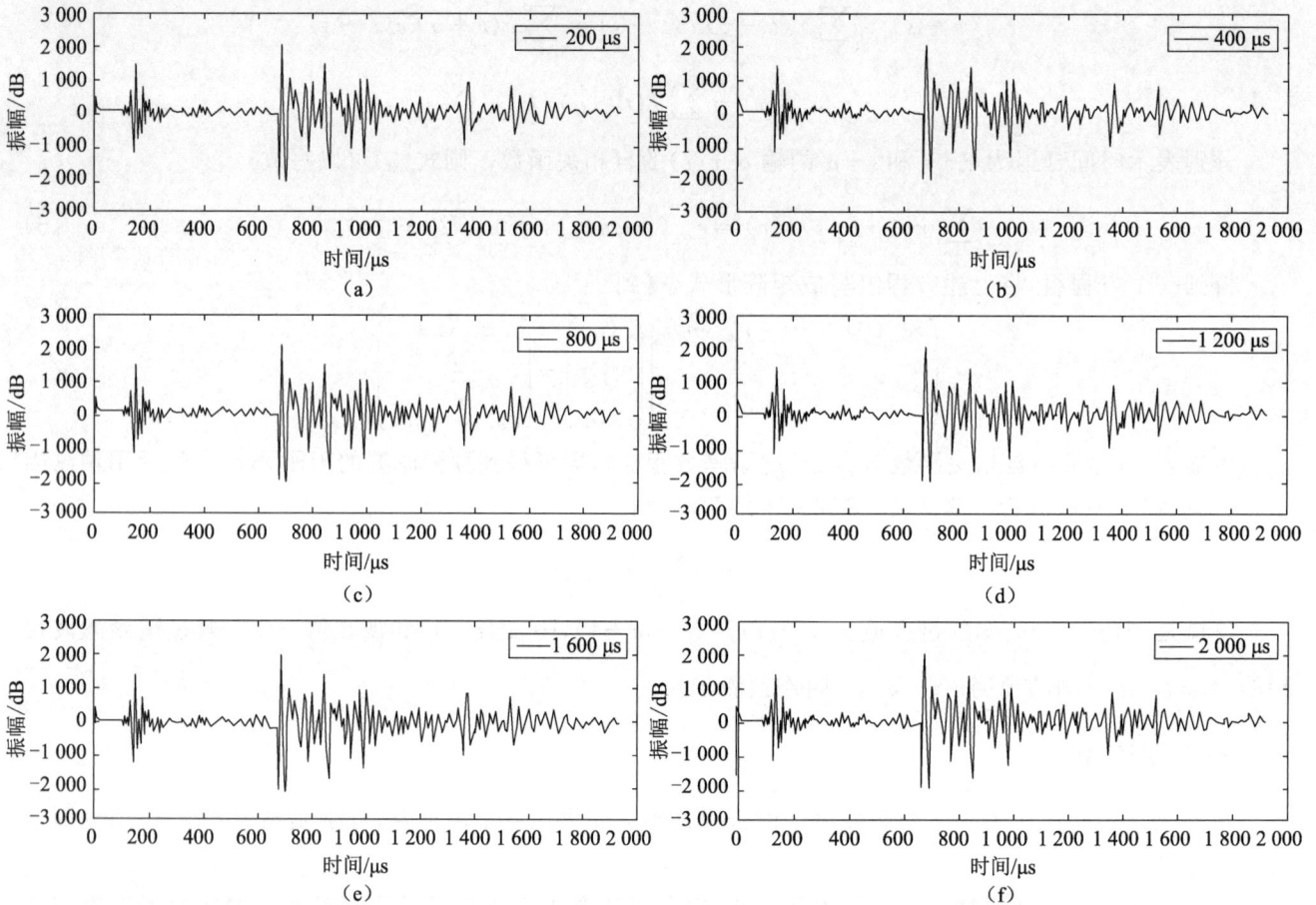

图 2　不同预测步长反褶积结果对比

2.2　预测因子长度 m

预测因子长度 m 对结果也有明显的影响。总的来讲，预测因子长度不能太小，太小会使得结果的波形尾部出现明显波动，尾部波动减小时得到的效果较好。当达到一定长度时波形将趋于稳定，但是长度过大会产生噪声干扰，如图 3 所示。结合实际资料的应用效果，可以发现算子长度不宜过大，否则达不到去除多次波的效果，算子太小则使信噪比降低。综合各结果可以得出，算子长度为 40 μs 时效果较好。

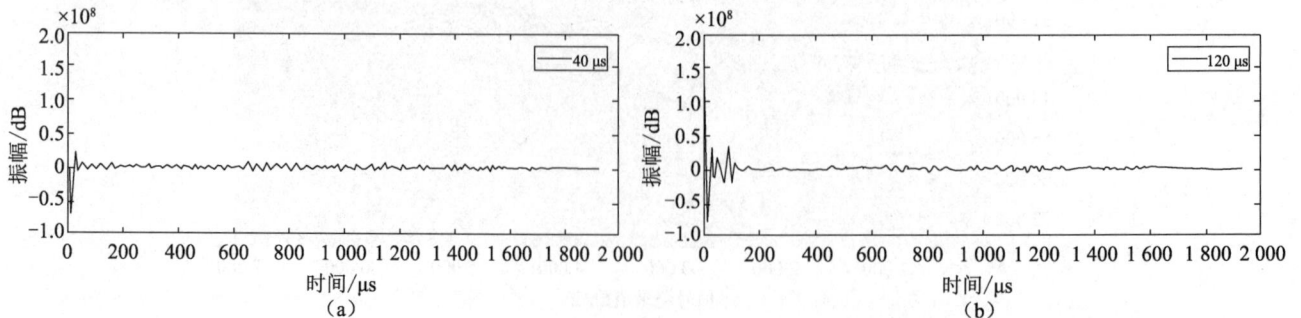

图 3　不同预测因子长度下原始信号反褶积的自相关结果

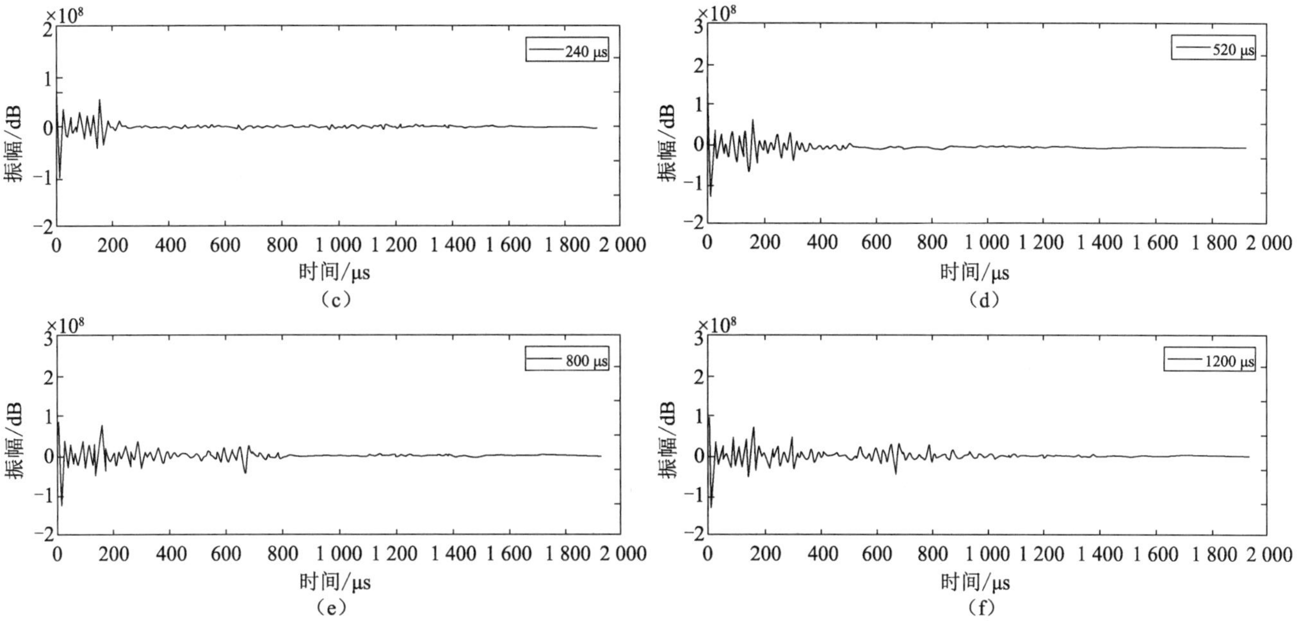

图 3   不同预测因子长度下原始信号反褶积的自相关结果(续)

2.3 预白化量 ε

在进行预测反褶积计算预测因子 $c(t)$ 时,要求解地震记录的自相关矩阵。为了保证求解矩阵方程的稳定性,需要根据随机噪声干扰水平确定随机噪声自相关值 e 或者它与地震子波自相关的百分比 ε。从不同预白化量的结果比较来看,不同的白化量对结果的影响不大(图 4),因此选取 0.1 为预白化量。

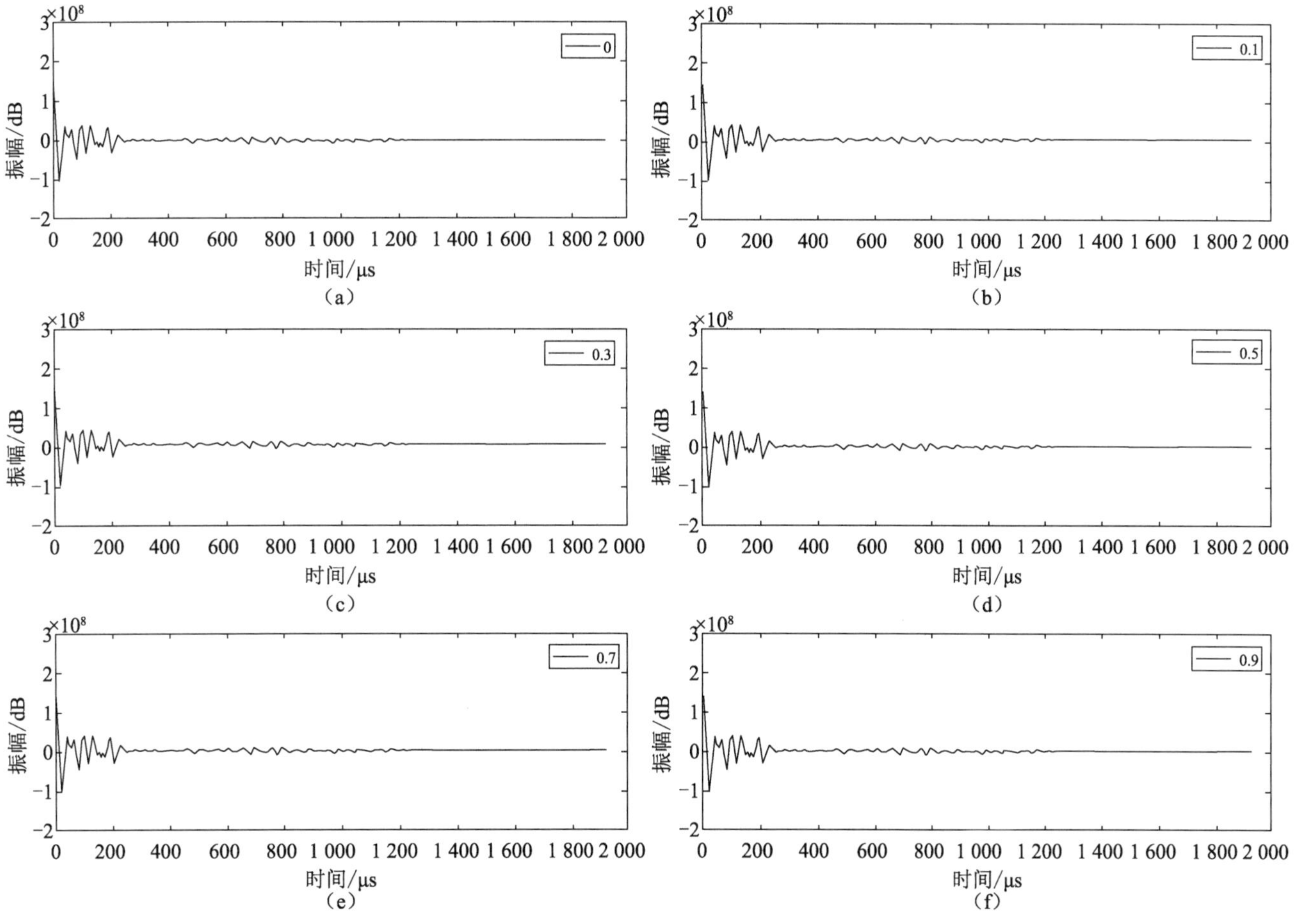

图 4   不同预白化量时原始信号反褶积的自相关结果

3 实际应用效果分析

通过选取得到的参数对浅地层剖面进行反褶积处理,采用的参数分别为预测步长 $\alpha=1\,600\,\mu s$、预测因子长度 $m=40\,\mu s$、预白化量 $\varepsilon=0.1$,得到经过处理的剖面(图5)。从图5可以看出海底多次波得到了很好的压制,提高了剖面质量,为后续图像的分析和解释提供了很好的基础。从去除的多次波和噪声剖面上可以看出明显的多次波。此外,从剖面上还可以看出对于低频多次波也有较好的去除效果(图6)。

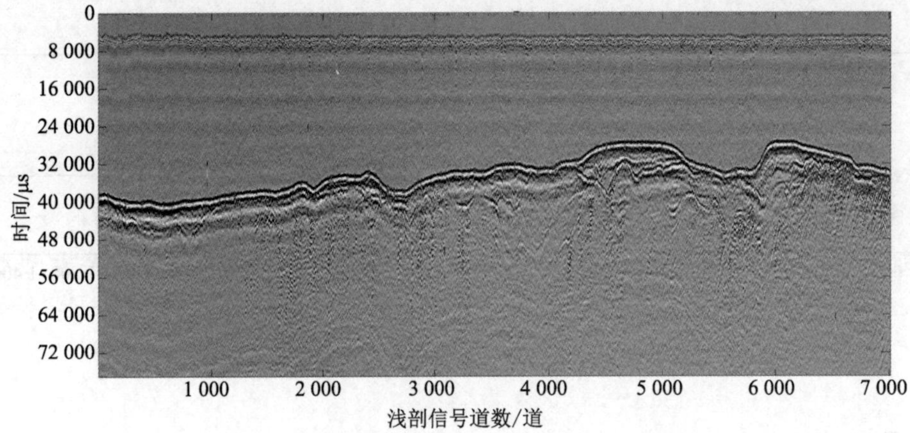

图5　经过预测反褶积处理过后的 $n-9$ 剖面

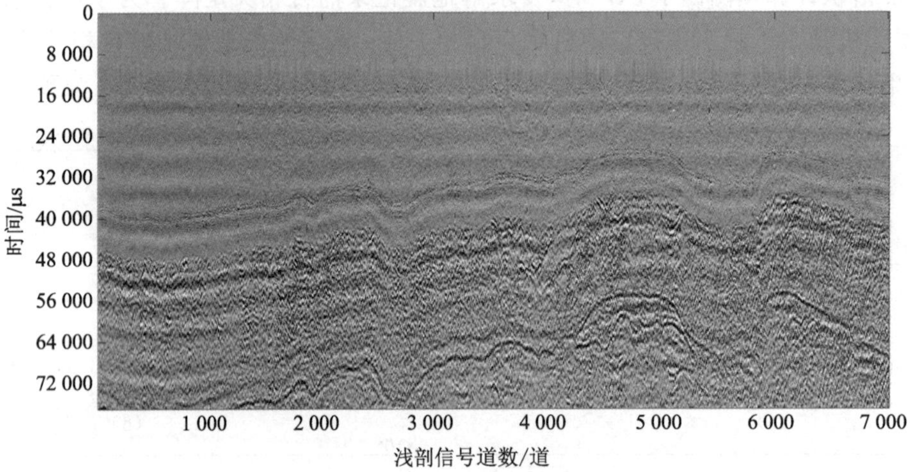

图6　去除的多次波和噪声剖面

4 结　语

(1)从预测反褶积理论入手,推导了预测反褶积公式,结合公式求得反褶积滤波算子,为处理实际数据提供了基础。

(2)在利用预测反褶积对实际浅地层剖面进行处理的工作中,参数的选择至关重要,直接关系到处理结果的质量,通过对不同参数值的结果进行分析,选择较为合适的参数值,可以保证得到较好的处理效果。

(3)从对浅地层剖面数据预测反褶积处理的应用效果来看,达到了去除海底多次波的目的,在实际工程测量中有较大的应用价值。

参考文献

[1] (荷)弗斯丘尔. 地震多次波去除技术的过去、现在和未来[M]. 北京:石油工业出版社,2010.

[2] 张振春,张军华. 地震数据处理方法[M]. 东营:石油大学出版社,2004.

[3] 张军华,缪彦舒,郑旭刚,等. 预测反褶积去多次波几个理论问题探讨[C]//中国石油学会2008年物探技术研讨会论文集,2008-09-12,辽宁本溪. 中国石油学会,2008:6-10.

船载镍矿流态化模型试验的离散元数值模拟

吕　强[1]，姜胜超[1,2]

（1. 大连理工大学 船舶工程学院，辽宁 大连　116024；2. 大连理工大学 海岸和近海工程国家重点实验室，辽宁 大连　116024）

摘要：采用离散元 PFC3D 5.0 软件，对镍矿在摇摆台横摇荷载条件下的模型试验进行数值模拟。分析了船载镍矿流态化时的镍矿中的水分迁移规律、镍矿颗粒重心沿竖直方向和水平方向的变化规律。研究表明：舱内镍矿在受到船舶横摇荷载时，镍矿中的水分逐渐向上析出致使镍矿顶部聚集大量水分，镍矿顶部因而容易发生流态化。流态化的镍矿在船舶横摇时重心会偏移向船舱的一侧，容易造成船舶不对称横摇，致使船舶失稳甚至倾覆。

关键词：镍矿；易流态化固体散装货物；流态化；离散元方法

　　国际海事组织（IMO）根据各类散货的理化性质颁布了《国际海运固体散装货物规则》（*International Maritime Solid Bulk Cargoes Code*，简称 IMSBC 规则），将镍矿、铁精矿和钛铁矿等货物均归类为 A 组货物（易流态化固体散装货物）[1]。这类货物是外观干燥、内含大量水分的颗粒物，在海上运输时受到船舶因主机或海浪的振动载荷极易发生流态化。如图 1 所示，流态化的货物会随船体晃动而移动，货物移动不仅会对船体造成冲击，还会导致船舶重心的偏移，引起船舶失稳甚至倾覆[2]。国际干散货船东协会（INTERCARGO）发布的 2012—2021 这 10 年内的事故报告（*Bulk Carrier Casualty Report 2012-2021*）显示，海上干散货物运输全损事故共 27 起，总计 92 名船员遇难，其中虽然仅有 5 艘船舶发生的事故是由货物流态化引发的，却有 70 人因此遇难，占总遇难人数的 76.1%[3]。

图 1　镍矿在船舱内发生流态化

　　目前国内外对易流态货物的研究主要分为货物流态化机理研究和货物流态化后对船舶稳性的影响研究。主流观点认为货物含水量超标是造成货物发生流态化的原因。Williams 等[4]认为在货物运输过程中，船舶货物系统一直处于动态变化，水分可以在货物中迁移，导致货物某些部分的水分含量增加，甚至达到饱和状态。Munro 等[5]研究发现材料内水分迁移会导致材料发生偏析，这个过程使样品局部比整体更容易液化。不同货物的水分迁移特性规律存在差异。Chen 等[6]以煤作为研究对象，利用振动台试验对煤

基金项目：国家自然科学基金面上项目（52171250，52371267）

通信作者：姜胜超。E-mail:jiangshengchao@foxmail.com

中水分迁移规律进行研究,得到了煤中水分向下迁移的规律。Munro 等[7]的研究发现铁矿粉中的水分会向上迁移。周健等[8-9]通过室内小型振动台试验,研究了船运铁精矿和红土镍矿在荷载作用下的液化特性,发现含水量是影响货物液化的关键并且货物内部的液化现象是由水分迁移引起的。周健等[10]在采用小型振动台进行试验研究的基础上基于数字图像采集分析系统,研究了散装铁精矿在荷载作用下的宏细观机理,发现水分的向上迁移造成了货物顶部的液化。

不同种类易流态化固体散货之间的物理性质存在差异,因此从货物本身的物理性质出发进行研究是必要的。镍矿和精铁矿等散装矿石货物本质属于土体,离散元方法(discrete element method,DEM)在处理岩土这类颗粒物的问题时具有显著的优势。周健等[11]通过 DEM 数值模拟了铁精矿颗粒与水颗粒,发现铁精矿液化的原因是水分向上析出。李文颉等[12]通过 DEM 模拟了镍矿颗粒,根据模型试验的宏观结果标定了不同含水率下镍矿颗粒的摩擦参数,在一定程度上模拟了潮湿散货的流动性。本文结合室内摇摆台模型试验,基于 DEM 分别模拟镍矿颗粒和水颗粒,分析了镍矿货物的流态化过程中水分迁移规律以及货物流态化对于船舶稳性的影响。

1 理论方法

基于商业软件 PFC3D 5.0 的滚动阻力线性模型来分析颗粒间的接触与颗粒的运动。通过对颗粒的接触模型、边界条件和应力平衡的分析,使数值模拟颗粒宏观的力学特性近似于真实材料的力学特性,以此达成数值模拟结果准确的目的。所采用的滚动阻力线性模型原理如下:

(1)接触判断准则。当且仅当表面间隙 g_s 小于或等于 0 时,接触模型激活。

(2)力-位移定律。根据滚动阻力线性模型的力-位移定律,计算接触力和力矩如下:

$$F_c = F^l + F^d \tag{1}$$

$$M_c = M^r \tag{2}$$

式中:F_c 为接触力,F^l 为线性力,F^d 为阻尼力,M_c 为接触力矩,M^r 为滚动阻力力矩。

线性力 F^l 和阻尼力 F^d 的计算如下:

$$F^l = -F_n^l + F_s^l \tag{3}$$

$$F^d = -F_n^d + F_s^d \tag{4}$$

式中:F_n^l 为垂直线性力,F_s^l 为剪切线性力,F_n^d 为垂直阻尼力,F_s^d 为剪切阻尼力。

滚动阻力力矩 M^r 的计算如下:

$$M^r = M^r - k_r \Delta\theta_b \tag{5}$$

式中:k_r 是滚动阻力刚度,$\Delta\theta_b$ 是相对弯曲旋转增量。

$$k_r = k_s \bar{R}^2 \tag{6}$$

式中:k_s 是剪切刚度,$\bar{R}$ 为有效半径。

$$\bar{R} = \frac{1}{R^{(1)}} + \frac{1}{R^{(2)}} \tag{7}$$

式中:$R^{(1)}$ 和 $R^{(2)}$ 分别是颗粒(1)和颗粒(2)的半径(若不是颗粒与颗粒接触,而是颗粒与壁面接触,则将壁面视为半径为无穷大的球体,即 $R^{(2)} = \infty$)。

将更新后的滚动阻力力矩 M^r 大小与阈值限值进行核对:

$$M^r = \begin{cases} M^r, & \|M^r\| \leqslant M^* \\ M^*(M^r / \|M^r\|), & 其他 \end{cases} \tag{8}$$

其中,极限扭矩 M^* 定义为:

$$M^* = \mu_r \bar{R} F_n^l \tag{9}$$

式中:μ_r 为滚动摩擦系数。

2 数值模型设置与验证

日本船级社将不同含水量的镍矿分别装入 0.5 m 边长的方箱中,缓慢倾斜至 50° 观察不同含水量的镍矿的流动性,结果见图 2[13]。镍矿含水量越高,其流动性越强。根据这一结果可知镍矿孔隙中的水起到了降低镍矿颗粒间摩擦力的作用。

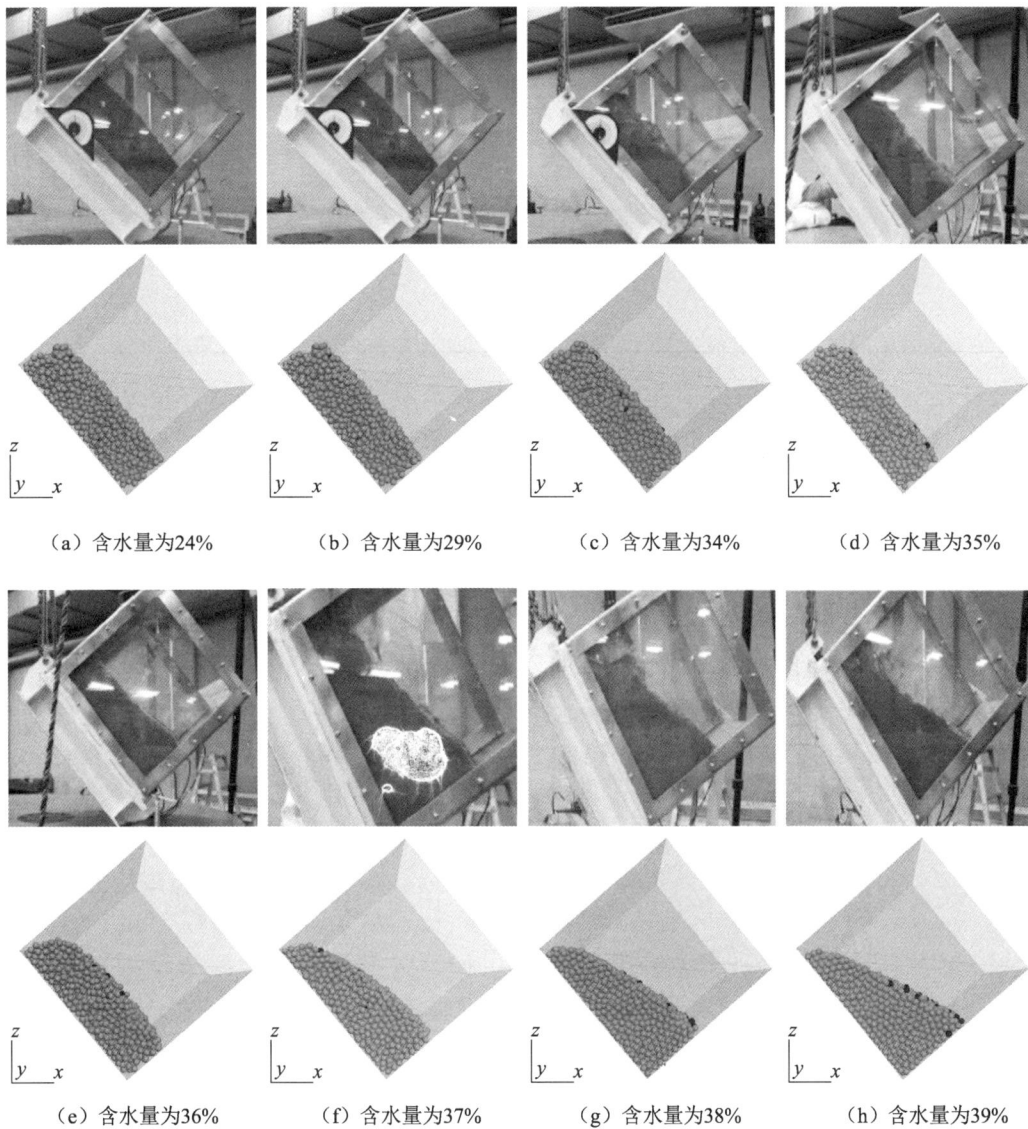

(a) 含水量为24%　　　(b) 含水量为29%　　　(c) 含水量为34%　　　(d) 含水量为35%

(e) 含水量为36%　　　(f) 含水量为37%　　　(g) 含水量为38%　　　(h) 含水量为39%

图 2　静倾斜试验不同含水量镍矿外观的数值模拟与试验结果对比

根据土的基质吸力理论分析,不饱和土中水和空气的交界面是具有表面张力的收缩膜,不饱和土颗粒因收缩膜的拉扯受到约束力。当土体中的水分饱和时,土颗粒仅受到重力与水压力,此时水相当于土颗粒间的润滑剂。数值计算时,用给镍矿颗粒设置摩擦系数和滚动摩擦系数的方法来模拟镍矿不饱和部分的基质吸力,在镍矿局部饱和部分的缝隙中生成摩擦系数和滚动摩擦系数为 0 的颗粒来近似代替水体微团。根据水不受剪切应力的性质,给水颗粒设置一定的法向刚度,其切向刚度赋值为 0。数值模拟时,镍矿颗粒初始个数设置为 5 500 个。当含水量增加时,逐渐减少镍矿颗粒的摩擦系数和滚动摩擦系数,同时增加孔隙中水团颗粒的个数,以此模拟向镍矿中加水提高镍矿含水量的过程。当模型尺寸和粒径尺寸比超过25 时,可以忽略比尺效应[12]。接触模型参数见表 1。颗粒摩擦系数、滚动摩擦系数和数量的校准结果见表 2。数值模拟结果与试验结果对比见图 2。

表 1　接触模型基本参数

材　料	粒径/m	密度/(kg/m³)	法向刚度/(N/m)	切向刚度/(N/m)
镍矿颗粒	1.0×10^{-2}	2.5×10^{3}	1.0×10^{5}	5.0×10^{4}
水团颗粒	1.0×10^{-2}	1.0×10^{3}	1.0×10^{3}	0

表2　静倾斜试验接触模型校准参数

含水量/%	镍矿摩擦系数	镍矿滚动摩擦系数	镍矿颗粒个数	水团颗粒个数
24	1.2	1.18	5 500	10
29	1.2	1.16	5 500	50
34	1.2	1.14	5 500	100
35	1.2	1.1	5 500	110
36	0.7	0.4	5 500	120
37	0.3	0.1	5 500	130
38	0.2	0.05	5 500	140
39	0.1	0.02	5 500	150

日本船级社还对不同含水量的镍矿进行了摇摆台横摇荷载试验:镍矿装载方箱边长0.3 m,摇摆台的摇摆周期为10 s,最大横摇角度为±25°,测试时长5 min。数值模拟时,选择含水量37%的镍矿为典型工况进行模拟。由于摇摆台横摇荷载试验时边长0.3 m的方箱相对静倾斜试验时0.5 m边长的镍矿装载方箱缩小至3/5,因此颗粒生成数量根据容器体积的缩小做出了相应的减少,最终摇摆台横摇荷载试验数值模拟共生成1 408个颗粒,其中有镍矿颗粒1 375个,水团颗粒33个。颗粒粒径大小保持0.01 m,粒径与模型方箱边长比为30,可以忽略比尺效应[12]。图3给出了对含水量37%的镍矿进行摇摆台横摇荷载试验时,方箱横摇至最大倾角的瞬时图像和相应的数值模拟图像。

（a）实景拍摄　　　　　　（b）数值模拟结果

图3　含水量37%的镍矿横摇至最大倾角的瞬时图像与数值模拟

3　结果分析与讨论

货物的流态化与货物中的矿粉颗粒和水的运动息息相关。研究了镍矿流态化过程中镍矿颗粒与水的位移变化和速度变化规律。图4给出了对含水量37%的镍矿进行摇摆台横摇荷载试验时的镍矿颗粒与水的重心的垂向位移变化。根据图4可知横摇初期(前22.5 s)货物整体重心有向下的趋势。干散货放入容器后矿粉颗粒之间间隙较大,受到摇摆震动后松散的矿粉有下沉变得更加密实的现象。

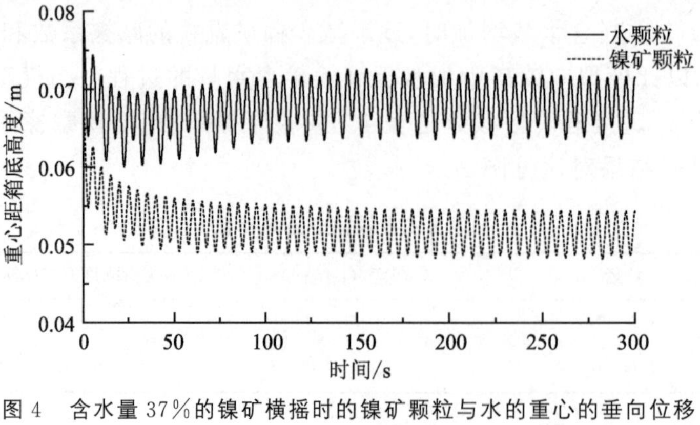

图4　含水量37%的镍矿横摇时的镍矿颗粒与水的重心的垂向位移

　　图 5 给出了含水量 37% 的镍矿颗粒的速度矢量。由图 5 可知横摇初期颗粒受到摇摆台和容器横摇强迫晃荡而产生扭转速度,同时矿粉还有竖直向下(指向箱底)的速度,这证明了横摇初期矿粉会因受到震动而下沉变实。根据图 4 可知横摇 22.5 s 以后货物中镍矿颗粒继续下沉,但是货物中的水有向上运动的趋势,在横摇中后期(150～300 s)镍矿颗粒和水的重心的垂向高度基本稳定。推断镍矿受到横摇发生流态化过程中会伴随着水的向上析出,水向上聚集使得货物顶部矿粉更易发生流态化;横摇中后期矿粉颗粒垂向运动减弱,是由于货物发生流态化后矿粉颗粒因横摇运动在箱内向左右两侧流动。图 6 为横摇中后期的颗粒速度矢量图。由图 6 可知横摇中后期颗粒受到摇摆台和容器横摇强迫晃荡而产生扭转速度,同时矿粉还有横向(指向箱体左右两侧)的速度,这证明了横摇中后期货物发生流态化后随箱体的横摇运动在箱内向左右两侧流动。

(a) T=2.5 s　　　　　　　(b) T=12.5 s　　　　　　　(c) T=22.5 s

图 5　横摇初期颗粒速度矢量图(T 代表横摇时间)

　　图 7 给出了对含水量 37% 的镍矿进行摇摆台横摇荷载试验时镍矿颗粒与水的重心的横向(指向箱体左右两侧)位移变化。为了更加直观地显示镍矿颗粒重心的横移,这里给出了相对颗粒重心左侧箱壁距离的变化。镍矿承载容器是正方体,容器边长 0.3 m。横摇开始前颗粒重心在正中间位置,即颗粒重心距离左侧箱壁为 0.15 m;横摇运动开始后矿粉颗粒的重心明显距离左侧壁面更近。在易流态化货物发生流态化后这是很常见的现象。流态化的货物呈泥浆状,具有一定的黏性,在船舶横摇时会跟随船体流向货舱的一侧,但是在船体向另一侧回摇时因为黏性不能完全回流,所以货物重心偏向船舶的一侧。这种现象会造成船舶的不对称横摇,极易使船舶丧失稳性甚至倾覆[14]。

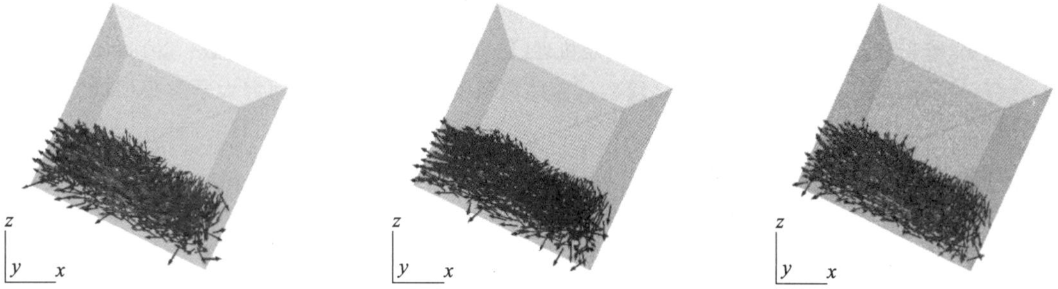

(a) T=152.5 s　　　　　　(b) T=222.5 s　　　　　　(c) T=292.5 s

图 6　横摇中后期颗粒速度矢量图(T 代表横摇时间)

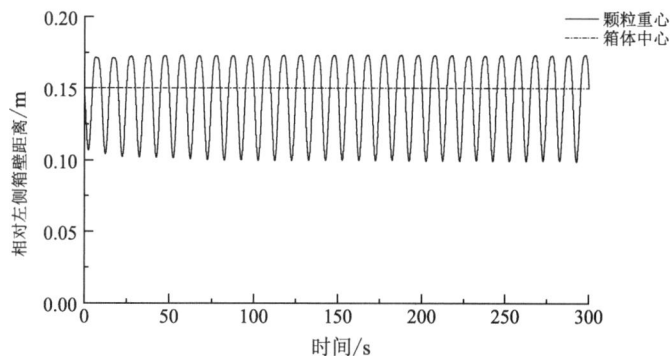

图 7　含水量 37% 的镍矿横摇时的镍矿颗粒与水的重心的横向位移

4 结　语

通过 PFC3D 5.0 软件用离散元方法数值模拟了日本船级社所做的摇摆台横摇荷载下的镍矿流态化试验,分析了船舶横摇时船载镍矿发生流态化过程中镍矿中的矿粉与水的位移规律,以及流态化的镍矿如何对船舶稳性产生负面影响。主要研究结论如下:

(1) 在船舶横摇初期,船舱内的镍矿会下沉变实;在船舶横摇中后期,镍矿中的水分会向上析出,使得货物顶部含水量升高、易发生流态化。

(2) 易流态化货物流动时容易附着在船舱的一侧,货物的重心偏移容易造成船舶不对称横摇,极大程度地破坏了船舶稳性。

参考文献

[1] International Maritime Organization. International maritime solid bulk cargoes code[S]. London:International Maritime Organization,2015.

[2] LEE H L. Nickel ore bulk liquefaction a handymax incident and response[J]. Ocean Engineering,2017,139:65-73.

[3] INTERCARGO. Bulk carrier casualty report(Years 2012 to 2021 and tends)[R/OL].(2022-05-20)[2024-01-04]. https://www.intercargo.org/wp-content/casualty-report/2022/.

[4] WILLIAMS K,CHEN W. Ship motion induced moisture migration modelling of an unsaturated coal cargo[C]//Proceedings of the 12th International Conference on Bulk Materials Storage,Handling and Transportation(ICBMH). Engineers Australia Darwin,Australia,July 11th-14th,2016:139-150.

[5] MUNRO M C,MOHAJERANI A. Laboratory scale reproduction and analysis of the behaviour of iron ore fines under cyclic loading to investigate liquefaction during marine transportation[J]. Marine Structures,2018,59:482-509.

[6] CHEN W,WANG Z,WHEELER C,et al. Experimental and numerical investigation on the load stability of coal cargoes during marine transport[J]. Granular Matter,2021,23:1-16.

[7] MUNRO M C,MOHAJERANI A. Laboratory scale reproduction and analysis of the behaviour of iron ore fines under cyclic loading to investigate liquefaction during marine transportation[J]. Marine Structures,2018,59:482-509.

[8] 周健,简琦薇,吴晓红,等. 散装铁精矿流态化特性的模型试验研究[J]. 岩石力学与工程学报,2013,32(12):2536-2543.

[9] 周健,朱耀民,简琦薇,等. 红土镍矿流态化特性的模型试验研究[J]. 岩土工程学报,2014,36(8):1515-1520.

[10] 周健,白彪天,李宁,等. 散装铁精矿流态化宏细观机理[J]. 同济大学学报(自然科学版),2015,43(4):542-548.

[11] 周健,杜强,简琦薇,等. 船运铁精矿流态化模型试验的离散元数值模拟[J]. 河海大学学报(自然科学版),2016,44(3):219-225.

[12] 李文颉,鞠磊. 船载固体散货流态化数值分析[J]. 船舶工程,2019,41(12):64-70.

[13] Nippon Kaiji Kyokai. Guidelines for the safe carriage of nickel ore[S]. Tokyo:Nippon Kaiji Kyokai,2012.

[14] 陈云赛,段文洋,杨磊,等. 波浪激励下红土镍矿运输船舶倾覆机理[J]. 交通运输工程学报,2019,19(2):122-135.

海洋工程结构波浪荷载视觉识别方法

刘嘉斌,朱思佳,郭安薪

(哈尔滨工业大学,黑龙江 哈尔滨   150091)

摘要:基于势流理论建立了柱体结构波浪荷载识别模型,开展了圆柱体波浪作用试验,通过视觉技术捕捉圆柱周围水线变化,采用递归最小二乘法(RLS)对大尺度柱体结构波浪力进行识别。试验对比结果表明,圆柱线性波浪荷载识别结果与实测结果基本一致。通过考虑结构上的非线性波浪力,可以进一步提升识别结果的精度。该模型可以在实验室波浪力测量和海洋工程结构波浪荷载现场监测中得到广泛应用。

关键词:圆柱;液面水线;波浪;荷载识别

波浪荷载是海洋工程结构在服役期间的重要荷载之一,开展波浪荷载识别与监测对于海洋工程结构安全运维具有重要工程意义。然而实际工程实施中仍面临多种挑战,真实海洋环境波浪场具有高时变性和空间分布不均匀性,原始入射波浪场难以通过简单几个波浪参数(周期、波高、频谱等)进行精准实时描述,所以传统基于入射波确定波浪荷载的技术路线对于海洋工程结构波浪荷载监测不可行[1]。另外,海洋工程结构重力式基础刚度大,其在波浪荷载作用下变形较小,采用应变测力方法难以实现波浪荷载的反演计算。目前,实际工程采用在结构表面布置大量压力传感器的方式,通过压力积来获得结构上的实时波浪荷载。该方法有效可行,但存在设备安装、替换困难及数据量大等问题。

基于工程技术挑战,需要提出一种新的波浪荷载识别思路和方法。鉴于波浪自由液面和波浪场压力存在潜在的物理映射关系,通过液面数据识别波浪荷载成为潜在的技术方案之一。对于小尺度结构,Boccotti 等[2]利用结构所在处的液面数据,结合线性波浪理论模型和莫里森公式,建立了结构波浪荷载识别方法。但是对于大尺度结构,波浪绕射效应显著,一种可行的技术路线为通过液面数据直接构建波浪荷载的求解模型。该方法跳过波浪入射波速度势函数的确定过程,复杂波浪场适用性大大增加[3-4]。

1 荷载识别方法

这里波浪力识别方法是在势流理论框架下建立的。柱体周边水线高度由 $\eta(\theta,t)$ 表示,真实的海洋环境中波浪由线性和非线性波分量组成。为方便起见,假设 $\eta(\theta,t)$ 主要由线性和二阶波分量组成:

$$\eta(\theta,t)=\eta^1(\theta,t)+\eta^\pm(\theta,t)+\eta^\circ(\theta,t) \tag{1}$$

式中:$\eta^1(\theta,t)$ 为线性波分量高度;$\eta^\pm(\theta,t)$ 为二阶液面高度,其中 $\eta^-(\theta,t)$ 为差频项,$\eta^+(\theta,t)$ 为和频项;$\eta^\circ(\theta,t)$ 表示其他高阶波分量。在频域中,$\eta(\theta,t)$ 可以表示为:

$$\eta(\theta,t)=\sum_{n=1}^{N_f}(A_n(\theta)\cos(\Omega_n)+B_n(\theta)\sin(\Omega_n)) \tag{2}$$

式中:$\Omega_n=\omega_n t$;ω_n 为波浪分量的圆频率;t 是时间变量;N_f 为频率分量的总数;$A_n(\theta)$ 和 $B_n(\theta)$ 分别为 $\cos(\Omega_n)$ 和 $\sin(\Omega_n)$ 对应的幅值。通过频域分析,$\eta^1(\theta,t)$ 可以表示为:

$$\eta^1(\theta,t)=\sum_{m=M_1^1}^{M_2^1}(A_m^1(\theta)\cos(\Omega_m^1)+B_m^1(\theta)\sin(\Omega_m^1)) \tag{3}$$

作者简介:刘嘉斌。E-mail:liujiabin@hit.edu.cn

式中:M_1^1 和 M_2^1 分别为 $\eta^1(\theta,t)$ 频率分量的开始和结束标识符;$A_m^1(\theta)$ 和 $B_m^1(\theta)$ 分别为 $\cos(\Omega_m^1)$ 和 $\sin(\Omega_m^1)$ 对应的傅里叶系数;波浪力识别过程中的 $A_m^1(\theta)$ 和 $B_m^1(\theta)$ 采用递归最小二乘法(RLS)实时确定。$\eta^\pm(\theta,t)$ 可以写成如下形式:

$$\eta^\pm(\theta,t)=\sum_{m=M_1^\pm}^{M_2^\pm}(A_m^\pm(\theta)\cos(\Omega_m^\pm)+B_m^\pm(\theta)\sin(\Omega_m^\pm)) \tag{4}$$

假设波浪高度的二次传递函数(QTF)具有如下近似表达形式:

$$q_{m\bar{m}}^\pm(\theta)=\varepsilon q_{j-1}^\pm(\theta)\frac{1}{2A_mA_{\bar{m}}}\left(\pm\frac{\partial A_m}{\partial\theta}\frac{\partial A_{\bar{m}}}{\partial\theta}-\frac{\partial B_m}{\partial\theta}\frac{\partial B_{\bar{m}}}{\partial\theta}\right)\frac{1}{\omega_m\omega_{\bar{m}}}+\varepsilon q_{j-2}^\pm(\theta)\frac{A_mA_{\bar{m}}\mp B_mB_{\bar{m}}}{2gA_mA_{\bar{m}}}(\omega_m^2+\omega_{\bar{m}}^2\pm\omega_m\omega_{\bar{m}})$$

$$+\varepsilon q_{j-3}^\pm(\theta)\frac{g(A_mA_{\bar{m}}\mp B_mB_{\bar{m}})}{2A_mA_{\bar{m}}}\frac{k_m^2\omega_{\bar{m}}\pm k_{\bar{m}}^2\omega_m}{\omega_m\omega_{\bar{m}}(\omega_m\pm\omega_{\bar{m}})} \tag{5}$$

$$p_{m\bar{m}}^\pm(\theta)=\varepsilon p_{j-1}^\pm(\theta)\frac{1}{2B_mB_{\bar{m}}}\left(\frac{\partial A_m}{\partial\theta}\frac{\partial B_{\bar{m}}}{\partial\theta}\pm\frac{\partial A_{\bar{m}}}{\partial\theta}\frac{\partial B_m}{\partial\theta}\right)\frac{1}{\omega_m\omega_{\bar{m}}}+\varepsilon p_{j-2}^\pm(\theta)\frac{(\pm A_mB_{\bar{m}}+A_{\bar{m}}B_m)}{2gB_mB_{\bar{m}}}(\omega_m^2+\omega_{\bar{m}}^2\pm\omega_m\omega_{\bar{m}})$$

$$+\varepsilon p_{j-3}^\pm(\theta)\frac{g(A_{\bar{m}}B_m\pm A_mB_{\bar{m}})}{2B_mB_{\bar{m}}}\frac{k_m^2\omega_{\bar{m}}\pm k_{\bar{m}}^2\omega_m}{\omega_m\omega_{\bar{m}}(\omega_m\pm\omega_{\bar{m}})} \tag{6}$$

式中:$p_{j-i}^\pm(\theta)$ 和 $q_{j-i}^\pm(\theta)$ $(i=1,2,3)$ 为待定系数,通过液面实测数据进行拟合确定。二阶波高的重构方式如下:

$$\eta^{r,\pm}(\theta,t)=\sum_{m=M_1^\pm}^{M_2^\pm}\sum_{\bar{m}=M_1^\pm}^{M_2^\pm}(q_{m\bar{m}}^\pm(\theta)A_m^1(\theta)A_{\bar{m}}^1(\theta)\cos(\Omega_m^1\pm\Omega_{\bar{m}}^1)+p_{m\bar{m}}^\pm(\theta)B_m^1(\theta)B_{\bar{m}}^1(\theta)\sin(\Omega_m^1\pm\Omega_{\bar{m}}^1)) \tag{7}$$

式中:$\eta^{r,\pm}(\theta,t)$ 为重构的二阶波高。$p_{j-i}^\pm(\theta)$ 和 $q_{j-i}^\pm(\theta)$ 通过最小化 $\|\eta^{r,\pm}(\theta,t)-\eta^\pm(\theta,t)\|$ 计算。为了确定波浪力,测量的波高修改如下:

$$\tilde{\eta}_F^1(\theta,z,t)=\sum_{m=M_1^\pm}^{M_2^\pm}\lambda_m(\theta,z,t)(A_m^\pm(\theta)\cos(\Omega_m^\pm)+B_m^\pm(\theta)\sin(\Omega_m^\pm)) \tag{8}$$

$$\tilde{\eta}_F^{r,\pm}(\theta,z,t)=\sum_{m=M_1^\pm}^{M_2^\pm}\sum_{\bar{m}=M_1^\pm}^{M_2^\pm}\alpha_{m\bar{m}}(\theta,z,t)(q_{m\bar{m}}^\pm(\theta)A_m^1(\theta)A_{\bar{m}}^1(\theta)\cos(\Omega_m^1\pm\Omega_{\bar{m}}^1)+p_{m\bar{m}}^\pm(\theta)B_m^1(\theta)B_{\bar{m}}^1(\theta)\sin(\Omega_m^1\pm\Omega_{\bar{m}}^1))$$

$$\tag{9}$$

其中,

$$\lambda_m(\theta,z,t)=\frac{\tanh k_m(h+z)}{k_m} \tag{10}$$

$$\alpha_{m\bar{m}}(\theta,z,t)=\frac{\dfrac{1}{k_m+k_{\bar{m}}}\sinh[(k_m+k_{\bar{m}})(h+z)]+\dfrac{1}{k_m-k_{\bar{m}}}\sinh[(k_m-k_{\bar{m}})(h+z)]}{\cosh[(k_m+k_{\bar{m}})h]+\cosh[(k_m-k_{\bar{m}})h]} \tag{11}$$

式中:$\lambda_m(\theta,z,t)$ 和 $\alpha_{m\bar{m}}(\theta,z,t)$ 是调整频率分量振幅的传递函数。最后,波浪力可以被识别为:

$$F^1(t)=\underbrace{\int_0^{2\pi}\rho g\tilde{\eta}_F^1(\theta,0,t)(-\boldsymbol{n}_s)\cdot\boldsymbol{n}_Fr_0\mathrm{d}\theta}_{\int_0^{2\pi}\int_{-A}^{b}-\rho\frac{\partial\Phi^{(1)}}{\partial t}(-\boldsymbol{n}_s)\cdot\boldsymbol{n}_Fr_0\mathrm{d}z\mathrm{d}\theta} \tag{12}$$

$$F^{(2)}(t)=\underbrace{\int_0^{2\pi}\rho g\tilde{\eta}_F^+(\theta,0,t)(-\boldsymbol{n}_s)\cdot\boldsymbol{n}_Fr_0\mathrm{d}\theta}_{\text{Part of}\int_0^{2\pi}\int_{-A}^{0}-\frac{\rho}{2}(\nabla\Phi^{(1)}\cdot\nabla\Phi^{(1)})(-\boldsymbol{n}_s)\cdot\boldsymbol{n}_Fr_0\mathrm{d}z\mathrm{d}\theta}+\underbrace{\int_0^{2\pi}\rho g\tilde{\eta}_F^-(\theta,0,t)(-\boldsymbol{n}_s)\cdot\boldsymbol{n}_Fr_0\mathrm{d}\theta}_{\text{Part of}\int_0^{2\pi}\int_{-A}^{0}-\frac{\rho}{2}(\nabla\Phi^{(1)}\cdot\nabla\Phi^{(1)})(-\boldsymbol{n}_s)\cdot\boldsymbol{n}_Fr_0\mathrm{d}z\mathrm{d}\theta}$$

$$+\underbrace{\int_0^{2\pi}\rho g(\tilde{\eta}_F^1(\theta,\eta^1,t)-\tilde{\eta}_F^1(\theta,0,t))(-\boldsymbol{n}_s)\cdot\boldsymbol{n}_Fr_0\mathrm{d}\theta}_{\int_0^{2\pi}\int_0^{\eta^1}-\rho\frac{\partial\Phi^{(1)}}{\partial t}(-\boldsymbol{n}_s)\cdot\boldsymbol{n}_Fr_0\mathrm{d}z\mathrm{d}\theta}+\underbrace{\int_0^{2\pi}\int_0^{\eta^1}-\rho gz(-\boldsymbol{n}_s)\cdot\boldsymbol{n}_Fr_0\mathrm{d}z\mathrm{d}\theta}_{\int_0^{2\pi}\int_0^{\eta^1}-\rho gz(-\boldsymbol{n}_s)\cdot\boldsymbol{n}_Fr_0\mathrm{d}z\mathrm{d}\theta} \tag{13}$$

$$F^o(t)=\underbrace{\int_0^{2\pi}\rho g(\tilde{\eta}_F^+(\theta,\eta,t)-\tilde{\eta}_F^+(\theta,0,t))(-\boldsymbol{n}_s)\cdot\boldsymbol{n}_Fr_0\mathrm{d}\theta+\int_0^{2\pi}\rho g(\tilde{\eta}_F^-(\theta,\eta,t)-\tilde{\eta}_F^-(\theta,0,t))(-\boldsymbol{n}_s)\cdot\boldsymbol{n}_Fr_0\mathrm{d}\theta}_{\int_0^{2\pi}\int_0^{\eta^1}-\frac{\rho}{2}(\nabla\Phi^{(1)}\cdot\nabla\Phi^{(1)})(-\boldsymbol{n}_s)\cdot\boldsymbol{n}_Fr_0\mathrm{d}z\mathrm{d}\theta}$$

$$+ \int_0^{2\pi} \rho g(\widetilde{\eta}_F^1(\theta,\eta,t) - \widetilde{\eta}_F^1(\theta,\eta^1,t))(-\boldsymbol{n}_s) \cdot \boldsymbol{n}_F r_0 \,\mathrm{d}\theta + \underbrace{\int_0^{2\pi} \int_{\eta^1}^{\eta} -\rho g z(-\boldsymbol{n}_s) \cdot \boldsymbol{n}_F r_0 \,\mathrm{d}z\,\mathrm{d}\theta}_{\iint -\rho g z(-\boldsymbol{n}_s)\cdot\boldsymbol{n}_F r_0 \,\mathrm{d}z\,\mathrm{d}\theta} \qquad (14)$$

$$\underbrace{\phantom{\int_0^{2\pi} \rho g(\widetilde{\eta}_F^1(\theta,\eta,t) - \widetilde{\eta}_F^1(\theta,\eta^1,t))(-\boldsymbol{n}_s) \cdot \boldsymbol{n}_F r_0 \,\mathrm{d}\theta}}_{\iint -\rho \frac{\partial \Phi^{(1)}}{\partial t}(-\boldsymbol{n}_s)\cdot\boldsymbol{n}_F r_0 \,\mathrm{d}z\,\mathrm{d}\theta}$$

式中：$F^1(t)$ 为识别的线性波浪力，$F^{(2)}(t)$ 为识别的二阶波浪力，$F^{\circ}(t)$ 为识别的三阶和更高阶波浪力。由于采用 RLS 算法得到的 $F^1(t)$ 会在非线性波力的频率范围内引入意想不到的频率成分，因此需要使用带通滤波器对 $[\omega_1^1,\omega_2^1]$ 以外的频率进行剔除。对 $F^1(t)$ 滤波后的结果用 $\widetilde{F}^1(t)$ 表示，此时总波浪力为：

$$F(t) = \widetilde{F}^1(t) + F^{(2)}(t) + F^{\circ}(t) \qquad (15)$$

2 试验设计

为了验证识别方法的准确性，针对圆柱体开展了不规则波作用的试验。试验装置和传感器的布置如图 1 所示。圆柱体的半径为 0.3 m，水深为 0.8 m。坐标系原点设置在静止水位（SWL）。为了防止结构振动，模型内部采用铝制刚性框架来支撑圆柱体。测试过程中，波浪力作用在圆柱体侧面并通过刚性框架传递到底部安装的 4 个测力天平测量。波浪液面采用视觉测量系统获得。该系统由 4 台 CMOS 相机组成，具有 1 200 万像素的图片精度，每秒 20 帧。每台相机通过张氏标定法进行预先标定，以校正径向畸变和切向畸变。此外，圆柱体的侧面表面上贴有均匀的网格（3 cm×3 cm 正方形），用来识别液面波动高度。测试波浪场选用具有多个波浪频率的不规则波，波浪频谱为 JONSWAP 谱，有效波周期和波高分别为 0.8 s、60 mm 和 1.2 s、120 mm。测试工况见表 1。

（a）试验照片 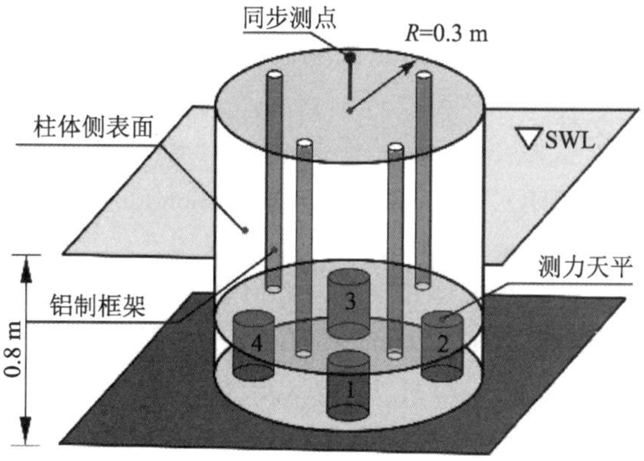   （b）试验装置布置

图 1　模型照片及试验装置布置

表 1　测试工况

工 况	波浪类型	有效周期/s	有效波高/mm
1	不规则波	0.8	60
2	不规则波	1.2	120

3 试验结果分析

图 2 显示了不同测试工况下 10～60 s 时间内沿 x 轴波浪力的测量和识别结果。结果表明，在两种不规则波测试工况下，波浪力的识别值与测量值能很好地吻合，波浪力识别统计误差均在 5% 以内。对比结果同时表明，随着波浪高度的增加，波浪力在峰值和谷值处的识别误差会变得明显；在工况 2 中，峰值处的波浪力幅值被低估，而谷值处的波浪力幅值被高估。

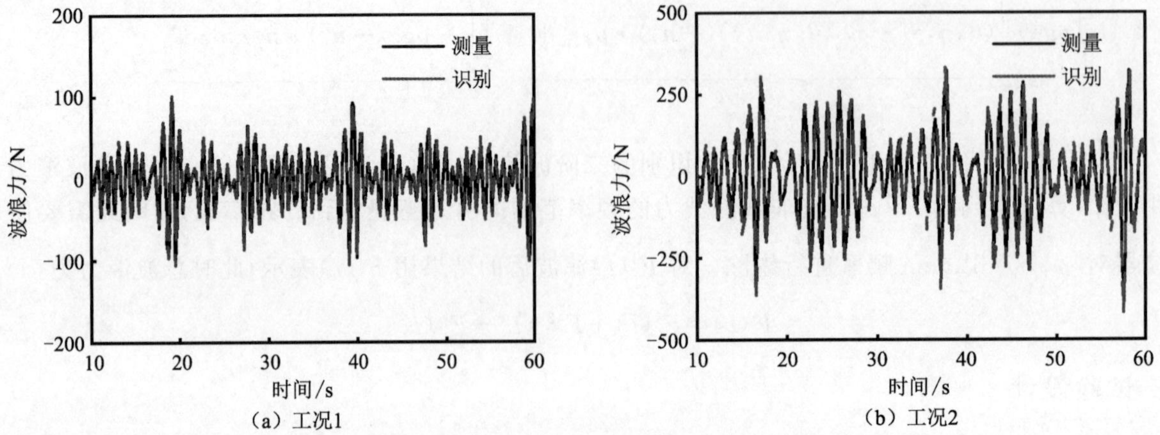

（a）工况1　　　　　　　　　　　　　（b）工况2

图2　波浪力识别结果与实测结果对比

4　结　语

通过水槽模型试验验证了基于液面数据的波浪荷载识别方法的有效性。主要研究结论如下：

（1）柱体波浪力识别与测量结果能很好地吻合，波浪识别统计误差均在5%以内。

（2）识别误差主要集中在波浪力的峰值和谷值处。随着波浪力的增加，识别误差也显著增加。

所提波浪荷载识别具有算法计算效率高、识别结果精确、原始监测数据简单、采集设备安装方便等优点，可广泛应用于桥梁与海洋工程基础结构的波浪荷载监测，对于揭示结构波浪荷载作用机理、保障近海桥梁与海洋工程结构安全具有重要的理论意义及工程应用价值。由于高阶波浪作用的忽略，波浪砰击作用无法准确识别，因此，在极端波浪作用下，识别存在一定的误差，需要通过后续研究进行修正。

参考文献

［1］　LIU J,GUO A. Wave force identification for a large-scale quasi-elliptical cylinder from monitored wave elevation[J]. Ocean Engineering,2023,271:113769.

［2］　BOCCOTTI P,ARENA F,FIAMMA V. Field experiment on random wave forces acting on vertical cylinders[J]. Probabilistic Engineering Mechanics,2012,28:39-51.

［3］　LIU J,GUO A,LI H. Framework for reconstructing wave loads on a floating cylinder using monitored data of structural motion and wave elevation[J]. Journal of Fluids and Structures,2021,106:103376.

［4］　ZHU S,LIU J,GUO A. Wave force measurement on a large-scale vertical cylinder using a visual technique[J]. Ocean Engineering,2023,280:114788.

近海区域海水二氧化碳分压及海-气碳通量计算模式

申　霞[1]，林伟波[2]，周云鹏[3]

（1. 南京水利科学研究院，江苏 南京　210029；2. 江苏省海涂研究中心，江苏 南京　210013；3. 连云港市港航事业发展中心，江苏 连云港　222000）

摘要：海洋是地球系统中最大的碳库，自工业革命以来，人类活动排放的二氧化碳约有三分之一被海洋吸收。海水表层二氧化碳分压反映了海水中溶解二氧化碳的质量浓度水平，是衡量海洋吸收和释放二氧化碳能力的重要指标。近海区域是陆地和深海之间的过渡带，碳循环过程复杂且动态变化迅速，基于近海三维水动力-水质-富营养化模型，增加海水无机碳体系以及海水-大气界面碳通量模块，旨在描述碳在近海环境中的流动、转化和储存过程。模型可作为理解海水、大气、沉积物以及近海生物群落之间的碳交换和动态平衡，掌握海水表层二氧化碳分压以及评估海-气界面二氧化碳通量的重要工具，对于理解全球气候变化、近海生态系统以及人类活动对碳源汇功能的影响具有重要作用。

关键词：近海生态系统；碳循环模型；二氧化碳分压；碳通量；无机碳体系

近海区域是海洋与陆地交互作用最为活跃的地带，也是碳源汇特征变化较为显著的区域。海水表层二氧化碳分压是研究海洋与大气之间二氧化碳交换的关键要素，对于计算海气界面碳通量、评估海洋碳源和碳汇功能至关重要。海水二氧化碳分压和海-气界面二氧化碳通量的研究方法主要包括观测、试验和模拟三种方式：观测方法主要是通过船舶[1-2]、浮标[3-4]等平台，利用气体分析仪等设备对海气界面二氧化碳质量浓度进行实时监测；试验方法[5]主要通过控制试验条件来探究影响二氧化碳通量的关键因素；模拟方法[6-7]则主要依赖于数值模拟技术，通过构建数学模型来预测和解释二氧化碳通量的变化规律。另外，遥感技术[8]和风速函数参数化方法[9-10]亦用于获取全球范围内大气-海洋二氧化碳传输速度和通量的分布情况。目前大部分成果主要是通过走航观测和数据分析，了解不同海洋区域、季节和时间尺度上的二氧化碳分压和二氧化碳通量分布规律，分析其动态变化，从而为区域乃至全球海洋碳源汇格局以及气候变化预测和应对提供科学依据。

近海区域海气界面二氧化碳通量的影响因素复杂多样，包括海浪、风力、温度、盐度等海洋环境因子，以及城市化、工业化等人类活动。基于大量现场观测数据、试验结果以及海洋生态系统基本原理，综合分析海洋温度、盐度、流速、生物种类和数量、有机碳和无机碳质量浓度等，是揭示近海碳循环关键过程和机制的重要途径。由此构建区域碳循环数值模式，模拟海水中多形态碳的流动和转化过程，定量表征海水二氧化碳分压和海气界面碳通量，对于理解环境条件变化导致的海域碳收支变化，制定应对气候变化措施，实现碳中和目标具有重要的科学和实践意义。

1 近海水域碳循环过程

对于近海生态系统，海-气界面碳的迁移是海洋碳循环的重要过程，其通量被认为是海区碳源汇强度的直接体现。在近海海域，除了海-气界面碳的交换，还存在陆源输入、沉积作用和与邻近大洋的碳迁移作用。这些界面过程，以及水体中溶解无机碳（DIC）、溶解有机碳（DOC）、颗粒有机碳（POC）、生物体碳等不同形式碳之间相互转换，共同构成了近海碳循环系统。

基金项目：江苏省海洋科技创新项目（JSZRHYKJ202214，JSZRHYKJ202312）

通信作者：申霞。E-mail：xshen@nhri.cn

海水碳形态主要分为无机碳和有机碳两大类。无机碳是溶解态的 CO_2 和 H_2O 形成的复杂平衡体系(除 CO_2 外还有含 H_2CO_3、HCO_3^- 和 CO_3^{2-} 等组分的电离平衡体系)。有机碳库包括溶解有机碳和颗粒有机碳,两者通常以是否通过 $0.20\sim0.45\ \mu m$ 孔径滤膜进行划分。有机碳库中 DOC 含量最大,约占有机碳的 90%,其次是非生命的有机碎屑(死亡生物体及其碎片或生物排泄物),各种生物的总碳量占比最小。

碳在海水中的输运主要通过三种机制:溶解度泵、生物泵、碳酸盐泵。溶解度泵表示 CO_2 溶于海水,并随海洋环流从海表进入海洋内部的过程;生物泵中,海表的溶解无机碳通过浮游植物光合作用,转化成有机碳下沉至深海;碳酸盐泵中,海表海洋生物产生的外壳等钙质结构,成为颗粒无机碳($CaCO_3$)下沉至深海。这三种海洋碳泵通过以上机制将碳从海表向深海输送,详见图1。

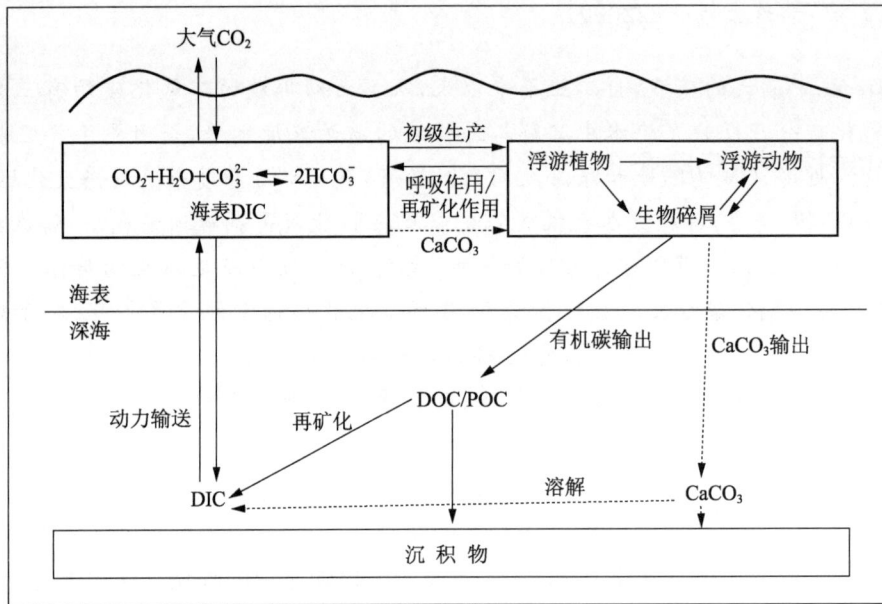

图 1   海洋碳循环过程示意

2 二氧化碳通量及分压研究方法

海-气二氧化碳通量指海洋与大气之间二氧化碳的交换过程,准确计算碳通量是判定海域碳源汇格局的主要途径。针对不同的研究背景及科学问题,海-气 CO_2 交换通量的研究方法可归纳为以下三类。① 物质守恒法:基于物质守恒,特别是全球碳的平衡关系,直接从全球角度估算海气 CO_2 通量,并应用到区域尺度海域;② 微气象法:基于微气象原理,直接测定通过海-气界面的碳通量数值;③ 海-气界面分压差法:基于化学质量平衡,认为表层海水的 CO_2 分压与海水上方大气 CO_2 压力之差是影响 CO_2 在海气界面间传输的主要热力学动力。海-气界面分压差法由于实施的便利性,并且能够更好地与海洋浮游生物活动、营养盐收支相结合,成为当前测量、估算海气 CO_2 通量的最常用方法。

根据经典的双模扩散模型,海气界面可划分为气相膜与液相膜两层,海气界面间的气体传输过程发生在这两相膜中。根据 Fick 第一定律,海气界面气体交换通量由膜两侧的浓度梯度及交换系数决定,见式(1)~(2)。

$$F = k \times K_{H,CO_2'} \times \Delta p CO_2 \tag{1}$$

$$\Delta p CO_2 = p CO_{2,sea} - p CO_{2,air} \tag{2}$$

式中:F 为海-气界面 CO_2 交换通量[$mmol/(m^2 \cdot d)$],正值代表海洋是大气 CO_2 的源,即 CO_2 由海洋进入大气,负值代表海洋是大气 CO_2 的汇,即 CO_2 由大气进入海洋;k 为气体传输速率(cm/h),液相边界层近表面的水体扰动是控制该系数的主要因素;$K_{H,CO_2'}$ 为 CO_2 气体在海水中的溶解度,其与海水的温度和盐度相关;$p CO_{2,sea}$ 为海水二氧化碳分压;$p CO_{2,air}$ 为大气二氧化碳分压。

如何获得海水二氧化碳分压是估算海-气界面 CO_2 通量并评估海域源汇功能的重要环节。海洋表层海水二氧化碳分压 $p CO_{2,sea}$ 的数据来源主要有两种:现场直接测定、碳酸盐体系计算。

现场走航测定：现场走航测定 $p\mathrm{CO}_{2,\mathrm{sea}}$，通过持续抽样的海水注入一个特别的容器，再抽取与海水 CO_2 达到平衡的空气进行检测。目前应用最普遍的现场直接测定方法是非分散红外法（NDIR）和气相色谱法（GC）。非分散红外法检测所采用的仪器是各种型号的非色散红外分析仪或红外线分析器等。气相色谱法分析海水中 CO_2 的流程一般是在色谱柱内先完成水样中 CO_2 的分离，随后在转化柱被甲烷化镍催化氢化为 CH_4，接着通过氢火焰离子检测器（FID）进行检测，最后检出信号通过放大器被放大并传输到记录仪。现场走航测定 $p\mathrm{CO}_{2,\mathrm{sea}}$ 具有较高的正确度和精密度，但走航测定对现场存在一定的要求，并不能在所有海域进行。

碳酸盐体系计算：$p\mathrm{CO}_{2,\mathrm{sea}}$ 由海水二氧化碳体系决定，该体系主要由四个参数，即总溶解无机碳、总碱度（TA）、pH 和二氧化碳分压（$p\mathrm{CO}_{2,\mathrm{sea}}$）组成。该四个参数通过一套基本的热力学关系相联系，知道其中两个或三个参数，即可确定其他参数。该体系受到各种物理、化学和生物过程作用的影响，植物的光合作用影响总碱度和总溶解 CO_2。

3 近海水域碳循环计算模式

近海水域碳循环模式的建立依赖于三维水动力数学模型[11]，其通过基本流体力学方程描述水体的流速、压力、密度等物理量随时间和空间的变化规律。将碳循环过程（对流、扩散、源汇项等）与水动力模型耦合，用于研究碳素在水体中的分布、迁移和转化，方程式见式（3）：

$$\frac{\partial}{\partial t}(HC)+\frac{\partial}{\partial x}(HuC)+\frac{\partial}{\partial y}(HvC)+\frac{\partial}{\partial \sigma}(\omega C)=\frac{\partial}{\partial x}\left(HK_{\mathrm{H}}\frac{\partial C}{\partial x}\right)+\frac{\partial}{\partial y}\left(HK_{\mathrm{H}}\frac{\partial C}{\partial y}\right)+\frac{\partial}{\partial \sigma}\left(\frac{K_{\mathrm{V}}}{H}\frac{\partial C}{\partial \sigma}\right)+HS_{\mathrm{c}} \quad (3)$$

式中：C 为各水质（生物）状态变量的浓度（包括 DIC、DOC、POC 等多形态碳，N、P、Si 营养盐，浮游植物生物量等）；u、v、ω 分别为 x、y、σ 方向上的速度分量；K_{H}、K_{V} 为水平和垂直方向上的紊动扩散系数；H 为水深；S_{c} 为单位体积的源汇项，定量描述各状态变量间的相互转化关系。

其中 HS_{c} 为各状态变量的外部负荷和动力学过程，见式（4）：

$$S_{\mathrm{c}}=S_{\mathrm{cp}}+S_{\mathrm{ck}} \quad (4)$$

式中：S_{cp} 为外部负荷项；S_{ck} 为动力反应项。

近海生态系统碳的循环涉及初级生产、无机营养盐、有机物、无机碳、pH 等模块，碳赋存介质包括水体、沉积物和大气，各组分相互间关系见图 2。

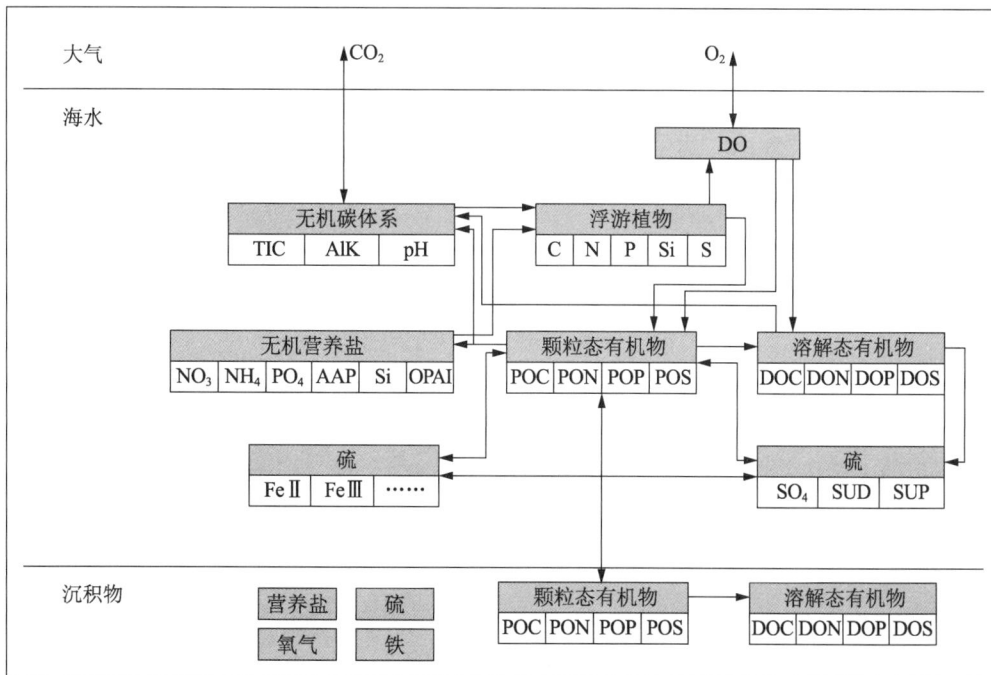

图 2　近海水域碳循环计算模式示意

3.1 初级生产模块

初级生产是海洋生态系统中有机物的主要来源,由浮游植物通过光合作用产生。近海区域由于营养盐丰富、光照充足等条件,通常具有较高的初级生产力。计算近海水域的初级生产对于评估近海生态系统固碳能力、理解碳循环过程具有重要意义。

近海生态系统中,浮游藻类是主要初级生产者。浮游藻类对海域生态系统中的碳、氮、磷循环过程有着非常重要的作用,藻类生物量用含碳量计,通过比例关系计入叶绿素。浮游藻类生物量的动力反应项 S_{ck} 包括生长、代谢、被捕食和沉降等过程。控制方程见式(5):

$$\frac{\partial B_X}{\partial t} = \left(P_X - BM_X - PR_X - WS_X \frac{\partial}{\partial z} \right) B_X \tag{5}$$

式中:B_X 为用碳来表示的浮游植物生物量(g/m);P_X 为浮游植物生长速率(d^{-1});BM_X 为基础新陈代谢速率(d^{-1});PR_X 为浮游植物被捕食速率(d^{-1});WS_X 为死亡沉降速率(m/d);$X = c$、d、g 分别代表不同浮游植物;z 为垂直坐标(m)。

初级生产模块除了计算藻类生物量以外,还影响海水中很多水质参数的浓度。比如:藻类生长涉及无机营养盐的吸收、溶解氧产生、酸碱度(pH)变化等;藻类死亡产生有机碎屑和蛋白石硅酸盐。初级生产模块用于模拟藻类生物量变化,考虑总初级生产、呼吸、死亡、捕食、再悬浮、沉降等过程。净初级生产为总初级生产减去呼吸作用。初级生产模块包括了不同种类的藻,种间竞争根据资源需要量和净生长率之比来决定,通过优化技术求解一组线性方程和约束条件的不等式,计算不同藻类的生物量分布,使得净初级生产最大化。藻类生长受光照、营养盐(氮、磷、硅)等因素制约。

3.2 无机营养盐模块

无机营养盐模块涉及 N、P、Si 等组分,动力过程涵盖硝化、反硝化、磷酸盐吸附、蛋白石硅酸盐溶解等,模型模拟的物质包括氨氮、硝态氮、溶解磷酸盐、吸附磷酸盐、溶解硅酸盐、蛋白石硅酸盐。

3.2.1 硝化过程

硝化速率考虑一个零阶过程和一个一阶过程的和,计算式如下:

$$R_{nit} = k_{0nit} + f_{ox} \times k_{1nit} \times C_{am} \tag{6}$$

$$k_{1nit} = \begin{cases} k_{1nit20} \times k_{tnit}(T-20) & T \geqslant T_{nc} \\ 0.0 & T < T_{nc} \end{cases} \tag{7}$$

式中:R_{nit} 为硝化速率[$g/(m^3 \cdot d)$];C_{am} 为氨氮质量浓度(g/m^3);f_{ox} 为溶解氧限制函数;k_{1nit} 为一级硝化速率(d^{-1});k_{tnit} 为硝化的温度系数;k_{0nit} 为零级硝化速率[$g/(m^3 \cdot d)$];T 为温度(℃);T_{nc} 为硝化反应的临界温度(℃)。

3.2.2 反硝化过程

反硝化速率考虑一个零阶过程和一个一阶过程的和,计算式如下:

$$R_{den} = k_{0den} + f_{ox} \times k_{1den} \times C_{ni} \tag{8}$$

$$k_{1den} = \begin{cases} 0.0 & T < T_{denc} \\ k_{1den20} \times k_{tden}^{(T-20)} & T \geqslant T_{denc} \end{cases} \tag{9}$$

式中:R_{den} 为反硝化速率[$g/(m^3 \cdot d)$];C_{ni} 为硝酸盐浓度(g/m^3);f_{ox} 为溶解氧抑制函数;k_{1den} 为一级反硝化速率(d^{-1});k_{tden} 为反硝化的温度系数;k_{0den} 为零级反硝化速率[$g/(m^3 \cdot d)$];T 为温度(℃);T_{denc} 为反硝化反应的临界温度(℃)。

3.2.3 磷酸盐吸附

海水中溶解的磷酸盐主要以正磷酸盐形式存在(主要为 $H_2PO_4^-$),磷酸盐容易被悬浮泥沙吸附,过程受 pH 和 DO 的影响。假设瞬时可逆吸附平衡,吸附的磷酸盐量化为总无机磷酸盐浓度的恒定比例,即溶解的磷酸盐浓度和吸附的磷酸盐浓度的比例是恒定的。

3.2.4 硅酸盐溶解

蛋白石硅酸盐由硅藻产生,硅藻用硅酸盐骨架加固细胞壁。当硅藻细胞死亡时,骨架残骸开始溶解并沉淀在沉积物上。溶解速率采用下式计算:

$$R_{sol} = k_{sol} \times C_{sip} \times (C_{side} - C_{sid}/\phi) \tag{10}$$

式中:R_{sol} 为硅酸盐的溶解速率$[g/(m^3 \cdot d)]$;C_{sid} 为溶解硅酸盐的质量浓度(g/m^3);C_{side} 为平衡溶解硅酸盐的质量浓度(g/m^3);C_{sip} 为蛋白石硅酸盐的质量浓度(g/m^3);k_{sol} 为溶解反应速率$[m^3/(g \cdot d)]$。

3.3 有机物模块

模型将有机物分为颗粒有机物和溶解有机物两部分。藻类等生物的死亡碎屑在水体中发生生化分解,生成颗粒有机物和溶解有机物。其中,颗粒有机物根据分解的难易程度分成 4 级:POM1 为快分解碎屑组分,POM2 为中慢分解组分,POM3 为慢分解组分,POM4 为难分解颗粒组分。DOM 代表溶解有机物。有机物通过矿化过程转化成无机物,水体中有机物矿化表达式如下:

$$R_{\min,j,i} = f_{el} \times f_{accj,i} \times k_{\min,i} \times C_{x,j,i} \tag{11}$$

$$k_{\min,i} = k_{\min,i,20} \times k_{tmin}^{(T-20)} \tag{12}$$

式中:C_x 为有机碳、有机氮、有机磷、有机硫的质量浓度(g/m^3);f_{acc} 为营养盐去除的加速因子;f_{el} 为电子受体的限制因子;$k_{\min}$ 为一级矿化速率(d^{-1});$k_{\min20}$ 为温度 20 ℃时的一级矿化速率(d^{-1});k_{tmin} 为矿化反应的温度系数;$R_{\min}$ 为有机碳、有机氮、有机磷、有机硫的矿化通量$[g/(m^3 \cdot d)]$;T 为温度(℃);i 为有机物组分(1~4);j 为营养盐类别(1~4,分别为 C、N、P、S)。

微生物将有机物分解成二氧化碳,过程中消耗电子受体。电子受体按以下顺序使用:溶解氧、硝酸盐、锰(Ⅳ)、铁(Ⅲ)、硫酸和一氧化碳。还原过程涉及耗氧、脱氮、锰还原、铁还原、硫酸盐还原和甲烷产生。模型中考虑的电子受体为溶解氧、硝酸盐、三价铁、硫酸盐和有机物。

3.4 无机碳体系模块

水体中总溶解无机碳 TIC 定义为:$TIC = [CO_2] + [HCO_{3-}] + [CO_3^{2-}]$。

碱度 ALKA 定义为碳酸盐、硼酸盐和水的碱度,$ALKA = [HCO_3^-] + 2[CO_3^{2-}] + [B(OH)^-] + [OH^-] - [H^+]$,它们的解离常数由盐度和温度计算。$[H^+]$ 浓度由碱度方程导出,用于计算 pH。

水体中 pH、碳酸盐组成(CO_2、pCO_2、H_2CO_3、HCO_3^-、CO_3^{2-})以及碳酸钙(方解石和文石)沉淀溶解可以通过碱度($ALKA$,g/m^3)和总溶解无机碳质量浓度(TIC,g/m^3)计算。碳酸盐体系的平衡取决于温度、盐度和压力等。无机碳体系各组分计算如下:

$$B_{TICM} \times (K_1 \times [H^+] + 2 \times K_1 \times K_2)/([H^+]^2 + K_1 \times [H^+] + K_1 \times K_2) +$$
$$b_B \times K_B/([H^+] + K_B) + K_w/[H^+] - [H^+] - B_{ALKAM} = 0 \tag{13}$$

$$pH = -\lg[H^+] \tag{14}$$

$$C_{CO_2} = 1\,000 \times 1\,000 \times M(CO_2) \times \rho_w \times B_{TICM} \times [H^+]^2/([H^+]^2 + K_1 \times [H^+] + K_1 \times K_2) \tag{15}$$

$$pCO_{2w} = F_{CO_2}/(\exp(101\,325 \times (B_{VC} + 2 \times D)/(R \times T_{abs}))) \tag{16}$$

$$F_{CO_2} = 10^6 \times b_{CO_2}/K_0 \tag{17}$$

$$B_{VC} = (-1\,636.75 + 12.040\,8 \times T_{abs} - 0.032\,795\,7 T_{abs}^2 + 3.165\,28 \times 10^{-5} \times T_{abs}^3)/10^6 \tag{18}$$

$$D = (57.7 - 0.118 \times T_{abs})/10^6 \tag{19}$$

$$C_{HCO_3} = M(C) \times \rho_w \times 1\,000 \times \phi \times (B_{TICM} \times K_1 \times [H^+])/(([H^+]^2 + K_1 \times [H^+] + K_1 \times K_2) \times 1\,000) \tag{20}$$

$$C_{CO_3} = M(C) \times \rho_w \times 1\,000 \times \phi \times (B_{TICM} \times K_1 \times K_2)/(([H^+]^2 + K_1 \times [H^+] + K_1 \times K_2) \times 1\,000) \tag{21}$$

$$C_{BOH4} = M(B) \times \rho_w \times 1\,000 \times \phi \times b_B/(([H^+] + K_B) \times 1\,000) \tag{22}$$

式中:B_{TICM} 为总溶解无机碳的质量摩尔浓度(mmol/kg);K_0 为二氧化碳在水中的溶解常数$[mol/(kg \cdot atm)]$;K_1 为碳酸的一级解离常数(mol/kg);K_2 为碳酸的二级解离常数(mol/kg);K_B 为硼

酸的解离常数(mol/kg);K_W 为水的解离常数(mol^2/kg^2);b_B 为硼酸质量摩尔浓度(mol/kg);B_{ALKAM} 为摩尔碱度(mmol/kg);ρ_w 为水的密度(kg/L);R 为理想气体常数[$m^3 \cdot Pa/(K \cdot mol)$];$T_{abs}$ 为绝对温度(K);$M(C)$ 为碳的摩尔质量(12 g/mol);$M(B)$ 为硼的摩尔质量(10.8 g/mol);ϕ 为孔隙率;B_{VC} 为空气中二氧化碳的维里系数(m^3/mol);D 为纯二氧化碳的维里系数(m^3/mol);$[H^+]$ 为 H^+ 的质量摩尔浓度(mol/kg);$M(CO_2)$ 为二氧化碳的摩尔质量(44 g/mol);C_{CO_2} 为溶解二氧化碳质量浓度(g/m^3);b_{CO_2} 为溶解二氧化碳质量摩尔浓度(mmol/kg);F_{CO_2} 为二氧化碳浓度逸度(μatm);pCO_{2w} 为二氧化碳在海水中的分压(μatm);C_{CO_3} 为溶解的碳酸根 CO_3^{2-} 质量浓度(g/m^3);C_{HCO_3} 为溶解的碳酸氢根 HCO_3^- 的质量浓度(g/m^3);C_{BOH_4} 为溶解的硼酸根 $B(OH)_4^-$ 的质量浓度(g/m^3)。

3.5 海气界面碳交换模块

海气界面二氧化碳传递速率为水温相关传质系数和饱和质量浓度与实际质量浓度之差的线性函数,表示如下:

$$R_{rear} = K_{lrear} \times (C_{CO_2s} - \max(C_{CO_2}, 0.0))/H \tag{23}$$

$$K_{lrear} = K_{lrear,20} \times k_{trear}{}^{(T-20)} \tag{24}$$

$$K_{lrear,20} = \left(\frac{a \times v^b}{H^c}\right) + (d \times W^2) \tag{25}$$

$$C_{CO_2s} = f(T, C_{cl}, S_{sal}) \tag{26}$$

$$f_{sat} = 100 \times \frac{\max(C_{CO_2}, 0.0)}{C_{CO_2}} \tag{27}$$

式中:a、b、c、d 为不同的复二氧化碳选项系数;C_{cl} 为氯离子质量浓度(g/m^3);C_{CO_2} 为实际二氧化碳质量浓度(g/m^3);C_{CO_2s} 为饱和二氧化碳质量浓度(g/m^3);f_{sat} 为饱和度(%);H 为水柱水深(m);k_{lrear} 为水体中的复二氧化碳传输系数(m/d);$k_{lrear20}$ 为 20 ℃时水体中的复二氧化碳传输系数(m/d);k_{trear} 为传输系数的温度系数;R_{rear} 为二氧化碳交换速率[$g/(m^3 \cdot d)$];S_{sal} 为盐度(kg/m^3);T 为温度;v 为水流速度(m/s);W 为水面上 10 m 的风速(m/s)。

海水表层 CO_2 饱和浓度与大气 CO_2 分压、水温、盐度相关:

$$C_{CO_2s} = pCO_2 \times f_{ac} \times 44 \times 1\,000 \tag{28}$$

$$f_{ac} = 10^{-f_{temp}} \tag{29}$$

$$f_{temp} = a - \frac{b}{(T+273)} - c \times (T+273) + f_{cl} \times (d - m \times (T+273)) \tag{30}$$

$$f_{cl} = n + o \times C_{cl} + p \times C_{cl}^2 \tag{31}$$

式中:a、b、c、d、m、n、o、p 为系数;C_{cl} 为氯离子质量浓度(g/m^3);C_{CO_2s} 为水体中饱和二氧化碳质量浓度(g/m^3);f_{ac} 为温度和盐度相关参数;f_{cl} 为氯离子浓度相关函数;f_{temp} 为温度相关函数;pCO_2 为大气二氧化碳分压(atm)。

4 结　语

近海生态系统碳循环是一个动态的过程:大气二氧化碳通过气体交换进入海水,被浮游植物光合作用转化为有机碳;有机碳随后通过食物链在海洋生物间传递,部分有机碳在生物死后沉入海底,经过长时间的地质作用转化为沉积岩,实现碳的埋藏;海洋的物理过程如洋流、混合等影响碳的分布和循环;微生物分解作用将有机碳转化为无机碳,重新释放回海洋和大气。

近海三维碳循环模型作为量化碳循环过程的数学工具,综合考虑海洋物理、化学、生物等多方面因素,通过设定一系列参数和方程,来模拟和预测近海碳的输入、输出、转化和储存过程。模型能够估算大气与海水之间的二氧化碳交换通量,计算浮游植物的光合作用速率,以及模拟有机碳在食物链中的传递和海底沉积等关键环节。模型的构建有助于定量掌握近海生态系统的碳固定和碳埋藏能力,为应对气候变化、保护海洋环境提供科学依据。

后续将模型应用于近海碳汇能力评估及提升措施研究,需重点关注以下几个方面:首先,近海区域生态系统复杂多变,需要更加深入的理论研究,揭示影响二氧化碳通量的机制;其次,随着全球气候变化的加剧,近海海气界面二氧化碳通量的变化趋势和影响因素可能会发生变化,需要持续进行监测和研究;此外,如何将研究成果应用于实际的气候变化和碳减排政策制定中,也是未来研究的重要方向。

参考文献

[1] 苗燕熠,王斌,李德望,等. 大风事件对长江口及邻近海域海-气 CO_2 通量的影响[J]. 海洋学研究,2020,38(1):42-49.

[2] 邱爽,叶海军,张玉红,等. 基于航次观测和再分析资料的南海海表二氧化碳分压反演及变化机制分析[J]. 热带海洋学报,2022,41(1):106-116.

[3] 周学杭,张洪海,马昕,等. 基于浮标观测的春季青岛近岸海水 pCO$_2$ 变化及海-气 CO_2 通量研究[J]. 海洋学研究, 2023,41(3):14-21.

[4] XUE L,CAI W J,HU X P,et al. Sea surface carbon dioxide at the Georgia time series site (2006—2007):air-sea flux and controlling processes[J]. Progress in Oceanography,2016,140:14-26.

[5] 吴杭纬经,赵泓睿,彭苑媛,等. 养殖水域二氧化碳交换通量计算[J]. 安徽农业科学,2019,47(14):55-57.

[6] 鲍颖,乔方利,宋振亚. 全球海洋碳循环三维数值模拟研究[J]. 海洋学报,2012,34(3):19-26.

[7] XIU P,CHAI F. Variability of oceanic carbon cycle in the North Pacific from seasonal to decadal scales[J]. Journal of Geophysical Research:Oceans,2014,119(8):5270-5288.

[8] YU T,HE Y J,ZHA G Z,et al. Global air-sea surface carbon-dioxide transfer velocity and flux estimated using ERS-2 data and a new parametric formula[J]. Acta Oceanologica Sinica,2013,32(7):78-87.

[9] 陈元瑞,赵栋梁,林子宽. 海-气界面气体交换速率与二氧化碳气体通量的估算[J]. 海洋学报,2021,43(9):8-20.

[10] 董原旭,赵栋梁,邹仲水. 海-气界面气体交换速率和全球海洋 CO_2 通量的初步研究[J]. 中国海洋大学学报(自然科学版),2017,47(12):1-8.

[11] 申霞,洪大林,李爱权. 基于 POM 的近海三维水质模型[J]. 海洋环境科学,2010,29(4):553-558.

浅谈海上 DCM 桩施工技术要点

吴来全,陈伟明,姜保刚

(中交水利水电建设有限公司,浙江 宁波　315200)

摘要:DCM 桩(深层水泥搅拌桩)通过水泥固化的方式将抗滑稳定性低、容许承载力差的地基加固成坚硬的稳定地基。本文依托某围填海基础设施工程,分析海上 DCM 桩工艺参数、施工过程,优化海上 DCM 桩施工工艺,总结施工操作要点,为后续类似工程提供参考。

关键词:围填海;地基处理;海上 DCM 桩

1 工程概况

某围填海基础设施工程通过浅滩局部围垦形成陆域,新建海堤中的一段地基处理采用 DCM 桩工艺。该施工水域水深、水流急、流态复杂,此 DCM 桩是目前国内打设深度最深的 DCM 桩。

本工程 DCM 桩由 4 根直径 1.3 m 的单桩以梅花状形成桩簇,布置成单桩簇,桩簇直径 2.3 m(图 1),桩芯间距分为 4.8 m 和 6 m 两种,总置换率约为 21%,设计 28 d 无侧限抗压强度为 1.2 MPa(取芯检测),设计水泥掺量 345 kg/m³,水灰比 0.9。

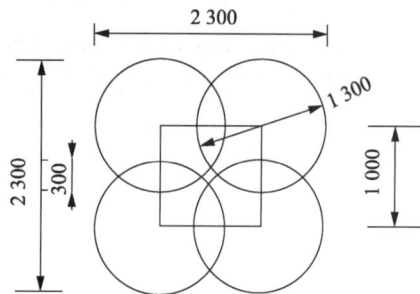

图 1　DCM 桩群断面形式　单位:mm

1.1 地质条件

海堤 DCM 段区域地质从上至下为:①-3 层淤泥质黏土,②-1 层淤泥质粉质黏土,②-2 层淤泥质粉质黏土及③-2 层淤泥质粉质黏土(表 1)。处理淤泥质粉质黏土层最大厚度可达到 33.7 m。

表 1　地质条件

地层编号	地层名称	承载力特征值 F_{ak}/kPa	压缩模量 $E_{s0.1-0.2}$/MPa	黏聚力 C/kPa	内摩擦角 φ/(°)	内摩擦角 φ_{uu}/(°)	黏聚力 C_{uu}/kPa	负摩阻力系数	抗拔系数
①-3	淤泥质黏土	30	2.0	9.0	8.0	0.5	12	0.22	0.70
②-1	淤泥质粉质黏土	50	2.2	10.0	9.0	0.5	15	0.20	0.70
②-2	淤泥质粉质黏土	60	2.4	11.0	9.5	0.5	16	0.18	0.70
③-2	淤泥质粉质黏土	65	2.6	11.5	10.0	0.5	18	0.18	0.70

1.2 地质分析

海堤 DCM 段区域地质条件较差,处理海床以淤泥质粉质黏土为主,具有低强度、高压缩性、低渗透性等不良力学性质。DCM 桩施工时需要严格控制相关施工参数,确保施工质量满足要求。

2 DCM 桩设备选型

2.1 施工设备

DCM 船集地下土体切削搅拌、水泥浆液精准注入、高低浆液喷口互换、环保处理、智能化控制施工等

通信作者:吴来全。E-mail:1873965408@qq.com

多项高端技术于一体。为满足施工条件,对投入施工的"中交海建 02"(图 2)的处理机进行了改造:高度从 16.8 m 增加至 63.4 m,处理深度由 32.2 m 提升至 49 m。其可进行超深淤泥层软基处理施工,处理深度位居全国第一。"砂桩 06"(图 3)桩架高度为 62 m,打设深度为 42 m,满足本工程打设深度要求。

图 2　中交海建 02

图 3　砂桩 06

2.2 中央控制系统

DCM 船作为自动化程度较高的施工船舶,其锚泊定位、制浆、输浆、处理机贯入钻进、喷浆搅拌、上提搅拌成桩、处理机冲洗(图 4)等均由中央控制系统下发指令完成。以"中交海建 02"为例,该船安装 2 台水泥浆搅拌机,单台设备的制浆能力为 2.5 m³/盘,单盘制拌时间为 3 min;搅拌机的电机功率为 30 kW,最高和最低转速分别为 140 r/min 和 70 r/min;最大水泥存储量为 1 200 t,设有 4 个 400 t 水泥仓和 2 个 200 t 水泥仓,布置形式如图 5 所示。

图 4　处理机及升降绞车

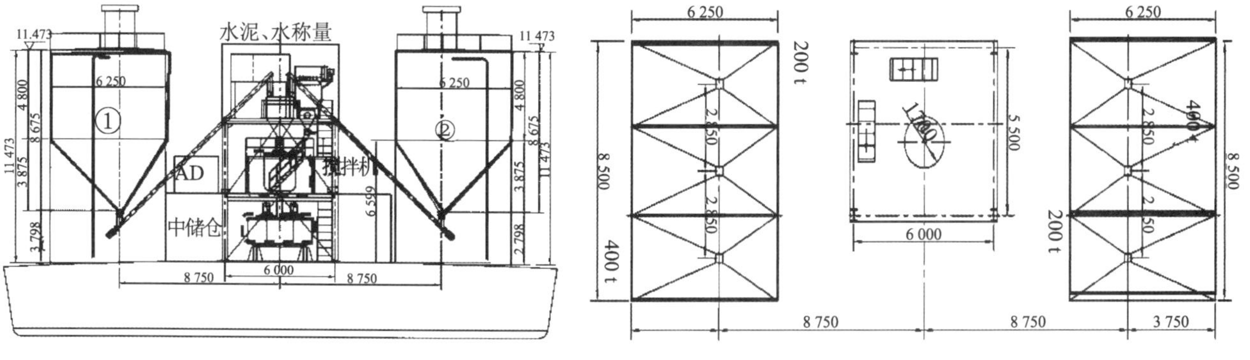

图 5　搅拌机及水泥仓布置(单位:mm)

3 DCM桩施工工艺及操作要点

3.1 DCM桩施工流程

DCM桩由施工管理系统通过控制原材料用量、水泥浆搅拌、处理机搅拌喷浆等进行施工,施工流程如图6所示。

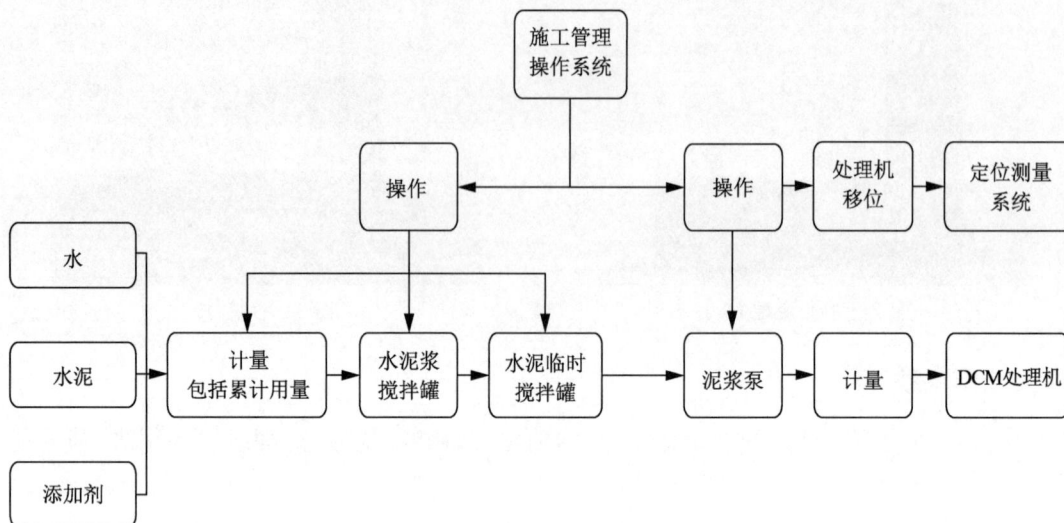

图6　DCM桩施工流程

3.2 施工工艺

DCM船整个施工过程分为施工进场准备、施工定位、水泥浆搅拌、处理机下放施工、处理机喷浆搅拌、上提喷浆6个阶段。

(1)施工进场准备。根据设计图纸编制桩位图,对施工区域进行勘探并与设计图纸进行对照,编制施工曲线图。

根据设计图纸和试桩结果,确定DCM桩主要技术参数,如表2所示。

表2　DCM桩主要技术参数

参数名称	数值
①-3淤泥质黏土层水泥掺量/kg	345
③-2淤泥质粉质黏土层水泥掺量/kg	345
水灰比	0.9
海床标高/mPD	-14.00
砂垫层顶标高/mPD	-13.00
砂垫层厚度/m	1.00
桩底标高/mPD	-47.00
设计方量/L	63 069
截面积/m²	4.630 0
水泥量/t	52.71
回打高度/m	15.00
喷浆搭接/m	0.05
桩顶标高/mPD	-14.00
桩长/m	33.00

续表

参数名称			数值
淤泥质粉质黏土	搅拌翼喷浆	开始喷浆/mPD	−32.00
	固定管喷浆		−34.062
		上、下喷浆口高度差/m	2.062 0
	搅拌翼喷浆	结束喷浆/mPD	−47.00
	固定管喷浆		−16.062
	搅拌翼喷浆	提升/下放速度/(m/min)	0.50
	固定管喷浆		
	搅拌翼喷浆	流速/(L/min)	955.6
	固定管喷浆		
	搅拌翼喷浆	喷浆时间/min	30.0
	固定管喷浆		36.0
	搅拌翼喷浆	单喷浆量/L	28 667.8
	固定管喷浆		34 401.4

通过对"中交海建 02"试桩施工过程中的设备运转情况、设备安全数值变化及实际施工工况的分析,对处理机各阶段的升降速度及搅拌翼的旋转速度进行了优化调整,保证施工质量的同时提高了施工效率,优化参数如表 3 所示。

表 3 各施工节点优化前和优化后的参数

施工节点	优化前升降速度/(m/min)	优化前转速/(r/min)	优化后升降速度/(m/min)	优化后转速/(r/min)
准备完毕—旋转开始深度	2	—	2	—
旋转开始深度—贯入开始深度	2	20	2	10
贯入开始深度—桩顶	2	20	2	20
桩顶—探底开始深度	1	30	1	30
探底开始深度—桩端	0.5	30	0.5	30
桩端—回打点	1	50	1.5	30
回打点—桩端	0.6	50	0.5	30
桩端处理	停止	50	/	30
桩端—固定管喷浆	1	50	1	30
固定管喷浆—固定管喷浆完毕	0.6	50	0.5	30
固定管喷浆完毕—桩顶	0.5	20	0.5	20
桩顶-贯入开始深度	2	0	2	20
贯入开始深度—旋转开始深度	停止	停止	2	10
旋转开始深度—打桩完毕	停止	停止	2	—

(2)施工定位(图 7)。利用 DCM 船上的定位系统实现船舶定位,锚泊定位系统实时显示锚和船的位置。

(3)水泥浆搅拌(图 8)。按照水灰比计算每盘水泥浆搅拌需要的水泥量,通过水泥仓底部螺旋输送机将水泥输送至水泥称量斗中称重,然后将水泥放入搅拌罐,将水泥和海水搅拌均匀,再将搅拌好的水泥浆卸至存水泥浆料斗备用。

(4)处理机下放施工(图 9)。定好桩位后,确定各施工参数输入正确,开始匀速下放处理机。待处理机搅拌翼接触海床底部后开始搅拌并匀速下放,下放过程中处理机始终保持垂直。通过控制中心接收的实时水深,控制处理机的下放深度。在到达桩底前 2 m,处理机开始减速。处理机搅拌翼进入该段后,应时刻监测搅拌翼扭矩。一旦接近最大扭矩值可继续降低转速和下放速度,直至达到设计桩底标高。

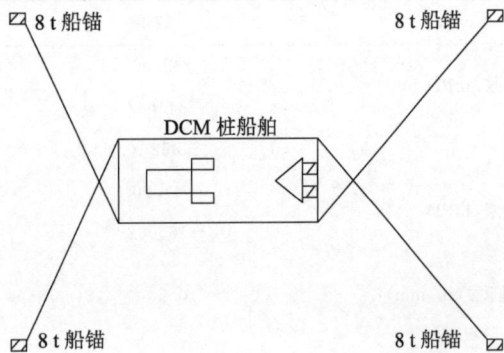
图 7　DCM 船施工定位系统

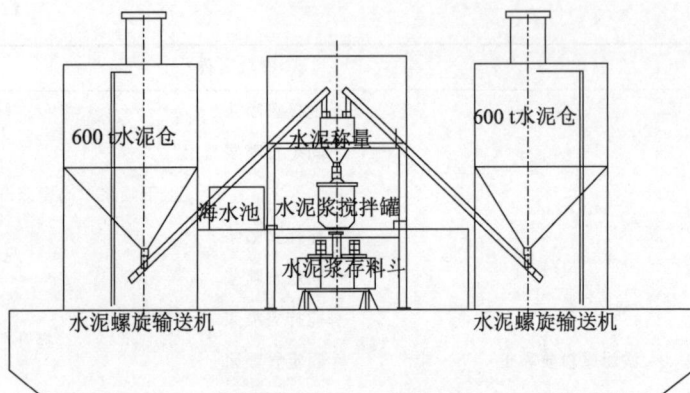
图 8　DCM 船泥浆拌制

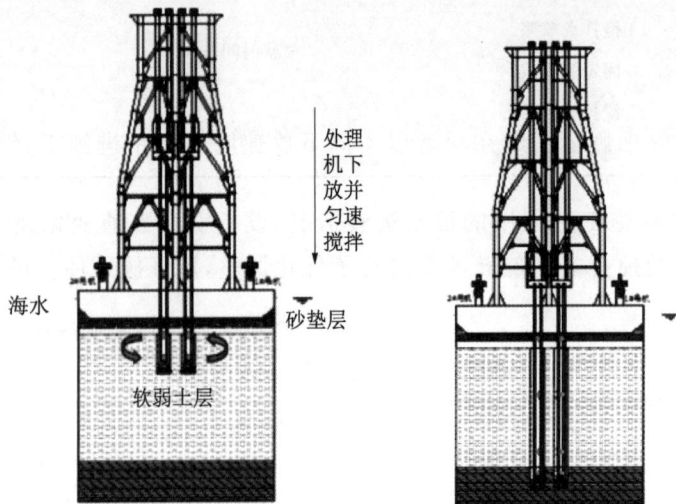
图 9　DCM 船处理机下放

　　(5)处理机喷浆搅拌(图 10)。处理机到达桩端标高后,上提一定高度至回打点。之后处理机搅拌轴按照设定的施工速度下降,由搅拌翼喷浆口(下喷浆口)喷浆并搅拌,直至喷浆量达到计算喷浆量。处理机搅拌至桩底标高后,下喷浆口停止喷浆。为保证桩底搅拌质量,由最下一层搅拌翼反复搅拌桩底。桩底搅拌完成后上提回打,达到喷浆搭接处后由固定轴喷浆口(上喷浆口)喷浆。上提处理机,按计算上提速度及喷浆量,边匀速搅拌边上提。

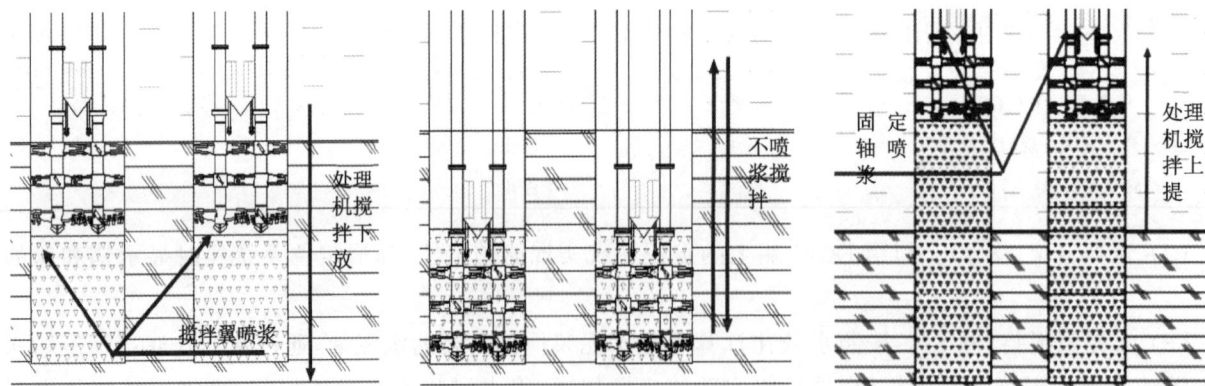
图 10　DCM 船处理机喷浆搅拌

　　(6)上提喷浆(图 11)。DCM 钻头在即将转出淤泥层之前,适当放缓转速,降低搅拌翼转动产生的离心力,避免隆起土的扩散。然后提升处理机至船面,用水泵冲洗搅拌翼和喷浆口,并移船至下一桩位。

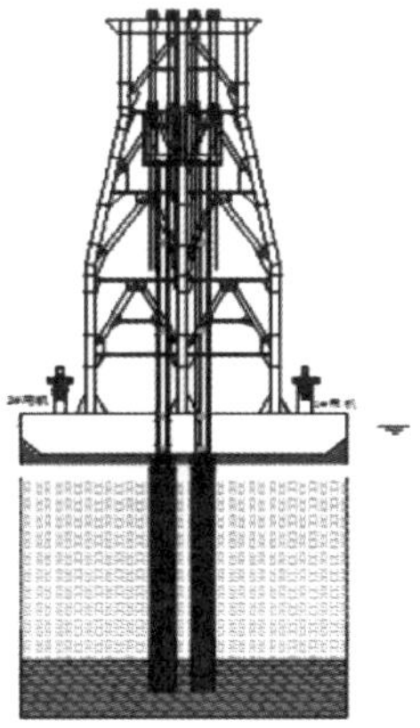

图 11　DCM 成桩

3.3　施工操作要点

（1）处理机钻进施工。处理机根据所在深度以不同下放速度进行钻进施工，钻进过程中要始终保持搅拌翼喷水，防止搅拌翼喷浆口堵塞。本工程海底原状土含水量较高且地质更软，处理机下降时减少了平均喷水量并增加了处理机下降速度，提高桩身质量的同时也提高了施工效率，保证了施工进度。

（2）回打点处理。处理机第一次达到桩端后，为保证桩底及硬层施工质量，会提升至回打点进行二次搅拌破碎。该段施工时要保证搅拌翼旋转速度，避免停转、少转、提升速度过快现象，保证施工质量。

（3）搅拌翼喷浆。处理机第二次达到回打点前进行搅拌翼泥浆置换，置换完成后开始进行搅拌翼喷浆施工。搅拌翼喷浆过程中要保证下降速度与每分钟喷浆总量相匹配，确保泥浆总量符合设计要求。

（4）桩底处理。桩底处理前进行搅拌翼清洗，将管道内的泥浆喷出，防止泥浆结块堵塞喷口及输送管。在达到桩底后为充分搅拌和保证施工质量，处理机搅拌翼将在桩底原地旋转 3 min。

（5）固定管喷浆。桩底处理完成后，处理机底提升至固定管喷浆前进行固定管泥浆置换，置换完成后开始进行固定管喷浆施工。喷浆过程要保证处理机提升速度与每分钟喷浆总量相匹配，确保泥浆总量符合设计要求。

（6）喷水及设备维护保养。施工完成后要及时进行搅拌罐清洗及喷水处理，将水泥仓及管道中多余的泥浆喷出，防止后期水泥固结造成堵塞。需及时清理泵机滤网，更换损坏配件，部分设施需补给黄油，进行保养。

4　试桩检测情况

（1）根据设计要求，采用钻孔取芯的方法检验 DCM 桩成桩质量。前期第三方检测单位采用渔船上搭载钻机平台进行取芯，多次取芯但仅一次完成取样，且取样完整性差，样品完整性不足 50%，不满足设计取芯完整性要求（图 12）。

图 12　前期取样

（2）由于施工区域深、水流急、潮差大、流态复杂，渔船改装的钻孔船船身稳定差，在水流、潮汐影响下容易晃动，取芯垂直度难以保证，导致取芯困难。经多方咨询研究，最终确定选用浙华勘 8 钻孔平台（30 m

×20 m）。该平台稳定性好，不受风浪和流速影响。经现场取芯检测，共取芯 25 根，平均取芯率达到 90% 以上，无侧限抗压强度平均达到 2.47 MPa（设计为 1.20 MPa），100%满足设计要求（图 13）。

图 13　后期取样

5　结　语

DCM 桩工艺作为一种固结时间短、后续加载快、对环境影响小的海上地基处理工艺，将会越来越多用于海上地基处理施工。通过对施工过程进行分析、总结施工要点、优化施工工艺，DCM 桩施工取得了良好效果。

参考文献

[1]　李猛. 提高 DCM 成桩质量施工控制要点研究[J]. 中国港湾建设，2022，42(2)：83-86.
[2]　彭刚. 海上深层水泥拌桩施工质量控制措施[J]. 珠江水运，2021(6)：90-93.
[3]　王饶. 浅谈海上深层水泥搅拌(DCM)桩在软土地基处理中的应用[J]. 户外装备，2021(7)：153-154.

第二十一届中国海洋（岸）工程学术讨论会论文集（下）

中国海洋学会海洋工程分会 ◎ 编

中国海洋大学出版社
·青岛·

目　录

总　目　录

上　册

深海和近海工程

下　册

海岸动力和海岸工程
河口动力和航道整治工程
综合技术

《 下　册 》

海岸动力和海岸工程

消浪曲面对规则波消浪性能影响的物理模型试验研究

付睿丽,陈思桦,王　岗,陶爱峰,范　骏

(河海大学 海岸灾害及防护教育部重点实验室,江苏 南京　210098)

摘要:波浪港池与水槽物理模型试验是研究波浪传播变形及其对工程影响的重要方法之一。试验中消浪装置的性能对试验结果的准确性具有重要意义。通常认为曲面消浪装置能够在较小的空间范围内达到较好的消浪效果,是目前港池或水槽波浪试验中常用的消浪结构。研究带有栅格的消浪曲面对不同水深和不同波浪要素规则波的消浪效果,发现对周期 $T=1.0\sim2.2$ s,波高 $H=0.04\sim0.12$ m 范围内的规则波,带有栅格的消浪曲面的反射系数为 $0.03\sim0.35$,随着波高的增大而减小,且与周期和水深密切相关。通过对比其他类型消浪装置的消浪效果,发现带有栅格的消浪曲面对波陡较小的波浪消浪性能更优。

关键词:L 型风浪流港池;消浪曲面;规则波;反射系数;物理模型试验

　　实验室使用的消浪装置按几何形状可分为直立式、斜坡式和曲面式等。直立式消浪装置通常在固定框架内填充铁丝网等多孔材料吸收波能。Goda 和 Ippen[1]通过理论及物理模型试验总结了铁丝网消浪装置的反射系数的计算公式。与直立式消浪结构相比,斜坡式消浪装置在保证相同消浪效果时可节省 1/2 长度[2]。俞杰等[3]以变孔径倾斜孔板作为主体消浪结构,结合消浪网和水平板结构,研发了一种多结构复合消浪装置。Ouellet 和 Datta[4]对 162 个实验室使用的消浪装置进行调研,发现直立式和倾斜式的消浪装置都占用了较大的空间,而曲面消浪结构能够在较小的空间中达到良好的消浪效果。Lu 和 He[5]基于理论分析了开孔曲面结构的消浪性能,发现在合理的入水深度下,开孔曲面可以达到较好的消浪效果。Neelamani 和 Prasad[6]在曲面上增设圆孔,进一步提高了其消浪性能。兰波等[7-8]比较了港池中铁丝网、箱式以及曲面装置的消浪效果,发现铁丝网的反射系数均大于 0.4,箱式和曲面消浪装置的反射系数基本稳定在 0.2,在后续的研究中进一步对曲面消浪装置进行改进,增设多层斜坡并在后方静水面以上布置消浪网,使其反射系数在 0.1 以下。彭程等[9]以孔隙板为材料构造消浪曲面,波浪反射系数最低可以降至 0.06。Izquierdo 等[10]设计了一种可以通过支架对入水深度进行调整的消浪曲面,其反射系数最低可降至 0.08。

　　综上,曲面式消浪装置总体而言较直立式与斜坡式消浪装置具有同等条件下长度更短、消浪效果更佳的优势,然而以往研究均未对比水深对消浪性能的影响。本研究在河海大学 L 型风浪流港池中研究了带有栅格的消浪曲面对不同水深和波浪要素的规则波的消浪效果,为波浪物理模型试验设计与分析提供依据。

1　试验概况

　　试验在河海大学 L 型风浪流港池中进行。港池长 84 m,宽 70 m,深 1.5 m,其中带有栅格的消浪曲面长 4.52 m,由 20 个宽为 2 m 的不锈钢单元拼接而成,在每个单元下方设置 3 组栅格,每个栅格长 0.33 m,宽 0.06 m,左右间距 0.33 m。曲面的轮廓可表示为 $Y^2=0.22X$(以坡脚为 X 轴起点,向右为正,Y 轴方向以垂直向上为正,见图 1)。港池内水深保持不变,沿波浪传播方向依次布置 6 根采样频率为 50 Hz 的波高仪记录波面过程,在消浪曲面前 4.21 m 处依次布置 4 根采样频率为 50 Hz 的浪高仪用于使用三点法[11]计算反射系数。

基金项目:江苏省杰出青年基金(BK20220082);国家自然科学基金(52201319)

通信作者:王岗。E-mail:gangwang@hhu.edu.cn

设置 0.32 m 和 0.40 m 两组水深,研究带有栅格的消浪曲面对不同周期和波高的规则波的消浪性能,其中规则波周期为 1.0～2.0 s,波高为 0.04～0.12 m。每组试验重复 3 次,浪高仪从造波机启动开始读数,采集时间为 300 s。

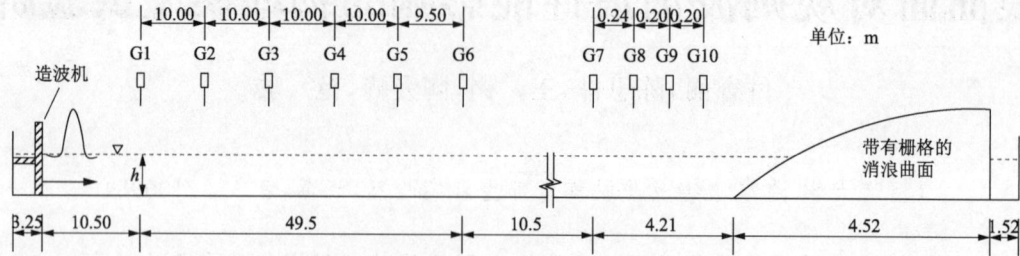

图 1　试验布置以及带有栅格的消浪曲面

2 带有栅格的消浪曲面对规则波的消浪效果

2.1 波面过程

当港池水深为 $h=0.40$ m、入射波高为 $H=0.04$ m 以及波浪周期为 $T=2.0$ s 时,港池沿程布置的 G1—G6 处浪高仪的波面时间过程及对应的小波谱见图 2。规则波在传播至消浪曲面前,波形对称且保持稳定,并伴随着波高沿程微小的衰减(波高由 G1 处 0.040 m 减小至 G6 处 0.038 m)。规则波传至消浪曲面,沿其爬高时部分波浪被反射回去。此外,还有部分波浪透过栅格传至港池右侧被反射回来,这些被港池右侧内壁反射回的波浪部分透过栅格继续向造波机方向传播。这两部分反射波与入射波叠加在一起,形成不完全立波,之后传播至造波机处发生二次反射,根据波群传播速度公式($c_g = c[(2kh/\sinh 2kh)+1]/2$,波速 $c=gT\tanh kh/2\pi$,其中 g 为重力加速度,取 9.81 m/s²,波数 $k=2\pi/L$,$L=cT$)计算该波况的波群速度,从而得到理论上各测点位置反射波与入射波叠加在一起的时刻(表 1),通过观测这些时刻对应的波面序列,发现 G1、G3 和 G5 测点位置的波面有微小幅度的降低,而 G2、G4 和 G6 测点位置的波面有微小幅度的升高。二次反射波到达时,各测点位置的波面均有微小幅度的上升。

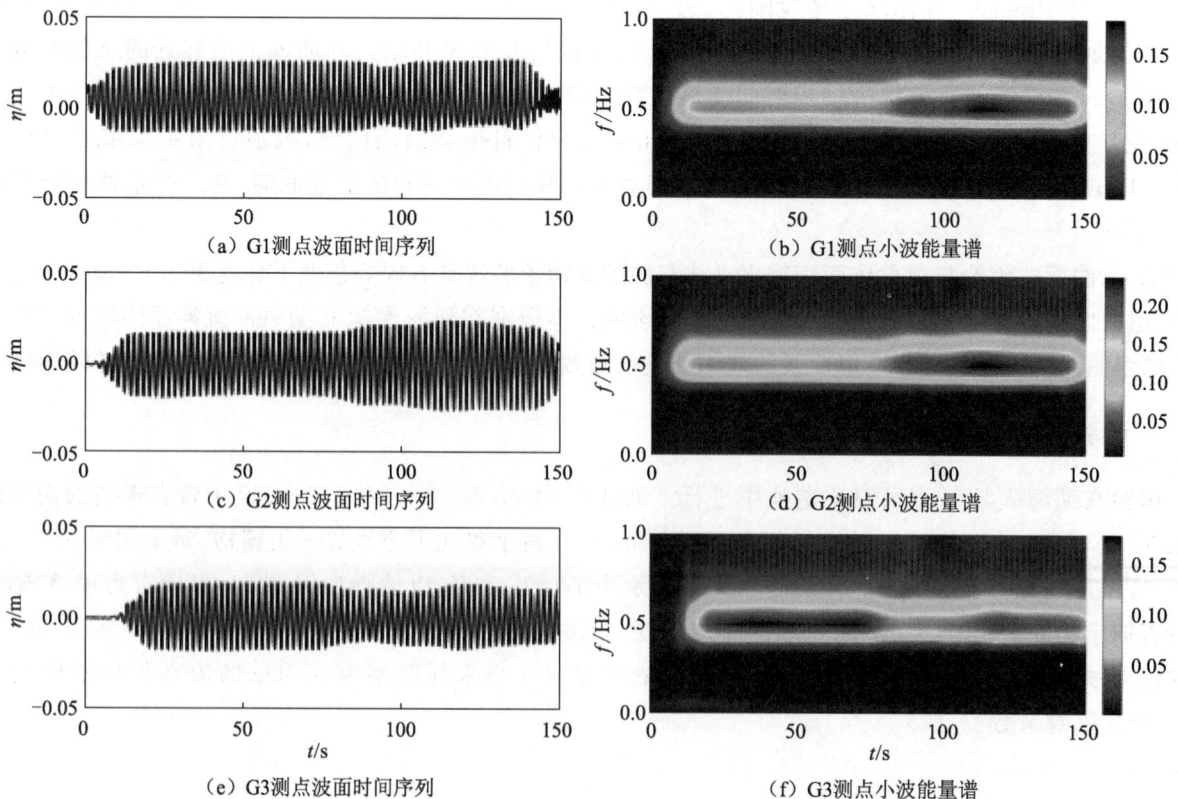

（a）G1测点波面时间序列

（b）G1测点小波能量谱

（c）G2测点波面时间序列

（d）G2测点小波能量谱

（e）G3测点波面时间序列

（f）G3测点小波能量谱

图 2　G1—G6 测点位置对应的波面过程及小波能量谱($h=0.40$ m、$H=0.04$ m、$T=2.0$ s)

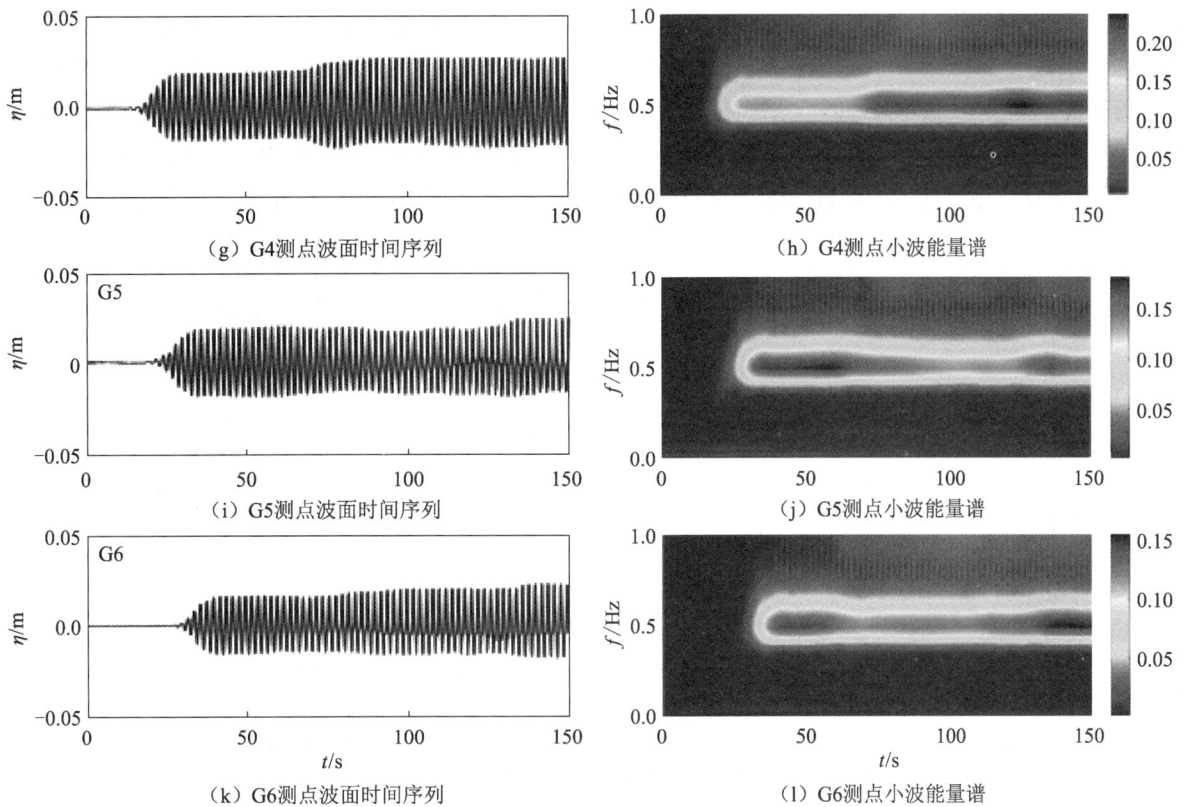

图 2　G1—G6 测点位置对应的波面过程及小波能量谱($h=0.40$ m、$H=0.04$ m、$T=2.0$ s)(续)

表 1　基于理论各测点位置反射波与入射波叠加的时刻和二次反射波到达时刻

测点位置	反射波与入射波叠加时刻/s	二次反射波到达时刻/s
G1	80.2	92.7
G2	74.0	98.9
G3	67.8	105.1
G4	61.6	111.3
G5	65.7	117.2
G6	52.4	120.5

2.2 波浪反射

不同水深下规则波在带有栅格的消浪曲面上的反射系数随波高和周期的变化如图 3 所示。水深 $h=0.32$ m 时,反射系数为 $0.08\sim0.35$;水深 $h=0.40$ m 时,反射系数为 $0.03\sim0.34$。当周期不变时,反射系数均随波高增加而减小。此外,在不同水深下,反射系数随规则波周期的变化规律不同,其中水深 $h=0.32$ m 时,在周期 $T=1.0\sim1.2$ s、$1.8\sim2.0$ s 区间内,带有栅格的消浪曲面的反射系数随周期的增大而增大;在周期 $T=1.6\sim1.8$ s 区间内,带有栅格的消浪曲面的反射系数随周期的增大而减小,其余的周期范围内不同波高的反射系数随周期变化趋势不同。水深 $h=0.40$ m 时,在周期 $T=1.0\sim1.4$ s、$1.6\sim1.8$ s 区间内,带有栅格的消浪曲面的反射系数随周期的增大而增大;在周期 $T=1.4\sim1.6$ s、$1.8\sim2.0$ s 区间内,带有栅格的消浪曲面的反射系数随周期的增大而减小,周期 $T=2.0\sim2.2$ s 范围内不同波高的反射系数随周期变化趋势不同。从消浪的原理角度讲,周期不变时,波高越大,波陡越大,使得波浪更容易在曲面上发生破碎,消耗更多的波能,同时周期和水深决定了波浪在透过栅格时所消耗的波能大小。

进一步,对比该带有栅格的消浪曲面与其他结构的消浪效果。与栅格结构相似,彭程等[9]使用孔隙板来构造消浪曲面,研究不同孔隙率的孔隙板所构造的消浪曲面的消浪性能。将带有栅格的消浪曲面的反射系数与 3 种不同孔隙率组合的双层孔隙板消浪曲面反射系数进行比较(图 4),在波陡 $0.007\sim0.04$ 的范围内,带有栅格的消浪曲面的消浪效果优于双层孔隙板消浪曲面。随着波陡的增加,上层孔隙率 30%、下层孔隙率 30% 的双层孔隙板消浪曲面和上层孔隙率 30%、下层孔隙率 40% 的双层孔隙板消浪曲面对规则波的反射系数显著减小,上层孔隙率 30%、下层孔隙率 20% 的双层孔隙板消浪曲面与带有栅格的消浪曲面对规则波的反射系数减小,但变化幅度相对较小。在波陡 0.04~0.06 范围内,带有栅格的消浪曲面的反射系数与上层孔隙率 30%、下层孔隙率 20% 的双层孔隙板消浪曲面接近,优于其他 2 种孔隙率组合。总体上,带有栅格的消浪曲面对规则波的消浪效果优于双层孔隙板消浪曲面,在波陡较小时优势更加明显。

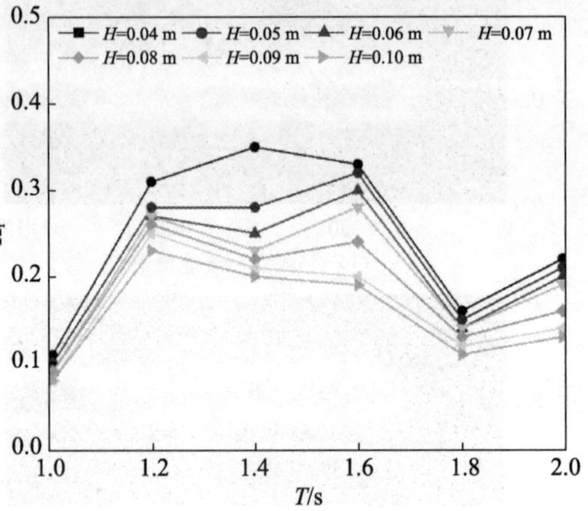

(a) $h=0.32$ m 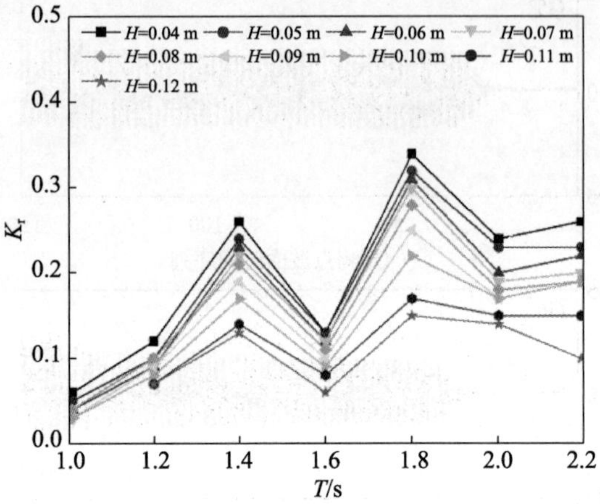　　　　(b) $h=0.40$ m

图 3　不同水深下反射系数随规则波波高和周期的变化

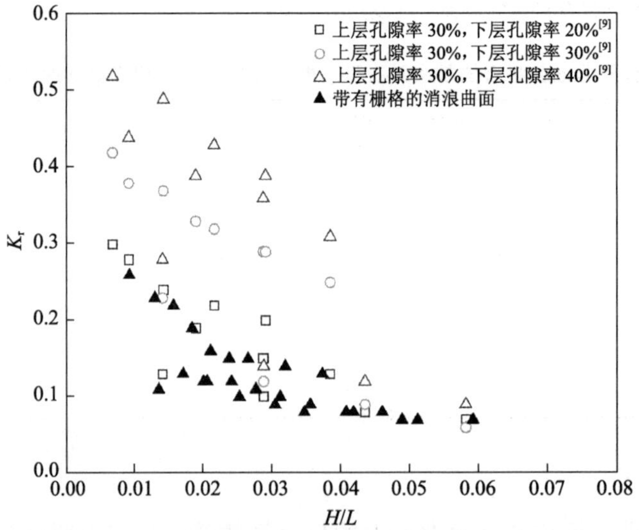

图 4　带有栅格的消浪曲面与双层孔隙板消浪曲面消浪效果对比[9]($T=1.2$ s、1.6 s 和 2.0 s)

3 结　语

研究了带有栅格的消浪曲面对不同水深规则波的消浪性能。结果表明对周期 $T=1.0~2.2$ s,波高 $H=0.04~0.12$ m 范围内的规则波,带有栅格的消浪曲面的反射系数在 0.03~0.35 之间,且随着波高的增大而减小。此外,消浪性能与水深、周期密切相关。水深 $h=0.32$ m 时,在周期 $T=1.0~1.2$ s 和 1.8~2.0 s 内,消浪曲面的反射系数随周期的增大而增大;而当 $T=1.6~1.8$ s 内,消浪曲面的反射系数随周期的增大而减小;水深 $h=0.40$ m 时,周期 $T=1.0~1.4$ s 和 1.6~1.8 s 区间内,消浪曲面的反射系数随周期的增大而增大;而在 $T=1.4~1.6$ s 和 1.8~2.0 s 区间内,消浪曲面的反射系数随周期的增大而减小。通过与其他消浪曲面对比,发现带有栅格的消浪曲面对规则波的消浪效果更优,且在波陡较小时优势更加明显。

参考文献

[1]　GODA Y,IPPEN A T. Theoretical and experimental investigation of wave energy dissipators composed of wire mesh screens[M]. Cambridge,Massachusetts:Department of Civil Engineering,Massachusetts Institute of Technology,1963.

[2]　LEAN G H. A simplified theory of permeable wave absorbers[J]. Journal of Hydraulic Research,1967,5(1):15-30.

[3]　俞杰,白志刚,余海涛,等. 一种新型多结构复合消波装置的性能试验研究[J]. 水道港口,2023,44(4):552-558.

[4]　OUELLET Y,DATTA I. A survey of wave absorbers[J]. Journal of Hydraulic Research,1986,24(4):265-280.

[5]　LU C J,HE Y S. Reflexion and transmission of water waves by a thin curved permeable barrier[J]. Journal of Hydrodynamics,1989,1(3):77-85.

[6]　NEELAMANI S,PRASAD RAJU P V. Wave interaction with parabolic corrugated and perforated wave absorbers[J]. ISH Journal of Hydraulic Engineering,2004,10(1):19-32.

[7]　兰波,缪泉明,姚木林,等. 波浪水池消波装置选型的试验研究[C]//第十三届中国海洋(岸)工程学术讨论会,2007.

[8]　兰波,周德才,胡定健. 波浪水池圆弧斜坡式消波装置改型试验研究[C]//第二十九届全国水动力学研讨会,2018.

[9]　彭程,张华庆,张慈珩,等. 实验水池弧形消波装置孔隙率优化试验研究[J]. 水道港口,2020,41(1):37-43.

[10]　IZQUIERDO U,GALERA-CALERO L,ALBAINA I,et al. Experimental and numerical determination of the optimum configuration of a parabolic wave extinction system for flumes[J]. Ocean Engineering,2021,238:109748.

[11]　MANSARD E P D,FUNKE E R. The measurement of incident and reflected spectra using a least squares method[J]. Coastal Engineering,1980:154-172.

三气室振荡水柱式波浪能装置的水动力研究

钱　坤[1,2]，宁德志[1,2]，陈丽芬[1,2]

（1. 大连理工大学 海岸和近海工程国家重点实验室，辽宁 大连　116024；2. 大连市海洋可再生能源重点实验室，辽宁 大连　116024）

摘要：本文提出一种固定离岸式同心圆柱形三气室振荡水柱（OWC）波浪能转换装置（WEC）。基于线性势流理论和特征函数匹配方法，建立模拟研究该三气室 OWC-WEC 水动力性能的解析模型。通过控制方程和各边界条件建立各子域的速度势表达式，进而由各子域交界面的速度匹配和速度势匹配条件求解得到速度势中的未知系数。在验证了模型的收敛性和准确性后，分别研究了装置几何参数、涡轮转速对 OWC 装置水动力性能的影响；通过与单气室和双气室等已有模型进行对比，研究发现，三气室 OWC 装置的有效频带宽度明显拓宽，具有更优的水动力性能。

关键词：波浪能；势流理论；特征函数匹配；振荡水柱；三气室

随着经济的不断发展，能源消耗日益增加，环境问题不容忽视，实现可再生能源开发和利用迫在眉睫[1]。在可再生能源中，波浪能因其储量丰富而被认为是最具发展前景的能源之一[2]。迄今为止，人们已经提出了多种用于提取波浪能的波浪能转换装置（WEC）[3]。在各种波浪能转换器中，振荡水柱（OWC）波浪能转换装置被认为是研究和开发最广泛的设备之一[4]。它主要由一个空心气室构成，气室底部有一个浸没在海水中的开口，气室顶部有一个装有双向空气涡轮的气流通道。气室内的水柱在波浪作用下上下运动，导致自由水面上方的空气柱产生振荡运动，迫使空气通过涡轮，从而产生电能。

迄今为止，人们已对 OWC 装置的水动力特性进行了广泛研究。Smith[5]、Evans 和 Porter[6]为二维 OWC 模型理论研究的发展做出了巨大贡献。Smith[5]利用特征函数匹配法解决了波浪与刚体相互作用的问题；Evans 和 Porter[6]通过 Galerkin 近似法分析了由垂直薄壁组成的 OWC 装置的水动力特征。在三维 OWC 模型理论研究方面，Garrett[7]为解决无底港的衍射问题做出了重要贡献；Simon[8]分析了不同浸入深度和不同频率下能量吸收和响应振幅的变化；Miles[9]提出了一种积分方程和变分公式，对 Simon 提出的相应散射问题进行了补充；Zhu 和 Mitchell[10]采用变分近似法分析了圆柱形浸没深度与求解精度之间的关系。

以往的研究主要集中在优化 OWC-WEC 的几何参数或阵列布置，以提高能量提取效率[11-13]。最近的一些研究发现，增加气室数量可以拓宽 OWC-WEC 的有效频率带宽。Rezanejad 等[14]研究了多种双气室离岸固定式 OWC-WEC 的水动力性能，研究结果发现双室装置的性能优于单室装置，尤其是在中长波频段，捕获宽度比最大增加了约 140%；王荣泉等[15]采用数值和试验的方法，研究了双气室 OWC 装置的水动力性能，发现与单气室装置相比，双气室装置能够拓宽有效频带宽度和改善水动力性能；郭权势等[16]基于 OpenFOAM，探究了双气室 OWC 装置在垂荡状态下的水动力特性，发现后气室较宽更有利于装置提取波能；Fu 等[17]评估了采用多气室模块的岸基式 OWC 系统的水动力性能，比较结果表明，两气室和三气室系统分别最适合针对低频和高频波。

目前，对多气室 OWC 装置的研究仅限于岸基式二维结构。三维水动力分析仅限于双气室 OWC 装置，更多气室的同心圆柱形 OWC 装置的水动力特性仍有待研究。本文提出一种固定离岸式同心圆柱形

基金项目：国家自然科学基金资助项目（52271260；U22A20242）

通信作者：宁德志。E-mail：dzning@dlut.edu.cn

三气室OWC装置,研究其几何参数和涡轮转速对OWC装置水动力性能的影响。

1 数学模型

1.1 边界条件及控制方程

如图1所示,装置的水下部分由3个同心壳体和1个圆柱体组成。圆柱底部连接着1个基座,为结构提供浮力。同心壳体由内向外依次命名为壳体1、壳体2和壳体3。本文所建数学模型采用三维笛卡尔坐标系,原点O位于静水面,x轴正方向为入射波方向,z轴正方向向上,h为水深,D_4为结构的总吃水,D为基座高度,R_2为基座半径,d和R_0分别为圆柱体的吃水和半径。B_i是由内向外计数的第i个气室的宽度。此外,b、R_{2i-1}、R_{2i}和D_i分别表示壳体$i(i=1,2,3)$的厚度、内半径、外半径和吃水。

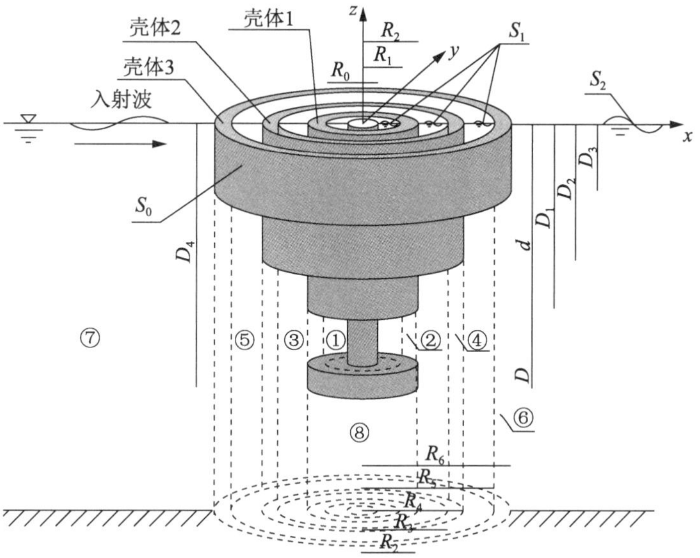

图1　模型示意

本文中结构固定安装,入射波遇结构后产生波浪绕射,气室内的水柱运动引起波浪辐射。基于线性势能流理论,假设流体无黏、不可压缩、流动无旋,可以求解绕射和辐射问题。入射波浪波幅为A、频率为ω的规则波速度势可写为:

$$\Phi(r,\theta,z,t)=\mathrm{Re}\left[\varphi(r,\theta,z)\exp^{-\mathrm{i}\omega t}\right] \tag{1}$$

式中:r、θ和z分别为圆柱坐标系中的径向距离坐标、方位角坐标和高度坐标;Re表示取实部;t为时间;i表示虚数单位。速度势满足的控制方程、物面条件、海底条件和自由表面条件如下:

$$\begin{cases}\nabla^2\varphi(r,\theta,z)=\dfrac{1}{r}\dfrac{\partial}{\partial r}\left(r\dfrac{\partial\varphi}{\partial r}\right)+\dfrac{1}{r^2}\dfrac{\partial^2\varphi}{\partial\theta^2}+\dfrac{\partial^2\varphi}{\partial z^2}=0 \\[2mm] \dfrac{\partial\varphi}{\partial n}=0,(r,\theta,z)\in S_0 \\[2mm] \dfrac{\partial\varphi}{\partial z}=0,(z=-h) \\[2mm] \dfrac{\partial\varphi}{\partial z}-\dfrac{\omega^2}{g}\varphi=\begin{cases}\mathrm{i}\omega\sigma_R P_0/\rho g, & (r,\theta,z)\in S_1 \\ 0, & (r,\theta,z)\in S_2\end{cases}\end{cases} \tag{2}$$

式中:S_0、S_1和S_2分别为装置与海水交界面、内部自由表面和外部自由表面;$\partial/\partial n$表示变量在结构表面的法向导数;ρ为海水密度;g为重力加速度;P_0为气室内压力的复振幅,在辐射问题中$P_0=1$;σ_R为条件函数,绕射问题中$\sigma_R=1$,辐射问题中$\sigma_R=0$。

为了解决上述边界值问题,流域被划分为如图1所示的①~⑧8个子域。通过分离变量法,可得到各子域的速度势表达式:

$$\begin{cases}
\varphi^{(2i-1)}(r,\theta,z) = \sum_{m=0}^{\infty}\cos(m\theta)\sum_{n=0}^{\infty}A_{mn}^{(i)}P_{mn}^{(2i-1)}(k_n^{(2i-1)}r)Z_n^{(2i-1)}(z) \\
\qquad\qquad + \sum_{m=0}^{\infty}\cos(m\theta)\sum_{n=0}^{\infty}B_{mn}^{(i)}Q_{mn}^{(2i-1)}(k_n^{(2i-1)}r)Z_n^{(2i-1)}(z) - \dfrac{i\sigma_R P_0}{\rho\omega},(i=1,2,3) \\
\varphi^{(2i)}(r,\theta,z) = \sum_{m=0}^{\infty}\cos(m\theta)\sum_{n=0}^{\infty}C_{mn}^{(i)}P_{mn}^{(2i)}(k_n^{(2i)}r)Z_n^{(2i)}(z) + \sum_{m=0}^{\infty}\cos(m\theta)\sum_{n=0}^{\infty}D_{mn}^{(i)}Q_{mn}^{(2i)}(k_n^{(2i)}r)Z_n^{(2i)}(z) \\
\varphi^{(7)}(r,\theta,z) = \sigma_D E\sum_{m=0}^{\infty}\varepsilon_m i^m\cos(m\theta)J_m(k_0^{(7)}r)Z_0^{(7)}(z) + E\sum_{m=0}^{\infty}\varepsilon_m i^m\cos(m\theta)\Big[\sum_{n=0}^{\infty}E_{mn}P_{mn}^{(7)}(k_n^{(7)}r)Z_n^{(7)}(z)\Big] \\
\varphi^{(8)}(r,\theta,z) = \sum_{m=0}^{\infty}\cos(m\theta)\sum_{n=0}^{\infty}\big[F_{mn}P_{mn}^{(8)}(k_n^{(8)}r)\big]Z_n^{(8)}(z)
\end{cases}$$

$$(3)$$

Z_n 为垂向特征函数,满足:

$$\begin{cases}
Z_n^{(1)}(z) = \begin{cases}\cosh k_0^{(1)}(z+d),n=0 \\ \cosh k_n^{(1)}(z+d),n\geqslant1\end{cases},\quad Z_n^{(2)}(z)=\begin{cases}\sqrt{2}/2,n=0 \\ \cosh k_n^{(2)}(z+d),n\geqslant1\end{cases} \\
Z_n^{(2i-1)}(z) = \begin{cases}\cosh k_0^{(2i-1)}(z+h),n=0 \\ \cosh k_n^{(2i-1)}(z+h),n\geqslant1\end{cases},\quad Z_n^{(2i)}(z)=\begin{cases}\sqrt{2}/2,n=0 \\ \cosh k_n^{(2i)}(z+h),n\geqslant1\end{cases}
\end{cases}(i=2,3,4)$$

$$(4)$$

式中:$A_{mn}^{(i)}$、$B_{mn}^{(i)}$、$C_{mn}^{(i)}$、$D_{mn}^{(i)}$、E_{mn} 和 $F_{mn}(m=1,2,\cdots,M;n=1,2,\cdots,M)$ 是未知系数;ε_m 为条件函数,$m=0$ 时,$\varepsilon_m=1$,$m\geqslant1$ 时,$\varepsilon_m=1$;σ_D 也是条件函数,绕射问题中 $\sigma_D=1$,辐射问题中 $\sigma_D=0$。$k_n^{(1)}$、$k_n^{(2)}$、$k_n^{(2i-1)}$、$k_n^{(2i)}$ 为特征值,满足:

$$\begin{cases}
\omega^2/g = \begin{cases}k_n^{(1)}\tanh k_n^{(1)}D,n=0 \\ -k_n^{(1)}\tanh k_n^{(1)}D,n\geqslant1\end{cases},\quad k_n^{(2)}=n\pi/(D-D_1) \\
\omega^2/g = \begin{cases}k_n^{(2i-1)}\tanh k_n^{(2i-1)}h,n=0 \\ -k_n^{(2i-1)}\tanh k_n^{(2i-1)}h,n\geqslant1\end{cases},\quad k_n^{(2i)}=n\pi/(h-D_i),(i=2,3,4)
\end{cases}$$

$$(5)$$

$P_{mn}(k_n r)$ 和 $Q_{mn}(k_n r)$ 的表达式如下:

$$\begin{cases}
P_{mn}^{(2i-1)}(r)=\{J_m(k_0^{(2i-1)}r),n=0;I_m(k_n^{(2i-1)}r),n\geqslant1\}(i=1,2,3) \\
P_{mn}^{(2i)}(r)=\{r^m,n=0;I_m(k_n^{(2i)}r),n\geqslant1\},Q_{mn}^{(2i-1)}=\{H_m^{(1)}(k_0^{(2i-1)}r),n=0;K_m(k_n^{(2i-1)}r),n\geqslant1\}(i=1,2,3) \\
Q_{mn}^{(2i)}=\{\ln(r),m=0,n=0;r^{-m},m\neq0,n=0;K_m(k_n^{(2i)}r),n\geqslant1\},(i=1,2,3) \\
P_{mn}^{(7)}(r)=\{H_m^{(1)}(k_0^{(7)}r),n=0;K_m(k_n^{(7)}r),n\geqslant1\},P_{mn}^{(8)}(r)=\{r^m,n=0;I_m(k_n^{(8)}r),n\geqslant1\}
\end{cases}$$

$$(6)$$

式中:J_m 是第一类贝塞尔函数;$H_m^{(1)}$ 是第一类汉克尔函数;I_m 和 K_m 分别为第一类和第二类修正贝塞尔函数;m 是上述函数的阶数。再利用特征函数匹配法,在各子域边界交界面上进行速度势和速度匹配,建立方程组,即可求解出各子域速度势中的未知系数。

1.2 量输出模型

假设气室内气体为理想气体,其质量变化率与压强成正比,且气室内气体体积变化为等熵压缩过程[18]:

$$Q=\left(\frac{KD}{N\rho_a}-\frac{i\omega V_0}{c^2\rho_a}\right)P_0 \tag{7}$$

式中:Q 为气室体积通量;K 为经验系数;D 为透平转子的外直径;N 为涡轮转速;V_0 和 ρ_a 分别为静水时气室体积和气体密度;c 为常温下声音在空气中的传播速度。

根据势流理论,体积通量可分解为由波浪绕射和辐射引起的体积通量之和,即:

$$Q=Q_D+Q_R \tag{8}$$

$$Q_R=(-\widetilde{B}+i\widetilde{C})P_0 \tag{9}$$

式中:Q_D 是入射波遇 OWC 装置发生绕射产生的体积通量,Q_R 为气室内液面压强振荡辐射势作用下的体积通量,$\tilde{B}$ 为辐射时对应的辐射阻尼,$\tilde{C}$ 为辐射势对应的附加质量。

联立式(8)和(9),气室内空气压强可得:

$$P_0 = \frac{Q_D}{\left[\left(\dfrac{KD}{N\rho_a}+\tilde{B}\right)-i\left(\tilde{C}+\dfrac{\omega V_0}{c^2\rho_a}\right)\right]} \tag{10}$$

功率由气室压力驱动空气通过涡轮产生,其时间平均值为

$$\zeta = \frac{KD}{2N\rho_a}|P_0|^2 \tag{11}$$

能量提取效率为

$$\xi = \frac{k\zeta}{\rho g A C_g/2} = \frac{gkR_6}{\omega C_g}\frac{\chi|q_D|^2}{(\chi+B)^2+(\mu+C)^2} \tag{12}$$

式中:$q_D = \dfrac{\omega Q_D}{AR_6 g}$;$(B,C) = \dfrac{(\omega\rho\tilde{B},\omega\rho\tilde{C})}{R_6}$;$\chi = \dfrac{\rho\omega KD}{N\rho_a R_6}$;$\mu = \dfrac{V_0\omega^2\rho}{c_a R_6\rho_a}$;$k$ 为波数;C_g 为波群速度。

1.3 模型验证

本文研究了所建模型的收敛性。参数设置为水深 $h=10$ m,壳体吃水 $D_i/h=0.1\times(4-i)$,圆柱吃水 $d/h=0.5$,基座高度 $D/h=0.1$,子气室宽度 $B_i/h=0.1$,壳体厚度 $b/h=0.01$,圆柱半径 $R_0/h=0.1$,无量纲波数 $kh=2.0$,$i=1,2,3$。图 2 为不同取值 M 对应的无量纲阻尼系数 B、无量纲附加质量系数 C 和无量纲体积通量 q_D。如图 2 所示,当 $M\geqslant40$ 时,模型收敛性良好。

此外,本文将当前结果与数值结果对比,以测试所建模型的准确性。模型参数设置为 $h=4$ m,$D/h=0.125$,$B_i/h=0.125$,$b/h=0.125$,$R_0/h=0.125$,$D_i/h=(0.125i)$,$d/h=0.375$,$i=1,2,3$。数值方法应用高阶边界元法[19],数值模型参数与上述参数一致。从图 3 中可以看出,在不同波数下,解析方法和数值方法得出的无量纲体积通量 q_D 值具有良好的一致性。这说明本文的方法具有极高的准确度。

图 2 模型收敛性验证

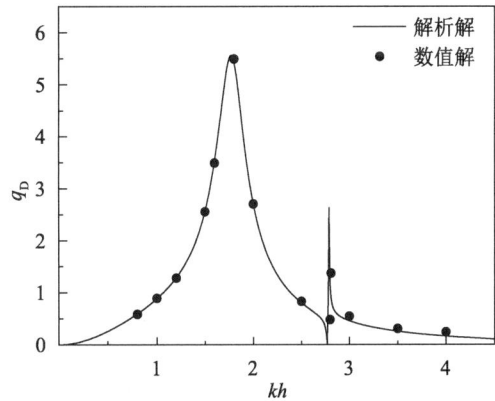

图 3 当前模型结果与高阶边界元方法结果对比

2 结果及分析

2.1 几何参数的影响

本节讨论了壳体吃水和子气室宽度对 OWC 装置水动力效率的影响。模型参数设置如下:$h=10$ m,$R/h=0.1$,$d/h=0.5$,$D_4/h=0.1$,$b/h=0.01$,$K=0.5$,$N=200$ r/m,$A/h=0.1$。

本文研究了 3 种壳体吃水情况下的能量提取效率,分别为 $D_1:D_2:D_3=1:2:3$、$2:2:2$ 和 $3:2:1$。子气室宽度均为 $0.1h$,壳体 2 的吃水为 $0.2h$。图 4 表示不同壳体吃水比例($D_1:D_2:D_3$)对 OWC 装置水动力效率的影响。能量提取效率 $\xi>0.3$ 时,OWC-WEC 处于工作状态,该状态下对应的无量纲波数范围称为有效频带宽度[18]。如图 4 所示,当壳体吃水比例 $D_1:D_2:D_3=3:2:1$,装置的能量提取效率

峰值最大,有效频带宽度明显拓宽,相比 $D_1:D_2:D_3=1:2:3$,其峰值提升了 30%,有效频带宽度拓宽了 2 倍。这是因为最外侧壳体吃水增加后,会反射很大一部分波浪,波浪无法进入 OWC 装置,从而装置的水动力性能下降。且当装置内侧壳体吃水增加时,气室内的高频短波会发生多次反射,更易于被 OWC 装置俘获。

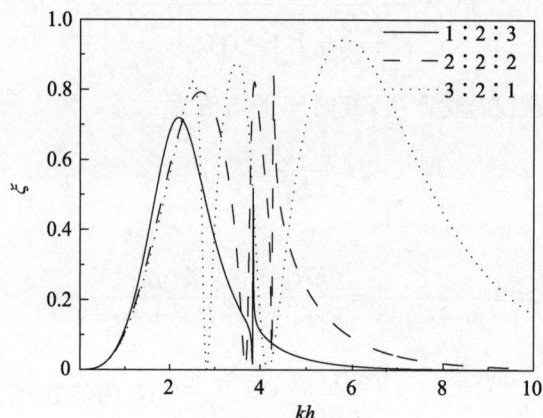

图 4　壳体吃水对能量提取效率的影响($D_1:D_2:D_3$)

图 5 显示了不同的子气室宽度比对能量提取效率的影响。壳体吃水 $D_i/h=(0.4-0.1i)$。单个气室的宽度固定为 $0.2h$,其余两气室的宽度比分别为 $1:3$、$2:2$ 和 $3:1$。如图 5 所示,当子气室宽度发生变化时,能量提取效率峰值对应的频率也相应发生改变,但有效频带宽度无明显变化。从图 5(a)和图 5(c) 中可以看出,当最外侧子气室的宽度发生变化时,能量提取效率曲线的变化最为明显。随着最外侧气室宽度的增加,OWC 装置对中低频波浪的俘获能力增强;反之,装置在高频区的能量提取效率增加。

(a)B_1 保持不变

(b)B_2 保持不变

(c)B_3 保持不变

图 5　子气室宽度比($D_1:D_2:D_3$)对能量提取效率的影响

2.2 涡轮转速的影响

图 6 为不同涡轮转速下三气室 OWC-WEC 的效率分布，涡轮转速 $N = 50$、100 和 200 r/m。取 $h = 10$ m，$R/h = 0.1$，$d/h = 0.5$，$D_4/h = 0.1$，$b/h = 0.01$，$K = 0.5$，$A / h = 0.1$，$D_i/h = (0.4 - 0.1i)$，$B_i/h = 0.14$。研究发现，能量提取效率的峰值随涡轮转速的改变而变化。随着涡轮转速的增加，能量提取效率峰值呈现先增加后减小的变化趋势，有效频带宽度向高频区拓宽。这说明涡轮高速转动，有利于 OWC 装置俘获高频短波。当涡轮转速 $N = 100$ r/m 时，理论能量提取效率峰值趋近于 1。然而，在实际工程中，由于液体黏性的影响，能量提取效率会低于理论值。

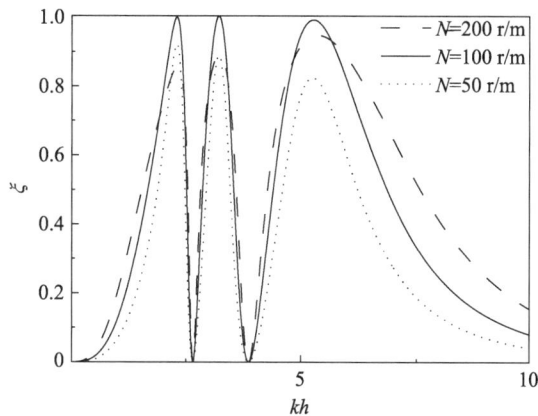

图 6　涡轮转速比对能量提取效率的影响

2.3 三气室装置与单气室、双气室装置对比

图 7 分别表示了单气室、双气室和三气室模型的能量提取效率曲线。3 种模型的子气室宽度一致为 $0.14h$，壳体吃水为均为 $0.1h$。其余模型参数设置为 $h = 10$ m，$d/h = 0.5$，$b/h = 0.01$，$R_0/h = 0.1$，$D/h = 0.1$，$N = 200$ r/m，$K = 0.5$，$A/h = 0.1$。从图 7 中可以看出，三气室 OWC 装置的有效频率带宽显著增加。通过计算得，单气室和双气室的有效频带宽度分别为 5.68 和 6.45，三气室的有效频带宽度为 6.82。经比较，三气室相比单气室和双气室模型，其有效频带宽度分别增加了 19.9% 和 5.7%。且气室数量的增加，使装置的有效频带宽度向低频区拓宽，增加了装置俘获低频长波的能力。

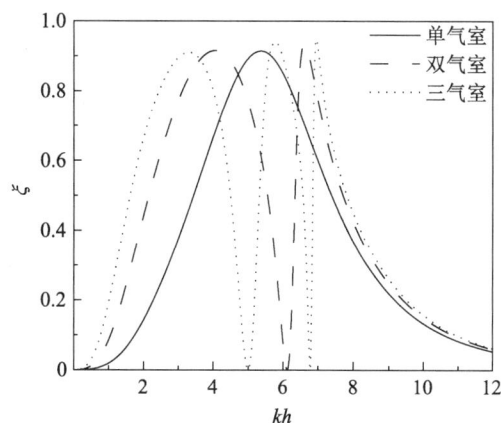

图 7　能量提取效率比较

3 结　语

建立了三维离岸式同心圆柱形三气室 OWC 装置解析模型，研究了几何参数和涡轮转速对 OWC 装置水动力性能的影响，并将三气室模型结果与单气室和双气室结果进行对比。主要研究结论如下：

（1）OWC 装置的最外侧壳体吃水减小，装置的能量提取效率峰值显著提高，有效频带宽度明显拓宽。因此，最外侧壳体吃水应尽可能小，以保证装置有较优的水动力性能。此外，最外侧气室宽度变化显著影响能量提取效率峰值对应的频率。本文建议,根据具体海况选取合适的子气室宽度,有利于提高OWC装置的效率。

(2)涡轮转速对能量提取效率的影响明显。随着涡轮转速的增加,能量提取效率峰值先增加后减小,有效频带宽度明显拓宽。当$N=100$ r/m时,装置的能量提取效率峰值最大。

(3)与单气室和双气室模型相比,三气室模型的有效频带宽度分别增加了19.9%和5.7%。气室数量的增加,明显提升了OWC装置的水动力性能。

参考文献

[1] 丁洁. 新能源和可再生能源的开发与利用探讨[J]. 居业,2019(5):150.

[2] GUNN K,STOCK-WILLIAMS C. Quantifying the global wave power resource[J]. Renewable Energy,2012,44:296-304.

[3] 张亚群,盛松伟,游亚戈,等. 波浪能发电技术应用发展现状及方向[J]. 新能源进展,2019,7(4):374-378.

[4] HEATH T V. A review of oscillating water columns[J]. Philosophical Transactions of the Royal Society A:Mathematical,Physical and Engineering Sciences,2012,370(1959):235-245.

[5] SMITH C M. Some problems in linear water wave theory [M]. Bristol:University of Bristol,1983.

[6] EVANS D V,PORTER R. Hydrodynamic characteristics of a thin rolling plate in finite depth of water[J]. Applied Ocean Research,1996,18(4):215-228.

[7] GARRETT C J R. Bottomless harbours[J]. Journal of Fluid Mechanics,1970,43(3):433-449.

[8] SIMON M J. Wave-energy extraction by a submerged cylindrical resonant duct[J]. Journal of Fluid Mechanics,1981,104:159-187.

[9] MILES J W. On surface-wave radiation from a submerged cylindrical duct[J]. Journal of Fluid Mechanics,1982,122:339-346.

[10] ZHU S P,MITCHELL L. Diffraction of ocean waves around a hollow cylindrical shell structure[J]. Wave Motion,2009,46(1):78-88.

[11] KONISPOLIATIS D N,MAVRAKOS S A. Hydrodynamic analysis of an array of interacting free-floating oscillating water column(OWC's) devices[J]. Ocean Engineering,2016,111:179-197.

[12] KONISPOLIATIS D N,MAZARAKOS T P,MAVRAKOS S A. Hydrodynamic analysis of three-unit arrays of floating annular oscillating-water-column wave energy converters[J]. Applied Ocean Research,2016,61:42-64.

[13] 任翔,邓争志,程鹏达. 带纵摇前墙的新型振荡水柱式波浪能装置转换效率以及水动力性能数值研究[J]. 海洋工程,2021,39(5):66-77.

[14] REZANEJAD K,BHATTACHARJEE J,GUEDES SOARES C. Analytical and numerical study of dual-chamber oscillating water columns on stepped bottom[J]. Renewable Energy,2015,75:272-282.

[15] 王荣泉,宁德志,ROBERT M. 双气室振荡水柱波能装置水动力特性研究[J]. 水动力学研究与进展:A辑,2020,35(1):37-41.

[16] 郭权势,邓争志,王晓亮,等. 垂荡双气室振荡水柱波能装置水动力特性研究[J]. 力学学报,2021,53(9):2515-2527.

[17] FU L,WANG R Q,NING D Z,et al. Numerical investigation on the hydrodynamic performance of a land-based OWC system with multi-chamber modules[J]. Applied Ocean Research,2023,141:103801.

[18] MARTINS-RIVAS H,MEI C C. Wave power extraction from an oscillating water column along a straight coast[J]. Ocean Engineering,2009,36(6/7):426-433.

[19] TENG B,TAYLOR R E. New higher-order boundary element methods for wave diffraction/radiation[J]. Applied Ocean Research,1995,17(2):71-77.

OWC 型弧墙防波堤消浪性能与波能转换效率数值模拟研究

杨沫遥,李雪艳,曲恒良,陈澜铠,刘　鹏

(鲁东大学 海岸研究所 山东省海上航天装备技术创新中心,山东 烟台　264025)

摘要: 随着对波浪能转换装置研究的深入,装置的建设成本成为波浪能开发利用中越来越重要的问题。为解决这个问题,本文以弧墙防波堤作为振荡水柱(OWC)波浪能转换装置的载体,提出了 OWC 型弧墙防波堤组合结构。基于 OpenFOAM 开源程序,建立了波浪与 OWC 型弧墙防波堤作用的二维数值模型,分析了该组合结构在不同规则波参数条件下的波能转换性能与消浪性能。研究结果表明,随着周期的增加,OWC 型弧墙防波堤反射系数与气室波能转换效率均增大,气室内相对波高先减小后增大;组合结构在水深为 0.4 m,波高为 0.04 m 的情况下消浪特性与波能转换性能较好。该研究可为传统防波堤结合波能转换装置的工程应用提供理论指导,提高海岸防护与波能利用的综合效益。

关键词: 波浪能转换装置;消浪性能;弧墙防波堤;振荡水柱;OpenFOAM

随着化石能源储量紧张,环境污染压力增加,全球能源资源竞争激烈,对新型清洁可再生能源的需求不断增加,对可再生能源的开发和利用需要更加迫切。海洋能源以其可再生性和清洁无污染的优点,引起了众学者的关注。波浪能以其相对简单的开发技术和丰富的储量在各种形式的海洋能源中脱颖而出,成为一种极具前景和价值的新能源[1,2]。在众多波能转换装置中,振荡水柱(OWC)波浪能转换装置因为其透平装置与海水无直接接触,能与现有传统重力式防波堤有效结合等众多优点,成为实际工程中的重要选择[3]。

近年,OWC 相关内容成为国内外学者研究的重点。Carlo 等[4]通过试验与数值计算研究了 U-OWC 在共振指数、反射系数和能量效率方面随相对水深的变化特性,建立了共振指数和水动力效率随相对水深及 U-OWC 垂直风管孔口直径与宽度之比变化的公式。Doyle 等[5]通过试验研究比较了单个 OWC、OWC 阵列和模块化 M-OWC 模型,在不同间距、阻尼和波浪条件下的性能。Pawitan 等[6]设计了试验模型,计算了 OWC 与沉箱式防波堤组合结构在前挡板与后墙的水平力,并分析了沉箱气室顶部的垂直力对防波堤结构的影响,把 OWC 与沉箱防波堤组合结构设计的不确定性降低到与传统沉箱设计相当的水平。王国全[7]提出了一种新型振荡水柱式压电发电装置,可为远洋区域浮标观测器及小型浮标灯等装置的可持续工作供电。冷杰[8]通过波浪水槽试验对 OWC 防波堤开展了试验研究,讨论了不同要素对 OWC 防波堤水动力特性和能量转化特性的影响。郭宝明等[9]模拟研究了 U-OWC 波能转换装置水下挡板长度和挡板与前墙距离对气室内气体压强、波面位移以及水动力效率的影响。王荣泉等[10]研究了具有两个独立气室的固定式 OWC 波能装置,并与单气室 OWC 波能装置的水动力性能做了对比,采用试验和数值的方法对双气室 OWC 装置的水动力效率、波面变化和气室压强进行了研究。刘月琴等[11]对岸式波力发电装置的水动力性能进行了研究,通过物理模型试验研究结果验证 Wang 等[12]提出的理论计算方法。张翔宇等[13]将透空式防波堤和 OWC 装置结合,基于线性势流理论,运用分离变量法和特征函数匹配法建立了解析模型,研究了单独透空式防波堤形式下,不同开孔率对反射系数的影响和集成系统下透空结构与 OWC 装置距离对反射系数、水动力效率等的影响。

基金项目: 山东省自然科学基金面上项目(ZR2022ME145);烟台市科技计划项目(2023XDRH016);山东省青年基金(ZR2023QE075)

通信作者: 李雪艳。E-mail:yanzi03@126.com

上述研究多针对相对规则形状的沉箱与 OWC 集成系统的研究,鲜有考虑弧形迎浪面的沉箱形式。本文基于 OpenFOAM 开源程序,建立波浪与 OWC 型弧墙防波堤相互作用的二维数值模型,讨论不同波浪参数下组合结构的能量转换效率与消浪性能。

1 数值模型

1.1 模型介绍

设置长为 10 m,高为 2 m 的数值水槽,构建 OWC 型弧墙防波堤与规则波作用的二维数值模型,其中防波堤 3D 剖面图如图 1 所示。

防波堤在数值水槽中的位置及浪高仪与压力传感器位置如图 2 所示。

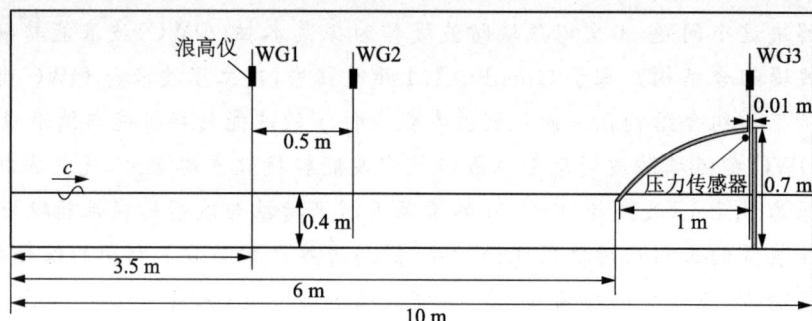

图 1　OWC 型弧墙防波堤 3D 剖面示意

图 2　数值模型示意

图 2 中,一号浪高仪(WG1)与二号浪高仪(WG2)用于使用 Goda 两点法[14]测量 OWC 型弧墙防波堤的反射系数,三号浪高仪(WG3)用于检测防波堤气室内波面变化。压力传感器用于检测输气口处压强大小。

根据渤海及黄海的实际波浪参数[15,16]设计模拟工况如表 1 所示,可为 OWC 型弧墙防波堤在实际应用中提供参考。

表 1　规则波参数

水深/m	波高/m	周期/s	波长/m
		1.4	2.39
		1.6	2.83
	0.04	1.8	3.27
		2.0	3.69
		2.2	4.11
0.4		1.4	2.39
		1.6	2.83
	0.06	1.8	3.27
		2.0	3.69
		2.2	4.11

1.2 模型验证

建立数值水槽进行验证。首先设计 3 种不同尺寸网格大小进行网格验证,网格尺寸大小根据规则波波高进行划分,分为小尺寸(Size 1)网格、中尺寸(Size 2)网格和大尺寸(Size 3)网格,其中小尺寸为一个波高 24 个网格,中尺寸为一个波高 20 个网格,大尺寸为一个波高 16 个网格。验证结果如图 3 所示。

如图 3 所示,3 种尺寸网格波面高程在波形上相差不大,小尺寸网格与中尺寸网格在极值处相差不大,大尺寸网格在极值有一定衰减,因此本文采用中尺寸网格,即一个波高 20 个网格作为数值计算中网格设计的标准。

图 3　不同网格尺寸下波面高程

同时,参照刘臻[17]的试验,对数值模型的波浪历时曲线,气室内振荡水柱波面变化曲线和气室内气体压力变化时程曲线进行验证,验证结果如图 4～图 6 所示。

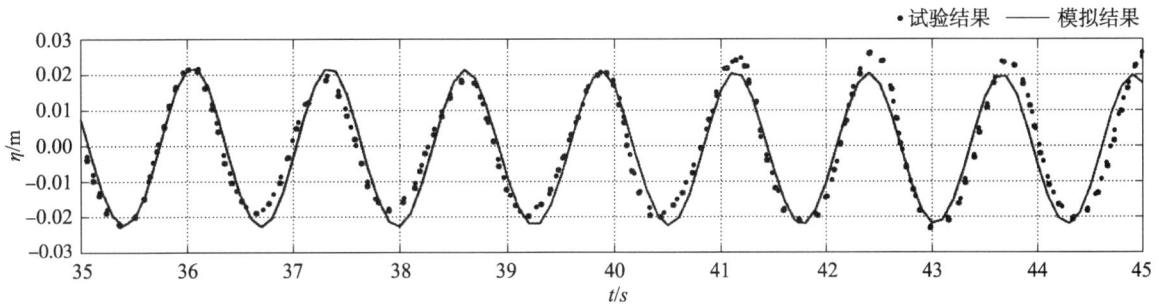

图 4　入射波历时曲线对比

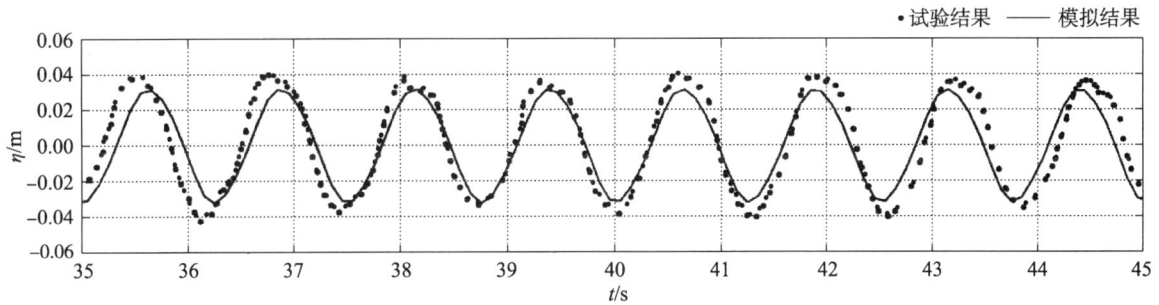

图 5　气室内振荡水柱波面变化曲线对比

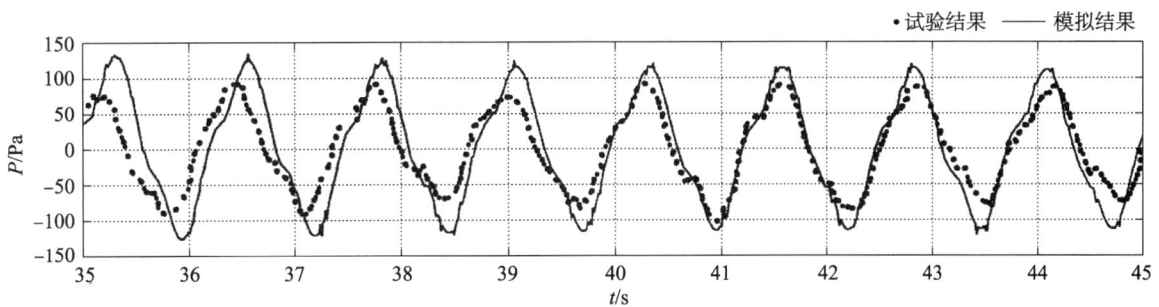

图 6　气室内气体压力变化时程曲线对比

该数值模型对波面及压强曲线变化形式及量值的模拟结果与试验结果较为吻合,验证结果较好,证明数值模型可以进行 OWC 型弧墙防波堤与规则波作用的数值模拟计算。

2　数值结果分析与讨论

2.1　反射系数

如图 7 所示,在不同波浪参数下,OWC 型弧墙防波堤的反射系数 K_f 随着周期的增加而增大。整体上波高为 0.04 m 时防波堤的 K_f 大于波高为 0.06 m 时防波堤的 K_f。分析原因为大波高下，大部分波浪在弧墙的更高处耗散，而小波高则耗散较少，以反射为主。

图 7 不同波浪参数规则波下 OWC 型弧墙防波堤的反射系数

2.2 相对波高

OWC 型弧墙防波堤的气室内相对波高 λ 表示为

$$\lambda = \frac{H_o}{H_i} \tag{1}$$

式中：H_o 表示气室内波高，H_i 表示入射波高。

如图 8 所示，在不同波浪参数下，OWC 型弧墙防波堤的相对波高随着周期的增加整体上先减小后增大，当周期为 1.8 s 时，相对波高最小。整体上波高为 0.04 m 时防波堤的相对波高大于波高为 0.06 m 时防波堤的相对波高。同样，在大波高下，更多的波浪被耗散，进入气室内的波浪较少，相对波高较低。

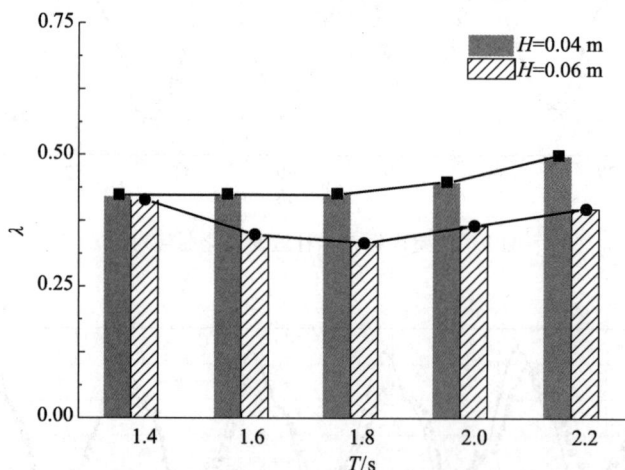

图 8 不同波浪参数规则波下 OWC 型弧墙防波堤的相对波高

2.3 波能转换效率

OWC 型弧墙防波堤的波能转换效率 ξ 表示为

$$\eta = \frac{E_{OWC}}{P_{inc}} \tag{2}$$

$$E_{OWC} = \frac{b}{T} \int_t^{t+T} P_a(t)\dot{\mu}(t)\mathrm{d}t \tag{3}$$

$$P_{inc} = \frac{\rho_w g A_i^2 \omega}{4k}\left[1 + \frac{2kh}{\sin(2kh)}\right] \tag{4}$$

式中:E_{owc} 为 OWC 在一个完整周期下转换的波浪能;b 为气室水平宽度;T 为波浪周期;$P_a(t)$ 为输气口处的压力函数;$\dot{\mu}(t)$ 为输气口处波面函数的导数,用于表示输气口处的流速;P_{inc} 为基于线性波理论下,单位宽度入射波的能量密度;A_i 为入射波幅;ω 为满足频散关系的圆频率。

参照 Elhanafi 等[18]的研究对效率计算公式进行验证,验证结果如图 9 所示。

研究结果与计算结果在本研究范围内吻合较好,证明所采用的波能转换效率计算方法是可靠的。

如图 10 所示,在不同波浪参数下,OWC 型弧墙防波堤的波能转换效率 ξ 整体上在 0.3～0.5 的范围内变化。当波高为 0.04 m 时,防波堤的 ξ 随着周期的增加而增加;当波高为 0.06 m 时,防波堤的 ξ 随着周期的增加而减小。整体上当波高为 0.04 m 时,防波堤的波能转换效率更高。由于大波高在整体能量耗散上更多,所以小波高的波能转换效率表现更好。

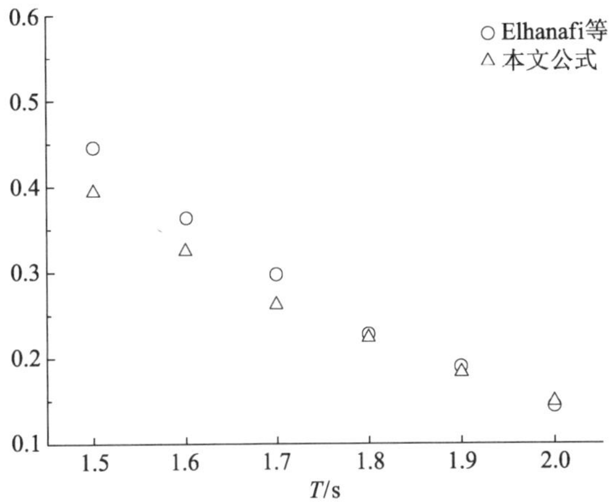

图 9　不同波浪参数规则波下防波堤的波能转换效率

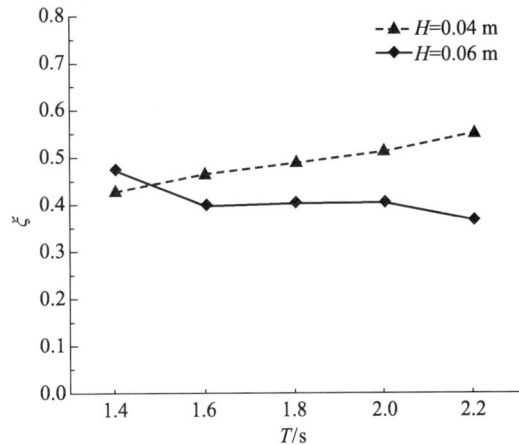

图 10　不同波浪参数规则波下 OWC 型弧墙防波堤的波能转换效率

3　结　语

(1) 基于 OpenFOAM 开源程序,建立了 OWC 型弧墙防波堤与规则波相互作用的数值模型,将数值模型与前人试验和研究进行对比,验证了数值模型的准确性,并研究了不同波浪参数对于 OWC 型弧墙防波堤消浪特性和波能转换性能的影响。

(2) 整体上,OWC 型弧墙防波堤的反射系数和波能转换效率随着周期的增加而增大,但是相对波高随着周期的增加先减小后增大,说明组合结构物在不同周期上消浪特性与波能转换性能的平衡上还有较大研究空间。

(3) OWC 型弧墙防波堤在水深为 0.4 m,波高为 0.04 m 的情况下,消浪性能与波能转换性能整体上优于水深为 0.4 m,波高为 0.06 m 的情况。

参考文献

[1] MWASILU F, JUNG J. Potential for power generation from ocean wave renewable energy source:a comprehensive review on state-of-the-art technology and future prospects[J]. IET Renewable Power Generation,2019,13:63-375.

[2] CHEN F,WANG Y,WANG G,et al. An experimental study of the dual cylindrical caisson embodying a wave energy converter[J]. Chinese Journal of Hydrodynamics,2017,32:72-80.

[3] 杨泽华,李猛,伍儒康,等. 振荡水柱波浪能发电技术研究进展[J]. 新能源进展,2023,11(4):381-387.

[4] CARLO L,IUPPA C,FARACI C. A numerical-experimental study on the hydrodynamic performance of a U-OWC wave energy converter[J]. Renewable Energy,2023,203:89-101.

[5] DOYLE S,AGGIDIS G A. Experimental investigation and performance comparison of a 1 single OWC,array and M-OWC[J]. Renewable Energy,2021,168:365-374.

[6] PAWITAN K A,DIMAKOPOULOS A S,VICINANZA D,et al. A loading model for an OWC caisson based upon large-scale measurements[J]. Coastal Engineering,2019,145:1-20.

[7] 王国全. 离岸式振荡水柱三维模型结构优化与压电发电研究[D]. 青岛:山东科技大学,2019.

［8］ 冷杰.振荡水柱式防波堤水动力及流场特性试验研究[D].杭州:浙江大学,2019.

［9］ 郭宝明,宁德志.U型振荡水柱式波能装置数值模拟研究[C]//第三十届全国水动力学研讨会暨第十五届全国水动力学学术会议,合肥,2019.

［10］ 王荣泉,宁德志,MAYON R.双气室振荡水柱波能装置水动力特性研究[J].水动力学研究与进展(A辑),2020,35(1):37-41.

［11］ 刘月琴,武强.岸式波力发电装置水动力性能试验研究[J].海洋工程,2002,20(4):93-97.

［12］ WANG D J,KATORY M,LI Y S. Analytical and experimental investigation on the hydrodynamic performance of onshore wave-power devices[J]. Ocean Engineering,2002,29(8):871-885.

［13］ 张翔宇,宁德志,MAYON R,等.透空防波堤和振荡水柱波能装置集成系统水动力性能研究[J].工程力学,2023.DOI:10.6052/j.issn.1000-4750.2022.12.1035

［14］ GODA Y,SUZUKI Y. Estimation of incident and reflected waves in random wave experiments[C]//Coastal Engineering 1976. 1976:828-845.

［15］ 李佳谦,邵珠晓,梁丙臣.渤海和黄海北部波高与周期联合分析[J].海洋与湖沼,2022,53(4):990-998.

［16］ 朱浩,朱恩宗,郑天立.梳式透空防波堤机理特点及掩护效果[J].水运工程,2001(10):31-34.

［17］ 刘臻.岸式振荡水柱波能发电装置的试验及数值模拟研究[D].青岛:中国海洋大学,2008.

［18］ ELHANAFI A,MACFARLANE G,NING D Z. Hydrodynamic performance of single-chamber and dual-chamber offshore-stationary Oscillating Water Column devices using CFD[J]. Applied Energy,2018,228:82-96.

生态堤坝对海啸波的能量消减分析

陈 橙[1],彭 晨[1,2],邓 鑫[1],闫 慧[1]

(1. 福州大学 土木工程学院,福建 福州 350108;2. 大连理工大学 海岸和近海工程国家重点实验室,辽宁 大连 116024)

摘要:使用波高仪测量了海啸波的波高并计算了相应波速,随后通过伯努利方程计算了海啸波经过由红树林模型和堤坝模型组成的生态堤坝前后的能量。结果表明,生态堤坝消耗的能量占总消耗量的72%~82%,占海啸波总能量的65%~82%。

关键词:溃坝波;红树林;堤坝;能量耗散;伯努利方程

沿海地区以广阔的陆地、丰富的资源、便捷的交通和高密度的人口为特征,是沿海国家最宝贵的区域之一,也是进出口贸易和文化交流的纽带。然而,在海洋权益竞争激烈的背景下,海洋经济发展面临许多问题,其中包括海啸等极端水动力灾害的威胁[1-3]。过去20年中,全球发生了多起重大海啸灾害,给沿海地区带来了严重损失。此外,由于海啸灾害发生时无法进行现场观测和数据收集,通过物理模型试验模拟海啸波已成为一种主要的研究方法。防浪堤作为人工结构,可以设计为植物提供生长环境。沿海红树林不仅有助于部分恢复因防波堤建设而受到破坏的沿海环境,还能有效吸收波浪能量。两者的结合形成了生态堤坝,代表了沿海保护的理想绿色解决方案。已有许多研究者围绕生态堤坝开展了广泛研究[4],但更加具体且直观的生态堤坝对海啸波能量消减效果的分析还未出现在文献中。本文使用伯努利方程,对生态堤坝的能量消减效果进行具体分析。

1 试验设计

1.1 溃坝态海啸波

试验在福州大学水利馆进行,试验室中的坝溃波生成系统(DWGS)用于模型海啸。该系统由计算机操作系统、闸门控制箱和水闸组成。具体来说,计算机系统向闸门控制箱发送指令后,液压装置迅速升起闸门,水库中的水流冲入试验水槽生成坝溃波模拟海啸。这种方法被认为是模拟海啸近岸传播的一种简单而有效的方式。水槽装置如图1所示。

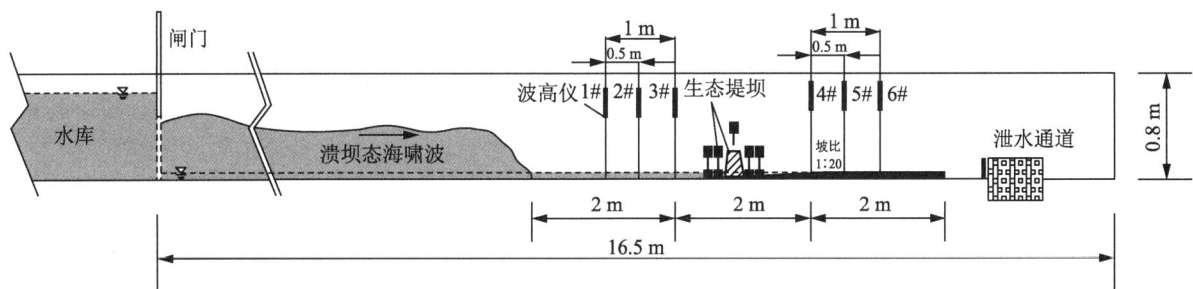

图1 水槽侧面图

基金项目:国家自然科学基金资助项目(51809047)

通信作者:陈橙。E-mail:chencheng_1117@163.com

1.2 生态堤坝

研究假设红树林为完全刚性，使用亚克力材料模拟刚性植物。考虑到红树林的实际大小，试验模拟了植物的根、茎和叶。试验水槽长 16.5 m，它包含 2 m 长的 1∶20 的斜坡和 2 m 的设备安装平台。堤防模型安装在坡度的后方（下游方向）0.75 m 处，如图 2 所示，在试验中设置了不同的红树林和堤坝堤排布方式。其中，单堤坝（M10）作为对照组，与余下 7 种不同的生态堤坝模型（M11～M17）作为对比。

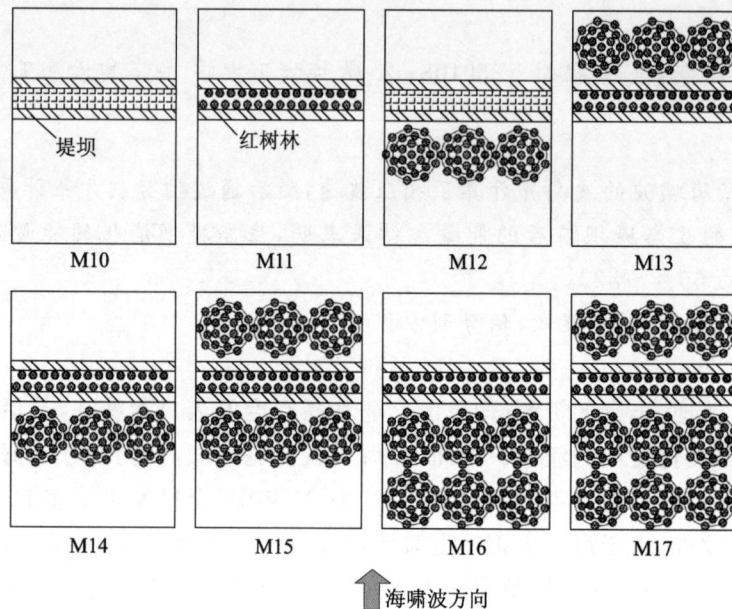

图 2　生态堤模型

1.3 试验计划

波浪测量仪 1♯ 记录的最大水位被定义为海啸波峰高度（h_b）。通过控制不同的水库水位（RWL）和初始水位（IWL），产生了 9 种不同强度的海啸波峰来冲击生态防浪堤（表 1），每组至少重复进行 3 次。因此，进行了至少 216 次试验。通过两个相邻波浪测量仪（WG1♯ 和 WG2♯）之间的已确定距离（ΔS）和海啸穿过这两个相邻波浪测量仪的时间间隔（Δt），确定了海啸波峰的速度（$\Delta S/\Delta t = v_b$）。

试验中红树林模型的布置如表 2 所示。表中的无量纲植物分布密度的计算公式如下[5]：

$$\varphi = \frac{N \times V_i}{V} \tag{1}$$

式中：φ 为红树林的分布密度，V 为整个分布区域的体积，N 是分布区域内红树林的总数，V_i 是单个红树林模型的体积。

表 1　海啸波试验参数

试验方案	初始水位/m	水库水位/m	波速/(m/s)	波高/m
1	0.00	0.7	4.69	0.27
2	0.00	0.6	3.56	0.24
3	0.00	0.5	3.70	0.23
4	0.05	0.7	2.85	0.30
5	0.05	0.6	2.79	0.30
6	0.05	0.5	2.38	0.26
7	0.10	0.7	2.37	0.38
8	0.10	0.6	2.71	0.36
9	0.10	0.5	2.29	0.33

表 2　生态堤坝试验参数

模型方案	红树林分布密度(φ)
M10	0.000 0
M11	0.001 2
M12	0.002 9
M13	0.004 1
M14	0.004 1
M15	0.007 0
M16	0.007 0
M17	0.009 9

2 海啸波能量消减分析

根据伯努利定理,海啸波传播过程中的能量变化可以用以下公式表示:

$$\frac{1}{2}\rho v_b^2 + \rho g h_b = \frac{1}{2}\rho v_a^2 + \rho g h_a + E_{loss} \tag{2}$$

式中:v_b 为海啸波波速,h_b 为波高。v_a 和 h_a 分别为海啸波经过后的波速和波高。E_{loss} 为海啸波从 h_b 至 h_a 的能量损失。在本研究中,海啸波由于深度引起的波浪破碎和红树林阻力而减弱。当讨论生态堤坝对波浪减弱的贡献时,需要从每组试验结果中排除深度引起的波浪破碎损耗的能量。因此,根据伯努利定理,深度引起的能量损失为:

$$E_s = \frac{1}{2}\rho(v_b^2 - v_{aM0}^2) + \rho g(h_b - h_{aM0}) \tag{3}$$

式中:v_{aM0} 和 h_{aM0} 分别为海啸波经过无模型的水槽后的波速和波高(由 WG4♯ 和 5♯ 获得)。在有红树林的情况下,方程(2)可写为:

$$\frac{1}{2}\rho v_b^2 + \rho g h_b = \frac{1}{2}\rho v_a^2 + \rho g h_a + E_s + E_{eco} \tag{4}$$

将无量纲参数 C_{ea} 定义为生态堤坝阻力造成的能量损失在总能量损失中的比例,如下:

$$C_{ea} = \frac{E_{eco}}{E_{eco} + E_s} \tag{5}$$

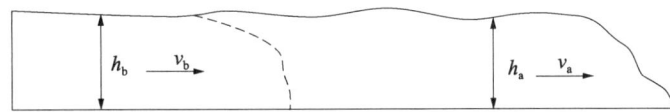

（a）公式（2）示意

（b）公式（3）示意

（c）公式（4）示意

图 3　伯努利方程示意

以往的研究表明,海啸波的消减作用不仅与红树林密度和位置有关,还与水槽中的初始水位有关。因此将不同生态堤模型(不同 φ)的 C_{ea} 随初始水深的变化绘制到图 4 中。由图可见,C_{ea} 随着红树林分布密度的增加而增加,这说明红树林在消减海啸波能量的过程中占主导作用,但是红树林分布位置的不同,导致不同组别的增长趋势存在明显差异。此外,所有案例中 C_{ea} 随初始水位(IWL)的增加而增加,这是因为深度导致的能量损失会随着 IWL 的增加而减少[6]。

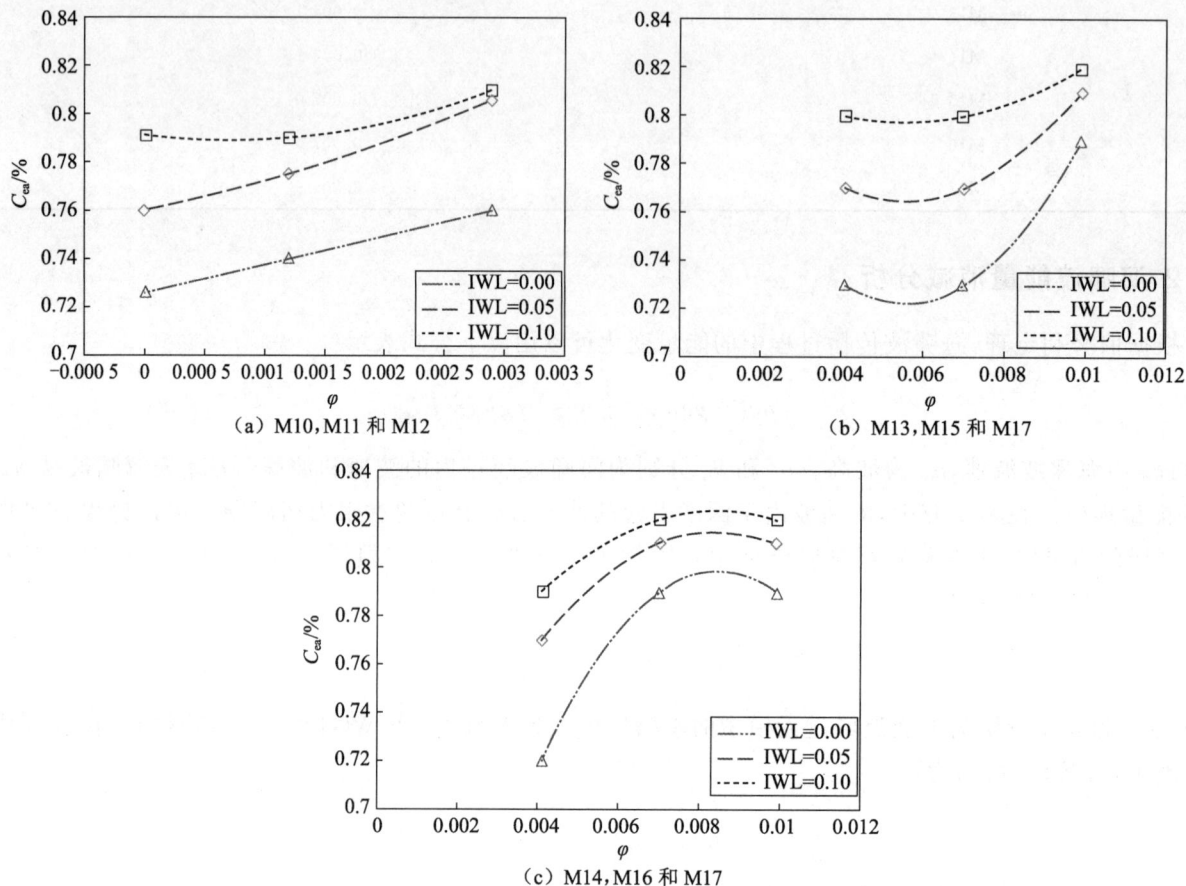

(a) M10,M11 和 M12

(b) M13,M15 和 M17

(c) M14,M16 和 M17

图 4   不同生态堤坝的 C_{ea} 在不同初始水深条件下随分布密度的变化

接下来,将无量纲参数 C_{eb} 定义为生态堤坝阻力造成的能量损失占海啸波能量的百分比,如下:

$$C_{eb} = \frac{E_{eco}}{E_b} \tag{5}$$

式中:$E_b = \frac{1}{2}\rho v_b^2 + \rho g h_b$。图 5 表明,生态堤坝对海啸波能量的消减效果是显著的(65%~82%)。请注意,在红树林为完全刚性且不会被海啸波破坏的假设下进行的物理试验可能导致非保守的试验结果。

图 5   不同生态堤坝的 C_{eb} 变化

3 结 语

使用波高仪测量了海啸波的波高并计算了相应波速,随后通过伯努利方程计算了海啸波经过由红树林模型和堤坝模型组成的生态堤坝前后的能量。主要结论如下:

(1) 生态堤坝对海啸波的能量消耗占据了总能量消耗的 72%~82%,并且占据了海啸波总能量的 65%~82%。

(2) 不同生态堤坝模型对海啸波的能量消耗程度有所不同,但总体都实现了显著的能量消耗效果。红树林的分布密度和位置会影响生态堤坝对海啸波能量的消耗效果,但红树林在消减海啸波能量中起主导作用。

参考文献

[1] OKAL E A,FRITZ H M,HAMZEH M A,et al. Field Survey of the 1945 Makran and 2004 Indian Ocean Tsunamis in Baluchistan,Iran[J]. Pure and Applied Geophysics,2015,172(12):3343-3356.

[2] RÖBKE B R,VÖTT A. The tsunami phenomenon[J]. Progress in Oceanography,2017,159:296-322.

[3] MORRIS L. What we can learn from Japan's tsunami experiences[J]. Australian Journal of Emergency Management,2019,34(3):21-21.

[4] CHEN C,PENG C,NANDASENA N A K,et al. Protective effect of ecological embankment on a building subjected to tsunami bores[J]. Ocean Engineering,2023,280:114638.

[5] HE F,CHEN J,JIANG C B. Surface wave attenuation by vegetation with the stem,root and canopy[J]. Coastal Engineering,2019,152:103509.

[6] CHEN C,PENG C,YAN H,et al. Experimental study on the mitigation effect of mangroves during tsunami wave propagation[J]. Acta Oceanologica Sinica,2023,42(7):124-137.

波流耦合作用下刚性淹没植被消浪研究

叶伟峰，胡　湛

（中山大学 海洋科学学院，广东 珠海　519082）

摘要：波浪在近岸区域传播通常伴随着水流。已有的植物消浪模型通常忽略了植被区内部流速对波浪能量耗散的贡献，从而导致拖曳力系数的估计不准确。本研究建立了一个新的解析模型，引入了双层流速分布模型，修正了能量通量平衡方程中的能量耗散项。在波浪水槽进行一系列的物理模型实验，利用该模型校核拖曳力系数-雷诺数经验公式，同时计算波浪能量通过植被区的时间和沿程衰减率。结果表明，相比波流同向工况，波流反向能引起更大的波能耗散，可达到纯波浪条件的 1.8 倍。水流增加了植被区拖曳力做功，并通过影响波能传播速度改变植被区波能耗散。

关键词：波流耦合；拖曳力系数；波高衰减；植被消浪；刚性植被

在海平面上升和风暴加剧的气候变化背景下，基于自然的可持续海岸防护策略受到了广泛关注[1]。红树林、盐沼和海草等沿海植被可以衰减波浪和促进泥沙淤积，因而作为生态海岸防护工程的重要组成，辅助传统硬质海堤共同挡水抗浪，并且提供生态服务功能[2-4]。

以往的植被消浪机制研究主要局限于纯波浪条件，而忽略了近岸潮流对衰减波浪的促进或抑制作用。近年来，学者们对植被消浪过程中的波流耦合作用开展了大量研究。Hu 等[5]通过定义水流速度与波浪水平轨道速度之比（$\alpha = U_0/U_w$）量化了波流耦合作用强度，发现当 α 较大时，水流对波浪衰减起促进作用，而 α 较小（水流较弱）时起抑制作用。Yin 等[6]和 Zhao 等[7]对促进或抑制作用的 α 范围进行了讨论，发现波流反向对波浪衰减的促进作用明显强于波流同向的情况。Zhang 和 Nepf[8]认为是水流影响了波浪能量传播速度，即群速度 C_g，从而导致波浪衰减的差异。而 Hu 等[9]认为反向水流引起的波浪破碎增加了波浪能量耗散。此外，以往的植被消浪模拟研究大多依赖于 Morrison 方程，模拟精度很大程度上取决于阻力系数（C_D）。准确地校核 C_D 仍然是植被消浪模拟的一个重大挑战。

为了进一步研究水流对波浪耗散的影响，建立了新的解析模型，综合考虑了淹没植被形成的双层流速分布以及植被区内部流速对波浪能量耗散的贡献，并且进行一系列的水槽实验，应用本文模型对实验数据进行分析，校核拖曳力系数的经验公式，探究波流同向与反向工况消浪效能差异的原因。

1 解析模型及实验设置

1.1 解析模型

建立如图 1 所示坐标系，波浪沿 x 轴正方向传播。植被区位于 $x=0 \sim L_v$，$z=0$ 表示静水面，$z=-h$ 表示底部。植被概念化为垂直刚性圆柱群。假设波浪能量耗散主要由植被拖曳力引起，根据 Dalrymple 等[10]，能量通量守恒方程表示为：

$$\frac{\partial Q}{\partial x} = -\varepsilon_{wc\_w} \tag{1}$$

式中：Q 为一垂直于 x 方向截面的能量通量，ε_{wc_w} 为水平方向上单位面积的波能衰减率。

假设入射波符合线性波理论，根据 Baddour 和 Song[11]，波流耦合作用下能量通量可表示为：

基金项目：国家自然科学基金面上项目（42176202）
通信作者：胡湛。E-mail：huzh9@mail.sysu.edu.cn

$$Q=\frac{\rho g}{16}\left(1+\frac{2kh}{\sinh2kh}\right)\left(\frac{g}{k}\tanh kh\right)^{1/2}H^2+\frac{\rho g}{16}U_0\left(3+\frac{4kh}{\sinh2kh}\right)H^2+\frac{\rho}{2}hU_0^3 \qquad (2)$$

式中:ρ 为水的密度,g 为重力加速度,h 为水深,k 为波数,H 为波高,U_0 为平均水流速度。注意最后一项 $\frac{\rho}{2}hU_0^3$ 对 x 偏导为 0,在守恒方程中不起作用。

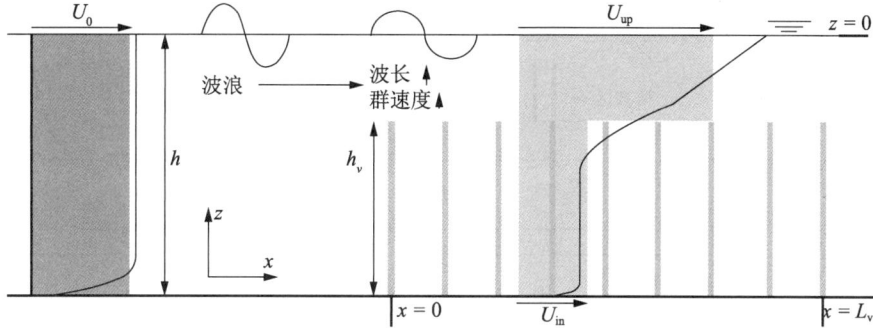

图 1　植被区波流耦合作用示意

考虑到水流结构受到植被阻力的影响,可分为植被区内部平均流速 U_{in} 和植被区顶部平均流速 U_{up}。引入 Chen 等[12] 提出的双层流速模型,可根据植被参数以及水流条件计算得 U_{in} 和 U_{up},则波流耦合作用下的速度场分布可表达为:

$$U=\begin{cases}U_{up}+\dfrac{gk}{2\sigma_{wc}}H\dfrac{\cosh k(h+z)}{\cosh kh}\sin(kx-\sigma t), & (-h+h_v<z<\eta)\\[3mm] U_{in}+\dfrac{gk}{2\sigma_{wc}}H\dfrac{\cosh k(h+z)}{\cosh kh}\sin(kx-\sigma t), & (-h<z<-h+h_v)\end{cases} \qquad (3)$$

式中:η 代表自由面;σ_{wc} 为相对圆频率,其满足色散关系

$$\sigma_{wc}^2=(\sigma-U_0k)^2=gk\tanh(kh) \qquad (4)$$

其中,$\sigma=2\pi/T$,T 为波浪周期。式(4)是波浪与水流相互作用下考虑多普勒效应的结果,体现了水流影响下波数、波长的变化。

植被区的能量耗散率可分为 ε_{cw_w} 和 ε_{cw_c} 两部分,其中 U_{in} 的做功仅改变自由面的势能,对波浪能量耗散无贡献:

$$\varepsilon_{cw\_w}=\varepsilon_{cw}-\varepsilon_{cw\_c}=\frac{1}{T}\int_{-h}^{-h+h_v}\int_0^T N_v\frac{1}{2}\rho C_D b_v U^2\,|\,U\,|\,\mathrm{d}t\,\mathrm{d}z-\frac{1}{T}\int_{-h}^{-h+h_v}\int_0^T N_v\frac{1}{2}\rho C_D b_v U_{in}^2\,|\,U_{in}\,|\,\mathrm{d}t\,\mathrm{d}z \qquad (5)$$

式中:h_v 为植被高度,N_v 为每平方米内的植被数量,C_D 为拖曳力系数,b_v 为植被的直径。显然式(5)难以直接积分,可令 $\gamma=\int_{-h}^{-h+h_v}\frac{1}{T}\int_0^T (U)^2\,|\,U\,|\,\mathrm{d}t\,\mathrm{d}z-h_v U_{in}^2\,|\,U_{in}\,|$,并将式(2)和式(5)代入式(1),可整理得:

$$\frac{\partial H}{\partial x}=-\frac{4}{\rho g H}\frac{1}{(C_g+U_0)+\left[\dfrac{2kh}{\sinh(2kh)}+\dfrac{1}{2}\right]U_0}\frac{\rho b_v C_D N_v \gamma}{2} \qquad (6)$$

式中:相对群速度 $C_g=\dfrac{\sigma_{wc}}{2k}\left(1+\dfrac{2kh}{\sinh2kh}\right)$。式(6)可用龙格库塔法进行求解,并根据实验数据入射波高 H_0 和植被区末端波高 H_{end} 对 C_D 进行校核。

波浪能量实际以速度 C_g+U_0 通过植被区,则通过时间 $t_v=L_v/(C_g+U_0)$。植被区拖曳力引起的平均能量耗散率 $\varepsilon=\dfrac{1}{L_v}\int_0^{L_v}\varepsilon_{cw\_w}\mathrm{d}x$。本研究结合解析模型和实验数据,通过分析参数 t_v 和 ε,对刚性淹没植被的消浪机制进行探究。

1.2 实验设置

实验在中山大学海洋科学学院水动力实验室的水槽中进行(图2)。水槽长 26 m,宽 0.6 m,高 0.6 m。

水槽前端有一活塞式造波机,末端安装消浪层以减少波浪反射。尾门可以倾斜以控制静水的高度,配合水泵形成稳定水流。植被区长 6 m,每隔 2 m 布置 1 台电容式波高仪(WG1～WG4),此外还布置了 3 台多普勒流速仪(ADV)用于流速测量。

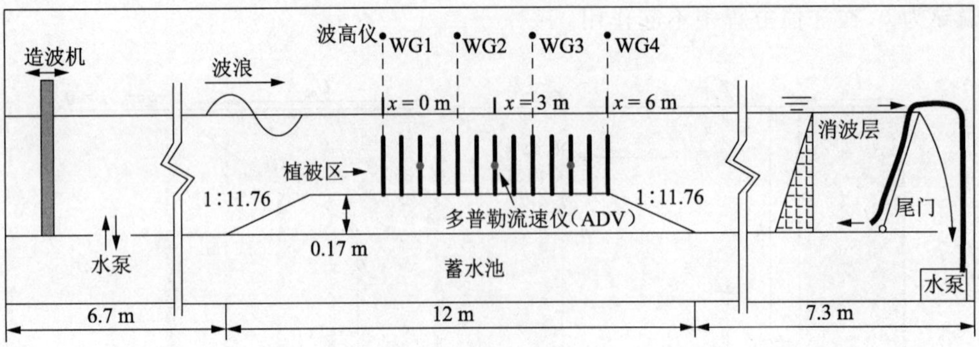

图 2　水槽实验示意

本实验用聚氨酯圆柱棒作为植被模拟物,高度为 0.26 m,直径为 0.01 m。圆柱群交错排列。共测试了 2 种植被密度,7 个工况,水流速度为 −9～15 cm/s,具体参数如表 1 所示。对照试验在没有任何植被的情况下进行,以排除水槽底摩擦和边壁摩擦的影响。每个工况均重复实验 3 次以减小随机误差的影响。由于本模型不考虑波浪破碎的影响,故在数据分析中对出现波浪破碎的实验数据予以剔除。

表 1　实验参数

水深 h/cm	植被密度 N_v/m^{-2}	波高 H/cm	周期 T/s	工况	水流速度 U_0/(cm/s)
		3	0.6	Wave0306	
		3	0.8	Wave0308	
		5	0.6	Wave0506	
0.33	139/556	5	0.8	Wave0508	0/±3/±6/±9/+12/+15
		5	1.0	Wave 0510	
		7	0.8	Wave 0708	
		7	1.0	Wave 0710	

2　结果与分析

图 3 所示的实验数据展示了水流对波高衰减的影响,其中相对波高 H_r 为入射波高 H_0 与植被区末端波高 H_{end} 之比。水流的存在通常会促进波高衰减,但当水流速度不够大时,也会出现波高衰减小于纯波浪的情况。此外,反向水流速度的增加对波高衰减的促进作用明显。当反向流速为 −9 cm/s 时,波高衰减程度超过纯波浪条件下数值的 2 倍。

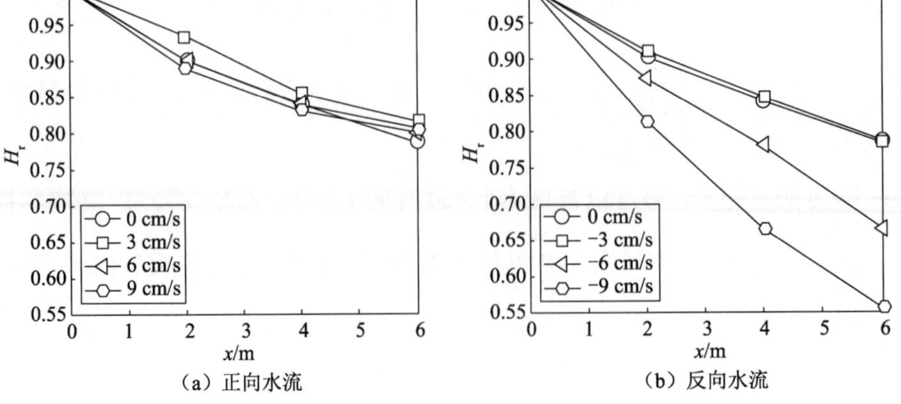

（a）正向水流　　　　　　　　（b）反向水流

图 3　不同水流速度下相对波高衰减的变化（Wave0508, N_v=139 m^{-2}）

　　拖曳力系数的校核结果如图 4 所示。总体而言,拖曳力系数随雷诺数的增加呈下降趋势。其中雷诺数 $Re=u_{max}b_v/\nu$,u_{max} 为植被区最前端 1/2 植被高度处的最大水平速度($z=-h+0.5h_v$),ν 为运动黏度系数。校核结果显示出可靠的拟合关系:

$$C_D=\frac{141.07}{Re^{0.51}}-1.49\ (N_v=139\ \text{m}^{-2},R^2=0.75)$$

$$C_D=\frac{21.88}{Re^{0.07}}-11.76\ (N_v=556\ \text{m}^{-2},R^2=0.46)$$

$$(7)$$

（a）N_v=139 m^{-2}

（b）N_v=556 m^{-2}

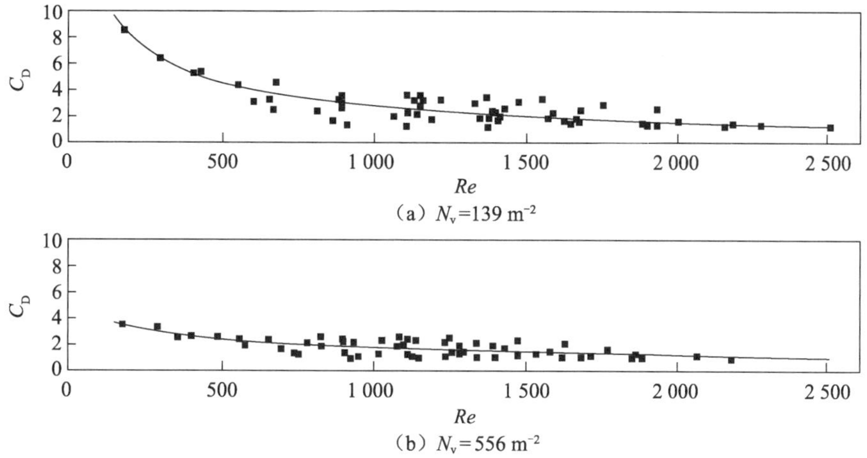

图 4　拖曳力系数随雷诺数的变化

　　将上述拟合的经验公式代入本研究的模型中,对表 1 工况进行波高衰减计算,结果如图 5 所示。波流反向工况的波高衰减大于波流同向工况这一现象在模型结果中同样有所体现[图 5(a)]。模型结果与实验数据整体上基本吻合,证明了模型结果的可靠性[图 5(b)]。

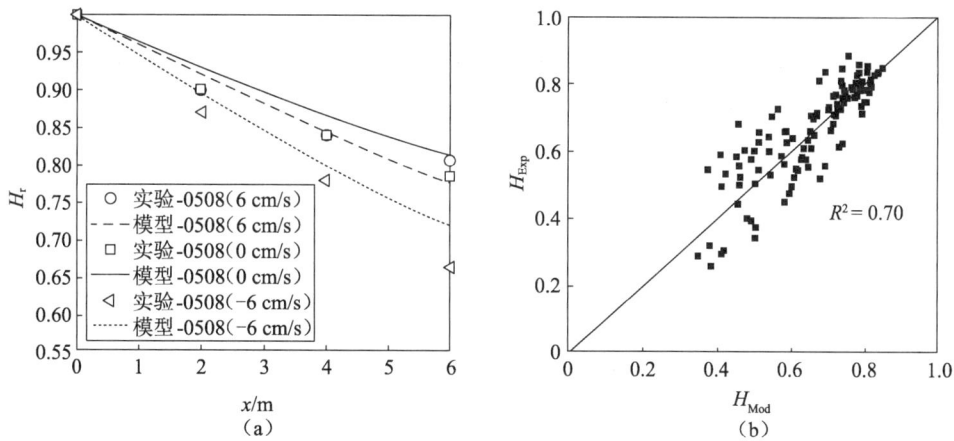

图 5　波高衰减实验数据与模型模拟结果的对比

　　为研究波浪与水流共同作用下刚性淹没植被的消浪机制,对比实验数据和模型结果中的波能耗散 ΔE、平均波能耗散率 ε 以及波能通过时间 t_v,如图 6 所示(数据均根据纯波浪工况的数值进行归一化)。其中波能耗散根据波高衰减得到[$\Delta E=\rho g(H_0^2-H_{end}^2)/8$],且满足关系 $\Delta E=\varepsilon t_v$。由图 6 可知,实验数据与模型结果呈现的趋势基本一致,模型能体现水流对波高衰减的显著影响。在相同波况下,当流速为 $U_0=-9$ cm/s 时,波浪能量耗散最大,达到纯波浪条件下的 1.8 倍,甚至超过 $U_0=15$ cm/s(图 6a)。这清楚地表明,在水流速度相同时,波流反向的波能耗散更大。从图 6(b)、图 6(e)看出正向水流能大幅提高植被区内的平均耗散率,即拖曳力做功功率,而反向水流情况下则提高有限。由于在水槽实验中测量波能传播速度存在困难,因此 t_v 采用理论值。从图 6(c)、图 6(f)可知,正向水流使波浪能量更快地通过植被区,t_v 的减少会导致波能耗散的减少,而反向水流则相反。

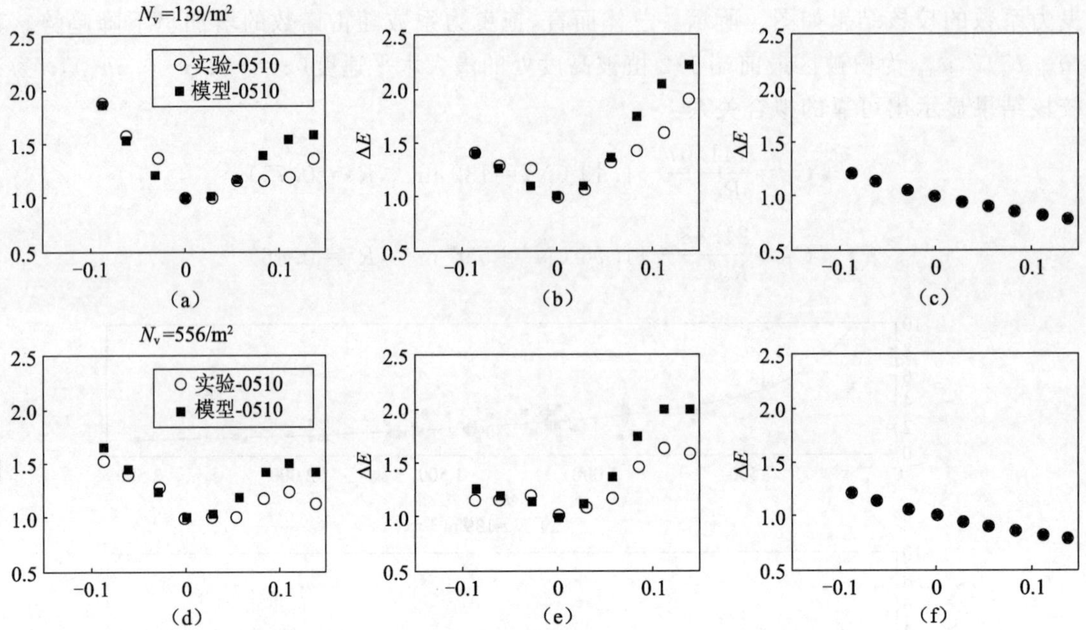

$N_v=139/m^2$

$N_v=556/m^2$

图6　波能耗散 ΔE、平均波能耗散率 ε、波能通过时间 t_v 随水流速度的变化

3 结　语

针对刚性淹没植被形成的双层流速分布结构,建立了一个新的解析模型,修正了能量方程中的波能耗散项,考虑了植被阻力对植被区内水流的衰减,并进行一系列水槽物理实验提供数据支持。通过代入沿程波高校核了拖曳力系数的经验公式,并分析了波高衰减、波能平均耗散率和波能通过时间随水流速度的变化规律。主要研究结论如下:

(1)波流反向时植被区波能耗散显著增加,可达到纯波浪条件下的1.8倍。反向水流能增加植被区的拖曳力做功功率,同时减缓波能传播速度,增加波能通过时间。

(2)正向水流能极大增加植被区的拖曳力做功功率,但同时也减小了波浪在植被区停留的时间。在正向水流速度较小时(0~6 cm/s)可能出现消浪效能不如纯波浪条件的情况。

参考文献

[1] TEMMERMAN S,HORSTMAN E M,KRAUSS K W,et al. Marshes and mangroves as nature-based coastal storm buffers[J]. Annual Review of Marine Science,2023,15(1):95-118.

[2] 高抒. 绿色海堤的沉积地貌与生态系统动力学原理[J]. 热带海洋学报,2022,41(4):1-19.

[3] 张小霞,陈新平,米硕,等. 我国生物海岸修复现状及展望[J]. 海洋通报,2020,39(1):1-11.

[4] 易雨君,刘奇,王雪原,等. 生态海岸防护工程研究进展与展望[J]. 海洋与湖沼,2022,53(4):806-812.

[5] HU Z,SUZUKI T,ZITMAN T,et al. Laboratory study on wave dissipation by vegetation in combined current-wave flow[J]. Coastal Engineering,2014,88:131-142.

[6] YIN Z,WANG Y,LIU Y,et al. Wave attenuation by rigid emergent vegetation under combined wave and current flows[J]. Ocean Engineering,2020,213:107632.

[7] ZHAO C,TANG J,SHEN Y,et al. Study on wave attenuation in following and opposing currents due to rigid vegetation[J]. Ocean Engineering,2021,236:109574.

[8] ZHANG X,NEPF H. Wave damping by flexible marsh plants influenced by current[J]. Physical Review Fluids,2021,6(10):100502.

[9] HU Z,LIAN S,ZITMAN T,et al. Wave breaking induced by opposing currents in submerged vegetation canopies[J]. Water Resources Research,2022,58(4):e2021WR031121.

[10] DALRYMPLE R A,KIRBY J T,HWANG P A. Wave diffraction due to areas of energy dissipation[J]. Journal of Waterway,Port,Coastal,and Ocean Engineering,1984,110(1):67-79.

[11] BADDOUR R E,SONG S. On the interaction between waves and currents[J]. Ocean Engineering,1990,17(1-2):1-21.

[12] CHEN Z,JIANG C,NEPF H. Flow adjustment at the leading edge of a submerged aquatic canopy[J]. Water Resources Research,2013,49(9):5537-5551.

波浪-单向流条件下植被对波高衰减规律分析

黄宇明[1,2]，缴　健[1,2]，杨啸宇[1,2]

（1. 南京水利科学研究院，江苏 南京　210029；2. 港口航道泥沙工程交通行业重点实验室，江苏 南京 210024）

摘要：采用水槽试验，对波浪-单向流共同作用下淹没刚性植被对波高衰减规律进行分析。对比了不同波浪-单向流组合条件以及不同植被布置形式下的波高衰减特征。研究结果表明：纯波浪条件下，植被引起的波高衰减随入射波高以及植被密度的增加而增强；在波浪-单向流作用下，单向流流速的幅值越大，波高衰减的效果越明显；同时，波高衰减因子与相对波高之间存在着较强的线性正相关关系。在文中指定的单向流条件下，正向流和反向流在一定程度上均能够促进或者抑制植被引起的波高衰减。

关键词：波浪-单向流；刚性植被；波高衰减

在河口海岸地区，植被不仅是生态系统的重要组成部分，也是影响波浪动力学的关键因素。植被的消波缓流效应对于保护海岸线免受侵蚀、维持水体生态平衡以及为海洋生物提供栖息地具有重要意义[1-2]。因此，近年来植被生态护岸措施受到了广泛的关注[3]。

国内外学者通过水槽试验、数值模拟以及理论推导等方法对植被的消波作用开展了一系列广泛而深入的研究。当前的研究中，主要的消波模型有 Dalrymple 消波模型[4] 和 Kobayashi 消波模型[5] 两种。对于植被影响下的波高衰减问题，以往研究基本集中在纯波浪条件下的波高衰减，如孤立波[6]、规则波[7] 和不规则波[8]。波浪要素如入射波高、波周期以及相对水深等纯波浪条件下植被对波高衰减的影响规律已经基本上得到了定论。然而，植被对波高的衰减还受到植被种类、生长状况、植被密度以及水流条件等多种因素的共同影响，尤其是河口海岸地区，水动力条件相对复杂，波浪向近岸传播的过程中往往伴随着潮流的涨落过程。为了简化水动力条件下，通常将潮流的往复运动概化为与波浪传播相同或者相反方向的单向流运动。

对于波浪-单向流共同作用下的植被引起的波高衰减，不同的学者得到了不一样的结论。Hu 等[9] 经过深入研究后发现，在波浪-单向流共同作用下植被引起的波高衰减取决于施加的单向流流速 U_c 和波浪轨道速度 U_w 的比值。Yin 等[10] 的研究结果表明，正向流（与波浪传播方向一致）能够促进或抑制植被引起的波高衰减，这取决于单向流流速和波浪特征速度的比值；而在反向流条件下则可能一直促进波高衰减。Zhao 等[11] 通过水槽研究了正向流和反向流条件下植被引起的波高衰减，其结果表明，正向流和反向流均可以促进或者抑制植被引起的波高衰减。

因此，下文通过水槽试验方法，探究不同布置形式的淹没刚性植被在波-流共同作用下的消波特性，以期揭示波浪-单向流共同作用下植被对波高衰减的影响，为海岸带管理和生态保护提供科学依据。

1 方法与理论

1.1 水槽试验设置

试验在长水槽中进行，试验水槽的基本尺寸为 175.0 m×0.60 m×1.60 m（长×宽×高）。如图 1 所示，平板式推波机布置在长水槽的上游顶部，在电脑端输入不同的参数以产生试验所需的波浪条件；水槽

基金项目：国家重点研发计划资助项目（2023YFC3208501）；国家自然科学基金-长江基金项目（U2340225）；长江科学院基金资助项目（CKWV20221007/KY）

通信作者：缴健。E-mail：jjiao@nhri.cn

底部布置双向泵循环系统,能够在水槽产生不同方向的恒定水流。将与波浪传播方向相同或相反的波浪-单向流组合分别表示为"波+流"和"波-流"。

采用三维声学多普勒测速仪(ADVs-Vectrino,Nortek AS)记录瞬时速度。如图1所示,以近床面为基面($z=0$ m),分别在 $z=0.025$ m、0.050 m、0.075 m、0.100 m、0.125 m、0.150 m、0.175 m 和 0.200 m 处测量瞬时流速;同时,在植被段区域前后配置7个电容式测波仪(WG0~WG6),测量沿程波高的变化过程,记录频率 $f=50$ Hz。WG0放置在距离植被带前缘0.5 m($x=-0.5$ m)处监测波浪变形;WG1~WG5布置在植被区域内部,平均间距为1.5 m;WG6则布置在距离植被区域末端0.5 m($x=6.5$ m)处。

图1　水槽试验基本设置概化

采用圆柱形小木棍模拟淹没刚性植被。试验中植被在水中的高度 h_v 为0.15 m,直径为0.8 cm;整个植被区域长6.0 m、宽0.6 m。植被冠层采用整齐(Case 1)和交错(Case 2)两种布置形式,其密度分别为421株/m² 和807株/m²(图2)。

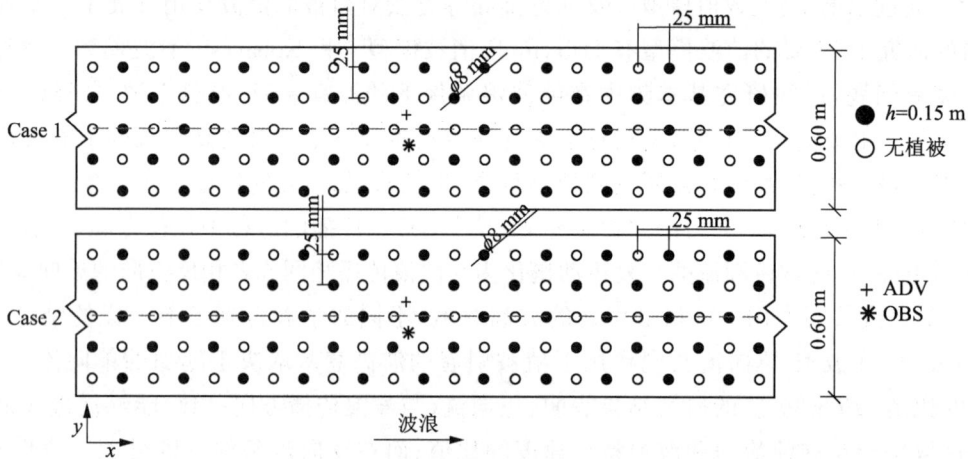

图2　植被布置形式

试验中采用了4种不同的入射波高,分别为0.03 m、0.04 m、0.05 m 和0.06 m,波周期均为1.5 s。5种不同的单向流流速分别为−0.10 m/s、−0.05 m/s、0.00 m/s、0.05 m/s 和0.10 m/s。因此,试验的总次数为60次,详细的植被和水动力参数如表1所示。

表1　试验波浪参数

基本参数	数值
静止水深 h/m	0.60
入射波高 H_i/m	0.03,0.04,0.05,0.06
波周期 T/s	1.5
单向流流速 U_C/(m/s)	−0.10,−0.05,0.0,0.05,0.10
冠层高度 h_v/m	0.15
冠层密度 N/(株/m²)	421,807,0

1.2 基本理论

植被引起的波浪衰减可以通过波浪的传播来评估。Dalrymple 等[4]基于线性波理论,将波浪在植被区域传播时的衰减描述为:

$$K_v = \frac{H(x)}{H_0} = \frac{1}{1+\beta x} \tag{1}$$

式中:K_v 为波高衰减系数;$H(x)$ 为距离植被区域前沿为 x 处的波高;H_0 为植被区域前沿处的波高;β 为波高衰减因子。波高衰减因子 β 与植被拖曳力系数 C_D(bulk drag coefficient)之间存在如下的关系:

$$\beta = \frac{A_0 H_0}{2} = \frac{4}{9\pi} C_D b_v N H_0 k \frac{\sinh^3(kh_v) + 3\sinh(kh_v)}{\sinh(kh)[\sinh(2kh) + 2kh]} \tag{2}$$

式中:b_v 是单株植被的直径;N 为植被冠层的密度,单位为株/m^2;k 为波数;h_v 和 h 分别为植被在水中的高度和静止水深。前人的研究表明植被拖曳力系数 C_D 与雷诺数 Re 和 Keulegane-Carpenter(简称 K-C,以 N_{KC} 表示)数 N_{KC} 之间均存在较强的相关关系:

$$Re = u_c l_c / \nu \tag{3}$$

$$N_{KC} = u_c T / l_c \tag{4}$$

式中:l_c 为特征长度,一般取为单根植被的直径;ν 为水的运动黏度,取 $1.011 \times 10^{-6}\,m^2/s$;$T$ 为波周期,单位为 s;u_c 为特征速度,通常采用植被区域迎浪侧边缘处(图 1,$x = 0.0\,m$)的最大水平流速 u_m 来代替[12]。

$$u_c = u_m = \frac{\pi H}{T} \frac{\cosh(kh)}{\sinh(kh)} \tag{5}$$

对于波浪或者波浪-单向流共同作用的水流运动,通常将波浪轨道速度 U_w 定义为水平流速波峰波谷速度差的 0.5 倍,即:

$$U_w = \frac{1}{2}(u_{max} - u_{min}) \tag{6}$$

其中,u_{max} 和 u_{min} 分别为波浪水平流速在波峰和波谷的极值。

2 计算结果分析

2.1 植被引起的波高衰减

2.1.1 纯波浪条件下的波高衰减

图 3 为纯波浪条件下不同植被布置形式对波高浪衰减的影响,并根据式(1)对波高衰减系数 K_v 进行拟合。在图 3 中,将冠层前缘设为 $x = 0\,m$,植被区域总长度定义为 x_1。底部黑色的竖线代表不同密度的植被布置形式,右侧坐标轴的 h_v 代表植被的高度。

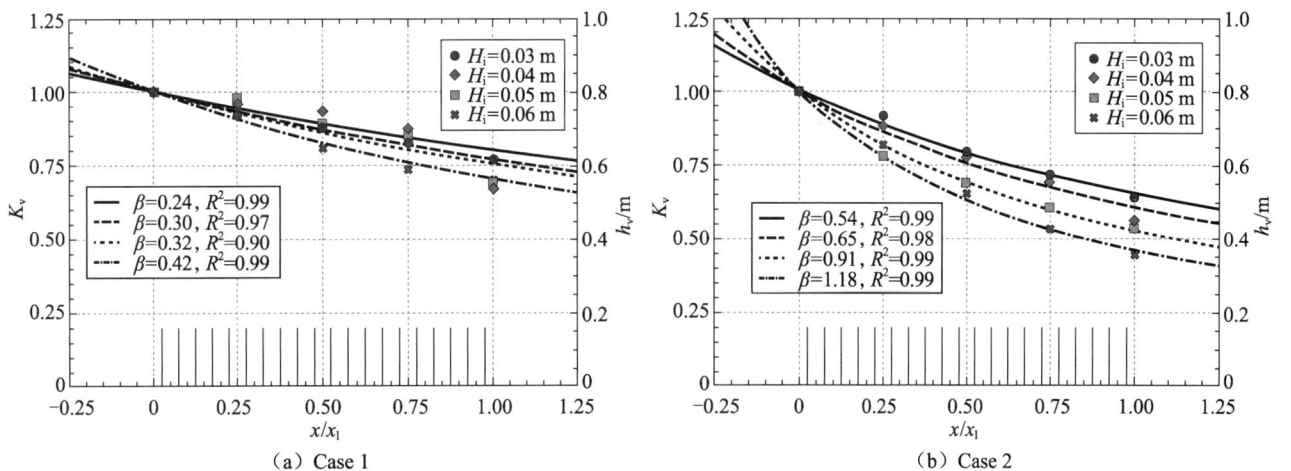

图 3　纯波浪条件下的波高衰减

从图 3 中可以看出:对于 Case 1 和 Case 2,波高衰减因子 β 均随着入射波高的增加而增加,说明入射波高越大,植被的消波效果越明显;对比 Case 1 和 Case 2 的波高衰减情况可以发现,在相同入射波高的条件下,Case 2 对应的波高衰减因子 β 均大于 Case 1 工况,这说明在 Case 2 交错布置的工况(或者是植被密度增加的情况下),植被的消波效果更好。

2.1.2　波-流共同作用下的波高衰减

"波+流"情况下,比较了流速 $U_C=0.10$ m/s 和 0.05 m/s 时两种不同布置形式的植被对波浪衰减的情况,结果如图 4 所示。从图 4 中可以看出,不同条件下的波高衰减率 K_v 拟合曲线的 R^2 值大都在 0.90 以上,说明"波+流"条件下植被内部的波高衰减也满足式(1)的规律。在"波+流"情况下,入射波高的增加,波高衰减因子 β 也随之增加,说明消波效果随波高增加而增强,这与纯波浪条件下的消波规律一致;同时,也可以看出波高衰减因子 β 也随着单向流流速的增加而增加,说明消波效果随正向流流速的增加而明显增强。

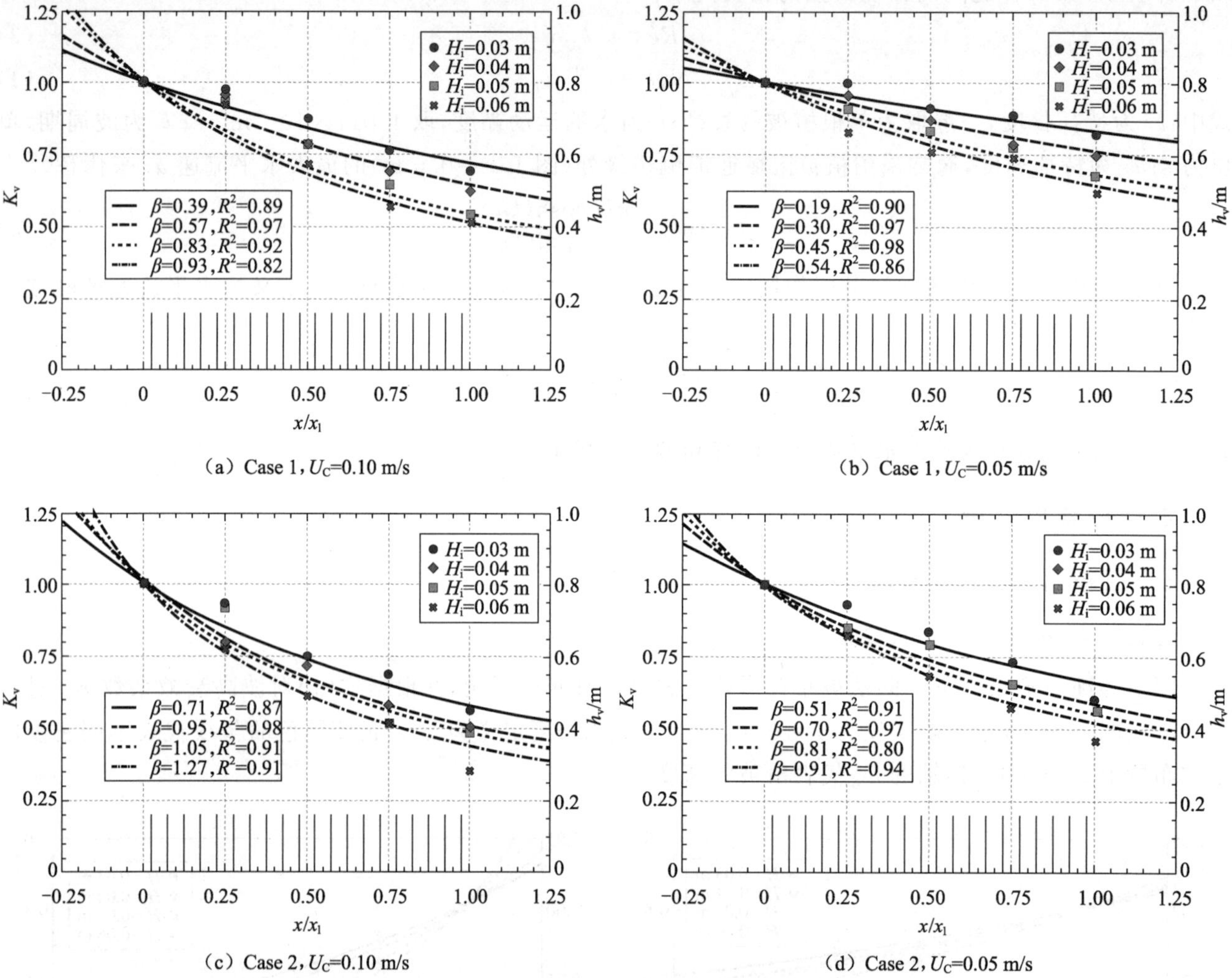

图 4　"波+流"条件下的波高衰减

图 5 比较了"波-流"条件下的波高衰减情况,单向流流速分别为 $U_C=-0.10$ 和 -0.05 m/s。从图 5 中可以看出,在反向单向流情况下,植被的消波效果随着入射波高的增加而增强,这与纯波浪和"波+流"的情况一致。此外,通过对比可以发现,不论是 Case 1 还是 Case 2 的植被布置形式,单向流流速 $U_C=-0.10$ m/s时对应的消波系数均比 $U_C=-0.05$ m/s 时的更大,说明在反向流情况下,植被的消波效果也随流速幅值的增大而增强。

（a）Case 1, U_C=-0.05 m/s

（b）Case 1, U_C=-0.10 m/s

（c）Case 2, U_C=-0.05 m/s

（d）Case 2, U_C=-0.10 m/s

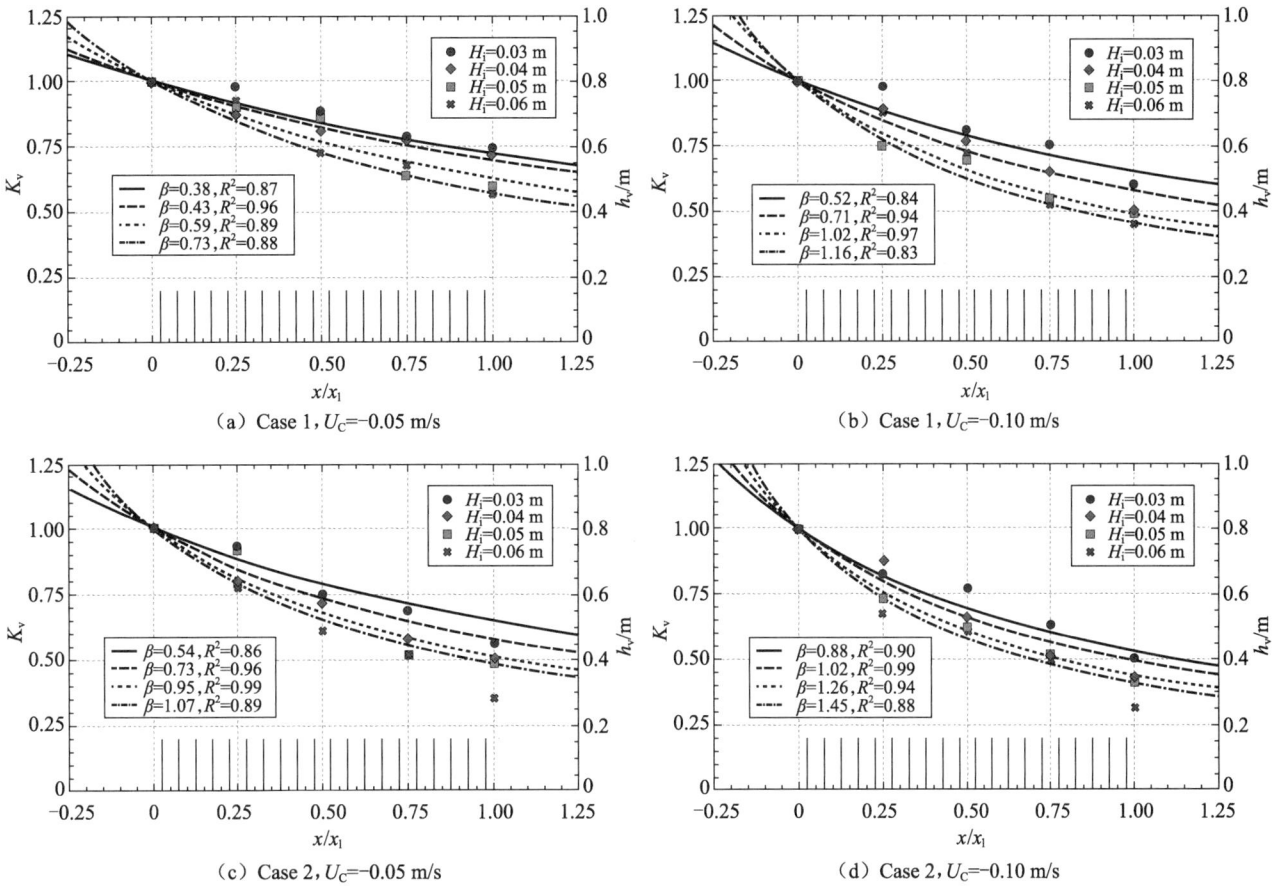

图 5 "波—流"条件下的波高衰减

2.2 波高衰减系数与相对波高关系分析

图 6 为两种不同布置形式的植被以及无植被工况（Case 3）下，波高衰减因子 β 与相对波高 H_0/h 之间的相关关系，H_0 为植被段前端的入射波高。从图 6 中可以看出：在纯波浪条件下植被消波系数 β 与相对波高之间存在较强的线性正相关关系，其拟合 R^2 均在 0.90 以上。Case 1 和 Case 2 工况下的拟合曲线斜率分别为 2.27 和 10.36，这表明 Case 2 植被密度增加工况（交错布置）下的植被消波效果要比 Case 1 更为显著。无植被条件 Case 3 工况下拟合曲线的斜率与 Case 1 工况较为接近。

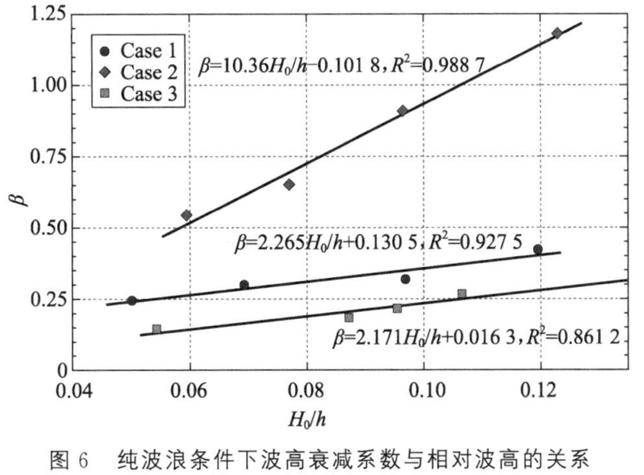

图 6 纯波浪条件下波高衰减系数与相对波高的关系

如图 7 比较了"波+流"［图 7（a）］和"波—流"［图 7（b）］条件下波高衰减因子 β 与相对波高 H_0/h 的关系。由图 7 可知，在正向流和反向流条件下，波高衰减因子 β 都随着相对波高的增加而增加。在"波+流"条件下，拟合曲线的斜率随单向流流速的增加而增大；在"波—流"条件下，拟合曲线的 R^2 值均大于 0.95，表明相对波高 H_0/h 与波高衰减因子 β 之间存在高度线性关系。在相同流速幅值的情况下，反向流条件下拟合曲线的斜率基本比"波+流"条件下的斜率大,说明"波-流"条件下引起的波浪衰减更显著。

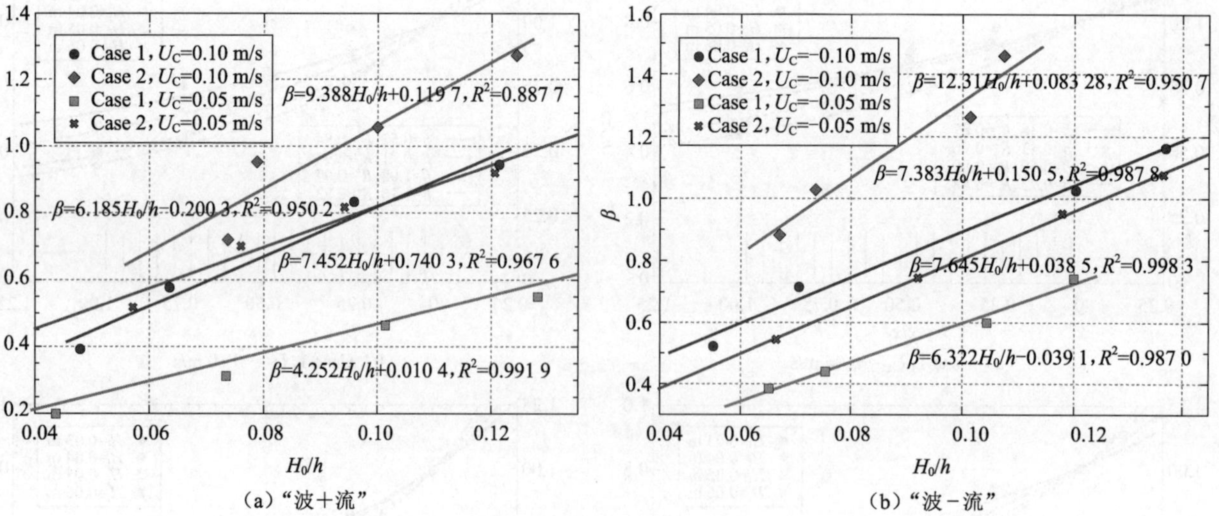

图 7　波浪-单向流条件下波高衰减系数与相对波高的关系

　　为了进一步评估洋流中植被冠层对波浪耗散的影响,Hu 等[9]定义了相对波高衰减 $r_w = \Delta H_{cw}/\Delta H_{pw}$,以量化洋流中的波浪衰减。其中,$\Delta H_{pw}$ 为纯波条件下植被冠层单位长度的波高衰减,ΔH_{cw} 为"波-流"条件下的单位长度波高衰减。因此,当 $r_w > 1$ 时,波浪-单向流条件下植被引起的波浪衰减增强;$r_w < 1$ 时,植被引起的波浪衰减减弱。

　　图 8 显示了相对波高衰减 r_w 与相对速度 α(U_C/U_w)之比的分布,可以看到,"波+流"条件下 α 为 $0.31 \sim 1.39$,对应的 r_w 值为 $0.66 \sim 1.59$。此外,当 $U_C = 0.05$ m/s 时,37.5% 的 r_w 小于 1.0;当 $U_C = 0.10$ m/s 时,87.5% 的 r_w 小于 1.0。这表明,较低的正向流可能会抑制波浪衰减。随着正向水流流速的增加,植被对波浪的衰减作用会进一步增强。在"波-流"条件下,大部分 r_w 值分布在 $r_w > 1$ 区域,这表明反向流也会促进或者抑制波浪衰减。此外,需要指出的是,研究中的 α 在 $0.31 \sim 1.45$ 之间,有必要进一步研究小 α 范围内的"波-流"条件下的波高衰减。

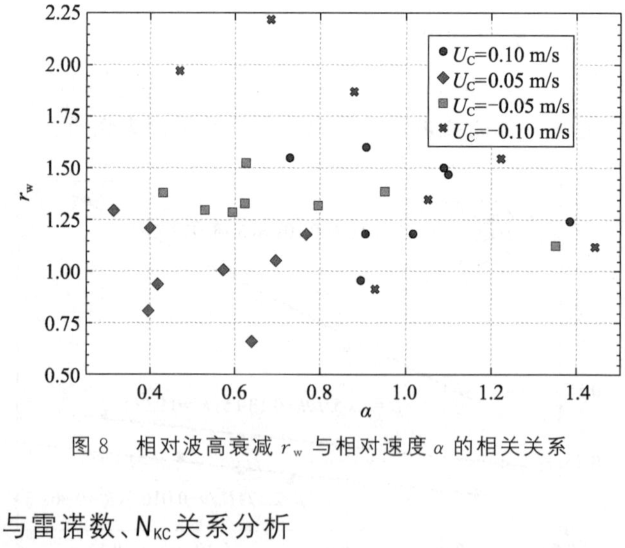

图 8　相对波高衰减 r_w 与相对速度 α 的相关关系

2.3　植被拖曳力系数与雷诺数、N_{KC} 关系分析

　　大量研究表明,阻力系数与雷诺数 Re 或 K-C 数 N_{KC} 之间存在相关性。采用式(2)进行计算,所有组次对应的植被拖曳力系数与不同参数的关系如图 9 所示。采用以往研究公式的相同结构,所有试验的数据对 C_D-Re 和 C_D-N_{KC} 关系进行拟合如下:

$$C_D = \frac{2\,832}{Re} + 0.671\,7, 380 < Re < 910 \tag{7}$$

$$C_D = 36.40 N_{KC}^{-0.724\,5}, 7 < N_{KC} < 25 \tag{8}$$

(a) C_D-Re　　　(b) C_D-N_{KC}

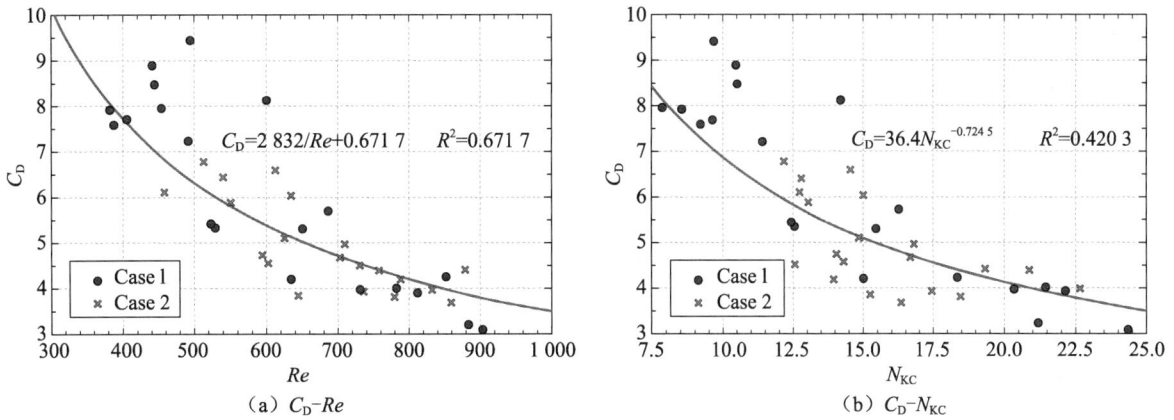

图 9　波浪-单向流条件下植被拖曳力系数 C_D 与 Re、N_{KC} 关系

图 10 为 C_D-Re 和 C_D-N_{KC} 与文献中以往经验公式的拟合曲线对比，其中黑色实线为文中拟合结果。图 10 所示的所有经验公式均是在波浪-单向流条件下推导得到的。对于文中的 C_D-Re 关系来说，其雷诺数的范围为 380～910，相应的拟合线介于 Hu 等[9]和 Yin 等[10]之间。当 N_{KC}值在 7～25 之间时，拟合线高于其他拟合线，表明拟经由公式(8)计算得到的 C_D 偏大。

(a) C_D-Re　　　(b) C_D-N_{KC}

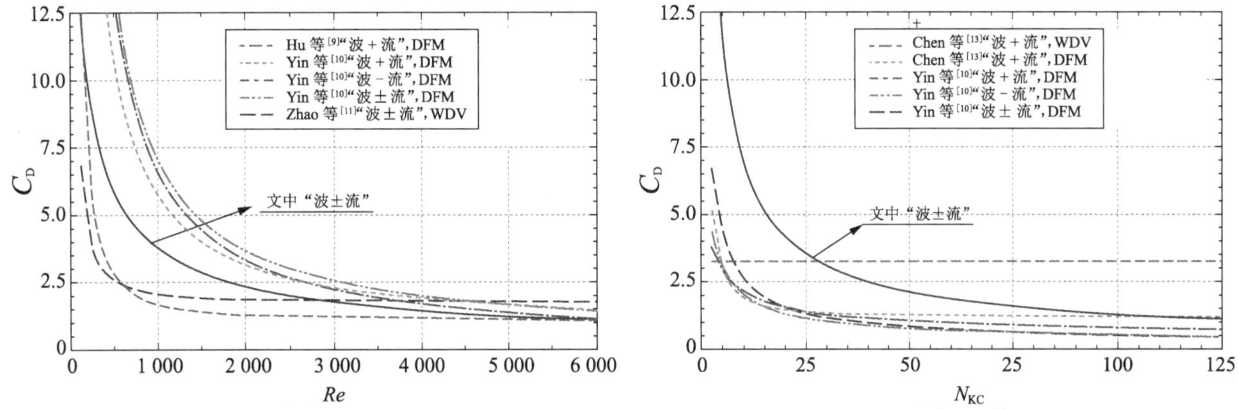

图 10　不同文献中波浪-单向流条件下的植被拖曳力系数与 Re、N_{KC} 经验公式对比

值得说明的是，植被排列(排列/交错)、波浪条件(规则、不规则和孤立波)、植被与静水深之间的相对关系以及拖曳力系数计算方法(如消波模型或直接测力法)[13-14]的差别，导致当前植被拖曳力系数关系表达式存在差异。在"波浪±单向流"条件下，波轨道速度 U_w 与外加电流速度 U_C 的速度比至关重要，而在本研究中只考虑特定量级范围内的单向流动。因此，需要更多的研究来明确波浪衰减和进一步分析植被拖曳力系数的特性，特别是使用直接测力法来计算阻力系数。

3 结　论

通过水槽试验，分析了不同波浪-单向流组合条件下淹没刚性植被对波高衰减的规律，主要结论如下：

(1) 纯波浪条件下，植被引起的波高衰减随入射波高的增加而增大，同时，植被冠层密度的增加也会导致波高衰减增强。波浪-单向流共同作用的条件下，波高衰减均随着流速幅值的增加而增强。

(2) 波高衰减因子 β 与相对波高之间存在较强的线性正相关关系。值得说明的是，在相同速度幅值的情况下，"波－流"工况下对应的线性相关斜率要比"波＋流"更大，说明"波－流"工况下植被引起的波高衰减可能更大。

(3) 在本文指定的单向流条件下，正向流和反向流均可以促进或者抑制波高衰减。植被拖曳力系数 C_D 与 Re 及 N_{KC}均存在一定的相关关系，其中 C_D-Re 相关性更强。

参考文献

[1] BOUMA T J,DE VRIES M B,LOW E,et al. Trade-offs related to ecosystem engineering:a case study on stiffness of emerging macrophytes[J]. Ecology,2005,86(8):2187-2199.

[2] ZHAN J M,YU L H,LI C W,et al. A 3-D model for irregular wave propagation over partly vegetated waters[J]. Ocean Engineering,2014,75:138-147.

[3] 陈杰,何飞,蒋昌波,等. 规则波作用下刚性植物拖曳力系数实验研究[J]. 水利学报,2017,48(7):846-857.

[4] DALRYMPLE R A,KIRBY J T,HWANG P A. Wave diffraction due to areas of energy dissipation[J]. Journal of Waterway,Port,Coastal,and Ocean Engineering,1984,110(1):67-79.

[5] KOBAYASHI N,RAICHLE A W,ASANO T. Wave attenuation by vegetation[J]. Journal of Waterway,Port,Coastal,and Ocean Engineering,1993,119(1):30-48.

[6] 龚尚鹏,陈杰,蒋昌波,等. 孤立波作用下植物带消浪特性对比分析[J]. 中国海洋大学学报(自然科学版),2020,50(12):144-150.

[7] 龚尚鹏. 基于物理模型试验的刚性植物带消浪影响因素分析[D]. 长沙:长沙理工大学,2020.

[8] 张明亮,张洪兴,徐红印,等. 规则波和不规则波在刚性植物区波能衰减的试验研究[J]. 大连海洋大学学报,2017,32(3):369-372.

[9] HU Z,SUZUKI T,ZITMAN T,et al. Laboratory study on wave dissipation by vegetation in combined current-wave flow[J]. Coastal Engineering,2014,88:131-142.

[10] YIN Z G,WANG Y X,LIU Y,et al. Wave attenuation by rigid emergent vegetation under combined wave and current flows[J]. Ocean Engineering,2020,213:107632.

[11] ZHAO C Y,TANG J,SHEN Y M,et al. Study on wave attenuation in following and opposing currents due to rigid vegetation[J]. Ocean Engineering,2021,236:109574.

[12] OZEREN Y,WREN D G,WU W. Experimental investigation of wave attenuation through model and live vegetation[J]. Journal of Waterway,Port,Coastal,and Ocean Engineering,2014,140(5):04014019.

[13] CHEN H,NI Y,LI Y L,et al. Deriving vegetation drag coefficients in combined wave-current flows by calibration and direct measurement methods[J]. Advances in Water Resources,2018,122:217-227.

[14] YAO P,CHEN H,HUANG B S,et al. Applying a new force-velocity synchronizing algorithm to derive drag coefficients of rigid vegetation in oscillatory flows[J]. Water,2018,10(7):906.

地形对振荡水柱式波浪能转换装置捕能效果影响的数值研究

周　庆[1],巩树凯[1],米成龙[1],高俊亮[1,2]

(1. 江苏科技大学 船舶与海洋工程学院,江苏 镇江　212100;2. 天津大学 水利工程智能建设与运维全国重点实验室,天津　300072)

摘要:振荡水柱式(OWC)波浪能转换装置是世界范围内普遍使用的波能转换装置之一。其中,气室作为其最主要的部分,可以将入射波的部分能量转换为气体往复振荡的动能,是进行第一次能量转换的关键部分。本文基于计算流体力学软件 STAR-CCM+建立了一个二维数值波浪水槽,研究了受等腰梯形潜堤地形影响的离岸式 OWC 装置气室的捕能效果。本文在潜堤前坡和后坡坡度不变的情况下,研究了地形的高度以及地形与 OWC 装置之间的相对位置对 OWC 能量转换效率的影响。结果表明:在低频区($f_* \leqslant 0.32$),二者对OWC 装置气室捕能效果有着明显的影响,合理调整地形的高度以及地形与 OWC 装置之间的相对位置,有利于提升低频段气室的捕能效果;而对于高频区($f_* > 0.32$),二者对气室捕能效果的影响并不显著。

关键词:振荡水柱式波浪能转换装置;波浪能;潜堤地形;STAR-CCM+

海洋能源具有生态友好、储量丰富、有效开发窗口期长等诸多优点,拥有巨大的利用潜力。在众多海洋能源中,波浪能作为一种能量品质高、能流密度广、可利用面积较大的可再生能源备受关注。因此,对波浪能的有效开发与利用对于中国海上经济的进一步发展至关重要。近年来,涌现出各种类型的波浪能发电装置,其中振荡水柱式(OWC)波浪能转换装置由于其可靠性高和结构简单等优点,在波浪能发电领域得到广泛应用。

针对 OWC 波浪能转换装置,国内外学者已进行了大量的物理模型试验和数值模拟研究。在物理试验方面,Ashlin 等[3]研究了不同底面结构的 OWC 装置在多种不规则波作用下的水动力特性,发现圆弧形底部结构能显著提高波能转换效率;Ning 等[4]研究了不同结构参数对 OWC 装置波浪能转换性能的影响,结果显示当孔隙率为 0.66% 时,OWC 装置的波浪能转换效率最高;王鹏等[5]分析了设置水平板对于 OWC 装置水动力性能的影响,发现正确放置水平板能明显提高 OWC 防波堤的消波性能。在数值模拟方面,Zhang 等[6]发现增加 OWC 装置孔径会显著降低气室压强;Luo 等[7]通过数值模拟,分析了气室墙壁吃水和非线性波浪对 OWC 装置波能转换效率的影响,结果表明随波高的增大,装置的波能转换效率逐渐降低;Bouali 和 Larbi[8]通过 CFX 软件探究了入射波参数和 OWC 装置的几何形状对波能转换效率的影响。

一方面,在以往对 OWC 装置的物理模型试验和数值研究中,通常侧重于探讨装置本身的结构参数,缺乏不同外部地形对 OWC 装置气室捕能效果影响的研究。另一方面,在实际的海岸和近海水域,海底地形往往不是平坦的,而是有斜坡、潜堤等各类复杂地形[9]。基于以上 2 个原因,本文采用了基于 STAR-CCM+的数值模拟方法,考虑了等腰梯形潜堤海底地形,从波浪能转换效率角度研究了地形的高度以及地形与 OWC 装置之间的距离对于气室捕能效果的影响。

1 数值模型介绍

本数值模型所用的控制方程为连续性方程和 Navier-Stokes 方程,分别为:

$$\nabla \cdot \boldsymbol{v} = 0 \tag{1}$$

基金项目:国家自然科学基金资助项目(52371277);天津大学水利工程智能建设与运维全国重点实验室开放基金资助项目(HESS-2323);广东省基础与应用基础研究基金自然科学基金面上项目(2023A1515010890)

通信作者:周庆。E-mail:zq549817043@163.com

$$\frac{\partial v}{\partial t}+(v\cdot\nabla)v=g-\frac{1}{\rho}\nabla P+\frac{\mu}{\rho}\nabla^2 v \tag{2}$$

式中：v 为速度矢量；ρ 为流体的密度；t 为时间；g 为重力加速度；μ 为动力黏性系数；P 为动压力。

OWC 波浪能转换装置气室内的捕能效果用波能-动能转换效率(η_e)衡量，表达式为：

$$\eta_e=E_0/E \tag{3}$$

式中，E_0 为出气口处一个波周期内的空气动能；E 为一个波长范围内的总波能。

气室内气液相互作用，将波浪能转换为空气的动能，出气口处一个波周期内的空气动能 E_0 为：

$$E_0=\frac{1}{2}\rho_k DTV^3 \tag{4}$$

式中：ρ_k 为气体密度；V 为气体速度；D 为气室出口宽度；T 为入射波周期。

一个波长范围的总波浪能 E 为：

$$E=E_k+E_p \tag{5}$$

其中，单位宽度波峰线长度的波浪动能(E_k)和波浪势能(E_p)分别为：

$$E_k=\int_0^L\int_{-h}^0\frac{\rho}{2}(u^2+w^2)\mathrm{d}x\,\mathrm{d}z=\frac{1}{4}\rho gA_i^2 L \tag{6}$$

$$E_p=\int_0^L\int_0^{\eta}\rho gz\,\mathrm{d}x\,\mathrm{d}z=\int_0^L\frac{\rho g}{2}\eta^2\mathrm{d}x=\frac{1}{4}\rho gA_i^2 L \tag{7}$$

式中：u 为水平速度分量；w 为垂直速度分量；h 为水深；L 为波长。自由表面高度 $\eta=A_i\sin(kx-\sigma t)$，$A_i=H_i/2$ 为入射波波幅，H_i 为入射波高。

2 数值模型建立和验证

2.1 数值实验设置

本文采用STAR-CCM+软件建立二维黏性流数值波浪水槽。如图1(a)所示，波浪水槽长度为6倍波长，高1.60 m，在 y 方向上的宽度为0.01 m，对应于一个计算单元的宽度。静水深 $h=0.80$ m。在水槽两端均设置长度为1.5倍波长的松弛区，用于吸收透射波和反射波。OWC装置布置在水槽中部，图中所示VS为速度测点，位于气室出气口中间点，PS为压强测点，位于气室顶面，距离后墙内壁0.02 m。浪高仪 G_1 同样布置在气室中点，用于记录气室内的波面高程。OWC装置和潜堤地形的结构参数如图1(b)所示。OWC装置气室宽度 $B=0.34$ m，气室前墙壁厚 $C=0.02$ m，气室内的气孔宽度 $D=0.009$ m，气室吃水深度 $d=0.20$ m，气室高度 $h_c=0.15$ m。将实际的潜堤地形简化为等腰梯形，上底长度为 a，下底长度为 b，底角为 θ，坡度 $i=2h_1/(b-a)$。OWC装置和潜堤地形之间的水平距离为 Δx。本文的入射波为规则波，波幅 $A_i=0.02$ m，周期(T)的范围为1.00～2.05 s，入射波长(L)为1.60～5.00 m。采用下式对入射波周期进行无量纲化：

$$f_*=\frac{1}{T}\cdot\frac{h}{\sqrt{gB}} \tag{8}$$

得到无量纲化的波浪频率(f_*)的范围为0.21～0.44。

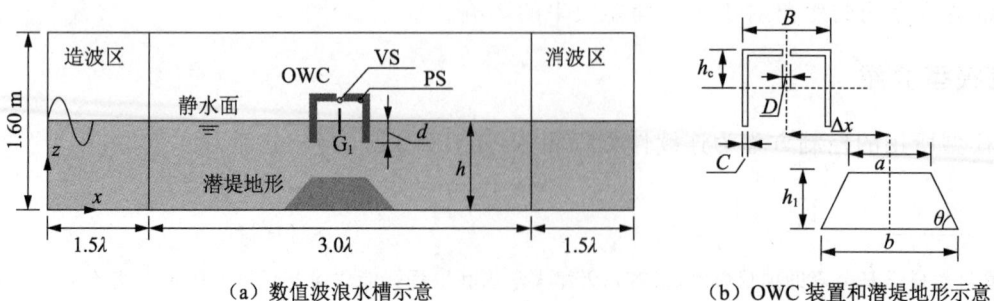

(a) 数值波浪水槽示意　　　　(b) OWC 装置和潜堤地形示意

图1　数值波浪水槽、OWC 装置和潜堤地形示意

保持 OWC 装置的结构参数不变,只改变潜堤地形的结构参数和两者间的水平距离(Δx),并设计了多种工况(表1)。工况1、2 和 3 保持潜堤地形坡度(i)和水平距离不变,以研究地形高度(h_1)变化的影响;工况 3、4、5 和 6 保持潜堤地形的坡度(i)和高度不变,以研究其与 OWC 装置的相对位置变化的影响。设置工况 0(即无潜堤地形情况)为对照组,以研究有、无潜堤地形对 OWC 装置的影响。

表 1 　不同潜堤地形参数设置

	i	h_1/m	$\Delta x/m$
工况 0	0	0	0
工况 1	1	0.2	0
工况 2	1	0.3	0
工况 3	1	0.4	0
工况 4	1	0.4	0.5
工况 5	1	0.4	1.0
工况 6	1	0.4	1.5

2.2 数值模型收敛性验证

图 2 呈现了计算域的网格划分。为保证计算精度,对液面、OWC 装置、地形周围区域进行局部加密。为了选择最合理的网格尺寸和时间步长来保证结果的收敛性和数据的可靠性,本节设置了网格1、网格2、网格 3 共 3 套网格,对本文所建立的数值波浪水槽进行收敛性的验证,细节如表 2 所示。其中,δ_x 和 δ_z 为液面加密区内 x 和 z 方向的网格尺寸,Δt 为时间步长。

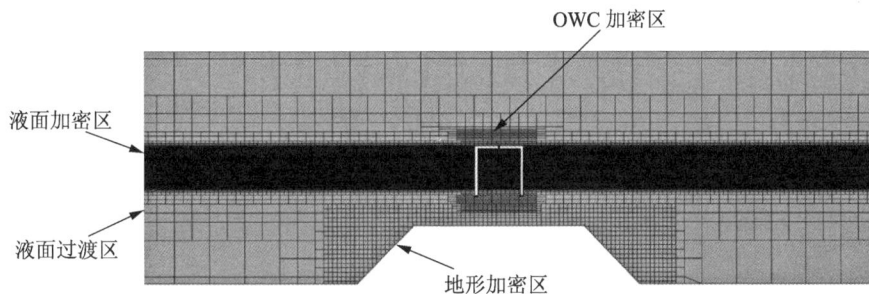

图 2 　计算域的网格划分

表 2 　网格收敛性验证模型的设置

网　格	时间步长	液面加密区网格尺寸	网格总数/个
1	$\Delta t = T/1\,000$	$\delta z = A_i/10, \delta_x = A_i/2.5$	153 734
2	$\Delta t = T/2\,000$	$\delta z = A_i/10, \delta_x = A_i/2.5$	153 734
3	$\Delta t = T/1\,000$	$\delta z = A_i/20, \delta_x = A_i/5$	592 386

图 3 为 $f_* = 0.31$、$A_i = 0.02$ m 且无潜堤地形时,有、无 OWC 装置等 2 种工况下 G_1 处波面的时间历程曲线。结果显示:当无 OWC 装置时,模拟值与理论波形基本吻合,说明本模型可以准确地模拟入射波浪;不论有、无 OWC 装置,3 套网格设置的计算结果几乎一致,因此网格 1 的计算结果已然达到了比较满意的计算精度。考虑到计算效率与成本,在后续计算中,采用网格 1 的网格与时间步长设置来进行数值模拟。

2.3 数值模型准确性验证

为验证数值模型准确性,本节模拟了不同波浪条件下 OWC 装置气室中心点波面高程、压强以及能量转换效率,并将数值结果与马子然[10]的试验结果进行对比。水槽布置参照图1,但与图 1 不同的是物理试验中为平底地形。取计算域长度 32 m,高 0.80 m,水深 0.40 m,在水槽前端和后端均设置 1.5 倍波长的消波区。OWC 装置宽 $B=0.40$ m，气室高度 $h_c=0.40$ m，吃水 $d=0.20$ m，气室壁厚 $C=0.01$ m，气室内的气孔宽度 $D=0.0075$ m。入射波波幅 $A_i=0.0175$ m，入射波频率 $f_*=0.27\sim0.44$。数值结果与试验结果的对比如图 4 所示。结果表明，数值模拟结果与试验数据吻合较好。

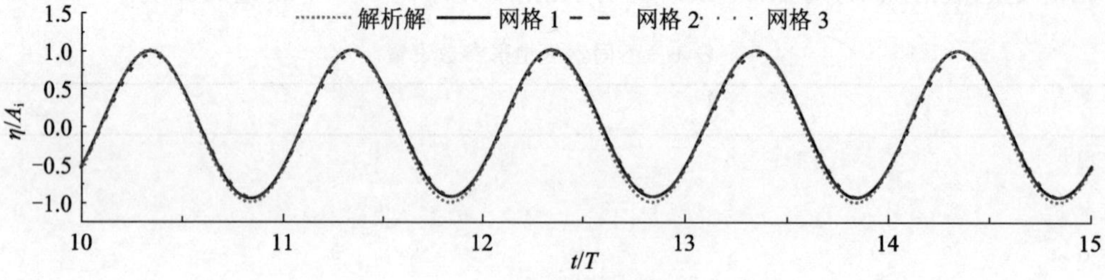

(a) 无 OWC 装置

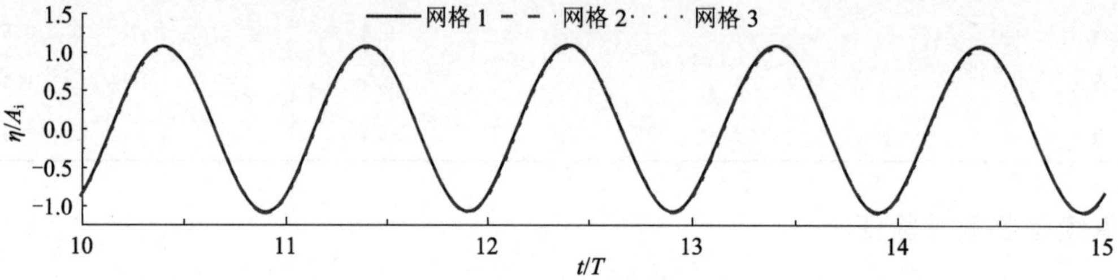

(b) 有 OWC 装置

图 3　$f_*=0.31$、$A_i=0.02$ m 且无潜堤地形时，有、无 OWC 装置等 2 种工况下 G_1 处波面的时间历程曲线

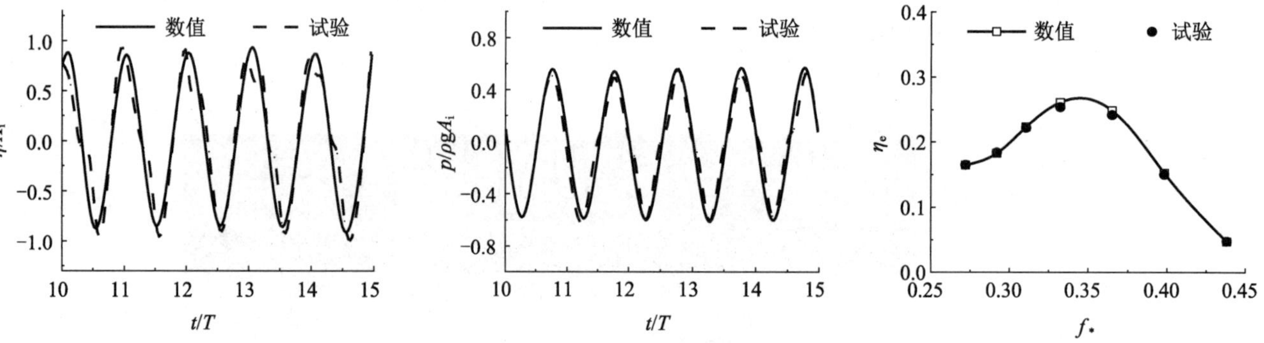

(a) 气室中心点波面高程　(b) 气室压强　(c) 能量转换效率

图 4　数值模拟与试验结果对比

3 结果和分析

3.1 潜堤地形高度的影响

图 5 呈现了 $\Delta x=0$、$i=1$ 时不同潜堤地形高度条件下 OWC 装置波能转换效率(η_e)随着入射波频率的变化趋势。可以看到 2 个明显的现象。第一，在不同高度的地形条件下，OWC 装置的能量转换效率均随着 f_* 的增大先增大再减小，且均在 $f_*=0.36$ 时到达最大值。在本节考虑的工况中，无地形时的 OWC 装置波能转换效率最大，可达到 0.362。第二，在低频段($f_*\leqslant0.32$)时，地形高度越高，能量转换效率越高，且高于无地形的情况；在高频段($f_*>0.32$)时，地形高度越低，能量转换效率越高，但低于无地形的情况。这是因为地形的存在会导致波浪浅水效应，即水深变浅时波高变大，此时对 OWC 装置提取波能有利，另外地形存在也会导致反射一部分能量，对 OWC 装置提取波能不利。在低频段时波长较长，对长波而言，地形对波能反射有限，浅水效应导致的波高变大占主导作用，所以使得 OWC 装置在该频率范围内的能量转换效率提高。而在高频段，地形的存在导致反射损失的波浪能较大，同时浅水效应导致的波高变大效果有限，因此能量转换效率会变低。

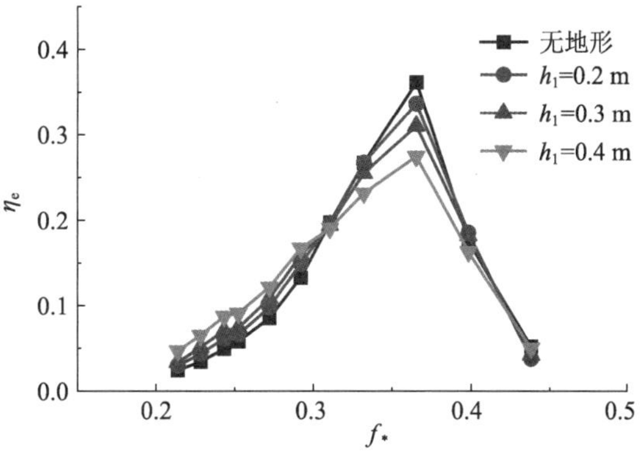

图 5 $\Delta x = 0$、$i = 1$ 时不同潜堤地形高度下的能量转换效率

3.2 潜堤地形与 OWC 装置的相对位置的影响

图 6 呈现了 $h_1 = 0.4$ m、$i = 1$ 时不同潜堤地形与 OWC 装置的相对位置下 OWC 装置气室能量转换效率随着入射波频率 f_* 的变化趋势。从图中可以看到 2 个现象。第一，在不同的相对位置条件下，OWC 装置的能量转换效率均随着 f_* 的增大先增大再减小，且均在 $f_* = 0.36$ 时到达最大值。在潜堤地形与 OWC 装置间的水平距离 $\Delta x = 1.5$ m 时，OWC 装置能量转换效率最高可达到 0.364，与无地形时的 OWC 装置最高能量转换效率 0.362 基本一致。当 $\Delta x = 0$、0.5 和 1.0 m 时，装置最高能量转换效率要普遍低于无地形时最高能量转换效率。第二，在低频段($f_* \leqslant 0.26$)时，Δx 越小，能量转换效率越高，且要高于无地形的情况。而在高频段($f_* > 0.35$)时，Δx 越大，能量转换效率越高，但低于无地形的情况。

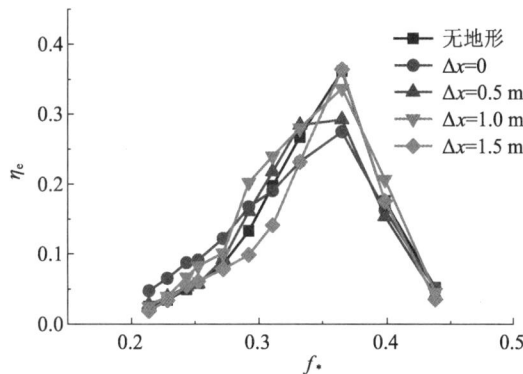

图 6 $h_1 = 0.4$ m、$i = 1$ 时不同潜堤地形与 OWC 装置的相对位置下的能量转换效率

4 结 语

采用基于计算流体力学软件 STAR-CCM＋建立的二维数值波浪水槽，研究了等腰梯形潜堤地形的高度以及潜堤地形与 OWC 装置之间的相对位置对 OWC 装置气室捕能效果的影响。主要结论如下：

(1) 在分别改变潜堤地形高度(潜堤地形与 OWC 装置间水平距离 $\Delta x = 0$，潜堤地形前后坡坡度 $i = 1$)和潜堤地形与 OWC 装置之间的相对位置(潜堤地形高度 $h_1 = 0.4$ m，$i = 1$)等 2 种情况下，OWC 装置的能量转换效率均随着 f_* 的增大先增大再减小，且装置的最高能量转换效率均在 $f_* = 0.36$ 时取得。

(2) 只改变潜堤地形高度时($\Delta x = 0$，$i = 1$)，无地形情况下的 OWC 装置最高能量转换效率大于有地形的情况。在低频段($f_* \leqslant 0.32$)时，潜堤地形高度越高，能量转换效率越高，且高于无地形的情况；在高频段($f_* > 0.32$)时，潜堤地形高度越低，能量转换效率越高，但低于无地形的情况。

(3) 只改变潜堤地形与 OWC 装置之间的相对位置($h_1 = 0.4$ m，$i = 1$)时，无地形情况下的 OWC 装置最高能量转换效率要普遍高于其他有地形(即水平距离 $\Delta x = 0$、0.5 和 1.0 m)的情况。在低频段($f_* \leqslant 0.26$)时，Δx 越小，能量转换效率越高，且要高于无地形的情况；而在高频段($f_* > 0.35$ 时，Δx 越大，能量转换效率越高，但低于无地形的情况。

最后需强调的是，以上具体结论仅适用于给定的数值水槽几何布局以及本文所研究的入射波频率、潜堤地形高度和潜堤地形与 OWC 装置之间的相对位置的变化范围。

参考文献

［1］　郑崇伟,贾本凯,郭随平,等. 全球海域波浪能资源储量分析[J]. 资源科学,2013,35(8):1611-1616.

［2］　史宏达,李海锋,刘臻. 基于 VOF 模型的 OWC 气室波浪场数值分析[J]. 中国海洋大学学报（自然科学版）,2009,39(3):526-530.

［3］　ASHLIN S J,SUNDAR V,SANNASIRAJ S. Effects of bottom profile of an oscillating water column device on its hydrodynamic characteristics[J]. Renewable Energy,2016,96:341-353.

［4］　NING D Z,WANG R Q,ZOU Q P,et al. An experimental investigation of hydrodynamics of a fixed OWC Wave Energy Converter[J]. Applied energy,2016,168:636-648.

［5］　王鹏,邓争志,王辰,等. 振荡水柱式防波堤的水动力特性[J]. 浙江大学学报,2019,53(12):2335-2341.

［6］　ZHANG Y,ZOU Q P,GREAVES D. Air-water two-phase flow modelling of hydrodynamic performance of an oscillating water column device[J]. Renewable Energy,2012,41:159-170.

［7］　LUO Y,NADER J R,COOPER P,et al. Nonlinear 2D analysis of the efficiency of fixed oscillating water column wave energy converters[J]. Renewable Energy,2014,64:255-265.

［8］　BOUALI B,LARBI S. Sequential optimization and performance prediction of an oscillating water column wave energy converter[J]. Ocean Engineering,2017,131(1):162-173.

［9］　杨志伟. 基于波浪断面物理模型试验的大万山岛防波堤（潜堤）工程稳定性研究[J]. 广东水利水电,2023(10):25-31.

［10］　马子然. 离岸式 OWC 前后墙结构优化及聚焦波作用下荷载分析[D]. 大连:大连理工大学,2020.

液舱晃荡对窄缝共振水动力性能及波浪力影响的数值研究

金益晨[1]，巩树凯[1]，米成龙[1]，高俊亮[1,2]

(1. 江苏科技大学 船舶与海洋工程学院，江苏 镇江　212100；2. 天津大学 水利工程智能建设与运维全国重点实验室，天津　300072)

摘要：基于开源 DualSPHysics 数值模型建立一个二维数值波浪水槽，对一个载液方箱和一个相邻固定方箱间的窄缝共振现象开展了数值模拟研究。其中系有悬链线系泊的载液方箱布置在来浪侧且允许其在 x 方向上做水平运动(即横荡运动)，而固定方箱布置在背浪侧。本文聚焦于入射规则波参数(包括波周期和波高)以及上游方箱内的液舱晃荡对窄缝内波高和上、下游方箱所受波浪力(包括水平和垂直波浪力)的影响。结果表明，当上游方箱有载液时，窄缝内的波高放大和 2 个箱体受到的水平波浪力明显增大，而上游方箱受到的垂直波浪力明显小于上游方箱无载液时的工况。上游方箱有无载液对下游方箱所受到的垂直波浪力影响却不大。

关键词：窄缝共振；液舱晃荡；波浪载荷；DualSPHysics；光滑粒子流体动力学(SPH)

　　波浪与海洋结构物之间的相互作用问题一直是国内外学者的重要研究方向。在过去的几十年里，对于波浪作用下多浮体水动力特性的研究已逐渐成为热点。例如，当液化天然气(LNG)运输船并靠浮式生产储卸装置(FPSO)作业时，为了便于 LNG 的运输，它们的间距往往很小[1]。在某些特定频率的波浪激励下，窄缝内流体会出现剧烈振荡，这种现象常被称为"窄缝共振"[2]。窄缝共振可导致海洋结构物所受波浪载荷显著增大，以及并靠浮体的大幅运动[3]。这些由窄缝共振引起的水动力问题，极大地影响了装卸效率与操作安全。目前，已有诸多学者针对窄缝共振现象开展了物模试验[4-5]、数值模拟[6-7]以及理论分析研究。但是，已有的绝大多数研究工作仅考虑了窄缝内和结构物上、下游的波高放大、浮体的运动响应和浮体所受的波浪载荷。同时，也有少量学者基于势流理论研究了液舱晃荡和窄缝共振共同作用对浮体运动和受力的影响[15]。近期，Jiao 等[16]采用光滑粒子流体动力学(SPH)方法研究了液舱晃荡和窄缝共振的共同作用对载液浮体的运动和某些位置处所受动水压强的影响，但缺乏对窄缝内波面放大和对整个浮体所受波浪载荷的考量。针对其缺乏的部分，本文开展了窄缝共振和液舱晃荡共同作用下的窄缝内波面放大和整个浮体所受波浪载荷的研究。

1 数值模型

1.1 数值模型的介绍

　　采用基于 SPH 方法的 DualSPHysics_v5.0 开源软件开展相关研究工作。流体的运动由连续性方程和 Navier-Stokes 方程控制：

$$\frac{D\rho}{Dt} = -\rho \nabla \cdot u \tag{1}$$

$$\frac{Du}{Dt} = -\frac{1}{\rho}\nabla p + g + v_0 \nabla^2 u + \frac{1}{\rho}\nabla \cdot \vec{\tau} \tag{2}$$

式中：t 为时间；ρ 为密度；p 为压力；u 为速度；g 为重力加速度；v_0 为层流运动黏度；$\vec{\tau}$ 为湍流应力张量。

　　SPH 方法将连续体离散成一系列粒子，通过插值函数的积分方程对特定点的物理信息进行插值：

作者简介：金益晨。E-mail：1795646892@qq.com

$$F(r) = \int F(r')W(r-r',h)\mathrm{d}r' \tag{3}$$

式中:W 为平滑核函数;r 为粒子的位置向量;h 为光滑长度。本文采用了 Wendland 的核函数:

$$W(r,h) = \alpha D(1-q/2)^4(2q+1) \tag{4}$$

流体压力和密度之间的状态方程为:

$$P = b\left[\left(\frac{\rho}{\rho_0}\right)^r - 1\right] \tag{5}$$

式中:

$$b = \frac{\rho_0 c_0^2}{\gamma} \tag{6}$$

$$c_0 = c(\rho_0) = \sqrt{\partial P/\partial \rho}\,\big|_{\rho_0} \tag{7}$$

式中:$\gamma = 7$ 为水的多变量常数;参考流体密度 $\rho_0 = 1\,000\ \mathrm{kg/m^3}$;$c_0$ 为参考密度下的声速。

1.2 数值模型的验证

据作者所知,目前尚没有对窄缝共振、浮体运动和浮体内液舱晃荡三者相互耦合现象的试验研究。为此,本文分别针对液舱晃荡现象和窄缝共振现象验证了 DualSPHysics 模型的适用性和精确性。1.2.1 节模拟了内外流场耦合条件下的液舱晃荡现象,并与于含[17]的试验结果进行了对比;1.2.2 节模拟了固定双箱间的窄缝共振现象,并与 Saitoh[18] 的试验结果进行了对比。

1.2.1 内外流场耦合条件下的液舱晃荡

图 1 为重现于含[17]物理试验的二维数值水槽模型示意图。系泊的载液方箱布置在水槽中央,宽度 $B = 0.50$ m,高度 $D = 0.20$ m,方箱初始吃水深度 d 为 0.092 m,载液高度为 0.10 m,质量为 34.10 kg。水槽内静水深 $h = 0.40$ m。锚链长度为 1.00 m,刚度为 15.96 N/cm,重度为 0.08 kg/m,锚点距浮体中心线的水平距离为 0.95 m。如图在方箱内放置 G_1、G_2 2 根浪高仪,其中 G_2 位于方箱中心,G_1 与 G_2 间距为 0.245 m。试验中,入射波高 $H = 0.04$ m,入射波周期 $T = 0.9$ s。首先对数值模型进行模拟结果的收敛性验证,分别采用粒子粒径 $d_p = 0.005$、0.01、0.03 和 0.05 m,对 G_1 处测得的自由水面高程(η)时间序列进行比较,并发现 $d_p = 0.01$ m 即可以得到收敛的模拟结果(由于空间限制,本文没有呈现相关结果)。将完成收敛性验证后得到的 G_1、G_2 处自由水面高程时间序列与试验数据进行对比,如图 2 所示。结果表明,预测得到的自由水面高程与试验结果吻合良好。

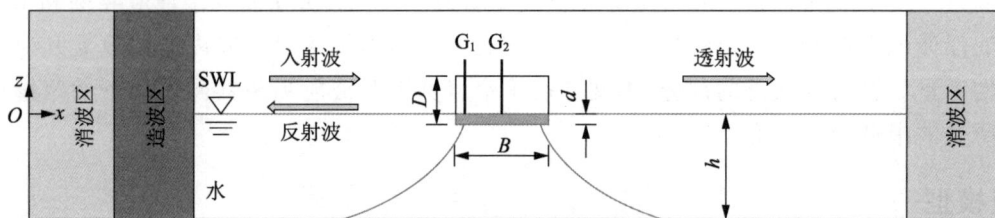

图 1 数值水槽模型布置

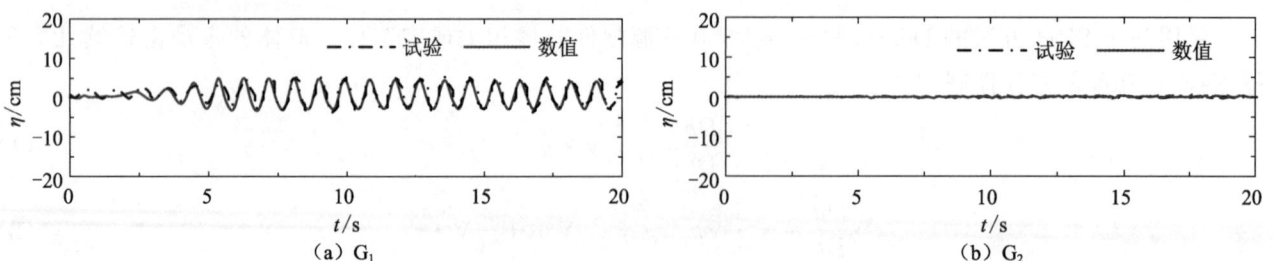

图 2 箱体内 G_1 和 G_2 浪高仪测得的自由水面高程时间序列

1.2.2 双箱间的窄缝共振

为了验证 DualSPHyscis 模型重现浮体间窄缝共振的能力,本节参照 Saitoh[18] 的试验设置,建立了图

3 所示的数值水槽。数值水槽长 14.0 m,宽 0.80 m,水深 $h=0.50$ m,两端的消波区长度为 1.5 倍波长 (L_p),造波区长度为 3.0 m。A 箱和 B 箱的宽度、高度均为 0.50 m,吃水 $d=0.252$ m,窄缝宽度 $B_g=0.05$ m,且 A 箱和 B 箱均为固定。图 4 呈现了波高 $H=0.024$ m 的规则波激励下窄缝内的波高放大因子随着无量纲波数(k_h,其中 k 为波数)的变化。其中,H_g 为 G_1 浪高仪测得的窄缝内波高。可以看出,数值模拟结果与试验数据吻合良好。

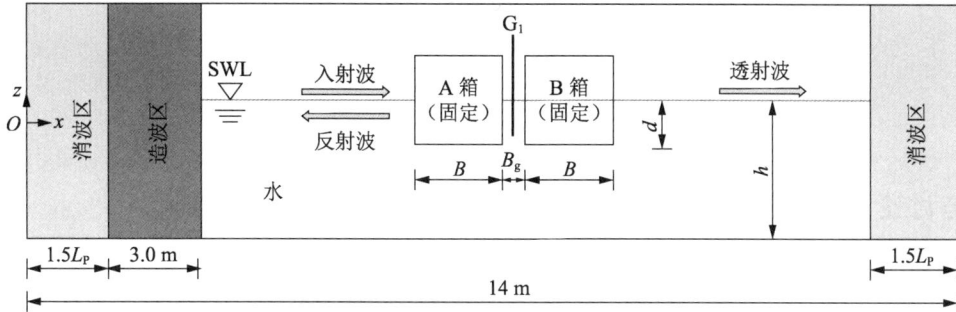

图 3　固定双箱系统简图

图 4　窄缝内的波面放大对比

2　数值水槽的布置

本文中使用的数值波浪水槽如图 5 所示。波浪水槽总长为 19.0 m,高 1.25 m,水深 $h=0.50$ m。造波区长 3.0 m。在波浪入射边界处和水槽末端分别设置长为 4.5 m 的消波区,用以吸收向计算域外传播的波浪成分。方箱模型布置在水槽中央,其中上游 A 箱和下游 B 箱宽和高均为 0.50 m,双箱对称于水池中心,两箱间窄缝宽度 $B_g=0.08$ m。其中 A 箱仅允许在悬链线系泊约束下沿 x 方向水平运动(即横荡运动)。方箱初始吃水深度 $d=0.092$ m,载液高度为 0.06 m,质量为 34.10 kg。锚链长度为 1.00 m,刚度为 15.96 N/cm,重度为 0.08 kg/m,锚点距 A 箱中心线的水平距离为 0.95 m。如图 6 所示,通过开展不同粒子粒径下 G_1 处自由表面高程的收敛性验证,最终选用粒径 $d_p=0.003$ m 开展本文的数值研究工作。入射波仅考虑规则波,其频率(ω)的范围为 4.189～6.981 rad/s,对应波长 L_P 的范围为 1.25～2.82 m,周期范围为 0.90～1.50 s。数值模拟中考虑了 3 个不同的无因次化入射波高,分别为 $H/h=0.02$、0.04、0.08。G_1 紧贴 B 箱的上游面布置以防止 A 箱的运动触碰到浪高仪 G_1。此外,设置了 A 箱无载液的工况进行对比,但针对 A 箱无载液的情形,仅模拟了 $H/h=0.08$ 的工况。

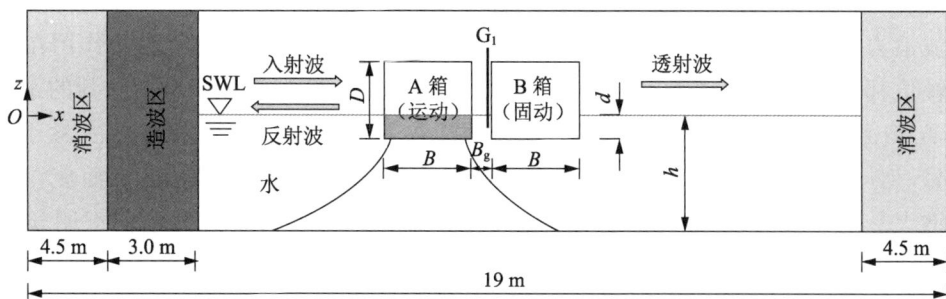

图 5　数值波浪水槽示意图

图 6 模型收敛性验证

3 结果与讨论

3.1 窄缝内的波高放大

图 7 呈现了不同入射波高条件下窄缝内波高放大随着入射波周期的变化情况。从图中可以直观地观察到以下 3 个明显的现象。首先,对于本文所考虑的所有工况,H_g/H 都随着 T 的增大呈现先增大后减小的变化趋势,并且均在入射波周期 $T=1.23\sim1.25$ s 时达到最大值。其次,在有载液的条件下,随着入射波波高的增大,窄缝内波高放大会随之减小,这表明入射波高对窄缝共振有着重要的影响。最后,考虑在所有入射波周期范围内,当入射波高相同时,有载液的窄缝内波高放大明显大于无载液的窄缝内波高放大,但是两者最大值对应的入射波周期(即窄缝共振周期)相同。说明 A 箱的载液增大了窄缝内的波高放大,但是共振周期对 A 箱载液与否并不敏感。

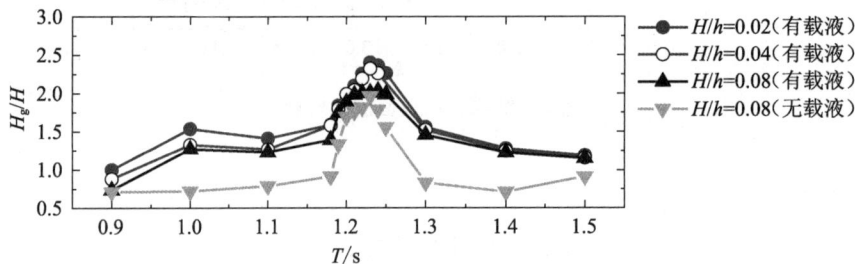

图 7 窄缝内波高放大的变化趋势

3.2 水平波浪力

首先需强调的是,本文中所述的水平与垂直波浪力幅值均是指使用"$\rho g h A_0$"作为除数进行无因次化后的幅值,其中 $A_0=H/2$ 为入射波幅。图 8 为不同入射波波高下水平波浪力幅值($\overline{F}_x/\rho g h A_0$)随着入射波周期的变化情况。从图中可以观察到以下几个明显的现象。首先,2 个箱体所受到的水平波浪力幅值都呈现先增大后减小的变化趋势且均在窄缝共振周期附近达到最大值。其次,对于本文考虑的所有入射波高,2 个方箱的水平波浪力幅值 $\overline{F}_x^A/\rho g h A_0$ 和 $\overline{F}_x^B/\rho g h A_0$ 都随着 H/h 的增大而减小。为了更好地呈现这一现象,图 9 进一步给出了 2 个方箱的最大水平波浪力幅值$(\overline{F}_x^A)_m/\rho g h A_0$ 和$(\overline{F}_x^B)_m/\rho g h A_0$ 随 H/h 的变化,其中$(\overline{F}_x^A)_m/\rho g h A_0$ 和$(\overline{F}_x^B)_m/\rho g h A_0$ 分别表示 A 和 B 箱在某一个入射波高下,指定入射波周期内所受到的最大水平波浪力幅值。可以看出,在 A 箱有载液的情况下,随着入射波高增大,作用在 A、B 箱上的最大水平波浪力幅值都显著减小。最后,当 H/h 相同时,两箱在有液舱晃荡影响下受到的水平波浪力幅值普遍大于其在 A 箱无载液情况。可能的原因为:一方面 A 箱内部载液的晃荡使得 A 箱承受的水平波浪力幅值增大。另一方面,从 3.1 节可知,A 箱载液会使窄缝内波面放大明显增大,从而使得 B 箱承受的水平波浪力幅值增大。同时可以看出,无论哪种情况下,A 箱受到的水平波浪力幅值都明显大于 B 箱受到的水平波浪力幅值,这表明 A 箱对 B 箱有着遮蔽作用。

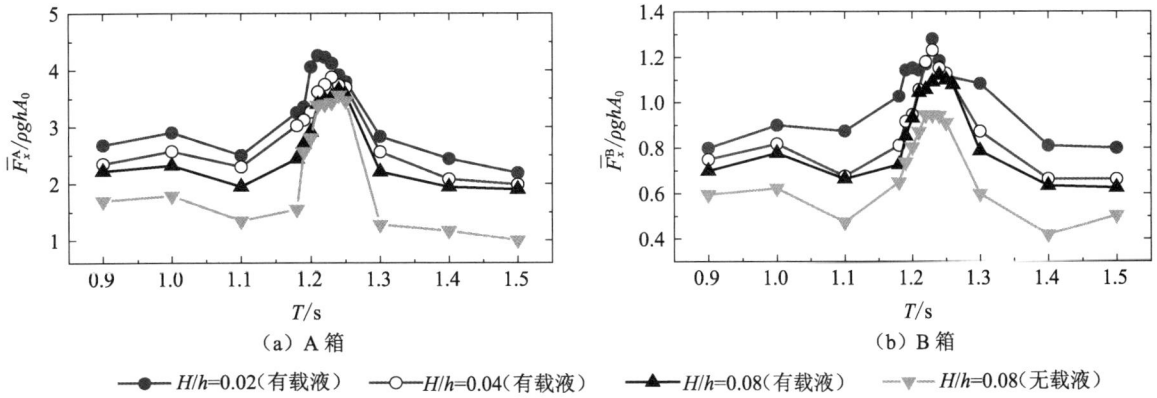

图 8　不同入射波波高下,A 箱和 B 箱无因次化水平波浪力幅值相对于入射波周期的变化

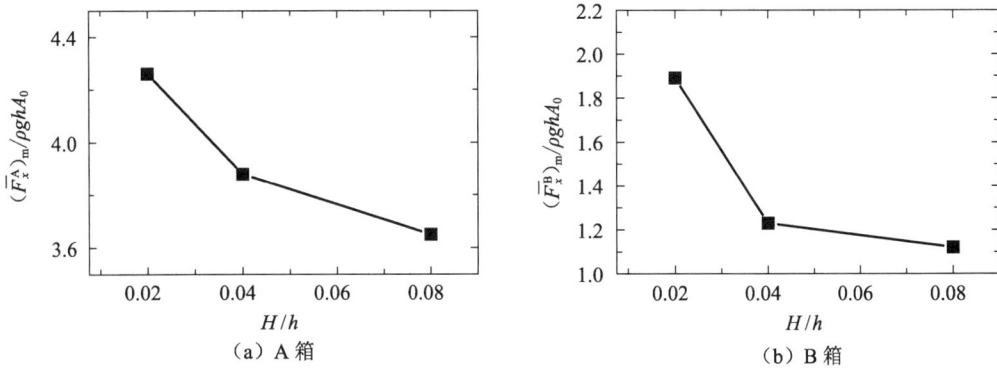

图 9　当 A 箱有载液时,A 箱和 B 箱无因次化最大水平波浪力幅值随入射波高的变化

3.3 垂直波浪力

图 10 为不同入射波波高下垂直波浪力幅值($\bar{F}_z/\rho ghA_0$)随着入射波周期的变化情况。从图中可以观察到以下几个明显的现象。首先,2 个箱体所受到的垂直波浪力幅值都呈现先增大后减小的变化趋势且均在窄缝共振周期附近时达到最大值。其次,对于本文考虑的所有入射波高,2 个方箱的垂直波浪力幅值 $\bar{F}_z^A/\rho ghA_0$ 和 $\bar{F}_z^B/\rho ghA_0$ 都随着 H/h 的增大而减小。为了更好地呈现这一现象,图 11 进一步给出了 2 个方箱的最大垂直波浪力幅值($\bar{F}_z^A$)$_m/\rho ghA_0$ 和($\bar{F}_z^B$)$_m/\rho ghA_0$ 随 H/h 的变化,其中($\bar{F}_z^A$)$_m/\rho ghA_0$ 和($\bar{F}_z^B$)$_m/\rho ghA_0$ 分别表示 A 和 B 箱在某一个入射波高下,指定入射波周期内所受到的最大垂直波浪力幅值。可以看出,在 A 箱有载液的情况下,随着入射波高增大,作用在 A、B 箱上的最大垂直波浪力幅值都显著减小。最后,当 H/h 相同时,A 箱在有液舱晃荡影响下受到的垂直波浪力幅值明显小于 A 箱无载液情况,这表明 A 箱载液时箱体内部液体会对 A 箱受到的垂直波浪力幅值起抑制作用。

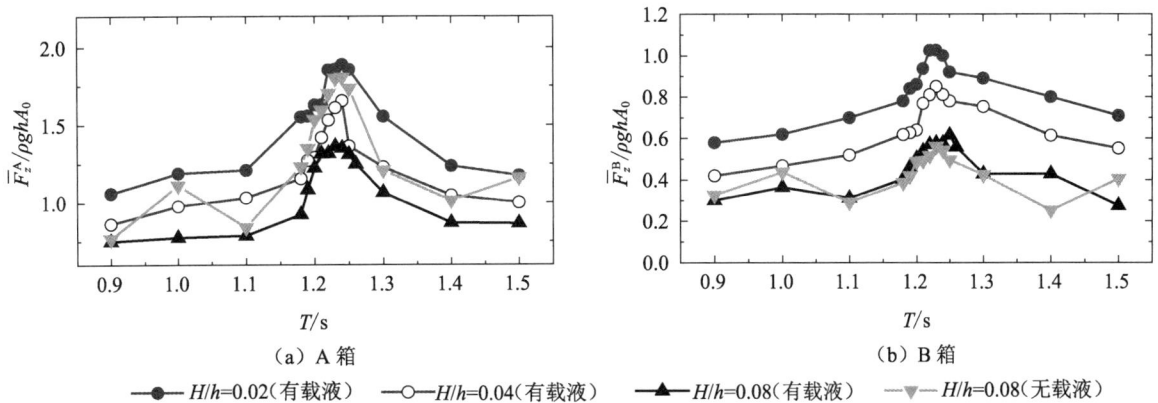

图 10　不同入射波波高下,A 箱和 B 箱无因次化垂直波浪力幅值相对于入射波周期的变化

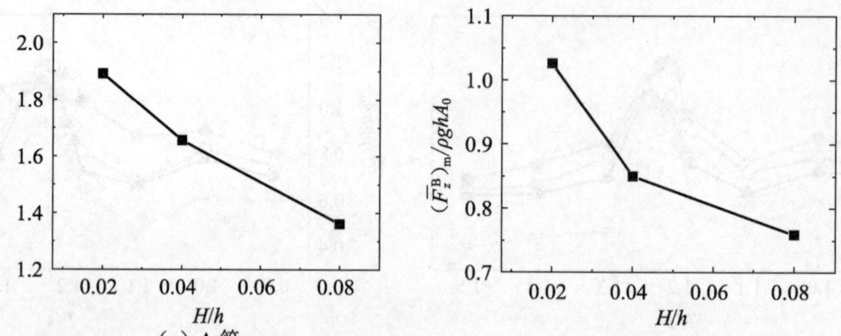

图 11   当 A 箱有载液时，A 箱和 B 箱无因次化最大垂直波浪力幅值随入射波高的变化

4 结　语

基于开源 DualSPHysics 数值模型建立一个二维数值波浪水槽，对一个载液方箱（上游 A 箱）和一个相邻固定方箱（下游 B 箱）间的窄缝共振现象开展了数值模拟研究，其中 A 箱仅允许在悬链线系泊约束下进行横荡运动。本文聚焦于入射规则波参数（包括波周期和波高）以及上游方箱内的液舱晃荡对窄缝内波高放大和上、下游方箱所受波浪力（包括水平和垂直波浪力）的影响。

从本研究的结果可以得出以下结论：

（1）与无载液的情况相比，在 A 箱有载液的条件下，窄缝内的波面放大因子明显增大，并且两箱受到的水平波浪力幅值明显增大。这可能是因为液舱晃荡直接使得 A 箱上的水平波浪力幅值增大，又通过影响窄缝内的波面放大使得 B 箱水平波浪力幅值增大。

（2）与无载液的情况相比，当 A 箱有载液时，A 箱受到的垂直波浪力幅值明显减小，但 A 箱载液与否对 B 箱所受到的垂直波浪力幅值影响却不大。

（3）在 A 箱有载液的条件下，随着入射波高增大，窄缝内波高放大因子呈现减小的趋势，窄缝共振周期对载液与否和入射波高的变化并不敏感。

（4）在 A 箱有载液的条件下，上、下游方箱所受的最大水平波浪力幅值和最大垂直波浪力幅值均随着入射波高增大而减小。

最后需强调的是，以上具体结论中所述的水平和垂直波浪力幅值均是指无因次化的幅值，且以上结论仅适用于给定的几何布局和系泊装置参数以及本文所研究的入射波高、入射波频率范围和箱体载液深度。

参考文献

[1] ZHAO W，PAN Z，LIN F，et al. Estimation of gap resonance relevant to side-by-side offloading[J]. Ocean Engineering，2018，153：1-9.

[2] IWATA H，SAITOH T，MIAO G. Fluid resonance in narrow gaps of very large floating structure composed of rectangular modules[C]// Proceedings of the fourth international conference on asian and pacific coasts. Beijing：Ocean Press，2007：815-826.

[3] CHUA K H，DE MELLO P，MALTA E，et al. Irregular seas model experiments on side-by-side barges[C]// ISOPE International Ocean and Polar Engineering Conference，Sapporo：ISOPE，2018：ISOPE-I-18-420.

[4] TAN L，LU L，LIU Y，et al. Dissipative effects of resonant waves in confined space formed by floating box in front of vertical wall[C]// ISOPE Pacific/Asia Offshore Mechanics Symposium，Shanghai，International Society of Offshore and Polar Engineers，2014：ISOPE-P-14-080.

[5] VAN OORTMERSSEN G. Hydrodynamic interaction between two structures，floating in waves[C]//BOSS conference，1979：339-356.

[6] GAO J，ZANG J，CHEN L，et al. On hydrodynamic characteristics of gap resonance between two fixed bodies in close proximity[J]. Ocean Engineering，2019，173：28-44.

[7] LIANG H，LIU X，CHUA K H，et al. Wave actions on side-by-side barges with sloshing effects：fixed-free arrangement[J]. Flow，2022，2：E20.

［8］　NING D Z,SU X,ZHAO M,et al. Hydrodynamic difference of rectangular-box systems with and without narrow gaps
　　　［J］. Journal of Engineering Mechanics,2015,141(8):04015023.

［9］　NING D Z,SU X,ZHAO M,et al. Numerical study of resonance induced by wave action on multiple rectangular boxes
　　　with narrow gaps[J]. Acta Oceanologica Sinica,2015,34:92-102.

［10］　HUIJSMANS R,PINKSTER J,DE WILDE J. Diffraction and radiation of waves around side-by-side moored vessels
　　　［C］// ISOPE International Ocean and Polar Engineering Conference,Edinburgh:ISOPE,2001:ISOPE-I-01-061.

［11］　ZHAO W,TAYLOR P H,WOLGAMOT H A,et al. Amplification of random wave run-up on the front face of a box
　　　driven by tertiary wave interactions[J]. Journal of Fluid Mechanics,2019,869:706-725.

［12］　JI C Y,CHEN X,CUI J,et al. Experimental study on configuration optimization of floating breakwaters[J]. Ocean
　　　Engineering,2016,117:302-310.

［13］　KOO B J,KIM M H. Hydrodynamic interactions and relative motions of two floating platforms with mooring lines in
　　　side-by-side offloading operation[J]. Applied Ocean Research,2005,27(6):292-310.

［14］　ZHANG X,MENG X,DU Y. Numerical study of effects of complex topography on surface-piercing wave-body inter-
　　　actions[J]. Journal of Marine Science and Application,2018,17(4):550-563.

［15］　MOLIN B. LNG-FPSO's:frequency domain,coupled analysis of support and liquid cargo motion[C]// Proceedings of
　　　the IMAM conference,Rethymnon:International Congress of International Maritime Association of the Mediterra-
　　　nean,2002.

［16］　JIAO J,ZHAO M,JIA G,et al. SPH simulation of two side-by-side LNG ships' motions coupled with tank sloshing
　　　in regular waves[J]. Ocean Engineering,2024,297:117022.

［17］　于含. 系泊载液浮体水动力特性的数值及试验研究[D]. 大连:大连理工大学,2018.

［18］　SAITOH T,MIAO G,ISHIDA H. Theoretical analysis on appearance condition of fluid resonance in a narrow gap
　　　between two modules of very large floating structure[C]// Proceedings of the 3rd Asia-Pacific Workshop on Marine
　　　Hydrodynamics,2006:170-175.

对称波导结构对波浪透射系数影响规律的数值模拟研究

关博文,马玉祥

(大连理工大学 海岸与近海工程国家重点实验室,辽宁 大连　210024)

摘要:波浪是海洋工程中重要的荷载形式。过大的波浪幅值会对海工结构物安全造成影响,所以如何减小波浪幅值一直是研究的重点。传统的消波方式以阻挡耗波浪传播和散波浪能量为主。然而基于电磁波调控理论的水波调控理论的出现使得定向调控水波的传播方向,调节特定位置的波浪幅值成为可能。因此可以基于水波调节理论设计一种适合实际海洋工程的消波装置。本文采用非静压水波模型,对一种基于水波调控原理的对称布置渐变折射率波导消波结构对入射波浪透射的效果进行了模拟。研究表明:当波浪经过对称波导结构时,出现了较为明显的波导现象;在波导体上方出现波浪集中,结构后方波高出现了明显减小。在消波结构尺寸不变的情况下,入射波浪周期对消波效果的影响较大,随着波浪周期的增大,消波效果逐渐减弱;而随着入射波高的增大,波浪的透射率并没有发生较大变化。研究不仅证明了渐变折射率波导消波结构对于波浪消波的可行性,也发现了入射波浪周期对消波结构的消波效果有很大影响。

关键词:数值模拟;水波调控;波导消波

海洋工程在人类生产生活中扮演着重要的角色,比如海上渔业、海上石油开采、港口运输。波浪是海洋工程一种重要的荷载形式。海工结构物长期受到波浪冲击与冲刷,易发生破坏[1-3]。另外,较大的波浪幅值对船舶的稳定度也会造成极大的影响,例如在恶劣的海况条件下,港口内的船舶作业都会受到较大影响[4]。因此,如何消除波浪的影响一直是海洋工程中的研究重点。传统的消波方式以防波堤阻挡波浪传播和耗散波浪能量为主。

近年来,随着电磁超构材料和变换光学理论的发展,利用空间不均匀分布的超构材料可以实现对电磁波在空间传播路径的任意调控[5]。其中最引人注目的概念是隐形斗篷效应,通过调控能够使电磁波在任意形状或大小的障碍物周围传播,使得障碍物位置的电磁波就像消失了一样[6-7]。和电磁波类似,水波也是一种波动,水波方程和麦克斯韦方程也具有一定的相似性。理论上水波也可以和电磁波一样进行调控。Chen 等[8]受到变换光学理论的启发,提出了水波的变换介质理论,证明了水波可以通过改变传播介质的特性,进行定向传播。Berraquero 等[9]利用试验证明了超构介质理论的超构材料可以对水波进行调控。这些研究证明了水波也可以像电磁波一样被调控,说明水波也可以实现"隐形斗篷"效应。基于此,许多研究者开始利用超构材料和变换介质理论对水波进行波导调节,从而定向改变波浪传播方向和幅值[10-12]。Zou 等[13]受到电磁波经过渐变折射率材料(GIM)波导结构发生模态变换现象的启发,建立了对称布置的波导消波结构,当水波通过消波区域时波浪波幅也有明显减小。上述研究表明,利用超构材料可以对水波进行波导调控,改变波浪幅值,是一种新型的消波方式。然而水波调控消波作为一个较新的研究领域,现阶段多对电磁波和光学调控结构在水波消波领域的可行性进行研究,对于消波结构的消波效果和入射波参数的相互关系研究较少。为解决上述问题,本文采用非静压水波模型,对一系列不同波高和周期的波浪通过一种对称布置的渐变折射率波导结构后的波幅变化情况进行了数值模拟,探究了该对称波导结构对于不同周期和波高的入射波浪透射系数的影响规律,进一步得出了该结构的消波效果与入射波浪参数之间的相互关系。

基金项目:中央高校基本科研业务费(DUT22QN221)

通信作者:马玉祥。E-mail:yuxma@dlut.edu.cn

1　数值模型

1.1　控制方程

采用何栋彬等[14]开发的非静压水波模型进行计算,该模型采用 σ 坐标下的 Euler 方程作为控制方程。笛卡儿坐标和 σ 坐标的转换关系如下:

$$t=t^*,x=x^*,y=y^*,\sigma=\frac{z^*+h}{D} \tag{1}$$

式中: h 为静水面到水底的距离; D 表示自由表面到水底的距离,同时有 $D(x,y,t)=h(x,y,t)+\eta(x,y,t)$; η 表示自由表面到静水面的距离,向上为正。经过 σ 坐标变换,方程变为如下的守恒形式:

$$\frac{\partial D}{\partial t}+\frac{\partial Du}{\partial x}+\frac{\partial Dv}{\partial y}+\frac{\partial \omega}{\partial \sigma}=0 \tag{2}$$

$$\frac{\partial \boldsymbol{U}}{\partial t}+\frac{\partial \boldsymbol{F}}{\partial x}+\frac{\partial \boldsymbol{G}}{\partial y}+\frac{\partial \boldsymbol{H}}{\partial \sigma}=\boldsymbol{S}_{\mathrm{h}}+\boldsymbol{S}_{\mathrm{p}} \tag{3}$$

式中: $\boldsymbol{U}=(Du,Dv,Dw)$ 为守恒变量; u、v、w 分别为沿 x、y、z 方向的流速; ω 为 σ 坐标系下的垂向流速。

$$\omega=D\left(\frac{\partial \sigma}{\partial t^*}+u\,\frac{\partial \sigma}{\partial x^*}+v\,\frac{\partial \sigma}{\partial y^*}+w\,\frac{\partial \sigma}{\partial z^*}\right) \tag{4}$$

式中: $\dfrac{\partial \sigma}{\partial t^*}=-\dfrac{\sigma}{D}\dfrac{\partial D}{\partial t}$, $\dfrac{\partial \sigma}{\partial x^*}=\dfrac{\partial h}{\partial x}-\dfrac{\sigma}{D}\dfrac{\partial D}{\partial x}$, $\dfrac{\partial \sigma}{\partial y^*}=\dfrac{\partial h}{\partial y}-\dfrac{\sigma}{D}\dfrac{\partial D}{\partial y}$, $\dfrac{\partial \sigma}{\partial z^*}=\dfrac{1}{D}$。

$\boldsymbol{F}$、$\boldsymbol{G}$、$\boldsymbol{H}$ 为通量,表达式为:

$$\boldsymbol{F}=\begin{pmatrix}Duu+\dfrac{1}{2}g\eta^2+gh\eta\\Duv\\Duw\end{pmatrix},\boldsymbol{G}=\begin{pmatrix}Duv\\Dvv+\dfrac{1}{2}g\eta^2+gh\eta\\Dvw\end{pmatrix},\boldsymbol{H}=\begin{pmatrix}u\omega\\v\omega\\w\omega\end{pmatrix} \tag{5}$$

$\boldsymbol{S}_{\mathrm{h}}$、$\boldsymbol{S}_{\mathrm{p}}$ 分别代表底坡源项、非静压项,表达式为:

$$\boldsymbol{S}_{\mathrm{h}}=\begin{pmatrix}g\eta\,\dfrac{\partial h}{\partial x}\\g\eta\,\dfrac{\partial h}{\partial y}\\0\end{pmatrix},\quad \boldsymbol{S}_{\mathrm{p}}=\begin{pmatrix}-\dfrac{D}{\rho}\left(\dfrac{\partial p}{\partial x}+\dfrac{\partial p}{\partial \sigma}\dfrac{\partial \sigma}{\partial x^*}\right)\\-\dfrac{D}{\rho}\left(\dfrac{\partial p}{\partial y}+\dfrac{\partial p}{\partial \sigma}\dfrac{\partial \sigma}{\partial y^*}\right)\\-\dfrac{1}{\rho}\dfrac{\partial p}{\partial \sigma}\end{pmatrix} \tag{6}$$

在 σ 坐标系下,结合水底的 $\sigma=0$,水面处 $\sigma=1$,以及水底速度和自由表面边界,代入式(1)中可以得出自由表面方程:

$$\frac{\partial D}{\partial t}+\frac{\partial}{\partial x}\left(D\int_0^1 u\,\mathrm{d}\sigma\right)+\frac{\partial}{\partial y}\left(D\int_0^1 v\,\mathrm{d}\sigma\right)=0 \tag{7}$$

1.2　数值格式和非静压项计算

数值格式采用有限体积和有限差分混合离散格式,对方程的通量项采用有限体积法进行离散,而对于方程右侧的源项采用具有二阶精度的中心差分格式。为了准确地在自由表面上施加压力边界条件,模型采用了交错网格进行离散,即将速度定义在网格中心,压力定义在网格表面。

模型采用三次加权基本非振荡方法(WENO)在水平方向上构造单元面上的变量。解决每个网格界面上形成的 Riemann 问题采用了 MUSTA 方法,模型的时间积分采用二阶精度、强稳定性的 Runge-Kutta 格式,并在此基础上采用预报-校正算法计算动压力。和 Ma 等[15]的非静压模型不同的是,本研究采用的模型在每一步都对动压力进行校正。具体过程如下:

第一步:

$$\frac{U^* - U^n}{\Delta t} = -\left(\frac{\partial F}{\partial x} + \frac{\partial G}{\partial y} + \frac{\partial H}{\partial \sigma}\right)^n + S_h^n + S_p^n$$

$$\frac{U^{(1)} - U^*}{\Delta t} = S_p^{(1)} - S_p^n = S_{\Delta p}^{(1)} \tag{8}$$

式中:U^n 表示第 n 个时间步的守恒变量值,U^* 表示由上一步源项进行预估的中间值,$U^{(1)}$ 表示第一次校正后的变量值。与其他非静压模型不同的是,此处的预估步中也使用了上一个时间步的动压值 S_p^n,$S_{\Delta p}^{(1)}$ 是第一次动压修正的差值,由压力泊松方程计算得出。$S_p^{(1)}$ 为中间步的动压值。$U^{(1)}$ 为第一次校正的变量。

第二步:

$$\frac{U^* - U^{(1)}}{\Delta t} = -\left(\frac{\partial F}{\partial x} + \frac{\partial G}{\partial y} + \frac{\partial H}{\partial \sigma}\right)^{(1)} + S_h^1 + S_p^1$$

$$\frac{U^{(2)} - U^*}{\Delta t} = S_p^{n+1} - S_p^1 = S_{\Delta p}^{(2)} \tag{9}$$

$$U^{n+1} = \frac{1}{2}U^{(1)} + \frac{1}{2}U^{(2)}$$

第二步和第一步的预估校正过程一致,只是使用了上一步计算更新的变量,同时再一次计算泊松方程,得到第二次校正的变量 $U^{(2)}$,并最终得到 $n+1$ 时间步的变量 U^{n+1}。至此,一个时间步的计算完成。

2 计算域与工况设置

模型参考了 Zou 等[13]对称布置渐变折射率波导消波结构的试验模型,并对模型尺寸进行了修改。消波结构在计算域内部布置情况如图 1 所示。消波结构由两个渐变折射率波导消波装置构成,在计算域内对称布置,每个装置由中间固定高度段 R_3 和前后两个对称的渐变高度结构 R_2 组成。消波结构剖面如图 2 所示,R_2 区域的高度变化关系为:

$$d(x) = \frac{h(2x-l)(N_1^2 - 1)}{2x(N_1^2 - 1) + (l_2 - lN_1^2)}, \quad N_1 = \sqrt{\frac{h_0}{h_3}} \tag{10}$$

式中:h_0 为原始水深,h_3 为 R_3 区域的水深,l 为整个结构长度,l_2 为 R_2 区域的长度。折射率 n 在 x 方向的变换情况如图 2 所示,由于在 R_2 部分水深是渐变的,所以折射率也是渐变的,这也是渐变折射率波导结构名称的由来。波导消波结构宽度 $b = 0.16$ m。模拟在数值水槽中进行,计算域长 100 m,宽 3 m。水槽水深 $h_0 = 0.4$ m,R_3 区域的水深 $h_3 = 0.067\,5$ m,波浪由左侧边界输入。为防止波浪反射对数值结果产生影响,在计算域右侧布置了 5 m 长的消波区域。时间步长采用自适应时间步长。计算工况如表 1 所示。

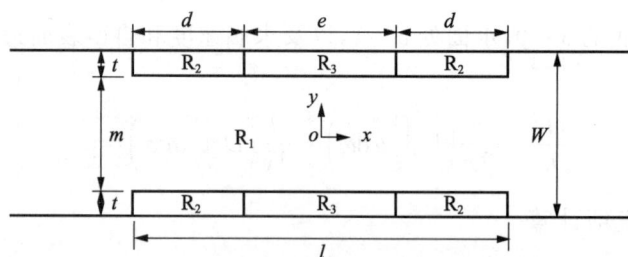

图 1　渐变折射率波导消波结构布置示意

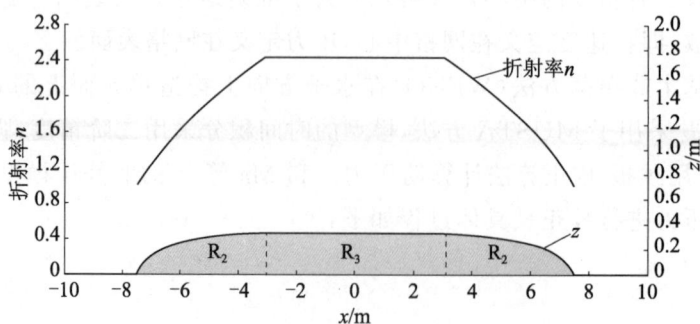

图 2　波导结构沿 x 方向上折射率变化情况

表 1　计算工况情况

工况编号	入射波高 H/m	原始水深 h_0/m	R_3 水深 h_3/m	波浪周期 T/s
T1	0.02	0.4	0.067 5	1.6
T2	0.02	0.4	0.067 5	1.8
T3	0.02	0.4	0.067 5	2.0
T4	0.02	0.4	0.067 5	2.2
T5	0.02	0.4	0.067 5	2.4
H1	0.01	0.4	0.067 5	2.0
H2	0.015	0.4	0.067 5	2.0
H3	0.02	0.4	0.067 5	2.0
H4	0.025	0.4	0.067 5	2.0
H5	0.03	0.4	0.067 5	2.0

3 计算结果及讨论

3.1 消波效果以及波高分布

图 3 是在入射波浪周期为 $T=1.6$ s,波高 $H=2$ cm 的工况下稳定的波浪场形态。如图所示,当波浪经过波导区域后,波幅会比较明显地减小。波浪幅度减小不仅出现在波导消波体,也会影响到计算域中心位置,全计算域的波幅都减小。计算域的平均波高情况如图 3(b)所示。可以看到,波浪在波导消波结构的迎浪处的 R_2 上部产生了集中,而中间位置处的波高明显减小,可以认为有部分波浪由于波导体存在而改变传播方向到波导体的上部。在波导体后部的计算域中心位置出现了比较明显的低波浪区。

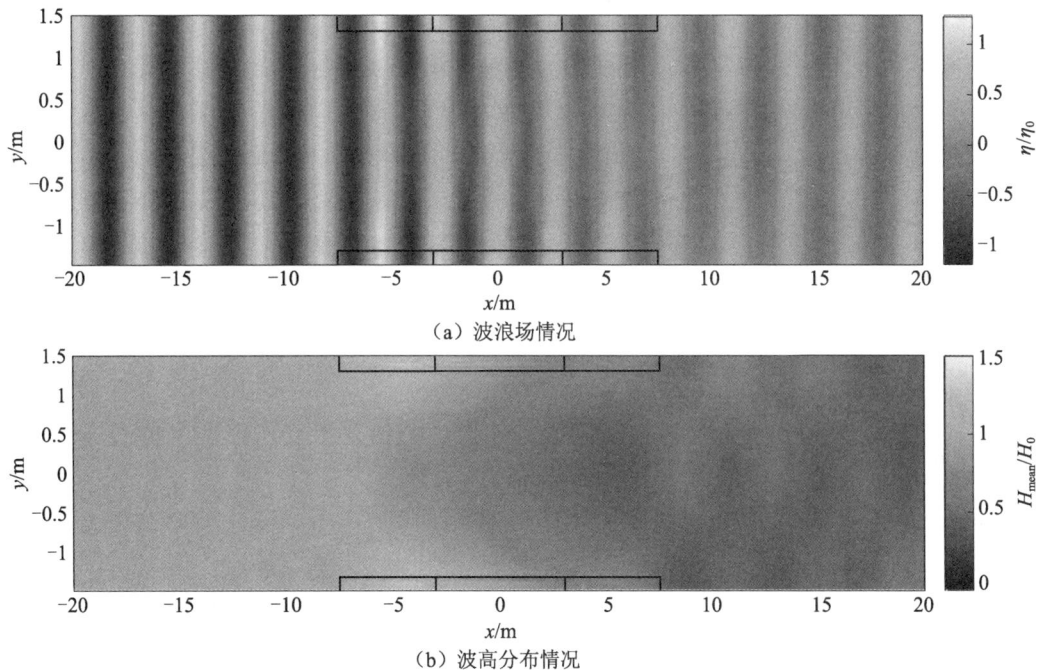

（a）波浪场情况

（b）波高分布情况

图 3　T1 工况下计算域波浪场和波高分布情况

3.2 波浪周期对于消波效果的影响

如图 4 所示,在计算域内设置了 a 点和 b 点两个测点测量波高变化,并定义透射率 $\tau=H_b/H_a$。透射率越低则代表消波效果越好。不同周期情况下的透射率情况如图 5 所示,纵坐标为透射率 τ,横坐标为入射波浪周期 T。可以发现,随着波浪周期的增大,消波结构对于波浪的消减作用越差。波浪周期 $T=1.6$ s 时,波导消波结构对于波浪的消波效果最好,接近 80%。

渐变折射率波导结构上方波高沿程变化情况如图 6 所示,当波浪经过波导结构时,波高首先增大,并在传播的过程中逐渐减小。最大波高出现的位置都在迎浪侧 R_2 段的渐变波导体上方,这与波浪场的分布是一致的。然而 $T=2.4$ s 工况下最大波高出现的位置偏前。综上所述,波浪的周期越小,消波结构对于波高的消减效果越明显,消波结构上方的波高放大越大,消波结构后方的波高衰减也越大。

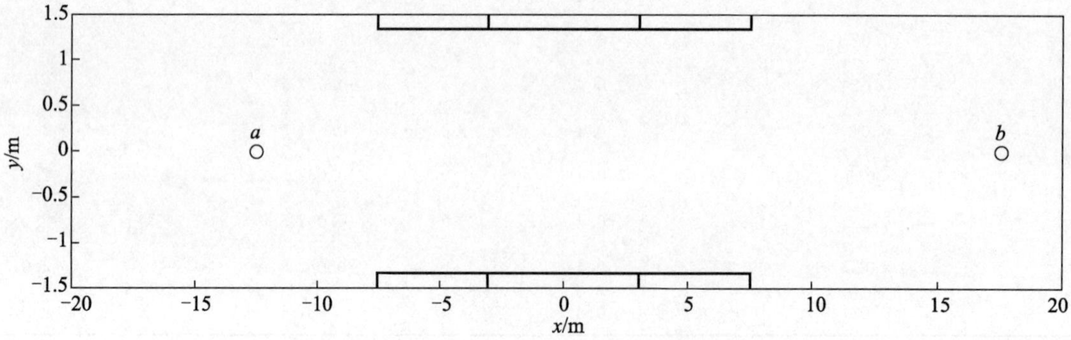

图 4   测点 a 和测点 b 在计算域中的位置示意

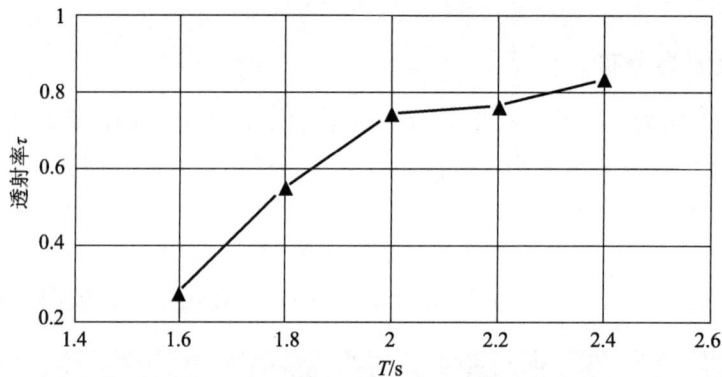

图 5   透射率和入射波浪周期的关系

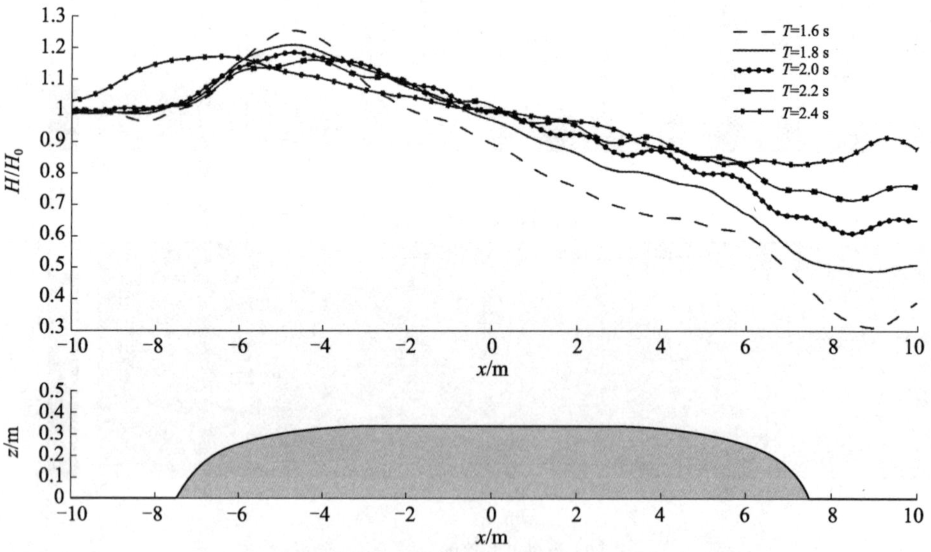

图 6   不同周期波浪在渐变折射率波导消波结构上的波高分布

3.3 入射波高对于消波效果的影响

在入射波浪周期为 $T=2.0$ s 情况下,波浪波高和透射率的关系如图 7 所示。可以发现,入射波波高在 $0.01\sim0.03$ m 的区间内,波浪经过消波结构的透射率都在 0.7 左右,可以认为波高对于透射率的影响并没有周期对于透射率的影响显著。波导结构上方波高沿程变化情况如图 8 所示。可以发现,最大波高出现的位置都在 R_2 段的渐变折射率波导结构上方,并且最大波高出现的位置不随入射波波高的变化而变化,并且在入射波波高变化时,波导结构上方波高变化的规律也是相似的,说明入射波波高对于波导结构上方的波高分布影响较小。

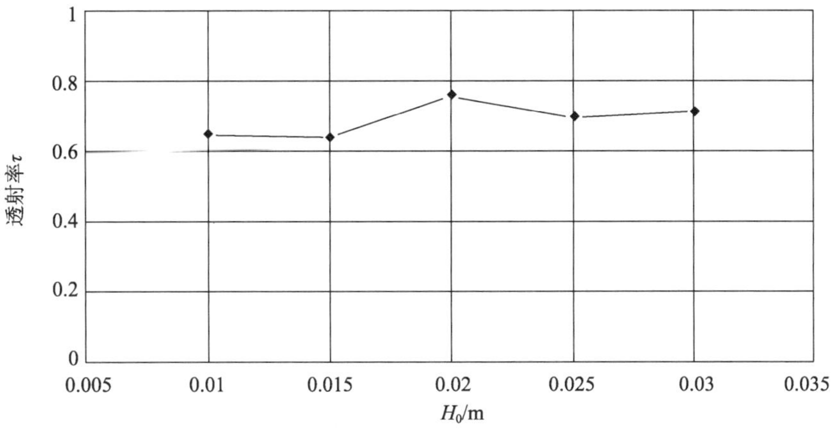

图 7　透射率和入射波波高的关系

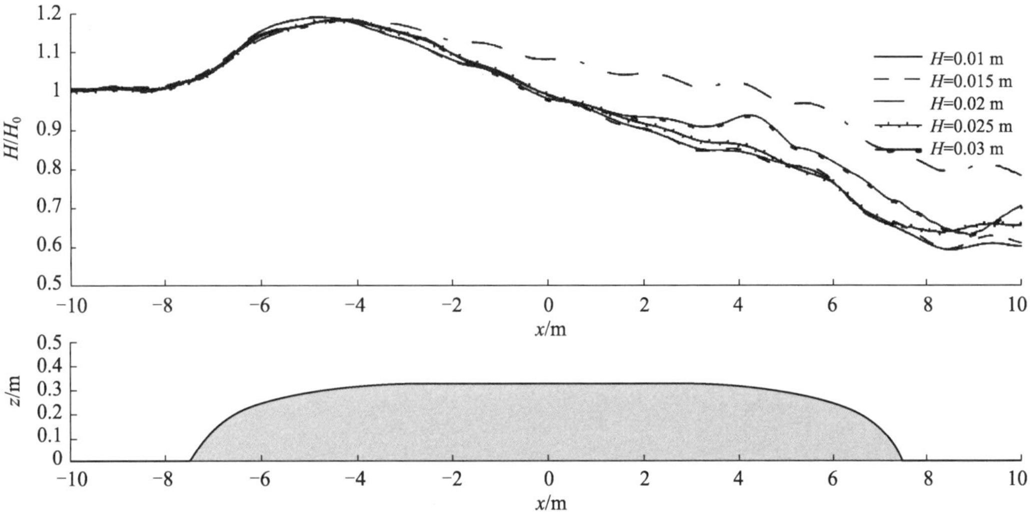

图 8　不同入射波波高的波浪在渐变折射率波导消波结构上的波高分布

4　结　语

通过非静压水波模型对渐变折射率波导体在不同波浪情况下消波效果的模拟分析,可以得出以下结论:

(1)对称布置的渐变折射率波导消波装置对于波浪有一定的消波作用,波浪场出现了明显的波导现象:波浪在经过波导区域后,在消波装置迎浪面上方会出现局部的波浪集中,导致波高增大。而在消波装置中间和后方的波高明显减小。

(2)在波导消波结构尺寸不变的情况下,随着波浪周期的增大,消波装置的波浪透射率增加,消波作用减弱。消波装置迎浪面上方的波高局部增大幅度也随波浪周期的增大而减小。

(3)入射波波高对波导消波结构的消波效果影响较小。根据模拟结果,随着入射波波高的增大,消波装置的波浪透射率没有发生比较明显的变化。并且在入射波波高变化时,消波装置上方的波高沿程变化也基本保持一致。进一步说明了入射波高与消波效果和波高分布并没有较强的相关性。

上述结论可以看出,渐变折射率波导消波结构可以实现对部分位置波浪的幅度调节从而达到消波的效果。证明了基于水波调控理论降低波浪幅值方面的可行性。波浪的周期(频率)对于波导消波结构的消波效果影响较大。下一步可以针对不同周期波浪消波效果进一步优化,以研究波浪周期与消波装置结构尺寸的对应关系。

参考文献

[1] 关博文,马玉祥,赵刘群,等.中长周期波作用下防波堤施工推填断面稳定性试验研究[C]//《水动力学研究与进展》编委会.第三十三届全国水动力学研讨会论文集.北京:海洋出版社,2022:315-323.

[2] 赵汝博.破碎波浪对直立桩柱的损伤破坏研究[D].大连:大连理工大学,2019.

[3] 琚烈红,乔光全,黄哲,等.波浪作用下方块石护面稳定性研究[J].海洋工程,2023,41(2):119-131.

[4] 吴健.港内渔船稳性分析方法研究[D].哈尔滨:哈尔滨工程大学,2021.

[5] ZHU J F,MA Z F,SUN W J,et al. Ultra-broadband terahertz metamaterial absorber [J]. Applied Physics Letters, 2014,105(2):4773-4779.

[6] LI C Y,XU L,ZHU L L,et al. Concentrators for water waves[J]. Physical Review Letters,2018,121(10):104501.

[7] LI J C,HUANG Y Q,YANG W,et al. Mathematical analysis and time-domain finite element simulation of carpet cloak[J]. SIAM Journal on Applied Mathematics,2014,74(4):1136-1151.

[8] CHEN H Y,YANG J,ZI J,et al. Transformation media for linear liquid surface waves[J]. EPL(Europhysics Letters),2009,85(2):24004.

[9] BERRAQUERO C P,MAUREL A,PETITJEANS P,et al. Experimental realization of a water-wave metamaterial shifter[J]. Physical Review E,2013,88(5):051002.

[10] WANG Z Y,NIE X F,ZHANG P. Unidirectional transmission of water waves through a one-dimensional combination immersed system[J]. Physica Scripta,2014,89(9):095201.

[11] WANG Z Y,ZHANG P,NIE X F,et al. Manipulating water wave propagation via gradient index media[J]. Scientific Reports,2015,5:16846.

[12] ZHANG Z. Invisibility concentrator for water waves [J]. Physics of Fluids,2020,32(8):081701.

[13] ZOU S Y,XU Y D,ZATIANINA R,et al. Broadband waveguide cloak for water waves[J]. Physical Review Letters, 2019,123(7):074501.

[14] 何栋彬.岛礁区域波浪时域演化数值模拟研究[D].大连:大连理工大学,2022.

[15] MA G F,SHI F Y,KIRBY J T. Shock-capturing non-hydrostatic model for fully dispersive surface wave processes [J]. Ocean Modelling,2012,43/44:22-35.

圆形港池造波机试验平台建设与海洋浮标水动力模型试验方案探讨

陈　俊,王天奕,倪艺萍,徐奕蒙

(珠江水利委员会 珠江水利科学研究院,广东 广州　510615)

摘要:主要探讨了圆形港池造波机试验平台的建设,以及基于该平台的海洋浮标水动力模型试验方案。首先介绍了试验平台的机械结构,设计了一种实时变宽度推板;详细阐述了试验平台的控制系统组成和全向聚焦波模拟方法。然后探讨了海洋浮标水动力模型试验方案,包括模型设计和试验方案设计。通过该试验方案,可以深入研究浮标在极端波浪条件下的水动力性能,为浮标的设计和优化提供科学依据。最后,总结了试验平台建设和试验方案的重要性和实际应用价值。

关键词:圆形港池造波机;试验平台;聚焦波;海洋浮标;水动力模型试验方案

随着海洋科技的不断发展,对海洋环境的研究和模拟变得尤为重要。其中,波浪作为海洋环境的重要因素,对海洋工程、海洋生态以及海洋运输等领域具有深远影响。目前我国已有波浪水池类型众多,包括海洋工程水池、船舶拖曳水池、波-流动床浑水港池等,可以模拟大多数应用场景下的海洋环境,但在模拟极端环境试验场景时能力有限,无法验证和提升我国研发海洋技术装备的极端环境工作能力[1]。因此,在佛山里水基地建设了一座圆形港池造波机,为海洋设备研究提供良好的试验平台(图1)。

图1　圆形港池造波机试验平台

海洋环境监测是海洋资源开发过程中的重要环节,海洋资料浮标是海洋环境自动观测平台。海洋浮标可以提供长期、连续的观测数据,为海洋科学研究提供宝贵的数据资源。通过分析这些数据,科学家可以更好地了解海洋环境的动态变化,研究气候变化、海洋环流、生态系统和物种分布等课题。波浪是浮标的主要外部荷载,它对浮标的动力响应以及疲劳寿命都有着重要影响,海洋浮标在极端海况下的试验研究是评估浮标性能和可靠性的重要环节[2]。

下文将阐述圆形港池造波机试验平台的建设方案,并利用该平台针对海洋浮标水动力模型试验提出一种可行的方案。期望本研究可为相关人员创新研发工作提供技术支持。

作者简介:陈俊。E-mail:861702955@qq.com

1　圆形港池造波机试验平台建设

1.1　圆形港池造波机机械平台

1.1.1　整体结构设计

在总结以往造波领域试验及使用经验的基础上,借鉴国内外其他同行的经验,运用创新的思维,设计圆形港池造波机整体结构如下:

(1) 造波机呈圆形布置,直径为 5 m,由 32 个独立造波单元组成,如图 2 所示。

(2) 推波板采用叠板形式,能够实时变宽,以消除造波板间缝隙漏水所引起的齿形波。

(3) 造波单元采用推板式造波,推波板有效行程达到 1 000 mm,满足 0.3 m 水深产生 0.12 m 规则波高。

(4) 选用具有强度高、密度小、抗腐性强、易加工特点的工业铝型材作为造波机的结构材料,消除推波板推动水体前后运动时发生上下及左右的颤动、发出噪声及出现变形等现象。

(5) 设备都采用标准工业产品,可快速更换,整体综合造价适中。

图 2　圆形水池造波机平台结构示意图

1.1.2　推波板结构设计

由于造波机呈圆形布置,当推波板沿径向运动时,推板之间的缝隙将忽大忽小,严重影响造波效果。因此,需要对相邻推板连接间隙进行处理。目前推板连接方式有两种——软连接片[如图 3(a)]、铰接式滑板[如图 3(b)],但均有各自的限制:软连接片受限于软连接片的宽度,而且其由于软边界,易变形,导致连接处波浪场受到干扰;铰接式滑板使得相邻推板行程差受限于板宽,且连接处波浪场也会受到影响。

因此设计了实时变宽度推板[如图 3(c)]。推波板采用叠板形式,能够实时变宽,适合曲线布设造波机。推板行程差不受限,既保证了造波机推板之间的合理间隙,又保证了机械结构上的相互独立性。推板两边均设计了 10 cm 宽的折板,侧翼的硬边界可以堵住侧向波浪,以解决模拟不规则波时因推板前后错位而造成推板间缝隙变大漏水的问题。

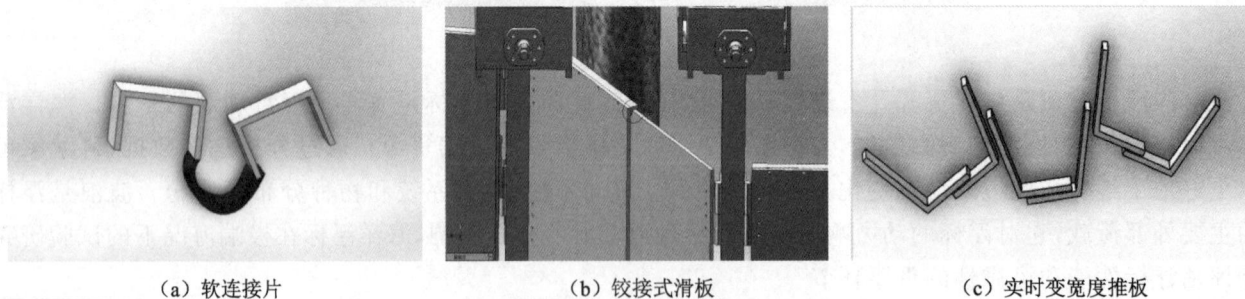

(a) 软连接片　　　　　　　　　　(b) 铰接式滑板　　　　　　　　　　(c) 实时变宽度推板

图 3　不同结构推板

1.2　圆形港池造波机控制系统

1.2.1　控制系统硬件设计

圆形港池造波机采用基于 EtherCAT 总线的推板式造波机控制系统,总体结构由中央控制主机、运动控制系统和执行机构组成,如图 4 所示。

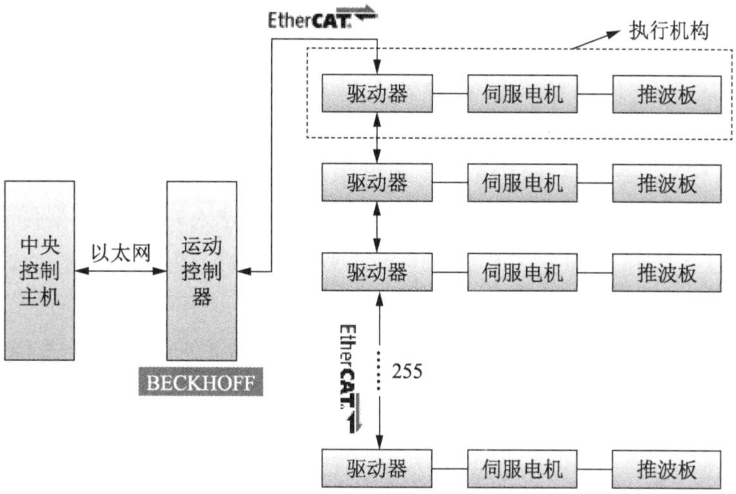

图 4　圆形港池造波机控制系统结构

中央控制主机是整个造波机系统的控制中枢,主要完成各种类型波浪运动轨迹数据的生成、控制指令的发送、波高采集、图形显示和数据处理等任务。

运动控制系统集成基于 EtherCAT 总线的运动控制卡,并安装 TwinCAT 2 PLC 程序,接收中央控制主机传来的造波数据文件和控制指令,将造波文件中每台推波板的位置数据转换为脉冲和方向数据,发送给对应的驱动器,控制伺服电机做正反向运动[3]。

执行机构由伺服驱动器、伺服电机、滚珠丝杠和推波板等组成。执行机构是整个造波机的运动单元。控制系统通过运动控制系统发送控制命令给伺服驱动器,伺服驱动器接收到指令后驱动电机做正反向转动。伺服电机的轴承通过联轴器与滚珠丝杠连接,而推波板通过滑台挂接在滚珠丝杠上,因此推波板便在滚珠丝杠上随着伺服电机的转动而做规律性的前后往复的直线运动,进而推动水体产生波浪[4]。

一种实时工业以太网能否成功运用到运动控制系统中,需要考虑的一个十分重要的指标便是时钟同步的精度[5]。EtherCAT 采用特殊的分布时钟同步机制对系统内各伺服轴进行时钟同步,该时钟同步机制是基于标准精密时钟同步协议 IEEE1588 标准。EtherCAT 采用分布时钟的同步机制,使其同步精度(<100 ns)远高于其他同类型网络(如 CAN、SynqNet)。分布式 100 轴伺服电机可在 100 μs 内完成各轴命令数据和状态数据的发送与读取,分布时钟同步技术使各轴的时钟偏差远小于 1 ms[5]。

1.2.2 控制系统算法设计

针对运动控制器的性能有限情况,实现了一种快速有效的三次样条函数插值算法,实现运动轨迹的在线插补[4]。上位机波浪控制数据是以 20 ms 的控制间隔生成的。从站运动控制器驱动控制的周期为 1 ms,通过在两点波浪控制数据之间进行轨迹插补完成多轴运动的位移、速度和加速度轨迹规划。受限于运动控制器存储器的容量,不能采取离线插补在线跟踪的方式进行 32 轴电机的轨迹规划;同时受限于控制器运算速度,并不适合采用复杂的插补算法。这里采用一种快速而简单有效的三次样条函数插值算法来在线对上位机给定的多轴曲线进行插补以满足应用要求。

造波机系统机械结构具有惯量大和总体负载大的特点,存在启停过程中电机过流、机械损伤和波浪破碎等问题。针对造波机在模拟多向不规则波时各轴电机的随机启动位置难以通过电子齿轮耦合实现电机转速成比例增减,以一种余弦函数算法拟合的方式实现了造波机的启动与停止过程优化[6]。

1.2.3 控制系统软件设计

圆形水池造波机控制软件是基于 TCP/IP 以太网的分布式监控系统,运用非阻塞的多线程技术,集波形生成、远程控制、故障处理、造波信号生成、数据采集及数据分析于一体的远程控制软件。控制对象为单个伺服电机或者伺服电机群。通过控制多个伺服电机驱动推波板有规律地前后运动,达到波浪模拟的目的。通过波高仪对模拟的波浪要素进行采集,并实时地对采集的波浪数据进行波谱分析,再根据分析的结果修正造波数据,不断优化和改进造波数据,使模拟的波浪无限地逼近理想波谱。

圆形水池造波机控制软件需要实现的功能就是建立一个与运动控制系统以及波高仪进行信息沟通的平台,使得造波数据、造波指令和波浪数据等信息能及时准确地得到执行,实现高质量的波浪模拟试验。为了满足波浪模拟试验的需求,控制软件被划分为人机界面、网络通信模块、运动控制模块、造波信号生成、数据采集模块和数据分析等六大部分。运用多线程技术、动画显示技术和数据库技术,确保造波数据快速传输、控制指令实时传递,提高系统的稳定性和可靠性。

控制系统软件工作流程:控制软件主要实现波浪数据生成(导入)、波浪数据传输、运动控制、数据采集和数据分析等功能(图5)。控制软件的工作流程:当造波系统需要模拟某波谱时,首先选定目标谱,设置好生成该目标谱所需要的参数。上位机根据这些参数和目标谱,运用某种特定的算法,计算出每块造波机运行的时间序列数据,通过工业以太网传送到相对应的运动控制系统(数据传送模块)。待造波数据发送成功后,软件进入运动控制模块(实现复位、启动和停止等功能)。用户可根据需要发送造波机下一步运行的指令。下位机运动控制系统则根据收到的"握手协议"进入相对应的动作阶段。造波开始后,软件波浪采集模块和波浪分析模块运行,对采集的数据进行相关的分析,并根据分析的结果修正造波时间序列(波浪谱与目标谱的结果大于误差指标),优化波浪模拟的效果。当造波试验达到目的后,停止造波,完成造波试验。

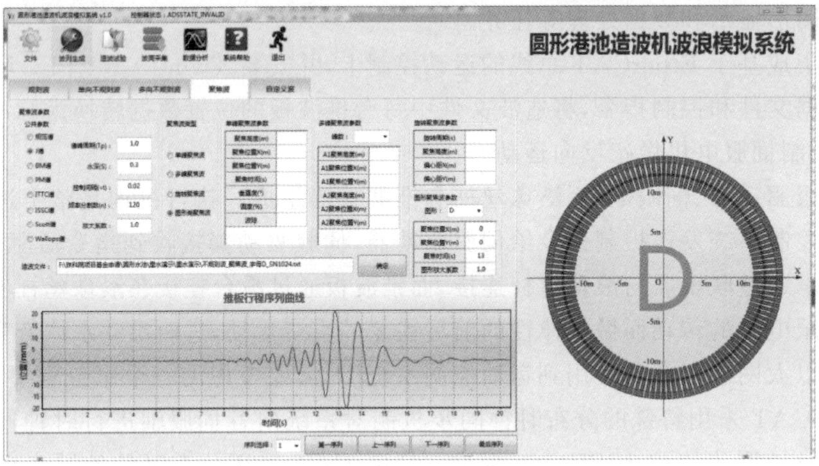

图 5   圆形港池造波机控制软件界面

1.3 圆形港池造波机全向聚焦波模拟方法

聚焦波是奇异波恶劣海况的常见形式,是极端海况波浪模型试验的重要研究对象。通过多约束寻优过程确定各组成波的相位谱,使得某固定位置处的波浪时历在某一特定的时间点上出现一个"巨浪",而整个波浪时历仍然满足预定统计特性与频谱[7]。

下面重点讨论聚焦波的生成方法,采用波谱相位聚焦的思路生成聚焦:在空间与时间的某一固定点(聚焦点)处,所有组成波均以零相位叠加,从而在该点处形成一个极高的波峰;从分析这个叠加点出发,反推得到造波板的位移曲线。

由线性叠加理论,在任意点处波浪自由面可以表示为不同频率和不同方向的规则波叠加的结果,即

$$\eta(x,y,t) = \sum_{i=1}^{N_f} \sum_{j=1}^{N_\theta} a_{ij} \cos(k_i x \cos\theta_j + k_i y \sin\theta_j - 2\pi f_i t - \varphi_{ij}) \tag{1}$$

式中:a_{ij} 是频率为 f_i、方向角为 θ_j 的组成波波幅;k_i 为波数;φ_{ij} 为组成波初相位;N_f 和 N_θ 分别为组成波频率数和方向数。组成波频率 f_i 和波数 k_i 满足线性色散关系:

$$\omega_i^2 = (2\pi f_i t)^2 = k_i g \tanh k_i h \tag{2}$$

如果假定波浪在指定时刻 $t = t_b$ 时聚焦于位置 (x_b, y_b),即各组成波在该处叠加,要求

$$\cos(k_i x_b \cos\theta_j + k_i y_b \sin\theta_j - 2\pi f_i t_b - \varphi_{ij}) = 1 \tag{3}$$

则各组成波的初相位应满足下式:

$$\varphi_{ij}=k_i x_b \cos\theta_j + k_i y_b \sin\theta_j - 2\pi f_i t_b + 2m\pi, \quad m=0,\pm1,\pm2,\cdots \tag{4}$$

波浪的波高 $\eta(x,y,t)$ 为

$$\eta(x,y,t)=\sum_{i=1}^{N_f}\sum_{j=1}^{N_\theta} a_{ij}\cos\left[k_i(x-x_b)\cos\theta_j + k_i(y-y_b)\sin\theta_j - 2\pi f_i(t-t_b)\right] \tag{5}$$

即聚焦波浪的波面取决于波浪聚焦的位置、时间以及相应组成波的频率、方向分布等[7]。假定分段式多向波造波机布置于 $x=0$ m 处,由线性造波理论,在水池中指定位置 (x_b,y_b) 产生聚焦波浪,各造波板的运动为

$$S(x,y,t)=\sum_{i=1}^{N_f}\sum_{j=1}^{N_\theta}\frac{a_{ij}}{T(f_i,\theta_j)}\sin\left[k_i(x-x_b)\cos\theta_j + k_i(y-y_b)\sin\theta_j - 2\pi f_i(t-t_b)\right] \tag{6}$$

$$a_{ij}=\sqrt{2S(\omega_i\theta_j)\Delta\omega_i\Delta\theta_j} \tag{7}$$

设波浪的聚焦波幅为 A,是各组成波波幅之和:

$$A=\sum_{i=1}^{N_f}\sum_{j=1}^{N_\theta}a_{ij} \tag{8}$$

式中:$T(f_i,\theta_j)$ 为分段式造波机的传递函数;a_{ij} 为各组成波的波幅,取决于波浪的频谱分布形式,各组成波的能量均匀分布在 $[\theta_{\min},\theta_{\max}]$ 范围内[7]。

另外,假定离散频率 f_i 均匀分布在 $[f_1,f_n]$ 频率范围内,定义频率区间宽度和中心频率分别为:

$$\Delta f=f_n-f_1,\ f_c=\frac{1}{2}(f_n+f_1) \tag{9}$$

对于特定水深,指定位置 (x_b,y_b) 产生的聚焦波浪的波面特性主要取决于中心频率、频率宽度、聚焦波高等[7]。

图 6 是利用上述聚焦波模拟方法实现的尖峰聚焦波、字母 D 形波及旋转聚焦波,可利用其中的尖峰聚焦波作为海洋浮标水动力模型试验外部荷载。

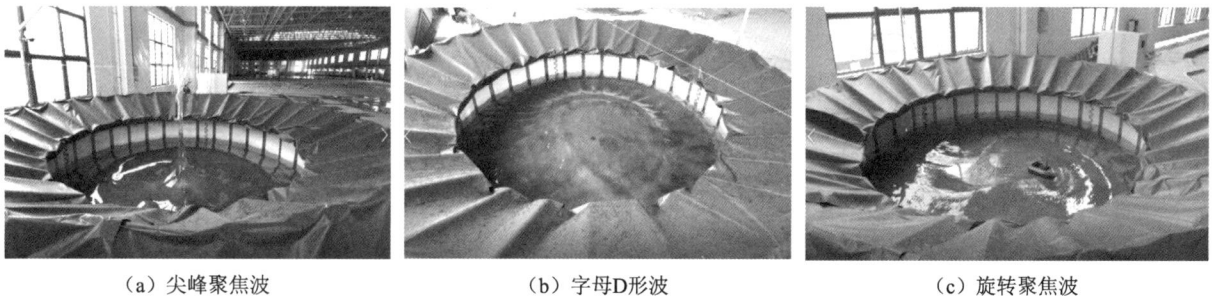

（a）尖峰聚焦波　　　　　　　　　（b）字母D形波　　　　　　　　　（c）旋转聚焦波
图 6　聚焦波展示

2 海洋浮标水动力模型试验方案

本文中的试验方案针对的是投入珠江河口近岸海洋水文研究的原型观测试验站浮标等比缩小模型。利用圆形港池造波机试验平台模拟极端天气下会出现的海洋极端波浪,进行物理模型试验,测试浮标模型在此环境下的锚链拉力和摇摆角度。研究人员可根据试验结果对原型浮标的配重和锚系结构进行调整。

2.1 浮标模型设计

原型观测试验站浮标采用直径为 3 m 的圆盘式结构,主要由塔架、浮体、舱体、底座组成。其中,塔架主要搭载各种传感器及太阳能电池板,采用无磁钢制材料,这样既能保证浮标上架的强度,又具有密度低的优点,有利于降低浮标整体重心,提高浮标的稳性;浮体采用聚脲高韧性材料,表面喷涂聚脲形成外壳,以保证浮体具有足够的强度和防腐性能;舱体包括仪器舱和电池舱,由 316 不锈钢制成;底座支撑整个浮体,安装有配重、牺牲阳极和锚系连接装置等,材质与舱体相同。浮标模型采用与浮标各部分组件相同的材质制作并组装,整体体积及质量按照 1∶20 的比例进行缩小(图 7)。

（a）原型浮标　　　　　　　　　　　　（b）模型浮标

图 7　浮标模型

在此次物理模型试验前,以流体静力学[8]为基础,参照海洋船舶静力学原理及波浪理论,在试验平台内采用倾斜试验法获得了浮标的重心高度、浮心高度,并计算出初稳性高度等参数,优于《国内航行海船法定检验技术规则(2020)》[9]中的规定要求。加上已知的排水体积,从而获得了试验所需的模型浮标主要参数(表 1)。

表 1　浮标模型基本参数

名　称	数　值	名　称	数　值	名　称	数　值
浮标高度/m	0.18	浮体直径/m	0.15	浮标重心高/m	G_h
塔架高度/m	0.10	浮体高度/m	0.05	总重(不含锚系)/t	0.01
底座总高/m	0.03	浮标浮心高/m	α_1	初稳性高度/m	L_m

浮标的浮心 α_1 高应按下式计算:

$$\alpha_1 = \frac{\sum_i^n \mu_i d_i}{\mu} \tag{10}$$

式中:μ 为总排水体积;μ_i 为各部分排水体积;d_i 为各部分形心到基准面的距离。

浮标的初稳性高度应按下式计算:

$$L_m = \alpha_1 + \frac{I}{\mu} - G_h \tag{11}$$

式中:L_m 为浮体水线处横截面积对其形心 X 轴的面积惯性矩;G_h 为重心高。

浮标采用双点定锚"八"字布锚法,该方法可以减少海流及海浪对水面浮标水平运动的影响,保障浮标不会断锚跑标,保持标体移动范围较小。根据海洋行业标准《小型海洋环境监测浮标》(HY/T 143—2011)[10]的要求,锚链长度应为水深的 2.5～3.5 倍。试验水深 0.5 m,锚链长度选为 1.47 m,单条锚链重量 0.25 kg。

2.2　试验方案设计

为了确定试验所需造波参数,试验参考海洋行业标准《小型海洋环境监测浮标》(HY/T 143—2011)[10]和《海洋资料浮标原理与工程》[11]中对于浮标极限生存环境参数的要求,结合浮标工作海域的实际海况,提出海洋物性监测仪浮标的极限生存环境参数,如表 2 所示。

试验根据极限生存环境参数及浮标模型的缩比,确定试验所需的比尺、极端波的射流波高等参数,如表 3 所示。

表2　极限生存环境参数

参 数	典型值	参 数	典型值
风速/(m/s)	60	最大波高/m	20
波浪周期/s	12	表层流速(m/s)	3.5
波浪波长/m	224	环境温度/℃	-20~50
有效波高/m	15	相对湿度/%	0~100

表3　试验工况

序　号	原型水深/m	水深比尺	模型水深/m	原型波高/m	波高比尺	模型波高/m
1				2		0.2
2				4		0.4
3				6		0.6
4				8		0.8
5	5	10	0.5	10	10	1.0
6				12		1.2
7				14		1.4
8				16		1.6
9				18		1.8
10				20		2.0

　　试验设置10个试验工况,由模拟最佳海况下的波浪直至极限生存环境下的最大波浪,在试验中不停加大波浪强度使浮标往复倾斜,用电子倾角仪记录倾角(摇摆角度),并计算出浮标的动稳性曲线。同时,在锚系与浮标的连接处安装拉力计,记录试验过程中的锚链拉力。

　　在试验中可能会出现在模拟最大波浪前浮标发生倾覆的情况,所以要在静态环境下测量浮标体发生倾覆时的角度(图8),并验证最大波浪是否会导致浮标倾覆。

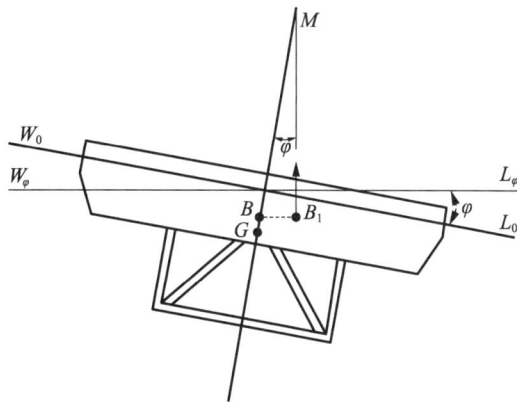

图8　浮标倾斜试验示意

　　通过试验可得到浮标的稳性情况和锚链拉力情况,并得到相应曲线。进行缩比还原后,可对照相关标准验证浮标的安全性和锚链的负荷是否满足标准要求,相关数据也可作为浮标配重和锚系结构设计调整的事实依据。

3 结 语

　　通过建设圆形港池造波机试验平台和开展海洋浮标水动力模型试验,可以更深入地了解极端波浪对海洋环境的影响,为相关领域的研究和应用提供有力支持。同时,这种试验方案有助于提高研究的效率和准确性,推动我国海洋科技的发展。未来,还可以进一步优化试验平台和试验方案,提高模拟的真实性和试验的可靠性,以满足更多领域的研究需求。

参考文献

［1］　曲兆松,马遥. 圆形水池下聚焦波及字母波的研究[J]. 水利科技与经济,2023,29(2):15-18.

［2］　廖芸蓉. 随机波浪作用下大直径海洋浮标动力响应特性研究[D]. 舟山:浙江海洋大学,2023.

［3］　陈俊,王磊,林俊,等. 圆形水池造波机系统设计及聚焦波研究[J]. 科技资讯,2021,19(18):43-47.

［4］　陈俊,邢方亮,王磊,等. 基于 EtherCAT 总线的推板式造波机控制系统[J]. 科技资讯,2020,18(23):18-21.

［5］　徐青发,张建康,吴晓生,等. 基于网络的大型造波机运动控制系统[J]. 船电技术,2022,42(1):19-22.

［6］　於洪松. 基于 EtherCAT 的 L 型造波机运动控制系统设计[D]. 大连:大连理工大学,2016.

［7］　倪艺萍,王天奕,王磊,等. 面向极端波浪模拟的圆形全向聚焦波合成算法与试验研究[J]. 人民珠江,2023,44(4):119-126.

［8］　周光坰,严宗毅,许世雄,等. 面向 21 世纪课程教材:流体力学(下册)[M]. 2 版. 北京:高等教育出版社,2003.

［9］　中华人民共和国海事局. 国内航行海船法定检验技术规则(2020)[EB/OL]. (2020-01-06). https://www. msa. gov. cn/page/article. do? articleId ＝ 5C674703-9642-48CF-9E12-D5A6B744005B＆channelId ＝ F92F8B93-A6C8-4407-89F0-ED717704CEAC.

［10］　全国海洋标准化技术委员会. 小型海洋环境监测浮标:HY/T 143—2011[S]. 北京:中国标准出版社,2011.

［11］　王军成. 海洋资料浮标原理与工程[M]. 北京:海洋出版社,2013.

圆形港池聚焦波造波机现状与发展趋势

倪艺萍，陈　俊，林　俊，何启莲

（珠江水利委员会 珠江水利科学研究院，广东 广州　510610）

摘要：聚焦波具有波高大、破坏性强、能量集中等特点，是极端海况波浪模拟试验的重要研究对象。圆形港池具有全向聚焦效果，可以很好地生成聚焦波，以模拟各种突发性强、破坏力大的极端波浪，弥补了矩形港池在极端聚焦波模拟方面的短板，可用于多种工程结构及装备在极端海况下的安全性和可靠性试验研究。在综合分析国内外圆形港池建设现状的基础上，结合工程实际的需要，指出现有的聚焦波模拟方法存在的问题，总结造波机的聚焦波模拟技术。

关键词：圆形港池；造波机；聚焦波

聚焦波是波高很大的波（图1）。其波高是有效波高的两倍以上，对海洋和近海结构造成巨大威胁（图2），它能量集中，波峰速度快，运动和变形以及内部水动力形态复杂，是极端海况波浪模拟试验的重要研究对象。无论是物理模拟还是数值模拟，分析聚焦波的产生机理、破坏特征等，都对海洋水动力学的发展和海洋工程结构的设计具有十分重要的意义。

图1　海上聚焦波

图2　聚焦波造成的巨大危害

利用长波传播快、短波传播慢的原理，不同频率、不同波高、不同方向的多个组成波，在传播过程中，在特定时刻、特定位置调制叠加产生聚焦波。长波通常是由放置在矩形港池上的分段式造波机的蛇形运动产生。然而，由一个造波机单元产生的波是一个环形波，实际聚焦波的生成是基于环形波的叠加，因此聚焦波生成理论应基于环形波叠加的理论，利用圆形港池基于环形波产生聚焦波能够获得更加准确的波场[1]。

目前我国已有港池类型众多，包括海洋工程港池、船舶拖曳港池、波-流动床浑水港池等，形状多为矩形，适用于近岸、浅海等海洋环境模拟，在功能上都难以满足更复杂的深海极端海况模拟需求。圆形港池可与现有的各类港池形成良好的互补，用于海洋能源装备、水下机器人、海洋平台等在极端海况下的性能模拟测试，可以极大缩短海洋技术装备研发周期，实现快速原型设计与优化，有利于以更快速、更经济、更低风险的方式实现海洋技术装备的高效研发与可靠利用。

1 国外圆形港池的发展现状

20世纪70年代，国际海洋工程界开始在专用海洋工程港池及其试验技术方面开展探索。80年代初，

基金项目：珠江水利委员会珠江水利科学研究院科技创新自立项目（〔2021〕ky015）

作者简介：倪艺萍。E-mail：yipingni@163.com

世界首个海洋工程港池在挪威海洋工程技术研究院建成。当前国外有代表性的海洋工程深水模拟试验装置包括挪威 MARINTEK 海洋深水试验池、荷兰 MARIN 海洋工程港池、美国 OTRC 海洋工程港池、巴西 LabOceano 海洋工程港池以及日本的深水海洋工程港池等。其中，圆形水池有 3 座，分别是英国爱丁堡 FloWave 圆形港池、日本大阪大学 AMOEBA 圆形港池和日本海事研究所圆形深水海洋工程港池。

1.1 英国爱丁堡大学 FloWave 圆形港池

英国拥有世界上的第一个圆形港池，被命名为 FloWave。如图 3 所示，FloWave 的核心是一个 30 m 的圆形混凝土水槽，其中包含直径为 25 m 的水池。水池深 5 m，分为上下两部分，中间有 1 m 厚的可移动底板。2 m 深的上部水槽被 168 个力反馈主动消波式造波机环绕；而下部包含 28 个流动驱动单元，它们可以同时且独立地以任意方向驱动流过上部测试体的水流，最大水流速度为 1.6 m/s。造波系统有 168 个摇板式造波单元，具有力反馈式主动吸收功能，能够产生规则波和不规则波，模拟 28 m 高的波浪，还具有多方向波的复杂多模态海态，可用于测试和改进海洋能源系统[2]。

FloWave 圆形港池可模拟高度复杂的海洋环境。在直径为 25 m 的圆形水池中，可以模拟多方向波和流的组合。该设施主要用于测试小比尺模型，用于海上波浪和潮汐流发电设备，以及海洋环境中的船舶和其他结构测试，也用于对波浪、水流和这些组合的基础学术研究。该水池于 2014 年年初投入使用，此后已被广泛用于学术和商业项目。FloWave 的设计应用是在 1∶100 到 1∶50 的小比尺水池试验和接近全比尺的开放水域试验之间的中间环节，因此多被用于 1∶40 到 1∶10 之间的模型试验[3]。

图 3　FloWave 圆形港池极端海况高速射流与畸形波效果图

1.2 日本海事研究所圆形深水海洋工程港池

日本国家海事研究所的深水海洋工程港池截面为圆形[4]，如图 4 所示，直径为 14 m，深为 5 m；中间深井的直径为 6 m，水深 30 m。其造波系统沿水池周向呈圆环形布置，共由 128 块摇板造波单元组成。摇板单元高 2.7 m，宽 0.33 m，能生成最大的规则波波高为 0.5 m。

图 4　深水海洋工程港池

1.3　日本大阪大学 AMOEBA 圆形港池

与上述深水池形式类似的还有日本大阪大学船舶与海洋工程学部的圆形波浪港池 AMOEBA（Advanced Multiple Organized Elemental Basin）。AMOEBA 圆形港池直径为 1.6 m，深 0.25 m，由 50 块分段式推板式造波单元组成，造波单元独立控制，且具有先进的主动吸收功能，能够实现长历时造波，并产生任意特性的波场。利用这个特性，大阪大学和三井造船昭岛研究所开发了一种造字符类聚焦波的技术，它通过各种波浪的叠加，使波浪瞬时呈现一种文字或图案。如图 5 所示的 S 形聚焦波，可以明显地看到 S 的半圆部分和连接直线部分。

图 5　AMOEBA 圆形港池

Minoura 等[1]在圆形港池造波方法的基础上，采用汉克尔函数的渐进形式推导了沿任意形状港池周线布置造波机时长峰规则波的生成公式，并在椭圆形水槽内进行了相关试验。

2　国内圆形港池的发展现状

我国波浪模拟方面的研究起步较晚。国内的学者在这方面不断地进行探索研究。很多科研人员致力于造波港池的发展，开展大功率不规则大港池波浪生成的研究。我国也先后建立了很多大型试验港池。目前我国至少拥有 40 个大型试验港池，多为矩形波浪港池，如上海交通大学海洋深水池、浙江大学波-流动床浑水港池、中国船舶重工集团公司第 702 研究所港池等[5]；而圆形港池尚在摸索阶段。其中，具有代表性的是上海交通大学海洋深水池。深水池长 50 m，宽 40 m，深 10 m；中心深井深 40 m，直径为 5 m；造波系统采用 L 形多段式摇板式造波机，共由 222 块单元摇板组成，具备再现大范围台风、三维不规则波、各种奇异波浪、典型垂向流速剖面深水流等深海复杂环境的能力，可模拟 4 000 m 水深的深海环境，是我国技术功能较为完备的水池。但其也只能模拟部分单向或多向深海波浪，无法实现全向聚焦波波浪模拟。对于复杂多变的深海来说，这远不能够在波浪模型试验中完全重现极端海况。

2.1　哈尔滨工程大学六边形水池

2019 年，哈尔滨工程大学发明了一种圆形造波水池，确切地说，是六边形水池[6]；池壁为圆形，造波机分布为正六边形，包括水池、试验机构和造波机构。试验机构包括固定安装在池壁上的圆形导轨、两端置于圆形导轨上的滑轨和位于滑轨上的拖车，包括 6 套造波机构，6 套造波机构在水池内呈正六边形均匀分布。如图 6 所示，圆形造波水池包括池壁、支撑架、圆形导轨、拖车、滑轨、电机箱、推杆、造波板、船模。

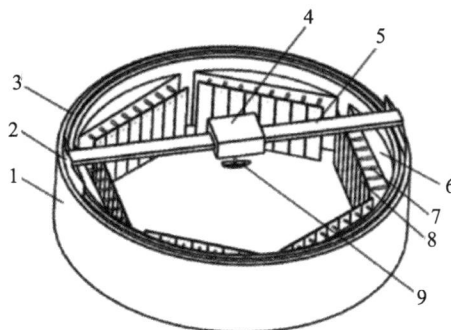

1. 池壁；2. 支撑架；3. 圆形导轨；4. 拖车；5. 滑轨；6. 电机箱；7. 推杆；8. 造波板；9. 船模

图 6　六边形水池

该圆形造波水池设计有 6 个方向的造波系统，6 个造波系统均匀分布在正六角形的 6 个边上，可模拟三维短峰波，所模拟的波浪比现有的规则波和非规则波等二维波浪更加符合实际海洋波浪三维特征，更加贴近船舶在现实海洋环境中遇到的波浪。

2.2 珠江水利科学研究院圆形港池聚焦波造波机

2021 年,为响应建设海洋强国战略部署,模拟深远海区域更为复杂的深海极端海况,珠江水利科学研究院自主创新设计和研发了国内首座圆形港池聚焦波造波机[7]。如图 7 所示,该水池直径为 5.5 m,最大工作水深 0.3 m,由 32 个推板式造波单元组成,实现了所有类型聚焦波的合成,包括单峰聚焦波、双峰聚焦波、偏心聚焦波、旋转聚焦波、图形类聚焦波波形,且水深 0.3 m 处,可生成的波高达 10 m,并可对聚焦位置、高度、直径、圆度、垂直度等波浪形态做出精准控制。

图 7　珠江水利科学研究院
圆形港池

该水池可用于深海风暴、海啸、超强台风等极端海况引起的各种随机的、陡峭的、破坏力极强的畸形波模拟,弥补了矩形港池在极端聚焦波模拟方面的短板,可满足深水油气钻井平台、海上风机、船舶等结构可靠度及倾覆风险的模型试验研究需求,还可用于测试各类水利、海洋仪器设备原理样机或工程物理模型,但平台尺寸较小,试验模型需大比例缩小。

研发单位将加强现有成果的推广应用,通过搭建更大尺寸圆形水池试验平台、扩展造波机数量、提高波形控制精度、扩大造波参数范围,以满足桥梁、防波堤、码头等多种涉水工程在波浪冲击下的复杂水动力环境要求,为近岸极端海况和海洋工程科研项目提供充分试验条件和技术支持。

2.3 浙江大学圆形聚波水池

2022 年,浙江大学海洋学院拟在三亚崖州湾深海装备与技术实验室建设直径为 27 m 的圆形聚波水池(图 8),以实现深远海区域复杂海况波流条件水池环境模拟。拟建设聚波水池旨在面向深远海海洋技术装备可靠性与生存性验证。该水池直径为 28 m,有效工作直径为 23 m,中央配有水下升降搭载平台。水池被水下升降搭载平台分为上下两部分:上部 168 个造波单元在圆形水池壁上环绕,下部包含 60 台双向潜水贯流泵,可以在任何相对方向上同时独立地进行造流,从而可实现深远海复杂极端海况波流环境的模拟。

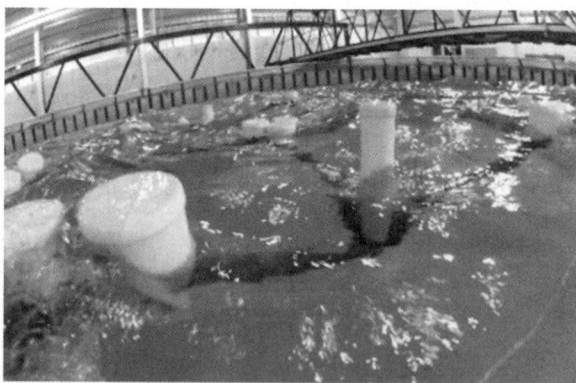

图 8　海洋能源装备测试效果图

该聚波水池若能建成,将具备重要的科研价值和战略意义,可以有效提升我国深远海技术装备的研发实力,促进我国对南海的进一步开发利用。

3 聚焦波模拟技术的发展

1974 年,Longuet-Higgins[8]首次提出非线性波之间相互作用的理论,利用波能聚焦的方法在水槽或港池中生成聚焦波。该方法利用线性叠加原理,通过不同频率的组成波相互调制,使得在某个时刻所有波分量聚焦在特定位置处,波峰达到最大,造波板位移为各组成波浪按线性造波理论所得分量之和。目前,该方法广泛应用于实验室物理模拟聚焦波,后续学者也对该方法进行了发展和完善。

1998 年,Kway 等[9]同样通过波能聚焦的方法,在深水中产生了聚焦波,针对各组成波的波幅分布取值,对比分析了 3 种不同的频谱形式——等波陡分布、等波幅分布和 PM 谱下波流传播过程中的波面变化和能谱变化。结果表明,聚焦波破碎产生的能量与频谱形式相关,聚焦波破碎强度与一阶频谱高频部分的斜率有很强的相关性。

2016 年,武昕竹[10]基于线性造波理论,建立了二维聚焦波浪数值模拟水槽,给出了模拟频谱和模拟波列两种方法来对聚焦波浪进行数值模拟。模拟频谱法是应用 JONSWAP 型谱生成不同组次的聚焦波浪,模拟波列法是将水槽前端浪高仪所测波浪的实测波列作为边界输入波浪[11]。这两种方法都可以很好地模拟聚焦波浪,且模拟结果与试验结果基本一致。模拟波列法的优点在于通过组成波分析得到了与目标波浪一致的相位谱、振幅谱,但需要有物理实验结果才能进行分析。在数值模拟中,当模拟试验中没有波浪参数组次时,模拟波列法不适用。而模拟频谱法只需要输入模拟波浪的频率范围、谱峰频率、波浪幅值,就可以生成聚焦波浪。在数值模拟中,模拟频谱法更符合物理造波机特点。

2016 年,张怡辉等[12]为了分析中心频率、频率宽度以及频谱类型等参数对深水聚焦波破碎过程中的波面特征及波参数的影响,通过波能聚焦的方法,在水槽中生成了深水聚焦波。结果表明,中心频和频宽对波浪的稳定性影响很小,而谱型对波面最大陡度的影响比较明显,且破碎前更加显著。3 种谱型对比来看,谱型为 PM 谱时,频宽越窄,波谱越稳定,聚焦波破碎导致的波特征参数变化率最小;等振幅谱型次之;等波陡谱型下的影响最为显著。

2019 年,张可心等[13]考虑了一阶线性造波理论产生的自由伪谐波的影响,采用二阶造波理论,分别进行物理水槽和数值水槽聚焦波造波试验。结果表明,与一阶理论相比,采用二阶造波理论可以有效地提升水槽聚焦波浪的模拟精度。但二阶造波理论的限制是,随着有限水深中波陡的增加,波浪非线性增强,造波板需要更大的冲程才能抑制自由伪谐波的产生,这在物理模拟中是需要重点考虑的。

以上是对二维聚焦波模拟的研究。物理造波通常应用于水槽中,具有方向单一性,但实际海洋波浪是多向传播的,不同的方向分布对聚焦波的运动学和动力学特征具有显著影响。因此,在实际工程中必须考虑三维聚焦波的方向性效应对工程结构的影响。

She 等[14-15]利用单一频率不同方向波浪聚焦和多频率不同方向波浪聚焦形成的极限波,研究了波浪方向分布函数对聚焦波水动力特性的影响,结果显示波浪的方向分布对临界破碎波浪的波高、峰值、波前陡度和波面的不对称性具有明显的影响,方向分布越宽,破碎波高越高。

1997 年,Johannessen[16]采用数模和物模的方法研究了三维线性波峰和聚焦波的波浪特性。研究结果表明引入波浪的方向分布特性可减小波浪之间的非线性相互作用。

2004 年,柳淑学和洪起庸[17]基于线性造波理论,考虑了波浪的不同方向分布,建立了三维聚焦波浪的模拟方法,并应用基于 Boussinesq 方程的数值模拟进行验证,同时研究了中心频率、频率宽度和频谱形式等对三维聚焦波特性的影响。中心频率越小,频率宽度越大,聚焦波浪群越小,聚焦波越集中;等波幅和等波陡两种谱型对聚焦波波面的影响不大,但会导致波浪的能量分布不同。

2019 年,Zou 等[18]在具有孤立的珊瑚礁地形三维模型的港池中,利用改进的波谱产生不同周期和波高的随机波列,从而研究三维聚焦波的产生过程和波浪形态。试验证明,聚焦波可以从不同类型的波群中生成,聚焦波总是具有较大的陡度;最大波高与有效波高之比与陡度正相关;陡度越大,偏度越大,且水深的快速变化有助于产生聚焦波。

2021 年,王磊等[19]利用波能聚焦在港池中模拟了三维聚焦波,研究聚焦波的方向分布对波高分布、几何破碎指标以及能量损失等参数的影响。试验结果表明,波浪方向分布宽时,波浪方向有向主方向集中的现象。方向分布范围越小,聚焦波越陡;方向分布范围越大,破碎产生能量损失也越大。方向分布范围为 $[-60°,60°]$ 时,能量损失率约 45%。

4 结 语

由于造波机的 360° 环形布置,圆形港池在聚焦波模拟方面具有突出表现。利用多种聚焦波模拟方法,生成的聚焦波波高大、波形陡峭,能量集中程度高,聚焦效果好,可模拟由深海风暴、海啸、超强台风等极端海况引起的破坏力极强的聚焦波,弥补了矩形港池在极端聚焦波模拟方面的短板。未来,圆形港池的建造将会向高精度、大规模、多功能方向发展,用于战舰、潜艇、海洋平台、跨海桥梁等结构及装备在极端海况下的安全性和可靠性研究,为海洋强国提供技术支撑和保障。

参考文献

[1] MINOURA M,TAKAHASHI R,OKUYAMA E,et al. Generation of extreme wave composed of ring waves in a circular basin[C]//Proceedings of the Nineteenth International Offshore and Polar Engineering Conference (ISOPE-2009),Osaka,Japan,2009.

[2] NOBLE D R. Combined wave-current scale model testing at FloWave[D]. Edinburgh:The University of Edinburgh,2018.

[3] NOBLE D R,DAVEY T,STEYNOR J,et al. Wave-current interactions at the FloWave ocean energy research facility[C]. EGU General Assembly Conference Abstracts,2015(17):4821.

[4] 刘毅,程少科,郑堤. 大功率造波机中驱动技术的研究现状与展望[J]. 机械工程学报,2016,52(24):9.

[5] 李硕. 转阀控制式波浪生成方法的研究[D]. 淮南:安徽理工大学,2020.

[6] 胡健,赵旺,毛翼轩,等. 一种圆形造波水池:CN201910395822.7[P]. 2019.

[7] 倪艺萍,王天奕,王磊,等. 面向极端波浪模拟的圆形全向聚焦波合成算法与试验研究[J]. 人民珠江,2023,44(4):119-126.

[8] LONGUET-HIGGINS M S. Breaking waves—in deep or shallow water[C]//Proceedings of the 10th symposium on naval hydrodynamics. Cambridge,Massachusetts,1974:597-605.

[9] KWAY H L,LOH Y S,CHAN E S. Laboratory study of deep-water breaking waves[J]. The Ocean Engineering,1998,25(8):657-676.

[10] 武昕竹. 聚焦波浪与圆柱作用的数值模拟[D]. 大连:大连理工大学,2016.

[11] 俞津修,柳淑学. 随机波浪及其工程应用[M]. 大连:大连理工大学出版社,2011.

[12] 张怡辉,梁书秀,孙昭晨,等. 深水波浪破碎特征影响因素的实验研究[J]. 哈尔滨工程大学学报,2016,37(6):762-769.

[13] 张可心,柳淑学,李金宣,等. 基于二阶造波理论的聚焦波实验室模拟[J]. 水道港口,2019,40(4):373-379.

[14] SHE K,GREATED C A,EASSON W J. Experimental study of three dimensional breaking waves[J]. J Waterway,Port,Coastal and Ocean Engineering,ASCE,1994,120(1):20-36.

[15] SHE K,GREATED C A,EASSON W J. Experimental study of three dimensional breaking wave kinematics[J]. Applied Ocean Research,1997,19:329-343.

[16] JOHANNESSEN T B. The effect of directionality on the nonlinear behavior of extreme transient ocean waves[D]. London:University of London,1997.

[17] 柳淑学,洪起庸. 三维极限波的产生方法及特性[J]. 海洋学报,2004(6):133-142.

[18] ZOU L,WANG A,WANG Z,et al. Experimental study of freak waves due to three-dimensional island terrain in random wave[J]. Acta Oceanologica Sinica,2019,38(6):92-99.

[19] 王磊,李金宣,杨金凤,等. 三维聚焦破碎波相关特性的试验研究——单频聚焦[J]. 水道港口,2021,42(1):22-29.

基于水波超材料的直岸波能点聚焦研究

张志刚[1,2]，何广华[3]，厉运周[1]，王军成[1]，陈永华[4]

（1. 山东省科学院 海洋仪器仪表研究所，山东 青岛　266100；2. 山东大学 机械工程学院，山东 济南　250061；3. 哈尔滨工业大学（威海）海洋工程学院，山东 威海　264209；4. 中国科学院海洋研究所，山东 青岛　266071）

摘要：借助水波超材料对波浪场主动操控，在海洋工程领域具有重要的应用前景。利用超材料实现平直边界的反射式水波点聚焦，有效提高波能俘获效率。首先，以亥姆霍兹方程为浅水波控制方程，基于空间变换方法设计了一个三角形聚能区域；随后，计算了包括水深、重力加速度在内的各向异性媒介参数；之后，基于均化理论设计了一种梳式水波超材料来等效各向异性媒介；最后，采用有限元方法对水波超材料的波能聚集效果进行了验证。研究结果表明，提出的水波超材料可实现平直边界对波能的反射式点聚焦。

关键词：水波超材料；水波聚焦；波能；空间变换；各向异性媒介

　　近岸波能密度明显低于深远海区域，但是由于深远海波能利用难度大，因此当前波能开发主要集中在沿岸浅水区[1]。基于波浪的反射、折射、衍射等特性，实现波能聚焦和集中利用，可有效提高波能俘获功率。近年来，基于空间变换超材料的水波操控得到流体力学领域学者的关注。空间变换方法指的是利用坐标变换对波浪场进行空间设计的方法。空间变换方法中的各向异性媒介需要人工设计的超材料来等效。空间变换超材料最早在电磁波领域提出。Schurig 等[2]在 *Science* 发文，提出了一种开口谐振圆环形式的隐形超材料，随后该波操控方法被广泛应用于透镜、幻影、旋转等领域。在水波领域，空间变换超材料方法最早由 Farhat 等[3]引入到甲氧基九氟丁烷的表面波隐形中，考虑流体界面的毛细现象，设计了等效于各向异性黏度的媒介和超材料，进而实现了隐形，但是该方法很难应用到水波隐形中。Chen 等[4]针对浅水波方程，采用空间变换方法设计了水波旋转超材料。Berraquero 等[5]设计了一种无反射的水波偏转超材料，水波在狭窄通道内可以无反射地改变传播方向。Dupont 等[6]基于空间变换方法设计了一种无反射的超材料，当波浪与曲面壁接触后，不会产生散射波。Zareei 和 Alam[7]提出了一种非线性空间变换方法，设计了基于各向异性水深的隐形超材料，数值结果验证了该方法可实现 90% 的隐形效果。Iida 和 Kashiwagi[8]基于空间变换方法设计了一种无反射波导；随后，Iida 和 Kashiwagi[9]也开展了水波隐形研究，并基于电路模型和小水槽网络模型的相似性，设计了空间变换隐形小水槽网络超材料。Zhang 等[10]基于空间变换方法开展了水波波长调制研究，设计了相应的各向异性媒介。在水波聚焦方面，由于空间变换方法无法直接改变水波的波幅，因此相关研究较少。

　　通过上述分析可以发现，空间变换超材料方法被广泛应用于水波的隐形、旋转、偏转、波长调制等领域，这些应用都没有改变波浪的波幅。下文提出将反射原理与空间变换超材料方法相结合，实现水波波幅的增加。首先，研究了反射式水波聚焦效果；随后，针对浅水波控制方程——亥姆霍兹方程，基于空间变换方法开展了反射聚焦空间设计，计算各向异性媒介分布规律；最后，基于均化理论开展水波聚焦超材料设

基金项目：山东省重点研发计划项目（2023ZLYS01）；中国博士后科学基金面上项目（2023M742157）；海岸和近海工程国家重点实验室开放基金资助项目（LP2309）；青岛市博士后基金资助项目（QDBSH20230202121）

通信作者：王军成。E-mail：wjc@sdioi.com

计，基于有限元方法分析验证了水波聚焦超材料的波能聚集效果。研究结果表明，提出的水波聚焦超材料可以有效实现平直边界对水波的点聚焦。

1 理论

浅水波的控制方程可以表示为下式[11]：

$$\nabla \cdot (h_0 \nabla \eta) + \frac{\omega^2}{g_0} \eta = 0 \tag{1}$$

式中：η 是波幅；g_0 为重力加速度；h_0 为水深；ω 为波浪圆频率。

对式（1）在正交坐标系下进行空间变换 $x' = f(x)$，经过坐标变换后波浪场分布发生变化，x' 表示变换空间，x 表示原始空间，在新空间可以得到

$$\nabla' \cdot (\widetilde{h}'h_0 \nabla'\eta) + \frac{\omega^2}{g'g_0} \eta = 0 \tag{2}$$

式中：$\widetilde{h}' = JJ^{\mathrm{T}}/|J|$，$g' = |J|$，$J$ 为雅可比矩阵。

对比式（1）和式（2）可以发现，其在形式上是一致的，因为空间变换项 $JJ^{\mathrm{T}}/|J|$ 和 $1/|J|$ 被吸纳到了媒介参数中。这表明，在原始空间中通过媒介参数的特定分布即可实现对波浪场的操控，媒介参数分布特性由空间比例系数 $\widetilde{h}'$ 和 g' 决定。

文中研究提出一种反射式水波聚集空间，考虑反射边界 x_1，如式（3）所示。基于空间变换思想，将边界 x_1 向左移动与 y 轴重合，如图 1 所示，这样由 x_1 和 x_2 围成的区域 Ω_1 被压缩为 Ω_2。直角边界变为平直边界。边界 x_2 的表达式如式（4）所示。

$$x_1 = \begin{cases} y+4 & -4 \leqslant y \leqslant 0 \\ -y+4 & 0 \leqslant y \leqslant 4 \end{cases} \tag{3}$$

$$x_2 = \begin{cases} -y-4 & -4 \leqslant y \leqslant 0 \\ y-4 & 0 \leqslant y \leqslant 4 \end{cases} \tag{4}$$

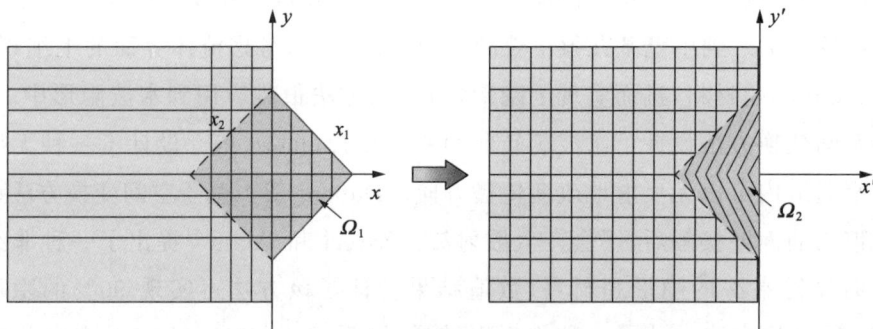

图 1　基于坐标变换的空间转换过程

由式（2）可知在原始空间 Ω_1 中通过设置各向异性媒介，可实现与变换空间 Ω_2 一样的波浪场分布效果。可得到 $\widetilde{h}'$ 和 g' 的值为：

$$\widetilde{h}' = \begin{cases} \begin{vmatrix} 1 & -1 \\ -1 & 2 \end{vmatrix} & (-4 \leqslant y \leqslant 0) \\ \begin{vmatrix} 1 & 1 \\ 1 & 2 \end{vmatrix} & (0 \leqslant y \leqslant 4) \end{cases}, \quad g' = \frac{1}{2} \quad (-4 \leqslant y \leqslant 4) \tag{5}$$

由式（5）可知，水深是各向异性的，需要超材料来等效实现。为了避免对重力加速度的改变，因此将 g' 的值吸纳到 $\widetilde{h}'$ 中，则可以得到：

$$\tilde{h}' = \begin{cases} \begin{vmatrix} \dfrac{1}{2} & -\dfrac{1}{2} \\[2mm] -\dfrac{1}{2} & 1 \end{vmatrix} & (-4 \leqslant y \leqslant 0) \\[6mm] \begin{vmatrix} \dfrac{1}{2} & \dfrac{1}{2} \\[2mm] \dfrac{1}{2} & 1 \end{vmatrix} & (0 \leqslant y \leqslant 4) \end{cases}, \quad g' = 1 \quad (-4 \leqslant y \leqslant 4) \tag{6}$$

随后,采用均化理论设计超材料来等效式(6)中的各向异性水深。超材料为交替分层结构,每层又包含两个子层,每个子层的水深 $h_1(i)$、$h_2(i)$ 可由式(7)计算得到(N 为总层数):

$$h_x = \frac{2h_1(i)h_2(i)}{h_1(i)+h_2(i)}, \quad h_y = \frac{h_1(i)+h_2(i)}{2}, \quad i=1,2,\cdots,N \tag{7}$$

2 结果与分析

2.1 反射边界的水波聚焦效果

研究基于反射原理的水波聚焦效果,采用有限元方法对亥姆霍兹方程进行求解。波浪从左侧入射,当波浪与右侧边界相互作用时,会发生反射式聚焦。图2(a)为计算域示意图,S_0 为零通量边界,$S_{-\infty}$ 为入射边界。图2(b)为计算域整体波面分布情况,图2(c)为反射壁前的局部波面分布情况。可以发现在反射壁前波浪发生了聚焦现象,最大波幅可达入射波的4倍,验证了反射式水波聚焦效果。

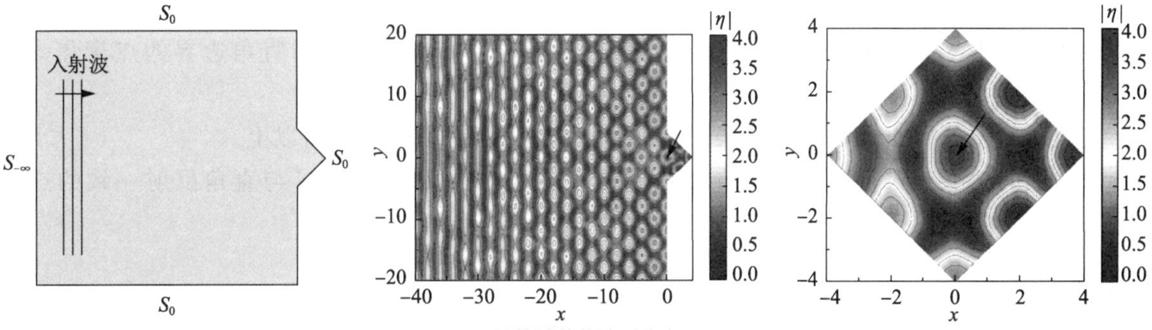

（a）计算域示意   （b）计算域整体波面分布   （c）反射壁前的局部波面分布

图2　反射式水波聚焦

2.2 各向异性媒介的水波聚焦效果

将直角边界变为平直边界。分别采用式(5)和式(6)中的各向异性媒介,计算了平直边界对水波的聚焦效果,如图3所示。

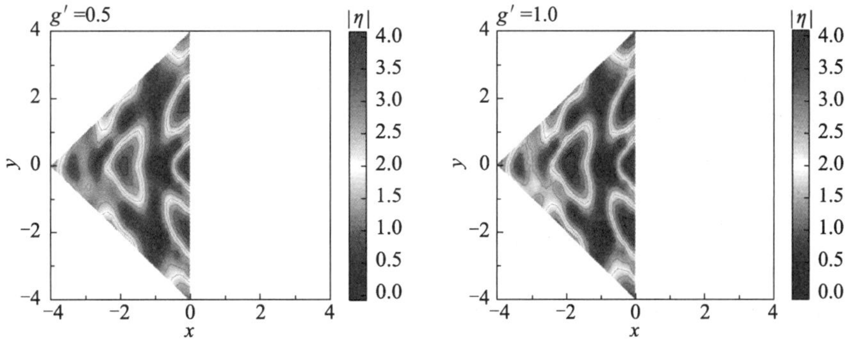

（a）式(5)波面分布计算得到的波面分布   （b）g' 吸纳入 $\tilde{h}'$ 后的波面分布

图3　基于各向异性媒介的平直边界反射式水波聚焦

图3(a)为采用式(5)中各向异性媒介的波面分布效果,可以发现平直边界的波面同样发生了点聚焦。图3(a)的波浪场可视为图2(c)波浪场经图1中所示的空间压缩得到,验证了空间变换的有效性。图3(b)

为将 g' 吸纳入 $\tilde{h}'$ 后的波面分布,可以发现聚焦波面进一步增加到入射波波幅的 4.4 倍。

2.3 超材料的水波聚焦效果

利用式(7),可计算得到超材料每个子层的水深系数为 $h_1(i)=2.519, h_2(i)=0.099(N=10)$,其效果图和俯视图分别如图 4(a)和图 4(b)所示,超材料为高低起伏的分层结构,可等效各向异性媒介。图 4(c)为超材料对水波的聚焦效果,可以发现超材料的波面与图 3(b)中的波面相似,验证了超材料对各向异性媒介的等效效果,也验证了超材料对水波的点聚焦效果。

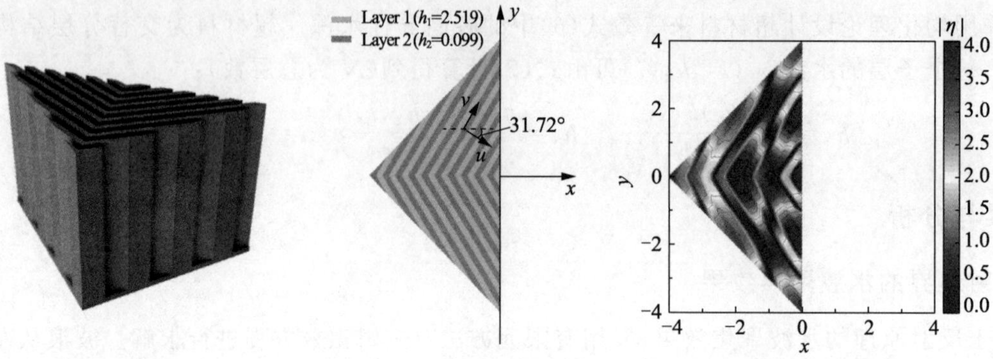

(a) 效果图   (b) 俯视图   (c) 聚焦效果示意

图 4   超材料示意及水波聚焦效果

3 结 语

将空间变换超材料方法和反射原理相结合,使得平直边界实现了等同于直角边界的点聚焦效果。主要研究结论如下:

(1)直角反射壁可以实现水波的点聚焦,波幅可增加为入射波幅的 4 倍以上。

(2)采用空间变换超材料理论将直角反射转换为平直边界反射,实现了与直角反射一致的点聚焦效果,显著提升了波能密度。

参考文献

[1] 王绿卿,冯卫兵,唐筱宁,等. 中国大陆沿岸波浪能分布初步研究[J]. 海洋学报,2014,36(5):1-7.

[2] SCHURIG D,MOCK J J,JUSTICE B J,et al. Metamaterial electromagnetic cloak at microwave frequencies[J]. Science,2006,314(5801):977-980.

[3] FARHAT M,ENOCH S,GUENNEAU S,et al. Broadband cylindrical acoustic cloak for linear surface waves in a fluid [J]. Physical Review Letters,2008,101(13):134501.

[4] CHEN H Y,YANG J,ZI J,et al. Transformation media for linear liquid surface waves[J]. EPL(Europhysics Letters),2009,85(2):24004.

[5] BERRAQUERO C P,MAUREL A,PETITJEANS P,et al. Experimental realization of a water-wave metamaterial shifter[J]. Physical review E,2013,88(5):051002.

[6] DUPONT G,KIMMOUN O,MOLIN B,et al. Numerical and experimental study of an invisibility carpet in a water channel[J]. Physical Review E,Statistical,Nonlinear,and Soft Matter Physics,2015,91(2):023010.

[7] ZAREEI A,ALAM M R. Cloaking in shallow-water waves via nonlinear medium transformation[J]. Journal of Fluid Mechanics,2015,778:273-287.

[8] IIDA T,KASHIWAGI M. Water wave focusing using coordinate transformation[J]. Journal of Energy and Power Engineering,2017,11:631-636.

[9] IIDA T,KASHIWAGI M. Small water channel network for designing wave fields in shallow water[J]. Journal of Fluid Mechanics,2018,849:90-110.

[10] ZHANG Z G,HE G H,GOU Y,et al. Wavelength manipulation in shallow water via space transformation method [J]. Physics of Fluids,2023,35(11):117108.

[11] MEI C C,STIASSNIE M,YUE D K P. Theory and applications of ocean surface waves[M]. Expanded ed. Singapore:World Scientific,2005.

分层斜坡越浪式波能发电装置结构受力试验研究

张国梁[1],刘 臻[1,2],杨万昌[3]

(1. 中国海洋大学 山东省海洋工程重点实验室,山东 青岛 266100;2. 中国海洋大学 海洋碳中和中心,山东 青岛 266100;3. 河北沧保陆港国际物流集团有限公司,河北 保定 071000)

摘要:分层斜坡越浪式波能发电装置能够适应中国大潮差、小波高、小周期的海域波况特点。分层斜坡越浪式波能发电装置结构具有复杂性。本研究以分层斜坡越浪式波能发电装置为研究对象,在规则波条件下,采用不同水深、周期的组合,分析装置结构受力规律。研究表明装置上层引浪面的下部和下层引浪面顶部附近位置应增加强度,以应对波浪荷载冲击。

关键词:波浪能;分层斜坡越浪装置;物理模型试验;波压力

海洋可再生能源的储量是非常巨大的,其中波浪能因其具有较大能流密度和技术水平成熟的优点,被各国广泛研究[1-2]。越浪式波能发电装置通常固定于沿岸或近岸海域,具有结构稳定、可靠性高且可以与防波堤结合的特点[3]。

在固定式越浪装置越浪性能和波浪反射研究上,Kofoed[4]基于固定结构单层斜坡越浪式波能发电装置的物理模型试验,研究了越浪装置的坡角、坡面形状、干舷高度等因素对越浪性能的影响。为收集更多水体来提高装置整体工作效率,Kofoed[5]、Margheritini 等[6-7]设计了多级蓄水池的 SSG(seawave slot-cone generator)并开展了物理模型试验,研究发现坡角为 19°时,装置越浪性能最优[5-7]。Zanuttigh 等[8]研究发现 SSG 装置的反射系数范围为 45%～90%。根据 SSG 的研究思路,Vicinanza 等[9-10]通过物理模型试验测试了 OBREC(overtopping breakwater for energy conversion)装置,发现由于蓄水池对入射波能量的耗散,OBREC 的波浪反射可减少约 22%。此外,Tanaka 等[11]通过水槽物理模型试验阐述了波能与越浪量之间的关系,发现单级和多级蓄水池的越浪量均随波能的增加而线性增加。Liu 等[12]利用数值模拟的方法研究了不同形状的斜坡对越浪性能的影响,得到凸形斜面的越浪性能最好,而凹形斜面的越浪性能最低。在固定式越浪装置受力的研究上,Kofoed 等[13]通过物理模型试验给出了作用于 SSG 各部分上的波浪力。对于 OBREC 装置,Vicinanza 等[9-10]通过物理模型试验给出了作用在上部结构各个部分的波浪力分布规律。此外,陈兵等[14]通过物理模型试验分析了单层越浪装置坡道的受力分布情况。杨宗宇和刘晓鹏[15]通过模型试验分析了越浪装置波压力和浮托力变化的规律。尤志国等[16]通过试验与数值模拟结合的方法研究了不同波浪要素下斜坡的受力规律。

根据现有的研究成果来看,对于越浪装置越浪性能进行了大量的研究,而装置结构受力的研究较少,且国外多层的设计并不适用于中国近海小波高、大潮差的海况特点,国内研究集中于单层越浪装置的受力分析。因此本文设计出适合中国近海波浪条件的分层斜坡越浪式波能发电装置,通过物理模型试验开展了不同入射波况下装置引浪面受力规律的研究,为以后的装置优化设计提供依据。

1 试验设置

1.1 结构设计

分层斜坡越浪装置主要由引浪斜坡、上下分层的蓄水池组成,如图 1 所示。从结构上看,装置类似于

基金项目:国家自然科学基金联合基金资助项目(U1906228);山东省自然科学基金资助项目(ZR2021ZD23)

通信作者:张国梁。E-mail:zhanggl@stu.ouc.edu.cn

多级蓄水池的 SSG,但与 SSG 采取分层来捕获更多越浪量的设计思路不同的是,分层斜坡越浪装置采取分层设计,能更好地适应中国近海大潮差、小波高的特点,在低水位时,下层蓄水池进行蓄水发电,在高水位时,下层蓄水池淹没,上层蓄水池发电,以此增加装置运行时间。

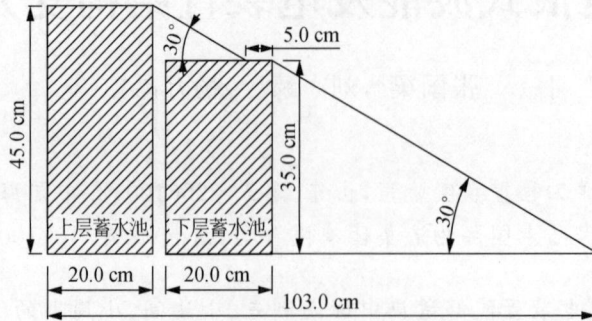

图 1　分层斜坡越浪式波能发电装置

1.2　试验布置

分层越浪装置模型均为聚甲基丙烯酸甲酯(俗称亚克力)材质,如图 2 所示。根据结构参数优化结果,上下层引浪面坡角均固定为 30°,层间开口宽度固定为 5.0 cm[17]。为研究分层越浪装置引浪面所受的波浪力,在装置模型的引浪面上布置 6 排 18 个压力传感器,编号为 p1—p18,6 排压力传感器分别标记为 A、B、C、D、E、F。压力传感器布置间距为 14 cm,排间垂直投影间距为 3.33 cm,如图 3 所示。物理模型试验在中国海洋大学工程学院水动力学实验室的波流水槽中进行,水槽长 30.0 m,宽 0.6 m,造波机安装在水槽首端,装置放置在距离造波板 23.0 m 处。

图 2　分层越浪装置实物图

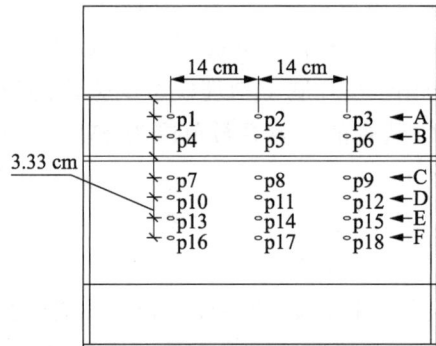

图 3　压力传感器布置图

1.3　试验设备与流程

分层越浪式发电装置上下层引浪面所受的波浪压力通过 CY203 型微探头数字压力传感器(图 4)进行采集测量。该压力传感器充分利用其微处理器的处理和存储能力,可以直接输出显示存储的数字信号。该类压力传感器量程为 $-20\sim30$ kPa,精度为 0.1%F·S。

试验波况设计为 12 组规则波,波高(H)为 10.0 cm,周期(T)为 0.8~1.4 s,间隔 0.2 s,水深(D)为 30.0、35.0、40.0 cm。每一试验工况重复 3 次,以消除试验仪器设备、外界环境等系统误差对试验产生的影响,取 3 次平均值作为最终试验结果。

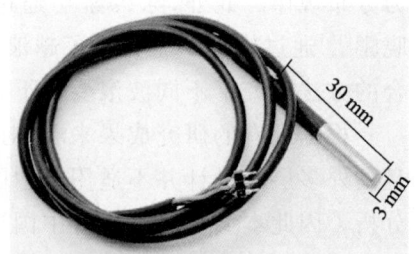

图 4　压力传感器

2　试验结果分析

2.1　装置引浪面点压力时程分析

对 A—F 每个位置处的 3 个压力传感器采集的数据进行平均处理,选择波高 10.0 cm、周期 1.2 s、水深30.0 cm条件下装置上下层引浪面上各位置处的波浪压强时程曲线如图5所示。对压强时程曲线的波动频率进行统计可以发现,A—F位置上的波浪压强(P)呈现周期性,周期大小与波浪周期基本一致。对比图5(a)上层引浪面2个位置的波浪压强时程曲线可以看出,位置B处的波浪压强峰值要大于A处,这是因为入射波爬升过程中会消耗能量,到达位置A处的能量逐渐减小,导致波浪压力减小。水深30.0 cm时,D—F 3个位置处于水面之下。通过对比上下层引浪面波浪压强时程曲线可以发现,D—F 3个位置波浪压强出现负值。这是因为,水面以上各位置的波浪压强主要为波压力,而水面以下位置除了波压力,还存在波谷时出现的波吸力。通过图5(b)可以发现,淹没的深度越大,表现的波吸力峰值越大。

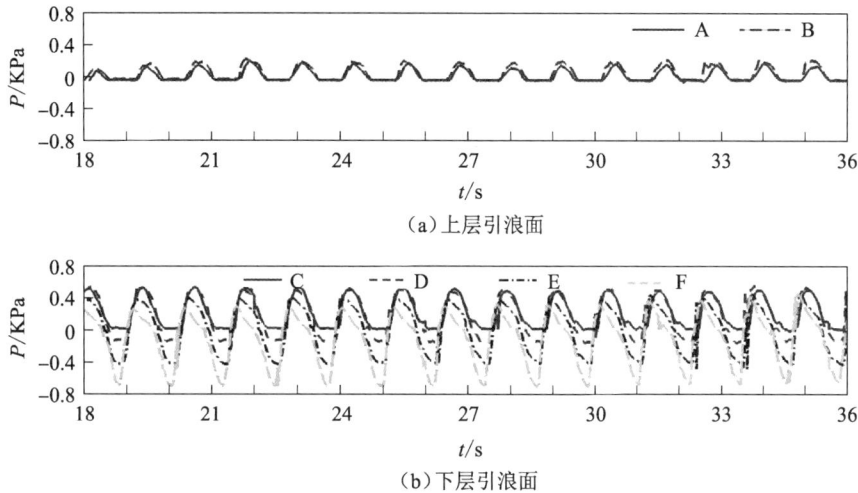

（a）上层引浪面

（b）下层引浪面

图5 引浪面波浪压强时程曲线

2.2 装置引浪面点压力峰值分析

取装置引浪面每个位置上波浪压强时程曲线的峰值平均值作为该位置处的点压力。图6和图7分别为水深30.0 cm和40.0 cm情况下,装置各位置处的点压力随周期变化的关系曲线。

由图6(a)可知,在低水位条件下,装置上层引浪面位置A处的点压力均随着周期的增加呈增长趋势,且A处的点压力值均小于B处的点压力值,水体在引浪面上爬坡越浪,爬坡过程中由于能量不断的消耗及部分水体的回流,水体对引浪面的作用逐渐减弱;由图6(b)可知,装置下层引浪面上位置C、D处的点压力均随着周期的增大而增大,位置E、F处的点压力随着周期的增大呈现先减小后增大的趋势,当水位较低,下层引浪面处于水面附近位置C、D处的点压力较大,在进行装置下层引浪面设计时应重点考虑。由图7(a)可知,在高水位条件下,装置上层引浪面位置A、B处的点压力均随着周期的增大而增大;由图7(b)可知,位置C、D处的点压力在周期为1.0 s时取得最大值,位置E、F处的点压力随着周期的增加先增大后减小,在周期为1.2 s时取得最大值。

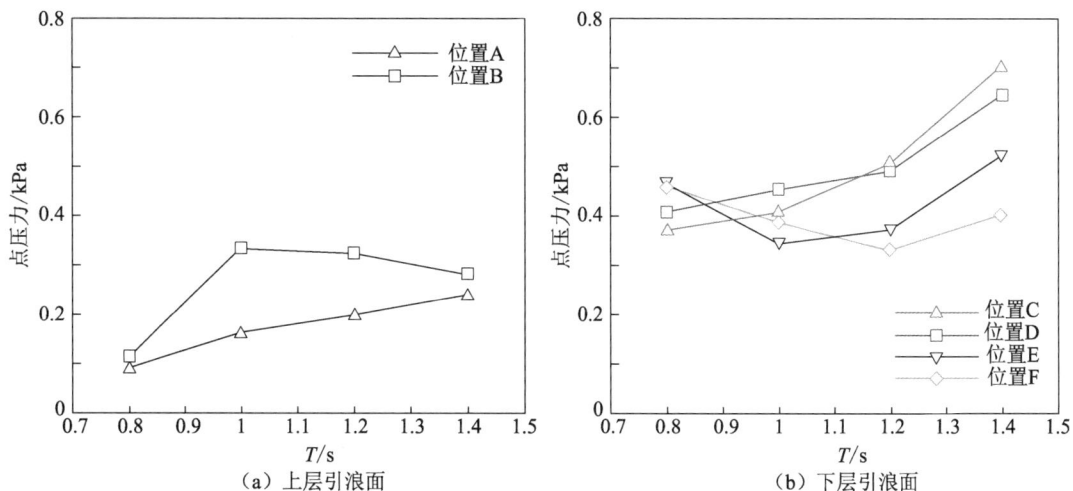

（a）上层引浪面   （b）下层引浪面

图6 波周期对引浪面点压力的影响($D=30.0$ cm)

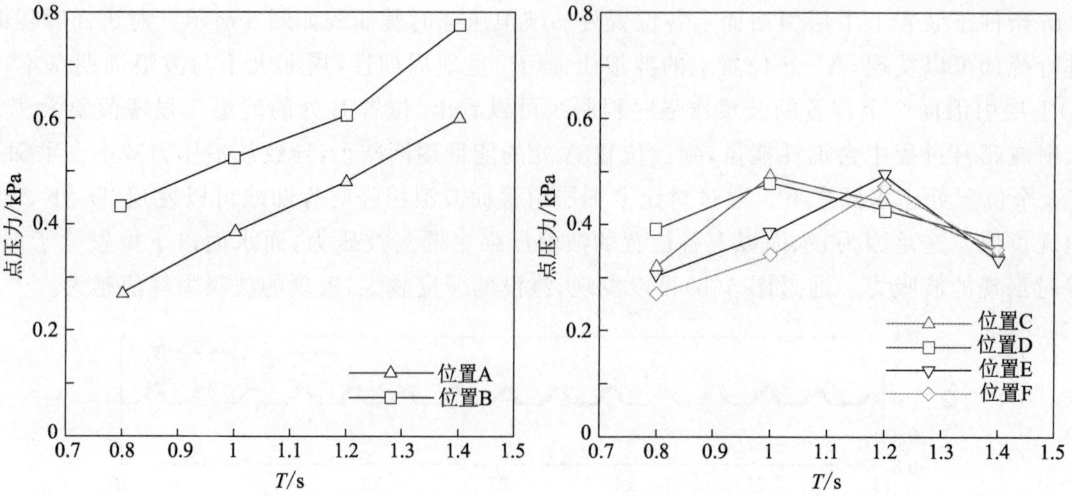

（a）上层引浪面　　　　　　　　　　（b）下层引浪面

图 7　波周期对引浪面点压力的影响（$D=40.0$ cm）

对于装置引浪面的点压力进行分析可以看出：① 在不同水位条件下，装置上层引浪面点压力基本随着周期的增加而增加，且上层引浪面下部受力更大。② 不同水位条件下，装置下层引浪面上部各个位置处的点压力更大，结构设计时装置下层引浪面顶部附近位置应增加强度，以应对波浪荷载冲击。

3　结　语

针对中国海域波浪波高小、潮差大的特点，设计了分层斜坡越浪式波能发电装置，该装置能够克服潮差限制，较大幅度提高装置整体发电出力水平。通过水槽物理模型试验对规则波作用下的装置引浪面结构所受波浪荷载进行测量，分析了引浪面上不同位置处波浪压强的时程变化规律和不同周期条件下引浪面不同位置处点压力分布规律。主要研究结论如下：

（1）引浪面上不同位置的波浪压强呈现出与入射波频率一致的周期性变化。引浪面上的波浪压强在水面以上时主要为波压力，在水面以下位置同时出现波吸力，且深度越大，波吸力峰值越大。

（2）在低水位条件下，下层蓄水池接收越浪量，下层引浪面所受的点压力要大于上层引浪面。在高水位条件下，下层蓄水池淹没，入射波在上层引浪面爬升，所受点压力明显增大。

（3）在不同水位条件下，装置上层引浪面下部受力更大，而下层引浪面上部各个位置处的点压力更大，结构设计时应增加强度。

参考文献

[1] JAHANGIR K，GOORIS B. Ocean energy：global technology develpment status[R]. Lisbon，Portugal：IEA-OES：2009.

[2] CLÉMENT A，MCCULLEN P，FALCÃO A，et al. Wave energy in Europe：current status and perspectives[J]. Renewable and Sustainable Energy Reviews，2002，6(5)：405-431.

[3] 徐宝，周欢，盛传明，等. 防波堤越浪式波浪发电项目经济分析[C]//第十二届长三角能源论坛——互联网时代高效清洁的能源革命与创新论文集. 天津：天津大学：2015.

[4] Kofoed J P. Wave Overtopping of Marine Structures：utilization of wave energy[D]. Aalborg：Aalborg University，2002.

[5] KOFOED J P. Model testing of the wave energy converter seawave slot-cone generator[D]. Aalborg Denmark：Aalborg University，2005.

[6] Margheritini L，Victor L，Kofoed J P，et al. Geometrical Optimization for Improved Power Capture of Multi-level Overtopping Based Wave Energy Converters[C]//International offshore and polar engineering conference. Department of Civil Engineering，Aalborg University，Aalborg，Denmark；rnDepartment of Civil Engineering，Ghent University，Ghent，Belgium；Department of Civil Engineering，Aalborg University，Aalborg，Denmark；Department of Civil Engineering，Ghent Universit，2009.

［7］　MARGHERITINI L,VICINANZA D,FRIGAARD P. SSG wave energy converter:design,reliability and hydraulic performance of an innovative overtopping device[J]. Renewable Energy,2009,34(5):1371-1380.

［8］　ZANUTTIGH B,MARGHERITINI L,GAMBLES L,et al. Analysis of wave reflection from wave energy converters installed as breakwaters in Harbour[C]//Pro. of 8th European Wave & Tidal Energy Conference(EWTEC). Uppsala,Sweden:Uppsala University,2009.

［9］　VICINANZA D,NØRGAARD J H,CONTESTABILE P,et al. Wave loadings acting on Overtopping Breakwater for Energy Conversion[J]. Journal of Coastal Research,2013(65):1669-1674.

［10］　VICINANZA D,CONTESTABILE P,QUVANG HARCK NØRGAARD J,et al. Innovative rubble mound breakwaters for overtopping wave energy conversion[J]. Coastal Engineering,2014,88:154-170.

［11］　TANAKA H,INAMI T,SAKURADA T. Characteristics of volume of overtopping and water supply quantity for developing wave overtopping type wave power generation equipment[J]. Journal of Japan Society of Civil Engineers,Ser B2 (Coastal Engineering),2014,70(2):I_1301-I_1305.

［12］　LIU Z,HYUN B,JIN J Y. Computational analysis of parabolic overtopping wave energy convertor[J]. Journal of the Korean Society for Marine Environment & Energy,2009,12(4):273-278.

［13］　KOFOED J,VICINANZA D,OSALAND E. Estimation of design wave loads on the SSG WEC pilot plant based on 3-D model tests[C]//ISOPE International Ocean and Polar Engineering Conference. ISOPE,2006:ISOPE-I-06-158.

［14］　陈兵,杨宗宇,Tom Bruce. 越浪式波能发电装置的水力性能研究[J]. 可再生能源,2013,31(1):81-86.

［15］　杨宗宇,刘晓鹏. 一种越浪式波能发电装置越浪量和波压力的试验研究[J]. 海岸工程,2016,35(3):63-73.

［16］　尤志国,葛凯,盛传明,等. 滑动挡板式越浪发电装置结构受力研究[J]. 太阳能学报,2017,38(6):1699-1705.

［17］　LIU Z,HAN Z,SHI H D,et al. Experimental study on multi-level overtopping wave energy convertor under regular wave conditions[J]. International Journal of Naval Architecture and Ocean Engineering,2018,10(5):651-659.

阵列沉箱的波浪共振现象解析研究

张　洋，李元杰，朱文谨，成小飞

（江苏海洋大学 土木与港海工程学院，江苏 连云港　222000）

摘要：基于线性势流理论和匹配特征函数展开法，建立波浪与阵列沉箱相互作用的半解析模型，通过对比物理模型试验结果，验证了模型的正确性。通过分析阵列沉箱结构的波浪共振现象，即全透射、强反射共振现象，并从相位角角度分析解释了全透射和共振反射现象的诱发机理及频带下移现象。结果发现全透射现象伴随入射波完全进入聚波室内，实现波浪能聚集，可有效提高聚波室波幅，为波浪能装置放置提供条件。

关键词：阵列沉箱；波浪共振；聚波效应；解析研究

　　阵列结构在海岸工程结构中应用普遍，特别是离岸式油气码头和码头外围防波堤结构，以圆柱形和矩形沉箱结构为主，其中梳式防波堤作为一种新型结构，主要由带间隙的阵列沉箱与翼板组成。由于存在相位差，整体波浪力减小，但是间隙内会出现波浪聚焦现象，威胁翼板结构安全及岸线防护。

　　梳式防波堤由沿岸线布置的带间距阵列沉箱组成，且相邻沉箱用翼板连接，因此梳式防波堤的聚波效应可分为两个部分：阵列沉箱的收缩聚波和翼板的反射聚波。翼板反射聚波类似于直墙前的波浪聚集，由于入射波与反射波叠加，翼板前波高变大。对于阵列沉箱的水动力性能研究，Fernyhough 和 Evans[1] 研究了斜向波作用下阵列矩形沉箱防波堤波浪散射问题，结果发现当防波堤宽度是入射波长整数倍时，会触发沿着岸线方向的共振现象，防波堤外侧出现多个传播模态，但是低频区出现零反射。Mondal 等[2] 建立了正向波与阵列矩形沉箱结构-浮式防波堤组合布置相互作用的半解析模型，也发现了文献[1]的相似结果，当发生低反射现象时，相邻沉箱之间的波面分布类似正弦或余弦波形。Mondal 和 Alam[3] 建立了台阶地形下波浪和阵列等间距布置的矩形防波堤相互作用的半解析模型，当防波堤宽度（即相邻沉箱中心线之间的距离）小于入射波长时（即低频区），触发零反射现象，但并未给出原因。Dalrymple 和 Martin[4]、Porter 和 Evans[5]、Abul-Azm 和 Williams[6] 将阵列等间距分布的沉箱结构简化为薄板结构，仅产生沿岸线方向的多阶波浪共振，但未发现全透射现象，因此垂直于岸线的沉箱长度影响全透射现象触发。当阵列结构间距较小时，长波下的相邻沉箱间的波浪共振可看作为窄缝共振现象。Miao 等采用理论[7]和试验方法[8]讨论了岸基式和浮式相邻沉箱窄缝间的水波共振现象，共振频率与沉箱长度有关，近似为 $kh=np$，其中 h 是沉箱长度。在黏性流体下窄缝中透射波峰触发条件为 $kh=(2n+1)p$，且势流和黏流情况触发条件不同[9]，但是窄缝共振现象与文献[3]全透射现象有所区别，其波面存在明显差异，窄缝共振现象的限制流域内波面分布几乎无差别[10]，而全透射现象在相邻沉箱间的波面呈现正弦或余弦形状。对于全透射现象，即异常透射现象源于光学和声学领域[11-13]，发生异常透射现象结构可看作为一种 Helmholtz 共振器。对于阵列等间距布置的沉箱，当发生全透射现象时，聚波室内波幅增大，诱发聚波共振，且聚波方式有望提升波浪能装置的波能俘获特性，但目前对于带间距布置的阵列沉箱主要探究高频区的多阶反射或透射波，对低频区发生全透射现象及其聚波共振机理尚未进行深入探讨。

1 理论模型建立

　　根据镜像原理，正向波与阵列等间距布置的沉箱结构的散射问题可简化为两侧为不可穿透墙的水道中

基金项目：江苏省自然科学基金青年基金资助项目（BK20230692）

通信作者：张洋。E-mail：zhyangchanges@163.com

单元结构的散射问题。三维笛卡儿坐标系设置、阵列沉箱结构及其单元如图 1 所示,其中坐标原点 O 位于聚波室中心与自由水面交点处,z 轴沿水深方向指向上方,自由水面为 $z=0$,海床底面为 $z=-h$,聚波室宽度为 $2w_2$,沉箱长度为 $2B$,宽度为 $2w_1$,入射波周期、波数、频率、波长和振幅分别为 T、k、w、L 和 A。

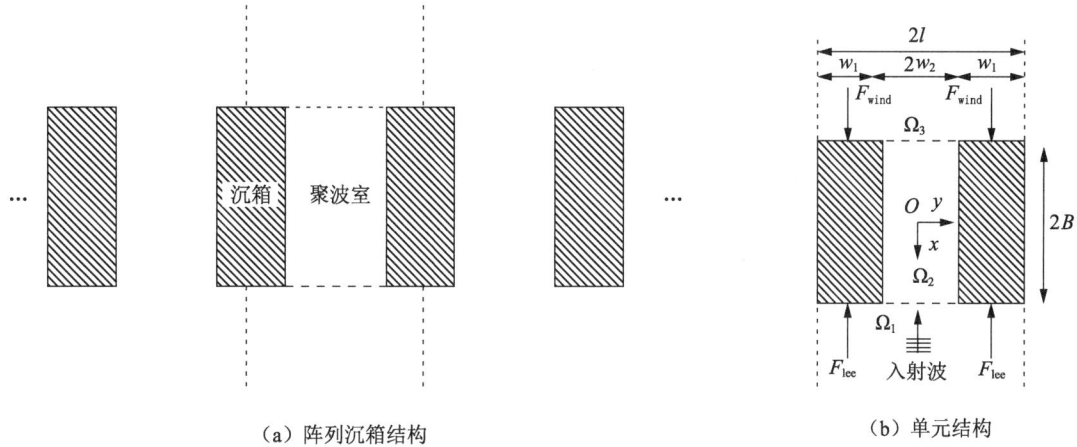

(a) 阵列沉箱结构　　　　　　　　(b) 单元结构

图 1　模型设置(F_{wind} 和 F_{lee} 分别为迎浪和背浪侧的水平波浪力)

计算流域可分为 3 个部分,如图 1(b)所示。迎浪侧流域 Ω_1:$-l \leqslant y \leqslant l$、$B \leqslant x \leqslant +\infty$ 和 $-h \leqslant z \leqslant 0$;聚波室内流域 Ω_2:$-w_2 \leqslant y \leqslant w_2$、$-B \leqslant x \leqslant B$ 和 $-h \leqslant z \leqslant 0$;背浪侧流域 Ω_3:$-l \leqslant y \leqslant l$、$-\infty \leqslant x \leqslant -B$ 和 $-h \leqslant z \leqslant 0$。基于线性势流理论,考虑流体无黏、无旋和不可压缩条件,流域内流体运动可用速度势表示 $\Phi(x,y,z,t)$,由于防波堤贯穿整个水深,可将 z 变量从速度势函数中分离出来进行描述,即满足 Helmholtz 方程。假设流体做简谐运动频率为 $\omega/2\pi$,可以将时间变量 t 分离出来,因为速度势可表示为:

$$\Phi(x,y,z,t) = \mathrm{Re}\left\{\phi(x,y)\frac{\cosh[k(z+h)]}{\cosh(kh)}\mathrm{e}^{-\mathrm{i}\omega t}\right\} \tag{1}$$

式中:i 表示虚部单位,$\mathrm{Re}[\ ]$ 表示取复数的实部,入射速度势可表达为:

$$\phi_1 = -\frac{\mathrm{i}gA}{\omega}\frac{\cosh[k(z+h)]}{\cosh(kh)}\mathrm{e}^{-\mathrm{i}k(x-B)} \tag{2}$$

式中:g 为重力加速度,波数 k 满足色散方程 $\omega^2 = gk\tanh(kh)$。空间速度势 $\phi(x,y)$ 满足 Helmholtz 方程:

$$\frac{\partial^2 \phi}{\partial x^2} + \frac{\partial^2 \phi}{\partial y^2} + k^2 \phi = 0 \tag{3}$$

绕射势边界条件为:

$$\partial \phi/\partial y = 0, \quad (-\infty < x \leqslant -B) \bigcup (B \leqslant x < \infty), \quad y = \pm l \tag{4}$$

$$\partial \phi/\partial y = 0, \quad -B \leqslant x \leqslant B, \quad y = \pm w_2 \tag{5}$$

$$\partial \phi/\partial x = 0, \quad (-l \leqslant y \leqslant -w_2) \bigcup (w_2 \leqslant y \leqslant l), \quad x = \pm B \tag{6}$$

基于分离变量法和匹配特征函数展开法,利用边界条件和控制方程,可得各个流域的绕射速度势为:

$$\phi_1 = -\frac{\mathrm{i}gA}{\omega}\left\{\mathrm{e}^{-\mathrm{i}k(x-B)} + \sum_{m=1}^{+\infty} A_m \mathrm{e}^{p_m(x-B)} C_m(y)\right\} \tag{7}$$

$$\phi_2 = -\frac{\mathrm{i}gA}{\omega}\left\{\sum_{m=1}^{+\infty}\left(B_m \frac{\cosh(\bar{p}_m x)}{\cosh(\bar{p}_m B)} + C_m \frac{\sinh(\bar{p}_m x)}{\sinh(\bar{p}_m B)}\right)\bar{C}_m(y)\right\} \tag{8}$$

$$\phi_3 = -\frac{\mathrm{i}gA}{\omega}\left\{\sum_{m=1}^{+\infty} D_m \mathrm{e}^{-p_m(x+B)} C_m(y)\right\} \tag{9}$$

式中:ϕ_n 对应第 n 个流域的速度势($n=1,2,3$),X_m 为未知参量,$m=1,2,\cdots$,即 $X_m \equiv \{A_m, B_m, C_m, D_m\}$。$C_m(y)$ 和 $\bar{C}_m(y)$ 为聚波室内外流域 y 方向特征函数:

$$C_m(y) = \cos[\gamma_m(l-y)], \quad \gamma_m = (m-1)\pi/l \tag{10}$$

$$\bar{C}_m(y) = \cos[\bar{\gamma}_m(w_2-y)], \quad \bar{\gamma}_m = (m-1)\pi/w_2 \tag{11}$$

函数 p_m 和 $\bar{p}_m$ 可定义为:

$$p_m = \begin{cases} -\sqrt{\lambda_m}, & \lambda_m \geqslant 0, \\ \mathrm{i}\sqrt{-\lambda_m}, & \lambda_m < 0, \end{cases} \qquad \lambda_m = [(m-1)\pi/l]^2 - k^2 \tag{12}$$

$$\bar{p}_m = \begin{cases} -\sqrt{\bar{\lambda}_m}, & \bar{\lambda}_m \geqslant 0, \\ \mathrm{i}\sqrt{-\bar{\lambda}_m}, & \bar{\lambda}_m < 0, \end{cases} \qquad \bar{\lambda}_m = [(m-1)\pi/w_2]^2 - k^2 \tag{13}$$

利用相邻两个流域的压力连续和速度连续条件求解速度势,利用特征函数正交性求解绕射问题,将 m 和 v 截断至 M,建立线性方程个数为 $4M$,对应绕射势的未知量个数;利用高斯消元法求解,进一步得到速度势表达式以及对应的水动力系数。当截断系数足够大时,可满足半解析模型的收敛性,因此可以不考虑矩形防波堤拐角处的速度奇异性问题。反射系数 K_r 和透射系数 K_t 可表示为:

$$\begin{cases} K_r = \begin{cases} \sqrt{|A_1|^2 + \sum\limits_{m=2}^{p} \sqrt{k^2 - [(m-1)\pi/l]^2}\, |A_m|^2/(2k)}, & kl \geqslant \pi \\ |A_1|, kl < \pi \end{cases} \\ K_t = \begin{cases} \sqrt{|D_1|^2 + \sum\limits_{m=2}^{p} \sqrt{k^2 - [(m-1)\pi/l]^2}\, |D_m|^2/(2k)}, & kl \geqslant \pi \\ |D_1|, & kl < \pi \end{cases} \end{cases} \tag{14}$$

式中: p 为 $kl/\pi + 1$ 向下取整。流域的自由表面高程可表示为:

$$\zeta(x,y) = |\mathrm{i}\omega\phi(x,y)/g| \tag{15}$$

2　模型验证

以工况 $B/l = 5/6$、$l/h = 2/3$ 和 $w_2/h = 1/3$ 为例,反射系数 K_r 和透射系数 K_t 如图2所示。K_r 的理论结果与试验结果基本一致,但是 K_t 的理论结果在高频区下稍大于试验结果,主要由于后收缩口产生漩涡较大,能量损失较大,但是试验结果的整体变化趋势与理论结果基本一致。

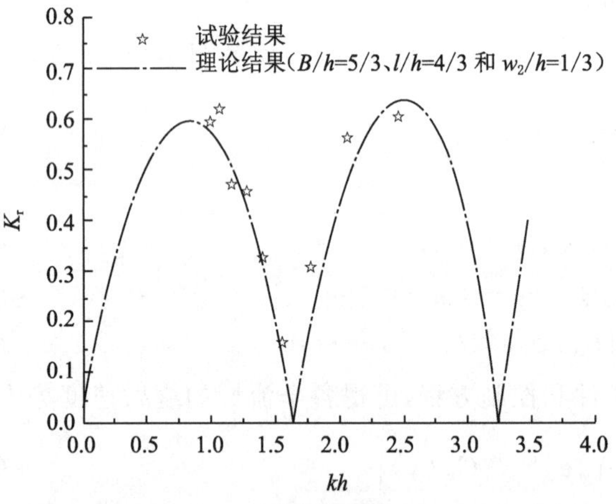

(a) 反射系数 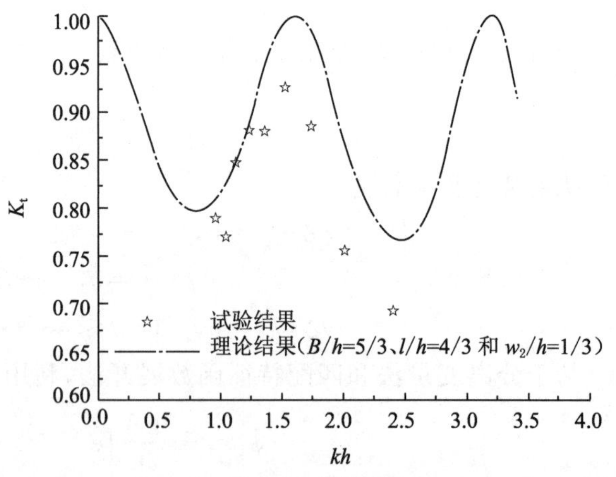   (b) 透射系数

图2　反射系数和透射系数的理论和试验结果对比

3　理论结果分析

模型几何参数设置: $B/l = 6/5$、$w_1/h = 1/2$ 和 $w_2/h = 1/3$。低频区水动力参数结果如图3所示。K_r 出现重复性振荡变化,全透射和强反射现象随着 kl/π 变化周期性出现,对应 K_t 从全透射到弱透射变化。其中,$K_t = 1.0$ 即全透射现象诱发频率为 $kl/\pi = 0.361$、0.707 和 0.975,K_r 峰值诱发频率为 $kl/\pi = 0.183$、0.546 和 0.892,且 K_r 峰值逐渐增大,即 $K_r = 0.728$、0.767 和 0.891。K_t 的趋势与 K_r 相反。图4给出了全透射现象即 $kB/\pi = 0.433$、0.849 和 1.17 时聚波室内外的相对波幅 ζ/A。聚波室内 ζ/A 随着

kh 增大出现周期性峰值,峰值个数逐渐增加,呈现单一或多个正弦波形状。当聚波室内存在一个峰值时,由于聚波室内的波浪共振(以下简称 x 轴方向共振),波幅接近入射波幅的 2.5 倍。随着 kB/π 增大,聚波室内出现了多次 x 轴方向共振,对应多个波峰现象,但是当 $kB/\pi=0.848$ 和 1.17 时,聚波室外侧出现衰减模态,而在较小频率下,波长较长,沉箱外侧衰减模态表现不明显。随着 kh 的增大,聚波室内波峰的最大值逐渐增大。

图 3　反射系数和透射系数结果

（a）$kB/\pi=0.433$　　　　　　　　　（b）$kB/\pi=0.849$

图 4　全透射现象下聚波室内外 ζ/A

图 5 所示为强反射现象($kB/\pi=0.220$、0.655 和 1.070)时聚波室内外 ζ/A 的变化趋势。强反射波面特征与全透射现象显著不同,尤其是沉箱外侧出现周期性振荡。相邻沉箱产生的散射波叠加引起迎浪侧强反射现象,K_r 随着 kh 增大逐渐增大,进入聚波室内的入射波能量减小,对应背浪侧 ζ/A 分别为 0.685、0.641 和 0.454。在 $kB/\pi=1.070$ 下聚波室内也会出现多个波峰,但是峰值小于全透射现象下聚波室内峰值。

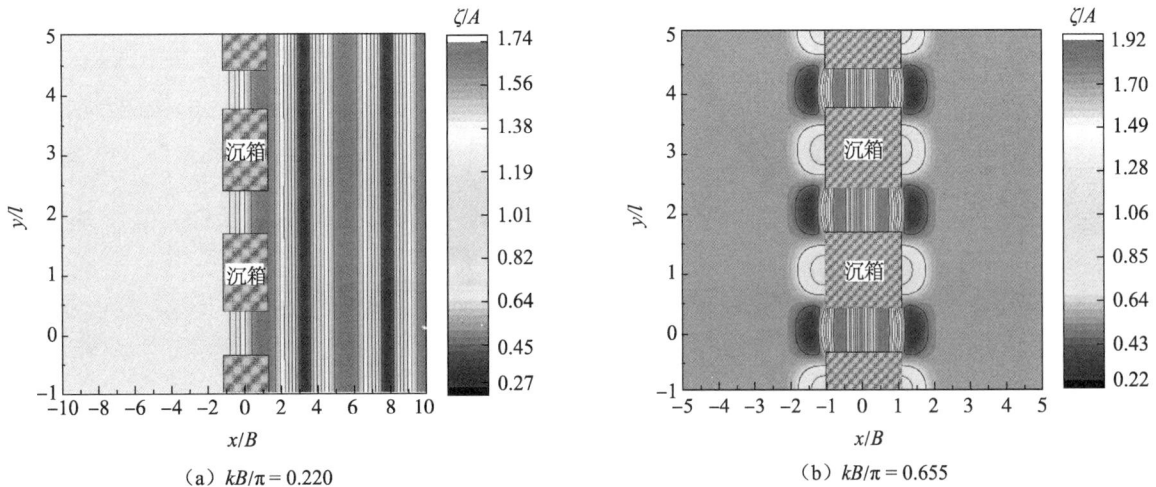

（a）$kB/\pi=0.220$　　　　　　　　　（b）$kB/\pi=0.655$

图 5　强反射现象下聚波室内外 ζ/A

　　为了进一步探明全透射和强反射现象的触发条件,图6为$k=0.01\pi$、0.5π和π下K_r的计算结果,几何参数:$l/h=5/6$和$w_1/h=1/3$。长波情况下$k=0.01\pi$,$K_r=0$诱发条件为$kB=0.5n\pi(n=1,2,\cdots)$,即沉箱长度为入射波长$1/2$的整数倍($2k=nk_c$,其中k_c为沉箱长度波数)。$k=0.5\pi$对应诱发频率为$kB=0.5n\pi-0.04\pi$,$k=\pi$对应诱发频率为$kB=0.5n\pi-0.08\pi$,两者工况的比值系数略小于0.5整数倍。当$n=1$时,$2k=k_c$即沉箱长度为入射波长的$1/2$,与周期性沙坝的Bragg共振触发条件($k_s=2k$,其中,k_s为沙坝波数)相同,但是前者是垂直于入射波方向阵列布置,后者是沿入射波方向阵列布置,因此导致的现象不一样,前者为全透射现象,后者为强反射现象。当$k=0.01\pi$时,$kB=0.5(n-0.5)\pi$出现强反射现象,诱发频率位于相邻全透射现象中间。随着波数的增加,强反射触发频率的比值变化与$K_r=0$诱发条件的变化规律相似。考虑沉箱几何尺度与入射波长相比无法忽略,会产生频带下移现象。当诱发全透射现象时,流体进入聚波室内,流体区域变窄,导致传播速度增大,需要一个比初始入射波长更长的入射波长来补偿入射波和反射波两个相反方向的波叠加时的相位损失。因此,随着波数的增大,入射波长与沉箱尺寸比值越小,相位损失更加明显,频带下移现象更明显,且向低频区移动,全透射和强反射现象满足$kB<0.5n\pi$和$0.5(n+0.5)\pi$,此现象出现在阵列浮子和沙坝的Bragg共振现象中。

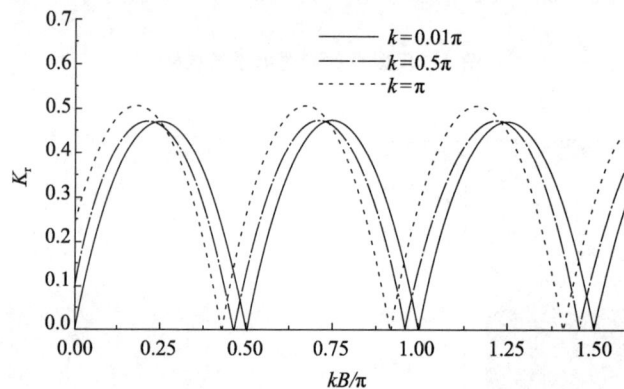

图6　$k=0.01\pi,0.5\pi$和π时不同kB/π下K_r的结果

　　当$kl<\pi$时,只有沿x方向的传播模态存在,即反射系数和透射系数中仅考虑参量A_1和D_1,为了解释全透射和强反射现象,反射波相位可表示为:

$$\theta=\arctan(\mathrm{Im}[A_1]/\mathrm{Re}[A_1]) \qquad (16)$$

其中$\mathrm{Im}[\ ]$表示变量的虚部。计算结果如图7所示,全透射现象伴随反射波相位值从$\pi/2$到$-\pi/2$突变,相位差为π,相邻沉箱的反射波干涉相消,从而导致无反射波向无穷远处传播。对于强反射现象,反射波相位接近零,相邻沉箱的反射波相位相同而干涉相长。强反射现象与阵列潜堤Bragg共振的形成原因类似,阵列潜堤的每个沙坝产生散射波在入射波方向相位相同引起的强反射。

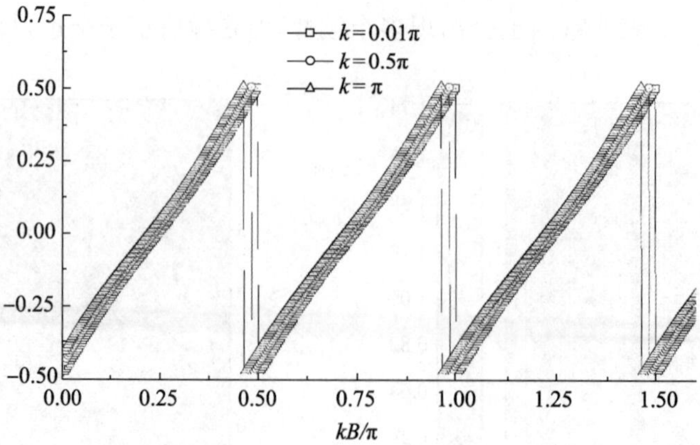

图7　反射波相位($k=0.01\pi$、0.5π和π)

4 结 语

通过匹配特征函数展开法和分离变量法,建立了波浪与阵列沉箱相互作用的半解析模型,发现了全透射现象和强反射现象。全反射现象情况下相邻沉箱间波幅会增大,波浪能量聚集,将波浪能装置布置于此可有效提升波浪能装置的波能俘获性能,但是由于沉箱尺度相对于波长不可忽略,因此全反射现象会存在频带下移现象。

参考文献

[1]　FERNYHOUGH M,EVANS D V. Scattering by a periodic array of rectangular blocks[J]. Journal of Fluid Mechanics,1995,305:263-279.

[2]　MONDAL R,TAKAGI K,WADA R. Diffraction problem of a floating breakwater with an array of small ports[J]. Journal of Marine Science and Technology,2017,22(3):459-469.

[3]　MONDAL R,ALAM M M. Water wave scattering by an array of rectangular breakwaters on a step bottom topography[J]. Ocean Engineering,2018,169:359-369.

[4]　DALRYMPLE R A,MARTIN P A. Wave diffraction through offshore breakwaters[J]. Journal of Waterway Port Coastal and Ocean Engineering,1990,116(6):727-741.

[5]　PORTER R,EVANS D V. Wave scattering by periodic arrays of breakwaters[J]. Wave Motion,1996,23(2):95-120.

[6]　ABUL-AZM A G,WILLIAMS A N. Oblique wave diffraction by segmented offshore breakwaters[J]. Ocean Engineering,1997,24(1):63-82.

[7]　MIAO G P,SAITOH T,ISHIDA H. Water wave interaction of twin large scale caissons with a small gap between[J]. Coastal Engineering Journal,2001,43(1):39-58.

[8]　MIAO G P,ISHIDA H,SAITOH T. Influence of gaps between multiple floating bodies on wave forces[J]. China Ocean Engineering,2000,14(4):407-422.

[9]　SAITOH T,HOSONUMA H,MIAO G P,et al. Resonance of fluid in narrow joint gaps of caisson-type breakwater[C]// Proceedings of the 31st International Conference on Coastal Engineering,ICCE 2008,Hamburg,Volume 5:3632-3644.

[10]　ZHU D T,WANG X G,LIU Q J. Conditions and phase shift of fluid resonance in narrow gaps of bottom mounted caissons[J]. China Ocean Engineering,2017,31(6):724-735.

[11]　MEYLAN M H,HASSAN M U,BASHIR A. Extraordinary acoustic transmission,symmetry,blaschke products and resonators[J]. Wave Motion,2017,74:105-123.

[12]　HOLLEY J R,SCHNITZER O. Extraordinary transmission through a narrow slit[J]. Wave Motion,2019,91:102381.

[13]　EBBESEN T W,LEZEC H J,GHAEMI H F,et al. Extraordinary optical transmission through sub-wavelength hole arrays[J]. Nature,1998,391(6668):667-669.

规则波作用下透孔板的压降试验研究

崔俊男,陈群斌,冯兴亚

(南方科技大学 海洋科学与工程系,广东 深圳　518055)

摘要:采用水槽试验方式研究了透孔板对规则波透射、反射系数的影响及透孔板前后的压力变化。分析了不同波陡、不同孔隙率条件下的透射、反射系数和流体压力。与现有的线性、二次多孔介质模型计算结果进行对比,发现现有理论在波陡较小时无法准确描述波浪的反射系数及透孔板前后的压力变化。

关键词:透孔板;规则波;反射系数;波压力

波浪在经过透孔板时,一部分能量被板阻挡,在板前形成反射波浪;一部分能量通过孔隙传播到板后,形成透射波浪;其余波浪能量则在与透孔板相互作用过程中被耗散。由于透孔板前后波面幅值的不同,波浪在透孔板前后会形成压力差,理论计算中采用压降条件来描述经过透孔板前后波浪压力的改变。现有的压降条件根据非线性程度可分为两类:线性压降条件[1,2]、二次压降条件[3,4]。相关试验主要根据波浪经过透孔板的反射系数和透射系数来间接验证压降条件的准确性,且研究工况中的波陡多大于0.05[5]。本研究通过测量波浪沿程波面和波压力,基于高阶波压力形式,采用最小二乘法直接分析出试验中透孔板的压降值,为验证和改进压降条件提供了试验数据支撑。另外,本研究不仅对大波陡的工况展开研究,同时对小波陡工况进行研究,进一步验证已有压降条件存在的不足。

1 试验工况和分析方法

本试验在南方科技大学水动力实验室的波流水槽进行,水槽尺寸为 20 m×1.2 m×0.8 m,具备前端主动消波和末端被动消波功能。试验透孔板空隙率 τ 为 0.2、0.3、0.4,试验水深为 0.5 m,试验波浪条件如表 1 所示。

表 1 试验工况设置

序　号	波高 H/m	波陡 ka	周期 T/s	波长 L/m	波数 k/(m⁻¹)	kh
1~5	0.004~0.020,间隔 0.004	0.008 3~0.041 5				
6~11	0.03~0.08,间隔 0.01	0.062 3~0.166 1	1	1.513	4.15	2.075

参考 Lin 和 Huang[6] 提出的分离高阶入、反射波的 4 点法对试验中的入、反射波成分进行分离,并计算了各工况的反射系数。对于透孔板前后的压力差,我们根据波浪动压的理论表达式,结合实测深度波浪动压力,根据最小二乘法拟合得到入、反射波波浪动压力和透射波波浪动压力,并由此计算出透孔板前后的压力差。测点 (x_m,z_0) 处压力为:

$$\hat{p}_m(x_m,z_0,t)=\rho g\frac{\mathrm{ch}[k(z+h)]}{\mathrm{ch}(kh)}[\eta_\mathrm{I}(x,t)+\eta_\mathrm{R}(x,t)]+e_m \tag{1}$$

对其进行傅里叶积分可得:

$$F(x_m,z_0)=\frac{\omega}{2\pi}\int_0^T \hat{p}_m \mathrm{e}^{-\mathrm{i}\omega t}\mathrm{d}t=C_{\mathrm{I},m}X_\mathrm{I}+C_{\mathrm{R},m}X_\mathrm{R}+\Omega_m \tag{2}$$

基金项目:国家重点研发计划项目(2023YFB3711500);国家自然科学基金(52301323、12202175)

通信作者:冯兴亚。E-mail:fengxy@sustech.edu.cn

式中：$X_I = p_I e^{-i(kx_1+\varepsilon_1)}$，$X_R = p_R e^{i(kx_1+\varepsilon_1)}$，$C_{I,m} = e^{-ik\Delta r_m}/2$，$C_{R,m} = e^{ik\Delta r_m}/2$，$\Omega_m$ 为一阶误差的快速傅里叶变换值。为使 Ω_m 最小化，采用最小二乘法思想，可得关于 X_I 和 X_R 的方程组：

$$\begin{bmatrix} A_{11} & A_{12} \\ A_{21} & A_{22} \end{bmatrix} \begin{bmatrix} X_I \\ X_R \end{bmatrix} = \begin{bmatrix} B_1 \\ B_2 \end{bmatrix} \tag{3}$$

式中：$A_{11} = \sum\limits_{m=1}^{4} C_{I,m}$，$A_{22} = \sum\limits_{m=1}^{4} C_{R,m}$，$A_{12} = A_{21} = \sum\limits_{m=1}^{4} C_{I,m} C_{R,m}$，$B_1 = \sum\limits_{m=1}^{4} F_m C_{I,m}$，$B_2 = \sum\limits_{m=1}^{4} F_m C_{R,m}$。通过求解矩阵式（3）可得 X_I、X_R，则一阶入反射波压力幅值可表示为：

$$p_I = |X_I|，p_R = |X_R| \tag{4}$$

板后的压力幅值 p_T 可通过在透孔板后固定位置处的压力传感器直接测得，则板前后的压力差可以表示为：

$$\Delta p = p_I + p_R - p_T \tag{5}$$

2 反射系数随波陡变化

波浪经过透孔板时的反射系数（k_R）往往和波浪的波陡、频率以及透孔板的孔隙率相关。根据线性理论推测，波浪的反射系数随着透孔板的孔隙率增大而减小，随着波浪频率的增大而减小，但是线性理论无法描述反射系数随波陡的变化特征。若将压力差展开成速度的二次函数形式，则可根据二阶理论描述波浪与透孔板作用时的非线性压力差特性，并进一步计算出反射系数。根据二阶理论可知，反射系数随着波陡的增加而显著增加；当波陡很小时，反射系数趋于 0。从图 1 中可以看出，试验中，反射系数在波陡很小时趋于定值，但是根据现有的二次

图 1 不同波陡时的波浪反射系数理论和试验结果对比

理论，反射系数在波陡减小时均迅速降低至 0。目前暂无理论能够准确描述小波陡时的反射系数变化趋势。

3 压降随波陡变化

在理论当中，波浪经过透孔板前后的变化被描述为压力下降，由此求解出板前部分驻波的幅值和板后透射波的幅值。由图 2 可知，板前压力明显大于板后压力；在波陡较大的工况中，板前后的压力和二次理论的结果更为接近；在波陡较小的工况中，板前压力比较接近二次理论，而板后压力比较接近线性理论值。在波陡减小的过程中，板前、板后压力值迅速减小，并逐渐趋于相等。

通过对板前后压力求差，即可得到理论假设中多孔板前后的压力差值。由图 3 中试验数据可以看出，随着波陡的降低，压力差值在迅速减小。但现有线性理论高估了小波陡情况下的压力差值，而二次理论则低估了小波陡情况下的压力差值，这也是小波陡情况下波浪反射系数与试验数据不同的原因。

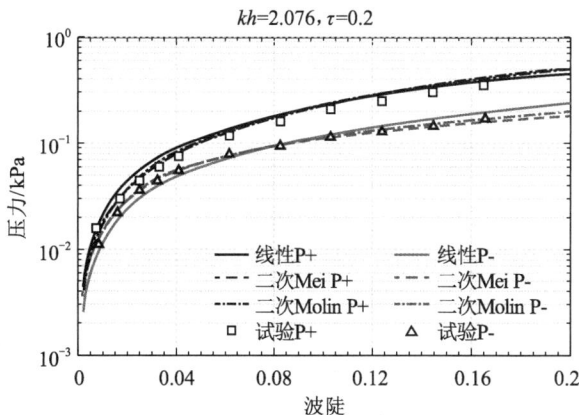

图 2 不同波陡时的板前后压力理论与试验结果对比

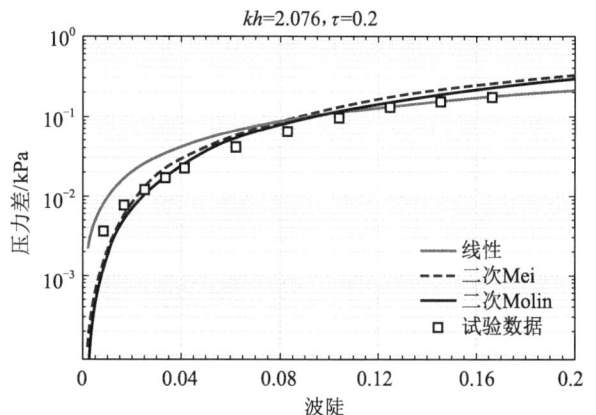

图 3 不同波陡时的板前后压力差理论与试验结果对比

4 不同孔隙率反射系数变化

进一步地,我们对不同孔隙率的透孔板进行了试验研究(图4),发现在不同孔隙率下,反射系数随着波陡变化趋势一致,在波陡较小的工况中,均出现明显的线性趋势。而现有的二次理论仅在波陡较大时与试验结果吻合,线性理论、二次理论均无法准确描述小波陡时的波浪反射系数。

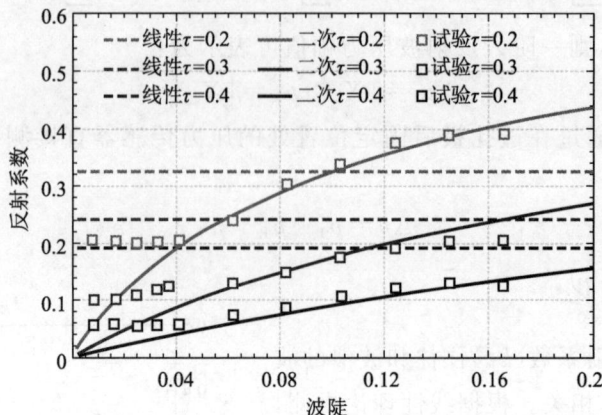

图 4   不同孔隙率时的反射系数理论与试验结果对比

5 结 语

本文通过试验研究了波浪经过透孔板时的反射系数,得到了板前后压力、板前后压力差,并与现有线性理论、二次理论计算结果进行了对比分析。发现现有线性理论、二次理论均无法准确描述小波陡时的波浪反射系数,意味着现有理论可能存在不足,值得后续进一步深入研究。

参考文献

[1] YU X P. Diffraction of water waves by porous breakwaters[J]. Journal of Waterway Port Coastal and Ocean Engineering,1995,121(6):275-282.

[2] LI Y C,LIU Y,TENG B. Porous effect parameter of thin permeable plates[J]. Coastal Engineering Journal,2006,48(4):309-336.

[3] MOLIN B,REMY F. Inertia effects in TLD sloshing with perforated screens[J]. Journal of Fluids and Structures,2015,59:165-177.

[4] MEI C C,LIU P L F,IPPEN A T. Quadratic loss and scattering of long waves[J]. Journal of the Waterways Harbors and Coastal Engineering Division,1974,100(3):217-239.

[5] QIAO D S,FENG C L,YAN J,et al. Numerical simulation and experimental analysis of wave interaction with a porous plate[J]. Ocean Engineering,2020,218:108106.

[6] LIN C Y,HUANG C J. Decomposition of incident and reflected higher harmonic waves using four wave gauges[J]. Coastal Engineering,2004,51(5-6):395-406.

滩肩对波浪爬高的调制作用研究

周赢涛[1,2,3]，朱　钰[2,3,4]，江沅书[3]

(1. 上海市城市建设设计研究总院(集团)有限公司,上海　200125;2. 自然资源部海洋生态保护与修复重点实验室/福建省海洋生态保护与修复重点实验室,福建 厦门　361005;3. 河海大学 港口海岸与近海工程学院,江苏 南京　210098;4. 海南省海洋地质调查院,海南 海口　570206)

摘要:沙质海岸波浪爬高是影响剖面沙丘趾位置的重要指标,普遍认为爬高重塑了沙丘趾高程以下的剖面形态,对冲流带泥沙运动起到重要的促进作用。然而现行的沙滩波浪爬高半经验公式主要与波浪有效高度、波浪周期、前滨坡度等要素有关,未考虑潮上带后滨滩肩段的变化对于爬高的调制作用。本研究选取2 个典型沙滩的实测剖面数据,分析了滩肩脊高度、滩肩平台宽度、滩肩脊两侧坡度等要素对于波浪爬高的影响,并基于以上滩肩要素改进了 Stockdon 波浪爬高半经验计算式,实现波浪爬高与滩肩变化的交互反馈,通过 2 个海滩实测数据验证了普适性。研究表明:常浪期滩肩脊高程的恢复效率高于滩肩平台宽度的恢复效率;滩肩脊在风暴期间向陆地移动并抬升,而在常浪时则下降并向海移动,滩肩脊、滩肩平台是衡量剖面恢复效率的重要指标;新爬高经验公式结合了滩肩脊高度、坡度和滩肩平台宽度,反映了滩肩对爬高的调制作用,完善了爬高峰值的计算结果。

关键词:滩肩;波浪爬高;Iribarren 数;实测数据

　　波浪爬高是波浪破碎后沿着斜坡滩面上涌后到达的高程峰值距离平均海平面的高差[1],驱动斜坡面泥沙运动和海岸侵蚀[2]。现有评估波浪爬高的方法主要有基于视频捕捉的实地观测、物理模型法和数值模拟等。实地观测和物理模型法相近,主要是利用激光雷达测绘或者视频影像处理技术[3]。随着无人机的普及,机载中低空测绘也成了降本增效的重要手段[4]。数值模拟主要基于 N-S 方程[5]或 SPH 方法[6],对多相流区域的水沙运动问题进行精细刻画。相比之下,通过物理试验与实地测量得到的大量数据来拟合出波浪爬高的经验公式是一种较为简便的研究波浪爬高的方法。一旦得到合理的经验公式后,后续的预测计算便不需要较多的计算资源。因此该法在近海岸测量中受到了广泛的使用。但目前广泛使用的经验公式主要关注波浪动力参数,对于海滩本身的地貌要素关注较少,仅考虑了前滨坡度这一参数[7-9],不能完整地反映爬高所影响的冲流带滩肩变化对爬高的调制作用。本研究聚焦于国内外 2 个典型沙质海滩,通过分析风暴后常浪期滩肩要素(滩肩脊高程、滩肩平台宽度、滩肩脊坡度等)的变化情况,基于以上滩肩要素改进了 Stockdon 波浪爬高半经验计算式[10],实现波浪爬高与滩肩要素的交互反馈,并通过 2 个不同区域的海滩实测数据验证了经验公式的普适性。

1 研究区域

1.1 研究区域

1.1.1 澳大利亚 Narrabeen 沙滩

　　Narrabeen 海湾位于澳大利亚东南海岸[图 1(a)],在悉尼以北 20 km。这片弧形沙滩全长约 3.6 km。沙粒的中值直径(D_{50})约为 0.3 mm。Narrabeen 沙滩为浪控型,年均有效波高 $H_s=1.6$ m,波浪谱峰周期

基金项目:自然资源部海洋生态保护与修复重点实验室/福建省海洋生态保护与修复重点实验室开放基金资助项目(EPR2023009);海南省海洋地质资源与环境重点实验室开放基金资助项目(22-HNHYDZZYHJKF028)

通信作者:朱钰。E-mail:29849600@qq.com

$T_p = 10$ s,常浪期间潮差小于 1 m。高频波浪为来自 ESE 和 E 向的持续长周期涌浪。在北侧剖面 PF1 中,波浪方向主要来自 ESE 向。相比之下,中间剖面 PF4 和南侧剖面 PF8 受到来自 E 向波浪的影响。由于北部和南部各有一个海岬,波浪在沉积物运输中起着更加重要的作用,沿岸流在海滩中部产生了离岸方向的强烈环流。在近岸浅水区,波浪倾向于垂直海岸线运输,近岸波浪能量自北向南递减,且湾头岬角的辐聚作用导致了海湾内波浪能量的重新分配[11-13]。

图 1 研究区域

1.1.2 中国海口铺前湾沙滩

铺前湾位于海南岛北部[图 1(b)],湾口向北面向琼州海峡。海岸线从西边的海口新埠岛延伸到东边的文昌新埠海,岸线长度约为 20 km,湾内水域面积约 80 km²,水深小于 10 m。铺前湾主要为浅海平原地貌形态,岸线类型主要呈沙质,$D_{50} = 0.3$ mm。主导风向为 NE 向,其次是 SSE 向和 NEE 向。波浪方向在 N、NNE、NE 区域占 64%。NNE、NE 和 W 方向的平均波高为 0.7 m。最大波高观测值在 N 向,约为 3.5 m;而 SSW、ESE 和 SE 方向的波高较小,为 0.6～1.0 m。波浪周期为 2.7～4.0 s。该区域的潮汐为不规则的半日潮,平均潮差为 0.89 m,最大潮差为 1.80 m。由于琼州海峡存在狭口效应,湾内水流基本为往复流,湾口的流速超过 1.0 m/s[14-15]。

1.2 动力条件

动力数据根据波浪浮标和调研报告确定。Narrabeen 沙滩近岸波浪测量数据来源于悉尼附近的一个波浪浮标[图 1(b)],该浮标位于距离沙滩 11 km(33°47′S,151°25′E)水深 76 m 处。澳大利亚气象局天气气候研究中心(CAWCR)利用实测数据开发了高分辨率的波浪后报数据集,提供了覆盖研究区域近岸 10 m 水深处的波浪同化数据[16,17]。该数据集的输出数据包括时均 H_s、T_p 和平均波向。在对 Narrabeen 海滩的现有研究中,外海 $H_s > 3$ m,持续时间超过 1.0 h,定义为一次风暴浪事件[18]。在与波浪后报数据同时间内,基于 HMAS Penguin 潮位计(33°49′31.66″S,151°15′30.71″E),使用 T-tide 分析软件对天文潮汐数据进行输出,时间间隔为 15 min。本研究中捕捉了从 2012 年 6 月至 2013 年 2 月之间的波浪序列,其间发生了 3 次温带气旋导致的风暴事件,月均进行一次剖面实测工作,高程数据采用澳大利亚国家高程基准。

在铺前湾海域,因为缺乏实测波浪数据,所以利用欧洲中期天气预报中心的 ERA5 再分析数据集中的波浪数据。研究时间自 2021 年 10 月到 2022 年 4 月,其间发生了一次强台风"圆规"登陆过程,该台风使铺前湾沙滩发生了严重的侵蚀[图 1(c)]。输出波浪要素包括有 H_s、T_p 及风场数据——平均风速和风向。潮位数据取自海口长堤路实测潮位站(109°29′E,20°03′N),高程数据采用 1985 年国家高程基准。

从图 2 可见,2 个海滩所选择的研究时间区间都包括了最后一次风暴之后的 5 个月常浪期。通过比较 Narrabeen[图 2(a)]和铺前湾[图 2(b)]之间波浪周期,发现 Narrabeen 沙滩的波浪周期明显更长,几乎是铺前湾海域的 2 倍。在 2 个研究区域中,波高随周期增大而增大,且 2 个要素的增长趋势间没有相位差。

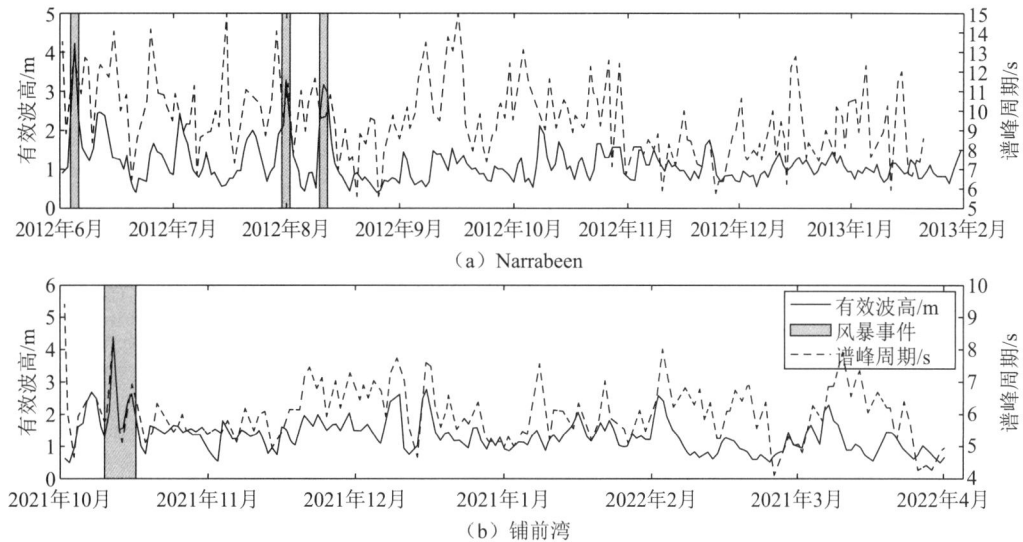

图 2　研究区域波浪情况

2　研究方法

Narrabeen 和铺前湾沙滩的测量均采用 RTK-GPS 精确测量,水平测量步长约 1 m,垂向测量精度为 0.01 m。Narrabeen 沙滩的剖面数据测量由澳大利亚新南威尔士大学水研究实验室的海滩调查计划执行,该调查计划测量时间间隔约 33 d。铺前湾的剖面数据由本研究组织开展,海滩坡度测量的起点位于海滩防风林线后方 3～10 m 处。在没有防风林的海滩剖面上,起点选择在陡峭的脊线和建筑物后方 2～3 m 处。如果某些剖面上存在明显的沙丘,起点选择在沙坡后方 2～8 m 处。测量线的终点通常位于水下 0.5～1.0 m 处,剖面上的点距通常为 0.5～1.0 m 不等,表示地形变化的特征点被加密并测量。在使用相同的测量线进行常规测量以及台风前后测量的情况下,每个测量阶段的测量线的起点和终点坐标应在测量过程中保持一致。本研究于台风"圆规"登陆前后当月,及台风前后各半年进行剖面数据测量。

3　结　果

3.1　剖面变化

沙丘趾被定义为剖面上曲率最大的位置[19],是剖面稳定情况下泥沙运动的上界。普遍认为,波浪爬高不易越过沙丘趾。海滩在风暴后常浪恢复期的演变特征如图 3 所示(剖面 PF1、PF4、PF8 自北向南分布于 Narrabeen 沙滩,剖面 ATHK12、HK15、ATHK19 自西向东分布于铺前湾沙滩)。在风暴期间,侵蚀主要集中在平均高潮位和沙丘趾之间的滩肩上,导致滩肩平台宽度减小,滩肩脊坡度增加;与此同时,沙丘趾向岸边移动并抬升。在 Narrabeen 沙滩,北部剖面 PF1[图 3(a)]低于 7.0 m 的滩面受到整体侵蚀而后退,而滩肩后滨坡度没有明显变化。在中部剖面 PF4[图 3(b)]和南部剖面 PF8[图 3(c)]中也观察到类似的特征。在高程 4.0 m 以下,PF4 的沙丘趾部由于滩肩侵蚀逐渐爬升,约高于平均高潮位高度的 2 倍。在 PF8 中[图 3(c)],由于堤岸高程较低,剖面发生了较大的变化,沙丘趾降低了 3.5 m。较低的滩肩脊和狭窄的滩肩平台使 PF8 更容易受到不平衡输沙的影响。即使与 PF1 和 PF4 相比,PF8 的波浪能量也较低,更容易发生较 PF1 和 PF4 更大范围的侵蚀。这突出了滩肩的高度和宽度的重要性,它们是抵御强波浪作用和保护后海岸地区免受广泛侵蚀的关键因素。在铺前湾海滩,西侧 ATHK12[图 3(d)],位于如意岛波影带内的铺前湾西侧。台风"圆规"过后,海滩进入了 6 个多月的常浪恢复期。然而,这些剖面并没有完全恢复到侵蚀前的状态,主要特征是随着滩肩脊抬升,滩肩平台变宽,滩面泥沙量由西向东(ATHK12→HK15→ATHK21)逐渐增大。同时,值得注意的是,在 3 个实测剖面中,滩肩脊高程的恢复效率高于滩肩平台宽度的恢复效率,且潮间带区的恢复效率要高于高水位以上的恢复效率。由于如意岛波影区的影响,

ATHK12剖面恢复期滩肩脊快速抬升,效率高于HK15和ATHK21。

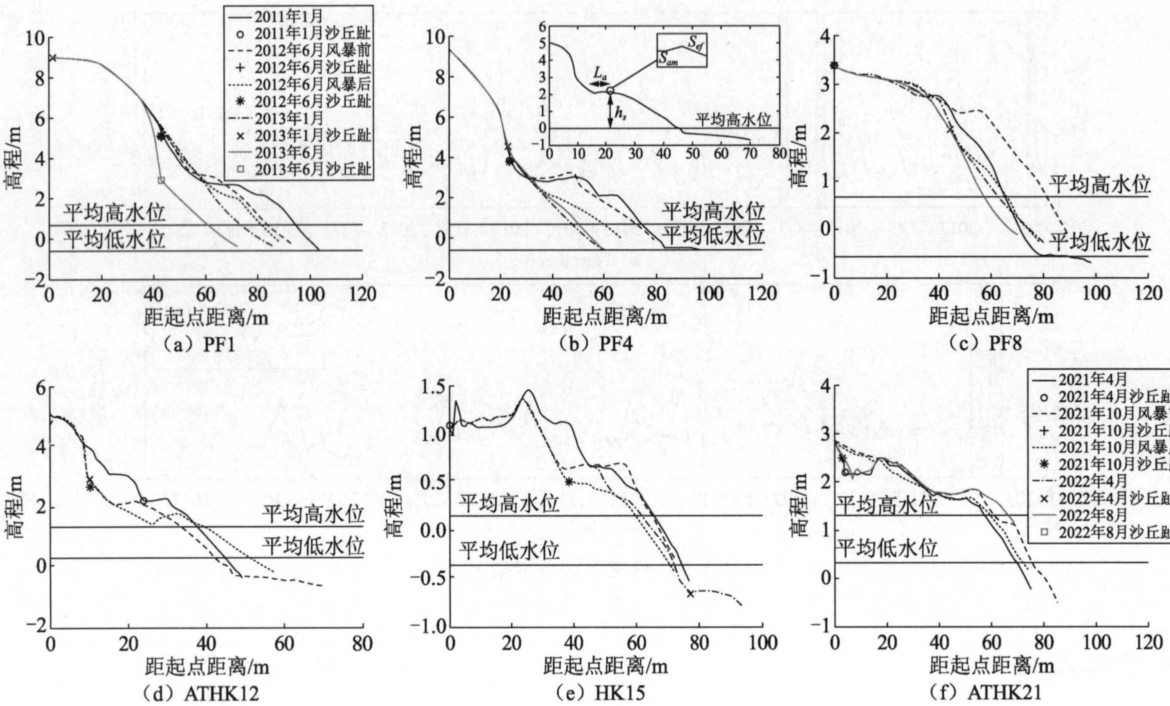

图3 研究区域各剖面变化

3.2 加入滩肩要素的新公式

在波浪冲流带内,波浪爬高与滩肩形态密切相关。波浪爬高一般通过Iribarren数[20]来表征,该数值定义为

$$\xi = \frac{\tan\beta}{\sqrt{H/L}} \tag{1}$$

波浪爬高的半经验公式(以下简称S-模型)由Stockdon等[21]对10余个环境各异的沙滩进行观测后归纳得出,被认为是可以广泛应用于沙滩的波浪爬高计算。此经验方程可以写为

$$R_{2\%} = 1.1\{0.35\tan\beta_f(H_0L_0)^{0.5} + 0.5[H_0L_0(0.563\tan\beta_f^2 + 0.004)]^{0.5}\} \tag{2}$$

对于沙质海滩来说,H和L可以分别用深水波高H_0和波长L_0来代替,β表示潮下带前滨坡度。这意味着在S-模型中,波浪爬高$R_{2\%}$主要受波浪条件和海滩前滨坡度控制。但在冲流带,在前滨坡度不发生变化的情况下仍然可能产生很大侵蚀,通常有以下两种情况:① 滩肩被侵蚀并发生整体后退,前滨坡度却没有变化[图4(a),数据源于Narrabeen沙滩PF1剖面2011年1月和2013年1月的测量]。② 在平均高水位线以上发生侵蚀,滩肩体积减小且平台缩短,但前滨未发生泥沙运动[图4(b),数据源于铺前湾沙滩HK15剖面2021年10月和2022年4月的测量]。这两种海滩侵蚀方式在Narrabeen和铺前湾海滩均较为常见。之前的研究聚焦于利用波浪条件和前滨坡度来计算波浪爬高($R_{2\%}$),但它们无法反映出滩肩侵蚀而前滨坡度未发生改变的情况,这意味着即使滩肩被大幅侵蚀,β和ξ也不会改变,这不符合实际情况。因此,必须结合滩肩要素的变化,如滩肩脊高程(h_B)、滩肩平台宽度(L_B)、滩肩脊面海侧坡度(β_{off})等来重新评估滩肩在影响波浪爬高和减少剖面侵蚀中的作用。

基于2011年7月至2013年12月在Narrabeen沙滩和2021年4月至2022年5月在铺前湾沙滩收集的实测剖面数据,引入了一个新的基于h_B、L_B和β_{off}的波浪上爬关系。在寻找这一新关系时,采用了波浪爬高($R_{2\%}$)和以深水有效波高(H_0)为基础的无量纲参数,并将其作为滩肩对应的Iribarren数(ξ_B)的函数。使用这个新方程重新定义波浪爬高是有意义的,因为它考虑到了滩肩形态的变化。图5(a)显示了$R_{2\%}$与ξ有线性关系,表示随着近岸坡度变陡或H/L变小,波浪爬高会更高。

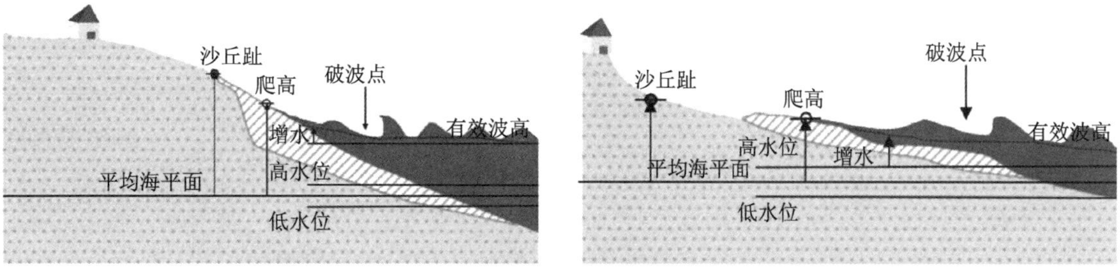

（a）第一种情况　　　　　　　　（b）第二种情况

图 4　2 种发生了显著侵蚀但前滨坡度不变的情况

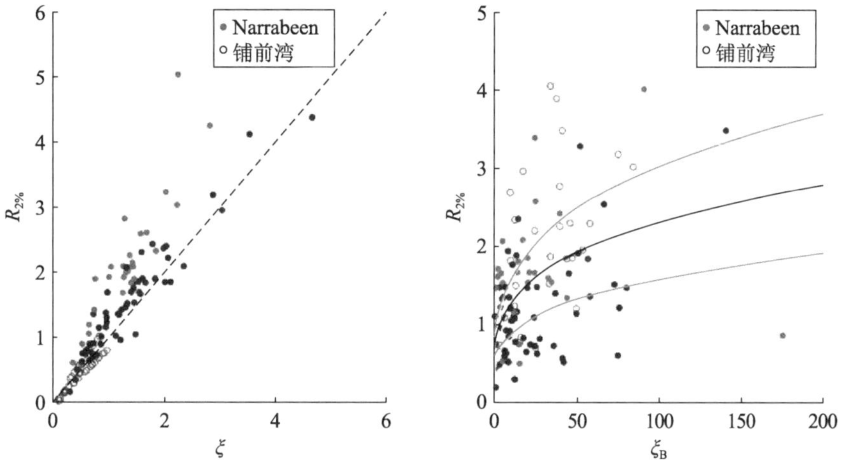

（a）　　　　　　　　（b）

图 5　波浪爬高关系拟合 (a) $R_{2\%}$ 与 ξ 的关系;(b) $R_{2\%}/H_0$ 与 ξ_B 的关系

Park 等[22]引入了一个常数作为反映滩肩宽度变化的因子,并引出了一个新的波浪爬高方程,然后使一个常数对应于无量纲的滩肩宽度,但没有考虑滩肩脊高程和滩肩脊坡度。本研究使用每月的测量数据[图 5(b)]来拟合出 $R_{2\%}$ 和 ξ_B 之间一个新的关系,如下式：

$$\frac{R_{2\%}}{H_0}=a\xi_b^k \tag{3}$$

$$\xi_B=\frac{\xi h_B}{L_B\beta_{S_{oft}}} \tag{4}$$

由图 6 可见 S-模型在估算波浪爬高时存在偏差,这表明该模型低估了波浪爬高的峰值[21]。式(3)显示,在考虑波浪上冲对滩肩形态变化的显著影响时,实际的波浪上冲峰值应接近滩肩脊高程。相比之下,S-模型在滩肩平台宽度较长且平滑的情况下,往往会低估波浪上冲峰值。这是因为该方程没有考虑滩肩平台对爬高的缓冲作用。反之,当滩肩平台窄或没有滩肩平台时,S-模型可能会高估波浪上冲峰值,因为它没有考虑滩肩脊作为局部高点类似于反弧形挡浪墙对爬高和越浪起到的骤降作用。式(3)在计算波浪爬高时考虑的滩肩抗灾的韧性,考虑了滩肩脊对爬高的削峰作用,以及滩肩平台在减缓波浪上爬时的缓冲作用,从而改进了波浪上冲结果的计算。这种方法强调了滩肩形态对波浪爬高预测精度的重要性,在评估海滩侵蚀和保护措施的有效性时尤为重要。

通过将滩肩脊的高度和坡度、滩肩平台宽度等要素纳入波浪爬高的计算中,式(3)提供了一种更精确的方法来预测波浪在特定海滩条件下的爬高。这种改进有助于海岸工程师和管理者更好地理解和预测海滩对极端天气事件的响应,从而制定更有效的海岸防护和管理策略。总之,新模型通过考虑滩肩的几何特征和功能,提高了波浪爬高峰值预测的准确性,强调了在海岸动力学研究和工程实践中考虑海滩滩肩特性的重要性。

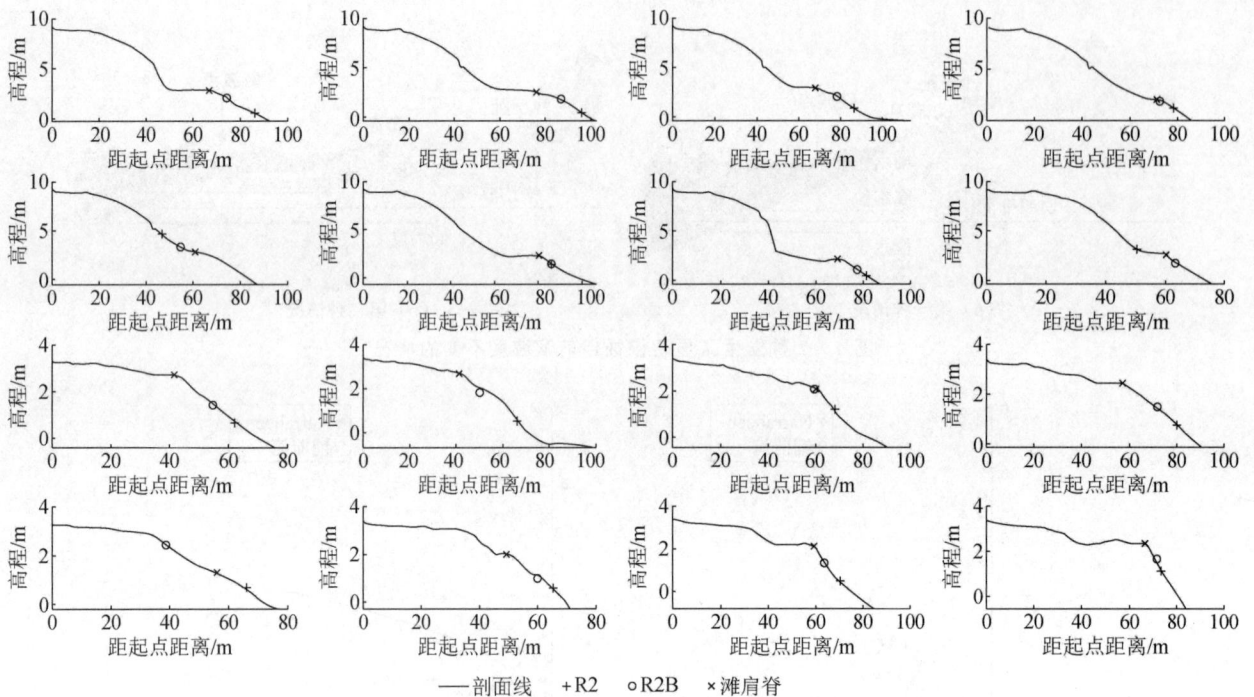

图 6　经验模型与 S-模型计算爬高峰值对比

滩肩脊定义为实测剖面线中的凸起点。R2 为采用式 2 计算的经验模型计算值,R2B 为 S-模型计算结果。

4　结　语

本研究基于国内外 2 个沙质海滩的实测剖面资料,发现了滩肩在风暴-常浪交替作用下的演变特征。在现行的波浪爬高模型中,通过引入滩肩平台宽度、滩肩脊高程、滩肩坡度等要素,刻画了滩肩对波浪爬高的调制作用,一定程度上提升了波浪爬高计算值的准确性。主要研究结论如下:

(1) 风暴浪导致剖面潮上带侵蚀和潮间带淤积;滩肩脊高程的恢复效率高于滩肩平台宽度的恢复效率,潮间带整体恢复效率最高,而平均高水位以上的恢复效率较低。

(2) 滩肩脊在风暴期间向陆地移动并抬升,而在常浪时则下降并向海移动。滩肩脊、滩肩平台是衡量剖面恢复效率的重要指标。

(3) Stockdon 的经验波浪上升模型忽略了滩肩要素(滩肩脊高程、坡度、滩肩平台宽度等),导致在滩肩平台较宽的剖面低估了爬高的峰值,而在无滩肩平台或滩肩平台较窄的剖面高估了爬高的峰值。本研究提出的波浪爬高经验公式结合了滩肩脊高度、坡度和滩肩平台宽度,反映了滩肩对爬高的调制作用,完善了爬高峰值的计算,使其更接近滩肩脊。

参考文献

[1] 文圣常. 海浪理论与计算原理[M]. 北京:科学出版社,1984.

[2] SHANKAR N J,JAYARATNE M P R. Wave run-up and overtopping on smooth and rough slopes of coastal structures[J]. Ocean Engineering,2003,30(2):221-238.

[3] 齐占辉,张锁平. 一种波浪爬高的视频测量方法[J]. 海洋技术,2010,29(1):24-27.

[4] 罗斌. 基于机载 LIDAR 系统的波浪爬高研究[D]. 广州:华南理工大学,2022.

[5] 韩新宇,罗鑫,董胜. 复式防波堤断面尺度对波浪爬高的影响研究[J]. 工程力学,2019,36(S1):261-267.

[6] 韩新宇,董胜,王智峰,等. 波浪周期对斜坡堤上波浪爬高的影响研究[C]//海洋工程学会. 第二十届中国海洋(岸)工程学术讨论会论文集(上). 南京:河海大学出版社,2022.

[7] HUNTLEY I A. Design of seawalls and breakwaters[J]. Journal of the Waterways and Harbors Division,1959,85:123-152.

[8] HOLMAN R A. Extreme value statistics for wave run-up on a natural beach[J]. Coastal Engineering,1986,9(6):527-544.

［9］ HOLMAN R A,SALLENGER Jr A H. Setup and swash on a natural beach[J]. Journal of Geophysical Research,1985,90:945-953.

［10］ STOCKDON H F,HOLMAN R A,HOWD P A,et al. Empirical parameterization of setup,swash,and runup[J]. Coastal Engineering,2006,53(7):573-588.

［11］ LORD D,KULMAR M. The 1974 storms revisited:25 years experience in ocean wave Measurement along the South-East Australian Coast[C]// Proceedings of the 27th International Conference on Coastal Engineering (ICCE),July 16-21, 2001,Sydney. Reston:ASCE,2000:559-572.

［12］ HARLEY M,TURNER I,SHORT A,et al. An empirical model of beach response to storm-SE Australia[C]// Proceedings of the19th Australasian Coastal and Ocean Engineering Conference and the 12th Australasian Port and Harbour Conference,September 16-18,2009,Wellington,New Zealand. Sedney:Engineers Australia,2009: 589-595.

［13］ SHORT A,TRENAMAN N. Wave climate of the Sydney region,an energetic and highly variable ocean wave regime [J]. Marine and Freshwater Research,1992,43(4):765-791.

［14］ 曹玲珑,许炜铭,王平,等. 铺前湾水动力及冲淤特性对人工岛建设的响应[J]. 海洋湖沼通报,2013(3):161-171.

［15］ WANG S,LUO J,LI Z. Study on the response of sandy beach to sand embankment project in Hainan:A case study of Puqian Bay[C]//Proceedings of the 19th China symposium on marine (shore)engineering (II). Beijing:China Ocean Press,2019:15-20.

［16］ KARUNARATHNA H,PENDER D,RANASINGHE R,et al. The effects of storm clustering on beach profile variability[J]. Marine Geology,2014,348:103-112.

［17］ DAVIDSON M A,TURNER I L,SPLINTER K D,et al. Annual prediction of shoreline erosion and subsequent recovery[J]. Coastal Engineering,2017,130:14-25.

［18］ BOOIJ N R R C,RIS R C,HOLTHUIJSEN L H. A third-generation wave model for coastal regions:1. Model description and validation[J]. Journal of Geophysical Research:Oceans,1999,104(C4):7649-7666.

［19］ STOCKDON H F,SALLENGER A H,HOLMAN R A,et al. A simple model for the spatially-variable coastal response to hurricanes[J]. Marine Geology,2007,238(1/2/3/4):1-20.

［20］ BATTJES J A. Surf similarity[C]// Proceedings of the 14th Conference on Coastal Engineeryng,Copenhagen,1974. Reston:ASCE,1974:466-48.

［21］ STOCKDON H F,HOLMAN R A,HOWD P A,et al. Empirical parameterization of setup,swash,and runup[J]. Coastal Engineering,2006,53(7):573-588.

［22］ PARK H,COX D T,PETROFF C M. An empirical solution for tsunami run-up on compound slopes[J]. Natural Hazards,2015,76:1727-1743.

极端波浪下对复式斜坡堤上行人安全评估

史子洁[1]，赵西增[1,2]，黄焰源[1,2]，陆发靖[1]，陶　钢[1]

（1. 浙江大学 海洋学院，浙江 舟山　316021；2. 浙江大学 舟山海洋研究中心，浙江 舟山　316021）

摘要：极端天气下海堤越浪导致的行人安全事故频发。采用基于事故原型等比例缩尺的数值模拟，分析极端越浪对行人作用的水动力过程；基于力学分析的判别准则，对比模型受到的流体力与摩擦力间的相对关系，评估不同海况下行人的稳定性状态。结果表明，越浪对行人的冲击力与波高和水深呈线性关系，在海堤上沿程递减，对复式堤而言，回流力大于冲击力，对行人的安全威胁更大；通过不同波浪条件下行人的稳定性统计结果，给出了行人在不同波浪条件下的失稳区间。

关键词：极端波浪；复式防波堤；行人落水；计算流体力学

随着沿海旅游业的蓬勃发展，可供行人亲海活动的复合斜坡堤和护岸已在世界各地的海岸线上广泛使用。这些复式海工结构具备基本的抑波防浪功能，并能展示海景，但是当海啸、台风等极端天气条件引起的极端波浪爬高超过堤顶高度时，会发生越浪现象，对堤顶行人的安全产生威胁。2022 年 7 月 31 日 17 时左右，两名青年游客在青岛市南区音乐广场附近的滨海斜坡堤观景平台上游玩时被海浪卷走，不幸遇难。在全球气候变化的大背景下，极端越浪事故频发，因此有必要对海堤越浪展开深入研究，以防止类似事故再次发生。

现有对水流作用下行人失稳的研究主要集中在城市洪水相关领域。夏军强等[1]确定了水深和流速是评估洪水严重程度和行人安全的两个关键参数。他们强调了行人失稳的两种主要模式：倾覆和滑动。Martínez-Gomariz 等[2]进行了真实人体实验，研究高速水流下行人稳定阈值。但是，渠道洪水和越浪的砰击过程仍有不同，越浪伴随着波浪冲击、翻卷、破碎现象，这对试验设备的灵敏度、数值模拟的鲁棒性都提出了更高的要求。Chen 等[3]进行物理模型试验，研究了规则波越浪对斜坡上垂直墙体的冲击作用，利用动量通量建立了一个预测越浪对墙体冲击力的经验公式。van der Meer 等[4]等基于实证研究，给出了行人在海堤上的关键安全参数。Mares-Nasarre 等[5]提出了一种评估土墩防波堤溢流过程的新方法，考虑了行人安全，但缺乏冲击力的量化计算方法。Cao 等[6-7]和 Chen 等[8]通过物理模型试验与数值模拟方法，针对规则波、不规则波越浪对堤顶行人的砰击作用展开了研究。总结了海堤堤顶的越浪流厚度与断面平均流速的分布规律，提出了规则波对人体作用的经验公式。

上述研究均是详细且重要的行人安全研究，然而这些研究仅考虑入射波方向的波浪冲击，这是一个单向作用过程，尚未考虑海浪来回撞击行人的影响，这种情况在复式斜坡堤的越浪过程中十分常见。波浪到达不透水平台海堤后反射回来，双向运动的回流过程对行人的安全威胁有待进一步研究。以青岛事故为原型，开展基于等比例缩尺模型的数值模拟研究。选用孤立波模拟极端波浪，探究孤立波对复式斜坡堤上行人的冲击力与回流力特性，基于力学分析的判别准则对堤上行人的安全性进行评估，为沿海城市在极端天气条件下灾害风险评估和灾害规避决策提供参考。

基金项目：国家自然科学基金资助项目（51979245）；中央引导地方科技发展资金资助项目（2023ZY1021）；舟山市重大产业科技攻关资助项目（2023C03004）；浙江省联合基金重点资助项目（LHZ22E090002）

通信作者：赵西增。E-mail：xizengzhao@zju.edu.cn

1 研究方法

1.1 控制方程

数值模拟基于 OpenFOAM 中的两相流求解器 interFoam 开展,通过求解雷诺时均 Navier-Stokes 方程(Reynolds Average Navier-Stokes Equations,RANS),采用有限体积法(Finite Volume Method,FVM)进行数值离散,模拟水体和空气两相不可压缩流体的运动。不可压缩流体的连续性方程和动量方程为:

$$\frac{\partial u_i}{\partial x_i}=0 \tag{1}$$

$$\frac{\partial \rho u_i}{\partial t}+\frac{\partial \rho u_i u_j}{\partial x_i}=-\frac{\partial p}{\partial x_i}-g_j x_j\frac{\partial p}{\partial x_i}-\frac{\partial}{\partial x_j}(2\mu S_{ji}+\tau_{ji}) \tag{2}$$

式中:i、$j=(1,2,3)$;u_i 是雷诺平均速度,单位为 m/s;g_j 为重力矢量,单位为 m/s^2;ρ 为密度,单位为 kg/m^3;p 为流体压强,单位为 N/m^2;μ 为动力黏度,单位为 N·s/m^2。

剪切应变率定义为:

$$S_{ij}=\frac{1}{2}\left(\frac{\partial u_i}{\partial x_j}+\frac{\partial u_j}{\partial x_i}\right) \tag{3}$$

根据 Boussinesq 近似计算雷诺应力 τ_{ji}:

$$\tau_{ji}=-\rho\overline{u'_i u'_j}=2\mu_T S_{ij}-\frac{2}{3}\rho k\delta_{ij} \tag{4}$$

式中:上标表示湍流波动,上划线表示雷诺平均过程。K 为湍流动能,δ_{ij} 为克罗内克数,μ_T 为涡流黏度。数值模型采用标准 k-ω SST 湍流模型,本质上模拟湍流动能 k 和比耗散率 ω。

应用体积函数法(Volume of Fluid,VOF)模拟越浪过程中的气液两相流动行为,该方法定义了一个流体体积分数 α 用于描述全域内流体的比重。α 满足控制方程:

$$\frac{\partial \alpha}{\partial t}+\nabla(\alpha u)=0 \tag{5}$$

式中:t 为时间,单位为 s;u 为流体运动速度,单位为 m/s。

引入一个人工压缩项对式(5)进行修正:

$$\frac{\partial \alpha}{\partial t}+\nabla(\alpha u_i)+\nabla[\alpha(1-\alpha)u_i^r]=0 \tag{6}$$

式中:u_i^r 为相对速度,$\nabla[\alpha(1-\alpha)u_i^r]$ 为人工压缩项,该项是守恒的,且在全是水或空气时取值为 0,即只在水体与空气的交界面处生效,不影响其余流场。

因此,自由表面处每个网格单元中水相和气相的流体密度 ρ 和动力黏度 μ 可以通过 α 进行区分:

$$\begin{cases}\rho=\alpha\rho_w+(1-\alpha)\rho_a\\ \mu=\alpha\mu_w+(1-\alpha)\mu_a\end{cases} \tag{7}$$

式中:ρ_w 和 ρ_a 分别表示水和空气的密度;μ_w 和 μ_a 分别表示水和空气的动力黏度。

1.2 模型设置

以青岛事故的斜坡堤断面型式为原型,基于弗汝德相似准则,采用缩尺比 $\lambda=1:5$ 分别建立波浪水槽试验模型及高精度数值波浪水槽模型,人体等效宽度取 $D=0.3$ m[9]。图 1 为数值模型计算域尺寸与网格划分示意图,水槽总长 10.33 m,高度 1.0 m,宽度 0.8 m,在自由液面附近和圆柱周围进行加密,网格最小长度 $x_{min}=3.3$ mm,$y_{min}=3.3$ mm,$z_{min}=1.8$ mm,总网格数 345.6 万。

涉及的物理量定义如图 1(c)所示,x_t 为圆柱中心距堤顶前缘的距离,B 为堤顶平台长度,H 为堤前波高,d 为静水深,R_c 为干舷高度,$h(x_t)$、$U(x_t)$ 分别表示位置处的越浪流厚度与断面平均流速,$F(x_t)$ 表示圆柱中心在 x_t 位置处时圆柱所受到的冲击力。下文中的下标 max 表示了对应物理量在一个冲击过程中的最大值。

（a）计算域尺寸

（b）网格划分

（c）相关物理量定义

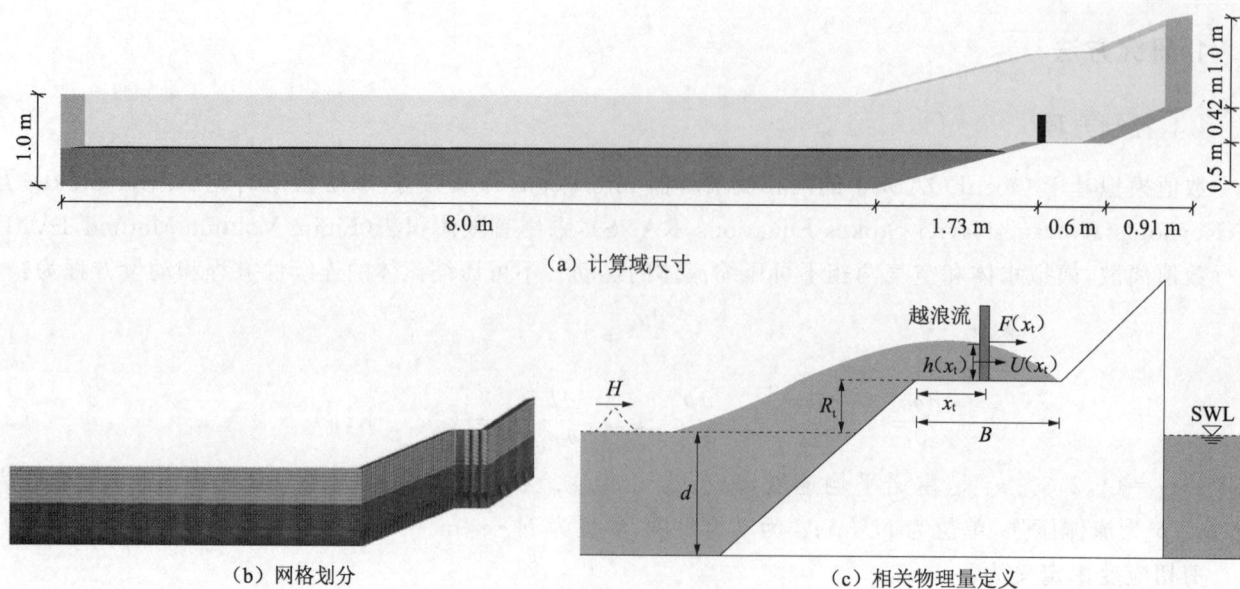

图 1　数值模型示意

入射孤立波参数,包括波高 H 与水深 d,以及行人所处的纵向位置,直接影响行人受到的波浪力。本研究选取的变量范围如表 1 所示。

表 1　工况表

水深 d/m	干舷高度 R_t/m	堤顶位置 x_t/m	波高 H/m
0.34~0.48	0.02~0.16	0~0.50	0.06~0.14

2 结果与分析

2.1 数值模拟与试验结果对比验证

为验证数值模拟结果的准确性,选取部分工况开展物理模型试验。图 2 为物理模型试验布置图。在 $d=0.44$ m, $H=0.10$ m 工况下,对堤前波形、越浪流厚度以及圆柱受力进行对比验证。

（a）正视图

（b）侧视图

图 2　物理模型试验

图 3(a)为斜坡堤堤脚前 3 m 位置处波形数值模拟与实测结果对比,波高误差为 2.4%,表明数值模型可较好地模拟孤立波波形。图 3(b)为 $x_t=0.10$ m 位置处圆柱受力数值模拟与试验结果对比,峰值相对误差为 5.7%,这是由于在进行物理模型试验时,连接力传感器的圆柱无法与海堤表面完全贴合(需留有一定位移空间,以确保测力准确),从而导致测得的力偏小。总体而言,三维数值波浪水槽模型能够较为准确地模拟孤立波越浪对堤上圆柱的作用过程。

（a）波形验证

（b）堤顶圆柱受力验证

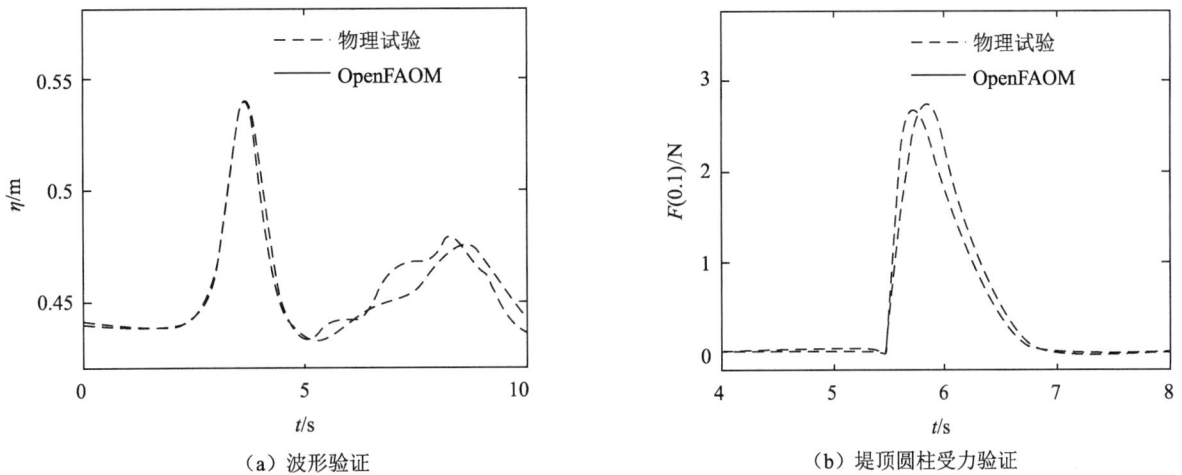

图 3　数值模拟与物理模型试验结果对比

2.2　越浪对堤顶行人的作用力

2.2.1　越浪对堤顶行人的冲击力

各工况圆柱于 $x_t = 0.10$ m 位置处的受冲击力汇总如图 4 所示，通过数据分析发现，F 与相对波高 H/d 和相对超高 R_t/H 呈明显的线性关系。将圆柱在不同位置受到的最大冲击力与前沿位置处的最大冲击力之间的相对大小关系用相对作用力 $R\_F(x) = F_{max}(x_t)/F_{max}(0.1)$ 表示，图 5 为不同工况下 $R\_F(x)$ 的沿程分布。总体来看，圆柱受冲击力随着 x_t 的增大而减小。相对波高 H/d 越小，衰减越明显，可见行人站在海堤平台上，受到的越浪流冲击力随着离海堤边缘距离的增大而减小。

图 4　堤顶圆柱受冲击力峰值

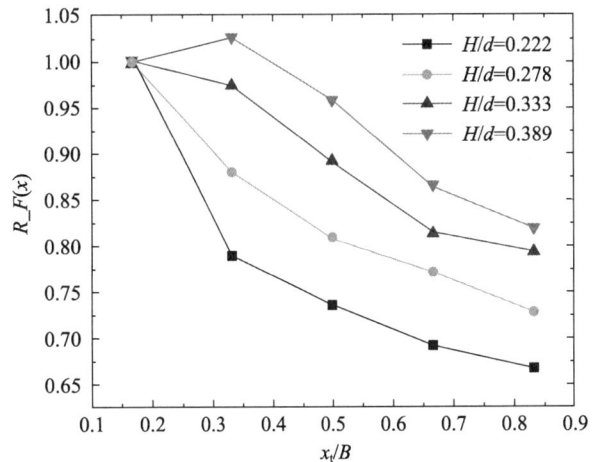

图 5　堤顶圆柱受冲击力沿程分布

2.2.2　越浪对堤顶行人的回流力

根据对青岛事故现场视频的分析，发现行人在受到越浪正向冲击后摔倒，随后被越浪回流卷入海中，回流对堤上行人的安全威胁不容忽视。图 6 为一个典型工况下圆柱受力历时曲线，从图中可以看出，与冲击力规则的沿途衰减相比，回流力呈现更高程度的非线性。将最大回流力 F_{max}^{ref} 和最大冲击力 F_{max}^{ove} 之间的相对大小关系用相对作用力 $R_F = F_{max}^{ref}/F_{max}^{ove}$ 表示，R_F 的沿途变化如图 7 所示，图中虚线表示最大回流力 F_{max}^{ref} 与最大冲击力 F_{max}^{ove} 相等。R_F 的总体变化趋势是沿向陆方向呈增加或先增加后减少的趋势。值得注意的是，在绝大多数情况下，回流力强于冲击力。由此可知，针对复合式斜坡堤，回流对堤上行人构成的威胁更大。

图6　圆柱受力历时曲线

图7　相对作用力 R_F 沿途分布

2.3　堤顶行人不稳定性判定

根据先前的研究[1,10]，当水深低于人体膝盖高度时，不稳定模式为滑动失稳模式，即失稳条件为水流力大于摩擦力。本研究中该水深阈值为 0.1 m，大多数工况下越浪流厚度均低于这个值，因此，本研究将按照该滑动失稳模式判别，相关计算公式如下：

$$F_f = \mu F_G \tag{8}$$

$$F_G = g m_p - F_B \tag{9}$$

$$F_B = \rho_w g V_s = \rho_w g V_p \left[\frac{h(x_t)}{h_p} \right] \varepsilon \tag{10}$$

式中：F_f 为人体所受摩擦力；μ 为摩擦力系数，本研究中选取值为 0.7；F_B 为人体所受浮力；F_G 为有效重力，即人体重力与浮力的差值；ρ_w 为水密度；V_s 和 V_p 分别表示行人的淹没部分和总体积；m_p 为人体重量，$h(x_t)$ 和 h_p 分别表示溢流厚度和人体高度，根据统计结果，取等比例缩尺后模型 m_p 为 0.54 kg，h_p 为 0.35 m；ε 为人体特征参数，本研究采用圆柱模型作为人体的简化，所以 ε 值为 1。引入参数 $\gamma = \rho_w / \rho_p$ 来表示水与人体密度的比值，人体的密度与水非常相似，受胸腔空气量的影响，因此本研究将 γ 值设为 1。

由此可以推导出摩擦力计算公式如下：

$$F_f = 3.7 \left[1 - \frac{h(x_t)}{0.35} \right] \tag{11}$$

根据 2.2.2 节的分析结果，在绝大多数情况下，回流力强于冲击力。分析所有的工况，可以识别出 2 种危险情况：回流失稳以及双向失稳，如图 8 所示。以工况 $H = 0.10$ m、$d = 0.48$ m 为例，如果行人位于 $x_t = 0.2$ m 的纵向位置，越浪期间的冲击力小于人体与地面的摩擦力，未发生失稳；而在回流期间，波浪力在一定时间内大于摩擦力，人体失稳滑倒。在双向失稳模式中，行人位于 $x_t = 0.4$ m，当流体力超过摩擦力时，在冲击和回流过程中都将发生失稳。

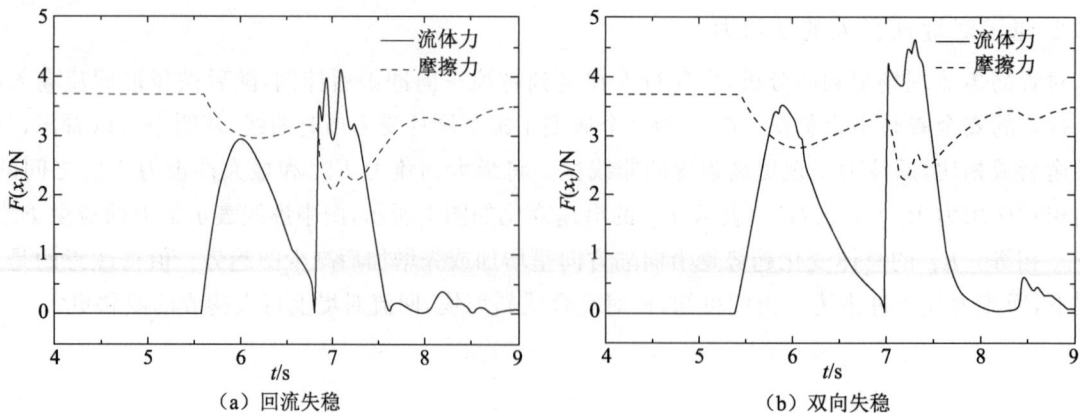

（a）回流失稳

（b）双向失稳

图8　失稳情况

图 9 展示了失稳判别的总计分析,可以观察到,随着水深和波高的增加,失稳模式逐渐由回流失稳转为双向失稳,安全性降低。随着行人位置向陆地方向深入,波浪的冲击作用逐渐减小,但是回流作用逐渐增强,会更多地出现回流不稳定模式。

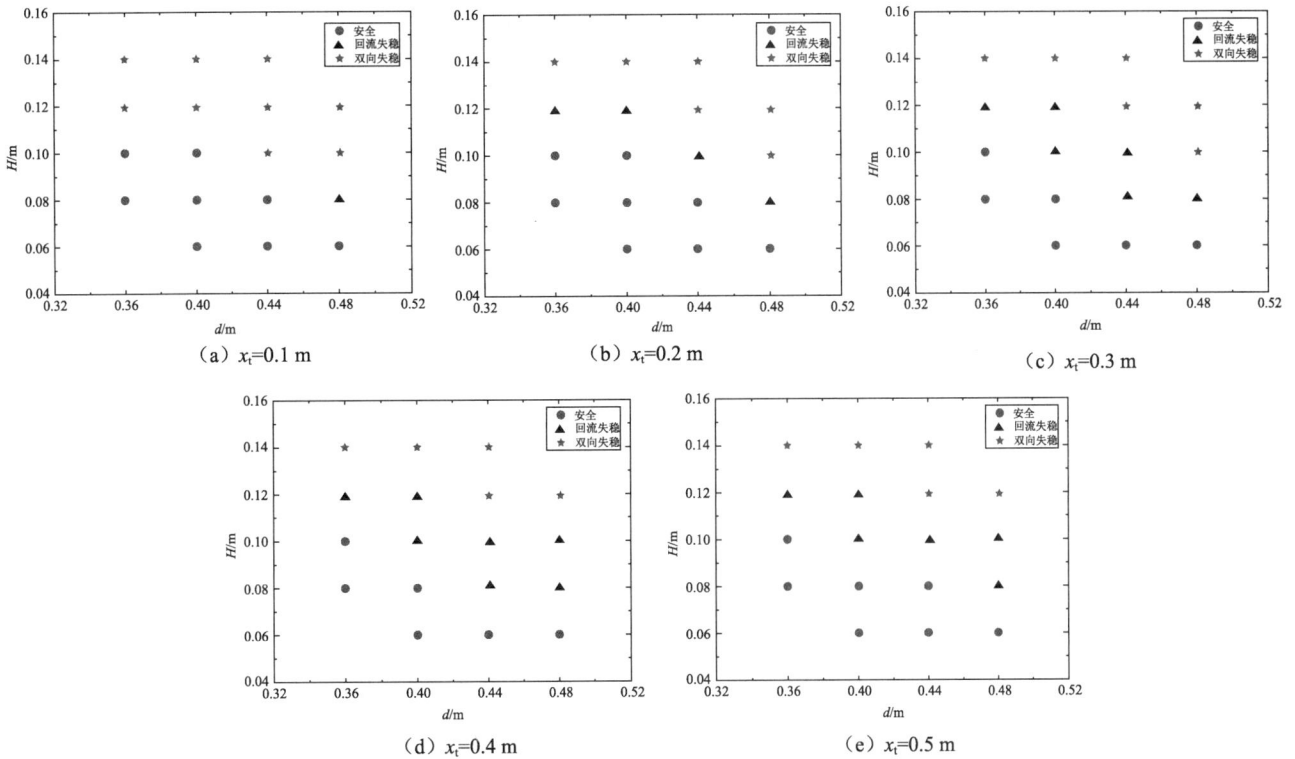

（a）x_t=0.1 m　　　　　　　　（b）x_t=0.2 m　　　　　　　　（c）x_t=0.3 m

（d）x_t=0.4 m　　　　　　　　（e）x_t=0.5 m

图 9　失稳判别结果统计

3　结　语

基于 OpenFOAM 开源平台搭建高精度三维数值波浪水槽,以青岛事故断面为原型,采用缩尺比 $\lambda=$ 1∶5 设置斜坡堤模型,将人体等效为圆柱,模拟研究了滨海斜坡堤结构上的孤立波越浪行为及其对行人的冲击作用。研究得出以下结论:

（1）通过分析不同工况下圆柱受到的冲击力,得出圆柱受力随着水深和波高的升高呈现增大趋势,随着 x_c 的增大而减小,相对波高 H/d 越小,衰减越明显。值得注意的是,通过分析回流力与冲击力比值的沿程分布,发现在几乎所有位置,回流力 F_{max}^{ref} 显著大于冲击力 F_{max}^{ove}。

（2）基于力学分析研究了不同工况下人体的失稳情况,通过比较流体力与摩擦力的大小,提出了两种失稳模式:回流失稳以及双向失稳。通过统计结果分析了所有工况下行人的稳定情况,可以确定行人在不同波浪情况下是否稳定。

参考文献

［1］　夏军强,董柏良,周美蓉,等. 城市洪涝中人体失稳机理与判别标准研究进展[J]. 水科学进展,2022,33(1):153-163.

［2］　MARTÍNEZ-GOMARIZ E,GÓMEZ M,RUSSO B. Experimental study of the stability of pedestrians exposed to urban pluvial flooding[J]. Natural Hazards,2016,82:1259-1278.

［3］　CHEN X,HOFLAND B,ALTOMARE C,et al. Forces on a vertical wall on a dike crest due to overtopping flow[J]. Coastal Engineering,2015,95(1):94-104.

［4］　VAN DER MEER J W,ALLSOP N W H,BRUCE T,et al. Manual on wave overtopping of sea defences and related structures,an overtopping manual largely based on European research,but for worldwide application[S]. EurOtop, 2018.

［5］　MARES-NASARRE P,ARGENTE G,GÓMEZ-MARTÍN E M,et al. Overtopping layer thickness and overtopping flow velocity on mound breakwaters[J]. Coastal Engineering,2019,154:103561.

［6］　CAO D,CHEN H,YUAN J. Inline force on human body due to non-impulsive wave overtopping at a vertical seawall [J]. Ocean Engineering,2020,219(1):108300.

［7］　CAO D,YUAN J,CHEN H,et al. Wave overtopping flow striking a human body on the crest of an impermeable sloped seawall. Part I:Physical modelling[J]. Coastal Engineering,2021,167:103891.

［8］　CHEN H,YUAN J,CAO D P,et al. Wave overtopping flow striking a human body on the crest of an impermeable sloped seawall. Part II:Numerical modelling[J]. Coastal Engineering,2021,168:103892.

［9］　HUGHES S A,THORNTON CI. Estimation of time-varying discharge and cumulative volume in individual overtopping waves -ScienceDirect[J]. Coastal Engineering,2016,117:191-204.

［10］　XIA J,FALCONER A R,WANG Y,et al. New criterion for the stability of a human body in floodwaters[J]. Journal of hydraulic research,2014,52(1):93-104.

巨浪冲击作用下观景平台行人安全研究

侯亚东[1],赵西增[1,2],陶　钢[2],王志宏[3]

(浙江海洋大学 海洋工程装备学院,浙江 舟山　316022;2. 浙江大学 海洋学院,浙江 舟山　316021;3. 浙江海洋大学 船舶与海运学院,浙江 舟山　316022)

摘要: 在考虑台风浪对滨海斜坡堤上行人安全构成威胁的背景下,通过对实际事故原型进行等比例缩尺模型试验和数值模拟研究,采用等效圆柱模型近似人体,孤立波模拟巨浪,研究巨浪对复合斜坡堤观景平台上行人产生的波浪力作用。研究发现,在存在后坡的复合斜坡堤观景平台上,行人会受到越浪流引起的冲击力与回流力,回流力甚至比冲击力更大,越浪流产生的回流效应是导致行人坠海的关键因素。

关键词: 巨浪;复合斜坡堤;越浪流;回流;行人安全

2022 年 7 月 31 日 17 时,台风桑达影响期间,两名大学生在青岛市南区澳门路附近的滨海斜坡堤观景平台上被海浪卷走遇难(图 1)。该事件反映出台风期间海浪对滨海斜坡堤行人安全的威胁,深入分析此次事故的机制对于预防类似事件具有重要意义。

图 1　事故发生地

孤立波只有一个波峰或波谷,其波形与水质点速度与海啸及台风浪极其相似,许多学者常用孤立波来模拟海啸及台风浪。因此,研究孤立波对于海岸行人的致灾机制具有重要学术意义及现实价值。Schüttrumpf 和 Oumeraci[1] 研究了由越浪流引起的海堤破坏现象以及陆地斜坡的损坏,进行了理论和试验研究,建立了关于海向斜坡、堤顶和陆地斜坡上的越浪流速度和越浪厚度的理论预测公式,并开展了模型试验验证工作。Dodd[2] 介绍了孤立波越过海堤的试验,模型合理地再现了堤顶水深,并较好地模拟了再生波的初始波高。Yamamoto 等[3] 基于印度洋海啸造成的泰国西海岸灾情案例分析,通过海堤越浪断面物理模型试验,提出了海啸波的平均越浪量公式。

尽管有些研究者已经开始探讨洪水条件下人体失稳机制,但这些研究主要聚焦于洪水环境,与台风引起的海浪作用下的人体稳定性问题存在差异。Arrighi 等[4] 引入水流与人体特征构成的无量纲参数作为失稳判别依据,并且对洪水流作用下人体的不稳定性进行了数值模拟研究,为洪水中人员的危险性评估提供了一种新的方法。Cao 和 Chen[5-6] 将试验和数值模拟相结合,研究了斜坡海堤上的越浪及其与圆柱的相互作用。物理模型试验提供了对整个物理过程的直接观测,以及对越浪流深度和圆柱所受的内向力的

基金项目: 中央引导地方科技发展资金项目(2023ZY1021);舟山市重大产业科技攻关项目(2023C03004);浙江省联合基金重点项目(LHZ22E090002)

通信作者: 赵西增。E-mail:xizengzhao@zju.edu.cn

测量。数值模拟基于雷诺平均 Navier-Stokes (RANS)方程的求解,提供了试验中无法测量的越浪流流速和圆柱周围压力分布。

本文基于对事故发生现场的海堤进行实地调研,采用孤立波模拟台风浪,开展物理水槽试验。基于 RANS 方程建立数值模型,模拟观景平台上行人受到的波浪冲击力与回流力。

1 试验模型

物理试验模型在浙江海洋大学波浪水槽中完成。水槽尺寸长 32 m,宽 0.8 m,高 1 m。水槽左侧为推板式造波机,可按要求模拟多种波浪。如图 2 所示。在本试验中,选用青岛澳门路海堤的缩尺模型作为研究对象,R_c 为堤顶超高。根据 Froude 相似准则,确定模型缩尺比例 $\lambda = 5$,复式防波堤距离造波机 20 m ($X = 20$ m)。人体下部宽度约为 40 cm[5],试验中引入直径 8 cm 的亚克力圆柱来模拟人体下部,圆柱中心距前堤边缘 20 cm ($X_c = 20$ cm),上方配置有两个六轴力传感器(KWR75 系列-RS422,量程 40 N,采样频率 1 kHz),旨在捕捉圆柱受力情况。试验工况水深为 0.38～0.44 m,波高 0.08～0.14 m。

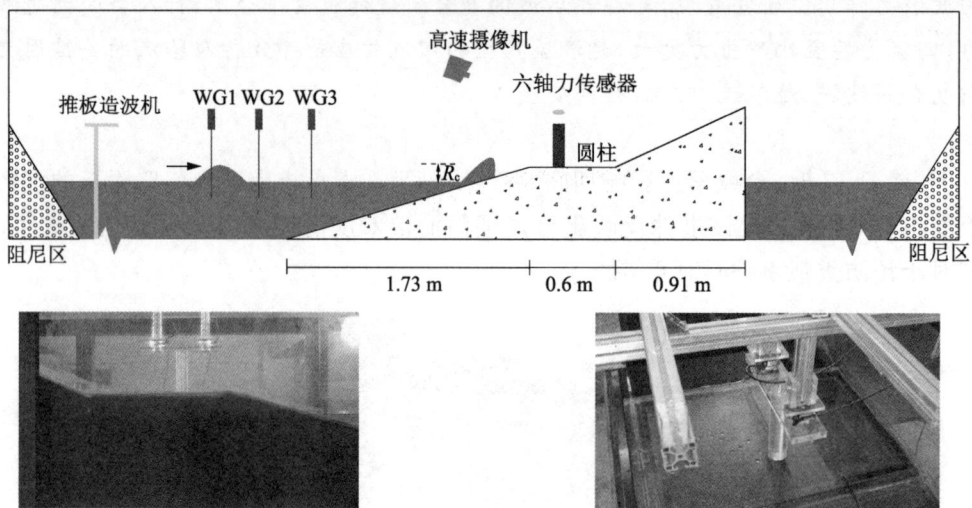

图 2　物理模型示意

2 数值模拟

2.1 控制方程

在模拟波浪传播过程中,把水体假设为连续不可压缩黏性流体。因此本文采用 OpenFOAM 中 inter-Foam 求解器,基于有限体积法和流体不可压缩求解 RANS 方程,控制方程如下:

$$\frac{\partial u_i}{\partial x_i} = 0 \tag{1}$$

$$\frac{\partial \rho u_i}{\partial t} + \frac{\partial \rho u_i \mu_j}{\partial x_j} = -\frac{\partial p}{\partial x_i} - g_j x_j \frac{\partial p}{\partial x_i} - \frac{\partial}{\partial x_j}(2\mu S_{ji} + \tau_{ji}) \tag{2}$$

其中,x_i 为笛卡尔坐标系,$i = (1,2,3)$,u_i 为雷诺平均速度,g_i 为引力矢量,ρ 为密度,p 为压力,μ 为动力黏度。定义剪切应变率 S_{ij} 为

$$S_{ij} = \frac{1}{2}\left(\frac{\partial u_i}{\partial x_j} + \frac{\partial u_j}{\partial x_i}\right) \tag{3}$$

并根据 Boussinesq 近似计算了雷诺应力 τ_{ij}:

$$\tau_{ij} = -\rho \overline{u'_i u'_j} = 2\mu_T S_{ij} - \frac{2}{3}\rho k \delta_{ij} \tag{4}$$

其中,上标表示湍流脉动,上划线表示雷诺平均过程。k 为湍流动能,δ_{ij} 为克罗内克函数,μ_T 为涡流黏度。

数值模型采用流体体积 VOF[7]的概念来捕捉自由表面,其中水体积分数场 α 被用来隐式地指示自由表面的位置。瞬时局部密度和动力黏度由下面的本构方程以水的体积分数表示:

$$\rho = \alpha\rho_w + \rho_a(1-\alpha) \tag{5}$$

$$\mu = \alpha\mu_w + \mu_a(1-\alpha) \tag{6}$$

2.2 模型设计与网格验证

数值模型采用三维数值水槽,水槽长 11.24 m,宽 0.8 m,高 1.5 m。在设定的计算域中,孤立波的传播方向沿 x 轴,水槽横断面定位于 y 轴,而水深方向则与 z 轴相对应,在这一坐标系统中,$x=8$ m 代表斜坡底角的位置,$y=0$ 表示水槽中心线,而 $z=0$ 则对应于水槽底部。模型网格采用六面体贴体网格形式,在水面区域和圆柱周围的网格进行了密集化处理,以提高模拟的精度和解析度。为了保证计算精度的可靠性,研究了 3 种不同的网格尺寸,分别定义为网格 1、网格 2 和网格 3($dx=0.30$、0.25、0.20,$dy=0.25$、0.20、0.15,$dz=0.015$、0.012、0.01,单位:m),网格数量分别为 150 万、260 万和 370 万。如图 3 所示,验证工况采用水深 $d=0.38$ m,波高 $H=$

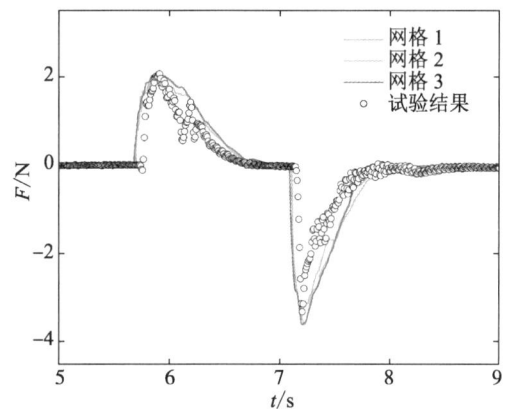

图 3 网格收敛性验证

0.10 m 的孤立波进行网格收敛性验证,在网格达到网格 2 数量以上结果已经收敛,为了节省计算资源,本模型采用网格 2 的网格设置。

3 分析与讨论

3.1 冲击力与回流力

本节主要讨论孤立波在复式斜坡堤上的爬坡与回流对行人的影响。图 4 为水深 0.38 m、波高 0.12 m 下的试验与三维数值模拟效果。由图 4 可以看出,在孤立波接触到圆柱后,会对圆柱产生抨击作用。越浪流在越过观景平台后又产生爬升,由于存在这种复式防波堤后坡的存在,会产生越浪的回流,从而对行人产生回流力。

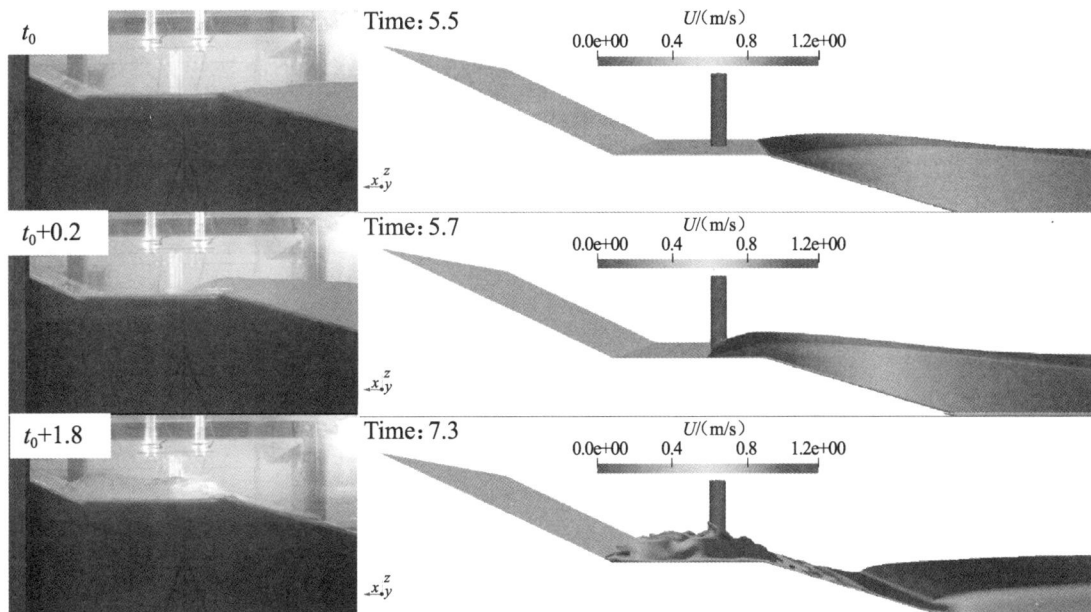

图 4 越浪流爬升与回流过程 (左:试验;右:数值模拟)

3.2 冲击力与回流力变化

图 5 为水深 0.38 m 下的 4 组不同波高的圆柱波浪力历时曲线比较。对比图 4 中的曲线可知,在越浪流产生对圆柱的冲击力的同时,随后会发生一个与冲击力相当的回流力,这是由于越浪回流而产生的。在

图 5(d)中,冲击力为 5.63 N,回流力达到 6.78 N,这说明回流力与冲击力相当,甚至会更强,回流力是行人被卷入海中的关键因素。在回流力上试验跟数值模拟产生了一定的相位差,这是由于在试验中回流出现了三维特征。

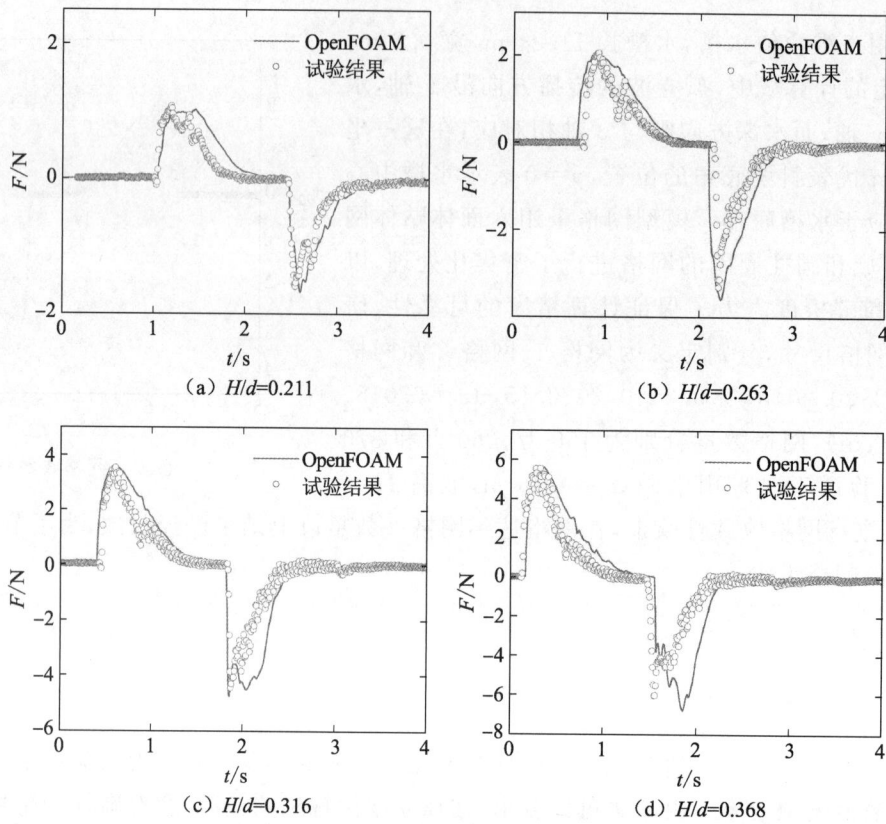

图 5　水深 0.38 m 圆柱波浪力历时曲线比较

　　图 6 显示了水深和波高对圆柱最大冲击力与回流力的数值模拟结果。结果表明正向冲击力与水深之间存在线性正相关关系,即在此试验条件下,水深的增加导致正向冲击力增大。回流力随水深的增加显示出非线性关系,这与波浪回流时的三维效应有关。在图 6(b)中,不同水深下圆柱受力随波高变化的曲线表明,冲击力与回流力随波高增加而增大,并呈正相关,与图 6(a)相比,波高的变化对圆柱受力的影响在各个水深条件下更为显著,这表明波高是影响人体受力的一个重要因素。在台风影响的天气下,即使海边潮位比较低也是不安全的。

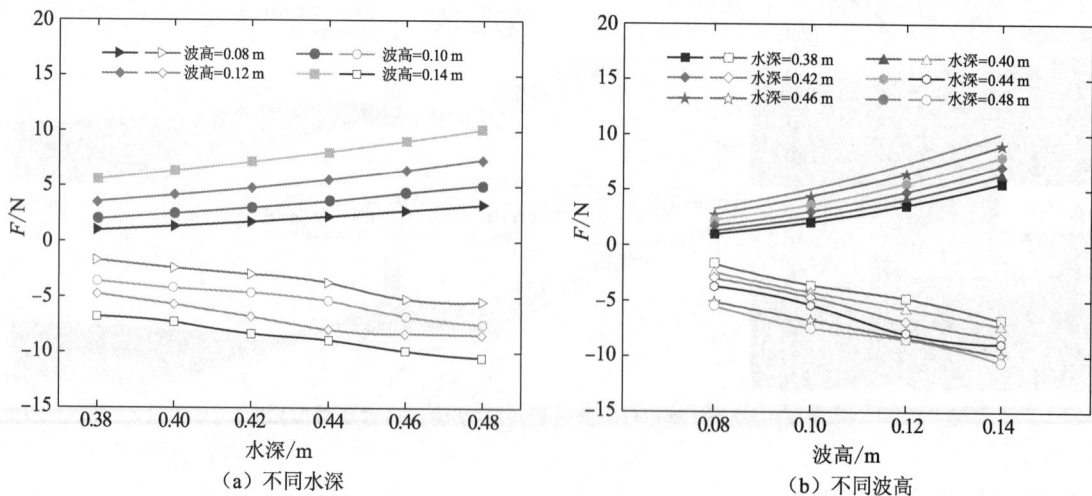

图 6　不同水深与波高下圆柱的最大冲击力与最大回流力

4　结　语

采用数值模拟与物理模型试验相结合的方法,研究了巨浪对滨海斜坡堤上行人安全影响,主要结论如下:

（1）通过试验和数值模拟,复现了复式斜坡堤观景平台上行人受到的波浪力过程,行人会遭受到来自正向冲击力与回流力的双重作用。

（2）冲击力与回流力受波高的影响显著,随着波高的增大,行人受到的冲击力与回流力也会增大,两种力量的大小相近,甚至回流力会更强,越浪流产生的回流作用是行人被卷入海中的关键因素。

参考文献

［1］　SCHÜTTRUMPF H,OUMERACI H. Layer thicknesses and velocities of wave overtopping flow at seadikes［J］. Coastal Engineering,2005,52(6):473-495.

［2］　DODD N. Numerical model of wave run-up,overtopping,and regeneration［J］. Journal of Waterway,Port,Coastal,and Ocean Engineering,1998,124(2):73-81.

［3］　YAMAMOTO Y,TAKANASHI H,HETTIARACHCHI S,et al. Verification of the destruction mechanism of structures in Sri Lanka and Thailand due to the Indian Ocean tsunami［J］. Coastal Engineering Journal,2006,48(2):117-145.

［4］　ARRIGHI C,OUMERACI H,CASTELLI F. Hydrodynamics of pedestrians' instability in floodwaters［J］. Hydrology and Earth System Sciences,2017,21(1):515-531.

［5］　CAO D,YUAN J,CHEN H,et al. Wave overtopping flow striking a human body on the crest of an impermeable sloped seawall. Part I:Physical modeling［J］. Coastal Engineering,2021,167:103891.

［6］　CHEN H,YUAN J,CAO D,et al. Wave overtopping flow striking a human body on the crest of an impermeable sloped seawall. Part II:Numerical modelling［J］. Coastal Engineering,2021,168:103892.

［7］　HIRT C W,NICHOLS B D. Volume of fluid (VOF)method for the dynamics of free boundaries［J］. Journal of Computational Physics,1981,39(1):201-225.

基于实测资料的随机波群统计特性研究

才华艺[1]，董国海[1]，付睿丽[2]，陶爱峰[2]，王 岗[2]

(1. 大连理工大学 海岸和近海工程国家重点实验室，辽宁 大连 116023；2. 河海大学 海岸灾害及防护教育部重点实验室，江苏 南京 210098)

摘要：波群是海岸及海洋工程领域的研究热点。然而，传统波群的研究主要局限于窄谱海况波幅超过给定阈值的局部大波，无法识别出所有完整波群，从而导致波群能量及长度被严重低估。此外，实际海浪谱通常是包含多种频率成分的宽谱，而宽谱条件下的波群特性尚不清楚。综上，本文基于挪威海历时10年波面序列，采用无量纲尺度不均匀小波能量的波群识别方法，研究了该海域不同级别海况的完整随机波群能量及群长统计特性。结果表明：不同波陡、谱宽海况随机波群能量和群长均服从广义极值分布（GEV分布），其联合概率服从 Gaussian Copula 分布。研究成果能够拓展非线性波浪理论，为海上结构物设计提供理论依据。

关键词：实测资料；波群；群长；能量；概率分布

在实际海洋中，波浪常以群的形式存在，与单个极端大波相比，波群的能量更大，作用时间更长，对海洋结构物产生的破坏更严重。此外，波群特性还与多种复杂的水动力现象密切相关，如波浪破碎、极端大波、港湾共振、泥沙输运[1-4]。为了量化波群，至少需要2个基本参数：波群能量和波群长度。其中，波群能量反映波群的强度，群长与结构物共振响应相关[5]。因此，对这2个参数统计特性的研究一直是海洋和海岸工程领域关注的热点。

以往研究主要关注波高超过一定阈值的连续大波波群的统计特性。Kimura[6]假设波浪波高仅与其前相邻的波浪特性相关，推导了线性窄谱海况连续大波序列的群长和群高概率分布公式。Stansell 等[7]基于北海北部实测数据验证了该概率分布公式，发现仅在弱非线性、窄谱海况理论结果与实测值吻合较好。Nolte[8]基于线性理论证明波群包络的持续时间和间隔的概率分布服从指数分布和泊松分布。Dawson 等[9]发现考虑二阶约束谐波后，波群长度更符合 gamma 分布。为进一步明确波群长度和能量之间的相关性，Ghane 等[10]基于包络群长和群高之间服从瑞利分布的假定，推导了群长和群高的联合分布。Huang 和 Dong[11]基于浙江海域实测资料，证明 Copula 函数能更好地描述不同海况的波群群高和群长联合分布。

然而，上述研究主要局限于谱宽较窄的波列，在预测实测宽谱海况的波群群长及能量时存在明显低估[12]。此外，已有研究证明，对海上结构物造成剧烈冲击的波群中，存在部分波浪幅值低于规定阈值的情况，但这类波群特性在传统研究中均被忽略[13]。为了识别不同海况的完整序列波群，Fu 等[14]定义"无量纲尺度不均匀小波能量"，将其局部极小值作为波群端点。进一步，Fu 等[15]研究了线性波况随机波群能量和群长的分布特性。然而，实测海况伴随波浪非线性相互作用，其波群特性尚未明确。本文旨在基于多年实测资料，研究不同基本海况随机波群统计特性，为海上结构物设计提供理论依据。

1 实测数据概况

挪威海是研究波浪特性的重要区域之一。本文基于挪威海海洋气象站 Mike[66°N，2°E，水深(h)

基金项目：国家自然科学基金资助项目(52201319)；江苏省自然科学基金资助项目(BK20220980)
通信作者：付睿丽。E-mail：ruilifu@hhu.edu.cn

2 500 m]历时 10 年(2000—2009 年)的波面序列进行分析。该测站收集了目前为止实测时间最长、最完整的时间序列,其数据的可靠性已被多次研究证明[16]。为了保证实测数据的准确性,采用 Karmpadakis 等[17]提供的方法对数据进行质量控制,最终得到 17 296 个随机波面序列,每个波面序列历时 30 min。

海浪谱是研究海况特性的基础。本文采用 Welch 方法计算每个实测序列对应的能量谱[18],发现该测站海浪谱以单峰谱为主(占 65%),且谱型与 JONSWAP 谱[19]吻合较好。进一步计算这些海况的波浪参数,其中有效波高(H_s)为:

$$H_s = 4\sqrt{m_0} \tag{1}$$

谱宽参数为[20]:

$$\upsilon = \sqrt{\frac{m_0 m_2}{m_1^2} - 1} \tag{2}$$

其中,m_r 为能量谱 $S(\omega)$ 的 r 阶矩:

$$m_r = \int_0^\infty \omega^r S(\omega)\,\mathrm{d}\omega \tag{3}$$

挪威海不同海况的波浪发生概率(P)如图 1 所示,可以看出,该海域有效波高主要集中为 0.5 ~ 7.0 m,谱峰周期(T_p)在 5.0 ~ 16.0 s 内,且有效波高与谱峰周期的变化趋势基本一致。大部分波陡[定义为:$S = (2\pi^2 H_s)/(gT_p^2)$]在 0.021 ~ 0.130 范围内[图 1(a)白色虚线],其中平均波陡为 0.062 8[图 1(a)从上至下数第二条实线],极限波陡为 0.189[图 1(a)最上一条实线]。此外,92% 的海况谱宽参数 $\upsilon > 0.352$[图 1(b)],说明宽谱在该海域更为普遍。

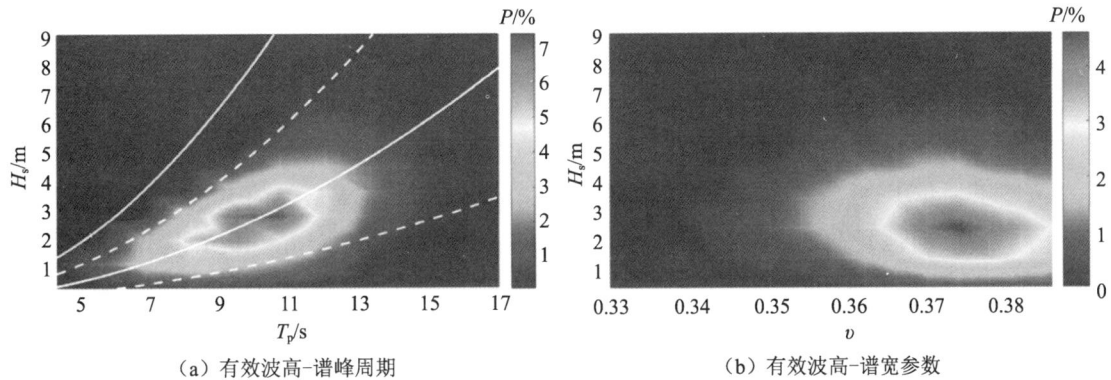

(a) 有效波高-谱峰周期   (b) 有效波高-谱宽参数

图 1 挪威海单峰谱下不同海况的发生概率

2 实测随机波群统计特性

2.1 波群能量和波群长度概率分布

本文采用"无量纲尺度不均匀小波能量(NSNWP)"[14]识别随机波列的所有波群,该方法在不同谱宽、波陡海况的适用性已经在多项研究中得到证实[21-23]。下面以发生概率较高的海况($H_s = 3.2$ m,$T_p = 10.5$ s,$\upsilon = 0.381$)对应的某一随机时间序列为例,展示通过计算无量纲尺度不均匀小波能量(w')的方法识别的所有完整波群[图 2,图 2(b)中上面一排数字代表波群序号]。可以看出,该方法识别的波群与基于小波能量谱所呈现的波群基本一致,进一步证明了该方法识别波群的可靠性。定义无量纲波群群长 T_{gn} 和无量纲波群能量 E_{gn} 作为量化波群的基本参数:

$$T_{gn} = (t_r - t_1)/T_p \tag{4}$$

$$E_{gn} = \left(\frac{1}{t_r - t_1}\int_{t_1}^{t_r}\frac{1}{2}\eta^2\,\mathrm{d}t\right)\Big/H_s^2 \tag{5}$$

式中:t_1、t_r 分别为波群左、右两端对应的时刻;η 为波面序列;$\mathrm{d}t$ 为采样间隔。

（a）NSNWP

（b）时间序列

（c）小波能量谱

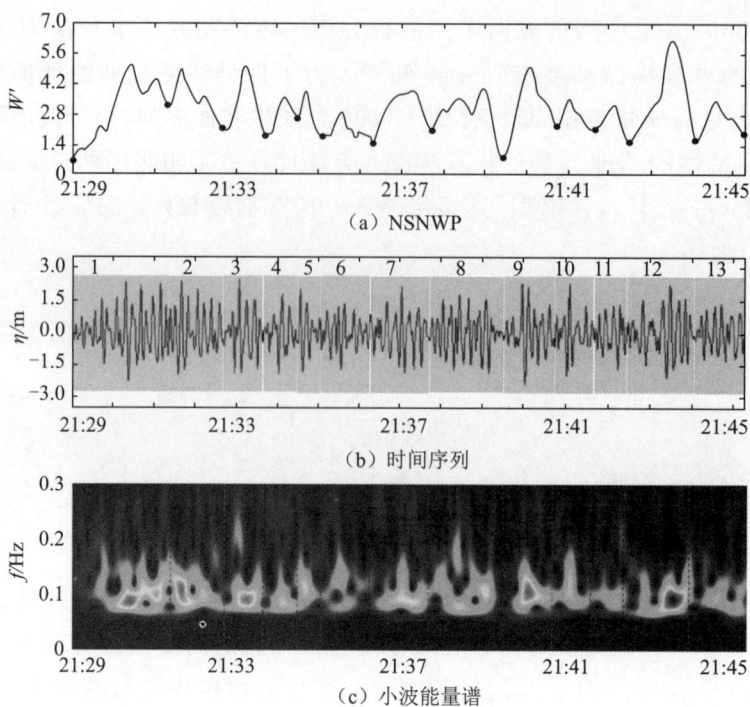

图 2　NSNWP 方法识别实测波群

为了保证每个海况下具有足够多的波浪数量,且其包含的随机波列差异性较小。本文对挪威海单峰谱海况根据有效波高、谱峰周期及谱宽参数进行分类。经过敏感性测试,最终选择海况的有效波高范围为 0.5～7.0 m,谱峰周期为 5.0～16.0 s,谱宽参数为 0.312～0.390,其中有效波高的分组间隔为 1.0 m,谱峰周期为 1.0 s,谱宽参数为 0.013。每组海况特性根据对应区间参数的平均值描述。不同级别海况波群能量和群长概率密度分布直方图分别见图 3 和图 4。波陡相同时,随着谱宽变宽,无量纲波群能量和群长的概率分布范围更加集中,密度曲线更加陡峭;随着波陡减小,发生概率最大的无量纲波群能量、群长呈现增大趋势。为了更准确地量化波群能量和群长分布的变化,分别采用 Log-normal、Weibull、Gamma 和 GEV 函数拟合波群能量和群长的边缘分布[15],并通过欧式(Euclidean)距离(D)评估各函数的拟合精度:

（a）H_s=1.5 m,T_p=10.5 s,v=0.358　　（b）H_s=1.5 m,T_p=10.5 s,v=0.371　　（c）H_s=1.5 m,T_p=10.5 s,v=0.384

（d）H_s=3.5 m,T_p=10.5 s,v=0.358　　（e）H_s=3.5 m,T_p=10.5 s,v=0.371　　（f）H_s=3.5 m,T_p=10.5 s,v=0.384

—— GEV　－－ Log-normal　－·－ Weibull　···· Gamma

图 3　典型海况波群能量分布直方图与概率密度曲线

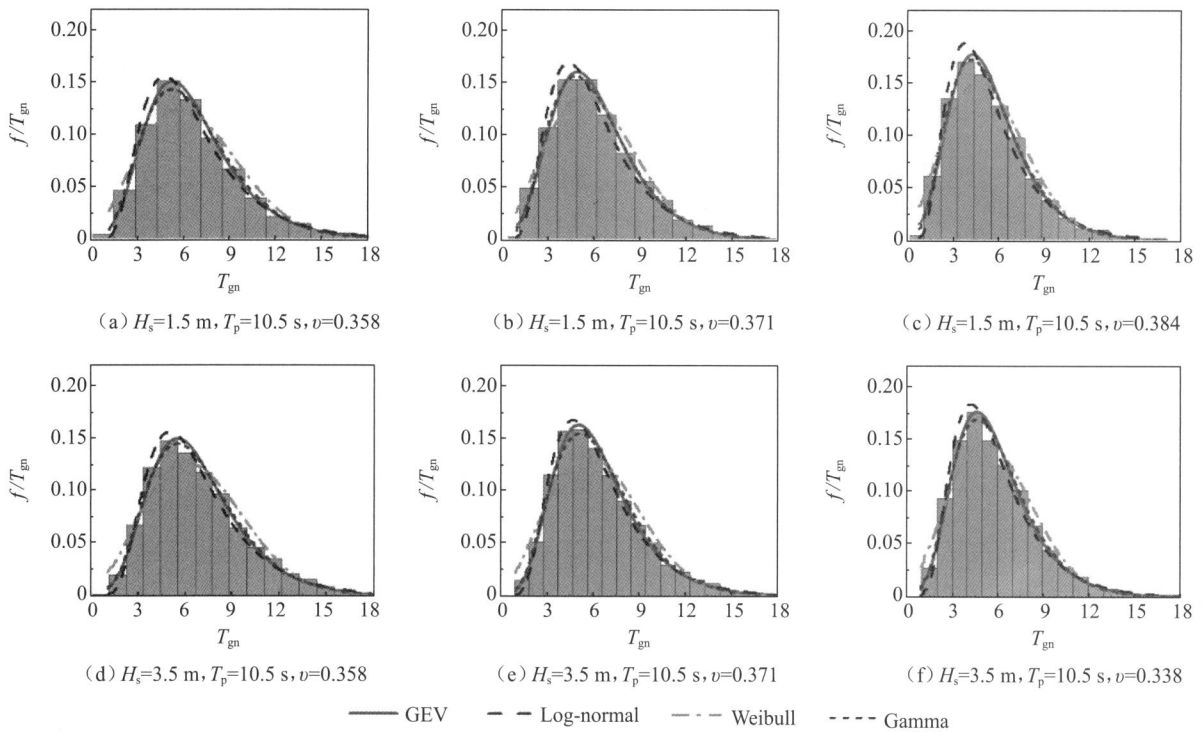

(a) H_s=1.5 m, T_p=10.5 s, v=0.358   (b) H_s=1.5 m, T_p=10.5 s, v=0.371   (c) H_s=1.5 m, T_p=10.5 s, v=0.384

(d) H_s=3.5 m, T_p=10.5 s, v=0.358   (e) H_s=3.5 m, T_p=10.5 s, v=0.371   (f) H_s=3.5 m, T_p=10.5 s, v=0.338

—— GEV   — — Log-normal   —·— Weibull   ---- Gamma

图 4   典型海况下波群群长分布直方图与概率密度曲线

$$D = \sqrt{\frac{1}{n}\sum_{i=1}^{n}(F_e(x_i) - F_t(x_i))^2} \qquad (6)$$

式中：$F_e(x)$ 为经验累积概率分布；$F_t(x)$ 为拟合累积概率分布；n 为比较数据个数。

图 5 展示了不同海况下群长的经验概率分布与 4 种拟合概率分布的欧氏距离。GEV 函数拟合的波群群长分布与实测海况结果最为接近。此外，在波群能量的分析中也得到了相同的结论。因此，挪威海各海况的波群群长和能量均服从 GEV 分布。

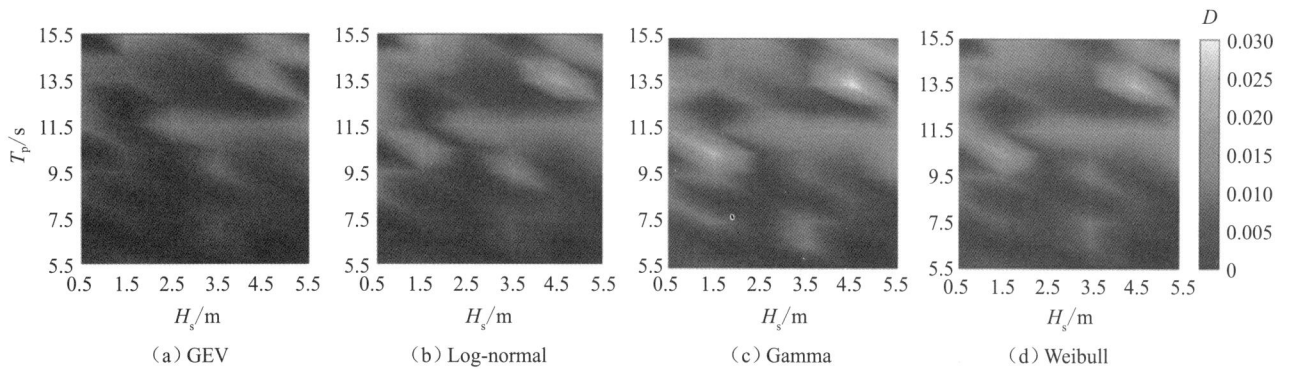

(a) GEV   (b) Log-normal   (c) Gamma   (d) Weibull

图 5   宽谱海况下无量纲群长不同拟合概率分布函数与经验累积概率分布的欧氏距离

2.2 波群能量-波群长度联合分布

在明确了随机波群能量与群长边缘概率分布后，本部分研究群能量和群长之间的依赖性。与传统描述联合分布的方法，如二维概率函数、全概率公式相比，Copula 函数无 2 个变量必须具有相同类型的边缘概率分布函数的限制，能够更加准确有效地描述变量间的联合分布[24]。因此，本小节采用 Copula 函数拟合挪威海波群能量与群长的联合分布。以典型海况 H_s=3.5 m，T_p=10.5 s，v=0.371 为例，各函数拟合的随机波群能量-群长联合分布与经验结果对比如图 6 所示，Gaussian Copula 函数能较好地描述该海况随机波群能量-群长联合分布规律。计算所有海况下，不同 Copula 函数拟合的随机波群能量-周期联合分布与实测结果的均方根误差，发现 Gaussian Copula 函数的误差均最小。因此，该挪威海测站随机波群能量-群长联合概率服从 Gaussian Copula 分布。

(a) Empirical distribution　　(b) Gaussian Copula　　(c) Frank Copula

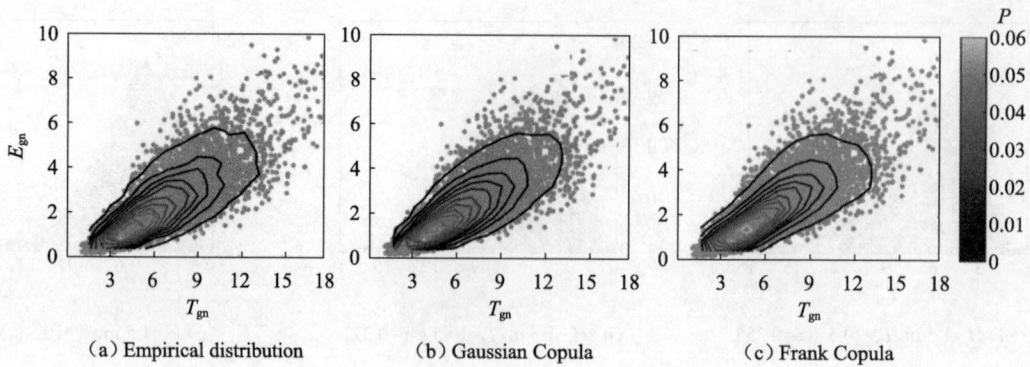

图 6 $H_s=3.5\,\text{m}, T_p=10.5\,\text{s}, v=0.371$ 时,不同 Copula 函数拟合的随机波群能量-群长联合分布对比

3 结　语

本文突破传统研究关注连续局部大波群的局限,基于无量纲尺度不均匀小波能量,研究了挪威海历时10年不同级别海况完整随机波群能量及群长分布特性,发现实测无量纲波群能量和群长均服从广义极值分布,两参数的联合分布服从 Gaussian Copula 分布,且波群参数的分布规律与波陡、谱宽密切相关。后期研究将进一步量化波群统计特性与海况之间的关系,为海上结构物设计提供理论依据。

参考文献

[1] HE Y L, MA Y X, MAO H F, et al. Predicting the breaking onset of wave groups in finite water depths based on the Hilbert-Huang transform method[J]. Ocean Engineering, 2022, 247: 110733.

[2] FEDELE F. Explaining extreme waves by a theory of stochastic wave groups[J]. Computers & Structures, 2007, 85(5/6): 291-303.

[3] WANG G, LIANG Q H, SHI F Y, et al. Analytical and numerical investigation of trapped ocean waves along a submerged ridge[J]. Journal of Fluid Mechanics, 2021, 915: A54.

[4] DOHMEN-JANSSEN C M, HANES D M. Sheet flow and suspended sediment dueto wave groups in a large wave flume[J]. Continental Shelf Research, 2005, 25(3): 333-347.

[5] MASE H, IWAGAKI Y. An analysis of wave data for wave grouping[J]. Coastal Engineering in Japan, 1984, 27(1): 83-96.

[6] KIMURA A. Statistical properties of random wave groups[C]//Proceedings of the 17th International Conference on Coastal Engineering, March 23-27, 1980, Sydney, Australia. New York: American Society of Civil Engineers, 1980: 2955-2973.

[7] STANSELL P, WOLFRAM J, LINFOOT B. Statistics of wave groups measured in the northern North Sea: comparisons between time series and spectral predictions[J]. Applied Ocean Research, 2002, 24(2): 91-106.

[8] NOLTE K G. Statistics of ocean wave groups[J]. Society of Petroleum Engineers Journal, 1973, 13(3): 139-146.

[9] DAWSON T H, KRIEBEL D L, WALLENDORF L A. Experimental study of wave groups in deep-water random waves[J]. Applied Ocean Research, 1991, 13(3): 116-131.

[10] GHANE M, GAO Z, BLANKE M, et al. On the joint distribution of excursion duration and amplitude of a narrow-band Gaussian process[J]. IEEE Access, 2018, 6: 15236-15248.

[11] HUANG W N, DONG S. Statistical properties of group height and group length in combined sea states[J]. Coastal Engineering, 2021, 166: 103897.

[12] TANG T N, XU W T, BARRATT D, et al. Spatial evolution of the kurtosis of steep unidirectional random waves[J]. Journal of Fluid Mechanics, 2021, 908: A3.

[13] SEYFFERT H C, KIM D H, TROESCH A W. Rare wave groups[J]. Ocean Engineering, 2016, 122: 241-252.

[14] FU R L, MA Y X, DONG G H, et al. A wavelet-based wave group detector and predictor of extreme events over unidirectional sloping bathymetry[J]. Ocean Engineering, 2021, 229: 108936.

[15] FU R L, WANG G, ZHENG J H, et al. Statistical properties of group energy and group duration for unidirectional o-

cean wave groups[J]. Ocean Engineering,2022,266:112786.

[16] FENG X B,TSIMPLIS M N,QUARTLY G D,et al. Wave height analysis from 10 years of observations in the Norwegian Sea[J]. Continental Shelf Research,2014,72: 47-56.

[17] KARMPADAKIS I,SWAN C,CHRISTOU M. Assessment of wave height distributions using an extensive field database[J]. Coastal Engineering,2020,157:103630.

[18] BORGMAN L E. Confidence intervals for ocean wave spectra[C]//Proceedings of the 13th International Conference on Coastal Engineering,July 10-14,1972,Vancouver,British Columbia,Canada. New York:American Society of Civil Engineers,1972.

[19] HASSELMANN K,BARNETT T,BOUWS E,et al. Measurements of wind-wave growth and swell decay during the Joint North Sea Wave Project (JONSWAP)[J]. Deutsche Hydrographische Zeitschrift,1973,8:1-95.

[20] LONGUET-HIGGINS M S. The statistical analysis of a random,moving surface[J]. Philosophical Transactions of the Royal Society of London Series A,Mathematical and Physical Sciences,1957,249(966):321-387.

[21] MA Y X,ZHANG J,CHEN Q B,et al. Progresses in the research of oceanic freak waves:mechanism,modeling,and forecasting[J]. International Journal of Ocean and Coastal Engineering,2022,4(1-2):2250002.

[22] MENDES S,SCOTTI A,BRUNETTI M,et al. Non-homogeneous analysis of rogue wave probability evolution over a shoal. Journal of Fluid Mechanics,2022,939: A25.

[23] SHI W,ZENG X,FENG X. et al. Numerical study of higher-harmonic wave loads and runup on monopiles with and without ice-breaking cones based on a phase—inversion method[J]. Ocean Engineering,2023,267:113221.

[24] SKLAR M. Fonctions de répartition à N dimensions et leurs marges[J]. Annales de l'ISUP,1959,VIII(3):229-231.

基于 ERA5 再分析资料分析江苏海域深水波浪特征

王乃瑞,王艳红

(南京水利科学研究院,江苏 南京　210024)

摘要:基于 1940—2023 年 ERA5 波浪再分析数据,深入分析了江苏海域极端波浪活动的变化规律,以在全球气候变化加剧的背景下,保障江苏沿海区域的安全和提高防灾能力。通过江苏海域 5 个观测点(H1 至 H5),探究了最大波高年际变化、不同波向最大波高变化、多年平均大浪发生频率及不同波向大浪发生频次的变化。研究发现,最大波高在各个时间段呈现不同的变化特征,且波向显著影响波高。大浪发生频率季节性强烈,秋冬季明显高于春夏季。此外,大浪发生频率与空间位置相关,存在南北差异。研究揭示了江苏海域深水波浪特性的长期变化及其可能的气候驱动因素,为沿海防护和资源开发提供了科学指导,有助于未来气候变化背景下极端波浪事件的预测和应对。

关键词:江苏海域;深水波浪;ERA5;最大波高;大浪发生频率

随着全球气候变化加剧,极端波浪活动的发生频率和强度均发生变化。江苏省作为中国东部的沿海省份,涉及重要的港口城市和丰富的海洋资源,其沿海地带对波浪的响应尤为敏感[1-3]。因此,深入研究江苏海域的波浪特征,对于提高该地区的防灾减灾能力,确保海岸线的安全和保证可持续发展具有重要意义。由于实地观测数据的局限性,再分析资料成为海洋和大气科学研究中不可或缺的工具。ERA5 再分析资料,作为欧洲中期天气预报中心(ECMWF)最新一代气象再分析产品,以其更高的空间分辨率和数据质量,在全球范围内提供了自 1940 年以来大气和海洋状态的连续记录。这对于研究气候变化对地球系统的影响,特别是对波浪特征的长期变化和趋势分析十分重要[4-9]。文中研究利用 1940—2023 年的 ERA5 波浪再分析资料,对江苏海域深水区的波浪特征进行了深入分析,旨在揭示这一时期内该地区极端风浪量级、波向和发生频率等关键波浪参数的变化规律及其可能的驱动机制。研究结果对于指导江苏沿海地带的海岸防护、港口和海洋工程建设、海洋资源开发等具有实际应用价值。

1　数据来源

ERA5 再分析数据是由 ECMWF 提供的最新一代全球气候和天气再分析产品。江苏沿海地区因其经济重要性以及地理位置的特殊性,对波浪活动的研究显得尤为关键。波浪作为海洋动力过程的重要组成部分,对海岸侵蚀、海上航运以及海洋工程等有着直接或间接的影响[3,10-11]。基于 1940—2023 年的 ERA5 再分析数据进行江苏海域深水区波浪特征分析,不仅能回顾过去几十年该地区波浪状况的变化,还能评估其在未来气候变化情景下的潜在响应。

研究的数据具有高分辨率和高质量的特点,确保了分析结果的准确性和可靠性。为了全面评估江苏海域深水区的波浪情况,研究在该地区布置了 5 个观测点(编号 H1 至 H5),顺次自南向北分布,坐标范围为 32°N~36°N,经度均为 123°E。以此分析最大波高的年际变化、不同波向最大波高变化、多年平均大浪(波高大于 2.5 m)发生频率的变化,以及不同波向大浪发生频次的变化。

2　波浪特征分析

2.1　最大波高的年际变化

为探讨最大波高的时间和空间变化趋势,研究通过对 1940—2023 年各测点最大波高的分析(图 1),

作者简介:王乃瑞。E-mail:1243656543@qq.com

发现早期阶段(20 世纪 40 年代至 20 世纪 60 年代),数据展示了明显的年际波动。例如,在 1940 年,H1 到 H5 测点的波高具有从南向北递减的趋势,其中 H1 测点的最大波高为 7.51 m,而 H5 测点的最大波高为 4.91 m。这一趋势在 1948 年和 1959 年再次明显,特别是 1960 年,各测点均呈现整个时间序列中的最大波高,H3 测点更是高达 10.66 m。20 世纪 70 年代至 20 世纪 90 年代,波高的年际变化开始呈现出轻微的降低趋势,尽管在这期间依然存在一些波动较大的年份,如 1994 年 H5 测点处 7.45 m 为该时段内的最大波高峰值。在 21 世纪初期,即 2000 年至 2023 年,数据展示了波高变化的新特征。在这一时期,波高整体趋势仍然呈现出年际波动,但与之前年代相比,年际最大波高的变化幅度有所减少。2011 年和 2012 年存在最大波高陡增的现象,特别是 2011 年,H3 测点的最大波高达到了 9.06 m,这可能与超强台风"梅花"有关[1]。

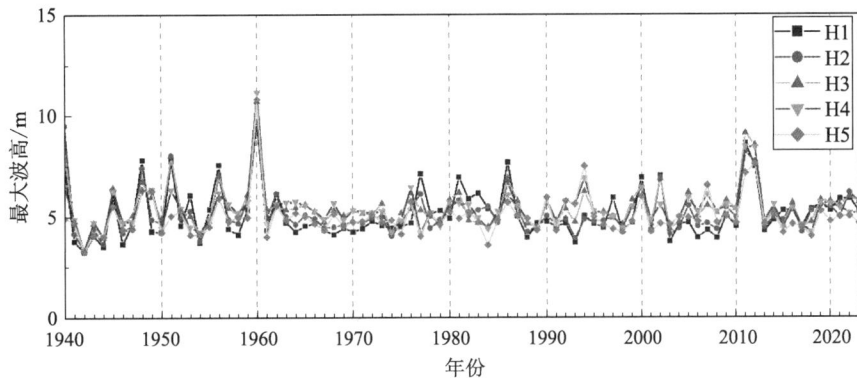

图 1　1940—2023 年各测点最大波高的年际变化

从空间分布上看,各测点的最大波高随纬度的变化呈现了不同的趋势和波动性。最南端的 H1 测点和最北端的 H5 测点年际最大波高差异最为显著,这可能与其所处的地理环境和海洋动力学条件有关。例如,H1 测点更容易形成较高的极端波浪,这可能是因为其更靠近低纬度地区,受到热带气旋等因素的影响较大。相反,H5 测点处于较高纬度,尽管依然会出现极端波高事件,但频率和强度通常低于更南部的测点。

2.2 不同波向最大波高变化

从数据中明显可以看出波向对于波高有显著的影响(图 2)。例如,ESE、SE 和 SSE 向的最大波高普遍较大,且除 H1 测点外,各测点最大波高整体呈现南高北低的分布规律,H1～H3 测点最大波高均超过 4.0 m,其中 H2 测点的 ESE 向浪最大可达 5.97 m。在 N～ENE 方向最大波高均小于 4.0 m,相同波向各测点最大波高的波动幅度最大值为 0.88 m,该方向范围内各测点最大波高最大波动幅度的平均值为 0.64 m。而在 E～S 方向上,相同波向各点最大波高波动幅度的最大值为 3.89 m,该波向范围内各测点最大波高最大波动幅度的平均值为 2.20 m,该波向范围内相同波向各测点最大波高的差异远高于 N～ENE 向。这反映出南侧海域 E～ENE 方向上极端风浪较高的原因可能与超强台风事件有关,且空间分布趋势与超强台风向北逐渐减弱的发展趋势一致[1],而 N 和 NNE 向浪可能主要受寒潮的影响[11]。

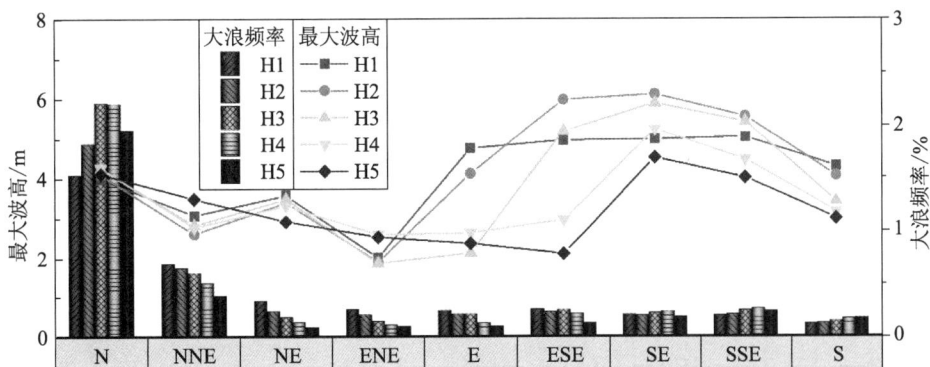

图 2　不同波向最大波高和大浪发生频次变化

2.3 多年平均大浪发生频率变化

1940—2023 年逐月统计结果显示,各测点多年大浪发生频率平均值具有强烈的季节性特征,如图 3 所示。春季(3 月到 5 月)和夏季(6 月到 8 月)的大浪发生频率普遍较低,特别是在 4 月和 5 月,所有测点的大浪发生频率都相对较低。而在秋季(9 月到 11 月)和冬季(12 月到次年 2 月),大浪发生的频率明显提高,尤其是在 11 月和 12 月以及次年的 1 月和 2 月,各测点的大浪发生频率显著升高。研究结果的季节性规律与前人的研究[3,10]基本一致。除了季节性特征外,大浪发生频率与空间位置同样存在一定的相关性。特别是在冬季,H2 和 H3 测点的大浪发生频率普遍高于 H1、H4 和 H5 测点。这可能与地理位置有关,中间位置的测点(如 H2 和 H3 测点)具有风区长度大、强风持续时间长的位置优势,因此可能更容易受冬季寒潮影响形成大浪。

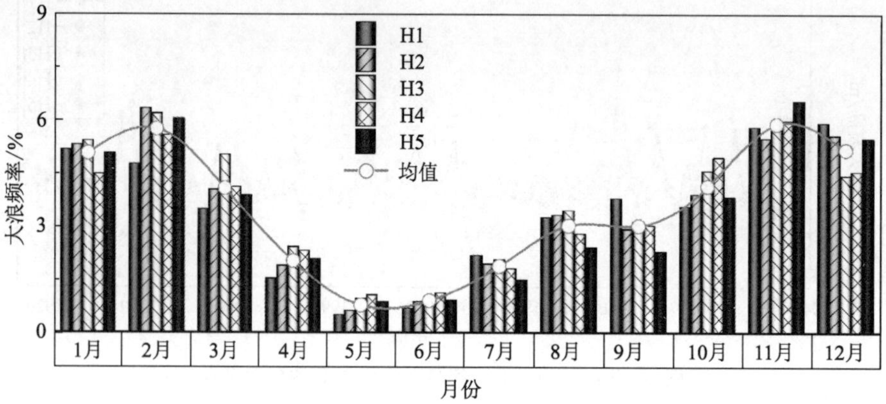

图 3　多年平均大浪发生频率的逐月分布特征

2.4 不同波向大浪发生频次变化

分析结果表明,大浪发生频率的总体趋势与波向和位置密切相关。所有测点 N 向大浪发生频率远高于其他方向,其中 NNE～E 向各点大浪发生的频次自南向北呈递减趋势,而 N 向浪整体呈递增的发展趋势。H5 测点可能受山东半岛的影响,N 向大浪发生频率小于 H3 和 H4 测点,但大浪发生频率依然高达 1.95%。H3 测点在 N 向最高的大浪发生频率为 2.21%,这表明该测点所处的地理位置易形成 N 向大浪。综合考虑不同波向最大波高的统计结果发现,虽然北部测点 N～NE 向范围内波高峰值低于其他波向,但大浪发生频次高于其他波向。结合大风事件的季节性特征,推测江苏海域深水区大浪的主导因素存在南北差异,南侧海域主要受到夏季台风事件的影响,波高极值大,但大浪发生频率低,北侧主要受冬季寒潮影响,波高极值小,但大浪发生频率高。

3 结　语

研究通过分析 1940—2023 年江苏海域深水区的波浪特征发现,最大波高自 20 世纪 40 年代至今呈现出不同的年际变化模式,早期阶段年际波动显著,而进入 21 世纪后,最大波高变化幅度减小。波向和季节性特征对波高及大浪发生频率均有显著影响,尤其是 ESE、SE 和 SSE 向的最大波高普遍较大,而秋冬季节大浪发生频率明显升高。空间分布方面,不同观测点的波浪特性显示南北差异,其中南侧海域受夏季台风影响,波高极值大,大浪发生频率低;北侧则主要受冬季寒潮影响,波高极值小,大浪发生频率高。研究结果可为江苏沿海地区的海岸防护、港口和海洋工程建设提供重要指导,有利于提升该地区对极端波浪事件的防灾减灾能力,确保沿海地区的安全和可持续发展。

参考文献

[1]　WANG N,CHEN K,LU P,et al. Effects of tidal variations on storm waves:A case study of the radial sand ridges along China's Jiangsu coast during Typhoon Muifa[J]. Ocean Engineering,2019,190:106444.

[2]　谢冬梅,陈永平,张长宽,等. 江苏及邻近海域深水波浪与增水联合概率分析[J]. 海洋工程,2014,32(4):64-71.

［3］ 宫英龙,张亮亮,范飞. 江苏海域波浪分布特征研究[J]. 水运工程,2014(8):33-40.

［4］ NASEEF T M,KUMAR V S. Influence of tropical cyclones on the 100-year return period wave height—A study based on 39-year long ERA5 reanalysis data[J]. International Journal of Climatology,2020,40(4):2106-2116.

［5］ AYDO ĞAN B,AYAT B. Spatial variability of long-term trends of significant wave heights in the Black Sea [J]. Applied Ocean Research,2018,79:20-35.

［6］ TAKBASH A,YOUNG I. Long-term and seasonal trends in global wave height extremes derived from ERA5 reanalysis data[J]. Journal of Marine Science and Engineering,2020,8(12):1015.

［7］ STOPA J E,CHEUNG K F. Intercomparison of wind and wave data from the ECMWF Reanalysis Interim and the NCEP Climate Forecast System Reanalysis[J]. Ocean Modelling,2014,75:65-83.

［8］ BELL B,HERSBACH H,SIMMONS A,et al. The ERA5 global reanalysis:Preliminary extension to 1950 [J]. Quarterly Journal of the Royal Meteorological Society,2021,147(741):4186-4227.

［9］ 石洪源,尤再进,罗绫业,等. 基于 ERA-Interim 再分析数据的近 35 年中国海域波浪能资源评估[J]. 海洋湖沼通报,2017(6):30-37.

［10］ 冯曦,赵嘉静,李慧超,等. 季风和潮波对南黄海波浪风涌分类的影响[C]//中国海洋学会海洋工程分会. 第十九届中国海洋(岸)工程学术讨论会论文集(下). 北京:海洋出版社,2019:145-152.

［11］ WANG N,CHEN K,WANG Y,et al. Seasonal variations in suspended sediment concentration and its drivers in the radial sand ridges of China's Jiangsu coast[J]. Estuarine,Coastal and Shelf Science,2023,283:108275.

台风"纳沙"影响下中国南海北部波浪特征研究

李军政,马玉祥,艾丛芳,刘朝阳

(大连理工大学 海岸和近海工程国家重点实验室,辽宁 大连 116024)

摘要:台风引发的极端海浪能够对海洋工程结构构成巨大威胁,因此分析台风对目标海域波浪特征的影响具有重要意义。本文采用WaveWatchⅢ海浪模式模拟了台风"纳沙"来临前后中国南海北部的波浪特征。选取了多组代表性数据,分析了台风来临前后中国南海北部波浪特征的变化,并采用分水岭算法分析了台风影响下波浪系统的组成和能量占比。结果表明,在台风影响下目标海域的波浪以混合浪为主。随着台风接近,涌浪占比迅速增加,风浪系统的谱峰频率减小,海浪谱型由双峰演变为单峰。当台风远离后,风浪重新占据主导地位,而海浪谱型仍保持单峰形态。

关键词:台风"纳沙";海浪谱;分水岭算法;波浪系统

中国南海北部 S3 区域(110°E～112°E,15°N～20°N)蕴藏着丰富的风能、油气、渔业和旅游资源,因此已经建设了许多风机、油气平台和海洋牧场等海洋工程结构用于资源开发[1]。

台风又称热带气旋,是世界上威力最大、破坏力最强的天气事件之一[2]。西北太平洋是世界上最活跃的台风区,每年约有 1/3 的台风发生在这里。在东风气流、季风槽和西太平洋副热带高压的影响下,西北太平洋生成的台风大部分进入中国南海[3]。中国南海本身也是台风生成的重要区域[4]。2010—2020 期间约有 30 余场台风进入中国南海北部,其中 2011 年第 17 号强台风"纳沙"是 2010 年以来进入中国南海北部强度最大的台风,最大风速可达 16 级[5]。台风是导致中国南海北部海洋极端波浪的最重要原因,台风影响下极端海况的波浪特征在海洋工程结构设计中起着决定性的作用[6]。因此对台风"纳沙"影响下的中国南海北部波浪特征的分析具有重要意义。

本文采用 WaveWatchⅢ海浪模式对台风"纳沙"影响下的波浪特征进行模拟,选取 2010—2020 年中国南海北部平均有效波高最大的区域作为中国南海北部波浪特征代表位置,分析台风"纳沙"影响下有效波高、频谱、方向谱等波浪特征的变化情况,并通过分水岭算法确定台风"纳沙"影响下波浪系统的组成和能量占比。

1 数值模拟模型构建

1.1 风场模型

风场是 WaveWatchⅢ海浪模式重要的强迫场,风场模型的构建直接影响模拟结果精度。文中选取 Holland 台风模型[7]作为数值模拟的理论风场,其表达形式如式(1)所示:

$$V_g = \left[AB(p_n - p_c)\exp(-A/r^B)/\rho r^B + \frac{r^2 f^2}{4} \right]^{\frac{1}{2}} - \frac{rf}{2} \tag{1}$$

其中,p_n、p_c 分别表示台风外围气压和台风中心气压;r 表示距离台风中心的距离;f 表示科氏力;ρ 表示空气密度;A、B 为经验参数,可通过 Willoughby 等[8]给出的经验关系式计算。

由于台风移动导致的台风风场显著的不对称性,Miyazaki[9]移行风场被引入对 Holland 风场进行修正,修正方法如式(2)和(3)所示:

通信作者:马玉祥。E-mail:yuxma@dlut.edu.cn

$$V_t = \exp\left(-\frac{\pi r}{500\,000}\right)\begin{bmatrix} u \\ v \end{bmatrix} \tag{2}$$

$$V_M = C_1 V_g \begin{bmatrix} -\sin(\alpha+\beta) \\ \cos(\alpha+\beta) \end{bmatrix} + C_2 V_t \tag{3}$$

式中：V_t、V_g、V_M 分别表示移行风场、修正前 Holland 风场和修正后风场的速度；α 为计算点和台风中心的夹角；β 表示流入角。

为考虑台风影响范围外的风场对数值模拟结果的影响，参考张志旭等[10]的方法，将修正后的理论风场与 ERA5 再分析风场进行叠加。叠加方法如式（4）所示：

$$V_C = V_M\left(1-\frac{C^4}{1+C^4}\right) + V_{ERA5}\frac{C^4}{1+C^4} \tag{4}$$

式中：C 为台风影响范围系数，与最大风速影响半径相关；V_C 表示叠加后风场的风速；V_{ERA5} 表示 ERA5 再分析风场的风速。

1.2 波浪场模型

采用 WaveWatch Ⅲ 海浪模式构建双层嵌套模型模拟台风"纳沙"影响下中国南海北部的波浪特征。内外层模型的模拟区域及对应的模拟参数的选取如表 1 所示。

表 1 WaveWatch Ⅲ 海浪模式双层嵌套模型参数

模型参数	地理范围	空间分辨率/(°)	时间分辨率/h	方向分辨率/(°)	频率范围	边界条件
外层模型	95°E～135°E，0°N～42°N	0.25	1	15	0.037 3～0.805 9	全球 0.5°波浪模型
内层模型	105°E～126°E，5°N～27°N	0.1	1	5	0.037 3～0.805 9	外层模型提供

选取中国南海北部 S3 海域中 2010—2020 年平均有效波高最大的位置作为中国南海北部波浪特征的代表点，其位置为（112.0°E，18.8°N）。

1.3 数值模拟模型精度验证

采用番禺海域 C 波段雷达数据（114.95°E，20.25°N）验证数值模拟模型模拟波浪的精确性，验证结果如图 1 所示。根据验证结果可知，构建的数值模拟模型可以实现目标海域波浪特征的精确模拟。

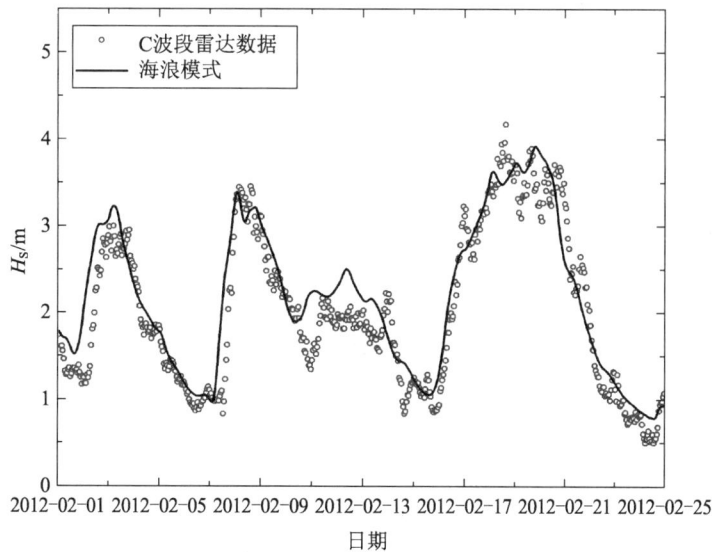

图 1 数值模拟模型验证结果

2 数值模拟结果及分析

对于台风"纳沙"影响下中国南海北部波浪特征的模拟结果，选取台风来临前，涌浪初步传入代表位置,涌浪进一步传入代表位置,代表位置位于台风中心的最大影响半径内的左前方、左后方以及台风远离代表位置 6 个代表性时刻进行分析。有效波高的模拟结果如图 2 所示,方向谱的模拟及采用分水岭算法,对波浪系统的分析结果如图 3 所示,海浪谱的模拟结果如图 4 所示。

图 2　台风"纳沙"影响下中国南海北部有效波高的模拟结果

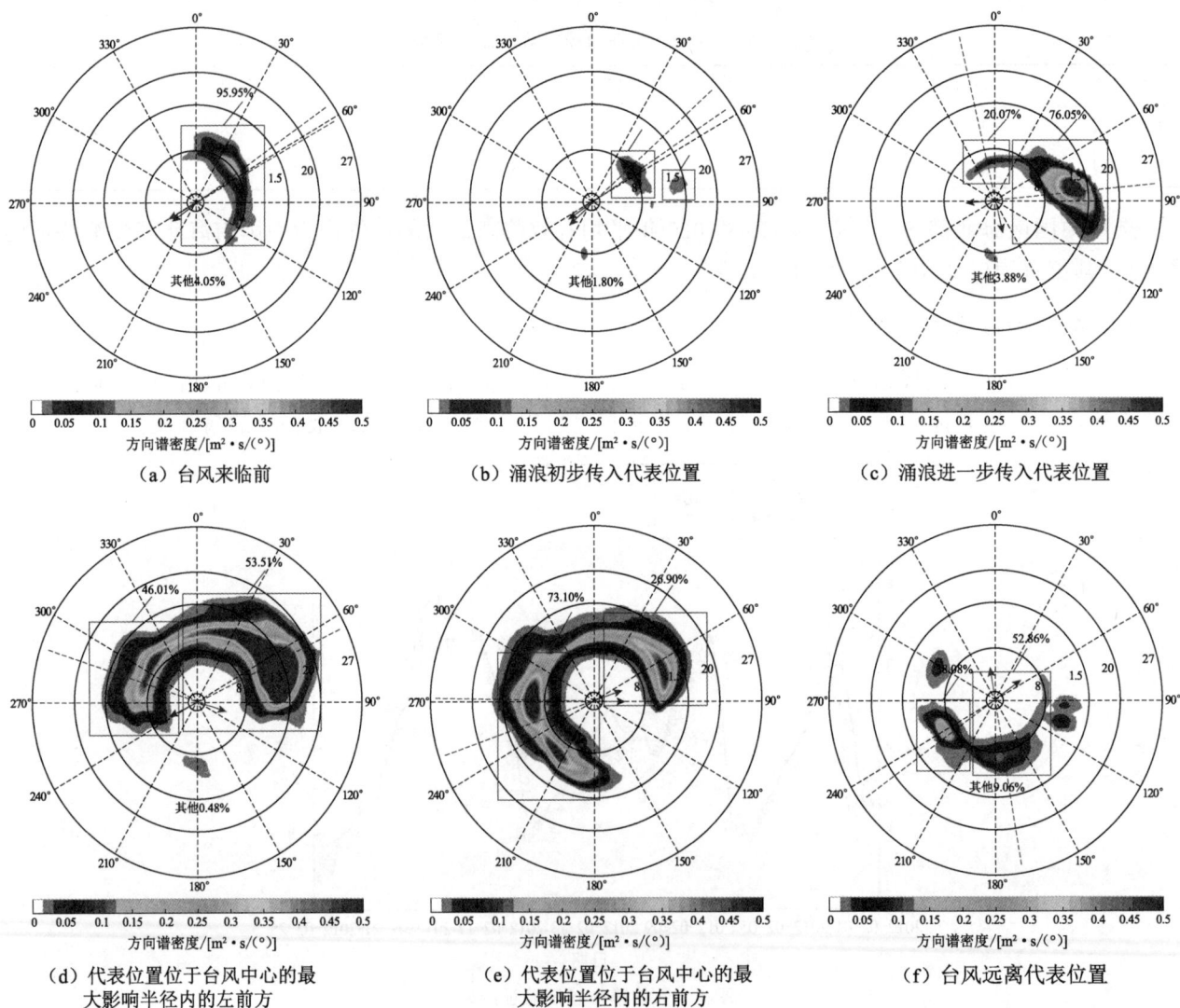

（a）台风来临前　　　　　　（b）涌浪初步传入代表位置　　　　　　（c）涌浪进一步传入代表位置

（d）代表位置位于台风中心的最大影响半径内的左前方　　　（e）代表位置位于台风中心的最大影响半径内的右前方　　　（f）台风远离代表位置

图 3　台风"纳沙"影响下中国南海北部方向谱的模拟及分析结果

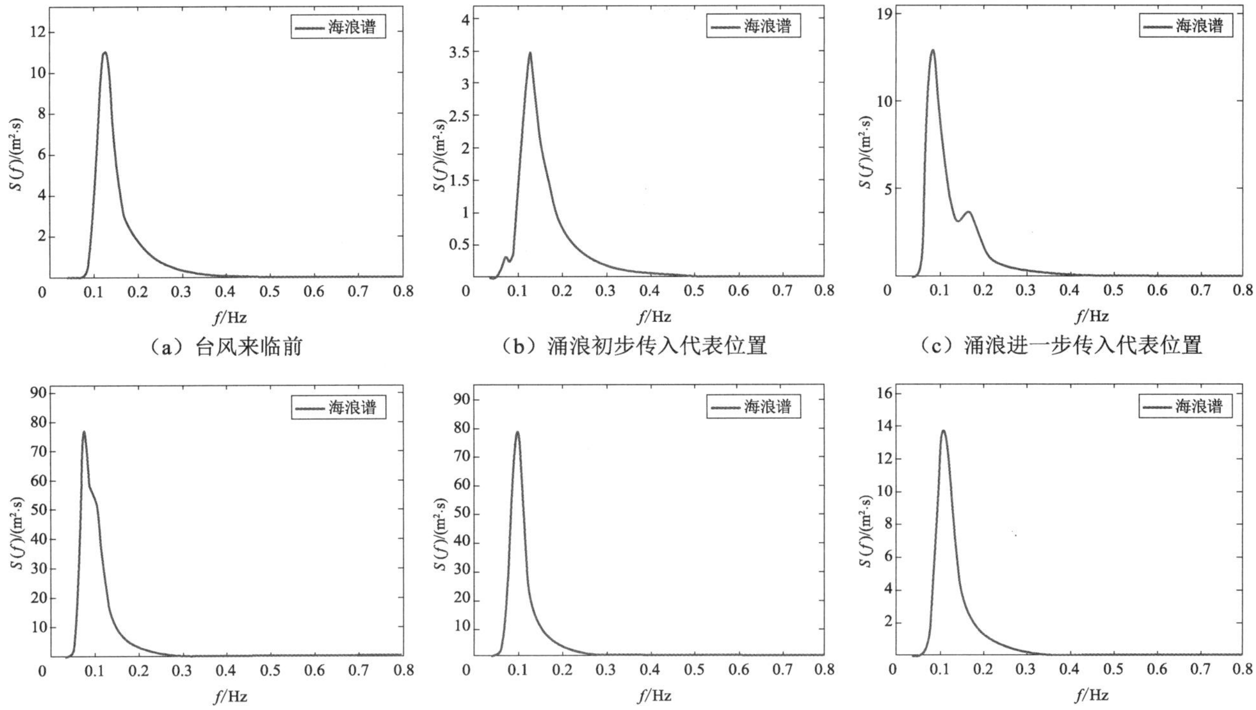

图4　台风"纳沙"影响下中国南海北部海浪谱的模拟结果

（a）台风来临前　（b）涌浪初步传入代表位置　（c）涌浪进一步传入代表位置
（d）代表位置位于台风中心的最大影响半径内的左前方　（e）代表位置位于台风中心的最大影响半径内的右前方　（f）台风远离代表位置

　　根据分析的结果可知，当台风来临前，代表位置处的有效波高为0~2 m，代表位置处的波浪主要由风浪组成，其能量占比在95％以上，海浪谱呈现单峰形状。当涌浪初步传入中国南海北部后，代表位置处的有效波高增长至2~4 m，代表位置处的波浪由风浪和涌浪共同组成，其中风浪的能量占71％左右，海浪谱呈现风浪主导的双峰形状。随着涌浪传入的增多，代表位置处的有效波高进一步增长至4~6 m，其中主导涌浪系统的能量增加至71％左右，海浪谱转化为涌浪主导的双峰形状。随着台风的移动，代表位置处将位于台风中心的最大影响半径内的左前方，此时代表位置处的有效波高达到最大，为9 m左右，代表位置的波浪由风浪和涌浪共同组成，且二者能量相近，谱峰频率减小，海浪谱型有从双峰转化为单峰的趋势。当代表位置位于台风中心的最大影响半径内的左后方时，有效波高减小到6~8 m，测点处的风浪能量占比更大，约为73％，海浪谱由于风浪和涌浪的频率混叠，谱型呈现为单峰。台风远离测点后，有效波高减小至2~4 m，代表位置处的波浪由能量相近的风浪和涌浪共同组成，海浪谱型仍呈现单峰。

3　结　语

　　采用WaveWatchⅢ海浪模式对台风"纳沙"影响下的中国南海北部波浪特征进行模拟，并分析台风"纳沙"影响下中国南海北部有效波高、频谱和方向谱的变化，采用分水岭算法分析台风期间主导的波浪系统的组成和能量占比。主要研究结论如下：

　　（1）随着台风靠近和远离，代表位置处的有效波高先增大后减小，最大的有效波高出现在测点位于台风中心的最大影响半径内的第二象限时，最大的有效波高可达9 m。

　　（2）在台风影响下，代表位置处的波浪以混合浪为主，随着台风的靠近，涌浪能量占比迅速增加，当台风远离后，风浪重新占据主导地位。

　　（3）随着台风靠近，代表位置处的谱峰频率减小，涌浪部分和风浪部分在频率上发生混叠，海浪谱型从双峰转化为单峰。台风远离后，谱峰频率无明显变化，海浪谱型仍呈现单峰。

参考文献

[1]　张君珏,苏奋振,王雯玥.南海资源环境地理研究综述[J].地理科学进展,2018,37(11):1443-1453.
[2]　OCHI M. Hurricane Generated Seas[M]. Amsterdam:Elsevier,2003.

［3］ WEBSTER P,HOLLAND G,CURRY J,et al. Changes in tropical cyclone number,duration,and intensity in a warming environment[J]. Science,2005,309(5742):1844-1846.

［4］ WANG X,ZHOU W,LI C Y,et al. Effects of the east Asian summer monsoon on tropical cyclone genesis over the south China sea on an interdecadal time scale[J]. Advances in Atmosphere Sciences,2012(2):249-262.

［5］ LU X,YU H,YING M,et al. Western north Pacific tropical cyclone database created by the China meteorological administration[J]. Advances in Atmosphere Sciences,2021,38(4):690-699.

［6］ 谢波涛. 台风/飓风影响海区固定式平台设计标准及服役期安全度风险分析[D]. 青岛:中国海洋大学,2010.

［7］ HOLLAND G J. An Analytic Model of the Wind and Pressure Profiles in Hurricanes[J]. Monthly Weather Review,1980,108(8):1212-1218.

［8］ WILLOUGHBY H E,RAHN M E. Parametric representation of the primary hurricane vortex. Part Ⅰ:Observations and evaluation of the Holland (1980)model[J]. Monthly Weather Review,2004,132(12):3033-3048.

［9］ MIYAZAKI M. Theoretical investigations of typhoon surges along the Japanese coas[J]. Oceanographical Magazine,1961,13(3):353-354.

［10］ 张志旭,齐义泉,施平,等. 最优化插值同化方法在预报南海台风浪中的应用[J]. 热带海洋学报,2003(4):34-41.

基于规则化残差的稳定化谱人工黏性-高阶谱波浪模型

丛龙飞[1,2,3]，尤再进[2]

(1. 大连海事大学 轮机工程学院，辽宁 大连 116026；2. 大连海事大学 港口与航运安全协同创新中心，辽宁 大连 116026；3. 大连理工大学 海岸和近海工程国家重点实验室，辽宁 大连 116024)

摘要：针对完全非线性波浪数值模拟的高阶谱(high-order spectral，HOS)模型，基于谱人工黏性策略提出了一种抑制高频数值不稳定的人工耗散机制。为实现耗散强度的自适应调节，采用显式波面预测的数值残差对人工黏性进行尺度化，并通过耗散阶数的引入实现了模型低频区间数值性能的改善。数值试验表明，提出的谱人工黏性模型具有在可分辨低频区间随时间增量自适应减小的数值耗散。随着耗散阶数的增加，人工耗散模型的数值黏性向高频欠分辨区间集中。针对典型算例的数值模拟结果表明，相比于广泛采用的谱滤波模型，由于无须依模型设置对耗散率及滤波间隔进行调节，结合谱人工黏性稳定化机制的高阶谱波浪模型在收敛性及数值精度方面的性能均得到了明显的改善。

关键词：数值残差；规则化；谱人工黏性；高阶谱模型；完全非线性波浪

在过去的数十年间，波浪在深水及近岸区域的传播与变形一直是船舶与海洋工程及近岸工程的研究热点[1]。对于中等水深及深水情形，在 Longuet-Higgins 和 Cokelet[2] 相关研究的基础上，势流理论下的完全非线性波浪模型取得了长足的发展[3-7]。由于波面位置的实时变化，基于边界元法的完全非线性势流模型需要在每一时刻对计算域进行更新，并重新求解矩阵方程。尽管借助于无矩阵快速多极模型[8,9] 及预修正快速傅里叶变换模型[10,11] 可以将模型的计算复杂度降低至边界自由度的线性量级，但边界元法自身复杂数学问题的处理及快速算法涉及的繁杂数据结构使其仍有相当大的完善空间。

针对深水波浪的高性能高精度数值模拟，Dommermuth 和 Yue[12] 及 Craig 和 Sulem[13] 先后基于双傅里叶展开，借助快速傅里叶变换(fast fourier transformation，FFT)建立了深水完全非线性波浪的高阶谱(high-order spectral，HOS)模型。在 HOS 的理论框架下，波面物理量关于邻近水位(通常为平均水位)的泰勒展开使得完全非线性边值问题的求解可以通过逐次修正的方式进行。借助 FFT 算法，模型准线性的计算复杂度使得 HOS 具有很高的计算效率。在双周期型 HOS 的基础上，为满足实际工程中的数值造波需求，Ducrozet 等[14] 结合数值造波理论实现了数值波浪水槽 (HOS-NWT)的构建。考虑到浅水区域地形对波浪传播的影响，Liu 和 Yue[15]、Guyenne 和 Nicholls[16] 以及 Gouin 等[17] 基于垂向模式耦合将常水深 HOS 模型拓展至任意单值地形情形。

在完全非线性波浪数值模拟的过程中，由于演化方程中高至四阶非线性乘积项的出现，波浪能量存在从低频至高频的转移。另外，由于 HOS 模型基于泰勒展开的逐次修正过程中存在波面及流体垂向速度的高阶乘积项，修正速度势的求解同样伴随高频部分显著的能量聚集。相比于可以有效分辨的低频区间，高频区间的速度势分量由于自身的数值刚度及网格分辨率的不足通常无法被有效识别和预测。因此，高频区间积累的波浪能量往往会引发 HOS 模型数值稳定性方面的问题。尽管在 Dommermuth 和 Yue[12] 的研究中这一问题通过谱滤波的引入得到了解决，但滤波强度及滤波间隔等自由参数的存在，模型参数对具体算例的依赖使得数值模拟的前期调试十分复杂。

为了实现完全非线性波浪的高性能数值模拟，并在维持鲁棒性的基础上改善模型的数值性能及数值

基金项目：国家自然科学基金资助项目(52271261)；国家重点研发计划资助项目(2021YFB2601102)

作者简介：丛龙飞。E-mail：conglongfei@dlmu.edu.cn

精度,针对 HOS 模型的稳定化机制开展了研究。通过谱人工黏性的引入,在附加人工耗散项的基础上实现了模型数值稳定性的有效调控,改善了谱滤波策略下模型的收敛性能。针对人工黏性强度的自适应率定,提出了基于波面时域数值残差的谱人工黏性尺度化策略。数值试验表明,基于规则化残差的谱人工黏性在低频区间的数值耗散随时间增量自适应减小,进而可以保证模型可分辨低频区间的收敛性。同时,谱人工黏性的谱空间分布可以通过耗散阶数进行调节,从而可以实现 HOS 模型低频区间数值性能的改善。数值模拟结果表明,结合本文稳定化机制的自适应谱人工黏性-高阶谱模型在数值稳定性及数值精度方面均优于谱滤波-高阶谱模型,从而有望在海洋工程完全非线性波浪的相关研究中得到应用。

1 控制方程

针对海洋工程中以波浪为代表的大尺度自由表面流动,流体的黏性效应仅在海床附近的边界层区域比较显著。因此,这里研究采用忽略流体黏性的理想流体运动方程对流体流动进行描述。如图 1 所示,流体区域由自由表面、海底及适当的远场边界构成。对于典型的自由表面流动,采用原点位于平均水面的笛卡尔坐标系,自由表面可由依赖于水平坐标的单值函数 $z=\eta(x,y)$ 进行描述。类似地,对于常规海底地形,基于单值假设的 $z=-h(x,y)=-d+\zeta(x,y)$ 可以有效地对底床边界进行刻画。

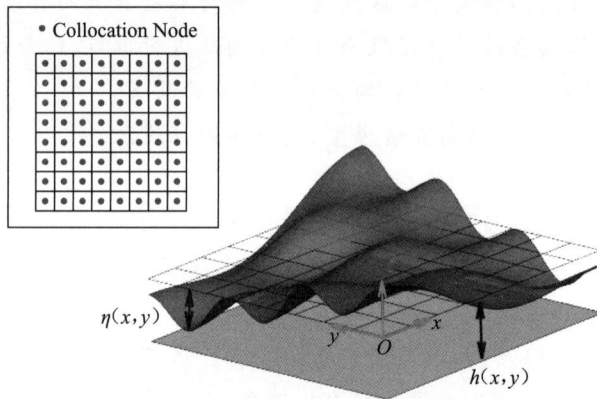

图 1　自由表面、海底及网格节点示意图

理想流体假设下,由于流动无旋,因此流体速度可由速度势函数表示为 $u=\nabla\phi=(\nabla_h\phi,\phi_z)$,其中 $\nabla_h(\bullet)$ 表示水平梯度算子。对于刚性海床,流动的不可穿透性可以通过第二类齐次边界条件进行定义。在自由表面处,流体沿自由面切向的相对运动及流体压强与大气压强的平衡则可以通过式(1)进行表述:

$$\begin{cases} \dfrac{\partial\eta}{\partial t}+\nabla_h\eta\cdot\nabla_h\phi=\phi_z \\[2mm] \dfrac{\partial\phi}{\partial t}+\dfrac{\nabla\phi\cdot\nabla\phi}{2}+g\eta=0 \end{cases} \tag{1}$$

在 Zakharov[18] 的研究中,自由面处的速度势及波面升高构成哈密顿系统的对偶变量。沿用这一策略,引入自由面速度势 $\phi_s(x,y)=\phi(x,y,\eta(x,y))$,对式(1)进行简单的变换则可以构造针对自由面速度势及波面升高的演化方程:

$$\begin{cases} \dfrac{\partial\eta}{\partial t}=(1+\nabla_h\eta\cdot\nabla_h\eta)\phi_z-\nabla_h\phi_s\cdot\nabla_h\eta \\[2mm] \dfrac{\partial\phi_s}{\partial t}=-g\eta-\dfrac{\nabla_h\phi_s\cdot\nabla_h\phi_s}{2}+\dfrac{1+\nabla_h\eta\cdot\nabla_h\eta}{2}\phi_z^2 \end{cases} \tag{2}$$

显然,基于某一时刻给定的自由面速度势、波面升高及其必要的历史过程,若可以通过适当的方法获得自由面处的流体垂向速度 $w=\phi_z$,则可以通过时域的数值积分对二者的未来状态进行预测。对于给定的波面升高,自由表面、水底及必要的侧边壁共同组成了闭合的流体域。此时,可以针对速度势构造如下的椭圆形边值问题对自由面处的流体垂向速度进行求解。

$$\begin{cases} \nabla^2 \phi = 0 \\ \phi = \phi_s, & at \quad z = \eta \\ \phi_n = 0, & at \quad z = -h \end{cases} \tag{3}$$

对于流域的侧壁,HOS 模型需假设其为垂直墙。对于文中的数值模拟,均采用第二类齐次边界条件对其进行规定。

2 数值模型

2.1 高阶谱模型

对于 HOS 模型的典型方形规则计算域,在边壁具有齐次边界条件的假设下,内域速度势可以根据斯图姆-刘维尔定理表达为分离变量的形式。如前文所述,采用了第二类齐次边界条件对不可穿透侧边界进行描述。此时,速度势可以通过双傅里叶级数进行展开,即

$$\phi(x,y,z) = \sum_{m,n} A_{m,n}(z) \cos[k_m(x-x_0)] \cos[k_n(y-y_0)], \quad k_m = \frac{m\pi}{L_x}, \quad k_n = \frac{n\pi}{L_y} \tag{4}$$

在式(4)的基础上,为了在流域内满足 Laplace 方程,对应于速度势垂向分布的模态幅值可以表达为

$$A_{m,n}(z) = \begin{cases} c_{0,0,1} + c_{0,0,2}z \\ c_{m,n,1}e^{k_{m,n}z} + c_{m,n,2}e^{-k_{m,n}z} \end{cases}, k_{m,n}^2 = k_m^2 + k_n^2 \tag{5}$$

与常规的双曲函数不同,这里速度势特征展开指数函数的引入是为了方便进行后续多层流体 HOS 模型的界面匹配。

对于海洋工程的绝大多数情形,尽管自由表面并不规则且位置未知,但波面相对于平均位置的偏移并不大。此时,可以通过适当的近似将自由表面转移至平整的平均自由面进行求解。对于完全非线性的情形,线性近似下对自由表面的预测会产生相当大的误差,因此需要在线性解的基础上对非线性项的相关误差进行估计并进行逐次迭代修正。为实现这一过程,假设波面升高为小量,即 $\eta = O(\varepsilon)$,并假设速度势同样可以进行摄动展开 $\phi = \sum_m \phi^{(m)}, \phi^{(m)} = O(\varepsilon^m)$,则可以通过泰勒展开将自由表面第一类非齐次边界条件表达为

$$\begin{aligned} \phi_s = \phi^{(1)} + \frac{\eta}{1!}\phi_z^{(1)} + \frac{\eta^2}{2!}\phi_{zz}^{(1)} + \cdots \\ + \phi^{(2)} + \frac{\eta}{1!}\phi_z^{(2)} + \cdots \\ + \phi^{(3)} + \cdots \end{aligned} \tag{6}$$

其中,等式右端均在平均水面取值。对于一般海底地形,水底边界条件可以依照相同策略在海底起伏 $\zeta = O(\varepsilon)$ 的假设下进行逐次近似。由于暂不涉及非平直海底的情形,因此不对其进行详细展开。进一步假设波面速度势的量级为 $O(\varepsilon)$,则可以通过逐阶匹配获得各阶速度势的水面边值。进一步通过谱 Galerkin 方法对模态进行解耦,则可以通过式(7)对模态幅值进行显式求解:

$$\begin{aligned} c_{0,0,1}^{(l)} + c_{0,0,2}^{(l)}z \big|_{z=0} &= \text{FFT\_COS}(\phi^{(l)s})_{00} \\ c_{0,0,2}^{(l)} \big|_{z=-d} &= \text{FFT\_COS}(\phi_z^{(l)b})_{00} \\ c_{m,n,1}^{(l)}e^{k_{m,n}z} + c_{m,n,2}^{(l)}e^{-k_{m,n}z} \big|_{z=0} &= \text{FFT\_COS}(\phi^{(l)s})_{mn} \\ k_{m,n}c_{m,n,1}^{(l)}e^{k_{m,n}z} - k_{m,n}c_{m,n,2}^{(l)}e^{-k_{m,n}z} \big|_{z=-d} &= \text{FFT\_COS}(\phi_z^{(l)b})_{mn} \end{aligned} \tag{7}$$

以逐阶获得的模态幅值为基础,可以容易地获得自由表面处的流体垂向速度。此时,演化方程式(2)可由强稳定的 TVD-RK3 算法[19]进行显式的时域数值积分:

$$\begin{cases} \psi^0 = \psi^n, \psi^1 = \psi^0 + R^0\delta t \\ \psi^2 = \frac{3}{4}\psi^0 + \frac{1}{4}(\psi^1 + R^1\delta t) \\ \psi^3 = \frac{1}{3}\psi^0 + \frac{2}{3}(\psi^2 + R^2\delta t) \\ \psi^{n+1} = \psi^3 \end{cases} \tag{8}$$

式中:ψ 代表水面速度势及波面升高。

2.2 谱滤波/谱人工黏性稳定化机制

对于时域数值积分,显式格式的条件稳定性使得模型高频区间的时域预报面临很大挑战。针对这一问题,一个显然的策略是减小数值积分的时间增量,从而满足高频分量的稳定性要求。一方面,这一策略会明显增加模型的计算量。另一方面,即使高频分量被准确预报,但针对高频分量的计算网格过于粗糙,相关计算结果也是欠分辨的,从而造成计算资源不必要的浪费。在适当的时间增量下,为了抑制欠分辨高频分量引发的数值不稳定现象,一种广泛采用的策略是将模型的欠分辨分量通过人工耗散进行折减,其中最为常见的两类措施即为滤波及人工黏性项的添加。

对于滤波策略,以边界元法为代表的低精度模型往往采用特定的加权平均算法实现[2-7]。对于以谱方法为代表的高精度数值模型,则需要谨慎地设计滤波算法,从而避免低频区间过强的人工耗散及可能造成的精度降低。在 Dommermuth 和 Yue[12] 的研究中,这一滤波过程在谱空间进行,在波面及自由面速度势通过时域数值积分获得更新后,需将二者转换至谱空间,并进一步对各分量进行如下折减:

$$\Lambda^c(k) = \frac{1}{8}\left[5 + 4\cos\left(\frac{\pi k}{k_{\max}}\right) - \cos\left(\frac{2\pi k}{k_{\max}}\right)\right] \tag{9}$$

基于折减的谱空间分布,将其逆变换至物理空间即可消除原始波面预测中高频欠分辨分量的影响,从而维持模型的数值稳定性。数值模拟表明,尽管式(9)对应的谱滤波器可以有效抑制模型高频分量的增长,但如后文所述,对于谱空间分布比较宽广的情形,低通滤波过强的人工耗散使得模型计算结果无法收敛。针对这一问题,可以采用向高频集中的增强型指数滤波器对其性能进行改善[20]。对于一般的低通滤波器,为了控制人工耗散的强度,可以引入截止波数分量的折减率 δ 作为自由参数。此时,对式(9)进行调整,可以得到耗散可控的谱滤波器:

$$\overline{\Lambda^c}(k) = 1 - (1 - \Lambda^c(k))(1 - \delta) \tag{10}$$

另外,由于滤波的目的仅为维持模型的数值稳定性,因此并无必要在任一时间步均进行这一操作。为了避免过强的数值耗散,可以引入滤波间隔对滤波器折减的能量进行进一步的调节。显然,为了改善数值模拟的精度,需要对滤波间隔及折减率进行谨慎的设置。

为了消除谱滤波模型引发的数值问题,采用另一类典型的人工耗散机制,即谱人工黏性机制[21-23]。这一机制下,演化方程的数值稳定性通过如下形式人工耗散项的添加实现:

$$\pm\left(\nu^x \otimes \frac{\partial^{2n}\psi}{\partial x^{2n}} + \nu^y \otimes \frac{\partial^{2n}\psi}{\partial y^{2n}}\right) \tag{11}$$

式(11)正负号的确定依阶次 n 进行,从而保证该项始终起到耗散的效果。由于该项为 ψ 的线性项,此时常规乘法运算下人工黏性的谱空间分布十分复杂。为了实现谱空间内人工黏性的有效调控,采用卷积操作 $\otimes$ 使得耗散项在谱空间表现为人工黏性系数与模态幅值的常规乘积。此时,模型的数值性能可以通过谱空间人工黏性的合理设置进行调节。

显然,式(11)中的人工黏性系数具有 l^{2n}/t 的量纲。此时,忽略量纲的经验取值存在显然的尺度效应。考虑到模型的数值稳定性直接体现在波面及波面速度势的单步预测中,由于演化方程自然包含了 $1/t$ 量纲,提出了一种参考演化方程单步显式预测数值残差的策略对谱人工黏性系数进行尺度化。此时,尺度化的人工黏性系数具有如下形式:

$$\nu^x \sim \frac{Res(\psi)}{\psi^*}\delta x^{2n}, \quad \nu^y \sim \frac{Res(\psi)}{\psi^*}\delta y^{2n} \tag{12}$$

式中:ψ^* 表示用以维持人工黏性量纲的尺度因子,$Res(\cdot)$ 表示对应演化方程的数值残差。对于已知的波面历史记录及其单步显式预测,以单步 Euler 显式格式为例,演化方程的数值残差可以通过 Euler 隐式格式构造为

$$Res(\psi) = \frac{\psi^{n+1} - \psi^n}{\delta t} - R^{n+1} \tag{13}$$

进一步在谱空间对其正则化,则

$$\tilde{\nu}^x = C_d \frac{Res(\tilde{\psi})}{|\tilde{\psi}^*| + |\widetilde{R \delta t}| + \tau} \left(\frac{1}{k_{x,\max}}\right)^{2n}, \quad \tilde{\nu}^y = C_d \frac{Res(\tilde{\psi})}{|\tilde{\psi}^*| + |\widetilde{R \delta t}| + \tau} \left(\frac{1}{k_{y,\max}}\right)^{2n} \tag{14}$$

式中:正则化因子中两项附加项的引入旨在避免分母为 0 引发的数值发散,τ 为一小量。另外,由于非线性演化方程中高频不稳定的增长无法通过简单的模型进行预测,式(14)中引入了无量纲自由参数 C_d,用以进一步调节耗散强度。数值试验表明,对于式(12)的形式,$n=1$ 即可保证模型具有很好的数值稳定性。对于更高的耗散阶数,为了控制耗散强度,则采用式(14)的形式保持人工黏性的谱消失特征。考虑到 $n=1$ 时的一致性,文中自由参数设置为 $C_d = (2\pi)^2$。

3 数值结果

基于上文提出的自适应谱人工黏性策略,首先针对方形容器内具有初始自由面升高的液体晃荡问题进行模拟。本算例中,二维容器的水深为常数 $d=1.0$,容器宽度 $l=2d$。数值模拟的初始化过程中,初始液面升高设置为流体晃荡的第二阶对称模态,并采用不同波幅考察数值模型针对非线性问题的计算性能。如图 2 所示,对于微幅波情形,本模型可以对晃荡频率进行准确的预测。同时,采用本数值模型对晃荡问题进行若干周期模拟的过程中,用以维持模型数值稳定性的人工黏性并未在低频区间产生明显的耗散。对于大波幅晃荡,可以看到,文中的模拟结果与 Turnbull 等[24]采用有限单元法的计算结果吻合得很好。相比于基于变分原理的有限单元模型,由于无须进行域内的单元离散和线性方程组的联立求解,因此这里 HOS 模型具有很高的计算效率。

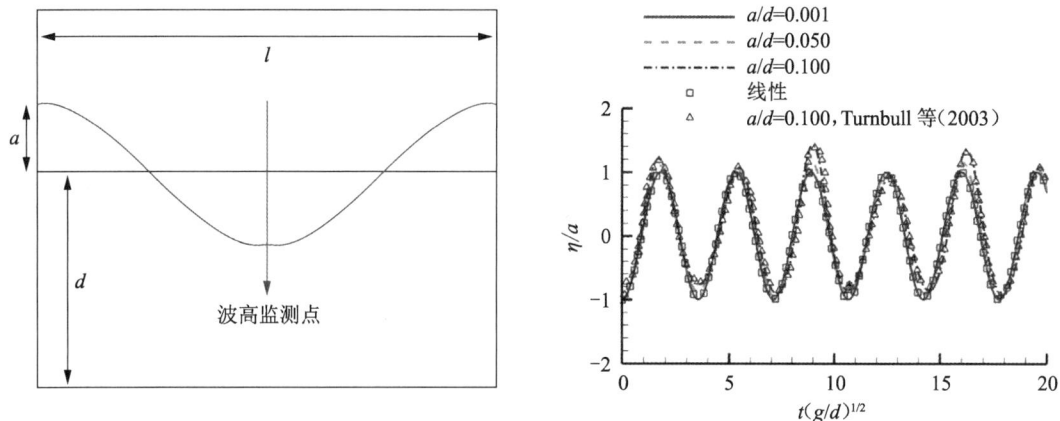

图 2   二维方形容器内液体晃荡的波高历程

在二维液体晃荡问题的基础上,进一步对三维容器内具有高斯型初始液面升高的液体晃荡问题进行了模拟[25]。与二维单波情形不同,三维高斯型初始波面在谱空间的分布相当宽广,因此对数值模型的性能提出了挑战。如图 3(a)所示,对于小波幅情形,虽然基于谱滤波的稳定化策略可以得到稳定的数值计算结果,但如前文所述,由于频繁的滤波操作,小时间增量下的计算结果反而呈现出更为明显的数值耗散,从而影响模型的收敛性能。基于前文的分析,这一问题可以通过滤波强度和滤波间隔的调节得到改善。如图 3(b)(c)所示,谱滤波策略下的数值模拟结果对滤波器的自由参数相当敏感。这使得谱滤波稳定化 HOS 模型的使用过程中需要对相关参数进行谨慎的设置。

如图 4 所示,谱人工黏性机制下的稳定化 HOS 模型则表现出很好的数值性能。随着时间增量的减小,本模型可以容易地获得收敛且准确的数值计算结果。同时,如图 4(a)所示,随着时间增量的减小,谱人工黏性对低频分量的耗散降低。如图 4(b)所示,随着人工耗散阶数的增加,式(14)波数尺度的存在使得模型低频区间的人工黏性得到抑制,从而使得模型具有更低的数值耗散。可以看到,在谱人工黏性策略下,稳定化 HOS 模型的数值计算结果相当稳定。同时,由于人工黏性的自适应调节机制,本模型运行过程中无须对自由参数进行特别的设置,这一特征使得该模型的应用相当方便。

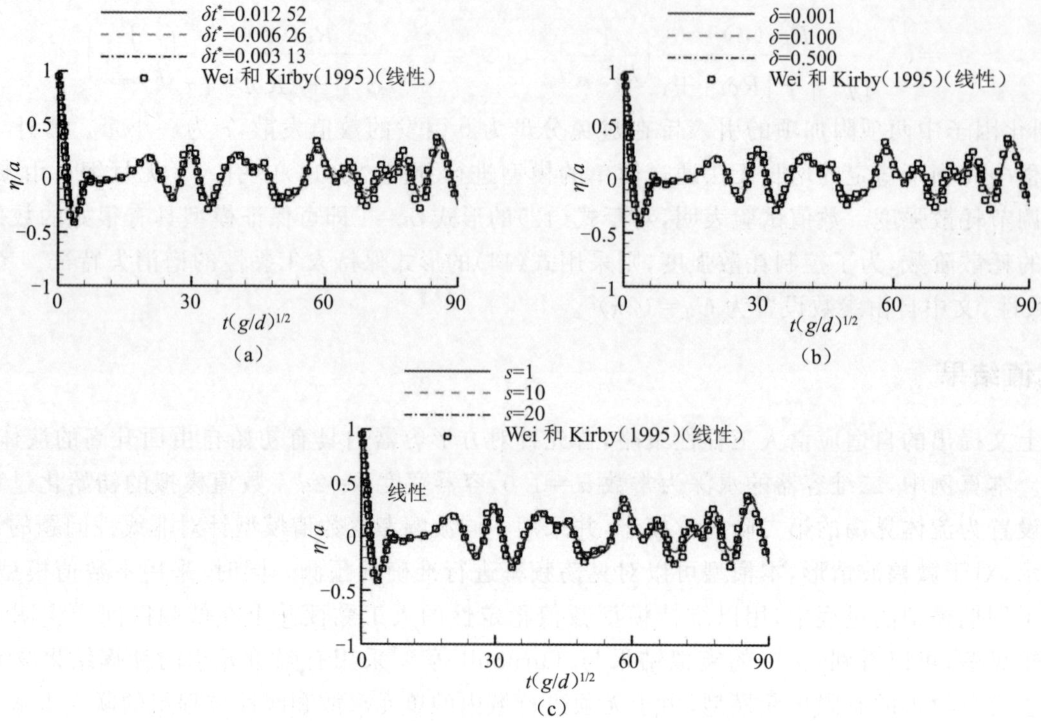

图 3　基于谱滤波策略的三维液体晃荡波高历程

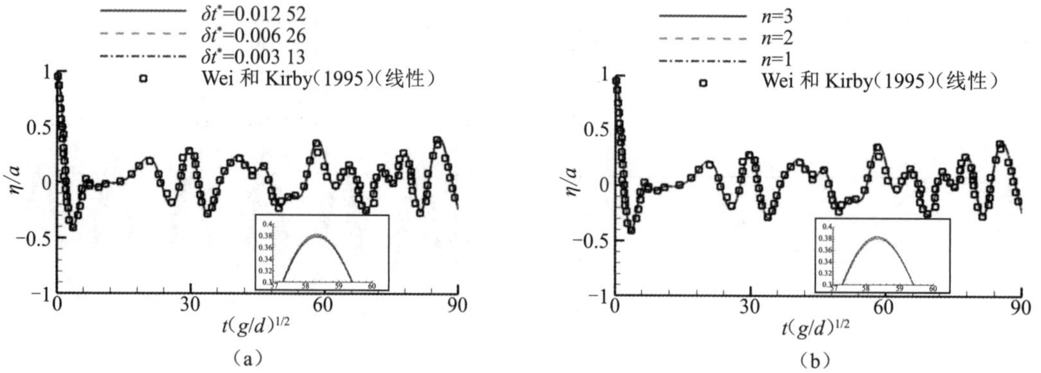

图 4　基于谱人工黏性策略的三维液体晃荡波高历程

作为稳定化 HOS 模型的应用，采用该数值模型对二维孤立波的爬高进行了模拟。针对二维孤立波，采用 Yue 等[26]及 Lin 等[27]的策略，通过容器左侧的初始波面升高实现波浪的生成。本模型初始化过程中的波面设置与 Yue 等[26]及 Lin 等[27]相同，此处不予展开。如图 5 所示，经历六倍无量纲单位时间后，水槽中的波动基本呈现孤立波的状态。对于孤立波这一浅水长波，波速可以通过 $\sqrt{gd}$ 进行估计。可以看到，对于图 5 所示的孤立波，数值模拟得到的波速与浅水理论吻合。对于图 6 所示的孤立波爬高，为与试验结果[28]进行对比，采用水槽中心的波高作为入射波幅进行后续分析。可以看到，本文模型得到的孤立波爬高与基于 LevelSet 的数值模拟结果及试验结果均吻合得很好，确认了该模型的数值精度。

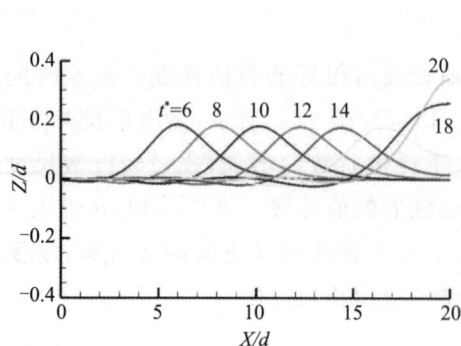

图 5　孤立波波面形态

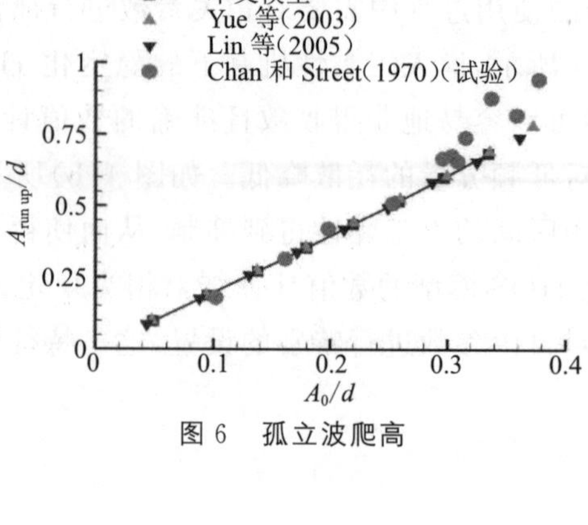

图 6　孤立波爬高

4 结 语

针对完全非线性波浪的高精度高性能数值模拟,提出了基于谱人工黏性的高频数值不稳定耗散机制。基于非线性演化方程的时域残差,开发了谱人工黏性强度的自适应调节算法,进而建立了稳定化的高阶谱波浪模型。主要研究结论如下:

(1)基于偶数阶人工黏性项的耗散机制可以明显改善显式高阶谱模型高频区间的数值性能,同时模型低频区间的非物理耗散则可以通过耗散阶数进行调节。

(2)基于演化方程时域残差的人工黏性尺度化策略可以得到低频区间随时间增量自适应减小的人工耗散,从而显著改善高阶谱模型可分辨低频区间的数值性能。

(3)相比于传统谱滤波模型小时间增量下由频繁滤波引发的过度耗散,这里提出的自适应谱人工黏性模型可以明显改善非线性波浪数值模拟的数值精度。

数值试验表明,基于谱人工黏性稳定化机制的完全非线性高阶谱波浪模型具有相比传统谱滤波模型更为优异的数值性能。一系列典型算例的数值模拟表明,本文模型具有良好的数值精度和数值性能,可以为后续完全非线性波浪的相关研究提供健壮高效的数值分析工具。

📖 参考文献

[1]　ENGSIG-KARUP A P,ESKILSSON C,BIGONI D. A stabilised nodal spectral element method for fully nonlinear water waves[J]. Journal of Computational Physics,2016,318:1-21.

[2]　LONGUET-HIGGINS M S,COKELET E D. The deformation of steep surface waves on water Ⅰ. A numerical method of computation[J]. Proceedings of the Royal Society of London A Mathematical and Physical Sciences,1976,350 (1660):1-26.

[3]　GRILLI S T,GUYENNE P,DIAS F. A fully non-linear model for three-dimensional overturning waves over an arbitrary bottom[J]. International Journal for Numerical Methods in Fluids,2001,35(7):829-867.

[4]　FERRANT P,LE TOUZÉ D,PELLETIER K. Non-linear time-domain models for irregular wave diffraction about offshore structures[J]. International Journal for Numerical Methods in Fluids,2003,43(10/11):1257-1277.

[5]　NING D Z,TENG B. Numerical simulation of fully nonlinear irregular wave tank in three dimension[J]. International Journal for Numerical Methods in Fluids,2007,53(12):1847-1862.

[6]　LIN Z B,QIAN L,BAI W,et al. A finite volume based fully nonlinear potential flow model for water wave problems [J]. Applied Ocean Research,2021,106:102445.

[7]　HARRIS J C,DOMBRE E,BENOIT M,et al. Nonlinear time-domain wave-structure interaction:Aparallel fast integral equation approach[J]. International Journal for Numerical Methods in Fluids,2022,94(2):188-222.

[8]　GREENGARD L,ROKHLIN V. A fast algorithm for particle simulations[J]. Journal of Computational Physics, 1987,73(2):325-348.

[9]　YING L X,BIROS G,ZORIN D. A kernel-independent adaptive fast multipole algorithm in two and three dimensions [J]. Journal of Computational Physics,2004,196(2):591-626.

[10]　PHILLIPS J R,WHITE J K. A precorrected-FFT method for electrostatic analysis of complicated 3-D structures[J]. IEEE Transactions on Computer-Aided Design of Integrated Circuits and Systems,1997,16(10):1059-1072.

[11]　YAN H M,LIU Y M. An efficient high-order boundary element method for nonlinear wave-wave and wave-body interactions[J]. Journal of Computational Physics,2011,230(2):402-424.

[12]　DOMMERMUTH D G,YUE D K P. A high-order spectral method for the study of nonlinear gravity waves[J]. Journal of Fluid Mechanics,1987,184:267-288.

[13]　CRAIG W,SULEM C. Numerical simulation of gravity waves[J]. Journal of Computational Physics,1993,108(1): 73-83.

[14]　DUCROZET G,BONNEFOY F,LE TOUZÉ D,et al. A modified High-Order Spectral method for wavemaker modeling in a numerical wave tank[J]. European Journal of Mechanics-B,2012,34:19-34.

[15]　LIU Y M,YUE D K P. On generalized Bragg scattering of surface waves by bottom ripples[J]. Journal of Fluid Mechanics,1998,356:297-326.

［16］ GUYENNE P,NICHOLLS D P. A high-order spectral method for nonlinear water waves over moving bottom topography[J]. SIAM Journal on Scientific Computing,2008,30(1):81-101.

［17］ GOUIN M,DUCROZET G,FERRANT P. Development and validation of a non-linear spectral model for water waves over variable depth[J]. European Journal of Mechanics-B,2016,57:115-128.

［18］ ZAKHAROV V E. Stability of periodic waves of finite amplitude on the surface of a deep fluid[J]. Journal of Applied Mechanics and Technical Physics,1968,9(2):190-194.

［19］ SHU C W,OSHER S. Efficient implementation of essentially non-oscillatory shock-capturing schemes[J]. Journal of Computational Physics,1988,77(2):439-471.

［20］ HESTHAVEN J S,KIRBY R M. Filtering in Legendre spectral methods[J]. Mathematics of Computation,2008,77 (263):1425-1452.

［21］ VONNEUMANN J,RICHTMYER R D. A method for the numerical calculation of hydrodynamic shocks[J]. Journal of Applied Physics,1950,21(3):232-237.

［22］ KARAMANOS G S,KARNIADAKIS G E. A spectral vanishing viscosity method for large-eddy simulations[J]. Journal of Computational Physics,2000,163(1):22-50.

［23］ GUERMOND J L,PASQUETTI R,POPOV B. Entropy viscosity method for nonlinear conservation laws[J]. Journal of Computational Physics,2011,230(11):4248-4267.

［24］ TURNBULL M S,BORTHWICK A G L,TAYLOR R E. Numerical wave tank based on a σ-transformed finite element inviscid flow solver[J]. International Journal for Numerical Methods in Fluids,2003,42(6):641-663.

［25］ WEI G,KIRBY J T. Time-dependent numerical code for extended boussinesq equations[J]. Journal of Waterway, Port,Coastal,and Ocean Engineering,1995,121(5):251-261.

［26］ YUE W S,LIN C L,PATEL V C. Numerical simulation of unsteady multidimensional free surface motions by level set method[J]. International Journal for Numerical Methods in Fluids,2003,42(8):853-884.

［27］ LIN C L,LEE H,LEE T,et al. A level set characteristic Galerkin finite element method for free surface flows[J]. International Journal for Numerical Methods in Fluids,2005,49(5):521-547.

［28］ CHAN R K C,STREET R L. A computer study of finite-amplitude water waves[J]. Journal of Computational Physics,1970,6(1):68-94.

岛礁地形上不规则波破碎区间试验研究

刘清君[1,2],孙天霆[1,2],黄　哲[1,2],束仲祎[1,2],王登婷[1,2]

(1. 南京水利科学研究院,江苏 南京　210024;2. 港口航道泥沙工程交通行业重点实验室,江苏 南京　210024)

摘要:通过系列模型试验,研究了不同水深、波高、波周期条件下岛礁陡坡地形上不规则波破碎位置的变化特征。通过定量分析破碎点与礁缘之间的距离,建立了不规则波的最小破碎点距离和最大破碎点距离计算公式。研究成果可为岛礁陡坡地形上的水动力数值模拟计算、破碎带冲淤分析以及护岸设计提供参考。

关键词:岛礁地形;不规则波;最小破碎点距离;最大破碎点距离

　　岛礁是一种宝贵的陆地空间资源,广泛分布于太平洋、印度洋、大西洋海域的热带或亚热带地区。我国亦有着丰富的岛礁资源,主要分布于东海和南海海域。岛礁特殊的地貌形态,如陡峭的礁前斜坡和水深较浅的礁坪,使得波浪在岛礁地形上的传播特性与常规缓坡海岸存在不同[1-5]。波浪在从外海传至礁前斜坡时水深急剧变化,导致波浪变形严重,在较短距离范围内发生剧烈变化,甚至破碎。在整个波浪破碎过程可消耗70%,甚至90%以上的波浪能量[6-8]。波浪破碎位置是影响岛礁地形上建筑物结构安全的重要因素,决定着斜坡式抛石护岸护面结构的稳定性以及直立式结构的冲击荷载大小。

　　目前关于岛礁地形上波浪破碎位置的研究大都针对规则波,如 Gouraly[9] 研究认为当相对水深 $(\overline{\eta_f}+h_f)/H_0 > 1.0$ 时(其中,$\overline{\eta_f}$ 为礁坪上最大增水,h_f 为礁坪上静水深,H_0 为深水波高),波浪在礁坪上破碎;当 $(\overline{\eta_f}+h_f)/H_0 < 0.7$ 时,波浪在礁前斜坡上破碎。任冰等[10]通过试验研究发现当 $0.7 < (\overline{\eta_f}+h_f)/H_0 < 0.8$ 时,若入射波高较小,则波浪仍在礁前斜坡上破碎。Yao[11] 研究发现当 $1.2 \leqslant h_f/H_0 < 2.8$ 时,波浪在礁坪上破碎,而当 $h_f/H_0 < 1.2$ 时,波浪在礁前斜坡上破碎。刘清君等[12-13]通过试验研究了不同坡度、水深、波高、波周期条件下岛礁陡坡地形上规则波的破碎特性,建立了规则波的破碎点计算公式。

　　然而实际中,波浪大都是不规则波,波列中波高、波周期大小不一,呈随机变化的特征。波浪破碎位置不再是某一特定的点,而是一定的区间范围。如何在现有规则波研究成果的基础上,进一步形成不规则波破碎区间的定量预测,是当前研究的重点之一。本文通过波浪水槽系列模型试验,建立了岛礁陡坡地形上不规则波破碎区间的经验公式,深化了对岛礁陡坡地形上的波浪破碎特性的认识。

1　试验设计

　　试验在南京水利科学研究院波浪水槽中进行,水槽长 40 m、宽 0.8 m、高 1.0 m,如图 1 所示。水槽一端配备具有主动吸收功能的推板式造波机,另一端设有消浪缓坡。

　　试验中将岛礁地形概化为一定坡度的斜坡与水平平台相连接的组合模型,如图 2 所示。模型斜坡坡度为 1:1,斜坡后连接的水平平台高 0.5 m、长 8 m。研究暂未考虑床面粗糙系数变化对水动力特性的影响,斜坡和平台表面均为水泥砂浆抹面。

　　为确定波浪破碎位置,试验前在波浪水槽的试验段外边壁粘贴透明刻度纸,网格大小为 1 cm×1 cm。试验中采用高清摄像机对完整的波浪传播运动过程进行录像(帧率为 50 FPS),每组试验重复 3 次。试验

基金项目:国家重点研发计划资助(2022YFC3204300);江苏省水利科技项目(2022027);南京水利科学研究院中央级公益性科研院所基本科研业务费专项资金项目(Y222004);水利部重大科技项目(SKS-2022025);福建省交通运输科技项目(JC202311)

通信作者:王登婷。E-mail:dtwang@nhri.cn

结束后,通过逐帧回放的方式确定每组试验不规则波列中每个破碎波出现的刻度值。对于本次研究重点关注的最小破碎点距离和最大破碎点距离分别取 3 次重复试验的平均值。

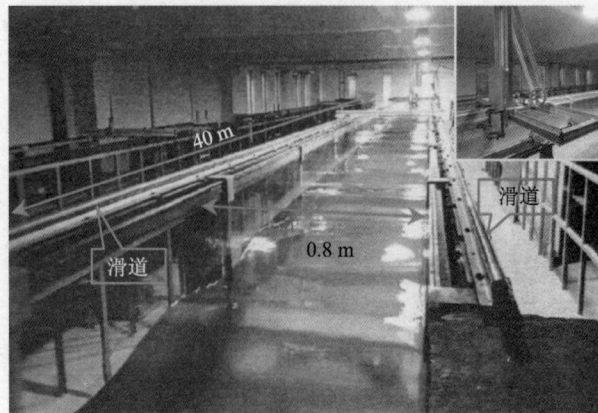

图 1　波浪试验水槽

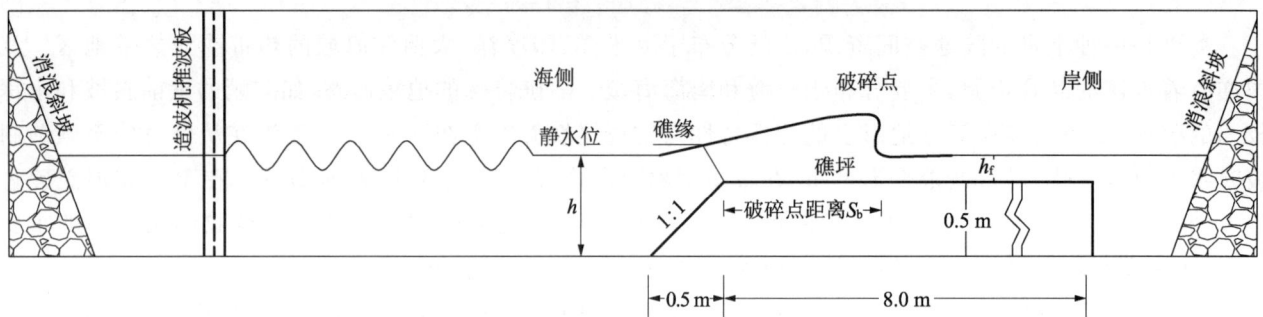

图 2　试验水槽布置示意

试验中不规则波频谱采用 JONSWAP 谱,共进行 20 组试验。各组的试验波浪参数如表 1 所示。

表 1　试验波浪参数

序号	入射波高 $H_{1\%}$/m	入射波高 H_s/m	平均波周期 T/s	礁坪静水深 h_f/m	序号	入射波高 $H_{1\%}$/m	入射波高 H_s/m	平均波周期 T/s	礁坪静水深 h_f/m
1	0.066	0.045	1.05	0.15	11	0.098	0.067	1.45	0.15
2	0.075	0.051	1.03	0.15	12	0.045	0.030	1.02	0.10
3	0.088	0.060	1.04	0.15	13	0.061	0.041	1.02	0.10
4	0.066	0.045	1.21	0.15	14	0.071	0.048	1.02	0.10
5	0.075	0.051	1.21	0.15	15	0.043	0.029	1.2	0.10
6	0.087	0.059	1.21	0.15	16	0.062	0.042	1.2	0.10
7	0.095	0.065	1.21	0.15	17	0.071	0.048	1.2	0.10
8	0.071	0.048	1.43	0.15	18	0.042	0.028	1.45	0.10
9	0.079	0.054	1.44	0.15	19	0.061	0.041	1.44	0.10
10	0.09	0.061	1.46	0.15	20	0.070	0.047	1.48	0.10

注:表中入射波高 $H_{1\%}$ 和 H_s 为陡坡坡脚处的波高。

为减少试验水深带来的限制,并方便与其他研究者成果之间的对比,在试验结果分析中,将入射波浪要素换算成深水波浪要素。入射波高 H 换算为深水波高 H_0[11]。

$$H_0 = \frac{H}{\sqrt{\dfrac{2\cosh^2(2\pi h/L)}{4\pi h/L + \sinh(4\pi h/L)}}} \tag{1}$$

$$L_0 = \frac{gT^2}{2\pi} \tag{2}$$

式中：h 为礁前水深，L 为波长，L_0 为深水波长。

关于破碎点的定义基本与大部分已有文献保持一致，即破碎点为波浪开始破碎的位置。对于卷破波，当波峰前沿面接近垂直时即认为起始破碎；对于崩破波，当波顶出现白色浪花时即认为起始破碎；对于激破波，当波峰前沿根部出现坍塌时即认为起始破碎。

2 试验结果分析

表 2 为入射波有效波高 $H_s = 0.045$ m，平均波周期 $T = 1.05$ s 和礁坪水深 $h_f = 0.15$ m 时，试验过程中依次测得的不同破碎位置。其中，破波 1 为波列中出现的第 1 个破碎波，以下按此类推。为方便描述，在以下分析中，对破碎点与礁缘之间的最大距离定义为最大破碎点距离，破碎点与礁缘之间的最小距离定义为最小破碎点距离。

表 2   不规则波作用下破碎位置统计（$H_s = 0.045$ m，$T = 1.05$ s，$h_f = 0.15$ m）

破波 1 出现位置	破波 2 出现位置	破波 3 出现位置	破波 4 出现位置	破波 5 出现位置
0.9 m	0.5 m	1.1 m	0.8 m	1.1 m

注：破波出现位置为相对于礁缘的距离，在礁缘处为 0，向岸侧为正，向海侧为负。下同。

由表 2 可以看出，在本组试验中破波 1 出现在礁缘之后 0.9 m 处；破波 2 出现在礁缘之后 0.5 m 处，破波 2 相对于破波 1 向前（海侧）转移；破波 3 出现在礁缘之后 1.1 m 处，相对于破波 1 和破波 2，破波 3 向岸侧转移；破波 4 和破波 5 分别出现在礁缘之后 0.8 m 和 1.1 m 处。由此可见，不规则波破碎位置处于不断的变化之中，较大的入射波在靠近礁缘处破碎，较小的入射波在礁缘之后一定距离破碎，当入射波高减小到一定程度时，便不再发生破碎。

表 3 为入射波有效波高 $H_s = 0.06$ m，平均波周期 $T = 1.04$ s，礁坪水深 $h_f = 0.15$ m 条件下的破波位置统计表。对比表 2 和表 3 可知，随入射波高增大，破碎波的个数明显增多，最小破碎点距离进一步减小，但最大破碎点距离却相差不大。

表 3   不规则波作用下破碎位置统计表（$H_s = 0.06$ m，$T = 1.04$ s，$h_f = 0.15$ m）

破波 1 出现位置	破波 2 出现位置	破波 3 出现位置	破波 4 出现位置	破波 5 出现位置	破波 6 出现位置
0.8 m	0.45 m	0.55 m	0.95 m	1.05 m	0.55 m
破波 7 出现位置	破波 8 出现位置	破波 9 出现位置	破波 10 出现位置	破波 11 出现位置	破波 12 出现位置
1.06 m	0.25 m	0.8 m	0.76 m	0.96 m	0.3 m
破波 13 出现位置	破波 14 出现位置	破波 15 出现位置	破波 16 出现位置	破波 17 出现位置	破波 18 出现位置
0.6 m	0.4 m	0.85 m	1.08 m	0.91 m	0.25 m

根据规则波研究成果[12]，规则波在礁坪上的破碎点距离 S_b 为

$$\frac{S_b}{H_0} = m^{-0.1}\left(\frac{H_0}{L_0}\right)^{-0.41}\frac{h_f}{H_0} - 2.4 \tag{3}$$

式中：m 为礁前斜坡坡度，$m = \tan\beta$，β 为斜坡水平坡角。

对于不规则波，波列中大波对应于最小破碎点距离 $S_{b\,min}$，故对最小破碎点距离 $S_{b\,min}$ 的计算采用波高 $H_{1\%}$，波长采用平均周期对应的深水波长 L_0，则最小破碎点距离 $S_{b\,min}$ 为

$$\frac{S_{b\,min}}{H_{1\%,0}} = m^{-0.1}\left(\frac{H_{1\%,0}}{L_0}\right)^{-0.41}\frac{h_f}{H_{1\%,0}} - 2.4 \tag{4}$$

式中：$H_{1\%,0}$ 为 $H_{1\%}$ 对应的等效深水波高。

采用式（4）得到的最小破碎点距离计算值与实测值的对比如图 3 所示。由图 3 可知，采用式（4）计算最小破碎点距离是可行的，除个别点差别较大外，绝大部分点计算值与实测值均较为吻合，误差为 ±10% 以内。

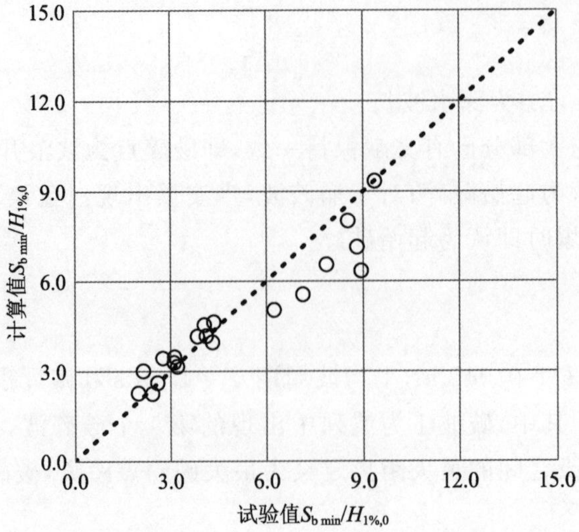

图 3　不规则波最小相对破碎点距离 $S_{b\,min}/H_{1\%,0}$ 计算值与试验值的对比

最大破碎点距离对应于波列中波高较小的情况，根据规则波的研究成果，当 $h_f/H_0 \geqslant 2.8$ 时，波浪不再发生破碎[11]。为确定最大破碎点距离 $S_{b\,max}$，最小破碎波高可取 $H_{min,0}=h_f/2.8$。最大破碎点距离 $S_{b\,max}$ 为

$$\frac{S_{b\,max}}{H_{min,0}} = m^{-0.1}\left(\frac{H_{min,0}}{L_{m,0}}\right)^{-0.41} \times 2.8 - 2.4 \tag{5}$$

式中：$H_{min,0}$ 为根据礁坪水深确定的最小破碎波高，$H_{min,0}=h_f/2.8$；$L_{m,0}$ 为与最小破碎波高对应的波周期的深水波长。

采用式(5)计算最大破碎点距离，计算值与实测值的对比如图 4 所示。由图 4 可知，采用式(5)计算不规则波波列中最大破碎点距离是可行的。关于最小破碎波高对应波周期的选取，图 4 中对比了 2.0 倍平均周期、2.25 倍平均周期和 2.5 倍平均周期 3 种情况下的破碎点位置计算值与试验值。以 2.25 倍平均周期对应的计算值与试验值吻合最好，平均误差为 2.4%，故建议式(5)中 $L_{m,0}$ 取 2.25 倍平均周期对应的深水波长，即

$$L_{m,0} = \frac{g}{2\pi}(2.25T)^2 \tag{6}$$

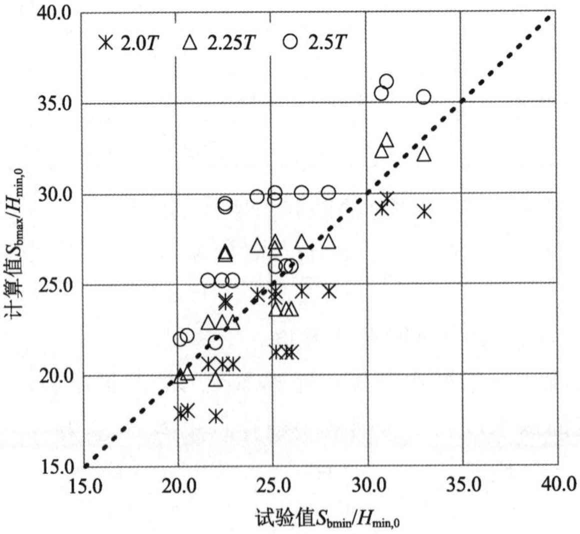

图 4　不规则波最大相对破碎点距离 $S_{bmax}/H_{min,0}$ 计算值与试验值的对比

3　结　语

通过波浪水槽模型试验对岛礁地形上不规则波列中逐个破碎波的出现位置进行了定量测量。不规则波破碎位置处于不断的变化之中,较大的入射波在靠近礁缘处破碎,较小的入射波在礁缘之后一定距离破碎,不规则波破碎位置为一区间范围。在规则波试验研究成果的基础上,进一步通过定量分析破碎点与礁缘之间的距离,分别得到了不规则波的最小破碎点距离和最大破碎点距离计算公式。研究成果可为岛礁地形上的水动力数值模拟、破碎带冲淤分析以及护岸设计提供参考。

参考文献

[1]　GOURLAY M R. Wave transformation on a coral reef[J]. Coastal Engineering,1994,23(1-2):17-42.

[2]　赵子丹,张庆河. 波浪在珊瑚礁及台阶式地形上的传播[J]. 海洋通报,1995,14(4):1-10.

[3]　MONISMITH S G,HERDMAN L M M,AHMERKAMP S,et al. Wave transformation and wave-driven flow across a steep coral reef[J]. Journal of Physical Oceanography,2013,43(7):1356-1379.

[4]　TSAI C P,CHEN H B,HWUNG H H,et al. Examination of empirical formulas for wave shoaling and breaking on steep slopes[J]. Ocean Engineering,2005,32(3-4):469-483.

[5]　张善举. 波浪在珊瑚礁地形上传播、破碎与增水的数学模型的研究[D]. 广州:华南理工大学,2019.

[6]　姚宇. 珊瑚礁海岸水动力学问题研究综述[J]. 水科学进展,2019,30(1):139-152.

[7]　LUGO-FERNÁNDEZ A,Hernández-Ávila M L,ROBERTS H H. Wave-energy distribution and hurricane effects on Margarita Reef,southwestern Puerto Rico[J]. Coral Reefs,1994,13(1):21-32.

[8]　FERRARIO F,BECK M W,STORLAZZI C D,et al. The effectiveness of coral reefs for coastal hazard risk reduction and adaptation [J]. Nature Communications,2014,5(5):3794-3794.

[9]　GOURLAY M R. Wave set-up on coral reefs. 1. Set-up and wave-generated flow on an idealised two dimensional horizontal reef[J]. Coastal Engineering,1996,27(3-4):161-193.

[10]　任冰,唐洁,王国玉,等. 规则波在岛礁地形上传播变化特性的试验[J]. 科学通报,2018,63(5-6):590-600.

[11]　YAO Y,HUANG Z,MONISMITH S G,et al. Characteristics of monochromatic waves breaking over fringing reefs [J]. Journal of Coastal Research,2013,286(1):94-104.

[12]　刘清君,孙天霆,王登婷. 岛礁地形上波浪破碎位置试验研究[C]//中国海洋工程学会. 第十九届中国海洋(岸)工程学术讨论会论文集(上),2019:468-472.

[13]　刘清君,孙天霆,王登婷. 岛礁陡坡地形上波浪破碎试验研究[J]. 水运工程,2018,(12):42-45.

岛礁地形下孤立波传播演化特性研究

黄俊楠，王贯宇，黄林茜，涂佳黄

（湘潭大学 土木工程学院，湖南 湘潭　411105）

摘要：本文基于 DualSPHysics 开源程序下的 Smoothed Particle Hydrodynamics(SPH)算法建立岛礁地形下波浪数值水池，对孤立波进行了模拟，研究孤立波在岛礁上传播变形演化特性，模拟结果与实验结果吻合情况较好。研究结果表明：当孤立波在礁前斜坡上爬升的过程中，由于浅化作用，波高变大，孤立波在礁缘处发生波浪破碎，破碎波呈现前陡后缓的波形；破碎波在沿水平礁坪继续传播时，由于波能耗散作用，波高趋于平缓，礁坪水深越浅，底部摩阻越小，波能耗散越缓慢。另外，破碎波在沿水平礁坪传播过程中，礁坪水深越小，无量纲波高衰减得越快速。当入射波高越大，无量纲波高衰减得越快速，原因是随着入射波高的增加，破碎波在礁坪的能量透射率更低，破碎波能耗散得越快速。

关键词：岛礁地形；SPH 方法；孤立波；演变过程

在中国，珊瑚岛礁不仅具有丰厚富饶的海洋资源，还能为近岸结构提供保护作用。台风、地震、海底地壳活动等自然活动下，常会形成能够破坏岛礁结构稳定性的极端波浪。波浪沿岛礁传播过程中，在礁前斜坡处发生浅化变形，礁缘附近发生破碎，破碎带内形成波浪增水，从而对近海岸结构物造成严重危害。

近年，一些国内外学者在珊瑚岛礁环境下进行试验并取得了一定成果。朱仁庆等[1]基于时域下 CFD-FEM 方法，在三维黏性数值水池中建立畸形波浪与弹性浮体相互作用的耦合数值模型。计算结果表明：聚焦波的浪向、聚焦位置和频带宽度对浮板的水弹性响应均有较大影响。国外 Young[2]通过对 Yonge 礁的区域实地观测，探讨了沿礁坪方向波高衰减的衰减规律，发现其衰减速率与海底摩阻原理和波高破碎衰减理论基本一致，并且观察到波浪在穿越礁坪时存在波能向高频与低频扩散的现象，说明了珊瑚礁附近波浪的绕射和折射是波高衰减的主要原因。嵇春燕等[3]基于 STAR CCM＋软件模拟了规则波与不同锚泊方式的浮式结构相互作用，通过对浮体结构的冲击荷载和运动响应的分析，得出了浮式结构承受冲击最多的是迎浪面，且冲击荷载随着波浪高度和冲击时间的增加而降低。

因此，基于以上研究背景，本文采用 DualSPHysics 开源程序下的 SPH 算法建立岛礁地形下波浪数值水池，并采用活塞式运动造波板对孤立波进行了模拟，研究孤立波在岛礁上传播变形演化特性。

1 理论基础

SPH 是一种广泛使用的拉格朗日无网格计算方法。本文主要采用以 SPH 方法为核心的开源程序 DualSPHysics，该程序中的 SPH 数值模型为微可压缩模型，主要通过对控制域粒子或质点的状态方程求解获取压力值，而无须直接求解泊松方程，这一基本操作的实现基于各个粒子或质点的质量不变，仅密度可变的假设。

1.1 控制方程

根据人工黏度方法[4]，可以用以下公式来表达流体微粒的动量方程式：

基金项目：湖南省自然科学基金资助项目(2021JJ50027,2022JJ50038)；湖南省教育厅科学研究项目(21A0103)
通信作者：涂佳黄。E-mail：tujiahuang1982@163.com

$$\frac{\mathrm{d}v_a}{\mathrm{d}t} = -\sum_{b=1}^{n} m_b \left(\frac{P_b + P_a}{\rho_b \rho_a} + \prod_{ab} \right) \nabla_a W_{ab} + g \qquad (1)$$

式中:P_a 与 P_b 分别为粒子 a 和粒子 b 的压强;ρ_a 与 ρ_b 分别为粒子 a 和粒子 b 的密度;g 为重力加速度;a、b 为独立粒子;m_b 为粒子 b 的质量;$W_{ab} = W(r_{ab}, h)$ 为核函数。黏度项 $\prod_{ab}$ 公式为:

$$\Pi_{ab} = \begin{cases} \dfrac{-\alpha_m \mu_{ab} \overline{c_{ab}}}{\overline{\rho_{ab}}}, & v_{ab} r_{ab} < 0 \\ 0, & v_{ab} r_{ab} > 0 \end{cases} \qquad (2)$$

式中:$\overline{c_{ab}} = 0.5(c_a + c_b)$ 为平均声速;$r_{ab} = r_a - r_b$,$v_{ab} = v_a - v_b$;v_a、v_b 分别为粒子 a 和粒子 b 的速度;$\mu_{ab} = h v_{ab} \cdot r_{ab}/(r_{ab}^2 + \eta_c^2)$,$\eta_c^2 = 0.01h^2$ 与 α_m 是保证正常黏滞扩散而引入的校正因子,以保证合适的消散,$\eta_c^2 = 0.01h^2$。

因颗粒质量与其相应密度有一定的变化,所以使用 SPH 法可得到相应质量和连续方程式。

$$\frac{\mathrm{d}\rho_a}{\mathrm{d}t} = -\sum_{b=1}^{n} m_b v_{ab} \nabla_a W_{ab} \qquad (3)$$

将 SPH 法中液体看作较弱的可压缩流体,运用状态方程建立了颗粒密度关系,由此得到了液体压强[5]。

$$P = B \left[\left(\frac{\rho}{\rho_0} \right)^{\gamma_c} - 1 \right] \qquad (4)$$

式中:$\rho_0 = 1\,000\ \mathrm{kg/m^3}$ 为流体的密度;γ_c 为几何常量,一般取 $1 \sim 7$;B 的数值大小与液体可压缩度有关,$B = c^2 \rho_0 / \gamma_c$,$c$ 为相对密度下的声速,$c = c(\rho_0) = \sqrt{(\partial P / \partial \rho)|_s}$,$s$ 表示过程是等熵的,B 数值应大于 10 倍最大液体速度。

1.2 边界条件

在 DualSPHysics 中,它的边界用一组流体颗粒来表示,在本文中,将动态边界条件(dynamic boundary condition,DBC)应用于造波片的上游边界条件。DBC 是 Crespo 等[6]提出的,它与固体动力学边界粒子的运动方程一致,该方法的稳定性依赖于与边界颗粒交互作用的流体微粒的最大瞬间速度。对于周期边界条件(periodic boundary condition,PBC),其定义为开放边界,其基本依据是在边界上颗粒与边界上具有互补属性的颗粒之间的相互作用。在对模型进行数值计算时,采用了 PBC 来解决边界颗粒周围的数值耗散问题[7],并从中求出了该固体颗粒的压力值。

1.3 孤立波理论

基于 Goring[8]永形波理论,发展了一种以一次孤立波为目标波形的计算方法,并运用 DualSPHysics 软件实现了孤立波的仿真模拟。造波平板横向移动的流速等于造波平板上的水平点移动速度:

$$\frac{\mathrm{d}\xi}{\mathrm{d}t} = \bar{u}(\xi, t) \qquad (5)$$

式中:ξ 为造波板的运动位移;$\bar{u}$ 为造波板所在位置的水质点垂线平均水平速度;t 为时间。

从永形波假设出发,运用连续方程求出了水质点垂线的平均水平流速:

$$\bar{u}(\xi, t) = \frac{c\eta(\xi, t)}{d + \eta(\xi, t)} \qquad (6)$$

$$\eta(\xi, t) = \alpha s_h^2 \qquad (7)$$

$$c/\sqrt{gd} = \sqrt{(1+\alpha)} \qquad (8)$$

$$kd = \sqrt{\frac{3}{4}\alpha} \qquad (9)$$

式中:η 为孤立波波形,$\eta(\xi, t)$ 为波形方程;c 为孤立波波速;d 为初始静水位;α 为相对波高;s_h 表示 $\mathrm{sech}[k(ct-x)]$,k 为波数;g 为重力加速度。

对公式(8)进行积分,可得到一阶 Boussinesq 孤立波解所对应的造波位移方程:

$$\xi(t) = \frac{H}{kd} th[k(ct-\xi)] \tag{10}$$

式中:H 为波高。从理论上可以看出,推波板的位移是一个隐式的函数,它可以用牛顿迭代方法求出推波板在各个时间点上的位置。然后,运用一阶孤立波的推波板位移方程,得到了推波板的行程 $S=2H/kd$ 和运动历时 $T=7.6/kc+S/c$。数值求解 $\xi(t)$ 的初始条件为

$$\xi(-T/2) = -S/2 \tag{11}$$

2 算例验证与计算模型

2.1 孤立波与岛礁地形相互作用特性验证

为了进一步验证 SPH 模拟孤立波沿岛礁传播时与岛礁地形相互作用的正确性,本文在文献[9]的研究基础上,对孤立波的传播和爬高进行了研究。该试验是在长沙理工大学水利工程实验中心的水槽内进行的物理模型试验,试验水槽的尺寸为 40 m×0.5 m×0.8 m(长×宽×高)。试验水槽中放置的珊瑚礁模型由前接坡度为 1∶6 的礁前斜坡、后接中间 8 m 长的水平礁坪以及坡度为 1∶8 的礁后岸滩组成。图 1 为垂直于岸线方向沿礁不同位置(G_1、G_5、G_7、G_{10}、G_{14})自由液面高度(η)的时间序列对比图。由图 1 可知 SPH 模拟的孤立波在不同测量点的波浪传播情况与试验值吻合情况良好,但波峰后的自由液面试验值却一直略低于 SPH 模拟值,其主要产生原因是该试验为研究反射波对入射波的影响,未对孤立波进行消波处理,使自由液面试验值处于 0 值之下,相反,经过消波处理的 SPH 模型除波峰处之外,自由液面值均接近于 0。

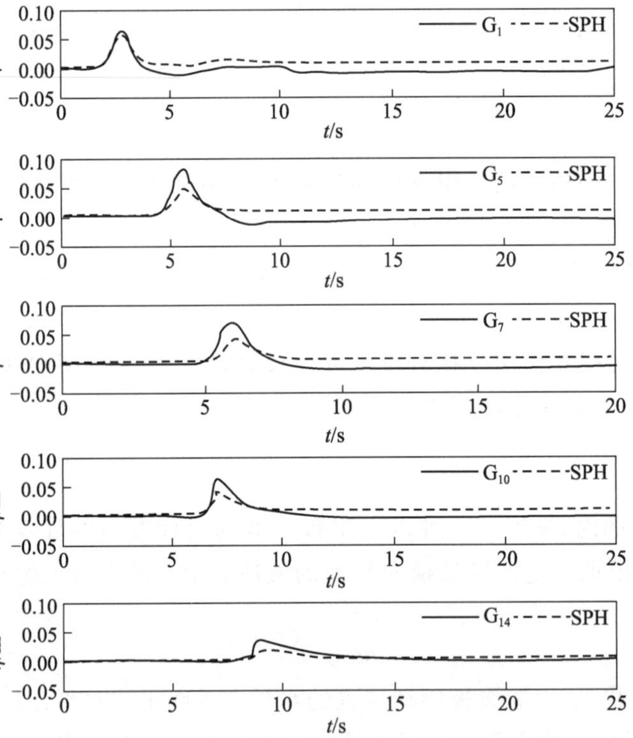

图 1 不同测量点孤立波沿近岸岛礁传播变形情况与试验值对比

2.2 计算模型

基于文献[10]的物理模型试验建立了数值计算模型,所采用的数值水池尺寸为 36 m×0.55 m×0.6 m,水槽末端放置珊瑚礁盘,该珊瑚礁盘由 1∶6 的礁前斜坡与长 9.8 m、高 0.35 m 的水平礁坪组成。本文采用推板式造波法,造波板位于距水池前端 0.75 m,距礁面趾 16.35 m 处,取造波板厚度为 0.05 m,整个水槽的计算模型示意图如图 2 所示。本文水槽初始静水位 $d=0.45$ m,礁坪水深 $h_r=0.1$ m,初始入射波高为 $H=0.095$ m。在水槽中共设立 12 个浪高仪,分别对波浪在水槽中传播时各个特殊点的波浪变

形情况进行监测,这 12 个浪高仪布置的具体位置如表 1 所示。本文主要使用的 6 个监测点为岛礁地形中特殊的 6 个位置。其中 G_2 为外海监测点,波浪传播到此处时并未受到太多岛礁地形影响;G_3 为礁面斜坡上的点,波浪在此处开始沿坡爬升;G_5 为礁缘上的点,波浪大多在此处发生破碎;G_7 为水平礁坪前端监测点;G_9 为水平礁坪中端监测点;G_{11} 为水平礁坪末端监测点。水平礁坪上这 3 个监测点主要是为了观察波浪在礁缘处破碎后,破碎波沿礁的传播变形情况。为了探究反射波高对孤立波的影响,故孤立波工况均未进行消波处理。

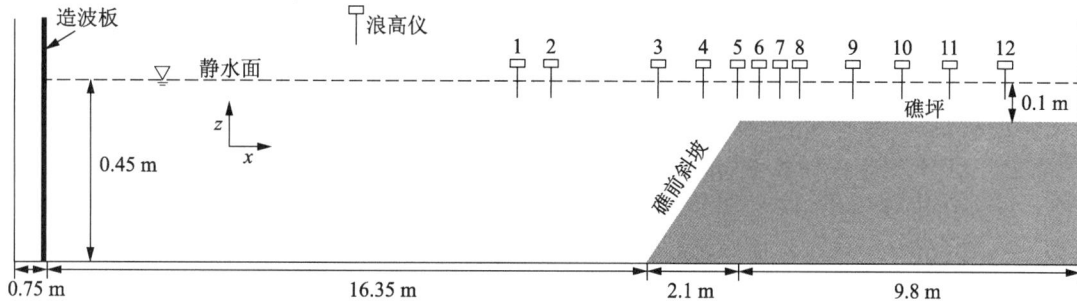

图 2 计算模型

表 1 水槽中浪高仪(G_1—G_{12})距礁面趾距离

浪高仪编号	G_1	G_2	G_3	G_4	G_5	G_6	G_7	G_8	G_9	G_{10}	G_{11}	G_{12}
距礁面趾距离/m	-4.35	-4.10	0.95	2.00	2.35	2.65	2.95	3.25	3.65	5.25	6.95	8.75

本文对不同礁坪水深($h_r = 0.05$、0.075、0.10、0.125、0.15 m)与入射波高($H = 0.06$、0.08、0.095、0.12、0.14 m)的孤立波进行模拟,孤立波的静水位为 0.45 m,孤立波所有工况总模拟时间为 30 s。

3 孤立波沿岛礁地形传播变形分析

3.1 沿礁体与海岸线垂直的孤立波传播与变形

图 3 与图 4 分别探究了不同礁坪水深以及不同入射波高工况下,孤立波垂直于海岸线的无量纲波高 H_i/H_0 传播曲线。孤立波在传播到岸礁斜坡脚前,其无量纲波高保持不变,随着波浪开始沿坡爬升,由于浅化作用无量纲波高缓慢增长,且入射波高越小,无量纲波高越大,而礁坪水深的变化对其影响微小。

在图 3 中,当孤立波首波到达礁冠处时,各工况下的无量纲波高开始出现不同的变化。当 $h_r = 0.05$ m 时,孤立波会延迟破碎,其破碎点位于礁冠处,破碎波高为 1.3;其他工况均在礁前斜坡上发生破碎,破碎波高为 1.1。而图 4 中 5 个不同入射波高工况均在礁坪处发生波浪破碎。当 $h_r < H$ 时,h_r 越小,H_i/H_0 衰减得越快速,原因是表面激波产生的湍流耗散作用使得破碎波浪在沿礁传播的过程中会逐渐衰减;H 越大,H_i/H_0 衰减得越快速,原因是随着 H 的增加,破碎波在礁坪的能量透射率更低,破碎波能量耗散得越快速。当 $h_r > H$ 时,破碎波在沿礁继续传播的过程中会出现涌浪,涌浪使得 H_i/H_0 先增大再随着湍流的耗散作用逐渐衰减,并且由图 3 可知,h_r 越大,涌浪产生的无量纲波高越高,波浪衰减得越慢,由图 4 可知,入射波高对波浪衰减几乎没有影响。

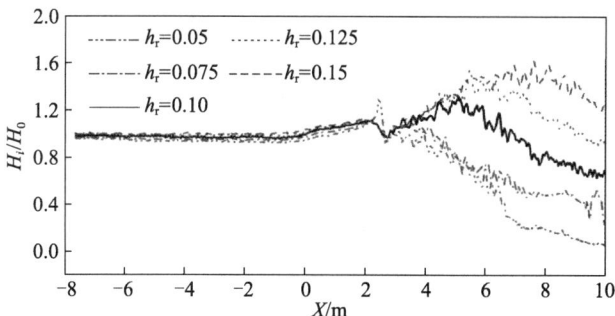

图 3 当 $H = 0.095$ m,不同 h_r 时,无量纲波高 H_i/H_0 沿礁传播变化规律

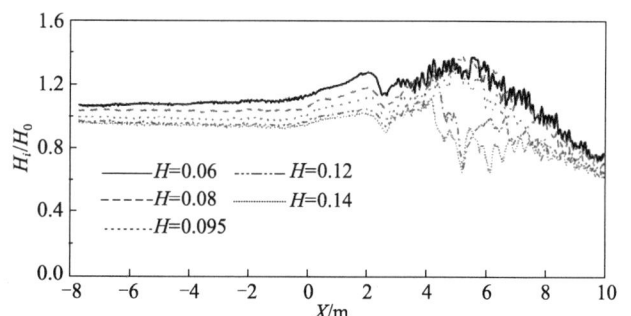

图 4 当 $h_r = 0.1$ m,不同 H 时,无量纲波高 H_i/H_0 沿礁传播变化规律

3.2 孤立波垂直于岸线方向沿礁的传播变形过程

在不同的礁坪深度下,入射波高 $H=0.095$ m,孤立波与岛礁相互作用时,在不同测量点处随时间变化的自由液面高度如图 5 所示。$h_r=0.10$ m 和 $h_r=0.15$ m,两者工况相似,当礁坪水深较浅,$h_r=0.05$ m,工况较为特殊。孤立波在外海 G_2 处波峰明显,由于波浪的反射作用产生了反射波;礁前斜坡 G_3 处,此时第一个反射波与孤立波首峰融合,使得首峰在回落的过程中趋势略有变缓;礁缘 G_5 处,当 $h_r=0.05$ m 时,波浪破碎呈现锯齿状,由于礁坪上水深较浅使得破碎后的波浪以激波的形式在水平礁坪上传播且自由液面高度接近于礁坪水深,与前者不同的是,当 $h_r=0.10$ m、$h_r=0.15$ m 时,自由液面会回复到初始位置,礁坪上有反射波的出现,并且越靠近礁坪末端,反射波峰越明显;由于浅化作用,孤立波在礁缘 G_5、礁坪前部 G_7 以及礁坪中部 G_9 处的波峰变陡,此外,当 $h_r=0.05$ m 时,波浪破碎所产生的锯齿状也随着位置的后移而增多;特别之处在礁坪末端 G_{11} 处,当 $h_r=0.05$ m 时,孤立波自由液面高度较小且传播时较其他测量点更加平稳,当 $h_r=0.10$ m 和 $h_r=0.15$ m 时,随着礁坪水深 h_r 的增加,波浪能量耗散减少,使得孤立波在礁坪上传播时波峰衰减较少,越接近礁坪末端,自由液面越高,且其反射波的次峰数目越少,峰形越陡峭。

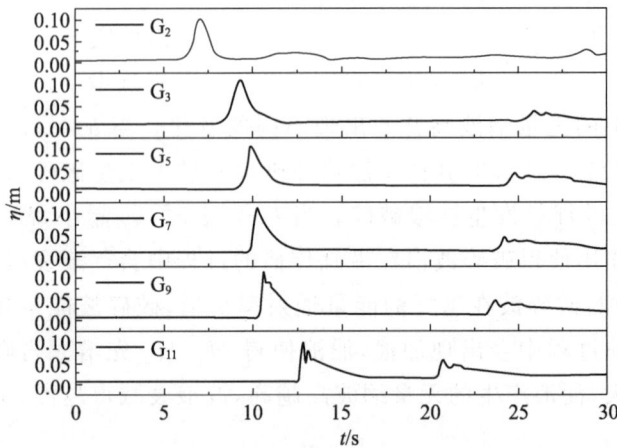

图 5　不同礁坪水深下,垂直于岸线方向沿礁不同位置(G_2、G_3、G_5、G_7、G_9、G_{11})自由液面的时间序列

当 $h_r=0.10$ m 时,$H=0.06$ m、$H=0.08$ m 以及 $H=0.12$ m 3 种工况下的孤立波在礁坪传播演化情况相似,如图 6 所示。孤立波在外海 G_2 处波峰明显,孤立波所产生的反射波在外海 G_2 处较为平缓,在礁坪传播过程中逐渐明显,且在礁坪末端 G_{11} 处最为明显。在礁前斜坡 G_3 处,此时第一个反射波与孤立波首峰融合,使得自由液面回复到初始位置。当 H 越大,孤立波所含波浪能量越大,在外海 G_2 处所产生的波峰越高,随着时间序列的推移,孤立波波峰在礁缘 G_5 处破碎后,沿着水平礁坪传播的过程中在礁坪前部 G_7、礁坪中部 G_9 以及礁坪末端 G_{11} 处,波峰会越来越陡,但总的来说变陡的过程较平缓,只在礁坪末端 G_{11} 出现明显的锯齿状。自由液面高度受入射波高的影响较小,除在外海 G_2 处自由液面略有波动,在

孤立波破碎后,自由液面均会回复到初始高度。由此可知,相较于入射波高,礁坪深度的变化对孤立波在礁坪传播演化情况的影响更大。

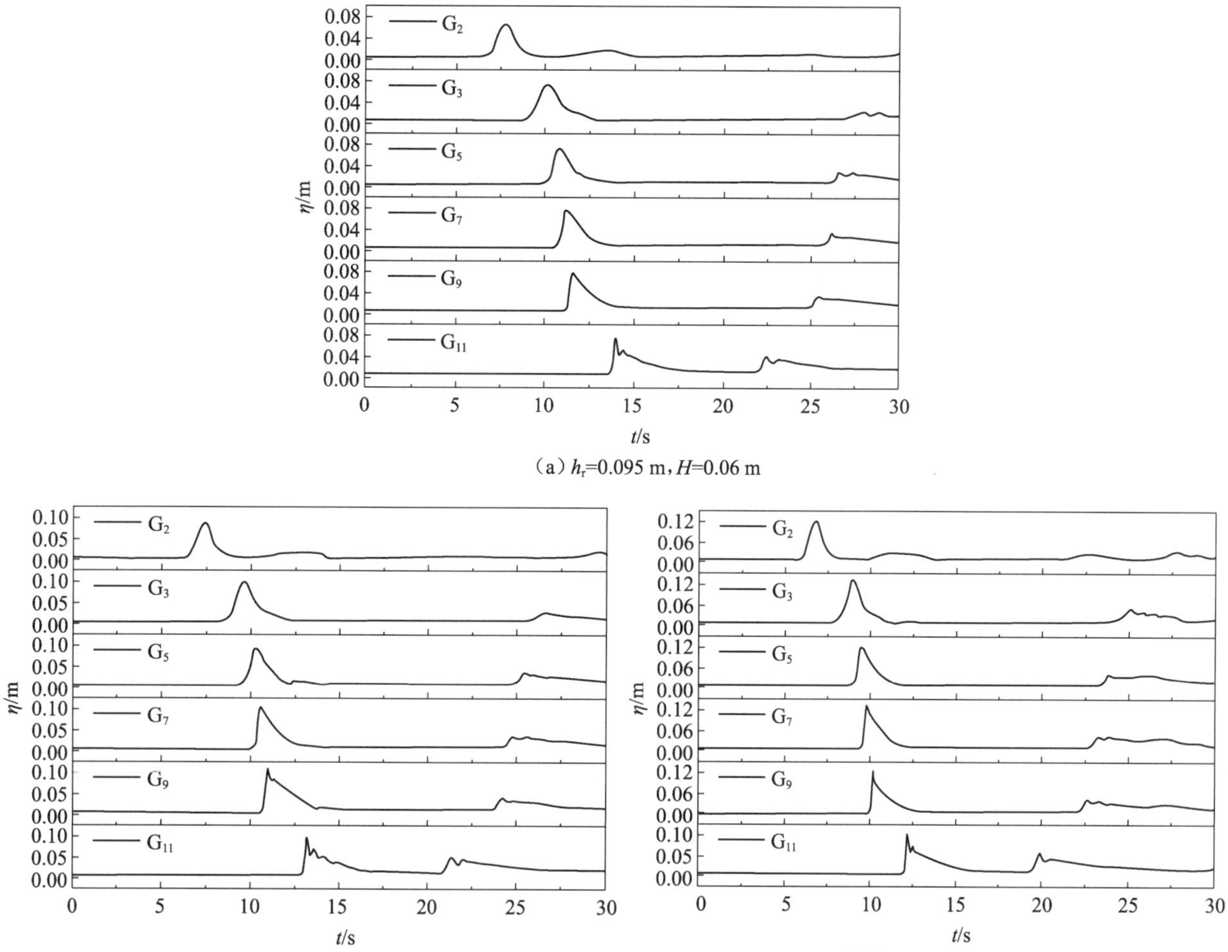

(a) h_r=0.095 m,H=0.06 m

(b) h_r=0.10 m,H=0.08 m

(c) h_r=0.10 m,H=0.12 m

图6　不同入射波高下,垂直于岸线方向沿礁不同位置(G_2、G_3、G_5、G_7、G_9、G_{11})自由液面的时间序列

4　结　语

本文主要采用SPH方法对孤立波沿岛礁传播情况进行了数值模拟,分析了不同波高及不同礁坪水深等参数对孤立波沿岛礁传播影响情况,主要结论为:

(1)孤立波在外海传播时,波形规律且完整,当波浪在礁前斜坡上爬升的过程中,由于浅化作用,波高变大,在礁缘处发生波浪破碎,呈现前陡后缓的波形,破碎波在沿水平礁坪继续传播时,由于波能耗散作用,波高趋于平缓。对于孤立波而言,礁坪水深影响较为明显,礁坪水深越大,底部摩阻越小,波能耗散越缓慢。另外,随着入射波高的增加,破碎波在礁坪上的能量透射率更低,破碎波能耗散得越快速。

(2)当礁坪水深较小时,孤立波会延迟破碎,其破碎点位于礁冠处,破碎波在沿水平礁坪传播过程中,当礁坪水深小于入射波高时,表面激波产生的湍流耗散作用使得破碎波在沿礁传播的过程中会逐渐衰减。当礁坪水深高于入射波高时,破碎波在沿礁传播过程中会出现涌浪,使得无量纲波高先增大再随着湍流的耗散作用逐渐衰减。

参考文献

[1]　朱仁庆,谢彤,刘一,等.畸形波作用下的浮式结构水弹性响应分析[J].船舶力学,2022,26(10):1473-1484.

[2]　YOUNG I R. Wave transformation over coral reefs[J]. Journal of Geophysical Research:Oceans,1989,94(C7):9779-9789.

[3]　嵇春艳,孟小峰,郭建廷,等.不同锚泊方式下浮式防波堤砰击载荷及其运动响应研究[J].舰船科学技术,2021,43

(11):95-99,162.

[4] MONAGHAN J. Smoothed particle hydrodynamics[J]. Annual Review of Astronomy and Astrophysics,1992,30: 543-574.

[5] MONAGHAN J J. Simulating free surface flows with SPH[J]. Journal of Computational Physics,1994,110(2):399-406.

[6] CRESPO A J C,GOMEZ-GESTEIRA M,DALRYMPLE A R A. Boundary conditions generated by dynamic particles in SPH methods[J]. CMC:Computers,Materials & Continua,2007,5(3):173-184.

[7] GOMEZ-GESTEIRA M,ROGERS B D,CRESPO A J C,et al. SPHysics-development of a free-surface fluid solver-part 1:theory and formulations[J]. Computers & Geosciences,2012,48:289-299.

[8] GORING D G. Tsunamis:the propagation of long waves onto a shelf[D]. Pasadena:California Institute of Technology,1979.

[9] 杨笑笑,姚宇,郭辉群,等. 礁面大糙率存在下孤立波传播变形及爬高实验研究[J]. 海洋学报,2021,43(3):24-30.

[10] YAO Y,HUANG Z H,MONISMITH S G,et al. 1DH Boussinesq modeling of wave transformation over fringing reefs[J]. Ocean Engineering,2012,47:30-42.

几内亚湾双峰谱波浪在海滩上的传播耗能特性研究

刘孟达[1,2],时 健[1,2],张 凯[1,2],张利鹏[1,2],张 弛[2]

(1. 河海大学 海岸灾害及防护教育部重点实验室,江苏 南京 210024;2. 河海大学 港口海岸与近海工程学院,江苏 南京 210024)

摘要:为研究双峰谱波浪在几内亚湾海滩地形上的传播演变规律,通过物理模型试验和 FUNWAVE-TVD 数值模型进行了模拟验证。研究发现,相对于单峰谱波浪,双峰谱中涌浪能量占比增加会导致破碎波高增大。单峰谱波能主要向谱峰的二倍频段和次重力波频段转移,双峰谱波能则由涌浪谱峰频段、风浪谱峰频段以及两者和频段处向更高频转移能量。不同风涌浪占比影响次重力波波能,深水中次重力波波能占比值主要取决于风涌浪占比,浅水中次重力波波能占比值主要取决于相对水深。根据次重力波波能分布特征,建立了不同涌浪能量占比条件下次重力波能量随相对水深变化的经验公式。

关键词:双峰谱波浪;FUNWAVE-TVD 模型;传播变形;波能演化

双峰谱波浪在港湾共振、海堤越浪、堤前反射以及海滩冲流等方面有着重要的影响[1-2]。Strekalov 等[3]首次将双峰谱拆分为低频和高频两部分,低频部分采用 Gauss 拟合,高频部分采用 Phillips 谱表示。Ochi 和 Hubble[4]将高频和低频分谱用两个调整后的 P-M 谱叠加,组合成一个六参数双峰谱型。Soares[5]基于北大西洋和北海的众多波浪观测数据,提出了包含高低频的有效波高和平均周期的四参数双峰谱型。Akbari 等[6]基于阿曼湾北部观测数据,对传统的双峰波浪谱型提出了一种校准方法,以提高结果的精度。

近些年学者逐步开展研究双峰谱波浪与结构物相互作用。Thompson[7]对比分析了 NEWRANS 数值模型中推波板造波与质量源造波两种方法在模拟双峰谱波浪的差异性。王敏[8]系统地分析了双峰谱波浪诱发细长港域内的长波共振特性,以及能量的非线性传递规律。Van Gent[9]对垂直沉箱式防波堤在斜向双峰谱波浪作用下的越浪量进行了研究。

本文主要利用物理模型试验和 FUNWAVE-TVD 模型开展模拟,以双峰谱波浪在海滩上传播变形特征为研究对象,对比分析总能量相同条件下单峰谱与双峰谱波浪在海滩上传播变形的不同特点,研究双峰谱波浪在海滩上传播过程的变形及波能演化规律。

1 模型建立与验证

1.1 模型设置

试验地形取自西非几内亚湾贝宁 Grand Popo 海滩,入射双峰谱波浪中涌浪谱峰周期 12.7 s,风浪谱峰周期 6.2 s。共布置了 11 根波高仪,造波源位置位于 G1 浪高仪处,距坡脚离岸 6 m。涌浪波的谱峰周期 T_s 设为 2.55 s,风浪波的谱峰周期 T_w 设为 1.27 s,分别对应原型周期 12.7 和 6.2 s。根据 Guedes Soares[10]提出的描述双峰谱波浪的模型,通过风涌浪能量占比(SER)来描述风浪主导型、涌浪主导型和风涌相当型波况。调整双峰谱中 SER 值,分别设置 0%、25%、50%、75% 和 100%,入射波高为 0.12、0.08 和 0.04 m 3 种,共 15 种工况。

数值模型采用 FUNWAVE-TVD 模型模拟单双谱波浪在斜坡海滩上传播变形,物理和数值模型试验

基金项目:国家重点研发计划政府间重点专项(2023YFE0126300);中央高校基本科研业务费项目(B240203007)

通信作者:时健。E-mail:jianshi@hhu.edu.cn

布置如图 1 所示,数值水槽长 40 m,水深 0.62 m,模型左边界为海绵层,x 方向的网格尺寸设置为 0.02 m,底摩阻系数取 0.001。模型计算时长 400 s,输出数据间隔为 0.01 s。

图 1　模型实验布置示意

1.2 波能谱验证

为验证双峰谱波浪波能沿程变化,选取了 4 个测点:坡脚处 G2、破波点附近 G6、波浪破碎后 G10 和沙坝前坡处 G11。图 2 为 $H_{m0}=8$ cm、SER 为 50% 工况模拟结果。结合其他工况结果分析,模型均较准确地模拟了波能在峰值频域上的分布和变化趋势,尤其是双峰谱波浪在破碎前能量在高频风浪峰迅速耗散并向低频涌浪谱峰集中的现象,但模型普遍高估了次重力波频段。

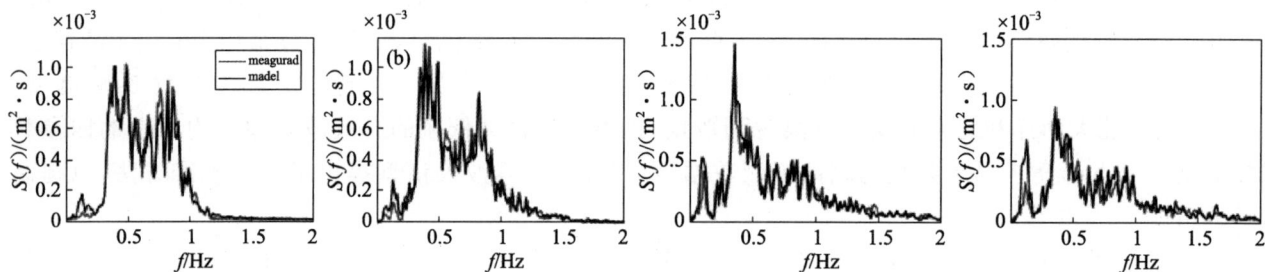

(a) H_{m0} 为 0.08 m,SER 为 50%,G2　(b) H_{m0} 为 0.08 m,SER 为 50%,G6　(c) H_{m0} 为 0.08 m,SER 为 50%,G10　(d) H_{m0} 为 0.08 m,SER 为 50%,G11

图 2　实测波谱与模拟波谱对比 (SER 为 50%,$H_{m0}=0.08$ m)

2 波浪的传播变形与波能演化分析

2.1 数值模型设置

采用 FUNWAVE-TVD 数值模型模拟斜坡海滩上双峰谱波浪的传播过程。数值水槽模型如图 3 所示,水槽长 35 m,水深 0.5 m,左边界为海绵层。x 方向的网格尺寸和底摩阻系数与验证模型一致。地形坡度为 1:20,造波源位于距离坡脚 6 m 处。入射波高设置为 0.05、0.08、0.10 m 3 种,SER 分别为 0%、25%、50%、75%、100%,共 15 种工况。

图 3　数值模型设置

2.2 谱型影响下的波浪传播变形规律

相同入射波高、不同涌浪能量占比情况下，相对有效波高 H_{sig}/H_{m0} 和次重力波波高 H_{IG}/H_{m0} 的波浪沿程分布情况(图 4)，其中次重力波与短波分隔频率统一为 0.256 Hz。当 SER 为 0%，由于深水波陡较大，波浪传播至坡脚处，有效波高开始缓慢减小，传播至 $x=4$ m 后波浪开始浅化，波高增大随后波浪开始大量破碎。双峰谱波浪的浅化效应较为明显，波浪传播至坡脚处便开始浅化，波长相比单峰谱风浪较长且波陡较小，波浪不易破碎。值得注意的是，入射双峰谱波浪总能量相同的情况下，破碎波高随 SER 的增大而增大，破波点也随着 SER 的增大而向海侧移动。

次重力波波高沿程分布的表现与总有效波高沿程分布特点有所不同。当入射波高 $H_{m0}=0.05$ m 时，次重力波波陡很小，波高沿程持续增长至岸线处($x=9.9$ m)次重力波波高达到极值，随后减小。当入射波高 $H_{m0}=0.08$ m、0.10 m 时，次重力波波高沿程增大，随着短波在破波点处一同破碎，之后次重力波波高衰减，在 $x=8.2$ m 处次重力波波高开始持续增大至岸线处($x=9.9$ m)衰减。总的来说，随着 SER 的增加，波浪激发的次重力波增强。

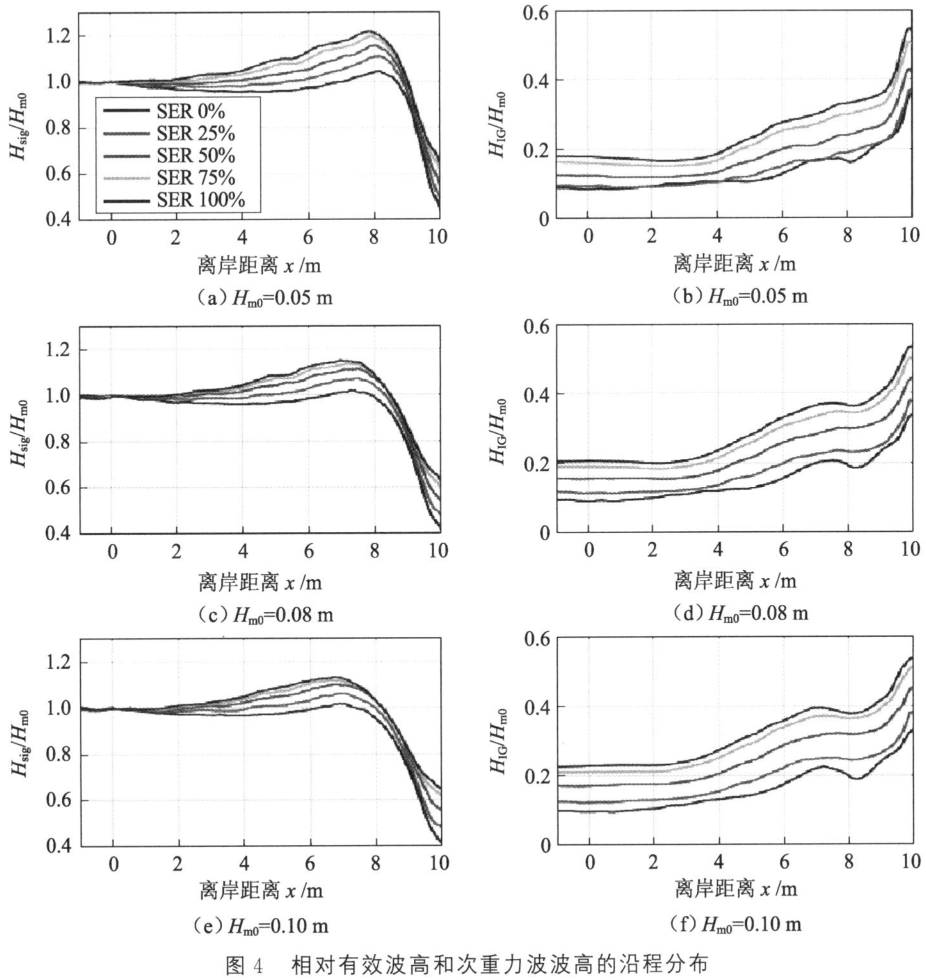

(a) H_{m0}=0.05 m　(b) H_{m0}=0.05 m

(c) H_{m0}=0.08 m　(d) H_{m0}=0.08 m

(e) H_{m0}=0.10 m　(f) H_{m0}=0.10 m

图 4　相对有效波高和次重力波波高的沿程分布

2.3 谱型影响下的波能演化规律

以入射波高 $H_{m0}=0.10$ m，SER 为 0%和 50%两种情况分析。图 5、图 6 中虚线表示次重力波与短波的分隔频率(0.256 Hz)，点划线表示短波中涌浪与风浪的分隔频率(0.65 Hz)，d 为水深，x 为离岸距离。

当 SER 为 0%时(图 5)，深水处波能集中在 0.8 Hz 主峰；中等水深处，波能有略微的损失，但次重力波频段(0.07 Hz)与主频的二倍频段(1.6 Hz)处能量增长，波能由主频向次重力波频段和二倍频段转移。波浪破碎时，主频处能量下降，二倍频段处能量显著增长。波浪破碎后，主频和二倍频段处的能量耗散，次重力波 0.7 Hz 处能量也有耗散。浅水区域内，二倍频段处波能耗散殆尽并向次重力波 0.19 Hz 频段转移波能。极浅水深处,短波能量耗散殆尽,0.07 Hz 频段的次重力波能增长,而 0.19 Hz 频段的次重力波能减小。

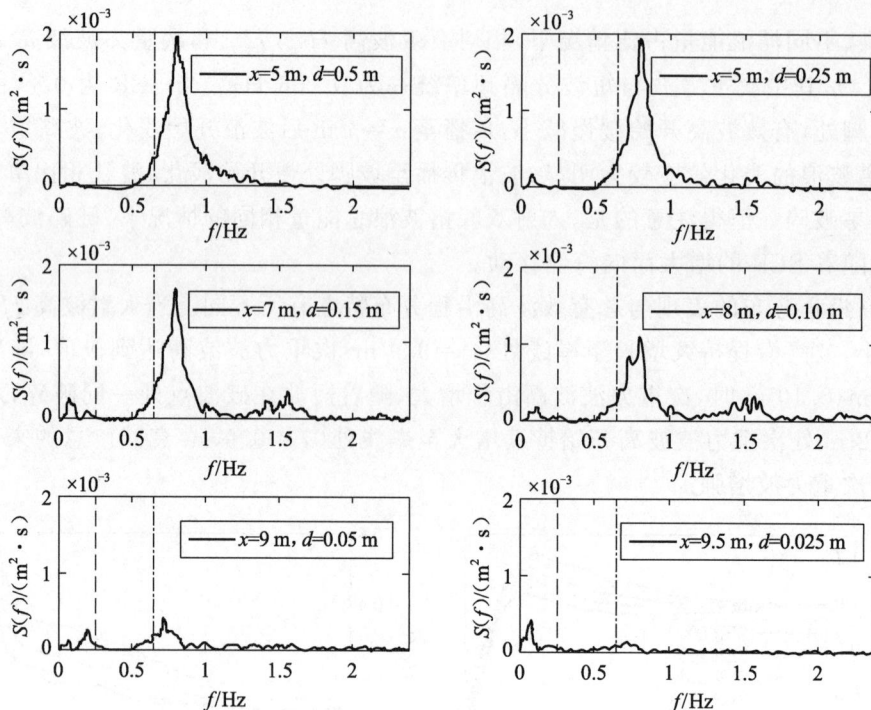

图 5 单峰谱波谱演化 (SER 为 0%,$H_{m0} = 0.10$ m)

当 SER 为 50% 时(图 6),在深水处,次重力波频段的能谱在 0.05 Hz 和 0.11 Hz 呈现双峰状。中等水深时,可以观察到短波中涌浪频段的能量增加,且向涌浪谱峰频率 f_{ps} 处集中。波浪破碎时,涌浪和风浪能量均有所耗散,波能由两个主频处向次重力波频段、和频 $f_{ps} + f_{pw}$ 以及二倍风浪谱峰频率 $2f_{pw}$ 处传播。波浪破碎后,1.0 Hz 处次重力波频段能量增加。波浪传播至浅水和极浅水域,次重力波与涌浪主导了浅水水域内的波浪运动。

图 6 双峰谱波谱演化 (SER 为 50%,$H_{m0} = 0.10$ m)

为了进一步讨论波浪次重力波与涌浪频段的能量分布在浅化过程中的特征,分别对次重力波与涌浪频段的能量进行无因次化处理。根据陈洪州[11]建议,当地波浪总势能(E_T)积分区间定义为 $f < 3.5f_p$,对

于本文中的双峰谱波浪 f_p 取风浪谱峰频率 f_{pw}，次重力波频段能量（E_{IG}）积分区间定义为 $f < 0.5 f_{ps}$。

建立了不同 SER 的次重力波能量参数 E_{IG}/E_T 与相对水深 d/H_s 的变化关系（图7），d 为水深。可以看到，在相对水深 $d/H_s > 2$ 时，E_{IG}/E_T 值变化不大，且值较小；相对水深 $d/H_s < 2$ 时，E_{IG}/E_T 值迅速增大，最终在极浅水域，E_{IG}/E_T 值达到了 $0.32 \sim 0.54$，表明浅水中的次重力波能量在总体波能中所占比例迅速增加。根据散点分布特征，采用反比例函数对 E_{IG}/E_T 与 d/H_s 之间的关系进行了拟合，拟合结果如式（1）所示：

$$\frac{E_{IG}}{E_T} = \frac{0.05}{(d/H_s)^2} + \frac{3SER}{50} \tag{1}$$

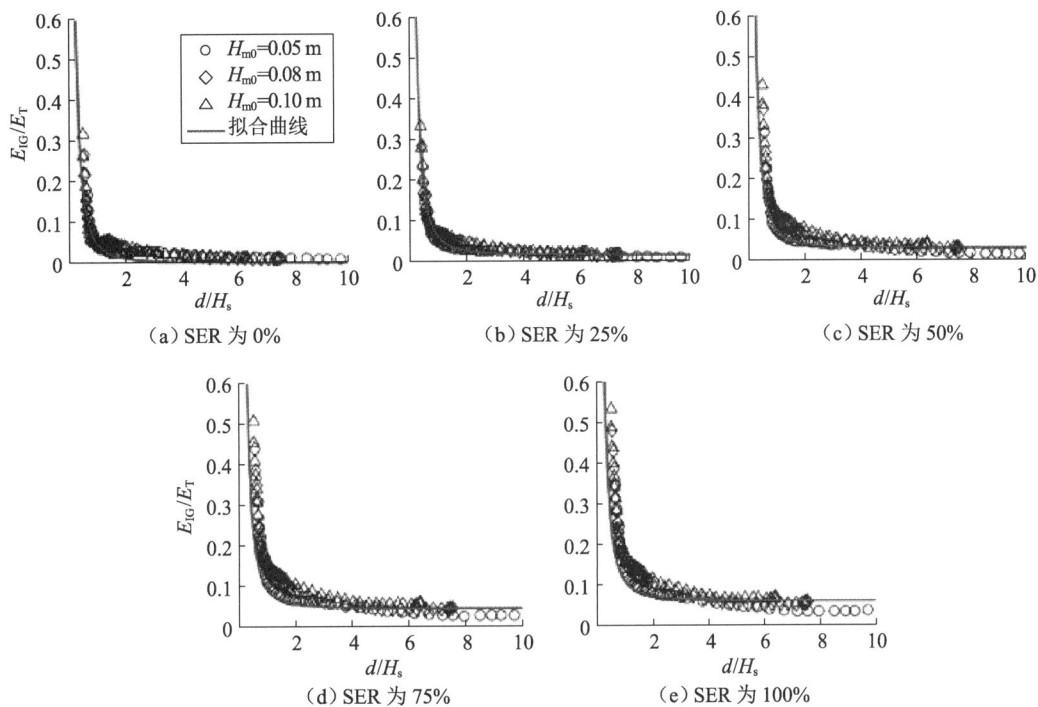

图7 次重力波能量参数与相对水深的关系

3 结 语

对理想斜坡地形上的双峰谱波浪的传播变形以及耗能规律进行了数值模拟研究。研究结果表明：

（1）双峰谱波浪相比单峰谱波浪坡陡较小，波浪在传播过程中不易破碎。波浪的破碎波高随着 SER 的增大而增大，对于次重力波，SER 越大的双峰谱波浪产生的次重力波越大。

（2）通过波能谱演化的分析发现，单峰谱风浪在斜坡上传播过程中，波能主要向谱峰的二倍频率处和次重力波频段转移；对于双峰谱波浪，波能由涌浪谱峰频段、风浪谱峰频段以及两者和频段处向更高频转移能量。

（3）建立了不同涌浪能量占比下次重力波能量参数 E_{IG}/E_T 随相对水深 d/H_s 变化的经验公式，结果显示深水中 E_{IG}/E_T 值主要取决于 SER，浅水中 E_{IG}/E_T 值主要取决于相对水深 d/H_s。

参考文献

[1] ORIMOLOYE S, JOSE H C, HARSHINIE K, et al. Wave Overtopping of smooth impermeable seawalls under Unidirectional Bimodal Sea Conditions[J]. Coastal Engineering, 2021, 165: 103792.

[2] WANG M, WU H Q, HE B, et al. Physical experimental study on the low-frequency oscillation induced by bimodal wave in slender harbor[J]. Journal of Water Transport Engineering, 2020 (9): 67-76.

[3] STREKALOV S S, TSYPLOUKHIN V P, MASSEL S T. Structure of sea wave frequency spectrum[J]. Coastal Engineering Proceedings, 1972, 1(13): 14.

[4] OCHI M K, HUBBLE E N. Six-parameter wave spectra[J]. Coastal Engineering Proceedings, 1976, 1(15): 17.

［5］ SOARES C G. Representation of double-peaked sea wave spectra[J]. Ocean Engineering,1984,11(2):185-207.

［6］ AKBARI H,PANAHI R,AMANI L. A double-peaked spectrum for the northern parts of the Gulf of Oman:Revisiting extensive field measurement data by new calibration methods[J]. Ocean Engineering,2019,180:117-198.

［7］ THOMPSON D A,KARUNARATHNA H,REEVE D. Comparison between wave generation methods for numerical simulation of bimodal seas[J]. Water Science and Engineering,2016,9(1):3-13.

［8］ WANG M,WU H Q,HE B,et al. Physical experimental study on the low-frequency oscillation induced by bimodal wave in slender harbor[J]. Journal of Water Transport Engineering,2020(9):67-76.

［9］ VAN GENT M R. Influence of oblique wave attack on wave overtopping at caisson breakwaters with sea and swell conditions[J]. Coastal Engineering,2021,164:103834.

［10］ SOARES C G. Representation of double-peaked sea wave spectra[J]. Ocean Engineering,1984,11(2):185-207.

［11］ CHEN H Z. Research on the nonlinear characteristic parameterization of random waves on sloping terrain[D]. Dalian:Dalian University of Technology,2016.

非线性波能农场能量捕获与水波演化

金华清[1]，赵 鑫[1,2]，张海成[1]

（1. 湖南大学 机械与运载工程学院，湖南 长沙 410082；2. 中国船舶科学研究中心，江苏 无锡 214028）

摘要：海洋波浪既是一种潜力巨大的可再生能源，也时刻侵扰海工结构，对其安全运行构成威胁。如何对海洋长波（低频波）进行能量俘获与消减一直是海洋工程领域的关键科学问题。针对低频消波俘能技术瓶颈，基于非线性刚度机构减小装置等效固有频率原理，提出了一种非线性消波俘能方法。通过将非线性俘能装置阵列式布置成波能农场，可实现大规模消波俘能。首先建立了非线性波能农场解析模型，提出了特征函数展开匹配-多谐波平衡的混合频域求解方法，求解该非线性波浪-结构耦合作用问题。其次分析了该波能农场能量捕获与波浪场演化性能，数值结果表明非线性刚度具有被动相位控制和振幅放大机理，能有效提升波能转换器的低频能量捕获效率和水波消波效果。通过对波浪场的研究发现布拉格共振会导致波能农场的效率大幅降低。

关键词：波浪能；波浪衰减；非线性刚度；布拉格共振；波能农场；波浪演化

地球表面大约71%是由海洋覆盖的，因此波浪能的储量极其丰富。波浪能具有能量密度高、可开发性高、绿色环保等优点，是一种极具潜力的新能源。波浪能转换器（wave energy converter，WEC）是一种用来捕获波浪能量的设备。迄今为止，已有数千种波浪能装置被研发出来。根据工作原理，波浪能装置通常可以归类为越浪式、振荡水柱式（OWC）和点吸收式（PA）[2]。其中，点吸收式波浪能装置具有相对较低的成本和较高的效率，因而最具开发潜力[3]。

为了大规模捕获波浪能，往往需要将单个的波能装置阵列式布放，形成波能农场。这些密布的波能装置并不是相互独立地工作，而是会受到相互间的水动力干扰[4]。在波能农场中的波能装置工作效率可能会高于或低于单独布置的波能装置效率。以往的研究都着重于波能装置的数目、外形、布局以及浪向等因素[5]，而少有学者关注波能农场中波浪的演化情况。然而，阵列间波浪的变化才是导致波浪能装置性能变化的本质原因[6]。例如，周期阵列中的布拉格散射会导致波能农场的效率大幅降低[7]，陷波效应会使得阵列中的波能装置运动响应增大[8]，利用月池共振效应可提升波能装置的效率[9]。因此研究波能农场的波浪演化特性是极其有必要的。另外，流经波能农场的波浪可能还会影响其他海洋结构，甚至影响海岸区域。因此，监测波能农场的波浪环境对评估局域海浪气候有着重要意义。

点吸收式波浪能装置的工作原理是通过内部的动力转换装置（PTO）系统将波能装置的动能转化为电能，这意味着波能装置需要在共振时才有较高的工作效率[11]。从波能装置的固有频率表达式可知，波能装置的结构尺度较大时才能与低频波浪共振。例如球形浮子的直径需要达到30 m才能与周期为8 s的波浪共振。而海洋波浪通常以6～10 s的长周期（低频）波浪为主，这给高性能波能装置的设计带来了极大的成本挑战。为了提升波能装置的性能，一些主动控制技术被应用到波能装置中，如闭锁控制、离合控制、模型预测控制。然而这些控制技术的有效性极大程度依赖于对系统输入（如波高、波浪激励力）的预测精度；预测偏差发生时，控制可能会失效[13]。最近，一种利用非线性刚度机构的被动控制技术逐渐被学者们研究，其核心思想是减小波能装置等效刚度（即降低结构共振频率）来提升它的捕获效率。一些非线性刚度机构，如双稳态机构、自适应双稳态机构和多稳态机构被应用到波能装置中。研究表明引入非线性

基金项目：国家自然科学基金项目（12272128）

通信作者：张海成。E-mail：zhanghc@hnu.edu.cn

刚度机构可提升波能装置的捕获效率并拓宽捕获频带。

本文提出了一个非线性波能农场模型，即将多个非线性波能装置阵列布放形成波浪农场，以大规模高效发电。其中非线性刚度机构由一对水平压缩的弹簧形成，可降低波能装置在垂向方向的等效刚度。对波浪在非线性波能农场中的演化情况也进行了研究。为了求解该非线性波浪-结构耦合问题，采用了特征函数展开匹配-多谐波平衡的混合求解方法。其中特征函数展开匹配用于求解波能农场的水动力系数问题，多谐波平衡法用于求解波能装置的非线性运动响应问题。本研究有望为波能农场的低频高效俘能消波提供新的解决方案。

1 非线性波能农场数学模型

海上波能农场如图1所示，其中，NSM是非线性刚度机构，PTO是动力转换装置，Pile是支柱。通过将多个波能装置阵列式布置，可捕获海面上不同位置的波浪能。本研究采用了垂荡浮子式波能装置，利用桩柱来固定浮子并释放垂荡方向的自由度。非线性波能装置如图1所示，浮子内部的非线性刚度机构由压缩的弹簧组成。该弹簧在水平方向受力平衡，而在垂向方向可给浮子提供一个作用力。

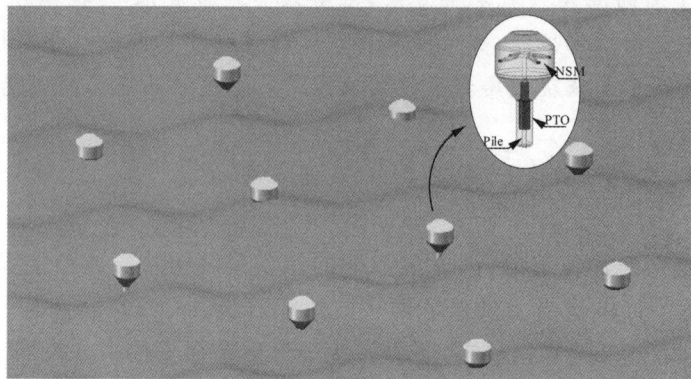

图1 海上非线性波能农场示意图

本研究基于线性波浪理论。然而非线性刚度机构会导致非线性的波浪-结构耦合作用。为了清晰地揭示波浪与结构非线性的耦合机理，提出了特征函数展开匹配-多谐波平衡的混合求解方法。特征函数展开匹配法用于求解波浪的绕射/辐射的线性水动力问题，多谐波平衡法用于求解浮体的非线性运动问题。该方法可推广至更一般的非线性的波浪-结构耦合求解。图2说明两种方法的联合求解过程。

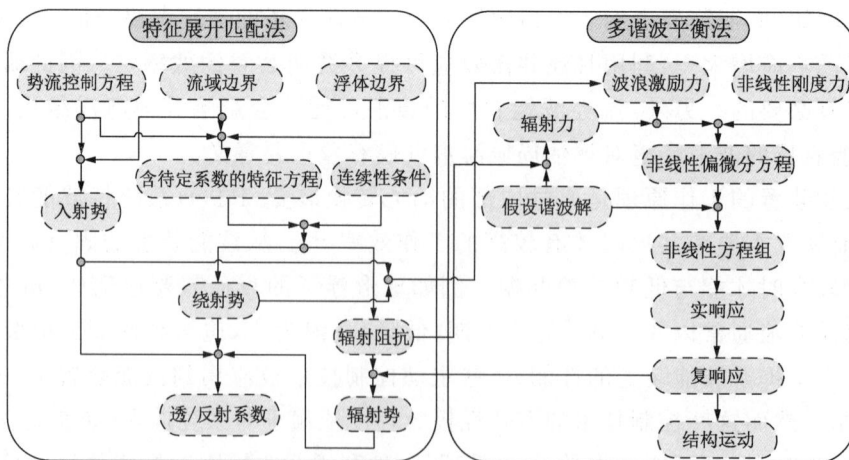

图2 特征函数展开匹配-多谐波平衡混合求解方法流程图

1.1 线性水动力模型

用多个圆柱浮子阵列可用来近似模拟海上波能装置，如图3(a)所示。N 个圆柱布置在海面上，海洋水深为 h，第 n 个浮子的半径和吃水深度分别为 R_n 和 d_n。为便于建模，分别定义了全局坐标系($Oxyz$)

和局部柱坐标系$(O_n r_n \theta_n)$。全局坐标以地球为参考系，Oxy 面处于自由液面，Oz 轴垂直向上。局部坐标系设在每个浮体模块的质心$(x_n, y_n, 0)$处，如图 3(b)所示。

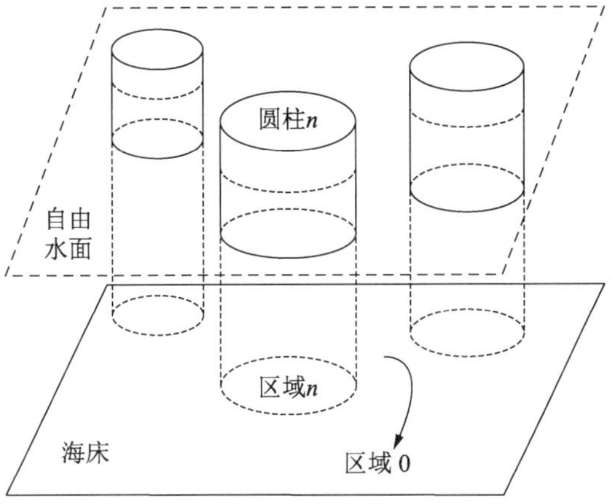

（a）鸟瞰图 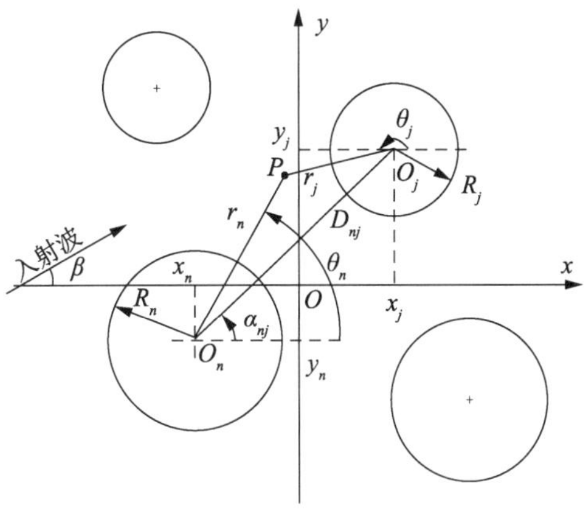　　　　　　　　　　　　　　（b）俯视图

图 3　简化的波能农场几何模型示意图

假设流体无黏无旋并且不可压缩，则可采用速度势 $\psi = Re[\Phi e^{-i\omega t}]$ 来描述流体运动，其中 t 表示时间，i 为虚数，Φ 为空间速度势，满足如下的拉普拉斯方程：

$$\frac{\partial^2 \Phi(x, y, z)}{\partial x^2} + \frac{\partial^2 \Phi(x, y, z)}{\partial y^2} + \frac{\partial^2 \Phi(x, y, z)}{\partial z^2} = 0 \tag{1}$$

对于波能农场的水动力问题，基于线性波浪理论，速度势 Φ 可分解为如下的 3 个元素：

$$\Phi = \Phi_I + \Phi_D + \sum_{n=1}^{N} \varphi_{R,n} \tag{2}$$

式中：Φ_I 表示入射势，Φ_D 表示绕射势，$\varphi_{R,n}$ 表示由第 n 个浮子引起的辐射势。

仅考虑垂荡运动时，辐射势应为：

$$\varphi_{R,n} = -i\omega u_n \Phi_R^n \tag{3}$$

假设入射波浪的波幅为 A，波频为 ω，相对 x 轴以 β 角度传播，那么入射势可写为：

$$\Phi_I(x, y, z) = -\frac{igA}{\omega} \frac{\cosh[\kappa_0(z+h)]}{\cosh(\kappa_0 h)} e^{i\kappa_0(x\cos\beta + y\sin\beta)} \tag{4}$$

$$\Phi_I(r_n, \theta_n, z) = \frac{igA}{\omega} \frac{\cosh[\kappa_0(z+h)]}{\cosh(\kappa_0 h)} e^{i\kappa_0(x_n\cos\beta + y_n\sin\beta)} \times \sum_{m=-\infty}^{\infty} i^m e^{-im\beta} J_m(\kappa_0 r_n) e^{im\theta_n} \tag{5}$$

式(4)和(5)分别为入射势在笛卡尔坐标系和局部柱坐标系下的表达式。

绕射势和辐射势应分别满足如下的边界条件：

$$
\begin{cases}
\dfrac{\partial^2 \Phi_D}{\partial x^2} + \dfrac{\partial^2 \Phi_D}{\partial y^2} + \dfrac{\partial^2 \Phi_D}{\partial z^2} = 0 \\[2mm]
\dfrac{\partial \Phi_D}{\partial z} - \dfrac{\omega^2}{g} \Phi_D = 0, \quad z = 0 \text{ and } r_n \geqslant R_n \\[2mm]
\dfrac{\partial \Phi_D}{\partial z} = 0, \quad z = -h \\[2mm]
\dfrac{\partial \Phi_D}{\partial z} = -\dfrac{\partial \Phi_I}{\partial z}, \quad z = -d_n \text{ and } 0 \leqslant r_n \leqslant R_n \\[2mm]
\dfrac{\partial \Phi_D}{\partial r_n} = -\dfrac{\partial \Phi_I}{\partial r_n}, \quad -d_n \leqslant z \leqslant 0 \text{ and } r_n = R_n \\[2mm]
\sqrt{\kappa_0 r_n}\left(\dfrac{\partial \Phi_D}{\partial r_n} - i\kappa_0 \Phi_D\right) = 0, r_n \to \infty
\end{cases}
\qquad
\begin{cases}
\dfrac{\partial^2 \Phi_R^n}{\partial x^2} + \dfrac{\partial^2 \Phi_R^n}{\partial y^2} + \dfrac{\partial^2 \Phi_R^n}{\partial z^2} = 0 \\[2mm]
\dfrac{\partial \Phi_R^n}{\partial z} - \dfrac{\omega^2}{g} \Phi_R^n = 0, \quad z = 0 \text{ and } r_p \geqslant R_p \\[2mm]
\dfrac{\partial \Phi_R^n}{\partial z} = 0, \quad z = -h \\[2mm]
\dfrac{\partial \Phi_R^n}{\partial z} = \delta_{n,p}, \quad z = -d_p \text{ and } 0 \leqslant r_p \leqslant R_p \\[2mm]
\left.\dfrac{\partial \Phi_R^n}{\partial r_p}\right|_{r_p = R_p} = 0, -d_p \leqslant z \leqslant 0 \\[2mm]
\sqrt{\kappa_0 r_p}\left(\dfrac{\partial \Phi_R^n}{\partial r_p} - i\kappa_0 \Phi_R^p\right) = 0, \quad r_p \to \infty
\end{cases}
\tag{6}
$$

对于边值问题(6)，可采用特征匹配法求解，具体求解过程可见参考文献"Diffraction and independent radiation by an array of floating cylinders"[15]。

1.2 非线性振动模型

在本部分建立点吸收式波能装置动力学模型。图 4 为点吸收波能装置的等效力学模型。波能装置在工作时受到波浪激励力、波浪辐射力、静水恢复力、PTO 阻尼力以及非线性刚度机构的作用力。

由牛顿第二定理，N 个波能装置的动力学方程可写为：

$$\boldsymbol{M}\ddot{\boldsymbol{Z}} + \boldsymbol{C}\dot{\boldsymbol{Z}} + \boldsymbol{F}_R + \boldsymbol{K}\boldsymbol{Z} + \boldsymbol{G} = Re[\boldsymbol{F}_e \mathrm{e}^{-\mathrm{i}\omega t}] \tag{7}$$

式中：$\boldsymbol{Z} = [z_1, \cdots, z_n, \cdots, z_N]^\mathrm{T}$，表示浮子位移矩阵，为待求解量；$\boldsymbol{M} = \mathrm{diag}[m_1, \cdots, m_n, \cdots, m_N]$，表示浮子质量矩阵，且 $m_n = \rho\pi(R_n)^2 d_n$；$\boldsymbol{K} = \mathrm{diag}[k_1, \cdots, k_n, \cdots, k_N]$，表示静水恢复刚度矩阵；$\boldsymbol{C} = \mathrm{diag}[c_1, \cdots, c_n, \cdots, c_N]$，表示 PTO 阻尼力；$\boldsymbol{G} = [G_1, \cdots, G_n, \cdots, G_N]^\mathrm{T}$，表示非线性刚度力；$\boldsymbol{F}_e = [F_e^1, \cdots, F_e^n, \cdots, F_e^N]^\mathrm{T}$，表示波浪作用力；$\boldsymbol{F}_R$ 表示波浪辐射力，由浮体运动所决定，为未知量。

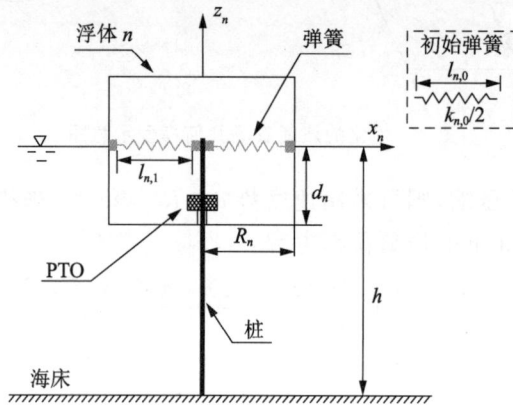

图 4　配有非线性刚度的波能装置几何示意图

对于如图 4 所示的非线性刚度机构，由其几何关系可以计算该机构提供的垂向力 G_n 为：

$$G_n = k_{n,0} z_n \left(1 - \frac{l_{n,0}}{\sqrt{z_n^2 + l_{n,1}^2}}\right) \tag{8}$$

式中：$k_{n,0}/2$ 表示弹簧刚度，$l_{n,0}$ 表示弹簧原长，$l_{n,1}$ 表示弹簧在压缩时水平位置处的长度。

在非线性方程(7)中，辐射力与浮体运动相关，而浮体运动的求解又需要确定辐射力。因此，在目前情形下该方程无法求解。为求解该耦合问题，提出了一种特征匹配展开-多谐波平衡的混合求解方法。对于浮体的线性水动力问题，在"1.1 线性水动力模型"中采用了特征匹配展开法求解。对于非线性方程(7)中的非线性振动问题，基于傅里叶变换原理，可假设浮体的非线性运动是由一系列的线性谐波叠加而成，即：

$$\boldsymbol{Z} = \sum_{j=1}^{M} \boldsymbol{Z}_j \tag{9}$$

式中：$\boldsymbol{Z}_j = [z_{1,j}, \cdots z_{n,j}, \cdots, z_{N,j}]$，表示该非线性系统的第 j 阶响应谐波。

$$z_{n,j} = d_{n,j}\sin\omega_j t + e_{n,j}\cos\omega_j t \tag{10}$$

式中：ω_j 表示第 j 阶谐波的响应频率，$d_{n,j}$ 和 $e_{n,j}$ 表示第 j 阶谐波待求解系数。

因此，通过匹配各阶谐波对应的附加质量和附加阻尼，即可得到辐射力的表达式：

$$\boldsymbol{F}_R = \sum_{j=1}^{M} \boldsymbol{A}(\omega_j)\ddot{\boldsymbol{Z}}_j + \boldsymbol{B}(\omega_j)\dot{\boldsymbol{Z}}_j \tag{11}$$

式中：$\boldsymbol{A}$ 和 $\boldsymbol{B}$ 表示简谐运动时浮体的附加质量和附加阻尼矩阵，是与频率相关的量。其表达式如下：

$$\boldsymbol{A}(\omega_j) = \begin{bmatrix} a_{11} & \cdots & a_{1N} \\ \vdots & & \vdots \\ a_{N1} & \cdots & a_{NN} \end{bmatrix}(\omega_j), \boldsymbol{B}(\omega_j) = \begin{bmatrix} b_{11} & \cdots & b_{1N} \\ \vdots & & \vdots \\ b_{N1} & \cdots & b_{NN} \end{bmatrix}(\omega_j) \tag{12}$$

为便于求解方程(7)，式(8)中的非线性刚度力在可静平衡位置展开到三阶：

$$G_n(z_n) \approx G_n(0) + G_n'(0)z_n + \frac{G_n''(0)}{2!}z_n^2 + \frac{G_n'''(0)}{3!}z_n^3 = k_{n,0}\left(1 - \frac{l_{n,0}}{l}\right)z_n + \frac{k_{n,0}l_{n,0}}{2l_{n,1}^3}z_n^3 \tag{13}$$

为便于表达，引入 $s_n = k_{n,0}\left(1 - \dfrac{l_{n,0}}{l_{n,1}}\right)$，$p_n = \dfrac{k_{n,0}l_{n,0}}{2l_{n,1}^3}$。则非线性刚度力可简写为 $G_n(z_n) = s_n z_n + p_n z_n^3$。

将各力的表达式代入方程（7）中，可得到一个由正弦项和余弦项组成的非线性方程组，表达式如下：

$$\sum_{j=\in[\![0;M]\!]}\left\{\left[-\omega_j^2(\boldsymbol{M}+\boldsymbol{A}_j)\boldsymbol{D}_j + \omega_j(\boldsymbol{C}+\boldsymbol{B}_j)\boldsymbol{E}_j + (\boldsymbol{K}+\boldsymbol{S})\boldsymbol{D}_j\right]\cos(\omega_j t) + \right.$$
$$\left[-\omega_j^2(\boldsymbol{M}+\boldsymbol{A}_j)\boldsymbol{E}_j - \omega_j(\boldsymbol{C}+\boldsymbol{B}_j)\boldsymbol{D}_j + (\boldsymbol{K}+\boldsymbol{S})\boldsymbol{E}_j\right]\sin(\omega_j t)\Big\} +$$
$$\sum_{i,j,k\in[\![0;M]\!]^3}\frac{1}{4}\boldsymbol{P}\big\{(\boldsymbol{D}_i\boldsymbol{D}_j\boldsymbol{D}_k - \boldsymbol{D}_i\boldsymbol{E}_j\boldsymbol{E}_k - \boldsymbol{E}_i\boldsymbol{D}_j\boldsymbol{E}_k - \boldsymbol{E}_i\boldsymbol{E}_j\boldsymbol{E}_k)\cos((i+j+k)\omega_j t) + $$
$$(\boldsymbol{D}_i\boldsymbol{D}_j\boldsymbol{D}_k + \boldsymbol{D}_i\boldsymbol{E}_j\boldsymbol{E}_k + \boldsymbol{E}_i\boldsymbol{D}_j\boldsymbol{E}_k - \boldsymbol{E}_i\boldsymbol{E}_j\boldsymbol{D}_k)\cos((i+j-k)\omega_j t) + $$
$$(\boldsymbol{D}_i\boldsymbol{D}_j\boldsymbol{D}_k + \boldsymbol{D}_i\boldsymbol{E}_j\boldsymbol{E}_k - \boldsymbol{E}_i\boldsymbol{D}_j\boldsymbol{E}_k + \boldsymbol{E}_i\boldsymbol{E}_j\boldsymbol{D}_k)\cos((i-j+k)\omega_j t) + $$
$$(\boldsymbol{D}_i\boldsymbol{D}_j\boldsymbol{D}_k - \boldsymbol{D}_i\boldsymbol{E}_j\boldsymbol{E}_k + \boldsymbol{E}_i\boldsymbol{D}_j\boldsymbol{E}_k + \boldsymbol{E}_i\boldsymbol{E}_j\boldsymbol{D}_k)\cos((i-j-k)\omega_j t) + $$
$$(\boldsymbol{E}_i\boldsymbol{D}_j\boldsymbol{D}_k + \boldsymbol{D}_i\boldsymbol{D}_j\boldsymbol{E}_k + \boldsymbol{D}_i\boldsymbol{E}_j\boldsymbol{D}_k - \boldsymbol{E}_i\boldsymbol{E}_j\boldsymbol{E}_k)\sin((i+j+k)\omega_j t) + $$
$$(\boldsymbol{E}_i\boldsymbol{D}_j\boldsymbol{D}_k - \boldsymbol{D}_i\boldsymbol{D}_j\boldsymbol{E}_k + \boldsymbol{D}_i\boldsymbol{E}_j\boldsymbol{D}_k + \boldsymbol{E}_i\boldsymbol{E}_j\boldsymbol{E}_k)\sin((i+j-k)\omega_j t) + $$
$$(\boldsymbol{E}_i\boldsymbol{D}_j\boldsymbol{D}_k + \boldsymbol{D}_i\boldsymbol{D}_j\boldsymbol{E}_k - \boldsymbol{D}_i\boldsymbol{E}_j\boldsymbol{D}_k + \boldsymbol{E}_i\boldsymbol{E}_j\boldsymbol{E}_k)\sin((i-j+k)\omega_j t) + $$
$$(\boldsymbol{E}_i\boldsymbol{D}_j\boldsymbol{D}_k - \boldsymbol{D}_i\boldsymbol{D}_j\boldsymbol{E}_k - \boldsymbol{D}_i\boldsymbol{E}_j\boldsymbol{D}_k - \boldsymbol{E}_i\boldsymbol{E}_j\boldsymbol{E}_k)\sin((i-j-k)\omega_j t)\big\}$$

$$= Re(\boldsymbol{F}_e)\cos\omega t + Im(\boldsymbol{F}_e)\sin\omega t \tag{14}$$

式中：$\boldsymbol{D}_j = [d_{1,j},\cdots,d_{n,j},\cdots,d_{N,j}]$；$\boldsymbol{E}_j = [e_{1,j},\cdots,e_{n,j},\cdots,e_{N,j}]$，为第 j 阶谐波系数。忽略式（14）中的高于 M 阶的谐波，则在方程左边得到 M 个余弦项和 M 个正弦项，在方程右边得到 1 个余弦项和 1 个正弦项。基于谐波平衡，可得到阶数为 $2MN$、含有 $2MN$ 个未知系数的方程组。对于该方程组，可采用弧长延拓法求解。

求解该方程组后，浮体的运动响应可求得，该非线性波浪-结构物耦合问题也可得到求解。

2　结果和讨论

基于上面的推导，在求解该波浪-结构物耦合问题后我们将在本节中分析非线性波能农场的性能。以一个 2×2 的方形阵列为算例，如图 5 所示。模型参数为 $A = 1$ m，$\beta = \pi/2$，$h = 20$ m，$R = 0.25\ h$，$d = 0.2\ h$，$c^* = 0.1$，$\alpha = 2$，$\gamma = 0.8$，$l_0 = 0.25\ h$。波浪的频率范围为 $0.1 \sim 2.5$ rad/s。

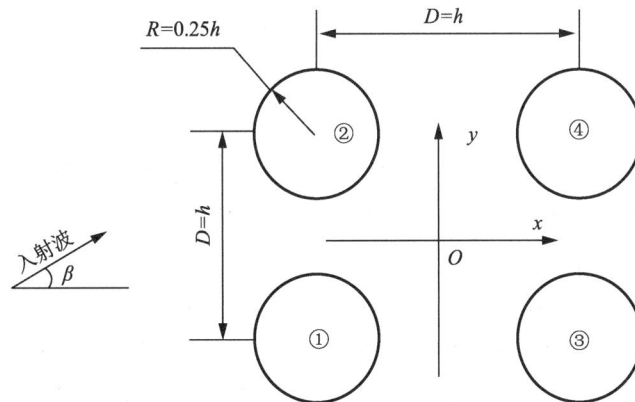

图 5　非线性波能装置方形阵列布置

2.1　能量捕获

首先分析波能农场中浮子的运动响应，如图 6（a）所示。为便于识别出非线性波能农场的特性，线性模型的结果也同样呈现在图中。从图中可以看到，在上游的浮子有更大的运动响应幅值，即 1 号浮子幅值大于 2 号浮子。且由于布置的对称性，1 号浮子与 3 号的运动幅值相同。对比线性模型，非线性模型中的浮子在中低频阶段有着更大的位移响应。因此，点吸收波能装置的能量捕获效率也呈现类似的变化规律，如图 6（b）所示。在上游的浮子有更大的捕获效率，左侧浮子与右侧浮子能量捕获效率相同。

更进一步，比较分析了线性波能农场和非线性波能农场的平均能量捕获效率，如图 6（c）所示，可以看到非线性波能农场具有更高的峰值效率，以及在中低频段更好的捕获性能。在图 6(d)中，给出了波能农场的品质因子。可以看到品质因子会出现大于 1 或小于 1 的情形，即波能农场中的波能装置的工作效率可能会高于或低于单独布置的波能装置的效率。另外，线性模型与非线性模型的品质因子基本一致，说明非线性波能装置在阵列布置时仍保持着高效能量捕获的优势。

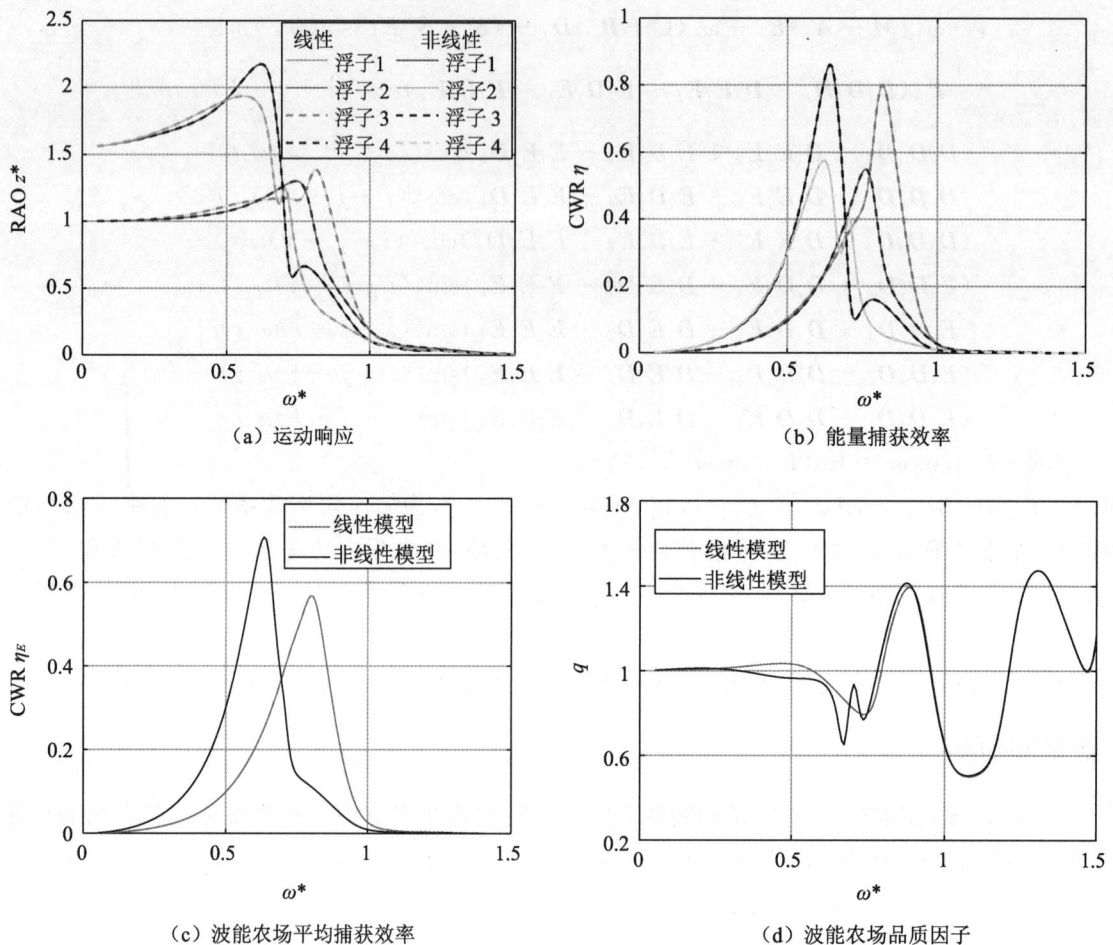

（a）运动响应　　　　　　　　　　　　　　　　　　（b）能量捕获效率

（c）波能农场平均捕获效率　　　　　　　　　　　　（d）波能农场品质因子

图 6　线性/非线性波能装置

2.2 波浪场

对波浪的研究能加深对波能装置水动力性能的理解。图 7 为在入射角 $\beta = \pi/2$ 时的波浪场。第一列为波浪经过静止的波能农场的波面变化图，第二列为波浪流经线性波能农场的波面变化图，第三列为波浪流经非线性波能农场的波面变化图。

从图 7(a1)(a2)和(a3)中可以看到不管波能装置是静止的、线性振动或非线性振动，波能装置对较低频的波（长波）的干扰都很小，在波能装置前方的波浪幅值有轻微的增加，在波能装置后方的波浪幅值有轻微的降低。在中低频阶段（$\omega^* = 0.6$），从图 7(b1)中可以观察到在静止的波能装置后方有一个阴影区，在该区域波浪幅值有所降低。而在图 7(b2)中，可以发现波影区出现在线性波能装置的斜后方位置。对比图 7(b2)和(b3)，可发现非线性波能装置有着明显的效果提升。在中高频阶段（$\omega^* = 0.8$），比较这 3 种算例，可以发现非线性波能装置仍然有着最大的波影区域，这意味着非线性波能装置可以对下游的海洋结构提供较好的庇护作用。到了高频阶段（$\omega^* = 1$），随着波长变短，波能装置对入射波的反射效果增强，在波能装置前方的波幅有着较大增加，而在波能装置后方的波浪有着较大的衰减。此时线性和非线性波能装置的运动幅值都较小［如图 6(b)所示］，因此图 7(d1)(d2)和(d3)中波浪场的变化基本一致。

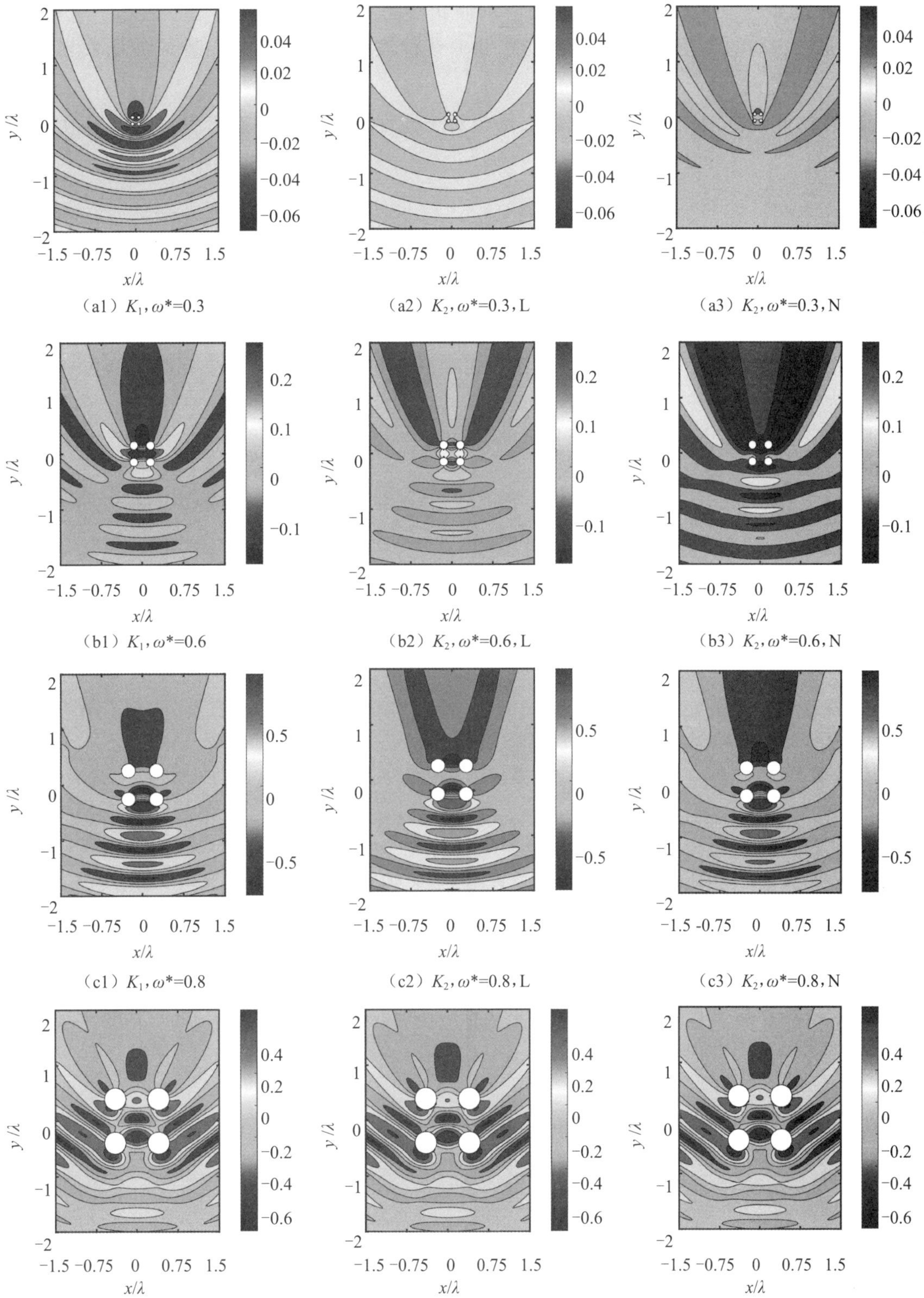

（a1）$K_1, \omega^*=0.3$ （a2）$K_2, \omega^*=0.3, L$ （a3）$K_2, \omega^*=0.3, N$

（b1）$K_1, \omega^*=0.6$ （b2）$K_2, \omega^*=0.6, L$ （b3）$K_2, \omega^*=0.6, N$

（c1）$K_1, \omega^*=0.8$ （c2）$K_2, \omega^*=0.8, L$ （c3）$K_2, \omega^*=0.8, N$

（d1）$K_1, \omega^*=0.1$ （d2）$K_2, \omega^*=0.1, L$ （d3）$K_2, \omega^*=0.1, N$

图 7   波浪场演化情况

3 结 语

提出了非线性波能农场概念，将配有非线性刚度机构的波能装置阵列式布置成波能农场。首先建立了非线性波能农场水动力模型，提出了特征函数展开匹配-多谐波平衡的混合求解方法，求解了该非线性波浪-结构耦合问题。随后研究了波能农场的阵列响应、能量捕获以及波浪演化特性。通过数值分析得到如下结论：

（1）非线性波能装置相对于线性波能装置在中低频段有着更大的运动响应，因此非线性波能装置在低频段有着高的能量捕获峰值效率以及更好的能量捕获性能。

（2）通过对波能农场的品质因子的研究发现，将非线性波能装置阵列式布置成波能农场后，它仍然保持着高效低频捕获的优点。

（3）在全频段的波浪范围内，非线性波能农场相对于线性波能农场都有着更好的波浪衰减效果。

参考文献

[1] 刘伟民,麻常雷,陈凤云,等. 海洋可再生能源开发利用与技术进展 [J]. 海洋科学进展,2018,36(1):1-18.

[2] ADERINTO T,LI H. Ocean wave energy converters:Status and challenges [J]. Energies,2018,11(5):11051250.

[3] ELIE A S,ZHANG R,WANG X. Point absorber wave energy harvesters:A review of recent developments [J]. 2019,12(1):47.

[4] FALNES J,HALS J. Heaving buoys,point absorbers and arrays[J]. Philosophical Transactions of the Royal Society A:Mathematical,Physical and Engineering Sciences,2012,370(1959):246-277.

[5] DE ANDRÉS A,GUANCHE R,MENESES L,et al. Factors that influence array layout on wave energy farms [J]. Ocean Engineering,2014,82:32-41.

[6] MCNATT J C,VENUGOPAL V,FOREHAND D. The cylindrical wave field of wave energy converters[C]//Proceedings of the 10th European Wave and Tidal Energy Conference. Aalborg,Denmark,September 2013.

[7] GARNAUD X,MEI C C. Bragg scattering and wave-power extraction by an array of small buoys[J]. Proceedings of the Royal Society A:Mathematical,Physical and Engineering Sciences,2010,466(2113):79-106.

[8] EVANS D,PORTER R. Trapped modes embedded in the continuous spectrum [J]. Quarterly Journal of Mechanics and Applied Mathematics,1998,51(2):263-274.

[9] TAY Z Y. Energy generation enhancement of arrays of point absorber wave energy converters via Moonpool's resonance effect [J]. Renewable Energy,2022,188:830-848.

[10] 李明伟,任俊卿,赵玄烈,等. 环形阵列波浪能装置水动力特性的数值研究 [J]. 水动力学研究与进展(A辑),2021,36(1):77-84.

[11] BUDAR K,FALNES J. A resonant point absorber of ocean-wave power [J]. Nature,1975,256(5517):478-479.

[12] 周潇,张海成,施奇佳,等. 非线性铰接双浮体波能转换器的能量捕获特性研究 [J]. 船舶力学,2024,28(1):55-69.

[13] 陈仁文,刘川,张宇翔. 直接式波浪能采集的研究现状与展望 [J]. 数据采集与处理,2019,34(2):195-204.

[14] 席儒,张海成,陆晔,等. 不规则波激励下磁力双稳态波浪能转换装置的能量捕获特性研究 [J]. 海洋工程,2021,39(1):142-152.

[15] SIDDORN P,TAYLOR R E. Diffraction and independent radiation by an array of floating cylinders [J]. Ocean Engineering,2008,35(13):1289-1303.

连续起伏地形上波流共振作用的流场特性研究

范　骏[1,2],陶爱峰[1,2],郑金海[1,2],徐　伟[1,2]

(1. 河海大学 海岸灾害及防护教育部重点实验室,江苏 南京　210024;2. 河海大学 港口海岸与近海工程学院,江苏 南京　210024)

摘要:河口近岸地区水下连续沙波地形与复杂径潮流作用的存在,使得该区域内水流与水下连续起伏地形之间的动力作用过程被逐渐关注。从水波动力学的角度,针对特定条件下的恒定水流经过连续起伏地形引发水面新的波浪成分的"流生波"问题,通过对已开展水槽试验观测数据的进一步挖掘,基于流场示踪定性观测与声学多普勒流速仪定量观测的方式,分析特定水深与流速范围内的恒定流经过水底正弦地形时引发"流生波"现象过程中水底地形上部的流场特征,简要阐述波形激发过程中流场动力特性及其所出现的涡旋情况。

关键词:流生波现象;恒定水流;连续起伏地形;共振作用;流场特征

恒定水流经过水底连续起伏地形时,在特定的水深和流速条件下会引发自由水面新的水波成分[1-6],称为"流生波"现象。由于部分河口地区存在大范围的水下连续沙波地形,其在径潮流的作用下也会引发水流与起伏地形之间的动力作用。以往研究表明[7-10],该现象的产生源自波浪、水流与水底起伏地形作用下的共振相互作用与临界动力条件同时满足时所引发的剧烈能量传递,使得自由水流表面参与特定共振动力作用的微幅扰动波成分不断获得能量并使其波幅显著增大。激发该现象的动力因素主要为流速、水深、水底起伏地形的波长、振幅以及起伏地形段长度。由于波浪、水流与非平整地形共存时复杂的动力过程[11-16],虽然目前对流生波现象产生的原理与机制已有一定的研究,但对于流生波现象激发时的流场情况关注较少,对其现象触发时水下流场动力特征的认识仍然存在一定的局限且有待进一步分析。

进一步分析针对流生波现象所开展的水槽试验数据中的流场观测结果,着重阐述波形激发过程中连续起伏地形上部的流场特征,特别是其中观测到的涡旋运动特性。

1　水槽试验情况

试验在波流水槽进行,水槽有效尺寸为 $51.0\ \text{m} \times 1.0\ \text{m} \times 1.5\ \text{m}$(长×宽×高),侧壁为玻璃材质,水槽下方埋设输水管道及水泵,以产生流速可调节的恒定水流(图 1)。水底固定起伏地形的波长 L_b 为 $0.24\ \text{m}$,振幅 A_b 为 $0.04\ \text{m}$,其平均高度位置与水槽底部保持一致(部分嵌入水槽底部),共设置 8 个正弦起伏地形波峰,起伏地形段总长为 $1.80\ \text{m}$,地形段中点与水槽上游入口的距离为 $33.0\ \text{m}$,并设置流态稳定设施。通过分析以往针对流生波现象所开展水槽试验的典型组次,并着重关注水下流场的现象与数据特征,补充分析连续起伏地形上波流共振作用的流场特性。具体试验布置情况可参考相关文献[9-10]。

基金项目:国家自然科学基金青年项目(52101308);中央高校基本科研业务费专项资金资助项目(B240201012);国家自然科学基金面上项目(52271271)

通信作者:陶爱峰。E-mail:aftao@hhu.edu.cn

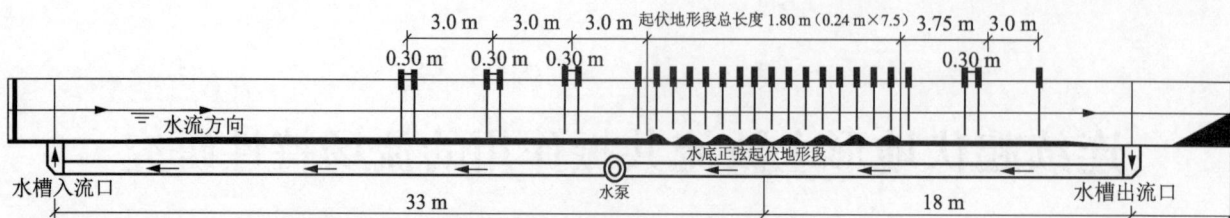

图 1   流生波现象的水槽试验示意

2 试验结果分析

2.1 流生波现象激发时的流场定性特征

通过在水槽上部设置 532 nm 波长的绿色激光片光源,并利用下述两种方式分别观测流场:一方面通过在正弦起伏地形的上游侧释放二氧化钛等材料粉末的悬浊液进行水体示踪,并拍摄视频;另一方面在正弦地形的上游一侧流场释放铝箔碎屑,同时通过相机对正弦地形上部流场进行时长为 2~3 s 的延时曝光,从而实现对流生波问题发生时水下流场情况的定性示踪。图 2 与图 3 分别为地形波长 0.24 m、地形振幅 0.04 m、相对水深 0.8、弗劳德数 0.24 时的水下流场悬浊液和延时曝光示踪情况。

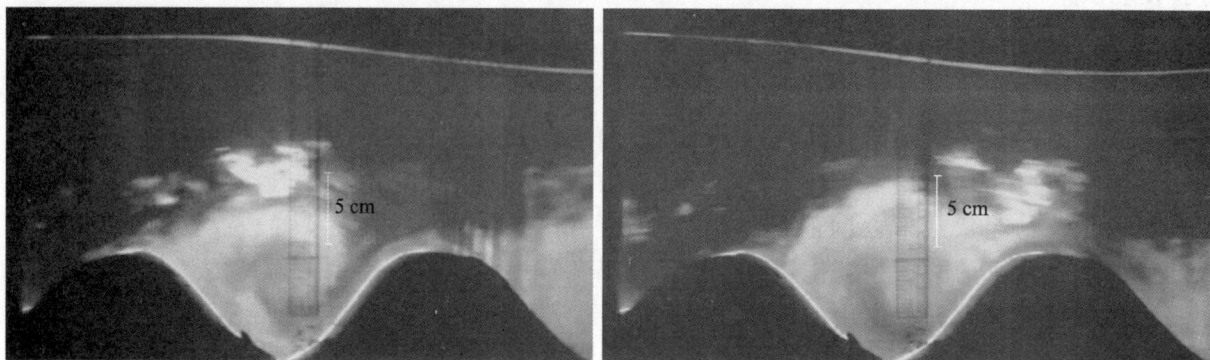

图 2   流生波现象发生时水底正弦起伏地形上部的悬浊液流场示踪特征

图 3   流生波现象发生时水底正弦起伏地形上部的延时曝光示踪特征

从图 2 与图 3 可以看出:在特定的恒定水流经过连续起伏地形激发流生波现象时,起伏地形波谷上部空间位置处的流场呈现明显的涡旋结构,并随着水流运动发生形态与位置改变,其涡旋结构整体向下游运动并最终脱落,且变化频率与波面频率一致。此外,地形波峰后部(背流侧)区域存在明显的回流区特征。

2.2 流生波现象激发时的流场定量特征

除了通过流场示踪进行定性观测,试验中还通过声学多普勒流速仪(ADV)对流生波现象发生时地形上部的流速参数进行直接测量。针对流生波激发现象时的流场定量特征选取较为明显的代表性组次,其水深为 0.168 m,相对水深为 0.7,表征流速的弗劳德数为 0.27(表 1)。

表 1　代表性试验组次参数

水深 h/m	相对水深 h/L_b	流速 $U/(\text{m/s})$	弗劳德数 Fr
0.168	0.7	0.347	0.27

注:流速 U 为水槽内平底位置的断面平均流速,起伏地形上部的流速随地形与过流断面变化存在空间差异。

表 1 中代表性试验组次情况下通过测量得到的流场平均流速空间分布情况如图 4 所示。

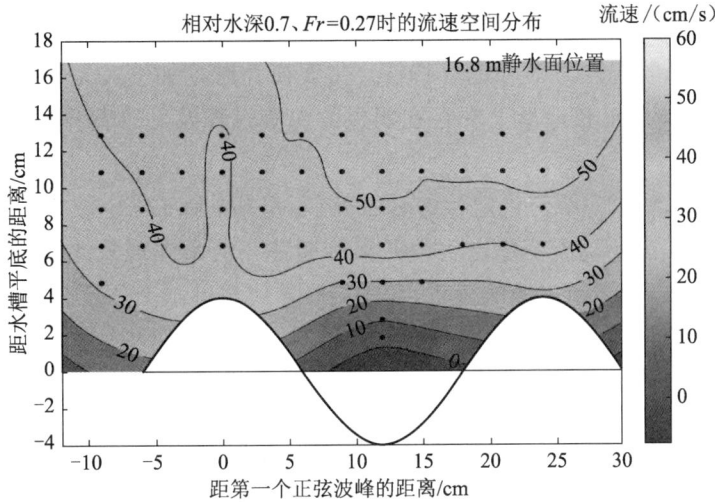

图 4　代表性组次情况下的平均流速空间分布

从图 4 中可以看出,水底正弦地形上部的流场存在地形起伏,对流速的空间分布存在明显的挤压,使得地形凸起位置下游侧近水面区域的流速相比于起伏地形波峰位置附近区域的明显增大。这也使得当流生波现象发生时,起伏地形上部的流速空间呈现不均匀分布,并使得部分区域的流场达到共振波成分的临界流速条件。

2.3　流生波现象激发时的流场稳定性分析

对于涡旋脱落的情况,通过水流的绕流稳定性参数斯特劳哈尔数(Strouhal number,S_r)进行初步探讨:

$$S_r = \frac{fL}{U} \tag{1}$$

式中:f 为涡脱频率;L 为绕流结构物特征长度;U 为过流流速。

由于通过试验观测到的涡旋运动频率与流生波现象发生时的水面波动频率保持一致,在此取涡脱频率 f 为所激发波成分的频率。考虑水流在起伏地形上部的绕流情况,取绕流结构物特征长度 L 的范围为起伏地形的波幅至波长。计算相对水深 0.6~0.8 范围内试验组次的流速条件,各相对水深及其中流速组次范围内所计算的斯特劳哈尔数的情况如图 5 所示。

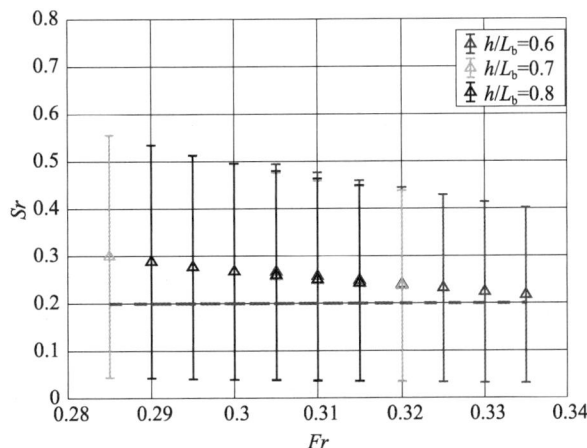

图 5　相对水深 0.6~0.8 范围内试验组次

图 5 中，Sr 的整体参数范围(上下误差棒范围)包括绕流结构物特征长度 L 的范围、地形上部总体平均流速至波峰上部平均流速的范围，三角形标志表示该范围内的中值。总体上可以看出，通过考虑相对水深 $0.6\sim0.8$ 范围内引发流生波现象的波频实测数据，以及所考虑的特征长度及过流流速的参数域，其计算得到斯特劳哈尔数的范围涵盖了引发绕流不稳定参数量值 0.2 的范围。

3 结 语

通过水槽试验对恒定水流经过水底连续正弦起伏地形激发流生波现象的流场测量，分析了该现象激发时正弦起伏地形上部流场的定性与部分定量特征。主要研究结论如下：

(1)在流生波现象激发时，正弦地形上部存在明显的涡旋过程及其脱落现象，其涡旋运动频率与水面所激发的波形频率一致。

(2)对于涡旋运动情况，尝试对绕流稳定性参数 Sr 进行分析，发现流生波现象发生时的参数范围能够涵盖绕流不稳定的参数量值，表明绕流不稳定引发的涡旋脱落与流生波现象之间可能存在潜在关联。但由于涉及对水面波动初始扰动成分能量来源的分析，具体关联方式与机制十分复杂，有待更深入的研究。

参考文献

[1] YIH C S. Instability of surface and internal waves[J].Advances in Applied Mechanics,1976,16:369-419.

[2] MEI C C. Steady free surface flow over wavy bed[J]. Journal of the Engineering Mechanics Division,1969,95(6):1393-1402.

[3] KYOTOH H,FUKUSHIMA M. Upstream-advancing waves generated by a current over a sinusoidal bed[J]. Fluid Dynamics Research,1997,21(1):1-28.

[4] MCHUGH J P. The stability of capillary-gravity waves on flow over a wavy bottom[J]. Wave Motion,1992,16(1):23-31.

[5] MCHUGH J P. The stability of stationary waves in a wavy-walled channel[J]. Journal of Fluid Mechanics,1988,189:491-508.

[6] RAJ R,GUHA A. On Bragg resonances and wave triad interactions in two-layered shear flows[J]. Journal of Fluid Mechanics,2019,867:482-515.

[7] 范骏,陶爱峰,郑金海. 恒定流经过周期起伏地形的水波共振特性研究[C]// 第十一届全国流体力学学术会议论文摘要集. 2020 年 12 月 3 日至 7 日,深圳. 中国力学学会流体力学专业委员会,2020:336.

[8] 范骏,郑金海,陶爱峰,等. 周期性起伏地形上流生波的实验研究[M]//中国海洋工程学会. 第 17 届中国海洋(海岸)工程学术讨论会论文集.北京:海洋出版社,2015,520-524.

[9] 范骏. 基于波浪-水流-水底起伏地形作用的水波共振特性研究:以逆流行进波的产生与成长机制为例[M]. 南京:河海大学出版社,2022:1-150.

[10] FAN J,ZHENG J H,TAO A F,et al. Upstream-propagating waves induced by steady current over a rippled bottom:theory and experimental observation[J]. Journal of Fluid Mechanics,2021,910:A49.

[11] FAN J,TAO A F,ZHENG J H,et al. Numerical investigation on temporal evolution behavior for triad resonant interaction induced by steady free-surface flow over rippled bottoms[J]. Journal of Marine Science and Engineering,2022,10(10):1372.

[12] FAN J,TAO A F,XIE S Y,et al. Numerical investigation on nonlinear evolution behavior and water particle velocity of wave crests for narrow-band wave field with Gaussian spectrum[J]. Ocean Engineering,2023,268:113518.

[13] FAN J,TAO A F,SHI M Q,et al. Flume experiment investigation on propagation characteristics of tidal bore in a curved channel[J]. China Ocean Engineering,2023,37(1):131-144.

[14] FAN J,ZHENG J H,TAO A F,et al. Experimental study on upstream-advancing waves induced by currents[J]. Journal of Coastal Research,2016,75(sp1):846-850.

[15] FAN J,ZHENG J H,TAO A F,et al. Experimental study on critical resonant state of upstream-advancing waves.[C] Proceedings of the 34th International Conference on Coastal Engineering,June 15-20,2014,Seoul,Korea. Reston:ASCE,2014.

[16] LIU Y M,YUE D K P. On generalized Bragg scattering of surface waves by bottom ripples[J]. Journal of Fluid Mechanics,1998,356(1):297-326.

三角形海脊上俘获波的新解析研究

胡丹妮[1,2]，王　岗[1,2]，付睿丽[1,2]，郑金海[1,2]，陶爱峰[1,2]，范　骏[1,2]

(1. 河海大学 海岸灾害及防护教育部重点实验室，江苏 南京　210098；2. 河海大学 港口海岸与近海工程学院，江苏 南京　210098)

摘要：海啸在某些条件下能够被大洋海脊俘获并沿其传播至远场地区，其速度较小但携带能量较大，严重威胁海岸安全。假定俘获波仅分布于海脊上方，基于浅水方程，推导出三角形海脊上俘获波的解析解。并基于 Mariana 海脊 DEM 数据，将其剖面拟合为三角形，展示了俘获波前 4 个模态的波幅空间分布。结果表明，俘获波的能量集中于海脊上。对于非对称海脊，海脊坡度越陡俘获波的波幅分布越集中。

关键词：海脊俘获波；地形俘获波；浅水方程；频散关系

　　海啸是由海底地震、火山爆发、海底滑坡或气象扰动等产生的具有强大破坏力的海浪。虽然灾难性海啸发生频率相对较低，但是一旦发生，它所带来的毁灭性破坏就是其他海洋灾害所无法比拟的。如 2022 年汤加火山海啸导致约 8.5 万人受灾，造成约 1.25 亿澳元损失[1]；2018 年印度尼西亚帕卢地震海啸导致 4 340 人死亡、约 68 500 栋建筑受损或被毁[2]；2011 年日本东北海啸造成 2.7 万人死亡或者失踪，经济损失达 3 050 亿美元，甚至导致南极洲的冰山崩解[3-4]。频发的海啸灾害及其造成的巨大损失引起了学者对海啸产生机制与传播特性的研究热潮。

　　破坏性海啸基本都是越洋海啸，其影响不仅局限于附近海域，还会受海脊地形的影响，跨越数万千米将潜在破坏力传送至对岸[5]。如 1996 年伊里安查亚(Irian Jaya)地震海啸，不仅侵袭了印度尼西亚本土，还在马里亚纳海脊以及南本州海脊的引导下，致使远离震源数千千米外的日本小笠原群岛也遭受了 1 m 高的海啸大波袭击[6]。Titov 等[7]通过数值模拟重现了 2004 年印度尼西亚海啸的全球传播过程，清晰展示出大洋底部的海脊像一条条能量导管，将海啸的能量由印度洋传输到太平洋和大西洋沿岸的远场地区。之所以产生这种现象，是因为海脊地形类似于透镜，对海啸波产生折射作用，导致波的传播方向与波速发生变化，并将海啸波能量聚焦至海脊上方。Woods 和 Okal 利用射线法重建 1960 年智利海啸波场时，发现海啸能量的主波束与 Hawaiian 岛链、Boudeuse 海脊、Menard 海脊等地形的分布高度一致[8]。Fine 等[9]和 Song 等[10]采用不同的方法研究 2011 年日本海啸时，同样证实了海脊对地震海啸的聚焦作用。可见，当前研究已经开始揭示海脊对海啸波的俘获现象，然而关于其形成机理和运动规律的研究尚显匮乏。

　　海脊的独特地貌特征不仅极大地改变海啸波的能量空间分布格局，还导致海啸波传播过程分散成多个具有不同特征的波列。其中，先导波由震源直接传播而至，速度快但能量较小；而真正具有威胁性的是由海脊引导而至的俘获波，到达时间滞后，但能量较大且持续时间长。以 2006 年 11 月千岛群岛地震海啸传播至新月城(美国)的情况为例，先导波到达时波高仅 0.2 米，未引起当地居民的警觉。然而，受皇帝海山链、赫斯海隆及门多西诺断裂带等地形的影响，俘获波约 2 小时后到达，波高却高达 1.8 米，同时引发港湾振荡，且波能滞留在湾内久久不散，这一系列连锁反应给当地海岸安全与港口运作造成了严重影响[11]。由此可见，深入研究海脊俘获波对理解海啸的传播机制有重要意义。

　　关于俘获波的解析研究可追溯至 20 世纪中期。"俘获(trapped)"这一概念最早由 Ursell[12] 在研究半径足够小的水下圆柱体上的波浪运动规律时提出。1953 年，Jones[13] 在其理论研究中证明了顶部淹没的

基金项目：江苏省杰出青年基金资助项目(BK20220082)；国家自然科学基金资助项目(52071128)

通信作者：王岗。E-mail：gangwang@hhu. edu. cn

无限长海脊上同样存在类似 Ursell 提出的俘获现象,但并未给出俘获波的解析解。Longuet-Higgins[14] 基于线性浅水理论给出了阶梯地形上俘获波模态的波面解。Buchwald[15] 推导出了两侧水深不等的矩形剖面海脊上的俘获波频散关系,并借鉴层状弹性介质内拉夫波方程的相关性质,讨论了各模态下俘获波相速度、群速度随波数的变化。但以上研究主要针对阶梯状海脊展开,这类地形在边界处水深急剧变化,与实际的缓坡地形差别较大,直接用来模拟实际地形会造成比较大的误差。考虑到此,Shaw 和 Neu[16] 基于浅水方程给出了剖面为三角形的无限长直海脊上俘获波的解析解。近年来,Zheng 等[17] 采用 Bessel 函数给出了对称抛物型海脊上俘获波的解析解。Wang 等[18] 将地形剖面简化为双曲余弦平方型,证实了地形剖面对称时,海脊上存在奇、偶模式两种解析理论。随后,Wang 等[19] 又考虑指数型地形,分析了地形剖面非对称时俘获波的解析解。

可见,不同海脊地形上俘获波的波面表达与频散关系各不相同。事实上,分析时考虑不同的边界条件也会影响结果的准确性。Shaw 和 Neu[16] 已经针对三角形海脊提出了俘获波的解析解,其中海脊上变水深区域的波面用第一类与第二类合流超几何函数联合表示,海脊外侧定水深区域的波面则用指数函数表示,再通过匹配脊顶与脊脚处的边界条件确定最终解。但是后来 Zheng 等[17] 以及 Wang 等[18] 的研究结论与之存在较大冲突,其结论指出,稳定的俘获波主要分布在脊顶附近水域,海脊外侧定水深区域几乎无波动,特别是低模态,且其准确性已被相关数值模拟研究证实。鉴于此,重新以三角形剖面的海脊为背景,进一步探究海脊俘获波的运动特性及演化规律。

1　理论推导

采用笛卡尔坐标系,构造一个分段线性函数来描述剖面为三角形的海脊地形,研究海脊俘获波的运动规律。如图 1 所示,海脊横断面方向(横向)为 x 轴,沿海脊走向(纵向)为 y 轴,原点位于静水面处,海脊顶部至原点的垂直距离(脊顶水深)用 h_0 表示。

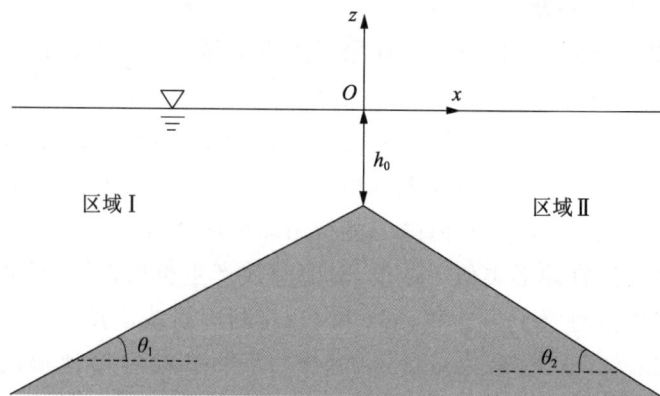

图 1　海脊剖面示意

海脊左右两侧的水深函数可以表示为

$$h(x) = \begin{cases} -s_1(x+p), & x<0 \\ s_2(x+q), & x \geqslant 0 \end{cases} \tag{1}$$

式中:s_1、s_2、p、q 均为描述海脊形状的参数,s_1 为海脊左侧区域Ⅰ边坡坡度($s_1>0$),s_2 为海脊右侧区域Ⅱ边坡坡度($s_2>0$),$p=-h_0/s_1$,$q=h_0/s_2$。由于以往研究已证明,海脊俘获波形成后,海脊上的能量流比海脊外侧大得多,且集中在海脊轴线附近[17-18]。据此,这里采用了与 Shaw 等[16] 不同的边界条件,假定海脊宽度和外侧水深足够大,即海脊左右两侧向远处无限延伸。

海啸波在海洋中传播时,通常水深相对长波波长 h/L、波高相对波长 H/L 均为小量,可以用线性浅水方程(shallow water equation,SWE)探究俘获波的运动规律。其动量方程为

$$\frac{\partial u}{\partial t} + g \frac{\partial \eta}{\partial x} = 0 \tag{2}$$

$$\frac{\partial v}{\partial t} + g \frac{\partial \eta}{\partial y} = 0 \tag{3}$$

质量守恒方程为

$$\frac{\partial \eta}{\partial t}+\frac{\partial (hu)}{\partial x}+\frac{\partial (hv)}{\partial y}=0 \tag{4}$$

式中：u、v 分别为水平速度在 x、y 方向的分量，η 是自由水面，t 为时间，h 为静水深。

考虑沿海脊纵向传播的波浪，形成俘获波后自由水面 η 和波速 u、v 可用下式表达：

$$\eta(x,y,t)=\zeta(x)\exp[i(\kappa y-\omega t)] \tag{5}$$

$$u(x,y,t)=U(x)\exp[i(\kappa y-\omega t)] \tag{6}$$

$$v(x,y,t)=V(x)\exp[i(\kappa y-\omega t)] \tag{7}$$

式中：ω 为入射波浪的频率，κ 为沿 y 方向的波数分量。将上式代入动量方程，有：

$$U=-i\frac{g}{\omega}\zeta_x \tag{8}$$

$$V=\frac{gk_y}{\omega}\zeta \tag{9}$$

代入质量方程，有：

$$-i\omega\zeta+h_xU+hU_x+ih\kappa V=0 \tag{10}$$

将上式（8）和（9）代入式（10），可得：

$$(h\zeta_x)_x+\left(\frac{\omega^2}{g}-\kappa^2 h\right)\zeta=0 \tag{11}$$

上式即为海脊俘获波的浅水控制方程。

在区域 I，将水深函数代入控制方程（11）可得：

$$(x+p)\zeta_{xx}+\zeta_x-\left[\frac{\omega^2}{gs_1}+\kappa^2(x+p)\right]\zeta=0 \tag{12}$$

引入中间变量：

$$\chi=-2\kappa(x+p) \tag{13}$$

$$\zeta(\chi)=\exp(-\chi/2)f(\chi) \tag{14}$$

可将方程（12）转为合流超几何方程：

$$\chi f_{\chi\chi}+(1-\chi)_{\chi\chi}-\alpha f=0 \tag{15}$$

该方程的通解为：

$$f(\chi)=CM(\alpha,1,\chi)+AG(\alpha,1,\chi) \tag{16}$$

式中：M 和 G 分别为第一类、第二类合流超几何函数，C 和 A 为待定系数。此通解与 Shaw 等在海脊上变水深区域的波面表达相似，但参数 α 以及待定系数不同。在此处，参数 α 与频率 ω 及波数 κ 存在如下关系：

$$\kappa=\frac{\omega^2}{gs_1(1-2\alpha)} \tag{17}$$

考察式（17）不难发现，只要参数 α 的值确定，该式限定了俘获波频率 ω 即波数 κ 之间的关系。对应的俘获波相速度 c 为：

$$c=\frac{\omega}{\kappa}=\frac{gs_1(1-2\alpha)}{\omega} \tag{18}$$

与之对应的群速度 c_g 为：

$$c_g=\frac{\mathrm{d}\omega}{\mathrm{d}\kappa} \tag{19}$$

由于参数 α 可能并非常量，而是与频率、波数都有关系，群速度需利用隐函数求导公式对式进行求导，其表达式过于庞杂，此处不便展开。

俘获波形成后，波能集中在脊顶附近水域传播，无穷远处的波幅趋于零：

$$\zeta|_{\chi\to\infty}=0 \tag{20}$$

在 $\alpha \neq 0, -1, -2, \cdots$ 时，第一类合流超几何函数的性质：

$$\lim_{\chi \to \infty} \exp(-\chi/2) M(\alpha, 1, \chi) = \lim_{\chi \to \infty} \frac{\chi^{\alpha-1} \exp(-\chi/2)}{\Gamma(\alpha)} = \infty \tag{21}$$

而此时指数函数与第二类合流超几何函数乘积的极值为：

$$\lim_{\chi \to \infty} \exp(-\chi/2) G(\alpha, 1, \chi) = \lim_{\chi \to \infty} \exp(-\chi/2) \chi^{-\alpha} = 0 \tag{22}$$

经验证，分析俘获波运动时，海脊左右两侧波面必须满足在脊顶上方的连续性条件，始终都有 $\alpha \neq 0$，$-1, -2, \cdots$。要使式（20）成立，必有 $C=0$，于是区域 I 的波面表达式为：

$$\zeta(x) = A \exp(-\chi/2) G(\alpha, 1, \chi) \tag{23}$$

在区域 II，将水深函数代入控制方程（11）可得：

$$(x+q)\zeta_{xx} + \zeta_x + \left[\frac{\omega^2}{gs_2} - \kappa^2(x+q)\right]\zeta = 0 \tag{24}$$

与区域 I 相类似，引入另一独立变量：

$$\tau = 2\kappa(x+q) \tag{25}$$

$$\zeta(\tau) = \exp(-\tau/2)\varphi(\tau) \tag{26}$$

同样可以将式（24）转化为合流超几何方程：

$$\tau\varphi_{\tau\tau} + (1-\tau)\varphi_\tau - \beta\varphi = 0 \tag{27}$$

其中，与参数 α 类似，参数 β 与频率 ω 及波数 κ 存在如下关系：

$$\kappa = \frac{\omega^2}{gs_2(1-2\beta)} \tag{28}$$

对比式（28）与式（17），两式具有相同的物理意义；假设频率 ω（或波数 κ）已知，若参数 α 也确定，则参数 β 的值必唯一，反之亦然。式（18）所定义的相速度 c 也可以表示为：

$$c = \frac{\omega}{\kappa} = \frac{gs_2(1-2\beta)}{\omega} \tag{29}$$

同上，区域 II 的波面为：

$$\zeta(x) = B \exp(-\tau/2) G(\beta, 1, \tau) \tag{30}$$

式中：B 为待定系数。波面表达式（23）与（30）中的待定系数 A、B 的大小与入射波浪的波高有关，两者之间的联系可以根据脊顶 $x=0$ 处的边界条件确定。

在脊顶 $x=0$ 处，俘获波左右两侧的波面及其导数应当连续，即：

$$\zeta\big|_{x=0^-} = \zeta\big|_{x=0^+} \tag{31}$$

$$\frac{d\zeta}{dx}\bigg|_{x=0^-} = \frac{d\zeta}{dx}\bigg|_{x=0^+} \tag{32}$$

将区域 I 波面表达式（23）以及区域 II 波面表达式（30）代入此边界条件可得：

$$A\exp(-\chi_0/2) G(\alpha, 1, \chi_0) = B\exp(-\tau_0/2) G(\beta, 1, \tau_0) \tag{33}$$

$$A\kappa \exp(-\chi_0/2)[G(\alpha, 1, \chi_0) + 2\alpha G(\alpha+1, 2, \chi_0)] =$$
$$-B\kappa \exp(-\tau_0/2)[G(\beta, 1, \tau_0) + 2\beta G(\beta+1, 2, \tau_0)] \tag{34}$$

式中：$\chi_0 = -2\kappa p$、$\tau_0 = 2\kappa q$。式（33）与式（34）限定了参数 α 与 β 之间的关系，联立两式，消除 A、B 有：

$$G(\alpha, 1, \chi_0)[G(\beta, 1, \tau_0) + 2\beta G(\beta+1, 2, \tau_0)] + G(\beta, 1, \tau_0)[G(\alpha, 1, \chi_0) + 2\alpha G(\alpha+1, 2, \chi_0)] = 0 \tag{35}$$

数学形式上式（17）与式（28）直接描述了频率 ω 与波数 κ 的关系，但均不能独立使用，还需结（35）求解出参数 α 和 β 值，方能确定三角形海脊上俘获波的频散关系。

注意到以上推导围绕 s_1 与 s_2 相互独立展开，可代表任意三角形地形，而地形对称 $s_1=s_2$ 的特殊情况应进行特殊分析。Shaw 和 Neu[16] 的研究指出海脊地形对称时，不管地形是否连续，海脊上的自由水面运动过程都存在偶对称与奇对称两种模式。Wang 等[19] 通过数值模拟也验证了此观点。由于地形是关于 $x=0$ 对称的，故海脊两侧的波能分布也必然是对称的。从几何角度来看，波能分布有两种情况：

其一，俘获波波幅关于轴 $x=0$ 呈轴对称分布，即偶对称模式。此时必有自由水面在沿 x 方向上的梯度为：

$$\left.\frac{\mathrm{d}\zeta}{\mathrm{d}x}\right|_{x=0^-}=\left.\frac{\mathrm{d}\zeta}{\mathrm{d}x}\right|_{x=0^+}=0 \tag{36}$$

即俘获波在 $x=0$ 处左右两侧无能量输移。结合边界条件式(33)，有 $A=B$ 以及

$$G(\alpha,1,\chi_0)+2\alpha G(\alpha+1,2,\chi_0)=0 \tag{37}$$

该式即为偶对称模式下用于确定参数 α 的边界条件关系式。

其二，俘获波波幅关于轴 $x=0$ 呈反对称分布，即奇对称模式。此则意味着 $x=0$ 处的波面抬升为零：

$$\zeta|_{x=0^-}=\zeta|_{x=0^+}=0 \tag{38}$$

可以理解为，在纵断面 $x=0$ 上俘获波左右两侧的能量输移恰好平衡。代入波面函数可得 $A=-B$ 以及

$$G(\alpha,1,\chi_0)=0 \tag{39}$$

上式可以作为奇对称情况下的边界条件关系式。

在此必须指出，地形对称时 $s_1=s_2$，加之式(17)与式(28)等价，显然有 $\alpha=\beta$，进而式(35)可简化为：

$$[G(\alpha,1,\chi_0)+2\alpha G(\alpha+1,2,\chi_0)]G(\alpha,1,\chi_0)=0 \tag{40}$$

即该式由(37)与(39)相乘的形式，偶对称模式与奇对称模式的解组合到一起属于式(40)的全部解，刘建豪等将这种组合称之为对称地形上的完整解[20]。

2 频散关系

考虑到俘获波的波长必须小于相同频率的深水波波长，即：

$$\kappa>\kappa_\infty=\lim_{h\to\infty}\kappa=\omega^2/g \tag{41}$$

将其分别应用于式(17)及式(28)中，得到参数的取值范围为：

$$\alpha>\frac{1}{2}\left(1-\frac{1}{s_1}\right),\beta>\frac{1}{2}\left(1-\frac{1}{s_2}\right) \tag{42}$$

该取值范围可以作为判断是否形成俘获波的充分非必要条件。

对于给定的频率 ω，当地形参数 h_0、s_1、s_2 已知时，在范围(42)内联合求解式(17)、式(28)及式(35)组成的方程组，即可获得参数 α、β 及波数 κ。以非对称地形条件下的式(17)为例，该式可改写为关于自变量 κ 的函数：

$$\alpha(\kappa)=\frac{1}{2}\left(1-\frac{\omega^2}{gs_1\kappa}\right) \tag{43}$$

式(28)则可改写为：

$$\beta(\kappa)=\frac{1}{2}\left(1-\frac{\omega^2}{gs_2\kappa}\right) \tag{44}$$

据此，关系式(35)则可以写成：

$$F(\kappa)=G(\alpha(\kappa),1,\chi_0)G(\beta(\kappa),1,\tau_0)+\alpha(\kappa)G(\beta(\kappa),1,\tau_0)G(\alpha(\kappa)+1,2,\chi_0)$$
$$+\beta(\kappa)G(\alpha(\kappa),1,\chi_0)G(\beta(\kappa)+1,2,\tau_0) \tag{45}$$

该函数与横轴的交点即为方程组的最终解。图2为其函数图像，可以看出，κ 趋于无穷大时 $F(\kappa)$ 趋于0，$F(\kappa)$ 随着 κ 值的减小而振荡，且 κ 越小，函数 $F(\kappa)$ 振荡越剧烈，满足边界条件式(35)的 κ 值(函数与横轴的交点)有无穷多个。将这一系列的 κ 值从大到小排列。最大的 κ 值对应基本模态 $n=0$，俘获波在 x 方向没有波节点；第二大的 κ 值对应模态 $n=1$，波面在 x 轴上恰好存在1个波节点；以此类推。必须指出，海脊左右两侧地形对称时，如果使用式(35)求解，可直接得出俘获波所有模态的完整解；若分成偶模式与奇模式分开求解，则偶模式(37)对应的模态数恰巧为偶数 $n=0,2,4,\cdots$，奇模式(39)对应的模态数 $n=1,3,5,\cdots$。

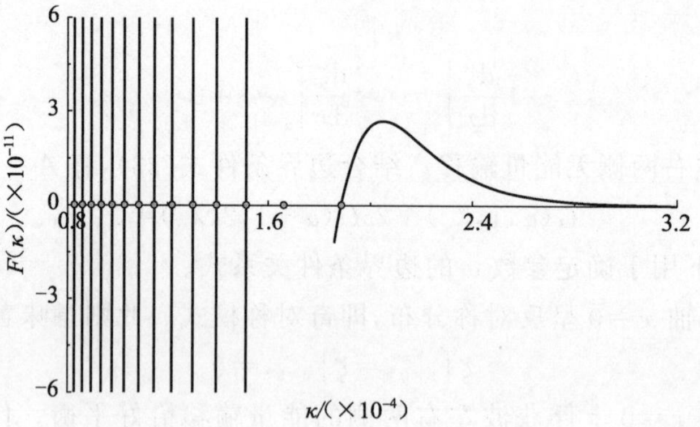

图2　$F(\kappa)$ 与 κ 的关系（海脊地形参数 $s_1=0.019$、$s_2=0.023$、$h_0=500$ m，入射波频率 $\omega=0.021$ rad/s）

参数 α 和 β 确定后，式(17)和式(28)均可以作为描述三角形海脊地形上的俘获波频散关系式。图3展示了前4个模态对应的参数 α 和 β 随频率 ω 变化趋势，各模态对应的 α 与 β 与频率 ω 几乎为线性关系，且表征不同模态的同一参数 α/β 的曲线几乎平行。据此可认为，在频率 ω 与地形参数均确定的情况下，参数 α/β 主要是表征俘获波模态数的量。

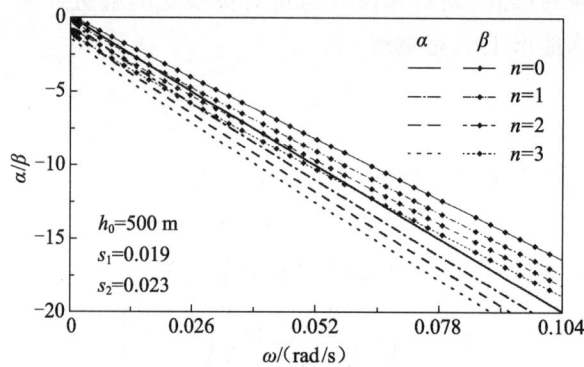

图3　参数 α 和 β 取值随频率 ω 变化（频率 $\omega=0.021$ rad/s）

频散关系决定了频率 ω 与波数 κ 之间的关系，如图4所示。在地形参数或入射波频率 ω 或地形参数给定时，模态数越高，三角形海脊上的俘获波波数 κ 越小。图4(a)中各曲线的趋势表明，对于模态数相同的俘获波，波数 κ 随入射波频率 ω 的增大而增大，这与指数型海脊[19]以及抛物型海脊[20]上的研究结论均一致。图4(b)、(c)则表明入射波频率 ω 一定时，俘获波波数 κ 随脊顶水深 h_0、坡度系数 s_1 的增大而减小。

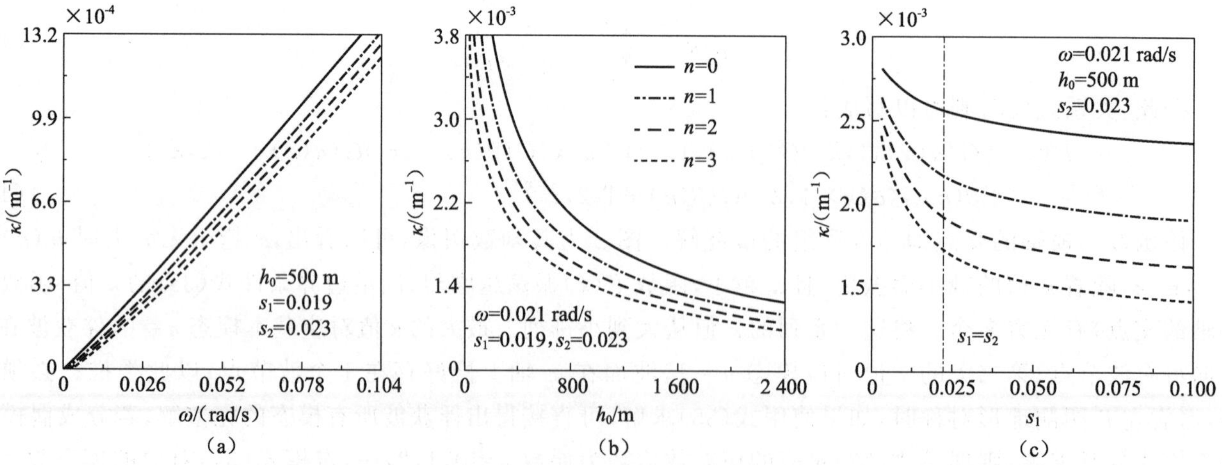

图4　波数 κ 与频率 ω、脊顶水深 h_0 和坡度系数 s_1 之间的关系

图5展示了俘获波相速度 c 与群速度 c_g 对各参数的敏感性。从全局视角来看，在地形参数或入射波频率 ω 或地形参数给定时，模态数越高，相速度 c 与群速度 c_g 则越大，且始终大于经典浅水波速 $(gh_0)^{1/2}$。

从局部细节上看,对于模态数相同的俘获波,相速度 c 与群速度 c_g 皆随入射波频率 ω 的增大而增大,随脊顶水深 h_0、坡度系数 s_1 的增大而减小。这种变化规律,与抛物型海脊上的变化趋势完全一致。尽管不同的海脊地形上,俘获波的解析解表达式各异,但是它们在描述俘获波运动的规律却展现出显著的相似性。

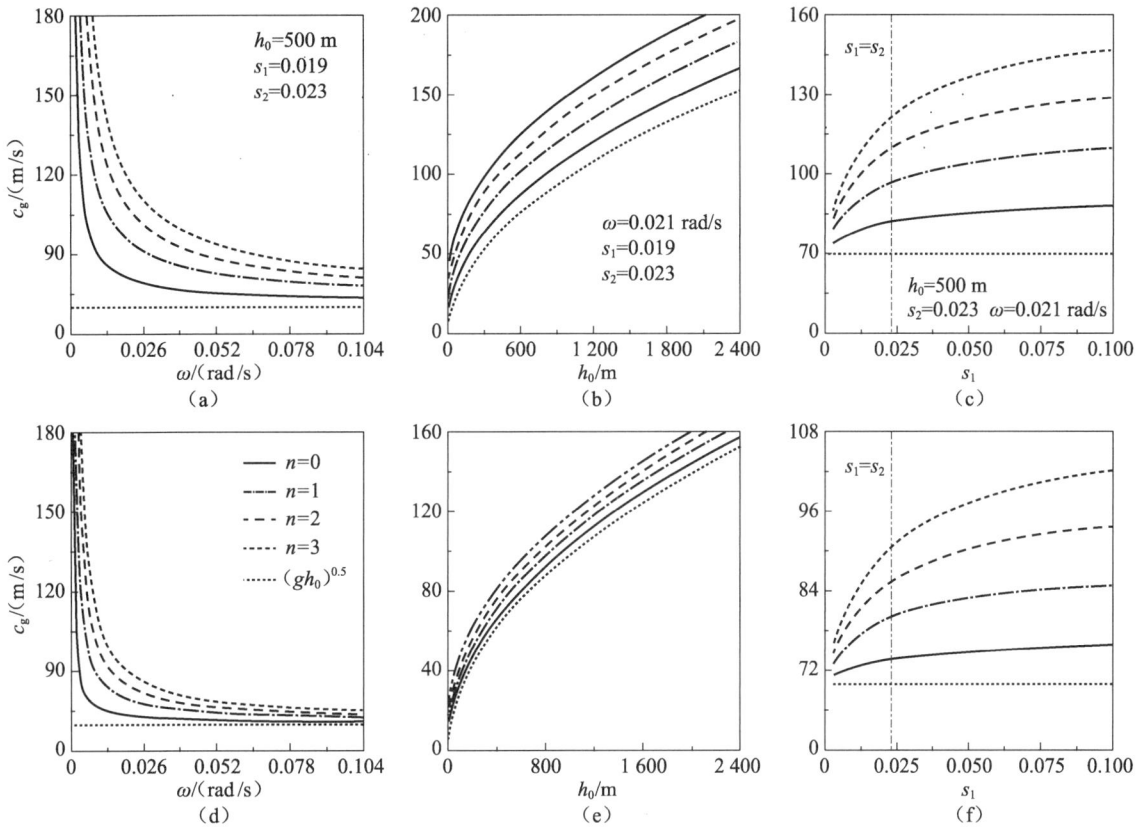

图 5 俘获波的相速度 c、群速度 c_g 随入射波频率 ω、脊顶水深 h_0、坡度系数 s_1 的变化曲线

3 空间分布

以 Mariana 海脊为参考,根据其不同位置横断面 DEM 数据,拟定地形参数(图 6)。该海脊的脊顶水深范围 0~2 200 m,宽度大致跨越 −150~180 km。入射波频率 $\omega=0.021$ rad/s 时,该海脊上前 4 个模态的俘获波在 x 轴方向的波幅分布情况如图 7 中实线所示(按脊顶附近波峰对波面数据进行了归一化处理)。可以看出,模态数越高,俘获波波幅分布范围越广。该地形条件下,$n=3$ 模态俘获波的波面大致分布于脊顶上方 −90~75 km 的区域,该范围远小于海脊的宽度范围。实际上,高模态的俘获波在自然界中是不能稳定存在的,这也印证了文中关于边界条件的假设是合理的。

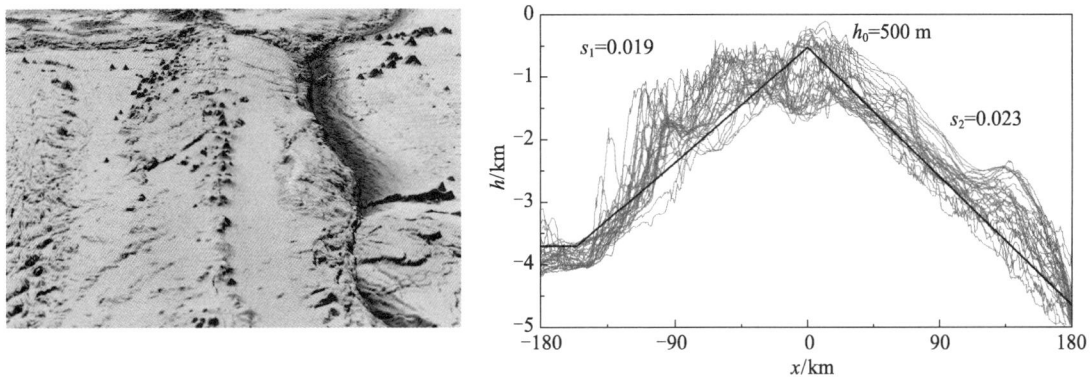

图 6 Mariana 海脊海底地形及不同位置剖面示意

考虑对称海脊上的解析解具有特殊性,本文还分析了对称海脊上俘获波沿 x 轴方向的空间分布情况,如图 7 中点划线所示。不难看出,模态数 n 与俘获波在 x 轴上的波节点数完全吻合。且模态越低,俘

获波波能越集中于脊顶附近。对称地形上,偶模式的俘获波面关于轴 $x=0$ 左右对称,奇模式的波面则关于轴 $x=0$ 反对称。非对称地形上,左侧坡度相较于对称地形稍显平缓,其波幅分布似乎是对称地形上的波面向左平移了一小段的结果。以对称地形上的波幅分布为参考,可以发现非对称地形上的波幅分布情况与海脊坡度大小有关。一是模态数相同的俘获波在海脊右侧的分布范围明显窄于左侧。这主要归因于,左侧坡度较平缓折射作用较弱,右侧坡度更陡引起的折射作用略强,两者中和导致波幅分布向左侧挤压。二是左侧的波幅向海脊外侧衰减速度比对称地形的慢,而右侧则恰好相反。可见,非对称地形上,坡度越陡波能衰减越快,这也可以解释右侧的波幅分布范围窄。

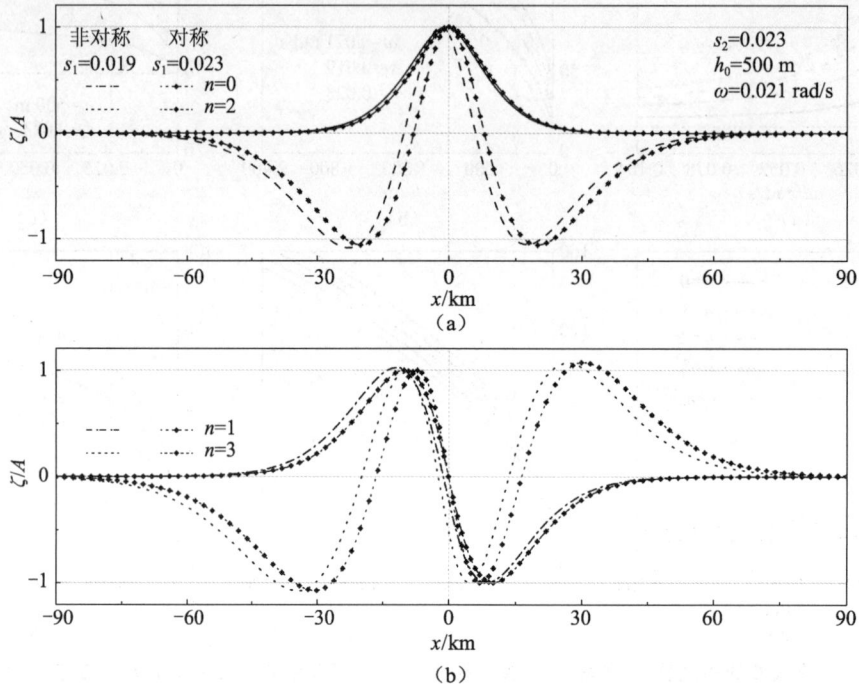

图 7　非对称与对称海脊上俘获波波面沿 x 方向的空间分布图

4　结　论

海啸传播过程中,被海脊俘获后形成的俘获波,因其具有极大破坏力而备受关注。假定俘获波仅分布于海脊上方,基于浅水方程,重新推导了三角形海脊上俘获波的解析解:俘获波的波面可以表示为第二类合流超几何函数;对应的频散关系则根据海脊两侧的波面及其导数在脊顶处应当连续的边界条件确定。尽管推导过程以非对称地形为主,但是所得结论同样适用于对称地形。

频散关系表明,对于相同模态数的俘获波,波数 κ 随入射波频率 ω 的增大而增大,随脊顶水深 h_0、坡度系数的增大而减小。相速度和群速度则刚好与之相反。

俘获波波面空间分布表明,稳定的俘获波仅出现在海脊上方一定范围内,不会溢出海脊,文中的前提假设合理。非对称地形上,海脊坡度越陡会导致折射作用越强烈,进而使得俘获波波幅向海脊外侧的衰减速度越快,波幅分布范围也越窄。

参考文献

[1]　KUBOTA T,SAITO T,NISHIDA K. Global fast-traveling tsunamis driven by atmospheric Lamb waves on the 2022 Tonga eruption[J]. Science,2022,377(6601):91-94.

[2]　SCHAMBACH L,GRILLI S T,TAPPIN D R. New high-resolution modeling of the 2018 Palu tsunami,based on supershear earthquake mechanisms and mapped coastal landslides,supports a dual source[J]. Frontiers in Earth Science, 2021,8:598839.

[3]　NANTO D K,COOPER W H P,DONNELLY J M,et al. Japan's 2011 earthquake and tsunami:economic effects and implications for the United States[C]//Congressional Research Service. 2011.

[4]   BRUNT K M,OKAL E A,MACAYEAL D R. Antarctic ice-shelf calving triggered by the Honshu (Japan) earth-quake and tsunami,March 2011[J]. Journal of Glaciology,2011,57(205):785-788.

[5]   GUSIAKOV V K. Strongest tsunamis in the World Ocean and the problem of marine coastal security[J]. Izvestiya Atmospheric and Oceanic Physics,2014,50(5):435-444.

[6]   KOSHIMURA S I,IMAMURA F,SHUTO N. Characteristics of tsunamis propagating over oceanic ridges:Numerical simulation of the 1996 Irian Jaya earthquake tsunami[J]. Natural Hazards,2001,24(3):213-229.

[7]   TITOV V,RABINOVICH A B,MOFJELD H O,et al. The global reach of the 26 december 2004 Sumatra tsunami [J]. Science,2005,309(5743):2045-2048.

[8]   WOODS M T,OKAL E A. Effect of variable bathymetry on the amplitude of teleseismic tsunamis:A ray-tracing ex-periment[J]. Geophysical Research Letters,1987,14(7):765-768.

[9]   FINE I V,KULIKOV E A,CHERNIAWSKY J Y. Japan's 2011 tsunami:characteristics of wave propagation from ob-servations and numerical modelling[J]. Pure and Applied Geophysics,2012,170(6):1295-1307.

[10]   SONG Y T,FUKUMORI I,SHUM C K,et al. Merging tsunamis of the 2011 Tohoku-Oki earthquake detected over the open ocean[J]. Geophysical Research Letters,2012,39(5):5606.

[11]   KOWALIK Z,HORRILLO J,KNIGHT W,et al. Kuril Islands tsunami of november 2006:1. Impact at crescent city by distant scattering[J]. Journal of geophysical Research:Oceans,2008,113(C1):1-11.

[12]   URSELL F. Trapping modes in the theory of surface waves[J]. Mathematical Proceedings of the Cambridge Philo-sophical Society,1951,47(2):347-358.

[13]   JONES D S. The eigenvalues of $\nabla 2u + \lambda u = 0$ when the boundary conditions are given on semi-infinite domains[J]. Mathematical Proceedings of the Cambridge Philosophical Society,1953,49(4):668-684.

[14]   LONGUET-HIGGINS M S. On the trapping of waves along a discontinuity of depth in a rotating ocean[J]. Journal of Fluid Mechanics,1968,31(3):417-434.

[15]   BUCHWALD V T. Long waves on oceanic ridges[J]. Proceedings of the Royal Society of London. Series A,Mathe-matical and Physical Sciences,1969,308(1494):343-354.

[16]   SHAW R,NEU W. Long-wave trapping by oceanic ridges[J]. Journal of Physical Oceanography,1981,11:1334-1344.

[17]   ZHENG J H,XIONG M J,WANG G. Trapping mechanism of submerged ridge on trans-oceanic tsunami propagation [J]. China Ocean Engineering,2016,30(2):271-282.

[18]   WANG G,LIANG Q H,SHI F Y,et al. Analytical and numerical investigation of trapped ocean waves along a sub-merged ridge[J]. Journal of Fluid Mechanics,2021,915:A54-1-33.

[19]   WANG G,ZHANG Y,ZHENG J,et al. Analytical investigation of trapped waves over a submerged exponential ridge [J]. Ocean Engineering,2023,273:114002.

[20]   刘建豪,王岗,郭海,等. 抛物型对称海脊引导波完整解析理论[J]. 海洋学报,2023,45(6):36-43.

集成透空板的振荡水柱式防波堤水动力性能模拟研究

庄乾泽,宁德志

(大连理工大学 海岸和近海工程国家重点实验室,辽宁 大连　116024)

摘要:为了提升振荡水柱式防波堤的消波效果,降低防波堤所受的波浪载荷,采用数值模拟研究了集成透空板的振荡水柱式防波堤的水动力性能。数值模型中采用两相流技术来模拟波浪、空气与结构物的相互作用,借助宏观等效手段实现了对透空板的高效模拟。通过与相关试验结果的对比,模型的准确性得到了验证。进而通过改变透空板的孔隙率及其与振荡水柱式防波堤前墙的间距来探究波浪反射系数与前墙内外侧波浪载荷的变化。研究结果表明:高频波浪作用时透空板可显著降低反射波高,并在一定程度上减小防波堤前墙外侧受力;低频波浪作用时透空板起到的正面效果相对有限。在研究范围内,适当减小透空板的孔隙率,增加其到防波堤的间距,有助于增强防波堤对反射波浪的消减作用,同时提升防波堤的生存能力。在实际工程应用中需综合考虑性能和成本来选取合适的孔隙率与间距。

关键词:防波堤;振荡水柱;透空板;数值模拟

近几十年来,振荡水柱式(OWC)波浪能装置由于其出色的可靠性和简单易加工的结构特性在世界范围得到了深入的讨论和研究。实际上,除了可以用于发电外,OWC波浪能装置还可以兼做防波堤,或者与现有的防波堤结构集成等,起到良好的降本增效目的。

在该领域中,目前人们已经开展了一定的研究工作。例如:胡晓[1]基于数值模拟方法研究了圆筒式OWC装置与挡板式防波堤集成后的水动力特性,发现既提高了OWC装置的俘能效率,又降低了防波堤的受力;何方等[2]提出了由多个圆筒式OWC装置组成的波能利用型防波堤,并通过物理模型试验对其进行了研究,结果显示应使用相对较小的OWC吃水和筒间距来平衡防波效果与波能转换效率;李佳繁等[3]采用势流理论探究了波浪与一种OWC装置和开孔方箱集成的双体防波堤的相互作用,并指出该结构相比普通的双体防波堤拥有更好的消浪性能;Cheng等[4]设计了一种由振荡浮子结构和振荡水柱装置组合而成的浮式防波堤系统,发现其比单一结构体具有更强的消波能力;Fox等[5]将OWC装置与沉箱式防波堤集成,采用频域势流模型评估了该装备在不同波浪环境和潮汐水位下的水动力性能。然而,上述研究往往缺少对OWC装置本身受力特性的分析。Pawitan等[6]基于数值模拟和模型试验的结果指出OWC装置所受的波浪载荷对整体结构的成本具有关键影响。因此,如何降低波浪载荷和提升消波性能是直接关系到装置的经济性与工程化发展的两大问题。

由于OWC式防波堤主要衰减相对低频段的波浪,而透空板具有较强的耗散高频波浪能量的能力,因此可以考虑将两者进行集成,弥补各自结构的不足。透空板是一种在海岸工程中常用的消波结构,具有适应性广、环境友好、造价较低等优点。耿宝磊等[7]在势流理论框架下建立了波浪与直墙前单层和多层透空薄板作用的模型,系统性研究了该模型中波浪的反射系数、透射系数以及波能的吸收率。金世义[8]利用开源计算流体力学软件OpenFOAM研究了规则波作用下多层竖直开槽板的水动力特性,结果表明多层竖直开槽板具有良好的消波效果。Li等[9]通过分析波浪与带浸没多孔板的垂直圆柱体相互作用的半解析模型,发现当波浪超过某个临界频率后,垂直圆柱体上的波浪载荷会显著减轻。目前,透空板与OWC装置集成的研究仍然较为缺乏。张翔宇等[10]基于线性势流理论对比分析了岸基OWC防波堤与坐底式透

基金项目:国家自然科学基金项目(U22A20242,52271260)

通信作者:宁德志。E-mail:dzning@dlut.edu.cn

空板集成前后的水动力性能,发现防波性能确实有所提高。Zhang 等[11]进一步研究了岸基 OWC 式防波堤与截断式透空板的集成效果,指出透空板所处的相对位置是影响装置水动力特性的一个关键参数。Cong 等[12]探讨了在与风机单桩基础集成的 OWC 装置上安装浸没透空板的效果,结果表明透空板可以有效降低波浪载荷。

然而,上述研究均没有考虑实际流体具有的黏性,且对于装置的受力分析不够深入。因此,采用黏流模拟方法,建立波浪与集成透空板的 OWC 式防波堤相互作用的数值模型,系统性研究不同模型参数下防波堤的防浪效果,揭示防波堤所受波浪载荷的变化规律。

1 数值方法

基于二维不可压缩 Navier-Stokes 方程组描述流体的运动:

$$\nabla \cdot \boldsymbol{v} = 0 \tag{1}$$

$$\rho\left(\frac{\partial \boldsymbol{v}}{\partial t} + \boldsymbol{v} \cdot \nabla \boldsymbol{v}\right) = -\nabla P + \rho g + \upsilon \rho \nabla^2 \boldsymbol{v} \tag{2}$$

其中,$\boldsymbol{v}$ 是流体质点速度,P 是流体压力,ρ 是流体密度,υ 是流体运动黏性系数,g 为重力加速度。VOF (volume of fluid)方法被用于模拟液相与气相的相互作用。在该方法的框架下,计算域中任一网格内均定义了液相体积分数 α,网格内流体的速度、密度和动力黏性系数均由 α 进行加权计算得到。α 等于 0 代表网格完全由空气占据,α 等于 1 代表网格完全浸没在水中。文中采用开源波浪生成工具 waves2Foam 实现造波与消波效果,数值波浪水槽的入口处与出口处均设置了松弛区以避免波浪的二次反射。

针对透空板的模拟文中使用了宏观法进行处理,即不对透空板进行实体建模,而是借助在动量方程中增加阻力源项的方法等效模拟了透空板对流体产生的压降效果。对于文中关心的问题而言,该方法可以实现计算速度与精度之间的相对平衡。具体而言,研究中透空板带来的压降及其中的系数 f_i 可以写成如下形式[13]:

$$\Delta P_i = \rho \frac{f_i}{2}|v_i|v_i \tag{3}$$

$$f_i = \frac{1 - \varepsilon_i}{\delta \varepsilon_i^2} \tag{4}$$

式中:ΔP_i 为 i 方向上的单位压降;v_i 为 i 方向上的流体速度;ε_i 为透空板在 i 方向上的孔隙率;δ 为经验参数,通常取值为 0.5。文中透空板只在波浪传播方向上具有孔隙率,其他方向上默认孔隙率为 0。

2 数值模型设置

研究的计算域如图 1 所示,波浪沿 x 轴正方向传播,y 轴正方向垂直向上。水槽高 0.8 m,水深 h 为 0.3 m,波浪入口的松弛区到 OWC 装置前墙的距离为 4 倍波长 λ。数值水槽底部和 OWC 装置表面均为固定壁面边界,水槽顶部为大气出入口边界。

OWC 装置的气孔直径 D_c 为 1.32 mm,气室宽度 b 为 0.2 m,因此 OWC 装置的开孔率为 0.66%。气室壁厚 t_c 为 0.01 m,高度 H_c 为 0.15 m,前墙浸没于静水面以下的部分高 $d_c = 0.15$ m。P1 为前墙内侧壁面上的压强测点,用于在下文中对比验证数值结果。透空板与 OWC 装置前墙的间距为 L,在文中 L 取值分别为 0.025、0.050 和 0.075 m。透空板的浸没深度 d_p 为 0.15 m,孔隙率 ε 分别取为 10%、20% 和 30%。在距离前墙外侧 2.8、3.0 和 3.2 m 的位置分别布置了浪高采集点 G3、G2 和 G1,用于计算波浪反射系数 K_r,公式如下所示:

$$K_r = \frac{H_r}{H_i} \tag{5}$$

其中,H_r 为反射波高,H_i 为入射波高。计算采用两点法进行,每种波况下 3 根浪高仪可以得到 3 个反射系数,最终 K_r 的取值为三者的平均值。在文中,入射波高 H_i 保持为 0.05 m,入射波长从 1.2 m 增长到 3.6 m。

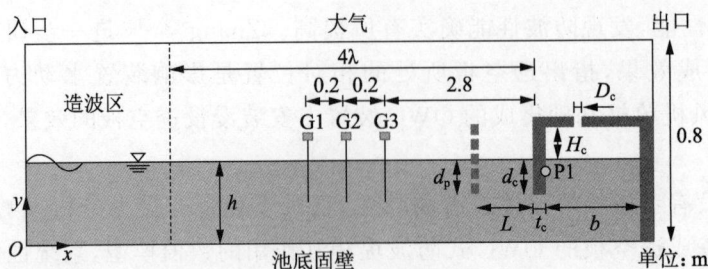

图 1　数值模型示意图

3　结果分析

3.1　数值模型验证

首先对数值模型的网格收敛性进行验证,选择计算成本和准确性较为合适的网格布置方式。通过采用不同的网格密度,对比包括波高和压强等物理量在内的收敛性结果。文中采用如下网格配置:在一个波高范围内布置 10 个网格,一个波长范围内布置 100 个网格,OWC 装置和透空板附近的网格均进行适度加密,透空板厚度为波长的 1/200,其中包含有 16 个网格。接着将数值模拟结果与相应的物理模型试验进行对比,试验在大连理工大学海岸和近海工程国家重点实验室进行。结果如图 2 所示,入射波长为 2 m。其中图 2(a)为浪高仪 G1 所得的结果,图 2(b)为压强测点 P1 所得的结果。两图的横坐标代表无量纲时间,轴坐标表示无量纲波高。P1 处于静水面以下 0.15 m 的位置。图 2 的对比结果证明数值模型可以较为准确地模拟波浪与集成透空板的 OWC 防波堤相互作用的水动力过程。

（a）浪高仪G1处的波高　　　　（b）压强测点P1处的动水压强

图 2　数值结果的验证

3.2　透空板孔隙率的影响

图 3 给出了不同透空板孔隙率下波浪反射系数的变化曲线。图 3 中显示反射系数均随着波浪无量纲频率的增大先减小后增大,并随着孔隙率的减小而减小。当波浪频率较高时,透空板的存在对反射系数的影响相对更大,这是因为透空板对高频短波的耗散能力更为显著。当不存在透空板时,最小的波浪反射系数约为 0.5,而当透空板孔隙率为 10% 时,最小反射系数下降到约为 0.375;这是由于透空板孔隙率较小时其耗散波浪能量的效果也较强,但同时作用在透空板上的波浪力也相对较大。除此之外,还可以发现透空板并不会改变反射系数达到极值时所处的波浪频段。

图 4 给出了前墙内外侧所受的水平波浪力在不同透空板孔隙率下的变化规律,纵坐标称为无量纲水平波浪力,横坐标为波数。由图 4 可以发现:前墙内侧的受力往往都大于外侧的受力,这是因为前墙内侧受到了较大的气压作用;前墙外侧波浪力受孔隙率的影响较大,孔隙率越小,波浪力也越小,且在高频区间效果较为明显,这同样是由透空板对波浪的耗散能力增强导致的。前墙内侧的受力则相对变化很小。

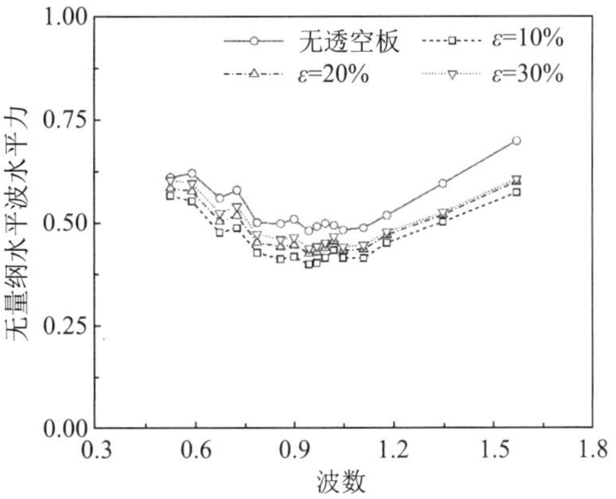

图 3　孔隙率对波浪反射系数的影响

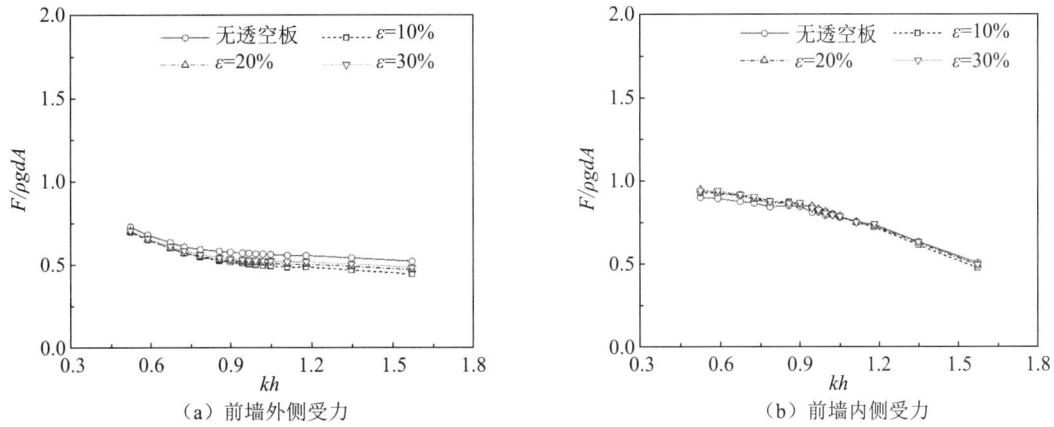

（a）前墙外侧受力　　　　　　　（b）前墙内侧受力

图 4　孔隙率对前墙内外侧受力的影响

3.3 透空板与前墙间距的影响

图 5 所示的是当透空板与前墙之间的距离发生改变时波浪反射系数的变化过程,横坐标为波数。从图 5 中可以发现随着间距不断增大,反射系数逐渐减小。当波浪频率较高时,间距最大的工况相比没有透空板的工况,反射系数几乎减小了 1/3;这是由于透空板与 OWC 装置之间距离越大,波浪在此区域内反复叠加耗散的能量就越多,从而导致总体反射的波浪能量就越少。与此同时,间距的增大也会提高整体系统的成本,因此实际应用中需要为透空板和 OWC 防波堤之间选择适中的距离。

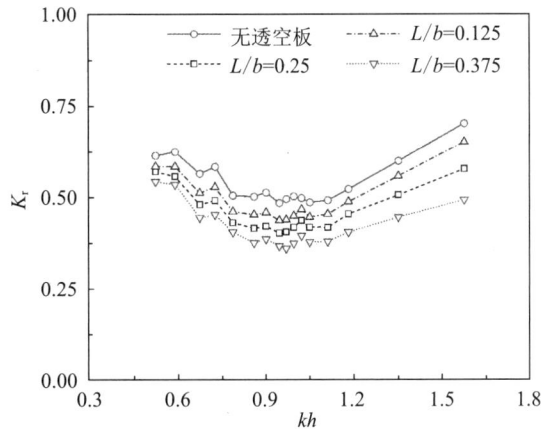

图 5　透空板与前墙的间距对波浪反射系数的影响

图 6 给出了透空板与前墙的间距对 OWC 装置前墙内外侧所受波浪水平力的影响,纵坐标为无量纲波受力,横坐标为波数。结果显示由于间距最大的算例中波浪能量耗散得最多,因此前墙内外侧的受力也是最小的。值得注意的是对于前墙外侧,随着波浪频率的降低,有透空板的算例中水平力会不断接近无透空板的算例;这是由于透空板耗散波浪能量的作用在长波环境下几乎可以忽略不计。对于前墙内侧,当波

浪频率较低时,有透空板的算例中水平力甚至会超过无透空板的算例;这是因为透空板还会在一定程度上增加进入气室内部的波浪基频能量,这个效果在长波中会超过透空板所带来的波浪能量的损耗,从而使得前墙内侧受力相比原来更大。

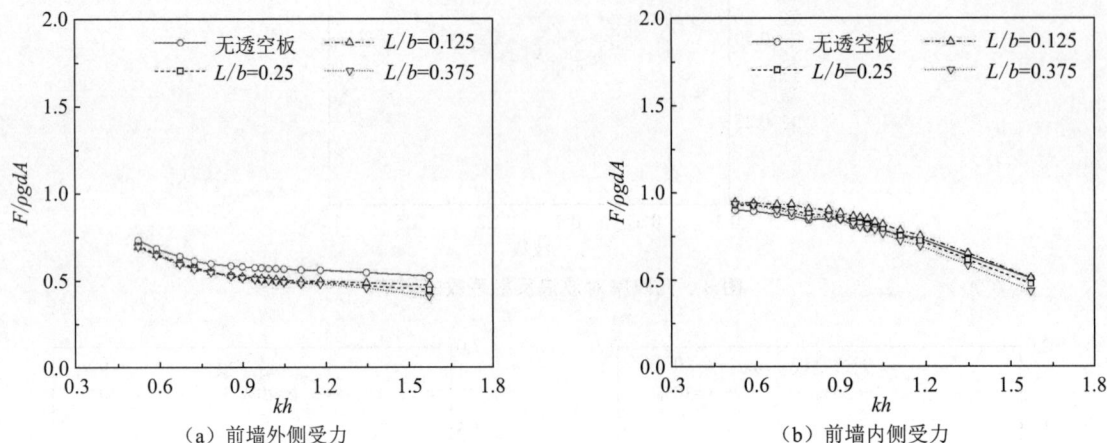

（a）前墙外侧受力　　　　　　　　（b）前墙内侧受力

图 6　透空板与前墙的间距对前墙内外侧受力的影响

4　结　语

基于黏流模拟技术和多孔介质的宏观模拟方法建立了数值波浪水池,实现了波浪与集成透空板的 OWC 防波堤相互作用的实时模拟。通过分析透空板的孔隙率以及与 OWC 装置前墙间距对防波堤水动力性能的影响,在文中所考虑的参数范围内得到了以下结论:透空板有助于耗散高频波的能量,从而降低防波堤前墙外侧所受的波浪载荷,同时提高防波堤消减反射波的能力,在低频波段透空板的作用减小;较小的孔隙率和与防波堤之间较大的间距有利于增强透空板的效果,但也会提高透空板与整个系统的使用成本,间距的改变相比孔隙率会产生更大的影响;前墙内侧波浪载荷受透空板的影响较小,但随着波浪频率的降低,集成透空板后前墙内侧的波浪载荷会逐渐大于集成前的值。在工程中,透空板孔隙率和相对位置的选择需要在同时考虑防波堤作用效果和经济成本的基础上加以确定。

参考文献

[1] 胡晓. 一种基于防波堤的振荡水柱式的波浪能发电装置的水动力研究[D]. 镇江:江苏科技大学,2023.

[2] 何方,唐晓,潘佳鹏,等. 波能利用型圆筒透空堤水动力特性实验研究[J]. 太阳能学报,2022,43(12):469-475.

[3] 李佳繁,郑艳娜,林裕强,等. OWC-开孔浮式防波堤消浪性能的数值研究[J]. 水运工程,2022(6):21-28.

[4] CHENG Y,FU L,DAI S,et al. Experimental and numerical analysis of a hybrid WEC-breakwater system combining an oscillating water column and an oscillating buoy[J]. Renewable and Sustainable Energy Reviews,2022,169:112909.

[5] FOX B N,GOMES R P F,GATO L M C. Analysis of oscillating-water-column wave energy converter configurations for integration into caisson breakwaters[J]. Applied Energy,2021,295:117023.

[6] PAWITAN K A,DIMAKOPOULOS A S,VICINANZA D,et al. A loading model for an OWC caisson based upon large-scale measurements[J]. Coastal Engineering,2018,145:1-20.

[7] 耿宝磊,王荣泉,宁德志,等. 波浪与直墙前多层透空薄板作用的解析研究[J]. 水道港口,2017,38(1):8-15.

[8] 金世义. 规则波作用下多层竖直开槽板水动力特性数值模拟[D]. 大连:大连理工大学,2022.

[9] LI Y,ZHAO X L,GENG J,et al. Wave scattering by a vertical cylinder with a submerged porous plate:further analysis[J]. Ocean Engineering,2022,259:111711.

[10] 张翔宇,宁德志,ROBERT M,等. 透空防波堤和振荡水柱波能装置集成系统水动力性能研究[J]. 工程力学:1-8.

[11] ZHANG Y,ZHAO X L,GENG J,et al. A novel concept for reducing wave reflection from OWC structures with application of harbor agitation mitigation/coastal protection:theoretical investigations[J]. Ocean Engineering,2021,242:110075.

[12] CONG P W,LIU Y Y,WEI X Q,et al. Hydrodynamic performance of a self-protected hybrid offshore wind-wave energy system[J]. Physics of Fluids,2023,35(9):097107.

[13] FEICHTNER A,MACKAY E,TABOR G,et al. Comparison of macro-scale porosity implementations for CFD modellingof wave interaction with thin porous structures[J]. Journal of Marine Science and Engineering,2021,9(2):150.

空心块体潜堤阻力特性研究

肖　凯[1,2]，陈大可[1,2]，戴　鹏[1,2]，陈捷智[1,2]，何治超[1,2]

（1. 南京水利科学研究院，江苏 南京　210024；2. 港口航道泥沙工程交通行业重点实验室，江苏 南京 210024）

摘要：近年来，空心块体潜堤在防浪挡沙导流等工程实践中得到广泛应用。空心块体潜堤的阻力特性影响建筑物周围流场特征和透流率，是工程应用者关注的核心问题之一。本文利用明渠水槽开展了不同断面不同尺寸条件下空心块体潜堤阻力特性试验，并基于水位和流速测量结果分析了空心块体潜堤的局部水头损失。研究表明，空心块体潜堤局部水头损失是堤高水深比的函数。一定断面条件下，随着水深的减小，潜堤局部水头损失系数逐渐增大并趋于出水堤；当堤高水深比一定时，局部水头损失系数适用于不同比尺。

关键词：空心块体；潜堤；水槽试验；阻力特性

空心块体具有中空结构，能够更有效地耗散波浪能量，并具有一定的透流率，有利于水体交换且能增强生态效应。近年来，空心块体在生态礁体、航道整治、防波堤和挡沙堤等涉水工程建筑物中得到广泛应用[1-7]。空心块体潜堤的阻力特性影响建筑物周围流场特征和透流率，因此确定其阻力特性是物理模型和数学模型中准确计算空心块体潜堤周围流场的关键。然而，有关空心块体潜堤阻力特性的研究尚未见报道。本文通过水槽断面试验研究了空心块体潜堤的阻力特性，旨在为空心块体潜堤水力特性模拟和工程应用提供参考。

1 试验设置

空心块体潜堤阻力特性试验在南京水利科学研究院泥沙基本理论试验厅内的明渠水槽中进行。水槽尺寸为 41.2 m×0.8 m×0.8 m（长×宽×高），配备有水流自循环系统。水槽进口设置整流器平顺水流，出口通过旋杆控制尾门调节水位。水槽进口流量通过电磁流量计测量，水位由测针测量，流速采用旋桨式流速仪测量。

空心块体为中空立方体，原型立方体边长 1.8 m，组成立方体边长的杆件断面为正方形，边长为0.35 m。立方体中空区域 8 个内角在 3 个方向上各设置有一个截面为等腰直角三角形的柱体加强件[原型见图 1（a），模型见图 1（b）]。原型空心块体潜堤断面为等腰梯形，两侧坡度为 1∶1.5[图 1（c）]。

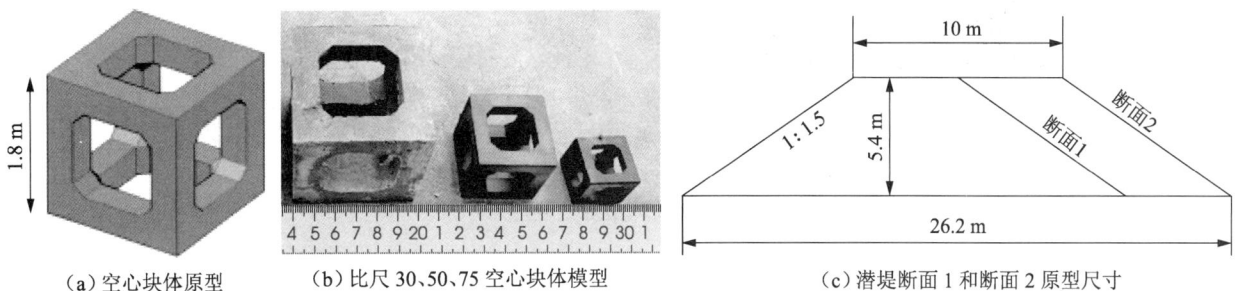

（a）空心块体原型　　　（b）比尺 30、50、75 空心块体模型　　　（c）潜堤断面 1 和断面 2 原型尺寸

图 1　空心块体尺度和潜堤断面尺度

基金项目：南京水利科学研究院中央级公益性科研院所基本科研业务费专项资金项目（Y223003）

通信作者：陈大可。E-mail：dkchen@nhri.cn

　　考虑两种断面尺寸,断面1堤顶宽度5 m,堤底宽度为21.2 m;断面2堤顶宽度10 m,堤底宽度为26.2 m;两个断面堤身均高5.4 m。试验基于正态模型设计,并考虑几何相似、水流运动相似和重力相似。空心块体潜堤放置于水槽中间,空心块体第1层(最下层)采用规则排放,其上各层采用随机摆放(图2)。比尺30的空心块体采用掺铁粉的混凝土制作,潜堤在水流中能够保持稳定;比尺50和75的块体采用增重塑料制作,为保持潜堤在水流中的稳定性,采用钢丝网固定潜堤。为分析比尺对阻力特性的原型,并考虑流速和水深差异,设置如表1所示的试验组次。

表1　水槽试验参数

序　号	比尺30 断面1		比尺50 断面1		比尺75 断面1		比尺30 断面2	
	流量 /(m³/s)	水位 /m	流量 /(m³/s)	水位 /m	流量 /(m³/s)	水位 /m	流量 /(m³/s)	水位 /m
1	0.035	0.32	0.022	0.20	0.012	0.13	0.035	0.25
2	0.035	0.36	0.022	0.22	0.012	0.15	0.035	0.27
3	0.035	0.37	0.022	0.24	0.012	0.16	0.035	0.29
4	0.035	0.41	0.022	0.26	0.012	0.17	0.035	0.31
5	0.018	0.39	0.012	0.26	0.008	0.16	0.035	0.33
6	0.024	0.43	0.015	0.26	0.010	0.16	0.035	0.35
7	0.027	0.40	0.030	0.26	0.014	0.16	0.035	0.37
8	0.050	0.40	—	—	—	—	0.035	0.41
9	—	—	—	—	—	—	0.035	0.43

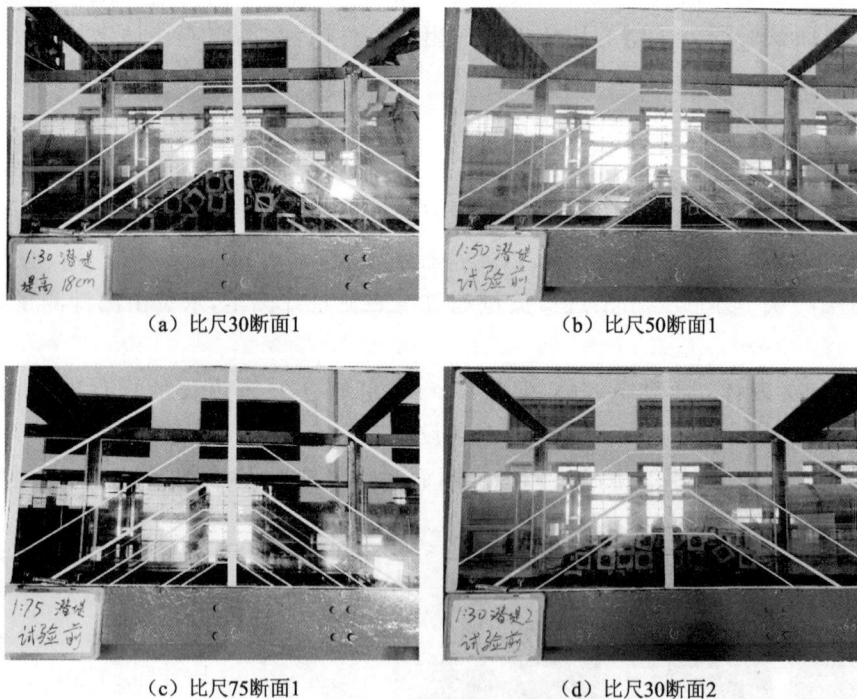

(a) 比尺30断面1　　　　　　　　　(b) 比尺50断面1

(c) 比尺75断面1　　　　　　　　　(d) 比尺30断面2

图2　空心块体潜堤试验前照片

2 试验结果分析

2.1 流场特征

　　给定流量条件下,潜堤上游水位壅高,在堤顶上经历一个跌水过程,潜堤上下游水位差显示了潜堤对水流的阻力作用。图3显示了典型工况下空心块体潜堤前后不同位置处的垂向流速分布,其中z为高程,h为水深。如图3所示,潜堤上游不远处垂向流速分布仍呈现典型J形分布,下游堤脚处呈现上凸形状分布,远离堤脚处垂向流速分布又逐渐趋于典型 J 形分布。出现这种流速分布特征的原因在于堤身内部及堤身下游掩护区存在低流速区,堤顶上方存在高流速区,低流速区和高流速区之间为紊动耗散强烈的掺混区。

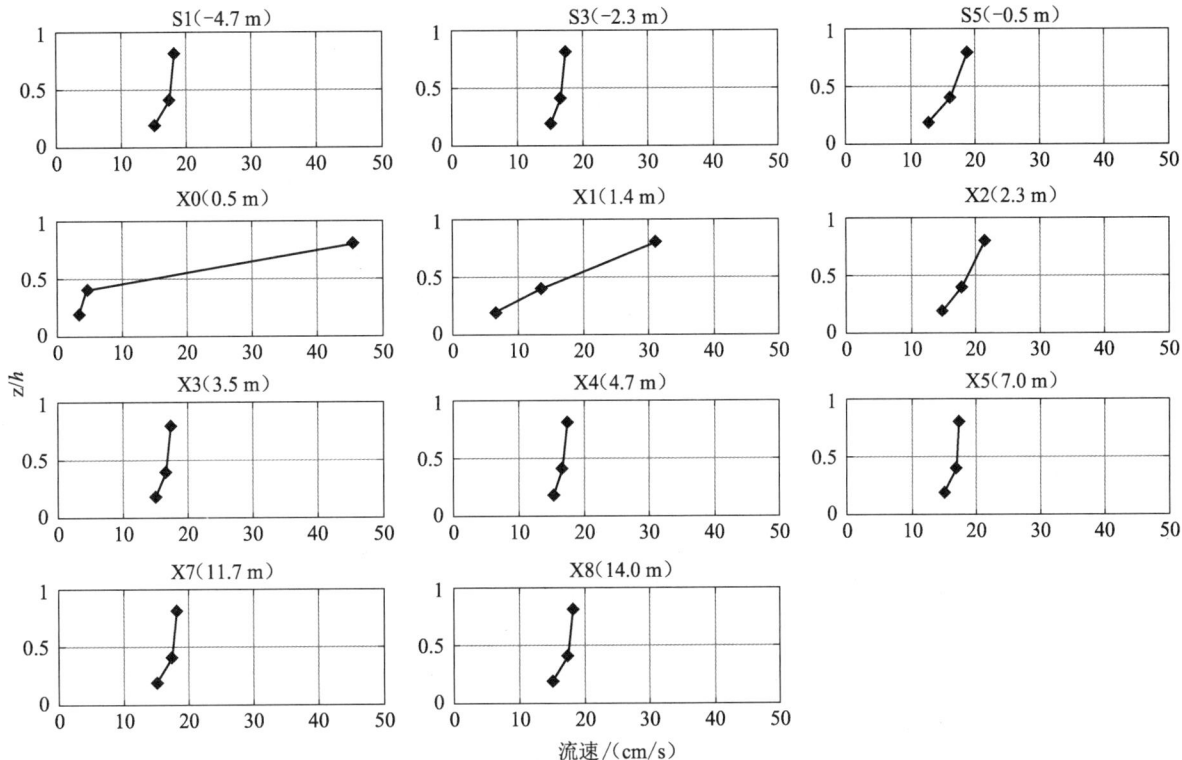

图 3 比尺 30 断面 2 堤后水位 0.25 m 时堤前后各断面平均流速垂向分布(S 为堤前断面,X 为堤后断面)

2.2 空心块体潜堤阻力特性分析方法

空心块体潜堤对流速的阻力可通过局部水头损失表征。以水槽底部为零点高程基准,对堤前后一段距离列能量方程,如下:

$$z_1 + \frac{p_1}{\rho g} + \frac{\alpha_1 u_1^2}{2g} = z_2 + \frac{p_2}{\rho g} + \frac{\alpha_2 u_2^2}{2g} + h_w \tag{1}$$

$$h_w = \frac{\xi u_2^2}{2g} \tag{2}$$

式中:z_1 和 z_2 分别为堤前后水面高程;$\frac{p_1}{\rho g}$ 和 $\frac{p_2}{\rho g}$ 分别为堤前后压强水头,其中 p_1 和 p_2 分别为堤前后水面压强,ρ 为水的密度,g 为重力加速度;$\frac{\alpha_1 u_1^2}{2g}$ 和 $\frac{\alpha_2 u_2^2}{2g}$ 分别为堤前后流速水头,其中 u_1 和 u_2 分别为堤前后断面平均流速,α_1 和 α_2 分别为堤前后动能校正系数;h_w 为堤引起的局部水头损失。式(1)中局部水头损失 h_w 反映了涉水建筑物对水流的阻力,式(2)将局部水头损失 h_w 进一步写为下游流速水头的函数,其中 ξ 为局部水头损失系数。

2.3 空心块体潜堤阻力特性

图 4 显示了空心块体潜堤局部水头损失与流速水头关系。由图 4 可知,当堤高水深比一定时,断面 1 不同比尺的散点呈现线性特征,显示了局部水头损失与流速水头的正比规律适用于不同比尺(30、50 和 75)。一定断面条件下(断面 2),随着水深的减小,堤高水深比(堤身高度与水深之比,H/h)逐渐增大,对应的潜堤局部水头损失 h_w 和局部水头损失系数 ξ 也逐渐增大,局部水头损失系数逐渐趋于出水堤。空心块体潜堤局部水头损失与堤高水深比呈非线性幂函数关系,这对于潜堤堤顶高程的设置具有重要参考价值。

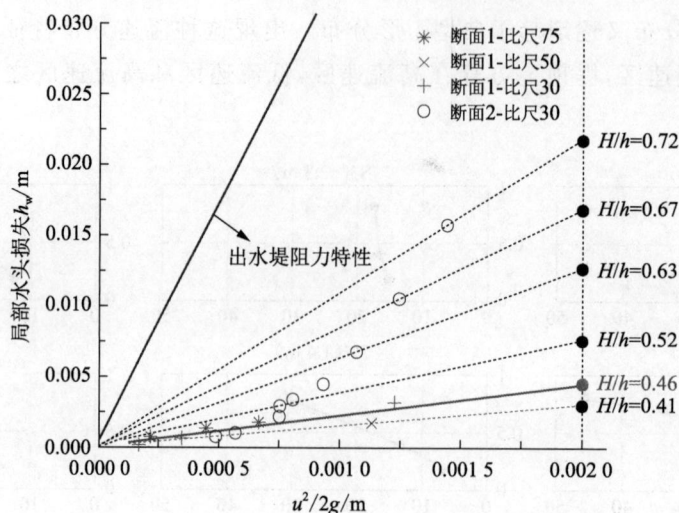

图 4　空心块体潜堤局部水头损失与流速水头的关系

3　结　语

本文通过明渠水槽开展了不同断面不同尺寸条件下的空心块体潜堤阻力特性试验,并基于水位和流速测量结果分析了空心块体潜堤的局部水头损失。结果表明:

(1) 相同来流条件下,空心块体潜堤的局部水头损失远小于出水堤。

(2) 潜堤局部水头损失是堤高水深比的函数。一定断面条件下,随着水深的减小,潜堤局部水头损失系数逐渐增大并趋于出水堤。

(3) 一定断面条件下,当堤高水深比一定时,局部水头损失系数适用于不同比尺(小于等于 75 条件下)。

参考文献

[1]　应翰海,谭志国,陈飞. 扭双工字透水框架在长江南京以下 12.5 m 深水航道一期工程中的应用[J]. 水运工程,2017
　　　(3):1-4.

[2]　曹民雄,张卫云,马爱兴,等. 软体排与扭双工字透水框架结构潜堤下游联合护底试验研究[J]. 水运工程,2015,31
　　　(7):1-7.

[3]　丁洁,田鹏,沈雨生. 生态礁体布置形式对水流特征的影响[J]. 水运工程,2022(3):27-31.

[4]　朱治,张学军,沈雨生. 长江口南槽航道透水梯形结构整治建筑物水动力特性研究[J]. 水道港口,2020,41(4):380-
　　　387.

[5]　巩玉春. 矩形空心块保护堤顶的应用和探讨[J]. 港工技术,1994(4):7-9.

[6]　孙大鹏,孙文豪,修富义,等. 扭王字块体斜坡堤越浪量的数值研究[J]. 海洋工程,2022,40(2):15-25.

[7]　李绍武,王家汉,柳叶. 斜坡堤护面块体安放过程及稳定性数值模拟[J]. 海洋工程,2022,40(2):1-14.

m形浮式防波堤水动力特性数值模拟研究

王兴刚[1],刘　鹏[2],李雪艳[2],杨普航[1]

(1. 南京水利科学研究院,江苏 南京　210029;2. 鲁东大学 水利工程学院,山东 烟台　264025)

摘要:在浮式方箱下方设置3个垂直向下突出的挡板,形成一种m形浮式防波堤,并基于边界元方法,建立了波浪与m形浮式防波堤相互作用的数值模型,分析了不同波高、波周期的波浪作用下,垂直挡板对浮式防波堤运动性能和锚链受力的影响。结果表明,在波浪作用下,m形浮式防波堤相对矩形浮体更为稳定,锚链受力也相对较小。

关键词:m形浮式防波堤;锚链;波浪;运动特性

浮式防波堤由消波浮体及锚系设备组成,具有修建迅速、不受地基影响、拆迁容易、造价受水深影响较小等优点。其缺点是锚系设备复杂,可靠性差,在波浪作用一段时间后容易走锚,有时甚至锚链被拉断,使浮体产生严重破坏。因此,对浮式防波堤在波浪中的运动与系泊受力的研究尤为重要。

浮式防波堤因其结构简单得到广泛研究与发展。毛伟清[1]应用Frank源汇分步法、Grim切片理论、远场积分法、Kim法等方法,对系泊浮式防波堤在规则波作用下的运动响应、系泊受力等进行研究,成功用理论方法预测浮式防波堤的特性,优化了防波堤的形状。Sannasiraj等[2]研究了不同系泊方式(水面系泊、基底八字系泊、交叉系泊)下,浮箱式防波堤的运动响应及系泊受力,结果表明交叉系泊防波堤在横摇固有频率附近表现出比其他2种系泊方式更高的横摇共振响应,水面系泊和基底八字系泊产生的系泊力明显小于交叉系泊。Koutandos等[3]基于Boussinesq型方程的有限差分数学方法,研究了不同运动形式的浮箱式防波堤的水动力特性。侯勇[4]通过物理模型试验研究了锚链相对拖地长度、锚链刚度、相对吃水、导缆孔处锚链与水平面的夹角等对单方箱浮体水动力特性的影响规律。董华洋[5]对浮箱-水平板式浮式防波堤的水动力特性进行了物理模型试验和数值模型计算研究,研究结果表明,浮箱-水平板式防波堤的运动响应、系泊受力等均小于浮箱式防波堤。Peña等[6]对4种不同Π形浮式防波堤的波浪传递系数、系泊受力等进行试验研究,结果表明Π型防波堤横截面形状的微小变化对其水动力性能的影响较小。师艳景[7]研究了不同锚泊型式在大潮差条件下对浮式防波堤运动、系泊受力的影响,结果表明布置方式以及锚泊线组合形式对结构运动和系泊受力影响较大。平行型布置方式可有效降低方箱的横荡运动,交叉型布置方式可有效降低方箱的垂荡运动,人字形和平行型布置方式可降低浮箱的横摇运动。其中交叉型和平行型布置,锚链所受拉力比较小。Zhan等[8]基于对倒T形防波堤与波浪的非线性相互作用进行了数值分析,研究了防波堤在波浪作用下的运动响应和耗能性能。Qiao等[9]研究了矩形体和两个相连的垂直多孔侧板,发现多孔板具有减少波浪对浮动防波堤系统冲击的优点,降低其动态响应。Christensen等[10]对附带翼板及多孔介质的浮箱进行试验和数值模拟研究,分析不同阻尼机制对浮式防波堤的影响,研究表明,翼板可极大降低结构物的运动,多孔介质可降低波浪的透射率。王世林等[11]基于AQWA模拟研究了规则波作用下方箱浮式防波堤的运动响应和锚链受力,研究表明:改变入射波高、浮箱吃水及锚链刚度,对浮箱垂荡运动影响较大。张紧系泊相对于悬链线式系泊对浮箱的约束能力较好,但锚链受力更大。Wei和Yin[12]研究了翼板的安装位置、浸水深度、长度以及对称性对系泊浮箱式防波堤水动力性能的影响,结果表明翼板可以降低防波堤的运动响应,但会增加防波堤的系泊受力。Liang等[13]研究了系泊系统对箱型浮式防波堤消浪特性、运动特性、系泊受力的影响,结果表明不同系泊配置下防波堤的运动响应存在明

通信作者:李雪艳。E-mail:yanzi03@126.com

显差异,系泊力受运动响应的影响。Guo 等[14]分析比较了具有张紧、松弛和混合系泊系统浮式防波堤波透射系数和反射系数、系泊力和运动响应。方炎辉[15]基于 ANSYS AQWA 研究了正向浪作用时系泊缆长度、系泊角度、系泊方式对刚性薄板的运动响应和缆绳张力的影响,进而分析了波浪入射方向的变化对刚性薄板水动力特征的影响。李金坷等[16]对弧墙-浮式防波堤在不同水平宽度、相对高度及相对波高等条件下的水动力性能进行模拟研究,总结各参数对防波堤透射系数、反射系数及运动响应的影响规律,结果表明,透射系数随水平宽度的增大而增大,运动响应随水平宽度和相对高度的增大而增大。靳宏达[17]运用 ANSYS AQWA 软件分析了不同开孔列数、开孔长度、开孔布置方式以及开孔形状等对于浮式防波堤透射系数、运动响应及系泊受力的影响。Sohrabi 等[18]研究了可作为波浪能转换器的倾斜浮式防波堤的水动力学特性。Zhang 等[19]研究了压载防波堤不同填充率对防波堤动态响应的影响。

本文提出一种新型 m 形浮式防波堤,其在浮式方箱下方设置 3 个垂直向下突出的挡板,形成 m 形浮式防波堤,并应用基于边界元方法的 ANSYS AQWA 软件建立了波浪与 m 形浮式防波堤相互作用的数值模型,对比分析了挡板的有无对浮式防波堤运动性能和锚链受力的影响。

1 数值计算

1.1 运动方程

傅里叶变换法利用频域下激振力、附加质量和辐射阻尼,通过傅里叶变换求得时域下的波浪作用力、附加质量和迟滞函数,最后通过结构的运动方程求得结构的运动响应和系泊系统的内部应力。波浪作用下 6 自由度系泊浮体运动方程如下:

$$\sum_{j=1}^{6}\left\{(M_{ij}+m_{ij})\ddot{\xi}_j(t)+\int_{-\infty}^{t}\dot{\xi}_j(\tau)K_{ij}(t-\tau)\mathrm{d}\tau+B_i[\dot{\xi}(t)]+C_{ij}\xi(t)\right\}=F_j(t)+G_j(t) \quad (1)$$

式中:M_{ij}为浮体广义质量系数($i,j=1,\cdots,6$);m_{ij}为浮体的附加质量系数;$\xi(t)$为浮体位移;K_{ij}为延迟函数;$B_i[\dot{\xi}(t)]$为系统的黏性等阻尼;C_{ij}为静水恢复力系数;$F(t)$为波浪激励力;$G(t)$为锚链引起的非线性作用力。

延迟函数 $K_{ij}(t)$ 为频域水动力求解出的辐射阻尼 $B_{ij}(\omega)$ 经傅里叶逆变换求出。

$$K_{ij}(t)=\frac{2}{\pi}\int_0^{\infty}B_{ij}(\omega)\cos(\omega t)\mathrm{d}\omega \quad (2)$$

式中:$B_{ij}(\omega)$为辐射阻尼;ω 为入射波圆频率;t 为时间。

1.2 模型参数

模型 M1、M2 均为规则矩形方箱,模型 M 在规则方箱下加设 3 块垂直薄板,薄板厚度相对于模型宽 W 以及入射波长可以忽略不计,3 种模型横截面如图 1 所示,具体参数见表 1。

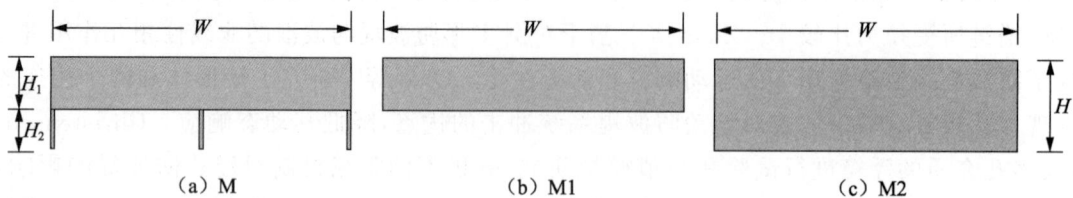

图 1　模型横截面(正视图)

系泊系统采用悬链线式交叉系泊(图 2),水深 $h=16.5$ m。锚链直径 $d=68$ mm,干重 $m_d=101$ kg/m,湿重[20]$m_w=87.062$ kg/m,长度 $l=57.1$ m,导缆孔距结构物边缘 1.5 m,导缆孔处锚链与水平面夹角 $\theta=30°$,锚点横坐标 $|x_1|=42.548$ m,纵坐标 $|y_1|=33.163$ m。

表 1　模型主要参数

模型分类	长 L/m	宽 W/m	高/m	板厚 t/m	重心 K_G/m	浮心 K_B/m	吃水深度 D/m	排水量 V/m³	横摇回转半径 R_x/m	纵摇回转半径 R_y/m	艏摇回转半径 R_z/m
模型 M	15	12	$H_1=2$, $H_2=1.5$	0.15	−0.6	−0.66	2.7	226.125	4.73	3.92	5.58
模型 M1	15	12	$H_1=2$		−0.6	−0.6	1.2	216	4.39	3.53	5.54
模型 M2	15	12	$H=3.5$		−1.35	−1.35	2.7	486	4.46	3.63	5.55

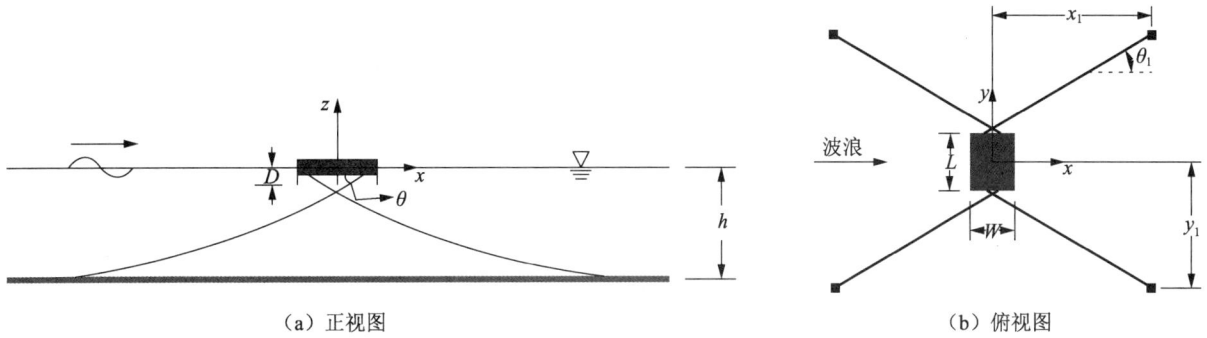

（a）正视图　　　　　　　　（b）俯视图

图 2　交叉系泊系统示意

1.3 计算结果分析

1.3.1 波高的影响

1.3.1.1 波高对浮式防波堤运动的影响

图 3~图 6 为不同波高波浪作用下，m 形浮式防波堤以及 2 种矩形浮箱防波堤的运动历时曲线。从图中可以看出，m 形防波堤纵荡、纵摇运动相对较小，垂荡运动与浮箱防波堤相近。同时，波高增加，m 形浮式防波堤纵荡运动相应增大，垂荡、纵摇运动增加不明显。

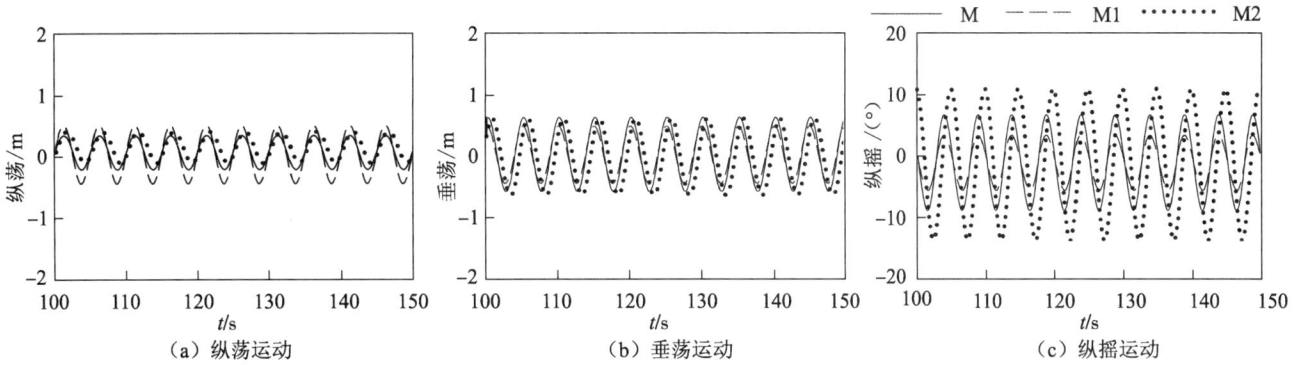

（a）纵荡运动　　　　　　　（b）垂荡运动　　　　　　　（c）纵摇运动

图 3　m 形浮式防波堤纵荡、垂荡、纵摇运动响应（周期 5 s，波高 1.0 m）

（a）纵荡运动　　　　　　　（b）垂荡运动　　　　　　　（c）纵摇运动

图 4　m 形浮式防波堤纵荡、垂荡、纵摇运动响应（周期 5 s，波高 1.2 m）

（a）纵荡运动   （b）垂荡运动   （c）纵摇运动

图 5   m 形浮式防波堤纵荡、垂荡、纵摇运动响应（周期 5 s，波高 1.5 m）

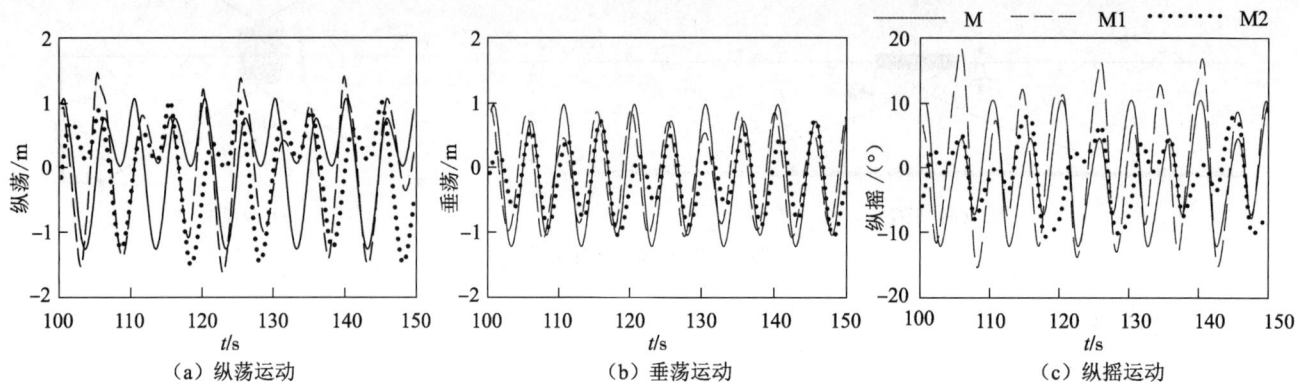

（a）纵荡运动   （b）垂荡运动   （c）纵摇运动

图 6   m 形浮式防波堤纵荡、垂荡、纵摇运动响应（周期 5 s，波高 2.0 m）

1.3.1.2 波高对锚链张力的影响

图 7～图 10 为不同波高波浪作用下，m 形浮式防波堤以及 2 种矩形浮箱防波堤锚链张力的历时曲线。从图中可以看出 m 形浮式防波堤迎浪侧和背浪侧锚链张力相对较小，随波高增大，迎浪侧锚链张力增大，背浪测锚链张力增加较小。

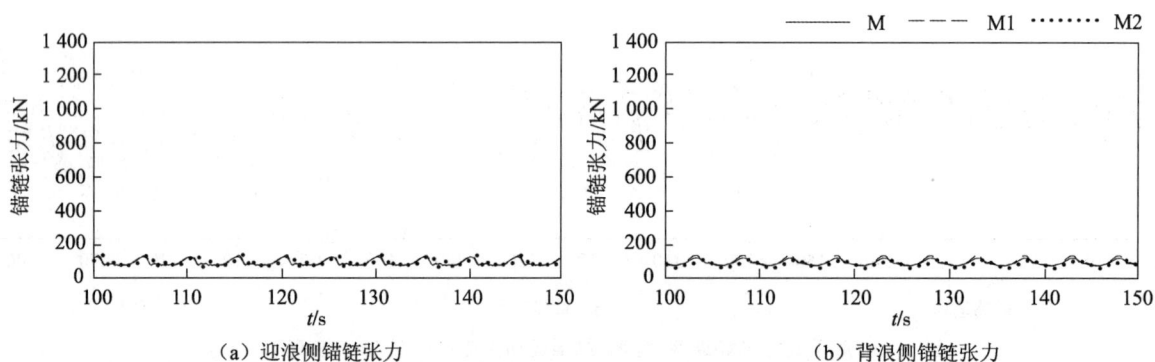

（a）迎浪侧锚链张力   （b）背浪侧锚链张力

图 7   m 形浮式防波堤迎浪侧、背浪侧锚链张力（周期 5 s，波高 1.0 m）

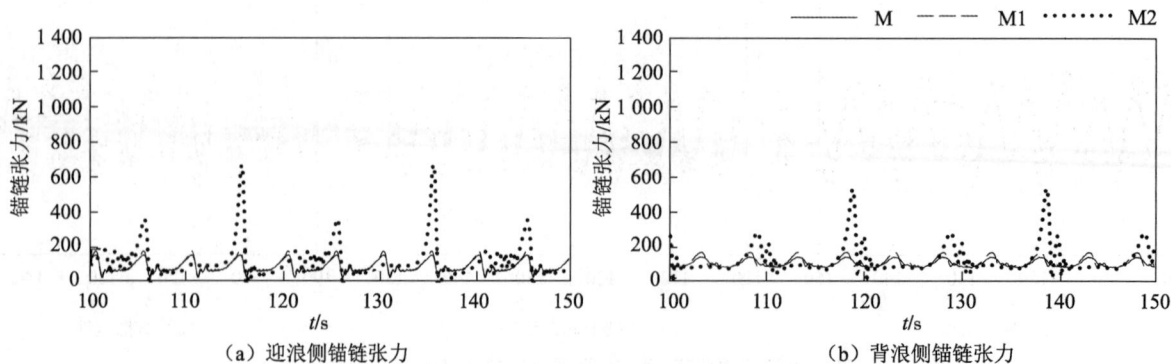

（a）迎浪侧锚链张力   （b）背浪侧锚链张力

图 8   m 形浮式防波堤迎浪侧、背浪侧锚链张力（周期 5 s，波高 1.2 m）

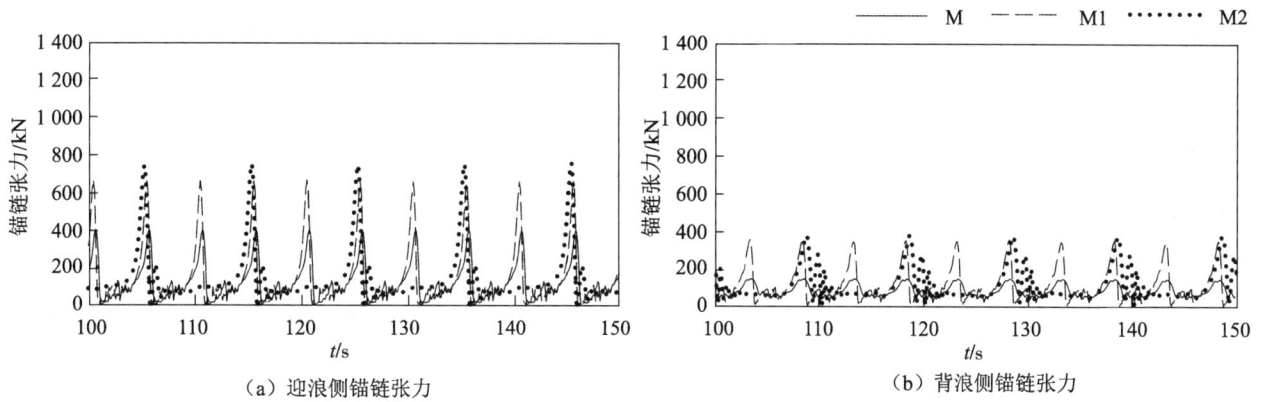

（a）迎浪侧锚链张力   （b）背浪侧锚链张力

图9　m形浮式防波堤迎浪侧、背浪侧锚链张力（周期5 s，波高1.5 m）

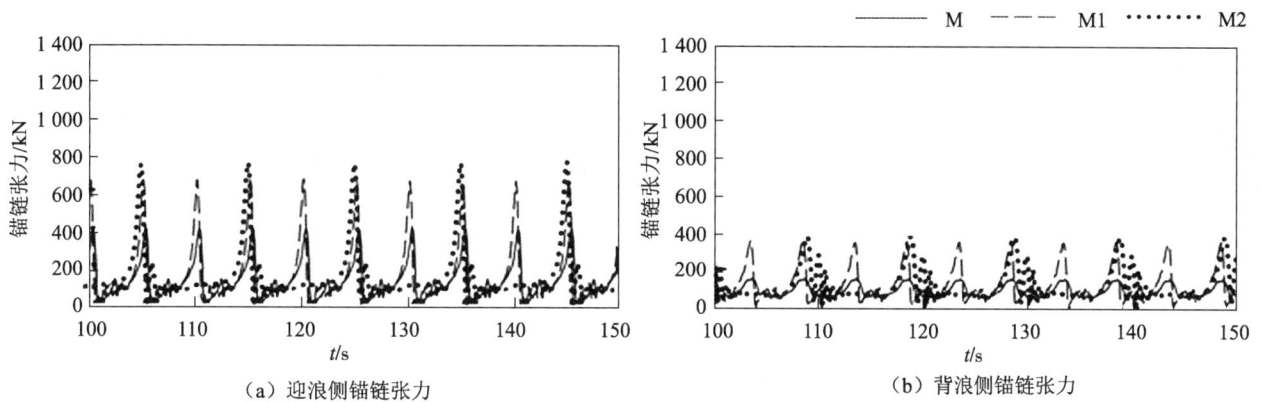

（a）迎浪侧锚链张力   （b）背浪侧锚链张力

图10　m形浮式防波堤迎浪侧、背浪侧锚链张力（周期5 s，波高2.0 m）

1.3.2 波周期的影响

1.3.2.1 波周期对浮式防波堤运动的影响

图11～图13为不同波周期波浪作用下，m形浮式防波堤以及2种矩形浮箱防波堤的运动历时曲线。从图中可以看出，m形防波堤纵荡、垂荡运动与浮箱防波堤相差较小，除6 s周期时m形浮式防波堤纵荡运动明显小于M1防波堤，而且m形浮式防波堤纵摇运动相对较小。同时，波周期增加，m形防波堤纵荡、纵摇运动增大，垂荡运动增加不明显。

1.3.2.2 波周期对锚链张力的影响。

图14～图16为不同波周期波浪作用下，m形浮式防波堤以及2种矩形浮箱防波堤锚链张力的历时曲线，从图中可以看出m形浮式防波堤迎浪侧和背浪侧锚链张力相对较小，同时随周期增大，锚链张力增大。

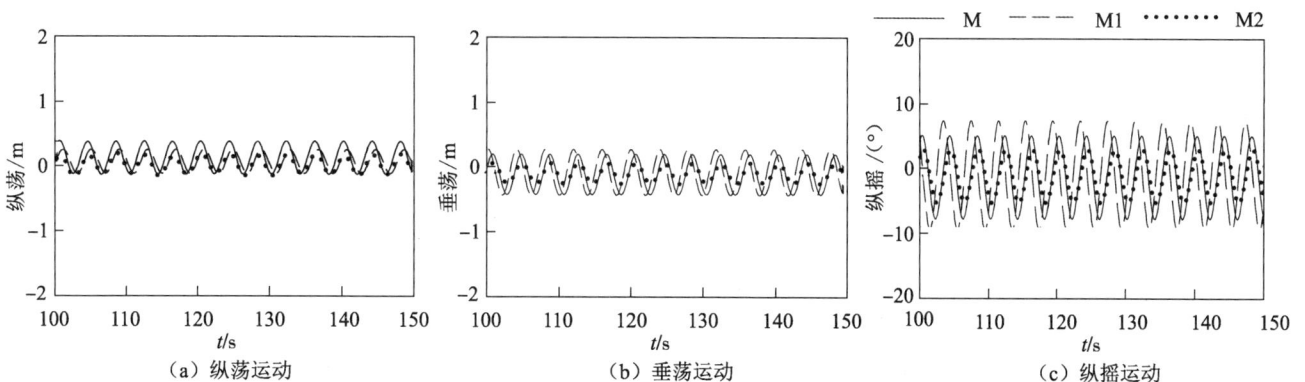

（a）纵荡运动   （b）垂荡运动   （c）纵摇运动

图11　m形浮式防波堤纵荡、垂荡、纵摇运动响应（周期4 s，波高1.0 m）

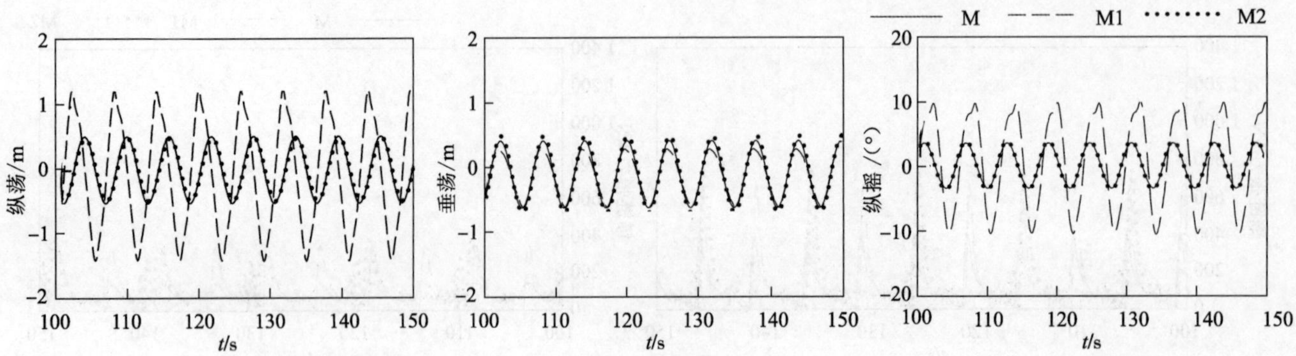

（a）纵荡运动　　　　　　（b）垂荡运动　　　　　　（c）纵摇运动

图 12　m 形浮式防波堤纵荡、垂荡、纵摇运动响应（周期 6 s,波高 1.0 m）

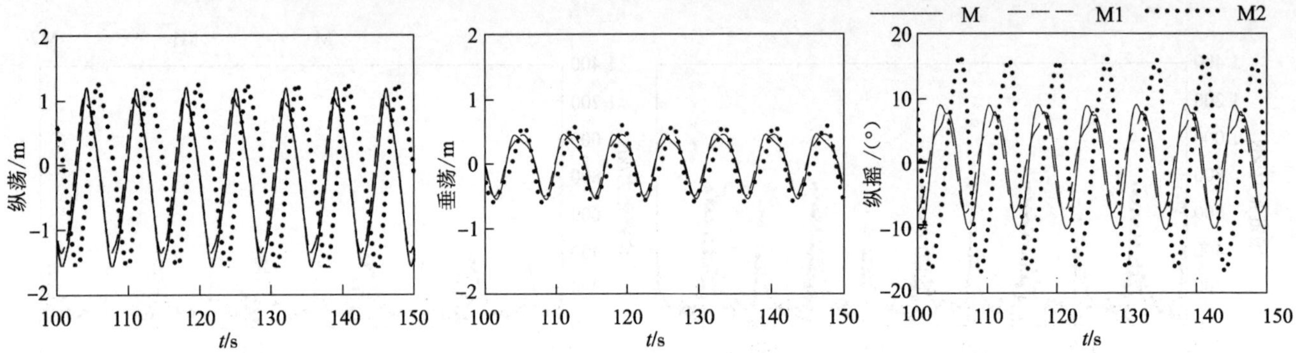

（a）纵荡运动　　　　　　（b）垂荡运动　　　　　　（c）纵摇运动

图 13　m 形浮式防波堤纵荡、垂荡、纵摇运动响应（周期 7 s,波高 1.0 m）

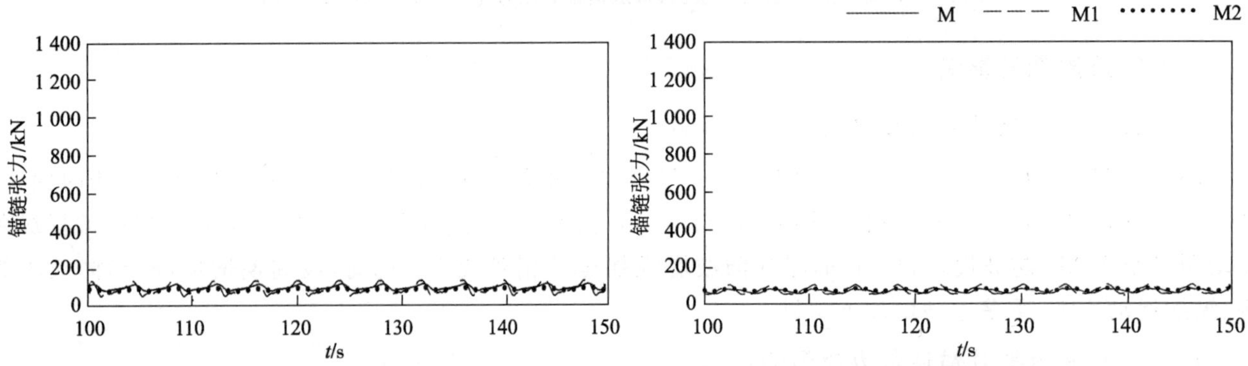

（a）迎浪侧锚链张力　　　　　　（b）背浪侧锚链张力

图 14　m 形浮式防波堤迎浪侧、背浪侧锚链张力（周期 4 s,波高 1.0 m）

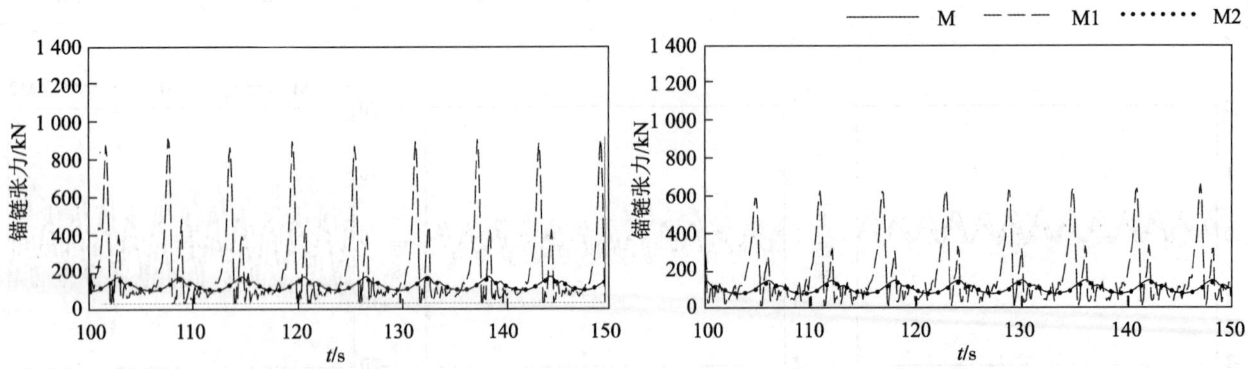

（a）迎浪侧锚链张力　　　　　　（b）背浪侧锚链张力

图 15　m 形浮式防波堤迎浪侧、背浪侧锚链张力（周期 6 s,波高 1.0 m）

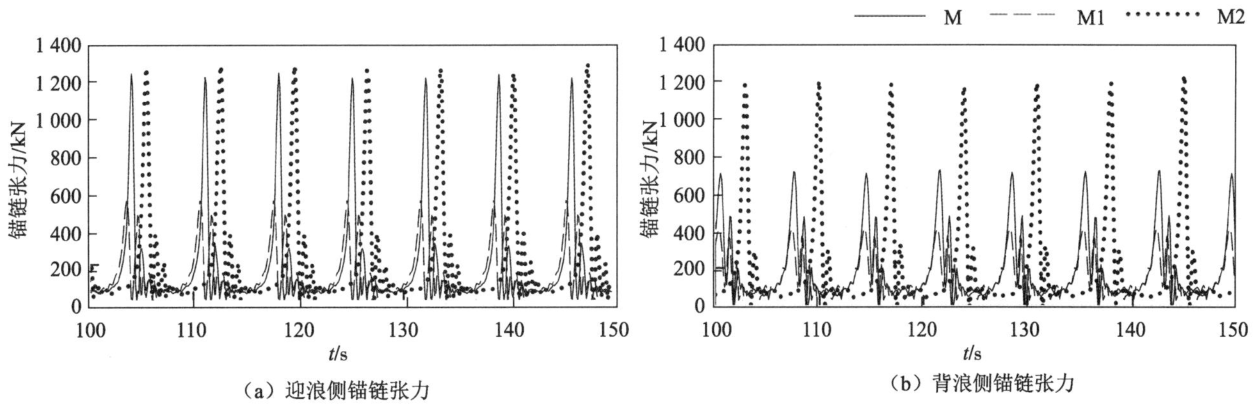

（a）迎浪侧锚链张力   （b）背浪侧锚链张力

图16　m形浮式防波堤迎浪侧、背浪侧锚链张力（周期7 s，波高1.0 m）

2　结　论

通过数值模拟计算了不同波浪作用下 m 形浮式防波堤的运动响应和锚链张力，分析了垂直板对防波堤运动特性、锚链张力的影响。主要研究结论如下：

（1）波高对 m 形防波堤纵荡运动以及锚链张力影响较大，随波高增大，防波堤纵荡运动增大，锚链张力增大，垂荡、纵摇运动增加不明显。

（2）波周期对 m 形防波堤纵荡、纵摇运动以及锚链张力都有较大影响，随波周期增加，防波堤纵荡、纵摇运动增大，锚链张力增大，垂荡运动增加不明显。

（3）与传统浮式方箱相比，不同波浪作用下，m 形浮式防波堤运动幅度和锚链张力相对较小，更为稳定。

参考文献

[1]　毛伟清.浮式防波堤的研究[J].中国造船，1994，35(4)：49-56.

[2]　SANNASIRAJ S A，SUNDAR V，SUNDARAVADIVELU R. Mooring forces and motion responses of pontoon-type floating breakwaters[J]. Ocean Engineering，1998，25(1)：27-48.

[3]　KOUTANDOS E V，KARAMBAS T V，KOUTITAS C G. Floating breakwater response to waves action using a Boussinesq model coupled with a 2DV elliptic solver[J]. Journal of Waterway，Port，Coastal，and Ocean Engineering，2004，130(5)：243-255.

[4]　侯勇.单方箱-锚链式浮防波堤水动力特性试验研究[D].大连：大连理工大学，2009.

[5]　董华洋.浮箱-水平板式浮防波堤水动力特性研究[D].大连：大连理工大学，2010.

[6]　PEñA E，FERRERAS J，SANCHEZ-TEMBLEQUE F. Experimental study on wave transmission coefficient，mooring lines and module connector forces with different designs of floating breakwaters[J]. Ocean Engineering，2011，38(10)：1150-1160.

[7]　师艳景.大潮差海域浮式防波堤锚泊系统研究[D].大连：大连理工大学，2013.

[8]　ZHAN J M，CHEN X B，GONG Y J，et al. Numerical investigation of the interaction between an inverse T-type fixed/floating breakwater and regular/irregular waves[J]. Ocean Engineering，2017，137：110-119.

[9]　QIAO W L，WANG K H，DUAN W Q，et al. Analytical model of wave loads and motion responses for a floating breakwater system with attached dual porous side walls[J]. Mathematical Problems in Engineering，2018，2018：1295986.

[10]　CHRISTENSEN E D，BINGHAM H B，SKOU FRIIS A P，et al. An experimental and numerical study of floating breakwaters[J]. Coastal Engineering，2018，137：43-58.

[11]　王世林，于定勇，谢雨嘉，等.方箱-垂直板浮式防波堤水动力特性研究[C]//中国海洋工程学会.第十九届中国海洋(岸)工程学术讨论会论文集(上).北京：海洋出版社，2019：421-428.

[12]　WEI K，YIN X. Numerical study into configuration of horizontal flanges on hydrodynamic performance of moored box-type floating breakwater[J]. Ocean Engineering，2022，266：112991.

[13]　LIANG J M，LIU Y，CHEN Y K，et al. Experimental study on hydrodynamic characteristics of the box-type floating breakwater with different mooring configurations[J]. Ocean Engineering，2022，254：111296.

［14］ GUO W J,ZOU J B,HE M,et al. Comparison of hydrodynamic performance of floating breakwater with taut,slack, and hybrid mooring systems:an SPH-based preliminary investigation[J]. Ocean Engineering,2022,258:111818.

［15］ 方炎辉. 刚性薄板的水动力特性数值研究[D].大连:大连理工大学,2022.

［16］ 李金坷,李雪艳,曲恒良,等.弧墙-浮式防波堤水动力性能数值模拟[J].水运工程,2023(9):1-7.

［17］ 靳宏达. 多孔浮式防波堤水动力特性数值模拟研究[D]. 大连:大连海洋大学,2023.

［18］ SOHRABI S,ALI LOTFOLLAHI YAGHIN M,MOJTAHEDI A,et al. Experimental and numerical investigation of a hybrid floating breakwater-WEC system[J]. Ocean Engineering,2024,303:117613.

［19］ ZHANG Z,TAO A F,WU Q R,et al. Wave to the dynamic response of the ballast floating breakwater[J]. Ocean Engineering,2024,305:117915.

［20］ 戴卫平,李远.一种锚链拉力的测试估算方法[J].广东造船,1995,14(3):9-13.

弹性支撑浮板防波堤水动力特性试验研究

张发水,金　恒,李　澍,朱晨昊,章露洁

（浙江大学宁波理工学院,浙江 宁波　315100）

摘要: 水平板防波堤作为典型的透空式防波堤兼具经济性和环保性,但其对长周期波的消波效果还需进一步提升,而弹性支撑可以作为一种有效的结构形式。引入弹性支撑,通过物理模型试验对浮板防波堤水平板在不同波浪条件下的水动力特性进行研究。分析了水平板防波堤在3种不同刚度支撑下局部压力时变特性,进一步探讨了浮动水平板上下表面压力分布规律。研究结果表明,在较长周期波作用下水平板背浪端压强较大,背浪端压强随波浪周期的增加而先增后减,而随弹性刚度增大背浪端压强逐渐减小;数值仿真显示水平板表面最大压强与强迫振动幅值正相关,而表面最小压强随强迫振动幅值的增大而减小。

关键词: 水平板;弹性支撑;压力;物理模型试验

海洋资源丰富,近年来世界各国对海洋的开发不断深入,近海工程发展迅速。为了确保海洋工程结构安全,减少人员伤亡和财产损失,需开发能够应对极端波浪条件的防护结构,布置在近海以削弱海浪对海洋工程的危害,保障海洋工程及海岸作业、活动的安全[1]。

水平板防波堤作为一种新型透空式波浪防护结构,具有受水平波浪力小、环境影响小、施工便利等特点,受到相关领域学者和工程技术人员的广泛关注。对于这一结构,早期 Patarapanich 和 Cheong[2] 将淹没式水平板作为一种波浪防护结构,并证明了该结构良好的消浪效果。Patarapanich[3] 还对水平板上由波浪散射引起的力和力矩进行了研究,拓展了散射波的解,得到板上的力和力矩,该方法可与有限元法相媲美。Guo 等[4] 开展了随机波浪对双板防波堤作用的试验研究,发现最大压力比出现在顶板的下表面和底板的上表面的上游侧。刘明等[5] 对弹性支撑水平板进行了波浪冲击试验,发现水平板冲击压力具有很明显的周期性、不同阶段性和很强的随机性。宋子路等[6] 通过物理模型试验对弹性支撑水平板结构进行波浪冲击试验,分析结果表明支撑刚度大的模型冲击压力历时较短,其峰值出现在冲击瞬间,而支撑刚度小的模型冲击压力历时较长,冲击压力峰值也较小并且出现时间滞后于波浪冲击瞬间。

弹性支撑结构作为一种广泛应用于机械工程中的减振消能装置[7],可与水平板防波堤结合。Koo 和 Kin[8] 发现这种可运动的浮式水平板防波堤比固定式结构具有更好的消浪效果,并指出水平板的垂荡运动在其中起着主导作用。Fang 等[9] 指出,流体垂向运动有利于增强结构对长周期波浪和宽频波浪的掩护效果。采用弹性支撑连接水平板防波堤,可以促进板间流体的运动和板端涡脱落的发生。同时,弹性支撑可以缓冲作用于平板的垂向波浪力[10-11],有利于提高现有平板结构稳定性。此外,水平板结构厚度小于其他浮体,既避免了水平波浪力的冲击作用,又减少了浮体背浪面的二次造波现象。在针对单层垂荡浮板式防波堤的数值研究中发现,合适的弹簧支撑刚度可以在浮板共振响应下,在结构背浪面发生强烈的涡能耗散,有效减小波浪透射率[12-14]。弹性支撑结构的应用进一步提升水平板防波堤的消波性能,且具有一定稳定性。

因此,下文通过物理模型试验对波浪作用下的弹性支撑浮动水平板防波堤进行动力响应试验研究,通过试验数据分析得到不同波浪周期及弹性支撑下浮板表面压力的变化特性,以及压力在防波堤表面的分布规律,分析弹性支撑浮板结构局部所受波浪载荷的特征。

1　物理模型试验设置

试验在波浪水槽中进行,水槽尺度为 5 m×0.2 m×0.35 m(长×宽×高),满足最大水深 0.25 m。浮

作者简介:张发水。E-mail:526135014@qq.com

动水平板防波堤模型设计为由弹性支撑的水平板,其长度、宽度分别为 0.2 m、0.19 m,采用厚度为 10 mm 的有机玻璃制成。模型采用弹性支撑安装在一根直径为 10 mm、长度为 0.5 m 的不锈钢杆上,弹性支撑下端由联轴器及限位平垫固定,其上端与水平板连接,保持水平板淹没深度为 0.08 m。水平板中心孔位置安装直线轴承,通过直线轴承与不锈钢杆连接,使得模型只能在垂直方向上运动。不锈钢杆与底板过盈配合置于水槽底部,将模型固定在距水槽左端 2.8 m 处。在水平板前后共布置 4 个浪高仪,其中水平板前端 3 个,后端 1 个。弹性支撑浮动水平板防波模型试验布置如图 1 所示。

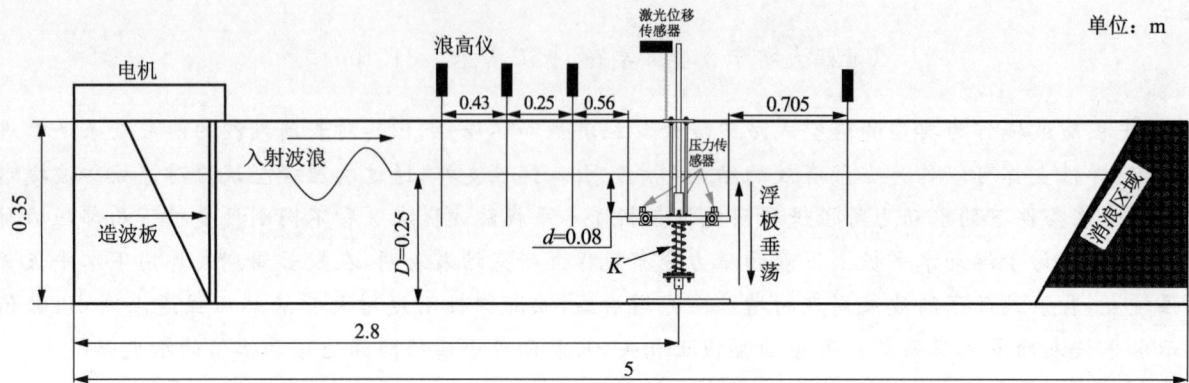

图 1　试验布置

弹性支撑浮动水平板防波堤物理模型试验采用 YPS301-L 数字压力传感器测量水平板表面压力变化。考虑到传感器布置过多,其数据传输线会影响浮板防波堤试验,仅在水平板上侧安装 3 个压力传感器(1♯、2♯、3♯ 3 个测点,1♯测点位于水平板迎浪端,2♯测点位于水平板中部位置,3♯测点位于水平板背浪端)。此外,为防止水平板晃动碰撞水槽侧壁,在其侧边安装 4 个牛眼轮减弱与水槽侧壁的摩擦。弹性支撑浮动水平板防波堤采用亚克力板、牛眼轮、法兰轴承、弹性支撑等零件组装而成。其结构如图 2 所示,零部件及其质量列于表 1,水平板、牛眼及压力传感器布置图如 3 所示。

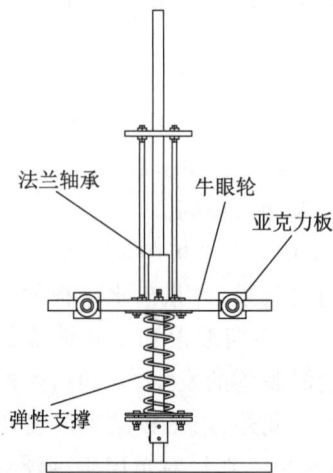

图 2　弹性支撑水平板防波堤

图 3　水平板、牛眼及压力传感器示意

表 1　弹性支撑水平板防波堤零部件质量

序　号	名　　称	质量/g	序　号	名　　称	质量/g
1	牛眼轮	396.0	3	法兰直线轴承	124.6
2	0.2 m 水平板	4.6	4	其他配件	66.9

注:除 4-其他配件为整体质量外,其他部分都为单个零件质量。

试验中弹性支撑的刚度 K 范围为 0.153~5.860 kN/m,通过更换弹性支撑研究不同刚度的支撑对模型水平板表面压力的影响。根据弹性支撑水平板消浪性能分析可知弹性支撑刚度对消波效果的影响程度,选择了 3 种刚度(0.667 8、1.024 1、5.859 4 kN/m)进行水平板表面压力分析。其中:$K=1.024\ 1$ kN/m 时,弹性支撑浮板防波堤效果好;取 $K=0.667\,8$ kN/m 用以研究小刚度弹性支撑对防波堤系统表面压力的影响;而 $K=5.859\,4$ kN/m 的弹性支撑刚度大,弹性支撑浮板防波堤可近似看做固定水平板防波堤。

根据试验设备条件,弹性支撑浮动水平板防波堤模型试验中水平板长度 L 为 0.2 m,水深 $D=0.25$ m;入射波为规则波,波高 H 设置为 0.02 m,波浪周期 T 分别为 0.6、0.8、1.0 s,水平板淹没深度 $d=0.08$ m。试验条件如表 2 所示。

表 2　物理模型试验条件

板长 L/m	入射波高 H/m	波浪周期 T/s	淹没深度 d/m	水深 D/m
0.2	0.02	0.6	0.08	0.25
0.2	0.02	0.8	0.08	0.25
0.2	0.02	1.0	0.08	0.25

2 试验结果及讨论

2.1 弹性支撑浮板防波堤系统的固有特性

图 4 所示为弹性支撑浮板防波堤系统分别在空气和水中垂荡位移衰减曲线。由衰减曲线可见,弹性支撑浮板防波堤系统刚度越大,振动幅值越小,其在水中的振动周期较空气中长;在水中防波堤系统弹性刚度较小时振动幅值均小于空气,而弹性刚度接近固定板时水中振动幅值大于空气。

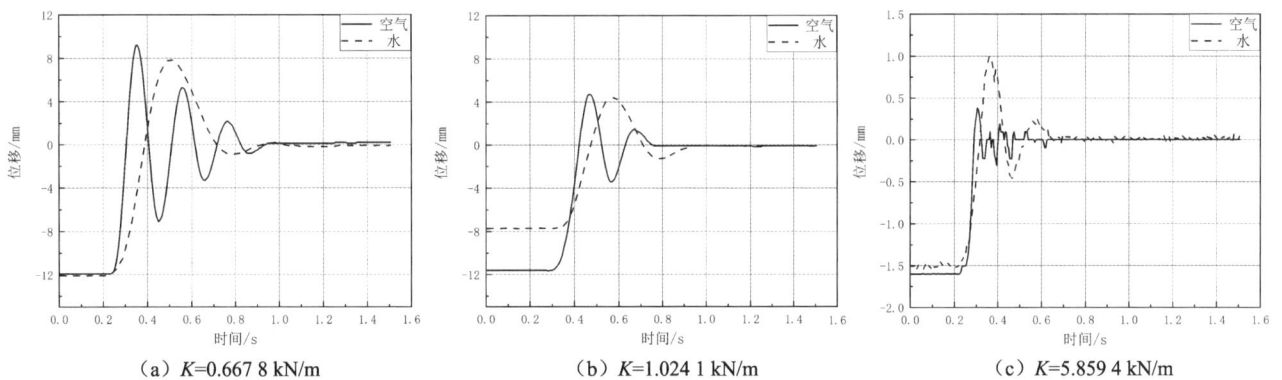

（a）$K=0.667\,8$ kN/m　　　　（b）$K=1.024\,1$ kN/m　　　　（c）$K=5.859\,4$ kN/m

图 4　$K=0.667\,8$ kN/m 弹簧振子在空气和水中自由衰减曲线

2.2 浮板压力结果

通过布置在弹性支撑水平板上表面的压力传感器采集各测点的压力历时曲线。对比水平板在相同试验条件及位置的压强曲线,发现试验中压强和位移都呈周期性变化。图 5 为以波浪周期 $T=0.8$ s,1♯测点压强、位移为例所做历时曲线。由图可知压强、位移曲线在规则波的影响下呈现周期性波动变化,压强和位移相位差较小。

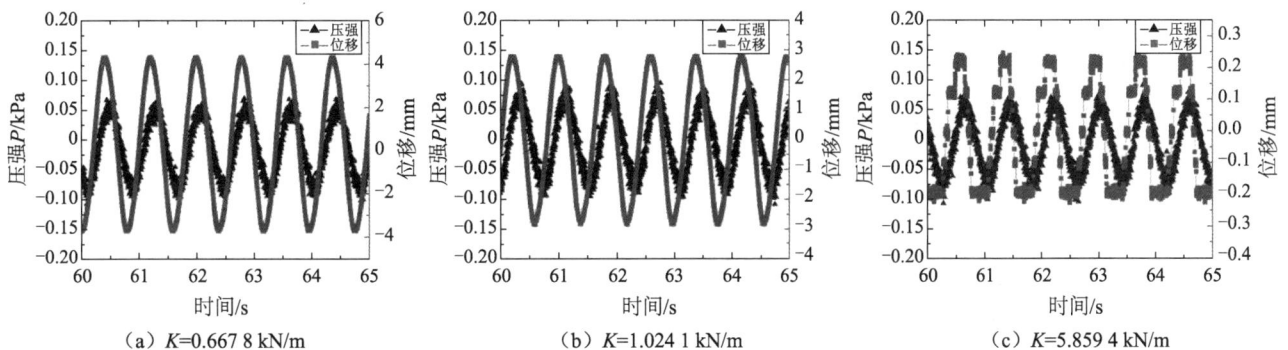

（a）$K=0.667\,8$ kN/m　　　　（b）$K=1.024\,1$ kN/m　　　　（c）$K=5.859\,4$ kN/m

图 5　$T=0.8$ s,1♯测点压强、位移历时曲线

试验共选择 3 种刚度的弹性支撑用于研究刚度对浮板防波堤上表面压强的影响。根据试验采集的模

型上表面压强数据,图6给出了不同模型各测点压强历时图。

(a) $K=0.6678$ kN/m, $T=0.6$ s   (b) $K=1.0241$ kN/m, $T=0.6$ s   (c) $K=5.8594$ kN/m, $T=0.6$ s

(d) $K=0.6678$ kN/m, $T=0.8$ s   (e) $K=1.0241$ kN/m, $T=0.8$ s   (f) $K=5.8594$ kN/m, $T=0.8$ s

(g) $K=0.6678$ kN/m, $T=1.0$ s   (h) $K=1.0241$ kN/m, $T=1.0$ s   (i) $K=5.8594$ kN/m, $T=1.0$ s

图6 不同刚度防波堤各测点压强历时曲线

由图6可见,2♯和3♯测点压强随波浪周期的增加而先增后减,在周期 $T=0.8$ s时最大;而随着浮板防波堤弹性刚度的增大,2♯、3♯测点压强逐渐减小。1♯测点除在 $K=1.0241$ kN/m时与2♯、3♯测点压强特性相同外,其余模型压强均随波浪周期递增。

2.3 浮板表面压力的数值研究

为进一步研究水平板上下表面的压强,分析压强在水平板表面的分布规律,探究浮动水平板结构的稳定性,根据试验模型搭建相应数值模型。为确保实验与仿真结果的准确性,图7给出了浮板中段和后段无量纲压强值时序结果,其数值和实验结果基本吻合,通过数值模型可以进行进一步研究。

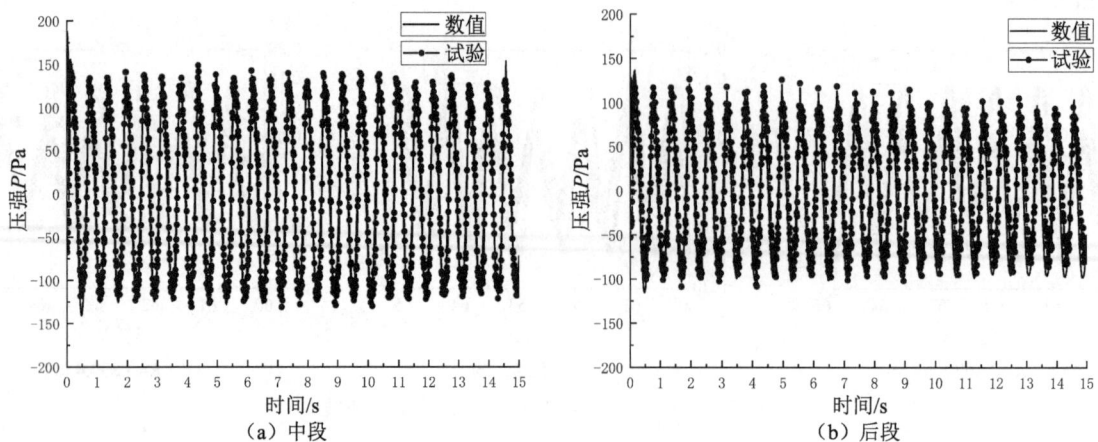

(a) 中段   (b) 后段

图7 浮板中段和后段无量纲压强值时序结果

为模拟弹性支撑浮板防波堤所受波浪载荷,在进行数值仿真时主动给予浮板强迫振动。图8绘制了 L = 0.2 m、T = 0.8 s、H = 0.02 m、d = 0.08 m、A = 0.002~0.010 m(水平板强迫振幅)时水平板表面最大及最小压强曲线。据图8可知,水平板上表面(图8 X 轴上端)背浪端最大压强较迎浪端大,下表面(图8 X 轴下端)最大压强沿水平板均匀分布,上、下表面最大压强随强迫振动幅度 A 增大而增强。水平板上表面最小压强呈中部小、两端大的分布趋势,而下表面在 $A \geqslant 0.004$ m 时与上表面分布规律趋同,$A \leqslant 0.002$ m 时最小压强分布规律与上表面相反,上、下表面最小压强随强迫振动幅度增大而减小。

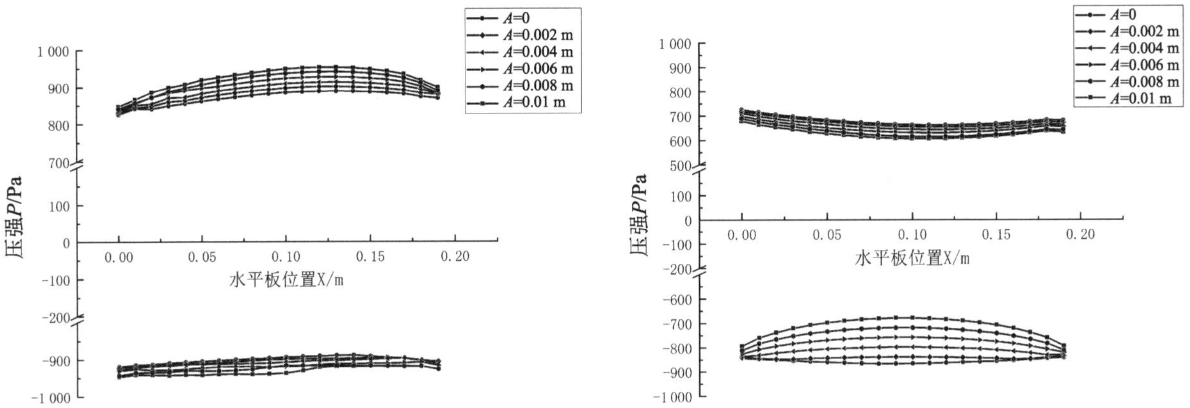

（a）表面最大压强　　　　　　　　　　　（b）表面最小压强

图 8　T = 0.8 s、H = 0.02 s、L = 0.2 m 时水平板表面压强随振幅的变化

3 结 语

基于数值模拟和物理试验相结合的方法,对弹性支撑水平板系统的动力响应进行了研究,建立了波浪与弹性支撑水平板相互作用的数值模型,设计并开展了物理模型试验,对水平板表面压强进行了分析,结论如下:

（1）弹性支撑浮板防波堤在波浪激励下,压强、位移呈周期性变化,压强和位移相位差较小。

（2）在波浪周期 T = 0.8 s、弹性支撑刚度 K = 1.024 1 kN/m 时,浮板局部压强最大;弹性支撑浮板防波堤背浪端压强随波浪周期的增加而先增后减,而弹性刚度增大背浪端压强逐渐减小。

（3）在强迫振动的激励下,水平板上表面背浪端最大压强较迎浪端大,下表面最大压强沿水平板均匀分布,上、下表面最大压强随强迫振动幅度 A 增大而增强。水平板上表面最小压强呈中部小、两端大分布趋势,而下表面在 $A \geqslant 0.004$ m 时与上表面分布规律趋同,$A \leqslant 0.002$ m 时最小压强分布规律与上表面相反,上、下表面最小压强随强迫振动幅度增大而减小。

参考文献

[1] TEH H M. Hydraulic performance of free surface breakwaters: a review[J]. Sains Malaysiana, 2013, 42(9): 1301-1310.

[2] PATARAPANICH M, CHEONG H F. Reflection and transmission characteristics of regular and random waves from a submerged horizontal plate[J]. Coastal Engineering, 1989, 13(2): 161-182.

[3] PATARAPANICH M. Forces and moment on a horizontal plate due to wave scattering[J]. Coastal Engineering, 1984, 8(3): 279-301.

[4] GUO C S, ZHANG N C, LI Y Y, et al. Experimental study on the performance of twin plate breakwater[J]. China Ocean Engineering, 2011, 25(4): 645-656.

[5] 刘明,任冰,王国玉,等. 规则波对弹性支承水平板冲击压力的概率分析[J]. 水道港口,2013,34(6):493-500.

[6] 宋子路,任冰,孙见锋,等. 弹性支撑水平板上的波浪冲击压力试验研究[J]. 水动力学研究与进展 A 辑,2014,29(4):435-443.

[7] 王秀丽,郑国足. 新型带弹簧支撑抗冲击研究及其在泥石流拦挡坝中的应用[J]. 中国安全科学学报,2013,23(2):3-9.

[8] KOO W C, KIM D H. Numerical analysis of hydrodynamic performance of a movable submerged breakwater[J]. Jour-

nal of the Society of Naval Architects of Korea,2011,48(1):23-32.

[9] FANG Z C,XIAO L F,KOU Y F,et al. Experimental study of the wave-dissipating performance of a four-layer horizontal porous-plate breakwater[J]. Ocean Engineering,2018,151:222-233.

[10] REN B,LIU M,LI X L,et al. Experimental investigation of wave slamming on an open structure supported elastically[J]. China Ocean Engineering,2016,30(6):967-978.

[11] ZUO W G,LIU M,FAN T H,et al. Dynamic analysis of wave slamming on plate with elastic support[J]. Journal of Hydrodynamics,2018,30(6):1153-1164.

[12] LIU C R,HUANG Z H,CHEN W P. A numerical study of a submerged horizontal heaving plate as a breakwater[J]. Journal of Coastal Research,2017,33(4):917-930.

[13] HE M,XU W H,GAO X F,et al. SPH Simulation of Wave Scattering by a Heaving Submerged Horizontal Plate[J]. International Journal of Ocean and Coastal Engineering,2018,1(2):1840004.

[14] 王贤梦,赵西增,付丁. 波浪与起伏水平板防波堤相互作用数值模拟[J]. 海洋工程,2019,37(3):61-68.

防波堤深厚软基爆破挤淤施工探讨

吴成宏

(中交上航(福建)交通建设工程有限公司,福建 厦门 361024)

摘要:随着我国港口工程基础设施由近岸向深水发展,爆破挤淤填石技术越来越多地用于处理深厚软基。以霞浦县海岛西洋一级渔港防波堤工程为例,阐述了在深厚淤泥层完成爆填块石的方案设计及试验验证结果。研究结果表明调整后的方案技术参数合理,工艺可行。

关键词:深厚软基;爆破挤淤;爆破填石;方案设计

1 工程概况

霞浦县海岛西洋一级渔港工程东防波堤、西防波堤软基处理采用爆破挤淤进行深层泥石置换(图1),其中东防波堤长 600 m,西防波堤长 210 m,原泥面标高-2.5～-1.6 m,淤泥厚度 8～26 m。

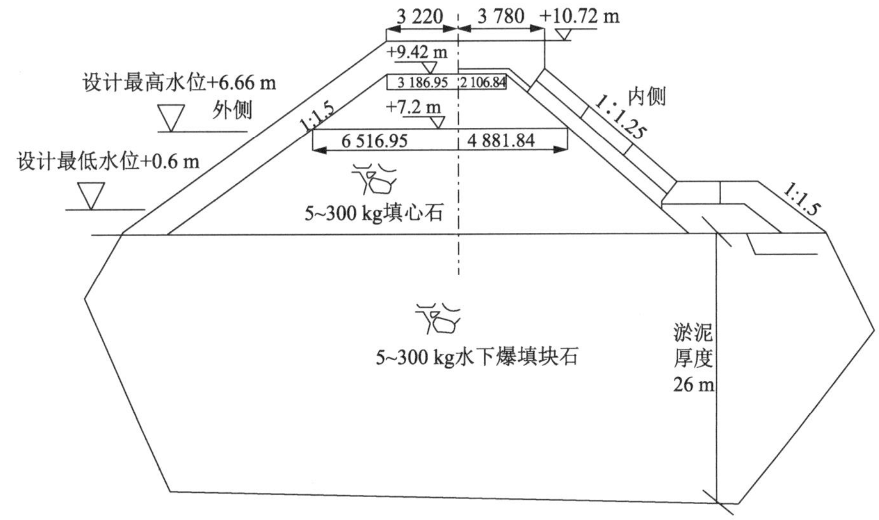

图 1 典型断面(D0+200)

1.1 地质条件

防波堤区域地表普遍分布着深厚淤泥,属于Ⅰ类土,淤泥含水量 65%,平均压缩系数 1.7,平均黏聚力 9.3 kPa,含砂率 1%～2%。淤泥层下部为黄色黏性砂土,工程性质较好,可作为持力层。

1.2 水文条件

设计最高水位:+6.66 m。

设计最低水位:+0.60 m。

极端高水位:+8.0 m。

极端低水位:-0.6 m。

作者简介:吴成宏。E-mail:108632687@qq.com

2 存在问题及对策

2.1 处理深度较大

一般而言,爆破挤淤处理软土地基适宜深度为 4~35 m,超过 25 m 属于深厚软基。本工程正属于深厚软基。因此,为保证顺利施工,试验段应严格采用方案制定的参数,关键是控制炸药用量和埋深,以符合方案要求。并经试验段验证其合理性,若不合理需将参数进行优化,以指导后续施工。

2.2 爆破震动对周边建筑影响较大

距爆破点 200 m 有已建重力式码头;距离 435 m 有条石屋,年久失修,本身抗震能力较差。因此,需采用如下应对措施:① 在施工期间暂停使用重力式码头;② 对房屋楼板、悬挑结构进行支撑加固;③ 加强监测;④ 采取分段毫秒微差爆破方式,减小震动。

2.3 石料开采规格偏小,难以满足设计要求

由于山体表层土太厚,表面岩层风化太严重,深层岩层裂隙发达,需采用如下应对措施:① 将表层土、表层风化岩用于施工便道、预制场、搅拌站、碎石加工厂等场地填筑,补充钻探探明各层岩质情况,测算表层土、风化岩的工程量,确定如何使用和处理方式;② 根据爆破块石规格情况,对炸药单耗、排距间距参数做相应调整,使较大部分块石规格满足工程施工需要。

3 爆破挤淤机理

3.1 作用机理

在抛石体外缘 1~2 m 和淤泥质软基 1/2 深度埋放炸药包群。起爆瞬间产生的巨大压力在淤泥中形成空腔,将淤泥破坏并挤出去。当空腔继续扩大到一定范围,靠水面薄弱处的能量释放出去,同时,抛石体受到震动后借助自身重力滑入空腔形成新的石舌,达到置换淤泥的目的。通过多次堤头推进爆破(图 2、图 3)和堤身两侧侧向爆破,堤心石不断下沉、连续挤淤,最后达到设计要求的堤心石基础底标高,达到泥石置换的目的(图 4)。

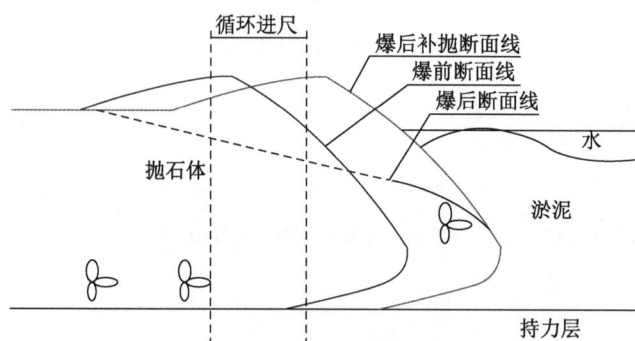

图 2　爆填纵断面

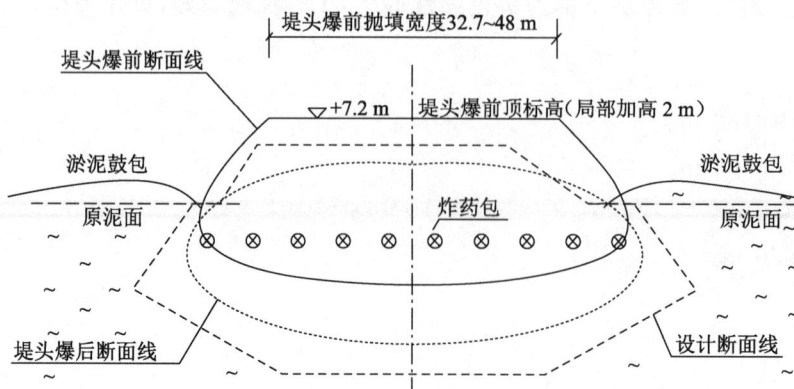

图 3　爆填横断面

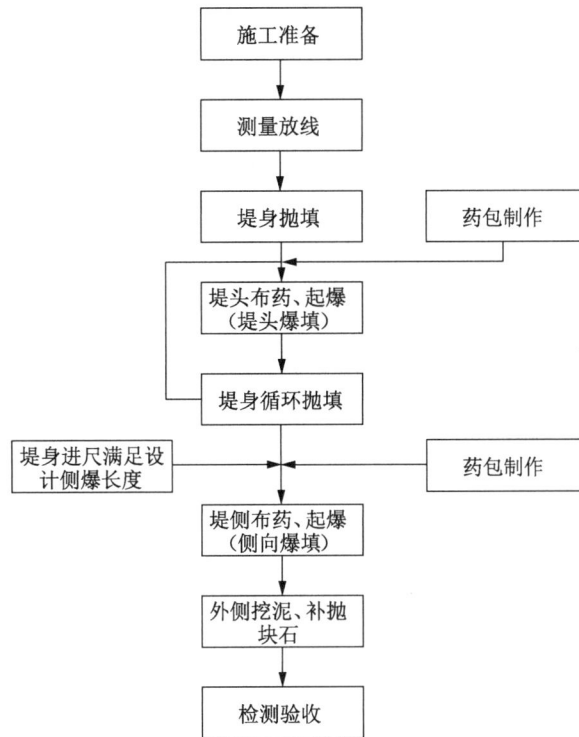

图4 爆破挤淤工艺流程

3.2 机理分析

对爆破挤淤按泥石置换过程分两个步骤进行分析。

3.2.1 石舌的形成

起爆瞬间,药包周围的淤泥和水在爆炸动能推动下向四周运动,堆石体也向上抬起,淤泥受冲击作用而强度降低。

淤泥向四周运动形成空腔,空腔继续扩张使淤泥向外侧形成鼓包,鼓包在薄弱处发生破坏,空腔内压力瞬间卸载,抛石体在自身重力作用下整体向腔内塌落形成石舌。

3.2.2 定向滑移下沉

抛石体能否持续下沉,判别准则是淤泥层剪应力与抗剪强度的关系,如式(1):

$$\frac{KC_u}{\tau}<1 \tag{1}$$

式中:C_u 为"十"字板抗剪强度;K 为爆破强扰动引起的淤泥强度折减系数;τ 为爆破及抛石荷载的剪应力。

爆炸使淤泥层结构发生破坏,抗剪强度降低,使抛石体振动,产生剪应力并超过抗剪强度。另外,爆炸使淤泥和水形成混合物,提高了流动性,在抛石体重力作用混合期下被向两侧排挤。通过不断补料,抛石体将持续下沉,直至到达持力层,达到泥石置换的目的。

4 方案选择及施工要点

4.1 方案选择

抛填采取"堤身先宽后窄"的工序施工。所谓"先宽后窄"就是堤身断面淤泥面以下部分断面大、宽度宽,这部分堤心石采用爆填处理;而淤泥面以上堤身断面小、宽度窄,这部分直接抛填处理。爆破挤淤采取"端部和两侧分别爆挤"的工序施工。

4.2 施工要点

4.2.1 测量放线

在堤身抛填阶段,采用RTK进行测量放样,严格按照预设的参数抛填,主要控制参数为堤身轴线、里程和宽度,其中宽度控制是关键,堤身轴线向大里程方向内侧窄、外侧宽。

4.2.2 堤身抛填

堤身抛填参数主要有宽度、进尺和高度,爆前宽度应满足设计断面底宽的要求,因为这部分淤泥通过泥石置换落底至断面底部。抛填方式采用土方车倾倒、装载机推填,每进尺 5 m 实施端爆,控制一次炸药用量,减小对周边环境的影响。另外,抛填时选择较大块石抛在外侧,防止块石受到海浪冲刷流失,保证施工期堤身的稳定。

爆前堤身加载 2 m(顶标高+9.2 m),以加大爆前抛石体自身的质量,以便爆后抛石体依靠自身质量滑入空腔,形成较好的石舌效果。加载高度以控制泥面以上抛石体厚度小于淤泥厚度为准。当淤泥较厚时,加载高度以机械一次能堆垒的最大高度为准。爆后标高控制在+7.2 m(过程中不断下沉,不断补料),因为+7.2 m 标高在设计高潮位以上,满足全天候施工、对应的断面宽度为 11.4 m 和车辆运输双车道的要求。

4.2.3 药包制作和布药

按照方案选取单个药包的质量,根据单根炸药的质量来确定每个药包的根数,将炸药装入编织袋内。把导爆索的一端做成起爆头,插入炸药内部,用细麻绳捆扎袋口,导爆索的另一端用塑料防水胶布包扎。将 360 挖机改造成布药器,由装药室、布药杆、挖机大臂和机身组成。布药时主要关注位置、间距和埋深,位置控制在距抛石体坡底外沿 1~2 m,通过计算机身的位置和臂长把握;间距主要通过在堤顶放样,由三点一线拉线确定;药包埋深通过布药杆上的刻度和布药时的水面标高确定。

4.2.4 联网和端爆

采用非电复式起爆网络。网络由主导爆管雷管(瞬发)、支导爆管雷管(毫秒延期分段)、导爆管(索)和药包组成。爆破网路和药包不得出现扯拉缠绕。本工程采用分段毫秒微差起爆,分段数根据一次炸药总量确定,最大分为 5 段。

4.2.5 侧爆

侧爆时主要关注药包位置。药包布置边线应在距堤身护底块石外沿 1~2 m 处。修筑布药平台,布药器在布药平台上将药包布置到位(图 5)。其他各环节控制与端爆一致。

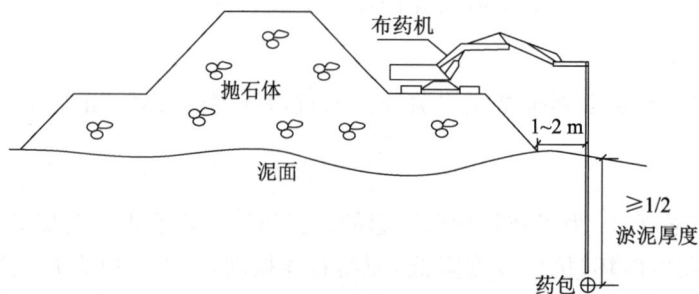

图 5 侧爆布药

4.2.6 侧爆与端爆循环作业

当端爆推进 100 m 后,起初抛填的 50 m 实施侧爆。根据本工程过程监测情况和类似工程经验,端爆使抛石体下沉的影响范围为 50 m,据此循环作业可达到最佳效果。

5 爆破参数优化

5.1 技术参数选择

5.1.1 药包埋深 H_B

本工程防波堤区域水深均超过 2 m,高潮位时水深超过 4 m。根据泥面标高及潮位表计算,药包埋深 $H_B=(0.45\sim0.55)H_m$,本工程 $H_B=0.5H_m$(表 1),式中 H_m 为淤泥厚度。

表 1 药包埋深

覆盖水深/m	<2	2～4	>4
埋深/m	$0.5H_m$	$0.45H_m$	$0.55H_m$

5.1.2 一次推进水平距离 L_H

本工程防波堤爆破挤淤范围淤泥层厚 8～26 m,所以一次推进水平距离 $L_H=4～7$ m,本工程 $L_H=5$ m(表 2)。

表 2 一次推进水平距离

H_m/m	4～10	10～15	15～25
L_H/m	5～6	6～7	4～5

5.1.3 线布药量 q'_L

$$q'_L = q_0 L_H H_{mw} \tag{2}$$
$$H_{mw} = H_m + (\gamma_w/\gamma_m)H_w \tag{3}$$

式中:q'_L 为线布药量,单位为 kg/m,即单位布药长度上分布的药量,单位为 kg/m;q_0 为炸药单耗,即爆除单位体积淤泥所需的药量,单位为 kg/m³;L_H 为爆破排淤填石一次推进的水平距离,单位为 m;H_{mw} 为计入覆盖水深的折算淤泥厚度,单位为 m;H_m 为置换淤泥厚度,单位为 m;γ_w 为水重度,为 9.8 kN/m³;γ_m 为淤泥重度,为 15.51 kN/m³;H_w 为覆盖水深,即泥面以上的水深,取平均值 2.2 m。

本工程试验段 q_0 取值 0.18。此指标参考了福州可门港区 4 号和 5 号泊位围堤采用爆破挤淤所取得的经验值(表 3)。根据试验段检测情况判断抛石体是否落至设计标高。若没有达到落底要求,再重新加载、重新侧爆,并对 q_0 取值做相应调整。q_0 取值的理论基础是炸药单耗的确定,这是爆破挤淤参数确定的关键指标。使用炸药的目的是破坏淤泥的结构,降低淤泥的抗剪强度。由于每项工程所处的区域具有独特性,淤泥物理力学特性、成分和海况条件差异较大。要全面考虑这些因素,确定既满足设计置换要求又经济可行的炸药用量是很困难的,所以理论药量的计算还须通过试验段的施工和检测并优化后才能实现。

表 3 炸药单耗值 q_0

H_s/H_m/(m/m)	≤1	>1
q_0/(kg/m³)	0.3～0.4	0.4～0.5

注:表中 H_s 为泥面以上的填石厚度,必要时通过超高填石加大 H_s。

5.1.4 堤头一次爆破药量 Q

$$Q = q'_L L_L \tag{4}$$

式中:Q 为一次爆破挤淤填石药量,单位为 kg;q'_L 为线布药量,单位为 kg/m,即单位布药长度上分布的药量,单位为 kg/m。

5.1.5 单孔药量 Q_1

$$Q_1 = Q/m \tag{5}$$
$$m = L_L/(a+1) \tag{6}$$

式中:L_L 为理论布药线长度;m 为一次布药理论孔数;药包间距 a 取值范围 2.0～3.0 m,本工程取值 2.5 m。

5.2 试验段施工

选择东防波堤(D0+150)～(D0+200)的 50 m 堤段为试验段(此段淤泥厚度最大)。若经过试验,抛石体未落到设计要求的标高和断面,则采取补爆处理,并及时调整参数。

5.2.1 试验段抛填及爆挤参数设计

试验段抛填和爆挤参数见表4和表5。

表4　端爆参数

东防波堤桩号		(D0+150)~(D0+175)	(D0+175)~(D0+200)
抛填参数设计	堤顶爆前抛填标高/m	7.2+2	7.2+2
	堤顶爆前抛填宽度/m	23+20	22+19
	每炮抛填进尺/m	5	5
爆挤参数设计	药包间距/m	2.5	2.5
	单药包质量/kg	25.3~33.3	33.3~45.2
	药包埋深/m	10	13
	药包平面位置(距堤头前泥石交界)/m	1~2	1~2
	一次爆炸药包个数/个	18	17
	一次爆炸用炸药量/kg	456~600	600~768

注:堤顶爆前抛填标高"+"号左边数字指堤顶抛填标高,右边数字指堤头局部加高;堤顶爆前抛填宽度"+"号左边数字指外侧宽度,右边数字指内侧宽度(以堤轴线为界)。

表5　侧爆参数

东防波堤桩号		(D0+150)~(D0+175)	(D0+175)~(D0+200)
爆挤参数设计	药包间距/m	3	3
	单药包质量/kg	41	50.4
	药包埋深/m	10	13
	药包平面位置(距泥石交界)/m	1~2	1~2
	一次爆炸药包个数/个	8+9	8+9
	一次爆炸用炸药量/kg	328+369	403+453

注:"+"号左边数字指外侧药量,右边数字指内侧药量(以堤轴线为界)。因侧爆处理时在布药线上的每单元抛石体体量较端爆大,所以侧爆的线布药量较端爆适当加大。

5.2.2 效果检验

分别使用体积平衡法、钻探法和沉降观测法检验挤淤效果。

由表6数据可知,(D0+150)~(D0+200)试验段设计方量68 868 m³,实际方量69 789 m³,从体积平衡法角度初步判断试验段抛石体落底情况和断面情况达到设计要求。

由表7可知,试验段抛石体基本达到设计落底要求,但是K1孔落底标高与设计相差0.2 m,K2孔泥石混合层超厚,大于设计1.5 m的要求。

施工期,每50 m设置一个观测断面对堤身进行沉降观测。观测表明,每周沉降在10 mm以内,沉降满足5 mm/d的设计要求(图6)。堤身监测是设计方案要求的,且完工后还需持续1年以上的观测,施工期观测可用于辅助验证抛石体落底情况。

表6　体积平衡法

作业时间	炸药用量/t	实际抛填方量/m³	抛填范围	进程/m	设计方量/m³	备注
2019-01-13—2019-03-04	7.152	69 789	(D0+150)~(D0+200)	50	68 868	每5 m循环端爆,进程50 m侧爆

表 7 钻探法(检测断面 D0＋200)

孔号	孔口高程/m	钻孔深度/m	地层①厚度/m (抛石层)	地层②厚度/m (泥石混合层)	地层③厚度/m (粉质黏土)	抛石体实际落底标高/m	抛石体设计落底标高/m
K1	7.7	36.9	31.2	0.9	4.8	−24.40	−24.60
K2	8.0	35.1	31.4	1.8	1.9	−25.20	−25.00

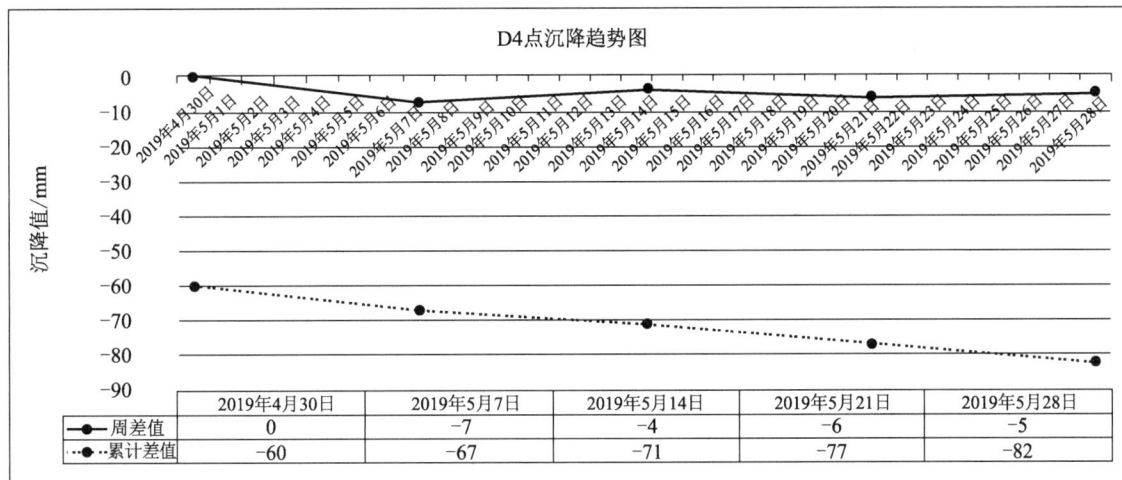

图 6 沉降观测

5.3 参数优化

根据体积平衡法统计数据,平均而言,实际抛填石料体积为设计断面体积的 101.3％。钻孔数据结果表明,试验段抛石体基本满足设计落底要求,但是还存在微小的差异,为了使防波堤堤身落底更有保证,决定端爆最大用药量由 768 kg 调整至 864 kg,调整比例为 12.5％,原方案制订的每循环用药量做相应调整,在下一循环开始实施。经换算,q_0 指标由 0.18 kg/m³ 调整至 0.2 kg/m³,用于指导后续施工。

6 经验总结

6.1 参数调整后实施效果验证

随着爆挤实施的继续推进,为了验证经参数调整后的实施效果,在 D0＋406 断面进行钻探检测。检测结果显示,抛石体落底已达到设计要求的标高(表 8 和表 9)。

表 8 (D0＋401)～(D0＋406)参数调整前后对比

桩号:D0＋(401～406)(淤泥厚度 20.9 m)		调整前	调整后
抛填参数	堤顶爆前抛填标高/m	7.2＋2	7.2＋2
	堤顶爆前抛填宽度/m	23.5＋21	23.5＋21
	每炮抛填进尺/m	5	5
	药包间距/m	2.5	2.5
	单药包质量/kg	39.1	44
爆挤参数	药包埋深/m	10.5	11
	药包平面位置(距堤头前泥石交界)/m	1～2	1～2
	一次爆炸药包个数/个	18	18
	一次爆炸用炸药量/m	703.62	791.4

表 9 效果检验

孔号	钻孔参数		地层①厚度抛石层/m	抛石体实际落底标高/m	抛石体设计落底标高/m
	里程	孔顶标高/m			
K5	D0+406	8.2	31.6	−23.4	−23.1
K6	D0+406	8.2	32.5	−24.3	−23.2

6.2 药量单耗指标取值经验总结

本工程试验段施工得出并在后续施工中验证的药量单耗取值为 $0.2\ kg/m^3$,小于规范的取值,这个指标与《爆炸法处理水下地基与基础技术该规程》(JTJ/T 258—98)对该指标取值 $0.6\sim0.8\ kg/m^3$ 相差很大。实践证明该规程取值偏大。2008 年规程重新修订为《水运工程爆破技术规范》(JTS 204—2008),其中指标取值 $0.3\sim0.4\ kg/m^3$,相比下调 $1/2$。2023 年重新修订的《水运工程爆破技术规范》(JTS 204—2023)中对应指标取值 $0.24\sim0.32\ kg/m^3$,与本工程(施工时间 2019—2011)得出的指标较接近。因此是否有利于形成爆破定向滑移置换要考虑经验系数的取值,炸药单耗指标的选定要根据现场的具体情况确定。例如,当淤泥含水量大时,力学指标低,淤泥层均匀,层薄时,经验系数取小值;淤泥不均匀,淤泥抗剪强度由上至下渐增,经验系数取大值。淤泥的力学性能和状态可参照地质勘探报告或现场取芯做试验确定。

6.3 现场施工实际反映情况总结

根据现场反映的实际情况,侧爆环节理论上只考虑满足拓宽要求,但经过实践得知,侧爆不但能使抛石体拓宽,同时能使整体下沉 $2\sim3\ m$,原因是侧爆药包在淤泥下爆炸会进一步破坏淤泥结构,进一步削弱淤泥层抗剪强度,所以在上部抛石体重载作用下继续向下定向滑移。综合以上分析,端爆药量的计算还应适当考虑侧爆药量使抛石体下沉而发挥的效能,在计算每循环端爆药量时应包含侧爆分配在每循环范围内的药量。

7 结 语

爆破挤淤筑堤钻孔质量检测均为合格,证明调整后的方案技术参数合理,工艺可行。从工程实践反映的情况看,在深厚淤泥层完成爆破挤淤填石,还需补充一些理论研究,比如炸药单耗指标的确定不只需要考虑 H_m/H_s 的数值,还需考虑淤泥的状态和力学性能。在今后类似工程施工时,技术参数的选择必须经过试验验证。验证过程除了采用体积平衡法,还可选择物探法跟踪抛石体落底和轮廓情况,以保证工程质量,同时取得合理的炸药使用参数。一方面不产生过多超过设计范围以外的余料,以免导致浪费的现象,另一方面合理使用炸药可以充分发挥炸药的效能,既能达到效果又经济可行,同时还可以减少振动过大对周围环境造成的危害。

爆破挤淤的实施对周边环境的要求较高,方案制订时应充分考虑实际情况,制订有针对性的安全技术措施。另外,试验段除了验证爆破效果,同时还应检验对周边环境的影响,通过工艺优化和采取措施提高建筑物、构筑物的抗震性能等使得爆破挤淤实施既能达到施工效果,又能使对周边环境的影响处在可控范围。

参考文献

[1] 长江航道局. 水运工程爆破技术规范:(JTS 204—2008)[S]. 北京:人民交通出版社,2008.

[2] 徐学勇. 深厚淤泥爆破挤淤软基处理技术[J]. 爆破,2011(2):94-96.

变化条件下灌云县海堤加固方案研究

黄　哲[1,2],掌孝永[3],孙加月[3],王登婷[1,2]

(1. 南京水利科学研究院,江苏南京　210029;2. 南京水利科学研究院 水灾害防御全国重点实验室,江苏南京　210098;3. 灌云县水利局,江苏连云港　222299)

摘要:针对灌云县境内海堤,自 1998 年至今已开展多轮达标、修复加固及保滩工程。但长期服役期间,受到水沙环境变化及人类活动等影响,海堤堤顶高程现已不满足达标要求,同时保滩工程顺坝结构稳定性存在安全隐患。通过物理模型试验,对灌云县海堤不同阶段的达标情况开展了复核。有针对性地提出了适应变化条件下的海堤及顺坝加固方案,并验证了其适用性。相关成果可为此类工程设计与应用提供参考。

关键词:海床侵蚀;海堤;顺坝;修复加固;模型试验;灌云县

1 灌云县海堤建设基本情况

灌云县境内海堤南起灌河口,北至埓子口,地处废黄河三角洲北翼侵蚀性海岸。此处在黄河夺淮入海期间快速淤涨。黄河北归后,巨量沙源断绝,海床侵蚀严重,岸线后退。后通过修建海堤维持了该区段岸线位置的基本稳定,但海床下蚀仍然存在[1]。

自 1998 年起按照江苏省江海堤防达标建设要求与标准,实施灌云县境内重点段海堤工程达标建设,至今已开展多轮达标及修复加固工程。海堤标准断面见图 1,设计潮位为 50 年一遇高潮位 4.02 m(废黄河基面,下同),堤顶高程采用设计潮位加十级风风浪爬高及安全加高,取 7.4 m,共分为二级坡,一级、二级坡坡比分别为 1:3 及 1:4,均采用槽型块护坡,消浪平台高程为 4.0 m。

工程区在 2015 年前后采取了顺坝及丁坝结合的保滩措施,断面结构见图 2。顺坝坡比为 1:1.5,坝顶宽为 2.0 m,坝顶高程设为 2.5 m,坝坡护面、护脚加压 C25 混凝土预制砌块,砌块尺寸为 2.0 m×1.2 m×0.4 m(长×宽×高)。

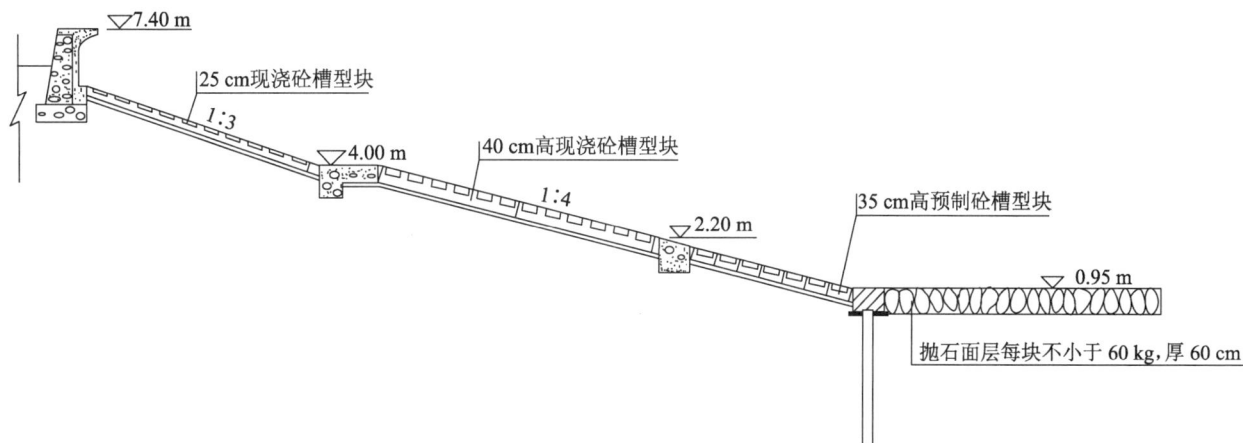

图 1　灌云县海堤标准断面图

基金项目:江苏省水利科技项目(2022027);福建省交通运输科技项目(JC202311)
作者简介:黄哲。E-mail:zhuang@nhri. cn
通信作者:王登婷。E-mail:dtwang@nhri. cn

2.50 m

预制砼砌块护面40 cm厚
尺寸200 cm×120 cm×40 cm

1:1.5   1:1.5

海提测   外海侧   ▽ 0.00 m

10~60 kg块石

单个块石质量大于70 kg

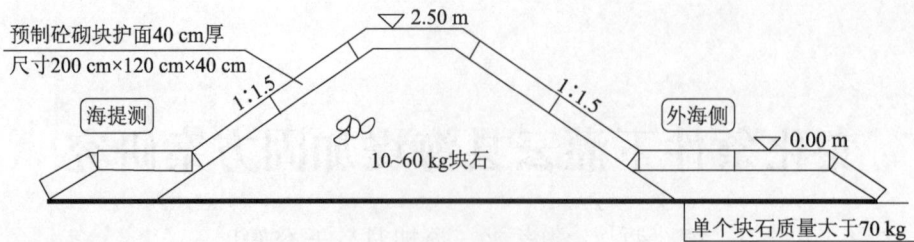

图 2　保滩工程断面结构

2 存在的主要问题

2.1 岸滩侵蚀

近年来,随着河流上游梯级开发和水土保持导致河流入海泥沙锐减,加之灌河口双导堤、徐圩港防波堤等大型工程的建设,切断了南、北两侧的沿岸输沙,工程区内沙源供给进一步减少[2,3]。

结合工程区滩面实测资料,在海堤达标建设期间堤前滩面高程大都在 0 m 以上。至 2015 年保滩工程施工前,堤前测得的滩面高程在 −0.9 ～ −0.2 m。保滩工程在 2016 年前后施工完成。2022 年期间对滩面高程进行了复测,得到主海堤与顺坝间的滩面高程为 0.1～0.8 m,顺坝外海侧滩面高程大都在 −1 m以下。顺坝内外侧滩面情况对比见图 3。

由此可见,工程海域仍处于持续侵蚀的状态,滩面高程存在进一步降低的可能性;而保滩工程的建设起到了较好的保滩促淤效果,建成后顺坝及主海堤间整体淤积深度为 0.10～0.80 m,在外海侧滩面高程降低的趋势下有效维持了顺坝及主海堤之间的滩面高程,削减了外海来浪对主海堤的作用[4]。

2.2 主海堤局部损坏及堤顶沉降

根据现场调研情况(图 4),主海堤一级坡槽型块磨损严重,石子外露;消浪平台存在裂缝;二级坡底部基本磨平,混凝土基础开裂严重,坡脚处局部有冲坑;部分护脚的块石凌乱散布于坡面。结合海堤的损坏情况来看,海堤无结构性失稳,设计尺寸及质量可满足波浪作用下的稳定性要求,海堤损坏的主要原因是护坡材料退化。

同时,主海堤也存在堤顶沉降问题。灌云境内海堤地处废黄河三角洲沿岸开敞淤泥质侵蚀海岸,由黄河南徙时带来巨量泥沙堆积形成,持力层以下存在松软土层,土层含水量高、空隙度高、承载力较低,多发地基不均匀沉降现象。据调研,周边县区临海堤防、建筑物均存在整体沉降现象。根据现场堤顶高程实际测量成果,该段海堤现挡浪墙墙顶高程为 6.70～6.97 m,批复海堤挡浪墙墙顶高程为 7.40 m,沉降高度为 0.43～0.70 m。

图 3　顺坝内外侧滩面对比

图 4　海堤现状照片

2.3 保滩工程损坏及坝顶沉降

根据现场调研情况(图 5),顺坝坝坡已发生大面积的损坏及位移,坝心块石暴露在外,直接受到波浪及水流冲刷,由于坝心石质量相对较小,存在进一步发生损坏的可能性。部分区段坝体整体失稳,对后方岸滩及主海堤的掩护作用减弱,存在较大的安全隐患。

顺坝也发生沉降,测得的现坝顶高程在 1.5 m 左右,相较于设计方案的 2.5 m 降低了 1 m 左右。

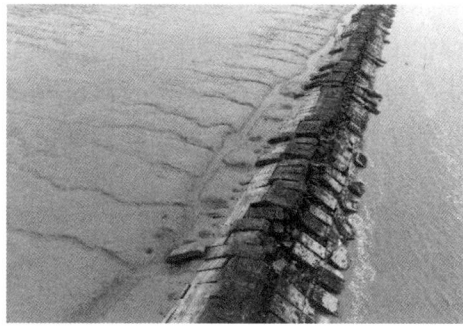

图 5　顺坝现状照片

3　海堤达标情况复核

滩面侵蚀一方面加剧了堤脚冲刷,威胁保滩工程及海堤结构安全;另一方面使堤前极限波高增大,客观上降低了现有海堤的设防标准。因此,需针对堤顶沉降及水沙动力变化条件下主海堤稳定性及消浪情况进行复核。

通过开展波浪断面物理模型试验,分别模拟了海堤达标建设、保滩工程建设、现状等不同阶段的堤防结构、滩面高程、水动力强度,观测了保滩工程、主海堤各部位结构稳定性,测量了主海堤堤顶越浪量。

试验工况具体见表 1。试验水位一取设计潮位 4.04 m(50 年一遇高潮位),同时增加补充水位二 3.0 m。主要选取不规则波开展研究,不规则波谱选用 Jonswap 谱。工程区主要受到外海来浪影响,传播至近岸后波高受到水深控制。试验的波浪要素均选取各级水位下相应的极限波高,破碎系数取 0.7,即 $H_b = 0.7d$;其中,d 为水深,H_b 为水深 d 下相应的破碎波高。平均波周期取 10.15 s。

表 1　试验工况

工况	主海堤			顺坝			备注
	堤顶高程/m	堤前滩面高程/m	是否建成	坝顶高程/m	坝前滩面高程/m	主海堤顺坝间滩面高程/m	
工况 1	7.4	0.0	否	—	—	—	达标海堤建设方案
工况 2	6.7	−1.2	否	—	—	—	工况 1 基础上考虑堤前冲刷和堤顶沉降
工况 3	6.7	−1.2	是	2.5	−1.2	−1.2	工况 2 基础上考虑保滩工程的实施
工况 4(现状)	6.7	0.0	是	1.5	−1.2	0.0	工况 3 基础上考虑主海堤与保滩工程间淤积及保滩工程顶高程降低

越浪量及稳定性试验结果汇总见表 2。

表 2　试验结果汇总

工况	越浪量/[m³/(m·s)]		稳定性	
	水位一	水位二	顺坝	主海堤
工况 1	0.002	无越浪	—	各部位稳定
工况 2	0.032	0.005	—	挡浪墙临界稳定,其他各部位稳定
工况 3	0.010	0.002	砌块失稳,坝心淘刷	挡浪墙临界稳定,其他各部位稳定
工况 4(现状)	0.005	无越浪	砌块失稳,坝心淘刷	各部位稳定

由越浪量试验得出如下结果。工况1:在设计条件下堤顶越浪量较小,为0.002 m³/(m·s)。工况2:主海堤发生堤前冲刷及堤顶沉降后,由于堤前水深及波高增大,堤顶越浪量增幅显著,达到了0.032 m³/(m·s)。工况3:保滩工程实施初期,可起到一定的消浪效果,但由于顺坝及主海堤间滩面高程未淤高,越过顺坝并作用至主海堤的波高仍较大,设计条件下测得的越浪量为0.010 m³/(m·s),相较于达标海堤建设方案有明显增大。工况4:由于顺坝及主海堤间滩面淤高,控制了主海堤堤脚处的波高,越浪量较工况1略有增大,为0.05 m³/(m·s)。

由主海堤稳定性试验得出如下结果。工况1:在达标海堤建设初期的海床及相应波浪动力条件下,主海堤各部位均能够满足稳定性要求。工况2、工况3:由于外海滩面侵蚀,波浪动力显著增强,设计条件下挡浪墙出现明显晃动及小幅位移,处于临界稳定状态;主海堤防护标准不满足要求。工况4:保滩工程实施5年后,尽管外海侧滩面仍呈下蚀趋势,但主海堤与顺坝间滩面明显淤高,保滩工程起到了良好的促淤效果,实现了"护堤先护脚,护脚先护滩"的工程目标,削减了作用于主海堤的波浪动力,各部位满足稳定性要求。结合现场海堤情况可见,海堤损坏主要体现为混凝土标号偏低造成的结构老化,稳定性可满足要求。

由保滩工程稳定性试验得出如下结果。工况3、工况4:顺坝面层2.0 m×1.2 m×0.4 m,混凝土砌块均发生位移失稳,坝心填石外露,受到风浪直接侵蚀,在设计条件下会发生整体破坏,与现场破坏情况相近,存在较大的安全隐患。

4 修复加固方案

结合越浪量及稳定性试验结果,对灌云县主海堤及顺坝分别提出了相应的加固方案,具体见图6。主海堤采用45 cm厚栅栏板护坡及523 kg四脚空心方块护脚,并在消浪平台上部加设30 cm高消浪挡坎;顺坝坝顶及外坡采用800 kg扭王字块压护,坝脚采用≥250 kg护底块石。

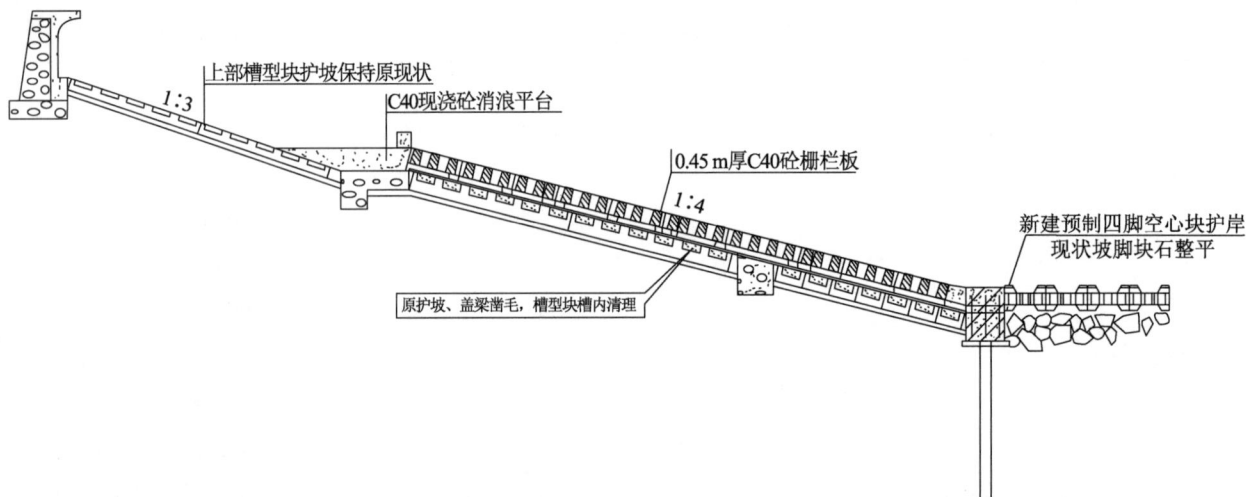

（a）主海堤加固方案

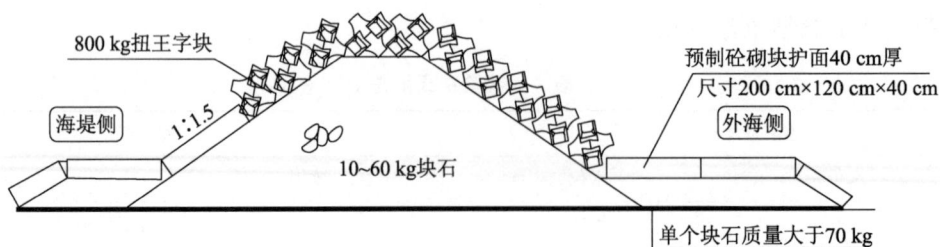

（b）顺坝加固方案

图6 主海堤及顺坝加固方案

采用模型试验对加固方案进行了验证,结果见表3。加固方案顺坝及主海堤各部位均满足稳定性要求,设计条件下越浪量为 0.001 m³/(m·s),较现状工况明显减小,同时也小于达标海堤越浪量。由此可见,在区域内发生沉降及海床淘刷的背景下,加固方案可满足海堤稳定性及消浪要求。

表 3　加固方案试验结果汇总

工况	越浪量/[m³/(m·s)]		稳定性	
	水位一	水位二	顺坝	主海堤
加固方案	0.001	无越浪	各部位稳定	各部位稳定

5 结　语

通过现场调研及物理模型试验,对变化条件下的灌云县海堤建设情况、存在的问题、加固方案开展研究,得到主要结论如下:

(1)受滩面侵蚀、水动力条件增强、不均匀沉降等影响,灌云县海堤发生被动降标。

(2)通过 2015 年前后实施的保滩工程,主海堤可基本满足稳定性及消浪要求,顺坝自身稳定性存在安全隐患。

(3)针对灌云县海堤及保滩工程,提出了相应的修复加固方案,该方案在变化条件下可满足稳定性及消浪要求,保障堤防及后方陆域安全,可作为灌云县海堤及保滩工程加固方案。

参考文献

[1] 张忍顺.苏北黄河三角洲及滨海平原的成陆过程[J].地理学报,1984(2):173-184.
[2] 邹春蕾,王志力,甄峰,等.连云港埒子口海域潮动力特征及其变化[J].海岸工程,2020,39(4):246-255.
[3] 张玮,刘燃,钱伟,等.大型海岸工程对水流和泥沙运动的影响研究[J].水道港口,2014,35(1):1-7.
[4] 赵一晗,黄哲,王登婷.侵蚀岸段海堤破坏机理及修复方案[J].水运工程,2022(7):23-28.

斜向浪作用下扭王字护面斜坡堤越浪数值模拟

金越睿[1],张 娜[2]

(1. 南京水利科学研究院,江苏 南京 210024;2. 天津城建大学 天津市软土特性与工程环境重点实验室,天津 300384)

摘要:为了研究斜向不规则波与扭王字护面斜坡堤的相互作用,首先基于OpenFOAM建立了斜坡堤越浪数值水槽,计算和分析了斜向浪作用下扭王字护面斜坡堤的平均越浪量和单波瞬时越浪量峰值的概率分布。研究表明:入射角为0°时,平均越浪量最大,随着入射角的增大;平均越浪量开始减小;单波瞬时越浪量峰值符合皮尔逊Ⅲ型曲线函数分布特征。

关键词:扭王字;斜坡堤;OpenFOAM;平均越浪量

影响越浪这一复杂现象的因素有很多,入射角就是其中一个。近年,国内外学者针对不同入射角作用下斜坡堤越浪进行了大量的试验研究。Owen[1]进行了斜向不规则波作用下光滑斜坡堤的越浪试验,发现入射角在15°~30°时平均越浪量比正向入射时的大。De Waal 和 Van de Meer[2]通过不规则波作用下的斜坡堤越浪试验,发现入射角大于30°时平均越浪量开始迅速减小。Juhl 和 Sloth[3]根据试验结果指出抛石护面斜坡堤的平均越浪量在入射角小于20°时比正向波时有所增加。国内对于斜向浪作用下斜坡堤越浪的物理模型试验研究相对较晚。赵凤亚[4]进行了斜向不规则波作用下直立堤的越浪试验,发现随着入射角的增大,平均越浪量逐渐减小。陈佳琪等[5]进行了不规则波作用下扭王字护面斜坡堤的越浪试验,发现当入射角大于20°时,随着入射角的增大,平均越浪量会明显减小。朱嘉玲等[6]通过整体物理模型试验,探讨了入射角与平均越浪量的关系,并提出了修正的平均越浪量计算公式。虽然物理模型试验一直发挥着主要的作用,但是作为辅助研究手段的数值模拟方法近年来也有较快的发展。国外学者开发了许多数值模拟软件,如OpenFOAM、Fluent、Flow 3D。其中,OpenFOAM是开源软件,可拓展性强。Jensen 等[7]通过将护面设置成孔隙介质,基于OpenFOAM模拟了斜向不规则波作用下扭王字护面斜坡堤的越浪过程。史小康[8]通过将Darcy-Forchheimer渗流运动方程引入到N-S方程中,基于OpenFOAM模拟研究了有护面块体的可渗透斜坡堤在规则波作用下的越浪过程。李东洋[9]基于OpenFOAM模拟了不同入射角的规则波作用下扭王字护面可渗透斜坡堤的越浪过程,发现当入射角大于15°时,随着入射角的增大,平均越浪量迅速减小。Chen 等[10]基于OpenFOAM模拟了斜向浪作用下斜坡堤越浪过程,发现肩台越宽,斜向浪对平均越浪量的影响越小。

从已有的文献结果看,针对斜向不规则波作用下扭王字护面斜坡堤越浪的研究还比较少,需要对此开展研究。因此,拟通过OpenFOAM模拟斜向不规则波作用下扭王字护面斜坡堤的越浪过程。

1 斜向浪作用下扭王字护面斜坡堤越浪量验证

选取欧盟CLASH项目[11]越浪数据库中的一种工况,验证该模型在斜向不规则波作用下扭王字护面斜坡堤越浪过程的正确性。数值水槽尺寸为12 m×0.9 m×0.252 m(长×高×宽)。波浪参数设置如下:入射角为25°,有效波高为0.107 m,谱峰周期为1.249 s,水深为0.545 m。斜坡堤的堤顶标高为0.615 m,

基金项目:国家重点研发计划(2021YFB2600700);国家自然科学基金资助项目(U2340225);南京水利科学研究院中央级公益性科研院所基本科研业务费专项资金(Y223004)

作者简介:金越睿。E-mail:1614012827@qq.com

垫层厚度为 0.03 m,干舷 R_c=0.07m,斜坡坡度为 1∶2,堤前护面块体采用扭王字块体,斜坡堤断面如图 1 所示。扭王字块体选用 3tB 型。《防波堤设计与施工规范》(JTS 154-1—20111)[12]中给出了扭王字块体的详细尺寸,如图 2 所示,h 取 0.031 5 m。通过采取斜向摆放斜坡堤的方式来研究不规则斜向浪与扭王字护面斜坡堤的相互作用。通过 OpenFOAM 自带的网格处理工具 snappyHexMesh 将扭王字护面斜坡堤转变成贴体网格.图 3 给为数值水槽斜坡堤网格示意图。

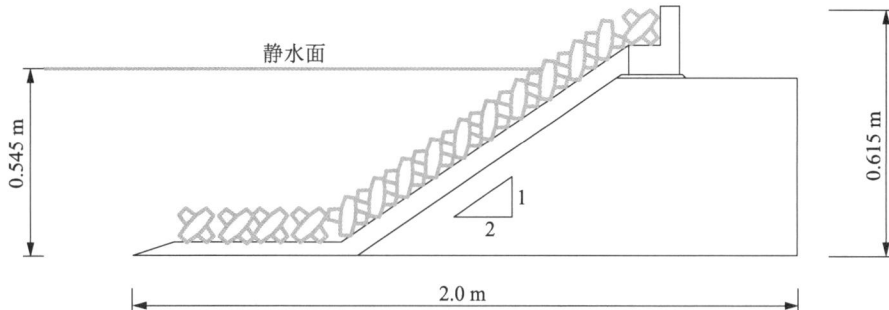
图 1 CLASH 数据库中物理试验斜坡堤断面

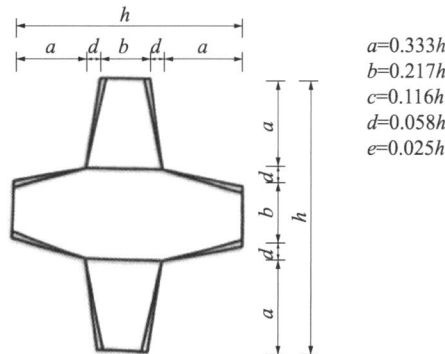
a=0.333h
b=0.217h
c=0.116h
d=0.058h
e=0.025h

图 2 3tB 型扭王字块体详细尺寸

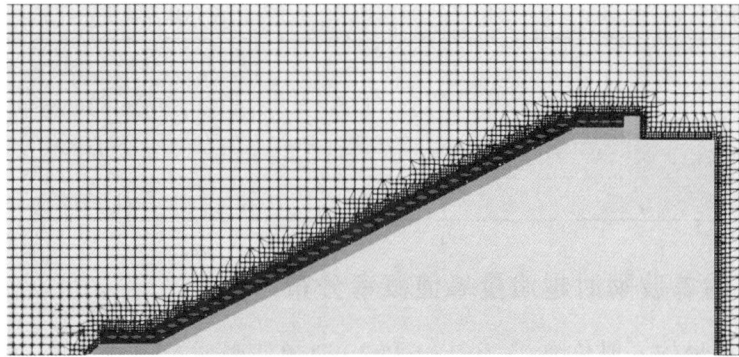
图 3 数值水槽斜坡堤网格示意

瞬时单宽越浪量的测量方法为在胸墙顶部沿堤长方向放置 13 个测点,测出越过堤顶水体的流速和越浪水舌厚度。将测得的流速和越浪水舌厚度相乘,即可得到 13 个测点所在位置处的瞬时单宽越浪量。测点测得的瞬时单宽越浪量对时间积分,得到了每一个测点的累积越浪量。将累积越浪量除以模拟的总时间,即可得到每个测点所在位置处的平均越浪量,如图 4 所示。由于数值水槽只在入口和出口处进行了消波,水槽两侧未进行消波,当斜坡堤倾斜摆放时,波浪与斜摆的斜坡堤相互作用后会反射到水槽两侧,水槽两侧又会继续反射波浪,导致测得的越浪量变得不准确。为了减小反射波对越浪量的影响,只选取 6♯、7♯和 8♯测点测得的值。对这 3 个测点测得的平均越浪量取平均值,得到斜坡堤堤顶处的平均越浪量,数值模拟的平均越浪量为 5.94×10^{-5} m³/(m·s),物理试验值为 5.24×10^{-5} m³/(m·s),物理试验值和数值模拟的相对误差为 13.3%,可以看出 OpenFOAM 能较好地模拟斜向浪作用下扭王字护面斜坡堤的越浪过程。

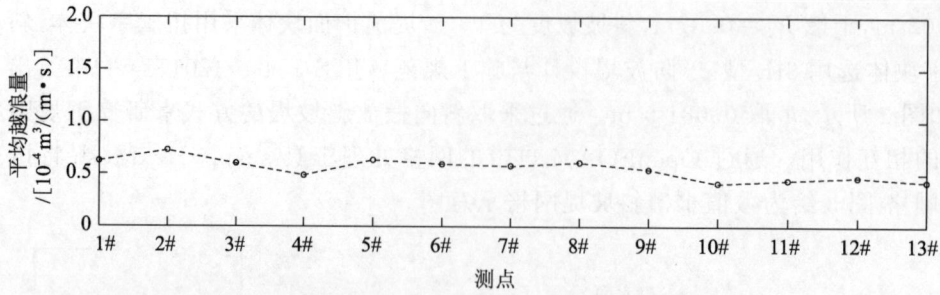

图4　波浪呈25°角入射时堤顶上方不同位置的平均越浪量

2 不同入射角下的平均越浪量

设计了多组斜向浪作用下的扭王字护面斜坡堤越浪算例,波浪参数和斜坡堤尺寸与"1 斜向浪作用下扭王字护面斜坡堤越浪量验证"部分一致。图5展示了不同角度入射时堤顶沿堤长方向13个测点的平均越浪量。同样选取 6♯、7♯ 和 8♯ 测点测得的值,对这 3 个测点测得的平均越浪量取平均,可以得到斜坡堤堤顶处的平均越浪量。表1给出了入射角为 0°、10°、20° 和 25° 时的平均越浪量。发现入射角为 0°,即正向入射时,平均越浪量最大,随着入射角的增大,平均越浪量开始减小。

图5　不同角度入射时堤顶沿堤长方向的平均越浪量分布

表1　不同入射角平均越浪量

入射角/(°)	平均越浪量/[m³/s m·s)]
0	8.35×10^{-5}
10	7.69×10^{-5}
20	6.52×10^{-5}
25	5.94×10^{-5}

3 不同入射角下的单波瞬时越浪量峰值概率分布

分析了由 6♯ 测点测得的入射角为 0°、10°、20° 和 25° 时单波瞬时越浪量峰值,发现单波瞬时越浪量峰值符合皮尔逊Ⅲ型曲线函数分布特征,如图6所示。图中,C_v 为变差系数,C_s 为偏态次数。

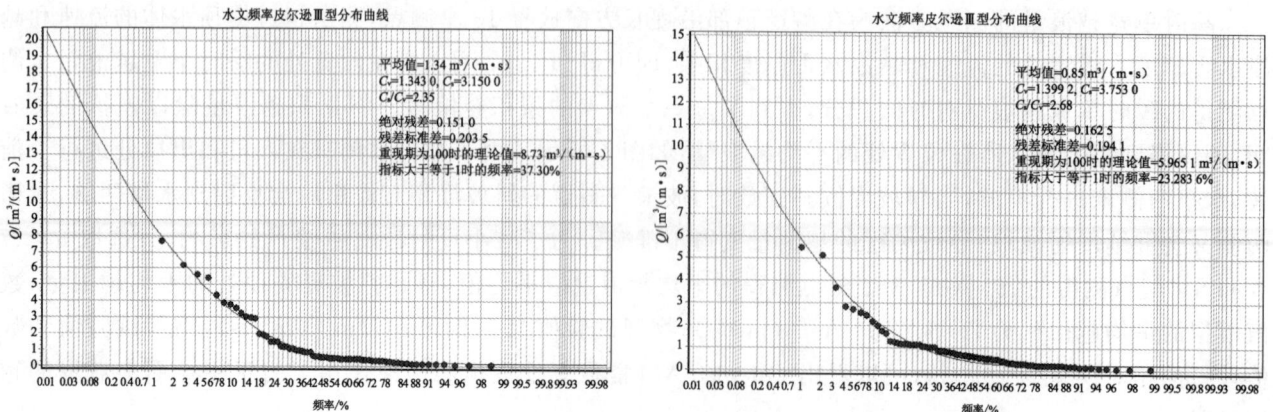

图6　入射角为 0°、10°、20° 和 25° 时单波瞬时越浪量峰值的皮尔逊Ⅲ型曲线分布

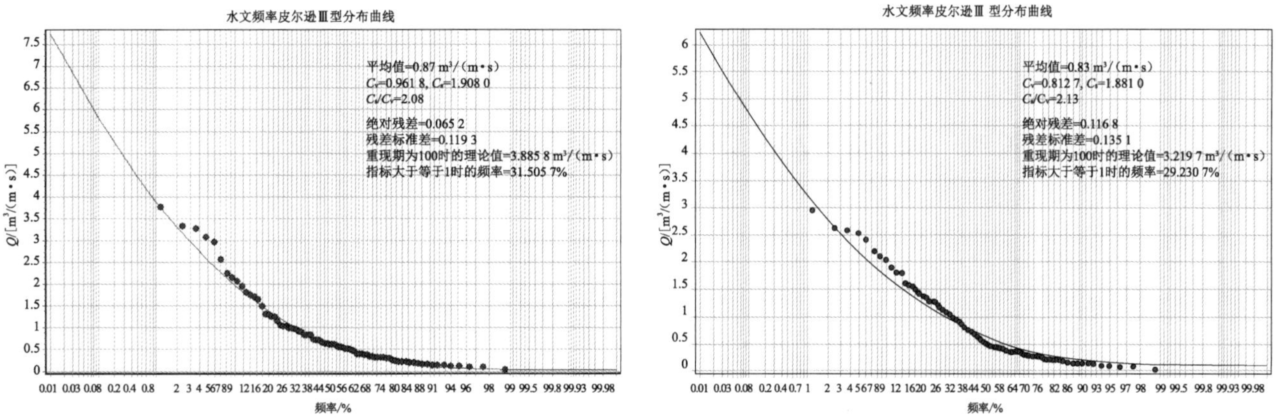

图 6　入射角为 0°、10°、20°和 25°时单波瞬时越浪量峰值的皮尔逊Ⅲ型曲线分布(续)

4　结　语

本文设计了呈 0°、10°、20°和 25°角入射的不规则波与扭王字护面斜坡堤越浪数值模拟算例,探究了小角度斜向浪作用下扭王字护面斜坡堤的平均越浪量,发现:入射角为 0°,即正向入射时,平均越浪量最大、随着入射角的增大,平均越浪量逐渐减小。分析了入射角分别为 0°、10°、20°和 25°时单波瞬时越浪量的峰值,发现单波瞬时越浪量峰值符合皮尔逊Ⅲ型曲线函数分布特征。

参考文献

[1]　OWEN M W. Design of seawalls allowing for over topping[R]. Wallingford:Hydraulics Research Station,1980.

[2]　DE WAAL J P,VAN DER MEER J W. Wave runup and overtopping on coastal structures[C]// Proceedings of the 23rd International Conference on Coastal Engineering. October 4-9,1992,Venice,Italy. Reston:ASCE,1992:1758-1771.

[3]　JUHL J,SLOTH P. Wave overtopping of breakwaters under oblique waves[C]// Proceedings of the 24th International Conference on Coastal Engineering. October 23-28,1994,Kobe,Japan.Reston:ASCE,1994:1182-1196.

[4]　赵凤亚. 直立堤上斜向和多向不规则波越浪量研究[D]. 大连:大连理工大学,2008.

[5]　陈佳琪,陈国平,高晨晨,等. 晋江滨海新区护岸越浪量试验[J]. 江南大学学报(自然科学版),2015,146:814-819.

[6]　朱嘉玲,王震,陈凌彦,等. 斜向波作用下斜坡堤平均越浪量的试验研究[J]. 水运工程,2016(5):9-13.

[7]　JENSEN B,CHRISTENSEN E D,JACOBSEN N G. Simulation of extreme events of oblique wave interaction with porous breakwater structures[J]. Coastal Engineering Proceedings,2014,1(33):1-2.

[8]　史小康. 考虑渗流效应的斜坡堤越浪数值模拟[D]. 天津:天津大学,2016.

[9]　李东洋. 斜坡堤越浪的三维数值模拟研究[D]. 天津:天津大学,2017.

[10]　CHEN W,WARMINK J,GENT M,et al. Numerical investigation of the effects of roughness,a berm and oblique waves on wave overtopping processes at dikes[J]. Applied Ocean Research,2022:102971.

[11]　STEENDAM G J,VAN DER MEER J W,VERHAEGHE H,et al. The international database on wave overtopping [C]// SMITH M J. Proceedings of 29th International Conference on Coastal Engineering. Singapore:World Scientific,2004:4301-4313.

[12]　中交第一航务工程勘察设计院有限公司. 防波堤设计与施工规范:JTS154-1—2011[S]. 北京:人民交通出版社,2011.

水平垂荡板式防波堤消浪特性的研究

罗宇航,金　恒,李　澍,朱晨昊,顾　婕

（浙江大学宁波理工学院,浙江 宁波　315100）

摘要:水平垂荡板式透空防波堤是一种具有良好消波效果和水深适应性的绿色防波结构。本项工作考虑弹性支撑下浮板的垂荡运动,探究新式结构的消波机理和效果。基于物理模型试验与数值仿真模拟相结合的方法,研究弹性支撑水平板的水动力特性及其周围的流场特征。本项研究工作表明,弹性支撑水平板在固定水平板消浪方式的基础上,在水平板后方更容易形成涡流区,发生向上的射流和涡脱落现象,增加波浪能量的耗散;当无量纲刚度在一定范围时,消浪效果达到最佳。

关键词:防波堤;水平垂荡板;弹性支撑;消波机制

1 工程背景简介

在陆地资源不断枯竭和海洋装备技术进步的双重作用下,海洋将成为人类经济社会发展的动力源。随着我国海洋资源开发的推进,海洋牧场设施和海洋能转化装置等波浪敏感性结构大量出现在我国近海。目前,近海水域波浪防护结构与方法存在实施困难、建造成本高、消浪效果不显著等诸多问题,这就导致大部分波浪力直接作用于海洋结构自身,从而发生海洋工程结构破坏,因此,具备适应水深、性能可靠和绿色生态的新型防波结构物需求迫切。

传统的波浪防护结构主要用来抵御海浪对近岸的侵袭,具有较高的稳定性、抗冲击性和良好的消浪效果,但是其功能主要适用于近岸浅水区域。为了解决近海较大水深区域波浪防护结构造价高昂、施工困难的问题,浮式防波堤作为一种适用于大水深条件的经济、高效的波浪防护结构,一直是国内外研究人员关注的热点[1]-[3]。新型浮式防波结构相关的试验和分析工作虽有大量开展[4]-[5],但比较成熟的实用型式仍然较少,这与其在长周期波中的透射率高达 80%～90% 这一不足有关[6]。因此,寻找一种小尺寸、高可靠度且能有效降低波浪透过率的浮式防波结构具有重要的实用价值。

Koo 和 Kim[7]发现可运动的浮式水平板防波堤比固定式结构具有更好的消浪效果,并指出水平板的垂荡运动在其中起着主导作用。这可能是因为波流作用下的垂荡平板受到额外的附加质量和阻尼,从而影响了波浪与浮体的相互作用。Fang 等[8]指出,流体垂向运动有利于增强结构对长周期波浪和宽频波浪的掩护效果。采用弹性支撑连接水平板防波堤,可以促进板间流体的运动板端涡脱落的发生。同时,弹性支撑可以缓冲作用于平板的垂向波浪力[9]-[10],有利于提高现有平板结构稳定性。在针对单层垂荡浮板式防波堤的数值研究中发现,合适的弹簧支撑刚度可以在浮板共振响应下,在结构背浪面发生强烈的涡能耗散,有效减小波浪透射率[11]-[13]。而作为一种具有潜在应用价值的新型防波结构物,目前垂荡水平板防波堤仍停留在概念阶段,缺乏必要的结构参数研究和系统的水动力分析结果。

因此,本文针对水平垂荡板式结构的水动力特性演化规律,基于数值模拟和物理试验,开展水平垂荡板式结构的动力特性和消浪效果的研究,明确波浪与浮体、弹簧支撑间耦合效应,阐明新结构消浪机理。

基金项目:国家自然科学基金青年项目(52001276);浙江省教育厅一般科研项目(Y202352444)

通信作者:李澍。E-mail:ShuLI880818@nbt.edu.cn

2 数值模型建立与验证

2.1 数值模型的建立

本文基于开源计算流体动力学程序 OpenFOAM[14]建立的波浪与结构物相互作用的两相流数值模型,主要包括数值波浪水槽的建立、刚体六自由度运动以及动网格技术等。数值波浪水槽的建立是基于时间平均的 Navier-Stokes 方程(Reynolds-averaged Navier-Stokes),气液交界面采用 Volume of Fluid(VOF)方法进行捕捉,波浪的生成与吸收主要是基于 Relaxation Zone 方法。刚体运动的构建基于六自由度运动方程,采用 Newmark-β 方法[15]进行求解,基于形变动网格技术描述刚体的运动[16]。

2.1.1 控制方程

对于不可压缩、黏性且各向同性的牛顿流体,基于任意拉格朗日–欧拉的守恒形式 RANS 方程如下:

$$\frac{\partial(\rho u_i)}{\partial x_i}=0 \tag{1}$$

$$\frac{\partial(\rho u_i)}{\partial t}+\frac{\partial[\rho(u_j-u_j^m)u_i]}{\partial x_j}=-\frac{\partial p}{\partial x_i}+\mu\frac{\partial}{\partial x_j}\left(\frac{\partial u_i}{\partial x_j}+\frac{\partial u_j}{\partial x_i}\right)+\rho g_i \tag{2}$$

其中,$x_i(i=1,2,3)$为笛卡尔坐标,ρ 为流体密度,u_i 为流体平均流速,t 为时间变量,u_j^m 为网格运动速度,p 为流体平均压强,g_i 为重力加速度。其中 μ_0 为流体分子动力黏滞系数。

2.1.2 交界面的捕捉

本文建立的数值模型为两相流模型,气相和液相的交界面采用 VOF 方法进行捕捉。在 VOF 方法中,气相和液相两种不可压缩流体被视为一个整体,其物理性质由两种流体的物理参数加权得到,即

$$\rho=\varphi\rho_w+(1-\varphi)\rho_a,\mu_0=\varphi\mu_w+(1-\varphi)\mu_a \tag{3}$$

其中,φ 为体积分数,ρ_w、μ_w 分别为水的密度和动力黏滞系数,ρ_a、μ_a 分别为空气的密度和动力黏滞系数。当计算单元中充满水时,体积分数为 1;当计算单元中充满空气时,体积分数为 0;当气液交界面位于计算单元内时,体积分数介于 0~1 之间,即

$$\varphi=\begin{cases}\varphi=0, & 空气\\ 0<\varphi<1, & 交界面\\ \varphi=1, & 水\end{cases} \tag{4}$$

自由液面一般被定义为 $\varphi=0.5$ 的等值面。

2.1.3 刚体运动的求解与动网格技术

如前文所述,RANS 方程式是基于 ALE 观点建立的,其目的是便于求解流体和固体之间的耦合作用。本文中水平板结构只具有垂荡自由度,刚体的运动方程可简化为

$$m\ddot{y}_3+K_e\dot{y}_3=F_F+mg_3 \tag{5}$$

其中,m 表示水平板与弹簧系统的质量,y_3 表示垂荡位移,K_e 表示弹性支撑刚度,F_F 表示流体作用力,包括压强和黏性分别产生的作用力。此外,本项工作中忽略水平板与弹簧之间固定的阻尼。本文的数值模型中采用 Newmark-β 方法[15]求解刚体运动的加速度、速度和位移等物理量,基于刚体加速度在一个时间步内是线性变化的,根据 t_{i+1} 时刻所求得的随体坐标系下刚体所受荷载,通过六自由度刚体运动方程得到其加速度,进而结合 t_i 时刻的物理量求得刚体的速度和位移,进而通过转换矩阵可以得到刚体在 t_{i+1} 时刻固定坐标系中的位移和速度,进而更新网格信息,进入下一时间步的求解。

在处理涉及动边界的刚体运动问题中,需要使用动网格技术。本文对于幅值较小的水平板的垂荡运动,采用形变网格[16]描述即可。形变网格的拓扑结构不变,但单元的形状随着节点的拉伸或者压缩而改变。网格节点的速度可以通过求解带有固定或变化扩散率的 Laplace 方程确定,即

$$\frac{\partial}{\partial x_j}\left(\gamma_m\frac{\partial u_i^m}{\partial x_j}\right)=0 \tag{6}$$

其中,γ_m 为扩散场量,由单元中心和运动边界之间距离 r_m 得到,即

$$\gamma_{m} = \frac{1}{r_{m}^{2}} \tag{7}$$

根据插值格式即可求解网格节点位移。

2.2 数值模型的验证

2.2.1 波浪的生成与传播

数值波浪水槽如图 1(左)所示,水深为 $h=0.50$ m,波浪周期与波高分别为 $T=1.189$ s 和 $H=0.024$ m。选取 3 种不同尺寸的网格进行收敛性测试,网格尺寸分别为 50 mm×3.75 mm、25 mm×2 mm 和 12.5 mm×1 mm。单波长内的网格数目是 80～120,一个波高范围内的网格数目至少是 10 个,并且网格的长宽比尽量控制在 10∶1～20∶1。对于选取的 3 组网格,波长与 x 方向的网格比分别为 40.4∶1、80.7∶1 和 161.4∶1,波高与 z 方向的网格比分别为 6.4∶1、12∶1 和 24∶1。在距离水槽入口 11.975 m 处设置一个数值浪高仪进行测量。结果显示,中等尺寸的网格 25 mm×2 mm 对应的结果已经收敛。

图 1　数值波浪水槽示意图(左)与不同尺寸网格的波面结果对比(右)

对于波陡较小的波浪,采用 Airy 波理论进行对比。图 2(左)所示为基于中等尺寸网格的数值结果与 Airy 波理论解析解的对比。数值结果与解析解吻合良好,表明本文所建立的数值水槽可以比较准确地模拟 Airy 波的生成与传播。图 2(右)给出了采用 Relaxation Zone 方法计算结果的空间分布,波面的数值计算结果沿其传播方向的衰减比较有限,进一步地表明本文所建立的数值水槽的可靠性。

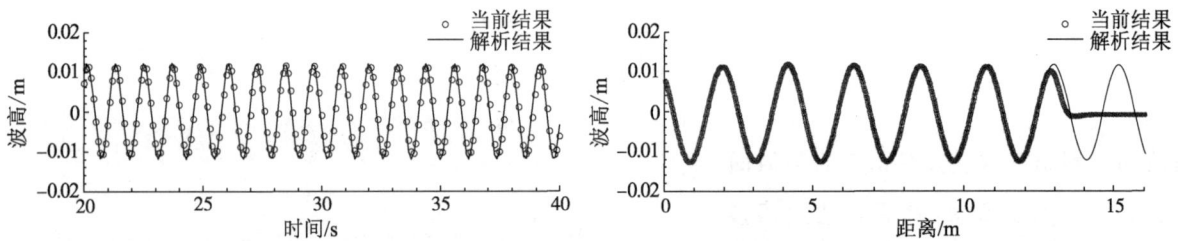

图 2　数值结果与 Airy 波解析解的对比(左:时间序列,右:空间分布)

2.2.2 水平圆柱垂荡自由衰减运动

如图 3(左)所示为水平圆柱垂荡自由衰减运动的示意图,分别参照 Ito[17] 的物理模型试验设置和 Calderer[18] 等的数值设置。水深 1.22 m,圆柱直径为 15.24 cm,圆柱的密度是水的 1/2。初始时刻圆柱中心距离静水面 2.54 cm。圆柱中心位置的历时曲线如图 3(右)所示,与文献中的结果对比良好,表明本文建立的数值模型在模拟浮体垂荡运动的可靠性。

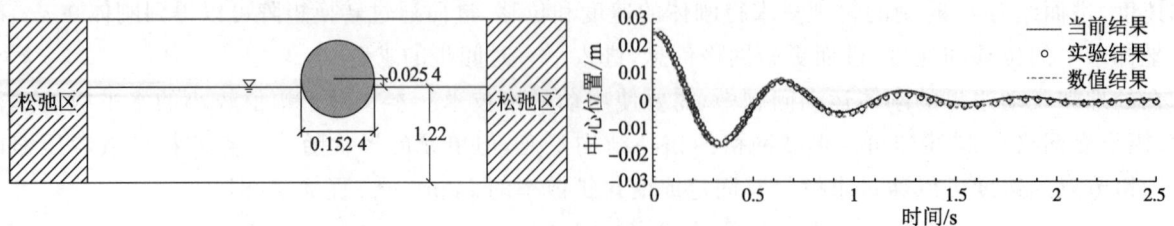

图 3　水平圆柱垂荡自由衰减运动的数值模型示意图(左)与圆柱中心位置的数值结果对比(右)

3 物理模型试验的设计

关于弹性支撑水平板式结构消浪特性的物理模型试验在浙江大学宁波理工学院临港作业设施智能管控实验室进行,如图 4 所示,波浪水槽长、宽、高分别为 5.0、0.20、0.35 m,弹性支撑水平板前后安置浪高仪若干用于采集波浪数据,水平板上表面安置波压力传感器若干。水平板采用亚克力制作,以保证足够的刚度,采用单杆＋直线轴承的约束方式,以保证水平板垂荡运动自由度的单一性(图 5 左)。弹性支撑采用弹簧钢制作,在弹簧上下部焊接不锈钢薄板并开装配孔,以方便进行刚性装配,确保弹簧—水平板构成一体的弹簧质量系统(图 5 右)。

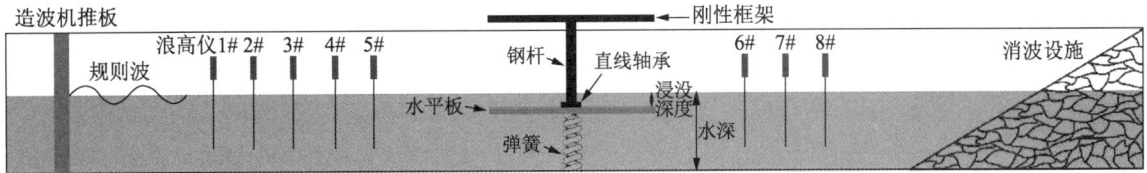

图 4   物理模型试验设置示意

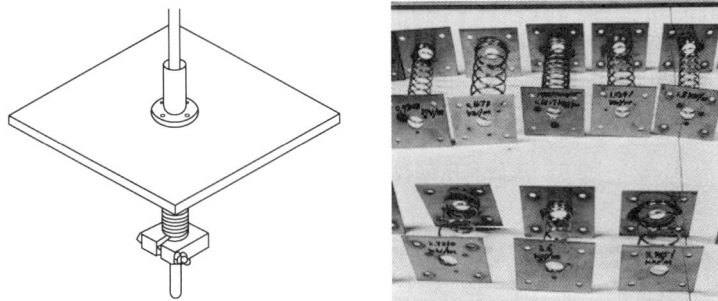

图 5   弹性支撑水平板系统的构建(左:单杆-法兰轴支撑构架,右:焊接开孔不锈钢薄板的弹簧)

在本项试验中,水深 $h=0.25$ m,入射波高 $H=0.02$ m,水平板的长度和吃水深度分别为 $B=0.40$ m 和 $d=0.08$ m 并保持常量;入射波浪周期设置范围为 $0.50\sim1.1$ s,间隔 0.1 s;线弹簧的刚度 K_e 参见表 1。

表 1   试验弹簧参数

弹簧编号	弹簧刚度 K_e/(N/m)	弹簧相对刚度 K^*	弹簧编号	弹簧刚度 K_e/(N/m)	弹簧相对刚度 K^*
1	152.7	0.39	7	1 666.9	4.25
2	528.9	1.35	8	1 800.0	4.59
3	667.8	1.70	9	2 000.0	5.10
4	1 024.1	2.61	10	2 731.0	6.96
5	1 057.7	2.70	11	2 929.7	7.47
6	1 335.7	3.40	12	3 600.0	9.17

其中,$K^*=K_e/\rho|g_3|B^2$。

4 结果与讨论

4.1 数值结果与试验数据对比验证

选取相同的参数,对比数值计算结果与试验采集数据,数值模型与试验结果吻合良好(图 6),进一步地证明了本文数值模型和试验设置具有良好的精度,为后续的防波堤水动力分析和消波机理分析提供保障。

图 6　波面和压强数值和试验结果的对比验证

4.2　波浪作用下弹性支撑水平板的动力特性与消浪机理分析

图 7 中弹性支撑水平板系统的运动分为以下 3 个阶段:第一阶段,由于不同组次采用的弹簧刚度系数和水平板质量不同,在给予弹簧初始长度和相应的两端锚点时,弹簧振子系统会在水平板湿重和弹簧约束下发生自初始位置到水下平衡位置,该过程与波浪水槽的波浪生成的松弛时间(ramp time)一致,结合水平板距离造波板的距离,防止了波浪对弹性支撑水平板达到平衡位置的影响;第二阶段,为弹性支撑水平板在波浪作用下开始垂荡运动阶段,该阶段水平板在波浪作用下出现逐渐增大的垂向运动;第三阶段,水平板运动达到与波频一致的往复垂荡运动,此时运动幅值达到稳态。

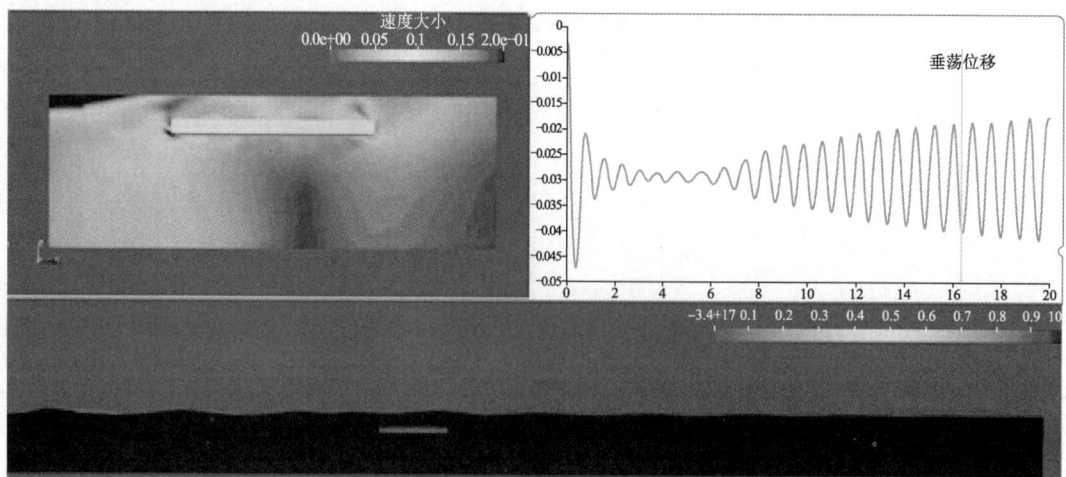

图 7　波浪作用下弹性支撑单层浮板运动时序响应分析

选取入射波浪周期为 $T = 0.6, 0.8, 1.0$ s 的波浪,如图 8 所示为反射系数 C_r、透射系数 C_t 和耗散系数 C_d 随弹簧刚度变化的曲线。对于较小周期组次,当弹簧刚度较小时,存在一个特定的刚度,通常位于 K^* 在 1 附近使得防波堤产生最大的能量耗散;随着波浪周期的增大,上述规律不再显著。

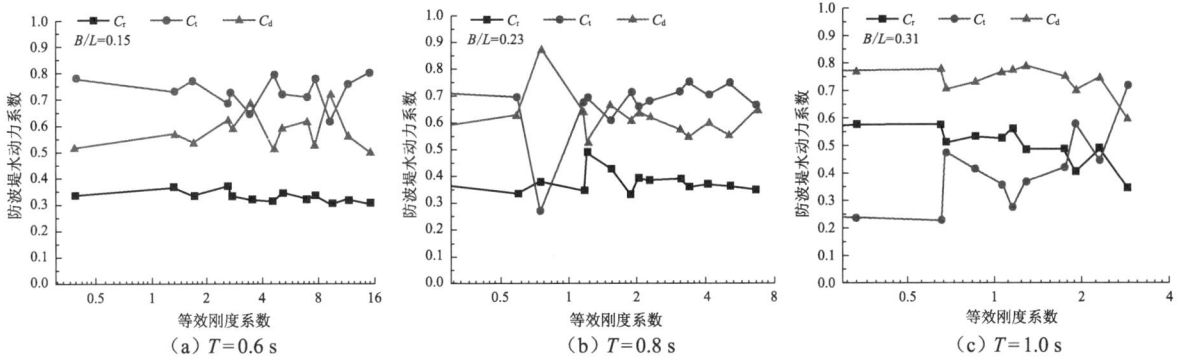

图 8 防波堤水动力系数在不同弹性支撑约束下的变化(L 为波长)

图 9 单层弹性支撑板防波堤与波浪耦合共振时流场

通过对数值结果的流场进行分析可知(图 9),垂荡运动的弹性支撑水平板系统,除了在水平板上方由于碰撞、破碎产生能量耗散以外,在水平板后方更容易形成涡流区,发生向上的射流和涡脱落,影响破碎波浪的传播。

5 结 语

本文基于数值模拟和物理试验相结合的方法,对弹性支撑水平板系统的水动力特性进行了研究。建立了波浪与弹性支撑水平板相互作用的数值模型,设计并开展了物理模型试验,对水平板的运动特征和其周围流场进行了分析,以及消浪效果随弹簧刚度的变化规律,结论如下所述:弹性支撑水平板系统的运动过程大致可分为弹簧预压缩、共振频率的垂荡运动和与波频相同的稳态运动 3 个阶段;在本文研究范围内,弹簧无量纲刚度 K^* 在 1 附近,弹性支撑水平板系统产生最大的能量耗散;相对于固定水平板,弹性支撑水平板后方的涡旋脱落对于波浪能量的耗散起到了一定程度的作用。

参考文献

[1] MCCARTNEY B L. Floating breakwater design[J]. Journal of Waterway, Port, Coastal, and Ocean Engineering, 1985,111(2):304-318.

[2] DAI J,WANG C M,UTSUNOMIYA T,et al. Review of recent research and developments on floating breakwaters [J]. Ocean Engineering,2018,158:132-151.

[3] 沈雨生,周益人,潘军宁,等. 浮式防波堤研究进展[J]. 水利水运工程学报,2016(5):124-132.

[4] JI C Y,CHEN X,CUI J,et al. Experimental study of a new type of floating breakwater[J]. Ocean Engineering,2015,

105:295-303.

[5] JI C Y,CHENG Y,YANG K,et al. Numerical and experimental investigation of hydrodynamic performance of a cylindrical dual pontoon-net floating breakwater[J]. Coastal Engineering,2017,129:1-16.

[6] 邢至庄,张日向. 一种应用在深水中能降低长波透过率的浮式防波堤[J]. 大连理工大学学报,1996(2):246-247.

[7] KOO W C,KIM D H. Numerical analysis of hydrodynamic performance of a movable submerged breakwater[J]. Journal of the Society of Naval Architects of Korea,2011,48(1):23-32.

[8] FANG Z C,XIAO L F,KOU Y F,et al. Experimental study of the wave-dissipating performance of a four-layer horizontal porous-plate breakwater[J]. Ocean Engineering,2018,151:222-233.

[9] REN B,LIU M,LI X L,et al. Experimental investigation of wave slamming on an open structure[J]. China Ocean Engineering,2016,30(6):967-978.

[10] ZUO W G,LIU M,FAN T H,et al. Dynamic analysis of wave slamming on plate with elastic support[J]. Journal of Hydrodynamics,2018,30(6):1153-1164.

[11] LIU C,HUANG Z H,CHEN W. A numerical study of a submerged horizontal heaving plate as a breakwater[J]. Journal of Coastal Research,2017,33(4):917-930.

[12] HE M,XU W H,GAO X F,et al. SPH simulation of wave scattering by a heaving submerged horizontal plate[J]. International Journal of Ocean and Coastal Engineering,2018,1(2):1840004.

[13] 王贤梦,赵西增,付丁. 波浪与起伏水平板防波堤相互作用数值模拟[J]. 海洋工程,2019,37(3):61-68.

[14] JASAK H. OpenFOAM:Open source CFD in research and industry[J]. International Journal of Naval Architecture and Ocean Engineering,2009,1(2):89-94.

[15] CLOUGH R W,PENZIEN J. Dynamics of Structures [M]. Berkeley:Computers and Structures,Inc. ,1995.

[16] JASAK H,TUKOVIC Z. Automatic mesh motion for the unstructured finite volume method[J]. Transactions of FAMENA,2007,30(2):1-18.

[17] ITO S. Study of the transient heave oscillation of a floating cylinder [D]. Tokyo,Japan:University of Tokyo,1971.

[18] CALDERER A,KANG S,SOTIROPOULOS F. Level set immersed boundary method for coupled simulation of air/water interaction with complex floating structures[J]. Journal of Computational Physics,2014,277:201-227.

内置多孔板的养殖液舱-浮式防波堤集成装置水动力特性研究

王　森,许条建,王同燕,董国海

(大连理工大学 海岸和近海工程国家重点实验室,辽宁 大连　116024)

摘要:浮式防波堤被广泛用于为近海建筑和生产提供遮蔽区域,而调谐液体阻尼器(TLD)在阻尼浮式海洋结构运动响应方面表现出卓越的性能。研究将传统浮式防波堤(TFB)与近海水产养殖液舱进行结合(AFB),并通过在养殖舱内部安装穿孔挡板,为鱼类游泳行为提供低能环境,以提高经济效益。在引入系泊模型后,建立了二维数值模型模拟集成结构的水动力特性,利用体积平均多孔介质理论模拟多孔板,并成功实现将多孔板所受晃荡力进行耦合以求解模型运动。通过分析透射系数、反射系数以及运动响应,以评估集成结构的消波和阻尼性能,并探讨了多孔板对养殖舱内晃荡能量的影响。结果表明,文中提出的AFB模型可以有效调谐自身横摇运动,实现降低横摇幅值的效果,相对于FB,消波效果得到进一步提升;另外,养殖舱内安装多孔板降低了流体的晃荡能量,为鱼苗生长提供了适宜的低能环境。

关键词:数值模拟;养殖液舱;浮式防波堤;液体阻尼器;减晃

　　防波堤在保护海岸和港口结构免受高能海浪侵袭方面发挥着至关重要的作用,尤其是在船舶靠泊、装卸作业方面[1]。近几十年来,为提高消波性能,各种类型的防波堤引起了学者们的关注,如传统的底置式水下防波堤[2]、气动防波堤(PB)[3]以及浮式防波堤(FB)[4]。这些防波堤虽然具有阻挡波浪传播的超强能力,但无法产生利润,不符合节约空间、提高经济效益的绿色海洋经济理念。

　　FB对入射波进行反射,并将波能转化为结构运动动能作为消波手段。后者吸收的波浪能有限,且较大的运动振幅不利于结构安全。因此,提高波浪衰减性能和降低运动响应是FB设计的关键[5]。受调谐液体阻尼器(TLD)阻尼海上浮式结构运动响应的启发[6],在FB内添加养殖舱与调谐液体阻尼器的工作原理类似,可有效减小最大运动振幅。Xue等[6]发现,由于采用了调谐液体多柱阻尼器,浮式海上风力涡轮机的最大横摇振幅可降低11%。现有研究已提出并广泛探讨了浮式封闭水产养殖舱(FCCS)的概念[7],其结构形式与TLD结构基本一致,且封闭式养殖系统鱼苗的生长速度和密度分别是开放式养殖系统的4倍和3倍[8]。因此,将FCCS与FB相结合既能提高经济效益,又能增强FB的稳定性,延长工作寿命。

　　与TLD类似,养殖舱内的晃荡可增大阻尼,降低结构运动响应。本文提出并设计了FB与水产养殖舱的集成装置(AFB),旨在节约海洋空间,提高近海养殖的经济效率,并评估所提出的集成装置的消波能力和生存能力。同时,在养殖舱内安装多孔板以实现低能环境。并通过建立集成装置的全耦合数值模型完成研究:使用重叠网格技术实现大幅度的结构运动;引入Palm等[9-10]提出的系泊模型,解决集成结构的运动约束问题;采用改进的模型分析了养殖舱内不同波况对AFB水动力特性的影响,并探讨了多孔板的减晃性能。

1 数学模型

　　建立的数学模型将计算域分为两部分,即流体域与固体域。流体域又分为外部波浪场和内部液舱晃荡,多孔板与内部晃荡流相互作用实现减晃。模型引入Darcy-Forchheimer模拟流体流经多孔板产生的压降,并对多孔介质区域进行体积平均处理,以正确实施连续性方程和动量方程。体积平均后的连续性方程和动量方程为:

$$\frac{\partial}{\partial x_i}\frac{\langle \overline{u_i} \rangle}{n}=0 \tag{1}$$

作者简介:王森。E-mail:3264461305@qq.com

$$\frac{\partial}{\partial t}\frac{\langle\overline{\boldsymbol{u}_i}\rangle}{n}+\frac{1}{n}\frac{\partial}{\partial x_j}\frac{\langle\overline{\boldsymbol{u}_i}\rangle\langle\overline{\boldsymbol{u}_j}\rangle}{n}=-\frac{1}{\rho}\frac{\partial\langle\overline{\boldsymbol{p}}\rangle^f}{\partial x_i}+\frac{1}{n}\frac{\partial}{\partial x_j}\nu\left(\frac{\partial\langle\overline{\boldsymbol{u}_i}\rangle}{\partial x_j}+\frac{\partial\langle\overline{\boldsymbol{u}_j}\rangle}{\partial x_i}\right)+\boldsymbol{g}_i+\boldsymbol{F} \tag{2}$$

式中：x_i 为卡迪森坐标矢量，n 为多孔板孔隙率，t 为时间，ρ 为流体密度，$\boldsymbol{g}_i$ 为重力矢量；$\overline{\boldsymbol{u}_i}$ 和 $\overline{\boldsymbol{p}}$ 为系综平均的速度矢量和压力；$\langle\rangle$ 和 $\langle\rangle^f$ 表示体积平均和固有体积平均算子；ν 为流体动力黏度。多孔板对流体流动的近似阻力通过源项 $\boldsymbol{F}$ 考虑在内。忽略强雷诺数下影响较小的线性项，源项 $\boldsymbol{F}$ 表达式为：

$$\boldsymbol{F}=\frac{1}{\Delta y}\left(\frac{C_f}{2}\langle\overline{\boldsymbol{U}}\rangle|\langle\overline{\boldsymbol{U}}\rangle|\right)+c\frac{\partial\langle\overline{\boldsymbol{U}}\rangle}{\partial t} \tag{3}$$

其中，Δy 表征多孔板厚度影响，$\langle\overline{\boldsymbol{U}}\rangle$ 表示垂直于板方向体积平均的系综平均速度；二次项系数 C_f 与惯性项系数 c 表示为：

$$C_f=\frac{1-n}{\delta n^2} \tag{4}$$

$$\frac{c}{s}\approx0.389\,8n-0.032\,39\sqrt{n}+1.241\,5+\frac{0.886\,2}{\sqrt{n}} \tag{5}$$

式中：经验系数 δ 设置为 $0.001\,2$，s 表示空隙间距。

固体域与流体域耦合求解的具体实施方案参见王森等的研究[11]。固体域运动方程符合牛顿第二定律，改进模型运动求解公式为：

$$m\frac{\mathrm{d}\boldsymbol{u}}{\mathrm{d}t}=m\boldsymbol{g}_i+\boldsymbol{F}_{\mathrm{wave}}+\boldsymbol{F}_t+\boldsymbol{F}_{\mathrm{sloshing}}+\boldsymbol{F}_{\mathrm{porous}} \tag{6}$$

$$I\frac{\mathrm{d}\omega}{\mathrm{d}t}=\boldsymbol{T}_{\mathrm{wave}}+\boldsymbol{T}_t+\boldsymbol{T}_{\mathrm{sloshing}}+\boldsymbol{T}_{\mathrm{porous}} \tag{7}$$

式中：m 表示结构质量；$\boldsymbol{F}_{\mathrm{wave}}$、$\boldsymbol{F}_t$、$\boldsymbol{F}_{\mathrm{sloshing}}$ 和 $\boldsymbol{F}_{\mathrm{porous}}$ 分别代表作用在一体化结构上的波浪力、锚绳拉力、养殖液舱舱壁所受晃荡力以及多孔介质所受晃荡力；I 表示转动惯量；ω 表示角速度；$\boldsymbol{T}$ 对应相应力矩。基于 Darcy-Forchheimer 多孔介质模型获取的晃荡力通过下式求解：

$$\boldsymbol{F}_{\mathrm{porous}}=\boldsymbol{F}_p+\boldsymbol{F}_v \tag{8}$$

$$\boldsymbol{F}_p=\sum_i\rho\boldsymbol{S}_{f,i}p_i \tag{9}$$

$$\boldsymbol{F}_v=\sum_i\rho\boldsymbol{S}_{f,i}\cdot(\mu R_{\mathrm{dev}}) \tag{10}$$

式中：$\boldsymbol{F}_p$ 和 $\boldsymbol{F}_v$ 分别代表压力和多孔板上的黏性剪切力，多孔板前后表面的压降通过式（3）求解；$\boldsymbol{S}_{f,i}$ 为面积矢量，p_i 表示压力，μ 是动态黏度，R_{dev} 是偏应力张量。

2　模型布置

研究了不同波长 L 影响下 AFB 的水动力特性。如图 1 所示，二维数值波浪水槽总长约为 $9L$，宽度为 0.732 m，水深为 0.8 m。水槽两端造波区和消波区长度为 $1.5L$。集成 AFB 模型尺寸为 0.56 m×0.732 m×0.26 m（长 l×宽 b×高 h），空载吃水 0.1 m。内部养殖舱尺寸为 0.5 m×0.732 m×0.2 m（长 l_b×宽 b_b×高 h_b）。考虑到为 AFB 提供足够的浮力以承载足够压载水，养殖舱与外部箱体之间设计 3 cm 宽的气室。波浪水槽内共布置 5 根浪高仪（WG1～WG5）用于测量波面变化。其中，选取 WG1～WG4 中的 2 根，通过两点法测量反射系数，WG5 则用于测量透射系数。前后对称布置 2 根锚链约束结构运动。

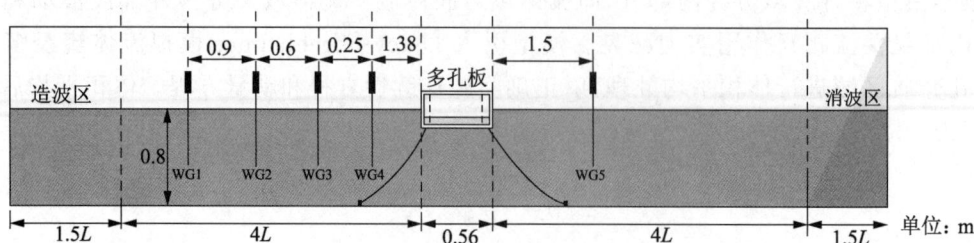

图 1　模型布置示意

分析工况细节如表1所示：入射波高设置为4 cm，波周期变化区间为1.2~1.8 s，多孔板孔隙率为0.4，填充水深 $d/l_b=0.1$。另外，为了更好地了解一体化 AFB 的水动力特性，对填充水深为 $0(d/l_b=0)$ 的传统浮式防波堤(TFB)工况同样进行了模拟。

表1　规则波与 AFB 相互作用工况设置

波高 H/cm	波周期 T/s	孔隙率 n	填充水深 d/l_b
4	1.2~1.8	0.4	0.1

3 结果与讨论

3.1 AFB 与 TFB 水动力特性对比

为了直观体现提出的一体化 AFB 消波性能，以及分析内部压载水晃荡对结构运动的阻尼效果，首先将 TFB 与文中提出的新型 AFB 结果进行对比。图2为结构横摇(RAO$_r$)和升沉(RAO$_z$)的运动幅值。结果显示，所提出的一体化 AFB 可以有效降低横摇运动幅值，内部晃荡将结构运动的共振频率转移到了低周期区域；然而，AFB 在阻尼升沉运动响应时效果较差，这是由于舱内水体的惯性与垂向晃荡容易与模型运动产生共振，无法有效调谐升沉的运动响应。总的来说，横摇运动是损害海洋结构以及受到诸多关注的主要运动模式，文中提出的一体化模型可以有效保护结构并延长使用寿命。

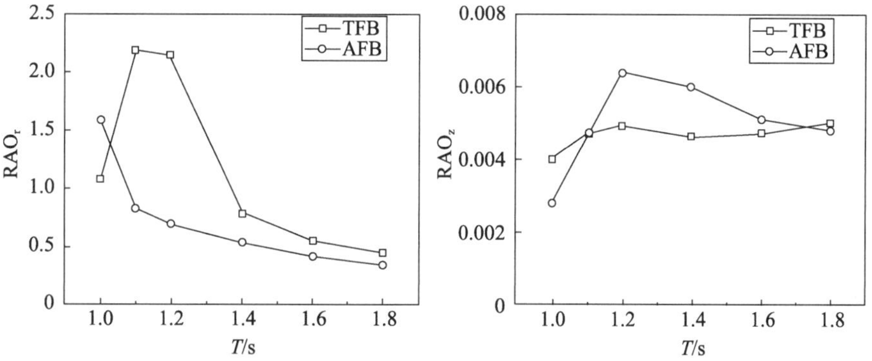

图2　AFB 与 TFB 运动响应对比

图3比较了 TFB 和 AFB 的反射系数 K_r 和透射系数 K_t。可以看出，随着波周期 T 的增加，TFB 和 AFB 的反射系数 K_r 呈下降趋势。相反，透射系数 K_t 则呈上升趋势。也就是说，这两种 FB 在耗散短周期波方面表现出更优越的性能。值得注意的是，AFB 的透射系数 K_t 始终低于 TFB，而反射系数 K_r 并不总是大于 TFB——在 $T=1.0$ s 时小于 TFB，这表明两者的耗散机制不同。总的来说，文中提出的 AFB 消波性能更好，这可能是由于水产养殖池内的液舱晃荡增加了波浪能耗散。

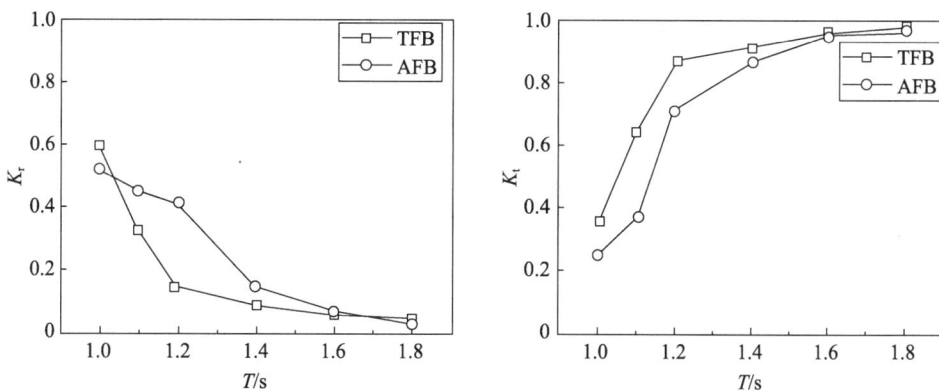

图3　AFB 与 TFB 反射、透射系数对比

图4为 AFB 和 TFB 在一个运动周期 T_m 内的瞬时运动姿态对比。可以看出，横摇运动的最大振幅出现在 $T_0+T_m/4$。其中，T_0 代表稳定周期内模型处于正浮位置时对应的时间瞬时。对于 AFB，最大运动振幅明

显减小,这是由于横摇运动和压载水晃荡之间存在较大的相位差。此外,在 T_0 时刻,AFB 附近的流体流速明显小于 TFB,同时,养殖液舱内的晃荡速度明显增大。这证明提出的 AFB 可以有效地将外部波浪动能转化为内部晃荡能,提高了结构的消波性能。此外,$T_0 + T_{m}/4$ 时刻,波谷到达且 TFB 横摇达到最大角度,而 AFB 此时对应的波浪状态相反,这说明压载水的晃荡力和惯性力有效调谐了浮式防波堤的运动姿态。

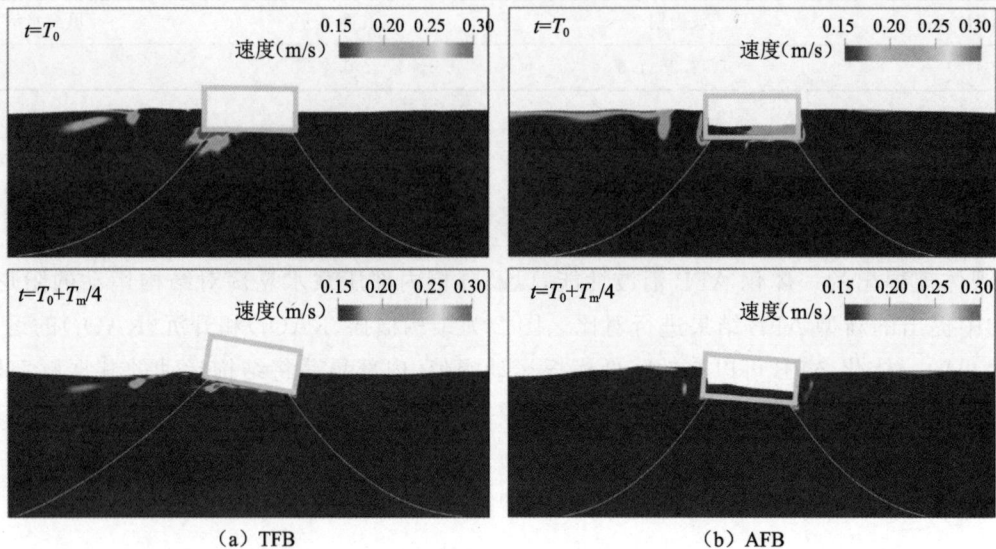

（a）TFB　　　　　　　　　　　（b）AFB

图 4　TFB 与 AFB 附近流场对比（$T = 1.2$ s）

3.2　多孔板对 AFB 水动力性能的影响

如前所述,为养殖舱内的鱼类提供低晃荡能的生长环境是浮式封闭养殖舱的主要设计目标之一。多孔板在多个研究中已被证实可以有效降低晃荡响应,因此,本研究在舱室两侧对称安装各一个多孔板,分析其对 AFB 水动力特性的影响。图 5 所示,舱内安装多孔板对 AFB 运动响应的影响很小,这表明多孔板对晃荡响应的影响不足以改变结构和波浪耦合运动的模式;相应地,结构运动模式的微小变化不足以改变外部波浪形态。因此,图 6 所示的反射、透射系数同样较为接近。

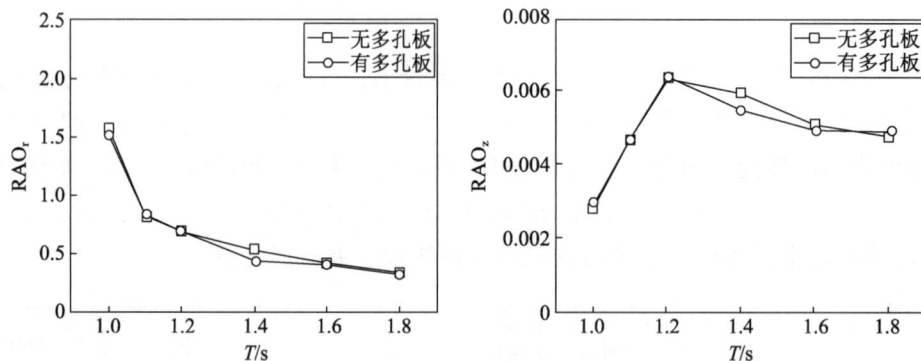

图 5　有无多孔板运动响应对比

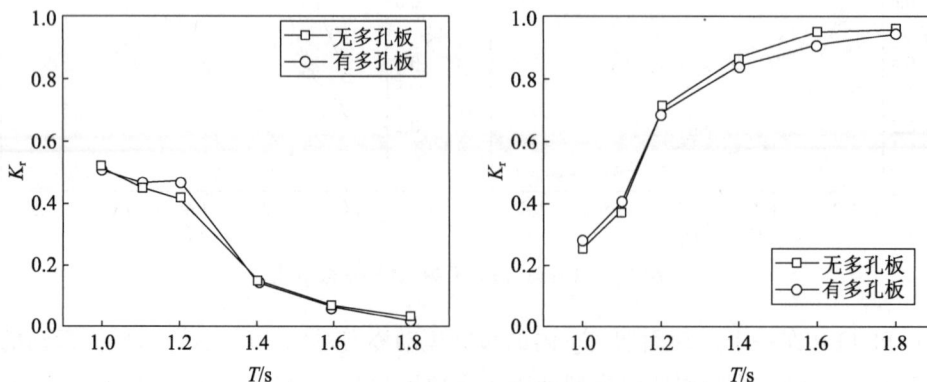

图 6　有无多孔板反射、透射系数对比

图 7 显示了一个运动周期养殖舱内的流速云图。T_0 时刻舱内流体由左向右运动,并在 $T_0 + T_m/4$ 到达右侧舱壁。可以看出,在 T_0 时刻,未添加多孔板工况舱内最大流速以及较大流速范围均远大于添加多孔板工况;在 $T_0 + T_m/4$ 时刻,添加多孔板工况不仅降低了流体流速,同时有效抑制了晃荡流沿舱壁的爬升。因此,在养殖舱内安装多孔板可以有效减小晃荡动能,为鱼苗提供低能量的生长环境,有助于缩短养殖鱼类的生长周期。

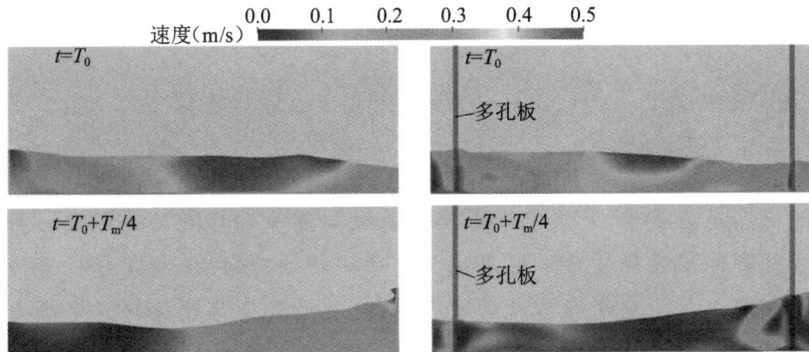

图 7　有无多孔板流速云图对比($T = 1.0$ s)

4　结　语

提出了浮式防波堤与水产养殖液舱结合的一体化近海消波养殖结构 AFB,并建立了全耦合数值模型,考虑了多孔介质模型对养殖舱内晃荡流动的影响。对规则波作用下 AFB 的运动响应、消波性能以及多孔板的减晃效果进行了研究。结果表明:文中提出的 AFB 模型可以有效调谐自身横摇运动并降低横摇幅值,相对于 TFB,消波效果得到进一步提升;虽然多孔板对结构运动以及外部波浪行为影响很小,但多孔板有效降低了舱内晃荡能,为鱼苗提供低能量的生长环境,有助于缩短养殖鱼类的生长周期。

参考文献

[1]　LIU Y,LI Y,TENG B. Interaction between oblique waves and perforated caisson breakwaters with perforated partition walls[J]. European Journal of Mechanics-B/Fluids,2016,56:143-155.

[2]　MERINGOLO D D,ARISTODEMO F,VELTRI P. SPH numerical modeling of wave-perforated breakwater interaction[J]. Coastal Engineering,2015,101:48-68.

[3]　XU T,WANG X,GUO W,et al. Numerical simulation of combined effect of pneumatic breakwater and submerged breakwater on wave damping[J]. Ships and Offshore Structures,2022,17(2):242-256.

[4]　JI C,BIAN X,CHENG Y,et al. Experimental study of hydrodynamic performance for double-row rectangular floating breakwaters with porous plates[J]. Ships and Offshore Structures,2019,14(7):737-746.

[5]　CHEN Y,LIU Y,MERINGOLO D D,et al. Study on the hydrodynamics of a twin floating breakwater by using SPH method[J]. Coastal Engineering,2023,179:104230.

[6]　XUE M,DOU P,ZHENG J,et al. Pitch motion reduction of semisubmersible floating offshore wind turbine substructure using a tuned liquid multicolumn damper[J]. Marine Structures,2022,84:103237.

[7]　CHU Y I,WANG C M. Design development of porous collar barrier for offshore floating fish cage against wave action,debris and predators[J]. Aquacultural Engineering,2021,92:102137.

[8]　CHADWICK E M P,PARSONS G J,SAYAVONG B. Evaluation of closed containment technologies for saltwater salmon aquaculture[M]. Canada:NRC Research Press,2010.

[9]　PALM J,ESKILSSON C,BERGDAHL L. An hp-adaptive discontinuous Galerkin method for modelling snap loads in mooring cables[J]. Ocean Engineering,2017,144:266-276.

[10]　PALM J. Mooring dynamics for wave energy applications[D]. Gothenburg,Sweden:Chalmers University of Technology,2017.

[11]　王森,许条建,董国海. 波浪作用下载液沉管隧道水动力特性数值模拟[C]//中国海洋学会海洋工程分会. 第二十届中国海洋(岸)工程学术讨论会论文集(上). 南京:河海大学出版社,2022:298-302.

破碎波波陡对单桩基础局部冲刷特性影响研究

陶　钢[1]，赵西增[1,2]，侯亚东[3]，邓龙赐[1]，史子洁[1]

(1. 浙江大学 海洋学院，浙江 舟山　316021；2. 浙江大学 舟山海洋研究中心，浙江 舟山　316021；3. 浙江海洋大学 海洋工程装备学院，浙江 舟山　316022)

摘要：破碎波是重要的海岸动力要素，对海上风电单桩基础局部冲刷具有显著影响。基于波浪水槽开展模型试验，探讨了不同波陡条件下破碎波对单桩基础局部冲刷特性的影响，研究分析了冲刷平衡状态下的沙床冲淤形态、桩周冲刷深度以及冲刷坑形态。结果表明，波陡增大会导致破碎波水舌卷曲化以及冲刷射流动能增强，尤其是大波陡条件下，沙床出现显著变形，并在破碎点后方形成特定的沙坝-滩槽结构，而在小波陡条件下床面冲淤现象不明显；同时发现，大波陡破碎波形成的湍流紊动区域具有长度短、厚度大的特点，导致沙坝-滩槽结构随波陡增加向破碎点靠近。此外，破碎波作用下桩周可形成马蹄形冲刷坑，在波陡逐步增大的过程中，桩基冲刷深度受波浪强度控制，与波陡呈正相关；但随着波陡进一步增大，波浪破碎形态的转变会导致桩周冲刷深度减小。

关键词：海上风电；破碎波；波陡；单桩基础；局部冲刷

海上风电作为一种重要的清洁能源形式，近年来在世界范围内发展迅猛。在海上风电领域中，单桩基础结构形式以其结构简单、施工方便、地基适应性强等优点，成为近岸海上风电开发中基础形式的主流解决方案[1]。然而，在动力要素复杂且多变的海洋环境中，风电基础的存在会对周围流场产生扰动，由此造成的强烈湍流及旋涡效应增加了床面切应力，引起泥沙输运，导致桩周局部冲刷现象的发生[2]。

海上风电机组的生存能力是结构设计中需要重点考虑的因素，大量现场调查与试验研究表明，海洋结构物受到局部冲刷与极端水动力载荷的共同作用是结构损坏的主要原因。在海啸、台风等极端海洋环境中，破碎波作为重要的海洋环境要素，巨大的能量耗散在近岸浅水地区，其动力特性加剧了桩周的沉积物悬移与底质侵蚀，引起显著的单桩基础局部冲刷。基础埋置深度的减小，会改变风电机组在风浪流耦合的复杂海洋环境下的固有频率和动态响应[3]，对机组结构的整体稳定性构成挑战，因此破碎波作用下的桩基局部冲刷具有重要的研究价值。

已有文献研究了稳定流或规则波作用下的单桩基础局部冲刷问题[4]。纯波浪作用下，桩周冲刷是由桩后尾迹涡和马蹄涡共同控制，动床上单桩周围决定平衡冲刷深度的主要参数是 KC 数（$KC = U_w T / D$，式中：U_w 为近底波浪水质点水平速度最大值；T 为波周期；D 为柱径）。Sumer 等[5]通过大量实测数据进行拟合，建立了规则波作用下的圆形细长桩周围平衡冲刷深度 S 与 KC 数之间的经验表达式，指出 $KC < 6$ 时，冲刷现象基本不存在，随着 KC 数增大，马蹄涡和尾涡强度均增大，平衡冲刷深度单调递增，最终接近稳定流中的冲刷值。

$$S/D \approx 1.3[1 - \exp(-0.03(KC - 6))], \quad KC \geqslant 6$$

尽管许多学者已对波浪引起的单桩基础局部冲刷效应开展了深入的研究，但主要侧重于波浪非破碎的动力条件。然而实际工程中，大量风电桩基处于近岸浅水地区，桩基结构可能遭受波浪浅化破碎的影响。Carreiras 等[6]试验研究了破碎波作用下的桩周冲刷形态，表明破碎波与非破碎波导致的桩周冲刷特

基金项目：中央引导地方科技发展资金资助项目(2023ZY1021)；舟山市重大产业科技攻关资助项目(2023C03004)；浙江省联合基金重点资助项目(LHZ22E090002)

通信作者：赵西增。E-mail：xizengzhao@zju.edu.cn

征截然不同。Bijker 和 de Bruyn[7]通过试验证实当破碎波与正交方向水流耦合作用下,桩基周围冲刷深度明显增加,比起单一流态,此种耦合作用下的冲刷情况更加显著。Nielsen 等[8]通过试验研究表明破碎波导致的桩周冲刷是由于波浪破碎引起的湍流逐渐向底部发展造成的。陶钢等[9]通过模型试验,分析了桩基与波浪破碎点的相对距离对单桩基础平衡冲刷深度及冲刷形态的影响,表明桩周局部冲刷形态受到沙床自然演变的显著影响,且冲刷特征与相对距离密切相关。

由上述研究可以看出,目前学界对破碎波波浪要素影响桩基冲刷特性的认识仍显不足,尤其是当涉及到不同的破碎波导致能量耗散和紊流特性差异时,现有文献难以提供完善的解读和理论指导。波陡是影响波浪破碎形态与波能耗散的重要因素。本文基于模型试验,通过改变入射波高来调整破碎波波陡,研究了在不同波陡的破碎波作用下单桩基础的冲刷特性,初步分析了破碎波波陡对沙床冲淤形态、桩周冲刷深度及冲刷坑形态的影响,旨在深化对极端海洋环境下桩周冲刷特性的认识,对海上风电结构的稳定性分析具有较高的实用价值。

1 试验布置及试验工况

1.1 试验布置

试验水槽尺寸为长 96 m、宽 1 m、高 1.2 m,水槽一端配备主动吸收式推板造波机,末端设置长度 5 m 的多孔介质消波区,以消减波浪反射问题及增强造波稳定性。在水槽中段设置长 5 m、宽 1 m 且沙层厚度为 0.2 m 的沙槽试验区,采用中值粒径 $d_{50}=0.32$ mm 的原型沙铺设水平沙床。在沙槽上游砌筑长度4 m、坡度 1∶20 的混凝土假底,用以促进入射波浪浅化破碎,斜坡与造波板相距 48 m,保证上游来波能充分发育。

试验模型为亚克力材料制成的光滑柱体,在破碎波抨击作用下,为保持模型稳定,在桩基底部焊接厚度为 1 cm 的塑料板,通过上方土体自重提供压载来保证模型底部基座的稳定,同时模型顶部采用穿孔螺栓连接到钢管,再通过 C 形夹将钢管两端牢固的安装在波浪水槽侧轨上。

通过预试验确定了波浪破碎点位置,根据波浪破碎位置布置浪高仪,1 号浪高仪位于混凝土假底上游率定入射波高 H_0,2 号与 1 号浪高仪共同用于检测水槽反射系数,避免长时间造波引起入射波浪变形;3 号浪高仪布置在斜坡顶端;4 号浪高仪布置在波浪破碎点,测量破碎波高 H_b,5 号浪高仪布置于桩基与多孔介质消波区之间。具体试验布置见图 1。

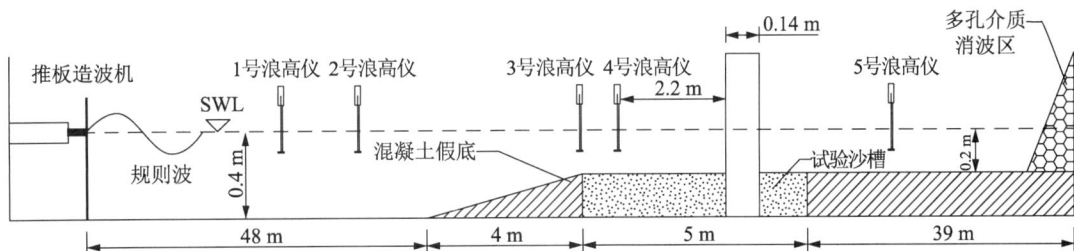

图 1　试验布置

为了测量桩周冲刷深度,使用带探针的测车装置进行人工手动测量,将测车机构布置于试验沙槽段上方,探针可以通过滑轨移动到测量点位,如图 2 所示。地形测量采用三维地形扫描仪,通过发射激光来实现高精度记录床面形态与床面高程,并基于手动测量的床面高程数据验证扫描所得数据,确保地形扫描的准确性。

图 2　波浪水槽及测量装置

1.2 试验方案与过程

试验圆柱直径 $D=14$ cm,单桩基础模型放置于水槽中轴线上,根据 Whitehouse 等[10] 试验结果表明,当水槽宽度 B 与桩径 D 满足 $B/D \geqslant 6$ 时,可忽略水槽边壁对桩基局部冲刷深度的影响,本试验模型满足该条件。试验板前水深 $h_0=0.4$ m,桩前水深 $h=0.2$ m,入射波周期 $T=2.9$ s。采用增大入射波高来改变破碎波陡,1号浪高仪率定得到入射波高 H_0 分别为 9 cm、12 cm、15 cm、17 cm。采用 4 号浪高仪测得破碎点处浪高平均值作为破碎波高 H_b,基于桩前水深通过线性波理论计算可得波长为 L,相应的波陡 $\varepsilon = H_b/L$,试验波陡范围 $\varepsilon = 0.038 \sim 0.055$,具体试验工况设置如表 1 所示。

$$L = \frac{gT^2}{2\pi}\tanh kh \tag{2}$$

随着波陡增大,波浪破碎位置逐渐提前,破碎点向上游发展,试验中统一将桩基置于破碎点下游 2.2 m 处。每组试验工况采用间歇性造波 1 800 余个,直到床面冲刷达到平衡状态,地形无明显变化。由于破碎波浪会对自然条件下的海床产生显著的一般冲刷,在模型试验中,采用探针测量了各工况平衡状态下桩周最大冲刷深度 S_{max},同时通过设置一组无桩基的对照试验获得了破碎波作用下沙床在桩基处一般冲刷深度 S_n,将局部冲深减去一般冲深,从而可获得由于桩基存在而引起的净冲刷深度,试验测量结果如表 1 所示。

表 1　试验参数与试验结果

工况	水深 h/m	入射波高 H_0/cm	破碎波高 H_b/m	周期 T/s	波长 L/m	破碎波陡 ε	局部冲刷深度 S_{max}/cm	一般冲刷深度 S_n/cm	净冲深 $(S_{max}-S_n)$/cm
1	0.2	9	0.151	2.9	4	0.038	2.7	−1.0	3.7
2	0.2	12	0.175	2.9	4	0.044	4.2	−0.6	4.8
3	0.2	15	0.21	2.9	4	0.053	6.7	0.9	5.8
4	0.2	17	0.22	2.9	4	0.055	3.8	0.2	3.6

2 冲刷结果分析

2.1 冲刷形态分析

图 3 为不同波陡条件下桩基达到局部冲刷平衡状态的沙床三维冲刷扫描地形,以波浪破碎点为 $x=0$ 建立坐标系,x 轴正方向为波浪传播方向,z 轴为床面高程方向。由图 3 可知,随着波陡增加,床面泥沙输运更剧烈造成沙床整体变形逐渐显著,沙坝淤积高度和滩槽冲刷深度均增加。图 4 为单桩基础冲刷平衡时桩周平衡冲刷形态,由图 4 可知,在破碎波作用下桩周产生冲刷坑,桩周冲刷深度及冲刷形态均以水槽中轴线呈对称分布。如图 4(a)所示,当波陡较小时,桩周冲刷坑呈半环形,桩基上游冲刷显著大于下游,最大冲深位于桩基斜前方;随着波陡增大,如图 4(b)、图 4(c)所示,桩周冲刷深度及冲刷坑直径增大,桩基下游床面也逐渐产生冲刷,且最大冲刷深度位于桩前。

这是由于波浪浅化破碎过程中,波峰前沿面变得愈发陡立,然后卷曲呈舌状,舌状波峰逐渐向下翻转并伴随着空气的卷入,最后投入水中,发生破碎。由波浪理论可知,波浪总能量与波高的平方呈正比,随着波陡增大,波能呈二次型增长,且波能主要聚集于波峰处,破波水舌包含波能的大部分的动能和势能,向下翻卷形成冲向沙床的射流,从而引发水体表层的紊动,同时裹挟着空气形成气液混合区域。旋转翻滚的水体沿程逐渐纵向及横向发育造成旋涡和紊动,巨大的能量通过湍流紊动和底部摩擦耗散在浅水地区,引起床面切应力增大,因此随着波陡增大,进而波浪强度增大导致沙床整体变形更加显著,桩周产生更大的冲刷深度和冲刷直径。

由图 3 可见,床面冲刷形态可以分为两类:① 床面整体变形不显著,未形成明显沙坝-滩槽结构,如图 3(a)、图 3(b)所示;② 沙床整体冲淤显著,在破碎点后形成沙坝-滩槽结构,如图 3(c)、图 3(d)所示;第一类床面冲刷形态对应于波陡小,波浪强度低,波浪破碎引起的水气混合区具有长而薄的特点(工况 1、2),第二类床面冲刷形态对应于波陡大,波浪强度高,破碎波引起的水气混合区具有短而厚的特点(工况 3、4)。

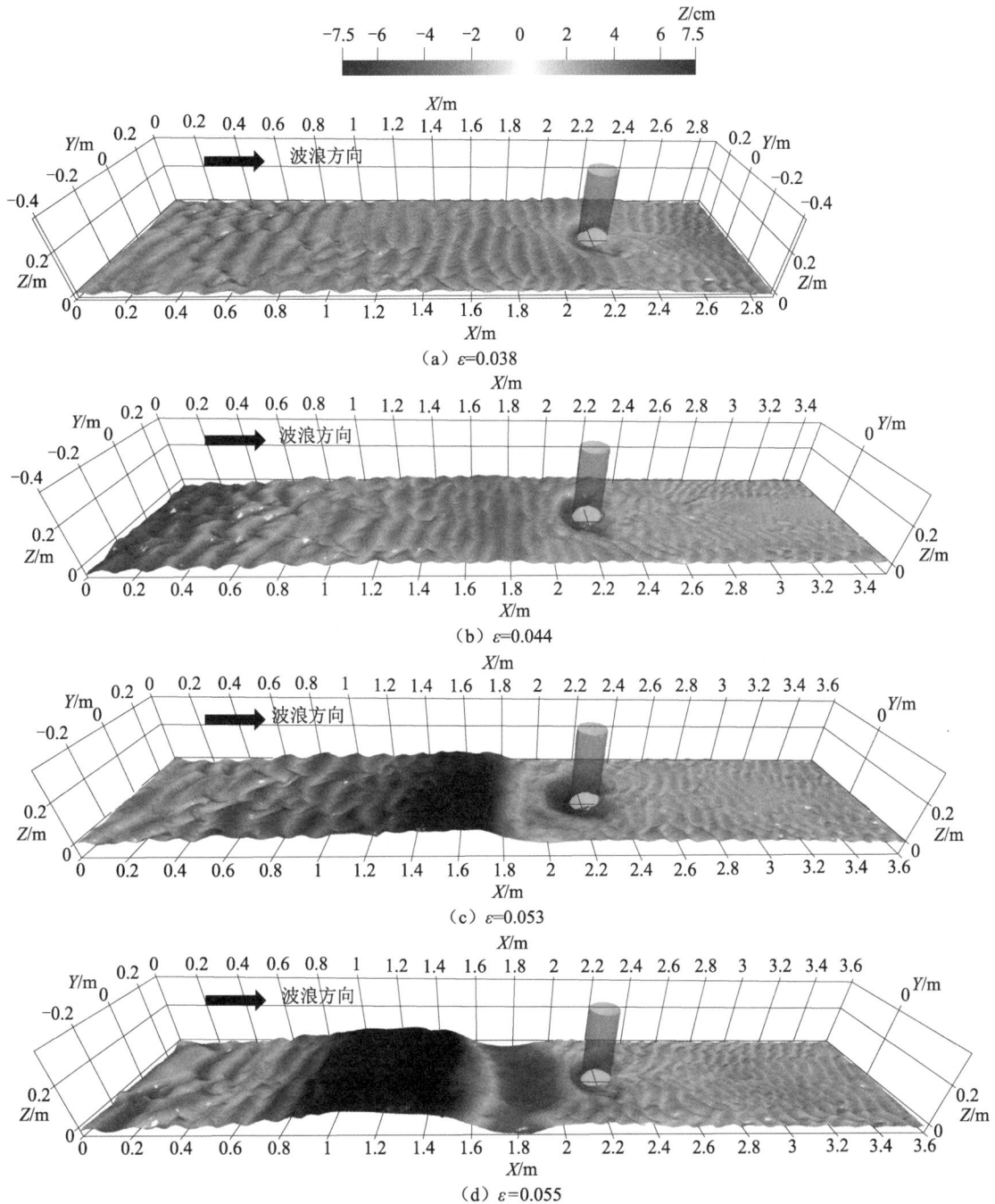

（a）ε=0.038

（b）ε=0.044

（c）ε=0.053

（d）ε=0.055

图3 不同波陡下床面平衡冲刷形态

这是由于随着波陡的增大，波浪破碎形态的差别在于破碎水舌形成的射流与床面法线夹角逐渐减小，蕴含巨大能量的射流水体具有更强的竖直分量，导致破碎波造成的湍流紊动在竖直方向上能更深地渗透到水体底部，因此大波陡条件下（工况3、4），波浪破碎形成的水体紊动区域厚度更大，湍流沿程发育成熟时可引起更深处紊动和旋涡，伴随着床面流速增大，泥沙颗粒逐渐启动，在旋涡的裹挟下泥沙产生推移输运或悬浮输运，故而在波浪淘刷作用下引起床面变形显著，且在破碎点后形成沙坝-滩槽结构。而由试验观察得，小波陡波浪破碎（工况1、2）在水体表面形成白色浪花，伴随波浪向前传播，形成的气液混合区具有长而薄的特点，旋涡与紊动主要发生在水体表层，因此床面整体变形不显著。

随着波陡上升，由图3（c）、图3（d）可见，形成沙坝-滩槽结构的位置逐渐向破碎点靠近，且由如图4（d）可知，桩基冲刷坑深度及直径均较图4（c）有所减小。这是由于随着波陡的进一步增加，波浪破碎形态卷曲化增强，从而导致破波形成的气液混合区显著缩短，湍流更快发育至水体底部，使得波能耗散在更短的区域，导致床面冲刷核心区域逐渐靠近破碎点。对于桩基而言，波陡进一步增大，湍流紊动沿程快速耗散，导致桩基受到破碎波湍流紊动的影响稍弱，且沙坝-滩槽结构向上游发展，桩基冲刷叠加较小的床面变形，

653

因此工况 4 局部冲刷深度及冲刷坑直径均小于工况 3。

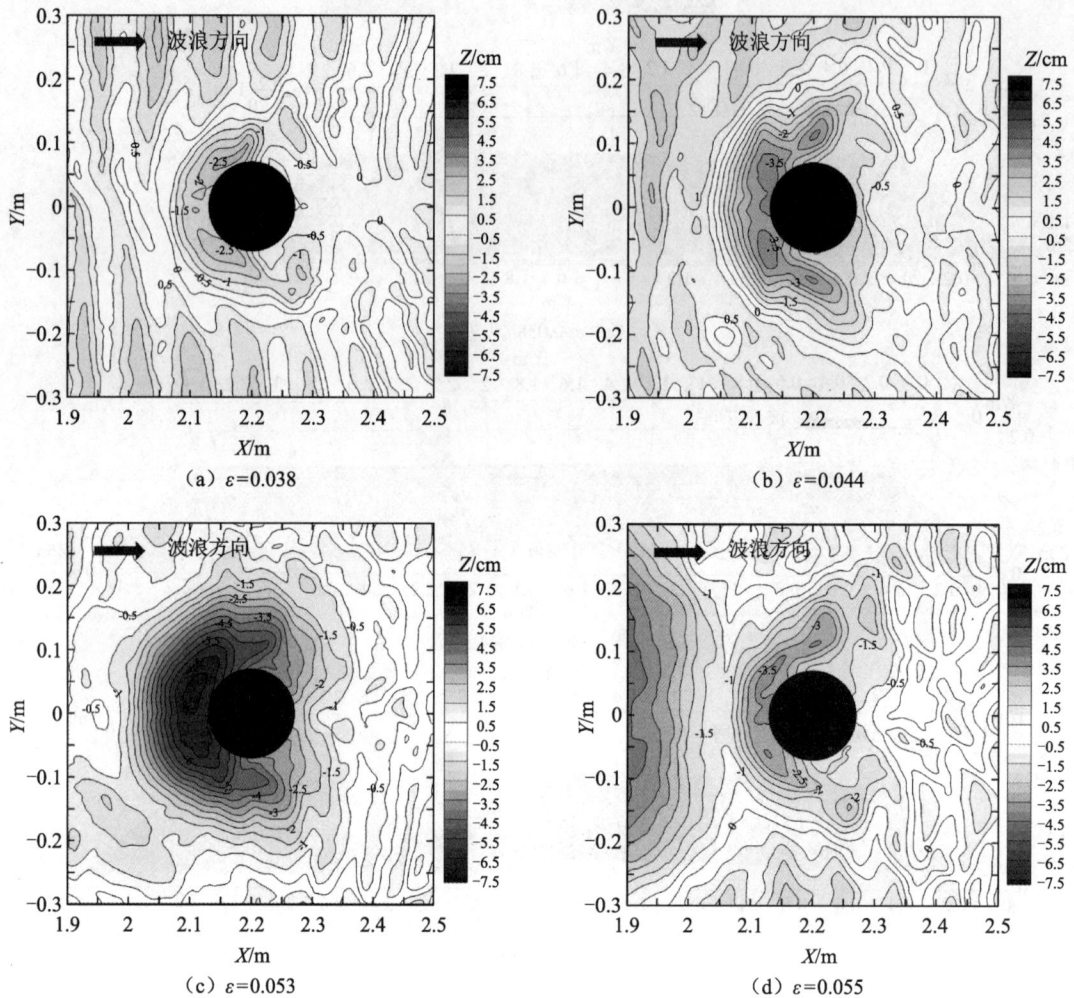

图 4   不同波陡下桩周平衡冲刷形态

2.2 冲刷深度分析

图 5 展示在特定桩位下,冲刷深度与波陡之间的关系,在本试验中,观察到一般冲刷深度、局部冲刷深度和净冲刷深度均随波陡增加呈先升后降的趋势。在工况 1 至 3 范围内,波陡 $\varepsilon < 0.053$ 时,桩周冲刷深度主要由波浪强度控制,随着波陡增大,波浪破碎引起的湍流动能增强,使得泥沙输运更为强烈,导致冲刷深度逐渐加剧。波陡 $\varepsilon > 0.053$ 时,此时冲刷深度似乎更受波浪破碎形态的制约,波陡的进一步增加改变了波浪破碎形态,使得气液混合区域的延展长度缩短,核心紊动区域远离桩基,湍流能量沿程快速耗散,使得该桩位下受到破碎波湍流紊动的影响减弱,因此冲刷深度随之减小。

以波陡 $\varepsilon = 0.047\ 2$ 为临界值开展了分析。当波陡 $\varepsilon < 0.047\ 2$ 时,沙床一般冲刷深度为负值即床面为淤积状态,其原因是小波陡条件下,该桩位处沙坝的形成导致床面局部抬升;沙坝地形对周围的桩基局部冲刷产生抑制作用,使得桩基的净冲刷深度超过了局部冲刷深度。但随着 $\varepsilon > 0.047\ 2$,沙坝-滩槽结构向波浪破碎点移动,这对桩周冲刷特性产生显著影响,此时冲刷特性受床面滩槽地形的控制,滩槽地形对桩基局部冲刷产生促进作用,在滩槽地形的叠加下,使得桩周局部冲刷深度大于桩基引起的净冲刷深度。

试验表明,由于波陡可以影响波浪破碎形态,导致冲刷核心区域随波陡增大向破碎点移动,因此可以分析得出,桩基局部冲刷最严重的位置与破碎波波陡有关。海上风电基础建设选址需综合考虑工程区域的主要破波波陡参数和桩基与破碎点的相对距离,优化选址策略,旨在降低破碎波浪对单桩基础冲刷效应的潜在风险。

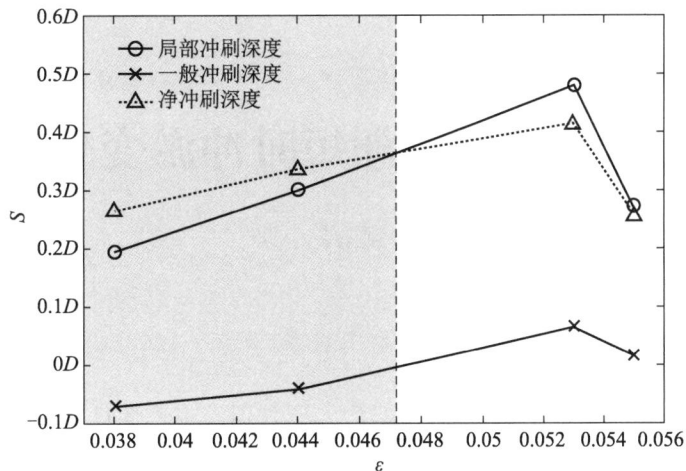

图 5　不同波陡下桩周冲刷深度

3　结　语

基于物理模型试验探讨了不同波陡条件下的破碎波对沙床冲淤形态、桩周冲刷深度以及冲刷坑形态特征的影响,通过以上研究得到如下主要结论:

(1)床面冲刷形态可以分为两类:一类为小波陡下床面整体变形不显著,未形成明显沙坝-滩槽结构;另一类为大波陡破碎波作用下,沙床整体冲淤显著,并在破碎点后方形成特定的沙坝-滩槽结构。这是由于波陡增大会导致破碎波水舌卷曲化以及冲刷射流动能增强,尤其是大波陡条件下,能对底床泥沙造成有效淘刷,导致沙坝-滩槽结构形成。

(2)沙坝-滩槽结构随波陡增加向破碎点靠近。随着波陡的增大,波浪破碎形态的差别在于破碎水舌形成的射流与床面法线夹角逐渐减小,蕴含巨大能量的射流水体具有更强的竖直分量,导致大波陡破碎波形成的湍流紊动区域具有长度短,厚度大的特点,因此造成床面冲刷核心区域向破碎点靠近。

(3)破碎波作用下桩周可产生马蹄形冲刷坑,桩基冲刷深度受到床面整体变形的影响,滩槽地形对桩基局部冲刷产生促进作用,使得局部冲深可达 0.5D。桩周冲刷深度随波陡增加呈先升后降的趋势,是由于桩基冲刷深度受波浪强度控制,冲刷深度与波陡呈正相关;但随着波陡进一步增大,波浪破碎形态的转变会导致水体紊动区域缩短且向上游破碎点移动,故而桩周冲刷深度减小。

参考文献

[1] 杨奇,刘红军,潘光来,等. 海上风电单桩基础局部冲刷研究进展[J]. 泥沙研究,2019,44(5):74-81.

[2] 管大为,张继生,赵家林,等. 复杂动力环境下海上风电单桩基础冲刷研究进展[J]. 海洋开发与管理,2018,35(S1):46-49.

[3] PRENDERGAST L J,HESTER D,GAVIN K,et al. An investigation of the changes in the natural frequency of a pile affected by scour[J]. Journal of sound and vibration,2013,332(25):6685-6702.

[4] GUAN D W,XIE Y,YAO Z,et al. Local scour at offshore windfarm monopile foundations:A review[J]. Water Science and Engineering,2022,15(1):29-39.

[5] SUMER B M,FREDSØE J,CHRISTIANSEN N. Scour around vertical pile in waves[J]. Journal of Waterway,Port,Coastal,and Ocean Engineering,1992,118(1):15-31.

[6] CARREIRAS J,LARROUDÉ P,SEABRA-SANTOS F,et al. Wave scour around piles[C]// 27th International Conference on Coastal Engineering,Sydney:American Society of Civil Engineers,2000.

[7] BIJKER E W,DE BRUYN C A. Erosion around a pile due to current and breaking waves[C]// 21th International Conference on Coastal Engineering,Reston:American Society of Civil Engineers,1988.

[8] NIELSEN A W,SUMER B M,EBBE S S,et al. Experimental study on the scour around a monopile in breaking waves[J]. Journal of Waterway,Port,Coastal,and Ocean Engineering,2012,138(6):501-506.

[9] 陶钢,赵西增,侯亚东,等. 破碎波作用下单桩基础局部冲刷试验研究[J]. 水动力学研究与进展 A 辑,2024,39(1):1-6.

[10] WHITEHOUSE R J S,HARRIS J M,SUTHERLAND J,et al. The nature of scour development and scour protection at offshore windfarm foundations[J]. Marine Pollution Bulletin,2011,62(1):73-88.

江苏大型辐射沙洲短时冲淤变化研究

孙志鹏，牛小静

（清华大学 水利水电工程系，北京　100084）

摘要：江苏大型辐射沙洲地区受强潮流影响，泥沙运动活跃，沙洲局部地区短时间内易发生剧烈冲淤变化，对辐射沙洲潮间带上海上风机安全运作产生威胁。以往采用机载激光雷达扫描、水边线构建地形等技术方法，难以快速且经济地探测大范围潮滩短时间内的冲淤变化.为此，本研究提出一种仅基于高精度卫星影像中水边线位置关系的方法，利用水边线交叉意味潮滩地形变化的核心思想，快速揭示出江苏大型辐射沙洲短时冲淤变化。在此基础上进一步对辐射沙洲潮间带上海上风机安全进行初步风险评估。研究表明：冲淤变化更容易发生在沙洲的潮沟地区，辐射沙洲南部区域冲淤变化更为明显，该区域海上风机更容易面临危险。

关键词：水边线；潮间带；冲淤变化；海上风机

江苏大型辐射沙洲地区拥有面积宽广的淤泥质潮滩和优质的风能资源，然而受到强潮流影响，潮滩短时间内易发生剧烈的冲淤变化，致使该地区潮间带上现已建成的海上风电场面临风险[1-2]。辐射沙洲位于江苏省中部岸外，黄海南部陆架海域内，南北延伸长约 200 km，东西延伸宽约 140 km，整体形态呈现以弶港为顶点的辐射状分布[3]。受来自太平洋的东海前进潮波系统和来自黄海的旋转潮波系统控制，潮波在弶港附近海域汇聚，形成以弶港为中心辐射状分布的潮流场，波能集中使得弶港海域潮流强且潮差大，汇聚点处平均潮差甚至达到 4～6 m[4]。辐射沙洲附近海域的海洋水动力作用强大，泥沙运动活跃，造就了复杂多变的潮沟系统，导致辐射沙洲部分区域短时冲淤变化剧烈。短时剧烈冲淤变化造成风机地下电缆裸露，加剧风机基础周围的局部冲刷，对海上风机的使用寿命带来影响。目前江苏大型辐射沙洲地区已建成数百万千瓦级海上风电场，大量风机矗立在可能面临剧烈冲淤变化的潮间带上，快速探测出江苏大型辐射沙洲短时冲淤变化极具现实意义。

过去一些学者尝试利用不同技术手段和分析方法开展潮滩地形变化探测研究[5-7]，然而缺乏一种快速且经济的方法来探测大范围潮滩短时间内的冲淤变化。机载激光雷达技术可以通过多次扫描获取高密度点云数据，构建出不同时期地形，从而揭示出该时期内的地形变化[8]，然而此技术手段应用于探测大面积潮滩冲淤变化时，需要消耗大量人力财力来完成高频扫描和地形绘制。相比之下，卫星对地观测技术具有数据采集便携、时效性强、覆盖范围广、成本相对较低等优点[9]，过去常被应用于海岸演变研究当中[10]。早期人们尝试从光学卫星影像中提取出水边线来研究海岸地形变化，然而水边线易受水位变化影响，为此，一些学者提出利用大潮高潮线或低潮线等一类目视可识别线[11]，或通过潮位校正获取基于某一基准的水边线来消除水位波动影响[12]，从而得到潮滩的变化规律。实际上，这种方法依赖于大量长时间序列影像数据，最终得到的是潮滩长达数十年的长期冲淤变化趋势。同样采用卫星对地观测技术，一些学者尝试通过构建不同时期潮间带三维地形，基于构建地形差异揭示潮滩冲淤变化[13]。水边线法是潮间带地形构建的核心[14]，一旦精确获取某时刻水边线上的潮位数据，则可近似得到相应时刻水边线上的地形数据，因此需要基于大量时空分辨率较高的卫星影像来获取足够多的海拔点，从而更好地构建潮间带地形。

基金项目：国家重点研发计划资助项目（2021YFC3200905）；清华大学水圈科学与水利工程全国重点实验室基金资助项目（2022-KY-05）；清华大学自主科研计划资助项目（20233080025）

通信作者：牛小静。E-mail：nxj@tsinghua.edu.cn

Wang 等[15]采用 874 幅中等空间分辨率卫星影像,基于水边线法构建了 1973—2016 年 24 个时期的潮间带地形来分析海岸演变。尽管可以从不同卫星收集大量影像数据,但受限于卫星重访周期,短时间内卫星影像数量仍是不足,因此一段时期内构建的地形实际上是平均地形,这种方法也只能探测出潮滩一年或几年间的冲淤演变过程。

　　江苏大型辐射沙洲地区面积宽广且短时冲淤变化剧烈,几个月甚至几天中局部地形便会发生剧烈变化,以往方法难以对其在年内短时的冲淤变化进行快速且经济的探测,为此,本研究基于高精度卫星影像数据,提出一种新方法来实现大范围潮间带短时冲淤变化探测,并进一步探讨辐射沙洲区域剧烈冲淤变化对潮间带上海上风机的影响,对于指导江苏未来海上风电长久稳定发展具有重大意义。

1 研究方法

1.1 冲淤判别原理

　　冲淤判别的核心是 2 幅或多幅卫星影像中水边线的位置关系。江苏大型辐射沙洲坡度平缓,坡度在 1/10 000~1/1 000 之间,便于卫星遥感观测不同潮位下水边线的位置变化,从而反映实际地形的冲淤变化。为减少风对水边线位置的影响,选取的大部分卫星影像当天风力强度等级应尽可能在和风以下。虽然整片辐射沙洲区域面积宽广,潮位空间分布差异较大,但对于单个沙洲而言,周围潮位相差不大,水边线可以近似为等高线。如图 1 所示,当沙洲处于稳定状态时,不同时刻水位下对应的水边线近似于同心圆,不存在水边线交叉现象;一旦沙洲地形发生变化,不同时刻水位下对应的水边线会出现交叉现象。实际上,地形变化并不意味着水边线一定交叉,但水边线交叉总是反映出地形变化。

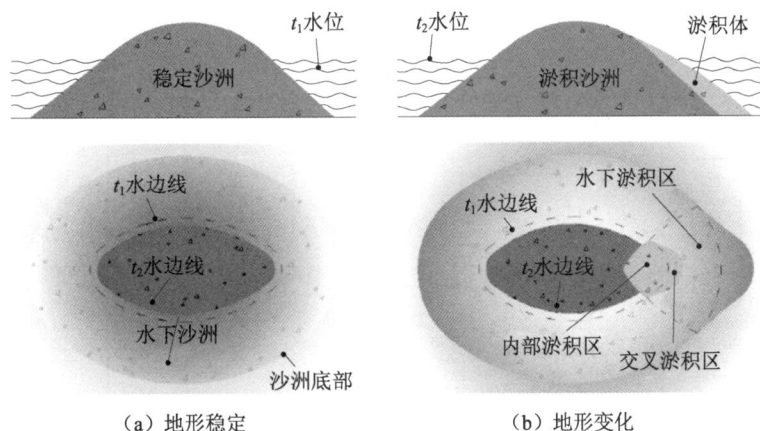

图 1　冲淤判断示意图

（a）地形稳定　　　　　　　（b）地形变化

　　水边线相交是判断地形变化的核心,但具体的冲淤类型还需结合相邻时刻水位关系进一步判别。然而,水边线所在位置处相应时刻的潮位数据实际中不易获取,需要寻求一种合适的方法对潮位进行估算。研究区域内包含弶港验潮站潮汐表数据,但仅利用一个站点数据来代表整片辐射沙洲区域潮位显然不合理,同时潮汐表数据仅考虑了天文潮,没有考虑风浪等其他因素,得到的潮位数据也无法反映实际水位。虽然可以通过精确的数值模拟方法来获取潮位的空间分布,但由于地形数据精度有限,提供准确的潮位空间分布依然不易。为此,研究采用了一种近似且有效的方法来粗略估计每幅卫星影像中整体的潮位。通常情况下,水位越高,沙洲整体出露面积越小。这一原理适用于由水位变化引起的沙洲出露面积变化尽可能大于冲淤引起的变化的情况,尤其在坡度平缓区域有较好的应用。基于这一原理,结合水边线位置关系,便可判断出地形变化的具体类型。如图 1 所示,t_1 时刻沙洲整体出露面积大于 t_2 时刻,意味着 t_2 时刻水位高于 t_1 时刻,在地形稳定的情况下,t_2 时刻水位下对应的水边线应完全位于 t_1 时刻水位下对应的水边线内部,但实际过程中 t_2 时刻水边线与 t_1 时刻水边线相交,则意味着 2 个时刻之间局部地形发生了淤积。

1.2 方法应用流程

将此方法应用于江苏大型辐射沙洲地区主要包括 3 个步骤,如图 2 所示。

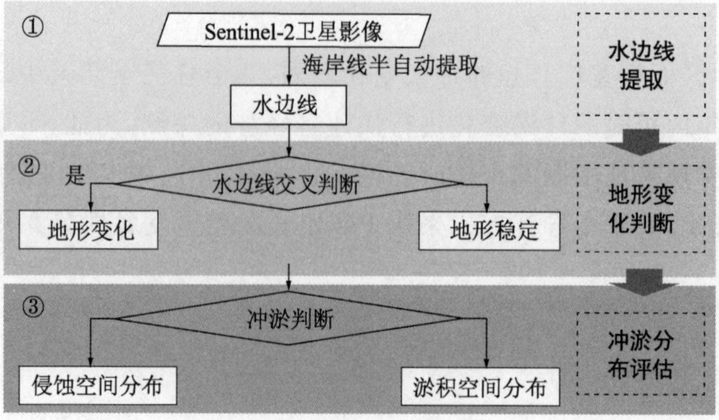

图 2　方法应用流程

(1) 水边线提取。高精度卫星影像能够更加精确地提取出水边线,从而准确描绘地貌特征。目前公开光学卫星影像中,Sentinel-2 可见光波段的空间分辨率达到了 10 m,Sentinel-2A 和 Sentinel 2B 双星系统更是将卫星重访周期缩短至 5 d[16]。相比于其他公开卫星数据,Sentinel-2 空间分辨率较高,且能够在短时间内获得更多高质量影像数据,因此非常适用于研究江苏大型辐射沙洲地区短时冲淤变化。为了获取更高质量的卫星影像数据,研究使用了包含大气底层反射率经大气校正后的 Level-2A 产品。经 10% 云雾量筛选和地貌识别后,研究最终选取江苏大型辐射沙洲地区 2020 年 23 幅 Sentinel-2 影像,影像数据见图 3。在此基础上,利用海岸线半自动提取技术对所有卫星影像中水边线进行提取[17],作为后续分析的基础数据。

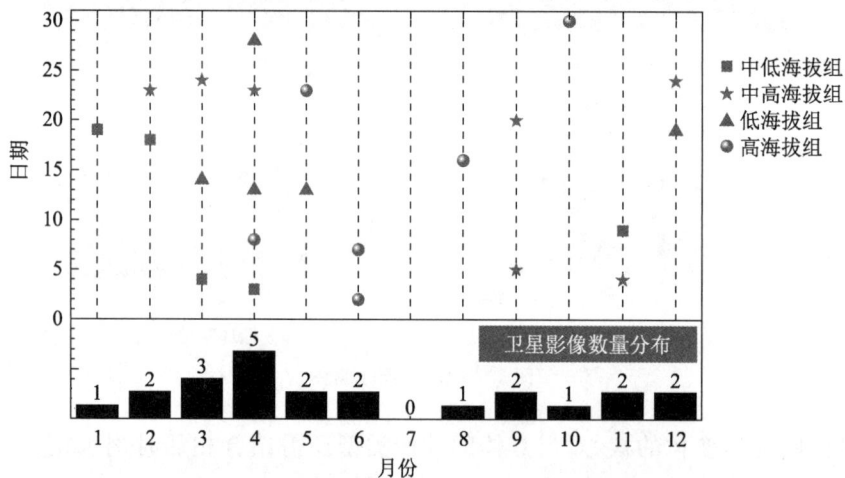

图 3　研究采用的 2020 年 Sentinel-2 影像数据

(2) 地形变化判断。核心是基于水边线相邻时刻位置关系,判断水边线所覆盖潮间带区域的地形变化情况。由于不同地形高程具有不同的冲淤变化规律,因此首先需要对高程相近的水边线进行分组,不同海拔水边线基于辐射沙洲整体出露比例进行划分,共划分为 4 组,水边线分组情况如表 1 所示。根据水边线分组结果,进一步基于各组别中相邻时刻水边线位置关系判断地形变化情况。

(3) 冲淤分布评估。此步骤结合各组别相邻时刻水边线位置关系和相对潮位,确定不同海拔水边线相交区域的地形变化类型,从而获得大型辐射沙洲地区不同海拔潮间带短时冲淤变化空间分布,通过将年内不同海拔所有时段的侵蚀区域和淤积区域进行叠加,最终能够获得江苏大型辐射沙洲潮间带地区年内冲淤变化空间分布。

表 1　水边线分组

日　期	出露比例/%	组别类型	日　期	出露比例/%	组别类型
2020-03-14	100		2020-01-19	53.82	
2020-04-13	88.28		2020-02-18	58.14	
2020-04-28	83.40	低海拔组	2020-03-04	60.49	中低海拔组
2020-05-13	93.15		2020-04-03	59.42	
2020-12-19	71.92		2020-11-09	67.18	
2020-02-23	18.13		2020-04-08	2.53	
2020-03-24	10.05		2020-05-23	1.97	
2020-04-23	11.13		2020-06-02	4.59	
2020-09-05	28.73	中高海拔组	2020-06-07	5.63	高海拔组
2020-09-20	37.12		2020-08-16	0.60	
2020-11-04	38.54		2020-10-30	0.30	
2020-12-24	21.20				

2 方法应用与结果分析

2.1 冲淤空间分布

将该方法应用在江苏大型辐射沙洲地区后,仅利用 2020 年卫星遥感影像,便可快速有效地获取江苏大型辐射沙洲地区潮间带年内冲淤变化空间分布。虽然该方法能够很好地探测出水边线覆盖区域的冲淤变化,但并不能够探测出潮间带所有区域的冲淤变化,不过探测到地形变化的区域一定存在较为剧烈的冲淤变化。根据此方法探测出江苏大型辐射沙洲地区 2020 年侵蚀面积为 156.63 km²,淤积面积为 146.74 km²,冲淤变化空间分布范围广,且常发生在潮沟附近。图 4 展示的是江苏大型辐射沙洲潮间带地区 2020 年年内冲淤变化空间分布,黑色区域表示侵蚀区域空间分布,白色区域表示淤积区域空间分布。利用该方法获得的短时冲淤变化空间分布可以作为辅助数据库,从而为海岸管理提供快速指导。

2.2 海上风机初步风险评估

通过 Sentinel-2 卫星影像解译和查阅辐射沙洲地区海上风电工程建设资料,可以绘制出当地海上风电风机空间分布图,如图 5 所示。从中可以看到该区域大量海上风电风机位于辐射沙洲潮间带区域,其中北部、中部和南部区域潮间带上分别建有 38、60 及 123 个海上风电风机。一旦风机结构位于剧烈冲淤变化区域,则应重点开展相关区域风机的现场监测。为了检查海上风机结构是否位于冲淤变化风险区域,利用短时冲淤变化空间分布结果进一步开展海上风机初步风险评估。

海上风电风机基础周围冲坑半径通常在 50 m 范围内,当其超过 50 m 范围时,风机基础因遭受严重破坏而不具有进一步加强维护的意义,因此研究采用风机基础 50 m 范围内冲淤变化面积占比进行风险评估,风险评估指标采用 R_A 表示。当 $R_A>0$ 时,表示海上风电风机 50 m 范围内探测出存在风险。当 $0<R_A\leq50\%$ 时,表示风机 50 m 范围内探测出存在轻微程度的冲淤变化,此时应重点加强对风机所在区域的监测;当 $50\%<R_A<100\%$ 时,表示风机 50 m 范围内探测出较为严重的冲淤变化,此时应当进一步加强相关维护措施;当 $R_A=100\%$ 时,表示风机 50 m 范围完全处于冲淤变化之中,此时应当时刻关注风机的运行状况,加强检修频率,尽可能保障风机安全稳定地运行。

一般侵蚀相比淤积对于风机更具威胁,为此在对辐射沙洲各区域潮间带海上风电风机进行风险评估时,分别讨论侵蚀和冲淤 2 种情况,初步风险评估结果如表 2 所示。无论仅考虑侵蚀,还是同时考虑冲淤变化,南部区域风电风机所面临的风险较大,北部地区相对较小,这与辐射沙洲冲淤变化空间分布特点密不可分。受冲淤变化影响,南部潮间带地区超 4 成风机面临威胁,将近 1/4 的风机附近存在较为严重的冲淤变化,因此必须对这部分风机进一步加强维护。本研究提出的方法能够快速获取大型辐射沙洲地区潮间带短时冲淤变化空间分布,并根据短时冲淤变化空间分布以及海上风电风机布置点位,有效探测出每个风机所处位置面临的风险大小,从而更好地为海上风电风机的监测和维护提供指导。

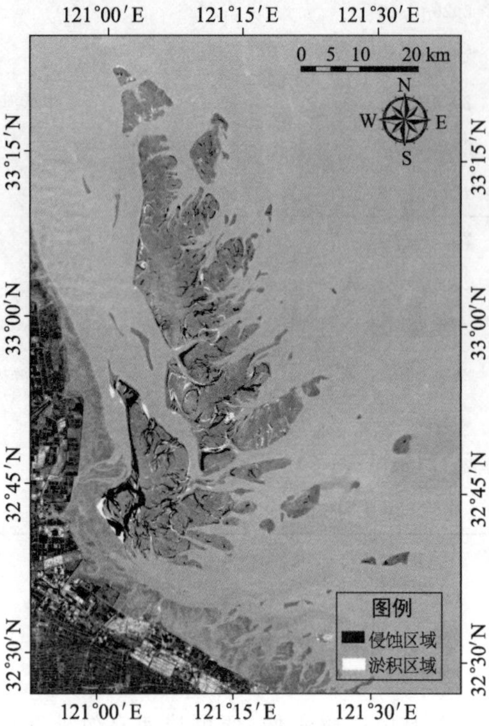

图 4　2020 年冲淤变化空间分布 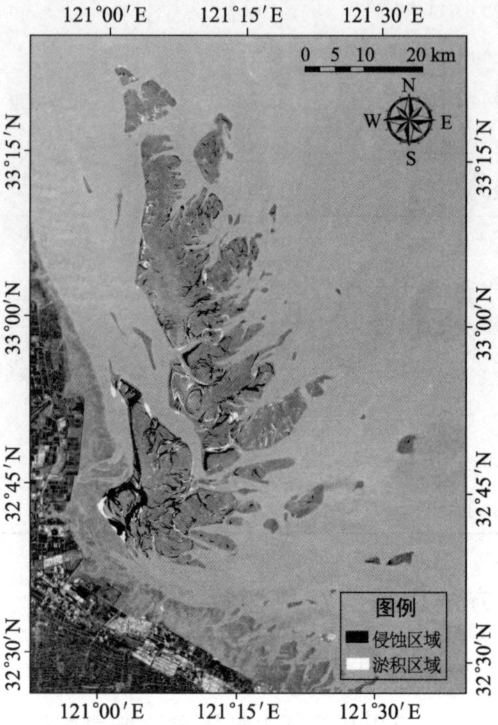　　　　　　　图 5　海上风电风机空间分布

表 2　初步风险评估结果　　　　　　　　　　　　　　　　　单位:个

情 景	位 置	数 量	$0<R_A\leqslant50\%$	$50\%<R_A<100\%$	$R_A=100\%$
侵蚀	北部	38	2	0	0
	中部	60	9	4	1
	南部	123	28	6	8
冲淤	北部	38	2	6	0
	中部	60	6	9	2
	南部	123	24	16	14

3 总　结

江苏大型辐射沙洲地区短时冲淤变化剧烈,以往技术方法难以经济有效地探测大范围潮间带短时冲淤变化,为此,本研究提出了一种快速、便携、经济地检测大范围潮间带短时冲淤变化的新方法。该方法仅基于 Sentinel-2 卫星影像,通过提取相邻时刻卫星影像中的水边线,依托不同时刻之间水边线的位置关系,从而探测出潮间带地形的短时变化;通过提取相邻时刻卫星影像中沙洲出露面积,近似估算潮位变化,最终确定潮间带冲淤变化类型。该方法不仅能够得到大型辐射沙洲地区冲淤变化空间分布,同时相关结果能够进一步有效地应用于潮间带上风机的初步风险评估。本研究所得结果可以作为辅助数据库指导海岸管理,同时提出的方法对于近海工程的保护具有重要的应用价值。

参考文献

[1]　WANG Y,ZHANG Y Z,ZOU X Q,et al. The sand ridge field of the South Yellow Sea:origin by river-sea interaction [J]. Marine Geology,2012,291-294:132-146.

[2]　XING F,WANG Y P,WANG H V. Tidal hydrodynamics and fine-grained sediment transport on the radial sand ridge system in the southern Yellow Sea[J]. Marine Geology,2012,291-294:192-210.

[3]　WANG Y,ZHU D K,YOU K Y,et al. Evolution of radiative sand ridge field of the South Yellow Sea and its sedimen-

tary characteristics[J]. Science in China Series D:Earth Sciences,1999,42(1):97-112.

[4]　ZHANG C K,ZHANG D S,ZHANG J L,et al. Tidal current-induced formation-storm-induced change-tidal current-induced recovery[J]. Science in China Series D:Earth Sciences,1999,42(1):1-12.

[5]　KRABILL W B,COLLINS J G,LINK L E,et al. Airborne laser topographic mapping result [J]. Photogrammetric Engineering and Remote Sensing,1984,50(6):685-694.

[6]　WHITE K,EL ASMAR H M. Monitoring changing position of coastlines using thematic mapper imagery:an example from the Nile Delta[J]. Geomorphology,1999,29(1/2):93-105.

[7]　HEYGSTER G,DANNENBERG J,NOTHOLT J. Topographic mapping of the German tidal flats analyzing SAR images with the waterline method[J]. IEEE Transactions on Geoscience and Remote Sensing,2010,48(3):1019-1030.

[8]　BROCK J C,PURKIS S J. The emerging role of lidar remote sensing in coastal research and resource management[J]. Journal of Coastal Research,2009,10053:1-5.

[9]　HANSEN M C,LOVELAND T R. A review of large area monitoring of land cover change using Landsat data[J]. Remote Sensing of Environment,2012,122:66-74.

[10]　YASIR M,SHENG H,HUANG B H,et al. Coastline extraction and land use change analysis using remote sensing (RS) and geographic information system (GIS) technology:a review of the literature [J]. Reviews on Environmental Health,2020,35(4):453-460.

[11]　CHU Z X,SUN X G,ZHHAI S K. Changing pattern of accretion/erosion of the modem Yellow River (Huanghe) subaerial delta,China:Based on remote sensing images [J]. Marine Geology,2006,227:13-30.

[12]　SUN Z P,NIU X J. Variation tendency of coastline under natural and anthropogenic disturbance around the abandoned Yellow River Delta in 1984-2019[J]. Remote Sensing,2021,13:3391.

[13]　SAGAR S,ROBERTS D,BALA B,et al. Extracting the intertidal extent and topography of the Australian coastline from a 28 year time series of Landsat observations [J]. Remote Sensing of Environment,2017,195:153-169.

[14]　MASON D C,DAVENPORT I J,ROBINSON G J,et al. Construction of an inter-tidal digital elevation model by the 'water-line' method [J]. Geophysical Research Letters,1995,22(23):3187-3190.

[15]　WANG Y X,LIU Y X,JIN S,et al. Evolution of the topography of tidal flats and sandbanks along the Jiangsu coast from 1973 to 2016 observed from satellites [J]. ISPRS Journal of Photogrammetry and Remote Sensing,2019,150:27-43.

[16]　KARAMAN M. Comparison of thresholding methods for shoreline extraction from Sentinel-2 and Landsat-8 imagery:extreme Lake Salda,track of Mars on Earth [J]. Journal of Environmental Management,2021,298:113481.

[17]　DANIELS R C. Using ArcMap to extract shorelines fromLandsat TM & ETM+data[C]//Thirty-second ESRI International Users Conference. San Diego,CA:2012,1-23.

波浪与沙质海床相互作用试验研究

孙天霆[1,2],刘清君[1,2],束仲祎[1,2],李岩汀[1,2],王登婷[1,2]

(1. 南京水利科学研究院,江苏 南京　210029;2. 港口航道泥沙工程交通行业重点实验室,江苏 南京　210024)

摘要:波浪作用下的海床渗流问题是海洋工程设计中需重点考虑的因素之一,其影响着建筑物的稳定性。通过开展波浪与沙质海床相互作用的水槽物理模型试验,分析了沙质海床内部不同深度 z_s 与海床总厚度 h_z 之比 z_s/h_z、海床中值粒径 D_{50} 与水深 d 之比 D_{50}/d 以及波陡 H/L 对海床孔隙水压力的影响,提出了孔隙水压力的计算公式。研究表明:沙质海床相对孔隙水压力 P_z/P_0 随相对高度 z_s/h_z 和波陡 H/L 的增大而减小,随海床相对粒径 D_{50}/d 的增大而增大。

关键词:波浪;沙质海床;孔隙水压力;物理模型试验

波浪作用下的海床动力稳定性是海岸工程建筑物在设计过程中需考虑的重要问题之一。当波浪在海床面上传播时,海床面会受到波浪压力并传递到海床中。由于压力梯度的存在,海床中将产生周期性的孔隙水压力(超静孔隙水压力)变化。随着波浪在海水与海床交界面处施加循环波压力荷载,海床内部的孔隙水压力逐渐上升,有效应力逐渐下降,并最终可能导致沙质海床的液化以及淤泥质海床土体的剪切破坏,造成建筑物倾斜和位移,导致巨大的生命和财产损失。因此,研究波浪与可渗海床的相互作用具有重要的工程意义和学术价值。

Sleath[1]通过波浪与海床相互作用的水槽试验研究,发现了海床孔隙水压力与波形不同步的现象;Tsui 和 Helfrich[2]通过试验进一步确认了这种相位滞后现象。王立忠等[3]通过水槽物理模型试验,研究了波浪作用下沙质和粉质海床的孔隙水压力响应问题,认为沙质海床内部超静孔压不会出现累积现象,粉质海床的孔压累积现象则十分明显,可采用土工布降低该孔压累积,防止海床发生液化。钟佳玉等[4]通过波流共同作用的水槽物理模型试验,分别研究了规则波及不规则波与水流共同作用条件下沙质海床的孔隙水压力响应问题,探究了深度、波高及周期等对海床孔隙水压力的影响。Zhang 等[5]探讨了规则波作用下,沙质海床最大孔隙水压力随海床深度、波周期的变化规律,孔隙水压的相位滞后现象以及海床底部摩阻作用导致的波高衰减现象。Zhang 等[6]进行了规则波作用下波浪与均匀混合海床相互作用的物理模型试验,发现含泥量对海床液化有重要影响:在高含泥量条件下,海床渗透性降低,更易发生液化。张继生等[7]研究了规则波作用下石英细砾质海床超静孔隙水压力随波高和周期的变化规律,分析了波浪浅水变形程度对近底水平流速的影响,并初步探讨了斜坡海床浅水变形区域内海床渗透作用与波浪浅水变形作用的相互影响关系。孙天霆等[8]基于原型孔隙水压力与模型值相似的条件,初步提出了实验室内沙质海床相似比尺与模型几何比尺的关系。

由上述研究可以看出,目前对于海床孔隙水压力变化特性的研究,主要局限于对不同影响因子的定性分析,缺乏定量评估和对比分析。下文通过波浪水槽物理模型试验,深入研究了波浪作用下沙质海床孔隙水压力的分布特性及影响因子,提出了波浪作用下沙质海床孔隙水压力的计算公式。

1 试验设计

波浪与沙质海床相互作用的物理模型试验在风-浪-流水槽中进行(图 1)。该水槽长 175.0 m、宽

基金项目:江苏省水利科技项目(2022027);南京水利科学研究院中央级公益性科研院所基本科研业务费专项资金项目(Y222004);水利部重大科技项目(SKS-2022025);福建省交通运输科技项目(JC202311)

通信作者:王登婷。E-mail:dtwang@nhri.cn

1.2 m、深 1.6 m,水槽的工作段分割成了 0.6 m 宽的两部分,一侧用来安放模型并进行试验,另一侧用于扩散造波板的二次反射波。水槽的一端配有推板式不规则波造波机,可自动控制并产生规则波以及不同谱型的不规则波,水槽两端均配有消浪缓坡用于吸收波浪。

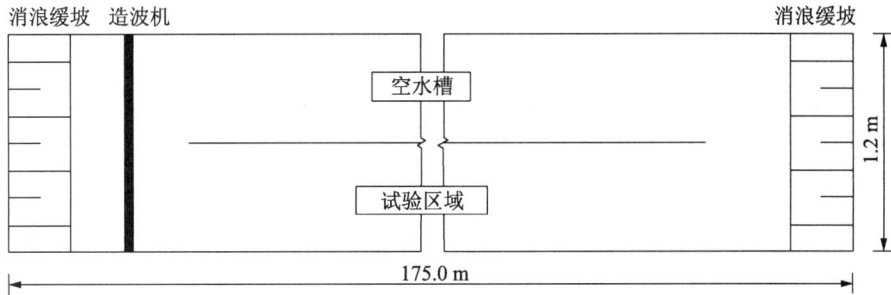

图 1　试验波浪水槽示意(俯视图)

试验模型沙主要依据中值粒径 D_{50} 来区分。共选取中值粒径 D_{50} 分别为 0.17 mm 和 0.338 mm 两种级配均匀的模型沙。试验采用规则波,共进行 14 组,试验波要素见表 1。

表 1　试验波要素

海床中值粒径/mm	水深/cm	波高/cm	周期/s
0.17	20.0	2.5	1.5
0.338			2.5
0.17	40.0	2.5	1.5
0.338			2.5
0.17	40.0	5.0	1.1
0.338			2.0
			2.5

图 2 和图 3 为试验模型及传感器布置示意图。试验采用的海床试验段长度为 500 cm,厚度 h_z 为 26 cm。在试验段中点处布置 1 根波高传感器,在波高传感器正下方海床内部沿高度方向设置 4 个孔隙水压力传感器。试验中海床厚度 h_z 以及各孔隙水压力传感器距泥面高度 $h_1 \sim h_4$ 见表 2。试验前将海床及海床中预埋的孔隙水压力传感器在静水条件下放置超过 24 h,模拟海床的饱和及密实过程,直到海床与水体的交界面(泥面线)基本无变化,并排除海床及传感器中掺入的气体对试验可能造成的影响。

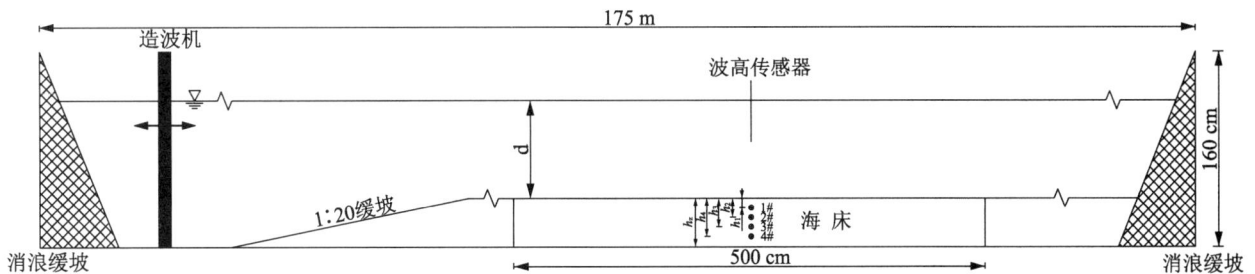

图 2　模型及传感器布置示意图

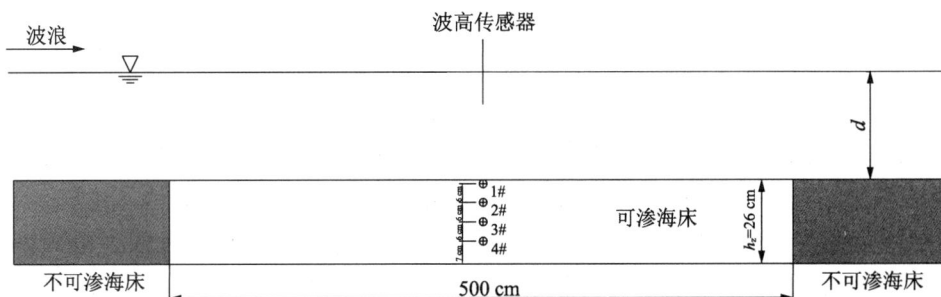

图 3　传感器布置局部放大示意图

表 2 海床厚度及各孔隙水压力传感器位置分布

海床厚度/cm	孔隙水压力传感器距泥面高度/cm
26.0	1.0
	7.0
	13.0
	19.0

2 试验结果及分析

对于可渗沙质海床,在求解波浪与海床交界面上的波浪压力时,可忽略海床对波浪的影响。假设海床为刚性不透水结构,不考虑海床和波浪之间的相互作用,根据试验波浪条件适用范围,采用线性波理论和二阶斯托克斯波理论求解海床面上的波浪压力。线性波理论和二阶斯托克斯波理论的海床面波浪压力公式分别如下:

$$P_0 = \gamma_w \frac{H}{2} \frac{1}{\cosh kd} \cos(kx - \sigma t) \tag{1}$$

$$P_0 = \gamma_w \frac{H}{2} \frac{1}{\cosh kd} \cos(kx - \sigma t) + \gamma_w \frac{3\pi H}{8} \frac{H}{L} \frac{\tanh kd}{\sinh^2 kd} \left[\frac{1}{\sinh^2 kd} - \frac{1}{3} \right] \cos 2(kx - \sigma t) \tag{2}$$

式中:P_0 为海床面处波浪动水压力;γ_w 为水的重度;H 为波高;k 为波数;d 为水深;σ 为圆频率;L 为波长。

2.1 孔隙水压力响应历时曲线特征

根据系统采集的海床孔隙水压力(超静孔隙水压力)试验数据进行调零、滤波处理并绘制历时曲线。图 4 给出了波浪作用下沙质海床不同测点的孔隙水压力响应历时曲线。由图 4 可见,各测点孔隙水压力响应曲线形状相似,呈现出较规则的正弦变化规律,孔隙水压力幅值沿海床深度方向逐渐减小且趋于稳定。对于沙质海床,孔隙水压力未出现累积现象,但响应曲线存在相位滞后现象,这与许多学者的试验结果一致(如卢海斌[9],程永舟等[10])。从海床表面到海床底部,孔隙水压力历时曲线相较波浪过程线的相位滞后程度越来越大,最大滞后程度可达 $0.1T$。

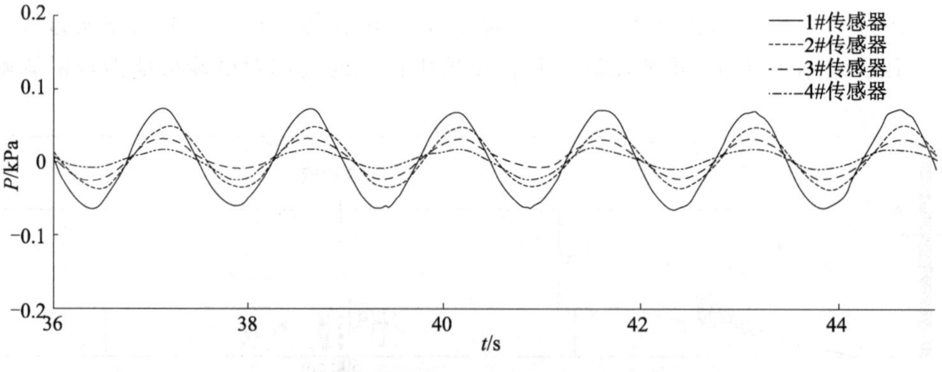

($D_{50} = 0.17$ mm,$H = 2.5$ cm,$T = 1.5$ s,$d = 20$ cm)

图 4 波浪作用下海床孔隙水压力历时曲线

2.2 相对高度影响

波浪作用下,沙质海床内部相对孔隙水压力 P_z/P_0 随相对高度 z_s/h_z 的变化规律如图 5 和图 6 所示。

沙质海床在正负交变的周期性波浪荷载作用下,内部会形成渗流,引起孔隙水压力的变化。由图 5 和图 6 可见,在海床相对粒径 D_{50}/d 和波陡 H/L 相同的条件下,海床相对孔隙水压力 P_z/P_0 随相对高度 z_s/h_z 的增大而减小,即在波浪要素和海床介质相同的条件下,海床相对孔隙水压力沿海床深度方向逐渐减小且趋于稳定。海床内部由波浪引起的孔隙水压力在海床与流体区域交界面附近衰减较快,海床内部一定深度以下孔隙水压力的衰减趋势逐渐减缓。这说明在海床表层处，由于海床多孔介质的耗散作用，波浪引起的海床孔隙水压力衰减和扩散较快，随着沿海床垂直方向深度的增加，波浪能量在海床内部继续逐渐耗散，孔隙水压力衰减趋势逐渐变缓，海床中的渗流流速随海床深度的增加而逐渐减小，波浪引起的海床孔隙水压力也逐渐减小。

（a）T=1.5 s （b）T=2.5 s

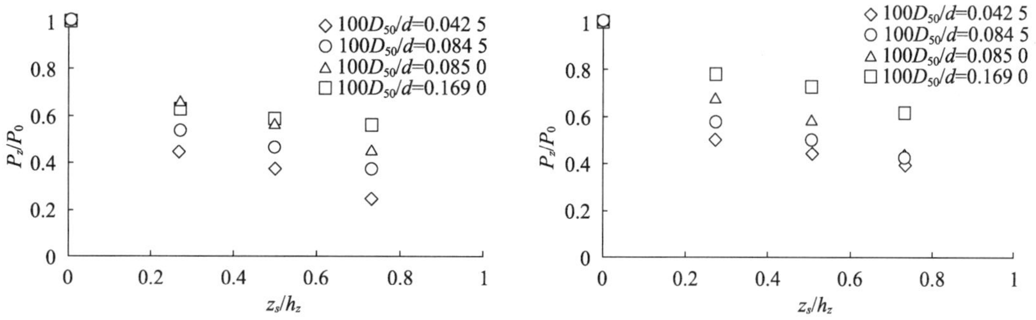

图 5 相对孔隙水压力 P_z/P_0 随相对高度 z_s/h_z 的变化（H=2.5 cm）

（a）H=5.0 cm （b）H=2.5 cm

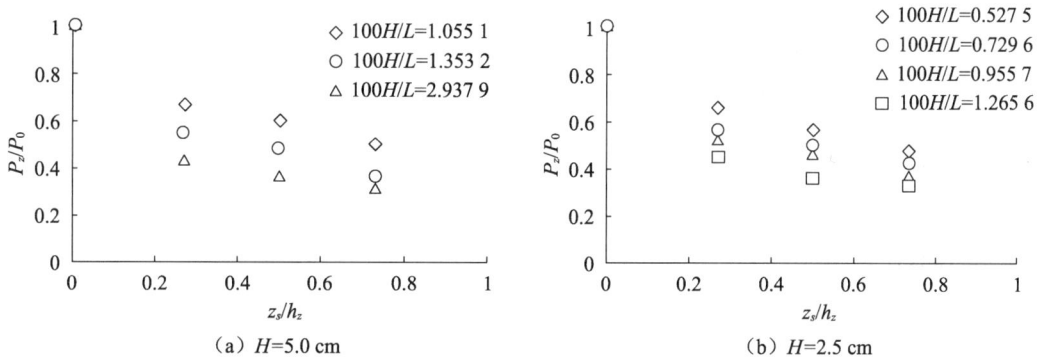

图 6 相对孔隙水压力 P_z/P_0 随相对高度 z_s/h_z 的变化（D_{50}=0.338 mm）

2.3 海床相对粒径影响

波浪下，沙质海床内部相对孔隙水压力 P_z/P_0 随海床相对粒径 D_{50}/d 的变化规律如图 7 所示。

由图 7 可见，在相对高度 z_s/h_z 和波陡 H/L 相同的条件下，随着海床相对粒径 D_{50}/d 的减小，海床孔隙水压力幅值的衰减程度变大，即海床粒径 D_{50} 越小，海床孔隙水压力衰减得越快。这是因为相较于粗沙海床，细沙海床的渗透系数较低，透水性较差，对波浪能量的耗散能力较强，波浪引起的海床孔隙水压力衰减速度较快，海床中的渗流流速较小，孔隙水压力幅值较小。粗沙海床渗透率较高，透水性相对较好，波浪能量在海床内部不易耗散，同一相对深度处的海床中的渗流流速较大，波浪引起的海床孔隙水压力也较大。

（a）T=1.5 s （b）T=2.5 s

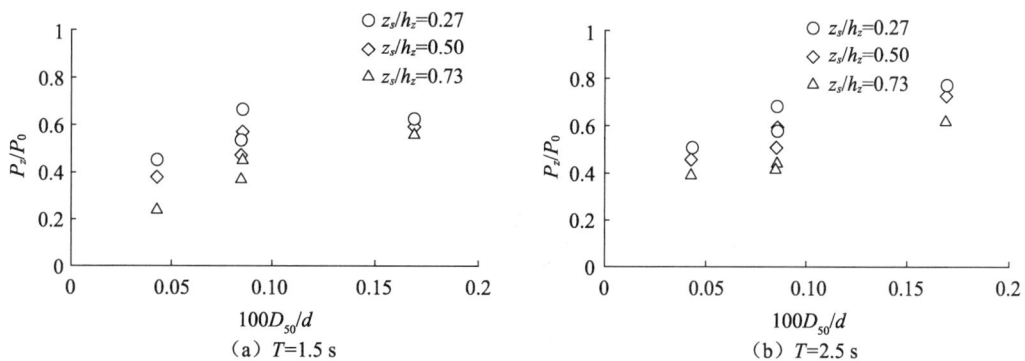

图 7 相对孔隙水压力 P_z/P_0 随海床相对粒径 D_{50}/d 的变化（H=2.5 cm）

2.4 波陡影响

波浪作用下，沙质海床内部相对孔隙水压力 P_z/P_0 随波陡 H/L 的变化规律如图 8 所示。

由图 8 可见,在相对高度 z_s/h_z 相同的条件下,海床相对孔隙水压力 P_z/P_0 随波陡 H/L 的增大而减小。水深较小、周期较短的波浪,其波长较短,所引起的海床孔隙水压力更容易衰减,衰减速度较快,海床中的渗流流速较小,孔隙水压力幅值较小;水深较大、周期较长的波浪,其波长较长,波浪能量不易耗散,所引起的海床孔隙水压力衰减较缓,海床中的渗流流速较大,波浪引起的海床孔隙水压力较大。相对于波长的影响,相对孔隙水压力 P_z/P_0 受波高 H 的影响较低,波高 H 的增大导致海床面上的波浪压力 P_0 和海床内部孔隙水压力 P_z 同时增大,二者的比值 P_z/P_0 改变幅度有限,这是因为海床内部孔隙水压力的变化和衰减主要以孔隙渗流的形式从流体区域传播到海床内部,波高 H 的变化对孔隙渗流流速的影响有限。

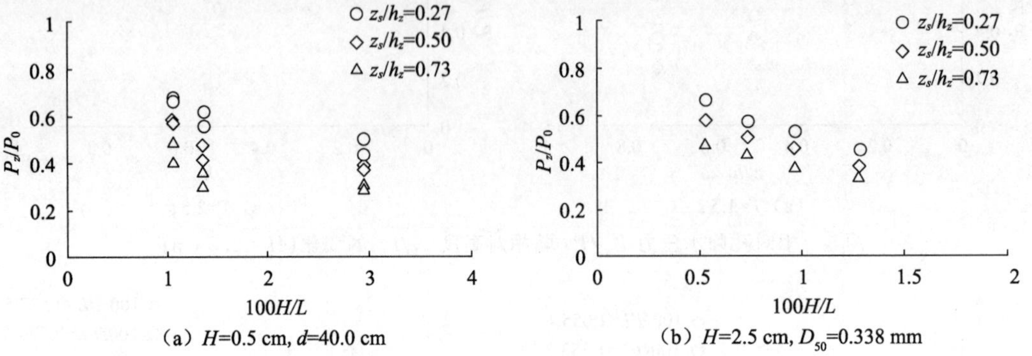

(a) H=0.5 cm, d=40.0 cm   (b) H=2.5 cm, D_{50}=0.338 mm

图 8 相对孔隙水压力 P_z/P_0 随波陡 H/L 的变化

2.5 沙质海床孔隙水压力计算公式

根据上述沙质海床孔隙水压力的影响规律分析,可得到不同粒径海床条件下,不同海床深度 z_s 对应的海床孔隙水压力的计算公式:

$$\frac{P_z}{P_0}=\tanh\left[3.14\times\left(\frac{z_s}{h_z}\right)^{-0.40}\left(\frac{D_{50}}{d}\right)^{0.32}\left(\frac{H}{L}\right)^{-0.07}\right] \tag{3}$$

式中:各变量均采用国际单位制。P_z 为海床内部孔隙水压力;P_0 为根据波浪理论(线性波理论或二阶斯托克斯波理论)求解的海床面上的波浪压力;z_s 为沿海床面向下的海床深度,h_z 为海床总厚度;D_{50} 为海床中值粒径;d 为水深;H 为波高;L 为波长。

式(3)中各无因次影响参数的取值范围为:$0.043\leqslant100D_{50}/d\leqslant0.169$,$0.528\leqslant100H/L\leqslant2.938$,$0\leqslant z_s/h_z\leqslant1$。

图 9 给出了采用式(3)计算得到的海床相对孔隙水压力与试验实测值的对比结果。由图可见,计算值与实测值吻合良好,计算值大部分均布在试验值两侧,相关系数为 0.913,均方根误差为 0.042 6,变异系数为 0.080 3。

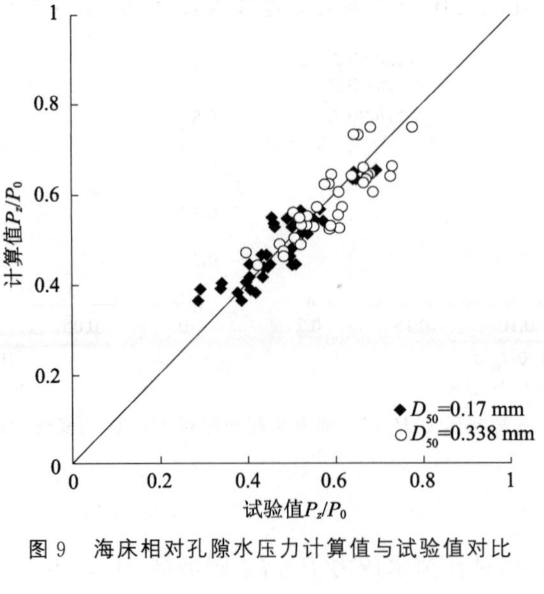

图 9 海床相对孔隙水压力计算值与试验值对比

3 结 语

通过系列波浪物理模型试验,开展了波浪与沙质海床相互作用研究,分析了海床内部不同深度、海床中值粒径、水深、波陡等对海床孔隙水压力的影响。主要研究结论如下:

(1)海床相对孔隙水压力 P_z/P_0 随相对高度 z_s/h_z 和波陡 H/L 的增大而减小,随海床相对粒径 D_{50}/d 的增大而增大。

(2)随着深度的增加,由于海床多孔介质的耗散作用,波浪能量在海床内部逐渐耗散,由波浪引起的海床孔隙水压力逐渐减小。

(3)相较于粗沙海床,细沙海床的渗透系数较低,对波浪能量的耗散能力较强,导致由波浪引起的海床孔隙水压力衰减速度较快,孔隙水压力幅值较小。

(4)水深较大、周期较长的波浪,其波长较长,能量不易耗散,所引起的海床孔隙水压力衰减较缓,导致由波浪引起的海床孔隙水压力较大。

(5)在此基础上,提出了沙质海床孔隙水压力的计算公式。

参考文献

[1] SLEATH J F A. Wave-induced pressures in beds of sand [J]. Journal of the Hydraulics Division,1970,96:367-378.

[2] TSUI Y T,HELFRICH S C. Wave-induced pore pressures in submerged sand layer [J]. Journal of Geotechnical Engineering,1983,109:603-618.

[3] 王立忠,潘冬子,潘存鸿,等. 波浪对海床作用的试验研究[J]. 土木工程学报,2007(9):101-109.

[4] 钟佳玉,郑永来,倪寅. 波浪作用下砂质海床孔隙水压力的响应规律实验研究[J]. 岩土力学,2009,30(10):3188-3193.

[5] ZHANG J S,LI Q Z,DING C,et al. Experimental investigation of wave-driven pore-water pressure and wave attenuation in a sandy seabed [J]. Advances in Mechanical Engineering,2016,8(6):1-10.

[6] ZHANG J S,SUN K,ZHAI Y Y,et al. Physical study on interactions between waves and a well-mixed seabed [J]. Journal of Coastal Research,2016:198-203.

[7] 张继生,钱方舒,童林龙,等. 细砾质斜坡海床上波浪的传播特性试验[J]. 河海大学学报(自然科学版),2020,48(2):150-157.

[8] 孙天霆,王登婷,李岩汀,等. 波浪作用下可渗沙质海床模型相似率研究[J]. 水运工程,2020(11):34-39.

[9] 卢海斌. 波浪作用下沙质海床孔隙水压力的研究[D]. 长沙:长沙理工大学,2005.

[10] 程永舟,蒋昌波,潘昀,等. 波浪渗流力对泥沙起动的影响[J]. 水科学进展,2012,23(2):256-262.

侵蚀性海岸港口航道浮泥分布特征与形成条件分析

曾成杰[1],朱　璟[2],陆培东[1],戴红洋[2]

(1. 南京水利科学研究院,江苏 南京　210029;2. 国家电投集团江苏滨海港航有限公司,江苏 盐城　224500)

摘要:浮泥是淤泥质海岸河口地区特有的泥沙运动形态,是海底流动性较强的高浓度含沙水体,对海港港池、航道回淤和船舶航行有一定影响。滨海港位于废黄河三角洲侵蚀性海岸,通过双导堤形成环抱式港池,港池航道疏浚后地形监测显示回淤迅速,在高频水深界面与硬质海床之间存在厚度较大的浮泥层。本文根据滨海港区防波堤建设现状、港池航道开发时序分析,认为废黄河三角洲侵蚀性海岸水体的高含沙量和港池水流流速减缓是研究海域浮泥形成的重要因素;而北防波堤深水段透空结构和内侧浅滩则为泥沙输运和港内浮泥形成提供了通道。

关键词:侵蚀性海岸;港池淤积;浮泥;形成机制;分布特征

浮泥是沿海地区水体中黏性细颗粒泥沙在沉降过程中因絮凝作用形成絮粒并达到一定浓度后聚集成的蜂窝状高含水絮凝团,是淤泥质海岸河口地区特有的泥沙运动形态,有较强的流动性[1]。淤泥质海港港池、航道在基建疏浚过程和投产使用后底部出现浮泥是较普遍的现象。由于浮泥具有流动性,疏浚施工很难挖除,直接影响疏浚施工的进度和质量。自20世纪50年代以来,在天津新港[2]、长江口[3]、珠江口[4]、连云港[5-6]及其他淤泥质海岸河口地区相继发现浮泥。据国外相关报道,法国的纪龙德河口、卢瓦尔河口、维纶河口、塞夫勒河口,英国泰晤士河口,美国密西西比河口均出现过浮泥。

滨海港地处黄海废黄河侵蚀性海岸,环抱式港池南、北防波挡沙堤建成后开展了港池及口内航道区浚深。浚后测图显示,港池、航道区水深全面"淤浅",平均水深减小逾3 m;同期水砣测量与泥浆密度仪测量显示港池、航道疏浚区存在大量浮泥[7-8]。本文根据滨海港区防波堤建设现状、港池航道开发时序,对侵蚀性海岸港口航道浮泥分布特征与形成条件进行分析。

1 研究概况

1.1 地理区位及港口布置

滨海港地处苏北废黄河口侵蚀性海岸,港区岸线向海突出,该岸段是江苏沿海深水区距岸最近的地段。黄河1855年北归入渤海后至20世纪70年代,岸线后退约20 km。为利用滨海海域深水岸线资源和改善进出港水流条件,通过采用侧向口门布置的南、北防波挡沙堤形成环抱式港池。南、北堤长度分别约为2 km和4.8 km。北堤近岸段为出水堤,深水段顶高程+4.5 m;南堤堤顶高程+4.0 m。北堤根部为滨海电厂10万t级煤码头,通过开挖港池和航道与外海深水区连通(图1)。

1.2 动力泥沙环境

1.2.1 潮汐与潮流

研究海域主要受以废黄河口以东外海80 km的无潮点为中心的旋转潮波控制,潮差较小,为江苏沿海潮差最小的地区。海域潮汐为不正规半日潮,潮波为前进波驻波混合型。涨潮历时略短于落潮,转流在高、低潮后1~2 h。

基金项目:江苏省海洋科技创新项目(JSZRHYKJ202103)
作者简介:曾成杰。E-mail:cjzeng@nhri.cn

图 1　滨海港建设现状

近岸海域潮流的椭圆率较小,其长轴方向与等深线平行,往复流特征明显,流向受地形影响显著。涨潮以东南流为主,落潮以西北流为主。东南流和西北流强度基本相当,并都有明显的流速峰值,平均流速相差不大。各测点大、中潮垂线平均流速相差不大,均为 0.6～0.7 m/s 左右,小潮流速相对较小,为 0.4 m/s;大、中、小潮垂线平均最大流速分别达 1.2 m/s、1.0 m/s 和 0.7 m/s。

防波堤建设后,堤头附近由于受防波挡沙堤的挑流影响流速较大,由口门进入内港池后,流速逐渐减小。北堤堤头外侧西北流平均流速和最大流速分别为 1.53 m/s 和 1.84 m/s;主港池口门附近落潮西北流平均流速为 0.54 m/s,最大流速 0.72 m/s。防波堤对主港池 2 km 区域西北流期间影响较小,东南流期间流速增大明显。大潮流速明显大于小潮,大潮流速为小潮的 1.4～1.7 倍,主港池航道沿程小潮最大流速均不超过 1.0 m/s。

1.2.2 底质与悬沙

研究海域底质分布具有一定分带性:−5 m 以浅水域波浪对海床作用相对较强,表层沉积物也相应较粗,中值粒径 0.1～0.16 mm;−5～−10 m 之间水域底质中值粒径 0.01～0.1 mm;−10 m～−15 m 深水域中值粒径普遍小于 0.03 mm,为黏土质粉砂。

近岸水域含沙量较大,−5 m 等深线附近大、中、小潮平均含沙量为 0.98 kg/m³ 左右,−10 m 等深线附近平均含沙量 0.58 kg/m³ 左右。从平面分布上看,含沙量有向海递减的趋势。

防波堤建设后研究海域大潮平均含沙量为 1.0～1.5 kg/m³,小潮为 0.5～1.1 kg/m³,大潮含沙量明显大于小潮,大潮含沙量为小潮的 1.5～2.0 倍。

2 浮泥发现及测量方法

滨海港港池航道疏浚后单波束跟踪监测显示,浚后港池、航道区水深迅速变浅,3 个月内港池口门区平均水深减小 1.83 m,口内港池、航道区水深减小 3.33 m,口外航道区水深减小 0.91 m。港池、航道区淤积部位则不同于正常的航道沿程落淤过程,呈现出中间回淤量较大、口门段淤积小于港池内部淤积的情况(图 2)。

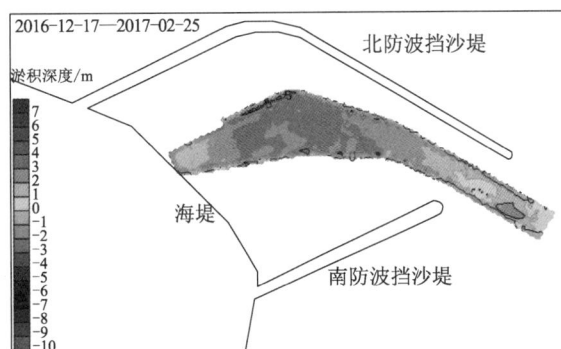

图 2　港池航道疏浚后单频测深淤积分布

鉴于港池、航道区疏浚后 3 个月内的淤积强度及淤积分布异于普遍规律和前期认识,分别于 2017 年 3 月、2017 年 7 月和 2020 年 7 月采用水砣法和泥浆密度仪法对港池航道区浮泥进行测量(图 3)。各次测量港池、航道区点位布置分别为:6个水砣点和34个密度仪点、29个水砣点和63个泥浆密度仪点、29个水砣点和56个泥浆密度仪点。水砣在主要码头前沿及码头南测均匀布设,泥浆密度仪则在港池航道区均匀布置。

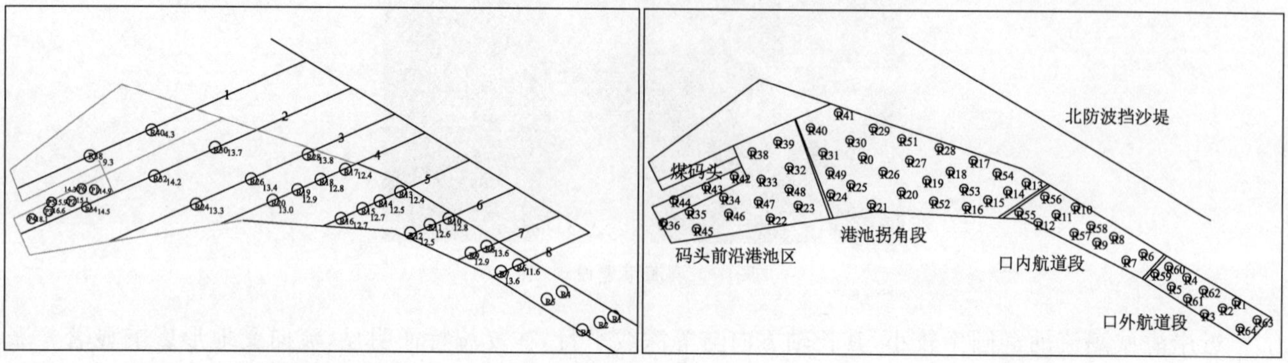

(a)2017年3月　　　　　　　　　　　　　　　　(b)2017年7月、2020年7月

图3　港池航道区浮泥测点分布

3　浮泥分布特征

3.1　疏浚后初期浮泥分布

2017年3月,在水深测量显示普遍淤浅的情况下,码头前沿浅点水砣测量结果较单波束地形测量水深普遍大2～3 m;泥浆密度仪结果表明港池、航道区内水体容重1.05 g/cm³～1.30 g/cm³区间均存在一定厚度,口门段及口外航道未见该现象。

码头前沿及港池区存在明显的泥-水界面(图4),水体容重由1.02 g/cm³迅速增大至1.22 g/cm³,而1.2～1.3 g/cm³有2.5～3.0 m;口门段及口外段航道水体垂线容重则基本没有变化。结果表明疏浚开挖初期存在的一定厚度浮泥层对单波束地形测量中水深的急剧减小有较大的影响。

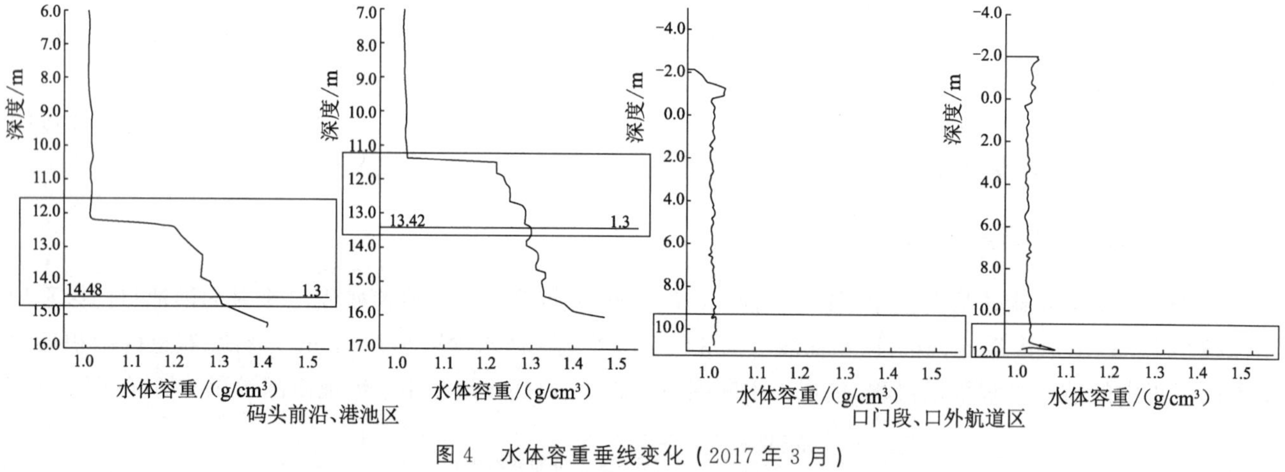

图4　水体容重垂线变化(2017年3月)

3.2　港口运营期浮泥分布

2017年7月及2020年7月在研究区域内采用音叉密度仪分别对港内63个、56个点位的浮泥进行测量。测量结果显示,港口运营的不同时期,自口门附近向码头前沿均有浮泥(表1,图5～图7)。

港池航道疏浚后8个月(2017年7月),口外航道浮泥厚0.2～0.3 m,口内航道为0.4～1.3 m,港池拐角段为0.8～2.4 m,码头前沿为0.6～1.9 m;从不同容重浮泥垂向分布来看,容重1.05～1.25 g/cm³层厚0.2～0.8 m,而1.05～1.30 g/cm³的层厚则为0.3～2.4 m,表明浚后8个月的浮泥经一定时间的沉降密实后,浮泥的容重以1.25～1.30g/cm³为主,与浚后3个月内浮泥1.22～1.30 g/cm³基本相当,泥-水分界面容重略有增大。2020年7月浮泥分布显示,1.05～1.25 g/cm³层厚0.2～0.5 m,而1.05～1.30 g/cm³的层厚则为0.4～0.8 m,其中1.05～1.25 g/cm³层厚相较2017年7月时略有减小,但1.25

～1.30 g/cm³ 层厚则明显减小。

表1　港口运营期不同标准下浮泥厚度

年月	水体容重/(g/m³)	口外航道淤泥厚度/m	口内航道淤泥厚度/m	港池拐角淤泥厚度/m	码头前沿淤泥厚度/m
2017年7月	1.05～1.25	0.22	0.40	0.82	0.56
	1.05～1.30	0.27	1.27	2.42	1.91
2020年7月	1.05～1.25	0.22	0.29	0.49	0.20
	1.05～1.30	0.36	0.47	0.82	0.70

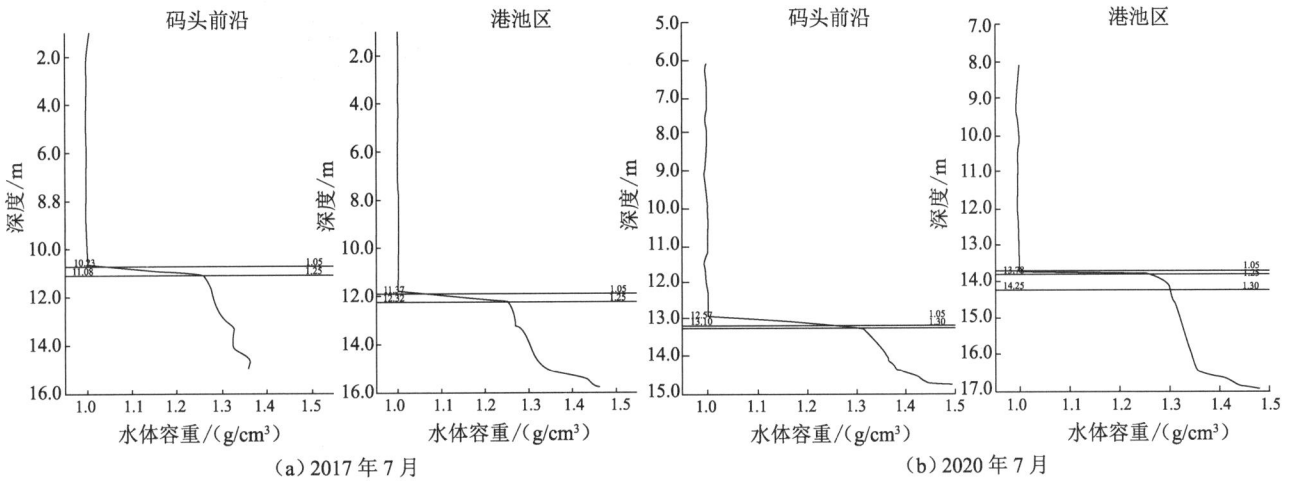

（a）2017年7月　　　　　　　　　　　　（b）2020年7月

图5　码头前沿、港池区水体容重垂线变化

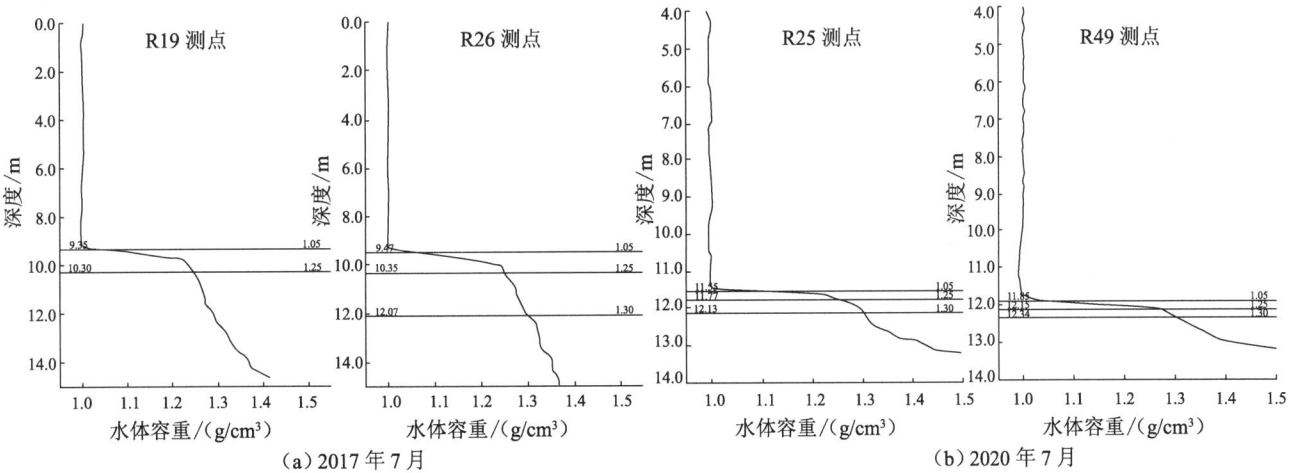

（a）2017年7月　　　　　　　　　　　　（b）2020年7月

图6　港池拐弯段水体容重垂线变化

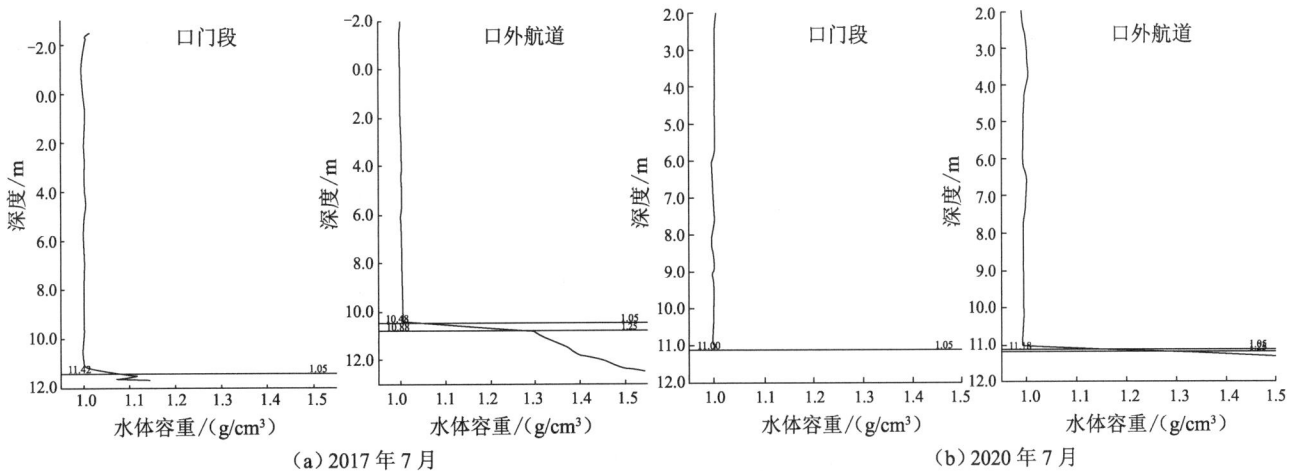

（a）2017年7月　　　　　　　　　　　　（b）2020年7月

图7　口门段、口外航道水体容重垂线变化

3.3 港内浮泥分布及变化特点

3.3.1 浮泥平面分布特征

港池航道疏浚后,2017年3月测量结果反映出除口门段及口外段航道浮泥厚度较小外,防波挡沙堤掩护的大部分区域内均存在较大程度的浮泥,此时为港池航道开挖后的迅速调整阶段。

港口运营期内,随着港池开挖与港内水动力、周边浅滩之间的适应调整初步完成,港内浮泥的分布呈现出中间大、两端小的分布特点(图8)。

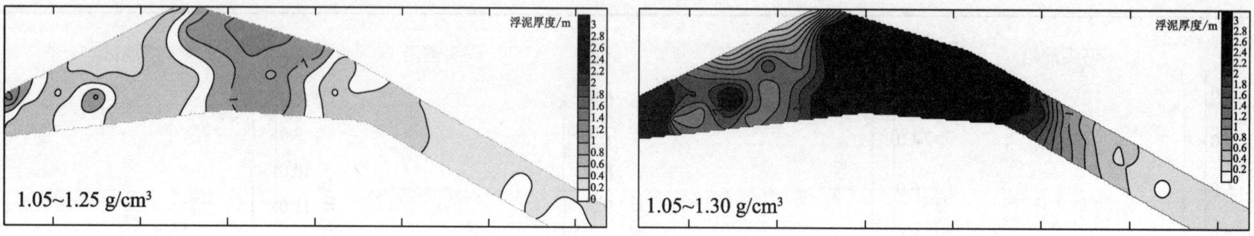

图 8   港池航道区浮泥平面分布(2017年7月)

3.3.2 浮泥厚度时空变化特征

不同时期密度仪测得浮泥厚度表明浮泥在港池航道初始疏浚阶段大量存在,且厚度较大;随着时间推移,浮泥逐步沉降密实,浮泥厚度有所减小,不同区位减小速率差异显著。

口外航道浮泥厚度基本不发生变化,自2017年7月至2020年7月水体容重1.05～1.25 g/cm³ 和1.05～1.30 g/cm³ 时的浮泥厚度始终维持在0.2～0.3 m,表明该区段基本稳定。口门以内浮泥厚度明显减小。其中,口内航道段2020年7月水体容重1.05～1.25 g/cm³ 和1.05～1.30 g/cm³ 时的浮泥厚度较2017年7月分别减小28%和63%;港池拐角段相应层厚的减小幅度分别为40%和66%;码头前沿及港池区则分别减小64%和63%。港内不同区域的浮泥厚度变化反映出,随着港池开挖时间的延长,除口外航道段外,港内大部分区域浮泥1.25 g/cm³ 以深厚度较初期可减少60～80%,而1.05～1.25 g/cm³ 的浮泥变化幅度则在30%～65%,显著小于1.25 g/cm³ 以深区间。

4 浮泥形成条件分析

根据浮泥的垂向分布特征,研究认为形成浮泥的必要条件为悬沙落淤率大于浮泥沉积率。环抱式港池港内水流流速减小为悬沙落淤创造了动力环境,高含沙量的工程海域水体则提供了泥沙来源。

4.1 口门涨潮水体携沙落淤影响

滨海海域为典型的侵蚀性粉砂质海岸。近岸含沙量水平虽较高,防沙导流堤修建后增长为0.8～1.0 kg/m³,但仍不具备港内形成大面积浮泥的含沙量条件;港内浮泥的分布呈现出中间大、两端小,口外和口门附近不存在浮泥的分布特点。研究表明,港内浮泥形成的主要泥沙来源并不依赖于从口门进入的悬沙落淤。

4.2 北防波挡沙堤透沙影响

滨海港北防波挡沙堤深水段堤顶高程虽为+4.5 m,高于工程海域平均高潮位,但该顶高程实为防浪扭王字块的顶高程,不透水块石顶高程仅2.2～2.3 m,略高于海域平均潮位北防波挡沙堤,每天有8～10 h处于透水阶段,港外泥沙在涨潮流及ESE—N向浪作用下通过扭王字块的孔隙进入港内浅滩区。北防波挡沙堤内侧海床高程由建成后2012年的−5～−2 m水深逐步淤浅+1 m以上,滩面淤高幅度在5 m以上(图9)。

结合滨海港防波挡沙堤建成以来的海床变化及浮泥分布特征,可知北防波挡沙堤孔隙透沙及滩面淤积细颗粒泥沙的二次输移是港内浮泥的主要来源。透过北堤进入港内的泥沙一部分在滩面发生落淤引起滩面的淤高,另一部分含沙水体因相对密度较大则随落潮流沿边坡进入港池底部形成浮泥。由于细颗粒泥沙沉积速率较小,浮泥在港池的拐角段堆积后向两侧港池根部及口门附近扩散,造成了正常情况浮泥厚度拐角段大、两侧小的分布特点。

图 9　北防波挡沙堤内侧滩面淤高

此外,2020 年 7 月浮泥监测结果显示,港池南侧边滩因挖入式港池建设需要而进行的开挖,较大程度上增大了相接港池、航道位置处的浮泥厚度,表明港内边滩疏浚所扰动泥沙扩散对邻近已开挖区域浮泥形成有一定作用。

5 结　语

(1)滨海港港池航道疏浚后监测显示,开挖范围内存在大量浮泥,浮泥存在对港内测图水深的影响甚为明显。港内水体流速减小、北堤透沙为浮泥的形成提供了动力和泥沙条件。

(2)通过对不同时期浮泥监测结果进行浮泥平面分布和厚度时间变化分析,明确了滨海港浮泥产生的泥沙来源和输移路径,提出了后续港区浮泥利用和减淤措施的方向。

参考文献

[1]　钱宁,万兆惠. 泥沙运动力学[M]. 北京:科学出版社,1983.

[2]　孙连成,张娜,陈纯. 淤泥质海岸天津港泥沙研究[M]. 北京:海洋出版社,2010.

[3]　徐建益,袁建忠. 长江口深水航道建设中的浮泥研究及述评[J]. 泥沙研究,2001(1):74-76.

[4]　莫思平,季荣耀,辛文杰,等. 伶仃洋出海航道浮泥形成机制与分布特征[J]. 海洋工程,2007,24(4):33-38.

[5]　金镠,虞志英,陈德昌. 关于淤泥质港口航道适航水深的研究[C]//连云港回淤研究论文集. 南京:河海大学出版社,1990.

[6]　陈学良. 连云港浮泥测试及"适航水深"的确定[C]//连云港回淤研究论文集. 南京:河海大学出版社,1990.

[7]　曾成杰. 盐城港滨海港区港池、航道区浮泥分布分析与适航水深研究[R]. 南京:南京水利科学研究院,2018.

[8]　曾成杰. 滨海港区海底浮泥分析与航行利用研究[R]. 南京:南京水利科学研究院,2021.

黏性泥沙成团起动切应力

陈大可[1,2],唐　磊[1,2],彭　勃[3],华　厦[1,2],俞舒展[1,2]

(1. 南京水利科学研究院,江苏 南京　210029;2. 南京水利科学研究院 水灾害防御全国重点实验室,江苏 南京　210024;3. 中国路桥工程有限责任公司,北京　100011)

摘要:黏性泥沙广泛存在于河流海岸环境中,其冲刷特性涉及地貌演变、建筑物局部冲刷、污染物扩散等多个领域。受黏性力影响,黏性泥沙通常以颗粒团聚体的形式堆积,并在低动力条件下,以颗粒团聚体脱离床面的形式冲刷。颗粒团聚体冲刷、输运和沉降过程与单颗粒存在差异。然而目前对颗粒团聚体冲刷的认识非常有限。本文引入分形理论来描述颗粒团聚体的大小和密度,并采用动量平衡分析方法研究分形黏性泥沙起动行为,旨在探讨黏性泥沙成团起动特性并寻求建立简单易用的黏性泥沙起动阈值公式。

关键词:黏性泥沙;起动切应力;临界冲刷切应力;成团起动

由于黏性力的存在,黏性泥沙通常以颗粒团聚体(aggregates)的形式堆积,并在低动力条件下,以颗粒团聚体脱离床面的形式冲刷。从床面脱离的颗粒团聚体已被现场观测证实是水系统中絮凝体的重要组成部分[4-5]。颗粒团聚体冲刷不仅影响泥沙运动的底部边界条件,还影响侵蚀物质随后的运输和沉降,在黏性泥沙动力学中起着重要作用。过去几十年,人们对黏性泥沙的起动阈值开展了大量试验和理论研究,建立了数以百计的经验、半经验公式[6]。其中绝大多数并不涉及黏性泥沙成团起动机理。一些学者试图采用受力分析的方式建立黏性泥沙成团起动阈值公式,但由于缺乏合理的方式描述颗粒团聚体的尺寸和密度,使得所建立的公式缺乏实用价值。

本文引入分形理论描述黏性泥沙颗粒团聚体的尺寸和密度,并通过对床面颗粒团聚体受力分析建立黏性泥沙成团(颗粒团聚体)起动切应力公式。基于建立的公式,进一步量化重力和黏性力对黏性泥沙起动阈值的贡献率,试图回答在考虑黏性泥沙冲刷时,重力是否可以忽略不计这一问题。在以往的黏性泥沙起动研究中,重力作用可以忽略不计往往被视为理所当然。

1 黏性泥沙颗粒团聚体分形模型和成团起动阈值

Krone 和 Partheniades 是研究黏性泥沙团聚体结构的先驱,他们发现了团聚体的嵌套结构和自相似性属性。Mandelbrot 提出的分形理论为描述自相似结构提供了有力的数学工具。根据分形理论,团聚体的密度是其尺寸、基本颗粒的尺寸和密度以及分形维数的函数[式(1)]。黏性泥沙团聚体的平均(代表)尺寸是基本颗粒的尺寸和体积分数以及分形维数的函数[式(2)]。

$$\frac{\rho_a - \rho}{\rho_s - \rho} = \left(\frac{d_a}{d_p}\right)^{F-3} \tag{1}$$

$$\left(\frac{d_a}{d_p}\right)^{F-3} = \frac{\varphi_s}{\varphi_a} \tag{2}$$

式中:ρ_a 为团聚体密度;ρ_s 和 ρ 分别为泥沙基本颗粒和水的密度;d_a 和 d_p 分别为团聚体尺寸和基本颗粒尺寸;F 为分形维数;φ_s 为泥沙基本颗粒在床层中的体积分数;φ_a 为床层颗粒团聚体的体积分数,$\varphi_a = 1.0$。

基金项目:国家自然科学基金资助项目(52101310);南京水利科学研究院中央级公益性科研院所基本科研业务费专项资金项目(Y223007)

通信作者:陈大可。E-mail:chdake@126.com

　　基于颗粒间范德瓦耳斯力提出两个相互接触的细颗粒间的黏性力表达式[式(3)],并通过分析团聚体表面颗粒个数建立了颗粒团聚体受到的黏性力合力表达式[式(4)]:

$$f_c = \frac{A_h}{24\eta^2\delta^2} d_p (\varphi_s^{-1/3} - 1)^{-2} \tag{3}$$

$$F_c = \frac{A_h(1-\eta_\Delta)k_5 k_6}{2\eta^2\delta^2} \frac{1}{d_p} d_a^2 \varphi_s^{2/3} (\varphi_s^{-1/3} - 1)^{-2} \exp(2.4\varphi_s) \tag{4}$$

式中:f_c 为两个接触的细颗粒间的黏性力;A_h 为 Hamaker 常数;η 为系数;δ 为细颗粒薄膜水厚度;F_c 为团聚体受到的黏性力合力;η_Δ 为团聚体突出床面的高度;k_5 和 k_6 为系数。

　　在数学描述团聚体尺寸和密度以及参数化黏性力的基础上,可以通过对床面团聚体的受力分析得到黏性泥沙的成团(颗粒团聚体)起动切应力:

$$\tau_{cr} = \theta_{cr0}(d_{a*}) \left[(\rho_a - \rho)gd_a + C \frac{1}{d_p}\varphi_s^{2/3}(\varphi_s^{-1/3} - 1)^{-2}\exp(2.4\varphi_s) \right] \tag{5}$$

式中:τ_{cr} 为起动切应力(临界冲刷切应力);g 为重力加速度;C 为反映黏性泥沙黏性强弱的系数;d_{a*} 为团聚体的无量纲尺寸,定义为 $d_{a*} = d_a[(\rho_a/\rho-1)g/\upsilon^2]^{1/3}$,其中 υ 为床层孔隙水的黏滞系数;$\theta_{cr0}(d_{a*})$ 表征无量纲粒径 d_{a*} 对应的无黏性泥沙临界 Shields 数。式(5)的无量纲形式为:

$$\theta_{cr} = \theta_{cr0}(d_{a*}) \left[\left(\frac{\varphi_s}{\varphi_a}\right)^{\frac{F-2}{F-3}} + C \frac{1}{(\rho_s - \rho)gd_p} \frac{1}{d_p} \varphi_s^{2/3}(\varphi_s(\varphi_s^{-1/3} - 1)^{-2}\exp(2.4\varphi_s) \right] \tag{6}$$

式中:θ_{cr} 为临界 Shields 数。

　　式(6)已被成功应用于包括细颗粒石英砂、高岭土、湖泊和池塘淤泥以及淤泥质海岸淤泥等不同类型的黏性泥沙[7-8]。图 1 为式(6)与不同海域淤泥起动切应力实测值的比较。由图 1 可见,公式计算值与实测值吻合良好。此外研究还发现,黏性泥沙分形维数不仅是固结程度的函数。还是基本颗粒尺寸的函数,黏性泥沙分形维数随固结程度的增大而增大,随基本颗粒粒径的增大而减小,后者在此前的固结泥沙研究中未见报道。根据公式的应用结果,黏性泥沙分形维数可通过式(7)计算:

$$\frac{F}{3} = \left(\frac{\varphi_s}{\varphi_a}\right)^{\frac{\beta}{F-3}} \tag{7}$$

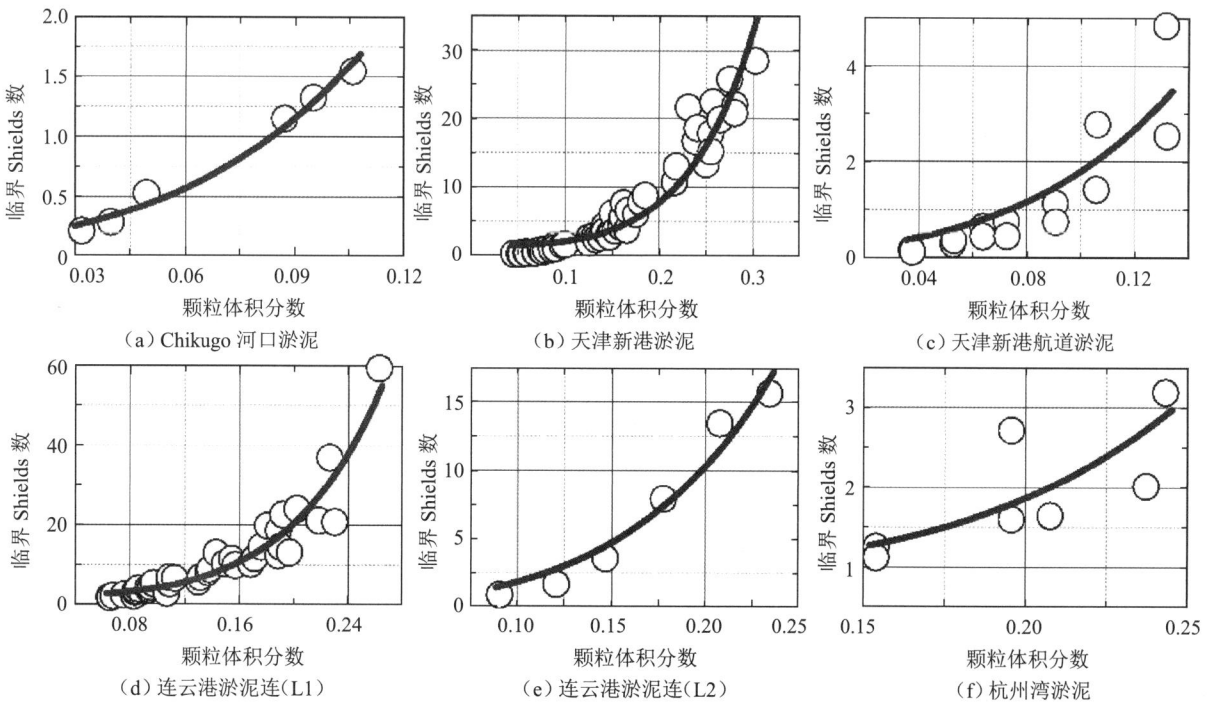

(a) Chikugo 河口淤泥　　(b) 天津新港淤泥　　(c) 天津新港航道淤泥

(d) 连云港淤泥连(L1)　　(e) 连云港淤泥连(L2)　　(f) 杭州湾淤泥

图 1　θ_{cr} 公式计算值与实测值的比较

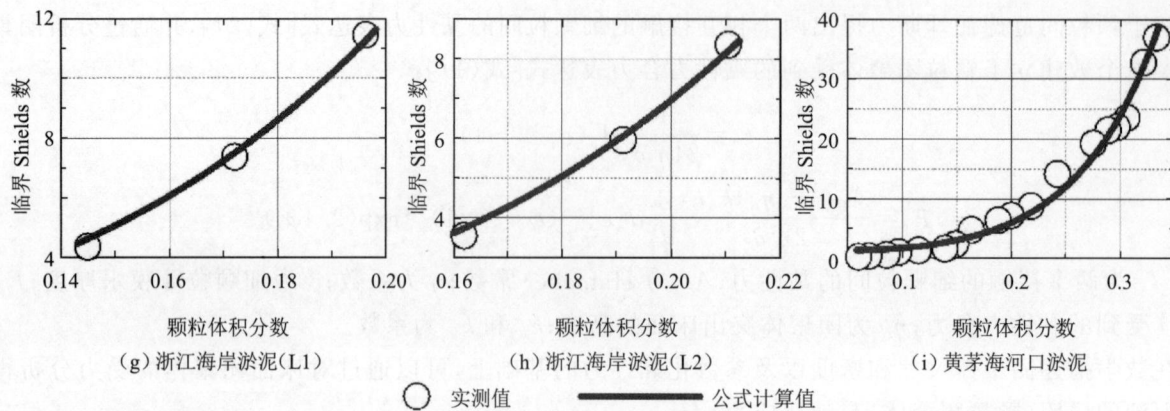

图 1 θ_{cr} 公式计算值与实测值的比较(续)

其中,β 为经验系数,其值随着泥沙基本颗粒尺寸/粒径的增大而减小,可通过式(8)估算:

$$\beta = -\frac{d_p}{d_{pr}} - 0.02 \tag{8}$$

式中:d_{pr} 为参考粒径,$d_{pr} = 0.000\ 290$ m。

2 颗粒团聚体重力对于黏性泥沙起动阈值的贡献率

式(6)表明,黏性泥沙的抗冲刷能力来自2个部分,其一是颗粒团聚体的淹没重力(对应于方括号内第一项与方括号前系数的乘积),其二是团聚体周围颗粒对团聚体表面颗粒的黏性力(对应于方括号内第二项与方括号前系数的乘积)。颗粒团聚体重力对起动阈值的贡献率等于方括号内第一项与第一项和第二项和的比率。图 2 显示了根据式(6)计算得到的不同粒径和固结程度的黏性泥沙临界 Shields 数以及颗粒团聚体有效重力对起动阈值的贡献率。计算时,系数 C 取 6.49×10^{-5} J/m²(不含有机物的自然淤泥黏性系数平均值)。

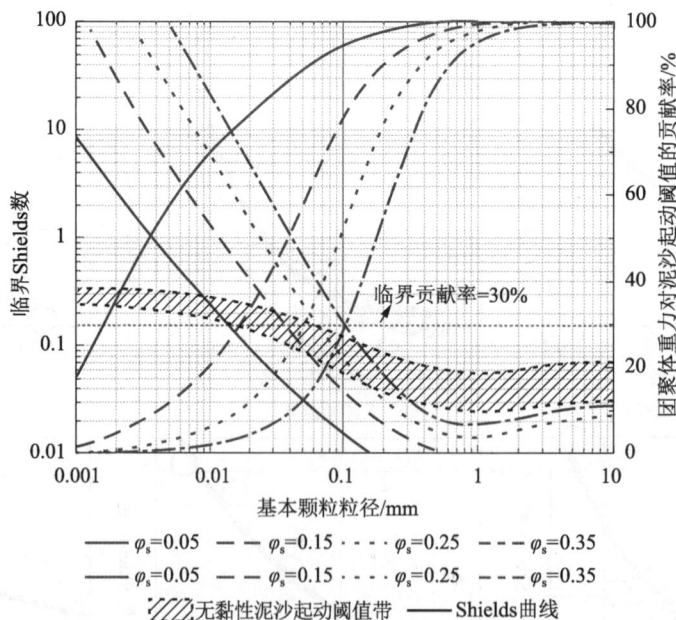

图 2 黏性泥沙起动阈值和团聚体重力对阈值贡献率随基本颗粒粒径及体积分数变化的规律

由图 2 可见,相同基本颗粒粒径下,黏性泥沙临界 Shields 数随着颗粒体积分数(固结程度)的增加而增加;相同颗粒体积分数下,随着基本颗粒尺寸的增大而减小。对于那些基本颗粒尺寸较大,但颗粒体积分数较小的黏性泥沙,式(6)的计算结果小于无黏性泥沙起动阈值。事实上,这种情况在实际中并不会发生。因为对于基本颗粒较大的泥沙只有颗粒体积分数足够大才能形成床层。

图 2 显示了相同基本颗粒粒径下,颗粒团聚体重力对起动阈值的贡献率随着颗粒体积分数(固结程

度)的增大而降低;相同颗粒体积分数下,随着基本颗粒尺寸的增大而增大。对于基本颗粒尺寸较小、颗粒体积分数较大的黏性泥沙,团聚体重力对起动阈值的贡献率足够低,可以忽略不计,如粒径 0.004 mm、体积分数 0.25~0.35(对应的干密度 660~930 kg/m³)的黏性泥沙,团聚体重力的贡献率仅 0.6%~2.1%。然而对于基本颗粒粒径较大、颗粒体积分数较小的泥沙,团聚体重力的贡献率可能超过 30%,并不能简单地忽略不计。例如中值粒径 0.02 mm、颗粒体积分数 0.10~0.15(对应的干密度 265~400 kg/m³)的黏性泥沙,团聚体重力的贡献率高达 33%~53%。

考虑到黏性泥沙起动阈值的测量精度不高,若团聚体重力的贡献率不高于 30% 时,颗粒团聚体的重力对黏性泥沙起动阈值的影响可忽略不计,对应的条件为 $\varphi_s \leqslant (d_p/d_{p0})^{0.47}$;反之,则需考虑颗粒团聚体的重力作用,对应的条件为 $\varphi_s > (d_p/d_{p0})^{0.47}$。值得指出的是上述条件是在 C 取 $6.49 \times 10^{-5}\,\mathrm{J/m^2}$ 时得到的。对于可忽略颗粒团聚体重力作用的泥沙,式(6)可进一步简化为一个单参数公式:

$$\theta_{cr} = A\,\frac{1}{(\rho_s - \rho)g d_p}\frac{1}{d_p}\varphi_s^{2/3}(\varphi_s^{-1/3} - 1)^{-2}\exp(2.4\varphi_s) \tag{9}$$

式中:$A = \theta_{cr0}(d_{a*})C$。由于 $\theta_{cr0}(d_{a*})$ 的值变化范围较小,A 的值可近似为常数。对于不含有机质的自然淤泥,A 可取 $3.71 \times 10^{-6}\,\mathrm{J/m^2}$;对于石英砂,$A$ 可取 $1.00 \times 10^{-7}\,\mathrm{J/m^2}$。考虑到 $\theta_{cr0}(d_{p*})$ 远小于黏性力引起的阈值,式(9)可进一步改写为如下形式:

$$\theta_{cr} = \theta_{cr0}(d_{p*}) + A\,\frac{1}{(\rho_s - \rho)g d_p}\frac{1}{d_p}\varphi_s^{2/3}(\varphi_s^{-1/3} - 1)^{-2}\exp(2.4\varphi_s) \tag{10}$$

其中,式(10)等号右边第 2 项随着粒径的增大,其值将趋于 0,因而式(10)既适用于黏性泥沙,也适用于无黏性泥沙。图 3 为式(10)计算得到的临界 Shields 数随泥沙固结程度和粒径的变化情况,计算时系数 A 取石英砂典型值 $1.00 \times 10^{-7}\,\mathrm{J/m^2}$。如图 3 所示,式(10)与 Roberts 等[9]开展的石英砂起动结果吻合较好。当粒径大于 0.1 mm 时,公式计算值基本与 Shields 曲线相重合。

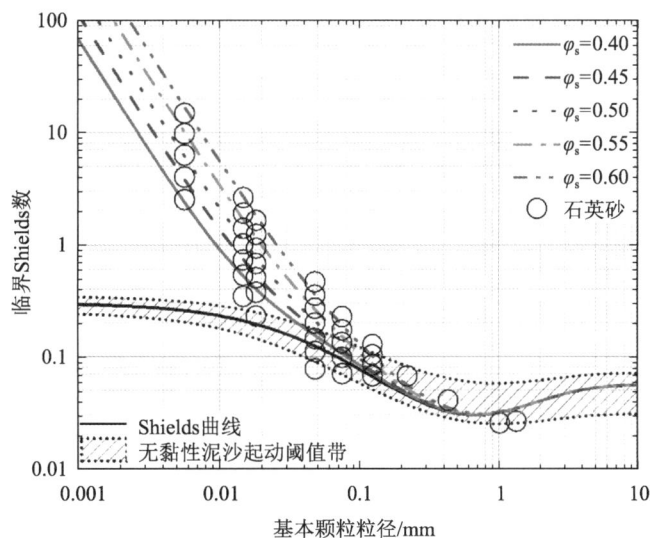

图 3　单参数公式计算得到的临界 Shields 数随泥沙固结程度和粒径的变化情况(A 取 $1.00 \times 10^{-7}\,\mathrm{J/m^2}$)

3　结　语

本文引入分形理论描述泥沙团聚体的大小和密度,并通过对初始运动临界条件下床面团聚体动量平衡分析,建立了由团聚体组成的黏性泥沙床层表面冲刷临界切应力公式。公式显示黏性泥沙起动阈值是基本颗粒粒径和体积分数的函数,且有两个系数:分形维数 F 和黏性系数 C。公式应用结果表明黏性泥沙分形维数随固结程度的增大而增大,随基本颗粒粒径的增大而减小。团聚体重力对起动阈值的贡献率是基本颗粒粒径和泥沙固结程度的函数。对于少数基本颗粒粒径较大、颗粒体积分数较小的泥沙(例如浮泥),团聚体重力的贡献率不能简单忽略不计。对于绝大部分河/海床固结或固结中的黏性泥沙,团聚体重力对泥沙起动的影响可以忽略不计。对于后者,本文建立的公式可简化为单参数公式,公式形式简单,仅是中值粒径和颗粒体积分数的函数,有利于在实践中使用。

参考文献

[1] AMOS C L,DROPPO I G,GOMEZ E A,et al. The stability of a remediated bed in Hamilton Harbour,Lake Ontario, Canada[J]. Sedimentology,2003,50(1):149-168.

[2] FORSBERG P L,SKINNEBACH K H,BECKER M,et al. The influence of aggregation on cohesive sediment erosion and settling[J]. Continental Shelf Research,2018,171:52-62.

[3] RIGHETTI M,LUCARELLI C. May the Shields theory be extended to cohesive and adhesive benthic sediments? [J]. Journal of Geophysical Research:Oceans,2007,112:C05039.

[4] SCHIEBER J,SOUTHARD J B,SCHIMMELMANN A. Lenticular shale fabrics resulting from intermittent erosion of water-rich muds-interpreting the rock record in the light of recent flume experiments[J]. Journal of Sedimentary Research,2010,80(1):119-128.

[5] PERKEY D W,SMITH S J,PRIESTAS A M. Erosion thresholds and rates for sand-mud mixtures[R]. Vicksburg: Coastal and Hydraulics Laboratory,Engineer Research and Development Center(ERDC)of US Army Corps of Engineers,2020.

[6] CHEN D,WANG Y,MELVILLE B,et al. Unified formula for critical shear stress for erosion of sand,mud,and sand-mud mixtures[J]. Journal of Hydraulic Engineering,2018,144(8):04018046.

[7] CHEN D,ZHENG J,ZHANG C,et al. Threshold of surface erosion of cohesive sediments[J]. Frontiers in Marine Science,2022,9:847985.

[8] CHEN D,ZHENG J,ZHANG C,et al. Critical shear stress for erosion of sand-mud mixtures and pure mud[J]. Frontiers in Marine Science,2021,8(1502):713039.

[9] ROBERTS J,JEPSEN R,GOTTHARD D,et al. Effects of particle size and bulk density on erosion of quartz particles [J]. Journal of Hydraulic Engineering,1998,124(12):1261-1267.

下后滨沙滩修复泥化问题研究

佘小建,崔 峥

(南京水利科学研究院,江苏,南京 210024)

摘要:沙滩泥化是下后滨岸段修复沙滩遇到的主要问题。本文通过同安湾内已有沙滩现场调查、潮流数值模拟和波浪数值模拟计算,分析同安湾内已有沙滩泥化高程与海域波高和含沙量的关系,从而分析拟建沙滩的泥化问题。研究表明,在附近浅滩不清淤条件下,下后滨沙滩建成后泥化高程约 0.2 m;浅滩清淤后泥化高程明显降低,约为-0.8 m,平均每天约有 18.4 h 水位高于泥化线,景观效果总体较好;同安湾海域含沙量较低,清淤后沙滩前水深和沙滩景观可以较长时期维持。

关键词:沙滩修复;人工沙滩;沙滩泥化

下后滨岸段位于厦门市同安湾东海岸,岸线呈南北走向,与鳄鱼屿隔海相望,目前工程海域近岸为养殖鱼塘、简易护岸和泥滩,泥滩宽 500~600 m。据当地老年居民回忆,1965 年东坑湾海堤建设前,下后滨海域存在沙滩,海堤建成后逐渐出现淤泥,同时存在几次抽沙和在近岸围筑鱼塘,沙滩逐渐消失。

厦门为中国沿海地区最美丽的岛屿城市之一,厦门岛及其周边区域的海岸带是人们旅游、休闲的好去处。近年,厦门市政府着力对厦门同安湾东海岸进行综合整治改造,对同安湾海域泥滩进行清淤,东坑湾海堤也计划打开。随着工程岸段水深增大和动力条件增强,沙滩恢复也成为可能,因此拟在下后滨岸段修复沙滩以提升厦门翔安区海岸整体景观,并为游人提供休闲场所,沙滩布置效果见图1。但沙滩修复后是否会出现泥化是值得关心的问题。

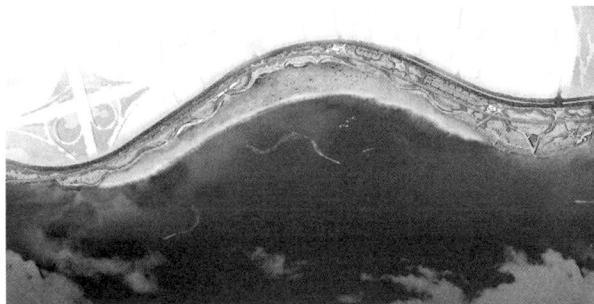

图1 下后滨拟建沙滩布置效果图

1 自然条件

1.1 海岸动力条件

厦门海域属正规半日潮,平均潮差 4.13 m,为强潮海域。同安湾内水流基本为涨、落潮往复流,主流向与深槽走向基本一致,流速分布上大致为湾外和口门流速大,越往湾顶,流速越小。根据 2021 年 7 月水文测验资料,同安湾口门测站大潮涨、落潮最大流速为 0.79 和 0.63 m/s,平均流速范围为 0.38~0.44 m/s,同安湾中部各测站大潮涨、落潮最大流速范围为 0.28~0.40 和 0.22~0.38 m/s,平均流速范围为 0.16~0.25 和 0.14~0.22 m/s。受口门外大、小金门岛的掩护,同安湾内波浪较小,以风浪为主。

基金项目:2022 年国家重点研发计划重点专项课题"典型海岸生态动力地貌演化模拟预测技术"(2022YFC3106102)

作者简介:佘小建。E-mail:xjshe@nhri.cn

1.2 泥沙特性

同安湾内含沙量总体较小,一般认为同安湾海域含沙量大于西海域,但近年随着同安湾大范围清淤,同安湾海域含沙量有减小趋势,水文测验表明近年东、西海域含沙量基本相当。根据 2021 年 7 月夏季水文测验大、小潮垂线平均含沙量统计,大潮期间,同安湾内涨潮平均含沙量 0.032~0.046 kg/m³,落潮平均含沙量 0.030~0.039 kg/m³,全潮平均含沙量 0.031~0.043 kg/m³。

同安湾海域海底沉积物分布与水动力条件、地形特征和泥沙来源密切相关,同安湾潮滩浅水区处于缓慢单一的涨、落潮流反复作用,而深水区海底则为水动力作用较弱的沉积环境,这两个水域以细颗粒沉积物为主,主要为泥质粉砂(YT)。但潮汐通道和入海河口由于地形缩窄,水动力相对集中,处于水动力作用较强的沉积环境,则以粗颗粒沉积物为主,以砂(S)、粉砂质砂(TS)、砂—粉砂—泥(STY)等沉积物为主。

同安湾泥沙来源主要为入海河流来沙、岸滩侵蚀和湾外海域来沙。近年水土保持工作不断加强,入海河流基本上已建设挡潮闸,河流供沙越来越少。近岸区普遍建设护岸建筑物,岸滩侵蚀来沙也较少。目前同安湾主要来沙为口门外海域来沙,以及泥沙在湾内的来回搬运。近些年来由于同安湾大面积整治工程的实施,同安湾内可搬运的泥沙也越来越少。近期将要开展的同安湾再一次清淤整治工程实施后,同安湾内的泥沙来源将进一步减少。

1.3 同安湾冲淤情况

同安湾已开展了大规模清淤整治工程,根据 2020 年 7 月—2021 年 8 月清淤区冲淤变化,清淤区年平均淤积厚度约 0.05 m。

2 同安湾海域沙滩泥化调查

下后滨海域波浪动力弱,沙滩是否出现泥化是沙滩修复后值得关心的问题。同安湾内有多处人工沙滩和天然沙滩,各沙滩波浪、潮流及泥沙条件有一定差异,沙-泥分界线高程也有所不同,调查研究各沙滩沙-泥分界线高程对下后滨沙滩泥化研究有借鉴意义。通过调查周边沙滩泥化情况,分析同安湾内沙滩存在的条件,可结合数模计算波浪、潮流动力分布分析下后滨沙滩建成后可能的泥化情况。

2.1 现场调查结果

(1)同安湾人工沙滩现场调查。同安湾人工沙滩分为南沙滩、中沙滩和北沙滩 3 个单元。中沙滩最早建成,沙滩前浅滩清淤至 −4.24 m。多次到该沙滩进行调查,沙滩一直维持得较好,低潮位时未发现沙滩泥化现象,沙-泥分界线在 −3 m 以下。

(2)丙洲南侧岸线调查。丙洲南侧海岸基本为沙质,沙滩前水深大,水较清澈。因现场没有良好的整治,沙滩不是很整洁,但沙-泥分界线基本在 −1.5 m 以下。

(3)下后滨岸线调查。北端调查点前水深稍大,存在小范围的沙滩,沙-泥分界线高程在 −0.5 m 左右;南端调查点位置前为大片浅滩,岸线坡脚处存在小范围的沙滩(图2),沙滩前泥滩高程 0.4 m 左右,沙-泥分界线高程也为 0.4 m 左右。

图 2　下后滨岸段护岸坡脚附近沙滩照片

（4）浏五店岸段现场调查。在刘五店围填区北端有一小片沙滩。沙滩前浅滩范围不大,浅滩外水深较大,水较清,沙滩沙-泥分界线高程在−0.8 m左右。

（5）五缘湾人工沙滩调查。五缘湾位于同安湾西南,处于厦门岛内。五缘湾为一半封闭小型海湾,潮流动力较弱,主要受东北向波浪作用。清淤整治后湾内水深较大,海水清澈。2010年调查得知沙滩沙-泥分界线高程−2.0 m左右。2016年再次调查时,沙滩泥化不明显,沙-泥分界线高程在−1.5 m左右,景观较好。五缘湾内虽然潮流较弱,但沙滩前水深大,缺少泥沙来源,且受到口门传入的一定风浪作用,沙滩泥化不严重。

2.2 现场调查小结

（1）同安湾海域泥沙来源少,浅滩清淤后海域泥沙来源进一步减小,水体含沙量明显降低,海水变清澈,波浪可以传播至近岸,即使在低潮位近岸也有波浪作用,在波浪作用下泥沙不易落淤,有利于减轻沙滩泥化。

（2）调查发现沙滩前水深较大,一般沙滩条件较好,同安湾内建设沙滩,通过清淤增大水深是降低沙滩泥化高程的有效方法。

（3）下后滨岸线目前存在小范围沙滩,通过清淤及岸线整治,条件会进一步改善,通过调查分析认为下后滨岸段可以建设一定规模的人工沙滩,沙滩泥化可能是主要问题,需研究分析沙滩泥化高程,以便确定沙滩定位。

3 下后滨修复沙滩泥化问题研究

下后滨海域波浪动力相对较弱,人们比较关心的是沙滩的泥化问题,或沙-泥分界线位于什么高程问题。由现场调查分析可知,在淤泥质海岸,如存在沙滩,沙滩区波高越大,沙滩外近海区水越深,含沙量越低,沙滩的沙-泥分界线高程越低,沙滩的质量越高;否则,可能形成泥滩。因此,需从海域波浪动力、潮流动力及含沙量条件等分析下后滨沙滩的泥化问题。具体研究思路为:结合波浪和潮流数模计算结果及现场调查结果,分析沙-泥分界线高程与波浪、含沙量的关系,从而分析下后滨沙滩修复后可能的沙-泥分界线高程,并进一步分析清淤区淤积速度等。

3.1 下后滨海域动力和泥沙条件

根据波浪和潮流数模计算统计沙滩前测点波高、流速和含沙量情况,为了对比分析下后滨海域建设人工沙滩的条件,对前文调查沙滩的动力和泥沙条件也进行计算分析。下后滨沙滩建设考虑两种工况:工况1,沙滩前浅滩不清淤;工况2,沙滩前浅滩清淤至−4.24 m。

表1为下后滨沙滩前测点全潮平均流速、波高和含沙量统计结果,可以看出:

表1 下后滨沙滩前取样点全潮平均流速、波高及含沙量统计结果

测点(下后滨岸段)	工况1(未清淤)			工况2(清淤)		
	流速/(m/s)	波高 $H_{1/10}$/m	含沙量/(kg/m³)	流速/(m/s)	波高 $H_{1/10}$/m	含沙量/(kg/m³)
xs1	0.04	0.08	0.05	0.11	0.10	0.03
xs2	0.04	0.08	0.05	0.11	0.10	0.03
xs3	0.04	0.08	0.05	0.12	0.10	0.03
xs4	0.05	0.08	0.06	0.12	0.10	0.03
平均	0.04	0.08	0.05	0.12	0.10	0.03

（1）泥滩未清淤的工况1条件下,沙滩前测点平均流速0.04～0.05 m/s;泥滩清淤的工况2条件下,沙滩前测点流速比清淤前明显增大,平均流速0.11～0.12 m/s。

（2）下后滨拟建沙滩区波浪较小,工况1(未清淤)条件下波高仅为0.08 m左右;清淤后波高有所增大,平均波高也仅为0.10 m。原因有两方面:① 下后滨沙滩岸段处于鳄鱼屿东通道水域,鳄鱼屿对波浪有一定的阻挡;② 岸线向西,厦门海域SSW至NNW向风速相对较小,频率也较低。这些条件决定了下后滨岸段风浪不大。

(3)下后滨浅滩清淤前,沙滩前含沙量 0.05~0.06 kg/m³;下后滨浅滩清淤后水深较大,含沙量为 0.03 kg/m³ 左右。清淤后含沙量明显减小。

其他调查沙滩前测点统计结果见表 2。从以上计算结果看,下后滨拟建沙滩前波高和流速在调查沙滩中均较小,清淤后波高和流速均有所增大。

表 2   调查沙滩前动力泥沙条件及调查泥化高程结果

测点	流速/(m/s)	波高/m	含沙量/(kg/m³)	泥化高程/m
同安湾人工沙滩 1#	0.10	0.27	0.01	−3.0
丙洲南侧 2#	0.04	0.13	0.02	−1.5
丙洲南侧 3#	0.06	0.19	0.02	−1.5
丙洲南侧 4#	0.08	0.15	0.02	−1.5
下后滨 5#	0.07	0.12	0.06	−0.5
下后滨 6#	0.04	0.08	0.06	0.4
浏五店 7#	0.18	0.18	0.04	−0.8
五缘湾 8#	0.08	0.13	0.02	−1.5

3.2 拟建沙滩泥化高程分析

人工沙滩建成后的泥化过程就是滩面上泥沙淤积过程。由于潮涨潮落水位的变化,波浪对滩面的作用位置也发生变化。高潮位时波浪作用于沙滩的上部,水流紊动强烈,淤泥被淘洗,这时沙滩的下部水深大,波浪对床面作用小,泥沙淤积;随着潮位降低,波浪作用位置下移,波浪足够强时下部淤积的淤泥将被淘洗,波浪不够强时淤泥将保存下来,随沙滩露出水面,则出现沙滩的泥化现象。

沙滩是否泥化取决于波浪的冲刷能力与泥沙淤积量的对比,淤积量大于冲刷能力时就出现泥化现象,冲刷能力大于淤积量时沙滩就不出现泥化,冲刷与淤积的分界线位置即为沙滩的沙-泥分界线高程位置。分析认为,沙滩前波浪大、潮流强,泥沙不易落淤,含沙量大则泥沙淤积大,因此对比分析拟建下后滨沙滩与其他调查沙滩的波浪、潮流和含沙量,从而分析下后滨沙滩可能的泥化高程,现场调查沙滩分析结果见表 2。

由表 2 看,总体来说,同安湾内各沙滩海域流速和波高不大,含沙量较小。图 3 和图 4 为统计的各沙滩泥化高程与波高关系和泥化高程与含沙量关系,总体来看,波高越大,含沙量越小,则沙滩泥化高程越低。以下分析各工况条件下沙滩的泥化高程,分析结果见表 3。

表 3   各工况下后滨沙滩泥化高程分析结果

工况	流速/(m/s)	波高/m	含沙量/(kg/m³)	泥化高程/m
工况 1(未清淤)	0.04	0.08	0.05	0.20
工况 2(清淤)	0.12	0.10	0.03	−0.8

(1)工况 1(未清淤)条件,由现场调查看,已有小沙滩坡脚高程在 0.4 m 左右,泥化高程基本为泥滩面高程。在下后滨浅滩未清淤条件下铺沙建设沙滩,根据设计沙滩坡脚线约在 0 m 高程附近,新铺沙滩泥化高程应低于已有沙滩的泥化高程,比坡脚泥面稍高,分析泥化高程在 0.2 m 左右。

(2)工况 2(清淤)条件,根据规划,清淤底面高程为 −4.24 m,即新铺沙滩的坡脚线也是 −4.24 m。水深加大,波高增大,含沙量减小,沙滩的泥化高程也会相应降低。通过调查各沙滩泥化高程与波高关系和含沙量关系,分析沙滩泥化高程。根据图 3 和图 4 拟合的两条曲线,波高 0.1 m 对应泥化高程 −0.5 m,含沙量 0.03 kg/m³ 对应泥化高程 −1.3 m。因波高是沙滩泥化高程的主要决定因素,兼顾含沙量因素,综合考虑分析,清淤后沙滩泥化高程为 −0.8 m 左右。

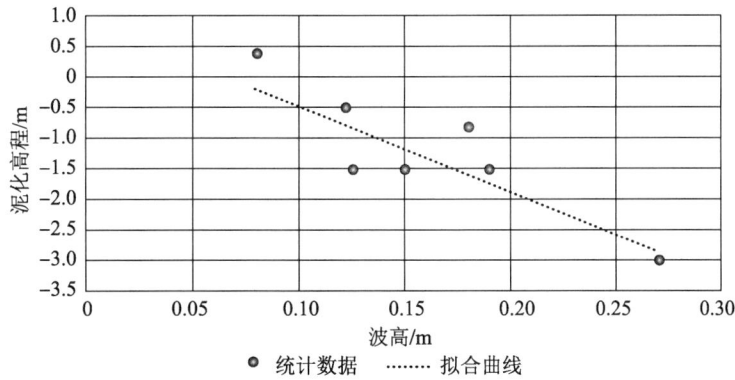

图 3　同安湾海域沙滩泥化高程与波高关系

图 4　同安湾海域沙滩泥化高程与含沙量关系

3.3 沙滩景观效果分析

厦门海域潮位每天有两高两低,存在每天低潮潮位不等现象。表 4 统计了平均每天高于-0.8 m 和高于 0.2 m 潮位的时间。由表 4 看,每天潮位低于 0.2 m 的时间为 10.4 h,高于 0.2 m 的时间为 13.6 h,即不清淤条件下沙滩平均每天约有 13.6 h 看不到泥滩。平均每天潮位低于-0.8 m 的时间约 5.6 h,高于-0.8 m 的时间为 18.4 h,即清淤后沙滩平均每天约有 18.4 h 看不到泥滩,清淤后沙滩总体效果较好。因此,在浅滩清淤条件下,下后滨岸段可修复建设为景观兼休闲的人工沙滩。

表 4　平均每天潮位高于和低于某值的时间

潮位/m	时间/h
>-0.8	18.4
$\leqslant-0.8$	5.6
>0.2	13.6
$\leqslant0.2$	10.4

3.4 清淤区泥沙累积淤积分析

分析清淤区的累积淤积过程。由于同安湾泥沙来源有限,清淤区泥沙淤积会较为缓慢,清淤区会经历从淤积逐渐到平衡的变化过程。

应用刘家驹的淤积历时公式计算清淤后的累计淤积过程。公式如下:

$$t=\frac{P\gamma_0}{(1+\psi)K_2S_1\omega t_0\left[1-\frac{1}{2}\frac{v_1'}{v_1}\left(1+\frac{d_1}{d_2-P}\right)\right]} \tag{1}$$

式中:P 为包括悬移质和推移质的淤积厚度(m);S_1 为波浪和潮流综合作用下淤泥质海岸海域的平均挟沙力含沙量(kg/m³);K_2 为淤积系数;v_1 为滩面未开挖前的水流平均流速(m/s);d_1 为与 v_1 相适应的滩

面水深（m）；d_2 为开挖水深（m）；v_1' 为航道开挖后的航道平均流速，航道淤积 P 后，符合 $v_1' = \dfrac{v_1 d_1}{d_2 - P}$；$\psi$ 为推移质淤厚淤悬移质淤厚的比值，对黏性泥沙可取 $\psi = 0$。

利用以上公式计算了沙滩前深水区的泥沙淤积累计过程。表 5 给出了不同时间后的清淤区泥沙平均淤积厚度。

表 5　清淤区不同年份内淤积厚度

时间/a	清淤区淤积厚度/m
5	0.27
10	0.51
15	0.71
20	0.87

由表 5 可知，清淤实施后开始几年泥沙淤积稍快，往后泥沙淤积逐渐减慢。清淤区域 10 a 平均淤积 0.51 m 左右，20 a 淤积 0.87 m 左右。总的来说，同安湾海域含沙量较小，泥沙淤积速度较慢，沙滩前水深可以维持很长时间。

4　结　语

（1）调查表明，沙滩区波浪强度越大，沙滩外近海区流速越大，含沙量越小，则沙滩的沙-泥分界线高程越低，沙滩的质量越高。同安湾内含沙量较小，通过清淤可以进一步增大沙滩前水深和波高，同时减小含沙量，可有效降低沙滩泥化线高程。

（2）通过与同安湾内其他沙滩的波浪动力、潮流动力及含沙量大小的比较，分析在浅滩不清淤条件下下后滨沙滩的泥化高程约 0.2 m，清淤后泥化高程明显降低，约为 −0.8 m。

（3）清淤区累积淤积计算表明，清淤区域 10 a 平均淤积 0.51 m 左右，20 a 淤积 0.87 m 左右。总的来说，同安湾海域含沙量较小，泥沙淤积速度较慢，沙滩前水深可以较长时期维持。

（4）下后滨沙滩修复后海岸景观会有较大提升，浅滩清淤后沙滩泥化高程不高，平均每天约有 18.4 h 水位高于泥化线，即看不到泥滩，可以建成景观兼休闲的人工沙滩，建议沙滩建设同时对浅滩进行清淤。

参考文献

[1]　中国海湾志编纂委员会.中国海湾志(第八分册)[M].北京:海洋出版社,1987:120-161.
[2]　李庆年,郭允谋.福建同安湾的泥沙来源及淤积问题[J].台湾海峡,1984(1):59-67.
[3]　徐啸,佘小建,毛宁,等.人工沙滩研究[M].北京:海洋出版社,2012.
[4]　崔峥.环东海域滨海旅游浪漫线三期工程——下后滨段海岸生态保护修复项目波浪动床模型试验研究[R].南京:南京水利科学研究院,2024.

海南亚龙湾岸滩冲淤演变特征及其动力机制研究

高　璐[1,2]，王艳红[1]，曾成杰[1]

（1. 南京水利科学研究院，江苏 南京　210029；2. 国家海洋局海口海洋环境监测中心站，海南 海口 570100）

摘要：结合历史海图及卫星影像，分析了亚龙湾水下地形冲淤、海滩岸线以及台风浪影响下的岸滩冲淤特征及其冲淤演变的动力机制。研究结果表明：亚龙湾海域潮流动力弱，波浪作用相对较强，潮流不具备起动当地泥沙的基本条件，波浪作用是近岸破波带附近泥沙运动的主导动力。岸滩冲淤主要集中在近岸水深 5 m 以浅区域，深水区长期保持稳定。海湾东南部防波堤工程实施后，东南向波浪减少，西南向波浪作用相对增强，形成破波带附近向东的沿岸净输沙，是冲淤调整的主要动力机制。从泥沙供给和波浪作用角度看，亚龙湾西段缺少外来泥沙补给是海岸冲刷的主要原因，高潮大浪阶段波浪对沙坝坡脚的淘刷是沙坝被冲刷后退的主要原因，海滩岩出露后可在一定程度上对后方沙坝和岸滩形成掩护，减缓岸滩被冲刷。

关键词：亚龙湾；砂质海岸；冲淤演变，动力机制

　　砂质海岸是一种宝贵的天然资源，在沿海生态文明建设和经济社会发展中发挥着不可替代的作用，具有防灾减灾、旅游休闲、生态服务等重要功能。但砂质海岸是最容易遭受海浪侵蚀的海岸，中国的砂质海岸众多，均有不同程度的受损，据统计约 70% 的砂质海岸遭到侵蚀[1]。位于海南省三亚市的亚龙湾是半封闭的天然海湾，海岸线长约 10 km，湾顶的砂质岸线长约 7.5 km。亚龙湾是中国唯一具有热带风情的国家级旅游度假区，因其优美的热带滨海风光而闻名世界，湾内由中细砂构成的沙滩绵长开阔，沙质洁白细腻，是不可多得的优质沙滩[2]。研究亚龙湾的岸滩演变过程及其动力机制，可为亚龙湾海滩养护提供一定的理论基础。

1 研究区概况

　　天然的亚龙湾是一个湾口宽约 8.8 km、纵深约 5.5 km 的近矩形海湾，两侧岬角对海湾形成良好的掩护，也是沙滩得以稳定发育的基础。湾口附近靠东侧有西洲和东洲两个海岛，近岸有野猪岛、西排和东排，这些岛屿对岸线形态有一定影响，即岛屿对应部位岸线相对向海突出。21 世纪初，东侧野猪岛、西洲、东洲和亚龙半岛直接由防波堤连接起来，仅在局部区域留有口门。海湾基本被分为东西两部分，东部为受防波堤掩护的港域，西部仍为天然海湾。在此背景下，整个海湾岸线格局发生了较大的变化。

　　亚龙湾周边山丘主要为燕山期花岗岩组成的侵蚀剥蚀高丘，高度多在 200～300 m，丘坡均较陡峻，坡度超过 10°。海域各岛屿为侵蚀剥蚀低丘，高度多在 100 m 左右，东洲、西洲和野猪岛最大高程分别约为 104、104 和 85 m，岛屿和山丘临海处多为陡崖。在海湾西北部青梅河下游为一片高程在 7 m 左右的海积平原，由细砂和黏土质粉砂组成，地貌平坦，微向海倾。海湾西北的海积平原和东北的山麓临海地带有沿岸沙堤，各小海湾也有沙堤分布。沙堤多呈垄岗状，宽 100～200 m，高多在 5 m 左右。在亚龙湾西部的青梅河口至东部的海坡附近，沙堤基本连续分布，其中东部沙堤高程在 5 m 左右，西部青梅河口东侧沙堤高度可超过 10 m。沙堤上多为中细砂，局部由粗砂组成。海滩主要分布在沙堤外侧，宽度一般小于 50 m，多为粒径 0.30～0.75 mm 的中砂，个别部位有粗砂，分选性好，石英砂和珊瑚砂为主要组分。

　　亚龙湾近岸沙堤较高，最大高程在 10 m 以上。海湾西部湾顶处有青梅河入海，沙滩主要在矩形海湾

通信作者：王艳红。E-mail：wangyh@nhri.cn

的北侧相对平直的岸线连续分布。近年来，在亚龙湾西段靠近青梅河口附近，沙堤前沿海滩岩发育，海滩岩前沿有高约 2 m 的陡坎，海滩岩分布长度约 1.5 km。沙堤前沿至海滩岩部位有少量沙滩分布。海滩岩相对较平，宽度在 35 m 左右。海滩岩前沿陡坎外侧的水下岸坡，坡度较为平缓，坡度在 1.3% 左右。

亚龙湾海域的潮汐类型判数为 2.95，属不规则日潮，海域的平均潮差为 0.93 m。根据国家海洋局海口海洋环境监测中心站 2014 年 12 月 25 日至 26 日大潮期间开展的亚龙湾 4 个站位同步潮流观测资料，受周边岸线格局和地形影响，亚龙湾内各测点流速较小，其中近岸区测点大潮最大流速一般小于 0.3 m/s，水深 25 m 左右的深水区测点大潮最大流速一般小于 0.5 m/s。

亚龙湾为一湾口朝南的近矩形海域。东部有亚龙半岛屏障，也有东洲、西洲及其间的防波堤阻挡，东向和东南向波浪不能直接进入湾内；西南面有白虎角深入海中，对西南向来浪也形成阻碍。该海湾的主要波浪方向为南向。在东部防波堤工程建成后，东部的岬角由亚龙半岛变为西洲，湾口宽度缩小，形成新的海湾格局。根据亚龙湾西侧约 20 km 的实测资料，外海波浪主要出现在 SE—SSW 方向，出现频率最多的波浪方向是 SSE 方向，频率达 48.1%；其次是 S 和 SE 方向，频率分别是 24.8% 和 17.6%；SSW 方向波浪出现频率不多，仅为 4.5%；有效波高大于 1.0 m 的波浪出现频率为 5% 左右。根据波浪数学模型计算结果，亚龙湾西段、中段和东段水深 5 m 附近 50 年一遇有效波高分别约为 2.12 m、2.06 m 和 1.98 m。外海偏 SE 向浪时，西部岸段波高最大；外海偏 SW 向浪时，东部岸段波高最大。

2 亚龙湾岸滩演变特征

2.1 水下地形特征

根据亚龙湾海图及局部实测地形图（图 1），海湾内除岛礁附近外，水深自湾顶向湾口缓降。其中近岸水深 8 m 以浅相对较陡，平均坡度 1∶40 左右，水深 8 m 以深平均坡度在 1∶200 左右。受岛礁掩护作用，岛礁向陆地一侧（北侧）均有一定程度淤积，岛礁与陆地之间水深基本较无岛礁掩护区浅，湾口东段有东洲和西洲两个岛屿掩护，东部近岸水深明显浅于西部。随着岛礁规模的减小，其掩护效果减弱。其中，野猪岛掩护段，岸线明显向海凸出，陆侧最大水深仅约 8 m；东排和西排陆侧最大水深分别约为 15 m 和 13 m，掩护区的陆地岸线也略有向海突出

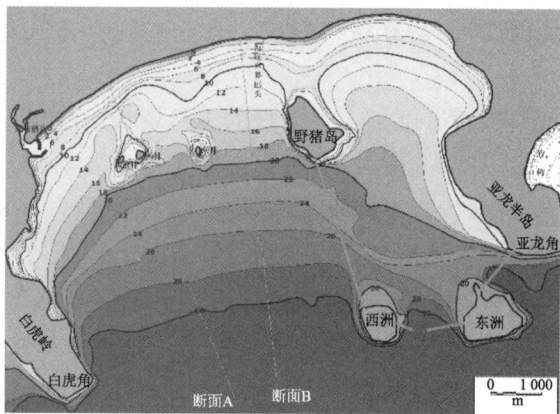

图 1　亚龙湾水下地形图
（据 2014 年地形图及 1995 年海图绘制）

的态势。但在西排以西的开敞段，−15 m 线明显向湾顶延伸，离岸最近仅约 780 m；东排和西排之间的开敞段，离岸 600 m 左右水深可至 −15 m。可见，湾口及湾内的岛礁分布，对海湾水下地形和活动岸线形态的塑造起着较大的作用，且表现出动力作用以波浪为主的特点。

2.2 水下地形冲淤变化特征

对比 1959 年版 1∶5 万海图（1939 年测量）、1997 年版 1∶5 万海图（1995 年测量）、2014 年测的亚龙湾中西部水下地形图及 2018 年 9 月的亚龙湾中西部近岸水下地形测图可知，从水下地形格局来看，1939 年以来的近 80 年间，亚龙湾水下地形格局整体保持稳定，如图 2 所示。水下地形起伏较大的区域，如西排西侧向岸延伸的水深 15 m 深沟、西排与东排之间（西排东部侧）的 −15 m 深坑、东排北侧向海突出的 −10 m 等深线、野猪岛陆侧与陆地相连的水下浅滩等均未出现明显变化。

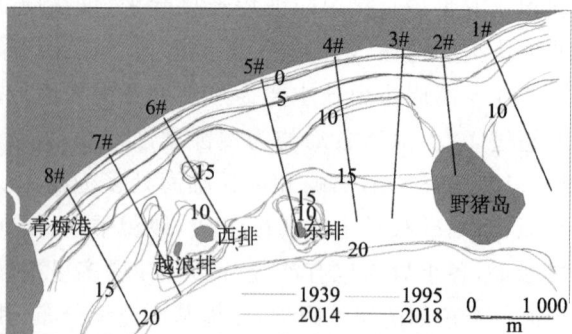

图 2　亚龙湾水下地形等深线变化及对比断面位置示意

图 3 为亚龙湾中西段 1939 年以来各断面（1♯～8♯ 断面位置见图 2）地形变化。从图 3 中等深线变化情况看，在水下地形格局整体稳定的条件下，各等深线自 1939 年以来的 80 年间变化相对较小。在水深

10 m 以深区域,虽局部等深线有 100~200 m 的波动幅度,但因此区段海床非常平缓,平均坡度在 1∶400 ~1∶500,海床的高程变化一般不超过 1 m,在 80 年时间跨度中是一种非常稳定的变化。而近岸水深5 m 以浅区域,因岸坡坡度较陡,破波带坡折较大,海床高程变化相对明显。在不同岸段代表断面的变化中可以看出,海床冲淤主要发生在近岸水深 5 m 以浅区段。其中 1♯ 断面最大淤积厚度在 3 m 左右;2♯ 和 3♯ 断面最大冲刷厚度 1~2 m;4♯ 断面相对稳定;亚龙湾中段淤积区的 5♯ 断面淤积较为明显,最大淤积幅度 1~2 m;亚龙湾西段的 6♯、7♯ 和 8♯ 断面明显被冲刷。除靠近西侧的 8♯ 断面外,其余各断面的冲淤范围均主要集中在水深 5 m 以浅区域,与波浪作用下泥沙的活动范围有关。

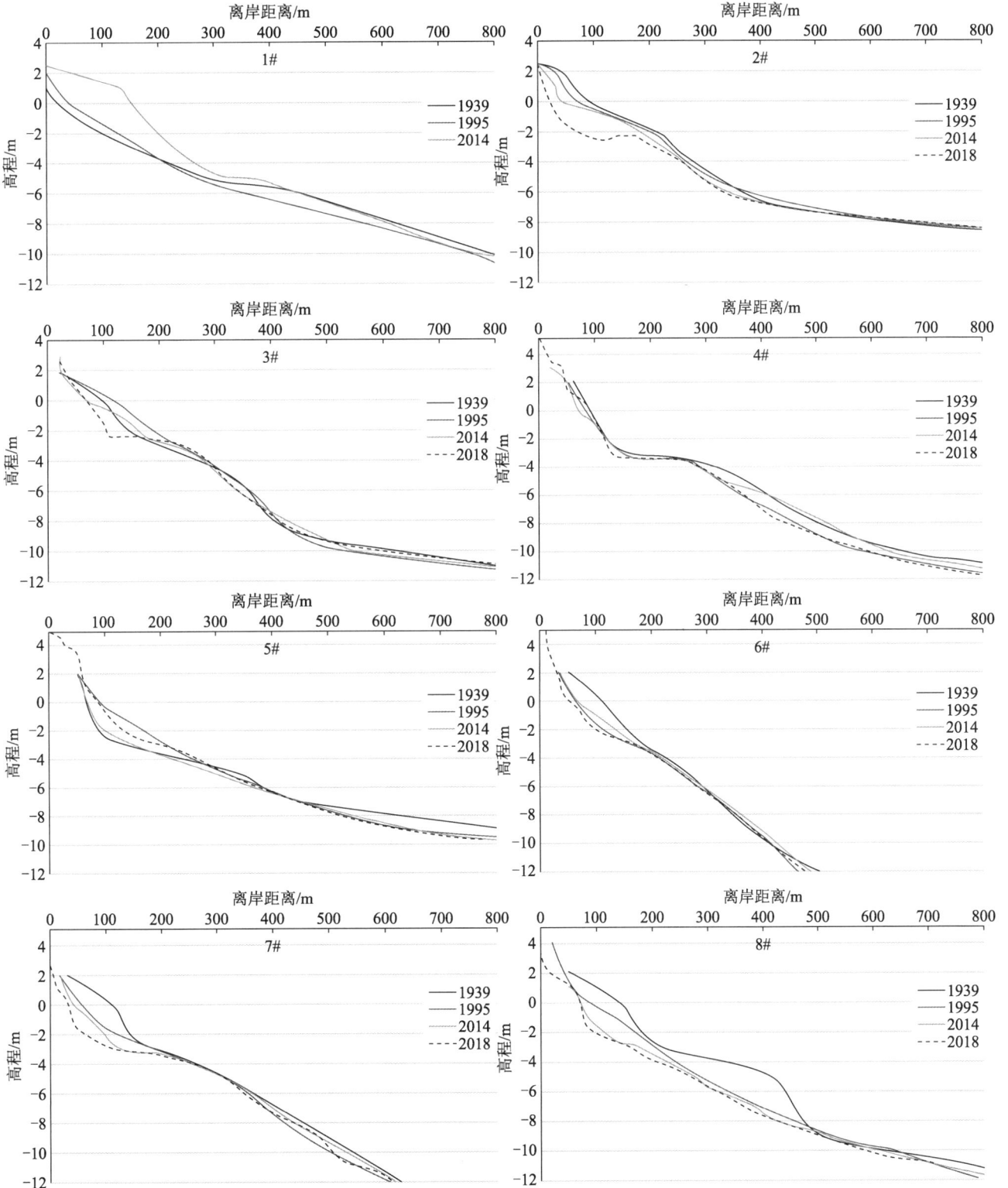

图 3　亚龙湾中西段 1939 年以来各断面地形变化

2.3 海滩岸线变化情况

根据1962年以来的多幅卫星遥感影像,对比分析了亚龙湾岸段数十年来的岸线冲淤变化情况。

对比结果显示,1962年至2004年间,亚龙湾岸线整体较为稳定,没有明显的冲淤变化。岸线冲淤变化主要发生在2004年以后。东排和西排掩护区东移,野猪岛掩护区东移,形成东西两段西冲东淤的态势:即西排和东排掩护区西侧被冲刷,东侧淤积;野猪岛掩护区西侧被冲刷,东侧淤积(图4)。

图4 1962年(a)和2018年(b)亚龙湾卫星影像

具体冲淤表现为:西段自青梅河口至喜来登酒店长约2.6 km岸段被冲刷,最大冲刷在丽思卡尔顿酒店附近,冲刷后退约80 m,形成高4 m左右的陡坎,海滩岩大范围出露。中段自喜来登酒店至爱立方滨海乐园长约2.2 km岸段稳定或微淤。其中,红树林酒店至中心广场附近长约1 km岸段淤积明显,最大淤积在天域酒店附近达40 m左右。东段冲刷区主要在海底世界码头栈桥至假日酒店附近(现野猪岛掩护区西侧),冲刷岸线长约1.3 km,最大后退约60 m。假日酒店以东(野猪岛掩护区东侧的港内区域)淤积明显,最大向海淤积120 m,淤积岸段长约2.2 km(图5)。

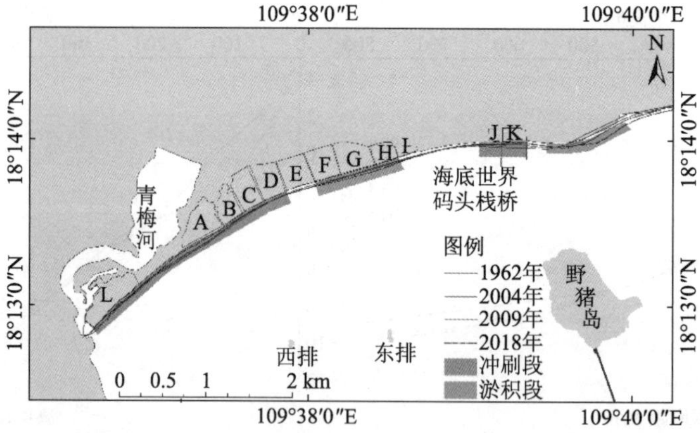

A. 丽思卡尔顿酒店;B. 希尔顿酒店;C. 万豪酒店;D. 喜来登酒店;E. 美高梅酒店;

F. 红树林酒店;G. 天域酒店;H. 中心广场;I. 爱立方滨海乐园;J. 爱情海酒店;K. 假日酒店;L. 瑞吉酒店。

图5 1962年至2018年亚龙湾砂质海岸整体冲淤变化

2.4 台风浪影响下的岸滩冲淤

三亚海域受台风影响较大,2017年第19号台风"杜苏芮"是近年来影响亚龙湾岸滩最严重的台风。该台风中心距三亚最近约100 km时的中心最大风力14级,且恰逢大潮高潮位,外海实测最大波高10 m,对包括亚龙湾在内的三亚周边海岸造成较大影响。相关资料显示,该台风影响期间,海滩及后方沙坝受损最严重的在原本处于冲刷状态的丽思卡尔顿酒店附近,高大的沙坝在台风影响期间后退5~8 m。实际上,在台风作用期间,因潮高、风大、浪大,不仅冲刷岸段会受到更为强烈冲刷,淤积岸段也会遭受破坏。

整体而言,在亚龙湾东部,海滩及陆上的相关设施较多且损坏较为严重,海滩和沙坝的冲刷并不十分明显。在亚龙湾中段的淤积区,因海滩宽阔,形成较好的掩护,岸滩和设施受损较小。在亚龙湾西段,滩面宽度较小,沙坝高大,正常天气条件下波浪无法触及沙坝根部。在台风影响期间,又恰逢大潮高潮位,波浪可触及无任何防护的沙坝根部,淘刷沙坝根部泥沙,造成沙坝坍塌。因此,在波浪根本无法触及的 6 m 以上陆域仍出现明显的损坏,岸滩冲刷现象非常明显。

3 岸滩冲淤表现与沿岸输沙计算

3.1 岸滩冲淤表现

从岸滩冲刷表现来看,前文分析表明:亚龙湾在 2004 年以前基本处于稳定状态或动态平衡状态,数十年间岸线和水下地形变化很小。2004 年后,表现出明显的趋势性冲淤过程,即整体表现为西冲东淤的态势,且岸滩冲淤主要在近岸浅水区,为典型的波浪动力控制下的岸滩冲淤。

在西段整体冲刷的同时,中段形成局部淤积,东段野猪岛掩护区西侧也形成局部明显的冲刷。这与海湾内岛礁分布特征有关,即东排和西排掩护区以及野猪岛掩护区的相应东移,造成在海湾整体西冲东淤的背景下,两个掩护区附近也出现了局部西冲东淤态势。但这种局部冲淤表现,不改变海岸整体的西冲东淤态势,西排掩护区以西的冲刷和野猪岛掩护区以东的淤积是海岸整体的冲淤表现。

3.2 波浪作用下的沿岸输沙规律

亚龙湾海岸潮流动力较弱,以基岩和砂质海岸为主,波浪是近岸泥沙运动的主导动力因素。海岸在常年波浪作用下,横向和纵向输沙(沿岸输沙)均可能成为海岸冲淤的输沙途径。其中,横向输沙因波浪作用,泥沙冲刷和堆积主要在近岸浅水区,引起岸滩断面形态调整。破波带沿岸输沙是沿岸不同岸段冲淤变化的主要泥沙运动形式。

沿岸泥沙运动研究起于 20 世纪 40 年代,早期通过估算丁坝等近岸实体建筑物拦截的泥沙量来计算沿岸输沙率。沿岸输沙率与波浪沿岸方向上的能量分量有关,并可据此推算沿岸输沙量。在大量不同海岸实测资料积累基础上,美国海岸工程研究中心(CERC)逐步形成并在《海岸工程手册》中推荐了式(1)用来计算沿岸输沙率,这也是目前广泛使用的计算方法。

$$Q = K \frac{\rho g}{16(\rho_s - \rho)g(1-n)} H_{rms-b}^2 \sqrt{gh_b} \sin(2\alpha_b) \tag{1}$$

式中:H_{rms-b} 是均方根波高,下标 b 表示在破波点的数值;ρ 是海水密度,取 1 025 kg/m³;ρ_s 是泥沙颗粒密度,取 2 650 kg/m³;n 是泥沙孔隙率,现场一般为 0.4;g 为重力加速度;α_b 为破波角;K 为泥沙输运经验系数,当取均方差波高时,K 取值为 0.77。后期发展中,K 与泥沙粒径的相关公式为:

$$K = 1.4\exp(-2.5D_{50}) \tag{2}$$

式中:D_{50} 为泥沙累积频率为 50% 的粒径(中值粒径)。

CERC 公式广泛应用于沿岸输沙计算。但需要指出的是,CERC 公式中的计算结果与泥沙粒径无关。尽管上述公式给出了 K 取值与粒径的关系,但对输沙量影响甚微。其他常用的也有考虑泥沙沉速或粒径的公式,如中国《海港水文规范》(JTS145-2-2013)推荐的式(3)~式(4)在中国砂质海岸也有较多应用。

$$Q = 0.64 \times 10^{-2} K' \frac{H_0}{L_0} H_b^2 C_b n_b \sin(2\alpha_b) \tag{3}$$

$$K' = \left(3\ 500 \times \frac{D_{50}}{D_{50}^4 + 2}\right)^{(11-100H_0/L_0)/10} \tag{4}$$

式中:H_0 和 L_0 分别表示深水波高和波长;H_b 为破波点的均方根波高;C_b 为破波波速;α_b 是波浪破碎时波峰线与等深线间的夹角,α_b 小于 90°;D_{50} 为泥沙的中值粒径。

文中研究同时采用了 CERC 和《海港水文规范》公式对当地沿岸输沙量进行了计算。计算中的波浪要素取自波浪数学模型计算结果[3]和三亚外海实测波浪频率统计结果。

计算结果显示,对于亚龙湾近东西走向的岸线和破波带等深线,集中在南偏东向的主波向与岸线和等深线近垂直分布,波锋线与岸线夹角较小,各向沿岸输沙量均相对较小。CERC 公式计算结果是自西向东和自东向西的最大沿岸输沙能力分别约为 3.5 万 m^3/a 和 2.1 万 m^3/a,净输沙方向为自西向东,最大净输沙能力为 1.4 万 m^3/a。中国《海港水文规范》公式计算结果是自西向东和自东向西的最大沿岸输沙量分别为 2.1 万 m^3/a 和 1.2 万 m^3/a,净输沙方向为自西向东,净输沙能力为 0.9 万 m^3/a。因波浪条件、岸线走向和泥沙粒径在沿岸方向上存在较大差异,沿岸输沙能力在不同岸段不同,这也是形成沿岸不同岸段冲淤不平衡的主要因素。沿岸净输沙能力西段大于东段的状况,与海岸目前的自然冲淤格局一致。在净输沙能力递减区,供沙量大于输沙量,表现为淤积;在净输沙能力递增区,泥沙输入量小于输出量,表现为净冲刷。

4 动力泥沙条件变化与冲淤机制

4.1 泥沙供给条件变化

海岸主要泥沙来源有 3 个方面:

一是珊瑚礁供沙。亚龙湾周边珊瑚礁分布较多,珊瑚礁碎屑在波浪作用下搬运和破碎成为该岸段重要的泥沙来源之一。早期亚龙湾中东部岸段海滩较为洁白,主要是珊瑚砂含量较多的原因。

二是陆源供沙(河流供沙)。本岸段只有青梅河一条河流入海,是陆源供沙的主要来源。在 2010 年河口尚有沙嘴发育。在上游水库建设后,河流供沙进一步减少,目前基本无陆源来沙。

三是海岸侵蚀供沙。根据岸滩近几年的冲淤调整情况,淤积岸段的泥沙主要来自冲刷区。亚龙湾西段高达 4 m 以上的沙坝的淘刷坍塌,是其他岸滩泥沙的重要来源。2004 年以来万豪酒店以西岸段的沙堤平均后退 20 m 左右,流失沙量不少于 10 万 m^3。在陆源供沙基本断绝、珊瑚礁供沙来源十分有限的情况下,沙坝被冲刷后退的供沙成为本岸段岸滩的主要泥沙来源。

4.2 动力条件

动力条件变化包括自然因素和人为因素。自然因素包括全球海平面变化和台风作用频率增加等普遍性因素。人为因素主要为涉水工程建筑物引起的水动力改变。就本海岸而言,工程建设引起的波浪场改变是主要的人为因素,包括直接改变工程附近的波浪条件以及对波浪传播的"下游"区域的波浪场影响。

近年来,亚龙湾附近的工程建设主要是野猪岛—西洲—东洲—亚龙半岛之间的防波堤,为岸外工程。近岸的涉水工程主要有海底世界栈桥码头。海底世界栈桥码头位于野猪岛陆侧,长约 200 m,垂直于岸线布置。栈桥码头因均为透空式高桩结构,对波浪动力无明显影响,且规模较小,其陆侧也未因拦截泥沙和波浪掩护形成局部淤积。因此,海底世界栈桥码头对波浪动力和岸滩冲淤无大的影响。

2003 年至 2004 年,亚龙湾东部亚龙半岛、东洲、西洲和野猪岛之间新建了防波堤工程,东部成为独立的有掩护港域。波浪有效作用的、纵深约 6 km、宽度约 8 km 的近矩形海湾纵深基本不变,宽度减小至 5 km 左右,面积缩小了约 16 km²。在此背景下,缩小后的海湾在新的动力条件下会引发部分范围内的岸线调整,以适应新的动力环境。

4.3 波浪场变化与岸滩冲淤调整机制

从波浪动力条件角度(图 6),原本通过几个岛屿及亚龙半岛之间的海峡通道传播进入海湾的波浪不复存在,海湾东部港域长期平静,野猪岛因西海岸失去了来自几个海峡传播的波浪动力,不同方向波浪作用的频率发生改变,波能平均的主波向也有改变,势必导致岸线的冲淤调整。

根据实测资料,三亚海域主浪向为 SE—S 向,占比可达约 80%(崖州湾)和 90%(三亚湾东岛)。结合波浪数学模型计算结果[3],海湾内波浪偏西南向浪主要受控于海湾的西岬角,偏东南向波浪主要受控于海湾的东岬角。亚龙湾的西岬角为白虎角,长期保持不变。东南岬角在防波堤建设前为亚龙半岛。防波堤工程建设后,东岬角西移约 3 km 至西洲位置,口门缩小,对偏东南向波浪形成更好的掩护。因此,对于海湾内部而言,偏东南向波浪作用减小,波能平均主波向由偏 SE 向(方位角 145°)逆时针偏转约 15°至 SSE 向(方位角 160°)。在主波向(平均代表波向)逆时针偏转背景下,自西向东的沿岸输沙增强,整体大于自东向西的沿岸输沙量,形成自西向东的净输沙,成为岸滩整体西冲东淤的背景。

图 6   亚龙湾东部防波堤建设前后主波向变化与岸滩冲淤关系示意

4.4 局部岸段冲淤调整动力泥沙机制

就局部岸段而言,在海湾岸线轮廓背景下,湾内的 15~20 m 等深线附近分布的西排、东排、野猪岛等岛礁,对岸线格局和水下地形塑造起着一定控制作用。从 1962 年至 2004 年的岸线中,东排和西排的西北侧对应岸段,是两个岛礁对陆域岸线的波浪掩护区。虽岛礁规模不大且高潮时大部分被淹没,但对岸线格局也有一定的影响。至 2018 年,因防波堤影响下的主波向变化,东排和西排的掩护段由岛礁的西北部变为北部,岛礁掩护区的突出岸段向东移动,形成西冲东淤。这也是丽思卡尔顿酒店附近近年来冲刷最为明显的重要原因之一。

此外,在沿岸净输沙方向改变的背景下,西侧冲刷出露海滩岩,对后方沙坝形成掩护,海滩岩出露区的岸滩和沙坝冲刷减缓,向海滩补充泥沙减少,也造成海滩岩出露岸段以东区段因得不到充足的泥沙供给而出现冲刷。在上游水库建设后,也减少了陆源泥沙补给,进一步加速了因泥沙来源减少而引起的西段岸滩的冲刷。

4.5 沙坝冲刷机制

亚龙湾西段沙坝高程多在 8~10 m。就波浪作用而言,在极端高潮位(2.22 m)情况下,叠加滩前 0 m 附近极限波高(1.5 m)爬高约 3 m,波浪直接作用的高度范围不超过 5.22 m。因此,沙坝的冲刷后退主要是沙坝底部受波浪淘刷后形成的坍塌现象,沙坝上部的泥沙并非因波浪直接作用而流失,这也是大潮高潮期沙坝淘刷坍塌严重的原因(图 7)。

图 7   高潮大浪过后丽思卡尔顿酒店前沿沙坝的坍塌现象

5 结　语

亚龙湾海域潮流动力弱,波浪作用相对较强。潮流不具备起动当地泥沙的基本条件,波浪作用(特别是近岸破波带波浪作用)是泥沙运动的主导动力。岸滩冲淤主要集中在近岸水深 5 m 以浅区段,深水区长期保持稳定。历史地形和卫星影像对比显示,21 世纪初之前亚龙湾整体长期处于基本稳定状态;21 世纪初以来的西冲东淤调整迅速。海湾东南部防波堤工程实施后,东南向波浪减少,西南向波浪作用相对增强,形成破波带附近向东的沿岸净输沙,是冲淤调整的主要动力机制。

从泥沙供给和波浪作用角度看,亚龙湾西段缺少外来泥沙补给是海岸冲刷的主要原因,高潮大浪阶段波浪对沙坝坡脚的淘刷是沙坝冲刷后退的主要原因。海滩岩出露后可在一定程度上对后方沙坝和岸滩形成掩护,减缓岸滩冲刷。

参考文献

[1]　夏东兴,王文海,武桂秋,等. 中国海岸侵蚀述要[J]. 地理学报,1993(5):468-476.

[2]　石海莹,陈周,吕宇波. 亚龙湾砂质海岸侵蚀监测和评价[J]. 海洋开发与管理,2021,38(12):80-84.

[3]　王红川,杨氾. 亚龙湾西段人工补沙工程项目波浪数学模型计算[R]. 南京:南京水利科学研究院. 2019.

波浪作用下珊瑚沙滩剖面演变试验研究

陈树彬,李　元,王秭霖,张　弛

(河海大学 水灾害防御全国重点实验室,江苏 南京　210024)

摘要:珊瑚沙滩与普通石英沙滩在动力环境和泥沙地貌特性方面差异显著。受观测数据的限制,现阶段对珊瑚沙滩动力地貌演变规律的认识仍不清晰。在波浪水槽中开展了珊瑚沙滩剖面形态演变的物理模型试验,分析了不同动力条件对后方珊瑚沙滩剖面演变的影响规律,量化了不同波浪组分对泥沙输移的影响。结果表明,在发育良好珊瑚礁的掩护下,珊瑚沙滩表现出抵御波浪侵蚀的韧性,在不同强度的波浪作用下均出现了向岸净输沙与滩肩淤长的现象,建立了剖面最大净输沙率与短波波能流的线性关系。

关键词:珊瑚沙滩;波浪破碎;珊瑚沙输运

珊瑚沙滩指由向海延伸的硬质珊瑚礁体支撑的海滩[1]。典型珊瑚礁地形主要由连接海床、较为陡峭的礁前斜坡以及相对宽阔平坦的礁坪组成,类似于潜堤,通过在礁前斜坡破碎波浪和大粗糙度底部的摩阻损耗减弱到达沙滩的波浪能[2],为后方珊瑚沙滩提供遮蔽。

由于珊瑚礁海岸地形、地貌环境迥异于近岸缓坡海滩,且珊瑚沙在物理性质上和普通石英砂存在差异,使得珊瑚礁沙滩地貌演变规律复杂特殊。波浪水槽试验和数值模拟便于控制水动力和泥沙参数,简化泥沙输移过程,常被用于研究波浪作用下珊瑚沙滩演变规律。Tuck 等[3]基于 Tuvalu 的 Funafuti 环礁现场观测地形开展缩尺模型试验,试验结果表明随着海平面上升,珊瑚沙岛向岸移动,向海侧的岛脊随海平面同步垂直淤长,表现出了抵御海平面上升的地貌韧性。Masselink 等[4]采用基于物理过程的砾石海滩演变模型 XBeach-G 对 Tuck 等[3]试验结果进行了模拟,进一步揭示了珊瑚沙岛的岛脊高程随海平面同步上升的物理机制是越浪与冲越过程,并比较了两者的相对重要性对珊瑚沙岛形态的影响规律。然而,Xu 等[5]指出 Masselink 等[4]的结论仅适用于较小的砾石礁体,对于较大的珊瑚岛礁,沙质礁体相比砾石砂岛对海平面上升的地形响应更加明显。上述研究大多集中于礁坪中部的砂岛地形,该地形向岸方向长度较短且接近礁缘位置,对于长礁坪后部的珊瑚沙滩在多种水动力因素与长时间尺度下的输沙率和地形变化仍缺乏相关的研究。

以往有关于海滩地形变化受波浪影响的研究主要集中于波浪直接作用的沙质海滩,而珊瑚沙滩泥沙颗粒物理性质和动力条件均与传统沙滩存在差异。因此,本文通过物理模型试验,研究了不同入射波条件下的珊瑚沙滩剖面形态演变规律,以及不同波浪组分对泥沙输移的影响。

1　试验设计

试验在河海大学海岸灾害及防护教育部重点实验室的波浪水槽中开展,水槽长 70 m,宽 0.5 m,高 1.5 m。水槽一端配有自主吸收波能的推板式造波机,最大可产生 0.4 m 的波浪,试验中采用谱峰因子为 3.3 的 JONSWAP 谱不规则波。如图 1 所示,试验采用概化的珊瑚礁地形后接沙滩斜坡的形式模拟珊瑚礁海岸,该地形具有坡度为 1/5 的礁前斜坡,礁前斜坡段在水平方向上投影为 2 m。造波机距离坡脚 25 m,礁坪长 10 m,高 0.4 m,礁坪后接坡度为 1/12.5 的斜坡模拟礁后沙滩,其在水平方向上的投影为 2 m。该试验地形不针对特定的原型海岸,根据弗汝德相似准则对珊瑚地形进行初步反演,试验的几何比

基金项目:国家重点研发计划资助项目(2022YFC3102302)

通信作者:李元。E-mail:yuanli@hhu.edu.cn

尺为 1：50。礁体采用砂石砌筑,表面采用光滑水泥抹面。

试验中采用珊瑚沙铺设礁后斜坡,泥沙取样后使用振摆仪筛析法进行粒径分析,中值粒径 d_{50} 为 0.30 mm,使用希尔兹相似推算其原型尺寸为 15 mm,与 Tuck 等[3]试验中使用的在 Fatoto 岛上的中等尺寸砾石(17.5 mm)近似。泥沙的颗粒密度 ρ_s 为 2.75 g/cm³,分选系数为 1.43。采用 Hallermeier 提出的公式[6]:

$$\omega_s = \frac{\gamma_s^{0.7} d^{1.1}}{6\rho^{0.7} v^{0.4}}$$

计算得到泥沙沉速为 $\omega_s = 2.6$ cm/s。试验之前将珊瑚沙在水中浸泡 24 h,待泥沙充分吸收水分后再进行试验。

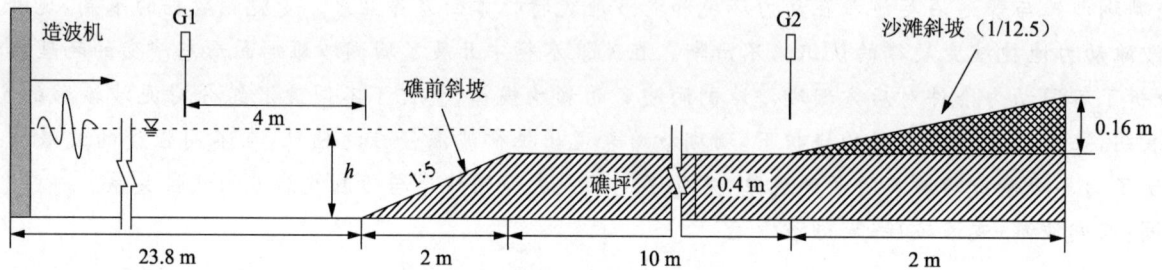

图 1　试验地形及仪器布置

试验共布置有 2 根 LG1 型浪高仪,位置如图 1 所示,G1 浪高仪位于距离礁前斜坡坡脚 4 m 位置,G2 位于珊瑚沙滩坡脚位置,采样频率设置为 50 Hz,量程为 0.6 m,绝对误差小于 1 mm,使用钢架固定在水槽顶上。使用 SeaTek 探头式水下高频超声波测距系统沿沙滩中心剖面测量平面高程,该系统由 32 个测距传感器和一个采集装置组成。传感器工作频率为 5 MHz,测量距离范围为 2~110 cm,测量误差约为 ± 0.2 mm。

表 1　试验组次

序　号	入射有效波高 H_{m0}/m	入射谱峰周期 T_p/s	礁坪淹没深度 h_r/m	礁前静水深 h/m	礁前斜坡坡度 s
1	0.06	2.0	0.03	0.43	
2	0.06	2.0	0.05	0.45	
3	0.04	2.0	0.07	0.47	
4	0.06	2.0	0.07	0.47	
5	0.08	2.0	0.07	0.47	
6	0.10	2.0	0.07	0.47	1/5
7	0.06	1.5	0.07	0.47	
8	0.06	2.5	0.07	0.47	
9	0.06	2.0	0.09	0.49	
10	0.06	2.0	0.11	0.51	

采用控制变量法设计试验组次,考虑变量包括礁坪淹没深度 h_r、入射有效波高 H_{m0}、谱峰周期 T_p。如表 1 所示,试验设计了 10 组工况,首先设置了具有代表性的中等礁坪淹没深度 0.07 m,入射波有效波高 0.06 m,谱峰周期 2 s,礁前斜坡 1：5 的工况 4,作为该地形波浪、水深的一般特征(以下称"代表性工况"),其余工况为仅改变礁坪上方的静水深、入射有效波高、谱峰周期其中一个条件,保持其余两个条件不变的对照工况。h_r 变化范围为 0.03~0.11 m,H_{m0} 范围为 0.04~0.10 m,T_p 范围为 1.5~2.5 s。本试验波浪水深条件换算为原型海岸礁坪淹没变化范围为 1.5~5.5 m,波高变化范围为 2~5 m,周期变化范围为 10.6~17.7 s,选择以上的波浪条件既表征了常浪条件下珊瑚礁受到的波浪作用,也考虑到风暴浪条件下和海平面上升对于珊瑚沙滩的影响。为了避免长时间造波引起的水面共振,每一组工况分为 18 次造波,每次造波时间 10 min,即波浪作用在沙滩斜坡上的总时长为 3 h。

利用仪器采集到的海滩剖面沿程变化数据,可以计算海滩演变过程中各个位置的离岸方向时间平均单位宽度净输沙率[7]:

$$Q(x_i) = Q(x_{i-1}) - (1-p) \int_{x_{i-1}}^{x_i} \frac{\Delta z}{\Delta t} \mathrm{d}x \tag{2}$$

式中:$Q(x_i)$表示x_i位置的单位时间净输沙率(包括推移质和悬移质)。Δz为时间间隔Δt内x_{i-1}位置到x_i位置的床面高程变化。p为泥沙的孔隙率,本文中取0.8。Q在泥沙向岸输运时为正,向海为负。

为了量化剖面形态变化,如图2所示定义沙滩剖面几何形状的相关参数。沙滩剖面上的最大滩肩高度h_b定义为最终剖面滩肩顶部到初始斜坡剖面的垂向距离,x_b为滩肩顶到坡脚的水平距离,最大冲刷坑深度h_t定义为最终剖面冲刷坑底部到初始斜坡剖面的垂向距离,x_t为冲刷坑底部到坡脚的水平距离,L_v为波浪作用下沙滩地形发生变化的两个临界点之间的水平距离。

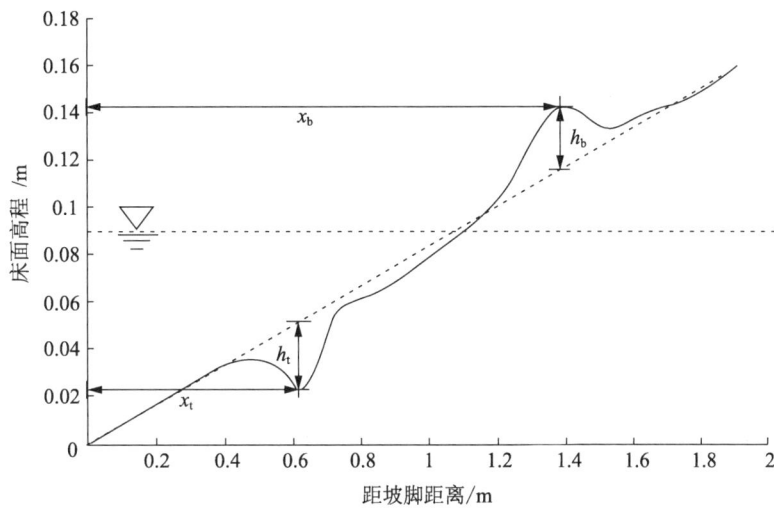

图2 珊瑚沙滩剖面几何参数定义

2 试验结果和讨论

2.1 沙滩剖面演变

图3(a)～(e)展示了礁坪淹没深度从0.03～0.11 m工况下的沙滩剖面形态演变,每35 min绘制一条地形剖面曲线。可以看到不同水位工况下均为向岸输沙,剖面形态逐渐形成滩肩剖面,且随着水深增大淤积形成的滩肩位置向岸移动,h_b从0.91 cm增长到2.71 cm,x_b从0.68 m增大到1.63 m,不同工况的滩肩高度随时间增长的速度均较为均匀。所有水深变化的工况中,泥沙均没有受波浪作用移动到礁坪上或者沙滩后部,表明珊瑚沙滩对于海平面的上升具有自适应性。冲刷坑在$h_r < 0.11$ m时形态光滑,且随时间变化增长速度较为均匀。当$h_r = 0.11$ m时,前70 min的冲刷坑深度和滩肩高度增长较快,在90 min以后从坡脚到冲刷坑位置出现了明显的沙纹形态,表明在相同的入射波浪条件下,礁坪淹没的增加会使得近底层流不稳定性加剧。这可能是由于在高水位工况下的波浪在礁前斜坡的破碎耗能以及在礁坪传播过程中的底摩阻损耗相较于低水位较少,在到达沙滩斜坡时的波浪能足够挟带和重新分布沙粒,进而形成特定的沙纹结构。每个工况中沙滩剖面形态变化过程中形成的最大冲刷和淤积的位置几乎不发生改变,变化范围在4 cm以内。图3同时展示了不同水深时的剖面向离岸方向净输沙率。在不同工况下均为向岸输沙占主导,$Q(x)$从冲刷坑开始形成的位置逐渐增长,直到滩肩开始形成的位置达到最大值。在水深较大的工况($h_r \geqslant 0.07$ m)中可以观察到$Q(x)$在冲刷坑段增长速度较快,在冲刷坑末尾到滩肩开始形成的位置增长缓慢,随后在滩肩段快速下降。水深大于等于0.07 m后的工况中出现了较为明显的冲刷坑和滩肩之间过渡段,在过渡段内地形变化不明显,过渡段长度随水深增长,由水深0.07 m时的0.34 m增长到水深0.11 m时的0.56 m,对应泥沙向岸输运距离的增加,在过渡段位置对应$Q(x)$增长速度较为缓慢。

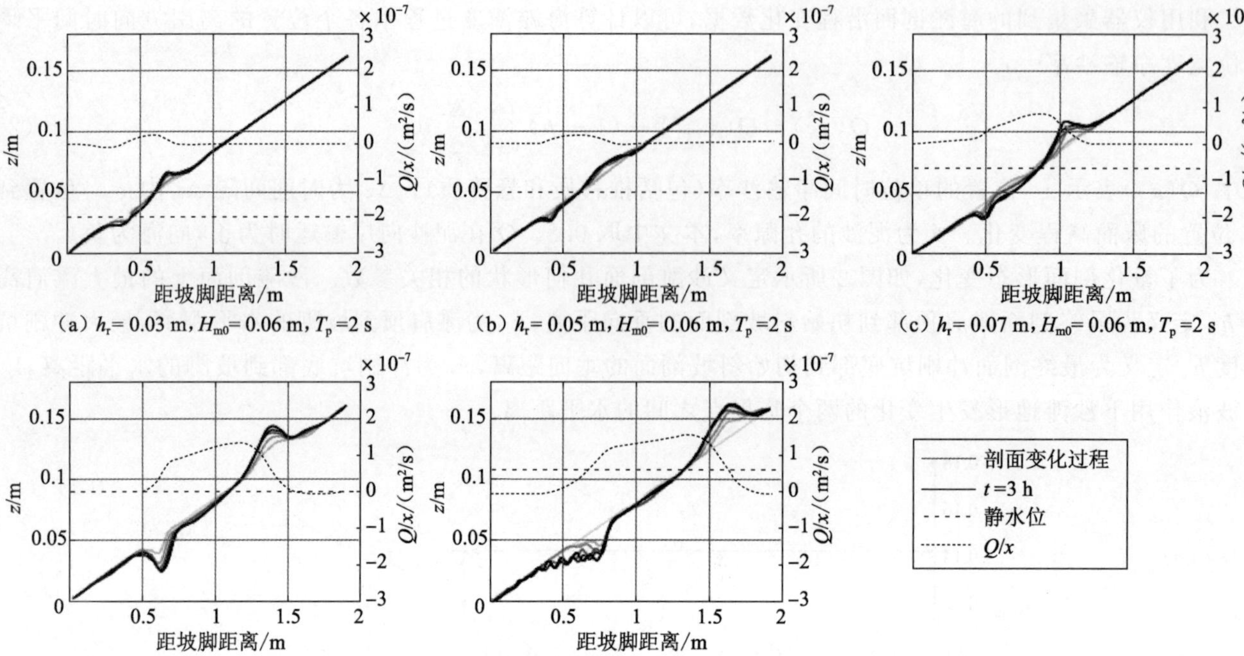

（a）$h_r = 0.03$ m, $H_{m0} = 0.06$ m, $T_p = 2$ s　　（b）$h_r = 0.05$ m, $H_{m0} = 0.06$ m, $T_p = 2$ s　　（c）$h_r = 0.07$ m, $H_{m0} = 0.06$ m, $T_p = 2$ s

（d）$h_r = 0.09$ m, $H_{m0} = 0.06$ m, $T_p = 2$ s　　（e）$h_r = 0.11$ m, $H_{m0} = 0.06$ m, $T_p = 2$ s

图 3　不同礁坪淹没条件下的沙滩剖面演变

如图 4 所示，入射波高条件从 0.04 m 变化到 0.10 m 的不同工况中，冲刷坑深度和滩肩高度在前 105 min 的增长速度较快，随后增长速度减缓。整体上由于礁前斜坡和礁坪对波浪能的耗散作用，珊瑚沙滩在风暴潮的影响下具有韧性，在极端波浪条件下不会发生大规模侵蚀。随着波高的增长，h_b 并不随波高增大而增加，x_b 从 0.91 m 增加到 1.29 m，但泥沙的向岸输运总量随着波高的增大而增大。此外，随着入射波高的增加，在冲刷段的底部剖面形态出现不规则的沙纹，沙纹形态更加明显，最大冲刷深度减小，冲刷段长度增加，因波高增加而产生的冲刷段变化与斜坡地形上的现象类似[8]。泥沙净输移率方面，$H_{m0} = 0.08$ m 和 $H_{m0} = 0.10$ m 工况中不存在明显的过渡段，$Q(x)$ 在整个冲刷坑位置向岸均匀增加，而 $H_{m0} = 0.04$ m 和 $H_{m0} = 0.06$ m 工况中 $Q(x)$ 均存在不同长度的过渡段，$Q(x)$ 主要在冲刷坑段增长较快。

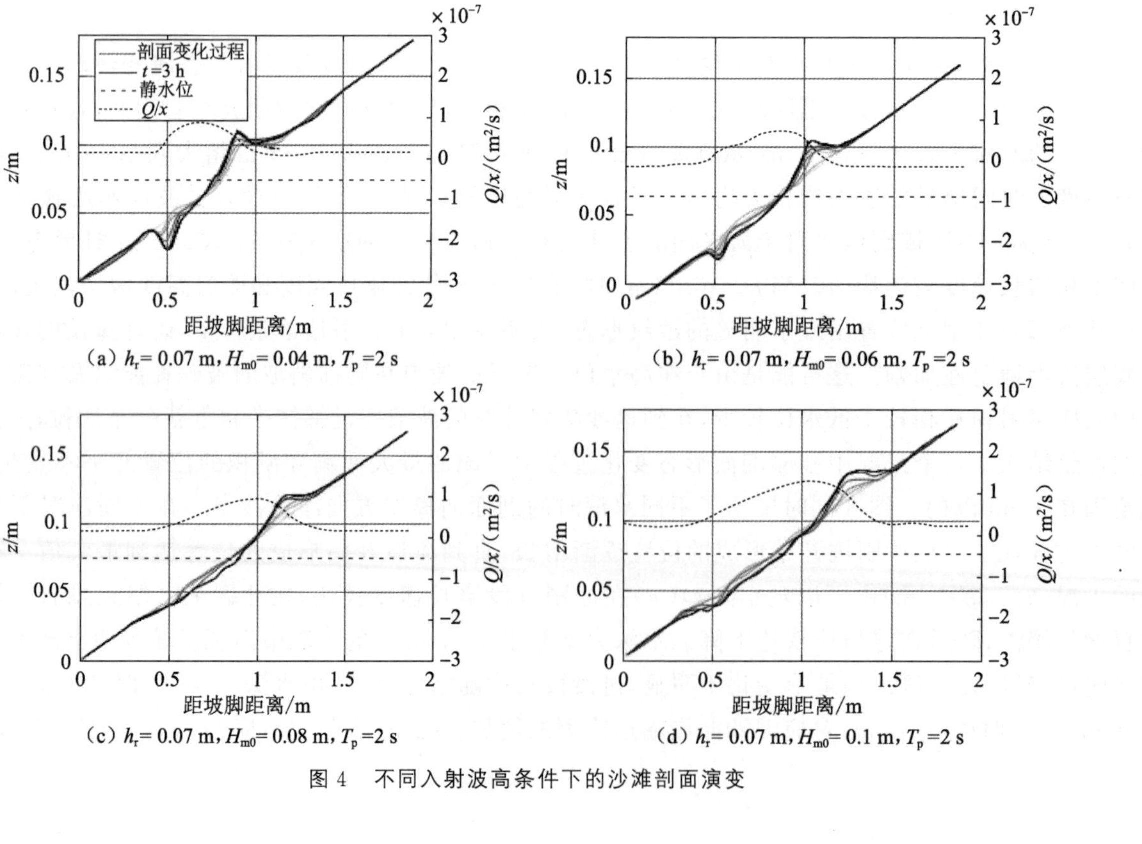

（a）$h_r = 0.07$ m, $H_{m0} = 0.04$ m, $T_p = 2$ s　　　　　　　（b）$h_r = 0.07$ m, $H_{m0} = 0.06$ m, $T_p = 2$ s

（c）$h_r = 0.07$ m, $H_{m0} = 0.08$ m, $T_p = 2$ s　　　　　　　（d）$h_r = 0.07$ m, $H_{m0} = 0.1$ m, $T_p = 2$ s

图 4　不同入射波高条件下的沙滩剖面演变

图 5 中不同入射波周期下的剖面演变规律类似,冲刷坑深度均在前 105 min 变化较快,但滩肩高度随时间变化速度较为均匀。随着 T_p 由 1.5 s 增长到 2.5 s,h_b 由 2.24 cm 下降到 1.74 cm,x_b 由 0.97 m 增大到 1.14 m,h_t 和 x_t 随入射波周期增加先减小后增大,且在 $T_p = 2.5$ s 时 x_t 增加幅度较大。入射波周期对于泥沙总净输移的影响较小,$T_p = 1.5$ s 的冲刷坑段较明显,$T_p = 2.5$ s 周期工况中没有出现过渡段,但整体上 3 种工况下的 $Q(x)$ 演变过程较为相似。

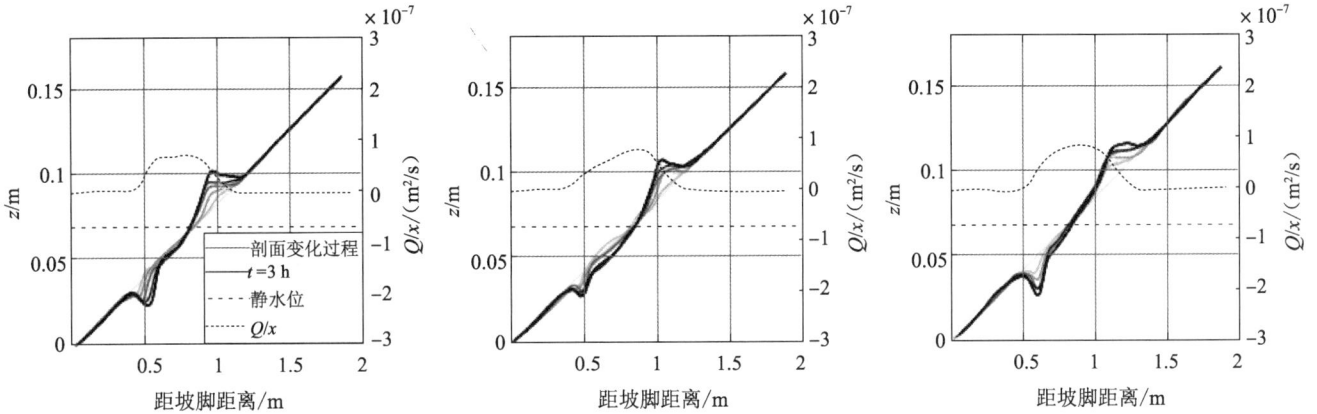

图 5 不同入射波周期条件下的沙滩剖面演变

2.2 不同波浪组分对泥沙输移的影响

与普通斜坡地形不同,波浪在陡峭的礁前斜坡上破碎并在较长的礁坪段传播并到达礁后沙滩时,波浪频谱发生显著变化,波浪由短波主导变为低频长波主导。使用带通滤波器(0.28~3.3 Hz)进行滤波得到高频波浪(涌浪,SS 波)和低于 0.28 Hz 的低频长波(次重力波,IG 波)。此前的物理模型试验和现场观测通过相关性分析验证了沉积物输移对 IG 波的响应[9-11],Masselink 等[12]指出礁前斜坡坡度与礁坪静水深度是控制 IG 波产生机制以及影响整个礁坪 IG 波能的重要因素。Bagnold[13]基于能量原理,从泥沙运动所消耗的功和水流运动消耗的功的关系建立了输沙率关系。其研究认为对于单向恒定流,泥沙的浮重输沙率 q_t[$q_t = (\rho_s - \rho)gQ$,ρ_s 和 ρ 为泥沙干密度和水体密度]与单位面积上的波能消耗相关。波浪通过单宽波峰长度的平均能量传递率,即波能流 P 定义如下

$$P = Ecn \tag{3}$$

$$E = \frac{1}{8}\rho g H_{m0}^2 \tag{4}$$

$$n = \frac{1}{2}\left[1 + \frac{2kh}{\sinh 2kh}\right] \tag{5}$$

式中:c 为波速,k 为波数,由波浪色散关系得到,$c = \frac{gT}{2\pi}\tanh kh$。图 6 中分别展示了所有工况中坡脚位置(G2)的次重力波波能流 P_{IG}、短波波能流 P_{SS} 与沿程最大 q_t 值 q_{max} 的相关关系,可以看到 q_{max} 与 P_{SS} 之间具有较强的关联性,使用直线拟合了 q_{max} 与 P_{SS} 之间的相关关系,拟合结果的决定系数 $R^2 = 0.81$。q_{max} 与 P_{IG} 的相关性较弱,IG 波能量引起的底部剪切应力变化不足以独自改变输沙的过程,比 IG 波能更重要的因素是由其引起的波浪不对称度和偏度的增强引起沉积物运动,且现场观测表明在珊瑚礁环境中波浪非线性会显著增加[14],具有较高不对称性的 IG 波对背景 SS 波的能量贡献可能才是礁后沙滩推移质输送的主要原因[15]。在本试验中仅测量了波面和沙滩剖面变化,未来研究中如果能够获取近底流速结构以及悬沙浓度相关数据,可以更深入地分析 IG 波对泥沙输移过程的贡献占比和时域上的相关关系。

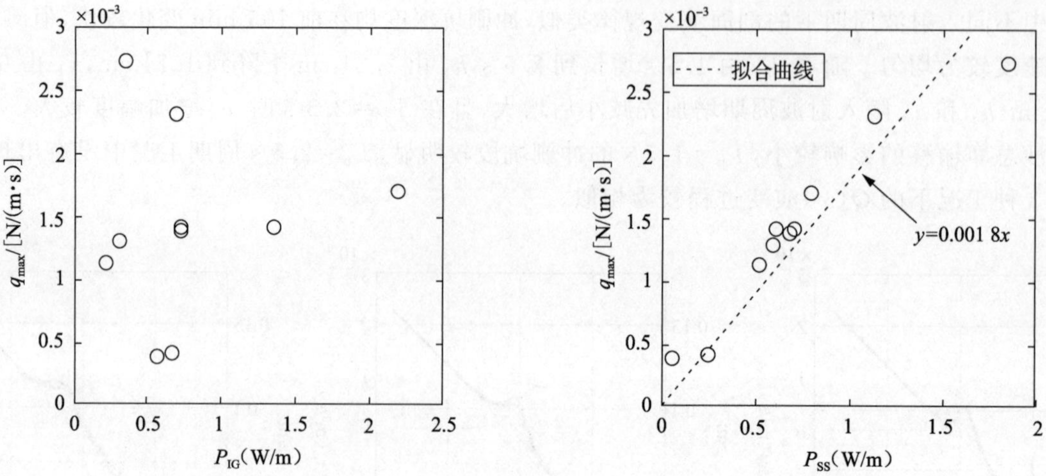

（a）IG波能流与q_{max}关系　　　　　　　（b）SS波能流与q_{max}关系

图 6　IG 波、SS 波波能流和 q_{max} 的关系

3　结　论

通过波浪水槽物理模型试验模拟了波浪作用下的珊瑚沙滩形态演变过程，通过改变礁坪水深和入射波高来模拟珊瑚沙滩对变化波浪条件和海平面上升的影响，入射波浪涵盖了风暴和常浪两种条件。通过对波要素和地形剖面演变的分析，得到的主要结论如下：

（1）在发育良好珊瑚礁的掩护下，波浪能在礁前斜坡和礁坪传播过程中发生耗散，珊瑚沙滩表现出抵御波浪侵蚀的韧性，表现为整体向岸净输沙与滩肩的淤长。珊瑚沙滩均出现了整体向岸输沙的现象。

（2）沿程最大时均净输沙率与短波波能流存在较强的线性相关关系，但与次重力波波能流相关性不明显，量化了剖面最大净输沙率与短波波能流的线性关系。

参考文献

[1] GALLOP S L, BOSSERELLE C, ELIOT I, et al. The influence of limestone reefs on storm erosion and recovery of a perched beach[J]. Continental Shelf Research, 2012, 47:16-27.

[2] KENCH P S, BEETHAM E P, TURNER T, et al. Sustained coral reef growth in the critical wave dissipation zone of a Maldivian atoll[J]. Communications Earth & Environment, 2022, 3(1):1-12.

[3] TUCK M, KENCH P, FORD M, et al. Physical modelling of the response of reef islands to sea-level rise[J]. Geology, 2019, 47:803-806.

[4] MASSELINK G, BEETHAM E, KENCH P. Coral reef islands can accrete vertically in response to sea level rise[J]. Science Advances, 2020, 6:eaay3656.

[5] XU D S, YAN Y L, WANG X, et al. Numerical modelling of the physical response of coral reef Sandy island to sea level rise by considering seasonal patterns[J]. Ocean & Coastal Management, 2023, 245:106860.

[6] HALLERMEIER R J. Terminal settling velocity of commonly occurring sand grains[J]. Sedimentology, 1981, 28(6):859-865.

[7] BALDOCK T E, ALSINA J A, CACERES I, et al. Large-scale experiments on beach profile evolution and surf and swash zone sediment transport induced by long waves, wave groups and random waves[J]. Coastal Engineering, 2011, 58(2):214-227.

[8] WANG J, YOU Z J, LIANG B. Laboratory investigation of coastal beach erosion processes under storm waves of slowly varying height[J]. Marine Geology, 2020, 430:106321.

[9] POMEROY A W M, LOWE R J, VAN DONGEREN A R, et al. Spectral wave-driven sediment transport across a fringing reef[J]. Coastal Engineering, 2015, 98:78-94.

[10] POMEROY A, STORLAZZI C, ROSENBERGER K, et al. The contribution of currents, sea-swell waves, and infragravity waves to suspended-Sediment Transport Across a Coral Reef-Lagoon System[J]. Journal of Geophysical Research: Oceans, 2021, 126:e2020JC017010.

[11] ROSENBERGER K J,STORLAZZI C D,CHERITON O M,et al. Spectral wave-driven bedload transport across a coral reef flat/Lagoon Complex[J]. Frontiers in Marine Science,2020,7:513020.

[12] MASSELINK G,TUCK M,MCCALL R,et al. Physical and numerical modeling of infragravity wave generation and transformation on coral reef platforms[J]. Journal of Geophysical Research:Oceans,2019,124(3):1410-1433.

[13] BAGNOLD R A. Beach and nearshore processes:the mechanics of marine sedimentation and littoral processes[C]// The Sea:Ideas and Observations:Vol. 3. New York:M. N. Hill,1963:507-553.

[14] CHERITON O M,STORLAZZI C D,ROSENBERGER K J. Observations of wave transformation over a fringing coral reef and the importance of low-frequency waves and offshore water levels to runup,overwash,and coastal flooding[J]. Journal of Geophysical Research:Oceans,2016,121(5):3121-3140.

[15] AAGAARD T,GREENWOOD B. Infragravity wave contribution to surf zone sediment transport—The role of advection[J]. Marine Geology,2008,251:1-14.

用椭圆余弦波理论中的不对称性解释沙质海岸的演变

徐基丰,陈昊袭,郑雪皎

(南京水利科学研究院,江苏 南京　210029)

摘要:对海浪作用下近岸沙质岸滩水下沙坝的形态进行研究,质疑了以往研究认为水下沙坝是波浪破碎形成并发育露出水面的观点。水下沙坝的位置不同,可以形成沙质海岸剖面的 3 种不同基本形态。利用椭圆余弦波理论不对称性,尤其是底部流速的不对称性,对水下沙坝从离岸较远处被逐渐向上推移,最终发育成露出水面的海岸沙坝的原因进行分析。将椭圆余弦波的计算值与试验资料现场实测值进行对比,证明椭圆余弦波理论是风暴后与近岸带长周期涌浪最吻合的波浪理论。

关键词:椭圆余弦波;沙质海岸演变;岸滩类型;水下沙坝

　　波浪作用下沙质海岸近岸带剖面的演变,主要表现为水下沙坝位置的变化。而对于水下沙坝的形成,目前较普遍的一种解释是:"海岸沙坝是由海岸横向泥沙运动形成的水上堆积地貌。波浪向海岸传播过程中,水深逐渐变浅且受海底摩阻影响发生变形,在水深减小到临界水深时(理论上等于波高的 1.28 倍),将发生波浪破碎,形成破波带。在破波带附近,由于破波掀沙作用强烈,把该处岸坡冲成凹槽,同时部分淘刷的泥沙在外侧沉积下来,于是出现堤状堆积地貌,称为水下沙坝。水下沙坝进一步发育以致露出水面而成为海岸沙坝。海岸沙坝与海岸之间常形成潟湖[1]。"

　　邹志利和房克照[2]认为,"平行于海岸的沙坝多数形成于波浪破波点附近,波浪破碎是这种沙坝形成的原因"。Elsayed 等[3]研究了波浪破碎对海岸形态的重要作用,并探讨了波浪破碎过程的模型。但这些结论都是基于水下沙坝是波浪的破碎形成的基本观点上的,没有提到露出水面的沙坝。

　　笔者认为,这种水下沙坝形成的解释并不合适,因为在破波带外侧形成沙坝后,临界水深的位置将向外海移动到新形成的沙坝前,后继到来的波浪与之前破碎波相近或更大,其破碎带也将向外移,从而冲刷掉前一个破碎波所形成的沙坝,因此不可能进一步发育形成露出水面的海岸沙坝。但上述"水下沙坝进一步发育以致露出水面而成为海岸沙坝",却反映了实际的情况。

1　沙质海岸剖面的形态

　　不少学者[4-16]在研究沙质海岸岸滩类型和坡度时,将沙质海岸剖面形态分成 2 或 3 种。大都以冲刷和淤积为准则,或加一种过渡形态。虽然都提到了水下沙坝,但都没有提到露出水面的水下沙坝。而在冲刷型的类型中,大多是没有水下沙坝的。这样无法解释被冲刷到靠岸边的泥沙的去向。这部分泥沙不可能消失,只能淤积在水深较大,表面波作用不到的地方,形成深水处的水下沙坝。

　　程永舟等[16]在沙质海岸试验研究中,虽然应用了椭圆余弦波,并得出断面随时间的演变,沙坝坝高、坝长随时间的演变等,取得不错的成果,但没有得到沙坝露出水面的结果。

　　Аибулатов[17]介绍了沙质海岸的演变,于 1955—1957 年实测了黑海东南的阿那帕海岸的水下地形,如图 1 所示。该海岸约 90% 的泥沙粒径为 0.1 ~ 0.5 mm,其中 2/3 的粒径为 0.1 ~ 0.25 mm。由图 1 可知,研究区中点线所示地形有 4 个水下沙坝,而岸边的已露出水面。

作者简介:徐基丰。E-mail:jfxu1935@163.com

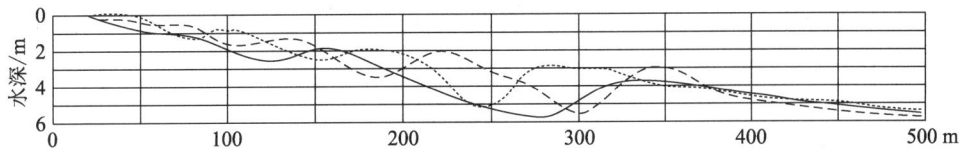

注:实线测于1955-06-10,虚线测于1956-10-12,点线测于1957-10-30。

图1　黑海阿那帕海岸实测的水下地形

综上所述,在沙质海岸中,水下沙坝是始终存在的。为此根据沙坝位置提出3种新的沙质海岸岸滩基本形态(图2)。

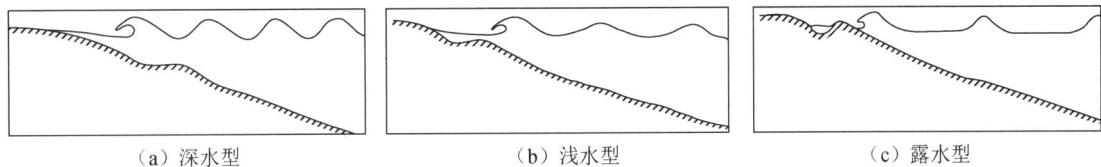

(a) 深水型　　　　　　　　(b) 浅水型　　　　　　　　(c) 露水型

图2　沙质海岸岸滩的3种类型

(1) 深水型。

大风暴时,波周期短而波高大,正反向波动流速的差别不大。波浪在岸边破碎将泥沙掀起,堆积在其后面。接着前来的波浪又将在此堆积上破碎,继续将泥沙向后推移。同时海水浑浊,海岸被侵蚀。破波带具高的含沙量,受挟沙能力的限制,含沙浓度向外海扩散。最后泥沙被堆积到波动流速趋于零(即水深大于1/2波长)处,水下沙坝形成在较深水处。

(2) 浅水型。

风暴离开海岸后,远处传来长周期涌浪,泥沙向上移动,在靠近岸边处形成水下沙坝。

(3) 露水型。

随着风暴远离海岸,涌浪的波周期更长,泥沙继续向上移动,水下沙坝不断升高,甚至高出海平面。这种沙坝沿海岸线都存在,但并不是连续不断的,每隔一段距离后会有一缺口,波峰越过沙坝的水,可经此缺口回到外海。在黑海这种没有潮汐的海岸,风平浪静时,能看到露出水面的沙坝,等待着下一次风暴的来临。

深水型是冲刷型,而浅水和露水型是淤积型。严格来说,浅水和露水型的沙坝不是淤积而是堆积而成的。

上述3种只是基本形态,实际上要复杂得多。每种基本形态都是逐渐形成的,甚至是会相互交错存在。从图1中可知,3个不同年代的地形都存在多个水下沙坝。应该是在测量之前不同时间、不同海浪情况下形成的深水型沙坝。离岸较远的水下沙坝则是由较大风浪形成的。离得愈远,表明风浪愈大,因为通常其波长也愈大。

邹志利和房克照[2]在叙述泥沙向岸输移时,应用了"波浪非线性导致的波浪水质点运动速度的不对称性",并据此用图形说明了它对泥沙静输移的影响,但并未从波浪理论(尤其是椭圆余弦波理论)中波动流速的不对称性进行深入的研讨。近年来,不少作者[6-16]对岸滩演变进行研究,利用近岸波非线性特征进行了沙坝形成过程的数值模拟、水槽中的物理模拟试验等,试图研究和解释岸滩沙坝的形成和演变。

不论是地理教科书的解说,还是这一问题的大多数有关文献,都未能很好地解释在风暴后,沙坝如何向岸边推进,更无法解释沙坝是如何发育以致露出水面。作者认为,沙质海岸的演变,实质上是水下沙坝在不同波浪条件下的演变,其中关键问题是泥沙是如何向上移动的。本文试图用椭圆余弦波的不对称性分析此问题。

2　椭圆余弦波理论

椭圆余弦波是在有限水深具有有限振幅的稳定型长周期波。1895年,Korteweg和De Vries[18]首次给出这种波形问题的近似解,把这种波称之为椭圆余弦波。Wiegel和Johnson[19]基于Korteweg和De

Vries 的研究结果,推导了质点轨迹速度的水平和垂直分量方程式,此后 Wiegel[20] 鉴于椭圆函数的计算比较困难,为方便使用,把各种参数的计算制成图表曲线。

Lamb[21] 在他的《水力学》一书中,阐述了椭圆余弦波理论新的表达方程式。徐基丰[22] 基于 Lamb 方程式,进一步研究了椭圆余弦波,并计算了水平和垂直质点流速的公式,以及波浪剖面、水质点水平和垂直运动速度的不对称性,将线性波、Stokes 波、孤立波、椭圆余弦波理论的计算结果,与现场测量的波浪传播速度、底部最大前进速度、波浪剖面和水质点运动速度的不对称性等进行了比较,并参照 Wiegel 的方法,将波面不对称性、波速、底部最大前进流速、底部在波峰和波谷时最大流速的不对称性等,与水深、波高、波周期等参数的关系制成图表曲线,然后将线性波、Stokes 波、孤立波、椭圆余弦波理论的计算结果,与现场测量的波浪传播速度、底部最大前进速度、波浪剖面和水质点运动速度的不对称性等进行了比较。

邱大洪[23] 应用椭圆余弦波理论计算浅水中波浪传播时的变形,并给出了计算的程序框图等。文圣常和余宙文[24] 在《海浪理论与计算原理》非线性规则波的章节中,介绍了椭圆余弦波的原理与计算用的图表。余广明[25] 在《堤坝防浪护坡设计》中,将椭圆余弦波理论用于浅水护坡设计。他们所提出的公式基本相同,均基于 Korteweg 和 De Vries、Wiegel 的研究结果。

从后面理论与实测资料比较中可看到,试验得到的波速与周期关系的资料,与不同理论计算值与实测值的比较。基于 Lamb 的本作者的研究结果,要优于基于 Korteweg 和 De Vries、Wiegel 的研究结果。

近年来,有关椭圆余弦波的研究、试验、应用等的相关论文愈来愈多,并已被写入相关教材。但是对于椭圆余弦波不对称性,尤其是波动流速的不对称性的研究及其在沙质海岸演变的作用,却尚未查到。

以下为徐基丰[22] 基于 Lamb 方程式研究的部分成果。方程式中各符号所代表的波浪参数的含义见图 3。

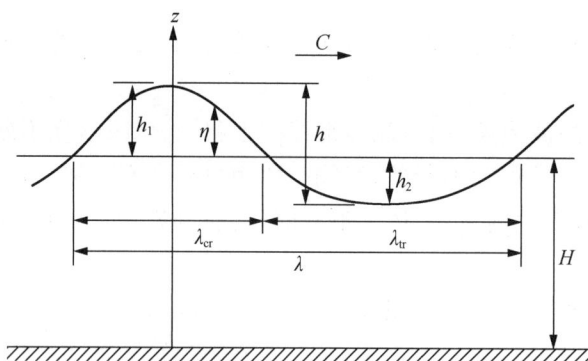

H—水深;λ—波长;λ_{cr}—波峰长;λ_{tr}—波谷长;h—波高;h_1—波峰高;h_2—波谷高;η—波面高;C—波速。

图 3　波浪各参数符号示意

Lamb 在《水力学》一书中,给出椭圆余弦波的基本方程式:

$$\eta = -h_2 + h \, \mathrm{cn}^2\left(2k\,\frac{x}{\lambda}, k\right)$$

$$\lambda = 2\beta K$$

$$\beta = \sqrt{\frac{4}{3}\frac{(H+h_1)(H-h_2)(H-h_3)}{h_1+h_3}}$$

$$k^2 = \frac{h_1+h_2}{h_1+h_3} \qquad\qquad (1)$$

$$h = h_1 + h_2$$

$$(h_1+h_3)E = h_3 K$$

$$C^{*2} = \frac{g}{H^2}(H+h_1)(H-h_2)(H-h_3)$$

$$h_3 = H - \frac{C^{*2}H^2}{g(H+h_1)(H-h_2)}$$

式中：k 为椭圆函数模量；K 和 E 为相应的一阶和二阶完整椭圆积分；cn 为椭圆余弦函数；C^* 表示水流平均流速；g 表示重力加速度。

Keulegan 和 Pattercon[26] 研究了固定坐标系中的前进椭圆余弦波，得出波浪传播速度的公式：

$$\frac{C}{\sqrt{gH}} = \sqrt{1 + \frac{h_1}{H} - \frac{h_2}{H} - \frac{h_3}{H}} \tag{2}$$

在上述公式基础上，徐基丰[27] 进一步推导计算后，得出水平和垂直流速分量的计算公式如下：

$$\frac{U}{\sqrt{gH}} = \frac{C}{\sqrt{gH}} - \frac{\lambda}{2kHK}\sqrt{\frac{3h}{4H}} \frac{1}{\left(1 - \frac{h_2}{H} + \frac{h}{H}\mathrm{cn}^2 A\right)^2} \left\{\left(1 - \frac{h_2}{H} + \frac{h}{H}\mathrm{cn}^2 A\right) + \right.$$

$$\frac{4K^2 h^2}{\lambda^2}\left[\frac{1}{3}\left(1 - \frac{h_2}{H} + \frac{h}{H}\mathrm{cn}^2 A\right)^2 - \frac{z^2}{H^2}\right] \tag{3}$$

$$\left.\left[\frac{4\,\mathrm{sn}^2 A\,\mathrm{cn}^2 A\,\mathrm{dn}^2 A}{\left(1 - \frac{h_2}{H} + \frac{h}{H}\mathrm{cn}^2 A\right)} + \frac{H}{h}(\mathrm{cn}^2 A\,\mathrm{dn}^2 A - \mathrm{sn}^2 A\,\mathrm{dn}^2 A - k^2\,\mathrm{sn}^2 A\,\mathrm{cn}^2 A)\right]\right\}$$

和

$$\frac{V}{\sqrt{gH}} = \frac{1}{k}\frac{h}{H}\frac{z}{H}\sqrt{\frac{3h}{H}}\frac{\mathrm{sn} A\,\mathrm{cn} A\,\mathrm{dn} A}{\left(1 - \frac{h_2}{H} + \frac{h}{H}\mathrm{cn}^2 A\right)^2} \tag{4}$$

式中：

$$A = 2K\frac{x}{\lambda} \tag{5}$$

当 $k^2 = 1$ 时，这些方程式也变成孤立波轨迹速度方程式。

$$\frac{u}{\sqrt{gH}} = \sqrt{1 + \frac{h}{H}} - \frac{\sqrt{1 + \frac{h}{H}}}{\left(1 + \frac{h}{H}\mathrm{sech}^2 A_1\right)^2}\left\{\left(1 + \frac{h}{H}\mathrm{sech}^2 A_1\right) + \frac{3}{4}\left(\frac{h}{H}\right)^3\frac{1}{1 + \frac{h}{H}}\right.$$

$$\left.\left[\frac{1}{3}\left(1 + \frac{h}{H}\mathrm{sech}^2 A_1\right) - \frac{z^2}{H^2}\right]\left[\frac{4\mathrm{sech}^4 A_1\,\mathrm{th}^2 A_1}{\left(1 + \frac{h}{H}\mathrm{sech}^2 A_1\right)}\frac{H}{h}(\mathrm{sech}^4 A_1 - 2\mathrm{sech}^2 A_1\,\mathrm{th}^2 A_1)\right]\right\} \tag{6}$$

和

$$\frac{V}{\sqrt{gH}} = \frac{h}{H}\frac{z}{H}\sqrt{\frac{3h}{H}}\frac{\mathrm{sech}^2 A_1\,\mathrm{th} A_1}{\left(1 + \frac{h}{H}\mathrm{sech}^2 A_1\right)^2} \tag{7}$$

式中：

$$A_1 = \frac{x}{H}\sqrt{\frac{3h}{4(H+h)}} \tag{8}$$

当 $z = 0$ 时，得出的底部水平流速分量的计算公式如下：

$$\frac{U}{\sqrt{gH}} = \frac{C}{\sqrt{gH}} - \frac{\lambda}{2kHK}\sqrt{\frac{3h}{4H}}\frac{1}{\left[1 - \frac{h_2}{H} + \frac{h}{H}\mathrm{cn}^2 A\right]^2}\left\{\left(1 - \frac{h_2}{H} + \frac{h}{H}\mathrm{cn}^2 A\right) + \right.$$

$$\left.\frac{4K^2 h^2}{\lambda^2}\left[\frac{1}{3}\left(1 - \frac{h_2}{H} + \frac{h}{H}\mathrm{cn}^2 A\right)^2\right]\left[\frac{4\,\mathrm{sn}^2 A\,\mathrm{cn}^2 A\,\mathrm{dn}^2 A}{\left(1 - \frac{h_2}{H} + \frac{h}{H}\mathrm{cn}^2 A\right)} + \frac{H}{h}(\mathrm{cn}^2 A\,\mathrm{dn}^2 A - \mathrm{sn}^2 A\,\mathrm{dn}^2 A - k^2\,\mathrm{sn}^2 A\,\mathrm{cn}^2 A)\right]\right\}$$

$$\tag{9}$$

由于 $C = \lambda/T$，$x = Ct$，则可得到随时间变化的底部水平流速。

$$A = 2K \frac{Ct}{\lambda} \tag{10}$$

把 $x=0$ 和 $z=0$ 代入方程式（3），得到底部最大流速公式：

$$\frac{U_0^{\mathrm{M}}}{\sqrt{gH}} = \frac{C}{\sqrt{gH}} - \frac{C^*}{\sqrt{gH}} \left[\frac{1}{1 + \frac{h_1}{H}} + \frac{gH}{C^{*2}} \frac{1}{4k^2} \left(\frac{h}{H} \right)^2 \right] \tag{11}$$

图 4 是与 h/H 和 λ/H 有关的无因次底部最大前进流速的变化曲线。

图 4   与 h/H 和 λ/H 有关的无因次底部最大前进流速的变化曲线

3   椭圆余弦波不对称性

为描述波浪剖面变形的程度和性质，Лонгинов[28-29]引入两个不对称系数：

$$a_\lambda = \frac{\lambda_{\mathrm{cr}}}{\lambda_{\mathrm{tr}}} = \frac{t_{\mathrm{cr}}}{t_{\mathrm{tr}}} \tag{12}$$

$$a_h = \frac{h_1}{h_2} = \frac{h_1}{h - h_1}$$

式中：a_λ 代表波浪的水平不对称（波峰 cr 和波谷 tr 时长的不对称）；a_h 代表垂直不对称（波峰和波谷高度的不对称），如图 5 所示。

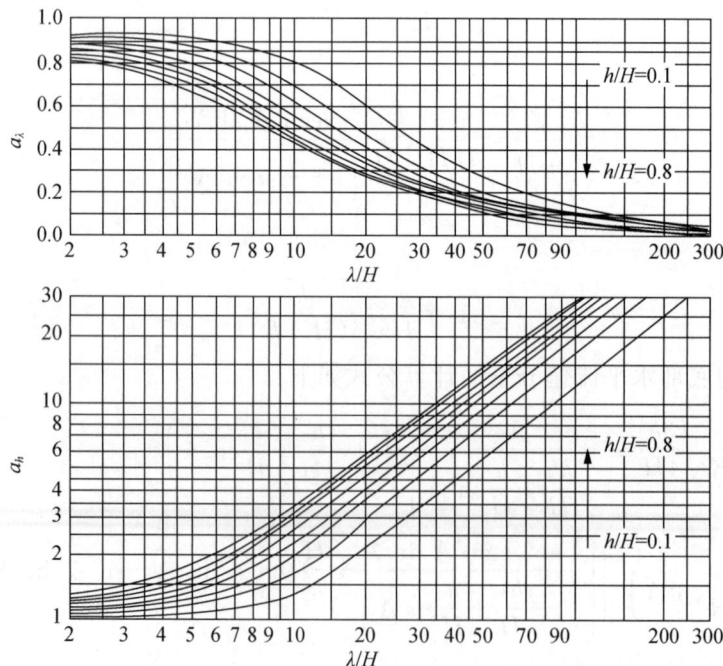

图 5   由椭圆余弦波理论得出的波长和波高不对称系数与相对波高和波长的关系曲线

由图 5 可看出,相对波长愈大,其波长与波高的不对称性愈大,即波峰高度加大而其时长变短。

利用底部水平流速的方程式,可以得到底部最大速度的不对称系数:

$$a_U^M = \frac{\dfrac{C}{\sqrt{gh}} - \dfrac{C^*}{\sqrt{gh}} \left\{ \dfrac{1}{1+\dfrac{h_1}{H}} + \dfrac{1}{4}\dfrac{gH}{C^{*2}}\dfrac{1}{k^2}\left(\dfrac{h}{H}\right)^2 \right\}}{\dfrac{C^*}{\sqrt{gh}}\left\{ \dfrac{1}{1-\dfrac{h_2}{H}} + \dfrac{1}{4}\dfrac{gH}{C^{*2}}\left(\dfrac{h}{H}\right)^2\left(1-\dfrac{1}{k^2}\right) \right\} - \dfrac{C}{\sqrt{gh}}} \tag{13}$$

从图 6 中可以看出随着相对波长的增加,底部最大速度的不对称系数将快速增大,这对水下泥沙向上移动起着关键作用。

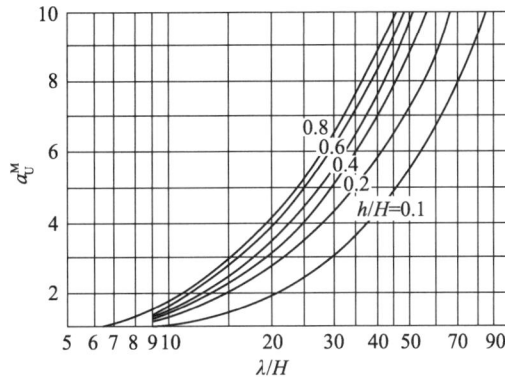

图 6　由椭圆余弦波理论得到底部最大速度的不对称系数与相对波高和波长的关系曲线

4　几种波浪理论与现场实测资料的比较

4.1　与实验室试验资料的比较

Wiegel[20]将他按椭圆余弦波理论得出的波浪传播速度与 Tarloy 的试验观测值进行了比较(图 7)。并加上了本文作者得出的理论曲线。显然,后者的曲线与试验资料的吻合度更好,特别是在 $T\sqrt{g/H} < 8$ 时。但是当 $h/H \geqslant 0.4$ 时,理论曲线与实测值的吻合度变差,但仍优于 Wiegel 的理论曲线。

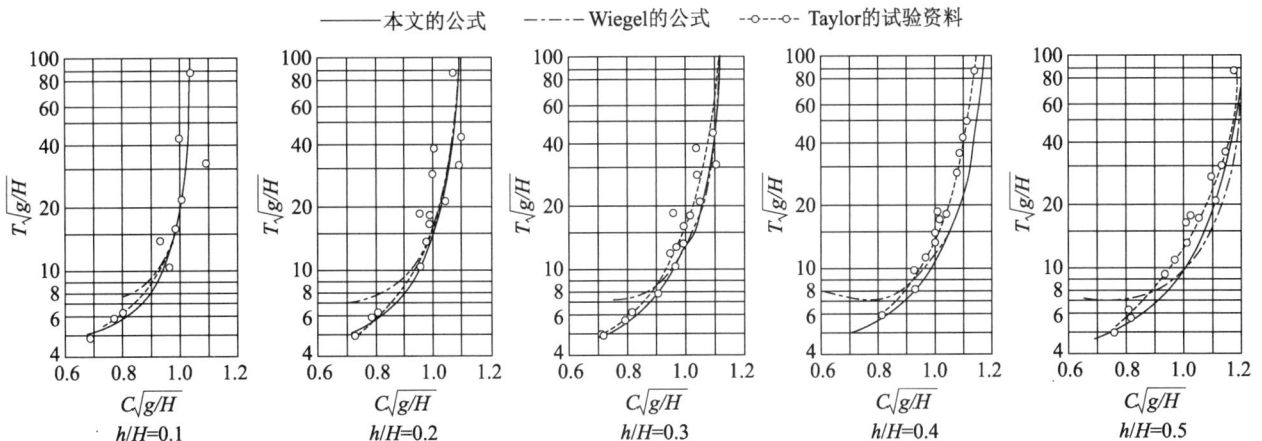

图 7　波浪传播速度的理论值(按照椭圆余弦波理论)与试验值的比较

陈银法[30]将本文作者理论、线性波理论、Keulegan 和 Patterson 理论、Stokes 二阶理论、三阶 Stokes 理论计算所得的波浪最大水平底部流速,与水槽试验的实测值比较,得出如下结果:"在斜坡坡度 $i = 1/50, 1/40$ 和 $1/30$ 三种情况下,徐基丰[23]理论曲线与实测资料比较接近。"而其他理论值有的偏大,有的偏小。并建议,"对于 $L/d < 10$ 的情况,可以应用线性理论,但必须乘以一个小于 1 的系数,该系数与波陡有关。对于 $L/d > 10$ 时,则建议应用徐基丰理论公式进行计算。"

对击岸波水质点最大流速不对称的变化情况,陈银法的研究结果指出:"在 $i = 1/50, 1/40$,和 $1/30$ 三种不同斜坡坡度情况下,水平底部流速值的不对称指标均大于徐基丰及 Keulegan 和 Patterson 的理论值。该指标随 L/d 增加而增大,随斜坡变陡而减小,与斜坡情况下的结果不同,是合理的。"

4.2 与现场实测资料的比较

徐基丰[27]在黑海沿岸西、中、东不同地点的沙质海岸,进行了为期 3 年的波浪和波动流速的测量(每次约 2 个月),并观察见证了沙质海岸在海浪作用下的演变,尤其是水下沙坝在无潮汐黑海的形成及其露出水面的过程。在垂直于海岸线的断面上(波浪的传播方向与断面之间的夹角不大于15°),隔一定间距安装 3～4 个钢钎。每个钢钎上装上电阻式波高仪和波动流速仪(用于测量底部的水平波动流速)。测量范围仅限于水深 ≤ 1.6 m 的近海岸范围,离岸距离一般不大于 60 ～ 70 m。

波高仪和波动流速仪的输出电压由多线示波器记录在感光记录纸上。波动流速仪的传感元件为直径约 2 cm 的圆薄片,它的标定是在不同的稳定流速下进行的。但在波浪作用下,除了流速所形成的力以外,还有加速度的作用力。而在波峰和波谷时,其加速度为零,故此时的测量结果是可信的。根据感光记录纸上同一个波在 2 个相邻波高仪(它们之间的海水深度变化是平缓的)上的间距,按记录纸输出的速度得到时差。再根据 2 个波高仪安装的距离和平均水深得到波速和水深。按线性理论、孤立波理论和椭圆余弦波理论计算了波浪传播速度值,并与实测值相比,为 1,表示二者是一致的,见图 8(图中的实验室观测值取自 Morison[31]的试验资料,图中的下标 men 表示实测,sol 表示孤立波,cn 表示椭圆余弦波,sin 表示线性波)。图 8 中绘出了 C_{cal}/C_{men} 与 $T\sqrt{g/H}$ 的关系,这里采用波周期的无因次参数,而不是 λ/H,因为从试验记录纸上只能直接获取波周期。此外,还由于 $T\sqrt{g/H}$ 和 h/H 按照不同理论可以获得不同的 λ/H 值。从图 8 可以看出,线性理论的速度值大多偏低,只在 $T\sqrt{g/H}$ 值很小时,C_{cal}/C_{men} 值接近于 1。随着 $T\sqrt{g/H}$ 值的增加,按照孤立波理论计算的速度值接近于观测值,但是在观测区内,所有 C_{sol}/C_{men} 比值都大于 1,特别是在 $T\sqrt{g/H}$ 趋小时变得更大。

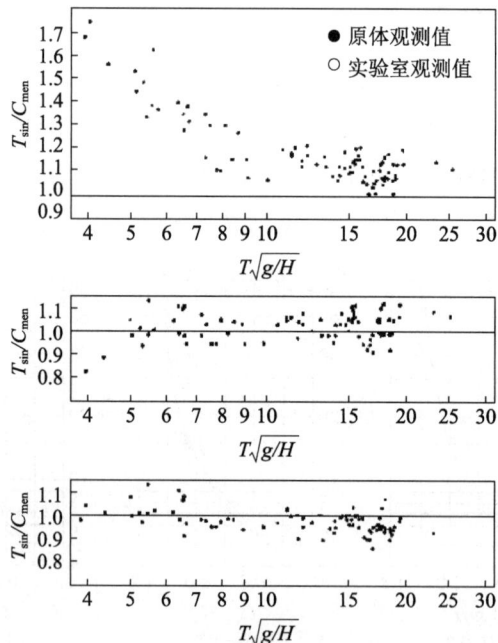

图 8　$T\sqrt{g/H}$ 不同时波浪传播速度 C 的理论值与观测值的比值

几乎在整个测量区,椭圆余弦波理论给出的计算值与试验和观测值吻合最好。只是当 $T\sqrt{g/H}<5$ 时,C_{cn}/C_{men} 值远离 1。这从上述理论依据中已得出此结论。

图 9 显示了底部最大前进速度 U_0^M 的 4 种理论计算值与观测值的比值随 $T\sqrt{g/H}$ 的变化,其中下标 men 表示实测,sol 表示孤立波,sto 表示 Stokes 波,cn 表示椭圆余弦波,sin 表示正弦波。

从图 8 和图 9 可看出,椭圆余弦波理论的结果在 $T\sqrt{g/H}>10$(即波周期较大)时与实测数据吻合最好。

图 9　不同理论计算的底部最大前进速度值 U_0^M 值和观测值的比值与 $T\sqrt{g/H}$ 的关系

5 水下沙坝演变的机理

　　沙质海岸的水下沙坝向岸推移,直到露出水面,不是波浪破碎造成的,而是椭圆余弦波的不对称性,尤其是底部流速的不对称造成的。图 10 为底部流速随时间变化的示意图,是按水深为 1.20 m,波高为 0.74 m,周期为 7.0 s 时,根据公式(9)和式(10)计算所得的底部流速随时间的变化。图中正负流速的面积(即水体点向前和向后运动的距离)是相等的,这对海平面不变的无潮汐海岸是当然的;对有潮汐海岸,因半日潮的周期为 12 h,与波浪的周期(几秒)相比,波周期间的海平面变化可以忽略不计。但由于流速的不对称性,二者在一个波周期中所占的时间有较大的差别。其差别随着波周期的减小而减小,随着波周期的加大而增加。

　　海岸带泥沙的运动须考虑泥沙的起动流速。即底部波动流速扣除泥沙的起动流速,才是对泥沙移动有效的流速。在海岸带的斜坡上,由于泥沙颗粒的自重,向下的起动流速应小于向上的。李林林等[32]分析了正负坡上均匀散立体泥沙起动流速,推导了起动流速公式,并与实测资料进行了比较,计算结果与实测资料符合良好(图 11)。图 10 中取 $D=0.60$ mm,实测数据 2,在 $-15°$(泥沙向上)和 $+15°$(泥沙向下)时的起动流速,分别是 0.33 m/s 和 0.22 m/s。

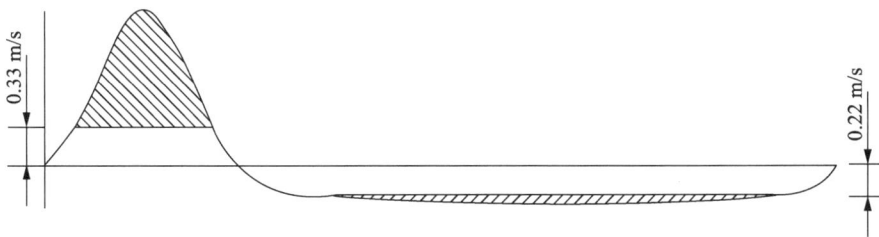

正负流速的面积为水体向前或向后运动的距离

图 10　底部流速随时间的变化

　　图 10 中的阴影部分表示流速大于泥沙起动流速,能推进泥沙运动速度和时间的总和。由于波谷(负流速)的时长远大于波峰(正流速)的时长,扣除起动流速后,虽然波谷扣除的起动流速小些,但由于时间长,最后对泥沙移动有效的阴影面积要小得多。波峰阴影面积大于波谷阴影面积,表示泥沙向上运动,反之则表示向下运动。而差值愈大,则输沙量愈多。

　　随着时间的变迁,风暴离海岸愈来愈远。传来的余波波高在减小,而波周期愈来愈大。从图 5 可看出,对底部流速的不对称系数来说,波高减小的影响远小于波长增大的影响。当 $\lambda/H=30$ 时,h/H 从 0.8 减至 0.4(减少 1/2),a_u^M 从 6.5 减至 5.2。而当 $h/H=0.4$ 时,λ/H 从 25 增加至 50(增加 1 倍),a_u^M 也从 4.2 增至 9.7。前者减少有限,后者增大 1 倍多。

李林林等[32]试验的坡度为$-15°\sim+25°$。而实际上泥沙堆积的最大坡度应远大于此范围。对泥沙粒径$D=0.60$ mm时,泥沙起动流速$\leqslant0.38$ m/s,坡度变陡对泥沙起动流速变大的影响,应不会太大于底部流速的不对称系数由于波长变大而增大(4.2~9.7倍)的影响(图11)。

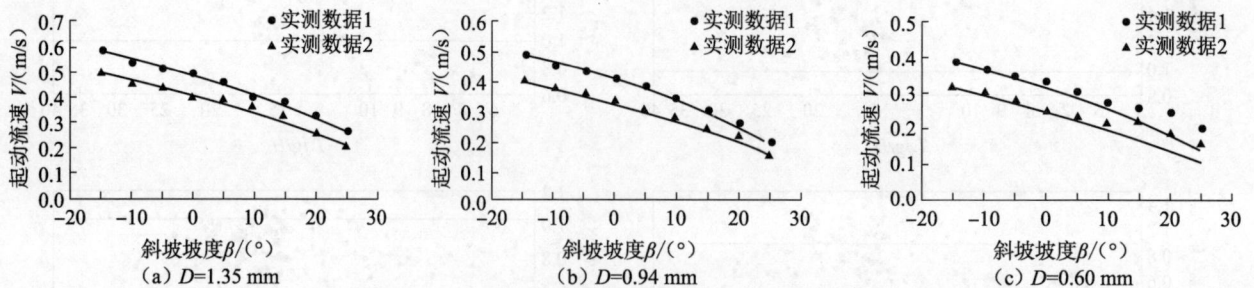

图11　斜坡上起动流速计算值与实测值对比[32]

水流的爬坡能力是超强的。因此,椭圆余弦波的不对称性将深水处的沙坝逐渐向岸边推移时,水下沙坝向海面的坡度并不会只有二十几度,而很可能会大得多。波浪越过沙坝,留下底部推上来的泥沙,增高沙坝后,其波峰的水会顺着沙坝后的沟,在沙坝沿海岸长度的缺口处流回大海,造成局部的离岸流。

上述水下沙坝的形成过程,说明了椭圆余弦波的不对称性如何使泥沙向上移动。将较深水处的沙坝(深水型)逐渐向岸边推进,形成近岸的水下沙坝(浅水型),再进而又形成显出水面的沙坝(露水型)。

6　结　语

本文否定了沙质海岸水下沙坝是由波浪破碎形成的观点。认为沙质海岸的沙坝始终存在,并按沙坝的位置,提出了沙质海岸"深水型""浅水型"和"露水型"3种分类形态。本文作者基于Lamb基本公式的研究结果,要优于Korteweg和De Vries、Wiegel的研究结果。分析了椭圆余弦波的不对称性,特别是其底部正负流速的不对称性。并与现场实测和其他作者的试验结果进行比较,认为椭圆余弦波理论的计算结果,在浅水长周期时是吻合最好的。沙质海岸的沙坝从深水型向露水型的演变,是泥沙从外向岸、从下向上推移造成的。而其动力是椭圆余弦波底部正负流速的不对称性,即向前的有效正流速与时长的乘积,远大于有效负流速与时长的乘积。

参考文献

[1]　朱翔,刘新民. 普通高中教科书　地理:第一册[M]. 长沙:湖南教育出版社,2019.

[2]　邹志利,房克照. 海岸动力地貌[M]. 北京:科学出版社,2018.

[3]　SABER M E,RIK G,TORSTEN,et al. Nonhydrostatic numerical modeling of fixed and mobile barred beaches:limitations of depth-averaged eave resolving models around sandbars[J]. Journal of Waterway,Port,Coastal and Ocean Engineering,2022,148(1):04021045.

[4]　堀川清司,沙村继夫,鬼头评三. 波汇よる海浜变形汇关する一考察[C]//海岸工学讲演会讲演集,20回. 1973:357.

[5]　SMITH D C. Factors influencing equilibrium of a model sand beach[R]. COE,1976.

[6]　董凤午. 沙质海岸岸滩坡度的确定[J]. 水利水运科学研究,1981(1):91-102.

[7]　董凤午. 沙质海岸岸滩类型判数的探讨[J]. 泥沙研究,1981(2):52-59.

[8]　徐啸. 二维沙质海滩的类型和冲淤判数[J]. 海洋工程,1988,6(4):51-62.

[9]　王琼. 规则波和不规则波作用下二维沙质海滩冲淤演变规律的研究及其应用[J]. 海洋工程,1992,10(2):41-50.

[10]　尹晶,邹志利,李松. 波浪作用下沙坝不稳定性实验研究[J]. 海洋工程,2008,26(1):40-50.

[11]　张驰,郑金海,王义刚. 波浪作用下沙坝剖面形成过程的数值模拟[J]. 水科学进展,2012,23(1):104-109.

[12]　苟大荀. 海岸沙坝的产生及海岸剖面恢复的研究[D]. 大连:大连理工大学,2013.

[13]　王睿. 非线性波浪作用下岸滩演变模拟方法研究[D]. 北京:清华大学,2016

[14]　解鸣晓,李姗,张驰,等. 沙质海岸破碎带内底部离岸流及沙坝迁移数值模拟研究[J]. 水道港口,2016,37(4):349-355.

[15]　徐啸. 沙质海岸工程动力泥沙研究及现场勘查[M]. 北京:海洋出版社,2020.

［16］　程永舟,蒋昌波,陈纯.浅水非线性波作用下沙质斜坡床面形态演变试验研究［C］//第十四届中国海洋工程学术讨论会论文集.北京:海洋出版社,2009.

［17］　Аибулатов Н А. Иследавание Вдольберегового Перемещения Песчаных Наносов В Море［M］. Москва:Издательства наук,1966.

［18］　KORTEWEG D,DE VRIES G. On the change of from of long waves advancing in a rectangular channel and on a new type of long stationary waves［M］. Phil. Mag. S-thseries,39,1895.

［19］　WIEGEL R L,JOHNSON J W. Elements of wave theory［C］//Proceeding of the first Conf. on Coastal Engineering,1951.

［20］　WIEGEL R L. A presentation of cnoidal wave theory for practical application［J］. J. Fluid Mech,1960,7(2):273-286.

［21］　LAMB H. Hydrodynamics［M］. 6th Edition. Cambridge:University Press,1932.

［22］　徐基丰.论几种海浪理论在海岸带波浪计算中应用的可能性［C］//苏联科学院海洋研究所著作集,76集.1965:189-224.

［23］　邱大洪.椭圆余弦波在工程上的应用［J］.大连工学院学报,1982(1):87-96.

［24］　文圣常,余宙文.海浪理论与计算原理［M］.北京:科学出版社,1984.

［25］　余广明.堤坝防浪护坡设计［M］.北京:水利电力出版社,1984.

［26］　KEULEGAN G H,PATTERSON G. W. Mathematical theory of irrotational translation waves［J］. J. of Res. ,National Bureau of Standards,1940,24.

［27］　徐基丰. Исследование возможности применения некторых теорий морских волн для условий берегвой зоны. Диссертация на соискание ученой степени кандидата географических наук［D］. Москва:Инстита океанологоии Академия Наук СССР,1963.

［28］　Лонгинов В В. О распределении придонных скоростей воды в береговой зоне［C］//Труды Инстита океанологоии,Том. 10,1954,Академия Наук СССР.

［29］　Лонгинов В В. О возможности непосредственного изучения наносодвижущего действия в природных условиях［C］//Труды океанограф комиссия АН СССР,Т1,1956.

［30］　陈银法.椭圆余弦波理论在击岸波研究中的应用［J］.海洋工程,1983,1(3):34-43.

［31］　MORSION J R. The effect of wave steepness on wave velocity［J］. Trans. Amer-Geophys. Union. 1951,32(2):201-206.

［32］　李林林,张根广,吴彰一,等.正负坡上均匀散立体泥沙起动流速的研究［J］.泥沙研究,2016(5):54-59.

冲流带岸滩剖面演变的实用模型研究

陈伟秋

(河海大学,江苏 南京　210024)

摘要:利用大比尺水槽试验数据对现有冲流带泥沙输运实用模型的地形预测效果进行了定量评估。评估结果表明现有实用模型总体预测结果较好,但无法捕捉岸线变化以及侵蚀波况下冲流带上部淤积的现象,一定程度上限制了模型的预测精度。岸线变化无法捕捉是因为模型假设海侧边界处的输沙梯度为0,床面高程不发生变化。侵蚀波况下,尽管模型可以较合理地计算出输沙率的大小,但不能模拟冲流带上部输沙率梯度由正转负的趋势,无法捕捉上部淤积的现象,这是因为模型采用了恒定的平衡坡度。因此,有必要针对岸线变化和冲流带上部淤积问题,对模型进行完善,从而提高模型的地形预测精度。

关键词:冲流带;泥沙输运;平衡坡度;岸线变化

海岸冲流带是海岸线附近受波浪周期性上升和回落作用的区域,是海陆泥沙交换的关键地带,对近岸水动力变化、泥沙输运及地形演变具有显著影响[1-2]。冲流带岸滩剖面演变的准确预测对于保护海岸线免受侵蚀至关重要。然而这个区域内水动力复杂、泥沙运动剧烈、地形演变活跃,一直是国内外海岸地貌演变预测研究的难点[3-4]。尽管在冲流带水动力特性、泥沙输运机制及地形演变规律等方面取得了一定进展[5-8],但对冲流带岸滩演变的实用模型研究依然较少。在这里,实用模型是指计算效率高,能够应用到工程尺度上地形演变预测的模型。现有的国际通用实用地貌模型如 Delft3D[9] 和 XBeach[10] 等只能模拟波浪平均后的岸线运动,尽管 XBeach 中的 surfbeat 模块可以模拟长波作用下的冲流运动,但是对在短波主导的反射型海滩上冲流水体的复杂运动依然无法明确模拟。且现有地貌模型通常采用简单粗糙的参数化实用模型来模拟冲流带内的泥沙输运和地形演变,在很大程度上限制了地貌模型的预测精度,因此有必要对现有的冲流带输沙实用模型进行定量评估,明确进一步改进的方向。

1 实用模型介绍

Chen 等[11] 提出的冲流带泥沙输运实用模型分为 3 类:经验输沙公式、输沙分布模型和平衡态模型。本文主要对平衡态模型的代表模型 Larson 模型[12] 进行定量评估,因为 Larson 模型是应用最广泛的冲流带实用模型之一,模型所需输入数据较易获得,且具备物理意义和计算高效性。Larson 输沙公式是对Madsen[13] 提出的推移质瞬时输沙率公式在一个冲流周期上进行时间平均推导得到的,其表达式如下:

$$q_{\text{net}} = K_c 2\sqrt{2g} R^{\frac{1}{2}} \left(1 - \frac{z}{R}\right)^2 \frac{\tan\varphi_m}{\tan^2\varphi_m - \left(\frac{\mathrm{d}z_b}{\mathrm{d}x}\right)^2} \left(\tan\beta_e - \frac{\mathrm{d}z_b}{\mathrm{d}x}\right) \tag{1}$$

式中:q_{net} 为时均净输沙率(m^2/s),向岸为正;K_c 为可调参数,其包含泥沙粒径、摩擦力和波浪-冲流相互作用等对输沙率的影响;g 为重力加速度(m/s^2);R 为波浪爬高(m),本文采用 Mase[14] 波浪爬高经验公式进行计算;z 为冲流带剖面内任一点相对于静水面(SWL)的高程(m),且向上为 z 轴正方向;φ_m 为内摩擦角,约为30°;$\mathrm{d}z_b/\mathrm{d}x$ 为局部剖面坡度;$\tan\beta_e$ 为平衡坡度。当局部坡度大于平衡坡度时,输沙率为负,泥沙向海输运,岸滩发生侵蚀;反之,岸滩发生淤积。因此,平衡坡度是影响 Larson 模型预测结果的关键参数。在 Larson 等[12] 的研究中,平衡坡度取为观测到的平衡剖面整体坡度,但当观测数据不存在时,一般通过模型校核得到。

冲流带地形更新采用泥沙质量守恒方程计算:

作者简介:陈伟秋。E-mail:weiqiu. chen@hhu. edu. cn

$$(1-p)\frac{\partial z}{\partial t}+\frac{\partial q_{net}}{\partial x}=0 \tag{2}$$

式中：p 为孔隙率。Larson 等将公式(1)应用于静水面以上的岸滩,认为冲流带为从静水面至波浪爬高最高点之间的区域,并假设计算区域海侧边界处输沙率梯度为 0,即床面高程不发生变化,波浪爬高最高点处的输沙率为 0。Larson 模型的输入数据仅需深水处的波要素时间序列、泥沙粒径和初始剖面地形数据。式(2)采用 Lax-Wendroff 差分格式进行求解,网格尺寸 Δx 为 0.25 m,时间步长 Δt 为 60 s。

2 大比尺水槽试验

研究采用荷兰科学研究理事会资助的"Shaping the Beach"项目中获取的大比尺水槽试验数据[15]对 Larson 模型的预测结果进行定量评估。试验是在西班牙加泰罗尼亚政治技术大学的 CIEM 大比尺波浪水槽中进行的。水槽长 100 m,宽 3 m,高 4.5 m。试验考虑了两个不同的初始岸滩剖面坡度,即 1∶15 和 1∶25。泥沙粒径 $D_{50}=0.25$ mm,$D_{10}=0.15$ mm,$D_{90}=0.37$ mm,孔隙率为 0.36,实测泥沙沉速为 0.034 m/s。试验采用基于 JONSWAP 波谱的不规则波,包含侵蚀波况和淤积波况。海滩发生侵蚀或淤积的趋势可以通过无量纲泥沙沉速 Ω[16]来区分：

$$\Omega=\frac{H_s}{w_s T_p} \tag{3}$$

式中：H_s 为深水有效波高(m);T_p 为谱峰波周期(s);w_s 为泥沙沉降速度(m/s)。$\Omega>3.2$ 时,海滩易发生侵蚀,$\Omega<3.2$ 时,海滩倾向于淤积[17]。本文选取了 6 组试验对模型进行评估,其中包括侵蚀波况和淤积波况,以及不同初始岸滩剖面坡度。各组次的试验波浪参数如表 1 所示。每次试验结束后都对剖面进行测量,水平方向测量精度 Δx 为 0.02 m,竖直方向测量精度 Δz 为 0.01 m。从造波板附近至岸线沿程布置波高仪以测量波面变化。详细试验介绍及测量仪器布置请参阅 Antonio 等[15]。

表 1 试验波浪参数

试验编号	坡度 m	入射波高 H_s/m	波周期 T_p/s	无量纲沉速 Ω	水深 h/m	试验总时长/h	试验个数
115E1		0.45	3.5	3.78		3	6
115A1	1∶15	0.25	5.2	1.41		10	10
115E2		0.55	3.5	4.62		3	6
115E3		0.65	3.5	5.46	2.47	3	6
125E1	1∶25	0.45	3.5	3.78		3	6
125A1		0.25	5.2	1.41		10	10

通过对比静水面以上模型计算得到的剖面与试验测量剖面,对 Larson 模型进行评估。采用描述模型计算剖面与试验测量剖面吻合程度的 BSS 参数(Brier skill score)(记为 f_{BSS})和均方根误差 RMSE(root mean square error)(记为 f_{RMSE})对评估结果进行定量化：

$$f_{BSS}=1-\sum_{i=1}^{N}(z_{m,i}-z_{p,i})^2 \Big/ \sum_{i=1}^{N}(z_{b,i}-z_{p,i})^2 \tag{4}$$

$$f_{RMSE}=\sqrt{\sum_{i=1}^{N}(z_{m,i}-z_{p,i})^2/N} \tag{5}$$

式中：z_m 为床面高程测量值(m);z_p 为床面高程模型预测值(m);z_b 为初始床面高程测量值(m);N 为床面高程点总个数。$f_{BSS}=1$ 代表模型计算剖面与试验测量剖面完全吻合;$f_{BSS}>0.6$ 表示模型预测结果较好;$f_{BSS}<0$ 表示模型的预测结果比初始剖面距测量最终剖面的偏离程度还要大[18]。f_{RMSE} 代表模型预测剖面与试验测量剖面之间的差异,f_{RMSE} 越小表示二者之间的差别越小。

3 模型评估结果

3.1 模型校核

尽管在本研究中,每一试验组次的平衡坡度(即每组次试验中剖面最终形态的整体坡度)较易获取,从而为 Larson 模型提供关键输入条件,但这种做法并不能提升 Larson 模型的可预测性,因为在实际工程应用中,平衡坡度的测量数据并不容易获取。因此,本文将平衡坡度 $\tan\beta_e$ 视为可调参数,通过模型校核,找出平衡坡度最优值,进而提出确定 $\tan\beta_e$ 的简易方法。除了 $\tan\beta_e$,K_c 也是 Larson 模型的重要可调参数。通过改变 $\tan\beta_e$ 和 K_c,对模型进行校核,使模型达到最大的 f_{BSS} 值,找出 $\tan\beta_e$ 和 K_c 的最优值,校核结果如图 1 所示。可以看出,对于侵蚀波况,Larson 模型的预测结果受 $\tan\beta_e$ 和 K_c 影响明显;而对于淤积波况,模型结果主要受平衡坡度影响,对 K_c 的变化敏感性较低。另外,侵蚀波况下,尽管入射波要素不同,但整体平衡坡度最优值均接近或等于 0;对于淤积波况,整体平衡坡度最优值很相近,这是因为试验 115A1 和试验 125A1 的入射波参数相同,仅初始剖面坡度不同,可见初始剖面坡度对于最终平衡剖面坡度的影响较小。基于此,本文认为对于所有侵蚀波况,整体平衡坡度为 0,而对于淤积波况下的整体平衡坡度,采用 Kriebel 等[19] 提出的平衡坡度经验公式进行计算,表达式如下:

$$\tan\beta_e = \begin{cases} 0, & \Omega \geqslant 3.2 \\ 0.15\Omega^{-0.5}, & \Omega < 3.2 \end{cases} \tag{6}$$

考虑到 K_c 最优值的变化范围不是很大,且 Larson 等[12] 和 Larson 和 Wamsley[20] 认为 K_c 的取值主要与泥沙粒径有关,因此,对于某一特定泥沙粒径,存在一个 K_c 值适用于不同侵蚀和淤积波况。

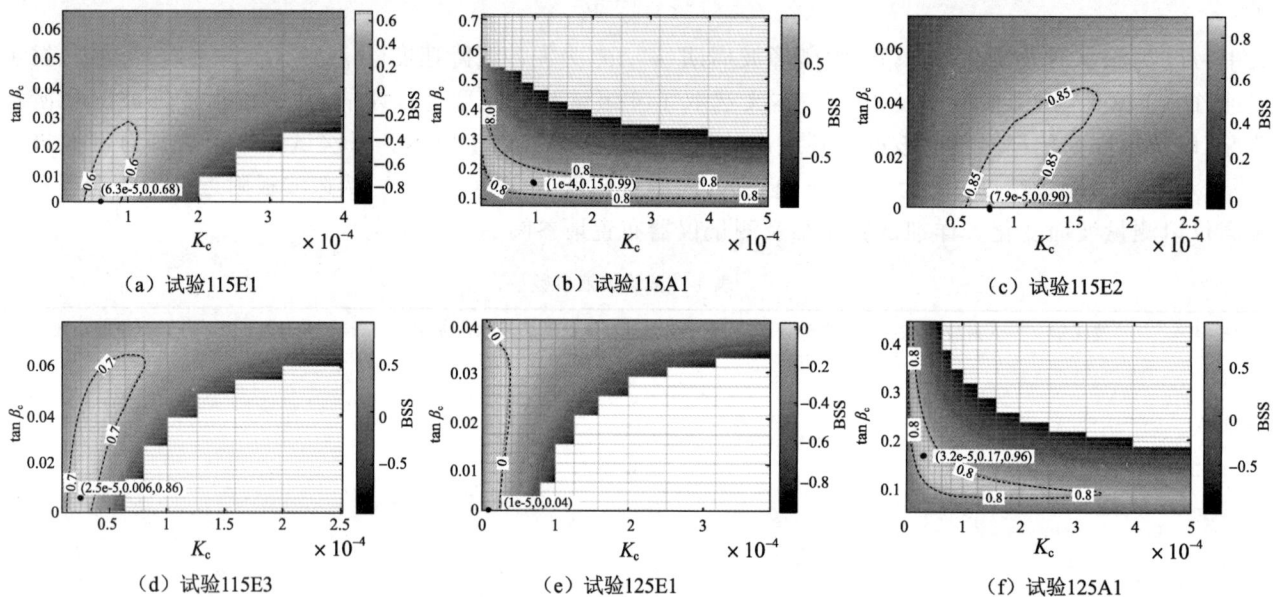

(a) 试验115E1 (b) 试验115A1 (c) 试验115E2

(d) 试验115E3 (e) 试验125E1 (f) 试验125A1

图 1 Larson 模型校核结果

3.2 冲流带内地形演变与输沙率分布

采用式(6)计算整体平衡坡度,模型计算得到的所有剖面的平均 BSS 达到最大时对应的 K_c 为 6×10^{-5},图 2 给出了调参后模型的计算剖面与试验测量剖面的对比结果。对于多数试验工况,Larson 模型的计算结果较好(BSS>0.6)。但同时可以看出,Larson 模型无法捕捉岸线的变化,这是因为模型假设海侧边界处的床面不发生变化。此外,侵蚀波况下,泥沙会在冲流带上部淤积,形成滩肩,然而 Larson 模型并不能合理预测滩肩的形成。以侵蚀性试验 115E1 为例,对试验组次内 6 个试验的输沙率测量值与模型计算值进行对比发现(图 3),模型可以比较合理地预测输沙率的大小,但无法捕捉冲流带上部输沙率梯度由正转负的趋势。由泥沙质量守恒方程可知,当输沙率梯度大于 0 时,床面变化为负值,即床面发生侵蚀。而 Larson 模型无法合理预测冲流带上部淤积现象的根本原因是采用了恒定的平衡坡度。图 4 给出了当在整个冲流带采用恒定平衡坡度时的模型输沙率分布形式,可以看出输沙率梯度均大于 0,而所有侵蚀试验测得的平均输沙率梯度在冲流带上部小于 0,这是形成滩肩的关键原因。因此,在整个冲流带采用恒定的平衡坡度并不合理。

（a）试验115E1　　　　　（b）试验115A1　　　　　（c）试验115E2

（d）试验115E3　　　　　（e）试验125E1　　　　　（f）试验125A1

图 2　Larson 模型校核结果

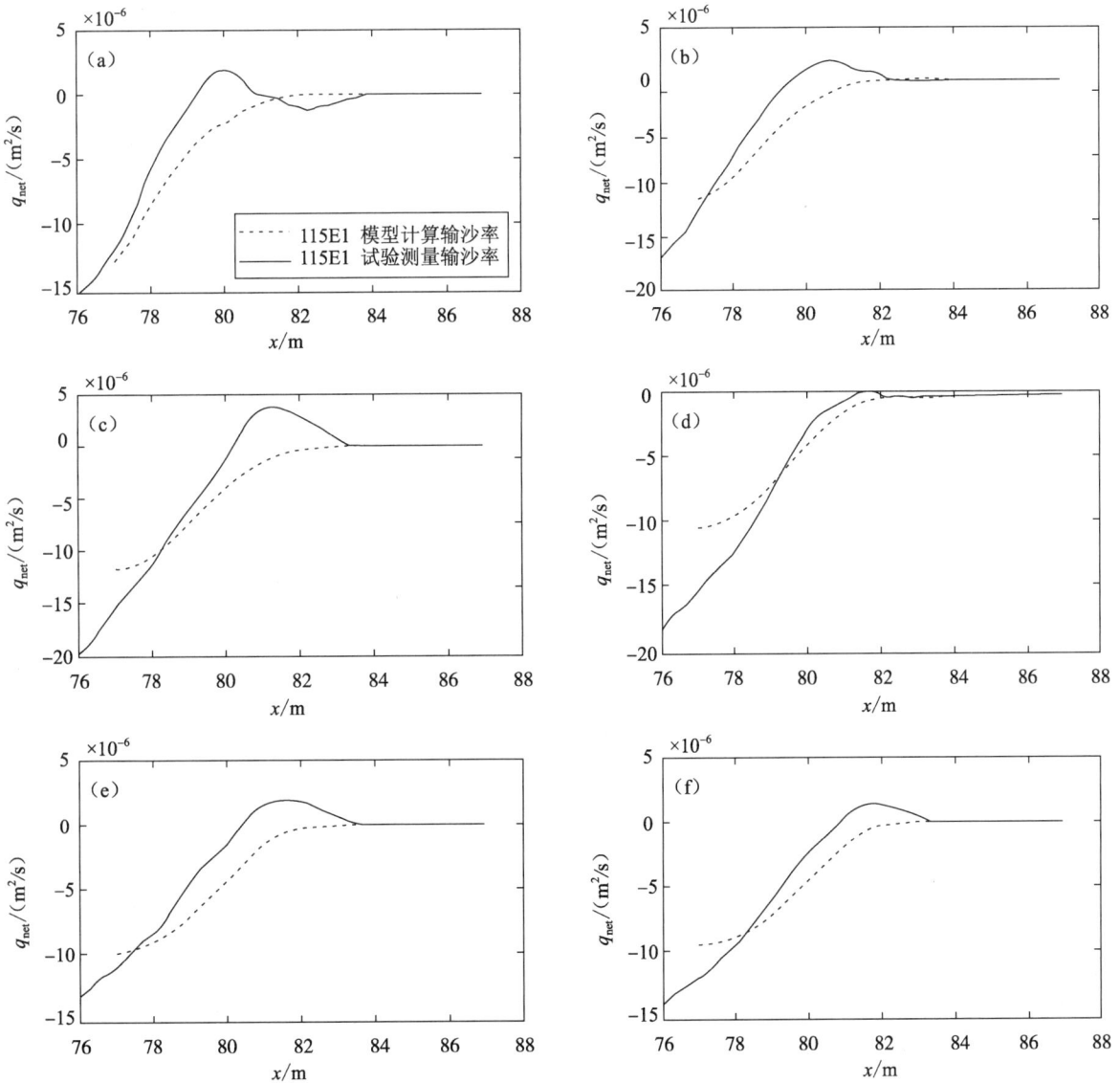

图 3　试验 115E1 输沙率测量值与模型计算值对比

岸线变化是长时间尺度上海滩利用规划管理的重要参考依据,而滩肩是海岸地貌的重要特征,滩肩的形成很大程度上影响海岸地形的演变,在有些海滩上滩肩是形成潟湖的重要原因。合理预测岸线变化和滩肩形成对海滩的合理利用和养护十分重要,因此有必要针对这两个问题,对 Larson 模型进行改进,从而完善模型的预测结果。

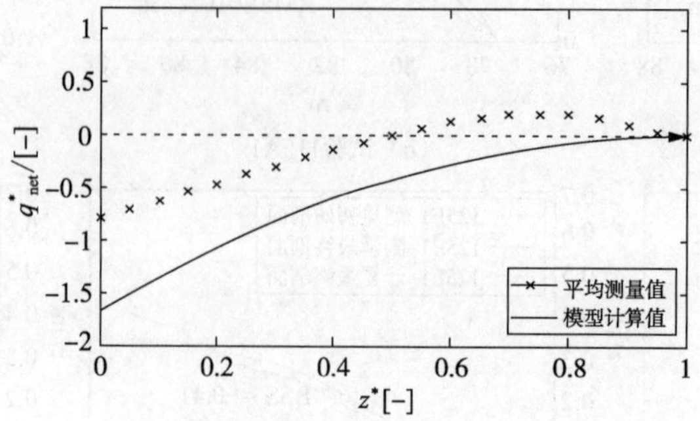

图 4　　Larson 模型计算输沙率分布与侵蚀试验测量输沙率分布对比

4　结　语

利用大比尺水槽试验数据,通过对比侵蚀和淤积波况下模型计算得到的冲流带岸滩剖面和试验测量的剖面,对 Larson 模型进行了定量评估,得到的主要研究结论如下:

(1)总体而言,Larson 模型可以较好地预测冲流带岸滩剖面的变化,尤其对于淤积波况,预测结果很好,得到的 BSS 值可以达到 0.8 以上。此外,Larson 模型也可以比较合理地计算输沙率的大小。

(2)然而,模型无法捕捉岸线变化和冲流带上部的淤积现象。针对岸线变化问题,有必要对模型海侧边界条件进行改进;对于上部淤积现象,即滩肩形成,应提出冲流带内局部平衡坡度分布函数,而不是采用恒定的平衡坡度。

参考文献

[1]　MASSELINK G,PULEO J A. Swash-zone morphodynamics[J]. Continental Shelf Research,2006,26(5):661-680.

[2]　CHARDÓN-MALDONADO P,PINTADO-PATIÑO J C,PULEO J A. Advances in swash-zone research:Small-scale hydrodynamic and sediment transport processes[J]. Coastal Engineering,2016,115:8-25.

[3]　PULEO J A,BEACH R A,HOLMAN R A,et al. Swash zone sediment suspension and transport and the importance of bore-generated turbulence[J]. Journal of Geophysical Research Oceans,2000,105(C7):17021-17044.

[4]　BROCCHINI M,BALDOCK T E. Recent advances in modeling swash zone dynamics:Influence of surf-swash interaction on nearshore hydrodynamics and morphodynamics[J]. Reviews of Geophysics,2008,46(3):1-21.

[5]　邓斌,蒋昌波,陈杰,等. 冲泻区形态动力学耦合模型研究Ⅱ:模型建立与验证[J]. 水利学报,2018,49(12):1512-1522.

[6]　BALDOCK T E,SON P K,MANOONVORAVONG P,et al,Probabilistic-deterministic modelling of swash zone morphology[C]// Proceedings of the 6th International Symposium on Coastal Engineering and Science of Coastal Sediment Processes. New Orleans:ASCE,2007:272-285.

[7]　LANCKRIET T,PULEO J A. A semianalytical model for sheet flow layer thickness with application to the swash zone[J]. Journal of Geophysical Research Oceans,2015,120(2):1333-1352.

[8]　ZHU F,DODD N. The morphodynamics of a swash event on an erodible beach[J]. Journal of Fluid Mechanics,2015,762:110-140.

[9]　LESSER G R,ROELVINK J A,VAN KESTER J A T M,et al. Development and validation of a three-dimensional morphological model[J]. Coastal Engineering,2004,51(8-9):883-915.

[10]　ROELVINK D,RENIERS A,VAN DONGEREN A,et al. Modelling storm impacts on beaches,dunes and barrier islands[J]. Coastal Engineering,2009,56(11-12):1133-1152.

[11]　CHEN W,VAN DER WERF J J,HULSCHER S J M H. A review of practical models of sand transport in the swash zone[J]. Earth-Science Reviews,2023,238:104355.

[12]　LARSON M,KUBOTA S,ERIKSON L. Swash-zone sediment transport and foreshore evolution:Field experiments

and mathematical modeling[J]. Marine Geology,2004,212(1-4):61-79.

[13]　MADSEN O. Sediment transport on the shelf[C]// Sediment Transport Workshop Proc,Vicksburg,1993.

[14]　MASE B H. Random wave runup height on gentle slope[J]. Journal of Waterway,Port,Coastal,and Ocean Engineering,1990,115(5):649-661.

[15]　ANTÓNIO S D,VAN DER WERF J J,HORSTMAN E,et al. Influence of beach slope on morphological changes and sediment transport under irregular waves[J]. Journal of Marine Science and Engineering,2023,11(12):2244.

[16]　GOURLAY M R,MEULEN T V D. Beach and dune erosion tests[M]. Delft:Deltares(WL),1968.

[17]　KRAUS N C,LARSON M,KRIEBEL D L. Evaluation of beach erosion and accretion predictors[C]// Proceedings of coastal sediments,ASCE,1991:572-587.

[18]　VAN RIJN L C,WASLTRA D J R,GRASMEIJER B,et al. The predictability of cross-shore bed evolution of sandy beaches at the time scale of storms and seasons using process-based profile models[J]. Coastal Engineering,2003,47(3):295-327.

[19]　KRIEBEL D L,KRAUS N C,LARSON M. Engineering methods for predicting beach profile response[C]// Proceedings of Coastal Sediments,ASCE,1991:557-571.

[20]　LARSON M,WAMSLEY T V. A formula for longshore sediment transport in the swash[C]// Proceedings of Coastal Sediments,ASCE,2007:1924-1937.

福建连江县筱埕中心渔港潮流数模及港内回淤研究

崔　峥,佘小建,王登婷

(南京水利科学研究院,江苏 南京　210024)

摘要:通过二维潮流数学模型计算和泥沙回淤分析,研究连江县筱埕镇中心渔港项目水动力特性和泥沙情况,研究项目实施后港内水动力和泥沙回淤情况,以及对周边海域影响,为项目顺利实施提供科学依据。计算结果表明,方案 1 水流流态、船舶航行安全等方面优于方案 2,方案 2 港内水动力优于方案 1,两方案对周边海域影响均较小。正常天气条件下方案 1 停泊区、回旋水域、航道平均年回淤厚度分别为 0.23 m/a、0.20 m/a 和 0.13 m/a,总回淤量 55.9 万 m³。方案 2 停泊区、回旋水域、航道平均年回淤厚度分别为 0.21 m/a、0.18 m/a 和 0.10 m/a,总回淤量 22.6 万 m³。方案 1 和方案 2 停泊区和回旋水域回淤量基本相当,但方案 1 进港航道段范围较大且长度较长,造成航道总回淤量明显大于方案 2,建议对方案 1 进港航道适当缩窄以减少航道淤积量。

关键词:连江;筱埕镇;中心渔港;数学模型;回淤

连江县筱埕中心渔港位于福建省连江县筱埕镇,东濒马祖列岛,北靠可门港,南临闽江口,西傍敖江口,距县城 36 km,距离长乐国际机场 1 h 车程。通过二维潮流数学模型和泥沙回淤分析研究连江县筱埕镇中心渔港项目水动力特性和研究项目实施后港内水动力和泥沙回淤情况,以及对周边海域影响,为项目顺利实施提供科学依据。

1 项目概况

筱埕中心渔港共布置 2 个方案,码头和引桥均采用高桩透水布置形式,港区外布置防波堤。方案 1 为单口门布置,防波堤位于西侧,口门位于东侧。该方案特点为回旋水域较大,防波堤结构形式较为简单;缺点是航道较长,港池航道开挖量相对较大,淤积量也相对较大。

方案 2 为双口门布置,西侧防波堤缩短,同时东部布置一离岸防波堤,形成东、西两个口门,航道布置在西口门。该方案优点为航道较短,港池航道开挖量相对较少,回淤量也相对较少,此外,双口门条件下港内水体交换相对较好;缺点为双防波堤结构较为复杂,港池内水流形态相对较为复杂。

两方案码头布置基本相同,码头岸线长 600 m,宽 35 m,停泊区水深 -7.5 m,回旋水域和航道水深 -5 m,航道宽 80 m。方案 1 港池水域面积 71 万 m²,方案 2 港池水域面积 76 万 m²。方案 1 港防波堤长 1 200 m,口门宽 500 m;方案 2 西防波堤长 200 m,东防波堤长 1 120 m,西口门宽 132 m,东口门宽 430 m。方案 1 码头平台和后方平台桩分别采用 600 mm×600 mm 预应力混凝土桩,桩基排架间距 6.6 m;方案 2 码头平台和后方平台桩分别采用 Φ1 000 mm 灌注桩,码头平台和后方平台桩分别为 6.6 m 和 8.1 m,引桥均采用 Φ800 mm 灌注桩。方案布置见图 1。

2 自然条件

2.1 风况

区域多年平均风速为 6.5 m/s,极大风速大于 40 m/s。强风向为东北东向、南南东向及南向,频率分别为 19%、4.5% 和 5.5%。常风向为东北向,频率为 22%。秋冬季以东北风最多,春季以东北向和东北东向为多,夏季以南南西向最多。全年大于等于 8 级风日数平均为 81.1 d。影响本地的台风,平均每年发生 5 次,台风最大风速大于 40 m/s。

作者简介:崔峥。E-mail:zhengc33@163.com

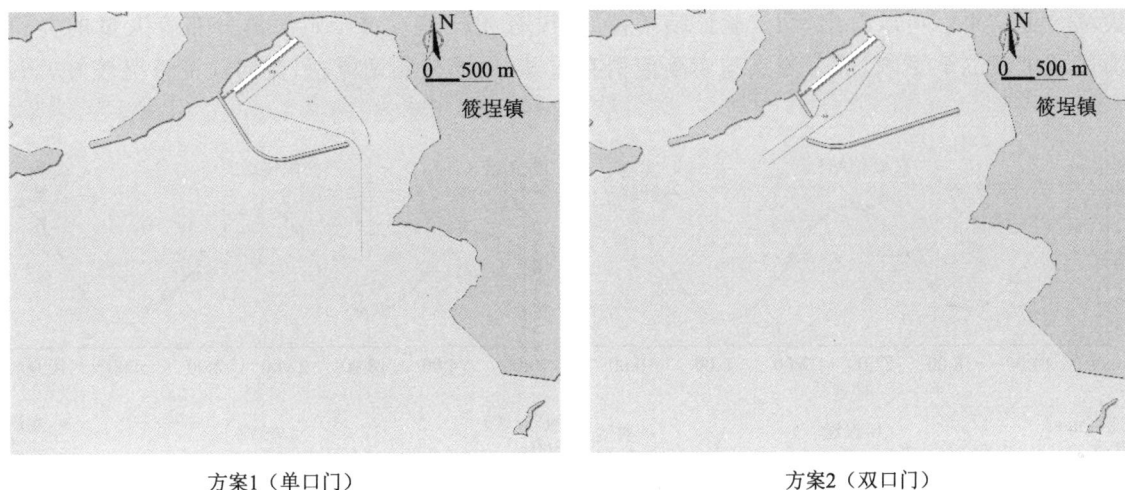

方案1（单口门）　　　　　　　　　　　　　　　　方案2（双口门）

图1　筱埕镇中心渔港方案布置

2.2 水文泥沙条件

2017年2—3月在定海湾进行了大潮同步水文泥沙测验,测验内容包括潮位、流速流向、含沙量、悬移质、底质等5个项目。其中潮流、泥沙垂线(DH1♯～DH6♯)站位6个,临时潮位站2个(T1和T2)。

2.2.1 潮汐

工程海区潮汐性质为规则半日潮。T1临时潮位站平均海平面0.28 m[1985国家高程基准(二期)],最高潮位3.31 m,最低潮位−2.91 m;最大潮差6.20 m,最小潮差4.08 m,平均潮差5.46 m;平均落潮历时均长于涨潮历时。

2.2.2 潮流特性

根据2017年2月水文测验大潮资料,测流海域6个测站基本上为往复流。涨潮平均流速0.37～0.56 m/s,最大流速0.58～0.85 m/s;落潮平均流速0.33～0.43 m/s,最大流速0.60～0.84 m/s。

2.2.3 悬沙特性

测站最大含沙量为0.179 kg/m³,最小含沙量为0.037 kg/m³;垂向平均含沙量最大值为0.138 kg/m³,最小值为0.047 kg/m³,平均值为0.077 kg/m³,含沙量相对较低。水文调查大潮期间悬沙粒径为0.007 9～0.008 1 mm,平均0.008 3 mm。各测站之间悬沙粒径差别较小,均为细颗粒泥沙。

2.2.4 底质

工程区海域底质中值粒径范围为0.004～0.36 mm,平均0.008 mm。除了近岸区底质较粗外,本海区大部分底质分布较为均匀。

3 数学模型介绍及验证

3.1 模型范围和网格

研究海域海湾、岛屿众多,地形较为复杂。为较好模拟工程海域的潮流场,采用大范围模型。模型南边界至福州长乐市长乐机场附近,北边界位于福鼎市晴川湾北部,包括闽江口、罗源湾、三都澳、福宁湾、晴川湾、定海湾等海湾及外部岛屿,外边界直线距离140 km,水域面积约6 000 km²。模型范围及网格见图2。模型计算区域的离散采用非结构三角形网格,桩基采用阻水面积相似法模拟,桩基处最小网格尺度为1.5 m。

3.2 数学模型验证

模型对2017年2月研究海域大潮水文测验资料进行了验证,图3为2017

图2　数学模型
计算范围及网格

年2月大潮验证结果。可以看出,潮位验证结果良好,没有相位差。由于定海湾分布有大量的养殖区,另外受到海图精度及岛屿影响,部分测点与实测值稍有差异,大部分测站流速、流向验证情况较好,满足规范要求。

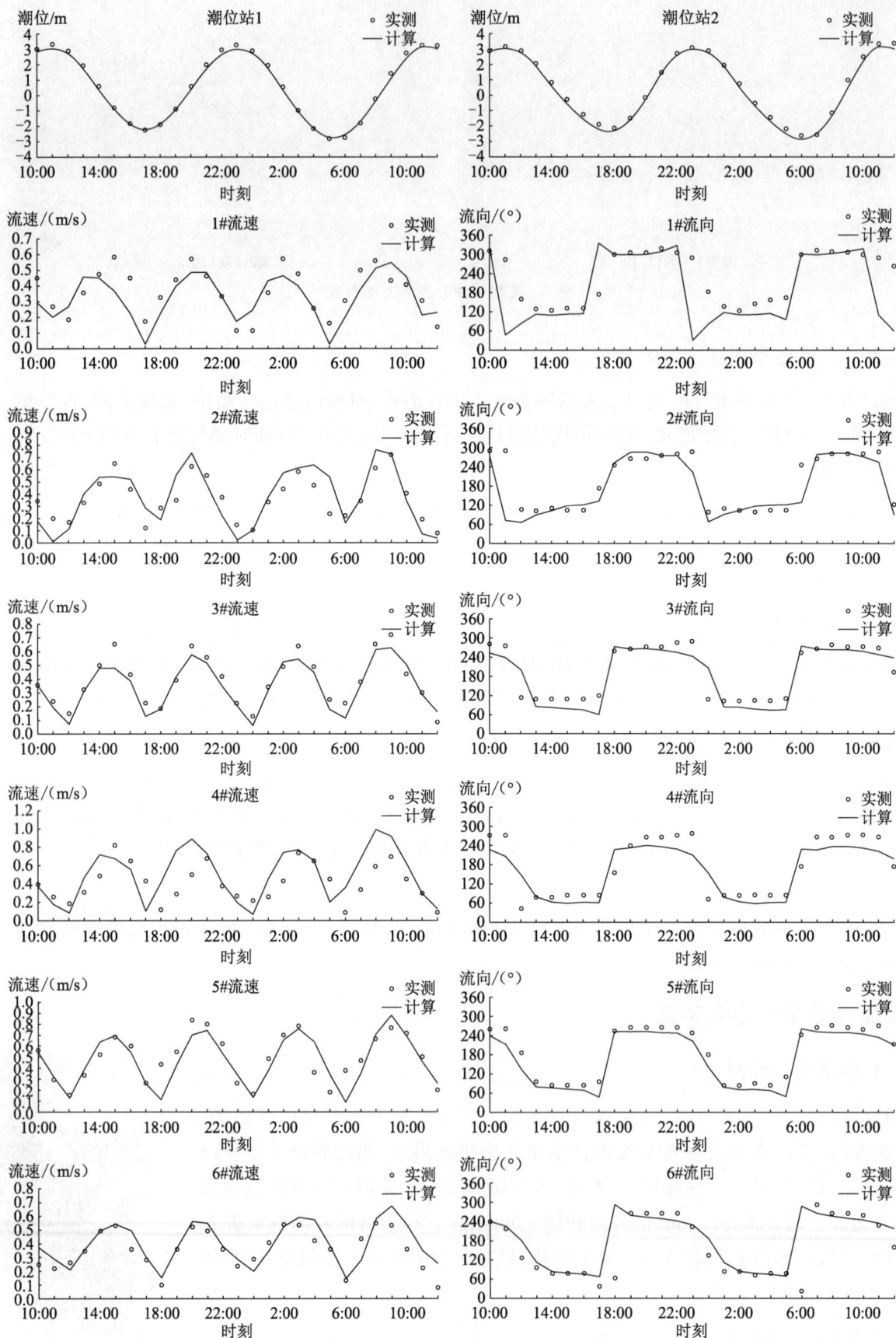

图3　2017年2月水文测验大潮潮位、流速、流向验证结果

4 泥沙回淤计算公式

工程区回淤计算分 2 种情况,顺岸式航道或者开敞式海域可以采用海港水文规范推荐的泥沙回淤计算公式:

$$P=\frac{\omega St}{\gamma_0}\left\{k_1\left[1-\left(\frac{V_2}{V_1}\right)^2\frac{d_1}{d_2}\right]\sin\theta+k_2\left[1-\frac{V_2}{2V_1}\left(1+\frac{d_1}{d_2}\right)\right]\cos\theta\right\} \quad (1)$$

式中:P 为年平均淤积厚度,单位为 m/a;ω 为泥沙沉降速度,对于淤泥质泥沙,取絮凝沉速 0.000 5 m/s;S 为波浪和潮流综合作用下挟沙力含沙量,单位为 kg/m³;t 为 1 年的总秒数;d_1、d_2 分别为滩面水深和航道水深,单位为 m;V_1、V_2 分别为工程前滩面流速和工程后航道流速,单位为 m/s;k_1、k_2 为经验系数,分别取 0.35 和 0.13;θ 为水流流向与航槽走向的夹角,单位为°;γ_0 为淤积泥沙干容重,根据本地悬沙粒径,计算取 753 kg/m³。

为了简化计算内部水域回淤分布,内水域及港池计算中仍然按照开敞海域的回淤计算方法,内部水域含沙量采用口门区含沙量,不考虑回流回淤影响。该海域波浪作用对泥沙运动影响较大,水域受到防波堤掩护后,波浪动力和水动力均有所减弱,泥沙也会将出现淤积,因而回淤计算中同时考虑工程前、后水动力和波浪变化对泥沙回淤的影响。潮流计算采用大潮计算结果,波浪考虑发生频率较大的南南西向浪影响。

根据 2017 年 2 月大潮水文测验,靠近工程区的 DH1♯～DH3♯垂线平均含沙量 0.067～0.075 kg/m³,外部 DH4♯～DH6♯垂线平均含沙量 0.079～0.092 kg/m³。考虑到本海域位于河口区,外部水体含沙量相对较大,计算时研究海域正常天气条件下含沙量取 0.09 kg/m³。

5 主要计算成果

5.1 工程后港区水流特性

图 4 为方案 1 实施后涨、落急流矢图。

涨急时刻,来自外海的涨潮流沿港区东部口门向北进入港池,东部岸线前水流为向西北的沿岸流,码头前大部分为向西的沿岸流,东侧为向岸流。由于防波堤挑流作用,防波堤内侧形成一逆时针回流。可以看出,该区域水流形态较为复杂,港池及防波堤内侧水流较为缓慢。

落急时刻,水流相对较为平顺,港池内主流大致沿航道向外流动。

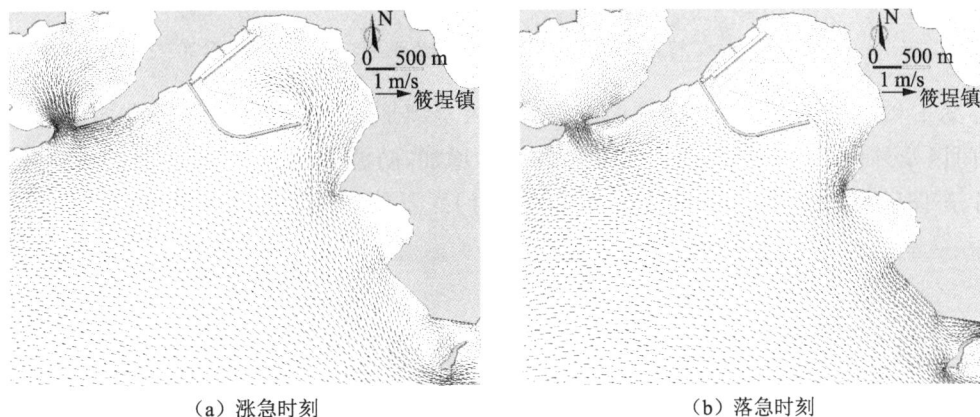

（a）涨急时刻　　　　　（b）落急时刻

图 4　方案 1 实施后附近海域涨、落急流矢图

图 5 为方案 2 实施后涨、落急流矢图。方案 2 为双口门布置,水流形态相对较为复杂。

涨急时刻,东防波堤将进入港池的涨潮流分为两股,两股涨潮流分别从西口门和东口门进入港池。从东口门进入的涨潮流较为平顺,基本上沿岸线向湾顶流动,同时在东防波堤头内侧形成小范围逆时针回流。由于西口门相对较窄,且口门方向与涨潮流向近乎呈 180°交角,外部涨潮流自东向西,通过口门后改为自西向东而进入港池,近乎扭转 180°,进入港池后在码头前和东防波堤西部内侧形成不同方案的回流。港池西侧、码头前沿水流形态较为紊乱。

　　落急时刻,港池内大部分水流沿东口门流出,流向为自北向南—自西向东—自北向南,西口门流向为自东向西—自西向东。落潮流总体较弱。

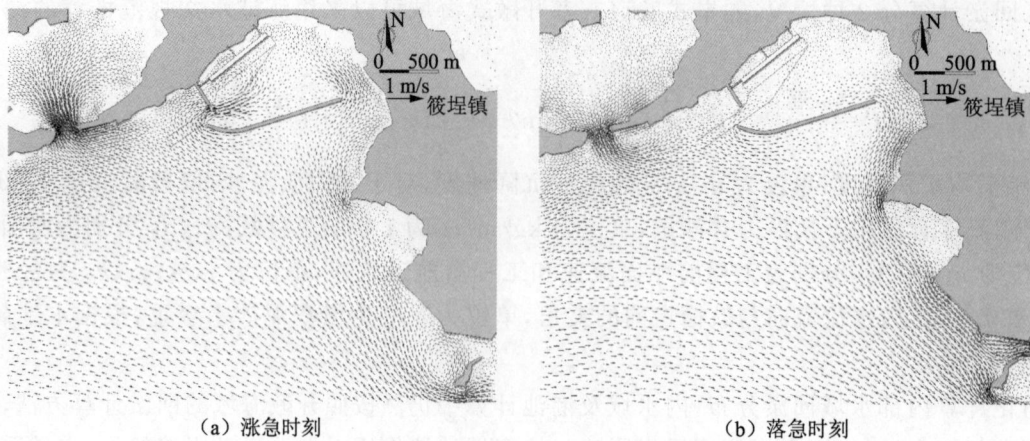

(a) 涨急时刻　　　　　　　　　　　　　　　　(b) 落急时刻

图 5　方案 2 实施后附近海域涨、落急流矢图

　　图 6 为方案 1 和方案 2 实施后附近海域全潮平均流速等值线分布。方案 1 为单口门方案,湾内水流分布为口门大、湾顶小,港池内平均流速 0.02~0.2 m/s,口门处流速较大,近岸区、码头前沿流速相对较弱。方案 2 为双口门方案,流速分布特点为两侧口门流速大,除近岸外,港池内流速相当。

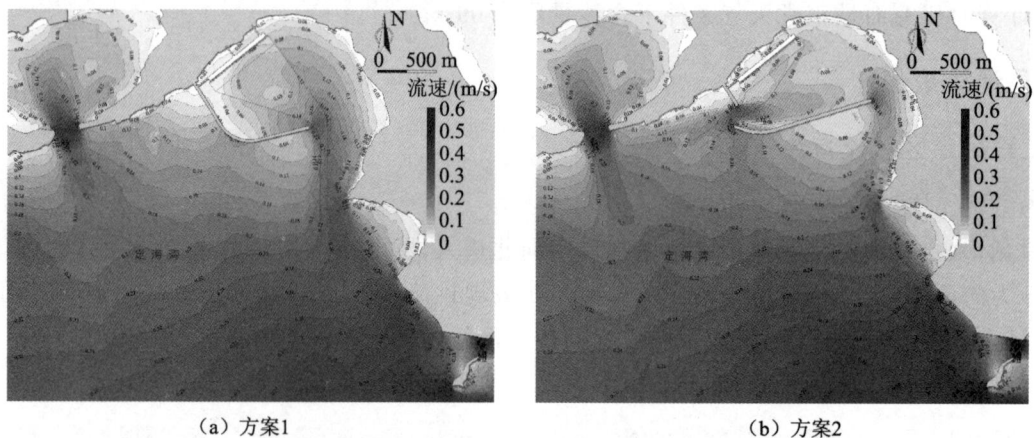

(a) 方案1　　　　　　　　　　　　　　　　(b) 方案2

图 6　方案 1 和方案 2 实施后附近海域全潮平均流速等值线分布

　　图 7 为方案 1 和方案 2 实施后与实施前工程区海域全潮平均流速差值等值线分布。方案 1 港池内大部分水域、口门区及外侧一定范围工程区水动力均有所增加,防波堤两侧一定范围内流速有所减弱。方案 2 除码头西侧、东防波堤内侧外,港池内大部分水域、口门区及外侧一定范围水动力均有所增加。

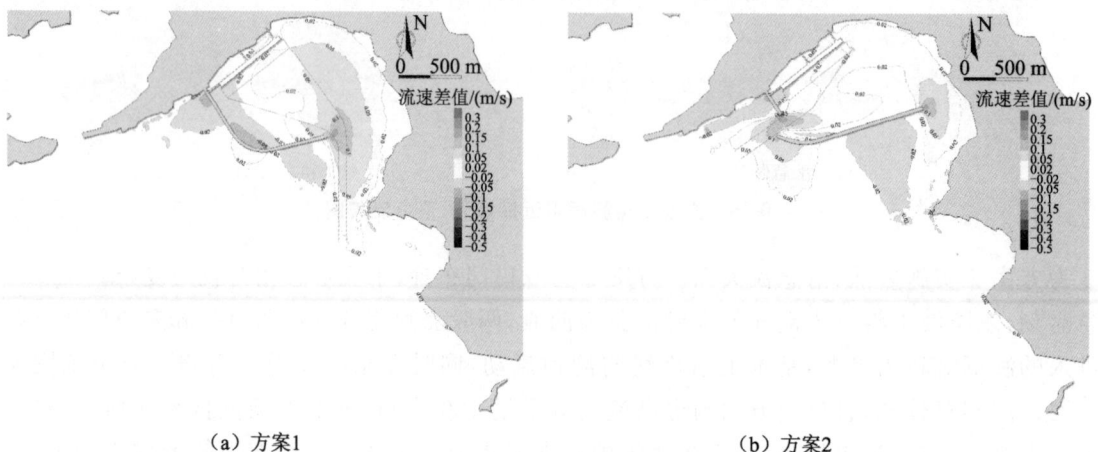

(a) 方案1　　　　　　　　　　　　　　　　(b) 方案2

图 7　方案 1 和方案 2 实施后与实施前工程区海域全潮平均流速差值等值线分布

5.2 港内回淤计算结果

图 8 为方案 1、方案 2 正常天气条件下工程区海域年回淤厚度分布。正常天气条件下方案 1 停泊区、回旋水域、航道平均年回淤厚度分别为 0.23 m/a、0.20 m/a 和 0.13 m/a,总回淤量 55.9 万 m^3;方案 2 停泊区、回旋水域、航道平均年回淤厚度分别为 0.21 m/a、0.18 m/a 和 0.10 m/a,总回淤量 22.6 万 m^3。方案 1 和方案 2 停泊区和回旋水域回淤量基本相当,但方案 1 进港航道段范围较大且长度较长,造成航道总回淤量明显大于方案 2,建议对方案 1 进港航道适当缩窄以减少航道淤积量。

（a）方案1　　　　　　　　　　　　　　　（b）方案2

图 8　正常天气条件下方案 1 和方案 2 港池内年回淤厚度分布

6　结　语

本文研究的福建连江县筱埕中心渔港所在海域潮差较大,水动力中等强度,含沙量较低,建港条件相对较优。通过二维潮流数学模型计算和泥沙回淤分析,研究福建连江县筱埕中心渔港项目实施后港内水动力、泥沙回淤情况及对周边海域影响,为项目设计提供科学依据。得到以下研究结果:

（1）文中提出了 2 个方案。比较可知,方案 1 水流流态、船舶航行安全等方面优于方案 2,方案 2 港内水动力优于方案 1。两方案对周边海域影响均较小。

（2）正常天气条件下方案 1 停泊区、回旋水域、航道平均年回淤厚度分别为 0.23 m/a、0.20 m/a 和 0.13 m/a,总回淤量 55.9 万 m^3。方案 2 停泊区、回旋水域、航道平均年回淤厚度分别为 0.21 m/a、0.18 m/a 和 0.10 m/a,总回淤量 22.6 万 m^3。方案 1 和方案 2 停泊区和回旋水域回淤量基本相当,但方案 1 进港航道段范围较大且长度较长,造成航道总回淤量明显大于方案 2。建议对方案 1 进港航道适当缩窄以减少航道淤积量。

参考文献

[1]　刘家驹. 海岸泥沙运动研究及应用[M]. 北京:海洋出版社,2009.

[2]　崔峥,余小建. 世行贷款福建渔港建设项目(间峡一级渔港、大京二级渔港)潮流数值模拟泥沙回淤分析成果[R]. 南京:南京水利科学研究院,2017.

[3]　崔峥. 连江县定海湾山海运动小镇项目潮流数值模拟泥沙回淤分析成果[R]. 南京:南京水利科学研究院,2017.

[4]　崔峥. 连江县筱埕中心渔港水动力泥沙数模防波堤设计波要素及港内泊稳计算报告[R]. 南京:南京水利科学研究院,2021.

日照港年、季、月的高潮乘潮水位研究

董　胜,宋　妍,廖振焜,赵荣铎

(中国海洋大学 工程学院,山东　青岛　266404)

摘要:船舶进出港或港口作业常需要计算乘潮水位。本文基于日照港逐时潮位观测资料,采用逐时潮位统计法计算日照港年、季和月高潮乘潮水位。逐时潮位统计法从潮位过程线上读取逐时潮位对应的持续时间,按潮位和延时分组进行二维统计,抽取所需计算的延时潮位序列绘制累积频率曲线,得到所需的累积频率潮位值。通过日照港年高潮乘潮水位的计算,逐时潮位统计法能够得到与规范法相近的结果。日照港季和月高潮乘潮水位计算结果表明,日照港高潮乘潮水位有明显的季节特征和月份差异。相同累积频率情况下,夏季及相应月份的高潮乘潮水位最高,冬季及相应月份的高潮乘潮水位最低,因此不能忽视季节和月份的变化。

关键词:日照港;乘潮水位;乘潮延时;传统最大熵分布

乘潮水位是港口工程中重要的设计水位,可分高潮乘潮水位和低潮乘潮水位。高潮乘潮水位主要用于船舶乘高潮进出港或乘高潮作业,低潮乘潮水位则常用于施工部门乘低潮作业。目前计算乘潮水位的方法主要有 2 种,分别为调和分析法和实测数据统计分析法。

调和分析法是潮汐计算中的一种发展较早的方法,该方法将潮汐涨落看作是许多频率、振幅和初相角各不相同的简谐运动叠加的结果[1-2]。但该方法只考虑到天文潮的影响,未考虑气象诱因导致的水位变动,使得计算结果在应用中与实际水位之间存在偏差。

中国现行《港口与航道水文规范》(JTS145—2015)[3]规定的乘潮水位计算方法(后简称"规范法")则属于实测数据统计分析法.规范法通过实测数据绘制累积频率曲线,在累积频率曲线上选取所需的累积频率潮位值。近年来,许多学者在规范法的基础上讨论了很多新的乘潮水位计算方法。黄志扬和曾建峰[4]在分析潮位、流速相关关系的基础上,提出增加考虑"潮流窗口"计算乘潮水位。施凌等[5]通过建立多点潮位站间的潮位回归方程讨论多点乘潮水位计算,以满足深水长航道对于安全性和经济性的需求。乔光全等[6]提出一种仅利用高低潮数据计算乘潮水位的新方法,在缺乏逐时潮位数据的海区,可近似计算乘潮水位。董胜等[7]提出逐时潮位统计法并结合改进的最大熵分布用于乘潮水位的推算。逐时潮位统计法通过从逐时潮位观测数据出发读取逐时潮位对应的延时,对潮位和延时进行分组统计,再根据需要抽取某一组延时的潮位序列绘制累积频率曲线,得到所需的累积频率潮位值,在得到和规范法相近结果的前提下,可减少一半的计算量,提高计算的效率。

日照地处山东半岛东南侧翼,位于规则半日潮海区,平均潮差为 3.01m[8]。近年来,日照港发展迅速,年完成货物吞吐量已超过 5 亿 t。本文收集日照港实测逐时潮位数据,分别采用逐时潮位统计法计算日照港年、季、月的高潮乘潮水位,为日照港的建设和航运提供参考。

1 逐时潮位统计法

1.1 计算步骤

逐时潮位统计法(以下简称"逐时法")从逐时潮位观测资料出发,有 2 个关键点:一是从潮位过程线上

基金项目:国家自然科学基金资助项目(52171284)

通信作者:廖振焜。E-mail:lzk_ouc@163.com

读取逐时潮位对应的延时,按潮位和延时进行二维统计;二是采用传统最大熵分布对乘潮水位累积频率曲线进行拟合。

逐时潮位法的具体步骤如下:

(1) 根据逐时潮位观测资料,采用三次样条插值拟合潮位过程线[9]。

(2) 在潮位的过程曲线上,读取逐时潮位数据对应的持续时间,如图 1 所示。

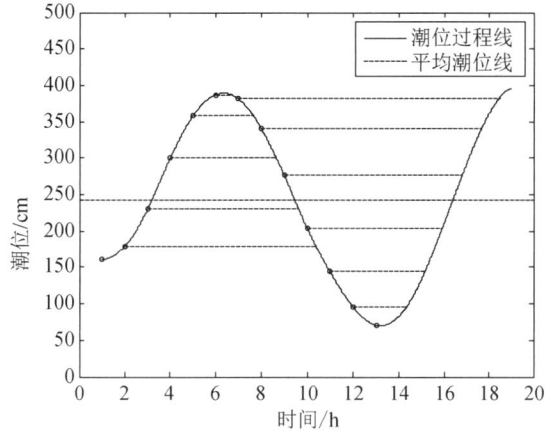

图 1 根据逐时潮位资料读取对应延时

(3) 按不同潮位段和持续时间段统计出现的次数。潮位按从高到低逐级统计,延时按从小到大逐级统计。潮位分级以 10 cm 为间隔进行划分,持续时间分级以 1 h 为间隔进行划分,每一级持续时间归为整数时间。

(4) 明确船舶进出港口所需的乘潮时间(T)为

$$T = c \cdot \frac{L_k}{v} \tag{1}$$

式中:v 为船舶航速;L_k 为航道长度;c 为时间富裕系数,一般取 1.1~1.3。

(5) 抽取需要计算的乘潮时间 T 对应的潮位序列,计算各潮位级的累积率(p):

$$p = \frac{i}{n} \times 100\% \tag{2}$$

式中:i 为各潮位级中的潮位累积出现次数;n 为潮位总出现次数。

(6) 取潮位为纵坐标,累积频率为横坐标,采用传统最大熵分布拟合绘制乘潮水位累积频率曲线。

(7) 在累积频率曲线上选取所需的累积频率所对应的潮位值。

1.2 传统最大熵分布

绘制累积频率曲线时,按传统方法根据观测潮位散点的趋势绘制完成累积频率曲线得到的乘潮水位值存在主观性,计算结果因人而异。因此选用传统最大熵分布拟合累积曲线得到乘潮水位[10],并通过 K-S 检验判断拟合是否适用[11]。传统最大熵分布模型可表示为[12]:

$$\max H = -\int_R f(x) \ln f(x) \mathrm{d}x \tag{3}$$

$$E\{\phi_i(x)\} = \int_R \phi_i(x) f(x) \mathrm{d}x = \mu_i, \quad i = 0, 1, \cdots, N \tag{4}$$

式中:$f(x)$ 为最大熵分布的概率密度;H 为 $f(x)$ 的熵,其值最大,即表示在已知信息约束下,所得的概率密度函数最合理、客观;$\varphi_i(x)$ 为样本的已知函数,$i = 0, 1, \cdots, N$,且 $\phi_0(x) = 1$;μ_i 为 x 的各阶原点矩,且 $\mu_0 = 1$;N 为模型阶数,根据具体问题而定。式(4)为传统最大熵的约束条件。

概率密度函数 $f(x)$ 为

$$f(x) = \exp\left[-\sum_{i=0}^{N} \lambda_i \phi_i(x)\right] \tag{5}$$

式中:λ_i为拉格朗日乘子,可通过非线性方程组$G_i(\lambda)$求解:

$$G_i(\lambda)=\int \phi_i(x)\exp\left[-\sum_{i=0}^{N}\lambda_i\phi_i(x)\right]\mathrm{d}x=\mu_i,\quad n=0,1,\cdots,N \tag{6}$$

求解出乘子λ_i,即可得最大熵分布的概率密度。

2 日照港乘潮水位计算

2.1 年高潮乘潮水位

基于日照港1992年整年逐时潮位数据,分别通过规范法和逐时法计算日照港年高潮乘潮水位。2种方法的高潮乘潮水位累积频率(P)曲线如图2所示,累积频率曲线采用传统最大熵分布拟合,从曲线上读取延时$T=1$、2、3、4 h的高潮乘潮水位,分布拟合的K-S检验结果和各延时高潮乘潮水位读取结果见表1。由表1可知,2种方法的K-S检验值均小于临界值,说明传统最大熵分布可用于拟合日照港年高潮乘潮水位累积频率曲线。规范法和逐时法的结果十分接近,各延时情况下在累积频率60%~90%的相对误差均小于1.5%,说明采用逐时潮位法得到高潮乘潮水位是适用的。

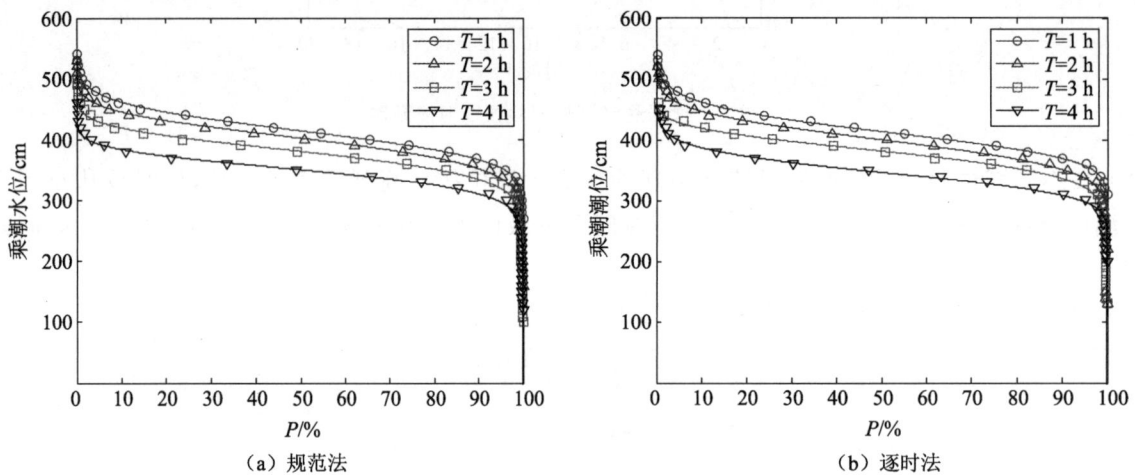

（a）规范法　　　　（b）逐时法

图2　日照港1992年高潮乘潮水位累积频率曲线

表1　日照港1992年高潮乘潮水位计算结果

T/h	方法	K-S检验结果		P/%				
		$\hat{D}_n$	$D_n(0.05)$	60	70	75	80	90
1	规范法	0.024 5	0.050 7	405	395	389	383	367
	逐时法	0.026 5	0.073 3	404	395	390	384	369
2	规范法	0.030 0	0.050 7	393	383	377	370	352
	逐时法	0.048 2	0.068 9	391	380	375	368	351
3	规范法	0.041 7	0.050 8	372	363	358	351	334
	逐时法	0.042 2	0.074 7	373	364	359	353	336
4	规范法	0.038 7	0.050 8	343	335	331	325	310
	逐时法	0.049 2	0.070 4	339	331	326	321	308

2.2 季高潮乘潮水位

基于日照港1989年3月至1992年2月连续4 a逐时潮位资料,采用逐时法推算日照港各季度高潮乘潮水位。按3—5月为春季,6—8月为夏季,9—11月为秋季,12月至次年2月为冬季划分四季。以延时间隔1 h、潮位间隔10 cm进行二维统计,绘制各季度延时$T=1$、2、3、4 h的乘潮水位累积频率曲线,如图3所示。各季乘潮水位曲线K-S检验和高潮乘潮水位计算结果如表2所示。K-S检验结果表明各季度各延时情况采用传统最大熵拟合累积频率曲线均能通过检验,说明传统最大熵分布拟合的各季度高潮乘潮水位累积频率曲线是适用的。日照港各季度高潮乘潮水位有明显的季节特征。相同延时与累积频率情况下,自夏、秋、春至冬季,水位由高到低,夏季和冬季平均相差约 37 cm。各相邻两季度的水位相差并不均匀。夏秋两季相差最少,平均在 12 cm 左右;秋冬两季相差最大,平均在 25 cm 左右。

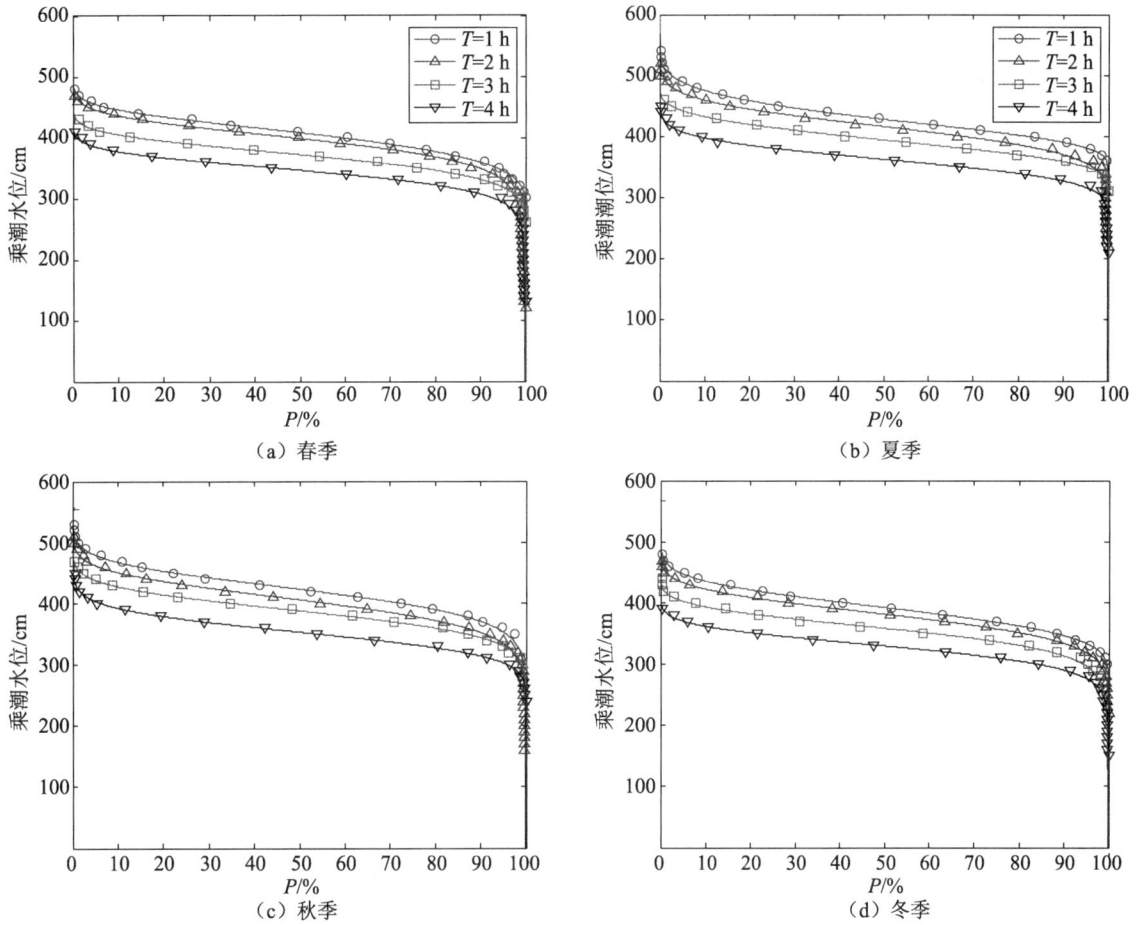

图 3 日照港各季度高潮乘潮水位累积频率曲线

表 2 日照港各季度高潮乘潮水位计算结果

T/h	季节	K-S 检验结果		累积频率 P/%				
		$\hat{D}_n$	$D_n(0.05)$	60	70	75	80	90
1	春	0.031 2	0.075 1	400	390	384	377	360
	夏	0.019 9	0.071 4	421	412	408	403	391
	秋	0.042 1	0.072 5	415	404	398	391	371
	冬	0.035 8	0.072 4	384	374	369	363	347
2	春	0.023 5	0.068 4	391	381	375	369	349
	夏	0.044 9	0.071 3	409	399	394	387	371
	秋	0.035 8	0.071 5	397	386	380	373	353
	冬	0.038 7	0.072 6	374	364	358	352	335
3	春	0.027 8	0.074 5	365	357	352	347	332
	夏	0.028 2	0.072 2	388	380	376	371	360
	秋	0.031 9	0.072 5	380	371	366	360	345
	冬	0.052 5	0.072 5	351	343	337	331	314
4	春	0.033 3	0.069 7	340	332	328	323	308
	夏	0.041 3	0.071 6	357	349	345	340	327
	秋	0.033 8	0.073 7	346	338	333	328	315
	冬	0.032 3	0.073 6	323	316	311	306	291

2.3 月高潮乘潮水位

基于日照港 1987—1992 年连续 6 a 实测逐时潮位数据,采用逐时统计法计算得到日照港各月高潮乘潮水位。采用三次样条插值拟合潮位过程线,每小时读取逐时潮位对应的延时。再将潮位和延时数据按月份进行划分,以 1 月份为例,汇总 1987—1992 年每年 1 月的数据。汇总后的各月数据按潮位和延时进行二维统计,根据所需延时选出需要的潮位序列,绘制乘潮水位累积频率曲线,曲线采用传统最大熵分布进行拟合,K-S 检验结果如表 3 所示。读取所需累积频率的乘潮水位,结果见图 4。

表 3　日照港各月高潮乘潮水位累积频率曲线传统最大熵分布拟合 K-S 检验结果

T/h	统计量	月份											
		1	2	3	4	5	6	7	8	9	10	11	12
1	$\hat{D}_n$	0.060 4	0.057 5	0.049 3	0.037 5	0.043 1	0.040 9	0.040 5	0.035 3	0.052 2	0.051 3	0.042 7	0.052 0
	$D_n(0.05)$	0.100 8	0.104 7	0.102 2	0.105 9	0.106 3	0.101 7	0.104 0	0.100 0	0.100 8	0.097 9	0.108 0	0.100 5
2	$\hat{D}_n$	0.040 5	0.064 1	0.052 2	0.041 4	0.036 0	0.044 9	0.041 7	0.063 6	0.069 0	0.055 8	0.039 5	0.044 3
	$D_n(0.05)$	0.100 3	0.106 3	0.098 4	0.100 0	0.095 6	0.101 4	0.097 1	0.101 1	0.104 4	0.103 7	0.096 6	0.099 2
3	$\hat{D}_n$	0.054 4	0.101 7	0.041 4	0.069 0	0.040 9	0.042 1	0.066 0	0.032 2	0.035 7	0.068 1	0.055 1	0.064 0
	$D_n(0.05)$	0.100 3	0.102 0	0.100 8	0.105 0	0.105 3	0.102 0	0.102 2	0.099 7	0.102 0	0.098 9	0.106 6	0.102 0
4	$\hat{D}_n$	0.042 5	0.075 3	0.050 6	0.039 3	0.034 6	0.061 5	0.047 4	0.040 2	0.058 6	0.075 9	0.044 4	0.041 0
	$D_n(0.05)$	0.102 0	0.109 4	0.101 7	0.100 0	0.096 4	0.100 3	0.104 0	0.105 0	0.104 7	0.105 0	0.101 1	0.100 8

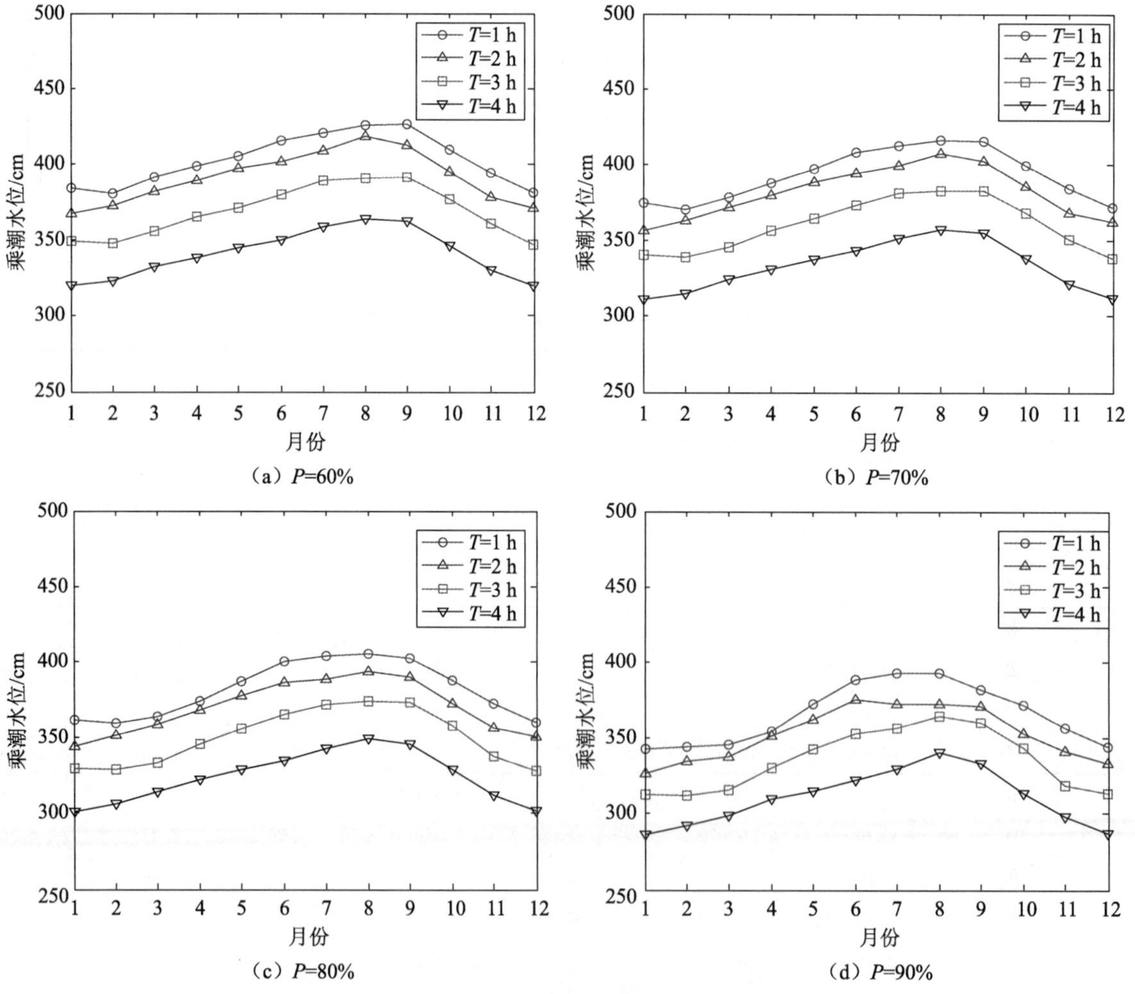

图 4　日照港各月高潮乘潮水位计算结果

各月份各延时的 K-S 检验结果均为通过,说明采用传统最大熵分布拟合日照港各月高潮乘潮水位累积频率曲线是适用的。从计算结果来看,各月高潮乘潮水位的整体趋势为先上升后下降,从 1 月开始逐月上升,至 8 月或 9 月达到最大值后开始逐月下降。值得注意的是,延时 $T=1$ h 和 $T=3$ h 的情况,1—2 月会出现先稍有减低而后逐月增加的趋势。随着累积频率增大,各月份的高潮乘潮水位会逐渐减低。考虑累积频率 $60\%\sim90\%$ 的情况,各月各延时的高潮乘潮水位均高于 285 cm,可作为船舶乘潮进港的参考。

3　结　语

收集日照港逐时潮位观测数据,采用逐时潮位统计法计算得到日照港年、季和月高潮乘潮水位,并得到以下结论:

(1)累积频率曲线采用传统最大熵分布拟合日照港各高潮乘潮水位样本均能通过 K-S 检验,逐时潮位法推算结果与规范法十分接近,各延时情况下在累积频率 $60\%\sim90\%$ 的相对误差均小于 1.5%,说明采用逐时潮位法得到高潮乘潮水位是适用的。

(2)日照港高潮乘潮水位有明显的季节特征和月份差异,自夏、秋、春至冬季,水位由高到低;水位月份变化则表现为从 1 月份开始先逐月增加,至 8 月或 9 月后逐月下降。船舶在乘潮进入日照港时,需特别考虑季节和月份的因素,夏秋季节、6—9 月份能满足更多船型的乘潮进港要求。

参考文献

[1] 郑勤. 船舶乘潮过浅模拟研究[J]. 交通部上海船舶运输科学研究所学报,1989,12(2):86-92.
[2] 宣敏明. 乘潮水位的计算与修正[J]. 港口工程,1995,15(1):31-34.
[3] 中华人民共和国交通运输部. 港口与航道水文规范:JTS 145—2015(2022 版)[S]. 北京:人民交通出版社,2016.
[4] 黄志扬,曾建峰. 考虑潮流影响的航道乘潮水位计算方法研究与应用[J]. 海洋工程,2018,36(3):104-109.
[5] 施凌,丁岿,刘永刚. 多点乘潮在深水航道设计中的应用[J]. 水运工程,2021(10):260-265.
[6] 乔光全,麦宇雄,徐润刚. 利用高低潮推算乘潮水位的方法[J]. 水运工程,2022(1):35-40.
[7] 董胜,廖振焜,焦春硕. 乘潮水位估计的逐时潮位统计法[J]. 水运工程,2018(1):29-34.
[8] 薛鸿超,谢金赞. 中国海岸带水文[M]. 北京:海洋出版社,1995.
[9] 张锦文. 一种乘潮水位统计方法[J]. 海洋通报,1984,3(4):9-18.
[10] 董胜,曹书军,周冲,等. 乘潮潮位的理论分布探讨[J]. 中国海洋大学学报(自然科学版),2011,41(S2):154-158.
[11] 陈呈超,焦春硕,翟金金,等. 基于逐时潮位推求设计水位的统计分布选型研究[J]. 中国海洋大学学报(自然科学版),2017,47(11):117-123.
[12] DONG S,WANG N N,LIU W,et al. Bivariate maximum entropy distribution of significant wave height and peak period[J]. Ocean Engineering,2013,59:86-99.

东水港口门整治修复工程水动力响应研究

高祥宇[1,2,3]，王艳红[1,2,3]，于海涛[1,2,3]，高正荣[1,2,3]

（1. 南京水利科学研究院，江苏 南京　210029；2. 南京水利科学研究院 水灾害防御全国重点实验室，江苏 南京　210029；3. 港口航道泥沙工程交通行业重点实验室，江苏 南京　210024）

摘要：海南省澄迈县东水港属于沙坝型潟湖，出海口狭窄。潟湖内水域开阔，滩多水浅。东水港目前是避风渔港，口门水域受到沿岸输沙影响，水较浅，渔船进出存在搁浅风险。沙坝形成的月牙形盈滨半岛具有独特的热带滨海自然景观，半岛外侧岸滩侵蚀后退。为了改善口门通航条件，提高沿岸区域抵御海洋灾害的能力和景观环境，进行东水港口门整治修复工程。采用二维潮流数学模型研究工程实施后水动力的变化，并结合物质输运数学模型分析潟湖内水体交换能力。结果表明：口门整治修复工程对水动力的影响仅发生在工程局部区域；潟湖内进出潮量略有增加，水体交换能力略有增强。

关键词：东水港；口门整治；数学模型；潮流动力；水体交换

　　我国高度重视海南省的发展，明确将推进海南国际旅游岛建设发展作为全国区域经济战略性布局的一项重大举措。澄迈县位于海南岛北部，位于海口旅游圈 1 h 车程范围内。澄迈县东水港是一个沙坝形潟湖[1-2]，口门沙坝形成月牙形的盈滨半岛，岛上地势平坦，视野开阔，具有独特的热带滨海自然景观，外海沿岸水清沙细，是最具有开发前景的区域之一。东水港目前是避风渔港，口门狭窄，湾内水域开阔，滩多水浅。受到沿岸输沙影响，口门水域水较浅，常有沙埂出现，渔船进出存在搁浅风险。在自然状况下，东水港潟湖型潮汐汊道正趋于封闭[1]。盈滨半岛外侧岸滩侵蚀后退。通过东水港口门整治修复工程改善沿岸输沙环境和渔船进出口门通航条件，提高沿岸区域抵御海洋灾害的能力和景观环境。口门整治修复工程对水动力的影响和潟湖水体交换能力变化的研究具有重要意义。

1　自然条件概述

　　东水港位于海南省北部、琼州海峡南岸澄迈湾，海口市以西约 25 km（图 1）。东水港潟湖出口在沙坝西端，沙坝长约 15 km，自东北向西南延伸，至形成的盈滨半岛后转为东西向，形成弧形海岸，主要受新海玄武岩礁石群和马村玄武岩台地两岬角控制。潟湖上游主要河流有荣山河、澄江（老城河）和美伦河（玉楼河）。潟湖入海口门宽度约 95 m，口门附近发育了拦门沙和沿岸输沙形成的沙埂。

图 1　东水港地理位置

基金项目：中央级公益性科研院所基本科研业务费专项资金（Y224007）

作者简介：高祥宇。E-mail：xygao@nhri.cn

1.1 气候条件

海南岛地处热带季风区,东水港附近地区夏季盛行 S—SE 风,冬季盛行 NNE—ENE 风,3—4 月和 9—10 月为风向转换期。根据邻近海域马村资料,NNE—ENE 的风出现频率为 28.6%,ESE—SSE 的风出现频率为 34.8%,年平均风速多数在 2.1~3.5 m/s。澄迈县常年平均气温在 23.1~24.5 ℃,1 月平均气温 17.3 ℃,极端最低气温为 1.1 ℃,7 月平均气温为 28.4 ℃,极端最高气温达到 40.3 ℃。年平均降雨量 1 750 mm。每年 5—10 月为雨季,降雨量达到 445 mm,为全年降水量的 82%。其中,9 月降水量最大。11 月至翌年为旱季,降水量仅有 320 mm,占全年降水量的 18%。全年日降水量≥25 mm 的年平均日数约为 19 d。

1.2 径流

东水港潟湖流域的河流平常径流量较少,平均流量小于 10 m³/s,暴雨洪水径流较大。在荣山河距出海口约 7.2 km 处修建盈滨防潮排涝闸,建闸前径流量不大,平时只是大潮纳潮量的 1/30 左右。建闸后平时较少放水,暴雨时开闸放水,设计排洪流量 50 年一遇为 492.8 m³/s。澄江和美伦河上游均建有水库,径流都较小,50 年一遇设计洪水流量合计为 754 m³/s。

1.3 潮汐与潮流

澄迈湾位于琼州海峡南岸,潮汐潮流主要受琼州海峡的潮汐潮流系统控制。琼州海峡东西口门的潮汐性质有明显差别:东口门为不正规半日潮,往西至海口湾为不正规日潮,至海峡西口的后水湾属较典型的正规日潮。澄迈湾处于琼州海峡的西部,根据 2004 年 6—7 月一个月潮位观测资料和 2019 年 1 月—2020 年 2 月一年多的观测资料分析,澄迈湾潮汐类型为正规日潮。澄迈湾平均海平面 0.976 m,平均高潮位 1.636 m,平均低潮位 0.196 m,平均潮差 1.42 m。

琼州海峡潮流具有较明显的东西向往复流性质,潮流具有 4 种流动形式,即涨潮东流、涨潮西流、落潮东流和落潮西流。落平潮前和涨平潮后的中潮位以下以西向的落潮流为主,中潮位以上以东向涨潮流为主。根据 2008 年(图 2)和 2019 年(图 3)潮流观测资料,澄迈湾内沿岸水域海流主要呈现 ENE—WSW 向往复流特征,东水港潟湖内的潮流主要为 E—W 向往复流,潮流流向基本与岸线和等深线平行。东水港潟湖口和外海深水区的流速大于浅水区流速,潟湖口门附近的流速明显受到沙坝缩口的影响,流速较大,垂线平均流速最大约 1.21 m/s。潟湖内潮波属驻波性质,转流时间与潮位高低潮时间基本一致;外海区域为前进波性质,转流时间出现在中潮位附近。澄迈湾西流平均历时约为 15.3 h,东流平均历时约为 8.9 h,东流流速大于西流流速。

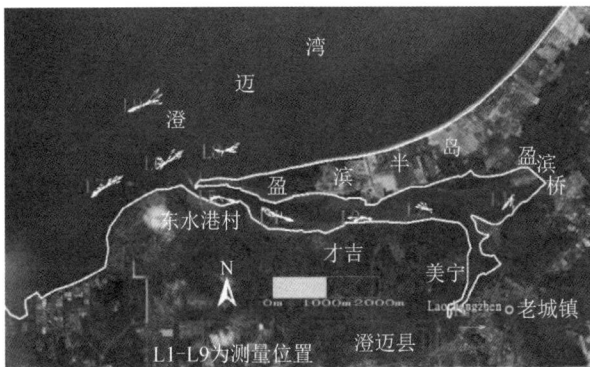

图 2 2008 年 10 月实测流速矢量图

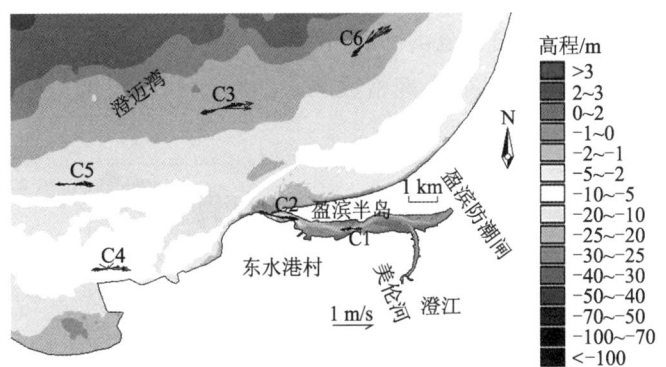

图 3 2019 年 10 月实测流速矢量图
C1 至 C6 为测点位置。

1.4 波浪

琼州海峡南岸的波浪主要受到风场控制,涌浪频率较低。波浪具有季节性变化特点。冬季以 NE、

ENE 浪向为主,频率较大,其中 12 月 NE 浪向频率可达 65％以上,波高也大。夏季以 S 向浪为主,6 月 S 向浪频率可超过 60％,波高较小。影响澄迈湾海域的波浪主要是 N—ENE 向风浪,浪向与风向相一致,常浪向为 NE 和 ENE,西向浪出现频率很小,平均浪高在 0.6～0.8 m,平均周期在 3 s 左右。东水港潟湖内受到盈滨半岛的掩护作用,又因为水深条件和风区的限制,波高和周期均很小。

2 平面二维潮流——物质扩散数学模型

2.1 基本方程

(1) 二维浅水控制方程:

$$\frac{\partial \zeta}{\partial t} + \frac{\partial HU}{\partial x} + \frac{\partial HV}{\partial y} = 0 \tag{1}$$

$$\frac{\partial HU}{\partial t} + \frac{\partial HUU}{\partial x} + \frac{\partial HUV}{\partial y} = fHV - gH\frac{\partial \zeta}{\partial x} - \frac{gn^2 U\sqrt{U^2+V^2}}{H^{1/3}} + \frac{\partial}{\partial x}\left(\varepsilon_x H\frac{\partial U}{\partial x}\right) + \frac{\partial}{\partial y}\left(\varepsilon_y H\frac{\partial U}{\partial y}\right) \tag{2}$$

$$\frac{\partial HV}{\partial t} + \frac{\partial HUU}{\partial x} + \frac{\partial HVV}{\partial y} = -fHU - gH\frac{\partial \zeta}{\partial y} - \frac{gn^2 V\sqrt{U^2+V^2}}{H^{1/3}} + \frac{\partial}{\partial x}\left(\varepsilon_x H\frac{\partial V}{\partial x}\right) + \frac{\partial}{\partial y}\left(\varepsilon_y H\frac{\partial V}{\partial y}\right) \tag{3}$$

式中:ζ 为潮位;H 为总水深;$HU \approx \int_{-h}^{\zeta} u\,\mathrm{d}z$,$HV \approx \int_{-h}^{\zeta} v\,\mathrm{d}z$,$U$、$V$ 分别为 x、y 方向垂线平均流速,u、v 为分层流速;t 表示时间;f 为科氏系数($f = 2\omega\sin\varphi$,ω 是地球自转的角速度,φ 是所在地区的纬度);g 为重力加速度,$g = 9.8 \text{ m/s}^2$;n 为曼宁系数;ε_x、ε_y 为 x、y 方向紊动黏性系数。

(2) 物质输运(水体交换)控制方程:

$$\frac{\partial HC}{\partial t} + \frac{\partial HUC}{\partial x} + \frac{\partial HVC}{\partial y} = \frac{\partial}{\partial x}\left(HD_x\frac{\partial C}{\partial x}\right) + \frac{\partial}{\partial y}\left(HD_y\frac{\partial UC}{\partial y}\right) + S \tag{4}$$

式中:C 为示踪粒子垂线平均的浓度,D_x、D_y 为水平紊动扩散系数,S 为源汇项。

浓度示踪法与水交换率之间转换关系如下:

$$R(x,y,t) = [C(t_0) - C(t)]/C(t_0) \tag{5}$$

式中:R 为交换率,$C(t_0)$ 为初始浓度,$C(t)$ 为换水过程浓度。

2.2 数学模型的建立

2.2.1 模型范围和计算网格

根据研究区域特点,模型范围西起东经 109°55′,东至东经 110°16′,北至外海 50 m 等深线附近,潟湖上游边界分别为盈滨闸、美伦河与澄江。模型率定和验证采用实测水下地形数据和海图数据(图 4)。模型采用三角形网格,网格数 385 290 个,网格尺度为 10～150 m,工程区网格尺度小(图 5)

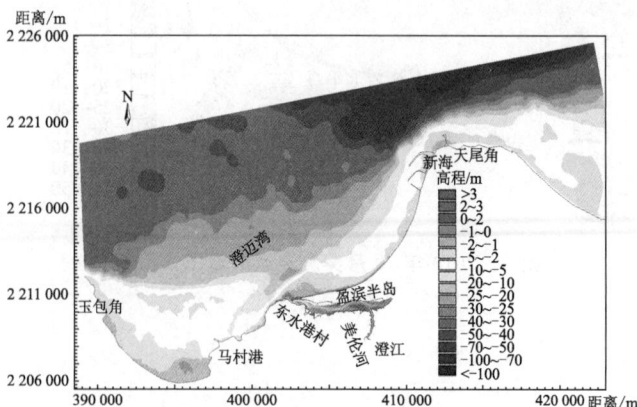

图 4　模型范围及地形概化

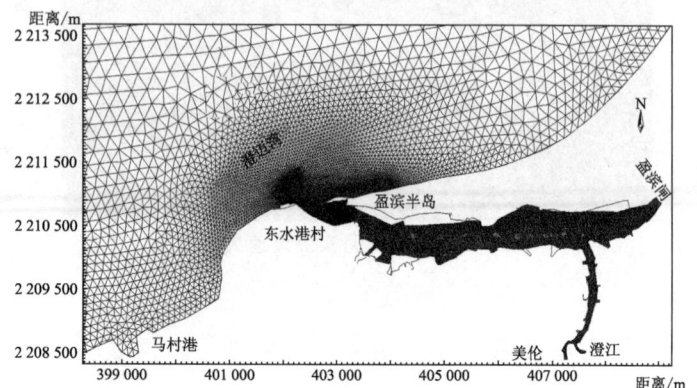

图 5　模型局部网格

2.2.2 参数选取

通过 CFL 稳定条件确定时间步长,水流时间步长取 15 s,扩散浓度时间步长取 30 s。由水深和床面形态等因素初设糙率,根据率定和验证情况进行调整。采用 Smagorinsky 公式计算紊动黏性系数,公式中的系数取 0.8。浓度扩散系数与紊动黏性系数成一定比例,本次研究比例因子取为 1。

2.2.3 计算条件

（1）初始条件。

初始水位为定值,初始流速为 0。水体中污染物的初始浓度根据研究水体交换能力的区域决定,区域内浓度值为 1,区域外浓度值为 0。

（2）边界条件。

模型外海开边界均采用潮位边界控制,通过调和常数计算获得。潟湖上游有洪水时采用流量控制,无洪水时采用闭边界处理。物质输运扩散开边界条件分入流和出流两种。入流时给定边界浓度（0 kg/m³）,出流时按下式确定：

$$\frac{\partial HC}{\partial t}+\frac{\partial HUC}{\partial x}+\frac{\partial HVC}{\partial y}=0 \tag{6}$$

闭边界采用不可入条件,即 $V_n=0$,$C_n=0$,n 为边界的外法向。

2.2.4 方程离散及求解

将守恒型二维浅水方程与对流扩散方程耦合,得到矢量表达式：

$$\frac{\partial q}{\partial t}+\frac{\partial f(q)}{\partial x}+\frac{\partial g(q)}{\partial y}=b(q) \tag{7}$$

式中：$q=[h,h_u,h_v,h_{Ci}]^T$ 为守恒物理向量,$f(q)=[h_u,h_u{}^2+gh^2/2,h_{uv},h_uC_i]^T$ 为 x 向的通量向量,$G(Q)=[h_v,h_{uv},h_v^2+gh^2/2,h_vC_i]^T$ 为 y 向的通量向量。h 为水深,u 和 v 分别为 x 和 y 向的垂线平均匀流速分量。C_i 为污染物垂线平均浓度。g 为重力加速度。源汇项 $b(q)$ 为：

$$b(q)=[0,gh(s_{0_x}-s_{f_x}),gh(s_{0_y}-s_{f_y}),\nabla(D_i\nabla(h_{C_i}))+S_i]^T \tag{8}$$

式中：s_{0_x} 和 s_{f_x} 分别为 x 向的河底坡度及摩阻坡度；s_{0_y} 和 s_{f_y} 分别为 y 向的河底坡度及摩阻坡度。模型中摩阻坡度由曼宁公式估算。D_i 为扩散系数。∇ 为梯度算子；S_i 为污染物源汇项。

应用散度定理对式（7）在任意单元 Ω 上进行积分离散,采用有限体积法求解数学模型[3]。

2.3 潮流数学模型率定和验证

模型率定采用 2008 年 10 月实测大、中潮潮位、流速、流向资料,测点位置见图 2。模型验证采用 2019 年 10 月大潮潮位、流速、流向资料,测点位置见图 3。图 6 和图 7 分别为潮位、流速和流向验证图。可以看出：模型计算值与实测值吻合良好,能满足《水运工程模拟试验技术规范》（JTS/T231—2021）和工程试验计算的要求。

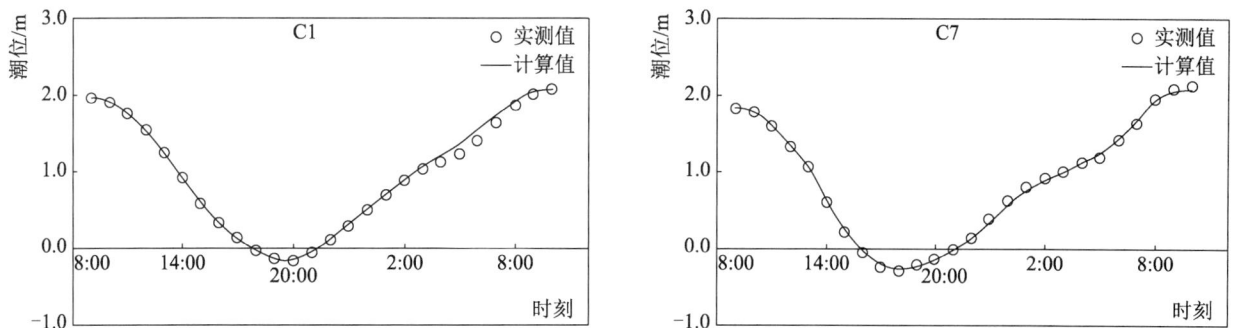

图 6 2019 年大潮潮位验证

图 7 2019 年大潮流速、流向验证

3 整治修复工程研究结果分析

3.1 口门整治修复工程及计算方案

建立导堤拦截沿岸输沙,减小输沙对口门处的影响。东导堤走向基本为西北向,西导堤基本与岸线垂直,导堤高程为 3.5 m。口门水域在应急工程基础上进行开挖疏浚。口门开挖底标高为 −2.0 m,疏浚沙量 13.9 万 m³。东导堤东侧在已有的应急工程补沙区东西两侧布置两个补沙区进行补沙,以修复岸滩。补沙区前沿线控制底高程为 −1.0 m,近岸高程 2.5 m。补沙Ⅰ区宽度约 46 m,长度 360 m,补沙量为 6.8 万 m³。补沙Ⅱ区宽度约 40 m,长度 260 m,补沙量为 3.8 万 m³。口门整治修复工程布置见图 8,计算方案导堤情况见表 1。

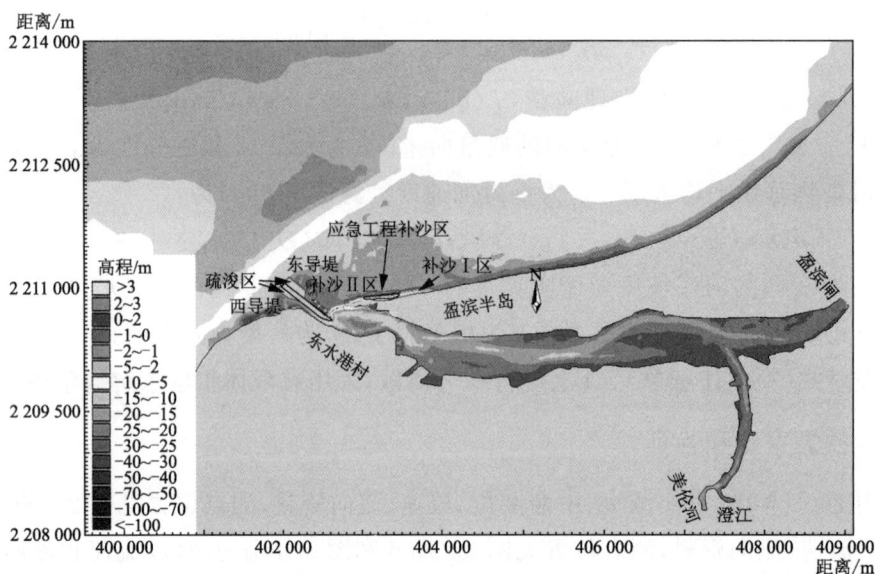

图 8 口门整治修复工程布置示意

表 1 计算方案导堤情况

方案	布置
一	东导堤长度 490 m,无西导堤
二	东导堤长度 400 m,西导堤长度 90 m
三	东导堤长度 400 m,无西导堤
四	东导堤长度 310 m,无西导堤

3.2 水动力响应结果分析

工程实施后对东水港口门外和东西两侧水位基本没有影响,东水港口内水位略有变化。4 个方案口内高潮位略有增加,增加幅度在 2 cm 以内。方案一影响略大,方案二最小。4 个方案最低水位都有所降

低,对最低水位的影响基本相当,最低水位降低在 3 cm 以内。潟湖口门外建设导堤、口门区河床在应急疏浚基础上进一步疏浚和沙嘴拓宽后,东水港内潮差略有增大,潮差增加值在 3 cm 以内。上游施放 50 年一遇洪水时,各整治工程对洪水水位的影响基本相当,各方案最高水位降低 27 cm,平均水位降低 16 cm。整治工程建设不影响东水港防洪。

工程实施后,马村港区域流速变化较小,流速减小幅度小于 0.1 cm/s;东水港东岸区域流速变化增减幅度小于 2 cm/s;口门开挖区域受导堤和疏浚的影响,流速变化略大,减小幅度在 13 cm/s 内,最大流速增加幅度在 15 cm/s 内,平均流速变化在 10 cm/s 内;口内最大流速增减幅度在 2 cm/s 内,平均流速增加在 1 cm/s 内。从最大流速和平均流速变化来看,单从东导堤长度变化对比,方案一、方案三和方案四对水流的影响依次减小。方案二和方案三东导堤长度相同,但方案二有西导堤。受东西导堤综合影响,方案二对水流的影响略小于方案三(图 9)。在导堤外的航道区域最大横流流速为 0.24～0.53 m/s,导堤范围内航道区域最大横流流速为 0.12～0.18 m/s。沙坝口门区和内侧最大横流流速为 0.20～0.31 m/s。4 个方案最大横流相差不大。洪水期流速对于维持潟湖通道起到较大的作用。口门整治工程实施后,潟湖通道拓宽,流速比工程前略有减小。其他区域随着疏浚开挖,出流畅通,拦门沙区域流速增加最大可达 1.40 m/s。

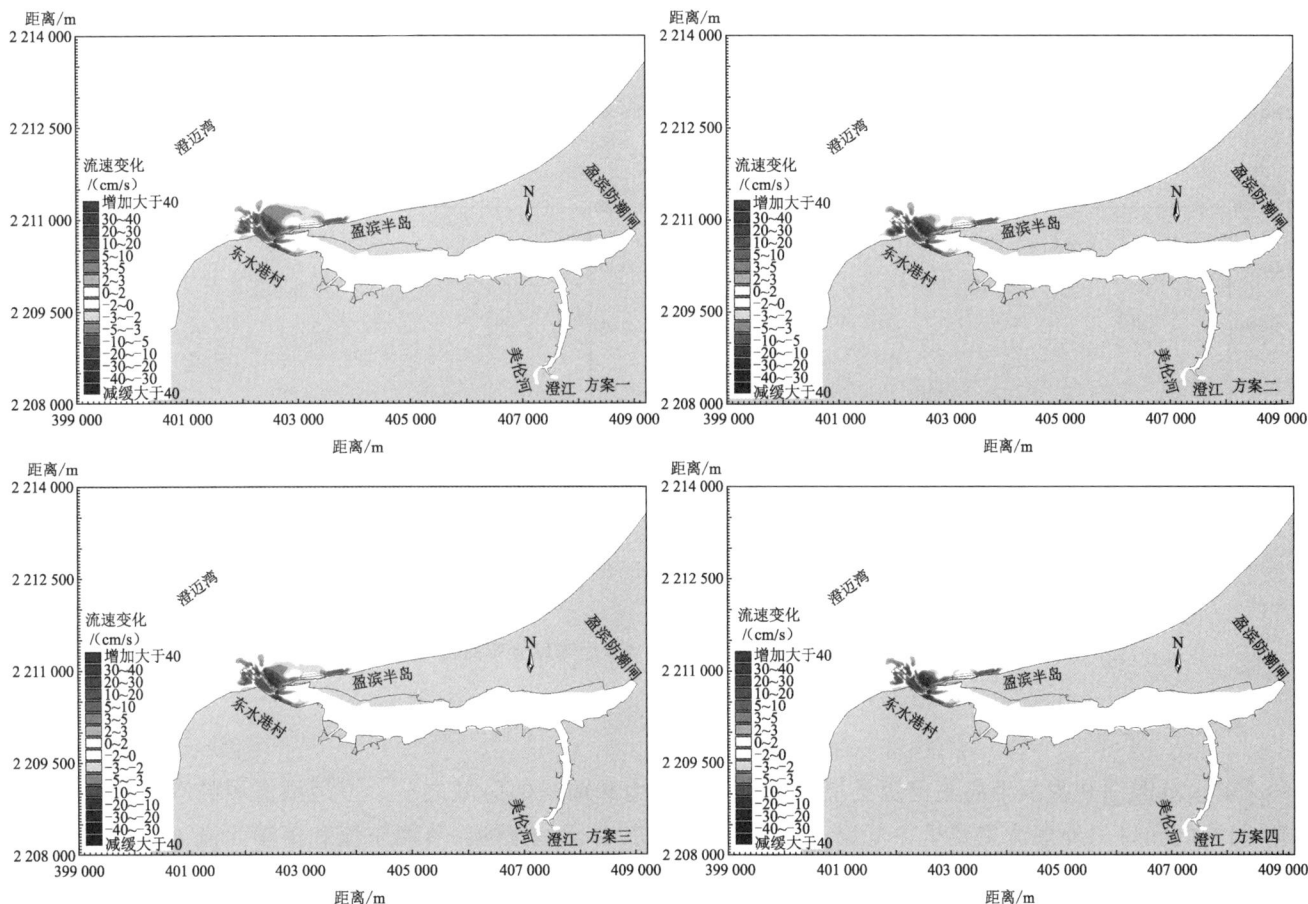

图 9　各方案平均流速变化包络线对比

东水港口门增大并结合导堤工程建设,进出潮量都略有增大,增大幅度在 1% 左右。其中方案一进出潮量变化大于其他方案,方案二进出潮量变化最小。方案二和方案三对比可以看出西导堤导致东水港进出水量略有减小。方案一、三和四对比,东导堤长度增加,进潮量略有增加。

3.3 水体交换能力结果分析

影响水体交换能力的因素众多,动力因素主要有潮流和季风等,环境因素有海湾地形和岸形,还有其他因素如海水温度、盐度。具体的水域水体交换能力与选取的区域边界线大小也有关系。本研究选择景观人工湖水域为研究区域界线。分别采用交换率(R)和水体半交换周期(T)判断水交换能力的强弱。水体半交换周期是当所选区域的污染物平均浓度降低到 1/2 时所用的时间。半交换周期短,交换率高,表明水交换能力强;半交换周期长,交换率小,表明水交换能力弱[4-5]。

采用一个月的边界潮位模拟水体交换情况。方案实施后,口门区交换率基本与工程前相当,中间区和尾部区换水率有所增加。中间区由工程前换水率 98.75% 增加为 98.85% 左右。尾部区由工程前换水率 93.12% 增加为 93.46% 左右。方案二换水能力略优于其他几个方案。工程前半交换期基本在 5～6 d,工程方案实施后,半交换周期略有减小,水体交换能力略有增加。4 个方案实施后,潟湖的水体交换能力差别不大。图 10 为各方案水体交换 5 d 后浓度分布对比。

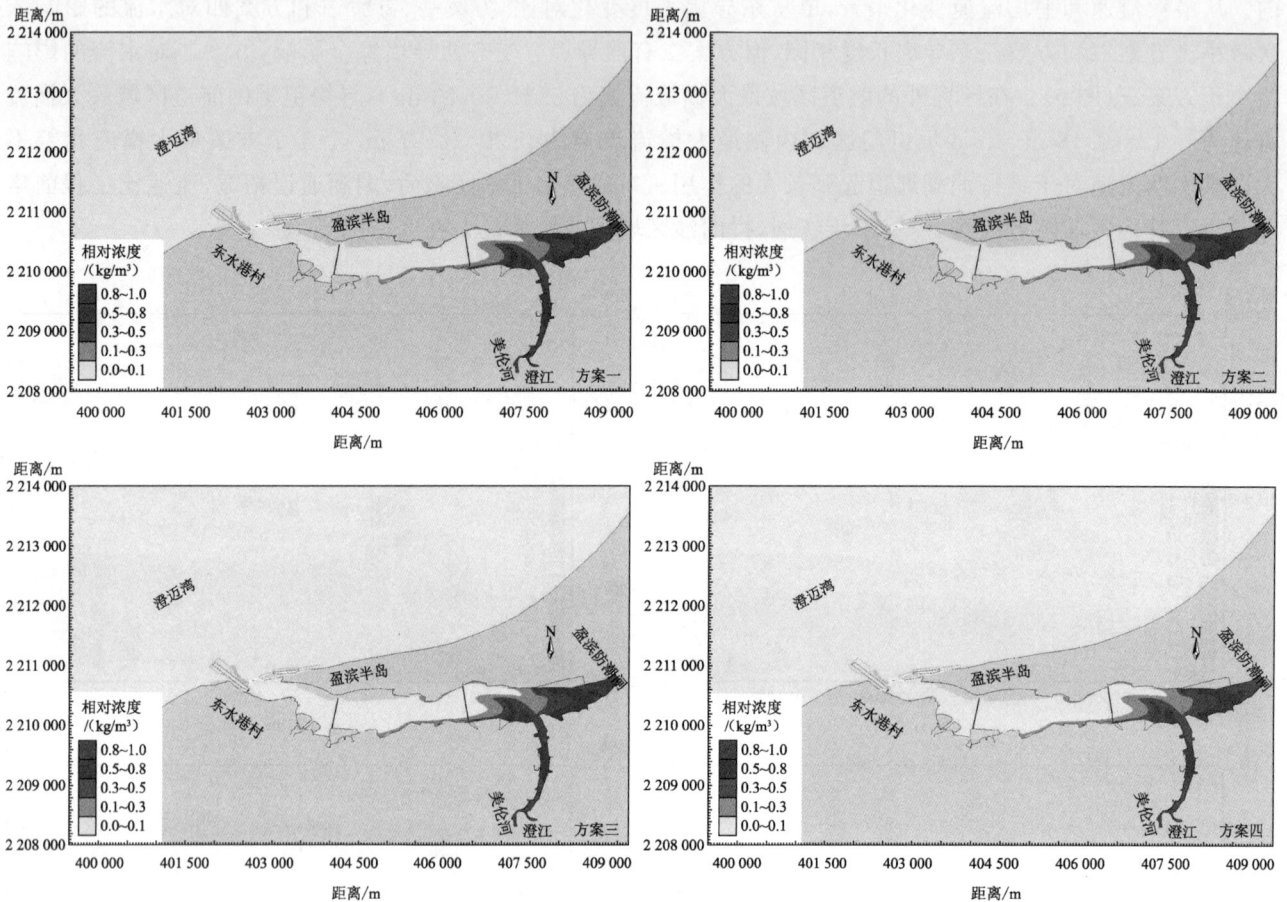

图 10　各方案水体交换 5 d 后浓度分布对比

4　结　语

东水港潟湖和盈滨半岛是澄迈县境内最具开发潜力和前景的区域之一。澄迈湾海域的潮汐为正规日潮,潟湖内和口门外潮流主要呈往复流,口外存在涨潮东流、涨潮西流、落潮东流和落潮西流 4 种形式。潟湖入海口门水域受沿岸输沙的影响,存在拦门沙,水深较小,口门东侧沙坝外侧岸滩侵蚀后退。口门整治修复工程拦截沿岸输沙,打通拦门沙,维护船舶进出水深,修复岸滩。工程对潟湖内、马村港周边和补沙水域水动力的影响较小,工程引起的流场变化主要发生在口门区域,不影响潟湖防洪。工程方案实施后潟湖内进出潮量略有增大,水体交换能力略有增强。

参考文献

[1]　陆培东,杨健,丁家洪. 海南省东水港建港工程地貌研究[J]. 南京师范大学学报(自然科学版),1996,19(2):77-84.
[2]　李孟国,杨树森,韩西军. 海南东水港水动力泥沙特征研究[J]. 水运工程,2014,492(6):10-16.
[3]　赵棣华,戚晨,庚维德,等. 平面二维水流-水质有限体积法及黎曼近似解模型[J]. 水科学进展,2000,11(4):368-374.
[4]　张玮,王国超,刘然,等. 环抱式港池水体交换与改善措施研究[J]. 水运工程,2013(4):37-41.
[5]　何杰,叶小强,辛文杰. 环抱式单口门港池水体交换能力研究[J]. 水运工程,2009(2):87-91.

基于港口拖轮拖航行为启动特性试验研究

章露洁[1]，金　恒[2]，张发水[2]，朱晨昊[2]，顾　婕[2]，李　澍[2]

（1. 浙江科技大学 机械与能源工程学院，浙江 杭州　310023；2. 浙江大学宁波理工学院，浙江 宁波　315000）

摘要：全球海运船舶大型化和中国大型港口货物流通量不断增加，对拖轮的助驳需求随之增大。同时，高频的助驳作业和大吨位的船舶负载也给助驳行为带来了众多风险，导致拖航事故发生率不断上升。为降低拖轮助驳风险，有必要对拖航行为及其水动力特性进行系统的分析。以港口拖轮拖航作业为背景，深入剖析拖轮承受拖曳负载的启动过程中涉及的若干关键参数。通过模型试验探讨双船联动拖航过程，对拖航行为给出更实际的建议和指导，以提高整体的安全性与作业效率。分析了不同角度拖轮拖航启动过程中的姿态变化以及稳定性特征，研究表明，拖航角度越小，被拖船舶启动效率越高。

关键词：拖航运动；拖轮助驳；水动力试验；动力分析

随着船舶大型化，大型船舶进出普遍依赖拖轮实施港口拖曳作业。以驾驶员经验为主的操作模式存在风险，提升拖航安全性和作业效率势在必行。使用理论分析与试验验证相结合的方法，对拖轮拖航动力学过程及其影响因素进行分析，辅助制订更加精准和规范化的拖航操作指南。

为了解港口拖轮对港口大型船舶助驳作业的影响，提高助驳效率的同时保证拖航安全性，对港口助驳作业起到指导作用，众多学者先后对不同影响因素进行研究。1995 年，戚心源等[1]提出在不规则波中缆长、浪向和航速等因素对拖航系统运动性能与拖缆力的影响问题。2007 年，梁康乐[2]构建拖船—拖缆—被拖船组成的拖航系统操纵运动模型，研究绳长、航速和拖力点位置对拖航系统的航迹、航向角和拖缆张力的影响。2010—2021 年，温小飞等[3]、葛少华和陈思阳[4]、周舰等[5]都针对不同马力值、不同海况条件分别对拖轮进行拖力测试试验。以此，研究人员对船舶拖航系统进行更深入的研究。2011 年，石丽娜[6]研究拖航速度、拖缆长度、吃水、纵倾和环境条件等参数对拖航运动和拖缆力的影响，探讨多船拖航方案和拖航参数的优化配备问题。2016 年，吴成成等[7]对影响拖航的稳定性因素进行具体的仿真分析。2019 年，Quan 等[8]模拟仿真拖船与被拖船舶在不同环境下相互的运动响应。2021 年，Lee 等[9]提出合理的拖航时间与实际船舶交汇、拖航安全性之间的关系。2023 年，Chen 等[10]研究拖航速度对拖轮与被拖船舶运动的影响，结果表明在低速的拖航时间段，航速越快，船舶的横摇响应越大。

上述研究在拖船—缆绳—被拖物之间的动态仿真模拟方面取得了进展，但缺少针对拖轮与被拖物之间的耦合运动响应模型的试验验证。相关研究主要针对拖轮拖航的整体行为进行了分析，目前仍然缺乏具体拖航作业过程的阶段性讨论，对拖航角度、双船的耦合作用等均缺少详细分析。通过包含带角度拖航变量的耦合运动模型，分析不同角度拖轮拖航启动过程中的姿态变化以及稳定性特征，提升港口拖轮拖航的智能化水平，增强拖航的安全性，提高工作效率。

1　拖轮助驳问题描述

拖轮助驳行为作为一种典型的多浮体耦合运动，其拖航运动的快慢影响着大型船舶港区内的作业效率和安全性。但是现有研究未对拖轮助驳状态下双船的偶联运动及影响其运动特性的因素展开深入研究。因此，研究在拖轮辅助下，船船相互作用、拖航和离泊过程中的船舶运动响应过程，能够有助于保障海

基金项目：国家自然科学基金项目（52001276）；宁波市重大专项项目（2022Z060）

通信作者：金恒。E-mail：jinheng@nit.zju.edu.cn

上航行安全,同时也可以一定程度提高拖轮助泊的效率。开展拖曳系统启动运动特性试验的研究,通过拖轮拖航水动力学测试的方法,分析不同角度下拖轮拖航启动过程中的姿态变化及其稳定性特征。同时,实施了多角度港作拖轮拖曳系统启动临界运动特性的水动力测试,通过分析拖航参数与拖航行程和启动时间之间的关系,为未来的拖航作业提供理论依据和安全保障。

宁波舟山港港区连续 15 年吞吐量全球第一,集装箱装卸量全球第三。图 1 为拖航实况。港区存在着船舶大型化和吞吐量逐年增加导致的拖轮数量不足的情况。

图 1　港口拖船拖航实况

2　试验设置

2.1　拖轮拖航水动力试验系统

试验在波浪水槽中进行,水槽尺寸为 $10\text{ m}\times0.6\text{ m}\times0.6\text{ m}$(长 L×宽 B×高 D)。试验系统包括截断船模型、拖曳系统、拖船模型和拖缆,装置平台见图 2,装置型号见表 1。试验中,船模由 6 个万向轮约束在二维平面内,以确保船模沿水槽拖动。压力传感器(P_1,YPS301-L)和张力传感器(Q_1,NYL2000)分别安装在船壁和拖缆的左侧。位姿传感器(M_1,Polhemus FASTRAK)固定在船模顶部,用于捕捉运动位移,通过测量数据计算出船的速度。所有传感器在使用前均经过校准,以确保数据采集的准确性。

（a）电机及控制装置　　　　　　　　　　（b）导轨

图 2　拖航试验装置平台

表 1　试验平台装置

装置	型号	备注
驱动器	86BYG250H＋2DM860 套装	输出转矩 12 N·m,轴径 14 mm
横导轨	SSEBSN6	—
纵导轨	K60A-1H35-L2280-1AMRU	行程 2.0 m,6 轮滑块
控制器	SIMATC S7-1200	—
装置电源	LRS-350-48	48V,7.3A
控制器电源	LRS-35-24	24V,1.5A

如图 3 所示为试验装置示意图,拖船与模型之间的初始距离统一为 $\lambda = 0.2$ m,拖航角度 θ 随着拖力点位置变化而改变,θ 取值为 θ°、10°、15°、20°。

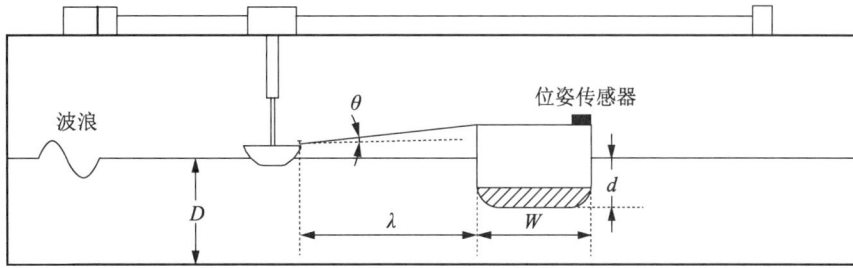

图 3　试验装置示意

2.2 双船拖驳作业试验模型

以一艘具体参数为船长 292 m、船宽 43.7 m、型深 26.9 m、装载量 14.7 万 m³ 的液化天然气(LNG)船为研究对象。按照《水运工程模拟试验技术规范》(JTS/T 231—2021)的指导原则设计的本次试验选用了正态波模型。在构建模型的过程中,遵循以重力比例相似为基础的设计标准,保证原型和模型两个相似系统的弗劳得数相等。根据试验室场地条件及经济性,本试验模型几何相似比尺确定为 1∶100。依据几何相似准则和运动相似准则制作了大型船模型(图 4),船与船模参数如表 2 所示。试验重点为捕捉船舶在二维横向拖航运动中的横摇、横荡和垂荡响应。为保留船底形状弧度和适应试验场地,截取模型船的中段制成大船方箱模型,方箱的尺寸为 0.580 m × 0.437 m × 0.269 m(长 L × 宽 W × 高 H),初始质量为 11.35 kg。

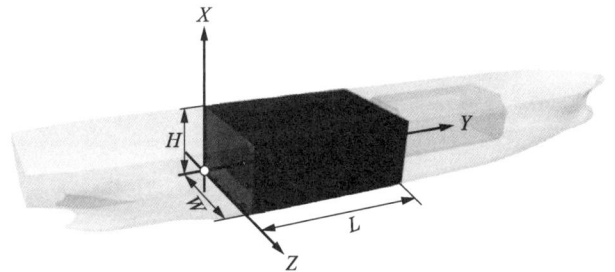

图 4　1∶100 LNG 船模型

表 2　船舶主要参数

参数	LNG 船尺寸	1∶100 LNG 船模型尺寸	方箱模型尺寸
船长 / m	292	2.92	0.580
船宽 / m	43.7	0.437	0.437
型深 / m	26.9	0.269	0.269
吃水范围 / m	8.5~13.5	0.085~0.135	0.085~0.135
排水量 / m³	14.7×10⁴	0.147	0.034

2.3 试验工况

在现有拖轮测试以平拖为主的基础上,聚焦斜拖试验以更真实地反映拖轮工作情况。通过修改拖航角度捕捉方箱模型的运动响应。主要试验内容为分析不同拖航角度下的船舶启动特性。表 3 为试验方案。

表 3　拖轮启动性能测试试验方案

试验	拖航角度 θ/(°)	被拖船负载 m/kg	拖船速度 V/(cm/s)	波况
1	0	8	2	静水
2	10	8	2	静水
3	15	8	2	静水
4	20	8	2	静水

3 带角度拖航启动特性试验结果分析

在启动特性试验中,分析拖航角度对船舶横摇和垂荡响应的影响。通过调整参数变量和监测大船模型的运动响应获得数据,并分析不同条件对船舶稳定性的影响,提高拖航安全作业的效率,总结定义船舶启动时的时间段。

以拖航稳定性和工作效率为出发点,分析拖航行为。图 5 为拖航速度为 2 cm/s,负载为 8 kg,$\theta = 0°$、$10°$、$15°$、$20°$ 的拖航工况下船舶方箱的前进运动位移变化曲线和船舶前进运动速度曲线。确定船舶方箱再次到达拖航速度(此次工况为 2 cm/s)时为试验截止时间点。结合图 7,得到不同拖航角度时试验截止时间点:$0°$ 时 $t_d = 19.5$ s;$10°$ 时 $t_b = 17.5$ s;$15°$ 时 $t_a = 16$ s;$20°$ 时 $t_c = 17.8$ s。

(a) 不同角度拖航前进位移　　(b) 不同角度拖航前进速度

图 5　不同角度拖航的位移、速度

根据图 5 可得角度不同,启动速率也不同,斜拖比平拖更快达到指定速度。虽然带有角度的拖航启动过程更复杂,但能更快达到特定位置。

图 6 为 4 种不同拖航角度的垂荡位移和 4 种不同拖航角度的横摇角度变化,每一幅图都由实际测量曲线和拟合趋势线组成,其中趋势拟合统一采取多项式拟合。从图 6 中可以看出,随着角度增加,拟合趋势线与实际测量曲线的出入增大。通过计算两者残差数列的标准差值对船舶运动稳定性量化处理。

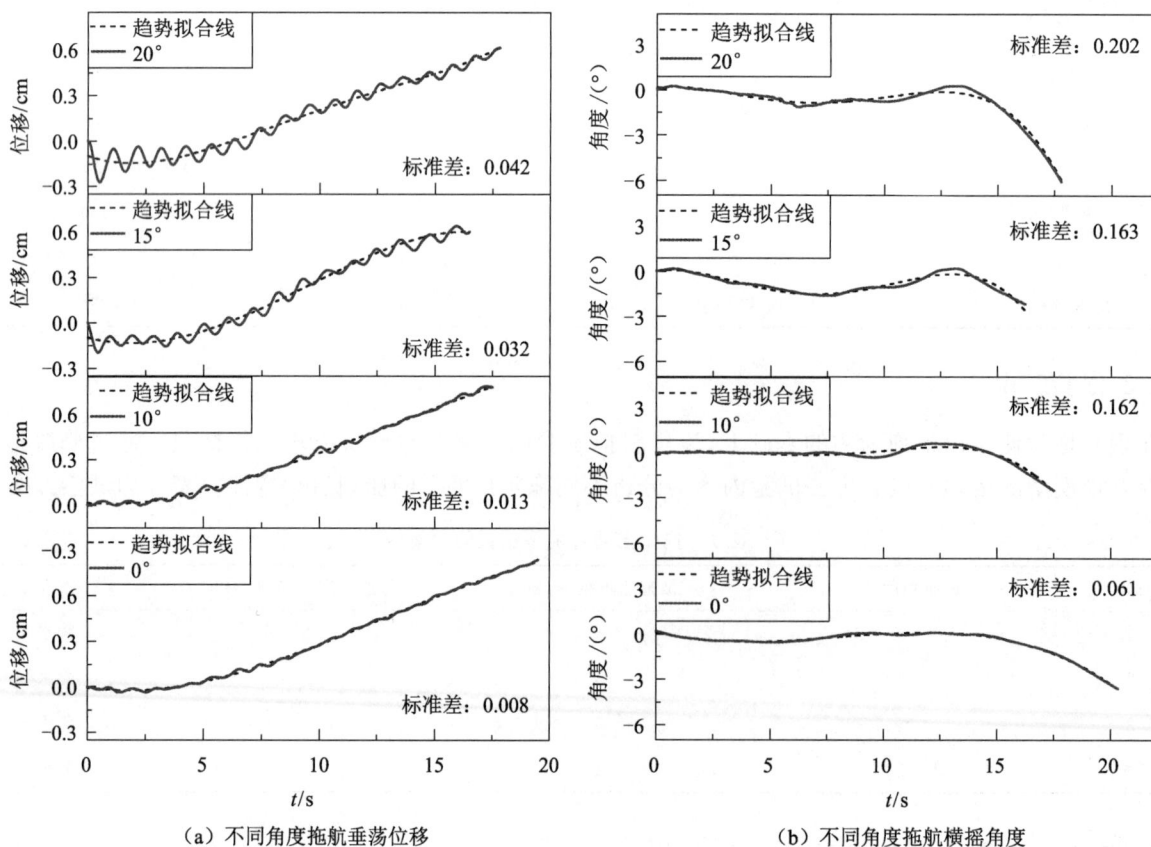

(a) 不同角度拖航垂荡位移　　(b) 不同角度拖航横摇角度

图 6　不同角度拖航的垂荡、横摇

结果表明,角度越大,垂荡和横摇方向的运动越不稳定。综合来看,拖航角度 0° 最稳,10° 次之,且增加角度会增加船体的垂荡,降低拖航的稳定性。

图 7 为 4 种不同拖航角度的前进运动速度图。每条速度曲线都以 t_0、t_1、t_2 为时间节点分为 3 个运动阶段。将 0~t_0 时间段定义为拖航未启动阶段,此阶段特征为运动无序、杂乱、无规律性,对应图 5(a)前进位移曲线,其运动位移几乎为 0,此时大船的运动表现为其在拖力作用下原地小幅振荡运动。因 t_0 时间点后速度有短暂快速的增长,且后续速度短时间内不会下落,将其定义为速度阶跃点。在 t_0~t_1 内,速度曲线持续稳定上升,直至达到拖轮初始拖航速度,此阶段定义为拖航运动启动阶段,其特征为速度保持稳定增长。在 t_1~t_2 内,拖航速度从初始拖航速度(2 cm/s)上升至最高点后回落,再次达到初始拖航速度,此时完成拖航启动试验内容,并把此阶段定义为拖航维稳时间段。t_2 点为拖航试验结束时间点。由此得到 t_0~t_2 为主要的拖轮启动时间段。其中,不同拖航角度对应的 t_0、t_1、t_2 时间点在图 7 中详细标明。

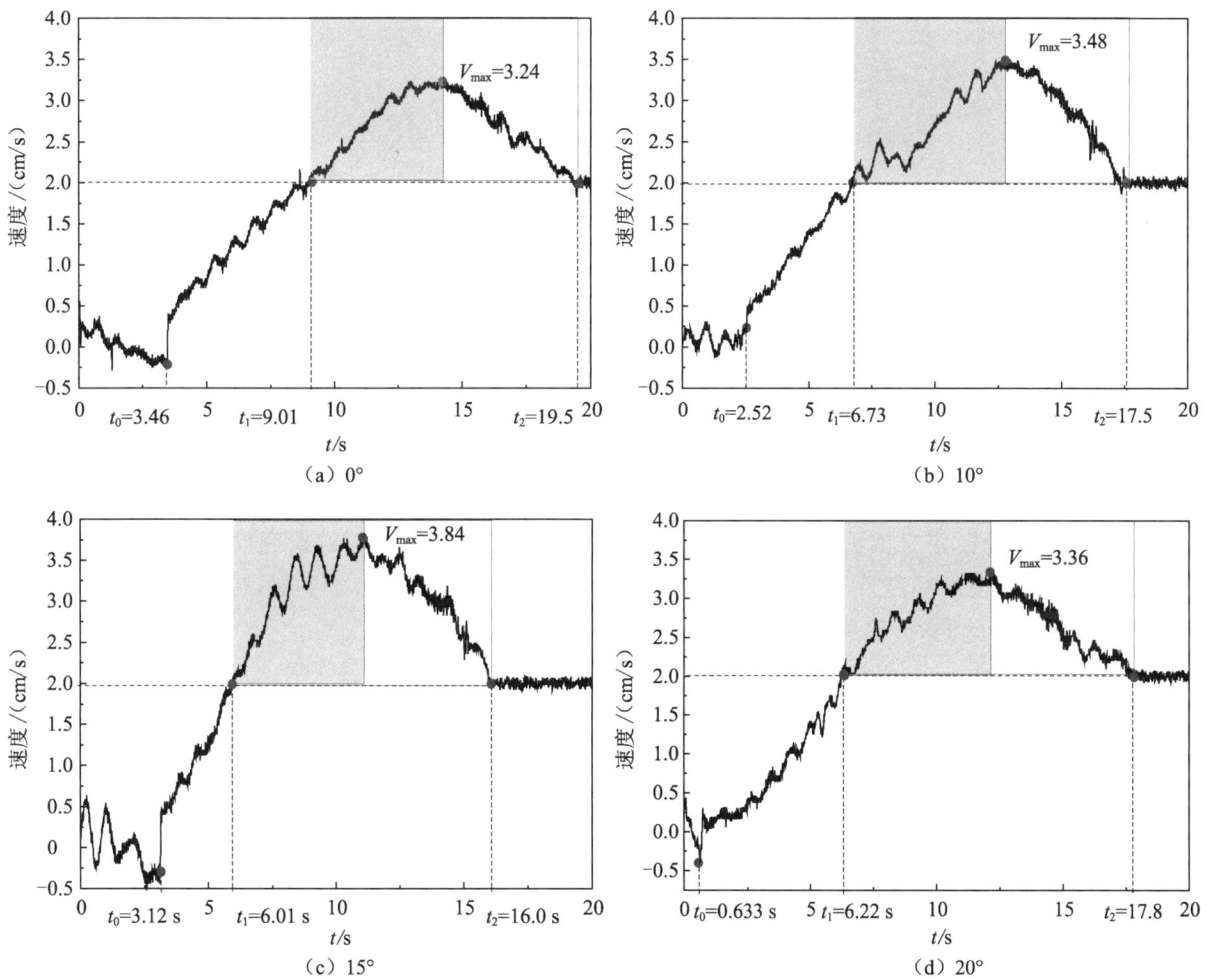

图 7   不同拖航角度大船前进运动速度对比

已知 t_0~t_2 是实际启动时间,从拖航经济性考虑,总体拖航时间越短,其经济效益越好。t_0 点为拖船启动点。0~t_0 的时间均为两船僵持时间,以消耗能源为主。0~t_0 时间段越短越好。t_0~t_1 为拖航运动启动阶段。实际工作中,为节约港口拖航时间,拖船须快速启动,应尽量减小 t_0~t_1 时间段。t_1~t_2 为拖航维稳时间段,中间会产生最大横移速度。给定拖轮速度,最大横移速度超过拖轮拖航速度意味着拖力大,消耗的功率更多,造成资源浪费,因此 t_1~t_2 时间段越短,拖航效率越高。各个时间段的时长与最大速度综合总结后,如表 4 和图 8 所示,可得拖航角度为 10° 时,拖航时间较短,且拖航最大横移速度也是较小的,能够平衡能源消耗和效率之间的关系。

表4　不同拖航角度拖轮启动时间段对比

角度/(°)	t_0/s	t_1/s	t_2/s	$t_0 \sim t_2$/s	$t_1 \sim t_2$/s	V_{max}/(cm/s)
0	3.46	9.01	19.5	16.04	10.49	3.324
10	2.52	6.73	17.5	14.98	10.77	3.502
15	3.12	6.01	16.0	12.88	9.99	3.734
20	0.633	6.22	17.8	16.867	11.58	3.405

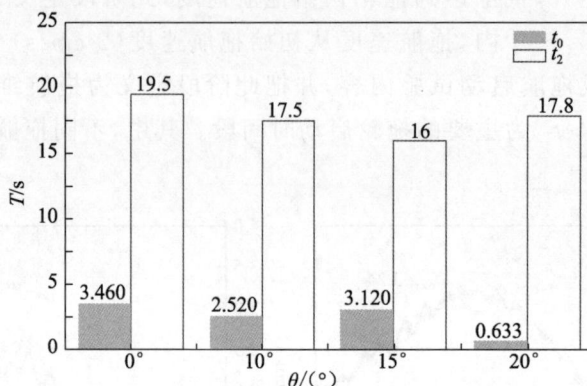

图8　不同拖航角度拖轮启动时间段对比曲线

4　结　语

结合已有文献的理论研究成果,采用模型试验的形式,出于对拖航稳定性与拖航过程港口经济性考虑,针对拖船拖航在不同拖航角度情况下,对大型船舶离港的运动特性进行研究,所得主要结论如下:

(1)建立双船联动的拖曳系统的模型,展示拖航运动过程,与现有的拖航仿真模拟的研究内容互相补充,对拖航过程有更深入的了解。为后续拖轮拖航提供操作建议,增强拖航安全性,提升拖航作业效率。

(2)细分拖航过程,定义离泊拖航的时间段和时间点,为之后拖轮助驳的研究厘清试验逻辑。

(3)拖航角度对拖航稳定性与船舶的运动响应有着较大影响,相较于0°平拖,带角度拖航的启动过程更复杂,时间更短,与此同时,船舶稳定性更差。

参考文献

[1]　戚心源,朱祖祺,严似松,等. 不规则波中拖航系统的模型试验[J]. 水动力学研究与进展(A辑),1995,10(1):1-8.

[2]　梁康乐. 拖航系统操纵性研究[D]. 上海:上海交通大学,2007.

[3]　温小飞,方静,袁强. 4000HP拖轮系柱拖力测试与分析[J]. 广州航海高等专科学校学报,2010,18(4):14-16.

[4]　葛少华,陈思阳. 6000马力三用工作船的系柱拖力试验分析[J]. 造船技术,1984(5):20-22.

[5]　周舰,李渊,周霖. 12000kW海洋拖轮系柱拖力试验与分析[J]. 中国设备工程,2017(19):79-80.

[6]　石丽娜. 基于AQWA的大型浮体拖航性能研究[D]. 大连:大连理工大学,2011.

[7]　吴成成,袁利毫,昝英飞,等. 船舶拖航系统六自由度操纵运动仿真[J]. 舰船科学技术,2016,38(11):57-62.

[8]　QUAN T D,SUH J H,KIM Y B. Leader-following control system design for a towed vessel by tugboat[J]. Journal of Ocean Engineering and Technology,2019,33(5):462-469.

[9]　LEE S M,LEE J H,ROH M I,et al. An optimization model of tugboat operation for conveying a large surface vessel[J]. Journal of Computational Design and Engineering,2021,8(2):654-675.

[10]　CHEN S T,ZOU H,QI G C,et al. Study of two ships approaching process and towing motion under wave action[J]. Journal of Marine Science and Engineering,2022,10(9):1209.

高桩框架式危险品码头安全性检测与评估

姜恺文[1,2]，王曦鹏[3]，陈新元[1]，苏晓栋[1]，何建新[1]

(1. 南京水利科学研究院，江苏 南京　210029；2. 河海大学，江苏 南京　210098；3. 南京市秦淮河河道管理处，江苏 南京　210012)

摘要：水运危险货物运输具有较高的危险性，直接威胁人民生命财产安全。连云港危险品码头是一座2万t级的高桩框架式原油码头，已投入运行24 a，结构存在不同程度的老化病害和运行损伤。为确保危险品码头的使用安全，对结构开展检测和评估。通过对码头主要构件的检查、水下探摸、结构相关参数的检测、结构承载能力复核计算，依据相关行业标准对码头的安全性、适用性、耐久性和码头的技术状态等级进行评估。结果表明，危险品码头状态较差，安全性评估等级为A级，适用性评估等级在10、15和20 t汽车荷载组合作用下，分别评定为C、C、D级，耐久性评估等级为C级，码头的技术状态等级为四类，建议尽快进行加固改造。

关键词：码头；检测；评估；安全性；适用性；耐久性

水运危险货物运输具有较高的危险性，容易造成爆炸、火灾、中毒、污染等事故，码头作为危险品装卸、储存和运输的作业场所，运行安全直接关系到人民的生命财产安全。连云港危险品码头是一座2万t级的高桩框架式码头，投入运行已24 a，结构存在不同程度的老化病害和运行损伤。为摸清码头现状，确保危化品作业安全，对码头结构开展全面的检测与评估。

1　工程概况

连云港危险品码头位于连云港三突堤码头西侧、老防波堤堤头，建设规模为2万t级，兼顾3 000～25 000 t级的油轮靠泊，年设计运量100万t。码头水工部分包含码头平台、靠船墩、系缆墩、联系钢栈桥、引桥及附属设施。码头工作平台长59 m、宽16 m，后方通过8.5 m宽的引桥和引堤与陆域相连。码头工作平台顶面高程为7.5m，码头平台和引桥均为高桩框架式结构，排架间距为7 m，每榀排架布置5根600 mm×600 mm的方桩。码头工作平台首尾各布置1个550 kN系船柱。7 m间隔布置ϕ500/1 000×1 000护舷和D300×1 000护舷。平台和引桥原设计均载分别为10 kPa和8 kPa。靠船墩和系船墩均为高桩墩台结构。每座靠船墩布置1只750 kN系船柱和二鼓一板(H1000)橡胶护舷1套。每座系缆墩布置1只750 kN系船柱。码头平面布置与结构形式如图1所示。

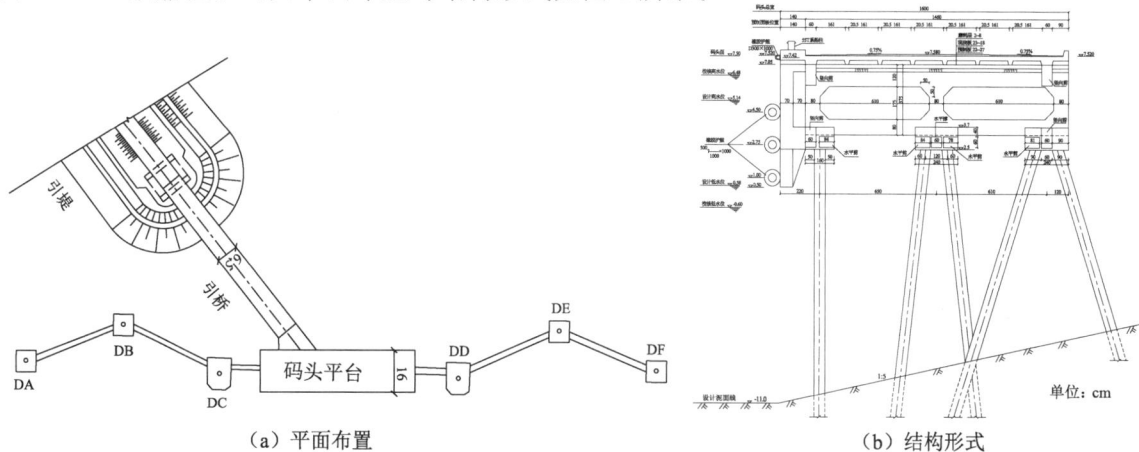

(a) 平面布置　　　　　　　　　　(b) 结构形式

图1　码头平面布置与结构形式示意图

作者简介：姜恺文。E-mail：1194474004@qq.com

2 现场外观检查

通过探摸、检测查清码头上部框架结构、系靠船墩台、桩基、附属设施、接岸结构、岸坡等主要构件的受损情况[1]。

2.1 上部框架式结构

码头上部框架式结构包括码头平台横梁、纵向联系梁、剪刀撑、立柱、面板、靠船构件等。

检查表明，码头每榀排架横梁分为上、下横梁。下横梁位于水位变动区内，长期浸泡于海水中，表面布满牡蛎等水生生物，未见混凝土表面明显的大范围破损缺陷。上横梁表面基本平整，无明显施工缺陷，但存在大面积严重的混凝土老化病害，包括钢筋锈胀导致的混凝土顺筋开裂、混凝土鼓胀剥落、混凝土破损钢筋外露等，对其承载能力已造成一定损害（图2）。上部结构面板基本完好，纵向联系梁、立柱、下横梁、靠船构件和剪刀撑局部出现顺筋开裂、混凝土剥落、钢筋外露等老化病害。

（a）框架式结构整体状况   （b）横梁底部剥落露筋   （c）横梁底部顺筋开裂

图2 码头上部结构外观检查情况

2.2 系靠船墩台

系靠船墩台包括靠船墩和系缆墩。

调查显示，码头靠船墩和系缆墩整体表面平整，无明显施工缺陷。但墩台侧面及边角因船舶撞击局部存在轻微的混凝土破损，多个墩台侧面局部存在钢筋锈蚀引起的顺筋开裂，最大裂缝宽度5.00 mm，个别墩台顶部面层存在细微龟裂缝。

2.3 桩基

桩基的外观检查主要包括水上外观和水下探摸。

调查表明，码头平台、靠船墩、系缆墩及引桥的桩基水面以上部分均布满牡蛎等水生生物，桩基表面未见混凝土顺筋开裂、边角混凝土明显破损缺失的情况，码头平台每榀排架选择1根，每个系缆墩和靠船墩选择2根桩，用铁铲清除桩基表面部分海生生物后重点进行检查验证，也未见桩基混凝土顺筋开裂、边角混凝土明显破损缺失。桩基顶部与码头平台桩帽、靠船墩墩台、系缆墩墩台连接完好。

对码头平台、靠船墩、系缆墩及引桥共136根桩基进行水下探摸，未发现有桩基有损坏、胀裂及断裂情况。探摸录像画面表明，桩基及其上部结构在水位变动区范围内布满了牡蛎等水生生物，厚度约10 cm；桩身表面水深4 m范围内为附着的水生生物，厚度5～12 cm。4 m以下为水生植物。对部分桩基水下表面的水生生物进行凿除清理，录像显示凿除后桩基表面完好平整（图3）。

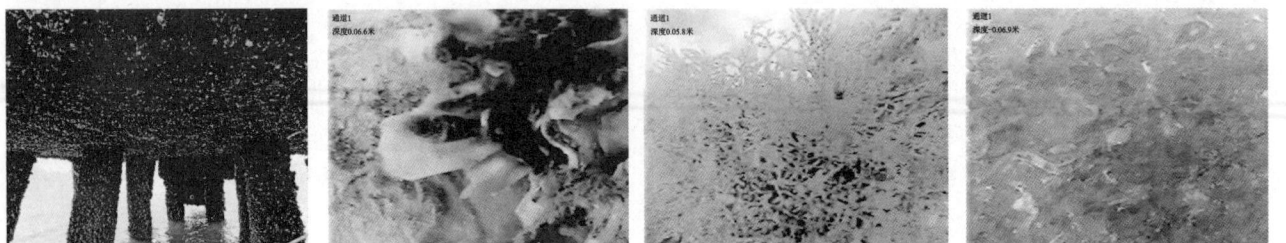

（a）桩基水位变动区状况   （b）桩身表面水深4m范围状况   （c）桩身水深4m以下表面状况   （d）桩身清除水生生物后表面状况

图3 桩基外观检查情况

2.4 附属设施

码头附属设施检测内容主要包括系船设施、靠船设施、防护设施及其他设施等。

检查发现,码头平台和靠船墩、系缆墩上系船柱主体、紧固件及螺栓均已严重锈蚀。系船柱基座混凝土存在不同程度的混凝土破损和开裂情况,码头和靠船墩上橡胶护舷因投入使用多年,存在一定程度的破损和老化,部分排架橡胶护舷脱落缺失,防撞板和锚链锈蚀较重。靠船墩上鼓型护舷设计倾斜度过大。码头前沿护轮坎出现大范围破损露筋,引桥护栏整体锈断缺失,墩台护栏普遍锈蚀,局部锈断。钢栈桥整体严重锈蚀,局部已锈蚀穿孔。码头平台钢爬梯均已严重锈蚀,不能正常使用。

2.5 接岸结构与岸坡

引桥上部结构面板、水平撑等构件基本完好,未见明显异常变形变位,仅个别部位混凝土存在老化病害。但引桥排架横梁普遍出现钢筋锈胀、混凝土开裂、剥落、露筋等老化病害,对其承载能力已造成一定的损害。

码头后方基本完好,且岸坡稳定无滑移现象;引桥与岸坡连接无明显不均匀沉降和水平错位,接岸处护岸砌石局部略微松散,岸坡坡脚局部有混凝土开裂、块石脱落缺失的情况。

3 专项检测

高桩框架式码头专项检测项目有混凝土强度与弹性模量、混凝土碳化深度与钢筋保护层厚度、钢筋腐蚀电位、混凝土中氯离子含量及分布、桩基完整性与倾斜度、码头整体沉降与位移等[2]。

3.1 混凝土强度与弹性模量

采用回弹法、超声-回弹综合法和钻芯法(图4)检测混凝土抗压强度和弹性模量[3],结果表明,码头平台、引桥和墩台各构件混凝土抗压强度推定值均达到设计要求。墩台混凝土弹性模量为29.98~32.71 GPa,高于强度等级为C25的混凝土弹性模量值28.0 GPa。

(a)部分钻取芯样状况　　　(b)试验设备状况　　　(c)试验标准芯样状况

图4　钻芯法检测混凝土强度与弹性模量

3.2 混凝土碳化深度与钢筋保护层厚度

选取部分码头平台立柱、上横梁、靠船构件、剪刀撑,墩台及引桥横梁、面板和桩帽进行碳化深度检测[4]。实测各类构件碳化深度代表值为0.50~5.00 mm,小于构件的钢筋保护层厚度,说明混凝土的碳化尚不能引起钢筋大面积锈蚀,也说明目前码头主要构件出现的钢筋锈蚀、混凝土开裂非混凝土碳化引起。

实测码头平台各类构件保护层厚度平均值为44.3~61.4 mm,各构件整体与其设计值相接近,个别构件保护层略低于设计值,引桥横梁和面板保护层均略低于设计值,引桥桩帽保护层大于设计值,大多数墩台墩保护层均大于设计值,满足规范要求[5],个别墩保护层显著低于设计值。

3.3 钢筋腐蚀电位

采用半电池电位法测试钢筋腐蚀电位[6]。结果显示,码头平台上横梁、立柱和墩台的钢筋腐蚀电位整体上介于-350 mV和-200 mV之间,局部小于-350 mV。码头平台上横梁、立柱和墩台的钢筋腐蚀电位见图5,初步判定内部钢筋锈蚀概率较大。

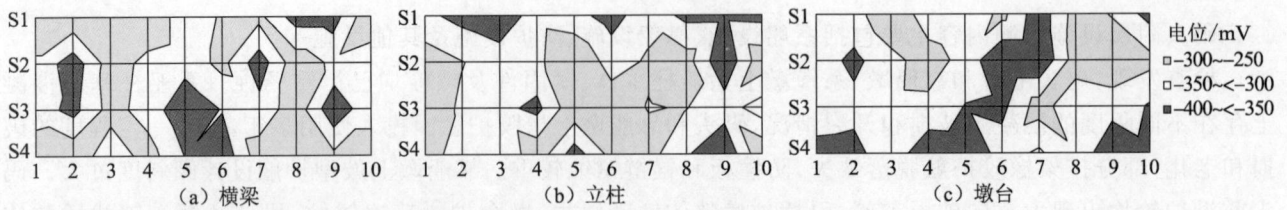

图5　码头平台主要构件钢筋腐蚀电位图

3.4 混凝土中氯离子含量及分布

选取部分码头平台横梁及纵梁等混凝土结构构件取样,并进行氯离子含量检测[7]。混凝土粉样按10 mm分层取样,每个测区分5层进行取样。

结果显示,钢筋周围及附近混凝土中氯离子含量为0.125%~0.383%,显著高于浪溅区混凝土结构中钢筋锈蚀的氯离子临界含量0.059%~0.107%,说明氯离子已渗透至混凝土中钢筋处,钢筋整体腐蚀概率较高。

3.5 桩基完整性与倾斜度

按照相关规范[8]对28根基桩进行完整性检测,结果表明,共有Ⅰ类桩28根,占所测基桩100%,无Ⅱ类桩、Ⅲ类桩和Ⅳ类桩。

采用专用倾角仪抽样测量码头和引桥桩基的垂直度。结果表明,被抽检的桩基倾斜度与设计值基本接近,未见桩基有异常的倾斜。

3.6 码头整体沉降与位移

未见码头竣工以来的沉降位移监测相关资料,现场外观检查和相对位置、高程测量表明,码头平台与引桥以及引桥与岸坡间均无明显相对水平位移和不均匀沉降,引桥中段两跨搁置处面板存在明显高差,最大15 mm,搁置处搭板破裂。

4　结构安全性与适用性评估

4.1 评估基础资料

码头水工建筑物结构等级为Ⅱ级。

工艺荷载包括均布荷载和流动机械荷载。其中,均布荷载:码头10 kN/m²,引桥8 kN/m²;流动机械荷载:10 t、15 t、20 t(汽车)。

水流力取值无参考资料,设计最大流速按2.0 m/s计算。根据中国地震烈度区划图,本区域地震设防烈度为7度,设计基本地震加速度为0.10g。

码头设计船型为5 000 t级及以下海轮,设计船型尺寸参考相关规范[9]取值。船舶荷载包括船舶系缆力、船舶挤靠力和船舶撞击力。经计算,5 000 t级海轮系缆力标准值为386.57 kN,挤靠力大小为221.35 kN,码头平台船舶撞击力606 kN,靠船墩船舶撞击力890 kN。

4.2 复核计算结果

码头结构复核计算采用易工水运工程CAD集成软件计算(图6)。

本次复核对象为原码头平台、引桥主体和系、靠船墩,对于码头平台和引桥按照5 000 t级海轮船舶泊位,对10、15、20 t 3种汽车荷载组合分别进行安全评估。对于系、靠船墩,则考虑5 000 t级海轮船舶荷载组合进行安全评估。

考虑到码头已运行24 a,各构件均存在不同程度的老化病害、钢筋混凝土结构锈胀开裂等,在计算过程中横梁、立柱和面板等构件的钢筋锈蚀面积按10%计算截面承载力。

　　计算结果表明,在流动机械荷载为 10、15 和 20 t 汽车荷载组合下,考虑了 10% 钢筋截面锈蚀率后,码头平台各构件和引桥面板承载力均满足规范要求。码头平台横梁最大裂缝开展宽度也满足规范要求。但码头平台面板和引桥面板在 3 种汽车荷载作用下,最大裂缝开展宽度均不满足规范要求。靠船墩和系缆墩在 5 000 t 级船舶荷载组合作用下,桩基承载力均满足规范要求。

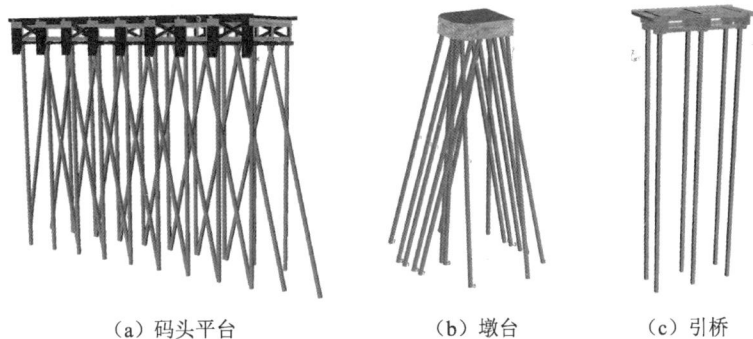

(a) 码头平台　　　　　(b) 墩台　　　　　(c) 引桥

图 6　码头结构计算模型

4.3 评估结果

　　在考虑各构件钢筋锈蚀率为 10% 的情况下,码头平台、引桥和墩台各构件计算所得构件强度均满足使用要求,R_d/S_d^* 均大于 1.0。因此,工程安全性评估等级评定为 A 级。

　　在考虑各构件钢筋锈蚀率为 10% 的情况下,码头平台和引桥横梁在不同荷载组合作用下,适用性评估结果均为 A。但码头面板在 10、15 和 20 t 汽车荷载组合作用下,适用性等级分别为 B、B、C;引桥面板在 10、15 和 20 t 汽车荷载组合作用下,适用性等级分别为 C、C、D。因此,码头适用性等级在 10、15 和 20 t 汽车荷载组合作用下,分别评定为 C、C、D 级。

5　混凝土结构耐久性与技术状态评定

　　根据外观劣化度的评定结果和结构使用年限预测等情况对码头混凝土结构的耐久性进行评估[10]。

　　码头平台横梁、引桥横梁和桩帽的外观劣化度均评定为 C,桩基均评定为 A,其余钢筋混凝土构件均评定为 B。因此,码头整体外观劣化度等级为 C 级。

　　按氯离子扩散模型预测钢筋混凝土结构剩余寿命。计算结果显示,码头计算剩余使用年限为 12.8 a,永久性码头结构的设计使用年限应为 50 a,码头已使用 24 a,设计剩余使用年限为 26 a,所以结构剩余使用年限不满足规范要求。

　　根据外观劣化度的评定结果和结构使用年限预测等情况,综合评定码头结构耐久性等级为 C 级。

　　现场调查结果显示,码头无明显沉降、位移,整体稳定;接岸结构有轻度差异沉降,技术状态较好,技术类别为二类;10% 以内的面板、5% 以内桩基以及 10% 以内桩帽系轻度损坏,技术状态较好,但码头平台和引桥 20% 以上的横梁轻度损坏,技术状态较差,技术类别为四类。综上所述,码头技术状态类别评定为四类。

6　结论与建议

　　(1)码头上部框架式结构各构件均出现了不同程度的破损老化。桩基水上与水下部分主体均完好,未见明显运行损伤和老化病害,桩基与桩帽连接完好。系船设备、靠船设施等附属设施都存在一定程度的破损和老化,有些部位已严重锈蚀,不能正常使用。引桥上部结构面板、水平撑等构件基本完好,但引桥排架横梁普遍出现严重老化病害。码头后方基本完好,且岸坡稳定无滑移现象。

　　(2)实测主要结构混凝土强度、弹性模量、钢筋保护层厚度等主要参数均符合设计与规范要求。实测混凝土碳化深度、钢筋腐蚀电位、混凝土中氯离子含量及分布等参数表明钢筋整体腐蚀概率较高。未见桩

---

* R_d、S_d 分别为结构构件的抗力和作用效应组合设计值。

基有异常倾斜,桩身完整、无损伤。

(3) 码头安全性等级评定为 A 级,在 10、15 和 20 t 汽车荷载组合作用下,适用性等级分别评定为 C、C、D 级,码头耐久性等级评定为 C 级,码头总体技术状态较差,技术类别评定为四类。码头剩余使用年限不满足规范要求。

(4) 建议对老化破损严重的部位进行加固或改造,调整靠船墩上二鼓一板橡胶护舷的倾斜度,更新码头平台、靠船墩和系缆墩间的钢栈桥,对码头的护轮坎、钢爬梯和栏杆等防护设施修复,对码头尚未出现老化病害的主要钢筋混凝土构件采取防腐措施,加强船舶的靠泊和系缆管理,定期进行沉降位移和码头前沿水深观测。

参考文献

[1] 黄卫兰,苏扬,陈灿明,等. 高桩码头的现状检测与评估[C]//中国海洋工程学会. 第十六届中国海洋(岸)工程学术讨论会(下册). 南京:中国海洋学会海洋工程分会,2013.
[2] 陈灿明,郭壮,李致,等. 长江下游某集装箱码头现状检测与评估[J]. 江苏建筑,2019(4):37-41.
[3] 水运工程混凝土结构实体检测技术规程:JTS239—2015[S]. 北京:人民交通出版社,2015.
[4] 李建涛,张基斌,牟雨龙,等. 碳化作用对海砂混凝土中钢筋锈蚀的影响研究[J]. 混凝土世界,2023(11):36-39.
[5] 水运工程质量检验标准:JTS257—2008[S]. 北京:人民交通出版社,2008.
[6] 水运工程混凝土试验检测技术规范:JTS236—2019[S]. 北京:人民交通出版社,2019.
[7] 张晨剑,谢嘉磊,王志豪,等. 氯离子含量对中高强混凝土抗压强度和耐久性的影响[J]. 硅酸盐通报,2023,42(7):2382-2391.
[8] 水运工程地基基础试验检测技术规程规范:JTS237—2017[S]. 北京:人民交通出版社,2018.
[9] 海港总体设计规范:JTS165—2013[S]. 北京:人民交通出版社,2014.
[10] 李致,孟星宇,董腾,等. 高桩墩式重件码头现状检测与安全性评估[C]//第二十届中国海洋(岸)工程学术讨论会论文集(下). 南京:中国海洋学会海洋工程分会,2022:5.

气动冲沙减淤防淤技术在高桩码头的应用研究

陈　犇[1]，丁　磊[1,2]，汪卫军[3]，缴　健[1,2]，陈书宁[4]，杨啸宇[1]，谢昌原[4]

(1. 南京水利科学研究院，江苏 南京　210029；2. 港口航道泥沙工程交通行业重点实验室，江苏 南京 210024；3. 湖州南太湖水利水电勘测设计院有限公司，浙江 湖州　313000；4. 江苏省秦淮河水利工程管理处，江苏 南京　210022)

摘要：高桩码头运行过程中普遍存在局部淤积问题，对码头运行存在不利影响。针对码头前沿及桩群间淤积问题，进行秦淮河入江口处气动冲沙现场试验。试验共选取 10 个点位，单点位排气时长为 8 min。试验结果表明：在气体影响下，码头淤积位置底沙起动至水体表面，排气 2 min 浑水团面积达 900 m²，最大浑水团面积为单个气排面积的 225 倍；试验前后地形变化最大达 0.2 m，平均地形变化约 0.13 m；试验期间，底层和表层平均含沙量分别为 15.4 和 6 kg/m³。

关键词：高桩码头；泥沙淤积；气动冲沙；减淤

　　泥沙淤积是水库、航道、码头、水闸等水利水运工程建设后的普遍现象。针对航道、码头等大范围的清淤技术较为成熟。对泥沙淤积及防淤减淤措施的研究众多，目前常见减淤方式以水力冲淤和机械减淤为主。水力冲淤基于水流运动规律，通过增强水流局部紊动来进行泥沙扰动，增强局部水流挟沙能力，如射流冲沙[1]、异重流排沙[2]、泄空排沙[3]。常规机械清淤分为机船挖淤[4]和机船拖淤[5]。随着科学技术不断发展，近年来学者提出虹吸清淤[6]、射流泵冲淤[7-8]、机器人清淤[9-11]、气动冲沙等特殊机械清淤方式。上述常规减淤方式多运用于水库、航道等区域，针对码头前沿及桩群等特殊区域的小规模清淤，采用常规方式清淤存在施工困难、成本高、效率低、危险性高等弊端，而局部淤积仍然是影响工程运行维护的大问题，造成小淤积大灾害的局面。因此，针对罗肇森[12]提出的气动冲沙法进行数值模拟和现场试验来探讨实际减淤效果，徐进超等[13]通过 Fluent 软件对沉沙池的冲淤情况进行模拟，发现了在相同条件下采用气动冲沙的方法清淤效率比水射流方式更高。窦希萍[14]、罗勇等[15]、丁磊等[16]提出了利用气动冲沙治理黄河泥沙，辅助小浪底水库调沙的构想，通过试验论证了方案的可行性与合理性。

　　目前气动冲沙技术已在水库[17]、沿海挡潮闸[18]等局部淤积严重区域进行了现场试验，但针对码头影响下淤积问题的现场运用尚未见报道。针对码头前沿及桩群间泥沙淤积问题，拟采用自主研发的气动冲沙减淤防淤技术在秦淮新河闸下游码头进行现场试验，并进行效果评估，为秦淮新河闸下游码头前沿及桩群间未来减淤防淤模式提供科学依据，对其他地区解决码头淤积问题具有重要参考价值。

1 气动冲沙减淤防淤技术介绍

1.1 气动冲沙减淤防淤技术理论

　　气动冲沙技术原理是通过将高压气体输送到水底，利用气体对河床底部冲击使得泥沙起动，并利用气

基金项目：国家自然科学基金项目(U2243241)；水利部黄河流域水治理与水安全重点实验室(筹)研究基金资助项目(2023-SYSJJ-07)；水利部黄河下游河道与河口治理重点实验室开放课题基金资助项目；江苏省秦淮河管理处自有资金项目(OHHJJHT2023-129)

作者简介：陈犇。E-mail：220203020002@hhu.edu.cn

通信作者：丁磊。E-mail：lding@nhri.cn

泡运动使得悬沙上浮和扩散,达到辅助泥沙起动并防止泥沙落淤的作用,实现减淤且防淤的功能(图1)。在水动力条件的基础上结合高压气体在水中的运动实现底沙起动和悬沙输运,对水下减淤设备附近达到有效减淤目的且在大范围可实现防淤作用。

本技术兼有减淤、防淤作用,适用于常规清淤机械难以进入的局部区域,如码头桩群附近以及码头后方,可将设备提前布置,配合涨落潮过程适时开启气动冲沙设备,防止泥沙落淤并通过落潮流将泥沙带至外海[18],实现防淤效果。

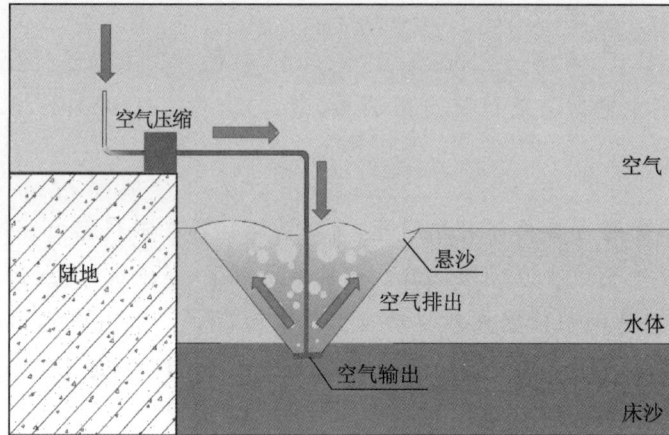

图1　气动冲沙原理

1.2 水流输沙模式

由于水流挟沙主要依靠水流紊动,要提高挟沙与输沙能力,就必须提高水流紊动与泥沙上扬速度。要提高水流挟沙力和输沙力,仅依靠水流本身运动的能量不能满足泥沙扬动的需求时,需要通过外力增强水流的紊动。气动冲沙技术是利用空气在水中相对密度小而必然上升,上升过程中产生上升流,带动泥沙上扬,在有水流带动下,提高水流挟沙能力,使泥沙得以远距离输送。空气入水后,空气的速度、气泡的大小以及气泡的上升速度、气泡造成的羽流,属于气-液(水)-固(沙)三相流耦合。

水流能量在其运动的过程中,一部分用于克服河床阻力,一部分通过脉动能量悬浮泥沙,另一部分用以输送底沙。窦国仁[19-20]根据能量消耗原理,推导得单位水体水流挟沙力 S_* 和底沙单宽输沙量 q_{sb} 的关系式如下:

$$S_* = \alpha \frac{\gamma \gamma_s}{\gamma_s - \gamma} \frac{n^2 v^2}{H^{4/3} \omega} \tag{1}$$

$$q_{sb} = \frac{K_0}{C_0^2} \frac{\gamma_s \gamma}{\gamma_s - \gamma} (v - v_c) \frac{v^3}{g\omega} \tag{2}$$

式中:γ_s 和 γ 分别为泥沙颗粒和水的容重;v 为平均流速;v_c 为用平均流速表示的泥沙起动临界流速;H 为水深;g 为重力加速度;ω 为泥沙颗粒沉速;C_0 为无尺度的谢才系数。窦国仁公式中的系数:

$$\alpha = 0.023 \tag{3}$$

$$K_0 = K_1 K = 0.1 \tag{4}$$

式中:K 为水流消耗于输送临底推移和半悬移底沙的系数;$K_1 v$ 为底沙颗粒在水流作用下的移动速度,泥沙颗粒移动的速度应比水流的速度小,故一般情况下 $K_1 < 1.0$,但目前还缺少 C_0 确切的测量资料,作为估算,近似取 $K_1 = 0.8$,得 $K = 0.125$,也就是说,用于输送临底泥沙的能量仅占水流总能量的 12.5%。其次,由 $\alpha = 0.023$,是水流挟沙消耗能量的系数,也就是消耗水流能量的 2.3%。可见,水流挟沙与输送底沙及临底悬沙相比,是低能效的输沙。

2 气动冲沙现场试验研究

2.1 研究区域

秦淮河是中国长江下游支流,为南京主城区的骨干河流(图2)。秦淮新河泵站距秦淮新河入江口

1.8 km,与秦淮新河节制闸、新河船闸共同构成秦淮新河水利枢纽,是秦淮河流域主要控制工程之一,码头距离秦淮新河节制闸下游约 200 m,由于码头桩群改变了局部流场,水动力较弱导致悬沙落淤,码头前沿及桩群间淤积较为严重。码头前沿及桩群间泥沙中值粒径分别为 0.011 和 0.018 mm。

图 2 秦淮新河泵站和节制闸

2.2 气动冲沙设备及参数

气动冲沙减淤现场试验系统包括空压机、储气罐、输气管道和水下气排(图 3)。其中,空压机峰值排气压力为 1.6 MPa;气罐容量为 5 m³,与空压机相连将高压气体供给气排;水下气排单个面积为 4 m²,单个气排上有喷嘴共计 20 个,喷嘴孔径、角度和启闭状态均可单独调节。本次现场试验共采用 2 个气排,组装完成后通过输气管道进行连接,气排喷嘴角度为 30°。

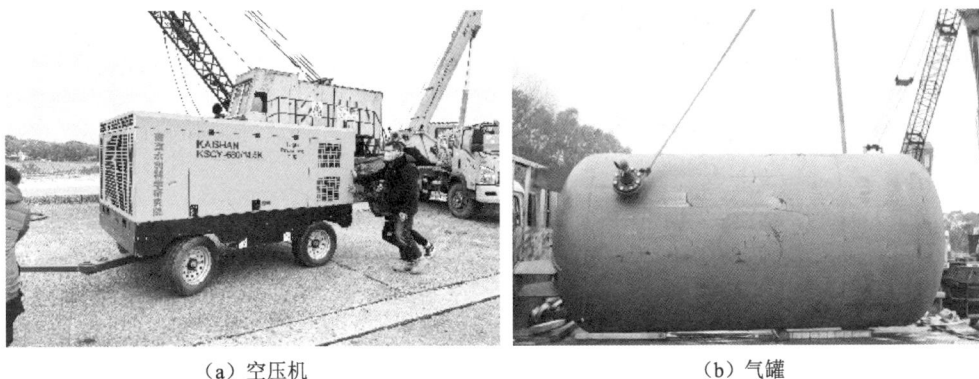

(a)空压机   (b)气罐

图 3 气动冲沙设备

2.3 试验方案及测量手段

气动冲沙减淤现场试验两天(2023 年 12 月 11—12 日),具体现场试验点位如图 4 所示,试验顺序由点位 1 开始进行。单次减淤试验空压机排气气压为 1.4～0.8 MPa,当气罐中压力达到 1.4 MPa 时,气罐排气口开始排气,排气开始后虽然空压机在工作,但出气速率大于进气速率,气罐中压力会持续降低,当压力为 0.8 MPa 时停止排气,直至气罐中压力回升到 1.4 MPa。排气过程为:排气持续 2 min、停止 2 min(等待气压再次回升到 1.4 MPa),单次排气时间为 2 min,每个点位排气 4 次,共计 8 min。现场试验使用两台 OBS 浊度仪(OBS-3A):1♯浊度仪绑定在减淤设备上,采集过程中底层水体浊度数值;2♯浊度仪绑定在输气管道上,采集试验过程中表层水体浊度数值。试验前后采用单波束无人船进行高程测量。

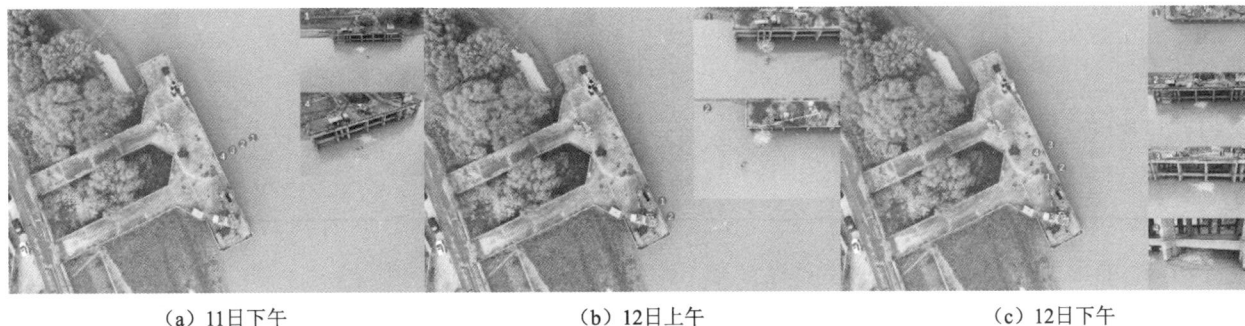

(a)11日下午   (b)12日上午   (c)12日下午

图 4 现场减淤试验点位

2.4 试验效果

2.4.1 试验现象

选取秦淮新河码头前沿减淤一组工况进行试验现象分析,通过无人机摄影分析浑水团面积随时间变化的过程。本组工况气罐压力为 1.4~0.8 MPa,单次排气时长为 2 min,浑水团面积随时间变化过程如图 5 所示,30、60、90 和 120 s 时刻浑水团面积分别约为 400、600、780 和 900 m²,最大浑水团面积约为单个气排面积的 225 倍。

(a) 30 s　　　　　　　　　　　　　　　(b) 60 s

(c) 90 s　　　　　　　　　　　　　　　(d) 120 s

图 5　浑水团面积变化过程

2.4.2　含沙量变化分析

试验区域含沙量统计如表 1 所示。根据试验区域 10 个点位含沙量统计分析,底层和表层平均含沙量分别为 15.4 和 6.0 kg/m³,含沙量峰值分别为 18.66 和 9.94 kg/m³。试验区域水深越小,表层和底层平均含沙量数值差值相对较小,原因是一部分悬扬的粗颗粒泥沙在达到水体表面前由于自重较大从而落淤。

表 1　试验区域含沙量统计分析　　　　　　　　　　　　　　单位:kg/m³

时　间	点　位	底层平均含沙量	表层平均含沙量
11 日下午	1	18.66	3.07
	2	15.32	3.16
	3	13.16	3.94
	4	10.89	5.07
12 日上午	1	18.32	9.94
	2	17.61	8.34
12 日下午	1	15.43	8.24
	2	13.22	3.74
	3	14.16	4.77
	4	17.27	9.84

2.4.3　地形变化分析

根据地形变化和清淤强度数据进行冲淤量的统计分析。11 日下午减淤量为 6.63 m³,12 日全天减淤量为 5.63 m³,11 日和 12 日每个点位平均清淤强度分别为 0.21 和 0.18 m³/min,其中单个点位最大清淤强度达到 0.31 m³/min,最小清淤强度也超过 0.15 m³/min。试验区域 8 个点位中床面高程变化最大达 0.2 m,平均高程变化约 0.13 m。高程变化统计数据见表 2。

表 2　高程变化统计（吴淞高程）　　　　　　　　　　　　　　　　　　　　　　　　　　单位：m

时　间	点　位	试验前高程	试验后高程	高程变化
11 日下午	1	−0.75	−0.81	−0.16
	2	−0.62	−0.70	−0.08
	3	−0.51	−0.61	−0.10
	4	−0.31	−0.51	−0.20
12 日上午	1	0.25	0.17	−0.13
	2	0.22	0.12	−0.10
12 日下午	3	0.19	0.05	−0.14
	4	0.17	0.04	−0.13

3　结　语

针对码头前沿及桩群间淤积问题，选取了秦淮新河闸下游码头作为试点，采用了气动冲沙技术进行现场减淤试验研究，现场共选取 10 个点位进行码头减淤试验，各点位排气时长为 8 min，选取含沙量和地形高程变化两个指标作为试验效果评估依据。主要成果为：试验前后的地形测量表明，试验区域地形变化最大达 0.2 m，平均地形变化约 0.13 m；试验期间，气动冲沙装置工作时底层和表层平均含沙量分别为 15.4 和 6 kg/m³，含沙量峰值分别为 18.66 和 9.94 kg/m³；通过无人机摄影感知浑水团随时变化过程，排气 2 min 浑水团面积达 900 m²。

气动冲沙技术应用于码头减淤，长期将气动冲沙相关设备布置在码头淤积部位，定期开启，先期配合高气压大气量进行减淤，减淤量到达标准断面后配合小气压小气量进行防淤，可实现"事前治理"和"事后预防"。

🔖 **参考文献**

[1]　陈建,刘琴琴,刘明潇,等.射流扰动对明渠底泥的清淤效果研究[J].武汉大学学报(工学版),2021,54(4):307-314.

[2]　李涛,邹健,张俊华,等.拟焦沙模拟低含沙量异重流运动初步分析[J].水科学进展,2018,29(6):858-864.

[3]　曹慧群,李青云,黄苗,等.我国水库淤积防治方法及效果综述[J].水力发电学报,2013,32(6):183-189.

[4]　朱国贤,徐丽华.浅谈里下河"四港"闸下机船拖淤保港技术[J].江苏水利,2009(8):25-26.

[5]　刘增辉,倪福生,徐立群,等.水库清淤技术研究综述[J].人民黄河,2020,42(2):5-10.

[6]　孙金华,李云,樊宝康,等.基于 Bernoulli 效应的便携式清淤机设计及试验[J].水利水运工程学报,2009(1):29-33.

[7]　张远洲.管内冲淤流场数值模拟研究[J].吉林水利,2019(7):27-33.

[8]　陆东宏,陆宏圻.射流冲排泥装置及其在地下工程施工中的应用[C]// 中国机械工程学会.2006 年中国机械工程学会年会暨中国工程院机械与运载工程学部首届年会论文集.北京:机械工业出版社,2006:2756-2759.

[9]　么鸿鹏.自主式排水管道清淤机器人的研究[D].唐山:华北理工大学,2015.

[10]　宋政昌,周成龙,张述清,等.清淤机器人在暗涵疏浚工程中的应用[J].西北水电,2020(增刊 1):70-73.

[11]　张磊,李泽,邓远见,等.机器人在暗涵清淤中的应用[J].云南水力发电,2017,33(6):113-117.

[12]　罗肇森,罗勇.一种治沙输沙的新理念和方法[J].泥沙研究,2009(4):31-38.

[13]　徐进超,丁磊,罗勇.气动冲淤数值仿真模型研究[J].人民黄河,2019,41(6):29-33.

[14]　窦希萍.关于黄河河口治理的一点想法[C]// 中国水利学会、黄河研究会.黄河河口问题及治理对策研讨会专家论坛文集.郑州:黄河水利出版社,2003:119-123.

[15]　罗勇,窦希萍,罗肇森.气动冲淤法治理黄河泥沙的一点思考[J].水利学报,2007,38(增刊 1):276-282.

[16]　丁磊,罗勇,窦希萍,等.气动冲沙法辅助小浪底水库调沙的设想[J].人民黄河,2019,41(7):66-71.

[17]　丁磊,杨啸宇,罗勇,等.小浪底水库气动冲沙现场试验研究[C]//海洋工程学会.第二十届中国海洋(岸)工程学术讨论会论文集.南京:河海大学出版社,2022:1037-1044.

[18]　陈犇,丁磊,丁跃,等.气动冲沙技术在新沂河海口枢纽挡潮闸的应用[J].江苏水利,2023(11):8-12.

[19]　窦国仁.论泥沙起动流速[J].水利学报,1960(4):44-60.

[20]　窦国仁.再论泥沙起动流速[J].泥沙研究,1999(6):1-9.

基于 InSAR 及 FEM 技术的运营期码头长期
沉降的分析与预测

龚丽飞[1,3]，孙宇庭[2,3]，李　威[1]，张　浩[3]

(1. 南京水利科学研究院,江苏 南京　210029；2. 河海大学,江苏 南京　210024；3. 南京水科院瑞迪科技集团有限公司,江苏 南京　210029)

摘要：深厚软土地基的工后沉降控制是岩土工程的难题之一。中国东部沿海地区的港口码头多位于软土地基上。工后沉降难以得到有效控制,运营期沉降往往较大,使得港口生产面临十分严峻的安全形势。以某沿海 25 万吨级运营矿石码头为例,基于近 15 年的地质条件变化和沉降变形历史过程,开展相关土体的物理力学特性试验研究,掌握堆场整体的变形形态,并运用 InSAR 技术对堆场区域整体变形趋势进行分析,选取堆场典型断面建立三维有限元模型,模拟堆场堆载预压过程及长期运行工况,对堆场后续变形进行预测评估。结果表明：各堆场最终沉降量在 6～7 m,堆场沉降尚未达到稳定状态,后续仍有很大的固结沉降余量；同时序 InSAR 监测结果和数值模拟计算结果及同时段实际变形情况基本吻合,通过模拟预测后续堆场达到沉降稳定所需年限大于 30 年,2♯堆场后续沉降大于 1.5 m。

关键词：软土地基；码头堆场；沉降变形；InSAR；数值模拟

据交通运输行业发展公报[1]统计,截至 2022 年年末全国港口万吨级及以上泊位 2 751 个,其中分布在沿海港口万吨级及以上泊位有 2 300 个,占比近 84％。然而,中国沿海大型港口码头及其后方陆域堆场较多数面临着深厚软土地基问题[2]。国内诸多学者对港口码头堆场软基处理有着深入的研究。黄金保等[3]以锦州港第二港池集装箱码头二期工程为例,根据不同地质情况将场区进行分区,通过选用堆载预压、强夯(强夯置换)、振冲 3 种不同的处理工艺进行综合处理。王志勇等[4]以合肥东航码头工程为例,从陆域地质条件和使用功能要求等方面考虑,分区域采用强夯法和分层碾压法等不同的地基处理方式。李继才等[5]研究了 CFG 桩＋碎石桩复合地基桩在深厚软基处理中的应用。胡明[6]依托某板桩岸壁码头工程,研究了在深厚软土地基条件下,通过搅拌桩方式进行软基加固,提高土体力学特性。但上述研究多针对码头陆域堆场建设期软土处理,对码头陆域堆场软土地基运营期长期效果的研究与分析甚少,其主要原因一方面是相关行业、运营企业对此重视程度不够,二是运营期长期效果的变化和发展规律等需要长期的跟踪监控,耗时耗力。"十四五"时期,中国已明确提出港口转型升级,加快推进港口提质增效升级,建设平安港口、绿色港口、智慧港口的要求,港口码头运营期的安全问题也将愈发得到重视[7-8]。

结合某 25 万吨矿石码头堆场工程,采用现场调研、InSAR 技术和 FEM 数值模拟的方法来分析该堆场从 2007 年到 2022 年的长久持续沉降,并预测和分析后续堆场沉降发展规律,为类似条件的运营期码头提质增效和维护管理提供参考。

1 码头堆场概况

1.1 码头堆场运营期基本概况

25 万吨级矿石接卸码头工程陆域形成及地基加固工程于 2008—2009 年间开展吹填、软基加固处理施工,2009 年 11 月完成软基处理。该矿石接卸码头包含 1♯～8♯共 8 个堆场,其中 1♯堆场和 8♯堆场

作者简介：孙宇庭。E-mail:1060741094@qq.com

面积为 2.7 万 m²,其余堆场面积为 5.5 万 m²。各堆场之间采用爆破挤淤堤心石,其堆场剖面如图 1 所示。堆场于 2009 年年底逐步开始投产运行,至今堆场运营时间已有 15 a。

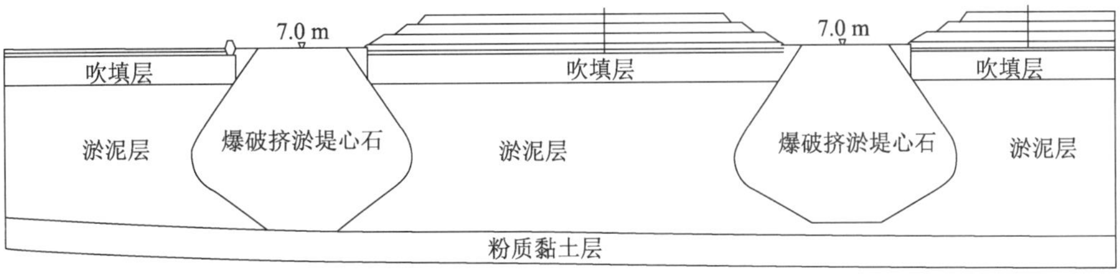

图 1　堆场剖面

图 2 是该堆场建设至今历年卫星、运行等影像。由图 2 对比可以看出:25 万吨级矿石接卸码头工程的堆场区域为海域回填形成。该码头堆场运行期堆存货物以铁矿石居多,货料堆期不定,堆场覆盖范围广,并长期处于较大负荷状态和"堆存—卸料—再堆存"反复循环荷载作用中。

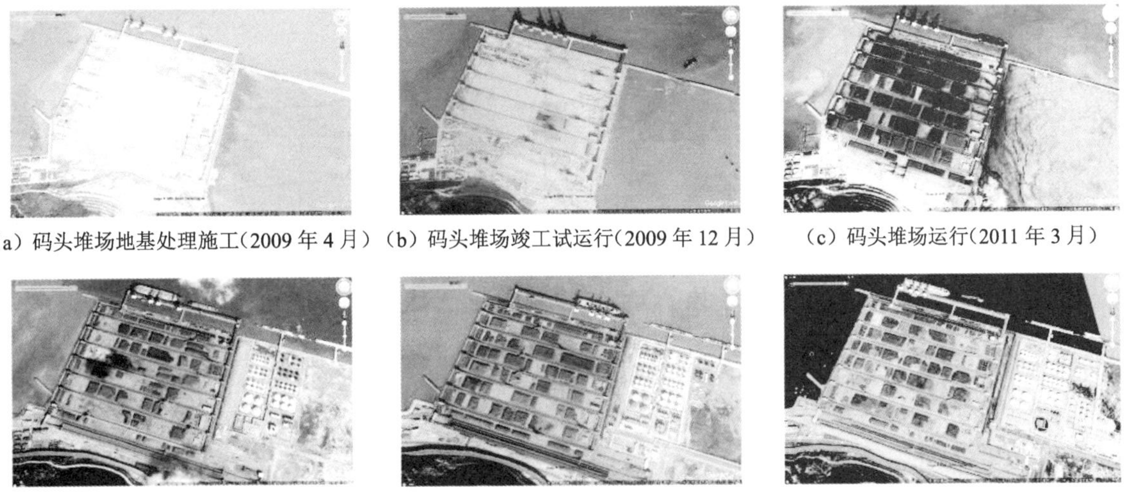

（a）码头堆场地基处理施工（2009 年 4 月）（b）码头堆场竣工试运行（2009 年 12 月）（c）码头堆场运行（2011 年 3 月）

（d）码头堆场运行（2014 年 12 月）　（e）码头堆场运行（2016 年 11 月）　（f）码头堆场运行（2020 年 9 月）

图 2　码头堆场历年卫星影像

图 3 是堆场货料堆存现状。码头堆场受堆场地基不稳定性影响,目前堆存总量为 400 万吨,远远没有达到设计堆载量 1 500 万吨,堆存周期约 36 d,周转次数约 8.5 次,货物实际堆载≤25 t/m²,堆载平均高度 6～10 m,堆料坡度约 45°。有效地评估堆场目前沉降变形的机理、沉降程度是堆场后续运行、维护十分重要的基础工作。

图 3　堆场货料堆存现状

1.2 工程地质条件

根据码头陆域堆场设计及运营期各阶段岩土工程勘察成果,堆场区域为海湾近岸淤泥质浅滩地貌。区域水下地形较为平坦,海底面高程−3.10～−2.80 m。海水位受潮汐影响,变幅较大,最大水深 6.5 m。堆场码头区域广泛分布全新统第四系海相沉积深厚淤泥层,场地内土层自上而下分别是海相沉积层、陆相沉积层、冲海相沉积层与海岸堆积层、陆相沉积黏土层、海相沉积土层、陆相沉积土层、坡洪积土层、基岩。

图 4 为南北向的工程地质剖面,从图 4 中可以看出软土层的深度很厚,其中主要软土层为:

①₂灰黄色淤泥:该土层分布稳定,顶板标高一般为 $-3.10 \sim -1.10$ m,最大层厚 4.30 m,最小层厚 0.70 m,平均层厚 2.96 m;含水量高达 85.5%;孔隙比一般在 2.0 以上。

①₃灰色淤泥:该土层分布稳定,顶板标高一般为 $-6.00 \sim -2.90$ m,最大层厚 12.00 m,最小层厚 1.20 m,平均层厚 7.86 m;含水量一般为 70.0%;孔隙比在 2.0 左右。

①₄灰色淤泥:该土层分布稳定,顶板标高一般为 $-16.40 \sim -9.50$ m,最大层厚 12.60 m,最小层厚 3.80 m,平均层厚 7.24 m;含水量一般为 70.0%;孔隙比在 2.0 左右。

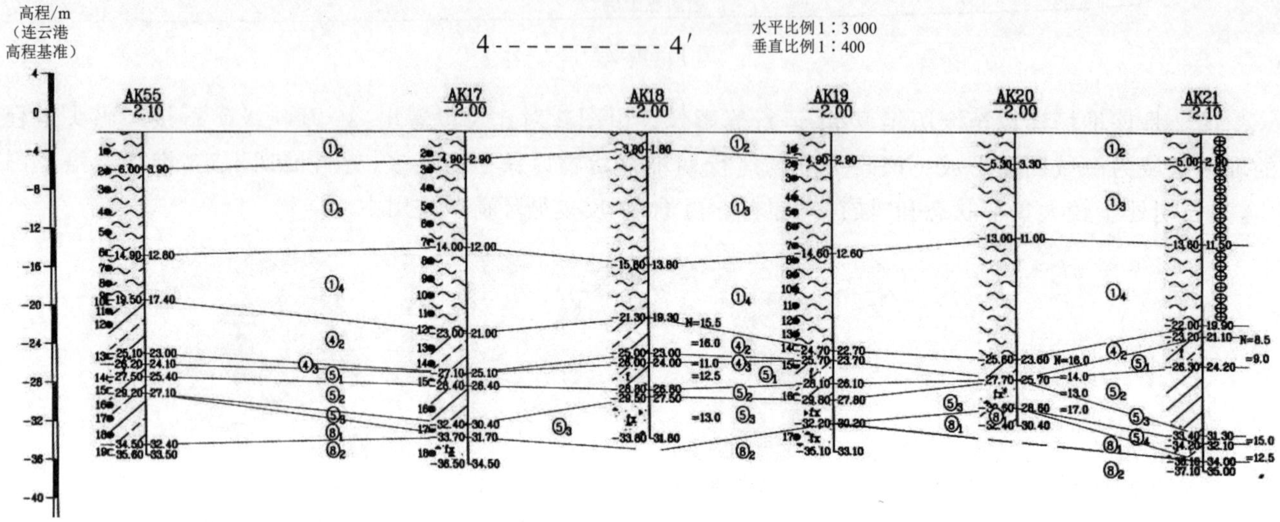

图 4 工程地质剖面(南北向)

主要软土层的物理力学性质如表 1 所示。由表 1 可以看出,场地浅部普遍发育海相沉积层,软土的典型性特征十分显著,均为高含水量、高压缩性、高灵敏度土层,但由于沉积年代、环境差异,其土层性质与工程特性存在一定的差异。

表 1 地基土物理力学性质指标及工程设计参数

层号	土层名称	含水量 $w/\%$	湿重度 $\gamma/$ (kN/m^2)	相对密度 G_s	孔隙比 e	液限 $W_L/\%$	塑限 $W_P/\%$	液性指数 I_L	塑性指数 I_P	快剪 黏聚力 c/kPa	快剪 内摩擦角 $\varphi/(°)$	固结快剪 黏聚力 c/kPa	固结快剪 内摩擦角 $\varphi/(°)$
①₂	灰黄色淤泥	71.2	15.7	2.75	2.005	55.3	28.4	1.60	26.9	4.0	1.3	9.1	8.2
①₃	灰色淤泥	67.8	15.8	2.75	1.922	58.4	29.6	1.34	28.8	5.5	1.9	10.0	8.7
①₄	灰色淤泥	68.6	15.7	2.75	1.949	64.1	31.9	1.15	32.3	9.6	2.5	12.6	9.5

1.3 堆场沉降变形问题

矿石码头从 2009 年年底试投产运行至今,1♯~8♯堆场普遍堆载荷载 12~20 t/m²。在堆存料的长期作用下,现堆场多呈现出"锅底状"的沉降,且沉降变形不均匀现象十分显著。图 5 为堆场现状典型变形特征图。

通过对堆场表层沉降变形的观测,2009 年试运营至今,1♯~8♯堆场已发生的沉降量为 4~6 m,总体沉降很大,且沉降仍在持续发生,尚未达到稳定状态。2013 年至今,1♯~8♯堆场陆续开展抬高作业,5♯、4♯、3♯、6♯已先后完成堆场标高调整修复工作,但截至 2022 年,上述堆场又发生了 2~3 m 的沉降量。而且从 2013 年至完成标高调整前的期间沉降值已无法获知或较为准确地判断,上述堆场实际发生的沉降量要大于估测值。

2#码头堆场区沉降现状　　　　　　　　　　　　　　　　　6#码头堆场区沉降现状

图 5　堆场运行过程中沉降现状

2 堆场现状沉降变形分析

2.1 基于历史勘察成果的变形分析

通过钻孔取样、室内试验、原位测试等勘察手段,获得软土层物理力学性质指标,对比分析吹填土和原生淤泥层在持续堆载作用下的改良和固结情况。

图 6、图 7 分别是 2013 年和 2020 年地勘资料中 8 个堆场含水率与孔隙比的变化对比。从图 6 可知:1♯堆场和 7♯堆场的含水率下降较多,分别降低了 9.98% 和 9.96%;而 8♯堆场的含水率下降较少,降低了 1.5%。主要是因为 1♯堆场邻近码头前沿,7♯堆场淤泥层较厚,而 8♯堆场淤泥层相对较薄,较厚的淤泥层可以使堆场的含水率减小更为明显。图 7 中堆场运行前后孔隙比的对比反映情况与图 6 类似:7♯堆场孔隙比下降最多,降低了 11.00%;8♯堆场孔隙比下降最少,降低了 2.82%。

但从图 6、图 7 中数据可以明显看出含水率和孔隙比仍然较高,说明在陆域形成回填料及堆场堆存料荷载下该层软土尚未完全固结,沉降仍在发生。基于已有数据,通过沉降公式可以计算得出,2013 年沉降量接近 4 m,运行至今总沉降量在 5 m 左右,与现场实测数据也相吻合,且该堆场后续沉降仍将有 1.5 m,后期软土仍有固结产生。

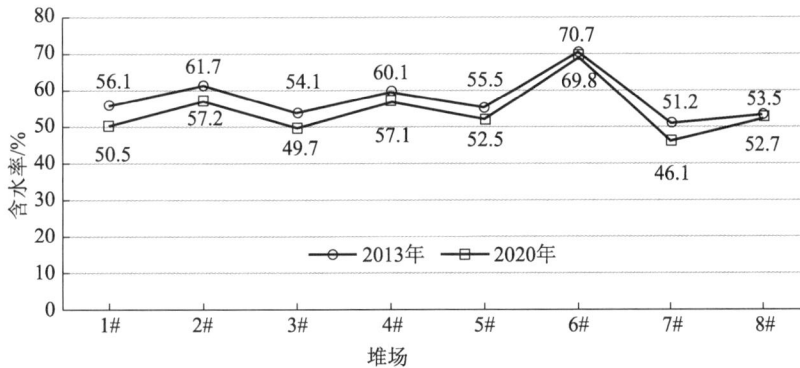

图 6　堆场运行前后淤泥层含水率变化对比

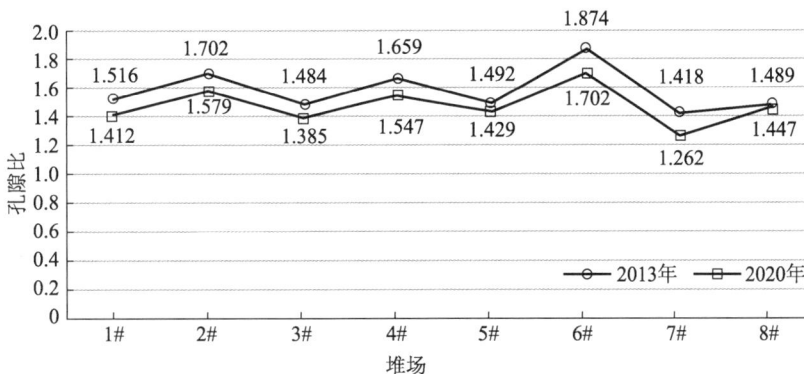

图 7　堆场运行前后淤泥层孔隙比变化对比

2.2 堆场运行前后层位指标变化分析

2007 年与 2022 年的堆场区域淤泥层相关高程分布云图分别如图 8、图 9 所示。

通过 2007 年与 2022 年的土层指标勘探结果的对比云图可以看出：1♯堆场邻近码头前沿，其中部沉降较大，在 5～6 m；2♯堆场沉降较为均匀，大致在 5 m 左右；3♯堆场两侧沉降较大，在 5～6 m，中部沉降相对较小；4♯堆场西侧下半部和东侧沉降较大，最大在 6 m 左右；5♯、6♯、7♯堆场淤泥层较厚，因此沉降是最大的，在 6～7 m；8♯堆场淤泥层相对较薄，沉降较小，大致在 3～4 m。由此可以说明：1♯～8♯堆场沉降变形影响深度较大，原淤泥层底发生变位；堆场沉降主要是由淤泥层产生，该层变形量大且层顶位变化较大，基本与实际地表沉降监测情况保持一致。

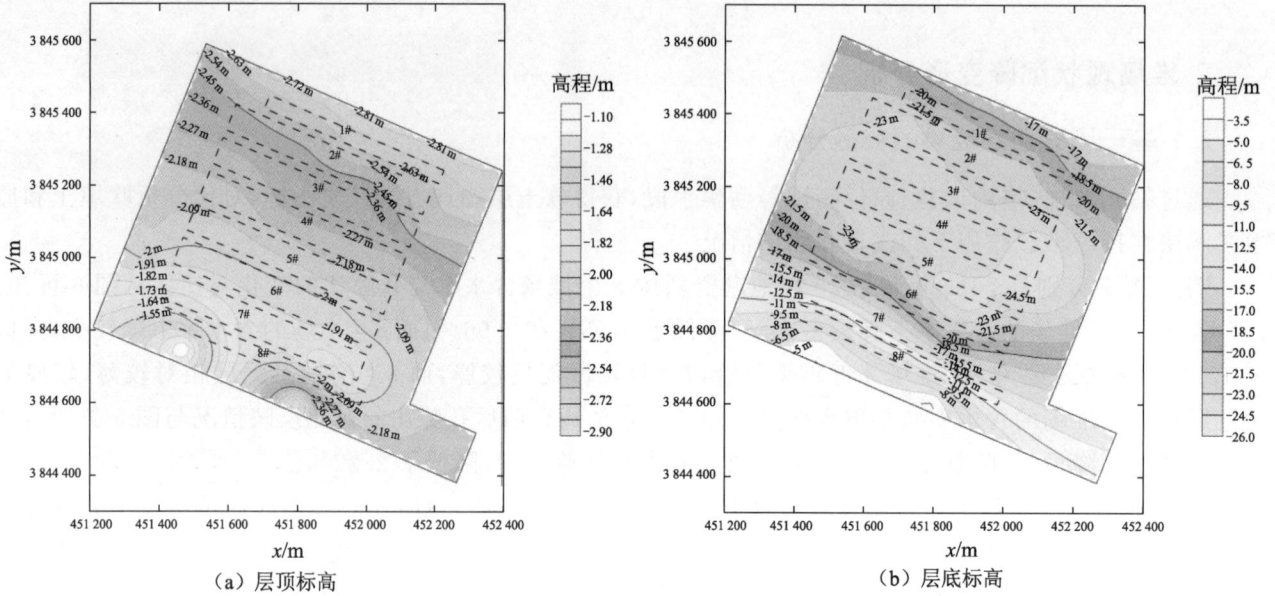

（a）层顶标高　　　　　　　　　　　　　　　（b）层底标高

图 8　2007 年堆场淤泥层层顶与层底标高云图

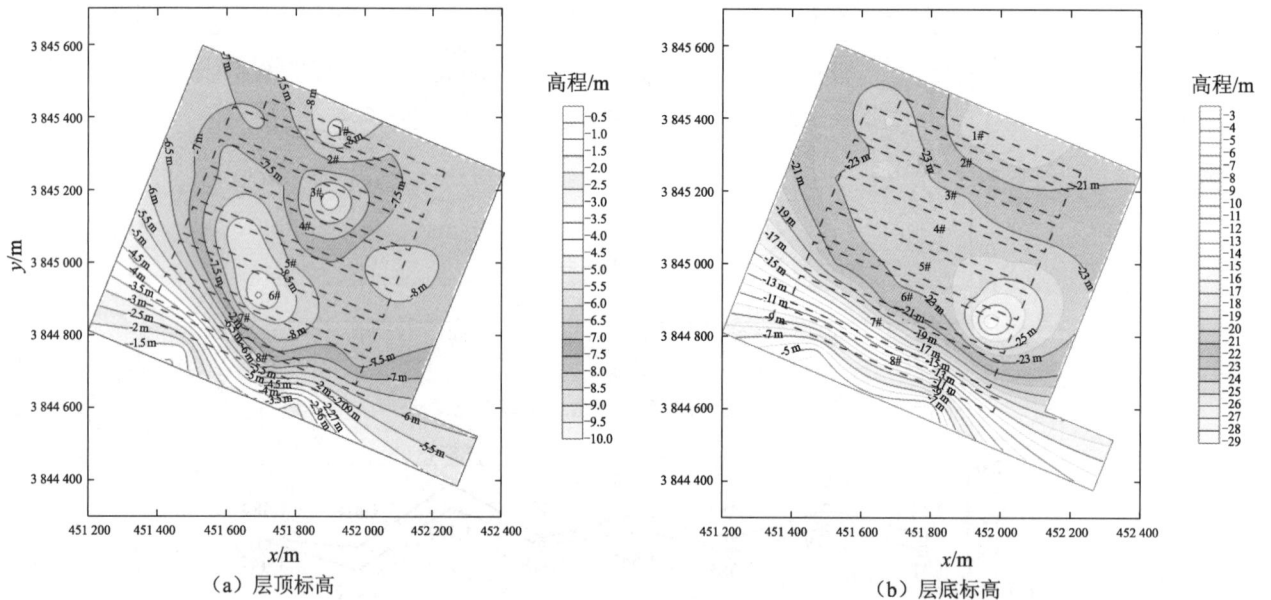

（a）层顶标高　　　　　　　　　　　　　　　（b）层底标高

图 9　2022 年堆场淤泥层层顶与层底标高云图

3　基于 InSAR 技术的地表沉降变形分析

3.1 InSAR 技术基本原理

InSAR 的基本原理是利用单轨双天线同时发射并接收雷达回波或者利用重轨单天线接收不同时段发射的雷达信号，获取覆盖同一地区的两次雷达回波信号，然后根据这两次回波信号之间共轭相乘产生的相位差，结合 SAR 成像几何关系可以推算出地面任意高程信息。以重轨单天线干涉为例，InSAR 技术的观测几何如图 10 所示。

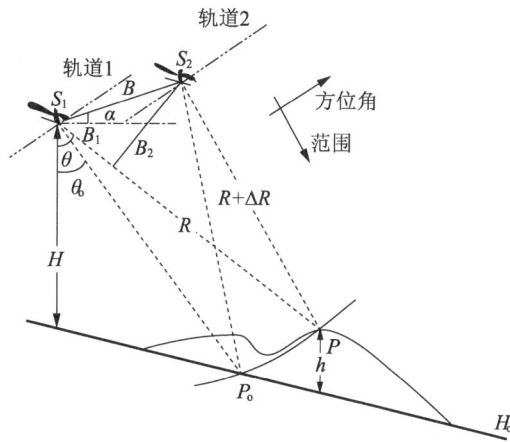

图 10　InSAR 观测几何示意

3.2 形变监测结果及分析

图 11、图 12 分别为采用 C 波段 Sentinel-1A 卫星提供的影响数据进行分析处理得到的 2015 年 7 月至 2020 年 1 月、2019 年 12 月至 2022 年 12 月堆场轨道区域年均变形速率分布散点云图及期间地表累积变形曲线。

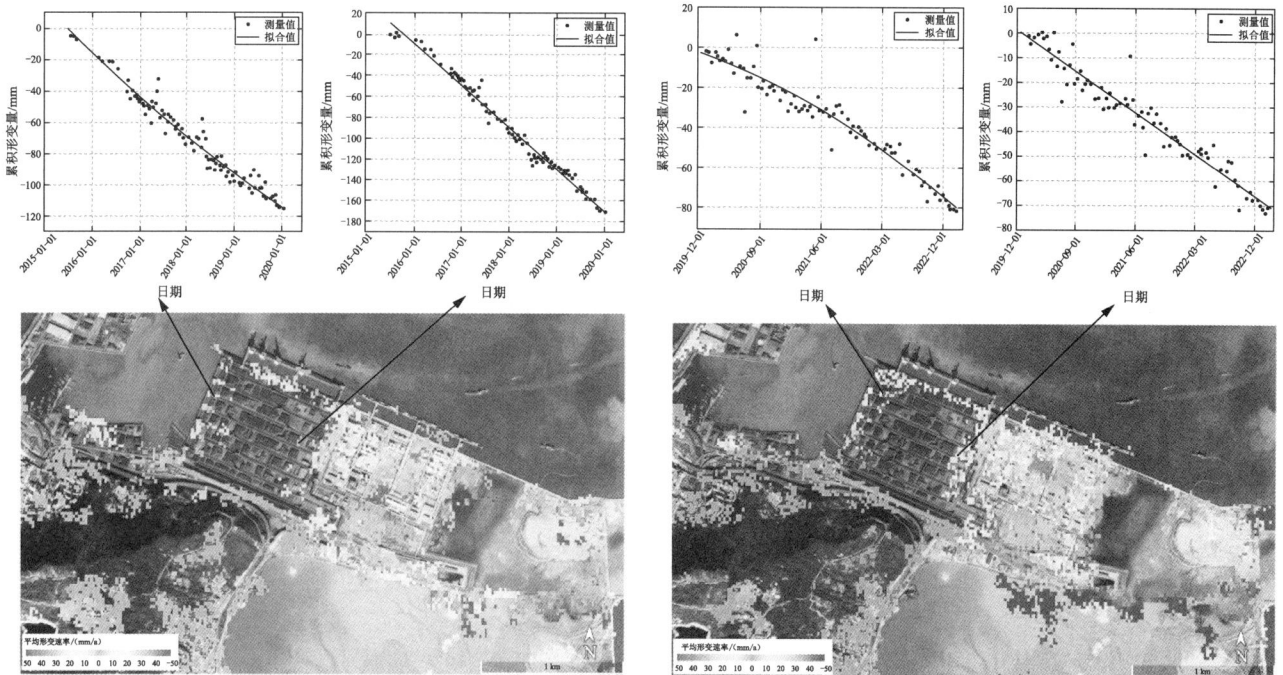

图 11　C 波段 Sentinel-1A 卫星 2015 年 7 月至 2020 年 1 月年均形变速率

图 12　C 波段 Sentinel-1A 卫星 2019 年 12 月至 2022 年 12 月年均形变速率

由于 Sentinel-1A 卫星空间分辨率低、目标区域空间范围小、地表覆盖变动大且件限制等多因素影响，难以在堆场内部提取到有效的监测点，因此如图 11 所示仅在堆场四周的轨道区域获取部分较为稳定的点目标。从其年均形变速率可得，1♯堆场西北角呈现明显的沉降状态，其他区域相对较为稳定。分析可能堆场建设投用初期，区域内人类频繁活动等因素，导致测点位置地表变形波动。

从图 11 货场周边仅有的形变监测点来看，堆场轨道区域地表形变速率在 20～30 mm/a，且通过特定点累积变形量与时间的关系曲线可知，堆场轨道区域在堆场荷载作用引起变形影响下，其沉降一直处于发展状态，尚未稳定。图 12 的监测结果与图 11 所反映的变形速率规律大致相同。

通过开展 InSAR 分析可以明确的是爆破挤淤堤上的轨道区域变形持续发展，表明堆场区域仍处于沉降不稳定的状态，与实际勘测情况相吻合，为后续有限元计算提供验证。

4 基于 FEM 地表沉降变形分析与预测

建模主要针对 2♯堆场和 6♯堆场进行，重点分析没有经过抬高与工程补救的 2♯堆场，可以完全反映码头堆场从建设完成到运营期的地表沉降变化。考虑堆场中间变形相对较大，且更具代表性，故如图 13 所示选取 2♯堆场中间一定范围进行建模。通过数值模拟分析堆场变形情况，进一步验证现场勘察分析以及 InSAR 等对沉降的判断。

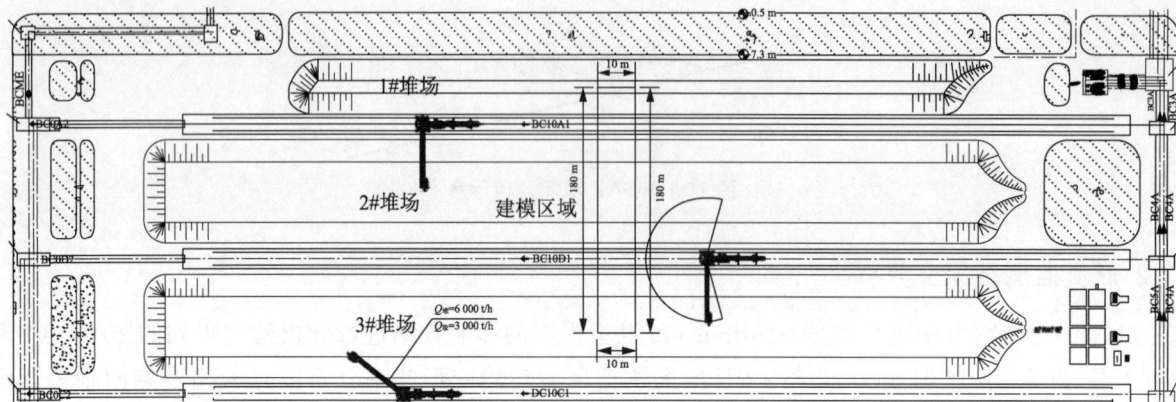

图 13　建模范围示意

4.1 计算模型与参数

2♯堆场三维有限元网格共有单元 77 104 个，节点共 89 946 个，模型单元类型均采用实体单元（C3D8P），如图 14 所示。该模型坐标系 X 方向为垂直轨道梁延伸方向，Y 方向为轨道梁延伸方向，Z 方向为垂直向。X 方向模型左右边界分别为 1♯堆场中部及 3♯堆场中部，Y 方向模型长度为 10 m，Z 方向模型取至淤泥层底部约 25 m。

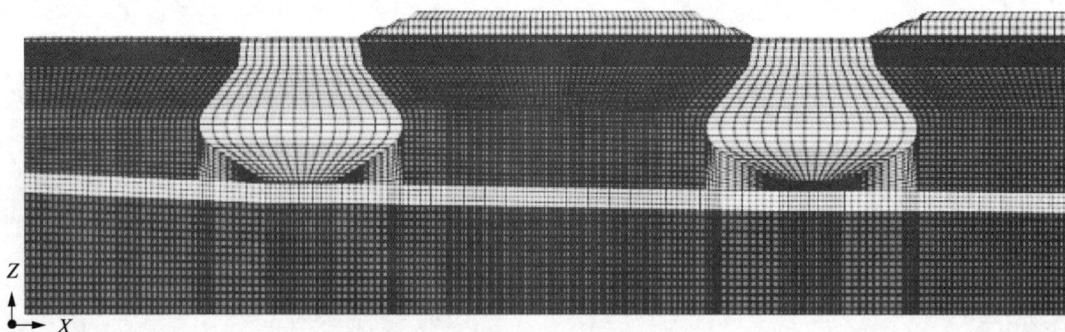

图 14　2♯堆场网格划分

表 2 为现状条件下不同土层南水模型参数。考虑计算时间自堆场预压堆载开始，起始点土体参数与现状条件下土体参数存在区别，故以表 2 为基础，参考相关工程及南水模型理论，确定计算参数。

表 2　土体计算参数

土体	黏聚力 c/kPa	内摩擦角 φ_d/(°)	内摩擦角变化量 $\Delta\varphi$/(°)	破坏比 R_f	弹性模量 K	回弹模量 K_{ur}	实验常数 n	最大收缩体应变 C_d	幂函数 n_d	剪胀比 R_d
粉质黏土	—	31.52	3.5	0.70	67.5	6.0	0.70	0.038 3	0.350	0.73
淤泥	3	12.00	0.0	0.87	23.0	4.0	0.87	0.103 0	0.433	0.83
吹填土	—	15.00	3.5	0.70	60.5	4.0	0.70	0.028 3	0.600	0.68
块石淤泥混合	—	35.00	2.5	0.70	600.0	3.5	0.70	0.005 0	0.350	0.73
抛石挤淤堤	—	55.00	6.5	0.70	1 200.0	3.0	0.70	0.002 0	0.350	0.73

4.2 2# 堆场历史模拟结果分析

4.2.1 堆场堆料区

对 2♯ 堆场自堆载预压至投入运行至今的过程进行模拟,给出不同时间节点堆场变形计算结果,所展示变形结果的起始点为堆场投入运行开始时间。图 15(a) 及 图 15(b) 分别为 2012 年 3 月堆场水平位移及竖向位移计算值分布云图。由图可知:2♯ 堆场自投入运行至 2012 年 3 月,水平方向累积变形值最大为 0.74 m,且沿堆场中线对称分布;竖向累积沉降最大值为 3.41 m,考虑最大沉降并非发生在堆场表面,与表 3 中 2012 年 3 月堆场地表累积沉降在 3～4 m 相一致。

（a）水平位移分布云图   （b）竖向位移分布云图

图 15   2012 年 3 月堆场变形计算值分布云图

图 16 为 2016 年 7 月堆场变形计算值分布云图,此时水平方向累积变形值最大为 0.99 m,竖向累积沉降最大值为 4.38 m,地表最大沉降累积值为 4.25 m。

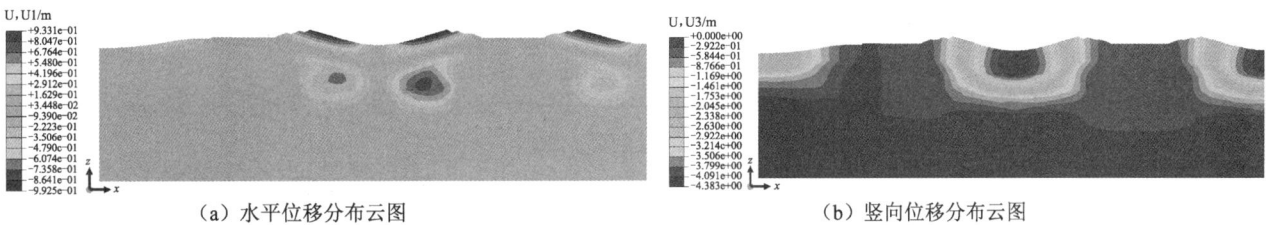

（a）水平位移分布云图   （b）竖向位移分布云图

图 16   2016 年 7 月堆场变形计算值分布云图

图 17 为 2023 年 3 月堆场变形计算值分布云图。此时水平方向累积变形值最大为 1.12 m,竖直方向累积沉降最大值为 4.95 m,地表最大沉降累积值为 4.77 m。

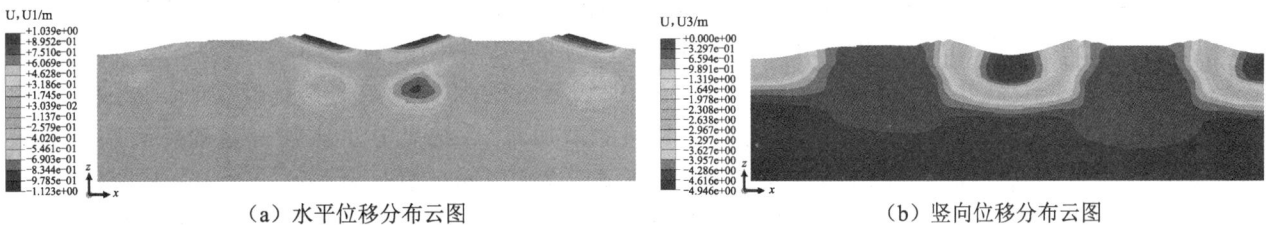

（a）水平位移分布云图   （b）竖向位移分布云图

图 17   2023 年 3 月堆场变形计算值分布云图

表 3   实际勘测与数值模拟计算的累积沉降量对比

沉降年份	累积沉降量/m		误差/%
	历年勘察	数值模拟	
2009 年	开始运营	—	—
2012 年 3 月	3～4	3.41	—
2016 年 7 月	4.05	4.25	4.94
2023 年 3 月	4.55	4.77	4.84

从表 3 中可以看出数值模拟计算的累积沉降量与实际测得的误差在 5% 以内,说明了数值计算的合理性。

图 18 为堆场中线不同深度位置(包括地表位置、淤泥层顶部位置、淤泥层中部位置及淤泥层底部位

置)竖向变形随时间的变化曲线。由图18可知,堆场由浅入深竖向变形逐渐增大,最大竖向变形发生在地表附近。且通过曲线变化趋势可知,地层沉降变化速率虽有所降低,但仍未达稳定状态。

图18　堆场不同深度位置竖向变形随时间的变化曲线

4.2.2 堆场轨道区

图19为不同时间节点垂直轨道梁延伸方向2#堆场地面标高曲线。由图可知原始地面标高为中间高两侧低,堆场荷载作用下堆场地面变成两侧高中间低的"锅底状",且随着运行时间的增加,"锅底状"愈加明显。

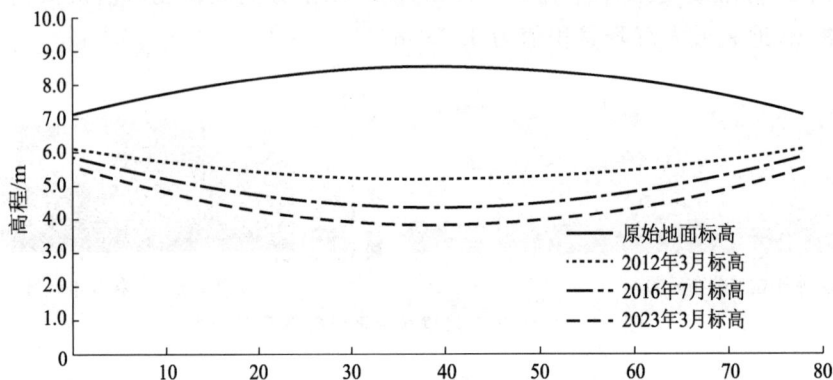

图19　不同时间节点的堆场地面计算标高

图20为2#堆场邻近斗轮机基础计算变形及标高随时间变化曲线。对比InSAR监测数据(图20),考虑InSAR监测结果为2015年开始的累积变形值,将其初始值调整至对应时间节点计算值。对比结果显示,2015年7月至2020年1月时间段内,计算沉降曲线与InSAR竖测数据具有较高的匹配度。另外,斗轮机基础原设计标高为8.8 m,随着投入运行时间的增加,计算结果显示斗轮机基础标高逐渐降低。2023年3月斗轮机基础标高降低至8.1 m左右,与现场标高实际测量值较为一致。

InSAR监测结果及现场实际测量结果与数值计算结果一致,由此说明了数值计算结果的合理性。通过斗轮机基础沉降及标高变化曲线可知,斗轮机基础沉降尚未稳定,仍存在进一步下沉的趋势。

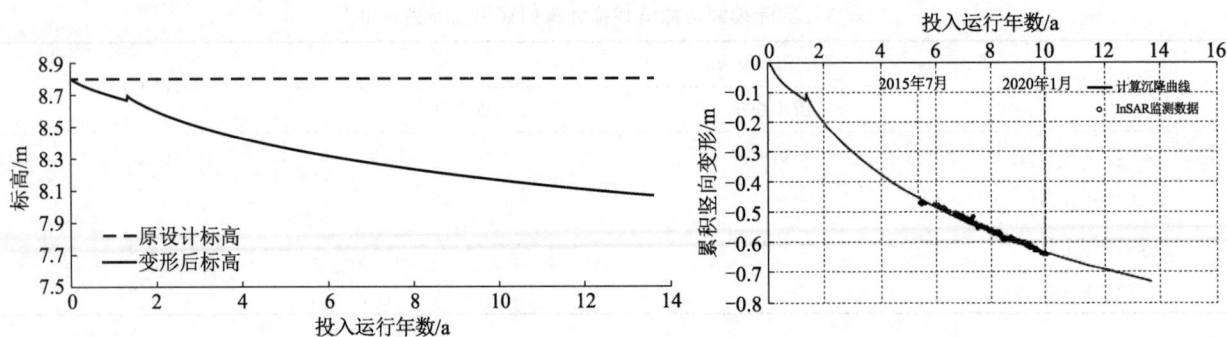

(a)标高变化曲线　　　　　　　　　　　　　(b)累积竖向变形曲线

图20　2#堆场邻近斗轮机基础计算变形及标高随时间变化曲线

4.3 2# 堆场沉降预测结果和分析

基于以上分析,对堆场后续长期沉降进行预测,模拟堆场自投入运行开始的沉降变化,发现约 43 年后堆场沉降基本趋于稳定。图 21 为堆场投入运行 43 年后的累积变形计算值分布云图。由图 21 可知,投入运行 43 年后,堆场水平方向累积变形值最大为 1.37 m,竖向累积变形值最大为 6.18 m,地表最大沉降累积值为 6.07 m。

(a) 水平位移分布云图   (b) 竖向位移分布云图

图 21   投入运行 43 年后 2♯ 堆场变形计算值分布云图

图 22 为根据计算沉降曲线及实际沉降曲线绘制的沉降预测示意图。由图可知,现阶段堆场沉降尚未达稳定状态,且后续堆场达到沉降稳定所需年限大于 30 年,后续沉降大于 150 cm。

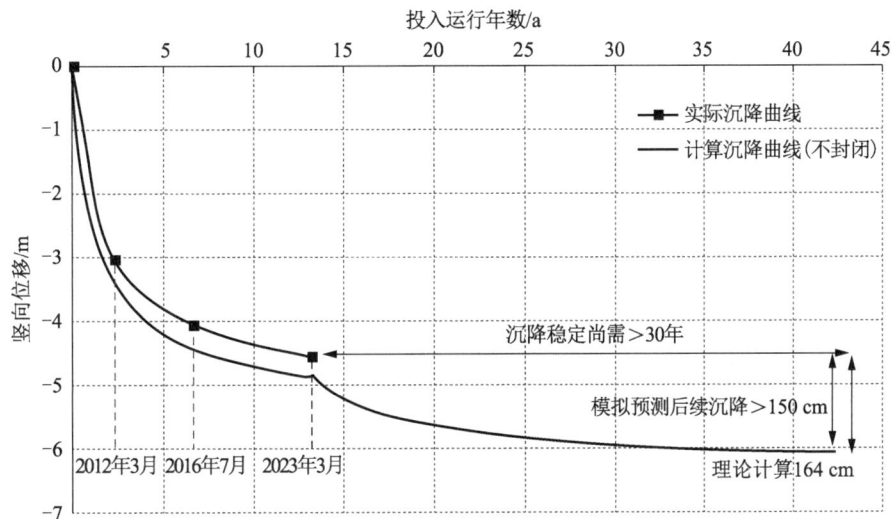

图 22   2♯ 堆场沉降预测示意

5 结 语

通过分析历史勘察数据,利用 InSAR 技术以及 FEM 数值模拟等手段,综合分析、评价了堆场沉降发生发展机理及堆场后期变形预测,得到结论如下:

(1)通过历史勘察数据分析可以得出,1♯～8♯ 各堆场铺面基本呈"锅底状",结合堆场历年勘察资料,原海相沉积层孔隙比从 2.0 演化到 1.3,初步判断已经发生的沉降主要由该土层受到上部荷载附加应力导致的固结变形。各堆场最终沉降量 6～7 m。目前该土层孔隙比仍较大,后续仍有很大的固结沉降余量。运行至 2023 年已发生沉降为 5 m 多,后期剩余沉降尚有 1～2 m。

(2)基于 InSAR 数据分析,由于堆场区域有限、堆料覆盖变动频繁等因素,无法有效获取堆场铺面变形发生发展规律,现有数据揭示,各堆场间的道路及轨道梁区域变形速率尚未稳定,局部 InSAR 监测结果与现场实际测量结果及数值计算结果基本一致。

(3)对 2♯ 堆场开展瞬态流固耦合三维有限元计算,模拟堆场自堆载预压至投入运行共 43 年间的沉降发生发展变化情况,数值计算结果与实际勘测情况基本吻合,计算结果显示现阶段 2♯ 堆场沉降均尚未达稳定状态,且预测后续堆场达到沉降稳定所需年限大于 30 年,2♯ 堆场后续沉降大于 150 cm。

参考文献

［1］　交通运输部. 2022 年交通运输行业发展统计公报［EB/OL］.（2023-06-21）［2024-06-27］https://www.gov.cn/lian-bo/bumen/202306/content_6887539.htm.

［2］　尹长权. 天津港超软土地基加固特性探讨［J］. 岩土工程学报,2017,39(增刊 2):116-119.

［3］　黄金保,曹泽奋. 多种软基处理技术在锦州港码头工程中的应用［J］. 水运工程,2019(增刊 1):44-47.

［4］　王志勇,罗彬,许旭. 浅谈合肥东航码头后方陆域地基处理的设计［J］. 工程与建设,2023,37(5):1466-1468.

［5］　李继才,曹军,丛建.组合型水泥粉煤灰碎石桩(CFG 桩)复合地基在深厚软基处理中的应用［J］.水运工程,2018(11):156-161.

［6］　胡明. 深厚软基加固在板桩岸壁码头工程中的设计研究［J］. 中国水运,2023(10):30-32.

［7］　交通运输部.交通运输部关于加快智慧港口和智慧航道建设的意见［J］. 中国水运,2024(2):27-29.

［8］　刘长俭,黄川,钟鸣,等.“十四五”长三角港口面临的政策机遇、需求特征和建设重点［J］.水运工程,2023(7):7-12.

洋流影响区域桥梁工程设计流速推算——以中马友谊大桥为例

王金华[1,2]，高正荣[1,2]，章卫胜[1,2]，张金善[1,2]

（1. 南京水利科学研究院，江苏 南京 210024；2. 港口航道泥沙工程交通行业重点实验室，江苏 南京 210024）

摘要：设计流速是桥梁工程设计中一项重要参数，其数值大小关系工程的运行安全。中马友谊大桥是"一带一路"的重点工程，大桥跨越 Gaadhoo Koa 海峡，受印度洋季风影响，桥区水流受洋流影响明显。研究建立考虑了潮汐、洋流影响的三维斜压数学模型，通过与实测潮位、水流流速和流向资料对比，对模型进行了验证，在此基础上对不同重现期的设计流速进行了计算。研究结果表明，不同重现期潮差对桥位附近流速影响程度不明显，季风洋流对设计流速影响较大。对于洋流较明显区域，桥梁设计流速计算时应充分考虑这一因素，以此保证桥梁施工和运行安全。

关键词：设计流速；洋流；三维数学模型；中马友谊大桥

设计流速是涉海工程设计中的一项重要参数，其预测的准确性关系工程施工和运行的安全性以及工程造价。设计流速取值过大则结构偏安全，但造价将会提高；取值过小则对结构的安全不利。设计流速通常有两种计算方法：一是根据实测资料，利用相关法推求[1]。由于海上观测成本昂贵，且常常不能满足工程的时间要求，故观测资料推算重现期极值流速可操作性不强。二是利用数学模型来计算。国内采用这一方法，一般选取不同重现期的风速、不同重现期潮位以及考虑风暴潮潮型，给定边界条件，通过模型计算工程区的设计流速[2]，而对于受海流影响比较明显的工程区域，目前尚无成熟方法提供借鉴。

中马友谊大桥跨越马累岛和机场岛之间的 Gaadhoo Koa 海峡。大桥工程位于北马累环礁东南部。Gaadhoo Koa 海峡是环礁主要的通道之一，周边珊瑚岛礁纵横分布，地形急剧起伏，峡道最深处水深约 50 m。受印度洋季风影响，当地的水流非常复杂。此外，工程区属于珊瑚礁区域，珊瑚砂活动性较强，复杂的水沙条件也给大桥设计带来较大的挑战。

通过收集工程区附近相关资料及已有相关研究成果[3]，对受印度洋洋流影响较明显的工程区的设计流速推算进行了探讨，成果可为"一带一路"区域的涉海工程设计流速提供参考。

1 数学模型建立及验证

数值模型采用三维、非结构有限体积数学模型[4,5]，模型垂向采用 Sigma 坐标系，模型中使用改进后的 Mellor-Yamada 2.5 阶紊流闭合模型[6]和 Smagorinsky 公式[7]分别计算垂向与水平涡黏性系数，采用模分离技术求解动量方程。模型已成功应用于多个国内外近海水域的水动力模拟[8-11]。

为正确模拟码头附近海域的潮汐动力，模型边界选取离工程区较远的位置，模型边界由全球潮波模型 TPXO9 提取。该数据经过众多系统验证，为本项研究提供边界上的逐时潮位。模型选取范围的水深分布

基金项目：长江水科学研究联合基金（U2340225）；国家自然科学基金项目（51779147）
通信作者：王金华。E-mail：jhwang@nhri.cn

网格见图 1,测量基准为海图基准面。从地形分布上可以看出,马尔代夫拥有众多岛屿,分布着大小不一的环礁,其中 1 000 m 等深线离岸较近,外海水深大。为了更好地描绘工程区附近水流流态,对工程区进一步进行网格加密,其中最小网格尺度为 10 m。

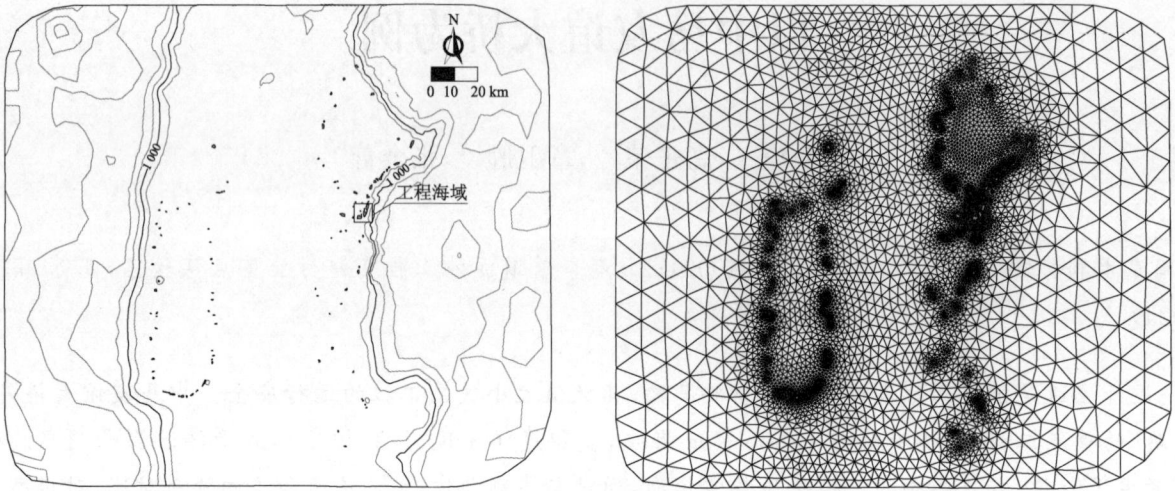

图 1   计算范围及网格布置

数学模型验证主要是对潮汐、潮流进行验证。工程区周围的潮汐、潮流实测资料观测时间为 2015 年 4 月 5—6 日,测量期间为大潮潮型。水流及水位测点布置位置见图 2,共布置了 4 个水流测点、3 个水位测点。图 3 给出了潮位及潮流的验证结果,可以看出,工程海域潮差较小,潮汐表现为正规半日潮现象。总体来讲潮位站的潮位模拟值与实测值吻合较好,平均误差小于 0.1 m,潮波位相与实测结果吻合良好。测量期间工程海域洋流较弱,从模拟及实测结果来看,两个测点的流速、流向与实测结果吻合较好,较好的验证结果表明数学模型边界条件,以及模型计算参数的取值是合理的,可以利用该模型进行设计流速的推算。

1、2、3、4 为 4 个水流测点;T₁、T₂、T₃ 为 3 个水位测点。

图 2   水文测验点及桥位位置

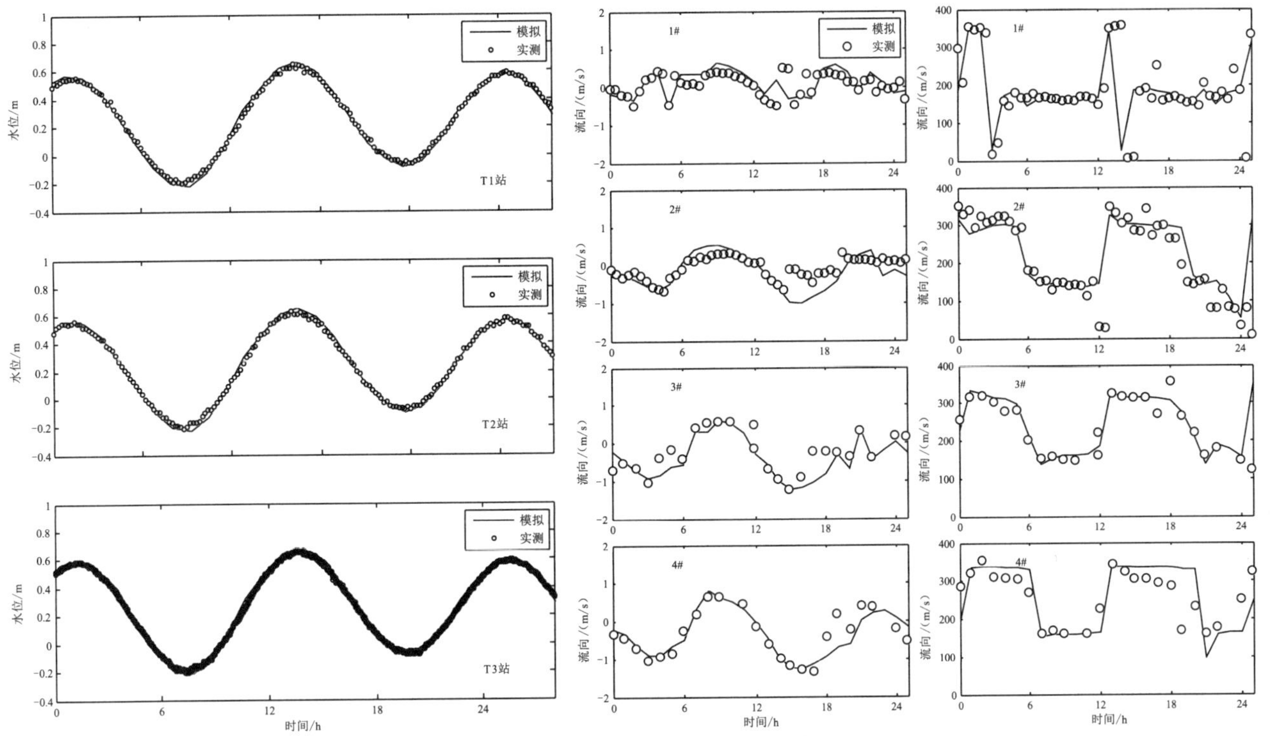

图3　潮位及流速流向验证

2　设计流速推算

工程海域水流速度影响因素较多,有天文潮作用、海洋环流(洋流)作用,还受到局部海风作用。工程海域所处的北印度洋受南亚热带季风气候的影响,在冬、夏季风作用下形成季风环流,且两个季节流向相对固定。图4给出了2013-02-24、2013-05-08时的表层海流分布,图中竖线代表马累环礁的位置。可以发现,马尔代夫受季风环流影响较为明显。根据设计流速推算相关经验,基于以上考虑,选取了以下几种水情进行计算(表1)。

表1　模型计算水情

重现期	工　况
	无风、无洋流
300年一遇潮差	2年一遇W风及E向洋流
	2年一遇E风及W向洋流
	无风、无洋流
100年一遇潮差	2年一遇W风及E向洋流
	2年一遇E风及W向洋流
	无风、无洋流
50年一遇潮差	2年一遇W风及E向洋流
	2年一遇E风及W向洋流
300年一遇洋流	2年一遇大潮
100年一遇洋流	2年一遇大潮
50年一遇洋流	2年一遇大潮

由于工程海域位于马尔代夫的东侧,西侧环礁对由西向东的洋流即E向洋流有一定的阻滞作用,而W向的洋流可通过南北马累环礁之间的Vaadhoo Kandu峡道对机场岛与马累岛之间的Gaadhoo Koa通道中的水流产生直接影响,故桥位附近受W向洋流影响更大一些。为了分析工程海域附近不同重现期的洋流,在Vaadhoo Kandu峡道东侧选取一点(73.6°E,4.16°N),提取1992—2012年21年的E向、W向表

层洋流流速数据(数据来源:HYCOM＋NCODA Global Analysis Database)进行不同重现期流速分析。

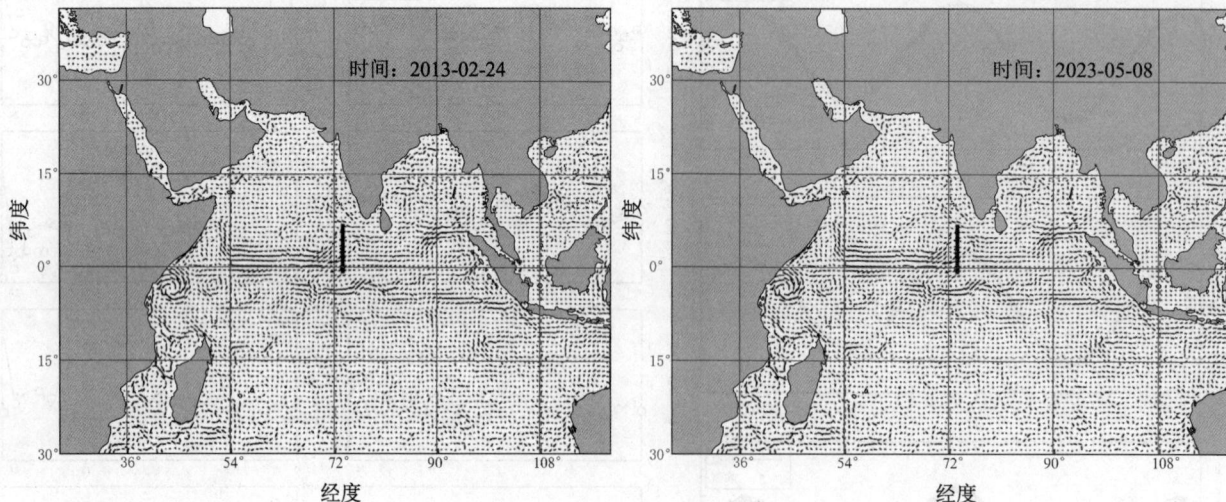

竖线代表马尔代夫环礁方位。

图 4　印度洋表层洋流

通过 PIII 曲线对年极值流速进行拟合(图 5),得到 300 年一遇 W 向表层洋流流速 1.48 m/s,100 年、50 年、20 年、10 年、2 年一遇 W 向表层洋流流速分别为 1.40 m/s、1.33 m/s、1.25 m/s、1.18 m/s、0.96 m/s。21 年期间的极值发生在 2007 年 2 月,此时 W 向表层洋流流速为 1.29 m/s,对应的印度洋大范围的洋流分布如图 6 所示。通过提取这一时刻的小范围模型边界处的垂向分层流速并进行同比放大,模拟 300 年、100 年、50 年、20 年、10 年、2 年重现期的洋流。

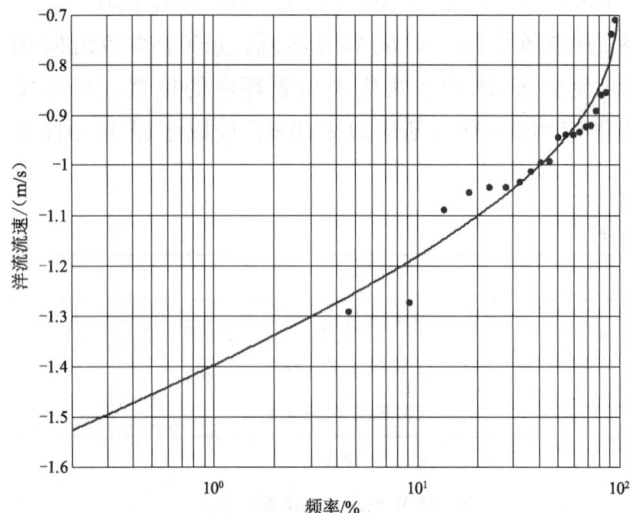

图 5　马尔代夫 Vaadhoo Kandu 峡道东侧
取点处海流年极值分布

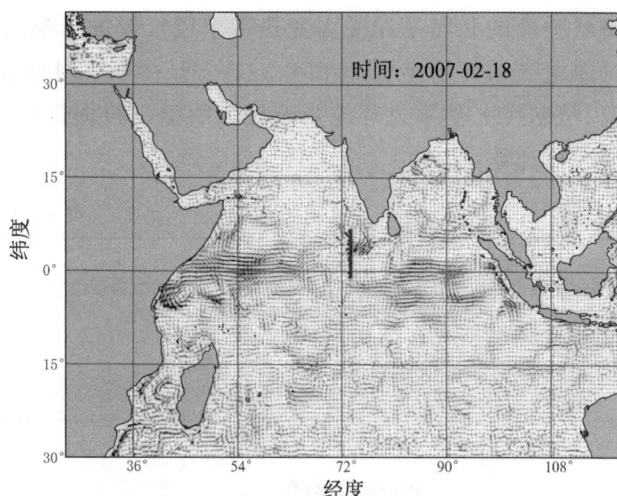

竖线代表马尔代夫环礁方位。时间:2007-02-18

图 6　印度洋洋流

由于 300 年、100 年、50 年一遇潮差相差很小,分别为 1.30 m、1.27 m、1.25 m,仅在不同重现期潮差作用下,3 种重现期条件下的流场变化不大,涨落潮形态与实测大潮期间基本相同,流速略有增加。因此,桥位处的设计流速的主导因素是洋流。首先对 100 年一遇重现期大潮叠加 2 年一遇洋流及风速情形下的设计流速计算结果进行分析。

100 年一遇潮差叠加 2 年一遇重现期的洋流及对应方向风情作用下的模拟结果表明,工程海域受季风洋流影响较大,不同方向季风洋流作用下各桥墩处最大流速及对应流向分布也不尽相同。20♯～24♯处流速相对较大。其中,在 W 向洋流作用下,100 年一遇重现期下的最大垂向平均流速为 3.21 m/s,对应流向为 293°;在 E 向洋流作用下,100 年一遇重现期下的最大垂向平均流速为 2.88 m/s,对应流向为 162°。

300 年一遇重现期潮差下,桥墩处最大垂向平均流速 3.25 m/s,流向为 292°。50 年一遇重现期潮差下,桥墩处最大垂向平均流速 3.10 m/s,流向为 294°。

由于不同重现期潮差对桥位附近的设计流速影响较小,故补充计算了不同重现期洋流叠加 2 年一遇潮差的情形。图 7 为 300 年一遇 W 向洋流叠加 2 年一遇大潮时的流场分布。计算结果表明,300 年一遇重现期洋流下,桥墩处最大垂向平均流速为 4.51 m/s;100 年一遇重现期洋流下,桥墩处最大垂向平均流速4.33 m/s;50 年一遇重现期洋流下,桥墩处最大垂向平均流速为 4.15 m/s。不同重现期下各桥墩处的最大流速及流向参见报告[3]。

因此,在洋流动力较强区域建设海洋工程,设计流速应分别考虑不同重现期潮位及洋流的工况进行计算,取相对不利的工况。针对中马友谊大桥工程,设计流速最终采用不同重现期洋流边界叠加潮位的计算工况,其中 300 年一遇最大流速为 4.51 m/s,100 年一遇、50 年一遇、20 年一遇、10 年一遇、2 年一遇的最大流速分别为 4.33 m/s、4.15 m/s、3.95 m/s、3.70 m/s、3.00 m/s。

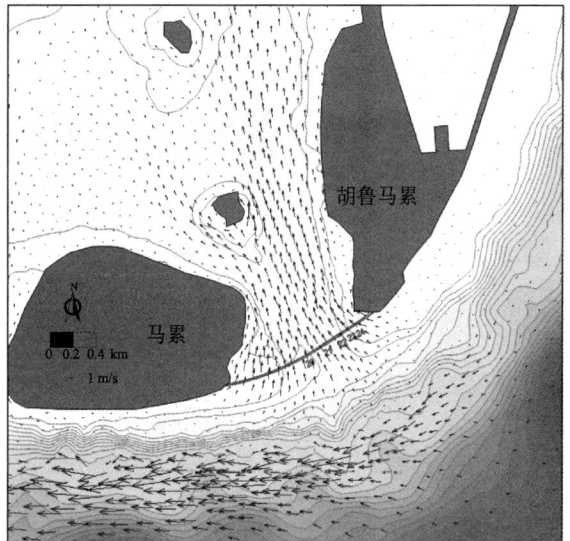

图 7 300 年一遇 W 向洋流叠加 2 年一遇大潮

3 结 语

建立了工程区三维数学模型,通过与实测潮位、水流流速流向资料比较对数学模型进行了验证,模拟结果与实测值吻合良好,在此基础上结合现场调查和收集的资料推算了工程设计流速。

工程区域潮汐为正规半日潮,潮差较小,实测期间大潮潮差约 0.90 m。不同重现期潮差及风速组合数学模型模拟结果显示,不同重现期潮差对桥位附近流速影响程度不明显,季风洋流对设计流速影响较大。因此,对于洋流较明显区域,桥梁设计流速计算时应充分考虑这一因素,以此保证桥梁施工和运行安全。

参考文献

[1] 苏慧,龚维明,梁书亭.苏通大桥短期观测流速在设计基准期内的应用[J].中国工程科学,2006,8(7):42-46.

[2] 潘军宁,辛文杰,何杰,等.河口海岸桥隧工程设计流速推算[J].水科学进展,2019,30(5):1-11.

[3] 王金华,高正荣,王艳红,等.中马友谊大桥工程可行性研究海洋水文研究报告[R].南京水利科学研究院,2015.

[4] WANG J H,SHEN Y M. Development and validation of a three-dimensional,wave-current coupled model on unstructured meshes[J]. Science China:Physics,Mechanics and Astronomy,2011,54(1):42-58.

[5] CHEN C S,LIU H D,BEARDSLEY R C. An unstructured grid,finite-volume,three-dimensional,primitive equations ocean model:application to coastal ocean and estuaries[J]. Journal of Atmospheric and Oceanic Technology,2003,20(1):159-186.

[6] GALPERIN B,KANTHA L H,HASSID S,et al. A quasi-equilibrium turbulent energy model for geophysical flows[J]. Journal of the Atmospheric Sciences,1988,45(1):55-62.

[7] SMAGORINSKY J. General circulation experiments with the primitive equations. Ⅰ. The basic experiment[J]. Monthly Weather Review,1963,91(3):99-164.

[8] 唐建华,赵升伟,刘玮祎,等.基于 FVCOM 的强潮海湾三维潮流数值模拟[J].水利水运工程学报,2010,(4):81-88.

[9] 朱军政.象山港三维潮流特性的数值模拟[J].水力发电学报,2009,28(3):145-151.

[10] GUO Y K,ZHANG J S,ZHANG L X,et al. Computational investigation of typhoon-induced storm surge in Hangzhou Bay,China[J]. Estuarine,Coastal and Shelf Science,2009,85(4):530-536.

[11] HUANG H,CHEN C,BLANTON J O,et al. A numerical study of tidal asymmetry in Okatee Creek,South Carolina[J]. Estuarine,Coastal and Shelf Science,2008,78(1):190-202.

东风沿岸流作用下澳门海域的周期性增水

叶　梓[1,2]，施华斌[1,2]

（1. 澳门大学 智慧城市物联网国家重点实验室与海洋科学及技术系，澳门　999078；2. 南方海洋科学与工程广东省实验室（珠海），广东 珠海　519000）

摘要： 在无台风、无局地区域向岸风场、无强降雨的情况下，广东沿岸在强东风作用下产生的沿岸流会造成澳门海域出现水位周期性增水现象。实测数据表明，增水周期在 6 h 左右。采用高空间分辨率的澳门近海风-潮-流耦合模型揭示该周期性增水的动力机制，结果表明该周期性是由潮流对广东沿岸风生流偏转所致，是天文潮与风生流非线性作用的结果。

关键词： 潮-流非线性作用；周期性增水；数值模拟；澳门海域

　　澳门位于珠江口外缘，4 个地势低洼的岛屿构成了一个"十"字形的水道，这使得澳门尤其是峡道顶部的内港地区，在面对滨海洪涝灾害时极其脆弱。即使是在没有台风或强降雨情况下，异常高水位甚至是局部淹没的风险仍然存在。2023 年 12 月 18 日凌晨，广东沿岸盛行强东风（图 1）。尽管整个珠江口地区呈东北离岸风，但澳门内港街道仍出现异常的增水现象（图 2）。高潮时，实测水位一度超过警戒水位 30 cm，引起了当地气象部门的警惕。水位观测结果显示，增水有明显的周期性波动，周期约为 6 h。这一数值与风向和风速的变化频率不同，与当地潮汐周期的 1/2 相符。推测该现象可能为潮汐-增水的非线性相互作用所致。以往对此类相互作用的研究主要集中于风暴潮灾害时期[1-5]，过强的气象强迫掩盖了这种相互作用中的一些潮汐特征，故而在大多数的研究中都发现风暴增水和天文潮具有相同的周期性[1,6-7]。此类现象往往被简单地归因于潮汐的周期性，也有部分研究人员提出是潮汐信号的相位变化导致的[1,3]，但依然有部分结果表明在某些情况下增水周期会是潮汐周期的 1/2[8]。

　　基于 FVCOM 模式，构建了高分辨率三维数值模型对此次水位异常事件的水动力过程进行重演，分析增水变化的原因，同时揭示周期性增水过程与天文潮-风生流相互作用的关联。

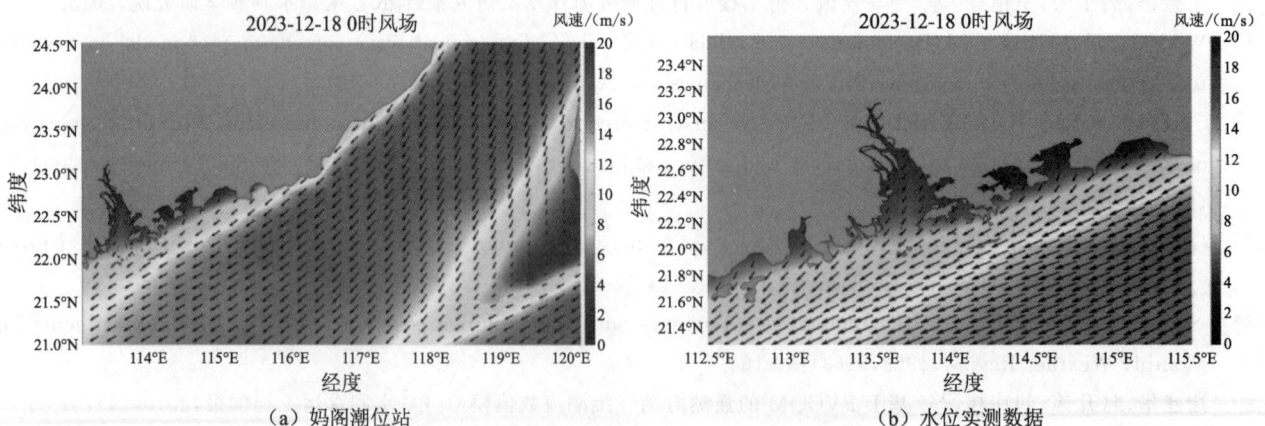

（a）妈阁潮位站　　　　　　　　　　　　　　（b）水位实测数据

图 1　2023 年 12 月 18 日凌晨广东沿海与珠江口内的风场

基金项目： 澳门特别行政区科学技术发展基金（0090/2020/A2,0050/2020/AMJ,001/2024/SKL）；南方海洋科学与工程广东省实验室（珠海）资助项目（SML2021SP305）

通信作者： 施华斌。E-mail：HuabinShi@um.edu.mo

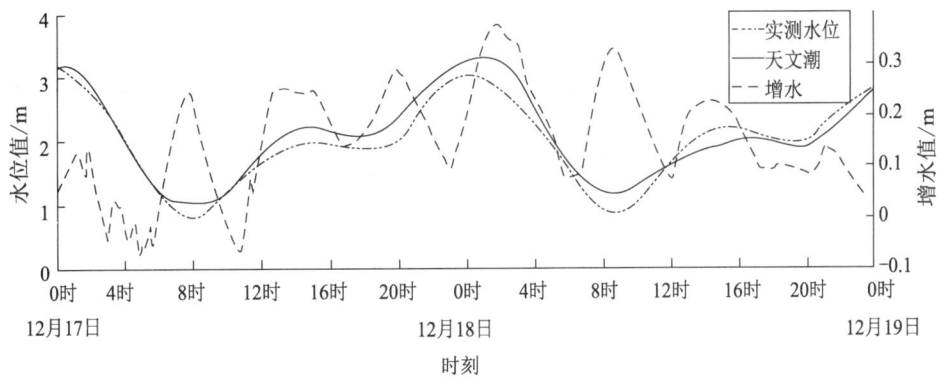

图 2　妈阁潮位站（SBR）地理位置与水位实测数据

1　数值模式

1.1　基本方程

FVCOM 是一种基于非结构化网格、有限体积法离散的海洋数值模式。非结构化网格在水平方向上的应用使得用户可以对局部地形进行精细划分，垂直方向上使用 σ 坐标变换来适应底边界大梯度地形变化。模式采用内外模分裂以节省时间，并利用干湿判别法模拟沿岸地带"淹没"与"露出"过程[9]。FVCOM 具有高计算速度和模拟精度，因此在海洋学研究和海岸工程中得到了广泛应用[10-12]。详细信息参考 FVCOM 手册[9]。

1.2　模型设置

计算网格由超 12 万个节点与 24 万个单元组成，涵盖了整个南海北部大陆架区域、台湾海峡和浙南海域。网格水平分辨率从开边界的 15 km 级逐步加密到澳门内港地区的 10 m 级，垂向均分成 7 层，在内港地区的垂向分辨率为 1 m。澳门地区的水深与陆地高程数据获取自澳门海事及水务局和地图绘制暨地籍局。在开边界处，使用 TPXO 9 模拟 13 种分潮（M2、S2、N2、K2、K1、O1、P1、Q1、MF、MM、M4、MS4、MN4）的每小时潮位高程作为开边界的驱动条件；使用 NCEP 每 3 h 分析数据中的 10 m 海拔处风速与平均海平面处表面压力作为海表面气象强迫条件。

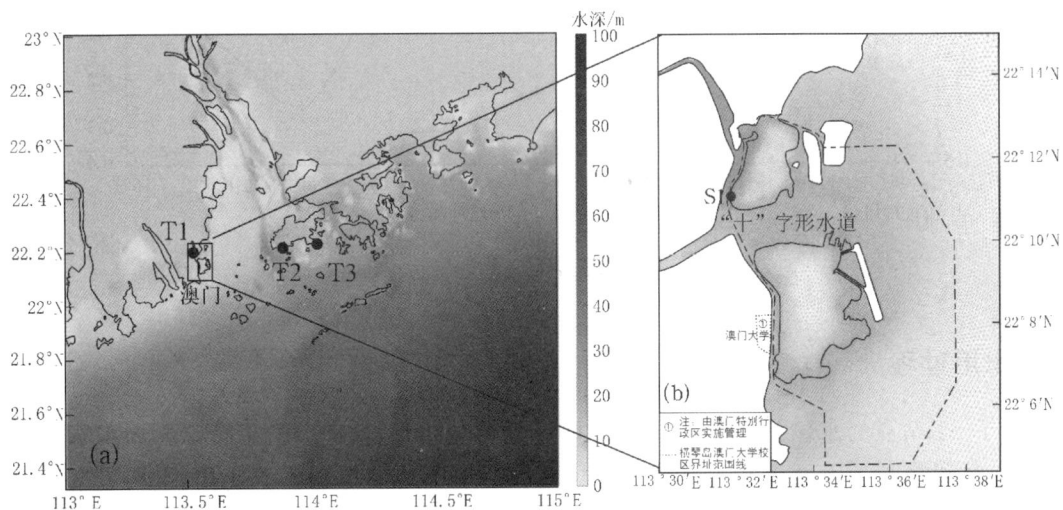

图 3　珠江口地区水深及澳门区域的网格分布

1.3　模型验证

选取澳门气象局与香港天文台所属的 3 个潮汐站（T1、T2、T3，位置参见图 3）的天文潮预报值对天文潮模拟结果进行验证（见图 4），选取妈阁站（S1）的实测水位值验证风场作用下的模型精度（见图 5）。结果表明，无论有无大气扰动，本模型在模拟水位变化过程中均表现良好，能够较好地反映出当地的水动力过程。

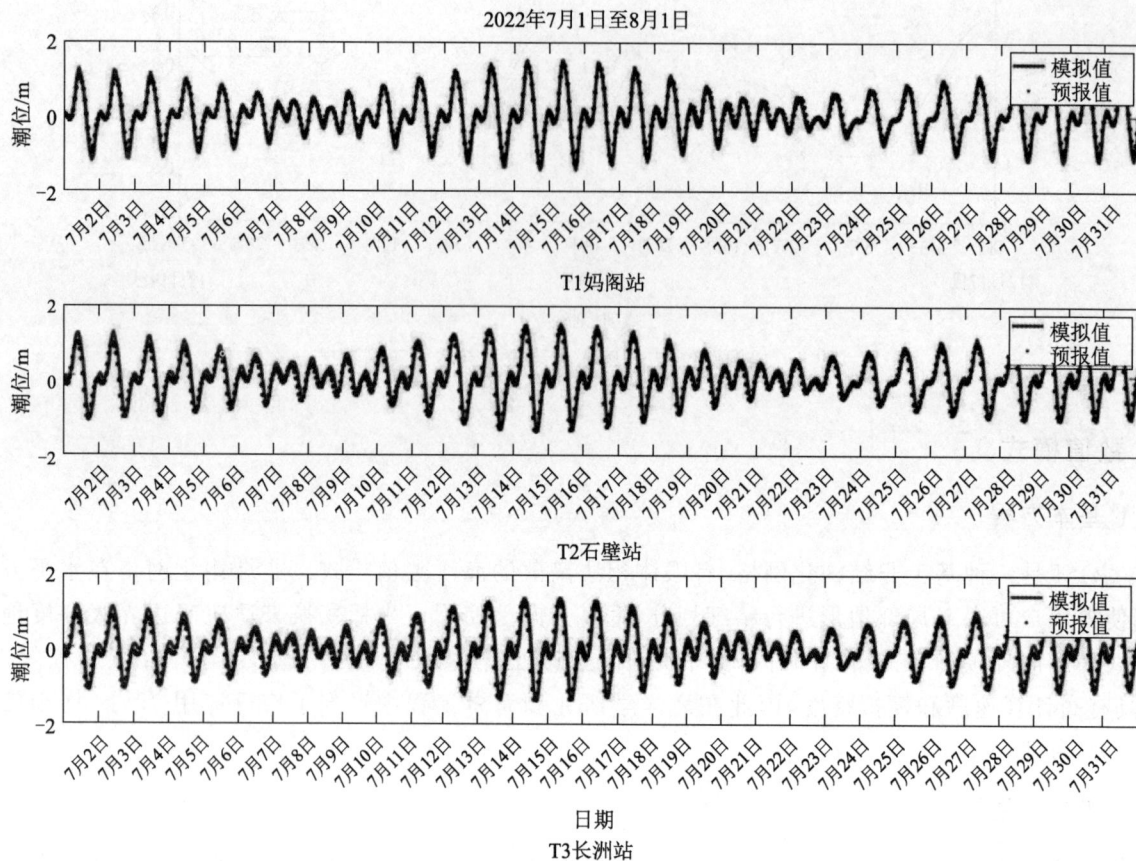

图 4　天文潮验证结果

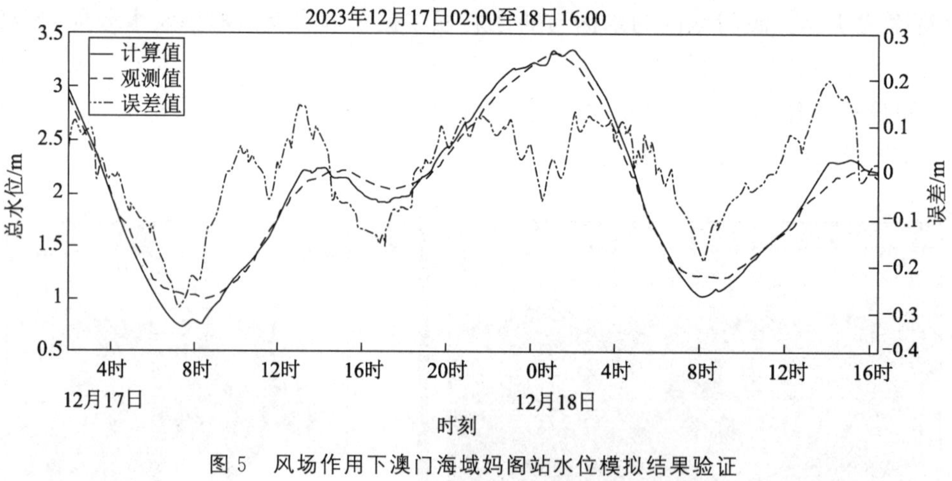

图 5　风场作用下澳门海域妈阁站水位模拟结果验证

2　相互作用过程

图 6 显示了 S1 站点的水位计算值和 NCEP 的风场再分析值。为了评估天文潮-增水相互作用对水位和海流的影响,这里模拟了天文潮和天文潮＋风场 2 种情形下的潮位和水流变化,采用天文潮＋风场情形下计算的潮位和水流减去仅天文潮驱动下对应的结果,得到了风致增水和风生流[6,13]。

在模拟期间,珠江口地区风速不断降低,整体风速低于 10 m/s;以北风为主,而 17 日晚至 18 日清晨期间转为东北风——珠江口内的这些气象条件都不利于澳门地区产生极端增水。然而,根据增水的最大值,可以看出在这个时期澳门地区的增水呈现出明显的上升趋势,在 18 日凌晨夜高潮 2 h 内总水位与增水达到最大值。增水模拟结果还显示出显著的 6 h 周期性变化,这与风场的变化(包括风速和风向)并不一致。

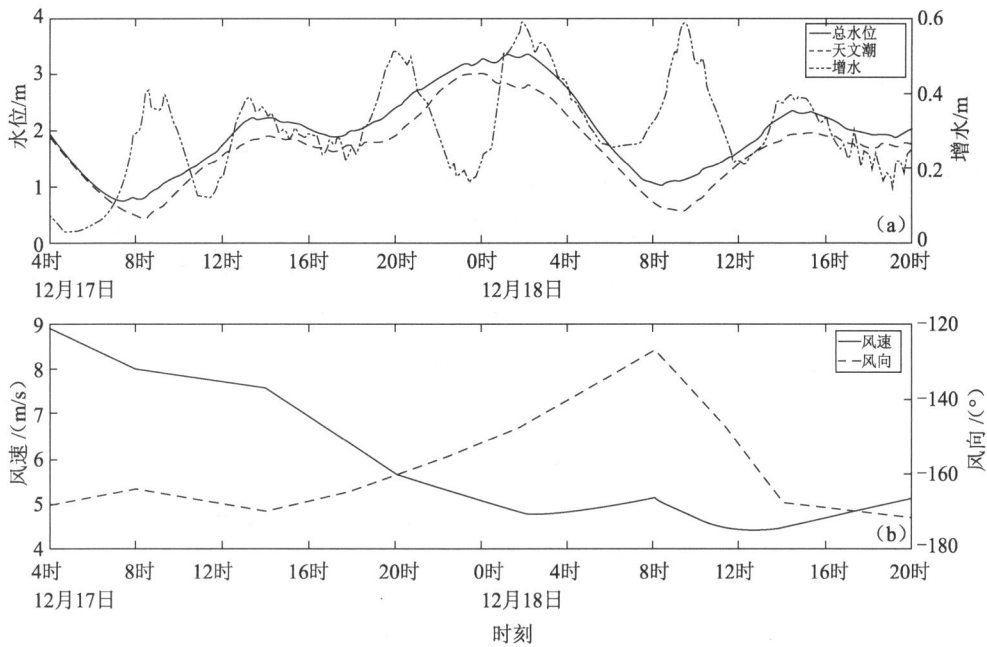

图 6　S1 点的水位、潮位与增水计算值与 NCEP 风场数据

2.1　增水与风生流间的相互作用过程

如图 6 所示,澳门地区的 6 h 增水波动可分为 2 个阶段,即增水增长与衰减,每个阶段持续 3 h。图 7 展示了 18 日凌晨珠江口的风生流变化情况。从香港流入珠江口的风生流被定义为入流(白色箭头),而从珠江口流出的风生流被称为出流(灰色箭头)。这 2 股风生流的周期性往复运动与增水的周期性波动相吻合。

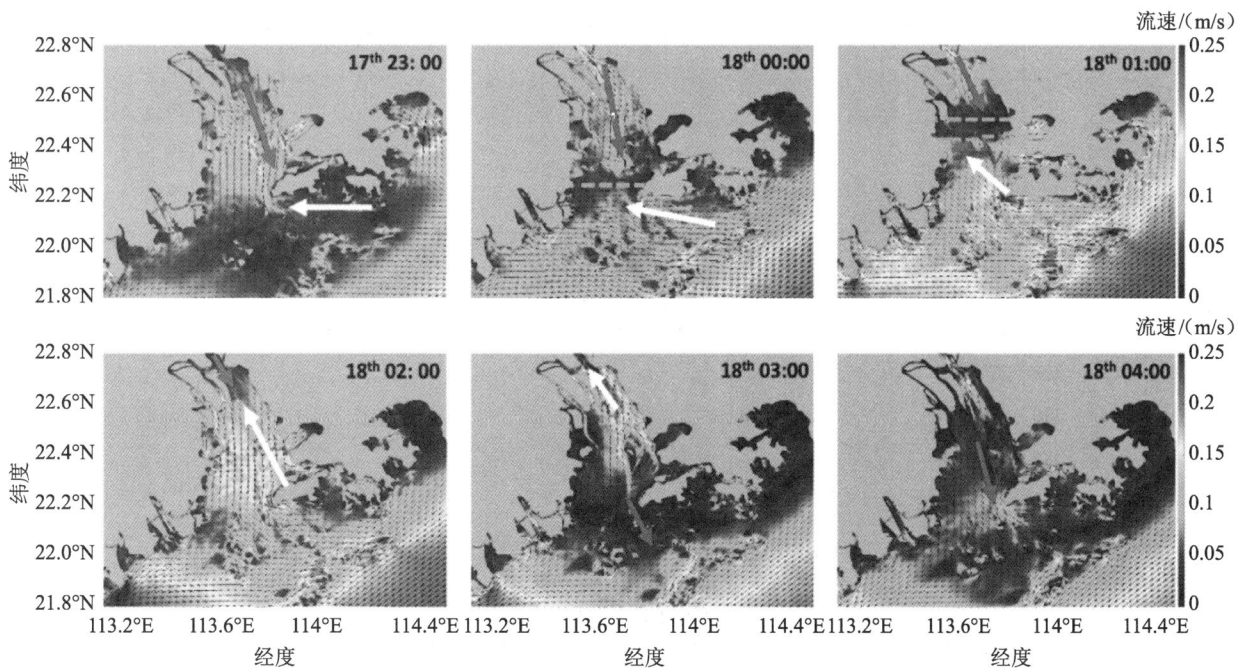

图 7　风生流的周期性变化过程(白色箭头为入流,灰色箭头为出流)

最初(23:00),入流和出流在外伶仃洋海域交汇,标志着沿岸风生流开始对珠江口产生影响,澳门地区的增水开始增加。随着时间推移,入流和出流的交汇点开始往珠江口上游移动。而当 2 股风生流交汇于澳门东侧时(00:00),它们汇聚并沿"十"字形水道向西流入,形成壅水并造成当地增水急剧上升。这一增水过程需要一定的时间以达到峰值,因此增水的峰值会晚于交汇过程 1~2 小时(2:00)。随后(3:00),汇聚点不断向珠江口上游移动,而在珠江口外缘风生流转向,导致外伶仃洋以出流为主,澳门地区的增水逐渐降低,且更多区域的风生流逐渐开始转向。最终(4:00),入流到达河口上游并消失,整个河口重新被出

流主导,进入下一个风生流变化周期。

2.2 天文潮-风生流的非线性作用

如前文所述,增水的周期性可归因于入流与出流的周期性相互作用过程,而这两者本质上都是沿岸流入河口的风生流。因此,入流和出流之间的周期性相互作用实际上反映了沿岸风生流的周期性。

为了避免河口出流对计算产生影响,选取了粤东海域(图8三角区海域部分)的相关计算结果取平均,该地区的沿岸风生流为前文提及的入流的主要来源。图9(a)显示的粤东海域盛行风由东北风转为东风,风生流的偏转角也随之变化。图9(b)展示的风生流和潮汐在流向变化方面非常一致:不仅在频率上保持一致,风生流流向角的极大值也对应着固定的潮汐偏转角度。这种同步关系表明,风生流的周期性变化受潮汐椭圆的旋转控制。

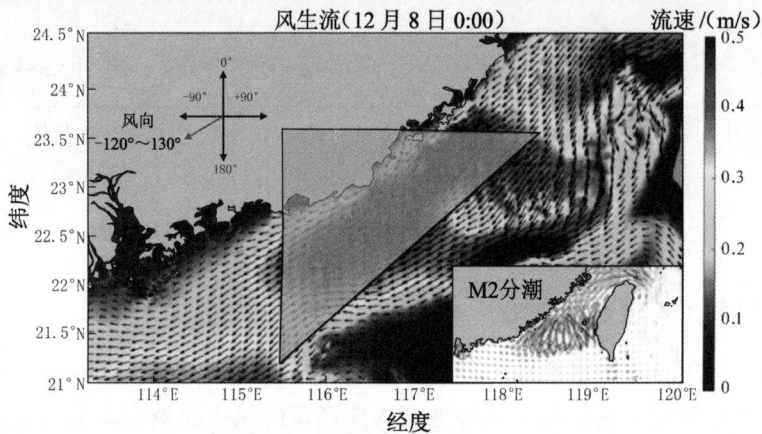

图 8 对三角形区域海域部分的计算结果取平均

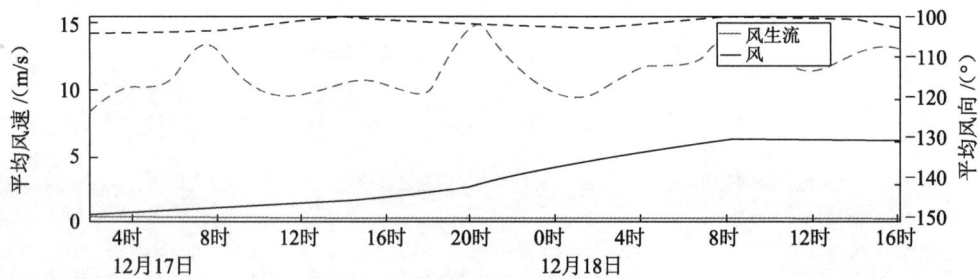

(a) 三角区的平均风速与平均风向

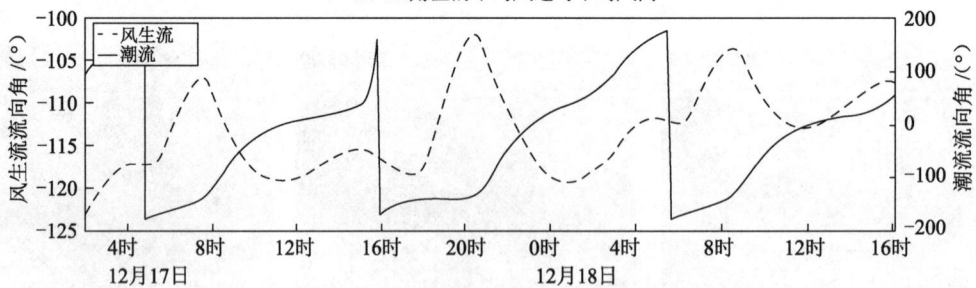

(b) 三角区的风生流与潮流的平均流向

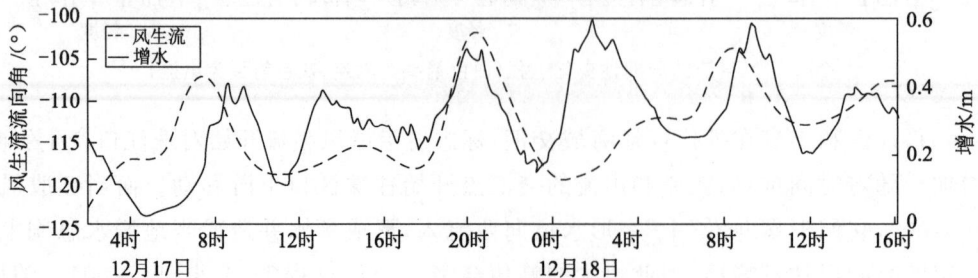

(c) 三角区的风生流的平均流向与增水

图 9 三角区风速、风生流与妈阁站增水的时序图

珠江一带海域潮型为典型的混合型半日潮,以 M2 分潮为主,夜高潮往往更强[14];而在粤东海域,M2 分潮的主轴方向为西南—东北向。需强调,在 18 日凌晨时,相关海域盛行强烈的东北风(见图 1)。因此,在粤东海域,受风力驱动,风生流以流向西南为主(图 8)。然而,潮汐系统的顺时针旋转作用会导致风生流亦发生顺时针偏转,角度向北。在不同潮汐相位下,潮汐椭圆会产生不同的偏转力:当潮汐椭圆往椭圆长轴旋转时,天文潮的偏转作用加强,风生流的北偏现象增强;当潮汐椭圆转向椭圆短轴时,天文潮偏转作用减弱,风生流逐渐南偏。因此在一个潮周期内,风生流会产生 2 次偏转,偏转周期为半个潮周期,约 6 h。风生流的偏转角越北,沿岸风生流流入珠江口形成入流的趋势越大,增强了澳门地区的壅水和增水现象,因此增水的周期与风生流的转角变化周期相同,也为 6 h。

在此机制下,澳门地区的增水与沿岸强东风有着密切关联,因此,即使是在珠江口内呈东北风、不利于沿岸流流入珠江口的情况下,依然会导致较大增水。但东北风的风向会阻碍沿岸风生流流入珠江口形成入流,因此对于澳门地区的最危险情况应该为粤东沿岸盛行强东风,而珠江口盛行东南风。

3 结 语

当沿岸出现强东风时,澳门地区极易出现异常的水位激增现象。通过对 2023 年 12 月澳门海域在沿岸强东风情况下的模拟,发现增水曲线呈现明显的 6 h 周期性。这个周期与珠江口入流和出流的周期性相互作用有关,反映了沿岸风生流的周期性变化。

通过研究粤东海域的潮汐与风生流的偏转角度和增水波动曲线,可以明确粤东沿岸的风生流在主要流向为东的情况下会发生偏转。这是天文潮的旋转作用导致的。在一个潮周期内,风生流会发生 2 次偏转,每次偏转的时间为 6 h。此类增水主要由东风场下的沿岸风生流驱动,因此即使珠江口内盛行东北风,仍然可能导致异常增水。然而,如果珠江口内盛行东南风,则可能导致更严重的增水情况。

参考文献

[1] HORSBURGH K J,WILSON C. Tide-surge interaction and its role in the distribution of surge residuals in the North Sea[J]. Journal of Geophysical Research:Oceans,2007,112(C8):C08003.

[2] ZHENG P,LI M,WANG C,et al. Tide-Surge Interaction in the Pearl River Estuary:A case study of Typhoon Hato [J]. Frontiers in Marine Science,2020,7:00236.

[3] BERNIER N B,THOMPSON K R. Tide-surge interaction off the east coast of Canada and northeastern United States [J]. Journal of Geophysical Research:Oceans,2007,112(C6):C06008.

[4] PAUL G C,ISMAIL A I M. Tide-surge interaction model including air bubble effects for the coast of Bangladesh[J]. Journal of the Franklin Institute,2012,349(8):2530-2546.

[5] RAHMAN M M,PAUL G C,HOQUE A. An efficient tide-surge interaction model for the coast of bangladesh[J]. China Ocean Engineering,2020,34(1):56-68.

[6] IDIER D,DUMAS F,MULLER H. Tide-surge interaction in the English Channel[J]. Natural Hazards and Earth System Sciences,2012,12(12):3709-3718.

[7] ZHANG Z,GUO F,SONG Z,et al. A numerical study of storm surge behavior in and around Lingdingyang Bay,Pearl River Estuary,China[J]. Natural Hazards,2022,111(2):1507-1532.

[8] OLBERT A I,NASH S,CUNNANE C,et al. Tide-surge interactions and their effects on total sea levels in Irish coastal waters[J]. Ocean Dynamics,2013,63(6):599-614.

[9] CHEN C,LIU H,BEARDSLEY R C. An unstructured grid,finite-volume,three-dimensional,primitive equations ocean model:application to coastal ocean and estuaries[J]. Journal of Atmospheric and Oceanic Technology,2003,20(1):159-186.

[10] REGO J L,LI C. On the importance of the forward speed of hurricanes in storm surge forecasting:A numerical study [J]. Geophysical Research Letters,2009,36(7):L07609.

[11] BEARDSLEY R C,CHEN C,XU Q. Coastal flooding in Scituate (MA):A FVCOM study of the 27 December 2010 nor-easter[J]. Journal of Geophysical Research:Oceans,2013,118(11):6030-6045.

[12] REGO J L,LI C. Nonlinear terms in storm surge predictions:Effect of tide and shelf geometry with case study from Hurricane Rita[J]. Journal of Geophysical Research:Oceans,2010,115(C6):C06020.

[13] DAVIES A M,HALL P,HOWARTH M J,et al. A detailed comparison of measured and modeled wind-driven currents in the North Channel of the Irish Sea[J]. Journal of Geophysical Research:Oceans,2001,106(C9):19683-19713.

[14] MAO Q,SHI P,YIN K,et al. Tides and tidal currents in the Pearl River Estuary[J]. Continental Shelf Research,2004,24(16):1797-1808.

海平面上升背景下黄浦江防洪能力提升研究

缴　健[1,2]，窦希萍[1,2]，丁　磊[1,2]，王艳红[1,2]，夏威夷[1,2]

（1. 南京水利科学研究院，江苏 南京　210029；2. 港口航道泥沙工程交通行业重点实验室，江苏 南京 210024）

摘要：近年来随着海平面上升等自然环境因素的变化，黄浦江水位整体出现了趋势性抬高，黄浦江堤防安全超高严重不足，严重威胁上海市的防洪安全。不断加高加固防汛墙难以主动高效应对全球气候变化的洪涝潮新情势和风险，不能作为城市防洪能力提升的持续性选择。黄浦江河口建闸可以有效降低闸内黄浦江最高水位，全面提升黄浦江防洪能力，增强城市防洪（潮）的韧性。分析了黄浦江水情及防洪情势现状，系统梳理了近年来黄浦江建闸研究资料以及成果，为下一步研究提供思路与参考。

关键词：黄浦江；河口闸；防洪御潮；海平面上升

　　黄浦江是上海市最大的河流，同时也是太湖流域沿长江唯一开敞的通道，承担着流域及区域行洪除涝的重要作用。黄浦江穿越上海市中心城区，两岸堤防设施构成了上海市"千里江堤"的重要防汛体系，为保障上海城市防汛安全、经济安全、生态安全发挥了重要作用[1]。

　　近年来，由于全球气候变暖、海平面上升等自然环境因素，以及流域区域水情工情的变化，黄浦江水位出现了趋势性抬高[2]，中上游段历史最高水位不断刷新，黄浦江现状设防水位对应的重现期明显降低，现状堤防防御能力已不能满足上海这座特大城市防洪需求[3]。2021 年 7 月台风"烟花"期间，黄浦江中上游多处堤防或水闸发生越浪、漫溢等险情[4]。

　　提升黄浦江防汛能力主要工程措施包括加高加固堤防和河口建闸两大方案[5]。近半个世纪以来，黄浦江市区段防汛墙已经历了 5 次加高加固，一些岸段由于基础问题，无法继续加高。即使再次加高加固，市区防汛仍存在风险，将来黄浦江最高水位可能再次突破历史记录，设计水位频率分析成果也随之发生变化，设防水位的重现期也随之降低，而且一旦发生漫溢甚至溃决，防汛墙越高，灾情越重。例如荷兰、英国、俄罗斯、美国、日本等国均经历了较漫长的应对洪涝灾害历史，最初采取的工程措施是加固加高堤防[6]。但是，随着经济规模的扩大、人口的集聚，防洪标准要求的不断提高，加之气候变化导致的风暴潮灾害日益加剧，河口三角洲地区受到风暴潮等自然灾害的威胁日益加重，挡潮闸在防洪工程体系中的必要性和不可替代性愈加凸显。河口建设挡潮闸将大大缩短防线长度，可以做到长治久安。为深入推进黄浦江河口建闸研究，有必要总结前期研究成果，并明确下一步研究的重点，为相关决策部门提供参考。

1 黄浦江水情分析

1.1 水系概况

　　黄浦江水系位于太湖流域最下游，内部河道纵横交错，河湖连通交织成网，并与长江口、杭州湾水域有机联系，兼有河、海两种水文情势的特点，河网水流运动复杂多变，水位、流量、水质受上游来水、下游潮汐、区间排水、水污染源及泵闸控制工程调度影响较为显著[7]。黄浦江干流始于三角渡，到吴淞口注入长江，干流段全长约 88.9 km，河宽 300～770 m，面积 40.65 km²，占全市河湖面积的 6.6％左右，槽蓄容量 3.65

基金项目：国家重点研发计划（2023YFC3208501）；国家自然科学基金联合基金项目（U2340225）；南京水利科学研究院中央级公益性科研院所基本科研业务费专项资金项目（Y223002）

通信作者：缴健。E-mail：jjiao@nhri.cn

亿 m^3，占全市槽蓄容量的 27.8%。

1.2 海平面上升和演变趋势

近几十年来全球气候发生了显著变化。IPCC 第六次会议确定了人类活动对气候系统影响的事实，在人类活动的强干扰下，气候变暖的趋势愈发加剧。由于全球气温升高，海水增温引起的水体热膨胀和冰川融化，导致全球海平面上升。1901—2018 年全球海平面平均上升了 0.2 m，且上升呈明显加快态势[8]。

根据《2022 年中国海平面公报》[9]，中国东海海平面近 50 年来总体呈上升趋势，1980—2022 年，东海沿海海平面上升速率为 3.4 mm/a。2022 年，东海沿海海平面较常年高 79 mm。2022 年 2 月，长江口以南沿海海平面明显偏高，较常年同期高 164 mm，为 1980 年以来同期最高（图1）[10]。对于长江口区域来说，海平面上升研究还需要考虑地面沉降的影响，即相对海平面变化。研究表明：长江口地区地面沉降在相对海平面上升的贡献中由 20 世纪 50—60 年代的 90% 下降至 21 世纪初的 60% 以下[11]；预计到 2030 年，长江口相对海平面上升 0.60 m[12]。

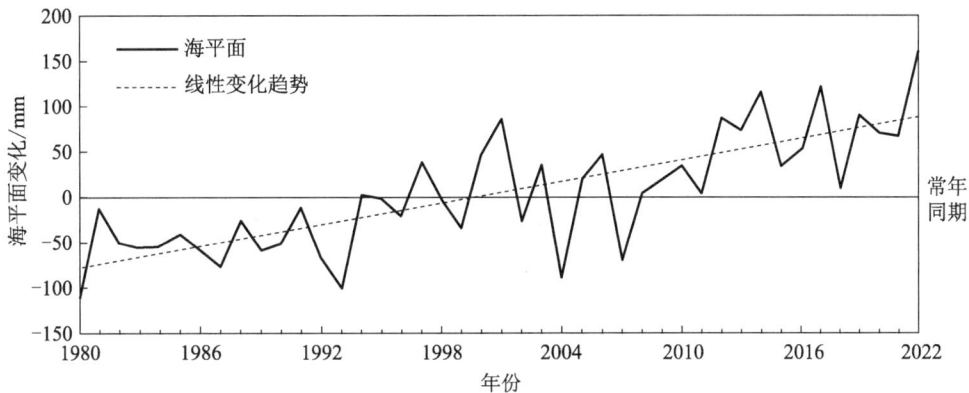

图1 长江口以南东海沿海海平面变化

未来中国海平面变化趋势的预估主要采用半经验和耦合模式预估方法[13]，结果表明相对于 1986—2005 年平均海平面，在 RCP4.5 情景下和 RCP8.5 情景下，到 2100 年东海海平面分别上升 33～84 cm 和 47～122 cm。

1.3 黄浦江高水位变化趋势

随着城市化发展的日益加快，受黄浦江上游太湖流域防洪工程建设、黄浦江沿岸并港筑闸、下游长江河口段河床演变以及海平面上升、上海市区地面沉降等诸方面因素的影响，黄浦江的工情和水情发生了较大的变化，黄浦江上游主要潮位站米市渡站、夏字圩站和河祝站年最高潮位、年平均高潮位都有显著的抬升趋势，而黄浦江下游主要潮位站高潮位基本处于稳定状态。

黄浦江沿线 2000 年以后的高潮位平均值比 2000 年以前均有不同程度的抬升，上游高潮位抬升幅度要远远大于下游。其中抬升幅度最大的是米市渡站，年最高潮位最大值从 4.27 m 抬升到了 4.79 m，增加了 0.52 m；年最高潮位平均值从 3.59 m 抬升到了 4.08 m，增加了 0.49 m；年平均高潮位平均值从 2.78 m 抬升到了 3.02 m，增加了 0.24 m。

2 黄浦江防洪情势现状与问题

2.1 黄浦江干流堤防工程现状

黄浦江堤防是指黄浦江河道以及支流各河口至第一座水闸或者已确定的支流河口延伸段之间的两岸堤防，一般由防汛墙和护岸两部分组成，高出地面部分为防汛墙工程，地面高程以下为护岸工程。按照堤防建设年代及建设标准划分，黄浦江堤防分为市区段、上游干流段及上游支流段，总长度 479 km[14]。

市区段防汛墙左岸自吴淞口至西荷泾，右岸自吴淞口至千步泾，总长约 283.07 km。20 世纪 80 年代起经历了两轮大规模达标建设，主要是 1988—2001 年上海市防汛墙加固工程与 2002—2004 年黄浦江中游防洪工程。上海市防汛墙加固工程主要为苏州河口开敞式挡潮闸工程、黄浦江干支流 208 km 防汛墙加高加固工程、黄浦江两岸 47 座支流河口水闸加高加固工程和闵行包围圈堤防工程,其工程设计高水位为 1984 年对截止至 1981 年黄浦江历史潮位资料分析的 1000 年一遇高潮位("84 标准"),即吴淞 6.27 m、黄浦公园 5.86 m、米市渡 4.10 m。黄浦江中游防洪工程主要为加高加固黄浦江干支流防汛墙、新建 24 座支流水闸、加高加固已建的黄浦江沿江支河水闸等,工程设计高水位按"84 标准"和历史最高水位相比较取高值,即吴淞 6.27 m、黄浦公园 5.86 m、米市渡 4.25 m。

黄浦江干流上游段河道长约 22 km,堤防长度为 55.87 km,按 50 年一遇防洪标准设防。左岸自闵行境内的西河泾至牛脚港,右岸自松江、奉贤交界的千步泾至黄桥港,支流各河口堤防建至第一座水闸,主要位于松江境内。

将实测潮位资料延伸至 2021 年台风"烟花"的最高潮位,对黄浦江高水位频率进行复核:黄浦江下游段(吴淞口－徐浦大桥)防汛墙,长约 179 km(含支流),实际防御能力已从 1000 年一遇降至 300~100 年一遇;中游段(徐浦大桥—千步泾),长约 104 km(含支流),实际防御能力已从 1000 年一遇降至 20~100 年一遇,其中徐浦大桥 70 年一遇,吴泾站约 27 年一遇,金汇港北闸 23 年一遇,千步泾 20 年一遇;上游干流段实际防御能力较低,为 10~20 年一遇。

2.2 存在的问题

现状黄浦江大部分岸段堤防已不满足规范要求的特别重要城市的最低防洪标准,且随着海平面上升、地面沉降以及流域区域水情工情变化,现有堤防的防御能力还将进一步降低。

黄浦江防汛墙先后经历了 1963、1974、1984、1988 及 2002 年的 5 次加高加固,防汛墙断面形式繁多,部分墙体断面呈畸形,多处堤防出现结构受损、老化、渗流不满足要求以及整体稳定性不足等风险。黄浦江堤防多为直立式硬质挡墙结构,为一级挡墙,墙顶高程在 5~7 m。黄浦江日常水位多在 3.5~5.0 m,日常水位距离防汛墙顶超过 1.5 m。防汛墙形式及外立面的景观效果较差,缺乏亲水性,水岸统筹不足,与两岸地区世界级滨水区的功能定位和发展要求不适应。

3 河口建闸研究历程与成果

3.1 河口建闸研究历程

黄浦江河口建闸的想法始于 20 世纪 60 年代初,于 1960 年 5 月提出《关于黄浦江口建闸的初步规划要点报告》,后由于条件尚不成熟而停止。1982 年 8 月,水利电力部受国务院委托会同交通部和上海市政府在上海联合召开上海水利座谈会,提出"研究黄浦江河口建闸",正式议及建闸挡潮。此后近 40 年间,在水利部、上海市发展改革委、上海市科委等支持下,有关部门组织勘测规划设计单位、科研院所和高校等几十家单位,持续开展了多轮黄浦江河口建闸研究[5]。

先后完成了《海平面上升对上海影响及对策研究》《黄浦江河口建闸工程规划研究》《黄浦江防洪能力提升总体布局方案》等几十项课题研究,重点研究内容为:上海地区海平面变化趋势,海平面上升对上海防汛、水资源水环境、海岸侵蚀、市区排水、航道港口、经济与社会发展的影响和对策等(1993 年 7 月至 1996 年 6 月);上海市黄浦江远期防洪(潮)标准及防御水位论证,黄浦江现有防汛工程体系的防御能力,黄浦江河口建闸功能及对环境影响,黄浦江河口建闸方案闸址选择及工程布置等(1997 年至 2000 年);黄浦江河口闸建闸条件、河口建闸必要性分析、河口闸设防标准、河口闸功能定位、河口闸水闸及通航孔径规模、河口闸工程选址、河口闸闸型及工程布置等(2002 年至 2005 年);黄浦江吴淞口及其周边水动力、地形、河势及航运和岸线条件,吴淞口闸址可能性(2011 年至 2014 年);吴淞口往复式强劲弯道水流水动力特性,吴淞口河势稳定机理及周边河势演变规律,吴淞口优化利用的最佳形态,吴淞口改造的可能性、主要影响及限制条件论证,导堤拉直、顺延、保留三大形态优化方向和方案等(2013 年至 2016 年);海军基地闸址(后改称"吴淞码头闸址")和长航锚地闸址(后改称"军工路码头闸址")对比(2014 年至 2019 年);根据 2035 总体规划要求,在黄浦江河口建闸前期研究的基础上,以黄浦江两岸的景观为主,叠加防汛功能需求,结合今后工程设计方案,对吴淞码头闸址和军工路码头闸址的黄浦江两岸陆域管理以及水域用地进行规划控制(2018年至2019年);黄浦江高水位变化及成因分析,中上游段堤防加高加固标准和总体方案,黄浦江河口建闸后中上游段堤防防御能力评估(2021年至2022年);黄浦江河口建闸技术方案包括功能定位、设防标准、选址布局、水闸规模、门型方案、调度运行研究、工程投资匡算、工程效益分析和工程影响分析(2021年)。相关研究成果总体达到了项目建议书深度,部分核心内容已经达到工程可行性研究深度,基本具备了黄浦江河口闸立项的技术条件。

3.2 河口建闸研究成果

建闸后防洪(潮)体系布局。建闸后,防洪(潮)体系将由"单一堤防"防洪体系转变为"河口闸+堤防"组合防洪(潮)体系,河口闸与闸外段防汛墙主要承担防潮任务,闸内段防汛墙由防御"潮、洪、涝"任务调整为防御"洪、涝"任务为主。通过"河口闸+堤防"组合防洪(潮)体系,总体上实现市区段同时满足1 000年一遇防洪(潮)要求,上游段实现100年一遇防洪要求[15]。

选址研究。2019年4月完成的《黄浦江河口水闸工程选址研究》报告对黄浦江河口到黄浦江河口段第一直道末端老白嘴约9.5 km范围内进行了选址研究。统筹兼顾城市总体规划、防洪效益、河势稳定、航运影响、拆迁影响等方面因素,研究认为蕰藻浜以外较为合适的闸址方案为吴淞码头闸址方案,蕰藻浜以内较为合适闸址方案为军工路码头闸址,两个闸址方案均具有建闸可行性,在外部建设条件允许时,建议可优先选择吴淞码头闸址,如有困难,也可选择军工路码头闸址。

功能定位。黄浦江河口挡潮闸的功能定位为挡风暴潮和适应通航,遇风暴潮启用挡潮,提升城区河段的防潮能力,同时为提升区域、流域行洪能力和应对突发水环境事故和严重咸潮入侵创造条件。

建闸影响研究。水动力及河势方面:工程对河口闸闸址周边水域高低潮位、水流流场以及黄浦江纳潮量及河床冲淤无明显影响。通航方面:河口闸功能定位中已将适应通航作为基本功能,闸孔规模的拟定充分考虑了通航的要求,因此水闸平时敞开不会影响正常的航运;河口闸的启用主要发生在台风及风暴潮期间,该极端天气下船舶原本就需要避风停航,因此对船舶运行的影响很小[16]。流域行洪方面:河口闸对梅雨型流域洪水无不利影响,降低梅汛型洪水高水位作用有限;适当启用可有效降低因风暴潮引起的杭嘉湖、阳澄淀泖区域洪水高水位。区域除涝方面:河口闸启用后,除蕰南片水位有一定程度下降外,其他水利片高水位下降不明显;对遭遇因风暴潮可能引起严重内涝的情形,可应急启用,减少各水利片高水位和苏州河高水位持续时间。水环境方面:日常水闸开启状态下,黄浦江将基本维持现状泄量,水动力状态基本不受影响,黄浦江本身的水质净化、输运等能力不受影响;水闸启用时间一般发生在汛期台风期间,启用频次较低且时间有限,也不会对水环境造成不利影响;发生突发性水污染事件时,河口闸可应急启用削弱或消除水污染事件对上游饮用水水源地以及黄浦江沿程水质的影响。咸潮入侵方面:在发生严重咸潮入侵时,关闭闸门,防止咸潮入侵黄浦江,保障黄浦江上游的金泽水源地、松浦大桥等沿线备用取水口的供水安全。

4 结　语

文中分析了黄浦江水情及防洪情势现状,系统梳理了近年来黄浦江建闸研究资料以及成果,得到主要结论如下:

(1)受气候变化与海平面上升等因素影响,黄浦江潮位呈趋势性增加。现状黄浦江大部分岸段堤防已不满足规范要求的特别重要城市的最低防洪标准,且随着海平面上升、地面沉降以及流域区域水情工情变化,现有堤防的防御能力还将进一步降低,防汛形势依然严峻。

(2)采取黄浦江河口建闸,以点带线及面,缩短防洪战线,黄浦江将形成"河口闸+防汛墙"组合的城市防洪体系,实现"河口闸挡大潮、防汛墙防上游洪水和小潮"的防洪(潮)总体布局,有效降低闸内黄浦江最高水位,可杜绝防汛墙漫溢等灾害发生的可能性,全面提升黄浦江防洪能力。

(3)黄浦江河口挡潮闸功能为平时敞开,遇风暴潮启用挡高潮,同时调度运行可兼顾区域、流域行洪和突发水环境事故以及咸潮入侵应急的需求。

参考文献

[1] 胡欣. 城市防洪工程的目标设计与实现措施:以上海为例[J]. 上海城市管理,2014,23(5):78-82.

[2] 窦希萍,缴健,储鏖,等. 长江口水沙变化与趋势预测[J]. 海洋工程,2020,38(4):2-10.

[3] 易文林,俞汇,韦浩,等. 台风"烟花"期间黄浦江上游洪水过程及高水位分析[J]. 水利水电快报,2023,44(5):18-22.

[4] 田爱平. 2021年台风"烟花"对黄浦江堤防影响分析及管理对策[J]. 中国市政工程,2021(6):60-63.

[5] 季永兴. 黄浦江河口建闸研究40年回顾与展望[J]. 水利水电科技进展,2023,43(5):1-9.

[6] 刘远新,刘博,杨智,等. 荷兰洪水风险管理对我国中小河流治理的启示[J]. 中国水利,2023(18):67-72.

[7] 徐光来. 太湖平原水系结构与连通变化及其水文过程影响研究[D]. 南京:南京大学,2012.

[8] IPCC. Summary for policymakers. in climate change 2021:the physical science basis[R]. Geneva,Switzerland:IPCC, 2021.

[9] 中华人民共和国自然资源部海洋预警监测司.2022年中国海平面公报[R].北京:自然资源部,2023.

[10] 《第四次气候变化国家评估报告》编写委员会. 第四次气候变化国家评估报告[R].北京:科学出版社,2022.

[11] 刘杜娟,叶银灿. 长江三角洲地区的相对海平面上升与地面沉降[J]. 地质灾害与环境保护,2005,16(4):400-404.

[12] 程和琴,王冬梅,陈吉余. 2030年上海地区相对海平面变化趋势的研究和预测[J]. 气候变化研究进展,2015,11(4): 231-238.

[13] QIN D,MANNING M,CHEN Z,et al. The physical science basis. Contribution of Working Group I to the Fifth Assessment Report of the Intergovernmental Panel on Climate Change[J]. Computational Geometry,2013,18(2):95-123.

[14] 沈洪,魏子新,吴建中,等. 黄浦江防汛墙沉降特征及其对防洪能力影响的分析[J]. 上海地质,2005,26(4):21-24.

[15] 崔冬,赵庚润,卢永金. 黄浦江河口建闸挡潮效果初步分析[J]. 水利水电科技进展,2012,32(1):54-57.

[16] 黄峰,闫孝廉,杨坤,等. 黄浦江河口建闸方案对河势演变影响的研究[J]. 人民黄河,2022,44(S2):26-28.

西北太平洋热带气旋活动时序分析及其与海洋活动的相关性

李国佑[1,2]，施华斌[1,2]

(1. 澳门大学 智慧城市物联网国家重点实验室与海洋科学及技术系，澳门　999078；2. 南方海洋科学与工程广东省实验室(珠海)，广东 珠海　519000)

摘要：对西北太平洋热带气旋活动指标进行时序性分析，研究了从 1980 年至 2021 年所有热带风暴(最大可持续风速 64.82～118.53 km/h 的热带气旋)、弱台风(最大可持续风速 118.53～177.79 km/h 的热带气旋)和强台风(最大可持续风速达到 96 kts 以上的热带气旋)数量以及气旋累积能量(accumulated cyclone energy，ACE)年变化的长期趋势及周期特性，探究了上述热带气旋活动指标与海洋活动(包括南方涛动和年代际太平洋振荡)的相关关系。研究表明：从长期变化趋势上看，自 1980 年到 2021 年，西北太平洋所有热带气旋的数量呈现出微弱的下降趋势，这主要归因于弱台风数量的下降，热带风暴和强台风的数量则表现出一定程度的上升；ACE 在这 42 年中也出现了微弱的下降。从周期变化特性上看，上述热带气旋活动指标都存在明显的年际周期特性，部分指标的年代际周期特性并不显著。南方涛动指数(southern oscillation index，SOI)和年代际太平洋振荡指数(interdecadal Pacific oscillation，IPO)展示了与上述热带气旋活动指标相似的年际与年代际周期性变化；通过进一步计算它们时间序列之间的相关系数，发现 SOI 和 IPO 对 ACE 及强台风数量相较于其他指标具有更显著的影响。

关键词：西北太平洋；热带气旋；时序性分析；海洋活动；相关系数

热带气旋作为最具有破坏性的自然灾害之一，每年都会对全球沿海城市造成严重的经济损失[1-2]，因而受到广泛的重视[3]。而西北太平洋作为全球热带气旋活动的热点区域[4]，一直以来都是人们关注的焦点。国内外学者对西北太平洋热带气旋活动的规律进行了深入研究并取得了大量成果。已有研究表明，近年来无论在数量上还是在气旋累积能量上，西北太平洋热带气旋都呈现出了一定的下降趋势[5-7]。然而，对于不同等级强度热带气旋的活动规律以及其周期性特征仍存在着认知上的不足。以往的研究中还发现，不同的海洋振荡活动与西北太平洋热带气旋活动密切相关[3]，但是在它们周期性变化之间的联系及相关性的定量评估方面仍存在一定的研究空白。本文旨在针对有关上述两点的过往研究的局限性进行探讨，对各西北太平洋热带气旋活动指标进行长期趋势以及周期性特征的时序性分析，并探究其与南方涛动和年代际太平洋振荡之间的联系，为更好地了解西北太平洋热带气旋活动的发展规律提供可靠的依据。

1 数据来源和研究方法

研究中所用的热带气旋数据从 International Best Track Archive for Climate Stewardship (IBTrACS) version 4 中提取[8]。研究区域为西北太平洋($0°N～40°N，100°E～180°E$)。研究时间为 1980—2021 年。在本研究中，热带气旋活动的年变化由所有热带风暴、弱台风和强台风数量以及气旋累积能量(ACE)等指标进行表示。以萨菲尔-辛普森飓风等级(Saffir-Simpson scale)为基础，基于最大可持续风速(U_{max})，将热带气旋划分为热带风暴、弱台风和强台风 3 个等级(表 1)。若一个热带气旋在整个生命周期中的最大可持续风速均小于 64.82 km/h，将不对其进行考虑。ACE 由将热带气旋生命周期每隔 6 h 的最大可持续

基金项目：澳门特别行政区科学技术发展基金项目(0090/2020/A2，0050/2020/AMJ，001/2024/SKL)；南方海洋科学与工程广东省实验室(珠海)资助项目(SML2021SP305)

通信作者：施华斌。E-mail：huabinshi@um.edu.mo

风速的平方除以 10^4 而后叠加得出[9]。

南方涛动指数(southern oscillation index,SOI)被定义为塔西提岛和达尔文岛之间的标准化压力差[10]。年代际太平洋振荡指数(interdecadal Pacific oscillation,IPO)则通过计算赤道中部太平洋与西北、西南太平洋间的平均海温异常的差异得出[11]。

采用小波变换对上述热带气旋活动指标以及两个海洋振荡活动指数的时间序列进行周期性分析。通过将时间序列分解为时间-频率域,可以确定该时间序列的主要周期以及这些周期如何随时间变化。小波变换主函数如下:

$$WT(a,b) = \frac{1}{\sqrt{a}} \int_{-\infty}^{+\infty} f(t)\psi\left(\frac{t-b}{a}\right)dt \tag{1}$$

式中:a 是尺度,b 是转换参数,$f(t)$ 对应的是时间序列,ψ 表示小波基函数。这里选择前人常用的复变 Morlet 函数作为小波基函数:

$$\psi(t) = \pi^{-\frac{1}{4}} \exp\left(-\frac{t^2}{2}\right)\exp(i\omega_0 t) \tag{2}$$

式中:ω_0 为无因次频率。采用小波方差更好地表征时间序列周期性信号的强弱,小波方差计算公式如下:

$$Var(a) = \frac{1}{N}\sum_{t=0}^{N-1} (WT(a,t))^2 \tag{3}$$

式中:N 为时间序列长度。

表1 基于 U_{max} 的热带气旋等级划分

U_{max} 变化范围/(km/h)	热带气旋等级
$64.82 \leq U_{max} < 118.53$	热带风暴
$118.53 \leq U_{max} < 177.79$	弱台风
$U_{max} \geq 177.79$	强台风

2 研究结果分析

2.1 热带气旋活动长期变化趋势分析

研究采用线性回归的方法对西北太平洋 1980—2021 年的热带气旋指标长期趋势进行表征,结果如图1所示。各热带气旋指标长期趋势均在非参数统计检验的 95% 置信水平上。其中,所有热带气旋的数量表现出微弱的下降趋势($-0.0575\ a^{-1}$)。对比各个不同的热带气旋等级,热带风暴($0.0385\ a^{-1}$)和强台风($0.0069\ a^{-1}$)的数量均呈现出微弱的上升趋势;而弱台风的数量则出现了显著的下降趋势($-0.1028\ a^{-1}$),在所有热带气旋数量的变化中占主导作用。此外,ACE 的减少也十分微弱($-1.4112\ a^{-1}$),与所有热带气旋数量的长期趋势相类似。

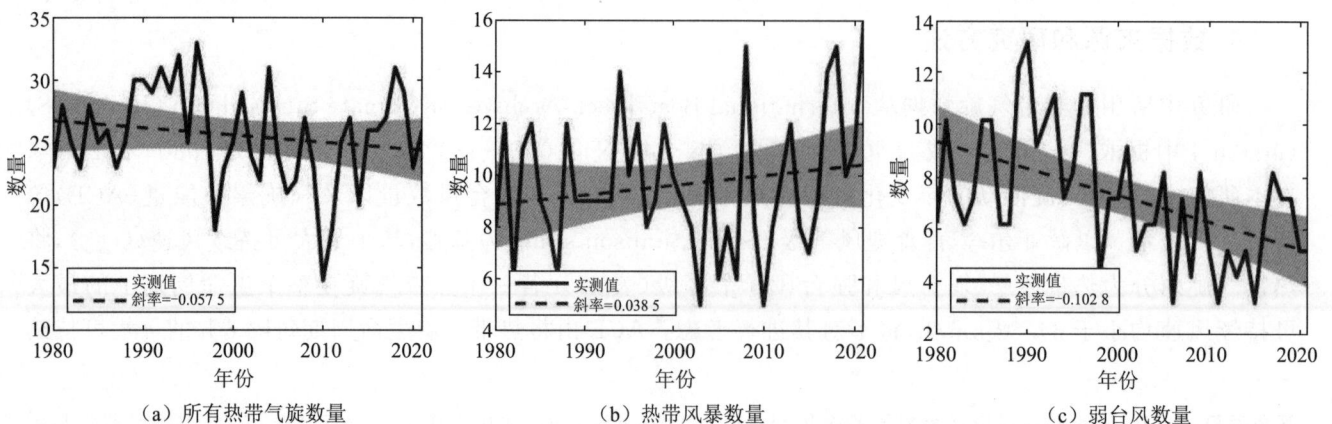

图1 西北太平洋所有热带气旋以及热带风暴、弱台风、强台风数量和 ACE 1980—2021 年实测序列及其线性回归长期变化趋势

（d）强台风数量　　　　　　　　（e）ACE

图1　西北太平洋所有热带气旋以及热带风暴、弱台风、强台风数量和 ACE 1980—2021 年实测序列及其线性回归长期变化趋势(续)

2.2 热带气旋活动周期性变化分析

采用第 1 节中提到的复变 Morlet 小波变换来研究 1980—2021 年间各个热带气旋指标的周期性特征。图 2 展示了各热带气旋活动指标小波变化周期-时间信号图和对应的小波方差。

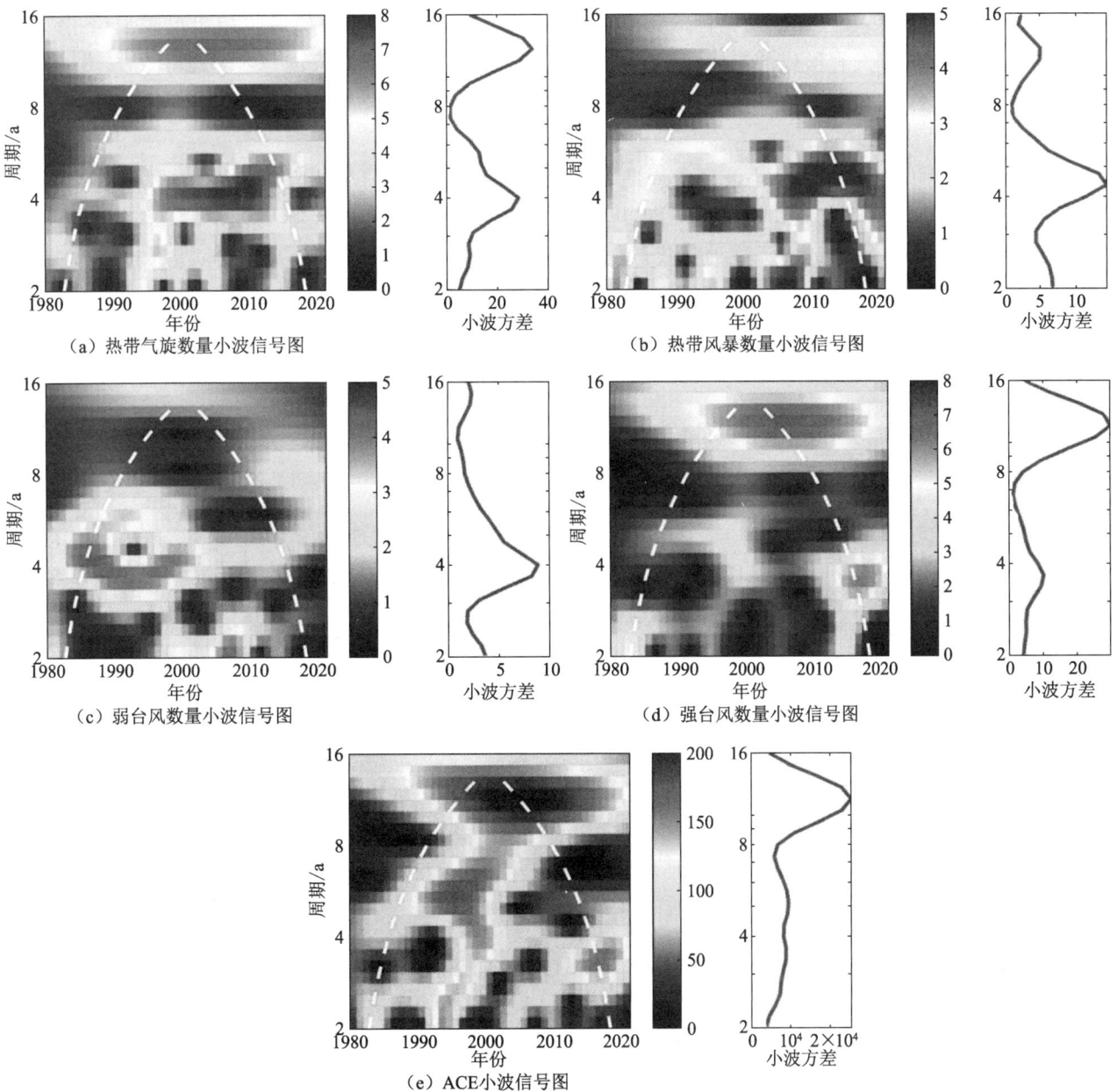

（a）热带气旋数量小波信号图　　　　　　　　（b）热带风暴数量小波信号图

（c）弱台风数量小波信号图　　　　　　　　（d）强台风数量小波信号图

（e）ACE小波信号图

图2　西北太平洋所有热带气旋、热带风暴、弱台风、强台风数量和 ACE 时间序列小波变换信号图

从图 2 结果可以看出,上述热带气旋活动指标具有年际和年代际的周期性变化。对于热带气旋数量时间序列,其两个主要变化周期为 3～6 年(年际)和 10～14 年(年代际),与小波方差中的两个峰值周期 4 年和 12 年相对应;年际周期信号自 20 世纪 90 年代末至 2010 年较为显著,而年代际周期在 42 年研究时间中保持相对稳定。热带风暴数量的小波信号图及小波方差表现出与弱台风数量类似的特征:较强的年际周期信号 3～6 年与相对较弱的年代际周期变化。其中,弱台风数量的年际周期信号在 2000 年以前比较显著,而热带风暴数量的年际周期信号则在 2000 年后更为明显。除此之外,对于这两个时间序列,还可以注意到在 2005 年至 2010 年间存在着强烈的 2～3 年年际周期信号。强台风数量的年际周期信号(3～5 年)主要集中在 2010 年之后,其年代际周期(8～14 年)与热带气旋数量的年代际周期相似,自 1990 年保持相对稳定。ACE 的小波信号图与其余热带气旋活动指标有所区别,其在 2～16 年均具有显著的周期信号。更具体而言,ACE 的年际周期信号主要集中在 1990 年至 2000 年,而年代际周期信号表现得更为强烈,并在整个研究时间中持续。同时也注意到,在 2010—2020 年间 ACE 存在着与强台风数量一致的年际周期信号(3～5 年)。上述热带气旋活动指标的周期特征可能与海洋活动密切相关[12],这将在 2.3 中进一步分析。

2.3 热带气旋活动与海洋活动的关系

根据前人的研究,厄尔尼诺-南方涛动和年代际太平洋振荡等海洋活动分别展示了 3～7 年和 15 年以上的周期特性[13-15],与热带气旋活动指标的年际和年代际变化相类似。相关研究也指出厄尔尼诺-南方涛动被认为是太平洋热带气旋形成的主要驱动力[16]。在本部分中,用小波变换进一步验证了南方涛动指数(SOI)和年代际太平洋振荡指数(IPO)的周期性变化特征,并采用皮尔森相关系数探究了它们与热带气旋活动指标的相关关系。

图 3 分别展示了 SOI 和 IPO 小波变化周期-时间信号图及其对应的小波方差。可以观察到在整个时间序列中,SOI 除了先前研究提到的年际周期 3～7 年外,还存在着一个年代际周期(10～14 年),小波方差中的双峰周期分布进一步证实了这种年代际振荡的存在。IPO 显示了与 SOI 十分类似的周期性变化特性。二者 3～7 年的年际周期信号在 1980—2000 年较为明显,而显著的 10～14 年的年代际周期信号则在整个研究时间内均能观察到。通过对比 2.2 中的小波信号图,发现 SOI 和 IPO 具有与上述热带气旋活动指标相似的年际与年代际周期性特征。为进一步量化它们之间的相关关系,对其皮尔森相关系数进行了计算。

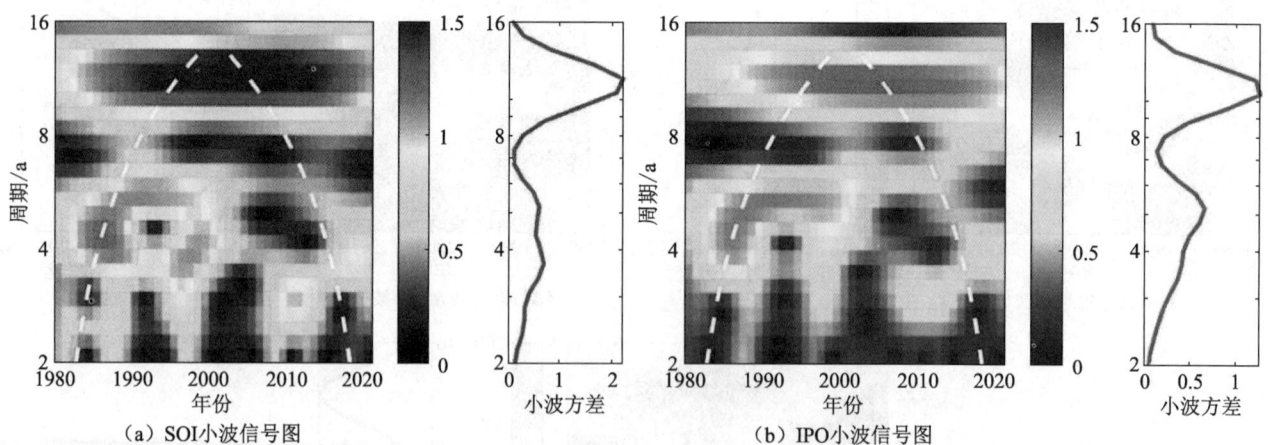

图 3　SOI 和 IPO 时间序列小波变换信号图及小波方差随周期变化曲线

(a) SOI 小波信号图　　　　　　(b) IPO 小波信号图

表 2 展示了各个热带气旋活动指标与 SOI 和 IPO 的皮尔森相关系数。从表 2 中可以观察到,对于 SOI,只有热带风暴数量表现出较强的正相关($r=0.340\ 9$),而热带气旋数量($r=-0.278\ 0$)和强台风数量($r=-0.596\ 9$)则与 SOI 呈现出显著的负相关关系;ACE 展现了在所有热带气旋活动指标中与 SOI 最大的负相关系数($r=-0.622\ 0$)。而对于 IPO,除了热带风暴数量($r=-0.404\ 6$),其余热带气旋活动指标均表现为正相关。其中,ACE 与 IPO 正相关关系最为显著($r=0.591\ 4$),强台风数量次之($r=0.521\ 4$)。这一特性

与 SOI 相似,说明相比于热带气旋总的数量,SOI 和 IPO 等海洋振荡活动对 ACE 及强台风数量的影响更为明显。

表 2　各热带气旋活动指标与 SOI 及 IPO 时间序列的相关系数

指　　数	热带气旋数量	热带风暴数量	弱台风数量	强台风数量	ACE
SOI	−0.278 0*	0.340 9**	−0.184 1	−0.596 9**	−0.622 0**
IPO	0.180 3	−0.404 6**	0.185 2	0.512 4**	0.591 4**

注:* 和 ** 加上粗体数字分别表示 0.1 和 0.05 的显著性水平。

3　结　语

对西北太平洋各热带气旋活动的各项指标进行了时序性分析,主要集中于长期趋势及周期性特征两方面。同时还探究了 SOI 和年代际 IPO 的周期性特征,并分析了它们与各热带气旋活动指标的相关关系。主要研究结论如下:

(1) 在 1980 年至 2021 年期间,西北太平洋所有热带气旋的数量呈现出轻微下降的趋势,这种变化主要归因于弱台风数量的显著减少。与其他等级热带气旋相比,弱台风的数量下降更为明显。同时,该区域的 ACE 在这段时间内也呈现出微弱的下降趋势。

(2) 上述热带气旋活动指标都存在明显的年际周期特性(3~6 年)。所有热带气旋数量、强台风数量及 ACE 都具有明显的年代际周期特性,而热带风暴数量和弱台风数量的年代际周期特性并不显著。

(3) SOI 和 IPO 与上述各热带气旋活动指标具有相似的年际与年代际周期性特征。

(4) SOI 和 IPO 与强台风数量和 ACE 时间序列相较于其他热带气旋活动指标具有更强的相关性;其中,强台风数量和 ACE 与 SOI 呈负相关,与 IPO 则呈正相关。

参考文献

[1]　KLOTZBACH P J,BOWEN S G,PIELKE R,et al. Continental U. S. hurricane landfall frequency and associated dam-age:Observations and future risks[J]. Bulletin of the American Meteorological Society,2018,99(7):1359-1376.

[2]　MENDELSOHN R,EMANUEL K,CHONABAYASHI S,et al. The impact of climate change on global tropical cy-clone damage[J]. Nature Climate Change,2012,2(3):205-209.

[3]　PATRICOLA C M,CASSIDY D J,KLOTZBACH P J. Tropical oceanic influences on observed global tropical cyclone frequency[J]. Geophysical Research Letters,2022,49(13):e2022GL099354.

[4]　RITCHIE E A,HOLLAND G J. Large-scale patterns associated with tropical cyclogenesis in the Western Pacific[J]. Monthly Weather Review,1999,127(9):2027-2043.

[5]　LIU K S,CHAN J C L. Inactive period of western North Pacific tropical cyclone activity in 1998-2011[J]. Journal of Climate,2013,26(8):2614-2630.

[6]　HE H Z,YANG J,GONG D Y,et al. Decadal changes in tropical cyclone activity over the western North Pacific in the late 1990s[J]. Climate Dynamics,2015,45(11):3317-3329.

[7]　KLOTZBACH P J,WOOD K M,SCHRECK C J III,et al. Trends in global tropical cyclone activity:1990-2021[J]. Geophysical Research Letters,2022,49(6):e2021GL095774.

[8]　KNAPP K R,KRUK M C,LEVINSON D H,et al. The international best track archive for climate stewardship (IBT-rACS)[J]. Bulletin of the American Meteorological Society,2010,91(3):363-376.

[9]　BELL G D,HALPERT M S,SCHNELL R C,et al. Climate assessment for 1999[J]. Bulletin of the American Meteor-ological Society,2000,81(6):s1-s50.

[10]　ALLAN R J,NICHOLLS N,JONES P D,et al. A further extension of thetahiti-darwin SOI,early ENSO events and Darwin pressure[J]. Journal of Climate,1991,4(7):743-749.

[11]　HENLEY B J,GERGIS J,KAROLY D J,et al. A tripole index for the interdecadal Pacific oscillation[J]. Climate Dy-namics,2015,45(11):3077-3090.

[12]　NG E K W,CHAN J C L. Interannual variations of tropical cyclone activity over theNorth Indian Ocean[J]. Interna-

tional Journal of Climatology,2012,32(6):819-830.

[13] TRENBERTH K E. Spatial and temporal variations of the Southern Oscillation[J]. Quarterly Journal of the Royal Meteorological Society,1976,102(433):639-653.

[14] WANG B,WANG Y. Temporal structure of thesouthern oscillation as revealed by waveform and wavelet analysis [J]. Journal of Climate,1996,9(7):1586-1598.

[15] GOH A Z C,CHAN J C L. Interannual and interdecadal variations of tropical cyclone activity in the South China Sea [J]. International Journal of Climatology,2010,30(6):827-843.

[16] STOPA J E,CHEUNG K F,TOLMAN H L,et al. Patterns and cycles in the Climate Forecast System Reanalysis wind and wave data[J]. Ocean Modelling,2013,70:207-220.

南海诸岛海啸灾害评估

赵广生[1,2,3],牛小静[1,2,3]

(1. 清华大学 水圈科学与水利水电工程全国重点实验室,北京 100084;2. 清华大学 水利部水圈科学重点实验室 100084;3. 清华大学水利水电工程系 100084)

摘要:基于马尼拉俯冲带的地震潜力评估得到震级上限,采用概率海啸灾害评估方法给出了南海诸岛特定重现期的海啸波高。马尼拉俯冲带被认为是南海内最有可能发生大型地震海啸的源区。本文首先评估了马尼拉俯冲带的地震潜力。基于负位错反演程序,反演 GPS 水平速度场数据,得到马尼拉俯冲带的闭锁程度和滑动亏损分布,估算特定释放周期下的马尼拉俯冲带的最大震级。然后基于概率海啸灾害评估模型,使用高效海啸模拟方法,模拟了超 600 万个海啸情景,结合海啸情景的发生概率,给出了南海诸岛的百年重现期和千年重现期的海啸波高。研究结果表明,大多数岛礁处百年一遇海啸波高不超过 0.5 m,千年一遇海啸波高不超过 4 m。南海内不同位置处的海啸灾害有较大差异,东沙群岛和西沙宣德群岛的海啸灾害显著高于南沙群岛。

关键词:南海诸岛;马尼拉俯冲带;断层闭锁;概率海啸灾害评估

海啸是一种难预测且破坏力极强的海洋灾害。南海内部的马尼拉俯冲带是南海内最有可能产生大型地震海啸的区域[1-2]。海啸沉积物相关研究表明,在西沙群岛、广东南澳岛海岸带和南海东北部东山湾发现了 1000 年前的海啸沉积物[3-5],是南海内曾发生破坏性海啸的证据。然而,由于缺少可靠的大震级地震记录和海沟附近的断层活动观测,马尼拉俯冲带的最大可能地震震级和频率仍是一个充满争议的问题。不同研究估计了马尼拉俯冲带可能发生的最大地震,震级在 8.8 到 9.3 不等[1,6-7]。然而近些年关于马尼拉俯冲带南北差异的研究似乎减少了马尼拉俯冲带发生大规模地震的可能性[8-9]。因此,马尼拉俯冲带可能发生的最大地震仍是一个需要关注的问题。海底大地震可能诱发大型海啸,对南海诸岛地区造成破坏性的灾害。南海诸岛海拔一般较低,部分岛礁上有常住人口,岛礁的承灾能力较弱,易受海啸灾害影响。因此,研究关注了南海诸岛的海啸灾害,构建了海啸灾害的概率评估方法,通过大量潜在海啸情景的计算,给出了南海诸岛的海啸灾害特征值,并进行了分析和讨论。

1 海啸灾害评估流程

基于概率海啸灾害评估模型,评估南海岛礁的海啸灾害。研究的基础数据包括 GPS 大地水平速度数据、马尼拉俯冲带附近地震数据和海域水深地形数据等。首先,采用 McCaffrey 开发的负位错反演模型 TDEFNODE[10],以 GPS 水平速度场数据和历史地震目录作为基础数据,通过板块之间相对运动反演断层闭锁和滑动亏损分布,进而估算地震潜力。然后,以 500 年释放周期的地震震级为震级上限,采用 Blaser 等的地震标度关系[11]确定断层破裂尺度和平均滑移,并考虑 Mai 等的断层非均匀滑移模型[12],结合断层闭锁空间分布,构建各种可能的断层滑移分布情景。最后,通过高效的地震生成演进模拟方法,实现大量地震海啸情景的模拟,结合海啸情景的概率,完成概率海啸灾害评估,最终统计分析目标区域的海啸波高特征值。海啸灾害评估流程如图 1 所示。其中,GPS 大地水平速度选用 Kreemer 等收集整理的 GPS

基金项目:国家自然科学基金面上项目(51779125);水圈科学与水利水电工程全国重点实验室自主课题(2022-KY-05);清华大学自主科研计划资助项目(20233080025)

通信作者:牛小静。E-mail:nxj@tsinghua.edu.cn

速度场数据[13],这批数据在全球范围内共22 511条。将这些数据统一到ITRF08参考框架下。在研究关注的马尼拉俯冲带附近,以及巽他板块和菲律宾海板块上,选取144个GPS观测站的数据用于反演。历史地震数据来自美国地质调查局(USGS)的历史地震数据库。1900—2022年马尼拉俯冲带范围(119°E—123°E,13°N—22°N)共有地震记录5 992条,其中历史最大震级为7.7级。海域水深地形数据来自美国国家海洋和大气管理局的ETOPOI。研究关注的区域包括西沙群岛的宣德群岛和永乐群岛,东沙群岛的东沙岛,南沙群岛的部分岛礁。

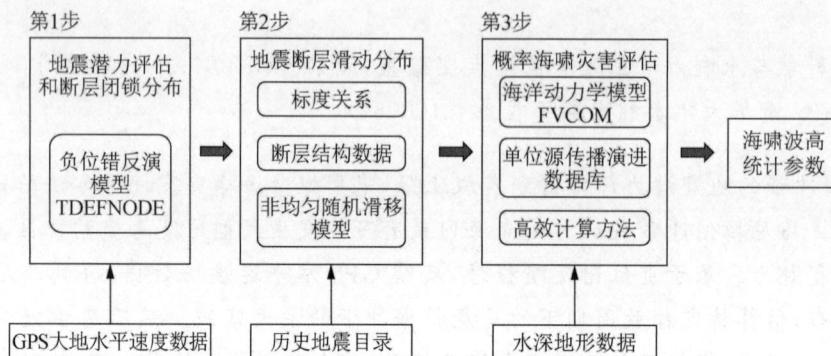

图1 海啸灾害评估流程

2 地震潜力评估

断层闭锁可与地震潜力联系起来。通常而言,在高闭锁区域,断层以更快的速度累积滑动亏损,进而累积更多的应力,在下次地震事件中更有可能成为破裂的起点或产生更大的滑动。使用TDEFNODE反演地震间块体的旋转和断层闭锁。将马尼拉俯冲带周边地区划分为9个块体,马尼拉俯冲带的几何形状参考Slab2模型进行插值。研究采用Gaussian型和Gamma型两种参数化方案进行断层闭锁系数的反演。Gaussian型:在断层沿倾向剖面上断层闭锁系数分布呈Gauss函数。Gamma型:在断层沿倾向剖面上断层闭锁系数分布呈指数函数。反演结果如图2所示,两种方案卡方值分别为3.422和4.492,表明反演结果较可靠。根据滑动亏损的计算结果,取剪切模量$\mu = 4 \times 10^{10} \text{ N/m}^2$,马尼拉海沟全断层面的地震矩累积率在Gaussian型和Gamma型分布模型中分别为$2.20 \times 10^{20} \text{ N} \cdot \text{m/a}$和$1.63 \times 10^{20} \text{ N} \cdot \text{m/a}$。但同时,地震会释放地震矩。根据USGS的历史地震数据库,1900—2022年马尼拉俯冲带范围共有地震记录5 992条,其中历史最大震级为7.7级。根据震级与地震矩之间的关系,可以统计得到1900—2022年历史地震累积释放地震矩为$3.65 \times 10^{21} \text{ N} \cdot \text{m}$,平均每年地震矩释放率为$2.97 \times 10^{19} \text{ N} \cdot \text{m/a}$。假设未来地震矩累积率和释放的速率保持不变,则两种模型实际的地震矩累积率分别为$1.90 \times 10^{20} \text{ N} \cdot \text{m/a}$和$1.33 \times 10^{20} \text{ N} \cdot \text{m/a}$。

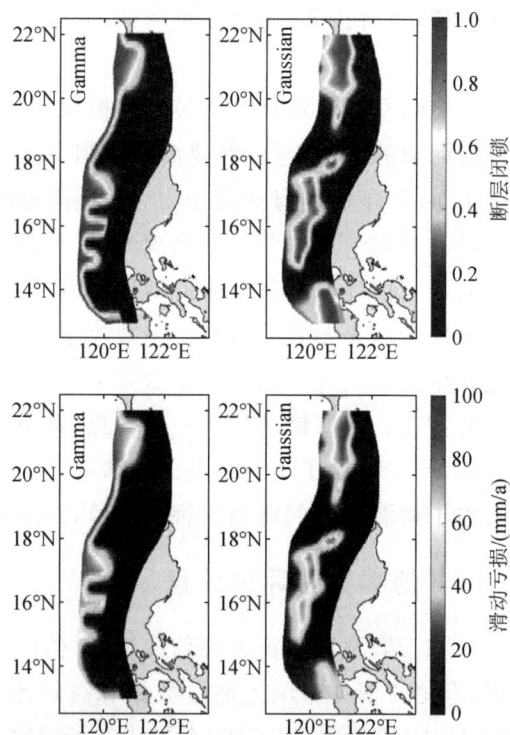

图2 马尼拉俯冲带断层闭锁和滑动亏损分布

然而,目前很多研究表明马尼拉全断层在一场大地震中断裂的可能性很低。参考最新的研究成果[14],以14.5°N为界将马尼拉俯冲带分为两段。此外,一些地震破裂动力学的研究结果表明,闭锁模型估算得到的静态累积地震矩只能释放40%~50%,这是断层的非均匀性导致的[15-16]。因此,在进行地震潜力评估时,考虑静态累积地震矩40%的释放率,则最终Gaussian模型中,南段(13.0°N—14.5°N)震级上限为8.5,北段(14.5°N—22.0°N)震级上限为8.9;Gamma模型中,南段震级上限为7.9,北段震级上限为8.9。

3 南海诸岛海啸灾害评估

考虑到地震震级和震源中心的不确定性,当地震矩释放周期为500年,震级上限根据地震潜力评估结果确定,震级下限取为7.0级,共有20 073种可能的震级和震源中心组合。对每个组合,考虑了302种不同的非均匀滑移分布,包括考虑Gaussian型和Gamma型闭锁分布以及随机滑移的非均匀滑移分布,海啸情景超600万个。使用基于单位源重建的快速模拟方法[17]完成大规模海啸情景的数值模拟,统计位于100 m等深线上19个岛礁观测点的海啸波高,结合海啸情景的发生概率,绘制19个观测点处的灾害曲线,给出观测点处特定重现期下的海啸波高。

图3给出了南海诸岛千年重现期海啸波高的分布。总体而言,南海诸岛处的海啸灾害不严重,大部分岛礁百年一遇海啸波高小于0.5 m,千年一遇海啸波高小于4 m。根据南海诸岛最大可能地震海啸灾害评估的结果[18],马尼拉俯冲带8.9级地震可在西沙宣德群岛产生的海啸波高平均值为3.65 m,在东沙群岛产生的海啸波高平均值为4.07 m,在南沙群岛产生的海啸波高平均值为0.28 m。由于南海马尼拉俯冲带大震级地震的重现期较长,年发生率较低,因此南海诸岛整体海啸灾害不严重。

南海诸岛不同位置处的海啸灾害严重程度有较大差异。东沙群岛处的千年一遇海啸波高最大;西沙群岛次之,且宣德群岛的海啸波高大于永乐群岛;南沙群岛的千年一遇海啸波高最小。东沙群岛位于南海诸岛的最东侧,地处南海北部大陆坡上段。东沙群岛中唯一露出水面的岛屿为东沙岛,周围没有其他岛礁,直接面向南海盆地和马尼拉俯冲带。因此,马尼拉俯冲带产生的海啸波能直接传播到东沙岛,使东沙岛成为南海中海啸灾害严重的区域之一。海啸波的主要传播方向与断层的走向垂直。东沙岛和西沙群岛均位于马尼拉俯冲带大部分潜在海啸的主要传播方向上,但位于西沙群岛和马尼拉俯冲带之间的中沙群岛有效地阻隔了海啸波的传播,因此西沙群岛的海啸灾害严重程度比东沙群岛低。同时,可以看到西沙群岛中东侧的宣德群岛比西侧的永乐群岛的海啸灾害严重,这也是因为宣德群岛阻隔了海啸波的传播,减小了海啸波波高。南沙群岛位于南海南部,岛屿礁滩最多,分布范围最广。永暑岛、渚碧岛、美济岛等开发建设中的岛礁在南沙群岛的中部,其东北侧有大片的暗滩和暗礁,这些地形特征极大地影响了海啸波的传播。同时,南沙群岛不在大部分马尼拉俯冲带潜在海啸的主要传播方向上,因此南沙群岛的海啸风险显著低于其他岛礁。

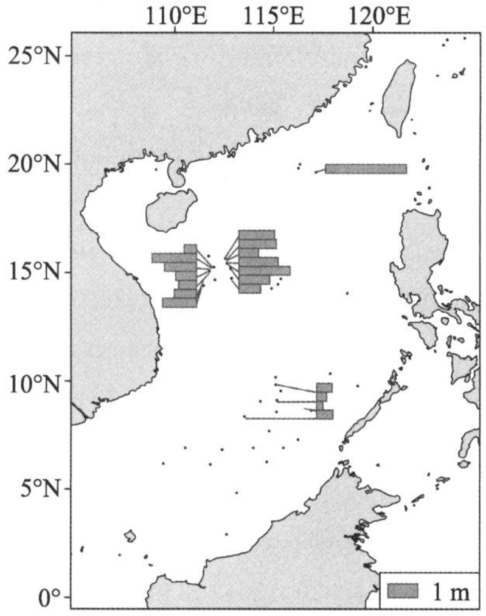

图3 南海诸岛千年重现期海啸波高

4 结 语

通过概率海啸灾害评估方法提供了南海诸岛的海啸灾害的空间分布,给出了南海诸岛百年重现期和千年重现期的海啸波高。通过引入大地闭锁模型,反演GPS水平速度场数据,得到马尼拉俯冲带的闭锁分布。根据闭锁分布和滑动亏损分布,评估了马尼拉俯冲带的地震潜力,估计了海啸灾害评估的震级上限。通过概率海啸灾害评估方法,给出了南海诸岛海啸灾害的空间分布。

　　结果表明，南海诸岛的整体海啸灾害严重程度不高，大多数岛礁百年一遇海啸波高不超过 0.5 m，千年一遇海啸波高不超过 4 m。南海内岛礁对海啸波的阻隔作用较明显，因此直接面向深海的岛礁面临更严重的海啸灾害，如东沙的东沙岛、西沙的宣德群岛。而对于南沙群岛，由于海啸传播路径上复杂岛礁地形的阻隔作用，其海啸灾害严重程度远低于其他地区。

参考文献

[1]　MEGAWATI K，SHAW F，SIEH K，et al. Tsunami hazard from the subduction megathrust of the South China Sea：Part Ⅰ. Source characterization and the resulting tsunami[J]. Journal of Asian Earth Sciences，2009，36(1)：13-20.

[2]　NGUYEN P H，BUI Q C，NGUYEN X D. Investigation of earthquake tsunami sources，capable of affecting Vietnamese coast[J]. Natural Hazards，2012，64(1)：311-327.

[3]　SUN L，ZHOU X，HUANG W，et al. Preliminary evidence for a 1000-year-old tsunami in the South China Sea[J]. Scientific Reports，2013，3：1655.

[4]　杨文卿，孙立广，杨仲康，等. 南澳宋城：被海啸毁灭的古文明遗址[J]. 科学通报，2019，64(1)：107-120.

[5]　HUANG Y，YANG W，YANG Z，et al. New evidence for the 1000-year-old tsunami in the South China Sea[J]. Journal of Asian Earth Sciences，2023，257：105839.

[6]　HSU Y J，YU S B，LOVELESS J P，et al. Interseismic deformation and moment deficit along the Manila subduction zone and the Philippine Fault system[J]. Journal of Geophysical Research-Solid Earth，2016，121(10)：7639-7665.

[7]　NGUYEN P H，BUI Q C，VU P H，et al. Scenario-based tsunami hazard assessment for the coast of Vietnam from the Manila Trench source[J]. Physics of the Earth and Planetary Interiors，2014，236：95-108.

[8]　LIN J Y，WU W N，LO C L. Megathrust earthquake potential of the manila subduction systems revealed by the radial component of seismic moment tensors Mrr[J]. Terrestrial Atmospheric and Oceanic Sciences，2015，26(6)：619-630.

[9]　YU H，LIU Y，YANG H，et al. Modeling earthquake sequences along the Manila subduction zone：Effects of three-dimensional fault geometry[J]. Tectonophysics，2018，733：73-84.

[10]　MCCAFFREY R. Time-dependent inversion of three-component continuous GPS for steady and transient sources in northern Cascadia[J]. Geophysical Research Letters，2009，36(7)：L07304.

[11]　BLASER L，KRUGER F，OHRNBERGER M，et al. Scaling relations of earthquake source parameter estimates with specialfocus onsubduction environment[J]. Bulletin of the Seismological Society of America，2010，100(6)：2914-2926.

[12]　MAI P M，BEROZA G C. A spatial random field model to characterize complexity in earthquake slip[J]. Journal of Geophysical Research：Solid Earth，2002，107(B11)：2308.

[13]　KREEMER C，BLEWITT G，KLEIN E C. A geodetic plate motion and Global Strain Rate Model[J]. Geochemistry，Geophysics，Geosystems，2014，15(10)：3849-3889.

[14]　ZHU G，YANG H，YANG T，et al. Along-strike variation of seismicity near the extinct Mid-Ocean ridge subducted beneath the Manila Trench[J]. Seismological Research Letters，2023，94(2A)：792-804.

[15]　YANG H，YAO S，HE B，et al. Earthquake rupture dependence on hypocentral location along the Nicoya Peninsula subduction megathrust[J]. Earth and Planetary Science Letters，2019，520：10-17.

[16]　YAO S，YANG H. Hypocentral dependent shallow slip distribution and rupture extents along a strike-slip fault[J]. Earth and Planetary Science Letters，2022，578：117296.

[17]　ZHANG X，NIU X. Probabilistic tsunami hazard assessment and its application to southeast coast of Hainan Island from Manila Trench[J]. Coastal Engineering，2020，155：103596.

[18]　赵广生，牛小静. 马尼拉俯冲带最大可能地震对南海诸岛的海啸灾害评估[J]. 清华大学学报(自然科学版)，2023：1-7.

云导风与 ERA5 融合的中国近海海上风场数据集生成研究

杨宇馨[1],牟婷婷[1],张 东[1,2],张 卓[2,3]

(1. 南京师范大学 海洋科学与工程学院,江苏 南京 210023;2. 江苏省地理信息资源开发与利用协同创新中心,江苏 南京 210023;3. 南京师范大学 地理科学学院,江苏 南京 210023)

摘要:提出了一种最大交叉相关系数(maximum cross-correlation coefficient,MCC)法与加速鲁棒特征(speeded up robust features,SURF)算法相结合的云导风联合提取方法。首先利用长时间序列的葵花静止气象卫星遥感影像数据,在卫星云图优化及风场示踪特征增强处理的基础上,开展基于 SURF 算法特征点匹配和 MCC 算法模板面匹配的云导风场遥感反演。通过点—面风场融合处理,得到初始云导风海上风场数据集。然后将其与 ERA5 再分析海上风场产品进行经验贝叶斯克里金插值融合处理,生成中国近海高分辨率海上风场数据集。经验证,本方法生成的风矢量与海洋站点实测风矢量相关性较好,相关系数普遍在 0.6~0.9,平均绝对误差集中于 1.4~3.9 m/s,均方根误差集中于 1.8~4.0 m/s,且精度高于 ERA5 再分析风场:均方根误差降低了 0.35 m/s,平均绝对误差降低了0.25 m/s,可为海上风能资源开发评估提供基础数据支撑。

关键词:中国近海;云导风;相关系数法;加速鲁棒特征算法;数据融合

随着我国构建清洁低碳能源体系进程的推进,清洁能源和非化石能源消费比重加快增加[1]。风能作为一种清洁、可再生的能源形式,不仅有助于减缓气候变化、降低碳排放,还提供了多样化的能源供应,增强了能源安全性,具有巨大的潜力[2]。中国近海跨越温带、亚热带和热带,具有地理复杂性,是全球最重要的海洋区域之一,拥有丰富的海上风能资源且开发潜力巨大[3],海上风场成为其最具前景的应用领域之一。然而由于中国近海各类天气系统活动频繁,气候特征复杂,包括复杂多变的气象和海洋环境,如台风和潮汐等自然因素,海上风场研究面临着众多挑战[4]。

海上风场现场观测是掌握海上风场特征的重要手段,也是海上风能资源开发利用的基础。传统的海上风场观测方法主要包括浮标观测、船舶观测、沿岸及岛屿自动气象站观测等[5-6],但是现场观测的设备维护和操作需要高昂的成本,并受到恶劣天气条件的限制,且无法提供全面的风场信息[7]。随着地球轨道卫星和遥感技术的迅猛发展,卫星遥感和雷达探测已经成为全球海面风场观测的高效技术手段[8]。基于遥感的海上风场反演方法(现有研究主要以微波散射计为主),往往存在时空分辨率低的问题。静止气象卫星作为地球同步轨道卫星,覆盖范围广,时空分辨率高[9]。将基于静止气象卫星获取的遥感风场资料与全球再分析风场资料融合,涵盖遥感风场的高时空分辨率特征以及全球再分析风场的空间趋势性特征,有助于提高海上风场,特别是近海区域风场信息提取的准确性和效率。

据此,拟以卫星遥感技术和多源数据融合技术为主要支撑手段,在实现静止气象卫星海上云导风场精细化提取的基础上,进行海上风场多源数据时空融合处理,获得高时空分辨率的中国近海海上风场资料,为海上风能资源开发评估提供基础数据支撑。

基金项目:江苏省海洋科技创新项目(JSZRHYKJ202307);国家自然科学基金项目(42171465)

作者简介:杨宇馨。E-mail:222602032@njnu.edu.cn

通讯作者:张 东。E-mail:zhangdong@njnu.edu.cn

1 实验数据

1.1 海上风场信息提取数据

本研究选择中国近海海域(0°N~42°N,104°E~135°E)进行海上风场信息提取试验,研究采用的风场信息提取及风场融合数据包括 2021 年 1 月、4 月、7 月和 10 月的葵花 8 号气象卫星数据和 ERA5 再分析数据(the fifth generation ECMWF reanalysis)。其中,葵花 8 号气象卫星具有 16 个观测通道(3 个可见光,3 个近红外,10 个红外),其 L1 级 NetCDF 网格数据的时间分辨率为 10 min,空间分辨率为 2 km,能够覆盖整个研究区。选取了 B13 红外波段和 B9 水汽波段进行云导风场反演。ERA5 数据提供每小时的大气、陆地和海洋气候变量的估计值。选取海面 10 m 风场再分析资料用于风场融合实验,时间分辨率为 1 h,空间分辨率为 0.25°×0.25°。

1.2 辅助数据

除用于海上云导风场反演的遥感数据外,还有用于确定云导风矢量高度的标准大气温度垂直廓线数据,以及用于遥感风场反演结果精度验证的国家海洋科学数据中心提供的 2021 年中国沿海 13 个海洋站点的实测数据。由于吕泗海洋站点实测风速数据缺失,本研究下载了中国沿海其他 12 个海洋站点的逐小时风速数据,并计算得到日平均风场信息,用于遥感风场反演结果精度验证,站点信息如表 1 所示。

表 1　中国近海海洋站点信息

站　点	经度/(°)	纬度/(°)	站　点	经度/(°)	纬度/(°)
小长山(XCS)	39.2	122.7	大陈(DCN)	28.5	121.9
老虎滩(LHT)	38.9	121.7	厦门(XMN)	24.5	118.1
芝罘岛(ZFD)	37.6	121.4	东山(DSN)	23.8	117.5
小麦岛(XMD)	36.0	120.4	南麂(NJI)	27.5	121.1
连云港(LYG)	34.8	119.4	北礵(BSG)	26.7	120.3
吕泗(LSI)	32.1	121.6	遮浪(ZLG)	22.7	115.6
嵊山(SSN)	30.8	122.8			

2 海上风场反演方法

由于单一的云导风场遥感反演算法会存在风矢量数据部分区域缺失的问题,为了得到更加丰富的海面风场信息,提出了一种将 MCC 法与 SURF 算法相结合的云导风联合提取方法。首先利用长时间序列的葵花静止气象卫星遥感影像数据,在卫星云图优化及风场示踪特征增强处理的基础上,进行 MCC 和 SURF 云导风矢量遥感反演,并通过点—面风场融合处理得到覆盖范围更广的 MCC-SURF 联合云导风场。将云导风场数据与 ERA5 再分析风场数据利用经验贝叶斯克里金法进行插值融合,增大云导风场的风矢量数量与空间分布密度,改善云导风矢量的空间零散分布状态,提高海上风场信息的提取效果,最终生成中国近海高分辨率海上风场数据集。

2.1 云区图像增强

可以通过减少噪声、增强图像对比度、优化图像细节等处理来达到提高图像质量的目的。由于文中的云导风计算方法建立在云图特征点检测与匹配的基础上,而特征点通常是图像中与周围存在着灰度差别的区域[10],因此,红外云图增强的目标在于加强云区图像局部灰度的变化,提高云图特征点的检测效率和正确率。先采用 Otsu 方法对红外云图进行前景和背景灰度分区[11],再结合分区云图的不同灰度分布特点,采用非线性变换中的伽马变换进行云区部分的图像增强[12]。

2.2 云导风场遥感反演

2.2.1 最大交叉相关系数法

基于 MCC 算法的云导风计算是通过追踪云团的运动来反演风矢量,结合前后时间间隔,利用示踪云模板的中心坐标与匹配图像块的中心坐标之间的位移计算出示踪云模板所在区域的风速和风向。假设示踪云模板和图像块的尺寸为 Q 行×Q 列,二者在搜索区的像元矩阵分别为 f_1 和 f_2,则交叉相关系数 C_C 的计算公式如式(1)所示:

$$C_C = \frac{\sum_{i=1}^{Q}\sum_{j=1}^{Q}[f_1(i,j)-\bar{f}_1][f_2(i,j)-\bar{f}_2]}{\sqrt{\sum_{i=1}^{Q}\sum_{j=1}^{Q}[f_1(i,j)-\bar{f}_1]^2\sum_{i=1}^{Q}\sum_{j=1}^{Q}[f_2(i,j)-\bar{f}_2]^2}} \tag{1}$$

$$\bar{f}_1 = \frac{1}{Q^2}\sum_{i=1}^{Q}\sum_{j=1}^{Q}f_1(i,j) \tag{2}$$

$$\bar{f}_2 = \frac{1}{Q^2}\sum_{i=1}^{Q}\sum_{j=1}^{Q}f_2(i,j) \tag{3}$$

式中:i 和 $j\in[1,Q]$ 分别为像元矩阵的行号和列号;$f_1(i,j)$ 为示踪云模板的像元灰度值;$f_2(i,j)$ 为图像块在搜索区的像元灰度值;$\bar{f}_1$ 为示踪云模板的平均灰度;$\bar{f}_2$ 为图像块在搜索区的平均灰度。

2.2.2 加速鲁棒特征算法

SURF 算法具有旋转和尺度不变的优点,并有很好的鲁棒性[13]和更快的运算速度。利用 SURF 算法进行云导风矢量点计算,主要是检测图像特征点。首先要建立积分图像,目的是减少对图像求和的运算时间。积分图像中任意一点 $P(x,y)$ 的值为原图像中该点与图像左上角形成的矩形区域内的像元值之和,如式(4)所示:

$$I_\Sigma(P) = \sum_{i=0}^{i\leqslant x}\sum_{j=0}^{j\leqslant y}I(i,j) \tag{4}$$

式中:$I(i,j)$ 代表原图像在 $I(i,j)$ 处的像元值,$I_\Sigma(P)$ 代表积分图像在 $P=(x,y)$ 处的像元值。

其次,基于不同尺度下的近似 Hessian 矩阵检测图像特征点。将尺度空间分为 4 组,每组包含 4 层图像。对尺度空间中每层图像进行 Hessian 矩阵计算。若某一点的 Hessian 矩阵行列式值大于零,则该点为图像的局部极值点。图像 I_m 中任意一点 $I_m(x,y)$ 在尺度为 σ 时的 Hessian 矩阵 $\boldsymbol{H}(x,y,\sigma)$ 如下:

$$\boldsymbol{H}(x,y,\sigma) = \begin{bmatrix} L_{xx}(x,y,\sigma) & L_{xy}(x,y,\sigma) \\ L_{xy}(x,y,\sigma) & L_{yy}(x,y,\sigma) \end{bmatrix} \tag{5}$$

以相邻 3 层图像中间层的每个局部极值点为中心,在当前层和上、下层中分别选取该点周围 3×3 邻域内的像元,构成 3×3×3 的立体邻域。若该极值大于立体邻域其他 26 个像元的 Hessian 矩阵行列式值,则该局部极值点为特征点。然后采用边缘检测法和插值法剔除边缘点并确定特征点的精确位置。通过 Haar 小波[14]变换计算,确定特征点的主方向并构造特征描述符。最后基于欧氏距离,采用蛮力(brute-force)算法结合交叉验证的方式进行特征点匹配[15]。得到正确匹配的特征点对后,根据每组特征点对的空间坐标和两幅云图的时间间隔,计算出前一时刻云图中特征点移动的速率和方向,由此得到该特征点处风速和风向,进而得到风矢量所形成的风场。

2.2.3 风矢量高度指定

卫星接收到红外通道的辐射包括云下辐射透射部分和云自身的辐射,半透明的卷云在窗区红外通道上的亮温度,比卷云所在层次的环境温度高。可以采用双通道法,结合红外通道和水汽通道的图像特征来进行高度指定,较准确估计高云的运动,计算出风矢量的高度[16]。

$$T_B = \frac{(T_{Bir}+T_{Bwv})}{2} \tag{6}$$

式中,T_{Bir}、T_{Bwv} 分别表示红外波段和水汽波段的亮温值,T_B 表示红外波段和水汽波段的平均亮温值。

2.2.4 风矢量质量控制

国际上普遍依据质量标志码来评价云导风的质量[17],通过质量标志码对风矢量之间的差异进行时间和空间上的连续性检验和量化,再以阈值控制去除不合理风矢量。本研究对质量标志码(quality indicator,QI)的设定参考了国家卫星气象中心在对 EUMETSAT 所用的质量标志码进行修订后定义的质量标志码:

$$Q_I = 1 - \frac{1}{\sum W_\alpha}\sum W_\alpha \cdot \varphi_\alpha \tag{7}$$

式中:Q_I 为本研究的质量标志码,α 为比较要素,φ_α 为比较要素 α 的函数,W_α 为比较要素 α 的权重。将质量标志码 Q_I 的阈值设定为 0.6,根据式(7)算出每个风矢量的 Q_I 后,剔除 $Q_I \leqslant 0.6$ 的风矢量。此外,因为气压高度超过 950 hpa 的区域属于地物,还需剔除气压高度超过 950 hpa 的风矢量。

2.2.5 风速推算

利用风速与高度的对数关系将不同高度层的云导风矢量推算至海面 10 m 高处的风速,具体公式如式(8)所示:

$$V(z) = \frac{u*}{k}\left[\ln\left(\frac{z}{z_0}\right) - \varphi_m\right] \tag{8}$$

式中:$V(z)$ 是高度 z 处的风速(m/s);k 是卡尔曼常数(≈ 0.4);φ_m 是受大气稳定性影响的修正参数(假设在中性稳定的大气条件下,$\varphi_m = 0$),由于缺少相关资料,要忽略大气稳定性的影响。

其中,海表面粗糙度 z_0 可以利用以下公式进行计算:

$$z_0 = a_c \frac{u^{*2}}{g} \tag{9}$$

式中,a_c 是 Charnock 系数(设定为 0.014 4);g 是地球重力加速度;当风速已知的情况下,海表面摩擦速度 $u*$ 可以通过迭代式(8)和式(9)得到。

2.3 多源风场数据融合

以中国近海为研究区,选用经验贝叶斯克里金法将云导风遥感风场与 ERA5 再分析资料风场进行数据融合[18]。经验贝叶斯克里金法是一种地统计插值方法,可通过构造子集和模拟的过程自动执行并得到有效克里金模型过程中需调整的参数。风矢量数据会存在不合格的数据值,这些值会对融合结果产生影响,因此需要再通过质量标志码对风矢量数据进行质量控制。利用中国近海海洋站点实测风速数据对融合后风矢量数据进行精度验证,最后将通过精度验证的融合风场制作成网格数据集。

3 海上风场提取结果与精度验证

3.1 海上风场提取结果

以中国近海为研究区,基于葵花 8 号气象卫星云图数据,利用 MCC-SURF 算法反演得到云导风场,与 ERA5 再分析风场进行融合,得到 2021 年 1 月、4 月、7 月和 10 月的日平均风场数据集。对该数据集进行平均计算,得到中国近海 2021 年 1 月、4 月、7 月和 10 月的月平均风速网格数据,如图 1 所示。

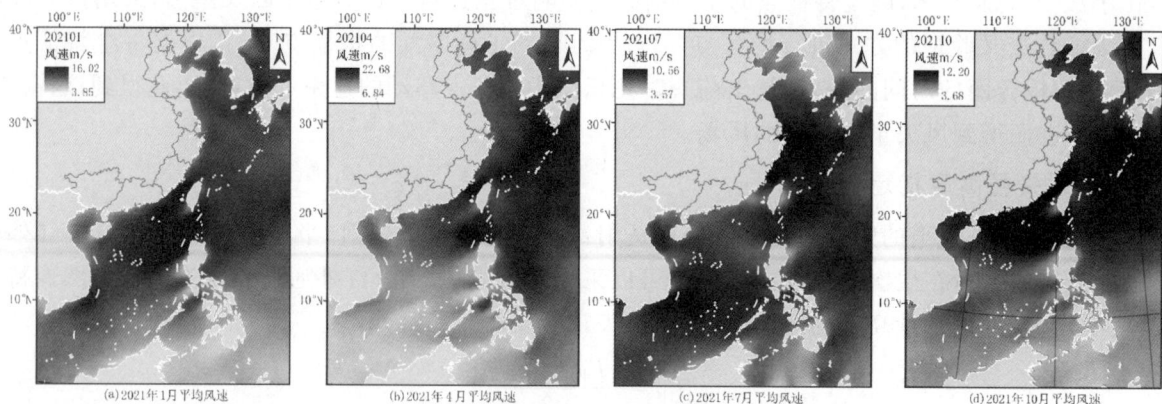

图 1　中国近海月平均风速分布

3.2　海上风场精度验证

结合中国近海海洋站点的实测数据对提取的海上风场信息的精度进行验证。为减少对精度验证的影响,首先剔除实测数据存在较大误差的海洋站点,然后将融合后的海上风矢量双线性插值到 12 个海洋站点,采用平均绝对误差、平均绝对百分比误差、均方根误差和相关系数 4 个指标,对不同月份和不同站点的海上风矢量反演结果进行检验,结果如图 2 所示。

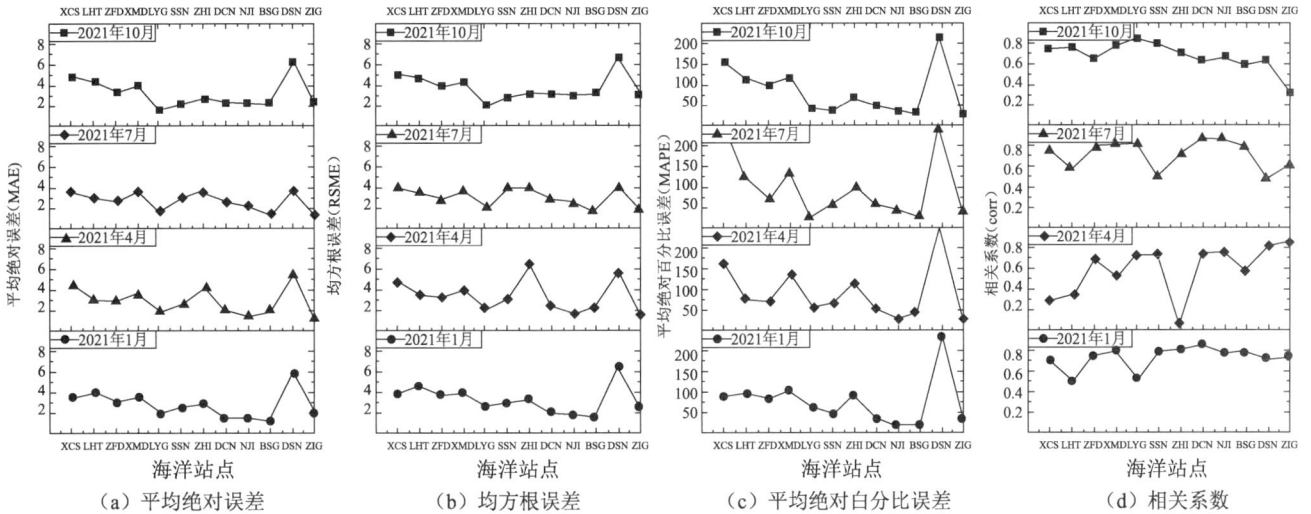

图 2　不同海洋站点的反演风场与实测风场精度检验

从图 2 验证结果可以看出,本方法反演的风矢量与海洋站点实测风场的相关性较好,相关系数普遍在 0.6～0.9,平均绝对误差集中于 1.4～3.9 m/s,均方根误差集中于 1.8～4.0 m/s,平均绝对百分比误差普遍在 19.5%～80%。其中,2021 年 7 月份风矢量的误差最小,平均绝对误差集中于 1.36～3.85 m/s,均方根误差集中于 1.6～3.9 m/s,平均绝对百分比误差普遍在 20%～65%,说明夏季的海上风场提取结果较好。这与本文的风场反演方法相关。与其他季节的卫星云图相比,夏季的云层信息更加丰富,云导风反演结果更加准确。本研究反演的海上风场的精度优于 ERA5 再分析风场;相比之下,本研究生成的海上风场的均方根误差降低了 0.35 m/s,平均绝对误差降低了 0.25 m/s。

4　中国近海海上风场时空变化特征

从图 1 中可以看出 2021 年中国近海海上风速的空间分布特征及季节变化特征。中国沿海及岛屿地区风速较大,尤其在福建、浙江沿海以及台湾海峡,风速可达 22 m/s,具有非常丰富的风能资源。

以中国近海 13 个海洋台站为样本选取位置,统计 2021 年 1 月、4 月、7 月和 10 月的日平均反演风速及风向,如图 3 所示。从图中可以看出,2021 年中国近海 13 个海洋站点西北风的风频最小,偏北风较少,偏南风较多。

（a）2021 年 1 月平均风速、风向　（b）2021 年 4 月平均风速、风向　（c）2021 年 7 月平均风速、风向　（d）2021 年 10 月平均风速、风向

图 3　中国近海风玫瑰图

从季节变化上分析,1月台湾海峡、巴士海峡和南海东北部海域的风速较大。台湾海峡是东北-西南走向的峡管,正好同冬季风风向平行,使得气流在这些地区辐合,致使风力比海峡外增大,巴士海峡和南海的大风也都是峡管效应的作用[19]。4月是冬季风向夏季风过渡的季节,东海东北部的风速增大,渤海和南海中部海域风速减小,南海最南部海域风速最小。7月西南季风加强,在南海风速显著增大。台湾海峡处于夏季风的背风区,峡管效应不明显,大风日数较少。夏季是热带气旋多发季节,热带气旋在西太平洋获得大量能量,而且无论是西行还是北折路径对台湾以东洋面的影响都比较大,由此导致该海域的风速较大。以此为中心,风速分别向西南和东北方向逐渐减小。10月冬季风基本建立,台湾海峡、巴士海峡和南海东北部海域的风速分布都同1月近似。但是南海西南部海域并没有出现风速的高值中心,主要是因为冬季风虽然基本建立,但是还不很强盛。风速大值中心主要在台湾海峡、巴士海峡和南海东北部海域,向东北和西南方向逐渐减小。

5 结 语

提出了通过改进静止气象卫星云导风场的遥感反演方法,提高云导风场的数据质量,并将其作为独立的风场数据,进一步与再分析风场资料融合,得到中国近海高分辨率海上风场数据集,这对于集成多源遥感海上风场资料并综合应用于海上风能资源评估将是一种有益尝试,对风场数据的空间补缺和时间序列延长、构建高时空分辨率近海海上风场数据集大有裨益。在此基础上分析得到的海上风能资源时空变化特征更精确、更可信,也能够更有效地揭示海上风能的时空变化特征与机制。研究结果表明:

(1)融合后的海上风场与海洋站点实测风场的相关性较好,并优于ERA5再分析风场精度。相关系数普遍在0.6~0.9,平均绝对误差集中于1.4~3.9 m/s,均方根误差集中于1.8~4.0 m/s,平均绝对百分比误差普遍在19.5%~80%。

(2)中国近海海上风能资源丰富。沿海及岛屿地区风速较大,尤其是在福建、浙江沿海以及台湾海峡区域,月平均风速可达22 m/s,拥有丰富的、具有可开发性的风能资源。

(3)中国近海风场季节性差异明显。冬季,台湾海峡、巴士海峡和南海东北部海域的风速较大。春季,东海东北部的风速增大,渤海和南海中部海域风速减小,南海最南部海域风速最小。夏季,南海风速显著增大。秋季,台湾海峡、巴士海峡和南海东北部海域的风速分布都同冬季近似。

参考文献

[1] 中华人民共和国国家发展和改革委员会. 中华人民共和国国民经济和社会发展第十四个五年规划和2035年远景目标纲要[EB/OL]. (021-03-13). https://www.gov.cn/xinwen/2021-03/13/content_5592681.htm.

[2] 马敏杰. 全球风能资源时空分布特征及开发潜力评价[D]. 成都:电子科技大学,2018.

[3] 陈玲娜. 海上风电的发展现状和前景分析[J]. 中国高新科技,2020(13):75-76.

[4] 张鑫凯. 中国近海海上风场分布特征研究——以近10年(2010—2022年)为例[J]. 江苏科技信息,2023,40(26):72-76.

[5] 刘解明,熊学军,宫庆龙等. 4种表层风场资料在北半球海域的适用性评估[J]. 海洋科学进展,2020,38(1):38-50.

[6] 刘金芳,孙立尹. 西北太平洋风场和海浪场特点分析[J]. 海洋预报,2000(3):54-62.

[7] 林逸凡,刘玉飞,王小合等. 三种海面风场资料在中国沿海风能利用中的比较研究[J]. 海洋湖沼通报,2023,45(6):1-11.

[8] 詹思玙,齐琳琳,卢伟. 基于CCMP资料和现场观测资料的西北太平洋海面风场特征分析[J]. 海洋预报,2017,34(2):10-20.

[9] 许冬梅,沈菲菲,李泓等. 新一代静止气象卫星葵花8号的晴空红外辐射率资料同化对台风"天鸽"的预报影响研究[J]. 海洋学报,2022,44(3):40-52.

[10] 韩冰,王永明,孙继银. 加速的Fast Hessian多尺度斑点特征检测[J]. 光学精密工程,2011,19(7):1686-1694.

[11] OTSU N. A threshold selection method from gray-level histograms[J]. IEEE Transactions on Systems Man and Cybernetics,1979,9(1):62-66.

[12] 杨先凤,李小兰,贵红军. 改进的自适应伽马变换图像增强算法仿真[J]. 计算机仿真,2020,37(5):241-245.

[13] MOHAMMAD A,SALEH O,ABDEEN R A. Occurrences algorithm for string searching based on brute-force algo-

rithm[J]. Journal of Computer Science,2006,2(1):82-85.

[14] TALUKDER K H,HARADA K . Haar Wavelet Based Approach for Image Compression and Quality Assessment of Compressed Image[J]. Iaeng International Journal of Applied Mathematics,2007,36(1):49-56.

[15] GENTRY R C,FUJITA T T,SHEETS R C. Aircraft,spacecraft,satellite and radar observations of Hurricane Gladys,1968[J]. Journal of Applied Meteorology and Climatology,1970,9(6):837-850.

[16] FRITZ S,WINSTON J S. Synoptic use of radiation measurements from satellite TIROS II[J]. Monthly Weather Review,1962,90(1):1-9.

[17] 樊宏杰,黄亦鹏,李万彪. 基于卫星红外遥感的云顶高度反演算法综述[J]. 北京大学学报(自然科学版),2017,53(04):783-792.

[18] BENTAMY A,AYINA H L,QUEFFEULOU P,et al. Improved near real time surface wind resolution over the Mediterranean Sea[J]. Ocean Science,2007,3(2):259-271.

[19] 陈心一,郝增周,潘德炉,等. 中国近海海面风场的时空特征分析[J]. 海洋学研究,2014,32(1):1-10.

多维度评价人类活动对沿海滩涂生态系统的综合影响

滕　玲,钱明霞,陈昊袭

（南京水利科学研究院,江苏 南京　210029）

摘要:位于沿海地区的湿地对人类活动提供了多种服务功能,但其生态系统十分脆弱,容易受到外界影响。目前,由于人类的开发活动,大多数沿海湿地正面临面积缩减、污染累积和生物多样性下降等问题。因此,迫切需要提出一种新的评估方法,以定量分析人类活动对沿海湿地生态系统的综合影响。以江苏沿海的条子泥湿地为例,本研究从生态完整性、生态稳定性、生态退化特征、环境承载力和水资源 5 个维度出发,探讨了人类活动的影响。研究结果表明,自 2004 年东仓地区围垦以来,湿地生态系统并未出现明显变化。琼东、良南以及条子泥一期围垦项目对湿地生态系统的影响虽然存在,但尚在可接受范围之内。如果条子泥二期和三期围垦工程完成,湿地生态系统将严重退化,人类活动将对其造成巨大且不可逆转的负面影响,这一点应引起人们的高度关注。

关键词:湿地生态系统;定量评估;生态完整性;生态稳定性;生态退化特征;环境承载力;水资源

滩涂生态系统是地球上至关重要的自然要素,具有独特的生态功能和价值。它们不仅为人类社会提供了丰富的自然资源,如生物资源、土地资源和旅游资源,而且还是众多野生动植物的栖息地,为它们提供了必要的生存空间和食物来源。滩涂的这些功能对于维持生态平衡、保护生物多样性以及提供生态服务具有不可替代的作用。

然而,随着社会经济的快速发展和自然环境条件的变化,滩涂生态系统正面临着前所未有的威胁。城市化进程、工业污染、不合理的土地开发等人类活动,已经对滩涂的生态环境造成了严重的影响。许多学者已经对滩涂生态系统的退化问题进行了研究[1-3],揭示了人类活动对滩涂生态系统的具体影响:① 滩涂面积减少。由于围垦、填海造陆等人为活动,滩涂的自然面积不断缩减,导致生态系统的承载力下降。② 环境污染加剧。工业废水、农业面源污染等污染物的排放,使得滩涂水质恶化,影响了生物的生存和繁衍。③ 生物多样性下降。环境污染和栖息地破坏导致滩涂生物多样性的减少,一些物种甚至面临灭绝的风险。④ 生态服务功能减弱。滩涂生态系统的退化影响了其提供生态服务的能力,如净化水质、调节气候、提供生物资源。

为了更好地保护和合理利用滩涂资源,迫切需要开发和应用新的评估方法,通过定性和定量相结合的评估,为滩涂的保护和管理提供科学依据,促进滩涂生态系统的可持续发展。

1 研究对象

条子泥是辐射沙脊群中最靠近陆岸的大型沙洲。据 20 世纪 80 年代江苏省海岸带和海涂资源综合调查报告,条子泥沙洲面积约为 504.9 km²;据 2008 年完成的江苏近海海洋综合调查与评价专项（江苏"908"专项）调查成果,条子泥面积约为 528.82 km²。条子泥正位于辐射沙洲的中心,长期以来处于淤积环境中。邻近岸滩不断淤高成陆,梁垛河闸—方塘河闸岸段自 1977 年以来的 32 年间共匡围高涂 180 km²,一线海堤平均向海推进近 10 km。

2 研究方法

沿海滩涂是具有多种服务功能的宝贵自然资源,但其生态系统又十分脆弱并易于变化。目前国内外

作者简介:滕玲。E-mail:lteng@nhri.cn

很多滩涂由于受到人类开发活动的影响,面积日益减少,环境污染加剧,生物多样性下降,生态服务功能不断减弱。因此提出一种新的评价方法来定量研究人类开发活动对滩涂生态环境和水资源利用的综合影响势在必行。本研究以条子泥滩涂为研究对象,考虑数据的可获得性,从生态完整性、生态稳定性、生态退化特征、环境容量、水资源 5 个维度[4-6]来评价 2005 年以来人类开发活动对条子泥滩涂的综合影响,具体研究方法如下。

(1)生态完整性:我们用滩涂面积(tidal flat area)和植被覆盖率(vegetation coverage)这两个指标来表征滩涂生态系统的完整性。由于人类活动(围垦、养殖、港口建设、风电开发等),滩涂面积减少。滩涂面积反映了滩涂完整性被破坏和干扰的程度。而植被作为滩涂动物重要的栖息地和食物来源,其覆盖率可以用来衡量滩涂生境的完整性。

记 T_{A1}(km²)和 T_{A2}(km²)分别为人类开发活动前后的滩涂面积,则 $\Delta T_A = T_{A1} - T_{A2}$ 为滩涂面积变化。当 $\frac{\Delta T_A}{T_{A1}} \leqslant 0.05$ 时,滩涂面积增加或者无明显减少,评价指数 E_{TA} 为 1;$0.05 < \frac{\Delta T_A}{T_{A1}} \leqslant 0.1$ 时,滩涂面积有所减少,评价指数 E_{TA} 为 5;$\frac{\Delta T_A}{T_{A1}} > 0.1$ 时,滩涂面积明显减少,评价指数 E_{TA} 为 10。

V_{C1}(%)和 V_{C2}(%)分别为人类开发活动前后的植被覆盖率,则 $\Delta V_C = V_{C1} - V_{C2}$ 为覆盖率的变化。当 $\Delta V_C \leqslant 5\%$ 时,植被覆盖增加或者无明显减少,评价指数 E_{VC} 为 1;$5\% < \Delta V_C \leqslant 10\%$ 时,植被覆盖有所减少,评价指数 E_{VC} 为 5;$\Delta V_C > 10\%$ 时,植被覆盖明显减少,评价指数 E_{VC} 为 10。

(2)生态稳定性:本研究用营养状态指数和珍稀物种(rare species)种群数量来表征滩涂生态系统的稳定性。人类开发活动导致污染排放增加,从而使生态系统的富营养化程度加剧,导致了水生植物营养物质供给的不稳定性。这种不稳定性又会通过食物链影响动物。濒危物种、重要保护对象的种群数量的减少,直接反映了栖息地质量和食物供给情况的恶化,间接反映了生态系统的不稳定性。营养状态指数(以 N 表示),通过式(1)进行计算

$$N = \frac{C}{C^s} + \frac{D}{D^s} + \frac{PO_4}{P^s} \tag{1}$$

式中:C、D 和 P 是实测污染物浓度(mg/L),而 C^s、D^s 和 P^s 是海水水质第二类标准中化学需氧量、无机氮和磷酸盐的含量(mg/L)。

当 $N \leqslant 2$ 时,贫营养化状态,评价指数 E_{NQI} 为 1;当 $2 < N \leqslant 3$ 时,中度营养化,评价指数 E_{NQI} 为 5;当 $N > 2$ 时,富营养化状态,评价指数 E_{NQI} 为 10。

因研究区域位于原盐城国家级珍禽自然保护区南块实验区,而在保护区栖息的动物以丹顶鹤(*Grus japonesis*)的知名度最高,其属于国家一级重点保护野生动物,因此研究选取丹顶鹤在该区域越冬数量的变化代表珍稀物种种群数量变化。记 R_{S1}(只)和 R_{S2}(只)分别为人类开发活动前后的保护动物数量,则 $\Delta R_S = R_{S1} - R_{S2}$ 为保护对象数量之差。当 $\frac{\Delta R_S}{R_{S1}} \leqslant 0.1$ 时,保护动物数量增加或者无明显减少,评价指数 E_{RS} 为 1;$0.1 < \frac{\Delta R_S}{R_{S1}} \leqslant 0.2$ 时,保护动物数量有所减少,评价指数 E_{RS} 为 5;$\frac{\Delta R_S}{R_{S1}} > 0.2$ 时,保护动物数量明显减少,评价指数 E_{RS} 为 10。

(3)生态退化特性:外来物种(alien species)入侵会对滩涂生态环境及生物多样性造成极其严重的威胁,是生态系统退化的直接诱因,会对生态系统造成不可逆转的破坏,因此外来特种的入侵情况可以用来表征生态系统的退化程度。本研究以米草为外来物种,通过其面积变化来研究滩涂生态系统的退化特性。记 A_{S1}(hm²)和 A_{S2}(hm²)分别为人类开发活动前后的米草面积,则 $\Delta A_S = A_{S1} - A_{S2}$ 为入侵面积之差。当 $\frac{\Delta A_S}{A_{S1}} \leqslant 0.05$ 时,入侵面积减少或者无明显增加,评价指数 E_{AS} 为 1;$0.05 < \frac{\Delta A_S}{A_{S1}} \leqslant 0.1$ 时,入侵面积有所增加,评价指数 E_{AS} 为 5;$\frac{\Delta A_S}{A_{S1}} > 0.1$ 时,入侵面积明显增加,评价指数 E_{AS} 为 10。

(4)环境容量:环境容量(environmental capacity)是指在不影响水体正常使用的前提下,在满足可持

续发展和保持水生态系统健康的基础上,水体容纳污染物的最大量。一旦污染物排放量超过这个最大容纳量,滩涂系统的生态平衡和正常功能就会遭到破坏。因此,环境容量是评价滩涂开发对生态环境影响不可或缺的指标。滩涂环境容量是指在给定的研究范围和水文条件下,在规定排污方式和水质目标的前提下,单位时间内该区域最大允许纳污量。它会受到多种因素影响:① 自然条件。自然条件是确定环境容量的基础,主要包括几何特性、水文特性、化学性质、物理自净能力、化学自净能力和生物降解能力等。② 环境功能要求。功能区划对水环境容量的影响很大,水质要求高的水域,水环境容量小;水质要求低的水域,水环境容量大。③ 污染物性质。不同污染物具有不同的物理化学性质和生物反应特性,对生境中的生物和人体健康的影响程度不同。不同的污染物具有不同的环境容量,但之间存在一定的关联和影响。④ 排放方式。环境容量与污染物的排放位置和排放方式密切相关。

记 E_{C1PO4}(t/a)和 E_{C2PO4}(t/a)分别为人类开发活动前后的磷酸盐环境容量,则 $\Delta E_{CPO4} = E_{C1PO4} - E_{C2PO4}$ 为环境容量变化值。当 $\dfrac{\Delta E_{CPO4}}{E_{C1PO4}} \leqslant 0.1$ 时,环境容量有所增加或者无明显减少,评价指数 E_{EC} 为1;$0.1 < \dfrac{\Delta E_{CPO4}}{E_{C1PO4}} \leqslant 0.2$ 时,环境容量有所减少,评价指数 E_{EC} 为5;$\dfrac{\Delta E_{CPO4}}{E_{C1PO4}} > 0.2$ 时,环境容量明显减少,评价指数 E_{EC} 为10。

(5)水资源:滩涂水资源作为饮用水资源显然不合适,但可以用来发展特色养殖业。滩涂也可作为旅游资源。水量(water quantity)变化可以直观反映滩涂水资源补给状况的变化,因此被用来作为研究滩涂水资源变化的指标。记 $W_{Q1}(t)$ 和 $W_{Q2}(t)$ 分别为人类开发活动前后的水量。$W_Q = A_w \times h_w \times \rho_w$,其中 A_w、h_w 和 ρ_w 分别为滩涂水域面积、平均水深和水体密度。$\Delta W_Q = W_{Q1} - W_{Q2}$ 为水量的变化。当 $\dfrac{\Delta W_Q}{W_{Q1}} \leqslant 0.1$ 时,水量有所增加或者无明显减少,评价指数 E_{WQ} 为1;$0.1 < \dfrac{\Delta W_Q}{W_{Q1}} \leqslant 0.2$ 时,水量有所减少,评价指数 E_{WQ} 为5;$\dfrac{\Delta W_Q}{W_{Q1}} > 0.2$ 时,水量明显减少,评价指数 E_{wQ} 为10。

综合影响指数 E 的计算公式如式(2):

$$E = E_{TA}W_{TA} + E_{VC}W_{VC} + E_{NQI}W_{NQI} + E_{RS}W_{RS} + E_{AS}W_{AS} + E_{EC}W_{EC} + E_{wQ}W_{WQ} \qquad (2)$$

当 $1 \leqslant E < 4$ 时,滩涂系统无明显变化,人类开发活动综合影响较小;$4 \leqslant E < 8$ 时,人类开发活动对滩涂系统有所影响,尚在可接受范围内;$E \geqslant 8$ 时,滩涂系统恶化明显,人类开发活动影响巨大,应引起关注。

3 计算结果分析

根据上述滩涂开发的综合影响评价方法,我们从数据的可获得性以及该地区主要的开发利用方式,选取了6个方案开展综合影响评价[7],具体方案的信息见表1。

表1　综合影响评价的方案

评价方案	垦区名称	围垦时间	主要用途	匡围面积/km²
方案一	仓东垦区	2004—2005	养殖、风力发电	24.00
方案二	骆东垦区	2006—2007	种植、水产养殖	20.67
方案三	方南垦区	2006—2007	种植、园区	20.00
方案四	梁南垦区	2008	养殖、风力发电	16.67
方案五	条子泥一期围垦	2011—2012	水产养殖	58.00
方案六	条子泥二、三期	未实施	海水养殖、淡水养殖	169.73

表2和表3分别是对各方案的生态系统完整性和稳定性的评价结果。表4是生态退化特性和水资源的评价结果。

表 2　开发利用方案生态系统完整性评价

评价方案	生态系统完整性评价						
	滩涂面积/km²	变化率	评分 E_{TA}	植被覆盖面积/km²	植被覆盖率/%	变化值/%	评分 E_{VC}
基准年	226.629			21.585	8.91		
方案一	204.860	0.096	5	9.036	3.73	5.18	5
方案二	189.856	0.162	10	14.379	5.93	2.97	1
方案三	177.160	0.218	10	16.106	6.65	2.26	1
方案四	173.352	0.235	10	18.199	7.51	1.40	1
方案五	154.868	0.317	10	15.028	6.20	2.71	1
方案六	134.653	0.406	10	20.123	8.31	0.60	1

表 3　开发利用方案生态系统稳定性评价

评价方案	生态系统稳定性评价				
	营养状态指数	评分 E_{NQI}	珍稀物种丹顶鹤/只	变化率	评分 E_{RS}
基准年			1 020		
方案一	—	—	967	0.052	1
方案二	—	—	718	0.296	10
方案三	—	—	801	0.215	10
方案四	1.803	1	640	0.373	10
方案五	2.821	5	543	0.468	10
方案六	3.920	10	500	0.510	10

表 4　开发利用方案退化特性和水资源评价

评价方案	生态退化特性			水资源		
	米草面积/km²	变化率	评分 E_{AS}	水量/t	变化率	评分 E_{WQ}
基准年	3.67			35 246.77		
方案一	4.77	0.299	10	34 286.77	0.027	1
方案二	6.47	0.763	10	33 522.09	0.049	1
方案三	9.24	1.517	10	32 722.09	0.072	1
方案四	6.53	0.780	10	32 138.75	0.088	1
方案五	7.71	1.101	10	31 268.75	0.113	5
方案六	5.25	0.431	10	28 721.48	0.185	5

图 1 是从水质模型中输出的用于计算环境容量的磷酸盐浓度场。表 5 是对各方案环境容量变化的评价结果。

表 5　开发利用方案退化特性和水资源评价

评价方案	磷酸盐三类水质标准（0.030 mg/L）			磷酸盐四类水质标准（0.045 mg/L）		
	环境容量/(t/a)	变化率	评分 E_{EC}	环境容量/(t/a)	变化率	评分 E_{EC}
方案四（基准年）	295.770			522.868		
方案五	−72.719	1.246	10	202.562	0.613	10
方案六	−111.376	1.377	10	52.228	0.900	10

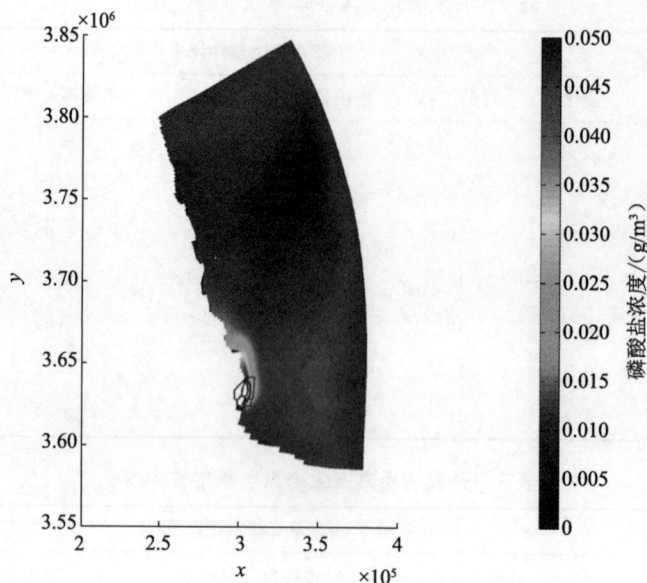

图 1　水质模型输出的磷酸盐浓度场

表 6 是各方案环境综合影响评价的最终结果。由表中可见,仓东围垦后滩涂系统无明显变化,人类开发活动综合影响较小;而弶东、方南、梁南和条子泥一期围垦对滩涂系统有所影响,尚在可接受范围内,而条子泥二、三期围垦如果实施后滩涂系统恶化明显,人类开发活动影响巨大。

表 6　开发利用方案退化特性和水资源评价

	系统完整性			系统稳定性				退化特性		水资源		环境容量		总分
	E_{TA}	W_{TA}	E_{VC}	W_{VC}	E_{NQI}	W_{NQI}	E_{RS}	W_{RS}	E_{AS}	W_{AS}	E_{WQ}	W_{WQ}	E_{EC}	W_{EC}	E
方案一	5	15%	5	15%	**1**	10%	1	20%	10	15%	1	10%	**1**	15%	3.55
方案二	10	15%	1	15%	**1**	10%	10	20%	10	15%	1	10%	**1**	15%	5.50
方案三	10	15%	1	15%	**1**	10%	10	20%	10	15%	1	10%	**1**	15%	5.50
方案四	10	15%	1	15%	1	10%	10	20%	10	15%	1	10%	**1**	15%	5.50
方案五	10	15%	1	15%	5	10%	10	20%	10	15%	5	10%	10	15%	7.65
方案六	10	15%	1	15%	10	10%	10	20%	10	15%	5	10%	10	15%	8.15

注:表中黑体数字因无实测数据,所以按基准年取值。

4　结　论

本研究针对江苏沿海条子泥滩涂生态系统,提出了一种多维度综合评估方法,定量分析了人类活动对滩涂生态系统的影响。研究从生态完整性、生态稳定性、生态退化特性、环境承载力和水资源 5 个关键维度出发,对 2005 年以来的人类开发活动进行了深入分析。

综合评估结果显示,自 2004 年东仓地区围垦以来,湿地生态系统并未出现明显变化。然而,如果条子泥二期和三期围垦工程完成,湿地生态系统将遭受严重恶化,人类活动将对其造成巨大且不可逆转的负面影响。本研究为地方政府的决策提供了科学和可靠的参考,有助于实现滩涂资源的合理开发和保护。

为了促进滩涂生态系统的可持续发展,建议加强水质和生态数据的收集,提高评估结果的可靠性,并采取有效措施减小人类活动对滩涂生态系统的负面影响。

参考文献

[1]　BURRIS R K,CANTER L W. Cumulative impacts are not properly addressed in environmental assessments[J]. Environmental Impact Assessment Review,1997,17(1):5-18.

[2]　DUINKER P N,GREIG L A. The impotence of cumulative effects assessment in Canada:Ailments and ideas for rede-

ployment[J]. Environmental Management,2005,37(2):153-167.

[3] 陈庆伟,陈凯麒,梁鹏.流域开发对水环境累积影响的初步研究[J].中国水利水电科学研究院学报,2003,1(4):300-305.

[4] 高军,徐网谷,杨昉婧,等.江苏盐城湿地珍禽国家级自然保护区资源开发的阈值管理[J].生态与农村环境学报,2011,27(1):6-11.

[5] 林逢春,陆雍森.幕景分析法在累积影响评价中的实例应用研究[J].上海环境科学,2001,20(6):288-293.

[6] 史英标,倪勇强,韩曾萃,等.沿海滩涂开发强度与维持平衡的临界阈值探讨[J].海洋学研究,2006,24:35-48.

[7] 张长宽,陈君,林康,等.江苏沿海滩涂围垦空间布局研究[J].河海大学学报(自然科学版),2011,39(2):206-212.

临海新城水系连通工程水循环水交换研究

唐　磊[1],王昭睿[2],张　磊[3],王宁舸[1],孙林云[1],孙　波[1]

(1. 南京水利科学研究院 水灾害防御全国重点实验室,江苏 南京　210029;2. 天津生态城泰达海洋技术开发有限公司,天津　300450;3. 保利科技有限公司,北京　100010)

摘要:建立水体交换数学模型,提出临海新城水系统运行水位参数和闸控换水调度方案,对系列水陆域平面布置方案进行计算研究,探讨水系统换水口位置、数量等对区域内部水体交换能力的影响。研究结果表明:采用多座换水闸联合调度、利用海洋潮汐动力特点自然驱动水系内外水体交换的闸控换水调度方案是可行的。临海新城南、北片区共布置4个换水口(换水闸),同时内部河道、湖体水系连通,可使水系统具有畅通的循环路径、高效的换水能力,第5天、10天后水系统换水率分别达88%、97%。

关键词:中新天津生态城;临海新城;水系连通工程;运行水位参数;闸控换水调度;水体交换能力

近几十年来,中国开展了大规模围填海工程,用以支撑工业与城镇建设,促进区域社会经济发展。围填海工程相关的海域使用管理对策措施对区域内部水域面积占比进行了规定,文献[1]将水文动力环境(如水体交换率)作为围填海项目生态影响评估指标和生态修复措施之一。

中新天津生态城临海新城(简称临海新城)位于天津市滨海新区永定新河口北岸,是中国首个采用"人工岛"区块组团式围填海形成的滨海新城,是集旅游、休闲、居住、服务于一体的临海生态型新城区,规划造陆面积约 28 km²。刘亚平等[2]采用数学模型和物理模型对临海新城"渤海至钻"方案的水系统循环管理可行性进行初步论证。临海新城于2006年开工建设,至2018年已基本完成围填海造陆工程,区域内外连通的河湖水系尚不健全,见图1。在新的海域使用政策条件下,水陆域平面布置方案是临海新城城市规划修编需关注的重点,水循环水交换是评价滨海新城水系统布局是否合理的重要内容。

拟通过水体交换数学模型计算,对比评估临海新城不同水陆域平面布置方案的换水效果,探究循环路径畅通、换水能力高效的水系连通工程方案。

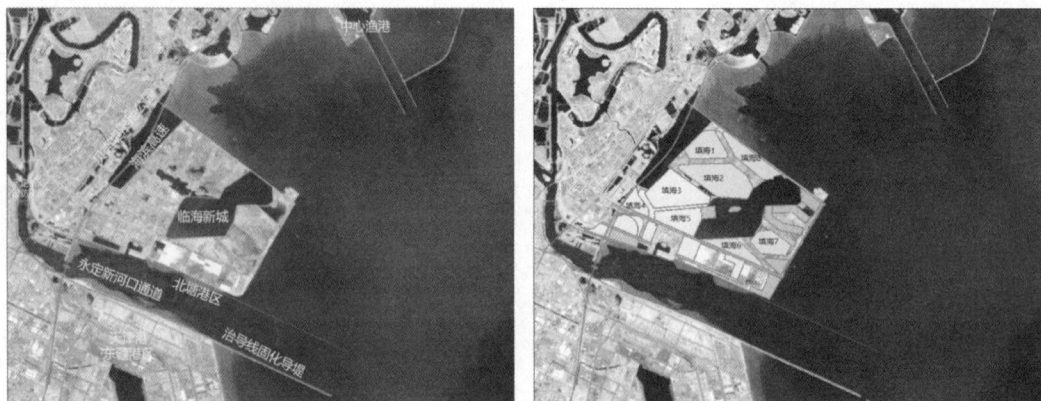

　　(a)区域水陆域分布状态　　　　　　　　　　　　(b)确权用海项目分布

图1　临海新城2018年5月遥感影像

基金项目:南京水利科学研究院中央级公益性科研院所基本科研业务费专项资助项目(Y222005)

作者简介:唐磊。E-mail:TANGLEI@nhri.cn

通信作者:王昭睿。E-mail:wangzhaorui8044@163.com

1 海域水动力条件概述

临海新城工程海域潮汐为不正规半日潮,多年最大、平均潮差分别为 4.37、2.43 m,平均海平面为 1.56 m(无特别说明,高程均以大沽基面起算)。南京水利科学研究院于 2013 年 10 月开展了渤海湾大范围现场水文测验工作[3],获得了 22 条垂线的潮流同步资料。图 2 中 5 条垂线(1Y—5Y)潮流资料表明,临海新城海域潮流基本表现为往复流,涨、落潮流的主流方向大致呈 NW-SE 向,河口通道内 1Y 测点主流方向呈 NW-SE 向运动。各测点从涨潮平均流速和落潮平均流速来看,涨潮流明显大于落潮流,离岸越远流速越大。3Y 和 5Y 测点大潮涨、落潮平均流速分别为 0.30 和 0.41 m/s、0.24 和 0.35 m/s,2Y 和 4Y 测点则分别 0.26 和 0.31 m/s、0.19 和 0.23 m/s。

2 水体交换数学模型建立与验证

2.1 控制方程

描述潮流运动的基本方程为静压假定下的不可压缩浅水流动方程,即纳维尔-斯托克斯(Navier-Stokes)方程。本项研究主要针对平面尺度较大的海域潮流计算,故采用垂线平均后的二维水流基本方程,表述为如下形式:

连续方程:

$$\frac{\partial h}{\partial t}+\frac{\partial hU}{\partial x}+\frac{\partial hV}{\partial y}=0 \tag{1}$$

运动方程:

$$\frac{\partial hU}{\partial t}+\frac{\partial hU^2}{\partial x}+\frac{\partial hUV}{\partial y}-fVh+gh\frac{\partial \eta}{\partial x}=\frac{\partial}{\partial x}\left(2Ah\frac{\partial U}{\partial x}\right)+\frac{\partial}{\partial y}\left[Ah\left(\frac{\partial U}{\partial y}+\frac{\partial V}{\partial x}\right)\right]+\frac{\tau_{sx}-\tau_{bx}}{\rho_0} \tag{2}$$

$$\frac{\partial hV}{\partial t}+\frac{\partial hVU}{\partial x}+\frac{\partial hV^2}{\partial y}+fUh+gh\frac{\partial \eta}{\partial y}=\frac{\partial}{\partial x}\left[Ah\left(\frac{\partial U}{\partial y}+\frac{\partial V}{\partial x}\right)\right]+\frac{\partial}{\partial y}\left(2Ah\frac{\partial V}{\partial y}\right)+\frac{\tau_{sy}-\tau_{by}}{\rho_0} \tag{3}$$

物质输运对流扩散方程:

$$\frac{\partial hC}{\partial t}+\frac{\partial hUC}{\partial x}+\frac{\partial hVC}{\partial y}=h\frac{\partial}{\partial x}\left(D_h\frac{\partial C}{\partial x}\right)+h\frac{\partial}{\partial y}\left(D_h\frac{\partial C}{\partial y}\right) \tag{4}$$

其中,x、y 为笛卡尔坐标系坐标;t 为时间变量(s);η 为相对于参考基面的水位(m);h 为全水深,$h=h_0+\eta$;U、V 分别为 x、y 方向上的垂线平均流速(m/s);f 为科氏力系数($f=2\omega\sin\varphi$,ω 为地球自转角速度,φ 为纬度);ρ_0 为水体参考密度(kg/m³);g 为重力加速度(m/s²);τ_{sx}、τ_{sy} 分别为表面风应力在 x、y 方向上的分量(N/m²)τ_{bx}、τ_{by} 分别为底部切应力在 x、y 方向上的分量(N/m²);C 为水体垂向平均浓度;D_h 为水平扩散系数。A 为水平紊动黏性系数,由 Smagorinsky(1963)提出的亚格子法进行计算,见式(5)。

$$A=c_s^2 l^2\left[\left(\frac{\partial U}{\partial x}\right)^2+\left(\frac{\partial V}{\partial y}\right)^2+\frac{1}{2}\left(\frac{\partial U}{\partial y}+\frac{\partial V}{\partial x}\right)^2\right]^{1/2} \tag{5}$$

式中:c_s 为经验系数,l 为网格特征长度。

2.2 模型建立与参数选取

水体交换数学模型以临海新城为中心,模型范围东西宽约 54 km,南北长约 62 km。为了准确刻画海域范围内的曲折岸线,数学模型采用三角形非结构网格剖分技术建立,计算网格见图 2(a),网格单元总数为 85 119,节点数为 44 627。为了描述换水闸等小尺度建筑物的平面和立面(水深地形)尺度,最小网格尺度为 10 m,在外海开敞海域水深变化相对平缓,最大网格尺度为 1 000 m。大范围海域水深地形数据来源于数字化海图资料,工程区域采用实测水下地形资料。在模型中应用插值方法将水深地形赋值到各计算节点上,所得到计算水深地形详见图 2(b)。

数学模型开边界条件由渤海潮波数学模型提供,计算时间步长为 30 s,海床糙率随水深变化而不同,取值 0.016~0.02。

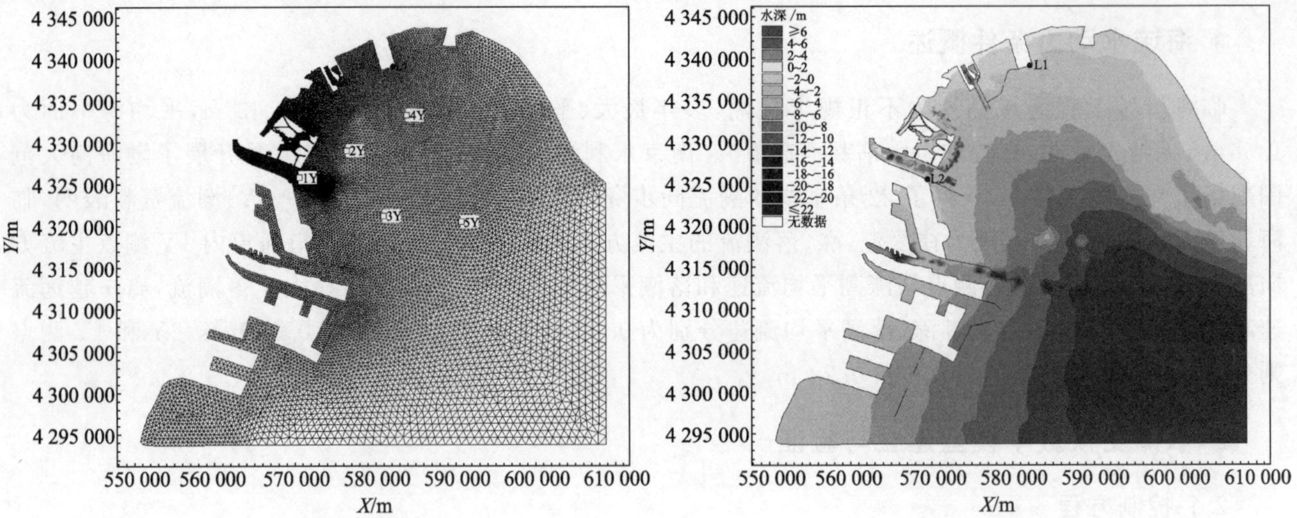

（a）网格及潮流验证点　　　　　　　　（b）地形及潮位验证点

图2　水交换数学模型

2.3 模型验证

采用2013年10月18—19日该海域2个临时潮位测站(L1、L2)和5条潮流测点(1Y—5Y)的潮位、流速流向实测资料(具体位置见图2)对数学模型进行验证。图3为潮位、流速、流向验证结果，计算值与实测值总体吻合较好，表明所建立的数学模型能够反映该海域的潮汐潮流基本特征。

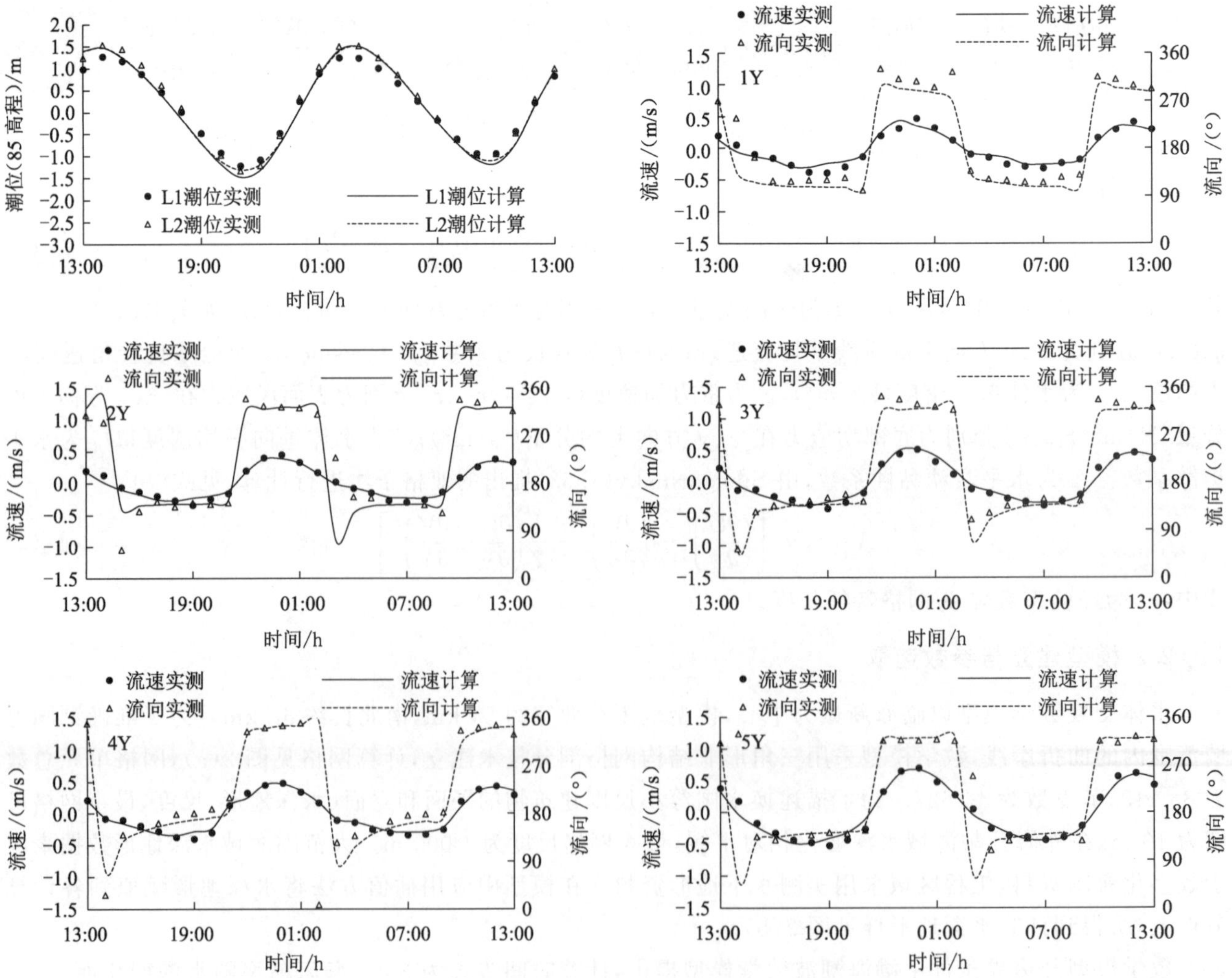

图3　潮位、流速、流向过程验证

3 水系连通工程方案研究

3.1 水陆域平面布置方案

临海新城水陆域平面遵循以下布置原则：① 国家现行围填海政策与临海新城已取得海域使用权证、填海现状等相结合；② 恢复区域用海规划采用的离岸多岛式用海平面布局,优化区域内部水系平面布置,恢复水系统海洋属性；③ 优化区域内部水系与外海连通的换水口数量、位置等。文献[4]对31个临海新城水陆域平面布置方案进行系统研究。限于篇幅,以下将对其中4个典型方案研究成果进行论述。

方案1至方案3分别是多岛式外围堤布置3个、4个、5个换水口(水闸)方案,方案4是在外围堤布置4个换水口(水闸)、内部布置2座水闸方案,分别见图4(a)至图4(d)。

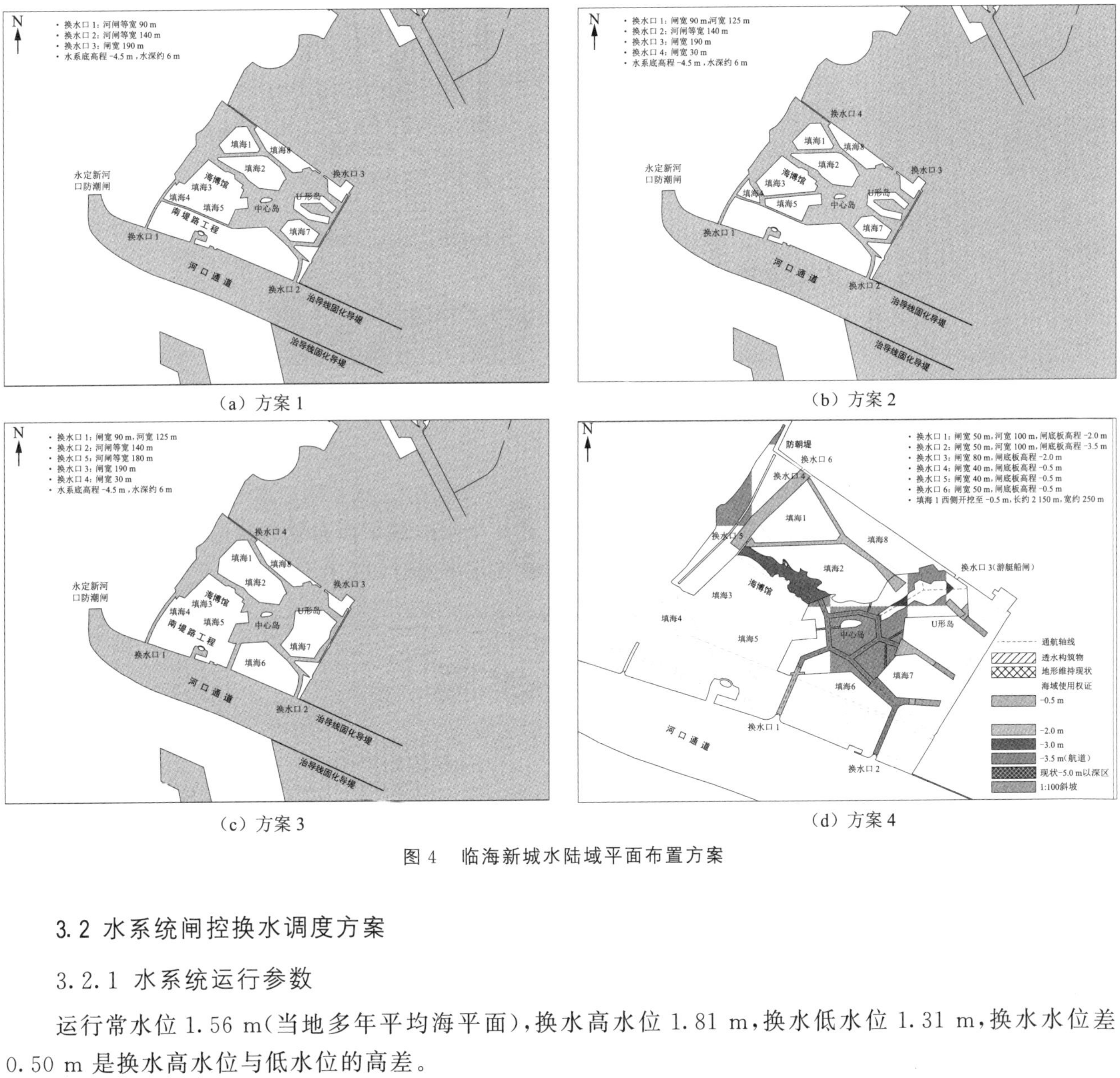

(a) 方案1

(b) 方案2

(c) 方案3

(d) 方案4

图4 临海新城水陆域平面布置方案

3.2 水系统闸控换水调度方案

3.2.1 水系统运行参数

运行常水位1.56 m(当地多年平均海平面),换水高水位1.81 m,换水低水位1.31 m,换水水位差0.50 m是换水高水位与低水位的高差。

3.2.2 闸控换水调度方案

通过多座换水闸联合调度,利用海洋水动力特点,自然驱动水体进出水系统,换水流程(图5)表述如下：① 在涨潮过程中,当外海潮位涨至换水低水位1.31 m时,打开进水闸(此时出水闸处于关闭状态),外海海水通过进水闸进入临海新城水系内,当水系内水位由1.31 m涨至换水高水位1.81 m时,关闭进水闸(此时出水闸仍处于关闭状态)。外海潮位继续涨至高潮位,水系统内水位维持在换水高水位1.81 m。此为水系进水过程。② 在落潮过程中,当外海潮位落至换水高水位1.81 m,打开出水闸(此时进水闸处于关闭状态),水系统内水体通过出水闸流入外海,当水系统内水位由 1.81 m 落至换水低水位 1.31 m 时,关闭出水闸(此时进水闸仍处于关闭状态)。外海潮位继续落至低潮位,水系统内水位维持在换水低水位1.31m。此为水系统出水过程。③ 水系统进水、出水过程组成一次换水过程。经历若干次换水过程后,水系统可完成一次换水。

3.2.3 闸控水循环路径及其他

临海新城南侧片区换水口进水和北侧片区换水口出水的路径为"南进北出";换水闸在数学模型中均概化为单孔过流。

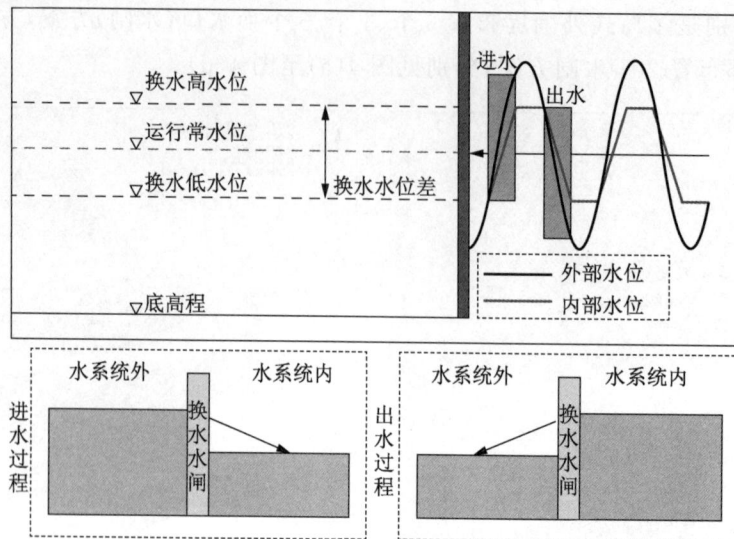

图 5　闸门启闭调度换水流程示意

3.3 水系统水体交换能力预测

按照设定的闸控换水调度方案,采用数学模型对上述 4 个水陆域平面布置方案的水体交换能力进行预测,以换水率为指标,对各方案的优劣进行评价,水系统换水率随时间变化见图 6。

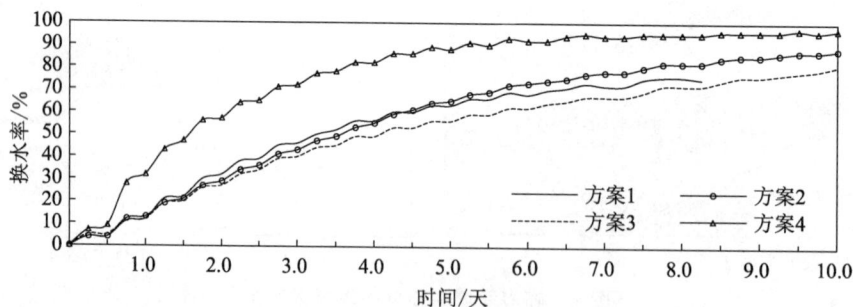

图 6　临海新城不同水陆域平面布置方案水系统换水率随时间变化

方案 1,在临海新城南片区东、西两侧分别设置 1 个换水口(水闸)及开挖河道,在北片区北围堤东侧设置 1 个换水口(水闸),在第 5 d、第 8 d 后水系统换水率分别为 63%、76%。因水系统西北角未设置换水口,水循环路径不畅通,导致该区域成为换水盲区,见图 7(a) 至图 7(b)。

方案 2,在北片区北围堤西侧增设设置 1 个换水口(水闸),在第 5 d、第 8 d、第 10 d 后水系统换水率分别为 65%、82%、88%。水系统整体具有较好的换水能力,U 形岛内仍是换水盲区,中心湖区西南角出现换水能力相对较弱的区域,见图 7(c) 至图 7(d)。

方案 3,在方案 2 基础上,将填海 1 与填海 2、填海 3~填海 5、U 形岛体成陆与填海 7 分别合并成岛,南片区中部增设 1 个换水口(水闸),在第 5 d、第 8 d、第 10 d 后水系统换水率分别为 56%、72%、81%。填海 1、2 合并岛体与填海 8 之间的河道受两侧水位顶托,水循环路径不畅通,成为换水盲区,影响了水系统整体的换水能力,见图 7(e) 至图 7(f)。

　　方案 4,在临海新城南片区中部、东侧分别设置 1 个换水口(水闸)及开挖河道,在北片区北围堤东侧、西侧分别设置 1 个换水口(水闸),同时在填海 1 南、北两侧 Y 形河道口分别布置 2 个水闸。在第 5 天、第 8 天、第 10 天后水系统换水率分别为 88%、95%、97%。计算结果表明。水系统整体具有较强的换水能力,仅东侧 3 条岔道局部范围换水能力相对较弱,见图 7(g)～图 7(h)。

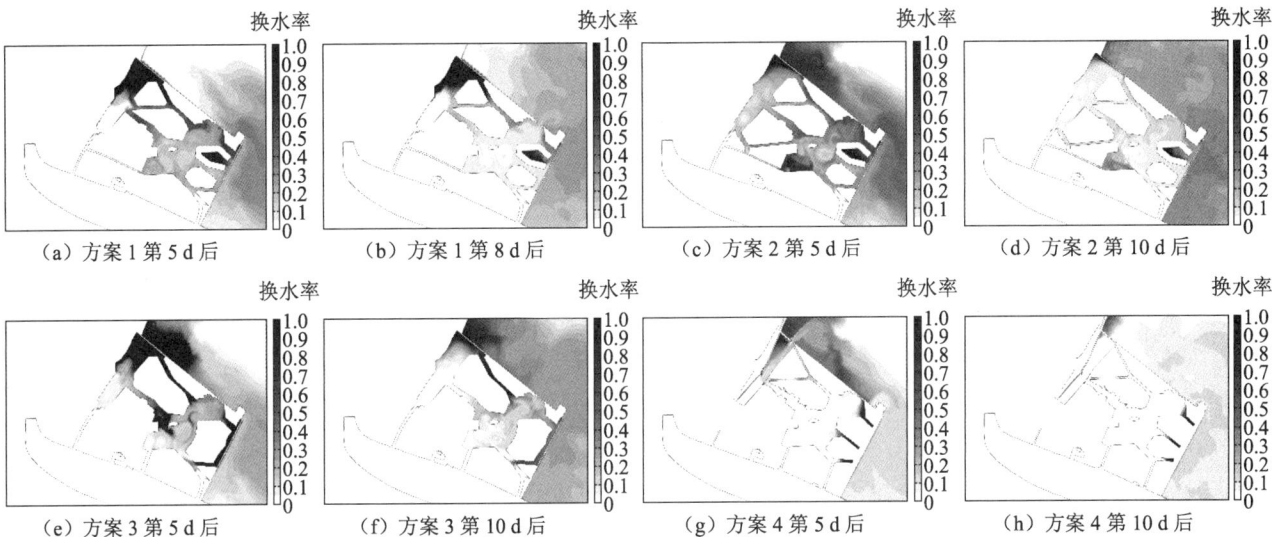

(a) 方案 1 第 5 d 后　　　(b) 方案 1 第 8 d 后　　　(c) 方案 2 第 5 d 后　　　(d) 方案 2 第 10 d 后

(e) 方案 3 第 5 d 后　　　(f) 方案 3 第 10 d 后　　　(g) 方案 4 第 5 d 后　　　(h) 方案 4 第 10 d 后

图 7　临海新城不同水陆域平面布置方案换水效果

4　结　语

　　建立了临海新城海域水体交换数学模型,采用现场水文测验资料进行验证,对临海新城系列水陆域平面布置方案进行计算,探讨了水系统换水口位置、数量等对区域内部水体交换能力的影响。得到如下主要结论:

　　(1)提出了临海新城水系统运行水位参数。运行常水位、换水高水位、换水低水位、换水水位差分别为 1.56、1.81、1.31、0.5 m。

　　(2)提出的临海新城水系统闸控换水调度方案是可行的。通过水系统进、出水换水闸的联合调度,利用海洋潮汐动力特点,自然驱动水系统内外水体交换,实现利用涨潮期间进水、落潮期间出水的闸控换水思路。

　　(3)在临海新城南片区东侧、中部分别设置 1 个换水口,北片区北围堤东、西侧分别设置 1 个换水口,连通内部河湖水系,可使水系统具有畅通的循环路径、高效的换水能力。

　　综上,流路畅通、换水高效的水系统是保障区域水质环境的重要措施,本项研究提出的水陆域平面布置、水系统运行参数、闸控换水调度方案等已运用于临海新城建设。相关成果可推广运用于类似的滨海新城水系统规划研究。

参考文献

[1]　自然资源部.围填海项目生态评估技术指南(试行).围填海项目生态保护修复方案编制技术指南(试行)[EB/OL]. (2018-11-01)[2024-01-05].http://gi.mnr.gov.cn/201811/t20181101_2324567.html.

[2]　刘亚平,孙林云,刘建军,等.天津滨海旅游区临海新城水系统管理可行性研究[J].海河水利,2010(5):50-54.

[3]　唐磊,孙林云,韩信,等.渤海湾造陆工程对海河流域主要河口防洪影响分报告之二:水文泥沙自然条件分析报告[R]. 南京:南京水利科学研究院,2015.

[4]　唐磊,王宁舸,戴鹏,等.中新天津生态城临海新城水系连通工程专题研究报告[R].南京:南京水利科学研究院,2019.

半封闭围合海域水体交换效果研究

戴　鹏[1,2]，唐　磊[1,2]，高云峰[3]，孙林云[1,2]，赵后志[1,2]

(1. 南京水利科学研究院，江苏 南京　210029；2. 港口航道泥沙工程交通行业重点实验室，江苏 南京 210024；3. 河北港口集团有限公司，河北 秦皇岛　066000)

摘要：本文建立平面二维水体交换数学模型，采用典型大潮对模型潮流场进行验证，在验证良好的基础上，针对京唐港东南防波堤现状方案与南堤开口系列方案，研究东南防波堤建设后围合海域的水体交换效果。东南防波堤若维持现状条件，围合海域水体交换能力较强，1 d 后换水率即达到 61.3%。随着时间推移，换水率逐步提高，4 d、8 d 和 10 d 换水率分别为 88.3%、96.8% 和 98.7%。在南堤保留 3 个 500 m 开口、2 个 1 000 m 开口、1 个 1 000 m 与 1 个 500 m 开口组合、2 个 750 m 开口，与现状方案换水率均较为接近，10 d 换水率超过 96.7%。若维持开口位置不变，进一步减小开口宽度为 100~500 m 时，前 10 d 的换水效率较现状有所降低，20 d 后与现状方案差别不大。结果表明，南堤设置较窄双开口可有效保证东南防波堤围合海域的水体交换效果。

关键词：京唐港；半封闭围合海域；水体交换；数学模型

唐山港京唐港区位于渤海湾北岸的大清河口和滦河口之间，港口工程自 1989 年开工，经过多年的建设经营，已成为中国新兴的北方大港[1-2]。第四港池是京唐港区煤炭、矿石等大宗散货的主要作业区，年通过能力已达到 1.39 亿 t。在国家《水运"十四五"发展规划》中，第四港池北岸的铁矿石码头扩建工程(即 51~52 号泊位)列为京津冀港口群一流港口建设重点工程。

目前，第四港池仅依靠内侧防波堤进行掩护。在《唐山港总体规划》中已经规划了第四港池南侧外堤。因此，内侧防波堤设计标准相对较低，设计使用寿命为 25 年。设计防浪标准为 25 年一遇，其防护能力不够完善。为减少主航道及四港池内航道泥沙淤积，降低主航道口门处横流流速，改善港口通航条件及第四港池泊稳条件，唐山港口实业集团有限公司投资建设了唐山港京唐港区东南防波堤工程。东南防波堤工程位于京唐港区规划第四港池南岸外侧、主航道以东，由东堤与南堤组成，全长 9 520 m。为提高东南防波堤围合海域的水体交换能力，拟在南堤设置开口，以连通东南防波堤围合海域与外海。本文针对各个开口方案的水体交换效果开展研究。

1 研究方案

如表 1 所示，本文研究方案分为两类：一类为本底方案，为东南防波堤施工暂停的现状方案；一类为南堤开口方案，包括在南堤设置 2~3 个开口的系列方案。具体介绍如下。现状方案：京唐港东南防波堤中东防波堤已建设至设计标高，南防波堤部分堤段已建设至设计标高，部分堤段仍处于潜堤状态，其高程沿程分布情况见图 1。南堤开口系列方案：包括南堤三开口(均为 500 m，图 2)、南堤双开口(均为 1 000 m，图 3)、南堤双开口(1 000 m、500 m)、南堤双开口(均为 750 m)、南堤双开口(均为 500 m)、南堤双开口(均为 400 m)、南堤双开口(均为 300 m)、南堤双开口(均为 200 m)、南堤双开口(均为 100 m)共计 9 个方案，各方案开口浅堤堤顶高程 -3.5 m。限于篇幅，对于南堤双开口方案，本文仅展示南堤双开口均为 1 000 m 的情况，其余方案开口位置相同，仅开口尺度变化。

作者简介：戴鹏。E-mail：pdai@nhri.cn

表 1　研究方案

分类	方案描述
本底	现状方案
南堤开口(共 9 个)	南堤三开口(均为 500 m)
	南堤双开口(均为 1 000 m)
	南堤双开口(1 000 m、500 m)
	南堤双开口(均为 750 m)
	南堤双开口(均为 500 m)
	南堤双开口(均为 400 m)
	南堤双开口(均为 300 m)
	南堤双开口(均为 200 m)
	南堤双开口(均为 100 m)

图 1　现状方案东南防波堤高程分布情况

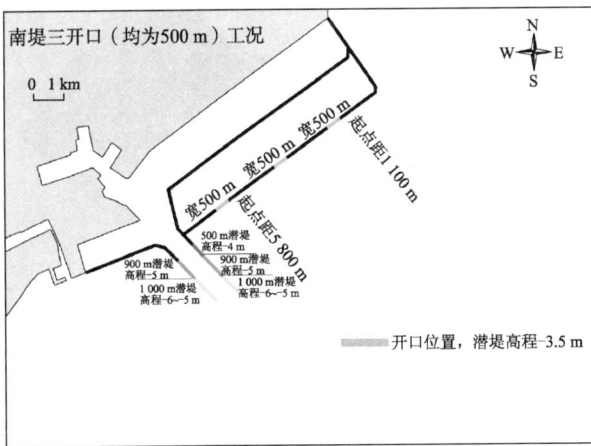

图 2　堤三开口(均为 500 m)方案

图 3　南堤双开口(均为 1 000 m)方案

2 研究手段

2.1 控制方程

描述潮流运动的基本方程为静压假定下的不可压缩浅水流动方程,即 Navier-Stokes 方程[3-4]。本项研究主要针对平面尺度较大的海域潮流计算,故采用垂线平均后的二维水流基本方程。

连续方程:

$$\frac{\partial h}{\partial t}+\frac{\partial hU}{\partial x}+\frac{\partial hV}{\partial y}=0 \tag{1}$$

运动方程：

$$\frac{\partial hU}{\partial t}+\frac{\partial hU^2}{\partial x}+\frac{\partial hUV}{\partial y}-fVh+gh\frac{\partial \eta}{\partial x}=\frac{\partial}{\partial x}\left(2Ah\frac{\partial U}{\partial x}\right)+\frac{\partial}{\partial y}\left[Ah\left(\frac{\partial U}{\partial y}+\frac{\partial V}{\partial x}\right)\right]+\frac{\tau_{sx}-\tau_{bx}}{\rho_0} \tag{2}$$

$$\frac{\partial hV}{\partial t}+\frac{\partial hVU}{\partial x}+\frac{\partial hV^2}{\partial y}+fUh+gh\frac{\partial \eta}{\partial y}=\frac{\partial}{\partial x}\left[Ah\left(\frac{\partial U}{\partial y}+\frac{\partial V}{\partial x}\right)\right]+\frac{\partial}{\partial y}\left(2Ah\frac{\partial V}{\partial y}\right)+\frac{\tau_{sy}-\tau_{by}}{\rho_0} \tag{3}$$

式中：x、y 为笛卡尔坐标系坐标；t 为时间变量，单位为 s；η 为相对于参考基面的水位，单位为 m；h 为全水深，$h=h_0+\eta$，单位为 m；U、V 分别方向上的垂线平均流速，单位为 m/s；f 为科氏力系数，$f=2\omega\sin\varphi$，ω 为地球自转角速度，φ 为纬度；ρ_0 为水体参考密度，单位为 kg/m³；g 为重力加速度，单位为 m/s²；τ_{sx}、τ_{sy} 分别为表面风应力在 x、y 方向上的分量，单位为 N/m²；τ_{bx}、τ_{by} 分别为底部切应力在 x、y 方向上的分量，单位为 N/m²；A 为水平紊动黏性系数，由 Smagorinsky 于 1963 年提出的亚格子法进行计算，见式(4)，其中 c_s 为经验系数，l 为网格特征长度。

$$A=c_s^2 l^2\left[\left(\frac{\partial U}{\partial x}\right)^2+\left(\frac{\partial V}{\partial y}\right)^2+\frac{1}{2}\left(\frac{\partial U}{\partial y}+\frac{\partial V}{\partial x}\right)^2\right]^{1/2} \tag{4}$$

在潮流数学模型的基础上，增加物质输移模块，表达物质输运的对流扩散方程为：

$$\frac{\partial hC}{\partial t}+\frac{\partial hUC}{\partial x}+\frac{\partial hVC}{\partial y}=h\frac{\partial}{\partial x}\left(D_h\frac{\partial C}{\partial x}\right)+h\frac{\partial}{\partial y}\left(D_h\frac{\partial C}{\partial y}\right) \tag{5}$$

式中：C 为水体垂向平均浓度；D_h 为水平扩散系数。

2.2 模型建立

潮流数学模型以京唐港区为中心，沿岸覆盖 97.3 km，离岸 84 km 至 −25 m 等深线。模型范围内岸线蜿蜒曲折。为了准确刻画陆地、岛体岸线边界，数学模型采用三角形非结构网格剖分技术建立。该数学模型的网格单元总数为 142 666，节点数为 72 230。为了描述模型内航道、挡沙堤等小尺度工程或建筑物的平面和立面(水深地形)尺度，最小网格尺度为 20 m。在外海开敞海域水深变化相对平缓，最大网格尺度为 1 000 m，以减少计算节点、提高计算效率。模型范围与网格见图 4，x、y 表示东西朝向、南北朝向的位置。

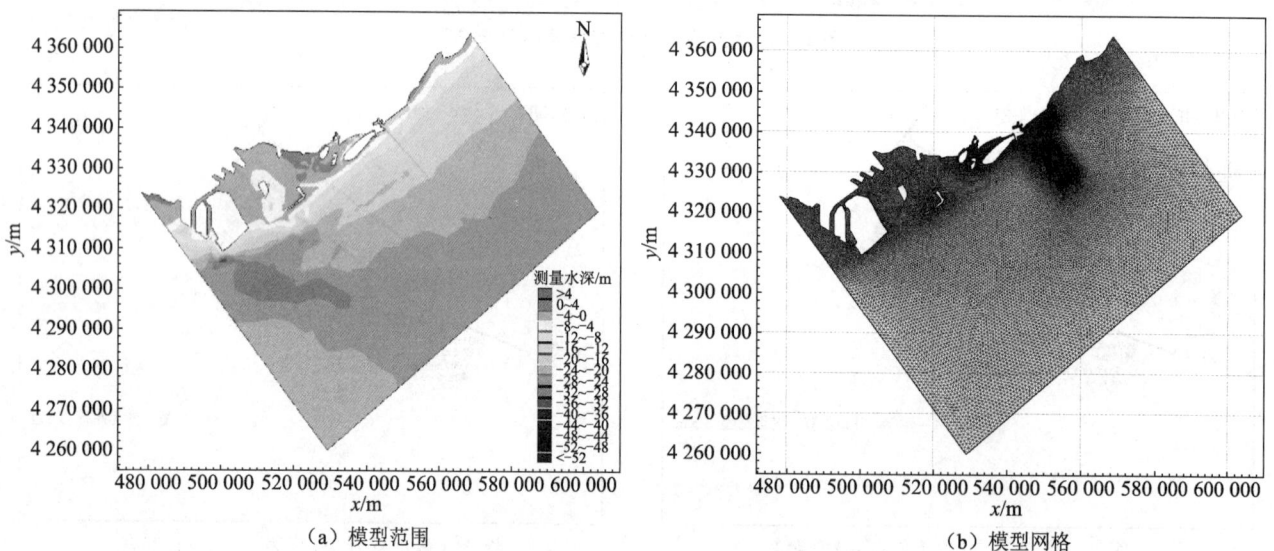

（a）模型范围　　　　　　　　　　　　　（b）模型网格

图 4　模型范围与网格示意图

2.3 模型验证

采用 2017 年 8 月 21 日 12 时至 22 日 12 时大潮期共 25 个小时的潮位、流速、流向实测资料，对建立的潮流数学模型进行验证。潮位站、潮流测点位置信息见表 2，潮位验证结果见图 5，流速、流向验证结果见图 6。模型计算的潮位值和高、低潮相位均与实测值基本吻合，模型计算的流速值、流向值与实测值基本吻合，符合模型验证的精度要求。

表 2　潮位测站与潮流测站分布

测站名称	经度	纬度
02#	119.227 1°E	39.311 7°N
05#	119.134 0°E	39.290 2°N
07#	119.241 1°E	39.220 3°N
10#	119.117 2°E	39.203 0°N
12#	119.203 7°E	39.162 1°N
15#	119.093 9°E	39.127 9°N
18#	119.011 4°E	39.116 8°N
20#	119.067 9°E	39.058 3°N
22#	118.898 6°E	39.078 7°N

（a）京唐港　　　　　　　　　　（b）三岛海洋站

图 5　2017 年 8 月 21 日至 22 日大潮期潮位验证

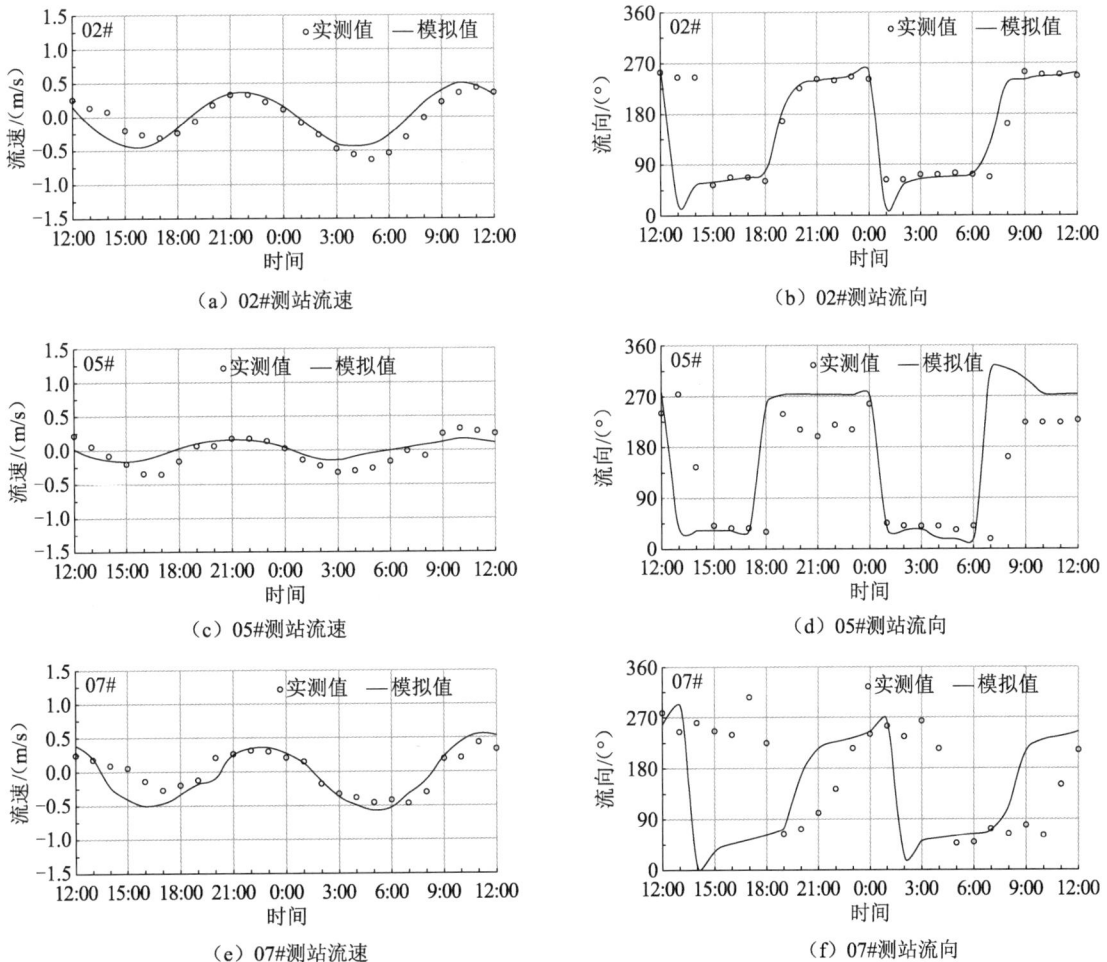

（a）02#测站流速　　　　　　　　（b）02#测站流向

（c）05#测站流速　　　　　　　　（d）05#测站流向

（e）07#测站流速　　　　　　　　（f）07#测站流向

图 6　2017 年 8 月 21 日至 22 日不同潮流测站流速、流向验证

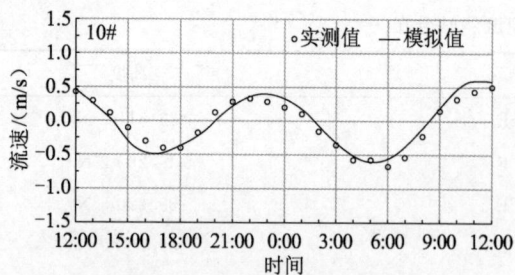

（g）10#测站流速　　　　　　　　　　（h）10#测站流向

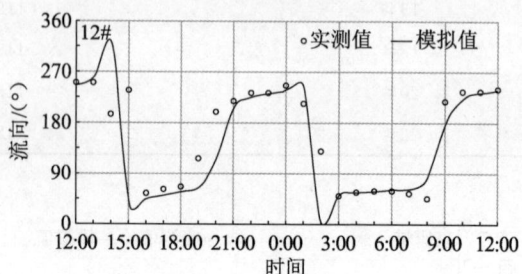

（i）12#测站流速　　　　　　　　　　（j）12#测站流向

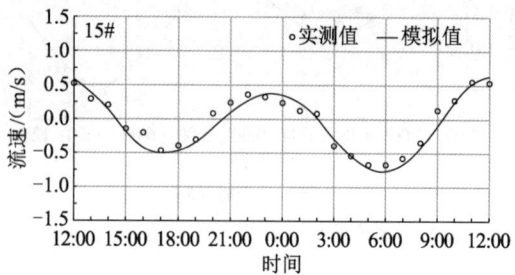

（k）15#测站流速　　　　　　　　　　（l）15#测站流向

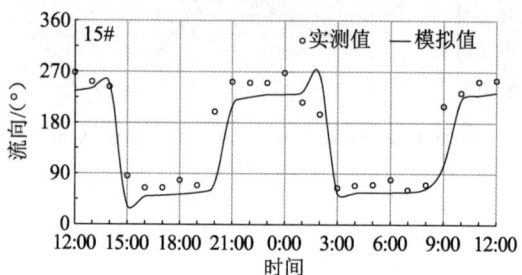

（m）18#测站流速　　　　　　　　　　（n）18#测站流向

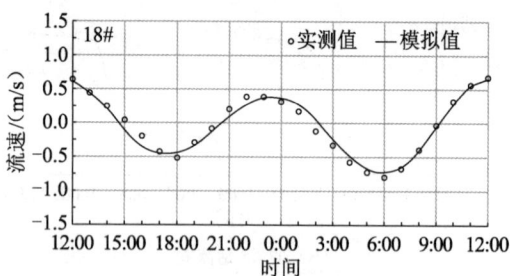

（o）20#测站流速　　　　　　　　　　（p）20#测站流向

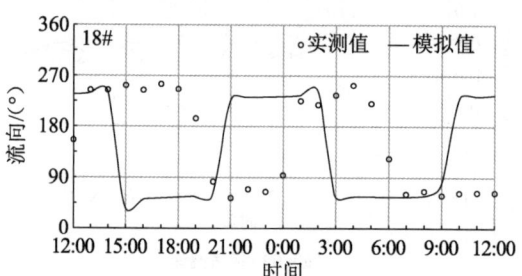

（q）22#测站流速　　　　　　　　　　（r）22#测站流向

图6　2017年8月21日至22日不同潮流测站流速、流向验证(续)

3 结果分析

3.1 现状方案水体交换效果

东南防波堤维持现状,即部分海堤已完成施工,部分海堤还是潜堤状态,其围合海域的换水效果见图7,为可视化水体交换过程。图例以不同灰度来表征围合海域水体交换过程。换水率随时间的变化规律见表3。

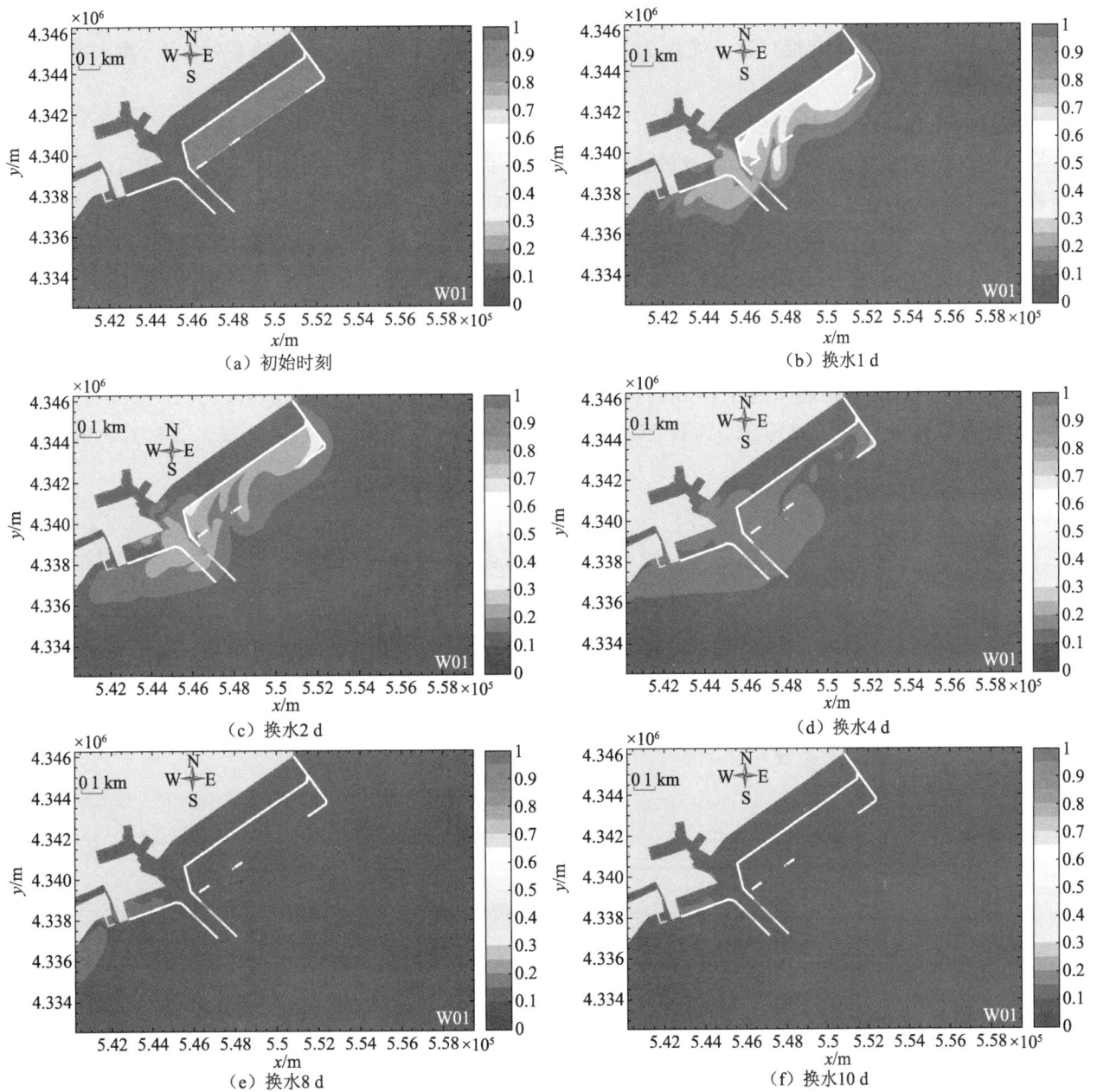

图 7　现状方案水体交换效果

表 3　现状方案空间平均换水率随时间变化规律

换水天数/d	换水率/%	换水天数/d	换水率/%
0	0	6	93.5
1	61.3	7	95.3
2	76.4	8	96.8
3	83.8	9	97.9
4	88.3	10	98.7
5	91.2		

现状方案的换水效果较好。南堤大部分堤段处在潜堤状态,形成实际上的水体交换口门。水体通过这些口门与外海发生水体交换。围合区中间海域首先发生交换,随着时间推移,依次向两边推进。1 d后换水率达到61.3%,已经完成水体半交换;此后,换水率逐步提高,4 d换水率达到88.3%,8 d和10 d的换水率分别为96.8%和98.7%。

3.2 南堤设置双开口方案水体交换效果

南堤保留窄口门方案包括布置3个500 m水体交换口、2个1 000 m水体交换口、1个1 000 m水体交换口组合1个500 m水体交换口以及宽度为100~750 m等宽的双水体交换口的系列方案,换水率随时间的变化规律见图8。

当布置3个500 m水体交换口、2个1 000 m水体交换口、1个1 000 m水体接换口组合1个500 m水体交换口或2个750 m水体交换口,1 d的换水率均超过了50%,1 d内达到水体半交换周期;此后随着时间推移,换水率稳步提高,4 d的换水率分别为85.1%、86.5%、85.9%和86.0%;10 d的分别为96.7%、97.6%、97.0%和97.1%,换水效率较高。若进一步缩窄口门宽度,将口门宽度缩窄为500 m、400 m、300 m、200 m、100 m,换水前期较前述方案和现状换水率有所下降,1 d换水率分别为54.5%、49.3%、42.8%、32.1%和23.7%,较现状分别下降了6.8%、12.0%、18.5%、29.2%和37.6%;4 d换水率分别为85.6%、84.0%、80.6%、73.3%和61.7%,较现状分别下降了2.7%、4.3%、7.7%、15.0%和26.6%。随着时间推移,与现状的差距越来越小,8 d换水率分别为95.1%、94.7%、93.6%、90.3%和83.3%,较现状分别下降了1.7%、2.1%、3.2%、6.5%和13.5%。10 d换水率分别为97.1%、96.8%、96.1%、94.1%和88.9%,较现状分别下降了1.6%、1.9%、2.6%、4.6%和9.8%。

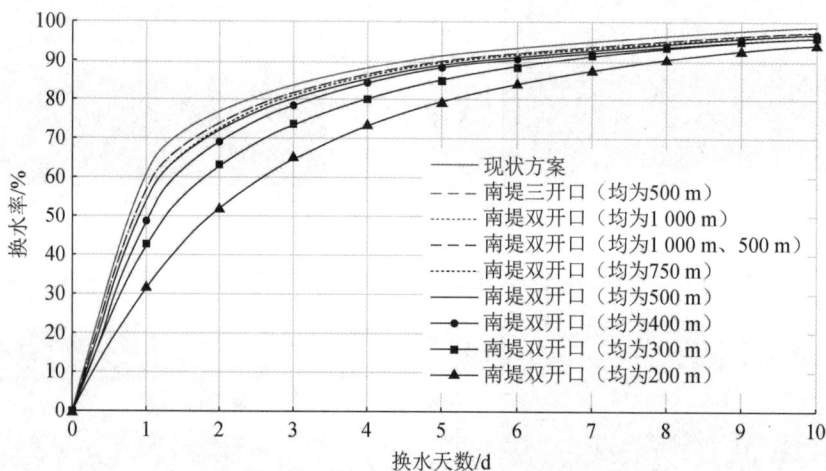

图8 南堤开口方案换水率过程曲线

3.3 较窄开口方案20 d换水效果

南堤设置2个500 m、2个400 m、2个300 m、2个200 m、2个100 m开口,10 d后的换水效率与现状方案已经较为接近,且还有进一步接近的趋势。为了确认这一特征,将上述方案及现状方案延长模拟至20 d,分析这几个方案水体交换效果较长时间变化规律。20 d内的换水率变化规律见图9。

由图可知,南堤布置2个500 m、2个400 m、2个300 m、2个200 m、2个100 m开口方案15 d后的换水率分别为98.9%、98.9%、98.6%、97.9%和95.6%,与现状的差别较小,分别下降0.7%、0.7%、1.0%、1.7%和4%;20 d后的换水率分别为99.5%、99.5%、99.5%、99.2%和98.1%,与现状的差别更小,分别下降0.3%、0.3%、0.3%、0.6%和1.7%。

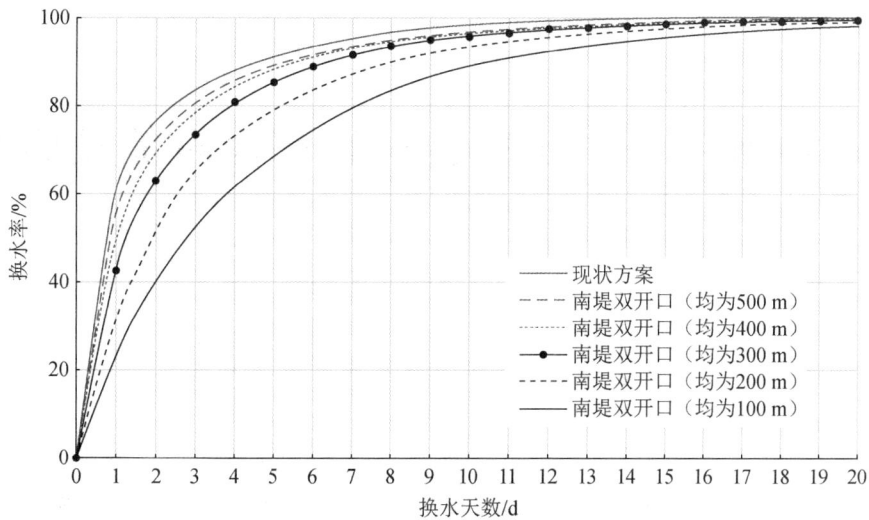

图 9　南堤较窄开口方案 20 d 内换水率过程曲线

4　结　语

现状方案为东南防波堤处于施工暂停状态，即部分海堤已达到设计标高，大部分海堤还是潜堤。该方案形成的围合海域水体交换能力较强，1 d 后换水率即达到 61.3%。随着时间推移，换水率逐步提高，4 d、8 d 和 10 d 换水率分别为 88.3%、96.8% 和 98.7%。南堤双开口（均为 1 000 m）、南堤双开口（1 000 m、500 m）、南堤双开口（均为 750 m）时，1 d 换水率均超过 53.8%，4 d 换水率均超过 85.1%，8 d 换水率超过 94.6%，10 d 换水率超过 96.7%，围合海域换水能力与现状方案较为接近。南堤双开口（均为 500 m、400 m、300 m、200 m、100 m）方案，围合海域初期水体交换能力有所减弱，但是 20 d 后与现状方案相比差别不大，同样也具有较强的水体交换能力。因此，南堤设置两个较窄开口可望保证东南防波堤围合海域内较好的水体交换效果。

参考文献

[1]　孙林云,孙波,刘建军,等. 京唐港粉沙质海岸风暴潮骤淤及整治工程措施物理模型试验[J]. 中国港湾建设,2010(增刊 1):28-31.

[2]　孙林云,刘建军,孙波,等. 京唐港泥沙淤积及工程措施研究[C]// 中国海洋工程学会编. 第十二届中国海岸工程学术讨论会论文集. 北京:海洋出版社,2005:502-508.

[3]　DAI P,ZHANG J S,ZHENG J H. Tidal current and tidal energy changes imposed by a dynamic tidal power system in the Taiwan Strait,China[J]. Journal of Ocean University of China,2017,16(6):953-964.

[4]　ZHANG W,FENG H C,HOITINK A J F,et al. Tidal impacts on the subtidal flow division at the main bifurcation in the Yangtze River Delta[J]. Estuarine,Coastal and Shelf Science,2017,5(196):301-314.

港口海域生态系统结构特征和能量流动研究

申　霞[1]，高琰哲[2]，闻云呈[1]，孙家文[3]，张帆一[1]，王永平[1]，徐星璐[4]

(1. 南京水利科学研究院，江苏 南京　210024；2. 中国港湾工程有限责任公司，北京　100000；3. 国家海洋环境监测中心，辽宁 大连　116023；4. 大连理工大学，辽宁 大连　116023)

摘要：海域生态系统结构决定着生态系统的物质循环、能量流动和系统功能。本研究采用 Ecopath 模型，根据大连湾 2013—2014 年现场生态调查数据，构建湾内水生生态系统的生态通道模型，描述生态系统的能流结构，研究其功能特征。生态网络分析表明：大连湾生态系统营养级范围为 1～3.671，能流大部分集中于牧食食物网，系统平均能量转化效率为 9.20%，系统连接指数和杂食指数分别为 0.367 和 0.182，总初级生产力与总呼吸量之比为 2.661，生态系统总体趋于成熟阶段，食物网结构较复杂。结果有助于理解大连湾港口海域生态系统结构特征，为海域生态修复技术研发、管理措施制定和区域可持续发展提供理论依据。

关键词：大连湾；Ecopath；营养结构；食物网；生态系统特征

　　大连湾位于黄海北部辽东半岛南端，是天然形成的半封闭型海湾，三面被陆地环绕，湾口有三山岛为屏障，全湾总面积为 174 km²，自西向东分布着臭水套、甜水套、红土堆子 3 个较大的子湾[1]。海湾大多数区域水深 5～15 m，而湾口处则是 15～30 m 等深线密集分布的区域，显示出水深自西北向东南逐渐递减的趋势。大连湾港区为大连港的重要组成部分，以客滚运输为主，同时为临港产业发展服务。繁忙的港口运输以及周边发达的工业，给大连湾的水环境质量和生态系统结构功能造成一定的胁迫。对大连湾生态系统结构和功能进行研究，有助于理解系统内部物质循环和能流特点，找到定义生态系统特征的关键过程，进而采用科学的生态系统修复和管理方法，实现海洋资源的可持续开发和保护。当前，生态建模已成为探究海域生态系统结构与功能的主导方法。

　　生态通道模型(Ecopath)是某个特定时间内生态系统的快照，能快速反映该水域生态系统的实时状态、营养关系和属性特征，作为新一代水生生态系统研究的核心工具，广泛应用于河湖和海洋生态系统[2-4]。Ecopath 的功能得到逐渐扩展，并开发了用于模拟生态系统在时间和空间上动态变化的分析模块，即 Ecosim 和 Ecopace 模块，共同构成 EwE。EwE 是一款由国际水生生物资源管理中心开发的生态建模软件，它最初用于评估稳态水生生态系统中生物群落间的生物量及食物消耗。随着能量分析生态学理论的引入，EwE 已经发展成为进行生态系统营养流分析的一种常用方法。

1 材料与方法

1.1 样品采集

　　参照《海洋调查规范　第六部分：海洋生物调查》(GB/T 12763.6—2007)和《海洋监测规范　第 7 部分：近海污染生态调查和生物监测》(GB/T 17378.7—2007)，2013 年 10 月、2014 年 9 月在大连湾海域采集水体和生物样品(图 1)，分析的生物种类有游泳生物、浮游动植物、底栖生物、鱼卵仔鱼等，分析物种的生物量、丰度、多样性、优势种等指标。

基金项目：国家重点研发计划(2021YFB2600200)；江苏省海洋科技创新项目(JSZRHYKJ202312)
通信作者：申霞。E-mail：xshen@nhri.cn

图 1　研究区域及采样点位置

1.2 Ecopath 模型构建

1.2.1 模型功能组划分

Ecopath 模型定义生态系统由一系列在生态学上具有相似特征的功能组构成,所有功能组基本能够覆盖该生态系统能量流动全过程。该模型基于营养平衡原理,描述特定时间内的系统能量输入与输出的平衡,用一组线性方程表示为:

$$B_i \times \left(\frac{P}{B}\right)_i \times E_{ei} = \sum_{j=1}^{j} B_j \times \left(\frac{Q}{B}\right)_j \times C_{ij} + Y_i + A_i + E_i \tag{1}$$

式中:B_i 和 B_j 分别为功能组 i 和 j 的生物量,$(P/B)_i$ 是功能组 i 生产量与生物量的比值,$(P/B)_j$ 是功能组 j 的消耗量与生物量的比值,E_{ei}(ecotrophic efficiency)为生态营养转化效率,C_{ij} 是被捕食者 i 在捕食者 j 食物中的比例,Y_i 为捕捞渔获量,A_i 为生物量累积量,E_i 为净迁出量。

本研究采用 EwE6.6 软件建立生态系统模型,根据种群的食性、栖息地偏好、生物学特征等,将大连湾海域的生物群落划分为 18 个功能组,基本涵盖各个营养级的生物,包括黄鮟鱇、许氏平鲉、斑纹狮子鱼、矛尾虾虎鱼等优势种类的幼鱼和成鱼,以及浮游植物、浮游动物、碎屑、环节和棘皮类底栖动物以及虾、蟹、头足类游泳动物,见表 1。

表 1　大连湾海域 Ecopath 模型功能组组成及输入输出参数

编　号	功能组	有效营养级(ETL)	生物量/(t/km²)	生产量/生物量/(a⁻¹)	消耗量/生物量/(a⁻¹)	生态营养转化效率	生产量/消耗量/(a⁻¹)
1	黄鮟鱇幼鱼	3.327	0.766	4.000	20.148	0.238	0.199
2	黄鮟鱇成鱼	3.671	0.073	2.500	10.000	0.164	0.250
3	许氏平鲉幼鱼	3.090	0.971	2.000	17.794	0.166	0.112
4	许氏平鲉成鱼	3.484	0.017	3.000	11.000	0.141	0.273
5	斑纹狮子鱼幼鱼	3.457	0.011	3.000	10.778	0.532	0.278
6	斑纹狮子鱼成鱼	3.646	0.021	1.390	5.450	0.477	0.255
7	矛尾虾虎鱼幼鱼	3.408	0.097	5.000	18.997	0.356	0.263
8	矛尾虾虎鱼成鱼	3.588	0.036	2.600	8.900	0.321	0.292
9	其他鱼类幼鱼	2.621	1.450	3.000	17.976	0.651	0.167
10	其他鱼类成鱼	3.228	1.100	2.900	10.000	0.884	0.290
11	虾类	2.431	1.540	5.800	20.000	0.753	0.290
12	蟹类	2.661	0.760	6.200	24.500	0.758	0.253
13	头足类	3.020	0.600	5.000	18.000	0.742	0.278

续表

编号	功能组	有效营养级(ETL)	生物量/(t/km)	生产量/生物量/(a⁻¹)	消耗量/生物量/(a⁻¹)	生态营养转化效率	生产量/消耗量/(a⁻¹)
14	环节动物	2.205	14.870	6.570	27.400	0.345	0.240
15	棘皮动物	2.100	15.000	6.570	27.400	0.418	0.240
16	枝角类、桡足类、被囊类	2.000	12.550	32.000	192.000	0.345	0.167
17	浮游植物	1.000	23.850	230.000		0.397	
18	有机碎屑	1.000	120.000			0.222	

1.2.2 模型参数设置

Ecopath 模型的每个功能组,需要以下几个参数,即 B、P/B、Q/B、E_e,已知 3 个参数,通过模型估算出另一个参数。本研究中各功能组生物量 B 来源于现场生态调查数据,捕捞数据来自渔业统计年报,各功能组 P/B、Q/B 和食性矩阵等来源于类似海域的模型、Fishbase 数据库(www.fishbase.org)以及相关的文献[5-8]。

1.2.3 模型调试

Ecopath 模型调试的核心目标在于确保生态系统中能量输入与输出的平衡,其基础平衡条件为 E_e 值处于 0 至 1 之间。在模型参数的初步估算后,部分功能组可能会因摄食或捕捞量超出生物生产量而导致 E_e 值超出 1,形成不平衡状态。此时,我们可利用 Ecopath 的自动平衡功能,结合 10% 的置信区间调整,对不平衡功能组的食物构成及其他参数进行微调,同时确保食物转化效率(P/Q)在 0.1~0.3 的合理范围内。经过反复调试,直至所有功能组均满足 E_e 值的平衡要求。此外,为评估数据源的可靠性及模型质量,我们采用 Pedigree 指数进行量化评价,该指数范围为 0~1.0,其中 1.0 代表采样数据质量高,而 0 则代表数据来源模糊。

1.2.4 混合营养效应和生态网络分析

本研究通过应用混合营养效应(mixed trophic impact,MTI)分析,深入量化了不同功能组之间的营养相互关系。MTI 方法基于经济投入产出模型,能够将任何生态网络中的直接和间接相互作用归类为二元互动,这些互动可能对受影响群体产生积极(+)、消极(-)或中性(0)的影响。尤为重要的是,MTI 不仅考量了功能组之间的直接作用,还通过食物网的综合分析,明确了它们之间的间接影响。这一特性使得 MTI 能够精确估计某个功能组生物量变动对其他功能组生物量的连锁效应,从而为我们提供关于生态系统内部营养关系的深刻洞察。

生态网络分析(network analysis)旨在深入揭示生态系统的结构、功能特性,以及评估其成熟度与稳定性等关键生态特征。分析的指标包括系统总流量(total system throughput,TST)、系统总捕食消耗(total consumption,TC)、生态系统总输出(total export,TEX)、总呼吸(total respiratory flows,TR)、总碎屑生成量(total flow into detritus,TDET)、净系统生产量(net system production,NSP)、系统杂食性指数(system omnivory index,SOI)、连接指数(connectance index,CI)、总初级生产力/总呼吸(total primary production/total respiration,TPP/TR)和总初级生产力/总生物量(total primary production/total biomass,TPP/TB)等。

2 结果与分析

2.1 营养级特征

通过 Ecopath 模型对大连湾海域生态系统进行了全面分析,模型输入参数与输出参数详见表 1。模型的整体质量得到了 Pedigree 指数为 0.63 的积极评价,这显示出模型输入参数的可靠性高,模型的可信度较高。在平衡模型中,所有功能组的 E_e 值均保持在 1 以下,体现了系统的稳定性。此外,功能组的营养级分布广泛,范围在 1.000～3.671。

大连湾海域的食物网主要由两条链条构成:牧食食物链和碎屑食物链(图 2)。其中,浮游植物和碎屑作为食物链的起点,位于第一营养级,且两者的生物量均相当可观。浮游动物则占据第二营养级。而底栖生物、虾类、蟹类以及小型鱼类等则分布在第二和第三营养级之间,形成了复杂的食物网络。海域的主要渔获种类及优势种主要集中在第三至第四营养级,反映了该海域生态系统的丰富性和复杂性。

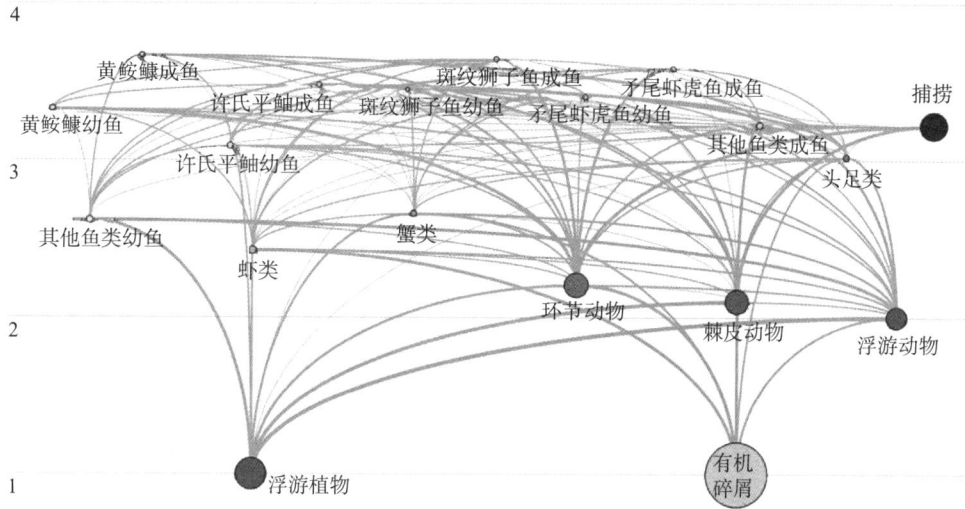

图 2 大连湾海域生态系统食物网结构

2.2 混合营养效应分析

大连湾海域生态系统各功能组之间混合营养效应值范围在 -0.908～0.406。混合营养效应分析揭示,该生态系统中大部分捕食者对它们的饵料生物具有显著的负效应,而饵料生物相对于其摄食者则展现出明显的正效应。特别值得注意的是,棘皮类底栖动物和浮游动物,不仅受到初级生产者的滋养,同时也承受着捕食者的压力,这两类生物在能量流动中扮演着承上启下的关键角色,对于维持生态系统的稳定至关重要。处于顶级营养层的多个鱼类功能组,其被捕食的量较小,对其影响较大的是捕捞业,渔获量和各渔业资源功能组混合营养效应值均为负(图 3)。

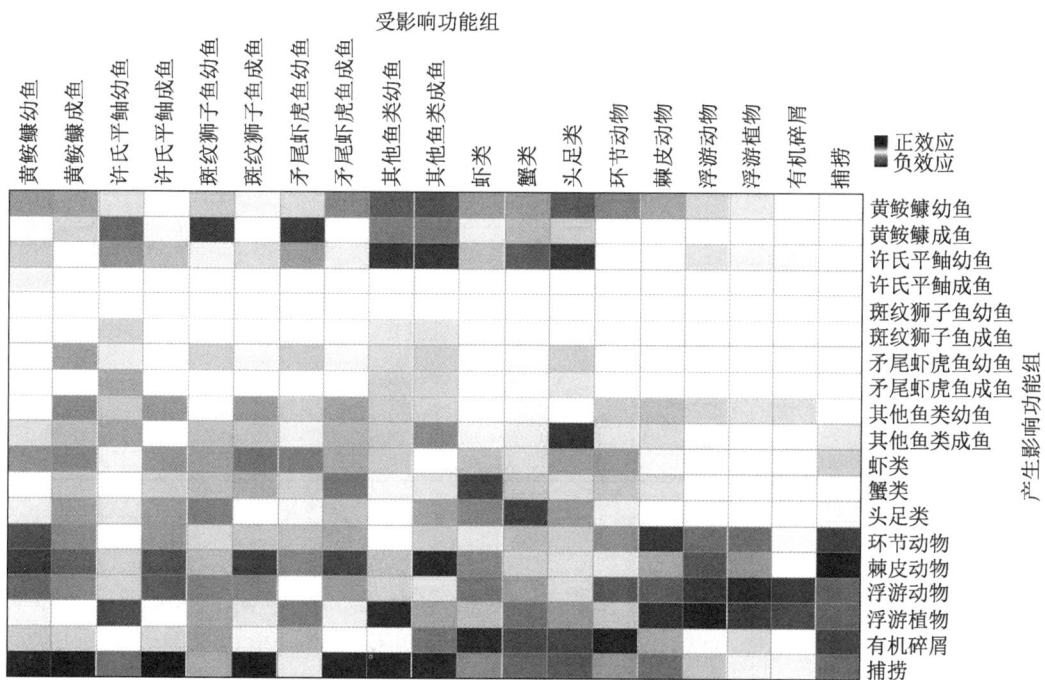

图 3 大连湾海域生态系统功能组间的混合营养效应

2.3 生态系统能量流动特征

大连湾海域生态系统的能流分析揭示了系统内部能量转化的详细情况。系统总能量转化效率达到 9.20%,其中初级生产者和碎屑的能量流转化效率分别为 9.04% 和 9.53%。在营养级之间的能量转化中,第二与第三营养级之间以及第三与第四营养级之间的转化效率尤为突出(表2)。根据 Lindman 能量流动图(图4),我们可以清晰地看到,碎屑和浮游植物为该生态系统的主要营养来源,牧食食物链在能量传递上的效率高于碎屑食物链。

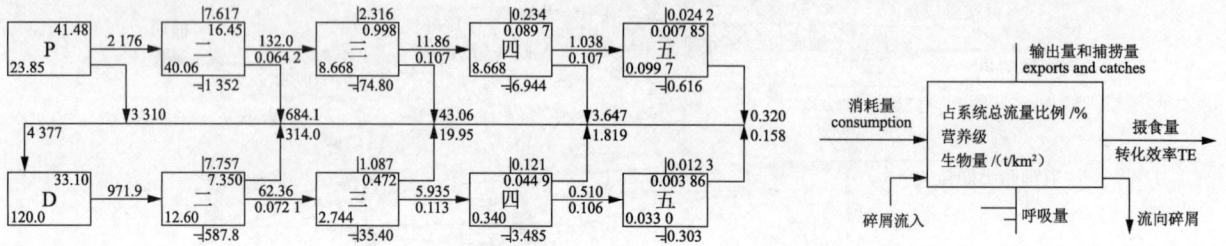

图 4　大连湾海域生态系统 Lindman 能量流动图

大连湾海域生态系统的整体能流分布呈现出典型的金字塔形状,即低营养级能量值较大,随着营养级的上升,能量值逐渐减小(表3)。从被摄食量来看,第一和第二营养级的被摄食量分别为 3 147.00 t/(km²·a) 和 194.40 t/(km²·a),分别占据了总被摄食量的 93.63% 和 5.78%。在能流方面,第一和第二营养级的能流分别为 9 863.00 t/(km²·a) 和 3 147.00 t/(km²·a),分别占据了系统总能流的 74.58% 和 23.80%。同时,这两个营养级流向碎屑的能量也相当可观,分别为 3 310.00 t/(km²·a) 和 998.10 t/(km²·a),分别占总流向碎屑能量的 75.62% 和 22.80%。

表 2　大连湾海域生态系统各营养级间的转化效率

能量来源	整合营养级			
	第一至第二营养级	第二至第三营养级	第三至第四营养级	第四至第五营养级
初级生产者/%	6.42	10.74	10.73	9.86
碎屑/%	7.22	11.26	10.63	9.49
总流量/%	6.67	10.91	10.69	9.73

表 3　大连湾海域生态系统整合营养级能流分布

营养级	整合营养级能流分布				
	被捕食/[t/(km²·a)]	输出量/[t/(km²·a)]	流向碎屑/[t/(km²·a)]	呼吸量/[t/(km²·a)]	总流量/[t/(km²·a)]
第五	0.11	0.04	0.48	0.92	1.55
第四	1.55	0.36	5.47	10.43	17.80
第三	17.80	3.40	63.01	110.20	194.40
第二	194.40	15.37	998.10	1 940.00	3 147.00
第一	3 147.00	3 405.00	3 310.00	0.00	9 863.00
合计	3 361.00	3 424.00	4 377.00	2 061.00	13 224.00

2.4 生态系统总体特征

大连湾海域生态系统的主要特征参数详见表4。其中,系统总流量(TST)是衡量生态系统总体规模的关键指标,它包括总捕食消耗量、总输出量、总呼吸流动量以及总碎屑生成量。在此生态系统中,TST 达到了13 223.930 t/(km²·a)。其中总捕食消耗量占据了 25.42%,即 3 361.323 t/(km²·a);总呼吸流动量占据了 15.59%,为 2 061.154 t/(km²·a);总碎屑生成量占33.10%,达到4 377.104 t/(km²·a);而系统总输出量则占 25.90%，即 3 424.346 t/(km²·a)。整体上，大连湾海域生态系统呈现出较高的总流量水平。

此外，TPP（总初级生产力）、TPP/TR（总初级生产力与总呼吸量之比）、连接指数（CI）和系统杂食指数（SOI）等参数进一步揭示了生态系统的内部复杂性和稳定性。大连湾海域生态系统的 TPP 为 5 485.500 t/(km²·a)，显著高于我国其他海域（表 5）。TPP/TR 为 2.661，与其他海域平均水平相近。连接指数 CI 和系统杂食指数 SOI 分别为 0.367 和 0.182，显示出大连湾海域生态系统具有较高的连接性和较低的杂食性特征。

表 4 大连湾海域生态系统总体特征值

特征参数	数 值
总捕食消耗量/[t/(km²·a)]	3 361.323
总输出量/[t/(km²·a)]	3 424.346
总呼吸量/[t/(km²·a)]	2 061.154
总碎屑生成量/[t/(km²·a)]	4 377.104
系统总流量（TST）/[t/(km²·a)]	13 223.930
总生产量/[t/(km²·a)]	6 113.405
平均捕捞营养级	2.221
总效率（捕捞/净初级生产力）	0.003
总初级生产力（TPP）/[t/(km²·a)]	5 485.500
总初级生产力/总呼吸量（TPP/TR）	2.661
净生态系统生产力（NSP）/[t/(km²·a)]	3 424.346
总初级生产/总生物量（TPP/TB）	74.420
总生物量/总通量/[t/(km²·a)]	0.006
总生物量（不计碎屑）/[t/km²]	73.710
总捕捞量/[t/(km²·a)]	19.171
连接指数（CI）	0.367
系统杂食指数（SOI）	0.182
Finn's 循环指数（FCI）/%	3.503
Finn's 平均路径长度（FML）	2.411

表 5 大连湾海域与其他海域生态系统特征参数的比较

研究区域	系统总流量/[t/(km²·a)]	总初级生产量/[t/(km²·a)]	总初级生产力/总呼吸量（TPP/TR）	连接指数	系统杂食指数
北部湾[9]	11 006.00	4 817.58	3.18	0.33	0.32
大亚湾[10]	7 127.67	2 753.10	2.14	0.36	0.21
大埕湾[7]	2 110.80	874.51	3.78	0.41	0.17
三沙湾[7]	2 620.51	1 076.9	3.83	0.37	0.16
三门湾[11]	6 407.44	2 882.98	13.59	0.40	0.24
崂山湾[12]	14 256.51	3 567.35	1.13	0.29	0.33
獐子岛[6]	13 768.62	14 546.27	2.20	0.22	0.17
本研究	13 223.93	5 485.50	2.66	0.37	0.18

3 结 语

大连湾海域生态系统的 Ecopath 模型详尽地涵盖了 18 个功能组，并充分考虑了海域捕捞活动，全面反映了系统内能量流动的完整过程。该生态系统拥有完整的营养结构，各功能群的营养级分布广泛，从

1.000 到 3.671 不等,其中游泳生物如鱼类、虾类、蟹类和头足类的营养级集中在 2.431~3.671。由于基础饵料生物主要由浮游动物、底栖动物及磷虾构成,小型饵料生物在鱼类食物链中占据显著地位,这在一定程度上导致了高营养级生物的营养级水平略低。

生态系统总流量的大小直接关联着其初级生产力。通过上行控制作用,它决定了生态系统的总体规模。总流量的增加对于生物多样性的提升和生态系统应对外界环境波动的抵抗能力有着积极影响,减弱了不确定性和脆弱性。大连湾海域生态系统的总流量高达 13 223.930 t/(km² · a),相较其他海域生态系统而言,总体规模庞大,这对于维持生态系统的健康状态至关重要。

系统 TPP/TR 是描述系统成熟度的一个重要指标。从生态系统能量学角度看,在生态系统发育早期由于系统生产力比呼吸量大,所以 TPP/TR＞1;而在生态系统发育后期,生态系统愈加成熟,系统生产力越接近其呼吸量,因此 TPP/TR 趋近于 1。另外,生态系统受外界扰动亦可使得 TPP/TR 大于 1。大连湾海域生态系统 TPP/TR 为 2.661,与其他海域的相比,总体上趋向于成熟。

CI 和 SOI 是衡量生态系统内部各功能组之间营养关系交互紧密程度的关键指标,它们共同反映了系统的复杂程度。一般而言,随着生态系统的逐渐成熟,其内部各功能组之间的联系会愈发复杂,这也体现在连接指数和系统杂食指数的升高上。CI 表示食物网中实际存在的连接数与所有可能的连接数之比。CI 越高,生态系统越趋于稳定。SOI 表示生态系统功能组在不同营养级之间的捕食分配程度。SOI 的值越接近 0,表示摄食越专一化;越接近 1,表示摄食越复杂,食物网结构越稳定。大连湾海域生态系统的连接指数和系统杂食指数分别为 0.367 和 0.182,稳定性和复杂性处于中等水平。

参考文献

[1]　中国海湾志编纂委员会. 中国海湾志:第一分册. 辽东半岛东部海湾[M]. 北京:海洋出版社,1991.

[2]　初建松,曹曼,赵林林,等. 基于 CiteSpace 的 EwE 模型文献计量学与可视化分析[J]. 应用生态学报,2021,32(2):763-770.

[3]　WALTERS C,CHRISTENSEN V,PAULY D. Structuring dynamic models of exploited ecosystems from trophic mass-balance assessments[J]. Reviewin Fish Biology and Fisheries,1997,7(2):139-172.

[4]　CORRALES X,COLLM,OFIR E,et al. Future scenarios of marine resources and ecosystem conditions in the Eastern Mediterranean under the impacts of fishing,alien species and sea warming[J]. Scientific Reports,2018,8:14284.

[5]　孙嘉畦. 基于生态系统的王家岛海域渔业资源合理利用[D]. 大连:大连海洋大学,2022.

[6]　许祯行,陈勇,田涛,等. 基于 Ecopath 模型的獐子岛人工鱼礁海域生态系统结构和功能变化[J]. 大连海洋大学学报,2016,31(1):85-94.

[7]　翁燕霞. 基于 Ecopath 模型的封闭海湾与开敞海湾的生态系统结构与能量流动比较研究[D]. 厦门:厦门大学,2019.

[8]　杨昊陈. 基于 Ecopath 模型的唐山海洋牧场人工鱼礁区生态效果评估[D]. 大连:大连海洋大学,2020.

[9]　陈作志,邱永松,贾晓平. 北部湾生态通道模型的构建[J]. 应用生态学报,2006(6):1107-1111.

[10]　黄梦仪,徐姗楠,刘永,等. 基于 Ecopath 模型的大亚湾黑鲷生态容量评估[J]. 中国水产科学,2019,26(1):1-13.

[11]　孔业富,尹成杰,王林龙,等. 基于 Ecopath 模型的三门湾生态系统结构与功能[J]. 应用生态学报,2022,33(3):829-836.

[12]　刘鸿雁,杨超杰,张沛东,等. 基于 Ecopath 模型的崂山湾人工鱼礁区生态系统结构和功能研究[J]. 生态学报,2019,39(11):3926-3936.

河口动力和航道整治工程

新情势下隧道线位河床冲刷包络线分析研究

杜德军[1,2]，徐　华[1,2]，闻云呈[1,2]，李阳帆[1,2]，陈　靖[1,2]

（1. 南京水利科学研究院，江苏 南京　210029；2. 港口航道泥沙工程交通行业重点实验室，江苏 南京 210024）

摘要：过江隧道的河床冲刷包络线对隧道的线位和埋深有直接影响。在前人研究的基础上，以长江下游江阴三隧道为研究对象，基于新情势下长江下游河演特点及实测资料系统地考虑了河床冲刷包络线的影响因素，并探究了新情势条件下河床冲刷包络线影响因素下江阴三隧道线位断面上、下游一定范围内河床冲淤变化对线位断面的冲淤影响。研究成果可为类似隧道埋深研究提供借鉴。

关键词：新水沙；新工况；影响因素；隧道埋深

　　过江隧道的河床冲刷包络线直接影响隧道的线位和埋深，是重要的设计依据[1-2]。埋深过小，运营安全将受到影响；埋深过大，虽然工程安全得以保障，但会增加工程投资及施工难度，甚至在技术上难以实施。为此，有必要兼顾上述各因素，对河床冲刷包络线进行研究。众多学者从河床演变分析、数学模型计算及物理模型试验研究等方面进行了诸多研究。赵维阳等[3]基于物理模型试验研究江阴第二过江通道隧道工程极限冲刷，发现不同水文条件下冲刷变化规律基本一致；魏帅等[4]基于数学模型并结合地质资料对世业洲隧道最大冲深范围做出了合理的分析和预测；史英标等[5]对实测资料进行分析，结果表明物理模型、数学模型等手段在预测极端洪水条件下最大冲刷深度均合理；岳红艳等[6]结合河演特点与试验结果首次探究了不同水文条件下汉江隧址断面最大冲刷情况；孙凯旋等[7]基于河演特点及冲刷计算公式对长江重庆河段某隧道断面最大冲刷深度进行了分析，取得了良好效果。

　　上述研究主要是关于极限水文条件下的冲刷深度，而较少考虑线位断面上、下游一定范围内河床冲淤变化对线位断面的冲淤影响，以及上游水库建设、水土保持工程实施对下游河道的冲淤影响，线位工程附近涉水工程实施对河势的影响等因素。本文以江阴三隧道（盐泰锡常宜过江通道）为研究对象，系统地研究了三峡工程蓄水后 12.5 m 深水航道整治工程实施等新情势下河床冲刷包络线影响因素，并基于影响因素对江阴三隧道线位河床冲刷包络线展开分析，可为类似隧道埋深研究提供借鉴。

1 研究区概况

　　福姜沙进口段上接江阴水道，下连福南水道、福左水道（图 1）。进口有鹅鼻嘴节点控制，江面宽 1.4 km，河床窄深，主流傍南岸；往下游，河道逐渐展宽，河道水深逐渐变浅。2023 年现状条件下，进口鹅鼻嘴、线位断面处及长山等 3 处，高程分别在 −55、−27 和 −20 m 左右。进口段中间主槽 12.5 m 深水航道于 2019 年 5 月正式开通。进口鹅鼻嘴往下至长山长约 10 km，江面放宽至 4.1 km。规划江阴三隧道（位置见图 1）位于江阴长江大桥下游约 3.8 km。隧道线位处 2023 年 4 月最深点 −27.1 m，中部偏右，河宽约 2.7 km。

　　长江下游最后一个水文站大通站距规划江阴三隧道线位约 410 km。2003 年三峡水库蓄水后，大通站洪季流量减小，枯季流量有所增加。至 2020 年，相比蓄水前，洪季流量减小约 10%，枯季流量增加约 7%；洪季沙量减小程度明显，而枯季总体上输沙量较小。相比蓄水前，蓄水后输沙量减小明显，由蓄水前

基金项目：国家重点研发计划项目（2022YFC3204503）；中央级公益性科研项目（Y222002）

通信作者：杜德军。E-mail：djdu@nhri.cn

的年均 4.26 亿 t 减至 1.29 亿 t,减幅 70% 左右。近年来,随上游来沙减小,长江中下游河床沿程出现普遍冲刷,目前,冲刷已传递至本文研究河段。

福姜沙水道双涧沙守护工程于 2010 年年底开工,2012 年 5 月完工,2014 年 3 月竣工验收;福姜沙水道深水航道二期工程于 2015 年 6 月开工,2018 年 5 月完工,2019 年 5 月竣工验收。工程河段上述工程实施后,有利于河势稳定,但在一定时期内,河床会处于调整变化之中。

图 1　江阴三隧道线位位置及研究河段河势图

2 研究区域河床稳定性分析

为分析隧道线位极限冲刷,首先分析工程河段河床深槽、断面、最深点、分时段河床冲淤变化,为河段包络线分析确定奠定基础[8-9]。

2.1 线位附近深槽平面变化

近年来江阴三隧道附近−30 m 线变化见图 2。由图 2 可见,1980 年至 21 世纪初,工程附近−30 m 线尾部总体冲刷下移,至 2023 年,总体下移约 0.9 km,其尾部与线位的距离在缩小。其中,2003 年三峡工程蓄水后至 2017 年深水航道整治二期工程实施,尾部下移约 400 m;2017 年,深水航道整治工程实施后,工程河段河势趋于稳定,深槽尾部没有明显上提、下移变化。

考虑线位附近河床,上游河窄水深,下游逐渐展宽变浅,深槽下移会对隧道线位处水深造成影响,因此,隧道线位的冲刷包络线分析,需适当考虑历年线位上、下游一定范围的河床冲淤变化。

本次研究,依据上述深槽近年来移动情况重点分析考虑线位及其上、下游 1 km 范围内的冲淤。

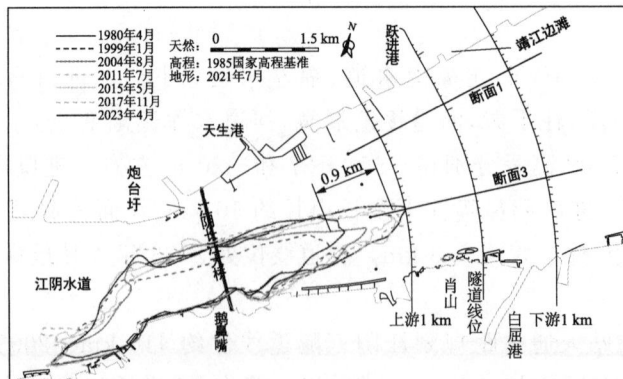

图 2　隧道线位附近 1970—2023 年−30 m 等高线变化

2.2 断面稳定性分析

图 3 为 1970—2023 年隧道线位断面地形比较;线位断面特征值比较如表 1 所示。通过分析,将断面

变化按时段分为 3 个阶段：

（1）20 世纪 70 年代至 90 年代末，断面左侧逐年变浅，断面深槽逐渐右移。

20 世纪 70 年代初，上游 1 km 断面、隧道线位断面和下游 1 km 断面整体呈宽浅型，河床最深点高程较上游断面浅，多年最深点高程在 −20 m 上下；断面左侧变浅，1977 年近岸区域最深点近 −20 m，此后，该深点逐渐淤浅，至 90 年代，左侧边滩的高程基本稳定在 −15 ～ −10 m 间；受 1998 年、1999 年大洪水冲刷影响，江阴水道下段北侧心滩冲刷，福姜沙进口段左侧出现较为剧烈的变化，靖江边滩发育并发展成较大规模的近岸沙体；断面中间及右侧呈现出较明显的冲淤变化，该时期线位附近河床变化处于较明显的调整期。

（2）21 世纪初至 2017 年，断面左侧近岸稳定，左侧 −10 m 上下随靖江边滩周期性切割变化，深槽右侧总体有所冲刷，断面平均水深增加。

1999 年后，线位断面左侧近岸基本稳定，而深槽左侧 −10 m 附近蟛蜞港至万福港间，为靖江边滩周期性切割区域，该区域冲淤变化幅度较大；深槽区域随着 2003 年三峡蓄水后，断面总体处于冲刷态势。1999—2017 年，上游 1 km 断面河道平均水深由 16.3 m 增加至 21.2 m，隧道线位断面处平均水深由 15.2 m 增加至 17.7 m，下游 1 km 断面平均水深由 12.5 m 增加至 16.4 m。断面河相关系系数总体呈减小的趋势。

（3）2017 年后，随着 12.5m 深水航道福姜沙水道整治工程实施，断面变化趋缓。

双涧沙守护工程于 2012 年 5 月完工，深水航道二期工程于 2018 年 5 月完工。2017—2023 年，0 m 以下断面面积和河宽没有明显变化，断面趋于稳定。隧道线位上游 1 km 断面、隧道线位断面及下游 1 km 断面，平均水深基本稳定在 21.2、17.7 和 16.4 m 左右，河相关系系数稳定在 2.9、2.2 和 3.2 左右。

综上分析，20 世纪 70 年代至 90 年代末，断面左侧逐年变浅，断面深槽逐渐右移；1999 年后，断面左侧近岸稳定，左侧 −10 m 附近随靖江边滩周期性切割变化，深槽右侧总体有所冲刷，断面平均水深增加；近年来随着深水航道整治工程的实施，隧道线位下游断面变化趋缓，河段已具备隧道建设的良好河势条件。

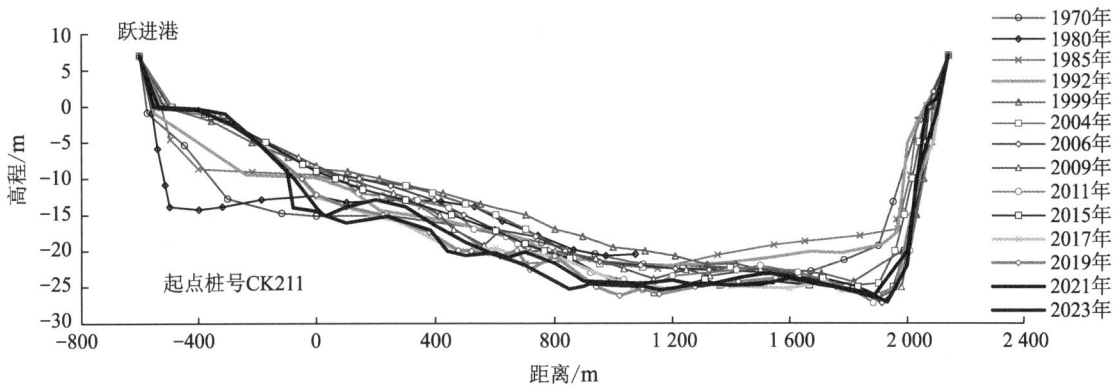

图 3　隧道线位附近断面 1970—2023 年地形比较

表 1　隧道线位断面特征值统计(0 m 以下)

年份	断面面积/m²			0 m 河宽/m			平均水深/m			河相关系系数		
	上游 1 km	通道断面	下游 1 km	上游 1 km	通道断面	下游 1 km	上游 1 km	通道断面	下游 1 km	上游 1 km	通道断面	下游 1 km
1970 年	36 074	44 384	43 858	2 240	2 641	2 906	16.1	16.8	15.1	2.9	3.1	3.6
1985 年	39 253	41 322	39 339	2 263	2 620	2 869	17.3	15.8	13.7	2.7	3.2	3.9
1992 年	39 058	41 234	36 778	2 329	2 619	2 903	16.8	15.7	12.7	2.9	3.3	4.3
1999 年	35 606	39 575	36 887	2 186	2 599	2 942	16.3	15.2	12.5	2.9	3.3	4.3
2004 年	38 635	39 442	40 685	2 037	2 558	2 900	19.0	15.4	14.0	2.4	3.3	3.8
2011 年	41 309	42 837	41 228	2 115	2 593	2 851	19.5	16.5	14.5	2.4	3.1	3.7
2015 年	40 448	43 523	43 716	2 102	2 634	2 778	19.2	16.5	15.7	2.4	3.1	3.3
2017 年	44 831	46 614	46 165	2 117	2 640	2 807	21.2	17.7	16.4	2.2	2.9	3.2

续表

年份	断面面积/m²			0 m河宽/m			平均水深/m			河相关系数		
	上游1 km	通道断面	下游1 km	上游1 km	通道断面	下游1 km	上游1 km	通道断面	下游1 km	上游1 km	通道断面	下游1 km
2023年	44 286	47 131	46 019	2 099	2 658	2 811	21.1	17.7	16.4	2.2	2.9	3.2

2.3 线位附近最深点变化

图4为线位及其上、下游1 km断面最深点高程变化。由图4可见,隧道线位上游1 km断面处历年最深点大约为-29.6 m(2023年),2023年4月最深点-29.6 m,位于断面中间偏右侧。隧道线位处历年最深点大约为-27.2 m(2006年、2011年),2023年4月现状最深点-27.1 m,贴右岸。隧道线位下游1 km断面处历年最深点大约为-24.4 m(2017年),2023年4月最深点-23.1 m,位于断面中间偏右侧。而在线位断面上、下游1 km范围内,最低点为-36.6 m(2015年11月),位于断面上游250 m右侧、肖山凸嘴前沿附近。

据此,本线位包络线分析不仅需要考虑线位处历年最深点高程,还应考虑上游250 m处河床最低点-36.6 m,即隧道包络线分析需考虑线位处及上、下游1 km范围的河床地形情况。

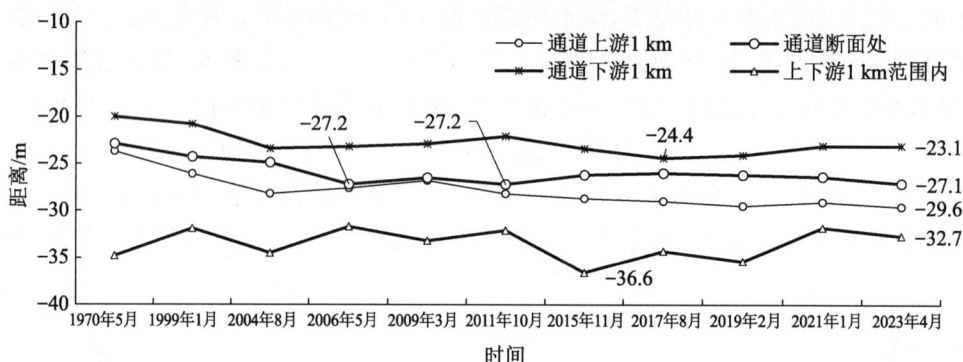

图4　江阴三隧道及其上、下游断面历年最深点高程统计

2.4 新情势下线位附近冲淤变化

三峡工程蓄水后工程河段河床分区冲淤统计如表2所示。

表2　三峡工程蓄水后工程河段河床分区冲淤统计

工程河段	冲淤量/(万 m³)					冲淤厚度/(m/a)				
	福姜沙进口段			福姜沙左汊	福南水道	福姜沙进口段			福姜沙左汊	福南水道
	左侧滩地	右侧深槽	合计			左侧滩地	右侧深槽	合计		
三峡蓄水至双涧沙守护工程实施 2004-09—2012-10	144	-570	-426	-1 853	170	0.02	-0.03	-0.02	0.14	0.02
双涧沙守护工程至深水航道实施 2012-10—2018-05	-1 049	-1 411	-2 460	-1 575	-213	-0.19	-0.11	-0.04	-0.08	-0.03
深水航道实施以来 2018-05—2023-04	-798	-643	-1 442	-1 103	234	-0.17	-0.06	-0.09	-0.14	0.04
三峡蓄水至今 2004-09—2023-04	-1 703	-2 624	-4 328	-4 530	192	-0.09	-0.06	-0.07	-0.15	0.01

由表2可见,三峡蓄水至双涧沙守护工程实施(2004—2012年),江阴三隧道线位附近河床有冲有淤;2012年之后,上游三峡工程实施后河床普遍冲刷传递至工程河段,工程河段河床冲刷,至2018年,工程所在的福姜沙进口段,左侧滩地和右侧深槽分别冲刷0.19和0.11 m/a;2018年深水航道整治工程实施后,工程区域的冲刷有所减缓,深水航道实施以来(2018-05—2023-04),左侧滩地和右侧深槽分别冲刷0.17和

0.06 m/a。三峡蓄水至今(2004-09—2023-04),左侧滩地和右侧深槽分别冲刷 0.09 和0.06 m/a,滩地和深槽合计冲刷 0.07 m/a。

2.5 线位附近河床地质条件

工程所在河段河床地质以粉细砂为主[10]。通道断面附近河床表层主要是粉细砂,厚薄不均,受江水影响变化较大。线位断面上,深槽左侧-20 m线左侧区域,表层至-30 m间土层主要为淤泥质粉质黏土和粉质黏土,中间夹粉砂;-50~-30 m间土层主要为粉砂;深槽左侧-20 m线右侧区域,表层至-65 m间土层主要为粉砂和粉细砂;右侧深槽以下至-50 m区域为粉细砂,-60~-50 m间为粉土夹粉质黏土;深槽右侧自表层往下均为弱风化砂岩。

可见,线位断面上,深槽及其左侧-50 m以上河床为易冲的粉砂、粉细砂;深槽右侧自表层往下,均为抗冲性极好的弱风化砂岩。

3 隧道线位河床冲刷包络线

综上分析,可见:

(1) 线位工程位于逐渐放宽的福姜沙进口段,进口鹅鼻嘴宽度 1.4 km,线位处宽 2.7 km,往下游至长山附近放宽至 4.1 km 左右,河床沿程最深点逐渐变浅。

(2) 研究表明,随工程河段河床冲刷,线位附近深槽尾部冲刷下移。1980 年至今下移 0.9 km 左右;2004—2017 年深槽尾部下移约 400 m;2017 年后变化趋缓。

(3) 隧道线位断面上历年最深点为-27.2 m,上游 250 m 左右右侧肖山凸嘴前沿附近最深点高程为-36.6 m。

(4) 三峡工程蓄水至今,工程所在的福姜沙进口段呈冲刷态势且年均冲刷幅度为 0.06~0.09 m。

考虑线位上、下游冲淤变化幅度,本次包络线绘制除分析多年来线位断面的冲刷外,还将线位上、下游 1 km 范围内的最深点按距离映射至线位断面上,对包络线进行修正。

根据本通道断面河床演变分析成果,同时考虑隧道线位上游 1 km 断面和下游 1 km 断面的河床演变分析成果,绘制了江阴三隧道断面冲刷的包络线,见图 5。包络线最深点位于断面右侧,高程为-37 m,断面中部最深点高程为-30 m。根据线位断面以下河床地质条件及三峡水库蓄水至今近 20 年线位附近河床年均冲刷 0.06~0.09 m 的态势,以及河床冲淤发展的趋势,未来 100 年平均冲刷按 4~6 m 考虑,断面河床冲淤包络线的最深点高程,线位断面中部按-36 m 控制,右侧深槽按-41 m 控制。

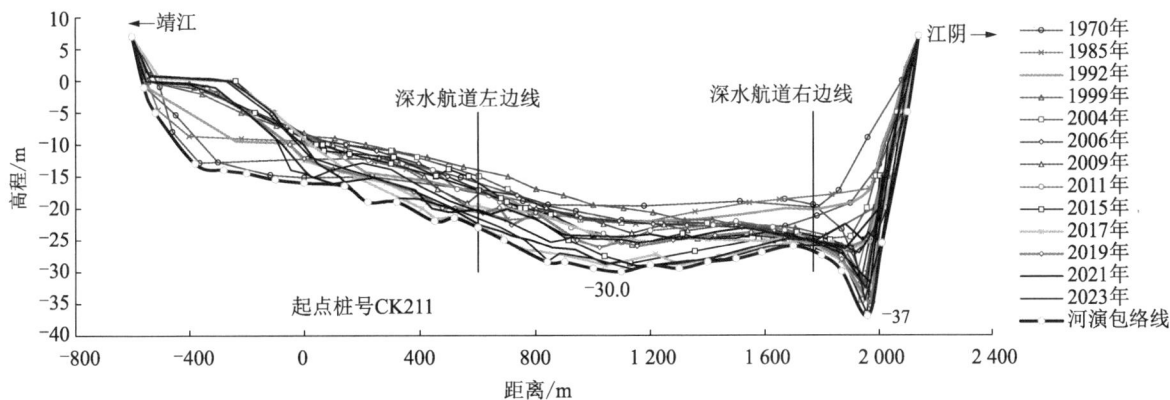

图 5　隧道线位断面河床冲刷包络线

4 结　语

通过对新情势下河床冲刷包络线影响因素进行分析,隧道包络线分析应考虑以下因素:

(1) 隧道线位断面应处于总体稳定态势,即工程河段应具备通道建设稳定的河势条件。

(2) 线位冲刷包络线首先应分析线位断面历年河床断面变化,分析其河床历年来河床最深点。显然,工程断面上,以前出现过的最深点,周边环境、水沙条件等合适的条件下可能同样会出现。

（3）考虑线位断面上、下游河床历年的变化,上游深槽冲刷的缓慢移动可能会影响线位断面水深。

（4）隧道线位冲刷包络线分析应在历年来河床演变冲刷分析的基础上,考虑线位断面处河床的地质条件,综合数学模计算和物理模型试验等研究成果确定。

（5）对于长江中下游河段,三峡水库蓄水后,河床总体呈冲刷态势。现有工程大多为百年工程,现有数学模型计算、物理模型试验等手段难以预测100年的河床变化,因此,出于安全考虑,冲刷包络线分析还应适当考虑新情势下未来河床冲淤变化。

参考文献

[1]　马志富.沪渝蓉高速铁路崇太长江隧道关键技术探讨[J].铁道标准设计,2021,65(10):1-5.

[2]　刘中峰,刘达,罗志发,等.珠江三角洲网河区过江隧道极限冲刷深度研究[J].广东水利水电,2023,(11):30-34.

[3]　赵维阳,胡勇,张胡.长江下游过江隧道工程河段极限冲刷深度研究[J].水运工程,2023(1):120-126.

[4]　魏帅,李国禄,陈述.长江下游过江隧道河段最大冲深数值模拟[J].水利水运工程学报,2016(1):1-8.

[5]　史英标,鲁海燕,杨元平,等.钱塘江河口过江隧道河段极端洪水冲刷深度的预测[J].水科学进展,2008(5):685-692.

[6]　岳红艳,谷利华,张杰.武汉汉江过江隧道河床演变及最大冲深预测[J].人民长江,2010,41(6):35-39.

[7]　孙凯旋,高亚军,李国斌,等.重庆长江隧道河床演变及冲刷预测[J].水运工程,2020(7):181-186.

[8]　胡鹏,杜德军,徐华,等.长江徐六泾河段深潭演变特征及对隧道建设的影响[J].水运工程,2023(9):65-71.

[9]　郭保和,包鹤立.珠海隧道工程极限冲刷模型试验研究[J].中国市政工程,2021(5):1-3.

[10]　中铁大桥勘测设计院集团有限公司.盐泰锡常宜铁路工程可行性研究及勘察设计[R].武汉:中铁大桥勘测设计院集团有限公司,2018.

感潮河段径-潮相互作用近期研究进展

张帆一[1,2,3]，高琰哲[1,4]，闻云呈[1,3]，裴盛圣[1,2]，夏明嬅[1,3]，赵泽亚[1,3]

(1. 南京水利科学研究院，南京 210029；2. 河海大学 海岸灾害及防护教育部重点实验室，南京 210098；3. 南京水利科学研究院 水灾害防御全国重点实验室，江苏 南京 210098；4. 中国港湾工程有限责任公司，北京 100000)

摘要：感潮河段是海洋与河流的交汇地带，潮波、径流与地形间的非线性作用深刻影响了河口区域的水沙运动特性和关键生态过程。出于对岸线利用、防洪保障和提升航运的需求，全球范围内大型感潮河段工程建设频繁，在强人类活动、气候变化等因素作用下，感潮河段潮波动力的变化及其机制是当前研究的热点问题。本文系统回顾了国内外解析潮波变形的非平稳潮汐分析方法，提出了当前引入信号分析领域进行潮汐分析的发展前景；梳理了全球范围内一些入海河流的感潮河段多年潮动力变化趋势和原因，关注了大型感潮河段潮波变形对人类工程群叠加影响的响应机制；综述了新情势下长江感潮河段径潮相互作用的时空变化特征研究，提出了需要进一步探索的科学问题。现阶段仍需要探索精确解译感潮河段控制性低频分潮特征的非平稳潮汐分析方法，开展人类高强度活动影响下的大型感潮河段潮波动力年代际变异过程、主控因素和驱动机制研究。

关键词：感潮河段；径-潮相互作用；非平稳潮汐分析；工程群影响；年代际潮波变化

感潮河段(tidal river)是海洋与河流之间的交汇区域，属于河口的一部分。在河流海岸动力学和河口地貌学研究中，广义的感潮河段可以定义为从河口潮区界到入海口门之间具有潮汐波动的河段，范围比狭义定义的潮流界或者盐水上溯界限更远[1]。长江、亚马孙河、圣劳伦斯河等大型入海河流的感潮河段范围可达数百千米，超过半日分潮的波长。在这种大型感潮河段内，潮波、径流与地形间的耦合动力作用深刻影响了河口区域的水沙运动特性和关键生态过程[2-4]。出于对岸线利用、防洪保障和提升航运的需求，全球范围内感潮河段人类工程活动频繁，因此在强人类活动、气候变化等影响下，感潮河段潮波动力的变化与驱动机制是当前研究的热点问题。

从序列特征看，感潮河道的潮汐作用与外海潮汐相比，具有复杂的非线性特征。为了解译感潮河段中非平稳潮汐特征，在经典调和分析方法的基础上发展出了引入径流强迫作用的非平稳潮汐调和分析方法。近年来随着信号分析理论的引入，出现了一批新的解译径-潮相互作用的算法。从控制因素看，潮波动力的多年变异来源于外海潮波变化、上游径流调整和河道地形演变。近些年来全球范围内河口人类活动的加剧极大地改变了感潮河道的面貌，岸线洲滩围垦、采砂工程、疏浚工程、河道治理、航道整治工程等工程群叠加影响，重塑了潮波的传播过程。从时空变化上看，径流在年内的不均匀分布带来的潮波年内变形引起了广泛研究，但是年代际尺度上潮波动力的变异特性及其发展趋势预测也对未来河口保护具有重要的科学意义，相关研究也正在开展。

本文以感潮河段径-潮相互作用为关注对象，从感潮河段潮波变形规律、非平稳潮汐分析方法、人类活动影响下的潮波变异机制等方面入手，回顾了该问题近期重要的研究进展和最新成果，展望了未来的研究方向，旨在为今后相关研究和河口保护治理提供一定的借鉴。

基金项目：国家自然科学基金资助项目(52201332)；海岸灾害及防护教育部重点实验室(河海大学)开放基金资助项目(202203)；中央级公益性科研院所基本科研业务费专项资金资助项目(Y222002)；江苏水利科技项目(2020002；2021004；2023046)

通信作者：张帆一。E-mail：fyzhang@nhri.cn

1 感潮河段潮波变形规律研究

与外海潮汐不同,感潮河段的潮波动力特性受到径流来流的调制,并且与河道地形相互作用,国内外学者根据实测潮汐资料统计、理论概化模型分析以及数学模型计算等方法开展了径流-潮汐动力特征及其内在机制的大量研究。现有研究主要还是关注于季节尺度上潮波及分潮随径流变化的规律,对于多年尺度上感潮河段分潮动力系统性时空变异过程仍缺少认识。

1.1 实测潮汐资料统计

Hoitink 和 Jay[5]综述了长江、圣劳伦斯河、亚马孙河等感潮河段年内洪枯季高低潮位、潮差大小、分潮传播以及盐水入侵的一般规律。以长江感潮河段为代表,Guo 等[6]基于小波分析方法研究长江感潮河段各潮族在季节内的振幅变化,使用短期调和分析方法建立了不同位置处主要天文分潮和高频浅水分潮随流量的变化关系。Dai 和 Liu[7]统计了 1977—1987 年和 2004—2008 年南京站的年平均潮差,认为三峡水库运行后感潮河段河床下切导致了潮动力在该位置的增强。石盛玉等[8]、Shi 等[9]对 2007—2016 年长江下游九江至芜湖间实测水位资料进行频谱分析,结合红噪声检验判断得出极端枯水条件下潮区界可以到九江,比起通常认为的大通有上溯趋势。袁小婷等[10]统计得出 1978—1983 年与 2013—2016 年间相近径流条件下,感潮河段中部站点南京和芜湖站月均潮差平均增大约 10 cm,主要天文分潮和高频浅水年均分潮振幅增加 10%~30%,迟角普遍降低,潮汐形态系数有减小趋势。黄竞争等[11]分析了感潮河段上游马鞍山到芜湖段余水位坡度对潮波振幅衰减率的影响,提出由于余水位坡度导致潮波振幅衰减效应随流量增大而出现减小的变化趋势。

1.2 理论和数学模型计算

Savenije[12]、Horrevoets 等[13]和 Cai 等[14]对感潮河段的河宽和水深分布进行概化,对非线性摩擦项做潮平均的处理,基于潮周期内的水位包络线方法建立了主要天文分潮在感潮河段中传播的理论概化模型。Cai 等[17]基于理论概化模型的计算,研究给出了长江感潮河段余水位坡度和潮波衰减的季节性变化规律,识别了最大衰减所在位置。路川藤等[18]基于数学模型计算建立了各类径流和潮汐条件下,潮流界位置与径流量以及外海潮差之间的相关关系。Lu 等[19]基于数学模型计算研究了枯季长江江阴站下游到口门外的潮波衰减和潮波变形过程,研究表明在越上游的位置天文分潮向浅水分潮的能量转移越剧烈。张蔚等[20]基于数学模型计算了周期性潮波运动对长江口各汊道分流的影响。Zhang 等[21-22]利用数学模型计算了长江感潮河段一个潮周期内纳潮量和径潮流能量分布的季节变化。Zhang 等[23-24]、Yu 等[25]基于数学模型计算和潮汐分析方法,分析了全感潮河段内季节性径流变化引起的全日、半日、高频浅水分潮和潮汐偏度的特征变化,以及河道潮流转向过程的年内变化规律。

这些研究揭示由于径流的季节性变化,感潮河段的径流-潮汐非线性作用存在明显的季节性响应。目前对于类似于长江这种大型感潮河段潮波和分潮动力在多年以来沿时间轴的系统性变异特征、重要节点、发展趋势尚不清晰。

2 非平稳潮汐分析方法研究

针对海洋中的平稳潮汐(stationary tide),经典潮汐调和分析是使用最广泛的潮汐数据分析方法,该方法假设各个分潮的振幅和迟角为常数[26]。但是在感潮河段中,潮汐水位是天文分潮与局部地形、径流来流强非线性相互作用的结果。对于这些高度非平稳的潮汐时间序列(nonstationary tide),经典调和分析方法只能得出各主要分潮时间平均的特征[27]。为了解译感潮河段中非平稳潮汐特征,发展出了多种分析方法,具体可以分为两大类:一种是基于经典调和分析方法框架引入强迫作用的非平稳潮汐调和分析方法,以 NS_Tide 方法为代表,以及引入独立点方案的 S_Tide 方法;另一种是基于信号分析原理发展的潮汐信号解译方法,包括频谱分析、小波分析(CWT)、经验模态分解(EMD)和改进的集合经验模态分解(MEEMD),以及近期发展的变分模态分解方法(VMD)。

2.1 改进的平稳潮汐分析方法

NS_Tide 方法将径流来流作为强迫力,通过建立径流非线性调制作用的系数函数,实现分潮振幅和迟角随径流变化的响应过程[28-29]。S_Tide 方法通过引入独立点方案和三次样条插值方法求解调和变量,表现略优于 NS_Tide 方法[30]。NS_Tide 已应用于哥伦比亚河、长江、珠江等感潮河段的潮汐分析,验证结果优于经典调和分析[31-33]。研究表明,NS_Tide 方法能够较好地解译出全日潮、半日潮、高频浅水分潮等中、高频分潮特征,但是对于低频的亚潮特征却难以精准提取。Gan 等[33]验证 NS_Tide 在哥伦比亚河上游 Longview 站水位预报精度时发现,NS_Tide 对低频分潮的水位后报结果准确性差于 EMD 和 VMD 方法。这主要是由于在 NS_Tide 方法中,所有低频分潮的信息集中由水位项综合反映,因此单个低频分潮,如 MSf 分潮,能量相对分散在其他低频分潮中,一般结果准确性不高,也不予以重点分析。而实际上,这些低频分潮在感潮河段长距离传播过程中较为重要。Hoitink 和 Jay[5] 在对于亚马孙河、长江等大型感潮河段的研究中指出,MSf 分潮是感潮河段上游的关键控制性分潮,这主要是由于潮波在长距离传播过程中低频分潮衰减速度小于高频分潮,同时 MSf 分潮在底摩擦作用下会有所增大[35]。

基于上游控制站流量资料及研究区域内实测连续水位序列,使用感潮河段非平稳潮汐调和分析方法 NS_Tide,得到受径潮流相互作用影响下的中、高频率分潮振幅和迟角,包括全日分潮、半日分潮、高频浅水分潮等周期约小于 1 d 的分潮。在 NS_Tide 中,水位(η) 随时间(t) 的变化可描述为:

$$\eta(t)=S_{0,0}(t)+\sum_{k=1}^{n}\left[S_{1,k}(t)\cos\sigma_k t+S_{2,k}(t)\sin\sigma_k t\right] \tag{1}$$

$$S_{l,j}(t)=d_{0,l,j}+d_{1,l,j}Q(t)^p+d_{2,l,j}R(t)^q/Q(t)^r \tag{2}$$

其中,Q 为上游径流;R 为外海站的全日潮差;l 为模型系数,$l=0$ 为亚潮模型系数,$l=1,2$ 代表潮汐径流相互作用的模型系数;$S_{0,0}(t)$表示包含周期大于全日潮周期(约为 1 d)的水位变化。P、q、r 是待定的常数。计算时通过已知的 Z、Q、R 序列,通过迭代权重最小二乘法求出模型系数 d,从而得到受到径流非线性调制作用后的分潮振幅和迟角。

2.2 信号分析方法

近年来,以 VMD 为代表的潮波信号分析方法迅速发展,这种方法在低频潮族分离效果上的表现优于 NS-Tide 方法。VMD 方法通过将非稳态潮汐数据自适应分解为不同频率的本征模态分量,解决了经验模态分解类的 EMD 方法出现的模态混淆问题,已在哥伦比亚河口感潮河段研究中应用分离出了低频潮族,但是仍然无法具有分辨潮频段分潮的能力[34,36-37]。CWT 通过加窗傅里叶变换获得潮波信号在时域和频域上的变化,一般也是分解到潮族,而无法分辨特定潮频段分潮特征[38]。实际上,由于傅里叶变换中的不确定性原理,信号不可能同时在时域和频域的分辨率达到无限小,因此每种算法效果需要达到关键分潮频率分辨率和时间分辨率的平衡。

VMD 方法的计算过程简介如下:

首先对原始水位信号 $\eta(t)$ 进行分解:

$$\eta(t)=\sum_{k=1}^{n}U_k(t)=\sum_{k=1}^{n}A_k(t)\cos(\varphi_k(t)) \tag{3}$$

其中,$A_k(t)$ 和 $\varphi_k(t)$ 分别为各模态分量 $U_k(t)$ 的振幅和相位。

通过对模态函数 $U_k(t)$ 进行 Hilbet 变换,得到解析信号,将解析信号与 e^{-jw_it} 混合,变换到基频带上,预估带宽用梯度的 L_2 范数平方代替。从而将原水位信号约束条件下的变分问题转化为求各模态预估带宽之和最小的问题。VMD 算法通过引入二次惩罚项和拉格朗日乘子变成非约束问题:

$$L(\{U_k\},\{w_k\},\lambda)=\alpha\sum_{k=1}^{k}\left\|\partial_t\left[(\delta(t)+\frac{j}{\pi t})u_d(t)\right]e^{-jw_it}\right\|_2^2+\left\|\eta(t)-\sum_{k=1}^{k}U_k(t)\right\|_2^2$$
$$+\left\langle\lambda(t),\eta(t)-\sum_{k=1}^{k}U_k(t)\right\rangle \tag{4}$$

其中,$\{w_k\}$ 为各模态中心频率,与各组成分潮潮族的频率基本一致;α 为二次惩罚因子;$\lambda(t)$ 为拉格朗日乘子。最后通过交替方向乘子法(ADMM)来求解该约束问题。

当前,在心电图信号分析、轴承故障诊断等领域基于改进的 VMD 算法的方法还在发展之中[39-40],对于建立提取特定频率的非平稳潮汐调和分析方法具有参考价值。未来应继续研究和探索可以完成对特定低频潮频段分潮特征提取的相关算法,从而实现感潮河段内全频率分潮传播过程的完整量化。

3 人类活动影响下的潮波动力变异机制研究

感潮河段处于河口地带,往往是人口高密度聚集和经济活动频繁的区域,防洪保障、航运通畅、土地利用等多种需求交织,局部围垦、采砂、疏浚、港口航道等工程建设强度较为剧烈。在多年来工程建设实施下,人类活动对全球范围内入海河流的感潮河段潮动力变化的影响及作用机制引起广泛的关注。

3.1 小型感潮河段潮波变异对人类活动响应

Winterwerp 等[41-42]总结了 5 条欧洲小型入海河流感潮段潮差多年来持续增加的趋势,并基于不考虑径流和简化地形的潮波传播解析模型,提出潮差增加主要来源于局部工程束窄河宽、增加水深作用下河道有效阻力降低的效应。Rojas 等[43]分析了法国吉伦特河口湾上游 Garonne 感潮河段近 60 年间的潮差大小、潮不对称强度和潮不对称方向的变化,研究得出局部河段采砂后使得潮波向涨潮优势发展。Talke 和 Jay[44]对一个世纪以来美国东海岸主要感潮河段代表性站点的潮差变化进行了系统分析,研究指出这些感潮河段年际尺度上潮动力的增幅和增速远大于外海天文潮波的变幅,因此可以主要归因于河道内围垦、疏浚等人类活动的作用。Cheng 等[45]比较了岸线围垦作用下鸭绿江潮波动力和泥沙输运特征变化,1950—1970 年岸线围垦后半日分潮振幅和迟角均有所降低。Cao 等[46]针对珠江三角洲主要站点近 50 年来的实测潮位资料进行非稳态调和分析,研究表明河网中上游站点主要全日和半日分潮的振幅呈现出变大趋势,中下游站点振幅有所减少,这来源于河道采砂及疏浚等人类活动对地形的影响。郭威等[47]基于水动力模型计算得出了由于河床下切的影响,近 20 年间珠江河口感潮河段内各分潮组合的不对称性加大,潮流不对称性在上游有所加强。

从现有研究对象看,这些感潮河段一般潮波上溯距离较短,潮波沿程衰减较快,感潮长度不超过 200 km,低于半日分潮的潮波波长(按平均水深 15 m 估算,约为 540 km)。现有研究表明在这些感潮河段内,人类活动以围垦和疏浚工程为主,河宽束窄、水深增加,在短距离内产生了河道有效阻力降低、潮波放大的效应,使得年代际的潮动力有所增强,地形变化成为多年潮动力变异的主控因素。

3.2 大型感潮河段潮波变异对人类活动响应

对于长江、亚马孙河、圣劳伦斯河[48-51]等大型感潮河段,潮波传播的数百千米范围内不同频率的分潮与地形、非稳态径流来流间产生强烈的非线性作用。因此现有关于中小型感潮河段研究结论不完全适用于大型感潮河段,需要针对大型感潮河段动力变异的驱动机制与归因分析开展研究。此外对于这些大河流域下游的大型感潮河段,岸线洲滩围垦工程、采砂和疏浚工程、河道航道治理工程等人类活动工程群较为剧烈,对河床地形进行了大幅调整,引起潮波动力的响应(图 1)。目前大量研究关注于单个工程影响下区域性河段内的河势变化及其对潮动力的影响。以长江下游河段为例,现有研究关注南京河段[52]、镇扬河段[53-54]、扬中河段[55]、澄通河段[56-57]以及长江口河段[58-60]等单个工程影响下的局部河段动力变化,还包括工程作用下某些洲滩的径潮动力调整,如三益桥边滩[55]、高港边滩[61]、靖江边滩[62-63]、白茆小沙[64]等。针对工程影响下的汊道动力变化也进行了研究,如八卦洲汊道[65]、世业洲汊道[55]、通州沙西水道[66]等。近期,郑树伟等[67]利用多波束测深系统结合航道地形资料,研究得出人类活动加剧了受冲段的冲刷。程和琴和姜月华[68]比较了 1998 年和 2013 年大通至南京河段部分断面形态,提出由于浅滩冲刷,分汊河槽形态有所变化。Mei 等[69]比较了 1992 年、2002 年、2008 年和 2013 年间大通到徐六泾之间不同时段内的冲淤趋势,研究认为最大淤积区的上移与上游水库调蓄后径流变化有关。

现有研究多关注某个具体工程运行对局部地形冲淤和动力条件的改变,而以工程群为代表的高强度人类活动引起潮波及分潮动力的响应机制仍然有待研究。

（a）感潮河段高强度人类活动开发

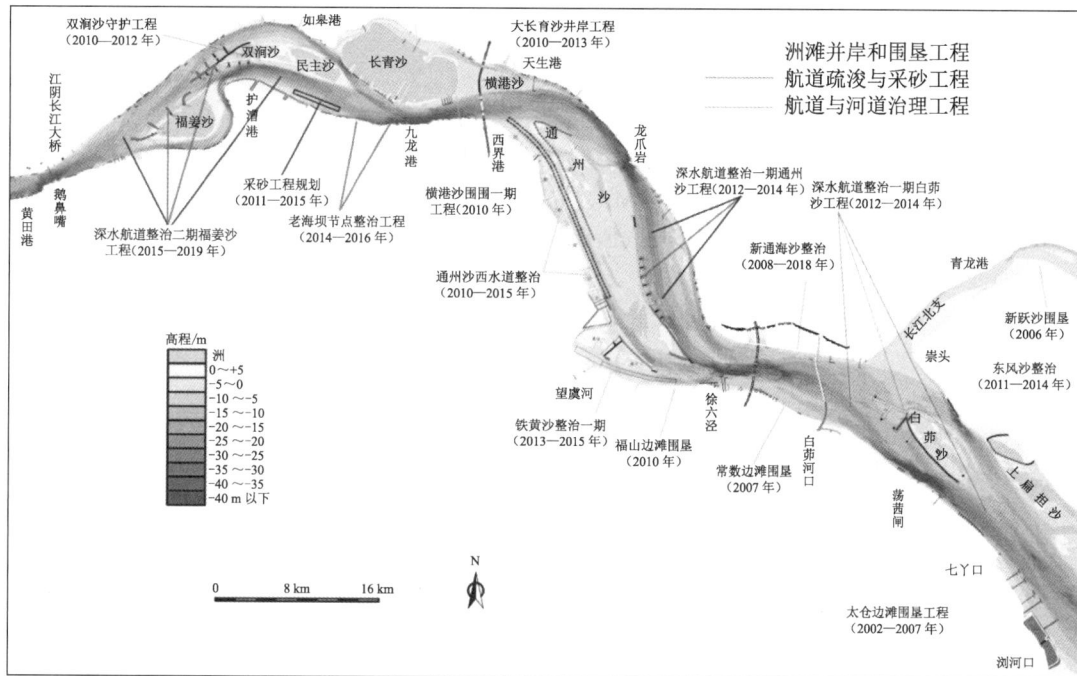

（b）人类活动工程群：洲滩并岸和围垦工程改变岸线

（c）人类活动工程群：采砂工程形成局部冲刷坑（自郑树伟等，2018）　（d）人类活动工程群：航道整治工程引起洲滩调整

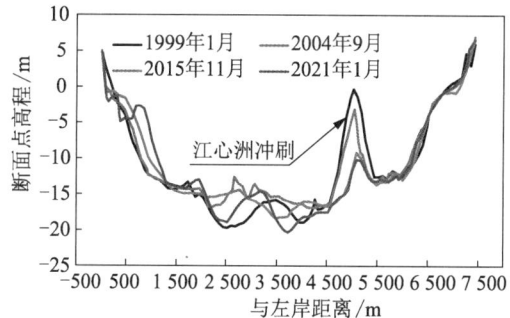

图1　长江下游感潮河段高强度人类活动

4　结　语

（1）在强人类活动、气候变化等因素影响下，感潮河段潮波动力的变化与驱动机制是当前研究的热点问题。国内外学者开展了感潮河段径-潮汐动力特征及其作用机制的大量研究。但是，现有研究主要还是关注于季节尺度上潮波及分潮随径流变化的规律，对于年代际尺度上大型感潮河段潮波和分潮动力的变异过程、关键节点、发展趋势仍缺少系统性认识。

（2）在长江等大型感潮河段中，低频的半月分潮MSf是感潮河段上游的关键控制性分潮。对于准确提取感潮河段上游低频分潮特征，现有非平稳潮汐分析方法都存在一定的限制。其中，非平稳潮汐调和分析NS_Tide方法能够解译中、高频分潮特征，但是所有低频亚潮特征的信息却集中由水位项综合反映。基于信号处理原理的VMD可以较好地提取低频潮族，但却不具备潮频段分潮的分辨能力。近期信号分

835

析领域研究提出的一些新方法为实现对特定频率分潮特征的精确提取提供可能,需要进一步研究和探索建立能够完整量化感潮河段内全频段分潮传播特征的算法和技术。

(3)现有对人类活动影响下潮波动力变异机制的研究多集中在中小型感潮河段上,其研究结论不完全适用于大型感潮河段,因此亟须针对大型感潮河段动力变异的驱动机制与主控因素开展研究。以长江下游感潮河段为代表,随着社会经济的发展,河道内实施了高强度的涉水工程建设,现有研究多关注于某个或某部分具体工程运行对局部地形冲淤和动力条件的改变,而以工程群为代表的高强度人类活动引起潮波及分潮动力的响应机制仍然有待研究。

参考文献

[1] 沈焕庭,茅志昌,朱建荣. 长江河口盐水入侵[M]. 北京:海洋出版社,2003:85.

[2] SASSI M G,HOITINK A J F. River flow controls on tides and tide-mean water level profiles in a tidal freshwater river[J]. Journal of Geophysical Research:Oceans,2013,118(9):4139-4151.

[3] LOSADA M A,DIEZ-MINGUITO M,REYES-MERLO M A. Tidal-fluvial interaction in the Guadalquivir River Estuary:spatial and frequency-dependent response of currents and water levels[J]. Journal of Geophysical Research:Oceans,2017,122(2):847-865.

[4] 朱雨晨. 感潮河段不同尺度的氮时空分布及中小尺度氮转化模型构建[D]. 福州:福建师范大学,2020.

[5] HOITINK A J F,JAY D A. Tidal river dynamics:implications for deltas[J]. Reviews of Geophysics,2016,54(1):240-272.

[6] GUO L C,VAN DER WEGEN M,JAY D A,et al. River-tide dynamics:exploration of nonstationary and nonlinear tidal behavior in the Yangtze River estuary[J]. Journal of Geophysical Research:Oceans,2015,120(5):3499-3521.

[7] DAI Z J,LIU J T. Impacts of large dams on downstream fluvial sedimentation:an example of the Three Gorges Dam (TGD) on the Changjiang (Yangtze River) [J]. Journal of Hydrology,2013,480:10-18.

[8] 石盛玉,程和琴,玄晓娜,等. 近十年来长江河口潮区界变动[J]. 中国科学:地球科学,2018,48(8):1085-1095.

[9] SHI S,CHENG H,XUAN X,et al. Fluctuations in the tidal limit of the Yangtze River estuary in the last decade[J]. China Earth Science,2018,61:1136-1147.

[10] 袁小婷,程和琴,郑树伟,等. 近期长江大通至南京河段潮动力变化趋势与机制[J]. 海洋通报,2019,38(5):553-561.

[11] 黄竞争,张先毅,吴峥,等. 长江感潮河段潮波传播变化特征及影响因素分析[J]. 海洋学报,2020,42(3):25-35.

[12] SAVENIJE H H G. A simple analytical expression to describe tidal damping or amplification[J]. Journal of Hydrology,2001,243(3/4):205-215.

[13] HORREVOETS A C,SAVENIJE H H G,SCHUURMAN J N,et al. The influence of river discharge on tidal damping in alluvial estuaries[J]. Journal of Hydrology,2004,294(4):213-228.

[14] CAI H Y,SAVENIJE H H G,TOFFOLON M. Linking the river to the estuary:influence of river discharge on tidal damping[J]. Hydrology and Earth System Sciences,2014,18(1):287-304.

[15] CAI H Y,SAVENIJE H H G. Asymptotic behavior of tidal damping in alluvial estuaries[J]. Journal of Geophysical Research:Oceans,2013,118(11):6107-6122.

[16] CAI H Y,ZHANG X Y,ZHANG M,et al. Impacts of Three Gorges Dam's operation on spatial-temporal patterns of tide-river dynamics in the Yangtze River estuary[J]. China Ocean Science,2019,15:583-599.

[17] CAI H Y,ZHANG P,GAREL E,et al. A novel approach for the assessment of morphological evolution based on observed water levels in tide-dominated estuaries[J]. Hydrology and Earth System Science,2020,24:1871-1889.

[18] 路川藤,罗小峰,陈志昌. 长江潮流界对径流、潮差变化的响应研究[J]. 武汉大学学报(工学版),2016,49(2):201-205.

[19] LU S,TONG C F,LEE D Y,et al. Propagation of tidal waves up in Yangtze Estuary during the dry season[J]. Journal of Geophysical Research:Oceans,2015,120(9):6445-6473.

[20] 张蔚,冯浩川,徐阳,等. 长江口分流过程对周期性潮波运动的响应机制[C]//第十七届中国海洋(岸)工程学术讨论会论文集. 北京:海洋出版社,2015:850-857.

[21] ZHANG M,TOWNEND I H,CAI H Y,et al. Seasonal variation of tidal prism and energy in the Changjiang River estuary:a numerical study[J]. Chinese Journal of Oceanology and Limnology,2016,34(1):219-230.

[22] ZHANG M,TOWNEND I,ZHOU Y X,et al. Seasonal variation of river and tide energy in the Yangtze estuary,Chi-

na [J]. Earth Surface Processes and Landforms,2016,41(1):98-116.

[23] ZHANG F Y,LIN B L,SUN J. Current reversals in a large tidal river[J]. Estuarine,Coastal and Shelf Science,2019,223:74-84.

[24] ZHANG F Y,SUN J,LIN B L,et al. Seasonal hydrodynamic interactions between tidal waves and river flows in the Yangtze Estuary[J]. Journal of Marine Systems,2018,186:17-28.

[25] YU X,ZHANG W,HOITINK A J F. Impact of river discharge seasonality change on tidal duration asymmetry in the Yangtze River Estuary[J]. Scientific Reports,2020,10(1):6304.

[26] DOODSON A T. The harmonic development of the tide-generating potential[J]. Proceedings of the Royal Society,London,Ser A,1921,100:305-329.

[27] 吕咸青,潘海东,王雨哲. 潮汐调和分析方法的回顾与展望[J]. 海洋科学,2021,45(11):132-143.

[28] KUKULKA T,JAY D A. Impacts of Columbia River discharge on salmonid habitat:1:anonstationary fluvial tide model [J]. Geophysics Research,2003,108:3293.

[29] MATTE P,JAY D A,ZARON E D. Adaptation of classical tidal harmonic analysis to nonstationary tides,with application to river tides[J]. Journal of Atmospheric and Oceanic Technology,2013,30:569-589.

[30] PAN H,LYU X,WANG Y,et al. Exploration of tidal fluvial interaction in the Columbia River Estuary using S_TIDE[J]. Journal of Geophysical Research:Oceans,2018a,123(9):6598-6619.

[31] MATTE P,SECRETAN Y,MORIN J. Temporal and spatial variability of tidal-fluvial dynamics in the St. Lawrence fluvial estuary:an application of nonstationary tidal harmonic analysis[J]. Journal of Geophysical Research:Oceans,2014,119(9):5724-5744.

[32] CAI H,YANG Q,ZHANG Z,et al. Impact of river-tide dynamics on the temporal-spatial distribution of residual water level in the Pearl River channel networks[J]. Estuaries and Coasts,2018,41(7):1885-1903.

[33] GAN M,CHEN Y,PAN S,et al. A modified nonstationary tidal harmonic analysis model for the Yangtze estuarine tides[J]. Journal of Atmospheric and Oceanic Technology,2019,36(4):513-525.

[34] GAN M,PAN H D,CHEN Y P,et al. Application of the Variational Mode Decomposition (VMD) method to river tides,Estuarine [J]. Coastal and Shelf Science,2021,261:107570.

[35] 方国洪,郑文振,陈宗镛,等. 潮汐和潮流的分析和预报[M]. 北京:海洋出版社,1986:93-96.

[36] PAN H,GUO Z,WANG Y,et al. Application of the EMD method to river tides[J]. Journal of Atmospheric and Oceanic Technology,2018b,35(4):809-819.

[37] 张亮,张佳丽,张学峰,等. 基于希尔伯特-黄变换的潮汐分析方法研究[J]. 天津大学学报:自然科学与工程技术版,2020(7):725-735.

[38] JAY D A,FLINCHEM E P. A comparison of methods for analysis of tidal records containing multi-scale non-tidal background energy[J]. Continental Shelf Research,1999,19(13):1695-1732.

[39] NAZARI M,SAKHAEI S M. Variational mode extraction:a new efficient method to derive respiratory signals from ECG[J]. IEEE J Biomed Health Inform. 2017,22(4):1059-1067.

[40] PANG B,NAZARI M,et al. An optimized variational mode extraction method for rolling bearing fault diagnosis[J]. Structural Health Monitoring. 2022,21(2):558-570.

[41] WINTERWERP J C,WANG Z B. Man-induced regime shifts in small estuaries:Ⅰ:theory[J]. Ocean Dynamics 2013,63:1279-1292.

[42] WINTERWERP J C,WANG Z B,VAN BRAECKEL A,et al. Man-induced regime shifts in small estuaries:Ⅱ:a comparison of rivers[J]. Ocean Dynamics,2013,63:1293-1306.

[43] ROJAS J I,SOTTOLICHIO A,HANQUIEZ V,et al. To what extent multidecadal changes in morphology and fluvial discharge impact tide in a convergent (turbid) tidal river[J]. Journal of Geophysical Research:Oceans,2017,123:3241-3258.

[44] TALKE S A,JAY D A. Changing tides:the role of natural and anthropogenic factors[J]. Annual Review of Marine Science,2020,12:121-151.

[45] CHENG Z X,ISABEL J R,WANG X H,et al. Impacts of land reclamation on sediment transport and sedimentary environment in a macro-tidal estuary,Estuarine[J]. Coastal and Shelf Science,2020,242:106861.

[46] CAO Y,ZHANG W,ZHU Y L,et al. Impact of trends in river discharge and ocean tides on water level dynamics in

the Pearl River Delta[J]. Coastal Engineering,2020,157:103634.

[47] 郭威,季小梅,陈婷,等. 河床下切影响下珠江三角洲潮流不对称时空变化规律[J]. 水运工程,2022(1):27-34,58.

[48] KOSUTH P,CALLÈDE J,LARAQUE A,et al. Sea-tide effects on flows in the lower reaches of the Amazon River [J]. Hydrology Process,2009,23:3141-3150.

[49] GODIN G . The propagation of tides up rivers with special considerations on the upper saint lawrence river[J]. Estuarine Coastal and Shelf Science,1999,48(3):307-324.

[50] JAY D A,BORDE A B,DIEFENDERFER H L. Tidal-fluvial and estuarine processes in the lower columbia river:Ⅱ: water level models,floodplain wetland inundation,and system zones[J]. Estuaries and Coasts,2016,39(5):1299-1324.

[51] 陈彰榕. 黄河现行河口的潮区界[J]. 海洋湖沼通报,1988(4):85-88.

[52] 钱海峰,葛俊,吴友斌,等. 长江南京河段护岸工程实施效果浅析[J]. 人民长江,2012,43(S2):109-110.

[53] 陈飞,付中敏,杨芳丽. 长江镇扬河段河势变化对航道条件的影响[J]. 水运工程,2011(6):112-116.

[54] 杨霄. 1570—1971年长江镇扬河段江心沙洲的演变过程及原因分析[J]. 地理学报,2020,75(7):1512-1522.

[55] 陈长英,张幸农,赵凯. 长江口岸直水道鳗鱼沙浅滩成因分析[J]. 水利水运工程学报,2010(1):85-89.

[56] 余文畴,栾华龙. 长江下游澄通河段通州沙汊道演变新特征[J]. 长江科学院院报,2020,37(12):1-7.

[57] 朱博渊,李义天,杨培炎,等. 长江澄通河段河床冲淤对流域减沙的响应[J]. 水科学进展,2018,29(5):706-716.

[58] YANG H F,YANG S L,XU K H. River-sea transitions of sediment dynamics:a case study of the tide-impacted Yangtze River estuary[J]. Estuarine Coastal and Shelf Science,2017,196:207-216.

[59] 杨云平,李义天,XUE G Q. 长江入海水沙通量与三角洲演变模式关系[J]. 水力发电学报,2014,33(2):162-167.

[60] 张晓鹤,李九发,姚弘毅,等. 长江河口南支河道近期演变与自动调整过程研究[J]. 人民长江,2015,46(17):1-6.

[61] 应翰海,谭志国,闻云呈,等. 长江下游高港边滩演变趋势及其对深水航道的影响[J]. 水运工程,2020(7):111-114.

[62] 杜德军,王晓俊,夏云峰,等. 靖江边滩演变水动力特性分析[J]. 水运工程,2021(4):75-80.

[63] 刘高峰,王统泽. 福姜沙河段输沙、边滩输移特征和动力机制研究[J]. 水运工程,2020(11):94-99.

[64] 夏云峰,闻云呈,杜德军,等. 白茆小沙规划治理方案探讨[C]//第十七届中国海洋(岸)工程学术讨论会论文集(下). 北京:海洋出版社,2015:392-396.

[65] 臧英平,李涛章,朱春光,等. 长江南京河段河势变化分析[J]. 江苏水利,2021(S2):86-88.

[66] 张世钊,夏云峰,吴道文. 长江澄通河段福山水道整治利用初探[C]//第十五届中国海洋(岸)工程学术讨论会论文集(中). 北京:海洋出版社,2011:551-554.

[67] 郑树伟,程和琴,石盛玉,等. 长江大通至徐六泾水下地形演变的人为驱动效应[J]. 中国科学:地球科学,2018,48(5):628-638.

[68] 程和琴,姜月华,等. 长江中下游河槽物理过程[M]. 北京:科学出版社,2021:439-452.

[69] MEI X F,DAI Z J,STEPHEN E. DARBY S E,et al. Landward shifts of the maximum accretion zone in the tidal reach of the Changjiang estuary following construction of the Three Gorges Dam[J]. Journal of Hydrology,2021,592:125789.

潮间带对河口潮波运动影响研究

祝仁杰[1,2,3]，张　蔚[1,2,3]，危小艳[4]

（1. 河海大学 海岸灾害及防护教育部重点实验室，江苏 南京　210098；2. 河海大学 水灾害防御全国重点实验室，江苏 南京　210098；3. 河海大学 港口海岸与近海工程学院，江苏 南京　210098；4. National Oceanography Centre，6 Brownlow Street，Liverpool，L3 5DA United Kingdom）

摘要：推导一维潮波运动解析模型，考虑潮间带储水效应，分析了潮间带对河口潮波运动的作用。研究表明：潮波运动取决于 kL 和 x/L（k 为复波数，L 为河口长度，x 为纵坐标）；基于 kL 的值对不同河口潮间带对潮波运动的影响进行了明确划分，在 kL 较小时，潮间带会增强潮波运动，而在 kL 较大时，潮间带则会削弱潮波运动。

关键词：潮间带；解析模型；河口；潮波

　　潮间带作为河口海岸的关键生态系统，面临着自然和人类活动双重压力，其面积在持续缩小[1]。近些年，为了缓解气候变化给河口带来的洪潮、侵蚀等灾害，潮间带恢复项目被作为一种基于自然的解决方案在世界上诸如 Ems、Scheldt 等河口实施[2-3]。然而，潮间带的恢复对潮波运动的影响因河口而异[4]，既能增强潮汐，导致洪潮灾害加剧[5]，又能削弱潮波运动，达到减小河口潮差的作用[6]。因此，为了使得潮间带恢复项目能够有效地缓解河口洪潮灾害，需要系统地研究潮间带对河口潮波运动的影响，以明确划分不同河口中的潮间带作用，为降低河口洪潮/侵蚀风险和确保河口生态系统可持续发展提供理论基础。

1 解析模型

　　模型考虑长度为 L 的矩形半封闭河口，中间是宽度为 B 的矩形区域深槽，两侧是坡度角为 θ 的三角形区域潮间带（图1）。此研究中，考虑深槽水深（H）和滩槽交界处水深（H_w）不随空间发生改变。同时，只考虑潮间带的储水效应，而忽略其上水流运动，即潮间带上流速为 0。

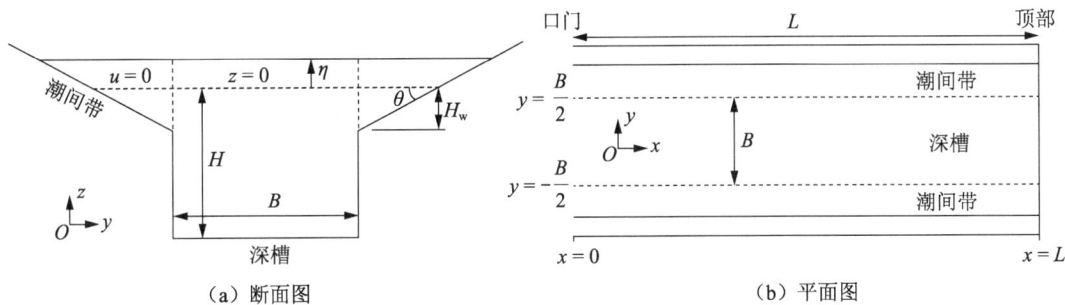

图 1　模型区域概览

　　通过忽略科氏力，可以得出简化的一维水体运动方程组[7]：

$$(1+r_B)\frac{\partial \eta}{\partial t}+H\frac{\partial u}{\partial x}=0 \tag{1}$$

基金项目：河海大学海岸灾害及防护教育部重点实验室开放基金（J202201）；国家自然科学基金资助项目（U2040203）；中央高校基本科研业务费专项资金资助项目（B240205032）

通信作者：张蔚。E-mail：w.zhang@hhu.edu.cn

$$\frac{\partial u}{\partial t} = -g\frac{\partial \eta}{\partial x} - \frac{r}{H}u \tag{2}$$

式中：t 为时间，x 为纵坐标，η 为潮位；u 为断面平均潮流速；$r_B = 2H_w/B\tan\theta$ 为滩槽宽度比；g 为重力加速度；r 为线性摩阻系数。将复振幅引入上述方程：

$$(u,v,\eta) = \Re\{(\hat{u},\hat{\eta})\exp^{i\sigma t}\} \tag{3}$$

式中：$\hat{\cdot}$ 为变量的复振幅；$\Re\{\cdot\}$ 为取变量实部；σ 为潮频率；$i = \sqrt{-1}$。从而得出潮流速是潮位梯度的函数：

$$\hat{u} = -\frac{g}{i\sigma}\frac{1}{1-ir^*}\frac{d\hat{\eta}}{dx} \tag{4}$$

式中：$r^* = r/\sigma H$ 为无量纲摩阻系数。将上式代入连续性方程即可得出潮波运动方程：

$$\frac{d^2\hat{\eta}}{dx^2} + \frac{\sigma^2}{gH}(1+r_B)(1-ir^*)\hat{\eta} = 0 \tag{5}$$

边界条件为口门给定潮位振幅（A），河口顶部闭边界不可入：

$$\hat{\eta}(0) = A, \frac{d\hat{\eta}(L)}{dx} = 0 \tag{6}$$

这是一个二阶常微分方程，其解析解为：

$$\hat{\eta} = A\frac{\cosh[ikL(1-x/L)]}{\cosh(ikL)} \tag{7}$$

式中：L 为河口长度；$k = k_r + ik_i$ 为复波数；$k_r = 2\pi/\lambda > 0$ 为传统波数；λ 为潮波波长；$k_i < 0$，为衡量河口潮波受摩阻作用衰减的速率，复波数表达式为

$$k = \frac{2\pi}{\lambda_0}\sqrt{(1+r_B)(1-ir^*)} \tag{8}$$

式中：$\lambda_0 = T\sqrt{gH}$ 为无摩阻、无潮间带下的潮波波长，$T = 2\pi/\sigma$ 为潮周期。

2 潮间带作用划分

根据潮波运动解析解可以得出，河口潮波运动取决于 2 个无量纲数：kL 和 x/L。这里定义 $x^* = x/L$ 为无量纲纵坐标。潮间带通过 r_B 改变复波数从而影响河口潮波运动，因此潮间带储水效应使复波数增大了 $\sqrt{1+r_B}$ 倍，这就意味着潮波运动波速被减缓为原来的 $1/\sqrt{1+r_B}$。同时根据波数解析解可以得出，随着 H 减小、r^* 增大、σ 增大或 r_B 增大，复波数 k 的实部 k_r 和虚部 k_i 的大小均增大。

如上所述，潮间带对潮波运动的影响因河口而异，为了明确潮间带在不同河口的作用划分，定义如下参数分别研究河口口门（$x^* = 0$）和顶部（$x^* = 1$）范围内的潮间带作用：

$$A_m(kL) = \frac{d}{dx^*}(|\hat{\eta}|_{x^*=0}|) = -\Re\{AikL\tanh(ikL)\} \tag{9}$$

$$\varphi_m(kL) = \frac{d}{dx^*}(-\arg(\hat{\eta}|_{x^*=0})) = \Re\{ikL\tanh(ikL)\} \tag{10}$$

$$A_h(kL) = |\hat{\eta}|_{x^*=1} = \frac{A}{|\cosh(ikL)|} \tag{11}$$

$$\varphi_h(kL) = -\arg(\hat{\eta}|_{x^*=1}) = \arg(\cosh(ikL)) \tag{12}$$

式中：$\Re\{\cdot\}$ 为取变量虚部；A_m 和 φ_m 为河口口门处潮位振幅和相位的梯度；A_h 和 φ_h 分别为河口顶部处潮位的振幅和梯度。因此，考虑潮间带后这 4 个参数的改变将分别对应河口下游口门附近和上游顶部附近的潮间带作用，显然 $r_B = 0$ 代表无潮间带作用，从而定义 4 个参数（统称为 Γ）的改变量：

$$\Delta\Gamma = \Gamma(kL) - \Gamma(k_0L) = \Gamma(\sqrt{1+r_B}k_0L) - \Gamma(k_0L) = (\sqrt{1+r_B}-1)\Gamma'(k_0L) \tag{13}$$

式中：Γ 代表 A_m、φ_m、A_h 和 φ_h；k_0 为无潮间带（$r_B = 0$）时的复波数；Γ' 为参数 Γ 在 k_0L 处的导数。

$$\Gamma'(k_0 L) = \frac{\partial \Gamma(\xi k_0 L)}{\partial \xi}\Bigg|_{\xi=1} \tag{14}$$

上式 $\Delta\Gamma$ 的成立条件为 $r_B \to 0$，即河口存在较窄的潮间带。虽然这限制了潮间带的宽度，但是该式能够反映一般河口内开始存在有潮间带时潮波运动所做出的响应，此时 $\Delta\Gamma > 0$ 意味着上、下游河口潮波运动的振幅增大和相位滞后，反之亦然。所以潮间带的作用取决于 $\Delta\Gamma$ 的符号，而其符号又取决于 Γ'，其中 $\sqrt{1+r_B} > 1$，下面给出 Γ' 的解析式：

$$A'_m = -\Re\{AikL(\tanh(ikL) + ikL(1 - \tanh^2(ikL)))\} \tag{15}$$

$$\varphi'_m = \Re\{ikL(\tanh(ikL) + ikL(1 - \tanh^2(ikL)))\} \tag{16}$$

$$A'_h = -\frac{1}{|\cosh(ikL)|}\Re\{AikL\tanh(ikL)\} \tag{17}$$

$$\varphi'_h = \Re\{ikL\tanh(ikL)\} \tag{18}$$

通过取 $0 \le k_r L \le \pi$ 和 $-3 \le k_i L \le 0$ 可以代表实际河口中的参数区间[4]，潮间带对河口潮波运动的作用划分如下：

（1）潮位振幅。

① 整个河口振幅增大，即 $A'_m > 0$ 且 $A'_h > 0$，记为 I_A；

② 下游河口振幅减小，上游河口振幅增大，即 $A'_m < 0$ 且 $A'_h > 0$，记为 III_A；

③ 整个河口振幅减小，即 $A'_m < 0$ 且 $A'_h < 0$，记为 III_A；

④ 下游河口振幅增大，上游河口振幅减小，即 $A'_m > 0$ 且 $A'_h < 0$，记为 IV_A。

（2）潮位相位。

① 整个河口相位增大，即 $\varphi'_m > 0$ 且 $\varphi'_h > 0$，记为 I_φ；

② 下游河口相位减小，上游河口相位增大，即 $\varphi'_m < 0$ 且 $\varphi'_h > 0$，记为 II_φ。

这里，$\varphi'_h > 0$ 对于上述参数区间内的 kL 总是成立，这意味着潮间带总是滞后于河口顶部处的潮波运动。上述潮间带作用划分中不同的潮间带作用所对应的 kL 参数空间如图2所示。由图可知，在 kL 较小时，即 $k_r L$ 和 $k_i L$ 均量值较小时，潮间带主要起到增强整个河口的潮波运动的作用（I_A），而随着 kL 的增大，潮波运动在河口局部或整个区段出现振幅被潮间带减小的现象（II_A，III_A，IV_A）。至于潮位相位，其整体呈被潮间带所增大的趋势（I_φ），除去在指定 kL 值的情况下出现下游河口相位被潮间带所减小的现象（II_φ）。由复波数解析解形式可知，小 kL 的条件对应着短河口、深水、低频潮波或弱摩阻的条件，在此情况下潮间带趋于放大潮汐，反之亦然。

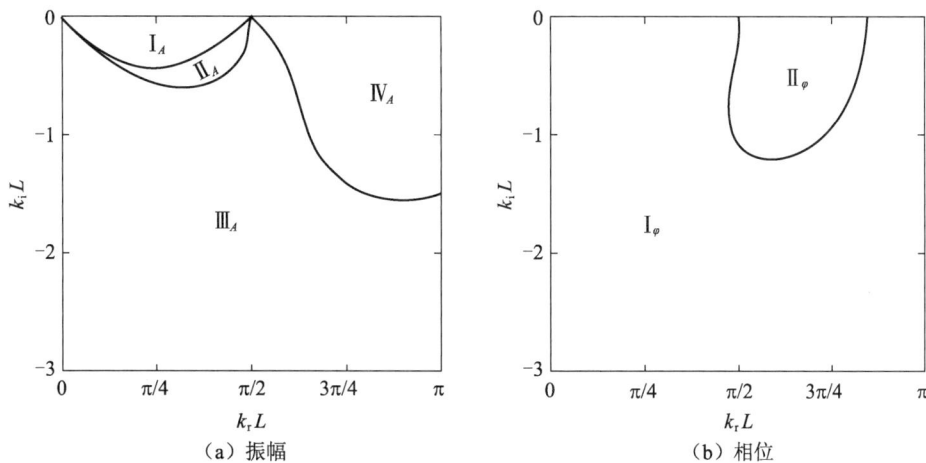

图2 潮间带作用划分

3 讨 论

根据前人关于潮间带对河口潮波运动的影响研究可以证实本文所得出的潮间带作用划分。在 Scheldt、Delaware 等长河口的数值模拟研究表明潮间带的存在起到削弱潮波的作用[3,8]，而在 Darwin 港、

象山港等短河口湾的数值模拟研究表明潮间带的存在起到放大潮波的作用[9-10]。同时,上文中的波数解析式也可以写作

$$k = \frac{2\pi}{\lambda_1}\sqrt{1 - i\,r^*} \tag{19}$$

式中:$\lambda_1 = \lambda_0/\sqrt{1+r_B} = T\sqrt{gH/(1+r_B)}$。这意味着潮间带的影响可以归结为水深的减小,即水深减小为原来的 $1/(1+r_B)$,所以本文导出的结论同样适用于河口水深变化对潮波运动的影响。以弱摩阻情况为例,即 $k_iL \approx 0$,由图 2 可知,当 $kL < \pi/2$(即 $L < \lambda/4$,河口长度小于潮波共振波长的 $1/4$)时,河口潮波运动被潮间带所增强,而当 $kL > \pi/2$(即 $L > \lambda/4$,河口长度大于潮波共振波长的 $1/4$)时,河口潮波运动趋向于被潮间带削弱。这与 Talke 和 Jay[4]基于解析模型得出的潮波运动对河口水深增大的响应是一致的。

4 结　语

通过建立潮波运动一维解析模型,并考虑潮间带储水效应,对潮间带对河口潮波运动的作用进行了系统研究,所得结论如下:

(1) 河口潮波运动取决于 2 个无量纲参数:kL 和 x/L。kL 随着河口长度增大、深槽水深减小、潮波频率增大或底床摩阻增强而增大;

(2) 基于 kL 的值对不同河口潮间带对潮波运动影响的明确划分表明,在 kL 较小时,潮间带主要起到增强整个河口的潮波运动的作用,而随着 kL 的增大,潮波运动在河口局部或整个区段出现振幅被潮间带所减小的现象;至于潮位相位,其整体呈被潮间带所增大的趋势。

参考文献

[1] MURRAY N J,PHINN S R,DEWITT M,et al. The global distribution and trajectory of tidal flats[J]. Nature,2019, 565(7738):222-225.

[2] LI C,SCHUTTELAARS H M,ROOS P C,et al. Influence of retention basins on tidal dynamics in estuaries:application to the Ems estuary[J]. Ocean & Coastal Management,2016,134:216-225.

[3] STARK J,SMOLDERS S,MEIRE P,et al. Impact of intertidal area characteristics on estuarine tidal hydrodynamics: a modelling study for the Scheldt Estuary[J]. Estuarine,Coastal and Shelf Science,2017,198:138-155.

[4] TALKE S A,JAY D A. Changing tides:the role of natural and anthropogenic factors[J]. Annual Review of Marine Science,2020,12(1):121-151.

[5] OEY L,EZER T,HU C,et al. Baroclinic tidal flows and inundation processes in Cook Inlet,Alaska:numerical modeling and satellite observations[J]. Ocean Dynamics,2007,57(3):205-221.

[6] HEPKEMA T M,DE SWART H E,ZAGARIS A,et al. Sensitivity of tidal characteristics in double inlet systems to momentum dissipation on tidal flats:a perturbation analysis[J]. Ocean Dynamics,2018,68(4/5):439-455.

[7] WINTERWERP J C,WANG Z B. Man-induced regime shifts in small estuaries:I:theory[J]. Ocean Dynamics,2013, 63(11/12):1279-1292.

[8] LEE S B,LI M,ZHANG F. Impact of sea level rise on tidal range in Chesapeake and Delaware Bays[J]. Journal of Geophysical Research:Oceans,2017,122(5):3917-3938.

[9] LI L,WANG X H,WILLIAMS D,et al. Numerical study of the effects of mangrove areas and tidal flats on tides:a case study of Darwin Harbour,Australia[J]. Journal of Geophysical Research,2012,117(C6):C6011.

[10] LI L,GUAN W,HU J,et al. Responses of water environment to tidal flat reduction in Xiangshan Bay:part I:hydrodynamics[J]. Estuarine,Coastal and Shelf Science,2018,206:14-26.

河口原型沙起动试验与关键参数分析

王逸飞[1,2]，缴　健[1]，胡朝阳[3,4]，朱振洋[3]，张新周[1]

（1. 南京水利科学研究院，江苏 南京　210029；2. 四川大学 山区河流保护与治理全国重点实验室，四川 成都　610065；3. 福建省水利水电勘测设计研究院有限公司，福建 福州　350001；4. 河海大学 水利水电学院，江苏 南京　210098）

摘要：受气候变化等自然因素及水利工程建设等人类活动的共同影响，中国河口普遍存在来沙量减少、河床局部冲刷的现象，以闽江为代表的东南诸河尤为典型。采用闽江口现场泥沙，在 42 m 大型变坡水槽中开展泥沙起动试验，探究不同水深条件下不同粒径泥沙的起动流速和床面切应力。结果表明，水深变化对大粒径泥沙起动流速的影响大于对小粒径泥沙起动流速的影响。水深增大到一定程度时，泥沙床面起动切应力基本达到稳定。将 TKE 法与 Shields 曲线法进行比较，计算结果基本吻合。

关键词：闽江口；变坡水槽；起动流速；切应力

当水流逐步加强到超过一定限度以后，床面的泥沙颗粒开始脱离静止状态而进入运动状态，即为泥沙起动，此时的流速为泥沙起动流速。在这个过程中，水流剪切力逐渐大于其起动阻力[1]，此时底床切应力即为起动切应力。因此，泥沙起动过程中的两个重要参数为起动流速及床面起动切应力。长久以来，众多学者对泥沙起动的研究做了大量工作。早在 1753 年，布朗姆斯（A. Brahms）就提出泥沙的起动流速与泥沙的重量的 1/6 次方成正比[2]。这个看法和当代对泥沙起动条件的认识是一致的。19 世纪末期，人们从力的平衡考虑，又开始重新研究这个问题。1914 年，Forchheimer[2]对前一个时期所积累的有关这方面的知识进行了系统的总结和评论，讨论了颗粒级配、分选及粗化对起动的影响。1936 年，Shields[3]把当时流行的量纲分析方法应用到泥沙运动中，提出了有名的希尔兹曲线，该曲线至今仍广泛为人们所使用。20 世纪 50 年代，Lane[4]开始把起动拖曳力的概念引用到渠道设计中来，使稳定渠道的设计建立在更为可靠的理论基础上。在此基础上，后续学者做了大量试验，取得了丰富的研究成果。

针对床面切应力的测量通常分为直接法与间接法两种：直接法是通过仪器直接测量底床切应力，这种方法虽然简便，但容易造成较大误差；而间接法则是通过紊流流速数据或含沙量数据对切应力进行反算，其中水流紊动能（TKE）法在动床条件下的水流切应力测量一致性最好[5]。TKE 法依赖于对近底流速高频的监测，以 TKE 为依据，反算得出床面处的水流切应力，即底床切应力。迄今，TKE 法已在现场与实验室的底床切应力计算得到了大量的实际应用[6-9]。

闽江是福建省最大的河流，流域面积超过 6 万 km²，约占福建省面积的 1/2。水口电站以下称为闽江下游，长 117 km。自 1993 年，水口电站水库蓄水，拦蓄了闽江大量泥沙，清水下泄导致下游河床侵蚀冲刷，对河道底部、河岸及其相关工程的稳定和安全产生不利的影响，而阐明泥沙的基本特性是解决河床冲刷问题的关键。文中利用闽江下游河道现场采集的泥沙开展水槽试验，研究水深及泥沙粒径对泥沙起动流速的影响，同时分析了泥沙起动时的床面切应力。

基金项目：国家重点研发计划项目（2023YFC3208501）；国家自然科学基金项目（U2340225，U2243241）；南京水利科学研究院中央级公益性科研院所基本科研业务费专项资金项目（Y223002，Y220013）

作者简介：王逸飞。E-mail：364688719@qq.com

通信作者：缴健。E-mail：jjiao@nhri.cn

1 试验设计

1.1 试验水槽

水槽尺度为 42 m×0.8 m×0.8 m(长×宽×深),可进行大流速作用下泥沙的起动试验研究,如图 1 所示。在水槽中部位置设置 3 m 长试验段铺设试验用沙,试验段两侧布置砖块防止沙样在水流作用下流失,砖块两侧铺设粗颗粒砂石,减小水流在通过砖块时的水体紊动,保证测量流速的准确性。在试验段上游砖块位置上方 2/10、6/10 及 8/10 相对水深处各布置 3 个旋桨式流速仪,流速测量值分别为 $v_{0.2}$、$v_{0.6}$、$v_{0.8}$,取 3 个流速平均值作为断面平均流速。在沙床上方 1 cm 处布置一台 ADV 用于测量近底流速。通过调节水槽上游水泵运行功率控制水槽内水流流速,通过调节水槽下游尾门高度控制水槽内试验水位。试验水槽布置如图 2 所示。

图 1　大型变坡水槽

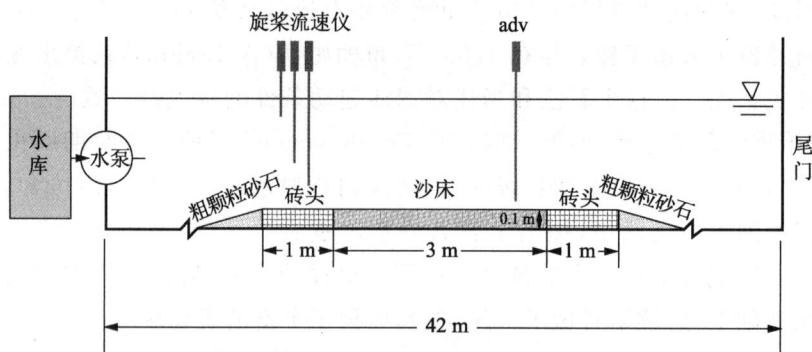

图 2　试验水槽布置

1.2 试验沙样选取

根据闽江下游河道泥沙粒径分布特征,文中分别选取中值粒径为 0.147、0.275 及 0.528 mm 的泥沙样本开展水槽试验,级配曲线见图 3。

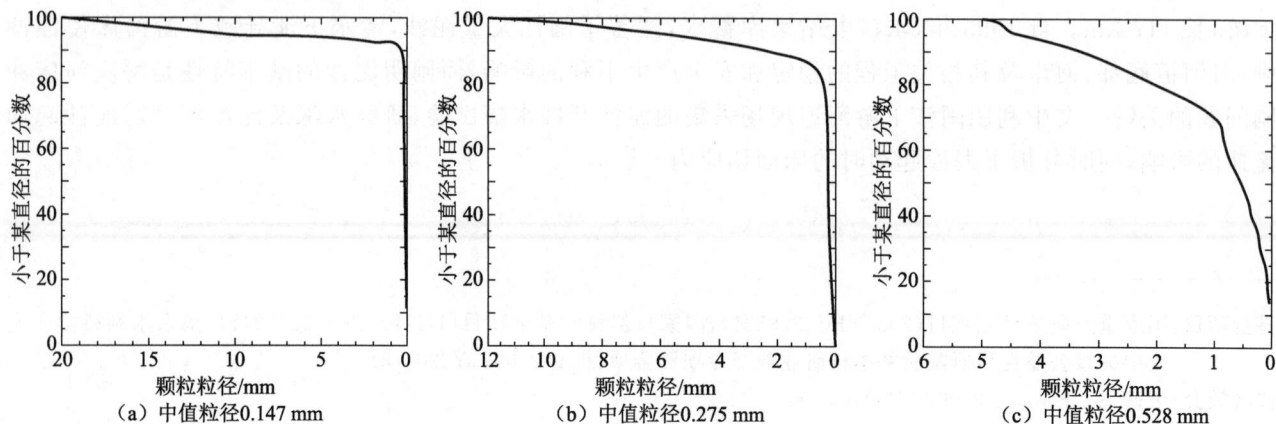

(a) 中值粒径0.147 mm　　　(b) 中值粒径0.275 mm　　　(c) 中值粒径0.528 mm

图 3　实验沙样级配曲线

1.3 试验方案设计

针对 3 种不同粒径的泥沙开展泥沙起动试验,共设置 10、15、20、25、30 cm 5 种水深条件,每组试验重复 3 次,共进行 45 组试验。

1.4 起动标准

目前对起动标准的定性判断方法最为著名的是 Kramer[10] 针对非均匀沙提出的标准,在目前的试验研究中仍被广泛使用。该方法将床沙的输移分为了 4 种不同的强度:

(1)静止:床面泥沙全部处于静止状态,无颗粒起动。
(2)个别起动:在床面上仅有屈指可数的细颗粒泥沙处于运动状态。
(3)少量起动:床面各处有中等大小的颗粒在运动,其运动的颗粒数已无法计数。
(4)大量起动:各种大小的颗粒均已投入运动,并持续地分布到床面各处。

2 试验结果分析

2.1 泥沙起动流速

3 种不同粒径泥沙在不同水深条件下的起到流速如图 4 所示。从图 4 试验结果可以看出,随着水深的增加,3 种粒径的泥沙起动流速均不断增大,而小粒径泥沙起动流速随水深的增长率小于大粒径泥沙。中值粒径为 0.147 mm 的泥沙 3 种起动状态下水深由 10 cm 增加到 30 cm 时起动流速的平均增长率为 11.3%;中值粒径为 0.275 mm 的泥沙 3 种起动状态下水深由 10 cm 增加到 30 cm 时起动流速的平均增长率为 17.2%;而中值粒径为 0.528 mm 的泥沙 3 种起动状态下水深由 10 cm 增加到 30 cm 时起动流速的平均增长率为 31.9%。说明水深对粗颗粒泥沙起动流速的影响大于对细颗粒泥沙起动流速的影响。

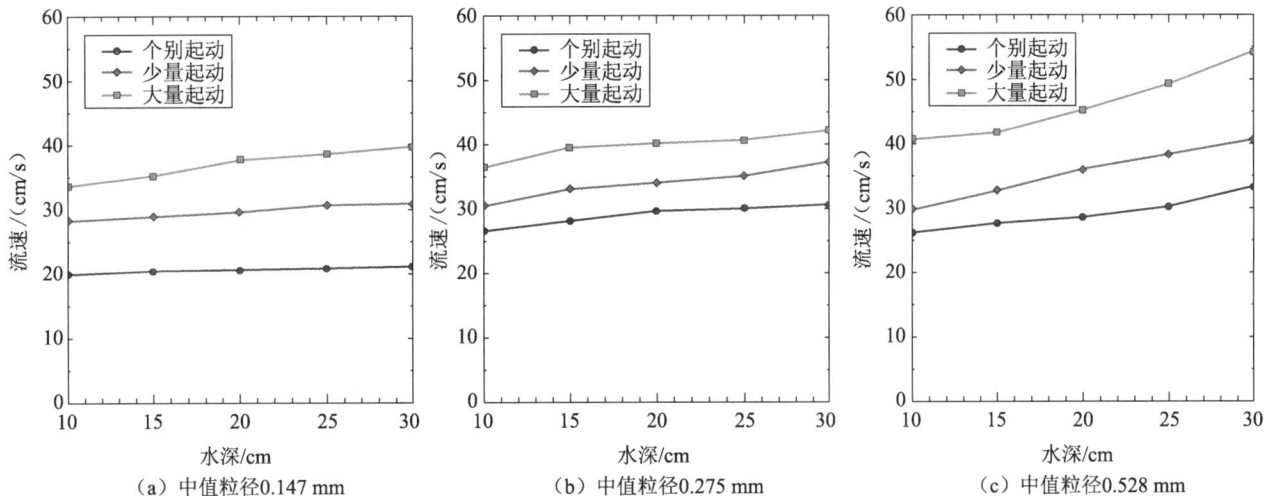

图 4 3 种粒径泥沙在不同水深条件下的起动流速

2.2 床面起动切应力

沙样起动后以推移质输移为主,水槽底部悬沙质量浓度较低,不易监测,但其起动现象易于直接观测。因此,本试验将以"少量起动"为起动标准,并以水槽旁相机所记录图像为判定依据。

根据 ADV 安装高度,可测得距底 1 cm 处的三维剖面流速数据。ADV 采样频率设为 100 Hz。对于 ADV 信号的处理,首先依据信噪比(SNR>12)及相关性系数(>70%)[11] 的原则对数据进行质量筛选、坏点删除等处理[12],并运用汉佩尔识别法[13] 和移动平均法[14] 对流速序列做削峰、去噪处理;其次进行滤波处理,分别滤出时均流速 $\bar{u}(t)$、$\bar{v}(t)$、$\bar{w}(t)$,用原始流速 $u(t)$、$v(t)$、$w(t)$ 分别减去时均流速,即可得到脉动流速 $u'(t)$、$v'(t)$、$w'(t)$,脉动流速的平均值为 0,以其均方根作为紊动大小的衡量标准。采用脉动流速计算测点处水流紊动动能,依据下式估算底床切应力,即 TKE 法[15-16]:

$$\tau_0 = C_1 E_{TKE} = 0.19 \times \rho (\overline{u'^2} + \overline{v'^2} + \overline{w'^2})/2 \tag{1}$$

式中：τ_0 为底床切应力；C_1 为比例常数，依据前人的研究成果取为 0.19[17]；ρ 为液体密度；$u'(t)$、$v'(t)$、$w'(t)$ 分别为 x、y、z 方向的脉动流速。

图 5 为中值粒径 0.528 mm 泥沙起动前后床面切应力的对比，图中右侧窗口表示泥沙处于起动状态，图中左侧虚线为泥沙未起动状态下的平均床面切应力，右侧实线为泥沙起动时的平均床面切应力。可以看出，当泥沙起动时，床面切应力明显大于未起动状态。

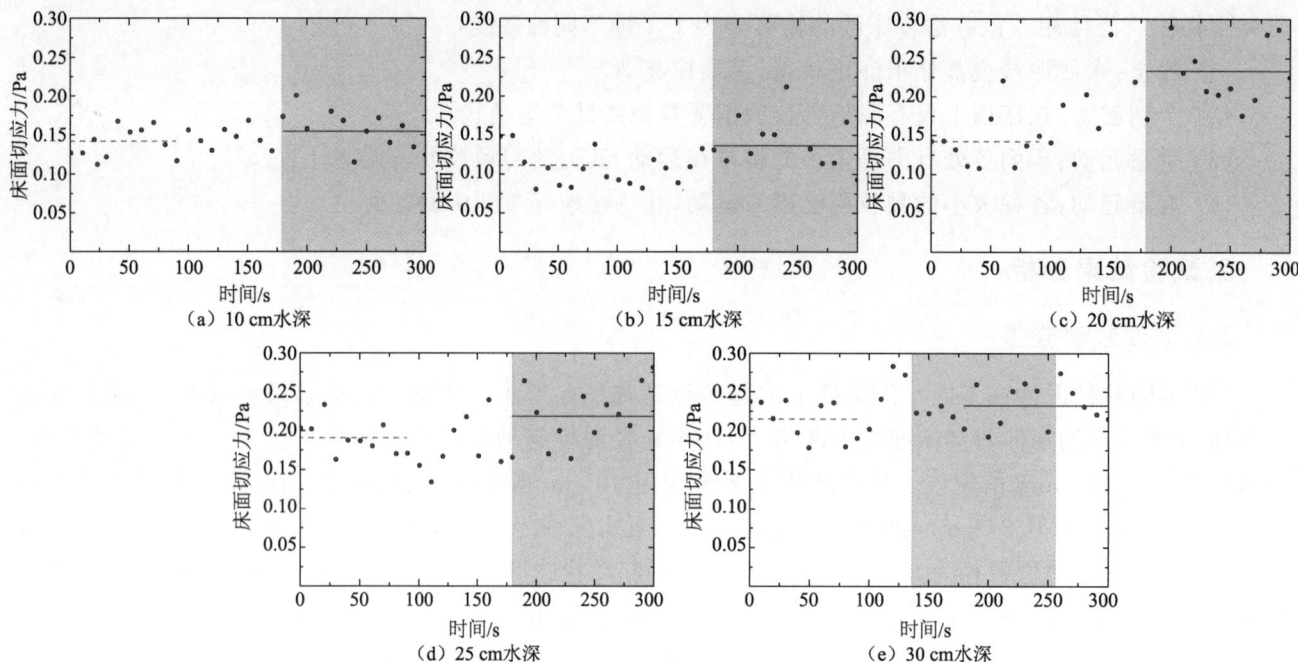

(a) 10 cm水深　　(b) 15 cm水深　　(c) 20 cm水深

(d) 25 cm水深　　(e) 30 cm水深

图 5　中值粒径 0.528 mm 泥沙起动床面切应力

分别计算不同粒径泥沙在不同水深条件下的床面起动切应力。图 6 给出了计算结果，可以看出当试验水深达到 25 cm 时，床面切应力基本达到稳定，3 种粒径的泥沙在试验水深为 30 cm 时的床面起动切应力分别为 0.125、0.176 及 0.232 Pa。假设希尔兹曲线计算得到的床面临界起动切应力为真实值，将 TKE 法计算结果同希尔兹曲线计算结果进行对比，对比结果如表 1 所示，可以看出当试验水深条件为 30 cm 时，TKE 法计算结果同希尔兹曲线计算结果基本吻合。

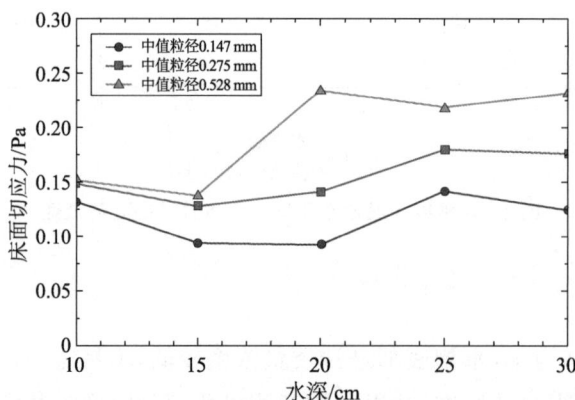

图 6　不同水深泥沙起动时床面切应力

表 1　水深 30 cm 条件下 TKE 法计算结果同希尔兹曲线法计算结果对比

中值粒径/mm	TKE 法床面切应力/Pa	Shields 曲线法床面切应力/Pa
0.147	0.125	0.102
0.275	0.176	0.165
0.528	0.232	0.246

3　结　语

通过大型变坡水槽,开展了3种粒径现场泥沙在不同水深条件下的起动流速及起动切应力研究,得到主要结论如下:

(1)泥沙的起动流速同泥沙粒径与水深均有关,泥沙粒径越大、水深越深,泥沙起动流速越大。水深的变化对于不同粒径泥沙的起动流速影响也不相同,当水深不断增加时,泥沙粒径越大,其起动流速的变化率越大,说明水深的变化对大粒径泥沙起动流速的影响大于对小粒径泥沙起动流速的影响。

(2)泥沙中值粒径越大,床面起动切应力越大;且床面切应力受水深的影响,当试验水深小于 25 cm 时,床面起动切应力尚未达到稳定,呈现出先减小后增大的趋势,当试验水深达到 25 cm 后,床面起动切应力基本达到定值。并将 30 cm 试验水深下的 TKE 法计算结果同希尔兹曲线法计算结果进行了对比,发现两种方法的计算结果基本吻合。

参考文献

[1] 王光谦. 河流泥沙研究进展[J]. 泥沙研究,2007(2):64-81.

[2] 钱宁,万兆惠. 泥沙运动力学[M]. 北京:科学出版社,1983.

[3] SHIELDS A. Anwendung der Aechlichkeitsmechanik und der Turbulenzforschung [M]. Mitt. Preussische Versuchsanstalt fur W asserrbaui und Schiffbau. Berlin. 1936.

[4] LANE E W. Progress report on studies on the design of stable channels of the bureau of reclamation[J]. Hydeaul Div Am Soc Civ Eng,1953,79(7):1256-1261.

[5] KIM S C,FRIEDRICHS C T,MAA J P Y,et al. Estimating bottom stress in tidal boundary layer from acoustic Doppler velocimeter data[J]. Journal of Hydraulic Engineering,2000,126(6):399-406.

[6] THOMPSON C,AMOS C,JONES T,et al. The manifestation of fluid-transmitted bed shear stress in a smooth annular flume:a comparison of methods[J]. Journal of Coastal Research,2003,19:1094-1103.

[7] DYER K R,CHRISTIE M C,MANNING A J. The effects of suspended sediment on turbulence within an estuarine turbidity maximum[J]. Estuarine,Coastal and Shelf Science,2004,59(2):237-248.

[8] ZHU Q,PROOIJEN B C V,WANG Z B,et al. Bed shear stress estimation on an open intertidal flat using in situ measurements[J]. Estuarine,Coastal and Shelf Science,2016,182:190-201.

[9] HUANG W,LIU Y K,WU H L,et al. The incipient motion features of sediment from Yangtze Estuary:annular flume experiments[J]. Scientific Reports,2017,7:13285.

[10] Kramer H.Sand Mixtures and Sand Movement in Fluvial Modles[J].Transaction of the American Society of Civil Engineers,1935,100(1):798-838.

[11] YAO P,HU Z,SU M,et al.Erosion behavior of sand-silt mixtures:the role of silt content[J]. Journal of Coastal Research,2018,85:1171-1175.

[12] 陈永平,乔中行,许春阳,等. 粉砂含量对环形水槽混合床面冲刷特性的影响[J]. 泥沙研究,2021,46(5):1-8.

[13] WILCOX R R. Applying contemporary statistical techniques [M]. Amsterdam:Elsevier,2003:77-78.

[14] Engle R,Granger C. Co-integration and error correction:Representation,estimation,and testing [J]. Applied Econometrica,1987,55(2):251-276.

[15] STAPLETON K R,HUNTLEY D A. Seabed stress determinations using the inertial dissipation method and the turbulent kinetic energy method[J]. Earth Surface Processes and Landforms,1995,20(9):807-815.

[16] SOULSBY R L.The bottom boundary layer of shelf seas[M]//Physical Oceanography of Coastal and Shelf Seas. Amsterdam:Elsevier,1983:189-266.

[17] CHANNON R D,HAMILTON D. Sea Bottom Velocity Profiles on the Continental Shelf south-west of England[J]. Nature,1971,231(5302):383-385.

长江下游大型沉井施工冲刷特征分析

杨程生[1],高正荣[1],高祥宇[1],俞竹青[2]

(1. 南京水利科学研究院,江苏 南京　210029;2. 南京水利科学研究院勘测设计院有限公司,江苏 南京　210024)

摘要:针对长江下游典型桥梁工程大型沉井基础下沉施工过程中的局部冲刷问题,结合河床地质特点和水动力条件,基于实测资料分析了泰州大桥、常泰长江大桥以及沪苏通长江公铁大桥大型沉井基础不同下沉施工工况下的局部冲刷特征。分析结果表明:①沉井基础直接下沉施工情况下,下沉施工初期动力条件越大,局部冲刷越大且发生时间较快,容易导致上、下游侧河床高度差较大,给沉井施工带来风险。②河床预开挖+四周抛石防护下沉施工工况下,可有效减少沉井周边河床局部冲刷。经过 2020 年大洪水考验,河床预开挖后的抛石防护方案能够确保沉井安全度汛,有效规避了因河床冲刷导致的施工风险。③河床预防护工况下,河床冲刷主要发生在防护体周边,不影响沉井平稳着床,确保了沉井下沉施工安全。随着时间推移,防护体损坏后,沉井周边局部冲刷依然较大。通过大型沉井不同施工冲刷特征分析,为今后长江下游大型沉井施工提供借鉴。

关键词:长江下游;桥梁工程;大型沉井;局部冲刷;施工工艺;预防护;预开挖

　　长江下游河道宽阔,水文条件复杂。为了减少对河势、航道以及行洪的影响,桥梁设计时会加大主跨跨度,相应的主塔墩基础规模也会增加。大型沉井基础在大跨度大荷载长江大桥中备受青睐[1]。泰州大桥[2]、沪苏通长江公铁大桥[3]以及正在建设的常泰长江大桥[4]主塔基础均为大型沉井结构,桥梁位置见图 1。在深水沉井基础趋于大型化后,大型沉井施工下沉过程中因周边河床局部冲刷过大会发生倾斜没顶的风险,影响沉井下沉施工安全。目前,长江下游大型沉井基础不同下沉施工方案主要可分为 3 类:第一类为直接下沉施工方案,以泰州大桥中塔沉井、沪苏通长江公铁大桥 28♯沉井为代表;第二类为河床预防护下沉施工方案,以沪苏通长江公铁大桥 29♯沉井为代表;第三类为河床预开挖下沉施工方案,以在建常泰长江大桥 5♯、6♯沉井基础为代表。大型沉井基础局部冲刷是在水流作用下沉井周边河床泥沙起动被带走的过程,冲刷深度受水深、流速、流向、沉井结构、泥沙特性等诸多因素影响[5-9]。对于直接下沉施工方案的河床冲刷特征,国内许多学者开展了大量的研究。高正荣等[10]采用模型试验研究了沉井在下沉施工过程中的局部冲刷机理。卢中一等[11]通过试验研究大型沉井基础施工过程中的局部冲刷特性。陈策[12]开展了泰州大桥中塔沉井施工期局部冲刷模型试验研究,并得到了实测资料验证。梁发云等[13]开展了水槽模型试验来研究圆形和方形沉井基础的冲刷形态和动态演化过程。在河床预防护工况下的沉井施工期局部冲刷研究方面,高正荣等[14,15]通过水槽对沪苏通长江公铁大桥 29♯沉井河床预防护方案进行了试验研究,崔一兵[16]将河床预防护技术成功应用在沪苏通长江公铁大桥 29♯沉井基础。在河床预开挖后下沉施工在常泰长江大桥主墩沉井基础中运用研究方面,杨程生等[17]通过水槽试验研究了河床预开挖下的沉井基础局部冲刷特征。

　　综上所述,目前沉井局部冲刷研究主要是基于水槽试验开展的,现场实际发生的河床局部冲刷特征也仅仅在泰州大桥中塔沉井最大局部冲深验证中得以体现,而长江下游大型沉井施工期现场实测情况下的冲刷特征并未涉及。同时,关于长江下游大型沉井基础下沉施工期局部冲刷特征的研究多针对某一桥梁展开,尚未对不同下沉施工方案下的局部冲刷特征开展对比分析。下文对长江下游 3 种典型大型沉井施工局部冲刷特征进行分析,以为后续长江下游及河口地区大桥沉井基础施工提供借鉴。

基金项目:中央级公益性科研院所基本科研业务费专项资金(Y224007)
作者简介:杨程生。E-mail:34341020@qq.com

1 长江下游典型桥梁工程大型井基础

1.1 泰州大桥

泰州大桥主桥位于长江下游扬中河段太平洲左汊泰兴顺直段,桥区位置及河势见图1。大桥于2012年11月建成通车。泰州大桥中塔墩基础为沉井结构,外形为四边角呈圆弧形的矩形柱样,迎水面总宽44.10 m,顺水流方向总长58.20 m。承台顶标高为+6.0 m,下沉着床前河床高程−14.2 m。

桥区水动力以径流作用为主,在洪水期无涨潮流,只有在枯水大潮时才有涨潮流,涨潮动力弱、时间短。径流是桥区主要造床动力因素,受大洪水的影响大。

中塔墩处河床土层以细、粉砂为主,厚度在50 m以上,河床质$d_{50}=0.19$ mm。中塔处泥沙抗冲能力差,加上沉井基础作用影响,容易发生床面冲刷,遭遇大洪水时尤为明显。

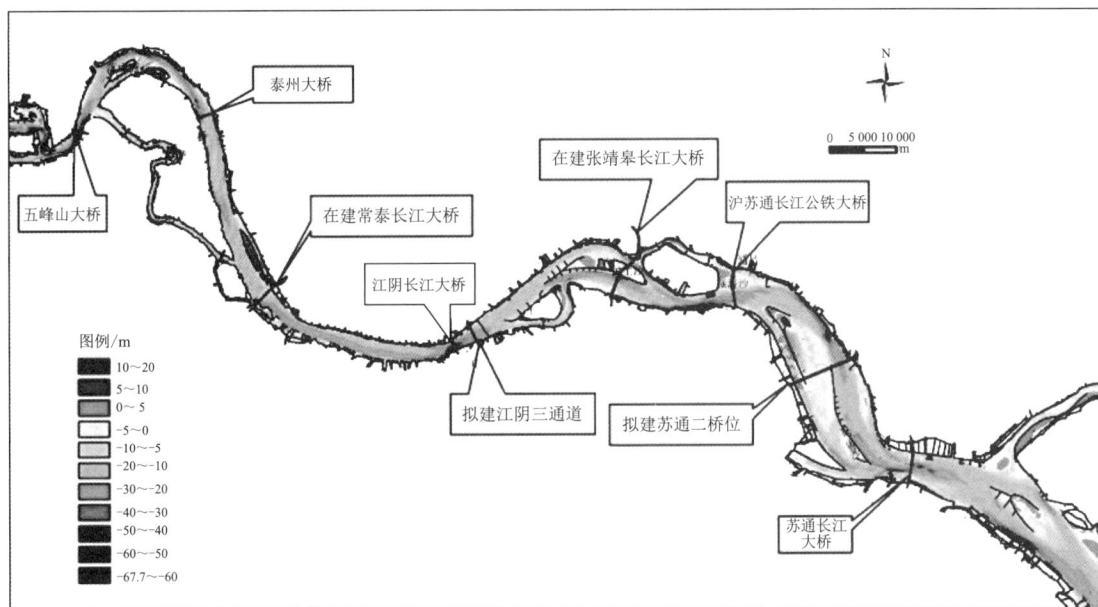

图1　桥区位置及河势图

1.2 常泰长江大桥

在建常泰长江大桥5#主墩为圆端台阶型沉井,下端平面尺寸95 m×57.8 m,上端平面尺寸77 m×39.8 m,高72 m,台阶宽9 m,台阶设在−26.0 m处,沉井顶标高+7 m,底标高−65 m,5#墩河床标高约−14.7 m。

水动力特征:桥区水动力以径流作用为主,涨潮动力弱且时间短,径流是桥区主要造床动力因素,受大洪水的影响大。

地质条件:桥位处表层为粉砂层,紧下层为硬塑粉质黏土层,且土层厚度不均,层底高差大,且是易冲细砂层。河床质$d_{50}=0.18$ mm。

1.3 沪苏通长江公铁大桥

沪苏通长江公铁大桥位于长江南通河段浏海沙水道,为典型的感潮河段。主墩基础28#沉井、29#墩分别位于浏海沙水道北侧和南侧。沉井结构平面尺寸为86.9 m×58.7 m(长×宽),总高度均为105 m,设计顶高程+8.0 m。28#、29#沉井初始河床高程分别为−16.4 m、−28.4 m。

水动力特征:桥区水动力受潮汐作用影响,呈典型往复流特征。桥区天生港水道落潮分流比占比不到2%,主槽涨潮流速大于落潮流速,涨潮流是主要造床动力;浏海沙水道落潮分流比占比近98%,落潮流速大于涨潮流速,落潮流速是主要造床动力[18]。根据沪苏通长江公铁大桥主墩沉井施工期流速计算[19],浏海沙水道落潮量及28#沉井落潮行近表面流速关系见表1,受潮汐影响,桥址位置落潮量明显大于上游大通站径流量。

地质条件:28#沉井基础表层有8 m左右的黏土层,下沉均为粉砂层。29#沉井基础均为粉砂层底质。粉砂层河床质$d_{50}=0.15$ mm。

表1 大潮时上游流量与沪苏通长江公铁大桥轴线断面落潮量及对应表面最大流速

项 目	数 值					
上游流量/(m³/s)	16 800	28 700	30 000	57 500	45 500	85 000
桥轴线落潮量/(m³/s)	63 000	72 800	80 000	95 000	100 000	115 000
28#墩落潮流速/(m/s)	1.82	2.03	2.10	2.31	2.51	2.75

2 大型沉井基础下沉施工方案

2.1 直接下沉施工

2.1.1 泰州大桥中塔沉井

泰州大桥中塔沉井通过浮运至现场墩位处进行定位后,于2007年12月开始着床下沉,至2008年9月1日下沉到设计标高处,历时9个月经历了整个枯水期至洪水期,施工期前河床地形见图2(a)。沉井着床期平均、最大流速分别为0.78 m/s、0.83 m/s,2008年洪水期最大月平均、最大流速分别为1.50 m/s、1.61 m/s。

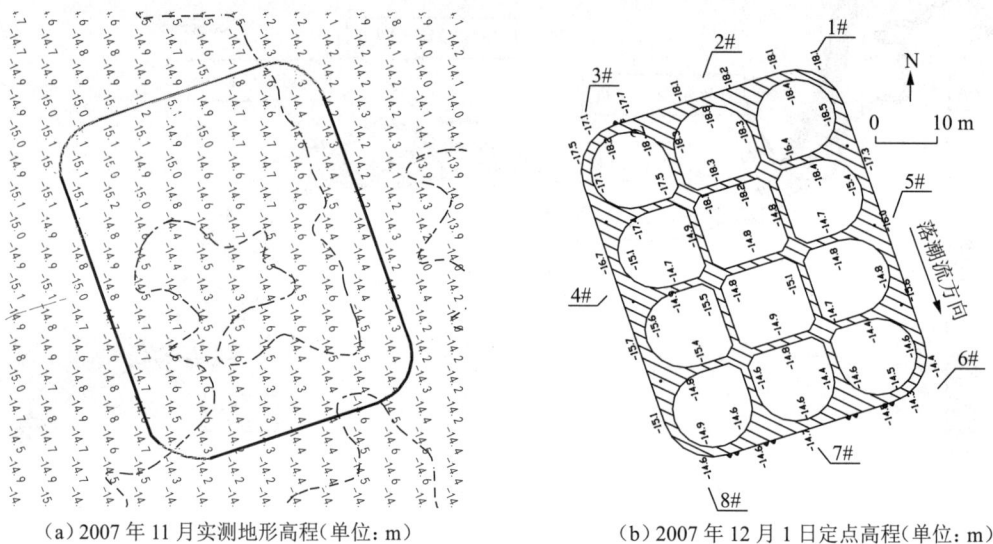

(a)2007年11月实测地形高程(单位:m)　　(b)2007年12月1日定点高程(单位:m)

图2 中塔下沉前实测地形及下沉过程中沉井周边定点监测

2.1.2 沪苏通长江公铁大桥28#沉井

28#沉井采用直接下沉施工方案,2014年6月22日浮运到墩位处定位后,于2014年7月12日着床下沉[20]。2015年年底沉井已完成着床施工。下沉施工前周边河床地形见图3。

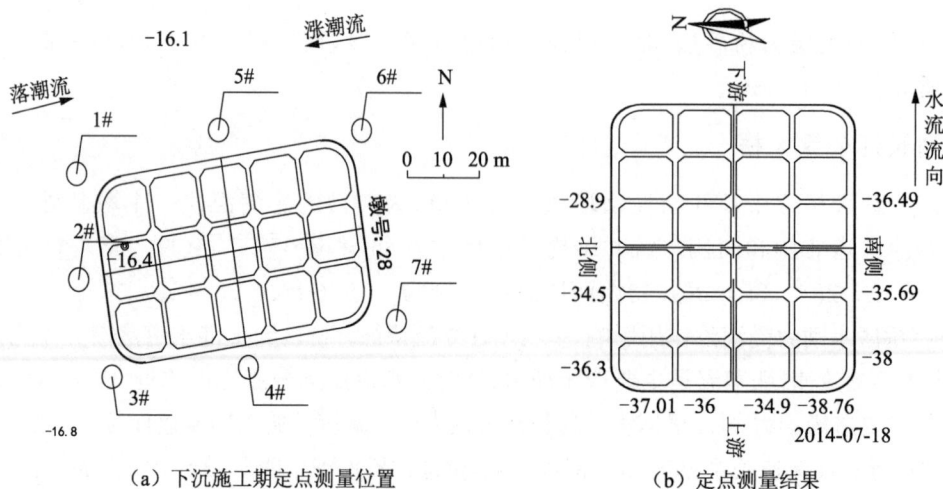

(a)下沉施工期定点测量位置　　(b)定点测量结果

图3 28#沉井下沉前实测地形及下沉过程中沉井周边定点监测

(图中数据为地形高程,单位为m)

2.2 河床预开挖下沉施工

常泰长江大桥5♯沉井、6♯沉井基础采用河床预开挖下沉施工方案[17,21]。本文以5♯沉井基础为例。河床预开挖采取放坡开挖的形式,预开挖坑底平面尺寸为101 m×63.8 m,坑顶平面尺寸为121 m×83.8 m,基坑开挖总深度10 m,开挖坡比1∶1,挖至−25 m标高,总开挖方量约82 400 m³,开挖断面如图4所示,基坑边坡稳定,未发生明显泥沙淤积现象。5♯沉井河床预开挖后实测地形见图5(2019年12月10日测)。5♯沉井2020年1月初浮运到位,1月底着床。着床后立即对沉井周边进行了抛石防护。防护范围:沉井周边宽7 m,厚度2 m。采用5~15 cm的碎石,抛石方案平面布置见图5。沉井基础于2020年12月28日下沉到位。

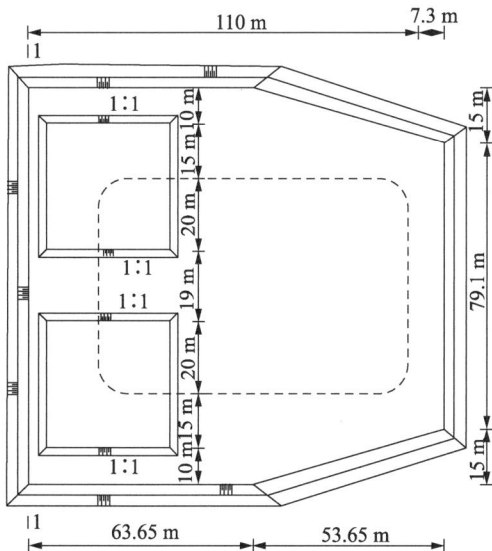

图4　河床预挖槽示意

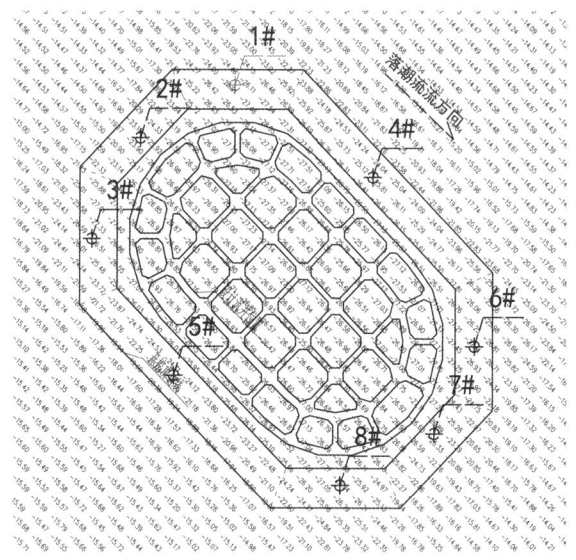

图5　河床预开挖后地形图＋着床后周边抛石防护布置示意
(图中数据为地形高程,单位为 m)

2.3 河床预防护下沉施工

沪苏通长江公铁大桥29♯主墩河床预防护体系包括反滤层、防护层和棱体结构,其分别由1~6 mm、3~10 cm和6~10 cm级配的碎石组成,抛填高度分别为1 m、1 m、2 m;其中,防护层抛填范围由沉井壁向外延伸25 m。预防护平面及结构布置见图6。实施时间为2014年8—9月。在此基础上进行29♯沉井基础下沉施工,主要下沉施工工期为2014年9月至2015年。

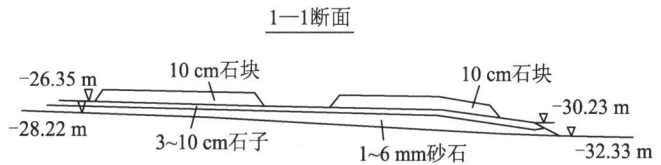

图6　29♯沉井基础预防护布置示意

3 不同下沉工况下的沉井周边河床冲刷特征

3.1 直接下沉施工沉井周边河床冲刷特征

3.1.1 泰州大桥中塔沉井

中塔沉井基础 2007 年 12 月 1 日至 2008 年 8 月 31 日为下沉施工期。下沉施工期经历枯水期、洪水期。沉井基础冲刷主要在上游迎水面及两侧区域。在稳定水流的作用下，泥沙不断起动并被卷扬和携带至下游，而沉井背水侧在下沉初期会有泥沙淤积发生。随着时间推移，迎水侧的冲刷继续发展，冲刷坑持续扩大，沉井背水侧淤积泥沙下移直至冲刷消失。最终沉井四周均发生明显的冲刷，沉井冲刷坑影响范围迎水侧可为 4～5 倍沉井宽度，两侧可达沉井宽度的 5.2 倍，背水侧影响范围为 500 m 左右。沉井基础冲刷形态变化如图 7 所示。中塔沉井周边各角点位置局部冲刷动态变化曲线如图 8 所示。可以看出沉井周围不同位置的最大冲深和形态不同，这种差异在枯、洪水期中显得更为明显。根据冲刷发展特点，沉井周围冲刷坑大致可分为 3 个区域：

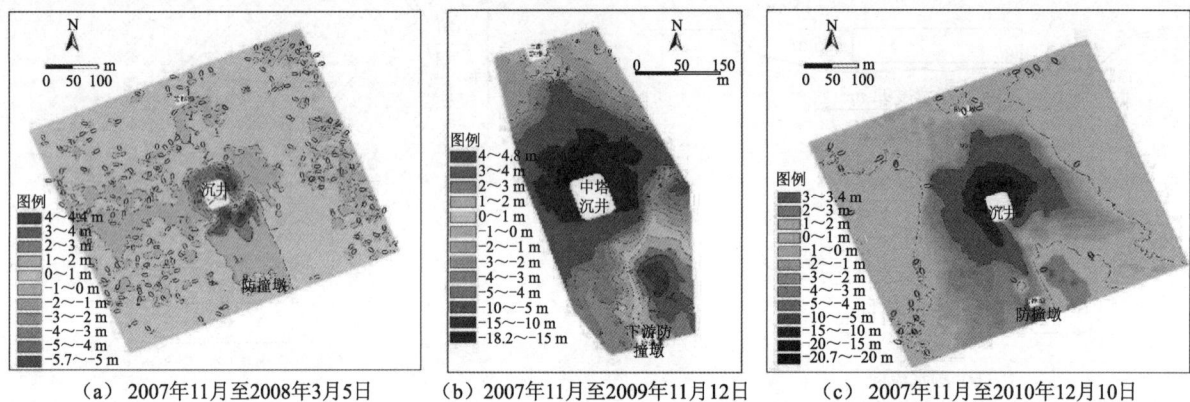

（a）2007年11月至2008年3月5日　（b）2007年11月至2009年11月12日　（c）2007年11月至2010年12月10日

图 7　施工期沉井周边冲刷形态演变过程

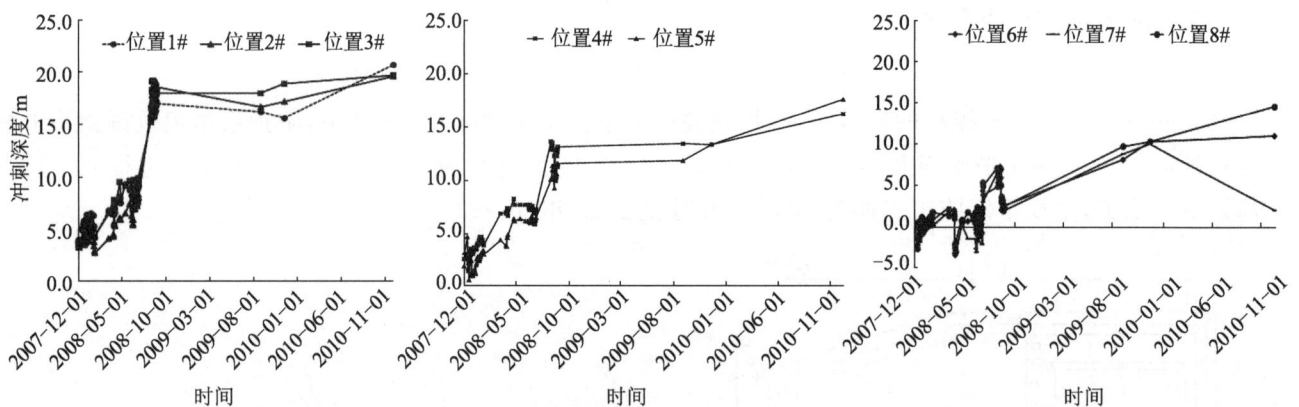

图 8　沉井下沉施工期周边各角点位置冲刷深度动态过程（2007 年 12 月至 2010 年 12 月）

（1）沉井迎水侧：属于冲刷最大区（1♯ 至 3♯ 位置）。迎水侧水流冲击作用最强，河床冲刷幅度最大。冲刷最深点位于沉井迎水面两侧拐角处。枯水期中间部位冲刷深度小于两侧，洪水期后迎水侧各部位冲刷深度基本相当。沉井下沉过程中枯水期最大冲刷深度发展缓慢，会存在一个基本稳定状态；进入洪水期最大冲刷增幅明显，动力条件是打破平衡状态的主要因素。

（2）沉井两侧中间部位：属于冲刷发展区（4♯、5♯）。迎水侧拐角冲刷后，冲刷坑向两侧冲刷发展，靠深槽侧冲刷幅度大于靠岸侧。两侧最大冲深可达迎水侧的 90%，发生时间较迎水侧有所延迟。枯水期最大冲刷深度发展缓慢，进入洪水期最大冲刷增幅明显。

（3）沉井下游背水侧部位：属于冲刷滞后区（6♯、7♯、8♯）。在枯水期下沉初期基本不发生冲刷，下沉施工期间背水侧河床呈淤积—冲刷—淤积—再冲刷—再回淤的过程，说明在沉井迎水侧和两侧泥沙冲刷后在涡流作用下会在背水侧发生一定落淤,但下沉施工期总体仍呈冲刷趋势。

3.1.2 沪苏通长江公铁大桥28♯沉井

3.1.2.1 冲刷发展进程

28♯沉井下沉施工期周边最大冲刷动态变化曲线见图9,冲刷形态演变过程见图10。28♯下沉初期为长江洪水期。从沉井基础整个冲刷发展监测过程来看,受潮流作用影响,沉井着床初期四周均发生冲刷,落潮动力强于涨潮动力,落潮迎水侧冲刷幅度大于涨潮流侧;随着时间推移,沉井周边冲刷坑持续发展;至2015年8月,冲刷坑影响范围落潮迎水侧为5倍沉井宽度,两侧为4～5倍沉井宽度,而涨潮流侧为顺水流向2 km以上;至2019年11月,落潮迎水侧及两侧冲刷坑变化幅度较小,下游侧冲刷坑持续向下游发展,对此需要考虑河床自然演变的影响。

图9　28♯沉井基础最大冲深动态演化曲线

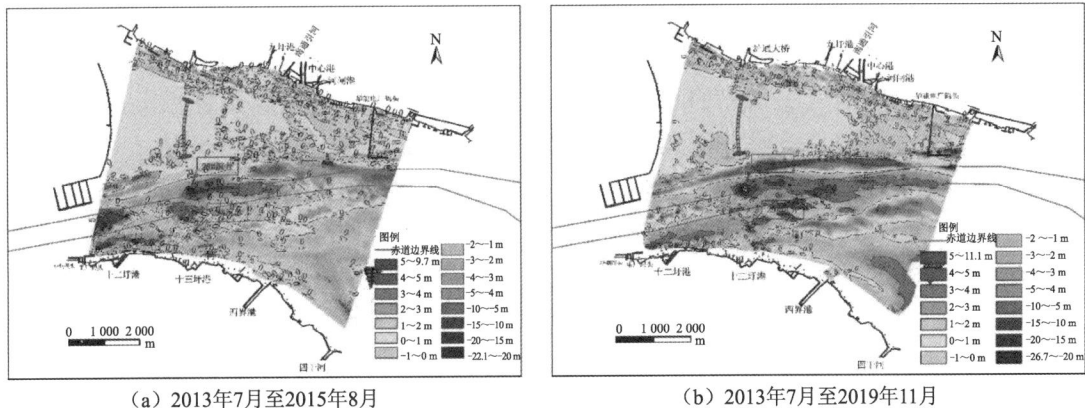

(a) 2013年7月至2015年8月　　　　　　(b) 2013年7月至2019年11月

图10　28♯沉井基础冲刷形态及桥区河床冲淤变化图

3.1.2.2 最大冲深及发展历时

从图9(a)来看,28♯沉井基础在下沉着床初期即2014年7月1日至7月12日,四周河床均发生冲刷。随着沉井着床过程,局部冲刷缓慢增加,四周冲深基本在2～6 m量级。7月12日着床后,四周冲刷速率大幅度增加,经过短短4天时间,至7月16日,落潮迎水侧最大冲深由6.2 m发展至23.5 m,两侧由5.4 m发展至19.7 m,涨潮迎水侧由5.2 m发展至13.2 m,河床主深槽侧冲刷幅度略大。从冲刷发展特点来看,下沉着床过程中由于28♯沉井河床底质有8 m左右的黏土层,冲刷幅度较小,从6月22日浮运到位至7月12日着床小幅冲深维持了20天左右;黏土层冲透后,底质为粉砂层,局部冲深迅速发展,造成沉井上、下游侧河床高度差10 m以上,给沉井下沉施工造成了较大的风险。

长期监测结果如图9(b)所示。经过着床初期短短4天最大冲深迅速发展后,沉井周边局部冲刷基本完成。2014年7月底至2019年11月,经过5年时间反复潮流作用,落潮迎水侧最大冲深小幅增加至28.1 m,中间侧最大冲深增加至27.7 m,涨潮迎水侧最大冲深增加至26.0 m。

3.1.2.3 感潮河段潮流作用下大型沉井冲刷特征分析

感潮河段潮流作用下大型沉井最大冲深发生在落潮动力较强的迎水侧拐角处。沉井周边最大冲深与单向流不同，潮流作用下沉井四周最大冲深与落潮迎水侧最大冲深基本在同一量级。黏土层在沉井下沉着床初期对缓解局部冲刷有一定的作用。由于黏土层厚度有限，随着时间推移，黏土层冲透后粉砂层底质冲刷速率迅速增加，落潮迎水侧冲刷达到最大冲深量级时间短，容易造成下游侧河床高度差，给沉井下沉施工带来风险。

3.2 预开挖+四周抛石防护方案周边河床冲刷特征

常泰长江大桥5♯沉井基础河床预开挖前后不同沉井周边各角度位置河床最深点高程变化见图11。从图上可知，河床预开挖后，在2020年度大洪水作用下，沉井迎水侧河床变幅较小，基本未发生明显冲刷；沉井两侧位置略有小幅冲刷，最大局部冲深达6 m[17]；背水侧河床冲刷幅度较小，局部有小幅淤积。河床预开挖+沉井周边临时抛石防护方案经受住了2020年度大洪水考验，沉井周边河床未发生大幅局部冲刷，确保了沉井基础下沉施工及度汛安全。

图11　沉井周边各角点最深点高程动态过程

3.3 预防护方案下沉施工周边河床冲刷特征

在沉井着床前对沪苏通长江公铁大桥29♯主墩河床进行预防护。预防护体系分层设置，利用抓斗船、漏斗和导管等设备先抛填反滤层，再抛填防护层和棱体结构。在相同的外界环境下，沪通长江公铁大桥主航道桥28♯主墩河床未采取预防护措施，沉井上、下游高差由初始的1.7 m变化至13.914 m；29♯主墩沉井上游侧冲刷深度仅0.54 m，沉井上、下游高差基本没有变化。由此可见，对29♯主墩河床进行预防护处理后，河床防冲刷效果明显，沉井着床定位后，沉井平面位置和姿态基本未发生变化，达到了河床预防护的目的，确保了沉井的平稳着床，规避了沉井因河床局部冲刷过大发生倾斜没顶的风险[16]。

2015年8月、2016年1月河床监测结果显示，由于河床预防护方案的实施，着床初期预防护有效限制了河床冲刷发展速率，确保了沉井基础平稳着床下沉，减少了因河床冲刷造成的施工风险。沉井着床完成后，随着时间的推移，防护体损坏后沉井基础周边发生明显局部冲刷，见图12。

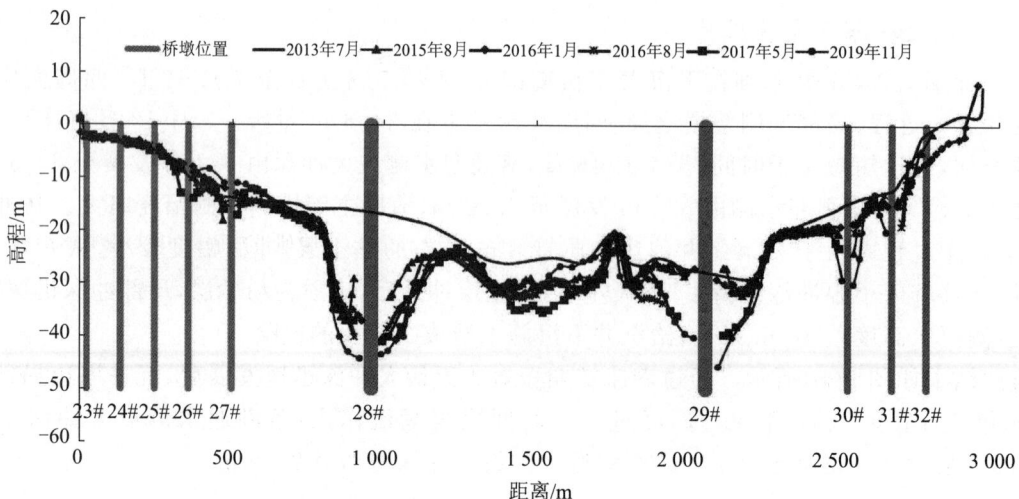

图12　沪苏通长江公铁大桥主桥桥轴线河床断面历年变化

4 结　语

通过现场实测资料,总结分析了泰州大桥、沪苏通长江公铁大桥、常泰长江大桥大型沉井基础不同施工下沉井周边局部冲刷特征,从中可以发现:

(1)大型沉井基础直接下沉施工过程中,小流速情况下,沉井迎水侧冲刷幅度小,最大冲深随落潮动力增强而增加。落潮动力越强,迎水侧局部冲深发生时间越快,冲刷幅度越大。

(2)径流为主的河道下沉初期迎水侧先发生冲刷,幅度略大。下沉初期若迎水侧动力较为强劲,则局部冲刷导致沉井上、下游侧河床高度差大,下沉初期易发生倾斜风险。以径流作用为主河段下沉施工宜安排在枯水期,必要时采取预防护措施确保度汛。

(3)感潮河段受潮汐影响,下沉初期四周均发生冲刷,落潮流量大于径流量,落潮动力强的迎水侧冲刷幅度大。大型沉井基础在洪水期进行下沉施工,洪水期落潮动力更为强劲,落潮迎水侧局部冲刷发生快、幅度大,容易导致上、下游侧河床形成较大高度差,给施工带来风险。下沉施工宜安排在枯水小潮期间,必要时采取预防护措施。

(4)河床预开挖施工方案和预防护施工方案均能有效减少沉井下沉施工期局部冲刷,确保沉井基础顺利着床下沉施工。预防护施工技术要求高,平稳着床后期下沉施工过程中需要清除沉井内部预防护级配碎石。预开挖方案施工较为便利,适用性受地质条件限制,需要考虑河床开挖后的边坡稳定以及泥沙回淤问题。

参考文献

[1] 龚维明,王正振,戴国亮,等.长江大桥基础的应用与发展[J].桥梁建设,2019,49(6):13-23.

[2] 吉林,韩大章.泰州大桥设计[J].现代交通技术,2008(3):20-23.

[3] 高宗余.沪通长江大桥主桥技术特点[J].桥梁建设,2014,44(2):1-5.

[4] 秦顺全,徐伟,陆勤丰,等.常泰长江大桥主航道桥总体设计与方案构思[J].桥梁建设,2020,50(3):1-10.

[5] 杨程生,蒋振雄,俞竹青,等.长江下游大型沉井基础局部冲刷计算公式研究[J].海洋工程,2022,40(3):105-114.

[6] 闻云呈,王晓航,夏云峰,等.深水桥梁台阶式沉井基础局部冲刷特性研究[J].海洋工程,2021,39(2):62-69.

[7] XIONG W,CAI C S,KONG X. Instrumentation design for bridge scour monitoring using fiber bragg grating sensors [J]. Applied Optics,2012,51(5):547-557.

[8] LIANG F Y,BENNETT C,PARSONS R,et al. A literature review on behavior of scoured piles under bridges[C]// Proceedings of the 2009 International foundation Congress and Equipment Expo. Orlando:the International Foundation Congress & Equipment Expo,2009:482-489.

[9] 向琪芪,李亚东,魏凯,等.桥梁基础冲刷研究综述[J].西南交通大学学报,2019,54(2):235-248.

[10] 高正荣,黄建维,赵晓冬.大型桥梁钢沉井下沉过程局部冲刷研究[J].海洋工程,2006,24(3):31-35.

[11] 卢中一,高正荣,杨程生.大型沉井基础施工过程中局部冲刷试验研究[C]// 中国海洋学会海洋工程分会.第十四届中国海洋(岸)工程学术讨论会论文集(下册).北京:海洋出版社,2009:260-267.

[12] 陈策.大型沉井施工期局部冲刷模型试验及工程验证[J].铁道标准设计,2010(6):25-27.

[13] 梁发云,王琛,黄茂松,等.沉井基础局部冲刷形态的体型影响效应与动态演化[J].中国公路学报,2016,29(9):59-67.

[14] 高正荣,卢中一,杨程生.沪通铁路长江铁路大桥主墩沉井(29♯)基础冲刷防护试验研究报告[R].南京:南京水利科学研究院,2014.

[15] 高正荣,卢中一,杨程生.沪通大桥29♯主墩沉井基础施工河床预防护试验研究[C]//中国海洋学会海洋工程分会.第十七届中国海洋(岸)工程学术讨论会论文集(下).北京:海洋出版社,2015.

[16] 崔一兵.沪通长江大桥主航道桥29号主墩河床预防护技术[J].桥梁建设,2015,45(6):84-88.

[17] 杨程生,俞竹青,夏鹏飞,等.河床预开挖下超大型沉井基础局部冲刷试验研究[J].桥梁建设,2022,52(1):72-79.

[18] 张朝阳,田洁,李伯昌,等.沪通铁路长江大桥跨江断面水文特征分析[J].人民长江,2017,48(增刊1):89-93.

[19] 吴道文,王晓俊,闻云呈.沪通长江大桥主墩沉井施工期流速计算[R].南京:南京水利科学研究院,2015.

[20] 陈凯,叶先培,贾文久.沪通长江大桥主航道桥28号主墩钢沉井制造质量控制[J].桥梁建设,2016,46(2):109-114.

[21] 高正荣,杨程生,黄晋鹏.常泰长江大桥5♯、6♯沉井基础局部冲刷试验研究报告[R].南京:南京水利科学研究院.2019.

长江口南、北支进口段演变特性研究

李阳帆[1,2]，杜德军[1,2]，夏明嫣[1,2]，徐　华[1,2]，闻云呈[1,2]

（1. 南京水利科学研究院，江苏 南京　210024；2. 港口航道泥沙工程交通行业重点实验室，江苏 南京　210024）

摘要：通过对长江口南、北支进口段的历史演变及近期演变特性进行研究，发现两进口段之间存在较强的联系。当白茆沙较为完整时，北支进口段于洲头对分，白茆沙北水道分流比较大，北支进口段主槽偏海门侧。在落潮流的作用下，白茆沙被冲刷下移，北支进口主流向崇明侧移动，海门侧主槽淤积，崇明侧被冲刷并成为主槽。白茆沙南北水道"南强北弱"河势格局持续增强，南水道进口不断展宽，水流流速减缓，再次形成新的白茆沙。此时，北支进口主流向海门侧移动，近岸逐渐形成新的主槽，而崇明侧主槽淤积消失。至此，演变进入新一轮的周期性变化。

关键词：长江口；演变特性；进口段；南强北弱；白茆沙

长江口是中国最大的河口，受巨大的来水、来沙及大强度潮汐的作用，自徐六泾河道以下变化复杂。近几十年来，长江口呈现"三级分汊、四口入海"的河势格局。长江干流经崇明岛分为南、北两支：长江南支段动力条件多变，河槽演变复杂；长江北支段泄流能力减弱，潮汐作用增强，滩槽演变复杂。伴随着近年来来水量、来沙量的减小、河道整治工程建设等原因，长江口发生了复杂的变化。研究南、北支变化特征将有利于长江三角洲长期发展。

针对长江口的复杂变化，众多学者开展了大量的研究。朱林等[1]的研究基于北支地形演变表明大量的悬沙及较弱的水动力条件导致了北支下段淤积。杜德军等[2]通过对白茆沙汊道分流比的分析，认为白茆沙汊道"南强北弱"格局将趋缓。范明源等[3]通过建立水动力数学模型分析了不同径流量下长江口的水动力特性，得到了长江口径流量变化对涨潮分流影响显著的结论。陈正兵等[4]分析了近期北支水沙特性以及河道演变特性，发现北支淤积主要集中在主流变动段，冲刷集中在深槽、弯道凹岸处。栾华龙等[5]通过 DEM 模型分析了近期长江口河段冲淤演变，表明了来沙量的减少是长江口河段出现持续冲刷的主要原因。以上研究主要针对长江口南支、北支展开分析，而对长江口南、北支进口段的演变及两进口段相互关系的研究较少。本文主要对南、北支进口段的演变及两进口段的联系展开研究。

1 研究区概况

长江干流经崇明岛分为南、北两支，南、北支进口段均位于崇头附近（图 1）。北支位于崇明岛以北，西起崇明岛头，东至入海口，全长 83.0 km，河床宽浅，存在大量心滩和边滩，目前落潮分流比仅为 2.0%～6.0%，而涨潮分流比为 8.0%～15.0%，已演变为潮控型涨潮流优势河道。北支进口段从崇明岛北侧至以下约 8.0 km 断面处，呈喇叭形，口门处向上游快速展宽，与长江主流成近 90°交角，崇明侧主槽与长江主流夹角达 105°，致使北支进口段入流不畅，泥沙易在北支进口段淤积。

南支位于崇明岛以南，上起徐六泾，下至入海口，全长 78.0 km，河道宽阔，地形条件多样，河槽演变复杂，分流比远大于北支，为主要通海河道，是落潮流占优势河道。南支进口段主要在从白茆沙附近，白茆沙将南支进口段分为白茆沙南、北水道。目前，南水道为主汊，北水道为支汊，南、北水道呈现"南强北弱"的

基金项目：国家重点研发计划项目（2022YFC3204503）；中央级公益性科研项目（Y222002）；江苏省水利科技项目（202002，2023046）

通信作者：杜德军。E-mail：djdu@nhri.cn

河势格局。白茆沙南北水道的兴衰与南支进口段的演变有着密切的联系。新情势下,白茆沙河段"南强北弱"河势格局可能进一步发展。

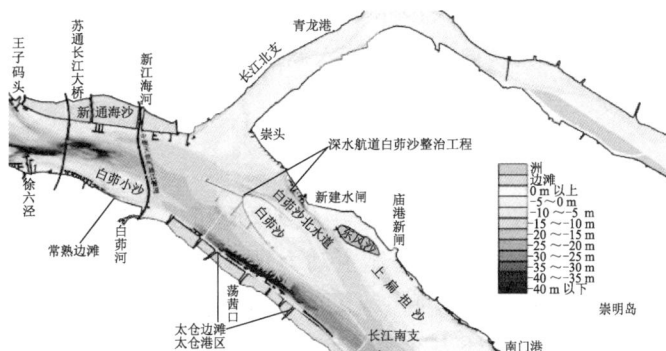

图1　长江口南、北支进口段河段

2 长江口进口段历史演变

南、北两支的演变均与上游主流的摆动密切相关。19世纪初,长江河口主流从过去的北支转变为白茆沙北水道,南、北两支进口段此后一直呈现"南强北弱"的河势格局。19世纪中期,白茆沙快速发育,北支泄流能力逐渐减小,潮汐作用增强,北支泥沙淤积程度大大增强,南支产生水沙倒灌的现象。19世纪60—90年代,长江两次特大洪水致使白茆沙萎缩,长江主流转向白茆沙南水道,南水道冲刷,北水道呈淤积态势,北支泥沙淤积态势进一步增强。

20世纪初,长江主流转向白茆沙北水道,白茆沙淤涨发育。1915年,长江主流转向白茆沙南水道,形成南支南北两水道双贯通良好河势,白茆沙持续壮大。此时北支分流比达25.0%。此后,3次特大洪水使白茆沙冲退萎缩。至20世纪50年代,白茆沙被严重冲刷后退,北支分流比持续衰减,水沙往南支倒灌的现象持续严重。

1954年遭遇特大洪水,南支白茆沙被严重冲刷并逐步北移,南港口出现严重淤积;而北支进口段附近通海沙进行人工围垦,逐渐萎缩淤浅,主槽位于崇头侧。1957年,北支通海沙并北岸[6]。1958年,北岸开始大规模的围垦工程,岸线变化如图2所示。此时,白茆沙处于衰退状态,并靠崇明岛,北岸围垦工程扩大,致使进口段的江面缩窄、河床抬高,开始出现北支水沙往南支倒灌的现象。20世纪60年代,新的白茆沙开始形成,江心沙围垦成陆,江面由15.7 km缩窄到5.7 km,北支进口段崇头侧呈淤积态势,海门侧深槽发展。20世纪70—80年代,江心沙淤积成陆,水沙往南支倒灌的现象恶化,北支上口口门处出现舌状淤积体,对北支入流和白茆沙北水道产生不利影响,白茆沙发育鼎盛,南支进口段受到拦门沙的影响,北支分流比增大,主槽位于崇明侧。20世纪90年代,长江主流转向南水道,南支形成的较为完整的白茆沙再次出现衰退的现象;而围垦工程实施后,长江径流仅能从崇明西沿进入北支,与长江主流成近90°交角,入流不畅,进入北支的落潮量不断减少,北支涨潮流优势持续扩大。

图2　长江口进口段岸线变化

3　长江口进口段近期演变

新情势下,伴随着长江流域大型工程以及涉水工程的建设,长江口水沙环境发生了剧烈变化,南北支进口段的水动力和边界条件相应地调整,白茆沙也进入新一轮的调整状态。近年来随着长江口整治工程实施,南北支保持相对稳定态势。

3.1　深槽变化

进口段深槽近期变化如图 3 所示。20 世纪 90 年代初,长江主流转向南水道,南北水道通航条件优良,南水道－10 m 槽发育成－15 m 深槽,长江径流主动力轴线南偏,北支进口入流条件恶化,北支进口段主槽位于崇明侧,－3 m 槽沿崇明侧进入北支口。1999 年后,受上游河势、围垦工程等因素影响,白茆沙被冲刷后退,北水道－10 m 槽中断,白茆沙南北水道"南强北弱"格局增强,北支崇明侧主槽逐渐淤积,海门侧近岸深槽发展。2004 年后,南水道进口处于冲刷状态,南水道继续发展,白茆沙整体下移,北支进口段入流恶化,崇头侧淤积,海门侧－3 m 槽贯通,主深槽稳定在海门侧,而北支－2 m 以下河槽容积大为减小。2010 年,随着长江口整治工程的实施,白茆沙冲刷后退态势得到抑制,北水道有所发展,其－10 m 槽重新贯通,"南强北弱"河势格局减弱,由北水道经崇明侧附近进入北支的水流增加,进口段崇明侧冲刷发展。2011 年,崇明侧－3 m 线重新贯通,海门侧深槽则出现萎缩。2021 年,长江口北支进口段主深槽稳定在崇头侧,海门侧深槽萎缩成－3 m 槽中断的副槽。

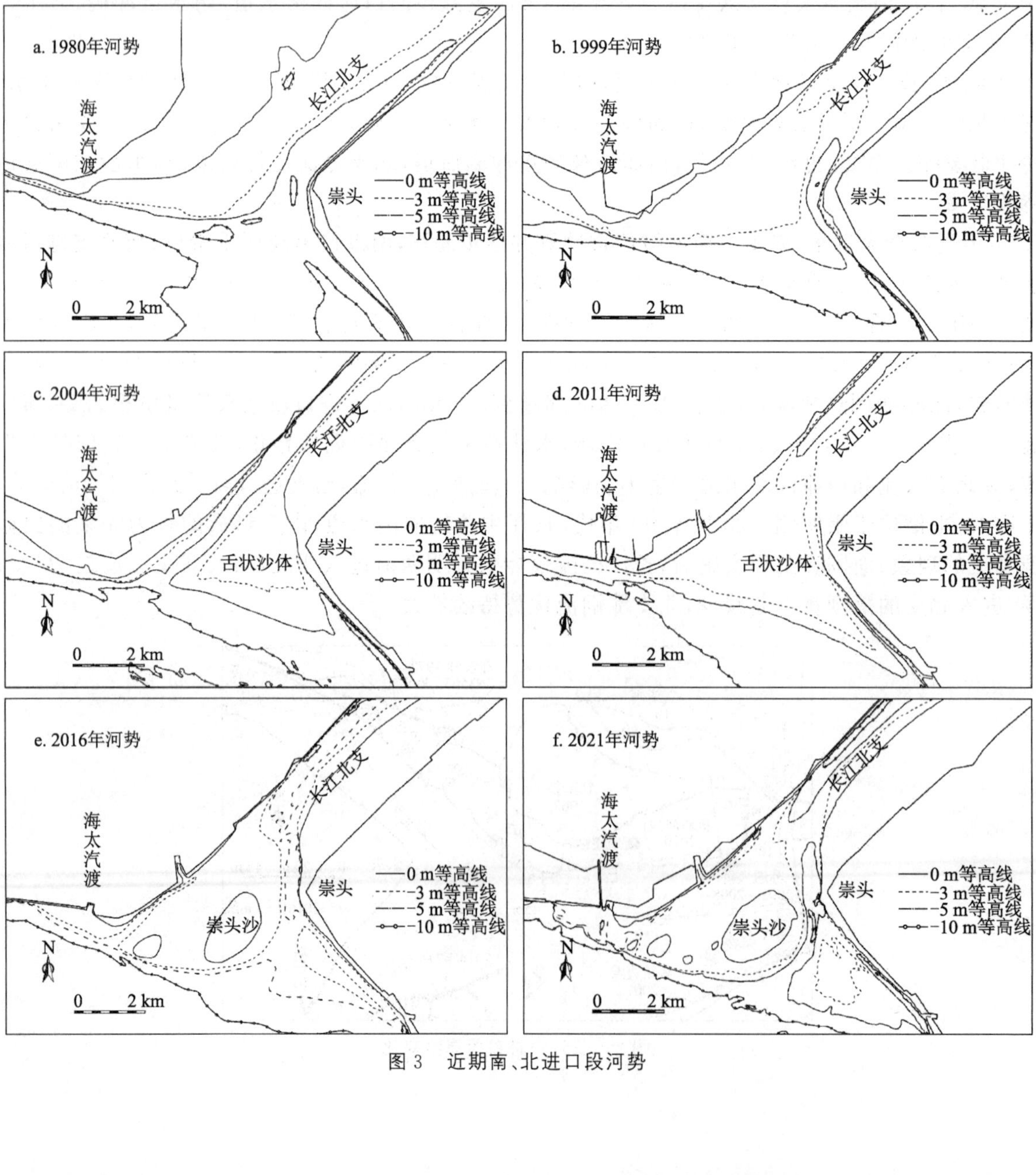

图 3　近期南、北进口段河势

3.2 沙体变化

新情势下,长江河口河道演变发生相应的调整,而处于南支进口段的白茆沙、北支进口段两侧深槽间的崇头沙体也处于动态调整状态(图3、图4)。20世纪90年代初,白茆沙体积达到鼎盛,型态完整。此后,受到特大洪水的影响,白茆沙被严重冲刷后退,而此时北支进口段的舌状沙体演变为崇头暗沙,对长江口河势格局产生不利影响。1999年后,白茆沙头部仍持续被冲刷后退,白茆沙南北水道"南强北弱"河势格局增强,崇头暗沙保持发育状态。2012年,随着深水航道整治一期工程及围垦工程的实施,白茆沙附近河床处于动态调整中,崇头暗沙快速发育。2014年后,崇头暗沙已发展为崇头沙。随着深水航道整治一期白茆沙工程完工,白茆沙沙头得到有效防护,白茆沙被冲刷后退趋势有所遏制,白茆沙南、北水道均有冲刷发展,北支崇头沙继续发育。至2020年,白茆沙处于防护状态,南北水道分流格局维持稳定,而崇头沙沙体面积和顶高程增大;2020—2021年期间,白茆沙处于稳定状态,此时,崇明沙沙体没有明显变化,崇明沙变化趋势减缓。

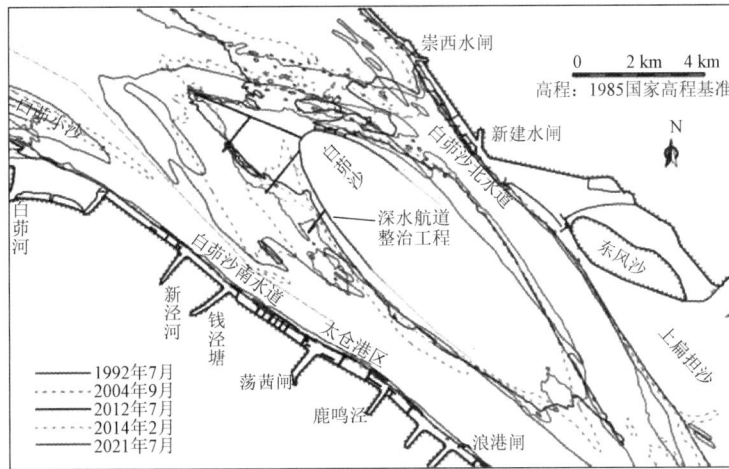

图4　近期白茆沙-10 m变化

长江口南支为主流河道。伴随北支口入流条件的恶化,北支涨、落潮分流比减小,长江南、北两支分流格局将维持"南强北弱"的态势,而白茆沙南北水道分流格局作为长江口南支进口段周期性变化的重要特征,也影响着北支进口段的演变。

3.3 分流比变化

3.3.1 北支分流比变化

20世纪70年代,随着人工围垦的影响,北支落潮分流比持续减小,此时分流比为20.0%左右,北支由落潮优势河道向涨潮优势河道转变。至1987年,北支落潮分流比衰减到5.0%左右,成为涨潮流优势河道。此后,落潮流分流比维持在2.0%～6.0%,涨潮分流比维持在8.0%～15.0%[6]。根据2021年7月实测资料[7],北支落潮分流比为4.8%,落潮分流比为13.8%。

3.3.2 白茆沙南北水道分流比变化

2002—2013年,白茆沙北水道涨潮分流比变化程度较小,北水道涨潮分流比在28%～32%(图5),北水道落潮分流比总体呈减小的趋势,白茆沙南北水道"南强北弱"格局总体处于增强态势,北水道落潮分流比由39.4%减小至30.7%,南水道处于发展态势,增幅达8.7%左右。一期工程完工后,北水道进口-10 m槽重新贯通,北水道涨潮分流比呈逐年递增的趋势,由2014年的28.6%增加至2021年7月的39.8%。2013—2014年,北水道落潮分流比由施工前的30.7%增长至34.0%,南水道落潮分流比减小2.3%。2014—2016年,北水道的落潮分流比由于河势调整呈现回调后减小的趋势,由2014年的34.0%减小至2016年的27.3%,南水道分流比增幅达6.7%左右。2016—2021年,白茆沙处于稳定状态,南、北水道落潮分流比没有明显变化趋势,北水道落潮分流比稳定在25.7%～27.3%。

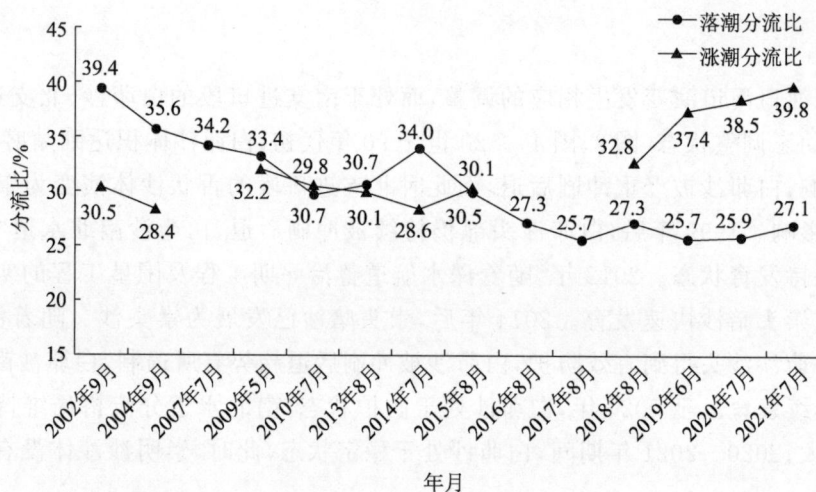

图 5　近期白茆沙北水道实测涨、落潮分流比变化

4　长江口进口段关联性分析

根据南、北支的历史演变及近期演变,南、北进口段的演变存在着关联性。新情势下,在长江上游来水、来沙的锐减和人工围垦等人类活动影响下,南、北进口段水沙条件、分流格局也发生了较大变化。

4.1　"南强北弱"分流格局

长江口主流从过去的北支入海转变为南支入海。长江北支入流条件不断恶化及进口段持续萎缩等因素致使北支分流比不断减小,从 1915 年的 25.0% 减小至现在的 5.0% 左右;涨潮分流比为 10.0% 左右。北支已经发展为涨潮流优势河道且南、北支进口段"南强北弱"河势格局将持续增强。南支仍为落潮流优势河道。历史上长江主流在南支进口段也发生着周期性变化,这种周期性变化与白茆沙的兴衰有着关联性。当白茆沙被冲刷后退时,长江主流偏向南水道;白茆沙淤涨发育时,长江主流偏向北水道。长江主流的偏向也决定了白茆沙的兴衰变化。近年来,上游来水、来沙的减少使长江下游河段处于冲刷态势,白茆沙被冲刷下移,南水道发展,北水道分流比减小,长江主流南偏,南北水道进口段"南强北弱"河势格局持续增强。整治工程实施后,"南强北弱"河势格局得到缓解。由此可见,南、北支进口段的分流格局与白茆沙的变化存在着明显的联系。

4.2　"南北进口"关联分析

南、北两支进口段的演变与上游主流的变化密切相关。当白茆沙发育鼎盛时,长江主流偏向白茆沙北水道,洲头位于北支分流口中部对开,此时北支进口主流偏北,北支进口段主槽偏海门侧。在落潮主流的作用下,白茆沙被冲刷后退并北靠,南水道逐渐发展,北水道呈淤积态势。当白茆沙由鼎盛时期开始被冲刷下移时,存在一段时期南北水道河势平衡稳定,此时形成南北水道贯通优良河势。此后白茆沙南北水道"南强北弱"河势格局持续增强:北支进口主流偏南,水流主要从崇明侧流出,海口侧主槽淤积,崇明侧形成新的主槽;南水道进口进一步展宽,水流减缓,泥沙在进口段中部淤积形成新的白茆沙。在新白茆沙形成的同时,北支进口主流偏向海门侧,近岸逐渐冲刷形成新的主槽,而崇明侧主槽淤积消失。白茆沙自此进入新的演变周期,而北支进口主槽也呈现"十年河东、十年河西"态势的周期性变化。

近年来,在白茆沙南北水道进口段"南强北弱"河势格局以及来水、来沙急剧减少等影响下,白茆沙被冲刷萎缩北靠趋势增强,崇头边滩淤涨,白茆沙北水道顶冲点下移至崇头下游,北支入流条件恶化,北支口进口主流北偏,北支主槽位于海门侧,崇头侧淤积。随着南北支一系列整治工程的实施,北支进口主流偏向崇头侧,北支主槽摆回崇头侧,北支涨潮流有所减小,水沙往南支倒灌的现象减轻,白茆沙得到较好防护,冲刷萎缩的态势得到了遏制,白茆沙河道演变趋势减缓,白茆沙南北水道均有所发展,其"南强北弱"河势格局加强态势将总体趋缓。

由此可见,南、北进口段的演变存在着明显的关联性,上游主流的变化影响着南、北两支进口段的演变,白茆沙的周期性演变一定程度上影响着南、北支进口段的发展,对南、北支进口段的演变分析将有利于长江口的治理。

5　结　语

本文基于南、北支进口段历史演变和近期演变,阐述了南北进口段的演变规律及其关联性,得出主要结论如下:

(1)南、北两支进口段的演变与上游主流的变化密切相关。长江主流在进口段的偏向伴随着白茆沙的周期性兴衰。长江口南、北支进口段的分流格局与白茆沙的变化存在着明显的联系。白茆沙南北水道分流格局是长江口南、北支进口段周期性变化的重要特征。进口段的治理成为南、北支兴衰的重要因素。

(2)在白茆沙比较完整时期,白茆沙北水道较为强盛,北支进口段主槽偏海门侧。在主流冲刷作用下,白茆沙被冲刷后退并北靠时,南水道进口发展,中部区域泥沙落淤形成新的白茆沙。由此,白茆沙进入新的一轮演变周期。

(3)在白茆沙冲刷下移的同时,北支进口主流向崇明侧移动并逐渐扭曲,海门侧主槽淤积,崇明侧冲刷并成为主槽。在新白茆沙形成的同时,北支进口主流向海门侧移动,近岸逐渐冲刷形成新的主槽,而崇明侧主槽淤积消失,呈现"十年河东、十年河西"态势的周期性变化。

(4)整治工程实施后,北支主槽摆回崇头侧,北支涨潮流有所减小,水沙往南支倒灌的现象减轻,白茆沙被冲刷后退的态势得到了遏制,南北水道均有所发展,其"南强北弱"河势格局加强态势将总体趋缓。

📖 参考文献

[1]　朱林,陈晓红,郭兴杰,等.近十年来长江口北支动力地貌演化过程[J].上海国土资源,2022,43(2):78-83.
[2]　杜德军,王晓俊,成泽霖,等.长江口白茆沙河段南强北弱格局变化特征研究[J].人民长江,2023,54(2):85-90.
[3]　范明源,李俊花,万远扬,等.径流量变化对长江口水动力特性的影响[J].海洋工程,2020,38(4):81-90.
[4]　陈正兵,陈前海,谢作涛.长江口北支近期水沙特性及河道演变特征[J].人民长江,2016,47(23):5-9.
[5]　栾华龙,渠庚,柴朝晖,等.长江口典型滩槽系统近期演变及河势控制对策探讨[J].人民长江,2022,53(1):7-12.
[6]　黄家瑞,黄卫,闫军,等.长江口北支河道演变及航道开发利用初步分析[J].港工技术,2017,54(2):9-15.
[7]　长江口水文水资源勘测局.长江南京以下12.5米深水航道后续完善工程工可阶段水文测验Ⅲ标段(2021年洪季)技术报告[R].上海:长江口水文水资源勘测局,2021年.

长江口北槽最大浑浊带含沙量季节性差异分析

华　厦,韩雪健,张　磊,徐　岢,郭相臣

(南京水利科学研究院,江苏 南京　210029)

摘要:基于泥沙通量守恒原理深度分析了长江口北槽 2016—2018 年洪枯季最大浑浊带悬沙资料,探讨了该区域最大浑浊带含沙量的决定性因素以及季节差异的主要原因。研究表明:再悬浮作用是北槽最大浑浊带含沙量变化的决定性因素,除了潮动力外,再悬浮作用还受到可悬浮泥沙量的影响,台风、寒潮等极端大风天气为北槽带来可悬浮泥沙的补给;"北槽最大浑浊带洪季含沙量高于枯季"的观点不是绝对成立的。在普遍的认知下,北槽最大浑浊带含沙量洪季高于枯季,是因为正常年份洪季台风频发,为北槽带来间断但多次的泥沙补给,高含沙量的最大浑浊带被观测到的概率较大。而枯季虽然也发生寒潮,但能对北槽产生重大影响的寒潮较少。

关键词:北槽最大浑浊带;含沙量;季节性差异;再悬浮作用;极端天气

长江河口的航运条件极大地关乎着长三角区域的经济发展,12.5 m 深水航道工程的成功建设极大改善了北槽的航运条件。深水航道位于北槽最大浑浊带区域,最大浑浊带区域与拦门沙有良好的对应关系,在自然条件下并不具备良好的通航条件。自深水航道整治工程建设开始,北槽最大浑浊带区域的泥沙问题就受到了广泛研究和关注。传统观点认为,北槽区域最大浑浊带洪季发育优于枯季,即洪季含沙量高于枯季[1-4]。然而 Hua 等[5,6]基于 2016—2018 年洪枯季实测数据发现也存在枯季含沙量高于洪季含沙量的情况,认为寒潮、台风等极端天气可以为北槽带来泥沙补给,影响最大浑浊带含沙量,但未给出详细的机理解释。本文基于泥沙通量守恒原理深度分析了 2016—2018 年洪枯季北槽最大浑浊带悬沙资料,厘清了长江口北槽最大浑浊带含沙量的决定性因素,并探讨了该区域含沙量季节差异的主要原因。

1 北槽最大浑浊带含沙量 2016—2018 年监测结果

2016—2018 年洪枯季大潮潮平均水、沙、盐沿北槽分布见图 1[6]。在 2016 年,洪季最大浑浊带发育程度低,高含沙量分布区域较小且最高含沙量仅约 2 kg/m³。相反地,枯季最大浑浊带发育良好,高含沙量区域含沙量超过 3 kg/m³ 并且范围远大于洪季。显然,这与被广泛认可的"北槽区域最大浑浊带洪季发育优于枯季"的观点相矛盾[1-4]。更为巧合的是,在 2017 年这种"反常"现象依旧存在,但是不如 2016 年的显著,洪季最大含沙量约为 1.5 kg/m³,枯季最大含沙量为 2.2 kg/m³。2018 年洪枯季含沙量分布与传统观点一致,洪季最大含沙量超过 8 kg/m³,枯季最大含沙量仅约为 2 kg/m³,洪季最大浑浊带发育程度远高于枯季。2018 年洪季最大含沙量与其他测次相比差异显著,甚至在相近的潮动力条件下,其底部含沙量高值远远超过了 2016 年枯季测次。

2 最大浑浊带泥沙再悬浮作用分析

基于泥沙通量守恒原理,对北槽最大浑浊带区域的底床泥沙再悬浮通量进行估算,计算方法如图 2 所示。将航道从陆侧至海侧分为 8 个航道段,$p = 1, 2, \cdots 8$,$p = 1$ 表示 NGN4 到 CS0 段,$p = 2$ 表示 CS0 到

基金项目:南京水利科学研究院中央级公益性科研院所基本科研业务费专项资金项目(Y220006,Y223002);国家重点研发计划资助(2017YFC0405400);长江科学院开放研究基金资助项目(CKWV20221007/KY)

通信作者:华厦。E-mail:xhua@nhri.cn

CS9 段,以此类推。基于泥沙通量守恒原理,第 p 航道段单位小时内(t 到 $t+1$)单宽底部泥沙通量 F_{re} 可以表示为:

$$F_{re} = \Delta S - F_{ad} \tag{1}$$

式中:ΔS 为第 p 航道段一小时内的总含沙量变化,F_{ad} 为第 p 航道段平流输沙导致的含沙量变化量。$F_{re}>0$ 表示泥沙再悬浮,$F_{re}<0$ 表示泥沙沉降。

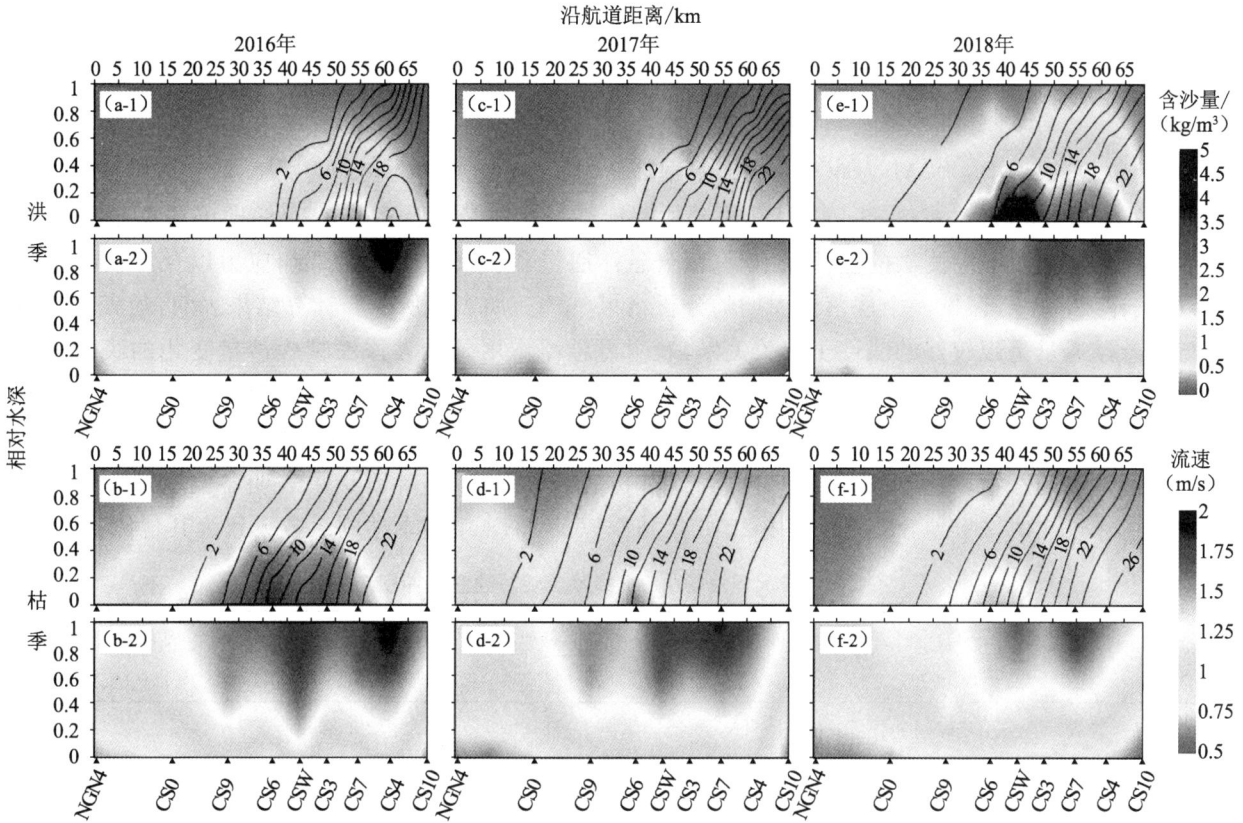

图 1　2016—2018 年洪枯季大潮潮平均水、沙、盐沿北槽分布[6]

$$\Delta S = S_{t+1} - S_t \tag{2}$$

$$S_t = 0.5(s_{lt} + s_{rt})d = 0.5\left(\sum_{k=1}^{6}\frac{1}{6}h_{lt} \cdot S_{ltk} + \sum_{k=1}^{6}\frac{1}{6}h_{rt} \cdot S_{rtk}\right)d \tag{3}$$

式中:S_t 是 t 时刻第 p 航道段的总含沙量;s_{lt} 和 s_{rt},h_{lt} 和 h_{rt},S_{ltk} 和 S_{rtk} 分别为 t 时刻第 p 航道段左断面和右断面的总含沙量、水深和第 k 层的含沙量;d 是第 p 河段的总长度。

$$F_{ad} = Q_l - Q_r = 0.5(q_{lt} + q_{l(t+1)})\times 3\,600 - 0.5(q_{rt} + q_{r(t+1)})\times 3\,600 \tag{4}$$

$$q_{lt} = \sum_{k=1}^{6}V_{ltk} \cdot S_{ltk} \times \frac{1}{6} \times h_{lt} \tag{5}$$

$$q_{rt} = \sum_{k=1}^{6}V_{rtk} \cdot S_{rtk} \times \frac{1}{6} \times h_{rt} \tag{6}$$

式中:Q_l 和 Q_r 为第 p 航道段左断面和右断面从 t 到 $t+1$ 的总平流输沙通量;q_{lt} 和 q_{rt} 分别为左右断面的 t 时刻瞬时平流输沙通量;V_{ltk} 和 V_{rtk} 分别为左右断面 t 时刻第 k 层的沿航道轴线流速,向海为正。

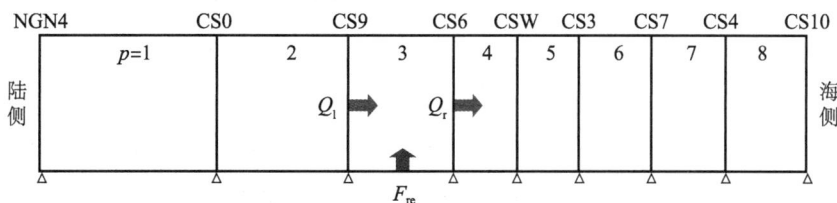

图 2　底部泥沙通量计算方法示意

各次测量期间均处于常态天气,长江口风速小于 5 m/s,且北槽测点水深均较大,因此波浪作用可以忽略,这里仅考虑潮流作用。长江河口的水流底部切应力 τ_b 可以表示为[7]:

$$\tau_b = \rho U_*^2 = \rho \left(\frac{U}{19.95h^{1/6}}\right)^2 \tag{7}$$

式中:U 为水深平均流速,U_* 为摩阻流速,h 为水深。

床面再悬浮泥沙通量 E 可以表示为:

$$E = \begin{cases} 0 & \tau_b < \tau_e \\ M\left(\dfrac{\tau_b}{\tau_e}-1\right) & \tau_b < \tau_e \end{cases} \tag{8}$$

式中:τ_e 为临界起动切应力,M 为冲刷系数。根据经验,长江口临界起动切应力为 $0.2\sim0.4$ N/m²,近似取中间值 0.3 N/m²,根据式(1)~(6)计算得到的泥沙再悬浮通量以及式(7)~(8)即可估算冲刷系数。

采用如上方法对不同测次的底部泥沙通量(再悬浮通量和沉降通量)、底部切应力以及冲刷系数进行估算,最大浑浊带中心区域一个涨落潮周期的分析结果(单宽)如表1所示。计算结果表明:最大浑浊带含沙量与再悬浮通量呈现较好的线性正相关关系,表明再悬浮作用是最大浑浊带含沙量变化的决定性因素(图3)。洪枯季节不同大潮测次的底部潮平均切应力相近,为 $2.24\sim2.4$ N/m²,然而再悬浮通量差异较大,为 $113\sim283$ t/m。2016 年枯季以及 2018 年洪季再悬浮通量明显大于其他测次。再悬浮是水流与底床泥沙相互作用的产物,底床泥沙特性对再悬浮作用有重要影响[8]。计算结果表明各测次冲刷系数差异显著,为 $6.72\sim13.72$ kg/(m²·s),其中 2016 年枯季以及 2018 年洪季冲刷系数大致为其他测次的 2 倍。

表1　不同测次最大浑浊带中心区域底部泥沙通量与冲刷系数估算

年份	季节	平均含沙量/(kg/m³)	再悬浮通量/(t/m)	沉降通量/(t/m)	平均切应力/(N/m²)	平均冲刷系数/(10⁻⁵ kg/m²·s)
2016	洪季	0.63	128	131	2.30	7.72
	枯季	1.45	283	266	2.25	13.72
2017	洪季	0.49	113	120	2.24	6.97
	枯季	0.82	140	165	2.26	6.72
2018	洪季	1.23	264	296	2.39	13.33
	枯季	0.84	147	148	2.29	7.26

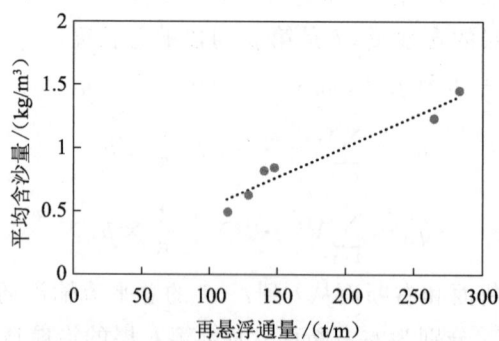

图3　最大浑浊带潮平均含沙量与再悬浮通量的关系

3　北槽最大浑浊带含沙量影响因素分析

对 2016 枯季和 2018 洪季测次冲刷系数大于其他测次的原因进行分析。不同测次期间风速小于 5 m/s,均处于常态天气,因此风浪因素可以排除。根据大通泥沙年报,2016 年枯季以及 2018 年洪季上游来沙量均较小[6],上游来沙因素亦可以排除。这两个测次分别属于洪季和枯季不同季节,径流量、温度、絮凝等季节性变化因素亦可以排除。对比这两个测次与其他测次,差异仅体现在测次前受极端大风天气影响不同。2016 年枯季测次前 3 天发生了重大寒潮,2018 年洪季测次前 3 天台风过境,且前一个月内连续受 3 次台风影响,而其他测次前均长时间处于常态天气[6]。极端大风天气产生的波浪将掀起浅水处的泥沙,加剧长江口内部的泥沙交换[9,10],大量泥沙被输入北槽。极端大风天气带来的泥沙受到絮凝、层化、余流等作用影响在北槽航道内被捕集,产生了大量可悬浮泥沙甚至浮泥。以往的相关研究成果均只关注了极端大风天气带来的航道回淤,却忽视了其对最大浑浊带的影响。Wan 等[10]基于实测资料和数值模拟的方法,发现极端大风天气带来的浮泥消散需要时间,即这些极端大风天气带来的泥沙不会立刻离开北槽。2016 年枯季和 2018 年洪季测次前受极端大风天气影响,在观测期间被捕集的可悬浮泥沙量高于其他测次,表现为冲刷系数显著大于其他测次,因此在相同的潮动力下,能够产生更强的再悬浮作用,继而增加了最大浑浊带的含沙量。

综上所述,再悬浮作用是最大浑浊带含沙量变化的决定性因素,除了潮动力外,再悬浮作用还受到可悬浮泥沙量的影响。极端大风天气可以为北槽提供可悬浮泥沙补给,改变底床泥沙冲刷特性,继而影响后续常态天气下的最大浑浊带含沙量。每年平均有 2 次台风在长江河口附近登陆,但实际上能对长江口产生影响的台风远超这个数值,台风产生的风浪可以通过涌浪的方式传播离开风区继而影响长江河口[11]。在普遍的认知下,洪季最大浑浊带含沙量高于枯季,因为正常年份洪季台风频发,为北槽带来间断但多次的泥沙补给,高含沙量的最大浑浊带被观测到的概率较大(目前研究都是短期观测)。而枯季虽然也发生寒潮,但能对北槽产生重大影响的寒潮被报道较少[10,12],有学者认为仅有向岸的寒潮大风才会对北槽产生影响,而大多数情况下寒潮风向是离岸的[13]。2016 年和 2017 年是台风低发年份,在洪季测次之前 30 天内长江口均未受台风影响,缺乏充足的可悬浮泥沙,因此最大浑浊带含沙量较小,出现洪季含沙量小于枯季的"异常"情况。本文观测和分析结果表明,"最大浑浊带洪季含沙量高于枯季"的观点不是绝对成立的。台风、寒潮等极端大风天气对于后续常态天气下最大浑浊带的持续性影响不可忽略。

4 结 语

基于泥沙通量守恒原理深度分析了 2016—2018 年洪枯季北槽最大浑浊带悬沙资料,厘清了长江口北槽最大浑浊带含沙量的决定性因素,并探讨了该区域含沙量季节差异的主要原因。主要研究结论如下:

(1)再悬浮作用是北槽最大浑浊带含沙量变化的决定性因素,除了潮动力外,再悬浮作用还受到可悬浮泥沙量的影响。

(2)"北槽最大浑浊带洪季含沙量高于枯季"的观点不是绝对成立的。台风、寒潮等极端大风天气为北槽带来可悬浮泥沙的补给,影响后续常态天气下最大浑浊带的含沙量。

(3)在普遍的认知下,北槽最大浑浊带含沙量洪季高于枯季,是因为正常年份洪季台风频发,为北槽带来间断但多次的泥沙补给,高含沙量的最大浑浊带被观测到的概率较大;而枯季虽然也发生寒潮,但能对北槽产生重大影响的寒潮较少,仅有向岸的寒潮大风才会对北槽产生显著影响,而大多情况下寒潮风向是离岸的。

参考文献

[1] 沈焕庭,潘定安. 长江河口最大浑浊带[M]. 北京:海洋出版社,2001.

[2] YANG Y P,LI Y T,SUN Z H,et al. Suspended sediment load in the turbidity maximum zone at the Yangtze River Estuary:The trends and causes[J]. Journal of Geographical Sciences,2014,24(1):129-142.

[3] LI J F,ZHANG C. Sediment resuspension and implications for turbidity maximum in the Changjiang Estuary[J]. Marine Geology,1998,148(3-4):117-124.

[4] CHEN S L,ZHANG G A,YANG S L,et al. Temporal variations of fine suspended sediment concentration in the Changjiang River Estuary and adjacent coastal waters,China[J]. Journal of Hydrology,2006,331(1-2):137-145.

[5] HUA X,HUANG H M,WANG Y G,et al. Abnormal ETM in the North Passage of the Changjiang River Estuary:Observations in the wet and dry seasons of 2016[J]. Estuarine,Coastal and Shelf Science,2019,227:106334.

[6] HUA X,HUANG H M,WANG Y G,et al. Seasonal estuarine turbidity maximum under strong tidal dynamics:

Three-year observations in the Changjiang River Estuary[J]. Water,2020,12(7):1854.

[7]　时钟. 长江口北槽细颗粒悬沙絮凝体的沉降速率的近似估算[J]. 海洋通报,2004(5):51-58.

[8]　李占海,高抒,沈焕庭. 金塘水道的悬沙输运和再悬浮作用特征[J]. 泥沙研究,2006(3):55-62.

[9]　SHEN Q,HUANG W R,QI D M. Integrated modeling of Typhoon Damrey's effects on sediment resuspension and transport in the North Passage of Changjiang Estuary,China[J]. Journal of Waterway,Port,Coastal,and Ocean Engineering,2018,144(6):04018015.

[10]　WAN Y Y,ROELVINK D,LI W H,et al. Observation and modeling of the storm-induced fluid mud dynamics in a muddy-estuarine navigational channel[J]. Geomorphology,2014,217:23-36.

[11]　FAN D D,GUO Y X,WANG P,et al. Cross-shore variations in morphodynamic processes of an open-coast mudflat in the Changjiang Delta,China:With an emphasis on storm impacts[J]. Continental Shelf Research,2006,26(4):517-538.

[12]　关许为,顾伟浩. 一九九〇年寒潮对长江口北槽回淤影响的分析[J]. 泥沙研究,1992(1):55-60.

[13]　刘猛. 长江口拦门沙河段航道回淤的波浪动力环境Ⅰ:敏感性因素[J]. 水运工程,2016,10(5):63-69.

长江河口段深水航道整治建筑物技术状况评价研究

唐风建[1]，徐　华[2]，施　勤[1]，张世钊[2]，李阳帆[2]，刘　祺[2]

（1. 长江上海航道处，上海　200010；2. 南京水利科学研究院，江苏 南京　210029）

摘要：随着长江航道建设的快速发展，航道整治建筑物日益凸显其整治工程综合效益。准确评价已竣工的航道整治建筑物技术状况，使其充分发挥航道整治功能，改善航道条件，是航道维护管理的一项重要工作。本文以长江江阴至浏河水道航道整治建筑物为对象，综合采用无人机航测、近期河势变化与航道演变关联分析、建筑物损毁程度定量分析等多种技术方法，开展技术状况评价研究工作。研究表明，纳入评价的航道整治建筑物技术状况总体良好，后期需关注通州沙水道狼山沙潜堤预制构件稳定性和 T8 丁坝完整性。研究成果为航道整治建筑物维护管理提供了关键技术支撑。

关键词：航道；整治建筑物；技术状况；评价

　　长江黄金水道是长江经济带综合交通运输体系的重要组成部分，是打造高质量发展经济带的重要支撑。随着长江航道建设的快速发展，航道整治建筑物日益凸显其整治工程综合效益。准确评价好已竣工的航道整治建筑物技术状况，使其充分发挥航道整治功能，改善航道条件，是航道维护管理的一项重要工作[1]。众多学者对航道整治建筑物开展了大量的研究。南京水利科学研究院[2]将整治建筑物分为坝体类、护岸类、护滩（底）类 3 类，准则层考虑建筑物的完整性、功能性和趋势性 3 个指标，初步建立了长江下游航道整治建筑物技术状况评价指标体系。杨宁等[3]基于模糊贝叶斯网络对长江上游 5 座整治建筑物进行了评价，建立了整治建筑物技术状况量化值。潘峰等[4]以长江上游坝体整治建筑物养护为依托有效开展了整治建筑物状况评价分析。陆华等[5]通过实测资料并结合河势变化对仪征水道整治建筑物损毁进行了评价分析并给出防护意见。李文杰等[6]和王江伟[7]针对长江上游航道整治建筑物特点，以建筑物功能发挥状况和结构状况为研究点，提出了建筑物包含"目标—准则—要素—指标"4 个层次的评价指标体系。

　　以长江江阴至浏河水道航道整治建筑物为对象，综合采用无人机航测、近期河势变化与航道演变关联分析、建筑物损毁程度定量分析等多种技术方法，开展技术状况评价研究工作。研究成果可为长江下游航道整治建筑物维护管理提供技术支撑。

1 基本情况

1.1 水情特点

　　根据文献[8]中大通水文站年资料统计，长江多年平均径流量约为 8 823 亿 m³，小于 1950—2002 年平均值 9 052 亿 m³，年际间波动大，无明显的趋势变化规律。长江径流年内分配不均匀，来水主要集中在洪季（5—10 月），枯季（11 月—次年 4 月）较小。三峡蓄水后，枯季径流量占全年的比重略有增加，洪季径流量比重略有减小。2010—2021 年，大通水文站平均径流量为 9 232 亿 m³，与多年平均相比，2011、2013、2018 年为小水年，2020 年为大水年，其余年份（包括 2021 年）为中水年。

　　从年内洪水期持续时间来看，2020 年高水位、高流量持续时间远超往年，流量超过 40 000 m³/s 的持续时间达 135 d，50 000 m³/s 以上持续时间为 46 d，60 000 m³/s 以上持续时间为 43 d，高流量持续时间远长于往年；而 2022 年，流量超过 40 000 m³/s 的时间共 64 d，年内出现汛期返枯现象，7 月开始快速退水，8

基金项目：国家重点研发计划资助项目（2022YFC3204504）；引江济淮工程科研项目（YJJH-YJJC-ZX-20191106220）
通信作者：徐华。E-mail：xuh@nhri.cn

月之后流量基本在 20 000 m³/s 以下。护滩、护岸建筑物容易受河势调整、水沙过程影响而遭到破坏,需关注河势变化条件下整治建筑物破坏特性及机理。

1.2 长江上海航道处辖区概况

长江上海航道处辖区范围为江苏江阴黄田港至江苏浏河口,整治建筑物主要集中于福姜沙河段、通州沙河段以及白茆沙河段,见图1。截至 2022 年 12 月,已竣工验收的航道整治工程有 4 项:长江下游福姜沙水道航道治理双涧沙守护工程、深水航道一期通州沙水道航道整治工程、深水航道一期白茆沙水道航道整治工程、深水航道二期福姜沙水道航道整治工程。总共有航道整治建筑物 41 处。其中,天生港以上河段航道整治建筑物 19 处(潜堤 3 处、丁坝 16 处);天生港以下河段航道整治建筑物 22 处(丁坝 11 处、潜堤 7 处、护堤坝 4 处)。

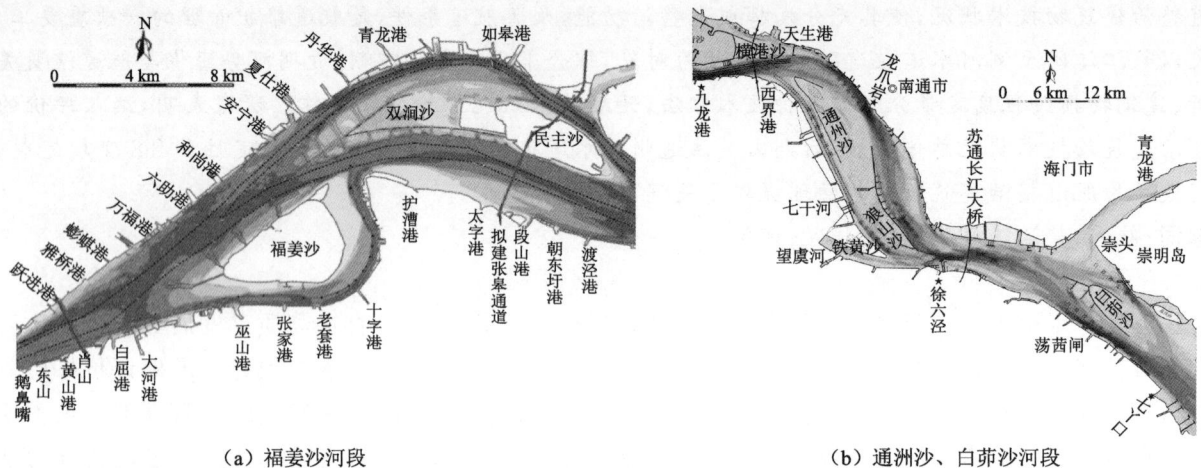

(a) 福姜沙河段　　　　　　(b) 通洲沙、白茆沙河段

图1　整治建筑物所处河段河势图

2 航道整治建筑物概况

2.1 航道整治建筑物情况

目前已竣工验收的航道整治工程都于 2015 年以后竣工验收,验收时间不长。大多数整治建筑物技术状况良好,但局部整治建筑物处于迎流顶冲处,受船只撞击、地质条件、河床发生较大变化等影响及长期位于水下,出现变形破坏。

2.2 航道整治建筑物勘测方法

2.2.1 日常检查

长江上海航道处辖区现有需要评价的航道整治建筑物 41 处。年度检查和观测主要是动用上海航道处航道维护船艇工作船。安排船艇现场踏勘,通过目测、拍照、摄像等手段对整治建筑物进行检查。枯水期每月对每座建筑物安排 2 次检查,洪水期每月对每座建筑物安排 1 次检查,每年累计检查 500 余座次。

2.2.2 水下检测

根据长江航道局要求及长江上海航道处工作计划,2022 年 6—12 月共完成航道整治建筑物专项观测 1 344.83 换算平方公里、图比为 1:1 000 的测绘工作。

2.2.3 无人机航测

以往采取远距离巡查、徒步踏勘、肉眼观察的方式检查整治建筑物的完整性,对出现破坏地区只能通过局部的照片、视频或大比例水准测图来反映情况。传统的观测方法很难完整地反映整治建筑物现状,不能符合当前大数据时代对航道整治建筑物的信息化、高能效管理的要求。

无人机航测技术具有实时性强、机动灵活、影像分辨率高、成果多样的特性,能够有效解决航道整治建筑物巡查难的问题。采用无人机利用枯水期部分建筑物出露的有利时机,对辖区安排了一次重点勘查航测。无人机提供的航测成果包括空中视频、关键部位影像等。无人机航测的河道有福姜沙水道、通州沙水道、白茆沙水道,共计 3 个水道,航测建筑物如下。

(1)福姜沙水道航道整治建筑物:福姜沙左缘 4 条丁坝,双涧沙北顺堤、南顺堤、头部潜堤左缘 4 条丁坝,右缘 8 条护滩坝。

(2)通州沙水道航道整治建筑物:通州沙潜堤、狼山沙潜堤及其左缘 8 条梳齿坝。

(3)白茆沙水道航道整治建筑物:白茆沙头部潜堤、北潜堤、南潜堤、北侧 4 条护堤坝、南侧 3 条丁坝。

3 评价技术方法

3.1 航道整治建筑物技术状况定性评价

以工程竣工资料或整治建筑物最近一次维修完工资料为基础,按照《航道养护技术规范》(JTS/T 320—2021)结合航道检查或观测成果对整治建筑物实行技术状况分类,将航道整治建筑物的技术状况分为 5 类。技术状况分类符合下列规定:

(1)建筑物结构完好、功能发挥正常的,为一类。

(2)建筑物发生无明显发展趋势的变形和损坏,不影响建筑物稳定和整治功能发挥的,为二类。

(3)建筑物发生影响建筑物稳定或整治功能发挥的变形和损坏的,为三类。

(4)建筑物变形和损坏严重,已经或即将失去整治功能的,为四类。

(5)建筑物因使用环境条件发生重大变化而不需发挥整治功能的,为五类。

技术状况为一类的航道整治建筑物不需进行维修;技术状况为二类的航道整治建筑物加强跟踪观测分析,适时进行维修;技术状况为三类的航道整治建筑物及时维修;技术状况为四类的航道整治建筑物立即维修,并根据需要结合维修工程采取局部改善工程措施;技术状况为五类的航道整治建筑物不进行养护。

3.2 航道整治建筑物技术状况定量评价

在上述定性评价的基础上综合多年建筑物技术状况分析评价的经验,采用定性与定量相结合的方法对建筑物技术状况类别进行评定。

3.2.1 资料收集

主要包括工程设计及竣工资料,近 5 年或工程完工以来工程河段水文资料、航道测图及航道维护资料,近两年整治建筑物日常检查与水下检测成果,以往技术状况评价成果,整治建筑物最近一次维修完工资料,等等。

3.2.2 明确目标

总结明确工程建设目标以及各整治建筑物功能,分析近期(近 5 年或工程完工以来)岸线、洲滩、航槽、航道条件变化等航道演变特点,结合近期水沙条件变化及工程设计阶段相关认识,了解航道演变趋势,从而明确工程建设目标总体实现情况以及是否需要建筑物继续发挥整治功能。

航道整治建筑物的技术状况分为 5 类。针对需要发挥整治功能的建筑物,对比分析本年度与工程完工(或上次维修完工等)时建筑物区域河床变形特点,结合近期水沙条件变化、航道变化,以及上年度技术状况评价成果,了解建筑物变形趋势。根据技术状况定量评定方法,分析各建筑物的各分项指标指数和技术状况指数,划分技术状况类别。

3.2.3 评定方法

长江下游航道整治建筑物定量评定方法简介如下:

(1)技术状况指数及相应分项指标指数的值域为 0～100。

(2)一至四类技术状况划分标准见表 1,五类技术状况赋值 100。

表 1 建筑物技术状况分类标准

类别	一类	二类	三类	四类
值域	[85,100)	[70,85)	[30,70)	[0,30)

(3) 技术状况指数 A 按下式计算：

$$A = 100 - (B_1 \times w_{B_1} + B_2 \times w_{B_2}) \tag{1}$$

$$B_1 = C_1 \times w_{C_1} + C_2 \times w_{C_2} \tag{2}$$

$$C_1 = \sum_{i=1}^{i_0} D_i \times W_{D_i} \tag{3}$$

式中：B_1 为结构稳定性指数；B_2 为建筑物功能性指数；w_{B_1}、w_{B_2} 分别为 B_1、B_2 在 A 中的权重，根据技术状况评价成果，w_{B_1}、w_{B_2} 分别为 0.8、0.2；C_1 为完整性指数；C_2 为损坏趋势指数；w_{C_1}、w_{C_2} 分别为 C_1、C_2 在 B_1 中的权重，分别为 0.6、0.4。

不同部位损坏程度指数技术状况指数为 $C_1 = \sum_{i=1}^{i_0} D_i \times W_{D_i}$，$D_i$ 为不同部位损坏扣分，W_{D_i} 为第 i 类部位损坏的权重，i 为结构损坏部位序号，i_0 为损坏部位分类总数。

结构损毁趋势主要用于定量判断，水流泥沙、河床地形冲淤变化后，整治建筑物稳定趋势采用指数 C_2 评定。对坝体类建筑物，根据坝体稳定性计算公式，坝体部分水毁后是否稳定主要取决于坝体单位长度自重的变化，即坝顶宽度、坝面坡度、坝身高度等因素。一般而言，长江中下游坝体类建筑物坝体本身变化不大，损毁主要发生在坝体护底排部分。因此，选取护底排边缘冲刷坑坡度与稳定坡度的比值（坡度取决于冲刷坑深度及最深点距离护底排边缘的距离），作为坝体类建筑物稳定指标。一般护底排设计稳定边坡坡度为 1∶4～1∶5，文中取为 1∶4。对护岸建筑物，根据岸坡稳定计算，选取水下护底排边坡坡度与稳定坡度的比值，作为护岸岸坡稳定性指标。一般护底排设计稳定边坡坡度为 1∶4～1∶5，取为 1∶4。对护滩（底）带建筑物，根据排体稳定计算，选取水下护底排边坡坡度与稳定坡度的比值，作为护滩（底）带的稳定性指标。一般护底排设计稳定边坡坡度为 1∶4～1∶5，取为 1∶4。综合而言，损毁对建筑物结构稳定的影响程度，可用冲刷坑坡度以及损毁边缘与轴线（或枯水平台）距离等（即考虑冲刷坑陡或缓，以及冲刷发生的位置距离主体建筑物的远或近）作为扣分的考量指标。

建筑物功能性 B_2 是指单个或联合发挥功能的建筑物群的功能发挥情况：对坝体，主要指调整水流、保障航道水深的功能；对护滩（底）带，主要指其守护洲滩、稳定滩槽格局的功能；对护岸，主要指守护岸线或航道边界条件的功能。

4 技术评价结果

长江上海航道处辖区内本年度维护的已竣工航道整治建筑物总共有 41 处，对长江航道整治建筑物的技术状况评价结果与实际结果进行对比，其与实际情况相吻合，可见计算结果符合实际维护情况。结合 2022 年航道整治建筑物的检查、整治建筑物所处滩段原型观测及工程区域局部测图等观测成果，对上述航道整治建筑物技术状况进行了分析、评价，并提出了福姜沙、通洲沙及白茆沙河段整治建筑物评价意见，得到表 2。

从表 2 中可看出，纳入 2023 年度评价的 41 处航道整治建筑物技术状况类别评定及维修建议如下：

(1) 三类：0 处。

(2) 二类：9 处，占本次评价建筑物总数的 21.9%。

狼山沙潜堤左翼中部齿形构件共有 8 处出现局部破损、错位甚至倾覆，其中 1 处相邻 2 块齿形构件倾覆，3 处出现较明显的侧向错位，另 4 处为轻微损伤或轻微错位。狼山沙右翼潜堤齿形构件有 2 处出现局部错位。目前对整治建筑物效果基本无影响，缺口近年来没有进一步发展。狼山沙潜堤评定为二类，适时维修。

T8 梳齿坝在距坝根 235 m，距坝头 100 m 处存在 1 处高程低于周边高程约 4 m，宽约为 35 m 的缺口，缺口的存在对坝体整体完整性有一定的影响。目前航道整治效果较好，毁损出现后没有进一步发展。T8 丁坝评定为二类，适时维修。

对福姜沙水道双涧沙北顺堤、SL1 丁坝、SL3 丁坝、SR6 护滩坝、SR7 护滩坝、SR8 护滩坝、白茆沙水道白茆沙南潜堤等 7 处，加强观测分析。

(3) 一类：32 处，占本次评价建筑物总数的 78.1%，均不需要进行维修。

表 2　航道整治建筑物维修建议

水道	序号	建筑物名称	技术状况得分	评定类别	维修建议	后期重点关注
福姜沙水道	1	双涧沙北顺堤	83.8	二类	适时维修	关注双涧沙头部潜堤越滩流沿程分布均匀性及其对右侧河床冲刷影响。北顺堤有 5 处小缺口，SL3 丁坝有 1 处凹陷错位。
	2	双涧沙南顺堤	98.0	一类	不维修	
	3	双涧沙头部潜堤	98.0	一类	不维修	
	4	双涧沙 SL1 丁坝	81.6	二类	适时维修	
	5	双涧沙 SL2 丁坝	86.0	一类	不维修	
	6	双涧沙 SL3 丁坝	84.0	二类	适时维修	
	7	双涧沙 SL4 丁坝	98.0	一类	不维修	
	8	双涧沙 SR1 丁坝	98.0	一类	不维修	
	9	双涧沙 SR2 丁坝	98.0	一类	不维修	
	10	双涧沙 SR3 丁坝	98.0	一类	不维修	
	11	双涧沙 SR4 丁坝	98.0	一类	不维修	
	12	双涧沙 SR5 丁坝	90.4	一类	不维修	关注丁坝前沿岸坡冲刷及滩地局部冲淤变化。
	13	双涧沙 SR6 丁坝	83.9	二类	适时维修	
	14	双涧沙 SR7 丁坝	83.9	二类	适时维修	
	15	双涧沙 SR8 丁坝	84.4	二类	适时维修	
	16	福姜沙 FL1 丁坝	98.0	一类	不维修	关注 FL4 丁坝护底余排边缘河床冲刷。FL3 根部有缺口。
	17	福姜沙 FL2 丁坝	98.0	一类	不维修	
	18	福姜沙 FL3 丁坝	95.0	一类	不维修	
	19	福姜沙 FL4 丁坝	86.6	一类	不维修	
通州沙水道	20	通州沙潜堤	98.0	一类	不维修	狼山沙左缘潜堤中部齿形构件出现破损，需加强监测。中水道冲淤变化，新开沙及江中心滩变化。
	21	过渡段潜堤	98.0	一类	不维修	
	22	狼山沙潜堤	83.2	二类	适时维修	
	23	狼山沙尾部潜堤	98.0	一类	不维修	
	24	T1 丁坝	98.0	一类	不维修	
	25	T2 丁坝	98.0	一类	不维修	
	26	T3 丁坝	98.0	一类	不维修	
	27	T4 丁坝	98.0	一类	不维修	
	28	T5 丁坝	98.0	一类	不维修	
	29	T6 丁坝	98.0	一类	不维修	
	30	T7 丁坝	98.0	一类	不维修	
	31	T8 丁坝	84.4	二类	适时维修	
白茆沙水道	32	白茆沙头部潜堤	98.0	一类	不维修	白茆沙 S1 丁坝堤身护底排下游外缘以及堤头护底排外缘均有一定的局部冲坑存在。建议下阶段加强监测，必要时采取相应的工程措施。
	33	白茆沙北潜堤	98.0	一类	不维修	
	34	白茆沙 N1 护堤坝	98.0	一类	不维修	
	35	白茆沙 N2 护堤坝	98.0	一类	不维修	
	36	白茆沙 N3 护堤坝	98.0	一类	不维修	
	37	白茆沙 N4 护堤坝	98.0	一类	不维修	
	38	白茆沙南潜堤	83.6	二类	适时维修	
	39	S1 丁坝	91.2	一类	不维修	
	40	S2 丁坝	98.0	一类	不维修	
	41	S3 丁坝	98.0	一类	不维修	

5　结　语

本文综合采用无人机航测、近期河势变化与航道演变关联分析、建筑物损毁程度定量分析等多种技术

方法,开展技术状况综合评价研究工作,得到以下结论:

(1)研究表明,纳入评价的航道整治建筑物技术状况总体良好。其中一类占比78.1%,不需要进行维修;二类占比21.9%,可暂缓维修。后期需关注通州沙水道狼山沙潜堤预制构件稳定性和T8丁坝完整性。

(2)建议对于重点部位整治建筑物适度增加维护监测频次,扩大监测范围,增加监测内容,更准确掌握关键建筑物重点部位周边局部形态变化、损毁特性及机理,为航道整治建筑物设计、施工和维护等提供新的认识,加快智慧航道建设。

参考文献

[1] 范丽婢.长江中下游丁坝技术状况评价方法研究[D].南京:东南大学,2018.

[2] 尚倩倩,许慧,闻云呈,等.2021年度长江镇江航道处航道整治建筑物技术状况分析评价[R].南京:南京水利科学研究院,2021.

[3] 杨宁,李文杰,张浩游,等.内河航道整治建筑物服役状态综合评价研究[J].水道港口,2022,43(1):68-73.

[4] 潘峰,黄蓓蓓,曾涛,等.山区河流坝体类航道整治建筑物技术状况量化评价方法研究[J].中国水运,2023(增刊2):24-30.

[5] 陆华,盛艳丽.长江南京以下12.5m深水航道仪征水道整治建筑物损毁特征及原因分析[J].中国水运,2021(5):56-60.

[6] 李文杰,张浩游,张文,等.基于模糊贝叶斯网络的长江上游航道整治建筑物技术状况评价研究[J].重庆交通大学学报,2020,39(9):112-118.

[7] 王江伟.某航道整治工程建筑物技术状态评价[J].中国水运,2021,21(2):83-84.

[8] 尚倩倩,徐华,许慧,等.2023年度长江上海航道处航道整治建筑物技术状况分析评价[R].南京:南京水利科学研究院,2023.

长江扬中河段七圩港内港池工程潮流特征

姬昌辉[1,2]，王栋甫[3]，谢 瑞[1,2]，申 霞[1,2]，王永平[1,2]，于 剑[1,2]

(1. 南京水利科学研究院，江苏 南京 210024；2. 港口航道泥沙工程交通行业重点实验室，江苏 南京 210024；3. 江苏港航投资发展有限公司，江苏 南京 210011)

摘要：长江扬中河段为感潮河段，同时受到水流、潮汐影响，潮流运动复杂。采用数学模型研究扬中河段七圩港内港池工程的潮流特征。结果表明，在中水大潮、枯水大潮的潮流条件下，工程对长江主流的潮位和流速影响较小，港池内的流速和流场有所改变，回流范围和回流流速有所增大。

关键词：长江扬中河段；内港池工程；潮位；流速；回流

长江扬中河段上起镇扬河段大港水道五峰山，下至江阴水道鹅鼻嘴，其上段为向北弯曲的弯道段，中段为长顺直段，下段为向南的微弯段，平面形态呈现反 S 形。七圩港内港池工程位于长江下游扬中河段泰兴水道出口段左岸，天星洲洲尾下游七圩闸附近。长江扬中河段为感潮河段，潮流运动复杂，港池开挖后，对附近水域可能产生影响。以往研究[1-4]表明，采用数学模型或物理模型开展相关研究是研究内港池工程影响的有效手段。

1 工程概况

工程位于规划的七圩港内港池，两侧各布置 4 个 3 000 t 级（船型组合可兼顾 5 000 t 级）散、杂货泊位。总平面布置如图 1 所示。工程港池宽度为 185 m。项目码头 1♯～4♯ 泊位后方纵深为 265.10 m，陆域高程定为 5.8 m，港池码头的码头前沿顶高程为 5.8 m。码头前沿设计河底高程为 −6.20 m，工程布置见图 1。

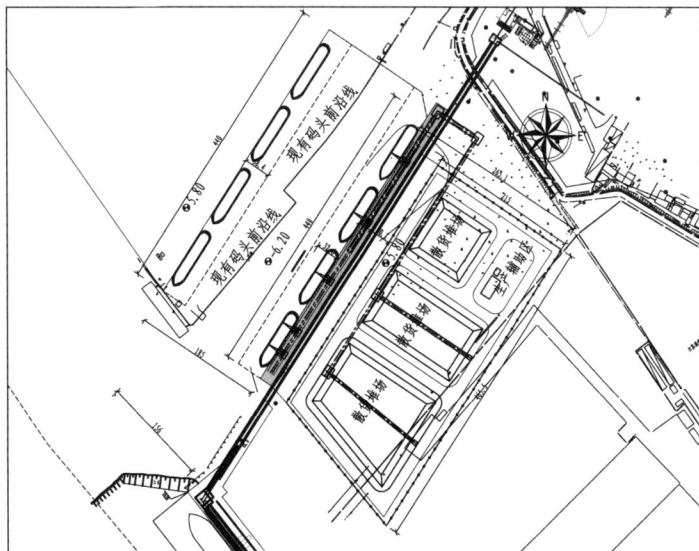

图 1 内港池工程布置

基金项目：江苏省海洋科技创新项目(JSZRHYKJ202214)

通信作者：姬昌辉。E-mail：chji@nhri.cn

2 数学模型及验证

长江扬中河段七圩港内港池工程潮流泥沙数学模型研究范围上起五峰山、下至江阴鹅鼻嘴,全长约 90 km,包括太平洲左右两汊和炮子洲、禄安洲右汊等主要支汊。模型控制方程如下:

$$\frac{\partial H}{\partial t} + \frac{\partial hu}{\partial x} + \frac{\partial hu}{\partial y} = 0 \tag{1}$$

$$\frac{\partial u}{\partial t} + u\frac{\partial u}{\partial x} + v\frac{\partial u}{\partial y} = -g\frac{\partial H}{\partial x} + fv + \frac{\partial}{\partial x}\left(v_t\frac{\partial u}{\partial x}\right) + \frac{\partial}{\partial y}\left(v_t\frac{\partial u}{\partial y}\right) - \frac{n^2 gu\sqrt{u^2+v^2}}{h^{4/3}} \cdot \tag{2}$$

$$\frac{\partial v}{\partial t} + u\frac{\partial v}{\partial x} + v\frac{\partial v}{\partial y} = -g\frac{\partial H}{\partial x} - fu + \frac{\partial}{\partial x}\left(v_t\frac{\partial v}{\partial x}\right) + \frac{\partial}{\partial y}\left(v_t\frac{\partial v}{\partial y}\right) - \frac{n^2 gv\sqrt{u^2+v^2}}{h^{4/3}} \tag{3}$$

式中:u、v 分别为 x、y 方向的流速;H 为水位;h 为水深;f 为柯氏力系数;g 为重力加速度;v_t 为紊动黏性系数;n 为曼宁糙率系数。

模拟采用正交曲线网格,工程区域局部区域加密,网格边长 12～150 m,采用渐变网格,对工程附近区域进行网格加密。采用干湿判断法实现动边界技术。计算所采用的河道糙率由实测水文资料率定计算确定。模型计算采用的时间步长根据 Courant-Friedrichs-Lewy(CFL)条件进行选取。

数学模型在 2019 年实测地形的基础上,根据 2019 年 2 月 22—23 日枯水大潮、2018 年 7 月 30—31 日中水大潮实测资料,进行潮流运动验证。模型上边界采用大通流量,下边界采用江阴站的潮位过程。各潮位站潮位过程、流速流向与实测基本吻合,验证结果见南京水利科学研究院科研项目研究报告[5]。

3 潮流特征

3.1 潮流条件

在分析计算工程对附近流速影响时,在内港池工程附近布置 26 个测点(图 2),以对比分析工程前后的潮流变化,计算分析考虑中水大潮、枯水大潮两种水流条件。

根据 2018 年 7 月 30—31 日中水大潮的实测资料,上游采用大通流量 44 500 m³/s,下边界取江阴大潮潮位。中水大潮情况下,选取一个落潮过程进行七圩闸排水(22 m³/s),一个涨潮过程进行七圩闸取水(22 m³/s)。

根据 2019 年 2 月 22—23 日枯水大潮实测资料,上游采用大通流量 19 800 m³/s,下边界取江阴大潮潮位。枯水大潮情况下,选取一个落潮过程进行七圩闸排水(22 m³/s),一个涨潮过程进行七圩闸取水(22 m³/s)。

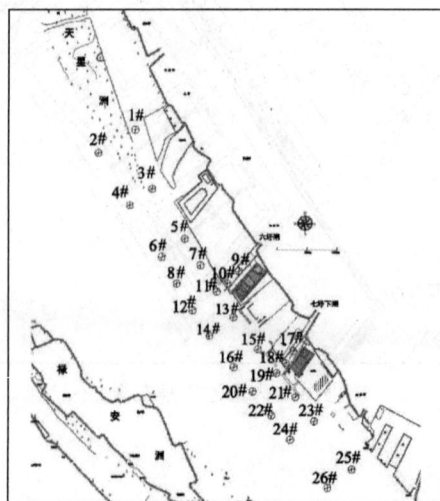

图 2 测点布置

3.2 中水大潮

3.2.1 潮位

中水大潮水流条件下,工程上下游测点平均潮位、高高潮、低低潮潮位变化见表1。由表可见,七圩内港池建成后,工程对河道河槽内的潮位基本没有影响。

表1　工程前后潮位变化　　　　　　　　　　　　　　　　　　　　　　　　　　　　单位:m

测点	平均潮位			高高潮位			低低潮位		
	工程前	工程后	差值	工程前	工程后	差值	工程前	工程后	差值
1#	2.51	2.51	0.00	3.53	3.53	0.00	1.51	1.51	0.00
3#	2.48	2.48	0.00	3.53	3.53	0.00	1.50	1.50	0.00
5#	2.47	2.47	0.00	3.52	3.52	0.00	1.49	1.49	0.00
7#	2.46	2.46	0.00	3.52	3.52	0.00	1.49	1.49	0.00
11#	2.46	2.46	0.00	3.51	3.52	0.00	1.49	1.49	0.00
13#	2.45	2.45	0.00	3.51	3.51	0.00	1.49	1.49	0.00
15#	2.44	2.44	0.00	3.51	3.51	0.00	1.48	1.48	0.00
19#	2.42	2.42	0.00	3.50	3.50	0.00	1.48	1.48	0.00
21#	2.42	2.42	0.00	3.50	3.50	0.00	1.48	1.48	0.00
23#	2.41	2.41	0.00	3.49	3.49	0.00	1.47	1.47	0.00
25#	2.40	2.40	0.00	3.49	3.49	0.00	1.47	1.47	0.00

3.2.2 流速

工程建成后,流速变化区域主要在港池内、堆场以及港池出口附近局部水域。由工程前后各测点平均流速、落急流速、涨急流速变化(表2)可见,工程建成后,七圩港港池内流速增大 0.04 m/s 以内,出口附近流速变化约 0.01 m/s,工程上下游其他测点除六圩港池附近流速变化在 0.02 m/s 以外,基本没有变化。

表2　工程前后流速变化　　　　　　　　　　　　　　　　　　　　　　　　　　　单位:m/s

测点	平均流速			落急流速			涨急流速		
	工程前	工程后	差值	工程前	工程后	差值	工程前	工程后	差值
12#	0.88	0.88	0.00	1.31	1.31	0.00	−0.19	−0.19	0.00
13#	0.71	0.71	0.00	1.12	1.12	0.00	−0.27	−0.27	0.00
14#	0.88	0.88	0.00	1.31	1.31	0.00	−0.15	−0.15	0.00
15#	0.76	0.76	0.00	1.18	1.18	0.00	−0.32	−0.32	0.00
16#	0.91	0.90	0.00	1.35	1.35	0.00	−0.18	−0.18	0.00
17#	—	—	—	—	—	—	—	—	—
18#	0.05	0.07	0.03	0.08	0.12	0.04	−0.04	−0.07	−0.04
19#	0.85	0.85	0.00	1.35	1.34	−0.01	−0.39	−0.39	0.00
20#	0.94	0.93	−0.01	1.41	1.40	0.00	−0.23	−0.23	0.00
21#	0.76	0.77	0.00	1.21	1.21	0.00	−0.35	−0.35	0.00
22#	0.97	0.98	0.01	1.44	1.44	0.00	−0.28	−0.28	0.00
23#	0.77	0.77	0.00	1.23	1.23	0.00	−0.37	−0.37	0.00
24#	0.86	0.86	0.00	1.31	1.31	0.00	−0.25	−0.25	0.00
25#	0.79	0.79	0.00	1.27	1.27	0.00	−0.35	−0.35	0.00
26#	1.01	1.01	0.00	1.55	1.55	0.00	−0.20	−0.20	0.00

3.2.3 流场

中水大潮水流条件下,落急时,工程前后港池附近的流场见图3,港池内回流见图4。由图可见,在港池内形成逆时针回流。工程建成后,内港池附近流速分布变化主要在港池内以及口门附近,工程上下游流速分布变化较小。工程建成前,七圩港池内回流范围较小,尺度约 90 m×70 m,回流流速约 0.10 m/s。工程建成后,在七圩港池内形成一个尺度约 240 m×180 m 的回流,回流流速最大约 0.20 m/s。工程建成后,港池口门附近水域在近口门区域流向向港池偏移。

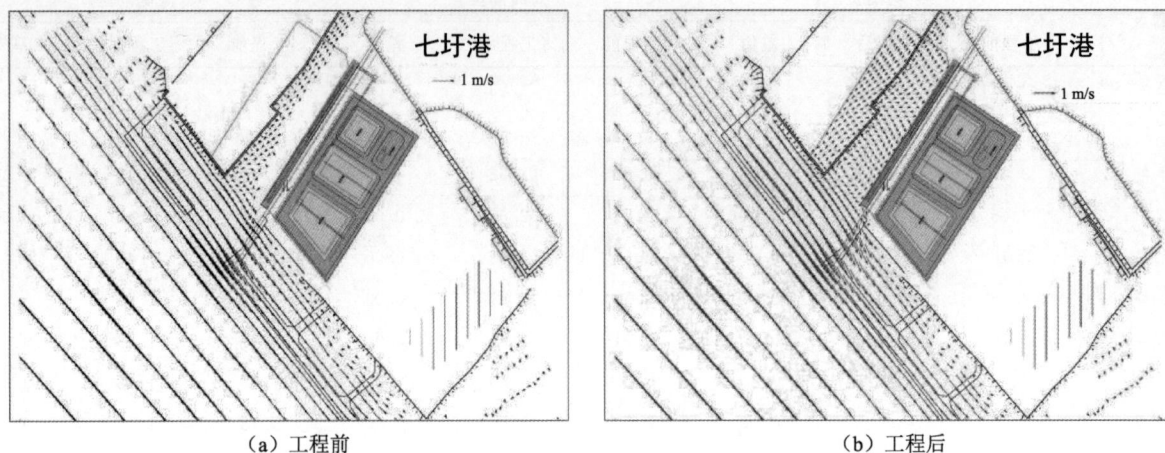

（a）工程前　　　　　　　　　　（b）工程后

图 3　工程前后流速分布(落急)

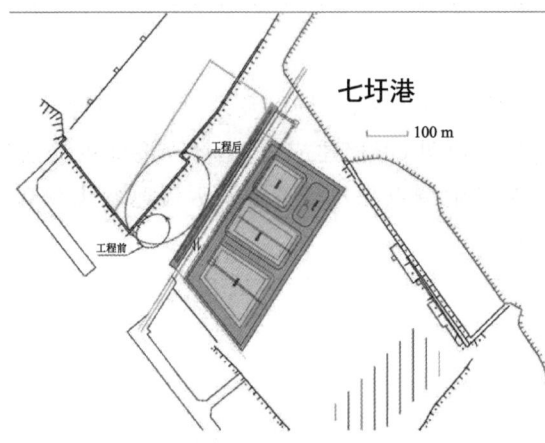

图 4　工程前后回流范围示意

3.3 枯水大潮

3.3.1 潮位

枯水大潮的水流条件下,工程上下游测点潮位变化见表3。由表可见,七圩内港池建成后,工程对河道河槽内的潮位基本没有影响。

表 3　工程前后潮位变化　　　　　　　　　　　　　　　　单位:m

测点	平均潮位			高高潮位			低低潮位		
	工程前	工程后	差值	工程前	工程后	差值	工程前	工程后	差值
1#	1.54	1.54	0.00	2.54	2.54	0.00	0.42	0.42	0.00
3#	1.52	1.52	0.00	2.54	2.54	0.00	0.41	0.41	0.00
5#	1.51	1.51	0.00	2.53	2.53	0.00	0.41	0.41	0.00
7#	1.51	1.51	0.00	2.52	2.52	0.00	0.41	0.41	0.00
11#	1.51	1.51	0.00	2.52	2.52	0.00	0.40	0.40	0.00

续表

测点	平均潮位			高高潮位			低低潮位		
	工程前	工程后	差值	工程前	工程后	差值	工程前	工程后	差值
13#	1.51	1.51	0.00	2.51	2.51	0.00	0.39	0.39	0.00
15#	1.50	1.50	0.00	2.51	2.51	0.00	0.38	0.38	0.00
19#	1.48	1.48	0.00	2.50	2.50	0.00	0.37	0.37	0.00
21#	1.49	1.49	0.00	2.50	2.50	0.00	0.37	0.37	0.00
23#	1.48	1.48	0.00	2.49	2.49	0.00	0.36	0.36	0.00
25#	1.48	1.48	0.00	2.48	2.48	0.00	0.35	0.35	0.00

3.3.2 流速

工程建成后,流速变化区域主要在港池内、堆场以及港池出口附近局部水域。由工程前后各测点平均流速、落急流速、涨急流速变化(表4)可见,工程建成后,七圩港港池内流速增大 0.05 m/s 以内,出口附近流速变化约 0.01 m/s,工程上下游其他测点除六圩港池附近流速变化在 0.04 m/s 以外,基本没有变化。

表4 工程前后流速变化

单位:m/s

测点	平均流速			落急流速			涨急流速		
	工程前	工程后	差值	工程前	工程后	差值	工程前	工程后	差值
12#	0.49	0.49	0.00	1.11	1.11	0.00	−0.43	−0.43	0.00
13#	0.40	0.40	0.00	0.97	0.97	0.00	−0.47	−0.47	0.00
14#	0.48	0.47	−0.01	1.11	1.11	0.00	−0.44	−0.44	0.00
15#	0.42	0.42	0.00	1.01	1.01	0.00	−0.49	−0.49	0.00
16#	0.48	0.48	0.00	1.13	1.13	0.00	−0.46	−0.46	0.00
17#	—	—	—	—	—	—	—	—	—
18#	0.02	0.05	0.03	0.05	0.10	0.05	−0.03	−0.06	−0.03
19#	0.47	0.46	0.00	1.14	1.13	−0.01	−0.57	−0.57	0.00
20#	0.50	0.50	0.00	1.18	1.18	0.00	−0.46	−0.46	0.00
21#	0.41	0.41	0.00	1.02	1.02	0.00	−0.51	−0.52	0.00
22#	0.50	0.50	0.00	1.21	1.21	0.00	−0.48	−0.48	0.00
23#	0.41	0.41	0.00	1.04	1.04	0.00	−0.54	−0.54	0.00
24#	0.46	0.46	0.00	1.10	1.10	0.00	−0.44	−0.44	0.00
25#	0.42	0.42	0.00	1.08	1.08	0.00	−0.56	−0.56	0.00
26#	0.57	0.57	0.00	1.30	1.30	0.00	−0.44	−0.44	0.00

3.3.3 流场

工程前后,落急时港池附近的流场见图5,港池内回流见图6。工程建成后,内港池附近流速分布变化主要在港池内以及口门附近,工程上下游流速分布变化较小。工程建成前,长江落急时,在七圩港池内回流范围约 80 m×60 m,回流流速约 0.05 m/s。工程建成后,长江落急时,在七圩港池内形成一个尺度约 200 m×130 m 的回流,回流流速约 0.10 m/s。工程建成后,港池附近水域在近口门区域流向向港池偏移。

工程前后,涨急时港池附近的流场见图7,港池内回流见图8。工程建成后,内港池附近流速分布变化主要在港池内以及口门附近,工程上下游流速分布变化较小。工程建成前,长江涨急时,七圩港池内回流范围约 80 m×50 m,回流流速约 0.03 m/s。工程建成后,长江涨急时,在七圩港池内形成一个尺度约 220 m×140 m 的回流,回流流速约 0.06 m/s。工程建成后,港池附近水域在近口门区域流向向港池偏移。

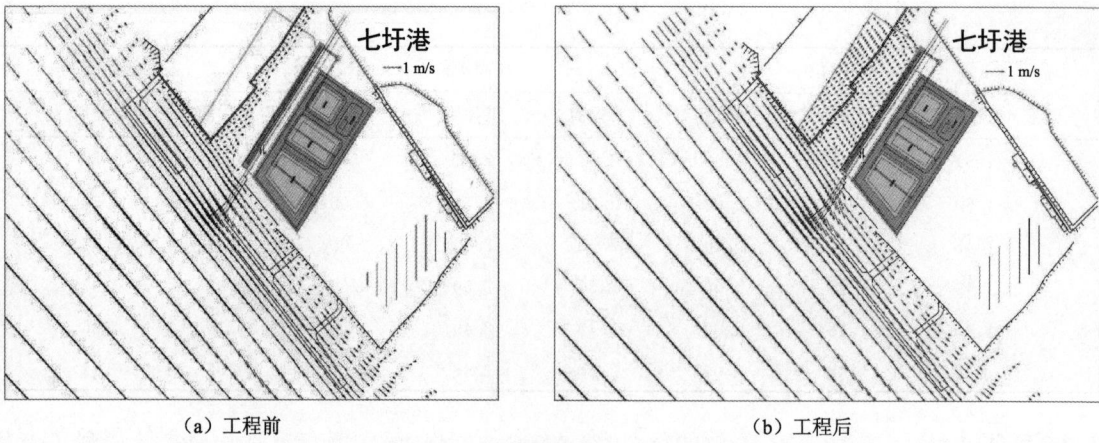
（a）工程前　　　　　　　　　　　（b）工程后

图 5　工程前后流速分布(落急)

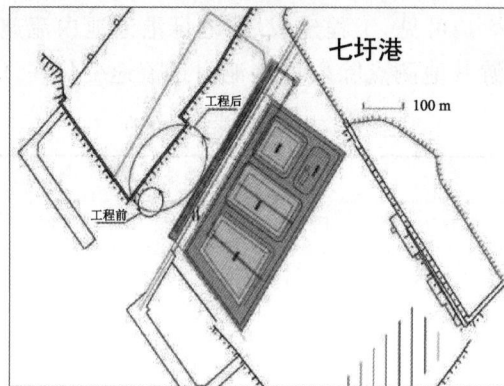
图 6　工程前后回流范围示意(落急)

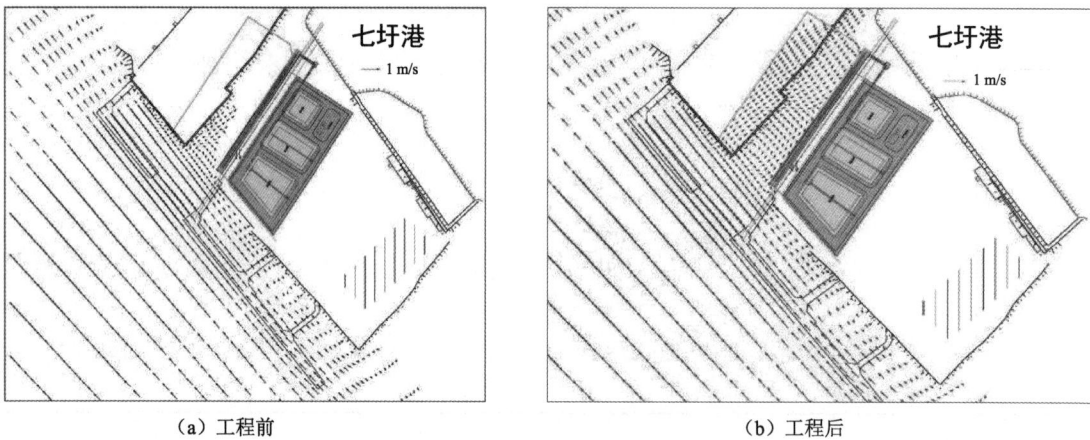
（a）工程前　　　　　　　　　　　（b）工程后

图 7　工程前后流速分布(涨急)

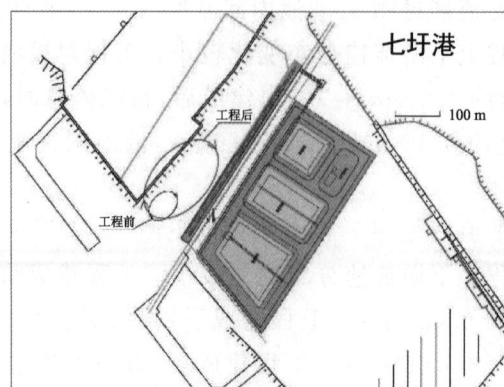
图 8　工程前后回流范围示意(涨急)

4 结　语

中水大潮水流条件下,内港池工程建成后,各测点潮位基本没有变化。七圩港港池内流速增加约 0.04 m/s,工程上下游其他测点流速变化较小。主槽流速基本顺直分布,港池出口附近码头前沿流速在 1.2 m/s左右。与工程前相比,港池内回流范围增大,回流流速在 0.2 m/s以内。

枯水大潮的水流条件下,工程建成后,各测点潮位基本没有变化。七圩港港池内流速增大 0.05 m/s 以内,工程上下游其他测点流速变化较小。港池出口附近码头前沿流速落急时约 1.0 m/s,涨急时约 0.5 m/s。工程建成后,港池内形成的回流范围有所增大,落急时回流流速约 0.10 m/s,涨急时回流流速 约 0.06 m/s。

🔖 参考文献

[1] 林健,窦国仁,马麟卿. 潮汐河口挖入式港池淤积研究[J]. 水利水运科学研究,1996(2):95-102.

[2] 吴道文,李伟,徐华. 大型挖入式港池回淤研究[C]//第十六届中国海洋(岸)工程学术讨论会论文集. 北京:海洋出版社,2013:898-904.

[3] 郭德俊,王悦,王炎良. 南京港七坝长城码头港池开挖泥沙数学模型研究[J]. 水利水电快报,2017,38(6):64-67.

[4] 王晓俊,闻云呈,徐华. 长青沙新闸引河港池回淤研究[C]// 第十六届中国海洋(岸)工程学术讨论会论文集. 北京:海洋出版社,2013:1215-1220.

[5] 姬昌辉,谢瑞,王永平. 泰州港泰兴港区七圩港内港池工程潮流泥沙数学模型研究报告[R]. 南京:南京水利科学研究院研究报告,2023.

长江口航道疏浚土中长期利用探讨

刘　杰[1,2]，程海峰[1,2]，韩　露[1,2]

(1. 上海河口海岸科学研究中心，上海　201201；2. 河口海岸交通运输行业重点实验室，上海　201201)

摘要：长江口航道积极推进疏浚土综合利用，2020 年以前的 10 多年间累计将约 2.5 亿 m^3 航道疏浚土用于河口滩涂整治，开创了我国大规模利用航道疏浚土的先河。"十四五"以后，长江口航道疏浚土年产量仍能维持在 6 200 万 m^3 以上。未来，应将修复和营造滩涂湿地作为长江口航道疏浚土中长期利用的主要方向。

关键词：长江口；航道；疏浚土；中长期；综合利用

我国是疏浚土产量大国，一度受疏浚土为"弃土"观念的影响和政策法规等因素的制约，疏浚土利用率总体较低[1]。近年来，随着生态文明建设暨蓝天、碧水、净土三大保卫战实施，疏浚土是清洁无污染的宝贵资源已形成共识，逐渐用于滩涂整治、湿地营造和工程建设，并形成疏浚土综合利用的经验模式[2-3]。

长江口疏浚土产量大。疏浚土资源化、生态化利用是贯彻"生态优先、绿色发展"理念的重要实践，也是响应长江大保护战略要求和推动长江航运高质量发展的重要举措。随着长江流域来沙减少，长江口河床及水下三角洲长期面临冲刷的新形势，利用航道疏浚土开展河口滩涂湿地的中长期保育、修复尤为迫切[3-4]。

本研究总结长江口疏浚土利用现状和形势，结合航道发展规划，预测了航道疏浚土的产量，提出中长期利用方向和建议，为长江河口大保护等提供技术参考。

1 现状与形势

1.1 航道现状

长江口水道众多，航道资源丰富(图 1)，现有航道主要包括长江口主航道(南支—南港—北槽)、南槽航道、北港水道、北支水道，以及白茆沙北航道、宝山南航道、外高桥沿岸航道、宝山支航道、新桥水道、长兴水道、横沙通道等可通航水域。

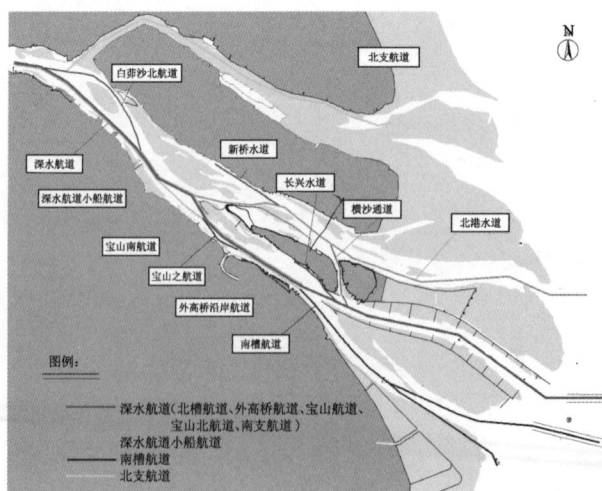

图 1　长江口航道示意

基金项目：国家自然科学基金项目(U2040204)；上海市科技计划项目(21DZ1201002)；国家重点研发计划课题(2023YFC3208502)

作者简介：刘杰。E-mail：ecsrc@163.com

目前,长江口主航道南港-北槽段(12.5 m 深水航道)和南槽航道需进行人工维护。主航道南港-北槽段(12.5 m 深水航道)年疏浚量约 5 500 万 m³,南槽 6 m 航道年疏浚量约 400 万 m³。

1.2 航道疏浚土利用情况

长江口航道疏浚土主要用于滩涂整治,少量进行了筑堤利用。2009—2020 年,累计约 4.37 亿 m³疏浚土抛至吹泥站而被用于横沙东滩滩涂整治[3],吹泥上滩量达 2.36 亿 m³,营造横沙湿地 15.83 万亩(约 106 km²)。该区域现已规划为上海现代农业产业园(横沙新洲),预计到 2035 年全面建成,成为上海优质绿色副食品核心供应基地。此外,还有约 480 万 m³疏浚土用于浦东机场外侧滩涂圈围整治,211 m³疏浚土用于长兴潜堤后方滩涂圈围整治。

1.3 疏浚土利用政策形势

近年来,习近平总书记提出的"共抓大保护、不搞大开发"和"生态优先、绿色发展"的长江经济带发展理念深入人心;《交通运输部关于推进长江航运高质量发展的意见》要求"加强资源集约利用和生态保护""加强航道资源保护,提高航道疏浚土综合利用比例,推进绿色航道建设";《交通强国建设纲要》提出"促进资源节约集约利用""提高资源再利用和循环利用水平,推进交通资源循环利用产业发展""强化交通生态环境保护修复"的绿色发展要求;《中华人民共和国长江保护法》明确"长江流域地方各级人民政府应当落实本行政区域的生态环境保护和修复、促进资源合理高效利用"。长江口航道疏浚土资源化、生态化利用符合国家政策方向,是推进国家生态文明建设的重要举措。

1.4 长江口演变总体趋势

历史上长江口总体呈向外淤涨的演变趋势。20 世纪 50 年代以来,长江径流量无明显趋势性变化,但受流域闸坝工程建设影响,20 世纪 80 年代中期以来来沙量明显减小。长江流域来沙减少产生的"清"水下泄,已导致河口含沙量下降。受此影响,近 20 年长江口南支以下河段发生了由净淤积向净冲刷的转换,同时口外海滨段亦呈总体冲刷态势[5-6]。据统计,1998—2022 年,长江口南支以下河段(徐六泾—口外 20 m 等深线)净冲刷量达 38.3 亿 m³,北支河段(崇明岛头部—口外 20 m 等深线)净淤积量约 14.2 亿 m³,河口总体净冲刷 24.1 亿 m³。

滩涂是长江口盐沼湿地生态系统的重要基底。水下地形测量统计表明,2010 年以来长江口滩涂总体呈冲刷态势(图 2),其中与长江口航道相邻的横沙浅滩、九段沙及南汇东滩,以 5 m 以浅统计的滩涂湿地面积均有较为明显下降,河口滩涂湿地资源亟须保护和修复。

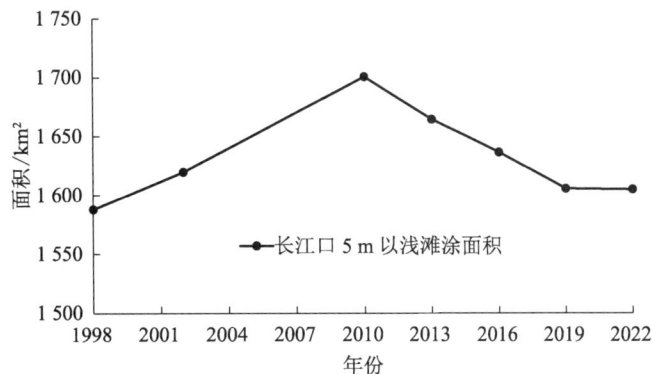

图 2　长江口 5 m 以浅滩涂湿地(不含北支水域)面积变化

2　疏浚土产量预估

2.1 航道规划

《长江口航道发展规划》明确长江口航道"一主(主航道)""两辅(南槽航道和北港航道)""一支(北支航道)"的航道体系(图 1),各主要航段规划建设标准见表 1。目前,长江口主航道已建设 12.5 m 水深航道,实现规划目标;南槽航道 2018 年至 2021 年建成一期工程,实现航道水深 6 m。依据航道发展规划,"十四五"期,启动南槽航道治理二期工程,建设 8 m 水深航道。"十五五"及后续,着手北港航道治理开发。

表 1 《长江口航道发展规划》中主要航段规划建设标准

航 段	通航标准	航道尺度(水深×航宽)	完成时间
主航道	5 万吨级集装箱船全潮、5 万吨级散货船满载乘潮双向通航,兼顾 10 万吨级集装箱船和 10 万吨级散货船及 20 万吨级散货船减载乘潮通航。	12.5 m×(350~400) m	2010 年
北港航道	3 万吨级集装箱船全潮、3 万吨级散货船及 5 万吨级船舶乘潮通航。	10 m×300 m	规划期内
南槽航道	万吨级船舶乘潮通航。	8 m×(350~400) m	规划期内
北支航道	近期利用自然水深,未来根据河势演变情况和经济发展需要,进一步研究其发展目标。		

2.2 疏浚土产量

随着长江流域来沙的减少,长江口主航道南港—北槽段(12.5 m 深水航道)航道回淤条件趋于改善,疏浚量将稳中趋减,中长期年疏浚土产量在 5 000 万 m³ 左右。

根据南槽航道治理二期工程可行性研究,南槽规划 8 m 航道基建疏浚土约 2 500 万 m³;南槽航道治理二期工程建成以后,8 m 航道维护年疏浚土产量在 1 200 万 m³ 左右。未来,规划中的北港航道治理工程实施后,预计维护北港 10 m 航道,每年还将有千万立方米疏浚土。

综上可知,中长期长江口航道疏浚土产量十分丰富,"十四五"以后年疏浚土产量维持在 6 200 万 m³ 以上。

3 利用方向及重点

3.1 滩涂湿地修复

滩涂是长江口重要的生态湿地资源和储备土地资源,为上海乃至长江三角洲的社会经济可持续发展提供了重要战略支撑。修复和营造滩涂湿地应为长江口航道疏浚土中长期利用的主要方向。

3.1.1 横沙浅滩固沙保滩

横沙浅滩为横沙东滩促淤圈围工程东侧的水下滩涂区,5 m 以浅滩涂面积约 300 km²。横沙浅滩滩面基本在 0 m 以下,植被难以生长。近年来,长江下泄泥沙显著减少,横沙浅滩更是出现窜沟发育、滩面冲刷的情形,对周边河势稳定和生态品质构成威胁。针对上述问题,上海市正着手研究横沙浅滩固沙保滩稳定河势工程,"十四五"拟实施横沙浅滩固沙保滩稳定河势(横沙大道外延)工程先行段工程(图 3)。

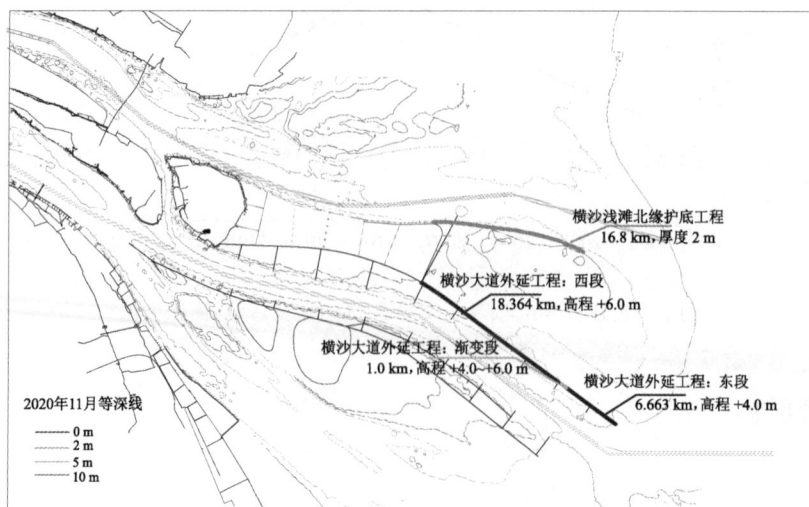

图 3 横沙浅滩固沙保滩稳定河势工程平面布置方案

根据 2022 年水下地形测算,横沙浅滩约 300 km² 区域,滩涂湿地营造至 0 m 高程,所需疏浚土约 11 亿 m³;至 +3 m 高程,所需疏浚土约 20 亿 m³。按疏浚土年产量 6 200 万 m³,吹泥上滩量 50% 计算,分别需要 9 年和 16 年。

3.1.2 九段沙湿地修复

九段沙湿地位于长江口第三级分汊河道南、北槽之间,2005 年国务院批准设立了上海九段沙湿地国家级自然保护区。九段沙湿地是典型的江心沙洲滩地,自然保护区包括江亚南沙和九段沙及相关水域。近期九段沙湿地南沿总体呈冲刷侵蚀态势。2021 年实施的南槽航道治理一期工程江亚南沙护滩堤(2020 年 6 月交工),遏制了江亚南沙头部窜沟及南沿的冲刷态势,但九段沙南沿及沙尾区域仍处于侵蚀状态[7]。九段沙南沿紧邻南槽航道,"十四五"期及后续,可结合南槽航道治理二期工程及 8 m 航道维护,将航道疏浚土资源人工补充至九段沙浅滩,促进滩涂湿地修复。

3.2 滩涂资源储备

南汇东滩 N1 库区(图 1)2018 年完成围堤工程,该区域主要用于上海城市渣土消纳。N1 库区下游促淤区尚处于开敞环境,风浪作用明显,促淤区内的滩面平均高程仅在 +1 m 左右且已基本处于自然平衡状态。若按湿地营造 +3.0 m 标高估算,南汇东滩促淤区尚需沙土约 4.5 亿 m³[8]。因此,"十四五"期及后期,可以将邻近的南槽航道疏浚土吹填至南汇东滩促淤区,把航道疏浚土作为宝贵资源予以储备。

3.3 工程充填筑堤

长江口涉水工程岸堤的建设和维护需要优质沙源。长江口部分区段航道疏浚土可满足工程筑堤利用要求[9]。未来,航道疏浚土部分可用于长江口周边涉水工程的袋装沙充填筑堤等。

4 结 语

在分析总结长江口疏浚土利用的现状与形势、河口演变总体趋势的基础上,结合航道治理开发规划,预测了长江口航道疏浚土的产量,提出了中长期利用方向和建议。

(1)长江口航道积极推进疏浚土综合利用,2009—2020 年间,先后累计将约 2.5 亿 m³ 航道疏浚土用于横沙东滩、浦东机场外侧滩和长兴潜堤后方区域的滩涂整治,营造了 100 多平方千米的横沙新洲,开创了我国大规模利用航道疏浚土的先河。

(2)长江口航道疏浚土资源充足,中长期产量丰富。"十四五"及以后年疏浚土产量仍能维持在 6 200 万 m³ 以上。

(3)长江口航道疏浚土中长期利用大有可为。基于长江口总体冲刷的新形势,有关各方应协调行动,共抓长江口大保护,将修复和营造滩涂湿地作为长江口航道疏浚土中长期利用的主要方向。除此之外,积极开展滩涂资源储备和疏浚土工程筑堤等利用,为上海经济社会可持续发展提供战略资源。

参考文献

[1] 吴华林,赵德招,程海峰. 我国疏浚土综合利用存在问题及对策研究[J]. 水利水运工程学报,2013(1):8-14.
[2] 何国华,张玉龙,刘文彬,等. 长江镇江段疏浚土综合利用经验模式及问题对策[J]. 中国水运,2023(4):49-51.
[3] 李波,付桂,高梁. 长江口航道疏浚土利用方式与发展方向[J]. 水运工程,2022(11):178-183.
[4] 付桂,刘栋. 长江口南槽航道疏浚土利用方向及筑堤工艺评价[J]. 中国水运,2022(增刊 1):127-133.
[5] 刘杰,程海峰,韩露,等. 流域减沙对长江口典型河槽及邻近海域演变的影响[J]. 水科学进展,2017,28(2):249-256.
[6] 刘杰,程海峰,韩露,等. 流域水沙变化和人类活动对长江口河槽演变的影响[J]. 水利水运工程学报,2021(2):1-9.
[7] 程海峰,辛沛,刘杰,等. 1959—2018 年九段沙地貌演化特征及动力机制[J]. 水科学进展,2020,31(4):491-501.
[8] 王恒宾,唐臣,楼飞,等. 2020 年后长江口深水航道疏浚土处置方案研究[J]. 中国港湾建设,2017,37(10):22-26.
[9] 程海峰,刘杰,陈复奎,等. 长江口航道疏浚土"十四五"综合利用研究[J]. 长江流域资源与环境,2023,32(2):331-338.

池州长江公铁大桥 3♯墩施工期局部冲刷试验研究

于海涛[1,2]，高祥宇[1,2]，高正荣[1,2]，杨程生[1,2]

(1. 南京水利科学研究院，江苏 南京 210029；2. 港口航道泥沙工程交通行业重点实验室，江苏 南京 210024)

摘要：池州长江公铁大桥 3♯墩基础尺度大，在施工期围堰下沉过程和下沉到位后会产生不同程度的局部冲刷，对桥墩基础的施工和安全造成影响。通过正态宽水槽试验对主桥 3♯墩施工期局部冲刷及防护措施进行了研究，分析了围堰下沉过程中、围堰下沉到位后以及施工平台桩基在不同水文条件下局部最大冲刷深度和局部冲刷坑形态的变化规律，并提出了相关防护措施。研究结果表明，在围堰下沉过程中，随着下沉高度的不断加大，局部最大冲刷深度将不断增大；在围堰下沉到位以后，冲刷坑主要集中在围堰迎水面的两侧，局部冲刷最深点位置发生在围堰迎水面拐角处。局部冲刷深度和范围会随着墩前行近流速的增大而增大，局部冲刷的基本形态不会发生明显变化。

关键词：池州长江公铁大桥；3♯墩；施工期；局部冲刷

池州长江公铁大桥位于长江大通河段，进口为贵池河段，左岸为枞阳县，右岸接池州市贵池区。主桥 3♯墩基础位于主深槽，体积大，墩位处河床土层表层为松散～中密密状粉砂，抗冲能力差，加上墩基和施工期围堰作用影响，容易发生床面冲刷，尤其遭遇大洪水时，墩基附近会产生明显的局部冲深，对桥墩的施工过程和稳定性造成严重影响。桥墩基础施工期的稳定着床与安全度汛成为整个工程建设的关键。因此，进行桥墩基础施工期局部冲刷与稳定性研究十分必要。

在桥墩围堰施工的不同阶段，由于桩基和围堰对水流的扰动和挤压作用，局部水流结构会发生变化，围堰周围河床会发生冲刷，形成局部冲刷坑[1-4]。在施工的不同阶段，水流条件不同，冲刷坑形态、范围和局部最大冲刷深度也不同[5-7]。本文通过正态宽水槽试验对池州长江公铁大桥 3♯墩施工期局部冲刷及防护措施进行了研究，为相关部门制订施工方案提供必要的技术支撑。

1 试验概况

1.1 3#墩基础及施工平台概述

主桥 3♯墩设置 77 根 Φ2.8 m 桩基，设计为摩擦桩基础，设计桩长 115 m。承台为矩形，平面外轮廓尺寸为 75.6 m×47.6 m，厚 7.0 m，承台顶标高为 −15.5 m。施工平台设置 110 根 Φ1.2 m 桩基，平台外轮廓尺寸为 124.5 m×78.0 m。主墩施工期采用钢围堰作为挡水结构，围堰底标高为 −29.0 m，围堰顶标高为 +15.0 m，迎水面宽 52.3 m，顺水面长 80.3 m(图 1)。

1.2 水文条件及地质概况

工程河段水文泥沙特性主要受长江径流控制，基本上为单向下泄流，长江径流是本河段造床的主要动力因素。汛期径流流量较大，河段内基本上不出现涨潮流，只有落潮流，即呈单向流。枯水期垂线平均最大流速低于 1.0 m/s，20 年一遇桥位断面垂线平均最大流速约为 2.5 m/s。由于大桥建设历时较长，水文条件需包括枯季、中水和洪季，尤其要考虑度汛和施工期特大洪水，因此按不同工况要求局部冲刷试验流速分别采用 1.0、1.5、2.0 和 2.5 m/s，水位采用 20 年一遇洪水位 14.75 m。

基金项目：南京水利科学研究院中央级公益性科研院所基本科研业务费专项资金项目（Y223008）
通信作者：高祥宇。E-mail：htyu@nhri.cn

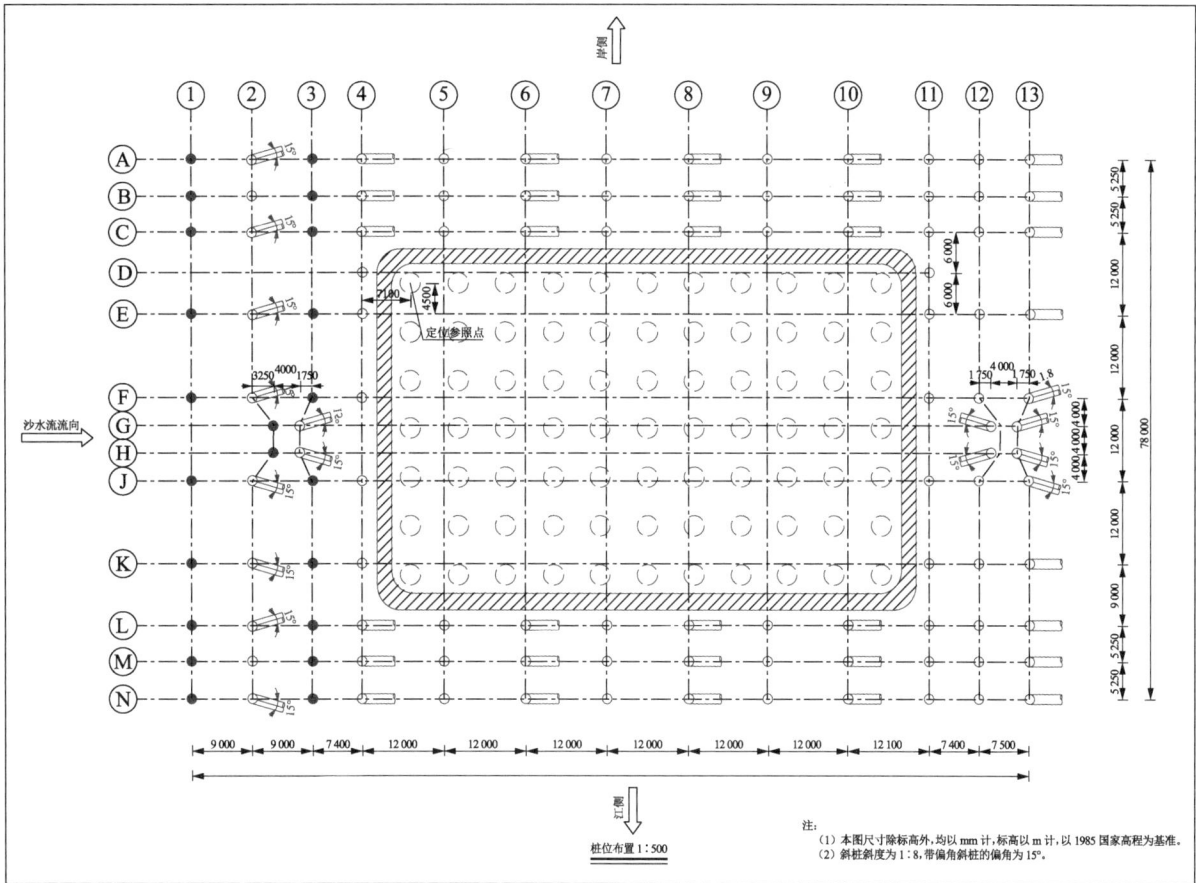

图 1　3♯墩施工平台桩位平面布置

主桥 3♯墩为靠近枞阳岸一侧的主塔墩台,离枞阳大堤约 790 m。墩位处覆盖层为第四系全新统冲洪积层(Q4al+pl),表层为松散～中密密状粉砂,层厚 5.0 ～11.5 m;中部为密～实状细圆砾土,粒径以 1～5 cm 为主,个别砾石直径在 10 cm 以上,层厚 2.2～7.0 m。

1.3　模型试验

冲刷试验在宽水槽中进行。根据池州长江公铁大桥的水流动力条件,水槽设计成单向流水槽,上游采用矩形薄壁量水堰调控流量,下游用横向推拉式尾门微调水位(图 2)。桥墩基础迎水面一定距离(以不受墩基阻水影响为前提)布设直读式流速仪监控行近流速(垂线平均流速,下同)。水槽总长 42 m,宽 5 m,水槽动床段长 6 m,宽 4.8 m,铺沙厚度为 0.6 m 左右,桥墩基础布置在试验段的中央。在模型设计时,模型比尺的确定考虑了流速、雷诺数、水深、休止角、桥墩压缩比等必须满足的基本条件,采用的模型比尺为 1∶100。

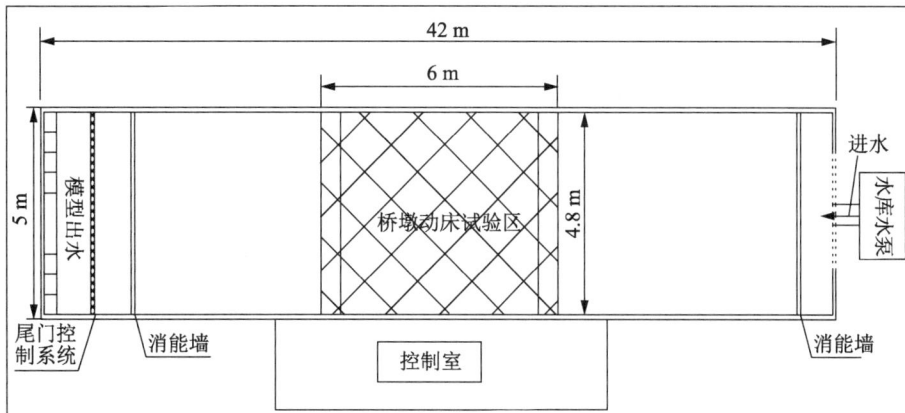

图 2　水槽模型布置示意

经比选,采用经过防腐处理的中值为粒径 0.39 mm 的木粉作为模型砂模拟表层粉砂,采用中值粒径为 0.1 mm 的天然砂模拟细圆砾土层。根据以往模拟碎粒体无黏性泥沙局部冲刷试验的结果,一般历经 2~3 h,局部冲刷坑达到冲刷基本平衡状态。本次试验显示,冲刷坑达到基本平衡状态的历时 2.5 h 左右,因此此后的试验采用该时间间隔。冲刷后床面地形采用地形界面仪和测针相结合的方法测量。

2 试验结果分析

2.1 围堰下放过程冲刷

在围堰下放过程中,第三节和第四节围堰安装、对称及斜撑安装所持续时间较长,围堰刃脚距离泥面分别为 8.2 m 和 3.6 m,围堰下放水位为 5 m。图 3 分别为在 1.5 m/s 流速下,围堰下放前和围堰底距离泥面 8.2 m、3.6 m、1.0 m 时的冲淤等值线图。图 4 是围堰下放过程中最深点断面河床纵向变化。

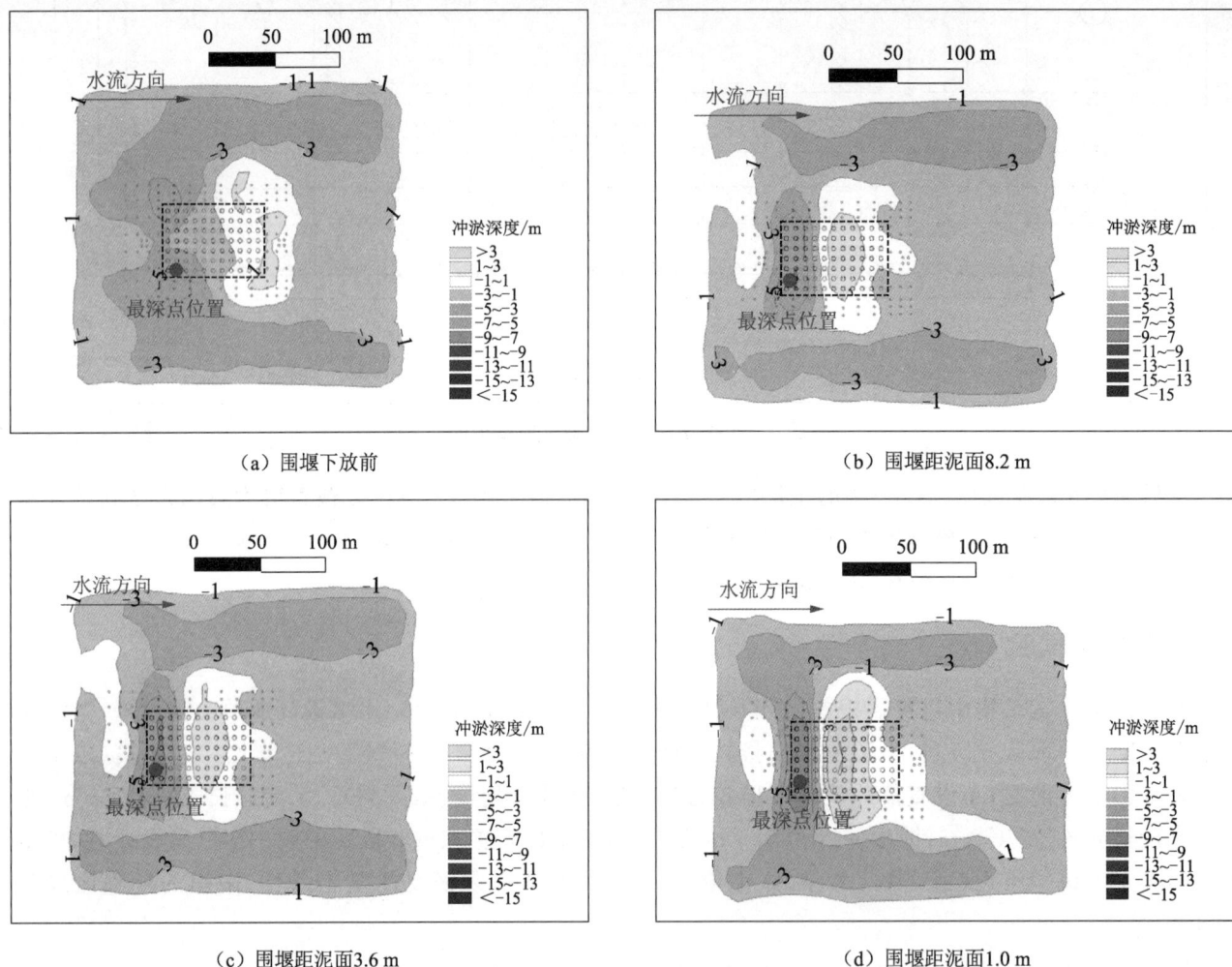

(a) 围堰下放前

(b) 围堰距泥面8.2 m

(c) 围堰距泥面3.6 m

(d) 围堰距泥面1.0 m

图 3   围堰下放过程中冲淤等值线图

由图 3 可知,围堰下放过程中局部冲刷受钢护筒和围堰作用阻水较大,两侧冲刷地形基本对称。局部冲刷最深点位置发生在围堰内部钢护筒第一排和第二排之间。由试验资料可知,在 1.5 m/s 的流速作用下,围堰下放前最大冲刷深度为 6.5 m,围堰距离泥面 8.2 m 时最大冲刷深度为 7.1 m,围堰距离泥面 3.6 m 时最大冲刷深度为 8.0 m,围堰距离泥面 1.0 m 时最大冲刷深度为 8.5 m。

在围堰下放过程中,最大冲刷深度不断增大。局部冲刷坑在下放前主要集中在前 3 排钢护筒两侧,而在下放过程中,围堰两侧的局部冲刷坑逐渐连接,形成前 3 排钢护筒之间的局部冲刷带。同时在钢护筒中部和后部形成一个淤积带,淤积厚度在 3 m 左右。

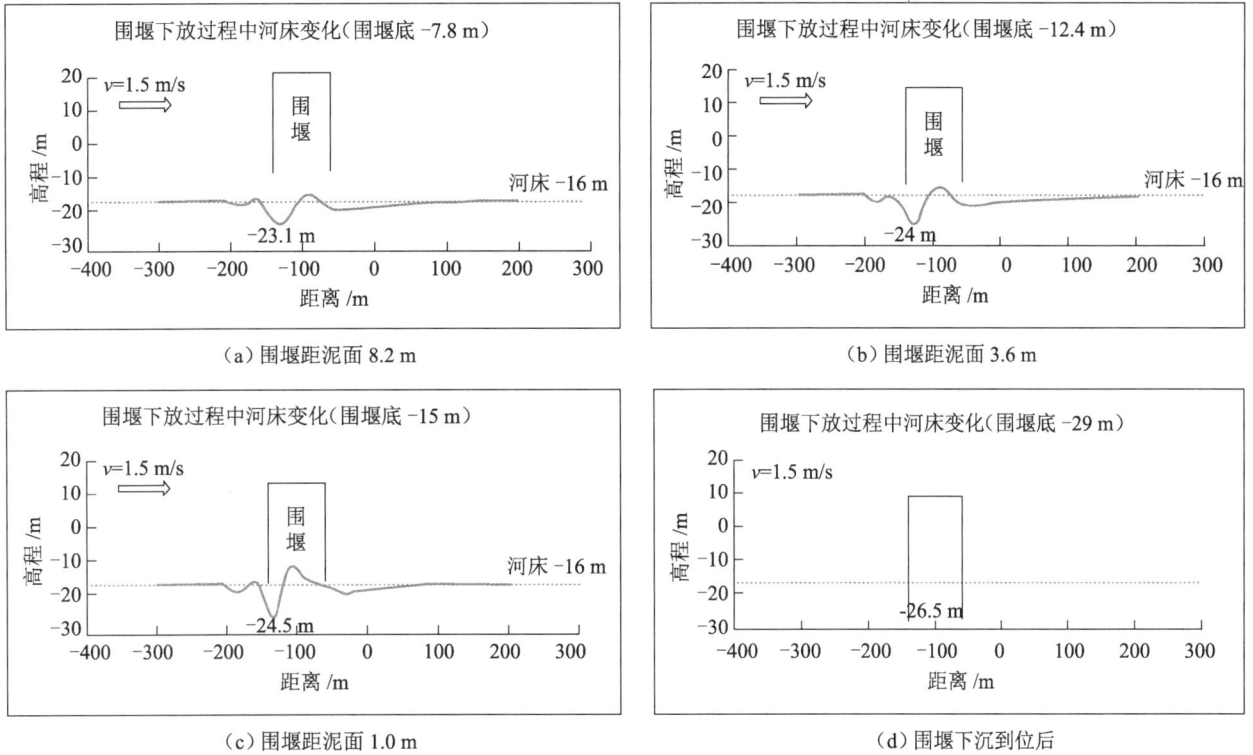

（a）围堰距泥面 8.2 m　　　　　　　　　　　（b）围堰距泥面 3.6 m

（c）围堰距泥面 1.0 m　　　　　　　　　　　（d）围堰下沉到位后

图 4　围堰下放过程中最深点断面河床纵向变化

2.2 围堰和施工平台桩基冲刷

在钢围堰下沉到位以后,局部冲刷主要受围堰作用阻水较大,冲刷坑主要集中在围堰迎水面的两侧,两侧冲刷地形基本对称。局部冲刷最深点位置发生在围堰迎水面拐角处。表 1 为钢围堰和施工平台桩基在不同工况条件下的最大冲刷深度,图 5 为钢围堰和施工平台桩基在不同工况条件下的冲淤等值线图。由试验资料可知,在桩径、围堰迎水宽度、泥沙粒径及组成等条件不变的情况下,局部冲刷深度和范围会随着墩前行近流速的增大而增大,局部冲刷坑的基本形态不会发生明显变化。

表 1　围堰和施工平台桩基不同工况条件下的最大冲刷深度

工况	水位/m	流速/(m/s)	最大冲深/m
1	14.75	1.0	8.5
2	14.75	1.5	10.8
3	14.75	2.0	12.7
4	14.75	2.5	14.1

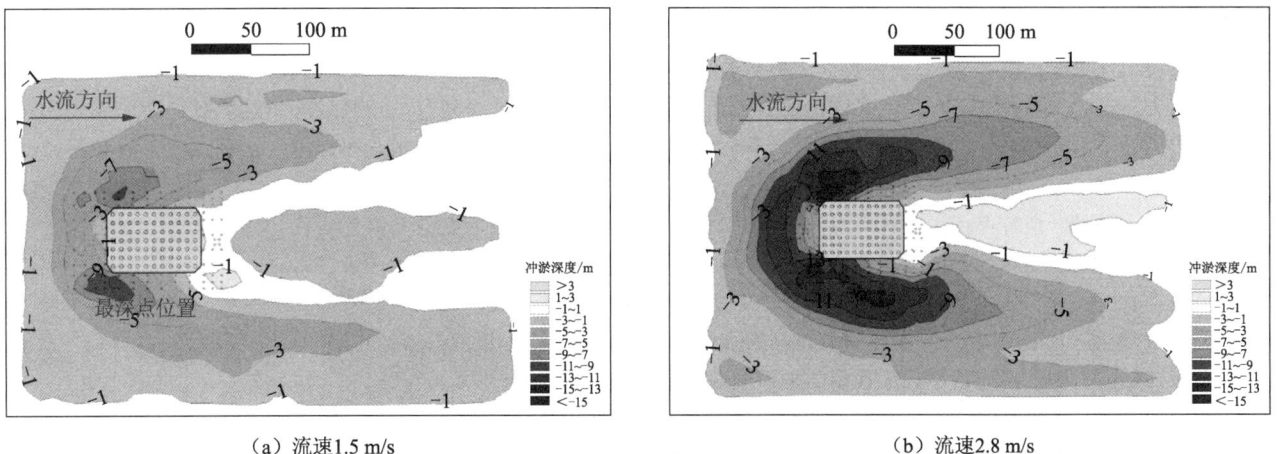

（a）流速 1.5 m/s　　　　　　　　　　　（b）流速 2.8 m/s

图 5　围堰和施工平台桩基冲淤等值线图

2.3 围堰防护

由试验资料可知,围堰周边将出现较大冲刷,应该采取合理可行的工程措施对围堰处床面进行防护,以确保3♯墩施工期的稳定和安全。根据学者们的研究成果[8-11],本次模型试验防护采用中值粒径为2 mm的天然砂,即相当于原型为20 cm块石,防护范围如图6所示,防护面积为3 000 m²。按图示防护范围将局部冲刷坑填至高程-21 m处。采用20年一遇的水位和流速作为试验水文条件,图7是防护后的冲淤等值线图。通过防护试验可知,该方案防护效果较好,守护范围内地形基本不变。

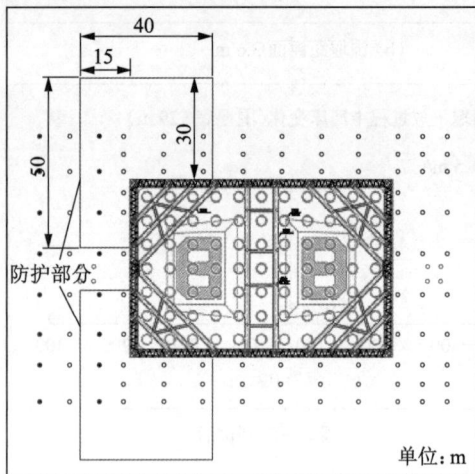

图6　防护范围

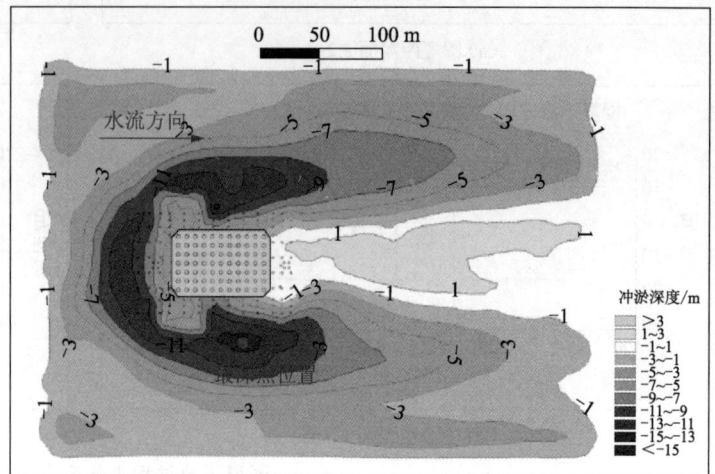

图7　防护后2.5 m/s流速下冲淤等值线图

3 结 语

通过正态宽水槽试验对池州长江公铁大桥3♯墩施工期局部冲刷及防护措施进行了研究,分析了围堰下沉过程中、围堰下沉到位后和施工平台桩基在不同水文条件下局部最大冲刷深度和局部冲刷坑形态的变化规律,并提出了相关防护措施。主要研究结论如下:

(1)在围堰下沉过程中,随着下沉高度的不断加大,局部最大冲刷深度将不断增大,迎水面两侧的局部冲刷坑逐渐连接,形成前3排钢护筒之间的局部冲刷带,同时在钢护筒中部和后部形成一个淤积带。

(2)在围堰下沉到位以后,局部冲刷主要受围堰作用阻水较大,冲刷坑主要集中在围堰迎水面的两侧,两侧冲刷地形基本对称。局部冲刷最深点位置发生在围堰迎水面拐角处。在桩径、围堰迎水宽度、泥沙粒径及组成等条件不变的情况下,局部冲刷深度和范围会随着墩前行近流速的增大而增大,局部冲刷坑的基本形态不会发生明显变化。

(3)建议在枯水期进行围堰下沉工作,并在围堰下沉到位后及时采取防护措施对围堰周边地形进行防护,以确保桥墩基础施工期的稳定和安全。

📖 参考文献

[1] 高正荣,黄建维,卢中一.长江河口跨江大桥桥墩局部冲刷及防护研究[M].北京:海洋出版社,2005.

[2] 余竹青,杨程生,高祥宇,等.沪通长江大桥施工期对桥区河床演变影响分析[J].广州航海学院学报,2020,28(2):1-6.

[3] 吴门伍,严黎,陈立,等.武汉天兴洲公铁两用桥2♯浮运围堰施工期局部冲刷试验研究[J].水利水运工程学报,2007(3):26-32.

[4] 杨程生,蒋振雄,余竹青,等.长江下游大型沉井基础局部冲刷计算公式研究[J].海洋工程,2022,40(3):105-114.

[5] 卢中一,高正荣.桩承台不同入水深度对局部冲刷影响的试验研究[J].中国港湾建设,2013(2):44-49.

[6] 吴启和,柯杰.长江深水航道中钢围堰施工冲刷防护[J].中国港湾建设,2018,38(3):50-55.

[7] 郭晃,李冕,万猛.伶仃洋大桥东锚碇筑岛围堰冲刷试验研究[J].水道港口,2023,44(2):579-585.

[8] 石一,陈佳兴,柳彬,等.桥墩局部冲刷防护措施综述[J].中国水运(下半月),2023,23(5):95-97.

[9] 高正荣,杨程生,唐春晓,等.大型桥梁冲刷防护工程损坏特性研究[J].海洋工程,2016,34(2):24-34.

[10] 高正荣,黄建维,赵晓冬.大型桥梁钢沉井下沉过程局部冲刷研究[J].海洋工程,2006(3):31-35.

[11] 卢中一,高正荣,黄建维.苏通大桥大型桩承台桥墩基础的局部冲刷防护试验研究[J].中国港湾建设,2009(1):3-8.

吴淞口河口形态优化利用水动力响应试验研究

刘　　猛[1,2]，张宏伟[1,2]

(1. 上海河口海岸科学研究中心，上海　201201；2. 河口海岸交通行业重点实验室，上海　201201)

摘要：通过物理模型试验方法对吴淞口河口形态优化利用水动力响应进行了研究。表明：① 吴淞口作为南港与黄浦江的交汇口，是个极为敏感的区域，在该区域实施水闸工程对周边区域潮位容易产生较大影响。② 在吴淞口实施水闸工程容易对南港与黄浦江之间的水量交换产生明显影响，进而影响周边的水流运动。③ 南港区域涨落急流速变化主要受两个因素影响，一是工程的直接扰流影响，二是吴淞口涨落潮流变化导致的南港涨落潮流变化。④ 各方案实施后，黄浦江航道航中涨急流速变化总体趋势均降低，落急流速变化不一。

关键词：吴淞口；黄浦江；南港；河口形态优化利用；物理模型；水动力响应

　　吴淞口位于长江和黄浦江的交汇点，是太湖洪水下泄和长江口风暴潮上溯及长江口与黄浦江水沙交换的重要节点。开展吴淞口河口形态优化探索，有利于提高上海的城市防洪能力和制定适应全球气候变化的远期城市防洪战略，维持吴淞口周边河势稳定，提升吴淞口岸线利用、水环境改善等功能[1-3]，更好地发挥河口优势地位和独特区位条件，具有巨大的经济和社会效益。

　　通过定床水流物理模型试验方法对吴淞口河口形态优化利用进行了探索试验，主要研究各种方案实施后对吴淞口及其周边水动力场的影响规律。

1　模型设计及验证

1.1　模型设计

　　根据模型范围和场地条件，遵循相似律准则设计的吴淞口定床水流物理模型(图1)，水平比尺(天然与模型比值，下同)为400，垂直比尺为150，变率为2.67。吴淞口定床水流物理模型南港段南北边界为现状岸线，上边界利用往复泵群对潮量过程进行控制，下边界利用潜水泵群对潮位过程进行控制；黄浦江上游采用扭曲水道模拟至淀山湖，净流量按实际进行控制；蕴藻浜采用扭曲水道模拟至蕴东闸。模型定床范围约 1 450 m²，折合天然 232 km²。

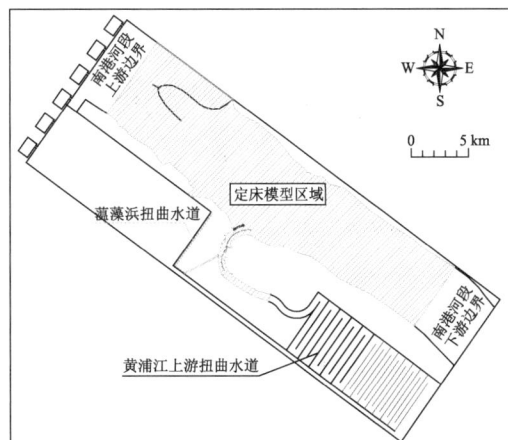

图 1　吴淞口物理模型平面布置示意

通信作者：刘猛。E-mail:645903312@qq.com

1.2 模型验证

模型地形：吴淞口外采用 2011 年 8 月实测水下地形，黄浦江采用 2011 年 10 月实测水下地形。选用 2013 年 9 月 22 日 10 时至 2013 年 9 月 23 日 10 时实测大潮资料进行验证，对应大通流量 38 000 m³/s，黄浦江径流 320 m³/s。南港段上游边界流量过程在数学模型计算结果基础上依据实际验证结果最终确定。工程按照 2011 年 10 月的现场实际情况布置。

各潮位站（图 2）的验证结果见图 3。各潮位站的高、低潮位及整个涨落潮过程吻合较好，各站高低潮时间的相位偏差在 0.5 h 以内，最高最低潮位值偏差在 10 cm 以内，均符合规范要求。

图 2　吴淞口物理模型潮位验证点位置图

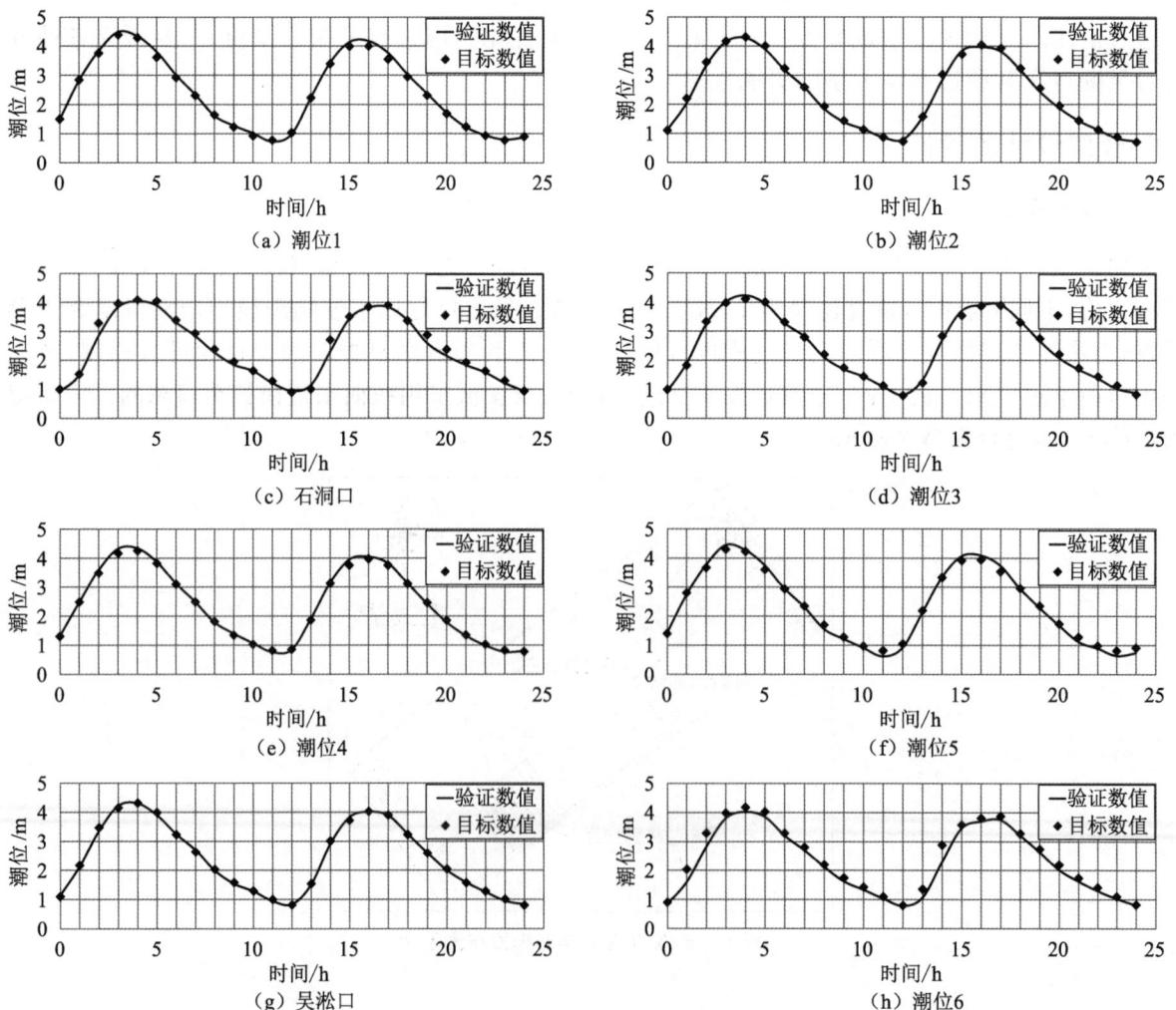

（a）潮位1　　（b）潮位2　（c）石洞口　（d）潮位3　（e）潮位4　（f）潮位5　（g）吴淞口　（h）潮位6

图 3　各潮位站点潮位验证曲线

各站点(图 4)的潮位验证结果见图 5。模型各测点流速过程线形态与原型基本一致,憩流时间和最大流速出现的时间偏差都在 0.5 h 以内,涨、落潮段平均流速偏差在 10% 以内,完全符合规范要求。

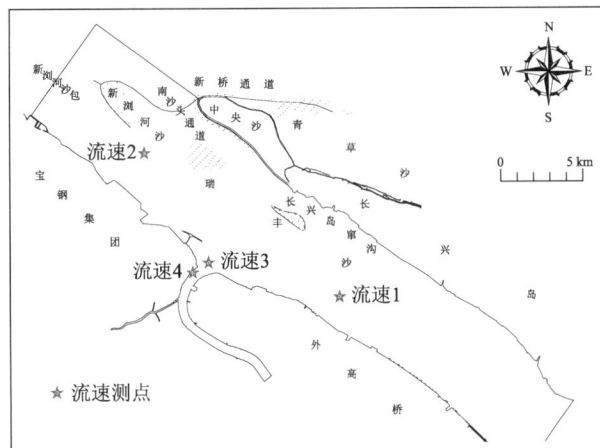

图 4　吴淞口物理模型流速验证测点位置图

（a）流速1　　　　　　　　　　　　　　　（b）流速2

（c）流速3　　　　　　　　　　　　　　　（d）流速4

图 5　各流速测点流速验证曲线

从潮位、流速验证结果来看,物理模型总体上能较好地反映天然河段的潮流运动。

2　试验方案介绍

试验方案共有 4 个,除了现状(2011 年 10 月)本底方案外,还有 3 种探索方案,即方案一[图 6(a)]、方案二[图 6(b)]和方案三[图 6(c)]。

方案一:从吴淞导堤的堤根处重新建设一条直导堤(改变原来的弯曲流路),并以此为边界往北圈围出一片区域。在吴淞口南侧平行于北侧导堤新建一条导堤,并以此为边界往南圈围一片区域。两片圈围区域之间形成一条平直河段供挡潮闸建设使用,闸室底高程为 -12.0 m,闸室宽 360 m。

方案二:在吴淞导堤位置往外延伸出一直段建设新导堤(顺应了原来的弯曲流路),在吴淞口南侧平行于北侧导堤新建一条导堤。分别以两条导堤为边界向邻近岸线圈围成陆。在两片圈围区域之间形成一条平直河段供挡潮闸建设使用,闸室底高程为 -12.0 m,闸室宽 360 m。

方案三:在吴淞导堤处建设新导堤(顺应了原来的弯曲流路),在吴淞口南侧浅滩新建一条导堤。分别以两条导堤为边界向邻近岸线圈围成陆。多孔挡潮闸建于两片圈围区域之间,其中主闸室底高程为 -12.5 m,宽 240 m。

由于挡潮闸仅在防潮极端不利条件使用,试验中仅考虑各方案挡潮闸全开情况,3 个方案均拆除已有的吴淞导堤。

（a）方案一布置　　　（b）方案二布置

（c）方案三布置

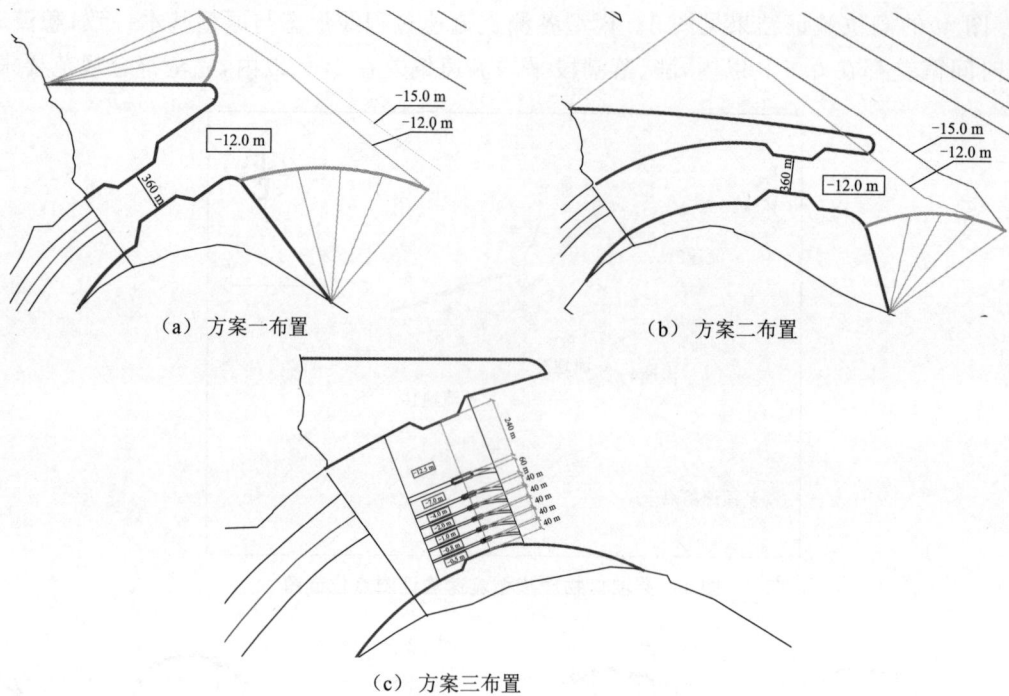

图 6　三种方案布置示意

3　试验结果及分析

方案试验采用的水力条件和地形条件与验证试验相同。

3.1　潮位变化

在各试验方案条件下，每个潮位站点最高潮位与最低潮位统计结果分别见表 1 和表 2。

表 1　各站点最高潮位统计

潮位站	本底方案	方案一		方案二		方案三	
	最高水位/m	最高水位/m	变化量/m	最高水位/m	变化量/m	最高水位/m	变化量/m
潮位 1	4.39	4.41	0.02	4.37	−0.02	4.38	−0.02
潮位 2	4.16	4.20	0.04	4.14	−0.02	4.18	0.02
石洞口	4.03	4.08	0.05	4.04	0.00	4.04	0.01
潮位 3	4.13	4.22	0.09	4.15	0.02	4.20	0.06
潮位 4	4.28	4.32	0.05	4.25	−0.03	4.27	−0.01
潮位 5	4.39	4.40	0.01	4.40	0.01	—	—
吴淞口	4.22	4.21	−0.01	4.21	−0.01	4.22	0.00
潮位 6	4.15	4.07	−0.08	4.22	0.07	4.10	−0.05

表 2　各站点最低潮位统计

潮位站	本底方案	方案一		方案二		方案三	
	最高水位/m	最高水位/m	变化量/m	最高水位/m	变化量/m	最高水位/m	变化量/m
潮位 1	0.70	0.71	0.01	0.70	0.00	0.73	0.02
潮位 2	0.68	0.71	0.04	0.70	0.02	0.73	0.06
石洞口	0.89	0.92	0.03	0.94	0.05	0.93	0.04
潮位 3	0.81	0.90	0.09	0.88	0.07	0.92	0.10
潮位 4	0.71	0.75	0.05	0.71	0.00	0.74	0.03
潮位 5	0.71	0.71	0.01	0.74	0.03	—	—
吴淞口	0.78	0.77	−0.01	0.75	−0.03	0.84	0.06
潮位 6	0.75	0.65	−0.10	0.79	0.04	0.72	−0.03

根据表中数据可见：

（1）工程区域（吴淞口）。各方案实施后对工程区域最高潮位的影响均不明显，但对最低潮位的影响差异较大，其中方案三实施后最低潮位相比本底方案抬高 6 cm，方案二实施后最低潮位相比本底方案降低 3 cm，方案一实施后最低潮位变化不明显。

（2）黄浦江（潮位 6）。各方案实施后对黄浦江潮位的影响均较为显著。方案二实施后，其最高与最低潮位均较本底方案抬高，分别约为 7 cm 和 4 cm；方案一与方案三实施后，最高与最低潮位均较本底方案降低，其中方案一分别降低约 8 cm 和 10 cm，方案三分别降低约 5 cm 和 3 cm。

（3）南港区域（潮位 1、潮位 2、石洞口、潮位 3、潮位 4 与潮位 5）。各方案实施后，南港区域潮位变化差别较大。方案一实施后，南港区域最高潮位与最低潮位普遍抬高，其中潮位 3 站点的最高与最低潮位均抬高约 9 cm。方案二实施后，最高潮位整体略有降低，5 个站点平均潮位降低约 1 cm，但最低潮位整体有所抬高；其中，吴淞口以上河段抬高明显，以下河段变化不显著。方案三实施后，吴淞口以上河段最高潮位均有抬高，以下河段均有降低，但南港最低潮位均有抬高；其中，潮位 3 站点的最高与最低潮位分别抬高约 6 cm 与 10 cm。

从以上试验结果也可以看出，吴淞口作为南港与黄浦江的交汇口，是个极为敏感的区域，在该区域实施工程对周边水域潮位容易产生较大影响。

3.2 流速变化

3.2.1 吴淞口

各方案涨落急表层流速矢量见图 7，各方案涨落急表层流线分布见图 8。

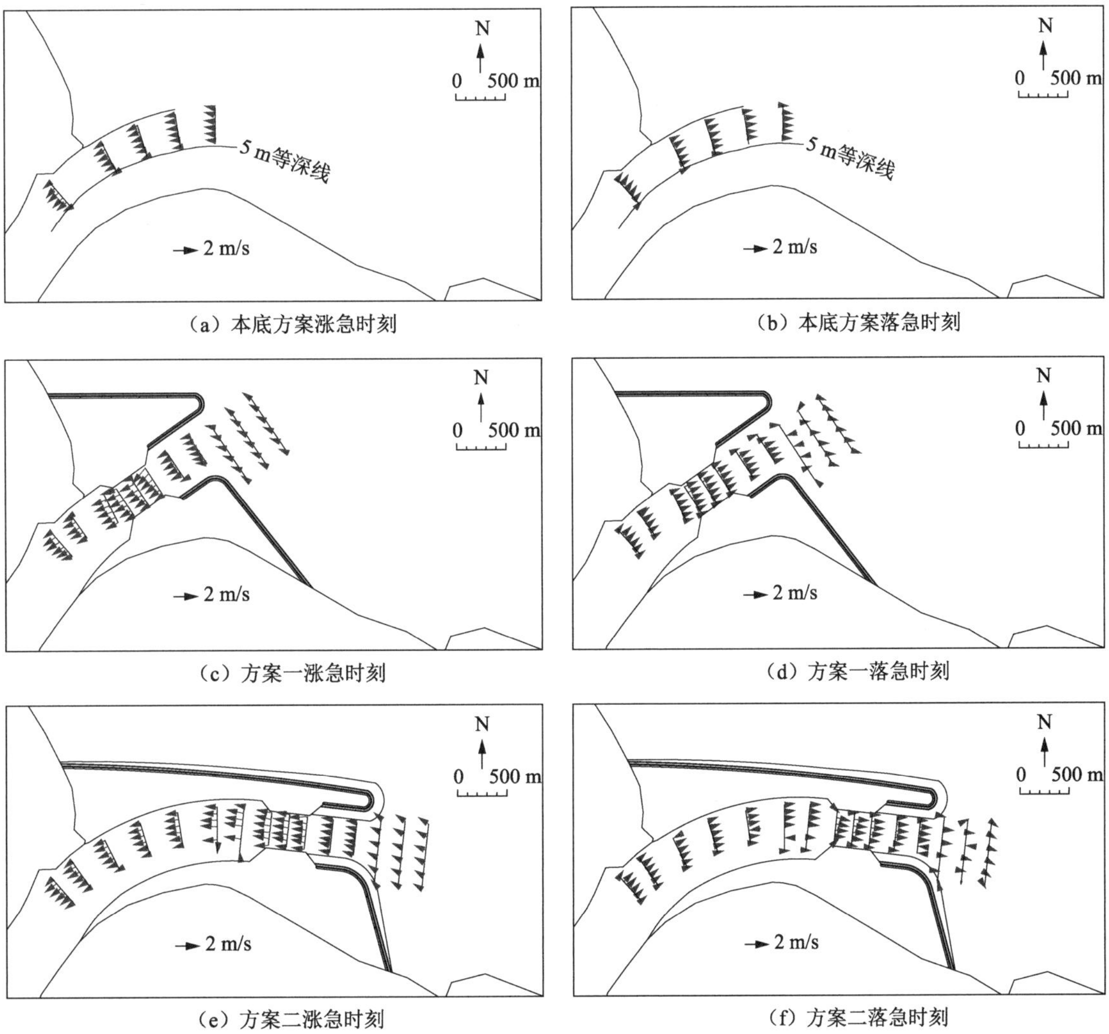

（a）本底方案涨急时刻　　　　　　　　（b）本底方案落急时刻

（c）方案一涨急时刻　　　　　　　　（d）方案一落急时刻

（e）方案二涨急时刻　　　　　　　　（f）方案二落急时刻

图 7　各方案涨落急吴淞口表层流速矢量图

（g）方案三涨急时刻   （h）方案三落急时刻

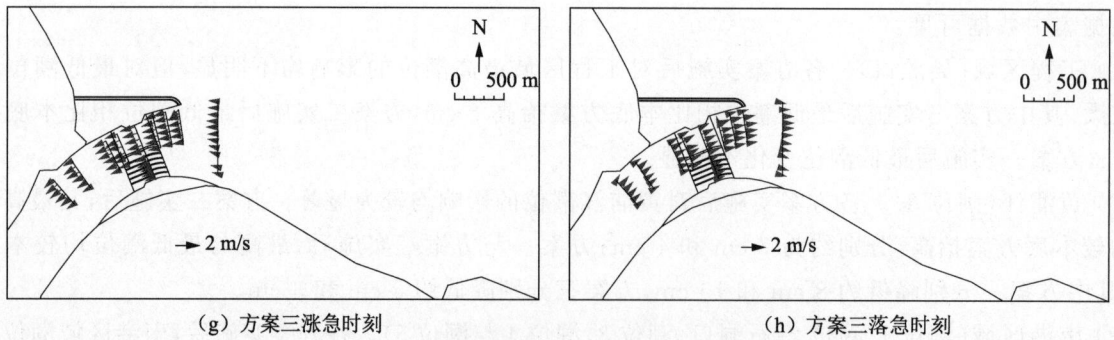

图7 各方案涨落急吴淞口表层流速矢量图(续)

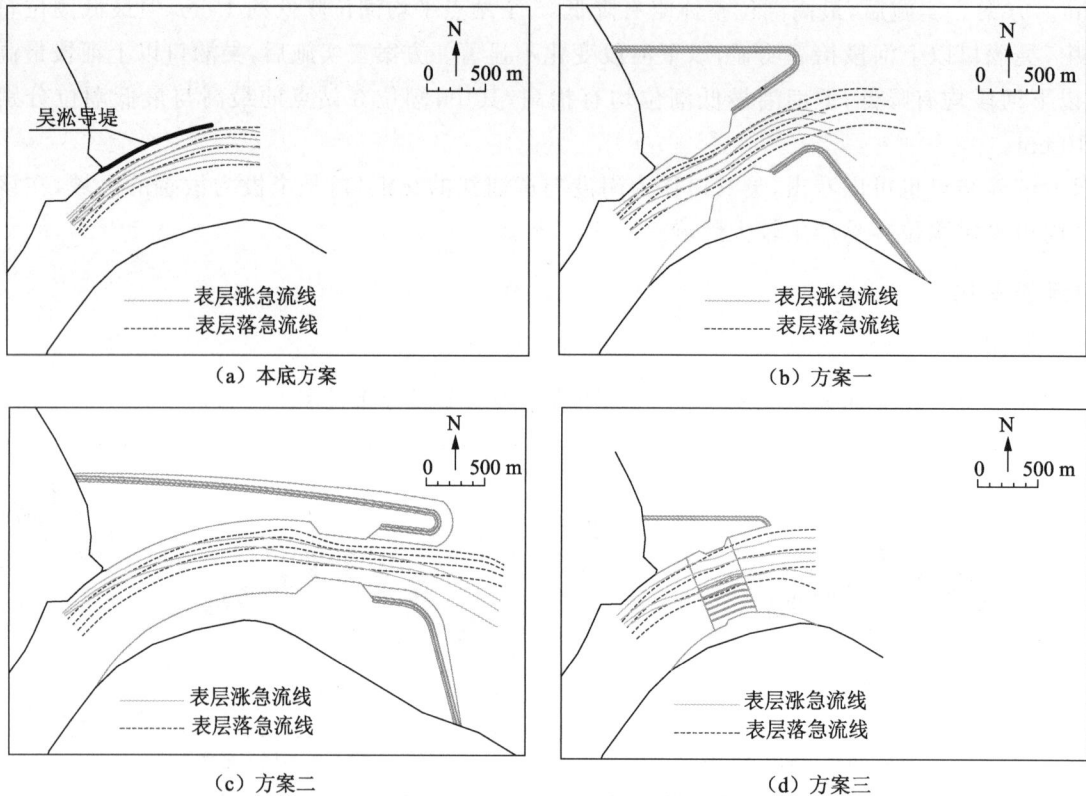

（a）本底方案   （b）方案一

（c）方案二   （d）方案三

图8 各方案涨落急吴淞口表层流线分布

本底方案表层的涨急流线与落急流线平面分布均表现出"外散内聚"、总体较为顺畅的特点,这表明:吴淞口区域从里往外(朝南港方向)主流逐渐分散,平均流速降低;反之,吴淞口区域从外往里(朝黄浦江方向)主流逐渐集中,平均流速增加。相比而言,涨潮主流往内更加集中,且在吴淞导堤根部以上的测量区域更加靠近北岸。

从方案一表层的涨急流线与落急流线平面分布可以看出,涨、落潮流路在工程区域以外(南港侧)差异显著:涨潮水流紧贴吴淞口南侧新建导堤急转进入吴淞口,而落潮水流由于惯性深入南港主流区。此外,与落潮流线分布相比,涨潮流线明显转弯较多,不顺畅,水流运动阻力较大。与本底方案的表层流线分布相比,方案一没有明显的"外散内聚"特点,流线疏密较为均匀,流速变化相对较小。由于工程的影响,涨落急流线在平面分布上均不如本底方案顺畅,其中涨急流线分布更为明显,可能会导致吴淞口涨潮通量的显著减少。这个推测可以从该方案实施后黄浦江内的潮位变化情况得到佐证。该方案实施后,潮位6站点的最高潮位较本底方案降低约8 cm。

方案一实施后,往黄浦江的涨潮通量减少,可能会带来吴淞口以上南港河段涨潮通量的增加,从而抬升该区域的最高潮位。试验结果表明,方案一实施后该区域最高潮位普遍抬升,其中潮位3站点的最高潮位抬升约9 cm。从南港河段来看,当方案一实施后,由于工程相比已有的吴淞导堤往南港多深入约500 m,其对应的南港局部河段涨潮阻力较本底方案增大,加之吴淞口涨潮通量减少,吴淞口以下南港河段最高潮位必然有所壅高,这也在试验中得到了证实。同样,落潮期间,由于工程以及吴淞口落潮主流往南港的深入所造成的局部河段阻力增加,加之吴淞口以上南港河段涨潮通量的增加,该河段落潮最低潮位的抬高,这同样也在试验中得到证实,如潮位 3 站点的最低潮位抬高约 9 cm。

从方案二表层的涨急流线与落急流线平面分布可以看出,涨急流线有明显的"外散内聚"特点,但落急流线疏密相对较为均匀。与方案一相比,方案二涨、落急流路较为顺畅,这应该与方案二顺应了原先的弯曲流路有关。方案二表层的涨急流线逐渐靠近北岸,表明涨潮过程中表层水流质点运动存在指向北岸(凹岸)的分量,这是弯曲河段环流的典型特征,即表层水流往凹岸趋近,底层水流往凸岸趋近。方案二涨、落潮流路在工程区域外侧(南港测)差异明显。相比而言,落潮流路更加远离岸边,而涨潮流路更靠近岸边。这种涨、落潮流路的显著差异可能会带来局部区淤积现象的出现。

方案二闸室区域涨急流速显著大于本底方案,虽然过流断面面积略有减小,但其涨潮通量可能比本底方案大。试验结果表明方案二实施后,黄浦江最高潮位显著增高,潮位 6 站点潮位抬高约 7 cm。这正反映了方案二实施后,吴淞口涨潮通量明显增加。与涨潮相比,方案二闸室区域落潮流速与本底方案差异不大。由于涨潮过程中吴淞口涨潮通量明显增加,相应吴淞口以上南港河段涨潮通量有一定减少。试验结果也表明了南港区域最高潮位整体略有降低,5 个站点平均潮位降低约 1 cm。方案二工程规模较大,对应的南港河段阻力相比本底方案增大。吴淞口以上南港河段在涨潮过程中最高潮位变化不大,因此在落潮过程中由于落潮阻力的增加,吴淞口以上南港河段最低潮将会抬高。试验结果表明,潮位 3 站点最低潮位抬高 7 cm。

从方案三表层的涨急流线与落急流线平面分布可以看出,涨、落急流线不平顺,特别是涨急流线,这表明工程区域水流运动不顺畅,水流运动阻力大。造成这种现象的原因主要两点:一是闸墩影响,二是工程区域与周边地形衔接不平顺。从方案三表层的涨急流线与落急流线平面分布还可以看出,涨、落急流线虽然有"外散内聚"特点,但此现象不如本底方案突出,这主要因为北侧弯曲导堤建有显著突出的闸墩,在一定程度上破坏了弯曲凹岸的特性。

方案三实施后,涨潮水流运动阻力增加明显,过流面积亦有所减少,因此涨潮期间进入黄浦江的潮通量将减少。试验数据表明,黄浦江潮位 6 站点最高潮位较本底方案降低了约 5 cm。方案三实施后,通过吴淞口进入黄浦江的潮量减少了,同样会导致吴淞口以上南港河段最高潮位的抬高。试验数据表明,潮位 3 的最高潮位抬高约 6 cm。落潮期间,吴淞口站点最低潮位较本底方案抬高约 6 cm,这个现象尤为明显。吴淞口主流区域潮位如此大的变化必将引起周边水流运动的显著变化。最为显著的例子是,当方案三实施后,工程附近南港主槽流速普遍明显减小,而其他两个方案实施后该区域流速整体均增加。这进一步表明方案三落潮时水流阻力大。分析其原因:第一是过流面积减小约 20%,第二是闸底板与上游河床衔接不平顺。吴淞口最低水位的显著抬高,进一步引起了附近的南港区域最低水位的抬高,特别是吴淞口以上南港河段最低潮位的抬高,如潮位 3 站点的最低潮位抬高了 10 cm,对岸潮位 2 站点的最低潮位也抬高了 6 cm。

从以上分析结果也可以看出,吴淞口区位非常敏感,在该区域实施工程容易对南港与黄浦江之间的水量交换产生明显影响,进而影响周边的水流运动。

3.2.2 南港 12.5 m 深水航道

12.5 m 航道航中流速测点布置见图 9,航中落急流速与涨急流速分别见图 10 和图 11。

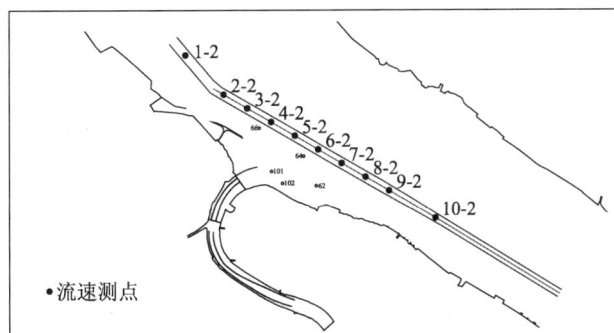

图 9   12.5 m 航道航中流速测点布置

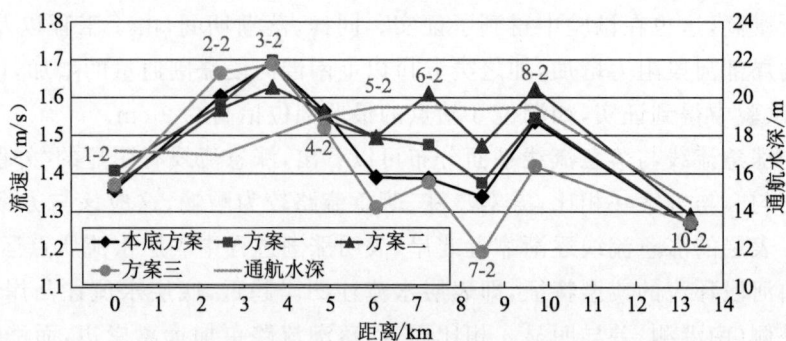
图 10　南港 12.5 m 航道航中落急流速

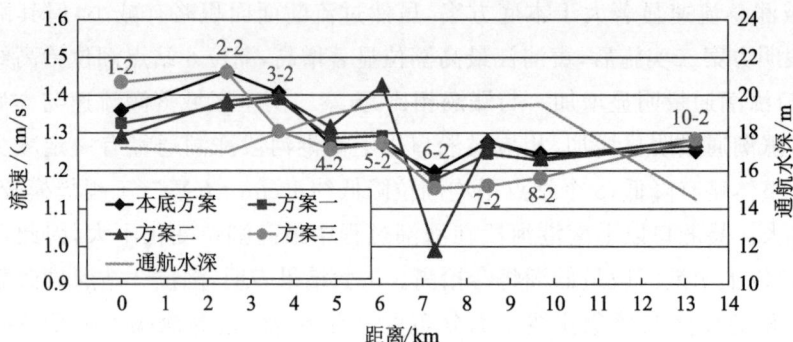
图 11　南港 12.5 m 航道航中涨急流速

试验数据表明,各方案实施后南港 12.5 m 深水航道航中涨、落急流速变化均较明显,总体上落急流速变化较涨急大,其中测点 5-2～8-2 区间落急流速变化最为明显。方案一与方案二涨、落急流速变化趋势基本相同,但幅度差别较大。落急时刻:从变化的趋势上看,测点 1-1 流速均有增加,测点 2-2～4-2 区间流速整体上均减小,测点 5-2～8-2 区间流速整体上均显著增加;从变化的幅度上看,方案二变化更大,尤其是测点 6-2～8-2 区间,其中方案二测点 6-2 流速增加超过 0.2 m/s,方案一测点 6-2 流速增加不足 0.1 m/s。涨急时刻:从变化的趋势上看,测点 1-2～3-2 区间流速均减小,测点 4-2～5-2 区间流速均增加,测点 6-2～8-2 区间流速整体上均减小;从变化的幅度上看,测点 4-2～7-2 区间差异较大,方案二变化更大。与方案一和方案二相比,方案三实施后南港航道流速变化趋势明显不同,如落急时刻,测点 5-2～8-2 区间流速不仅没有增加反而明显减小;涨急时刻,测点 1-2～2-2 区间流速增加,测点 3-2 与测点 7-2 附近局部区域流速显著减小。方案三南港航道流速出现的不同变化趋势主要是吴淞口最低潮位显著抬高以及吴淞口涨潮通量减少等引起的。

南港区域涨、落急流速变化主要受两个因素影响:第一个是工程的直接扰流影响;第二个是吴淞口涨、落潮流变化导致的南港涨、落潮流变化。总体来说,工程往南港深入越多,影响越大。从工程来说,方案二影响相对最大,方案一次之,方案三几乎无影响。从吴淞口涨落潮流变化来看,各方案实施后差别大,其中方案二涨潮通量显著增大,其他两个方案涨潮通量均减小,方案三落潮阻力较其他方案显著大。

3.2.3　黄浦江航道

黄浦江航道航中流速测点布置见图 12,航中落急流速与涨急流速分别见图 13 和图 14。

试验数据表明,黄浦江航道航中涨、落急流速沿程分布不均匀。测点 H3～H5 区间落急流速较小,测点 H6～H7 区间落急流速较大。涨急流速总体上越往上游越小,但测点 H5 附近存在涨急流速低谷区域。

方案一实施后,航中落急流速除测点 H4 附近变化不明显外,其余测区均有明显增加;航中涨急流速在测点 H1～H5 区间下降明显,其中测点 H2 附近下降约 0.15 m/s;此外,H7 测点附近航中流速也有所下降。方案二实施后,黄浦江航道航中落急流速变化趋势与方案一类似,除个别测点(H10)外,航中落急流速普遍增加,其中测点 H3 附近流速增加近 0.1 m/s。相反,除个别测点(H6 和 H8)外,航中涨急流速普遍减小,其中测点 H1 附近下降约 0.1 m/s。方案三实施后,航中涨急流速变化趋势在测点 H3 以上与方案一类似,在测点 H3 以下与方案二类似,但航中落急流速变化与上述两个方案差别显著。落急时刻,除个别测点外,测点 H1～H7 区间流速整体下降,其中测点 H2 与 H4 流速下降约 0.05 m/s,测点 H8 以上航中落急流速变化趋势与方案二类似。

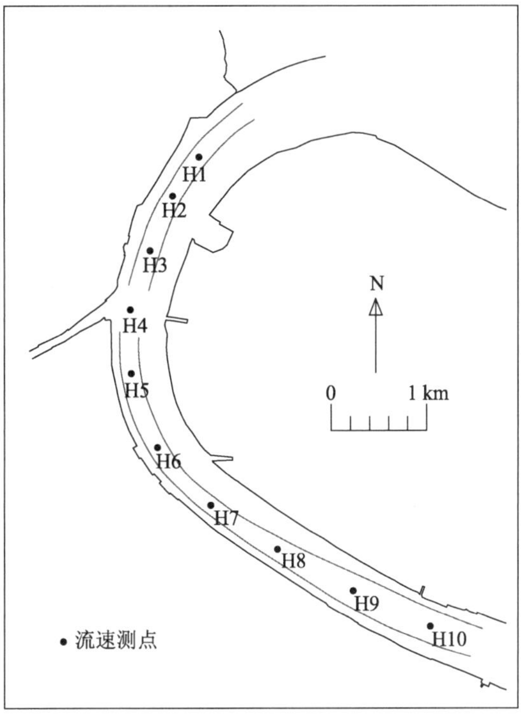

图 12　黄浦江航道航中流速测点布置

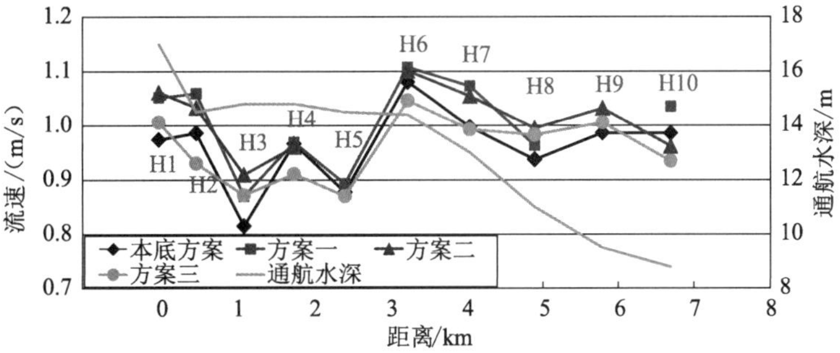

图 13　黄浦江航道航中落急流速

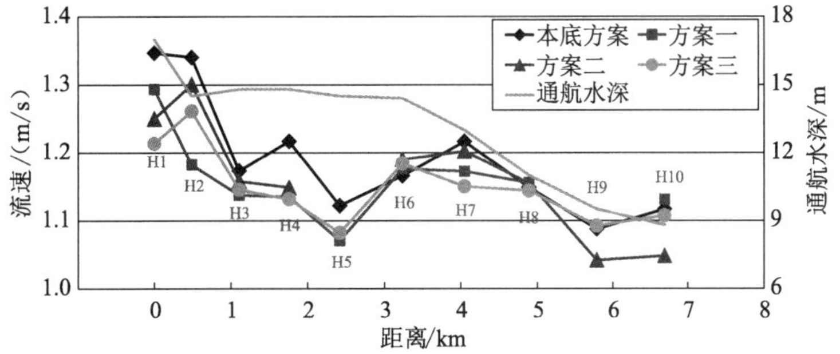

图 14　黄浦江航道航中涨急流速

4　结　语

通过吴淞口河口形态优化利用水动力响应试验研究,可以得到以下几点认识。

(1)吴淞口作为南港与黄浦江的交汇口,是个极为敏感的区域,在该区域实施工程对周边区域潮位容易产生较大影响。

(2)方案一最显著的特点是将已有的吴淞口弯曲河段改为直河段。该方案实施后,落潮水流由于惯性深入南港主流区,而涨潮水流紧贴吴淞口南侧新建导堤急转进入吴淞口,涨潮流线较本底方案转弯较多,不顺畅,水流运动的阻力较大,导致吴淞口的涨潮通量显著减少,引起黄浦江内的最高潮位较本底方案降低明显。往黄浦江的涨潮通量的减少导致了吴淞口以上南港河段涨潮通量的增加,普遍抬升了南港区域的最高潮位。

(3)方案二保留了已有的吴淞口弯曲河段特点,弯曲河段的水流运动特征表现明显。该方案实施后,涨、落潮流路在工程区域外侧差异明显。相比落潮流路,涨潮流路更靠近岸边,涨潮水流顺畅,阻力小,吴淞口涨潮通量明显增加,黄浦江最高潮位显著增高。往黄浦江的涨潮通量的增加导致了吴淞口以上南港河段涨潮通量的减少,南港区域最高潮位整体略有降低。

(4)方案三北侧导堤虽然沿着原吴淞导堤建设,但是由于闸墩的影响,弯曲河段的水流运动特点并不明显。该方案实施后,由于工程区域与周边地形衔接不平顺以及闸墩的影响,涨、落急流线不平顺,特别是涨潮过程水流运动不顺畅,水流运动阻力大,涨潮期间进入黄浦江的潮通量减少,黄浦江最高潮位较本底方案也明显降低。通过吴淞口进入黄浦江的潮量减少,导致吴淞口以上南港河段最高潮位的抬高。

(5)黄浦江航道航中涨、落急流速沿程分布不均匀,涨急流速总体上越往上游越小。各方案实施后,航中涨急流速变化总体趋势均是降低;落急流速变化表现不一,其中方案一与方案二实施后航中落急流速变化总体趋势是增加,但方案三实施后减小。

(6)南港区域涨、落急流速变化主要受两个因素影响:第一个是工程的直接扰流影响;第二个是吴淞口涨落潮流变化导致的南港涨落潮流变化。两个因素共同作用于南港河段,以致各种现象的发生。

参考文献

[1] 崔冬,赵庚润,卢永金.黄浦江河口建闸挡潮效果初步分析[J].水利水电科技进展,2012,32(1):54-57.
[2] 宋永港,卢永金,刘新成.黄浦江河口水沙输运机制研究[J].华东师范大学学报(自然科学版),2016(3):136-145.
[3] 黄峰,闫孝廉,杨坤,等.黄浦江河口建闸方案对河势演变影响的研究[J].人民黄河,2022,44(增刊2):26-28.

2020 年汛期长江下游超历史高水位成因分析

夏明嫣[1,2]，张帆一[1,2]，闻云呈[1,2]，夏云峰[1,2]

（1. 南京水利科学研究院，江苏 南京　210024；2. 港口航道泥沙工程交通行业重点实验室，江苏 南京　210024）

摘要：2020 年长江流域大洪水期间，下游南京、镇江站出现历史最高水位。建立数学模型复演大洪水过程，定量分析上游来流、外海天文潮、支流入汇、南京和镇江排涝、桥梁工程群等因素影响及占比，剖析高水位成因。研究表明：径流是长江下游 2020 年大洪水期间高水位主要的组成部分，天文潮对高水位贡献次之，支流入汇、淮河顶托及沿江排涝对高水位有一定影响，桥梁工程群引起的壅水主要位于工程局部近岸，对高水位影响较小。

关键词：2020 年长江洪水；高水位；数学模型；成因分析

2020 年大洪水是自 1954 年大洪水和 1998 年大洪水以来的又一次长江全流域性大洪水[1-2]。期间大通站流量在 7 月 13 日达峰值 83 800 m³/s，仅次于 1954 年洪峰流量，为历史第二位[3]。马鞍山至镇江江段水位超历史，其中 7 月 21 日南京站最高水位 8.48 m，镇江站 6.88 m，均为历史第一位。2020 年大洪水期间大通来流及支流入汇流量见图 1（a），沿程各站水位过程见图 1（b）。由图 1 可见，2020 年大洪水期间沿线各站水位维持高位，且沿线最高水位都出现在 7 月 21 日内。

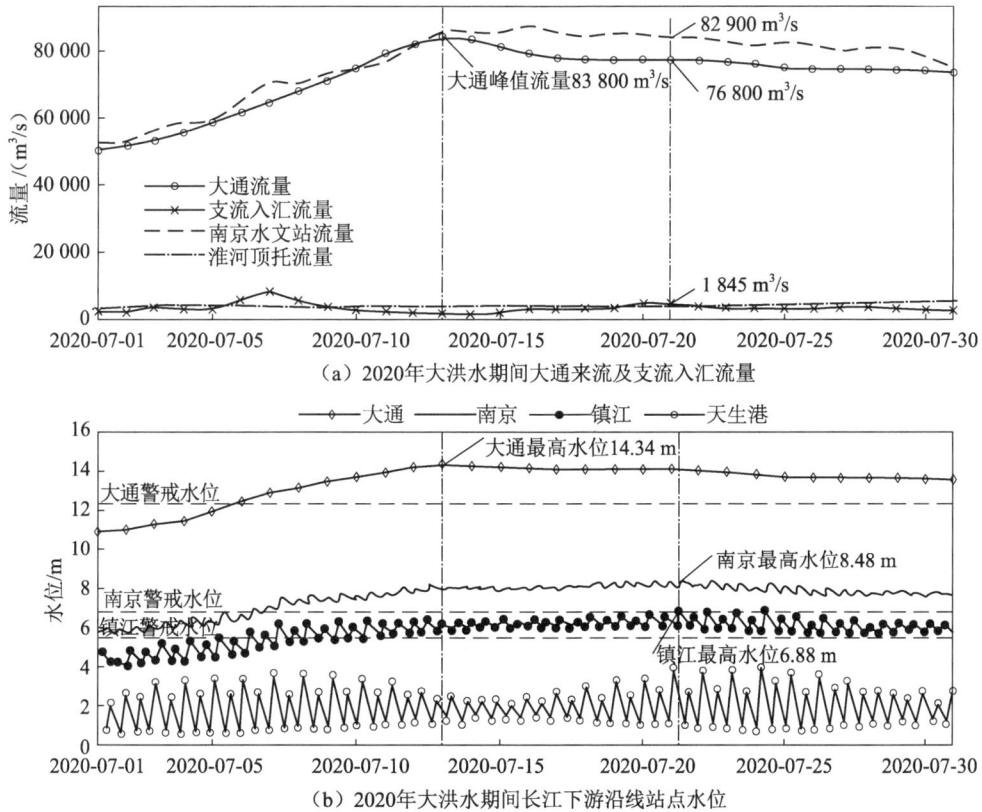

（a）2020 年大洪水期间大通来流及支流入汇流量

（b）2020 年大洪水期间长江下游沿线站点水位

图 1　2020 年大洪水流量过程、长江下游沿线站点水位过程

基金项目：国家重点研发计划资助项目（2021YFC30001000）；江苏省水利科技项目（2020002，2023046）；中央级公益性科研项目（Y222002）

作者简介：夏明嫣。E-mail：myxia@nhri.cn

2020 年大洪水后,围绕暴雨洪水特点[4]、与历史洪水过程对比[5-6]、抗洪实践[7-8]开展了相关研究。文章基于大洪水期间长江下游大通、南京、镇江等站实测水位资料,大通站及主要支流流量资料,沿江排涝资料,采用长河段数学模型复演了长江下游高水位过程,分析了上游来流、外海天文潮、支流入汇、南京和镇江排涝、桥梁工程群等多因素对高水位的贡献及占比,从而剖析长江下游高水位组成及成因,为防灾减灾提供参考。

1 数据和工程资料收集

1.1 实测水文资料

研究收集了 2020 年大洪水期间长江沿线各站实测水位资料、上游大通站及主要支流汇入流量资料。水位站点主要包括大通、南京潮位站、镇江、天生港、吴淞等。主要支流入汇站点包括西河凤凰颈排灌站、青弋江西河(二)站、水阳江新河庄站、淮河入江闸下站等。

1.2 沿江排涝统计资料

研究收集了南京和镇江河段沿江排涝涵闸、泵站基础资料,针对 2020 年汛期排涝情况进行了初步分析。经统计,南京河段沿江共有涵闸、泵站 263 座,分布在沿江两岸。镇江河段沿江共有涵闸、泵站 302 座,分布在沿江两岸和洲滩。根据沿线排涝涵闸、泵站尺寸和设计流量(表 1)估算,南京段排涝流量 2 000～3 000 m³/s,镇江段排涝流量涵闸、泵站 1 000～2 000 m³/s。

表 1 南京河段、镇江河段沿江排涝涵闸、泵站情况统计

位置	涵闸、泵站规模	涵闸、泵站个数	设计流量/(m³/s)
南京河段	大型	1	720
	中型	10	1 100
	小型	252	500～1 100
镇江河段	大型	2	320
	中型	14	525.9
	小型	286	600～1 200

2 长河段二维水流数学模型

2.1 模型建立

为分析 2020 年大洪水期间上游来流、支流入汇、排涝、过江桥梁群等多因素对沿线高水位的影响,建立了大通站至长江口外水动力数学模型。模型上游以大通站为进口边界,长江口外东到 123°E,南起 29°27′N,北到 32°15′N,包括长江口和杭州湾模型在内的水域。模型计算空间步长 $\Delta s = 10～1 500$ m,共有网格节点约 198 024 个,单元 2 018 13 个,网格最小尺寸 10 m。模型网格见图 2。

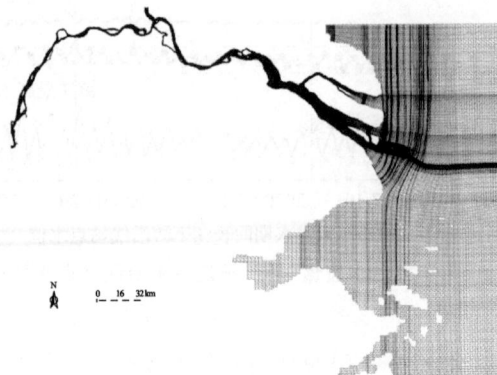

图 2 数学模型网格布置

2.2 模型验证

文中模型一直用于长江南京以下水利、航道、过江通道以及码头等工程的计算研究,先后采用多次实测水沙、地形资料对模型进行了参数的率定和验证[9-10]。本次在考虑上游流量,外海天文潮,水阳江、青弋江入汇,淮河入汇,南京和镇江排涝,涉水工程影响下,模型计算的沿线高水位与实测高水位较为接近,表明模型较好复演了 2020 年大洪水期间南京以下河段的潮波传播过程,实测与计算水位对比见图 3。

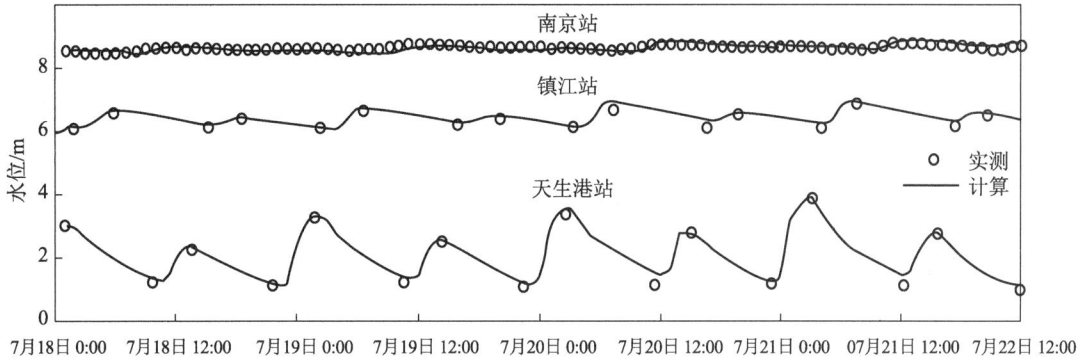

图 3　2020 年大洪水期间长江沿线实测与计算水位对比图

2.3 计算工况

研究采用大通站至长江口外模型探究 2020 年大洪水期间长江沿线高水位组成,分析上游来流、外海天文潮、支流入汇、南京和镇江排涝、桥梁工程群等多因素对高水位的贡献及占比,计算条件见表 2。

表 2　计算工况

	计算条件	上游流量	外海天文潮	支流入汇	淮河顶托	沿江排涝	桥梁工程
上游径流影响	A	√					
天文潮影响	B	√	√				
支流入汇影响	C	√	√	√			
淮河顶托影响	D	√	√	√	√		
沿江排涝影响	E	√	√	√	√	√	
涉水工程影响	F	√	√	√	√	√	√

3　高水位影响因素定量分析

在试验工况下上游径流、天文潮、支流入汇、淮河顶托、沿江排涝、桥梁涉水工程对南京以下沿线高水位影响见图 4,定量分析各因素对高水位的影响。

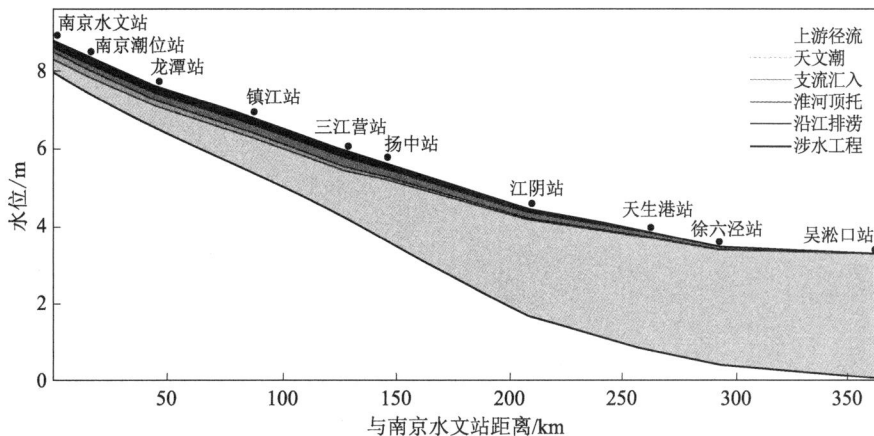

图 4　2020 年大洪水情境下南京以下河段高水位沿程变化

3.1 上游径流和外海潮汐影响

对于长江河口段,越靠近上游,受洪水的影响越大,反之,越接近口门,潮动力的控制越明显。由图4可见,在2020年大洪水期间,上游径流引起南京下关附近高水位抬升约7.41 m,镇江站高水位抬升约5.44 m,三江营站高水位抬升约4.26 m,江阴站高水位抬升约1.70 m,吴淞口站高水位抬升约0.05 m。外海天文潮引起的沿程高水位的变化值自下游往上游逐渐减小。南京下关附近高水位抬升约0.46 m,镇江站高水位抬升约0.86 m,三江营站高水位抬升约1.20 m,江阴站高水位抬升约2.55 m,天生港站高水位抬升约2.98 m,吴淞口站高水位抬升约3.19 m。

3.2 支流入汇作用

随着水阳江、青弋江的入汇,长江沿程高水位略有抬升,越往下游影响越小,其中南京下关附近高水位抬升约0.17 m,镇江站高水位抬升约0.14 m,三江营站高水位抬升约0.09 m,江阴站高水位抬升约0.05 m,天生港站高水位抬升约0.02 m,吴淞口站附近基本无变化。

3.3 淮河顶托作用

由于淮河入汇顶托作用,长江沿程高水位略有抬升,其中三江营站附近抬升最大。南京下关附近高水位抬升约0.19 m,镇江站高水位抬升约0.27 m,三江营站高水位抬升约0.30 m,江阴站高水位抬升约0.17 m,天生港站高水位抬升约0.11 m,吴淞口站高水位抬升约0.02 m。

3.4 沿江排涝作用

在沿江排涝流量影响下,长江沿程高水位有所抬升。南京下关附近高水位抬升约0.22 m,镇江站高水位抬升约0.19 m,三江营站高水位抬升约0.17 m,江阴站高水位抬升约0.06 m,天生港站高水位抬升约0.04 m,吴淞口站高水位抬升约0.02 m。

3.5 桥梁工程群作用

研究针对沿程过江通道工程影响设置了有实际桥梁群和无实际桥梁群两种工况,重点分析桥梁群工程对河道近岸沿线水位的影响。南京河段通道群最为密集的区域是大胜关至梅子洲一线,其中在6 km内就建设有京沪高铁桥、长江三桥和长江五桥。从图5可以看出,桥梁工程群的上游水位连续壅高,桥梁

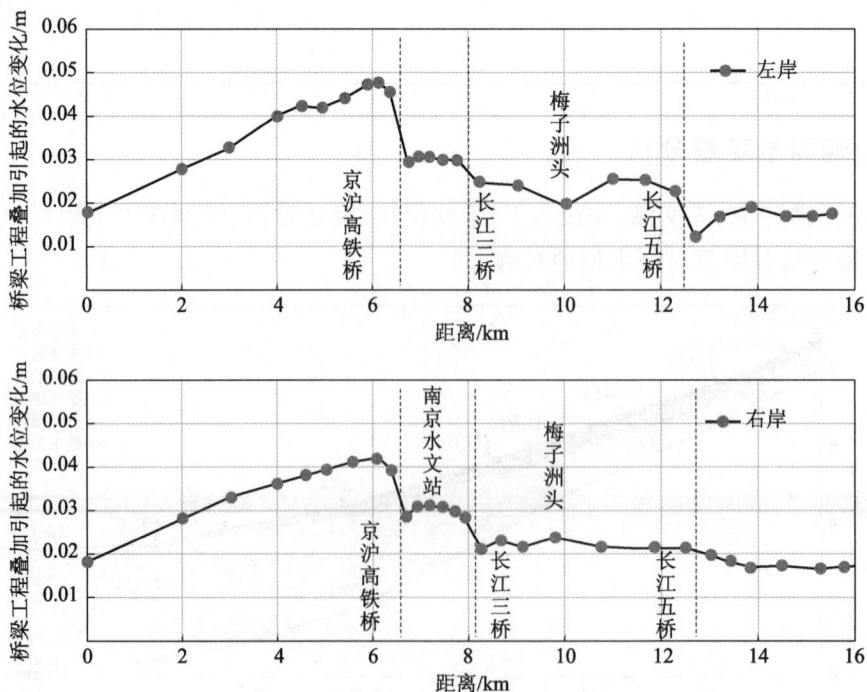

图5　2020年大洪水条件下桥梁群引起的沿程近岸水位变化

阻水向上游叠加,下游水位下降。其中京沪高铁桥上游近岸最大壅水高度可达 0.048 m,长江三桥上游近岸最大壅水高度可达 0.031 m,长江五桥上游最大壅水高度可达 0.022 m。南京水文站位于该河段京沪高铁桥与长江三桥之间河道右岸,距离京沪高铁桥 0.95 km,计算得出 2020 年大洪水工况下桥梁引起南京水文站处的水位壅高为 0.03 m。

4　2020 年大洪水期间沿程高水位组成分析

研究在 2020 年大洪水水文条件下分析径流、天文潮、青弋江及水阳江入汇、淮河入汇、南京和镇江排涝流量、涉水工程等各部分对于水位的贡献。南京潮位站、镇江站、江阴站、天生港站高水位的组成占比见图 6。

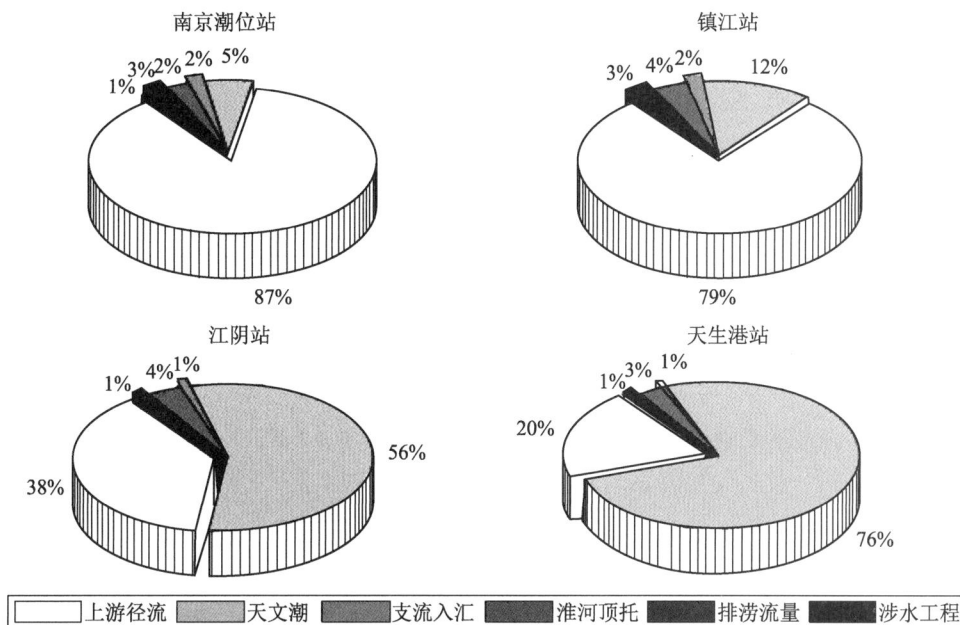

图 6　2020 年 7 月 21 日沿程各站高水位组成

由图 6 可见,对于南京潮位站高水位,上游径流是主要的组成部分,占比 87%;由于高水位时上游大流量与天文大潮"二碰头",天文潮也对高水位有一定影响,占比 5%;青弋江、水阳江等支流入汇对南京站高水位影响占比 2%,淮河顶托对南京站高水位影响占比 2%;南京和镇江排涝影响占比估算约 3%。桥梁工程群的叠加影响使南京站水位壅高约 0.01 m,占比不超过 1%,相比于上游径流、河口潮汐、支流入汇、城市排涝、淮河入汇顶托等作用而言,是较小量。

对于镇江潮位站,上游大通站来流(占比 79%)仍然是高水位的控制因素,天文潮(占比 12%)对于水位影响增强,支流占比也有所增大。对于江阴站和天生港站,径流对于高水位的影响减弱,天文潮是水位的控制性因素,对高水位影响分别占比 56% 和 76%。

5　结　语

基于实测水位、流量资料,通过建立长河段二维水流数学模型复演了 2020 年大洪水期间长江下游潮位过程,定量分析了上游径流、天文潮、支流入汇、淮河顶托、沿江排涝、桥梁涉水工程等因素对 2020 年大洪水期间长江下游高水位影响并分析了高水位组成。主要研究结论如下:

(1) 受到上游大通站大径流、外海天文大潮和较大支流汇入、沿江排涝等因素综合影响,2020 年大洪水期间长江下游南京、镇江出现历史最高水位。

(2) 2020 年大洪水期间长江下游段高水位成因和多因素占比分析表明,上游径流是主要的组成部分,对南京站高水位影响占比 87%,镇江站高水位影响占比 79%;由于上游大流量与天文大潮"二碰头",天文潮也对高水位有一定影响,对南京站、镇江站高水位影响分别占比 5% 和 12%;青弋江、水阳江等支流入汇对高水位影响占比 2%,淮河顶托对高水位影响占比 2%~4%;沿江排涝影响占比约 3%,桥梁工程群叠加影响占比不超过1%。

参考文献

[1]　邸建平,邓鹏鑫,徐高洪,等.2020年长江中下游干流高洪水位特点及成因分析[J].水利水电快报,2021,42(1):10-16.

[2]　王佳妮,罗倩.长江中游武汉河段2020年特大暴雨洪水特性分析[J].水利水电快报,2021,42(5):1-5.

[3]　罗龙洪,朱玲玲,凌哲,等.长江下游南京"7.21"超历史高水位成因分析[J].泥沙研究,2023,48(5):54-60.

[4]　陈敏.2020年长江暴雨洪水特点与启示[J].人民长江,2020,51(12):76-81.

[5]　沈浒英,匡奕煜,訾丽.2010年长江暴雨洪水成因及与1998年洪水比较[J].人民长江,2011,42(6):11-14.

[6]　秦志伟,张冬冬,熊莹,等.2016年长江中下游干流高水位成因及特点[J].水资源研究,2017(4):349-356.

[7]　曹德君,潘俊,王义坤,等.长江南京段超历史洪水的抗洪实践与思考[J].中国防汛抗旱,2021,31(6):67-70.

[8]　程海云.2020年长江流域性大洪水中水文测报的实践与启示[J].长江技术经济,2020(4):1-4.

[9]　罗龙洪,闻云呈,袁文秀,等.江苏省长江干流沿程洪潮设计水位数值模拟研究[J].海洋工程,2020,38(3):124-131.

[10]　闻云呈,夏云峰,吴道文,等.长江南京以下12.5 m深水航道一期工程总平面方案优化[J].水运工程,2013(3):1-10.

浏河排水对陈行水源地安全影响及解决措施研究

丁　磊[1,2]，程一帆[1]，杨啸宇[1]，黄宇明[1]，王逸飞[1]，陈　犇[1]，缴　健[1,2]

(1. 南京水利科学研究院，江苏 南京　210029；2. 港口航道泥沙工程交通行业重点实验室，江苏 南京 210029)

摘要：陈行水库位于长江口南支南岸，是上海市重要水源地之一。陈行水库上游的浏河氨氮含量过高，开闸排水时会对陈行水源地安全产生威胁。基于浏河排水状况实测资料，建立了长江口大范围潮流及物质输运平面二维数学模型，模拟浏河排出的氨氮在长江口输运过程，并分析其对陈行水源地安全的影响。研究结果表明浏河排水状况、长江口承载能力和自净能力均是陈行水源地安全的重要影响因素。提出在浏河口与陈行水库间建设隔堤的措施，发现当隔堤长度达 2 km 时已经能够明显减轻浏河排水对陈行水源地安全的影响，隔堤长度越长，效果越好。研究成果可为陈行水源地安全保障工作提供参考。

关键词：浏河；氨氮；长江口；隔堤；陈行水库；潮汐

为上海市供水的长江口三大水源地包括陈行水库、青草沙水库和东风西沙水库，其中陈行水库建成最早[1]。陈行水库位于宝山区西北部长江边滩，南面紧靠长江南支大堤，西面与宝钢水库相邻，东面紧邻小川沙河，目前供水能力 206 万 m^3/d，供水人口约 300 万，是当地重要水源[2]。

陈行水库属于小（一）型水库，供水安全天数仅有 6 d 左右，供水保证率不足 90%。长江口水源地安全威胁包括枯季盐水入侵[3]、藻类暴发[4]、沿江排水影响[5]等，受潮流影响，长江口内污染物水平分布存在往复运动的现象[6]，沿江排水对陈行水库影响最大。卢士强等[7]研究认为沿江排水中浏河影响居首且贡献率高于其他沿江排水总量之和，氨氮影响最为突出。茅志昌等[8]提出建污水处理厂等改善浏河水质措施，但王静雅等[9]对 2003 年以后浏河排水和陈行水库取水口受氨氮影响的关系进行分析时发现浏河排水期间对陈行水库的严重影响仍然存在，孙晓峰等[10]提出浏河排水对陈行水库的影响仍将长期存在。

虽然在陈行水源地日常运行中已经观察到了浏河排水带来的影响，但是相关科学研究仍然不够详尽。通过建立长江口平面二维潮流-物质输运数学模型，对不同影响因子变化下陈行水库取水口氨氮过程进行模拟，分析得出产生影响的主要因素；提出在浏河口与陈行水库之间建隔堤来缓解浏河排水不利影响的工程措施。研究结果可为陈行水库水源地安全保障措施的研究提供参考，为合理利用长江口淡水资源提供依据。

1 研究区域概况

1.1 长江口概况

长江口是中国最大的河口，上起徐六泾，全长约 182 千米。长江口河段在平面上呈扇形，为"三级分汊、四口入海"的河势格局。崇明岛将长江口分为北支和南支，长兴岛和横沙岛将南支分为北港和南港，九段沙将南港分为北槽和南槽。长江水通过北支、北港、北槽、南槽 4 个通道流入大海[9]。

基金项目：国家重点研发计划项目（2023YFC3208501）；国家自然科学基金项目（U2340225）；南京水利科学研究院中央级公益性科研院所基本科研业务费专项资金项目（Y223002，Y220013）；长江科学院开放研究基金资助项目（CK-WV20221007/KY）

作者简介：丁磊。E-mail：lding@nhri.cn
通信作者：缴健。E-mail：jjiao@nhri.cn

位于安徽省的大通水文站距离长江口 600 余千米,是距离长江口最近且不受潮汐影响的水文站。大通站多年平均流量 28 300 m³/s。2003 年三峡工程蓄水后使得径流年内分布发生改变,总体表现为枯季部分月份流量有所增加,洪季总体流量有所减小(图 1)。1950—2002 年洪季平均流量为 40 437 m³/s,2003—2016 年为 36 228 m³/s。

长江口为中等潮差河口,属于非正规浅海半日潮。长江口的潮汐特征主要表现为高潮不等:从春分到秋分,一般夜潮大于日潮;从秋分到翌年春分,日潮大于夜潮。

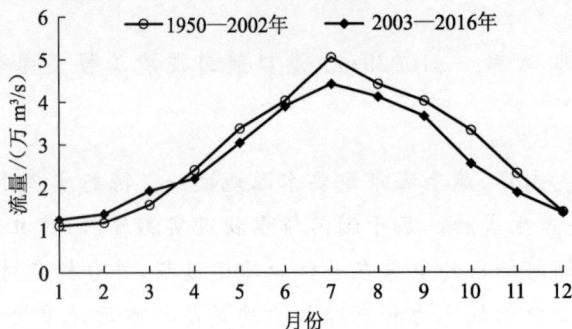

图 1　三峡蓄水前后大通月平均流量

1.2　浏河排水状况

浏河位于苏沪边界处,是太湖流域下游重要引排河道[11],浏河口在陈行水库上游约 5 km 且建有一座节制闸,兼具防洪除涝等功能。浏河闸一年中大部分时间闸门处于关闭状态,当发生区域洪水时会向长江排涝,浏河闸以排水为主(图 2)。洪季时浏河排水潮数与排水量明显多于枯季且排水量与排水潮数之间有很好的相关性。

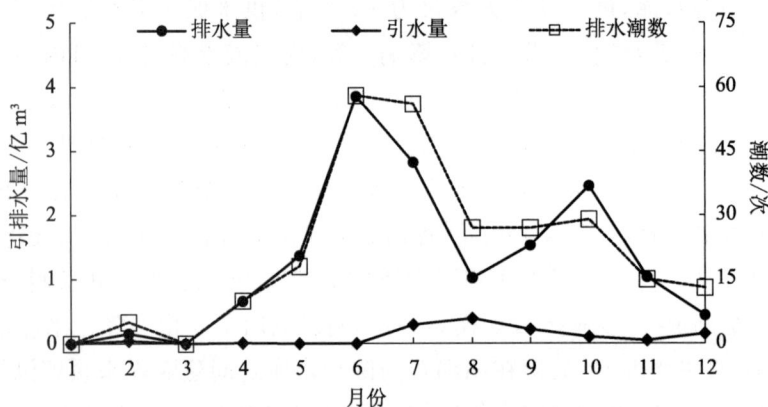

图 2　浏河闸各月引排水状况(2016 年)

进出水氨氮变化表明,取水氨氮数值在每年 6—9 月的梅雨季节偏高,均大于 0.5 mg/L(表 1),此时浏河排水频繁,可见浏河排水对于取水口氨氮的影响很大,其余时间氨氮数值基本稳定在 0.5 mg/L 以下[9]。

表 1　浏河下游水质状况

年份	水质等级				超标倍数			
	化学需氧量	五日生化需氧量	氨氮	总磷	化学需氧量	五日生化需氧量	氨氮	总磷
2011	Ⅲ	Ⅳ	劣Ⅴ	Ⅴ	—	0.1	1.3	0.6
2012	Ⅲ	Ⅳ	劣Ⅴ	劣Ⅴ	—	0.1	1.7	1.2
2013	Ⅰ	Ⅴ	劣Ⅴ	Ⅴ	—	0.6	1.0	0.7
2014	Ⅰ	Ⅴ	劣Ⅴ	Ⅴ	Ⅰ	0.9	4.1	0.9
2015	Ⅳ	Ⅴ	劣Ⅴ	Ⅳ	0.2	0.9	1.1	—

2 计算与分析

2.1 计算方法

利用 Delft3D 软件建立长江口大范围平面二维潮流盐度数学模型对盐度输运进行模拟,具体模型建立与验证过程见参考文献[12-13]。

2.2 模型方案及计算结果

2.2.1 方案计算条件

实测资料分析显示,长江口水域氨氮质量浓度总体在 0.3 mg/L 以上。模拟浏河排水时,浏河一次开闸排水 6 h,均在长江口南支落潮时,浏河闸每次排出污水流量为 840 m^3/s。偏安全考虑,数学模型中氨氮按保守性物质处理。模型上游边界取恒定流,潮位过程与验证时相同。数值试验方案各组次主要条件设置如表 2 所示。

表 2 数值试验方案各组次主要条件设置

| 方案 | 氨氮/(mg/L) | | 浏河排水模式 | | 长江水动力条件 | | 风况 |
	长江	浏河	连续排水天数/d	潮数	流量/(m^3/s)	潮型	无风
一	0.40	5.00	5	每天两潮	44 255	大潮	无风
二	0.40	8.00	5	每天两潮	44 255	大潮	无风
三	0.40	2.00	5	每天两潮	44 255	大潮	无风
四	0.45	5.00	5	每天两潮	44 255	大潮	无风
五	0.45	5.00	3	每天两潮	44 255	大潮	无风
六	0.45	5.00	5	第 1 天两潮,后 4 天一潮	44 255	大潮	无风
七	0.45	5.00	5	前 4 天一潮,第 5 天两潮	44 255	大潮	无风
八	0.40	5.00	5	每天两潮	30 465	大潮	无风
九	0.40	5.00	5	每天两潮	44 255	小潮	无风
十	0.40	5.00	5	每天两潮	44 255	大潮	10 m/s,SE

2.2.2 氨氮质量浓度影响

方案一以最大潮为中心,排水开始为最大潮的前 2 d,按连续排水 5 d、每天排水两潮进行计算。分析时段包括排水开始后 8 d,其中前 5 d 每天排水两潮,后 3 d 浏河不排水。方案一取水口氨氮过程见图 3(a)。根据《生活饮用水卫生标准》(GB 5749—2006),氨氮质量浓度超过 0.50 mg/L 时,不能取水。由图 3 可知:第 1 个峰值最小,是因为取水口第一次受排水影响,此前本底质量浓度低;第 5、6 次峰值小于除第 1 个峰值外的其他峰值,是因为第 5、6 次峰值是受最大潮当天的两潮排水影响,说明潮动力强时水体自净能力强,使得氨氮质量浓度升高小于其他潮差相对较小的天数。

浏河排出污水所含氨氮的质量浓度不同,对陈行水库取水口的影响也不同。方案二、三计算结果表明,其他条件相同时,浏河污水中氨氮质量浓度越大,对陈行水库的威胁越大,见图 3(b)、图 3(c)。

方案一及方案四结果对比说明,长江氨氮质量浓度对陈行水库取水安全影响很大,长江氨氮质量浓度的升高降低了长江口的承载能力,水源地安全受到威胁增大。方案四中:排水的 5 d 里,尤其是后 4 d,取水口氨氮质量浓度均高于 0.50 mg/L,不能取水;排水的第一天,排水后 2 h 内,取水口受排水影响较小,仍能取水,此后将不能取水;排水结束后,再经过 12 h,取水口氨氮才回落到 0.50 mg/L。

（a）方案一

（b）方案二

（c）方案三

（d）方案四

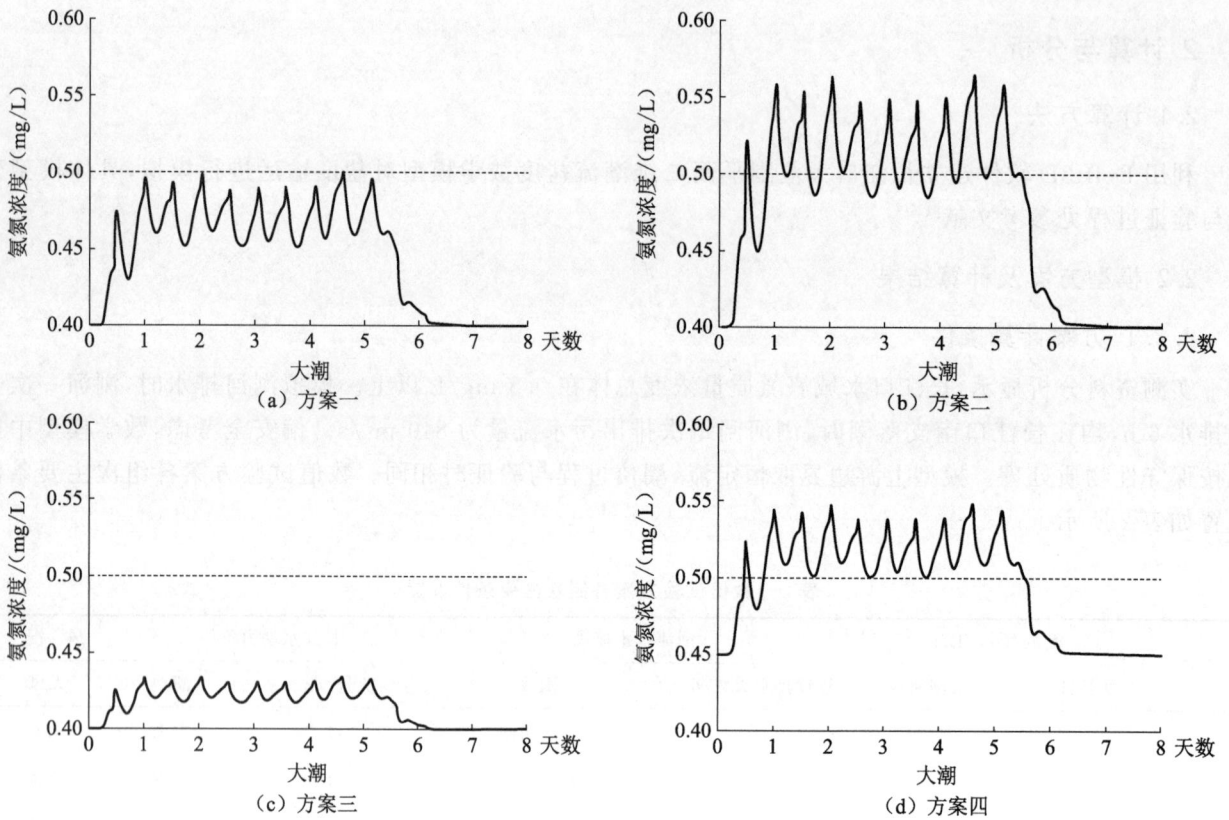

图 3　方案一～方案四陈行水库取水口氨氮过程

2.2.3　浏河排水方式影响

排水潮数不同，陈行水库取水口受排水影响程度也不同，如图 3（d）及图 4（a）所示。方案五计算结果表明，排水潮数减少并没有使得陈行水库取水口最大氨氮质量浓度发生很大的改变，仍然接近 0.55 mg/L。说明连续排水并不会对陈行水库取水口氨氮质量浓度产生累积效应。明显峰值随着排水潮数减少为 6 个，不可取水的时间相应缩短。

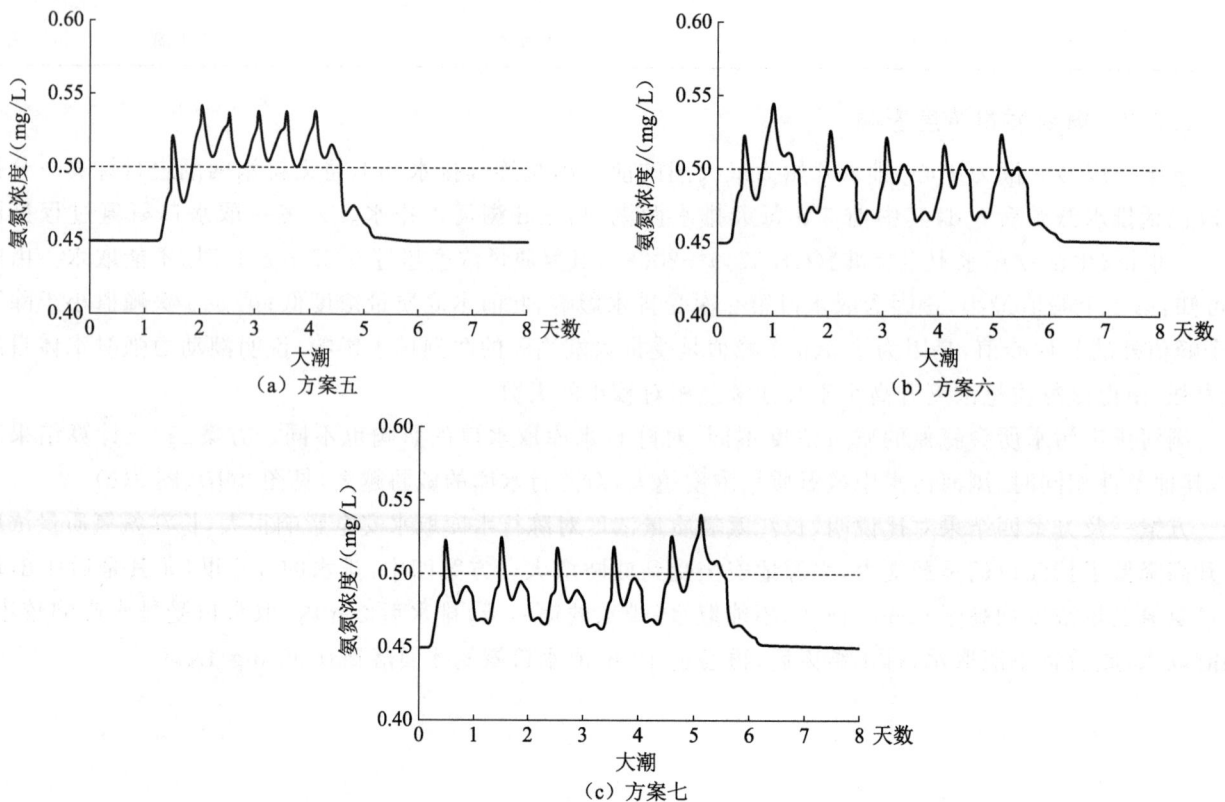

（a）方案五

（b）方案六

（c）方案七

图 4　方案五～方案七陈行水库取水口氨氮过程

排水潮数相同的情况下,排水间隔越大,对陈行水库取水口影响的天数越多,但影响的程度越小,如图3所示。与方案五相比,虽然方案六、七出现氨氮超标天数增多,但每天超标的时间较少,总超标的时间少于方案五。

2.2.4 长江水动力条件及风况影响

方案八与方案一相比,取水口出现了氨氮超标的时刻,且质量浓度比方案一时大,说明径流量的减小降低了长江口的自净能力,使得陈行水库取水口受浏河排水的影响加剧。

方案九以最小潮为中心,按连续排水5 d,每天排水两潮,其他条件与方案一相同。小潮排水时,取水口氨氮过程仍为10个明显的峰值,但同一天中两个峰值之间的大小与大潮时有明显差异。一天中较大的峰值超过0.5 mg/L,使得陈行水库取水口受影响。总的来说,小潮时,潮动力减弱使得水体自净能力减弱,对水源地取水水质不利。

方案十在方案一的基础上考虑了风的影响。长江口夏季盛行东南风。方案十加入了持续的10 m/s的东南风,大于长江口夏季5 m/s左右的平均风速,其他设置与方案一相同。方案十陈行水库取水口氨氮过程如图5(c)所示,可以看出,东南风并没有使得取水口受排水影响发生明显改变。因此,研究浏河排水对陈行水库影响时,风的影响可以忽略。

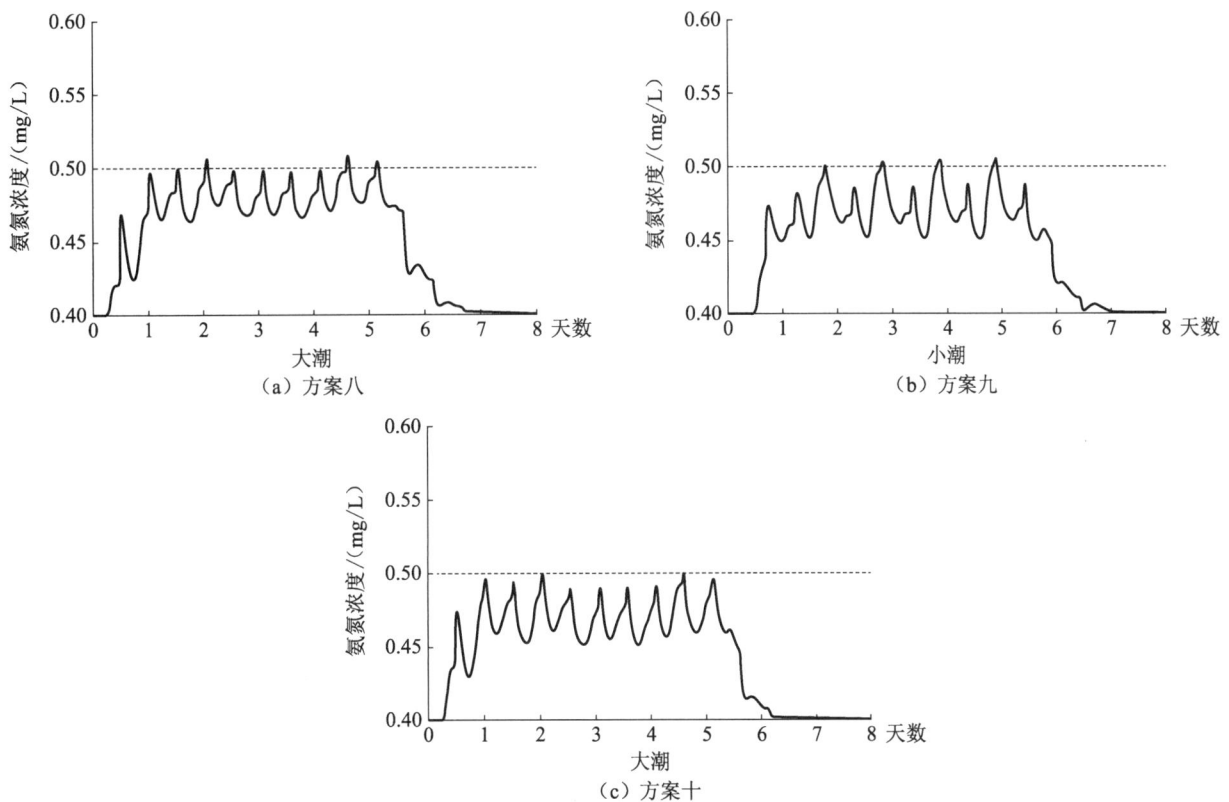

（a）方案八

（b）方案九

（c）方案十

图5　方案八～方案十陈行水库取水口氨氮过程

2.3 解决措施探究

根据模型计算结果,从源头上控制排水带来的影响,需降低浏河自身氨氮含量,控制浏河排污潮数,避免短时间内的集中排放。而从长江的角度,浏河排水对陈行水库影响程度则取决于长江口自身的承载能力和自净能力。长江口氨氮含量过高会降低含氨氮区间来水的承载能力,增大水源地安全风险。物理自净能力与水动力有关,径流量大、潮动力强均会增大长江口的物理自净能力,因此在污染源相同情况下,径流量大以及潮差大的时段陈行水库受到的不利影响更小。

针对长江口自身特点,提出了在南支南岸浏河口和陈行水库之间设置隔堤的措施,并利用数学模型对工程的效果进行分析。模拟隔堤位于陈行水库取水口上游2.5 km处。除设置隔堤外,其他条件与方案二相同。计算结果图6表明,当隔堤长度为1 km时,工程对陈行水库取水口的水质没有起到改善作用;当隔堤长度为2 km时,取水口氨氮质量浓度明显降低,且超标时间明显缩短;随着隔堤的进一步加长,取水口氨氮质量浓度进一步降低(图6)。

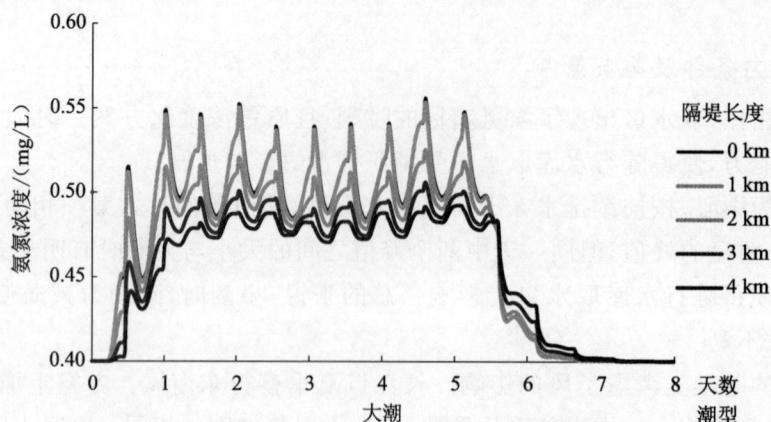

图6　拟建隔堤影响下陈行水库取水口氨氮过程(对比方案二)

因此,从减轻浏河排水对水源地影响而言,设置合理长度的隔堤是行之有效的工程措施。数值模拟计算表明,设置2 km长的隔堤时,工程效果已经开始显现,隔堤越长,降低浏河排水对水源地不利影响的效果越好。

3　结　语

径流和潮流是影响浏河排水对水源地安全威胁的主要因素,风场影响相对较小。合理控制浏河排水方式可有效降低对陈行水库的不利影响。在浏河口与陈行水库之间设置合适长度的隔堤是行之有效的工程措施,数值模拟结果表明设置2 km以上长度的隔堤,可使得陈行水库受浏河排水影响明显减小。

参考文献

[1]　DING L,DOU X P,GAO X Y,et al. Response of salinity intrusion to winds in the Yangtze Estuary[M]//Hydraulic Engineering V. London:CRC Press,2017:241-247.

[2]　陈缘,孔令婷,刘曙光,等. 河口型水源地供水安全风险分类评估方法比选研究[J]. 海洋工程,2020,38(4):118-128.

[3]　丁磊,窦希萍,高祥宇,等. 长江口盐水入侵研究综述[C]// 中国海洋工程学会. 第十七届中国海洋(岸)工程学术讨论会论文集(下). 南宁,2015:1041-1045.

[4]　黄佳菁,朱骅,朱宜平. 上海长江口两大水源水库取水口浮游藻类群落情况分析[J]. 净水技术,2016,35(增刊2):47-51.

[5]　夏雪瑾,徐健,陈元卿,等. 上海沿江海支流排水对长江口杭州湾水质的影响[J]. 中国水运,2017(1):59-61.

[6]　李曰嵩,潘灵芝,杨红. 长江口海域污染物入海扩散模拟研究[J]. 海洋湖沼通报,2014(2):9-14.

[7]　卢士强,矫吉珍,林卫青. 区域排污对长江口水源地水质影响的数值模拟[J]. 人民长江,2013,44(21):112-116.

[8]　茅志昌,沈焕庭,陈景山. 浏河排污对罗泾河段南岸浅水区水质的影响[J]. 海洋湖沼通报,2003(2):37-40.

[9]　王静雅,祝一欣,程诚. 陈行水库十年进出水氨氮变化分析[J]. 中国水运(下半月),2014,14(2):201-202.

[10]　孙晓峰,韩昌来,王如琦,等. 上海长江口取水口、排水口和水源地规划研究[J]. 人民长江,2017,48(14):1-4+8.

[11]　许朋柱,沈国荣. 浏河引排水对城厢镇水质影响的数值计算[J]. 城市环境与城市生态,1992(2):6-11+16.

[12]　缪健,高祥宇,丁磊,等. 整治工程影响下分汊河口水动力变化研究[J]. 海洋工程,2019,37(2):76-83.

[13]　丁磊,陈黎明,高祥宇,等. 长江口水源地取水口盐度对径潮动力的响应[J]. 水利水运工程学报,2018(5):14-23.

台风影响下磨刀门盐度扩散特征分析

尧红成[1,2],徐龑文[1,2],张　蔚[1,2],杨　洁[2]

(1. 河海大学 水灾害防御全国重点实验室,江苏 南京　210024;2. 河海大学 港口海岸与近海工程学院,
江苏 南京　210024)

摘要:基于 SCHISM 模型建立了用于模拟台风期间磨刀门水道水动力和盐度变化过程的三维数值模型,以 2022 年台风"纳沙"为例,研究了枯水期台风影响下磨刀门盐度扩散特征。结果表明:台风过境导致磨刀门咸潮上溯距离增加了 1.07 倍,使得沿岸泵站取水口咸度超标;在台风引起的强北风作用下,外海高浓度盐水涌入水道,加强盐淡水层化;台风期间径流不足 4 000 m³/s,0.5 咸水界上溯超过竹银站,直接影响珠海全市取水口的正常供水。

关键词:咸潮上溯;台风;珠江口;径流量

在气候变化和人类活动的影响下,世界范围内河口咸潮上溯都有明显加剧的趋势,咸潮上溯导致的淡水资源供应不足问题已成为河口区域发展所面临的严重威胁之一。咸潮上溯是河口地形[1]、潮汐[2]、径流[3]、风[4]等多种因素综合作用的结果。其中,潮汐和径流的强弱关系是咸潮上溯的主导因素,但风也起着重要的作用[5-6]。

珠江河口是粤港澳大湾经济区的核心区域,具有重要的国家发展战略地位。然而,珠江河口地区经常受到咸潮上溯的影响,尤其是在磨刀门河口,这对中山、珠海和澳门等城市的供水安全构成威胁[7]。为此,国内外众多学者研究了珠江口的咸潮上溯规律、咸潮上溯驱动因子、水体混合层化特征、全球气候变化和人类活动对咸潮上溯的影响等,取得了不少研究成果[8-11]。

本文基于 SCHISM 模型,模拟了台风作用下磨刀门三维水流盐度变化过程。研究聚焦于台风对磨刀门水道盐度扩散的影响,探讨了咸潮上溯对径流变化的响应。这一研究不仅有助于深入理解河口动力过程,还对保障珠江三角洲供水安全、减轻咸潮灾害及促进可持续发展具有实际价值。

1 研究区域概况

珠江口是中国最大的河口之一,具有复杂而独特的水动力环境特征。珠江口上游径流自西江、北江和东江,途经虎门、蕉门、洪奇门、横门、磨刀门、鸡啼门、虎跳门和崖门八大口门注入南海北部。磨刀门水道作为西江的主要出海口门,年径流量占西江淡水排放总量的 28.3%。磨刀门为强径弱潮型河口,径流量呈周期性变化:洪季径流量大,抑制咸潮上溯;枯季径流量减少,潮汐作用强,咸潮上溯现象更显著。

台风"纳沙"是 2022 年太平洋台风季中第 20 个被命名的风暴。2022 年 10 月 15 日"纳沙"在西北太平洋面上生成,之后向西移动且强度不断增加,于 10 月 17 日加强为强台风,随后"纳沙"沿着西南方向移动,于 10 月 19 日在我国海南省南部降为热带风暴并逐渐消亡。由于台风"纳沙"的影响,珠江口 10 月 17 日至 19 日的小潮期水位显著上升,期间盛行偏北风,最大风速为 11 m/s。同时,10 月份珠江流域进入枯水期,台风过境期间西北江径流量降至 2 290 m³/s,最终导致磨刀门水道大量外海咸水进入,严重影响了周边城市供水安全。

基金项目:国家重点研发计划项目(2021YFC3001000);中央高校基本科研业务费项目(B240201003);国家自然科学基金(42006155)

通信作者:徐龑文。E-mail:yanwenxu@hhu.edu.cn

2 研究方法

基于 SCHISM 模型,构建了磨刀门水域的三维水流盐度数值模型。模型范围涵盖中国南海北部区域,网格分辨率为 20 m 至 500 m,如图 1 所示。上游边界控制站点高要、石角、博罗、老鸦岗、石咀站实测流量。外海边界条件使用 TPXO8 全球大洋潮汐反演模式得到的潮时间序列,外海边界盐度取值 35,盐度初始场由循环运行模型达到平衡状态后取定。

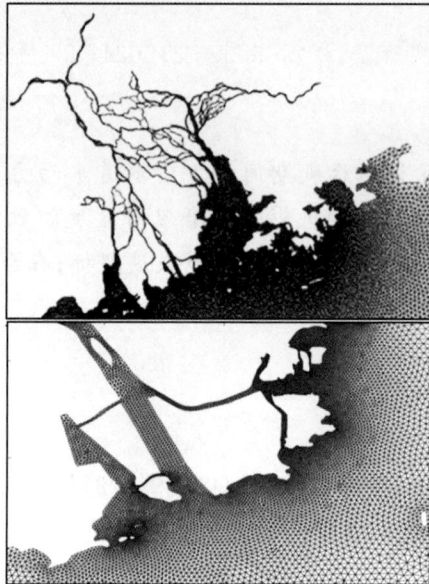

图 1　珠江水动力-盐度数学模型计算范围与网格示意

模型采用 2022 年 10 月 17—20 日磨刀门灯笼山站和西河站实测水位及盐度数据对模型进行率定和验证。图 2 和图 3 分别给出了相关站点的水位与盐度时间序列。图中黑线表示模型计算值,星号表示实测值。总体来看,模型的结果较好,能够较为准确地表现出磨刀门水道水位与盐度的变化过程,可用于数据处理与分析。

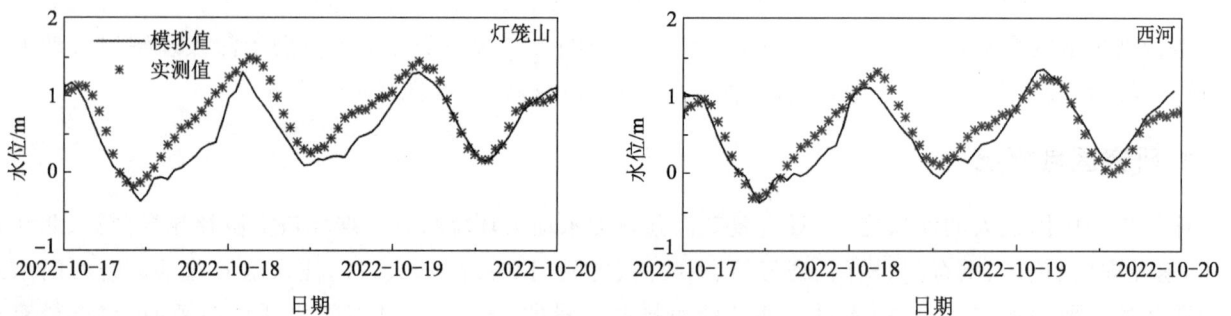

图 2　水位验证

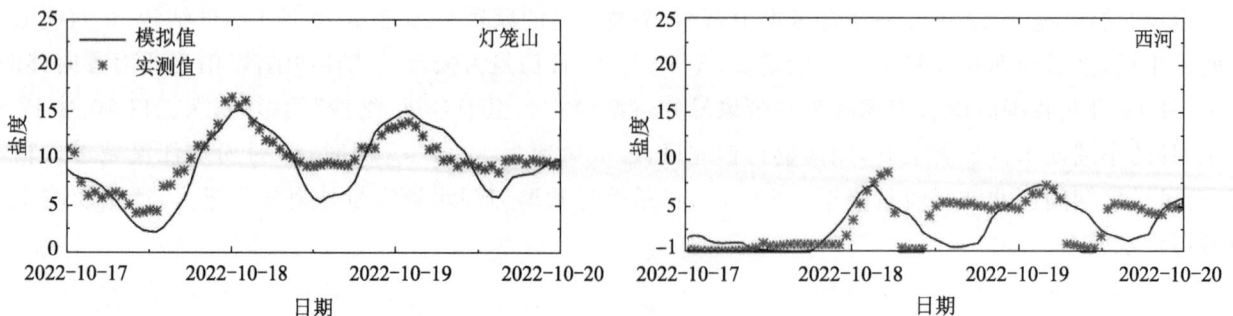

图 3　盐度验证

3 结果分析

3.1 台风对磨刀门盐度扩散的影响

咸潮上溯时,磨刀门水道上游淡水与口外咸水因密度差异,形成淡水在表咸水在底的水体分层现象。在径流、周期性潮汐动力以及风的作用下,盐淡水水体混合层化发生周期性的变化,改变了河口水动力条件,影响着河口能量交换以及盐度、悬沙、污染物等物质输移过程。为了探讨磨刀门水道枯水期台风对水体混合层化基本特征的影响,利用梯度 Richardson 数[12]分析台风期水体垂向各层的层化混合状态,梯度 Richardson 数由如下公式计算:

$$Ri = -\frac{g}{\rho}\frac{\partial \rho}{\partial z}\left(\frac{\partial u}{\partial z}\right)^{-2} \tag{1}$$

式中:z 为垂向距离;u 为各层流速;ρ 为水体沿水深密度;g 为重力加速度。磨刀门层化混合状态临界值取 $Ri=1$,当 $Ri>1$ 时,层化作用较大,水体趋于稳定,垂向密度差较大;当 $Ri<1$ 时,混合作用较大,水体紊动强烈。

为了方便讨论,对 Richardson 数做了对数处理,$\lg Ri = 0$ 作为水体层化与混合的临时值,正值处于层化状态,负值处于混合状态,计算结果如图 4 所示。沿水道选取了口门外 P1、口门处 P2、主水道与洪湾水道交汇处 P3 以及平岗泵站处 P4 四个测点进行计算,从 P1 至 P4,大于 0 的面积先增大后减小,说明水体的层化沿上游方向先增强后减弱。P1 口门外拦门沙附近,受台风风暴增水的影响,大量盐水灌入河道,水体垂向紊动作用强烈,混合作用相对较强。沿上游方向径流引起的势能增大,潮动力减弱,导致表底层盐度差较大,低浓度盐水上溯距离较远,水体层化效应加强。由于台风期洪湾水道流速较大且流向向陆,咸水倒灌向磨刀门水道输送了大量盐分,增大了水体的密度梯度,从而在 P3 点洪湾水道和磨刀门连接处附近出现层化最大值区域,水体垂向层化作用较强。P4 点由于水体含盐度很低,水体表底层盐度差较小,所以垂向的分层现象不是很明显,层化作用相对较弱。从 P1 至 P4 点,可以看出 $\lg Ri$ 最大值区域中心在不断下沉,这也体现了磨刀门盐水楔的时空变化。

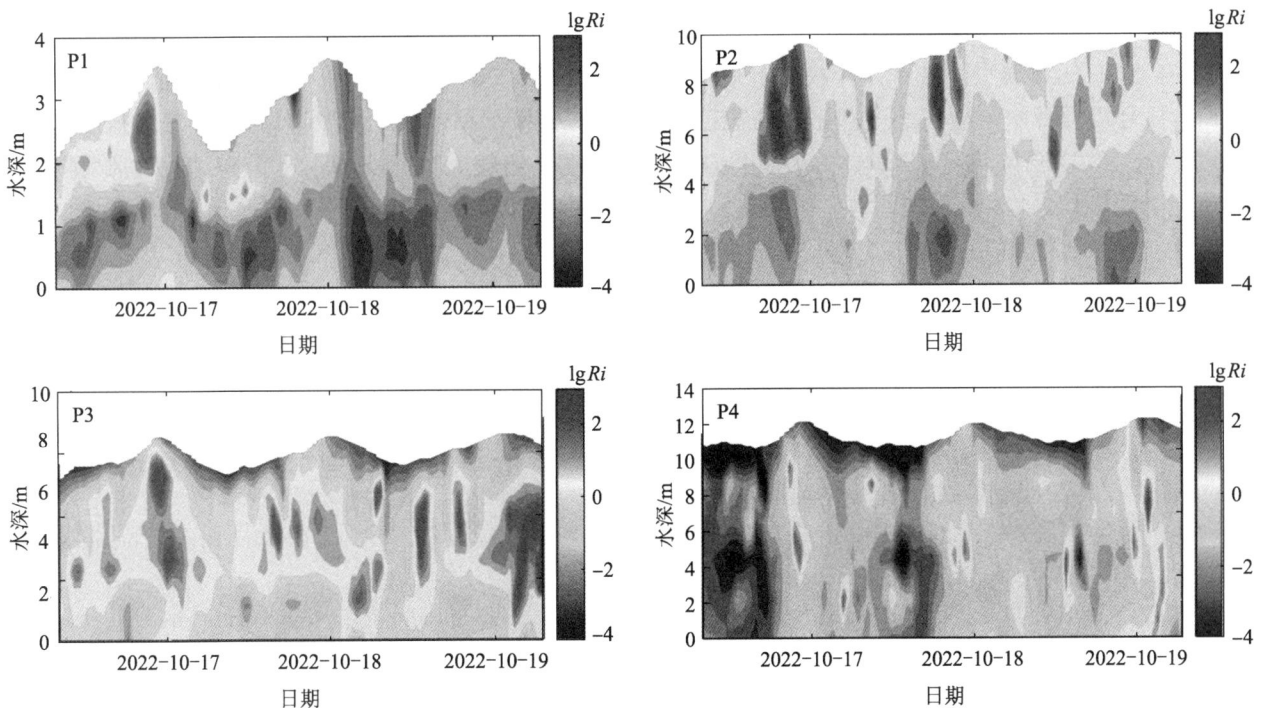

图 4 磨刀门水道各测点垂向梯度 Richardson 数随时间变化

3.2 径流对台风期盐度扩散的影响

风暴增水与径流强度都是影响河口咸潮上溯的重要因素。2022 年 10 月珠江流域上游下泄径流不断减少,中旬叠加了台风"纳沙"的影响,致使珠江口出现了严重的咸潮上溯。在台风影响期间,磨刀门水道正处在小潮时期,盐度在深槽处囤积,同时,上游西北江径流量骤降至不足 2 500 m³/s。磨刀门 0.5 盐度等值线从无风状态时的联石湾水文站附近,在台风期上溯至全禄水厂处,台风风暴潮致使磨刀门咸水界增加了约 1.07 倍。

为进一步分析台风和径流复合作用对咸潮上溯距离的响应规律,起点设定于口门外拦门沙处,沿磨刀门水道的纵向深泓线断面,选取盐度 0.5 作为临界盐度绘出不同径流量条件下咸潮上溯距离变化过程线,如图 5 所示。在台风"纳沙"的影响下,磨刀门咸潮上溯距离比正常天气下上溯距离显著增加,且径流越小,台风期咸潮上溯的距离相对无风期的距离更远。咸潮上溯距离随径流减小而增加,咸潮持续时间也更长。当西北江来流不足 10—12 月历史平均来流量(约 4 000 m³/s)时,台风"纳沙"期间 0.5 咸水界上溯将超过竹银站,直接影响珠海市全市泵站的淡水取用和供应。

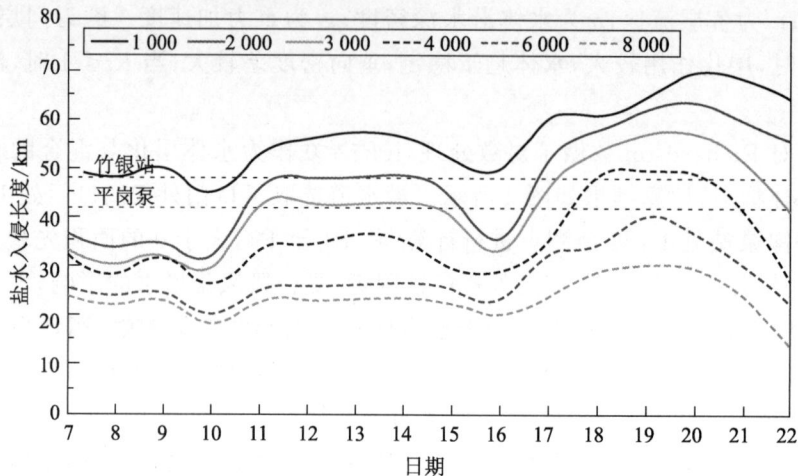

图 5　风暴潮与不同径流量组合影响下磨刀门咸潮上溯距离变化

4　结　语

基于 SCHISM 模型建立了用于模拟台风期间磨刀门水道水动力和盐度变化的三维数值模型,模拟了 2022 年强台风"纳沙"影响下磨刀门水道的盐度输移过程,分析了枯水期台风影响下的磨刀门盐度扩散特征。研究表明,受台风"纳沙"影响,枯水期磨刀门咸潮上溯距离较无风状况增加了 1.07 倍,台风"纳沙"总体上使得水体盐淡水层化效应增强。当西北江上游径流小于 10—12 月历史平均流量时,台风"纳沙"将对珠海、中山等大湾区城市供水安全造成严重威胁。

参考文献

[1] RALSTON K D, GEYER R W. Response to channel deepening of the salinity intrusion, estuarine circulation, and stratification in an urbanized estuary[J]. Journal of Geophysical Research: Oceans, 2019, 124(7): 4784-4802.

[2] CAI H, SAVENIJE G H H, YANG Q, et al. Influence of river discharge and dredging on tidal wave propagation: Modaomen Estuary Case[J]. Journal of Hydraulic Engineering, 2012, 138(10): 885-896.

[3] TIAN R. Factors controlling saltwater intrusion across multi-time scales in estuaries, Chester River, Chesapeake Bay [J]. Estuarine, Coastal and Shelf Science, 2019, 223: 61-73.

[4] CHEN S N, SANFORD L P. Axial wind effects on stratification and longitudinal salt transport in an idealized, partially mixed estuary[J]. Journal of Physical Oceanography, 2009, 39(8): 1905-1920.

[5] NORTH E W, CHAO S Y, SANFORD L P, et al. The influence of wind and river pulses on an estuarine turbidity maximum: Numerical studies and field observations in Chesapeake Bay[J]. Estuaries, 2004, 27(1): 132-146.

[6] LI L, ZHU J R, WU H, et al. Lateral saltwater intrusion in the North Channel of the Changjiang Estuary[J]. Estuaries and Coasts, 2014, 37(1): 36-55.

[7] 罗琳,陈举,杨威,等. 2007—2008 年冬季珠江三角洲强咸潮事件[J]. 热带海洋学报, 2010, 29(06): 22-28.

[8] GONG W P, LIN Z Y, ZHANG H, et al. The response of salt intrusion to changes in river discharge, tidal range, and

winds, based on wavelet analysis in the Modaomen Estuary, China[J]. Ocean and Coastal Management, 2022, 219, 106060.

［9］　XU Y W, HOITINK A J F, ZHENG J H, et al. Analytical model captures intratidal variation in salinity in a convergent, well-mixed estuary[J]. Hydrology and Earth System Sciences, 2019, 23(10), 4309-4322.

［10］　林中源, 胡晓张, 邹华志, 等. 磨刀门咸潮上溯对河口拦门沙地形变化的响应研究[J/OL]. 水资源保护, https://link.cnki.net/urlid/32.1356.TV.20240229.1059.018.

［11］　YANG F, XU Y W, ZHANG W, et al. Assessing the influence of typhoons on salt intrusion in the Modaomen Estuary within the Pearl River Delta, China[J]. Journal of Marine Science and Engineering, 2024, 12(1): 22.

［12］　STACEY M T, RIPPETH T, NASH J D. Turbulence and stratification in estuaries and coastal seas[M]//WOLANSKI E, MCLUSKY DS. Treatise on Estuarine and Coastal Science, Waltham: Academic Press, 2011: 9-35.

南三龙铁路跨闽江大桥通航水流条件研究

王秀红[1,2]，胡　颖[1,2]，马爱兴[1,2]，曹民雄[1,2]

(1. 南京水利科学研究院，江苏 南京　210029；2. 港口航道泥沙工程交通行业重点实验室，江苏 南京 210024)

摘要：南三龙铁路正线及合福联络线跨闽江大桥受两侧铁路、公路以及南平地震台保护范围、山区地形、铁路转弯半径、站场布置等因素限制，桥位无法调整，桥墩布置需尽量避免对水流产生过大的影响，桥区的通航水流条件是铁路桥梁方案的重要制约因素。利用二维水流数学模型计算分析了建桥后桥区河段的通航水流条件，提出了两座桥梁的通航净空尺度有关技术要求及安全保障措施，为桥梁设计和航道主管部门审批提供技术依据。

关键词：通航；水流条件；净空尺度

近年来，随着国家经济建设的高速发展，铁路桥梁建设取得了实质性突破，桥梁建设过程中对桥梁建设后的通航水流条件进行了大量的研究，取得了大量研究成果[1-9]。南三龙铁路是杭广铁路的重要组成部分，是长三角经海西至珠三角最便捷的快速铁路，对于促进海峡西岸经济区第二经济带发展具有重要意义。受两侧铁路、公路以及南平地震台保护范围、山区地形、铁路转弯半径、站场布置等因素限制，桥位无法调整，桥墩布置需尽量避免对水流产生过大的影响，桥区的通航水流条件是铁路桥梁方案的重要制约条件。项目于 2012 年启动相关研究工作，于 2018 年全线贯通。作为全线重要节点工程，南三龙铁路跨闽江大桥正线在南平沙溪与建溪两江汇流口下游 7.0 km 跨越闽江，其合福联络线在两江汇流口下游 5.5 km 跨越闽江，与既有铁路连接(图 1)，桥址处于水口水电站库区回水末端，河道顺直，非汛期水流平缓，汛期水流流速增大，河床基本稳定，桥轴线法线与水流流向夹角为 17°，交角偏大。利用数学模型进行了通航水流计算，提出了航道整治措施以改善通航条件，为工程建设提供了技术支撑。

图 1　研究河段示意

1 工程概况

1.1 水文条件

两座大桥位于两江交汇口下游水口电站变动回水区，其水文条件主要受控于水口电站运行方式，又受到桥位上游西溪与建溪汇流后径流的影响。水口电站死水位 55 m，设计最低通航水位 57 m，汛期限制水

基金项目：南京水利科学研究院中央级公益性科研院所基本科研业务费专项资金项目(Y219004)

通信作者：王秀红。E-mail：wangxiuhong@nhri.cn

位 61 m,正常蓄水位 65 m。十里庵水文站位于南平市城区闽江干流上,位于大桥上游约 4 km,设立于 1935 年 6 月,为闽江上游控制站,属国家级重点站,有水位、流量、泥沙、水温、降雨和蒸发等观测项目,并担负着闽江的水文情报和预报,1994 年终止了流量和泥沙的测验。目前沙溪已建沙溪口电站。沙溪口电站为二等工程,大坝和泄水建筑物泄洪标准按 100 年一遇设计,1 000 年一遇洪水校核。各频率的入库洪峰流量统计参数如表 1 所示。

表 1　洪峰流量统计参数

站名	洪峰流量 $(P=1\%)$ /(m³/s)	洪峰流量 $(P=2\%)$ /(m³/s)	洪峰流量 $(P=5\%)$ /(m³/s)	洪峰流量 $(P=10\%)$ /(m³/s)	洪峰流量 $(P=20\%)$ /(m³/s)	洪峰流量 $(P=50\%)$ /(m³/s)
十里庵	33 200	30 300	26 400	23 200	19 800	14 446
沙溪口	20 300	18 500	15 900	13 900	11 800	8 710

1.2 桥梁建设方案

南三龙铁路跨闽江大桥正线推荐采用(118＋216＋118＋138)m 双线钢构连续梁,合福联络线闽江大桥桥型推荐方案采用(118＋216＋118)m 双线钢构连续梁,两桥主跨均为 216 m。闽江干流自上游向下游分别为既有铁路大桥、闽江大桥、废弃桥墩等涉水建筑物。

1.3 航道现状及规划

大桥处于闽江干流南平延福门至水口大坝航段的上段,设计航宽 50 m,设计水深 1.9 m,弯曲半径大于 220 m,为通航 2×500 t 级顶推船队的双向航道,航标按内河一类航标配布。该段在规划中被纳入国家高等级航道网,规划为Ⅳ级航道。

2 试验结果分析

2.1 模型建立与验证

用平面二维浅水方程作为水流计算的控制方程,主要方程如下:

$$\frac{\partial h}{\partial t}+\frac{\partial(uh)}{\partial x}+\frac{\partial(vh)}{\partial y}=0 \tag{1}$$

$$\frac{\partial u}{\partial t}+u\frac{\partial u}{\partial x}+v\frac{\partial u}{\partial y}+g\left(\frac{\partial h}{\partial x}+\frac{\partial\alpha_0}{\partial x}\right)-fv-\frac{\varepsilon_{xx}}{\rho}\cdot\frac{\partial^2 u}{\partial x^2}-\frac{\varepsilon_{xy}}{\rho}\cdot\frac{\partial^2 u}{\partial y^2}+\frac{gu}{c^2 h}\sqrt{u^2+v^2}=0 \tag{2}$$

$$\frac{\partial v}{\partial t}+u\frac{\partial v}{\partial x}+v\frac{\partial v}{\partial y}+g\left(\frac{\partial h}{\partial y}+\frac{\partial\alpha_0}{\partial y}\right)+fu-\frac{\varepsilon_{xy}}{\rho}\cdot\frac{\partial^2 v}{\partial x^2}-\frac{\varepsilon_{yy}}{\rho}\cdot\frac{\partial^2 v}{\partial y^2}+\frac{gv}{c^2 h}\sqrt{u^2+v^2}=0 \tag{3}$$

式中:x、y 是水平坐标轴;u、v 为 x、y 轴向流速;t 是时间变量;g 为重力加速度;h 为水深;α_0 为河床泥面高程;ρ 为水流密度;f 为科氏力参数,计算区域较小时,可不考虑科氏力的影响;ε_{xx}、ε_{xy}、ε_{yx}、ε_{yy} 为紊动黏滞系数;c 为谢才系数,计算时利用曼宁公式进行转换。

利用有限体积法求解基本方程的数值解。研究河段岸滩条件复杂,边滩、礁石等淹没和露滩、露礁频繁。为了合理模拟该流域的水流形态,模型闭边界采用干湿判别的动边界。根据收集、测量的地形资料建立二维数学模型,选择数模上边界为沙溪与建溪上游约 4 km 处,下边界至两江汇合口下游 44 km,计算河段全长约 48 km。桥区工程河段采用 2011 年 9 月实测 1∶2 000 地形图,其余河段采用 2005 年 7 月测量的 1∶2 000 地形图,根据地形特征对计算区域进行了网格剖分,计算网格由三角形六结点和四边形八结点相结合的等参变网格单元构成。上游为流量边界,下游为水位边界。在网格划分时对桥位处局部区域进行了网格加密处理,桥墩采用出水边界处理。经率定调试得到河段糙率为 0.020～0.032。利用实测资料对模型进行了验证,水位过程(图 2)、断面流速(图 3)验证表明平面二维水流数学模型能较好地反映整个计算河段的水流运动,可用于工程前后对比分析。

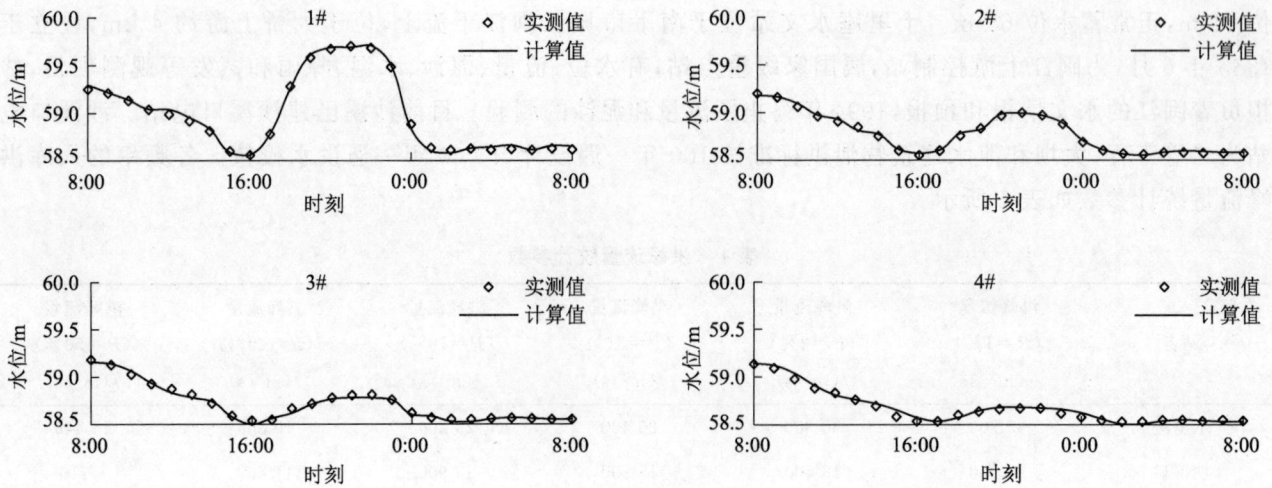

图 2　水位过程验证

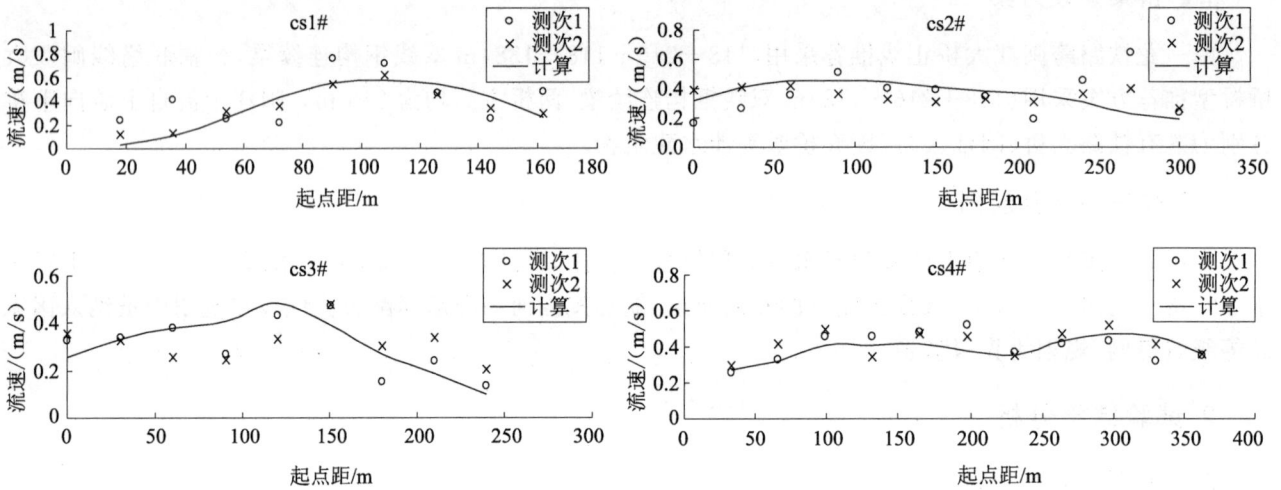

图 3　流速验证过程

2.2　工程影响计算水文条件

分析桥梁工程建设对桥区通航水流的影响时,最高通航水位按照桥区 10 年一遇、5 年一遇、2 年一遇洪水与下游水口电站正常蓄水位 65 m 组合计算;最低通航水位计算按西溪入流 265 m³/s,下游水口电站水位 57 m 考虑(表 2)。

表 2　计算工况

水文条件	上边界西溪流量 Q/(m³/s)	上边界建溪流量 Q/(m³/s)	闽江干流流量 Q/(m³/s)	下边界水位/m
2 年一遇	8 710	5 736	14 446	65
5 年一遇	11 800	8 000	19 800	65
10 年一遇	13 900	9 300	23 200	65
最低通航水位	265	0	265	57

2.3　通航水流条件

《内河通航标准》(GB 50139—2022)、《福建省内河航运发展规划》中将 2×500 t 级顶推船队作为闽江干流通航船型,其尺度为 111.0 m×10.8 m×1.6 m(总长×型宽×设计吃水),相应双线航道宽度 50 m、水深 1.9 m、弯曲半径 330 m。

设计最高通航水位为跨越桥梁通航净空的起算水位,两座大桥的最高通航水位及梁底标高之差远大于通航净高,满足净高 8 m 的要求(表 3)。

表 3 合福联络线及南平至龙岩铁路两座大桥要求净高

桥　名	最高通航水位/m	要求的通航净高/m	通航净高要求梁底高程/m	设计梁底标高/m
合福联络线闽江大桥	69.54	8	77.54	121.312
南平至龙岩铁路闽江大桥	69.02	8	77.02	117.013

研究分析表明两座大桥采用单孔双向通航存在的主要问题是废弃桥墩与拟建桥墩距离不满足要求,废弃桥墩使航线布置受限。最高通航水位时废弃桥墩周围流态复杂,桥区横流超过 0.8 m/s,桥墩附近横流占据较大范围;设计最低通航水位时,桥区上下游局部航深不足。

针对以上问题,为确保两桥单孔双向通航,采用以下工程措施:清除废弃桥墩以改善流态与调整航线;调整桥区航线,使水流与航线尽量平行;对桥区上下游局部河道航深不足处进行炸礁开挖,其中开挖至 55 m 主要为解决航深不足问题,局部开挖至 51 m 主要解决横向流速过大问题;两座大桥承台埋深降低至河道泥面线以下。

采取工程措施后,桥墩周围 0.55 m/s 的横向流速主要集中在桥墩周围 10 m 附近。不超过 0.55 m 横流航线方向的合福联络线通航净宽为 150.1~155.4 m,跨闽江大桥正线通航净宽为 150.4~168.4 m,满足双向通航净宽 150 m 的要求。

表 4 建桥后各级流量条件下桥区 0.55 m/s 横流以内航宽及通航条件

桥名	流量条件	措施后净宽/m	航道中心线流速/(m/s)	航道中心线流向/(°)	净宽要求/m
合福联络线	2 年一遇	155.4	3.2~3.8	134.8~146.0	150
	5 年一遇	153.4	4.0~4.8	134.7~145.6	150
	10 年一遇	150.1	4.5~5.4	134.7~145.3	150
正线	2 年一遇	168.4	2.9~3.2	110.5~124.8	150
	5 年一遇	166.2	3.7~4.1	110.7~125.1	150
	10 年一遇	150.4	4.2~4.6	110.8~125.3	150

3 结　语

利用二维水流数学模型计算分析了建桥后桥区河段的通航水流条件,提出了两座桥梁的通航净空尺度有关技术要求及安全保障措施,得出的主要结论如下:

(1)大桥所在河段规划为Ⅳ级航道,以 2×500 t 级顶推船队作为闽江干流通航船型,其尺度为:111.0 m×10.8 m×1.6 m(总长×型宽×设计吃水),相应双线航道宽度 50 m、水深 1.9 m、弯曲半径 330 m,单线航道宽度 30 m、水深 1.9 m、弯曲半径 330 m。

(2)合福联络线闽江大桥最高、最低通航水位分别为 69.54 m、57.03 m;南平至龙岩铁路闽江大桥最高、最低通航水位分别为 69.02 m、57.02 m,通航净高满足要求。

(3)大桥采用方案(118+216+118)m 桥型结构时,采用单孔双向通航方式,桥区上下游疏浚炸礁,降低承台埋深、调整航线等措施后,航道内最大横向流速小于 0.55 m/s 的航线向通航净宽满足双向通航净宽 150 m 的要求。

(4)推荐方案在落实相关的安全保障措施的前提下,合福联络线闽江大桥桥型布置及通航孔净空尺度可以满足设计代表船型安全地通过大桥。大桥的桥墩布设对水域通航环境有一定的碍航影响,但对航经该水域船舶的影响较小。

💡 参考文献

[1] 付旭辉,刘予希.兰江铁路桥通航水流条件数值模拟[J].广东水利水电,2024(2):81-86.
[2] 杜双全,王云莉,张有林,等.岷江老木孔航电枢纽工程施工期坝区通航方案及通航水流条件研究[J].水运工程,2023

(8):149-156.

[3] 陈婷婷,胡阳,周玉洁,等. 航道疏浚对复杂桥群河段通航水流条件影响的试验研究[J]. 水运工程,2022(9):99-105.

[4] 陈建,李昕,陈晨,等. 郑济铁路山东段跨黄河特大桥对通航条件的影响[J]. 华北水利水电大学学报(自然科学版),2021,42(5):66-73.

[5] 袁国培. 丘陵区连续多弯河段水利枢纽坝址选择[J]. 红水河,2021,40(2):52-56.

[6] 万柳明,李朋杰. 跨河桥梁通航水流条件数值模拟[J]. 水利科技与经济,2018,24(2):28-33.

[7] 严军,卓飞,陈建,等. 沙河京广铁路大桥河段通航水流条件数值模拟[J]. 黑龙江水利,2015,1(10):1-7.

[8] 刘臣,李少年,马殿光. 琼州海峡新海汽车轮渡码头通航水流条件分析[J]. 海岸工程,2014,33(2):12-19.

[9] 吴玉林,王凤娟. 渝利铁路韩家沱长江大桥通航问题研究[J]. 中国水运(下半月刊),2010,10(8):194.

综合技术

多吊点升船机复杂动力行为的分析模型

陈　林[1,2],胡亚安[1,2],李中华[1,2],郭　超[1,2]

(1. 南京水利科学研究院,江苏 南京　210029;2. 通航建筑物建设技术交通行业重点实验室,江苏 南京 210029)

摘要:船舶、升船机大型化已成为新时期水运交通行业的发展趋势。根据第二类拉格朗日方程建立了 14 自由度的卷扬式垂直升船机耦合系统动力学模型,该模型充分考虑了承船厢、钢丝绳、平衡重、机械提升卷扬机、同步轴以及承船厢中的水体,研究了主提升机扭振、承船厢纵倾振动与承船厢中水体晃动三者之间的耦合关系,以某大型升船机为例对纵倾运动稳定性条件和影响稳定性的关键因素进行了分析。研究表明:提升钢丝绳刚度、同步轴刚度能显著提高系统的纵倾稳定性,提高转矩平衡重在总平衡重中的设计比率可以提高纵倾稳定性,但收效较小。

关键词:全平衡卷扬式垂直升船机;纵倾稳定性;临界吊点中心距;李雅普诺夫运动稳定性判据;全耦合模型

升船机机械提升系统布置,尤其是船厢吊点分布与平衡重配置方式,对船厢运行的平稳性有着重要影响。提升悬吊机构与船厢构成超静定受力体系,难以通过静力平衡条件得到船厢的受力特性,而且升船机涉及水动力学、机械、液压、电气控制等众多学科,问题较为复杂。尽管中国在 2016 年颁布了升船机国家标准[1],但是在升船机的设计中,很多技术参数只能通过类比已建工程或通过物理模型试验验证、优化。中国已建的岩滩、水口、思林、构皮滩、三峡[2-7]等大型升船机均进行了包括机械提升、自动调平、事故安全在内的大比尺全整体动态模型试验。

在机械提升系统模拟研究方面,一般采用三维数学理论模型推导与仿真相结合的方法[8]对机械同步系统的受力特性进行分析。从三峡升船机的实践开始,国内掀起了升船机动力学的研究热点,其后,升船机理论与数值仿真研究逐渐受到重视。Liao[9]推导了四吊点船厢的振动动力学方程,并提出了吊点间距的设计公式,目前该公式已被升船机设计规范收录;陈涛[10]运用动力学仿真软件 Adams12.0 建立了三峡升船机传动系统的 1/2 模型;肖立等[11]利用子结构法建立了岩滩升船机整体动力学模型;王君等[12]用动态子结构法建立了三峡升船机的主传动系统的动力学模型;计三有和陈定方[13]建立了岩滩水电站 1× 250 t 垂直升船机主提升系统的动态仿真模型,并进行了计算机仿真。李林凌等[14]运用拉格朗日(Lagrange)方程建立升船机提升系统扭转振动的数学模型,并运用 MATLAB 计算模型的固有频率和主振型。在升船机设计与控制方面,有文献[15-18]重点论述了卷扬平衡式垂直升船机提升系统各个组成部分的技术难点,并从理论与实践层面对升船机的设计与布置提出了理论与技术的优化建议。

尽管单项子系统的研究工作是十分必要的,但是升船机各子系统之间是互相耦合的,而分割的、简单的单项研究不能在整体上把握一个复杂系统,船厢系统同时涉及复杂的机-厢-水、机-厢-水-船、机-厢-水-船-水-气的多相多维流固耦合作用,因此需要对升船机这种巨大复杂的系统进行整体研究。

文献[19-22]通过理论建模的方法推导了浅水情况下的船厢-水体耦合作用机理;廖乐康和张圣坤[23]根据流体力学势流理论和刚体动力学原理,建立了描述升船机承船厢悬挂系统的刚体竖直振动及纵摆振

基金项目:中国博士后科学基金(2021M701752);南京水利科学研究院中央级公益性科研院所基本科研业务费专项资金项目(Y122009)

通信作者:陈林。E-mail:229073561@qq.com

动和厢内水体运动相互耦合的非线性动力学数学模型,提出了系统线性稳定性的判定方法;程熊豪等[24]通过理论分析,推导了一种使全平衡卷扬式垂直升船机系统保持稳定的临界吊点中心距的理论计算公式,依据该公式研究了高扬程对系统稳定性的影响规律;杨志勇[25]得到了承船厢-流体耦合系统的动力学方程,计算了承船厢在几种不同激励下其内部流体的动力学响应,并推导了钢丝绳悬吊系统的动力学方程,得到了整个悬吊系统-承船厢-流体的动力学方程;张阳等[26]对承船厢的纵倾稳定性、钢丝绳临界吊点中心距的计算方法、各子系统的稳定特性及响应快速性进行了研究,提出了一种承船厢耦合系统纵倾稳定特性的分析方法。

目前国内升船机船厢规模均相对较小,通过能力受到一定限制,解决与船闸相近尺度的大船厢升船机相关技术难题,实现超大升程大尺度升船机单级提升过坝,将大大降低工程投资并提高枢纽通过能力。因此,超高升程、大尺度船厢升船机建设的制约因素,是未来发展绿色航运枢纽和通航建筑物必须突破的重大技术瓶颈之一。

1 动力学建模

充分考虑船厢内水体的浅水波动特性,开展耦合系统的理论分析,从理论层面探究影响船厢纵倾稳定性的主次要因素。

1.1 主提升机械系统

主提升系统是一个复杂的、多台电机共同驱动的闭式系统,存在复杂的机电耦合和刚弹性耦合问题。而在研究卷扬式垂直升船机纵倾稳定性时,这些复杂的问题影响很小,不考虑机电耦合、刚弹性耦合,建模时不考虑提升过程中钢丝绳长度变化导致的悬吊钢丝绳刚度的变化。

承船厢在运行过程中发生纵倾运动,此时夹紧装置、安全制动器和工作制动器均已松开,液压调平系统锁死。主提升系统(图1)主要由提升机构(B_1、B_2、B_3、B_4、K_1、K_2、K_3、K_4)、同步轴系统(C、t_1C、t_2C)以及平衡重系统(m_1、m_2、K_5、K_6、K_7、K_8、K_9、K_{10}、K_{11}、K_{12})组成,其中 B_1 和 B_2 为上游卷筒,B_3 和 B_4 表示下游卷筒,H_1、H_2 表示上游滑轮(部分工程也采用卷筒结构),H_3、H_4 表示下游滑轮,如图1所示。$K_1 \sim K_4$ 为上、下游侧钢丝绳的等效刚度;C 表示同步轴的刚度;t_1 为同步轴间的扭转刚度比;t_2 为同步轴与电机传动轴的扭转刚度比;考虑对称模型进行理论建模,m_1 为转矩平衡重的 1/4,m_2 为重力平衡重的 1/4,$K_5 \sim K_{12}$ 表示平衡重悬吊钢丝绳的等效刚度,主要考虑了提升扬程对于钢丝绳刚度的影响。

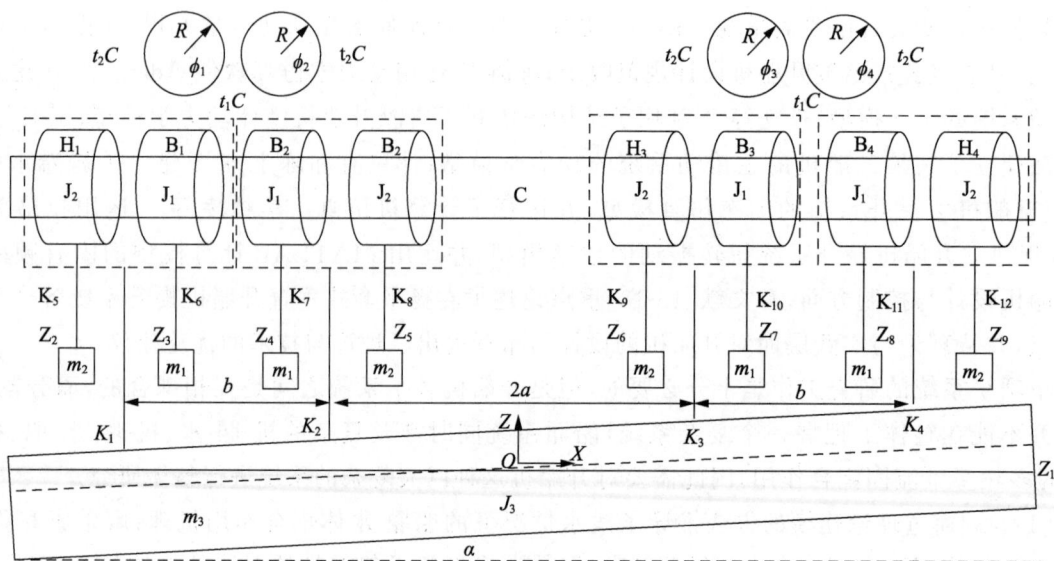

图 1 主提升系统、承船厢与水体耦合动力学模型

根据拉格朗日方程的基本原理,求得系统的动能、势能。14 自由度的多体耦合系统的动能 T 和势能 V 可以写成以下形式:

$$T = \frac{1}{2}J_1(\dot{\phi}_1^2 + \dot{\phi}_2^2 + \dot{\phi}_3^2 + \dot{\phi}_4^2) + \frac{1}{2}J_2(\dot{\phi}_1^2 + \dot{\phi}_2^2 + \dot{\phi}_3^2 + \dot{\phi}_4^2) + \frac{1}{2}J_3\dot{\alpha}^2 + \frac{1}{2}m_2\dot{Z}_2^2 + \frac{1}{2}m_1\dot{Z}_3^2 + \frac{1}{2}m_1\dot{Z}_4^2 \tag{1}$$
$$+ \frac{1}{2}m_2\dot{Z}_5^2 + \frac{1}{2}m_2\dot{Z}_6^2 + \frac{1}{2}m_1\dot{Z}_7^2 + \frac{1}{2}m_1\dot{Z}_8^2 + \frac{1}{2}m_2\dot{Z}_9^2 + \frac{1}{2}m_3\dot{Z}_1^2$$

$$V = \frac{1}{2}C(\phi_2 - \phi_3)^2 + \frac{1}{2}t_1C(\phi_1 - \phi_2)^2 + \frac{1}{2}t_1C(\phi_3 - \phi_4)^2 + \frac{1}{2}t_2C(\phi_1^2 + \phi_2^2 + \phi_3^2 + \phi_4^2) + \frac{1}{2}K_5(R\phi_1 + Z_2)^2$$
$$+ \frac{1}{2}K_6(R\phi_1 + Z_3)^2 + \frac{1}{2}K_7(R\phi_2 + Z_4)^2 + \frac{1}{2}K_8(R\phi_2 + Z_5)^2 + \frac{1}{2}K_9(R\phi_3 + Z_6)^2 + \frac{1}{2}K_{10}(R\phi_3 + Z_7)^2$$
$$+ \frac{1}{2}K_{11}(R\phi_4 + Z_8)^2 + \frac{1}{2}K_{12}(R\phi_4 + Z_9)^2 + \frac{1}{2}K_1[R\phi_1 - Z_1 + (a+b)\alpha]^2 + \frac{1}{2}K_2[R\phi_2 - Z_1 + a\alpha]^2$$
$$+ \frac{1}{2}K_3[R\phi_3 - Z_1 - a\alpha]^2 + \frac{1}{2}K_4[R\phi_4 - Z_1 - (a+b)\alpha]^2$$
$$\tag{2}$$

式中：$2a$ 为内侧吊点中心距；b 为上（下）游侧吊点的中心距；R 为卷筒或滑轮（卷筒）的半径；J_1 为卷筒的等效转动惯量；J_2 为滑轮（卷筒）的等效转动惯量；J_3 为承船厢及厢内水体的等效转动惯量；$\phi_1 \sim \phi_4$ 分别表示卷筒、滑轮在上下游侧的转动角位移；$Z_2 \sim Z_9$ 为重力、转矩平衡重在竖直方向的振动位移；Z_ϕ 为承船厢在竖直方向的振动位移。

将式（1）、式（2）代入第二类拉格朗日方程，求导并整理得到主提升系统的动力学方程组（3）～（14）：

$$J_1\ddot{\phi}_1 + J_2\ddot{\phi}_1 + t_1C(\phi_1 - \phi_2) + t_2C\phi_1 + K_5R(R\phi_1 + Z_2) + K_6R(R\phi_1 + Z_3) + K_1R[R\phi_1 - Z_1 + (a+b)\alpha] = 0 \tag{3}$$

$$J_1\ddot{\phi}_2 + J_2\ddot{\phi}_2 + C(\phi_2 - \phi_3) - t_1C(\phi_1 - \phi_2) + t_2C\phi_2 + K_7R(R\phi_2 + Z_4) + K_8R(R\phi_2 + Z_5) + K_2R[R\phi_2 - Z_1 + a\alpha] = 0 \tag{4}$$

$$J_1\ddot{\phi}_3 + J_2\ddot{\phi}_3 - C(\phi_2 - \phi_3) + t_1C(\phi_3 - \phi_4) + t_2C\phi_3 + K_9R(R\phi_3 + Z_6) + K_{10}R(R\phi_3 + Z_7) + K_3R[R\phi_3 - Z_1 - a\alpha] = 0 \tag{5}$$

$$J_1\ddot{\phi}_4 + J_2\phi v_4 - t_1C(\phi_3 - \phi_4) + t_2C\phi_4 + K_{11}R(R\phi_4 + Z_8) + K_{12}R(R\phi_4 + Z_9) + K_4R[R\phi_4 - Z_1 - (a+b)\alpha] = 0 \tag{6}$$

$$m_2\ddot{Z}_2 + K_5(R\phi_1 + Z_2) = 0 \tag{7}$$

$$m_1\ddot{Z}_3 + K_6(R\phi_1 + Z_3) = 0 \tag{8}$$

$$m_1\ddot{Z}_4 + K_7(R\phi_2 + Z_4) = 0 \tag{9}$$

$$m_2\ddot{Z}_5 + K_8(R\phi_2 + Z_5) = 0 \tag{10}$$

$$m_2\ddot{Z}_6 + K_9(R\phi_3 + Z_6) = 0 \tag{11}$$

$$m_1\ddot{Z}_7 + K_{10}(R\phi_3 + Z_7) = 0 \tag{12}$$

$$m_1\ddot{Z}_8 + K_{11}(R\phi_4 + Z_8) = 0 \tag{13}$$

$$m_2\ddot{Z}_9 + K_{12}(R\phi_4 + Z_9) = 0 \tag{14}$$

1.2 承船厢系统

根据文献[24]，厢内浅水晃动的控制方程可以表示为：

$$M = -J_s(\ddot{\theta} + \ddot{\alpha}) + C_s(\alpha - \theta) \tag{15}$$

$$\ddot{\theta} + \frac{10gh}{L^2}\theta - \ddot{\alpha} = 0 \tag{16}$$

其中，g 为重力加速度；L 为承船厢内水域纵向长度；h 为厢内设计水深；$J_s = \rho BhL^3/24$，$C_s = \rho BhL^3/12$，B 为承船厢内水域横向宽度，ρ 为水的密度；代入式（15）、式（16）得到式（17）：

$$M = -\frac{\rho BhL^3}{12}\ddot{\alpha} + \frac{5\rho Bgh^2L - \rho BhL^3}{12}\theta + \frac{\rho BhL^3}{12}\alpha \tag{17}$$

F 为动水压力与静水压力对承船厢底造成的水动载荷，根据文献[24]的相关表述，积分可得 $F=0$。

$$F=\int_{-L/2}^{L/2}Bp_{y=-h}\mathrm{d}x+\int_{-L/2}^{L/2}\rho gB\left[h-(\alpha-\theta)\right]\mathrm{d}x-\int_{-L/2}^{L/2}\rho gBh\mathrm{d}x=0 \tag{18}$$

其中，p 为承船厢中水体自由表面晃动产生的压力。

同样可利用第二类拉格朗日方程，得到承船厢结构的动力学方程组(19)～(20)：

$$m_3\ddot{Z}_1-K_1[R\phi_1-Z_1+(a+b)\alpha]-K_2[R\phi_2-Z_1+a\alpha]-K_3[R\phi_3-Z_1-a\alpha]-K_4[R\phi_4-Z_1-(a+b)\alpha]=F \tag{19}$$

$$J_3\ddot{\alpha}+(a+b)K_1[R\phi_1-Z_1+(a+b)\alpha]+aK_2[R\phi_2-Z_1+a\alpha]-aK_3[R\phi_3-Z_1-a\alpha]$$
$$-(a+b)K_4[R\phi_4-Z_1-(a+b)\alpha]=M \tag{20}$$

1.3 耦合系统动力学模型

结合提升系统子结构和船厢子结构的动力学方程，并综合考虑水体晃荡的流固耦合作用，同时考虑系统的阻尼作用效应，整理可得位移耦合和压力耦合系统的动力学模型方程组(21)～(34)：

$$\ddot{\phi}_1+\frac{\gamma_1}{(J_1+J_2)}\dot{\phi}_1+\frac{[(t_1+t_2)C+(K_1+K_5+K_6)R^2]}{(J_1+J_2)}\phi_1-\frac{t_1C}{(J_1+J_2)}\phi_2-\frac{K_1R}{(J_1+J_2)}Z_1 \tag{21}$$
$$+\frac{K_5R}{(J_1+J_2)}Z_2+\frac{K_6R}{(J_1+J_2)}Z_3+\frac{K_1R(a+b)}{(J_1+J_2)}\alpha=0$$

$$\ddot{\phi}_3+\frac{\gamma_2}{(J_1+J_2)}\dot{\phi}_2-\frac{t_1C}{(J_1+J_2)}\phi_1+\frac{[(1+t_1+t_2)C+(K_2+K_7+K_8)R^2]}{(J_1+J_2)}\phi_2-\frac{C}{(J_1+J_2)}\phi_3-\frac{K_2R}{(J_1+J_2)}Z_1$$
$$+\frac{K_7R}{(J_1+J_2)}Z_4+\frac{K_8R}{(J_1+J_2)}Z_5+\frac{K_2Ra}{(J_1+J_2)}\alpha=0$$
$$\tag{22}$$

$$\ddot{\phi}_3+\frac{\gamma_3}{(J_1+J_2)}\dot{\phi}_3-\frac{C}{(J_1+J_2)}\phi_2+\frac{[(1+t_1+t_2)C+(K_3+K_9+K_{10})R^2]}{(J_1+J_2)}\phi_3-\frac{t_1C}{(J_1+J_2)}\phi_4 \tag{23}$$
$$-\frac{K_3R}{(J_1+J_2)}Z_1+\frac{K_9R}{(J_1+J_2)}Z_6+\frac{K_{10}R}{(J_1+J_2)}Z_7-\frac{K_3Ra}{(J_1+J_2)}\alpha=0$$

$$\ddot{\phi}_4+\frac{\gamma_4}{(J_1+J_2)}\dot{\phi}_4-\frac{t_1C}{(J_1+J_2)}\phi_3+\frac{[(t_1+t_2)C+(K_4+K_{11}+K_{12})R^2]}{(J_1+J_2)}\phi_4-\frac{K_4R}{(J_1+J_2)}Z_1 \tag{24}$$
$$+\frac{K_{11}R}{(J_1+J_2)}Z_8+\frac{K_{12}R}{(J_1+J_2)}Z_9-\frac{K_4R(a+b)}{(J_1+J_2)}\alpha=0$$

$$\ddot{Z}_2+\frac{\gamma_5}{m_2}\dot{Z}_2+\frac{K_5R}{m_2}\phi_1+\frac{K_5}{m_2}Z_2=0 \tag{25}$$

$$\ddot{Z}_3+\frac{\gamma_6}{m_1}\dot{Z}_3+\frac{K_6R}{m_1}\phi_1+\frac{K_6}{m_1}Z_3=0 \tag{26}$$

$$\ddot{Z}_4+\frac{\gamma_7}{m_1}\dot{Z}_4+\frac{K_7R}{m_1}\phi_2+\frac{K_7}{m_1}Z_4=0 \tag{27}$$

$$\ddot{Z}_5+\frac{\gamma_8}{m_2}\dot{Z}_5+\frac{K_8R}{m_2}\phi_2+\frac{K_8}{m_2}Z_5=0 \tag{28}$$

$$\ddot{Z}_6+\frac{\gamma_9}{m_2}\dot{Z}_6+\frac{K_9R}{m_2}\phi_3+\frac{K_9}{m_2}Z_6=0 \tag{29}$$

$$\ddot{Z}_7+\frac{\gamma_{10}}{m_1}\dot{Z}_7+\frac{K_{10}R}{m_1}\phi_3+\frac{K_{10}}{m_1}Z_7=0 \tag{30}$$

$$\ddot{Z}_8+\frac{\gamma_{11}}{m_1}\dot{Z}_8+\frac{K_{11}R}{m_1}\phi_4+\frac{K_{11}}{m_1}Z_8=0 \tag{31}$$

$$\ddot{Z}_9+\frac{\gamma_{12}}{m_2}\dot{Z}_9+\frac{K_{12}R}{m_2}\phi_4+\frac{K_{12}}{m_2}Z_9=0 \tag{32}$$

$$\ddot{\alpha} + \frac{\gamma_{13}}{\left(J_3 + \frac{\rho BhL^3}{12}\right)}\dot{\alpha} + \frac{(a+b)K_1 R}{\left(J_3 + \frac{\rho BhL^3}{12}\right)}\phi_1 + \frac{aK_2 R}{\left(J_3 + \frac{\rho BhL^3}{12}\right)}\phi_2 - \frac{aK_3 R}{\left(J_3 + \frac{\rho BhL^3}{12}\right)}\phi_3 - \frac{(a+b)K_4 R}{\left(J_3 + \frac{\rho BhL^3}{12}\right)}\phi_4$$

$$+ \frac{[(K_3 + K_4 - K_1 - K_2)a + (K_4 - K_1)b]}{\left(J_3 + \frac{\rho BhL^3}{12}\right)}Z_1 + \frac{[(a+b)^2 K_1 + a^2 K_2 + a^2 K_3 + (a+b)^2 K_4] - \frac{\rho BhL^3}{12}}{\left(J_3 + \frac{\rho BhL^3}{12}\right)}\alpha$$

$$+ \frac{\frac{\rho BhL^3 - 5\rho Bgh^2 L}{12}}{\left(J_3 + \frac{\rho BhL^3}{12}\right)}\theta = 0 \tag{33}$$

$$\ddot{Z}_1 + \frac{\gamma_{14}}{m_3}\dot{Z}_1 - \frac{K_1 R}{m_3}\phi_1 - \frac{K_2 R}{m_3}\phi_2 - \frac{K_3 R}{m_3}\phi_3 - \frac{K_4 R}{m_3}\phi_4 + \frac{(K_1 + K_2 + K_3 + K_4)}{m_3}Z_1 \tag{34}$$

$$+ \frac{[(K_3 + K_4 - K_1 - K_2)a + (K_4 - K_1)b]}{m_3}\alpha = 0$$

式中：$\gamma_1 \sim \gamma_4$ 表示主提升系统的扭转振动阻尼系数；$\gamma_5 \sim \gamma_{12}$ 表示平衡重系统的竖向振动阻尼系数；γ_{13} 为承船厢纵倾运动的阻尼系数；γ_{14} 为承船厢竖向振动的阻尼系数。

1.4 求解过程

系统的全耦合方程为式(21)～式(34)与式(16)，直接利用以上耦合方程，很难直接判定系统的稳定性，根据李雅普诺夫(Lyapunov)第二法[19]稳定性理论判定振动系统稳定性的思路，将上述方程变换为一阶线性耦合方程组，常系数线性系统具备零解稳定性的充要条件是所有特征值的实部为负。

2 应用

2.1 工程案例

根据某大型升船机的设计参数，按照对称模型处理，计算耦合系统各关键变量的值。船厢侧钢丝绳刚度 $K_1 = K_2 = K_3 = K_4 = 5.61 \times 10^7$ N/m(船厢处于最低点)；重力平衡重钢丝绳刚度 $K_5 = K_8 = K_9 = K_{12} = 1.62 \times 10^8$ N/m(船厢处于最低点)；转矩平衡重钢丝绳刚度 $K_6 = K_7 = K_{10} = K_{11} = 1.35 \times 10^8$ N/m(船厢处于最低点)；转矩平衡重转动惯量 $J_1 = 1.73 \times 10^6$ kg·m²；重力平衡重转动惯量 $J_2 = 5.53 \times 10^5$ kg·m²；船厢纵向倾斜的转动惯量 $J_3 = 1.85 \times 10^{10}$ kg·m²；重力平衡重质量 $m_1 = 1.65 \times 10^6$ kg；转矩平衡重质量 $m_2 = 1.025 \times 10^6$ kg；船厢总质量 $m_3 = 1.07 \times 10^7$ kg；$t_1 = 2.46$；$t_2 = 2$；$C = 7.06 \times 10^5$ N/m；$R = 2.3$ m；$\gamma_1 = \gamma_2 = \gamma_3 = \gamma_4 = 7.94 \times 10^6$ N·s；$\gamma_5 = \gamma_8 = \gamma_9 = \gamma_{12} = 1.29 \times 10^6$ N·s/m；$\gamma_6 = \gamma_7 = \gamma_{10} = \gamma_{11} = 1.49 \times 10^6$ N·s/m；$\gamma_{13} = 9.24 \times 10^9$ N·s；$\gamma_{14} = 4.90 \times 10^6$ N·s/m；$\rho = 1\ 000$ kg/m³；$a = 25.2$ m(注：设计吊点中心距为 $2a$)；$b = 20.5$ m；$L = 144$ m；$B = 12.4$ m；$h = 3.9$ m。

2.2 转矩平衡重对纵倾稳定的影响

14 自由度多体耦合动力学模型充分考虑了转矩平衡重，其对纵倾稳定性的影响如表1所示。表1中 m_3 表示承船厢与厢内水体总质量，$4m_1/m_3$ 为转矩平衡重相较总质量的百分比。表1表明：增大转矩平衡重的占比确实可以提高船厢的纵向稳定性，但是效果较小，当占比增大1倍时，纵倾稳定安全系数 $[2a/(2a_{cs})]$ 增加约1.8%。从布置的角度来说，增加转矩平衡重占比会给主提升机构设备带来一系列的尺寸变化，不经济。

表1　转矩平衡重比率（$4m_1/m_3$）对承船厢纵倾稳定性的影响

组次	$4m_2/t$	$(4m_1/m_3)/\%$	a_{cs}/m	$2a/(2a_{cs})$
1	4 100	38.32(设计)	11.2	2.25
2	5 200	48.6	11.1	2.27

续表

组　次	$4m_2/t$	$(4m_1/m_3)/\%$	a_{cs}/m	$2a/(2a_{cs})$
3	5 350	50	11.1	2.27
4	8 200	76.64	11.0	2.29

2.3 提升高度(钢丝绳刚度)对纵倾稳定性的影响

钢丝绳刚度是悬吊系统纵倾稳定性的重要影响因素,且船厢侧钢丝绳刚度与平衡重钢丝绳刚度相关联,首先计算船厢位于不同高程时的钢丝绳刚度,然后计算得到船厢运行过程位于不同高程时的临界吊点中心线距 a_{cs},如表2所示。

随着提升高度的增加,维持纵倾稳定所需的临界吊点中心距越来越小(从11.2 m至9.4 m),即升船机系统的纵倾稳定性逐步增强,纵倾稳定安全系数最大增加19.1%,主要原因是随着提升高度的增加,悬吊钢丝绳的长度变短,钢丝绳弹性减小,刚度迅速增加,从而增强承船厢的抗倾覆能力。可以想象,钢丝绳横截面积越大,刚度也相应增大,越有利于增强系统的稳定性。

表2　提升钢丝绳刚度对承船厢纵倾稳定性的影响

组　次	提升钢丝绳 长度/m	船厢侧 钢丝绳刚度/(N/m)	重力平衡重 钢丝绳刚度/(N/m)	转矩平衡重 钢丝绳刚度/(N/m)	a_{cs}/m
1	105.08	5.61×10^7	1.62×10^8	1.35×10^8	11.2
2	75.00	7.86×10^7	9.43×10^7	7.86×10^7	10.5
3	43.68	1.35×10^8	6.73×10^7	5.61×10^7	9.4

2.4 同步轴刚度对纵倾稳定的影响

同步轴系统作为主提升机的重要部分,既保证了提升机之间的同步,又保证了承船厢的平稳运行,表3为 a_{cs} 随同步轴刚度的变化情况。

表3　同步轴刚度对承船厢纵倾稳定性的影响

组　次	刚度增量/%	a_{cs}/m
1	设计值	11.2
2	10	10.7
3	30	10.3

随着同步轴刚度的稳步增加,纵倾稳定性也随之提高,同步轴刚度越大,提升机卷筒之间的相对转角越小,主提升机系统的同步性越好。对于案例,当同步轴刚度增加30%时,纵倾稳定安全系数提高8.9%,主要是由于同步轴利用自身的刚度来抵消由纵倾运动引起的转矩差。因此,适当增加同步轴刚度,可以显著提高纵倾稳定性。

3　结　语

文中建立了升船机耦合系统纵倾稳定性的动力学计算模型,量化分析了承船厢纵倾稳定性的影响因素,主要结论如下:

(1)建立了考虑系统阻尼的主提升机械系统、承船厢结构运动及厢内浅水晃动的14自由度机械-结构-流体耦合动力学模型,提高转矩平衡重在总平衡重中的设计比率确实可以提高纵倾稳定性,但收效较小;随着运行高程的增加,船厢侧钢丝绳的刚度迅速增加,刚度增加140.6%时船厢纵倾稳定安全系数增加约19.1%;同步轴刚度增加30%能够使得纵倾稳定安全系数提高约8.9%。工程上建议通过提高钢丝绳刚度(或增大钢丝绳截面面积)和同步轴刚度来加强系统的纵倾稳定性。

(2)李雅普诺夫判据判定承船厢纵倾稳定性的理论分析结果与文献[19]的结果总体一致,但仍需深化研究。

参考文献

[1]　中华人民共和国水利部.升船机设计规范:GB51177—2016[S].北京:中国计划出版社,2016.
[2]　胡亚安,李中华,等.乌江思林水电站垂直升船机1∶10全整体物理模型试验研究报告[R].南京:南京水利科学研究院,2010.
[3]　胡亚安,李中华,王丽铮,等.三峡升船机通航与运行保障关键技术研究——课题一:三峡升船机标准船型尺度及技术要求研究[R].南京:南京水利科学研究院,2015.
[4]　胡亚安,李中华,韩剑波,等.乌江构皮滩三级垂直升船机关键技术研究[R].南京:南京水利科学研究院,2012.
[5]　胡亚安,李中华,韩剑波,等.福建水口升船机原型观测[R].南京:南京水利科学研究院,2006.
[6]　包钢鉴,陈锦珍,暴兴汉,等.广西岩滩水电站工程250t级垂直升船机整体模型试验研究[R].南京:南京水利科学研究院,1999.
[7]　包钢鉴,陈锦珍,暴兴汉,等.福建水口水电站2×500 t级垂直升船机整体模型试验研究[R].南京:南京水利科学研究院,1997.
[8]　石端伟.机械动力学[M].第2版.北京:中国电力出版社,2012:67-89.
[9]　LIAO L K. Safety analysis and design of full balanced hoist vertical ship lifts[J]. Structural Engineering and Mechanics,2014,49(3):1-17.
[10]　陈涛.三峡升船机传动系统虚拟样机设计[D].大连:大连理工大学,2006.
[11]　肖立,石端伟,尚涛.岩滩垂直升船机整体动力学建模与计算机仿真[J].武汉大学学报(工学版),2001(5):113-116.
[12]　王君,蒋海青,单越康.基于子结构法的升船机主传动系统的动力学建模[J].中国计量学院学报,2003(2):37-39.
[13]　计三有,陈定方.250 t垂直升船机主提升系统的动态特性仿真[J].交通与计算机,1996(3):58-61.
[14]　李林凌,郭应龙,吴功平,等.大型垂直升船机主提升系统的建模探讨[J].水利电力机械,1999(3):20-24.
[15]　朱仁庆,吴有生,王延东.升船机提升系统技术分析[J].造船技术,1998(10):23-25.
[16]　石端伟,廖乐康.钢丝绳卷扬垂直升船机设计的动力学问题探讨[J].武汉水利电力大学学报,2000(5):52-55.
[17]　廖乐康,于庆奎,吴小宁.钢丝绳卷扬垂直升船机设备布置设计与研究[J].人民长江,2009,40(23):61-64.
[18]　包纲鉴,陈锦珍.卷扬垂直升船机水动力学一些问题的探讨[J].水利水运科学研究,1998(4):397-403.
[19]　ZHANG Y,SHI D W,LIAO L K,et al. Pitch stability analysis of high-lift wire rope hoist vertical shiplift under shallow water sloshing-structure interaction[J] Proceedings of the Institution of Mechanical Engineers,Part K:Journal of Multi-body Dynamics,2019,223(4):942-955.
[20]　ZHANG Y,SHI D W,XIAO T,et al. Pitch Stability Analysis for mechanical-hydraulic-structural-fluid coupling system of high-lift hoist vertical shiplift[J]. Journal of Mechanical Engineering,2020,66(4):266-275.
[21]　CHENG X H,SHI D W,LI H X,et al. Influence of structural parameters on pitching stability of a vertical shiplift[J]. SN Applied Sciences,2020,2(9):311-327.
[22]　ZHANG Y,SHI D W,SHI L,et al. Analytical solution of capsizing moments in ship chamber under pitching excitation[J]. Archive Proceedings of the Institution of Mechanical Engineers Part C Journal of Mechanical Engineering Science,2019,233(15):5294-5301.
[23]　廖乐康,张圣坤.承船厢二维非线性晃动的分析[J].船舶力学,2006(2):47-55.
[24]　程熊豪,石端伟,李红享,等.高扬程全平衡卷扬式垂直升船机系统稳定性分析[J].中国机械工程,2019,30(8):919-925.
[25]　杨志勇.全平衡重垂直升船机特殊情况的动力学分析[D].大连:大连理工大学,2015.
[26]　张阳,石端伟,肖童,等.全平衡卷扬式垂直升船机液压动态调平下的纵倾稳定特性研究[J].机电工程,2020,37(7):758-763.

人工智能在海洋工程中的应用

滕　玲,钱明霞,陈昊袭

(南京水利科学研究院,江苏 南京　210029)

摘要:本文探讨了人工智能(AI)在海洋工程领域的应用前景和发展趋势。AI技术通过机器学习、深度学习和计算机视觉等手段,提高了海洋监测、资源开发和工程设计的效率与精确度。在海洋监测方面,AI能够分析多源数据,预测海洋灾害,分析生物多样性。在资源开发领域,AI助力油气和矿产资源勘探,优化渔业资源管理,并评估可再生能源潜力。在工程设计与施工中,AI优化结构设计,提高施工智能化水平,并进行损伤检测与风险管理。AI尽管在海洋工程中展现出巨大潜力,但也面临海洋环境复杂、数据获取难和安全性要求高等挑战。未来,AI预计将与大数据和机器人技术进一步融合,推动海洋工程向更高层次的智能化发展。

关键词:人工智能;海洋工程;机器学习;大数据;海洋监测

海洋工程作为一门融合了海洋学、工程学、环境科学等多个领域的综合性学科,在全球范围内引起了广泛关注。它不仅包括石油、天然气、矿产、渔业等海洋资源的勘探与开发,还涵盖了海上平台、海底管线、港口设施等海洋结构的设计、建造与维护。此外,海洋工程还关注海洋环境的保护与可持续性,确保人类活动对海洋生态系统的影响在可接受的范围内。

随着全球人口的增长和工业化进程的加速,人类对海洋资源的需求日益上升。海洋工程因此成为保障能源安全、促进经济发展的关键领域。然而,海洋环境的复杂性、多变性以及不可预测性,使海洋工程的设计、施工和运营面临前所未有的挑战。海洋工程设施常常受极端天气、海水腐蚀和海洋地质不稳定等自然因素的影响,这些因素都对海洋工程的安全性和耐久性提出了更高的要求。

在这样的背景下,人工智能技术的兴起为海洋工程领域带来了变革。人工智能,简称 AI,是指计算机所表现出来的智能,它能够模拟人类的认知能力,如学习、推理、自我修正和感知环境。通过机器学习、深度学习和计算机视觉等技术,AI 能够处理和分析大量复杂的数据,发现数据背后的模式和规律,为管理和决策提供支持。

将 AI 技术应用于海洋工程,可以极大地提高数据处理的效率和精确度。例如,在海洋监测方面,AI可以分析来自卫星、浮标、无人机等多源的观测数据,准确预测台风、海啸、赤潮等海洋灾害,为防灾减灾提供科学依据。在海洋资源开发领域,AI 技术能够帮助研究人员分析地质数据,识别油气藏、矿床等资源的分布规律,提高勘探效率和成功率。

此外,AI 在海洋工程建设中也展现出巨大潜力。通过深度学习算法,AI 可以优化海洋平台、船舶等结构的设计,使其在保证安全性的同时,降低建造成本和运营成本。在海洋工程施工中,AI 技术可以应用于无人潜水器,进行海底管线、海上风力发电设施的施工,提高施工效率,及时发现潜在的结构损伤和故障,降低事故发生的风险。

下文将介绍 AI 在海洋工程研究中的应用现状和发展趋势,探讨其在海洋监测、海洋资源开发和海洋工程设计等方面的具体应用,并分析 AI 技术在推动海洋工程发展中所面临的挑战和未来的发展方向。期望为海洋工程领域的科研人员和工程技术人员提供有益的参考和启示,共同推动海洋工程的科技进步和可持续发展。

通信作者:滕玲。E-mail:lteng@nhri.cn

1 AI 在海洋监测中的应用

1.1 海洋环境监测

海洋监测数据的收集和处理是理解海洋环境的基础。AI 技术在此方面的应用主要体现在自动化数据集成与分析。例如，通过机器学习方法，可以整合来自不同卫星传感器的数据[1]，如海水表面温度、海洋水色，以及由 Argo 浮标网络提供的海水温度和盐度剖面数据。AI 算法能够处理大规模数据集，自动识别和提取关键信息，生成海洋环境的综合图表。此外，AI 还能够帮助识别和校正数据中的异常值，提高数据质量，从而为海洋科学研究和决策提供更可靠的支持。

通过时间序列分析，AI 能够识别海水温度的长期趋势和季节性变化，评估气候变化对海洋生态系统的影响[2]。此外，AI 技术还可以分析海洋环流模式，预测和跟踪海洋污染物的扩散路径，为海洋环境保护提供科学依据。

1.2 海洋灾害预测

海洋灾害，如台风、海啸和赤潮，对人类社会和生态环境构成严重威胁。AI 技术在预测这些灾害方面显示出巨大潜力。例如，利用深度学习模型，可以分析气象卫星数据和海洋监测数据，预测台风路径和强度[3]。此外，通过分析地震监测数据和海啸模拟模型，AI 能够预测海啸波高和影响范围，为沿海地区的疏散和防范提供宝贵时间[4]。赤潮是一种由藻类等微型生物过度繁殖或异常聚集引起的有害生态现象，AI 图像识别技术可以分析卫星图像，实时监测赤潮的发生和发展，可以及时采取措施减小其对海洋生态和经济活动的影响[5]。

1.3 生物多样性监测

海洋生物多样性是海洋生态系统健康的重要指标。AI 技术，尤其是图像识别技术，在自动鉴定海洋生物方面具有显著优势。例如，通过训练卷积神经网络（CNN）模型，可以从水下摄影机拍摄的图像中自动鉴别珊瑚、鱼类等海洋生物并确定其分类地位[6]。这种方法不仅提高了生物多样性监测的效率，还降低了人力成本，使得对广阔海域的生物多样性进行大规模监测成为可能。

2 AI 在海洋资源开发中的应用

2.1 海洋油气资源勘探

海洋油气资源勘探是 AI 技术应用的重要领域之一。AI 技术在这一领域的应用主要集中在地震数据的自动分析和解释上。地震勘探是发现油气藏的关键技术，而 AI 技术能够大幅提高数据处理的速度和准确性[7]。AI 算法，尤其是深度学习模型，能够分析地震波的反射特征，自动识别海底可能存在的油气资源。同时，水下机器人可以帮助人类探测油气藏的具体位置[8]。

2.2 海洋矿产资源开发

海底矿产资源的勘探和开发同样受益于 AI 技术。海底蕴藏着丰富的矿产资源，如多金属结核、富钴结壳、硫化物，而 AI 技术在这些资源的勘探中发挥着重要作用。AI 技术能够处理和分析大量的地质和地球物理数据，识别矿产资源的分布规律。通过机器学习算法，可以预测矿床的位置，为矿产资源的开发提供科学依据[9]。此外，AI 技术还能够辅助进行海底地质结构的三维建模，为矿产资源的精确定位和开发提供直观的地质信息。

2.3 海洋渔业资源管理

海洋渔业资源的可持续开发和管理也是 AI 技术应用的重要方向。AI 技术可以通过分析海洋环境数据、渔业捕捞数据等，预测鱼类种群的分布和迁移模式[10]。利用机器学习模型，可以分析海洋环境参数对鱼类种群的影响，预测渔业资源的变化趋势。这对于制定合理的渔业政策和管理措施至关重要。

2.4 海洋可再生能源开发

海洋不仅是矿产资源的宝库,也是可再生能源的重要来源。AI 技术在海洋能如波浪能、潮流能以及风能的开发中同样具有应用潜力[11]。AI 技术可以分析海洋气象数据和海洋流场数据,评估特定海域的可再生能源开发潜力。这有助于优化能源开发方案,提高能源开发的效率和效益。

3 AI 在海洋工程建设中的应用

3.1 结构设计与优化

利用深度学习算法,AI 能够分析历史设计数据和性能反馈,识别关键设计参数,优化海洋平台和船舶的结构设计[12-15]。AI 辅助设计不仅关注初始建造成本,还考虑整个生命周期内的运营成本,通过材料选择、结构布局和维护策略的综合考量,实现成本效益最大化。安全性是设计中的重要考量,AI 通过模拟各种海洋环境条件,评估结构的稳定性和耐久性,确保设计满足严格的安全标准。

3.2 施工过程智能化

人工智能在海洋工程施工中的应用涵盖了多个方面,极大提升了工程效率和安全性[16]。首先,在自动化施工管理方面,AI 技术通过实时监控和优化施工流程,提高了施工效率。同时,机器学习算法的应用能够预测施工进度和成本,为项目管理者提供强有力的决策支持。其次,智能设备和机器人的开发使得自主导航和操控的无人水下/水面车辆得以应用于海洋勘探、检测和施工任务,而机器视觉和传感技术则确保了水下机器人能够进行精准的自主作业。

在施工方案优化方面,机器学习算法对历史施工数据的分析有助于优化施工方案和工艺,而仿真技术的应用则可以在模拟环境中评估不同施工方案的可行性和效果。智能决策支持系统利用知识图谱和推理技术为工程师提供材料选择、设备配置等方面的决策支持,而自然语言处理技术的人机交互功能进一步提高了决策效率。

3.3 损伤检测与风险管理

AI 技术在海洋工程建设中的一个关键应用是损伤检测,通过分析结构监测数据,AI 能够及时发现结构损伤和潜在故障[17]。利用预测性维护技术,AI 可以预测设备故障和维护需求,减少意外停机时间,提高工程设施的可靠性和运营效率。在风险管理方面,AI 通过分析工程风险因素,如天气、海况、施工技术,帮助制定有效的风险防范策略和应急预案,降低事故发生的风险。

4 结 语

AI 在海洋工程中的应用前景广阔,正推动该领域向更高层次的智能化、自动化的方向发展。未来,AI 在海洋工程的发展方向将更加多元化。预计 AI 将进一步与物联网、大数据分析和机器人技术融合,提高海洋工程的自动化和精细化水平。同时,AI 在海洋监测、环境影响评估以及灾害响应等方面的应用将进一步扩展,提高海洋工程的可持续性和环境友好性。

然而,人工智能在海洋工程中的应用仍面临一些挑战。首先,海洋环境的复杂性要求 AI 模型必须具备高度的泛化能力和适应性。其次,海洋数据的获取往往成本高、难度大,如何有效地收集和利用这些数据,是 AI 技术应用的关键。最后,海洋工程领域对安全性和可靠性的要求极高,AI 系统的决策过程必须足够透明和可解释,以获得工程师和决策者的信任。

参考文献

[1] 孙昭,李云,江毓武,等. 基于 Stacking 机器学习模型的南海北部海温预报[J]. 海洋预报,2023,40(1):39-45.

[2] 王军成. 新一代海洋监测技术:综合智能观测浮标[J]. 智能系统学报,2022,17(3):447.

[3] 王瀚. 基于深度学习的台风路径预测多模型算法研究[D]. 成都:电子科技大学,2020.

[4] 安超. 海啸和海啸预警的研究进展与展望[J]. 中国科学:地球科学,2021,51(1):1-14.

［5］ 李星,丁文祥,李雪丁,等.基于人工神经网络构建的赤潮短期预报模型及应用［J］.海洋预报,2023,40(2):67-76.

［6］ 张红伟,殷冰冰.多波束与侧扫声呐组合系统在海洋生态修复建设中的应用［C］// 2024(第十二届)中国水利信息化技术论坛论文集.2020 年 4 月 19 日至 21 日,南京.河南大学,江苏省水利学会,浙江省水利学会,上海市水利学会,2024:530-536.

［7］ 张淳奕.人工智能技术在石油石化行业中的发展趋势［J］.化工管理,2020(31):75-76.

［8］ 王鑫.人工智能机器人在现代海洋油气开发中的应用与挑战［J］.化学工程与装备,2020(9):71-72.

［9］ MISHRA A K.AI4R2R (AI for rock to revenue):a review of the applications of AI in mineral processing［J］.Minerals,2021,11(10):1118.

［10］ MUSTAPHA U F,ALHASSAN A W,JIANG D N,et al.Sustainable aquaculture development:a review on the roles of cloud computing,Internet of Things and artificial intelligence (CIA)［J］.Reviews in Aquaculture,2021,13(4):2076-2091.

［11］ 殷林飞,蒙雨洁.基于 DenseNet 卷积神经网络的短期风电预测方法［J/OL］.综合智慧能源:1-9.［2024-07-08］.http://kns.cnki.net/kcms/detail/ 41.1461.TK.20240607.1338.006.html.

［12］ 王凡,冯立强,曹荣强.大数据驱动的海洋人工智能服务平台设计与应用［J］.数据与计算发展前沿,2023,5(2):73-85.

［13］ 张林,张权,易涤非,等.海洋油气平台智能巡检机器人云台臂的设计与仿真研究［J］.海洋工程装备与技术,2022,9(4):34-40.

［14］ 陆彩萍.船体结构生产设计的数字化与智能化技术实践［J］.船舶物资与市场,2024,32(5):34-36.

［15］ 梁金丹,陈真,杨梦媛,等.船舶智能制造技术的应用分析［J］.中国水运,2024(5):66-68.

［16］ 姜晗,王群,李希光,等.基于海洋石油工程项目的生产过程智能化管理系统研究［J］.现代计算机,2023,29(12):72-77.

［17］ 周颖,孟诗乔,孔庆钊,等.建筑结构损伤智能检测与响应智能预测研究综述［J］.建筑结构学报,2024,45(6):107-132.

无线旋桨流速仪接入 CAN 总线测控系统的设计

张宏伟，刘　猛

(上海河口海岸科学研究中心 河口海岸交通行业重点实验室，上海　201201)

摘要：为了将无线微型旋桨流速仪接入河工模型 CAN 总线测控系统，根据无线旋桨流速仪的技术特性，设计了一套以 ARM 芯片 LPC2119 为控制核心的技术方案，着重讨论了主控制器选型、硬件组成架构、通信转换和软件设计技术。实际运行表明，原系统有效扩充了无线测量流速功能，流速监控界面友好，操作简单且数据可视性好，提高了既有测控系统的使用价值。经济适用的仪器技术在河工模型计量测试领域有着丰富的应用场景。

关键词：河工模型；无线旋桨流速仪；通信转换；CAN 总线

微型旋桨流速仪是一种在河工模型试验中广泛采用的流速测量传感器[1]。传统的微型旋桨流速仪，使用时需要在仪器测杆的固定插座上接入多芯电缆，以向传感器端提供工作电源和传输光电脉冲信号。在河工模型上执行大规模的流速测量任务时，往往需要花费较大的人工去布设和维护这些流速电缆。近年来，随着微型无线射频器件和充电电池性价比的显著提高，使用时不需要布线的无线旋桨流速仪在河工模型新建测控系统中得到了越来越多的应用，取代传统的有线流速仪已大势所趋。但是对于大多数早期建设的河工模型测控系统来说，无线旋桨流速仪是不能直接接入系统完成流速测量任务的。因此，研究如何将无线旋桨流速仪接入河工模型的既有测控系统，对于改进和完善其适用功能，提升其使用价值，具有明显的实际意义。

1 接入方案设计

1.1 无线流速仪工作原理

与传统的有线流速仪相比，无线旋桨流速仪的流速测量原理没变，都是把直接反映水流流速的叶片转动频率转化成电脉冲信号。不同之处在于有线流速仪以有线方式输出信号，而无线流速仪将流速脉冲信号处理后，以发射无线电的方式将流速数据传输到后级处理系统。采用无线流速仪的好处在于，省掉了有线流速仪必须配置的信号和电源电缆，当测量点数较多时，节约的电缆现场布设和维护维修工作量相当可观。无线旋桨流速仪由流速测杆和无线收发网关组成，图 1 所示为河工模型上布设有多支流速测杆的无线流速测量系统。

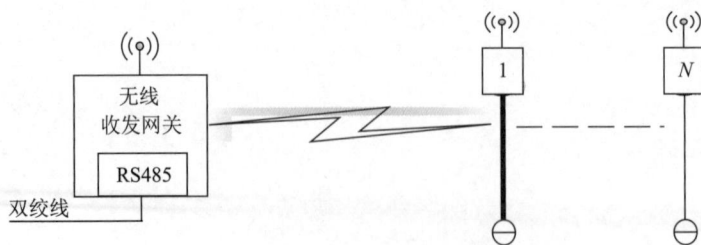

图 1　多支测杆组成的无线流速测量示意

无线流速杆底部为旋桨叶片，上部的集成盒里装配了供电电池、电路板、充电插头，天线插头设置在顶

作者简介：张宏伟。E-mail：zhw076@163.com

部。无线网关为测量现场的无线流速数据收发装置,由网关机盒、天线、电源、RS485 接口组成。网关采用 433 MHz 无线通信技术,能实现多支测杆数据的同时接收,无线通信距离可达 200 m。流速测杆和网关的电源打开以后,测杆机盒上的红灯就会闪烁,同时旋桨端能看到红光照射,测杆进入测量工作状态,网关则通过主动发送命令的方式收集模型上布设的每支测杆的流速数据。网关根据约定的通信协议通过 RS485 总线向上位系统传送采集数据。

1.2 设计任务的确定

长江口整体物理模型测控系统是一个基于 CAN 总线构成的分布式测控系统。其上游径流、下游潮汐和往复流的模拟控制设备,与模型水力参数的测量仪器水位仪、流速仪,都带有 CAN 总线接口。所有仪器设备与插置 CAN 接口卡的监控计算机通过一根双绞线串接组网,遵循共同的通信协议运行。因此将无线流速仪接入此系统,就是在研究既有测控系统与无线流速仪自带网关有线通信协议的基础上,设计开发一个带有 CAN 接口和 RS485 接口的通信转换器,如图 2 所示。该转换器一方面通过 CAN 接口与模型既有测控系统以 CAN 总线通信,另一方面通过 RS485 接口与无线流速测量子系统以 RS485 总线通信,在整个系统实现无线流速测量功能中起着承上启下的枢纽作用。

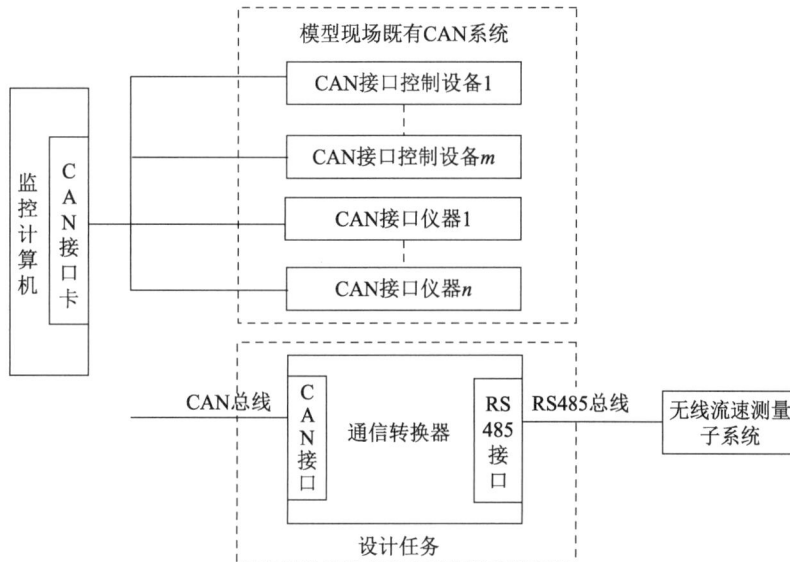

图 2   无线流速仪接入 CAN 总线测控系统框图

2 硬件设计

无线流速仪接入 CAN 总线测控系统的硬件设计主要是针对通信转换器的硬件设计的,重点是对主控制器的选型和总线控制及收发电路设计。

2.1 主控制器选型

作为设计目标的通信转换器,需要兼具 CAN 和 RS485 两种不同制式总线的通信功能。经过比选,选择 PHILIPS 生产的 LPC2119 作为通信转换器的主控制器,具体理由如下:一是该器件的核心为高性能的 32 位精简指令集体系结构,具有高密度的 16 位指令集和极低的功耗,而低功耗有助于降低器件发生故障的概率。二是该器件具有零等待 128 K 字节的片内 FLASH、16 K 的 SRAM,不需要扩展存储器,使系统设计更为简单可靠。三是该芯片的片上外设资源内嵌了 2 个 CAN 控制器和 2 个 UART,正好可以开发其中的 1 个 CAN 通道为通信转换器与计算机的通信信道,1 个 UART 经独立的 RS485 收发器转换后可作为通信转换器与无线流速网关的通信信道,从而实现通信转换器的双向通信功能[2-3]。

2.2 通信转换硬件设计

通信转换器是连通模型现有测控系统与无线流速网关的枢纽,其硬件结构设计如图 3 所示。LPC2119

内嵌 2 个 CAN 通道,选用其中的 CAN1 控制器,但其串行数据发送端 TX0 和接收端 RX0 还不是能够组网的电气接口,需要在协议控制器和物理传输线路之间接入专门的芯片 PCA82C251,实现 CAN 通信网络的物理媒体连接子层。也就是说,PCA82C251 的 CANH 和 CANL 引脚,与所有 CAN 设备的 CANH 和 CANL 引脚和功能兼容,直接电气连接后就实现了系统内 CAN 设备的总线组网。为了操作的方便,将 PCA82C251 的 CANH 和 CANL 引脚延接到一个 9 针 D 型插座,方便通信转换器与测控系统的连接操作。

在 RS485 总线通信功能的实现上,选择了 RSM3485CHT 模块,是因为该模块内部集成电源隔离、电气隔离、RS485 收发器及总线保护器件于一身,代替了大量分立元件的使用。LPC2119 内嵌 2 个 UART 通道。选用其中的 UART1 控制器,经过 RSM3485CHT 作用后,其传输数据转化成符合 RS485 标准的差动信号。差动信号的电气连接端子为 RS485H 和 RS485L。为了操作的方便,并确保不会与上述 CAN 插座混淆,将 RSM3485CHT 的 RS485H 和 RS485LL 引脚延接到一个 9 孔 D 型插座。

通过上述硬件结构,一是充分利用处理器的片上集成资源,二是外围电路尽量选择集成器件,减少外围电路的设计数量,以达到减少器件、减少功耗、降低故障概率、提高系统运行可靠性的目的。

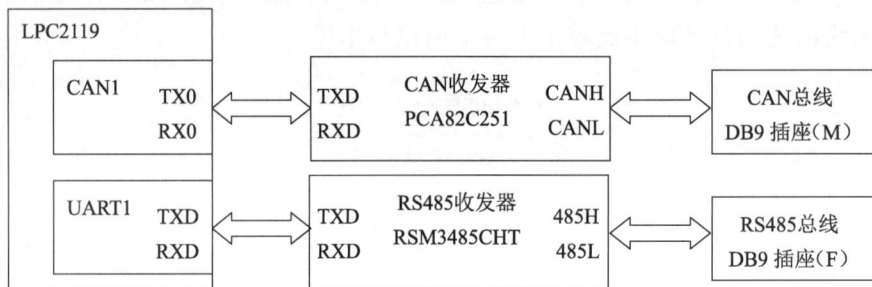

图 3   通信转换器硬件结构图

3 软件设计

将无线流速仪接入 CAN 总线测控系统,需要在硬件连接的基础上进行软件设计,主要包括:对监控计算机编程,使监控计算机与通信转换器实现 CAN 通信,以要求的格式显示和存储流速数据;对通信转换器中的主控制器进行编程,使之既能与通信转换器实现 CAN 通信、解析上位监控命令,又能和无线网关进行 RS485 通信,获取流速测量数据。

3.1 通信转换器软件设计

3.1.1 通信协议对接

根据通信转换器的硬件组成结构,分别对其 CAN 通道和 RS485 通道进行通信协议对接,才能使通信转换器与所有通信对象连接兼容,信息互通。CAN 通信协议参数的确定,需与上位计算机的 CAN 通信卡一致,通信波特率为 50 k,采用 11 位标准消息标识符来标识系统的 CAN 通信数据帧,一帧数据共有 76 个数据位,其具体定义如表 1 所示。通信数据帧中的控制命令和状态、数据反馈均采用 2 个字节的固定长度,定义为一个 16 位的命令/状态字和一个 16 位的数据字。其中,16 位数据字在控制命令帧中为监控计算机发给节点的设定值,在状态反馈帧中为控制类节点的地址值,在数据反馈帧中为流速仪测杆采集的流速数据。

无线网关的 RS485 有线通信采用 modbus-RTU 标准协议,对主控制器 UART 进行通信设置,需要与其保持一致,具体如下:设定波特率为 19 200,数据比特为 8 位,数据帧停止位为 1 位(对应的输入值为 10),无奇偶校验(对应的输入值为 0),缓冲区类型为接收缓冲区,缓冲区的大小为 16 字节。值得注意的是,虽然 RS485 串行数据帧没有奇偶校验,但 modbus-RTU 通信协议需要对发送和接收的数据字节内容进行 CRC 校验。

表 1   CAN 通信数据帧的定义

1 位	12 位	6 位	16 位	16 位	16 位	2 位	7 位
起始位	仲裁区	控制位	命令/状态字	数据字	CRC 校验	确认	结束

3.1.2　程序设计

通信转换器软件系统编程时分为系统初始化模块、CAN 网络处理模块、CAN 打包模块、RS485 网络处理模块和数据解析与处理模块等。系统初始化处理模块完成 LPC2119 主控制器 CAN 通道网络连接的建立、RS485 通道网络连接的建立。CAN 网络处理模块用来处理通信转换器与监控计算机之间的数据传输与验证。CAN 打包模块负责根据 CAN 通信协议打包数据。RS485 网络处理模块用来处理通信转换器与流速仪无线网关之间的数据传输与验证。数据解析与处理模块用来解析与处理流速测杆所采集的流速数据信息。通信转换器主程序流程如图 4 所示。

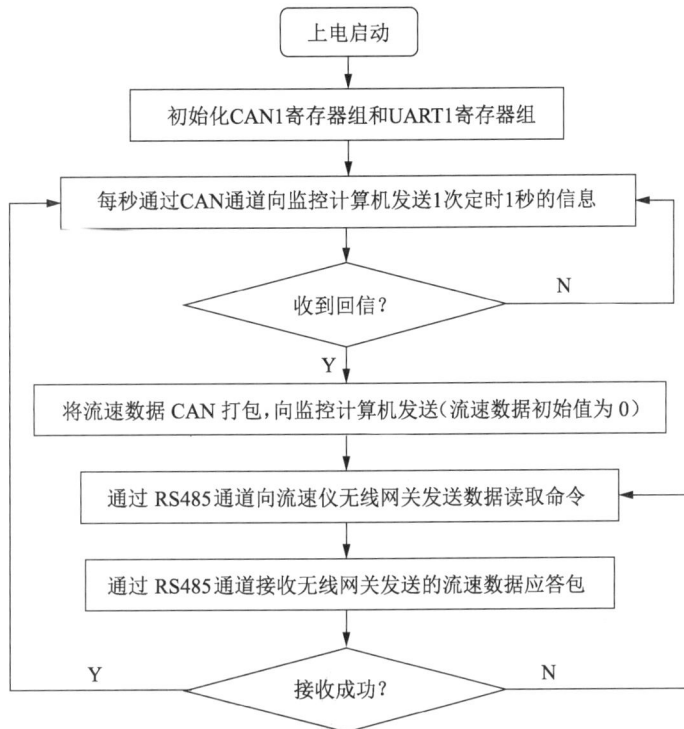

图 4　通信转换器主程序流程

3.2　监控软件设计

测控系统原有监控软件采用 LabVIEW 虚拟仪器图形语言编程，因此无线流速的上位监控模块也沿用该语言编程，在监控端完成对通信数据的解析、处理、显示和存储的功能。监控端具有界面美观、操作简便的优点。无线流速模块包括 4 个子模块：① 流速测杆参数输入子模块，为每支流速测杆设置率定好的 K、C 参数。② 流速对比曲线插值子模块，对模型每个测点的天然流速测量数据，通过样条插值算法生成可与实时流速测量数据对比显示的连续数据文件。③ 通信子模块，通过有序调用 CAN 通信卡配置的动态链接函数库，与通信转换器进行 CAN 通信。④ 显示模块，显示模型测点的流速实时测量数据、与天然实测数据的对比曲线、每支流速测杆的在线状态。

监控计算机在试验开始时通过人机对话完成系统设置，试验进行时通过 CAN 通信采集测杆的工况信息和测量数据，实时处理后进行显示、存储。为了合理地分解协调控制、数据处理和状态显示功能，流速监控模块分散嵌入系统整体运行的 3 个线程模式中，如图 5 所示。线程 1 按照事件驱动编程的方法响应试验进程中的人工干预指令；线程 2 以远程请求自动应答的方式在一个运行周期内完成与包括流速无线网关在内的各现场设备的信息联系；线程 3 在一个运行周期内将包括各流速测点在内的各节点的数据或状态曲线更新显示一次。线程 1、2、3 按照提高监控程序实时响应的原则来调节其运行负荷。例如开辟一对信号量在线程 1、3 中，则数据和状态的图形化显示在运行周期内只需执行一次，提高了并发执行条件下线程 2 的实时通信效率。

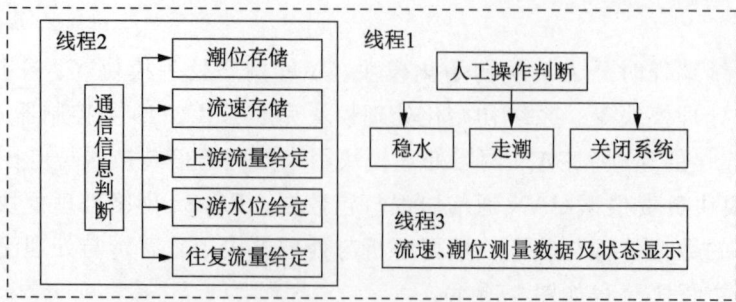

图 5　流速模块嵌入系统监控线程示意图

4　实际应用

无线流速仪接入 CAN 总线测控系统设计、安装完成以后,在物理模型试验中得到了实际应用,其流速监控界面如图 6 所示。系统启动进入走潮正式试验阶段以后,在流速测量布点总体显示区域,显示出了布置在测点的流速测杆的工作状态和即时流速值。当测点水流推动旋桨转动时,测杆实时无线发送流速测量值,监控计算机接收后显示该数值并使状态灯呈红色;当测杆流速为 0 或没有布置该测杆时,其状态灯为暗绿色。选定单个在线流速测杆后,在右侧的流速对比图中会按周期对比显示实测数据与天然插值数据的历时偏差情况,默认显示当前潮汐周期的流速对比曲线(此时绿色指示灯亮),查看过往周期的流速对比曲线时绿色指示灯暗。图 6 显示了模型走潮 2 个周期以后,在第三潮周期时无线流速测杆 W3 的实测数值,以及与天然测量数据的对比情况。通过流速显示界面,试验研究人员可以在监控端非常直观、快捷地观察和评估模型试验区域的流场流速变化情况。同时,监控程序对流速数据进行了按秒标识的自动存储,形成试验流速数据文件。

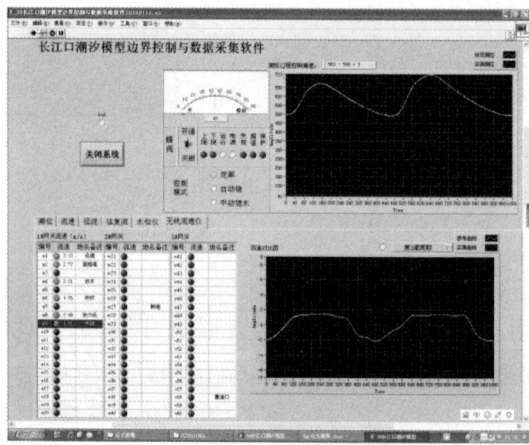

图 6　无线流速监控界面

5　结　语

在分析无线微型旋桨流速仪工作原理的基础上,设计了将其接入河工模型 CAN 总线测控系统的技术方案,选择了集成有多种通信资源的主控制器芯片,构建了合理的通信转换硬件结构,开发了现场嵌入式软件和监控软件中的无线流速监测功能,着重分析了两种总线的通信协议数据帧结构。无线流速仪接入河工模型测控系统后的运行表明,系统有效地扩充了流速的无线测量功能,界面友好,操作简单且数据可视性好,提高了原测控系统的使用价值。经济适用的仪器技术在河工模型计量测试领域有着丰富的应用场景。

参考文献

[1]　蔡守允,谢瑞,韩世进,等. 多功能智能流速仪[J]. 海洋工程,2004,22(2):83-86.

[2]　谢晖,王书涵,陈相全,等. 基于 LoRa 技术的通用性环境监测节点低功耗设计[J]. 计算机测量与控制,2022,30(7):41-48.

[3]　孟涛,王福虎,陈森. 微控制器的多串口扩展设计[J]. 舰船防化,2009(5):45-51.

江苏近海水下地形一体化构建研究

徐雪莲[1]，张　东[1,2]，吴　涵[1]，潘琪琪[1]，张　卓[2,3]，顾云娟[4]

(1. 南京师范大学 海洋科学与工程学院，江苏 南京　210023；2. 江苏省地理信息资源开发与利用协同创新中心，江苏 南京　210023；3. 南京师范大学 地理科学学院，江苏 南京　210023；4. 江苏省海洋经济监测评估中心，江苏 南京　210017)

摘要：江苏淤泥质海岸水动力复杂，水下地形动态变化大。为了探究江苏近海水下地形变化和延伸特征，采用 BP(back-propagation)神经网络模型算法，建立了削弱高含沙量水体对光谱影响的浅海水深遥感反演模型，并通过与 GEBCO_2022 Grid 全球水深数据融合处理，获得了江苏海域一体化水下地形，改善了浅海水下地形的精度。研究结果表明，BP 神经网络模型比对数变换比值模型更适用于浅海水深遥感反演，水深反演结果的相关系数达到 0.86；均方根误差和平均绝对误差在 0～4 m 段最小，在 8～13 m 段最大。BP 神经网络反演水深与全球水深融合权重为 7：3 时，得到的近海水下地形连续，整体精度高，多源数据融合处理是提高遥感水深数据应用的有效途径。本研究成果可为江苏沿海海域开发利用与空间规划提供水下地形数据支撑。

关键词：江苏海域；淤泥质海岸；BP 神经网络；水下地形；全球水深模型

　　浅海水下地形是海岸带测绘和海洋环境调查的基本要素之一[1]，对海岸带开发管理、海上交通运输、海洋生态环境保护等具有重要意义[2,3]。船载声呐[4]、机载激光雷达[5]等现场测量方式存在成本高、费时费力、有测量盲区等局限性[6]，导致浅海水深测量数据缺乏、更新慢[7]。近几十年来，众多学者依靠可见光遥感器蓝、绿波段能够探测水深 30 m 以内水下地形信息的能力[8]，发展了理论模型、半理论半经验模型和统计模型等，实现了卫星测深(satellite derived bathymetry，SDB)。随着计算机技术的发展，神经网络[9]、支持向量机[10]等机器学习模型广泛应用于浅海水深遥感反演[2]，提高了国内蜈支洲岛[11]、安达礁[12]等地区水下地形的反演精度。但在水体透明度低、水体含沙量大的淤泥质海岸，水深反演的平均绝对误差约为 3.21 m[13]。如何提高淤泥质海岸水深遥感反演的精度，是机器学习建模面临的重要问题。

　　已有研究表明，可见光遥感技术可实现浅海区域水深反演[14]，而当前对沿海空间资源的开发有从浅海向深水远岸(离岸 30 km 以外或水深 30 m 以深)发展的趋势，江苏的海上风电建设从潮间带加速挺进深海，对 30 m 以深的管辖海域的水下地形数据提出了新的需求。全球水深模型如 ETOPO1、DTU18、GEBCO_2022 Grid、SRTM15＋V2.3 等具有地形连续、趋势性好、整体精度较高等优点，可提供大范围水下地形信息[15]，但在浅海区域数据精度不甚理想。沿海开发要从浅海走向深远海，掌握海域的高精度、一体化水下地形成为关键。

　　基于此，选择江苏淤泥质海岸 30 m 以浅海域作为水下地形遥感反演的代表区域，综合应用 BP 神经网络浅海水深反演的高精度优势，尝试构建新型水体指数来削弱水体高含沙量对水体光谱及水深信息的影响，在此基础上研究建立 BP 神经网络水深反演模型，改善高含沙量浅海区水下地形数据精度；进一步利用全球地形数据趋势性好的特点，融合全球水深模型数据，构建江苏海域一体化水下地形，掌握江苏岸外海域的水下地形形态变化，以期为推动海上风电场等工程走向深远海提供水下地形数据支撑。

基金项目：江苏省海洋科技创新项目(JSZRHYKJ202307)；国家自然科学基金项目(42171465)
作者简介：徐雪莲。E-mail：222602002@njnu.edu.cn
通信作者：张东。E-mail：zhangdong@njnu.edu.cn

1 研究区域及数据

1.1 研究区

以江苏岸外包括内水和专属经济区的整个海域作为研究区,南北两侧分别以佘山岛和达山岛两个领海基点为界作为缓冲区并适当平行外推,大致范围为 $31°10'N \sim 35°10'N$, $119°40'E \sim 126°10'E$, 以高含沙量浅海区为典型区(图1)。

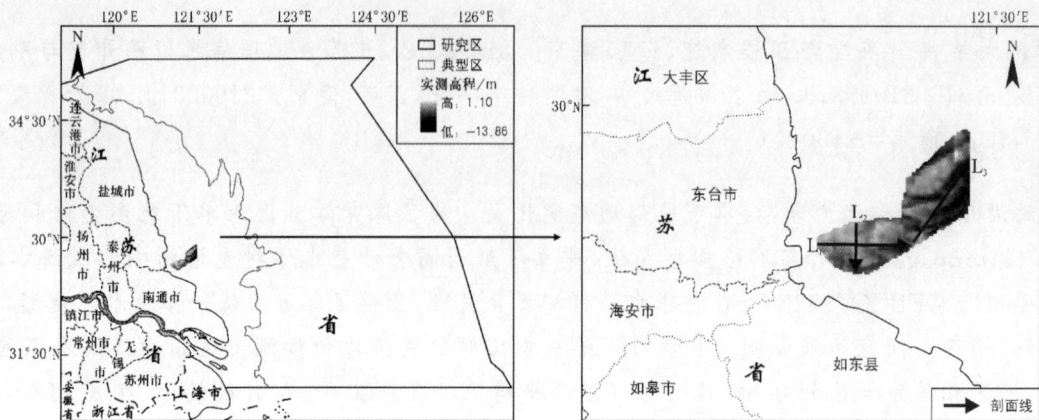

图1 研究区位置及实测水下地形范围(中国标准地图-审图号 GS(2020)4619号)

1.2 试验数据

使用的遥感影像是来自 GEE(Google Earth Engine)的 MODIS 单日反射率产品,具体的指标参数见表1,在 GEE 平台实现裁剪拼接、投影变换、影像增强、海陆分离处理。

表1 MODIS 单日反射率产品数据指标参数详情

产品数据	分辨率/m	光谱范围/μm	波段名称	采集时间
MYD09GA	500	B1:0.620~0.670	红外波段	2018-04-17
		B2:0.841~0.876	近红外波段	
		B3:0.459~0.479	蓝光波段	
		B4:0.545~0.565	绿光波段	
		B5:1.230~1.250	近红外波段	
		B6:1.628~1.652	热红外波段	
		B7:2.105~2.155	热红外波段	

水深数据包括 2018 年实测水下地形数据(图1)和 GEBCO_2022 Grid 全球水深数据(https://www.gebco.net/),基准统一为 1985 国家高程基准。

2 研究方法

2.1 对数变换比值模型

SDB 水深反演研究中,常用对数变换比值模型[16]来进行水下地形遥感反演:

$$h = a + b\frac{\ln R(b_1)}{\ln R(b_2)} \tag{1}$$

式中:h 为卫星得出的测深深度,a 和 b 分别是控制线性关系的截距和斜率拟合参数,R 表示波段的反射率,b_1 和 b_2 分别表示高吸收和低吸收波段。本研究中取 b_1 为近红外波段,b_2 为红光波段。

2.2 BP 神经网络模型

2.2.1 BP 模型输入因子的筛选

分析 MODIS 影像单个波段与水深的相关关系,发现 B2 波段能较好地反映水深信息。对单波段光谱信息进行比值、求和等组合来削弱波段信息的冗余,突出其敏感特征。由于 B6 波段存在很多异常值,在进行波段组合时将其排除在外,建立不同波段组合与水深的相关矩阵(图 2)。

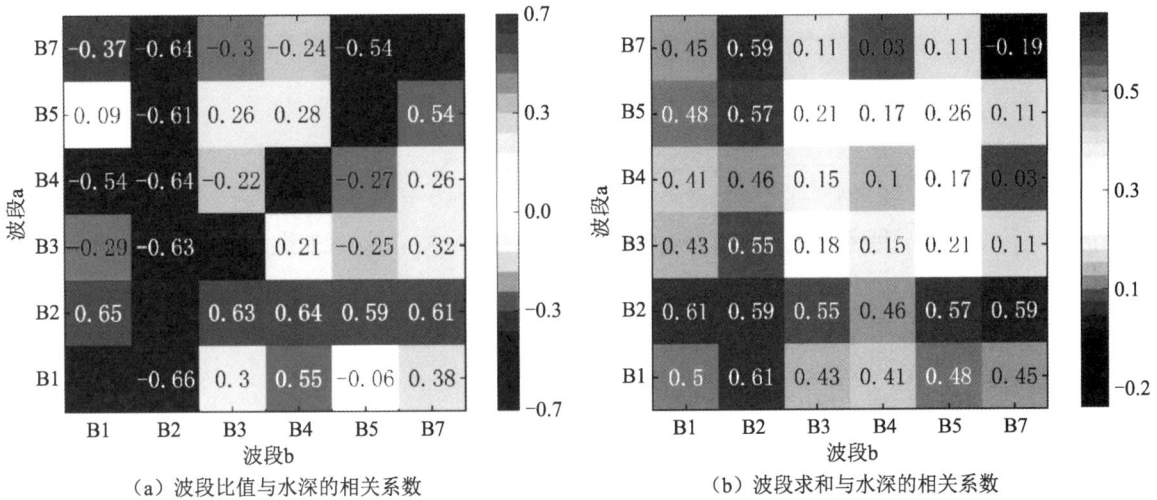

（a）波段比值与水深的相关系数　　　　　　（b）波段求和与水深的相关系数

图 2　不同波段组合与水深值的相关矩阵

针对江苏淤泥质海岸悬浮泥沙光谱的"红移"现象[17],随机选取江苏淤泥质海岸浅海区域高含水量潮滩、高含沙水体、低含沙水体、清澈水体等典型地物的样本点,得到地物的平均光谱曲线(图 3),发现高含沙水体、低含沙水体和清澈水体的反射率在绿光、红外和近红外波段随着混浊程度的增加而增大,表明这 3 个波段对含沙水体敏感。高含沙水体在红外波段反射率最高,在近红外波段骤然下降,这与潮滩的光谱趋势形成差异,而绿光波段的高含水量潮滩反射率与红外波段十分接近,难以分离光滩与海水;蓝光波段是一般传感器都具有的波段。因此,选择红外、近红外和蓝光波段构建了 MTGDWI(modified three-band gradient difference water index),进行悬沙信息压抑,使水下地形信息得到增强。该指数形式如下:

$$D = \frac{R_{nir} - R_r}{\lambda_{nir} - \lambda_r} - \frac{R_r - R_b}{\lambda_r - \lambda_b} \tag{2}$$

式中:D 为 MTGDWI;R_{nir}、R_r、R_b 分别表示近红外、红、蓝波段的反射率,λ_{nir}、λ_r、λ_b 表示相应波段的中心波长。

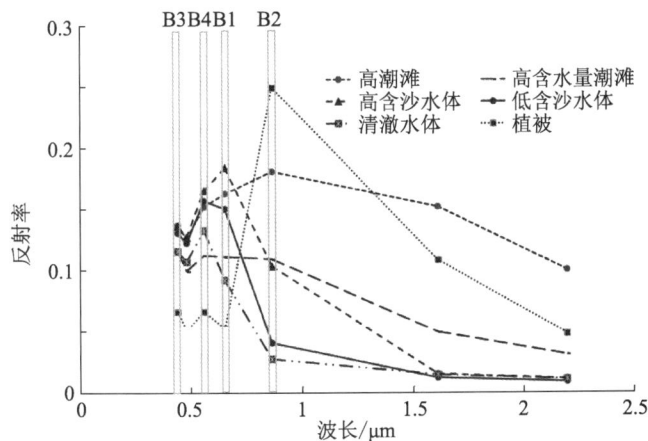

图 3　江苏中部典型地物平均光谱曲线

选择相关系数较高的波段组合,建立光谱反射率与水深值之间的遥感反演模型。最终选定 B2、B2/

B1、B2/B3、B2/B4、B2/B5、B2/B7、B1/B4、B5/B7、B1+B2、ln(B1/B4)、MTGDWI 等水深反演因子,作为后续的 BP 模型输入因子。

2.2.2 BP 神经网络结构

BP 神经网络通常由输入层、隐藏层、输出层 3 层组成[18](图 4)。其中输入层为 BP 模型输入因子,负责接收外界信息,将其传输至隐藏层;隐藏层对传来的数据进行处理,传输至输出层;输出层再对数据进行处理,将像元水深值输出到外界。

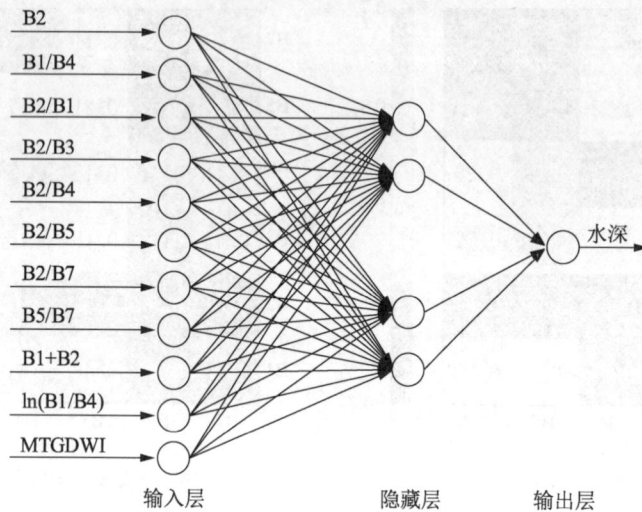

图 4   神经网络结构图

2.3 基于权重的水深数据融合方法

为了兼顾 BP 神经网络反演浅海水深的高精度特性和全球水深数据良好的趋势性,获取高质量的江苏海域一体化地形数据,对两种数据重合的区域进行加权融合,计算公式如式(3)所示。

$$H = w_i h_i + \overline{w_i}\, \overline{h_i} \tag{3}$$

式中:H 表示融合后的水深,h_i、$\overline{h_i}$ 分别表示反演水深和全球水深第 i 个像元值,w_i、$\overline{w_i}$ 表示对应水深数据第 i 个像元的融合权重,$w_i + \overline{w_i} = 1$。

3 结果与分析

3.1 高含沙量典型区水深反演

3.1.1 整体水深反演精度

使用 MATLAB 建立 BP 神经网络模型,选择 trainlm 训练函数,输入层节点数为 11,隐藏层节点数设置为 50,最大训练次数为 1 000,Mu 因子设置为 0.001。通过线性拟合,确定对数变换比值模型中 a、b 分别为 25.43、−22.48。为探究两种模型反演结果的精度,记录相关系数、均方根误差(RMSE)、平均绝对误差(MAE)、平均相对误差(MRE)等指标并进行分析(表 2)。

表 2   浅海水深反演整体精度比较

评价指标	BP 神经网络模型	对数变换比值模型
相关系数	0.86	0.66
均方根误差/m	1.57	2.31
平均绝对误差/m	1.17	1.82
平均相对误差/%	21.91	33.94

BP 神经网络模型与对数变换比值模型相比,均方根误差、平均绝对误差和平均相对误差分别下降 0.74 m、0.65 m、12.03%。这主要是由于水深反演受到水体质量、底质类型、淤泥质海岸水体含沙量等多

方面因素影响。对数变换比值模型只考虑了比值要素,反演结果有所偏差,而 BP 神经网络模型通过增加模型输入、误差反向传播处理,可以更好地拟合非线性可分的数据集,更适用于水深遥感反演。

在实测区按照纬向(L1)、经向(L2)和穿越沙体、潮沟方向(L3)划定了 3 条剖面(图 1),将两种模型的反演结果与实测数据进行交叉验证(图 5),剖面精度见表 3。L1 剖面 BP 神经网络反演水深距离起点 11 km 的位置与实测水深偏差较大;受蒋家沙潮沟摆动影响,反演水深偏浅。L2 剖面水深变化较平缓,BP 神经网络反演水深与实际水深重合度较高。L3 剖面中距起点 2 m 内误差达到 4 m,推测是大型潮沟如新泥影响;距离 23 km 以远的地方拟合效果稍差,原因是水质、水色等与建模区相差较大,反演结果受到影响。对数变换比值模型在 3 个方向上精度都偏低,拟合效果较差,最大偏差达 5 m,表明单纯考虑比值要素不能满足江苏浅海高含沙量水体状况下的水深反演需要。

表 3　浅海水深反演剖面精度比较

评价指标	L1 剖面(纬向)		L2 剖面(经向)		L3 剖面(穿越沙体、潮沟方向)	
	BP 神经网络模型	对数变换比值模型	BP 神经网络模型	对数变换比值模型	BP 神经网络模型	对数变换比值模型
相关系数	0.78	0.63	0.93	0.32	0.74	0.10
均方根误差/m	0.89	2.18	0.88	2.04	1.79	2.59
平均绝对误差/m	0.74	1.63	0.74	1.83	1.43	1.93
平均相对误差/%	24.59	53.98	26.48	65.34	19.99	26.97

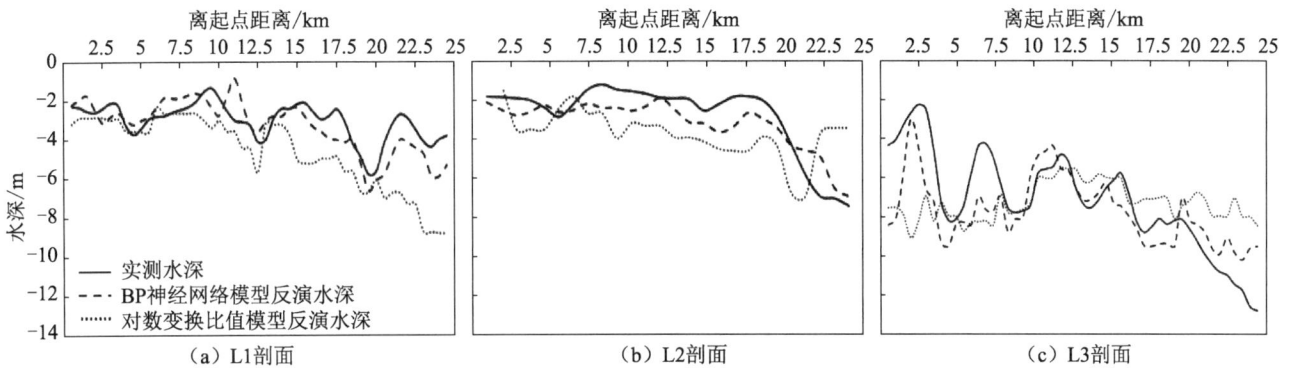

图 5　BP 不同模型剖面水深反演结果变化图

3.1.2　分段水深反演精度

为探究 BP 神经网络反演结果中的误差分布情况,将实测区水深按照 0~4 m、4~8 m、8~13 m 划分为 3 段,精度评价结果如下(图 6)。

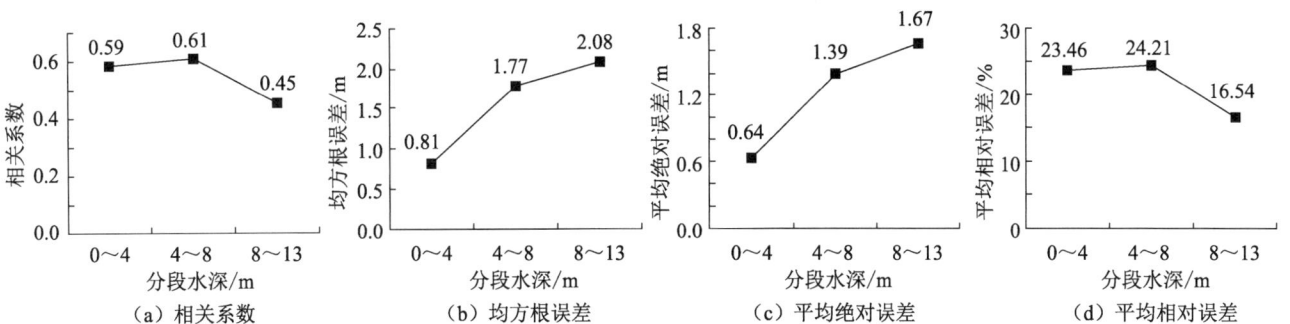

图 6　浅海水深反演分段精度比较

在分段水深中,相关系数和平均相对误差随水深的增加先增大后减小,8~13 m 最低。因为流场与水下地形相互作用反映的水深信息在遥感影像上的表现力有限,随着水深的增加,沙洲、潮沟等水下地形对海表流场的约束性减小,影像获取的水深信息逐渐减少,所以在较深水域相关系数有一定程度的下降。0~4 m 水深区间相关系数较低主要与复杂的底质状况有关。该区域高潮时被淹没,低潮时出露,水色复杂，增大了水深反演的难度。

均方根误差和平均绝对误差均随水深的增加逐渐增加，误差最大分别为 1.67 m、2.08 m，8～13 m 段反演值与实际数值的偏差较大，即利用遥感数据提取较深水域地形信息的能力变弱。总体来看，30 m 以浅的淤泥质海岸水域借助遥感手段和机器学习方法，可以取得较高的水下地形反演精度。

3.2 江苏海域水下地形一体化构建

由于建模采用的实测数据代表了高含沙水体的地形特征，模型训练参数应用于典型区时效果良好，但应用于辐射沙洲边缘以及深远海等水体较清澈海区时反演结果并不理想，出现异常的高值。而全球水深数据地形连续，趋势性良好，但在浅海区域精度偏低（图 7）。因此将两者进行融合，确定权重时考虑了两种数据的分辨率和精度差异，对两种水深数据使用遍历优化权值，发现反演水深与全球水深比重为 7∶3 时效果较好，结果如图 8 所示。

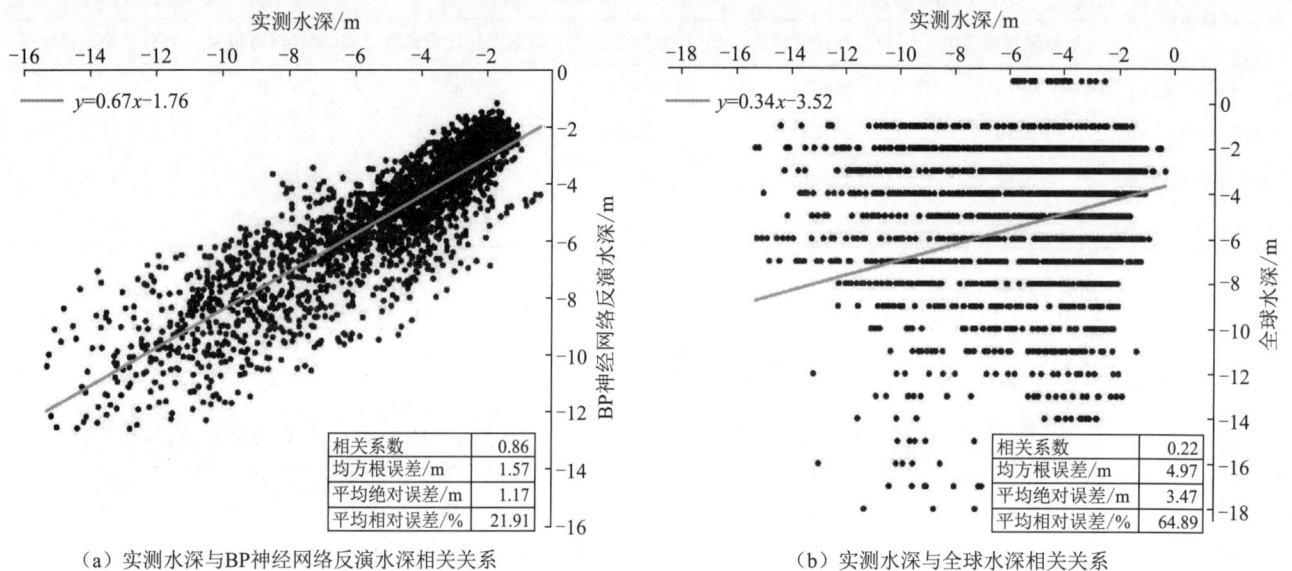

（a）实测水深与 BP 神经网络反演水深相关关系　　　（b）实测水深与全球水深相关关系

图 7　实测水深与 BP 反演水深、全球水深的相关关系

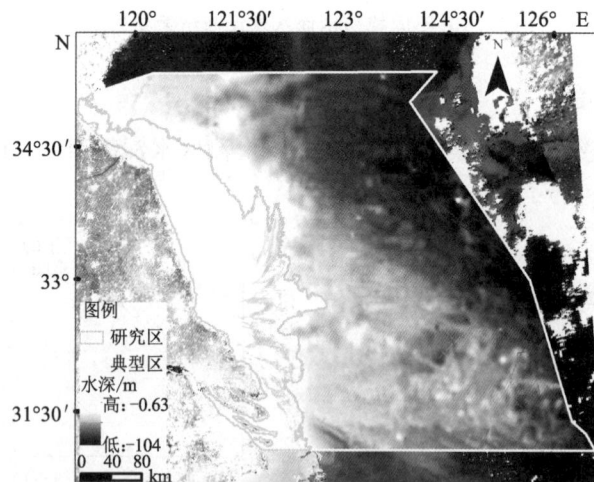

图 8　研究区水深结果图（底图为 MYD09GA B3 波段影像）

江苏滨海水深从海岸线开始由浅及深阶梯增加。典型区主要是深度不超过 30 m 的浅水区域，几乎占据整个研究区的 1/4。深水区主要位于远海以及研究区的东北部，最深处达到了 104 m。同时近岸浅水区域内还存在零星分布的深槽，水深较大。典型区内外的海水深度差异较大，总体来看，水深结果图符合江苏海域水深分布的实际情况，能较为完整地展现出研究区内的地形特点，与全球水深过渡较自然。

3.3 反演水深数据的误差原因

水深受到多种因素的共同影响,依靠多光谱遥感影像和机器学习算法进行水深反演会存在不确定性[19]。首先,江苏淤泥质海岸泥沙输运频繁,水体含沙量高,反演水深的拟合程度受泥沙影响。由于实测地区水质的特殊性,建立的 BP 神经网络模型在典型区等高含沙量水体海域取得较好的效果,误差较小;但在水质好、水体透明度高的深远海该模型并不适用,反演的水深会出现异常的高值,体现出模型对实测水深训练数据集的依赖。其次,实测水深数据集的深度也具有局限性,其主要分布在浅海,最大水深只有13 m 左右,且每个分段数据量不一致,使得反演结果具有分段精度差异,在 0~4 m、4~8 m 段数据量较多,反演效果相对更好。最后,机器学习算法的选择会影响水深反演结果,不同的方法对于训练样本量的需求存在差异,在实际应用中的有效性也不尽相同。

4 结　语

以江苏为例进行浅海水深遥感反演,将 BP 神经网络模型浅海水深遥感反演结果与全球水深数据融合,实现了江苏海域水下地形的一体化构建,得到以下的结论:

(1)BP 神经网络机器学习模型在近岸浅海水深反演方面具有较好的应用潜力。相比于对数变换比值模型,BP 神经网络模型通过构建 MTGDWI 并作为模型输入,来抑制悬沙影响,提高了浅海水深遥感反演的精度。水深反演结果的相关系数为 0.86,均方根误差、平均绝对误差和平均相对误差分别为 1.57 m、1.17 m 和 21.91%。

(2)BP 神经网络反演水深数据具有分段精度差异。均方根误差和平均绝对误差在 0~4 m 段最小,分别为 0.64 m 和 0.81 m;在 8~13 m 段最大,分别为 1.67 m 和 2.08 m。随着水深区间的增大,反演结果的误差整体上在增加。

(3)多源数据融合处理是提高遥感水深数据应用的有效途径。加权融合可以综合利用 BP 神经网络反演浅海水深的高精度以及全球水深数据良好的趋势性,两种数据比重为 7:3 时水深结果连续。本研究成果有助于为监测浅海水下地形的动态变化提供数据支撑。

参考文献

[1] ZHANG Z,ZHANG J Y,Ma Y,et al. Retrieval of nearshore bathymetry around Ganquan Island from LiDAR waveform and QuickBird image[J]. Applied Sciences,2019,9(20):4375.

[2] 王照翻,马梓程,熊忠招,等. 多光谱遥感数据与多类型机器学习算法的浅海水深反演方法评价[J]. 热带地理,2023,43(9):1689-1700.

[3] 陆天启,吴志芳,任潇洒,等. 基于 GeoEye-1 和 WorldView-2 遥感数据的浅海水深反演比较研究[J]. 海洋学报,2022,44(4):134-142.

[4] SUN S T,CHEN Y F,MU L,et al. Improving shallow water bathymetry inversion through nonlinear transformation and deep convolutional neural networks[J]. Remote Sensing,2023,15(17):4247.

[5] WU Y H,WANG J J,SHEN Y Q,et al. Bathymetry refinement over seamount regions from SAR altimetric gravity data through a Kalman fusion method[J]. Remote Sensing,2023,15(5):1288.

[6] WEI C Z,ZHAO Q Y,LU Y,et al. Assessment of empirical algorithms for shallow water bathymetry using multispectral imagery of Pearl River Delta coast,China[J]. Remote Sensing,2021,13(16):3123.

[7] 刘瑾璐,孙德勇,焦红波,等. 底质分类视角下的浅海水深遥感反演[J]. 遥感信息,2022,37(5):101-107.

[8] EVAGOROU E,ARGYRIOU A,PAPADOPOULOS N,et al. Evaluation of satellite-derived bathymetry from high and medium-resolution sensors using empirical methods[J]. Remote Sensing,2022,14(3):772.

[9] CEYHUN Ö,ARISOY Y. Remote sensing of water depths in shallow waters via artificial neural networks[J]. Estuarine,Coastal and Shelf Science,2010,89(1):89-96.

[10] MATEO-PÉREZ V,CORRAL-BOBADILLA M,ORTEGA-FERNÁNDEZ F,et al. Port bathymetry mapping using support vector machine technique and sentinel-2 satellite imagery[J]. Remote Sensing,2020,12(13):2069.

[11] 姚春静,余正,王洁,等. 海底底质分类支持下的 WorldView-3 多光谱影像浅海海域水深反演[J]. 测绘通报,2023

(7):25-31.

[12] CHU S S,CHENG L,CHENG J,et al. Shallow water bathymetry based on a back propagation neural network and ensemble learning using multispectral satellite imagery[J]. Acta Oceanologica Sinica,2023,42(5):154-165.

[13] 李经纬,杨红,王春峰,等. 基于Landsat 8卫星的江苏北部近岸海域水深遥感反演研究[J]. 海洋湖沼通报,2022,44(6):23-32.

[14] 王燕茹,张利勇,刘文,等. 基于高空间分辨率遥感影像的水深反演有效性评估[J]. 海洋学报,2023,45(3):136-146.

[15] 郝瑞杰,万晓云,眭晓虹,等. 海底地形探测和模型研制现状及精度分析[J]. 地球与行星物理论评,2022,53(2):172-186.

[16] 段正贤,左秀玲,余克服,等. 地貌分带下基于ICESat-2与GF-1的珊瑚礁水深遥感优化反演方法[J]. 地理科学,2023,43(9):1640-1648.

[17] LYONS M,PHINN S,ROELFSEMA C. Integrating quickbird multi-spectral satellite and field data:mapping bathymetry,seagrass cover,seagrass species and change in Moreton Bay,Australia in 2004 and 2007[J]. Remote Sensing,2011,3(1):42-64.

[18] 曹斌,邱振戈,朱述龙,等. BP神经网络遥感水深反演算法的改进[J]. 测绘通报,2017(2):40-44.

[19] 汪静平,吴小丹,马杜娟,等. 基于机器学习的遥感反演:不确定性因素分析[J]. 遥感学报,2023,27(3):790-801.

基于卷积门控循环网络的 X 波段雷达预测有义波高研究

赵心睿，刘　曾

（华中科技大学 船舶与海洋工程学院，湖北 武汉　430074）

摘要：实时有义波高（SWH）对近海活动的安全和效率至关重要。为此，通过深度神经网络从 X 波段海洋雷达回波图像序列中提取空间-时间特征，以实现 SWH 的预测。首先，构建了一个基于预训练的 GoogLeNet 的卷积神经网络（CNN），从每个雷达图像中提取多尺度深度空间特征。考虑到基于 CNN 的模型无法分析时间行为，因此在 CNN 的深度卷积层之后连接了一个门控循环单元（GRU）网络，构建了一个基于卷积的 GRU（CGRU）模型。使用合成波浪数据对 CGRU 模型进行训练和测试。试验结果表明，CGRU 模型显著提高了预测精度和计算效率。

关键词：卷积神经网络；门控循环单元；有义波高；X 波段海洋雷达

X 波段海洋雷达广泛安装在船舶和海上交通控制塔上，用于目标跟踪和监视。其回波图像被用于各种海洋遥感任务，如深度测绘、涡流检测、海冰漂移测量和海面参数估计等。与其他 SWH 传感器相比，X 波段海洋雷达具有高分辨率和低成本的特点。然而，传统的非相干 X 波段海洋雷达没有经过辐射校准，无法直接从雷达后向散射强度中确定有义波高，这意味着需要推导出某种反演方案。这些方案通常涉及一系列复杂的算法和校准步骤，包括信噪比（SNR）方法、小波变换[1]、波束形成[2]和经验模态分解[3]算法。为了简化设计并提高计算效率，一些机器学习模型，如人工神经网络（ANN）、支持向量机（SVM）和卷积神经网络（CNN），也被用于有义波高预测。CNN 作为一个端到端系统，能够直接从雷达图像中回归有义波高，通过学习自动提取深度空间特征[4]。

循环神经网络（RNN）被广泛用于时间序列分析问题。作为 RNN 的子类，门控循环单元（GRU）在捕捉长期依赖性方面表现出色，且极大地缓解了 RNN 单元中出现的梯度消失问题。因此，Chen 和 Huang[5]提出了一种新的有义波高估算模型，该模型结合了深度卷积层和 GRU 网络，能同时从雷达图像序列中提取空间和时间特征。本文基于该模型进行了预测工作。文章的第一部分概述了本研究中使用的雷达图像数据。第二部分描述了所使用的 CNN 和 CGRU 模型的结构和组件。第三部分介绍了在合成雷达数据上使用 CGRU 模型进行的训练和测试结果。第四部分提供了本文的结论。

1 合成数据

合成波浪数据具有可控性、可重复性和灵活性等优势。这使得研究过程中能够精确模拟各种波浪条件，确保实验稳健、经济，并根据研究需求进行定制。因此，本研究使用的雷达回波图像序列为合成的雷达波浪图像数据。模拟的有效波高每 10 min 采样一次，总共得到 1 440 个有效波高数据点，如图 1 所示。图 2 展示了模拟雷达图像。

基金项目：国家自然科学基金（12072126）

通信作者：刘曾。E-mail:z_liu@hust.edu.cn

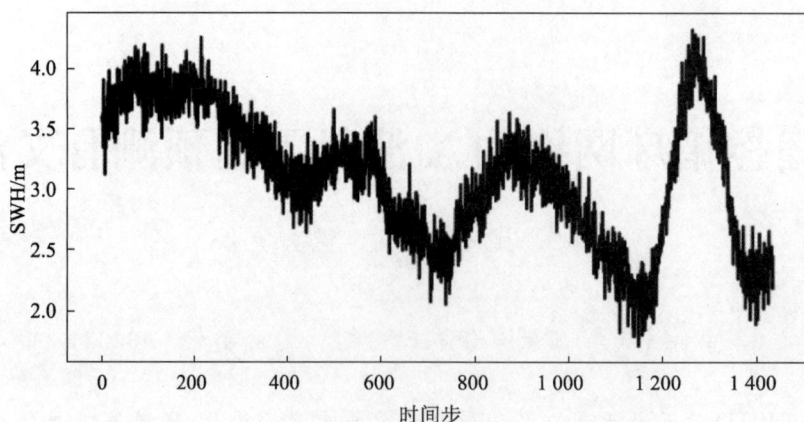

图 1　合成有义波高

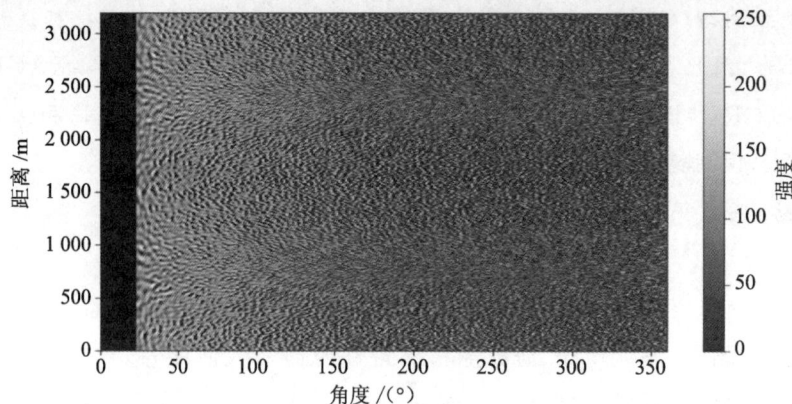

图 2　模拟雷达图像

2　CGRU 预测模型

2.1　GoogLeNet 预训练模型

在介绍 CGRU 模型之前,先介绍基于 CNN 的预训练模型。基于 CNN 的预训练模型利用其中一个经典 CNN 作为预训练网络来构建所提出的 CGRU 估算模型。卷积层结构和原始权重值来自 Szegedy 等[6]提出的预训练 GoogLeNet。与其他经典 CNN(如 AlexNet[7]和 Vgg-16[8])相比,GoogLeNet 具有更小的网络尺寸,训练时间更短,同时能获得更高的训练精度。基于 CNN 的 SWH 预测模型的示意图如图 3 所示,以下是每种组件的设计和功能介绍。

(1)卷积层(Conv):为了从雷达图像中获得深度空间特征,网络中添加了多个卷积层。在每个卷积层中,在相同位置的滤波器和元素之间执行矩阵乘法。

(2)池化层(MaxPool 和 AvgPool):最大池化(MaxPool)操作可以被视为输入的每个非重叠子区域与最大滤波器之间的卷积,保留子区域内的最大值,舍弃其他值。最大池化可以缓解模型训练中发生的过拟合问题。由于表示的空间大小已经减小,网络的参数数量和计算成本也可以减少。与最大池化相比,平均池化(AvgPool)计算子区域内元素的平均值而不是最大值,可以保留有关所有元素的信息。

(3)本地响应归一化层(LocalRespNorm):作为一个跨通道操作,它会用一定数量的相邻通道内元素的规范化值替换每个元素。也就是说,对于输入中的每个元素 x,通过规范化窗口内相邻通道的元素,

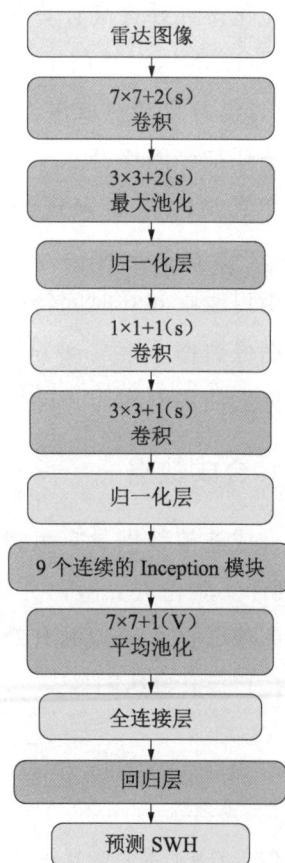

图 3　基于 CNN 的 SWH 预测模型

可以获得其经过规范化后的输出值 x'。

（4）Inception 模块：为了获得更好的性能，先前提出的 CNN 大多简单地堆叠了更深层次的卷积层，这容易导致过拟合和算力过度消耗。此外，很难确定卷积操作的最佳核大小。为了解决这些问题，GoogLeNet 引入了一种称为 Inception 模块的新结构，它通过更少的参数和计算成本进行多尺度卷积。其中包含 3 种不同尺寸的滤波器（即 1×1、3×3 和 5×5 的卷积层），这使得可以从雷达图像中提取全局和局部空间特征。

（5）全连接（FC）层：FC 层的目标是将该特征向量中的每个元素与特定的权重值相乘，然后求和。求和后的值对应于估算的 SWH。

2.2 基于 CGRU 的 SWH 预测模型

CNN 的主要缺点之一是不能从雷达图像的时间变化中提取特征。因此引入了 GRU 网络以解决此问题。CGRU 模型的示意图如图 4 所示。具体而言，序列折叠层对每个单独的子区域图像执行卷积操作。然后，引入了序列展平层，以恢复序列结构并将输出重塑为空间特征向量序列。从深度卷积层获得的每个空间特征向量都输入到一系列相互连接的隐藏单元（GRU 单元）中。

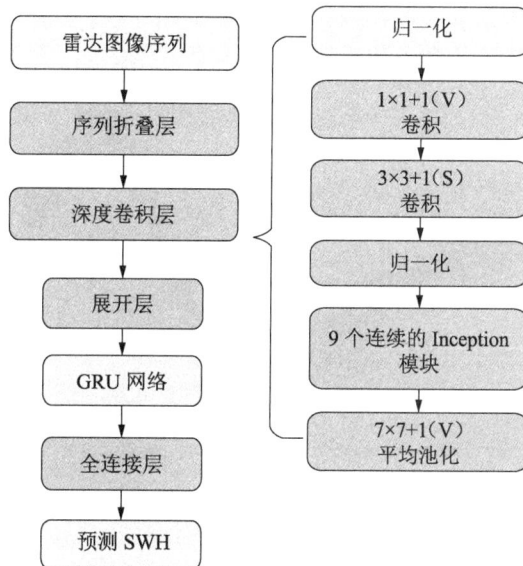

图 4　基于 CGRU 的 SWH 预测模型

引入均方根误差（RMSE，以 D 表示）和相关系数（CC，以 R 表示）作为评估提出的预测模型准确性的评价指标。RMSE 表示预测值与实际值之间的平均平方误差。RMSE 的数学公式如下所示：

$$D = \sqrt{\frac{1}{M}\sum_{m=1}^{M}(y_i - \hat{y}_i)^2} \tag{1}$$

相关系数用于衡量预测值和真实值之间的线性关系的强度和方向。其公式如下所示：

$$R = \frac{\sum_{i=1}^{n}(x_i - \bar{x})(y_i - \bar{y})}{\sqrt{\sum_{i=1}^{n}(x_i - \bar{x})^2 \sum_{i=1}^{n}(Y_i - \bar{y})^2}} \tag{2}$$

3　结果与分析

3.1　模型训练

在数据样本中选择 60% 的样本用于模型训练和 40% 的样本用于测试。为了验证模型的稳健性，试验重复进行了 5 次。至于 CGRU 模型的训练，在组装每个组件之前，首先使用经过训练的 CNN 模型的卷积层生成的空间特征向量来训练 GRU 网络，模型超参数选项列在表 1 中。利用 Python 编程语言和 TensorFlow 环境作为试验工具。

表1 参数列表

参　数	取　值
GRU 单元数	64,32
GRU 层数	2
学习率	0.000 1
Batch-size	64
Epochs	100

3.2 结果分析

使用训练好的模型对测试集中的雷达图像数据进行特征提取并进行有义波高预测。在此过程中,我们使用之前获得的模型参数,结合测试集中的数据,通过 CGRU 模型计算出相应的预测值。在预测结束后需要进行反归一化处理,以将预测值转换为真实波高信息的数值范围,得到了预测有义波高与真实有义波高之间的对比结果,如图5所示。

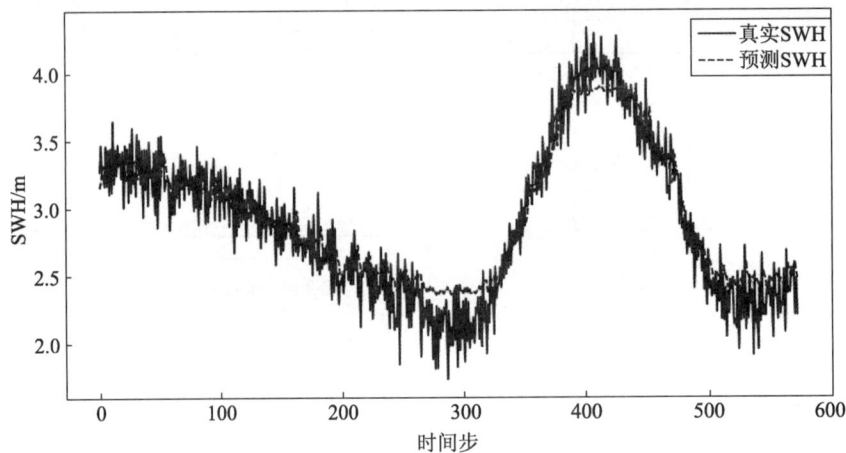

图5 预测与真实 SWH 对比

使用基于 CGRU 的模型的预测结果如表2所示。引入基于 CGRU 的预测模型后,与传统的 SNR 方法相比,RMSE 减小,CC 提高。后者的 RMSE 和 CC 为 0.63 和 0.58。通过采用 CNN-GRU 模型,测试样本的平均 RMSE 降至 0.21 m,CC 增至 0.93。这表明多尺度深度空间特征提取和时间特征提取在提高 SWH 预测准确性方面是有效的。

表2 CGRU 模型预测结果

试验次数	CGRU-RMSE	CGRU-CC
1	0.21	0.93
2	0.205	0.94
3	0.212	0.93
4	0.22	0.92
5	0.206	0.93
均值	0.21	0.93

4 结　语

本文使用了端到端的深度神经网络,旨在从 X 波段海洋雷达图像序列中准确预测有义波高。在基于预训练的 GoogLeNet 卷积层基础上,添加了一个 GRU 网络,构建了 CGRU 模型。这个设计使得模型能够捕捉雷达图像序列中的时间演变特征。

　　实验结果表明,与传统的基于信噪比的方法相比,CGRU 模型在 SWH 预测上取得了显著的改进,平均 RMSE 降低了 0.42 m。这表明提取多尺度深度空间特征可以显著提高预测的精度。未来的工作将重点放在进一步验证该模型,使用不同地理位置收集的雷达数据来进行测试。

参考文献

［1］　AN J,HUANG W,GILL E W. A self-adaptive wavelet-based algorithm for wave measurement using nautical radar［J］. IEEE Transactions on Geoscience and Remote Sensing,2015,53(1):567-577.

［2］　MA K,WU X,YUE X,et al. Array beamforming algorithm for estimating waves and currents from marine X-band radar image sequences［J］. IEEE Transactions on Geoscience and Remote Sensing,2017,55(3):1262-1272.

［3］　GANGESKAR R. An algorithm for estimation of wave height from shadowing in X-band radar sea surface images［J］. IEEE Transactions on Geoscience and Remote Sensing,2013,52(6):3373-3381.

［4］　DUANW,YANG K,HUANG L,et al. Numerical investigations on wave remote sensing from synthetic X-band radar sea clutter images by using deep convolutional neural networks［J］. Remote Sens.,2020,12(7):rs12071117.

［5］　CHEN X,HUANG W. Spatial-temporal convolutional gated recurrent unit network for significant wave height estimation from shipborne marine radar data［J］. IEEE Transactions on Geoscience and Remote Sensing,2022,60:1-11.

［6］　SZEGEDY C,LIU W,JIA Y Q,et al. Going deeper with convolutions［C］//Proceedings of the IEEE Computer Society Conference on Computer Vision and Pattern Recognition,June 7th-12th,2015,Boston,MA. Washington,DC:IEE Computer Society,2015:1-9.

［7］　KRIZHEVSKY A,SUTSKEVER I,HINTON G E. ImageNet classification with deep convolutional neural networks［J］ Communications of the ACM,2017,60(6):84-90.

［8］　SIMONYAN K,ZISSERMAN A. Very deep convolutional networks for large-scale image recognition［EB/OL］// (2014-09-04)［2024-02-23］. http//arxiv. org/pdf/1409. 1556.

面向海上风电场的激光导助航辅助设施研究

李东阳,徐大伟,蒋　玮,赵　政

(中交上海航道勘察设计研究院有限公司,上海　200120)

摘要:为提升以海上风电场为代表的海上作业区现有导助航系统在夜间复杂背景灯光环境下的导助航服务水平,引入激光技术,建立基于激光器的导助航辅助系统,制订激光视觉警示光圈设置方案,并分别通过专家评价和仿真模拟技术对方案进行论证和工程实现。结果表明:激光器可增强现有导助航系统对复杂背景灯光环境下海上风电场警戒范围的视觉标识效果,提高系统主动防御能力,具备作为导助航辅助设施的可行性。

关键词:导助航;激光;海上风电场

目前,工程上主要通过在海上风电场水域布设视觉航标[1-2]和电子围栏[3-4]等导助航设施来缓解海上风电场建设与沿海航运之间的空间冲突。这些导助航设施通过视觉警示、甚高频(very high frequency, VHF)提醒、声光预警等方式提供航行警示信息,从而维护海上风电场及其邻近水域内的船舶交通秩序。但在夜间等能见度较差的环境下,发挥灯浮标、风机灯桩等导助航设施助航效能的灯器与风机自身照明设备均为发光二极管(light emitting diode,LED)灯器,光属性较为接近,降低了夜间导助航设施的辨识度[5],易使船舶驾驶员误认、误判,对风电场营运和船舶航行造成潜在安全威胁。

激光具备的高亮度、强单色性、低发散性等特性使其在精确制导[6-7]、视觉投影[8-9]等领域被广泛应用。在导助航领域,激光因其出色的远距离指向能力和激光器的低功耗,吸引了不少研究者对激光在远距离导引上的应用开展研究[10-13],但这些研究大多是将激光作为标示进港航道的导标,无法提供警示性导助航信息。此外,激光的高亮度使其光束具有瞬时致盲性,因此也被用作驱离器[14]。

基于此,笔者在现有海上风电场导助航设施的基础上,引入激光技术,制订针对背景灯光复杂的海上风电场的具有高辨识度、直观视觉警示和直接驱离作用的激光视觉辅助导助航设计方案,增强当前海上风电场导助航设施在复杂背景灯光环境下的导助航效能,并为类似工程问题提供可借鉴的解决方案。

1 理论分析

1.1 激光的适用性

激光器通常使用同一种原子来受激产生光子束,因此激光光束中光子的光学特性高度一致,这也使激光具有比LED光源更优异的单色性、发散性(指向性)和亮度。这些优异性直观体现在激光具有远超目前导助航设施和海上风电场照明使用的LED光源的光束亮度和光束视觉观感方面。另外,激光在雨、雾等低能见度环境下的可视性方面也具有更为明显的优势。

1.2 激光危害及其防治

激光光束的高能性,使其具有通过热效应、化学效应和机械效应等方式对人体和物体造成损伤的能力。我国针对市面销售的激光产品制定的强制性安全标准《激光产品的安全　第1部分:设备分类、要求》(GB 7247.1—2012)[15]中将激光分为表1所示的7个危险等级,工程常用激光的危险等级均在4类以上,对人体尤其是眼部有较强伤害。

通信作者:李东阳。E-mail:1330054039@qq.com

表 1 激光的危险等级分类及对人体的影响

危险级别	对人体的影响	功率范围
1 类	正常使用,不会对人体造成伤害	0.1～100 μW
1M 类	使用光学设备对激光进行观察时,可能对眼睛造成伤害	0.1～100 μW
2 类	0.25 s 内不会造成伤害	0.1～1 mW
2M 类	0.25 秒内不会造成伤害,使用光学设备观察时可能造成伤害	0.1～1 mW
3R 类	直视激光会对眼睛造成暂时性伤害,应尽量避免直视激光	1～5 mW
3B 类		5～500 mW
4 类	直射、镜面反射、少于 0.25 s 的短时照射也会有较大危害	＞0.5 W

目前,实践中主要通过工程控制、个人防护、安全管理等措施[16],减少激光对人体、物体的损害。

工程控制:通过在设备结构上加装防护罩、挡板、安全光路和光束终止器等器具,从激光光源、传输路径和聚焦系统对激光照射范围进行限制。

个人防护:穿戴防护眼镜、防护服和防护手套等个人防护用具。

安全管理:通过规章制度避免激光的危险使用。

本研究通过采用有针对性的激光器设置方案与工程控制相结合的方式降低激光对船舶驾驶员等的伤害和对船舶正常航行的影响。

1.3 仿真模拟技术

仿真模拟是一种通过引入系统参数特征等数据,建立系统的数字模型,并由物理引擎驱动,实现在虚拟空间中对客观仿真对象的精准复现的技术,集成了多学科、多物理量的新型工程仿真方法。该技术可反映仿真对象全生命周期过程及在不同应用场景下应用效果的评估,在项目早期设计阶段发现并解决问题,从而有效降低项目总体测试成本,加快项目成果投产速度,并可提供真实、有效、可靠的工程决策依据[17]。

本研究使用仿真模拟技术展示、评估夜晚海上风电场场景中激光的导助航效果。

2 对象分析及方案制订

激光导助航辅助设施的应用对象是以海上风电场为代表的海上作业区,这类水域具有航行环境复杂、船舶需精准把握航向航迹的特点。

2.1 海上风电场现状梳理及分析

2.1.1 海上风电场导助航设施现状

目前,国内海上风电场导助航系统主要依据《中国海区水中建(构)筑物助航标志规定》(GB 17380—2020)[18]、《中国海区水上助航标志》(GB 4696—2016)[19]等标准进行风电场施工期、营运期的航标设置,通过设置警戒标志、专用标志、禁航标志等清楚地标示出风电场边界及风机位置,防止船舶误入风电场区域,借助视频监控系统、自动报警系统和电子围栏、VHF 等无线电导助航技术建立主动防范系统。按照国际航标协会的建议,海上风电场重要外围构筑物、外围中间设施上的导助航设施应保证水平方向全方位可见。但在工程实践中,由于风机平台空间有限,导助航设施的安装位置往往与风机主体距离较近,加之风机主体尺寸较大,导致风机对导助航设施产生较大遮蔽,在一定角度范围内存在较大视觉观测盲区。同时,在海上风电场的施工、营运阶段,会使用与现状导助航设施灯器的灯质接近的 LED 照明设备,对导助航设施助航效能的正常发挥造成严重影响,也对过往船舶的正常瞭望和导助航设施辨识造成严重干扰。此外,风电机也会对船载雷达造成回波干扰,转动的风机叶片会在雷达显示屏上显示假信号,大大增加船舶驾驶员通过雷达判断周围航行情况的难度。

2.1.2 海上风电场水域通航现状

随着海上风电行业的快速发展,风电场逐渐由浅海走向深蓝,发电机组的尺寸也越来越大。结合现有及规划中的海上风电场场址资料可知,我国沿海风电场分布广、密度高,港区、沿岸、近海和外海均有建设规划,而且风电场场址几乎都在交通流密集的沿海习惯航线附近,个别风电场甚至横在习惯航路上,使得风电场相邻水域的通航条件变得复杂,减少了可供船舶正常航行和紧急避险的水域,形成船舶交通流阻塞点,与本就存在的各沿海航线形成交通冲突,极大地改变了航线通航环境和船舶航行习惯,对船舶航行和风电场都造成了较大的安全隐患。

图1是我国沿海某座已设置灯桩、电子围栏等导助航设施的海上风电场内及相邻水域的船舶航迹图,图中淡色封闭轮廓为风电场外围轮廓,深色线条为船舶轨迹线。从图1可见,在已设置导助航设施的前提下,仍有大量船舶会沿习惯航线从风电场内部穿越。虽然这些船舶以渔船等小型船舶为主,但仍会影响风电场的安全营运,这可能与渔船关闭了船载自动识别系统(automatic identification system,AIS)等设备有关。这也从侧面反映了当前仅依靠VHF广播驱离音频的海上风电场导助航主动防范体系在驱离关闭船载AIS设备的"无线电黑洞"船舶方面存在的短板。

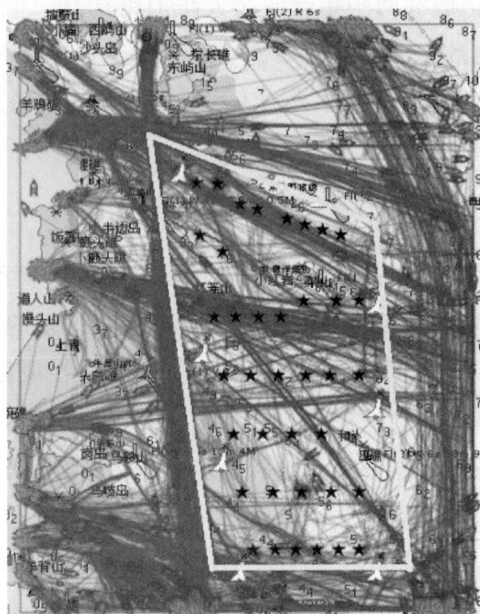

图1　某海上风电场水域营运期船舶航迹

2.2 技术方案

在了解航标管理部门、海上风电场管理部门和航运企业等多方对当前海上风电场导助航意见、建议及需求的基础上,结合激光器特点,研究制订有针对性的激光导助航辅助设施设置方案。

2.2.1 需求分析

通过对航标管理单位、引航站、航运企业和海上风电场管理方等单位进行海上风电场航标现状和需求的调研,结合相关资料,掌握当前海上风电场导助航现状及功能改进需要。

目前,海上风电场现状导助航设施主要通过风机灯桩、电子围栏等设备标识海上风电场水域,提醒过往船舶主动避让,并通过VHF自动呼叫等主动防御方式驱离不主动避让船舶,但该种方式依然需要船舶主动配合,对以关闭VHF等方式拒绝避让的船舶驱离效果较差。此外,海上风电场的夜间背景灯光与灯桩灯质接近,加之风机对雷达瞭望的干扰,使得导助航设施目视观测难度较大。

2.2.2 设备选型

设备具体选型如下。

(1)激光器种类。全彩激光器本身具有较高的防水功能,同时,还具有防震和防浪涌外壳,所以即便将激光灯应用在自然条件较为恶劣的地方也会拥有很长的使用寿命。考虑到航标的应用场景较为恶劣,航标器材宜选用功耗低、质量轻、使用寿命长的设备,因此,研究选取全彩激光器作为应用设备。

(2)激光器功率选择。激光器的功率大小决定了激光的强弱。激光器的功率过小,会导致激光作用距离有限,难以实现提升导助航服务能力的目的;激光器的功率过大,会使激光成为光污染,且会造成能源浪费,还可能会对观测人员的眼睛造成不可逆的损伤。因此,选用合适功率的激光器至关重要。考虑到风电场警戒范围为风电场边界向外延伸 500 m 的水域范围,因此选用功率为 2 W 的激光器。另外,不同观看角度激光的效果差别较大。激光的安装角度很重要,不能完全垂直于桥面,需要有一定的倾斜角度。不同环境下激光的效果差别也较大。激光在雾天和阴雨天要比在晴天效果好,这也正好弥补传统视觉航标的缺点。

表 2 不同功率激光器特点分析

功　率	应用效果
2 W	通过室内、室外、有烟雾、无烟雾实测效果对比分析,同样功率的激光灯在黑暗的室内效果要比室外效果好,在有介质(烟或雾)情况下效果较好。在 1 km 以内的距离观测效果较好。
4 W	由于激光的单向性特点,顺着激光束发射方向观看,效果较好。在 1.5 km 以内的距离观测效果较好。
6 W	功率 6 W 激光灯正面看(平行激光发射方向看)亮度较高。在 2 km 以内的距离观测效果较好。
8 W	功率 8 W 的激光灯在较远作用距离上依然能保持明显的视觉效果。

(3)激光光色。激光可见光束颜色按波长从短到长依次为蓝紫色(375~405 nm)、蓝色(445~488 nm)、绿色(520~532 nm)、黄色(589~577 nm)和红色(635~650 nm)。人眼对波长在 550~570 nm 之间的绿色、红色和黄色较为敏感。目前风电场所设导助航设施的夜间灯光光色多为黄色,为避免对现状导助航设施夜间灯光观测效果的干扰,激光光色可选红色、绿色。

(4)扩束器。激光器的性能越优良,其发射出的光束的直径和光束发散角越小,但过细的光束较不易被人眼察觉,难以实现理想的导助航效果。而光束扩束器通常被用于扩大较细光束的直径,且使输出光束依然为平行光束,入射光以平行的方式进入内部光学件的光轴中,最后也以平行的方式离开。扩束器除了用来扩大光束直径外,还被用来限制激光的射程。在同一传播介质中,激光的射程与其功率和发散角度有关。在激光器功率固定的前提下,激光光束直径越大,其有效射程越短,光束的能量聚集效果也越弱,对人员、物体的影响也相应减小。选用扩束器一方面可以增强激光光束的目视效果,另一方面可以降低激光光束亮度,减小激光对人员的影响。

(5)分束器。激光分束器本身是一块光学透镜,其功能是使一束入射激光分为多个激光光束,同时不改变光束的初始特性。分束之后的激光可以是一维分束、二维分束、线条分束和点阵分束。研究使用分束器将激光光束由点形转换为线形,实现对警示范围的勾勒。

2.2.3 设置方案

在导助航设计中,多把黄色作为警示色,而边界多采用红色、绿色进行标示。在国际照明委员会(Commission Internationale de l'Eclairage/International Commission on Illumination,CIE)由可见光谱序列所编制的颜色空间——CIE 色度图(色域马蹄图)中,绿色、红色的相对亮度分别为 4.590 7 和 1.000 0,即从对人的视觉冲击来说,绿色要强于红色。此外,由于人眼对于黄色光最为敏感,且海上风电场专用航标多为黄色,为不影响船舶对海上风电场原有航标灯器的识别,选用红色、绿色光色的激光器分别制定方案进行比选。

方案一:以风电场外围风机为依托,在每座拐角风机上设置 2 座功率为 2 W 的绿色光束激光器,除拐角风机外的外围风机上各设置 1 座功率为 2 W 的绿色光束激光器。每座激光器均配置 1 套分束器实现一维线性光阵。激光器设置位置避开现有航标设备安装位置。所有激光器向风电场区域外侧,以 30°下倾角射向水面,构成风电场外扩 200 m 的警戒光圈。激光器可通过独立的太阳能供电系统或风机电源供电。

方案二:以风电场外围风机为依托,在每座拐角风机上设置 2 座功率为 2 W 的红色光束激光器,除拐角风机外的外围风机上各设置 1 座功率为 2 W 的红色光束激光器。每座激光器均配置 1 套分束器实现一维线性光阵。激光器设置位置避开现有航标设备安装位置。所有激光器向风电场区域外侧，以30°下倾角射向水面，构成风电场外扩200 m的警戒光圈。激光器可通过独立的太阳能供电系统或风机电源供电。

2.2.4 系统能耗分析

在导助航设备应用中，设备自身能耗是决定设备能否成为具有实用性的导助航设施的主要因素之一。

当前方案中激光系统通过由太阳能板、电源控制器和蓄电池等单元构成的独立于风机电源的供电系统进行供电，在实际操作中也可接入风机电源进行供电。相较而言，太阳能供电系统设备组成更为复杂，整体能耗更高。该系统能耗分析基于太阳能供电系统。

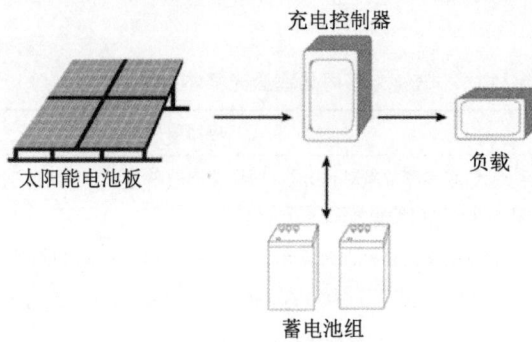

图 2　激光供电系统

表 3　单座激光器能源配置

名　称	规　格	数　量	说　明
电池板	20 W	1	单晶高效太阳能电池片
电池板支架		1	热镀锌支架
锂电池	12 V/100 Ah	1	太阳能专用磷酸铁锂电池
控制逆变单元		1	太阳能控制器，工作电压12 V
防雷器	DC防雷器	1	
控制箱		1	内置电源中控器、防雷器、接线端子排
线缆	$2 \times 4 \text{ mm}^2$ *	40 m	防辐射光伏专用线缆

项目地址：宁波；日照条件：3.59 h；能源配置要求：保证3个阴雨天；每天发电量：40 W×3.59 h×0.65＝93.34 W·h；负载用电量：2 W×12 h×3 d＝72 W·h；系统实际消耗电量：72 W·h/0.85＝84.7 W·h；蓄电池存储电量：1 200 W·h(放电深度95%)。

＊导电芯为2根横截面面积为4 mm²的铜芯。

如表3所示，该激光器导助航辅助系统能耗接近常规导助航设施能耗，常规能源供给系统即可满足系统能耗需求。

3 方案效果实现及比选分析

3.1 仿真模拟效果实现

研究借助Rhino3D造型软件搭配D5渲染器对技术方案进行仿真模拟效果实现。Rhino软件可实现高精细度、高复杂度和高流畅度的3D模型构建。D5渲染器具有实时光线追踪渲染的功能，通过输入对象的时间、日期、经纬度坐标等真实具体参数构建对象场景的光线特征，而且可实现风、云、雨、雪、雾等多气象场景的一键切换，具有强大且真实的环境氛围表现力。

研究首先通过Rhino软件构建风电场风机及激光器的3D模型场景，在此基础上通过D5渲染器实现晴朗天气下日出日落时分环境及激光光束的渲染，完成对方案效果的仿真模拟实现。

3.2 方案比选分析

通过上述仿真模拟技术实现方法对两个激光器设置方案进行工程实现，分别构建了如图3、图4所示的与现状导助航设施灯光及风电场背景灯光特征迥异的日出日落时分的海上风电场外围轮廓外延200 m

的风电场水域视觉警示光圈。

方案一应用效果分析:高亮度的绿色光圈与风电场原有导助航设施灯光有较明显区分,可提供较为醒目的视觉观测效果,对船舶驾驶员具有较强的视觉冲击力,可对闯入船舶进行强烈的视觉提醒。对于风电场维护船舶,相关人员则可通过提前佩戴护目镜等防护设备降低影响。

图 3　方案一:绿色激光应用效果

图 4　方案二:红色激光应用效果

方案二应用效果分析:高亮度的红色光圈与风电场原有导助航设施灯光有较明显区分,但与海天背景色较为接近,对船舶驾驶员的视觉冲击力较弱。

经专家评定,方案一中激光设置方案对海上风电场导助航系统助航效能的提升作用更加明显,即绿色光束激光器导助航效果更为理想。

4　结　语

研究提出基于海上风电场现状导助航设施的具有主动驱离作用、适合复杂背景灯光环境的激光导助航辅助设施设置方案,并通过仿真模拟技术对其进行工程实现。经专家论证,激光器具备作为当前海上风电场导助航体系辅助设施的应用可行性。

参考文献

[1] 袁志涛,刘克中,余庆,等. 面向海上风电工程的船舶助航系统设计与实现[J]. 船舶工程,2021,43(S1):156-160.
[2] 江锦云. 福建长乐外海海上风电场 A 区施工期航标配布研究[D]. 大连:大连海事大学,2020.
[3] 苏斌,王有军,李星. 浅谈 AIS 海上电子围栏系统及在海上风电场的应用[J]. 航海技术,2021(5):38-41.
[4] 崔凯. 海上风电场虚拟电子围栏技术的研究与应用[J]. 水利信息化,2021(4):60-63.
[5] 李大智,李春男,万旭,等. 背景灯光对航标灯可识别性的影响及其规制措施[J]. 中国海事,2021(10):58-60.
[6] 刘箴,刘东洋. 国外典型激光制导武器发展综述[J]. 飞航导弹,2021(4):20-26.
[7] 陈成,赵良玉,马晓平. 激光导引头关键技术发展现状综述[J]. 激光与红外,2019,49(2):131-136.
[8] 徐飒然. 基于激光投影的空间布局规划优化设计[J]. 激光杂志,2023,44(7):229-233.
[9] 王凯. 基于激光投影器的影视动画多机展示设计[J]. 激光杂志,2022,43(7):215-220.
[10] 郑克明. 激光在船舶导航上的可能应用[J]. 激光,1979(10):58.
[11] 李亚斌,李学东,王玉,等. 激光导标研究[J]. 航海技术,2022(6):40-43.
[12] 王海潮. 激光技术在导标上的应用前景[J]. 中国水运,2002(12):44-45.
[13] LI Y B,TAO K Y,LI X D,et al. Research on Visual Laser Navigation of Ship[C]//Proceedings of the 5th International Conference on Transportation Information and Safety,July 14th-17th,2019,Liverpool,UK. New York:IEEE,2019:191-196.
[14] 赵凡,邵思迪,惠凯迪,等. 激光驱鸟机器人系统中的稳瞄算法研究[J]. 激光与光电子学进展,2022,59(8):358-366.
[15] 中华人民共和国国家质量监督检验检疫总局、中国国家标准化管理委员会. 激光产品的安全　第 1 部分:设备分类、要求:GB7247.1—2012[S]. 北京:中华人民共和国工业和信息化部,2013.

［16］《中国职业医学》编辑部. 科学防治职业性激光所致眼损伤［J］. 中国职业医学,2018,45(1):84.

［17］李娟莉,郭清杰,高波,等. 基于仿真模拟的液压支架群跟机工艺虚拟调试方法［J/OL］. 煤炭科学技术,1-11［2023-12-25］http://kns. cnki. net/kcms/detail/11. 2402. TD. 20231214. 1601. 007. html.

［18］中华人民共和国国家质量监督检验检疫总局,中国国家标准化管理委员会. 中国海区水中建(构)筑物助航标志规定:GB 17380—2020［S］. 北京:中华人民共和国交通运输部,2021.

［19］中华人民共和国国家质量监督检验检疫总局,中国国家标准化管理委员会. 中国海区水上助航标志:GB 4696—2016［S］.北京:中华人民共和国交通运输部,2017.

溃坝水流环境宽级配土石材料冲蚀特性初步研究

成泽霖[1,2],夏云峰[1,2],徐 华[1,2],吴道文[1,2]

(1. 南京水利科学研究院,江苏 南京 210024;2. 港口航道泥沙工程交通行业重点实验室,江苏 南京 210024)

摘要:开展堰塞坝漫顶溃决水槽试验,对高速水流环境下的溃口冲蚀特性进行了研究。使用阻力平衡法估算了床面切应力,并讨论了边壁效应的影响。研究结果表明:传统的经验公式无法预测溃决环境下的泥沙侵蚀行为;在高速非恒定水流和高浓度推移层输移的堰塞体漫顶溃决环境中,溃口底部侵蚀速率可能与床面切应力的 0.5 次方相关。

关键词:高速水流;堰塞坝;侵蚀速率;床面切应力;边壁效应

在水力疏浚和溃坝等过程中,泥沙冲蚀特性往往受到高速水流的影响。水力射流过程中流速可达 30~60 m/s[1],大型堰塞坝(坝高 80~100 m)漫顶溃决过程中观测到的最大流速也高达 12 m/s。相比于河口海岸和浅水湖泊在水流和波浪等自然条件作用下的侵蚀速率,高速水流作用下的侵蚀速率与前者存在数量级差异。当前,针对低流速下泥沙冲蚀特性的研究已较为丰富,然而对于溃坝高流速环境下的冲蚀特性研究成果相对较少,仍存在认识的不足。堰塞坝溃口的发展过程受冲蚀特性的直接影响,溃口的发展过程又与对下游人民群众的生命财产安全造成巨大威胁的溃决洪水直接相关。为此,研究针对堰塞坝溃决环境下的坝体宽级配材料冲蚀特性开展分析研究。

1 试验设计

试验地点位于南京水利科学研究院铁心桥试验基地。试验系统主要由地下水库、供水系统、上游水库、试验水槽及下游沉砂池组成,如图 1 所示。水槽尺寸为 40 m×1 m×1 m(长×宽×高),底床和边壁表面为光滑水泥抹面,坡降为 1∶200。在水槽中部设置了长 3 m 的玻璃观测段,便于观测溃口冲蚀演化过程。

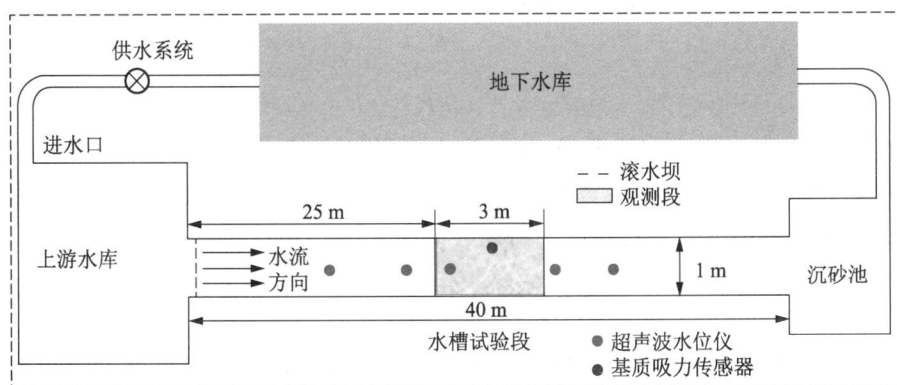

图 1 试验系统平面示意

文中共开展 7 组堰塞坝漫顶溃决试验,各组次的关键试验参数如表 1 所示,试验细节参照文献[8]。试

基金项目:国家自然科学基金资助项目(U2040221)
作者简介:成泽霖。E-mail:zlcheng@nhri.cn

验中筑坝材料级配参考了白格堰塞体粉土砾区级配[9],如图 2 所示,坝体材料中值粒径 $d_{50} = 5$ mm,表征泥沙非均匀性的粒径几何标准差 $\sigma_g = d_{84}/d_{16} = 48$,体积密度约为 1 670 kg/m³,休止角约为 33.2°。

表 1   关键试验参数

序号	坝高 h/m	坝顶长度 L_c/m	坝底长度 L_d/m	下游坡比 S_1	上游坡比 S_2	中值粒径 d_{50}	不均匀系数 d_{84}/d_{16}	入库流量 Q_{in}/(L/s)	库容 h_1/m³	溃决峰值流量 Q_p/(m³/s)
1	0.4	0.3	2.7	1:3	1:3	5	48	3	14.08	0.060
2	0.4	0.3	2.7	1:3	1:3	5	48	6	14.08	0.063
3	0.4	0.3	2.7	1:3	1:3	5	48	3	10.09	0.044
4	0.4	0.3	2.7	1:3	1:3	5	48	6	10.09	0.050
5	0.4	0.3	2.7	1:3	1:3	5	48	15	10.09	0.064
6	0.4	0.3	2.7	1:3	1:3	5	48	3	6.24	0.025
7	0.4	0.3	2.7	1:3	1:3	5	48	6	6.24	0.031

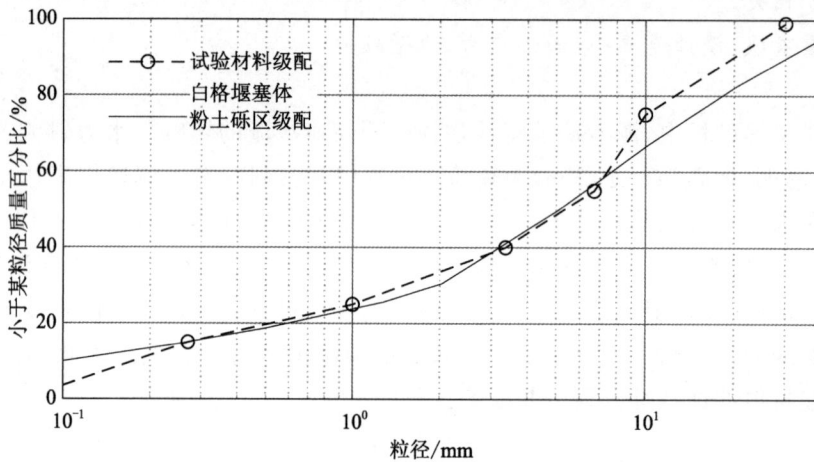

图 2   坝体材料级配

2 试验结果分析

2.1 床面切应力估算及边壁影响讨论

为了分析冲蚀速率随床面切应力的变化趋势,假定溃口水流为均匀流,通过测量水力坡降估算坝顶断面处的平均总床面切应力:

$$\tau = \rho_w g R J \tag{1}$$

式中:ρ_w 表示水体密度;g 表示重力加速度;R 表示水力半径(m);J 为水力坡降。在泥沙输移研究中使用水深、平均流速和水力坡降等整体水流参数估算床面切应力时,需要考虑边壁摩擦效应的影响。Einstein 方法最早通过修改曼宁粗糙系数计算壁面阻力分量。其定义平均床层剪应力为:

$$\frac{\tau}{\rho g R J} = \left(\frac{n_b}{n_t}\right)^{1.5} \tag{2}$$

式中,n_t 表示总曼宁粗糙系数,n_b 表示床面相关的曼宁粗糙系数。在文中试验中,仅有一侧为光滑玻璃壁面,假设溃口另一侧边壁粗糙度与床面相同,则不同粗糙分量可以表示为:

$$h n_w^{1.5} + (h+b) n_b^{1.5} = (2h+b) n_t^{1.5} \tag{3}$$

式中,n_w 表示壁面相关的曼宁粗糙系数,对于光滑玻璃壁面,n_w 一般取 0.009[10]。最终试验溃决过程中的床面切应力应修正为:

$$\frac{\tau}{\rho g h J} = \frac{b}{h+b} - 0.000\,85\,\frac{V^{1.5}}{(h+b) J^{0.75}} \tag{4}$$

　　观察式(4)可以发现,在试验数据范围内(流速 $V=1.5\sim2.0$ m/s,水力坡降 $J=0.1\sim0.3$)等号右边第二项数值总是小于0.03,而前一项数值为 $0.7\sim1.0$。因此可以认为校正系数主要与水深 h 和溃口底宽 b 相关。由于溃决过程中溃口底宽 b 无法直接测得,为了评估边壁效应的影响,假定溃决过程中的溃口边坡坡度与试验结束后的边坡坡度一致,根据观测到的溃口顶宽 B 的发展推算底宽 b 的变化。以试验工况4为例,校正后的床面切应力如图3所示,其中 τ_{bc} 为校正后的床面切应力,τ_b 为校正前的床面切应力。

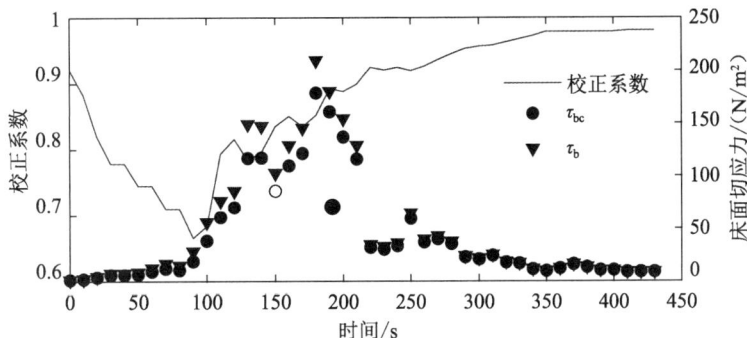

图3　校正前后床面切应力变化

　　总体而言,边壁效应对床面切应力的估算结果存在一定影响,工况4校正后的最大床面切应力约为校正前的84%,然而床面切应力的变化趋势未发生根本改变,因此仍可根据式(1)估算得到的床面切应力对漫顶溃决高速水流作用下的侵蚀速率进行趋势性分析。

2.2 高速水流下的粗颗粒材料冲蚀特性

　　泥沙的可蚀性可以使用体积法或重力法表征[11],即单位时间 Δt 及单位面积 ΔA 内床面侵蚀的体积 ΔV 或质量 Δm,两种形式的可蚀性均可使用过剪应力模型描述[12]:

$$P=\frac{\Delta m}{\Delta A \Delta t}=C_1(\tau-\tau_{cr})^m \tag{5}$$

$$E=\frac{\Delta V}{\Delta A \Delta t}=\frac{\Delta z}{\Delta t}=C_2(\tau-\tau_{cr})^m \tag{6}$$

式中:P 表示起悬通量/上扬通量(pick-up rate,部分文献[13]也称其为侵蚀速率)[kg/(m²·s)];E 表示侵蚀速率(m/s);C_1 和 C_2 表示经验系数;m 表示指数。泥沙的起悬和沉降机制是侵蚀过程的基础,试验过程中观测断面高程的变化速率 dz/dt,即表观的侵蚀速率 E 可以根据起悬通量 P 和沉积通量 D 进行计算[1]。在高速非恒定流作用下,溃口沉积通量远小于起悬通量,侵蚀速率主要由起悬通量控制:

$$E=\frac{P}{\rho_s(1-n)} \tag{7}$$

式中:ρ_s 表示泥沙密度(kg/m³);n 表示床面孔隙率。

　　自1950年 Einstein[14]首次引入起悬概率估算起悬通量后,国内外学者使用了包括平衡输沙法[2]、能量平衡法[15]、量纲分析法[4]和理论解析法[5,16]在内的一系列方法研究了非黏性泥沙的起悬通量计算公式,并基于现场实测资料和室内试验数据对公式参数进行校准验证。因此,这些公式普遍经验性较强。当前起悬通量计算经验公式的主要成果如表2所示。图4显示了不同起悬通量经验公式代入式(7)下的侵蚀速率与床面切应力关系,并与试验数据(具体观测方法参考文献[8])进行对比。

表2　传统起悬通量计算经验公式

文　献	经验公式
Fernandez Luque 和 Van Beek (1976)[2]	$P_*=0.02(\theta-\theta_{cr})^{1.5}$
Nakagawa 和 Tsujimoto (1980)[3]	$P_*=0.02\left(\dfrac{\theta-\theta_{cr}}{\theta}\right)^3\theta$
Van Rijn (1984)[4]	$P_*=0.00033D_*^{0.3}\left(\dfrac{\theta-\theta_{cr}}{\theta_{cr}}\right)^{1.5}$

文　献	经验公式
Cao (1997) [5]	$P_* = 0.000\,2(1-n)D_*^{1.5}\theta\left(\dfrac{\theta - \theta_{cr}}{\theta_{cr}}\right)$
Cheng 和 Emadzadeh (2016) [7]	$P_* = 0.000\,1D_*^{2.5}F_* \exp\left(-\dfrac{40}{F_*}\right)$
Chen 等 (2022) [6]	$P_* = 0.004\,9(1-n)D_*^{1.5}\theta\exp\left(-9.39\dfrac{\theta_{cr}}{\theta}\right)$

注：P_* 为无量纲起悬通量，$P_* = \dfrac{P}{\rho_s\sqrt{(s-1)gd}}$；$s$ 为泥沙颗粒无因次比密度，$s = \rho_s/\rho$；θ 为 Shields 数，$\theta = \dfrac{\tau}{(s-1)\rho gd}$；$D_*$ 为无量纲粒径，$D_* = \left[\dfrac{(s-1)g}{\nu^2}\right]^{1/3}d$；$F_* = \dfrac{U}{\sqrt{(s-1)gd}}$；$n$ 为床面孔隙度。

结果表明，Van Rijn 公式和 Cao 公式严重高估了溃决水流作用下的冲蚀速率。Nakagawa 和 Tsujimoto 公式、Fernandez Luque 和 Van Beek 公式和 Chen 等公式能够在较小床面切应力条件下对溃决水流环境下的冲蚀速率进行较好的估算，然而当床面切应力较大时（$\tau > 100$ Pa），这些公式仍普遍高估了坝体材料的冲蚀速率。综上所述，传统起悬通量计算经验公式均无法合理描述堰塞体漫顶溃决过程中的侵蚀速率发展趋势。

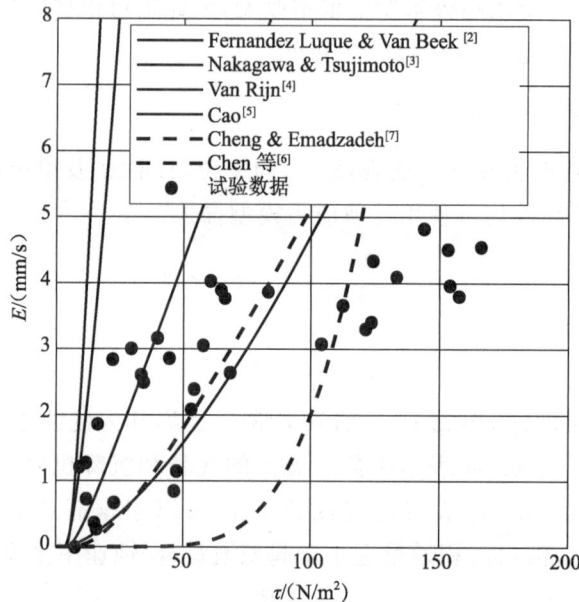

图 4　传统公式侵蚀速率与床面切应力关系

事实上，早期一些研究已经发现了传统的经验公式无法预测高流速高含沙浓度环境下泥沙的侵蚀行为。Winterwerp 等[13]在高含沙浓度下的床面侵蚀现场研究中，观测到侵蚀速率与流速 V（即与床面切应力的 0.5 次方）成正比，而不是与传统经验公式中描述的与流速 V 的 3 次方成正比。Van Rijn 等[17]基于野外观测数据提出了适用于高速水流作用下的起悬通量经验公式，根据其公式起悬通量在高流速下与流速 V 成正比，而在低流速下与流速 V 的 3 次方成正比。安晨歌等[18]对几种溃坝模型进行了评估，发现傅旭东等[19]基于物理模型的唐家山堰塞湖溃决过程模拟研究中，使用与 Shields 数的 0.5 次方相关的单宽输沙率公式，较好地模拟了溃决洪水流量过程线、溃口展宽过程和床面冲刷过程。而在文中试验研究中，侵蚀速率与有效床面切应力在指数 $m = 0.5$ 时拟合结果如图 5 所示，其中拟合得到的经验关系如下：

$$E = 0.362(\tau - \tau_{cr})^{0.5} \tag{8}$$

拟合结果显示 $R^2 = 0.70$，证明文中堰塞体漫顶溃决试验中观测得到的侵蚀速率也与估算得到的床面切应力的 0.5 次方密切相关。种种迹象证明，在高速非恒定水流和高浓度推移质输移的堰塞体漫顶溃决环境中，溃口底部侵蚀速率应可能与床面切应力的 0.5 次方相关。

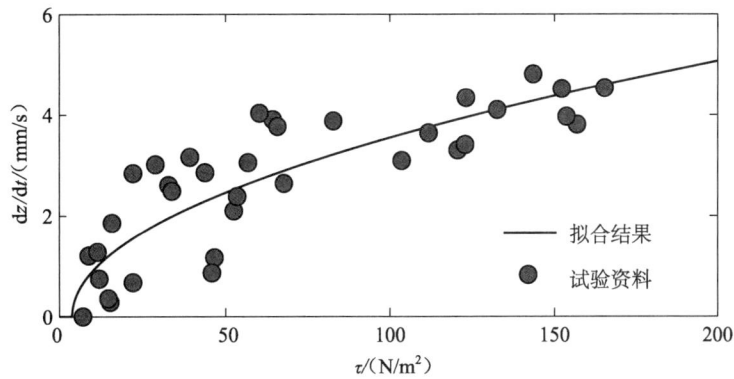

图 5   试验结果与指数 $m = 0.5$ 条件下的剪应力模型拟合结果

3 结 语

本文开展了堰塞体漫顶溃决试验,对溃决水流作用下的溃口冲蚀特性进行了研究。主要研究结论如下:

(1)使用阻力平衡法计算溃决过程中的床面切应力时,溃口的边壁效应会对计算结果造成一定影响,但床面切应力的变化趋势未发生改变,仍可根据阻力平衡法估算得到的床面切应力对漫顶溃决高速水流作用下的侵蚀速率进行趋势性分析。

(2)传统的经验公式无法预测溃决环境下的泥沙侵蚀行为,在高速非恒定水流和高浓度推移质输移的堰塞体漫顶溃决环境中,溃口底部侵蚀速率可能与床面切应力的 0.5 次方相关。

参考文献

[1] VAN RHEE C. Sediment entrainment at high flow velocity [J]. Journal of Hydraulic Engineering,2010,136(9):572-582.

[2] FERNANDEZ LUQUE R,VAN BEEK R. Erosion and transport of bed-load sediment [J]. Journal of Hydraulic Research,1976,14(2):127-144.

[3] NAKAGAWA H,TSUJIMOTO T. Sand bed instability due to bed load motion [J]. Journal of the Hydraulics Division,1980,106(12):2029-2051.

[4] VAN RIJN L C. Sediment pick-up functions [J]. Journal of Hydraulic Engineering,1984,110(10):1494-1502.

[5] CAO Z X. Turbulent bursting-based sediment entrainment function [J]. Journal of Hydraulic Engineering,1997,123(3):233-6.

[6] CHEN D,MELVILLE B,ZHENG J,et al. Pickup rate of non-cohesive sediments in low-velocity flows [J]. Journal of Hydraulic Research,2022,60(1):125-135.

[7] CHENG N S,EMADZADEH A. Estimate of sediment pickup rate with the densimetric froude number [J]. Journal of Hydraulic Engineering,2016,142(3):06015024.

[8] 成泽霖,夏云峰,徐华,等. 堰塞体漫顶溃决溃口冲蚀特性试验研究 [J/OL]. 水利水运工程学报,2024:https://kns.cnki. net/kcms2/article/abstract? v = 29axctaKF3y7LYB85t0jhoxtOLiZTwBRFf05G0udcnrOCUWVvhdbqSEy2uT8-VYlFtC7mIHtlHwN_z0T5MSupcRcyiWPF8_dcBhBa2gJt16I7s6qAjwgokmjDof4l_w_zOUySNPXaCw=&uniplatform =NZKPT&language=CHS.

[9] 陈祖煜,陈生水,王琳,等. 金沙江上游"11.03"白格堰塞湖溃决洪水反演分析 [J]. 中国科学:技术科学,2020,50(6):763-774.

[10] DAUGHERTY R L,FRANZINI J B,FINNEMORE E J. Fluid mechanics with engineering applications[M]. 8th ed. New York:McGraw-Hill,1985.

[11] AL-RIFFAI M. Experimental study of breach mechanics in overtopped noncohesive earthen embankments [D]. Ottawa,Canada:University of Ottawa,2014.

[12] FUJISAWA K,KOBAYASHI A,YAMAMOTO K. Erosion rates of compacted soils for embankments [J]. Doboku Gakkai Ronbunshuu C,2008,64(2):403-410.

［13］ WINTERWERP J C,BAKKER W T,MASTBERGEN D R,et al. Hyperconcentrated sand-water mixture flows over erodible bed ［J］. Journal of Hydraulic Engineering,1992,118(11):1508-1525.

［14］ EINSTEIN H A. The bed-load function for sediment transportation in open channel flows ［R］. United States Department of Agriculture Soil Conservation Service,1950.

［15］ 周宜林,姚仕明,唐洪武,等. 均匀沙上扬通量的能量平衡模型 ［J］. 水力发电学报,2008,27 (5):118-122.

［16］ ZHONG D Y,WANG G Q,DING Y. Bed sediment entrainment function based on kinetic theory ［J］. Journal of Hydraulic Engineering,2011,137(2):222-233.

［17］ VAN RIJN L C,BISSCHOP R,VAN RHEE C. Modified sediment pick-up function ［J］. Journal of Hydraulic Engineering,2019,145(1):06018017.

［18］ 安晨歌,傅旭东,马宏博. 几种溃坝模型在溃决洪水模拟中的适用性比较 ［J］. 水利学报,2012,43(增刊 2):68-73.

［19］ 傅旭东,刘帆,马宏博,等. 基于物理模型的唐家山堰塞湖溃决过程模拟 ［J］. 清华大学学报(自然科学版),2010,50 (12):1910-1914.

基于小样本深度学习的结构仿真方法研究

蒋淳豪[1]，陈念众[1,2]

（1. 天津大学 建筑工程学院，天津　300350；2. 水利工程智能建设与运维全国重点实验室，天津　300350）

摘要：针对深度学习运用在结构仿真领域中标记样本稀缺的问题，提出了一种小样本学习方法。该方法通过预定义的采集函数从未标记的样本池中筛选出信息丰富的样本，利用蒙特卡洛 Dropout 技术量化深度学习模型的不确定性，选择性地标记不确定性最大的样本，并将其纳入模型训练。实验结果显示，相较于随机抽样方法，采用小样本学习方法训练的深度学习模型在样本数量较少的情况下具有更低的验证误差，证明了该方法的有效性。

关键词：深度学习；小样本学习；不确定性；结构仿真

随着海洋工程结构物的复杂度不断增长，对这些结构进行有限元分析的时间成本也逐步增加。近年来涌现了各种代理模型（surrogate model），旨在提高有限元等数值模拟的计算效率。这些代理模型主要基于传统的机器学习方法，如本征正交分解（proper orthogonal decomposition，POD）方法，以及一些深度学习技术，如卷积神经网络（convolutional neural networks，CNN）和图神经网络（graph neural networks，GNN）。在深度学习常见的许多领域中，如图像识别，很容易获取大量的标记训练数据。然而，在结构有限元领域中，每一个标记数据都需要通过有限元分析得到，从而获得大规模的标记数据集是困难的。因此需要一种方法，在不影响代理模型准确性的情况下减少训练所需的标记数据量。

1 相关工作

在传统机器学习和深度学习中，模型通常是被动接收数据的[1]。然而，这些被动接收的数据中，很大一部分对降低验证误差或测试误差并未产生实质性影响。因此，小样本学习——主动学习（active learning）成为一种更优的数据选择方法[2]。主动学习指从未标记的数据集中选择"信息量"最大的样本，将其标记并添加到训练数据集中。本项研究采用了基于池的主动学习方法，该方法适用于大多数深度学习问题[3]。

在主动学习方法中，首先根据预先设定的算法从未标记的样本数据集中选择有限数量的样本。将这些样本发送到标记器进行标记，并将它们添加到训练样本集中。接着，深度学习模型在训练样本集上进行训练，直到验证误差不再下降。随后，重复上述步骤，逐步更新训练数据集，并重新训练模型，直至满足预先设定的终止条件。

文中提出了一种小样本深度学习方法，旨在使生成训练数据集的成本最小化，并同时使深度学习模型的验证误差最小化。该方法采用蒙特卡洛 Dropout 方法[4]估计深度学习模型对每个未标记训练样本的不确定性，并将不确定性最大的样本进行标记，添加到训练数据集中。为了评估该方法的有效性，采用了文献[5]中基于图神经网络的深度学习模型作为基准。该深度学习模型专门设计用于加速结构有限元分析。通过与随机抽样的比较，展示了该方法的有效性。结果表明，在小样本情况下，基于主动学习方法训练的深度学习模型具有更低的验证误差。

2 方法论

2.1 主动学习

主动学习的核心思想是选择对模型训练最具信息量的未标记数据，并将其提交给标记器，以补充机器

通信作者：陈念众。E-mail：NianZhongChen@tiu.edu.cn

学习和深度学习模型的训练数据集。

设

$$y = f(x), x \in X \subset \mathbf{R}^n, y \in \mathbf{R} \tag{1}$$

表示一个未知函数,用于近似训练数据集

$$D_{\text{train}} = \{x_i^{\text{train}}, f(x_i^{\text{train}}), j = 1, \cdots, N_{\text{train}}\} \tag{2}$$

假设存在一个已训练的神经网络 $\hat{f}: X \to \mathbf{R}$,其在训练数据集 D_{train} 上的均方误差由以下的损失函数来衡量:

$$L(\hat{f}, D_{\text{train}}) = \frac{1}{N_{\text{train}}} \sum_{i=1}^{N_{\text{train}}} \left[f(x_i^{\text{train}}) - \hat{f}(x_i^{\text{train}}) \right]^2 \tag{3}$$

在深度学习中,通常需要足够大的 N_{train} 来确保测试误差或验证误差的降低。如果标记样本的成本较高,导致获取训练数据集 D_{train} 困难,那么使 N_{train} 最小化来降低训练数据集的获取成本显得尤为重要。为了实现这一目标,引入另一个称为池的数据集

$$P = \{x_i, i = 1, \cdots, N_{\text{pool}}, P \subset X\} \tag{4}$$

其中包含 N_{pool} 个未标记的数据集。

主动学习的目标是选择一个小的样本子集进行标记,并将其添加到训练数据集中,同时使模型的验证和测试误差最小化。为了实现这一目标,定义了一个采集函数

$$G(\hat{f}, P, D_{\text{train}}): P \to \mathbf{R}_+ \tag{5}$$

采集函数基于一定的标准对池 P 中的未标记数据点进行排序,G 值更高的数据更有效地对模型在测试或验证集上的收敛起作用。在本文提出的小样本学习方法中,采集函数通过蒙特卡洛方法计算模型的不确定性。具有较高不确定性的样本被认为在当前模型中无法准确预测。

2.2 蒙特卡洛 Dropout

Dropout 是用于一种神经网络正则化的技术[6]。它通过在训练期间随机丢弃一部分神经元的输出,从而降低了网络的复杂度,防止了网络过度依赖某些特定神经元的情况发生。具体而言,Dropout 会在每次训练迭代中以一定的概率将某些神经元的输出置零,因此网络在学习过程中不能依赖特定的神经元,从而迫使网络学习更鲁棒的特征表示。这种随机性促使网络在训练过程中变得更加健壮,有助于提高模型的泛化性能,并且可以有效地减少过拟合的风险。

如果在预测阶段激活 Dropout,可以生成随机的预测结果。通过多次的前向随机过程,可以获得一系列不同的预测结果。这些预测结果的方差和标准差可以用于近似表示神经网络对该数据的不确定性[7]。此外,Tsymbalov 等[8]进一步假设模型在具有较大方差的样本上也存在较大的误差。基于蒙特卡洛 Dropout 技术的主动学习,本文提出的小样本学习方法可以总结为以下步骤:

(1) 初始化。设 $\hat{y} = \hat{f}(x) = \hat{f}(x, \omega)$ 表示一个训练过的神经网络,其中 ω 为神经网络的参数。设定 Dropout 率 π 和随机前向传播次数 T。

(2) 不确定性估计。针对池 P 中的每个数据,利用神经网络 $\hat{f}(x)$ 进行 T 次随机前向传播,并计算这些结果的方差。

(3) 采样。将方差最大的样本发送到标记器进行标记,并添加到训练数据集中。

每个数据的计算复杂度为 $O(TN_{\text{pool}})$。这个过程可以使用 GPU 并行计算。

2.3 不确定性归一化

利用蒙特卡洛 Dropout 技术,模型对每个样本的不确定性进行量化。将不确定性从大到小排序,选择不确定性最高的样本添加到训练数据集中。然而,在用于加速结构分析的深度学习模型中,结构响应(例如应力)通常由模型的输出表示。这种类型的输出往往具有很大的范围,导致较高结构响应的样本通过蒙特卡洛 Dropout 后得到的绝对方差很大,而较小结构响应的样本通过蒙特卡洛 Dropout 后得到的绝对方

差则很小。因此,有必要对不确定性做归一化。

在"3 数值实验"部分,将采用文献[5]中提出的深度学习模型验证下文提出的小样本深度学习方法。在他们的研究中,外载荷的大小是决定输出(应力)大小的关键因素。因此,外载荷的大小作为归一化不确定性的缩放因子,表示为

$$U_i = G(\hat{f}, x_i, D_{\text{train}}) = \frac{s_i}{x_i^f} = \frac{\sqrt{\frac{1}{T-1}\sum_{k=1}^{T}(y_k - \bar{y})^2}}{x_i^f} \tag{6}$$

式中：$\bar{y} = \frac{1}{T}\sum_{k=1}^{T} y_k$，$x_i^f$ 表示外载荷的大小。文中提出的小样本深度学习方法的步骤如下：

(1) 在小训练数据集 D_{train} 上训练神经网络 $\hat{f}(x)$。

(2) 对于每个 x_i 在 $P = \{x_i, i = 1, \cdots, N_{\text{pool}}\}$ 中：

对于 T 中的每次迭代 k：

计算 $y_k = \hat{f}(x_k)$；

计算平均值 $\bar{y} = \frac{1}{T}\sum_{k=1}^{T} y_k$。

(3) 计算标准差 $s_i = \sqrt{\frac{1}{T-1}\sum_{k=1}^{T}(y_k - \bar{y})^2}$。

(4) 计算归一化的不确定性 $U_i = \frac{s_i}{x_i^f}$。

(5) 识别下一个用于训练的样本 $x_n, n = \text{argmax}(U_i)$。

(6) 将 x_n 添加到 D_{train} 中,并从 P 中删除 x_n。

(7) 在 D_{train} 上重新训练神经网络 $\hat{f}(x)$。

(8) 重复(2)—(7)步直至满足特定的条件。

3 数值实验

在本节中,利用文献[5]中的图神经网络模型和有限元数据集来验证小样本学习方法的有效性。

3.1 数据集与深度学习模型

在文献[5]的研究中,考虑了一个受集中力载荷的矩形金属板,并在四边施加简支约束。在有限元数据集中,每个样本的集中力载荷大小、作用点和金属板的尺寸都不同。另外,采用了基于图神经网络的深度学习模型。该模型可以在非欧几里得的数据上进行训练,这使得该模型适用于基于网格方法的有限元方法。通过消息传递(message passing)[9]和神经网络,图神经网络可以有效地训练有限元网格数据。在实验中,使用随机梯度下降法(stochastic gradient descent,SGD)[10]作为训练的优化器,初始学习率为 0.01。在训练过程中,学习率使用余弦退火重启技术(cosine annealing warm restarts,CAWR)[11]进行动态调整。第一次重启的迭代次数为 10,后续重启迭代次数的增加倍数为 2。在所有的实验中,总训练次数为 630。将 Dropout 率设定为 0.2,并使用 Li[12]提出的神经网络架构"res+"作为每层神经网络的结构。在这种结构中,每层神经网络的残差网络按照该顺序定义：正则化层(normalization)→ 激活函数层(activation)→ Dropout → 图卷积层(GraphConv)→ 残差层(res)。关于深度学习模型和数据集的详情见文献[5]。

在图神经网络中,输入是集中力载荷大小、作用点和金属板的尺寸,输出是结构中每个网格单元的应力。为了简化计算,仅对文献[5]中的案例 1 进行分析。在案例 1 中,数据集中的每个样本具有相同的金属板尺寸和外载荷作用点,每个样本的外载荷大小不同。数据集包括 136 个样本。在本次研究中,不固定划分验证集和训练集。在每次迭代训练中,从整个训练集中选择一个样本添加到训练数据集,其余样本为验证集。案例 1 的样本示意图如图 1 所示。

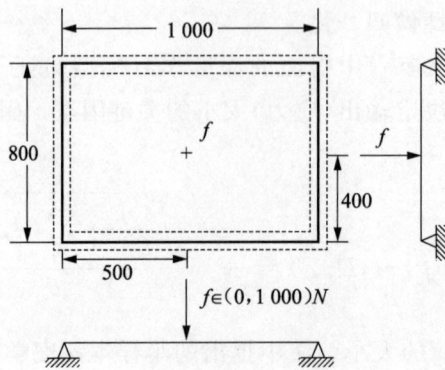

图 1 案例的样本示意图[5]

损失函数定义为

$$L = \sqrt{\frac{1}{n}\sum_{i=1}^{n}(\lg(\hat{\sigma_i}+1) - \lg(\sigma_i+1))^2} \tag{7}$$

式中:$\hat{\sigma_i}$ 是有限元求解器计算的网格单元 i 处的应力,σ_i 是基于图神经网络的深度学习模型预测的网格单元 i 处的应力。此外,使用平均绝对百分比误差(mean absolute percentage error,MAPE)表示小样本深度学习方法的准确性,表示为

$$\varepsilon = \frac{100}{n}\sum_{i=1}^{n}\left|\frac{\sigma_i - \hat{\sigma_i}}{\sigma_i + 0.001}\right| \tag{8}$$

3.2 结果与讨论

分别采用随机抽样与小样本学习,从 136 个样本中分别选择 1 到 32 个样本,比较不同样本数量下不同采样方法的验证误差。第一个样本均为随机抽样。每个样本数量计算 5 次,以排除偶然性。计算结果如图 2 所示。

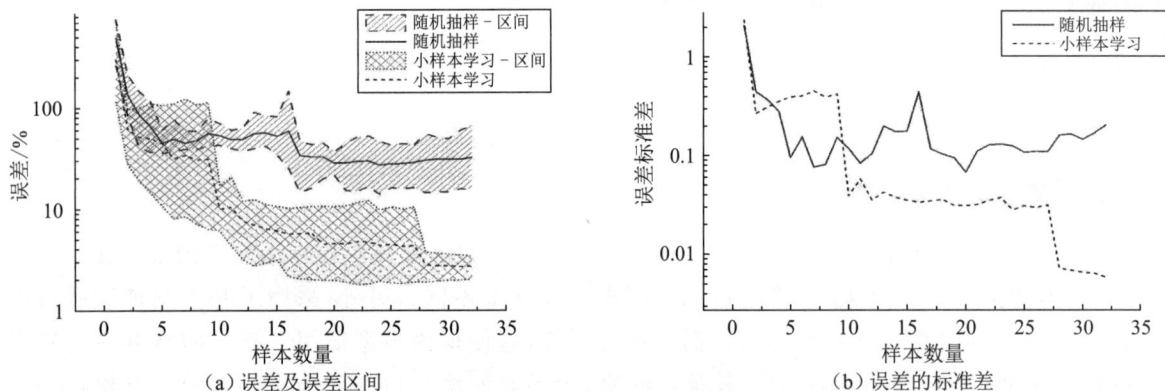

(a)误差及误差区间   (b)误差的标准差

图 2 随机抽样方法与小样本学习方法在不同样本数量下的误差

在训练样本数量较少的情况下(样本数量<5),观察到使用两种不同的抽样方法训练的图神经网络模型在验证误差方面没有显著区别。然而,随着样本数量的增加(5<样本数量<15),采用随机抽样方法训练的模型误差表现出轻微的波动,但仍保持在 40% 左右的水平。相比之下,基于小样本学习方法的模型显示出了显著的性能提升,其误差从大约 42% 急剧下降至约 4%。当训练样本数量增加到 32 个时,随机抽样方法训练的模型平均误差仍然维持在 32.63%。然而,基于小样本学习方法的模型平均误差已经降至 2.44%。此外,通过观察误差区间[图 2(a)]和误差的标准差[图 2(b)],可以得出结论,基于小样本学习方法的模型具有更低的误差标准差,这进一步证实了该方法出色的稳定性。

此外,还研究了小样本学习方法对不同神经网络结构的敏感性。分别使用 res 结构和 plain 结构替换图神经网络中的 res+结构,比较小样本学习在不同结构下的误差。在这两种结构中,每一层神经网络的结构为:图卷积层(GraphConv) → 正则化层(normalization) → 激活函数层(activation) → 残差层(res)/

无残差层(plain)→ Dropout。从图3中可以看出,基于res和plain的神经网络模型,随着训练样本数量的增加,验证误差并没有显著降低。这表明基于蒙特卡洛Dropout技术的小样本学习方法可能对神经网络的结构敏感。文献"Dropout as a bayesian approximation:Representing model uncertainty in deep learning"[7]中提到,当神经网络等同于深度高斯过程时,需要在每个权重层之前使用Dropout。而res结构和plain结构中,均在每层的最后使用Dropout。除此之外,还研究了小样本学习方法对Dropout率的敏感性。在使用res+结构的情况下,分别计算学习率为0.1、0.15、0.2、0.25和0.3时深度学习模型的验证误差。每个样本数量下计算5次,结果如图4所示。可以看出,在所有学习率下,验证误差都随着样本数量的增加显著下降。实验结果的具体数值如表1所示。

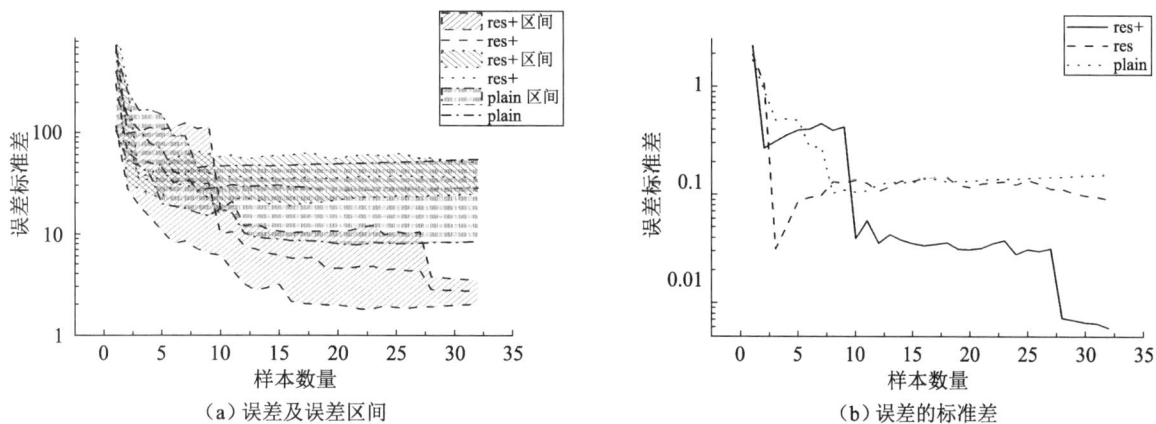

（a）误差及误差区间　　　　　　　　　　　　（b）误差的标准差

图3　随机抽样方法与小样本学习方法在不同样本数量下的误差

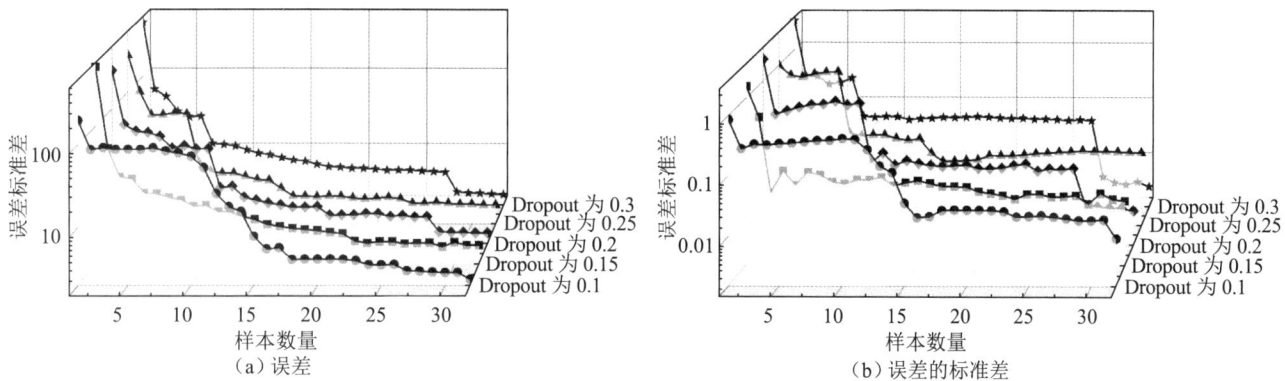

（a）误差　　　　　　　　　　　　　　　（b）误差的标准差

图4　不同Dropout率下小样本学习方法在不同样本数量下的误差

表1　实验结果(样本数＝32)

方　法	平均误差	误差标准差	网络结构	Dropout率
随机抽样	32.63%	0.176	Res+	0.2
小样本学习	35.63%	0.067	Res	0.2
小样本学习	27.80%	0.171	Plain	0.2
小样本学习	3.63%	0.046	Res+	0.1
小样本学习	2.84%	0.019	Res+	0.15
小样本学习	2.44%	0.007	Res+	0.2
小样本学习	3.95%	0.022	Res+	0.25
小样本学习	5.19%	0.050	Res+	0.3

4　结　语

研究工作提出了一种小样本深度学习方法,旨在减少使用深度学习加速结构分析时模型对标记的训练样本数量的需求。在该方法中,采用了蒙特卡洛 Dropout 技术来计算模型对未标记样本的不确定性。通过在验证过程中使用 Dropout,计算深度学习模型每次输出结果的标准差,从而量化模型对样本的不确定性,并对不确定性进行了归一化。数值实验结果表明,相较于随机抽样方法,该方法能够显著降低深度学习模型的验证误差。此外,研究还发现,当 Dropout 位于卷积层之前时,模型性能更佳,而该方法对于不同的 Dropout 率表现出稳健性。

参考文献

[1] COHN D A,GHAHRAMANI Z,JORDAN M I. Active learning with statistical models[J]. Journal of Artificial Intelligence Research,1996,4:129-145.

[2] COHN D,GHAHRAMANI Z,JORDAN M. Active learning with statistical models[J]. Advances in Neural Information Processing Systems,1996,4(1)705-712.

[3] REN P,XIAO Y,CHANG X,et al. A survey of deep active learning[J]. ACM Computing Surveys (CSUR),2021,54(9):1-40.

[4] GAL Y,GHAHRAMANI Z. Dropout as a bayesian approximation:Representing model uncertainty in deep learning[C]//International Conference on Machine Learning. PMLR,2016:1050-1059.

[5] JIANG C,CHEN N Z. Graph Neural Networks (GNNs) based accelerated numerical simulation[J]. Engineering Applications of Artificial Intelligence,2023,123:106370.

[6] HINTON G E,SRIVASTAVA N,KRIZHEVSKY A,et al. Improving neural networks by preventing co-adaptation of feature detectors[EB/OL]. [2024-02-23]. http://arxiv. org/pdf/1207. 0580. pdf.

[7] GAL Y,GHAHRAMANI Z. Dropout as a bayesian approximation:Representing model uncertainty in deep learning[EB/OL]. [2024-02-23]. http://arxiv. org/pdf/1506. 02142.

[8] TSYMBALOV E,PANOV M,SHAPEEV A. Dropout-based active learning for regression[EB/OL]. [2024-02-23]. http://arxiv. org/pdf/1806. 09856.

[9] GILMER J,SCHOENHOLZ S S,RILEY P F,et al. Neural message passing for quantum chemistry[EB/OL]. [2024-02-23]. https://arxiv. org/pdf/1704. 01212.

[10] ROBBINS H,MONRO S. A stochastic approximation method[J]. The Annals of Mathematical Statistics,1951:400-407.

[11] LOSHCHILOV I, HUTTER F. SGDR:Stochastic gradient descent with warm restarts[EB/OL]. [2024-02-23]. http://arxiv. org/pdf/1608. 03983.

[12] LI G,MULLER M,THABET A,et al. Deepgcns:Can gcns go as deep as cnns? [EB/OL]. [2024-02-23]. http://arxiv. org/pdf/1904.03751v1.

复杂堤防纵向裂缝的联合无损隐患探测及成因分析

王曦鹏[1],吕　进[1],黄苏宁[1],苏晓栋[2],何建新[2]

(1. 南京市秦淮河河道管理处,江苏 南京　210012;2. 南京水利科学研究院,江苏 南京　210029)

摘要:堤防纵向裂缝是常见的堤身病害,具有成因复杂、安全隐患突出等特点。本文通过联合采用地质雷达法、地震映像法和高密度电阻法进行无损探测,并辅助以堤身位移监测,实现对堤身异常体的早期、无损、精准探测,并以此为依据深入分析了裂缝产生的原因,提出了具有针对性的裂缝的预防和处置建议,对提高无损隐患探测准确度和科学制订裂缝除险加固方案具有一定的借鉴意义和指导价值。

关键词:一级堤防;纵向裂缝病害;联合无损隐患探测;检测;位移监测;成因分析

　　堤防工程是一种重要的防洪水利工程设施,广泛应用于江河湖泊沿岸及沿海地区的防洪挡浪工程中。其中,等级最高的为一级堤防,防护对象的防洪标准为重现期不小于 100 a[1]。已建堤防工程随着运行时间的增加,逐渐出现不同程度的蠕动破坏,引发堤身结构可靠性下降。同时,叠加近年来极端天气频发的影响,超标准的洪水、波浪、暴雨和高温等灾害气象加剧了堤防病害的发展,造成堤防工程病害险情日趋复杂。堤防纵向裂缝是常见的堤身病害,具有成因复杂、安全隐患突出等特点。实现裂缝的早期、无损、精准探测,对合理安排除险加固方案、节约运维成本、保障堤防安全有着重要意义,是工程管理中亟待实现的目标。本文通过研究现有行业标准及无损检测技术[2-7],探索采用联合无损隐患探测加堤身位移监测的新模式,对某一级堤防的复杂堤防纵向裂缝进行无损隐患探测、成因分析并提出处理建议。

1 工程概况

　　某堤防工程位于长江河口段,切岭段堤防为人工开挖丘陵后二次黏性土填筑压实形成的土石坝堤身,堤防长约 500 m,堤顶道路宽约 7 m,高程 15.00~15.38 m(吴淞高程,下同)。背水坡坡高约 10 m,坡顶高程 25.00~26.00 m,坡比约为 1∶3.6;迎水坡坡高约 7 m,坡脚高程 8.00 m,坡比约为 1∶3.6。切岭段堤防横断面示意图见图 1。

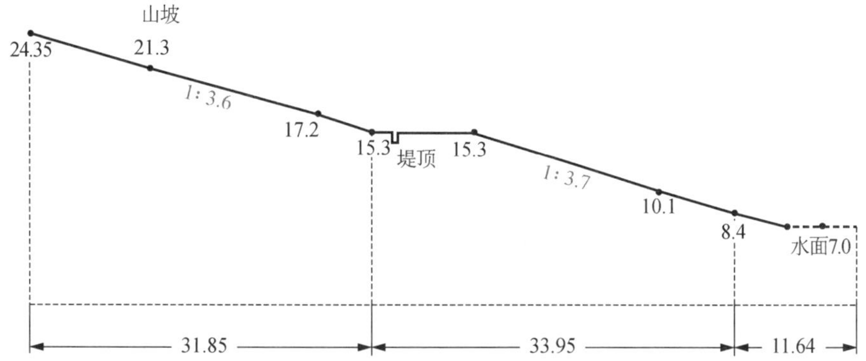

图 1　切岭段堤防横断面示意图 (单位:m)

1.1 工程地质

　　堤身浅层普遍分布粉质黏土层,厚度为 0.9~2.9 m,工程性质一般;大部分地段下卧淤泥质粉质黏土

作者简介:王曦鹏。E-mail:124639102@qq.com

层,厚度一般为 0.9~12.3 m,工程性质差,易产生滑动破坏;中下部普遍为可塑硬塑粉质黏土层,微透水,工程性质较好;基底为风化安山岩,工程性质较好。堤身填土土质不甚均匀,干重度总体一般,局部偏低,渗透系数总体微透水。切岭段堤防横向断面工程地质剖面图见图 2。

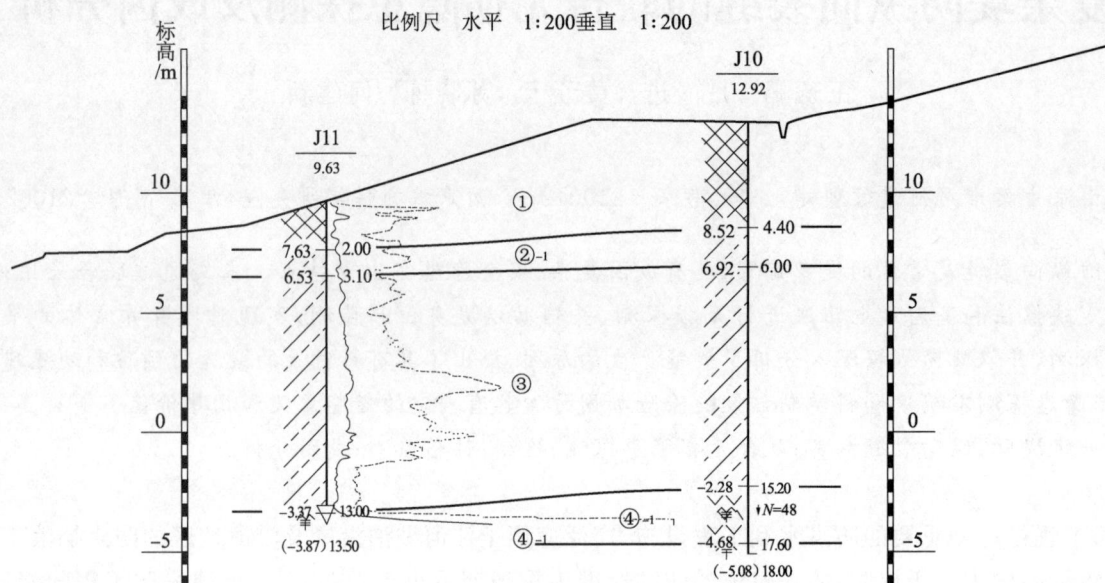

图 2 切岭段堤防横向断面工程地质剖面图

1.2 裂缝特征

切岭段堤防主体结构修建完成至今已 40 余年,最近一次除险加固实施于 2021 年,消除了因重载导致的堤顶道路局部塌陷、开裂问题。但除险加固后又新发育了 11 条纵向裂缝,部分裂缝两侧存在高差,部分路肩有轻微错开,部分裂缝经沥青勾缝抹平封闭处理后短时间内再次裂开,裂缝成因较为复杂。裂缝的分布特征见表 1。

表 1 裂缝的分布特征一览表

裂缝编号	长度/m	宽度/cm	走向	备注
F1	90.0	1.0~2.0	近似平行于堤线	
F2	22.3	1.0~2.0	近似平行于堤线	裂缝两侧有高差
F3	14.5	1.0~2.0	近似平行于堤线	
F4	60.7	1.0~2.0	近似平行于堤线	
F5	81.8	1.0~2.0	近似平行于堤线	裂缝两侧有高差
F6	31.6	0.5~1.0	近似平行于堤线	
F7	18.1	1.0	近似平行于堤线	裂缝开口方向有下沉
F8	13.4	1.0	近似平行于堤线	裂缝开口方向有下沉
F9	5.1	0.6	近似平行于堤线	裂缝开口方向有下沉
F10	54.4	2.0~3.0	近似平行于堤线	裂缝中部有下沉
F11	13.4	1.0	近似平行于堤线	已封闭处理

2 裂缝隐患探测

综合工程地质情况和裂缝分布特征,切岭段堤身存在缓慢蠕动、滑移的可能。当蠕动滑移量较小时,土体内部尚未形成明显的异常体分布,或当异常体埋藏至一定深度后,物探手段均难以探测识别。为精准查明堤身内部是否存在松散体、脱空、土体下沉区域等隐患发育区域,综合采用地质雷达法、地震映像法和高密度电阻法等 3 种无损探测方式,并通过堤身监测,查明岸坡的位移量情况(位移量、位移影响深度、位移趋势等),便于后期对岸坡平台下部裂缝产生原因进行分析以及针对性的加固处理。

2.1 无损探测方案及测线布置

根据堤身软弱段与密实段存在的波速、电阻率、介电常数的物性差异,测线布置选择为:在堤顶道路近迎水面侧平行于堤线布置一条高密度电阻率法测线(测线长度约 493.5 m,测点数 3 135 个),在堤顶道路中心线平行于堤线布置一条地震映像测线(测线长度约 492 m,测点数 2 460 个)和一条探地雷达测线(测线长度约 500 m,测点数 1 000 个)。测线布置方案一览表见表 2。

表 2　测线布置方案一览表

序号	测线分布位置	探测方法	测线编号	测线长度/m	测点数/个	测点/电极间距/m
1	堤顶道路中心线(平行于堤线)	地质雷达	CXBL♯	500	1 000	0.5
2	堤顶道路中心线(平行于堤线)	地震映像	CXBY♯	492	2 460	0.2
3	堤顶道路近迎水面侧(平行于堤线)	高密度电阻率法	CXAG♯	493.5	3 135	1.5

2.2 监测方案及监测点布置

在特征点位、裂缝发育集中区域,每间隔 60～70 m 布置一个深层水平位移监测断面,共设置 8 个断面;每个断面分别于堤顶道路上部坡面中部、堤顶道路近迎水面侧和堤顶道路下部坡面中部各布置 1 个监测点,孔深 10 m 左右,合计 24 个深层水平位移监测点。每间隔 50 m 布置一个垂直(水平)位移监测断面,共设置 10 个断面;每个断面分别于堤顶道路上部坡面中部、堤顶道路近迎水面侧和堤顶道路下部坡面中部各布置 1 个监测点,合计 30 个垂直(水平)位移监测点。裂缝分布、探测测线与监测点平面布置图见图 3。

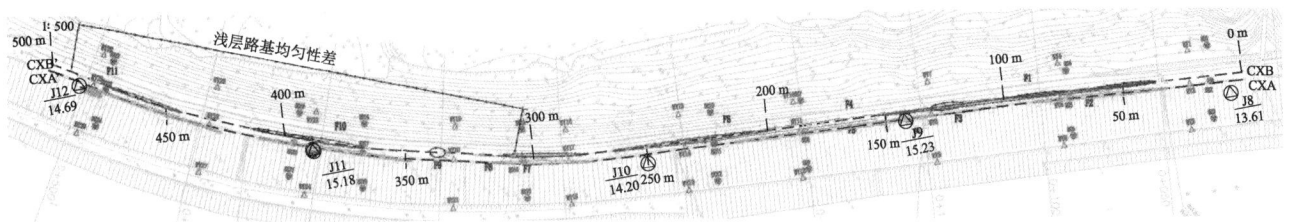

图 3　裂缝分布、探测测线与监测点平面布置图

2.3 异常体探测成果

地质雷达探测发现裂缝 F1—F2 区域,测线 CXBL♯36.0～61.0 m 段、深度约 1.5 m 处雷达反射波同相轴下凹,解释为该段浅层土体下沉导致原有固有的反射界面下倾;裂缝 F8—F10 区域,测线 CXBL♯333.0～339.5 m 段,雷达反射波形能力较弱、波形频率明显偏低,且同相轴在该区域内发生间断,解释为松散土吸收电磁波的高频成分导致土体间固有的介电常数差异界面缺失;裂缝 F8—F10 区域,测线 CXBL♯320.0～360.0 m 段、深度 0.4～0.7 m 处,同相轴连续且起伏明显,同相轴深度与浅层路基对应,解释为路基面平整度差或浅层路基密实度存在差异引起的电磁波传播速度不同。测线 CXBL♯地质雷达法探测成果剖面图见图 4。

地震映像探测发现裂缝 F1—F3 区域,测线 CXBY♯21 m、55 m、87 m、123 m 处各分布一条较为连续同相轴,能量较高,成像较为清晰,解释为该段浅层土体下沉或土体松散引起传播速度差异;裂缝 F4—F6 区域,测线 CXBY♯200.0～264.0m 段同相轴下凹,解释为该段浅层土体下沉或土体松散引起传播速度差异。测线 CXBY♯地震映像探测成果剖面图见图 5。

高密度电阻率法探测发现裂缝 F1—F6 区域,测线 CXAG♯32.0～89.0 m、深度 0.5～2.5 m 和测线 CXAG♯129.0～214.0 m、深度 0.5～3.0 m 2 个区域为相对低阻区域,解释为堤顶道路下部土体内松散区域富水引起的电阻率变低。测线 CXAG♯高密度电阻率法探测成果剖面图见图 6。

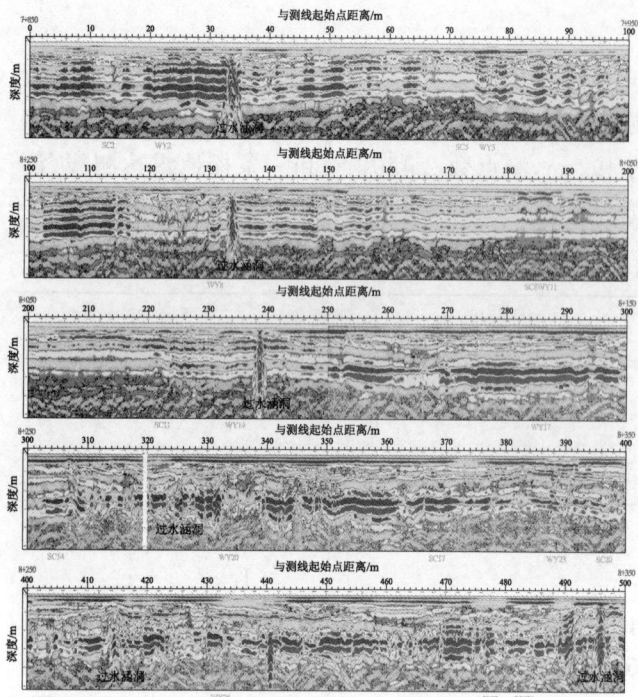

图 4　测线 CXBL♯地质雷达法探测成果剖面图

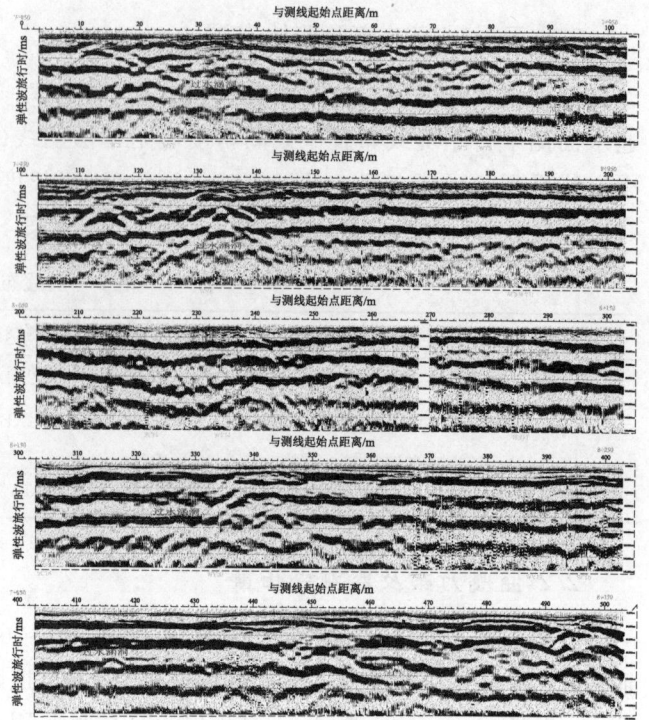

图 5　测线 CXBY♯地震映像探测成果剖面图

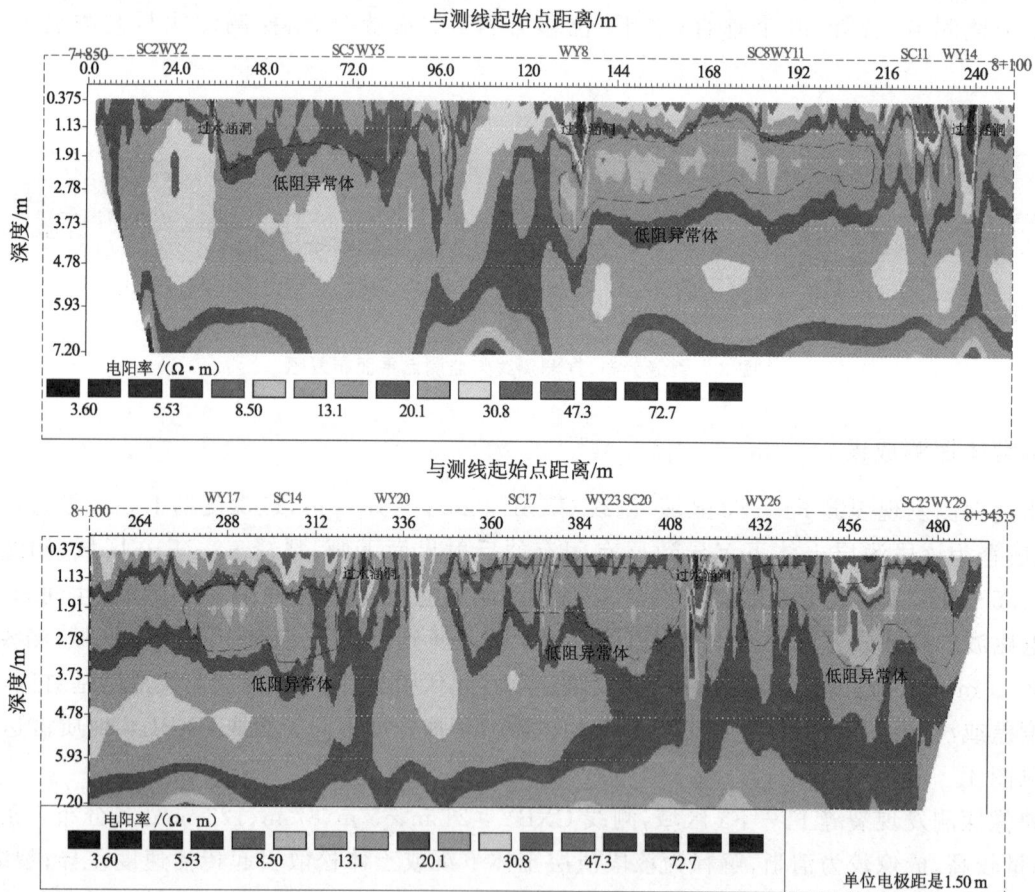

图 6　测线 CXBL♯地质雷达法探测成果剖面图

　　通过对 3 种物探结果的对比验证与研究,将存在隐患异常体的堤防段进行合并,共判定探测出 6 处异常体,异常体探测成果一览表见表 3。

表3　异常体探测成果一览表

序号	测线	相对测线位置/m	堤防段长度/m	隐患类型	对应裂缝
1	CXA/CXB	31.5～264.0	232.5	土体下沉、松散体、富水	F1、F2、F3、F4、F5、F6
2	CXA/CXB	275.5～318.0	42.5	土体下沉、富水	F7、F8
3	CXB	333.0～339.5	6.5	松散体	F9
4	CXA/CXB	348.0～413.5	65.5	土体下沉、富水	F10
5	CXA/CXB	426.5～492.5	66.0	土体下沉、松散体、富水	F11
6	CXB	308.0～492.0	184.0	路基层缺陷	F7、F8、F9、F10、F11

2.4　堤身位移监测成果

堤身监测阶段为2023年5月—10月,监测结果显示位移变化量及位移速率变化较小,其中垂直位移累计变化量为$-1.41～-0.0$ mm,变化速率为$-0.009\,7～-0.000$ mm/d;水平位移累计变化量为$0.50～3.23$ mm,变化速率为$0.003～0.022$ mm/天;深层水平位移总位移为$0.00～3.775$ mm,变化速率为$0.000～0.026$ mm/天。根据《建筑边坡工程技术规范:GB 50330—2013》,土质边坡坡顶邻近建筑物的累计沉降小于现行国家标准《建筑地基基础设计规范:GB 50007》规定允许值的80%,切岭段堤防裂缝段堤身基本稳定,但部分监测点存在缓慢位移的趋势。裂缝发育区域典型深层水平位移趋势图见图7。

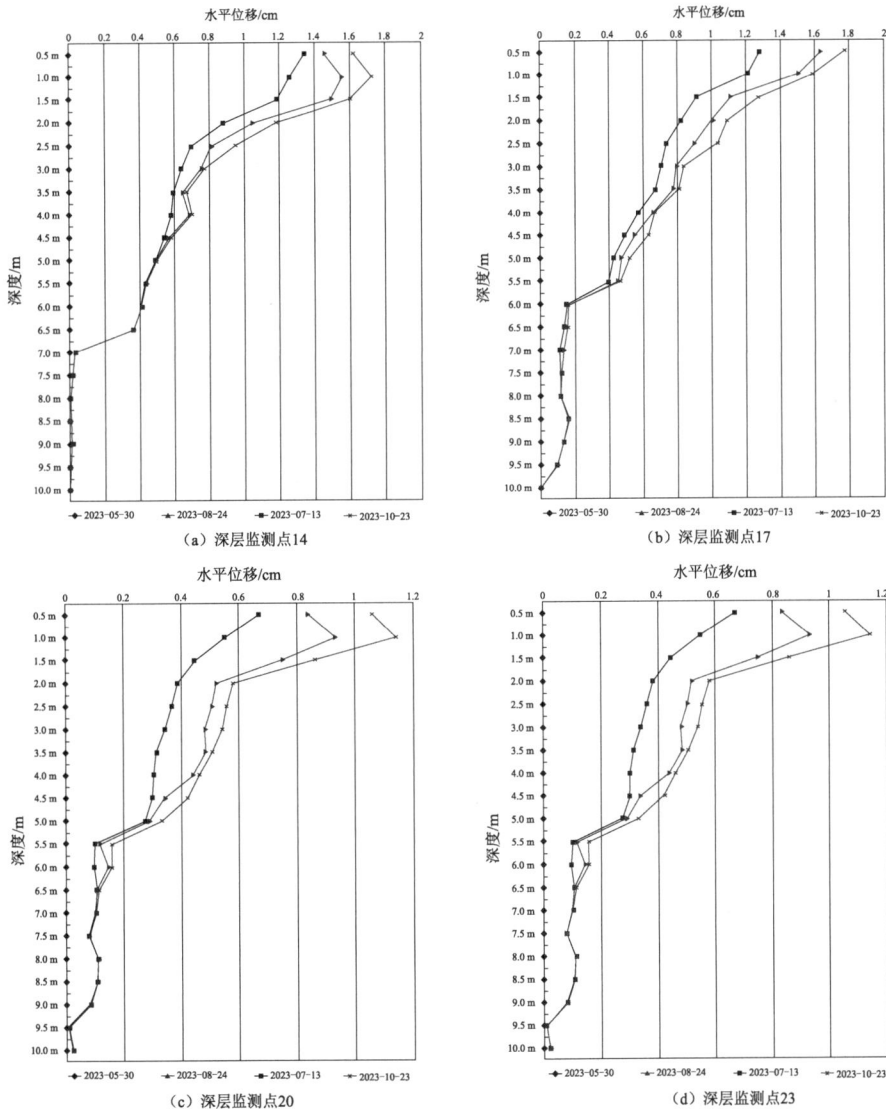

（a）深层监测点14　　　　　　　　　　（b）深层监测点17

（c）深层监测点20　　　　　　　　　　（d）深层监测点23

图7　裂缝发育区域典型深层水平位移趋势图

3 纵向裂缝成因分析及处理建议

3.1 成因分析

切岭段堤防裂缝区域集中于堤顶道路,11 条纵向裂缝分布于堤顶道路中心线或近迎水面路肩处,部分道路段同时分布 2~3 条纵向裂缝。裂缝一般宽 1~3 cm,长 20~30 m,其中裂缝 F7、F8 略呈弧形向迎水坡面延伸,且迎水侧有下沉现象,有发育为滑坡裂缝的迹象,其余裂缝形状接近直线。

(1)路基存在软弱土层分布。检测结果显示,切岭段堤防所有裂缝分布区域下伏土体都不同程度存在松散体、富水体或土层有沉陷迹象等,是诱发沉陷裂缝的主要原因。

(2)浅层土体不均匀沉降。裂缝 F1—F6 区域堤顶道路大多存在 2 条平行的纵向裂缝分布,其中一条裂缝位于道路中心线,另一条裂缝位于道路近迎水面半幅的中心位置,后者裂缝两侧大多存在高差。综合检测监测结果,该段下部土体的密实度存在横向分布差异,是引起该段裂缝的主要原因。

(3)堤线凸起导致应力集中。裂缝 F7—F10 区域纵向裂缝反复开裂情况突出,路基探测结果总体较好,但监测结果显示该段存在轻微的蠕变趋势。综合考虑平面地形因素,该段堤防处于凸岸边坡段,坡体内应力相较于直线边坡和凹岸边坡更为集中,对岸坡抗滑动稳定不利,是引起该段裂缝的原因之一。

(4)土体渗流破坏。切岭段堤防依丘陵而建,地形较特殊,堤顶道路平台位于原始地貌的边坡中部,堤顶道路上部为坡高约 10 m 边坡,易在雨季形成坡面大量汇水,引发土体渗流破坏,破坏堤身土体原有结构,增大堤身土松散程度,使堤身抗渗流、抗滑动能力下降。

3.2 处理建议

一是加密对裂缝区域堤防的变形监测和裂缝发育程度监测;二是对联合无损隐患探测发现的异常体区域进行地质勘察,根据勘察情况进行边坡抗滑稳定性评价,用以制订有针对性的除险加固方案,如高压旋喷桩、帷幕灌浆、基础换填等,增加堤防排水设施,畅通排水通道,降低坡面汇水对堤身土体的入渗冲刷。

4 结　论

复杂堤防裂缝是困扰堤防运行安全的常见病害。本文立足于工作实践,通过研究现有裂缝探测技术规范和工程实例,以某一级堤防工程裂缝区域堤防段的联合无损隐患检测监测新模式,为复杂堤身病害的早期、无损、精准探测进行了新探索,并对裂缝成因和预防除险方案进行了深入探讨,对堤防工程精细化运行管理具有一定的借鉴意义和指导价值。

参考文献

[1] 堤防工程设计规范:GB 50286—2013[S]. 北京:中国计划出版社,2013.
[2] 堤防隐患探测规程:SL 436—2023[S]. 北京:中国水利水电出版社,2023.
[3] 土石坝安全监测技术规范:SL551—2012[S]. 北京:中国水利水电出版社,2012.
[4] 苏怀智,周仁练. 土石堤坝渗漏病险探测模式和方法研究进展[J].水利水电科技进展,2022,42(1):1-10,39.
[5] 皮雷,谭磊,李波. 综合物探方法在水库绕坝渗漏隐患探测中的应用[J].中国农村水利水电,2022(5):82-86.
[6] 赵汉金,江晓益,韩君良,等. 综合物探方法在土石坝渗漏联合诊断中的试验研究[J].地球物理学进展,2021,36(3):1341-1348.
[7] 方艺翔,李卓,范光亚,等. 监测资料、压水试验与综合物探法在某心墙坝渗漏识别中的应用研究[J].水利水电技术(中英文),2022,53(2):87-97.

释氧复合剂与沉水植物协同修复污染底泥的研究

陈　晨[1],孙菲菲[2],赵东华[1]

(1. 中交上海航道局有限公司,上海　200002;2. 中交上海航道勘察设计研究院有限公司,上海　200120)

摘要:为探索释氧复合剂(A-ORC)对苦草生长的影响并研究 A-ORC 协同苦草对实际环境中黑臭水体的修复效果,本研究对比了在 A-ORC 修复处理后的底泥上种植沉水植物苦草与在未经 A-ORC 修复的底泥上直接种植苦草的情况。结果表明,经 A-ORC 修复后的底泥种植的苦草生长状态更好,均值质量为 6.05 g,均值长度达 52.2 cm,均高于未经 A-ORC 修复组。A-ORC 协同苦草修复黑臭水体效果更佳,进一步提高了底泥中污染物的去除效率,其中底泥间隙水中 TN 和 NH_4^+-N 的去除率相较于空白组分别提高了 38%和 35%。经过 A-ORC 修复后的底泥能更好地促进植物吸收底泥中的氮和稳定底泥中的磷。A-ORC 协同苦草修复后底泥的微生物丰度和多样性相较于空白组也得到了提升,底泥中微生物的优势菌门为变形菌门(Proteobactria)、厚壁菌门(Firmicutes)、拟杆菌门(Bacteroidetes)和 Patescibacteria。

关键词:黑臭水体;底泥;原位修复;沉水植物

　　河口近岸区域作为连接陆地和海洋的重要过渡地带,承受着沿海城市发展和人类活动的巨大压力,更容易发生各类环境问题,如富营养化及赤潮暴发已经对沿岸生态系统和经济发展带来了严重的威胁。引起富营养化的主要污染物是来源于人类活动产生的大量氮、磷污染物,这些污染物会随着生活污水和工业废水的排放汇集到河湖中,进而汇集在河口地区的底泥中形成内源污染。在外界污染源消除后,底泥中的内源污染物仍可能在很长时间内对上覆水水质产生影响[1]。此外,底泥是水生植物生长的基质,也是底栖动物繁衍的场所,因此底泥质量也决定了水生态系统恢复的速度和效果[2]。自主研发的底泥原位修复剂释氧复合剂(A-ORC)已被证实对污染底泥和上覆水具有良好的修复效果[3]。沉水植物具有多种生态功能,重建以沉水植物为核心的生态系统是恢复水生生态系统的有效手段。在现有水生态修复工程中,沉水植物恢复是必不可少的一项工程内容[4-6],且污染底泥中氧化还原电位过低、透气性差,沉水植物恢复效果会受到显著影响[7]。

　　本研究利用 A-ORC 联合苦草对污染底泥开展修复研究,考察对实际环境中黑臭水体的修复效果影响以及 A-ORC 对苦草生长的影响,同时,通过研究修复后底泥中苦草生长过程的微生物群落响应行为,揭示 A-ORC 协同苦草修复黑臭水体机理。本研究可为释氧复合剂在水生态修复工程中的推广应用提供技术支撑。

1 材料与方法

1.1 实验装置

　　底泥取自上海市勤劳村鹤坡塘支流(121°31′48″E,31°5′24″N)。2 个实验装置(图1)由自购的亚克力板组装而成,直径均为 60 cm,高 80 cm,分别编号为 KB-VS 和 OSRC-VS。在 2 个实验装置中各平铺 10 cm 底泥。KB-VS 组不添加 A-ORC,作为空白对照。在 OSRC-VS 组泥水界面以下 5 cm 处以人工方式投加 1 kg/m² A-ORC(实际投加量 283 g)。修复 2 个月后在 2 个装置中各种植 25 株苦草。底泥上覆水以生活污水与河水配制成劣 V 类水后缓慢沿容器壁注入实验装置中,上覆水高度为 50 cm,投加后静止 24 h,待水体浊度降低后开始记为实验第 1 d。

通信作者:陈晨。E-mail:chenchen. a@163.com

1.2 A-ORC 制备

采用包埋法制备。称取一定量聚乙烯醇加水加热溶解,制备成包埋剂溶液。以一定比例称取过氧化钙及活性炭,混合均匀后加入包埋剂溶液,机械搅拌得到包埋混合物。将包埋混合物在-20℃下反复冻融3次,烘干后备用。

1.3 样品采集

在苦草种植后的第 1 d、6 d、8 d、13 d、22 d 和 30 d(6 次)取上覆水样(底泥上方 5～10 cm),在苦草种植后的 30 d 取苦草根部底泥(0～5 cm),每个样品收集 5 个子样品。将每个子样品作为单个样品充分混匀后分成两部分,用铝箔包裹,分于 4 ℃和-20 ℃避光保存。每个沉积物样品取一部分置于离心管中,以 5 000 min 的转速离心 10 min,上清液经过 0.45 μm 玻璃纤维滤膜过滤后即为间隙水。将沉积物样品经冷冻干燥机干燥后,研磨,过 48 目样品筛,收集过筛后的样品,即为冻干沉积物样品。对种植 30 d 后的苦草进行长度和质量测定。

1.4 环境参数及沉积物微生物多样性测定

用多参数水质分析仪测定上覆水的温度(T)、溶解氧(DO)、pH 和 ORP 值。对上覆水的总氮(TN)、总磷(TP)、氨氮(NH_4^+-N)、硝氮(NO_3^--N)指标测定参照《水和废水监测分析方法》(第四版)。用 DR3900 测定上覆水的化学需氧量(COD)。沉积物中各形态磷的测定参照邓佩瑶等[8]人的方法。

提取沉积物样品 DNA(Fast DNA Spin Kit,MP Biomedicals,USA),用超微量分光光度计 Nano-Drop2000 检测 DNA 质量,测定 DNA 浓度和纯度,使用 PCR 基因扩增仪来扩增细菌 16S rRNA 基因的 V3—V4 区。使用 AxyPrep DNA 凝胶提取试剂盒(Axygen Biosciences,USA)纯化 PCR 产物,通过 QuantiFluor™-ST 微型荧光计进行定量。设 3 个平行样,将纯化的扩增子等物质的量合并,并在广东美格基因科技有限公司的 MiSeq PE300 平台(Illumina,USA)进行测序。

1.5 数据分析

获得原始序列后,使用 Trimmomatic 过滤质量低于 20 的碱基。FLASH 用于合并两个末端序列,并去除不能合并的序列。使用 Mothur(https://www.mothur.org)进行质量控制,并使用 UCHIME 6.1 去除嵌合体。通过 USEARCH 7.1(http://drive5.com/uparse/)将优化后的序列以 97% 的相似度聚类为 OTU,然后将代表性序列与核糖体数据库(RDP 数据库,http://rdp.cme.msu.edu)进行比对,并以 80% 的阈值聚集到不同的分类标准中。挑选最丰富的 1 093 个 OTU 代表性序列(总相对丰度为 70%),并通过 BLAST 将其与美国国家生物技术信息中心(NCBI,https://www.ncbi.nlm.nih.gov/)GenBank 核苷酸数据库中的序列进行比对。使用 R 平台(版本 3.6.1)基于 OTU 信息计算 α 多样性指数,包括 Shannon、Simpson、Chao1、Ace 和 Good's coverage 指数。

2 结果与讨论

2.1 苦草生长情况及上覆水体修复效果

苦草种植初期(1～10 d)长势基本一致,参见图 1。经过 OSRC 修复后底泥的实验组(OSRC-VS)中,上覆水透明度更高。经过 1 个月的修复,OSRC-VS 组中苦草长势更好,叶片宽度较宽(图 2)。通过随机取样分析苦草的长度和质量发现,经 OSRC 修复后的底泥可以有效促进苦草的生长。实验第 30d KB-VS 组苦草的均值质量为 4.06 g,均值长度为 48 cm;OSRC-VS 组苦草的均值质量为 6.05 g,均值长度为 52.2 cm(图 2)。结果表明经 A-ORC 修复后的底泥更有利于苦草生长。原因是经过 A-ORC 修复后,底泥中的 DO 含量得到提高,加强了植物根系的泌氧能力,促进了植株的生长[9]。同时,底泥中 DO 含量的提高使得底泥中耗氧微生物快速增长,底泥中有机污染物质也在微生物的代谢作用下降低,减弱了对植株的毒害作用,使得植株生长良好。

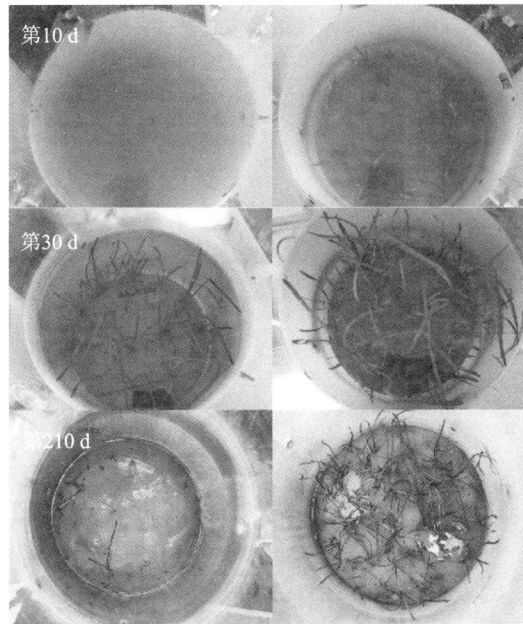

图 1　实验进行过程中苦草生长状态的变化(左:KB-VS组,右:OSRC-VS组)

　　经过 210 d 后,底泥未经修复的 KB-VS 组中苦草基本死亡,仅剩少量苦草,且长势不佳;而 OSRC-VS 组,苦草大量分生,数量明显增加,生物量远高于种植初期(图 1)。在实验进行 210 d 后,将两个实验组的苦草从装置中取出,苦草植株数量和形态见图 3。分析测量发现,KB-VS 组的苦草数量从初期的 25 株减少到 10 株,且大部分根系腐烂。OSRC-VS 组的苦草根系发育良好,且通过无性繁殖株数从初期的 25 株增加到 52 株,增加了 108%。产生这一现象的原因是,苦草根系生长需要底泥具有良好的透气性和透水性,而未经修复的污染底泥土质致密,透气性差。OSRC 为具有吸附性能的多孔材料,有效增加底泥透气性的同时还可以通过吸附作用有效促进根系对底泥中氮、磷营养物质的吸收。因此,未经修复的底泥中苦草根系逐渐腐烂,植株也逐渐死亡,经过 OSRC 修复的底泥具有良好的透气性,有利于苦草根系生长(图 4)。

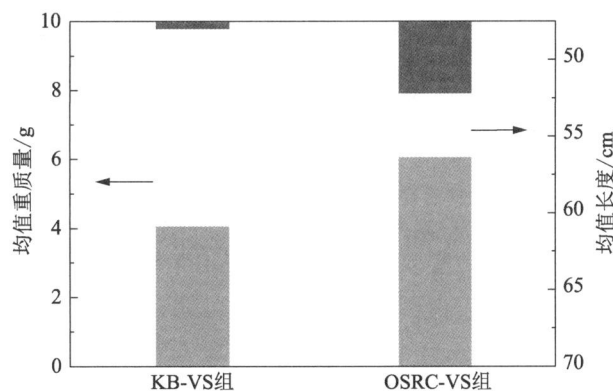

图 2　修复前后(30 d)底泥种植苦草的均值质量和长度

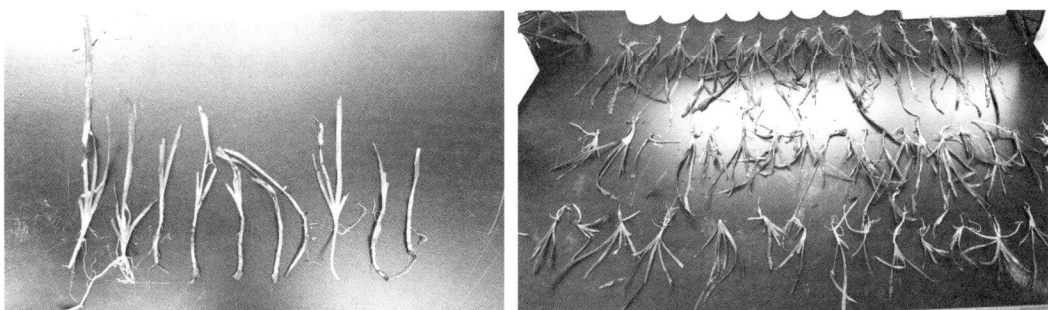

图 3　第 210 d 苦草数量和外观(左:KB-VS组,右:OSRC-VS组)

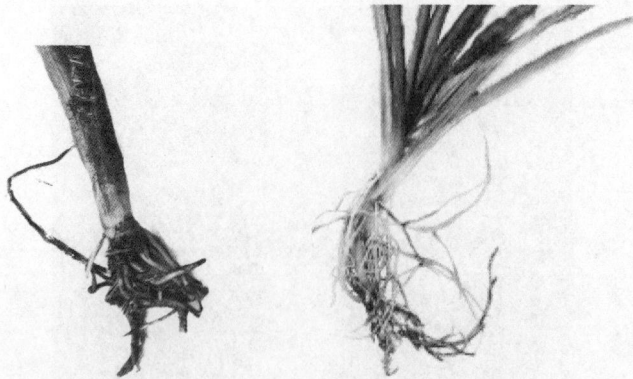

图 4　第 210 d 苦草根系形态(左:KB-VS 组,右:OSRC-VS 组)

与 KB-VS 组相比,OSRC-VS 组上覆水中的 DO 水平有了显著提高[图 5(a)]。实验第 30 d,OSRC-VS 组上覆水中的 DO 水平提升至 4.81 mg/L(KB-VS 组 DO 提升至 1.76 mg/L),这主要由于经 A-ORC 修复后的底泥更有利于苦草生长,增强其光合作用,进而促进上覆水中 DO 含量的增加。KB-VS 组和 OSRC-VS 组上覆水中 pH 均有所改善[见图 2(b)]。第 1 d OSRC-VS 组的 pH 为 3.67(KB-VS 组 pH 为 3.88),实验第 6 d OSRC-VS 组 pH 上升至 8.11(KB-VS 组 pH 上升至 7.74),实验第 30 d OSRC-VS 组 pH 上升至 8.49(KB-VS 组 pH 上升至 8.18)。OSRC-VS 组的 pH 上升幅度相对于 KB-VS 组更高,主要是 OSRC-VS 组苦草生长更佳,其光合作用相对于 KB-VS 组会消耗水中更多的 CO_2,CO_2 的减少会改变水中碳酸平衡,进而导致水体 pH 升高[10]。

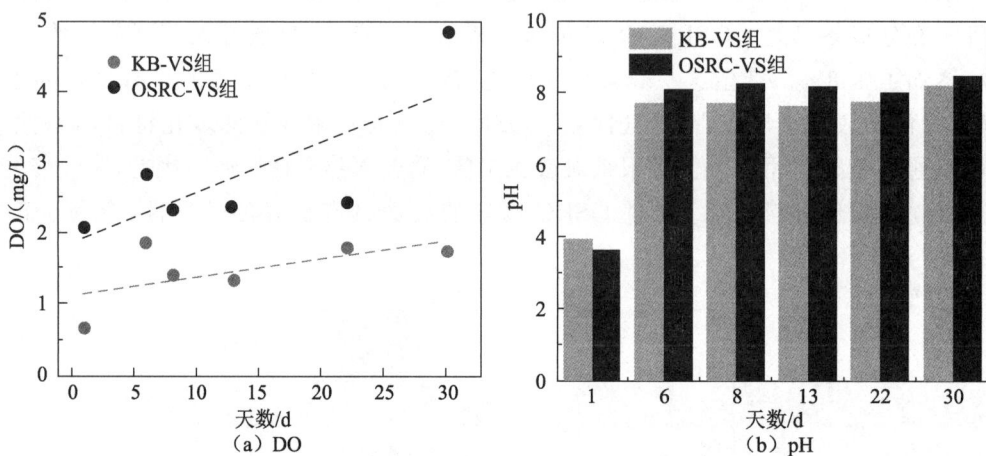

图 5　A-ORC 修复前后底泥种植苦草上覆水中 DO、pH 随时间的变化

由图 6(a)可知,从实验第 1 d 开始到实验第 30 d 结束,KB-VS 组和 OSRC-VS 组上覆水中的 TP 浓度均显著降低,达到Ⅱ类地表水水质指标。由图 6(b)和图(c)可知,KB-VS 组和 OSRC-VS 组上覆水中 TN 和 NH_4^+-N 浓度明显下降,且 OSRC-VS 组下降速率显著高于对照组。A-ORC 的加入提高了底泥的 ORP,从而使苦草根基泌氧充足,抑制了底泥中氮的释放[9],同时,A-ORC 自身对上覆水 NH_4^+-N 也有很好的净化效果。上覆水中由于 NH_4^+-N 的转化,NO_3^--N 有所积累。由于 A-ORC 的投加会加强硝化过程[10],OSRC-VS 组在实验前 10 d 时 NO_3^--N 浓度明显高于 KB-VS 组[图 6(d)],但随着苦草的生长,苦草不断吸收上覆水中的 NO_3^--N,使得 OSRC-VS 组上覆水中 NO_3^--N 浓度逐渐降低,直至低于 KB-VS 组。

2.2　底泥修复效果

由表 1 可知,KB-VS 组与经 A-ORC 修复后种植苦草的 OSRC-VS 组底泥间隙水氮和磷浓度差异较大。其中,KB-VS 组的 TN 和 NH_4^+-N 的浓度约为 OSRC-VS 组的 1.5 倍,而 KB-VS 组 TP 的浓度甚至达到了 OSRC-VS 组的 2.5 倍。此外,OSRC-VS 组 NO_3^--N 和 COD 浓度皆低于 KB-VS 组。这是由于苦草生长过程中,根系直接从沉积物中吸收氮、磷营养元素,通过植物同化作用进入植物体内[11],A-ORC 修复后的底泥更有利于苦草的生长,进一步提高了底泥中污染物的去除效率。

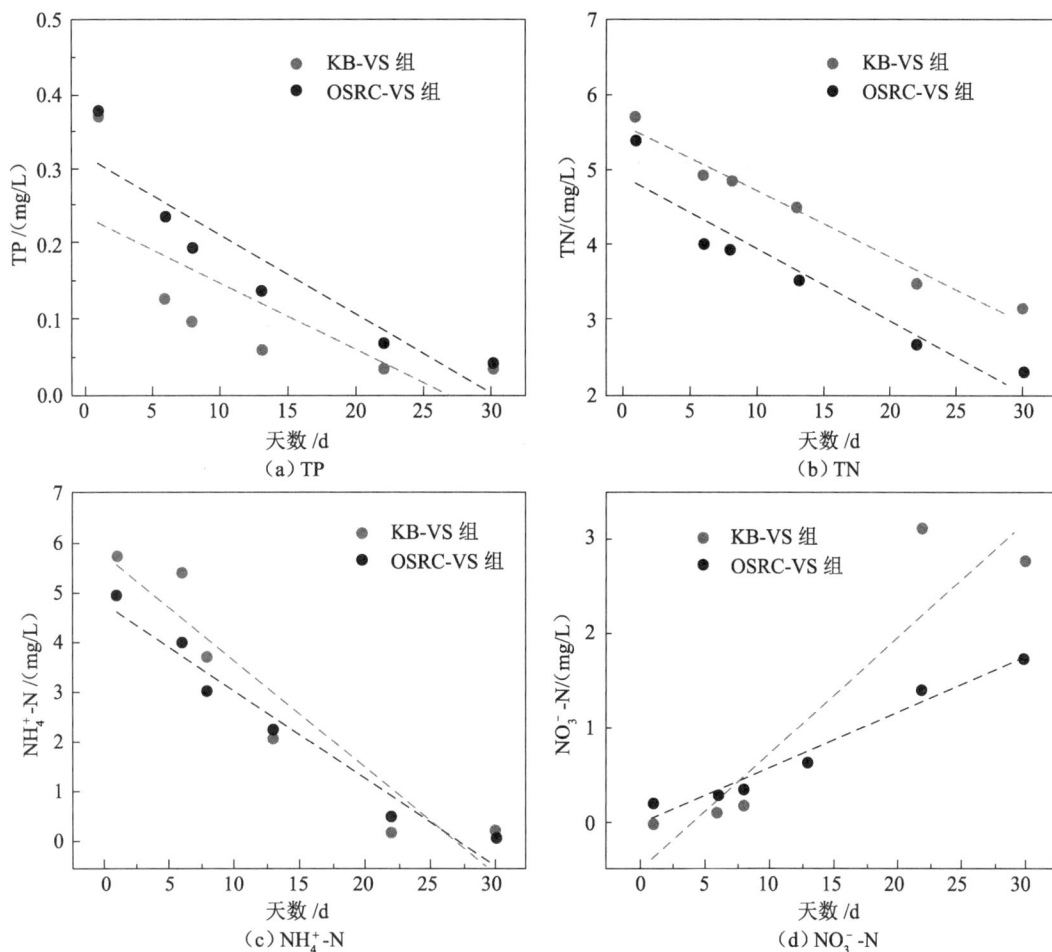

图 6　上覆水中水质变化

表 1　底泥间隙水中 TN、TP、NH_4^+-N、NO_3^--N 和 COD 浓度

组别	TN/(mg/L)	TP/(mg/L)	NH_4^+-N/(mg/L)	NO_3^--N/(mg/L)	COD/(mg/L)
KB-VS	7.33	1.18	5.87	0.83	96.8
OSRC-VS	4.54	0.46	3.82	NA	94.8

　　由表 2 可以看出,相较于 KB-VS 组,投加 A-ORC 修复后再种植苦草的 OSRC-VS 组的 TN 含量有所下降,TP 含量有所提升,但 TOC 值无明显变化。

　　根据磷形态分析结果可以发现沉积物中的 TP 以无机磷(IP)为主(图 7):IP 约占 TP 含量的 87%,有机磷(OP)占 TP 含量的 13%。而沉积物 IP 主要是由 Fe/Al-P 和 Ca-P 组成的,其中 Fe/Al-P 的含量占 IP 的 14%～23%,Ca-P 的含量占 IP 的 73%～82%,OSRC-VS 组的 Ca-P 含量大于 KB-VS 组。A-ORC 中的 CaO_2 遇水形成 $Ca(OH)_2$,所以 $Ca(OH)_2$ 含量不断增加。一方面 $Ca(OH)_2$ 会逐渐吸附 PO_4^{3-},并最终结合成稳定的羟基磷灰石;另一方面,随着钙离子浓度的增大,其他形态的磷(NH_4Cl-P、Fe-P 等)也会向着生成 Ca-P 的方向转变[12]。Ca-P 一般被视作一种永久性的磷汇,难以被分解和参与沉积物-水界面的磷循环,释放风险较小,而 Fe/Al-P 可通过吸附的方式滞留磷,这类磷是生物最容易利用的部分,被认为是内源 P 释放的主要来源[13]。因此,A-ORC 会促使底泥中 Ca-P 的增加,抑制底泥中磷的释放。经过 A-ORC 修复后的底泥能更好地促进植物吸收底泥中的氮和稳定底泥中的磷。

表 2　底泥 TN、TP、TOC 含量

组别	TN 含量/(g/kg)	TP 含量/(g/kg)	TOC 含量/(g/kg)
KB-VS	0.99	0.897	9.45
OSRC-VS	0.96	0.923	9.45

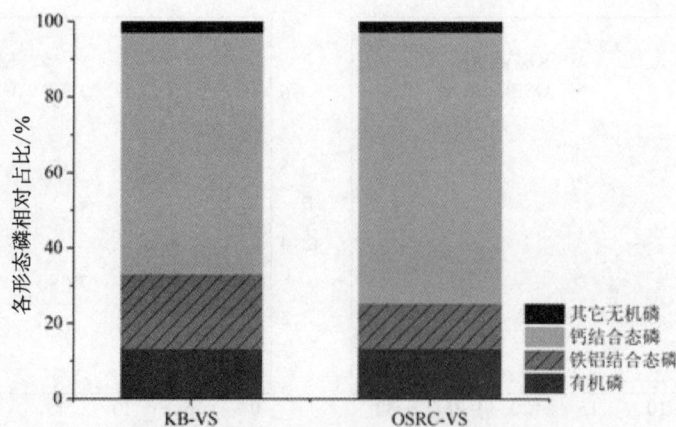

图 7　底泥中磷的赋存形态分析

2.3 沉积物细菌 α 多样性及群落结构组成分析

　　α 多样性分析结果(表 3)显示,KB-VS 组和 OSRC-VS 组的 Good's coverage 指数均大于 0.99,说明本次测序结果能代表样本的真实情况。OSRC-VS 组的 Shannon 指数和 Simpson 指数均高于 KB-VS 组,说明 OSRC-VS 组的群落多样性更高。OSRC-VS 组的 Chao1 指数和 Ace 指数均高于 KB-VS 组,说明 OS-RC-VS 组的物种总数更多。上述数据反映了经过 A-ORC 协同苦草修复后底泥的微生物总数增加,更有利于黑臭水体的修复。

表 3　沉积物细菌 α 多样性

组　别	Good's coverage	Shannon	Simpson	Chao1	Ace
KB-VS	0.995	3.506	0.882	1 671.90	1 758.11
OSRC-VS	0.995	4.277	0.951	1 805.31	1 920.07

　　KB-VS 和 OSRC-VS 组苦草根系沉积物中的优势菌门排名前 4 的为变形菌门(Proteobacteria)、厚壁菌门(Firmicutes)、拟杆菌门(Bacteroidetes)和 Patescibacteria。由图 4 可知,KB-VS 组和 OSRC-VS 组中变形菌门所占比例均最大。变形菌门为革兰氏阴性菌,大多数属于腐生异养性细菌,有研究表明变形菌门主要的碳源为有机物,其具有分解难降解有机物的能力,并且一般在高含量难降解有机质(如纤维素和木质素)的环境中富集[14],这有利于改善沉积物的底质环境,促进苦草的生长。由前述分析可知,经 A-ORC 修复后的底泥上种植的苦草生长活性更强,需要消耗的有机物更多,因此 OSRC-VS 组变形菌门碳源减少,导致其丰度(38.19%)相对于 KB-VS 组(54.93%)较低。厚壁菌门具有强大的分解代谢能力,如植酸盐水解[15],是新鲜有机物的分解者,添加 A-ORC 可能会促进底质环境中积累的腐殖化有机物的分解和利用,因此 OSRC-VS 组厚壁菌门丰度(38.08%)相对于 KB-VS 组(1.34%)更高。

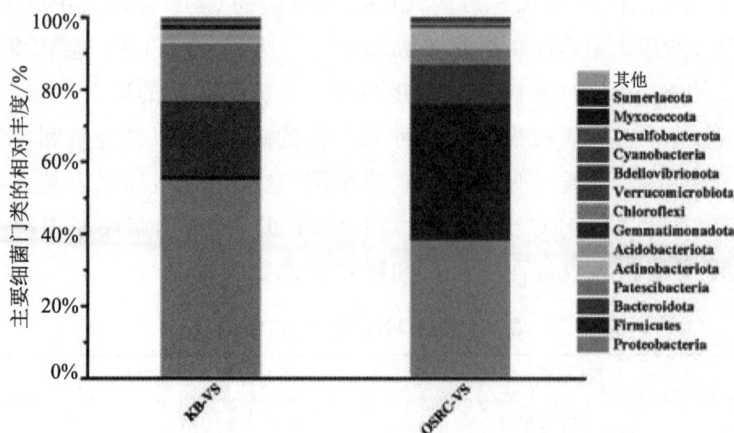

图 8　细菌群落门水平结构组成分析

3 结　论

研究了释氧复合剂对苦草生长的促进作用以及与苦草协同对实际黑臭水体的修复效果,考察了修复前后底泥种植水草后黑臭水体的水质指标变化及微生物相变化,获得了如下结论:

(1) 经 A-ORC 修复后底泥可以有效促进苦草的根系发育和生长,均值质量与均值长度均显著高于未经 OSRC 修复的,说明 OSRC 修复的底泥可以显著促进苦草的生长。同时,OSRC-VS 组上覆水中的 DO 水平和 pH 相对于 KB-VS 组均得到了提升。

(2) A-ORC 释氧剂协同苦草修复黑臭水体效果更佳,进一步提高了底泥中污染物的去除效率。经过 A-ORC 修复后的底泥能更好地促进植物吸收底泥中的氮和稳定底泥中的磷。

(3) A-ORC 协同苦草修复后底泥的微生物丰度和多样性增加,有利于改善沉积物的底质环境,促进苦草的生长,同时进一步改善黑臭水体的修复效果。

参考文献

[1] 敖静. 污染底泥释放控制技术的研究进展[J]. 环境保护科学,2004(6):29-32.

[2] ZHANG Y,LABIANCA C,CHEN L,et al. Sustainable ex-situ remediation of contaminated sediment:a review[J]. Environ pollut,2021,287:117333.

[3] 陈晨,赵东华,邢思阳,等. PVA/CaO$_2$ 底泥原位修复材料的制备及其应用[J]. 环境科学与技术,2022,45(2):112-120.

[4] MEAGHER R B. Phytoremediation of toxic elemental and organic pollutants[J]. Plant Biotechnology,2000,3(2):153-162.

[5] 白国梁. 浅水湖泊底质改良协同沉水植物修复及其微生态效应研究[D]. 北京:中国地质大学,2022.

[6] 童昌华,杨肖娥,濮培民.水生植物控制湖泊底泥营养盐释放的效果与机理[J].农业环境科学学报,2003,22(6):673-676.

[7] 张淑娴,李竹栖,张浩坤,等. 重污染底泥对苦草和黑藻繁殖体萌发及幼苗生长的影响[J]. 湖泊科学,2023,35(4):1247-1254.

[8] 邓佩瑶. 浅水湖泊沉积物不同粒径颗粒物磷的赋存及其对蓝藻生长的供磷潜力研究[D]. 淮南:安徽理工大学,2020.

[9] 陈浩. 底泥改善剂的研制及其对菹草生长的影响[D]. 天津:天津大学,2017.

[10] 赵联芳,朱伟,莫妙兴. 沉水植物对水体 pH 值的影响及其脱氮作用[J]. 水资源保护,2008(6):64-67.

[11] 孔祥龙,叶春,李春华,等. 苦草对水—底泥—沉水植物系统中氮素迁移转化的影响[J]. 中国环境科学,2015,35(2):539-549.

[12] RYDIN E. Potentially mobile phosphorus in Lake Erken sediment [J]. Water Research,2000,34(7):2037-2042.

[13] 王卓,李思敏,张文强,等. 白洋淀沟壕系统水陆交错区生物质磷形态特征研究[J]. 环境科学学报,2021,41(5):1960-1969.

[14] TAO X,FENG J,YANG Y,et al. Winter warming in Alaska accelerates lignin decomposition contributed by Proteobacteria [J]. Microbiome,2020,8(1):84.

[15] KANTO R,TANTELY R,PIERRE-ALAIN M,et al. Soil microbial diversity drives the priming effect along climate gradients:A case study in Madagascar [J]. The ISME Journal,2018,12(2):451-462.

机械耙具减淤现场试验与效果评估

杨啸宇[1],丁 磊[1],杨 帆[2],黄宇明[1],陈 犇[1],王逸飞[1]

(1. 南京水利科学研究院,江苏 南京 210029;2. 盐城市水利工程管理处,江苏 盐城 224000)

摘要:机械耙具是水库、闸下等区域淤积的常用清淤工具。针对挡潮闸下游河道易淤积问题,在江苏省斗龙港闸下游河道进行清淤拖耙减淤现场试验。试验期间通过拖耙清淤能够有效将泥沙起动,但对于泥沙的悬浮效果不佳,可结合气动冲沙等手段增强泥沙悬浮。当开闸后,河道水动力的增强对于起动和悬浮泥沙均有显著提升作用。根据试验前后地形数据对比,拖耙清淤有效降低了试验区域的地形高程,共清淤913.65 m³,取得了较为显著的减淤效果。

关键词:感潮河段;挡潮闸;机械清淤;含沙量;河床高程

20 世纪 50 年代以来,为挡卤蓄淡[1]、防潮抗台[2]以及排洪除涝,中国在河口修建了大量挡潮闸。江苏作为沿海经济发展重要省份,拥有入海河口挡潮闸 90 多座。由于在感潮河段修建的挡潮闸闸下引河段较长[3],潮波变形导致闸下河道在建闸后均产生不同程度的淤积[4],其中近半数淤积严重,7 座闸淤废。射阳河、新洋港、斗龙港和黄沙港(简称"四港")是里下河地区排水入海的主要通道,自 1956 年相继建挡潮闸后,闸下河道普遍发生了淤积。资料统计,在历年清淤和局部集中整治情况下,与建闸初期相比,1991年前四港闸下淤积量约 4 500 万 m³,2006 年汛前达到 5 020 万 m³,1998、2003、2005 年等几个大水年份的年平均淤积量约 900 万 m³[5]。近几年来,河道已基本形成冲淤平衡状态,但淤积仍有增加的趋势[6]。挡潮闸下河道的严重淤积,使挡潮闸不能正常发挥其功能,同时削弱河口泄洪能力,恶化下游通航条件。

机械清淤是指利用机械设备将已经淤积或进入河道的泥沙清除,包括常规机械清淤技术和特殊机械清淤技术。常规机械清淤技术包括:人工挖淤,多应用在闸下无水源冲淤或机械清淤不便的情况下;机船拖淤,利用落潮河道含沙量较小的特点,在落潮时辅以机械动力,增加落潮向下输运沙量,具有成本低、效率高的特点,曾在维持江苏省"四港"闸下航道容积、防止闸下航道淤积等方面发挥了巨大作用[7];机船挖淤,挖淤机先将淤泥搅成泥浆状态,再通过泥浆泵将泥浆送至岸上。特殊机械清淤技术如气动冲沙技术[8-9],通过向河床输送高压气体扰动泥沙,并利用气泡上浮带动泥沙悬浮,结合水动力将悬浮泥沙输运至下游,曾在新沂河海口枢纽挡潮闸现场应用[10]。针对挡潮闸下游河道易淤积的现象,采用高效、便捷的清淤手段,并通过现场试验有效量化清淤效果,对指导实际的清淤工作有着借鉴价值。

1 工程概况

斗龙港闸是苏北里下河地区排涝入海的主要控制工程之一,位于盐城大丰区,控制流域面积4 428 km²。该闸 1965 年 11 月开工兴建,1966 年 6 月建成,为大(2)型挡潮闸,按 100 年一遇高潮位设计,200 年一遇高潮位校核,工程抗震设防烈度为 7 度。斗龙港闸校核过闸流量 1 260 m³/s,日平均排涝流量200 m³/s,其主要任务是挡潮、御卤、排涝、蓄淡、灌溉、兼顾通航。闸上至兴盐界河河道长约 60 km,闸下距黄海港道长约 13 km,在闸下 2 km 处与独立排水区的大丰闸出口合并入海(图1)。

基金项目:国家自然科学基金项目(U2243241);江苏省水利科技项目(202202)

作者简介:杨啸宇。E-mail:xyyang1007@163.com

通信作者:丁磊。E-mail:lding@nhri.cn

斗龙港闸共计 8 孔,其中左岸 1♯孔为通航孔,每孔净宽均为 10 m,闸身总宽 93.575 m,闸底板分 4 块,底板高程−3.0 m,底板厚 1.6 m。通航孔设上下扉直升平板钢闸门,排水孔设弧形钢闸门,用 9 台 QHB-2×100 kN 卷扬式启闭机启闭,闸墩上游设汽-20、挂-100 公路桥 1 座。

针对斗龙港闸下淤积问题,清淤拖耙是里下河"四港"等闸下港道进行日常淤积维护的主要清淤设备,主要由清淤拖耙(图 2)、牵引机船(图 3)组成。清淤拖耙外形尺寸为 2.0 m×1.8 m×0.5 m,牵引机船主尺寸为 27.5 m×5.5 m×1.8 m[11]。清淤拖耙属于搅动式疏浚机械,即利

图 1 斗龙港闸及下游河道影像

用机船牵引拖耙在河床上移动,扰动淤泥并维持淤泥悬浮,可配合上游斗龙港闸在落潮时开启,将悬浮泥沙向下游输运。

图 2 清淤拖耙

图 3 牵引机船

2 斗龙港闸下河道清淤现场试验

2.1 试验设计及测量手段

试验地点选在斗龙港闸下游 1.0～1.5 km 处(图 4)。共设置 2 组工况:工况 1 为关闸情况下闸下河道清淤,作业时长 2 h;工况 2 为开闸情况下闸下河道清淤,作业时长 2 h。试验区域布置 4 条船:1 条清淤施工船(1♯船)、1 条移动测量船(2♯船)、2 条固定测量船(3♯船、4♯船)。船体相对位置与测点布置示意如图 5 所示。

图 4 测量区域示意

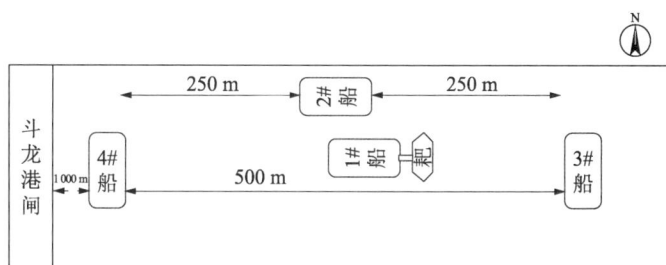

图 5 测量船布置示意

1♯船在不同工况中携带清淤拖耙在斗龙港闸下游 1.0～1.5 km 范围内往返进行清淤作业,清淤期间航行速度保持在 5.0～7.5 km/h,OBS 浊度仪固定在耙具和船侧,用于采集表层水样(图 6)。2♯船停留在距离闸下 1.25 km 处,3♯船、4♯船分别固定在航行线路起点、终点,通过直接取样法采集表、中、底

层水样。无人机进行其他非常规位置取样,如距离清淤耙较远处、其他清淤船尾处(图7)。试验完成后用烘干法进行含沙量测量。

试验开始前及结束后,采用多波束对斗龙港闸下游 1.0~1.5 km 范围内进行地形测量。

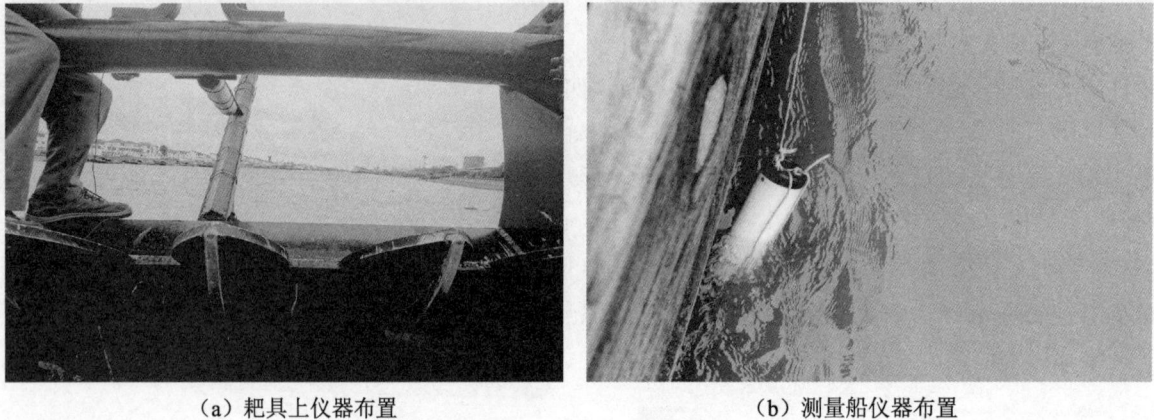

(a)耙具上仪器布置 (b)测量船仪器布置

图 6 OBS 浊度仪

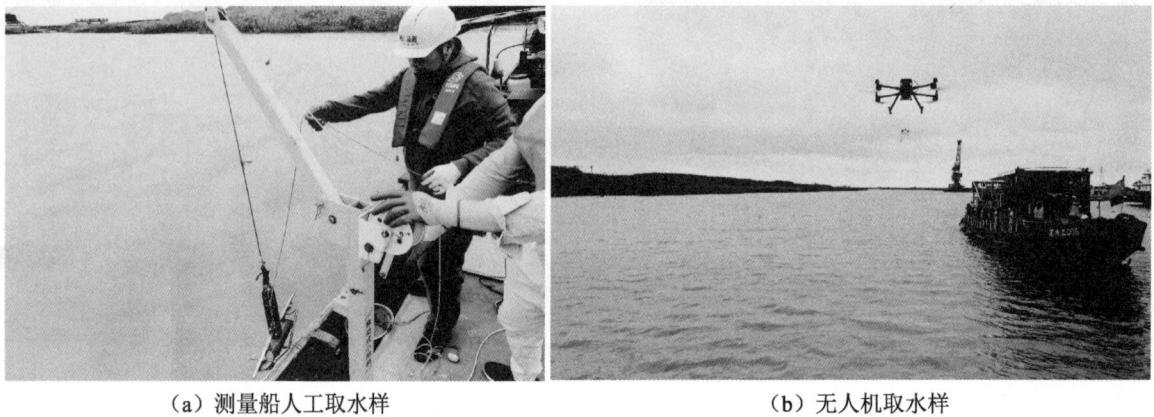

(a)测量船人工取水样 (b)无人机取水样

图 7 取水样

2.2 试验结果分析

2.2.1 含沙量变化

工况 1 各测量船处的平均含沙量见表 1。在现场试验前针对下游河道的表层含沙量进行测量,含沙量为 0.17 kg/m³。斗龙港关闸清淤时,试验区域表层含沙量为 0.12~0.18 kg/m³,中层含沙量为 0.15~0.24 kg/m³,底层含沙量为 0.65~0.91 kg/m³。底层含沙量明显高于表层及中层。可见拖耙清淤能够有效将泥沙起动,加大水体底层含沙量,但对于泥沙的悬浮效果不佳,可结合气动冲沙[8-10]等手段,在起动泥沙后利用气泡的上浮带动底泥悬浮,加大表层和中层含沙量。

表 1 工况 1 各测量船处平均含沙量 单位:kg/m³

测量船	表层平均含沙量	中层平均含沙量	底层平均含沙量
2#	0.14	0.17	0.65
3#	0.12	0.15	0.91
4#	0.18	0.24	0.86

工况 2 各测量船处的平均含沙量见表 2。在开闸条件下,3 条测量船处表层和中层的含沙量出现显著增加,试验区域表层含沙量为 0.37~0.57 kg/m³,中层含沙量为 1.43~2.10 kg/m³,当水动力增强时,对于泥沙的悬浮效果同样增强。同时,3 条测量船的底层含沙量也出现显著增加,底层含沙量增加至 1.82~2.43 kg/m³,推测原因是上游开闸后,较强的水动力带动泥沙起动,增加了整体的含沙量。

表2 工况2各测量船处平均含沙量 单位:kg/m³

测量船	表层平均含沙量	中层平均含沙量	底层平均含沙量
2#	0.37	1.50	1.82
3#	0.37	1.43	2.42
4#	0.57	2.10	2.43

2.2.2 地形变化

针对试验区域的中间300 m进行多波束测量,由于测量时水位较低,河道边出现部分露滩,结果如图8所示。试验前试验区域的上游侧以及中间区域淤积较高,地形高程接近4.30～4.45 m;试验区域平均地形高程达4.07 m。试验后试验区域右侧出现较高淤积,左侧部分区域地形高程降低至3.60 m左右,中间区域地形高程降低至4.00 m左右;整体地形相对试验前有显著降低,试验区域平均地形高程降低至3.96 m。经统计,两次清淤工况共清淤913.65 m³。

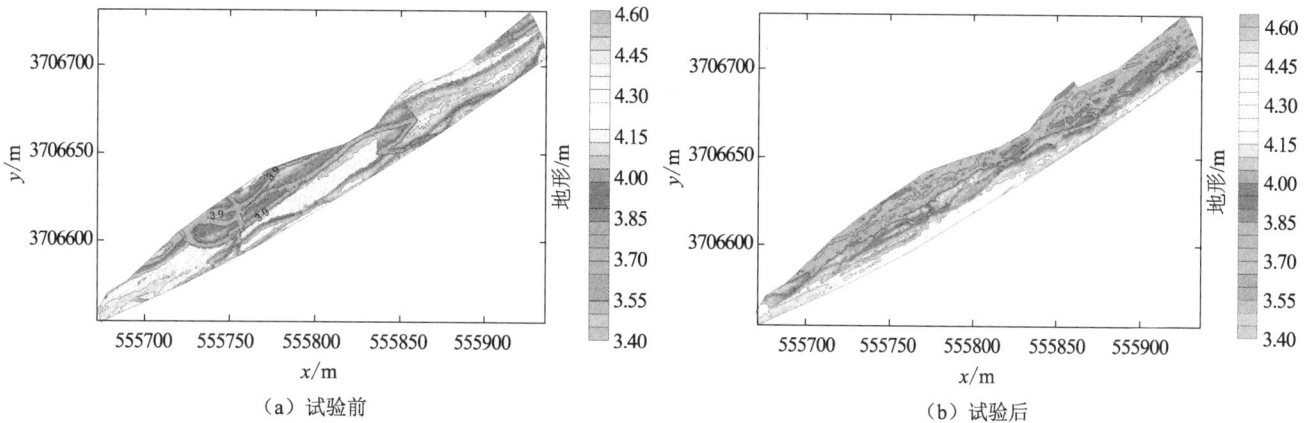

（a）试验前　　（b）试验后

图8 试验区域地形图

3 结 语

在斗龙港闸下游河道进行清淤拖耙减淤现场试验,采用了含沙量测量和多波束测量两种测量手段。试验期间采用拖耙清淤能够有效将泥沙起动,但对于泥沙的悬浮效果不佳,可结合气动冲沙等手段增强泥沙悬浮。当开闸后,河道水动力的增强对起动和悬浮泥沙均有显著提升作用。根据试验前后地形数据对比,有效降低了试验区域的地形高程,共清淤913.65 m³,取得了较为显著的减淤效果。

参考文献

[1] 马小雪,杨军,曾春芬,等. 江苏沿海四港感潮河段非汛期水沙运动特点初探[J]. 人民长江,2014,45(19):9-12.
[2] 高祥宇,窦希萍,朱明成. 入海河口闸下河道泥沙淤积危害评估研究[J]. 海洋工程,2013,31(5):55-61.
[3] 何勇,朱昊,邵勇,等. 新孟河感潮河段支流口门闸下极限冲刷试验研究[J]. 人民长江,2018,49(4):83-88.
[4] 徐和兴,徐锡荣. 潮汐河口闸下淤积及减淤措施试验研究[J]. 河海大学学报(自然科学版),2001,29(6):30-35.
[5] 缴健,窦希萍,高祥宇,等. 入海河口挡潮闸闸下淤积量分析[C]//中国海洋工程学会. 第十八届中国海洋(岸)工程学术讨论会论文集(下). 北京:海洋出版社,2017:567-572.
[6] 闵凤阳. 里下河"四港"闸下水道淤积分析[C]//中国海洋工程学会. 第十三届中国海洋(岸)工程学术讨论会论文集. 北京:海洋出版社,2007:547-554.
[7] 朱国贤,徐丽华. 浅谈里下河"四港"闸下机船拖淤保港技术[J]. 江苏水利,2009(8):25-26.
[8] 杨啸宇,丁磊,罗勇,等. 河口挡潮闸气动冲沙减淤防淤技术初探[C]//中国海洋工程学会. 第二十届中国海洋(岸)工程学术讨论会论文集(下). 南京:河海大学出版社,2022:464-470.
[9] 丁磊,杨啸宇,罗勇,等. 小浪底水库气动冲沙现场试验研究[C]//中国海洋工程学会. 第二十届中国海洋(岸)工程学术讨论会论文集(下). 南京:河海大学出版社,2022:471-478.
[10] 陈犇,丁磊,丁跃,等. 气动冲沙技术在新沂河海口枢纽挡潮闸的应用[J]. 江苏水利,2023(11):8-12.
[11] 陆体成,张勇,张建德. 掺气耙清淤机具在王港闸下港道淤积治理中应用[C]//中国海洋工程学会. 第十四届中国海洋(岸)工程学术讨论会论文集(下册). 北京:海洋出版社,2009:370-371.

水文化景观资源开发利用研究

徐灿灿，季昭沁，李　慧

（南京水利科学研究院，江苏 南京　210024）

摘要： 加强湖泊生态保护与资源科学利用对于海洋湖沼水生态环境复苏具有指导和借鉴意义。洪泽湖是中国五大淡水湖之一，也是大运河申遗的重要节点，是千百年来洪泽湖地区民俗文化发展的历史见证。洪泽湖水文化可谓是中国淡水文化之集大成者。开发利用具有突出特色价值的洪泽湖水文化景观资源，对于洪泽湖水文化的保护、传承和发展具有重要意义。本文基于实地勘查、资料收集、现场调研和深入研讨，系统分析了洪泽湖水文化景观资源现状、特点和发展条件，提出了多层次、多元化的洪泽湖水文化景观开发利用总体思路与格局。

关键词： 洪泽湖；水文化景观；开发利用；总体格局；湿地景观

洪泽湖是江苏省第 2 大湖泊、全国第 4 大淡水湖，是淮河流域最大的防洪供水调蓄湖泊，也是南水北调东线工程的重要水源地，在防洪抗旱、调节气候、保护生物多样性以及促进农业、渔业、航运和旅游业的发展等方面起着极其重要的作用。洪泽湖拥有国家级湿地自然保护区，湖周分布有大面积洼地、滩地和低平原湿地，湿地生态系统发育完全，是众多野生动植物理想的栖息地和繁殖地。"中国新天府，苏北洪泽湖。"洪泽湖拥有悠久的历史积淀、深厚的文化底蕴、独特的风土人情和秀丽的自然风光，万顷碧波、百里长堤、港坞帆樯、名山岛屿、湿地滩涂、明陵石刻、水下城池、泄洪大闸、淮扬美食等水文化景观资源丰富多彩[1]。20 世纪 90 年代以来，环洪泽湖各县市对水文化景观资源开发利用日益重视，在景区建设、品牌构建、区域合作、发展拉动、效益产出等方面取得了一定的成效。但总体来说，环洪泽湖地区的水文化景观开发利用尚处在初级阶段，条块分割、各自为政、同质开发、无序发展、粗放建设、低效竞争等现象客观存在，资源整合不够、发展环境不优、产品结构单一，严重制约了环洪泽湖地区水文化景观资源开发利用的整体水平。

本研究在实地勘查、资料收集、现场调研和深入研讨的基础上，系统分析了洪泽湖水文化景观资源现状、特点和发展条件，提出了多层次、多元化的洪泽湖水文化景观开发利用总体思路与格局，以期为洪泽湖水文化景观开发利用提供新思路，支撑新时期洪泽湖水生态文明建设。

1 洪泽湖水文化景观资源调查

环洪泽湖地区的生态环境资源、人文软环境资源、乡村风貌及隐性资源、非物质文化资源等都是其重要的水文化景观资源。环洪泽湖地区的水文化景观资源具有如下特点：资源类型丰富，人文资源相对占优；独占性资源相对不足，但开发潜力较大；资源组合多样，本底基础较好；资源分布具有一定的空间差异性。环洪泽湖地区的水文化景观资源开发应充分发挥生态优势，严格保护生态环境，同时深入挖掘人文内涵，形成独特的灵魂，并紧扣市场需求开发旅游产品，注重水文化景观资源整合利用和区域的联动。

洪泽湖现有各级各类文物保护单位 138 处，其中国家级 3 处，省级 12 处，市县级 123 处。此外，有国家级及省级非物质文化遗产 20 多项，市级非物质文化遗产 200 多项，其他非物质文化遗产 1 000 多项[2]。其密度与数量在同类环湖区域中是非常突出的。目前洪泽湖已打造了一批特色人文景点，如盱眙县的明

基金项目： 南京水利科学研究院中央级公益性科研院所基本科研业务费科技计划类项目（Y922010）

作者简介： 徐灿灿。E-mail：ccxu@nhri.cn

祖陵、第一山题刻、八仙台,洪泽区的龟山、左家楼,淮阴区的漂母墓园、枚乘故里、韩信故里等;开辟了一批红色旅游景点,如盱眙县在纪念新四军暨中共中央华中局进驻黄花塘 60 周年之际,对黄花塘新四军军部旧址进行修缮和环境整治,并陆续建成军部旧址纪念馆与新四军文化艺术馆,将其一举打造成全国百家红色旅游经典景区及国家 4A 级风景区;开发了一批水利遗产景点,如三河闸、二河闸、高良涧闸、淮阴船闸等;建成了一批相关博物馆和陈列馆,如洪泽区的洪泽湖博物馆,运用实物、建模、文字、图表、照片等表现手法,向广大观众展示洪泽湖的悠久历史和大湖文化的厚重内涵。

环洪泽湖地区的主要水文化景观资源涵盖 8 大主类 24 个亚类 64 个基本类型 291 个资源单体。由于环湖经济带发展水平有限,洪泽湖旅游业发展相对滞后,水文化景观资源较分散,开发基础薄弱,管理体制不到位。环洪泽湖地区的核心区五级旅游资源共 7 个,分别为明祖陵、古泗州城、盱眙龙虾品牌、洪泽湖古堰、洪泽湖湿地公园、洪泽湖(包括成子湖)、淮扬菜品牌;四级旅游资源单体 3 处,分别为第一山国家森林公园、象山国家矿山地质公园、老子山温泉度假;三级旅游资源单体包括下草湾、松林庄、王岗洼、侯嘴洼、杨老洼、溧河洼、钱墩岛、穆墩岛、蓬莱岛、瀛洲岛、二河闸、三河闸、周塘大桥等 27 处。

总体来看,环洪泽湖地区水文化景观资源可分为以下 4 个方面:

(1)特色的湿地景观。洪泽湖是中国重要的湿地资源基地之一,有着入湖河口滩地、滨湖河漫滩、湖面、围垦混合带、河道、湖湾水面、堤岸向陆地过渡带等各具特色的湿地景观,突显出类型多样、分布广泛、独具特色、知名度高、地域组合理想等优势,丰富的湿地资源和内容各异的自然景观为发展生态旅游奠定了坚实基础。

(2)丰富的生物资源。洪泽湖地处北亚热带和暖温带过渡地带,兼有南北气候特征,受季风影响显著,四季分明、雨量充沛、土地肥沃,湿地生态系统的边缘效应使其生物种类繁多,并且为物种提供了良好的繁衍栖息地,具有丰富的生物资源,植物资源包括 44 科 129 种,动物资源包括游泳动物、底栖动物、游泳鱼类、两栖类、爬行类、鸟类和兽类共 7 个类群,种数超过 300 种,为江苏省湿地生态系统的重点保护区域。

(3)众多的名胜古迹。洪泽湖周边有众多的风景名胜,具有很大的开发利用潜力。著名景区有千年古堰洪泽湖大堤、宗教名胜老子山风景区、淮上文化源龟山风景区;古遗址类有泗州城遗址、韩信城遗址、甘罗城遗址、古清口遗址等;古墓葬类有明祖陵、漂母墓、枚皋墓、大云山汉王陵等;古建筑类有高家堰、洪泽湖石工堤、双金闸、杨庄活动坝等;石刻铸造类有高家堰接筑堤工碑、清口灵运记碑、御制重修惠济祠碑、第一山摩崖题刻、镇水铁牛等;革命遗迹主要有西顺河二十六烈士陵园、李绍武烈士陵园、江淮大学旧址、新四军四师仁和会议会址左家楼。此外,洪泽湖区域范围内有 1 个国家级水利风景区(三河闸水利风景区)、2 个地文景观资源区(老子山风景区和龟山风景区)、3 个水文景观区(洪泽湖、白马湖和淮河口)。众多名胜古迹成为国内外知名的科研和教学基地,充分显示出洪泽湖区旅游资源隽永浑厚的高层次历史文化品位。

(4)深厚的文化底蕴。洪泽湖地区的非物质文化遗产有着深厚的淮楚文化根基,涉及民间文学、民间音乐、民间舞蹈、传统手工技艺、民俗、杂技与竞技、传统医药、曲艺等多个方面,既有大家熟知的洪泽湖渔鼓舞、水上舞龙、水漫泗州城传说、码头羊肉烹饪技艺等,还有新近挖掘的高涧腰鼓、洪泽湖木船制造技艺、洪泽湖渔民婚嫁习俗、九牛二虎一只鸡的传说等。

2 洪泽湖水文化景观特点分析

从古至今,洪泽湖一直承载着黄河、淮河、长江三水流域交汇多重使命,曾汇集 13 省 68 个县的众多人群来此捕鱼为生,将不同地方的生态生活方式和习俗带来,并融汇在一起,成为洪泽湖水文化的组成部分。崇尚传统、吸收创新,天南海北、包容并蓄,也就成为洪泽湖水文化的显著特征。

洪泽湖地处江淮地区,是淮河流域水系入江、入海流经的重要水库。湖内鱼种众多,吸引了大批渔民来此谋生,渔业生产逐渐繁荣,继而形成了独特的洪泽湖人文环境。洪泽湖地区汇集了山东、安徽、河南、江苏、湖北五省的渔民,他们将当地具有淮河流域特征的文艺形式带到洪泽湖地区,并形成别具特色的洪泽湖地区文艺形式。洪泽湖传统技艺极具多元特质,洪泽湖的船舶与其他湖泊的船舶制造时在外形和部件设置上有着很大的差异,这种差异来自洪泽湖的特殊性。洪泽湖是"鱼米之乡",饮食文化十分丰富,不仅能烹饪各种湖鲜菜肴,而且能做出精致美味的鱼宴席。民俗传统彰显洪泽湖区域特色。近年来,随着环洪泽湖地区经济发展,渔民在水面吃喝住的生存方式受到现代文明的侵蚀,生活质量亟待改善,非遗传承得不到保证,文化传统日益没落。较之洞庭湖、太湖,洪泽湖水文化的开发保护和知名度还不够。

在现有省级非物质文化遗产保护名录中,传统木船制造技艺、洪泽湖渔家婚嫁礼俗两项综合评分高,且具有浓郁的洪泽湖渔文化特色,有条件入选国家级保护名录。传统木船制造技艺有鲜明的特色,其船宽、吃水浅的特点与洪泽湖水浅和开花浪的自然条件相适应,在中国的非物质文化遗产中具有典型性和代表性;洪泽湖渔家婚嫁礼俗是渔民特有的,与生产生活密切相关,是渔民习俗的集中体现,在洪泽湖流域具有广泛的代表性。

在现有市级非物质文化遗产保护名录中,安淮寺庙会、洪泽湖民俗风情剪纸和朱坝活鱼锅贴烹饪技艺都是在洪泽湖独特的文化生态环境中存在和发展的,传承广泛,有条件入选省级保护名录[3]。安淮寺庙会是融民间群众性集会、文化、商贸交流活动为一体的大型庙会,香客以淮河流域的渔民和船民为主,庙会活动集中体现了洪泽湖湖区人民在漫长的与水做斗争历史中产生的敬畏水的文化现象;洪泽湖民俗风情剪纸以罩鱼、撒网捕鱼、跑旱船、水上人家、水陆攻战纹壶等为艺术表现主要内容,是洪泽湖湖区人民生活生产文化在艺术上的升华;朱坝活鱼锅贴烹饪技艺的原料为洪泽湖地区的鱼类,其烹饪技艺与渔民日常生活息息相关,在渔民中有广泛的社会传承基础,目前以洪泽湖活鱼锅贴为主打的菜肴在全省都有较高的声誉。

在现有的县级名录中,越城庙会、螃蟹是龙体龙胎的传说体现了洪泽湖渔家生活文化和生产文化,有条件入选市级名录。越城庙会最活跃的主体是普通民众,早期的越城庙会仅是一种隆重的祭祀活动,元、明以后的越城庙会仍偏重于祭神,是洪泽湖湖区人民民间信仰的集中体现,也是洪泽湖湖区人民在长期生产生活过程中养成的敬水畏水观念的体现。"螃蟹即是龙体龙胎"的传说讲述了螃蟹的来历,反映了洪泽湖湖区人民相信善恶有报的朴素的人生观,集中体现了老百姓从湖区捕鱼生活中体会生活、感悟生活的智慧。

3 洪泽湖水文化景观资源分布分析

洪泽湖众多非物质文化遗产是水文化景观产生、传承和发展的必要条件,均与洪泽湖息息相关,已分别被列入省级保护项目,其相关水域、风景区、建构筑物和水乡、渔村、船塘是非物质文化遗产开展传承活动的重要空间场所和载体[4]。

(1)水域。与洪泽湖景观文化生态空间相关的水域包括洪泽湖、白马湖、浔河、三河,承载了多达34项非物质文化遗产,有当地百姓在与洪泽湖洪灾抗争的漫长岁月中流传的民间文学,也有百姓在洪泽湖捕捞养殖代代积累的捕鱼技术,也有受洪泽湖的自然风光潜移默化而形成的民间美术、民间音乐和民间歌舞等。其中,白马湖通过浔河与洪泽湖相连,洪泽湖渔民的生活文化习俗、水产养殖文化和治水文化,随着渔民间的交流和人口流动,通过浔河慢慢传播到白马湖,使白马湖成为洪泽湖水文化的一个重要部分,所承载的非物质文化遗产有白马湖打夯号子、白马湖传说、堆头集传说、人城、土城、鬼城传说等6项;浔河西连洪泽湖,东接白马湖,是洪泽湖非物质文化遗产的一条重要传播线路,在浔河的县级及以上非遗有民间文学凤凰嘴传说、传统手工技艺朱坝小鱼锅贴,朱坝小鱼锅贴已成为洪泽区知名饮食,作为新的饮食品牌走进各大城市;三河西连洪泽湖,东接高邮湖,是洪泽湖非物质文化遗产传播的一条重要线路,洪泽湖文化经由该线路影响洪泽湖东南部的地区,所承载的非物质文化遗产有民间文学三河娶新娘说喜话、民间舞蹈类三河花船等3项。

(2)水乡、渔船、船塘。水乡、渔船、船塘是与非物质文化遗产有关的活动空间,是渔民生活生产最为集中的地点,洪泽湖水文化在此处得以交融发展,应当保留水乡、渔村和船塘的特色文化元素[5]。洪泽湖水文化生态保护区内有水乡3个,分别是老子山镇、岔河镇和西顺河镇;特色渔村7个,分别是刘嘴村、龟山村、长山村、其虎村、塘圩村、南街村、白马湖村;船塘5个,分别是蒋坝船塘、四坝船塘、信坝船塘、周家大塘船塘和高良涧进水闸船塘。

(3)风景区。风景区有老子山湿地和渔人码头旅游风景区。老子山镇地处淮河与洪泽湖交汇处,总面积300平方千米,滩涂、水面约占95%,11个村(居)中有9个为渔业村。村民走村串户多乘木船、帆船,近年来也有村民利用游艇出行。老子山湿地具有独特的洪泽湖饮食文化和以渔民风筝制作、渔鼓舞、渔姑婚嫁、水上人家为主要内容的渔家民俗文化。洪泽湖渔人码头旅游风景区项目位于洪泽区西部洪泽湖水域和湖滨路之间,北有古鱼市和游船码头,东靠新建的洪泽湖湿地公园,园内有 1 800 多年历史的防洪古堤。

(4)古遗址。洪泽湖水文化保护区范围内,与非物质文化遗产有关的古遗址有洪泽湖大堤、龟山遗址、越城遗址和铁牛。龟山遗址所承载的非物质文化遗产是龟山传说、小白龙探母;堆头集是仁和渔民的陆地定居点之一,是渔业村村部所在地,其承载的非物质文化遗产是堆头集传说;越城遗址是非物质文化遗产越城庙会的文化生态空间。

(5)古建筑。洪泽湖大堤所承载的非物质文化遗产是水漫泗州城的传说、洪泽湖传说、洪泽湖地区农业谚语、洪泽湖气象歌谣;淮安寺所承载的非物质文化遗产为淮安寺庙会。

(6)古墓葬。2 处县级古墓葬为夏桥汉墓群、老子山山南古墓群。老子山所承载的非物质文化遗产是老子山的传说。

(7)石窟寺及石刻。三河闸历代石刻遗存所承载的非物质文化遗产是黄罡寺传说。

(8)其他。铁牛相关所承载的非物质文化遗产是九牛二虎一只鸡传说;位于三元殿内的古银杏树,是越城庙会的文化生态空间;老子山镇龟山巫支祁井所承载的非物质文化遗产是巫支祁传说、洪泽湖传说。

4 洪泽湖水文化景观资源发展条件分析

洪泽湖水文化景观资源开发利用具有得天独厚的发展条件优势,主要包括以下 5 个方面:

(1)区位交通条件。洪泽湖位于苏北腹地,地处长三角经济区,是江苏沿海经济带、沿江经济带和东陇海经济带的交叉辐射区域,属于以上海为中心的"4 小时产业经济配套圈"。环洪泽湖地区已形成立体化交通网络格局,以洪泽湖为中心的水上交通四通八达,陆上交通快捷便利,陇海铁路、新长铁路、京沪高速、宁连高速、盐徐高速、新扬高速、G205、S325、S232、S331、S121、S248 等道路从洪泽湖周边穿过,加上今后城际铁路的建设、主干路网的完善,环洪泽湖地区的交通优势将更加凸显。

(2)自然地理条件。洪泽湖为一个高悬于东部平原之上的"悬湖",水位受多种因素影响处于不断变化之中,水质为Ⅱ～Ⅳ类。环洪泽湖地区位于北亚热带向暖温带过渡的地区,具有冬寒、夏热、春温、秋暖四季分明和年降水量丰富等气候特点,植被分布由落叶阔叶林逐步向落叶、常绿阔叶混交林过渡。洪泽湖矿产资源种类较多。洪泽湖湿地是中国极为重要并具有代表性的内陆湿地。

(3)社会经济条件。环洪泽湖地区处于经济欠发达的苏北地区,总体经济发展水平相对较低,但是经过多年来的建设和发展,环湖各县区的社会经济取得了长足发展,国民经济快速增长,产业结构不断优化。

(4)历史文化条件。环洪泽湖地区的历史文化内涵主要由楚汉文化和淮扬文化相辅相成,包括名人文化、美食文化、宗教文化、古城文化、农耕文化、史前文化、建筑文化、红色文化。此外,治水文化、渔文化、生态文化、运河文化共同组成了洪泽湖水文化。

(5)产业发展概况。洪泽湖周边乡镇长期以来以传统农渔业产业为主导,目前正在积极推进现代高效农业、新型工业、现代服务业的发展,产业结构不断优化,渔业生产逐步向规范、有序、可持续方向发展。旅游业发展迅速,周边县区都在大力开发旅游资源。

5 洪泽湖水文化景观开发利用总体思路

洪泽湖水文化景观资源开发利用应遵循"保护优先—合理利用—承前启后—国际接轨"的思路,在保障洪泽湖水生态环境安全的前提下,配合区域村镇优化布局和经济产业结构升级,规避目前洪泽湖生态旅游资源开发中存在的问题;突出洪泽湖地理位置独特、自然资源丰富的特点,缜密规划、招商引资、规范管理、培育品牌、加大宣传,合理开发洪泽湖水生态旅游资源;充分发掘洪泽湖独具地方特色的人文历史要素,加快文化遗产资源优势向产业优势的转化;大力推动旅游业可持续发展,打造具有国际影响力的环洪泽湖亲水商务圈和生态旅游区,带动环洪泽湖地区产业升级、经济发展、社会进步。

洪泽湖自然景观引人入胜,人文景观璀璨夺目,湖区及其周边 100 多处史前遗址、古城遗址、名山胜景、陵园古墓、水利建筑等重点物质文化遗产资源和 1 000 多项非物质文化遗产资源,与大湖风光交相辉映,极具开发利用的潜力[6]。针对目前环洪泽湖地区水文化景观资源开发过程中仍存在的管理机制不健全、开发程度低、投入不足、人才缺乏等问题,应在进一步加强洪泽湖区域文化遗产资源的开发利用过程中采取相应措施,将洪泽湖打造成为"十四五"期间江苏旅游新的增长点,并将其运作成为具有全国影响力的旅游品牌[7]。

(1)建立健全工作机构,对文化遗产开发利用实行统一管理、统一规划。实行差异化开发利用,打造特色文化遗产旅游品牌;加大投入,打造一批文化旅游特色新景点;突出特色,开发节庆活动产品;挖掘资源,策划组织会议论坛。保护文化遗产,塑造洪泽湖旅游之魂。加强历史文化镇村、非物质文化遗产、古建筑文化、红色文化的保护。

(2)加强挖掘与创新,加快文化遗产资源优势向产业优势的转换。一是创新历史村镇功能,将其培育成以文博旅游为主的历史文化产业村镇。二是创建大遗址公园,充分发挥大遗址的旅游功能。三是整合红色旅游景点资源,力争"十四五"期间把洪泽湖区域打造成为江苏红色旅游的龙头。四是开发非物质文化遗产产品,逐步把环洪泽湖区域建成江苏"非遗"特色文化产品的生产销售集散中心。

(3)强化市场意识,提高文化遗产旅游资源的宣传营销力度。充分利用国内外重要的旅游交易会和展示会,展示洪泽湖地区文化遗产旅游的独特形象。继续办好"螃蟹节""龙虾节""洪泽湖生态旅游节""洪泽湖水上运动会"等节庆活动,以活动造势。增强公关宣传力度,选择主要目标市场的政府、主流旅行社进行全方位合作,联合宣传,有计划地举行旅游推介会。做好本省重点城市的定期推广活动,积极倡导省内节假日短期游,加强与苏北、苏南的消费者互游。

(4)多渠道多措施,加速文化遗产旅游景点管理人才的培养。创办旅游学院,建立旅游培训网络体系。充分发挥旅游企事业单位对员工进行培训的主渠道作用,不断提高现有旅游劳动者的基本素质、实践能力、职业道德水平、外语水平。积极向上争取,增加在岗讲解人员数量。

6 洪泽湖水文化景观开发利用总体格局

围绕洪泽湖水文化景观的发展历程、保护现状和其赖以生存的文化生态空间,确定一区、两线、三节点的景观保护格局及洪泽湖水文化传播区域。

一区:一个核心区。洪泽湖大堤及大堤东部四镇,包括洪泽湖大堤及其所串联的高良涧镇、东双沟镇、三河镇、蒋坝镇。该四镇为洪泽湖古镇,在历史上就较为繁华,历史遗存多、文化遗迹多、非物质文化遗产众多,文化生态环境具有浓郁的原生态风貌,临水而居,以渔为生,以湖鲜为主食的渔文化气息浓郁,是能够集中体现水文化生产、生活、治水特征的区域。

两线:两条文化线路,即治水漕运文化线路和航运商贸文化线路。治水漕运文化线路以历史遗存的碑刻、冲坑、坝址等实物为基础,凝聚着治水者的崇高精神,也是渔民与水和谐共生的真实写照,让人感受到水文化涤荡起伏的文化传承,规划修复龙门滚水石坝、龙亭、镇水铁牛、古水街、古码头、古楼阁、古堰首、蒋坝镇西西堤、三河镇西圩区等文化生态空间,规划建设水釜城风景区、渔人湾风景区、游乐园风景区、渔家风情园风景区、古船文化体验展示博览园、花堤风景区、望湖楼风景区、水利文化主题园、洪泽湖佛岛风景区等文化生态空间,建设三河闸水利文化风景区、渔文化陈列室、洪泽湖水釜城、洪泽湖博物馆等展示基地,建设渔具渔法传习所、高良涧木船制造技艺传习所、高良涧水车制作与使用技艺传习所、蒋坝酸汤鱼圆烹饪技艺传习所、高良涧镇泥塑工艺传习所、文化馆剪纸传习所、苏明英民间绣活传习所等7家传习所。航运商贸文化线路反映洪泽湖水上交通的非物质文化遗产三河花船,是洪泽湖渔业航运文化传播的文化线路,规划修复重建龟山遗址、安淮寺、凤凰墩、老子山镇域内的湿地滩涂等文化生态空间,规划建设顺河滩千亩荷花荡、湖滨公园、淮仁滩地热温泉、休闲度假村等景区类文化生态空间,建设三河闸水利文化风景区、老子山安淮寺庙会等展示基地,建设洪泽湖渔鼓舞传习所、老子山渔民婚嫁习俗传习所、老子山湖上风筝制作与放飞技艺传习所等3个传习所。

三节点:三个文化节点。水文化的传播,从洪泽湖,通过河道传递到圩区,形成了新的文化聚集,三个节点分别为岔河镇、西顺河镇、老子山镇。以岔河镇为物质承载空间,传播洪泽湖水文化中的节庆文化,规划修复重建岔河古街、岔河石桥文化生态空间,规划建设岔河白马湖村、仁和桃源村等2处展示基地,推广

"岔河踩高跷演艺""白马湖打夯号子""凤凰嘴的传说"等非物质文化遗产项目[8]。以西顺河镇为物质城寨空间,传播洪泽湖商贸文化,规划修复二河闸、复线船闸等水文化生态空间以保持湖中小岛密布的水乡风貌,规划建设鱼种繁育暨少儿科普基地、二河闸围网养殖基地,推广"西顺河柳编制品工艺""传统木船制造技艺"等非物质文化遗产项目。以老子山镇为物质承载空间,传播洪泽湖生活休闲文化,规划修复重建龟山遗址、安淮寺、凤凰墩、老子山镇域内的湿地滩涂等文化生态空间,规划建设顺河滩千亩荷花荡、湖滨公园、淮仁滩地热温泉、休闲度假村等景区类文化生态空间,建设老子山安淮寺庙会展示基地,建设洪泽湖渔鼓舞传习所、老子山渔民婚嫁习俗传习所、老子山湖上风筝制作与放飞技艺传习所等3个传习所,推广艳阳温泉山庄、淮上明珠温泉度假村、江苏省运动康复基地、钟山温泉度假酒店等一批旗舰型旅游项目。

7 总结与展望

洪泽湖水文化历史悠久、博大精深,水文化景观形式多样、引人入胜,洪泽湖水文化景观资源亟待开展系统性、创新性、保护性的开发利用。研究提出的洪泽湖水文化景观资源开发利用思路和对策,有望为环洪泽湖地区空间拓展和产业升级提供支撑,有利于洪泽湖地区社会经济发展和水生态文明建设。

参考文献

[1] 卢妍.洪泽湖发展生态旅游的对策研究[J].江苏农业科学,2009,37(5):9-11.
[2] 叶新霞,翟高勇,张炜.洪泽湖湖泊保护规划研究[J].水利科技与经济,2012,18(7):25-27.
[3] 刘孝珍.洪泽湖渔业资源现状、问题及对策[D].南京:南京农业大学,2015.
[4] 王冬梅,刘劲松,梁文广.基于高分遥感和DEM的洪泽湖开发利用监测与管理[J].中国水利,2016(10):50-52.
[5] 张胜宇.洪泽湖渔文化的前世今生[J].中国水产,2022(8):104-108.
[6] 魏佳豪,钟威,张颖,等.1990—2020年洪泽湖环湖地区生态系统服务价值变化[J].江苏水利,2022(4):51-56.
[7] 施官俊.环洪泽湖区域生态旅游开发研究[D].南昌:江西财经大学,2020.
[8] 陈雪韬.非物质文化遗产"洪泽湖渔鼓"保护研究[D].南京:南京农业大学,2019.

基于数字孪生技术的流域磷污染负荷在线评估应用研究

廖轶鹏[1,2]，黎东洲[1,2]，盖永伟[3]，刘国庆[1,2]，柳　杨[1,2]

（1. 南京水利科学研究院，江苏 南京　210029；2. 水利部太湖流域水治理重点实验室，江苏 南京 210029；3. 江苏省水资源服务中心，江苏 南京　210029）

摘要：基于数字孪生技术，提出磷污染负荷评估模型构建方法，建立各小流域与空间降雨关联关系，对接实时降雨、预报降雨等数据，进行模型在线改造。以常州漏湖为例，设计开发数字孪生漏湖系统，实时掌握当前、历史及预报入湖污染负荷，为太湖流域水环境修复提供基础决策支撑。

关键词：数字孪生；流域磷污染评估；磷污染在线模型；漏湖

磷污染是造成水体富营养化、蓝藻水华暴发、生态系统退化等问题的根源之一[1-2]，而磷污染也是我国太湖流域面临的重要问题。近年来，流域富营养化治理及水环境修复受到国家及地方的高度重视，国内外大量学者在我国开展了大量流域水体治理与保护工作，流域水体相关管理单位也采取了大量水污染防控及生态修复措施，解决磷污染防控的问题。崔芳等[3]基于流域分区研究了鄱阳湖入湖总磷估算方法。Taranu 等[4]及曾晓岚等[5]研究了农业面源污染对浅水湖泊的影响。蔡金傍等[6]对漏湖污染源进行了调查分析，该分析资料对于研究入漏湖水体磷污染的来源与入湖通道规律，特别是对后续基于小分区研究漏湖和长荡湖磷污染通量十分重要。在此理论基础上通过建立污染物通量与降雨量联系，能够快速估算未来不同污染源的入湖污染量[7-9]。以河湖生态复苏为目标，数字孪生技术对支撑流域水体保护工作具有重要意义。研究基于数字孪生技术和流域磷污染负荷估算模型研究成果，通过数据收集、模型构建、系统开发等工作建设数字孪生太湖流域磷污染评估系统，能够有效支撑流域生态管理工作，并为类似流域磷污染负荷在线评估提供一定的参考。

1 磷污染负荷在线评估模型构建

1.1 磷污染负荷评估模型基本原理

磷污染负荷在线评估主要通过对各入湖小流域进行划分，利用污染源调查及模型模拟解析不同小流域的磷污染负荷通量。通过建立各小流域入湖磷污染负荷与雨量的关系，读取实时、预报降雨数据进行入湖磷污染负荷在线评估，主要步骤包括小流域划分、磷污染负荷调查及模拟、小流域空间降雨关联及磷污染负荷在线评估模型构建。

1.1.1 小流域划分

根据河道水系特点，利用地理工具进行河网提取、河网分级及集水区单元划分，根据河道等级信息对某等级以下集水区进行合并，形成该等级对应的小流域。

1.1.2 污染源负荷调查评估

基于小流域划分成果，针对不同污染来源进行点源、面源调查，形成污染源成果。其中点源污染主要统计各重点工业、污水厂等污染源排放量信息；面源污染主要统计水产养殖、林业、生活、工业、畜禽养殖、农业等排放量信息，其中各面源污染系数根据规范、经验公式或降雨实测进行确定。

$$W_{\text{total}} = \sum W_{\text{点}} + (R_{\text{水产}} + R_{\text{林业}} + R_{\text{生活}} + R_{\text{工业}} + R_{\text{畜禽}} + R_{\text{农业}})V \tag{1}$$

作者简介：廖轶鹏。E-mail：ypliao@nhri.cn

式中:W_{total} 为总污染负荷(kg);$\sum W_点$ 为点源污染负荷之和(kg);R 为不同面源污染系数(kg/m³),V 为入湖总流量(m³)。

1.1.3 入湖污染负荷估算

在对污染负荷估算的过程中,需要掌握点源污染总量及面源污染总量。以年度污染负荷为例,通过调查年度点源污染总量、面源污染系数及年径流量的计算,确定污染源总和。如计算短中期由降雨导致的湖泊污染负荷:可采用水文方法进行产汇流计算得出产流总量,再根据式(1)估算面源污染;该时段点源污染总量可以通过年度点源污染总量除以统计时长进行计算,或者根据不同月份点源污染总量计算,以提高计算精度。

1.2 模型原理

对于平原较小区域,通常采用泰森多边形法对汇水单元进行划分[10]。对于地形比较复杂、水利工程较多的区域,需要结合考虑地形、圩区、城市排水规划等资料。山丘区汇水单元划分原则:首先根据地形,通过水文分析,划分出大的汇水区。局部汇水区如水库汇水区的划分,需要同已有资料进行校核,然后将汇水区分配到水库或者沿程河道。平原区圩区汇水单元划分原则:汇水区不可跨越圩区,首先确定汇水区范围为圩区的范围边界,然后再进行细化。农村圩区:依据排涝规划等资料、泰森多边形法等进一步细分汇水单元。城镇圩区:依据市政管网排水规划等资料、泰森多边形法等进一步细分汇水单元。平原非圩区汇水单元划分原则:依据排涝规划等资料、现场调研、泰森多边形法等划分集水单元。

1.3 产流模型

在产流模型中,考虑比较典型的固定比例径流模型＋初期损失模型来开展不同下垫面特点的产流计算。对于特定硬质产流面,产流量是总雨量的固定比例:

$$R_n = C(P)R \tag{2}$$

式中:R 为降雨量(mm);R_n 为净雨量(mm);C 为径流系数(%);P 为重现期(a);$C(P)$ 为在某一重现期下的径流系数(%)。

径流系数主要由产流面的类型、表面植被种类以及地面坡度决定,同时受降雨特性(强度、历时)等因素的影响,有时用重现期来表示一定概率。对于不透水面,径流系数通常取 0.70～0.95。

1.4 汇流模型

地表汇流计算的任务是把各个子流域的净雨过程转化成子流域的出流过程。通过把子流域的三个组成部分近似作为非线性水库处理而实现汇流计算,这是一个集总式的结构。假定每一个子流域没有特殊的形状,同时假定子流域的宽 ω 代表地表径流的典型宽度,水库被概化成矩形区域。这样宽度就可以看作是待率定参数,用于调整预报值与计算的水文单元相符。非线性水库通过联立求解曼宁方程和连续方程。

连续性方程:

$$\frac{dV}{dt} = A\frac{dd}{dt} = Ai^* - Q \tag{3}$$

式中:$V = A \times d$,为地表积水量;d 为水深;A 为子流域面积;i^* 为净雨;Q 为出流量。

曼宁公式:

$$Q = W\frac{1.49}{n}(d - d_p)^{5/3}S^{1/2} \tag{4}$$

式中:W 为子流域漫流宽度;n 为曼宁糙率系数;d_p 为地表蓄滞水深;S 为子流域宽度。

合并式(3)和式(4),得到一个非线性偏微分方程,解出未知量 d:

$$\frac{dd}{dt} = i^* - \frac{1.49W}{A \cdot n}(d - d_p)^{5/3}S^{1/2} = i^* + N(d - d_p)^{5/3} \tag{5}$$

在式(5)中,将子流域漫流宽度 W、坡度 S 和糙率 n 合并成一个参数 N,称为流量演算参数:

$$N = \frac{1.49W}{A \cdot n} S^{1/2} \tag{6}$$

对每一个时间步长,用有限差分法求解式(5),因此,净入流和净出流必须在每个时间步长内进行平均,以脚标 1 和 2 分别表示一个时段水深的初始值和终值,方程变为

$$d_2 - d_1 \Delta t = i^* + Nd_1 + 12d_2 - d_1 - d_p^{5/3} \tag{7}$$

用 New-Raphson 迭代法进行求解。

1.5 模型在线化改造

为支撑系统建设,需要将流域磷污染负荷计算模型进行在线改造,通过接口封装提供模型负荷。在线改造主要基于 Restful 接口风格进行标准化封装[10]。在线模型主要需要实现基于不同降雨数据源的自动预报及基于人工输入降雨数据的交互预报。其中,自动预报通过 JDBC 等数据库连接工具自动读取实时及预报降雨数据,通过水文产汇流计算及污染负荷公式,评估入湖磷污染负荷量。人工预报通过开发人工预报接口,输入预报降雨数据,提交到模型计算,利用 JSON 数据返回污染负荷计算过程。

2 数字孪生湖泊磷污染负荷评估系统架构与功能设计

2.1 系统框架设计

基于水利部数字孪生建设框架,针对磷污染负荷评估的业务需求,通过数据汇聚、模型支撑、业务系统开发等技术路线进行系统开发。在数据底板方面,汇聚湖泊及周边基础数据、监测数据、地理空间数据、业务数据与跨行业数据,构建多层级数据底板;模型层面,构建滆湖可视化模型及磷污染评估模型,形成数字孪生平台,并在此基础上开发业务应用。总体技术架构[11-12]如图 1 所示。

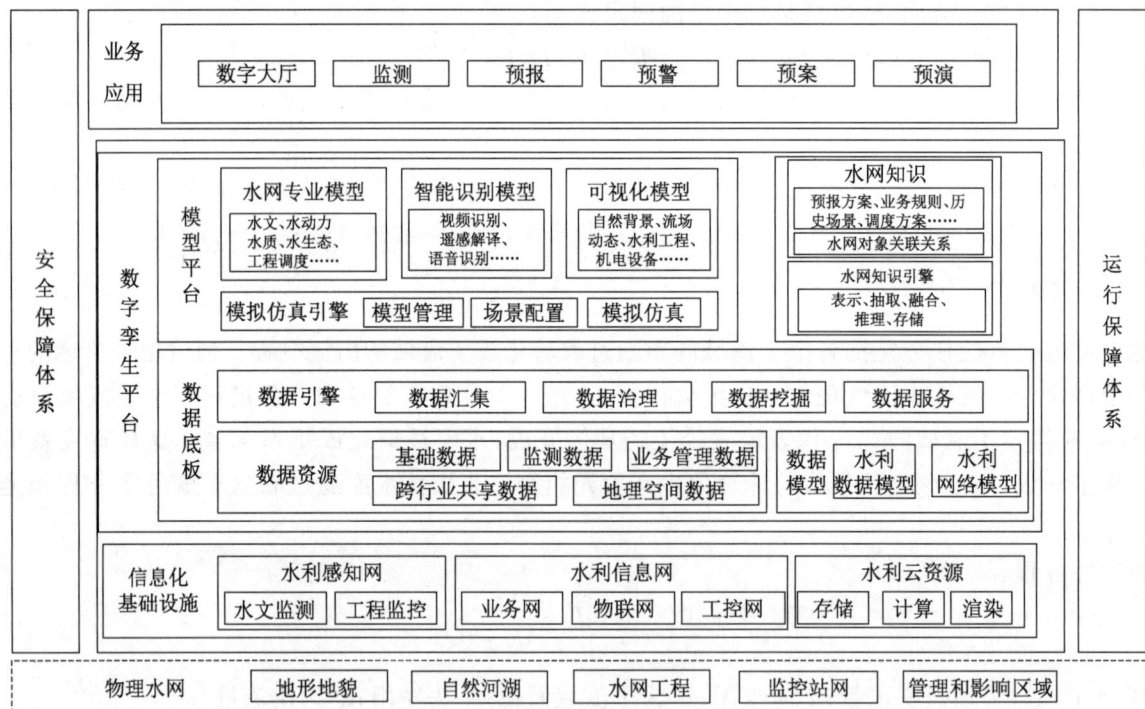

图 1　系统框架

其中,数据层面主要对接河流水系、基础地理、水利工程等基础信息数据,实时雨情、实时水情、实时水质等监测数据,影像、地形等地理空间数据,雷达图、卫星云图、预报降雨等跨行业共享数据。通过水文模型、磷污染评估模型构建,为业务应用系统提供支撑。采用微服务体系的前后端分离架构进行系统开发。其中,前端采用了 VUE 页面框架,基于 Leaflet 的地图框架进行开发;后端数据服务及模型服务采用 SpringBoot 的框架进行开发;可视化服务基于 WDP API 进行渲染交互。开发架构如图 2 所示。

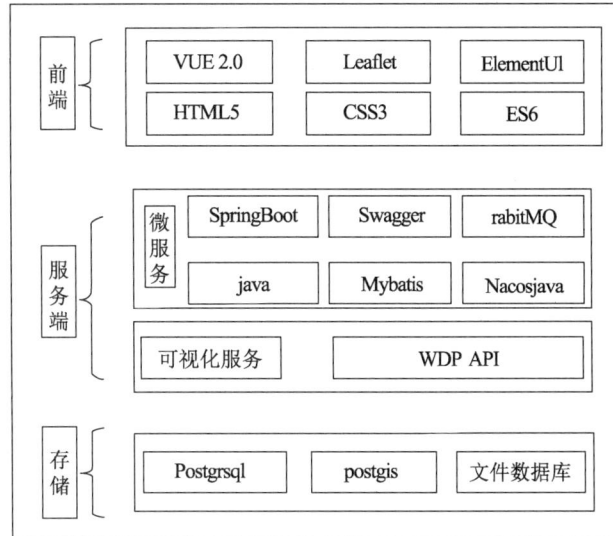

图 2　开发架构

2.2 系统主要功能

系统构建主要考虑数字大厅、"四预"调度两个主要模块。其中,数字大厅定位为业务态势感知,主要从业务层面出发,抽取各个业务关键信息结合二、三维展示方式进行孪生展示;"四预"调度围绕预报、预警、预演、预案、会商等"四预"业务体系进行构建。

3 案例应用——数字孪生滆湖系统

选取常州滆湖为研究区,构建湖泊磷污染负荷评估模型,按照湖泊数字孪生系统设计思路,开发数字孪生滆湖系统。

3.1 区域概况

常州市地处太湖流域西部,北临长江,东濒太湖,西界茅山,南接天目山余脉,腹部有洮、滆两湖。境内地形复杂,山丘、平原、圩区兼有。丘陵山区位于西南部,面积 1 012 km²,占全市总面积的 23%。中部和东部大部分是平原,面积 1 585 km²,占全市总面积的 36%。圩区主要分布在丘陵山脚和腹部洮、滆湖周围,部分在沿江地区和与锡澄接界处,面积 1 253 km²,占全市总面积的 29%。圩外河湖面积 525 km²,占全市总面积的 12%。全市山圩相依、湖圩相连、河网密布。境内从南至北分成三大水系,包括南河水系、太湖、滆湖、洮湖三湖水系及运河水系。滆湖周边土地利用类型主要有耕地、园地、林地、草地、湿地、城镇村及工矿用地、交通运输用地、水域及水利设施用地等。根据第三次国土调查结果,常州市主要用地数据统计结果见表 1。

表 1　常州市各土地利用类型面积统计表

一级类型	面积/km²	占比/%
耕地	884.95	20.2
园地	251.39	5.7
林地	761.7	17.4
草地	96.89	2.2
湿地	6.17	0.1
城镇村及工矿用地	1 050.47	24
交通运输用地	202.85	4.6
水域及水利设施用地	1 107.06	25.3

3.2 滆湖磷污染负荷在线模型构建

常州滆湖区域共划分了 74 个自然汇水小流域单元,以自然汇流单元取代行政单元作为磷污染负荷空间分布的统计单元。通过调查,滆湖区域污染源主要分为工业、农业、畜禽养殖、水产养殖、林业和生活源。各类型污染物入滆湖年总量数据统计结果见表 2。

表 2 入滆湖磷污染通量统计表

序　号	污染类型	入滆湖总量/(t/a)
1	生活	17.80
2	工业	26.45
3	农业	5.88
4	林业	1.31
5	水产养殖	2.84
6	畜禽养殖	11.05
合计		65.32

基于小流域划分结果及污染源调查数据,建立污染源与流域降雨量之间的关系。在实际污染负荷预报计算过程中,需要对接实时降雨及预报降雨数据,因此需要将各小流域单元与实时降雨、预报降雨数据进行空间关联,通过读取实时、预报降雨数据进行污染负荷预报。其中实时降雨对接江苏省实时雨水情数据,预报降雨对接网格化预报降雨数据。

3.3 系统开发

3.3.1 数字大厅

数字大厅主要展示滆湖及周边水系的水环境信息,包括磷污染负荷统计信息及预报信息、水质信息等。其中,磷污染负荷通过自动预报方式,滚动计算污染负荷,按照工业、农业、畜禽养殖、水产养殖、生活、林业进行分类,展示近 7 天入滆湖总磷负荷预测信息,并以年为单位统计年度入湖总磷污染负荷总量信息;水质数据对接滆湖周边水质监测信息,展示滆湖周边总磷、总氮、溶解氧等水质信息,并对水质较差站点进行水质警告。

3.3.2 "四预"调度

"四预"调度模块为主要感知、预报、预警、预演、预案等模块。其中,感知模块对接滆湖及周边实时雨情、水情、水环境监测数据,能够结合图表展示雨量、水位、水质等过程数据;预报模块对接气象预报降雨信息,能够展示格网预报降雨信息,并通过自动接入预报降雨数据进行入湖磷污染预报评估,展示各小流域入湖污染负荷量;预警模块能够对实时雨情、水情、水质信息进行警告展示,并根据入湖污染负荷阈值进行入湖污染预警展示;预演模块主要同通过磷污染负荷在线交互计算接口,通过输入降雨信息展示不同降雨条件下的磷污染负荷结果;预案模块主要结合突发污染预案、水生态治理方案等信息,展示滆湖生态治理相关预案信息。系统主要功能界面如图 3 所示。

4 结　语

研究根据流域污染源分析并构建流域磷污染负荷模型,建立流域磷污染与降雨的关系,进行模型在线化改造。以常州滆湖为例,通过污染源调查成果,构建以小流域为单元的降雨空间关联,对接实时、预报降雨数据,构建污染负荷在线评估模型;采用数字孪生手段,开发了数字孪生滆湖磷污染负荷评估系统,实现了滆湖磷污染负荷评估的"四预"功能,全面掌握滆湖当前及历史水环境状态、未来入湖污染状态,有效支撑滆湖管理保护工作。系统成果可为类似湖泊的磷污染负荷评估提供有益参考。

（a）雨情监测展示　　　　　　　　　（b）水质监测展示

（c）雨情预报　　　　　　　　　　　（d）磷污染负荷预报

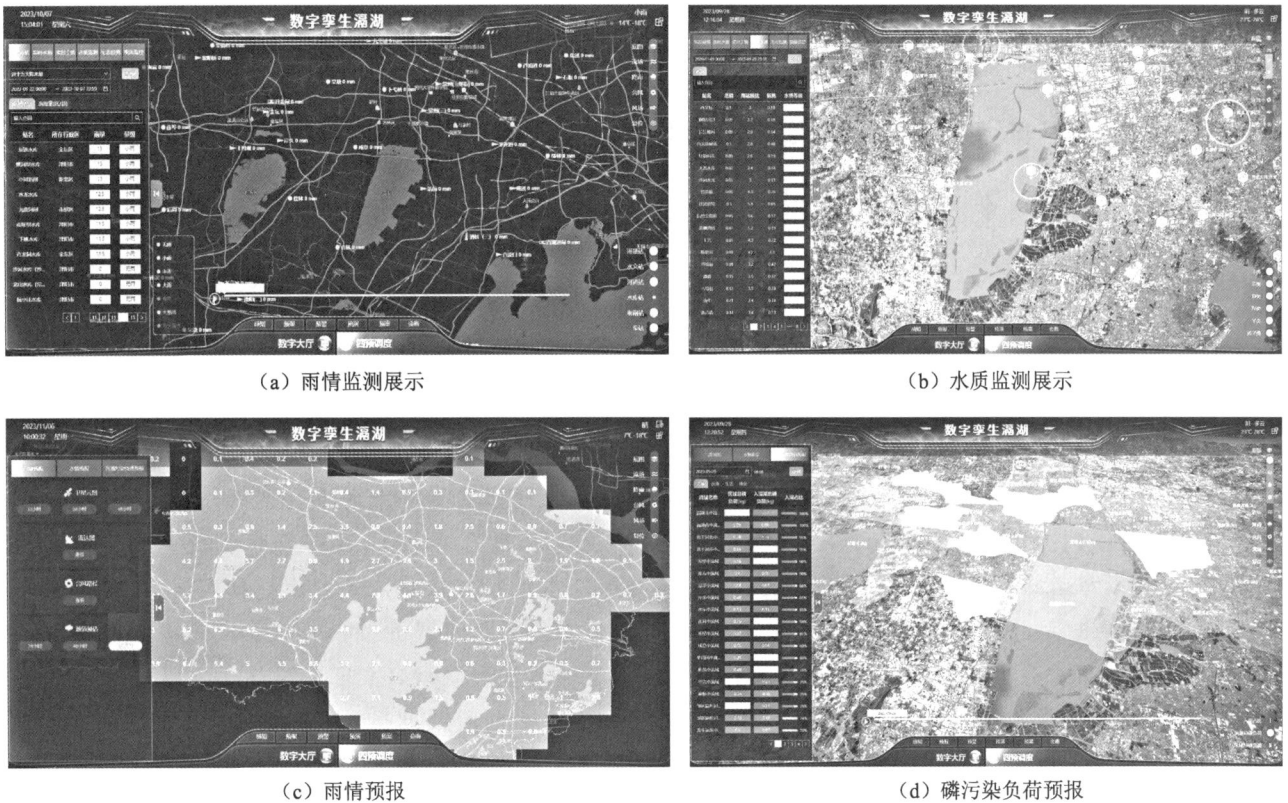

图 3　系统功能展示

参考文献

[1]　COLBORNE S F,MAGUIRE T J,MAYER B,et al. Water and sediment as sources of phosphate in aquatic ecosystems:the Detroit River and its role in the Laurentian Great Lakes[J]. Science of the Total Environment,2019,647:1594-1603.

[2]　CHOUDHARY S,TIWARI A K,NAYAK G N,et al. Sedimentological and geochemical investigations to understand source of sediments and processes of recent past in Schirmacher Oasis,East Antarctica[J]. Polar Science,2018,15:87-98.

[3]　崔芳,王华,曾一川,等. 基于流域分区的鄱阳湖流域入湖总磷负荷估算[J]. 中国农村水利水电,2024(1):189-196.

[4]　TARANU Z E,GREGORY-EAVES I. Quantifying relationships among phosphorus,agriculture,and lake depth at an inter-regional scale[J]. Ecosystem,2008,11(5):715-725.

[5]　曾晓岚,王涛涛,罗万申,等. 设施农业生产区降雨径流和氮磷输出特征及模拟——以滇池东岸花卉大棚种植区为例[J]. 湖泊科学. 2017,29(5):1061-1069.

[6]　蔡金傍,孙旭,苏良湖,等. 滆湖污染源调查与分析[J]. 江苏农业科学,2018,46(5):224-227.

[7]　柳杨,范子武,谢忱,等. 常州市运北主城区畅流活水方案设计与现场验证[J]. 水利水运工程学报,2019(5):10-17.

[8]　马仕先. 典型平原河网地区流域面源氮磷污染源效应模拟与污染负荷研究[D]. 重庆:重庆交通大学,2023.

[9]　王雪松,张鸽,李颖,等. 常州市典型水生态环境功能区河流水环境质量评价[J]. 人民珠江,2022,43(1):64-73.

[10]　余宇峰,胡建伟,严琳,等. 水文模型的服务化封装方法研究与应用[J]. 河海大学学报(自然科学版),2022,50(4):34-41.

[11]　范子武,刘国庆,杨光,等. 城市防洪"四预"智能调度系统建设与应用[J]. 江苏水利,2022(增刊2):5-10.

[12]　刘国庆,范子武,廖轶鹏,等. 江苏数字孪生水网建设与预报调度一体化应用初探[J]. 中国水利,2022(3):60-65.

海洋英文科技期刊*China Ocean Engineering*
国际影响力提升探索与实践

杨　红,马　陵

(南京水利科学研究院,江苏 南京　210024)

摘要:通过对海洋英文科技期刊 *China Ocean Engineering*(COE)近10年来的办刊实践进行分析,探讨提高我国英文科技期刊国际影响力的途径和方法。分别从组建国际化编委会、利用国际化投审稿系统拓展国际审稿专家、与国际出版商合作出版、XML一体化排版及多途径宣传推广等方面详细阐述COE的办刊经验和实践。在这些措施的共同作用下,COE的国际影响力得到稳步提升。但是,COE仍存在国际影响力不高、优质稿源吸引力不足、国际同类期刊竞争不断加大等困境和挑战,COE在国际化发展道路上仍需不断提升自身办刊能力,努力成为具有更高国际影响力和竞争力的科技期刊。

关键词:国际影响力;英文科技期刊;*China Ocean Engineering*;宣传推广

　　科技论文是展现科研成果的重要形式之一,而科技期刊是科技论文重要载体之一。科技期刊的质量和水平从某种程度上体现了一个国家的科技竞争力。近年来,我国非常重视科技期刊的发展。2019年,中国科协、中宣部、教育部、科技部联合印发《关于深化改革培育世界一流科技期刊的意见》。为了认真落实该文件,中国科协等7部门当年联合实施了"中国科技期刊卓越行动计划",这是中国科协等部门自2012年起先后实施的两期"中国科技期刊国际影响力提升计划"的拓展和延续。我国科技期刊,尤其是英文科技期刊迎来前所未有的发展机遇。"中国科技期刊卓越行动计划"每年都会支持创办一批高起点英文科技期刊,国内英文科技期刊已由2016年的302种增加到2022年的435种[1-3]。针对如何提升英文科技期刊的国际影响力,近些年专家学者也做了许多相关的研究。何满朝等对我国英文科技期刊国际影响力提升的战略与对策进行了研究[4]。徐军等以 *Friction* 为例,介绍了提升期刊国际影响力的策略与实践[5]。佘诗刚等以 *Journal of Rock Mechanics and Geotechnical Engineering* 为例,分析如何提升新创科技英文科技期刊的国际影响力[6]。陈更亮分享了我国体育学术英文期刊 *Journal of Sport and Health Science* 的国际传播力与举措[7]。姜春明探讨了 *Advances in Manufacturing* 提高国际影响力的办刊经验和探索实践[8]。尹欢等以南京农业大学英文科技期刊刊群为例,探讨了小型英文期刊集群建设和发展[9]。这些研究都从各自期刊的实际出发,从不同角度、不同侧面对提升我国英文科技期刊的国际影响力进行了有益的探索和实践,并取得丰硕的成果,为我国英文科技期刊提升国际影响力提供宝贵的经验。以上期刊均创刊于我国2012年开始实施"中国科技期刊国际影响力提升计划"前后,我国英文科技期刊迎来快速发展的阶段。这些期刊从国家层面及主办单位均获得前所未有的政策支持和资金资助,在期刊创刊后短时期内即搭建起国际化发展的良性运营机制。与传统英文科技期刊相比,新创办英文科技期刊在运作机制和学术影响力提升方面具有明显优势[10]。而 *China Ocean Engineering*(以下简称COE)创刊于1987年,属于典型的传统英文期刊[11],面临国际影响力不高、优质稿源吸引力不足、国际同类期刊竞争不断加大等困境和挑战。作为国内2016年前唯一与海洋工程领域相关的英文学术期刊,COE自创刊以来为国内海洋工程学者进行国际学术交流发挥了重要的平台作用,在国内海洋工程界树立了良好的口碑。2012年,正值党的十八大提出"建设海洋强国"战略,COE作为支撑建设海洋强国的重要学术期刊,获得首期"中国科技

通信作者:杨红。E-mail:hyang@nhri.cn

期刊国际影响力提升计划"资助。2019 年,COE 又继续获得"中国科技期刊卓越行动计划"梯队期刊项目资助。COE 迎来前所未有的发展机遇。近 10 年来,COE 从发挥国际编委会作用并加强选题组稿、建立国际审稿专家库以确保审稿质量、多途径宣传推广期刊、提升出版服务等方面出发,加快建设期刊的国际化进程。下面介绍 COE 近 10 年的办刊经验和实践,以期与同类传统英文科技期刊进行交流。

1 期刊国际化探索与实践

COE 是中国科学技术协会主管、中国海洋学会主办、水利部交通运输部国家能源局南京水利科学研究院承办的英文版科技期刊,1987 年创刊,是我国早期创办的面向世界的英文版学术期刊[3,12]。其办刊宗旨是介绍国内外在海洋工程领域的研究、规划、设计、施工、应用、管理等方面最新成果以及学术动态。主要刊载河口工程、海岸工程、近岸工程和深水工程中的科学技术研究成果。自 2011 年开始与国际出版商 Springer 合作,由 Springer 公司负责纸质版海外发行和网络出版,并于 2013 年由季刊改为双月刊出版。COE 是我国海洋工程领域第一个进入国际权威检索数据库 SCI 和 EI 的期刊,同时也被俄罗斯《文摘杂志》、日本《科学技术振兴机构中国文献数据库》、美国《剑桥科学文摘》、美国《石油文摘》、Scopus、INSPEC 等国际数据库收录。

1.1 组建国际化编委会,组织出版专刊专栏

国内新创建办的高起点英文版科技期刊创刊时的编委会国际化程度就已经很高,如上海交通大学的 *Journal of Ocean Engineering and Science*,创刊伊始其国际编委比率即高达 72%,创刊第 7 年其 SCI 影响因子便跃居 Web of Science 数据库海洋工程领域 Q1 区第一名。而 COE 作为创刊较早的传统英文期刊,其第一届编委会是在中文期刊《海洋工程》第一、二届的编委会基础上组建的,编委会委员全部为国内海洋工程领域的专家。1999 年初第二届编委会成立,编委会人员结构、专业结构趋于合理,有 7 位在海洋工程界具有权威的两院院士以及我国台湾、香港特别行政区的学者进入编委会,但国际化程度仍未有所改善。2004 年 COE 完成第三届编委会换届,进一步优化编委会人员专业结构,日本、美国、韩国 4 位国际知名专家加入编委会,加快了编委会的国际化进程。2013 年 COE 第四届编委会成立。第四届编委人数 45 人,其中院士 9 人,国外编委 10 人,较好地体现了编委会的学术权威性和国际化程度。2023 年 5 月,COE 组建第五届编委会,编委人数增加至 76 人,其中来自美国、英国、荷兰、挪威、印度、日本、韩国、伊朗、土耳其、澳大利亚、丹麦、新加坡、瑞典等 13 个国家的编委 26 人,编委国际化程度进一步加强。

第四届编委会组建以来,编辑部加强与编委的联系与沟通,第一时间向编委推送最新出版的期刊目录,积极向编委组稿约稿,组织出版高水平专刊和专栏。2015 年组织出版了"离岸养殖设施水动力研究"专刊,专刊 11 篇论文中 6 篇来自美国、挪威、澳大利亚和韩国,来自国外的论文比高达 55%,大大提高了期刊的国际影响力。2022 年组织出版的"海洋能源开发装备关键力学问题"专刊,专刊共刊发学术论文 13 篇,其中 7 篇文章为开放获取(open access,OA)出版,单篇最高下载量 795 次,平均下载量为同期订阅论文下载量的 2~4 倍。2024 年出版了"海洋结构的安全与智能运维"专刊,其中"Two-Staged Method for Ice Channel Identification Based on Image Segmentation and Corner Point Regression"一文上线仅 2 个月已被引用 8 次,同时入围 Web of Science 数据库高被引论文和热点论文;2022—2023 年还出版了海洋能研究、海洋土研究、深水技术与装备、海冰与结构物作用研究等热点专栏。此外,先后刊发顾问编委中国科学院力学所李家春院士、国外编委 Townend Ian 院士和 Jo Chul Hee 教授等综述文章。Jo 教授及李院士的文章先后入选江苏省首届及第二届百篇优秀论文,大大提高了编委参与期刊工作的积极性。

为了提升 COE 编委会活力,并为编委会培养后备力量,2023 年成立了 COE 首届青年编委会。青年编委具有思维创新、精力充沛、可自由支配时间较多等优势,工作积极性和热情高,能很好地弥补传统编委会在审稿、组稿、撰稿等工作中的不足,是近年很多科技期刊提升期刊审稿效率和学术质量而采取的一种有效措施[13-15]。COE 青年编委均具有海外留学、访学背景,先后承担了"海洋结构的安全与智能运维"和"浮式集成系统研究进展"专刊征稿工作。青年编委对审稿响应更加积极,投稿更为主动,初步彰显了青年编委会在为 COE 撰稿、组稿和审稿方面的积极作用。

1.2 采用国际化投审稿系统,拓展国际审稿队伍

COE 从创刊伊始就参照国际海洋工程类期刊的编辑规范和标准,制订了 COE 的编辑标准和制度,并始终如一地贯彻执行。COE 稿件审稿流程严格执行编辑初审、同行专家评审、主编终审的"三审"制度,同行专家评审采用"双盲"评审,确保录用稿件的学术质量。COE 要提升在国际上的影响力,必须建立强大的国际化审稿队伍。2017 年,COE 开始采用与国际接轨的在线投审稿系统 ScholarOne。该系统基于 Web of Science 数据库的强大支持,具有自动推荐数十名审稿专家的功能,使编辑能够快速选择国内外审稿专家,大大提高审稿质量和效率。使用该系统以来,不仅 COE 审稿周期大大缩短,由 5～6 个月缩短至 2～3 个月[16],而且建立了一支强大的审稿人队伍,审稿专家人数由初始的 900 人增加到 5 280 人,其中国外审稿专家 2 840 人,占 54% 左右。同时,ScholarOne 对吸引国际稿源也起到积极的作用,全球来自 42 个国家的作者向 COE 投稿,国外稿源比例高达 40% 左右。

1.3 多途径全球宣传推广期刊,提高期刊国际能见度

1.3.1 XML 一体化排版及邮件推送

2017 年,COE 引进 XML 一体化在线排版系统,提高文章的排版效率和质量,大大缩短文章出版周期。多样化的输出格式满足了不同数据的需求,可以及时将 PDF 和 XML 发送到所需的在线出版平台。同时委托该公司进行电子目录推送服务,使国内外相关专家学者及时了解期刊出版的最新信息。2020 年,又开展了作者论文被引信息推送服务。当仁和系统监测到有新的被引信息,自动通过 E-mail 和微信两种形式推送给作者,邀请作者将自己文章转发分享,使其论文在自己的专业领域得以精准传播。

1.3.2 全球精准推送

2021 年,COE 委托科睿唯安进行期刊国际影响力提升服务,开展全球精准邮件推送。根据论文的关键词等信息搜索相关的专家资料,从而为潜在读者精准推送 E-mail。先后组织了有关海洋工程重点力学研究、波浪与结构物作用、波浪能及潮流能转换器、离岸浮式结构动态响应、海洋桩基工程、海洋岩土工程和水下无人机共 7 期虚拟专辑进行推送,共推送论文 90 篇,推送邮件打开率均高于科睿唯安邮件推广平均点击率,进一步加大了期刊的国际宣传及推广力度。

1.3.3 向国内外重要媒体撰写学术新闻

2022 年,COE 为新华网撰写的学术新闻稿《中国海洋工程(英文版)介绍多孔介质型岸基式振荡水柱波浪能转换装置》获得 69.3 万次的点击量,该文章在期刊官网的下载量也远高于其他论文。2023 年,COE 首次在海外媒体发表的关于深海油气资源开发研究中取得新进展的学术新闻被美联社、优睿科等知名媒体转发。该报道的 Altmetric 指数超 270,在其收录的 2 000 余万项成果中位列 Top5。

1.3.4 依托专业学会,积极宣传期刊

COE 编辑同时承担中国海洋学会海洋工程分会秘书处职能,海洋工程分会每两年主办全国性专业会议"中国海洋(岸)工程学术讨论会",迄今已举办 20 届。大会邀请国内外知名院士专家做主旨报告,每届吸引数百位行业学者参会。2005 年海洋工程分会与日本、韩国相关学会共同发起的"亚太地区海岸会议(APAC)",迄今已举办 11 届,有力促进了海洋工程学科的国际交流。同时,期刊编辑还积极参加国际海岸工程学术会议(ICCE)、国际近海与极地工程学术会议(ISOPE)、国际水下技术学会技术会议(SUT)等海洋工程领域的顶级学术会议,在会议上宣传期刊并向国内外专家组稿。

1.4 加强与国际出版商沟通,创新出版模式

COE 与 Springer 的合作出版为订阅模式,由 Springer 独家负责期刊的全球电子版推广。通过 Springer 提供的 Online First 在线优先出版平台,COE 实施单篇论文在线优先出版,有效缩短发表时滞。2022 年,为了探索 OA 出版对传播 COE 论文的影响,编辑部与 Springer 协议,由编辑部出资赞助"文章处

理费",遴选 20 篇优质稿件实施 OA 出版。OA 出版是兴起于 20 世纪末的一种新型出版模式,即个人或者机构为出版商提供"文章处理费",出版商将文献免费向全世界发行。这样,作者不仅保留了著作权,机构不需要支付订阅费,也消除对文献的存取障碍,从而使文献得到最大程度的利用,有效提高学术交流的效率,降低交流成本。从国际上来看,科研论文和科研数据的开放共享已成为科学与出版发展的必然趋势。近年来国内外科技界、期刊界对 OA 出版广泛关注,积极探索我国科技期刊 OA 发展之路[17-19]。

2022 年 COE 共有 866 篇论文,被下载 20 902 次,相比 2021 年全文下载量(12 581 次)提高了 66%。其中 15 篇 OA 论文下载量为 2 363 次,篇均下载量 157 次。其余 851 篇订阅论文下载量为 18 539 次,篇均下载量为 21 次。OA 论文篇均下载量是订阅论文篇均下载量的 8 倍左右,充分说明 OA 出版对提高文章关注度和影响力的作用明显。

1.5 积极与编辑同仁交流,开拓办刊视野

COE 编辑高度重视"走出去、请进来",学先进、补短板、谋创新、促合作。邀请中国科技期刊卓越行动计划领军期刊 *Horticulture Research* 编辑部主任做学术报告,并多次拜访 *Horticulture Research* 编辑部并开展深入交流和座谈,学习领军期刊的运营发展模式和有益经验。期刊编辑先后拜访清华大学出版社、海洋出版社、河海大学期刊社、中国海洋大学期刊社等相关同行业期刊出版社,开展办刊经验交流学习,拓展办刊视野,开阔办刊思路。多次参加期刊编校质量与国际影响力提升培训班,学习其他行业一流期刊的办刊模式和经验。

2 办刊成效与挑战

近 10 年来,COE 在组建国际化编委会、利用国际化投审稿系统拓展审稿专家库、与国际出版商合作出版、XML 一体化排版及多途径宣传推广等方面积极进行探索和实践。与 Springer 合作出版、择优对部分论文进行 OA 出版、多途径期刊宣传推广、成立青年编委会的探索和实践均初步显示了这些措施从不同层面对提高期刊国际影响力的促进作用(表 1)。在这些措施的共同作用下,COE 期刊 SCI 影响因子和总被引频次持续提升,SCI 总被引频次由 2014 年的 302 次增加到 2023 年的 1 358 次,影响因子由 2014 年的 0.344 提高至 2023 年的 1.80,提升了 3~4 倍(见图 1、图 2)。2023 年影响因子在海洋工程领域排名由 Q4 区进入 Q3 区前列(排名:10/18)。论文平均出版周期由 2013 年的 726 d 缩短至 2022 年的 290 d 左右[20](图 3),期刊在 SpringerLink 平台的全文下载量由 2012 年的 3 828 次增加至 2023 年的 26 779 次(图 4)。

表 1　不同措施对期刊的促进作用

采取的措施	对期刊的促进作用
国际化编委会	国外编委人数及比例均大幅度提升,有助于提升期刊的学术权威性和国际化程度,吸引高质量国际稿源。
ScholarOne 投审稿系统	拓展审稿专家人数至 5 280 人,国外审稿比例 54% 左右,充分保证稿件的学术质量,缩短审稿周期为 2~3 月。吸引国际稿源,提升国际来稿比例。
XML 一体化排版	提高稿件排版效率,缩短论文出版周期,多样化的输出格式满足了不同数据的需求,可以及时将 PDF 和 XML 发送到所需的在线出版平台。
多途径期刊宣传推广	全球精准推送虚拟专辑、向国内外媒体撰写学术新闻、在国内外学术会议宣传期刊均从不同角度提升期刊论文的国际显示度。
OA 出版	OA 出版论文当年篇均下载量是订阅论文篇均下载量的 8 倍左右,OA 出版对提高文章关注度和影响力的作用明显。
青年编委会	青年编委积极参与期刊审稿、组织专栏、专刊、宣传期刊等工作,对提升期刊在相关专业领域的知名度起到积极的推动作用。

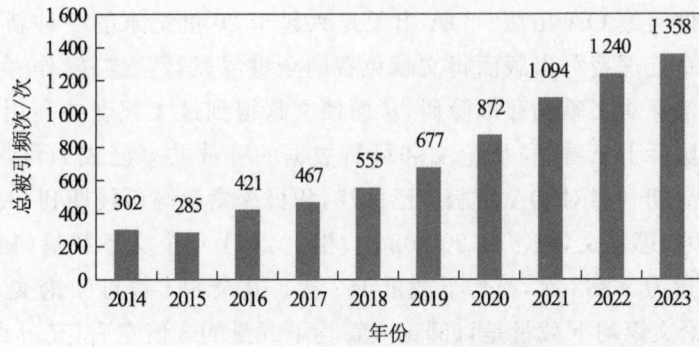

图 1　COE 在 SCI-JCR 中总被引次数趋势

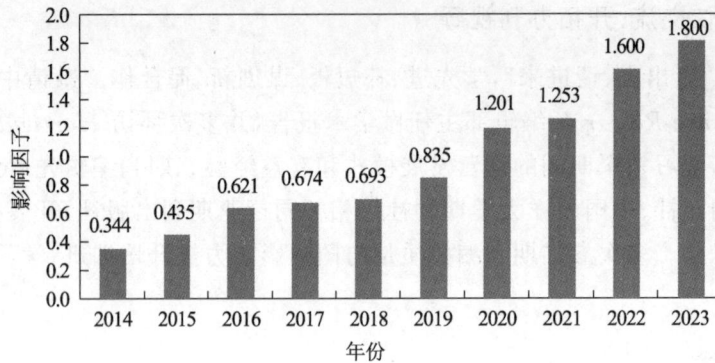

图 2　COE 在 SCI-JCR 中影响因子趋势

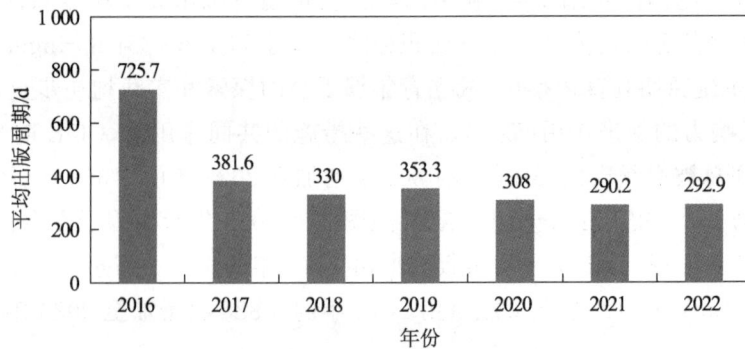

图 3　COE 论文出版时效性趋势

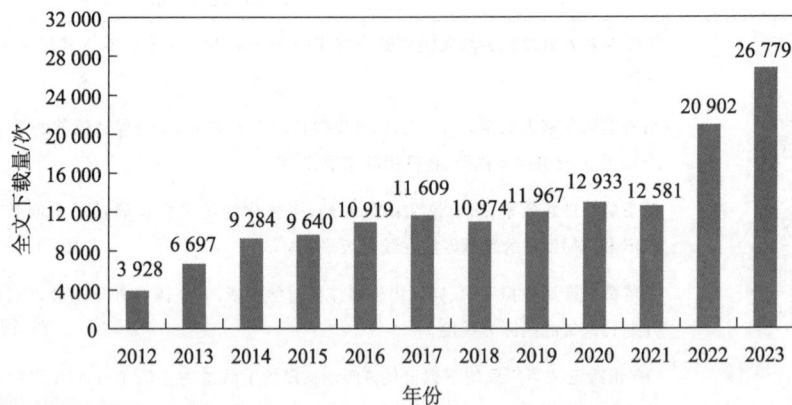

图 4　COE 论文在 Springer 网站全文下载量趋势

　　COE 连续 12 年入选"中国国际影响力优秀学术期刊",先后获得"江苏省新闻出版广电政府奖——报刊奖""华东地区优秀期刊奖""江苏省十强科技期刊""第 5 届中国国际化精品科技期刊"等省部级荣誉称号。但是,随着国内海洋相关领域高起点英文新刊陆续创办,COE 面临的竞争和压力也越来越大,仍然存在诸多不足,如:① 目前期刊国外编委比例在 34% 左右,编委会国际化程度仍然较低,需要进一步加强国际编委队伍建设。② 期刊优质稿源比例不高,国际化程度较低,来自欧美发达国家的高水平稿件比较匮乏。③ 期刊宣传推广、数字出版和新媒体平台建设工作需要进一步加强。要解决这些问题,COE 必须进一步解放思想,创新办刊思路。

3 办刊建议

3.1 加强编委会国际化建设,推进科学家办刊模式

编委会是学术期刊的核心力量,建设国际化、高水平的编委会是提高英文科技期刊国际影响力的重要途径。COE 要进一步加强编委会国际化建设,邀请审稿意见反馈及时、评审意见质量高的国外审稿专家加入编委会,增加国外编委人数,拓展编委来源国家,积极向国外编委组织国际稿源。定期召开编委会议和主编、副主编工作会议,研讨期刊的发展现状和制定期刊下一步发展目标和规划,充分发挥编委会的学术引领作用。积极推进科学家办刊模式,聘请相关学科国际知名专家担任执行主编并参与期刊国际运营,负责稿件初审、国际稿源组织和国际宣传推广等工作。编辑要积极联系编委,通过面对面访谈、国际会议、邮件和社交软件等多种途径加强沟通和交流,及时了解编委对期刊发展和建设的意见和建议,邀请编委参与稿件评审、组织高水平稿件、期刊宣传等工作,增强编委主人翁责任感。定期组织开展青年编委学术交流报告会,评选对期刊做出突出贡献的优秀青年编委,畅通青年编委入选编委的晋升渠道,激发青年编委参与稿件评审、组织专栏和专刊的热情与积极性。通过以上几方面加强期刊主编、编委及青年编委之间的凝聚力,组建期刊学术共同体。

3.2 坚持"内容为王",积极组稿约稿,提升稿源质量

内容是学术期刊的生命力,COE 一直坚持"内容为王"的办刊理念。编辑将通过多种方式积极做好选题组稿工作。基于 Web of Science、Scopus 等重要数据库的数据分析及时发现学术热点、前沿成果和学者,跟踪海洋工程领域国家重大科技专项、国家自然科学基金、国家"863"计划等国家重大科研项目,了解学科最新研究进展,掌握当前领域研究热点。积极参加国际学术会议、走访编委和国内外重要学术机构,捕捉热点,针对学科发展前沿邀请编委撰写综述性文章。关注同领域顶级期刊 *Coastal Engineerring*、*Ocean Engineering* 等的动态,阅读其最新发表的文章以及学者的评论,了解其论文引用情况,及时发现热点和高影响力学者并进行约稿。此外,期刊还要关注新兴和跨学科研究主题,刊发工程案例、数据论文、专题讨论等不同类型论文,提升期刊内容多样性和实用性。积极为国内外作者论文发表提供个性化服务,加强单篇论文在线出版,为优秀稿件开通绿色审稿、快速发表通道,坚持好稿快发,为吸引高水平作者和高质量论文形成良性循环机制。

3.3 加大期刊宣传推广力度,推进数字出版和新媒体平台建设

在数字出版、网络传播的媒体融合环境下,学术期刊的传播方式从单一的纸质媒体转为纸刊+网站+新媒体平台共同发展的新模式。COE 实现 XML 一体化排版系统与 ScholarOne 投审稿系统无缝链接,期刊在网站同步发布纸刊内容的同时,可对接万方、知网、Springer 等第三方数据库,实现一次制作、多种生成、多元发布,极大提高出版效率和服务质量,提高期刊数字传播的广度和深度。COE 还将进一步挖掘学术论文中的创新点和亮点,对论文精华进行声频或视频的数字处理,通过自建网站、多家网络出版平台及新华网、美联社等国内外知名媒体推送给读者,给读者以新颖的阅读体验,提高读者的关注度。制作期刊宣传视频,在国内外品牌学术会议进行宣传推广,提升期刊影响力。

3.4 创新出版形式,探索国内海洋类科技期刊集群化发展

单刊出版模式已很难适应科技期刊多媒体融合发展的大趋势,COE 有必要探索走期刊集群化发展的道路。当前国内多数英文期刊均以国际合作的方式将内容资源发布在海外出版平台上,虽短期国际影响力得到提升,但不利于维护中国科技文化主权和科技信息安全[21]。《中国科学》杂志社于 2014 年启动"中国科技类学术期刊国际传播平台(SciEngine)"项目,自主研发具有中国自主知识产权的全流程数字出版平台,为推动中国科技出版"造船出海"发挥作用。COE 今后将在此类国内期刊平台探索海洋类相关期刊

集群发展的可行性,充分利用平台共享资源,解决新兴学科、交叉学科审稿专家缺乏等难题,探索全刊 OA 出版的可能性,进一步提高文章引用率和国际影响力,实现由"借船出海"向"造船出海"的转变。

4 结　语

党的十八大报告明确提出"建设海洋强国"的方针,在国策制定规划中,首次把海洋放在了前所未有的重要位置。党的十九大进一步强调,坚持陆海统筹,加快建设海洋强国。海洋工程研究是开发海洋、建设海洋强国的重要举措,海洋能源开发、海洋生物资源开发、大型海洋工程技术与装备研发、深海矿产资源开发、深水油气勘探、海上环境安全保障、海洋生态环境保护等都离不开海洋工程的基础理论研究和应用技术研究。COE 作为服务我国和世界海洋工程科学研究发展的高科技学术期刊,具有十分广阔的发展前景。COE 将聚焦国家重大需求,积极为海洋工程科技进步搭建国际交流平台。紧密围绕海洋强国战略,对标国内国际一流期刊,精心谋划出版选题,以促进科技创新、学术交流和科学普及为己任,不断提升办刊水平,努力成为具有更高国际影响力和竞争力的科技期刊。

参考文献

[1] 宁笔,杜耀文,任胜利,等. 2020 年我国英文科技期刊发展回顾[J]. 科技与出版,2021,40(3):60-66.
[2] 任胜利,李响,杨海燕,等. 2021 年我国英文科技期刊发展回顾[J]. 科技与出版,2022,41(3):73-83.
[3] 任胜利,杨洁,宁笔,等. 2022 年我国英文科技期刊发展回顾[J]. 科技与出版,2023,42(3):50-57.
[4] 何满潮,佘诗刚,林松清,等. 我国英文科技期刊国际影响力提升的战略与对策[J]. 编辑学报,2018(4):337-343.
[5] 徐军,陈禾,张敏. 提升科技期刊国际影响力的策略与实践——以 Friction 为例[J]. 中国科技期刊研究,2018(8):853-859.
[6] 佘诗刚,林松清. 新创英文科技期刊国际影响力的分析——以《岩石力学与岩土工程学报》(英)为例[J]. 中国科技期刊研究,2015(10):1065-1076.
[7] 陈更亮. 我国体育学术期刊的国际传播力与举措——以《运动与健康科学》为例[J]. 中国科技期刊研究,2017(11):1083-1089.
[8] 姜春明. 英文科技期刊国际影响力提升的探索与实践——以 Advances in Manufacturing 为例[J]. 传播与版权,2020(10):62-64.
[9] 尹欢,刘萍萍,贾丽丽,等. 期刊集约化运营的协同平台设计与实现——以南京农业大学英文科技期刊刊群为例,编辑学报,2023,35(3):326-331.
[10] 王雅娇,田杰,刘伟霄,等. 入选"中国科技期刊卓越行动计划"的新创英文期刊调查分析及启示[J]. 中国科技期刊研究,2020,31(5):614-621.
[11] 黄冬华,杜淼,蒋伟. 一流期刊建设背景下传统英文科技期刊学术影响力提升策略[J]. 北京科技大学学报(社会科学版),2022,38(6):724-730.
[12] 潘云涛. 中国英文科技期刊的指标表现:2022 年版中国英文科技期刊引证报告[R]. 北京:中国科学技术信息研究所,2022.
[13] 孟艳,贾艾莎,吴小艳,等.《药物不良反应杂志》编辑委员会组建青年编委组的做法和作用[J]. 编辑学报,2015,27(2):159-160.
[14] 蔡斐,李明敏,徐晓,等. 青年编委的遴选及其在期刊审稿过程中的作用[J]. 中国科技期刊研究,2017,28(9):856-860.
[15] 占莉娟,张带荣. 青年编委会:突破传统编委会困境的有效之策[J]. 中国科技期刊研究,2018,29(10):1042-1047.
[16] 王玉丹. 提升英文科技期刊同行评审效率刍议——以《中国海洋工程(英文版)》实践为例[M]//学报编辑论丛(2022). 上海:上海大学出版社. 2022:632-636.
[17] 刘萍萍,尹欢. 开放获取对提升我国 SCI 科技期刊影响力的作用研究[J]. 科技与出版,2023(9):106-113.
[18] 王元杰,齐秀丽,王应宽. 国内外期刊开放获取出版现状与启示[J]. 中国科技期刊研究,2020,31(7):828-835.
[19] 丁佐奇. 开放获取对论文影响力的作用分析[J]. 中国科技期刊研究,2016,27(5):515-520.
[20] 中国知网. China Ocean Engineering 期刊出版时效性分析[EB/OL]. 2023[2024-04-15]. https://jif.cnki.net/Journal/DalayAnalysis.aspx?pykm=CHIU.
[21] SciEngine:助力中国科技期刊走向国际[EB/OL].(2016-05-17)[2024-5-17]. http://holdings.cas.cn/mtzx/cgqydt2015/201605/t20160524_4520695.html